实用供热空调设计手册（上册）

（第二版）

陆耀庆　主编

中国建筑工业出版社

图书在版编目（CIP）数据

实用供热空调设计手册/陆耀庆主编. —2版. —北京：
中国建筑工业出版社，2008（2022.12重印）
ISBN 978-7-112-09749-4

Ⅰ. 实… Ⅱ. 陆… Ⅲ. ①供热系统-设计-手册
②空气调节系统-设计-手册 Ⅳ. TU83-62

中国版本图书馆CIP数据核字（2007）第178931号

本手册此次修订对第一版的内容作了重大更新，编入了大量新理念、新技术、新方法、新设备、新材料的内容。全书分上下两册：上册1～18章，主要为供暖（包括辐射供暖［冷］）、通风（包括置换通风、除尘、防排烟）、锅炉房、热网、热工、能耗计算、防腐绝热、噪声振动控制、小型冷库及气调库等内容；下册19～35章主要为空调设计的有关基本资料、负荷计算、空气处理和设备、各种空调系统及水系统、气流组织、空气洁净、蓄冷（热）、热泵及各种节能设计、系统监测与控制及人工冰场等内容。

全书资料翔实、信息丰富、观点明确、条理清楚、技术先进、措施可靠、方法具体、简明实用，设计指导性强。

责任编辑：吴文侯
责任设计：郑秋菊
责任校对：关 健 安 东

实用供热空调设计手册
（第二版）
陆耀庆 主编
*
中国建筑工业出版社出版、发行（北京西郊百万庄）
各地新华书店、建筑书店经销
霸州市顺浩图文科技发展有限公司制版
天津翔远印刷有限公司印刷
*
开本：787×1092毫米 1/16 印张：170¾ 插页：1 字数：4256千字
2008年5月第二版 2022年12月第三十九次印刷
定价：**350.00**元（上、下册）（含光盘）
ISBN 978-7-112-09749-4
（16413）

本社网址：http://www.cabp.com.cn
网上书店：http://www.china-building.com.cn

致　谢

本手册修编过程中，得到了中国建筑西北设计研究院、特灵空调（江苏）有限公司、杭州西亚特制冷设备有限公司、杭州华电华源环境工程有限公司、富士通将军中央空调（无锡）有限公司，际高建业有限公司等在人力和物力上的大力支持，他们为手册的修编创造了很多有利条件，提供了各种方便，为顺利完成本次修编任务作出了巨大的贡献。

手册的成功修编，还有赖于其他多方面的支持和帮助，特别是美国暖通空调与制冷工程师学会（ASHRAE）无偿地授权我们刊出与应用其 HANDBOOK 中的制冷剂的热力特性及其压焓图等大量文献资料；香港的朋友余中海（Philip. Yu）博士为编写组提供了大量珍贵的技术文献材料。

感谢北京浩辰软件公司在本手册“空调负荷计算”章主笔孙延勋教授级高级工程师的协助与支持下，为空调负荷计算编制了程序。

值此手册付印之际，谨代表手册编、审组向他们这种关心行业发展的精神致以崇高的敬意，对他们所给予的支持表示真挚的谢意。

主编　陆耀庆

2007.2.1

序一

首先祝贺在陆耀庆总工主持下经过诸多专家努力，新版《实用供热空调设计手册》巨著定稿付印。这是2007年暖通空调专业发展中的一件大事。

《实用供热空调设计手册》（第一版）是1993年6月出版的。问世以来，一直受行业内人士的重视，作为必备的工具书。当时编撰此书，是为了反映专业的发展进步，更好指导设计实践。陆耀庆总工亲任主编，组织了9个单位20位专家，分工撰写，认真校审统稿，因为资料翔实，简明实用，设计指导性强，而受到设计人员的关爱和认可，重印多数，累计印数已逾5万册。

中国改革开放，促进了经济快速发展和社会进步，暖通空调专业领域也有了巨大发展，不仅工程规模增大，而且应用的先进技术和设备也大量增加。设计人员迫切希望《手册》能尽早修编。陆总不辞辛苦，又再次担任主编，在主编单位中国建筑西北设计研究院的大力支持下，邀集了33个单位30多名专家共同商议，分工撰稿，实际撰稿人多达64人。从2004年初起，历时3年多，终于完成修编任务。虽然名为修编，实际相当于新编。因为1993年版的内容仅保留不足10%。新版《手册》，仅目录即达十余页面，全书分上下两册，总字数近400万。内容十分丰富，包括了暖通空调设计需要的各方面新进展，还有锅炉房、区域供冷与供热、小型冷藏库设计、气调贮藏和气调库设计、洁净空调等。

新版《手册》达到了资料翔实、信息丰富、删繁就简、精确提炼、观点明确、条理清楚、技术先进、措施可靠、方法具体，并突出简明实用的特征。相信对广大专业同行从事设计技术工作会有很好的指导作用。

陆耀庆总工从事工程设计已半个多世纪，在精心完成设计任务的同时，十分重视总结提炼，并关心同业的进步。他在1987年就已主编出版了《供暖通风设计手册》，对那时期的设计实践发挥了有益的指导作用。而在年过古稀，将近耄耋之年又坚持主持完成了《实用供热空调设计手册》的修编，其中亲自撰写的字数在数十万字以上。这样的敬业奉献精神，我深为敬佩，值得我好好学习。

最后衷心希望大家用好这本手册，使我们专业工作更向前发展。

吴元炜

2007.3.1

序二

新版《实用供热空调设计手册》在我们的资深老前辈陆耀庆先生的精心筹划、组织和编排下，在近百位暖通空调领域专家的共同努力下，终于出版了。这是我国暖通空调界的一件大事。

从这部手册的第一版出版至今，已过了将近 15 年。这 15 年恰是我国城市建设飞速发展的 15 年，也是暖通空调领域产生了巨大变化的 15 年。

1993 年我国城镇建筑总量不足 60 亿 m^2，到 2002 年已达 120 亿 m^2。目前，我国城市拥有的建筑总量已超过 180 亿 m^2，为 15 年前的 3 倍！在 15 年前的 60 亿 m^2 的城镇建筑中，采用集中式空调的大型公共建筑总量不过在 1～2 亿 m^2。北方的集中供热，工业建筑的通风与特殊环境营造，大型公共建筑的集中式空调，"三分天下"，是当时暖通空调领域的三大主题。15 年后，各种采用大型集中式空调的公共建筑已经超过 10 亿 m^2，并且以每年不低于 5000 万 m^2 的速度持续增长，成为暖通空调领域的增长热点；随着建筑节能的巨大需求，各类热泵技术从无到有，已成为飞速发展的新兴产业；超净、低湿和各种极端条件的环境营造成为工业空调的新的增长点；房间空调器年产量在 15 年前刚刚突破 300 万台大关，现在已经具备年产量 5000～7000 万台的生产能力，成为绝对的全球第一生产大国。暖通空调行业在建筑节能，满足建筑业发展需求，机电产品出口三方面都起到重要作用，对我国社会的可持续发展，国民经济的稳步增长和生活水平的不断提高已产生重大影响。

目前，我国社会和经济的持续发展面临能源和环境两个瓶颈，怎样在满足经济发展和人民生活水平提高的前提下，降低能源和资源的消耗，减少各类污染物排放，是我们必须应对的挑战。建筑节能是节能减排的三大领域之一，既是潜在的节能潜力最大的领域，也是有可能随着建设规模的增长而造成总能耗大幅度增长的领域。供热空调系统能耗是建筑运行能耗的主要构成部分，也是建筑节能的重点。目前在与我国同样气候条件下提供同样的室内环境所消耗单位面积供热空调系统能耗高低可差 3 倍之多，具有同样功能的建筑单位面积能耗可有 5 倍以上的差别。造成如此大差别的原因与建筑和暖通空调系统的形式有关，与建筑部件和系统设备的参数有关，与建筑的使用方式和运行管理模式有关，更与建筑的所有者、使用者和运行者的理念有关。15 年前供热空调系统设计与运行的核心任务是保证运行的工艺参数，满足建筑物的使用要求；今天，在保证参数的同时降低能耗也已经成为设计和运行人员努力追求的目标。出发点和目标有所改变，设计方法和主要考虑的内容当然也要有所改变。

如今，大量先进技术的引进和创新也使我们面临的问题和可供选择的手段与 15 年前大不相同。各类地源热泵、水源热泵、地表水热泵等在15年前还很少听到的技术，现在已经成为许多地区提供空调冷热源的重要手段，被作为节能任务的宠儿而全面推广；由冷媒直接承担冷热量输送与输配任务的多联机系统也从无到有，逐渐成为空调的重要方式之一；区域供冷，建筑热电冷三联供（BCHP）等多种新技术新方式从论文研究中的讨论陆续变为实际运行的工程；地板辐射供暖、平顶辐射供冷等新的末端装置也开始慢慢替代供暖散热器、风机盘管；各种号称能解决水力平衡问题的流量平衡阀、恒流阀风行一时。怎样正确、有效地使用这些新技术新产品，使其在营造建筑环境、促进建筑节能中发挥有益的作用，而不是仅仅充当“摆设”的新技术，更不是由于这些新技术的引入导致投资的增加、性能的劣化和能耗的加大，这就需要对这些新技术新产品有充分的理解和认识，并根据其特点采用相应的设计分析方法科学地进行设计和使用。

出于暖通空调领域的发展，由于建筑节能新形势的需要，也出于大量新技术新产品的出现，在陆总的带领下，近百名专家共同努力，历时近5年，终于完成了这本《实用供热空调设计手册》第二版，这是一项大工程，是暖通空调界的一件大事。这第二版手册，或可称为我国供热空调设计的百科全书，和前一版内容有了很大的不同。大部分内容完全重写，篇幅大幅度增加，充分反映了近年来暖通空调领域的发展。书中既深入介绍了在设计分析方法与理念上的发展，也全面介绍了各类新技术、新产品，同时还特别关注当前一些与节能减排密切相关的热点技术与措施。这本书的完成标志着我国暖通空调领域进入一个新的阶段，它的出版对推动我国暖通空调界的技术进步，将起到重大作用。

陆总是我最敬重的暖通空调前辈之一。多年来在设计第一线呕心沥血，参加了暖通空调行业从零开始起步的建设行程。正是这一代老前辈卓绝的工作使我国初步建立了自己的设计规范体系、产品系列，实现了国防、科技、工业和民用项目中各种供热通风空调工程，满足了经济建设和国防建设的需要，15年前陆总亲自动手，主持编写了这部手册的第一版，当时恰逢我国暖通空调事业蓄势待发。这部手册对我国15年来暖通空调事业的发展起了重要作用，成为许多暖通空调工程师案头的必备工具，也成为这一行业的经典文献。我自己就是看着这部书去学习和实践暖通空调工程的。如今，他即将步入耄耋之年，仍亲自领导第二版的编写工程，完成了这样一部暖通空调领域的巨作，对进一步推进我国暖通空调领域的进步又作出了巨大贡献。我很难用文字表达自己的钦佩和感激之情，不知是否可以代表我国暖通空调界的中年和青年一代，向陆总表示深深的感谢和祝福。我们将好好学习和使用这部手册，作出更多的精品工程，向老一代学习，把他们创业和发展的传统传承下来，发扬光大。求真，求实，不唯众，不唯上。依靠科学发展观，应对当前能源和环境的挑战，完成暖通空调行业今天和明天的使命。

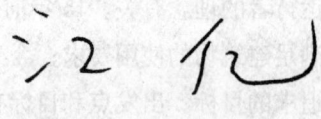

江亿

2007年8月1日

前　言

《实用供热空调设计手册》自1993年6月问世以来，已经历了13个寒暑。

原手册由于内容齐全、表达精练，既符合科学原理，又满足实用要求。对简化设计计算、提高工作效率、指导工程设计、方便实际应用起到了一定的作用，因此深受设计人员的欢迎，从而得到了广大业内同仁的关爱与认可。

近十余年来，HVAC & R技术的发展很快，变化很大，如辐射供暖/冷、蓄冰空调、低温送风、变风量空调、置换通风、溶液式空调、温湿度独立控制空调、蒸发冷却技术……以及空气源、水源、地源热泵等技术，在国内已得到较多的应用。相形之下，原手册已越来越明显的不能适应和满足客观的需要。为此，业界要求修编的呼声越来越高。

早在20世纪末，中国建筑工业出版社就已提出了进行修编的建议，原编者们也都深感有此必要。但因种种原因，迟迟未能启动。后经反复协商，在中国建筑西北设计研究院的大力支持下，才于2003年底正式商定：从2004年起组织进行修编，由中国建筑西北设计研究院担任主编单位，仍由本人担任主编。

原手册的参编单位，仅中国建筑西北、西南和东北设计院，华东、中南建筑设计院，贵州省建筑设计院，西北、南京建筑工程学院，西安冶金建筑学院等9个单位20个人。随着岁月流逝，原编者都已年过花甲，半数以上已年逾古稀；而且，有两位（薛荫德、陈碧玉）已不幸去世。十分明显，目前已不可能完全依靠原编者来完成浩大的全部修编工作。

由于本次修编需要增加的新内容很多，原手册中能保留的内容极少，因此，名为修编，实质上相当于新编。为了适应撰稿工作量非常庞大的特点，并确保手册能早日与读者见面，唯一可行的措施是扩大编、审组成员。

后经多方联系、协商，最终确定新手册的编、审单位，由原来的9个扩充至33个，编、审组成员由原来的20人增加至64人（详见编、审组成员名单）。

原手册的风格特征是“简明实用”。本次修编，拟力求保持原有的风格特征，为此商定了如下的撰稿原则：

- 力求简单明了，不作或少作长篇叙述，原则上不进行详细推导和论证；
- 不收纳处于探讨阶段、尚未成熟的内容，保证素材的正确性和可靠性；
- 尽可能以条理化、表格化和图示化方式表达；
- 认真总结、归纳出一些设计要点、步骤和注意事项；
- 充分反映新技术、新方法、新设备、新材料。

最终要求能达到“**资料翔实、信息丰富、观点明确、条理清楚、技术先进、措施可靠、方法具体、简明实用**”的编撰质量总目标。

本手册是集体劳动的结晶，是全体成员经历了三年多努力塑成的硕果，每页书稿均渗透和凝聚着大家的辛勤劳动。

必须说明，虽然网络为相互联系与沟通创造了方便的条件，但由于参编人员不但多，而且分散在各地，加上均系兼职撰稿，因此还是很难完全保持一致，虽经反复协调、仔细校审和认真统稿，但在表达方式、体例风格、繁简程度的把握等方面，仍存在不少不尽人意之处；同时限于本人的能力与水平，手册中难免存在谬误与不当之处，诚恳地欢迎广大读者不吝赐教，批评指正，以便订正。

手册编写过程中，应用了很多同行们的研究成果和技术资料，参考和摘引了大量中外著作及文献资料中的内容，在此谨向这些同仁和作者致以真挚的谢意。

中国建筑工业出版社吴文侯编审与姚荣华编审，从确定修编提纲直至最后审查定稿，自始至终给予了极大的关心与支持，为手册的出版付出了辛勤的劳动，特向他们致以真诚的谢意。

陆耀庆

2007.2.1

修编组的组成

主编单位：　中国建筑西北设计研究院

参编单位及编、审组成员（按章节顺序排列）：

1. 中国建筑西北设计研究院　陆耀庆　唐世杰　季　伟　周　敏　王　谦
2. 长安大学　高振生　王天富
3. 中国建筑西南设计研究院　冯　雅　刘朝贤
4. 中国建筑东北设计研究院　赵先智
5. 西安建筑科技大学　王亦昭
6. 中南建筑设计研究院　侯　辉　杨允立
7. 北京市煤气热力工程设计院　冯继蓓
8. 华南理工大学建筑设计研究院　王　钊　张宇翔　陈卓伦
9. 同济大学　李强民　龙惟定　范存养
10. 贵州省建筑设计研究院　孙延勋
11. 湖南大学　殷　平
12. 中国建筑科学研究院　汪训昌　周　辉
13. 现代集团华东建筑设计研究院有限公司　胡仰耆　马伟骏　叶大法　杨国荣
14. 现代集团上海建筑设计研究院有限公司　寿炜炜　朱学锦
15. 现代集团上海都市建筑设计院　项堋中　章奎生　张银发
16. 清华大学　江　亿　赵庆珠　蔡启林　宋芳婷　刘晓华　谢晓云
17. 南京工业大学　李志浩
18. 西安工程大学　黄　翔
19. 富士通将军中央空调（无锡）有限公司　蒋立军
20. 武汉金牛经济发展有限公司　朱剑峰
21. 埃迈贸易（上海）有限公司　严　斌
22. 特灵空调系统（江苏）有限公司　贾　晶
23. 天津大学　张永铨　赵　力
24. 杭州华电华源环境工程有限公司　应晓儿
25. 杭州西亚特制冷设备有限公司　章亚平　陈雷田
26. 艾默生环境优化技术公司　王贻任

27. 江苏双良集团空调公司　蔡小荣

28. 山东省建筑设计研究院　牟灵泉　李向东

29. 山东科灵空调设备有限公司　葛建民

30. 际高建业有限公司　丛旭日　魏艳萍　冯婷婷

31. 同方股份有限公司　刘　刚　赵晓宇　唐志刚　侯淮滨

32. 哈尔滨工业大学　马最良

33. 哈尔滨韦氏电气设备有限公司　冯　平

各章（节）主笔、参编和审稿人名单

第1章　基础理论

章主笔：陆耀庆（中国建筑西北设计研究院　教授级高级工程师）
参　编：高振生（第1.5节）（长安大学　副教授）
审　稿：季　伟（中国建筑西北设计研究院　教授级高级工程师）
　　　　陆耀庆（中国建筑西北设计研究院　教授级高级工程师）

第2章　法定计量单位及常用单位的换算关系

章主笔：陆耀庆（中国建筑西北设计研究院　教授级高级工程师）
审　稿：季　伟（中国建筑西北设计研究院　教授级高级工程师）

第3章　室外气象参数

章主笔：陆耀庆（中国建筑西北设计研究院　教授级高级工程师）
审　稿：季　伟（中国建筑西北设计研究院　教授级高级工程师）

第4章　建筑热工与节能

章主笔：冯　雅（中国建筑西南设计研究院　教授级高级工程师　博士）
审　稿：刘朝贤（中国建筑西南设计研究院　教授级高级工程师）

第5章　供暖设计

章主笔：赵先智（第5.2、5.3、5.4、5.5、5.6节）
　　　　（中国建筑东北设计研究院　教授级高级工程师）
参　编：王亦昭（第5.1节）（西安建筑科技大学　教授）
　　　　陆耀庆（第5.7节）（中国建筑西北设计研究院　教授级高级工程师）
审　稿：赵先智（中国建筑东北设计研究院　教授级高级工程师）
　　　　王亦昭（西安建筑科技大学　教授）
　　　　牟灵泉（山东省建筑设计研究院　教授级高级工程师）

第6章　辐射供暖和供冷

章主笔：陆耀庆（中国建筑西北设计研究院　教授级高级工程师）
审　稿：季　伟（中国建筑西北设计研究院　教授级高级工程师）

第 7 章　热力网与区域供冷

章主笔：侯　辉（第 7.1、7.2、7.3、7.4、7.5、7.6 节）

（中南建筑设计研究院　教授级高级工程师）

参　编：冯继蓓（第 7.7 节）（北京市煤气热力工程设计院　高级工程师）

王　钊（第 7.8.1、7.8.2、7.8.3 节）（华南理工大学建筑设计研究院　高级工程师）

张宇翔（第 7.8.4 节）（华南理工大学建筑设计研究院　工程师）

陈卓伦（第 7.8.5、7.8.6、7.8.7 节）（华南理工大学建筑设计研究院　博士）

审　稿：唐世杰（中国建筑西北设计研究院　教授级高级工程师）

汪训昌（中国建筑科学研究院空调所　研究员）

第 8 章　锅炉房设计

章主笔：唐世杰（中国建筑西北设计研究院　教授级高级工程师）

审　稿：陆耀庆（中国建筑西北设计研究院　教授级高级工程师）

第 9 章　通风与除尘

章主笔：季　伟（中国建筑西北设计研究院　教授级高级工程师）

审　稿：陆耀庆（中国建筑西北设计研究院　教授级高级工程师）

第 10 章　置 换 通 风

章主笔：李强民（第 10.1、10.5 节）（同济大学　教授）

章副主笔：周敏（第 10.4 节）（中国建筑西北设计研究院　教授级高级工程师　硕士）

参　编：陆耀庆（第 10.2、10.3 节）（中国建筑西北设计研究院　教授级高级工程师）

审　稿：王天富（长安大学　教授）

陆耀庆（中国建筑西北设计研究院　教授级高级工程师）

第 11 章　风 管 设 计

章主笔：王天富（第 11.1、11.3、11.4、11.5、11.6 和 11.7 节）（长安大学　教授）

参　编：孙延勋（第 11.2 节）（贵州省建筑设计研究院　教授级高级工程师）

殷　平（第 11.6.3 节）（湖南大学　教授）

审　稿：王天富（长安大学　教授）

孙延勋（贵州省建筑设计研究院　教授级高级工程师）

殷　平（湖南大学　教授）

第 12 章　水泵、通风机和电动机

章主笔：王　谦（中国建筑西北设计研究院　教授级高级工程师）

审　稿：陆耀庆（中国建筑西北设计研究院　教授级高级工程师）

第 13 章　建筑防火与防排烟

章主笔：刘朝贤（中国建筑西南设计研究院　教授级高级工程师）
审　稿：季　伟（中国建筑西北设计研究院　教授级高级工程师）
陆耀庆（中国建筑西北设计研究院　教授级高级工程师）

第 14 章　小型冷库设计

章主笔：项翢中（现代设计集团上海都市建筑设计院　教授级高级工程师）
审　稿：胡仰耆（华东建筑设计研究院有限公司　教授级高级工程师）

第 15 章　气调贮藏和气调库设计

章主笔：陆耀庆（中国建筑西北设计研究院　教授级高级工程师）
审　稿：季　伟（中国建筑西北设计研究院　教授级高级工程师）

第 16 章　防腐与绝热

章主笔：寿炜炜（上海建筑设计研究院有限公司　教授级高级工程师）
审　稿：胡仰耆（华东建筑设计研究院有限公司　教授级高级工程师）
陆耀庆（中国建筑西北设计研究院　教授级高级工程师）

第 17 章　噪声与振动控制

章主笔：章奎生（第 17.1、17.2、17.3 和 17.4 节）
（现代集团上海都市建筑设计院　教授级高级工程师）
参　编：张银发（第 17.5、17.6、17.7、17.8、17.9 和 17.10 节）
（现代集团上海都市建筑设计院　高级工程师）
审　稿：胡仰耆（华东建筑设计研究院有限公司　教授级高级工程师）

第 18 章　能 耗 计 算

章主笔：冯　雅（中国建筑西南设计研究院　教授级高级工程师　博士）
参　编：宋芳婷（第 18.1.1、18.2.1 节）（清华大学　硕士、博士研究生）
周　辉（第 18.1.2、18.2.2 节）（中国建筑科学研究院物理所　博士）
陆耀庆（第 18.3.1、18.3.2 节）（中国建筑西北设计研究院　教授级高级工程师）
审　稿：周　辉（中国建筑科学研究院物理所　博士）
冯　雅（中国建筑西南设计研究院　教授级高级工程师　博士）

第 19 章　空调设计的基本资料

章主笔：陆耀庆（第 19.1、19.2、19.3、19.4、19.6、19.7、19.8、19.9 和 19.11 节）
（中国建筑西北设计研究院　教授级高级工程师）
参　编：龙惟定（第 19.5 节）（同济大学　教授）
李志浩（第 19.10 节）（南京工业大学　教授）

审　稿：王天富（长安大学　教授）

陆耀庆（中国建筑西北设计研究院　教授级高级工程师）

第20章　空调负荷计算

章主笔：孙延勋（贵州省建筑设计研究院　教授级高级工程师）

审　稿：王天富（长安大学　教授）

第21章　空气处理和处理设备

章主笔：李志浩（第21.2、21.5、21.8、21.9节）（南京工业大学　教授）

参　编：陆耀庆（第21.1、21.6、21.7、21.10、21.11节）

（中国建筑西北设计研究院　教授级高级工程师）

黄　翔（第21.3、21.4节）（西安工程大学　教授）

审　稿：陆耀庆（中国建筑西北设计研究院　教授级高级工程师）

李志浩（南京工业大学　教授）

第22章　空调系统

章主笔：李志浩（第22.1、22.2、22.3、22.6节）（南京工业大学　教授）

胡仰耆（第22.7节）（华东建筑设计研究院有限公司　教授级高级工程师）

参　编：黄　翔（第22.4节）（西安工程大学　教授）

蒋立军（第22.5节）（富士通将军中央空调（无锡）有限公司　博士）

刘晓华（第22.8、22.9节）（清华大学　博士研究生）

谢晓云（第22.8.5节）（清华大学　博士研究生）

审　稿：范存养（同济大学　教授）

胡仰耆（华东建筑设计研究院有限公司　教授级高级工程师）

江　亿（清华大学　教授　博士　中国工程院院士）

第23章　变风量空调系统

章主笔：叶大法（华东建筑设计研究院有限公司　高级工程师）

审　稿：胡仰耆（华东建筑设计研究院有限公司　教授级高级工程师）

第24章　低温送风空调系统

主　笔：杨国荣（华东建筑设计研究院有限公司　高级工程师　硕士）

审　稿：胡仰耆（华东建筑设计研究院有限公司　教授级高级工程师）

第25章　气流组织

章主笔：王天富（长安大学　教授）

审　稿：李强民（同济大学　教授）

陆耀庆（中国建筑西北设计研究院　教授级高级工程师）

第 26 章　空调水系统

章主笔：陆耀庆（第 26.1、26.2、26.3、26.5、26.8 节）
（中国建筑西北设计研究院　教授级高级工程师）

参　编：朱剑锋（第 26.4 节）（武汉金牛经济发展有限公司）
严　斌（第 26.6 节）（埃迈贸易（上海）有限公司）
贾　晶（第 26.7 节）（特灵空调系统（江苏）有限公司　硕士）
朱学锦（第 26.9 节）（上海建筑设计研究院有限公司　高级工程师）
李志浩（第 26.10 节）（南京工业大学　教授）

审　稿：寿炜炜（上海建筑设计研究院有限公司　教授级高级工程师）
李志浩（南京工业大学　教授）
陆耀庆（中国建筑西北设计研究院　教授级高级工程师）

第 27 章　空 气 洁 净

章主笔：范存养（同济大学　教授）

审　稿：李志浩（南京工业大学　教授）

第 28 章　蓄冷和蓄热

章主笔：张永铨（第 28.1、28.2、28.4.1、28.4.2、28.4.3 节）（天津大学　教授）

章副主笔：周敏（第 28.4.4、28.4.5 节）
（中国建筑西北设计研究院教　授级高级工程师　硕士）

参　编：赵　力（第 28.3 节）（天津大学　教授）
章亚平（第 28.4.6 节）（杭州西亚特制冷设备有限公司　高级工程师）
陈雷田（第 28.4.7 节）（杭州西亚特制冷设备有限公司　高级工程师）
应晓儿（第 28.5 节）（杭州华电华源环境工程有限公司　硕士）

审　稿：杨允立（中南建筑设计研究院　教授级高级工程师）
陆耀庆（中国建筑西北设计研究院　教授级高级工程师）
李志浩（南京工业大学　教授）
张永铨(天津大学　教授)

第 29 章　空 调 冷 源

章主笔：杨允立（第 29.1、29.4、29.11 节）（中南建筑设计研究院　教授级高级工程师）

参　编：陆耀庆（第 29.2、29.5、29.10 节）
（中国建筑西北设计研究院　教授级高级工程师）
汪训昌（第 29.2 节）（中国建筑科学研究院空调所　研究员）
刘朝贤（第 29.3、29.9 节）（中国建筑西南设计研究院　教授级高级工程师）
王贻任（第 29.5 节）（艾默生环境优化技术公司　博士）
贾　晶（第 29.6、29.7 节）（特灵空调系统（江苏）有限公司　硕士）
蔡小荣（第 29.8 节）（江苏双良集团空调公司　高级工程师）

审　稿：张永铨（天津大学　教授）
汪训昌（中国建筑科学研究院空调所　研究员）
杨允立（中南建筑设计研究院　教授级高级工程师）
陆耀庆（中国建筑西北设计研究院　教授级高级工程师）

第30章　热　　泵

章主笔：胡仰耆（华东建筑设计研究院有限公司　教授级高级工程师）
参　编：马伟骏（第30.1节）（华东建筑设计研究院有限公司　教授级高级工程师）
葛建民（第30.2节）（山东科灵空调设备有限公司　工程师）
牟灵泉、李向东（第30.3节）（山东省建筑设计研究院　教授级高级工程师）
丛旭日、冯婷婷（第30.4节）（际高建业有限公司　高级工程师）
审　稿：胡仰耆（华东建筑设计研究院有限公司　教授级高级工程师）
牟灵泉（山东省建筑设计研究院　教授级高级工程师）
陆耀庆（中国建筑西北设计研究院　教授级高级工程师）

第31章　户式集中空调

章主笔：寿炜炜(第31.1、31.2、31.3、31.4节）
（上海建筑设计研究院有限公司　教授级高级工程师）
参　编：魏艳萍（第31.5节）（际高建业有限公司　硕士）
审　稿：胡仰耆（华东建筑设计研究院有限公司　教授级高级工程师）

第32章　供暖通风与空调系统的节能设计

章主笔：陆耀庆（中国建筑西北设计研究院　教授级高级工程师）
参　编：贾　晶（第32.5节）（特灵空调系统（江苏）有限公司　硕士）
审　稿：季　伟（中国建筑西北设计研究院　教授级高级工程师）

第33章　供暖与空调系统的自动控制

章主笔：刘　刚（同方股份有限公司　高级工程师　硕士）
参　编：赵晓宇（第33.1、33.2、33.3、33.5、33.6节）
（同方股份有限公司　高级工程师　博士）
唐志刚（第33.3、33.4节）（同方股份有限公司　工程师　硕士）
赵庆珠（第33.6.5节）（清华大学　教授）
侯淮滨（第33.7、33.8节）（同方股份有限公司　工程师　硕士）
审　稿：江　亿（清华大学　教授　博士　中国工程院院士）
赵庆珠（清华大学　教授）
蔡启林（清华大学　教授）

第34章　人工冰场设计

章主笔：陆耀庆（中国建筑西北设计研究院　教授级高级工程师）

审　稿：马最良（哈尔滨工业大学　教授）

第35章　暖通专业设计深度及设计与施工说明范例

章主笔：陆耀庆（中国建筑西北设计研究院　教授级高级工程师）
审　稿：季　伟（中国建筑西北设计研究院　教授级高级工程师）

目　录

第1章 基础理论

1.1 基本数学公式

1.1.1 代数公式

1. 分式

$$\frac{a}{b}\pm\frac{c}{b}=\frac{a\pm c}{b};\quad \frac{a}{b}\pm\frac{c}{d}=\frac{ad\pm bc}{bd};\quad \frac{a}{b}\cdot\frac{c}{d}=\frac{ac}{bd};$$

$$\frac{a}{b}\div\frac{c}{d}=\frac{ad}{bc};\quad \left(\frac{a}{b}\right)^n=\frac{a^n}{b^n};\quad \sqrt[n]{\frac{a}{b}}=\frac{\sqrt[n]{a}}{\sqrt[n]{b}}\ (a>0,\ b>0)$$

2. 比例

若 $\frac{a}{b}=\frac{c}{d}$；（或写为 $a:b=c:d$）a、b、c、d 都不等于零，则

$ad=bc$（交叉积）；$\frac{b}{a}=\frac{d}{c}$（反比）；$\frac{a}{c}=\frac{b}{d}$（更比）；

$\frac{a+b}{b}=\frac{c+d}{d}$（合比）；$\frac{a-b}{b}=\frac{c-d}{d}$（分比）；$\frac{a+b}{a-b}=\frac{c+d}{c-d}$（合分比）。

若 $\frac{a_1}{b_1}=\frac{a_2}{b_2}=\cdots\cdots=\frac{a_n}{b_n}$，则

$$\frac{a_1}{b_1}=\frac{a_1+a_2+\cdots\cdots+a_n}{b_1+b_2+\cdots\cdots+b_n}=\frac{\lambda_1a_1+\lambda_2a_2+\cdots\cdots+\lambda_na_n}{\lambda_1b_1+\lambda_2b_2+\cdots\cdots+\lambda_nb_n}=\frac{\sqrt{a_1^2+a_2^2+\cdots\cdots+a_n^2}}{\sqrt{b_1^2+b_2^2+\cdots+b_n^2}}$$

式中 λ_i（$i=1, 2, \cdots, n$）为一组任意的常数，b_i（$i=1, 2, \cdots, n$）都不等于零。

3. 根式

方根与根式：数 a 的 n 次方根是指求一个数，它的 n 次方恰好等于 a。a 的 n 次方根记作$\sqrt[n]{a}$（n 为大于 1 的自然数）。作为代数式，$\sqrt[n]{a}$称为根式，n 称为根指数，a 称为根底数。

由方根的定义，有 $$(\sqrt[n]{a})^n=a=\sqrt[n]{a^n}$$

乘积的方根：乘积的方根等于各因子同次方根的乘积；反之，同次方根的乘积等于乘积的同次方根。即

$$\sqrt[n]{ab}=\sqrt[n]{a}\cdot\sqrt[n]{b}\quad (a\geqslant 0,\ b\geqslant 0)$$

分式的方根：分式的方根等于分子、分母同次方根相除，即

$$\sqrt[n]{\frac{a}{b}}=\frac{\sqrt[n]{a}}{\sqrt[n]{b}} \qquad (a\geqslant 0，b>0)$$

根式的乘方：$$(\sqrt[n]{a})^m=\sqrt[n]{a^m} \qquad (a\geqslant 0)$$

根式化简：$$\sqrt[np]{a^{mp}}=\sqrt[n]{a^m} \qquad (a\geqslant 0)； \qquad \frac{1}{\sqrt{a}}=\frac{\sqrt{a}}{a} \qquad (a>0)；$$

$$\frac{\sqrt{c}+\sqrt{d}}{\sqrt{a}-\sqrt{b}}=\frac{(\sqrt{c}+\sqrt{d})(\sqrt{a}+\sqrt{b})}{(\sqrt{a}-\sqrt{b})(\sqrt{a}+b)}=\frac{(\sqrt{c}+\sqrt{d})(\sqrt{a}+\sqrt{b})}{a-b}$$

$$(a>0，b>0，a\neq b，c\geqslant 0，d\geqslant 0)；$$

$$\frac{\sqrt{c}+\sqrt{d}}{\sqrt{a}+\sqrt{b}}=\frac{(\sqrt{c}+\sqrt{d})(\sqrt{a}-\sqrt{b})}{(\sqrt{a}+\sqrt{b})(\sqrt{a}-b)}=\frac{(\sqrt{c}+\sqrt{d})(\sqrt{a}-\sqrt{b})}{a-b}$$

$$(a>0，b>0，a\neq b，c\geqslant 0，d\geqslant 0)$$

同类根式及其加减运算：根指数和根底数都相同的根式称为同类根式，只有同类根式才可用加减运算加以合并。

4. 指数运算

$$a^m a^n=a^{m+n}； \qquad \frac{a^m}{a^n}=a^{m-n}； \qquad (a^m)^n=a^{mn}；$$

$$(ab)^m=a^m b^m； \qquad \left(\frac{a}{b}\right)^m=\frac{a^m}{b^m}； \qquad a^{\frac{m}{n}}=\sqrt[n]{a^m}=(\sqrt[n]{a})^m；$$

$$a^{-m}=\frac{1}{a^m}； \qquad a^0=1 \qquad (a\neq 0)$$

5. 乘法和因式分解

$(x+a)(x+b)=x^2+(a+b)x+ab$；

$(a\pm b)^2=a^2\pm 2ab+b^2$；　　$(a\pm b)^3=a^3\pm 3a^2b+3ab^2\pm b^3$；

$a^2-b^2=(a+b)(a-b)$；　　$a^3\pm b^3=(a\pm b)(a^2\mu ab+b^2)$；

$a^n-b^n=(a-b)(a^{n-1}+a^{n-2}b+a^{n-3}b^2+\cdots\cdots+ab^{n-2}+b^{n-1})$（$n$ 为正整数）；

$a^n-b^n=(a+b)(a^{n-1}-a^{n-2}b+a^{n-3}b^2-\cdots\cdots+ab^{n-2}-b^{n-1})$（$n$ 为偶数）；

$a^n+b^n=(a+b)(a^{n-1}-a^{n-2}b+a^{n-3}b^2-\cdots\cdots-ab^{n-2}+b^{n-1})$（$n$ 为奇数）；

$(a\pm b)^n=a^n\pm na^{n-1}b+\frac{n(n-1)}{1\times 2}a^{n-2}b^2\pm\frac{n(n-1)(n-2)}{1\times 2\times 3}a^{n-3}b^3+\cdots\cdots\pm b^n$；

$(a+b+c)^2=a^2+b^2+c^2+2ab+2bc+2ca$；

$a^3+b^3+c^3-3abc=(a+b+c)(a^2+b^2+c^2-ab-bc-ca)$。

1.1.2 函数及其数值计算

1. 对数（零与负数没有对数）

若 $N=10^x>0$，则 $\lg N=x$（底为 10 的常用对数）；

若 $N=e^x>0$，则 $\ln N=y$（底为 e 的自然对数，$e=2.718281828459\cdots$）；

$$\lg y=M\ln y, \qquad \ln y=\frac{1}{M}\lg y$$

式中　M——模数。

$$M=\lg e=0.434294481903\cdots。\qquad 1/M=\ln 10=2.30258509299\cdots。$$

$$\ln N=\ln 10\cdot\lg N=2.3025\lg N$$

$$\lg N=\lg e\cdot\ln N=0.4343\ln N;\ \ln 10\cdot\lg e=1;$$

$$\lg(AB)=\lg A+\lg B;\qquad \lg(A/B)=\lg A-\lg B;$$

$$\lg A^{n}=n\lg A;\qquad \lg\sqrt[n]{A}=\frac{1}{n}\lg A。$$

常用对数首数求法：

- 若真数>1，则对数的首数为正数或零，其值比整数位数少 1。
- 若真数<1，则对数的首数为负数，其绝对值等于真数首位有效字前面“0”的个数（包括小数点前的那个“0”）。
- 对数的尾数由对数表查出。

2. 三角函数

角的度量与换算

角度制：整个圆周的 1/360 的弧称为含有 1 度的弧，而 1 度的弧所对的圆心角称为 1 度的角。

$$1°=60';\qquad 1'=60''。$$

弧度制：把等于半径长的弧称为含有 1 弧度的弧，而 1 弧度的弧所对的圆心角称为 1 弧度的角。

度与弧度的换算（θ 与 α 分别表示同一角的度数与弧度数）：$\dfrac{\alpha}{\pi}=\dfrac{\theta}{180}$

度与弧度换算表（1） **表 1.1-1**

弧度(r)	度(°)	分(′)	秒(″)
1	57.29577951	3437.746771	206264.8063
0.017453293	**1**	60	**3600**
0.0002908882	0.016666667		**60**
0.0000048481	0.000277778	0.016666667	**1**

注：1r=57°17′44.806″；黑体数字为精确值。

度与弧度换算表（2） **表 1.1-2**

度	360	180	90	60	45	30
弧度	2π	π	π/2	π/3	π/4	π/6

三角函数的定义：设 x 为邻边；y 为对边；r 为斜边，则

正弦 $\sin\alpha=\dfrac{y}{r}$；　余弦 $\cos\alpha=\dfrac{x}{r}$；　正切 $\mathrm{tg}\alpha=\dfrac{y}{x}$；

余切 $\mathrm{ctg}\alpha=\dfrac{x}{y}$；　正割 $\sec\alpha=\dfrac{r}{x}$；　余割 $\csc\alpha=\dfrac{r}{y}$；

三角函数之间的基本关系：

$$\sin^2\alpha+\cos^2\alpha=1;\qquad \mathrm{tg}\alpha\cdot\mathrm{ctg}\alpha=1;\qquad \sec\alpha\cdot\cos\alpha=1;$$

$$\csc\alpha\cdot\sin\alpha=1;\qquad \mathrm{tg}\alpha=\sin\alpha/\cos\alpha;\qquad \mathrm{ctg}\alpha=\cos\alpha/\sin\alpha;$$

$$\sec^2\alpha-\mathrm{tg}^2\alpha=1;\qquad \csc^2\alpha-\mathrm{ctg}^2\alpha=1。$$

常遇角的三角函数值：　$\sin 30°=\cos 60°=\dfrac{1}{2}$；

$$\cos 30° = \sin 60° = \frac{\sqrt{3}}{2} = 0.8660;\ \sin 45° = \cos 45° = \frac{\sqrt{2}}{2} = 0.7071。$$

1.1.3 代数方程

1. 二元一次方程式： $a_1x + b_1y = c_1$； $a_2x + b_2y = c_2$；

$$x = \frac{c_1b_2 - c_2b_1}{a_1b_2 - a_2b_1};\quad y = \frac{a_1c_2 - a_2c_1}{a_1b_2 - a_2b_1};$$

2. 二次方程根的表达式及根与系数的相互关系：

表 1.1-3

方程	$ax^2+bx+c=0$	$x^2+px+q=0$
根的表达式	$x_{1,2}=\frac{-b\pm\sqrt{b^2-4ac}}{2a}$	$x_{1,2}=-\frac{p}{2}\pm\sqrt{\frac{p^2}{4}-q}$
根与系数的关系	$\begin{cases} x_1+x_2=-\frac{b}{a} \\ x_1x_2=\frac{c}{a} \end{cases}$	$\begin{cases} x_1+x_2=-p \\ x_1x_2=q \end{cases}$
判别式	$\Delta=b^2-4ac$ $\Delta>0$ 有两个不等的实根 $\Delta=0$ 有两个相等的实根 $\Delta<0$ 有两个复根	$\Delta=p^2-4q$ $\Delta>0$ 有两个不等的实根 $\Delta=0$ 有两个相等的实根 $\Delta<0$ 有两个复根

1.1.4 弦、弧、高之间的关系

如以 r 为圆的半径（按半径等于1计算），α 为中心角的度数，则

弦长 $$b = 2r\sin\frac{\alpha}{2};$$

弧长 $$s = \pi r\frac{\alpha}{180°} = 0.01745r\alpha \approx \sqrt{b^2 + \frac{16}{3}h^2};$$

高度 $$h = r\left(1 - \cos\frac{\alpha}{2}\right) = \frac{b}{2}\mathrm{tg}\frac{\alpha}{4} = 2r\sin^2\frac{\alpha}{4};$$

如 弧长 $s=r$，则 $\alpha = 57°17'44.806'' = 57.29578°$（弧度）

1.1.5 平面图形面积计算（见表 1.1-4）

平面图形面积计算表 **表 1.1-4**

尺寸符号	图形	面积 F	重心 S
三角形 h——高 $l=\frac{1}{2}$周长	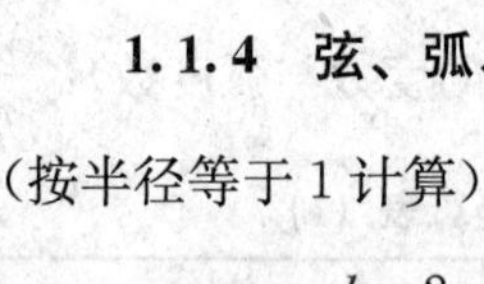	$F=\frac{bh}{2}=\sqrt{l(l-a)(l-b)(l-c)}=\frac{1}{2}ab\sin\alpha$ $l=\frac{a+b+c}{2}$	$SD=\frac{1}{3}BD$ $CD=DA$
直角三角形 a,b——直角边 c——斜边	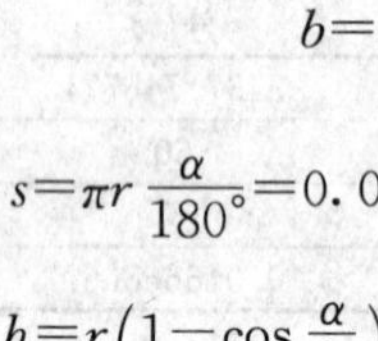	$F=\frac{1}{2}ab=\frac{1}{4}c^2\sin 2\alpha$	$DS=\frac{1}{3}DC$ $AD=DB$

续表

尺寸符号	图形	面积 F	重心 S
平行四边形 a,b——邻边 h——对边间距离	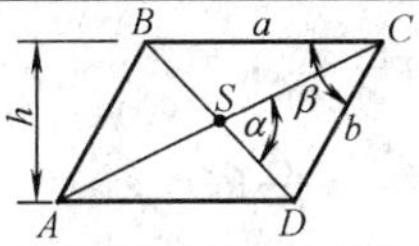	$F=ah=ab\sin\beta=\frac{AC\cdot BD}{2}\sin\alpha$	在对角线交点上
四边形 d_1,d_2——对角线 α——对角线夹角	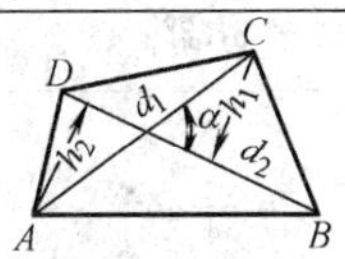	$F=\frac{d_2}{2}(h_1+h_2)=\frac{d_1d_2}{2}\sin\alpha$	
正多边形 r——内切圆半径 R——外接圆半径 p——周长，$p=an$ n——边数 $\alpha=180°:n$	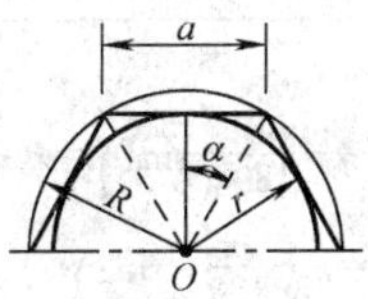	$F=\frac{n}{2}R^2\sin 2\alpha=\frac{pr}{2}$ $\alpha=2\sqrt{R^2-r^2}$—边	在 o 点上
梯形 $CE=AB$ $AF=CD$ a,b——底	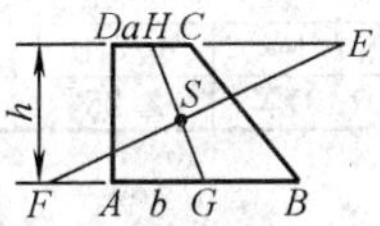	$F=\frac{a+b}{2}h$	$HS=\frac{h}{3}\cdot\frac{a+2B}{a+b}$ $GS=\frac{h}{3}\cdot\frac{2a+b}{a+b}$
菱形 d_1,d_2——对角线 a——边 α——角	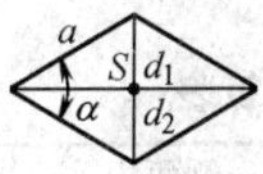	$F=a^2\sin\alpha=\frac{d_1d_2}{2}$	在对角线交点上
矩形 a,b——邻边 d——对角线	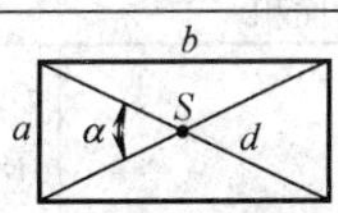	$F=ab=\frac{1}{2}d^2\sin\alpha$	在对角线交点上
圆形 r——半径 d——直径 p——圆周	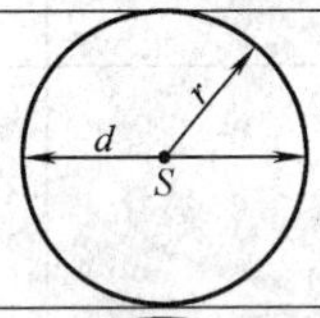	$F=\pi r^2=\frac{1}{4}\pi d^2=\frac{Pd}{4}=0.785d^2$ $p=\pi d$	在圆心上
圆环 R、r——外、内半径 D、d——外、内直径 D_{pj}——平均直径 t——环宽	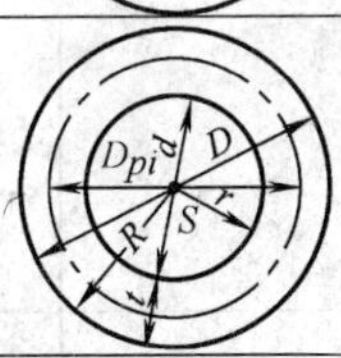	$F=\pi(R^2-r^2)=\frac{1}{4}\pi(D^2-d^2)=2\pi D_{pj}t$	在圆心上
弓形 r——半径 s——弧长 α——中心角度数 b——弦长 h——高	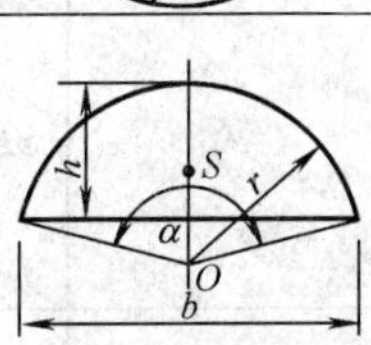	$F=\frac{1}{2}r^2\left(\frac{\alpha\pi}{180}-\sin\alpha\right)=\frac{r(s-b)+bh}{2}$	$SO=\frac{1}{12}\times\frac{b^3}{F}$ 当 $\alpha=180°$ 时 $SO=\frac{4r}{3\pi}$ $=0.4244r$
扇形 r——半径 s——弧长 α——弧 s 的对应中心角 s_1——半径为1的对应弧长	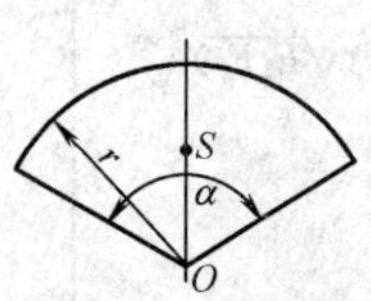	$F=\frac{1}{2}rs=\frac{\alpha}{360}\pi r^2=\frac{1}{2}s_1r^2$ $s_1=\frac{\alpha\pi}{180}$ $s=\frac{\alpha\pi}{180}\cdot r$	$SO=\frac{2}{3}\cdot\frac{rb}{S}$ 当 $\alpha=90°$ $SO=\frac{4}{3}\cdot\frac{\sqrt{2}}{\pi}r$ $=0.6r$

续表

尺寸符号	图　形	面　积 F	重　心 S
部分圆环 t——环宽 R_{pj}——圆环平均半径	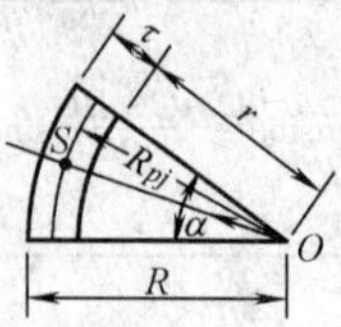	$F=\frac{\alpha\pi}{360}(R^2-r^2)$ $=\frac{\alpha\pi}{180}R_{pj}t$ $=\alpha R_{pj}t$	$SO=38.2\frac{R^3-r^3}{R^2-r^2}\cdot\frac{\sin\frac{\alpha}{2}}{\frac{\alpha}{2}}$
椭圆形 a、b——主轴	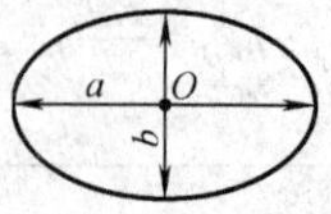	$F=\frac{\pi}{4}ab$	在 a 和 b 轴的交点上
新月形 $OO_1=l$——圆心间的距离 d——直径	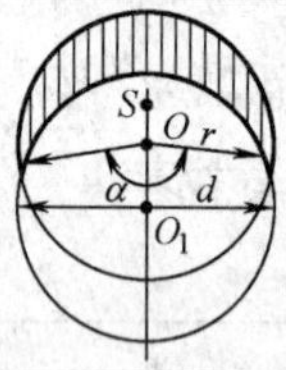	$F=r^2\left(\pi-\frac{\alpha\pi}{180}+\sin\alpha\right)=r^2\eta$ $\left(\eta=\pi-\frac{\alpha\pi}{180}+\sin\alpha\right)$	$O_1s=\frac{(\pi-\eta)\cdot l}{2\eta}$

l	$d/10$	$2d/10$	$3d/10$	$4d/10$	$5d/10$	$6d/10$	$7d/10$	$8d/10$	$9d/10$
η	0.40	0.79	1.18	1.56	1.91	2.25	2.55	2.81	3.02

1.1.6　多面体的体积和表面积计算（见表1.1-5）

多面体的体积和表面积计算表　　**表1.1-5**

尺寸符号	形　体	V——体积；M——侧面积；O——全面积	重　心 S
立方体 a——棱 d——对角线	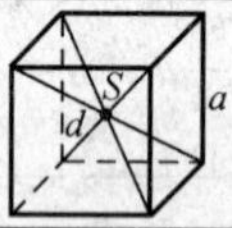	$V=a^3$ $M=4a^2$ $O=6a^2$	在对角线交点上
棱柱 b,t,h——边长 F——底面积	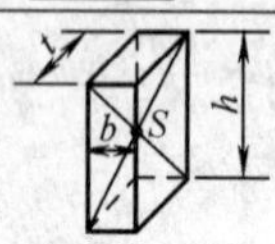	$V=bth=Fh$ $M=(b+t)2h$ $O=(b+t)2h+2bt$ $=2(hb+ht+bt)$	在对角线交点上
三棱柱 a,b,c——边长 h——高； F——底面积	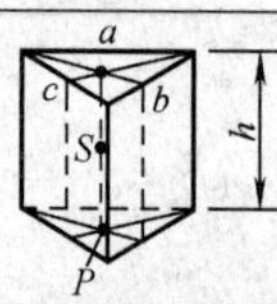	$V=Fh$ $M=(a+b+c)h$ $O=M+2F$	$SP=h/2$ p——中线的交点
棱锥 F——底面积 f——一个组合三角形的面积 n——组合三角形数	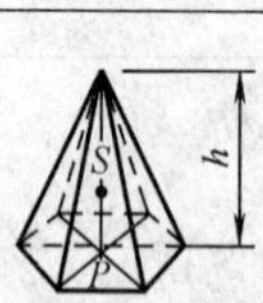	$V=\frac{h}{3}F$ $M=fn$ $O=M+F$	$SP=h/4$
棱台 F_1、F_2——两平行底面的面积 h——底面间距离 a——一个组合梯形面积 n——组合梯形数	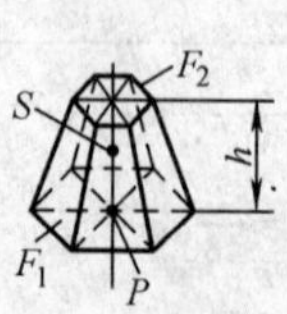	$V=\frac{h}{3}(F_1+F_2+\sqrt{F_1F_2})$ $M=an$ $O=M+F_1+F_2$	$SP=\frac{h}{4}\cdot\frac{F_1+2\sqrt{F_1F_2}+3F_2}{F_1+\sqrt{F_1F_2}+F_2}$

续表

尺寸符号	形体	V——体积；M——侧面积；O—全面积	重心 S
圆柱和空心圆柱 R——外半径 r——内半径 t——壁厚 ρ——平均半径	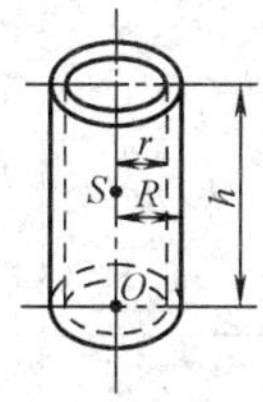	圆柱：$V=\pi R^2h$ $M=2\pi Rh$ $O=M+2\pi R^2$ 空心直圆柱：* 内外侧面积 $V=\pi h(R^2-r^2)$ $=2\pi\rho th$ $M=2\pi(R+r)h^*$ $O=M+2\pi(R^2-r^2)$	$SP=\frac{h}{2}$
斜截直圆柱 h_1——最小高度 h_2——最大高度 r——底面半径	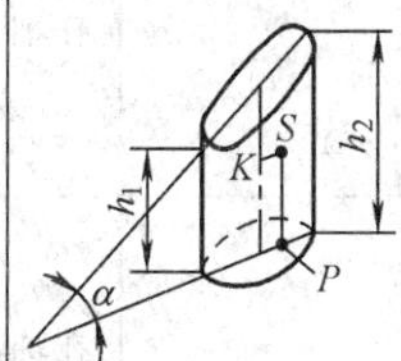	$V=\pi r^2\frac{h_1+h_2}{2}$ $M=\pi r(h_1+h_2)$ $O=M+\pi\cdot r^2\left(1+\frac{1}{\cos\alpha}\right)$	$SP=\frac{h_1+h_2}{4}$ $=+\frac{1}{4}\cdot\frac{r^2}{h_1+h_2}\text{tg}^2\alpha$ $SK=\frac{1}{2}\cdot\frac{r^2}{h_1+h_2}\text{tg}\alpha$
直圆锥 r——底面半径 h——高 s——母线	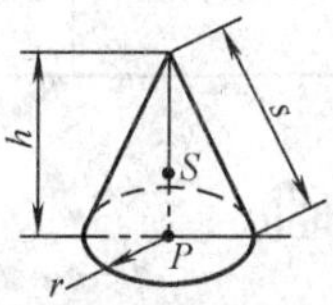	$V=\frac{\pi}{3}r^2h$ $M=\pi r\sqrt{r^2+h^2}=\pi rs$ $s=\sqrt{r^2+h^2}$；$O=M+\pi r^2$	$SP=\frac{1}{4}h$
圆台 R,r——底面半径 h——高；s——母线 $s=\sqrt{(R-r)^2+h}$	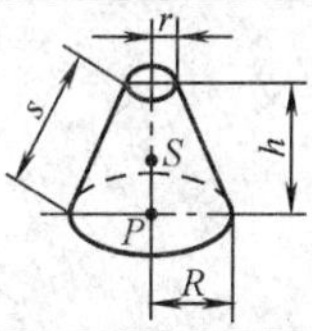	$V=\frac{\pi\cdot h}{3}(R^2+r^2+rR)$ $M=\pi s(R+r)$ $O=M+\pi(R^2+r^2)$	$SP=\frac{h}{4}\cdot\frac{R^2+2Rr+3r^2}{R^2+Rr+r^2}$
球 r——半径 d——直径		$V=\frac{4}{3}\pi\cdot r^3=\frac{1}{6}\pi\cdot d^3$ $=0.5236d^3$ $O=4\pi\cdot r^2=\pi\cdot d^2$	在球心上
球扇形 r——球半径 d——弓形底圆直径 h——弓形高	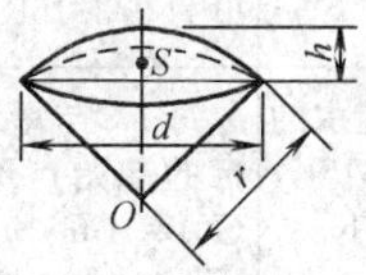	$V=\frac{2}{3}\pi\cdot r^2h=2.0944r^2h$ $O=\frac{\pi r}{2}(4h+d)=1.57r(4h+d)$	$SO=\frac{3}{4}\left(r-\frac{h}{2}\right)$
球缺 h——弓形高 r——球半径 d——球缺底圆直径	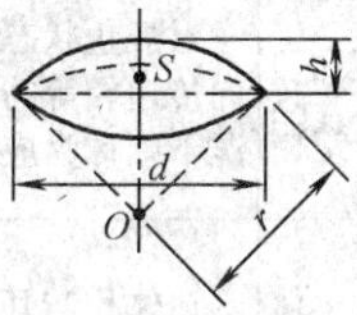	$V=\pi\cdot h^2\left(r-\frac{h}{3}\right)$ $M=2\pi\cdot rh=\frac{\pi}{4}(d^2+4h^2)$	$SO=\frac{3}{4}\cdot\frac{(2r-h)^2}{3r-h}$
圆环胎 D_{pj}——圆环胎平均直径 R_{pj}——圆环胎平均半径 r——圆环胎断面半径 d——圆环胎断面直径	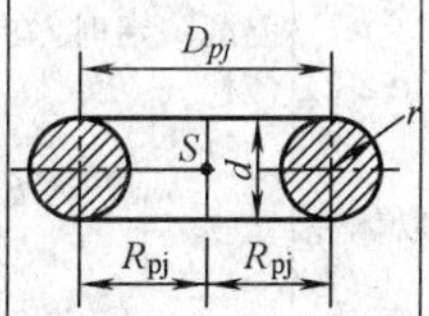	$V=2\pi^2R_{pj}r^2=\frac{\pi^2D_{pj}d^2}{4}$ $O=4\pi^2R_{pj}r=39.478R_{pj}r$	在环中心上

续表

尺寸符号	形　体	V——体积；M——侧面积； O—全面积	重　心　S
球带 R——球半径 r_1, r_2——底面半径 h——腰高	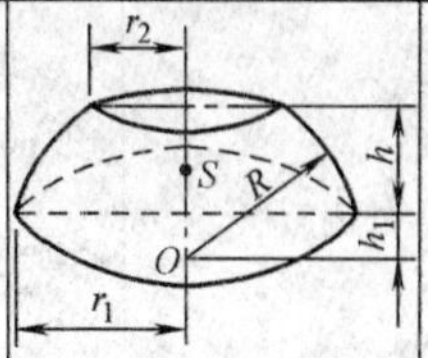	$V=\frac{\pi \cdot h}{6}(3r_1^2+3r_2^2+h^2)$ $M=2\pi Rh$ $O=M+\pi(r_1^2+r_2^2)$	侧表面积 $SO=h_1+\frac{h}{2}$
桶形 D——中间断面直径 d——底直径 l——长	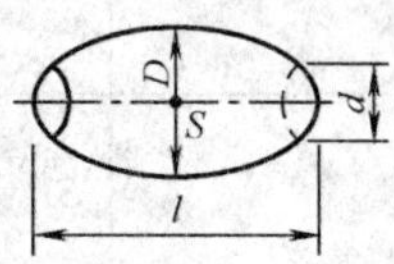	对于抛物线形桶板： $V=\frac{\pi \cdot l}{15}\left(2D^2+Dd+\frac{3}{4}d^2\right)$ 对于圆形桶板： $V=\frac{1}{12}\pi \cdot l(2D^2+d^2)$	在轴交点上
椭圆球 a,b,c——半轴	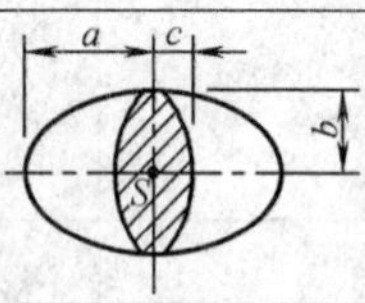	$V=\frac{4}{3}abc\pi$ （M和O不能用简单公式表达）	在轴交点上

1.2 热力学基础

1.2.1 基本概含及定义

1. 工质的基本状态参数（表1.2-1）

工质的基本状态参数　　**表1.2-1**

参数名称		单位	定义及说明	解　释
温度	定义		标志物体冷、热程度的参数称为温度	它反映了物质内部大量分子平均移动动能的强烈程度
温度	热力学温度(T)	K	第1K是水的三相点（纯冰、纯水和水蒸气三相平衡共存状态）热力学温度的1/273.16	选取水的三相点为基准点，并定义其温度为273.16K
温度	摄氏温度(t)	℃	摄氏温度规定0.101325MPa下纯水的冰点为0℃，其热力学温度为273.15K，比纯水的三相点热力学温底低0.01K	每1℃与每1K是相等的，但是，两种温标的起始点不同两者的换算关系为：$T(\mathrm{K})=t(℃)+273.15$　(1.2-1)
压力(ρ)		Pa	垂直作用在单位面积上的力称为压力。在SI单位制中，规定在1m^{2}边界（表面）上作用1N（牛顿）力时的压力为1Pa（帕斯卡）	对静止状态的流体加以力，则向所有方向传递相等的力而产生压力；在固体的情况下则称为应力
比体积(υ)		m^3/kg	单位质量工质所占有的体积称为比体积，比体积的定义为体积(V)除以质量(m)，即 $\upsilon=V/m$　(1.2-2)	比体积与压力、温度有关，当压力一定时，物质在不同温度下有不同比体积；当温度一定时，在不同压力下也有不同比体积
密度(ρ)		kg/m^3	密度(ρ)的定义为质量(m)除以体积(V)，它是比体积的倒数： $\rho=1/\upsilon=m/V$　(1.2-3)	

2. 压力的测量

压力的测量原理是建立在力平衡的基础上的，而压力计本身通常处于大气压力 p_a 作用下，如图 1.2-1 所示。

当容器内气体的压力＞p_a 时，则压力计上测得的压力是容器内的压力与大气压力的差值，是一个相对压力，称为表压力或工作压力，一般用符号 p_g 表示。容器内工质的实际压力称为绝对压力，一般用符号 p 表示。所以，表压力应为：

$$p_g = p - p_a \qquad (1.2\text{-}4)$$

当容器内工质的压力低于大气压力 p_a 时，压力计测得的压力称为真空度，用符号 p_v 表示：

$$p_v = p_a - p \qquad (1.2\text{-}5)$$

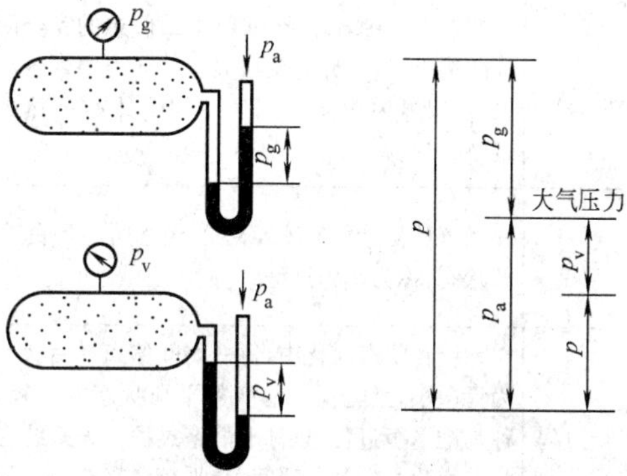

图 1.2-1 压力关系

3. 气体状态方程式（表 1.2-2）

气体状态方程式 **表 1.2-2**

名　称	定义及说明	解　释
理想气体状态方程式	表征理想气体状态三个基本参数(温度、压力和体积)的关系式,称为理想气体状态方程式。 单位质量气体的理想气体状态方程式为: $pv=RT$ (1.2-6) $m$kg 质量气体的理想气体状态方程式为: $pV=mRT$ (1.2-7)	理想气体是一种假设气体分子是一些弹性的、不占有体积的质点、分子相互之间没有作用力(引力和斥力)的假想气体
气体的临界温度	可以使气体等温压缩成液体的这个极限温度,称为该气体的临界温度	高于该温度时,无论压力增加至多大,都不能使气体液化
气体的临界压力	可以使气体等温压缩成液体的压力,称为该气体的临界压力	这时的状态称为临界状态,其比体积和密度,分别称为临界比体积和临界密度

式中：p—绝对压力，Pa；v—比体积，m^3/kg；R—气体常数(见表 1.2-3)，J/(kg·K)；V—气体的总体积，m^3；m—气体的总质量，kg；T—热力学温度，K；a、b—范德瓦尔常数，$a=\frac{27R^2T_c^2}{64p_c}$ Pa·$m^6/(kmol)^2$；$b=\frac{RT_c}{8P_c}$ m^3/kmol；R—实际气体的气体常数，$R=\frac{8p_cv_c}{3T_c}$

部分气体的气体常数 R **表 1.2-3**

名称	分子式	相对分子质量	R [J/(kg·K)]	名称	分子式	相对分子质量	R [J/(kg·K)]
空气	—	28.97	287.0	氦	He	4.003	2077.0
氧	O_2	32	259.8	水蒸气	H_2O	18.051	461.5
氮	N_2	28.013	296.8	一氧化碳	CO	28.011	296.8
氢	H_2	2.016	4124.0	二氧化碳	CO_2	44.010	188.9
氨	NH_3	17.031	488.2	甲烷	CH_4	16.043	518.2

注：气体常数可近似按下式计算：R=8314/相对分子质量

4. 热力系统、热力过程（表 1.2-4）

热力系统、热力过程　　　　表 1.2-4

名称	定义及说明	解释
热力系统	在热力学中，以一个实际的或假想的完全闭合的边界，将研究对象从周围的环境中划分出来，该边界内部所包围的空间物体称为热力系统	有物质穿过边界的热力系统，称为开口系统，没有物质穿过边界的热力系统，称为闭口系统；闭口系统的质量始终保持恒定
热力过程	系统从初始状态变至终了状态所经历的全部状态，称为热力过程	系统中物质的总量可以保持恒定或发生变化；系统状态的变化，意味着原平衡状态被破坏，所以，一切实际过程都是不平衡的
准平衡过程	系统在状态变化中，每一瞬间偏离平衡状态为无限小，且能很快地恢复平衡状态的过程，称为准平衡过程，也称准静态过程。若系统在状态变化中的某一瞬间，与平衡状态有一定偏差，则整个过程就称为不平衡过程	准平衡过程是实际过程进行得非常缓慢时的一个极限，是一种理想过程。在一定条件下，实际过程可近似看作准平衡过程
可逆过程	如果系统完成一个热力过程之后，能使系统沿着过程进行的反方向，依次经历原过程中的一切状态而回复到原状态，且参与过程变化的外界也能回复到原状态，而且不留下任何变化的痕迹，这样的过程称为可逆过程	实际可逆过程的必要条件是：热力系统内部和外界恒处于平衡状态，作机械运动时无摩擦，传热时无温差。 可逆过程实际上是不存在的。实践中，都是将实际过程当作可逆过程进行分析，然后，采用经验系数来修正引起的偏差
不可逆过程	如果反向过程能回到初态，但却给外界留下影响，或者不能回复到初态，这样的过程称为不可逆过程	

5. 热量、功和功率（表 1.2-5）

热量、功和功率　　　　表 1.2-5

名称	单位	定义及说明	解释
热量(Q)	J 或 kJ	热力系统与外界之间存在温差时，系统通过边界与外界之间相互传递的非功形式能量，称为热量。热力系统吸热时，热量取正值；放热时取负值	当物质接受或放出热量时，仅产生温度变化而无相的变化，该热量称为显热；如出现相的变化而无温度变化时，该热量称为潜热
功(W)	J 或 kJ	功是热力系统与外界存在不平衡时，系统通过边界与外界之间相互传递的能量。由气态工质组成的热力系统，当其进行压缩或膨胀时，与外界交换的功称为压缩功或膨胀功，统称为容积功	热力学规定：热力系统对外界做功为正值；外界对热力系统做功为负值
功率(P)	W 或 kW	单位时间内所做的功称为功率	
比热容(c)	J/(kg·K)	比(质量)热容是单位质量工质在温度每变化 1K 时所吸进或放出的热量，体积比热容表示单位体积工质，在标准状态（$p=0.101325$MPa，$t=0$℃）下温度每变化 1K 时所吸进或放出的热量	影响比热容的主要因素： • 相对分子量与分子结构特征； • 状态参数—温度、压力； • 过程特性—定压过程、定容过程

续表

名 称	单 位	定 义 及 说 明	解 释
摩尔热容 (c_m)	J/(mol·K)	单位摩尔工质在温度每变化 1K 时所吸进或放出的热量	c、c_v、c_m 三者之间的关系为: $c_v = c\rho_s = c_m/22.4$ 式中:ρ——气体在标准状态下的密度,kg/m^3。 在工程实际计算中,可忽略比热容随温度变化的关系,从而把比热容当作常数。因此,对于物质从温度 t_1 加热至 t_2 所需的加热量为: $Q = mc(t_2 - t_1)$ (1.2-9)
比定压热容 (c_p)	J/(kg·K)	表示在定压过程中,单位质量的工质在温度每变化 1K 时所吸进或放出的热量	
比定容热容 (c_v)	J/(kg·K)	表示在定容过程中,单位质量的工质在温度每变化 1K 时所吸进或放出的热量	
等熵指数 (κ)		理想气体的比定压热容与比定容热容之比: $\kappa = c_p/c_v$ (1.2-8)	

1.2.2 物质的状态变化及热力学基本定律(表 1.2-6)

物质的状态变化及热力学基本定律 **表 1.2-6**

名 称		定 义 及 说 明	解 释
物质的状态	气态	分子处于不规则运动状态中,分子能均匀地充满所给予的空间,分子密度很小	物质的三种状态,在一定条件下可以相互转化。气体变成液体的过程称为冷凝或液化;液体变成固体的过程称为凝固;固体变成液体的过程称为融解;液体变为气体的过程称为气化;固体直接变为气体的过程称为升华;反之称为固化。物质在状态变化过程中,总伴随有吸热或放热现象
	液态	分子较气态密集,分子间具有相对位移的趋势,具有自由界面,但没有固态物质所具有的晶格组合	
	固态	组成其物质的分子构成有规则的布置,分子处在一定晶格节点上振动。在近距离内,分子振动的调整,主要受分子间作用力的主导,而热运动对分子不规则布置的作用影响很小	
热力学第一定律		根据能量守恒与转换定律,任何一个热力系统都可表示为: 系统收入能量－支出能量＝系统储存能量的增量 当系统与外界进行功(W)和热量(Q)变换时,必将引起系统总能量(E)的变化。必然得到: $Q = \Delta E + W = E_2 - E_1 + W$ (1.2-10) 即加给系统的热量 Q,等于系统总能量的增量 ΔE 及对外所作功之和。 系统吸热时 Q 为正,放热时为负;系统外作功时 W 为正,反之为负;系统总能量增加 ΔE 为正,减少为负。 热能转换为机械能,通常是通过工质的膨胀实现的,如图 1.2-2 所示。 当气缸中单位质量气体被缓慢加热时,气体逐渐膨胀、压力下降、比体积增加,过程由初状态 1 变化至终状态 2。设过程为可逆过程,则在 p-v 图上通过的途径为 1-a-2	如果活塞面积为 A,则任一瞬间气体在压力 p 的作用下,推动活塞移动距离 ds 所作的膨胀功为: $\delta w = F\mathrm{d}s = pA\mathrm{d}s$ 因为 $A\mathrm{d}s = \mathrm{d}v$,所以 $\delta w = pd$;s 系统所作的膨胀功为: $w_{12} = \int_1^2 \delta w = \int_1^2 p\mathrm{d}v$ (1.2-11a) 对于 m 工质所作的功,则为: $w_{12} = m\int_1^2 p\mathrm{d}v = \int_1^2 p\mathrm{d}v$ (1.2-11b) 由图 1.2-2 可知,工质在可逆过程中所作的功,可以用 p-v 图上过程曲线 1-a-2 线下的面积来表示 (因此 p-v 图也称示功图),即 $W_{12} = \int_1^2 p\mathrm{d}v =$ 面积 $1a2nm1$

续表

名 称	定义及说明	解 释
轴功(W_e)	系统通过机械轴与外界传递的机械功称为轴功。如果外界功源向刚性绝热闭口系统输入轴功 W_c(图 1.2-3*a*)，该轴功通过耗散效应转换成热量，被系统吸收，增加系统热力学能。刚性容器中的工质不能膨胀，热量不可能自动地转换为机械功。因此，刚性闭口系统不能向外界输出膨胀功	图 1.2-3(*b*)所示为开口系统与外界传递的轴功 W_e，该轴功可以使系统向外界输出(称正功)，如内燃机、汽轮机。也可以是外界向系统输入(称负功)，如通风机、水泵、压缩机
内能(热力学能)	式(1.2-10)中，E 为系统储存的总都量，包括：E_k—系统做整体运动时的宏观动能；E_p—在重力场中，系统处于某一高度 Z 的重力位能；U—系统内物质微观运动所具有的热力学能。因此，系统总能量为： $E=E_k+E_p+U=\frac{1}{2}mc^2+mgZ+U$ (1.2-12)	当热力系统静止时，宏观动能和重力位能没有变化，所以 $\Delta E=\Delta U$
稳定流动能量方程式及比焓	设一开口系统如图 1.2-4(*a*)所示，当单位质量工质流进系统时，根据能量守恒与转换定律，可建立下列能量守恒关系式： $(e_i+q)-(e_o+w_e)=0$ (1.2-13) 式中： e_i、e_o——工质流经截面 1-1 和 2-2 时带入和流出系统的总能量； q——系统流过单位质量工质时外界对系统加入的热量； w_e——单位质量工质流过系统时对外界输出的轴功。 由式(1.2-12)可知，单位质量工质流进热力系统带入的总能量为： $e_i=u_1+p_1v_1+\frac{1}{2}c_1^2+gZ_1$ (1.2-14) 式中：p_1、v_1——单位质量工质在流动时所作的流动功，即在推动下游工质流动时所产生的功，见图 1.2-4(*b*) 比焓的物理意义是：工质流入/出热力系统，带入/出的热力学能和流动功之和。因此，焓可视为随工质转移的能量	实际工作的热机大多数为开口系统，即系统与外界不仅有能量传递和转换，而且有物质交换。为简化起见，可近似视为稳定流动系统，假定负荷是在不变的状态下运行，即流动中任何截面上的参数如压力、温度、比体积、流速等均不随时间改变。这时，单位时间内系统与外界传递的热量和功，也不随时间而变。 单位质量工质流出系统带走的能量为： $e_o=u_2+p_2v_2+\frac{1}{2}c_2^2+gZ_2$ (1.2-15) 将式(1.2-14)、(1.2-15)代入式(1.2-13)： $(u_1+p_1v_1)-(u_2+p_2v_2)+\frac{1}{2}(c_1^2-c_2^2)+g(z_2-z_1)+q-w_e=0$ (1.2-16) 令 $h=u+pv$，称为比焓，其单位为 kJ/(kg·K)。式(1.2-16)可改写为： $q=(h_2-h_1)+\frac{1}{2}(c_2^2-c_1^2)+g(Z_2-Z_1)+w_e$ (1.2-17) 式(1.2-17)称为稳定流动能量方程式，它适用于稳定流动的任何过程(不论可逆与否)和任何工质，是热工计算中最常用的基本公式之一
热力学第二定律	归纳起来热力学第二定律主要有以下两种表述方式： 克劳修斯表述法：热量不可能自发地、不付代价地从低温物体传到高温物体。这阐明了热量传递的方向，即热量总是自发地、没有任何限制地从高温物体传到低温物体，犹如水总是自发地、没有限制地从高水位流向低水位一样。 开尔文-普朗克表述法：不可能制造出从一个热源取得热量，使之完全变成机械能而不引起其他变化的循环发动机	热功间的相互转换，必然会有能量损失。因此，研究热力循环时，提高热效率是一项重要任务

续表

名　　称	定 义 及 说 明	解　　释
热力循环和热效率	工质从某一初状态1出发，经过一系列状态变化后，又回复到初状态1的封闭热力过程，称为热力循环，如图1.2-5所示。根据循环所产生的不同效果，可分为正循环（动力循环）和逆循环（制冷循环）。正循环是把热能转换为机械能的循环，如图1.2-5(*a*)所示。 所有热力发动机都是正循环，按顺时针方向进行。正循环对外所作的净功 w_0 为膨胀功与压缩功之差，在 *p-v* 图上为循环曲线 1-*a*-2-*b*-1 所包围的面积（正值）。 正循环所获得的净功为： $$w_o=q_1-q_2 \quad (1.2\text{-}18)$$ 式中　q_1——工质从高温热源吸进的热量； q_2——工质向低温热源放出的热量。 对于制冷循环，其经济性用制冷系数来衡量，其定义为： $$\varepsilon=\frac{q_2}{w_o}=\frac{q_2}{q_1-q_2} \quad (1.2\text{-}22)$$ 热泵循环时，其经济性用供热系数来衡量，其定义为： $$\varepsilon_h=\frac{q_1}{w_o}=\frac{q_1}{q_1-q_2} \quad (1.2\text{-}23)$$	正循环的经济性，通常用循环热效率 η 来评价。循环热效率定义为工质在整个热力循环中，对外界所作的净功 w_o 与循环过程中外界给工质的热量 q_1 的比值，即 $$\eta=\frac{w_o}{q_1}=\frac{q_1-q_2}{q_1}=1-\frac{q_2}{q_1}<1 \quad (1.2\text{-}19)$$ 提高高温热源温度，降低低温热源温度，热机的热效率就越高。若热源为恒温热源，高温热源的温度为 T_1，低温热源的温度为 T_2，则热效率也可表示为： $$\eta=\frac{T_1}{T_1-T_2}<1 \quad (1.2\text{-}20)$$ 逆循环是消耗一定量的机械能，迫使高温热源的热量流向低温热源的循环。压缩式制冷及热泵供热都是利用逆循环工作的，如图1.2-5(*b*)所示。工质从低温热源吸进的热量为 q_2，向高温热源放出的热量为 q_1，逆循环所消耗的净功为循环曲线 1-*b*-2-*a*-1 所包围的面积（负值） $$-w_o=q_2-q_1$$ 或　$$q_1=q_2+w_o \quad (1.2\text{-}21)$$
比熵及温熵图	比熵是表征工质状态变化时，与外界换热程度的一个导出热力状态参数。对于单位质量工质，称为比熵，以符号 *s* 表示，单位为 kJ/(kg·K)。单位质量工质在等温加热过程中，从外界加入热量 *q*，加热时的温度为 *T*，加热前后工质的熵分别为 s_1、s_2，对于可逆过程可得： $$\Delta s=s_2-s_1=\frac{q}{T} \quad (1.2\text{-}24)$$ 或　$$q=T(s_2-s_1) \quad (1.2\text{-}25)$$	当 $s_2>s_1$ 时，$q>0$，表示工质从外界吸收热量；当 $s_2<s_1$ 时，$q<0$，表示工质对外界放出热量； 当 $s_2=s_1$ 时，表示工质与外界无热量交换，一般称为等熵过程或绝热过程。若以 *T* 为纵坐标，*s* 为横坐标，则可绘成类似于 *p-v* 图的 *T-s* 图（温熵图），如图1.2-6所示。在 *T-s* 图中，每一条曲线代表一个可逆过程，图中曲线 1-*a*-2 下面的面积 $1a2s_2s_11$，表示该过程中工质与外界所传的热量，因此，*T-s* 图也称示热图

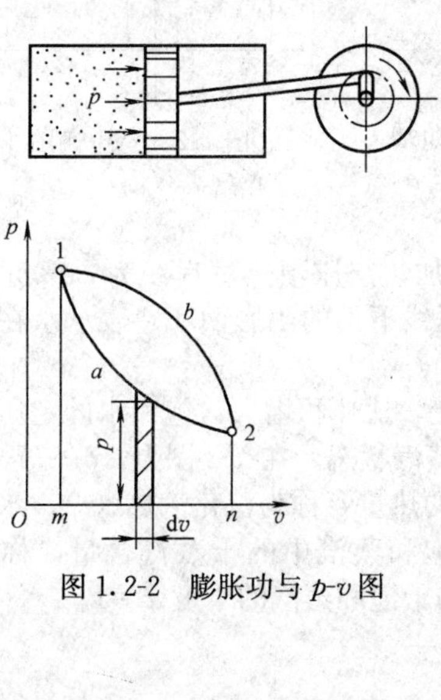

图1.2-2　膨胀功与 *p-v* 图

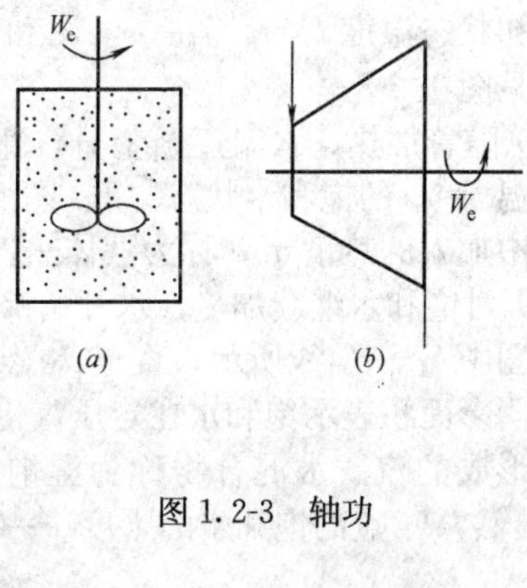

图1.2-3　轴功

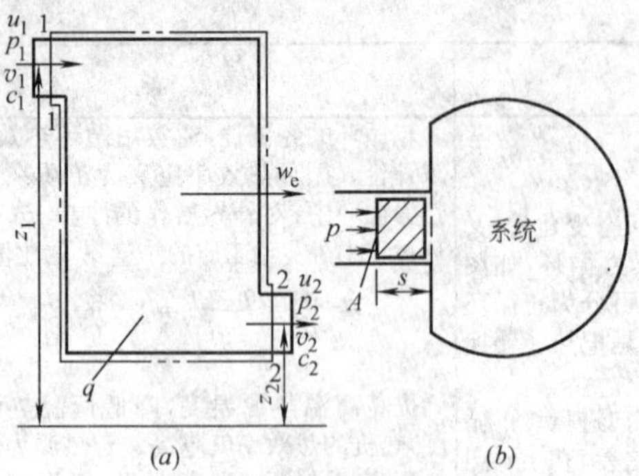

图 1.2-4 开口系统及流动功

1.2.3 水蒸气

1. 饱和与非饱和状态

液体在封闭容器中加热汽化，单位时间内逸出液面与回到液体中的分子数相等时，蒸汽与液体的物理量将保持不变，汽液两相处于平衡状态，这时，称为饱和状态。

处于饱和状态的蒸汽称为饱和蒸汽，这时，蒸汽和液体的压力称为饱和压力（p_s）；对应的温度称为饱和温度，即沸点（t_s）。

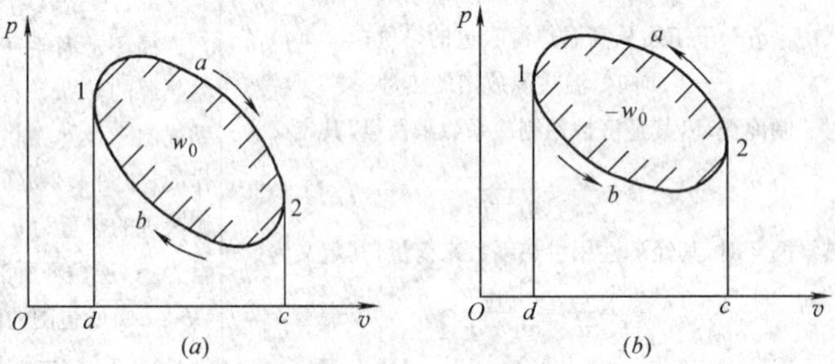

图 1.2-5 热力循环

处于饱和状态的液体称为饱和液体；两者的混合物称为湿饱和蒸汽，简称湿蒸汽。相应地不含饱和液体的饱和蒸汽，称为干饱和蒸汽，简称干蒸汽。

如果蒸汽的温度高于其压力所对应的饱和温度时，则称为过热蒸汽。过热蒸汽的温度和压力所对应的饱和温度之差称为过热度。

如果液体的温度低于其压力所对应的饱和温度时，则此液体称为未饱和液体，或过冷液体；其温度之差称为过冷度。

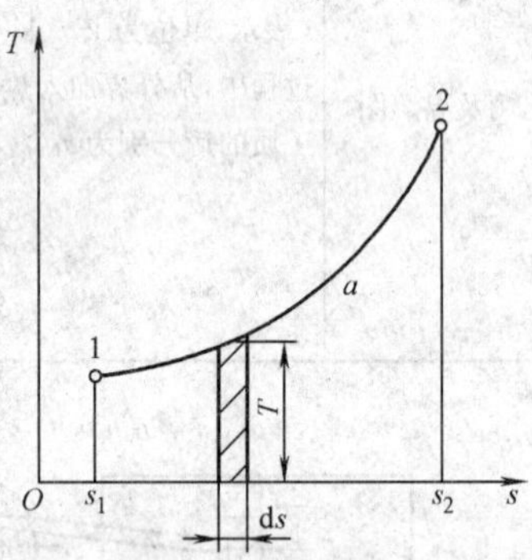

图 1.2-6 温-熵图

2. 水蒸气的定压发生过程

工程上应用的蒸汽，大都是在锅炉中定压加热产生的。蒸汽的产生过程可分为三个阶段（图 1.2-7）：

(1) 单位质量 0.01℃的水，在压力 p_1 下开始加热时，其初状态温度 $t<t_s$，在 p-v 图和 T-s 图上用点 a_1 表示，见图 1.2-8。

(2) 随着加热，水温逐渐上升，比体积略有增加，定压预热过程线为 a_1—b_1 段，b_1 点为水温 $t=t_s$ 的饱和水状态。T-s 图上 a_1—b_1 过程线下面的阴影面积，表示水在定压预热过程中加入的热量 q_1，称为液体热。

(3) 对饱和水继续加热，水开始沸腾，水温不变，比体积增大，饱和水的定压汽化过程线如图中 b_1—d_1 线所示，直至 d_1 点达到干饱和蒸汽状态。在 T-s 图上，b_1—d_1 过程线下面的阴影面积表示饱和水在定压汽化过程中吸入的热量，称为汽化潜热（r）。水在汽化过程中形成的汽、水混合物称为湿饱和蒸汽；湿饱和蒸汽中的干蒸汽含量，称为干度（x）。显然，b_1 点的饱和水的干度 $x=0$，而 d_1 点的干饱和蒸汽的干度 $x=1$。

（4）对 d_1 点的饱和蒸汽继续加热时，蒸汽的温度上升，$t>t_s$，比体积增大，这一过程以 d_1—e_1 线表示，该线下面的阴影面积表示过热热量。

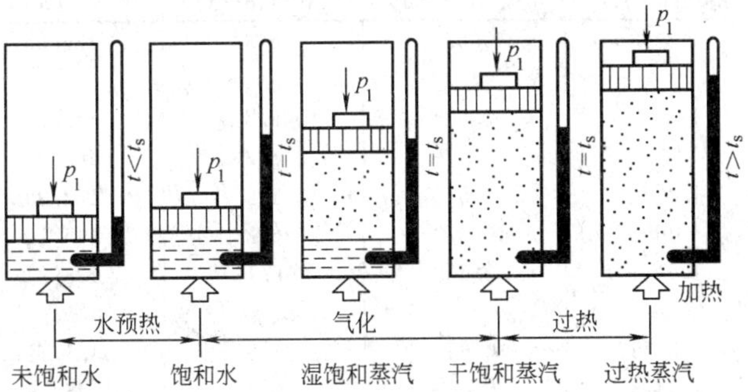

图 1.2-7 水蒸气的定压发生过程示意图

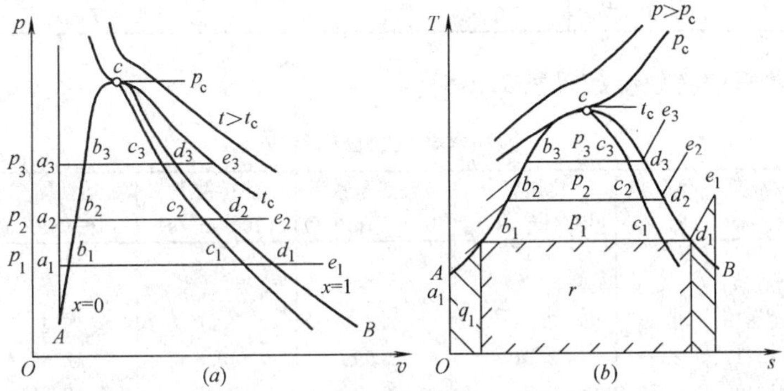

图 1.2-8 水蒸气定压发生过程的表示

（*a*）*p-v* 图；（*b*）*T-S* 图。

由图 1.2-8 可知，随着压力 p 提高，饱和温度亦将升高，汽化过程的比体积变化逐渐减小，汽化潜热也逐渐变小，但液体加热量将增多，至临界点 c 时，汽化潜热为零，而液体加热量为最大。

水蒸气的 p、v、T 三者的关系不符合理想气体状态方程，所以，工程中一般都利用制成的各种水和水蒸气的物理特性表等进行计算

3. 水的物理参数（表 1.2-7）

水的物理参数 **表 1.2-7**

温度（℃）	压力（kPa）	比热容［kJ/(kg·K)］	导热系数［W/(m·K)］	热扩散率（10^{-4}m²/h）	动力黏度（10^{-6}Pa·s）	运动黏度（10^{-6}m²/s）
0	98	4.2077	0.558	4.8	1789.71	1.790
10	98	4.1910	0.563	4.9	1304.28	1.300
20	98	4.1826	0.593	5.1	1000.28	1.000
30	98	4.1784	0.611	5.3	801.20	0.805
40	98	4.1784	0.623	5.4	653.12	0.659
50	98	4.1826	0.642	5.6	549.17	0.556
60	98	4.1826	0.657	5.7	470.72	0.479
70	98	4.1910	0.666	5.9	406.00	0.415
80	98	4.1952	0.670	6.0	355.98	0.366
90	98	4.2077	0.680	6.1	314.79	0.326
100	101	4.2161	0.683	6.1	382.43	0.295
110	143	4.2287	0.685	6.1	254.97	0.268
120	198	4.2454	0.686	6.2	230.46	0.244
130	270	4.2663	0.686	6.2	211.82	0.226
140	361	4.2915	0.685	6.2	198.13	0.212

续表

温度(℃)	压力(kPa)	比热容[kJ/(kg·K)]	导热系数[W/(m·K)]	热扩散率(10^{-4}m²/h)	动力黏度(10^{-6}Pa·s)	运动黏度(10^{-6}m²/s)
150	476	4.3208	0.684	6.2	185.35	0.202
160	618	4.3543	0.683	6.2	171.62	0.190
170	792	4.3878	0.679	6.2	162.79	0.181
180	1003	4.4254	0.675	6.2	152.98	0.173
190	1255	4.4631	0.670	6.2	145.14	0.166
200	1555	4.5134	0.663	6.1	138.27	0.160
210	1908	4.6055	0.655	6.0	131.41	0.154
220	2320	4.6473	0.645	6.0	125.53	0.149
230	2798	4.6892	0.637	6.0	119.64	0.145
240	3348	4.7311	0.628	5.9	114.74	0.141

4. 饱和水蒸气的物理参数（表1.2-8）

饱和水蒸气的物理参数 表1.2-8

温度(℃)	压力(kPa)	密度(kg/m³)	汽化热(kJ/kg)	比热容[kJ/(kg·K)]	导热系数[10^{-2}W/(m·K)]	热扩散率(10^{-6}m²/s)	运动黏度(10^{-6}pa·s)	动力黏度(10^{-6}m²/s)
100	101.3	0.598	2257	2.14	2.37	18.6	11.97	20.02
110	143	0.826	2230	2.18	2.49	13.8	12.45	15.07
120	199	1.212	2203	2.21	2.59	10.5	12.85	11.46
130	270	1.496	2174	2.26	2.69	7.97	13.20	8.85
140	362	1.966	2145	2.32	2.79	6.13	13.50	6.89
150	476	2.547	2114	2.39	2.88	4.728	13.90	5.47
160	618	3.258	2083	2.48	3.01	3.722	14.30	4.39
170	792	4.122	2050	2.58	3.13	2.939	14.70	3.57
180	1003	5.157	2015	2.71	3.27	2.340	15.10	2.93
190	1255	6.394	1979	2.86	3.42	1.870	15.60	2.44
200	1555	7.862	1941	3.02	3.55	1.490	16.00	2.03
210	1908	9.588	1900	3.20	3.72	1.210	16.40	1.71
220	2320	11.62	1858	3.41	3.90	0.983	16.80	1.45
230	2798	13.99	1813	3.63	4.10	0.806	17.30	1.24
240	3348	16.76	1766	3.88	4.30	0.658	17.80	1.06
250	3978	19.98	1716	4.16	4.51	0.544	18.20	0.913

5. 饱和水和饱和水蒸气的热力特性（表1.2-9、表1.2-10）

饱和水和饱和水蒸气的热力特性（按压力排序） 表1.2-9

压力(MPa)	饱和温度(℃)	比容(m³/kg)		比焓(kJ/kg)			比熵[kJ/(kg·K)]	
		饱和水	饱和蒸汽	饱和水	汽化潜热	饱和蒸汽	饱和水	饱和蒸汽
0.001	6.982	0.0010001	129.208	29.33	2484.5	2513.8	0.1060	8.9756
0.002	17.511	0.0010012	67.006	73.45	2459.8	2533.2	0.2606	8.7236
0.003	24.098	0.0010027	45.668	101.00	2444.2	2545.2	0.3543	8.5776
0.004	28.981	0.0010040	34.803	121.41	2432.7	2554.1	0.4224	8.4747
0.005	32.90	0.0010052	28.196	137.77	2423.4	2561.2	0.4762	8.3952

续表

压力(MPa)	饱和温度(℃)	比容(m^3/kg)		比焓(kJ/kg)			比熵[kJ/(kg·K)]	
		饱和水	饱和蒸汽	饱和水	汽化潜热	饱和蒸汽	饱和水	饱和蒸汽
0.006	36.18	0.0010064	23.742	151.5	2415.6	2567.1	0.5209	8.3305
0.007	39.02	0.0010074	20.532	163.38	2408.8	2572.2	0.5591	8.2760
0.008	41.53	0.0010084	18.106	173.87	2402.8	2576.7	0.5926	8.2289
0.009	43.79	0.0010094	16.206	183.28	2397.5	2580.8	0.6224	8.1875
0.010	45.83	0.0010102	14.676	191.84	2392.6	2584.4	0.6493	8.1505
0.015	54.00	0.0010140	10.025	225.98	2372.9	2598.9	0.7549	8.0089
0.020	60.09	0.0010172	7.6515	251.46	2358.1	2609.6	0.8321	7.9092
0.025	64.99	0.0010199	6.2060	271.99	2346.1	2618.1	0.8932	7.8321
0.030	69.12	0.0010223	5.2308	289.31	2336.0	2625.3	0.9441	7.7695
0.040	75.89	0.0010265	3.9949	317.56	2319.2	2636.8	1.0261	7.6711
0.050	81.35	0.0010301	3.2415	340.57	2305.4	2646.0	1.0912	7.5951
0.060	86.95	0.0010333	2.7329	359.93	2293.7	2653.6	1.1454	7.5332
0.070	89.96	0.0010361	2.3658	376.77	2283.4	2660.2	1.1921	7.4811
0.080	93.51	0.0010387	2.0879	391.72	2274.3	2666.0	1.2330	7.4360
0.090	96.71	0.0010412	1.8701	405.21	2265.9	2671.1	1.2696	7.3963
0.100	99.63	0.0010434	1.6946	417.51	2258.2	2675.7	1.3027	7.3608
0.120	104.81	0.0010476	1.4289	439.36	2244.4	2683.8	1.3609	7.2996
0.140	109.32	0.0010513	1.2370	458.42	2332.4	2690.8	1.4109	7.2480
0.160	113.32	0.0010547	1.0917	475.38	2221.4	2696.8	1.4550	7.2032
0.180	116.93	0.0010579	0.97775	490.70	2211.4	2702.1	1.4944	7.1638
0.200	120.23	0.0010608	0.88592	504.7	2202.2	2706.9	1.5301	7.1286
0.250	127.43	0.0010675	0.71881	535.4	2181.8	2717.2	1.6072	7.0540
0.300	133.54	0.0010735	0.60586	561.4	2164.1	2725.5	1.6717	6.9930
0.350	138.88	0.0010789	0.52425	584.3	2148.2	2732.5	1.7273	6.9414
0.400	143.62	0.0010839	0.46242	604.7	2133.8	2738.5	1.7764	6.8966
0.450	147.92	0.0010885	0.41392	623.2	2120.6	2743.8	1.8204	6.8570
0.500	151.85	0.0010928	0.37481	640.1	2108.4	2748.5	1.8604	6.8215
0.600	158.84	0.0011009	0.31556	670.4	2086.0	2756.4	1.9308	6.7598
0.700	164.96	0.0011082	0.27274	697.1	2065.8	2762.9	1.9918	6.7074
0.800	170.42	0.0011150	0.24030	720.9	2047.5	2768.4	2.0457	6.6618
0.900	175.36	0.0011213	0.21484	742.6	2030.4	2773.0	2.0941	6.6212
1.000	179.88	0.0011274	0.19430	762.6	2014.4	2777.0	2.1382	6.5847
1.100	184.06	0.0011331	0.17739	781.1	1999.3	2780.4	2.1786	6.5515
1.200	187.06	0.0011386	0.16320	798.4	1985.0	2783.4	2.2160	6.5210
1.300	191.60	0.0011438	0.15112	814.7	1971.3	2786.0	2.2509	6.4927
1.400	195.04	0.0011489	0.14072	830.1	1958.3	2788.4	2.2836	6.4665
1.500	198.28	0.0011538	0.13165	844.7	1945.7	2790.4	2.3144	6.4418
1.600	201.37	0.0011586	0.12368	858.6	1933.6	2792.2	2.3436	6.4187
1.700	204.30	0.0011663	0.11661	871.8	1922.0	2793.8	2.3712	6.3967
1.800	207.10	0.0011678	0.11031	884.6	1910.5	2795.1	2.3976	6.3759

续表

压力(MPa)	饱和温度(℃)	比容(m³/kg)		比焓(kJ/kg)			比熵[kJ/(kg·K)]	
		饱和水	饱和蒸汽	饱和水	汽化潜热	饱和蒸汽	饱和水	饱和蒸汽
1.900	209.79	0.0011722	0.10464	896.8	1899.6	2796.4	2.4227	6.3561
2.000	212.37	0.0011766	0.09953	908.6	1888.8	2797.4	2.4468	6.3373
2.200	217.24	0.0011850	0.08319	930.9	1868.2	2799.1	2.4922	6.3018
2.400	221.78	0.0011932	0.98319	951.9	1848.5	2600.4	2.5343	6.2691
2.600	226.03	0.0012011	0.07685	971.7	1829.5	2801.2	2.5736	6.2386
2.800	230.04	0.0012088	0.07138	990.5	1811.2	2801.7	2.6106	6.2101
3.000	233.84	0.0012163	0.06662	1008.4	1793.5	2801.9	2.6455	6.1832
3.500	242.54	0.0012345	0.05702	1049.8	1751.5	2801.3	2.7253	6.1218
4.000	250.33	0.0012521	0.04974	1087.5	1711.9	2799.4	2.7967	6.0670
4.500	257.41	0.0012691	0.04402	1122.2	1674.3	2796.5	2.8614	6.0171
5.000	263.92	0.0012858	0.03941	1154.6	1638.2	2792.8	2.0209	5.9712
6.000	275.56	0.0013187	0.03241	1213.9	1569.4	2783.3	3.0277	5.8878
7.000	285.80	0.0013514	0.02734	1267.7	1503.7	2771.4	3.1225	5.8126
8.000	294.98	0.0013843	0.02349	1317.5	1440.0	2757.5	3.2083	5.7430
9.000	303.31	0.0014179	0.02046	1364.2	1377.6	2741.8	3.2875	5.6773
10.00	310.96	0.0014526	0.01800	1408.6	1315.8	2724.4	3.3616	5.6143
12.00	324.64	0.0015267	0.01425	1492.6	1192.2	2684.8	3.4986	5.4930
14.00	336.63	0.0016104	0.01149	1572.8	1065.5	2638.3	3.6262	5.3737
16.00	347.32	0.0017101	0.009330	1651.5	931.2	2582.7	3.7486	5.2496
18.00	356.96	0.0018380	0.007534	1733.4	781.0	2514.4	3.8789	5.1135
20.00	365.71	0.002038	0.005873	1828.8	585.0	2413.8	4.0181	4.9338
22.00	373.68	0.002675	0.003757	2007.7	184.8	2192.5	4.2891	4.5748

饱和状态下水的热力特性（按温度排序） **表 1.2-10**

温度(℃)	大气压(kPa)	比容(m³/kg)			比焓(kJ/kg)			比熵[kJ/(kg·K)]		
t	P	v_b	Δv	v_q	h_b	Δh	h_q	s_b	Δs	s_q
−60	0.00108	0.001082	90942.00	90942.00	−446.40	2836.27	2389.87	−1.6854	13.3065	11.6211
−59	0.00124	0.001082	79858.69	79858.69	−444.40	2836.46	2391.72	−1.6776	13.2452	11.5677
−58	0.00141	0.001082	70212.37	70212.37	−443.06	2836.64	2393.57	−1.6698	13.1845	11.5147
−57	0.00161	0.001082	61805.35	61805.35	−441.38	2836.81	2395.43	−1.6620	13.1243	11.4623
−56	0.00184	0.001082	54469.39	54469.39	−439.69	2836.97	2397.28	−1.6542	13.0646	11.4104
−55	0.00209	0.001082	48061.05	48061.05	−438.00	2837.13	2399.13	−1.6464	13.0054	11.3590
−54	0.00238	0.001082	42453.57	42453.57	−436.29	2837.27	2400.98	−1.6386	12.8886	11.3082
−53	0.00271	0.001083	37546.09	37546.09	−434.59	2837.42	2402.83	−1.6308	12.8309	11.2578
−52	0.00307	0.001083	33242.14	33242.14	−432.87	2837.55	2404.68	−1.6230	12.7738	11.2079
−51	0.00348	0.001083	29464.67	29464.67	−431.14	2837.68	2406.53	−1.6153	12.7170	11.1585
−50	0.00394	0.001084	26145.01	26145.01	−429.41	2837.80	2408.39	−1.6075	12.7170	11.1096
−49	0.00443	0.001084	23223.69	23223.69	−427.67	2837.91	2410.24	−1.5997	12.6608	11.0611
−48	0.00503	0.001084	20651.69	20651.69	−425.93	2838.02	2412.09	−1.5919	12.6051	11.0131
−47	0.00568	0.001084	18383.51	18383.51	−424.17	2838.12	2413.94	−1.5842	12.5498	10.9656
−46	0.00640	0.001084	16481.35	16481.35	−422.41	2838.21	2415.79	−1.5764	12.4949	10.9185

续表

温度(℃)	大气压(kPa)	比容(m³/kg)			比焓(kJ/kg)			比熵[kJ/(kg·K)]		
t	P	v_b	Δv	v_q	h_b	Δh	h_q	s_b	Δs	s_q
−45	0.00721	0.001084	14612.36	14612.36	−420.65	2838.29	2417.65	−1.5686	12.4405	10.8719
−44	0.00811	0.001085	13047.66	13047.66	−418.87	2838.37	2419.50	−1.5609	12.3866	10.8257
−43	0.00911	0.001085	11661.85	11661.85	−417.09	2838.44	2421.35	−1.5531	12.3330	10.7799
−42	0.01022	0.001085	10433.85	10433.85	−415.30	2838.50	2423.20	−1.5453	12.2799	10.7346
−41	0.01147	0.001085	9344.25	9344.25	−413.50	2838.55	2425.05	−1.5376	12.2273	10.6897
−40	0.01285	0.001085	8376.33	8376.33	−411.70	2838.60	2426.90	−1.5298	12.1730	10.6452
−39	0.01438	0.001085	7315.86	7315.87	−409.88	2838.64	2428.76	−1.5221	12.1232	10.6011
−38	0.01608	0.001085	6750.36	6750.36	−408.07	2838.68	2430.61	−1.5143	12.0718	10.5575
−37	0.01	0.001085	6068.16	6068.17	−406.24	2838.70	2432.46	−1.5066	12.0208	10.5142
−36	0.02	0.001085	5459.82	5459.82	−404.40	2838.71	2434.31	−1.4988	11.9702	10.4713
−35	0.02235	0.001086	4917.09	4917.10	−402.56	2838.73	2436.16	−1.4911	11.9199	10.4289
−34	0.02490	0.001086	4432.36	4432.37	−400.72	2838.73	2438.01	−1.4833	11.8701	10.3868
−33	0.02772	0.001086	3998.71	3998.71	−398.86	2838.72	2439.86	−1.4756	11.8207	10.3451
−32	0.03082	0.001086	3610.71	3610.71	−397.00	2838.72	2441.72	−1.4678	11.7716	10.3037
−31	0.03425	0.001086	3263.20	3263.20	−395.12	2838.69	2443.57	−1.4601	11.7229	10.2628
−30	0.03802	0.001086	2951.64	2951.64	−393.25	2838.66	2445.42	−1.4524	11.6746	10.2222
−29	0.04217	0.001086	2672.03	2672.03	−391.36	2838.63	2447.27	−1.4446	11.6266	10.1820
−28	0.04673	0.001086	2420.89	2420.89	−389.47	2838.59	2449.12	−1.4369	11.5790	10.1421
−27	0.05175	0.001086	2195.23	2195.23	−387.56	2838.53	2450.97	−1.4291	11.5318	10.1026
−26	−0.05725	−0.001087	1992.15	1992.15	−385.66	2838.48	2452.82	−1.4214	11.4849	10.0634
−25	0.06329	0.001087	1809.35	1809.36	−383.74	2838.41	2454.67	−1.4137	11.4383	10.0246
−24	0.06991	0.001087	1644.59	1644.59	−381.82	2838.34	2456.52	−1.4059	11.3921	9.9862
−23	0.07716	0.001087	1495.98	1495.98	−379.89	2838.26	2458.37	−1.3982	11.3462	9.9480
−22	0.08510	0.001087	1361.94	1361.94	−377.95	2838.17	2460.22	−1.3905	11.3007	9.9102
−21	0.09378	0.001087	1240.77	1240.77	−376.01	2838.07	2462.06	−1.3828	11.2555	9.8728
−20	0.10326	0.001087	1131.27	1131.27	−374.06	2837.97	2463.91	−1.3750	11.2106	9.8356
−19	0.11362	0.001088	1032.18	1032.18	−372.10	2837.06	2465.76	−1.3673	11.1661	9.7988
−18	0.12492	0.001088	942.46	942.47	−370.13	2837.74	2467.61	−1.3596	11.1218	9.7623
−17	0.13725	0.001088	861.17	861.18	−368.15	2837.61	2469.46	−1.3518	11.0779	9.7261
−16	0.15068	0.001088	787.49	787.49	−366.17	2837.47	2471.30	−1.3441	11.0343	9.6902
−15	0.16530	0.001088	720.59	720.59	−364.18	2837.33	2473.15	−1.3364	10.9910	9.6546
−14	0.18122	0.001088	659.86	659.86	−362.18	2837.18	2474.99	−1.3287	10.9480	9.6193
−13	0.19352	0.001089	604.65	604.65	−360.18	2837.02	2476.84	−1.3210	10.9053	9.5844
−12	0.21735	0.001089	554.45	554.45	−358.17	2836.85	2478.68	−1.3132	10.8629	9.5497
−11	0.23775	0.001089	508.75	508.75	−356.15	2836.68	2480.53	−1.3055	10.8208	9.5153
−10	0.25991	0.001089	467.14	467.14	−354.12	2836.49	2482.37	−1.2978	10.7790	9.4812
−9	0.28395	0.001089	429.21	429.21	−352.08	2836.30	2484.22	−1.2901	10.7375	9.4474
−8	0.30999	0.001090	394.64	394.64	−350.04	2836.10	2486.06	−1.2824	10.6962	9.4139
−7	0.33821	0.001090	363.07	363.07	−347.99	2835.89	2487.90	−1.2746	10.6552	9.3806
−6	0.36874	0.001090	334.25	334.25	−345.95	2835.68	2489.74	−1.2669	10.6145	9.3476

续表

温度(℃)	大气压(kPa)	比容(m^3/kg)			比焓(kJ/kg)			比熵[kJ/(kg·K)]		
t	P	v_b	Δv	v_q	h_b	Δh	h_q	s_b	Δs	s_q
−5	0.40178	0.001090	307.91	307.91	−343.87	2835.45	2491.58	−1.2591	10.5741	9.3149
−4	0.43748	0.001090	283.83	283.83	−341.80	2835.22	2493.42	−1.2515	10.5340	9.2825
−3	0.47606	0.001090	261.79	261.79	−339.72	2834.98	2495.26	−1.2438	10.4941	9.2503
−2	0.51773	0.001091	241.60	241.60	−337.63	2834.72	2497.10	−1.2361	10.4544	9.2184
−1	0.56268	0.001091	223.11	223.11	−335.53	2834.47	2498.91	−1.2284	10.4151	9.1867
0	0.61117	0.001091	206.16	206.16	−333.43	2834.20	2500.77	−1.2206	10.3760	9.1553
0	0.6112	0.001000	206.142	206.142	−0.04	2500.81	2500.77	−0.0001	9.1554	9.1553
1	0.6571	0.001000	192.455	192.456	4.18	2498.43	2502.61	0.0153	9.1134	9.1286
2	0.7060	0.001000	179.760	179.770	8.39	2496.05	2504.44	0.0306	9.0716	9.1022
3	0.7381	0.001000	168.026	168.027	12.60	2493.68	2506.28	0.0459	9.0301	9.0761
4	0.8135	0.001000	157.137	157.138	16.81	2491.31	2508.12	0.0611	8.9890	9.0501
5	0.8725	0.001000	147.032	147.033	21.02	2488.94	2509.95	0.0762	8.9482	9.0244
6	0.9453	0.001000	137.653	137.654	25.22	2486.57	2511.79	0.0913	8.9076	8.9990
7	1.0020	0.001000	128.947	128.948	29.42	2484.20	2513.62	0.1064	8.8674	8.9738
8	1.0729	0.001000	120.850	120.851	33.62	2481.84	2515.46	0.1213	8.8274	8.9488
9	1.1481	0.001000	113.326	113.327	37.82	2479.47	2517.29	0.1362	8.7878	8.9240
10	1.2280	0.001000	106.328	106.329	42.01	2477.11	2519.12	0.1511	8.7484	8.8995
11	1.3128	0.001000	99.807	99.808	46.21	2474.74	2520.95	0.1659	8.7093	8.8751
12	1.4626	0.001000	93.740	93.741	50.40	2472.38	2522.78	0.1806	8.6705	8.8510
13	1.4979	0.001000	88.084	88.085	54.59	2470.02	2524.61	0.1953	8.6319	8.8272
14	1.5987	0.001000	82.812	82813	58.78	2467.66	2526.44	0.2099	8.5936	8.8035
15	1.7055	0.001000	77.896	77.897	62.97	2465.30	2528.26	0.2244	8.5556	8.7800
16	1.8195	0.001001	73.305	73.306	67.16	2462.93	2530.09	0.2389	8.5178	8.7568
17	1.9380	0.001001	69.020	69.021	71.34	2460.57	2531.91	0.2534	8.4803	8.7337
18	2.0643	0.001001	65.015	65.016	75.53	2458.21	2533.74	0.2678	8.4431	8.7109
19	2.1979	0.001002	61.272	61.273	79.71	2455.85	2535.56	0.2821	8.4061	8.6883
20	2.3389	0.001002	57.772	57.773	83.90	2453.48	2537.38	0.2965	8.3694	8.6658
21	2.4878	0.001002	54.497	54.498	88.08	2451.12	2439.20	0.3107	8.3329	8.6436
22	2.6448	0.001002	51.432	51.433	92.27	2448.75	2541.02	0.3249	8.2966	8.6215
23	2.8105	0.001003	48.560	48.561	96.45	2446.39	2542.84	0.3390	8.2606	8.5996
24	2.9852	0.001003	45.870	45.871	100.63	2444.02	2544.65	0.3531	8.2249	8.5780
25	3.1693	0.001003	43.349	43.350	104.81	2441.65	2546.47	0.3672	8.1893	8.5565
26	3.3633	0.001003	40.983	40.984	108.99	2439.29	2548.28	0.3812	8.1540	8.5352
27	3.5674	0.001004	38.764	38.765	113.17	2436.92	2550.09	0.3951	8.1190	8.5141
28	3.7823	0.001004	36.681	36.682	117.36	2434.55	2551.90	0.4090	8.0841	8.4932
29	4.0084	0.001004	34.725	34.726	121.54	2432.17	2553.71	0.4229	8.0495	8.4724
30	4.2464	0.001004	32.886	32.887	125.72	2429.80	2555.52	0.4367	8.0151	8.4518
31	4.4961	0.001005	31.158	31.159	129.90	2427.43	2557.32	0.4505	7.9810	8.4314
32	4.7586	0.001005	29.534	29.535	134.08	2425.05	2559.13	0.4642	7.9470	8.4112
33	5.0345	0.001005	28.005	28.006	13.26	2422.67	2560.93	0.4779	7.9133	8.3912
34	5.3242	0.001006	26.565	26.566	142.44	2420.29	2562.73	0.4915	7.8798	8.3713
35	5.6280	0.001006	25.211	25.212	146.62	2417.91	2564.53	0.5051	7.8465	8.3516

续表

温度(℃)	大气压(kPa)	比容(m^3/kg)			比焓(kJ/kg)			比熵[kJ/(kg·K)]		
t	P	v_b	Δv	v_q	h_b	Δh	h_q	s_b	Δs	s_q
36	5.9468	0.001006	23.935	23.936	150.80	2415.53	2566.33	0.5186	7.8134	8.3320
37	6.2812	0.001007	22.732	22.733	154.98	2413.14	2568.12	0.5321	7.7805	8.3126
38	6.6135	0.001007	21.598	21.599	159.16	2410.76	2569.91	0.5456	7.7478	8.2934
39	6.9988	0.001008	20.529	20.530	163.34	2408.37	2571.71	0.5590	7.7154	8.2743
40	7.3838	0.001008	19.519	19.520	167.52	2405.98	2573.49	0.5724	7.6831	8.2554
41	7.7866	0.001008	18.566	18.567	171.70	2403.58	2575.28	0.5867	7.6500	8.2367
42	8.2081	0.001009	17.667	17.668	175.88	2401.19	2577.07	0.5990	7.6191	8.2181
43	8.6495	0.001009	16.817	16.818	180.06	2398.79	2578.85	0.6122	7.5874	8.1996
44	9.1110	0.001010	16.014	16.015	184.24	2396.39	2580.63	0.6254	7.5559	8.1813
45	9.5935	0.001010	15.255	15.256	188.42	2393.99	2582.41	0.6386	7.5246	8.1632
46	10.0982	0.001010	14.536	14.537	192.60	2391.58	2584.19	0.6517	7.4935	8.1452
47	10.6250	0.001011	13.857	13.858	196.78	2389.18	2585.96	0.6648	7.4626	8.1274
48	11.1754	0.001011	13.214	13.215	200.97	2386.77	2587.73	0.6778	7.4318	8.1097
49	11.7502	0.001012	12.605	12.606	205.15	2384.36	2589.50	0.6908	7.4013	8.0921
50	12.3503	0.001012	12.028	12.029	209.33	2381.94	2591.27	0.7038	7.3709	8.0747
51	12.9764	0.001013	11.482	11.483	213.51	2379.52	2593.04	0.7167	7.3407	8.0574
52	13.6293	0.001013	10.964	10.965	217.70	2377.10	2594.80	0.7296	7.3107	8.0403
53	14.3108	0.001014	10.473	10.474	221.88	2374.68	2596.56	0.7424	7.2808	8.0232
54	15.0205	0.001014	10.007	10.008	226.06	2372.25	2598.32	0.7552	7.2512	8.0064
55	15.7601	0.001015	9.565	9.566	230.25	2369.83	2600.07	0.7680	7.2217	7.9897
56	16.5311	0.001015	9.145	9.146	234.43	2367.39	2601.82	0.7807	7.1923	7.9730
57	17.3337	0.001016	8.747	8.748	238.61	2364.96	2603.57	0.7934	7.1632	7.9566
58	18.1691	0.001016	8.369	8.370	242.80	2362.52	2605.32	0.8061	7.1342	7.9402
59	19.0393	0.001017	8.009	8.010	246.98	2360.08	2607.06	0.8187	7.1053	7.9240
60	19.944	0.001017	7.6675	7.6686	251.17	2357.63	2608.80	0.8313	7.0767	7.9079
61	20.886	0.001018	7.3426	7.3436	255.36	2355.18	2610.54	0.8438	7.0482	7.8920
62	21.865	0.001018	7.0335	7.0345	259.54	2352.73	2612.28	0.8563	7.0198	7.8761
63	22.883	0.001019	6.7395	6.7406	263.73	2350.28	2614.01	0.8688	6.9916	7.8604
64	23.941	0.001019	6.4597	6.4607	267.92	2347.82	2615.74	0.8812	6.9636	7.8448
65	25.040	0.001020	6.1933	6.1943	272.11	2345.36	2617.46	0.8936	6.9357	7.8293
66	26.181	0.001020	5.9397	5.9407	276.29	2342.89	2619.18	0.9060	6.9080	7.8140
67	27.366	0.001021	5.6980	5.6991	280.48	2340.42	2620.90	0.9183	6.8804	7.7987
68	28.597	0.001022	5.4678	5.4688	284.67	2337.95	2622.62	0.9306	6.8530	7.7836
69	29.874	0.001022	5.2483	5.2493	288.86	2335.47	2624.33	0.9429	6.8257	7.7686
70	31.199	0.001023	5.0391	5.0401	293.06	2332.99	2626.04	0.9551	6.7986	7.7537
71	32.573	0.001023	4.8394	4.8405	297.25	2330.50	2627.75	0.9673	6.7716	7.7389
72	33.998	0.001024	4.6491	4.6501	301.44	2328.01	2629.45	0.9794	6.7448	7.7242
73	35.476	0.001025	4.4673	4.4684	305.63	2325.51	2631.15	0.9916	6.7181	7.7096
74	37.006	0.001025	4.2940	4.2950	309.83	2323.02	2632.84	1.0037	6.6915	7.6952
75	38.594	0.001026	4.1282	4.1292	314.02	2320.51	2634.53	1.0157	6.6651	7.6808

续表

温度(℃)	大气压(kPa)	比容(m^3/kg)			比焓(kJ/kg)			比熵[kJ/(kg·K)]		
t	P	v_b	Δv	v_q	h_b	Δh	h_q	s_b	Δs	s_q
76	40.237	0.001026	3.9701	3.9711	318.22	2318.01	2636.22	1.0278	6.6388	7.6666
77	41.939	0.001027	3.8189	3.8200	322.41	2315.49	2637.90	1.0398	6.6127	7.6525
78	43.702	0.001028	3.6744	3.6754	326.61	2312.98	2639.58	1.0517	6.5867	7.6384
79	45.525	0.001028	3.5364	3.5374	330.80	2310.46	2641.26	1.0636	6.5608	7.6245
80	47.414	0.001029	3.4043	3.4053	335.00	2307.93	2642.93	1.0755	6.5351	7.6106
81	49.367	0.001030	3.2780	3.2790	339.20	2305.40	2644.60	1.0874	6.5095	7.5969
82	51.386	0.001030	3.1572	3.1582	343.40	2302.86	2646.26	1.0993	6.4840	7.5833
83	53.475	0.001031	3.0416	3.0426	347.60	2300.32	2647.92	1.1111	6.4587	7.5697
84	55.634	0.001032	2.9309	2.9320	351.80	2297.78	2649.58	1.1228	6.4335	7.5563
85	57.866	0.001032	2.8249	2.8260	356.00	2295.22	2651.23	1.1346	6.4084	7.5430
86	60.173	0.001033	2.7234	2.7245	360.21	2292.67	2652.88	1.1463	6.3834	7.5297
87	62.554	0.001034	2.6262	2.6273	364.41	2290.11	2654.52	1.1580	6.3586	7.5165
88	65.017	0.001035	2.5330	2.5340	368.62	2287.54	2656.16	1.1696	6.3338	7.5035
89	67.558	0.001035	2.4437	2.4447	372.82	2284.97	2657.79	1.1812	6.3093	7.4905
90	70.182	0.001036	2.3581	2.3591	377.03	2282.39	2659.42	1.1920	6.2848	7.4770
91	72.890	0.001037	2.2760	2.2770	381.24	2279.80	2661.04	1.2044	6.2604	7.4648
92	75.685	0.001037	2.1972	2.1983	385.45	2277.22	2662.66	1.2159	6.2362	7.4521
93	78.567	0.001038	2.1217	2.1227	389.66	2274.62	2664.28	1.2274	6.2121	7.4395
94	81.543	0.001039	2.0491	2.0502	393.87	2272.02	2665.89	1.2389	6.1881	7.4270
95	84.609	0.001040	1.9796	1.9806	398.08	2269.41	2667.49	1.2504	6.1642	7.4145
96	87.771	0.001040	1.9127	1.9138	402.29	2266.80	2669.09	1.2618	6.1404	7.4022
97	91.033	0.001041	1.8485	1.8496	406.51	2264.18	2670.69	1.2732	6.1167	7.3899
98	94.394	0.001042	1.7869	1.7879	410.72	2261.55	2672.28	1.2845	6.0932	7.3777
99	97.853	0.001043	1.7277	1.7287	414.94	2258.92	2673.86	1.2959	6.0697	7.3656
100	101.420	0.001043	1.6708	1.6718	419.16	2256.28	2675.44	1.3072	6.0464	7.3536
101	105.095	0.001044	1.6160	1.6171	423.38	2253.64	2677.01	1.3185	6.0231	7.3416
102	108.877	0.001045	1.5634	1.5645	427.60	2250.99	2678.58	1.3297	6.0000	7.3297
103	112.773	0.001046	1.5128	1.5139	431.82	2248.33	2680.15	1.3410	5.9770	7.3179
104	116.782	0.001047	1.4642	1.4652	436.04	2245.66	2681.70	1.3521	5.9541	7.3062
105	120.908	0.001047	1.4173	1.4184	440.27	2242.99	2683.26	1.3633	5.9313	7.2946
106	125.155	0.001048	1.3723	1.3733	444.49	2240.31	2684.80	1.3745	5.9085	7.2830
107	129.524	0.001049	1.3289	1.3300	448.72	2237.63	2686.34	1.3856	5.8859	7.2715
108	134.015	0.001050	1.2872	1.2882	452.95	2234.93	2687.88	1.3967	5.8634	7.2601
109	138.635	0.001051	1.2470	1.2480	457.18	2232.23	2689.41	1.4078	5.8410	7.2488
110	143.390	0.001052	1.2082	1.2093	461.41	2229.52	2690.93	1.4189	5.8187	7.2375
111	148.271	0.001052	1.1709	1.1720	465.64	2226.81	2692.45	1.4298	5.7965	7.2263
112	153.289	0.001053	1.1350	1.1361	469.88	2224.09	2693.96	1.4408	5.7744	7.2152
113	158.447	0.001054	1.1004	1.1014	474.11	2221.35	2695.47	1.4518	5.7523	7.2041
114	163.749	0.001055	1.0670	1.0680	478.35	2218.62	2696.97	1.4628	5.7304	7.1931
115	169.192	0.001056	1.0348	1.0359	482.59	2215.87	2698.46	1.4737	5.7085	7.1822

续表

温度(℃)	大气压(kPa)	比容(m^3/kg)			比焓(kJ/kg)			比熵[kJ/(kg·K)]		
t	P	v_b	Δv	v_q	h_b	Δh	h_q	s_b	Δs	s_q
116	174.786	0.001057	1.0038	1.0048	486.83	2213.12	2699.94	1.4846	5.6868	7.1714
117	180.530	0.001058	0.9738	0.9749	491.07	2210.35	2701.42	1.4954	5.6652	7.1606
118	186.420	0.001059	0.9450	0.9460	495.32	2207.58	2702.90	1.5063	5.6436	7.1499
119	192.476	0.001059	0.9171	0.9181	499.56	2204.80	2704.36	1.5171	5.6221	7.1392
120	198.688	0.001060	0.8902	0.8912	503.81	2202.02	2705.83	1.5279	5.6007	7.1286
122	211.603	0.001062	0.8392	0.8402	512.31	2196.42	2708.73	1.5494	5.5582	7.1076
124	225.198	0.001064	0.7916	0.7926	520.82	2190.78	2711.60	1.5709	5.5160	7.0869
126	239.496	0.001066	0.7472	0.7482	529.33	2185.11	2714.44	1.5922	5.4741	7.0664
128	254.518	0.001068	0.7057	0.7068	537.86	2179.40	2717.26	1.6135	5.4326	7.0461
130	270.306	0.001070	0.6670	0.6680	546.39	2173.66	2720.04	1.6347	5.3914	7.0261
132	286.871	0.001072	0.6308	0.6318	554.93	2167.87	2722.80	1.6558	5.3505	7.0063
134	304.251	0.001074	0.5968	0.5979	563.48	2162.05	2725.53	1.6768	5.3099	6.9867
136	322.479	0.001076	0.5651	0.5662	572.03	2156.18	2728.22	1.6977	5.2696	6.9673
138	341.568	0.001078	0.5354	0.5364	580.60	2150.28	2730.88	1.7185	5.2296	6.9481
140	361.572	0.001080	0.5074	0.5085	589.18	2144.33	2733.51	1.7393	5.1899	6.9292
142	382.503	0.001082	0.4813	0.4823	597.76	2138.34	2736.10	1.7599	5.1505	6.9104
144	404.392	0.001084	0.4567	0.4578	606.36	2132.31	2738.66	1.7805	5.1113	6.8918
146	427.306	0.001086	0.4336	0.4347	614.97	2126.22	2741.19	1.8011	5.0724	6.8734
148	451.222	0.001088	0.4119	0.4129	623.58	2120.10	2743.68	1.8215	5.0338	6.8553
150	476.207	0.001091	0.3914	0.3925	632.21	2113.92	2746.13	1.8419	4.9954	6.8372
152	502.292	0.001093	0.3722	0.3733	640.85	2107.70	2748.55	1.8622	4.9572	6.8194
154	529.499	0.001095	0.3541	0.3552	649.50	2101.43	2750.93	1.8824	4.9193	6.8017
156	557.882	0.001097	0.3370	0.3381	658.16	2095.11	2753.26	1.9025	4.8817	6.7842
158	587.472	0.001100	0.3209	0.3220	666.83	2088.73	2755.55	1.9226	4.8442	6.7669
160	618.283	0.001102	0.3058	0.3069	675.52	2082.31	2757.82	1.9427	4.8070	6.7497
162	650.382	0.001104	0.2914	0.2923	684.22	2075.82	2760.04	1.9626	4.7700	6.7326
164	683.792	0.001107	0.2779	0.2790	692.93	2069.29	2762.21	1.9825	4.7332	6.7157
166	718.546	0.001109	0.2651	0.2662	701.65	2062.70	2764.35	2.0023	4.6967	6.6990
168	754.675	0.001112	0.2530	0.2541	710.39	2056.05	2766.44	2.0221	4.6603	6.6824
170	792.245	0.001114	0.2415	0.2427	719.14	2049.34	2768.48	2.0418	4.6241	6.6659
172	831.293	0.001117	0.2307	0.2318	727.91	2042.57	2770.47	2.0614	4.5881	6.6496
174	871.852	0.001119	0.2204	0.2216	736.69	2035.74	2772.42	2.0810	4.5523	6.6333
176	913.902	0.001122	0.2107	0.2118	745.48	2028.85	2774.33	2.1005	4.5167	6.6173
178	957.586	0.001125	0.2015	0.2026	754.29	2021.89	2776.18	2.1200	4.4813	6.6013
180	1002.899	0.001127	0.1928	0.1939	763.12	2014.87	2777.99	2.1394	4.4460	6.3854
182	1049.869	0.001130	0.1845	0.1856	771.96	2007.78	2779.74	2.1588	4.4109	6.5696
184	1098.548	0.001133	0.1766	0.1777	780.82	2000.63	2781.45	2.1781	4.3759	6.5540
186	1149.005	0.001136	0.1691	0.1702	789.69	1993.40	2783.10	2.1973	4.3411	6.5384
188	1201.247	0.001139	0.1620	0.1631	798.59	1986.11	2784.69	2.2165	4.3065	6.5230
190	1255.367	0.001141	0.1552	0.1564	807.50	1978.74	2786.23	2.2356	4.2720	6.5076

续表

温度(℃)	大气压(kPa)	比容(m^3/kg)			比焓(kJ/kg)			比熵[kJ/(kg·K)]		
t	P	v_b	Δv	v_q	h_b	Δh	h_q	s_b	Δs	s_q
192	1311.304	0.001144	0.1488	0.1500	816.42	1971.30	2787.72	2.2547	4.2376	6.4924
194	1369.253	0.001147	0.1427	0.1439	825.37	1963.78	2789.15	2.2738	4.2034	6.4772
196	1429.196	0.001150	0.1369	0.1380	834.34	1956.18	2790.52	2.2928	4.1693	6.4621
198	1491.103	0.001153	0.1313	0.1325	843.32	1948.51	2791.84	2.3118	4.1353	6.4470
200	1535.099	0.001157	0.1261	0.1272	852.33	1940.76	2793.09	2.3307	4.1014	6.4321

表中：P—绝对压力，kPa；v_b—饱和固体（液体）水的比容，m^3/kg；v_q—饱和水蒸气的比容，m^3/kg；$\Delta v=v_q-v_b$；h_b—饱和固体（液体）水的比焓，kJ/kg；h_q—饱和水蒸气的比焓，kJ/kg；s_b—饱和固体（液体）水的比熵，kJ/(kg·K)；

s_q—饱和水蒸气的比熵，kJ/(kg·K)；$\Delta s=s_q-s_b$

6. 水在不同温度下的密度（表 1.2-11）

水在不同温度下的密度（$P\approx$100kPa） **表 1.2-11**

温度(℃)	密度(kg/m^3)	温度(℃)	密度(kg/m^3)	温度(℃)	密度(kg/m^3)	温度(℃)	密度(kg/m^3)
10	999.73	53	986.69	69	978.38	85	968.65
20	998.23	54	986.21	70	977.81	86	968.00
30	995.67	55	985.73	71	977.23	87	967.34
40	992.24	56	985.25	72	976.66	88	966.68
41	991.86	57	984.75	73	976.07	89	966.01
42	991.47	58	984.25	74	975.48	90	965.34
43	991.07	59	983.75	75	974.84	91	964.67
44	990.66	60	983.24	76	974.29	92	963.99
45	990.25	61	982.72	77	973.68	93	963.30
46	989.82	62	982.20	78	973.07	94	962.61
47	989.40	63	981.67	79	972.45	95	961.92
48	988.69	64	981.13	80	971.83	96	961.22
49	988.52	65	980.59	81	971.21	97	960.51
50	988.07	66	980.05	82	970.57	98	959.81
51	798.62	67	979.50	83	969.94	99	959.09
52	987.15	68	978.94	84	969.30	100	958.38

1.2.4 压缩式制冷循环（表 1.2-12）

压缩式制冷循环 **表 1.2-12**

循环类型	循 环 过 程	说 明
逆卡诺循环 (图 1.2-9) 1. 过程 4′-1′：制冷剂(工质)在蒸发器中等压、等温蒸发； 2. 过程 1′-2′：	单位质量制冷剂在每次循环过程中，从被冷却介质的低温热源中吸收的热量 q'_e(kJ/kg)为： $q_e'=T_e'(s_a-s_b)$ (1.2-26) 向冷却介质的高温热源放出的热量 q_c'(kJ/kg)为： $q_c'=T_c'(s_a-s_b)$ (1.2-27)	在相同的恒定高、低温热源区间，任何制冷循环的制冷系数 ε，均小于逆卡诺循环的制冷系数 ε_c。所以，逆卡诺循环的制冷系数可用以评价其他制冷循环的热力完善度 η，即 $\eta=\varepsilon/\varepsilon_c$ (1.2-30)

续表

循环类型	循　环　过　程	说　　明
在压缩机中进行绝热压缩； 3. 过程 2′-3′：在冷凝器中等压、等温冷凝； 4. 过程 3′-4′：在膨胀机中绝热膨胀	外界输入压缩机的净功 w_c(kJ/kg)为： $w_c=w-w_e=q'_c-q_e'$ $=(T_c'-T_e')(s_a-s_b)$　(1.2-28) 逆卡诺循环的制冷系数 ε_c 为： $\varepsilon_c=\frac{q'_c}{w_c}=\frac{T'_e(s_a-s_b)}{(T'_c-T_e)(s_a-s_b)}=\frac{T'_e}{T'_c-T'_e}$ (1.2-29)	η 值越接近 1，则该循环的不可逆程度越小，循环的节能性和经济性就越好
变温热源的逆循环(图 1.2-10、图 1.2-11)	在实际制冷循环中，无论是高温热源还是低温热源，它们的温度都是在不断变化的，如图 1.2-10 所示。由于制冷剂在冷凝器和蒸发器中的冷凝和蒸发，都是在等温下进行的，因此增大了制冷剂与介质之间的传热温差，从而使循环的不可逆性增加，制冷系数下降。 为了减少传热温差引起的能量损失，制冷剂与介质之间必须保持最小的传热温差，并且所有各点都保持定值。 实际上，任何单一物质在等压下冷凝或蒸发时，温度都是恒定的。因此，要实现变温冷凝和蒸发，必须使用非共沸混合制冷剂	通常，冷却与被冷却介质在冷凝器和蒸发器的进出口温度是固定不变的，因此，要使制冷剂与介质流线保持等温差的惟一方法，是变更制冷剂在冷凝器和蒸发器中的温度，即制冷剂的冷凝与蒸发过程是在一定的温度范围内变温进行。 由图 1.2-11 可知，若冷却介质温度由 T_a 升至 T_b，制冷剂的冷凝温度由 T_2 变至 T'_3，被冷却介质温度由 T_c 降至 T_d，蒸发温度由 T_1 变至 T'_1 时，变温逆循环过程为 1′-2-3′-4-1′(恒温逆循环为 1-2-3-4-1)。显然，由于降低了制冷剂与介质之间的传热温差，节省了循环耗功 Δw_1 和 Δw_2，增加了制冷量 Δq_0(相当于 Δw_2)，从而提高了制冷系数
单级蒸气压缩式理论循环 (逆卡诺循环是理想制冷循环，实际制冷极为复杂，很难获得真实的全部参数，所以，通常都采用介于两者之间的理论制冷循环来分析计算蒸气压缩式制冷循环)	1kg 制冷剂在蒸发器中产生的单位质量制冷量，是流出和进入蒸发器的比焓差，即 $q_e=h_1-h_4=h_1-h_3$　(1.2-31) 制冷剂在冷凝器中的单位质量放热量，是进入与流出冷凝器的比焓差，即 $q_c=h_2-h_3$　(1.2-32) 压缩机吸入 1m³ 制冷剂蒸气的单位质量压缩功，是排出和吸入制冷剂的比焓差，即 $w=h_2-h_1$　(1.2-33) 通过膨胀阀时是绝热节流，所以，制冷剂进入与流出的比焓值不变，即 $h_3=h_4$　(1.2-34) 压缩机所产生的制冷量，称为制冷剂的单位容积制冷量 q_v(kJ/m³)： $q_v=\frac{q_e}{v_1}=\frac{h_1-h_4}{v_1}$　(1.2-35) 式中：v_1——压缩机吸入制冷剂的比体积，m³/kg 设制冷装置的总冷量为 Q_e(kW)，则制冷剂在单位时间内流经压缩机、冷凝器、膨胀阀和蒸发器的质量流量 q_m 为： $q_m=\frac{Q_e}{q_e}=\frac{Q_e}{h_1-h_4}$　(1.2-36) 压缩机每秒钟吸入的气态制冷剂 q_v(m³/s)为： $q_v=q_m v_1=\frac{Q_e}{q_v}$　(1.2-37) 制冷剂在冷凝器中的放热量(冷凝器的热负荷)Q_c(kW)为： $Q_c=q_m q_c=q_m(h_2-h_3)$　(1.2-38) 压缩机的消耗的理论功率 P(kW)为： $P=q_m w=q_m(h_2-h_1)$ 结合 p-h 图，制冷循环的的制冷系数： $\varepsilon=\frac{q_e}{p}=\frac{q_m q_e}{q_m w}=\frac{h_1-h_4}{h_2-h_1}$　(1.2-39)	图 1.2-12 绘出了单级蒸气压缩式理论制冷循环的流程及其在 T-s 图上的表示方法。压缩机吸入蒸发压力 p_e 下的饱和蒸气(状态 1)，经绝热压缩至冷凝压力 p_c(状态 2)，进入冷凝器后等压冷凝成饱和液体(状态 3)，再经膨胀阀绝热节流为蒸发压力 p_e 下的湿饱和蒸气，然后，在蒸发器中等压吸热，气化成饱和蒸气(状态 4)，再由压缩机吸入、压缩并重复上述过程。 蒸气压缩式制冷循环的热力计算，一般都采用 p-h 图(压-焓图)。该图以制冷剂的比焓 h 作横坐标，压力 p 作作纵坐标(为了缩小图面，压力 p 采用对数 $\lg p$ 分格。必须注意，从图上读得的数值仍为绝对压力值，而不是压力的对数值)，p-h 图上有等压、等焓、等温、等容、等熵和等干度六种等状态线簇。 单级蒸气压缩式理论制冷循环在 p-h 图上的表示方法，见图 1.2-13。 理论循环的热力计算，表明了制冷装置的制冷量、放热量、消耗功率和制冷系数都不是定值，而是随着它的运行工况改变的。 若制冷循环的目的不是为了获得冷量 Q_e，而是为了得到热量 Q_c，则该循环称为热泵循环。热泵循环的性能，可用供热系数 ε_h 来评价： $\varepsilon_h=\frac{Q_c}{P}=\frac{Q_e+p}{p}=\varepsilon+1$　(1.2-40) 或　$\varepsilon_h=\frac{q_c}{w}=\frac{q_e+w}{w}=\varepsilon+1$　(1.2-41) 显然，供热系数总是大于 1。$\varepsilon>1$，说明热泵循环的供热量总是大于其耗功量

续表

循环类型	循环过程	说明
液态制冷剂过冷和吸气过热理论制冷循环	液态制冷剂过冷和吸气过热理论制冷循环制冷装置实际运行时，膨胀阀前的液态制冷剂温度，通常都低于冷凝温度 t_c，而处于过冷状态，其温度为 t_u(过冷温度)，t_c-t_u 称为液体的过冷度。 由图 1.2-14 可知，增大过冷度，能增加其单位质量制冷量和提高制冷系数。通常可通过适当增大冷凝器的传热面积或增设过冷器等来增大过冷度；不过，由于受冷却介质温度的限制，过冷度的增大是有限度的	为了防止制冷剂液滴被吸入压缩机，从而导致冲缸、损坏阀片或传动机构，实际运行中，一般都吸入过热蒸气而不是饱和蒸气，压缩机吸气温度 t_1 与蒸发温度 t_e 之差，称为吸气过热度。由图 1.2-14 可知，过大的吸气过热度，会增高排气温度 t_z 和吸气的比体积 v_1，从而降低其制冷系数，影响制冷装置的正常运行
回热制冷循环	若膨胀阀前液体制冷剂的过冷和压缩机吸气的过热，主要利用由蒸发器流出的低温制冷剂蒸气和由冷凝器流出的液体制冷剂进行热交换，而不是通过与外界介质的热交换，这种循环称为回热循环。回热循环的流程及其在 *p-h* 图上的表示，分别见图 1.2-15 和图 1.2-16。 由图 1.2-16 可知，制冷剂的过冷为 3′-3，过热为 1′-1	如果不考虑气、液两相在传热过程中的能量损失，则 $h_{3'}-h_3=h_1-h_{1'}$ (1.2-42) 或 $c(t_c-t_u)=c'(t_1-t_e)$ (1.2-43) 式中 c——制冷剂的液体比热容； c'——气体的比热容。 由于液体的比热容总大于气体的比热容，所以，在回热制冷循环中，气体过热度总大于液体过冷度
二级蒸气压缩式理论制冷循环	二级蒸气压缩式理论制冷循环，一般能达到的最低蒸发温度为－25～－35℃(采用 R502 制冷剂可达－40℃左右)，如果蒸发温度低于以上数值，则对制冷装置的运行将产生许多不利因素。 图 1.2-17 表示蒸发温度由 t_e 降至 t'_e 时制冷循环的变化过程，为了方便起见，假定 t_c 和 t_u 保持不变	由图可见，当蒸发温度降低时，会产生以下不利因素： ①压缩机的排气温度由 t_2 升至 t_2'，过高的排气温度会引起冷冻油的性能变化，影响压缩机的正常工作与使用寿命； ②压缩机的排气压力与吸气压力之比 p_c/p_e 增大，使压缩机的实际吸气量减少； ③制冷剂经膨胀节流后的干度由 x_4 增至 x_4'，这意味着进入蒸发器的制冷剂蒸气含湿量增加，液体含湿量减少，从而降低了制冷剂的单位质量制冷量 q_e； ④随着蒸发温度的下降，压缩机的吸气比体积由 v_1 升至 v_1'，降低了制冷剂的单位容积制冷量 q_v； 要克服以上这些不利因素，最好的途径是采用二级制冷循环
一次节流完全中间冷却的二级制冷循环(图 1.2-18)	图 1.2-18 给出了二级制冷循环的流程及其在 *p-h* 图上的表示。 当已知制冷量 Q_e、冷凝温度 t_c(或冷凝压力 p_c)和蒸发温度 t_e(或蒸发压力 p_e)，则可按下列步骤和公式进行热力计算： 中间压力： $p_m=\sqrt{p_c p_e}$ (1.2-44) 通过蒸发器的制冷剂质量流量 q_{m1}(kg/s)： $q_{m1}=\dfrac{Q_e}{h_1-h_8}$ (1.2-45) 进入中间冷却器制冷剂的放热量为： $q_{m1}(h_2-h_3)+q_{m1}(h_5-h_7)$ 中间冷却器中制冷剂的吸热量为： $q_{m2}(h_3-h_6)$ 若不考虑中间冷却器与外界的传热，则放热量应等于吸热量： $q_{m2}=Q_E\dfrac{(h_2-h_3)+(h_5-h_7)}{(h_1-h_8)(h_3-h_6)}$ (1.2-46) 高压级压缩机吸入的制冷剂质量流量 q_m(kg/s)为： $q_m=q_{m1}+q_{m2}$ (1.2-47) 冷凝器的热负荷为： $Q_c=q_m(h_4-h_5)$ (1.2-48) 低压级压缩机吸入的制冷剂体积为： $q_{v1}=q_{m1}v_1$ (1.2-49) 高压级压缩机吸入的制冷剂体积为：	与单级制冷循环的主要区别是制冷剂蒸气分别在高、低压气缸中进行两次压缩，并增加了一台中间冷却器和膨胀阀；高、低压气缸中制冷剂的循环量不相同。 制冷剂的循环过程为：高压级压缩机吸入来自中间冷却器状态 3 的干饱和蒸气→经绝热压缩为状态 4 的过热蒸气→进入冷凝器冷凝成状态 5 的饱和液体。 该液体分为两部分，少部分经膨胀阀 2 节流至状态 6 的低温湿饱和蒸气(在中间压力 p_m 线上)，用来冷却大部分未经节流的饱和液体 5，以及由低压级压缩机排入中间冷却器的过热蒸气 2，它们的状态变化分别为 5-7 和 2-3 过程。过冷液体 7 经膨胀阀 1，一次节流为蒸发压力 p_e 下的低压湿饱和蒸气 8，并进入蒸发器吸热、气化成状态 2 的干饱和蒸气。这部分蒸气再由低压级压缩机吸入，压缩成状态 2，排入中间冷却器中，冷却成状态 3 的干饱和蒸气

续表

循环类型	循 环 过 程	说 明
一次节流完全中间冷却的二级制冷循环(图 1.2-18)	$q_{v2}=q_m v_3$ (1.2-50) 低压级压缩机的理论耗功率为: $P_1=q_{m1}(h_2-h_1)$ (1.2-51) $P_2=q_m(h_4-h_3)$ (1.2-52) 理论制冷系数为: $\varepsilon=\frac{Q_e}{P_1+P_2}$ $=\frac{(h_3-h_6)(h_1-h_7)}{(h_3-h_6)(h_2-h_1)+(h_2-h_7)(h_4-h_3)}$ (1.2-53)	与单级制冷循环的主要区别是制冷剂蒸气分别在高、低压气缸中进行两次压缩,并增加了一台中间冷却器和膨胀阀;高、低压气缸中制冷剂的循环量不相同。 制冷剂的循环过程为:高压级压缩机吸入来自中间冷却器状态 3 的干饱和蒸气→经绝热压缩为状态 4 的过热蒸气→进入冷凝器冷凝成状态 5 的饱和液体。 该液体分为两部分,少部分经膨胀阀 2 节流至状态 6 的低温湿饱和蒸气(在中间压力 p_m 线上),用来冷却大部分未经节流的饱和液体 5,以及由低压级压缩机排入中间冷却器的过热蒸气 2,它们的状态变化分别为 5-7 和 2-3 过程。过冷液体 7 经膨胀阀 1,一次节流为蒸发压力 p_e 下的低压湿饱和蒸气 8,并进入蒸发器吸热、气化成状态 2 的干饱和蒸气。这部分蒸气再由低压级压缩机吸入,压缩成状态 3,排入中间冷却器中,冷却成状态 3 的干饱和蒸气
一次节流不完全中间冷却的二级制冷循环(图 1.2-19)	热力计算步骤和公式如下: 中间压力: $p_m=\sqrt{p_c p_e}$ 根据 p_m,可查出其饱和温度 t_6,则流出中间冷却器的过冷液体温度为: $t_7=t_6+\Delta t$(传热温差) 低压级压缩机吸入蒸气温度为: $t_1=t+\Delta t_2$(吸气过热度) 通过换热器的热平衡,可得状态 8 的比焓: $h_8=h_7+h_0-h_1$ 通过蒸发器及低压级压缩机的制冷剂质量流量 q_{m1} 为: $q_{m1}=\frac{Q_e}{h_0-h_9}=\frac{Q_e}{h_0-h_8}$ (1.2-54) 通过膨胀阀 2 的制冷剂质量流量 q_{m2} 为: $q_{m2}=q_{m1}\frac{h_5-h_7}{h_3'-h_6}=Q_e\frac{h_5-h_7}{(h_e-h_8)(h_3'-h_6)}$ (1.2-55) 高压级压缩机吸入气体的比焓 h_3(kJ/kg)为: $h_3=\frac{q_{m1}h_2+q_{m2}h_3'}{q_{m1}+q_{m2}}=\frac{q_{m1}h_2+q_{m2}h_3'}{q_m}$ (1.2-56) 冷凝器的热负荷为: $Q_c=q_m(h_4-h_5)$ (1.2-57) 低压级压缩机吸入的制冷剂体积流量为: $q_{v1}=q_{m1}v_1$ (1.2-58) 高压级压缩机吸入的制冷剂体积流量为: $q_{v2}=q_m v_3$ (1.2-59) 低压级压缩机的理论耗功率为: $P_1=q_{m1}(h_2-h_1)$ (1.2-60) 高压级压缩机的理论耗功率为: $P_2=q_m(h_4-h_3)$ (1.2-61) 理论制冷系数: $\varepsilon=\frac{Q_e}{P_1+P_2}$ $=\frac{(h_3'-h_6)(h_0-h_8)}{(h_2-h_1)(h_3'-h_6)+(h_4-h_3)(h_3'-h_7)}$ (1.2-62)	本循环与上述的完全中间冷却的二级制冷循环的主要区别,在于低压级压缩机排出的状态 2 气体不进入中间冷却器冷却,而直接与来自中间冷却器的状态 3′干饱和蒸气相混合成状态 3 的过热蒸气,然后再由高压级压缩机吸入、压缩。同时,系统中增设了回热换热器,使蒸发器流出的低温蒸气由 t_e 升至 t_1,而流出中间冷却器的状态 7 过冷液体,再进一步冷却至状态 8。 中间压力的确定方法: • 若所需的中间温度 T_m 已定,则可由制冷剂的饱和蒸气表或 p-h 图直接查出。 • 根据二级压缩总轴功率最小的原则,导出高、低级升压比相等时,所需轴功最小,即 $\frac{p_m}{p_e}=\frac{p_c}{p_m}$ 或 $p_m=\sqrt{p_c p_e}$ (1.2-63) 式(1.2-63)是按高、低级压缩机的质量流量和吸气温度相同导出的,这与两级压缩制冷循环有一定区别,因此,算出的中间压力与最佳中间压力会有一些偏差,所以该式适用于初步估算。 • 根据蒸发温度和冷凝温度的比例中项,确定中间温度 T_m: $T_m=\sqrt{T_e T_c}$ (1.2-64) 然后,按 T_m 查得 p_m。实践证明,在蒸发温度不太低时,所得中间压力接近最佳值。 • 对于氨制冷系统,可用下列经验公式: $t_m=0.4t_c+0.6t_c+3$ 根据已知的蒸发温度 t_e(或 P_e)、冷凝温度 t_c(或 p_c)及制冷量,用假设中间温度 t_m(或 p_m)的计算方法,求得最大的制冷系数,然后,再确定中间压力

续表

循环类型	循环过程	说明
复叠式蒸气压缩理论制冷循环	当需要达到更低制冷温度时，若采用一种制冷剂进行二级或多级压缩制冷循环，将会出现以下问题： • 随着蒸发温度的降低，蒸发压力也相应降低。过低的蒸发压力，会导致压缩机难以吸气，或使外界空气进入系统。 • 蒸发温度过低时，往往已达到常用制冷剂的凝固温度，根本无法进行制冷循环。 • 随着蒸发压力的降低，制冷剂的比体积增大，制冷剂的质量流量减少，制冷量大幅度下降。 • 为了获得所需的制冷量，必须增大吸气容积，压缩机的体积会过于庞大。 复叠式蒸气压缩制冷循环，也称串级制冷循环，它由两个或两个以上的单级压缩制冷循环组成，每个制冷循环中采用不同的制冷剂，所以，它既能满足在较低温度时有合适的蒸发压力；又能保持具有适宜的冷凝压力，如图1.2-20所示	由图1.2-20可知，它由两个单级压缩制冷循环组成，而实际上，左侧制冷循环与常规的单级制冷循环相同，只是它的任务不同，是专门冷凝右侧制冷循环中的制冷剂，由于运行于温度较高的区间，习称高温级，一般采用R22、R134a等制冷剂。右侧制冷循环运行的温度区间较低，习称低温级，常用的制冷剂是R13、R503等。 图1.2-20的制冷循环，可以获得—80℃左右的低温。 如果高温级改用二级制冷循环，为低温级提供更低的冷凝温度，则可以获得更低(−100℃左右)的蒸发温度

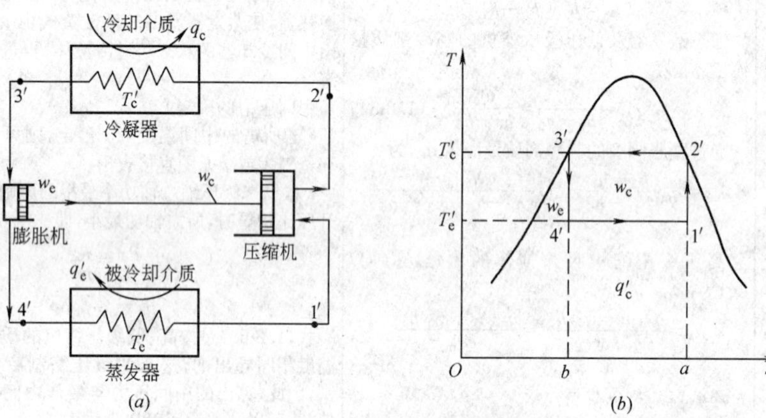

图1.2-9 逆卡诺循环过程

(a) 工质流程；(b) 在 T-s 图上的表示

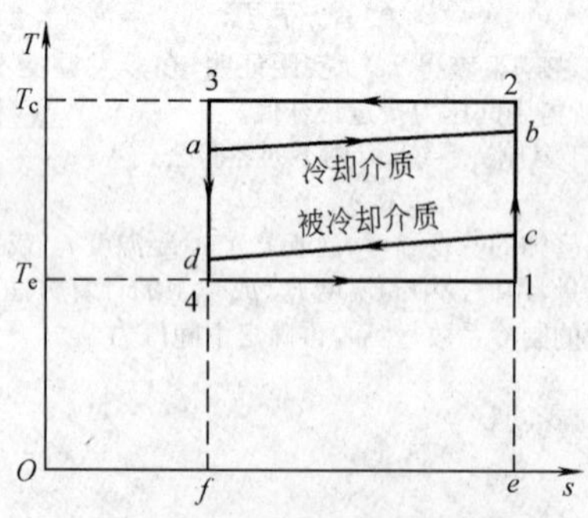

图1.2-10 恒温热源逆循环

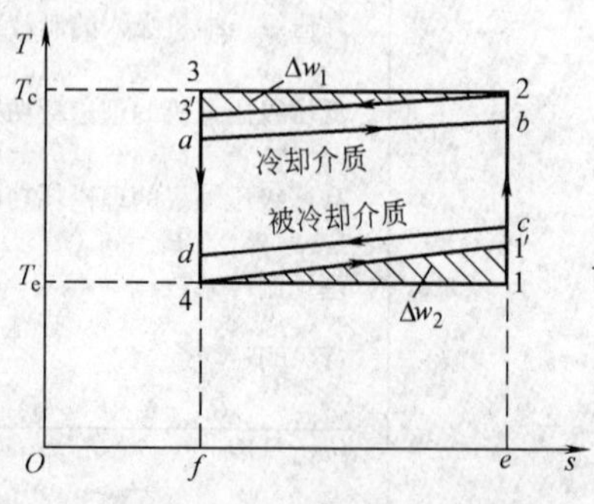

图1.2-11 变温热源逆循环

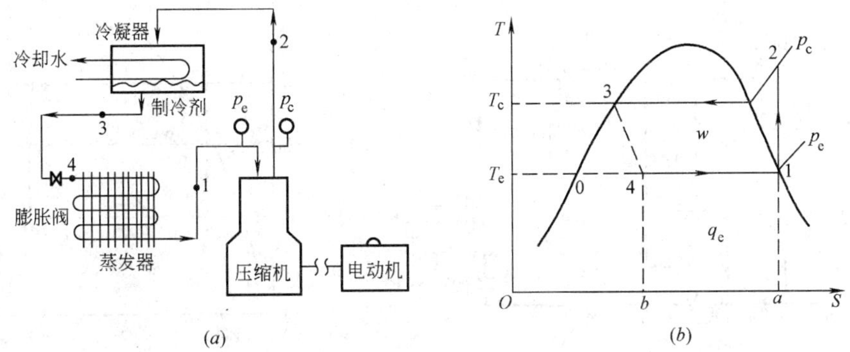

图 1.2-12 理论制冷循环流程

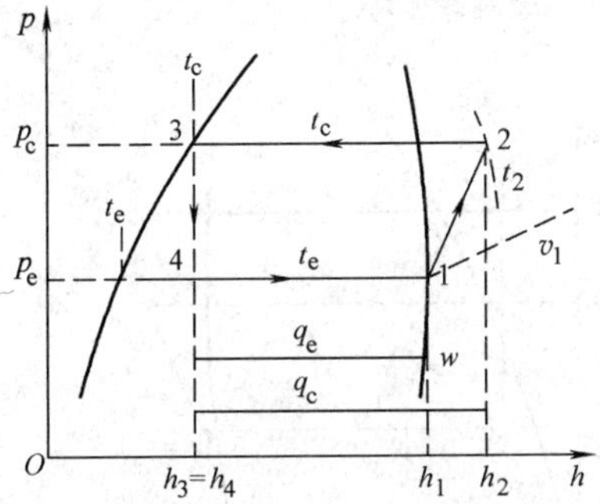

图 1.2-13 理论制冷循环在压-焓图上的表示

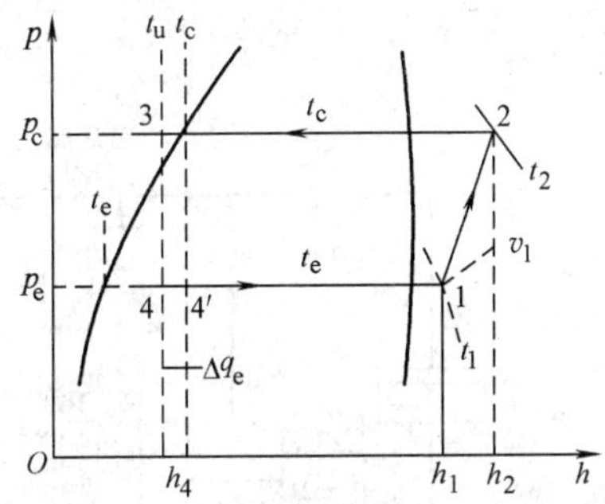

图 1.2-14 液态过冷和吸气过热的理论制冷循环

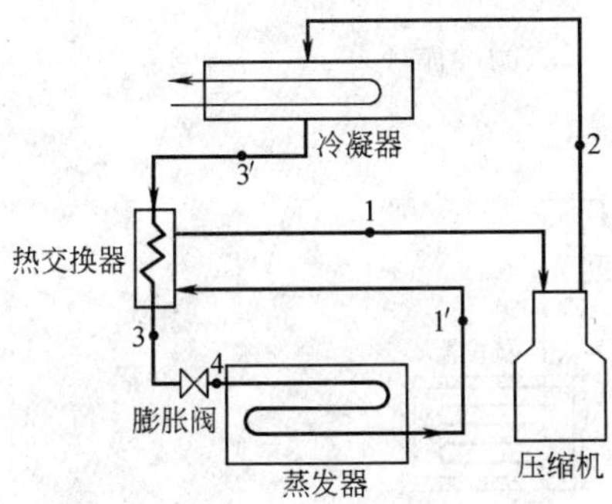

图 1.2-15 回热循环流程

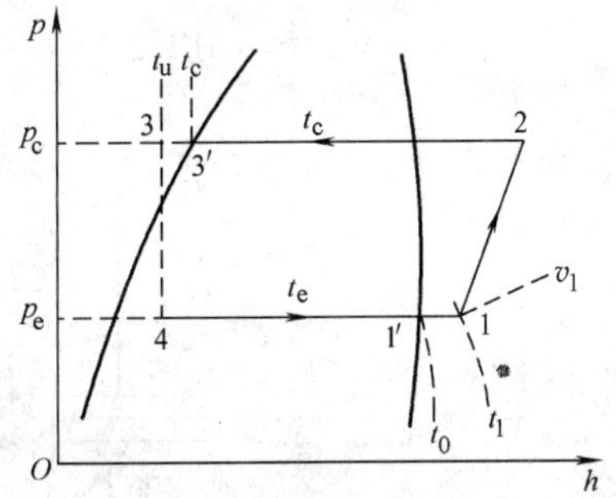

图 1.2-16 回热循环在压焓图上的表示

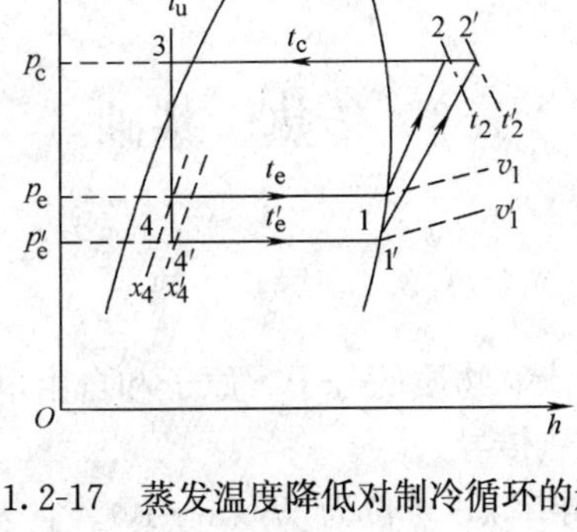

图 1.2-17 蒸发温度降低对制冷循环的影响

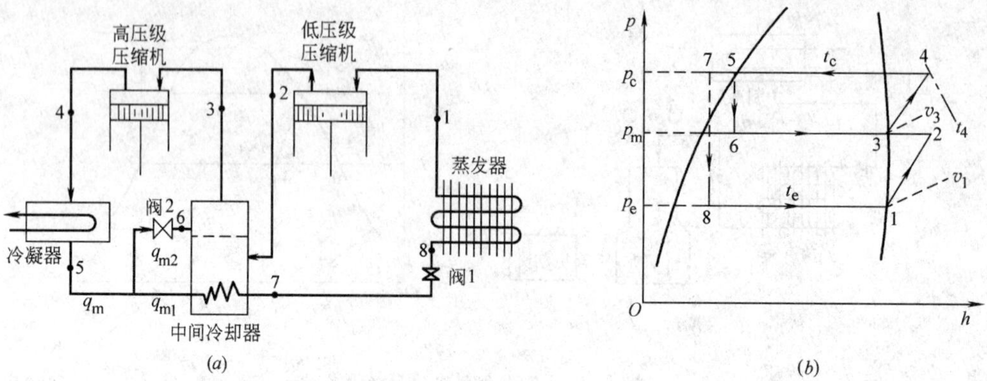

图 1.2-18 一次节流完全中间冷却二级制冷循环

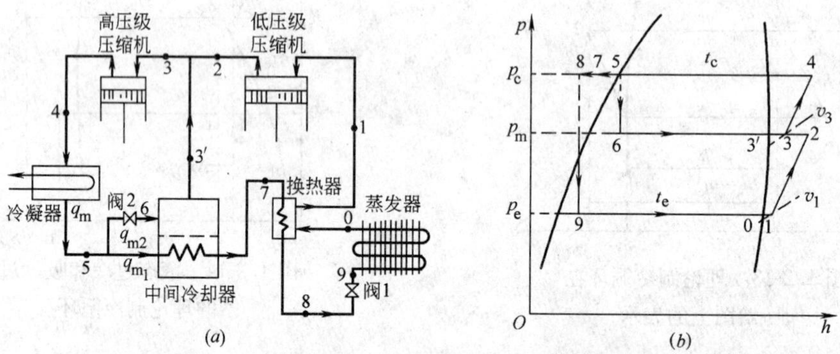

图 1.2-19 一次节流不完全中间冷却二级制冷循环

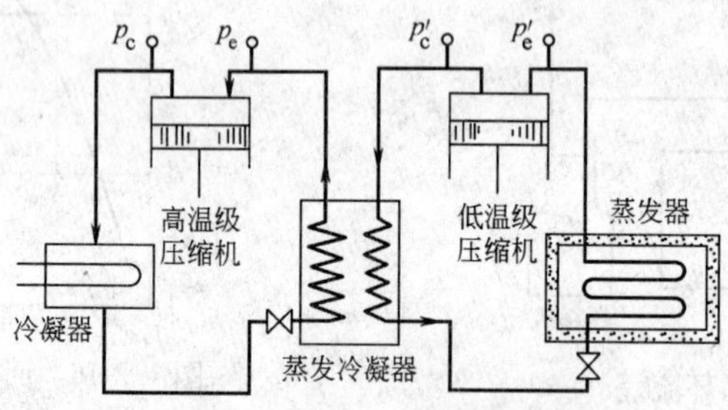

图 1.2-20 复叠式制冷循环

1.3 传热学基础

1.3.1 导 热

物质各部分直接接触时，依靠物质的分子、原子和自由电子等微观粒子热运动而引起的热能传递现象，称为导热或热传导。

导热的一个重要参数是热导率 λ，单位为 W/(m·K)。它表征了物体中单位温度梯度在单位时间内通过单位面积的热量，反映了物体导热能力的大小。在工程界，习惯上把热导率称为导热系数。

1. 通过平壁的导热

设厚度为 δ 的无限大平壁（指平壁的长度与宽度远大于其厚度），如图 1.3-1 所示。平壁两侧分别为固定温度 t_{w1} 和 t_{w2}，导热面积为 A，则单位时间内通过平壁的热量 Q（W）为：

$$Q=A\frac{\lambda}{\delta}(t_{w1}-t_{w2})=A\frac{\lambda}{\delta}\Delta t \tag{1.3-1}$$

当平壁由多层不同的材料组成时，则单位时间内通过 n 层平壁的总热流量为：

$$Q=A\frac{t_{w1}-t_{w.n+1}}{\sum\limits_{i=1}^{n}\frac{\delta_i}{\lambda_i}}=A\frac{t_{w1}-t_{w.n+1}}{\sum\limits_{i=1}^{n}R_{\lambda i}} \tag{1.3-2}$$

式中　$R_{\lambda i}$——第 i 层平壁的热阻，m·K/W；

$\sum\limits_{i=1}^{n}R_{\lambda i}$——$n$ 层平壁单位面积的总热阻（与串联电阻叠加原理相同），m·K/W。

在 n 层平壁内，第 i 层与第 $i+1$ 层之间接触面的温度 $t_{w.n+1}$ 为：

$$t_{w.n+1}=t_{w1}-q(R_{\lambda1}+R_{\lambda2}+\cdots\cdots+R_{\lambda n}) \tag{1.3-3}$$

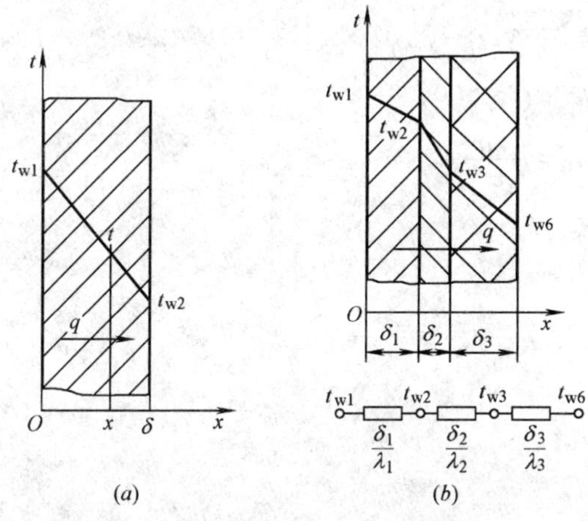

图 1.3-1　单层与多层平壁的导热

(a) 单层平壁；(b) 多层平壁

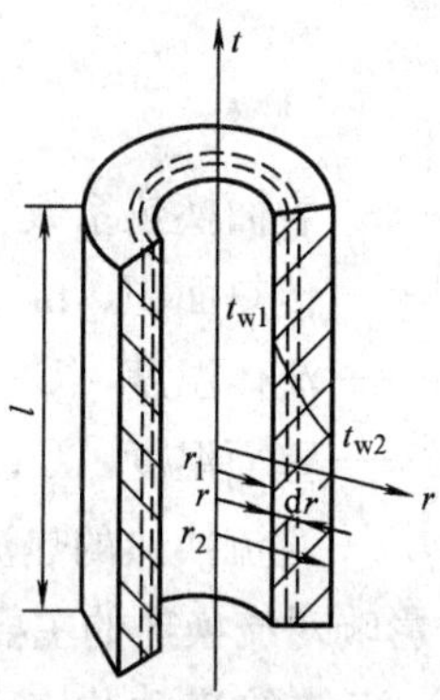

图 1.3-2　通过圆管壁的导热

2. 通过圆管管壁的导热

图 1.3-2 所示为一长度等于 l(m) 的圆管，其内外直径分别为 d_1 和 d_2（半径分别为 r_1 和 r_2），且 $l\gg d_2$，热导率 $\lambda=\text{const}$，内外壁面温度各为 t_{w1} 和 t_{w2}，且 $t_{w1}>t_{w2}$。通过该管壁的热流量 Q（W）为：

$$Q=-2\cdot\pi\cdot r\cdot l\cdot\lambda\cdot\frac{dt}{dr}$$

分离变量、积分后，得

$$Q=\frac{(t_{w1}-t_{w2})\cdot l}{\frac{1}{2\pi\lambda}\ln\frac{d_2}{d_1}} \tag{1.3-4}$$

通过每1m管长的热流量为：

$$Q_l=\frac{Q}{l}=\frac{t_{w1}-t_{w2}}{\frac{1}{2\pi\lambda}\ln\frac{d_2}{d_1}} \tag{1.3-5}$$

壁内任意一直径 d_x 处的温度 t_{wx} 为：

$$t_{wx}=t_{w1}-\frac{t_{w1}-t_{w2}}{\ln\frac{d_2}{d_1}}\ln\frac{d_x}{d_1} \tag{1.3-6}$$

多层圆管壁的导热计算，也可以利用串联电阻叠加的原理，直接求出每1m管长 n 层圆管壁的长度热流量 q_l(W/m)：

$$q_l=\frac{t_{w1}-t_{w.n+1}}{\sum_{i=1}^{n}\cdot\frac{1}{2\pi\cdot\lambda}\ln\frac{d_{i+1}}{d_i}} \tag{1.3-7}$$

1.3.2 对流换热

1. 对流换热的基本概念

当流体与固体壁面接触，并存在温度差时所发生的热传递过程，称为对流换热。对流换热量 Q（W），右按下列公式计算：

$$Q=\alpha\cdot A(t_f-t_w) \tag{1.3-8}$$

或

$$q=\alpha(t_f-t_w) \tag{1.3-9}$$

$$\alpha=\frac{q}{t_f-t_w} \tag{1.3-10}$$

式中 α——表面换热系数，W/(m^2·K)；

A——传热面积，m^2；

t_f——流体温度，℃；

t_w——壁面温度，℃；

q——对流换热的热流密度，W/m^2。

2. 影响对流换热的主要因素

(1) 流体的流动状态：对流换热的规律，随不同流态——受迫流动或自由流动而改变；

(2) 流体流动速度 v：流速增大，表面换热系数也增大；

(3) 温度：如固体壁面的温度 t_w、流体的温度 t_f；

(4) 流体的物理性质：如热导率 λ、密度 ρ、热扩散率 a ($a=\lambda/c_p\cdot\rho$)、动力黏度 μ、运动黏度 ν ($\nu=\mu/\rho$)、比热容 c_p、体积膨胀系数 β 等；

(5) 换热表面的几可尺寸、形状和位置等：如定型尺度 d、管的换热区间长度 l、固体表面的相对粗糙度 Δ。

3. 对流换热系数的确定

相似准则　依据相似理论的分析，可将众多变量组合成若干无因次数群，这种数群称为相似准则，如表1.3-1所示。

部分相似准则表　　　　表 1.3-1

序号	准则名称	表达式	反映的内容
1	努谢尔特准则	$Nu=\alpha d/\lambda$	反映对流换热过程的强度
2	雷诺准则	$Re=vd/\nu$	反映黏性流体受迫流动状态对换热的影响
3	普朗特准则	$Pr=\nu c_p\rho/\lambda=\nu/a$	反映流体物性，为影响边界层状况的物性综合量
4	格拉晓夫准则	$Gr=g\beta\Delta td/\nu^2$	反映流体自由流动状态对换热的影响
5	格莱茨准则	$Gz=\pi d^2 vc_p\rho/(4\lambda l)$	综合了 Re、Pr 以及几何特性的影响

4. 准则方程式

由于 Nu 准则中含有 α，因此，可将对流换热准则方程表达为：

$$Nu=kRe^aPr^bGr^cGz^d \tag{1.3-11}$$

式中　k、a、b、c、d——实验常数和指数，见表 1.3-2。

对流换热准则方程式中的常数和指数表　　　　表 1.3-2

形状	流动状态			定型尺度	适用范围	k	a	b	c	d
平板	受迫对流	层流		长度	$Re<5\times10^5$	0.664	0.5	0.333	0	0
		紊流		长度	$Re>5\times10^5$	0.037	0.8	0.333	0	0
垂直平板	自然对流	层流		高度	$GrPr<10^9$	0.56	0	0.25	0.25	0
		紊流		高度	$GrPr>10^9$	0.13	0	0.333	0.333	0
水平正方平板	自然对流	热流向上	层流	一边之边长	$GrPr<2\times10^7$	0.54	0	0.25	0.25	0
			紊流	一边之边长	$GrPr>2\times10^7$	0.14	0	0.333	0.333	0
		热流向下		一边之边长		0.27	0	0.25	0.25	0
圆管（内）	层流	旺盛流		内径	$l_e>0.288dRe$	1.75	0	0	0	0.333
					$Re<2100$					
		过渡区		内径	$l_e<0.288dRe$	0.664	0.5	0.333	0	0
	紊流	旺盛流		内径	$l_e>0.693dRe^{1/4}$	0.023	0.8	0.4	0	0
					$Re>2300$	0.0255×				
		过渡区		内径	$l_e<0.693dRe^{1/4}$	$(d/l_e)^{0.22}$	0.855	0.4	0	0
圆管（外）	受迫对流			外径	$40<Re<4000$	0.615	0.466	0	0	0
	自然对流	层流		外径	$GrPr<10^9$	0.53	0	0.25	0.25	0
		紊流		外径	$GrPr>10^9$	0.13	0	0.333	0.333	0

表 1.3-3 列出了管束的平均换热准则方程式；表 1.3-4 为不同排数时的校正系数。

管束的平均换热准则方程式　　　　表 1.3-3

排列方式	适用范围 $0.7<Pr<500$	准则方程式	对空气或烟气的简化式 $Pr=0.7$
顺排	$Re=10^2\sim2\times10^5$	$Nu_f=0.27Re_f^{0.63}Pr_f^{0.36}\left(\frac{Pr_f}{Pr_w}\right)^{0.25}$	$Nu_f=0.24Re^{0.63}$
	$Re=2\times10^5\sim2\times10^6$	$Nu_f=0.021Re_f^{0.84}Pr_f^{0.36}\left(\frac{Pr_f}{Pr_w}\right)^{0.25}$	$Nu_f=0.018Re^{0.84}$

续表

排列方式	适用范围 0.7<Pr<500		准则方程式	对空气或烟气的简化式 $Pr=0.7$
叉排	$Re=2\times10^3\sim2\times10^6$	$\frac{s_1}{s_2}\leqslant2$	$Nu_f=0.35Re_f^{0.6}Pr_f^{0.6}\left(\frac{Pr_f}{Pr_w}\right)^{0.25}\left(\frac{s_1}{s_2}\right)^{0.2}$	$Nu_f=0.31Re^{0.6}\left(\frac{s_1}{s_2}\right)^{0.2}$
		$\frac{s_1}{s_2}>2$	$Nu_f=0.40Re_f^{0.6}Pr_f^{0.36}\left(\frac{Pr_f}{Pr_w}\right)^{0.25}$	$Nu_f=0.35Re^{0.6}$
	$Re=2\times10^5\sim2\times10^6$		$Nu_f=0.022Re_f^{0.84}Pr_f^{0.36}\left(\frac{Pr_f}{Pr_w}\right)^{0.25}$	$Nu_f=0.019Re^{0.84}$

不同排数时的校正系数 **表 1.3-4**

排数	1	2	3	4	5	6	8	12	16	20
顺排	0.69	0.80	0.86	0.90	0.93	0.95	0.96	0.98	0.99	1.0
叉排	0.62	0.76	0.84	0.88	0.92	0.95	0.96	0.98	0.99	1.0

5. 利用准则方程式计算换热系数的步骤

（1）根据对流换热的具体条件，选取合适的准则方程式（要求所选准则方程式的应用范围与换热现象的范围相一致）。

（2）根据准则方程式所要求的定性温度，查出有关准则的物性量。如 λ、c_p、ρ、β、μ、ν 等的数值。

（3）将定型尺寸及有关物理量等代入相应准则，由所选定的准则方程式求 Nu。

（4）由 $Nu=\frac{\alpha\cdot d}{\lambda}$求得：$\alpha=\frac{Nu\cdot\lambda}{d}$。

6. 有相变时的对流换热

（1）凝结

工质在饱和温度下由气态变为液态的过程，称为凝结或冷凝。工质在凝结过程中放出热量，称为凝结潜热；凝结有下列两种现象：

膜状凝结　当凝结液能很好地润湿壁面时，则形成完整的向下流动的水膜，这种现象称为膜状凝结。

珠状凝结　当凝结液不能很好地润湿壁面时，则会聚成一个个液珠，这种现象称为珠状凝结。

（2）凝结换热

1）凝结雷诺数（凝结液膜雷诺数）Re_c：

$$Re=\frac{d_e\cdot v_m}{\nu}=\frac{4\cdot\alpha\cdot l(t_s-t_w)}{\mu\cdot r} \tag{1.3-12}$$

式中 t_s——流体的饱和温度，℃；

t_w——壁面温度，℃；

r——流体的凝结潜热，J/kg；

μ——流体的动力黏度，Pa·s；

l——壁高，m；

α——凝结对流换热系数，W/(m·℃)。

2）凝结换热的强弱，由凝结准则 Co 反映：

$$Co=\alpha\left(\frac{\lambda^2 \cdot \rho^2 \cdot g}{\mu^2}\right)^{-\frac{1}{3}} \tag{1.3-13}$$

式中 λ——导热系数，W/(m²·℃)；

ρ——液膜的密度，kg/m³。

3）层流膜状凝结时对流换热系数的计算

垂直壁的凝结换热准则方程式为：

$$Co=1.87Re_c^{-\frac{1}{3}} \quad (Re<1800) \tag{1.3-14}$$

得：

$$\alpha=1.13\left[\frac{\rho^2 g\lambda^3 r}{l\mu(t_s-t_w)}\right]^{0.25} \tag{1.3-15}$$

横圆管外壁的凝结换热准则方程式为：

$$Co=1.03Re_c^{-\frac{1}{3}} \quad (Re<3600) \tag{1.3-16}$$

得：

$$\alpha=0.725\left[\frac{\rho^2 g\lambda^3 r}{\mu \cdot d(t_s-t_w)}\right]^{0.25} \tag{1.3-17}$$

4）紊流膜状凝结换热系数的计算

当 $Re>1800$ 时，膜层流态转变为紊流，其准则方程式为：

$$Co=0.0077Re_c^{0.4} \tag{1.3-18}$$

5）横管内凝结换热系数的计算

当 $Re<3500$ 时，可按下式估算平均换热系数：

$$\alpha=0.555\cdot\left[\frac{\rho \cdot g \cdot (\rho-\rho_v)\lambda^3 \cdot r'}{\mu \cdot d(t_s-t_w)}\right]^{0.25} \tag{1.3-19}$$

式中 ρ_v——蒸汽的密度，kg/m³；

r'——修正后的凝结潜热，$r'=r+3/8c_v(t_s-t_w)$，J/kg；

c_v——凝结液的比热，J/(kg·℃)。

6）水平管束平均凝结换热系数的计算

当沿凝结液流向有 n 排管束时，近似以 nd 作为定型尺寸代入式（1.3-17），则得

$$\alpha=0.725\left[\frac{\rho^2 g\lambda^3 r}{\mu \cdot n \cdot d(t_s-t_w)}\right]^{0.25} \tag{1.3-20}$$

式中 n——排数。当 $n>25$ 时，取 $n=25$。

(3) 沸腾换热

沸腾　工质在饱和温度下由液态变为气态的过程，称为沸腾；沸腾过程中需要吸收汽化潜热。

大空间沸腾　热壁面沉浸在具有自由表面的液体中所进行的沸腾，称为大空间沸腾。

大空间泡沫沸腾的换热系数，可按下列公式计算：

$$\alpha=0.533q^{0.7}p^{0.15} \tag{1.3-21}$$

或

$$\alpha=0.122\Delta t^{2.33}p^{0.5}=0.122(t_w-t_s)^{2.33}p^{0.5} \tag{1.3-22}$$

式中 p——泡沫的绝对压力；

q——热流密度。

1.3.3 辐射换热

1. 基本概念

依靠物体表面对外发射可见和不可见射线——电磁波来传递热能的现象称为热辐射。

任何物体在向外发射辐射能的同时，还在不断地吸收周围其他物体发出的辐射能，并转换成热能。当热辐射投射到物体表面上时，和可见光一样，也有吸收、反射和透射现象发生。

设投射到物体表面上的辐射总能量为G，吸收部分为G_α，反射部分为G_ρ透过部分为G_τ根据能量守恒定律，得

$$G=G_\alpha+G_\rho+G_\tau$$

即

$$\frac{G_\alpha}{G}=\frac{G_\rho}{G}+\frac{G_\tau}{G}=1 \quad (1.3\text{-}23)$$

式中 G_α/G——物体的吸收率；

G_ρ/G——物体的反射率；

G_τ/G——体全的穿透率。

由此可得：

$$\alpha+\rho+\tau=1 \quad (1.3\text{-}24)$$

自然界中所有物体的α、ρ、τ均在0～1之间变化。通常，把$\alpha=1$的物体称为黑体或绝对黑体；把$\rho=1$的物体称为白体或绝对白体；把$\tau=1$的物体称为透热体或绝对透热体。显然，自然界中实际上并没有这样的物体。

2. 斯蒂芬-波耳兹曼定律

斯蒂芬-波耳兹曼定律习称四次方定律，它表明黑体的辐射力E_b（W/m^2）与其热力学温度T的四次方成正比，即

$$E_b=\sigma_b \cdot T^4 \quad (1.3\text{-}25)$$

或

$$E_b=C_b\left(\frac{T}{100}\right)^4 \quad (1.3\text{-}26)$$

式中 σ_b——黑体辐射常数，$\sigma_b=5.67\times10^{-8}W/(m^2 \cdot K^4)$；

C_b——黑体辐射系数，$C_b=5.67W/(m^2 \cdot K^4)$。

任一物体的辐射力E与同温度下黑体辐射力E_b之比，即：$\varepsilon=E/E_b$，称为该物体的发射率（也称黑度）。它表征物体辐射力接近黑体的程度，其数值在0～1之间，由实验测定。部分物体表面热辐射的法向发射率，如表1.3-5所示。

试验发现，实际物体的辐射力，并不完全严格的与其热力学温度的四次方成正比。由此引起的误差，可以用发射率来修正，从而使斯蒂芬-玻耳兹曼定律可近似地用于实际物体。即

$$E=\varepsilon \cdot E_b=\varepsilon \cdot \sigma_b \cdot T^4=\varepsilon \cdot C_b\left(\frac{T}{100}\right)^4 \quad (1.3\text{-}27)$$

物体表面热辐射的法向发射率 表1.3-5

名称及表面状况	温度(℃)	ε	名称及表面状况	温度(℃)	ε
混凝土(粗糙表面)	40	0.94	铝(纯度98%、高度抛光)	50～500	0.04～0.06
玻璃：平板玻璃	40	0.94	砖：粗糙红砖	40	0.88～0.93
派力克斯铅玻璃	260～540	0.85～0.95	黏土耐火砖	500～1000	0.8～0.9
黏土：土壤(干)	20	0.92	石棉：板	40	0.96
土壤(湿)	20	0.95	石棉水泥	40	0.96
耐火黏土	100	0.91	石棉瓦	40	0.97

续表

名称及表面状况	温度(℃)	ε	名称及表面状况	温度(℃)	ε
大理石(浅色、磨光的)	40	0.93	铬(抛光的板)	40～550	0.08～0.27
油漆:各种油漆 白色喷漆 光亮黑漆	40 40 40	0.92～0.96 0.80～0.95 0.90	黄铜:高度抛光的电解铜 轻微抛光的铜 氧化变黑的铜	100 40 40	0.02 0.12 0.76
石灰砂浆(白色、粗糙)	40～260	0.87～0.92	锌(镀锌、灰色的)	40	0.28
木材	40	0.80～0.90	锡(光亮的镀锡薄钢板)	40	0.04～0.06
瓷(上釉的)	40	0.93	橡胶(硬质的)	40	0.94
石膏	40	0.80～0.90	不锈钢(抛光的)	40	0.07～0.17
钢(抛光的)	40～260	0.07～0.1	铸铁(抛光的)	200	0.21
钢板(轧制的)	40	0.65	铸铁(新车削的)	40	0.44

3. 辐射换热计算

在一定空间内，两个任意位置的物体（相互间距近小于辐射面宽度和高度）之间的辐射换热量 Q_{1-2}(W) 为：

$$Q_{1-2}=5.67\varepsilon_{1-2}\left[\left(\frac{T_1}{100}\right)^4\varphi_{1-2}A_1-\left(\frac{T_2}{100}\right)^4\varphi_{2-1}A_2\right] \tag{1.3-28}$$

式中 ε_{1-2}——物体 1、2 所组成的辐射换热系数的发射率；

φ_{1-2}，φ_{2-1}——物体 1 对物体 2 和物体 2 对物体 1 的平均角系数；

A_1、A_2——物体 1 和 2 的表面积，m^2。

系统的发射率 ε_{1-2}，可根据物体 1 和物体 2 的发射率按下式确定：

$$\varphi_{1-2}=\frac{1}{1+\left(\frac{1}{\varepsilon_1}-1\right)\varphi_{1-2}+\left(\frac{1}{\varepsilon_2}-1\right)\varphi_{2-1}} \tag{1.3-29}$$

对于两个无限大的平行灰体 $\varphi_{1-2}=\varphi_{2-1}=1$

$$\varepsilon_{1-2}=\frac{1}{\frac{1}{\varepsilon_1}+\frac{1}{\varepsilon_2}-1} \tag{1.3-30}$$

对于构成一个封闭系统的两块灰体，当其中较小的表面没有凹面时：

$$\varphi_{1-2}=1;\ \varphi_{2-1}=\frac{A_1}{A_2}$$

$$\varepsilon_{1-2}=\frac{1}{\frac{1}{\varepsilon_1}+\frac{A_1}{A_2}\left(\frac{1}{\varepsilon_2}-1\right)} \tag{1.3-31}$$

角系数是一个表面发射出的辐射能中，落到另一表面的百分数。角系数与面积存在下列关系：

$$\varphi_{2-1}=\frac{A_1}{A_2}\varphi_{1-2}$$

表 1.3-6 汇总了若干典型条件下的角系数计算

若干典型条件下的角系数计算公式 **表 1.3-6**

表面形状和相互位置	简图	角系数计算公式
两平行壁，壁面尺寸比两壁间的距离大		$\varphi_{1-2}=\varphi_{2-1}=1$ $H=A_1=A^2$
两平行壁和一个凸形体		$\varphi_{1-2}=\varphi_{2-1}=1;\varphi_{2-3}=\varphi_{1-3}=0;\varphi_{3-1}=\varphi_{3-2}=\frac{1}{2}$ $H_{1-3}=H_{3-1}=H_{2-3}=\frac{1}{2}A_3$
两平行长条		$H=\sqrt{\frac{1}{4}(a^2+a_1)^2+h^2}-\sqrt{\frac{1}{4}(a_2+a_1)^2+h^2}$ （H以1m长为基准）
两相同的长方形，位于两相对平行面上		$\varphi_{1-2}=\frac{2}{\pi}\left[\frac{1}{a}\sqrt{a^2+h^2}\mathrm{arctg}\frac{b}{\sqrt{a^2+h^2}}+\frac{1}{b}\sqrt{b^2+h^2}\mathrm{arctg}\frac{a}{\sqrt{b^2+h^3}}-\frac{h}{a}\mathrm{arctg}\left(\frac{b}{h}\right)-\frac{h}{b}\mathrm{arctg}\left(\frac{a}{h}\right)+\frac{h^2}{2ab}\ln\frac{(a^2+h^2)(b^2+h^2)}{(a^2+b^2+h^2)h^2}\right]$ 若 $a=b$（正方形）：$\varphi_{1-2}=\frac{2}{\pi}\left[\frac{2}{a}\sqrt{a^2+h^2}\ \mathrm{arctg}\frac{a}{\sqrt{a^2+h^2}}-2\frac{h}{a}\mathrm{arctg}\frac{a}{h}+\frac{1}{2}\left(\frac{h}{a}\right)^2\ln\frac{(a^2+h^2)^2}{h^2(2a^2+h^2)}\right]$
两相互垂直的长方形，有一共同棱边		$\varphi_{1-2}=\frac{1}{\pi}\left[\mathrm{arctg}\frac{a}{b}+\frac{c}{b}\mathrm{arctg}\frac{a}{c}-\sqrt{\left(\frac{c}{a}\right)^2+1}\mathrm{arctg}\frac{a}{\sqrt{b^2+c^2}}+\frac{c^2}{4ab}\ln\frac{(a^2+b^2+c^2)\cdot c^2}{(a^2+c^2)(b^2+c^2)}+\frac{b}{4a}\ln\frac{(a^2+b^2+c^2)\cdot b^2}{(a^2+b^2)(b^2+c^2)}+\frac{a}{4b}\ln\frac{(a^2+b^2+c^2)\cdot a^2}{(a^2+b^2)(a^2+c^2)}\right]$
无限平板和单列管束		$\varphi'_{1-2}=1-\sqrt{1-\left(\frac{d}{s}\right)^2}+\frac{d}{s}\mathrm{arctg}\sqrt{\left(\frac{s}{d}\right)^2-1}$ $\varphi_{2-1}=\frac{1}{\pi}\left[\frac{s}{d}-\sqrt{\left(\frac{s}{d}\right)^2-1}+\mathrm{arctg}\sqrt{\left(\frac{s}{d}\right)^2-1}\right]$ $H=\varphi'_{1-2}\cdot s=\varphi'_{2-1}\cdot\pi\cdot d$ （H以1m长为基准）

为了方便应用，兹将常用图表表面间的角系数的计算制成线图（图 1.3-3 至图 1.3-6）。

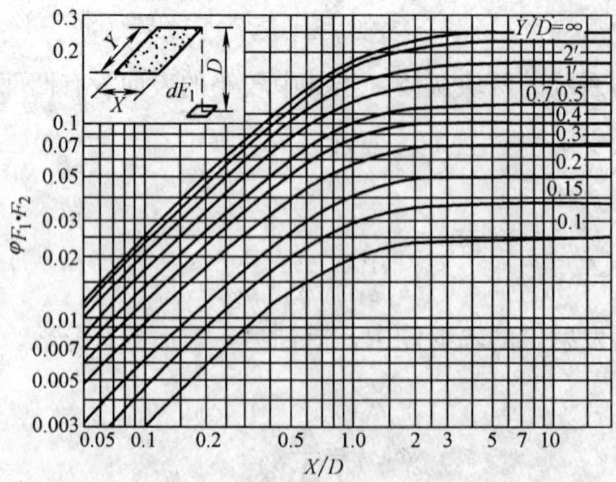

图 1.3-3 微元面对长方形表面的角系数

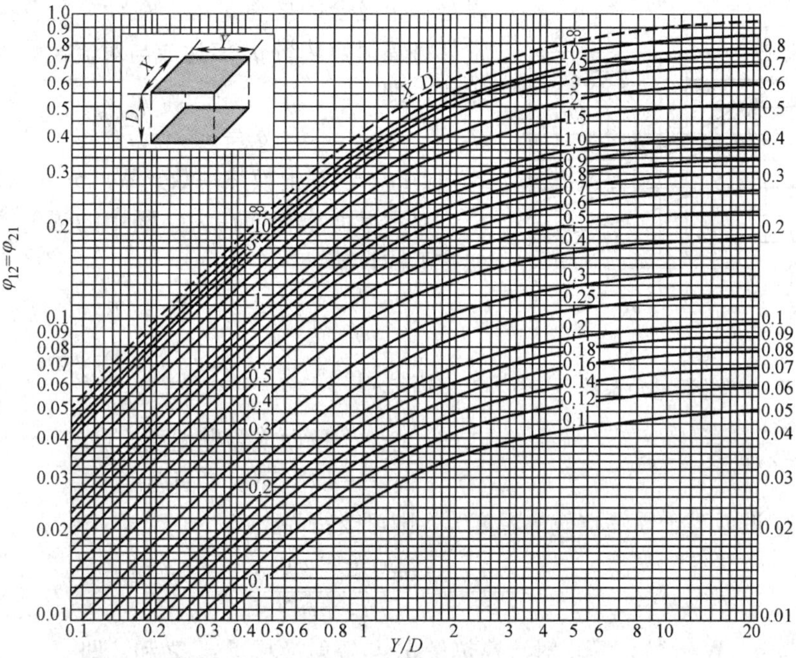

图 1.3-4　平行长方形表面间的角系数

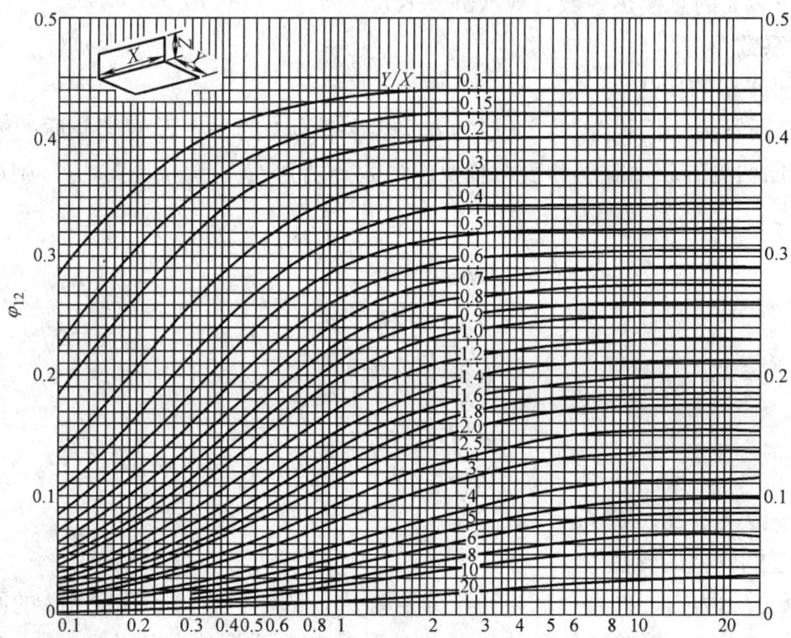

图 1.3-5　相互垂直两长方形表面间的角系数

1.3.4　传热及换热器

1. 复合换热

在实际工程中所发生的换热过程，大部分是由导热、对流和辐射同时作用的结果，所

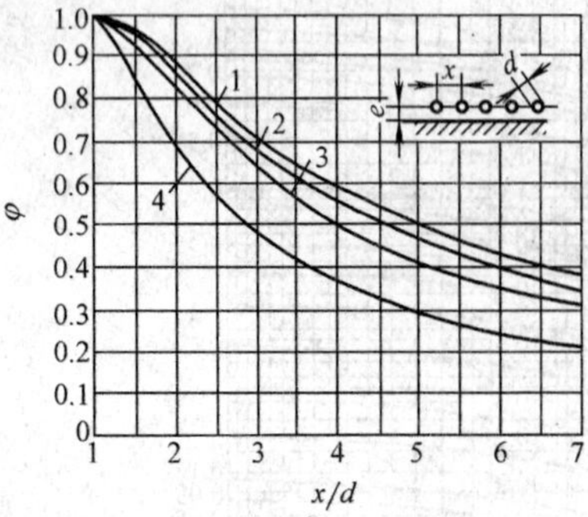

图 1.3-6 单排管的角系数

1—$e \geqslant 1.4d$；2—$e=0.8d$；3—$e=0.5d$；4—$e=0$

以是一个复合的换热过程。在计算复合换热时，通常都将辐射换热量 q_r 表达成与对流换热算式类似的表式，即

$$q_r=\alpha_r(t_1-t_2) \tag{1.3-32}$$

式中 α_r——辐射换热系数，W/(m^2·K)。

对于壁面或管壁在大空间中的辐射换热，可近似按下式计算：

$$q_r=\varepsilon\sigma_b(T_1^4-T_2^4)$$

由此可得
$$\alpha_r=\frac{\varepsilon\sigma_b(T_1^4-T_2^4)}{t_1-t_2} \tag{1.3-33}$$

式中 t_1——壁面或管壁温度，℃；

t_2——周围环境表面温度，℃。

若认为 t_2 近似等于周围空气的温度 t_f，则可改写为：

$$\alpha_r=\frac{q_r}{t_w-t_f}=\frac{\varepsilon\sigma_b(T_w^4-T_f^4)}{t_w-t_f} \tag{1.3-34}$$

总换热量 q（W/m^2），等于对流换热量 q_c 与辐射换热量 q_r 之和。即

$$q=q_c+q_r=(\alpha_c+\alpha_r)(t_w-t_f)=\alpha_s(t_w-t_f) \tag{1.3-35}$$

式中 α_s——表面的总换热系数，W/(m^2·K)。

2. 传热系数

(1) 通过平壁的传热

图 1.3-7 所示为一面积为 A、壁厚为 δ、热导率为 λ 的平壁，两侧介质的温度分别为 t_{f1} 和 t_{f2}，壁面两侧的表面温度和表面总换热系数分别为 t_{w1}、t_{w2} 和 α_1、α_2，则可得其传热量 Q（W）为：

$$Q=\frac{A(t_{f1}-t_{f2})}{\frac{1}{\alpha_1}+\frac{\delta}{\lambda}+\frac{1}{\alpha_2}} \tag{1.3-36}$$

令
$$K=\frac{1}{\alpha_1}+\frac{\delta}{\lambda}+\frac{1}{\alpha_2}$$

则
$$Q=KA(t_{f1}-t_{f2}) \tag{1.3-37}$$

或
$$Q=K(t_{f1}-t_{f2}) \tag{1.3-38}$$

式中 K——传换系数，W/(m^2·K)。

(2) 通过圆管壁的传热

图 1.3-8 所示为内、外直径（半径）分别为 d_1、d_2(r_1、r_2)、长度为 l 的圆管壁，已知材料的热导率为 λ，管壁两侧的表面总换热系数和介质温度分别为 α_{s1}、α_{s2} 和 t_{f1}、t_{f2}，则根据串联热阻叠加的原理，可列出单位管长的传热阻 R_l 和传热系数 K_l；

$$R_l=\frac{1}{\alpha_{s1}\pi d_1}+\frac{1}{2\pi\lambda}\ln\frac{d_2}{d_1}+\frac{1}{\alpha_{s2}\pi d_2}$$

$$K_l=\frac{1}{\frac{1}{\alpha_{s1}\pi d_1}+\frac{1}{2\pi\lambda}\ln\frac{d_2}{d_1}+\frac{1}{\alpha_{s2}\pi d_2}}$$

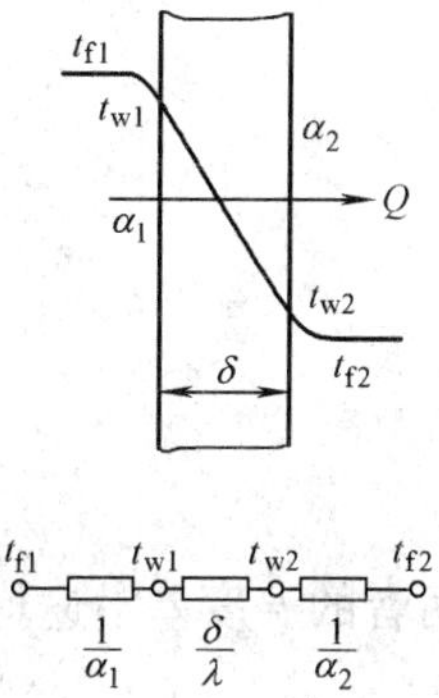

图 1.3-7 通过平壁的传热

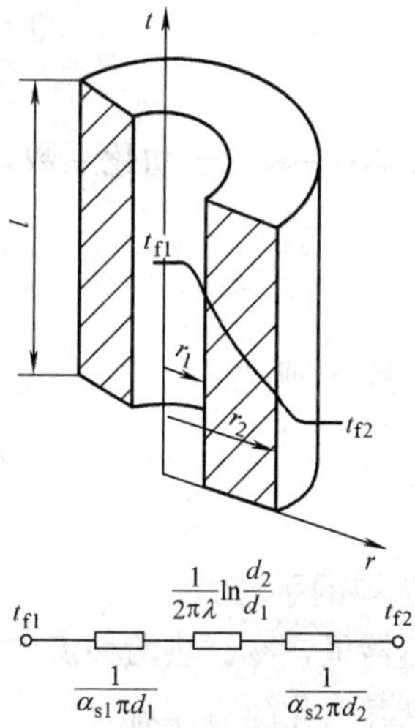

图 1.3-8 通过圆管壁的传热

单位管长的热流量为：

$$q_l=\frac{t_{f1}-t_{f2}}{\dfrac{1}{\alpha_{s1}\pi d_1}+\dfrac{1}{2\pi\lambda}\ln\dfrac{d_2}{d_1}+\dfrac{1}{\alpha_{s2}\pi d_2}} \tag{1.3-39}$$

若以管外表面积作为计算面积，则圆管壁的传热量 Q（W）为：

$$Q=\frac{\pi\cdot d_2\cdot l\cdot(t_{f1}-t_{f2})}{\dfrac{d_2}{\alpha_{s1}d_1}+\dfrac{d_2}{2\lambda}\ln\dfrac{d_2}{d_1}+\dfrac{1}{\alpha_{s2}}} \tag{1.3-40}$$

传热系数 K 则为：

$$K=\frac{1}{\dfrac{d_2}{\alpha_{s1}\pi d_1}+\dfrac{d_2}{2\lambda}\ln\dfrac{d_2}{d_1}+\dfrac{1}{\alpha_{s2}}} \tag{1.3-41}$$

（3）通过肋壁的传热

图 1.3-9 所示为一厚度为 δ 平壁加肋的情况。肋壁的热导率为 λ，已知光面的表面积为 A_1，有肋侧的表面积为 A_2（包含肋片和肋间面积），内侧和外侧的介质温度和表面换热系数分别为 t_{f1}、t_{f2} 和 α_{s1}、α_{s2}（$\alpha_{s1}\gg\alpha_{s2}$），光表面和肋基的温度分别为 t_{w1} 和 t_{w2}，肋面的平均温度为 t_m。由于肋片实际散热量小于假设整个肋表面处于肋基温度下的理想散热量，因此，定义两者之比为肋壁效率，即

$$\eta=\frac{\alpha_{s2}A_2(t_m-t_{f2})}{\alpha_{s2}A_2(t_{w1}-t_{f2})}=\frac{t_m-t_{f2}}{t_{w2}-t_{f2}} \tag{1.3-42}$$

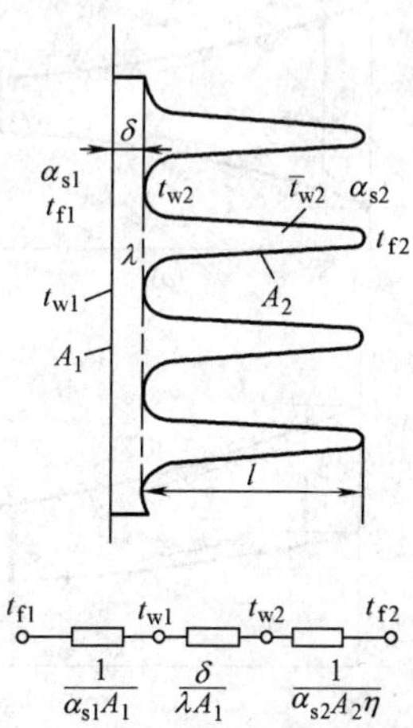

图 1.3-9 通过肋壁的传热

按光面面积计算的肋壁传热总热阻为：$\dfrac{1}{\alpha_{s1}A}+\dfrac{\delta}{\lambda A_1}+\dfrac{1}{\alpha_{s2}A_2\eta}$，则肋壁的传热量 Q（W）为：

$$Q=\frac{t_{f1}-t_{f2}}{\frac{1}{\alpha_{s1}}+\frac{\delta}{\lambda \cdot A_1}+\frac{1}{\alpha_{s2}A_2 \cdot \eta}} \tag{1.3-43}$$

令 $A_2/A_1=\beta$——肋化系数，则以光面面积为计算基准的肋壁传热量为：

$$Q=\frac{A_1(t_{f1}-t_{f2})}{\frac{1}{\alpha_{s1}}+\frac{\delta}{\lambda}+\frac{1}{\alpha_{s2}\eta \cdot \beta}} \tag{1.3-44}$$

传热系数 K 则为：

$$K=\frac{1}{\frac{1}{\alpha_{s1}}+\frac{\delta}{\lambda}+\frac{1}{\alpha_{s2}\eta \cdot \beta}} \tag{1.3-45}$$

3. 换热器的平均温差

在换热器里，冷、热两种流体沿传热面流动时，温度和两者的温度差沿途均不断地发生变化，且其变化随流体流动方式而异，如图 1.3-10 所示。

平均温差 Δt_m（℃）的计算式为：

$$\Delta t_m=\frac{\Delta t_{max}-\Delta t_{min}}{2.3\lg\frac{\Delta t_{max}}{\Delta t_{min}}} \tag{1.3-46}$$

式中 Δt_{max}——换热面两端温差之大值，顺流时为 $\Delta t'$；逆流时取 $\Delta t'$ 和 $\Delta t''$ 两者中的大值；

Δt_{min}——换热面两端温差之小值，℃。

由于温度计算式中有对数项，所以，又称为数平均温差。

当 $\frac{\Delta t_{max}}{\Delta t_{min}}\leqslant 2$ 时，可以用算术平均温差替代，这样产生的误差不会>4%，这在工程计算中一般是允许的。除了顺流和逆流外，实践中还有多种其他形式，如图 1.3-11 所示。

交叉流和混合流的平均温差计算比较麻烦，通常，都是先按照逆流方式进行计算，然后，再根据实际流动形式乘以修正系数 $\varepsilon_{\Delta t}$。图 1.3-12、图 1.3-13 和图 1.3-14 汇集了查取三种常见流动形式 $\varepsilon_{\Delta t}$ 的曲线图。

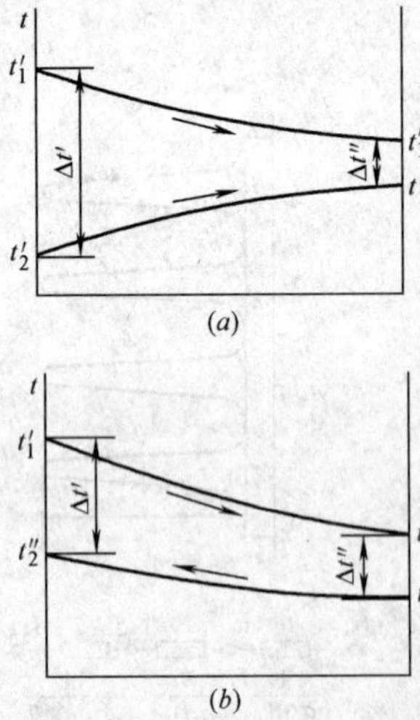

图 1.3-10 流体温度的变化

(a) 顺流；(b) 逆流

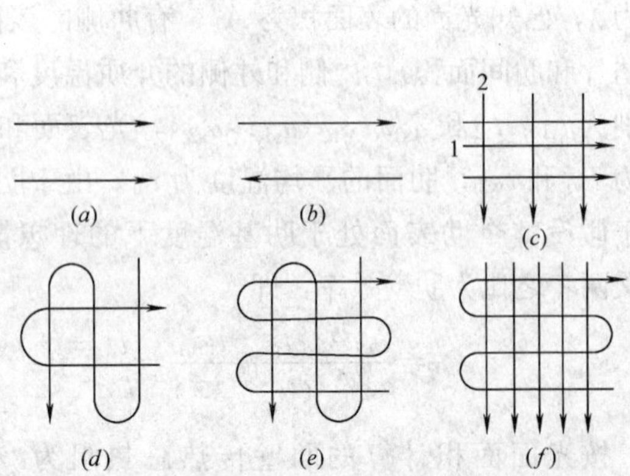

图 1.3-11 流体在换热器中的流动形式

(a) 顺流；(b) 逆流；(c) 交叉流；(d)、(e)、(f) 混合流

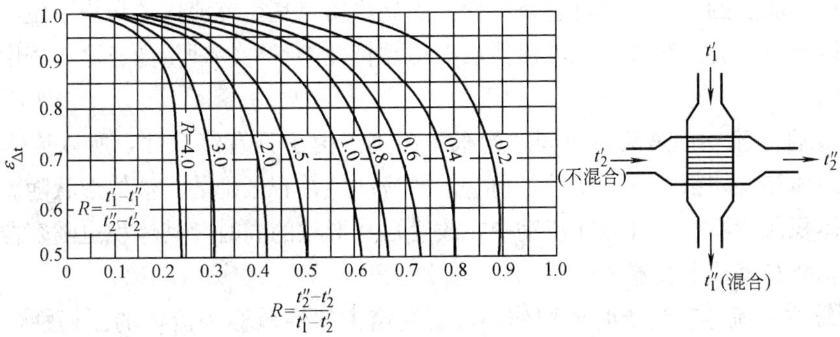

图 1.3-12　一侧流体混合，一侧不混合

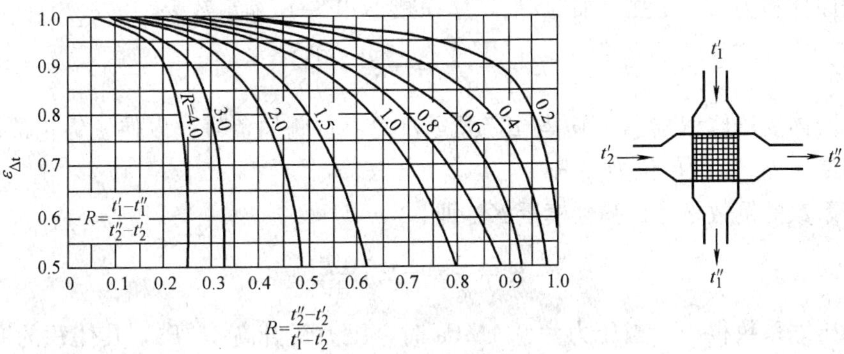

图 1.3-13　两侧流体都不混合

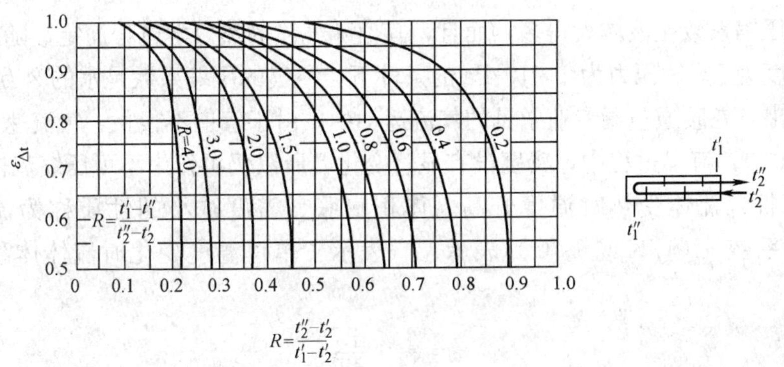

图 1.3-14　单壳程、2、4、6 管程

1.4　流体力学基础

1.4.1　流体的性质

液体与气体统称为流体。流体具有下列特性：

1. 连续性　流体力学研究的是大量分子的宏观集体运动效果，同时，将整个流体分成许多分子集团，每个分子集团称为质点，并认为各质点之间没有任何空隙，而且相对整个流体来说，质点的几何尺寸可忽略不计。因此，质点是研究流体的最小单位，质点是连续的，所以流体具有连续性，反映流体质点运动特性的各种物理量如速度、密度、压力等也是连续的。

2. 流动性 流动性是流体与固体的根本区别。由于具有流动性，所以流体没有固定的形状。液体和气体都具有流动性，但它们的流动性是有区别的。液体形状随着容器而改变，但其体积保持不变。气体在流动中在改变自身形状的同时，其体积也随容器的体积而改变，它总能充满整个容器。

3. 压缩性 流体在受压时体积缩小、密度增大的性质称为流体的压缩性，以压缩系数 κ（m^2/N）表示。它表示在一定的温度下，压强增加 1 个单位，体积的相对缩小率。若液体的原体积为 V，压强增加 dp 后，体积减小 dV，压缩系数为：

$$\kappa=\frac{dV/V}{dp}=-\frac{1}{V}\cdot\frac{dV}{dp} \tag{1.4-1}$$

由于液体受压体积减小，dp 与 dV 异号，式中右侧加负号，以使 κ 为正值；其值愈大，愈容易压缩。κ 的单位为 1/Pa。

压缩系数的倒数是体积弹性模量 K，即

$$K=\frac{1}{\kappa}=-V\cdot\frac{dp}{dV}$$

水的压缩系数很小，当压力为 0.1MPa 时，压力每升高 10^5Pa，其体积的变化为 5/100000 左右，所以，在一般情况下可以忽略不计。因此，工程界均把水以及其他液体视为不可压缩流体。

气体的压缩系数比液体大得多，而且，其值随气体的热力学过程而定，随压力升高而增大。在温度为 0℃、压力为 1×10^5Pa 的条件下，空气的压缩系数是水的 2 万倍左右。

需要指出：在暖通空调专业常见的气流运动中，由于管道不很长，气流速度远远小于声速（340m/s），流动过程中，密度没有显著变化，所以仍可作为不可压缩流体处理。

4. 膨胀性 流体受热时温度升高、体积膨胀、密度减小的性质称为流体的膨胀性。以膨胀系数 α（1/K 或 1/℃）表示。它表示了单位温度变化时流体体积的相对变化，即

$$\alpha=\frac{1}{V}\cdot\frac{dV}{dT} \tag{1.4-2}$$

式中 V——流体的体积，m^3；

dV/dT——流体体积相对于温度的变化，m^3/K。

水的膨胀系数 α_v（$\times10^{-4}$）如表 1.4-1 所示。

水在不同温度时的膨胀系数 α_v（$\times10^{-4}$/℃） **表 1.4-1**

压强(at)	1～10℃	10～20℃	40～50℃	60～70℃	90～100℃
1	0.14	1.50	4.22	5.56	7.19
100	0.43	1.65	4.22	5.48	7.04
200	0.72	183	4.26	5.39	—

5. 黏滞性 流体内部质点间或层流间，由于相对运动而产生内摩擦力，以阻止相对运动的性质称为黏滞性。产生黏滞性的物理原因，是流体微观分子不规则运动的动量交换和分子间吸引力而形成阻力的宏观表现。

(1) 黏滞力 黏滞力 τ (Pa) 就是单位面积的内摩擦力，也称切应力：

$$\tau=\frac{F}{A}=\mu\frac{\mathrm{d}\mu}{\mathrm{d}y} \tag{1.4-3}$$

式中 F——内摩擦力，N；

A——截面积，m^2；

$\mathrm{d}\mu/\mathrm{d}y$——速度梯度，表示速度沿垂直于速度的方向 y 的变化率，1/s；

μ——流体的动力黏度，Pa·s。

(2) 动力黏度 动力黏度是反映流体黏滞性强弱的系数，其意义为当速度梯度 $\mathrm{d}\mu/\mathrm{d}y=1$ 时流体的黏滞力，μ 值愈大，则黏滞性愈强。

(3) 运动黏度 运动黏度 ν(m^2/s) 是动力黏度 μ 与同温度时的流体密度 ρ 的比值。即

$$\nu=\mu/\rho$$

1.4.2 流体的流动形态

1. 流体的运动

流动性是流体最基本的特征。流体在运（流）动过程中，从静止到运动，质点获得流速，同时，在黏滞力的作用下，其压强的静力特性改变。

(1) 恒定流动和非恒定流动

恒定流动 恒定流动是运动平衡的流动，各点流速不随时间变化，由流速决定的压强、黏滞力利惯性力也不随时间变化。

非恒定流动 非恒定流动是运动不平衡的流动，各点流速随时间变化，各点压强、黏滞力和惯性力也随流速的变化而改变。

(2) 流场、流线、迹线

流场 流体流动占据的空间。

流线 为反映流场中的流速，分析流场中的流动，而直接在流场中绘出的表示流体流动方向的一系列线条。

迹线 一定质点在连续时间内的流动轨迹线。

(3) 流量和断面平均流速

流管 在垂直于流动方向的平面上，取任意封闭微小曲线 1，经此曲线上全部点作流线而组成的管状流面。

流束 流管以内的流动总体，如图 1.4-1 所示。

流量 单位时间流过全部断面 A 的流体体积，称为该断面的流量 Q (m^3/s)。即

$$Q=\int_A u\,\mathrm{d}A \tag{1.4-4a}$$

上述流量系体积流量，若引入流体的密度 ρ 则成为质量流量 Q_m (kg/s)：

$$Q_m=\int_A \rho \cdot u\mathrm{d}A \tag{1.4-4b}$$

断面平均流速 v(m/s) 为（图1.4-2）：

$$v=\frac{\int_A u\mathrm{d}A}{A}=\frac{Q}{A} \tag{1.4-5}$$

式中 u——dA 上的流速，m/s；

dA——元面积，m^2。

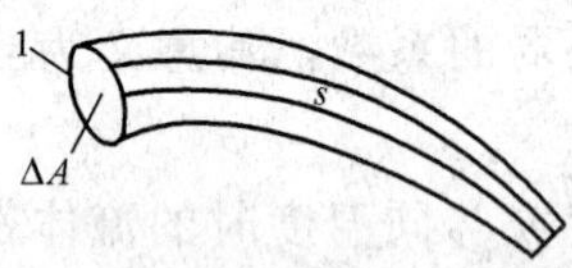

图1.4-1 流束

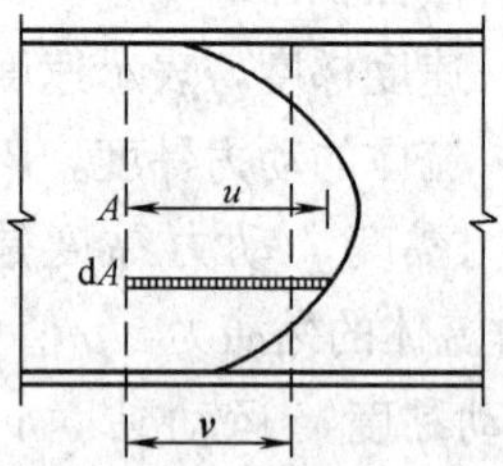

图1.4-2 断面平均流速

【例】 已知圆管半径为 r_o，过流断面上的流速分布为：

$u=u_{max}\left(\frac{y}{r_o}\right)^{\frac{1}{7}}$（式中：$u_{max}$为轴线上最大断面流速；$y$ 为距管壁的距离），求：

（1）通过的流量和断面平均流速；（2）过流断面上速度等于平均流速的点与管壁的距离。

【解】（1）在过流断面 $r=r_o-y$ 处，取环形微元面积 $\mathrm{d}A=2\pi r\mathrm{d}r$，环形上各点流速 u 相等。

由于式（1.4-4a）得流速为：

$$Q=\int_A u\mathrm{d}A=\int_{r_o}^{0} u_{max}\left(\frac{y}{r_o}\right)^{\frac{1}{7}}\cdot 2\pi(r_o-y)\,\mathrm{d}(r_0-y)$$

$$=\frac{2\pi u_{max}}{r_o^{\frac{1}{7}}}\int_0^{r_o}(r_o-y)\cdot y^{\frac{1}{7}}\mathrm{d}y=\frac{49}{60}\pi\cdot r_o\cdot u_{max}$$

断面平均流速为： $v=\frac{Q}{A}=\frac{49}{60}\cdot u_{max}$

（2）依题意，令

$$u_{max}\left(\frac{y}{r_o}\right)^{\frac{1}{7}}=\frac{49}{60}\cdot u_{max}$$

$$\frac{y}{r_o}=\left(\frac{49}{60}\right)^7=0.242$$

与管壁的距离为： $y=0.242r_o$

2. 流动形态

（1）层流与紊流

层流 流体质点无横向运动，只沿着流动轴线在各自的流层中作无相互掺混的直线运动。

紊流 流体质点完全处于无规则的紊乱运动。

流动形态的转换，取决于流动的几何尺寸（管径）、平均流速和流体的性质（密度、动力黏度或运动黏度）。这些影响参数可综合成一个量纲为1的数群，作为流体流型的判据，这个数群，称为雷诺数 Re。即

$$Re=\frac{ud\rho}{\mu}=\left(\frac{ud}{\nu}\right) \tag{1.4-6}$$

- $Re<2300$ 层流区
- $2300<Re<4000$ 过渡区（有时呈层流，有时呈紊流）
- $Re>4000$ 紊流区
- 紊流区速度分布的半径验公式：

$$\frac{u}{u_{max}}=\left(\frac{y}{r_o}\right)^n \tag{1.4-7}$$

式中 u_{max}——管轴处的最大流速；
r_o——圆管的半径；
n——随雷诺数 Re 变化的指数，见表 1.4-2。

紊流速度分布指数 **表 1.4-2**

Re	4×10^3	2.3×10^4	1.1×10^5	1.1×10^6	2.0×10^6	3.2×10^6
n	1/6	1/6.6	1/7.0	1/8.8	1/10	1/10
v/u_{max}	0.791	0.808	0.817	0.849	0.865	0.865

注：v—平均速度。根据 v/u_{max} 的比值，只需测出管轴心的最大速度，即可求出断面平均速度，进而求得流量。

（2）均匀流与非均匀流

均匀流 总的有效断面或平均流速沿流程保持不变，各有效断面上相应点的流速也不变，且流线为平行直线。均匀流中，没有加速度，因此不存在惯性力。

非均匀流 有效断面沿流程有变化，或有效断面不变，但各断面上的速度分布改变。非均匀流中，有加速度，因此存在惯性力。当有效断面沿流程变化剧烈，或断面流速分布变化剧烈时，该流动称为急变流。

3. 流体动力学的基本方程

（1）连续性原理、连续性方程

1）连续性原理——流体运动的质量守恒定律 对于封闭流管中的流动（图 1.4-3），当流体为恒定流、且为不可压缩时，由于在任意选取的过流断面 1、2 之间空间体积不变，而流动是连续的，根据质量守恒定律，进入断面 1 的质量流量和断面 2 流出的质量流量是相等的，因此，体积流量 Q_1 和 Q_2 也是相等的，即

$$Q_1=Q_2=Q$$

或

$$A_1v_1=A_2v_2=Av \tag{1.4-8}$$

式中 Q——封闭流管的总体积流量，m^3/s；
Q_1、Q_2——断面 1、2 处的体积流量，m^3/s；
A——总过流断面积，m^2；
A_1、A_2——断面 1、2 处的过流断面积，m^2；
v——总过流断面的平均流速，m/s；

v_1、v_2——断面1、2处的平均流速，m/s。

对于可压缩流体，由于密度 ρ 改变，关系式应为：

$$\rho_1 A_1 v_1 = \rho_2 A_2 v_2 = \rho A v \tag{1.4-9}$$

2）连续性方程式　取单元体 dx、dy、dz，如图1.4-4所示，速度的分量为 v_x、v_y、v_z 密度为 ρ，时间为 t。可压缩流体的连续性方程式为：

$$\frac{\partial \rho}{\partial t}+\frac{\partial \rho v_x}{\partial x}+\frac{\partial \rho v_y}{\partial y}+\frac{\partial \rho v_z}{\partial z}=0 \tag{1.4-10}$$

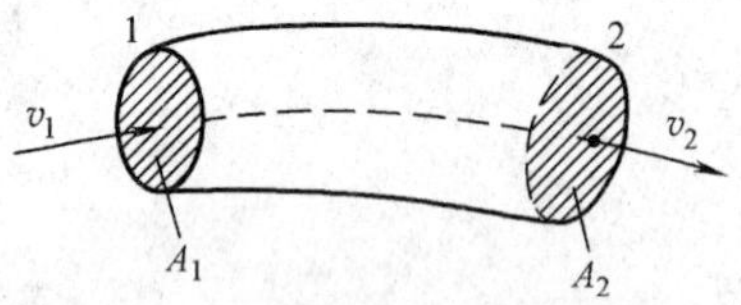

图1.4-3 封闭管中的流动

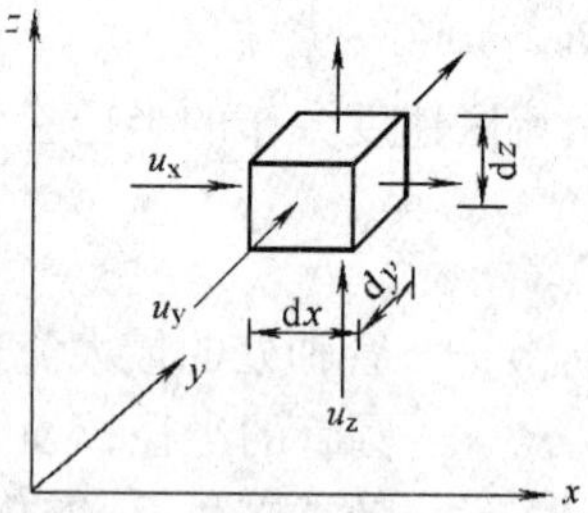

图1.4-4

不可压缩流体的连续性方程式为：

$$\frac{\partial v_x}{\partial x}+\frac{\partial v_y}{\partial y}+\frac{\partial v_z}{\partial z}=0 \tag{1.4-11}$$

（2）流体运动方程式

根据动量守恒定律，可推出上列流体运动方程式：

$$\left.\begin{aligned}
v_x\frac{\partial v_x}{\partial x}+v_y\frac{\partial v_x}{\partial y}+v_z\frac{\partial v_x}{\partial z}+\frac{\partial v_x}{\partial t}&=-\frac{1}{\rho}\frac{\partial p}{\partial x}+\nu\left(\frac{\partial^2 v_x}{\partial x^2}+\frac{\partial^2 v_x}{\partial y^2}+\frac{\partial^2 v_x}{\partial z^2}\right)+X\\
v_x\frac{\partial v_y}{\partial x}+v_y\frac{\partial v_y}{\partial y}+v_z\frac{\partial v_y}{\partial z}+\frac{\partial v_y}{\partial t}&=-\frac{1}{\rho}\frac{\partial p}{\partial y}+\nu\left(\frac{\partial^2 v_y}{\partial x^2}+\frac{\partial^2 v_y}{\partial y^2}+\frac{\partial^2 v_y}{\partial z^2}\right)+Y\\
v_x\frac{\partial v_z}{\partial x}+v_y\frac{\partial v_z}{\partial y}+v_z\frac{\partial v_z}{\partial z}+\frac{\partial v_z}{\partial t}&=-\frac{1}{\rho}\frac{\partial p}{\partial z}+\nu\left(\frac{\partial^2 v_z}{\partial x^2}+\frac{\partial^2 v_z}{\partial y^2}+\frac{\partial^2 v_z}{\partial z^2}\right)+Z
\end{aligned}\right\} \tag{1.4-12}$$

式中　v_x、v_y、v_z——沿 x、y、z 轴方向的流速；

p——作用在单元体分面1上的压力；

ρ——流体的密度；

ν——流体的运动黏度；

X、Y、Z——作用在单元体上的其他外力 x、y、z 轴方向上的分量。

（3）能量方程式

1）伯努利方程式　根据能量守恒定律，不可压缩理想流体（无黏滞性）在管内流动时，各处的能量不变，即在断面1处的总能量恒等于流体在断面2处的总能量（图1.4-5）。其表达式为：

$$p_1+\frac{\rho v_1^2}{2}+\rho\cdot g\cdot z_1=p_2+\frac{\rho v_2^2}{2}+\rho\cdot g\cdot z_2 \tag{1.4-13}$$

式中　p_1、p_2——流体在断面1、2处具有的压力能，Pa；

v_1、v_2——流体在断面1、2处的平均流速，m/s；

z_1、z_2——断面 1、2 中心相对于选定基准面的高度，m；

ρ——流体的密度，kg/m^3；

g——重力加速度，m/s^2。

上式中的第三项，即 $\rho v^2/2$，是流体具有的动能，或称动压；第三项 ρgz，表示的是流体流动的位能；而 $p+\frac{\rho v^2}{2}$，则为流体的全压。

对于空气，由于密度很小，而 $\rho g z_1$ 与 $\rho g z_2$ 之差可以忽略不计，因此

$$p_1+\frac{\rho}{2}\cdot v_1^2=p_2+\frac{\rho}{2}\cdot v_2^2 \tag{1.4-14}$$

对于实际流体，由于具有黏滞性，流体在管内流动时会因为有阻力而产生能量损失 Δp_{1-2}(Pa)，因此，不可压缩实际流体的稳定流动能量方程式为：

$$p_1+\frac{\rho}{2}\cdot v_1^2+\rho\cdot g\cdot z_1=p_2+\frac{\rho}{2}\cdot v_2^2+\rho\cdot g\cdot z_2+\Delta p_{1-2} \tag{1.4-15}$$

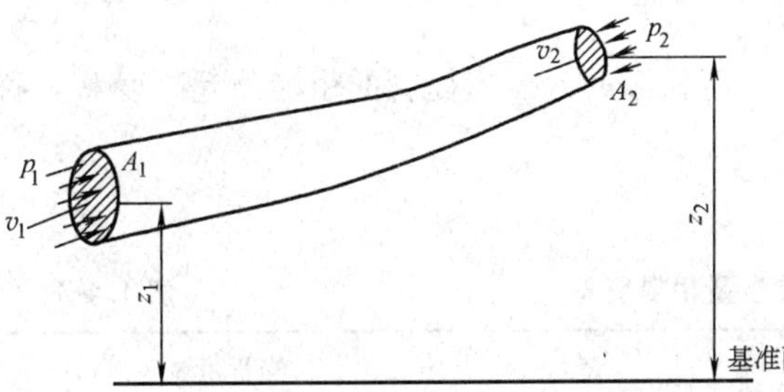

图 1.4-5

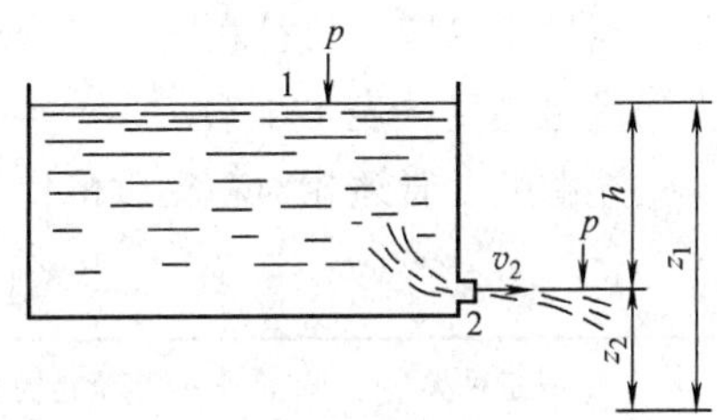

图 1.4-6

2）托里拆利定理　液体自容器下部的孔口流出时（图 1.4-6），其流出速度 v_2（m/s）与水位差的平方根成正比。即

$$v_2=\sqrt{2gh} \tag{1.4-16}$$

式中　h——液面与孔口间的高度差，m。

3）能量损失　流体流动之所以有阻力，原因有二：一是流体的黏滞性和惯性；二是流道固体边界壁面的粗糙度，对流动有扰动作用。为了克服流动阻力，需要消耗一定量的机械能，这部分机械能不可逆地转变为热能，从而形成能量损失。

流体的流动阻力是由沿程摩擦阻力 Δp_{m} 和局部阻力 Δp_{j} 两部分组成：即

$$\Delta P=\Delta p_{\mathrm{m}}+\Delta p_{\mathrm{j}} \tag{1.4-17}$$

而

$$\Delta p_{\mathrm{m}}=\lambda\cdot\frac{l}{d}\cdot\frac{\rho v^2}{2} \tag{1.4-18}$$

$$\Delta p_{\mathrm{j}}=\zeta\cdot\frac{\rho v^2}{2} \tag{1.4-19}$$

式中　λ——沿程（摩擦）阻力系数；

l——管长，m；

d——管径，m；

v——平均流速；

ζ——局部阻力系数。

1.4.3 管内摩擦定律

1. 根哈-泊肃叶定律

当流体的流动处于层流状态时，光滑圆管的流量 Q、管径 d、管长 L、流体的动力黏度 μ 与压力损失 ΔP 之间，存在下列关系：

$$\Delta P = Q \cdot \frac{128\mu \cdot L}{\pi \cdot d^4} = \frac{32\mu \cdot L}{d^2} \tag{1.4-20}$$

2. 管道壁面的粗糙度

绝对粗糙度　壁面粗糙一般包括粗糙凸起的高度、形状及疏密排列等许多因素，为便于分析，Nikuradse. J 用经筛选的均匀砂粒粘贴至壁面而形成人工粗糙，并以其凸起高度（砂粒直径）k_s 一个因素来表示壁面的粗糙，k_s 称为绝对粗糙度，单位为 mm。

相对粗糙度　管道的绝对粗糙度 k_s 与管道的内径（或半径）d 之比 k_s/d（或 k_s/r_o），称为相对粗糙度。

当量粗糙度　直径相同、紊流粗糙区的 λ 值相等的人工粗糙管的粗糙凸起高度 k_s，称为当量粗糙度（表 1.4-3）。

光滑度　管道相对粗糙度的倒数称为光滑度。

工业管道的当量粗糙度 k_s　　**表 1.4-3**

管道种类	当量粗糙度(mm)	管道种类	当量粗糙度(mm)
铝管、铜管	≤0.01	塑料管	0.05
玻璃管	≤0.01	钢板风道	0.1～0.15
普通钢管	0.02～0.1	矿渣石膏板风道	1.0
镀锌钢管	0.15	表面光滑工业的砖风道	4.0
生锈钢管	0.5～1.0	矿渣混凝土风道	1.5
重锈钢管	1.0～3.0	胶合板风道	1.0
铸铁管	0.25	钢丝网抹灰风道	1.0～1.5
涂沥青铸铁管	0.13	地面沿墙砖砌风道	3.0～6.0
石棉水泥管	0.1	墙内砖风道	5.0～10.0

3. 沿程摩擦阻力系数

沿程摩擦阻力系数，习称沿程阻力系数或摩擦阻力系数，沿程摩擦阻力系数的确定，工程上一般有下列两种方法：

（1）查图法：先根据管道种类在表 1.4-3 中查出当量粗糙度，由管径算出相对粗糙度；再按流体流态、管径和流速计算雷诺数，然后在莫迪图（图 1.4-7）上直接查出沿程阻力系数 λ。

（2）计算法：根据流态由表 1.4-4 选取适合的计算公式，通过计算求出沿程阻力系数 λ。

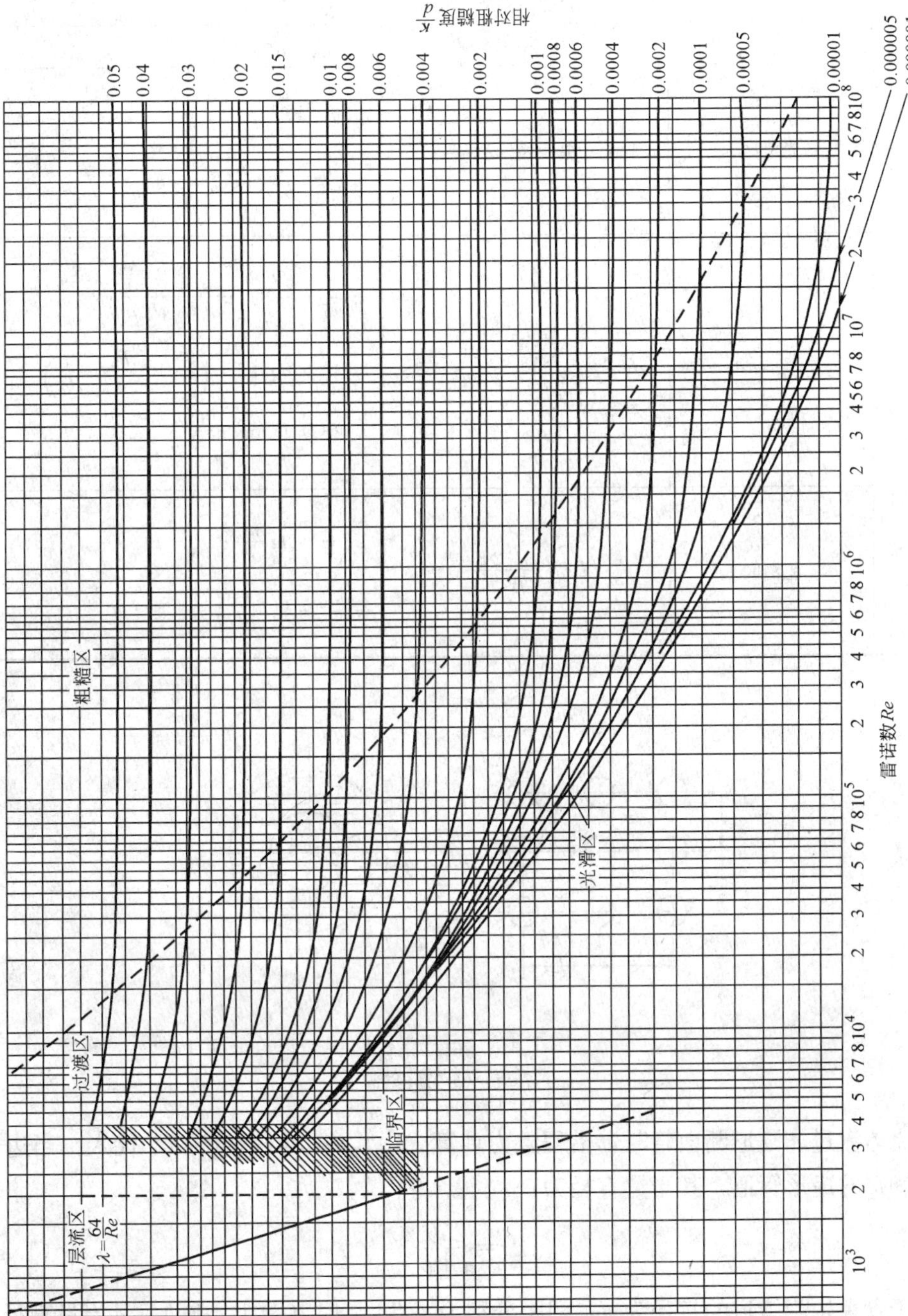

相对粗糙度 $\frac{K}{d}$
0.05
0.04
0.03
0.02
0.015
0.01
0.008
0.006
0.004
0.002
0.001
0.0008
0.0006
0.0004
0.0002
0.0001
0.00005
0.00001
0.000005
0.000001
粗糙区
过渡区
临界区
层流区
$\lambda=\frac{64}{Re}$
光滑区
雷诺数 Re
沿程阻力系数λ

图 1.4-7 莫迪图

圆管的沿程摩擦阻力系数 λ 的计算公式 表 1.4-4

流态	阻力区	判别公式	λ 的计算公式
层流		$Re<2300$	$\lambda=\frac{64}{Re}$
过渡区		$2300<Re<4000$	$\lambda=0.0025Re^{\frac{1}{3}}$
紊流	光滑区	$4000<Re<26.98\left(\frac{d}{k_S}\right)^{\frac{8}{7}}$	1. $\lambda=\frac{0.3164}{Re^{0.25}}$ 2. $\frac{1}{\sqrt{\lambda}}=2\lg(Re\sqrt{\lambda}-0.8)$
	紊流过渡区	$26.98\left(\frac{d}{k_s}\right)^{\frac{6}{7}}<\frac{191.2}{\sqrt{\lambda}}\frac{d}{k_S}$	1. $\frac{1}{\sqrt{\lambda}}=-2\lg\left(\frac{k_S}{3.7d}+\frac{2.51}{Re\sqrt{\lambda}}\right)$ 2. $\lambda=0.005\left[1+\left(2\times10^4\frac{k_S}{d}+\frac{10^6}{Re}\right)^{\frac{1}{3}}\right]$ 3. $\lambda=0.11\left(\frac{k_S}{d}+\frac{68}{Re}\right)^{0.25}$
	粗糙区	$Re>\frac{191.2}{\sqrt{\lambda}}\frac{d}{k_S}$	1. $\frac{1}{\sqrt{\lambda}}=2\lg\frac{3.7d}{k_S}$ 2. $\lambda=0.11\left(\frac{k_S}{d}\right)^{0.25}$

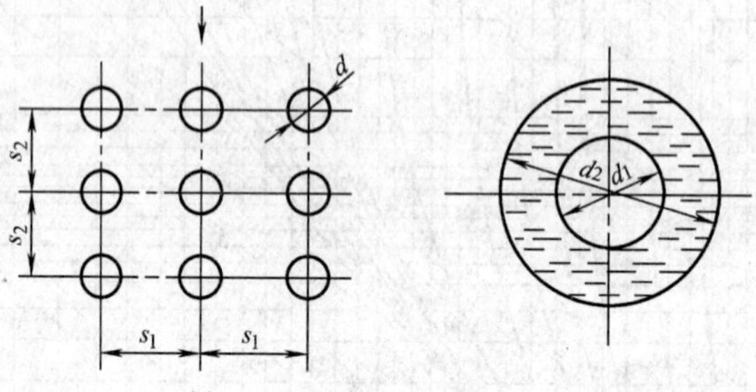

图 1.4-8 当量直径

(*a*) 管束；(*b*) 环形管

当流体流过非圆形断面管时，沿程阻力计算式中，应以当量直径 d_e 代入。当边长分别为 a 和 b 的矩形管道，其当量直径为：

$$d_e=\frac{2ab}{a+b} \tag{1.4-21}$$

对于管束，当管道的直径为 d，间距分别为 s_1 和 s_2 时（图 1.4-8*a*），其当量直径为：

$$d_e=\frac{4s_1s_2}{\pi\cdot d}-d \tag{1.4-22}$$

对于直径为 d_1、d_2 的环形管道，当量直径为：

$$d_e=d_2-d_1 \tag{1.4-23}$$

1.5 钢管的水力计算表

1.5.1 概　　述

由上节（1.4）所述可知，由于水具有黏性，在管道内流动时，流体内流层之间存在相对运动，而且与管壁之间有摩擦，因而在沿程（形状、尺寸、过流方向均无变化）的均匀流管段上，将产生流动阻力。这部分阻力称为沿程阻力或摩擦阻力。克服沿程阻力引起的能量损失，称为沿程压力损失或摩擦压力损失，一般简称为沿程损失或摩擦损失。

为了便于进行水力计算，特编制了下列钢管水力计算表，该表的编制依据如下：

1. 沿程损失的计算

水在均匀流管段内流动，由 1.4.2 节式（1.4-18）可知，当 $l=1\text{m}$ 时，沿程压力损失 ΔP_{m}（Pa），可用下式计算：

$$\Delta P_{\text{m}}=\frac{\lambda}{d}\cdot\frac{v^2\rho}{2} \tag{1.5-1}$$

或

$$\Delta P_{\text{m}}=l\Delta p_{\text{m}} \tag{1.5-2}$$

2. 摩擦阻力系数的计算

对大部分热水供暖系统的管道，水的流动形态处于紊流状态（$Re>4000$），即紊流光滑区、紊流过渡区和紊流粗糙区。其摩擦阻力系数 λ 取决于雷诺数 Re 和钢管内表面的相对粗糙（度）k。摩擦阻力系数可按表 1.4-4 中的下式计算：

$$\frac{1}{\sqrt{\lambda}}=-2\lg\left(\frac{k\text{s}}{3.7d}+\frac{2.51}{Re\sqrt{\lambda}}\right) \tag{1.5-3}$$

水力计算表编制中，钢管内表面的平均绝对粗糙（度），取 $k=0.2\times10^{-3}\text{m}$。

随着建筑节能的普及，供暖负荷减少，热水流量也相应变小。由于受管径级差的限制，系统的局部管段内，水的流动形态有可能处于层流状态或层流向紊流过渡，即临界区。这时，摩擦阻力系数按表 1.4-4 中的下列公式计算：

层流区

$$\lambda=\frac{64}{Re}\quad(Re<2300) \tag{1.5-4}$$

过渡区（临界区）

$$\lambda=0.0025Re^{\frac{1}{3}}\quad(2300\leqslant Re\leqslant4000) \tag{1.5-5}$$

3. 热水流量和流速的计算

供暖系统的热水流量 G（kg/h）和管道内的热水流速 v（m/s）可按下式计算：

热水流量

$$G=\frac{Q}{c\cdot\Delta t}\times3600 \tag{1.5-6}$$

热水流速

$$v=\frac{G}{3600}\times\frac{4}{\pi\cdot d^2} \tag{1.5-7}$$

式中 Q——热负荷，W；

c——水的比热容，$c=4186.8\text{J/(kg}\cdot℃)$；

Δt——供回水温度差，℃。

4. 热水的运动黏度和密度的确定

由于水的密度和运动黏度随温度的升高而减小，为了减少供暖系统水力计算中沿程损失的误差，因此，不同温度下热水的运动黏度和密度均采用拟合法确定（见表1.5-1）。

不同温度时水的运动黏度和密度 表1.5-1

温度(℃)	运动黏度($10^{-6}m^2/s$)	密度(kg/m^3)	温度(℃)	运动黏度($10^{-6}m^2/s$)	密度(kg/m^3)
40	0.659	992.24	70	0.415	977.899
45	0.603	990.25	75	0.389	974.849
50	0.556	988.07	80	0.366	971.84
55	0.515	985.73	85	0.345	968.57
60	0.479	983.284	90	0.326	965.344
65	0.445	980.63	95	0.310	961.816

5. 水力计算表应用需知

(1) 按实际水温进行供暖系统的管路水力计算，可保持沿程损失误差<2%，而且更容易进行系统的水力平衡。

(2) 由于篇幅所限，水温间隔不能过小。下列水力计算表水温的界定原则是：

1) 由于过渡区仅在局部管段处出现，所占比重很小，因此在该区范围内保持计算结果的误差<10%；

2) 在所占比重较大的紊流区内，则保持计算结果的误差≤3%；

3) 确保水力计算的总体误差<5%。

(3) 水力计算表的水温，是指系统中供、回水的平均温度。

(4) 在系统运行过程中，根据调节方式的不同，水温有可能改变。设计中应结合工程实际情况，按最不利的工况确定计算水温。

1.5.2 40℃热水管道水力计算表

1.5.3 50℃热水管道水力计算表

1.5.4 60℃热水管道水力计算表

1.5.5 70℃热水管道水力计算表

1.5.6 80℃热水管道水力计算表

1.5.7 90℃热水管道水力计算表

1.5.2 40℃热水管道水力计算表

表 1.5-2

	DN=15	DN=15	DN=20	DN=20	DN=25	DN=25	DN=32	DN=32	DN=40	DN=40	DN=50	DN=50	DN=70
G	d=15.75	d=15.75	d=21.25	d=21.25	d=27.00	d=27.00	d=35.75	d=35.75	d=41.00	d=41.00	d=53.00	d=53.00	d=68.00
	ΔP_m	v	ΔP_m	v	ΔP_m	v	ΔP_m	v	ΔP_m	v	ΔP_m	v	ΔP_m
24	2.91	0.03											
28	3.39	0.04											
32	3.88	0.05											
36	4.36	0.05											
40	4.85	0.06	1.46	0.03									
44	5.33	0.06	1.61	0.03									
48	5.82	0.07	1.76	0.04									
52	6.30	0.07	1.90	0.04									
56	6.79	0.08	2.05	0.04									
60	7.27	0.09	2.19	0.05									
64	7.76	0.09	2.34	0.05	0.90	0.03							
68	9.97	0.10	2.49	0.05	0.95	0.03							
72	11.40	0.10	2.63	0.06	1.01	0.04							
76	12.93	0.11	2.78	0.06	1.07	0.04							
80	14.57	0.11	2.93	0.06	1.12	0.04							
84	16.33	0.12	3.07	0.07	1.18	0.04							
88	18.20	0.13	3.22	0.07	1.24	0.04							
95	21.76	0.14	4.41	0.07	1.33	0.05							
105	27.49	0.15	5.56	0.08	1.47	0.05							
115	33.99	0.17	6.88	0.09	1.92	0.06	0.53	0.03					
125	51.55	0.18	8.36	0.10	2.33	0.06	0.57	0.03					
135	59.45	0.19	10.00	0.11	2.79	0.07	0.62	0.04					

续表

G	DN=15	DN=15	DN=20	DN=20	DN=25	DN=25	DN=32	DN=32	DN=40	DN=40	DN=50	DN=50	DN=70
	d=15.75	d=15.75	d=21.25	d=21.25	d=27.00	d=27.00	d=35.75	d=35.75	d=41.00	d=41.00	d=53.00	d=53.00	d=68.00
	ΔP_m	v	ΔP_m	v	ΔP_m	v	ΔP_m	v	ΔP_m	v	ΔP_m	v	ΔP_m
145	67.87	0.21	11.82	0.11	3.29	0.07	0.66	0.04	0.38	0.03			
155	76.84	0.22	13.81	0.12	3.85	0.08	0.86	0.04	0.41	0.03			
165	86.34	0.24	19.08	0.13	4.45	0.08	1.00	0.05	0.44	0.03			
175	96.39	0.25	21.24	0.14	5.11	0.09	1.14	0.05	0.55	0.04			
185	106.97	0.27	23.49	0.15	5.82	0.09	1.30	0.05	0.63	0.04			
195	118.10	0.28	25.87	0.15	6.58	0.10	1.47	0.05	0.71	0.04			
210	135.80	0.30	29.65	0.17	8.99	0.10	1.75	0.06	0.84	0.04			
230	161.16	0.33	35.07	0.18	10.59	0.11	2.16	0.06	1.04	0.05			
250	188.78	0.36	40.93	0.20	12.32	0.12	2.63	0.07	1.27	0.05	0.32	0.03	
270	218.54	0.39	47.23	0.21	14.18	0.13	3.54	0.08	1.51	0.06	0.39	0.03	
290	250.45	0.42	53.95	0.23	16.16	0.14	4.03	0.08	1.79	0.06	0.45	0.04	
310	284.50	0.45	61.15	0.24	18.27	0.15	4.54	0.09	2.32	0.07	0.53	0.04	
330	320.71	0.47	68.75	0.26	20.49	0.16	5.08	0.09	2.59	0.07	0.62	0.04	
350	359.05	0.50	76.76	0.28	22.83	0.17	5.65	0.10	2.88	0.07	0.71	0.04	
370	399.55	0.53	85.24	0.29	25.30	0.18	6.24	0.10	3.18	0.08	0.80	0.05	
390	442.18	0.56	94.17	0.31	27.90	0.19	6.87	0.11	3.50	0.08	0.91	0.05	0.24
410	486.96	0.59	103.49	0.32	30.62	0.20	7.52	0.11	3.82	0.09	1.09	0.05	0.27
430	533.89	0.62	113.24	0.34	33.47	0.21	8.20	0.12	4.17	0.09	1.19	0.05	0.30
450	582.93	0.65	123.50	0.36	36.42	0.22	8.91	0.13	4.52	0.10	1.29	0.06	0.34
470	634.10	0.68	134.15	0.37	39.49	0.23	9.65	0.13	4.89	0.10	1.39	0.06	0.37
490	687.41	0.70	145.20	0.39	42.69	0.24	10.41	0.14	5.27	0.10	1.50	0.06	0.41
520	771.97	0.75	162.59	0.41	47.73	0.25	11.61	0.15	5.88	0.11	1.67	0.07	0.50
560	891.53	0.80	187.45	0.44	54.86	0.27	13.30	0.16	6.72	0.12	1.90	0.07	0.57

续表

	DN=15	DN=15	DN=20	DN=20	DN=25	DN=25	DN=32	DN=32	DN=40	DN=40	DN=50	DN=50	DN=70
G	d=15.75	d=15.75	d=21.25	d=21.25	d=27.00	d=27.00	d=35.75	d=35.75	d=41.00	d=41.00	d=53.00	d=53.00	d=68.00
	ΔP_m	v	ΔP_m	v	ΔP_m	v	ΔP_m	v	ΔP_m	v	ΔP_m	v	ΔP_m
600	1019.66	0.86	213.90	0.47	62.48	0.29	15.11	0.17	7.63	0.13	2.15	0.08	0.64
660	1227.93	0.95	256.86	0.52	74.82	0.32	18.03	0.18	9.08	0.14	2.55	0.08	0.76
700	1377.50	1.01	287.66	0.55	83.66	0.34	20.11	0.20	10.12	0.15	2.84	0.09	0.84
740	1535.02	1.06	320.22	0.58	92.98	0.36	22.31	0.21	11.21	0.16	3.14	0.09	0.93
780	1701.75	1.12	354.50	0.62	102.78	0.38	24.61	0.22	12.35	0.17	3.45	0.10	1.02
820	1877.06	1.18	390.50	0.65	11.07	0.40	27.02	0.23	13.55	0.17	3.78	0.10	1.11
860	2060.94	1.24	428.24	0.68	123.84	0.42	29.53	0.24	14.80	0.18	4.12	0.11	1.21
900	2253.38	1.29	467.71	0.71	135.09	0.44	32.16	0.25	16.11	0.19	4.47	0.11	1.31
1000	2771.98	1.44	573.93	0.79	165.41	0.49	39.23	0.28	19.60	0.21	5.43	0.13	1.59
1100	3345.04	1.58	690.99	0.87	198.62	0.54	46.97	0.31	23.43	0.23	6.46	0.14	1.89
1200	3968.77	1.72	818.85	0.95	234.94	0.59	55.39	0.33	27.57	0.25	7.59	0.15	2.21
1300	4648.82	1.87	957.52	1.03	274.19	0.64	64.51	0.36	32.07	0.28	8.79	0.16	2.55
1400	5382.57	2.01	1107.00	1.11	316.46	0.68	74.24	0.39	36.87	0.30	10.09	0.18	2.92
1500	6170.02	2.16	1267.29	1.18	362.02	0.73	84.73	0.42	42.03	0.32	11.47	0.19	3.31
1600	7005.63	2.30	1438.39	1.26	410.38	0.78	95.91	0.45	47.50	0.34	12.94	0.20	3.73
1700	7899.77	2.44	1620.30	1.34	461.79	0.83	107.67	0.47	53.30	0.36	14.49	0.22	4.17
1800	8847.57	2.59	1813.01	1.42	516.22	0.88	120.20	0.50	59.43	0.38	16.13	0.23	4.63
1900	9849.04	2.73	2016.53	1.50	573.67	0.93	133.37	0.53	65.91	0.40	17.85	0.24	5.12
2000	10903.27	2.87	2230.87	1.58	634.13	0.98	147.23	0.56	72.70	0.42	19.66	0.25	5.62
2200			2691.92	1.74	764.11	1.08	176.97	0.61	87.32	0.47	23.52	0.28	6.71
2400			3196.11	1.89	906.13	1.17	209.41	0.67	103.21	0.51	27.73	0.30	7.88
2600			3743.64	2.05	1060.23	1.27	244.66	0.73	120.42	0.55	32.27	0.33	9.15
2800			4334.40	2.21	1226.40	1.37	282.56	0.78	138.94	0.59	37.16	0.36	10.51

续表

G	DN=15 d=15.75 ΔP_m	DN=15 d=15.75 v	DN=20 d=21.25 ΔP_m	DN=20 d=21.25 v	DN=25 d=27.00 ΔP_m	DN=25 d=27.00 v	DN=32 d=35.75 ΔP_m	DN=32 d=35.75 v	DN=40 d=41.00 ΔP_m	DN=40 d=41.00 v	DN=50 d=53.00 ΔP_m	DN=50 d=53.00 v	DN=70 d=68.00 ΔP_m
3000			4968.08	2.37	1404.64	1.47	323.18	0.84	158.71	0.64	42.37	0.38	11.96
3200			5644.75	2.53	1595.04	1.56	366.74	0.89	179.85	0.68	47.92	0.41	13.50
3400			6363.91	2.68	1797.52	1.66	412.81	0.95	202.31	0.72	53.82	0.43	15.14
3600			7127.17	2.84	2012.10	1.76	461.59	1.00	226.08	0.76	60.06	0.46	16.86
3800			7934.27	3.00	2238.76	1.86	513.09	1.06	251.16	0.81	66.63	0.48	18.68
4000					2477.52	1.96	567.31	1.12	277.56	0.85	73.54	0.51	20.58
4200					2725.78	2.05	624.24	1.17	305.26	0.89	80.79	0.53	22.58
4400					2988.47	2.15	683.89	1.23	334.29	0.93	88.37	0.56	24.67
4600					3263.24	2.25	746.25	1.28	364.62	0.98	96.29	0.58	26.85
4800					3550.09	2.35	811.33	1.34	396.27	1.02	104.55	0.61	29.11
5000					3849.01	2.44	879.12	1.39	429.22	1.06	113.15	0.63	31.47
5400					4483.11	2.64	1022.43	1.51	499.08	1.15	131.35	0.69	36.47
5800					5165.52	2.84	1176.97	1.62	574.18	1.23	150.90	0.74	41.82
6200							1342.37	1.73	654.24	1.31	171.81	0.79	47.53
6600							1518.62	1.84	739.80	1.40	194.05	0.84	53.61
7000							1705.73	1.95	830.61	1.48	217.65	0.89	60.05
7400							1903.69	2.06	926.66	1.57	242.60	0.94	66.85
7800							2112.50	2.18	1027.96	1.65	268.89	0.99	74.01
8200							2332.18	2.29	1134.50	1.74	296.53	1.04	81.54
8600							2562.71	2.40	1246.30	1.82	325.52	1.09	89.42
9000							2804.09	2.51	1363.33	1.91	355.86	1.14	97.67
10000							3455.04	2.79	1678.87	2.12	437.59	1.27	119.87
11000									2027.20	2.33	527.75	1.40	144.32

续表

	$DN=15$	$DN=15$	$DN=20$	$DN=20$	$DN=25$	$DN=25$	$DN=32$	$DN=32$	$DN=40$	$DN=40$	$DN=50$	$DN=50$	$DN=70$
G	$d=15.75$	$d=15.75$	$d=21.25$	$d=21.25$	$d=27.00$	$d=27.00$	$d=35.75$	$d=35.75$	$d=41.00$	$d=41.00$	$d=53.00$	$d=53.00$	$d=68.00$
	ΔP_m	v	ΔP_m	v	ΔP_m	v	ΔP_m	v	ΔP_m	v	ΔP_m	v	ΔP_m
12000									2408.31	2.54	626.33	1.52	171.16
13000									2822.20	2.76	733.33	1.65	200.13
14000									3268.88	2.97	848.74	1.78	231.36
15000											972.58	1.90	264.85
16000											1104.84	2.03	300.59
17000											1245.52	2.16	338.59
18000											1394.63	2.28	378.85
19000											1552.15	2.41	421.36
20000											1718.09	2.54	466.13
22000											2075.23	2.79	562.44
24000													667.78
26000													781.79
28000													905.17
30000													1037.57
32000													1179.00
34000													1329.45
36000													1488.93
38000													1657.43
40000													
42000													
44000													
46000													
48000													
50000													

续表

G	DN=15 d=15.75 ΔP_m	DN=15 d=15.75 v	DN=20 d=21.25 ΔP_m	DN=20 d=21.25 v	DN=25 d=27.00 ΔP_m	DN=25 d=27.00 v	DN=32 d=35.75 ΔP_m	DN=32 d=35.75 v	DN=40 d=41.00 ΔP_m	DN=40 d=41.00 v	DN=50 d=53.00 ΔP_m	DN=50 d=53.00 v	DN=70 d=68.00 ΔP_m
52000													
54000													
56000													
58000													
60000													
62000													
64000													
66000													
68000													
70000													
75000													
80000													
85000													
90000													
95000													
100000													
105000													
110000													
115000													
120000													
130000													
140000													
150000													
160000													

续表

	$DN=15$	$DN=15$	$DN=20$	$DN=20$	$DN=25$	$DN=25$	$DN=32$	$DN=32$	$DN=40$	$DN=40$	$DN=50$	$DN=50$	$DN=70$
G	$d=15.75$	$d=15.75$	$d=21.25$	$d=21.25$	$d=27.00$	$d=27.00$	$d=35.75$	$d=35.75$	$d=41.00$	$d=41.00$	$d=53.00$	$d=53.00$	$d=68.00$
	ΔP_m	v	ΔP_m	v	ΔP_m	v	ΔP_m	v	ΔP_m	v	ΔP_m	v	ΔP_m
170000													
180000													
190000													
200000													
220000													
240000													

	$DN=70$	$DN=80$	$DN=80$	$DN=100$	$DN=100$	$DN=125$	$DN=125$	$DN=150$	$DN=150$	$DN=200$	$DN=200$
G	$d=68.00$	$d=80.50$	$d=80.50$	$d=106.00$	$d=106.00$	$d=131.00$	$d=131.00$	$d=156.00$	$d=156.00$	$d=207.00$	$d=207.00$
	v	ΔP_m	v	ΔP_m	v	ΔP_m	v	ΔP_m	v	ΔP_m	v
24											
28											
32											
36											
40											
44											
48											
52											
56											
60											
64											
68											
72											

续表

G	DN=70	DN=80	DN=80	DN=100	DN=100	DN=125	DN=125	DN=150	DN=150	DN=200	DN=200
	d=68.00	d=80.50	d=80.50	d=106.00	d=106.00	d=131.00	d=131.00	d=156.00	d=156.00	d=207.00	d=207.00
	v	ΔP_m	v	ΔP_m	v	ΔP_m	v	ΔP_m	v	ΔP_m	v
76											
80											
84											
88											
95											
105											
115											
125											
135											
145											
155											
165											
175											
185											
195											
210											
230											
250											
270											
290											
310											
330											
350											

续表

G	$DN=70$	$DN=80$	$DN=80$	$DN=100$	$DN=100$	$DN=125$	$DN=125$	$DN=150$	$DN=150$	$DN=200$	$DN=200$
	$d=68.00$	$d=80.50$	$d=80.50$	$d=106.00$	$d=106.00$	$d=131.00$	$d=131.00$	$d=156.00$	$d=156.00$	$d=207.00$	$d=207.00$
	v	ΔP_m	v	ΔP_m	v	ΔP_m	v	ΔP_m	v	ΔP_m	v
370											
390	0.03										
410	0.03										
430	0.03										
450	0.03										
470	0.04										
490	0.04										
520	0.04										
560	0.04	0.23	0.03								
600	0.05	0.28	0.03								
660	0.05	0.34	0.04								
700	0.05	0.37	0.04								
740	0.06	0.41	0.04								
780	0.06	0.45	0.04								
820	0.06	0.49	0.05								
860	0.07	0.53	0.05								
900	0.07	0.58	0.05								
1000	0.08	0.70	0.06	0.18	0.03						
1100	0.08	0.83	0.06	0.22	0.03						
1200	0.09	0.97	0.07	0.25	0.04						
1300	0.10	1.12	0.07	0.29	0.04						
1400	0.11	1.27	0.08	0.33	0.04						
1500	0.12	1.44	0.08	0.38	0.05	0.14	0.03				

续表

G	DN=70	DN=80	DN=80	DN=100	DN=100	DN=125	DN=125	DN=150	DN=150	DN=200	DN=200
	d=68.00	d=80.50	d=80.50	d=106.00	d=106.00	d=131.00	d=131.00	d=156.00	d=156.00	d=207.00	d=207.00
	v	ΔP_m	v	ΔP_m	v	ΔP_m	v	ΔP_m	v	ΔP_m	v
1600	0.12	1.62	0.09	0.42	0.05	0.15	0.03				
1700	0.13	1.81	0.09	0.47	0.05	0.17	0.04				
1800	0.14	2.01	0.10	0.52	0.06	0.19	0.04				
1900	0.15	2.22	0.10	0.58	0.06	0.21	0.04				
2000	0.15	2.43	0.11	0.63	0.06	0.23	0.04				
2200	0.17	2.90	0.12	0.75	0.07	0.27	0.05	0.12	0.03		
2400	0.19	3.40	0.13	0.88	0.08	0.31	0.05	0.13	0.04		
2600	0.20	3.94	0.14	1.01	0.08	0.36	0.05	0.15	0.04		
2800	0.22	4.51	0.15	1.16	0.09	0.41	0.06	0.18	0.04		
3000	0.23	5.13	0.17	1.31	0.10	0.47	0.06	0.20	0.04		
3200	0.25	5.78	0.18	1.48	0.10	0.52	0.07	0.22	0.05		
3400	0.26	6.47	0.19	1.65	0.11	0.58	0.07	0.25	0.05		
3600	0.28	7.20	0.20	1.83	0.11	0.65	0.07	0.28	0.05		
3800	0.29	7.97	0.21	2.02	0.12	0.71	0.08	0.30	0.06	0.08	0.03
4000	0.31	8.77	0.22	2.22	0.13	0.78	0.08	0.33	0.06	0.08	0.03
4200	0.32	9.62	0.23	2.43	0.13	0.86	0.09	0.36	0.06	0.09	0.03
4400	0.34	10.49	0.24	2.65	0.14	0.93	0.09	0.40	0.06	0.10	0.04
4600	0.35	11.41	0.25	2.88	0.15	1.01	0.10	0.43	0.07	0.11	0.04
4800	0.37	12.36	0.26	3.11	0.15	1.09	0.10	0.46	0.07	0.12	0.04
5000	0.39	13.36	0.28	3.36	0.16	1.18	0.10	0.50	0.07	0.13	0.04
5400	0.42	15.45	0.30	3.87	0.17	1.35	0.11	0.57	0.08	0.14	0.04
5800	0.45	17.69	0.32	4.42	0.18	1.54	0.12	0.65	0.08	0.16	0.05
6200	0.48	20.08	0.34	5.01	0.20	1.74	0.13	0.74	0.09	0.19	0.05

续表

G	DN=70	DN=80	DN=80	DN=100	DN=100	DN=125	DN=125	DN=150	DN=150	DN=200	DN=200
	d=68.00	d=80.50	d=80.50	d=106.00	d=106.00	d=131.00	d=131.00	d=156.00	d=156.00	d=207.00	d=207.00
	v	ΔP_m	v	ΔP_m	v	ΔP_m	v	ΔP_m	v	ΔP_m	v
6600	0.51	22.63	0.36	5.64	0.21	1.96	0.14	0.83	0.10	0.21	0.05
7000	0.54	25.32	0.39	6.29	0.22	2.18	0.15	0.92	0.10	0.23	0.06
7400	0.57	28.15	0.41	6.98	0.23	2.42	0.15	1.02	0.11	0.25	0.06
7800	0.60	31.14	0.43	7.71	0.25	2.67	0.16	1.12	0.11	0.28	0.06
8200	0.63	34.30	0.45	8.47	0.26	2.93	0.17	1.23	0.12	0.31	0.07
8600	0.66	37.59	0.47	9.27	0.27	3.20	0.18	1.34	0.13	0.33	0.07
9000	0.69	41.02	0.50	10.10	0.29	3.49	0.19	1.46	0.13	0.36	0.07
10000	0.77	50.25	0.55	12.33	0.32	4.24	0.21	1.78	0.15	0.44	0.08
11000	0.85	60.41	0.61	14.78	0.35	5.08	0.23	2.12	0.16	0.52	0.09
12000	0.93	71.47	0.66	17.46	0.38	5.98	0.25	2.49	0.18	0.61	0.10
13000	1.00	83.49	0.72	20.35	0.41	6.96	0.27	2.89	0.19	0.71	0.11
14000	1.08	96.46	0.77	23.45	0.44	8.00	0.29	3.32	0.21	0.81	0.12
15000	1.16	110.38	0.83	26.80	0.48	9.12	0.31	3.78	0.22	0.93	0.12
16000	1.23	125.07	0.88	30.34	0.51	10.31	0.33	4.27	0.23	1.04	0.13
17000	1.31	140.83	0.94	34.09	0.54	11.58	0.35	4.79	0.25	1.17	0.14
18000	1.39	157.52	0.99	38.07	0.57	12.91	0.37	5.34	0.26	1.30	0.15
19000	1.46	175.14	1.05	42.27	0.60	14.32	0.39	5.91	0.28	1.43	0.16
20000	1.54	193.45	1.10	46.68	0.63	15.80	0.42	6.51	0.29	1.58	0.17
22000	1.70	233.31	1.21	56.16	0.70	18.97	0.46	7.81	0.32	1.88	0.18
24000	1.85	276.93	1.32	66.51	0.76	22.42	0.50	9.21	0.35	2.22	0.20
26000	2.00	323.92	1.43	77.73	0.82	26.17	0.54	10.74	0.38	2.58	0.22
28000	2.16	375.08	1.54	89.82	0.89	30.19	0.58	12.38	0.41	2.96	0.23
30000	2.31	429.49	1.65	102.78	0.95	34.49	0.62	14.13	0.44	3.37	0.25

续表

G	DN=70	DN=80	DN=80	DN=100	DN=100	DN=125	DN=125	DN=150	DN=150	DN=200	DN=200
	d=68.00	d=80.50	d=80.50	d=106.00	d=106.00	d=131.00	d=131.00	d=156.00	d=156.00	d=207.00	d=207.00
	v	ΔP_m	v	ΔP_m	v	ΔP_m	v	ΔP_m	v	ΔP_m	v
32000	2.47	487.66	1.76	116.61	1.02	39.09	0.66	15.99	0.47	3.82	0.27
34000	2.62	549.62	1.87	131.31	1.08	44.02	0.71	17.97	0.50	4.28	0.28
36000	2.78	615.28	1.98	146.88	1.14	49.18	0.75	20.06	0.53	4.77	0.30
38000	2.93	684.64	2.09	163.31	1.21	54.63	0.79	22.26	0.56	5.29	0.32
40000		757.69	2.20	180.62	1.27	60.37	0.83	24.62	0.59	5.82	0.33
42000		834.45	2.31	198.80	1.33	66.41	0.87	27.06	0.62	6.39	0.35
44000		914.90	2.42	217.84	1.40	72.72	0.91	29.61	0.64	6.99	0.37
46000		999.05	2.53	237.76	1.46	79.31	0.96	32.27	0.67	7.61	0.38
48000		1088.32	2.64	258.54	1.52	86.19	1.00	35.06	0.70	8.26	0.40
50000		1179.99	2.75	280.19	1.59	93.35	1.04	37.95	0.73	8.93	0.42
52000		1275.36	2.86	302.72	1.65	100.80	1.08	40.96	0.76	9.63	0.43
54000		1374.42	2.97	326.11	1.71	108.53	1.12	44.09	0.79	10.36	0.45
56000				350.37	1.78	116.55	1.16	47.32	0.82	11.11	0.47
58000				375.50	1.84	124.85	1.20	50.68	0.85	11.88	0.48
60000				401.48	1.90	133.42	1.25	54.14	0.88	12.69	0.50
62000				428.29	1.97	142.26	1.29	57.73	0.91	13.51	0.52
64000				456.10	2.03	151.45	1.33	61.33	0.94	14.36	0.53
66000				484.70	2.09	160.89	1.37	65.14	0.97	15.24	0.55
68000				514.18	2.16	170.62	1.41	69.05	1.00	16.15	0.57
70000				544.44	2.22	180.63	1.45	73.09	1.03	17.08	0.58

续表

G	DN=70	DN=80	DN=80	DN=100	DN=100	DN=125	DN=125	DN=150	DN=150	DN=200	DN=200
	$d=68.00$	$d=80.50$	$d=80.50$	$d=106.00$	$d=106.00$	$d=131.00$	$d=131.00$	$d=156.00$	$d=156.00$	$d=207.00$	$d=207.00$
	v	ΔP_m	v	ΔP_m	v	ΔP_m	v	ΔP_m	v	ΔP_m	v
75000				623.98	2.38	207.22	1.56	83.67	1.10	19.52	0.62
80000				708.99	2.54	235.32	1.66	94.97	1.17	22.12	0.67
85000				799.41	2.70	265.21	1.77	106.98	1.24	24.88	0.71
90000				895.27	2.86	296.88	1.87	119.71	1.32	27.81	0.75
95000						330.34	1.97	133.15	1.39	30.90	0.79
100000						365.59	2.08	147.31	1.46	34.15	0.83
105000						402.61	2.18	162.18	1.54	37.56	0.87
110000						441.42	2.28	177.77	1.61	41.12	0.92
115000						482.02	2.39	194.07	1.68	44.85	0.96
120000						524.41	2.49	211.08	1.76	48.74	1.00
130000						614.52	2.70	247.25	1.90	57.02	1.08
140000						711.77	2.91	286.28	2.05	65.93	1.16
150000								328.17	2.20	75.49	1.25
160000								372.92	2.34	85.70	1.33
170000								420.52	2.49	96.56	1.41
180000								470.53	2.64	108.06	1.50
190000								523.44	2.78	120.27	1.58
200000								579.99	2.93	133.07	1.66
220000										160.61	1.83
240000										190.73	2.00

1.5.3 50℃热水管道水力计算表

表 1.5-3

	$DN=15$	$DN=15$	$DN=20$	$DN=20$	$DN=25$	$DN=25$	$DN=32$	$DN=32$	$DN=40$	$DN=40$	$DN=50$	$DN=50$	$DN=70$
G	$d=15.75$	$d=15.75$	$d=21.25$	$d=21.25$	$d=27.00$	$d=27.00$	$d=35.75$	$d=35.75$	$d=41.00$	$d=41.00$	$d=53.00$	$d=53.00$	$d=68.00$
	ΔP_m	v	ΔP_m	v	ΔP_m	v	ΔP_m	v	ΔP_m	v	ΔP_m	v	ΔP_m
24	2.45	0.03											
28	2.86	0.04											
32	3.27	0.05											
36	3.68	0.05											
40	4.09	0.06	1.23	0.03									
44	4.50	0.06	1.36	0.03									
48	4.91	0.07	1.48	0.04									
52	5.32	0.08	1.60	0.04									
56	5.73	0.08	1.73	0.04									
60	7.93	0.09	1.85	0.05									
64	9.22	0.09	1.98	0.05	0.76	0.03							
68	10.62	0.10	2.10	0.05	0.81	0.03							
72	12.13	0.10	2.22	0.06	0.85	0.04							
76	13.76	0.11	2.79	0.06	0.90	0.04							
80	15.51	0.12	3.14	0.06	0.95	0.04							
84	17.38	0.12	3.52	0.07	0.99	0.04							
88	19.37	0.13	3.92	0.07	1.04	0.04							
95	23.16	0.14	4.69	0.08	1.12	0.05							
105	36.53	0.15	5.92	0.08	1.65	0.05							
115	43.23	0.17	7.32	0.09	2.04	0.06	0.44	0.03					
125	50.47	0.18	8.89	0.10	2.48	0.06	0.48	0.04					
135	58.25	0.19	12.89	0.11	2.97	0.07	0.66	0.04					
145	66.57	0.21	14.68	0.11	3.51	0.07	0.78	0.04	0.32	0.03			
155	75.43	0.22	16.57	0.12	4.10	0.08	0.92	0.04	0.44	0.03			

续表

G	DN=15	DN=15	DN=20	DN=20	DN=25	DN=25	DN=32	DN=32	DN=40	DN=40	DN=50	DN=50	DN=70
	d=15.75	d=15.75	d=21.25	d=21.25	d=27.00	d=27.00	d=35.75	d=35.75	d=41.00	d=41.00	d=53.00	d=53.00	d=68.00
	ΔP_m	v	ΔP_m	v	ΔP_m	v	ΔP_m	v	ΔP_m	v	ΔP_m	v	ΔP_m
165	84.84	0.24	18.58	0.13	4.74	0.08	1.06	0.05	0.51	0.04			
175	94.79	0.25	20.71	0.14	6.28	0.09	1.22	0.05	0.59	0.04			
185	105.20	0.27	22.94	0.15	6.94	0.09	1.39	0.05	0.67	0.04			
195	116.22	0.28	25.28	0.15	7.63	0.10	1.57	0.05	0.75	0.04			
210	133.77	0.30	29.00	0.17	8.73	0.10	1.86	0.06	0.90	0.04			
230	159.04	0.33	34.35	0.18	10.31	0.11	2.57	0.06	1.11	0.05			
250	186.48	0.36	40.15	0.20	12.01	0.12	2.99	0.07	1.35	0.05	0.34	0.03	
270	216.07	0.39	46.37	0.21	13.83	0.13	3.43	0.08	1.75	0.06	0.41	0.03	
290	247.81	0.42	53.01	0.23	15.78	0.14	3.90	0.08	1.99	0.06	0.48	0.04	
310	281.71	0.45	60.11	0.25	17.84	0.15	4.40	0.09	2.24	0.07	0.57	0.04	
330	317.77	0.48	67.66	0.26	20.04	0.16	4.93	0.09	2.51	0.07	0.72	0.04	
350	355.97	0.51	75.62	0.28	22.35	0.17	5.49	0.10	2.79	0.07	0.80	0.04	
370	396.32	0.53	84.01	0.29	24.80	0.18	6.07	0.10	3.08	0.08	0.88	0.05	
390	438.80	0.56	92.87	0.31	27.35	0.19	6.68	0.11	3.39	0.08	0.96	0.05	0.26
410	483.42	0.59	102.13	0.33	30.03	0.20	7.32	0.11	3.71	0.09	1.05	0.05	0.29
430	530.20	0.62	111.84	0.34	32.84	0.21	7.99	0.12	4.05	0.09	1.15	0.05	0.34
450	579.57	0.65	122.04	0.36	35.76	0.22	8.69	0.13	4.40	0.10	1.24	0.06	0.37
470	630.68	0.68	132.61	0.37	38.81	0.23	9.41	0.13	4.76	0.10	1.34	0.06	0.40
490	683.95	0.71	143.61	0.39	41.98	0.24	10.16	0.14	5.13	0.10	1.45	0.06	0.43
520	767.89	0.75	160.92	0.41	46.97	0.26	11.34	0.15	5.72	0.11	1.61	0.07	0.48
560	887.34	0.81	185.55	0.44	54.04	0.27	13.01	0.16	6.55	0.12	1.84	0.07	0.55
600	1014.94	0.87	211.93	0.48	61.60	0.29	14.79	0.17	7.44	0.13	2.09	0.08	0.62
660	1223.21	0.95	254.76	0.52	73.85	0.32	17.67	0.18	8.87	0.14	2.48	0.08	0.73
700	1372.81	1.01	285.48	0.55	82.63	0.34	19.73	0.20	9.89	0.15	2.76	0.09	0.81
740	1531.01	1.07	317.94	0.59	91.89	0.36	21.89	0.21	10.97	0.16	3.05	0.09	0.90

续表

G	DN=15	DN=15	DN=20	DN=20	DN=25	DN=25	DN=32	DN=32	DN=40	DN=40	DN=50	DN=50	DN=70
	$d=15.75$	$d=15.75$	$d=21.25$	$d=21.25$	$d=27.00$	$d=27.00$	$d=35.75$	$d=35.75$	$d=41.00$	$d=41.00$	$d=53.00$	$d=53.00$	$d=68.00$
	ΔP_m	v	ΔP_m	v	ΔP_m	v	ΔP_m	v	ΔP_m	v	ΔP_m	v	ΔP_m
780	1697.83	1.13	352.14	0.62	101.62	0.38	24.18	0.22	12.10	0.17	3.36	0.10	0.99
820	1873.24	1.18	388.06	0.65	111.92	0.40	26.56	0.23	13.28	0.17	3.68	0.10	1.08
860	2057.38	1.24	425.73	0.68	122.62	0.42	29.06	0.24	14.52	0.18	4.02	0.11	1.17
900	2250.32	1.30	465.14	0.71	133.80	0.44	31.67	0.25	15.80	0.19	4.36	0.11	1.27
1000	2768.29	1.44	571.26	0.79	163.94	0.49	38.66	0.28	19.26	0.21	5.30	0.13	1.54
1100	3341.94	1.59	688.24	0.87	197.05	0.54	46.35	0.31	23.04	0.23	6.32	0.14	1.83
1200	3969.52	1.73	816.07	0.95	233.36	0.59	54.68	0.34	27.15	0.26	7.42	0.15	2.15
1300	4647.35	1.88	954.76	1.03	272.57	0.64	63.75	0.36	31.60	0.28	8.61	0.17	2.49
1400	5382.21	2.02	1104.30	1.11	314.84	0.69	73.44	0.39	36.37	0.30	9.89	0.18	2.85
1500	6170.94	2.16	1264.69	1.19	360.14	0.74	83.84	0.42	41.48	0.32	11.26	0.19	3.23
1600	7013.57	2.31	1435.94	1.27	408.48	0.79	94.96	0.45	46.92	0.34	12.71	0.20	3.64
1700	7909.27	2.45	1617.96	1.35	459.85	0.83	106.73	0.48	52.69	0.36	14.24	0.22	4.07
1800	8858.67	2.60	1810.97	1.43	514.25	0.88	119.18	0.50	58.79	0.38	15.86	0.23	4.53
1900	9861.85	2.74	2014.78	1.51	571.67	0.93	132.31	0.53	65.26	0.40	17.56	0.24	5.00
2000	10918.81	2.89	2229.35	1.59	632.12	0.98	146.11	0.56	72.02	0.43	19.35	0.25	5.50
2200			2691.22	1.74	762.11	1.08	175.84	0.62	86.53	0.47	23.19	0.28	6.57
2400			3196.49	1.90	904.22	1.18	208.25	0.67	102.33	0.51	27.36	0.31	7.73
2600			3744.79	2.06	1058.48	1.28	243.38	0.73	119.48	0.55	31.87	0.33	8.99
2800			4336.41	2.22	1224.91	1.37	281.41	0.78	137.94	0.60	36.72	0.36	10.33
3000			4971.65	2.38	1403.49	1.47	322.02	0.84	157.73	0.64	41.91	0.38	11.77
3200			5649.85	2.54	1594.21	1.57	365.35	0.90	178.84	0.68	47.44	0.41	13.30
3400			6376.97	2.70	1797.07	1.67	411.42	0.95	201.26	0.72	53.31	0.43	14.92
3600			7142.66	2.85	2010.16	1.77	460.20	1.01	225.00	0.77	59.52	0.46	16.63
3800					2237.09	1.87	511.72	1.06	250.07	0.81	66.06	0.48	18.43
4000					2476.15	1.96	565.96	1.12	276.44	0.85	72.95	0.51	20.32

续表

G	DN=15	DN=15	DN=20	DN=20	DN=25	DN=25	DN=32	DN=32	DN=40	DN=40	DN=50	DN=50	DN=70
	d=15.75	d=15.75	d=21.25	d=21.25	d=27.00	d=27.00	d=35.75	d=35.75	d=41.00	d=41.00	d=53.00	d=53.00	d=68.00
	ΔP_m	v	ΔP_m	v	ΔP_m	v	ΔP_m	v	ΔP_m	v	ΔP_m	v	ΔP_m
4200					2727.33	2.06	622.93	1.18	304.14	0.89	80.17	0.54	22.30
4400					2990.65	2.16	682.34	1.23	333.16	0.94	87.74	0.56	24.38
4600					3266.10	2.26	744.74	1.29	363.49	0.98	95.64	0.59	26.54
4800					3553.68	2.36	809.87	1.34	395.14	1.02	103.88	0.61	28.80
5000					3853.40	2.46	877.72	1.40	428.11	1.06	112.46	0.64	31.15
5400					4489.21	2.65	1021.60	1.51	497.77	1.15	130.63	0.69	36.11
5800					5173.55	2.85	1176.38	1.62	572.90	1.24	150.16	0.74	41.44
6200							1342.06	1.74	653.29	1.32	171.04	0.79	47.13
6600							1518.65	1.85	738.95	1.41	193.27	0.84	53.19
7000							1706.13	1.96	829.88	1.49	216.86	0.89	59.61
7400							1904.52	2.07	926.08	1.58	241.80	0.94	66.39
7800							2113.80	2.18	1027.54	1.66	268.09	0.99	73.54
8200							2333.99	2.30	1134.27	1.75	295.74	1.04	81.04
8600							2565.08	2.41	1246.27	1.83	324.74	1.10	88.92
9000							2807.07	2.52	1363.54	1.92	355.09	1.15	97.15
10000							3459.74	2.80	1679.76	2.13	436.89	1.27	119.41
11000									2028.90	2.34	527.15	1.40	143.85
12000									2410.96	2.56	625.87	1.53	170.56
13000									2825.95	2.77	733.04	1.66	199.53
14000									3273.86	2.98	848.66	1.78	230.77
15000											972.75	1.91	264.27
16000											1105.28	2.04	300.04
17000											1246.28	2.17	338.08
18000											1395.73	2.29	378.39
19000											1553.63	2.42	420.96

续表

G	$DN=15$	$DN=15$	$DN=20$	$DN=20$	$DN=25$	$DN=25$	$DN=32$	$DN=32$	$DN=40$	$DN=40$	$DN=50$	$DN=50$	$DN=70$
	$d=15.75$	$d=15.75$	$d=21.25$	$d=21.25$	$d=27.00$	$d=27.00$	$d=35.75$	$d=35.75$	$d=41.00$	$d=41.00$	$d=53.00$	$d=53.00$	$d=68.00$
	ΔP_m	v	ΔP_m	v	ΔP_m	v	ΔP_m	v	ΔP_m	v	ΔP_m	v	ΔP_m
20000											1719.99	2.55	465.79
22000											2078.07	2.80	562.02
24000													667.54
26000													782.13
28000													905.78
30000													1038.49
32000													1180.27
34000													1331.20
36000													1491.24
38000													1660.36
40000													
42000													
44000													
46000													
48000													
50000													
52000													
54000													
56000													
58000													
60000													
62000													
64000													
66000													
68000													

续表

G	DN=15 d=15.75 ΔP_m	DN=15 d=15.75 v	DN=20 d=21.25 ΔP_m	DN=20 d=21.25 v	DN=25 d=27.00 ΔP_m	DN=25 d=27.00 v	DN=32 d=35.75 ΔP_m	DN=32 d=35.75 v	DN=40 d=41.00 ΔP_m	DN=40 d=41.00 v	DN=50 d=53.00 ΔP_m	DN=50 d=53.00 v	DN=70 d=68.00 ΔP_m
70000													
75000													
80000													
85000													
90000													
95000													
100000													
105000													
110000													
115000													
120000													
130000													
140000													
150000													
160000													
170000													
180000													
190000													
200000													
220000													
240000													

续表

G	$DN=70$	$DN=80$	$DN=80$	$DN=100$	$DN=100$	$DN=125$	$DN=125$	$DN=150$	$DN=150$	$DN=200$	$DN=200$	
	$d=68.00$	$d=80.50$	$d=80.50$	$d=106.00$	$d=106.00$	$d=131.00$	$d=131.00$	$d=156.00$	$d=156.00$	$d=207.00$	$d=207.00$	
	v	ΔP_m	v	ΔP_m	v	ΔP_m	v	ΔP_m	v	ΔP_m	v	
24												
28												
32												
36												
40												
44												
48												
52												
56												
60												
64												
68												
72												
76												
80												
84												
88												
95												
105												
115												
125												
135												
145												
155												
165												

续表

G	DN=70 d=68.00 v	DN=80 d=80.50 ΔP_m	DN=80 d=80.50 v	DN=100 d=106.00 ΔP_m	DN=100 d=106.00 v	DN=125 d=131.00 ΔP_m	DN=125 d=131.00 v	DN=150 d=156.00 ΔP_m	DN=150 d=156.00 v	DN=200 d=207.00 ΔP_m	DN=200 d=207.00 v	
175												
185												
195												
210												
230												
250												
270												
290												
310												
330												
350												
370												
390	0.03											
410	0.03											
430	0.03											
450	0.03											
470	0.04											
490	0.04											
520	0.04											
560	0.04	0.24	0.03									
600	0.05	0.27	0.03									
660	0.05	0.32	0.04									
700	0.05	0.36	0.04									
740	0.06	0.39	0.04									
780	0.06	0.43	0.04									

续表

G	$DN=70$	$DN=80$	$DN=80$	$DN=100$	$DN=100$	$DN=125$	$DN=125$	$DN=150$	$DN=150$	$DN=200$	$DN=200$	
	$d=68.00$	$d=80.50$	$d=80.50$	$d=106.00$	$d=106.00$	$d=131.00$	$d=131.00$	$d=156.00$	$d=156.00$	$d=207.00$	$d=207.00$	
	v	ΔP_m	v	ΔP_m	v	ΔP_m	v	ΔP_m	v	ΔP_m	v	
820	0.06	0.47	0.05									
860	0.07	0.52	0.05									
900	0.07	0.56	0.05									
1000	0.08	0.68	0.06	0.18	0.03							
1100	0.09	0.80	0.06	0.21	0.04							
1200	0.09	0.94	0.07	0.25	0.04							
1300	0.10	1.08	0.07	0.28	0.04							
1400	0.11	1.24	0.08	0.32	0.04							
1500	0.12	1.40	0.08	0.37	0.05	0.13	0.03					
1600	0.12	1.58	0.09	0.41	0.05	0.15	0.03					
1700	0.13	1.76	0.09	0.46	0.05	0.16	0.04					
1800	0.14	1.96	0.10	0.51	0.06	0.18	0.04					
1900	0.15	2.16	0.10	0.56	0.06	0.20	0.04					
2000	0.15	2.37	0.11	0.61	0.06	0.22	0.04					
2200	0.17	2.83	0.12	0.73	0.07	0.26	0.05	0.11	0.03			
2400	0.19	3.32	0.13	0.85	0.08	0.30	0.05	0.13	0.04			
2600	0.20	3.85	0.14	0.98	0.08	0.35	0.05	0.15	0.04			
2800	0.22	4.42	0.15	1.13	0.09	0.40	0.06	0.17	0.04			
3000	0.23	5.03	0.17	1.28	0.10	0.45	0.06	0.19	0.04			
3200	0.25	5.67	0.18	1.44	0.10	0.51	0.07	0.22	0.05			
3400	0.26	6.36	0.19	1.61	0.11	0.57	0.07	0.24	0.05			
3600	0.28	7.08	0.20	1.79	0.11	0.63	0.08	0.27	0.05	0.07	0.03	
3800	0.29	7.83	0.21	1.98	0.12	0.69	0.08	0.29	0.06	0.07	0.03	
4000	0.31	8.63	0.22	2.17	0.13	0.76	0.08	0.32	0.06	0.08	0.03	
4200	0.33	9.46	0.23	2.38	0.13	0.83	0.09	0.35	0.06	0.09	0.04	

续表

G	DN=70	DN=80	DN=80	DN=100	DN=100	DN=125	DN=125	DN=150	DN=150	DN=200	DN=200
	d=68.00	d=80.50	d=80.50	d=106.00	d=106.00	d=131.00	d=131.00	d=156.00	d=156.00	d=207.00	d=207.00
	v	ΔP_m	v	ΔP_m	v	ΔP_m	v	ΔP_m	v	ΔP_m	v
4400	0.34	10.33	0.24	2.59	0.14	0.91	0.09	0.38	0.06	0.10	0.04
4600	0.36	11.24	0.25	2.82	0.15	0.98	0.10	0.42	0.07	0.11	0.04
4800	0.37	12.19	0.27	3.05	0.15	1.06	0.10	0.45	0.07	0.11	0.04
5000	0.39	13.17	0.28	3.29	0.16	1.15	0.10	0.49	0.07	0.12	0.04
5400	0.42	15.25	0.30	3.80	0.17	1.32	0.11	0.56	0.08	0.14	0.05
5800	0.45	17.48	0.32	4.35	0.18	1.51	0.12	0.64	0.09	0.16	0.05
6200	0.48	19.85	0.34	4.92	0.20	1.71	0.13	0.72	0.09	0.18	0.05
6600	0.51	22.39	0.36	5.54	0.21	1.92	0.14	0.81	0.10	0.20	0.06
7000	0.54	25.07	0.39	6.19	0.22	2.14	0.15	0.90	0.10	0.22	0.06
7400	0.57	27.89	0.41	6.87	0.24	2.37	0.15	1.00	0.11	0.25	0.06
7800	0.60	30.87	0.43	7.60	0.25	2.62	0.16	1.10	0.11	0.27	0.07
8200	0.63	33.99	0.45	8.35	0.26	2.88	0.17	1.20	0.12	0.30	0.07
8600	0.67	37.26	0.48	9.14	0.27	3.14	0.18	1.31	0.13	0.33	0.07
9000	0.70	40.68	0.50	9.97	0.29	3.42	0.19	1.43	0.13	0.35	0.08
10000	0.77	49.86	0.55	12.19	0.32	4.17	0.21	1.74	0.15	0.43	0.08
11000	0.85	60.00	0.61	14.62	0.35	5.00	0.23	2.08	0.16	0.51	0.09
12000	0.93	71.10	0.66	17.27	0.38	5.89	0.25	2.45	0.18	0.60	0.10
13000	1.01	83.04	0.72	20.17	0.41	6.86	0.27	2.84	0.19	0.69	0.11
14000	1.08	95.99	0.77	23.26	0.45	7.90	0.29	3.27	0.21	0.80	0.12
15000	1.16	109.89	0.83	26.56	0.48	9.01	0.31	3.72	0.22	0.91	0.13
16000	1.24	124.71	0.88	30.09	0.51	10.19	0.33	4.21	0.24	1.02	0.13
17000	1.32	140.30	0.94	33.84	0.54	11.45	0.35	4.72	0.25	1.14	0.14
18000	1.39	156.98	0.99	37.81	0.57	12.78	0.38	5.26	0.26	1.27	0.15
19000	1.47	174.53	1.05	42.00	0.61	14.18	0.40	5.83	0.28	1.41	0.16
20000	1.55	193.19	1.10	46.40	0.64	15.65	0.42	6.43	0.29	1.55	0.17

续表

G	$DN=70$	$DN=80$	$DN=80$	$DN=100$	$DN=100$	$DN=125$	$DN=125$	$DN=150$	$DN=150$	$DN=200$	$DN=200$
	$d=68.00$	$d=80.50$	$d=80.50$	$d=106.00$	$d=106.00$	$d=131.00$	$d=131.00$	$d=156.00$	$d=156.00$	$d=207.00$	$d=207.00$
	v	ΔP_m	v	ΔP_m	v	ΔP_m	v	ΔP_m	v	ΔP_m	v
22000	1.70	232.83	1.22	55.87	0.70	18.80	0.46	7.72	0.32	1.85	0.18
24000	1.86	276.52	1.33	66.21	0.76	22.24	0.50	9.12	0.35	2.18	0.20
26000	2.01	323.61	1.44	77.42	0.83	26.00	0.54	10.63	0.38	2.54	0.22
28000	2.17	374.52	1.55	89.50	0.89	30.01	0.58	12.26	0.41	2.92	0.23
30000	2.32	429.17	1.66	102.46	0.96	34.31	0.63	14.00	0.44	3.33	0.25
32000	2.48	487.53	1.77	116.29	1.02	38.90	0.67	15.85	0.47	3.77	0.27
34000	2.63	549.60	1.88	131.00	1.08	43.80	0.71	17.85	0.50	4.22	0.28
36000	2.79	615.38	1.99	146.57	1.15	48.95	0.75	19.94	0.53	4.71	0.30
38000	2.94	684.88	2.10	163.02	1.21	54.40	0.79	22.14	0.56	5.22	0.32
40000		759.09	2.21	180.34	1.27	60.13	0.83	24.46	0.59	5.76	0.33
42000		836.12	2.32	198.54	1.34	66.15	0.88	26.89	0.62	6.33	0.35
44000		916.86	2.43	217.61	1.40	72.45	0.92	29.44	0.65	6.92	0.37
46000		1001.32	2.54	237.55	1.47	79.04	0.96	32.10	0.68	7.54	0.38
48000		1089.50	2.65	258.36	1.53	85.92	1.00	34.88	0.71	8.19	0.40
50000		1181.40	2.76	280.04	1.59	93.07	1.04	37.77	0.74	8.85	0.42
52000		1277.01	2.87	302.56	1.66	100.52	1.08	40.78	0.76	9.54	0.43
54000		1376.34	2.98	326.04	1.72	108.26	1.13	43.84	0.79	10.27	0.45
56000				350.35	1.78	116.28	1.17	47.07	0.82	11.01	0.47
58000				375.52	1.85	124.59	1.21	50.42	0.85	11.78	0.48
60000				401.49	1.91	133.18	1.25	53.88	0.88	12.58	0.50
62000				428.37	1.98	142.28	1.29	57.46	0.91	13.41	0.52
64000				456.13	2.04	151.46	1.33	61.15	0.94	14.26	0.53
66000				484.77	2.10	160.93	1.38	64.96	0.97	15.13	0.55
68000				514.28	2.17	170.68	1.42	68.88	1.00	16.04	0.57
70000				544.66	2.23	180.72	1.46	72.91	1.03	16.96	0.58

续表

G	$DN=70$	$DN=80$	$DN=80$	$DN=100$	$DN=100$	$DN=125$	$DN=125$	$DN=150$	$DN=150$	$DN=200$	$DN=200$	
	$d=68.00$	$d=80.50$	$d=80.50$	$d=106.00$	$d=106.00$	$d=131.00$	$d=131.00$	$d=156.00$	$d=156.00$	$d=207.00$	$d=207.00$	
	v	ΔP_m	v	ΔP_m	v	ΔP_m	v	ΔP_m	v	ΔP_m	v	
75000				624.43	2.39	207.08	1.56	83.51	1.10	19.41	0.63	
80000				709.64	2.55	235.23	1.67	94.82	1.18	22.00	0.67	
85000				800.30	2.71	265.18	1.77	106.84	1.25	24.76	0.71	
90000				897.62	2.87	296.92	1.88	119.59	1.32	27.69	0.75	
95000						330.44	1.98	133.05	1.40	30.76	0.79	
100000						365.76	2.09	147.23	1.47	34.01	0.84	
105000						402.87	2.19	162.13	1.54	37.41	0.88	
110000						441.78	2.29	177.75	1.62	40.98	0.92	
115000						482.48	2.40	194.08	1.69	44.71	0.96	
120000						524.97	2.50	211.13	1.77	48.61	1.00	
130000						615.32	2.71	247.38	1.91	56.88	1.09	
140000						712.85	2.92	286.51	2.06	65.80	1.17	
150000								328.14	2.21	75.37	1.25	
160000								372.76	2.35	85.65	1.34	
170000								420.81	2.50	96.52	1.42	
180000								470.96	2.65	108.04	1.50	
190000								524.36	2.79	120.21	1.59	
200000								580.61	2.94	133.04	1.67	
220000										160.62	1.84	
240000										190.80	2.00	

1.5.4 60℃热水管道水力计算表

表 1.5-4

G	$DN=15$	$DN=15$	$DN=20$	$DN=20$	$DN=25$	$DN=25$	$DN=32$	$DN=32$	$DN=40$	$DN=40$	$DN=50$	$DN=50$	$DN=70$
	$d=15.75$	$d=15.75$	$d=21.25$	$d=21.25$	$d=27.00$	$d=27.00$	$d=35.75$	$d=35.75$	$d=41.00$	$d=41.00$	$d=53.00$	$d=53.00$	$d=68.00$
	ΔP_m	v	ΔP_m	v	ΔP_m	v	ΔP_m	v	ΔP_m	v	ΔP_m	v	ΔP_m
24	2.11	0.03											
28	2.47	0.04											
32	2.82	0.05											
36	3.17	0.05											
40	3.52	0.06	1.06	0.03									
44	3.88	0.06	1.17	0.04									
48	4.23	0.07	1.28	0.04									
52	6.00	0.08	1.38	0.04									
56	7.14	0.08	1.49	0.04									
60	8.38	0.09	1.60	0.05									
64	9.75	0.09	1.70	0.05	0.65	0.03							
68	11.23	0.10	2.27	0.05	0.69	0.03							
72	12.83	0.10	2.60	0.06	0.73	0.04							
76	14.56	0.11	2.95	0.06	0.78	0.04							
80	16.41	0.12	3.32	0.06	0.82	0.04							
84	23.75	0.12	3.72	0.07	1.04	0.04							
88	25.88	0.13	4.15	0.07	1.16	0.04							
95	29.81	0.14	4.96	0.08	1.38	0.05							
105	35.89	0.15	6.26	0.08	1.75	0.05							
115	39.13	0.16	6.98	0.09	1.95	0.05	0.44	0.03					
125	46.03	0.17	10.17	0.10	2.38	0.06	0.53	0.03					
135	53.47	0.19	11.76	0.10	2.87	0.06	0.64	0.04					
145	61.45	0.20	13.47	0.11	3.42	0.07	0.76	0.04					
155	69.98	0.22	15.29	0.12	4.63	0.07	0.90	0.04	0.43	0.03			

续表

G	$DN=15$	$DN=15$	$DN=20$	$DN=20$	$DN=25$	$DN=25$	$DN=32$	$DN=32$	$DN=40$	$DN=40$	$DN=50$	$DN=50$	$DN=70$
	$d=15.75$	$d=15.75$	$d=21.25$	$d=21.25$	$d=27.00$	$d=27.00$	$d=35.75$	$d=35.75$	$d=41.00$	$d=41.00$	$d=53.00$	$d=53.00$	$d=68.00$
	ΔP_m	v	ΔP_m	v	ΔP_m	v	ΔP_m	v	ΔP_m	v	ΔP_m	v	ΔP_m
165	79.00	0.23	17.22	0.13	5.21	0.08	1.04	0.05	0.50	0.03			
175	88.61	0.25	19.26	0.14	5.81	0.08	1.20	0.05	0.58	0.04			
185	98.76	0.26	21.41	0.14	6.45	0.09	1.37	0.05	0.66	0.04			
195	109.45	0.28	23.68	0.15	7.11	0.09	1.56	0.05	0.75	0.04			
210	120.69	0.29	26.05	0.16	7.82	0.10	1.95	0.06	0.85	0.04			
230	144.78	0.32	31.14	0.18	9.31	0.11	2.31	0.06	1.18	0.05			
250	171.04	0.35	36.65	0.19	10.92	0.12	2.70	0.07	1.38	0.05	0.33	0.03	
270	199.46	0.38	42.59	0.21	12.66	0.13	3.12	0.07	1.59	0.06	0.40	0.03	
290	230.05	0.41	49.00	0.22	14.52	0.14	3.57	0.08	1.82	0.06	0.47	0.04	
310	262.81	0.43	55.83	0.24	16.50	0.15	4.05	0.08	2.06	0.06	0.59	0.04	
330	297.71	0.46	63.10	0.25	18.62	0.16	4.56	0.09	2.31	0.07	0.66	0.04	
350	334.76	0.49	70.81	0.27	20.84	0.17	5.09	0.10	2.58	0.07	0.73	0.04	
370	373.97	0.52	78.92	0.29	23.20	0.18	5.65	0.10	2.86	0.08	0.81	0.05	
390	415.66	0.55	87.50	0.30	25.67	0.19	6.24	0.11	3.16	0.08	0.89	0.05	
410	459.22	0.58	96.58	0.32	28.27	0.20	6.86	0.11	3.47	0.09	0.98	0.05	0.29
430	504.95	0.61	106.02	0.33	31.00	0.21	7.50	0.12	3.79	0.09	1.07	0.05	0.32
450	552.83	0.64	115.90	0.35	33.84	0.22	8.18	0.12	4.13	0.09	1.16	0.06	0.35
470	602.89	0.67	126.23	0.37	36.81	0.23	8.88	0.13	4.48	0.10	1.26	0.06	0.37
490	655.10	0.70	136.99	0.38	39.90	0.24	9.61	0.14	4.84	0.10	1.36	0.06	0.40
520	709.48	0.72	148.19	0.40	43.11	0.25	10.37	0.14	5.22	0.11	1.46	0.06	0.43
560	824.40	0.78	171.92	0.43	49.90	0.27	11.97	0.15	6.01	0.12	1.68	0.07	0.50
600	948.31	0.84	197.38	0.46	57.18	0.29	13.67	0.16	6.86	0.12	1.91	0.07	0.56
660	1150.40	0.93	238.85	0.51	69.01	0.32	16.44	0.18	8.24	0.14	2.29	0.08	0.67
700	1295.93	0.99	268.68	0.54	77.49	0.34	18.43	0.19	9.22	0.15	2.56	0.09	0.75
740	1450.10	1.04	300.24	0.57	86.53	0.36	20.52	0.20	10.26	0.15	2.84	0.09	0.83

续表

G	DN=15	DN=15	DN=20	DN=20	DN=25	DN=25	DN=32	DN=32	DN=40	DN=40	DN=50	DN=50	DN=70
	d=15.75	d=15.75	d=21.25	d=21.25	d=27.00	d=27.00	d=35.75	d=35.75	d=41.00	d=41.00	d=53.00	d=53.00	d=68.00
	ΔP_m	v	ΔP_m	v	ΔP_m	v	ΔP_m	v	ΔP_m	v	ΔP_m	v	ΔP_m
780	1613.17	1.10	333.56	0.61	95.99	0.37	22.73	0.21	11.35	0.16	3.14	0.10	0.92
820	1784.95	1.16	368.63	0.64	105.98	0.39	25.04	0.23	12.49	0.17	3.45	0.10	1.01
860	1963.83	1.22	405.44	0.67	116.41	0.41	27.47	0.24	13.69	0.18	3.77	0.11	1.10
900	2152.63	1.28	444.00	0.70	127.33	0.43	30.01	0.25	14.93	0.19	4.11	0.11	1.19
1000	2504.36	1.38	515.67	0.76	147.62	0.47	34.71	0.27	17.25	0.20	4.73	0.12	1.37
1100	3052.65	1.52	627.33	0.84	179.31	0.52	42.00	0.30	20.85	0.22	5.69	0.13	1.65
1200	3652.23	1.67	749.90	0.92	213.96	0.57	50.01	0.32	24.77	0.25	6.75	0.15	1.94
1300	4308.38	1.81	883.38	1.00	251.68	0.62	58.62	0.35	29.02	0.27	7.88	0.16	2.27
1400	5018.68	1.96	1027.76	1.08	292.44	0.67	68.02	0.38	33.61	0.29	9.11	0.17	2.61
1500	5782.58	2.10	1182.99	1.15	336.25	0.72	78.06	0.41	38.54	0.31	10.42	0.19	2.98
1600	6600.32	2.25	1349.23	1.23	383.11	0.76	88.78	0.44	43.79	0.33	11.81	0.20	3.37
1700	7472.09	2.39	1526.33	1.31	433.00	0.81	100.18	0.46	49.40	0.35	13.29	0.21	3.78
1800	8397.90	2.54	1714.27	1.39	485.93	0.86	112.27	0.49	55.32	0.37	14.86	0.22	4.22
1900	9377.68	2.68	1913.18	1.47	541.91	0.91	125.09	0.52	61.57	0.40	16.51	0.24	4.68
2000	10411.47	2.83	2122.99	1.55	600.94	0.96	138.55	0.55	68.16	0.42	18.25	0.25	5.17
2200			2458.10	1.67	695.19	1.04	160.04	0.59	78.62	0.45	21.01	0.27	5.93
2400			2942.78	1.83	831.56	1.13	191.20	0.65	93.77	0.49	24.99	0.29	7.04
2600			3472.65	1.99	980.14	1.23	225.00	0.70	110.24	0.53	29.31	0.32	8.24
2800			4043.83	2.15	1140.92	1.33	261.55	0.76	128.05	0.58	33.98	0.35	9.53
3000			4662.28	2.31	1313.90	1.43	300.83	0.82	147.17	0.62	38.99	0.37	10.91
3200			5321.78	2.47	1497.67	1.53	342.85	0.87	167.62	0.66	44.33	0.40	12.38
3400			6024.88	2.63	1694.87	1.63	387.61	0.93	189.40	0.71	50.02	0.42	13.95
3600			6771.58	2.79	1904.25	1.73	435.12	0.99	212.49	0.75	56.05	0.45	15.60
3800			7561.88	2.95	2125.83	1.83	485.36	1.04	236.92	0.79	62.42	0.47	17.35
4000					2359.60	1.92	538.12	1.10	262.67	0.83	69.13	0.50	19.19

续表

G	DN=15	DN=15	DN=20	DN=20	DN=25	DN=25	DN=32	DN=32	DN=40	DN=40	DN=50	DN=50	DN=70
	d=15.75	d=15.75	d=21.25	d=21.25	d=27.00	d=27.00	d=35.75	d=35.75	d=41.00	d=41.00	d=53.00	d=53.00	d=68.00
	ΔP_m	v	ΔP_m	v	ΔP_m	v	ΔP_m	v	ΔP_m	v	ΔP_m	v	ΔP_m
4200					2605.55	2.02	593.82	1.15	289.74	0.88	76.18	0.53	21.12
4400					2863.70	2.12	652.26	1.21	318.13	0.92	83.56	0.55	23.14
4600					3134.04	2.22	713.44	1.27	347.70	0.96	91.29	0.58	25.25
4800					3416.56	2.32	777.36	1.32	378.73	1.01	99.36	0.60	27.46
5000					3711.28	2.42	844.02	1.38	411.08	1.05	107.77	0.63	29.75
5400					4176.21	2.57	949.14	1.46	462.09	1.11	121.02	0.67	33.37
5800					4838.79	2.76	1098.89	1.58	534.74	1.20	139.88	0.72	38.51
6200					5550.12	2.96	1259.59	1.69	612.68	1.28	160.10	0.77	44.01
6600							1431.25	1.80	695.91	1.37	181.68	0.82	49.88
7000							1613.86	1.91	784.44	1.46	204.62	0.87	56.11
7400							1807.42	2.03	878.26	1.54	228.92	0.92	62.71
7800							2011.94	2.14	977.38	1.63	254.58	0.97	69.67
8200							2227.41	2.25	1081.78	1.71	281.59	1.02	76.99
8600							2453.83	2.36	1191.49	1.80	309.97	1.08	84.75
9000							2691.21	2.48	1306.48	1.88	339.71	1.13	92.80
10000							3132.99	2.67	1520.46	2.03	395.02	1.22	107.78
11000							3822.28	2.96	1854.26	2.25	481.26	1.34	131.11
12000									2221.15	2.46	575.99	1.47	156.71
13000									2621.12	2.67	679.23	1.60	184.60
14000									3054.17	2.89	790.95	1.73	214.76
15000											911.18	1.86	247.19
16000											1039.90	1.98	281.91
17000											1177.12	2.11	318.90
18000											1322.84	2.24	358.17
19000											1477.05	2.37	399.71

续表

G	$DN=15$	$DN=15$	$DN=20$	$DN=20$	$DN=25$	$DN=25$	$DN=32$	$DN=32$	$DN=40$	$DN=40$	$DN=50$	$DN=50$	$DN=70$
	$d=15.75$	$d=15.75$	$d=21.25$	$d=21.25$	$d=27.00$	$d=27.00$	$d=35.75$	$d=35.75$	$d=41.00$	$d=41.00$	$d=53.00$	$d=53.00$	$d=68.00$
	ΔP_m	v	ΔP_m	v	ΔP_m	v	ΔP_m	v	ΔP_m	v	ΔP_m	v	ΔP_m
20000											1639.76	2.50	443.35
22000											1899.75	2.69	513.35
24000											2276.15	2.95	614.65
26000													725.05
28000													844.57
30000													973.25
32000													1041.03
34000													1183.44
36000													1334.97
38000													1495.62
40000													1665.39
42000													
44000													
46000													
48000													
50000													
52000													
54000													
56000													
58000													
60000													
62000													
64000													
66000													
68000													

续表

	$DN=15$	$DN=15$	$DN=20$	$DN=20$	$DN=25$	$DN=25$	$DN=32$	$DN=32$	$DN=40$	$DN=40$	$DN=50$	$DN=50$	$DN=70$
G	$d=15.75$	$d=15.75$	$d=21.25$	$d=21.25$	$d=27.00$	$d=27.00$	$d=35.75$	$d=35.75$	$d=41.00$	$d=41.00$	$d=53.00$	$d=53.00$	$d=68.00$
	ΔP_m	v	ΔP_m	v	ΔP_m	v	ΔP_m	v	ΔP_m	v	ΔP_m	v	ΔP_m
70000													
75000													
80000													
85000													
90000													
95000													
100000													
105000													
110000													
115000													
120000													
130000													
140000													
150000													
160000													
170000													
180000													
190000													
200000													
220000													
240000													

续表

G	$DN=70$ $d=68.00$ v	$DN=80$ $d=80.50$ ΔP_m	$DN=80$ $d=80.50$ v	$DN=100$ $d=106.00$ ΔP_m	$DN=100$ $d=106.00$ v	$DN=125$ $d=131.00$ ΔP_m	$DN=125$ $d=131.00$ v	$DN=150$ $d=156.00$ ΔP_m	$DN=150$ $d=156.00$ v	$DN=200$ $d=207.00$ ΔP_m	$DN=200$ $d=207.00$ v	
24												
28												
32												
36												
40												
44												
48												
52												
56												
60												
64												
68												
72												
76												
80												
84												
88												
95												
105												
115												
125												
135												
145												
155												
165												

续表

G	$DN=70$	$DN=80$	$DN=80$	$DN=100$	$DN=100$	$DN=125$	$DN=125$	$DN=150$	$DN=150$	$DN=200$	$DN=200$	
	$d=68.00$	$d=80.50$	$d=80.50$	$d=106.00$	$d=106.00$	$d=131.00$	$d=131.00$	$d=156.00$	$d=156.00$	$d=207.00$	$d=207.00$	
	v	ΔP_m	v	ΔP_m	v	ΔP_m	v	ΔP_m	v	ΔP_m	v	
175												
185												
195												
210												
230												
250												
270												
290												
310												
330												
350												
370												
390												
410	0.03											
430	0.03											
450	0.03											
470	0.04											
490	0.04											
520	0.04											
560	0.04											
600	0.05	0.25	0.03									
660	0.05	0.30	0.04									
700	0.05	0.33	0.04									
740	0.06	0.37	0.04									
780	0.06	0.40	0.04									

续表

	DN=70	DN=80	DN=80	DN=100	DN=100	DN=125	DN=125	DN=150	DN=150	DN=200	DN=200	
G	d=68.00	d=80.50	d=80.50	d=106.00	d=106.00	d=131.00	d=131.00	d=156.00	d=156.00	d=207.00	d=207.00	
	v	ΔP_m	v	ΔP_m	v	ΔP_m	v	ΔP_m	v	ΔP_m	v	
820	0.06	0.44	0.04									
860	0.07	0.48	0.05									
900	0.07	0.52	0.05									
1000	0.07	0.60	0.05	0.16	0.03							
1100	0.08	0.72	0.06	0.19	0.03							
1200	0.09	0.85	0.06	0.22	0.04							
1300	0.10	0.98	0.07	0.26	0.04							
1400	0.11	1.13	0.07	0.29	0.04							
1500	0.11	1.29	0.08	0.33	0.05	0.12	0.03					
1600	0.12	1.46	0.09	0.38	0.05	0.13	0.03					
1700	0.13	1.63	0.09	0.42	0.05	0.15	0.03					
1800	0.14	1.82	0.10	0.47	0.06	0.17	0.04					
1900	0.14	2.02	0.10	0.52	0.06	0.18	0.04					
2000	0.15	2.22	0.11	0.57	0.06	0.20	0.04					
2200	0.16	2.55	0.12	0.65	0.07	0.23	0.04	0.10	0.03			
2400	0.18	3.02	0.13	0.77	0.07	0.27	0.05	0.12	0.03			
2600	0.19	3.52	0.14	0.90	0.08	0.32	0.05	0.14	0.04			
2800	0.21	4.07	0.15	1.03	0.09	0.36	0.06	0.16	0.04			
3000	0.23	4.65	0.16	1.18	0.09	0.41	0.06	0.18	0.04			
3200	0.24	5.27	0.17	1.33	0.10	0.47	0.06	0.20	0.05			
3400	0.26	5.93	0.18	1.49	0.11	0.52	0.07	0.22	0.05			
3600	0.27	6.62	0.19	1.67	0.11	0.58	0.07	0.25	0.05			
3800	0.29	7.36	0.21	1.85	0.12	0.65	0.08	0.27	0.05	0.07	0.03	
4000	0.30	8.13	0.22	2.04	0.12	0.71	0.08	0.30	0.06	0.08	0.03	
4200	0.32	8.94	0.23	2.24	0.13	0.78	0.09	0.33	0.06	0.08	0.03	

续表

G	DN=70	DN=80	DN=80	DN=100	DN=100	DN=125	DN=125	DN=150	DN=150	DN=200	DN=200
	d=68.00	d=80.50	d=80.50	d=106.00	d=106.00	d=131.00	d=131.00	d=156.00	d=156.00	d=207.00	d=207.00
	v	ΔP_m	v	ΔP_m	v	ΔP_m	v	ΔP_m	v	ΔP_m	v
4400	0.33	9.78	0.24	2.44	0.14	0.85	0.09	0.36	0.06	0.09	0.04
4600	0.35	10.67	0.25	2.66	0.14	0.93	0.09	0.39	0.07	0.10	0.04
4800	0.37	11.59	0.26	2.89	0.15	1.00	0.10	0.42	0.07	0.11	0.04
5000	0.38	12.55	0.27	3.12	0.16	1.08	0.10	0.46	0.07	0.11	0.04
5400	0.40	14.06	0.29	3.49	0.17	1.21	0.11	0.51	0.08	0.13	0.04
5800	0.44	16.20	0.31	4.01	0.18	1.39	0.12	0.58	0.08	0.15	0.05
6200	0.47	18.51	0.33	4.57	0.19	1.58	0.13	0.66	0.09	0.17	0.05
6600	0.50	20.95	0.36	5.16	0.20	1.78	0.13	0.75	0.09	0.19	0.05
7000	0.53	23.54	0.38	5.79	0.22	1.99	0.14	0.84	0.10	0.21	0.06
7400	0.56	26.29	0.40	6.45	0.23	2.22	0.15	0.93	0.11	0.23	0.06
7800	0.59	29.18	0.42	7.16	0.24	2.46	0.16	1.03	0.11	0.25	0.06
8200	0.62	32.22	0.44	7.88	0.26	2.71	0.17	1.13	0.12	0.28	0.07
8600	0.65	35.40	0.47	8.65	0.27	2.97	0.18	1.24	0.12	0.30	0.07
9000	0.68	38.74	0.49	9.46	0.28	3.24	0.18	1.35	0.13	0.33	0.07
10000	0.74	44.95	0.53	10.95	0.30	3.74	0.20	1.56	0.14	0.38	0.08
11000	0.82	54.65	0.58	13.27	0.34	4.52	0.22	1.88	0.16	0.46	0.09
12000	0.89	65.20	0.64	15.82	0.37	5.38	0.24	2.23	0.17	0.54	0.10
13000	0.97	76.77	0.69	18.57	0.40	6.30	0.26	2.61	0.18	0.63	0.10
14000	1.05	89.27	0.75	21.55	0.43	7.30	0.28	3.02	0.20	0.73	0.11
15000	1.13	102.58	0.80	24.75	0.46	8.37	0.30	3.45	0.21	0.84	0.12
16000	1.21	116.95	0.86	28.17	0.50	9.52	0.32	3.92	0.23	0.95	0.13
17000	1.28	132.19	0.92	31.81	0.53	10.73	0.35	4.41	0.24	1.06	0.14
18000	1.36	148.50	0.97	35.66	0.56	12.02	0.37	4.94	0.26	1.19	0.15
19000	1.44	165.57	1.03	39.74	0.59	13.38	0.39	5.50	0.27	1.32	0.16
20000	1.52	183.57	1.08	44.03	0.62	14.81	0.41	6.08	0.29	1.46	0.16

续表

G	$DN=70$	$DN=80$	$DN=80$	$DN=100$	$DN=100$	$DN=125$	$DN=125$	$DN=150$	$DN=150$	$DN=200$	$DN=200$	
	$d=68.00$	$d=80.50$	$d=80.50$	$d=106.00$	$d=106.00$	$d=131.00$	$d=131.00$	$d=156.00$	$d=156.00$	$d=207.00$	$d=207.00$	
	v	ΔP_m	v	ΔP_m	v	ΔP_m	v	ΔP_m	v	ΔP_m	v	
22000	1.63	212.59	1.17	50.89	0.67	17.09	0.44	7.00	0.31	1.67	0.18	
24000	1.79	254.23	1.28	60.79	0.74	20.38	0.48	8.34	0.34	1.99	0.19	
26000	1.94	299.70	1.39	71.58	0.80	23.99	0.52	9.79	0.37	2.33	0.21	
28000	2.10	348.90	1.50	83.24	0.86	27.85	0.57	11.35	0.40	2.70	0.23	
30000	2.26	401.83	1.61	95.78	0.93	31.99	0.61	13.05	0.43	3.09	0.24	
32000	2.33	429.69	1.67	102.38	0.96	34.21	0.63	13.94	0.44	3.29	0.25	
34000	2.49	488.22	1.78	116.24	1.02	38.80	0.67	15.79	0.47	3.73	0.27	
36000	2.64	551.21	1.89	130.97	1.09	43.67	0.71	17.77	0.50	4.19	0.29	
38000	2.80	617.28	2.00	146.58	1.15	48.84	0.75	19.85	0.53	4.67	0.30	
40000	2.96	687.10	2.11	163.06	1.22	54.29	0.80	22.06	0.56	5.19	0.32	
42000		760.64	2.22	180.43	1.28	60.03	0.84	24.38	0.59	5.72	0.34	
44000		837.93	2.33	198.67	1.34	66.05	0.88	26.81	0.62	6.28	0.35	
46000		918.95	2.44	217.76	1.41	72.35	0.92	29.36	0.65	6.87	0.37	
48000		1003.70	2.55	237.78	1.47	78.96	0.96	31.97	0.68	7.49	0.39	
50000		1092.20	2.66	258.65	1.54	85.85	1.01	34.75	0.71	8.13	0.40	
52000		1184.42	2.78	280.36	1.60	93.02	1.05	37.64	0.74	8.80	0.42	
54000		1280.38	2.89	302.96	1.66	100.64	1.09	40.65	0.77	9.49	0.44	
56000		1380.08	3.00	326.42	1.73	108.40	1.13	43.77	0.80	10.21	0.45	
58000				350.77	1.79	116.45	1.17	47.01	0.83	10.96	0.47	
60000				376.00	1.86	124.79	1.22	50.36	0.86	11.73	0.49	
62000				402.11	1.92	133.42	1.26	53.83	0.89	12.52	0.50	
64000				429.09	1.98	142.34	1.30	57.41	0.92	13.35	0.52	
66000				456.95	2.05	151.55	1.34	61.11	0.95	14.20	0.54	
68000				485.68	2.11	161.04	1.38	64.93	0.98	15.08	0.55	
70000				515.29	2.18	170.82	1.43	68.86	1.01	15.98	0.57	

续表

G	$DN=70$ $d=68.00$	$DN=80$ $d=80.50$	$DN=80$ $d=80.50$	$DN=100$ $d=106.00$	$DN=100$ $d=106.00$	$DN=125$ $d=131.00$	$DN=125$ $d=131.00$	$DN=150$ $d=156.00$	$DN=150$ $d=156.00$	$DN=200$ $d=207.00$	$DN=200$ $d=207.00$	
	v	ΔP_m	v	ΔP_m	v	ΔP_m	v	ΔP_m	v	ΔP_m	v	
75000				545.77	2.24	180.89	1.47	72.90	1.03	16.91	0.59	
80000				626.70	2.40	207.32	1.57	83.52	1.11	19.35	0.63	
85000				711.99	2.56	235.56	1.68	94.86	1.18	21.94	0.67	
90000				802.52	2.72	265.60	1.78	106.92	1.26	24.70	0.71	
95000				899.74	2.88	297.43	1.89	119.70	1.33	27.62	0.76	
100000						331.07	1.99	133.20	1.40	30.71	0.80	
105000						366.51	2.10	147.42	1.48	33.96	0.84	
110000						403.75	2.20	162.36	1.55	37.37	0.88	
115000						442.79	2.31	178.03	1.63	40.94	0.92	
120000						483.63	2.41	194.41	1.70	44.68	0.97	
130000						526.28	2.52	211.52	1.77	48.58	1.01	
140000						616.96	2.72	247.67	1.92	56.87	1.09	
150000						714.86	2.93	286.79	2.07	65.85	1.18	
160000								328.70	2.22	75.45	1.26	
170000								373.74	2.36	85.70	1.34	
180000								421.58	2.51	96.61	1.43	
190000								472.30	2.66	108.16	1.51	
200000								525.85	2.81	120.37	1.59	
220000								582.28	2.96	133.22	1.68	
240000										160.90	1.85	

1.5.5 70℃热水管道水力计算表

表 1.5-5

G	$DN=15$ $d=15.75$ ΔP_m	$DN=15$ $d=15.75$ v	$DN=20$ $d=21.25$ ΔP_m	$DN=20$ $d=21.25$ v	$DN=25$ $d=27.00$ ΔP_m	$DN=25$ $d=27.00$ v	$DN=32$ $d=35.75$ ΔP_m	$DN=32$ $d=35.75$ v	$DN=40$ $d=41.00$ ΔP_m	$DN=40$ $d=41.00$ v	$DN=50$ $d=53.00$ ΔP_m	$DN=50$ $d=53.00$ v	$DN=70$ $d=68.00$ ΔP_m
24	1.83	0.03											
28	2.14	0.04											
32	2.44	0.05											
36	2.75	0.05											
40	3.05	0.06	0.92	0.03									
44	4.30	0.06	1.01	0.04									
48	5.26	0.07	1.11	0.04									
52	6.34	0.08	1.20	0.04									
56	7.54	0.08	1.29	0.04									
60	8.86	0.09	1.79	0.05									
64	10.30	0.09	2.08	0.05	0.57	0.03							
68	11.87	0.10	2.40	0.05	0.60	0.03							
72	13.56	0.10	2.74	0.06	0.77	0.04							
76	19.40	0.11	3.11	0.06	0.87	0.04							
80	21.33	0.12	3.51	0.06	0.98	0.04							
84	23.34	0.12	3.93	0.07	1.10	0.04							
88	25.45	0.13	4.38	0.07	1.22	0.04							
95	29.34	0.14	5.24	0.08	1.46	0.05							
105	35.36	0.15	7.80	0.08	1.85	0.05							
115	41.93	0.17	9.21	0.09	2.28	0.06	0.51	0.03					
125	49.05	0.18	10.73	0.10	3.26	0.06	0.62	0.04					
135	56.68	0.20	12.37	0.11	3.74	0.07	0.74	0.04					
145	64.89	0.21	14.11	0.12	4.26	0.07	0.88	0.04	0.42	0.03			
155	73.64	0.23	15.97	0.12	4.81	0.08	1.02	0.04	0.49	0.03			

续表

G	DN=15	DN=15	DN=20	DN=20	DN=25	DN=25	DN=32	DN=32	DN=40	DN=40	DN=50	DN=50	DN=70
	d=15.75	d=15.75	d=21.25	d=21.25	d=27.00	d=27.00	d=35.75	d=35.75	d=41.00	d=41.00	d=53.00	d=53.00	d=68.00
	ΔP_m	v	ΔP_m	v	ΔP_m	v	ΔP_m	v	ΔP_m	v	ΔP_m	v	ΔP_m
165	82.93	0.24	17.93	0.13	5.39	0.08	1.35	0.05	0.57	0.04			
175	92.78	0.26	20.01	0.14	6.00	0.09	1.50	0.05	0.65	0.04			
185	103.16	0.27	22.21	0.15	6.64	0.09	1.65	0.05	0.75	0.04			
195	114.09	0.28	24.51	0.16	7.31	0.10	1.82	0.06	0.93	0.04			
210	131.51	0.31	28.16	0.17	8.38	0.10	2.08	0.06	1.06	0.05			
230	156.64	0.34	33.42	0.18	9.92	0.11	2.45	0.07	1.25	0.05			
250	183.94	0.36	39.11	0.20	11.58	0.12	2.85	0.07	1.45	0.05	0.41	0.03	
270	213.41	0.39	45.25	0.22	13.37	0.13	3.27	0.08	1.66	0.06	0.47	0.03	
290	245.04	0.42	51.85	0.23	15.27	0.14	3.73	0.08	1.89	0.06	0.54	0.04	
310	278.84	0.45	58.85	0.25	17.30	0.15	4.21	0.09	2.13	0.07	0.61	0.04	
330	315.05	0.48	66.31	0.26	19.45	0.16	4.73	0.09	2.39	0.07	0.68	0.04	
350	353.23	0.51	74.25	0.28	21.73	0.17	5.27	0.10	2.66	0.08	0.75	0.05	
370	393.57	0.54	82.58	0.30	24.13	0.18	5.84	0.10	2.95	0.08	0.83	0.05	
390	436.10	0.57	91.35	0.31	26.65	0.19	6.43	0.11	3.24	0.08	0.91	0.05	0.27
410	480.79	0.60	100.57	0.33	29.30	0.20	7.06	0.12	3.56	0.09	1.00	0.05	0.30
430	527.67	0.63	110.22	0.34	32.06	0.21	7.71	0.12	3.88	0.09	1.09	0.06	0.32
450	576.47	0.66	120.32	0.36	34.96	0.22	8.39	0.13	4.22	0.10	1.18	0.06	0.35
470	627.70	0.69	130.86	0.38	37.97	0.23	9.10	0.13	4.57	0.10	1.28	0.06	0.38
490	681.10	0.71	141.84	0.39	41.11	0.24	9.84	0.14	4.94	0.11	1.38	0.06	0.41
520	765.28	0.76	159.12	0.42	46.05	0.26	10.99	0.15	5.51	0.11	1.54	0.07	0.45
560	885.13	0.82	183.71	0.45	53.06	0.28	12.63	0.16	6.33	0.12	1.76	0.07	0.52
600	1013.68	0.87	210.05	0.48	60.59	0.30	14.39	0.17	7.19	0.13	1.99	0.08	0.58
660	1223.01	0.96	252.84	0.53	72.74	0.33	17.22	0.19	8.60	0.14	2.37	0.08	0.69
700	1373.54	1.02	283.57	0.56	81.49	0.35	19.25	0.20	9.60	0.15	2.65	0.09	0.77
740	1531.61	1.08	316.05	0.59	90.69	0.37	21.39	0.21	10.66	0.16	2.93	0.10	0.85

续表

G	DN=15	DN=15	DN=20	DN=20	DN=25	DN=25	DN=32	DN=32	DN=40	DN=40	DN=50	DN=50	DN=70
	d=15.75	d=15.75	d=21.25	d=21.25	d=27.00	d=27.00	d=35.75	d=35.75	d=41.00	d=41.00	d=53.00	d=53.00	d=68.00
	ΔP_m	v	ΔP_m	v	ΔP_m	v	ΔP_m	v	ΔP_m	v	ΔP_m	v	ΔP_m
780	1699.47	1.14	350.29	0.62	100.39	0.39	23.64	0.22	11.76	0.17	3.23	0.10	0.94
820	1876.05	1.20	386.28	0.66	110.57	0.41	26.00	0.23	12.92	0.18	3.54	0.11	1.03
860	2061.35	1.25	424.03	0.69	121.25	0.43	28.45	0.24	14.15	0.19	3.87	0.11	1.12
900	2255.36	1.31	463.53	0.72	132.51	0.45	31.04	0.25	15.40	0.19	4.21	0.12	1.22
1000	2776.33	1.46	569.97	0.80	162.59	0.50	37.99	0.28	18.81	0.22	5.12	0.13	1.48
1100	3353.54	1.60	687.36	0.88	195.76	0.55	45.60	0.31	22.55	0.24	6.12	0.14	1.76
1200	3985.11	1.75	815.73	0.96	232.00	0.60	53.91	0.34	26.63	0.26	7.21	0.15	2.06
1300	4670.52	1.90	955.03	1.04	271.29	0.64	62.91	0.37	31.04	0.28	8.38	0.17	2.39
1400	5410.26	2.04	1105.35	1.12	313.64	0.69	72.59	0.40	35.81	0.30	9.64	0.18	2.75
1500	6204.33	2.19	1266.57	1.20	359.05	0.74	82.96	0.42	40.89	0.32	10.98	0.19	3.12
1600	7052.68	2.33	1438.79	1.28	407.52	0.79	94.06	0.45	46.30	0.34	12.41	0.21	3.52
1700	7955.34	2.48	1621.98	1.36	459.06	0.84	105.82	0.48	52.04	0.37	13.93	0.22	3.94
1800	8910.39	2.62	1816.11	1.44	513.65	0.89	118.26	0.51	58.10	0.39	15.53	0.23	4.39
1900	9921.65	2.77	2021.08	1.52	571.32	0.94	131.40	0.54	64.51	0.41	17.21	0.24	4.86
2000	10987.24	2.92	2236.99	1.60	632.07	0.99	145.31	0.57	71.25	0.43	18.98	0.26	5.35
2200			2702.11	1.76	762.76	1.09	175.03	0.62	85.74	0.47	22.79	0.28	6.40
2400			3212.98	1.92	905.73	1.19	207.52	0.68	101.56	0.52	26.93	0.31	7.54
2600			3762.42	2.08	1059.96	1.29	242.75	0.74	118.71	0.56	31.42	0.33	8.78
2800			4362.36	2.24	1227.30	1.39	280.75	0.79	137.20	0.60	36.25	0.36	10.11
3000			5002.80	2.40	1406.89	1.49	321.50	0.85	157.01	0.65	41.42	0.39	11.53
3200			5687.09	2.56	1598.75	1.59	365.00	0.91	178.16	0.69	46.93	0.41	13.05
3400			6415.21	2.72	1802.86	1.69	411.09	0.96	200.64	0.73	52.79	0.44	14.65
3600			7187.17	2.88	2019.23	1.79	460.08	1.02	224.45	0.77	58.99	0.46	16.35
3800					2247.85	1.89	511.83	1.08	249.59	0.82	65.53	0.49	18.14
4000					2488.73	1.98	566.34	1.13	275.94	0.86	72.41	0.52	20.02

续表

	$DN=15$	$DN=15$	$DN=20$	$DN=20$	$DN=25$	$DN=25$	$DN=32$	$DN=32$	$DN=40$	$DN=40$	$DN=50$	$DN=50$	$DN=70$
G	$d=15.75$	$d=15.75$	$d=21.25$	$d=21.25$	$d=27.00$	$d=27.00$	$d=35.75$	$d=35.75$	$d=41.00$	$d=41.00$	$d=53.00$	$d=53.00$	$d=68.00$
	ΔP_m	v	ΔP_m	v	ΔP_m	v	ΔP_m	v	ΔP_m	v	ΔP_m	v	ΔP_m
4200					2741.87	2.08	623.59	1.19	303.73	0.90	79.64	0.54	21.99
4400					3007.27	2.18	683.61	1.25	332.86	0.95	87.20	0.57	24.05
4600					3284.93	2.28	746.37	1.30	363.31	0.99	95.11	0.59	26.21
4800					3574.84	2.38	811.89	1.36	395.09	1.03	103.36	0.62	28.46
5000					3877.01	2.48	880.16	1.41	428.21	1.08	111.95	0.64	30.79
5400					4518.12	2.68	1024.97	1.53	498.43	1.16	130.16	0.70	35.75
5800					5208.26	2.88	1180.79	1.64	573.97	1.25	149.74	0.75	41.07
6200							1347.62	1.75	654.84	1.33	170.68	0.80	46.75
6600							1525.47	1.87	741.03	1.42	192.99	0.85	52.81
7000							1714.33	1.98	832.54	1.51	216.67	0.90	59.23
7400							1914.21	2.09	929.37	1.59	241.72	0.95	66.06
7800							2125.10	2.21	1031.53	1.68	268.13	1.00	73.22
8200							2347.00	2.32	1139.01	1.76	295.91	1.06	80.74
8600							2579.92	2.43	1251.81	1.85	325.06	1.11	88.62
9000							2823.86	2.55	1369.93	1.94	355.57	1.16	96.88
10000							3481.88	2.83	1688.53	2.15	437.84	1.92	119.11
11000									2040.39	2.37	528.65	1.42	143.63
12000									2425.51	2.58	628.00	1.55	170.45
13000									2843.90	2.80	735.89	1.67	199.55
14000											852.33	1.80	230.95
15000											977.32	1.93	264.63
16000											1110.84	2.06	300.60
17000											1252.91	2.19	338.73
18000											1403.52	2.32	379.27
19000											1562.68	2.45	422.11

续表

G	$DN=15$	$DN=15$	$DN=20$	$DN=20$	$DN=25$	$DN=25$	$DN=32$	$DN=32$	$DN=40$	$DN=40$	$DN=50$	$DN=50$	$DN=70$
	$d=15.75$	$d=15.75$	$d=21.25$	$d=21.25$	$d=27.00$	$d=27.00$	$d=35.75$	$d=35.75$	$d=41.00$	$d=41.00$	$d=53.00$	$d=53.00$	$d=68.00$
	ΔP_m	v	ΔP_m	v	ΔP_m	v	ΔP_m	v	ΔP_m	v	ΔP_m	v	ΔP_m
20000											1730.38	2.58	467.24
22000											2091.41	2.83	564.36
24000													670.64
26000													786.17
28000													910.88
30000													1044.76
32000													1187.81
34000													1340.03
36000													1501.43
38000													1672.00
40000													
42000													
44000													
46000													
48000													
50000													
52000													
54000													
56000													
58000													
60000													
62000													
64000													
66000													

续表

G	$DN=15$ $d=15.75$ ΔP_m	$DN=15$ $d=15.75$ v	$DN=20$ $d=21.25$ ΔP_m	$DN=20$ $d=21.25$ v	$DN=25$ $d=27.00$ ΔP_m	$DN=25$ $d=27.00$ v	$DN=32$ $d=35.75$ ΔP_m	$DN=32$ $d=35.75$ v	$DN=40$ $d=41.00$ ΔP_m	$DN=40$ $d=41.00$ v	$DN=50$ $d=53.00$ ΔP_m	$DN=50$ $d=53.00$ v	$DN=70$ $d=68.00$ ΔP_m
68000													
70000													
75000													
80000													
85000													
90000													
95000													
100000													
105000													
110000													
115000													
120000													
130000													
140000													
150000													
160000													
170000													
180000													
190000													
200000													
220000													
240000													

续表

G	$DN=70$ $d=68.00$	$DN=80$ $d=80.50$	$DN=80$ $d=80.50$	$DN=100$ $d=106.00$	$DN=100$ $d=106.00$	$DN=125$ $d=131.00$	$DN=125$ $d=131.00$	$DN=150$ $d=156.00$	$DN=150$ $d=156.00$	$DN=200$ $d=207.00$	$DN=200$ $d=207.00$
	v	ΔP_m	v	ΔP_m	v	ΔP_m	v	ΔP_m	v	ΔP_m	v
24											
28											
32											
36											
40											
44											
48											
52											
56											
60											
64											
68											
72											
76											
80											
84											
88											
95											
105											
115											
125											
135											
145											
155											

续表

	$DN=70$	$DN=80$	$DN=80$	$DN=100$	$DN=100$	$DN=125$	$DN=125$	$DN=150$	$DN=150$	$DN=200$	$DN=200$
G	$d=68.00$	$d=80.50$	$d=80.50$	$d=106.00$	$d=106.00$	$d=131.00$	$d=131.00$	$d=156.00$	$d=156.00$	$d=207.00$	$d=207.00$
	v	ΔP_m	v	ΔP_m	v	ΔP_m	v	ΔP_m	v	ΔP_m	v
165											
175											
185											
195											
210											
230											
250											
270											
290											
310											
330											
350											
370											
390	0.03										
410	0.03										
430	0.03										
450	0.04										
470	0.04										
490	0.04										
510	0.04										
560	0.04	0.23	0.03								
600	0.05	0.26	0.03								
660	0.05	0.30	0.04								
700	0.05	0.34	0.04								
740	0.06	0.37	0.04								

续表

G	$DN=70$	$DN=80$	$DN=80$	$DN=100$	$DN=100$	$DN=125$	$DN=125$	$DN=150$	$DN=150$	$DN=200$	$DN=200$
	$d=68.00$	$d=80.50$	$d=80.50$	$d=106.00$	$d=106.00$	$d=131.00$	$d=131.00$	$d=156.00$	$d=156.00$	$d=207.00$	$d=207.00$
	v	ΔP_m	v	ΔP_m	v	ΔP_m	v	ΔP_m	v	ΔP_m	v
780	0.06	0.41	0.04								
820	0.06	0.45	0.05								
860	0.07	0.49	0.05								
900	0.07	0.53	0.05								
1000	0.08	0.64	0.06	0.17	0.03						
1100	0.09	0.76	0.06	0.20	0.04						
1200	0.09	0.89	0.07	0.23	0.04						
1300	0.10	1.03	0.07	0.27	0.04						
1400	0.11	1.19	0.08	0.31	0.05						
1500	0.12	1.35	0.08	0.35	0.05	0.12	0.03				
1600	0.13	1.52	0.09	0.39	0.05	0.14	0.03				
1700	0.13	1.69	0.09	0.43	0.05	0.15	0.04				
1800	0.14	1.88	0.10	0.48	0.06	0.17	0.04				
1900	0.15	2.08	0.11	0.53	0.06	0.19	0.04				
2000	0.16	2.29	0.11	0.58	0.06	0.21	0.04				
2200	0.17	2.74	0.12	0.70	0.07	0.25	0.05	0.11	0.03		
2400	0.19	3.22	0.13	0.82	0.08	0.29	0.05	0.12	0.04		
2600	0.20	3.74	0.15	0.95	0.08	0.33	0.05	0.14	0.04		
2800	0.22	4.30	0.16	1.08	0.09	0.38	0.06	0.16	0.04		
3000	0.23	4.90	0.17	1.23	0.10	0.43	0.06	0.18	0.04		
3200	0.25	5.53	0.18	1.39	0.10	0.49	0.07	0.21	0.05		
3400	0.27	6.21	0.19	1.55	0.11	0.54	0.07	0.23	0.05		
3600	0.28	6.92	0.20	1.73	0.12	0.60	0.08	0.26	0.05	0.06	0.03
3800	0.30	7.66	0.21	1.91	0.12	0.67	0.08	0.28	0.06	0.07	0.03
4000	0.31	8.45	0.22	2.11	0.13	0.73	0.08	0.31	0.06	0.08	0.03

续表

G	$DN=70$	$DN=80$	$DN=80$	$DN=100$	$DN=100$	$DN=125$	$DN=125$	$DN=150$	$DN=150$	$DN=200$	$DN=200$
	$d=68.00$	$d=80.50$	$d=80.50$	$d=106.00$	$d=106.00$	$d=131.00$	$d=131.00$	$d=156.00$	$d=156.00$	$d=207.00$	$d=207.00$
	v	ΔP_m	v	ΔP_m	v	ΔP_m	v	ΔP_m	v	ΔP_m	v
4200	0.33	9.28	0.23	2.31	0.14	0.80	0.09	0.34	0.06	0.08	0.04
4400	0.34	10.14	0.25	2.52	0.14	0.87	0.09	0.37	0.07	0.09	0.04
4600	0.36	11.04	0.26	2.74	0.15	0.95	0.10	0.40	0.07	0.10	0.04
4800	0.38	11.97	0.27	2.97	0.15	1.03	0.10	0.43	0.07	0.11	0.04
5000	0.39	12.96	0.28	3.20	0.16	1.11	0.11	0.47	0.07	0.12	0.04
5400	0.42	15.02	0.30	3.70	0.17	1.28	0.11	0.54	0.08	0.13	0.05
5800	0.45	17.24	0.32	4.24	0.19	1.46	0.12	0.61	0.09	0.15	0.05
6200	0.48	19.60	0.35	4.81	0.20	1.65	0.13	0.69	0.09	0.17	0.05
6600	0.52	22.12	0.37	5.42	0.21	1.86	0.14	0.78	0.10	0.19	0.06
7000	0.55	24.78	0.39	6.06	0.23	2.08	0.15	0.87	0.10	0.21	0.06
7400	0.58	27.59	0.41	6.74	0.24	2.31	0.16	0.96	0.11	0.24	0.06
7800	0.61	30.55	0.44	7.46	0.25	2.55	0.16	1.06	0.12	0.26	0.07
8200	0.64	33.67	0.46	8.20	0.26	2.80	0.17	1.17	0.12	0.29	0.07
8600	0.67	36.95	0.48	8.99	0.28	3.07	0.18	1.27	0.13	0.31	0.07
9000	0.70	40.38	0.50	9.80	0.29	3.34	0.19	1.39	0.13	0.34	0.08
10000	0.78	49.56	0.56	12.02	0.32	4.08	0.21	1.69	0.15	0.41	0.08
11000	0.86	59.73	0.61	14.44	0.35	4.90	0.23	2.03	0.16	0.49	0.09
12000	0.94	70.84	0.67	17.09	0.39	5.79	0.25	2.39	0.18	0.58	0.10
13000	1.02	82.80	0.73	19.96	0.42	6.75	0.27	2.78	0.19	0.67	0.11
14000	1.10	95.76	0.78	23.04	0.45	7.78	0.30	3.20	0.21	0.77	0.12
15000	1.17	109.73	0.84	26.35	0.48	8.88	0.32	3.65	0.22	0.88	0.13
16000	1.25	124.51	0.89	29.88	0.52	10.06	0.34	4.13	0.24	0.99	0.14
17000	1.33	140.41	0.95	33.63	0.55	11.31	0.36	4.64	0.25	1.11	0.14
18000	1.41	157.08	1.00	37.60	0.58	12.63	0.38	5.18	0.27	1.24	0.15
19000	1.49	174.68	1.06	41.79	0.61	14.02	0.40	5.74	0.28	1.37	0.16

续表

G	DN=70	DN=80	DN=80	DN=100	DN=100	DN=125	DN=125	DN=150	DN=150	DN=200	DN=200
	d=68.00	d=80.50	d=80.50	d=106.00	d=106.00	d=131.00	d=131.00	d=156.00	d=156.00	d=207.00	d=207.00
	v	ΔP_m	v	ΔP_m	v	ΔP_m	v	ΔP_m	v	ΔP_m	v
20000	1.56	193.25	1.12	46.20	0.64	15.50	0.42	6.34	0.30	1.51	0.17
22000	1.72	233.24	1.23	55.69	0.71	18.65	0.46	7.61	0.33	1.81	0.19
24000	1.88	276.99	1.34	66.06	0.77	22.09	0.51	9.00	0.36	2.14	0.20
26000	2.03	324.48	1.45	77.31	0.84	25.83	0.55	10.52	0.39	2.49	0.22
28000	2.19	375.73	1.56	89.44	0.90	29.84	0.59	12.15	0.42	2.87	0.24
30000	2.35	431.30	1.67	102.45	0.97	34.15	0.63	13.89	0.45	3.27	0.25
32000	2.50	490.13	1.79	116.35	1.03	38.75	0.67	15.75	0.48	3.70	0.27
34000	2.66	552.72	1.90	131.12	1.09	43.63	0.72	17.72	0.51	4.16	0.29
36000	2.82	619.06	2.01	146.78	1.16	48.80	0.76	19.81	0.54	4.64	0.30
38000	2.97	689.16	2.12	163.30	1.22	54.26	0.80	22.02	0.56	5.15	0.32
40000		763.02	2.23	180.75	1.29	60.01	0.84	24.30	0.59	5.69	0.34
42000		840.63	2.34	199.05	1.35	66.05	0.89	26.74	0.62	6.25	0.35
44000		922.00	2.46	218.20	1.42	72.39	0.93	29.29	0.65	6.84	0.37
46000		1007.12	2.57	238.24	1.48	79.12	0.97	31.95	0.68	7.46	0.39
48000		1096.00	2.68	259.16	1.55	86.04	1.01	34.73	0.71	8.10	0.41
50000		1188.64	2.79	280.97	1.61	93.25	1.05	37.63	0.74	8.76	0.42
52000		1285.03	2.90	303.66	1.67	100.75	1.10	40.65	0.77	9.46	0.44
54000				327.23	1.74	108.54	1.14	43.78	0.80	10.18	0.46
56000				351.68	1.80	116.62	1.18	47.02	0.83	10.93	0.47
58000				377.01	1.87	124.99	1.22	50.39	0.86	11.70	0.49
60000				403.22	1.93	133.65	1.26	53.86	0.89	12.50	0.51
62000				430.31	2.00	142.60	1.31	57.46	0.92	13.32	0.52
64000				458.28	2.06	151.83	1.35	61.17	0.95	14.17	0.54
66000				487.83	2.12	161.36	1.39	64.99	0.98	15.05	0.56

续表

G	DN=70 d=68.00 v	DN=80 d=80.50 ΔP_m	DN=80 d=80.50 v	DN=100 d=106.00 ΔP_m	DN=100 d=106.00 v	DN=125 d=131.00 ΔP_m	DN=125 d=131.00 v	DN=150 d=156.00 ΔP_m	DN=150 d=156.00 v	DN=200 d=207.00 ΔP_m	DN=200 d=207.00 v
68000				517.43	2.19	171.18	1.43	68.94	1.01	15.95	0.57
70000				547.90	2.25	181.29	1.48	72.99	1.04	16.88	0.59
75000				628.77	2.41	207.82	1.58	83.65	1.11	19.31	0.63
80000				714.30	2.58	236.17	1.69	95.03	1.19	21.92	0.68
85000				806.43	2.74	266.32	1.79	107.13	1.26	24.68	0.72
90000				903.32	2.90	298.29	1.90	119.96	1.34	27.61	0.76
95000						332.07	2.00	133.51	1.41	30.70	0.80
100000						367.66	2.11	147.79	1.49	33.96	0.84
105000						405.06	2.21	162.79	1.56	37.38	0.89
110000						444.27	2.32	178.30	1.63	40.97	0.93
115000						485.29	2.42	194.88	1.71	44.71	0.97
120000						528.13	2.53	211.86	1.78	48.66	1.01
130000						619.22	2.74	248.25	1.93	56.98	1.10
140000						717.57	2.95	287.66	2.08	65.95	1.18
150000								329.93	2.23	75.58	1.27
160000								375.07	2.38	85.87	1.35
170000								423.09	2.53	96.81	1.43
180000								473.99	2.68	108.41	1.52
190000								527.78	2.82	120.66	1.60
200000								584.47	2.97	133.57	1.69
220000										161.35	1.86
224000										19.76	2.03

1.5.6 80℃热水管道水力计算表

表 1.5-6

G	$DN=15$	$DN=15$	$DN=20$	$DN=20$	$DN=25$	$DN=25$	$DN=32$	$DN=32$	$DN=40$	$DN=40$	$DN=50$	$DN=50$	$DN=70$
	$d=15.75$	$d=15.75$	$d=21.25$	$d=21.25$	$d=27.00$	$d=27.00$	$d=35.75$	$d=35.75$	$d=41.00$	$d=41.00$	$d=53.00$	$d=53.00$	$d=68.00$
	ΔP_m	v	ΔP_m	v	ΔP_m	v	ΔP_m	v	ΔP_m	v	ΔP_m	v	ΔP_m
24	1.62	0.04											
28	1.88	0.04											
32	2.15	0.05											
36	2.42	0.05											
40	3.62	0.06	0.81	0.03									
44	4.52	0.06	0.89	0.04									
48	5.53	0.07	0.98	0.04									
52	6.67	0.08	1.35	0.04									
56	7.93	0.08	1.61	0.05									
60	9.32	0.09	1.89	0.05									
64	13.93	0.09	2.19	0.05	0.61	0.03							
68	15.58	0.10	2.53	0.05	0.70	0.03							
72	17.32	0.11	2.89	0.06	0.80	0.04							
76	19.14	0.11	3.27	0.06	0.91	0.04							
80	21.05	0.12	3.69	0.06	1.03	0.04							
84	23.05	0.12	4.13	0.07	1.15	0.04							
88	25.14	0.13	5.56	0.07	1.28	0.04							
95	29.01	0.14	6.39	0.08	1.54	0.05							
105	35.00	0.15	7.67	0.08	1.94	0.05							
115	41.55	0.17	9.07	0.09	2.75	0.06	0.54	0.03					
125	48.61	0.18	10.58	0.10	3.19	0.06	0.65	0.04					
135	56.24	0.20	12.20	0.11	3.67	0.07	0.78	0.04					
145	64.43	0.21	13.93	0.12	4.18	0.07	1.05	0.04	0.44	0.03			
155	73.16	0.23	15.77	0.12	4.73	0.08	1.18	0.04	0.52	0.03			

续表

	DN=15	DN=15	DN=20	DN=20	DN=25	DN=25	DN=32	DN=32	DN=40	DN=40	DN=50	DN=50	DN=70
G	d=15.75	d=15.75	d=21.25	d=21.25	d=27.00	d=27.00	d=35.75	d=35.75	d=41.00	d=41.00	d=53.00	d=53.00	d=68.00
	ΔP_m	v	ΔP_m	v	ΔP_m	v	ΔP_m	v	ΔP_m	v	ΔP_m	v	ΔP_m
165	82.45	0.24	17.74	0.13	5.30	0.08	1.32	0.05	0.67	0.04			
175	92.28	0.26	19.80	0.14	5.91	0.09	1.47	0.05	0.75	0.04			
185	102.66	0.27	21.98	0.15	6.54	0.09	1.62	0.05	0.83	0.04			
195	113.58	0.29	24.26	0.16	7.21	0.10	1.78	0.06	0.91	0.04			
210	131.00	0.31	27.91	0.17	8.27	0.10	2.04	0.06	1.04	0.05			
230	156.13	0.34	33.16	0.19	9.79	0.11	2.40	0.07	1.22	0.05			
250	183.44	0.37	38.84	0.20	11.44	0.12	2.80	0.07	1.42	0.05	0.40	0.03	
270	212.93	0.40	44.95	0.22	13.21	0.13	3.22	0.08	1.63	0.06	0.46	0.03	
290	244.78	0.43	51.51	0.23	15.11	0.14	3.67	0.08	1.86	0.06	0.53	0.04	
310	278.67	0.45	58.56	0.25	17.13	0.15	4.15	0.09	2.10	0.07	0.59	0.04	
330	314.74	0.48	66.00	0.27	19.27	0.16	4.66	0.09	2.35	0.07	0.66	0.04	
350	353.00	0.51	73.89	0.28	21.54	0.17	5.20	0.10	2.62	0.08	0.74	0.05	
370	393.45	0.54	82.23	0.30	23.93	0.18	5.76	0.11	2.90	0.08	0.81	0.05	
390	435.90	0.57	91.01	0.31	26.45	0.19	6.35	0.11	3.20	0.08	0.90	0.05	0.26
410	480.74	0.60	100.23	0.33	29.09	0.20	6.97	0.12	3.50	0.09	0.98	0.05	0.29
430	527.76	0.63	109.90	0.35	31.85	0.21	7.62	0.12	3.83	0.09	1.07	0.06	0.32
450	576.97	0.66	120.01	0.36	34.74	0.22	8.30	0.13	4.16	0.10	1.16	0.06	0.34
470	628.36	0.69	130.55	0.38	37.75	0.23	9.00	0.13	4.51	0.10	1.26	0.06	0.37
490	681.95	0.72	141.54	0.39	40.88	0.24	9.73	0.14	4.87	0.11	1.35	0.06	0.40
520	766.42	0.76	158.85	0.42	45.80	0.26	10.89	0.15	5.44	0.11	1.51	0.07	0.44
560	886.78	0.82	183.47	0.45	52.83	0.28	12.52	0.16	6.25	0.12	1.73	0.07	0.51
600	1016.04	0.88	209.87	0.48	60.32	0.30	14.26	0.17	7.11	0.13	1.96	0.08	0.57
660	1225.42	0.97	252.77	0.53	72.50	0.33	17.09	0.19	8.50	0.14	2.34	0.09	0.68
700	1376.50	1.03	283.58	0.56	81.22	0.35	19.11	0.20	9.50	0.15	2.61	0.09	0.76
740	1536.36	1.09	316.15	0.60	90.44	0.37	21.23	0.21	10.56	0.16	2.89	0.10	0.84

续表

G	DN=15	DN=15	DN=20	DN=20	DN=25	DN=25	DN=32	DN=32	DN=40	DN=40	DN=50	DN=50	DN=70
	d=15.75	d=15.75	d=21.25	d=21.25	d=27.00	d=27.00	d=35.75	d=35.75	d=41.00	d=41.00	d=53.00	d=53.00	d=68.00
	ΔP_m	v	ΔP_m	v	ΔP_m	v	ΔP_m	v	ΔP_m	v	ΔP_m	v	ΔP_m
780	1704.99	1.14	350.49	0.63	100.22	0.39	23.48	0.22	11.66	0.17	3.19	0.10	0.92
820	1882.39	1.20	386.60	0.66	110.43	0.41	25.84	0.23	12.82	0.18	3.50	0.11	1.01
860	2066.93	1.26	424.47	0.69	121.13	0.43	28.32	0.24	14.03	0.19	3.82	0.11	1.10
900	2261.72	1.32	464.11	0.73	132.33	0.45	30.87	0.26	15.29	0.19	4.16	0.12	1.20
1000	2787.06	1.47	570.92	0.81	162.50	0.50	37.82	0.28	18.69	0.22	5.07	0.13	1.45
1100	3366.83	1.61	688.74	0.89	195.75	0.55	45.44	0.31	22.43	0.24	6.06	0.14	1.73
1200	4001.06	1.76	817.65	0.97	232.08	0.60	53.75	0.34	26.52	0.26	7.14	0.16	2.04
1300	4689.97	1.91	957.53	1.05	271.49	0.65	62.75	0.37	30.93	0.28	8.31	0.17	2.36
1400	5433.50	2.05	1108.49	1.13	313.97	0.70	72.47	0.40	35.67	0.30	9.56	0.18	2.71
1500	6231.67	2.20	1270.47	1.21	359.54	0.75	82.87	0.43	40.75	0.32	10.90	0.19	3.09
1600	7083.01	2.35	1443.44	1.29	408.19	0.80	93.95	0.46	46.15	0.35	12.33	0.21	3.48
1700	7990.47	2.49	1627.35	1.37	459.94	0.85	105.80	0.48	51.90	0.37	13.84	0.22	3.90
1800	8952.61	2.64	1822.28	1.45	514.77	0.90	118.28	0.51	57.98	0.39	15.44	0.23	4.34
1900	9969.41	2.79	2028.98	1.53	572.70	0.95	131.45	0.54	64.40	0.41	17.12	0.25	4.81
2000	11040.81	2.93	2246.36	1.61	633.70	1.00	145.32	0.57	71.16	0.43	18.89	0.26	5.30
2200			2714.56	1.77	764.98	1.10	175.13	0.63	85.68	0.48	22.69	0.29	6.35
2400			3226.07	1.93	907.74	1.20	207.72	0.68	101.53	0.52	26.84	0.31	7.49
2600			3781.69	2.10	1063.56	1.30	243.08	0.74	118.73	0.56	31.33	0.34	8.72
2800			4381.42	2.26	1231.71	1.40	281.21	0.80	137.26	0.61	36.16	0.36	10.05
3000			5025.26	2.42	1412.19	1.50	321.98	0.85	157.14	0.65	41.34	0.39	11.47
3200			5713.22	2.58	1605.01	1.60	365.64	0.91	178.36	0.69	46.86	0.41	12.98
3400			6445.28	2.74	1810.16	1.70	412.07	0.97	200.82	0.74	52.73	0.44	14.59
3600			7221.46	2.90	2027.65	1.80	461.27	1.03	224.71	0.78	58.94	0.47	16.28
3800					2257.47	1.90	513.24	1.08	249.93	0.82	65.49	0.49	18.07
4000					2499.62	2.00	567.99	1.14	276.49	0.87	72.39	0.52	19.95

续表

	DN=15	DN=15	DN=20	DN=20	DN=25	DN=25	DN=32	DN=32	DN=40	DN=40	DN=50	DN=50	DN=70
G	d=15.75	d=15.75	d=21.25	d=21.25	d=27.00	d=27.00	d=35.75	d=35.75	d=41.00	d=41.00	d=53.00	d=53.00	d=68.00
	ΔP_m	v	ΔP_m	v	ΔP_m	v	ΔP_m	v	ΔP_m	v	ΔP_m	v	ΔP_m
4200					2754.11	2.10	625.50	1.20	304.39	0.91	79.63	0.54	21.92
4400					3020.93	2.20	685.79	1.25	333.63	0.95	87.22	0.57	23.99
4600					3300.08	2.30	748.84	1.31	364.21	1.00	95.15	0.60	26.15
4800					3591.57	2.40	814.67	1.37	396.13	1.04	103.43	0.62	28.40
5000					3895.39	2.50	883.27	1.42	429.39	1.08	112.05	0.65	30.74
5400					4540.03	2.70	1028.77	1.54	499.92	1.17	130.31	0.70	35.70
5800					5234.01	2.90	1185.36	1.65	575.81	1.26	149.96	0.75	41.03
6200							1353.03	1.77	657.05	1.34	170.98	0.80	46.73
6600							1531.79	1.88	743.65	1.43	193.38	0.86	52.83
7000							1721.63	1.99	835.60	1.52	217.15	0.91	59.27
7400							1922.55	2.11	932.91	1.60	242.29	0.96	66.08
7800							2134.55	2.22	1035.58	1.69	268.82	1.01	73.25
8200							2357.64	2.33	1143.60	1.78	296.72	1.06	80.79
8600							2591.81	2.45	1256.97	1.86	325.99	1.11	88.71
9000							2837.07	2.56	1375.71	1.95	356.64	1.17	96.99
10000							3498.69	2.85	1695.97	2.16	439.28	1.30	119.30
11000									2049.70	2.38	530.52	1.43	143.92
12000									2436.91	2.60	630.35	1.55	170.84
13000									2857.58	2.81	738.78	1.68	200.06
14000											855.81	1.81	231.59
15000											981.44	1.94	265.32
16000											1115.66	2.07	301.45
17000											1258.48	2.20	339.89
18000											1409.89	2.33	380.63
19000											1569.90	2.46	423.67

续表

	$DN=15$	$DN=15$	$DN=20$	$DN=20$	$DN=25$	$DN=25$	$DN=32$	$DN=32$	$DN=40$	$DN=40$	$DN=50$	$DN=50$	$DN=70$
G	$d=15.75$	$d=15.75$	$d=21.25$	$d=21.25$	$d=27.00$	$d=27.00$	$d=35.75$	$d=35.75$	$d=41.00$	$d=41.00$	$d=53.00$	$d=53.00$	$d=68.00$
	ΔP_m	v	ΔP_m	v	ΔP_m	v	ΔP_m	v	ΔP_m	v	ΔP_m	v	ΔP_m
20000											1738.51	2.59	469.02
22000											2101.51	2.85	566.67
24000													673.58
26000													789.73
28000													915.10
30000													1049.71
32000													1193.54
34000													1346.60
36000													1508.90
38000													1678.29
40000													
42000													
44000													
46000													
48000													
50000													
52000													
54000													
56000													
58000													
60000													
62000													
64000													
66000													
68000													

续表

G	$DN=15$ $d=15.75$ ΔP_m	$DN=15$ $d=15.75$ v	$DN=20$ $d=21.25$ ΔP_m	$DN=20$ $d=21.25$ v	$DN=25$ $d=27.00$ ΔP_m	$DN=25$ $d=27.00$ v	$DN=32$ $d=35.75$ ΔP_m	$DN=32$ $d=35.75$ v	$DN=40$ $d=41.00$ ΔP_m	$DN=40$ $d=41.00$ v	$DN=50$ $d=53.00$ ΔP_m	$DN=50$ $d=53.00$ v	$DN=70$ $d=68.00$ ΔP_m
70000													
75000													
80000													
85000													
90000													
95000													
100000													
105000													
110000													
115000													
120000													
130000													
140000													
150000													
160000													
170000													
180000													
190000													
200000													
220000													
240000													

续表

G,	DN=70	DN=80	DN=80	DN=100	DN=100	DN=125	DN=125	DN=150	DN=150	DN=200	DN=200
	d=68.00	d=80.50	d=80.50	d=106.00	d=106.00	d=131.00	d=131.00	d=156.00	d=156.00	d=207.00	d=207.00
	v	ΔP_m	v	ΔP_m	v	ΔP_m	v	ΔP_m	v	ΔP_m	v
24											
28											
32											
36											
40											
44											
48											
52											
56											
60											
64											
68											
72											
76											
80											
84											
88											
95											
105											
115											
125											
135											
145											
155											

续表

G	DN=70 d=68.00 v	DN=80 d=80.50 ΔP_m	DN=80 d=80.50 v	DN=100 d=106.00 ΔP_m	DN=100 d=106.00 v	DN=125 d=131.00 ΔP_m	DN=125 d=131.00 v	DN=150 d=156.00 ΔP_m	DN=150 d=156.00 v	DN=200 d=207.00 ΔP_m	DN=200 d=207.00 v
165											
175											
185											
195											
210											
230											
250											
270											
290											
310											
330											
350											
370											
390	0.03										
410	0.03										
430	0.03										
450	0.04										
470	0.04										
490	0.04										
520	0.04										
560	0.04	0.22	0.03								
600	0.05	0.25	0.03								
660	0.05	0.30	0.04								
700	0.06	0.33	0.04								
740	0.06	0.37	0.04								

续表

G	DN=70	DN=80	DN=80	DN=100	DN=100	DN=125	DN=125	DN=150	DN=150	DN=200	DN=200
	d=68.00	d=80.50	d=80.50	d=106.00	d=106.00	d=131.00	d=131.00	d=156.00	d=156.00	d=207.00	d=207.00
	v	ΔP_m	v	ΔP_m	v	ΔP_m	v	ΔP_m	v	ΔP_m	v
780	0.06	0.40	0.04								
820	0.06	0.44	0.05								
860	0.07	0.48	0.05								
900	0.07	0.52	0.05								
1000	0.08	0.63	0.06	0.16	0.03						
1100	0.09	0.75	0.06	0.19	0.04						
1200	0.09	0.88	0.07	0.23	0.04						
1300	0.10	1.02	0.07	0.26	0.04						
1400	0.11	1.17	0.08	0.30	0.05						
1500	0.12	1.33	0.08	0.34	0.05	0.12	0.03				
1600	0.13	1.49	0.09	0.38	0.05	0.14	0.03				
1700	0.13	1.67	0.10	0.43	0.06	0.15	0.04				
1800	0.14	1.86	0.10	0.47	0.06	0.17	0.04				
1900	0.15	2.06	0.11	0.52	0.06	0.18	0.04				
2000	0.16	2.26	0.11	0.57	0.06	0.20	0.04				
2200	0.17	2.71	0.12	0.68	0.07	0.24	0.05	0.10	0.03		
2400	0.19	3.19	0.13	0.80	0.08	0.28	0.05	0.12	0.04		
2600	0.20	3.71	0.15	0.93	0.08	0.33	0.06	0.14	0.04		
2800	0.22	4.26	0.16	1.07	0.09	0.37	0.06	0.16	0.04		
3000	0.24	4.86	0.17	1.22	0.10	0.42	0.06	0.18	0.04		
3200	0.25	5.49	0.18	1.37	0.10	0.48	0.07	0.20	0.05		
3400	0.27	6.16	0.19	1.54	0.11	0.54	0.07	0.23	0.05		
3600	0.28	6.87	0.20	1.71	0.12	0.59	0.08	0.25	0.05	0.06	0.03
3800	0.30	7.62	0.21	1.89	0.12	0.66	0.08	0.28	0.06	0.07	0.03
4000	0.31	8.40	0.22	2.08	0.13	0.72	0.08	0.30	0.06	0.08	0.03

续表

G	DN=70 d=68.00	DN=80 d=80.50	DN=80 d=80.50	DN=100 d=106.00	DN=100 d=106.00	DN=125 d=131.00	DN=125 d=131.00	DN=150 d=156.00	DN=150 d=156.00	DN=200 d=207.00	DN=200 d=207.00
	v	ΔP_m	v	ΔP_m	v	ΔP_m	v	ΔP_m	v	ΔP_m	v
4200	0.33	9.23	0.24	2.29	0.14	0.79	0.09	0.33	0.06	0.08	0.04
4400	0.35	10.09	0.25	2.49	0.14	0.86	0.09	0.36	0.07	0.09	0.04
4600	0.36	10.99	0.26	2.71	0.15	0.94	0.10	0.39	0.07	0.10	0.04
4800	0.38	11.93	0.27	2.94	0.16	1.01	0.10	0.43	0.07	0.11	0.04
5000	0.39	12.90	0.28	3.18	0.16	1.09	0.11	0.46	0.07	0.11	0.04
5400	0.42	14.97	0.30	3.67	0.17	1.27	0.11	0.53	0.08	0.13	0.05
5800	0.46	17.18	0.33	4.21	0.19	1.45	0.12	0.60	0.09	0.15	0.05
6200	0.49	19.55	0.35	4.78	0.20	1.64	0.13	0.68	0.09	0.17	0.05
6600	0.52	22.06	0.37	5.39	0.21	1.84	0.14	0.77	0.10	0.19	0.06
7000	0.55	24.73	0.39	6.03	0.23	2.06	0.15	0.86	0.10	0.21	0.06
7400	0.58	27.55	0.42	6.71	0.24	2.29	0.16	0.95	0.11	0.23	0.06
7800	0.61	30.54	0.44	7.42	0.25	2.53	0.17	1.05	0.12	0.26	0.07
8200	0.65	33.67	0.46	8.17	0.27	2.78	0.17	1.15	0.12	0.28	0.07
8600	0.68	36.91	0.48	8.96	0.28	3.05	0.18	1.26	0.13	0.31	0.07
9000	0.71	40.35	0.51	9.78	0.29	3.32	0.19	1.37	0.13	0.34	0.08
10000	0.79	49.60	0.56	11.98	0.32	4.06	0.21	1.68	0.15	0.41	0.08
11000	0.87	59.72	0.62	14.41	0.36	4.87	0.23	2.01	0.16	0.49	0.09
12000	0.94	70.86	0.67	17.06	0.39	5.76	0.25	2.37	0.18	0.57	0.10
13000	1.02	82.97	0.73	19.93	0.42	6.72	0.28	2.76	0.19	0.67	0.11
14000	1.10	95.93	0.79	23.02	0.45	7.75	0.30	3.18	0.21	0.76	0.12
15000	1.18	109.97	0.84	26.34	0.49	8.86	0.32	3.63	0.22	0.87	0.13
16000	1.26	124.82	0.90	29.88	0.52	10.03	0.34	4.11	0.24	0.98	0.14
17000	1.34	140.61	0.95	33.64	0.55	11.29	0.36	4.62	0.25	1.10	0.14
18000	1.42	157.39	1.01	37.62	0.58	12.62	0.38	5.15	0.27	1.23	0.15
19000	1.50	175.12	1.07	41.82	0.62	14.01	0.40	5.72	0.28	1.36	0.16

续表

G	$DN=70$	$DN=80$	$DN=80$	$DN=100$	$DN=100$	$DN=125$	$DN=125$	$DN=150$	$DN=150$	$DN=200$	$DN=200$
	$d=68.00$	$d=80.50$	$d=80.50$	$d=106.00$	$d=106.00$	$d=131.00$	$d=131.00$	$d=156.00$	$d=156.00$	$d=207.00$	$d=207.00$
	v	ΔP_m	v	ΔP_m	v	ΔP_m	v	ΔP_m	v	ΔP_m	v
20000	1.57	193.79	1.12	46.25	0.65	15.48	0.42	6.31	0.30	1.50	0.17
22000	1.73	233.95	1.24	55.76	0.77	18.65	0.47	7.60	0.33	1.80	0.19
24000	1.89	277.90	1.35	66.17	0.78	22.09	0.51	8.99	0.36	2.12	0.20
26000	2.05	326.05	1.46	77.46	0.84	25.82	0.55	10.50	0.39	2.47	0.22
28000	2.20	377.61	1.57	89.64	0.91	29.85	0.59	12.13	0.42	2.85	0.24
30000	2.36	432.95	1.68	102.70	0.97	34.17	0.64	13.88	0.45	3.26	0.25
32000	2.52	492.07	1.80	116.65	1.04	38.78	0.68	15.74	0.48	3.69	0.27
34000	2.68	554.98	1.91	131.50	1.10	43.68	0.72	17.72	0.51	4.15	0.29
36000	2.83	621.66	2.02	147.23	1.17	48.87	0.76	19.78	0.54	4.63	0.31
38000	2.99	692.12	2.13	163.82	1.23	54.35	0.81	21.99	0.57	5.14	0.32
40000		766.36	2.25	181.30	1.30	60.22	0.85	24.32	0.60	5.68	0.34
42000		844.38	2.36	199.66	1.36	66.29	0.89	26.76	0.63	6.24	0.36
44000		926.18	2.47	218.92	1.43	72.66	0.93	29.32	0.66	6.83	0.37
46000		1011.75	2.58	239.06	1.49	79.31	0.98	32.00	0.69	7.44	0.39
48000		1101.11	2.70	260.09	1.55	86.26	1.02	34.79	0.72	8.09	0.41
50000		1194.25	2.81	282.01	1.62	93.50	1.06	37.70	0.75	8.76	0.42
52000		1291.17	2.92	304.81	1.68	101.04	1.10	40.72	0.78	9.45	0.44
54000				328.50	1.75	108.86	1.15	43.87	0.81	10.17	0.46
56000				353.07	1.81	116.98	1.19	47.13	0.84	10.92	0.48
58000				379.06	1.88	125.38	1.23	50.50	0.87	11.69	0.49
60000				405.29	1.94	134.08	1.27	54.00	0.90	12.49	0.51
62000				432.38	2.01	143.07	1.31	57.60	0.93	13.32	0.53
64000				460.36	2.07	152.35	1.36	61.33	0.96	14.17	0.54
66000				489.91	2.14	161.93	1.40	65.17	0.99	15.05	0.56
68000				519.67	2.20	171.79	1.44	69.13	1.02	15.95	0.58

续表

	DN=70	DN=80	DN=80	DN=100	DN=100	DN=125	DN=125	DN=150	DN=150	DN=200	DN=200
G	d=68.00	d=80.50	d=80.50	d=106.00	d=106.00	d=131.00	d=131.00	d=156.00	d=156.00	d=207.00	d=207.00
	v	ΔP_m	v	ΔP_m	v	ΔP_m	v	ΔP_m	v	ΔP_m	v
70000				550.32	2.27	181.95	1.48	73.21	1.05	16.89	0.59
75000				631.66	2.43	208.61	1.59	83.91	1.12	19.33	0.64
80000				718.07	2.59	237.10	1.70	95.34	1.20	21.94	0.68
85000				810.08	2.75	267.41	1.80	107.51	1.27	24.72	0.72
90000				907.64	2.92	299.55	1.91	120.40	1.35	27.66	0.76
95000						333.50	2.01	133.82	1.42	30.76	0.81
100000						369.28	2.12	148.27	1.50	34.03	0.85
105000						406.88	2.23	163.22	1.57	37.49	0.89
110000						446.30	2.33	179.13	1.64	41.09	0.93
115000						487.54	2.44	195.48	1.72	44.85	0.98
120000						530.61	2.54	212.73	1.79	48.78	1.02
130000						622.20	2.76	249.39	1.94	57.14	1.10
140000						721.09	2.97	288.96	2.09	66.16	1.19
150000								331.42	2.24	75.83	1.27
160000								376.78	2.39	86.17	1.36
170000								425.05	2.54	97.16	1.44
180000								476.23	2.69	108.82	1.53
190000								530.32	2.84	121.13	1.61
200000								587.32	2.99	134.10	1.70
220000										162.03	1.87
240000										192.59	2.04

1.5.7 90℃热水管道水力计算表

表 1.5-7

	$DN=15$	$DN=15$	$DN=20$	$DN=20$	$DN=25$	$DN=25$	$DN=32$	$DN=32$	$DN=40$	$DN=40$	$DN=50$	$DN=50$	$DN=70$
G	$d=15.75$	$d=15.75$	$d=21.25$	$d=21.25$	$d=27.00$	$d=27.00$	$d=35.75$	$d=35.75$	$d=41.00$	$d=41.00$	$d=53.00$	$d=53.00$	$d=68.00$
	ΔP_m	v	ΔP_m	v	ΔP_m	v	ΔP_m	v	ΔP_m	v	ΔP_m	v	ΔP_m
24	1.44	0.04											
28	1.68	0.04											
32	1.92	0.05											
36	2.97	0.05											
40	3.79	0.06	0.72	0.03									
44	4.74	0.06	0.96	0.04									
48	5.80	0.07	1.17	0.04									
52	7.00	0.08	1.42	0.04									
56	8.32	0.08	1.68	0.05									
60	12.21	0.09	1.98	0.05	0.55	0.03							
64	13.76	0.09	2.30	0.05	0.64	0.03							
68	15.40	0.10	2.65	0.06	0.74	0.03							
72	17.13	0.11	3.03	0.06	0.84	0.04							
76	18.94	0.11	4.19	0.06	0.96	0.04							
80	20.84	0.12	4.60	0.06	1.08	0.04							
84	22.83	0.12	5.03	0.07	1.21	0.04							
88	24.91	0.13	5.48	0.07	1.35	0.04							
95	28.77	0.14	6.30	0.08	1.61	0.05							
105	34.72	0.16	7.57	0.09	2.29	0.05	0.46	0.03					
115	41.25	0.17	8.96	0.09	2.70	0.06	0.56	0.03					
125	48.33	0.18	10.46	0.10	3.15	0.06	0.68	0.04					
135	55.96	0.20	12.07	0.11	3.62	0.07	0.90	0.04					
145	64.14	0.21	13.80	0.12	4.13	0.07	1.03	0.04	0.47	0.03			
155	72.87	0.23	15.64	0.13	4.66	0.08	1.16	0.04	0.59	0.03			

续表

G	DN=15	DN=15	DN=20	DN=20	DN=25	DN=25	DN=32	DN=32	DN=40	DN=40	DN=50	DN=50	DN=70
	d=15.75	d=15.75	d=21.25	d=21.25	d=27.00	d=27.00	d=35.75	d=35.75	d=41.00	d=41.00	d=53.00	d=53.00	d=68.00
	ΔP_m	v	ΔP_m	v	ΔP_m	v	ΔP_m	v	ΔP_m	v	ΔP_m	v	ΔP_m
165	82.16	0.24	17.58	0.13	5.23	0.08	1.29	0.05	0.66	0.04			
175	91.99	0.26	19.64	0.14	5.84	0.09	1.44	0.05	0.73	0.04			
185	102.38	0.27	21.81	0.15	6.47	0.09	1.59	0.05	0.81	0.04			
195	113.32	0.29	24.09	0.16	7.13	0.10	1.75	0.06	0.89	0.04			
210	130.75	0.31	27.72	0.17	8.19	0.11	2.01	0.06	1.02	0.05			
230	155.92	0.34	32.96	0.19	9.70	0.12	2.37	0.07	1.20	0.05			
250	183.42	0.37	38.63	0.20	11.34	0.13	2.76	0.07	1.40	0.05	0.40	0.03	
270	213.00	0.40	44.78	0.22	13.11	0.14	3.18	0.08	1.61	0.06	0.45	0.04	
290	244.79	0.43	51.34	0.24	15.00	0.15	3.63	0.08	1.83	0.06	0.52	0.04	
310	278.78	0.46	58.35	0.25	17.01	0.16	4.10	0.09	2.07	0.07	0.58	0.04	
330	314.97	0.49	65.81	0.27	19.15	0.17	4.61	0.09	2.32	0.07	0.65	0.04	
350	353.22	0.52	73.72	0.28	21.42	0.18	5.14	0.10	2.59	0.08	0.72	0.05	
370	393.82	0.55	82.07	0.30	23.80	0.19	5.70	0.11	2.86	0.08	0.80	0.05	
390	436.63	0.58	90.86	0.32	26.32	0.20	6.29	0.11	3.16	0.09	0.88	0.05	0.26
410	481.64	0.61	100.10	0.33	28.96	0.21	6.91	0.12	3.46	0.09	0.96	0.05	0.28
430	528.85	0.64	109.79	0.35	31.72	0.22	7.55	0.12	3.78	0.09	1.05	0.06	0.31
450	578.27	0.66	119.92	0.37	34.62	0.23	8.23	0.13	4.12	0.10	1.14	0.06	0.34
470	629.88	0.69	130.48	0.38	37.63	0.24	8.93	0.13	4.47	0.10	1.24	0.06	0.36
490	683.73	0.72	141.50	0.40	40.76	0.25	9.66	0.14	4.83	0.11	1.34	0.06	0.39
520	768.72	0.77	158.86	0.42	45.69	0.26	10.81	0.15	5.39	0.11	1.49	0.07	0.43
560	889.09	0.83	183.56	0.45	52.71	0.28	12.44	0.16	6.20	0.12	1.71	0.07	0.50
600	1018.93	0.89	210.04	0.49	60.21	0.30	14.18	0.17	7.05	0.13	1.94	0.08	0.56
660	1230.14	0.97	253.10	0.54	72.39	0.33	16.99	0.19	8.45	0.14	2.31	0.09	0.67
700	1382.01	1.03	284.02	0.57	81.19	0.35	19.01	0.20	9.44	0.15	2.58	0.09	0.75
740	1542.72	1.09	316.72	0.60	90.43	0.37	21.15	0.21	10.49	0.16	2.86	0.10	0.83

续表

G	$DN=15$	$DN=15$	$DN=20$	$DN=20$	$DN=25$	$DN=25$	$DN=32$	$DN=32$	$DN=40$	$DN=40$	$DN=50$	$DN=50$	$DN=70$
	$d=15.75$	$d=15.75$	$d=21.25$	$d=21.25$	$d=27.00$	$d=27.00$	$d=35.75$	$d=35.75$	$d=41.00$	$d=41.00$	$d=53.00$	$d=53.00$	$d=68.00$
	ΔP_m	v	ΔP_m	v	ΔP_m	v	ΔP_m	v	ΔP_m	v	ΔP_m	v	ΔP_m
780	1710.90	1.15	351.20	0.63	100.18	0.39	23.40	0.22	11.59	0.17	3.15	0.10	0.91
820	1889.13	1.21	387.46	0.67	110.42	0.41	25.75	0.24	12.74	0.18	3.46	0.11	1.00
860	2076.18	1.27	425.49	0.70	121.16	0.43	28.21	0.25	13.95	0.19	3.79	0.11	1.09
900	2272.06	1.33	465.30	0.73	132.40	0.45	30.80	0.26	15.22	0.20	4.13	0.12	1.18
1000	2799.94	1.48	572.59	0.81	162.67	0.50	37.73	0.29	18.62	0.22	5.03	0.13	1.44
1100	3382.76	1.62	691.02	0.89	196.04	0.55	45.36	0.32	22.37	0.24	6.02	0.14	1.71
1200	4020.61	1.77	820.51	0.97	232.50	0.60	53.68	0.34	26.45	0.26	7.10	0.16	2.02
1300	4713.45	1.92	961.13	1.05	272.07	0.65	62.73	0.37	30.86	0.28	8.26	0.17	2.34
1400	5460.14	2.07	1112.85	1.14	314.74	0.70	72.46	0.40	35.60	0.31	9.51	0.18	2.69
1500	6263.01	2.22	1275.57	1.22	360.52	0.75	82.88	0.43	40.68	0.33	10.85	0.20	3.06
1600	7120.92	2.36	1449.38	1.30	409.42	0.80	94.06	0.46	46.11	0.35	12.27	0.21	3.45
1700	8033.85	2.51	1634.63	1.38	461.42	0.85	105.89	0.49	51.87	0.37	13.79	0.22	3.87
1800	9001.76	2.66	1830.79	1.46	516.53	0.90	118.41	0.52	57.97	0.39	15.39	0.23	4.31
1900	10024.70	2.81	2039.16	1.54	574.75	0.95	131.64	0.54	64.41	0.41	17.07	0.25	4.78
2000	11101.54	2.95	2255.53	1.62	635.47	1.01	145.56	0.57	71.19	0.44	18.84	0.26	5.27
2200			2727.58	1.78	767.31	1.11	175.49	0.63	85.75	0.48	22.65	0.29	6.32
2400			3242.04	1.95	911.57	1.21	208.21	0.69	101.66	0.52	26.80	0.31	7.46
2600			3800.91	2.11	1068.24	1.31	243.63	0.75	118.92	0.57	31.30	0.34	8.69
2800			4404.19	2.27	1237.33	1.41	281.92	0.80	137.53	0.61	36.14	0.37	10.02
3000			5051.87	2.43	1418.84	1.51	323.00	0.86	157.42	0.65	41.33	0.39	11.43
3200			5743.97	2.60	1612.76	1.61	366.87	0.92	178.71	0.70	46.87	0.42	12.95
3400			6480.47	2.76	1819.11	1.71	413.53	0.97	201.36	0.74	52.76	0.44	14.55
3600			7261.39	2.92	2037.86	1.81	462.98	1.03	225.35	0.78	58.99	0.47	16.25
3800					2269.04	1.91	515.22	1.09	250.69	0.83	65.56	0.50	18.04
4000					2512.63	2.01	570.25	1.15	277.38	0.87	72.49	0.52	19.93

续表

	$DN=15$	$DN=15$	$DN=20$	$DN=20$	$DN=25$	$DN=25$	$DN=32$	$DN=32$	$DN=40$	$DN=40$	$DN=50$	$DN=50$	$DN=70$
G	$d=15.75$	$d=15.75$	$d=21.25$	$d=21.25$	$d=27.00$	$d=27.00$	$d=35.75$	$d=35.75$	$d=41.00$	$d=41.00$	$d=53.00$	$d=53.00$	$d=68.00$
	ΔP_m	v	ΔP_m	v	ΔP_m	v	ΔP_m	v	ΔP_m	v	ΔP_m	v	ΔP_m
4200					2768.64	2.11	628.07	1.20	305.42	0.92	79.75	0.55	21.90
4400					3037.06	2.21	688.67	1.26	334.80	0.96	87.37	0.57	23.97
4600					3317.90	2.31	752.07	1.32	365.53	1.00	95.33	0.60	26.14
4800					3611.16	2.41	818.26	1.38	397.61	1.05	103.64	0.63	28.39
5000					3916.84	2.51	887.23	1.43	431.04	1.09	112.29	0.65	30.74
5400					4565.44	2.71	1033.56	1.55	501.94	1.18	130.64	0.70	35.71
5800					5258.65	2.91	1191.03	1.66	578.23	1.26	150.37	0.76	41.09
6200							1359.67	1.78	659.92	1.35	171.49	0.81	46.81
6600							1539.46	1.89	746.99	1.44	193.99	0.86	52.90
7000							1730.41	2.01	839.46	1.53	217.88	0.91	59.36
7400							1932.52	2.12	937.32	1.61	243.15	0.97	66.19
7800							2145.78	2.24	1040.57	1.70	269.81	1.02	73.39
8200							2370.21	2.35	1149.21	1.79	297.85	1.07	80.97
8600							2605.79	2.47	1263.25	1.87	327.27	1.12	88.91
9000							2852.52	2.58	1382.67	1.96	358.08	1.17	97.23
10000							3518.18	2.87	1704.83	2.18	441.17	1.30	119.64
11000									2060.68	2.40	532.91	1.43	144.38
12000									2450.22	2.62	633.30	1.57	171.43
13000									2873.47	2.83	742.35	1.70	200.72
14000											860.05	1.83	232.41
15000											986.41	1.96	266.41
16000											1121.42	2.09	302.74
17000											1265.09	2.22	341.39
18000											1417.41	2.35	382.35
19000											1578.38	2.48	425.65

续表

G	DN=15	DN=15	DN=20	DN=20	DN=25	DN=25	DN=32	DN=32	DN=40	DN=40	DN=50	DN=50	DN=70
	d=15.75	d=15.75	d=21.25	d=21.25	d=27.00	d=27.00	d=35.75	d=35.75	d=41.00	d=41.00	d=53.00	d=53.00	d=68.00
	ΔP_m	v	ΔP_m	v	ΔP_m	v	ΔP_m	v	ΔP_m	v	ΔP_m	v	ΔP_m
20000											1748.01	2.61	471.29
22000											2113.23	2.87	569.55
24000													677.09
26000													793.93
28000													920.06
30000													1055.48
32000													1200.19
34000													1352.48
36000													1515.61
38000													
40000													
42000													
44000													
46000													
48000													
50000													
52000													
54000													
56000													
58000													
60000													
62000													
64000													
66000													
68000													

续表

G	DN=15	DN=15	DN=20	DN=20	DN=25	DN=25	DN=32	DN=32	DN=40	DN=40	DN=50	DN=50	DN=70
	$d=15.75$	$d=15.75$	$d=21.25$	$d=21.25$	$d=27.00$	$d=27.00$	$d=35.75$	$d=35.75$	$d=41.00$	$d=41.00$	$d=53.00$	$d=53.00$	$d=68.00$
	ΔP_m	v	ΔP_m	v	ΔP_m	v	ΔP_m	v	ΔP_m	v	ΔP_m	v	ΔP_m
70000													
75000													
80000													
85000													
90000													
95000													
100000													
105000													
110000													
115000													
120000													
130000													
140000													
150000													
160000													
170000													
180000													
190000													
200000													
220000													
240000													

续表

G	DN=70	DN=80	DN=80	DN=100	DN=100	DN=125	DN=125	DN=150	DN=150	DN=200	DN=200
	d=68.00	d=80.50	d=80.50	d=106.00	d=106.00	d=131.00	d=131.00	d=156.00	d=156.00	d=207.00	d=207.00
	v	ΔP_m	v	ΔP_m	v	ΔP_m	v	ΔP_m	v	ΔP_m	v
24											
28											
32											
36											
40											
44											
48											
52											
56											
60											
64											
68											
72											
76											
80											
84											
88											
95											
105											
115											
125											
135											
145											
155											

续表

	DN=70	DN=80	DN=80	DN=100	DN=100	DN=125	DN=125	DN=150	DN=150	DN=200	DN=200
G	d=68.00	d=80.50	d=80.50	d=106.00	d=106.00	d=131.00	d=131.00	d=156.00	d=156.00	d=207.00	d=207.00
	v	ΔP_m	v	ΔP_m	v	ΔP_m	v	ΔP_m	v	ΔP_m	v
165											
175											
185											
195											
210											
230											
250											
270											
290											
310											
330											
350											
370											
390	0.03										
410	0.03										
430	0.03										
450	0.04										
470	0.04										
490	0.04										
520	0.04										
560	0.04	0.22	0.03								
600	0.05	0.25	0.03								
660	0.05	0.29	0.04								
700	0.06	0.33	0.04								
740	0.06	0.36	0.04								

续表

G	$DN=70$	$DN=80$	$DN=80$	$DN=100$	$DN=100$	$DN=125$	$DN=125$	$DN=150$	$DN=150$	$DN=200$	$DN=200$
	$d=68.00$	$d=80.50$	$d=80.50$	$d=106.00$	$d=106.00$	$d=131.00$	$d=131.00$	$d=156.00$	$d=156.00$	$d=207.00$	$d=207.00$
	v	ΔP_m	v	ΔP_m	v	ΔP_m	v	ΔP_m	v	ΔP_m	v
780	0.06	0.40	0.04								
820	0.06	0.43	0.05								
860	0.07	0.47	0.05								
900	0.07	0.51	0.05								
1000	0.08	0.62	0.06	0.16	0.03						
1100	0.09	0.74	0.06	0.19	0.04						
1200	0.10	0.87	0.07	0.22	0.04						
1300	0.10	1.01	0.07	0.26	0.04						
1400	0.11	1.15	0.08	0.30	0.05						
1500	0.12	1.31	0.08	0.33	0.05	0.12	0.03				
1600	0.13	1.48	0.09	0.38	0.05	0.13	0.03				
1700	0.13	1.66	0.10	0.42	0.06	0.15	0.04				
1800	0.14	1.84	0.10	0.47	0.06	0.16	0.04				
1900	0.15	2.04	0.11	0.52	0.06	0.18	0.04				
2000	0.16	2.24	0.11	0.57	0.07	0.20	0.04	0.09	0.03		
2200	0.17	0.68	0.12	0.68	0.07	0.24	0.05	0.10	0.03		
2400	0.19	3.16	0.14	0.79	0.08	0.28	0.05	0.12	0.04		
2600	0.21	3.68	0.15	0.92	0.08	0.32	0.06	0.14	0.04		
2800	0.22	4.24	0.16	1.06	0.09	0.37	0.06	0.16	0.04		
3000	0.24	4.83	0.17	1.20	0.10	0.42	0.06	0.18	0.05		
3200	0.25	5.46	0.18	1.36	0.10	0.47	0.07	0.20	0.05		
3400	0.27	6.13	0.19	1.52	0.11	0.53	0.07	0.22	0.05		
3600	0.29	6.84	0.20	1.70	0.12	0.59	0.08	0.25	0.05	0.06	0.03
3800	0.30	7.60	0.21	1.88	0.12	0.65	0.08	0.27	0.06	0.07	0.03
4000	0.32	8.38	0.23	2.07	0.13	0.71	0.09	0.30	0.06	0.07	0.03

续表

	$DN=70$	$DN=80$	$DN=80$	$DN=100$	$DN=100$	$DN=125$	$DN=125$	$DN=150$	$DN=150$	$DN=200$	$DN=200$
G	$d=68.00$	$d=80.50$	$d=80.50$	$d=106.00$	$d=106.00$	$d=131.00$	$d=131.00$	$d=156.00$	$d=156.00$	$d=207.00$	$d=207.00$
	v	ΔP_m	v	ΔP_m	v	ΔP_m	v	ΔP_m	v	ΔP_m	v
4200	0.33	9.20	0.24	2.27	0.14	0.78	0.09	0.33	0.06	0.08	0.04
4400	0.35	10.06	0.25	2.48	0.14	0.85	0.09	0.36	0.07	0.09	0.04
4600	0.36	10.96	0.26	2.70	0.15	0.93	0.10	0.39	0.07	0.10	0.04
4800	0.38	11.90	0.27	2.92	0.16	1.01	0.10	0.42	0.07	0.10	0.04
5000	0.40	12.88	0.28	3.16	0.16	1.09	0.11	0.45	0.08	0.11	0.04
5400	0.43	14.94	0.31	3.66	0.18	1.25	0.12	0.52	0.08	0.13	0.05
5800	0.46	17.16	0.33	4.19	0.19	1.43	0.12	0.60	0.09	0.15	0.05
6200	0.49	19.53	0.35	4.96	0.20	1.63	0.13	0.68	0.09	0.17	0.05
6600	0.52	22.06	0.37	5.37	0.22	1.83	0.14	0.76	0.10	0.19	0.06
7000	0.55	24.74	0.40	6.01	0.23	2.05	0.15	0.85	0.11	0.21	0.06
7400	0.59	27.55	0.42	6.69	0.24	2.28	0.16	0.94	0.11	0.23	0.06
7800	0.62	30.53	0.44	7.40	0.25	2.52	0.17	1.04	0.12	0.25	0.07
8200	0.65	33.68	0.46	8.15	0.27	2.77	0.18	1.15	0.12	0.28	0.07
8600	0.68	36.97	0.49	8.94	0.28	3.03	0.18	1.25	0.13	0.30	0.07
9000	0.71	40.42	0.51	9.76	0.29	3.31	0.19	1.37	0.14	0.33	0.08
10000	0.79	49.64	0.57	11.97	0.33	4.05	0.21	1.67	0.15	0.40	0.09
11000	0.87	59.85	0.62	14.40	0.36	4.86	0.23	2.00	0.17	0.48	0.09
12000	0.95	71.03	0.68	17.06	0.39	5.57	0.26	2.36	0.18	0.57	0.10
13000	1.03	83.11	0.73	19.94	0.42	6.71	0.28	2.75	0.20	0.66	0.11
14000	1.11	96.25	0.79	23.04	0.46	7.74	0.30	3.17	0.21	0.76	0.12
15000	1.19	110.22	0.85	26.37	0.49	8.85	0.32	3.62	0.23	0.86	0.13
16000	1.27	125.18	0.90	29.92	0.52	10.03	0.34	4.10	0.24	0.98	0.14
17000	1.35	141.09	0.96	33.69	0.55	11.29	0.36	4.60	0.26	1.10	0.15
18000	1.43	157.96	1.02	37.69	0.59	12.61	0.38	5.14	0.27	1.22	0.15
19000	1.51	175.77	1.07	41.91	0.62	14.01	0.41	5.71	0.29	1.35	0.16

续表

G	DN=70	DN=80	DN=80	DN=100	DN=100	DN=125	DN=125	DN=150	DN=150	DN=200	DN=200
	d=68.00	d=80.50	d=80.50	d=106.00	d=106.00	d=131.00	d=131.00	d=156.00	d=156.00	d=207.00	d=207.00
	v	ΔP_m	v	ΔP_m	v	ΔP_m	v	ΔP_m	v	ΔP_m	v
20000	1.58	194.53	1.13	46.35	0.65	15.49	0.43	6.31	0.30	1.49	0.17
22000	1.74	234.91	1.24	55.91	0.72	18.65	0.47	7.59	0.33	1.79	0.19
24000	1.90	279.46	1.36	66.36	0.78	22.11	0.51	8.99	0.36	2.12	0.21
26000	2.06	327.50	1.47	77.70	0.85	25.86	0.56	10.50	0.39	2.47	0.22
28000	2.22	379.35	1.58	89.94	0.91	29.90	0.60	12.14	0.42	2.84	0.24
30000	2.38	435.00	1.70	103.07	0.98	34.24	0.64	13.89	0.45	3.25	0.26
32000	2.54	494.46	1.81	117.10	1.04	38.87	0.68	15.73	0.48	3.68	0.27
34000	2.69	557.72	1.92	131.99	1.11	43.79	0.73	17.72	0.51	4.14	0.29
36000	2.85	624.79	2.04	147.78	1.17	49.08	0.77	19.82	0.54	4.62	0.31
38000		695.66	2.15	164.47	1.24	54.59	0.81	22.04	0.57	5.13	0.32
40000		770.34	2.26	182.05	1.30	60.41	0.85	24.37	0.60	5.67	0.34
42000		848.82	2.37	200.52	1.37	66.51	0.90	26.82	0.63	6.24	0.36
44000		931.10	2.49	219.88	1.43	72.91	0.94	29.39	0.66	6.83	0.38
46000		1017.20	2.60	240.13	1.50	79.60	0.98	32.08	0.69	7.44	0.39
48000		1107.09	2.71	261.28	1.57	86.58	1.02	34.89	0.72	8.09	0.41
50000		1200.79	2.83	283.32	1.63	93.86	1.07	37.81	0.75	8.76	0.43
52000		1298.30	2.94	306.63	1.70	101.43	1.11	40.85	0.78	9.45	0.44
54000				330.34	1.76	109.30	1.15	44.01	0.81	10.18	0.46
56000				354.93	1.83	117.46	1.20	47.29	0.84	10.93	0.48
58000				380.95	1.89	125.91	1.24	50.68	0.87	11.70	0.50
60000				407.34	1.96	134.65	1.28	54.19	0.90	12.51	0.51
62000				434.61	2.02	143.69	1.32	57.82	0.93	13.33	0.53
64000				462.77	2.09	153.03	1.37	61.56	0.96	14.19	0.55
66000				492.51	2.15	162.65	1.41	65.43	0.99	15.07	0.56
68000				522.54	2.22	172.57	1.45	69.41	1.02	15.98	0.58

续表

	DN=70	DN=80	DN=80	DN=100	DN=100	DN=125	DN=125	DN=150	DN=150	DN=200	DN=200
G	d=68.00	d=80.50	d=80.50	d=106.00	d=106.00	d=131.00	d=131.00	d=156.00	d=156.00	d=207.00	d=207.00
	v	ΔP_m	v	ΔP_m	v	ΔP_m	v	ΔP_m	v	ΔP_m	v
70000				553.54	2.28	182.79	1.49	73.51	1.05	16.92	0.60
75000				634.95	2.45	209.60	1.60	84.27	1.13	19.37	0.64
80000				721.94	2.61	238.25	1.71	95.76	1.20	21.99	0.68
85000				814.51	2.77	268.74	1.81	107.85	1.28	24.78	0.73
90000				912.67	2.93	301.06	1.92	120.91	1.35	27.75	0.77
95000						335.22	2.03	134.51	1.43	30.87	0.81
100000						371.20	2.13	148.80	1.51	34.16	0.86
105000						409.03	2.24	163.99	1.58	37.61	0.90
110000						448.69	2.35	179.87	1.66	41.23	0.94
115000						490.18	2.46	196.48	1.73	45.02	0.98
120000						533.51	2.56	213.82	1.81	48.97	1.03
130000						625.66	2.78	250.67	1.96	57.37	1.11
140000						725.16	2.99	290.45	2.11	66.43	1.20
150000								333.16	2.26	76.16	1.28
160000								378.80	2.41	86.55	1.37
170000								427.36	2.56	97.60	1.45
180000								478.85	2.71	109.32	1.54
190000								533.27	2.86	121.71	1.62
200000										134.75	1.71
220000										162.84	1.88
240000										193.58	2.05

1.6 空气的物理性质

1.6.1 空气的性质

通常所说的空气，实际上指的是由干空气和水蒸气混合而成的湿空所。空气的组成成分如表1.6-1所示。

空气的组成成分 **表1.6-1**

组成成分		分子量	体积百分比(%)
干空气	氮	28.05	78.03
	氧	32	20.99
	二氧化碳	44	0.03
	氢	2.02	0.01
	氮	39.41	0.94
水蒸气			0.2～4

湿空气中的水蒸气含量虽少，但它的作用很大，空调的任务之一，就是调节空气中的水蒸气量。

干空气的物理参数见表1.6-2。

干空气的物理参数（压力 $P\approx100$kPa） **表1.6-2**

温度(℃)	密度(kg/m^3)	比热容[kJ/(kg·K)]	导热系数[W/(m·K)]	热扩散率($10^{-2}m^2/h$)	动力黏度($10^{-6}Pa\cdot s$)	运动黏度($10^{-6}m^2/s$)
−180	3.685	1.047	0.756	0.705	6.47	1.76
−150	2.817	1.038	1.163	1.45	8.73	3.10
−100	1.984	1.022	1.617	2.88	11.77	5.94
−50	1.523	1.013	2.035	4.73	14.61	9.54
−20	1.365	1.009	2.256	5.94	16.28	11.93
0	1.252	1.009	2.373	6.75	17.16	13.70
1	1.247	1.009	2.381	6.799	17.220	13.80
2	1.243	1.009	2.389	6.848	17.279	13.90
3	1.238	1.009	2.397	6.897	17.338	14.00
4	1.234	1.009	2.405	6.946	17.397	14.10
5	1.229	1.009	2.413	6.995	17.456	14.20
6	1.224	1.009	2.421	7.044	17.574	14.30
7	1.220	1.009	2.430	7.093	17.574	14.40
8	1.215	1.009	2.438	7.142	17.632	14.50
9	1.211	1.009	2.446	7.191	17.691	14.60
10	1.206	1.009	2.454	7.240	17.750	14.70
11	1.202	1.0095	2.461	7.282	17.799	14.80
12	1.198	1.0099	2.468	7.324	17.848	14.90
13	1.193	1.0103	2.475	7.366	17.897	15.00
14	1.189	1.0107	2.482	7.408	17.946	15.10
15	1.185	1.0112	2.489	7.450	17.995	15.20

续表

温度 (℃)	密度 (kg/m³)	比热容 [kJ/(kg·K)]	导热系数 [W/(m·K)]	热扩散率 ($10^{-2}m^2/h$)	动力黏度 (10^{-6}Pa·s)	运动黏度 ($10^{-6}m^2/s$)
16	1.181	1.0116	2.496	7.492	18.044	15.30
17	1.177	1.0120	2.503	7.534	18.093	15.40
18	1.172	1.0124	2.510	7.576	18.142	15.50
19	1.168	1.0128	2.517	7.618	18.191	15.60
20	1.164	1.013	2.524	7.660	18.240	15.70
21	1.161	1.013	2.530	7.708	18.289	15.791
22	1.158	1.013	2.535	7.756	18.338	15.882
23	1.154	1.013	2.541	7.804	18.387	15.973
24	1.149	1.013	2.547	7.852	18.437	15.064
25	1.146	1.013	2.552	7.900	18.486	16.155
26	1.142	1.013	2.559	7.948	18.535	16.246
27	1.138	1.013	2.564	7.996	18.584	16.337
28	1.134	1.013	2.570	8.044	18.633	16.428
29	1.131	1.013	2.576	8.092	18.682	16.519
30	1.127	1.013	2.582	8.140	18.731	16.610
31	1.124	1.013	2.589	8.191	18.780	16.709
32	1.120	1.013	2.596	8.242	18.829	16.808
33	1.117	1.013	2.603	8.293	18.878	16.907
34	1.113	1.013	2.610	8.344	18.927	17.006
35	1.110	1.013	2.617	8.395	18.976	17.105
36	1.106	1.013	2.624	8.446	19.025	17.204
37	1.103	1.013	2.631	8.497	19.074	17.303
38	1.099	1.013	2.638	8.548	19.123	17.402
39	1.096	1.013	2.645	8.599	19.172	17.501
40	1.092	1.013	2.652	8.650	19.221	17.600
50	1.056	1.017	2.733	9.14	19.61	18.60
60	1.025	1.017	2.803	9.65	20.1	19.60
70	0.996	1.017	2.861	10.18	20.4	20.45
80	0.968	1.022	2.931	10.65	20.99	21.70
90	0.942	1.022	3.001	11.25	21.57	22.90
100	0.916	1.022	3.070	11.80	21.77	25.78
120	0.870	1.026	3.198	12.90	22.75	26.20
140	0.827	1.026	3.326	14.10	23.54	28.45
160	0.789	1.030	3.442	15.25	24.12	30.60
180	0.765	1.034	3.570	16.50	25.01	33.17
200	0.723	1.034	3.698	17.80	25.89	35.82
250	0.653	1.043	3.977	21.2	27.95	42.8
300	0.598	1.047	4.291	24.8	29.71	49.9
350	0.549	1.055	4.571	28.4	31.48	57.5
400	0.508	1.059	4.850	32.4	32.95	64.9
500	0.450	1.072	5.396	40.0	36.19	80.4
600	0.400	1.089	5.815	49.1	39.23	98.1
800	0.325	1.114	6.687	68.0	44.52	137.0
1000	0.268	1.139	7.618	89.9	49.52	185.0
1200	0.238	1.164	8.455	113.0	53.94	232.5

1.6.2 湿空气的物理性质

将湿空气近似地看作理想气体，则可用理想气体的状态方程式来表示干空气和水蒸气的主要状态参数。即

$$P_gV=m_gR_gT \quad 或 \quad P_g\cdot v_g=R_gT$$
$$P_qV=m_qR_qT \quad 或 \quad P_q\cdot v_q=R_qT$$

式中 P_g，P_q——干空气与水蒸气的压力，Pa；

V——湿空气的容积，m^3；

m_g，m_q——干空气与湿空气的质量，kg；

R_g，R_q——干空气与湿空气的气体常数，J/(kg·K)（$R_g=287$；$R_q=461$）；

T——湿空气的热力学温度，K。

干空气的比容 v_g（m^3/kg）和湿空气的比容 v_q（m^3/kg）分别为：

$$v_g=V/m_g;\ v_q=V/m_q$$

干空气的比容 ρ_g（kg/m^3）和湿空气的密度 ρ_q（kg/m^3）分别为：

$$\rho_g=1/v_g \qquad \rho_q=1/v_q$$

大气压力随海拔高度不同而变化，而且，在同一地区的不同季节，也有大约±5%的变化；海平面的标准大气压为 $P=101325$Pa，相当于1013.25mbar。

在空调设计中，除了湿空气的压力、温度外，还涉及下列这些参数：

1. 含湿量

湿空气中所含水蒸气质量与干空气质量之比，称为湿空气的含湿量，以符号 d 表示，其单位为 $kg/kg_{干空气}$。即

$$d=m_q/m_g=0.622P_q=P_g=0.622P_q/(P-P_q)$$

或
$$d=622P_q/(P-P_q)g/kg_{干空气} \tag{1.6-1}$$

2. 相对湿度

湿空气的实际水蒸气分压力 P_q 与同温度下饱和状态空气水蒸气分压力 $P_{q\cdot b}$之比，称为湿空气的相对湿度，以符号 ϕ 表示，其单位为%。即

$$\phi=(P_q/P_{q\cdot b})\times 100\% \tag{1.6-2}$$

湿空气的相对湿度，也可近似地用其含湿量与同温度下饱和含湿量 d_b 之比来表示（误差在2%～3%左右），即

$$\phi\approx(d/d_b)\times 100\%$$

3. 焓

物质的体积、压力的乘积与内能的总和，称为该物质的焓，以符号 h 表示，其单位为kJ/kg。

若取0℃的干空气和0℃的水的焓值为0，则 t℃时1kg干空气的焓为：

$$h_g=c_{p\cdot g}\cdot t \tag{1.6-3}$$

式中 $c_{p\cdot g}$——干空气的定压比热，$c_{p\cdot g}=1.005$kJ/(kg·℃)。

1kg水蒸气的焓为：

$$h_q=c_{p\cdot q}t+2500 \tag{1.6-4}$$

式中 $c_{p\cdot q}$——水蒸气的定压比热，$c_{p\cdot q}=1.84$kJ/(kg·℃)；

2500——0℃时水蒸汽的汽化潜热，kJ/kg。

湿空气的焓 h，等于 1kg 干空气的焓 h_g 与共存的 $d$kg（或 g）水蒸气的焓 h_q 之和，即

$$h=h_g+dh_q=c_{p\cdot g}\cdot t+(2500+c_{p\cdot q}\cdot t)d \tag{1.6-5}$$

或

$$h=1.005t+(2500+1.84t)\times 0.001d\,g/kg_{干空气} \tag{1.6-6}$$

已知水的质量比热为 4.19kJ/(kg·℃)，则可按下式求出 t℃时水蒸气的汽化潜热 r_t：

$$r_t=2500+1.84t-4.19t=2500-2.35t \tag{1.6-7}$$

4. 湿空气的密度

湿空气的密度等于干空气的密度 ρ_g 与水蒸气的密度 ρ_q 之和，即

$$\rho=\rho_g+\rho_q=\frac{P_g}{R_gT}+\frac{P_q}{R_qT}=0.003484\frac{P}{T}-0.00134\frac{P_q}{T} \tag{1.6-8}$$

由于水蒸气的密度较小，所以，在标准条件下（$P=101325$Pa，$T=293$K），干空气与湿空气的密度相差较小，在工程上，取 $\rho=1.2\text{kg/m}^3$ 已足够精确。

应该指出，在湿空气的含湿量和焓的计算中，均以 1kg 干空气为基准，原因是由于干空气在热、湿处理过程中，其质量是不变的，而水蒸气量则可能有变化。

1.6.3 湿空气焓湿图的绘制

根据式（1.6-1）、式（1.6-2）和式（1.6-6），以及 $P_{q\cdot b}=f(T)$ 的函数关系，并取 $c_{p\cdot g}=1.01$kJ/(kg·K)，$c_{p\cdot q}=1.84$kJ/(kg·K)，即可计算出饱和状态下的各参数，如表 1.6-3 所示。

湿空气的密度、水蒸气压力、含湿量和焓（大气压力 $P=101.3$kPa）　　表 1.6-3

温度(℃)	干空气	饱和空气			
	密度(kg/m³)	密度(kg/m³)	水蒸气分压力(hPa)	含湿量(g/kg 干空气)	焓(kJ/kg 干空气)
−20	1.396	1.395	1.02	0.63	−18.55
−19	1.394	1.393	1.13	0.70	−17.39
−18	1.385	1.384	1.25	0.77	−16.20
−17	1.379	1.378	1.37	0.85	−14.99
−16	1.374	1.373	1.50	0.93	−13.77
−15	1.368	1.367	1.65	1.01	−12.60
−14	1.363	1.362	1.81	1.11	−11.35
−13	1.358	1.357	1.98	1.22	−10.05
−12	1.353	1.352	2.17	1.34	−8.75
−11	1.348	1.347	2.37	1.46	−7.45
−10	1.342	1.341	2.59	1.60	−6.07
−9	1.337	1.336	2.83	1.75	−4.73
−8	1.332	1.331	3.09	1.91	−3.31
−7	1.327	1.325	3.36	2.08	−1.88
−6	1.322	1.320	3.67	2.27	−0.42
−5	1.317	1.315	4.00	2.47	1.09
−4	1.312	1.310	4.36	2.69	2.68
−3	1.308	1.306	4.75	2.94	4.31
−2	1.303	1.301	5.16	3.19	5.90
−1	1.298	1.295	5.61	3.47	7.62

续表

温度(℃)	干空气	饱 和 空 气			
	密度(kg/m³)	密度(kg/m³)	水蒸气分压力(hPa)	含湿量(g/kg 干空气)	焓(kJ/kg 干空气)
0	1.293	1.290	6.09	3.78	9.42
1	1.288	1.285	6.56	4.07	11.14
2	1.284	1.281	7.04	4.37	12.89
3	1.279	1.275	7.57	4.70	14.74
4	1.275	1.271	8.11	5.03	16.58
5	1.270	1.266	8.70	5.40	18.51
6	1.265	1.261	9.32	5.79	20.51
7	1.261	1.256	9.99	6.21	22.61
8	1.256	1.251	10.70	6.65	24.70
9	1.252	1.247	11.46	7.13	26.92
10	1.248	1.242	12.25	7.63	29.18
11	1.243	1.237	13.09	8.15	31.52
12	1.239	1.232	13.99	8.75	34.08
13	1.235	1.228	14.94	9.35	36.59
14	1.230	1.223	15.95	9.97	39.19
15	1.226	1.218	17.01	10.6	41.78
16	1.222	1.214	18.13	11.4	44.80
17	1.217	1.208	19.32	12.1	47.73
18	1.213	1.204	20.59	12.9	50.66
19	1.209	1.200	21.92	13.8	54.01
20	1.205	1.195	23.31	14.7	57.78
21	1.201	1.190	24.80	15.6	61.13
22	1.197	1.185	26.37	16.6	64.06
23	1.193	1.181	28.02	17.7	67.83
24	1.189	1.176	29.77	18.8	72.01
25	1.185	1.171	31.60	20.0	75.78
26	1.181	1.166	33.53	21.4	80.39
27	1.177	1.161	35.56	22.6	84.57
28	1.173	1.156	37.71	24.0	89.18
29	1.169	1.151	39.95	25.6	94.20
30	1.165	1.146	42.32	27.2	99.65
31	1.161	1.141	44.82	28.8	104.67
32	1.157	1.136	47.43	30.6	110.11
33	1.154	1.131	50.18	32.5	115.97
34	1.150	1.126	53.07	34.4	122.25
35	1.146	1.121	56.10	36.6	128.95
36	1.142	1.116	59.26	38.8	135.65
37	1.139	1.111	62.60	41.1	142.35
38	1.135	1.107	66.09	43.5	149.47
39	1.132	1.102	69.75	46.0	157.42

续表

温度(℃)	干空气	饱 和 空 气			
	密度(kg/m³)	密度(kg/m³)	水蒸气分压力(hPa)	含湿量(g/kg 干空气)	焓(kJ/kg 干空气)
40	1.128	1.097	73.58	48.8	165.80
41	1.124	1.091	77.59	51.7	174.17
42	1.121	1.086	81.80	54.8	182.96
43	1.117	1.081	86.18	58.0	192.17
44	1.114	1.076	90.79	61.3	202.22
45	1.110	1.070	95.60	65.0	212.69
46	1.107	1.065	100.61	68.9	223.57
47	1.103	1.059	105.87	72.8	235.30
48	1.100	1.054	111.33	77.0	247.02
49	1.096	1.048	117.07	81.5	260.00
50	1.093	1.043	123.04	86.2	273.40
55	1.076	1.013	156.94	114	352.11
60	1.060	0.981	198.70	152	456.36
65	1.044	0.946	249.38	204	298.71
70	1.029	0.909	310.82	276	795.50
75	1.014	0.868	384.50	382	1080.19
80	1.000	0.823	472.28	545	1519.81
85	0.986	0.773	576.69	828	2281.81
90	0.973	0.718	699.31	1400	3818.36
95	0.959	0.656	843.09	3120	8436.40
100	0.947	0.589	1013.00	—	—

通常的湿空气特性图，是以 h 和 d 为坐标的焓湿图（h-d 图）。为了扩大不饱和湿空气区域的范围，两坐标间的夹角一般取≥135°，当然，也可以取其他参数对（如温度和湿度）作为坐标。

在选定坐标比例尺和确定坐标网的基础上，则可画出以下诸线：

1. 等温线

由 $h=1.01t+(2500+1.84t)d$ 可知，当 $t=\text{const}$ 时，$h=a+bd$ 的形式。显然，$1.01t$ 为 $d=0$ 时在纵坐标上的截距，$(2500+1.84t)$ 为等温线的斜率。各等温线之间并非是平行线，其差别在于 $1.84t$ 一项，见图 1.6-1。

2. 等相对湿度线

由
$$d=0.622\frac{P_q}{P-P_q}$$

可得
$$P_q=\frac{Pd}{0.622+d}$$

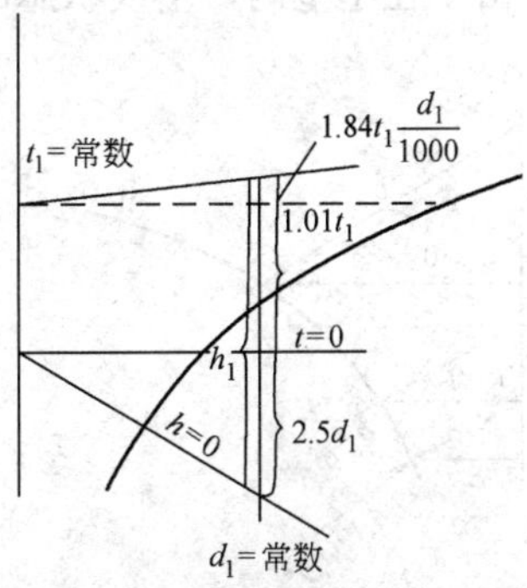

图 1.6-1 等温线在 h-d 图上的确定

所以，如给定不同的 d 值，即可求得对应的 P_q 值，则可在 h-d 图上取一横坐标，示出水蒸气分压力。对应不同温度下的饱和水蒸气压力（查表 1.6-3），可得 $\varphi=100\%$ 的等 φ 线。根据 $\varphi=P_q/P_{q\cdot b}$ 或 $P=\varphi P_{q\cdot b}$，当相

对湿度 φ=const 时，则可求出各温度下的 P_q 值，连接在各等温线与相应求得的 P_q 值的交点，则得出某一等 φ 线。

这样画出的 h-d 图，包含了 P，t，d，h，φ 及 P_q 等湿空气参数。其中 t，d，h，φ 为独立参数，只要已知其中任意两个参数，在 h-d 图上就可找到一个确定时点，也就确定了该湿空气的状态点，其余参数都可由此点查出。但是，d 和 P_q 却不能确定一个空气状态点，所以，只有一个能作为独立参数。

3. 热湿比线

湿空气的焓变化与湿量变化之比，称为热湿比，也称角系数。通常以符号 ε 表示，即

$$\varepsilon=\Delta h/\Delta d \quad \text{或} \quad \varepsilon=\Delta h/(\Delta d/1000) \tag{1.6-9}$$

若在 h-d 图上有 A，B 两状态点，则由 A 至 B 的热湿比为：

$$\varepsilon=\frac{h_B-h_A}{d_B-d_A}$$

如有 A 状态的湿空气，其热量变化为 $\pm Q$（kJ/s 或 kJ/h），湿量变化为 $\pm W$（kg/s 或 kg/h），则其热湿比为：

$$\varepsilon=\frac{\pm Q}{\pm W} \tag{1.6-10}$$

不同热湿比 ε 时的等值线，一般绘制在 h-d 图的右下角。当已知某状态点的 ε 值时，则过该点作平行于 ε 等值线的平行线，这一直线就代表该湿空气状态的变化方向。

4. 等湿球温度线

在理论上，湿球温度是在定压绝热条件下，空气与水直接接触达到稳定热湿平衡时的绝热饱和温度，也称热力学湿球温度。

设状态为 P，t_1，d_1，h_1 的空气流经与水直接接触的绝热小室（保证两者有充分的接触表面和时间），流出状态为 P，t_2，d_2，h_2，由于小室为绝热的，所以对应每 1kg 干空气的湿空气的稳定流动能量方程式为：

$$h_1+\frac{(d_2-d_1)}{1000}h_w=h_2 \tag{1.6-11}$$

而

$$\varepsilon=\frac{h_2-h_1}{\frac{d_2-d_1}{1000}}=h_w=4.19t_w \tag{1.6-12}$$

式中 h_w——液态水的焓，$h_w=4.19t_w$，kJ/kg。

由于在小室内，空气状态的变化过程是水温的单值函数，因此，空气达到饱和时的温度即等于水温，即 $t_2=t_w$，所以

$$h_1+\frac{(d_2-d_1)}{1000}\cdot 4.19t_2=1.01t_2+(2500+1.84t_2)\frac{d_2}{1000} \tag{1.6-13}$$

满足上式的 t_2 和 t_w，即为入口空气状态的绝热饱和温度（热力学湿球温度）。

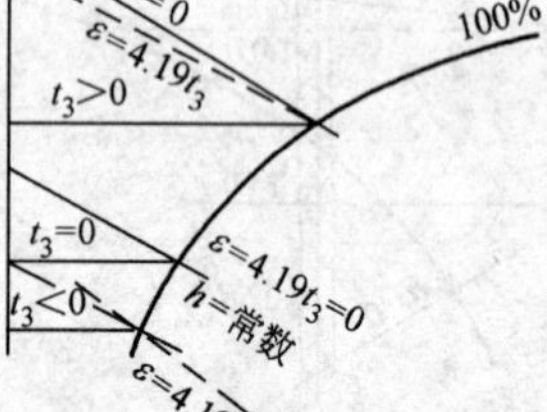

图 1.6-2 等湿球温度线

在 h-d 图上，从各等温线与 φ=100%饱和线的交点出发，作 $\varepsilon=4.19t_s$ 的热湿比线，则可得等湿球温度线，如图 1.6-2 所示。由图可知，当 $t_s=0$ 时，$\varepsilon=0$，即等湿球温

度线与等焓线完全重合；而当 $t_s>0$ 时，$\varepsilon>0$；$t_s<0$ 时，$\varepsilon<0$。因此，严格来说，等湿球温度线与等焓线并不重合，但由于 $\varepsilon=4.19t_s$ 的数值较小，所以，工程上一般可近似地认为等焓线即为等湿球温度线。

图 1.6-3 是根据大气压力 $P=101.325$kPa 绘制出的 h-d 图，当 P 值不同时，应另行绘制。

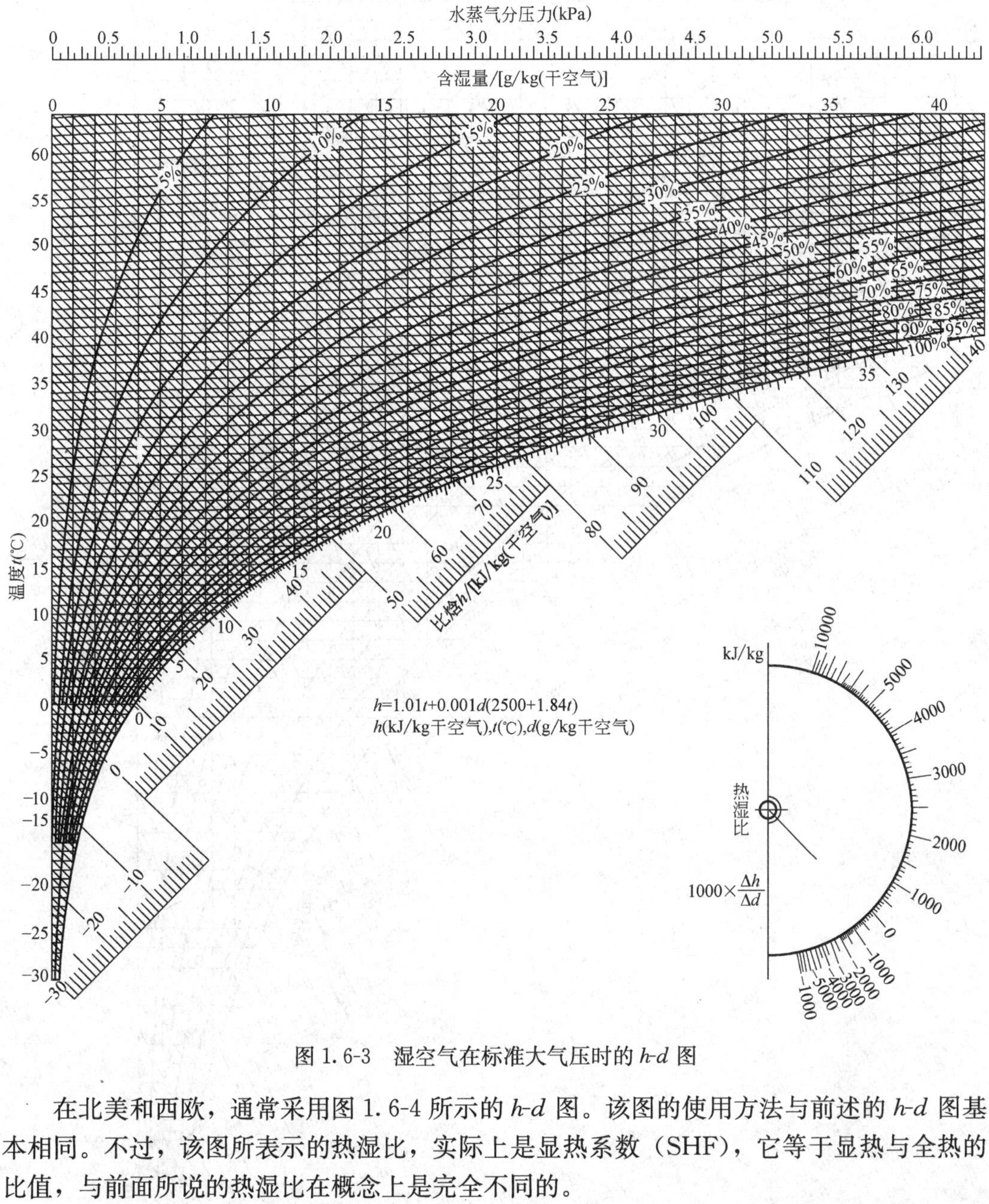

图 1.6-3　湿空气在标准大气压时的 h-d 图

在北美和西欧，通常采用图 1.6-4 所示的 h-d 图。该图的使用方法与前述的 h-d 图基本相同。不过，该图所表示的热湿比，实际上是显热系数（SHF），它等于显热与全热的比值，与前面所说的热湿比在概念上是完全不同的。

1.6.4　空气状态参数的计算法

在已知当地大气压力的情况下，只要已知任意两个独立参数，即可求出其他各个参

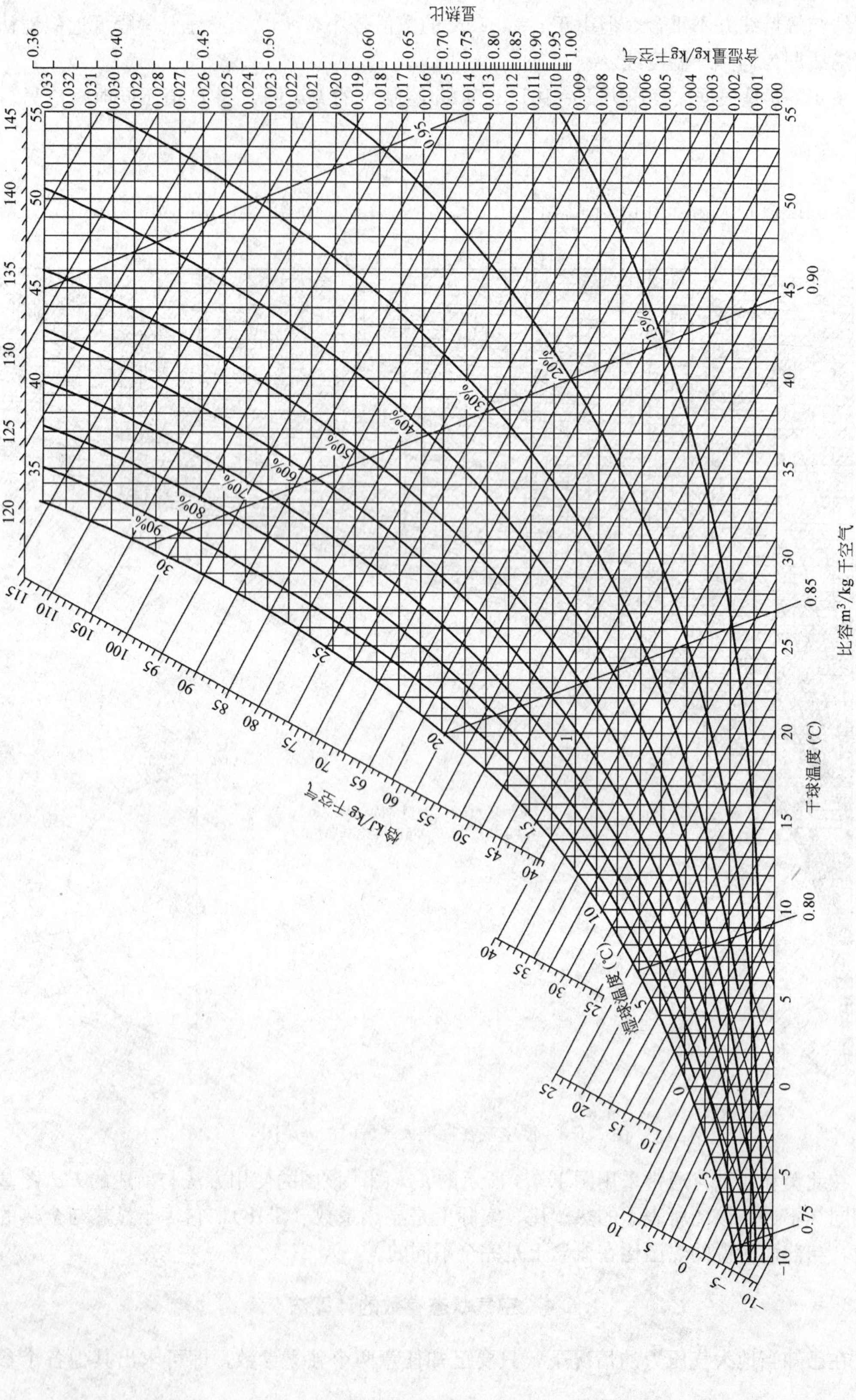

图 1.6-4

数。在计算机应用已普及的今天，完全可以通过数值计算直接确定空气的状态变化参数。为了便于应用，今将空气状态参数的计算式汇总如下：

1. 湿空气的热力学温度：$T=273.15+t$

2. 湿空气的饱和水蒸气分压力：$P_{q\cdot b}=f\ (T)$ 的经验式：

（1）$t=-100\sim0$℃时：

$$\ln(P_{q\cdot b})=\frac{c_1}{T}+c_2+c_3T+c_4T^2+c_5T^3+c_6T^4+c_7\ln(T)$$

（2）$t=0\sim200$℃时：

$$\ln(P_{q\cdot b})=\frac{c_8}{T}+c_9+c_{10}T+c_{11}T^2+c_{12}T^3+c_{13}\ln(T)$$

式中　$c9_1=-5674.5359$；　$c_6=-0.9484024\times10^{-2}$；　$c_{11}=0.41764768\times10^{-4}$；

$c_2=6.3925247$；　$c_7=4.1635019$；　$c_{12}=-0.14452093\times10^{-7}$；

$c_3=-0.9677843\times10^{-2}$；　$c_8=-5800.2206$；　$c_{13}=6.5459673$；

$c_4=0.62215701\times10^{-6}$；　$c_9=1.3914993$；

$c_5=0.20747825\times10^{-18}$；　$c_{10}=-0.04860239$；

3. 湿空气的水蒸气分压力：

$$P_q=P_{q\cdot b}-A(t-t_s)P\quad 或\quad t_s=t-\frac{P_{q\cdot b}-P_q}{A\cdot P}$$

式中　A——可根据风速 v（m/s）按下式求出：

$$A=\left(65+\frac{6.75}{v}\right)\cdot10^{-5}\qquad 一般可取\ A=0.000667$$

4. 湿空气露点温度（t_l）：

$t_l=0\sim93$℃时：$t_l=c_{14}+c_{15}\alpha+c_{16}\alpha^2+c_{17}\alpha^3+c_{18}(p_q)^{0.1984}$

$t_l<0$℃时：$t_l=6.09+12.608\alpha+0.4959\alpha^2$

式中　$\alpha=\ln p_q$

$c_{14}=6.54$；$c_{15}=14.526$；$c_{16}=0.7389$；$c_{17}=0.09486$；$c_{18}=0.4569$。

湿空气的露点温度，也可近似的按下式之一计算：

$t_l=-60\sim0$℃时：$t_l=-60.45+7.0322[\ln(P_q)]+0.37[\ln(P_q)]^2$

$t_l=0\sim70$℃时：$t_l=-35.957-1.8726[\ln(P_q)]+1.1689[\ln(P_q)]^2$

或

$$t_l=A\cdot\phi+B\cdot t$$

式中　A、B——露点温度计算系数，见表 1.6-4。

湿空气的露点温度计算系数　　**表 1.6-4**

ϕ(%)	A(℃)	B(℃·℃$^{-1}$)	ϕ(%)	C(℃)	D(℃·℃$^{-1}$)
30	−14.501922	0.842345	70	−4.461370	0.948767
40	−11.195327	0.876491	80	−2.809702	0.967488
50	−8.539849	0.904096	90	−1.329306	0.984380
60	−6.345999	0.927906	100	0.000000	1.000000

5. 湿空气的湿球温度 t_s（℃）：可近似按下式计算：

$$t_s=C\cdot\varphi+D\cdot t$$

式中 φ——空气的相对湿度，%；

t——空气的干球温度，℃；

C、D——计算系数，见表1.6-5。

湿球温度的计算系数 表1.6-5

φ(%)	D(℃·℃⁻¹)	C(℃)	φ(%)	D(℃·℃⁻¹)	C(℃)
30	0.750256	−5.082366	70	0.928161	−2.536432
40	0.811202	−4.740581	80	0.955048	−1.666897
50	0.858568	−4.131947	90	0.978813	−0.824302
60	0.896106	−3.342766	100	1.000000	0.000000

6. 湿空气的相对湿度： $\varphi=\frac{P_q}{P_{q\cdot b}}\times100\%$

7. 湿空气的含湿量： $d=622\frac{P_q}{P-P_q}$ g/kg

8. 湿空气的焓： $h=1.01t+0.001d(2500+1.84t)$

9. 湿空气的密度： $\rho=0.003484\frac{P}{T}-0.00134\frac{P_q}{T}$

10. 100℃以下水面上水蒸气的压力值：NEL（National englneerlng laboratory 英国国家工程试验室）给出了下列公式计算：

$$\lg p=28.59051-8.21g(t+273.16)+0.0024804\times(t+273.16)-\frac{3142.31}{(t+273.16)}$$

冰面上的水蒸气压力，可按NBS（National bureau of standards）通报NO：564提供的下式计算：

$$\lg p=10.5380997-\frac{2663.91}{(t+273.16)}$$

11. 各状态变化过程的变化率

- 等湿加热或冷却过程（d=constant）：$\frac{dh}{dt}=1.01+1.84\times10^{-3}d$
- 等焓加湿或减湿过程（h=constant）：$\frac{dt}{d(d)}\approx-2.5$
- 等温过程（t=constant）：$\frac{dh}{d(d)}=2.5+1.84\times10^{-3}t$
- 多变过程：$\frac{dh}{d(d)}=\varepsilon$

1.7 塑料管材的选择与应用

1.7.1 热塑性塑料管

1. 热塑性塑料管的种类

HVAC工程中目前常用的热塑性塑料管，有以下几种（根据管材许用环应力值大小顺序排列）：

• 聚丁烯管（polyebutylene pipe） 由聚丁烯-1 树脂添加适量助剂，经挤出成型的热塑性管材，通常以 PB 标记。除个别企业产品能热熔连接外，一般都采用机械接头连接。

• 交联聚乙烯管（cross llnked polyethylene pipe） 以密度大于 0.94g/cm^3 的聚乙烯或乙烯共聚物，添加适量助剂，通过化学的或物理的方法，使其线型的大分子交联成三维网状的大分子结构的管材，通常以 PE-X 标记。按照交联方法的不同，分为过氧化物交联聚乙烯（PE-X_a）、硅烷交联聚乙烯（PE-X_b）、电子束交联聚乙烯（PE-X_c）、偶氮交联聚乙烯（PE-X_d）等。采用机械接头连接。

• 耐热聚乙烯管（polyethylene of raised temperature resistance pipe） 以乙烯和辛烯共聚而成的特殊的线型中密度乙烯共聚物，添加适量助剂，经挤出成型的一种热塑性管材，通常以 PE-RT 标记。可以采用热熔连接。根据材料不同，该管材有不同的许用应力。

• 无规共聚聚丙烯管（polypropylene random copolymer pipe） 以丙烯和适量乙烯的无规共聚物，添加适量助剂，经挤出成型的热塑性管材，可热熔连接，通常以 PP-R 标记。可以采用热熔连接。

• 嵌段共聚聚丙烯管（polypropylene block copolymer pipe） 以丙烯和乙烯嵌段共聚物，添加适量助剂，经挤出成型的热塑性管材，可热熔连接，通常以 PP-B 标记；在我国和韩国，过去也曾以 PP-C 标记。可以采用热熔连接。

2. 热塑性塑料管的使用条件等级

表 1.7-1 是国标《冷热水系统用热塑性塑料管材和管件》(GB/T 18991—2003) 规定的使用条件等级。选择管材时，必须根据工程使用情况和热媒温度依据该表确定管材的使用条件等级。通常，可按下列规定确定：

• 生活热水供应系统：使用条件等级采用 1 级。

• 供水温度 t_s≤60℃的地面辐射供暖系统：使用条件等级采用 4 级。

• 供水温度 60℃<t_s≤85℃的散热器供暖系统：使用条件等级采用 5 级。

使用条件等级 **表 1.7-1**

等级	正常操作温度		工作温度		故障温度		应用举例
	温度(℃)	时间(年)	温度(℃)	时间(年)	温度(℃)	时间(h)	
	20	50					
1	60	49	80	1	95	100	生活热水(60℃)
2	70	49	80	1	95	100	生活热水(70℃)
3	30 40	20 25	50	4.5	65	100	地板下的低温供暖
4	40 60 20	20 25 2.5	70	2.5	100	100	地板下供暖和低温供暖
5	60 80 20	25 10 14	90	1	100	100	较高温度供暖

注：① 表中所列使用条件等级的管道，同时应满足 20℃、1.0MPa 下输送冷水具有 50 年使用寿命的要求。

② 在我国，地面辐射供暖系统按 4 级选择管材，已非常安全。

③ 3 级基本上已不采用。

3. 管材系列的选用法

• 管材系列 S 值，是管材环应力 σ（MPa）与管内壁承受压力 P（MPa）的比值，仅与管道的尺寸有关：

$$S=\frac{\sigma}{P}=\frac{D-e}{2e}$$

• 管材系列 S 值，应小于管材系列计算最大值 $S_{cal.max}$；

• $S_{cal.max}$ 值应取 σ_D/P_D 与 $\sigma_{cold}/P_{D.cold}$ 中的较小值；

• 根据系统工作压力、使用条件等级和 $S_{cal.max}$ 值，由表 1.7-2 至表 1.7-5 可直接查出应选用的管材系列值 S 值。

式中 D——管道的外径，mm；

e——管道的壁厚，mm；

σ_D——管材的许用环应力，MPa；

P_D——系统的工作压力，MPa；

σ_{cold}——20℃冷水、使用寿命 50 年时的设计环应力，MPa；

$P_{D.cold}$——输送冷水时的设计压力，取 1.0MPa。

PB 管的管系列 S 值选用表 **表 1.7-2**

工作压力 P_D(MPa)	使用条件等级	20℃、50年、P_D=1MPa	1	2	4	5
	许用环应力 σ_D(MPa)	10.92	5.73	5.04	5.46	4.31
0.4	$S_{cal.max}$值	10.9	10.9	10.9	10.9	10.9
	应选用的管系列 S	10	10	10	10	10
0.6	$S_{cal.max}$值	10.9	9.5	8.4	9.1	7.2
	应选用的管系列 S	10	8	8	8	6.3
0.8	$S_{cal.max}$值	10.9	7.1	6.3	6.8	5.4
	应选用的管系列 S	10	6.3	6.3	6.3	5
1.0	$S_{cal.max}$值	10.9	5.7	5.0	5.4	4.3
	应选用的管系列 S	10	5	5	5	4

注：① 工作压力 P_D<0.4MPa 时，可按 P_D=0.4 取值。

② 表列使用条件等级下的许用环应力值，已对正常操作温度下的环应力值考虑了 1.5 倍的使用系数。

PE-X 管的管系列 S 值选用表 **表 1.7-3**

工作压力 P_D(MPa)	使用条件等级	20℃、50年、P_D=1MPa	1	2	4	5
	许用环应力 σ_D(MPa)	7.6	3.85	3.54	4.00	3.24
0.4	$S_{cal.max}$值	7.6	7.6	7.6	7.6	7.6
	应选用的管系列 S	6.3	6.3	6.3	6.3	6.3
0.6	$S_{cal.max}$值	7.6	6.4	5.9	6.6	5.4
	应选用的管系列 S	6.3	6.3	5	6.3	5
0.8	$S_{cal.max}$值	7.6	4.8	4.4	5.0	4.0
	应选用的管系列 S	6.3	4	4	5	4

续表

工作压力 P_D(MPa)	使用条件等级	20℃、50年、P_D=1MPa	1	2	4	5
	许用环应力 σ_D(MPa)	7.6	3.85	3.54	4.00	3.24
1.0	$S_{cal.max}$值	7.6	3.8	3.5	4.0	3.2
	应选用的管系列 S	6.3	3.2	3.2	4	3.2

注：① 工作压力 P_D<0.4MPa 时，可按 P_D=0.4 取值。

② 表列使用条件等级下的许用环应力值，已对正常操作温度下的环应力值考虑了1.5倍的使用系数。

PE-RT（按行业标准）管的管系列 S 值选用表 **表 1.7-4.1**

工作压力 P_D(MPa)	使用条件等级	20℃、50年、P_D=1MPa	1	2	4	5
	许用环应力 σ_D(MPa)	7.36	3.06	2.15	3.34	2.02
0.4	$S_{cal.max}$值	7.36	7.36	5.4	7.36	5.1
	应选用的管系列 S	6.3	6.3	5	6.3	5
0.6	$S_{cal.max}$值	7.36	5.1	3.6	5.6	3.4
	应选用的管系列 S	6.3	5	3.2	5	3.2
0.8	$S_{cal.max}$值	7.36	3.8	2.7	4.2	2.5
	应选用的管系列 S	6.3	3.2	2.5	4	2.5
1.0	$S_{cal.max}$值	7.36	3.1	2.15	3.3	2.0
	应选用的管系列 S	6.3	2.5	—	3.2	—

注：① 工作压力 P_D<0.4MPa 时，可按 P_D=0.4 取值。

② 表列使用条件等级下的许用环应力值，已对正常操作温度下的环应力值考虑了1.5倍的使用系数。

③ 本表按照 CJ/T 175—2002。

根据此类产品的发展，还有更高性能的 PE-RT 材料可供选择。奥地利标准中将 PE-RT 分为两个级别，其中的一个级别如下：

奥地利标准中 PE-RT 的管系列 S 值选用表 **表 1.7-4.2**

工作压力 P_D(MPa)	使用条件等级	20℃、50年、P_D=1MPa	1	2	4	5
	许用环应力 σ_D(MPa)	7.60	3.80	3.54	3.84	3.09
0.4	$S_{cal.max}$值	19	9.5	8.85	9.6	7.73
	应选用的管系列 S	6.3	6.3	6.3	6.3	6.3
0.6	$S_{cal.max}$值	12.67	6.33	5.9	6.4	5.15
	应选用的管系列 S	6.3	6.3	5	6.3	5
0.8	$S_{cal.max}$值	9.5	4.75	4.425	4.8	3.8625
	应选用的管系列 S	6.3	4	4	4	3.2
1.0	$S_{cal.max}$值	7.6	3.8	3.54	3.84	3.09
	应选用的管系列 S	6.3	3.2	3.2	3.2	2.5

注：① 本表数据引自“奥地利标准 ÖNORM B5159 (2002)”。

② 工作压力 P_D<0.4MPa 时，可按 P_D=0.4 取值。

③ 表列使用条件等级下的许用环应力值，已对正常操作温度下的环应力值考虑了1.5倍的使用系数。

PP-R管的管系列S值选用表 **表1.7-5**

工作压力 P_D(MPa)	使用条件等级	20℃、50年、P_D=1MPa	1	2	4	5
	许用环应力σ_D(MPa)	6.93	3.09	2.13	3.30	1.9
0.4	$S_{cal.max}$值	3.93	6.9	5.3	6.9	4.8
	应选用的管系列S	6.3	5	5	5	4
0.6	$S_{cal.max}$值	6.93	5.2	3.6	5.5	3.2
	应选用的管系列S	6.3	5	3.2	5	3.2
0.8	$S_{cal.max}$值	6.93	3.9	2.7	4.1	2.4
	应选用的管系列S	6.3	3.2	2.5	4	2
1.0	$S_{cal.max}$值	6.93	3.1	2.1	3.3	1.9
	应选用的管系列S	6.3	2.5	2	3.2	—

注：① 工作压力P_D<0.4MPa时，可按P_D=0.4取值。

② 表列使用条件等级下的许用环应力值，已对正常操作温度下的环应力值考虑了1.5倍的使用系数。

4. 管材系列S值的范围

各种管材的管系列范围，如表1.7-6所示。

各种管材管系列S值的范围 **表1.7-6**

管材种类	管系列S值							
	S10	S8	S6.3	S5	S4	S3.2	S2.5	S2
PB	○	○	○	○	○	○		
PE-RT*			○	○	○	○	○	
PE-X			○	○	○	○		
PE-RT			○	○	○	○	○	
PP-R				○	○	○	○	○

注：① * RE-ET的数据引自奥地利标准。

② “○” 表法有此系列。

5. 管材系列和管壁厚度的确定

考虑到施工过程中的附加压力、磨损、水击等不利条件，以及安装使用的刚性和连接要求等因素，工程设计中宜按下列要求提高，按表1.7-2至表1.7-5选择的管系列和确定壁厚。

- 地面辐射供暖系统加热管的壁厚，不得小于1.7mm。
- 热熔连接的管材，壁厚不得小于1.9mm（德国标准DIN 4726规定：$D \geqslant$15mm的管材，壁厚不应小于2mm；$D \leqslant$15mm的管材，壁厚不应小于1.8mm；需要热熔连接的管材，壁厚不得不于1.9mm）。
- 对应于不同管系列的热塑性塑料管材的通用壁厚与内径如表1.7-7所示。

热塑性塑料管的通用壁厚与内径（mm） **表1.7-7**

公称外径(mm)		管系列S值							
		S2	S2.5	S3.2	S4	S5	S6.3	S8	S10
12	壁厚	2.4	2.0	1.7	1.4	1.3	1.3	1.3	1.3
	内径d	7.2	8.0	8.6	9.2	9.4	9.4	9.4	9.4

续表

公称外径 (mm)		管系列 S 值							
		S2	S2.5	S3.2	S4	S5	S6.3	S8	S10
16	壁厚	3.3	2.7	2.2	1.8(2)②	1.5(1.8)①	1.3(1.8)①	1.3	1.3
	内径 d	9.4	10.6	11.6	12.4(12)	13(12.4)	13.4(12.4)	13.4	13.4
20	壁厚	4.1	3.4	2.8	2.3	1.9(2.0)②	1.5(1.9)①	1.3	1.3
	内径 d	11.8	13.2	14.4	15.4	16.2(16)	17.0(16.2)	17.4	17.4
25	壁厚	5.1	4.2	3.5	2.8	2.3	1.9(2.0)③	1.5	1.3
	内径 d	14.8	16.6	18.0	19.4	20.4	21.2(21)	21.4	22.4
32	壁厚	6.5	5.4	4.4	3.6	2.9	2.4	1.9	1.6
	内径 d	19	21.2	23.2	24.8	26.2	27.2	28.2	28.8
40	壁厚	8.1	6.7	5.5	4.5	3.7	3.0	2.4	2.0
	内径 d	23.8	26.6	29	31	32.6	34.0	35.2	36.2
50	壁厚	10.1	8.3	6.9	5.6	4.6	3.7	3.0	2.4
	内径 d	29.8	33.4	36.2	38.8	40.8	42.6	44.0	45.2
63	壁厚	12.7	10.5	8.6	7.1	5.8	4.7	3.8	3.0
	内径 d	37.6	42.0	45.8	48.8	51.4	53.6	55.4	57
75	壁厚	15.1	12.5	10.3	8.4	6.8	5.6	4.5	3.6
	内径 d	44.8	50.0	54.4	58.2	61.4	63.8	66.0	67.8

注：① 括号内的数值，系下列管材考虑到刚性与连接的要求，壁厚增加后的数值：①—PE-X 管；②—PP-R 管；③—PE-RT 管。

② S8 和 S10 系列以及外径为 12mm 的 S3.2～S10 系列均为 PB 管的壁厚；当需要考虑刚性时，也应增大壁厚。

6. 热塑性塑料管的物理力学性能（见表 1.7-8）。

热塑性塑料管的物理力学性能 **表 1.7-8**

项　目	PB 管	PE-X 管	PE-RT 管	PP-R 管
20℃1h 液压试验环应力(MPa)	15.50	12.00	10.00	16.00
95℃1h 液压试验环应力(MPa)	—	4.80	—	—
95℃22h 液压试验环应力(MPa)	6.50	4.70	—	5.00
95℃165h 液压试验环应力(MPa)	6.20	4.60	3.55	4.20
95℃1000h 液压试验环应力(MPa)	6.00	4.40	3.50	3.50
110℃8760h 热稳定性试验环应力(MPa)	2.40	2.50	1.90	1.90
纵向尺寸收缩率(%)	≤2	≤3	≤3	≤2
0℃耐冲击	—	—	—	<10
管材与混配料熔体流动速率之差	190℃ 5kg≤ 0.3g/10min	—	190℃ 5kg≤ 0.3g/10min	230℃ 2.16 kg≤30%

1.7.2 铝塑复合管

铝塑复合管是由聚乙烯和铝合金两种杨氏模量相差很大的材料组成的多层管，在承受内压时，厚度方向管环应力分布是不等值的，无法考虑各种使用温度的累积作用，所以，不能用 S 值来选择管材和确定其壁厚。通常，只能根据长期工作温度和允许工作压力进行选择。

1. 铝塑复合管的允许工作压力

铝塑复合管的允许工作压力，可根据其长期工作温度由表 1.7-9 和表 1.7-10 确定。表 1.7-9 适用于搭接焊式铝塑复合管；表 1.7-10 适用于对接焊式铝塑复合管。表列数值引自国标《铝塑复合压力管》(GB/T 18997—2003)。

搭接焊式铝塑管的长期工作温度和允许工作压力表 **表 1.7-9**

流体类别	管材代号	长期工作温度(℃)	允许工作压力(MPa)
冷水	PAP	40	1.25
冷、热水	PAP	60	1.00
		75*	0.82
		82*	0.69
	XPAP	75	1.00
		82	0.86

注：① 数字右上角带 * 者指采用中密度聚乙烯（乙烯和辛烯特殊共聚物）材料生产的复合管。

② PAP 为聚乙烯/铝合金/聚乙烯；XPAP 为交联聚乙烯/铝合金/交联聚乙烯。

对接焊式铝塑管长期工作温度和允许工作压力表 **表 1.7-10**

流体类别	管 材 代 号	长期工作温度(℃)	允许工作压力(MPa)
冷水	PAP3、PAP4	40	1.40
	XPAP1、XPAP2	40	2.00
冷、热水	PAP3、PAP4	60	1.00
	XPAP1、XPAP2	75	1.50
	XPAP1、XPAP2、RPAP5	95	1.25

注：① XPAP1：一型铝塑管（聚乙烯/铝合金/交联聚乙烯）；

② XPAP2：二型铝塑管（交联聚乙烯/铝合金/交联聚乙烯）；

③ PAP3：三型铝塑管（聚乙烯/铝/聚乙烯）；

④ PAP4：四型铝塑管（聚乙烯/铝合金/聚乙烯）；

⑤ RPAP5：最新型的铝塑复合管（PE-RT/铝合金/PE-RT）。

2. 铝塑复合管的管径和管壁厚度的确定

铝塑复合管的管径和管壁厚度，可以根据表 1.7-11 和表 1.7-12 确定。

搭接焊式铝塑复合管的管径和管壁厚度（mm） **表 1.7-11**

公称外径	12	16	20	25	32	40	50	63	75
参考内径	8.3	12.1	15.7	19.9	25.7	31.6	40.5	50.5	59.3
铝管层最小壁厚	0.18	0.18	0.23	0.23	9.28	0.33	0.47	0.57	0.67

注：引自《铝塑复合压力管第一部分：铝管搭接焊式铝塑管》(GB/T 18997.1—2003)。

对接焊式铝塑复合管的管径和管壁厚度（mm） **表 1.7-12**

公称外径	16	20	25(26)	32	40	50
参考内径	10.9	14.5	18.5(19.5)	25.5	32.4	41.4
铝管层最小壁厚	0.28	0.36	0.44	0.6	0.75	1.0

注：引自《铝塑复合压力管第二部分：铝管对接焊式铝塑管》(GB/T 18997.2—2003)。

1.7.3 PP-R 塑铝稳态管

PP-R 塑铝稳态管的全称是“无规共聚聚丙烯（PP-R）塑铝稳态复合管”，是一种内层为 PP-R，外层包敷铝层及塑料保护层，各层间通过热熔胶粘接而成（五层结构）的新型管材。

1. 稳态管与普通铝塑复合管的主要区别

无规共聚聚丙烯（PP-R）塑铝稳态复合管与普通的 PP-R 铝塑复合管相比，是完全不同的一种新型复合管材，两者的主要区别在于：

PP-R 塑铝稳态管的内管是标准的 PP-R 管，起耐温、承压的作用，中间铝层起阻氧、减小管材线膨胀系数的作用。纯塑管件与内管热熔连接后，铝层被阻隔在热熔焊接结构之外，不会与管内的水发生接触，可保证管路系统的长期可靠运行，可用于空调、供暖等工程。

常规的普通 PP-R 铝塑复合管的铝层为承压层，塑料管件与普通 PP-R 铝塑复合管外层 PP-R 热熔后，铝层易与管内的水发生接触，如果管内的水呈碱性，则铝层会很快腐蚀。在热水条件下，热熔胶能与水反应而失去作用。故一般适用于输配温度不超过 40℃ 的管道工程。

2. 管系列 *S* 的选择

根据部标《无规共聚聚丙烯（PP-R）塑铝稳态复合管》（CJ/T 210—2005）的规定，PP-R 塑铝稳态管的选用方法可归纳如下：

- 根据工程具体情况，按照表 1.7-1 确定使用条件等级。
- 根据设计压力和选定的使用条件等级，按表 1.7-13 选择确定对应的管系列 *S* 值。
- 其他情况可按表 1.7-14 和表 1.7-15 选择对应的管系列值。

PP-R 塑铝稳态管的管系列 *S* 值选择表（Ⅰ） 表 1.7-13

设计压力(MPa)	不同使用条件等级下的管系列 *S* 值			
	1 级(σ_D=3.28)	2 级(σ_D=2.52)	4 级(σ_D=3.54)	5 级(σ_D=2.19)
0.4	4	4	4	4
0.6	4	4	4	3.2
0.8	4	2.5	4	2.5
1.0	3.2	2.5	3.2	—

PP-R 塑铝稳态管的管系列 *S* 值选择表（Ⅱ） 表 1.7-14

工作温度(℃)	使用年限(年)	*S*4	*S*3.2	*S*2.5	工作温度(℃)	使用年限(年)	*S*4	*S*3.2	*S*2.5
		允许工作压力 (MPa)					允许工作压力 (MPa)		
20	1	2.27	2.88	3.60	60	1	1.17	1.47	1.86
	5	2.14	2.69	3.39		5	1.09	1.37	1.73
	10	2.08	2.62	3.30		10	1.05	1.33	1.67
	25	2.01	2.53	3.18		25	1.01	1.28	1.61
	30	1.96	2.46	3.10		50	0.98	1.23	1.55
40	1	1.64	2.07	2.60	70	1	0.98	1.24	1.56
	5	1.54	1.93	2.43		5	0.91	1.15	1.45
	10	1.49	1.88	2.36		10	0.88	1.11	1.40
	25	1.43	1.81	2.27		25	0.77	0.97	1.22
	50	1.39	1.76	2.21		50	0.65	0.82	1.03

PP-R塑铝稳态管的管系列S值选择表（Ⅲ） 表1.7-15

工作温度（℃）		使用年限（年）	S4	S3.2	S2.5	工作温度（℃）		使用年限（年）	S4	S3.2	S2.5
			允许工作压力（MPa）						允许工作压力（MPa）		
70℃其中每年有30天处于	75	5	0.89	1.11	1.42	70℃其中每年有60天处于	85	5	0.75	0.94	1.21
		10	0.86	1.07	1.37			10	0.71	0.89	1.15
		25	0.74	0.93	1.19			25	0.57	0.72	0.92
		45	0.64	0.80	1.03			35	0.55	0.69	0.88
	80	5	0.84	1.06	1.35		90	5	0.69	0.86	1.11
		10	0.82	1.02	1.31			10	0.61	0.76	0.97
		25	0.70	0.87	1.12			25	0.48	0.61	0.78
		42.5	0.61	0.77	0.98			30	0.46	0.58	0.74
	85	5	0.78	0.98	1.25	70℃其中每年有90天处于	75	5	0.87	1.09	1.39
		10	0.75	0.94	1.21			10	0.84	1.05	1.35
		25	0.63	0.79	1.02			25	0.70	0.88	1.13
		37.5	0.57	0.72	0.92			45	0.61	0.76	0.98
	90	5	0.71	0.89	1.15		80	5	0.81	1.01	1.29
		10	0.69	0.86	1.11			10	0.78	0.98	1.25
		25	0.55	0.69	0.89			25	0.62	0.78	1.00
		35	0.51	0.64	0.82			37.5	0.56	0.71	0.91
70℃其中每年有60天处于	75	5	0.88	1.10	1.41		85	5	0.74	0.93	1.19
		10	0.85	1.06	1.36			10	0.67	0.83	1.07
		25	0.72	0.90	1.16			25	0.53	0.67	0.85
		45	0.62	0.78	1.00			32.5	0.50	0.62	0.80
	80	5	0.82	1.03	1.32		90	5	0.66	0.82	1.06
		10	0.79	0.99	1.27			10	0.56	0.70	0.89
		25	0.66	0.82	1.05			25	0.44	0.56	0.71
		40	0.58	0.73	0.94			—	—	—	—

3. 管径和管壁厚度的确定

PP-R塑铝稳态管的公称直径、平均外径、参考内径、管壁厚、内管壁厚及铝层最小厚度，详见表1.7-16和表1.7-17所示。

外径及参考内径尺寸（mm） 表1.7-16

公称直径	平均外径		参考内径			
	最小值	最大值	S5	S4	S3.2	S2.5
20	21.6	22.1	15.7	15.1	14.1	12.8
25	26.8	27.3	20.2	19.1	17.6	16.1
32	33.7	34.2	25.8	24.4	22.5	20.6
40	42.0	42.6	32.1	30.5	28.2	25.9
50	52.0	52.7	40.2	38.2	35.5	32.6
63	65.4	66.2	50.7	48.1	44.8	41.0
75	77.8	78.7	61.5	58.3	54.4	49.8
90	93.3	94.3	73.9	70.0	65.4	59.8
110	114.0	115.1	90.4	85.8	79.9	73.2
160	165.5	167.0	130.8	124.2	116.2	106.8

管材壁厚、内管壁厚及铝层最小厚度尺寸 表 1.7-17

公称直径(mm)	铝层最小厚度(mm)	不同管系列 S 时的壁厚(mm)											
		S5			S4			S3.2			S2.5		
		管壁厚度		内管公称壁厚	管壁厚度		内管公称壁厚	管壁厚度		内管公称壁厚	管壁厚度		内管公称壁厚
		最小	最大		最小	最大		最小	最大		最小	最大	
20	0.15	2.9	3.3	2.0	3.2	3.6	2.3	3.7	4.1	2.8	4.3	4.8	3.4
25	0.15	3.4	3.8	2.3	3.9	4.3	2.8	4.6	5.1	3.5	5.3	5.9	4.2
32	0.20	3.9	4.4	2.9	4.6	5.1	3.6	5.5	6.1	4.4	6.4	7.0	5.4
40	0.20	4.8	5.4	3.7	5.6	6.2	4.5	6.7	7.4	5.5	7.8	8.6	6.7
50	0.20	5.7	6.4	4.6	6.7	7.4	5.6	8.0	8.8	6.9	9.4	10.4	8.3
63	0.25	7.1	8.0	5.8	8.4	9.3	7.1	10.0	11.0	8.6	11.8	13.0	10.5
75	0.30	8.0	9.4	6.8	9.6	11.0	8.4	11.5	13.0	10.3	13.8	15.4	12.5
90	0.35	9.6	11.0	8.2	11.5	12.9	10.1	13.7	15.2	12.3	16.4	18.2	15.0
110	0.35	11.4	12.9	10.0	13.7	15.2	12.3	16.6	18.3	15.1	19.8	21.8	18.3
160	0.60	16.5	18.1	14.6	19.8	21.7	17.9	23.8	26.1	21.9	28.5	31.3	26.6

1.8 阀门的基础知识

1.8.1 阀门的分类

阀门的种类繁多，而且，随着科学技术的发展，阀门的种类还在不断增加；另外，阀门的分类方法也很多。为了简明起见，兹将根据不同分类依据进行分类的结果，汇列于表1.8-1中。

常用阀门分类表 表 1.8-1

序号	分类依据	名　称	说　明
1	公称通径	小口径阀门	公称通径 $DN \leqslant 40$mm
		中口径阀门	公称通径 $DN=50 \sim 300$mm
		大口径阀门	公称通径 $DN=350 \sim 1200$mm
		特大口径阀门	公称通径 $DN \geqslant 1200$mm
2	公称压力	真空阀	工作压力低于标准大气压的阀门
		低压阀	公称压力 $PN \leqslant 1.6$MPa
		中压阀	公称压力 $PN=2.5 \sim 6.4$MPa
		高压阀	公称压力 $PN=10.0 \sim 80.0$MPa
		超高压阀	公称压力 $PN \geqslant 100$MPa
3	介质工作温度(t)	高温阀	$t>450$℃
		中温阀	120℃$\leqslant t \leqslant$450℃
		常温阀	−40℃$\leqslant t \leqslant$120℃
		低温阀	−100℃$\leqslant t \leqslant$−40℃
		超低渐阀	$t<-100$℃

续表

序号	分类依据	名称	说明
4	用途与作用	截断阀	主要用于截断或接通管路中的介质流，如闸阀、截止阀、球阀、蝶阀、旋塞阀等
		止回阀	用于阻止管路中的介质倒流
		调节阀	主要用于调节管路中介质的流量或压力
		分流阀	用于改变管路中介质流动的方向，起分配、公流或混合介质的作用
		安全阀	用于超压安全保护，排放多余介质，防止压力超过规定值
		多用阀	用于替代两个、三个甚至更多个类型的阀门，如止回球阀、过滤球阀
		专用阀	具有专门用途的阀门，如排污阀、排气阀、平衡阀
5	与管道的连接形式	法兰连接阀门	阀体上带有法兰，与管道采用法兰连接的阀门
		螺纹连接阀门	阀体上带有内螺纹或外螺纹，与管道采用螺纹连接的阀门
		焊接连接阀门	阀体上带有焊口，与管道采用焊接连接的阀门
		夹箍连接阀门	阀体上带有夹口，与管道采用夹箍连接的阀门
		卡套连接阀门	用卡套与阀门连接的阀门
6	启闭方式	自动阀门	依靠介质本身的能力而自行动作的阀门，如安全阀、止回阀、蒸汽减压阀
		驱动阀门	借助手动、电力、液力或气力来操纵的阀门
7	结构特征	截门形	关闭件沿着阀座的中心线移动，如图1.8-1所示
		闸门形	关闭件沿着垂直于阀座中心线的方向移动，如图1.8-2所示
		旋塞和球形	关闭件是柱塞或球体，围绕本身的轴线旋转，如图1.8-3所示
		旋启形	关闭件围绕阀座外的轴线旋转，如图1.8-4所示
		蝶形	关闭件的圆盘，围绕阀座内的轴线旋转（中线式）或围绕阀座外的轴线旋转（偏心式）的结构，如图1.8-5所示
		滑阀形	关闭件在垂直于通道的方向上滑动，如图1.8-6所示
8	阀体材料	非金属材料阀门	如塑料阀门、陶瓷阀门
		金属材料阀门	如铜合金阀门、铝合金阀门、铸铁阀门、铸钢阀门、低（高）合金钢阀门
		金属阀体衬里阀门	如衬塑料阀门、衬铅阀门

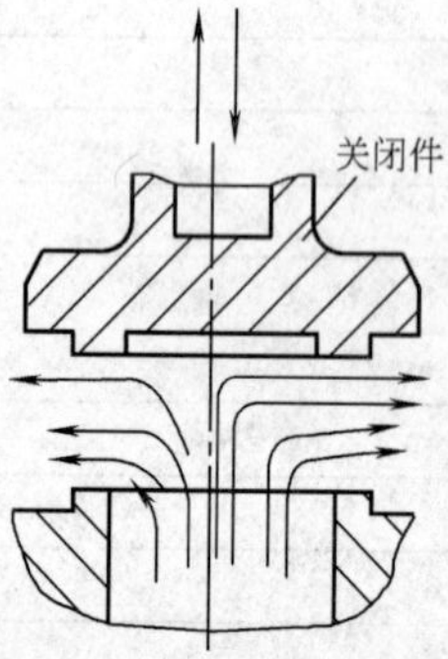

图1.8-1 截门形结构

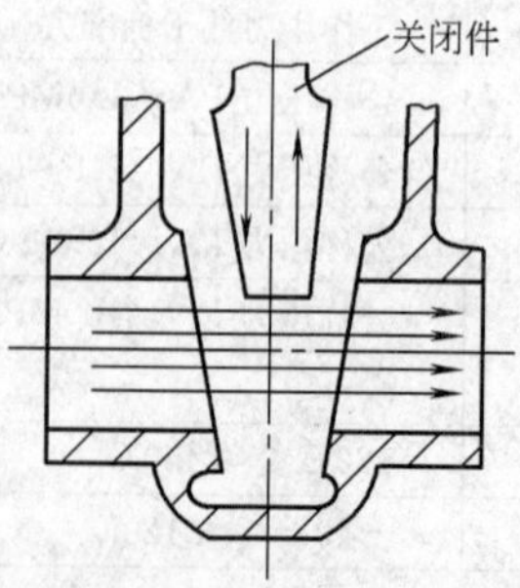

图1.8-2 闸门形结构

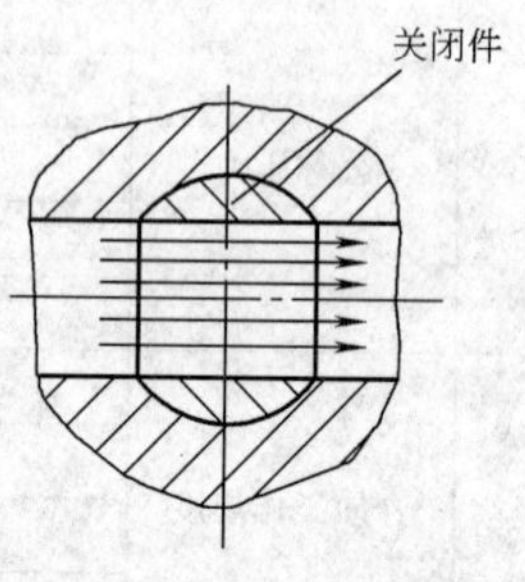

图1.8-3 旋塞和球形结构

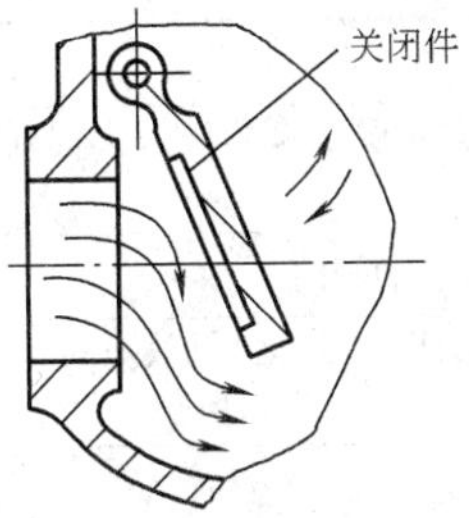

图 1.8-4 旋启形结构

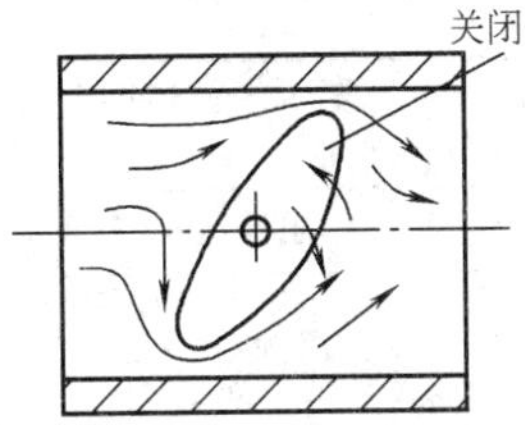

图 1.8-5 蝶形结构

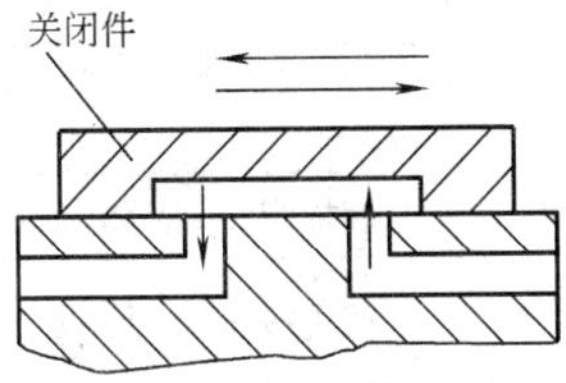

图 1.8-6 滑阀形结构

1.8.2 名词术语

阀门分类中的主要名词术语，见表 1.8-2。

阀门分类的主要名词术语 **表 1.8-2**

序号	名词术语	说明
1	闸阀(gate valve, slide valve)	启闭件(闸板)由阀杆带动,沿阀座密封面作升降运动的阀门
1.1	平行式闸阀(parallel gate valve, parallel slide valve)	闸板的两侧密封面相互平行的闸阀
1.2	楔式闸阀(wedge gate valve)	闸板的两侧密封面成楔状的闸阀
1.3	升降式闸阀(outside screw stem rising through handwheel type gate valve)	阀杆作升降运动,其传动螺纹在体腔外部的闸阀
1.4	旋转杆式闸阀(lnside screw nonrising stem type gate valve)	阀杆作旋转运动,其传动螺纹在体腔内部的闸阀
1.5	快速启闭闸阀(quick open-and-close gate valve)	阀杆既作旋转又作升降运动的闸阀
1.6	缩口闸阀(contraction cavity gate valve)	阀体内的通道直径不同,阀座密封面处的直径小于法兰连接处的直径的闸阀
1.7	平板闸阀(flat gate valve)	有带导流孔和不带导流孔之分;带导流孔的平板闸阀能通球清管,不带导流孔的平板闸阀只能用作管路上的启闭装置
2	蝶阀(butterfly valve)	启闭件(蝶板)绕固定轴旋转的阀门
2.1	中线蝶阀(center line type butterfly valve)	蝶板的回转中心(阀门轴中心)位于阀体的中心线和蝶板的密封截面上的蝶阀
2.2	单偏心蝶阀(single-eccentric center butterfly valve)	蝶板的回转中心(阀门轴中心)位于阀体的中心线上且与蝶板密封截面形成一个尺寸偏置的蝶阀
2.3	双偏心蝶阀(double-eccentric center butterfly valve)	蝶板的回转中心(阀门轴中心)与蝶板密封截面形成一个尺寸偏置,并与阀体中心线形成另一个尺寸偏置的蝶阀
2.4	三偏心蝶阀(three-eccentric center butterfly valve)	蝶板的回转中心(阀门轴中心)与蝶板密封截面形成一个尺寸偏置,并与阀体中心线形成另一个尺寸偏置;阀体密封面中心线与阀座中心线(即阀体中心线)形成一个角偏置的阀门
3	旋转阀(rotary valve)	启闭件沿阀座密封曲面轴心作相对旋转运动的阀门
3.1	球阀(ball valve)	启闭件(球体)绕垂直于通路的轴线旋转的阀门
3.2	旋塞阀(cock, plug)	启闭件(塞子)绕其轴线旋转的阀门
3.3	紧定式旋塞阀(clampyte plug valve)	塞体内不带填料,塞子与塞体密封面的密封,依靠拧紧旋塞下面的螺母来实现的旋塞阀
3.4	填料式旋塞阀(gland packing plug valve)	采用填料密封的旋塞阀

续表

序号	名词术语	说明
3.5	自封式旋塞阀(self-sealing plug valve)	塞子与塞体间的密封,主要依靠介质本身的压力来实现的旋塞阀
3.6	旋柱阀(cock,plug)	启闭件(圆柱形塞子)绕其轴线旋转的阀门
4	截止阀(globe,valve,stop,valve)	启闭件(阀瓣)由阀杆带动,沿阀座(密封面)轴线升降运动的阀门
4.1	上螺纹阀杆截止阀(outside screw stem stop valve)	阀杆螺纹在壳体外面的截止阀
4.2	下螺纹阀杆截止阀(lnside screw stem stop valve)	阀杆螺纹在壳体内的截止阀
4.3	直通式截止阀(globe valve)	介质的进出口两个通道在同一方向上,呈180°的截止阀
4.4	角式截止阀(angle patteren globe valve)	介质的进出口两个通道呈90°的截止阀
4.5	三通截止阀(three way stop valve)	具有三个通道的截止阀
4.6	直流式截止阀(oblique type globe valve)	阀杆与通道成一定角度的截止阀
4.7	柱塞式截止阀(plunger type globe valve)	常规截止阀的变形。其阀瓣和阀座是按柱塞的原理设计的;把阀瓣设计成柱塞,阀座设计成套环,靠柱塞和套环的配合实现密封
4.8	针形截止阀(needle globe valve)	阀座孔的尺寸比公称通径小的截止阀
5	止回阀(check valve)	启闭件(阀瓣)靠介质作用力自动阻止介质逆流的阀门
5.1	旋启式止回阀(swing check valve)	阀瓣绕体腔内固定轴作旋转运动的止回阀
5.2	单瓣旋启式止回阀(single disc swlng check valve)	只有一个阀瓣的旋启式止回阀
5.3	多旋启式止回阀(multi-disc swlng check valve)	具有两个以上阀瓣的旋启式止回阀
5.4	升降式止回阀(lift check valve)	阀瓣垂直于阀座孔轴线作升降运动的止回阀
5.5	底阀(foot valve)	安装在水泵吸入管端,用以保证吸入管内被水充满的止回阀
5.6	弹簧载荷升降式止回阀(spring-loaded lift check valve)	该阀不仅能降低水击压力,而且流道通畅,流阻很小
5.7	弹簧载荷环形阀瓣升降式止回阀(spring-loaded annular disc lift check valve)	与常规升降式止回阀相比,阀瓣行程更小,加之弹簧载荷的作用,使其关闭迅速,更利于降低水击压力
5.8	多环形流道升降式止回阀(multi-annulus lift check valve)	具有最小的阀瓣行程,关闭更为迅速
5.9	蝶式止回阀(butterfly swing check valve)	形状与蝶阀相似,其阀瓣绕固定轴(无摇杆)作旋转运动的止回阀
5.10	管道式止回阀(line check valve)	阀瓣沿着阀体中心线滑动的止回阀。该阀体积小,重量轻,加工工艺性好,但阻力比旋启式止回阀略大
5.11	空排止回阀(no-load running check valve)	一种特殊用途的止回阀,用于锅炉给水泵的出口,用以防止介质倒流及起空排作用
5.12	缓闭止回阀(dashpot check valve)	在旋启式或升降式止回阀上设置缓冲装置,形成缓闭止回阀,它能有效地防止水击
5.13	隔膜式止回阀(diaphragm type check valve)	止回阀的一种新的结构形式,它的使用受到温度和压力等的限制,但其防止水击压力比传统的旋启式止回阀小得多
5.14	锥形隔膜式止回阀(tapered diaphragm type check valve)	该阀对夹安装在管道两法兰之间,其关闭速度极为迅速

续表

序号	名词术语	说　明
5.15	球形止回阀(ball check valve)	胶球(单球或多球)在介质作用下,在球罩内沿阀体中心线方向作来回短行程滚动,以实现其开启与关闭动作
6	安全阀(safety valve)	利用介质本身的力来排出额定数量的流体,以防止系统内的压力超过预定的安全值
6.1	垂锤式安全阀(weighted safety valve)	用杠杆和重锤来平衡阀瓣压力的安全阀,适用于固定设备上,重锤的重量一般不应超过60kg
6.2	弹簧式安全阀(spring type safety valve)	利用压缩弹簧的力来平衡阀瓣的压力并使其密封的安全阀,弹簧作用力一般不应超过20kN
6.3	脉冲式安全阀(pulse type safety valve)	该阀把主阀与辅阀设计在一起,通过辅阀的脉冲作用带动主阀动作,适用于大口径、大排量的高压系统
6.4	微启式安全阀(low lift safety valve)	阀瓣开启高度为阀座喉径的1/40～1/20的安全阀
6.5	全启式安全阀(fall lift safety valve)	阀瓣开启高度等于或大于阀座喉径的1/4的安全阀
6.6	全封闭式安全阀(all sealed bonnet type safety valve)	开启排放时,介质不会向外界泄漏,而是全部通过排泄管排放;适用于易燃、易爆、有毒介质
6.7	半封闭式安全阀(half sealed bonnet type safety valve)	开启排放时,一部分介质通过排泄管排走,另一部分从阀盖与阀杆的配合处向外泄漏,适用于对环境无污染且无安全隐患的介质
6.8	敞开式安全阀(exposed type safety valve)	开启排放时,介质直接由阀瓣上方排放,适用于对环境污染无要求的场合
6.9	杠杆式安全阀(lever and weight loaded safety valve)	利用杠杆将作用力传递到阀瓣上的安全阀
6.10	波纹管平衡式安全阀(bellows seal balance safety valve)	利用波纹管平衡背压的作用,以保持开启压力不变的安全阀
7	减压阀(pressure reducing valve)	通过启闭件的节流,将介质压力降低,并利用介质本身能量,使阀后的压力自动满足预定要求的阀门
7.1	活塞式减压阀(piston reducing valve)	以活塞作传感元件,来带动阀瓣运动的减压阀
7.2	薄膜式减压阀(diaphragm reducing valve)	采用薄膜作传感元件,来带动阀瓣运动的减压阀
7.3	气包式减压阀(air bag type reduclng)	依靠阀后介质进入气包内的压力来平衡压力的减压阀
7.4	弹簧薄膜式减压阀(spring diaphragm reduclng valve)	采用弹簧和薄膜作传感元件,来带动阀瓣升降运动的减压阀
7.5	波纹管式减压阀(bellows seal reducing valve)	采用波纹管机构来带动阀瓣并降运动的减压阀
7.6	杠杆式减压阀(1ever reducing valve)	采用杠杆机构来带动阀瓣升降运动的减压阀
7.7	定值减压阀(fixed pressure reducing valve)	出口压力保持定值的减压阀
7.8	定比减压阀(proportioning pressure reducing valve)	出口压力与进口压力或某个参考压力保持一定比例的减压阀
7.9	定差减压阀(fixed differential reducing valve)	出口压力与进口压力或某个参考压力保持一定压差的减压阀
7.10	直接作用减压阀(direct-acting reducing valve)	利用出口压力变化,直接控制阀瓣运动的减压阀
7.11	卸荷式减压阀(balanced reducing valve)	进口介质对阀瓣的作用力接近或达到平衡的减压阀
8	蒸汽疏水阀(steam trap)	自动排除凝结水并阻止蒸汽泄漏的阀门
8.1	浮球式疏水阀(ball float steam trap)	利用在凝结水中浮动的空心球,带动启闭件动作的疏水阀

续表

序号	名词术语	说明
8.2	机械型蒸汽疏水阀(mechanical steam trap)	由凝结水位变化驱动启闭件,使其完成阻汽排水动作的疏水阀
8.3	自由浮球式蒸汽疏水阀(free-ball float steam trap)	由壳体内凝结水的液位变化导致启闭件(自由浮球)的开关动作。该阀能够排除饱和水,且能连续排放凝结水
8.4	杠杆浮球式蒸汽疏水阀(lever-ball float steam trap)	由壳体内凝结水的液位变化导致启闭件(杠杆浮球)的开关动作,该阀杠杆机构的特点是可以扩大浮力,因此,可用于超大排量的场合
8.5	自由半浮球式蒸汽疏水阀(free-semi-ball float steam trap)	采用能自由活动的半球形浮子(自由半浮球),浮子本身具有阀瓣的机能,是没有铰链、杠杆及连杆机构即能启闭阀口的结构,也是结构最简单的蒸汽疏水阀
8.6	敞口向下浮子式蒸汽疏水阀(lnverted bucket steam trap)	浮子的开口向下,由浮子内凝结水的液位变化导致启闭件的开关动作。该阀多数不把阀瓣直接固定在浮子上,而是采用杠杆机构以扩大浮力
8.7	敞口向上浮子式蒸汽疏水阀(open bucket steam trap)	又称浮桶式蒸汽疏水阀,是利用在凝结水中的浮桶,带动启闭件动作的疏水阀
8.8	热静力型蒸汽疏水阀(hot statical force steam trap)	由凝结水温度变化驱动启闭件,使其完成阻气排水动作的疏水阀
8.9	波纹管式蒸汽疏水阀(bellows seal steam trap)	在蛇形管容器(波纹管)内封入沸点低、易挥发的液体作为感温元件。在波纹管上固定着阀瓣,随着温度变化,波纹管产生伸缩而启闭的疏水阀
8.10	膜盒式蒸汽疏水阀(membrane-box steam trap)	属于蒸汽压力式,由凝结水的压力与可变形元件内挥发性液体的蒸汽压力之间的不平衡来驱动启闭件的动作,它不会发生气堵
8.11	双金属片式蒸汽疏水阀(bimetal elements steam trap)	利用双金属片受热变形,带动启闭件动作的蒸汽疏水阀,它不会发生闭塞现象
8.12	热动力型蒸汽疏水阀(hot-motiveforce steam trap)	由凝结水动态特性的变化驱动启闭件,使其完成阻汽排水动作的疏水阀
8.13	圆盘式蒸汽疏水阀(disc steam trap)	利用蒸汽与凝结水的不同热力性质,及其静压与动压的变化,使阀片动作的蒸汽疏水阀
8.14	脉冲式蒸汽疏水阀(impulse steam trap)	利用蒸汽在两级节流中的二次蒸发,导致蒸汽和凝结水的压力变化,而使启闭件动作的蒸汽疏水阀
8.15	迷宫或孔板式蒸汽疏水阀(orifice steam trap)	由节流孔控制凝结水的排放量,并使凝结水汽化,减少蒸汽的流出
9	隔膜阀(diaphragm valve)	启闭件(隔膜)由阀杆带动,沿阀杆轴线作升降运动,并将动作机构与介质隔开的阀门
9.1	截止式隔膜阀(globe diaphragm valve)	阀体与截止阀阀体形状相似的隔膜阀
9.2	屋脊式隔膜阀(weir diaphragm valve)	阀体流道中以屋脊形结构与隔膜构成密封面的隔膜阀
9.3	闸板式隔膜阀(wedge diaphragm valve)	闸瓣与楔式闸阀的单闸板形状相似的隔膜阀
10	多用途阀(muldpurpose valve)	具有多种用途的阀门
10.1	截止止回阀(screw-down stop check valve)	一种可以起到截止和止回两种功能的阀门,适用于安装位置受限制的场合
10.2	截止止回节流阀(screw-down stop check and throttle valve)	一种具有截止、止回和节流作用的三用阀
10.3	截止止回安全阀(screw-down stop check and safety valve)	一种具有截止、止回、安全作用的三用阀
10.4	止回球阀(check-ball valve)	一种具有止回和球阀作用的两用阀

1.8.3 阀门的主要性能参数

阀门的性能参数，主要是公称压力、公称通径、工作压力、工作温度等。

1. 公称通径（Nomlnal diameter）

通常管路系统中的所有管路附件，均用公称通径 *DN* 表示尺寸。公称通径是用作参考的经过圆整的数字，与加工尺寸在数值上不完全等同。

公称通径以字母 *DN* 后紧跟一个数字来标志；如公称通径 150mm，应标志为：*DN*150。

国标 GB/T 1047—1995 对阀门的公称通径系列作了下列规定（表 1.8-3）：

阀门的公称通径系列（mm） **表 1.8-3**

15	**100**	**350**	**1000**	**2000**	**3600**
20	**125**	**400**	**1100**	**2200**	**3800**
25	**150**	**450**	**1200**	**2400**	**4000**
32	**175**	**500**	**1300**	**2600**	—
40	**200**	**600**	**1400**	**2800**	—
50	**225**	**700**	**1500**	**3000**	—
65	**250**	**800**	**1600**	**3200**	—
80	**300**	**900**	**1800**	**3400**	—

注：表中黑体字者为常用的公称通径。

2. 公称压力（Nomlnal pressure）

公称压力 *PN* 是一个用数字表示的与压力有关的标示代号，是供参考用的方便的圆整数。同一公称压力 *PN* 值所标示的同一公称通径 *DN* 的所有管路附件，具有与端部连接形式相适应的同一连接尺寸。

为了明确起见，涉及公称压力时，我国统一以“MPa”计量单位表示。

我国国家标准 GB/T 1048—1990 规定的阀门公称压力的系列如表 1.8-4 所示。

阀门的公称压力系列［MPa（bar）］ **表 1.8-4**

0.05(0.5)	2.0(20.0)	20.0(200.0)	100.0(1000.0)
0.1(1.0)	2.5(25.0)	250.0(250.0)	125.0(1250)
0.25(2.5)	4.0(40.0)	28.0(280.0)	160.0(1600)
0.4(4.0)	5.0(50.0)	32.0(320.0)	200.0(2000)
0.6(6.0)	6.3(63.0)	42.0(420.0)	250.0(2500)
0.8(8.0)	10.0(100.0)	50.0(500.0)	335.0(3350)
1.0(10.0)	15.0(150.0)	63.0(630.0)	—
1.6(16.0)	16.0(160.0)	80.0(800.0)	—

在英、美等国家，虽然目前在有关标准中已引入了公称压力的概念，但在使用中，实际上仍采用英制单位和压力级“Class”。

由于公称压力和压力级的温度基准不同，因此，两者没有严格的对应关系。

压力级 Class 与公称压力两者间的近似关系如表 1.8-5 所示。

压力级 Class 与公称压力的参考对照表 **表 1.8-5**

Class(英制单位)	150	300	400	600	800	900	1500	2500
公称压力 *PN*(MPa)	2.0	5.0	6.8	11.0	13.0	15.0	26.0	42.0

3. 工作压力（Working pressure）

阀门的工作压力，一般以 P_w 表示。工作压力与公称压力的含义不同，工作压力标志的是该阀门在适用介质温度下的压力，其值随介质温度改变。各种系列和型号的阀门，都有固定的工作压力；具体数值，由阀门生产企业根据该阀的适用介质温度给定。

4. 工作温度（Working temperature）

阀门的工作温度，一般以 t_w 表示。工作温度标志的是该阀门在适用介质下的温度，其值随工作压力和介质种类等改变。各种系列和型号的阀门，都有固定的工作温度；具体数值，由阀门生产企业根据该阀的适用介质给定。

1.8.4 阀门型号的表示方法

阀门型号的表示，一般应包括阀门类型、驱动方式、连接形式、结构特点、密封面材料、阀体材料和公称压力等要素。

由于阀门的类型和材料越来越多，阀门型号的表示也越来越复杂。我国的《阀门型号编制方法》(JB/T 308—1975) 标准已愈来愈不能适应阀门发展的需要。目前的情况是：阀门制造企业一般采用统一编号方法，无法采用统一编号方法者，各企业根据需要制订企业的编号方法。

我国《阀门型号编制方法》(JB/T 308—1975) 的规定如下：

1. 型号的编制 型号由 7 个单元组成：

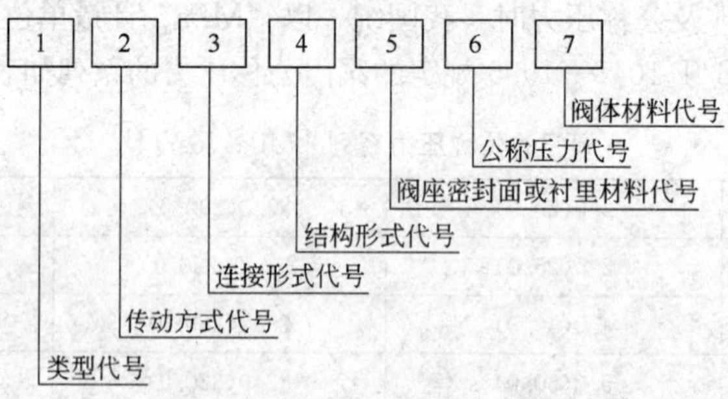

2. 代号 各单元的具体代号规定如下：

(1) 类型代号

闸阀 ………………………………… Z

截止阀……………………………… J

节流阀 …………………………… L

球阀 ……………………………… Q

(2) 传动方式代号

电磁动 …………………………… 0

电磁-液动………………………… 1

电-液动 ………………………… 2

蜗杆 ……………………………… 3

蝶阀 ………………………………… D
隔膜阀 ……………………………… G
旋塞阀 ……………………………… X
止回阀和底阀 ……………………… H
安全阀 ……………………………… A
减压阀 ……………………………… Y
蒸汽疏水阀 ………………………… S

正齿轮 ……………………………… 4
锥齿轮 ……………………………… 5
气动 ………………………………… 6
液动 ………………………………… 7
气流动 ……………………………… 8
电动 ………………………………… 9

注：手轮、手柄传动及安全阀、减压阀、疏水阀省略本代号。

（3）连接形式代号

内螺纹………………………………… 1
外螺纹………………………………… 2
法兰…………………………………… 4
焊接…………………………………… 6
对夹…………………………………… 7
卡箍…………………………………… 8
卡套…………………………………… 9

（4）结构形式代号，以阿拉伯数字表示，详见表 1.8-6 至表 1.8-11。

闸阀结构形式代号 **表 1.8-6**

<table>
<tr><th colspan="4">闸阀结构形式</th><th>代　号</th></tr>
<tr><td rowspan="5">明杆</td><td rowspan="3">楔式</td><td colspan="2">弹性闸阀</td><td>0</td></tr>
<tr><td rowspan="6">刚性</td><td>单闸板</td><td>1</td></tr>
<tr><td>双闸板</td><td>2</td></tr>
<tr><td rowspan="2">平行式</td><td>单闸板</td><td>3</td></tr>
<tr><td>双闸板</td><td>4</td></tr>
<tr><td colspan="2" rowspan="2">暗杆楔式</td><td>单闸板</td><td>5</td></tr>
<tr><td>双闸板</td><td>6</td></tr>
</table>

截止阀和节流阀结构形式代号 **表 1.8-7**

<table>
<tr><th colspan="2">截止阀和节流阀结构形式</th><th>代　号</th></tr>
<tr><td colspan="2">直通式</td><td>1</td></tr>
<tr><td colspan="2">角式</td><td>4</td></tr>
<tr><td colspan="2">直流式</td><td>5</td></tr>
<tr><td rowspan="2">平衡</td><td>直角式</td><td>6</td></tr>
<tr><td>通式</td><td>7</td></tr>
</table>

球阀结构形式代号 **表 1.8-8**

<table>
<tr><th colspan="3">球阀结构形式</th><th>代　号</th></tr>
<tr><td rowspan="4">浮动式</td><td colspan="2">直通式</td><td>1</td></tr>
<tr><td>Y形</td><td rowspan="3">三通式</td><td>2</td></tr>
<tr><td>L形</td><td>4</td></tr>
<tr><td>T形</td><td>5</td></tr>
<tr><td rowspan="5">固定球</td><td colspan="2">直通式</td><td>7</td></tr>
<tr><td colspan="2">四通式</td><td>6</td></tr>
<tr><td>T形</td><td rowspan="2">三通式</td><td>8</td></tr>
<tr><td>L形</td><td>9</td></tr>
<tr><td colspan="2">半球直通式</td><td>0</td></tr>
</table>

蝶阀结构形式代号 **表 1.8-9**

蝶阀结构形式		代号	蝶阀结构形式		代号
密封型	中线式	1	非密封型	中线式	6
	单偏心	2		单偏心	7
	双偏式	3		双偏心	8
	连杆偏心(变偏心)			连杆偏心(变偏心)	9

隔膜阀、旋塞阀、止回阀、减压阀和疏水阀的结构形式代号 **表 1.8-10**

阀门类型	结构形式		代号
隔膜阀	屋脊式		1
	截止式		2
	闸板式		7
旋阀塞	填料	直通式	3
		T形三通式	4
		四通式	5
	油封	直通式	7
		T形三通式	8
止回阀	升降	直通式	1
		立式	2
	旋启	单瓣式	4
		多瓣式	5
		双瓣式	6
	蝶式	双瓣	7
		单瓣	8
	梭式		9
减压阀	薄膜式		1
	弹簧薄膜式		2
	活塞式		3
	波纹管式		4
	杠杆式		5
蒸汽疏水阀	浮球式		1
	敞口向上浮子式		3
	敞口向下浮子式		5
	膜盒式		6
	双金属片式		7
	脉冲式		8
	热动力型圆盘式		9

安全阀结构形式代号 **表 1.8-11**

结构形式				代号
弹簧	封闭	带散热片	全启式	0
		微启式		1
		全启式		2
	不封闭	带扳手	全启式	4
			双弹簧微启式	3
			微启式	7
			全启式	8
		带控制机构	微启式	5
			全启式	6
脉冲式				9

(5) 阀座密封面或衬里材料代号，如表 1.8-12 所示。

阀座密封面或衬里材料及阀体材料代号 **表 1.8-12**

类 别	材 料	代 号
阀座密封面或衬里	铜合金	T
	橡胶	X
	尼龙塑料	N
	氟塑料	F
	锡基轴承合金(巴氏合金)	B
	合金钢	H
	渗氮钢	D
	硬质合金	Y
	衬胶	J
	衬铅	Q
	搪瓷、渗硼钢	C、P
阀体	灰铸铁	Z
	可锻铸铁	K
	球墨铸铁	Q
	铜及铜合金	T
	碳钢	C
	1Cr5Mo、ZG1Cr5Mo	I
	1Cr18Ni9Ti、ZG1Cr18Ni9Ti	P
	1Cr18Ni12MoTi、ZG1Cr18Ni12MoTi	R
	12CrMoV ZG12CrMoV	V

(6) 公称压力代号：公称压力以阿拉伯数字表示，其数值是以 MPa 为单位的公称压力值的 10 倍。

(7) 阀体材料代号，见表 1.8-12。

3. 阀门的命名

阀门的名称，是根据传动方式、连接形式、结构形式、衬里材料和类型命名的。下列内容在命名中均予以省略了：

(1) 连接形式中："法兰"。

(2) 结构形式中：

1) 闸阀的"明杆"、"弹性"、"刚性"和"单阀板"；

2) 截止阀和节流阀的"直通式"；

3) 球阀的"浮动"和"直通式"；

4) 蝶阀的"垂直板式"；

5) 隔膜阀的"屋脊式"；

6) 旋塞阀的"填料"和"直通式"；

7) 止回阀的"直通式"和"单瓣式"；

8) 安全阀的"不封闭"；

9）阀座密封面材料中的材料名称。

4. 示例

【例1】 电动传动、法兰连接，明杆楔式双闸板、阀座密封面材料由阀体直接加工，阀门的公称压力 $PN=0.1\text{MPa}$，阀体材料为灰铸铁的闸阀。

【解】 由上述给定条件可知，这是 Z942W—1 直动楔式双闸板闸阀。

【例2】 手动、外螺纹连接、浮动球、直通式、阀座密封面材料为氟塑料、公称压力 $PN=4.0\text{MPa}$、阀体材料为 1Cr18Ni9Ti 的球阀。

【解】 由上述给定条件可知，这是 Q21F—40P 外螺纹球阀。

1.8.5 阀门的流量系数

1. 流量系数

阀门的流量系数，是衡量阀门流通能力的指标。流量系数越大，说明流体流过阀门时的压力损失越小。国外工业发达国家生产的阀门，在样本中都把流量系数值列入产品样本，供设计和使用单位选用。流量系数值随阀门的尺寸、形式、结构而变化，因此，对不同类型与规格的阀门，要分别进行试验，才能确定其流量系数。

2. 流量系数的计算

流量系数的定义：流体流经阀门产生单位压力损失时流体的流量。

由于应用的单位不同，导致了流量系数有几种不同的代号和量值。现将它们的计算式和关系汇集如下：

（1）一般式：

$$C=q_v\cdot\sqrt{\frac{\rho}{\Delta p}} \tag{1.8-1}$$

式中 C——流量系数；

q_v——体积流量；

ρ——流体的密度；

Δp——阀门的压力损失。

（2）A_v 值计算式：

$$A_v=q_v\cdot\sqrt{\frac{\rho}{\Delta p}} \tag{1.8-2}$$

式中 A_v——流量系数，m^2；

q_v——体积流量，m^3/s

ρ——流体的密度，kg/m^3；

Δp——阀门的压力损失，Pa。

（3）K_v 值计算式：

$$K_v=q_v\cdot\sqrt{\frac{\rho}{\Delta p}} \tag{1.8-3}$$

式中 K_v——流量系数，m^2；

q_v——体积流量，m^3/h；

ρ——流体的密度，kg/m^3；

Δp——阀门的压力损失，bar。

（4）C_v 值计算式：

$$C_v = q_v \cdot \sqrt{\frac{G}{\Delta p}} \tag{1.8-4}$$

式中 C_v——流量系数，$\frac{\text{USgal/min}}{(\text{lbf/in}^2)^{0.5}}$；

q_v——体积流量，USgal/min；

G——水的相对密度 $G=1$；

Δp——阀门的压力损失，lbf/in^2。

（5）流量系数之间的关系：

$$C_v = 1.17K_v \tag{1.8-5}$$

$$C_v = \frac{10^6}{24} \cdot A_v \tag{1.8-6}$$

$$K_v = \frac{10^6}{28} \cdot A_v \tag{1.8-7}$$

3. 影响流量系数的因素

（1）阀门的尺寸、形式和结构，是影响阀门流量系数的主要因素，图 1.8-7 给出了几种典型阀门的流量系数近似值与阀门直径的关系。

（2）同样结构的阀门，当流体流过阀门时的方向不同时，流量系数也有变化，如图 1.8-8 所示。

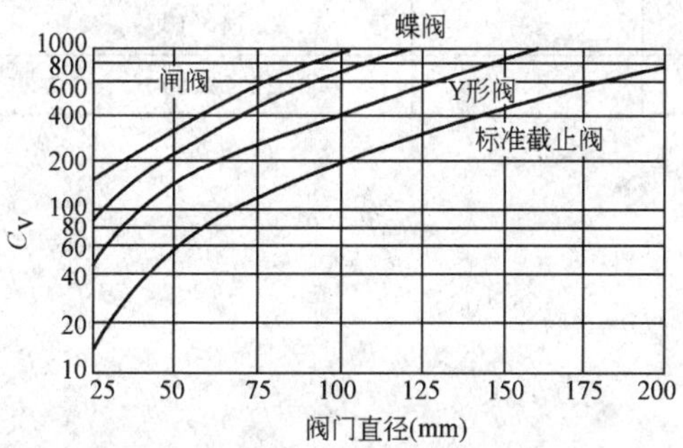

图 1.8-7 流量系数近似值与阀门直径的关系

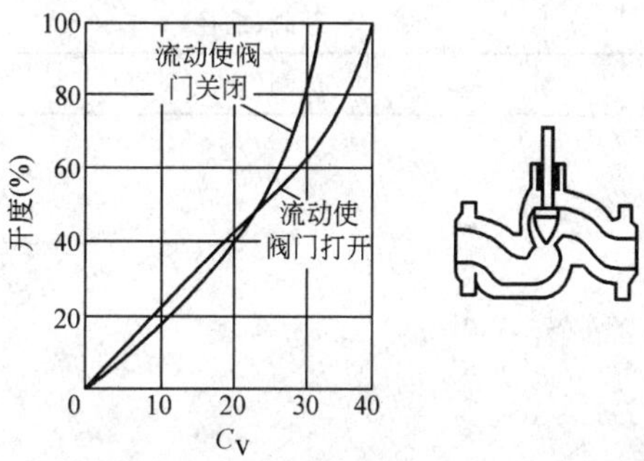

图 1.8-8 单座截止阀（节流阀）C_V 与开度的关系

（3）流体方向不同时之所以引起流量系数变化，一般是由于压力恢复不同而形成的。当流体流过阀门使阀瓣趋于打开时，阀瓣和阀体形成的环形扩散通道能使压力有所恢复。当流体流过阀门使阀瓣趋于关闭时，阀座对压力恢复的影响很大。

（4）阀门内部的几何形状不同，流量系数的曲线也不同。

（5）图 1.8-9 所示的高压角阀，当流体的流动使阀门趋于关闭时，流量系数较高。这是由于这时阀座的扩散锥体使流体

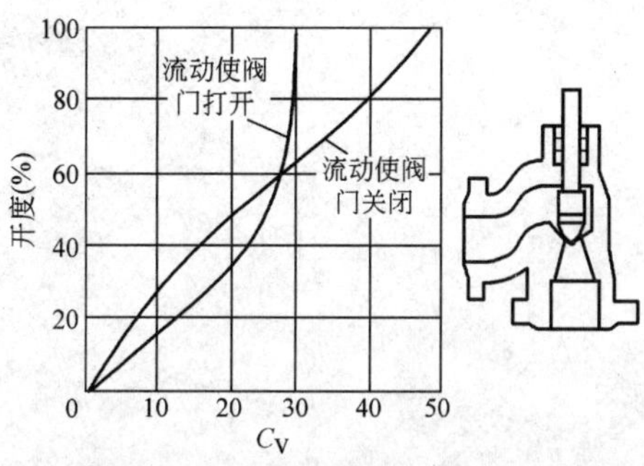

图 1.8-9 角式截止阀（节流阀）C_V 与开度的关系

的压力恢复的缘故。

(6) 阀门内部压力恢复的机理，与文丘里管的收缩与扩散造成的压力损失机理一样。当阀门内部的压降相同时，若阀门内压可以恢复，流量系数值就较大。

(7) 阀门内的压力恢复，与阀门内腔的几何形状有关，但更主要的是取决于阀瓣、阀座的结构。

(8) 公称直径 $DN50$ 的各种类型阀门的典型流量系数见表 1.8-13。

公称直径 *DN*50 的各种类型阀门的典型流量系数 **表 1.8-13**

序号	类 型		C_V 值	A_V 值
1	截止阀		40～60	0.96×10^{-3}～1.44×10^{-3}
2	角式截止阀		47	1.13×10^{-3}
3	Y形阀门	阀杆与管道中心线夹角为45°	72	1.73×10^{-3}
4		阀杆与管道中心线夹角为60°	65	1.56×10^{-3}
5	V形旋塞阀		60～80	1.44×10^{-3}～1.92×10^{-3}
6	蝶阀	蝶板厚度为通道直径的7%	333	7.99×10^{-3}
7		蝶板厚度为通道直径的35%	154	3.70×10^{-3}
8	常规闸阀		300～310	7.20×10^{-3}～7.44×10^{-3}
9	夹管阀		360	8.64×10^{-3}
10	旋启式止回阀		76	1.82×10^{-3}
11	隐蔽式旋启止回阀		123	2.95×10^{-3}
12	球阀(缩径)		131	3.14×10^{-3}
13	球阀(全径)		440	10.5×10^{-3}

第2章　法定计量单位及常用单位的换算关系

2.1　国际单位和我国的法定计量单位

我国的法定计量单位（以下简称法定单位）包括：

1. 国际单位制（国际符号为 SI）**的基本单位**（见表 2.1-1）；

国际单位制的基本单位　　**表 2.1-1**

量的名称	单位名称	单位符号	量的名称	单位名称	单位符号
长度	米	m	热力学温度	开[尔文]	K
质量	千克(公斤)	kg	物质的量	摩[尔]	mol
时间	秒	s	发光强度	坎[德拉]	cd
电流	安[培]	A			

2. 国际单位制的辅助单位（见表 2.1-2）；

国际单位制的辅助单位　　**表 2.1-2**

量 的 名 称	单 位 名 称	单 位 符 号
平面角	弧度	rad
立体角	球面度	sr

3. 国际单位制中具有专门名称的导出单位（见表 2.1-3）；

国际单位制中具有专门名称的导出单位　　**表 2.1-3**

量 的 名 称	单 位 名 称	单 位 符 号	其他表示式例
频率	赫[兹]	Hz	s^{-1}
力;重力	牛[顿]	N	$kg \cdot m/s^2$
压力,压强;应力	帕[斯卡]	Pa	N/m^2
能量;功;热量	焦[耳]	J	$N \cdot m$
功率;辐射通量	瓦[特]	W	J/s
电荷量	库[仑]	C	$A \cdot s$
电位;电压;电动势	伏[特]	V	W/A
电容	法[拉]	F	C/V
电阻	欧[姆]	Ω	V/A
电导	西[门子]	S	A/V
磁通量	韦[伯]	Wb	$V \cdot s$
磁通量密度;磁感应强度	特[斯拉]	T	Wb/m^2
电感	亨[利]	H	Wb/A
摄氏温度	摄氏度	℃	
光通量	流[明]	lm	$cd \cdot sr$
光照度	勒[克斯]	lx	lm/m^2
放射性活度	贝可[勒尔]	Bq	s^{-1}
吸收剂量	戈[瑞]	Gy	J/kg
剂量当量	希[沃特]	Sv	J/kg

4. 国家选定的非国际单位制单位（见表2.1-4）；

国家选定的非国际单位制单位 **表2.1-4**

量的名称	单位名称	单位符号	换算关系和说明
时间	分	min	1min=60s
	[小]时	h	1h=60min=3600s
	天(日)	d	1d=24h=86400s
平面角	[角]秒	(″)	$1''=(\pi/648000)$rad
	[角]分	(′)	$1'=60''=(\pi/10800)$rad
	度	(°)	$1°=60'=(\pi/180)$rad
旋转速度	转每分	r/min	$1\text{r/min}=(1/60)\text{s}^{-1}$
长度	海里	n mile	1n mile=1852m(只用于航程)
速度	节	Kn	1Kn=1n mile/h=(1852/3600) m/s(只用于航行)
质量	吨	t	$1\text{t}=10^3\text{kg}$
	原子质量单位	u	$1\text{u}\approx1.6605655\times10^{-27}\text{kg}$
体积	升	L,(l)	$1\text{L}=1\text{dm}^3=10^{-3}\text{m}^3$
能	电子伏	eV	$1\text{eV}\approx1.6021892\times10^{-19}\text{J}$
级差	分贝	dB	
线密度	特[克斯]	tex	1tex=1g/km

5. 由以上单位构成的组合形式的单位；

6. 由词头和以上单位所构成的十进倍数和分数单位（词头见表2.1-5）；

用于构成十进倍数和分数单位的词头 **表2.1-5**

所表示的因数	词头名称	词头符号	所表示的因数	词头名称	词头符号
10^{18}	艾[可萨]	E	10^{-1}	分	d
10^{15}	拍[它]	P	10^{-2}	厘	c
10^{12}	太[拉]	T	10^{-3}	毫	m
10^{9}	吉[咖]	G	10^{-6}	微	μ
10^{6}	兆	M	10^{-9}	纳[诺]	n
10^{3}	千	K	10^{-12}	皮[可]	p
10^{2}	百	h	10^{-15}	飞[母托]	f
10^{1}	十	da	10^{-18}	阿[托]	a

注：① 周、月、年（年的符号为a）为一般常用时间单位。
② [ ] 内的字，是在不致混淆的情况下，可以省略的字。
③ ( ) 内的字为前者的同义语。
④ 角度单位度分秒的符号不处于数字后时，用括弧。
⑤ 升的符号中，小写字母l为备用符号。
⑥ r为转的符号。
⑦ 人民生活和贸易中，质量习惯称为重量。
⑧ 公里为千米的俗称，符号为km。
⑨ 10^4 称为万，10^8 称为亿，10^{12}称为万亿，这类数字的使用不受词头名称的影响，但不应与词头混淆。

2.2 名词解释

1. 量

指物理量的简称。

凡是可以定量描述的物理现象都是物理量。也就是说，可以建立单位的那些量都是物理量，但不包括计数量在内。

2. 计量单位

习惯上公认数值为 1 的一个量。

在同类量的不同单位之间，必定存在固定的换算关系。例如长度这个物理量，可以有很多种单位，如米、厘米、毫米、码、市尺等。

在对某一类量确定了单位之后，这类量的所有量值，可以用这个单位与纯数之积来表示。例如，长度确定以米为单位后，一切长度都可以表示为若干米。

计量单位也可称为测量单位。

3. 计量单位的符号

代表计量单位的规定符号。

对单位的符号，国际计量大会有统一的规定。我国原则上采用了这些符号，称国际符号。符号的形式有两种，一种是用字母符号，包括拉丁字母和希腊字母，例如以 m 表示长度单位。

单位的中文符号由单位和词头的简称构成，例如安培的中文符号是“安”，千帕斯卡的中文符号是“千帕”等。

4. 法定计量单位

由国家以法令形式规定强制使用或允许使用的计量单位。

我国国务院在 1959 年 6 月 25 日发布关于统一计量制度的命令中提出的统一公制计量单位中文名称方案就是我国的法定计量单位，该命令确定以公制为基本计量制度。

1984 年 2 月 27 日国务院颁布的中华人民共和国法定计量单位，是 1959 年的计量单位的进一步发展。新颁布的法定计量单位更加完整、科学、实用。它是以国际单位制(SI) 为基础，根据我国的情况，适当增加了一些其他单位构成的，所以，它与国际上所采用的计量单位也更为协调。

5. 基本单位

计量单位的选择本来是任意的，例如最早选定的米就是如此。但是，如果对每一种量全都任意选定它的单位，这就会造成单位很多，而且计算复杂。为了使用上的方便，需要尽可能少地选择某些独立定义的单位，而其余的单位由这几个单位按物理最之间的关系去构成。例如，选择了长度单位米，时间单位秒，速度的单位就可按速度等于长度除以时间的关系构成为米每秒（m/s）。这些选定作为构成其他单位基础的单位，称为基本单位。例如，以厘米、克、秒作为基本单位，就构成了力学领域中全部物理量的单位。

6. 导出单位

在选定了基本单位之后，由基本单位以相乘、相除构成的单位，都称为导出单位。

7. 单位制

选定了基本单位以后，可以按一定关系由它们构成一系列的导出单位。这样的基本单位和导出单位就成为一个完整的单位体系，称为单位制。由于基本单位选择的不同，就构成了不同的单位体系和单位制。例如，以厘米、克、秒为基本单位的单位制称为厘米克秒制（CGS 制）。在这个单位制中，包括力的单位达因，功的单位尔格，黏度的单位泊等。

8. 国际单位制

经国际计量大会通过并以表 2.1-1 所列七个单位为基础的一贯计量单位制，简称 SI（国际符号）。

在国际单位制中，所有的单位名称及符号、词头名称及符号，都是经国际计量大会通过的。

9. 国际单位制的辅助单位

国际计量大会把表示平面角的单位以及表示立体角的单位另列为一类，称为辅助单位。这是因为它们既可以用“1”表示，又可以用给出的专门名称“弧度”和“球面度”表示。从实用出发，根据不同场合下的需要，既可用纯数来表示，也可以用专门名称表示。

10. 国际单位制中具有专门名称的导出单位

凡是可以由七个基本单位通过乘除导出的量，都称为导出量，导出量的单位都是导出单位。例如；速度的单位为米每秒；密度的单位为千克（公斤）每立方米等。这些大量的导出单位中，有十九个是经国际计量大会给予了专门名称，这些单位就称为具有专门名称的导出单位。凡是国际计量大会没有决定给予专门名称者，均不得认为是国际单位制的单位。

这些导出单位与国际单位制的七个基本单位之间，均有一定的关系。例如力的单位牛［顿］：

$$1N=1kg\cdot m\cdot s^{-2}$$

11. 词头

词头又称词冠，也称前缀。它是西方文字中的一种构词成分，用于加在另外一个词的前面，同那个词一起构成一个新词。词头都有确定的含义，但它本身不是一个词，不能单独使用。

国际单位制中规定了 16 个词头，用于与单位构成倍数和分数单位，国际上称为 SI 词头。这些词头的中文名称，有 8 个是按习惯使用的汉语数词译出的，另外 8 个则系按音译出的。词头的符号，是由国际计量大会规定的。

12. 主单位

主单位为独立定义的单位，而十进倍数和分数单位是按它来定义的。在国际单位制中，凡是没有加词头的单位（千克除外），都是主单位，国际上统一称为 SI 单位。

“SI”是国际计量大会规定的国际单位制的国际通用符号，它来源于法文“Lesystème Internariollal d’unités”。

13. 国际单位制的单位

包含于国际单位制中的单位，既有 SI 单位，也有 SI 单位的十进倍数和分数单位。这两大类单位的总体构成国际单位制的单位。

SI 单位只是国际单位制单位中的一部分，即主要单位那部分。在这部分单位中，单位间的关系式中，系数都等于 1，例如：

$$1J=1N\cdot m=1Pa\cdot m^3=1W\cdot s=1V\cdot A\cdot s=1Wb\cdot A=1C\cdot V=1kg\cdot m^2\cdot s^{-2}。$$

上式中的各个单位都是 SI 单位，但在这些单位前加上词头后，以上的关系式就不再成立，出现非 1 的系数。例如：用 cm 代替 m 后，

$$1J=100N\cdot cm$$

14. 非国际单位制单位

凡不属于七个基本单位、两个导出单位和十九个具有专门名称的导出单位的其他单位，以及以上这些单位的不是用词头构成而是另外给予了名称的十进倍数和分数单位的，都应认为是非国际单位制单位。

例如质量单位千克的倍数单位兆克、吉克等，是由词头构成的，兆克、吉克等是国际单位制的单位。而等于一兆克的吨，就是非国际单位制单位了。

15. 组合形式的单位

凡是由两个或两个以上的单位以相乘或相除或既有乘又有除构成的单位称为组合形式的单位，简称为组合单位。

凡是由一个单位与数学符号或数字指数构成的单位，也是组合单位。

例如：立方米 m^3；

米每秒 m/s；

每米 m^{-1}；

每摄氏度 $℃^{-1}$；

千克每立方米 kg/m^3。

16. 十进倍数和分数单位

在国际单位制中，单位都是十进或千进的。一切倍数和分数单位，无例外地只能由词头加在主单位之前构成，而不应另给予专门名称。例如：立方米（m^3）的分数单位可以是立方分米（dm^3），而不应称为升，虽然法定单位中包括升，但它不是SI单位。

凡这样构成的十进倍数和分数单位也都是法定单位。

例如：除主单位米外，厘米、毫米、微米、千米也都是法定计量单位。

又如：千瓦小时，因为“瓦”是国际单位制中的主单位，“千”是词头，而“小时”是法定计量单位，所以，由它们构成的单位，也是法定计量单位。

17. 重量

质量在生活、贸易中的别名。

1959年的国务院命令中，曾表明质量与重量单位相同。

过去，曾把重量作为重力的别名，以致在很多情况下产生混淆。今后，凡在指力的场合下，重量应改用“重力”一词。

18. 摩[尔]

摩[尔]过去曾称为克分子、克原子等，含义不完全相同。

摩[尔]是物质的量的主单位，它是从粒子数这一角度来描述物质多少的单位，而不是从质量或其他角度来描述物质的多少。千克（公斤）只指质量，是与摩[尔]不同的两种单位。1克分子就是1摩[尔]，但不能说多少克等于1摩[尔]。例如可以说1摩[尔]氧分子的质量等于32克，但不能说1摩[尔]氧分子等于32克。

19. 物质的量

从粒子、分子、原子或其他基本粒子的特定组合的粒子数这一角度出发所表示的物质多少。这个粒子数是不可数的大数，只能用实验方法测量。例如，1摩[尔]氢分子，其中包含大约6×10^{23}个氢分子。

20. 坎［德拉］

过去曾称为新烛光。坎［德拉］是发光强度的单位，大体上等于过去的烛光。由于定义变化，国际上改称此名。

21. 开［尔文］

开［尔文］是热力学温度单位，过去曾称之为绝对度、开氏度，符号为°K。表示温度差时，用度，符号为 deg。现在，统一称开［尔文］，符号为 K。

22. 摄氏度

摄氏度是摄氏温度单位，也称百分度。作为单位，它等于 1K。

23. 压力

压力与压强同属一个概念。

24. 公里

“里”是我国的市制单位，在市制单位前加一“公”字，算作米制中倍数和分数单位的名称，这本身是违背米制原则的。按米制原则，1000m 应写成 1km，中文也应称为 1 千米。

由于“公里”这一习惯称呼流传较广，和公斤一样，要取消它而代之以“千米”和“千克”也比较困难，所以，现保留作为“千米”和“千克”的别称。

25. 兆

“兆”是我国的传统数词。从系列上讲，它比“亿”要大。按古代数词的含义，十万称亿，十亿称兆，这样，兆就是 10^6，即所谓百万。这种用法在科技界已很普遍，如兆周，兆电子伏等。为此，保留了兆为 10^6 这个含义，作为词头的中文名称。

亿按下数虽为 10^5，但按中数万进的规则，万万称亿，万亿称兆。这样，亿成为 10^8，兆成为 10^{12}。目前在计数中，亿已习惯采用中数的含义，10^8。因此，作为数词使用，它比兆实际上大了。对于大于亿的数，就只有采用十亿、百亿、千亿、万亿这样的计数法了。

2.3 主要单位的定义

1. 米

米是光在真空中 1/299792458 秒的时间间隔内所经过的距离。

2. 千克（公斤）

千克是质量单位，它等于国际千克原器的质量。

3. 秒

秒是铯-133 原子基态的两个超精细能级之间跃迁所对应的辐射的 9192631770 个周期的持续时间。

4. 安［培］

安［培］是一恒定电流，若保持在处于真空中相距 1 米的两无限长而圆截面可忽略的平行直导线内，则此两导线之间产生的力在每米长度上等于 2×10^{-7} 牛顿。

5. 开［尔文］

热力学温度开［尔文］是水三相点热力学温度的 1/273.16。

6. 摩［尔］

摩［尔］是一系统的物质的量，该系统中所包含的基本单元数与 0.012 公斤碳-12 的原子数目相等。

在使用摩［尔］时，应指明基本单元，可以是原子、分子、离子、电子及其他粒子，或是这些粒子的特定组合。

7. 牛［顿］

牛［顿］是使 1 公斤质量的物体产生 1 米每二次方秒加速度的力。

$$1\mathrm{N}=1\mathrm{kg}\cdot\mathrm{m/s^2}$$

8. 焦［耳］

焦［耳］是当 1 牛［顿］力的作用点在力的方向上移动 1 米距离所作的功。

$$1\mathrm{J}=1\mathrm{N}\cdot\mathrm{m}$$

9. 瓦［特］

瓦［特］是在 1 秒时间间隔内产生 1 焦［耳］能量的功率。

$$1\mathrm{W}=1\mathrm{J/s}$$

10. 伏［特］

流过 1 安培恒定电流的导线内，如两点之间所消耗的功率为 1 瓦特时，这两点之间的电位差为 1 伏［特］。

$$1\mathrm{V}=1\mathrm{W/A}$$

11. 欧［姆］

欧［姆］是一导体两点之间的电阻，当在这两点间加上 1 伏特恒定电位差时，在导体内产生 1 安培电流，而导体内不存在任何电动势。

$$1\Omega=1\mathrm{V/A}$$

12. 库［仑］

库［仑］是 1 安培电流在 1 秒时间间隔内所运送的电量。

$$1\mathrm{C}=1\mathrm{A}\cdot\mathrm{s}$$

13. 法［拉］

法［拉］是电容器的电容量，当电容器充 1 库仑电量时，它的两极板之间出现 1 伏特的电位差。

$$1\mathrm{F}=1\mathrm{C/V}$$

14. 赫［兹］

赫［兹］等于在 1 秒时间间隔内发生一个周期过程的频率。

$$1\mathrm{Hz}=1\mathrm{s}^{-1}$$

15. 帕［斯卡］

帕［斯卡］等于 1 牛顿每平方米。

$$1\mathrm{Pa}=1\mathrm{N/m^2}$$

16. 弧度

弧度是圆内两条半径之间的平面角，这两条半径在圆周上所截取的弧长与半径相等。

17. 球面度

球面度是一立体角，其顶点位于球心，而它在球面上所截取的面积等于以球半径为边长的正方形面积。

18. 标准大气压

标准大气压等于101325牛顿每平方米的压力。

$$1\text{atm}=101325\text{Pa}$$

19. 转每分

转每分等于旋转运动物体每分时间间隔内旋转一周的旋转速度。

$$1\text{rev/min}=\frac{1}{60}\text{s}^{-1}$$

2.4 法定计量单位的使用规则

2.4.1 单位的名称

1. 在不致混淆的情况下，单位名称的简称可等效它的全称使用，如毫安、千焦……。

2. 组合单位的名称与其符号书写的次序一致。符号中的乘号没有对应名称，符号中的除号的对应名称为“每”。无论分母中有几个单位，“每”只在有除号的地方出现一次。

例如：加速度法定单位的符号是 m/s^2，其名称应为“米每二次方秒”，而不是“米每秒每秒”；黏度的单位符号为 Pa·s，其名称应为“帕［斯卡］秒”，而不是“帕［斯卡］乘秒”。

3. 乘方形式的单位名称，其顺序是指数名称在单位的名称之前，相应指数名称由数字加“次方”二字组成。

例如：断面惯性矩单位符号 m^4 的名称为“四次方米”，而不应是“米四次方”。

4. 指数是-1的单位，或分子为1的单位，其名称是以“每”字开头。

例如：线膨胀系数的单位符号为$℃^{-1}$或K^{-1}，其名称应为“每摄氏度”或“每开尔文”，而不是“负一次方摄氏度”或“负一次方开尔文”。

5. 如果长度的二次和三次幂是指面积和体积，则相应的指数名称为“平方”和“立方”，并置于长度单位的名称之前。否则应称为“二次方”和“三次方”。

6. 书写单位名称时，其中不应加任何表示乘或除的符号或其他符号。

例如：力矩的法定单位 N·m 的名称应写为“牛顿米”或“牛米”，但不能写成“牛顿·米”或“牛·米”。

2.4.2 词头的名称

1. 词头的名称应永远紧接单位名称而不得在其间插入其他词。

例如：面积单位 km^2 的名称只能是“平方千米”，而不能是“千平方米”；dam^2 的名称应是“平方十米”，而不能是“十平方米”。

2. 在书写中作词头用的八个数词如带来混淆时，可采用圆括号加以分隔。

例如：3km与3000m的名称均为“三千米”，必要时，可分别写为“三（千米）”和“三千米”。

2.4.3 单位和词头的符号

1. 单位和词头的符号所用的字母一律为正体，不能用斜体。

2. 单位符号字母一般为小写，但如单位名称来源于人名者，符号的第一个字母应大写。

例如：秒　　　　s
　　　毫米　　　mm
　　　瓦［特］　W
　　　帕［斯卡］Pa
　　　赫［兹］　Hz

3. 词头的符号字母，当所表示的因数小于 10^6 时用小写体，大于 10^3 时为大写体。

例如：千　10^3　k
　　　兆　10^6　M

4. 由单位相乘构成组合单位时，其符号可用下列形式之一。以“千瓦小时”为例：kWh 或 kW・h。

5. 相乘形式的组合单位次序无原则规定。通常不能使用词头的单位不应放在最前面。另外，若组合单位符号中某单位符号同时又是词头符号且有可能发生混淆时，则应尽量将它置于右侧。

6. 单位和词头也可以用中文符号，中文符号是以单位的简称代替国际符号而构成的。

例如：m/s^2 可以用米/秒^2 代替
　　　kg/m^3 可以用公斤/米^3 代替
　　　W/(m^2・K) 可以用瓦/米^2・开代替

摄氏温度单位摄氏度的符号（℃），可当作中文符号使用，并且，还可与其他中文符号组合。

例如：J/℃的中文符号可写作焦/℃。

7. 单位和词头推荐使用国际符号，中文符号只用于通俗出版物中。

8. 在叙述性文字中，也可以使用符号表示单位，不要求一定采用单位名称。

9. 单位符号一律不用复数形式。

10. 单位符号一般不得加注角码或其他符号来给予另外的含义。

11. 由两个以上单位相乘所构成的组合单位，其中文符号的写法，只采用居中加圆点作为乘号的一种形式。如“N・m”写成“牛・米”，不许写成“牛×米”、“牛-米”、“牛米”……等。

12. 两个以上单位相除所构成的组合单位，其符号可以采用以下三种形式之一。

以密度单位“公斤每立方米”为例：kg/m^3；$kg\cdot m^{-3}$；kgm^{-3}。

在可能产生混淆时，尽可能用居中圆点表示乘和用斜线表示除。

例如：速度单位“米每秒”的符号应采用 $m\cdot s^{-1}$或 m/s，而不应采用 ms^{-1}，因为后者易混淆为“每毫秒”。

13. 由两个以上单位相除所构成的组合单位的中文符号，可采用以下两种形式之一。

以热容的单位“焦耳每开尔文”的中文符号为例：焦/开；或焦・开$^{-1}$。

14. 在进行运算时，组合单位的除号可用水平线表示。

例如：速度的单位“米每秒”运算中可以写成$\frac{m}{s}$或$\frac{米}{秒}$。

15. 分子为1的组合单位符号，一般不用分式而用负数幂表示。

例如：波数单位“每米”的符号是m^{-1}，一般不用1/m，中文符号是$米^{-1}$，一般不用1/米。

16. 在用斜线（/）表示相除时，单位符号的分子和分母应与斜线处于同一水平行内，不宜写成分子高于分母。

17. 当分母中包含两个以上单位相乘时，整个分母一般应加圆括号。

例如：比热容的单位“焦耳每公斤开尔文”的符号应为J/(kg·K)，不应写作J/kg·K；其中文符号应为“焦/(公斤·开)”，不应写作“焦/公斤·开。

18. 在组合单位的符号中，表示除号的斜线不应多于一条。不得已出现二条或多于二条时，必须有括号避免混淆。

例如：传热系数的单位“瓦特每平方米开尔文”的符号应为$W/(m^2·K)$，而不应为$W/m^2/K$，必要时可书写成$(W/m^2)/K$。相应的中文符号应为“$瓦/(米^2·开)$，而不应是“$瓦/米^2开$”，必要时可写成“$(瓦/米^2)/开$”。

19. 词头和单位符号之间不应有间隔，也不加表示相乘的其他符号，它们的符号不应加括号。

例如：面积单位“平方千米”的符号为km^2，不应为$k·m^2$，$(km)^2$或$k×m^2$。相应的中文符号为“$千米^2$”，而不应为“$千·米^2$”、“$千×米^2$”等。

20. 中文符号中的圆括号只有在可能造成混淆时才使用。

例如：功率单位“千瓦”的中文符号为“千瓦”，不应写为“(千瓦)”。

2.4.4 单位和词头的使用规则

1. 单位和词头的名称和简称，一般只适用于叙述性文字之中，在公式、数表、曲线图、刻度盘等场合不应应用。

2. 单位和词头的符号可以应用于一切场合。也适用于叙述性文字中表示量值。

3. 单位名称或符号，必须作为一个整体使用，不能将它拆开书写。

例如：摄氏温度单位“摄氏度”表示的量值应写成“20摄氏度”或“20℃”，不应写成或读成“摄氏20度”。

4. 单位的名称和符号应置于整个数值之后。

例如：5572±5mm不得写成“5572mm±5mm”；1.5m不准写成1m5。

5. 十进制的单位一般在一个量值中只应使用一个单位。

例如：1.75m不应写成1m75cm。

6. 选用的倍数和分数单位，一般应使数值处于0.1～1000范围内。

例如：$1.2×10^4$N可写成12kN

0.00394m可写成3.94mm

11401Pa可写成11.401kPa

$3.1×10^{-8}$s可写成31ns

某些场合习惯使用的单位不受上述限制。

7. 词头：百、十、分、厘，一般只用于某些已习惯使用的场合，如分贝（dB）。

8. 有些国际单位制以外的单位，可以按习惯使用词头构成倍数或分数单位。

在法定计量单位中，只有吨、升、分贝、电子伏等几个单位有时加词头使用。

9. 法定计量单位中，非十进制的单位以及摄氏温度单位按习惯不使用词头。

10. 词头不得重叠使用。

例如：不得用“毫微米”mμm 而应以“纳诺米”nm 表示。但是，“三千千瓦”这样的表达方式可以采用，因这里的词头只有瓦前面的一个。

11. 利用一部分数词作为词头的中文名称，有时带来混淆。例如 1kg 和 1000g 在口语叙述时均为“一千克”，在必须严格区分时，1000g 可读作“一零零零克”或“一千个克”。

12. 亿(10^8)、万(10^4)等数词的使用不受限制，它们也可与单位构成倍数单位，但它们不是词头。如表示运输量的单位“万吨公里”，符号可用 10^4t・km 或万 t・km。

13. 相乘形式的组合单位在加词头构成它的倍数和分数单位时，词头一般加在第一个单位上。

例如：力矩的单位为 N・m，它的倍数和分数单位可为 MN・m，kN・m，mN・m，μN・m 等，而不能在 m 前加词头。

14. 相除形式的组合单位，在加词头构成倍数和分数单位时，词头一般加在分子的第一个单位上。

例如：热容的单位为 J/K，它的倍数单位应是 kJ/K，不应是 J/mK；

动量的单位为 kg・m/s，它的倍数单位应是 Mg・m/s，而不应是 kg・km/s。

15. 当组合单位中分母是长度、面积或体积单位时，分母中按习惯与方便也可选用词头构成组合单位的倍数和分数单位。

例如：密度的单位为 kg/m^3，它的倍数单位可用 g/cm^3。

16. 一般不在组合单位中采用两个有词头的单位，也不在分子与分母中同时采用词头。

17. 乘方形式的倍数或分数单位的指数，属于包括词头在内的倍数或分数单位。

例如：$1cm^2=1(10^{-2}m)^2=1\times10^{-4}m^2$

而 $1cm^2\neq10^{-2}m^2$

又如：$1\mu s^{-1}=1(10^{-6}s)=10^6s^{-1}$

18. 在物理方程中，如其中所有的量都用 SI 单位来表示，那么，在计算时方程式的形式不会产生与物理方程形式上的不同。这样，可以避免差错，也避免不必要的系数进入计算方程。因此，在计算中，所有的量值都应该用 SI 单位来表示，而词头以相应的 10 的乘方来代替。

【例 1】 均匀运动物体的速度 v，时间 f 与所经过的距离 s 三者间的关系是

$$v=s/t$$

设一物体在 1.5min 时间内，经过的距离为 9km，求它的速度。

这里，“千米”与“分”均为法定计量单位，但不是 SI 单位，它们对应的 SI 单位为“米”与“秒”，如这三个量均以 SI 单位表示，则计算式将与上述关系式完全一致而不带来其他系数。

$$s=9km=9\times10^3m$$

$$t=1.5min=1.5\times60=90s$$

而 v 的 SI 单位为 m/s

因此 $$v=\frac{s}{t}=\frac{9\times10^3\text{m}}{90\text{s}}=100\text{m/s}$$

【例 2】 按牛顿运动定律，质量 m、所受的外力 F 与因此而产生的加速度 a 三者之间的关系为

$$F=ma$$

设一物体质量为 2kg，受外力为 10kgf，求加速度 a。

“公斤力”不是法定单位，力的 SI 单位为“牛顿”，它们之间的关系为：

$$1\text{kgf}=9.80665\text{N}$$

可得 $$\frac{9.80665\text{N}}{1\text{kgf}}=1$$

加速度 a 的 SI 单位为“米每二次方秒”。

按物理方程

$$a=\frac{F}{m}=\frac{10\text{kgf}\times\frac{9.80665\text{N}}{1\text{kgf}}}{2\text{kg}}=\frac{98\text{N}}{2\text{kg}}=49\text{m/s}^2$$

上述计算式中全部换成 SI 单位后，得到的结果必然是 SI 单位的数值。

很明显，从单位时间的关系式也可以得到：

$$\frac{\text{N}}{\text{kg}}=\frac{\text{kg}\cdot\text{m}\cdot\text{s}^{-2}}{\text{kg}}=\text{m}\cdot\text{s}^{-2}$$

19. 将 SI 词头中文名称的简称置于单位名称的简称之前构成中文符号时，应注意防止产生混淆，必要时应添加圆括号。

例如：表示旋转频率的量值不得写成 3 千秒$^{-1}$。如表示“三每千秒”应写成“3(千秒)$^{-1}$”，这里，“千”为词头；如表示“三千每秒”，则应写成“3 千(秒)$^{-1}$”，这里，“千”为数词而不是词头。

表示体积量值时，不得写成 2 千米^3。如表示“二立方千米”，应写成 2(千米)^3，这里，“千”为词头；如表示“二千立方米”，则应写成 2 千(米)^3，这里，“千”不是词头而是数词。

2.5 单位换算的详细关系

1. 长度

长度的法定单位为米，符号为 m。法定单位与其他单位的换算关系如表 2.5-1 所示。

长度单位的换算关系 **表 2.5-1**

米(metre)m	英寸(inch)in	英尺(foot)ft	码(yard)yd	英里(mile)mile	(国际)海里 (international nautical mile)n mile
1	39.3701	3.2808	1.0936	6.21×10^{-4}	5.40×10^{-4}
0.0254	1	0.0833	0.0278	1.58×10^{-5}	1.37×10^{-5}
0.3048	12	1	0.3383	1.64×10^{-4}	1.65×10^{-4}
0.9144	36	3	1	5.68×10^{-4}	4.94×10^{-4}
1609.344	63.36	5280	1760	1	0.8690
1852	72913.4	6076.12	2025.37	1.1508	1

2. 面积

面积的法定单位为平方米，符号为 m^2。法定单位和其他单位的换算关系如表 2.5-2 所示。

面积单位的换算关系 **表 2.5-2**

平方米 (square metre) m^2	公顷 (hectare) hm^2	平方英寸 (square inch) in^2	平方英尺 (square foot) ft^2	平方码 (square yard) yd^2	平方英里 (square mile) $mile^2$
1	1×10^{-4}	1550.00	10.7639	1.1960	3.861×10^{-7}
10000	1	1550×10^{4}	107639	11959.9	3.861×10^{-3}
6.4516×10^{-4}	6.4516×10^{-3}	1	6.9444×10^{-3}	7.716×10^{-4}	2.491×10^{-10}
0.0929	9.2903×10^{-6}	144	1	0.1111	3.587×10^{-3}
0.8361	8.3613×10^{-5}	1296	9	1	3.228×10^{-7}
2.59×10^{6}	258.999	4.0145×10^{9}	2.7878×10^{7}	3.098×10^{6}	1

3. 体积、容积

体积和容积的法定单位为立方米或升，相应的符号为 m^3、L。法定单位和其他单位的换算关系如表 2.5-3 所示。

体积、容积单位的换算关系 **表 2.5-3**

立方米 (cubic metre) m^3	升 (litre) L	立方英寸 (cubic inch) in^3	立方英尺 (cubic foot) ft^3	英加仑 (UK gallon) UK gal	美加仑 (US gallon) US gal
1	1000	61023.7	35.3147	219.969	264.172
0.001	1	61.0237	0.0353	0.21997	0.2642
1.6387×10^{-5}	1.6387×10^{-2}	1	5.787×10^{-4}	3.6047×10^{-3}	4.329×10^{-3}
0.0283	28.3168	1728	1	6.2288	7.4805
4.5461×10^{-3}	4.5461	277.42	0.1605	1	1.2010
3.7854×10^{-3}	3.7854	231	0.1337	0.8327	1

4. 平面角

平面角的法定单位为弧度，符号为 rad。法定单位和其他单位的换算关系如表 2.5-4 所示。

平面角单位的换算关系 **表 2.5-4**

弧度 (radian) rad	直角 (right angld) ∟	度 (degree) °	分 (minute) ′	秒 (second) ″	冈 (grade) gon
1	0.6362	57.2958	3437.75	206265	63.6620
1.5708	1	90	5400	324000	100
0.0175	0.0111	1	60	3600	1.1111
2.9089×10^{-4}	1.8519×10^{-4}	0.0167	1	60	1.8518×10^{-2}
4.8481×10^{-6}	3.0864×10^{-6}	2.7778×10^{-4}	0.0167	1	3.0864×10^{-4}
0.0157	0.01	0.8	54	3240	1

5. 速度

速度的法定单位为米每秒，符号为 m/s。速度的法定单位和其他单位的换算关系如表 2.5-5 所示。

速度单位的换算关系 表2.5-5

米每秒 (metre per second) m/s	公里每小时 (kilometre per hour) km/h	英尺每秒 (foot per second) ft/s	英尺每分 (foot per minute) ft/min	英里每小时 (mile per hour) mile/h	节 (international knot) kn
1	3.6	3.2808	196.850	2.2369	1.9438
0.2778	1	0.9113	54.6807	0.6214	0.5400
0.3048	1.0973	1	60	0.6818	0.5925
0.0051	0.0183	0.0167	1	0.1136	9.8747×10^{-3}
0.4470	1.6093	1.4667	88	1	0.8690
0.5144	1.852	1.6878	101.269	1.1508	1

6. 角速度

角速度的法定单位为弧度每秒，符号为 rad/s。角速度的法定单位与其他单位的换算关系如表2.5-6所示。

角速度单位的换算关系 表2.5-6

弧度每秒 (radian per second) rad/s	弧度每分 (radian per minute) rad/min	转每秒 (revolution per second) rev/s	转每分 (revolution per minute) rev/min	度每秒 (degree per second) (°)/s	度每分 (degree per minute) (°)/min
1	60	0.1592	9.5493	57.2958	3437.75
0.0167	1	0.0026	0.1592	0.9549	57.2958
6.8832	376.991	1	60	360	21600
0.1047	6.2832	0.0167	1	6	360
0.0175	1.0472	0.0028	0.1667	1	60
2.9089×10^{-4}	0.0175	4.6296×10^{-5}	2.7778×10^{-3}	0.0167	1

7. 加速度

加速度的法定单位为米每二次方秒，符号为 m/s^2。加速度的法定单位与其他单位的换算关系如表2.5-7所示。

加速度单位的换算关系 表2.5-7

米每二次方秒 (metre per second squared) m/s^2	英尺每二次方秒 (foot per second squarrde) ft/s^2	标准重力加速度 (standard acceleration due to gravity) gn
1	3.2808	−0.10197
0.3048	1	0.03108
9.8067	32.1740	1

8. 质量

质量的法定单位为公斤（千克），符号为 kg。质量的法定单位与其他单位的换算关系如表2.5-8所示。

质量单位的换算关系 表2.5-8

公斤(千克) (kilogram) kg	磅 (pound) lb	斯勒格 (slug) slug	吨 (tonne) t(Mg)
1	2.2046	0.0685	0.001
0.4536	1	0.0311	4.5359×10^{-4}
14.5939	32.1740	1	0.0146
1000	2204.62	68.5	1

9. 密度

密度的法定单位为公斤每立方米或千克每立方米，符号为 kg/m^3，常用的倍数单位为克每立方厘米（g/cm^3）或克每毫升（g/mL），它们都等于 $1000kg/m^3$。密度法定单位与其他单位的换算关系如表 2.5-9 所示。

密度单位的换算关系 **表 2.5-9**

公斤每立方米 (kilogram per cubic metre) kg/m^3	克每毫升 (gram per cubic centimetre) g/cm^3	磅每立方英寸 (pound per cubic inch) lb/in^3	磅每立方英尺 (pound per cubic foot) lb/ft^3	磅每英加仑 (pound per UK gallon) lb/UK gal	磅每美加仑 (pound per US gallon) lb/US gal
1	0.001	3.61×10^{-5}	6.24×10^{-2}	1.002×10^{-2}	0.8345×10^{-2}
1000	1	0.0361	62.4280	10.0224	8.3454
27679.9	27.6799	1	1728	277.42	231
16.0185	0.0161	5.79×10^{-4}	1	0.1605	0.1337
99.7763	0.0998	3.61×10^{-3}	6.2288	1	0.8327
119.826	0.1198	4.33×10^{-3}	7.4805	1.2009	1

10. 比体积，比容积

比体积和比容积的法定单位为立方米每公斤，符号为 m^3/kg，经常也应用升每公斤（L/kg），等于 $0.001m^3/kg$。比体积和比容积的法定单位与其他单位的换算关系如表 2.5-10所示。

比体积，比容积单位的换算关系 **表 2.5-10**

立方米每公斤 (cubic metre per kilogram) m^3/kg	升每公斤 (litre per kilogram) L/kg	立方英尺每磅 (cubic foot per pound) ft^3/lb	立方英寸每磅 (cubic inch per pound) in^3/lb	立方英尺每英吨 (cabic foot per UK ton) ft^3/ton	英加仑每磅 (UK gallon per pound) UK gal/lb
1	1000	16.0185	27679.9	35881.4	99.7763
0.001	1	0.0160	27.6799	35.8814	0.0998
0.0624	62.428	1	1728	2240	6.2288
3.61×10^{-5}	0.0361	5.79×10^{-4}	1	1.2963	3.61×10^{-3}
2.79×10^{-5}	0.0279	4.46×10^{-4}	0.7714	1	2.78×10^{-3}
0.010	10.0224	0.1605	277.42	359.618	1

11. 质量流率

质量流率的法定单位为公斤每秒或千克每秒，符号为 kg/s。质量流率的法定单位与其他单位的换算关系如表 2.5-11 所示。

质量流率单位的换算关系 **表 2.5-11**

公斤每秒 (kilogram per second) kg/s	公斤每小时 (kilogram per hour) kg/h	磅每秒 (pound per second) lb/s	磅每小时 (pound per hour) lb/h	英吨每小时 (UK ton per hour) UK ton/h
1	3600	2.2046	7936.64	3.5431
2.78×10^{-4}	1	6.12×10^{-4}	2.2046	9.84×10^{-4}
0.4536	1632.93	1	3600	1.6071
1.26×10^{-4}	0.4536	2.78×10^{-4}	1	4.464×10^{-4}
0.2822	1016.05	0.6222	2240	1

12. 体积流率

体积流率的法定单位为立方米每秒，符号为 m^3/s。体积流率法定单位和其他单位的换算关系如表 2.5-12 所示。

体积流率单位的换算关系　　表 2.5-12

立方米每秒 (cubic metre per sccond) m^3/s	立方米每小时 (cubic metre per hour) m^3/h	升每秒 (litre per second) L/s	立方英尺每秒 (cubic foot per second) ft^3/s	立方英尺每小时 (cubic foot per hour) ft^3/h	英加仑每秒 (UK gallon per second) UK gal/s
1	3600	1000	35.3147	127133	219.969
2.78×10^{-4}	1	2.78×10^{-1}	9.81×10^{-3}	35.3147	0.0611
0.001	3.6	1	0.0353	127.133	0.2199
0.0283	101.941	28.3168	1	3600	6.2288
7.87×10^{-6}	0.0283	7.87×10^{-3}	0.278×10^{-3}	1	1.73×10^{-3}
4.55×10^{-3}	16.3659	4.5461	0.1605	577.957	1

13. 力

力的法定单位为牛顿，符号为 N。法定单位与其他单位的换算关系如表 2.5-13 所示。

力的单位换算关系　　表 2.5-13

牛顿 (Newton) N	公斤力 (kilogram-force) kgf	磅达 (poundal) pdl	磅力 (pound-force) lbf	英吨力 (UK ton-force) tonf	盎司力 (ounce-force) ozf
1	0.10197	7.2330	0.2248	1.004×10^{-4}	3.5969
9.8067	1	70.9316	2.2046	9.842×10^{-4}	35.2740
0.1383	0.0141	1	0.0311	1.388×10^{-5}	0.4973
4.4482	0.4536	32.1740	1	$4.464\times10-4$	16
9964.02	1016.05	72069.9	2240	1	35840
0.2780	0.0284	2.0109	0.0625	2.79×10^{-5}	1

14. 力矩

力矩的法定单位为牛顿米，符号为 N·m。力矩法定单位与其他单位的换算关系如表 2.5-14 所示。

力矩单位的换算关系　　表 2.5-14

牛顿米 (Newton metre) N·m	公斤力米 (kilogram-force metre) kgf·m	磅达英尺 (poundal foot) Pdl·ft	磅力英尺 (pound-force foot) lbf·ft	磅力英寸 (pound-force inch) lbf·in	英吨力英尺 (UK ton force foot) tonf·ft
1	0.102	23.7304	0.7376	8.8508	3.29×10^{-4}
9.8067	1	232.715	7.2330	86.7962	3.229×10^{-3}
0.0421	4.297×10^{-3}	1	0.0311	0.3729	1.39×10^{-5}
1.3558	0.1383	32.174	1	12	4.46×10^{-4}
0.1129	0.0115	2.6812	0.0833	1	3.72×10^{-5}
3037.03	309.691	72069.9	2240	26880	1

15. 压强（压力），应力

压强（压力）和应力的法定单位为帕斯卡，符号为 Pa。法定单位和其他单位的换算关系如表 2.5-15 所示。

压强单位的换算关系 表 2.5-15

帕斯卡 (Pascal=1Newton per square metre) Pa	公斤力每平方厘米 (kilogram force per square centimetre) kgf/cm^2	磅力每平方英寸 (pound force per square inch) lbf/in^2	巴 (bar) bar	标准大气压 (standard atmosphere) atm	托 (torr) torr	英寸水柱 (inch of water) inH_2O	毫米汞柱 (millinetre of mercury) mmHg
1	1.0197×10^{-5}	1.4504×10^{-4}	1×10^{-5}	9.8692×10^{-6}	0.75×10^{-2}	4.0146×10^{-3}	7.50×10^{-2}
9.8067×10^{4}	1	14.2233	0.9807	0.9678	735.559	395.0	735.53
6894.76	0.0703	1	0.0690	0.0681	51.7149	27.72	51.715
1×10^{5}	1.0197	14.5038	1	0.9869	750.062	402	750
101325	1.0332	14.6959	1.0133	1	760	407.5	760.00
133.322	1.3595×10^{-2}	0.0193	0.0013	1.3158×10^{-3}	1	0.5352	1
249.089	0.0025	0.0361	2.49×10^{-3}	2.46×10^{-3}	1.8682	1	1.8682
133.322	0.0014	0.0193	0.0013	1.3158×10^{-3}	1	0.5352	1

16. 动力黏度

动力黏度的法定单位为帕斯卡秒，也可以用牛顿每平方米，它们的符号分别为 Pa·s 或 $N\cdot s/m^2$。动力黏度法定单位与其他单位的换算关系如表 2.5-16 所示。

动力黏度单位的换算关系 表 2.5-16

帕斯卡秒 (Pascal second) Pa·s	厘泊 (centipoise) cp	公斤力秒每平方米 (kilogram orce second per square metre) $kgf\cdot s/m^2$	磅达秒每平方英尺 (poundal second per square foot) $pdl\cdot s/ft^2$	磅力秒每平方英尺 (pound-force second per square foot) $lbf\cdot s/ft^2$	磅力小时每平方英尺 (pound-force hour per square foot) $lbf\cdot ft^2$
1	1000	0.1020	0.6719	2.09×10^{-2}	5.80×10^{-5}
0.001	1	1.02×10^{-4}	6.72×10^{-4}	2.09×10^{-5}	5.80×10^{-9}
9.8067	9806.65	1	6.5898	0.2048	5.69×10^{-5}
1.4882	1488.16	0.1518	1	0.0311	8.63×10^{-6}
47.8803	47880.3	4.8824	32.1740	1	2.78×10^{-4}
1.72×10^{5}	1.72×10^{3}	1.76×10^{4}	1.16×10^{5}	3600	1

17. 运动黏度，热扩散率

运动黏度和热扩散率的法定单位为二次方米每秒，符号为 m^2/s。法定单位与其他单位的换算关系如表 2.5-17 所示。

运动黏度单位的换算关系 表 2.5-17

二次方米每秒 (metre squared per second) m^2/s	厘斯托克斯 (centistokes) cst	二次方英寸每秒 (inch squared per second) in^2/s	二次方英尺每秒 (foot squared per second) ft^2/s	二次方英寸每小时 (inch squared per hour) in^2/h	二次方米每小时 (metre squared per hour) m^2/h
1	1×10^{6}	1.55×10^{3}	10.7639	5.58×10^{6}	3600
1×10^{-6}	1	1.55×10^{-3}	1.08×10^{-5}	5.5800	0.0036
6.45×10^{-4}	645.16	1	6.94×10^{-3}	3600	2.3226
9.29×10^{-2}	92903.0	144	1	518400	334.451
1.79×10^{-7}	0.1792	2.78×10^{-4}	1.93×10^{-8}	1	6.45×10^{-4}
2.78×10^{-4}	277.778	0.4306	2.99×10^{-3}	1550.00	1

18. 能、功、热

能、功和热的法定单位为焦耳，符号为 J。通常，能、功和热还可以表示为牛顿米（N·m）、瓦特秒（W·s）、帕斯卡立方米（Pa·m³）。法定单位和其他单位的换算关系如表 2.5-18 所示。

能、功、热单位的换算关系　　表 2.5-18

焦耳 (Joule) J	千瓦小时 (kiolwatt hour) kW·h	公斤力米 (kilogram-force metre) kgf·m	升大气压 (litre atmosphere)	英尺磅达 (foot poundal) ft·pdl
1	2.78×10⁻⁷	0.10197	0.9869×10⁻²	23.7304
3.6×10⁶	1	3.67×10⁵	3.55×10⁴	8.54×10⁷
9.8067	2.72×10⁻⁶	1	0.0968	232.715
101.325	2.82×10⁻⁵	10.3323	1	2404.48
0.0421	1.17×10⁻⁸	0.0043	4.16×10⁻⁴	1
4.1868	1.16×10⁻⁶	0.4269	0.0413	99.3544
1.3558	3.77×10⁻⁷	0.1383	1.34×10⁻²	32.1740
2.68×10⁶	0.7457	2.74×10⁵	2.65×10⁴	6.37×10⁷
4.1855	1.16×10⁻⁶	0.4268	0.0413	99.3236
1055.06	2.93×10⁻⁴	107.5845	10.4124	25036.995
国际蒸汽表卡 (calorie) cal_{IT}	**英尺磅力 (foot pound force) ft·lbf**	**英马力小时 (horsepower hour) Hp·h**	**卡(15℃) (Calorie) cal_{15}**	**英热单位 (British thermal unit) Btu**
0.2389	0.7376	3.73×10⁻⁷	0.2389	9.478×10⁻⁴
859845	2.66×10⁶	1.3410	860112	3412.14
2.3418	7.2330	3.65×10⁻⁶	2.3428	9.295×10⁻³
24.1964	74.7335	3.77×10⁻⁵	24.2065	0.096
0.0101	0.0311	1.57×10⁻⁸	0.0101	3.99×10⁻⁵
1	3.0880	1.56×10⁻⁶	1.003	3.9682×10⁻³
0.3238	1	5.05×10⁻⁷	0.3239	1.285×10⁻³
641186	1.98×10⁶	1	641386	2544.43
0.9997	3.0871	1.56×10⁻⁶	1	3.967×10⁻³
251.996	778.169	3.93×10⁻⁴	252.074	1

19. 功率

功率的法定单位为瓦特，符号为 W。功率也可以表示为焦耳每秒，即 J/s。功率单位和其他单位的换算关系如表 2.5-19 所示。

功率单位的换算关系　　表 2.5-19

瓦特 (Watt) W	公斤力米每秒 (kilongram-force metre per second) kgf·m/s	马力 (metric horsepower)	英尺磅力每秒 (foot pound force per second) ft·lbf/s	英马力 (horse power) Hp	卡每秒 (calorie per second) cal/s	千卡每小时 (kilocalorie per hour) kcal/h	英热单位每小时 (British thermal unit per hour) Btu/h
1	0.10197	1.36×10⁻³	0.7376	1.34×10⁻³	0.2388	0.8599	3.4121
9.8067	1	0.0133	7.2330	0.0132	2.3423	8.4322	33.4617
735.499	75	1	542.476	0.9863	175.671	632.415	2509.63
1.3558	0.1383	1.84×10⁻³	1	1.82×10⁻³	0.3238	1.1658	4.6262
745.700	76.04	1.0139	550	1	178.107	641.186	2544.43
4.1868	0.42694	5.69×10⁻³	3.0880	5.61×10⁻³	1	3.6	14.2860
1.163	0.1186	1.58×10⁻³	0.8578	1.559×10⁻³	0.2778	1	3.9683
0.2931	2.989×10⁻²	3.98×10⁻⁴	0.2162	3.93×10⁻⁴	0.069998	0.251996	1

20. 温度、温度差和温度间隔

温度的法定单位为开尔文，符号为 K。摄氏度（℃）是表示摄氏温度时用于代替开尔文的专门名称，它作为一个具有专门名称的导出单位而列入法定单位。当表示温度差和温度间隔时，由于

$$\frac{t}{℃}=\frac{T}{K}-273.15$$

所以 1℃＝1K

温度法定单位与其他单位的换算关系可以表示如下：

$$[T]=[\theta]+273.15=-\frac{5}{9}([t]+459.67)=\frac{5}{9}[r]$$

$$[\theta]=[T]-273.15=\frac{5}{9}([t]-32)=\frac{5}{9}([r]-491.67)$$

$$[t]=\frac{9}{5}[T]-459.67=\frac{9}{5}[\theta]+32=[r]-459.67$$

$$[r]=\frac{9}{5}[T]=\frac{9}{5}[\theta]+491.67=[t]+459.67$$

式中 T——以开尔文为单位的温度；

θ——以摄氏度为单位的温度；

t——以华氏度为单位的温度；

r——以兰氏度（degree Rankine）为单位的温度；

$[T]$——温度数值，K；

$[\theta]$——温度数值，℃；

$[t]$——温度数值，°F；

$[r]$——温度数值，°R。

21. 比能

比能的法定单位为焦耳每公斤，符号为 J/kg。比能法定单位与其他单位的换算关系如表 2.5-20 所示。

比能单位的换算关系 **表 2.5-20**

焦耳每公斤 (Joule per kilogram) J/kg	千卡每公斤 (kilocalorie per kilogram) kcal/kg	千卡每公斤(15℃) (15℃ kilocalorie per kilogram) $kcal_{15}$/kg	英热单位每磅 (British thermal unit per pound) Btu/lb	英尺磅力每磅 (foot pound force per pound) ft·lbf/lb	公斤力米每公斤 (kilogram force metre per kilogram) kgf·m/kg
1	0.239×10^{-3}	0.24×10^{-3}	0.43×10^{-3}	0.3346	0.10197
4186.8	1	1.0003	1.8	1400.70	426.935
41255	0.9997	1	1.7994	1400.27	426.802
2326	0.5556	0.5557	1	778.169	237.186
2.9891	7.14×10^{-4}	7.14×10^{-4}	1.285×10^{-2}	1	0.3048
9.8067	2.34×10^{-3}	2.34×10^{-3}	4.22×10^{-3}	3.2808	1

22. 单位体积燃料的发热量或能量

单位体积燃料的发热量的法定单位为焦耳每立方米，符号为 J/m^3。法定单位和其他单位的换算关系如表 2.5-21 所示。

单位体积燃料发热量单位的换算关系　表 2.5-21

焦耳每立方米 (Joule per cubic metre) J/m^3	千卡每立方米 (kilocalorie per cubic metre) $kcal/m^3$	英热单位每立方英尺 (British thermalunit per cubic foot) Btu/ft^3	therm 每英加仑 (therm per UK gallon) therm/UK gal	thermie 每升 (thermie per litre) th/litre
1	0.2388×10^{-3}	26.84×10^{-6}	4.31×10^{-11}	2.39×10^{-10}
4186.8	1	0.1124	1.80×10^{-7}	1.00×10^{-6}
37258.9	8.8992	1	1.61×10^{-6}	8.9019×10^{-6}
2.32×10^{10}	5.54×10^{6}	6.23×10^{5}	1	5.5449
4185.5×10^{6}	0.9997×10^{6}	0.11×10^{6}	0.1803	1

23. 比热容、比熵

比热容、比熵的法定单位为焦耳每公斤开尔文，符号为 J/(kg·K)。在作为比热容单位时，单位中的 K 可以用℃代替；但作为比熵的单位时则不能这样代替。

比热容、比熵法定单位与其他单位的换算关系，如表 2.5-22 所示。

比热容、比熵单位的换算关系　表 2.5-22

焦耳每公斤开尔文 (Joule per kilogram Kelvin) J/(kg·K)	千卡每公斤开尔文 (kilocalorie per kilogram Kelvin) kcal/(kg·K)	英热单位每磅华氏度 (British thermalunit per pound degree Fahrenheit) Btu/(lb·℉)	英尺磅力每磅华氏度 (foot pound-force per pound degree Fahrenhiet) ft·lbf/(lb·℉)	公斤力米每公斤开尔文 (kilogram-force metre per kilogram Kelvin) kgf·m/(kg·K)
1	0.2389×10^{-3}	0.2389×10^{-3}	0.1859	0.10197
4186.8	1	1	778.169	426.935
4186.8	1	1	778.169	426.935
5.3803	1.2851×10^{-3}	1.2851×10^{-3}	1	0.5486
9.8067	2.3423×10^{-3}	2.3423×10^{-3}	1.8227	1

24. 体积热容

体积热容的法定单位为焦耳每立方米开尔文，符号为 $J/(m^3\cdot K)$。本单位中的 K 均可以℃代替，而且，$J/(m^3\cdot ℃)$ 符号更为习惯。

体积热容法定单位与其他单位的换算关系如表 2.5-23 所示。

体积热容单位的换算关系　表 2.5-23

焦耳每立方米开尔文 (Joule per cubic metre Kelvin) $J/(m^3\cdot K)$	千卡每立方米开尔文 (kilocalorie per cubic metre Kelvin) $kcal/(m^3\cdot K)$	英热单位每立方英尺华氏度 (British thermal unit per cubic foot degree Fahrenheit) $Btu/(ft^3\cdot ℉)$
1	0.2389×10^{-3}	14.9107×10^{-6}
4186.8	1	0.0624
67066.1	16.0185	1

25. 热流密度

热流密度的法定单位为瓦特每平方米，符号为 W/m^2。法定单位与其他单位的换算关系，如表 2.5-24 所示。

热流密度单位的换算关系　　表 2.5-24

瓦特每平方米 (Watt per square metre) W/m²	瓦特每平方英寸 (Watt per square inch) W/in²	千卡每平方米小时 (kilocalorie per square metre hour) kcal/(m²·h)	英热单位每平方英尺小时 (British thermal unit per square foot hour) Btu/(ft²·h)
1	6.4516×10^{-4}	0.8599	0.3170
1550.00	1	1332.76	491.348
1.163	7.5032×10^{-4}	1	0.3687
3.1546	2.0352×10^{-3}	2.7125	1

26. 传热系数

传热系数的法定单位为瓦特每平方米开尔文，符号为 W/(m²·K)。本法定单位中的 K 可以用℃代替。

传热系数法定单位与其他单位的换算关系，如表 2.5-25 所示。

传热系数单位的换算关系　　表 2.5-25

瓦特每平方米开尔文 (Watt per square metre Kelvin) W/(m²·K)	卡每平方厘米秒开尔文 (calorie per square centimetre second Kelvin) cal/(cm²·s·K)	千卡每平方米小时开尔文 (kilocalorie per square metre hour Kelvin) kcal/(m²·h·K)	英热单位每平方英尺小时华氏度 (British thermal unit per square foot hour degree Fahrenheit) Btu/(ft²·h·℉)
1	0.2389×10^{-4}	0.8599	0.1761
41868	1	36000	7373.38
1.163	2.7778×10^{-5}	1	0.2048
5.678	1.3562×10^{-4}	4.8824	1

27. 导热系数（热导率）

导热系数的法定单位为瓦特每米开尔文，符号为（W/m·K)。本单位中的 K 也可以用℃代替。

导热系数法定单位与其他单位的换算关系，如表 2.5-26 所示。

导热系数单位的换算关系　　表 2.5-26

瓦特每米开尔文 (Watt per metre Kelvin) W/(m·K)	卡每厘米秒开尔文 (calorie per centimetre second Kelvin) cal/(cm·s·K)	千卡每米小时开尔文 (kilocalorie per metre hour Kelvin) kcal/(m·h·K)	英热单位每英尺小时华氏度 (British thermal unit per foot hour degree Fahrenheit) Btu/(ft·h·℉)	英热单位英寸每平方英尺小时华氏度 (British thermal unit inch per square foot hour degree Fanrenheit) Btu·in/(ft²·h·℉)
1	0.2389×10^{-2}	0.8598	0.5778	6.9335
418.68	1	360	241.909	2902.91
1.163	2.7778×10^{-3}	1	0.67197	8.0636
1.7307	4.1338×10^{-2}	1.4882	1	12
0.1442	3.4448×10^{-4}	0.1240	0.0833	1

28. 热阻率（传热阻）

热阻率的法定单位为米开尔文每瓦特，符号为 m·K/W。法定单位中的 K 也可以用℃代替。

热阻率法定单位与其他单位的换算关系，如表 2.5-27 所示。

热阻率单位的换算关系 **表 2.5-27**

米开尔文每瓦特 (metre Kelvin per Watt) m·K/W	厘米秒开尔文每卡 (centimetre second Kelvin per calorie) cm·s·K/cal	米小时开尔文每千卡 (metre hour Kelvin per kilocalorie) m·h·K/kcal	英尺小时华氏度每英热单位 (foot hour degree Fahrenheit per British thermal unit) ft·h·°F/Btu	平方英尺小时华氏度每英热单位英寸 (square foot hour degree Fahrenheit per British thermal unit inch) ft^2·h·°F/(Btu·in)
1	418.63	1.163	1.7307	0.1442
0.2389×10^{-2}	1	2.7778×10^{-3}	4.1338×10^{-3}	3.4448×10^{-4}
0.8598	360	1	1.4882	0.1240
0.5778	241.909	0.6720	1	0.0833
6.9335	2902.91	8.0636	12	1

29. 释热率

释热率的法定单位为瓦特每立方米，符号为 W/m^3。法定单位和其他单位的换算关系，如表 2.5-28 所示。

释热率单位的换算关系 **表 2.5-28**

瓦特每立方米 (Watt per cubic metre) W/m^3	卡每立方厘米秒 (calorie per cubic centimetre second) cal/(cm^3·s)	千卡每立方米小时 (kilocalorie per cubic metre hour) kcal/(m^3·h)	英热单位每立方英尺小时 (British thermal unit per cubic foot hour) Btu/(ft^3·h)
1	0.2389×10^{-6}	0.8598	9.6621×10^{-2}
4.1868×10^{6}	1	3.6×10^{6}	4.0453×10^{5}
1.163	2.7778×10^{-7}	1	0.1124
10.3497	2.4720×10^{-6}	8.8992	1

2.6 常用单位的简明换算关系

表 2.6-1

类别	(非法定单位)×(换算系数)=法定单位		
长度	in	0.0254	m
	ft	0.3048	
	yd	0.9144	
	mile	1609.344	
质量	lb	0.4536	kg
	t	1000	
面积	in^2	6.4516×10^{-4}	m^2
	ft^2	0.0929	
容积、体积	ft^3	0.0283	m^3
	in^3	1.6387×10^{-5}	
	Ukgal	4.5461×10^{-3}	
	Usgal	3.7854×10^{-3}	
速度	ft/s	0.3048	m/s
	ft/min	0.0051	

续表

类　别	(非法定单位)×(换算系数)＝法定单位		
密度	lb/in^3 lb/ft^3	27679.9 16.0185	kg/m^3
压强	kgf/cm^2 mmH_2O mmHg(torr) inH_2O lbf/in^2 bar atm	9.8067×10^4 9.8067 133.322 249.089 6894.76 1×10^5 101325	Pa
动力黏度	kgf·s/m^2 lbf·s/ft^2	9.8067 47.8803	Pa·s
运动黏度	in^2/s ft^2/s in^2/h	6.45×10^{-4} 9.29×10^{-2} 1.79×10^{-7}	m^2/s
能、功、热	kW·h kgf·m Cal_{int} Cal_{15} ft·lbf Hp·h Btu	3.6×10^6 9.8067 4.1868 4.1855 1.3558 2.68×10^6 1055.06	J
功率	kcal/h Btu/h kgf·m/s Hp	1.163 0.2931 9.8067 745.7	W
导热系数	kcal/(m·h·℃) Btu/(ft·h·℉)	1.163 1.7307	W/(m·℃)
传热系数	kcal/(m^2·h·℃) Btu/(ft^2·h·℉)	1.163 5.678	W/(m^2·℃)
比热容、比热焓、比熵	kcal/(kg·℃) Btu/(lb·℉) ft·lbf/(lb·℉) kgf·m/(kg·℃)	4186.8 4186.8 5.3803 9.8067	J/(kg·℃)
冷量	U.S.RT	3516.91	W
力 力矩 转矩	kgf kgf·m kgf·m^2	9.8067 9.8067 9.8067	N N·m N·m^2
应力、强度	kgf/cm^2 kgf/mm^2	9.8067×10^4 9.8067×10^6	Pa Pa
弹性模量、剪切模量	kgf/cm^2	9.8067×10^4	Pa

第 3 章　室外气象参数

室外气象参数是供暖、通风、空调和制冷设计的基础资料，离开气象参数，设计将无法进行。

随着全球气候的变化，旧版《采暖通风与空气调节设计规范》所附的室外气象参数，已明显地暴露出其代表性越来越差。新版《采暖通风与空气调节设计规范》(GB 50019—2003) 自 2003 年 11 月 5 日发布以来，至今已两年有余，原定另行出版的《采暖通风与空气调节气象资料集》，至今杳无音信。

为了使广大设计人员能尽早应用根据近年资料统计出来的新的室外气象参数进行设计和计算，遂将《中国建筑热环境分析专用气象数据集》(中国气象信息中心气象资料室与清华大学建筑技术科学系合著。中国建筑工业出版社，2005) 中的“设计用室外气象参数”(统计年份为 1971～2003 年) 摘编入本手册。

资料摘编的实现，得到了江亿院士的鼎力相助与大力支持。在此，我们真诚地向以江亿院士为首的全体《中国建筑热环境分析专用气象数据集》著作人员致以真挚的谢意。

3.1　室外气象参数的含义及其统计方法

室外空气计算参数的含义及具体统计方法，《采暖通风与空气调节设计规范》(GB 50019—2003) 作出了如表 3.1-1 所示的规定。

室外气象参数的确定　　**表 3.1-1**

序号	气象参数	确定原则	统计方法
1	供暖室外计算温度	采用累年平均不保证 5 日/年的日平均温度	按照累年室外实际出现的较低的日平均温度低于日供暖室外计算温度的时间，平均每年不超过 5 日的原则确定
2	冬季通风室外计算温度	采用累年最冷月平均温度	“累年最冷月”，系指累年逐月平均气温最低的月份
3	夏季通风室外计算温度	采用历年最热月 14 时的月平均温度的平均值	“历年最热月”，系指历年逐月平均气温最高的月份。统计时首先找出历年最热月，计算这些最热月 14 时的月平均温度，最后对所有最热月 14 时的月平均温度求取平均值
4	夏季通风室外计算相对湿度	采用历年最热月 14 时的月平均相对湿度的平均值	统计方法与夏季通风室外计算温度类似
5	冬季空调室外计算温度	采用累年平均不保证 1 日/年的日平均温度	统计方法与供暖室外计算温度类似

续表

序号	气象参数	确定原则	统计方法
6	冬季空调室外计算相对湿度	采用累年最冷月平均相对湿度	统计方法与冬季通风室外计算温度类似
7	夏季空调室外计算干球温度	采用累年平均不保证50h/年的干球温度	按历年室外实际出现的较高的干球温度高于夏季空调室外计算干球温度的时间，平均每年不超过50小时的原则确定
8	夏季空调室外计算湿球温度	采用累年平均不保证50h/年的湿球温度	统计方法与夏季空调室外计算干球温度类似
9	冬季最多风向及其频率	采用累年最冷3个月的最多风向及其平均频率	频率最大的风向就是最多风向，最多风向有两个时，挑其出现回数或频率合计值最大者
10	夏季最多风向及其频率	采用累年最热3个月的最多风向及其平均频率	夏季最多风向的含义与冬季最多风向及其频率的情况类似
11	冬季室外最多风向的平均风速	采用累年最冷3个月最多风向(静风除外)的月平均风速	以累年最冷3个月为对象，找出静风除外的最多风向，分别计算该风向在这三个月的风速平均值，最后求取这三个月平均风速的平均值
12	冬季室外平均风速	采用累年最冷3个月月平均风速	“累年最冷3个月”，系指累年逐月平均气温最低的3个月
13	夏季室外平均风速	采用累年最热3个月各月平均风速的平均值	“累年最热3个月”，系指累年逐月平均气温最高的3个月
14	冬季室外大气压力	采用累年最冷3个月的月平均大气压力的平均值	
15	夏季室外大气压力	采用累年最热3个月的月平均大气压力的平均值	
16	夏季空调室外计算日平均温度	采用累年平均不保证5日/年的日平均温度	按照累年室外实际出现的较高的日平均温度高于夏季空调室外计算日平均温度的时间，平均每年不超过5日的原则确定
17	供暖期日数	采用历年日平均温度稳定等于或低于供暖室外临界温度的日数的平均值	供暖室外临界温度宜采用5℃，目前平均温度稳定等于或低于供暖室外临界温度的日数用5日滑动平均法统计(即在一年中，任意连续5日的日平均温度的平均值等于或低于该临界温度的最长一段时间的总日数)

另外，《采暖通风与空气调节设计规范》(GB 50019—2003) 还作出了下列规定：

1. 室外计算参数的统计年份，宜取近30年，不足30年者按实际年份采用，但不得少于10年，少于10年时应进行修正。

2. 根据夏季空调室外计算日平均温度，按下式可求出夏季空调室外计算逐时温度 t_{sh} (℃)；

$$t_{sh}=t_{wp}+\beta\Delta t_r$$

$$\Delta t_r = \frac{t_{wg} - t_{wp}}{0.52}$$

式中 t_{wp}——夏季空调室外计算日平均温度，℃；

β——室外温度逐时变化系数，见表 3.1-2；

Δt_r——夏季室外计算平均日较差，℃；

t_{wg}——夏季空调室外计算干球温度，℃。

室外温度逐时变化系数 **表 3.1-2**

时刻	1	2	3	4	5	6	7	8
β	−0.35	−0.38	−0.42	−0.45	−0.47	−0.41	−0.28	−0.12
时刻	9	10	11	12	13	14	15	16
β	0.03	0.16	0.29	0.40	0.48	0.52	0.51	0.43
时刻	17	18	19	20	21	22	23	24
β	0.39	0.28	0.14	0.00	−0.10	−0.17	−0.23	−0.26

3. 当室内温湿度必须全年保证时，应另行确定空调室外计算参数。

4. 仅在部分时间（如夜间）工作的的空调系统，可不按照表 3.2-1 给定的室外气象参数进行设计。

5. 山区的气象参数，应根据就地的调查、实测并与地理和气候条件相似的邻近台站的气象资料进行比较确定。

3.2 设计用新室外气象参数

表 3.2-1 列出了根据《采暖通风与空气调节设计规范》（GB 50019—2003）规定统计出的 270 个台站的室外气象参数。统计数据的年份统一为 1971～2003 年，完全符合规范规定的统计要求。

3.3 气象参数的简化统计法

对于表 3.2-1 中未列出的地区和城市，可按下列简化统计法近似地确定其气象参数：

1. 供暖室外计算温度 t_{wn}（℃）：

$$t_{wn} = 0.57 t_{lp} + 0.43 t_{p.min}$$

式中 t_{lp}——累年最冷月平均温度，℃；

$t_{p.min}$——累年最低日平均温度，℃。

2. 冬季空调室外计算温度 t_{wk}（℃）：

$$t_{wk} = 0.3 t_{lp} + 0.7 t_{p.min}$$

3. 夏季通风室外计算温度 t_{wf}（℃）：

$$t_{wf} = 0.71 t_{rp} + 0.29 t_{max}$$

式中 t_{rp}——累年最热月平均温度，℃；

t_{max}——累年极端最高温度，℃。

设计用室外气象参数 表 3.2-1

序号	省份及台站	纬度（度分）	经度（度分）	海拔高度（m）	大气压力(hPa)		室外计算干球温度(℃)					夏季空调室外计算湿球温度(℃)
					冬季	夏季	供暖	冬季通风	冬季空调	夏季通风	夏季空调	
1	2	3	4	5	6	7	8	9	10	11	12	13
1	北京市											
1.1	北京市	39.48	116.28	31.3	1025.7	999.87	−7.5	−7.6	−9.8	29.9	33.6	26.3
1.2	密云	40.23	116.52	71.8	1020.8	995.23	−8.9	−8.7	−11.7	29.9	33.7	26.4
2	天津市											
	天津市	39.05	117.04	2.5	1029.6	1002.9	−7.0	−6.5	−9.4	29.9	33.9	26.9
3	河北省											
3.1	张北	41.09	114.42	1393.3	863.3	856.0	−21.6	−20.1	−24.6	22.9	27.2	19.0
3.2	石家庄	38.02	114.25	81.0	1020.2	993.9	−6.0	−5.9	−8.6	30.8	35.2	26.8
3.3	邢台	37.04	114.30	77.3	1020.6	994.6	−5.4	−5.2	−7.7	31.0	35.2	26.9
3.4	丰宁	41.13	116.38	661.2	947.4	931.2	−15.4	−15.3	−17.7	27.1	31.2	22.7
3.5	怀来	40.24	115.30	536.8	963.6	943.8	−11.7	−11.4	−14.3	28.9	33.0	23.6
3.6	承德	40.59	117.57	385.9	982.7	961.8	−13.3	−12.3	−15.8	28.8	32.8	24.0
3.7	乐亭	39.26	118.53	10.5	1029.0	1002.9	−9.9	−9.2	−12.4	28.5	31.7	26.2
3.8	饶阳	38.14	115.44	19.0	1028.0	1000.5	−7.9	−7.4	−10.6	30.5	34.8	26.9
4	山西省											
4.1	大同	40.06	113.20	1067.2	901.5	888.0	−16.3	−15.4	−19.1	26.5	31.0	21.1
4.2	原平	38.44	112.43	828.2	928.8	913.0	−12.2	−10.9	−14.5	27.7	31.9	22.9
4.3	太原	37.47	112.33	778.3	934.7	918.5	−9.9	−8.8	−12.7	27.8	31.6	23.8
4.4	榆社	37.04	112.59	1041.4	903.5	890.9	−10.9	−9.3	−13.5	26.8	30.9	22.3
4.5	介休	37.02	111.55	743.9	938.3	922.2	−9.1	−7.5	−12.0	28.6	32.7	23.9
4.6	运城	35.03	111.03	365.0	983.9	959.6	−4.4	−4.0	−7.4	31.3	35.9	26.0

续表

序号	室外相对湿度(%)		室外平均风速(m/s)		冬季			夏季		极端温度(℃)		夏季空调室外计算日平均温度(℃)	供暖期天数(d)
	冬季空调	夏季通风	冬季	夏季	最多风向	平均风速(m/s)	频率(%)	风向	频率(%)	最高	最低		
1	14	15	16	17	18	19	20	21	22	23	24	25	26
1	北京市												
1.1	37	58	2.7	2.2	NNW	4.5	14	SE	12	41.9	−18.3	29.1	122
1.2	56	59	2.6	2.2	NE	3.2	21	SSW	12	40.7	−23.3	28.8	131
2	天津市												
	73	62	2.1	1.7	NNW	5.6	15	S	11	40.5	−17.8	29.3	121
3	河北省												
3.1	63	54	3.6	3.0	WNW	5.7	16	S	18	33.4	−34.8	21.9	187
3.2	54	56	1.4	1.5	N	1.8	12	SSE	16	42.9	−19.3	30.1	111
3.3	60	55	1.5	1.9	NNE	2.1	16	S	15	41.1	−20.2	30.2	105
3.4	43	54	2.0	1.7	NW	3.3	15	S	9	40.5	−28.5	25.1	161
3.5	38	50	3.4	2.1	W	4.8	29	E	19	39.7	−21.7	27.3	144
3.6	64	53	1.0	1.0	NW	3.5	8	S	8	43.3	−24.9	27.2	148
3.7	53	67	2.5	2.4	ENE	3.5	16	SW	11	38.7	−23.7	27.4	138
3.8	52	59	1.8	2.4	NNE	2.5	10	SSW	14	42.1	−22.6	29.6	121
4	山西省												
4.1	52	47	2.4	2.3	NNW	3.1	27	N	15	37.2	−28.1	25.3	161
4.2	45	52	1.8	1.6	N	2.9	15	N	11	38.1	−25.8	26.1	145
4.3	46	57	1.8	2.1	NNW	2.9	16	NW	16	37.4	−23.3	26.0	141
4.4	51	53	1.1	1.6	ENE	1.9	12	S	12	36.7	−25.1	24.7	144
4.5	47	53	1.6	2.5	SW	3.2	13	NE	12	38.7	−23.3	26.8	131
4.6	54	51	2.1	3.0	NE	2.7	8	SE	18	41.4	−18.9	31.4	100

续表

序号	省份及台站	纬度（度分）	经度（度分）	海拔高度（m）	大气压力(hPa)		室外计算干球温度(℃)					夏季空调室外计算湿球温度(℃)
					冬季	夏季	供暖	冬季通风	冬季空调	夏季通风	夏季空调	
1	2	3	4	5	6	7	8	9	10	11	12	13
4.7	侯马	35.39	111.22	433.8	976.3	954.1	−5.7	−4.2	−9.5	31.2	36.8	26.7
5	内蒙古自治区											
5.1	图里河	50.29	121.41	732.6	932.8	923.4	−34.9	−33.5	−37.7	22.3	27.3	19.3
5.2	满洲里	49.34	117.26	661.7	944.1	929.1	−28.6	−27.7	−31.9	24.3	29.3	19.9
5.3	海拉尔	49.13	119.45	610.2	949.1	934.5	−31.5	−31.6	−34.7	24.4	29.2	20.5
5.4	博克图	48.46	121.55	739.7	930.9	922.4	−26.2	−25.4	−29.0	22.5	27.3	19.9
5.5	阿尔山	47.10	119.56	997.2	899.5	892.0	−32.3	−32.0	−35.8	21.7	26.4	18.9
5.6	索伦	46.36	121.13	499.7	962.7	946.6	−22.5	−22.7	−26.0	25.4	30.4	21.5
5.7	东乌珠穆沁旗	45.31	116.58	838.9	924.4	910.1	−26.3	−27.4	−30.3	26.1	31.2	20.0
5.8	额济纳旗	41.57	101.04	940.5	918.8	896.6	−15.9	−15.6	−20.4	31.5	36.2	19.3
5.9	巴音毛道	40.10	104.48	1323.9	872.4	860.1	−16.3	−15.7	−20.6	28.2	32.8	18.5
5.10	二连浩特	43.39	111.58	964.7	913.3	896.9	−24.1	−23.8	−27.6	28.0	33.2	19.3
5.11	阿巴嘎旗	44.01	114.57	1126.1	894.3	881.6	−27.2	−25.0	−30.2	25.6	30.6	18.9
5.12	海力素	41.24	106.24	1509.6	852.0	843.2	−19.8	−19.4	−23.4	26.1	30.7	17.3
5.13	朱日和	42.24	112.54	1150.8	891.7	878.7	−21.2	−20.1	−24.4	26.9	31.8	19.2
5.14	乌拉特后旗	41.34	108.31	1288.0	877.1	864.4	−19.3	−19.0	−22.3	26.1	30.5	19.3
5.15	达尔罕联合旗	41.42	110.26	1376.6	867.2	857.2	−21.1	−20.2	−25.6	25.7	30.4	18.5
5.16	化德	41.54	114.00	1482.7	852.8	846.4	−21.9	−21.1	−25.3	23.3	28.0	18.4
5.17	呼和浩特	40.49	111.41	1063.0	903.1	888.4	−16.8	−16.1	−20.3	26.6	30.7	21.0
5.18	吉兰太	39.47	105.45	1031.8	907.0	888.8	−14.8	−14.2	−18.9	30.5	34.9	20.5
5.19	鄂托克旗	39.06	107.59	1380.3	866.4	855.3	−16.0	−14.9	−19.9	27.0	31.4	19.6

续表

序号	室外相对湿度(%)		室外平均风速(m/s)		冬季			夏季		极端温度(℃)		夏季空调室外计算日平均温度(℃)	供暖期天数(d)
	冬季空调	夏季通风	冬季	夏季	最多风向	平均风速(m/s)	频率(%)	风向	频率(%)	最高	最低		
1	14	15	16	17	18	19	20	21	22	23	24	25	26
4.7	71	52	1.2	2.4	N	1.4	10	N	10	41.2	−21.4	29.8	110
5	内蒙古自治区												
5.1	78	59	1.6	1.8	S	2.1	21	E	10	35.1	−49.6	19.8	228
5.2	76	50	3.5	2.9	SW	3.9	22	ENE	9	38.0	−42.5	23.7	218
5.3	79	53	1.8	3.0	S	2.1	30	S	11	38.2	−42.9	23.5	216
5.4	69	61	2.6	1.8	WNW	4.5	28	SSE	10	36.8	−37.4	20.8	219
5.5	71	59	1.7	2.9	SE	2.1	12	SE	21	33.0	−45.3	20.7	225
5.6	72	56	2.7	2.3	W	3.7	25	WNW	18	38.1	−38.7	23.5	190
5.7	74	42	1.8	3.0	WSW	3.0	13	NW	10	39.7	−39.7	25.2	193
5.8	45	22	2.6	3.2	W	4.3	12	E	15	42.5	−32.6	30.2	154
5.9	52	28	3.1	3.6	WNW	4.1	19	E	20	41.1	−33.2	27.6	163
5.10	80	32	3.0	3.8	WNW	4.8	16	SSW	11	41.1	−37.1	27.5	181
5.11	75	40	1.7	3.2	W	3.0	16	W	9	38.6	−41.5	24.8	192
5.12	73	29	5.1	5.4	S	5.8	21	SSE	21	38.1	−32.6	26.3	178
5.13	69	36	4.7	4.3	WSW	5.1	29	SW	16	40.4	−32.6	26.5	176
5.14	58	39	2.0	2.7	NW	5.3	9	S	15	38.7	−31.7	25.8	171
5.15	68	37	2.9	2.7	SE	2.3	17	SE	14	38.0	−39.4	24.6	183
5.16	73	48	4.2	2.7	WNW	6.5	34	S	16	33.6	−33.8	22.6	189
5.17	60	47	1.1	1.5	NW	3.8	8	E	8	38.5	−30.5	25.8	164
5.18	48	29	2.5	3.1	SW	3.7	14	NE	11	41.8	−31.4	29.1	150
5.19	51	37	2.3	2.8	N	3.3	13	S	12	37.3	−31.5	25.8	160

续表

序号	省份及台站	纬度（度分）	经度（度分）	海拔高度（m）	大气压力(hPa)		室外计算干球温度(℃)					夏季空调室外计算湿球温度(℃)
					冬季	夏季	供暖	冬季通风	冬季空调	夏季通风	夏季空调	
1	2	3	4	5	6	7	8	9	10	11	12	13
5.20	东胜	39.50	109.59	1461.9	857.0	848.6	−16.6	−15.9	−19.4	24.8	29.2	19.1
5.21	西乌珠穆沁旗	44.35	117.36	995.9	907.4	894.6	−25.5	−24.7	−28.5	24.6	29.5	19.6
5.22	扎鲁特旗	44.34	120.54	265.0	993.6	972.3	−17.8	−17.5	−20.9	28.4	32.8	23.4
5.23	巴林左旗	43.59	119.24	486.2	965.7	948.4	−18.5	−18.3	−21.9	27.3	31.8	22.6
5.24	锡林浩特	43.57	116.07	1003.0	909.0	894.6	−25.1	−22.9	−27.7	26.1	31.2	19.9
5.25	林西	43.36	118.04	799.5	928.6	914.8	−19.3	−18.2	−22.1	26.0	30.9	21.1
5.26	开鲁	43.36	121.17	241.0	998.3	975.1	−18.6	−18.5	−21.6	28.5	32.8	24.0
5.27	通辽	43.36	122.16	178.7	1004.1	982.9	−18.8	−18.5	−21.9	28.3	32.4	24.5
5.28	多伦	42.11	116.28	1245.4	879.5	869.7	−23.7	−22.6	−26.4	24.0	28.3	19.5
5.29	赤峰	42.16	118.56	568.0	956.8	939.4	−16.1	−15.4	−18.8	28.0	32.7	22.6
6	辽宁省											
6.1	彭武	42.25	122.32	79.4	879.5	993.9	−17.1	−18.4	−19.8	27.9	31.4	24.9
6.2	朝阳	41.33	120.27	169.9	956.8	983.1	−15.2	−14.7	−18.3	29.0	33.6	25.0
6.3	新民	41.59	122.50	30.7	1019.0	1000.7	−16.0	−16.3	−19.8	28.2	33.8	26.0
6.4	锦州	41.08	121.07	65.9	1021.1	996.2	−13.0	−12.5	−15.7	28.0	31.4	25.1
6.5	沈阳	41.44	123.27	44.7	1023.3	998.5	−16.8	−16.2	−20.6	28.2	31.4	25.2
6.6	本溪	41.19	123.47	185.4	1005.4	983.8	−18.0	−16.8	−21.5	27.4	30.9	24.2
6.7	兴城	40.35	120.42	10.5	1028.7	1003.1	−12.5	−11.9	−15.1	26.8	29.4	25.5
6.8	营口	40.40	122.16	3.3	1029.3	1003.5	−14.1	−13.5	−17.4	27.8	30.3	25.5
6.9	宽甸	40.43	124.47	260.1	994.6	976.3	−17.9	−18.7	−21.8	26.4	29.7	24.1
6.10	丹东	40.03	124.20	13.8	1026.6	1006.7	−12.7	−12.4	−15.9	26.8	29.5	25.2

续表

序号	室外相对湿度(%)		室外平均风速(m/s)		冬季			夏季		极端温度(℃)		夏季空调室外计算日平均温度(℃)	供暖期天数(d)
	冬季空调	夏季通风	冬季	夏季	最多风向	平均风速(m/s)	频率(%)	风向	频率(%)	最高	最低		
1	14	15	16	17	18	19	20	21	22	23	24	25	26
5.20	56	44	2.3	2.9	NW	3.7	13	S	19	35.3	−28.4	24.5	166
5.21	74	47	3.5	2.6	WSW	5.2	30	ESE	8	37.4	−37.8	23.9	192
5.22	59	50	2.6	2.2	NW	3.6	26	NW	12	40.6	−29.5	27.3	166
5.23	66	51	2.2	2.3	NNW	4.7	14	N	12	40.2	−32.2	2.5.7	171
5.24	71	42	2.6	3.3	SW	3.9	19	S	19	39.2	−38.0	25.3	187
5.25	54	50	2.7	1.9	WSW	4.8	17	WSW	11	40.4	−32.2	25.1	177
5.26	65	52	3.5	3.4	WNW	4.0	21	S	21	41.7	−33.6	27.5	165
5.27	69	56	3.4	3.7	NM	3.9	17	S	17	38.9	−33.9	27.1	165
5.28	77	51	2.7	2.5	WNW	5.5	21	SSE	12	36.1	−38.5	21.9	190
5.29	63	48	1.9	2.5	WSW	2.8	12	SW	15	40.4	−28.8	27.2	159
6	辽宁省												
6.1	77	51	2.9	3.9	WNW	3.6	20	SSW	25	38.3	−36.3	26.6	158
6.2	63	48	1.8	2.5	S	2.9	9	S	26	43.3	−34.4	28.3	146
6.3	68	62	2.9	2.6	NW	3.8	23	S	20	37.5	−29.7	27.3	153
6.4	64	64	2.1	3.0	NE	2.5	17	S	25	41.8	−24.8	26.9	144
6.5	69	64	2.0	2.8	ENE	1.9	18	SSW	23	36.1	−32.9	27.3	151
6.6	72	62	2.3	2.2	E	2.2	39	E	12	37.5	−34.5	26.9	156
6.7	64	73	0.9	2.2	NNE	2.7	7	SSW	21	40.8	−27.5	26.3	145
6.8	67	67	2.6	3.6	NNE	3.4	22	SSW	22	34.8	−28.4	27.4	143
6.9	74	68	1.0	0.9	NW	3.8	10	SE	8	36.5	−34.0	25.2	159
6.10	62	73	3.3	2.3	NNW	5.3	22	NNE	13	35.3	−25.8	25.8	145

续表

序号	省份及台站	纬度（度分）	经度（度分）	海拔高度（m）	大气压力(hPa)		室外计算干球温度(℃)					夏季空调室外计算湿球温度(℃)
					冬季	夏季	供暖	冬季通风	冬季空调	夏季通风	夏季空调	
1	2	3	4	5	6	7	8	9	10	11	12	13
6.11	大连	38.54	121.38	91.5	1017.3	994.5	−9.5	−8.0	−12.9	26.3	29.0	24.8
7	吉林省											
7.1	白城	45.38	122.50	155.3	1007.7	984.5	−21.8	−22.4	−25.6	27.6	31.8	23.9
7.2	前郭尔罗斯	45.05	124.52	136.2	1010.2	987.8	−21.8	−23.2	−25.6	27.5	31.3	24.3
7.3	四平	43.10	124.20	165.7	1006.7	984.9	−19.6	−18.1	−22.9	27.3	30.7	24.5
7.4	长春	43.54	125.13	236.8	996.5	976.8	−20.9	−20.1	−24.3	26.6	30.4	24.0
7.5	敦化	43.22	128.12	524.9	958.4	946.4	−22.5	−22.4	−25.6	24.5	28.6	22.5
7.6	东岗	42.06	127.34	774.2	928.3	920.4	−22.4	−20.7	−25.7	24.1	27.6	21.5
7.7	延吉	42.53	129.28	176.8	1003.8	985.5	−18.3	−17.6	−21.3	26.7	31.2	23.6
7.8	临江	41.48	126.55	332.7	985.6	968.4	−21.3	−20.3	−24.3	27.3	30.7	23.5
8	黑龙江省											
8.1	漠河	52.58	122.31	433.0	980.6	971.3	−37.2	−33.9	−40.7	24.4	29.1	20.8
8.2	呼玛	51.43	126.39	177.4	1002.1	985.0	−33.3	−31.2	−36.9	25.4	30.0	22.0
8.3	嫩江	49.10	125.14	242.2	994.3	977.5	−30.5	−29.9	−33.7	25.3	29.9	22.3
8.4	孙吴	49.26	127.21	234.5	992.2	977.8	−30.8	−30.5	−33.8	24.9	29.3	22.2
8.5	克山	48.03	125.53	234.6	995.3	975.8	−27.2	−28.6	−30.4	25.7	30.1	22.6
8.6	富裕	47.48	124.29	162.7	1005.3	985.0	−26.0	−27.5	−29.6	26.5	30.7	23.1
8.7	齐齐哈尔	47.23	123.55	147.1	1008.3	986.5	−23.7	−24.0	−27.2	26.8	31.2	23.5
8.8	海伦	47.26	126.58	239.2	995.2	976.1	−27.2	−28.7	−30.6	25.6	29.7	22.8
8.9	富锦	47.14	131.59	66.4	1013.9	997.9	−24.6	−24.2	−27.1	26.3	30.6	23.3
8.10	安达	46.23	125.19	149.3	1005.9	985.7	−24.8	−25.6	−28.3	27.1	31.2	23.5

续表

序号	室外相对湿度(%)		室外平均风速(m/s)		冬季			夏季		极端温度(℃)		夏季空调室外计算日平均温度(℃)	供暖期天数(d)
	冬季空调	夏季通风	冬季	夏季	最多风向	平均风速(m/s)	频率(%)	风向	频率(%)	最高	最低		
1	14	15	16	17	18	19	20	21	22	23	24	25	26
6.11	55	71	5.0	4.0	N	5.9	26	S	28	35.3	−18.8	26.4	132
7	吉林省												
7.1	72	56	2.4	2.8	NW	2.7	13	S	17	40.0	−38.1	26.8	170
7.2	74	59	2.0	2.4	W	2.4	14	SSW	17	37.7	−39.8	26.9	168
7.3	70	64	1.9	2.7	SW	2.7	16	SSW	24	37.3	−32.3	26.5	163
7.4	77	64	3.1	3.5	SW	3.9	23	SW	20	36.7	−33.7	25.1	168
7.5	71	64	2.5	1.5	W	3.4	19	SSW	12	36.4	−35.9	23.5	184
7.6	68	64	1.7	2.2	SW	3.1	15	SW	14	34.1	−38.9	23.3	180
7.7	60	61	2.2	1.9	WNW	5.0	22	ENE	17	37.7	−32.7	25.4	170
7.8	72	61	0.4	1.1	NNE	1.6	5	N	16	37.9	−33.8	25.1	168
8	黑龙江省												
8.1	72	56	0.6	1.9	NNW	2.1	7	ESE	10	38.0	−49.6	21.5	225
8.2	78	56	0.7	1.8	N	2.7	9	SSE	12	39.4	−48.2	23.9	207
8.3	75	59	1.6	3.2	SSW	2.5	10	SE	15	40.0	−43.9	24.3	194
8.4	67	63	1.2	2.2	SSW	2.9	15	E	13	38.6	−48.1	23.3	201
8.5	65	59	1.2	2.4	NNW	2.5	10	SSW	11	38.7	−42.4	25.1	187
8.6	77	58	2.4	3.0	WNW	3.1	11	S	11	40.7	−40.3	25.8	185
8.7	71	57	1.8	2.8	W	1.9	11	SE	16	40.8	−36.7	26.5	180
8.8	70	61	1.8	3.1	SE	2.5	14	SSE	14	38.0	−40.3	24.8	185
8.9	69	60	3.4	3.0	W	4.6	29	SE	14	38.9	−37.8	25.7	182
8.10	71	56	2.4	2.8	SW	2.4	15	SSW	13	38.7	−39.3	26.3	181

续表

序号	省份及台站	纬度（度分）	经度（度分）	海拔高度（m）	大气压力(hPa)		室外计算干球温度(℃)					夏季空调室外计算湿球温度(℃)
					冬季	夏季	供暖	冬季通风	冬季空调	夏季通风	夏季空调	
1	2	3	4	5	6	7	8	9	10	11	12	13
8.11	佳木斯	46.49	130.17	81.2	1012.6	994.1	−23.8	−23.0	−27.2	26.6	30.8	23.5
8.12	肇州	45.42	125.15	148.7	1008.2	985.9	−22.8	−24.3	−27.3	27.3	32.2	24.8
8.13	哈尔滨	45.45	126.46	142.3	1004.1	986.8	−24.1	−24.7	−27.2	26.8	30.6	23.8
8.14	通河	45.58	128.44	108.6	1011.1	991.9	−26.2	−26.8	−29.5	26.3	30.0	24.0
8.15	尚志	45.13	127.58	189.7	1003.1	982.9	−25.6	−25.7	−29.3	26.3	29.9	23.8
8.16	鸡西	45.17	130.57	238.3	994.1	978.8	−21.4	−21.3	−24.3	26.2	30.4	23.1
8.17	牡丹江	44.34	129.36	241.4	993.4	977.4	−22.3	−23.6	−25.9	26.8	30.9	23.4
8.18	绥芬河	44.23	131.10	567.8	960.0	949.7	−22.1	−22.2	−24.9	24.2	28.5	22.0
9	陕西省											
9.1	榆林	38.14	109.42	1057.5	903.3	888.9	−14.9	−14.4	−19.2	28.0	32.3	21.6
9.2	定边	37.35	107.35	1360.3	868.0	856.6	−12.8	−11.9	−18.3	27.2	33.2	22.6
9.3	绥德	37.30	110.13	929.7	918.7	902.2	−11.8	−11.4	−15.1	28.5	33.1	22.5
9.4	延安	36.36	109.30	958.5	915.0	898.9	−10.1	−8.4	−13.3	28.2	32.5	22.8
9.5	洛川	35.49	109.30	1159.8	891.6	878.2	−9.1	−7.8	−12.1	26.0	30.0	22.0
9.6	西安	34.18	108.56	397.5	981.0	957.1	−3.2	−4.0	−5.6	30.7	35.1	25.8
9.7	汉中	33.04	107.02	509.5	965.0	947.0	0.1	0.7	−1.4	28.7	32.3	26.0
9.8	安康	32.43	109.02	290.8	990.9	969.2	1.0	0.9	−0.7	31.0	34.9	26.8
10	甘肃省											
10.1	敦煌	40.09	94.41	1139.0	895.3	878.0	−12.6	−12.2	−16.3	29.9	34.1	21.1
10.2	玉门镇	40.16	97.02	1526.0	851.1	839.8	−15.0	−13.6	−19.1	26.4	30.7	18.0
10.3	酒泉	39.46	98.29	1477.2	857.0	845.5	−14.3	−12.9	−18.4	26.4	30.4	19.5

续表

序号	室外相对湿度(%)		室外平均风速(m/s)		冬季			夏季		极端温度（℃）		夏季空调室外计算日平均温度(℃)	供暖期天数(d)
	冬季空调	夏季通风	冬季	夏季	最多风向	平均风速(m/s)	频率(%)	风向	频率(%)	最高	最低		
1	14	15	16	17	18	19	20	21	22	23	24	25	26
8.11	63	60	2.5	2.9	SW	3.9	23	SW	17	38.1	−39.5	25.9	179
8.12	77	60	2.9	3.1	NW	3.2	13	S	16	39.0	−40.7	26.5	167
8.13	75	61	3.2	2.8	SSW	3.5	17	SW	22	39.2	−37.7	26.1	175
8.14	75	65	4.2	3.1	W	6.5	25	ENE	17	36.7	−41.7	25.1	184
8.15	72	64	2.6	2.5	SW	4.1	27	SW	12	35.4	−44.1	24.8	183
8.16	64	59	3.3	2.7	W	4.3	45	W	15	37.6	−33.3	25.5	178
8.17	74	58	1.8	2.1	SW	2.2	18	SW	12	38.4	−35.3	25.6	176
8.18	67	64	3.9	1.7	W	5.6	35	WNW	14	35.3	−33.4	23.2	186
9	陕西省												
9.1	69	44	1.5	2.3	NNW	2.3	20	SSE	21	38.6	−30.0	26.5	151
9.2	69	43	2.2	3.5	SW	2.5	11	S	13	37.7	−29.1	26.3	144
9.3	67	47	1.8	2.6	NW	3.0	16	SE	33	38.8	−24.1	27.7	140
9.4	56	51	1.8	1.6	WSW	2.8	19	SW	19	38.5	−23.0	26.1	133
9.5	54	56	2.2	2.0	N	2.9	26	SSE	11	36.4	−23.0	25.3	141
9.6	66	54	0.9	1.6	ENE	1.7	6	NE	18	41.8	−16.0	30.7	99
9.7	81	66	0.9	1.7	ENE	2.8	12	ENE	12	38.3	−10.0	28.4	79
9.8	66	59	1.3	1.6	ENE	3.3	14	E	10	41.3	−9.7	30.5	58
10	甘肃省												
10.1	62	30	2.5	1.9	WSW	4.1	19	NE	13	41.7	−30.5	27.5	140
10.2	60	34	4.6	2.3	E	5.6	26	E	27	36.0	−35.1	24.8	158
10.3	65	37	2.1	2.2	SW	2.8	10	E	10	36.6	−29.8	24.8	155

续表

序号	省份及台站	纬度（度分）	经度（度分）	海拔高度（m）	大气压力(hPa)		室外计算干球温度(℃)					夏季空调室外计算湿球温度(℃)
					冬季	夏季	供暖	冬季通风	冬季空调	夏季通风	夏季空调	
1	2	3	4	5	6	7	8	9	10	11	12	13
10.4	民勤	38.38	103.05	1367.5	869.9	855.7	−13.3	−12.3	−17.1	28.1	33.0	19.3
10.5	乌鞘岭	37.12	102.52	3045.1	697.7	705.0	−17.4	−14.6	−20.5	14.5	19.1	12.4
10.6	兰州	36.03	103.53	1517.2	852.8	841.5	−8.8	−8.5	−11.4	26.6	31.3	20.1
10.7	榆中	35.52	104.09	1874.4	813.7	806.2	−11.6	−11.0	−14.7	23.6	27.9	18.7
10.8	平凉	35.33	106.40	1346.6	871.1	858.1	−8.5	−7.4	−11.9	25.6	29.8	21.3
10.9	西峰镇	35.44	107.38	1421.0	860.8	851.5	−9.4	−8.0	−12.9	24.7	28.7	20.6
10.10	合作	35.00	102.54	2910.0	713.1	715.9	−13.5	−13.0	−16.3	18.0	22.3	14.6
10.11	岷县	34.26	104.01	2315.0	769.3	767.9	−9.9	−8.9	−12.5	21.1	24.8	17.5
10.12	武都	33.24	104.55	1079.1	899.2	865.6	0.2	0.6	−2.1	28.4	32.6	22.4
10.13	天水	34.35	105.45	1141.7	893.4	879.7	5.5	−4.7	−8.2	27.0	30.9	21.8
11	宁夏回族自治区											
11.1	银川	38.29	106.13	1111.4	897.3	881.4	−12.9	−11.9	−17.1	27.7	31.3	22.2
11.2	盐池	37.48	107.23	1349.3	870.6	858.1	−13.7	−12.0	−17.7	27.4	31.8	20.2
11.3	固原	36.00	106.16	1753.0	827.7	819.1	−12.9	−11.5	−17.1	23.3	27.7	19.0
12	青海省											
12.1	冷湖	38.45	93.20	2770.0	729.4	725.8	−16.7	−15.7	−18.9	22.2	26.7	12.2
12.2	大柴旦	37.51	95.22	3173.2	690.1	692.0	−17.9	−17.5	−21.0	19.2	24.7	12.3
12.3	刚察	37.20	100.08	3301.5	677.6	681.7	−16.9	−16.4	−20.2	15.2	18.9	12.2
12.4	格尔木	36.25	94.54	2807.6	723.0	723.0	−12.5	−12.3	−15.6	21.8	27.0	13.5
12.5	都兰	36.19	98.06	3191.1	689.0	690.6	−14.5	−13.1	−16.8	18.6	24.6	12.7
12.6	西宁	36.43	101.45	2295.2	773.4	770.6	−11.4	−10.0	−13.	21.9	26.4	16.6

续表

序号	室外相对湿度(%)		室外平均风速(m/s)		冬季			夏季		极端温度(℃)		夏季空调室外计算日平均温度(℃)	供暖期天数(d)
	冬季空调	夏季通风	冬季	夏季	最多风向	平均风速(m/s)	频率(%)	风向	频率(%)	最高	最低		
1	14	15	16	17	18	19	20	21	22	23	24	25	26
10.4	54	34	1.6	2.5	E	2.7	9	E	14	41.1	−26.9	26.8	153
10.5	48	59	5.1	4.6	NW	5.3	21	N	23	28.1	−30.6	14.7	241
10.6	70	43	0.3	1.3	ENE	2.2	5	E	12	39.8	−19.7	26.0	130
10.7	72	50	0.8	2.2	WSW	1.4	9	SE	19	35.8	−27.2	22.3	158
10.8	57	54	1.7	2.2	NW	3.0	14	ESE	16	36.0	−24.3	23.9	143
10.9	57	55	1.9	3.2	N	2.7	10	S	26	36.4	−22.6	24.3	144
10.10	64	54	0.7	1.3	NNW	3.3	9	NNW	13	30.4	−27.9	15.9	206
10.11	65	57	0.6	1.3	NE	3.5	6	SSE	9	33.3	−24.3	19.2	164
10.12	56	49	1,1	2.0	SE	1.9	9	SE	11	38.6	−8.6	28.4	62
10.13	75	53	1.2	1.3	E	2.7	16	E	13	38.2	−17.4	25.9	118
11	宁夏回族自治区												
11.1	66	47	1.4	2.4	NNE	2.5	12	S	12	38.7	−27.7	26.2	144
11.2	68	38	1.9	3.4	WNW	3.4	15	SSE	12	37.5	−28.5	26.1	146
11.3	72	52	2.2	2.8	NW	3.4	11	SE	17	34.6	−30.9	22.2	163
12	青海省												
12.1	74	41	0.8	2.9	NE	2.5	8	NNE	9	37.5	−41.7	26.1	175
12.2	75	33	0.6	2.6	E	3.1	14	W	13	40.1	−46.0	26.2	178
12.3	76	37	1.5	2.1	N	2.0	26	N	16	41.3	−37.1	26.8	156
12.4	66	35	1.4	2.8	NW	1.8	9	W	14	34.7	−32.0	23.3	188
12.5	77	25	1.1	2.8	NNE	1.5	8	NW	32	42.7	−34.3	32.1	147
12.6	77	38	0.9	1.8	S	1.6	16	S	17	41.6	−33.8	28.7	149

续表

序号	省份及台站	纬度（度分）	经度（度分）	海拔高度（m）	大气压力(hPa)		室外计算干球温度(℃)					夏季空调室外计算湿球温度(℃)
					冬季	夏季	供暖	冬季通风	冬季空调	夏季通风	夏季空调	
1	2	3	4	5	6	7	8	9	10	11	12	13
12.7	民和	36.19	102.51	1813.9	819.6	813.6	−10.1	−9.1	−13.0	24.6	28.8	19.4
12.8	兴海	35.35	99.59	3323.2	678.7	682.1	−15.6	−14.4	−18.5	16.6	21.3	13.3
12.9	托托河	34.13	92.26	4533.1	584.0	587.5	−23.3	−29.5	−31.6	11.8	16.4	8.4
12.10	曲麻莱	34.08	95.47	4175.0	607.5	612.5	−19.5	−19.5	−22.9	13.0	17.5	10.0
12.11	玉树	33.01	97.01	3681.2	648.4	651.4	−11.7	−11.6	−15.5	17.5	21.9	13.2
12.12	玛多	34.55	98.13	4272.3	603.1	609.2	−23.0	−26.5	−28.6	11.6	15.9	8.9
12.13	达日	33.45	99.39	3967.5	626.0	629.5	−17.9	−17.2	−20.8	13.5	17.4	11.0
12.14	囊谦	32.12	96.29	3643.7	651.3	652.4	−10.6	−10.4	−13.9	18.2	22.5	13.4
13	新疆维吾尔自治区											
13.1	阿勒泰	47.44	88.05	735.3	944.9	922.8	−24.3	−23.6	−29.3	25.5	30.8	19.9
13.2	富蕴	46.59	89.31	807.5	936.9	915.3	−28.8	−27.5	−33.9	26.4	32.6	18.2
13.3	塔城	46.44	83.00	534.9	967.0	944.6	−18.9	−19.6	−24.3	27.4	33.5	20.4
13.4	和布克赛尔	46.47	85.43	1291.6	877.0	865.7	−18.6	−18.5	−22.8	23.1	28.6	16.4
13.5	克拉玛依	45.37	84.51	449.5	983.8	955.7	−21.9	−22.7	−26.1	30.5	36.4	19.8
13.6	精河	44.37	82.54	320.1	999.3	968.6	−21.9	−20.3	−25.3	30.0	34.8	22.5
13.7	乌苏	44.26	84.40	478.7	978.4	951.3	−21.3	−20.5	−25.3	29.7	35	21.4
13.8	伊宁	43.57	81.2	662.5	950.6	932.5	−16.4	−17.5	−20.8	27.2	32.9	21.3
13.9	乌鲁木齐	43.47	87.39	935.0	933.3	932.1	−19.5	−19.2	−23.4	27.4	33.4	18.3
13.10	焉耆	42.05	86.34	1055.3	905.2	889.2	−15.9	−17.7	−19.6	27.9	32.0	21.3
13.11	吐鲁番	42.56	89.12	34.5	1036.0	996.0	−12.5	−14.7	−16.8	36.2	40.3	24.2
13.12	阿克苏	41.10	80.14	1103.8	901.2	882.6	−12.3	−13.2	−15.7	28.4	32.6	21.6

续表

序号	室外相对湿度(%)		室外平均风速(m/s)		冬季			夏季		极端温度(℃)		夏季空调室外计算日平均温度(℃)	供暖期天数(d)
	冬季空调	夏季通风	冬季	夏季	最多风向	平均风速(m/s)	频率(%)	风向	频率(%)	最高	最低		
1	14	15	16	17	18	19	20	21	22	23	24	25	26
12.7	57	49	1.1	1.4	E	2.6	13	ESE	15	37.2	−22.2	23.2	146
12.8	55	53	2.1	1.8	NW	2.8	16	SE	9	30.2	−31.5	15.7	218
12.9	78	48	1.6	3.1	W	3.1	26	NE	12	24.7	−45.2	10.4	280
12.10	56	50	0.8	2.2	NW	2.5	6	ENE	10	24.2	−34.4	11.7	266
12.11	57	49	0.6	0.8	SSW	1.3	7	ENE	8	28.5	−27.6	15.5	204
12.12	79	52	1.1	3.1	NW	3.4	7	NE	14	22.4	−48.1	10.9	284
12.13	68	57	1.2	1.8	S	2.5	8	NE	12	23.3	−34.0	12.0	255
12.14	58	49	1.3	1.3	W	1.9	19	SE	11	28.7	−25.8	16.0	185
13	新疆维吾尔自治区												
13.1	74	41	0.8	2.9	NE	2.5	8	NNE	9	37.5	−41.7	26.1	175
13.2	75	33	0.6	2.6	E	3.1	14	W	13	40.1	−46.0	26.2	178
13.3	76	37	1.5	2.1	N	2.0	26	N	16	41.3	−37.1	26.8	156
13.4	66	35	1.4	2.8	NW	1.8	9	W	14	34.7	−32.0	23.3	188
13.5	77	25	1.1	2.8	NNE	1.5	8	NW	32	42.7	−34.3	32.1	147
13.6	77	38	0.9	1.8	S	1.6	16	S	17	41.6	−33.8	28.7	149
13.7	77	34	1.0	2.9	W	1.8	10	SW	16	41.8	−33.7	30.3	149
13.8	84	43	1.0	1.7	E	2.0	12	E	19	39.2	−36.0	26.1	140
13.9	78	32	1.4	3.1	S	2.2	15	S	13	42.1	−32.8	28.3	153
13.10	83	38	0.5	1.5	ESE	1.6	3	NW	15	38.8	−30.7	26.2	147
13.11	74	25	0.5	1.3	E	1.8	6	W	8	47.7	−25.2	35.1	118
13.12	78	38	1.5	1.8	NNW	2.0	24	WNW	7	39.6	−25.2	26.9	130

续表

序号	省份及台站	纬度（度分）	经度（度分）	海拔高度（m）	大气压力(hPa)		室外计算干球温度(℃)					夏季空调室外计算湿球温度(℃)
					冬季	夏季	供暖	冬季通风	冬季空调	夏季通风	夏季空调	
1	2	3	4	5	6	7	8	9	10	11	12	13
13.13	库车	41.43	83.04	1081.9	903.0	885.2	−11.2	−13.7	−15.7	29.3	33.8	20.2
13.14	喀什	39.28	75.59	1289.4	980.0	864.8	−10.4	−13.0	−14.3	28.8	33.8	21.1
13.15	巴楚	39.48	78.34	1116.5	898.5	879.9	−9.9	−11.7	−12.8	29.7	35.5	21.4
13.16	铁干里克	40.38	87.42	846.0	930.4	907.8	−12.3	−12.6	−15.1	31.8	36.2	23.8
13.17	若羌	39.02	88.10	887.7	925.3	903.2	−11.4	−12.2	−15.0	32.6	37.1	22.0
13.18	莎车	38.26	77.16	1231.2	885.9	868.7	−9.8	−11.5	−13.1	28.7	34.1	22.6
13.19	和田	37.08	79.56	1375.0	870.1	854.2	−8.6	−12.1	−12.6	28.8	34.5	21.4
13.20	民丰	37.04	82.43	1409.5	866.0	851.2	−9.8	−12.9	−13.6	30.5	35.1	20.4
13.21	哈密	42.49	93.31	737.2	944.1	919.3	−16.0	−17.0	−19.1	31.6	35.8	22.3
14	上海市	31.24	121.27	5.5	1026.5	1005.7	1.2	3.5	−1.2	30.8	34.6	28.2
15	山东省											
15.1	惠民	37.29	117.32	11.7	1027.8	1001.9	−7.4	−6.6	−10.1	30.4	34.1	27.3
15.2	龙口	37.37	120.19	4.8	1029.1	1003.6	−5.8	−5.7	−7.9	28.6	32.0	26.7
15.3	荣成	37.24	122.41	47.7	1022.7	1002.3	−4.8	−4.1	−7.1	24.8	27.3	25.4
15.4	朝阳	36.14	115.40	37.8	1024.6	997.7	−6.2	−5.0	−8.9	30.7	34.6	27.6
15.5	济南	36.36	117.03	170.3	1018.5	997.3	−5.2	−3.6	−7.7	30.9	34.8	27.0
15.6	潍坊	36.45	119.11	22.2	1024.7	1002.1	−6.7	−5.7	−9.1	30.1	34.2	27.1
15.7	兖州	35.34	116.51	51.7	1023.2	997.4	−5.2	−4.1	−7.4	30.6	34.1	27.5
15.8	莒县	35.35	118.50	107.4	1016.2	990.8	−6.5	−5.4	−8.8	29.3	32.7	27.3
16	江苏省											
16.1	徐州	34.17	117.09	41.2	1025.1	998.5	−3.4	−2.3	−5.6	30.5	34.4	27.6

续表

序号	室外相对湿度(%)		室外平均风速(m/s)		冬季			夏季		极端温度(℃)		夏季空调室外计算日平均温度(℃)	供暖期天数(d)
	冬季空调	夏季通风	冬季	夏季	最多风向	平均风速(m/s)	频率(%)	风向	频率(%)	最高	最低		
1	14	15	16	17	18	19	20	21	22	23	24	25	26
13.13	82	30	1.1	2.4	N	2.3	12	N	14	40.8	−23.4	29.0	127
13.14	74	33	0.7	2.1	NW	2.1	13	SSE	8	39.9	−23.6	28.7	120
13.15	76	34	0.3	2.0	NE	2.3	5	NE	21	42.6	−22.5	29.7	122
13.16	69	28	1.6	2.3	W	2.4	12	E	17	42.2	−23.8	29.8	132
13.17	74	26	1.7	3.0	SW	2.8	16	NE	26	43.1	−23.3	30.3	128
13.18	81	36	0.8	1.4	WNW	1.7	6	N	11	39.6	−22.1	28.3	122
13.19	75	35	1.1	2.0	WSW	1.9	8	SW	11	41.1	−21.0	28.8	113
13.20	76	27	0.9	1.9	NE	1.8	6	NE	15	41.8	−24.7	28.3	123
13.21	73	28	1.8	1.8	NE	2.4	21	ESE	10	43.2	−28.9	29.9	141
14	74	69	3.3	3.4	N	3.0	13	S	14	39.6	−7.7	31.3	40
15	山东省												
15.1	54	61	2.6	2.7	NNE	3.6	8	SW	15	40.8	−21.4	29.3	110
15.2	67	69	3.4	3.4	N	3.7	11	S	28	38.3	−21.3	28.4	116
15.3	63	84	7.1	4.1	NNW	9.3	42	NNW	14	32.0	−15.7	24.9	122
15.4	79	61	2.8	2.7	N	2.9	23	S	21	40.5	−22.7	29.5	111
15.5	45	56	2.7	2.8	ENE	3.5	18	SSW	19	42.0	−14.9	31.2	100
15.6	53	63	3.6	3.5	NNW	5.5	14	SE	20	40.7	−17.9	28.8	118
15.7	57	62	2.0	2.7	NNW	3.6	10	S	19	41.1	−19.3	29.5	104
15.8	55	68	2.3	2.5	NNE	4.0	21	SE	15	40.6	−20.1	28.1	117
16	江苏省												
16.1	54	65	2.1	2.2	ENE	3.6	11	SSE	9	40.6	−15.8	30.4	97

续表

序号	省份及台站	纬度（度分）	经度（度分）	海拔高度（m）	大气压力(hPa)		室外计算干球温度(℃)					夏季空调室外计算湿球温度(℃)
					冬季	夏季	供暖	冬季通风	冬季空调	夏季通风	夏季空调	
1	2	3	4	5	6	7	8	9	10	11	12	13
16.2	赣榆	34.50	119.07	3.3	1028.8	1002.7	−4.0	−3.4	−6.3	29.1	32.7	27.8
16.3	淮阴(清江)	33.38	119.01	14.4	1027.4	1001.5	−3.1	−1.9	−5.2	29.3	33.3	28.1
16.4	南京	32.00	118.48	7.1	1027.9	1002.5	−1.6	−1.1	−4.0	30.6	34.8	28.1
16.5	东台	32.52	120.19	4.3	1028.8	1003.6	−1.9	−0.6	−4.0	30.4	34.0	28.2
16.6	吕四	32.04	121.36	5.5	1027.5	1004.0	−0.8	0.8	−2.5	29.1	33.3	28.0
17	浙江省											
17.1	杭州	30.14	120.10	41.7	1021.8	999.8	0.1	0	−2.2	32.4	35.7	27.9
17.2	舟山	30.02	122.06	35.7	1021.4	1002.1	1,7	3.1	−0.4	30.0	32.4	27.6
17.3	衢州	29.00	118.54	82.4	1017.5	996.6	1.1	1.0	−0.9	33.0	35.9	27.8
17.4	温州	28.02	120.39	28.3	1025.4	1004.5	3.5	4.9	1.5	31.4	34.1	28.4
17.5	洪家	28.37	121.25	4.6	1024.1	1005.9	2.0	3.6	0	31.1	33.3	28.6
18	安徽省											
18.1	亳州	33.52	115.46	115.5	1025.0	997.5	−3.4	−1.7	−5.4	31.1	35.1	27.9
18.2	寿县	32.33	116.47	116.5	1025.2	1000.5	−2.6	−1.5	−5.5	30.6	34.2	28.7
18.3	蚌埠	32.57	117.23	18.7	1025.9	1000.6	−2.4	−1.2	−4.6	31.4	35.4	28.0
18.4	霍山	31.24	116.19	68.1	1019.5	995.3	−1.6	−1.6	−4.0	31.5	35.6	28.1
18.5	桐城	31.04	116.57	85.4	1017.9	994.2	−0.4	1.4	−2.9	30.9	36.5	29.0
18.6	合肥	31.52	117.14	26.8	1023.6	999.1	−1.4	−0.9	−4.0	31.5	35.1	28.1
18.7	安庆	30.32	117.03	19.8	1023.6	1001.3	−0.1	−0.1	−2.6	31.9	35.3	28.1
18.8	黄山	29.43	118.17	142.7	1008.5	988.6	0.3	0.2	−2.1	32.4	35.6	27.4
19	江西省											

续表

序号	室外相对湿度(%)		室外平均风速(m/s)		冬季			夏季		极端温度(℃)		夏季空调室外计算日平均温度(℃)	供暖期天数(d)
	冬季空调	夏季通风	冬季	夏季	最多风向	平均风速(m/s)	频率(%)	风向	频率(%)	最高	最低		
1	14	15	16	17	18	19	20	21	22	23	24	25	26
16.2	56	73	2.6	2.6	N	3.2	14	SSW	17	39.5	−13.8	29.5	102
16.3	69	70	2.2	2.6	NNE	2.8	12	SE	13	38.2	−14.2	30.1	34
16.4	79	65	2.7	2.4	NNE	3.2	13	SSE	11	40.0	−13.1	31.2	79
16.5	74	70	2.6	2.7	N	3.6	12	S	15	38.8	−11.1	30.3	85
16.6	80	74	4.0	4.0	WNW	4.8	15	SSE	22	38.7	−8.6	29.7	70
17	浙江省												
17.1	82	62	2.6	2.7	NNW	3.8	23	SSW	19	40.3	−8.6	31.6	43
17.2	79	74	3.9	3.2	NNW	4.8	22	SE	22	38.6	−5.5	28.9	38
17.3	86	59	3.3	2.5	NNE	4.3	35	WSW	22	40.9	−10.0	31.4	38
17.4	81	71	2.2	1.9	NW	3.0	27	ESE	21	39.6	−3.9	29.8	0
17.5	80	73	3.7	2.7	NW	4.6	36	SSW	19	40.3	−7.1	29.4	0
18	安徽省												
18.1	87	61	1.7	1.8	W	3.5	13	W	11	40.1	−8.5	30.8	38
18.2	87	57	2.5	2.6	N	3.1	41	S	24	40.9	−8.0	31.9	0
18.3	85	57	2.2	2.5	ENE	2.7	26	SSW	17	41.0	−6.0	31.6	0
18.4	83	56	2.1	1.7	N	2.8	52	SSW	20	40.0	−3.8	31.5	0
18.5	82	59	1.9	1.7	NNE	2.9	23	SW	11	40.8	−9.6	31.5	38
18.6	80	61	3.4	2.3	N	4.8	30	S	18	40.1	−9.7	32.2	38
18.7	86	57	1.5	1.9	NE	3.8	37	SW	20	41.0	−9.5	31.6	0
18.8	90	60	1.7	3.8	NNW	4.6	47	S	35	40.4	−10.9	31.0	0
19	江西省												

续表

序号	省份及台站	纬度（度分）	经度（度分）	海拔高度（m）	大气压力(hPa)		室外计算干球温度(℃)					夏季空调室外计算湿球温度(℃)
					冬季	夏季	供暖	冬季通风	冬季空调	夏季通风	夏季空调	
1	2	3	4	5	6	7	8	9	10	11	12	13
19.1	宜春	27.48	114.23	131.3	1009.8	989.7	1.2	1.5	−0.6	32.4	35.4	27.4
19.2	吉安	27.93	114.55	71.2	1015.8	996.1	1.9	2.1	−0.4	33.5	35.9	27.7
19.3	遂川	26.20	114.30	126.1	1009.8	990.5	2.3	2.6	0.1	33.3	36.1	27.6
19.4	赣州	25.52	115.00	137.5	1009.0	991.9	3.0	3.4	0.6	33.2	35.5	27.1
19.5	景德镇	29.18	117.12	61.5	1018.6	998.5	1.2	1.3	−1.2	33.1	36.0	27.8
19.6	南昌	28.36	115.55	46.9	1019.8	998.7	0.8	0.9	−1.3	32.8	35.6	28.3
19.7	玉山	28.41	118.15	116.3	1012.0	992.4	1.4	1.5	−0.9	33.2	36.1	27.4
19.8	南城	27.35	116.39	80.8	1015.3	995.2	1.4	1.7	−0.9	32.7	35.3	27.8
20	福建省											
20.1	建瓯	27.03	118.19	154.9	1005.5	988.2	3.5	4.8	1.2	33.7	36.1	27.4
20.2	南平	26.39	118.10	125.6	1008.7	991.7	4.6	6.5	2.3	33.9	36.2	27.2
20.3	福州	26.05	119.17	84.0	1012.9	997.4	6.5	8.4	4.6	33.2	36.0	28.1
20.4	上杭	25.03	116.25	198.0	999.0	984.5	5.2	6.9	2.5	32.4	34.7	26.8
20.5	永安	25.58	117.21	206.0	999.0	983.3	4.5	6.5	2.3	33.3	35.9	26.8
20.6	崇武	24.54	118.55	21.8	1019.7	1002.6	8.1	9.3	6.3	29.5	31.1	27.2
20.7	厦门	24.29	118.04	139.4	1004.5	996.7	8.5	10.4	6.8	31.4	33.6	27.6
21	河南省											
21.1	安阳	36.03	114.24	62.9	1020.8	994.9	−4.7	−4.0	−7.1	30.9	34.8	27.4
21.2	卢氏	34.03	111.02	568.8	959.3	938.5	−4.3	−4.1	−6.5	29.6	33.9	25.9
21.3	郑州	34.43	113.39	110.4	1015.5	989.1	−3.8	−3.2	−5.7	30.9	35.0	27.5
21.4	南阳	33.02	114.01	129.2	1013.9	987.8	−1.8	−1.8	−4.1	30.5	34.4	27.9

续表

序号	室外相对湿度(%)		室外平均风速(m/s)		冬季			夏季		极端温度（℃）		夏季空调室外计算日平均温度(℃)	供暖期天数(d)
	冬季空调	夏季通风	冬季	夏季	最多风向	平均风速(m/s)	频率(%)	风向	频率(%)	最高	最低		
1	14	15	16	17	18	19	20	21	22	23	24	25	26
19.1	87	61	1.7	1.8	W	3.5	13	W	11	40.1	−8.5	30.8	38
19.2	87	57	2.5	2.6	N	3.1	41	S	24	40.9	−8.0	31.9	0
19.3	85	57	2.2	2.5	ENE	2.7	26	SSW	17	41.0	−6.0	31.6	0
19.4	83	56	2.1	1.7	N	2.8	52	SSW	20	40.0	−3.8	31.5	0
19.5	82	59	1.9	1.7	NNE	2.9	23	SW	11	40.8	−9.6	31.5	38
19.6	80	61	3.4	2.3	N	4.8	30	S	18	40.1	−9.7	32.2	38
19.7	86	57	1.5	1.9	NE	3.8	37	SW	20	41.0	−9.5	31.6	0
19.8	90	60	1.7	3.8	NNW	4.6	47	S	35	40.4	−10.9	31.0	0
20	福建省												
20.1	83	55	0.9	1.6	NW	2.4	9	W	10	41.7	−7.2	30.4	0
20.2	76	53	1.2	1.1	NE	2.6	17	SE	12	41.8	−5.1	30.8	0
20.3	72	60	2.2	3.4	NW	3.6	10	SE	28	41.7	−1.7	30.7	0
20.4	80	58	3.3	1.7	NW	4.4	37	SE	32	39.7	−5.0	29.7	0
20.5	76	54	1.1	2.0	NNW	3.1	12	SW	17	40.1	−6	30.1	0
20.6	74	78	7.9	4.9	NNE	9.0	49	NE	19	36.7	−0.3	28.8	0
20.7	77	69	4.2	2.5	E	4.8	33	SE	16	38.5	1.5	29.6	0
21	河南省												
21.1	59	58	2.0	2.4	N	4.0	12	S	16	41.8	−17.3	30.0	102
21.2	62	58	1.3	1.3	ENE	2.8	15	NE	10	40.6	−18.8	27.8	107
22.3	56	59	2.4	2.2	NE	4.3	16	NE	10	42.3	−17.9	30.1	96
22.4	68	66	2.4	2.4	NE	3.4	24	NE	16	41.4	−17.5	30.1	92

续表

序号	省份及台站	纬度（度分）	经度（度分）	海拔高度（m）	大气压力(hPa)		室外计算干球温度(℃)					夏季空调室外计算湿球温度(℃)
					冬季	夏季	供暖	冬季通风	冬季空调	夏季通风	夏季空调	
1	2	3	4	5	6	7	8	9	10	11	12	13
21.5	驻马店	33.00	114.01	82.7	1019.5	992.9	−2.7	−1.6	−5.3	30.9	35.0	28.0
21.6	信阳	32.08	114.03	114.5	1017.1	991.4	−2.0	−1.0	−4.5	30.7	34.5	27.7
21.7	商丘	34.27	115.4	50.1	1023.7	996.6	−3.9	−2.7	−6.0	30.7	34.7	28.1
22	湖北省											
22.1	陨西	33.00	110.25	249.1	998.0	975.2	−0.1	1.4	−1.4	31.6	36.0	28.7
22.2	老河口	32.23	111.40	90.0	1016.1	991.4	−0.9	−1.5	−2.9	31.2	35.0	28.1
22.3	钟祥	31.10	112.34	65.8	1019.8	995.1	−0.3	0.1	−2.1	31.0	34.6	28.3
22.4	麻城	31.11	115.01	59.3	1021.6	996.7	−0.2	0.1	−2.3	32.2	35.5	28.1
22.5	鄂州	30.17	109.28	457.1	971.3	953.9	2.3	2.0	0.7	31.1	34.3	26.4
22.6	宜昌	30.42	111.18	133.1	1011.3	988.3	1.1	1.5	−0.8	31.8	35.6	27.8
22.7	武汉	30.37	114.08	23.1	1024.5	999.7	0.1	0.1	−2.4	32.0	35.3	28.4
23	湖南省											
23.1	石门	29.35	111.22	116.9	1012.6	989.2	0.9	1.7	−1.5	31.7	35.4	27.8
23.2	南县	29.22	112.24	36.0	1022.6	998.3	0.3	1.1	−1.8	31.4	34.5	28.7
23.3	吉首	28.19	109.44	208.4	1001.2	979.7	1.4	2.0	−0.4	31.7	34.8	27.2
23.4	常德	29.03	111.41	35.0	1023.2	998.8	0.7	1.6	−1.3	31.9	35.5	28.6
23.5	长沙	28.13	112.55	68.0	1018.3	995.6	0.9	3.5	−0.8	32.2	36.5	29.0
23.6	芷江	27.27	109.41	272.2	992.1	973.0	0.8	1.5	−0.9	31.3	34.0	27.0
23.7	株洲	27.52	113.10	74.6	1017.6	995.0	1.3	3.9	−0.4	32.7	35.9	28.0
23.8	武冈	26.44	110.38	341.0	984.2	966.1	0.7	1.0	−1.4	31.4	34.2	26.5
23.9	永州	26.14	111.37	172.6	1004.3	986.2	1.2	1.4	−0.9	32.2	34.9	27

续表

序号	室外相对湿度(%)		室外平均风速(m/s)		冬季			夏季		极端温度（℃）		夏季空调室外计算日平均温度(℃)	供暖期天数(d)
	冬季空调	夏季通风	冬季	夏季	最多风向	平均风速(m/s)	频率(%)	风向	频率(%)	最高	最低		
1	14	15	16	17	18	19	20	21	22	23	24	25	26
21.5	60	65	2.1	2.6	NNW	2.6	16	NW	8	41.2	−18.1	30.7	94
21.6	69	67	2.5	3.2	N	3.4	18	N	11	40.0	−16.6	30.8	77
21.7	57	65	2.0	2.4	NNW	2.4	12	SSE	8	41.3	−15.4	30.0	99
22	湖北省												
22.1	78	58	0.8	1.0	S	2.1	10	S	15	41.7	−15.6	30.3	64
22.2	73	65	1.4	1.5	NE	3.2	11	ESE	10	40.7	−17.2	30.5	71
22.3	67	67	3.7	3.6	NNW	6.1	34	SSE	25	38.6	−15.3	31.0	54
22.4	71	62	2.1	2.4	N	3.7	36	S	17	40.2	−15.3	31.5	53
22.5	78	58	0.8	1.0	S	2.1	10	S	15	41.7	−15.6	30.3	64
22.6	73	65	1.4	1.5	NE	3.2	11	ESE	10	40.7	−17.2	30.5	71
22.7	67	67	3.7	3.6	NNW	6.1	34	SSE	25	38.6	−15.3	31.0	54
23	湖南省												
23.1	65	61	2.2	2.7	ENE	3.3	21	SW	16	40.9	−13.0	31.4	39
23.2	76	68	2.5	2.4	NNE	3.6	30	S	20	39.5	−13.1	31.3	40
23.3	73	60	0.8	1.2	NNE	1.7	12	NE	10	40.2	−7.5	29.9	38
23.4	73	65	1.9	2.2	NNE	3.2	22	S	13	40.1	−13.2	31.9	39
23.5	90	63	2.4	2.4	NNW	3.4	25	S	22	40.6	−10.3	32.1	31
23.6	75	62	2.1	1.6	NE	3.3	31	NE	7	39.1	−11.5	29.6	38
23.7	89	60	2.0	2.6	NNW	2.9	26	S	17	40.3	−11.5	32.2	30
23.8	85	60	1.6	2.0	NNE	2.5	21	WSW	12	38.7	−8.4	29.6	39
23.9	87	59	3.5	3.3	NNE	4.3	34	S	25	39.7	−7.0	31.2	0

续表

序号	省份及台站	纬度（度分）	经度（度分）	海拔高度（m）	大气压力(hPa)		室外计算干球温度(℃)					夏季空调室外计算湿球温度(℃)
					冬季	夏季	供暖	冬季通风	冬季空调	夏季通风	夏季空调	
1	2	3	4	5	6	7	8	9	10	11	12	13
23.10	常宁	26.25	112.24	116.6	1012.0	991.8	1.7	4.4	−0.6	32.9	36.5	27.8
24	广西壮族自治区											
24.1	桂林	25.19	110.18	164.4	1003.2	986.1	3.3	3.5	1.1	31.8	34.2	27.3
24.2	河池	24.42	108.03	211.0	996.4	979.8	6.5	6.9	4.3	31.7	34.6	27.2
24.3	都安	23.56	108.06	170.8	1000.3	984.2	7.3	7.6	5.1	31.5	34.3	27.6
24.4	百色	23.54	106.36	173.5	1000.5	983.9	9.1	9.5	7.2	32.6	36.0	27.8
24.5	桂平	23.24	110.05	42.5	1015.9	1000.0	7.3	8.2	5.2	32.0	34.4	27.8
24.6	梧州	23.29	111.18	114.8	1007.2	992.1	6.1	7.6	3.8	32.5	34.8	27.9
24.7	龙州	22.20	106.51	128.8	1004.9	989.5	9.3	9.9	7.5	32.1	35.0	28.1
24.8	南宁	22.38	108.13	121.6	1012.1	996.7	7.7	8.3	5.8	31.8	34.4	27.9
24.9	灵山	22.25	109.18	66.6	1012.4	996.9	6.8	8.2	4.6	31.2	33.9	27.8
24.10	钦州	21.57	108.37	4.5	1019.6	1003.6	8.1	9.2	6.1	31.2	33.6	28.3
25	广东省											
25.1	南雄	25.08	114.19	133.8	1007.5	991.0	4.1	5.0	1.7	32.7	35.0	27.2
25.2	韶关	24.41	113.36	61.0	1016.0	998.4	5.1	6.5	2.9	32.9	35.3	27.4
25.3	广州	23.10	113.20	41.0	1020.7	1002.9	8.2	10.3	5.3	31.9	34.2	27.8
25.4	河源	23.44	114.41	40.6	1017.5	1001.6	7.1	8.8	4.4	32.2	34.5	27.5
25.5	增城	23.20	113.50	38.9	1020.1	1004.6	8.4	10.6	5.6	31.7	34.0	27.9
25.6	汕头	23.24	116.41	2.9	1020.4	1007.4	9.6	11.1	7.3	31.0	33.4	27.7
25.7	汕尾	22.48	115.22	17.3	1019.6	1006.4	10.6	12.5	7.5	30.3	32.3	27.8
25.8	阳江	21.52	111.58	23.3	1017.3	1003.7	9.6	11.9	7.1	30.8	33.0	27.8

续表

序号	室外相对湿度(%)		室外平均风速(m/s)		冬季			夏季		极端温度（℃）		夏季空调室外计算日平均温度(℃)	供暖期天数(d)
	冬季空调	夏季通风	冬季	夏季	最多风向	平均风速(m/s)	频率(%)	风向	频率(%)	最高	最低		
1	14	15	16	17	18	19	20	21	22	23	24	25	26
23.10	87	59	1.8	2.8	N	2.8	24	S	20	40.8	−7.4	32.2	0
24	广西壮族自治区												
24.1	78	62	3.7	1.8	NNE	4.4	66	NNE	15	39.5	−3.6	30.3	0
24.2	77	62	1.2	1.2	E	1.9	19	E	28	39.4	0	30.6	0
24.3	78	66	2.5	2.0	NNW	3.1	42	SSE	25	39.6	0.5	30.6	0
24.4	81	61	1.0	1.8	SSE	2.0	10	SE	13	42.2	0.1	31.1	0
24.5	86	64	0.9	1.6	N	1.4	12	SSW	20	39.4	0.6	30.9	0
24.6	81	63	1.5	0.9	NNE	2.0	26	SE	10	39.7	−1.5	30.3	0
24.7	84	65	1.1	1.1	E	1.9	23	SW	5	41.6	−0.2	30.8	0
24.8	85	66	1.3	1.5	E	2.0	18	SSE	19	39.0	−1.9	30.4	0
24.9	84	69	2.3	2.0	N	2.9	35	S	22	38.8	−1.2	30.0	0
24.10	82	71	3.0	2.4	N	3.8	46	SSW	26	37.5	1.2	30.2	0
25	广东省												
25.1	77	62	2.3	2.0	ENE	2.7	37	WSW	21	40.4	−4.1	30.8	0
25.2	76	62	1.5	2.3	NW	2.8	13	S	32	40.4	−4.3	31.1	0
25.3	74	66	2.4	1.5	N	3.4	35	SE	14	38.1	0	30.6	0
25.4	73	61	1.9	1.2	N	2.7	39	S	12	39.0	−0.7	30.3	0
25.5	75	67	3.4	2.1	NNE	5.0	34	SSW	17	38.2	−1.1	30.0	0
25.6	77	71	2.8	2.7	ENE	4.1	23	WSW	17	38.6	0.3	30.1	0
25.7	66	75	3.1	2.8	NNE	3.7	22	SW	23	38.5	2.1	29.6	0
25.8	78	72	3.3	2.5	NE	4.2	39	S	17	37.5	2.2	29.8	0

续表

序号	省份及台站	纬度（度分）	经度（度分）	海拔高度（m）	大气压力(hPa)		室外计算干球温度(℃)					夏季空调室外计算湿球温度(℃)
					冬季	夏季	供暖	冬季通风	冬季空调	夏季通风	夏季空调	
1	2	3	4	5	6	7	8	9	10	11	12	13
25.9	电白	21.30	111.00	11.8	1018.0	1003.4	10.6	13.0	8.1	31.0	33.2	28.2
26	海南省											
26.1	海口	20.02	110.21	13.9	1017.7	1003.4	12.9	14.5	10.5	32.2	35.1	28.1
26.2	东方	19.06	108.37	8.4	1017.9	1004.0	14.1	15.9	11.7	31.5	33.2	28.0
26.3	琼海	19.14	110.28	24.0	1016.5	1002.4	13.4	15.6	11.1	32.3	34.8	28.4
27	重庆市											
27.1	沙坪坝	29.35	106.28	259.1	993.6	973.1	5.1	5.2	3.5	32.4	36.3	27.3
27.2	酉阳	28.50	108.46	664.1	945.7	930.9	0.2	0.2	−1.8	29.2	32.2	25.0
28	四川省											
28.1	甘孜	31.37	100.00	3393.5	671.0	673.6	−9.0	−7.5	−13.3	18.6	22.9	14.5
28.2	马尔康	31.54	102.14	2664.4	736.0	734.2	−3.9	−2.3	−5.9	22.5	27.3	17.3
28.3	红原	32.48	102.33	3491.6	660.6	666.4	−14.6	−15.1	−18.8	15.6	20.0	13.2
28.4	松潘	32.39	103.34	2850.7	720.0	721.0	−7.2	−6.1	−9.3	20.4	24.2	15.4
28.5	绵阳	31.27	104.44	522.7	968.8	950.6	2.6	2.9	0.8	29.3	32.8	26.3
28.6	理塘	30.00	100.16	3948.9	627.9	631.1	−9.7	−13.3	−13.3	15.4	18.6	11.4
28.7	成都	30.40	104.01	506.1	965.1	947.7	2.8	3.0	1.2	28.6	31.9	26.4
28.8	乐山	29.34	103.45	424.2	973.3	956.5	4.1	4.4	2.3	29.2	32.9	26.6
28.9	九龙(岳池)	29.00	101.30	2987.3	712.3	713.5	−1.4	−1.0	−2.9	20.9	24.9	15.4
28.10	宜宾	28.48	104.36	340.8	983.1	965.4	4.7	4.9	3.1	30.2	33.8	27.4
28.11	西昌	27.54	102.16	1590.9	840.7	834.2	5.0	6.9	2.2	26.3	30.6	21.8
28.12	会理	26.39	102.15	1787.3	822.7	815.7	4.7	5.3	2.7	24.4	28.0	20.9

续表

序号	室外相对湿度(%)		室外平均风速(m/s)		冬季			夏季		极端温度（℃）		夏季空调室外计算日平均温度(℃)	供暖期天数(d)
	冬季空调	夏季通风	冬季	夏季	最多风向	平均风速(m/s)	频率(%)	风向	频率(%)	最高	最低		
1	14	15	16	17	18	19	20	21	22	23	24	25	26
25.9	74	73	2.5	3.0	E	3.4	17	SSE	27	37.7	2.0	29.9	0
26	海南省												
26.1	85	67	2.6	2.6	NE	3.2	28	SSE	30	39.6	4.9	30.4	0
26.2	80	70	4.7	5.9	NE	5.9	45	S	61	36.5	5.8	31.1	0
26.3	87	67	3.0	3.3	NW	3.4	26	S	26	38.9	5.3	30.1	0
27	重庆市												
27.1	82	58	0.8	2.1	N	2.0	8	NW	10	41.9	−1.7	32.2	0
27.2	72	62	0.9	0.9	N	1.7	17	SE	8	37.5	−7.0	27.4	48
28	四川省												
28.1	59	52	1.0	1.9	N	2.1	6	ESE	7	30.5	−26.5	16.9	166
28.2	39	51	1.0	1.2	WNW	2.8	10	WNW	9	34.6	−16.6	19.2	122
28.3	73	59	1.7	2.2	SW	3.5	10	N	12	26.0	−36.0	13.6	227
28.4	61	50	1.3	1.2	NNE	2.6	15	SSW	9	30.0	−20.7	17.1	162
28.5	82	65	0.8	1.3	ENE	2.5	9	WNW	7	38.8	−7.3	28.5	0
28.6	74	54	1.0	1.5	S	1.9	8	SE	10	24.4	−30.6	13.7	202
28.7	84	70	1.0	1.4	NNE	1.9	19	NNW	10	37.3	−5.9	27.9	0
28.8	85	68	0.8	1.4	N	1.7	9	W	10	37.5	−2.9	28.9	0
28.9	44	50	2.7	2.6	WNW	2.8	26	SSE	21	31.7	−15.6	17.8	113
28.10	89	66	0.5	1.0	NE	1.3	6	NW	7	39.5	−1.7	29.9	0
28.11	63	57	1.4	2.2	NNW	1.7	9	S	7	36.6	−3.8	26.3	0
28.12	74	61	1.2	1.2	S	3.2	9	S	9	34.0	−5.8	23.7	0

续表

序号	省份及台站	纬度（度分）	经度（度分）	海拔高度（m）	大气压力(hPa)		室外计算干球温度(℃)					夏季空调室外计算湿球温度(℃)
					冬季	夏季	供暖	冬季通风	冬季空调	夏季通风	夏季空调	
1	2	3	4	5	6	7	8	9	10	11	12	13
28.13	万源	32.04	108.02	674.0	944.0	930.6	0.9	1.8	−0.5	29.8	33.3	24.9
28.14	南充	30.47	106.06	309.7	989.0	969.1	3.8	4.2	2.3	31.3	35.3	24.9
28.15	泸州	28.53	105.26	334.8	983.5	965.7	4.7	4.8	2.7	32.4	34.6	27.2
29	贵州省											
29.1	威宁	26.52	104.17	2237.5	776.6	776.3	−4.0	−1.2	−6.4	20.8	24.6	18.2
29.2	桐梓	28.08	106.50	972.0	909.2	898.6	0.4	0.8	−1.7	28.1	31.3	24.0
29.3	毕节	27.18	105.17	1510.6	850.3	843.4	−1.6	−0.6	−3.3	25.7	29.2	21.9
29.4	遵义	27.42	106.53	843.9	923.2	910.9	0.4	1.0	−1.6	28.9	31.8	24.3
29.5	贵阳	26.35	106.44	1223.8	896.6	888.2	−0.2	0.7	−2.5	27.0	30.1	23.0
29.6	三穗	26.58	108.40	626.9	951.2	936.2	−0.8	0.2	−2.7	29.0	32.0	25.4
29.7	兴义	25.26	105.11	1378.5	864.6	857.8	0.7	1.9	−1.0	25.4	28.7	22.2
30	云南省											
30.1	德钦	28.29	98.55	3319.0	660.0	681.9	−5.0	−4.6	−6.4	16.6	19.4	13.5
30.2	丽江	26.52	100.13	2392.4	763.5	759.9	3.3	4.2	1.4	22.3	25.5	18.1
30.3	腾冲	25.01	98.30	1654.6	836.6	831.4	6.5	6.7	5.5	22.9	26.3	20.5
30.4	楚雄	25.02	101.33	1824.1	824.7	817.9	5.8	5.6	3.5	24.6	27.9	20.0
30.5	昆明	25.01	102.41	1892.4	813.5	807.3	3.9	4.9	1.1	23.1	26.3	19.9
30.6	临沧	23.53	100.05	1502.4	851.8	845.7	9.2	9.5	7.8	25.1	28.5	21.3
30.7	澜沧	22.34	99.56	1054.8	899.0	891.1	11.1	10.9	9.1	27.3	31.8	23.1
30.8	思茅	22.47	100.58	1302.1	871.6	866.0	9.9	9.3	7.3	25.6	29.6	22.1
30.9	元江	23.36	101.59	400.9	972.0	956.6	13.1	13.1	10.5	32.8	36.7	26.6
30.10	勐腊	21.29	101.34	631.9	945.2	934.9	12.6	12.3	9.6	29.1	33.0	25.4
30.11	蒙自	23.23	103.23	1300.7	874.3	865.4	7.1	−5.1	−7.2	19.8	24.0	13.5
31	西藏自治区											
31.1	拉萨	29.40	91.08	3648.9	652.8	652.0	−4.9	−5.1	−7.2	19.8	24.0	13.5
31.2	昌都	31.09	97.10	3306.0	681.1	680.0	−5.7	−4.3	−7.4	21.6	26.2	15.1
31.3	林芝	29.40	94.20	2991.8	706.5	707.0	−1.8	−1.8	−3.4	19.9	22.9	15.6

续表

序号	室外相对湿度(%)		室外平均风速(m/s)		冬季			夏季		极端温度(℃)		夏季空调室外计算日平均温度(℃)	供暖期天数(d)
	冬季空调	夏季通风	冬季	夏季	最多风向	平均风速(m/s)	频率(%)	风向	频率(%)	最高	最低		
1	14	15	16	17	18	19	20	21	22	23	24	25	26
28.13	63	57	2.2	2.1	NNW	5.0	21	NNW	15	39.2	−9.4	27.8	54
28.14	87	60	0.8	1.3	NNE	2.1	9	N	7	41.2	−3.4	31.3	0
28.15	88	66	1.1	1.6	NW	1.8	11	E	15	39.8	−1.9	31.0	0
29	贵州省												
29.1	85	68	3.1	2.6	NNE	4.2	27	SSE	34	31.5	−15.3	20.1	99
29.2	81	62	1.7	2.1	E	3.0	13	SSE	16	36.6	−6.9	27.1	46
29.3	90	62	0.4	1.3	SE	1.7	14	SE	20	36.2	−10.9	24.4	67
29.4	80	60	1.0	1.3	E	2.0	12	S	11	37.4	−7.1	27.8	41
29.5	83	62	2.3	2.1	NE	2.6	29	S	22	35.1	−7.3	26.3	40
29.6	79	66	1.6	1.5	N	2.8	28	SSE	11	36.7	−13.1	27.3	50
29.7	94	67	1.6	2.3	NE	1.9	29	S	13	35.5	−6.2	24.6	0
30	云南省												
30.1	60	64	2.5	1.1	SSW	4.9	18	SSW	13	26.9	−13.3	14.8	191
30.2	51	58	4.0	4.0	WSW	5.9	15	W	17	32.3	−10.3	21.1	0
30.3	73	74	1.5	1.3	SSW	3.1	14	SSW	18	30.1	−3.8	21.6	0
30.4	75	59	1.0	1.4	SW	3.2	9	SW	13	33.0	−4.8	23.7	0
30.5	72	65	2.0	1.8	SW	3.8	14	SW	13	30.4	−7.8	22.3	0
30.6	69	64	1.1	1.4	S	3.7	7	NW	10	34.1	−1.3	23.6	0
30.7	79	64	0.8	1.1	ESE	1.7	8	WNW	5	36.8	−1.4	25.1	0
30.8	82	66	1.0	0.9	SW	2.8	6	SSW	11	35.7	−2.5	23.9	0
30.9	74	55	1.8	3.0	ESE	7.0	11	ESE	19	42.2	−0.1	32.0	0
30.10	87	67	0.5	0.9	NE	0.9	5	S	13	38.4	0.5	26.8	0
30.11	67	60	2.3	4.2	S	3.9	22	SSE	28	35.9	−3.9	25.8	0
31	西藏自治区												
31.1	50	41	1.9	2.2	E	2.5	24	E	14	29.9	−16.5	19.0	136
31.2	38	44	0.7	1.5	SSW	2.5	6	WNW	13	33.4	−20.7	19.3	147
31.3	47	59	1.7	1.4	ENE	2.4	30	ENE	8	30.3	−13.7	17.8	119

4. 夏季空调室外计算干球温度 t_{wg}（℃）：

$$t_{wg}=0.47t_{rp}+t_{max}$$

5. 夏季空调室外计算湿球温度 t_{ws}（℃）：

北部地区： $$t_{ws}=0.72t_{s.rp}+0.28t_{s.max}$$

中部地区： $$t_{ws}=0.75t_{s.rp}+0.25t_{s.max}$$

南部地区： $$t_{ws}=0.80t_{s.rp}+0.20t_{s.max}$$

式中 $t_{s.rp}$——与累年最热月平均温度和平均相对湿度相对应的湿球温度，℃；

$t_{s.max}$——与累年极端最高温度和最热月平均相对湿度相对应的湿球温度，℃。

$t_{s.rp}$和 $t_{s.max}$值可在当地大气压力下的焓湿图上查到。

6. 夏季空调室外计算日平均温度 t_{wp}（℃）：

$$t_{wp}=0.80t_{rp}+0.20t_{max}$$

第 4 章　建筑热工与节能

4.1　建筑气候及热工基本数据

4.1.1　建筑气候分区

《民用建筑热工设计规范》（GB 50176—93）将我国划分为严寒、寒冷、夏热冬冷、夏热冬暖和温和五个热工设计气候区域，分别规定了不同的热工设计要求，具体的划分条件和设计要求如表 4.1-1 所示。

建筑热工设计气候分区与设计要求　　**表 4.1-1**

分区指标与设计要求		分区名称				
		严寒地区	寒冷地区	夏热冬冷地区	夏热冬暖地区	温和地区
分区指标	主要指标	最冷月平均温度≤−10℃	最冷月平均温度=0～−10℃	最冷月平均温度=0～10℃ 最热月平均温度=25～30℃	最冷月平均温度>10℃ 最热月平均温度=25～29℃	最冷月平均温度=0～13℃ 最热月平均温度=18～25℃
	辅助指标	日平均温度≤5℃的天数≥145d	日平均温度≤5℃的天数=90～145d	日平均温度≤5℃的天数=0～90d 日平均温度≥25℃的天数=40～110d	日平均温度≥25℃的天数=100～200d	日平均温度≤5℃的天数=0～90d
设计要求		必须充分满足冬季保温要求，一般可不考虑夏季防热	应满足冬季保温要求，部分地区要兼顾夏季防热	必须满足夏季防热要求，适当兼顾冬季保温	必须充分满足夏季防热要求，一般可不考虑冬季保温	部分地区应注意冬季保温，一般可不考虑夏季防热

4.1.2　冬季供暖设计气象及热工参数

1. 围护结构冬季室外计算参数

围护结构根据其热惰性指标 D 值分为四种类型，其冬季室外计算温度 $t_{e,c}$（℃）应按表 4.1-2 的计算方法确定。全国主要城市的围护结构冬季室外计算温度 $t_{e,c}$ 值，可按表 4.1-3 采用。

2. 围护结构温差修正系数 n，见表 4.1-4。

3. 室内空气与围护结构内表面之间的允许温差 Δt（℃），见表 4.1-5。

围护结构冬季室外计算温度 $t_{e,c}$ (℃) **表 4.1-2**

类 型	热惰性指标 D	$t_{e,c}$的计算方法
Ⅰ	>6.0	$t_{e,c}=t_{we,c}$
Ⅱ	4.1~6.0	$t_{e,c}=0.6t_{we,c}+0.4t_{av,.min}$
Ⅲ	1.6~4.0	$t_{e,c}=0.3t_{we,c}+0.7t_{av,.min}$
Ⅳ	≤1.5	$t_{e,c}=t_{av,.min}$

注：① 热惰性指标 D 值按式（4.3-10）计算。

② $t_{we,c}$和 $t_{av,.min}$分别为供暖室外计算温度和累年最低的一个日平均温度。

③ 冬季室外计算温度 $t_{e,c}$均取整数值。

围护结构冬季室外计算参数 **表 4.1-3**

序号	城市名称	冬季室外计算温度 $t_{e,c}$(℃)				供 暖 期			
		Ⅰ	Ⅱ	Ⅲ	Ⅳ	日平均温度≤+5℃天数	平均温度 $\bar{t}_{en}$(℃)	平均相对湿度 $\phi_{en,av}$(%)	度日数 Dd(℃·d)
1	2	3	4	5	6	7	8	9	10
	黑龙江省								
1	哈尔滨	−26	−29	−31	−33	177	−9.9	66	4938
2	嫩江	−33	−36	−39	−41	199	−13.3	66	6229
3	齐齐哈尔	−25	−28	−30	−32	182	−10.2	62	5132
4	富锦	−25	−28	−30	−32	184	−10.6	65	5262
5	牡丹江	−24	−27	−29	−31	178	−9.4	65	4877
6	呼玛	−39	−42	−45	−47	207	−14.8	69	6790
7	佳木斯	−26	−29	−32	−34	181	−10.3	—	5122
8	安达	−26	−29	−32	−34	180	−10.4	64	5112
9	伊春	−30	−33	−35	−37	194	−12.5	70	5917
10	克山	−29	−31	−33	−35	192	−11.9	66	5741
	吉林省								
11	长春	−23	−26	−28	−30	171	−8.3	63	4497
12	吉林	−25	−29	−31	−34	171	−9.1	68	4607
13	延吉	−20	−22	−24	−26	170	−7.1	58	4267
14	通化	−24	−26	−28	−30	169	−7.6	69	4326
15	双辽	−21	−23	−25	−27	167	−7.8	61	4309
16	四平	−22	−24	−26	−28	164	−7.4	61	4166
17	白城	−23	−25	−27	−28	176	−8.9	54	4734
18	长白	−24	−27	−29	−31	185	−9.1	68	5014
	辽宁省								
19	沈阳	−19	−21	−23	−25	152	−5.6	58	3587
20	丹东	−14	−17	−19	−21	145	−3.4	60	3103
21	大连	−11	−14	−17	−19	131	−1.4	58	2541
22	阜新	−17	−19	−21	−23	156	−5.7	50	3697
23	抚顺	−21	−24	−27	−29	154	−7.0	65	3850
24	朝阳	−16	−18	−20	−22	150	−4.9	42	3435
25	本溪	−19	−21	−23	−25	152	−5.6	62	3587
26	锦州	−15	−17	−19	−20	145	−4.0	47	3190
27	鞍山	−18	−21	−23	−25	145	−4.7	59	3292
28	锦西	−14	−16	−18	−19	143	−4.2	50	3175

续表

序号	城市名称	冬季室外计算温度 $t_{e,c}$(℃)				供暖期			
		Ⅰ	Ⅱ	Ⅲ	Ⅳ	日平均温度≤+5℃天数	平均温度 $\bar{t}_{en}$(℃)	平均相对湿度 $\phi_{en,av}$(%)	度日数 Dd(℃·d)
1	2	3	4	5	6	7	8	9	10
	新疆维吾尔自治区								
29	乌鲁木齐	−22	−26	−30	−33	162	−8.5	75	4293
30	塔城	−23	−27	−30	−33	163	−6.5	71	3994
31	哈密	−19	−22	−24	−26	138	−5.2	48	3202
32	伊宁	−20	−26	−30	−34	141	−4.7	75	3201
33	喀什	−12	−14	−16	−18	118	−2.6	63	2431
34	富蕴	−36	−40	−42	−45	178	−12.6	73	5447
35	克拉玛依	−24	−28	−31	−33	148	−9.0	68	3996
36	吐鲁番	−15	−19	−21	−24	120	−4.8	50	2736
37	库车	−15	−18	−20	−22	121	−3.8	56	2638
38	和田	−10	−13	−16	−18	111	−2.1	50	2231
	青海省								
39	西宁	−13	−16	−18	−20	162	−3.3	50	3451
40	玛多	−23	−29	−34	−38	286	−7.1	56	7179
41	大柴旦	−19	−22	−24	−26	205	−7.0	34	5125
42	共和	−15	−17	−19	−21	186	−5.0	44	4242
43	格尔木	−15	−18	−21	−23	181	−4.9	35	4145
44	玉树	−13	−15	−17	−19	195	−3.1	46	4115
	甘肃省								
45	兰州	−11	−13	−15	−16	133	−2.8	60	2766
46	酒泉	−16	−19	−21	−23	156	−4.3	52	3479
47	敦煌	−14	−18	−20	−23	139	−4.1	49	3072
48	张掖	−16	−19	−21	−23	156	−4.7	55	3541
49	山丹	−17	−21	−25	−28	165	−5.1	55	3812
50	平凉	−10	−13	−15	−17	138	−1.6	59	2705
51	天水	−7	−10	−12	−14	117	−0.2	67	2129
	宁夏回族自治区								
52	银川	−15	−18	−21	−23	146	−3.7	57	3168
53	中宁	−12	−16	−19	−22	139	−3.0	52	2919
54	固原	−14	−17	−20	−22	161	−3.3	57	3429
55	石嘴山	−15	−18	−20	−22	151	−4.0	49	3322
	陕西省								
56	西安	−5	−8	−10	−12	102	1.1	66	1724
57	榆林	−16	−20	−23	−26	149	−4.4	56	3338
58	延安	−12	−14	−16	−18	131	−2.4	57	2672
59	宝鸡	−5	−7	−9	−11	103	1.1	65	1741
60	华山	−14	−17	−20	−22	164	−2.8	57	3411
	内蒙古自治区								
61	呼和浩特	−19	−21	−23	−25	166	−6.2	53	4017
62	锡林浩特	−27	−29	−31	−33	182	−10.5	60	5509
63	海拉尔	−34	−38	−40	−43	210	−14.2	69	6762
64	通辽	−20	−23	−25	−27	165	−7.4	48	4042
65	赤峰	−18	−21	−23	−25	160	−6.0	40	3840
66	满洲里	−31	−34	−36	−38	211	−12.8	64	6499
67	博克图	−28	−31	−34	−36	212	−11.2	63	6190
68	二连浩特	−26	−30	−32	−35	180	−9.9	53	5022
69	多伦	−26	−29	−31	−33	194	−9.0	62	5238
70	白云鄂博	−23	−26	−28	−30	191	−8.2	52	5004

续表

序号	城市名称	冬季室外计算温度 $t_{e,c}$(℃)				供暖期			
		Ⅰ	Ⅱ	Ⅲ	Ⅳ	日平均温度≤+5℃天数	平均温度 $\bar{t}_{en}$(℃)	平均相对湿度 $\phi_{en,av}$(%)	度日数 Dd(℃·d)
1	2	3	4	5	6	7	8	9	10
	山西省								
71	太原	−12	−14	−16	−18	137	−2.6	53	2822
72	大同	−17	−20	−22	−24	162	−5.2	49	3758
73	长治	−13	−17	−19	−22	138	−2.7		2857
74	五台山	−28	−32	−34	−37	273	−8.2	62	7153
75	阳泉	−11	−12	−15	−16	126	−1.2	46	2419
76	临汾	−9	−13	−15	−18	114	−1.2		2189
77	晋城	−9	−12	−15	−17	122	−1.1	53	2329
78	运城	−7	−9	−11	−13	105	0.1	57	1901
79	北京市	−9	−12	−14	−16	126	−1.6	50	2470
80	天津市	−9	−11	−12	−13	120	−1.5	57	2340
	河北省								
81	石家庄	−8	−12	−14	−17	114	−0.5	56	2109
82	张家口	−15	−18	−21	−23	154	−4.7	42	3496
83	秦皇岛	−11	−13	−15	−17	135	−2.4	51	2754
84	保定	−9	−11	−13	−14	120	−1.2	60	2304
85	邯郸	−7	−9	−11	−13	108	0.0	60	1944
86	唐山	−10	−12	−14	−15	129	−2.0	55	2580
87	承德	−14	−16	−18	−20	146	−4.4	44	3270
88	丰宁	−17	−20	−23	−25	163	−5.6	44	3847
	山东省								
89	济南	−7	−10	−12	−14	103	0.7	52	1702
90	青岛	−6	−9	−11	−13	110	0.9	66	1881
91	烟台	−6	−8	−10	−12	110	0.3	60	1947
92	德州	−8	−12	−14	−17	114	−0.7	63	2132
93	淄博	−9	−12	−14	−16	112	−0.5	61	2072
94	泰山	−16	−19	−22	−24	166	−3.7	52	3602
95	兖州	−7	−9	−11	−12	106	0.4	62	1950
96	潍坊	−8	−11	−13	−15	115	−0.7	61	2151
	江苏省								
97	南京	−3	−5	−7	−9	77	3.0	74	1155
98	徐州	−5	−8	−10	−12	96	1.6	63	1574
99	连云港	−5	−7	−9	−11	93	1.3	68	1629
	安徽省								
100	合肥	−3	−7	−10	−13	72	3.0	73	1080
101	阜阳	−6	−9	−12	−14	86	2.1	66	1367
102	蚌埠	−4	−7	−10	−12	85	2.4	68	1326
103	黄山	−11	−15	−17	−20	121	−3.4	64	2589
	江西省								
104	南昌	0	−2	−4	−6	17	4.7	74	226
105	庐山	−8	−11	−13	−15	106	1.7	70	1728
	河南省								
106	郑州	−5	−7	−9	−11	100	1.4	58	1660
107	安阳	−7	−11	−13	−15	106	0.4	59	1866
108	濮阳	−7	−9	−11	−12	105	0.0	69	1890
109	新乡	−5	−8	−11	−13	98	0.7		1685
110	洛阳	−5	−8	−10	−12	93	2.2	55	1469
111	南阳	−4	−8	−11	−14	94	2.5	67	1457
112	信阳	−4	−7	−10	−12	80	2.7	72	1224
113	商丘	−6	−9	−12	−14	102	1.4	67	1693
114	开封	−5	−7	−9	−10	102	1.3	63	1703

续表

序号	城市名称	冬季室外计算温度 $t_{e,c}$(℃)				供暖期			
		Ⅰ	Ⅱ	Ⅲ	Ⅳ	日平均温度≤+5℃天数	平均温度 $\bar{t}_{en}$(℃)	平均相对湿度 $\phi_{en,av}$(%)	度日数 Dd(℃·d)
1	2	3	4	5	6	7	8	9	10
	湖北省								
115	武汉	−2	−6	−8	−11	59	3.5	77	856
	湖南省								
116	南岳	−7	−10	−13	−15	86	1.3	80	1436
	四川省								
117	阿坝	−12	−16	−20	−20	189	2.8	57	3931
118	甘孜	−10	−14	−18	−18	165	−1.2	43	3168
119	康定	−7	−9	−11	−11	140	0.2	65	2492
120	峨眉山	−12	−14	−15	−15	202	−1.5	83	3939
	贵州省								
121	威宁	−5	−7	−9	−11	97	3.1	78	1445
	西藏自治区								
122	拉萨	−6	−8	−9	−10	143	0.5	35	2503
123	噶尔	−17	−21	−24	−27	241	−5.5	28	5664
124	日喀则	−8	−12	−14	−17	159	−0.5	28	2942

温差修正系数 *n* 值 **表 4.1-4**

序号	围护结构及其所处情况	*n* 值
1	外墙,平屋顶及直接接触室外空气的楼板等	1.00
2	带通风间层的平屋顶,不通风坡屋顶及与室外空气相通的不供暖地下室上面的楼板等	0.90
3	有外门窗不供暖楼梯间相邻隔墙的多层建筑 有外门窗不供暖楼梯间相邻隔墙的高层建筑	0.70 0.60
4	不供暖地下室上面的楼板: 外墙上有窗户时 外墙上无窗户且位于室外地坪以上时 外墙上无窗户且位于室外地坪以下时	 0.75 0.60 0.40
5	有外门窗不供暖房间相邻的隔墙 无外门窗不供暖房间相邻的隔墙	0.70 0.40
6	伸缩缝、沉降缝墙 抗震缝墙	0.30 0.70

室内空气与围护结构内表面之间的允许温差[Δ*t*](℃) **表 4.1-5**

序号	建筑物与房间类型	外墙	平屋顶和闷顶下顶棚
1	居住建筑、医院和幼儿园等	6.0	4.0
2	办公楼、学校和门诊部等	6.0	4.5
3	公共建筑(上述指明者除外)和工业企业辅助建筑(潮湿房间除外)	7.0	5.5
4	室内空气潮湿的公共建筑和工业企业辅助建筑: 当不允许外墙和顶棚内表面结露时 当允许外墙内表面结露,但不允许顶棚内表面结露时	 t_i-t_d 7.0	 $0.8(t_i-t_d)$ $0.9(t_i-t_d)$

注:① 潮湿房间系指室内空气温度低于或等于12℃,相对湿度大于75%;室内空气温度为13~24℃,相对湿度大于60%;室外空气温度高于24℃,相对湿度大于50%的房间。

② 表中 t_i、t_d 分别为室内空气温度和露点温度,℃。

③ 对于直接接触室外空气的楼板和不供暖地下室上面的楼板,当有人长期停留时,取 $\Delta t=2.5$℃;当无人长期停留时,取 $\Delta t=5$℃。

4. 热桥形式修正系数 η 值，见表 4.1-6。

热桥形式修正系数 $\boldsymbol{\eta}$ 值 **表 4.1-6**

热桥形式		a/δ									备 注
编号	热桥图示	0.02	0.06	0.10	0.20	0.40	0.60	0.80	1.00	1.50	
1	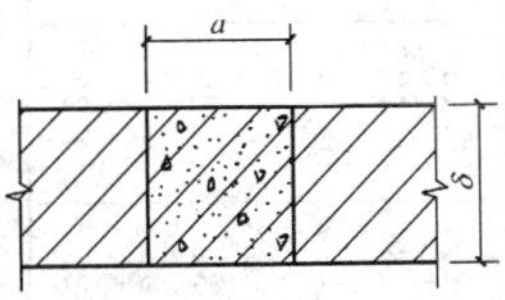	0.12	0.24	0.38	0.55	0.74	0.83	0.87	0.90	0.95	当 $a/\delta>1.5$ 时，热桥部位内表面温度按下式计算：$\theta'_{i}=t_{i}-\frac{t_{i}-t_{w,c}}{R'_{0}}R_{n}$
2	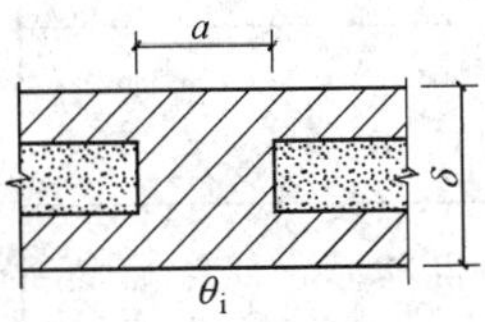	0.07	0.15	0.26	0.42	0.62	0.73	0.81	0.85	0.94	
3	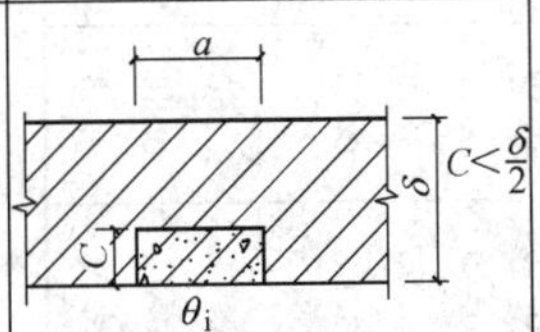	0.25	0.50	0.96	1.20	1.27	1.21	1.16	1.10	1.00	a/δ 的中间值可用内插法确定
4	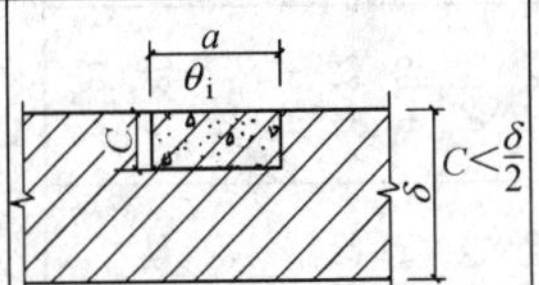	0.04	0.10	0.17	0.32	0.50	0.50	0.71	0.77	0.89	

热桥形式		δ_i/δ	a/δ								备 注
编号	热桥图示		0.04	0.06	0.08	0.10	0.12	0.14	0.16	0.18	
5	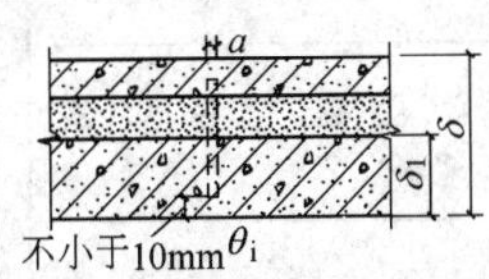	0.50	0.011	0.025	0.044	0.071	0.102	0.130	0.170	0.205	a/δ 的中间值可用内插法确定
		0.25	0.006	0.014	0.025	0.040	0.054	0.074	0.092	0.112	

5. 供暖建筑地面热工性能类别，见表 4.1-7。

供暖建筑地面热工性能类别 **表 4.1-7**

地面热工性能类别	B 值[W/(m^2·h$^{-0.5}$·K)]
Ⅰ	<17
Ⅱ	17～23
Ⅲ	>23

注：① 地面吸热指数 B 值按有关规定计算。
② 几种常用地面的热工性能类别为：基层为碎石混凝土，面层为木材、塑料等地面，属Ⅰ类；基层为碎砖混凝土，面层为水泥砂浆等地面，属Ⅱ类；基层为碎石混凝土，面层为水泥砂浆、水磨石、豆石混凝土等地面，属Ⅲ类。

6. 地面吸热计算系数 K 值，见表 4.1-8。

7. 供暖期间围护结构中保温材料重量湿度的允许增量［$\Delta\omega$］（%）见表 4.1-9。

地面吸热计算系数 K 值 表 4.1-8

序号	$\frac{b_1}{b_2}$	$\delta_1^2/(\alpha_1 \cdot \tau)$															
		0.005	0.01	0.05	0.10	0.15	0.20	0.25	0.30	0.40	0.50	0.60	0.80	1.00	1.50	2.00	3.00
1	0.2	−0.82	−0.80	−0.80	−0.79	−0.78	−0.78	−0.77	−0.76	−0.73	−0.70	−0.65	−0.56	−0.47	−0.30	−0.18	−0.07
2	0.3	−0.70	−0.70	−0.69	−0.69	−0.68	−0.67	−0.66	−0.64	−0.61	−0.58	−0.54	−0.46	−0.39	−0.24	−0.15	−0.05
3	0.4	−0.60	−0.60	−0.59	−0.58	−0.57	−0.56	−0.55	−0.54	−0.51	−0.47	−0.44	−0.37	−0.31	−0.19	−0.12	−0.04
4	0.5	−0.50	−0.50	−0.49	−0.48	−0.47	−0.46	−0.45	−0.43	−0.41	−0.38	−0.35	−0.29	−0.24	−0.15	−0.09	−0.03
5	0.6	−0.40	−0.40	−0.39	−0.38	−0.37	−0.36	−0.35	−0.34	−0.31	−0.29	−0.26	−0.22	−0.18	−0.11	−0.07	−0.03
6	0.7	−0.30	−0.30	−0.29	−0.28	−0.27	−0.26	−0.25	−0.24	−0.22	−0.21	−0.19	−0.16	−0.13	−0.08	−0.05	−0.02
7	0.8	−0.20	−0.20	−0.19	−0.19	−0.18	−0.17	−0.16	−0.16	−0.14	−0.13	−0.12	−0.10	−0.08	−0.05	−0.03	0.00
8	0.9	−0.10	−0.10	−0.10	−0.09	−0.09	−0.08	−0.08	−0.08	−0.07	−0.06	−0.06	−0.05	−0.04	−0.02	−0.01	0.00
9	1.1	0.10	0.10	0.09	0.09	0.09	0.08	0.08	0.07	0.07	0.06	0.05	0.04	0.04	0.02	0.01	0.00
10	1.2	0.20	0.20	0.19	0.18	0.17	0.16	0.15	0.14	0.13	0.11	0.10	0.08	0.07	0.04	0.03	0.00
11	1.3	0.30	0.30	0.28	0.26	0.24	0.23	0.22	−0.20	0.18	0.16	0.15	0.13	0.10	0.06	0.04	0.01
12	1.4	0.40	0.40	0.38	0.34	0.32	0.30	0.28	−0.26	0.24	0.21	0.19	0.15	0.12	0.08	0.05	0.02
13	1.5	0.50	0.49	0.46	0.42	0.39	0.37	0.34	−0.32	0.29	0.25	0.23	0.18	0.15	0.09	0.05	0.02
14	1.6	0.60	0.59	0.55	0.50	0.46	0.43	0.40	−0.38	0.33	0.30	0.26	0.21	0.17	0.10	0.06	0.02
15	1.7	0.70	0.68	0.63	0.58	0.53	0.49	0.46	−0.43	0.38	0.33	0.30	0.24	0.19	0.12	0.07	0.03
16	1.8	0.79	0.78	0.71	0.65	0.60	0.55	0.51	0.48	0.42	0.37	0.33	0.26	0.21	0.13	0.08	0.03
17	1.9	0.89	0.88	0.80	0.72	0.66	0.61	0.56	0.52	0.46	0.40	0.36	0.29	0.23	0.14	0.08	0.03
18	2.0	0.99	0.97	0.88	0.79	0.72	0.66	0.61	0.57	0.49	0.44	0.39	0.31	0.25	0.15	0.09	0.03
19	2.2	1.18	1.16	1.03	0.92	0.83	0.76	0.70	0.65	0.56	0.49	0.44	0.35	0.28	0.17	0.10	0.04
20	2.4	1.37	1.35	1.19	1.04	0.94	0.85	0.78	0.72	0.62	0.55	0.48	0.38	0.31	0.19	0.11	0.04
21	2.6	1.57	1.53	1.33	1.16	1.04	0.94	0.86	0.79	0.68	0.60	0.52	0.42	0.34	0.20	0.12	0.04
22	2.8	1.77	1.72	1.47	1.27	1.13	1.02	0.93	0.85	0.73	0.66	0.56	0.45	0.36	0.21	0.13	0.05
23	3.0	1.95	1.89	1.60	1.37	1.21	1.09	0.99	0.91	0.78	0.68	0.60	0.47	0.38	0.23	0.14	0.05

供暖期间围护结构中保温材料重量湿度的允许增量［$\Delta\omega$］(%)　　　表 4.1-9

序　号	材　料　名　称	允许增量
1	多孔混凝土(包括泡沫混凝土、加气混凝土等)ρ_0＝500～700kg/m^3	4
2	防水珍珠岩和水泥膨胀蛭石等 ρ_0＝300～500kg/m^3	6
3	水泥纤维板	5
4	矿棉、岩棉、玻璃棉及其制品(板或毡)	3
5	聚苯乙烯泡沫塑料	15
6	矿渣和炉渣填料	2

4.1.3　夏季空调设计气象及热工参数

1. 夏季室外综合温度

建筑围护结构的外表面除与室外空气产生热交换外，还受到太阳辐射的作用，包括太阳直接辐射、天空散射辐射、地面反射辐射以及地表和大气长波辐射。为了计算方便，把围护结构外表面与室外空气之间的对流换热和受太阳辐射热两者的共同作用综合成一个室外气象参数，这个假定的参数称为“室外空气综合温度”。室外综合温度按下式计算：

$$t_{sa}=t_a+\frac{\rho_s I}{\alpha_e} \tag{4.1-1}$$

式中　t_{sa}——室外综合温度，℃；

t_a——室外空气温度，℃；

ρ_s——太阳辐射吸收系数，按表 4.1-11 中的数据选用；

I——水平或垂直面上太阳辐射照度，W/m^2，按表 4.1-10 中的数据选用；

α_e——外表面换热系数，取 19.0W/(m^2·K)。

2. 室外综合温度平均值$\overline{t_{sa}}$应按下式计算：

$$\overline{t_{sa}}=\overline{t_a}+\frac{\rho\overline{I}}{\alpha_e} \tag{4.1-2}$$

式中　$\overline{t_{sa}}$——室外综合温度平均值，℃。

$\overline{t_a}$——室外空气温度平均值，℃，按表 4.1-12 中的数据选用；

$\overline{I}$——水平或垂直面上太阳辐射强度平均值，W/m^2，按表 4.1-10 中的数据选用。

3. 太阳直接辐射

任意平面上得到的太阳直接辐射，与阳光对该平面的入射角有关，如果某平面的坡度角为θ时，其所接受的太阳直接辐射强度 I_{Di}为：

$$I_{Di}=I_{DN}\cos i \tag{4.1-3}$$

式中　I_{DN}——法向太阳辐射强度，W/m^2；

i——入射角（太阳光与照射表面法线的夹角）。

对于水平面，$i+h=90°$，则

$$I_{DH}=I_{DN}\sin h_s \tag{4.1-4}$$

h_s 为太阳高度角，即在水平面时，太阳入射角与太阳高度角互为余角。

4. 大气长波辐射

阳光透过大气层到达地面的途中，其中一部分（约 10%）被大气中的水蒸气和二氧化碳所吸收。同时，它们还吸收来自地面的反射辐射，使其具有一定温度，因而会向地面进行长波辐射，这种辐射称为大气长波辐射。其辐射强度 I_B 可按黑体辐射的四次方定律计算，即：

$$I_B = C_b\left(\frac{T_s}{100}\right)^4\varphi \tag{4.1-5}$$

式中 C_b——黑体的辐射常数，为 5.67W/(m^2 · K^4)；

φ——接受辐射的表面对天空的角系数，屋顶平面可取 1，垂直壁面可取 0.5；

T_s——天空当量温度，K，可借助于所谓天空当量辐射率 ε_s 的定义式为：

$$\varepsilon_s = \left(\frac{T_s}{T_a}\right)^4 \tag{4.1-6}$$

式中 T_a——室外空气黑球温度，K。

天空的当量辐射率计算一般常用 Brunt 方程式计算，即

$$\varepsilon_s = 0.51 + 0.208\sqrt{e_a} \tag{4.1-7}$$

式中 e_a——空气中的水蒸气分压力，单位为 kPa。

这样，大气长波辐射计算式可改写为：

$$I_B = C_b\left(\frac{T_s}{100}\right)^4 \times (0.51 + 0.208\sqrt{e_a})\varphi \tag{4.1-8}$$

天空当量温度则为：

$$T_s = \sqrt[4]{0.51 + 0.208\sqrt{e_a}} \times T_a \tag{4.1-9}$$

5. 主要城市夏季太阳辐射强度（W/m^2），见表 4.1-10。

我国部分主要城市夏季太阳辐射照度（W/m^2） **表 4.1-10**

序号	城市名称	朝向	当地太阳时													日总量	昼夜平均
			6	7	8	9	10	11	12	13	14	15	16	17	18		
1	2	3	4	5	6	7	8	9	10	11	12	13	14	15	16	17	18
1	南宁	S	17	60	98	129	150	182	196	182	150	129	98	60	17	1468	61.2
		W(E)	17	60	98	129	150	162	166	352	502	591	594	483	255	3559	148.3
		N	100	168	186	176	157	162	166	162	157	176	186	168	100	2064	86.0
		H	60	251	473	678	838	942	976	942	838	648	473	251	60	7462	310.9
2	广州	S	15	53	89	118	138	175	189	175	138	118	89	53	15	1365	56.9
		W(E)	15	53	89	118	138	151	154	341	494	586	591	487	265	3482	145.1
		N	101	163	176	162	143	151	154	151	143	162	176	163	101	1946	81.1
		H	58	244	462	664	824	926	962	926	824	664	462	244	58	7318	304.9
3	福州	S	16	52	86	112	163	211	227	211	163	112	86	52	16	1507	62.8
		W(E)	16	52	86	112	131	143	146	344	508	609	624	528	305	3604	150.2
		N	113	162	159	131	131	143	146	143	131	131	159	162	113	1824	76.0
		H	70	261	481	685	845	949	983	949	845	685	481	261	70	7565	315.2
4	贵阳	S	20	67	110	145	205	255	273	255	205	145	110	67	20	1877	78.2
		W(E)	20	67	110	145	169	184	189	375	524	608	603	489	267	3750	156.3
		N	103	163	174	158	169	184	189	184	169	158	174	165	103	2091	87.1
		H	73	269	496	708	876	983	1021	983	876	708	496	269	73	7831	326.3
5	长沙	S	16	48	79	106	184	236	254	236	184	106	79	48	16	1592	66.3
		W(E)	16	48	79	104	123	134	138	345	518	629	651	561	341	3687	153.6
		N	124	159	141	104	123	134	138	134	123	104	141	159	124	1708	71.2
		H	77	272	493	697	860	964	1000	964	860	697	493	272	77	7726	321.9

续表

序号	城市名称	朝向	当地太阳时													日总量	昼夜平均
			6	7	8	9	10	11	12	13	14	15	16	17	18		
1	2	3	4	5	6	7	8	9	10	11	12	13	14	15	16	17	18
6	北京	S	30	65	116	245	352	423	447	423	352	245	116	65	30	2909	121.2
		W(E)	30	65	95	118	136	147	151	364	543	662	697	629	441	4078	169.9
		N	148	137	95	118	136	147	151	147	136	118	95	137	148	1713	71.4
		H	139	336	543	730	878	972	1003	972	878	730	543	336	39	8199	341.6
7	郑州	S	20	53	83	172	261	310	340	319	261	172	83	53	20	2156	89.8
		W(E)	20	53	83	109	126	138	141	333	491	590	609	528	338	3559	148.3
		N	118	132	98	109	126	138	141	138	126	109	98	132	118	1583	66.0
		H	95	275	475	661	808	902	935	902	808	661	475	275	95	7367	307.0
8	上海	S	18	50	79	134	217	273	291	273	217	134	79	50	18	1833	76.4
		W(E)	18	50	79	102	119	130	133	336	505	615	640	558	353	3638	151.6
		N	125	148	118	102	119	130	133	130	119	102	118	148	125	1617	67.4
		H	88	276	487	681	836	933	967	933	836	681	487	276	88	7569	315.4
9	武汉	S	17	47	76	125	207	261	280	261	207	125	76	47	17	1746	72.8
		W(E)	17	47	76	100	117	127	131	332	501	609	633	551	345	3546	149.4
		N	123	147	120	100	117	127	131	127	117	100	120	147	123	1599	66.6
		H	83	269	480	675	829	928	961	928	829	675	480	269	83	7489	312.0
10	西安	S	24	60	94	180	267	325	345	325	267	180	94	60	24	2245	93.5
		W(E)	24	60	94	122	141	153	157	344	496	591	607	523	332	3644	151.8
		N	119	139	111	122	141	153	157	153	141	122	111	139	119	1727	72.0
		H	98	282	486	672	819	914	945	914	819	672	486	282	98	7487	312.0
11	重庆	S	16	47	79	119	200	252	270	252	200	119	79	47	16	1696	70.7
		W(E)	16	47	79	104	122	133	138	340	509	617	640	555	345	3645	151.9
		N	124	153	131	104	122	133	138	133	122	104	131	153	124	1672	69.7
		H	81	270	487	686	844	945	980	945	844	686	487	270	81	7606	316.9
12	杭州	S	18	53	84	131	209	261	279	261	209	131	84	53	18	1791	74.6
		W(E)	18	53	84	109	127	138	143	333	490	590	608	521	318	3532	147.2
		N	116	147	127	109	127	138	143	138	127	109	127	147	116	1671	69.6
		H	82	266	473	664	815	910	944	910	815	664	473	266	82	7364	306.8
13	南京	S	18	51	82	148	237	296	316	296	237	148	82	51	18	1980	82.5
		W(E)	18	51	82	108	126	138	141	350	521	629	650	560	350	3724	155.1
		N	124	146	117	108	126	138	141	138	126	108	117	146	124	1650	69.1
		H	89	281	497	700	860	964	999	964	860	700	497	281	89	7781	324.2
14	南昌	S	15	46	76	108	189	244	262	244	189	108	76	46	15	1618	67.4
		W(E)	15	46	76	101	118	132	133	350	530	647	676	589	366	3779	157.4
		N	131	161	138	101	118	130	133	130	118	101	138	161	131	1691	70.5
		H	82	280	505	714	879	985	1021	985	879	714	505	280	82	7911	329.6
15	合肥	S	18	51	81	150	241	302	324	302	241	150	81	51	18	2010	83.8
		W(E)	18	51	81	106	125	137	141	361	544	660	687	596	377	3884	161.8
		N	133	153	119	106	125	137	141	137	125	106	119	153	133	1687	70.3
		H	94	294	521	730	897	1004	1040	1004	897	730	521	294	94	8120	338.3

6. 太阳辐射吸收系数 ρ_s 值，见表 4.1-11。

常用围护结构表面太阳辐射吸收系数 ρ_s 值 **表 4.1-11**

面层类型	表面性质	表面颜色	太阳辐射吸收系数 ρ_s 值
石灰粉刷墙面	光滑、新	白色	0.48
抛光铝反射体片		浅色	0.12
水泥拉毛墙	粗糙、旧	米黄色	0.65
白水泥粉刷墙面	光滑、新	白色	0.48
水刷石	粗糙、旧	浅色	0.68
水泥粉刷墙面	光滑、新	浅灰	0.56
砂石粉刷面		深色	0.57
浅色饰面砖		浅黄、浅白	0.50
红砖墙	旧	红色	0.7～0.778
硅酸盐砖墙	不光滑	黄灰色	0.45～0.5
混凝土砌块		灰色	0.65
混凝土墙	平滑	深灰	0.73
红褐陶瓦屋面	旧	红褐	0.65～0.74
灰瓦屋面	旧	浅灰	0.52
水泥屋面	旧	素灰	0.74
水泥瓦屋面		深灰	0.69
绿豆砂保护屋面		浅黑色	0.65
白石子屋面	粗糙	灰白色	0.62
浅色油毛毡屋面	不光滑、新	浅黑色	0.72
黑色油毛毡屋面	不光滑、新	深黑色	0.86
绿色草地			0.78～0.80
水(开阔湖、海面)			0.96
棕色、绿色喷漆	光亮	中棕、中绿色	0.79
红涂料、油漆	光平	大红	0.74
浅色涂料	光亮	浅黄、浅红	0.50

7. 全国主要城市围护结构夏季室外计算温度（℃）、平均温度 $\bar{t}_{e.c}$、最高温度 $t_{e,max}$ 和波幅 A_{te}，见表 4.1-12。

8. 标准大气压时不同温度下的最大水蒸汽分压力 P 值（Pa），见表 4.1-13。

9. 围护结构内表面换热系数及换热阻，见表 4.1-14。

10. 外表面换热系数 α_e 及外表面换热阻 R_e

外表面换热阻 R_e 按（4.1-10）式计算：

全国主要城市围护结构夏季室外计算温度（℃） **表 4.1-12**

序号	城市名称	夏季室外计算温度			序号	城市名称	夏季室外计算温度		
		平均值 $\bar{t}_{e.c}$	最高值 $t_{e,max}$	波幅值 A_{te}			平均值 $\bar{t}_{e.c}$	最高值 $t_{e,max}$	波幅值 A_{te}
1	西安	32.3	38.4	6.1	31	武汉	32.4	36.9	4.5
2	汉中	29.5	35.8	6.3	32	宜昌	32.0	36.2	6.2
3	北京	30.2	36.3	6.1	33	黄石	33.0	37.9	4.9
4	天津	30.4	35.4	5.0	34	长沙	32.7	37.9	5.2
5	石家庄	31.7	38.3	6.6	35	芷江	30.4	36.3	5.9
6	济南	33.0	37.3	4.3	36	岳阳	32.5	35.9	3.4
7	青岛	28.1	31.1	3.0	37	株洲	34.4	39.9	5.5
8	上海	31.2	36.1	4.9	38	衡阳	32.8	38.3	5.5
9	南京	32.0	37.1	5.1	39	广州	31.1	35.6	4.5
10	常州	32.3	36.4	4.1	40	海口	30.7	36.3	5.6
11	徐州	31.5	36.7	5.2	41	汕头	30.6	35.2	4.6
12	东台	31.1	35.8	4.7	42	韶关	31.5	30.3	4.8
13	合肥	32.3	36.8	4.5	43	德庆	31.2	36.6	5.4
14	芜湖	32.5	36.9	4.4	44	湛江	30.9	35.5	4.6
15	阜阳	32.1	37.1	5.2	45	南宁	31.0	36.7	5.7
16	杭州	32.1	37.2	5.1	46	桂林	30.9	36.2	5.3
17	衢县	32.1	37.6	5.5	47	百色	31.8	37.6	5.8
18	温州	30.3	37.7	5.4	48	梧州	30.9	37.0	6.1
19	南昌	32.9	37.8	4.9	49	柳州	32.9	38.8	5.9
20	赣州	32.2	37.8	5.6	50	桂平	32.4	37.5	5.1
21	九江	32.8	37.4	4.6	51	成都	29.2	34.4	5.2
22	景德镇	31.6	37.2	5.6	52	重庆	33.2	38.9	5.7
23	福州	30.9	37.2	6.3	53	达县	33.2	38.6	5.4
24	建阳	30.5	37.3	6.8	54	南充	34.0	39.3	5.3
25	南平	30.8	37.4	6.6	55	贵阳	26.9	32.7	5.8
26	永安	30.8	37.3	6.9	56	铜仁	31.2	37.8	6.6
27	漳州	31.3	37.1	5.8	57	遵义	28.5	34.1	5.6
28	厦门	30.8	35.5	4.7	58	思南	31.4	36.8	5.4
29	郑州	32.5	38.8	6.3	59	昆明	23.3	29.3	6.0
30	信阳	31.9	36.6	4.7	60	元江	33.7	40.3	6.6

$$R_e=\frac{1}{\alpha_c+\alpha_r} \tag{4.1-10}$$

式中 α_c——围护结构表面对流换热系数；

α_r——围护结构表面辐射换热系数；其中 $\alpha_r=4\varepsilon\sigma T_s^3$，$\varepsilon$ 为围护结构表面的发射率，见表 4.1-15；σ 为斯蒂芬-波尔兹曼常数（$5.67\times10^{-8}\,W/m^2\cdot K^4$）；$T_s$ 为围护结构表面环境热力学温度。

工程中也可采用表4.1-16、表4.1-17来确定外表面换热系数 α_e 及换热阻 R_e。

11. 空气间层热阻值，见表4.1-18。

标准大气压时不同温度下的最大水蒸气分压力 P 值（Pa） **表4.1-13**

t(℃)	0.0	0.1	0.2	0.3	0.4	0.5	0.6	0.7	0.8	0.9
a. 温度自0℃至−40℃(与冰面接触)										
−0	610.6	605.3	601.3	595.9	590.6	586.6	581.3	576.0	572.0	566.6
−1	562.6	557.3	553.3	548.0	544.0	540.0	534.6	530.6	526.6	521.3
−2	517.3	513.3	509.3	504.0	500.0	496.0	492.0	488.0	484.0	480.0
−3	476.0	472.0	468.0	464.0	460.0	456.0	452.0	448.0	445.3	441.3
−4	473.3	433.3	429.3	426.6	422.6	418.6	416.0	412.0	408.0	405.3
−5	401.3	398.6	394.6	392.0	388.0	385.3	381.3	378.6	374.6	372.0
−6	368.0	365.3	362.6	358.6	356.0	353.3	349.3	346.6	344.0	341.3
−7	337.3	334.6	332.0	329.3	326.6	324.0	321.3	318.6	314.6	312.0
−8	309.3	306.6	304.0	301.3	298.6	296.0	293.3	292.0	289.3	286.6
−9	284.0	281.3	278.6	276.0	273.3	272.0	269.3	266.6	264.0	262.6
−10	260.0	257.3	254.6	253.3	250.6	248.0	246.6	244.0	241.3	240.0
−11	237.3	236.0	233.3	232.0	229.3	226.6	225.3	222.6	221.3	218.6
−12	217.3	216.0	213.3	212.0	209.3	208.0	205.3	204.0	202.6	200.0
−13	198.6	197.3	194.7	193.3	192.0	189.3	187.0	186.7	184.0	182.7
−14	181.3	180.0	177.3	176.0	174.7	173.3	172.0	169.3	168.0	166.7
−15	165.3	164.0	162.7	161.3	160.0	157.3	156.0	154.7	153.3	152.0
−16	150.7	149.3	148.0	146.7	145.3	144.0	142.7	141.3	140.0	138.7
−17	137.3	136.0	134.7	133.3	132.0	130.7	129.3	128.0	126.7	126.7
−18	125.3	124.0	122.7	121.3	120.0	118.7	117.3	117.3	116.0	114.7
−19	113.3	112.0	112.0	110.7	109.3	108.0	106.7	106.7	105.3	104.0
−20	102.7	102.7	101.3	100.0	100.0	98.7	97.3	96.0	96.0	94.7
−21	93.3	93.3	92.0	90.7	90.7	89.3	88.0	88.0	86.7	85.3
−22	85.3	84.0	84.0	82.7	81.3	81.3	80.0	80.0	78.7	77.3
−23	77.3	76.0	76.0	74.7	74.7	73.3	73.3	72.0	70.7	70.7
−24	70.7	69.3	68.0	68.0	66.7	66.7	65.3	65.3	64.0	64.0
−25	62.7	62.7	61.3	61.3	61.3	60.0	60.0	58.7	58.7	57.3
−26	57.3	57.3	56.0	56.0	54.7	54.7	53.3	53.3	53.3	52.0
−27	52.0	50.7	50.7	50.7	49.3	49.3	48.0	48.0	48.0	46.7
−28	46.7	46.7	45.3	45.3	45.3	44.0	44.0	44.0	42.7	42.7
−29	42.7	41.3	41.3	41.3	40.0	40.0	40.0	38.7	38.7	38.7
−30	37.3	37.3	37.3	37.3	36.0	36.0	36.0	34.7	34.7	34.7
−31	34.7	33.3	33.3	33.3	33.3	32.0	32.0	32.0	32.0	30.7
−32	30.7	30.7	30.7	29.3	29.3	29.3	29.3	28.0	28.0	28.0
−33	28.0	28.0	26.7	26.7	26.7	26.7	25.3	25.3	25.3	25.3
−34	25.3	24.0	24.0	24.0	24.0	24.0	22.7	22.7	22.7	22.7
−35	22.7	22.7	21.3	21.3	21.3	21.3	21.3	20.0	20.0	20.0
−36	20.2	20.0	20.0	18.7	18.7	18.7	18.7	18.7	18.7	18.7
−37	17.3	17.3	17.3	17.3	17.3	17.3	17.3	16.0	16.0	16.0
−38	16.0	16.0	16.0	16.0	14.7	14.7	14.7	14.7	14.7	14.7
−39	14.7	14.7	13.3	13.3	13.3	13.3	13.3	13.3	13.3	13.3
−40	13.3	12.0	12.0	12.0	12.0	12.0	12.0	12.0	12.0	12.0

续表

t(℃)	0.0	0.1	0.2	0.3	0.4	0.5	0.6	0.7	0.8	0.9
b. 温度自 0℃至 50℃(与水面接触)										
0	610.6	615.9	619.9	623.9	629.3	633.3	638.6	642.6	647.9	651.9
1	657.3	661.3	666.6	670.6	675.9	681.3	685.3	690.6	695.9	699.9
2	705.3	710.6	715.9	721.3	726.6	730.6	735.9	741.3	746.6	751.9
3	757.3	762.6	767.9	773.3	779.9	785.3	790.6	795.9	801.3	807.9
4	813.3	818.6	823.9	830.6	835.9	842.6	847.9	853.3	859.9	866.6
5	874.9	878.6	883.9	890.6	897.3	902.6	909.3	915.9	921.3	927.9
6	934.6	941.3	947.9	954.6	961.3	967.9	974.6	981.2	987.9	994.6
7	1001.2	1007.9	1014.6	1022.6	1029.2	1035.9	1043.9	1050.6	1057.2	1065.2
8	1071.9	1079.9	1086.6	1094.6	1101.2	1109.2	1117.2	1123.9	1131.9	1139.9
9	1147.9	1155.9	1162.6	1170.6	1178.6	1186.6	1194.6	1202.6	1210.6	1218.6
10	1227.9	1235.9	1243.2	1251.9	1259.9	1269.2	1277.2	1286.6	1294.6	1303.9
11	1341.9	1321.2	1329.2	1338.6	1347.9	1355.9	1365.2	1374.5	1383.9	1393.2
12	1401.2	1410.5	1419.9	1429.2	1438.5	1449.2	1458.5	1467.9	1477.2	1486.5
13	1497.2	1506.5	1517.2	1526.5	1537.2	1546.5	1557.2	1566.5	1577.2	1587.9
14	1597.2	1607.9	1618.5	1629.2	1639.9	1650.5	1661.2	1671.9	1682.5	1693.2
15	1703.9	1715.9	1726.5	1737.2	1749.2	1759.9	1771.8	1782.5	1794.5	1805.2
16	1817.2	1829.2	1841.2	1851.8	1863.8	1875.8	1887.8	1899.8	1911.8	1925.2
17	1937.2	1949.2	1961.2	1974.5	1986.5	1998.5	2011.8	2023.8	2037.2	2050.5
18	2062.5	2075.8	2089.2	2102.5	2115.8	2129.2	2142.5	2155.8	2169.1	2182.5
19	2195.8	2210.5	2223.8	2238.5	2251.8	2266.5	2279.8	2294.5	2309.1	2322.5
20	2337.1	2351.8	2366.5	2381.1	2395.8	2410.5	2425.1	2441.1	2455.8	2470.5
21	2486.5	2501.1	2517.1	2531.8	2547.8	2563.8	2579.8	2594.4	2610.4	2626.4
22	2642.4	2659.8	2675.8	2691.8	2707.8	2725.1	2741.1	2758.8	2774.4	2791.8
23	2809.1	2825.1	2842.4	2859.8	2877.1	2894.4	2911.8	2930.4	2947.7	2965.1
24	2983.7	3001.1	3019.7	3037.1	3055.7	3074.4	3091.7	3110.4	3129.1	3147.1
25	3167.7	3186.4	3205.1	3223.7	3243.7	3262.4	3282.4	3301.1	3321.1	3341.0
26	3361.0	3381.0	3401.0	3421.0	3441.0	3461.0	3482.4	3502.3	3523.7	3543.7
27	3565.0	3586.4	3607.7	3627.7	3649.0	3670.4	3693.0	3714.4	3735.7	3757.0
28	3779.0	3802.3	3823.7	3846.2	3869.0	3891.7	3914.3	3937.0	3959.7	3982.3
29	4005.0	4029.0	4051.7	4075.7	4099.7	4122.3	4146.3	4170.3	4194.3	4218.3
30	4243.6	4267.6	4291.6	4317.0	4341.0	4366.3	4391.6	4417.0	4442.3	4467.6
31	4493.0	4518.3	4543.6	4570.3	4595.6	4622.3	4648.9	4675.6	4702.3	4728.9
32	4755.6	4782.3	4808.9	4836.9	4863.6	4891.6	4918.2	4946.2	4974.2	5002.2
33	5030.2	5059.6	5087.6	5115.6	5144.9	5174.2	5202.2	5231.6	5260.9	5290.2
34	5319.5	5350.2	5379.5	5410.2	5439.5	5470.2	5500.9	5531.5	5562.2	5592.9
35	5623.5	5655.5	5686.2	5718.2	5748.8	5780.8	5812.8	5844.8	5876.8	5910.2
36	5942.2	5978.2	6007.5	6040.8	6074.2	6107.5	6140.8	6174.1	6208.8	6242.1
37	6276.8	6310.1	6344.8	6379.5	6414.1	6448.8	6484.8	6519.4	6555.4	6590.1
38	6626.1	6662.1	6698.1	6734.1	6771.4	6807.4	6844.8	6882.1	6918.1	6955.4
39	6994.1	7031.4	7068.7	7107.4	7144.7	7183.4	7222.1	7260.7	7298.0	7338.0
40	7379.0	7416.7	7456.7	7496.7	7536.7	7576.7	7616.7	7658.0	7698.0	7739.3
41	7780.7	7822.0	7863.3	7904.7	7946.0	7988.7	8031.3	8072.6	8115.3	8158.0
42	8202.0	8241.0	8288.6	8331.3	8375.3	8419.3	8463.3	8506.6	8552.6	8597.0
43	8641.9	8687.3	8735.6	8777.9	8824.6	8869.9	8916.6	8963.2	9009.9	9056.6
44	9103.2	9151.2	9197.9	9245.8	9293.9	9341.9	9389.9	9439.2	9487.2	9536.5
45	9585.9	9635.2	9684.5	9733.8	9784.5	9835.2	9885.8	9936.5	9987.2	10037.8
46	10088.5	10140.5	10192.5	10244.5	10296.5	10349.8	10403.1	10456.4	10508.4	10561.8
47	10616.4	10669.8	10279.0	10777.8	10832.4	10888.4	10943.1	10997.7	11053.7	11109.7
48	11165.7	11221.7	11279.0	11336.4	11393.7	11449.6	11507.0	11565.7	11623.0	11681.7
49	11740.3	11799.0	11857.7	11917.7	11977.6	12037.6	12097.6	12157.6	12217.6	12279.0
50	12340.3	12491.6	12462.9	12525.6	12586.9	12649.6	12712.2	12774.9	12837.6	12901.6

内表面换热系数 α_i 及内表面换热阻 R_i 值　　表 4.1-14

表面特性	α_i[W/(m²·K)]	R_i[(m²·K)/W]
墙、地面、表面平整的顶棚、屋盖或楼板以及带肋的顶棚 $h/s \leqslant 0.3$	8.72	0.11
有井形突出物的顶棚、屋盖或楼板 $h/s > 0.3$	7.56	0.13

注：表中 h 为肋高；s 为肋间净距。

常用材料的发射率 ε　　表 4.1-15

材料	温度(℃)	ε	材料	温度(℃)	ε
黑体	40	1	平板玻璃	40	0.94
铜、铝、镀锌薄钢板、研磨钢板	10～40	0.2～0.3	石灰砂浆、水泥砂浆	10～40	0.87～0.92
抛光的铝、铁、钢板	10～40	0.02～0.05	白色或浅色涂料、油漆	10～40	0.80～0.95
粗糙的混凝土表面	20～40	0.94	各种木材	10～40	0.80～0.90
红砖、红瓦、深色油漆	10～40	0.85～0.95	水	40	0.96
浅色磨光的大理石、花岗石	40	0.93	雪	−12～−7	0.82
抛光的铜	10～40	0.03	土壤(干)	20	0.92
抛光的银	10～40	0.01～0.03	土壤(湿)	20	0.95

外表面换热系数 α_e 及外表面换热阻 R_e 值　　表 4.1-16

外表面状况	α_e[W/(m²·K)]	Re[(m²·K)/W]
与室外空气直接接触的表面	23.26	0.04
不与室外空气直接接触的表面：		
阁楼楼板上表面	8.14	0.12
不供暖地下室顶棚下表面	5.82	0.17

夏季不同风速下围护结构外表面的换热系数 α_e 及换热阻 R_e　　表 4.1-17

室外平均风速(m/s)	1.0	1.5	2.0	2.5	3.0	3.5	4.0
换热系数 α_e[W/(m²·K)]	14.0	17.4	19.8	22.1	24.4	25.6	27.9
换热阻 R_e[(m²·K)/W]	0.071	0.057	0.051	0.045	0.041	0.039	0.036

空气间层热阻值［m²·K/W］　　表 4.1-18

位置、热流状况及材料特征	冬季状况							夏季状况						
	间层厚度[mm]							间层厚度[mm]						
	5	10	20	30	40	50	60以上	5	10	20	30	40	50	60以上
一般空气间层														
热流向下(水平、倾斜)	0.10	0.14	0.17	0.18	0.19	0.20	0.20	0.09	0.12	0.15	0.15	0.16	0.16	0.15
热流向上(水平、倾斜)	0.10	0.14	0.15	0.16	0.17	0.17	0.17	0.09	0.11	0.13	0.13	0.13	0.13	0.13
垂直空气间层	0.10	0.14	0.16	0.17	0.18	0.18	0.18	0.09	0.12	0.14	0.14	0.15	0.15	0.15
单面铝箔空气间层														
热流向下(水平、倾斜)	0.16	0.28	0.43	0.51	0.57	0.60	0.64	0.15	0.25	0.37	0.44	0.48	0.52	0.54
热流向上(水平、倾斜)	0.16	0.26	0.35	0.40	0.42	0.42	0.43	0.14	0.20	0.28	0.29	0.30	0.30	0.28
垂直空气间层	0.16	0.26	0.39	0.44	0.47	0.49	0.50	0.15	0.22	0.31	0.34	0.36	0.37	0.37

续表

位置、热流状况及材料特征	冬季状况							夏季状况						
	间层厚度[mm]							间层厚度[mm]						
	5	10	20	30	40	50	60以上	5	10	20	30	40	50	60以上
双面铝箔空气间层														
热流向下(水平、倾斜)	0.18	0.34	0.56	0.71	0.84	0.94	1.01	0.16	0.30	0.49	0.63	0.73	0.81	0.86
热流向上(水平、倾斜)	0.17	0.29	0.45	0.52	0.55	0.56	0.57	0.15	0.25	0.34	0.37	0.38	0.38	0.35
垂直空气间层	0.18	0.31	0.49	0.59	0.65	0.69	0.71	0.15	0.27	0.39	0.46	0.49	0.50	0.50

12. 相位差修正系数β值，见表4.1-19。

相位差修正系数β值　　**表4.1-19**

序号	$\frac{A_{t\cdot sa}}{\upsilon_0}$与$\frac{A_{ti}}{\upsilon_0}$的比值或$A_{te}$与$A_{ti}$的比值	$\Delta\varphi=(\varphi_{t\cdot sa}+\xi_0)-(\varphi_{ti}+\xi_i)$或$\Delta\varphi=\varphi_{te}-\varphi_I$(h)									
		1	2	3	4	5	6	7	8	9	10
1	1.0	0.98	0.97	0.92	0.87	0.79	0.71	0.60	0.50		
2	1.5	0.99	0.97	0.93	0.87	0.80	0.72	0.63	0.53		
3	2.0	0.99	0.97	0.93	0.88	0.81	0.74	0.65	0.58		
4	2.5	0.99	0.97	0.94	0.89	0.83	0.76	0.69	0.62		
5	3.0	0.99	0.97	0.94	0.90	0.85	0.79	0.72	0.65	0.38	0.26
6	3.5	0.99	0.97	0.94	0.91	0.86	0.81	0.76	0.69		
7	4.0	0.99	0.97	0.95	0.91	0.87	0.82	0.77	0.72		
8	4.5	0.99	0.97	0.95	0.92	0.88	0.83	0.79	0.74		
9	5.0	0.99	0.98	0.95	0.92	0.89	0.85	0.81	0.76		

注：$A_{t\cdot sa}$——室外综合温度波幅，℃；
A_{te}——室外计算温度波幅，℃，按表4.1-12取值；
A_{ti}——室内计算温度波幅，℃；
υ_0——围护结构衰减倍数；
$\varphi_{t\cdot sa}$——室外综合温度最大值出现时间，点钟。通常可取：水平及南向，$\varphi_{t\cdot sa}$13：00；东向，9：00；西向，16：00；
φ_{ti}——室内空气温度最大值出现时间，通常取15：00；
φ_{te}——室外空气温度最大值出现时间，通常取16：00；
φ_I——太阳辐射照度最大值出现时间；
ξ_0——围护结构总延迟时间，h；
ξ_i——室内空气至内表面的延迟时间，h。

4.2　建筑材料及围护结构热工计算参数

4.2.1　窗户及玻璃材料的热工参数

1. 窗户的传热阻和传热系数，见表4.2-1。

窗户的传热系数　　**表4.2-1**

窗框材料	窗户类型	空气层厚度(mm)	玻璃厚度(mm)	传热系数[W/(m²·K)]
钢、铝	单框单玻	—	6	6.4
	单框Low-E单玻		6	5.8
	单框中空	6	6	4.3
		9	6	4.1
		12	6	3.9
		16	6	3.7

续表

窗框材料	窗 户 类 型	空气层厚度(mm)	玻璃厚度(mm)	传热系数[W/(m²·K)]
钢、铝	双层窗	100～140	6	3.5
	单框中空断热桥	6	6	3.3
		12	6	3.0
	单框 Low-E 中空断热桥	12	6	2.6
	断热桥 Low-E 中空充惰性气体	9～12	6	2.2
塑料、木	单框单玻	—	6	4.7
	单框 Low-E 单玻		6	4.1
	单框中空	6	6	3.4
		9	6	3.2
		12	6	3.0
		16	6	2.8
	双层窗	100～140	6	2.5
	单框 Low-E 中空	9～12	6	2.2
	单框 Low-E 中空充惰性气体	9～12	6	1.7

注：表中窗户包括一般窗户、天窗和阳台门上部带玻璃部分。

2. 玻璃材料的热工参数（见表 4.2-2 至表 4.2-9）。

国内常用透明浮法玻璃单片性能参数 **表 4.2-2**

厚度(mm)	可见光(%)		太阳辐射能(%)			传热系数(K)		遮阳系数 Sc	相对热增(W/m²)	
	透射率	反射率	反射率	透过率	吸收率	冬季[W/(m²·K)]	夏季[W/(m²·K)]		冬季	夏季
3	90	8	7	82	12	6.80	6.85	0.95	−243	664
4	89	8	7	81	12	6.47	6.50	0.94	−243	664
5	89	8	7	80	13	6.25	6.31	0.92	−243	658
6	88	8	7	78	15	5.89	6.15	0.91	−241	645
8	87	8	7	73	20	5.70	5.83	0.89	−237	620
10	86	8	7	70	23	5.62	5.72	0.85	−235	601
12	84	8	6	64	30	5.46	5.63	0.83	−230	569
16	82	8	6	59	35	5.40	5.38	0.79	−226	543
19	81	8	6	55	39	5.32	5.26	0.75	−221	517

透明中空玻璃的传热系数 **表 4.2-3**

材 料 名 称	构造、厚度(mm)	传热系数[W/(m²·K)]
6C 中空玻璃	6+6+6	3.11
6C 中空玻璃	6+9+6	2.91
6C 中空玻璃	6+12+6	2.70
三层中空玻璃	5+6+5+6+5	2.30
三层中空玻璃	6+12+6+12+6	1.80

热反射玻璃的技术指标 表 4.2-4

品种	可见光(%)			太阳辐射热(%)		遮阳率(%)
	透射率	室内反射率	室外反射率	透射率	反射率	
银色	8～20	30～36	28～38	6～16	20～32	24～38
银灰色	8～20	32～40	20～36	7～18	20～30	26～38
浅蓝	14～20	40	18～22	12～18	14～18	28～38
茶色	8～12	25	9	6～10	8	31
金色	8～20	26～30	12～18	6～16	10～15	22～38
浅金色	24～40	34～46	24～34	22～36	22～30	40～48

常用热反射镀膜玻璃的主要参数表 表 4.2-5

膜代号	单片			中空 6+6A+6			中空 6+9A+6			中空 6+12A+6		
	Tr	*K*	*Sc*	*Tr*	*K*	*Sc*	*Tr*	*K*	*Sc*	*Tr*	*K*	*Sc*
CMG165	65	5.80	0.81	60	3.11	0.72	60	2.83	0.72	60	2.70	0.72
CCS108	10	4.37	0.27	9	2.75	0.20	9	2.40	0.20	9	2.21	0.20
CCS116	12	4.72	0.30	11	2.85	0.23	11	2.50	0.22	11	2.34	0.22
CPA108	9	4.51	0.29	8	2.79	0.22	8	2.43	0.21	8	2.27	0.21
CPA114	13	4.72	0.34	12	2.85	0.27	13	2.51	0.25	13	2.35	0.25
CSY114	15	4.94	0.35	14	2.91	0.27	14	2.58	0.26	14	2.42	0.25
CSY120	18	5.00	0.39	17	2.92	0.31	17	2.60	0.30	17	2.45	0.29
CTL125	25	4.69	0.36	23	2.84	0.29	23	2.50	0.28	23	2.33	0.28
CTL130	31	4.92	0.44	28	2.90	0.36	28	2.57	0.35	28	2.42	0.35
CTL140	39	5.19	0.52	35	2.97	0.43	35	2.66	0.42	35	2.51	0.42
CGP116	13	4.88	0.36	12	2.89	0.28	12	2.56	0.27	12	2.40	0.26

注：① *Tr*——玻璃的可见光透射比；*K*——玻璃中部的传热系数；*Sc*——遮阳系数；
② 镀膜面在中空玻璃的第 2 号面；
③ 表中 6A、9A、12A 分别表示中空玻璃空气层的厚度。

几种玻璃的光热性能 表 4.2-6

玻璃种类	可见光(%)		遮阳系数(*Sc*)	辐射率(%)
	透过率	反射率		
透明玻璃	89	8	0.95	84
着色玻璃	44～45		0.69～0.72	
热反射玻璃	8～40	12～50	0.23～0.70	40～70
低辐射玻璃	77	14	0.66～0.73	8～15

常用 Low-E 中空玻璃的主要参数表 表 4.2-7

玻璃种类	膜代号	中空 6+6A+6			中空 6+9A+6			中空 6+12A+6		
		Tr	*K*	*Sc*	*Tr*	*K*	*Sc*	*Tr*	*K*	*Sc*
Low-E 镀膜	CEF16-50S	43	2.44	0.38	43	1.98	0.37	43	1.78	0.37
	CEB14-50S	48	2.43	0.44	48	1.97	0.43	48	1.76	0.42
	CES11-80	70	2.47	0.60	70	2.03	0.59	70	1.83	0.60
	CEB13-63	55	2.50	0.52	55	2.06	0.52	55	1.86	0.51
住宅 Low-E	SuperSE-Ⅰ	74	2.46	0.67	74	2.01	0.67	74	1.81	0.67

续表

玻璃种类	膜代号	中空 6+6A+6			中空 6+9A+6			中空 6+12A+6		
		Tr	*K*	*Sc*	*Tr*	*K*	*Sc*	*Tr*	*K*	*Sc*
	SuperSE-Ⅱ	59	2.44	0.52	59	1.98	0.52	59	1.78	0.52
	SuperSE-Ⅲ	53	2.53	0.48	53	2.10	0.48	53	1.91	0.48
双银 Low-E	CED12-78S/TS	69	2.41	0.48	69	1.95	0.47	69	1.75	0.47
	CED12-68S/TS	62	2.40	0.39	62	1.93	0.38	62	1.73	0.38
	CED13-58S/TS	52	2.37	0.38	52	1.90	0.38	52	1.69	0.37
	CED13-40S/TS	39	2.33	0.29	39	1.84	0.28	39	1.63	0.27

注：① *Tr*——玻璃的可见光透射比；*K*——玻璃中部的传热系数；*Sc*——遮阳系数；
② 镀膜面在中空玻璃的第2号面；
③ 表中6A、9A、12A分别表示中空玻璃空气层的厚度。

不同玻璃原片构成的中空玻璃的性能 **表 4.2-8**

玻璃种类	构成	可见光(%)			太阳辐射热(%)			传热系数 (W/m²·K)
		透射率	反射率	吸收率	直射透射率	总透射率	反射率	
浮法双层	$F_5+A_6+F_5$	83.0	14.8	8.8	77.2		14.0	3.4
中空玻璃	$F_6+A_6+F_6$	81.5	14.7	16.2	70.8		13.0	3.2
彩色双层	$H_3+A_6+F_3$	64.8～75.5	10.7～13.1	22.6～28.8	60.9～66.6		10.3～11.4	2.7～3.0
中空玻璃	$H_6+A_6+F_6$	49.7～67.4	8.7～11.4	39.8～46.9	45.3～51.4		7.3～8.8	2.7～3.0
镀膜双层	$R_6+A_{12}+F_6$	29.0	43.0	36.0	35.0	44.0	29.0	1.8
中空玻璃	$R_6+A_{12}+F_6$	23.0～47.0		47.0～51.0	15.0～25.0	22.0～33.0	24.0～38.0	1.6
低辐射玻璃	$L_a+A_{12}+F_6$	75	13		49		21	1.8
中空玻璃	$L_b+A_{12}+F_6$	56	14		33		18	1.7

注：F—浮法玻璃，浅色；A—空气层；H—彩色玻璃；R—镀膜玻璃；L—低辐射玻璃；下角标数字为玻璃或间层厚度，mm。

国外各种节能薄膜的光学性能 **表 4.2-9**

各色反射膜及玻璃	透光率(%)			全部阳光反射(%)	传热系数[W/(m²·K)]	遮光系数	最大热量(W/m²)
	日光	全部太阳能	全部紫外线光				
镀银反射玻璃	20	17	18	60	5.17	0.21	164
镀银反射压膜薄膜	20	17	0	60	5.17	0.24	164
灰色镀银反射薄膜	17	14	0	56	5.17	0.26	177
茶色镀银反射薄膜	17	14	0	56	5.17	0.26	177
黄色镀银反射薄膜	17	14	0	56	5.17	0.26	177
深灰色不反射彩色薄膜	20	17	0	8	5.17	0.82	218
浅灰色不反射彩色薄膜	30	31	0	8	5.56	0.42	283
茶色不反射彩色薄膜	30	31	0	8	5.62	0.42	283
透紫外线不反射彩色薄膜	75	52	0	8	5.62	0.93	631
玻璃	90	85	77	7	6.25	1.00	678
磨光平板玻璃 1/4″	88	77	68	7	6.25	0.93	631
灰色玻璃	42	45	11	5	6.25	0.67	454
茶色玻璃 1/4″	51	44	21	5	6.25	0.67	454
绿色深层	65	50	45	1	6.25	0.70	473

3. 窗户的综合遮阳系数 Cg，见表 4.2-10。

窗户的综合遮阳系数 Cg 　　**表 4.2-10**

玻璃类型	日射透过率	无遮挡	内遮挡									外遮挡			
			软活动百叶窗		卷轴遮阳板			窗帘				软活动百叶窗		卷帘百叶	
					不透明		半透明	A	B	C	D	中间色	浅色	铝制两层	铝制一层
			中间色	浅色	深色	白色	浅色								
3mm 白玻	0.96	0.98													
6mm 白玻	0.91	0.94						0.65	0.55	0.45	0.35				
9mm 白玻	0.87	0.90	0.64	0.55	0.50	0.25	0.30					0.15	0.12		
12mm 白玻	0.67	0.87						0.61	0.52	0.43	0.35				
吸热玻璃 6mm	0.46	0.69						0.49	0.44	0.38	0.33				
吸热玻璃 9mm	0.33	0.60													
吸热玻璃 12mm	0.24	0.53	0.57	0.53	0.45	0.30	0.36	0.39	0.36	0.33	0.30				
吸热玻璃 着灰色玻璃 古铜色玻璃 绿色玻璃	0.34		0.54	0.52	0.40	0.28	0.32								
反射玻璃		0.40	0.33	0.29				0.33	0.30	0.28	0.26				
中空玻璃	外/内														
5mm+5mm	0.83/0.83		0.57	0.51	0.60	0.25	0.37	0.56	0.48	0.42	0.35	0.16	0.13	0.09	0.11
6mm+6mm	0.80/0.80											0.19	0.15	0.13	0.15

注：外活动百叶窗为软活动百叶帘。窗帘平均疏密度：A 为 0.4；B 为 0.2；C 为 0.08；D 为 0。

4.2.2 常用建筑材料热物理性能计算参数

1. 建筑材料热物理性能计算参数，见表 4.2-11。

建筑材料热物理性能计算参数 　　**表 4.2-11**

序号	材料名称	干密度 ρ_0 (kg/m³)	计算参数			
			导热系数 λ [W/(m·K)]	蓄热系数 S (周期 24 小时) [W/(m²·K)]	比热容 c [kJ/(kg·K)]	蒸汽渗透系数 μ [g/(m·h·Pa)]
1	混凝土					
1.1	普通混凝土					
	钢筋混凝土	2500	1.74	17.20	0.92	0.0000158*
	碎石、卵石混凝土	2300	1.51	15.36	0.92	0.0000173*
		2100	1.28	13.57	0.92	0.0000173*
	自然煤矸石、炉渣混凝土	1700	1.00	11.68	1.05	0.0000548*
		1500	0.76	9.54	1.05	0.0000900
		1300	0.56	7.63	1.05	0.0001050
	粉煤灰陶粒混凝土	1700	0.95	11.40	1.05	0.0000188
		1500	0.70	9.16	1.05	0.0000975
		1300	0.57	7.78	1.05	0.0001050
		1100	0.44	6.30	1.05	0.0001350

续表

序号	材料名称	干密度 ρ_0 (kg/m^3)	计算参数			
			导热系数 λ [W/(m·K)]	蓄热系数 S (周期24小时) [$W/(m^2 \cdot K)$]	比热容 c [kJ/(kg·K)]	蒸汽渗透系数 μ [g/(m·h·Pa)]
	黏土陶粒混凝土	1600	0.84	10.36	1.05	0.0000315*
		1400	0.70	8.93	1.05	0.0000390*
		1200	0.53	7.25	1.05	0.0000405*
	油页岩渣、石灰、水泥混凝土、页岩陶粒混凝土	1300	0.52	7.39	0.98	0.0000855*
		1500	0.77	9.65	1.05	0.0000315*
		1300	0.63	8.16	1.05	0.0000390*
		1100	0.50	6.70	1.05	0.0000435*
	火山灰渣、砂、水泥混凝土	1700	0.57	6.30	0.57	0.0000395*
	浮石混凝土	1500	0.67	9.09	1.05	
		1300	0.53	7.54	1.05	0.0000188*
		1100	0.42	6.13	1.05	0.0000353*
1.2	轻混凝土					
	加气混凝土、泡沫混凝土	700	0.22	3.59	1.05	0.0000998*
		500	0.19	2.81	1.05	0.0001110*
2	砂浆和砌体					
2.1	砂浆					
	水泥砂浆	1800	0.93	11.37	1.05	0.0000210*
	石灰水泥砂浆	1700	0.87	10.75	1.05	0.0000975*
	石灰砂浆	1600	0.81	10.07	1.05	0.0000443*
	石灰石膏砂浆	1500	0.76	9.44	1.05	
	保温砂浆	800	0.29	4.44	1.05	
2.2	砌体					
	重砂浆砌筑黏土砖砌体	1800	0.81	90.63	1.05	0.0001050*
	轻砂浆砌筑黏土砖砌体	1700	0.76	9.96	1.05	0.0001200
	灰砂砖砌体	1900	1.10	12.72	1.05	0.0001050
	硅酸盐砖砌体	1800	0.87	11.11	1.05	0.0001050
	炉渣砖砌体	1700	0.81	10.43	1.05	0.0001050
	重砂浆砌筑26、33及36孔空心砖砌体	1400	0.58	7.92	1.05	0.0000158
	蒸压灰砂空心砖砌体	1500	0.79	8.12	1.07	
3	热绝缘材料					
3.1	矿棉、岩棉板	≤80	0.050	0.59	1.22	
		80～200	0.045	0.75	1.22	0.0004880
	矿棉、岩棉毡	≤70	0.050	0.58	1.34	
		70～200	0.045	0.77	1.34	0.0004880
	松散矿棉、岩棉材料	≤70	0.050	0.46	0.84	
		70～120	0.045	0.51	0.84	0.0004880
3.2	聚乙烯泡沫塑料	≤120	0.047	0.70	1.38	
	聚苯乙烯泡沫塑料	30	0.042	0.36	1.38	0.0000162
	聚氨酯硬泡沫塑料	30	0.027	0.23	1.38	0.0000234
	聚氨酯硬泡沫塑料	40	0.025	0.39	1.38	0.0000226
	聚氯乙烯硬泡沫塑料	130	0.048	0.83	1.38	
	挤塑聚苯乙烯泡沫塑料	30～40	0.028	0.28	1.38	0.0000057
	橡塑复合保温材料	30～60	0.035			0.0000162

续表

序号	材料名称	干密度 ρ_0 (kg/m³)	计算参数			
			导热系数 λ [W/(m·K)]	蓄热系数 S (周期24小时) [W/(m²·K)]	比热容 c [kJ/(kg·K)]	蒸汽渗透系数 μ [g/(m·h·Pa)]
3.3	玻璃棉板、毡	40	0.037	0.52	1.06	
	松散玻璃棉材料	25～50	0.040	0.43	0.76	
3.4	防水珍珠岩板	150～200	0.06	1.06	1.32	0.0000561*
	复合硅酸盐保温板	160～220	0.065	1.04	1.15	0.0003118*
3.5	水泥膨胀珍珠岩	300	0.26	4.37	1.17	0.000042*
		500	0.21	3.44	1.17	0.000090*
		400	0.16	2.49	1.17	0.000191*
	沥青、乳化沥青膨胀珍珠岩	400	0.12	2.28	1.55	0.0000293*
		300	0.093	1.77	1.55	0.0000675*
	水泥膨胀蛭石	350	0.14	1.99	1.05	
4	建筑板材					
4.1	胶合板	600	0.17	4.57	2.51	0.0000225
	软木板	300	0.093	1.95	1.89	0.0000225
		150	0.058	1.09	1.89	0.0000285
	纤维板	1000	0.34	8.13	2.51	0.0001200
		600	0.23	5.28	2.51	0.0001130
4.2	石膏板	1050	0.33	5.28	1.05	0.0000790*
	纸面石膏板	1100	0.31	4.73	1.16	0.0000329
	纤维石膏板	1150	0.30	5.20	1.23	0.0000373
4.3	石棉水泥板	1800	0.52	8.52	1.05	0.0000135*
	石棉水泥隔热板	500	0.16	2.58	1.05	0.0003900
	水泥刨花板	1000	0.34	7.27	2.01	0.0000240*
		700	0.19	4.56	2.01	0.0001050
	稻草板	300	0.13	2.33	1.68	0.0003000
	木屑板	200	0.065	1.54	2.10	0.0002630
4.4	硬质PVC板	1400	0.160	8.21	0.78	0
	铝塑复合板	1380	0.450			
	钙塑泡沫板	250	0.074	0.36	1.32	
	轻质硅酸钙板	500	0.116	0.41	1.35	
	纤维增强硅酸钙板	750	0.250	0.77	1.28	
5	松散材料					
5.1	锅炉渣	1000	0.29	4.40	0.92	0.0001930
	粉煤灰	1000	0.23	3.93	0.92	
	高炉炉渣	900	0.26	3.92	0.92	0.0002030
	浮石、凝灰岩	600	0.23	3.05	0.92	0.0002630
	膨胀蛭石	300	0.14	1.79	1.05	
	膨胀蛭石	200	0.10	1.24	1.05	
	硅藻土	200	0.076	1.00	0.92	
	膨胀珍珠岩	80	0.058	0.63	1.17	
		120	0.070	0.84	1.17	
5.2	有机材料					

续表

序号	材料名称	干密度 ρ_0 (kg/m³)	计算参数			
			导热系数 λ [W/(m·K)]	蓄热系数 S (周期24小时) [W/(m²·K)]	比热容 c [kJ/(kg·K)]	蒸汽渗透系数 μ [g/(m·h·Pa)]
	木屑	250	0.093	1.84	2.01	0.0002630
	稻壳	120	0.06	1.02	2.01	
	干草	100	0.047	0.83	2.01	
5.3	木材					
	橡木、枫树(热流方向垂直木纹)	700	0.17	4.90	2.51	0.0000562
	橡木、枫树(热流方向顺木纹)	700	0.35	6.93	2.51	0.0003000
	松木、云杉(热流方向垂直木纹)	500	0.14	3.85	2.51	0.0000345
	松木、云杉(热流方向顺木纹)	500	0.29	5.55	2.51	0.0001680
6	其他材料					
6.1	土壤					
	夯实黏土	2000	1.16	12.99	1.01	
		1800	0.93	11.03	1.01	
	加草黏土	1600	0.76	9.37	1.01	
		1400	0.58	7.69	1.01	
	轻质黏土	1200	0.47	6.36	1.01	
	建筑用砂	1600	0.58	8.26	1.01	
6.2	石材					
	花岗石、玄武岩	2800	3.49	25.49	0.92	0.0000113
	大理石	2800	2.91	23.27	0.92	0.0000113
	砾石、石灰岩	2400	2.04	18.03	0.92	0.0000375
	石灰石	2000	1.16	12.56	0.92	0.0000600
6.3	卷材、沥青材料					
	SBS改性沥青防水卷材	900	0.23	9,37	1.62	0.0000052
	APP改性沥青防水卷材	1050	0.23	9.37	1.62	0.0000052
	合成高分子防水卷材	580	0.15	6.07	1.14	0.0000039
	沥青油毡、油毡纸	600	0.17	3.33	1.47	
	地沥青混凝土	2100	1.05	16.39	1.68	0.0000075
	石油沥青	1400	0.27	6.73	1.68	
		1050	0.17	4.71	1.68	0.0000075
6.4	玻璃					
	平板玻璃	2500	0.76	10.69	0.84	0
	玻璃钢	1800	0.52	9.25	1.26	0
	碳酸钙玻璃	2500	1.00	11.25	0.81	0
	PMMA(有机玻璃)	1180	0.18	7.64	1.02	0
	聚碳酸酯	1200	0.20	8.17	1.13	0

续表

序号	材料名称	干密度 ρ_0 (kg/m³)	计算参数			
			导热系数 λ [W/(m·K)]	蓄热系数 S (周期 24 小时) [W/(m²·K)]	比热容 c [kJ/(kg·K)]	蒸汽渗透系数 μ [g/(m·h·Pa)]
6.5	金属					
	紫铜	8500	407	324	0.42	0
	青铜	8000	64.0	118	0.38	0
	建筑钢材	7850	58.2	126	0.48	0
	铝	2700	203	191	0.92	0
	铸铁	7250	49.9	112	0.48	

注：① 在正常使用条件下，材料的热物理性能计算参数可按表 4.2-11 直接采用。

② 在有表 4.2-12 所列情况者，材料的导热系数计算值应按下式修正：

$$\lambda_c = \lambda \cdot a$$

$$S_C = S \cdot a$$

式中 λ、S——材料的导热系数和蓄热系数，按表 4.2-11 采用；

a——修正系数，按表 4.2-12 采用。

③ 在供暖期平均相对湿度为 50%以下的干燥地区，重砂浆砌筑的黏土砌体导热系数可采用 $\lambda=0.76$W/(m·K)，蓄热系数可采用 $S=10.16$W/(m²·K)；轻砂浆砌筑的黏土砖砌体导热系数可采用 $\lambda=0.70$W/(m·K)，蓄热系数可采用 $S=9.47$W/(m²·K)。

④ 在表 4.2-11 中比热容 C 的单位为法定单位。但在实际计算中比热容 C 的单位应取 W·h/(kg·K)，因此，表中数值应乘以换算系数 0.2778。

⑤ 在表 4.2-11 中带 * 号者为测定值，试验温度为 20℃左右，未扣除两侧边界层蒸汽渗透阻的影响。

2. 导热系数 λ 及蓄热系数 S 的修正系数 a 值，见表 4.2-12。

导热系数 λ 及蓄热系数 S 的修正系数 a 值 **表 4.2-12**

序 号	材料、构造、施工、地区及使用情况	a
1	作为夹芯层浇筑在混凝土墙体及屋面构件中的块状多孔保温材料(如加气混凝土、泡沫混凝土及水泥膨胀珍珠岩等)，因干燥缓慢及灰缝影响	1.60
2	铺设在密闭屋面中的多孔保温材料(如加气混凝土、泡沫混凝土、水泥膨胀珍珠岩、石灰炉渣等)，因干燥缓慢	1.50
3	铺设在密闭屋面中及作为夹芯层浇筑在混凝土构件中的半硬质矿棉、岩棉、玻璃棉板等，因压缩及吸湿	1.20
4	作为夹芯层浇筑在混凝土构件中的泡沫塑料等，因压缩	1.20
5	开孔型保温材料(如水泥刨花板、木丝板、稻草板等)，表面抹灰或与混凝土浇筑在一起，因灰浆掺入	1.30
6	加气混凝土、泡沫混凝土砌块墙体及加气混凝土条板墙体、屋面，因灰缝影响	1.25
7	填充在空心墙体及屋面构件中的松散保温材料(如稻壳、木屑、矿棉、岩棉等)，因下沉	1.20
8	矿渣混凝土、炉渣混凝土、浮石混凝土、粉煤灰陶粒混凝土、加气混凝土等实心墙体及屋面构件，在严寒地区，且在室内平均相对湿度超过65%的供暖房间内使用，因干燥缓慢	1.15
9	聚苯乙烯挤塑板屋面保温隔热及聚苯乙烯挤塑板外墙外保温技术体系	1.05

续表

序号	材料、构造、施工、地区及使用情况	a
10	EPS(聚苯乙烯泡沫塑料)薄抹灰、胶粉 EPS(聚苯乙烯泡沫塑料)颗粒外墙外保温技术体系	1.10
11	EPS(聚苯乙烯泡沫塑料)板现浇混凝土外墙外保温系统	1.20
12	EPS(聚苯乙烯泡沫塑料)钢丝网架板现浇混凝土外墙外保温系统	1.30
13	聚氨酯硬泡沫屋面保温、外墙外保温系统	1.05

3. 多种材料围护结构平均传热阻修正系数 φ 值，见表 4.2-13。

多种材料围护结构平均传热阻修正系数 φ 值 **表 4.2-13**

λ_2/λ_1或$\frac{\lambda_2+\lambda_3}{2}/\lambda_1$	φ	λ_2/λ_1或$\frac{\lambda_2+\lambda_3}{2}/\lambda_1$	φ
0.09～0.19	0.86	0.40～0.69	0.96
0.20～0.39	0.93	0.70～0.99	0.98

注：① 当围护结构由两种材料组成时，λ_2 应取较小值，λ_1 应取较大值，然后求得两者的比值。

② 当围护结构由三种材料组成，或有两种厚度不同的空气间层时，φ 值可按比值$\frac{\lambda_2+\lambda_3}{2}/\lambda_1$确定。

③ 当围护结构中存在圆孔时，应先将圆孔折算成同面积的方孔，然后再按上述规定计算。

4. 常用薄片材料和涂层的蒸汽渗透阻 H 值，见表 4.2-14。

常用薄片材料和涂层的蒸汽渗透阻 H 值 **表 4.2-14**

序号	材料及涂层名称	厚度(mm)	H(m²·h·Pa/g)
1	普通纸板	1	16.0
2	石膏板	8	120.0
3	硬质木纤维板	8	106.7
4	软质木纤维板	10	53.3
5	三层胶合板	3	226.6
6	石棉水泥板	6	266.6
7	热沥青一道	2	266.6
8	热沥青二道	4	480.0
9	乳化沥青二道	—	520.0
10	偏氯乙烯二道	—	1239.0
11	环氧煤焦油二道	—	3733.0
12	油漆二道(先做没灰嵌缝、上底漆)	—	639.9
13	聚氯乙烯涂层二道	—	3866.3
14	氯丁橡胶涂层二道	—	3466.3
15	玛琋脂涂层一道	—	599.9
16	沥青玛琋脂涂层一道	—	639.9
17	沥青玛琋脂涂层二道	—	1079.9
18	石油沥青油毡	1.5	1106.6
19	石油沥青油纸	0.4	293.3
20	聚乙烯薄膜	0.16	733.3

4.2.3 围护结构热工基本数据

1. 普通烧结砖、空心砖外墙的热工参数，见表 4.2-15～表 4.2-18。

普通砖外墙在各种厚度下的总热阻值 R_0（$m^2 \cdot K/W$）和热惰性指标 D 值 **表 4.2-15**

墙厚(mm)	无抹灰			单面抹灰			双面抹灰			备注
	R_0	D	$t_{e,c}$类型	R_0	D	$t_{e,c}$类型	R_0	D	$t_{e,c}$类型	
120	0.299	1.56	Ⅳ	0.321	1.81	Ⅲ	0.344	2.06	Ⅲ	
180	0.372	2.34	Ⅲ	0.395	2.59	Ⅲ	0.418	2.84	Ⅲ	砖墙构造层次：
240	0.446	3.12	Ⅲ	0.469	3.37	Ⅲ	0.492	3.62	Ⅲ	1. 水泥砂浆 20mm
370	0.607	4.81	Ⅱ	0.630	5.06	Ⅱ	0.653	5.31	Ⅱ	2. 普通烧结砖
490	0.755	6.37	Ⅰ	0.778	6.62	Ⅰ	0.801	6.87	Ⅰ	3. 水泥砂浆 20mm
620	0.915	8.06	Ⅰ	0.938	8.31	Ⅰ	0.961	8.56	Ⅰ	

空心砖外墙在各种厚度下的总热阻值 R_0（$m^2 \cdot K/W$）和热惰性指标 D 值 **表 4.2-16**

墙厚(mm)	无抹灰			单面抹灰			双面抹灰			备注
	R_0	D	$t_{e,c}$类型	R_0	D	$t_{e,c}$类型	R_0	D	$t_{e,c}$类型	
120	0.357	1.56	Ⅳ	0.380	1.80	Ⅲ	0.403	2.05	Ⅲ	
180	0.460	2.33	Ⅲ	0.483	2.58	Ⅲ	0.506	2.83	Ⅲ	砖墙构造层次：
240	0.564	3.11	Ⅲ	0.587	3.36	Ⅲ	0.610	3.61	Ⅲ	1. 水泥砂浆 20mm
370	0.788	4.80	Ⅱ	0.811	5.05	Ⅱ	0.834	5.29	Ⅱ	2. 空心砖
490	0.995	6.35	Ⅰ	1.018	6.60	Ⅰ	1.041	6.85	Ⅰ	3. 水泥砂浆 20mm
620	1.219	8.04	Ⅰ	1.242	8.27	Ⅰ	1.256	8.54	Ⅰ	

多孔砖、空心砖的当量导热系数 **表 4.2-17**

砖型	尺寸(mm)	密度(kg/m^3)	孔洞率(%)	当量导热系数[W/(m·K)]
36 孔横式交错孔砖	240×115×115	1106	30.1	0.454
25 孔人字形孔砖	240×115×115	1197	30	0.61
22 孔长条孔砖	240×115×115	1269	25.3	0.682
20 孔圆形孔砖	—	1367	26.2	0.58
3 孔方形孔砖	240×240×115	824	52	0.672
13 孔长形孔砖	240×240×115	1015	40.3	0.59
21 孔横竖交错孔砖	190×90×90	1280	29	0.30
33 孔横竖交错孔砖	190×140×90	1200	33	0.38
25 孔横竖交错孔砖	190×190×90	1099	35.4	0.51

多孔砖、空心砖墙体热工性能 **表 4.2-18**

砖类	序号	砖型	尺寸(mm)	墙厚(mm)	热阻 R ($m^2 \cdot K/W$)	传热系数 K_0 ($W/m^2 \cdot K$)	热惰性指标 D	孔洞率(%)
多孔砖	1	36 孔横式交错	240×115×115	240	0.572	1.385	3.48	30.1
	2	36 孔横式交错	240×115×115	370	0.703	1.17	4.73	30.1
	3	25 孔人字形	240×115×115	240	0.445	1.65	3.52	30
	4	25 孔人字形	240×115×115	370	0.64	1.27	5.18	30
	5	22 孔长条孔	240×115×115	370	0.51	1.52	4.25	25.3
	6	20 孔圆形	240×240×115	370	0.499	1.54	4.13	26.2
空心砖	7	3 孔方形	240×240×115	115	0.301	2.22	2.33	52
	8	3 孔方形	240×240×115	240	0.517	1.50	3.57	52
	9	3 孔方形	240×240×115	370	0.635	1.274	4.86	52
	10	3 孔方形	240×240×115	370	0.530	1.47	4.29	52
	11	3 孔方形	240×240×115	240	0.428	2.34	3.37	52
	12	13 孔长形孔	240×240×115	370	0.700	1.18	5.36	40.3

续表

砖类	序号	砖型	尺寸(mm)	墙厚(mm)	热阻 R $(m^2 \cdot K/W)$	传热系数 K_0 $(W/m^2 \cdot K)$	热惰性指标 D	孔洞率(%)
模数砖	13	21孔横竖交错	190×190×90	90	0.297	2.237	1.93	29
	14	33孔横竖交错	190×140×90	140	0.304	2.203	2.31	33
	15	33孔横竖交错	190×140×90	190	0.377	1.896	3.14	33
	16	25孔横竖交错	190×190×90	190	0.371	1.92	3.08	35.4
	17	21孔	190×90×90	190	0.411	1.783	3.32	29
	18	21孔+33孔	190×90×90 190×140×90	240	0.466	1.623	3.42	
	19	21孔3块组合	190×90×90	290	0.513	1.508	3.87	
	20	21孔2块与33孔1块组合	190×90×90 190×140×90	340	0.551	1.427	4.02	

注：墙体为多孔砖、空心砖水泥砂浆两面抹灰20mm。

2. 加气混凝土及墙体的热工参数，见表4.2-19。

加气混凝土的热工参数 **表4.2-19**

热物理参数	材料密度											
	500kg/m³				600kg/m³				700kg/m³			
含水率(%)	0	6	12	18	0	6	12	18	0	6	12	18
导热系数 λ (W/m·K)	0.14	0.19	0.22	0.28	0.16	0.20	0.25	0.30	0.17	0.22	0.27	0.31
比热 c (kJ/kg·K)	0.92	1.09	1.26	1.42	1.92	1.09	1.26	1.42	0.92	1.09	1.26	1.42
导温系数 α (m^2/h)	0.0010	0.0012	0.0013	0.001	0.0011	0.0011	0.0012	0.0013	0.0009	0.0010	0.0011	0.0011
蓄热系数 S_{st} $(W/m^2 \cdot K)$	2.06	2.73	3.24	3.79	2.41	3.12	3.69	4.28	2.76	3.49	4.12	4.76
蒸汽渗透系数 (g/m·h·Pa)	2.18×104				1.73×104				1.20×104			

加气混凝土墙体厚度(mm)

热工性能	50	60	70	80	90	100	125	150	175	200	225	250	275	300	325
热阻 R $(m^2 \cdot K/W)$	0.227	0.273	0.318	0.364	0.409	0.455	0.568	0.682	0.795	0.909	1.023	1.136	1.250	1.361	1.477
热惰性指标 D	0.81	0.97	1.13	1.29	1.46	1.62	2.02	2.43	2.83	3.24	3.64	4.05	4.45	4.85	5.26

3. 普通混凝土砌块与轻混凝土砌块的热工参数

混凝土砌块的热工参数取决于原材料、混凝土配合比、规格尺寸、孔型和孔结构、生产工艺等。目前，我国生产使用的混凝土砌块的热工参数见表4.2-20。

4. 玻璃纤维增强水泥芯板（GRC板）热工参数

玻璃纤维增强水泥芯板（GRC板）板材的热工性能等，根据国家建材行业标准JC 666—1997，GRC板产品的技术指标，见表4.2-21。

几种混凝土砌块的导热系数　　表 4.2-20

砌块种类	孔结构	当量导热系数[W/(m·K)]
普通混凝土砌块	单排孔	1.12
	双排孔	0.86～0.91
	三排孔	0.62～0.65
水泥煤渣混凝土砌块	单排孔	0.68
	双排孔	0.52
水泥煤矸石混凝土砌块	单排孔	0.47
	双排孔	0.37～0.39
火山渣混凝土砌块	单排孔	0.44
	多排孔	0.32～0.35
浮石混凝土砌块	单排孔	0.41
	多排孔	0.28～0.40
轻骨料陶粒混凝土砌块	单排孔	0.46
	多排孔	0.36～0.40

玻璃纤维增强水泥芯板（GRC板）板材的热工性能　　表 4.2-21

板材厚度(mm)	含水率(%)	导热系数 λ (W/m·K)	热阻 R_0 (m^2·K/W)	传热系数 K_0 (W/m^2·K)	蓄热系数 S [W/(m^2·K)]	热惰性指标 D
60	≤10	0.686	0.087	4.219	7.37	0.641
90	≤10	0.635	0.142	3.426	7.51.	1.066
120	≤10	0.617	0.194	2.907	7.75	1.504

5. 彩色钢板保温隔热夹芯板材的热工参数

彩色钢板保温隔热夹芯板的传热阻、传热系数、热惰性指标等，见表 4.2-22。

彩色钢板保温隔热夹芯板材的热工性能　　表 4.2-22

夹芯材料种类	厚度(mm)	热阻 R_0 (m^2·K/W)	传热系数 K_0 (W/m^2·K)	热惰性指标 D
岩棉 玻璃棉	50	1.111	0.793	0.833
	75	1.667	0.551	1.250
	100	2.222	0.422	1.667
	125	2.778	0.342	2.084
	150	3.333	0.287	2.500
聚苯乙烯 泡沫塑料	50	1.163	0.763	0.419
	75	1.744	0.529	0.628
	100	2.328	0.404	0.837
	125	2.907	0.327	1.047
	150	3.488	0.275	1.256
	200	4.651	0.208	1.675

6. 钢丝网架夹芯板的热工参数

对钢丝网架夹芯板性能产生影响的因素还有吸水性、尺寸稳定性、水蒸气透湿系数、蓄热系数和耐温性等，见表 4.2-23。

钢丝网架夹芯板保温隔热夹芯板材的热工性能 表 4.2-23

夹芯材料种类	芯材厚度(mm)	两面抹25mm水泥砂浆的总板厚	热阻 R_0 ($m^2 \cdot K/W$)	传热系数 K_0 [$W/(m^2 \cdot K)$]	热惰性指标 D	水蒸气透湿系数 [$ng/(Pa \cdot m \cdot s)$]
岩棉板(GSY板)	50	100	0.96	0.90	1.28	<13.6
	60	110	1.12	0.79	1.40	
	80	130	1.46	0.62	1.66	
	100	150	1.71	0.54	1.84	
聚苯乙烯泡沫塑料(GSJ板)	50	100	1.01	0.86	0.94	<4.5
	60	110	1.17	0.76	1.00	
	80	130	1.50	0.61	1.12	
	100	150	1.82	0.51	1.2	

4.2.4 常用外围护结构的热工指标

1. 外墙的热工指标（表4.2-24至表4.2-26）

普通外墙热工指标（$\alpha_e=23.26$，$\alpha_i=8.72$） 表 4.2-24

外墙	普通外墙构造	构造	δ	R_0	K_0	ν_0	ξ_0	ν_i	ξ_i	$\sum D$	冬季 $t_{e,c}$ 类型
		1	2	3	4	5	6	7	8	9	10
普通砖外墙	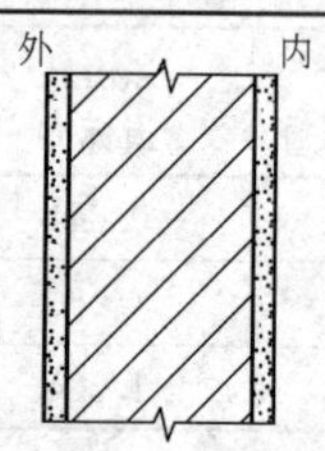	1. 20水泥砂浆 2. 240砖墙 3. 20水泥砂浆	120	0.44	2.91	5.07	5.10	2.08	1.64	2.052	Ⅱ
			180	0.418	2.39	8.81	7.21	2.08	1.64	2.830	Ⅱ
			240	0.493	2.03	15.29	9.31	2.08	1.64	3.612	Ⅱ
			370	0.653	1.53	50.51	13.88	2.08	1.64	5.302	Ⅱ
			490	0.801	1.25	152.22	18.09	2.08	1.64	6.862	Ⅰ
			620	0.961	1.04	502.86	22.65	2.08	1.64	8.552	Ⅰ
		普通砖 $\lambda=0.81, S=10.53, \rho=1800$									
多孔砖外墙	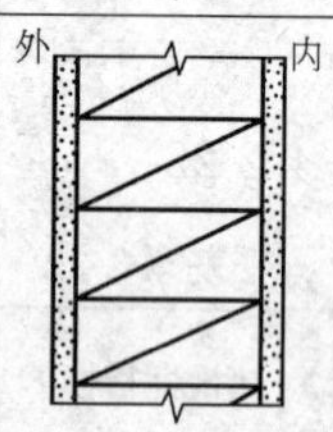	1. 20水泥砂浆 2. 240多孔砖 3. 20水泥砂浆	120	0.405	2.47	5.38	4.81	1.87	1.48	2.054	Ⅲ
			180	0.508	1.97	9.33	6.91	1.87	1.48	2.832	Ⅲ
			240	0.612	1.63	16.18	9.01	1.87	1.48	3.610	Ⅲ
			370	0.836	1.20	53.28	13.56	1.87	1.48	5.300	Ⅱ
			490	1.043	0.96	160.08	17.76	1.87	1.48	6.581	Ⅰ
			620	1.267	0.79	527.16	22.31	1.87	1.48	8.537	Ⅰ
		空心砖 $\bar{\lambda}=0.58, S=7.52, \rho=1400$									
钢筋混凝土剪力墙	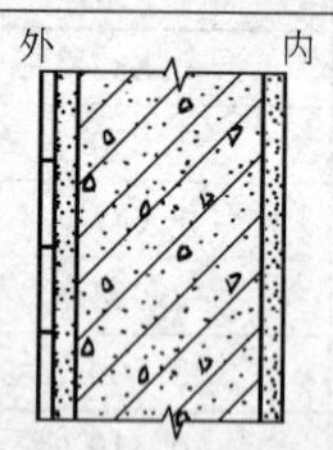	1. 面砖 2. 水泥砂浆 3. 钢筋混凝土 4. 内粉刷	400	0.45	2.22	32.90	12.19	2.46	1.86	4.57	Ⅱ
			350	0.42	2.38	23.19	10.85	2.46	1.86	4.08	Ⅲ
			300	0.35	2.56	16.35	9.52	2.46	1.86	3.59	Ⅲ
			250	0.36	2.78	11.53	8.18	2.46	1.86	3.09	Ⅲ
			200	0.33	3.03	8.13	6.85	2.46	1.86	2.60	Ⅲ

保温外墙热工指标（$\alpha_e=23.26$，$\alpha_i=8.72$） 表 4.2-25

序号	保温外墙构造	构造	保温材料	δ	R_0	K_0	ν_0	ξ_0	ν_i	ξ_i	$\sum D$	冬季 $t_{e,c}$ 类型
1	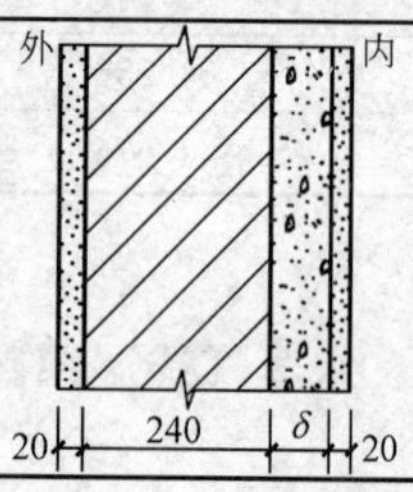	1. 水泥砂浆 2. 240砖墙 3. 保温材料 4. 水泥砂浆	加气混凝土	250	1.40	0.71	313.62	19.85	1.64	1.24	7.66	Ⅰ
				190	1.18	0.85	157.85	17.23	1.64	1.24	6.69	Ⅰ
				150	1.04	0.96	99.88	15.48	1.64	1.24	6.05	Ⅰ
				120	0.93	1.08	70.86	14.17	1.64	1.24	5.56	Ⅱ
				90	0.82	1.22	50.27	12.86	1.64	1.24	5.07	Ⅱ
				70	0.75	1.33	39.99	11.99	1.64	1.24	4.75	Ⅱ

续表

序号	保温外墙构造	构造	保温材料	δ	R_0	K_0	ν_0	ξ_0	ν_i	ξ_i	ΣD	冬季 $t_{e,c}$ 类型
1	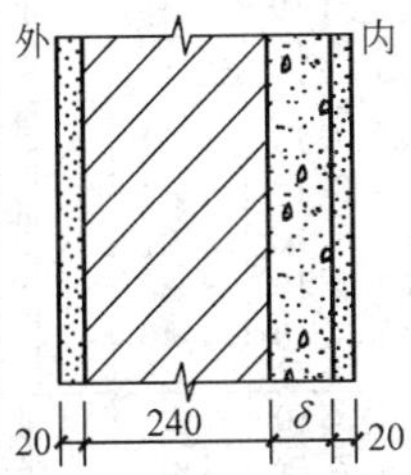	1. 水泥砂浆 2. 240 砖墙 3. 保温材料 4. 水泥砂浆	水泥膨胀珍珠岩	140	1.19	0.84	93.16	14.33	1.51	1.09	5.68	Ⅱ
				110	1.04	0.96	68.21	13.14	1.51	1.09	5.23	Ⅱ
				80	0.89	1.12	49.93	11.95	1.51	1.09	4.79	Ⅱ
				60	0.79	1.27	39.82	11.18	1.52	1.11	4.50	Ⅱ
				50	0.74	1.35	34.93	10.82	1.55	1.15	4.35	Ⅱ
				40	0.69	1.45	30.45	10.47	1.59	1.20	4.21	Ⅱ
			沥青膨胀珍珠岩	160	1.83	0.55	214.91	16.89	1.45	1.01	6.65	Ⅰ
				110	1.41	0.71	109.78	14.33	1.45	1.01	5.70	Ⅱ
				80	1.16	0.86	73.36	12.79	1.45	1.01	5.13	Ⅱ
				65	1.03	0.97	59.97	12.02	1.45	1.01	4.85	Ⅱ
				50	0.91	1.10	48.54	11.26	1.45	1.02	4.56	Ⅱ
				40	0.83	1.20	40.59	10.79	1.49	1.06	4.37	Ⅱ
2	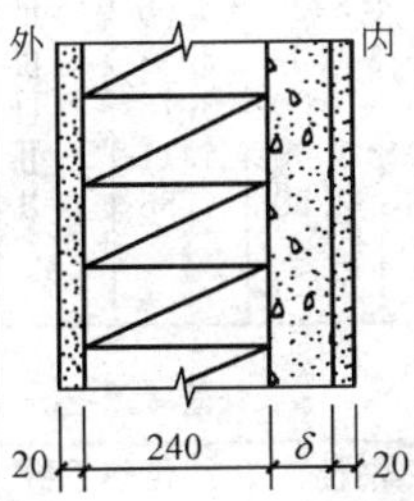	1. 水泥砂浆 2. 240 多孔砖 3. 保温材料 4. 水泥砂浆	EPS 板	20	1.13	0.885	66.08	8.50	2.51	2.50	3.99	Ⅲ
				30	1.38	0.725	93.63	8.50	2.50	2.50	4.08	Ⅱ
				40	1.66	0.604	119.41	8.55	2.49	2.45	4.18	Ⅱ
				50	1.88	0.532	138.44	8.55	2.48	2.48	4.26	Ⅱ
				60	2.13	0.470	160.08	8.55	2.47	2.45	4.35	Ⅱ
				70	2.38	0..420	179.65	8.55	2.47	2.45	4.44	Ⅱ
			胶粉 EPS 颗粒浆料	20	0.98	1.02	51.05	11.40	2.50	2.50	4.11	Ⅱ
				30	1.13	0.88	67.13	11.45	2.50	2.50	4.25	Ⅱ
				40	1.29	0.77	85.95	11.50	2.51	2.50	4.39	Ⅱ
				50	1.46	0.68	106.56	11.50	2.50	2.50	4.52	Ⅱ
				60	1.63	0.61	127.4	11.50	2.50	2.50	4.68	Ⅱ
				70	1.80	0.557	147.49	11.50	2.50	2.50	4.82	Ⅱ
3	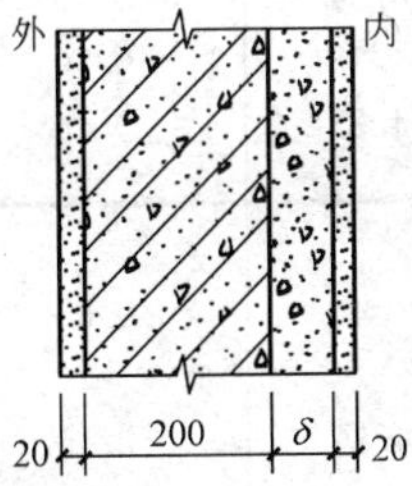	1. 水泥砂浆 2. 200 钢筋混凝土剪力墙 3. 保温材料 4. 水泥砂浆	EPS 板	20	0.83	1.204	36.95	8.40	3.51	3.05	2.71	Ⅲ
				30	1.08	0.925	50.97	8.40	2.50	3.00	2.80	Ⅲ
				40	1.33	0.751	64.35	8.45	3.56	3.00	2.89	Ⅲ
				50	1.58	0.633	77.08	8.45	3.56	3.00	2.98	Ⅲ
				60	1.83	0.546	89.22	8.45	3.57	3.00	3.07	Ⅲ
				70	2.08	0.481	100.75	8.45	3.57	3.00	3.16	Ⅲ
			胶粉 EPS 颗粒浆料	20	0.66	1.51	27.40	8.50	3.48	3.00	2.82	Ⅲ
				30	0.83	1.20	37.19	8.50	3.52	3.00	2.96	Ⅲ
				40	0.996	1.00	46.44	8.55	3.52	3.00	3.09	Ⅲ
				50	1.16	0.86	56.20	8.55	3.57	3.00	3.25	Ⅲ
				60	1.33	0.752	65.16	8.55	3.58	3.00	3.38	Ⅲ
				70	1.50	0.668	74.84	8.55	3.59	3.00	3.53	Ⅲ
4	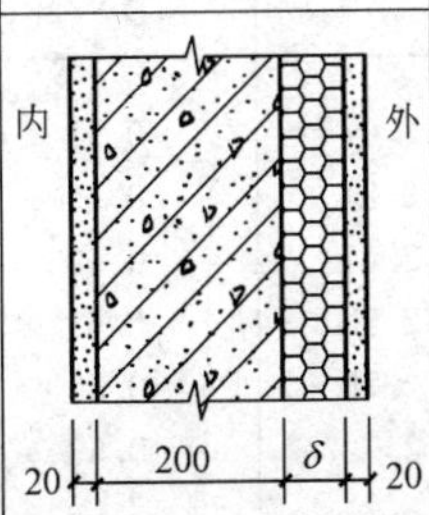	1. 水泥砂浆 2. 200 钢筋混凝土剪力墙 3. 保温材料 4. 水泥砂浆	聚氨酯硬泡塑料	30	1.48	0.68	72.50	8.45	3.56	3.00	2.91	Ⅲ
				40	1.81	0.55	88.45	8.45	3.57	3.00	3.02	Ⅲ
				50	2.18	0.46	105.06	8.50	3.57	3.00	3.14	Ⅲ
				60	2.55	0.39	121.78	8.55	3.58	3.00	3.26	Ⅲ
				70	2.92	0.34	137.18	8.55	3.58	3.00	3.38	Ⅲ

续表

序号	保温外墙构造	构造	保温材料	δ	R_0	K_0	ν_0	ξ_0	ν_i	ξ_i	$\sum D$	冬季 $t_{e,c}$ 类型
5	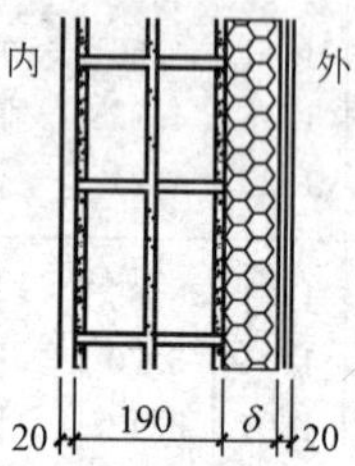	1. 水泥砂浆 2. 190 双排孔混凝土空心砌块 3. 保温材料 4. 水泥砂浆	EPS板	20	0.92	1.092	16.37	6.10	2.14	3.10	2.83	Ⅲ
				30	1.16	0.862	21.93	6.15	2.21	3.10	2.86	Ⅲ
				40	1.42	0.706	28.15	6.35	2.22	3.10	3.00	Ⅲ
				50	1.67	0.600	34.08	6.40	2.23	3.10	3.10	Ⅲ
				60	1.92	0.522	40.02	6.45	2.31	3.10	3.19	Ⅲ
				70	2.14	0.467	45.39	6.45	2.33	3.10	3.27	Ⅲ
			聚氨酯硬泡塑料	30	1.53	0.66	30.65	6.35	2.27	3.10	3.01	Ⅲ
				40	1.90	0.53	39.70	6.45	2.32	3.10	3.14	Ⅲ
				50	2.27	0.44	49.08	6.55	2.35	3.10	3.27	Ⅲ
				60	2.64	0.38	57.63	7.05	2.36	3.10	3.38	Ⅲ
				70	3.01	0.33	66.44	7.10	2.37	3.10	3.40	Ⅲ
												Ⅲ
			胶粉EPS颗粒浆料	20	0.75	1.34	12.59	6.05	2.06	3.10	2.94	Ⅲ
				30	0.92	1.09	16.43	6.20	2.14	3.10	3.07	Ⅲ
				40	1.08	0.92	20.65	6.40	2.22	3.10	3.22	Ⅲ
				50	1.25	0.80	24.80	6.50	2.26	3.10	3.37	Ⅲ
				60	1.42	0.71	29.05	7.05	2.30	3.10	3.51	Ⅲ
				70	1.58	0.63	33.42	7.20	2.32	3.10	3.65	Ⅲ
6	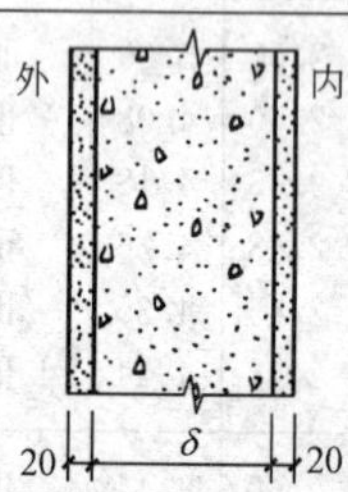	1. 水泥砂浆 2. 加气混凝土 3. 水泥砂浆	加气混凝土填充墙	150	0.82	1.23	10.38	5.35	1.63	3.00	2.70	Ⅲ
				175	0.92	1.09	13.09	6.30	1.72	3.00	3.06	Ⅲ
				200	1.02	0.98	16.57	7.25	1.80	3.00	3.42	Ⅲ
				225	1.12	0.90	21.03	8.20	1.86	3.00	3.78	Ⅲ
				250	1.21	0.83	26.23	9.10	1.90	3.00	4.11	Ⅱ
				300	1.42	0.71	43.31	11.05	1.93	2.50	4.86	Ⅱ

保温外墙热工指标（$\alpha_e=23.26$，$\alpha_i=8.72$） **表 4.2-26**

序号	外墙构造简图	层次及材料	保温层厚度 δ(mm)	热阻 R ($m^2\cdot K/W$)	热惰性指标 D	传热系数 [$W/(m^2\cdot K)$]
1	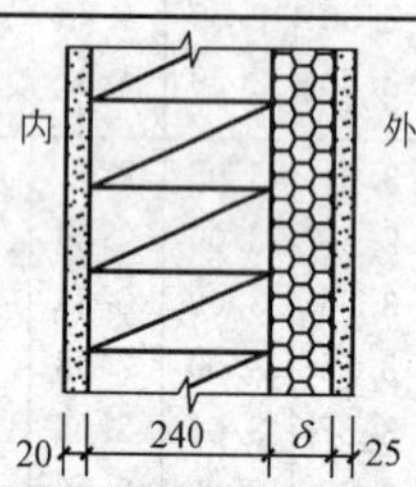	20 混合砂浆 240 多孔砖 EPS 板 25 专用砂浆保护层	30	1.04	3.78	0.84
			40	1.24	3.86	0.72
			50	1.44	3.95	0.63
			60	1.64	4.04	0.56
			70	1.84	4.12	0.50
			80	2.04	4.21	0.46
2	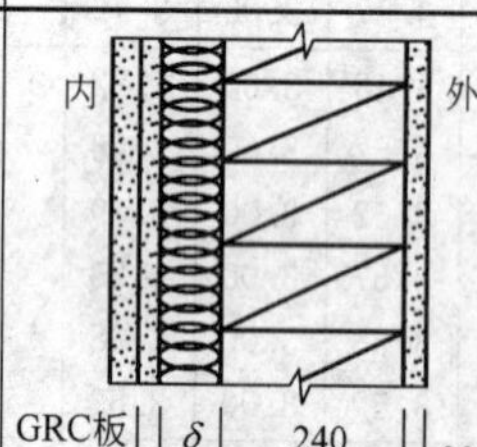	20 混合砂浆 240 多孔砖 岩棉或玻璃棉板 空气层 GRC 外挂板	50	1.53	4.40	0.60
			80	2.08	4.89	0.45
			100	2.45	5.23	0.38
3	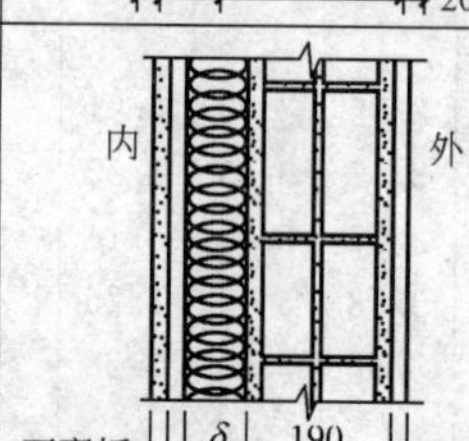	20 混合砂浆 190 混凝土砌块 岩棉或玻璃棉板 空气层 12 石膏板	30	0.93	2.07	0.93
			40	1.12	2.24	0.79
			50	1.30	2.41	0.69
			60	1.49	2.58	0.61
			70	1.67	2.75	0.55
			80	1.85	2.92	0.50

续表

序号	外墙构造简图	层次及材料	保温层厚度 δ(mm)	热阻 R $(m^2 \cdot K/W)$	热惰性 指标 D	传热系数 $[W/(m^2 \cdot K)]$
4	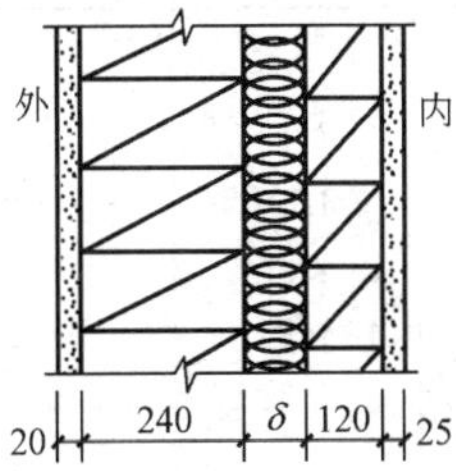	20 混合砂浆 240 多孔砖 岩棉或玻璃棉板 120 多孔砖 25 水泥砂浆	30 40 50 60 70 80	1.01 1.12 1.26 1.34 1.45 1.52	5.74 5.85 5.96 6.06 6.17 6.27	0.82 0.77 0.72 0.67 0.62 0.57
5	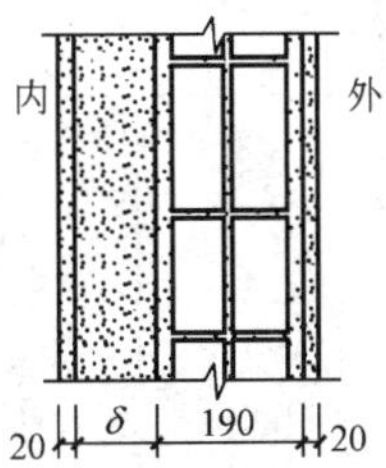	20 混合砂浆 190 混凝土砌块 加气混凝土 20 水泥砂浆	125 150 175 200	0.75 0.85 0.95 1.05	3.88 4.25 4.63 5.00	1.11 1.04 0.94 0.86
6	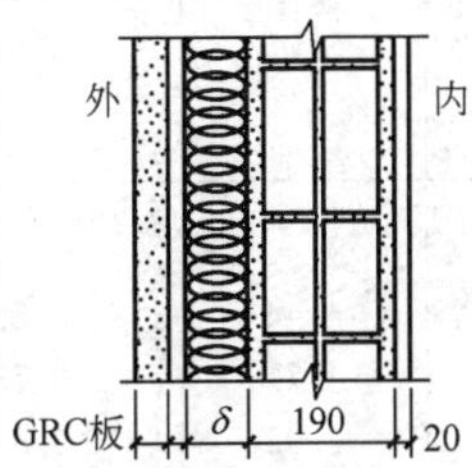	20 混合砂浆 190 混凝土砌块 岩棉或玻璃棉板 空气层 GRC 外挂板	50 80 100	1.33 1.88 2.25	2.72 3.21 3.55	0.68 0.49 0.42
7	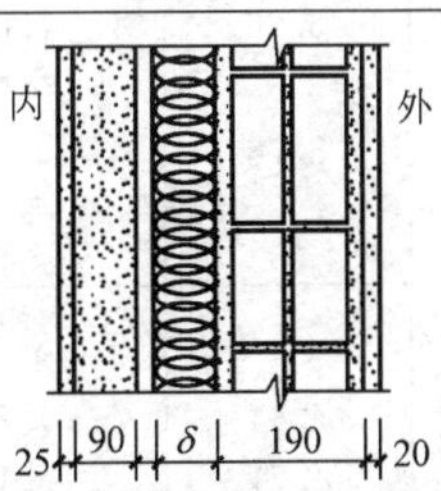	20 混合砂浆 190 混凝土砌块 岩棉或玻璃棉板 空气层 90 混凝土砌块 25 水泥砂浆	30 40 50 60 70 80 100	1.19 1.37 1.56 1.74 1.92 2.09 2.03	4.00 4.17 4.34 4.50 4.67 4.83 5.17	0.75 0.66 0.58 0.53 0.48 0.45 0.41
8	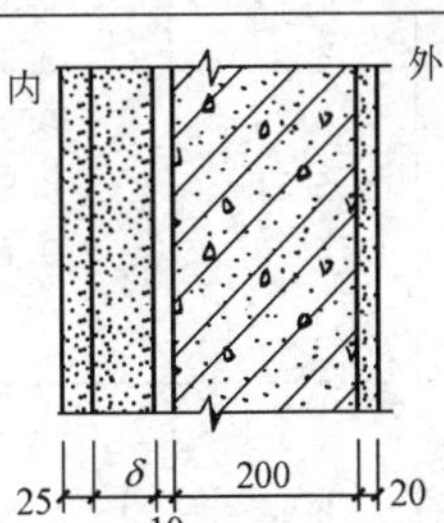	20 水泥砂浆 200 钢筋混凝土墙 10 厚空气层 泰柏板或舒乐舍板 25 水泥砂浆	40 50 54	0.93 1.09 1.16	2.77 2.86 2.89	0.93 0.81 0.76
9	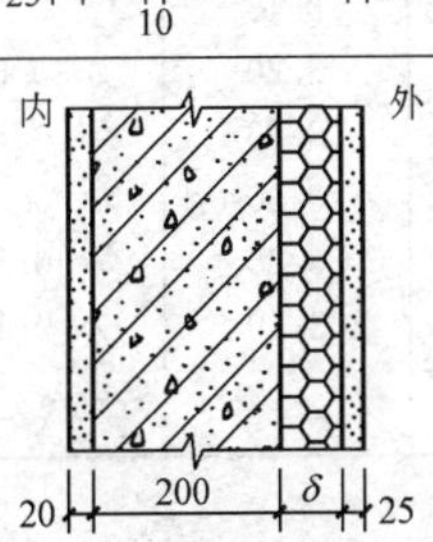	20 水泥砂浆 200 钢筋混凝土墙 聚氨酯硬泡沫 25 水泥砂浆保护层	30 40 50 60 70	1.29 1.63 2.03 2.40 2.77	2.84 2.94 3.06 3.16 3.27	0.69 0.56 0.46 0.39 0.34

续表

序号	外墙构造简图	层次及材料	保温层厚度 δ(mm)	热阻 R (m²·K/W)	热惰性指标 D	传热系数 [W/(m²·K)]
10	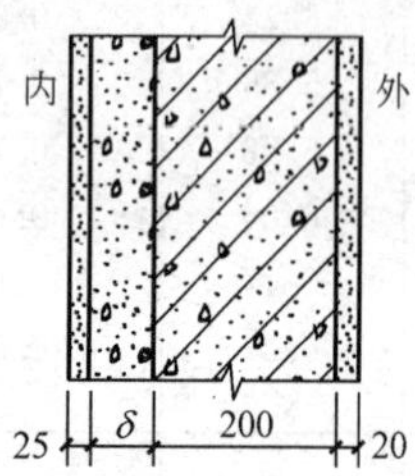	20 水泥砂浆 200 钢筋混凝土墙 加气混凝土 25 水泥砂浆	125 150 175 200	0.65 0.75 0.85 0.95	4.20 4.57 4.95 5.32	1.25 1.11 1.00 0.91
11	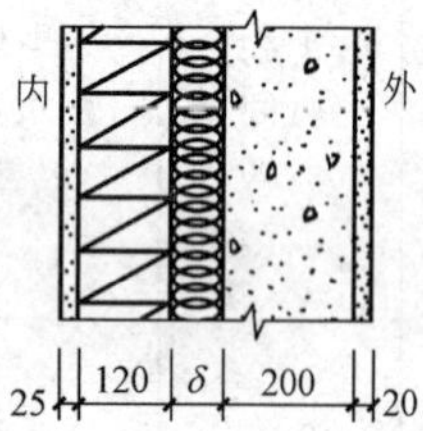	20 水泥砂浆 200 钢筋混凝土墙 岩棉或玻璃棉板 120 多孔砖 25 水泥砂浆	30 40 50 60 70 80	0.89 1.08 1.27 1.47 1.65 1.83	4.47 4.58 4.70 4.81 4.93 5.05	0.95 0.81 0.70 0.62 0.55 0.50
12	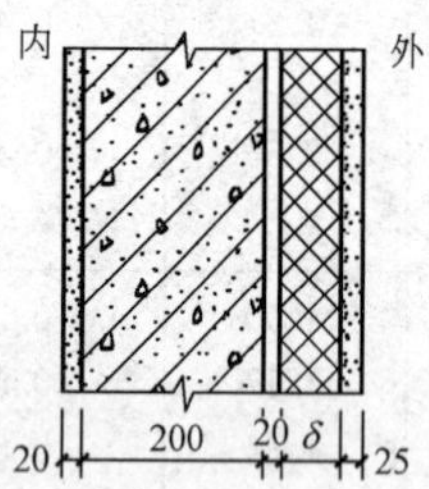	20 水泥砂浆 钢筋混凝土墙 20 水泥砂浆找平 EPS 挤塑板 25 专用砂浆保护层	25 30 35 40 45 50	0.95 1.13 1.29 1.46 1.61 1.77	4.44 4.71 4.93 5.26 5.51 5.76	0.89 0.78 0.69 0.62 0.56 0.50
13	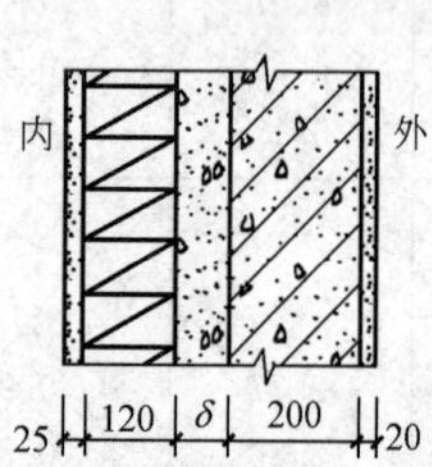	20 水泥砂浆 钢筋混凝土墙 膨胀珍珠岩板 120 多孔砖 25 水泥砂浆	30 40 50 60 70 80	0.64 0.75 0.85 0.96 1.06 1.17	4.44 4.71 4.93 5.26 5.51 5.76	1.25 1.10 0.99 0.89 0.82 0.75
14	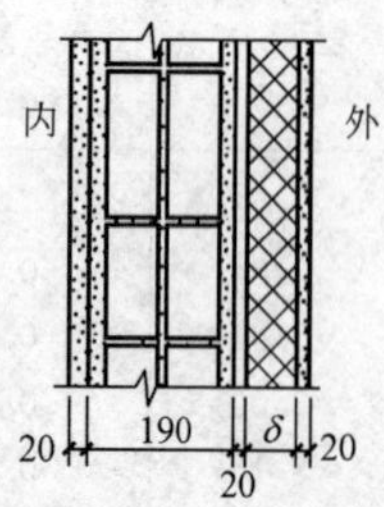	20 混合砂浆 190 混凝土砌块 20 水泥砂浆找平 EPS 挤塑板 20 水泥砂浆	25 30 35 40 45 50	1.13 1.30 1.46 1.64 1.81 1.98	3.15 3.20 3.25 3.30 3.35 3.40	0.78 0.69 0.61 0.56 0.51 0.47

2. 屋面的热工指标（表 4.2-27）

屋面热工指标（$\alpha_e=23.26$，$\alpha_i=8.72$） 表 4.2-27

序号	屋面构造简图	层次及材料	保温层厚度 δ(mm)	热阻 R ($m^2\cdot K/W$)	热惰性指标 D	传热系数 [$W/(m^2\cdot K)$]
1	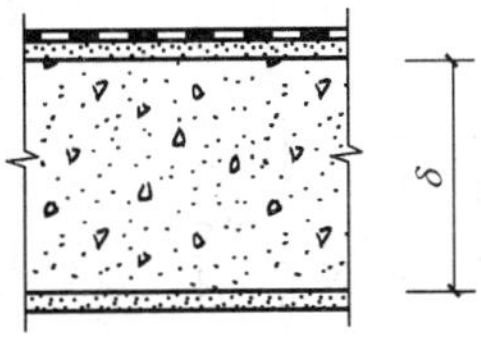	防水层 20 水泥砂浆找平 加气混凝土条板 25 水泥砂浆	200 250 300 350	0.93 1.14 1.35 1.57	3.43 4.17 4.93 5.65	0.93 0.77 0.66 0.59
2	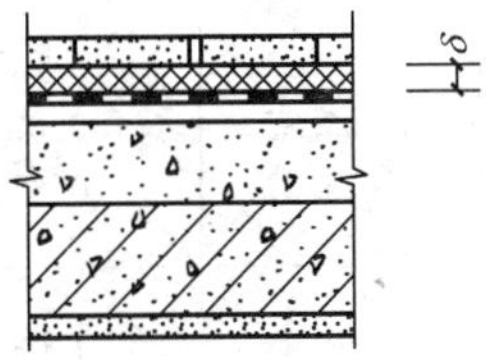	30 混凝土压顶板 EPS 板 防水层 20 水泥砂浆找平 100 水泥炉渣找坡(平均厚度) 120 钢筋混凝土 25 水泥砂浆	30 40 50 60 70	0.83 0.89 1.06 1.21 1.35	3.14 3.21 3.27 3.33 3.40	1.03 0.95 0.82 0.73 0.66
3	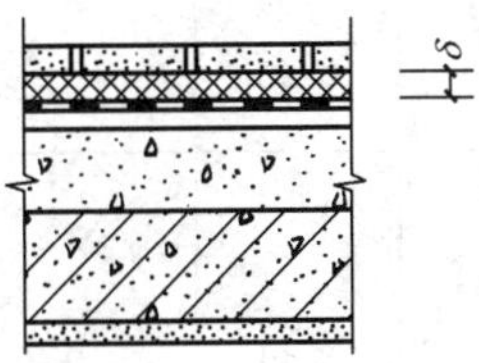	30 混凝土压顶板 EPS 挤塑板 防水层 20 水泥砂浆找平 100 水泥炉渣找坡(平均厚度) 120 钢筋混凝土 25 水泥砂浆	30 40 50 60 70	1.24 1.57 1.91 2.24 2.57	3.29 3.37 3.45 3.53 3.62	0.72 0.58 0.48 0.42 0.37
4	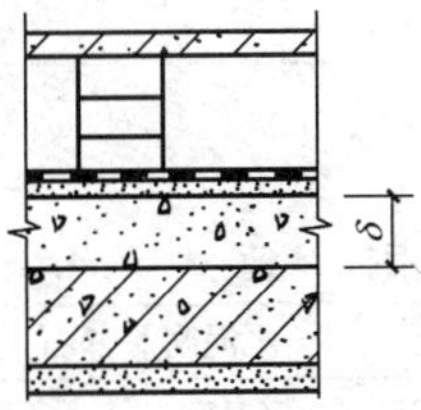	30 混凝土板 180 通风空气层 防水层 20 水泥砂浆找平 加气混凝土 120 钢筋混凝土 25 水泥砂浆	150 170 200 250 300	0.81 0.89 1.01 1.21 1.43	3.75 3.97 4.20 4.43 4.69	1.03 0.95 0.85 0.73 0.63
5	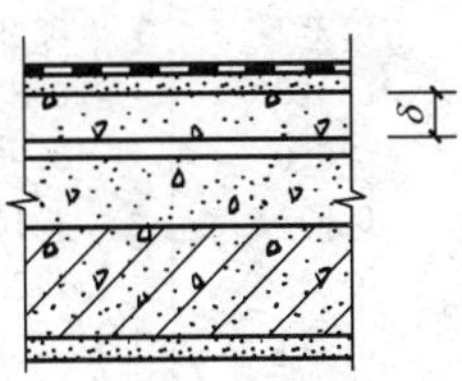	防水层 20 水泥砂浆找平 憎水珍珠岩板 20 水泥砂浆找平 100 水泥炉渣找坡(平均厚度) 120 钢筋混凝土 25 水泥砂浆	60 80 100 120 140 160	0.93 1.12 1.33 1.53 1.73 1.92	4.16 4.48 4.83 5.16 5.49 5.84	0.84 0.78 0.67 0.59 0.53 0.48
6	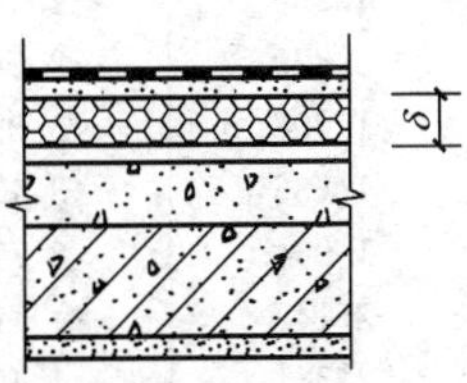	防水层 30 水泥砂浆找平 EPS 板 30 水泥砂浆找平 100 水泥炉渣找坡(平均厚度) 120 钢筋混凝土 25 水泥砂浆	50 60 70 80 90	1.16 1.32 1.48 1.64 1.81	3.61 3.69 3.77 3.87 3.95	0.76 0.68 0.61 0.56 0.51

续表

序号	屋面构造简图	层次及材料	保温层厚度 δ(mm)	热阻 R (m²·K/W)	热惰性指标 D	传热系数 [W/(m²·K)]
7	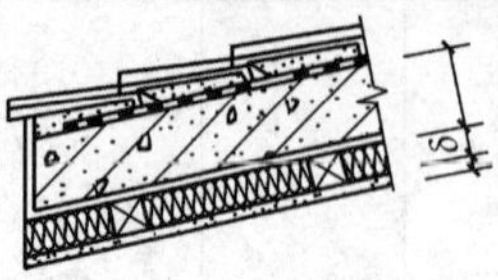	饰面瓦 20水泥砂浆找平 120钢筋混凝土 岩棉板 石膏板	50 60 70 80 90	1.03 1.20 1.37 1.53 1.70	2.90 3.08 3.27 3.45 3.63	0.84 0.74 0.66 0.59 0.54
8	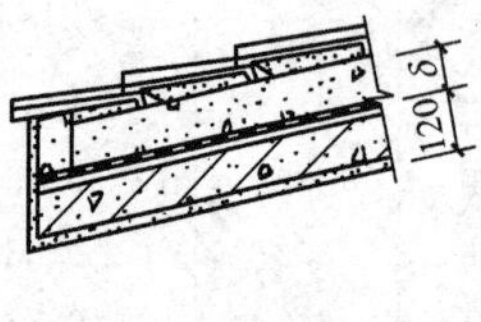	饰面瓦 20水泥砂浆找平 憎水珍珠岩板 20水泥砂浆找平 120钢筋混凝土 25水泥砂浆	50 60 70 80 90	0.90 1.05 1.19 1.33 1.48	2.88 3.04 3.21 3.35 3.51	0.94 0.83 0.74 0.67 0.61
9	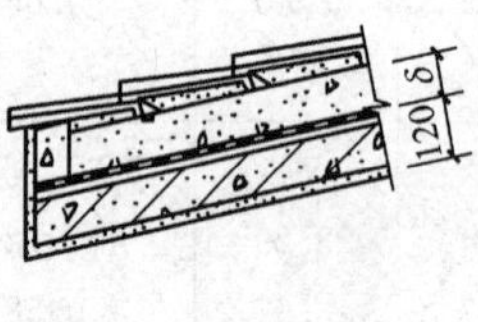	饰面瓦 20水泥砂浆找平 复合硅酸盐板 20水泥砂浆找平 120钢筋混凝土 25水泥砂浆	50 60 70 80 90	0.82 0.94 1.06 1.18 1.30	2.83 2.98 3.13 3.28 3.43	1.03 0.91 0.82 0.75 0.68
10	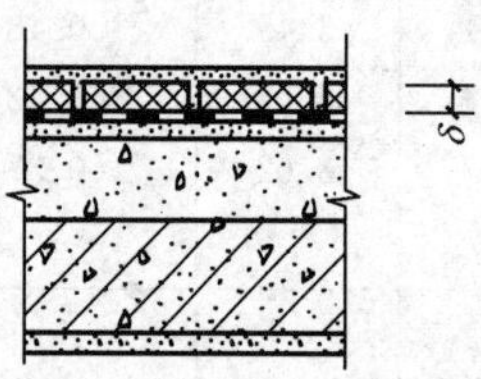	50屋面保温隔热砖 防水层 20水泥砂浆找平 100水泥炉渣找坡(平均厚度) 120钢筋混凝土 25水泥砂浆		0.99	3.55	0.87

3. 几种保温材料不同厚度下的热工参数，见表4.2-28。

几种保温材料不同厚度下的热阻 R (m²·K/W) 和热惰性指标 D 值　　表4.2-28

保温层厚度 (mm)	沥青膨胀珍珠岩		复合硅酸盐板		水泥膨胀蛭石	
	R(m²·K/W)	D	R(m²·K/W)	D	R(m²·K/W)	D
40	0.333	0.76	0.615	0.53	0.286	0.55
50	0.417	0.95	0.769	0.69	0.357	0.69
60	0.500	1.14	0.923	0.85	0.429	0.82
70	0.583	1.33	1.077	1.01	0.500	0.96
80	0.667	1.52	1.230	1.17	0.571	1.10
90	0.750	1.71	1.385	1.33	0.643	1.23
100	0.833	1.90	1.538	1.49	0.714	1.37
125	1.042	2.38	1.923	2.89	0.893	1.71
150	1.250	2.85	2.308	3.29	1.071	2.06
170	1.458	3.33	2.615	3.70	1.250	2.40
200	1.667	3.80	3.077	4.10	1.429	2.74
225	1.875	4.28	3.462	4.51	1.607	3.09
250	2.083	4.75	3.846	4.91	1.786	3.43
275	2.292	5.23	4.230	5.31	1.964	3.77
300	2.500	5.70	4.615	5.72	2.143	4.11
325	2.708	6.18	5.000	6.13	2.321	4.46
350	2.917	6.65	5.385	6.55	2.500	4.80

4.3 常用围护结构热工计算

4.3.1 传热阻、传热系数的计算

1. 单一材料层的热阻 R（W^2 · K/W），按下式计算。

$$R=\frac{d}{\lambda} \tag{4.3-1}$$

式中 d——材料层的厚度，m；

λ——该材料的导热系数，W/(m · K)，见图 4.3-1 所示。

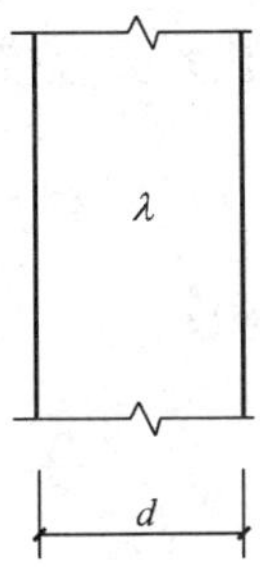

图 4.3-1

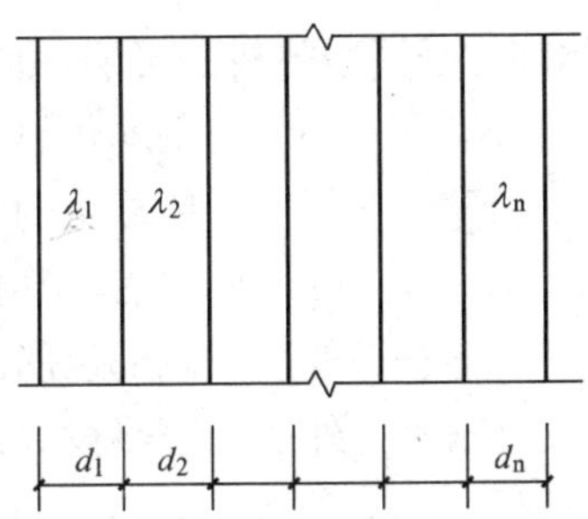

图 4.3-2

2. 组合材料层的热阻

在工程中，围护结构内部材料层常出现由二种以上的材料组成的组合材料层，如图 4.3-2 所示。其热阻可按以下公式加以确定。

$$R=R_1+R_2+\cdots\cdots+R_n=\frac{d_1}{\lambda_1}+\frac{d_2}{\lambda_2}+\cdots\cdots+\frac{d_n}{\lambda_n} \tag{4.3-2}$$

式中 R_1、R_2……R_n——各层材料热阻，m^2 · K/W；

d_1、d_2……d_n——各层材料厚度，m；

λ_1、λ_2……λ_n——各层材料导热系数，W/(m · K)。

3. 围护结构的总传热阻

$$R_0=R_i+R+R_e \tag{4.3-3}$$

式中 R_i——内表面换热阻，m^2 · K/W；

R_e——外表面换热阻，m^2 · K/W；

R——围护结构热阻，m^2 · K/W。

由两种以上材料组成的、两向非均质围护结构的平均热阻 R_{av}（m^2 · K/W），应按下式计算：

$$R_{av}=\left[\frac{F_0}{\sum\limits_{i=1}^{m}\frac{F_i}{R_{0i}}}-(R_i+R_e)\right]\cdot\varphi \tag{4.3-4}$$

式中 F_0——与热流方向垂直的传热面积，m^2；如图 4.3-3 所示；

F_i——按平行于热流方向划分的各个传热面积，m^2；

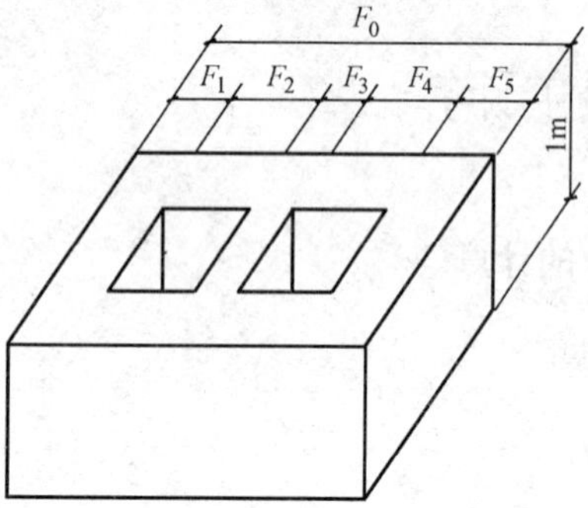

图 4.3-3

R_{0i}——各个传热面上的总热阻，$m^2 \cdot K/W$；

φ——修正系数，按表 4.2-13 采用。

4. 传热系数的计算

(1) 围护结构的传热系数 K [$W/m^2 \cdot K$]，由下式计算：

$$K=1/R_0 \tag{4.3-5}$$

(2) 外墙平均传热系数的计算

$$K_m=\frac{K_P \cdot F_P+K_{B1} \cdot F_{B1}+K_{B2} \cdot F_{B2}+K_{B3} \cdot F_{B3}}{F_P+F_{B1}+F_{B2}+F_{B3}} \tag{4.3-6}$$

外墙主体部位受周边热桥的影响，如图 4.3-4 所示，其平均传热系数应按下式计算：

式中 K_m——外墙的平均传热系数，$W/(m^2 \cdot K)$；

K_P——外墙主体部位的传热系数，$W/(m^2 \cdot K)$；

K_{B1}、K_{B2}、K_{B3}——外墙周边热桥部位的传热系数，$W/(m^2 \cdot K)$；

F_P——外墙主体部位的面积，m^2；

F_{B1}、F_{B2}、F_{B3}——外墙周边热桥部位的面积，m^2。

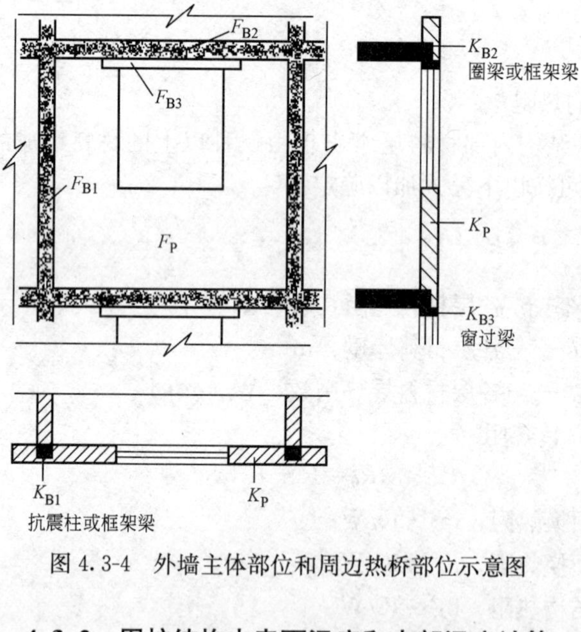

图 4.3-4 外墙主体部位和周边热桥部位示意图

4.3.2 围护结构内表面温度和内部温度计算

1. 围护结构内表面温度，由下式计算：如图 4.3-5 所示

$$\theta_i=t_i-\frac{t_i-t_e}{R_0}R_i \tag{4.3-7}$$

2. 围护结构内部第 m 层内表面温度，由下式计算：如图 4.3-6 所示

$$\theta_m=t_i-\frac{t_i-t_e}{R_0}R_i(R_i+R_{1-m}) \tag{4.3-8}$$

式中 t_i、t_e——室内和室外计算温度，℃；

R_0、R_i——围护结构传热阻和内表面换热阻，$m^2 \cdot K/W$；

R_{1-m}——第 1～$(m-1)$ 层热阻之和。

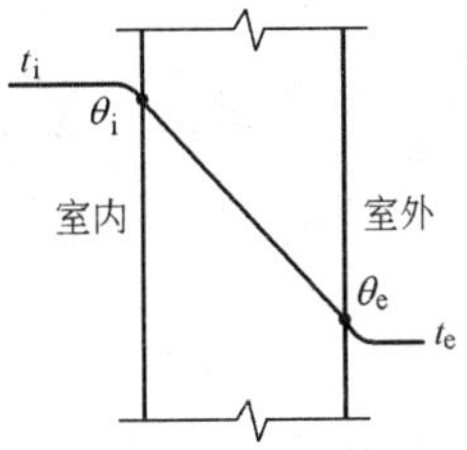

图 4.3-5

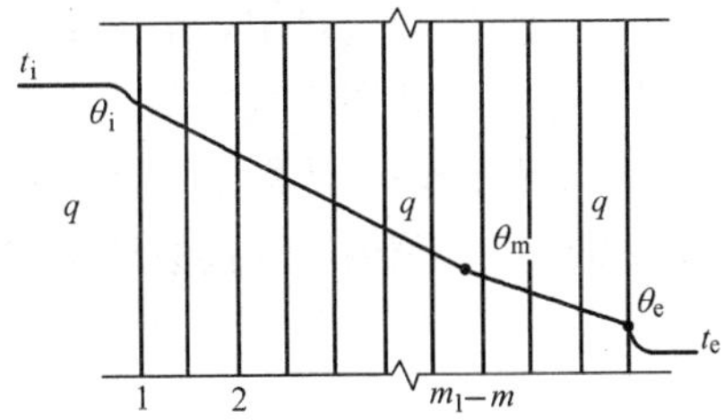

图 4.3-6

4.3.3 围护结构热稳定性计算

1. 热惰性指标 D

对于不稳定传热，一般采用材料层的热惰性指标 D 作为评价围护结构热工性能，它反映了材料层抵抗温度波动能力的特性。热惰性指标越大，说明对温度波的衰减能力越大，穿透围护结构需要的时间越长。材料层热惰性指标计算如下：

对单一材料层：

$$D=R \cdot S \tag{4.3-9}$$

式中 R——材料层热阻，$m^2 \cdot K/W$；

S——材料层蓄热系数，$W/(m^2 \cdot K)$。

对多层围护结构：

$$D=D_1+D_2+\cdots\cdots+D_n=R_1 \cdot S_1+R_2 \cdot S_2+\cdots\cdots+R_n \cdot S_n \tag{4.3-10}$$

式中 R_1，$R_2\cdots\cdots R_n$——分别为各层材料的热阻，$m^2 \cdot K/W$；

S_1，$S_2\cdots\cdots S_n$——分别为各层材料的蓄热系数，$W/(m^2 \cdot K)$。

2. 总衰减倍数 ν_0 和总延迟时间 ξ_0（h）

（1）围护结构总衰减倍数 ν_0，由下式计算：

$$\nu_0=0.9e^{\frac{\Sigma D}{\sqrt{2}}}\frac{(S_1+\alpha_i)(S_2+y_1)\Lambda y_{k-1}\Lambda(S_n+y_{n-1})(y_n+\alpha_e)}{(S_1+y_1)(S_2+y_2)\Lambda y_k\Lambda(S_n+y_n)\cdot a_e} \tag{4.3-11}$$

式中 ΣD——围护结构总热惰性指标，$\Sigma D=D_1+D_2+\cdots+D_n$；

S_1，$S_2\cdots\cdots S_n$——由内到外各层材料的蓄热系数，$W/m^2 \cdot K$，空气层 $S=0$；

y_1，$y_2\cdots\cdots y_n$——由内到外各层材料的外表面蓄热系数，$W/m^2 \cdot K$，按式（4.3-15）～（4.3-17）计算，层次排列见图 4.3-7。

y_k，y_{k-1}——分别为空气间层外表面和空气间层前一层材料外表面蓄热系数，$W/m^2 \cdot ℃$。

α_i、α_e——分别为内、外表面换热系数，工程中取 $\alpha_i=8.7W/(m^2 \cdot K)$、$\alpha_e=19.0W/(m^2 \cdot K)$；

（2）总延迟时间 ξ_0（h），由下式计算：

$$\xi_0=\frac{1}{15}\left(40.5\Sigma D-tg^{-1}\frac{\alpha_i}{\alpha_i+y_i\sqrt{2}}+tg^{-1}\frac{R_k \cdot y_{ki}}{R_k \cdot y_{ki}+\sqrt{2}}+tg^{-1}\frac{y_e}{y_e+a_e\sqrt{2}}\right) \tag{4.3-12}$$

式中 y_e——围护结构外表面（亦即最后一层外表面）蓄热系数，W/(m²·K)，按多层围护结构最后一层材料的外表面蓄热系数方法计算，即 $y_e=y_n$。

α_i——围护结构内表面换热系数，W/(m²·K)；

R_k——空气间层热阻，m²·K/W，按表4.1-18采用；

y_{ki}——空气间层内表面蓄热系数，W/(m²·K)，按多层围护结构最后一层材料的外表面蓄热系数方法计算，即 $y_e=y_n$。

（3）室内空气到内表面的衰减倍数 ν_i

$$\nu_i=0.95\frac{a_i+y_i}{a_i} \tag{4.3-13}$$

（4）室内空气到内表面的延迟时间 ξ_i（h）

$$\xi_i=\frac{1}{15}\mathrm{tg}^{-1}\frac{y_i}{y_i+a_i\sqrt{2}} \tag{4.3-14}$$

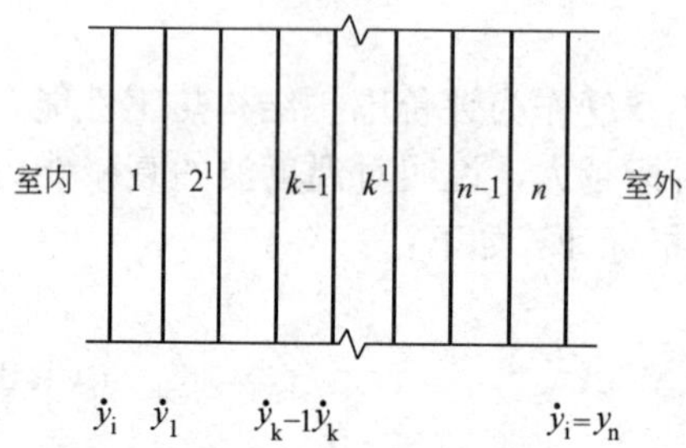

图4.3-7

3. 围护结构外表面蓄热系数计算

（1）多层围护结构各层的外表面蓄热系数，按下列规定由内到外逐层进行计算，如图4.3-7所示。

如果任何一层的 $D\geqslant1$，则 $y=S$，即为该层材料的蓄热系数。

如果第一层的 $D_1<1$，则：

$$y_1=\frac{R_1S_1^2+\alpha_i}{1+R_1\alpha_i} \tag{4.3-15}$$

如果第二层的 $D_2<1$，则：

$$y_2=\frac{R_2S_2^2+y_1}{1+R_2y_1} \tag{4.3-16}$$

余类推，直到最后一层（第 n 层）：

$$y_n=\frac{R_nS_n^2+y_{n-1}}{1+R_n\cdot y_{n-1}} \tag{4.3-17}$$

式中 S_1，S_2……S_n——各层材料的蓄热系数，W/(m²·K)；

R_1，R_2……R_n——各层材料的热阻，m²·K/W；

y_1，y_2……y_n——各层外表面蓄热系数，W/(m²·K)；

α_i——内表面换热系数，W/(m²·K)。

（2）多层围护结构外表面蓄热系数应取最后一层材料的外表面蓄热系数，即 $y_e=y_n$。

（3）多层围护结构内表面蓄热系数按下列规定计算：

如果多层围护结构中的第一层（即紧接内表面的一层）$D_1\geqslant1$，则取 $y_i=S_1$。

多层围护结构中最接近内表面的第 m 层，其中 $D_m\geqslant1$，则取 $y_m=S_m$，然后从第 $m-1$ 层开始，由外向内逐层计算，直至第1层的 y_1 即为所求的围护结构内表面蓄热系数。

如果多层结构中的每一层 D 值均小于1，则计算应从最后一层（第 N 层）开始，然后由外向内逐层计算，直至第1层的 y_1 即为所求的围护结构内表面蓄热系数。

4.3.4 玻璃和玻璃幕墙的热工计算

1. 透过玻璃单位面积入射室内的太阳辐射按下式计算

$$q_1=0.889S_eI \quad (4.3\text{-}18)$$

式中 q_1——透过单位面积玻璃的太阳辐射，W/m^2；

I——太阳辐射照度，W/m^2；

S_e——玻璃的遮蔽系数，按现行国家标准《建筑玻璃 可见光透射比、太阳光直射比、太阳能总透射比、紫外线透射比及有关关窗玻璃参数的测定》GB/T 2680 测定。

2. 通过单位面积玻璃传递的热量按下式计算

$$q_2=K(t_e-t_i) \quad (4.3\text{-}19)$$

式中 q_2——通过玻璃单位面积传递的热量，W/m^2；

K——玻璃的传热系数，$W/(m^2\cdot K)$；

t_e——室外温度，℃；

t_i——室内温度，℃。

通过玻璃单位面积的总热量按下式计算：

$$q=q_1+q_2 \quad (4.3\text{-}20)$$

式中 q——通过单位面积玻璃的总热量，W/m^2。

3. 玻璃板中心温度 T_C 和边框温度 T_S 的计算

(1) 单片玻璃板中心温度 T_C 应按下式计算：

$$T_C=0.012I_0\cdot\alpha+0.65t_e+0.35t_i \quad (4.3\text{-}21)$$

式中 I_0——太阳辐射照度，W/m^2；

t_e——室外温度，℃；

t_i——室内温度，℃；

α——玻璃的太阳辐射吸收率。

(2) 夹层玻璃中心温度 T_C 应按下列公式计算：

(a) 当中间膜厚为 0.38mm 时

$$T_{ce}=I_0(0.0120A_e+0.0118A_i)+0.654t_e+0.346t_i \quad (4.3\text{-}22)$$

$$T_{ci}=I_0(0.0118A_e+0.0122A_i)+0.642t_e+0.357t_i \quad (4.3\text{-}23)$$

(b) 当中间膜厚为 0.76mm 时

$$T_{ce}=I_0(0.0121A_e+0.0117A_i)+0.658t_e+0.342t_i \quad (4.3\text{-}24)$$

$$T_{ci}=I_0(0.0117A_e+0.0124A_i)+0.636t_e+0.364t_i \quad (4.3\text{-}25)$$

(c) 当中间膜厚为 1.52mm 时

$$T_{ce}=I_0(0.0122A_e+0.0114A_i)+0.665t_e+0.335t_i \quad (4.3\text{-}26)$$

$$T_{ci}=I_0(0.0114A_e+0.0129A_i)+0.622t_e+0.378t_i \quad (4.3\text{-}27)$$

(d) 以上公式中 A_e、A_i 应分别按下式计算：

$$A_e=\alpha_e \quad (4.3\text{-}28)$$

$$A_i=\tau_0\cdot\alpha_i \quad (4.3\text{-}29)$$

(4.3-23)～(4.3-35) 式中 T_{ce}——室外侧玻璃中部温度，℃；

T_{ci}——室内侧玻璃中部温度，℃；

A_e——室外侧玻璃总吸收率；

A_i——室内侧玻璃总吸收率；

α_e——室外侧玻璃的吸收率；

α_i——室内侧玻璃的吸收率；

τ_e——室外侧玻璃的透过率。

(3) 中空玻璃中心温度 T_C 应按下列公式计算：

(a) 当空气层厚为6mm时

$$T_{ce}=I_0(0.0148A_e+0.00724A_i)+0.788t_e+0.212t_i \tag{4.3-30}$$

$$T_{ci}=I_0(0.00724A_e+0.0207A_i)+0.394t_e+0.606t_i \tag{4.3-31}$$

(b) 当空气层厚为9mm时

$$T_{ce}=I_0(0.0147A_e+0.00679A_i)+0.801t_e+0.199t_i \tag{4.3-32}$$

$$T_{ci}=I_0(0.00679A_e+0.0215A_i)+0.370t_e+0.630t_i \tag{4.3-33}$$

(c) 当空气层厚为12mm时

$$T_{ce}=I_0(0.0150A_e+0.00625A_i)+0.817t_e+0.183t_i \tag{4.3-34}$$

$$T_{ci}=I_0(0.00625A_e+0.0225A_i)+0.340t_e+0.660t_i \tag{4.3-35}$$

(d) 以上公式中 A_e、A_i 应分别按下式计算：

$$A_e=\alpha_e[1+\tau_e\cdot r_i/(1-r_e\cdot r_i)] \tag{4.3-36}$$

$$A_i=a_i\cdot\tau_e/(1-r_e\cdot r_i) \tag{4.3-37}$$

式中 r_e——室外侧玻璃反射率；

r_i——室内侧玻璃反射率。

4. 装配玻璃板边框温度 T_S 应按下式计算：

$$T_S=0.65t_e+0.35t_i \tag{4.3-38}$$

式中 t_e——室外温度，℃；

t_i——室内温度，℃。

计算玻璃中部温度 T_C 和边框温度 T_S 时，应选用所需的气象参数和玻璃参数。室外温度 t_e 夏季时应取10年内最高温度值，冬季时应取10年内最低温度值，室内温度 t_i 应取室内设定的温度值，可取冬季为20℃，夏季为25℃。

5. 玻璃传热系数 K 值的计算方法

热量通过玻璃中心部位而不考虑边缘效应时，稳态条件下，玻璃的传热系数 K 值按下列公式计算：

$$\frac{1}{K}=\frac{1}{h_e}+\frac{1}{h_t}+\frac{1}{h_i} \tag{4.3-39}$$

式中 h_e——玻璃的室外表面换热系数；

h_i——玻璃的室内表面换热系数；

h_t——多层玻璃系统内部热传导系数。

多层玻璃系统内部传热系数按以下公式计算：

$$\frac{1}{h_t}=\sum_{s=1}^{N}\frac{1}{h_s}+\sum_{m=1}^{M}d_m r_m \tag{4.3-40}$$

式中 h_s——气体空隙的导热率；

N——气体层的数量；

M——材料层的数量；

d_m——每一个材料层的厚度；

r_m——每一层材料的热阻率。

气体空隙的导热率按下式计算：

$$h_s = h_g + h_r \tag{4.3-41}$$

式中 h_r——气体空隙的辐射导热系数；

h_g——气体空隙的导热系数（包括传导和对流）。

（1）辐射导热系数 h_r 由下式计算：

$$h_r = 4\sigma\left(\frac{1}{\varepsilon_1} + \frac{1}{\varepsilon_2} - 1\right)^{-1} \times T_m^3 \tag{4.3-42}$$

式中 σ——斯蒂芬-波尔兹曼常数；

ε_1、ε_2——间隙层中两表面在平均绝对温度 T_m 下的校正发射率。

（2）气体导热系数 h_g 由下式计算：

$$h_g = Nu\frac{\lambda}{s} \tag{4.3-43}$$

式中 s——气体层的厚度，m；

λ——气体导热率，W/(m·K)；

Nu——努谢尔特准则数，由下式计算：

$$Nu = A(Gr \cdot Pr)^n \tag{4.3-44}$$

式中 A——常数；

Gr——格拉晓夫准则数；

Pr——普朗特准则数；

n——幂指数。

如果 $Nu<1$，则将 Nu 取为 1。

格拉晓夫准则数由下式计算：

$$Gr = \frac{9.81 s^3 \Delta T^2 \rho}{T_m \mu^2} \tag{4.3-45}$$

普朗特准则数按下式计算：

$$Pr = \frac{\mu \cdot c}{\lambda} \tag{4.3-46}$$

式中 ΔT——气体间隙前后玻璃表面的温度差，℃；

ρ——气体密度，kg/m³；

μ——气体的动力黏度，kg/(m·s)；

c——气体的比热，J/(kg·K)；

T_m——气体平均温度，℃。

对于垂直空间，其中 $A=0.035$，$n=0.38$；水平情况；$A=0.16$，$n=0.28$；倾斜 45°：$A=0.10$，$n=0.31$。

6. 玻璃室外表面换热系数

室外表面换热系数 h_e 是玻璃附近风速的函数，可用下式近似表达：

$$h_e=10.0+4.1v \tag{4.3-47}$$

式中 v——风速，m/s。

一般工程时，可选用 h_e 等于 23W/(m² · K)。

如果选用其他的 h_e 值以满足特殊的实验条件，则必须在检测报告中予以说明。

7. 玻璃室内表面换热系数

室内表面换热系数 h_i 可用下式表达：

$$h_i=h_r+h_c \tag{4.3-48}$$

式中 h_r 是辐射导热率，h_c 是对流导热率。

普通玻璃表面的辐射导热率是 4.4W/(m² · K)。如果内表面校正发射率比较低，则辐射导热率由下式给出：

$$h_r=4.4\varepsilon/0.837 \tag{4.3-49}$$

这里 ε 是镀膜表面的校正发射率（0.837 是清洁的、未镀膜玻璃的校正发射率）。

对于自由对流而言，h_c 的值是 3.6W/(m² · K)。

对于通常情况下的普通垂直玻璃表面和自由对流

$$h_c=4.4+3.6=8.0\text{W/(m}^2\cdot\text{K)} \tag{4.3-50}$$

8. 玻璃热工计算的基本数据参考值如下：

玻璃的热阻率 r=1m · K/W；

普通玻璃表面的校正发射率 ε=0.837；

外玻璃表面温度差 ΔT=15K；

窗玻璃平均温度 T_m=283K；

斯蒂芬－波尔兹曼常数 $\sigma=5.67\times10^{-8}$W/(m² · K)；

K 值应按 W/(m² · K) 表示，精确到小数点后一位即可。对于气体层多于一个的多层玻璃而言，每一单元的平均温度和平均温度差均应通过轮流执行计算步骤而得出。

9. 窗框的传热系数

$$U_f=\frac{L_f^{2D}-U_p\cdot b_p}{b_f} \tag{4.3-51}$$

式中 U_f——窗框的传热系数，W/(m² · K)；

L_f^{2D}——截面的导热系数，W/(m · K)；

U_p——板的传热系数，W/(m² · K)；

b_f——窗框的投影宽度，m；

b_p——镶嵌板可见部分的宽度，m。

一般采用二维有限单元法进行数字计算，得到窗框的传热系数。在没有详细的计算结果可以应用时，可以应用以下方法计算窗框的传热系数：

计算方法中给出的所有的数值全部是窗垂直安装的情况。传热系数的数值包括了外框面积的影响。计算传热系数的数值时取 h_{in}=8.0W/(m² · K) 和 h_{out}=23W/(m² · K)。

(1) 塑料窗框：

带有金属钢衬的塑料窗框的传热系数 U_f 按表 4.3-1 取值。

(2) 木窗框

木窗框的 U_f 值是在水汽含量在 12%的情况下获得，木窗框以及金属-木窗框的 U_f 与窗框厚度 d_f 的关系见图 4.3-8，窗框厚度的定义见图 4.3-9：

带有金属钢衬的塑料窗框的传热系数 U_f 　　**表 4.3-1**

窗框材料	窗框种类	U_f(W/m^2·K)
聚氨酯	带有金属加强筋 净厚度≥5mm	2.8
PVC 腔体截面	从室内到室外为两腔结构	2.2
	从室内到室外为三腔结构	2.0

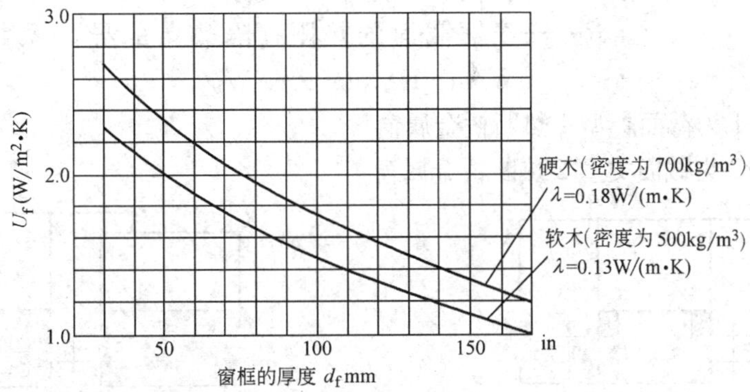

图 4.3-8　木窗框以及金属-木窗框的热传递与窗框厚度 d_f 的关系

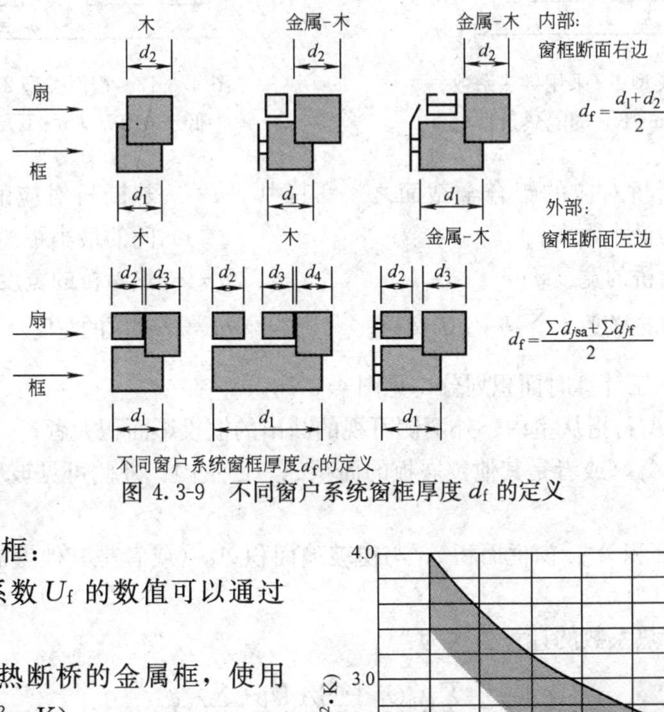

图 4.3-9　不同窗户系统窗框厚度 d_f 的定义

(3) 金属窗框：

框的传热系数 U_f 的数值可以通过下列程序获得：

a) 对没有热断桥的金属框，使用 $U_{f0}=5.9$W/(m^2·K)；

b) 对具有热断桥的金属框，U_{f0} 的数值从图 4.3-10 中粗线中选取。

金属窗框的热阻 R_f 通过下式获得：

$$R_f=\frac{1}{U_{f0}}-0.17 \qquad (4.3\text{-}52)$$

金属窗框的传热系数 U_f 公式为：

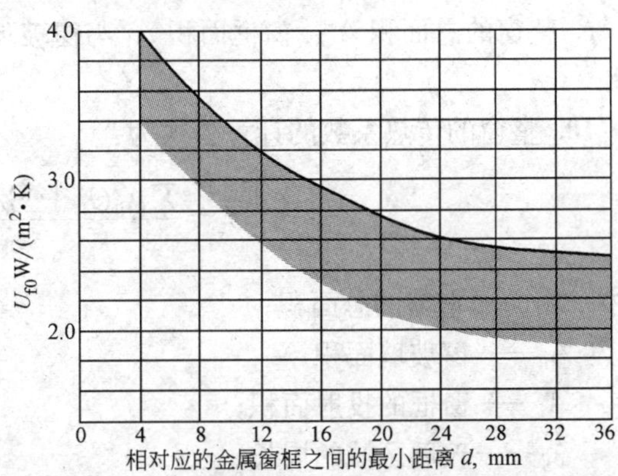

图 4.3-10　带热断桥的金属窗框的传热系数值

$$U_f = \frac{1}{\frac{A_{f,i}}{h_i A_{d,i}} + R_f + \frac{A_{f,e}}{h_e A_{d,e}}} \tag{4.3-53}$$

式中 $A_{d,i}$，$A_{d,e}$，$A_{f,i}$，$A_{f,e}$——窗各部件定义的面积，m^2；

h_i——窗框的内表面换热系数，$W/(m^2 \cdot K)$；

h_e——窗框的外表面换热系数，$W/(m^2 \cdot K)$；

R_f——窗框截面的热阻（隔热条的导热系数为 0.2～0.3 W/m·K），$m^2 \cdot K/W$。

a. 图 4.3-11 为截面类型 1 热断桥金属窗

b. 图 4.3-12 为截面类型 2 热断桥金属窗

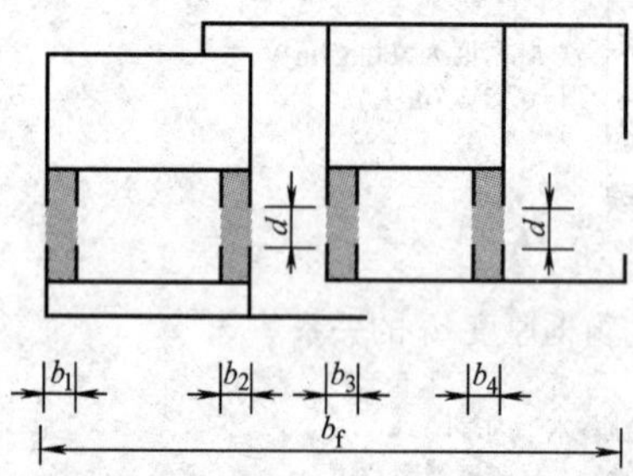

图 4.3-11 截面类型 1（采用导热系数低于 0.3W/(m·K) 的隔热条）

其中 d——热断桥对应的铝合金截面之间的最小距离；

b_j——热断桥的宽度 j；

b_f——窗框的宽度（$\sum_j b_j \leqslant 0.2b_f$）。

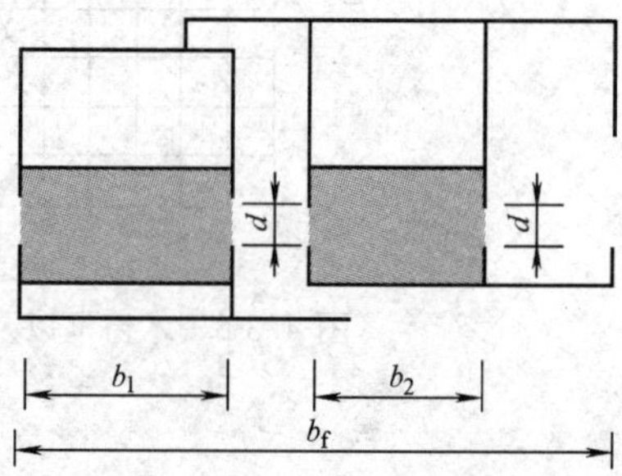

图 4.3-12 截面类型 2（采用导热系数低于 0.2W/(m·K) 的泡沫材料）

其中 d——热断桥对应的铝合金截面之间的最小距离；

b_j——热断桥的宽度 j；

b_f——窗框的宽度（$\sum_j b_j \leqslant 0.3b_f$）。

整窗在进行热工计算时面积划分，见图 4.3-13。

a. 窗框面积 A_f：指从室内、外两侧可视的凸出的框投影面积大者；

b. 玻璃面积 A_g（或者是其他镶嵌板的面积 A_p）：室内、外侧可见玻璃边缘围合面积小者；

c. 整窗的总面积 A_t：窗框面积 A_f 与窗玻璃面积 A_g（或者是其他镶嵌板的面积 A_p）之和。

10. 整窗的传热系数的计算公式为：

$$U_t = \frac{\sum A_g U_g + \sum A_f U_f + \sum \lambda_\psi \psi}{A_t} \tag{4.3-54}$$

式中 A_t——整窗的总面积；

A_g——窗玻璃面积；

A_f——窗框的投射面积；

λ_ψ——玻璃区域的周长；

U_g——窗玻璃（或者不透明板）中央区域的传热系数；

U_f——窗框的面传热系数；

ψ——窗框和窗玻璃（或者不透明板）之间的线传热系数。工程中可采用表 4.3-2 来确定附加线传热系数。

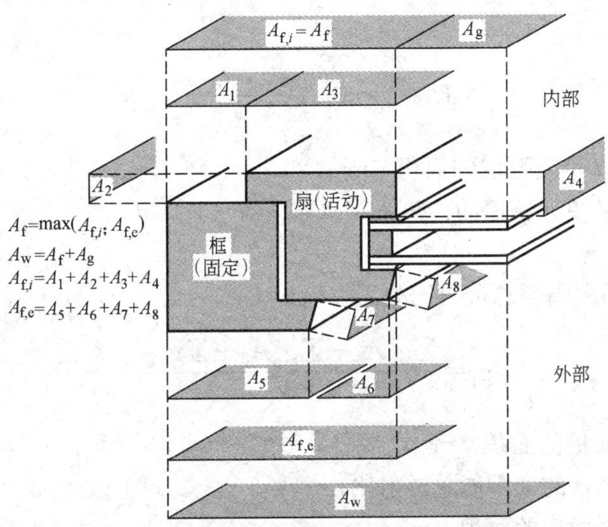

图 4.3-13　窗各部件面积划分示意图

几种中空玻璃窗的附加线传热系数　　**表 4.3-2**

窗框材料	双层、三层 未镀膜 充气或不充气中空玻璃 ψ　W/(m²·K)	双层 Low-E 镀膜 三层采用两片 Low-E 镀膜 充气或不充气中空玻璃 ψ　W/(m²·K)
木或塑料窗框	0.04	0.06
热断桥金属窗框	0.06	0.08
热未断桥金属窗框	0	0.02

11. 幕墙传热系数 K_{CW} 应采用下式计算：

$$K_{CW}=\frac{\sum K_g A_g+\sum K_p A_p+\sum K_f A_f+\sum \psi_g l_g+\sum \psi_p l_p}{\sum A_g+\sum A_p+\sum A_f} \tag{4.3-55}$$

式中　A_g——透明面板面积，m²；

l_g——透明面板边缘长度，m；

K_g——透明面板中部的传热系数，W/(m²·K)；

ψ_g——透明面板边缘附加线传热系数，W/(m·K)；

A_p——非透明面板面积，m²；

l_p——非透明面板边缘长度，m；

K_p——非透明面板中部的传热系数，W/(m²·K)；

ψ_p——非透明面板边缘附加线传热系数，W/(m·K)；

A_f——幕墙框面积，m^2；

K_f——幕墙框的传热系数，$W/(m^2 \cdot K)$。

同一幅幕墙的整体传热系数应为其中不同类型、不同尺寸的单元按照所占面积采用下式进行加权平均。

$$U_{CW.t}=\frac{\sum U_{CW.i} \cdot A_{CW.i}}{\sum A_{CW.i}} \tag{4.3-56}$$

式中 $A_{CW.i}$——第 i 单元幕墙的面积，m^2；

$U_{CW.i}$——第 i 单元幕墙的传热系数，$W/(m^2 \cdot K)$；

12. 遮阳系数计算

(1) 幕墙整体的太阳能总透射比为：

$$g_t=\frac{\sum g_g A_g+\sum g_p A_p+\sum g_f A_f}{A_t} \tag{4.3-57}$$

式中 A_g——透明面板的面积，m^2；

g_g——透明面板的太阳能总透射比；

A_p——非透明面板的面积，m^2；

g_p——非透明面板的太阳能总透射比；

A_f——框的面积，m^2；

g_f——框的太阳能总透射比；

A_t——幕墙整体面积，m^2。

(2) 幕墙的遮阳系数应为幕墙的太阳能总透射比与标准3mm透明玻璃的太阳能总透射比的比值：

$$S_C=\frac{g_t}{g_{td}} \tag{4.3-58}$$

式中 S_C——幕墙系统的遮阳系数；

g_t——幕墙系统的太阳能总透射比；

g_{td}——3mm标准透明玻璃的太阳能总透射比，应取为0.87。

【例】典型窗户的传热系数计算实例

图4.3-14 窗户示意图

整窗热工性能计算可按照以下方法进行计算。以PVC窗为例：

a. 窗的有关参数

尺寸：1500mm×1800mm，如图4.3-14所示；

框型材：PVC两腔体构造；

玻璃：中空low-e玻璃，玻璃厚度4mm，空气层厚度12mm；

玻璃面积：2.22m²；

窗框面积：0.48 m²；

玻璃区域周长：12m。

b. 窗框传热系数

根据表 4.3-3 查得，窗框的传热系数 U_f 为 2.2W/(m² · K)，线传热系数 ψ 为 0.06 W/(m · K)。

c. 玻璃中心参数

计算玻璃中心区域的传热系数 U_g 为 1.896 W/(m² · K)，太阳能总透过率 g_g 为 0.758，可见光透射比 τ_v 为 0.755。

d. 整窗传热系数计算

由（4.3-54）式计算窗传热系数 U_t

$$U_t=\frac{\sum A_gU_g+\sum A_fU_f+\sum l_\psi\psi}{A_t}=\frac{2.22\times1.896+0.48\times2.2+12\times0.06}{2.7}$$

$$=2.217\text{W}/(\text{m}^2\cdot\text{K})$$

13. 在没有精确计算的情况下，工程上可采用表 4.3-3、表 4.3-4 中的数值可作为窗户传热系数的参考值。

窗框面积占整窗面积 30%的窗户传热系数　　表 4.3-3

玻璃种类	U_g [W/(m² · K)]	U_f[W/(m² · K)]窗框面积占整窗面积 30%								
		1.0	1.4	1.8	2.2	2.6	3.0	3.4	3.8	7.0
单层	5.7	4.3	4.4	4.5	4.6	4.8	4.9	5.0	5.1	6.1
双层	3.3	2.7	2.8	2.9	3.1	3.2	3.4	3.5	3.6	4.4
	3.1	2.6	2.7	2.8	2.9	3.1	3.2	3.3	3.5	4.3
	2.9	2.4	2.5	2.7	2.8	3.0	3.1	3.2	3.3	4.1
	2.7	2.3	2.4	2.5	2.6	2.8	2.9	3.1	3.2	4.0
	2.5	2.2	2.3	2.4	2.6	2.7	2.8	3.0	3.1	3.9
	2.3	2.1	2.2	2.3	2.4	2.6	2.7	2.8	2.9	3.8
	2.1	1.9	2.0	2.2	2.3	2.4	2.6	2.7	2.8	3.6
	1.9	1.8	1.9	2.0	2.1	2.3	2.4	2.5	2.7	3.5
	1.7	1.6	1.8	1.9	2.0	2.2	2.3	2.4	2.5	3.3
	1.5	1.5	1.6	1.7	1.9	2.0	2.1	2.3	2.4	3.2
	1.3	1.4	1.5	1.6	1.7	1.9	2.0	2.1	2.2	3.1
	1.1	1.2	1.3	1.5	1.6	1.7	1.9	2.0	2.1	2.9
三层	2.3	2.0	2.1	2.2	2.4	2.5	2.7	2.8	2.9	3.7
	2.1	1.9	2.0	2.1	2.2	2.4	2.5	2.6	2.8	3.6
	1.9	1.7	1.8	2.0	2.1	2.3	2.4	2.5	2.6	3.4
	1.7	1.6	1.7	1.8	1.9	2.1	2.2	2.4	2.5	3.3
	1.5	1.5	1.6	1.7	1.9	2.0	2.1	2.3	2.4	3.2
	1.3	1.4	1.5	1.6	1.7	1.9	2.0	2.1	2.2	3.1
	1.1	1.2	1.3	1.5	1.6	1.7	1.9	2.0	2.1	2.9
	0.9	1.1	1.2	1.3	1.4	1.6	1.7	1.8	2.0	2.8
	0.7	0.9	1.1	1.2	13.3	1.5	1.6	1.7	1.8	2.6
	0.5	0.8	0.9	1.0	1.2	1.3	1.4	1.6	1.7	2.5

窗框面积占整窗面积20%的窗户传热系数 **表4.3-4**

玻璃种类	U_g [W/(m²·K)]	U_f[W/(m²·K)](窗框面积占整窗面积20%)								
		1.0	1.4	1.8	2.2	2.6	3.0	3.4	3.8	7.0
单层	5.7	4.8	4.8	4.9	5.0	5.1	5.2	5.2	5.3	5.9
双层	3.3	2.9	3.0	3.1	3.2	3.3	3.4	3.4	3.5	4.0
	3.1	2.8	2.8	2.9	3.0	3.1	3.2	3.3	3.4	3.9
	2.9	2.6	2.7	2.8	2.8	3.0	3.0	3.1	3.2	3.7
	2.7	2.4	2.5	2.6	2.7	2.8	2.9	3.0	3.0	3.6
	2.5	2.3	2.4	2.5	2.6	2.7	2.7	2.8	2.9	3.4
	2.3	2.1	2.2	2.3	2.4	2.5	2.6	2.7	2.7	3.3
	2.1	2.0	2.1	2.2	2.2	2.3	2.4	2.5	2.6	3.1
	1.9	1.8	1.9	2.0	2.1	2.2	2.3	2.3	2.4	3.0
	1.7	1.7	1.8	1.8	1.9	2.0	2.1	2.2	2.3	2.8
	1.5	1.5	1.6	1.7	1.8	1.9	1.9	2.0	2.1	2.6
	1.3	1.4	1.4	1.5	1.6	1.7	1.8	1.9	2.0	2.5
	1.1	1.2	1.3	1.4	1.4	1.5	1.6	1.7	1.8	2.3
三层	2.3	2.1	2.2	2.3	2.4	2.5	2.6	2.6	2.7	3.2
	2.1	2.0	2.0	2.1	2.2	2.3	2.4	2.5	2.6	3.1
	1.9	1.8	1.9	2.0	2.0	2.2	2.2	2.3	2.4	2.9
	1.7	1.6	1.7	1.8	1.9	2.0	2.1	2.2	2.2	2.8
	1.5	1.5	1.6	1.7	1.8	1.9	1.9	2.0	2.1	2.6
	1.3	1.4	1.4	1.5	1.6	1.7	1.8	1.9	2.0	2.5
	1.1	1.2	1.3	1.4	1.4	1.5	1.6	1.7	1.8	2.3
	0.9	1.0	1.1	1.2	1.3	1.4	1.5	1.6	1.6	2.2
	0.7	0.9	1.0	1.0	1.1	1.2	1.3	1.4	1.5	2.0
	0.5	0.7	0.8	0.9	1.0	1.1	1.2	1.2	1.3	1.8

4.4 围护结构冬季保温节能设计

围护结构的保温节能设计应根据建筑热工设计气候分区和节能设计标准的具体要求进行。严寒和寒冷地区的建筑必须满足冬季保温节能设计的要求；夏热冬冷地区应满足夏季防热，兼顾冬季保温节能设计的要求；温和地区的建筑应注意冬季保温；夏热冬暖地区一般不考虑冬季保温。

冬季保温设计的主要目的是保证围护结构内表面温度符合卫生标准，防止内表面结露，满足供暖建筑所规定的室内热环境和建筑节能设计指标，降低建筑能耗，节约能源。

保温设计的主要内容：一是验算围护结构的总热阻和平均传热系数值，使其不小于最小传热阻 $R_{o,min}$，并满足4.7节中有关建筑围护结构的节能设计指标的规定。二是对围护结构热桥部位的内表面温度进行验算，使其不低于室内空气的露点温度。三是确定经济热阻。

4.4.1 各类建筑物冬季室内热工计算参数

按建筑物和房间类型分成六类，根据室内不同温度和相对湿度确定的水蒸气分压力和露点温度数据见表 4.4-1。

各类建筑物冬季热工计算参数 **表 4.4-1**

建筑物类别	建筑物房间类型	室内参数				空气与房间内表面允许温差[$\triangle t$](℃)	
		温度 t_i (℃)	相对湿度 ϕ_i (%)	水蒸气分压力 P_i (Pa)	露点温度 t_d (℃)	外墙	平屋顶和闷顶楼板
1	2	3	4	5	6	7	8
一	居住建筑、医院、托儿所、幼儿园和旅馆等	16	60	1090.32	8.25	6.0	4.0
		18	60	1237.50	10.13		
		20	60	1402.26	12.01		
		22	60	1585.44	13.98		
		24	60	1790.22	15.76		
二	办公楼、学校和门诊部等	16	60	1090.32	8.25	6.0	4.5
		18	60	1237.50	10.13		
		20	60	1402.26	12.01		
		22	60	1585.44	13.98		
		24	60	1790.22	15.76		
三	公共建筑(上述指明者除外)和工业企业辅助建筑(潮湿房间除外)	16	60	1090.32	8.25	7.0	5.5
		18	60	1237.50	10.13		
		20	60	1402.26	12.01		
		22	60	1585.44	13.98		
		24	60	1790.22	15.76		
四	t_i=12～24℃ ϕ_i>65%的房间：当不允许外墙和顶棚结露时，如厨房、电镀、酸洗车间等	16	70	1272.04	10.54	$t_i-t_d=5.46$	$0.8(t_i-t_d)=4.37$
		18	70	1443.75	12.45	5.55	4.44
		20	70	1635.97	14.36	5.64	4.51
		22	70	1849.68	16.28	5.72	4.58
		24	70	2088.59	18.20	5.80	4.64
五	同四，仅当不允许顶棚内表面结露时，如浴室、更衣室等	16	75	1546.88	13.50	7.0	$0.9(t_i-t_d)=2.25$
		18	75	1752.83	15.43		2.31
		20	75	1981.80	17.36		2.38
		22	75	2237.78	19.30		2.43
		24	75	2375.78	20.26		3.37
六	锻工、冲压车间、小型锅炉房、空压机房	16	45	817.74	4.0	12.0	12.0
		18	45	928.13	5.9	12.1	12.1
		20	45	1051.70	7.7	12.3	12.3
		22	45	1189.08	9.5	12.5	12.5
		24	45	1342.67	11.3	12.7	12.7

4.4.2 围护结构最小传热阻 $R_{o,min}$

设置集中供暖的建筑物，其围护结构（窗户、外门和天窗除外）的传热阻，应根据技术经济比较确定，但不得小于按下式确定的最小传热阻 $R_{o,min}$（$m^2 \cdot K/W$）：

$$R_{o,\min}=\frac{(t_i-t_{e,c})\cdot n}{[\Delta t]}\cdot R_i \tag{4.4-1}$$

式中 t_i——冬季室内计算温度，℃；

$t_{e,c}$——围护结构冬季室外计算温度，℃，按表4.1-3采用；

n——温差修正系数，按表4.1-4采用；

R_i——内表面换热阻，$(m^2\cdot K)/W$，按表4.1-14采用；

$[\Delta t]$——室内空气与围护结构内表面之间的允许温差，℃，按表4.1-5采用。

根据室内计算温度，各类不同建筑物和房间类型及外围护结构的允许温差，计算出$t_{e,c}$在+3℃至−31℃的$R_{o,\min}$值。按外墙、屋顶和不供暖地下室的楼板两种情况分别列于表4.4-2及表4.4-3。

【例1】 北京市一住宅建筑，冬季连续供暖，t_i=20℃，拟用370普通砖外墙，两面抹灰，问是否能满足最小传热阻$R_{o,\min}$要求？

【解】 1. 由表4.2-15查得D=5.31属Ⅱ型，R_o=0.653；

2. 由表4.1-3查得北京市冬季室外计算温度Ⅱ型$t_{e,c}$=−12℃；

3. 由表4.4-2按“一”类建筑$t_{e,c}$=−12℃，t_i=20℃查得$R_{o,\min}$=0.613。

因R_o=0.653>$R_{o,\min}$（0.613），故能满足要求。

【例2】 北京市一高级住宅，连续供暖室内温度20℃，问普通砖、空心砖和加气混凝土砌块三种外墙，其厚度为多少才能满足最小总热阻要求？

【解】 1. 高级住宅属“一”类建筑物，见表4.4-1；

2. 北京市冬季室外计算温度$t_{e,c}$，见表4.1-3。

3. 北京市“一”类建筑物满足$t_{e,c}$的$R_{o,\min}$，见表4.4-2数据列如表4.4-2。

表4.4-2

$t_{e,c}$类型：	Ⅰ	Ⅱ	Ⅲ
$t_{e,c}$值(℃)	−9	−12	−14
$R_{o,\min}$	0.556	0.613	0.591

4. 由表4.2-15、4.2-16、4.2-19查得以下厚度能满足要求：

普通砖外墙：370厚，D=5.31，属Ⅱ型，R=0.653>$R_{o,\min}$=0.613。

空心砖外墙：370厚，D=5.29，属Ⅱ型，R=0.834>$R_{o,\min}$=0.613。

加气混凝土砌块外墙：200厚，D=3.24，属Ⅲ型，R=0.909>$R_{o,\min}$=0.591。

4.4.3 热桥部位内表面温度验算

围护结构热桥部位：包括嵌入墙体的混凝土梁、柱，墙体和屋面板的混凝土肋，装配式建筑中板材的接缝以及外墙角、屋顶檐口、墙体勒脚等部位的内表面温度都应通过验算，并保证使其高于室内空气的露点温度。各类房间在不同温、湿度下的露点温度已列于表4.4-1。

1. 热桥部位内表面温度的验算

对于表4.1-6中所列热桥形式的内表面温度按下列公式计算。

当$a/\delta\leqslant1.5$时

内表面温度：
$$\theta'_i=t_i-\frac{R'_0+\eta(R_0-R'_0)}{R'_0\cdot R_0}R_i(t_i-t_{e,c}) \tag{4.4-2}$$

当 $a/\delta>1.5$ 时，内表面温度：

$$\theta_i'=t_i-\frac{1}{R_0'}R_i(t_i-t_{e,c}) \tag{4.4-3}$$

式中 t_i——冬季室内计算温度，℃；

$t_{e,c}$——围护结构冬季室外计算温度，℃，按表 4.1-3 中Ⅰ型围护结构的冬季室外计算温度采用；

η——修正系数，根据 a/δ 比值按表 4.1-6 采用；

R_i——内表面换热阻，$(m^2\cdot K)/W$，按表 4.1-14 采用；

R_0'——热桥部位的传热阻，$(m^2\cdot K)/W$；

R_0——非热桥部位的传热阻，$(m^2\cdot K)/W$。

2. 对于单一材料外墙角处的内表面温度 θ_i'（℃）和最小附加热阻 $R_{ad,min}$ $(m^2\cdot K/W)$：

$$\theta_i'=t_i-\frac{\xi}{R_0}R_i(t_i-t_{e,c}) \tag{4.4-4}$$

$$R_{ad,min}=(t_i-t_{e,c})\left(\frac{1}{t_i-t_d}-\frac{1}{t_i-\theta_i'}\right)\cdot R_i \tag{4.4-5}$$

式中 ξ——比例系数，根据外墙热阻 R 按下面规定采用：

$R=0.10\sim0.40$，取 $\xi=1.42$；

$R=0.41\sim0.49$，取 $\xi=1.70$；

$R=0.50\sim1.50$，取 $\xi=1.73$；

$R_{ad,min}$——内侧最小附加热阻，$(m^2\cdot K)/W$；

t_d——室内空气露点温度，℃；

R_0——外墙传热阻，$(m^2\cdot K)/W$。

3. 几种常见热桥部位的判断

判断方法是按热桥部位的内表面温度达到露点温度 t_d 时，各类房屋（一～五类）已开始不能适应的室外最低计算温度 $t_{e.min}$（℃）。

对于表 4.1-6 图示中的热桥形式：

当 $a/\delta\leqslant1.5$ 时

$$t_{e,min}=t_i-\frac{R_0'\cdot R_0(t_i-t_d)}{[R_0'+\eta(R_0-R_0')]\cdot R_i} \tag{4.4-6}$$

当 $\alpha/\delta>1.5$ 时

$$t_{e,min}=t_i-\frac{1}{R_i}R_0'(t_i-t_d) \tag{4.4-7}$$

对于单一材料外墙角处：

$$t_{e,min}=t_i-\frac{t_i-t_d}{R_i\cdot\xi}\cdot R_0 \tag{4.4-8}$$

常见热桥形式的计算结果列于表 4.4-4。

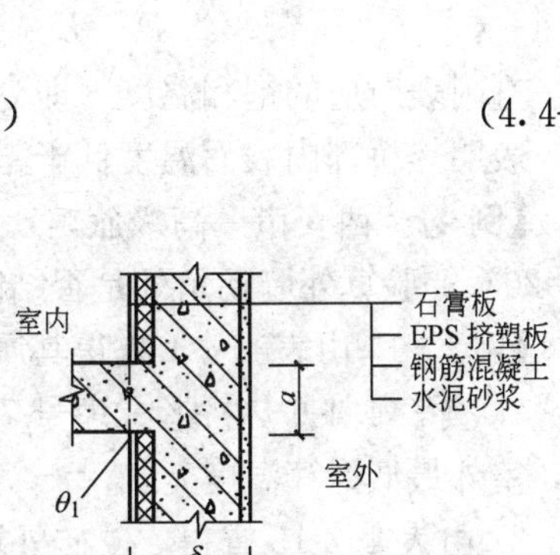

图 4.4-1

【例 3】 如图 4.4-1 所示，验证南京地区混凝土剪力墙丁字墙部位内保温热桥部分是否结露？

【解】 判断内保温构造是否会带来墙体内表面结露，关键衡量指标是室内保温墙体的热桥部分内表面温度是否低于室内空气的露点温度，如果墙体内表面温度低于露点温度，则墙体内表面必然结露。

1. 冬季室内计算温度 t_i，取18℃；

2. 围护结构冬季室外计算温度 $t_{e,c}$，℃，按表4.1-3采用，取−3℃；

3. 内表面换热阻 R_i，$(m^2 \cdot K)/W$，按表4.1-14采用，取0.11 $(m^2 \cdot K)/W$；

4. 非热桥部位传热阻 R_0，计算见表4.4-3所示：

表 4.4-3

外围护结构层	厚度δ(m)	导热系数λ[W/(m·K)]	计算热阻R(m²·K/W)
外墙涂料	不计入		
水泥砂浆找平层	0.020	0.93	0.022
钢筋混凝土	0.250	1.74	0.144
保温层(EPS挤塑板)	0.025	0.028	0.893
饰面层(石膏板)	0.012	0.33	0.036
内墙涂料	不计入		
计算热阻 R_0=0.04+0.022+0.144+0.893+0.036+0.11=1.245			

5. 计算热桥部位传热阻 R_0'

$$R_0'=\frac{\delta_1}{\lambda_1}+\frac{\delta_2}{\lambda_2}=\frac{0.02}{0.93}+\frac{0.287}{1.74}=0.022+0.165=0.187\ (m^2 \cdot K/W);$$

6. 修正系数 η，根据 α/δ 比值按表4.1-6采用，取0.84。

7. 热桥部内表面温度计算：

$$\theta_i'=t_i-\frac{R_0'+\eta(R_0-R_0')}{R_0'\cdot R_0}R_i(t_i-t_{e,c})$$

$$=18-\frac{0.187+0.84\times(1.245-0.187)}{0.187\times1.245}\times0.11\times(18-(-3))$$

$$=7.327℃$$

室内空气温度 t_i=18℃，室内空气相对湿度 ϕ_i=60%，查表4.1-13，得18℃时饱和水蒸气分压力 E_i 为2062.5Pa，计算出室内相对湿度60%的水蒸气分压力为：

$$P_i=E_i\cdot\phi=2062.5\times0.6=1237.5\ (Pa)$$

查附表对应的饱和温度（即为露点温度） $t_d=10.13℃>\theta_i'(℃)=7.327℃$

表明热桥部内表面温度低于露点温度，在热桥内表面将会结露。

【例4】 西安市一高级旅馆，为普通砖370外墙，双面抹灰，冬季室内供暖计算温度 t_i=20℃。验算外墙拐角处是否结露？

【解】 1. 由表4.4-1查得其属“一类”建筑，当 t_i=20℃时，露点温度 t_d=12.01℃；

2. 查表4.4-6热桥形式序号7，“一类”建筑外墙角内表面达到露点温度 t_d=12.01℃时，室外最低计算温度 $t_{e,min}$=−7.42℃；

3. 由表4.2-15查得370砖外墙 D=5.31属Ⅱ类；

4. 由表4.1-3查得西安市冬季室外计算温度Ⅱ类，其 $t_{e,c}=-8℃<t_{e,min}=-7.42℃$，故不能满足要求。

连续供暖条件下重质和较重质围护结构外墙、屋顶在各种室内、外计算温度下的最小传热阻 $R_{o,min}$ 表 4.4-4

室外计算温度 $t_{e,c}$(℃)	室内计算温度 t_i(℃)	建筑物和房间类型									
		一		二		三		四		五	
		最小总热阻 $R_{o,min}$($m^2 \cdot K/W$)									
		外墙	屋顶	外墙	屋顶	外墙	屋顶	外墙	屋顶	外墙	屋顶
3	18	0.288	0.413	0.288	0.367	0.246	0.300	0.311	0.372	—	—
	20	0.326	0.468	0.326	0.416	0.279	0.340	0.347	0.415	0.299	0.455
	22	0.364	0.523	0.364	0.464	0.312	0.380	0.382	0.456	0.312	0.500
	24	0.403	0.578	0.403	0.513	0.345	0.420	0.416	0.498	0.345	0.546
	25	0.422	0.605	0.422	0.538	0.361	0.440	—	0.517	0.361	0.567
1	18	0.326	0.468	0.326	0.416	0.279	0.340	0.352	0.421	—	—
	20	0.364	0.523	0.364	0.464	0.312	0.380	0.387	0.463	0.312	0.500
	22	0.403	0.578	0.403	0.513	0.345	0.420	0.422	0.504	0.345	0.553
	24	0.441	0.633	0.441	0.562	0.378	0.460	0.456	0.545	0.378	0.598
	25	0.460	0.660	0.466	0.587	0.394	0.480	—	0.564	0.394	0.618
−1	18	0.364	0.523	0.364	0.464	0.312	0.380	0.394	0.471	—	—
	20	0.403	0.578	0.403	0.513	0.345	0.420	0.428	0.512	0.345	0.562
	22	0.441	0.633	0.441	0.562	0.378	0.460	0.462	0.552	0.378	0.605
	24	0.479	0.688	0.479	0.611	0.411	0.500	0.496	0.593	0.411	0.650
	25	0.498	0.715	0.498	0.636	0.427	0.520	—	0.611	0.427	0.670
−3	18	0.403	0.578	0.403	0.513	0.345	0.420	0.435	0.520	—	—
	20	0.441	0.633	0.441	0.562	0.378	0.460	0.469	0.561	0.378	0.616
	22	0.479	0.688	0.479	0.611	0.411	0.500	0.503	0.600	0.411	0.658
	24	0.518	0.743	0.518	0.660	0.444	0.540	0.535	0.640	0.444	0.702
	25	0.537	0.770	0.537	0.684	0.460	0.560	—	0.658	0.460	0.721
−5	18	0.441	0.633	0.441	0.562	0.378	0.460	0.477	0.570	—	—
	20	0.479	0.688	0.479	0.611	0.411	0.500	0.510	0.610	0.411	0.669
	22	0.518	0.743	0.518	0.660	0.444	0.540	0.543	0.648	0.444	0.711
	24	0.556	0.798	0.556	0.709	0.476	0.580	0.575	0.688	0.476	0.754
	25	0.575	0.825	0.575	0.733	0.493	0.600	—	0.705	0.493	0.773
−7	18	0.479	0.688	0.479	0.611	0.411	0.500	0.539	0.619	—	—
	20	0.518	0.743	0.518	0.660	0.444	0.540	0.551	0.659	0.444	0.723
	22	0.556	0.798	0.556	0.709	0.476	0.580	0.583	0.697	0.476	0.763
	24	0.594	0.853	0.594	0.758	0.509	0.620	0.615	0.735	0.509	0.806
	25	0.613	0.880	0.613	0.782	0.526	0.640	—	0.752	0.526	0.824
−9	18	0.518	0.743	0.518	0.661	0.444	0.540	0.559	0.669	—	—
	20	0.556	0.798	0.556	0.709	0.476	0.580	0.591	0.707	0.476	0.776
	22	0.594	0.853	0.594	0.758	0.509	0.620	0.623	0.745	0.509	0.816
	24	0.633	0.908	0.633	0.807	0.542	0.660	0.654	0.782	0.542	0.858
	25	0.652	0.935	0.652	0.831	0.559	0.680	—	0.799	0.559	0.876
−11	18	0.556	0.798	0.556	0.709	0.476	0.580	0.601	0.718	—	—
	20	0.594	0.853	0.594	0.758	0.509	0.620	0.632	0.756	0.509	0.830
	22	0.632	0.908	0.633	0.807	0.542	0.660	0.663	0.793	0.542	0.868
	24	0.671	0.963	0.671	0.856	0.575	0.700	0.694	0.830	0.575	0.910
	25	0.690	0.990	0.690	0.880	0.591	0.720	—	0.846	0.591	0.927

续表

室外计算温度 $t_{e,c}$(℃)	室内计算温度 t_i(℃)	建筑物和房间类型									
		一		二		三		四		五	
		最小总热阻 $R_{o,min}$($m^2\cdot K/W$)									
		外墙	屋顶	外墙	屋顶	外墙	屋顶	外墙	屋顶	外墙	屋顶
−13	18	0.594	0.853	0.594	0.758	0.509	0.620	0.642	0.768	—	—
	20	0.633	0.908	0.633	0.807	0.542	0.660	0.673	0.805	0.542	0.883
	22	0.671	0.963	0.671	0.856	0.575	0.700	0.704	0.841	0.575	0.921
	24	0.709	1.018	0.709	0.904	0.608	0.740	0.734	0.877	0.608	0.962
	25	0.728	1.045	0.728	0.929	0.624	0.760	—	0.893	0.624	0.979
−15	18	0.633	0.908	0.633	0.807	0.542	0.660	0.684	0.818	—	—
	20	0.671	0.963	0.671	0.856	0.575	0.700	0.714	0.854	0.575	0.937
	22	0.709	1.018	0.709	0.904	0.608	0.740	0.744	0.889	0.608	0.974
	24	0.748	1.073	0.748	0.953	0.641	0.780	0.773	0.925	0.641	1.014
	25	0.767	1.100	0.767	0.978	0.657	0.800	—	0.940	0.657	1.030
−17	18	0.671	0.963	0.671	0.856	0.575	0.700	0.725	0.867	—	—
	20	0.709	1.018	0.709	0.904	0.608	0.740	0.754	0.902	0.608	0.990
	22	0.748	1.073	0.748	0.953	0.641	0.780	0.784	0.937	0.641	1.026
	24	0.786	1.128	0.786	1.002	0.674	0.820	0.813	0.972	0.674	1.066
	25	0.805	1.155	0.805	1.027	0.690	0.840	—	0.987	0.690	1.082
−19	18	0.709	1.018	0.709	0.904	0.608	0.740	0.767	0.917	—	—
	20	0.748	1.073	0.748	0.953	0.641	0.780	0.752	0.951	0.641	1.044
	22	0.786	1.128	0.786	1.002	0.674	0.820	0.824	0.985	0.674	1.079
	24	0.824	1.183	0.824	1.051	0.706	0.860	0.853	1.019	0.706	1.118
	25	0.843	1.210	0.843	1.076	0.723	0.880	—	1.034	0.723	1.133
−21	18	0.748	1.073	0.748	0.953	0.641	0.780	0.808	0.966	—	—
	20	0.786	1.128	0.786	1.002	0.674	0.820	0.836	1.000	0.674	1.097
	22	0.824	1.183	0.824	1.051	0.706	0.860	0.865	1.033	0.706	1.132
	24	0.863	1.238	0.863	1.100	0.739	0.900	0.892	1.067	0.739	1.170
	25	0.882	1.265	0.882	1.124	0.756	0.920	—	1.081	0.756	1.185
−23	18	0.786	1.128	0.786	1.002	0.674	0.820	0.850	1.016	—	—
	20	0.824	1.183	0.824	1.051	0.706	0.860	0.877	1.049	0.706	1.151
	22	0.863	1.238	0.863	1.100	0.739	0.900	0.905	1.081	0.739	1.184
	24	0.901	1.293	0.901	1.149	0.772	0.940	0.932	1.114	0.772	1.222
	25	0.920	1.320	0.920	1.173	0.789	0.960	—	1.128	0.789	1.237
−25	18	0.824	1.183	0.824	1.051	0.706	0.860	0.891	1.065	—	—
	20	0.863	1.238	0.863	1.100	0.739	0.900	0.918	1.098	0.739	1.203
	22	0.901	1.293	0.901	1.149	0.772	0.940	0.945	1.129	0.772	1.237
	24	0.939	1.348	0.939	1.198	0.805	0.980	0.972	1.162	0.805	1.274
	25	0.958	1.375	0.958	1.222	0.821	1.000	—	1.175	0.821	1.288
−27	18	0.863	1.238	0.863	1.100	0.739	0.900	0.932	1.115	—	—
	20	0.901	1.293	0.901	1.149	0.772	0.940	0.958	1.146	0.772	1.258
	22	0.939	1.348	0.939	1.198	0.805	0.980	0.985	1.177	0.805	1.289
	24	0.978	1.403	0.978	1.247	0.838	1.020	1.011	1.209	0.838	1.326
	25	0.997	1.430	0.997	1.271	0.854	1.040	—	1.222	0.854	1.340

续表

室外计算温度 $t_{e,c}$(℃)	室内计算温度 t_i(℃)	建筑物和房间类型									
		一		二		三		四		五	
		最小总热阻 $R_{o,min}$(m^2・K/W)									
		外墙	屋顶	外墙	屋顶	外墙	屋顶	外墙	屋顶	外墙	屋顶
−29	18	0.901	1.293	0.901	1.149	0.772	0.940	0.974	1.164	—	—
	20	0.939	1.348	0.939	1.198	0.805	0.980	0.999	1.195	0.805	1.311
	22	0.978	1.403	0.978	1.247	0.838	1.020	1.025	1.225	0.838	1.342
	24	1.016	1.458	1.016	1.296	0.871	1.060	1.051	1.236	0.871	1.378
	25	1.035	1.485	1.035	1.320	0.887	1.080	—	1.269	0.887	1.391
−31	18	0.939	1.348	0.939	1.198	0.805	0.980	1.015	1.214	—	—
	20	0.978	1.403	0.978	1.247	0.838	1.020	1.040	1.244	0.838	1.365
	22	1.016	1.458	1.016	1.296	0.871	1.060	1.066	1.273	0.871	1.395
	24	1.054	1.513	1.054	1.344	0.904	1.100	1.091	1.304	0.904	1.430
	25	1.073	1.540	1.073	1.369	0.920	1.120	—	1.316	0.920	1.443

直接与室外空气接触的楼板和不供暖地下室上面的楼板在各种室内外计算温度下的最小传热阻 $R_{o,min}$ 值（建筑物为一至五类）　　表 4.4-5

室外计算温度 $t_{e,c}$(℃)	室内计算温度 t_i(℃)	直接与室外空气接触的楼板 $n=1$		不供暖地下室上面的楼板 $n=0.9$	
		有人长期停留 [Δt]=2.5	无人长期停留 [Δt]=2.5	有人长期停留 [Δt]=2.5	无人长期停留 [Δt]=5.0
3	18	0.660	0.330	0.594	0.297
	20	0.748	0.374	0.673	0.337
	22	0.836	0.418	0.752	0.376
	24	0.924	0.462	0.832	0.416
	25	0.968	0.484	0.871	0.436
1	18	0.748	0.374	0.673	0.337
	20	0.836	0.418	0.752	0.376
	22	0.924	0.462	0.832	0.416
	24	1.012	0.506	0.911	0.456
	25	1.056	0.528	0.950	0.475
−1	18	0.836	0.418	0.752	0.376
	20	0.924	0.462	0.832	0.416
	22	1.012	0.506	0.911	0.456
	24	1.100	0.550	0.990	0.495
	25	1.144	0.572	1.030	0.515
−3	18	0.924	0.462	0.832	0.416
	20	1.012	0.506	0.911	0.456
	22	1.100	0.550	0.990	0.495
	24	1.188	0.594	1.069	0.535
	25	1.232	0.616	1.109	0.555
−5	18	1.012	0.506	0.911	0.456
	20	1.100	0.550	0.990	0.495
	22	1.188	0.594	1.069	0.535
	24	1.276	0.638	1.148	0.574
	25	1.320	0.660	1.188	0.594

续表

室外计算温度 $t_{e,c}$(℃)	室内计算温度 t_i(℃)	直接与室外空气接触的楼板 $n=1$		不供暖地下室上面的楼板 $n=0.9$	
		有人长期停留 $[\Delta t]=2.5$	无人长期停留 $[\Delta t]=2.5$	有人长期停留 $[\Delta t]=2.5$	无人长期停留 $[\Delta t]=5.0$
−7	18	1.100	0.550	0.990	0.495
	20	1.188	0.594	1.069	0.535
	22	1.276	0.638	1.148	0.574
	24	1.364	0.682	1.228	0.614
	25	1.408	0.704	1.267	0.634
−9	18	1.188	0.594	1.069	0.535
	20	1.276	0.638	1.148	0.574
	22	1.364	0.682	1.228	0.614
	24	1.452	0.726	1.307	0.654
	25	1.496	0.748	1.346	0.673
−11	18	1.276	0.638	1.148	0.574
	20	1.364	0.682	1.228	0.614
	22	1.452	0.726	1.307	0.654
	24	1.540	0.770	1.386	0.693
	25	1.584	0.792	1.426	0.713
−13	18	1.364	0.682	1.228	0.614
	20	1.452	0.726	1.307	0.654
	22	1.540	0.770	1.386	0.693
	24	1.628	0.814	1.465	0.733
	25	1.672	0.836	1.505	0.753
−15	18	1.452	0.726	1.307	0.654
	20	1.540	0.770	1.386	0.693
	22	1.628	0.814	1.465	0.733
	24	1.716	0.858	1.544	0.772
	25	1.760	0.880	1.584	0.792
−17	18	1.540	0.770	1.386	0.693
	20	1.628	0.814	1.465	0.733
	22	1.716	0.858	1.544	0.772
	24	1.804	0.902	1.624	0.812
	25	1.848	0.924	1.663	0.832
−19	18	1.628	0.814	1.465	0.733
	20	1.716	0.858	1.544	0.772
	22	1.804	0.902	1.624	0.812
	24	1.892	0.946	1.703	0.852
	25	1.936	0.968	1.742	0.871
−21	18	1.716	0.858	1.544	0.772
	20	1.804	0.902	1.624	0.812
	22	1.892	0.946	1.703	0.852
	24	1.980	0.990	1.782	0.891
	25	2.024	1.012	1.822	0.911
−23	18	1.804	0.902	1.624	0.812
	20	1.892	0.946	1.703	0.852
	22	1.980	0.990	1.782	0.891
	24	2.068	1.034	1.861	0.931
	25	2.112	1.056	1.901	0.951

续表

室外计算温度 $t_{e,c}$(℃)	室内计算温度 t_i(℃)	直接与室外空气接触的楼板 $n=1$		不供暖地下室上面的楼板 $n=0.9$	
		有人长期停留 $[\Delta t]=2.5$	无人长期停留 $[\Delta t]=2.5$	有人长期停留 $[\Delta t]=2.5$	无人长期停留 $[\Delta t]=5.0$
−25	18	1.892	0.946	1.703	0.852
	20	1.980	0.990	1.782	0.891
	22	2.068	1.034	1.861	0.931
	24	2.156	1.078	1.940	0.970
	25	2.200	1.100	1.980	0.990
−27	18	1.980	0.990	1.782	0.891
	20	2.068	1.034	1.861	0.931
	22	2.156	1.078	1.940	0.970
	24	2.244	1.122	2.020	1.010
	25	2.288	1.144	2.059	1.030
−29	18	2.068	1.034	1.861	0.931
	20	2.156	1.078	1.940	0.970
	22	2.244	1.122	2.020	1.010
	24	2.332	1.166	2.099	1.050
	25	2.376	1.188	2.138	1.069
−31	18	2.156	1.078	1.940	0.970
	20	2.244	1.122	2.020	1.010
	22	2.332	1.166	2.099	1.050
	24	2.420	1.210	2.178	1.089
	25	2.464	1.232	2.218	1.109

各型热桥出现结露时的室外计算温度 $t_{e,min}$ **表 4.4-6**

热桥编号	热桥部位简图	室内温度 t_i(℃)	房屋类别 一、二、三类 $t_{e.min}$			四类 $t_{e.min}$			五类 $t_{e.min}$		
			普通砖与柱	空心砖与柱	加气混凝土与柱	普通砖与柱	空心砖与柱	加气混凝土与柱	普通砖与柱	空心砖与柱	加气混凝土与柱
1	2	3	4	5	6	7	8	9	10	11	12
1	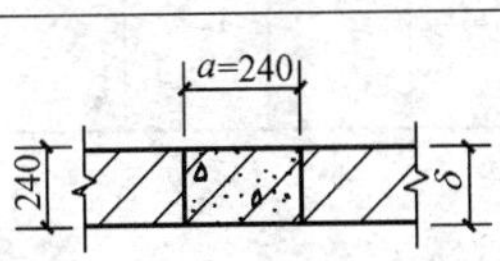	18	−3.29	−3.66	−4.31	2.99	2.72	2.27	5.83	5.61	5.24
		20	−1.61	−1.99	−2.65	4.74	4.48	4.01	7.64	7.42	7.04
		22	10.31	−0.07	−0.74	6.53	6.26	5.78	9.45	9.23	8.85
		24	1.71	1.32	0.64	8.31	8.04	7.56	11.29	11.06	10.68
2	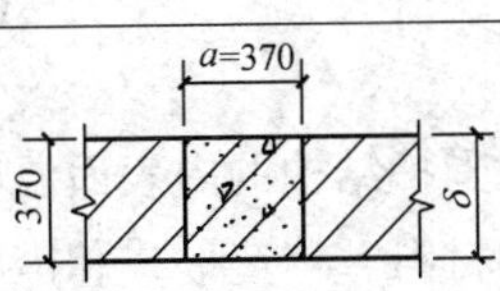	18	−9.02	−9.45	2.55	−1.05	−1.36	−1.90	2.55	4.30	1.86
		20	−7.43	−7.87	4.31	0.64	0.33	−0.23	4.31	4.06	3.61
		22	−5.53	−5.97	6.07	+2.36	2.05	1.49	6.07	5.82	5.36
		24	−4.29	−4.74	7.86	4.09	3.77	3.20	7.86	7.61	7.15
3	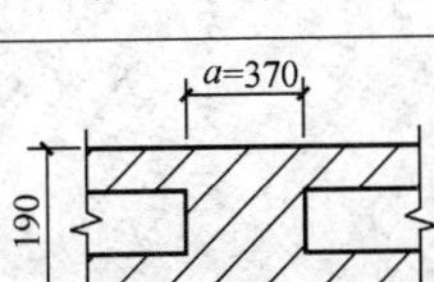	18	−31.55	—	—	−16.94	—	—	−10.33	—	—
		20	−30.30	—	—	−15.51	—	—	−8.77	—	—
		22	−28.49	—	—	−14.01	—	—	−7.21	—	—
		24	−27.88	—	—	−12.52	—	—	−5.59	—	—

续表

热桥编号	热桥部位简图	室内温度 t_i (℃)	房屋类别								
			一、二、三类			四类			五类		
			$t_{e.min}$			$t_{e.min}$			$t_{e.min}$		
			普通砖与柱	空心砖与柱	加气混凝土与柱	普通砖与柱	空心砖与柱	加气混凝土与柱	普通砖与柱	空心砖与柱	加气混凝土与柱
1	2	3	4	5	6	7	8	9	10	11	12
4	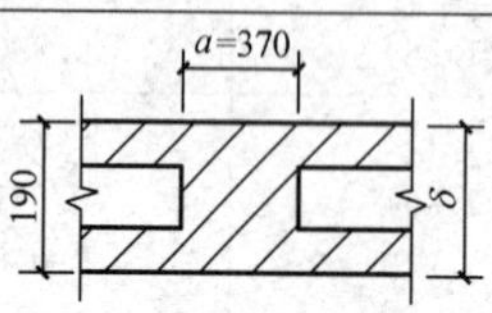	18 20 22 24 25	−0.77 0.94 2.87 4.35 5.23			4.76 6.55 8.36 10.17 11.29			— 9.10 10.93 12.79 13.70		
5	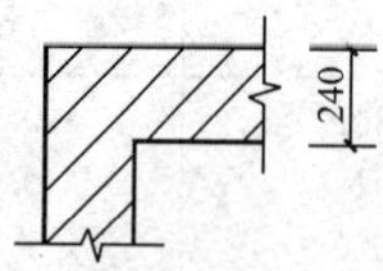	18 20 22 24 25	−2.71 −1.02 0.90 2.32 3.19			3.40 5.16 6.95 8.74 9.87			7.98 9.79 12.37 12.53		
6	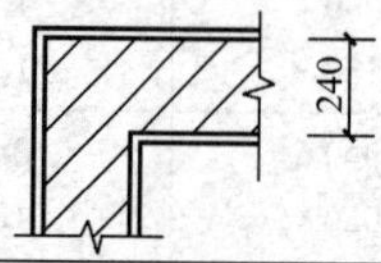	18 20 22 24	−7.11 −5.49 −3.58 −2.29	— — — —	— — — —	0.30 2.01 3.75 5.50	— — — —	— — — —	3.64 5.42 7.20 9.01	— — — —	— — — —
7	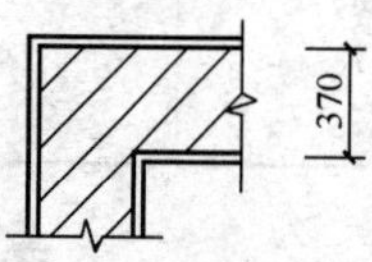	18 20 22 24 25	−9.01 −7.42 −5.52 −4.27 −3.45	— — — —	— — — —	−1.04 0.65 2.37 4.10 5.27	— — — —	— — — —	— 4.32 6.08 7.87 8.74	— — — —	
8	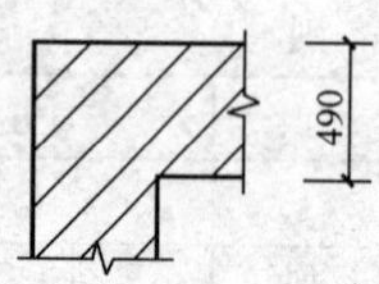	18 20 22 24 25	−13.22 −11.70 −9.82 −8.69 −7.89	— — — —	— — — —	−4.02 −2.37 −0.69 0.99 2.19	— — — —	— — — —	— 1.87 3.59 5.36 6.20	— — — —	— — — —
9	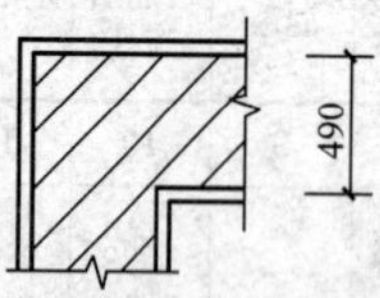	18 20 22 24 25	−15.13 −13.63 −11.76 −10.68 −9.89	— — — —	— — — —	−5.36 −3.74 −2.08 −0.41 0.80	— — — —	— — — —	— 0.76 2.47 4.22 5.05	— — — —	— — — —

4.5 围护结构夏季隔热节能设计

围护结构的隔热设计，目的是减少传入室内的热量和降低围护结构的内表面温度，对屋顶和外墙的内表面温度进行验算，合理地选择外围护结构的材料、构造形式和措施使其不超过规定的标准。

4.5.1 验 算 方 法

1. 在房间自然通风条件下，屋顶和西（东）向外墙的内表面最高温度 $\theta_{i,max}$ 应满足下式要求。

$$\theta_{i,max} \leqslant t_{e,max} \quad (4.5\text{-}1)$$

式中 $\theta_{i,max}$——内表面最高温度（℃），其值按下面所述方法计算；

$t_{e,max}$——夏季室外计算最高温度（℃），按表 4.1-12 取值。

2. 当外墙和屋顶采用轻混凝土等轻型结构时，内表面最高温度 $\theta_{i,max}$（℃），应满足下式：

$$\theta_{i,max} \leqslant t_{e,max} + 0.5 \quad (4.5\text{-}2)$$

3. 当外墙和屋顶采用内侧复合轻质材料（如砖墙或混凝土墙内侧复合轻混凝土、岩棉、泡沫塑料、石膏板等）时，内表面最高温度 $\theta_{i,max}$（℃），应满足下式：

$$\theta_{i,max} \leqslant t_{e,max} + 1.0 \quad (4.5\text{-}3)$$

对于夏热冬冷地区，既应考虑防寒又应考虑隔热，其外墙和屋顶的设计，则应同时满足冬季保温和夏季隔热的要求。

4. 非通风围护结构内表面最高温度，可近似地按下式计算：

$$\theta_{i,max} = \bar{\theta}_i + \left(\frac{A_{tas}}{\nu_0} + \frac{A_{ti}}{\nu_i}\right)\beta \quad (4.5\text{-}4)$$

式中 $\bar{\theta}_i$——内表面平均温度；

$$\overline{\theta_i} = \overline{t_i} + \frac{\overline{t_{sa}} - \overline{t_i}}{R_0 \cdot \alpha_i} \quad (4.5\text{-}5)$$

A_{ti}——室内计算温度波幅，℃，取 $A_{ti} = A_{te} - 1.5$℃；

A_{tsa}——室外综合温度波幅，℃；

$$A_{tsa} = (A_{ts} + A_{te})\beta \quad (4.5\text{-}6)$$

A_{te}——室外计算温度波幅，℃；按表 4.1-12 取值；

A_{ts}——太阳辐射当量温度波幅，℃；

$$A_{ts} = \frac{\rho_s(I_{max} - \bar{I})}{\alpha_e} \quad (4.5\text{-}7)$$

I_{max}——水平或垂直面上太阳辐射照度最大值，W/m^2，按表 4.1-10；

$\bar{I}$——水平或垂直面上太阳辐射照度平均值，W/m^2，见表 4.1-10；

ρ_s——太阳辐射吸收系数，见表 4.1-11；

β——相位差修正系数，见表 4.1-19；

R_0——围护结构的传热阻，m^2·K/W；

α_i——内表面换热系数，W/(m^2·K)；

α_e——外表面换热系数，W/(m^2·K)；

$\overline{t_i}$——室内计算温度平均值，℃，取 $\overline{t_i} = \overline{t_{ec}} + 1.5$℃；

$\overline{t_{e,c}}$——室外计算温度平均值，℃，见表 4.1-12；

$\overline{t_{sa}}$——室外综合温度平均值，℃；

ν_0——围护结构总衰减倍数，见（4.3-11）式；

ν_i——室内空气至内表面的衰减倍数，见（4.3-13）式。

5. 通风屋顶内表面最高温度的计算

对于薄型面层（如混凝土薄板、大阶砖等），厚型基层（如混凝土实心板、空心板等)，间层高度为20cm左右的通风屋顶，其内表面最高温度可近似按以下方法计算。

(1) 面层下表面温度的最大值 $\theta_{i,max}$，平均值 $\bar{\theta}_i$ 及波幅 A_{θ_n} 分别按下列公式计算：

$$\theta_{i,max}=0.8t_{sa.max} \tag{4.5-8}$$

$$\bar{\theta}_n=0.54t_{sa.max} \tag{4.5-9}$$

$$A_{\theta_n}=0.26t_{sa.max} \tag{4.5-10}$$

(2) 空气间层的综合温度（作为基层上表面的热作用）的平均值 $t_{j.z}$ 及波幅 $A_{t_{j.z}}$ 分别按下列公式计算：

$$\overline{t_{j.z}}=0.5(\overline{t_{j.k}}+\bar{\theta}_i) \tag{4.5-11}$$

$$A_{t_{j.z}}=0.5(A_{t_{j.z}}+A_{\theta_n}) \tag{4.5-12}$$

式中 $\overline{t_{j.z}}$——间层空气温度平均值，℃，取 $\overline{t_{j.z}}=1.06\,\overline{t_{e,c.}}$，$\overline{t_{e,c.}}$ 为室外计算温度平均值；

$A_{t_{j.z}}$——间层空气温度波幅，℃，取 $A_{t_{j.z}}=1.3A_{t_e}$，A_{t_e} 为室外计算温度波幅；

$\bar{\theta}_i$——面层下表面温度平均值，℃；

$A_{\theta n}$——面层下表面温度波幅，℃。

(3) 求得空气间层综合温度后，可按 (1) 中同样的方法计算出基层内表面（即下表面）最高温度，中间层综合温度最大出现时取 $\varphi_{t_{j.z}}=13:30$。

4.5.2 夏季隔热计算参数

对全国部分地区建筑物的外墙和屋顶的隔热计算用参数进行了计算，其结果列于以下各表中。

1. 屋面

屋面隔热，要求屋面内表面温度最大值满足 $\theta_{i,max}\leqslant t_{e.max}$ 或 $\theta_{i,max}\leqslant t_{e.max}+1$，因此，可根据隔热要求确定所需隔热层厚度 δ 和内表面最高温度。表4.5-1～4.5-3为几种典型屋面在夏季空调条件下，隔热效果的计算值：

(1) 100mm彩钢夹芯EPS板屋面隔热计算数据，表4.5-1；

(2) 钢筋混凝土倒置屋面隔热计算数据，表4.5-2所示；

(3) 钢筋混凝土坡屋面隔热计算数据，表4.5-3所示。

室内空调状态下100mm彩钢夹芯EPS板屋面夏季隔热计算参数　　表4.5-1

地区	室外气温		室外综合温度		外表面温度及波幅(℃)			内表面温度及波幅(℃)		
	$\bar{t}_e$	$t_{e\cdot max}$	$\bar{t}_{sa}$	$t_{sa,max}$	$\theta_{e,max}$	$\bar{\theta}_e$	A_{t_e}	$\theta_{i,max}$	$\bar{\theta}_i$	A_{t_i}
贵阳	26.9	32.7	44.03	66.96	66.04	43.63	22.42	27.92	26.85	1.07
北京	30.2	36.3	47.78	71.47	70.45	47.30	23.16	28.14	27.02	1.11
福州	30.9	37.2	47.96	71.31	70.30	47.47	22.83	28.13	27.03	1.10
广州	31.1	35.6	48.42	70.24	69.26	47.92	21.33	28.07	27.05	1.02
上海	31.2	36.1	48.46	70.62	69.63	47.96	21.67	28.09	27.05	1.04
南京	32.0	37.1	49.23	71.56	70.55	48.72	21.83	28.14	27.09	1.05
西安	32.3	38.4	49.34	72.57	71.53	48.78	22.67	28.19	27.10	1.09
武汉	32.4	36.9	49.72	71.54	70.53	49.19	21.33	28.13	27.11	1.02
郑州	32.5	38.8	49.56	72.91	71.07	49.03	22.03	28.20	27.11	1.10
长沙	32.7	37.9	49.92	72.33	71.30	49.39	21.92	28.17	27.12	1.05
重庆	33.2	38.9	50.34	73.19	72.14	49.80	22.33	28.21	27.14	1.07
杭州	32.1	37.2	49.33	71.66	70.65	48.81	21.83	28.14	27.09	1.05
南宁	31.0	36.7	48.14	70.99	69.98	47.65	22.33	28.11	27.04	1.07
合肥	32.3	36.8	49.62	71.44	70.43	49.10	21.33	28.13	27.11	1.02
南昌	32.9	37.8	49.63	72.32	71.29	49.63	21.67	28.17	27.13	1.04

注：室内温度26℃，热惰性指标 $D=0.839$，传热系数 $K=0.410$，延迟时间 $\xi(h)=01:05$，衰减倍数 $\nu_0=21.31$

室内空调状态下钢筋混凝土倒置式屋面夏季隔热计算参数 **表 4.5-2**

地区	室外气温		室外综合温度		外表面温度及波幅(℃)			内表面温度及波幅(℃)		
	$\bar{t}_e$	$t_{e\cdot max}$	$\bar{t}_{sa}$	$t_{sa,max}$	$\theta_{e,max}$	$\bar{\theta}_e$	A_{t_e}	$\theta_{i,max}$	$\bar{\theta}_i$	A_{t_i}
贵阳	26.9	32.7	44.03	66.96	62.90	42.33	20.57	27.18	26.92	0.25
北京	30.2	36.3	47.78	71.47	67.45	46.07	21.38	27.54	27.27	0.27
福州	30.9	37.2	47.96	71.31	67.10	46.14	20.96	27.49	27.24	0.26
广州	31.1	35.6	48.42	70.24	66.08	46.53	19.55	27.50	27.26	0.24
上海	31.2	36.1	48.46	70.62	66.44	46.58	19.86	27.51	27.27	0.24
南京	32.0	37.1	49.23	71.56	67.34	47.33	20.02	27.57	27.33	0.24
西安	32.3	38.4	49.34	72.57	68.31	47.51	20.80	27.60	27.35	0.25
武汉	32.4	36.9	49.72	71.54	67.33	47.78	19.55	27.60	27.36	0.24
郑州	32.5	38.8	49.56	72.91	68.64	47.68	20.96	27.62	27.36	0.26
长沙	32.7	37.9	49.92	72.33	68.09	47.99	20.09	27.63	27.38	0.25
重庆	33.2	38.9	50.34	73.19	68.91	48.42	20.49	27.67	27.42	0.25
杭州	32.1	37.2	49.33	71.66	67.44	47.42	20.02	27.58	27.34	0.24
南宁	31.0	36.7	48.14	70.99	66.79	46.30	20.49	27.50	27.25	0.25
合肥	32.3	36.8	49.62	71.44	67.23	47.69	19.55	27.59	27.35	0.24
南昌	32.9	37.8	49.63	72.32	68.08	48.22	19.86	27.64	27.40	0.24

注：室内温度 26℃，热惰性指标 $D=3.550$，传热系数 $K=0.669$，延迟时间 ξ(h)=10：30，衰减倍数 $\nu_o=91.26$

室内空调状态下钢筋混凝土坡屋面夏季隔热计算参数 **表 4.5-3**

地区	室外气温		室外综合温度		外表面温度及波幅(℃)			内表面温度及波幅(℃)		
	$\bar{t}_e$	$t_{e\cdot max}$	$\bar{t}_{sa}$	$t_{sa,max}$	$\theta_{e,max}$	$\bar{\theta}_e$	A_{t_e}	$\theta_{i,max}$	$\bar{\theta}_i$	A_{t_i}
贵阳	26.9	32.7	44.03	66.96	62.19	42.03	20.17	27.17	26.87	0.30
北京	30.2	36.3	47.78	71.47	66.80	45.81	20.99	27.50	27.19	0.31
福州	30.9	37.2	47.96	71.31	66.40	45.85	20.55	27.46	27.16	0.30
广州	31.1	35.6	48.42	70.24	65.40	46.24	19.16	27.46	27.18	0.28
上海	31.2	36.1	48.46	70.62	65.76	46.29	19.47	27.47	27.19	0.29
南京	32.0	37.1	49.23	71.56	66.66	47.04	19.62	27.53	27.24	0.29
西安	32.3	38.4	49.34	72.57	67.62	47.23	20.39	27.56	27.26	0.30
武汉	32.4	36.9	49.72	71.54	66.66	47.50	19.16	27.55	27.27	0.28
郑州	32.5	38.8	49.56	72.91	67.94	47.40	20.55	27.58	27.28	0.30
长沙	32.7	37.9	49.92	72.33	67.41	47.71	19.70	27.58	27.29	0.29
重庆	33.2	38.9	50.34	73.19	68.22	48.14	20.08	27.62	27.33	0.29
杭州	32.1	37.2	49.33	71.66	66.76	47.14	19.62	27.54	27.25	0.29
南宁	31.0	36.7	48.14	70.99	66.09	46.01	20.08	27.46	27.17	0.29
合肥	32.3	36.8	49.62	71.44	66.56	47.40	19.16	27.55	27.27	0.28
南昌	32.9	37.8	49.63	72.32	67.40	47.93	19.47	27.59	27.31	0.29

注：室内温度 26℃，热惰性指标 $D=3.133$，传热系数 $K=0.624$，延迟时间 ξ(h)=09：00，衰减倍数 $\nu_o=77.49$

2. 外墙

(1) 表 4.5-4 为我国夏热冬冷和夏热冬暖地区普通 240 砖墙、240KP 空心砖 + 30EPS 板外保温隔热外墙、190mm 混凝土空心砌块 + 35mm EPS 板外保温隔热墙体，在自然通风条件下西（东）向外墙内表面最高温度 $\theta_{i,max}$的计算值。

围护结构在自然通风条件下西墙的隔热性能 **表 4.5-4**

地区	室外计算温度最大值 $t_{e.max}$(℃)	内表面最高温度 $\theta_{i,max}$(℃)		
		240mm 空心砖两面抹灰砖墙 $\nu_0=23.2$, $\xi_0=8.40$ $\rho=0.7$ 浅料	240mm 空心砖+30mmEPS 板外保温墙体 $\nu_0=102.98$, $\xi_0=8.55$ $\rho=0.7$ 浅料	190mm 混凝土空心砌块+35mm EPS 板外保温墙体 $\nu_0=29.76$, $\xi_0=5.25$ $\rho=0.7$ 浅料
重庆	38.9	37.59	37.16	37.81
武汉	36.9	36.22	35.73	36.34
广州	35.6	34.92	34.43	35.04
长沙	37.9	36.85	36.40	37.03
西安	38.4	36.89	36.47	37.14
南京	37.1	36.10	35.65	36.28
上海	36.1	35.20	34.74	35.37
杭州	37.2	36.20	35.75	36.38
南宁	36.7	35.39	34.96	35.61
合肥	36.8	36.12	35.63	36.24
福州	37.2	35.59	35.18	35.85
南昌	37.8	36.90	36.44	36.28

从表中计算结果表明：在自然通风下，普通抹灰 240 空心砖墙和 240 空心砖墙+30EPS 板及 190mm 混凝土空心砌块+35mm EPS 板外保温墙体的隔热能满足隔热标准要求。但提高墙体的热工性能，加大热阻对自然通风条件下隔热是有限的。

(2) 以目前使用的混凝土剪力墙、空心砖 240 砖、混凝土空心砌块、加气混凝土、彩钢夹芯 EPS 板等几种典型外墙外保温隔热墙体在夏季空调条件下，西墙的隔热效果，计算结果列于表 4.5-5～表 4.5-10 所示。

室内空调状态下 200mm 钢筋混凝土+35EPS 外保温墙西墙夏季隔热计算参数 **表 4.5-5**

地区	室外气温		室外综合温度		外表面温度及波幅(℃)			内表面温度及波幅(℃)		
	$\bar{t}_e$	$t_{e\cdot max}$	$\bar{t}_{sa}$	$t_{sa,max}$	$\theta_{e,max}$	$\bar{\theta}_e$	A_{t_e}	$\theta_{i,max}$	$\bar{\theta}_i$	A_{t_i}
贵阳	26.9	32.7	37.39	54.47	52.13	36.87	15.27	26.90	26.65	0.25
北京	30.2	36.3	42.94	61.77	58.59	41.54	17.06	27.35	27.08	0.28
福州	30.9	37.2	41.79	58.97	56.40	40.68	15.72	27.32	27.06	0.26
广州	31.1	35.6	41.99	57.37	54.94	40.87	14.08	27.31	27.09	0.23
上海	31.2	36.1	42.09	57.87	35.76	41.97	14.44	27.33	27.10	0.23
南京	32.0	37.1	42.89	57.87	56.35	41.73	14.62	27.41	27.18	0.24
西安	32.3	38.4	43.19	60.17	57.55	42.01	15.54	27.46	27.21	0.25
武汉	32.4	36.9	42.29	58.67	56.19	42.11	14.08	27.44	27.22	0.23
郑州	32.5	38.8	43.39	60.57	57.93	42.20	15.72	27.48	27.23	0.26
长沙	32.7	37.9	43.59	59.67	57.11	42.40	14.72	27.49	27.25	0.24
重庆	33.2	38.9	44.09	60.67	58.05	42.87	15.17	27.54	27.30	0.25
杭州	32.1	37.2	42.99	58.97	56.45	41.82	14.62	27.42	27.19	0.24
南宁	31.0	36.7	41.87	58.47	55.95	41.89	16.59	27.32	27.07	0.25
合肥	32.3	36.8	41.19	58.57	56.09	42.02	15.39	27.43	27.21	0.23
南昌	32.9	37.8	43.79	59.57	57.03	42.59	15.79	27.50	27.27	0.23

注：室内温度 26℃，热惰性指标 $D=2.828$，传热系数 $K=0.884$，延迟时间 $\xi(h)=07:15$，衰减倍数 $\nu_0=68.14$

室内空调状态下 250mm 钢筋混凝土＋35EPS 外保温墙西墙夏季隔热计算参数　　表 4.5-6

地区	室外气温		室外综合温度		外表面温度及波幅(℃)			内表面温度及波幅(℃)		
	$\bar{t}_e$	$t_{e\cdot max}$	$\bar{t}_{sa}$	$t_{sa,max}$	$\theta_{e,max}$	$\bar{\theta}_e$	A_{t_e}	$\theta_{i,max}$	$\bar{\theta}_i$	A_{t_i}
贵阳	26.9	32.7	37.39	54.47	52.13	36.87	15.27	26.78	26.58	0.18
北京	30.2	36.3	42.94	61.77	58.59	41.54	17.06	27.22	27.02	0.20
福州	30.9	37.2	41.79	58.97	56.40	40.68	15.72	27.22	27.01	0.18
广州	31.1	35.6	41.99	57.37	54.94	40.87	14.08	27.20	27.04	0.16
上海	31.2	36.1	42.09	57.87	35.76	41.97	14.44	27.22	27.05	0.17
南京	32.0	37.1	42.89	57.87	56.35	41.73	14.62	27.30	27.13	0.17
西安	32.3	38.4	43.19	60.17	57.55	42.01	15.54	27.34	27.16	0.18
武汉	32.4	36.9	42.29	58.67	56.19	42.11	14.08	27.33	27.17	0.16
郑州	32.5	38.8	43.39	60.57	57.93	42.20	15.72	27.36	27.18	0.18
长沙	32.7	37.9	43.59	59.67	57.11	42.40	14.72	27.37	27.20	0.17
重庆	33.2	38.9	44.09	60.67	58.05	42.87	15.17	27.30	27.13	0.17
杭州	32.1	37.2	42.99	58.97	56.46	41.84	14.63	27.31	27.14	0.17
南宁	31.0	36.7	41.87	58.47	55.96	41.89	15.18	27.20	27.03	0.18
合肥	32.3	36.8	41.19	58.57	56.10	42.03	14.08	27.32	27.16	0.16
南昌	32.9	37.8	43.79	59.57	57.04	42.60	14.44	27.30	27.22	0.17

注：室内温度 26℃，热惰性指标 D=3.309，传热系数 K=0.862，延迟时间 ξ(h)=08：35，衰减倍数 ν_o=95.55

室内空调状态下 190mm 混凝土砌块＋35EPS 外保温墙西墙夏季隔热计算参数　　表 4.5-7

地区	室外气温		室外综合温度		外表面温度及波幅(℃)			内表面温度及波幅(℃)		
	$\bar{t}_e$	$t_{e\cdot max}$	$\bar{t}_{sa}$	$t_{sa,max}$	$\theta_{e,max}$	$\bar{\theta}_e$	A_{t_e}	$\theta_{i,max}$	$\bar{\theta}_i$	A_{t_i}
贵阳	26.9	32.7	37.39	54.47	52.31	36.93	15.38	27.20	26.64	0.56
北京	30.2	36.3	42.94	61.77	58.81	41.63	17.18	27.65	27.02	0.63
福州	30.9	37.2	41.79	58.97	56.61	40.77	15.84	27.57	26.99	0.58
广州	31.1	35.6	41.99	57.37	53.14	40.96	14.18	27.52	27.01	0.51
上海	31.2	36.1	42.09	57.87	55.60	41.06	14.55	27.54	27.02	0.53
南京	32.0	37.1	42.89	57.87	56.56	41.82	14.73	27.62	27.09	0.53
西安	32.3	38.4	43.19	60.17	57.77	42.11	15.66	27.69	27.11	0.57
武汉	32.4	36.9	42.29	58.67	56.39	42.21	14.18	27.64	27.12	0.51
郑州	32.5	38.8	43.39	60.57	58.14	42.30	15.04	27.71	27.13	0.58
长沙	32.7	37.9	43.59	59.67	57.32	42.49	16.09	27.69	27.15	0.54
重庆	33.2	38.9	44.09	60.67	57.32	42.49	16.09	27.69	27.15	0.54
杭州	32.1	37.2	42.99	58.97	56.65	41.92	14.73	27.63	27.10	0.53
南宁	31.0	36.7	41.87	58.47	56.15	40.86	15.29	27.56	27.00	0.56
合肥	32.3	36.8	41.19	58.57	56.29	42.11	14.18	27.63	27.12	0.51
南昌	32.9	37.8	43.79	59.57	57.24	42.69	14.55	27.70	27.07	0.53

注：室内温度 26℃，热惰性指标 D=3.024，传热系数 K=0.771，延迟时间 ξ(h)=05：25，衰减倍数 ν_o=29.76

室内空调状态下240mm空心砖+30胶粉EPS颗粒外保温墙西墙夏季隔热计算参数　表4.5-8

地区	室外气温		室外综合温度		外表面温度及波幅(℃)			内表面温度及波幅(℃)		
	$\bar{t}_e$	$t_{e\cdot max}$	$\bar{t}_{sa}$	$t_{sa,max}$	$\theta_{e,max}$	$\bar{\theta}_e$	A_{t_e}	$\theta_{i,max}$	$\bar{\theta}_i$	A_{t_i}
贵阳	26.9	32.7	37.39	54.47	51.61	36.73	14.09	26.84	26.64	0.20
北京	30.2	36.3	42.94	61.77	58.01	40.54	15.33	27.26	27.04	0.21
福州	30.9	37.2	41.79	58.97	55.88	40.77	15.84	27.26	27.05	0.21
广州	31.1	35.6	41.99	57.37	54.46	40.73	13.73	27.25	27.07	0.19
上海	31.2	36.1	42.09	57.87	54.91	40.83	14.08	27.27	27.08	0.19
南京	32.0	37.1	42.89	57.87	55.05	41.59	14.26	27.35	27.16	0.19
西安	32.3	38.4	43.19	60.17	57.03	41.88	15.16	27.40	27.19	0.21
武汉	32.4	36.9	42.29	58.67	55.07	41.97	13.73	27.39	27.20	0.19
郑州	32.5	38.8	43.39	60.57	57.40	42.07	15.33	27.42	27.21	0.21
长沙	32.7	37.9	43.59	59.67	56.61	42.26	14.35	27.42	27.23	0.20
重庆	33.2	38.9	44.09	60.67	57.53	42.73	14.80	27.48	27.28	0.20
杭州	32.1	37.2	42.99	58.97	55.59	41.69	14.26	27.36	27.17	0.19
南宁	31.0	36.7	41.87	58.47	55.44	40.64	14.80	27.26	27.06	0.20
合肥	32.3	36.8	41.19	58.57	55.60	41.88	14.37	27.19	27.12	0.19
南昌	32.9	37.8	43.79	59.57	56.53	42.45	14.08	27.44	27.25	0.19

注：室内温度26℃，热惰性指标$D=4.375$，传热系数$K=0.881$，延迟时间ξ(h)=10∶35，衰减倍数$\nu_o=82.90$

室内空调状态下200加气混凝土墙西墙夏季隔热计算参数　表4.5-9

地区	室外气温		室外综合温度		外表面温度及波幅(℃)			内表面温度及波幅(℃)		
	$\bar{t}_e$	$t_{e\cdot max}$	$\bar{t}_{sa}$	$t_{sa,max}$	$\theta_{e,max}$	$\bar{\theta}_e$	A_{t_e}	$\theta_{i,max}$	$\bar{\theta}_i$	A_{t_i}
贵阳	26.9	32.7	37.39	54.47	50.90	36.48	14.42	27.32	26.67	0.65
北京	30.2	36.3	42.94	61.77	57.21	41.11	16.10	27.80	27.08	0.72
福州	30.9	37.2	41.79	58.97	55.17	40.31	14.86	27.72	27.05	0.67
广州	31.1	35.6	41.99	57.37	53.80	40.50	13.30	27.66	27.07	0.59
上海	31.2	36.1	42.09	57.87	54.24	40.60	13.64	27.69	27.08	0.61
南京	32.0	37.1	42.89	57.87	55.18	41.36	13.83	27.77	27.15	0.62
西安	32.3	38.4	43.19	60.17	56.33	41.65	14.68	27.84	27.18	0.66
武汉	32.4	36.9	42.29	58.67	55.04	41.74	13.30	27.78	27.19	0.59
郑州	32.5	38.8	43.39	60.57	56.70	41.84	14.86	27.87	27.20	0.67
长沙	32.7	37.9	43.59	59.67	55.94	42.04	13.90	27.84	27.22	0.62
重庆	33.2	38.9	44.09	60.67	56.85	42.51	14.34	27.91	27.27	0.65
杭州	32.1	37.2	42.99	58.97	55.27	41.46	13.82	27.78	27.16	0.62
南宁	31.0	36.7	41.87	58.47	54.74	40.40	14.34	27.70	27.06	0.64
合肥	32.3	36.8	41.19	58.57	54.95	41.65	13.30	27.77	27.18	0.59
南昌	32.9	37.8	43.79	59.57	55.87	42.22	13.64	27.85	27.24	0.61

注：室内温度26℃，热惰性指标$D=3.581$，传热系数$K=0.822$，延迟时间ξ(h)=07∶10，衰减倍数$\nu_o=25.69$。

室内空调状态下 100mm 彩钢夹芯 EPS 板墙西向夏季隔热计算参数　　表 4.5-10

地区	室外气温		室外综合温度		外表面温度及波幅(℃)			内表面温度及波幅(℃)		
	$\bar{t}_e$	$t_{e\cdot max}$	$\bar{t}_{sa}$	$t_{sa,max}$	$\theta_{e,max}$	$\bar{\theta}_e$	A_{t_e}	$\theta_{i,max}$	$\bar{\theta}_i$	A_{t_i}
贵阳	26.9	32.7	37.39	54.47	53.83	37.52	16.31	27.34	26.55	0.78
北京	30.2	36.3	42.94	61.77	60.98	42.56	18.42	27.67	26.79	0.88
福州	30.9	37.2	41.79	58.97	58.24	41.43	16.89	27.55	26.74	0.81
广州	31.1	35.6	41.99	57.37	56.68	41.63	15.04	27.48	26.75	0.72
上海	31.2	36.1	42.09	57.87	57.16	41.73	15.34	27.50	26.76	0.74
南京	32.0	37.1	42.89	57.87	58.14	42.51	15.63	27.55	26.79	0.75
西安	32.3	38.4	43.19	60.17	59.40	42.80	16.60	27.61	26.81	0.80
武汉	32.4	36.9	42.29	58.67	57.95	42.90	15.04	27.54	26.81	0.72
郑州	32.5	38.8	43.39	60.57	56.70	41.84	14.86	27.87	27.20	0.67
长沙	32.7	37.9	43.59	59.67	58.92	43.20	15.73	27.50	26.83	0.76
重庆	33.2	38.9	44.09	60.67	59.90	43.68	16.21	27.63	26.85	0.78
杭州	32.1	37.2	42.99	58.97	58.24	42.61	15.63	27.55	26.80	0.75
南宁	31.0	36.7	41.87	58.47	57.74	41.53	16.21	27.53	26.75	0.70
合肥	32.3	36.8	41.19	58.57	57.85	42.01	15.04	27.53	26.81	0.72
南昌	32.9	37.8	43.79	59.57	58.82	43.39	15.43	27.58	26.84	0.74

注：室内温度 26℃，热惰性指标 $D=0.839$，传热系数 $K=0.410$，延迟时间 $\xi(h)=01:05$，衰减倍数 $\nu_0=21.31$。

4.6　供暖建筑围护结构的防潮设计

围护结构内部冷凝将直接影响建筑的供暖能耗和使用寿命，而且是一种看不见的隐患。防潮设计的目的是分析所设计的构造形式是否产生内部冷凝现象，防止围护结构内部凝结，或保温材料受潮，消除冷凝对围护结构的危害。

验算的方法　根据供暖期保温层内重量湿度允许增量，计算冷凝界面内侧所需的蒸汽渗透阻。

验算的部位　对外侧有卷材或其他防水层的屋面，以及多层复合保温墙体结构进行验算。

4.6.1　围护结构内部冷凝的检验和计算

1. 围护结构内部冷凝的判别，如图 4.6-1 所示。

(1) 内部冷凝条件：内部某处的水蒸气分压力 P_m 大于该处的饱和水蒸气分压力 P_s。

(2) 判别方法：

(a) 求各界面的温度 θ_m 并作分布线。

(b) 求与这个界面温度相应的饱和水蒸气分压力 P_S，并作分布线。

(c) 求各黑暗面上实际的水蒸气分压力 P_m，并作分布线。

$$P_m=P_i-\frac{P_i-P_e}{H_0}(H_1+H_2+\cdots\cdots+H_{m-1}) \tag{4.6-1}$$

式中　P_i、P_e——内表面和外表面水蒸气分压力，取室内和室外空气的水蒸气分压力，Pa；

H_1、$H_2\cdots H_{m-1}$——各层的水蒸气渗透阻，$m^2\cdot h\cdot Pa/g$；

H_0——结构的总水蒸气渗透阻，$m^2\cdot h\cdot Pa/g$。

材料层的水蒸气渗透阻：

$$H=\frac{\delta}{\mu} \tag{4.6-2}$$

多层结构的总水蒸气渗透阻：

$$H_0=\frac{\delta_1}{\mu_1}+\frac{\delta_2}{\mu_2}+\cdots\cdots+\frac{\delta_n}{\mu_n} \tag{4.6-3}$$

式中 δ——材料层厚度，m；

μ——材料的蒸气渗透系数，g /(m・h・Pa)。

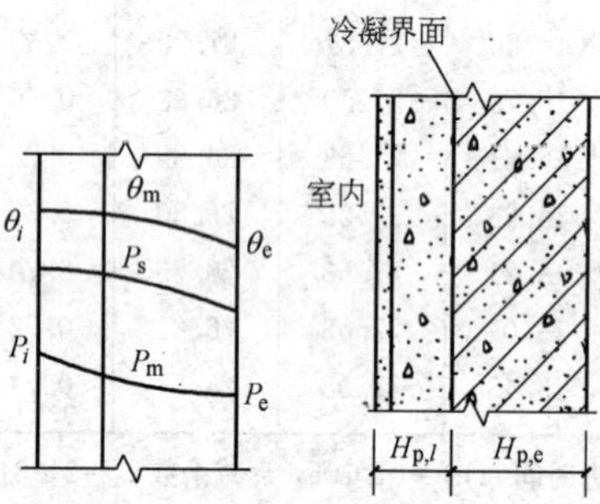

图 4.6-1

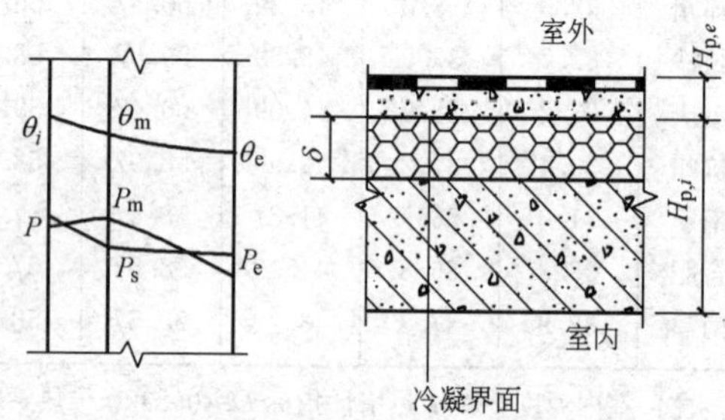

图 4.6-2

(3) 若 P_m 线与 P_a 线不相交，如图 4.6-1 所示，则内部不会出现冷凝；若两线相交，如图 4.6-2 所示，若经判别内部可能出现冷凝，则每平方米小时冷凝量 ω [g/(m²・h)]：

$$\omega=\frac{P_i-P_{sc}}{H_{oi}}-\frac{P_{sc}-P_e}{H_{oe}} \tag{4.6-4}$$

式中 P_i、P_e——室内和室外水蒸气分压力，Pa；

P_{sc}——冷凝界面温度下的饱和水蒸气分压力，Pa；

H_{oi}——内表面至冷凝界面的水蒸气渗透阻，$m^2\cdot h\cdot Pa/g$；

H_{oe}——外表面至冷凝界面的水蒸气渗透阻，$m^2\cdot h\cdot Pa/g$，见表 4.2-14。

冷凝界面温度 θ_c (℃)：

$$\theta_c=t_i-\frac{t_i-\bar{t}_{e,n}}{R_0}(R_i+R_e) \tag{4.6-5}$$

式中 t_i——室内计算温度，℃；

$\bar{t}_{e,n}$——供暖期室外平均温度，℃；

R_0、R_i、R_e——分别为围护结构传热阻、内表面和外表面换热阻，$(m^2\cdot K)/W$；

R_{oi}——内表面至冷凝界面的热阻 $(m^2\cdot K)/W$。

供暖期每平方米的冷凝量 W (g/m²)：

$$W=24Z\omega \tag{4.6-6}$$

式中 Z——供暖期天数，d；

ω——每平方米小时冷凝量，$g/(m^2\cdot h)$。

2. 冷凝界面内侧所需水蒸气渗透阻的计算

为保证供暖期内围护结构内部保温材料因冷凝受潮湿而使其重量湿度的增量不超过允许值，冷凝界面内侧所需的水蒸汽渗透阻：

$$H_{0i}=\frac{P_i-P_{sc}}{\frac{10\rho_0\delta_i[\Delta\omega]}{24Z}+\frac{P_{sc}-P_{e,n}}{H_{0e}}} \tag{4.6-7}$$

式中 $[\Delta\omega]$——供暖期内保温材料重量湿度允许增量，见表 4.1-9；

ρ_0——保温材料干密度，kg/m^3；

δ_i——保温材料厚度，m。

当冷凝界面内侧实际具有的水蒸气渗透阻小于所需值时，应设置隔汽层或其他构造措施，以提高内侧的隔汽能力。

式中 H_{0e}——冷凝计算界面至围护结构外表面之间的蒸汽渗透阻，$m^2\cdot h\cdot Pa/g$；

P_i——室内空气水蒸气分压力，Pa，根据室内温湿度确定，由表 4.1-13 查取；

$P_{e,n}$——室外空气水蒸气分压力，Pa，根据表 4.6-1 确定；

$P_{b.f}$——冷凝计算界面处与界面温度 θ_j 对应的饱和水蒸气分压力，Pa，冷凝计算界面温度 θ_j（℃）按下式计算：

$$\theta_j=t_i-\frac{t_i-\bar{t}_{e,n}}{R_0}(R_i-R_{0.n}) \tag{4.6-8}$$

式中 t_i——室内计算温度，℃；

$\bar{t}_{e,n}$——供暖期室外平均温度，℃，见表 4.6-1；

R_0、R_i——分别为围护结构传热阻和内表面换热阻，$(m^2\cdot K)/W$。

3. 对不设通风口的阁楼屋顶，其屋顶部分的蒸汽渗透阻 $H_{0.n}$ 应满足下式要求

$$H_{o.n}\geqslant 1.2(P_i-P_e) \tag{4.6-9}$$

式中 $H_{o.n}$——为顶棚围护结构部分总蒸汽渗透阻，$m^2\cdot h\cdot Pa/g$。

4.6.2 围护结构内部冷凝的检验和计算举例

【例 1】 图 4.6-3 所示屋顶，验算北京地区该屋顶是否需要设隔汽层。

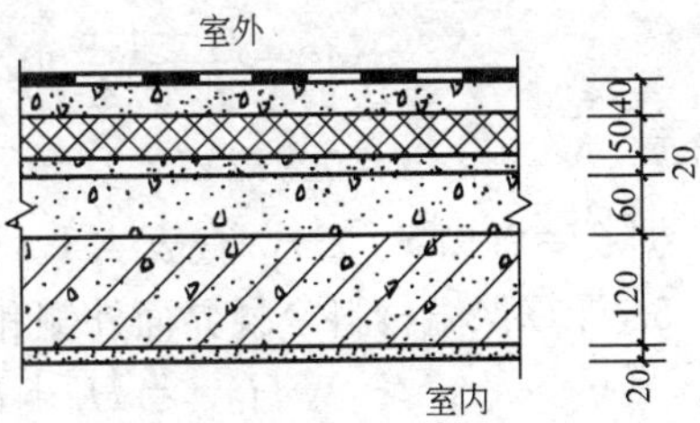

图 4.6-3

【解】 1. 计算屋顶各材料层的热阻和蒸汽渗透系数：

（1）水泥砂浆 $\lambda_1=0.93$，$R_1=\frac{0.02}{0.93}=0.02$，$\mu_1=0.21\times10^{-4}$

（2）钢筋混凝土 $\lambda_2=1.74$，$R_2=\frac{0.20}{1.74}=0.115$，$\mu_2=0.158\times10^{-4}$

（3）硅酸盐保温板块找坡层

$$\lambda_3=0.068\times1.4=0.095\ (a=1.4\text{为修正系数})$$

$$R_3=\frac{0.06}{0.095}=0.632,\ \mu_3=2.163\times10^{-4}$$

(4) 水泥砂浆找平层 $\lambda_4=0.93$，$R_4=\dfrac{0.02}{0.93}=0.02$，$\mu_4=0.21\times10^{-4}$

(5) 聚乙烯泡沫塑料板 $\lambda_5=0.042$，$R_5=\dfrac{0.05}{0.042\times1.2}=0.99$，$\mu_5=0.162\times10^{-4}$ (1.2为修正系数)

(6) 细石混凝土保护层 $\lambda_6=1.51$，$R_6=\dfrac{0.04}{1.51}=0.026$，$\mu_6=0.173\times10^{-4}$

(7) 沥青+防水材料3mm防水层，$\lambda_7=0.26$，$R_7=\dfrac{0.005}{0.26}=0.019$

2. 计算屋面总传热阻 R_0 和传热系数 K：

$$\begin{aligned}R_0&=R_i+R_1+R_2+R_3+R_4+R_5+R_6+R_7+R_e\\&=0.11+0.02+0.115+0.632+0.02+0.99+0.026+0.019+0.04\\&=1.972\ [(m^2\cdot K)/W]\end{aligned}$$

$$K=1/R_0=1/1.972=0.507W/(m^2\cdot K)$$

3. 计算蒸汽渗透阻和水蒸气分压力：

沥青+ABB防水材料3mm+沥青防水层的蒸汽渗透阻为：

$$H_7=5128\ m^2\cdot h\cdot Pa/g$$

室内空气温度 $t_i=18℃$，室内空气相对湿度 $\varphi_i=60\%$，查表4.1-13，得18℃时饱和水蒸气分压力 E_i 为2062.5Pa，计算出室内相对湿度60%的水蒸气分压力为：

$$P_i=E_i\cdot\varphi=2062.5\times0.6=1237.5Pa$$

室外（供暖期平均）空气温度 $t_{en}=-1.6℃$（北京），查表4.1-3，北京供暖期室外空气的相对湿度为50%，饱和水蒸气分压力 E_e 为378.6Pa，则室外水蒸气压力为：

$$P_e=E_e\cdot\varphi_{en,av}=378.6\times0.5=189.3Pa$$

4. 计算防水层下面细石混凝土保护层与保温材料界面层的温度：

$$\begin{aligned}\theta_c&=t_i-\frac{t_i-\bar{t}_{e,n}}{R_0}(R_i+R_{0.1})\\&=t_i-\frac{t_i-\bar{t}_{e,n}}{R_0}(R_i+R_1+R_2+R_3+R_4+R_5+R_6)\\&=18-\frac{18+1.6}{1.972}[0.11+0.02+0.115+0.632+0.02+0.99+0.026]\\&=0.972℃\end{aligned}$$

据 $\theta_c=0.972$（℃），查表4.1-13，得饱和水蒸气分压力为：$P_{s\cdot c}=657.3Pa$

5. 计算保温材料冷凝界面外侧和内侧的蒸汽渗透阻

$$\begin{aligned}H_{o\cdot e}&=H_6+H_7\\&=173+5128=5301\ (m^2\cdot h\cdot Pa/g)\end{aligned}$$

$$\begin{aligned}H_{o\cdot i}&=\frac{\delta_1}{\mu_1}+\frac{\delta_2}{\mu_2}+\frac{\delta_3}{\mu_3}+\frac{\delta_4}{\mu_4}+\frac{\delta_5}{\mu_5}\\&=\frac{0.02}{0.21\times10^{-4}}+\frac{0.20}{0.158\times10^{-4}}+\frac{0.06}{2.163\times10^{-4}}+\frac{0.02}{0.21\times10^{-4}}+\frac{0.05}{0.162\times10^{-4}}\\&=18204.2m^2\cdot h\cdot Pa/g\end{aligned}$$

$$H_{o\cdot i}=18204.2>H_{o\cdot e}=5301$$

所以在保温层的内侧可不设隔汽层。

6. 根据供暖期间围护结构中保温材料重量湿度的允许增量，冷凝界面内侧所需的蒸汽渗透阻计算。

聚苯乙烯的干密度 $\rho_0=30\text{kg/m}^3$，保温层厚度 $\delta_i=0.05\text{m}$，查表 4.1-9，供暖期间该保温材料重量湿度的允许增量$[\Delta\omega]=15\%$，查表 4.1-3，北京的供暖期 $Z=126$ 天，则冷凝计算界面内侧所需的蒸汽渗透阻为：

$$H'_{o\cdot i}=\frac{P_i-P_{s\cdot c}}{\dfrac{10\rho_0\delta_i[\Delta\omega]}{24Z}+\dfrac{P_{s\cdot c}-P_e}{H_{o\cdot e}}}$$

$$=\frac{1237.5-657.3}{\dfrac{10\times30\times0.05\times15}{24\times126}+\dfrac{657.3-189.3}{5301}}=3566\text{m}^2\cdot\text{h}\cdot\text{Pa/g}$$

$H_{o\cdot i}=18204.2>H'_{o\cdot i}=3566$ 所以不需要设隔汽层。

【例 2】 如图 4.6-4 所示，对沈阳地区混凝土外墙内保温防潮验算。

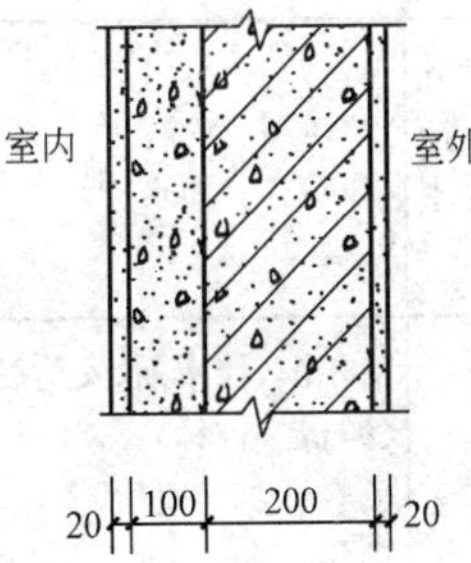

图 4.6-4

【解】 1. 计算外墙各材料层的热阻和蒸汽渗透系数：

(1) 水泥砂浆 $\lambda_1=0.93$，$R_1=\dfrac{0.02}{0.93}=0.02$，$\mu_1=0.21\times10^{-4}$

(2) 钢筋混凝土 $\lambda_2=1.74$，$R_2=\dfrac{0.2}{1.74}=0.115$，$\mu_2=0.158\times10^{-4}$

(3) GS 胶粘剂 $\lambda_3=0.68$，$R_3=\dfrac{0.003}{0.68}=0.004$，$\mu_3=0.21\times10^{-4}$

(4) 硅酸盐保温板块

$$\lambda_4=0.068\times1.15=0.078\ (a=1.15\ 为修正系数)$$

$$R_4=\frac{0.10}{0.078}=1.282,\quad \mu_4=2.163\times10^{-4}$$

(5) 水泥砂浆 $\lambda_5=0.93$，$R_5=\dfrac{0.02}{0.93}=0.02$，$\mu_5=0.21\times10^{-4}$

2. 计算蒸汽渗透阻和水蒸气分压力及总传热阻 R_0：

室内：$t_i=18℃$，$\varphi=60\%$，$P_i=1237.5$

室外：$t_{e,n}=-5.6℃$，$\phi_{en,av}=58\%$，$P_{e,n}=219.6$

$$R_0=0.11+0.02+1.282+0.004+0.115+0.02+0.04$$
$$=1.591(\text{m}^2\cdot\text{K/W})$$

$$\theta_c=t_i-\frac{t_i-\bar{t}_{e,n}}{R_0}(R_i+R_{0.1})$$

$$=18-\frac{18+5.6}{1.591}(0.11+0.02+1.282)$$

$$=18-14.9\times1.412=18-21.04=-3.04℃$$

3. 计算保温材料界面层的温度：

冷凝界面（GS 胶粘剂与坚壳珍珠岩块）到外表面的蒸汽渗透阻为：

$$H_{o \cdot e}=\frac{0.02}{0.21\times10^{-4}}+\frac{0.2}{0.158\times10^{-4}}+\frac{0.003}{0.21\times10^{-4}}$$

$$=952+12658+143=13753\ \mathrm{m^2\cdot h\cdot Pa/g};$$

冷凝界面到内表面实有的蒸汽渗透阻：

$$H_{o \cdot i}=\frac{0.1}{2.163\times10^{-4}}+\frac{0.02}{0.21\times10^{-4}}=1414\ \mathrm{m^2\cdot h\cdot Pa/g};$$

$$H_{o \cdot e}=13753>H_{o \cdot i}=1414$$

可见冷凝界面到内表面的蒸汽渗透阻不够，应在保温材料热侧设隔汽层，或在钢筋混凝土与保温材料之间设防潮（防止保温材料受潮）空气间层。

若不设隔汽层，应再计算保温材是否满足其允许的重量湿度增量$[\Delta\bar{\omega}]=6\%$的要求。允许其湿度增量要求冷凝界面内侧应具有的蒸汽渗透阻。

全国供暖区主要城市供暖期室外气象参数分类表 **表 4.6-1**

气象资料编号	地名	供暖室外计算温度 $t_{w,c}=t_{el}$（℃）	供暖期平均室外气象参数				备注
			天数 Z	气温 $\bar{t}_{e,n}$（℃）	相对湿度 $\phi_{en,av}$（%）	水蒸气分压力 $P_{e,n}$（Pa）	
1	哈尔滨、佳木斯、安达、齐齐哈尔	−26	179	−10	0.65	168.986	
2	牡丹江、吉林	−25	175	−9.6	0.65	174.185	
3	长春、四平、通化	−23	170	−8.4	0.65	194.117	
4	乌鲁木齐	−22	162	−8.5	0.75	221.981	
5	抚顺、呼和浩特	−20	160	−6.6	0.60	210.382	
6	沈阳、本溪、鞍山	−19	152	−5.4	0.60	232.78	
7	张家口、张掖、石嘴山	−16	154	−5	0.50	200.65	
8	锦州、银川、承德	−15	146	−4.5	0.52	217.688	
9	西宁	−13	162	−3.3	0.50	231.98	
10	大连、太原	−12	135	−2.4	0.57	284.976	
11	兰州、秦皇岛	−11	135	−2.8	0.60	290.375	
12	唐山	−10	129	−2	0.55	284.509	
13	北京、天津、阳泉、保定	−9	124	−1.6	0.54	288.695	
14	石家庄、淄博	−9	114	−0.5	0.59	346.104	
15	天水、青岛	−7	117	−0.2	0.67	402.859	
16	济南、邯郸、安阳	−7	106	0.5	0.60	379.968	
17	徐州、连云港	−5	93	1	0.63	414.085	
18	西安、新乡	−5	102	1	0.65	427.23	
19	宝鸡、开封	−5	102	1.2	0.63	419.964	
20	郑州、洛阳	−5	100	1.5	0.58	395.14	

4.7 建筑节能设计

4.7.1 严寒、寒冷地区居住建筑节能设计

1. 建筑物的耗热量及耗热量指标

建筑物的耗热量，是在一个供暖期内，为保持室内计算温度，需要由供暖设备供给建

筑物的热量，单位是 kWh/a（a——每年，实际上指一个供暖期）。

建筑物的耗热量指标，是在供暖期室外平均温度条件下，为了保持室内计算温度，单位建筑面积在单位时间内消耗的、需要由供暖设备供给的热量，单位是 W/m^2。它是评价建筑物能耗水平的一个重要指标。

“建筑物的耗热量指标”与供暖设计时应用的“建筑物供暖热负荷指标”是完全不同的；后者是在供暖室外计算温度条件下，为了保持室内计算温度，单位建筑面积在单位时间内需要由供暖设备供给的热量，单位是 W/m^2。由于供暖室外计算温度永远低于供暖期室外平均温度，因此，建筑物的耗热量指标在数值上也总是小于建筑物供暖热负荷指标。

2. 影响建筑物耗热量的主要因素

影响建筑物耗热量的因素很多，主要因素如表 4.7-1 所示：

影响建筑物耗热量的主要因素 **表 4.7-1**

序号	因　素	解　　释	与能耗的关系	要　　求
1	体形系数	建筑物与室外大气接触的外表面积(不包括地面、不供暖楼梯间隔墙和户门的面积)与其所包围建筑体积的比值	在各部分围护结构传热系数和窗墙面积比不变的条件下,耗热量随体形系数的增大而急剧上升	宜控制在≤0.3；若＞0.3,则应提高外墙、窗户和屋顶的保温性能
2	窗墙面积比	窗户洞口面积与房间立面单元面积(房间层高与开间定位线围成的面积)的比值	在寒冷地区采用单层窗、严寒地区采用双层窗或双玻窗条件下,耗热量随窗墙面积比的增大而上升	供暖居住建筑不应超过以下数值:北 0.25;南 0.35;东、西 0.3
3	建筑物的朝向		东西向多层住宅建筑的耗热量比南北向的约增加 5.5%	宜采用南北向或接近南北向,主要房间避开冬季主导风向
4	围护结构的传热系数	围护结构两侧空气温度差为 1K,每小时通过 $1m^2$ 面积传递的热量	在建筑物轮廓尺寸和窗墙面积比不变的条件下,耗热量随围护结构传热系数的减小而降低	详见《民用建筑节能设计标准(采暖居住建筑部分)》(JGJ 26—95)
5	建筑物的高度		层数在 10 层以上时,耗热量指标趋于稳定。北向带封闭式通廊的板式高层住宅,耗热量比多层时约低 6%。高层住宅在面积相近条件下,塔式的耗热量比板式高 10%～14%左右	不宜设计体形复杂、凹凸面很多的塔式住宅
6	楼梯间	楼梯间开敞与否	多层住宅采用开敞式楼梯间时的耗热量,比有门窗的楼梯间增大 10%～20%左右	供暖建筑的楼梯间和外廊应设置门窗。 建筑物入口处应设置门斗或其他避风措施
7	换气次数	单位时间内室内空气更换的次数	换气次数由 $0.8h^{-1}$ 降至 $0.5h^{-1}$,耗热量降低 10%左右	一般应保持≤$0.5h^{-1}$

3. 建筑物耗热量指标和供暖耗煤量指标的计算

建筑物的耗热量指标 q（W/m^2），可按下式计算：

$$q = q_e + q_{inf} - q_g \tag{4.7-1}$$

围护结构的传热耗热量：

$$q_e = (t_i - t_m)\left(\sum_{i=1}^{m} \varepsilon_i K_i F_i\right)\frac{1}{A} \quad (4.7\text{-}2)$$

冷风渗透耗热量：

$$q_{inf} = (t_i - t_m)(c_p \rho N V)\frac{1}{A} \quad (4.7\text{-}3)$$

式中 q_g——建筑物的内部得热（包括炊事、照明、家电、人员等），住宅建筑 q_g = 3.8W/m²；

t_i——全部房间平均室内计算温度，一般住宅 t_i=16℃；

t_m——供暖期室外平均温度，℃；

ε_i——围护结构传热系数的修正系数；

K_i——围护结构的传热系数（外墙取平均传热系数），W/(m²·K)；

F_i——围护结构的面积，m²；

A——建筑面积，m²；

c_p——空气的比热容，一般取 c_p－0.28W·h/(kg·K)；

ρ——空气在温度 t_e℃时的密度，kg/m³；

N——换气次数，住宅取 $N=0.5h^{-1}$；

V——建筑体积，m³。

表4.7-2列出了部分严寒和寒冷地区供暖住宅建筑的耗热量指标。

主要城市的供暖耗热量指标 **表4.7-2**

城市	供暖期计算参数			耗热量指标 q_h (W/m²)	耗煤量指标 q_c (kg/m²)
	天数 Z (d)	室外平均温度 t_m(℃)	HDD18 (℃d)		
北京市	125	−1.6	2450	20.6	12.4
天津市	119	−1.2	2285	20.5	11.8
河北省					
石家庄	112	−0.6	2083	20.3	11.0
张家口	153	−4.8	3488	21.1	15.3
秦皇岛	135	−2.4	2754	20.8	13.5
保定	119	−1.2	2285	20.5	11.8
邯郸	108	0.1	1933	20.3	10.6
承德	144	−4.5	3240	21.0	14.6
唐山	127	−2.9	2654	20.8	12.8
山西省					
太原、长治	135	−2.7	2795	20.8	13.5
大同	162	−5.2	3758	21.1	16.5
阳泉	124	−1.3	2393	20.5	12.2
临汾	113	−1.1	2158	20.4	11.1
晋城	121	−0.9	2287	20.4	11.9
运城	102	0.0	1836	20.3	10.0

续表

城市	供暖期计算参数			耗热量指标 q_h (W/m^2)	耗煤量指标 q_c (kg/m^2)
	天数 Z (d)	室外平均温度 t_m(℃)	HDD18 (℃d)		
内蒙古自治区					
呼和浩特	166	−6.2	4017	21.3	17.0
锡林浩特	190	−10.5	5415	22.0	20.1
海拉尔	209	−14.3	6751	22.6	22.8
通辽	165	−7.4	4191	21.6	17.2
赤峰	160	−6.0	3840	21.3	16.4
满洲里	211	−12.8	6499	22.4	22.8
博克图	210	−11.3	6153	22.2	22.5
二连浩特	180	−9.9	5022	21.9	19.0
多伦	192	−9.2	5222	21.8	20.2
白云鄂博	191	−8.2	5004	21.6	19.9
辽宁省					
沈阳、本溪	152	−5.7	3602	21.2	15.5
丹东	144	−3.5	3096	20.9	14.5
大连	131	−1.6	2568	20.6	13.0
阜新	156	−6.0	3744	21.3	16.0
抚顺	162	−6.6	3986	21.4	16.7
朝阳	148	−5.2	3434	21.1	15.0
锦州	144	−4.1	3182	21.0	14.6
鞍山	144	−4.8	3283	21.1	14.6
锦西	143	−4.2	3175	21.0	14.5
吉林省					
长春	170	−8.3	4471	21.7	17.8
吉林	171	−9.0	4617	21.8	18.0
延吉	170	−7.1	4267	21.5	17.6
通化	168	−7.7	4318	21.6	17.5
双江	167	−7.8	4309	21.6	17.4
四平	163	−7.4	4140	21.5	16.9
白城	175	−9.0	4725	21.8	18.4
黑龙江省					
哈尔滨	176	−10.0	4928	21.9	18.6
嫩江	197	−13.5	6206	22.5	21.4
齐齐哈尔	182	−10.2	5132	21.9	19.2
富锦	184	−10.6	5262	22.0	19.5

续表

城市	供暖期计算参数			耗热量指标 q_h (W/m²)	耗煤量指标 q_c (kg/m²)
	天数 Z (d)	室外平均温度 t_m(℃)	HDD18 (℃d)		
牡丹江	178	−9.4	4877	21.8	18.7
呼玛	210	−14.5	6825	22.7	23.0
佳木斯	180	−10.3	5094	21.9	19.0
安达	180	−10.4	5112	22.0	19.1
伊春	193	−12.4	5867	22.4	20.8
克山	191	−12.1	5749	22.3	20.5
西藏自治区					
拉萨	142	0.5	2485	20.2	13.8
噶尔	240	−5.5	5640	21.2	24.5
日喀则	158	−0.5	2923	20.4	15.5
陕西省					
西安	100	0.9	1710	20.2	9.7
榆林	148	−4.4	3315	21.0	14.8
延安	130	−2.6	2678	20.7	13.0
宝鸡	101	1.1	1707	20.1	9.8
甘肃省					
兰州	132	−2.8	2746	20.8	13.2
酒泉	155	−4.4	3472	21.0	15.7
敦煌	138	−4.1	3053	21.0	14.0
张掖	156	−4.5	3510	21.0	15.8
山丹	165	−5.1	3812	21.1	16.8
平凉	137	−7.1	2699	20.6	13.6
天水	116	−0.3	2123	20.3	11.3
青海省					
西宁	162	−3.3	3451	20.9	16.3
玛多	284	−7.2	7159	21.5	29.4
大柴旦	205	−6.8	5084	21.4	21.1
共和	182	−4.9	4168	21.1	18.5
格尔木	179	−5.0	4117	21.1	18.2
玉树	194	−3.1	4093	20.8	19.4
宁夏回族自治区					
银川	145	−3.8	3161	21.0	14.7
中宁	137	−3.1	2891	20.8	13.7
固原	162	−3.3	3451	20.9	16.3

续表

城市	供暖期计算参数			耗热量指标 q_h (W/m^2)	耗煤量指标 q_c (kg/m^2)
	天数 Z (d)	室外平均温度 t_m(℃)	HDD18 (℃d)		
石嘴山	149	−4.1	3293	21.0	15.1
新疆维吾尔自治区					
乌鲁木齐	162	−8.5	4293	21.8	17.0
塔城	163	−6.5	3994	21.4	16.8
哈密	137	−5.9	3274	21.3	14.1
伊宁	139	−4.8	3169	21.1	14.1
喀什	118	−2.7	2443	20.7	11.8
富蕴	178	-12.6	5447	22.4	19.2
克拉玛依	146	−9.2	3971	21.8	15.3
吐鲁番	117	−5.0	2691	21.1	11.9
库车	123	−3.6	2657	20.9	12.4
和田	112	−2.1	2251	20.7	11.2
山东省					
济南	101	0.6	1757	20.2	9.8
青岛	110	0.9	1881	20.2	10.7
烟台	111	0.5	1943	20.2	10.8
德州	113	−0.8	2124	20.5	11.2
淄博	111	−0.5	2054	20.4	10.9
兖州	106	−0.4	1950	20.4	10.4
潍坊	114	−0.7	2132	20.4	11.2
江苏省					
徐州、宿迁	94	1.4	1560	20.0	9.1
连云港	96		1594		9.2
淮阴	95	1.7	1549		9.2
盐城	90	2.1	1431		8.7
河南省					
郑州	98	1.4	1627	20.0	9.4
安阳	105	0.3	1859	20.3	10.3
濮阳	107	0.2	1905	20.3	10.5
新乡	100	1.2	1680	20.1	9.7
洛阳	91	1.8	1474	20.0	8.8
商丘	101	1.1	1707	20.1	9.8
开封	102	1.3	1703	20.1	9.9
四川省					
阿坝	189	−2.8	3931	20.8	18.9
甘孜	165	−0.9	3119	20.5	16.3
康定	139	0.2	2474	20.3	18.5

供暖耗煤量指标 q_c（kg/m² 标准煤），可按下式计算：

$$q_c = 24Zq/H_c\eta_1\eta_2 \tag{4.7-4}$$

式中 Z——供暖期的天数，d；

H_c——标准热值，$H_c = 8.14\times10^3$ W·h/kg；

η_1——室外热网的输送效率，采取节能措施后，$\eta_1 = 0.90$；

η_2——锅炉运行效率，采取节能措施后，$\eta_2 = 0.58$。

4. 围护结构传热系数的修正系数 ε_i

围护结构传热系数的修正系数 ε_i，等于围护结构有效传热系数 $K_{i.eff}$ 与围护结构传热系数 K_i 的比值，即

$$\varepsilon_i = K_{i.eff}/K_i \tag{4.7-5}$$

通常的围护结构传热系数，是指两侧空气温差为1℃，在单位时间内通过1m² 面积的传热量。考虑的仅仅是温差引起的传热，并没有考虑由于太阳辐射而引起的得热。实际上，围护结构的净热损失 q_{net} 为：

$$q_{net} = q_t + q_s - q_{sol} \tag{4.7-6}$$

式中 q_t——温差引起的热损失；

q_s——天空辐射热损失；

q_{sol}——太阳辐射得热。

由此，可算出围护结构的有效传热系数为：

$$K_{i.eff} = q_{net}/(t_i - t_m) \tag{4.7-7}$$

这样，可列出计算各部分围护结构有效传热系数的下列诸式。

窗户的有效传热系数：$$K_{win.eff} = \frac{K_{win}(t_i - t_m) - (q_\tau + q_a)}{t_i - t_m} \tag{4.7-8}$$

外墙的有效传热系数：$$K_{w.eff} = \frac{K_w(t_i - t_m - t_{sol.eq})}{t_i - t_m} \tag{4.7-9}$$

屋顶的有效传热系数：$$K_{r.eff} = \frac{K_r(t_i - t_m + t_{s.eq} - t_{sol.eq})}{t_i - t_m} \tag{4.7-10}$$

式中 K_{win}——窗户的常规传热系数，W/(m²·K)；

q_a——窗户吸收太阳辐射热后向室内的传热量，W/m²；

单层窗：$$q_a = \frac{R_e}{R_o}(\alpha_D I_D + \alpha_F I_F)\mu\beta\gamma \tag{4.7-11}$$

双层窗：$$q_a = \left[\frac{R_e}{R_o}(\alpha_{D2} I_D + \alpha_{F2} I_F) + \frac{R_e + R_a}{R_o}(\alpha_{D1} I_D + \alpha_{F1} I_F)\right]\mu\beta\gamma \tag{4.7-12}$$

q_τ——透过窗户的太阳辐射热，W/m²；

$$q_\tau = (\tau_D I_D + \tau_F I_F)\mu\beta\gamma \tag{4.7-13}$$

τ_D、τ_F——玻璃的直射辐射和散射辐射透过系数；

I_D、I_F——垂直面上的直射和散射辐射照度，W/m²；

μ——窗户的太阳辐射通过系数；

β——太阳热利用系数；

γ——窗户结霜影响系数；

R_e——窗户的外表面换热阻，m²·K/W；

R_o——窗户的总热阻，$m^2 \cdot K/W$；

R_a——空气层的热阻，$m^2 \cdot K/W$；

α_{D2}、α_{F2}——外层玻璃的直射和散射辐射吸收系数；

α_{D1}、α_{F1}——内层玻璃的直射和散射辐射吸收系数；

K_w——外墙的通常传热系数，$W/(m^2 \cdot K)$；

$t_{sol.eq}$——太阳辐射当量温度，℃；

$$t_{sol.eq}=\frac{\rho I}{\alpha_o} \tag{4.7-14}$$

ρ——外表面的吸收系数；

I——垂直面上的太阳辐射照度，W/m^2；

α_o——外表面的换热系数，$W/(m^2 \cdot K)$；

K_r——屋顶的常规传热系数，$W/(m^2 \cdot K)$；

$t_{s.eq}$——天空辐射当量温度，℃；

$$t_{s.eq}=\frac{\alpha_{e.r}}{\alpha_o}(t_m-t_s)(1-nC) \tag{4.7-15}$$

C——云量减弱系数；

n——冬季计算云量；

t_s——当量天空温度，℃；可按下式计算：

$$t_s=0.0552(t_m+273)^{1.5}-273 \tag{4.7-16}$$

$\alpha_{e.r}$——外表面与天空之间的辐射换热系数；

$$\alpha_{e.r}=\varepsilon\theta C_0 \tag{4.7-17}$$

ε——表面黑度；

θ——温度系数；

C_0——辐射常数，$C_0=5.67W/(m^2 \cdot K^4)$。

耗热量指标计算中 ε_i 的取值应注意以下事项：

- 封闭阳台内的窗户和阳台门上部按双层窗考虑，封闭阳台内的外墙和阳台门下部根据以下规定采用：南向阳台，取 $\varepsilon_i=0.5$；北向阳台，取 $\varepsilon_i=0.9$；东、西向阳台，取 $\varepsilon_i=0.7$。
- 不供暖楼梯间的隔墙、户门和不供暖地下室上面的楼板等，应以温差修正系数 n 代替 ε_i。温差修正系数见表 4.7-3。

温差修正系数 n 值 表 4.7-3

围护结构及其所处情况	n 值
带通风间层的平屋顶、坡屋顶顶棚、与室外空气相通的不供暖外墙上有窗户时供暖地下室上面的楼板等	0.90
与有外门窗的不供暖楼梯间相邻的隔墙： 1～6 层建筑 7～30 层建筑	 0.60 0.50
不供暖地下室上面的楼板： 外墙上有窗户时 外墙上无窗户且位于室外地坪以上时 外墙上无窗户且位于室外地坪以下时	 0.75 0.60 0.40

注：引自《民用建筑热工设计规范》(GB 50176—93)

- 表4.7-4给出了8个地区的ε_i值，其他地区可根据供暖期室外平均温度就近采用。

围护结构传热系数的修正系数ε_i值 **表4.7-4**

地区	窗户（包括阳台门上部）					外墙（包括阳台门下部）			屋顶
	类型	阳台	南	东、西	北	南	东、西	北	水平
西安	单层窗	有	0.69	0.80	0.86	0.79	0.88	0.91	0.94
		无	0.52	0.69	0.78				
	双玻窗及双层窗	有	0.60	0.76	0.84				
		无	0.28	0.60	0.73				
北京	单层窗	有	0.57	0.78	0.88	0.70	0.86	0.92	0.91
		无	0.34	0.66	0.81				
	双玻窗及双层窗	有	0.50	0.74	0.86				
		无	0.18	0.57	0.76				
兰州	单层窗	有	0.71	0.82	0.87	0.79	0.88	0.92	0.93
		无	0.54	0.71	0.80				
	双玻窗及双层窗	有	0.66	0.78	0.85				
		无	0.43	0.64	0.75				
沈阳	双玻窗及双层窗	有	0.64	0.81	0.90	0.78	0.89	0.94	0.95
		无	0.39	0.69	0.83				
呼和浩特	双玻窗及双层窗	有	0.55	0.76	0.88	0.73	0.86	0.93	0.89
		无	0.25	0.60	0.80				
乌鲁木齐	双玻窗及双层窗	有	0.60	0.75	0.92	0.76	0.85	0.95	0.95
		无	0.34	0.59	0.86				
长春	双玻窗及双层窗	有	0.62	0.81	0.91	0.77	0.89	0.95	0.92
		无	0.36	0.68	0.84				
	三层窗及单层窗+双玻窗	有	0.60	0.79	0.90				
		无	0.34	0.66	0.84				
哈尔滨	双玻窗及双层窗	有	0.67	0.83	0.91	0.80	0.90	0.95	0.96
		无	0.45	0.71	0.85				
	三层窗及单层窗+双玻窗	有	0.65	0.82	0.90				
		无	0.43	0.70	0.84				

注：阳台门上部（透明部分）按同朝向窗户采用；下部（不透明部分）按外墙采用。

- 东南和西南向可按南向采用；东北和西北向可按北向采用。
- 土壤上部的地面，取$\varepsilon_i=1$。

5. 围护结构传热系数的限值（见表4.7-5）

4.7.2 夏热冬冷地区居住建筑节能设计

1. 建筑热工基本要求

- 建筑物的平、立面不宜出现过多的凹凸，条式建筑体形系数不应超过0.35；点式建

围护结构传热系数的限值［W/(m² · K)］ **表 4.7-5**

供暖期室外平均温度 t_m(℃)	代表性城市	屋顶		外墙		不供暖楼梯间		窗户(含阳台门上部)	阳台门下部门芯板	外门	楼板		地面	
		体形系数≤0.3	体形系数>0.3	体形系数≤0.3	体形系数>0.3	隔墙	户门				接触室外空气地板	不供暖地下室上部地板	周边地面	非周边地面
2.0～1.0	郑州、洛阳、宝鸡、徐州	0.80	0.60	1.10 1.40	0.80 1.10	1.83	2.70	4.70 4.00	1.70	—	0.60	0.65	0.52	0.3
0.9～0.0	西安、拉萨、济南青岛、安阳	0.80	0.60	1.00 1.28	0.70 1.00	1.83	2.70	4.70 4.00	1.70	—	0.60	0.65	0.52	0.3
−0.1～−1.0	石家庄、德州、晋城、天水	0.80	0.60	0.92 1.20	0.60 0.85	1.83	2.00	4.70 4.00	1.70	—	0.60	0.65	0.52	0.3
−1.1～−2.0	北京、天津、大连、阳泉、平凉	0.80	0.60	0.90 1.16	0.55 0.82	1.83	2.00	4.70 4.00	1.70	—	0.50	0.55	0.52	0.3
−2.1～−3.0	兰州、太原、唐山、阿坝、喀什	0.70	0.50	0.85 1.10	0.62 0.78	0.94	2.00	4.70 4.00	1.70	—	0.50	0.55	0.52	0.3
−3.1～−4.0	西宁、银川、丹东	0.70	0.50	0.68	0.65	0.94	2.00	4.00	1.70	—	0.50	0.55	0.52	0.3
−4.1～−5.0	张家口、鞍山、酒泉、伊宁、吐鲁番	0.70	0.50	0.75	0.60	0.94	2.00	3.00	1.35	—	0.50	0.55	0.52	0.3
−5.1～−6.0	沈阳、大同、本溪、阜新、哈密	0.60	0.40	0.68	0.56	0.94	1.50	3.00	1.35	—	0.40	0.55	0.30	0.3
−6.1～−7.0	呼和浩特、抚顺、大柴旦	0.60	0.40	0.65	0.50	—	—	3.00	1.35	2.50	0.40	0.55	0.30	0.3
−7.1～−8.0	延吉、通辽、通化、四平	0.60	0.40	0.65	0.50	—	—	2.50	1.35	2.50	0.40	0.55	0.30	0.3
−8.1～−9.0	长春、乌鲁木齐	0.50	0.30	0.56	0.45	—	—	2.50	1.35	2.50	0.30	0.50	0.30	0.3
−9.1～−10.0	哈尔滨、牡丹江、克拉玛依	0.50	0.30	0.52	0.40	—	—	2.50	1.35	2.50	0.30	0.50	0.30	0.3
−10.1～−11	佳木斯、安达齐齐哈尔、富锦	0.50	0.30	0.52	0.40	—	—	2.50	1.35	2.50	0.30	0.50	0.30	0.3
−11.1～−12	海伦、博克图	0.40	0.25	0.52	0.40	—	—	2.00	1.35	2.50	0.25	0.45	0.30	0.3
−12.1～−14.5	伊春、呼玛、海拉尔、满洲里	0.40	0.25	0.52	0.40	—	—	2.00	1.35	2.50	0.25	0.45	0.30	0.3

注：① 表中外墙的传热系数限值系指考虑周边热桥影响后的外墙平均传热系数。有些地区有两行数据，上行数据与单层塑料窗［K=4.70W/(m² · K)］相对应；下行数据与单框双玻金属窗［K=4.00W/(m² · K)］相对应。

② 周边地面栏中 0.52 为位于建筑物周边的不带保温层的混凝土地面的传热系数；0.30 为带保温层的混凝土地面的传热系数。非周边地面栏中 0.3 为不带保温层的混凝土地面的传热系数。

筑体形系数不应超过0.40。

- 外窗宜采用平开窗，并设置活动外遮阳。
- 围护结构的外表面，宜采用浅色饰面材料。平屋顶宜采用绿化等隔热措施。

2. 围护结构传热系数的限值

夏热冬冷地区居住建筑围护结构传热系数和热惰性指标应符合表4.7-6的规定。

围护结构各部分的传热系数 K [W/(m²·K)] 和热惰性指标 D　　表4.7-6

屋 顶	外 墙	分户墙和楼板	户 门	底部自然通风的架空楼板	窗户(含阳台门透明部分)
$K \leqslant 1.0$ $D \geqslant 3.0$	$K \leqslant 1.5$ $D \geqslant 3.0$	$K \leqslant 2.0$	$K \leqslant 3.0$	$K \leqslant 1.5$	按表4.7-7的规定确定
$K \leqslant 0.8$ $D \geqslant 2.5$	$K \leqslant 1.0$ $D \geqslant 2.5$				

注：① 外墙的传热系数应考虑结构性热桥的影响，取平均传热系数。

② 当屋顶和外墙的 K 值满足要求，但 D 值不满足要求时，应按《民用建筑热工设计规范》要求，验算隔热设计。

3. 外窗的传热系数的限值

不同朝向、不同窗墙比时外窗的传热系数应符合表4.7-7的规定。

不同朝向、不同窗墙比时外窗的传热系数　　表4.7-7

朝 向	窗外环境条件	外窗的传热系数 K[W/(m²·K)]				
		窗墙面积比≤0.25	窗墙面积比>0.25且≤0.30	窗墙面积比>0.30且≤0.35	窗墙面积比>0.35且≤0.45	窗墙面积比>0.45且≤0.50
北(偏东60°到偏西60°范围)	冬季最冷月室外平均气温>5℃	4.7	4.7	3.2	2.5	—
	冬季最冷月室外平均气温≤5℃	4.7	3.2	3.2	2.5	—
东、西(东或西偏北30°到偏南60°范围)	无外遮阳措施	4.7	3.2	—	—	—
	有外遮阳(遮阳系数≤0.3)	4.7	3.2	3.2	2.5	2.5
南(偏东30°到偏西60°范围)		4.7	4.7	3.2	2.5	2.5

4. 建筑物的节能综合指标

供暖度日数HDD18：一年中，当某天室外日平均温度低于18℃时，将低于18℃的度数乘以1天，并将此乘积累加。

空调度日数CDD26：一年中，当某天室外日平均温度高于26℃时，将高于26℃的度数乘以1天，并将此乘积累加。

建筑物的供暖年耗电量和空调年耗电量之和，不应超过表 4.7-8 的数值。

夏热冬冷地区的供暖耗热量和耗电量指标 **表 4.7-8**

HDD18	供暖指标		CDD26	供暖指标	
	耗热量 q (W/m²)	年耗电量 E_h (KWh/m²)		耗热量 q (W/m²)	年耗电量 E_h (KWh/m²)
800	10.1	11.1	25	18.4	13.7
900	10.9	13.4	50	19.9	15.6
1000	11.7	15.6	75	21.3	17.4
1100	12.5	17.8	100	22.8	19.3
1200	13.4	20.1	125	24.3	21.2
1300	14.2	22.3	150	25.8	23.0
1400	15.0	24.5	175	27.3	24.9
1500	15.8	26.7	200	28.8	26.8
1600	16.6	29.0	225	30.3	28.6
1700	17.5	31.2	250	31.8	30.5
1800	18.3	33.4	275	33.3	32.4
1900	19.1	35.7	300	34.8	34.2
2000	19.9	37.9	—	—	—
2100	20.7	40.1	—	—	—
2200	21.6	42.4	—	—	—
2300	22.4	44.6	—	—	—
2400	23.2	46.8	—	—	—
2500	24.0	49.0	—	—	—

4.7.3 夏热冬暖地区居住建筑节能设计

1. 建筑和建筑热工基本要求

• 居住区的总体规划和居住建筑的平面、立面设计应有利于自然通风。

• 北区内，单元式、通廊式住宅的体形系数不宜超过 0.35，塔式（或点式）住宅的体形系数不宜超过 0.40。

• 建筑物的朝向宜采用南北向或接近南北向。

• 外窗的面积不应过大，各朝向窗墙面积比应符合下列规定：北向不应大于 0.45；东、西向不应大于 0.30；南向不应大于 0.50。

• 外窗（包括阳台门）的可开启面积不应小于外窗所在房间地面面积的 8%；或外窗面积的 45%。

• 天窗面积不应大于屋顶总面积的 4%，其传热系数 K 不应大于 4.0W/(m²·K)，天窗本身的遮阳系数 Sc 不应大于 0.5。

• 建筑物外窗，尤其是东、西朝向的外窗宜优先采用活动或固定的建筑外遮阳设施。

• 围护结构的外表面，宜采用浅色饰面材料。平屋顶宜采用绿化等隔热措施。

2. 围护结构传热系数的限值

夏热冬暖地区居住建筑围护结构传热系数和热惰性指标应符合表 4.7-9 的规定。

屋顶和外墙的传热系数 K〔W/(m²·K)〕、热惰性指标(D) 表 4.7-9

屋顶	外墙
$K\leqslant1.0$,$D\geqslant2.5$	$K\leqslant2.0$,$D\geqslant3.0$ 或 $K\leqslant1.5$,$D\geqslant3.0$ 或 $K\leqslant1.0$,$D\geqslant2.5$
$K\leqslant0.5$	$K\leqslant0.7$

注:$D<2.5$ 的轻质屋顶和外墙,还应满足国家标准《民用建筑热工设计规范》GB 50176—93 所规定的隔热要求。

3. 外窗的传热系数的限值

不同朝向、不同平均窗墙面积比时,其外窗的传热系数 K 和综合遮阳系数 S_g 应符合表 4.7-10、表 4.7-11 和表 4.7-12 的规定。

北区居住建筑外窗的传热系数和综合遮阳系数限值 表 4.7-10

外墙	外窗的综合遮阳系数 S_g	外窗的传热系数 K[W/(m²·K)]				
		平均窗墙面积比 $C_M\leqslant0.25$	平均窗墙面积比 $0.25<C_M\leqslant0.3$	平均窗墙面积比 $0.3<C_M\leqslant0.35$	平均窗墙面积比 $0.35<C_M\leqslant0.4$	平均窗墙面积比 $0.4<C_M\leqslant0.45$
$K\leqslant2.0$ $D\geqslant3.0$	0.9	≤2.0	—	—	—	—
	0.8	≤2.5	—	—	—	—
	0.7	≤3.0	≤2.0	≤2.0	—	—
	0.6	≤3.0	≤2.5	≤2.5	≤2.0	—
	0.5	≤3.5	≤2.5	≤2.5	≤2.0	≤2.0
	0.4	≤3.5	≤3.0	≤3.0	≤2.5	≤2.5
	0.3	≤4.0	≤3.0	≤3.0	≤2.5	≤2.5
	0.2	≤4.0	≤3.5	≤3.0	≤3.0	≤3.0
$K\leqslant1.5$ $D\geqslant3.0$	0.9	≤5.0	≤3.5	≤2.5	—	—
	0.8	≤5.5	≤4.0	≤3.0	≤2.0	—
	0.7	≤6.0	≤4.5	≤3.5	≤2.5	≤2.0
	0.6	≤6.5	≤5.0	≤4.0	≤3.0	≤3.0
	0.5	≤6.5	≤5.0	≤4.5	≤3.5	≤3.5
	0.4	≤6.5	≤5.5	≤4.5	≤4.0	≤3.5
	0.3	≤6.5	≤5.5	≤5.0	≤4.0	≤4.0
	0.2	≤6.5	≤6.0	≤5.0	≤4.0	≤4.0
$K\leqslant1.0$ $D\geqslant2.5$ 或 $K\leqslant0.7$	0.9	≤6.5	≤6.5	≤4.0	≤2.5	—
	0.8	≤6.5	≤6.5	≤5.0	≤3.5	≤2.5
	0.7	≤6.5	≤6.5	≤5.5	≤4.5	≤3.5
	0.6	≤6.5	≤6.5	≤6.0	≤5.0	≤4.0
	0.5	≤6.5	≤6.5	≤6.5	≤5.0	≤4.5
	0.4	≤6.5	≤6.5	≤6.5	≤5.5	≤5.0
	0.3	≤6.5	≤6.5	≤6.5	≤5.5	≤5.0
	0.2	≤6.5	≤6.5	≤6.5	≤6.0	≤5.5

南区居住建筑外窗的综合遮阳系数限值 **表 4.7-11**

外墙 (太阳辐射吸收系数 $\rho\leqslant0.8$)	外窗的综合遮阳系数 S_g				
	平均窗墙面积比 $C_M\leqslant0.25$	平均窗墙面积比 $0.25<C_M\leqslant0.3$	平均窗墙面积比 $0.3<C_M\leqslant0.35$	平均窗墙面积比 $0.35<C_M\leqslant0.4$	平均窗墙面积比 $0.4<C_M\leqslant0.45$
$K\leqslant2.0, D\geqslant3.0$	≤0.6	≤0.5	≤0.4	≤0.4	≤0.3
$K\leqslant1.5, D\geqslant3.0$	≤0.8	≤0.7	≤0.6	≤0.5	≤0.4
$K\leqslant1.0, D\geqslant2.5$ 或 $K\leqslant0.7$	≤0.9	≤0.8	≤0.7	≤0.6	≤0.5

注：① 本条文所指外窗包括阳台门的透明部分。
② 南区居住建筑节能设计对外窗的传热系数不作规定。
③ ρ 是外墙外表面的太阳辐射吸收系数。

公共建筑节能设计的综合要求 **表 4.7-12**

名称	要求	说明
建筑位置和朝向	冬季能利用日照、夏季能利用自然通风	冬季能充分地利用自然能对建筑物进行供暖，从而减少热负荷和供热量；夏季能最大限度地利用自然能来冷却降温，减少建筑得热和冷负荷
建筑物的平立面	不要有过多的凹凸	建筑体形的变化，与供暖和空调负荷及能耗的大小有密切的关系；凹凸越多，能耗越大
建筑体形系数	严寒和寒冷地区小于或等于 0.40	体形系数越大，单位建筑面积对应的建筑外表面积越大，围护结构的负荷也越大；体形系数每增加 0.01，能耗指标约增加 2.5%
外窗(包括透明幕墙)墙面积比	不同朝向的外窗(包括透明幕墙)传热系数 K、遮阳系数 S_c 应根据建筑所处城市的气候分区符合表 4.7-12 的规定	窗(包括透明幕墙)墙面积比是指不同朝向外墙面上的外窗(包括透明幕墙)及阳台门的透明部分的总面积与所在朝向外墙面的总面积[含窗(包括透明幕墙)及阳台门的总面积]之比，窗墙面积比越大，供暖和空调的能耗也越大
外窗(包括透明幕墙)	可开启面积不应小于窗面积的 30%。透明幕墙应有可开启部分或设有通风换气装置	无论在北方还是南方，一年中都有相当长的时段可以通过自然通风来改善室内空气品质。通风换气是窗户的功能之一，利用外窗(包括透明幕墙)通风，既可以提高热舒适性，又可节省能耗
屋顶透明部分	屋顶透明部分面积＜20%屋顶总面积；传热系数、遮阳系数 S_c 应根据建筑所处城市的气候分区符合表 4.7-14 的规定	屋顶透明部分的面积越大，建筑能耗也越大；由于水平面上的太阳辐射照度最大，造成传热负荷过大，对室内热环境有很大影响，因此，为了达到节能要求，对屋顶透明部分的面积和热工性能提出了明确的规定
窗(透明幕墙)墙面积比小于 40%	玻璃或其他透明材料的可见光透射比不应小于 0.4	可见光透射比过小，容易造成室内采光不足。在日照率低的地区，所增加的室内照明用电能耗，将超过节约的供暖制冷能耗，因此，对透明材料的可见光透射比也应作出规定
外门	严寒地区应设门斗；寒冷地区宜设门斗或转门、自动启闭门；其他地区应采取保温隔热措施	公共建筑的外门，开启较频繁，为了节省能耗，必须减少外门开启时渗入室内的冷空气量。设置门斗、安装转门或自动启闭门，都能有效地减少渗入冷风量，从而大幅度降低能耗，并同时改善大堂的热舒适性

4. 建筑节能设计的综合评价"对比评定法"

当采用空调采暖年耗电指数作为综合评价指标时，所设计建筑物的空调采暖年耗电指数不得超过参照建筑的空调采暖年耗电指数，即

$$ECF \leqslant ECF_{ref} \quad (4.7\text{-}18)$$

式中 ECF——所设计建筑物的空调采暖年耗电指数；

ECF_{ref}——参照建筑的空调采暖年耗电指数。

当采用空调采暖年耗电量作为综合评价指标时，在相同的计算条件下，采用相同的计算方法，所设计建筑物的空调采暖年耗电量不得超过参照建筑的空调采暖年耗电量，即：

$$EC \leqslant EC_{ref} \quad (4.7\text{-}19)$$

式中 EC——所设计建筑物的空调采暖年耗电量［kWh/（m^2.a)］；

EC_{ref}——参照建筑的空调采暖年耗电量［kWh/(m^2.a)］。

参照建筑应按《夏热冬暖地区居住建筑节能设计标准》JGJ 75—2003 第5章的规定确定。

4.7.4 公共建筑节能设计

1. 综合要求（表 4.7-12）

2. 建筑热工设计

1）主要城市气候分区归属，详见表 4.7-13。

我国主要城市的建筑气候分区 **表 4.7-13**

地 区	代 表 城 市
严寒地区(A区)	海伦、博克图、伊春、呼玛、海拉尔、满洲里、齐齐哈尔、富锦、哈尔滨、牡丹江、克拉玛依、佳木斯、安达
严寒地区(B区)	长春、乌鲁木齐、延吉、通辽、通化、四平、呼和浩特、抚顺、大柴旦、沈阳、大同、本溪、阜新、哈密、鞍山、伊宁、西宁
寒冷地区	张家口、酒泉、银川、丹东、吐鲁番、兰州、太原、唐山、阿坝、喀什、北京、天津、大连、阳泉、平凉、石家庄、德州、晋城、天水、西安、宝鸡、拉萨、康定、济南、青岛、安阳、郑州、洛阳、徐州
夏热冬冷地区	南京、盐城、南通、蚌埠、合肥、安庆、武汉、黄石、宜昌、岳阳、长沙、株洲、零陵、韶关、南昌、九江、赣州、桂林、汉中、安康、上海、杭州、宁波、重庆、达县、万州、涪陵、南充、宜宾、成都、绵阳、贵阳、遵义、凯里
夏热冬暖地区	福州、厦门、泉州、莆田、龙岩、梅州、兴宁、英德、河池、柳州、贺州、广州、深圳、湛江、汕头、海口、南宁、北海、梧州

2）围护结构热工要求的限值

各地区的围护结构热工要求的限值，见表 4.7-14。

当建筑围护结构的热工性能不能全部满足表 4.7-14 的规定值时，应使用权衡判断法（Trade-off）来判定围护结构的总体热工性能是否能符合节能要求，具体方法详见《公共建筑节能设计标准》GB 50189—2005 中 4.3 节。

严寒地区围护结构传热系数限值　　表 4.7-14-A

区域	围护结构部位		体形系数≤0.3 传热系数 K W/(m²·K)	0.3<体形系数≤0.4 传热系数 K W/(m²·K)
严寒地区A区	屋面		≤0.35	≤0.30
	外墙(包括非透明幕墙)		≤0.45	≤0.40
	底面接触室外空气的架空或外挑楼板		≤0.45	≤0.40
	非采暖房间与采暖房间的隔墙或楼板		≤0.6	≤0.6
	单一朝向外窗(包括透明幕墙)	窗墙面积比≤20%	≤3.0	≤2.7
		20%<窗墙面积比≤30%	≤2.8	≤2.5
		30%<窗墙面积比≤40%	≤2.5	≤2.2
		40%<窗墙面积比≤50%	≤2.0	≤1.7
		50%<窗墙面积比≤70%	≤1.7	≤1.5
	屋顶透明部分		≤2.5	
严寒地区B区	屋面		≤0.45	≤0.35
	外墙(包括非透明幕墙)		≤0.50	≤0.45
	底面接触室外空气的架空或外挑楼板		≤0.50	≤0.45
	非采暖房间与采暖房间的隔墙或楼板		≤0.8	≤0.8
	单一朝向外窗(包括透明幕墙)	窗墙面积比≤20%	≤3.2	≤2.8
		20%<窗墙面积比≤30%	≤2.9	≤2.5
		30%<窗墙面积比≤40%	≤2.6	≤2.2
		40%<窗墙面积比≤50%	≤2.1	≤1.8
		50%<窗墙面积比≤70%	≤1.8	≤1.6
	屋顶透明部分		≤2.6	

寒冷地区围护结构传热系数和遮阳系数限值　　表 4.7-14-B

围护结构部位		体形系数≤0.3 传热系数 K W/(m²·K)		0.3<体形系数≤0.4 传热系数 K W/(m²·K)	
屋面		≤0.55		≤0.45	
外墙(包括非透明幕墙)		≤0.60		≤0.50	
底面接触室外空气的架空或外挑楼板		≤0.60		≤0.50	
非采暖空调房间与采暖空调房间的隔墙或楼板		≤1.5		≤1.5	
外窗(包括透明幕墙)		传热系数 K W/(m²·K)	遮阳系数 *Sc*(东、南、西向/北向)	传热系数 K W/(m²·K)	遮阳系数 *Sc*(东、南、西向/北向)
单一朝向外窗(包括透明幕墙)	窗墙面积比≤20%	≤3.5	—	≤3.0	—
	20%<窗墙面积比≤30%	≤3.0	—	≤2.5	—
	30%<窗墙面积比≤40%	≤2.7	≤0.70/—	≤2.3	≤0.70/—
	40%<窗墙面积比≤50%	≤2.3	≤0.60/—	≤2.0	≤0.60/—
	50%<窗墙面积比≤70%	≤2.0	≤0.50/—	≤1.8	≤0.50/—
屋顶透明部分		≤2.7	≤0.50	≤2.7	≤0.50

注：有外遮阳时，遮阳系数＝玻璃的遮阳系数×外遮阳的遮阳系数；无外遮阳时，遮阳系数＝玻璃的遮阳系数

夏热冬冷地区围护结构传热系数和遮阳系数限值　　表 4.7-14-C

护结构部位		传热系数 K W/(m² · K)	
屋面		≤0.70	
外墙(包括非透明幕墙)		≤1.0	
底面接触室外空气的架空或外挑楼板		≤1.5	
外窗(包括透明幕墙)		传热系数 K W/(m² · K)	玻璃的遮阳系数 Sc (东、南、西向/北向)
单一朝向外窗(包括透明幕墙)	窗墙面积比≤20%	≤4.7	—
	20%<窗墙面积比≤30%	≤3.5	≤0.55/—
	30%<窗墙面积比≤40%	≤3.0	≤0.50/0.60
	40%<窗墙面积比≤50%	≤2.8	≤0.45/0.55
	50%<窗墙面积比≤70%	≤2.5	≤0.40/0.50
屋顶透明部分		≤3.0	≤0.40

注：有外遮阳时，遮阳系数=玻璃的遮阳系数×外遮阳的遮阳系数
无外遮阳时，遮阳系数=玻璃的遮阳系数

夏热冬暖地区围护结构传热系数和遮阳系数限值　　表 4.7-14-D

围护结构部位		传热系数 K W/(m² · K)	
屋面		≤0.90	
外墙(包括非透明幕墙)		≤1.5	
底面接触室外空气的架空或外挑楼板		≤1.5	
外窗(包括透明幕墙)		传热系数 K W/(m² · K)	玻璃的遮阳系数 Sc (东、南、西向/北向)
单一朝向外窗(包括透明幕墙)	窗墙面积比≤20%	≤6.5	—
	20%<窗墙面积比≤30%	≤4.7	≤0.50/0.60
	30%<窗墙面积比≤40%	≤3.5	≤0.45/0.55
	40%<窗墙面积比≤50%	≤3.0	≤0.40/0.50
	50%<窗墙面积比≤70%	≤3.0	≤0.35/0.45
屋顶透明部分		≤3.5	≤0.35

注：有外遮阳时，遮阳系数=玻璃的遮阳系数×外遮阳的遮阳系数
无外遮阳时，遮阳系数=玻璃的遮阳系数

不同气候区地面和地下室外墙热阻限值　　表 4.7-14-E

气候分区	围护结构部位	热阻 R (m² · K)/W
严寒地区 A 区	地面:周边地面	≥2.0
	非周边地面	≥1.8
	采暖地下室外墙(与土壤接触的墙)	≥2.0
严寒地区 B 区	地面:周边地面	≥2.0
	非周边地面	≥1.8
	采暖地下室外墙(与土壤接触的墙)	≥1.8
寒冷地区	地面:周边地面 非周边地面	≥1.5
	采暖、空调地下室外墙(与土壤接触的墙)	≥1.5
夏热冬冷地区	地面	≥1.2
	地下室外墙(与土壤接触的墙)	≥1.2
夏热冬暖地区	地面	≥1.0
	地下室外墙(与土壤接触的墙)	≥1.0

注：周边地面系指距外墙内表面 2m 以内的地面；
地面热阻系指建筑基础持力层以上各层材料的热阻之和；
地下室外墙热阻指土壤以内各层材料的热阻之和。

第 5 章 供 暖 设 计

5.1 供暖热负荷计算

5.1.1 民用建筑供暖设计热负荷计算

1. 围护物的基本耗热量 Q_j 的计算：

$$Q_j = kF(t_n - t_w)a \tag{5.1-1}$$

式中 Q_j——通过供暖房间某一面围护物的温差传热量（也称围护物的基本耗热量），W；

k——该面围护物的传热系数，W/(m^2·℃)；

F——该面围护物的散热面积，m^2；

t_n——室内空气计算温度，℃，见表 5.1-1；

t_w——供暖室外计算温度，见表 3.2-1；

a——温差修正系数，见表 4.1-4。

民用建筑供暖室内计算温度 **表 5.1-1**

序号	房间名称	室内温度(℃)	序号	房间名称	室内温度(℃)
一、住宅、宿舍			三、餐饮		
1	住宅、宿舍的卧室与起居室	18～20	1	餐厅、饮食、小吃、办公	18
2	住宅的厨房	15	2	洗碗间、制作间、洗手间、配餐间	16
3	住宅、宿舍的走廊	14～16	3	厨房、热加工间	10
4	住宅、宿舍的厕所	16～18	4	干菜、饮料库	8
5	住宅、宿舍的浴室	25	四、影剧院		
6	集体宿舍的盥洗室	18	1	门厅、走道	14
二、办公楼			2	观众厅、放映室、洗手间	16
1	门厅、楼(电)梯	16	3	休息厅、吸烟室	18
2	办公室	20	4	化妆	20
3	会议、接待	18	五、交通		
4	多功能厅	18	1	民航候机厅	20
5	走道、洗手间、公共食堂	16	2	候车厅、售票厅	16
6	车库	5	3	公共洗手间	16

续表

序号	房间名称	室内温度(℃)	序号	房间名称	室内温度(℃)
4	办公室	20	2	客房、办公	20
六、银行			3	餐厅、会议室	18
1	营业大厅	18	4	走道、楼(电)梯间	16
2	走道、洗手间	16	5	公共浴室	25
3	办公室	20	6	公共洗手间	16
4	楼(电)梯	14	十、图书馆		
七、体育			1	大厅、洗手间	16
1	比赛厅、练习厅	16	2	办公室、阅览	20
2	休息厅	18	3	报告厅、会议室	18
3	运动员、教练员更衣、休息	20	4	特藏、胶卷、书库	14
4	游泳馆	26	十一、医疗		
八、商业			1	治疗、诊断	18～20
1	百货、书籍营业厅	18	2	手术室	20～26
2	鱼、肉、蔬菜营业厅	14	3	X光、CT、核磁共振	22～25
3	副食、杂货营业厅、洗手间	16	4	消毒室	16～18
4	办公	20	5	病房(成人)	18～20
5	米、面贮藏	5	6	病房(儿童)	20～22
6	百货仓库	10	十二、学校		
九、旅馆			1	图书馆、教室、试验室	16～18
1	大厅、接待	16	2	办公室、医疗室	18～20

注：① 从第二到第十项摘自“公共建筑节能设计标准”。

② 当住宅建筑，集中供暖且分户计量时，室内计算温度值的确定，应参阅本章5.3.1节。

(1) 外墙、屋顶的传热系数当考虑梁、楼板、柱等的热桥影响时，采用外墙墙体平均传热系数 K_m。按规定，取各成分面积的加权平均值。

(2) 地面传热计算：当围护物是贴土的非保温地面时，其温差传热量 $Q_{j.d}$ (W) 用下式计算：

$$Q_{j.d}=k_{pj.d}F_d(t_n-t_w) \tag{5.1-2}$$

式中 $k_{pj.d}$——非保温地面的平均传热系数，W/(m²·℃)，见表5.1-2及表5.1-3；

F_d——房间地面总面积，m²。

当房间仅有一面外墙时的 $K_{pj.d}$ [W/(m²·℃)] **表5.1-2**

房间长度(进深)(m)	3～3.6	3.9～4.5	4.8～6	6.6～8.4	9
$K_{pj.d}$	0.4	0.35	0.30	0.25	0.2

当房间有两面相邻外墙时的 $K_{pj.d}$ [W/(m²·℃)] 表 5.1-3

房间长度进深(m)	房间宽度(开间)(m)					
	3.00	3.60	4.20	4.80	5.40	6.60
3.0	0.65	0.60	0.57	0.55	0.53	0.52
3.6	0.60	0.56	0.54	0.52	0.50	0.48
4.2	0.57	0.54	0.52	0.49	0.47	0.46
4.8	0.56	0.52	0.49	0.47	0.45	0.44
5.4	0.53	0.50	0.47	0.45	0.43	0.41
6.0	0.52	0.48	0.46	0.44	0.41	0.40

注：① 当房间长或宽度超过 6.0m 时，超出部分可按表 5.1-2 查 $K_{pj.d}$；
② 当房间有三面外墙时，需将房间先划分为两个相等的部分，每部分包含一个冷拐角。然后，根据分割后的长与宽，使用本表；
③ 当房间有四面外墙时，需将房间先划分为四个相等的部分，作法同 2。

2. 附加耗热量

(1) 附加耗热量按基本耗热量的百分数计算。考虑了各项附加后，某面围护物的传热耗热量 Q_1 (W)：

$$Q_1=Q_j(1+\beta_{ch}+\beta_f+\beta_{lang}+\beta_m)(1+\beta_{fg})(1+\beta_{jan}) \quad (5.1\text{-}3)$$

式中各项附加率 β (或称修正率) 见表 5.1-4。

附加率 β (%) 表 表 5.1-4

<table>
<tr><th>序号</th><th>附加(修正)率项目</th><th colspan="5">附加(修正)率项(%)</th><th>备　注</th></tr>
<tr><td>1</td><td>朝向修正 β_{ch}</td><td colspan="5">北、东北、西北 0～10
东、西 −5
东南、西南 −10～−15
南 −15～−30</td><td>1. 当围护物倾斜设置时，取其垂直投影面的朝向和面积；
2. 选用 β_{ch} 值应考虑冬季日照率、辐射照度、建筑物使用和被遮挡等情况；
3. 冬季日照率<35%时，东南、西南和南向的 β_{ch} 宜为 −10%～0，东、西向可不修正</td></tr>
<tr><td>2</td><td>风力修正 β_f</td><td colspan="5">5～10</td><td>仅限于高地、海边、旷野</td></tr>
<tr><td rowspan="6">3</td><td rowspan="6">高层建筑外窗的风力修正 β_{gc}</td><td rowspan="2">K</td><td colspan="4">V_h</td><td rowspan="6">V：冬季室外风速 m/s，取用窗中心所在高度处的风速值 V_h，按下式计算
$V_h=(0.53\sim0.63)h^{0.2}v_0$
式中 h——计算外窗距室外地坪高度，m；
v_0——气象资料给出的当地冬季室外风速，m/s；
K——外窗传热系数，W/(m²·℃)；
K=5.0——单层塑料窗；
K=4.4——单层双玻金属窗；
K=3.0——双层金属窗；
K=2.4——双层塑料窗。
$(1+\beta_{gc})$乘在 K 上。
系数 0.53 适用于大城市，0.63 适用于中小城市及大城市郊区</td></tr>
<tr><td>3</td><td>4</td><td>5</td><td>6</td></tr>
<tr><td>2.4</td><td>0</td><td>0</td><td>19～30 层:3</td><td>8～21 层:3
22～30 层:4</td></tr>
<tr><td>3</td><td>0</td><td>0</td><td>20～24 层:3
25～30 层:4</td><td>8～9 层:3
10～20 层:4
21～30 层:5</td></tr>
<tr><td>4.4</td><td>0</td><td>20～30 层:3</td><td>7～11 层:3
12～19 层:4
20～30 层:5</td><td>7 层:4
8～12 层:5
13～22 层:6
23～30 层:7</td></tr>
<tr><td>5.0</td><td>0</td><td>20～29 层:3
30 层:4</td><td>7～9 层:3
10～14 层:4
15～20 层:5
21～30 层:6</td><td>7～9 层:5
10～14 层:6
15～22 层:7
23～30 层:8</td></tr>
</table>

续表

序号	附加(修正)率项目	附加(修正)率项(%)	备 注
4	两面外墙修正 β_{Lang}	5	仅用于外墙、外门、窗
5	窗墙面积比过大修正 β_{m}	10	当窗墙(不含窗)面积比大于 1：1 时,仅修正外窗
6	房高修正 $\beta_{f.g}$	$2(H-4)\leqslant 15$	H:房间净高,m;不适用于楼梯间
7	间歇附加 β_{Jan}	仅白天使用—20 不经常使用—30	对外墙、外窗、外门、地面、顶棚均适用

(2) 表 5.1-5 列有几个主要城市的考虑了朝向修正后的单位面积围护物的传热耗热量 q_1 (W/m²) 值,供查用。

民用建筑的仅考虑朝向修正的单位面积围护物的传热耗热量 q_1 (W/m²) 表 5.1-5

城市	围护结构		在下列室内空气计算温度 t_n 及朝向修正 β_{ch} 下的 q_1							
			t_n=18℃				t_n=20℃			
	名称	传热系数 W/(m²·℃)	E、W (−0.05)	S (−0.15~−0.3)	N (0~+0.1)	SE、SW (−0.1~−0.15)	E、W (−0.05)	S (−0.15~−0.3)	N (0~+0.1)	SE、SW (−0.1~−0.15)
北京 t_w=−7.5℃	外墙	0.5	12	11~9	13~14	11~11	13	12~10	14~16	12~12
		0.6	15	13~11	15~17	14~13	16	14~12	17~19	15~14
		0.8	19	17~14	20~22	18~17	21	19~15	22~25	20~19
		1.0	24	22~18	26~28	23~22	26	23~19	28~31	25~23
		1.2	29	26~21	31~34	28~26	31	28~23	33~38	30~28
	外窗	2.4	58	52~43	61~67	55~52	63	56~46	66~75	59~56
		3	73	65~54	77~84	69~65	78	70~58	83~94	74~70
		4.2	102	91~75	107~118	96~91	110	98~81	116~131	104~98
		4.4	107	95~79	112~123	101~95	115	103~85	121~138	109~103
		5	121	108~89	128~140	115~108	131	117~96	138~156	124~117
	屋顶	0.45			11				12	
		0.55			14				15	
		0.6			15				17	
		0.8			20				22	
太原 t_w=−9.9℃	外墙	0.5	13	12~10	14~15	13~12	14	13~10	15~16	13~13
		0.6	16	14~12	17~18	15~14	17	15~13	18~20	16~15
		0.8	21	19~16	22~25	20~19	23	20~17	24~26	22~20
		1.0	27	24~20	28~31	25~24	28	25~21	30~33	27~25
		1.1	29	26~22	31~34	28~26	31	28~23	33~36	30~28
	外窗	2.4	64	57~47	67~74	60~57	68	61~50	72~79	65~61
		3.0	80	71~59	84~92	75~71	85	76~63	90~99	81~76
		4.2	111	100~82	117~129	105~100	119	107~88	126~138	113~107
		4.4	117	104~86	123~135	110~104	125	112~92	132~145	118~112
		5.0	133	119~98	140~153	126~119	142	127~105	150~164	135~127

续表

城市	围护结构		在下列室内空气计算温度 t_n 及朝向修正 β_{ch} 下的 q_1							
			t_n=18℃				t_n=20℃			
	名称	传热系数 W/(m²·℃)	E、W (−0.05)	S (−0.15～−0.3)	N (0～+0.1)	SE、SW (−0.1～−0.15)	E、W (−0.05)	S (−0.15～−0.3)	N (0～+0.1)	SE、SW (−0.1～−0.15)
太原 t_w=−9.9℃	屋顶	0.45			13				13	
		0.55			15				16	
		0.6			17				18	
		0.7			20				21	
哈尔滨 t_w=−24.1℃	外墙	0.35	14	13～10	15～16	13～13	15	13～11	15～17	14～13
		0.4	16	14～12	17～19	15～14	17	15～12	18～19	16～15
		0.45	18	16～13	19～21	17～16	19	17～14	20～22	18～17
		0.5	20	18～15	21～23	19～18	21	19～15	22～24	20～19
		0.55	22	20～16	23～25	21～20	23	21～17	24～27	22～21
	外窗	2.4	96	86～71	101～111	91～86	101	90～74	106～116	95～90
		3.0	120	107～88	126～139	114～107	126	112～93	132～146	119～112
		3.3	132	118～97	139～153	125～118	138	124～102	146～160	131～124
		4.2	168	150～124	177～194	159～150	176	157～130	185～208	167～157
	屋顶	0.3			13				13	
		0.35			15				15	
		0.4			17				18	
		0.5			21				22	
长春 t_w=−20.9℃	外墙	0.45	17	15～12	18～19	16～15	17	16～13	18～20	17～16
		0.5	18	17～14	19～21	18～17	19	17～14	20～22	18～17
		0.55	20	18～15	21～24	19～18	21	19～16	23～25	20～19
		0.6	22	20～16	23～26	21～20	23	21～17	25～27	22～21
	外窗	2.4	89	79～65	93～103	84～79	93	83～69	98～108	88～83
		3.0	111	99～82	117～128	105～99	117	104～86	123～135	110～104
		3.3	122	109～90	128～141	116～109	128	115～94	135～148	121～115
		4.2	155	139～114	163～180	147～139	163	146～120	172～189	155～146
	屋顶	0.3			12				12	
		0.35			14				14	
		0.45			18				18	
		0.5			19				20	
济南 t_w=−5.2℃	外墙	0.5	11	10～8	12～13	10～10	12	11～9	13～14	11～11
		0.7	15	14～11	16～18	15～14	17	15～12	18～19	16～15
		0.9	20	18～15	21～23	19～18	22	19～16	23～25	20～19
		1.1	24	22～18	26～28	23～22	26	24～19	28～30	25～24
		1.3	29	26～21	30～33	27～26	31	28～23	33～36	29～28

续表

城市	围护结构		在下列室内空气计算温度 t_n 及朝向修正 β_{ch} 下的 q_1							
			$t_n=18℃$				$t_n=20℃$			
	名称	传热系数 W/(m²·℃)	E、W (−0.05)	S (−0.15～−0.3)	N (0～+0.1)	SE、SW (−0.1～−0.15)	E、W (−0.05)	S (−0.15～−0.3)	N (0～+0.1)	SE、SW (−0.1～−0.15)
济南 $t_w=-5.2℃$	外窗	2.4	53	47～39	56～61	50～47	57	51～42	60～67	54～51
		3	66	59～49	70～77	63～59	72	64～53	76～83	68～64
		4.2	93	83～68	97～107	88～83	101	90～74	106～116	95～90
		4.4	97	87～71	102～112	92～87	105	94～78	111～122	100～94
		5	110	99～81	116～128	104～99	120	107～88	126～139	113～107
	屋顶	0.45			10				11	
		0.55			13				14	
		0.6			14				15	
		0.8			19				20	
西安 $t_w=3.2℃$	外墙	0.5	10	9～7	11～12	10～9	11	10～8	12～13	10～10
		0.7	14	13～10	15～16	13～13	15	14～11	16～18	15～14
		0.9	18	16～13	19～21	17～16	20	18～15	21～23	19～18
		1.1	22	20～16	23～26	21～20	24	22～18	26～28	23～22
		1.3	26	23～19	28～30	25～23	29	26～21	30～33	27～26
	外窗	2.4	48	43～36	51～56	46～43	53	47～39	56～61	50～47
		3	60	54～45	64～70	57～54	66	59～49	70～77	63～59
		4.2	85	76～62	89～98	80～76	93	83～68	97～107	88～83
		4.4	89	79～65	93～103	84～79	97	87～71	102～112	92～87
		5.0	101	90～74	106～117	95～90	110	99～81	116～128	104～99
	屋顶	0.45			10				10	
		0.55			12				13	
		0.6			13				14	
		0.8			17				19	
乌鲁木齐 $t_w=-19.5℃$	外墙	0.45	16	14～12	17～19	15～14	17	15～12	18～20	16～15
		0.5	18	16～13	19～21	17～16	19	17～14	20～22	18～17
		0.55	20	18～14	21～23	19～18	21	18～15	22～24	20～18
		0.6	21	19～16	23～25	20～19	23	20～17	24～26	21～20
	外窗	2.4	86	77～63	90～99	81～77	90	81～66	95～104	85～81
		3.0	107	96～79	113～124	101～96	113	101～83	119～130	107～101
		3.3	118	105～87	124～136	111～105	124	111～91	130～143	117～111
		4.2	150	134～110	158～173	142～134	158	141～116	166～182	149～141
	屋顶	0.3			11				12	
		0.35			13				14	
		0.45			17				18	
		0.5			19				20	

续表

城市	围护结构名称	传热系数 W/(m²·℃)	t_n=18℃ E、W (−0.05)	t_n=18℃ S (−0.15～−0.3)	t_n=18℃ N (0～+0.1)	t_n=18℃ SE、SW (−0.1～−0.15)	t_n=20℃ E、W (−0.05)	t_n=20℃ S (−0.15～−0.3)	t_n=20℃ N (0～+0.1)	t_n=20℃ SE、SW (−0.1～−0.15)
兰州 t_w=−8.8℃	外墙	0.5	13	11～9	13～15	12～11	14	12～10	14～16	13～12
		0.6	15	14～11	16～18	14～14	16	15～12	17～19	16～15
		0.7	18	16～13	19～21	17～16	19	17～14	20～22	18～17
		0.9	23	21～17	24～27	22～21	25	22～18	26～29	23～22
		1.1	28	25～21	29～32	27～25	30	27～22	32～35	29～27
	外窗	2.4	61	55～45	64～71	58～55	66	59～48	69～76	62～59
		3.0	76	68～56	80～88	72～68	82	73～60	86～95	78～73
		4.2	107	96～79	113～124	101～96	115	103～85	121～133	109～103
		4.4	112	100～83	118～130	106～100	120	108～89	127～139	114～108
		5.0	127	114～94	134～147	121～114	137	122～101	144～158	130～122
	屋顶	0.45			12				13	
		0.55			15				16	
		0.6			16				17	
		0.7			19				20	
沈阳 呼和浩特 t_w=−16.8℃	外墙	0.4	13	12～10	14～15	13～12	14	13～10	15～16	13～13
		0.5	17	15～12	17～19	16～15	17	16～13	18～20	17～16
		0.6	20	18～15	21～23	19～18	21	19～15	22～24	20～19
		0.7	23	21～17	24～27	22～21	24	22～18	26～28	23～22
	外窗	2.4	79	71～58	84～92	75～71	84	75～62	88～97	79～75
		3	99	89～73	104～115	94～89	105	94～77	110～121	99～94
		3.3	109	98～80	115～126	103～98	115	103～85	121～134	109～103
	屋顶	0.35			12				13	
		0.4			14				15	
		0.45			16				17	
		0.6			21				21	

注：t_w 为该城市的供暖室外计算温度。

3. 通过门、窗缝隙的冷风渗透耗热量 Q_2 (W)

(1) Q_2 计算式：

$$Q_2 = 0.278 C_p V \rho_w \cdot (t_n - t_w) \tag{5.1-4}$$

式中 C_p——干空气的定压质量比热容 C_p=1.0056kJ/(kg·℃)；

ρ_w——室外采暖计算温度下的空气密度，kg/m³；

V——房间的冷风渗透体积流量，m³/h；

t_n、t_w——室内、外供暖计算温度，℃。

当$V=1m^3/h$时的Q_2值见表5.1-6。

每1m³渗风量的耗热量（W/m³） **表5.1-6**

t_w(℃)	t_n(℃) 18	t_n(℃) 20	t_w(℃)	t_n(℃) 18	t_n(℃) 20
2	5.74	6.46	−15	12.62	13.39
0	6.51	7.23	−16	13.06	13.82
−5	8.43	9.21	−17	13.49	14.26
−6	8.82	9.61	−18	13.93	14.71
−7	9.27	10.02	−19	14.38	15.15
−8	9.68	10.43	−20	14.82	15.6
−9	10.09	10.84	−21	15.27	16.06
−10	10.51	11.26	−22	15.73	16.51
−11	10.92	11.68	−23	16.18	16.97
−12	11.34	12.10	−24	16.65	17.44
−13	11.77	12.53	−25	17.11	17.91
−14	12.19	12.95	−26	17.58	18.38

注：ρ_w取干空气密度。

（2）对不考虑房间内所设人工通风作用的建筑物的渗风量V的确定

1）缝隙法

（A）忽略热压及室外风速沿房高的递增，只计入风压作用时的V的计算方法：

$$V=\sum(l\cdot L\cdot n) \tag{5.1-5}$$

式中 l——房间某朝向上的可开启门、窗缝隙的长度，m；

L——每米门窗缝隙的渗风量，$m^3/(m\cdot h)$，见表5.1-7；

n——渗风量的朝向修正系数，见表5.1-8。

每米门、窗缝隙的渗风量L $m^3/(m\cdot h)$ **表5.1-7**

门窗类型	冬季室外平均风速(m/s) 1	2	3	4	5	6
单层钢窗	0.6	1.5	2.6	3.9	5.2	6.7
双层钢窗	0.4	1.1	1.8	2.7	3.6	4.7
推拉铝窗	0.2	0.5	1.0	1.6	2.3	2.9
平开铝窗	0.0	0.1	0.3	0.4	0.6	0.8

注：① 每米外门缝隙的L值为表中同类型外窗L的2倍；

② 当有密封条时，表中数值可乘以0.5～0.6的系数。

缝隙渗风量的朝向修正系数 *n* 表 5.1-8

城市	朝向							
	N	NE	E	SE	S	SW	W	NW
北京	1.00	0.50	0.15	0.10	0.15	0.15	0.40	1.00
天津	1.00	0.40	0.20	0.10	0.15	0.20	0.10	1.00
张家口	1.00	0.40	0.10	0.10	0.10	0.10	0.35	1.00
太原	0.90	0.40	0.15	0.20	0.30	0.20	0.70	1.00
呼和浩特	0.70	0.25	0.10	0.15	0.20	0.15	0.70	1.00
沈阳	1.00	0.70	0.30	0.30	0.40	0.35	0.30	0.70
长春	0.35	0.35	0.15	0.25	0.70	1.00	0.90	0.40
哈尔滨	0.30	0.15	0.20	0.70	1.00	0.85	0.70	0.60
济南	0.45	1.00	1.00	0.40	0.55	0.55	0.25	0.15
郑州	0.65	1.00	1.00	0.40	0.55	0.55	0.25	0.15
成都	1.00	1.00	0.45	0.10	0.10	0.10	0.10	0.40
贵阳	0.70	1.00	0.70	0.15	0.25	0.15	0.10	0.25
西安	0.70	1.00	0.70	0.25	0.40	0.50	0.35	0.25
兰州	1.00	1.00	1.00	0.70	0.50	0.20	0.15	0.50
西宁	0.10	0.10	0.70	1.00	0.70	0.10	0.10	0.10
银川	1.00	1.00	0.40	0.30	0.25	0.20	0.65	0.95
乌鲁木齐	0.35	0.35	0.55	0.75	1.00	0.70	0.25	0.35

表 5.1-9 列有几个主要城市的每米窗缝渗风量及其耗热量值。

每米窗缝渗风量 *L* 及其耗热量 Q_2 表 5.1-9

城市			L 及 Q_2							
名称	风速	外温	单层钢窗		双层钢窗		推拉铝窗		平开铝窗	
	V_0 (m/s)	t_w (℃)	L [m³/(h·m)]	Q_2 (W/m)	L [m³/(h·m)]	Q_2 (W/m)	L [m³/(h·m)]	Q_2 (W/m)	L [m³/(h·m)]	Q_2 (W/m)
北京	2.7	−7.5	2.45	23	1.72	16	0.93	9	0.23	2
哈尔滨	3.2	−24.1	3.21	53	2.26	38	1.28	21	0.32	5
西安	0.9	−3.2	0.56	4	0.39	3	0.17	1	0.04	0.3
沈阳	2.0	−16.8	1.68	22	1.18	16	0.6	8	0.15	2
长春	3.1	−20.9	3.05	46	2.15	33	1.21	18	0.3	5
郑州	2.4	−3.8	2.07	16	1.46	12	0.77	6	0.19	2
济南	2.7	−5.2	2.43	21	1.71	15	0.93	8	0.23	2
兰州	0.3	−8.8	0.13	1	0.09	1	0.03	0.3	0.01	0.1
太原	1.8	−9.9	1.43	15	1.01	11	0.5	5	0.12	1
乌鲁木齐	1.4	−19.5	1.05	15	0.74	11	0.35	5	0.09	1
武汉	2.6	0.1	2.28	15	1.6	10	0.86	6	0.22	1
呼和浩特	1.1	−16.8	0.75	10	0.53	7	0.24	3	0.06	1

注：室内空气温度为18℃；风速为冬季室外平均风速，取自本手册第3章。

此法建议用于多层住宅或其他用途的多层民用建筑，当它的楼梯间不采暖，且与各房间有门经常关闭，楼梯间内空气温度接近室外温度时。

(B) 考虑热压与风压联合作用，且室外风速随高度递增时的计算方法（暖通与空调设计规范规定之方法）：

$$V=\sum(l\cdot L_0\cdot m^{\mathrm{b}}) \tag{5.1-6}$$

式中 L_0——理论渗风量，$m^3/(m\cdot h)$；

l——房间某朝向上的可开启门窗缝隙的长度，m；

m——渗风压差的综合修正系数；

b——外窗、门缝隙的渗风指数，据实测得值，一般钢窗可取为 0.67（0.56～0.78）。

建筑外窗空气渗透性能分级及 a_1 值 表 5.1-10

级别	1级	2级	3级	4级	5级
渗风量 $m^3/m\cdot h$（当压差=10Pa）	≤0.5	≤1.5	≤2.5	≤4	≤6
相应的 a_1 值	≤0.1	≤0.3	≤0.5	≤0.8	≤1.2

$$L_0=a_1(\rho_{\mathrm{w}}v_0^2/2)^{\mathrm{b}} \tag{5.1-7}$$

式中 a_1——外门窗缝隙的渗风系数，$m^3/(m\cdot h\cdot Pa^b)$，由表 5.1-10 查取；

v_0——冬季室外最多风向下的平均风速，m/s；

ρ_w——室外采暖计算温度下的空气密度，kg/m^3。

m 的确定：

$$m=C_{\mathrm{r}}\Delta C_{\mathrm{f}}(n^{1/\mathrm{b}}+C)C_{\mathrm{h}} \tag{5.1-8}$$

式中 C_r——热压系数。在纯热压作用下，作用在外窗、门缝两侧的热压差占渗入或渗出总热压差的百分份额，见表 5.1-11；

ΔC_f——风压差系数。在纯风压作用下，建筑物迎背风两侧风压差的一半。即认为迎背风面的外门、窗缝隙的阻力状况相同，当迎背风面的空气动力系数各为 1.0 和 −0.4 时，ΔC_f 可取为 0.7。

n——在纯风压作用下渗风量的朝向修正系数，见表 5.1-8；

C——作用于外门、窗缝隙两侧的有效热压差与有效风压差之比，见下述；

C_h——外门、窗缝隙所在高度的高度修正系数，见下述。

热压系数 C_r 值 表 5.1-11

序号	建筑内部隔断状况	C_r	
		各缝气密性差	各缝气密性好
1	室外空气经过外门、窗缝隙入室，经由内门缝或户门缝流往走廊后，便直接进入热压井（即内部有一道隔断）	1.0～0.8	0.8～0.6
2	如上述，但在走廊内，又遇走廊门缝或前室门缝或楼梯间门缝后才进入热压井（即内部有两道隔断）	0.6～0.4	0.4～0.2
3	室外空气经外门、窗缝进入室内后，不遇阻隔径直流入热压井时，即为开敞式（即内部无隔断）	1.0	1.0

高度修正系数 C_h 的计算式：

$$C_h=0.3h^{0.4}\text{（对大城市）} \tag{5.1-9a}$$

$$C_h=0.4h^{0.4}\text{（对中小城市及大城市郊外）} \tag{5.1-9b}$$

式中 h——计算门、窗的中心线标高，m。

有效热压差与有效风压差之比 C 的计算式：

$$C=[C_r(h_z-h)g(\rho_w-\rho_n')]/(C_r\Delta C_f C_h v_0^2\rho_w/2)$$

化简后，

$$C=70(t_n'-t_w)(h_z-h)/[\Delta C_f v_0^2(273+t_n')h^{0.4}]\text{(对大城市)} \tag{5.1-10a}$$

$$C=50(t_n'-t_w)(h_z-h)/(\Delta C_f v_0^2(273+t_n')h^{0.4})\text{(对中小城市及大城市郊区)} \tag{5.1-10b}$$

式中 h_z——纯热压作用下的建筑物中和界的标高，m，可取建筑物总高度的一半代入；

t_n'——建筑物内热压竖井内的空气计算温度，℃，当走廊及楼梯间不供暖时，t_n'按温差修正系数取值，供暖时取为 16℃或 18℃；

t_w——室外供暖计算温度；

v_0——同式（5.1-7）。

把以上诸式合并，将 $\Delta C_f=0.7$，b=0.67 代入，得到某朝向上的每米外窗，门缝隙的渗风量 L（$m^3/h\cdot m$）的计算式，制成表 5.1-12（排在后面），可直接查用。

有了 L 后，用下式算房间渗风量：

$$V=\sum(L\cdot l) \tag{5.1-11}$$

式中 l 同式（5.1-6）。

2）换气次数法：多层建筑的渗风量也可用换气次数来估算：

$$L=K\cdot V_f \tag{5.1-12}$$

式中 L——房间冷风渗透量，m^3/h；

K——换气次数，1/h，见表 5.1-13；

V_f——房间净体积，m^3。

居住建筑的房间换气次数 K（次/h） **表 5.1-13**

房间暴露情况	一面有外窗或门	两面有外窗或门	三面有外窗或门	门 厅
换气次数	0.25～0.67	0.5～1	1～1.5	2

【例题】

地点：北京，住宅建筑物；总层数 $N=20$，层高 $h_c=2.9$m，竖井空气温度+3.0℃，房间窗户朝向东北（$n=0.5$），有户门，窗缝渗风指数 $b=0.67$，渗风系数 $\alpha_1=0.3$。

试求该楼第 2 层，第 10 层及第 20 层的该朝向窗缝的每米缝长渗风量 $L\,m^3/(h\cdot m)$。

【解】

按规范法，逐项计算：

（1）北京市的理论渗风量 $L_0=0.3\{353\times4.5^2/[2(273-7.5)]\}^{0.67}=1.7125m^3/(h\cdot m)$。

（2）高度修正系数 C_h：第2层 $C_h=0.3(4.35)^{0.4}=0.54$

第10层 $C_h=0.3(27.55)^{0.4}=1.13$

第20层 $C_h=0.3(56.55)^{0.4}=1.507$

（3）有效热压差与有效风压差之比 C：

第2层 $C=[70(3+7.5)(20\times2.9\times0.5-4.35)]/[(4.35)^{0.4}\times(273+3)\times4.5^2\times0.7]=2.572$

第10层 $C=[70(3+7.5)(20\times2.9\times0.5-27.55)]/(27.55^{0.4}\times276\times0.7\times4.5^2)=0.0723$

第20层 $C=70\times10.5\times(20\times2.9\times0.5-56.55)/(56.55^{0.4}\times276\times0.7\times4.5^2)=-1.0304$

（4）计算 m^b

$$m=C_r\cdot\Delta C_f\cdot C_h\cdot(n^{1/b}+C)$$

按有户门，且各门、窗缝隙气密性较好，取 $C_r=0.6$，$\Delta C_f=0.7$，

计算 m 及 m^b：

第2层 $m=0.6\times0.7\times0.54(0.5^{1/0.67}+2.572)=0.6635, m^{0.67}=0.7597$

第10层 $m=0.6\times0.7\times1.13(0.5^{1.5}+0.0723)=0.2021, m^{0.67}=0.3426$

第20层 $m=0.6\times0.7\times1.507(0.5^{1.5}-1.0304)=-0.4284, (-m)^{0.67}=0.5667$

（5）求每米窗缝缝长的渗风量 L：

第2层 $L=1.7125\times0.7597=1.30\text{m}^3/(\text{h}\cdot\text{m})$

第10层 $L=1.7125\times0.3426=0.59\text{m}^3/(\text{h}\cdot\text{m})$

第20层 $L=-1.7125\times0.5667=-0.97\text{m}^3/(\text{h}\cdot\text{m})$（排风）

（6）查表5.1-12也可得到上述结果。

4. 外门开启冲入冷风耗热量 Q_3（W）的计算（见表5.1-14）

Q_3 计算方法 **表5.1-14**

序号	外门类型及特征		Q_3 的计算方法	备 注
1	多层建筑外门（短时间开启）	单层门	外门基本耗热量的65N%	N：外门所在层以上的楼层数
		双层门（有门斗）	80N%	
		三层门（有两个门斗）	60N%	
2	多层建筑外门（开启时间较长）	同1项	将1项中各对应值乘以1.5～2.0	
3	高层建筑外门（开启不频繁）	大门直接对着室外，且对着主导风向	按门厅换气次数 $n=3\sim4$ 计算冲入冷风量，再计算其耗热量	1. 也可按1、2项方法； 2. 考虑热压作用时，当建筑物总高在30m左右，则将值增大50%
		不迎主导风向	$n=1\sim2$ 计算冲入冷风量	
4	高层建筑外门（开启频繁）	一层门（手动）	冲入冷风量取：4100～4600m³/h	1. 建筑物高50m； 2. 室内外温差为15～25℃； 3. 一个门每小时出入人数约为250人
		二层门（手动）	冲入冷风量取：1700～2200m³/h	

5.1.2 工业厂房及辅助房屋的供暖设计热负荷计算

以下仅就工业厂房及其辅助房屋的 Q_1、Q_2、Q_3 的计算作简述。实际上，车间的供暖设计热负荷的确定，还要计算出其他影响室温的得失热量项目，例如工艺过程的热物料或热设备散热，冷材料或冷车辆吸热，水分蒸发，通风吸热等，并根据车间或工部的热平衡与风平衡来完成。

1. 房间各面围护物的基本耗热量及附加耗热量

仍可按式（5.1-1)、(5.1-2)、(5.1-3）计算。其中：

(1）室内空气计算温度 t_n 的确定

1）工作地带的设计温度 t_g 及辅助房屋的室内空气计算温度参照表 5.1-15 采用。

工业厂房及辅助用房间室内空气温度（℃） **表 5.1-15**

序号	车间性质	室内空气温度(℃)	序号	车间性质	室内空气温度(℃)
一、铸造与蜡模铸造			2	油漆车间(自然干燥)	18
1	浇注与清理工部	12~15	七、焊接车间		
2	造型工部	14~16		装配焊接工部	12~14
3	落砂与落芯工部	10~14	八、木工车间		
4	蜡模制造工部	16~18	1	机加装配工部	16~18
二、锻压车间			2	塑料模、菱苦土模工部	18~20
1	锻压工部	8~12	3	木材干燥工部	5
2	机修、酸洗、模修、粗加工工部	14~16	九、中央试验室		
3	备料、清理	12~14	1	各试验室	14~18
4	水压机房、泵房	10	2	贮藏、库房	5~8
三、热处理车间			十、辅助用房		
1	热处理工部	14~16	1	厕所	12
2	热处理(中重型时)	12~14	2	盥洗室	14
四、金工装配车间			3	食堂	14
	装配、机加工部	14~16	4	办公室、休息室、技术资料室	16~18
五、表面处理车间			5	存衣室	16
1	酸洗、电镀工部	16~18	6	淋浴室	25
2	磨光、喷砂工部	14	7	淋浴室的换衣室	23
六、油漆车间			8	女工卫生室	23
1	油漆车间(有烘干室)	14~16	9	哺乳室	20

2）室内空气计算温度 t_n 按下述情况分别确定：

当车间高度 $H\leqslant 4m$ 时，$t_n=t_g$

当车间高度 $H\geqslant 4$m 时，对地面——$t_n=t_g$；

对外墙、外窗和外门——$t_n=(t_g+t_d)/2$；

对于屋顶——$t_n=t_d=t_g+\Delta t(H-2)$（式中 Δt 是室内空气在垂直方向上每 m 的温度升高值，一般，$\Delta t=0.3\sim1.5$℃/m)。

(2) 当 t_n 分别按地面、外墙及屋顶取不同值时，房高修正率 $\beta_{f.g}=0$。

2. 通过门窗缝隙的冷风渗透耗热量 Q_2 (W)

单层工业厂房的门、窗缝隙冷风渗透耗热量 Q_2，可查表 5.1-16 估定；

工业建筑冷风渗透耗热占房间围护物耗热的%数 **表 5.1-16**

窗类型	建筑物高度(m)		
	<4.5	4.5～10.0	>10.0
单层玻璃	25	35	40
单双层玻璃	20	30	35
双层玻璃	15	25	30

多层工业车间的外门窗缝隙渗风耗热，当车间内无其他人工通风系统工作，无天窗，无大量余热产生时，每米缝长渗风量可按民用多层建筑渗风量计算，用缝隙法合适；计算得渗风量后，再计算其耗热。

3. 单层厂房的大门开启冲入冷风耗热量 Q_3

每班开启时间等于或小于 15min 的大门，采用附加率法确定其大门冲入冷风耗热。附加在大门的基本耗热量上，附加率为 200%～500%

每班开启时间大于 15min 的大门，按下列经验公式确定大门开启冲入冷风量 G (kg/s)：

$$G=A+(a+N\cdot v_w)F \tag{5.1-13}$$

式中 G——冲入冷风量，kg/s；

a、A——系数，查表 5.1-17；

N——常数，当大门尺寸为 3.0m×3.0m 时，$N=0.25$；

当大门尺寸为 4.0m×4.0m 时，$N=0.2$；

当大门尺寸为 4.7m×5.6m 时，$N=0.15$；

v_w——冬季室外平均风速，m/s；

F——车间上部可能开启的排风窗或排气孔的面积，m^2。

多层厂房大门开启冲入冷风耗热可按民用多层建筑外门开启冲入冷风耗热计算，条件是车间内无机械通风造成的余压（或正或负），无天窗，无大量余热。

5.1.3 民用建筑——热负荷的估算

当已知建筑物总建筑面积 F_t (m^2) 时，使用供暖面积热指标 $q_{n\cdot m}$ (W/m^2)，见表 5.1-18，用下式估算建筑物总供暖——热负荷 $Q_{n.m}$ (W)：

$$Q_{n.m}=q_{n.m}F_t \tag{5.1-14}$$

用于计算工业建筑大门冲入冷风量的系数 a 及 A 值 **表 5.1-17**

室外温度 t_w(℃)	a						A					
	房高 6m		房高 11m		房高 15m		大门尺寸 3m×3m		大门尺寸 4m×4m		大门尺寸 4.7m×5.6m	
	t_n=5℃	t_n=15℃	t_n=5℃	t_n=15℃	t_n=5℃	t_n=15℃	t_n=5℃	t_n=15℃	t_n=5℃	t_n=15℃	t_n=5℃	t_n=15℃
0						1.15	3.50	4.60	7.50	9.50	13.00	18.50
−5				1.38	1.17	1.55	4.00	5.10	8.60	10.70	16.00	21.00
−10	0.83	1.05	1.20	1.55	1.46	1.86	4.50	6.00	10.00	11.80	18.90	23.50
−15	0.96	1.20	1.42	1.75	1.75	2.12	5.00	6.80	11.30	13.10	22.00	26.00
−20	1.10	1.34	1.64	1.95	2.05	2.38	6.00	7.50	12.90	14.70	25.00	28.50
−25	1.20	1.44	1.80	2.08	2.25	2.60	7.00	8.20	14.30	16.00	28.00	31.00
−30	1.30	1.52	2.00	2.20	2.48	2.75	7.80	9.00	15.70	17.40	31.00	33.70

注：t_n 为车间内空气温度。

$q_{n.m}$值表 **表 5.1-18**

建 筑 类 型	$q_{n.m}$(W/m^2)	建 筑 类 型	$q_{n.m}$(W/m^2)
住宅	45～70	商店	65～75
节能住宅	30～45	单层住宅	80～105
办公室	60～80	一、二层别墅	100～125
医院、幼儿园	65～80	食堂、餐厅	115～140
旅馆	60～70	影剧院	90～115
图书馆	45～75	大礼堂、体育馆	115～160

注：本表摘自《全国民用建筑工程设计技术措施》2003 年版，转摘时作了少许更动。

当已知建筑物的外墙总面积 $F_{wq.z}$（m^2）（包括窗在内）及窗墙（包括窗面积在内）面积比 β 时，可用下式估算建筑物总供暖设计热负荷 $Q_{n.t}$（W）：

$$Q_{n.t}=(7\beta+1.7)F_{wq.z}(t_n-t_w) \tag{5.1-15}$$

式中 t_n——室内采暖设计温度，℃；

t_w——室外采暖设计温度，℃。

上式反映了外墙面积和窗面积多寡以及室内外温差对供暖设计热负荷的影响。考虑到对建筑围护物的最小热阻和节能热阻以及对窗户密封程度随地区的限值，建议对严寒地区，将计算结果乘以 0.9 左右的系数；对寒冷地区，将所得结果乘以 1.05～1.10 的系数。

我国几个主要城市的外门窗缝隙冷风渗透量（北京） 表 5.1-12

北京，住宅，$V_0=4.5m/s$，$t_w=-7.5℃$，$h_c=2.9m$，$t'_n=3℃$，$a_1=0.3$，$C_r=0.6$，$b=0.67$ 渗透量 L $m^3/(h·m)$

N	朝向	$n\backslash M$	1	2	3	4	5	6	7	8	9	10	11	12	13	14	15	16	17	18	19	20
8	N,NW	1	0.91	0.92	0.90	0.85	0.79	0.73	0.65	0.57												
	NE	0.5	0.75	0.68	0.59	0.47	0.34	0.17	−0.15	−0.33												
	W	0.4	0.72	0.64	0.53	0.40	0.24	−0.06	−0.28	−0.44												
	E,S	0.15	0.67	0.55	0.41	0.24	−0.10	−0.32	−0.48	−0.61												
	SE	0.1	0.67	0.54	0.39	0.21	−0.14	−0.34	−0.50	−0.63												
10	N,NW	1	1.01	1.03	1.00	0.96	0.91	0.84	0.77	0.69	0.61	0.51										
	NE	0.5	0.86	0.80	0.71	0.61	0.50	0.37	0.20	−0.12	−0.31	−0.46										
	W	0.4	0.84	0.76	0.66	0.55	0.42	0.27	0.01	−0.27	−0.43	−0.56										
	E,S	0.15	0.79	0.68	0.56	0.42	0.24	−0.09	−0.31	−0.47	−0.61	−0.73										
	SE	0.1	0.79	0.67	0.54	0.40	0.22	−0.13	−0.34	−0.50	−0.63	−0.75										
12	N,NW	1	1.11	1.13	1.10	1.06	1.01	0.95	0.89	0.81	0.73	0.65	0.55	0.45								
	NE	0.5	0.97	0.91	0.83	0.74	0.63	0.52	0.39	0.23	−0.08	−0.29	−0.45	−0.58								
	W	0.4	0.95	0.87	0.78	0.68	0.57	0.44	0.29	0.06	−0.25	−0.41	−0.55	−0.67								
	E,S	0.15	0.90	0.80	0.69	0.56	0.42	0.25	−0.08	−0.31	−0.47	−0.61	−0.73	−0.84								
	SE	0.1	0.90	0.79	0.67	0.55	0.40	0.22	−0.13	−0.34	−0.50	−0.63	−0.75	−0.87								
14	N,NW	1	1.21	1.22	1.20	1.16	1.11	1.05	0.99	0.92	0.85	0.77	0.68	0.59	0.49	0.37						
	NE	0.5	1.07	1.01	0.94	0.85	0.76	0.65	0.54	0.41	0.25	−0.04	−0.28	−0.43	−0.56	−0.68						
	W	0.4	1.05	0.98	0.89	0.80	0.70	0.58	0.45	0.30	0.09	−0.23	−0.40	−0.54	−0.66	−0.78						

续表

N	朝向	n\M	1	2	3	4	5	6	7	8	9	10	11	12	13	14	15	16	17	18	19	20
14	E,S	0.15	1.01	0.91	0.81	0.69	0.57	0.43	0.25	−0.07	−0.31	−0.47	−0.60	−0.73	−0.84	−0.95						
	SE	0.1	1.00	0.90	0.79	0.68	0.55	0.40	0.22	−0.13	−0.34	−0.49	−0.63	−0.75	−0.86	−0.97						
16	N,NW	1	1.30	1.31	1.29	1.25	1.21	1.15	1.09	1.03	0.96	0.88	0.80	0.72	0.62	0.52	0.40	0.27				
	NE	0.5	1.17	1.11	1.04	0.96	0.87	0.78	0.67	0.56	0.43	0.27	0.04	−0.26	−0.42	−0.55	−0.67	−0.78				
	W	0.4	1.15	1.08	1.00	0.91	0.81	0.71	0.59	0.47	0.32	0.11	−0.22	−0.39	−0.53	−0.66	−0.77	−0.88				
	E,S	0.15	1.11	1.02	0.92	0.81	0.70	0.57	0.43	0.26	−0.07	−0.30	−0.46	−0.60	−0.73	−0.84	−0.95	−1.05				
	SE	0.1	1.10	1.01	0.91	0.80	0.68	0.55	0.40	0.22	−0.12	−0.34	−0.49	−0.63	−0.75	−0.86	−0.97	−1.07				
18	N,NW	1	1.39	1.40	1.38	1.34	1.30	1.25	1.19	1.13	1.06	0.99	0.91	0.83	0.75	0.65	0.55	0.44	0.31	0.14		
	NE	0.5	1.26	1.21	1.14	1.06	0.98	0.89	0.79	0.69	0.57	0.44	0.29	0.08	−0.24	−0.40	−0.54	−0.66	−0.77	−0.88		
	W	0.4	1.24	1.18	1.10	1.01	0.92	0.83	0.72	0.61	0.48	0.33	0.13	−0.20	−0.38	−0.52	−0.65	−0.76	−0.87	−0.97		
	E,S	0.15	1.20	1.12	1.02	0.92	0.81	0.70	0.57	0.43	0.26	−0.06	−0.30	−0.46	−0.60	−0.72	−0.84	−0.95	−1.05	−1.14		
	SE	0.1	1.20	1.11	1.01	0.91	0.80	0.68	0.55	0.41	0.23	−0.12	−0.33	−0.49	−0.63	−0.75	−0.86	−0.97	−1.07	−1.17		
20	N,NW	1	1.47	1.49	1.47	1.43	1.39	1.34	1.28	1.22	1.16	1.09	1.02	0.94	0.86	0.77	0.68	0.58	0.47	0.34	0.19	−0.12
	NE	0.5	1.35	1.30	1.23	1.16	1.08	0.99	0.90	0.81	0.70	0.59	0.46	0.31	0.11	−0.22	−0.39	−0.53	−0.65	−0.77	−0.87	−0.97
	W	0.4	1.33	1.27	1.20	1.11	1.03	0.94	0.84	0.73	0.62	0.49	0.34	0.15	−0.19	−0.37	−0.52	−0.64	−0.76	−0.87	−0.97	−1.06
	E,S	0.15	1.30	1.21	1.12	1.02	0.92	0.82	0.70	0.58	0.43	0.27	−0.05	−0.30	−0.46	−0.60	−0.72	−0.84	−0.94	−1.05	−1.14	−1.24
	SE	0.1	1.29	1.20	1.11	1.01	0.91	0.80	0.68	0.55	0.41	0.23	−0.12	−0.33	−0.49	−0.63	−0.75	−0.86	−0.97	−1.07	−1.17	−1.26

续表

北京，办公楼，$V_0=4.5m/s, t_w=-7.5℃, h_c=3.3m, t'_n=16℃, a_1=0.3, C_r=0.8, b=0.67$														渗透量 L $m^3/(h \cdot m)$								
N	朝向	$n\backslash M$	1	2	3	4	5	6	7	8	9	10	11	12	13	14	15	16	17	18	19	20
8	N,NW	1	1.69	1.57	1.38	1.16	0.90	0.59	0.11	−0.53												
	NE	0.5	1.54	1.31	1.04	0.71	0.27	−0.47	−0.85	−1.17												
	W	0.4	1.51	1.27	0.98	0.63	0.10	−0.58	−0.94	−1.25												
	E,S	0.15	1.46	1.18	0.86	0.45	−0.32	−0.77	−1.11	−1.40												
	SE	0.1	1.46	1.17	0.84	0.43	−0.36	−0.79	−1.13	−1.42												
10	N,NW	1	1.94	1.82	1.65	1.45	1.22	0.96	0.66	0.23	−0.46	−0.82										
	NE	0.5	1.80	1.59	1.34	1.06	0.74	0.31	−0.44	−0.83	−1.15	−1.43										
	W	0.4	1.77	1.55	1.29	1.00	0.65	0.14	−0.56	−0.93	−1.24	−1.52										
	E,S	0.15	1.73	1.47	1.19	0.86	0.46	−0.32	−0.77	−1.11	−1.40	−1.67										
	SE	0.1	1.72	1.46	1.17	0.84	0.43	−0.35	−0.79	−1.13	−1.42	−1.69										
12	N,NW	1	2.18	2.06	1.90	1.72	1.51	1.28	1.02	0.72	0.32	−0.40	−0.78	−1.08								
	NE	0.5	2.04	1.84	1.62	1.37	1.09	0.77	0.34	−0.41	−0.82	−1.14	−1.42	−1.68								
	W	0.4	2.02	1.81	1.57	1.31	1.02	0.67	0.18	0.54	−0.92	−1.23	−1.51	−1.76								
	E,S	0.15	1.97	1.74	1.48	1.19	0.87	0.46	−0.31	−0.76	−1.10	−1.40	−1.67	−1.92								
	SE	0.1	1.97	1.73	1.46	1.18	0.85	0.43	−0.35	−0.79	−1.13	−1.42	−1.69	−1.94								
14	N,NW	1	2.40	2.29	2.14	1.96	1.77	1.56	1.33	1.07	0.77	0.39	−0.33	−0.73	−1.05	−1.32						
	NE	0.5	2.27	2.08	1.87	1.64	1.39	1.11	0.79	0.37	−0.39	−0.80	−1.12	−1.41	−1.67	−1.91						
	W	0.4	2.25	2.05	1.83	1.59	1.32	1.03	0.69	0.21	−0.53	−0.91	−1.22	−1.50	−1.75	−1.99						

续表

N	朝向	n\M	1	2	3	4	5	6	7	8	9	10	11	12	13	14	15	16	17	18	19	20
14	E,S	0.15	2.21	1.98	1.74	1.48	1.20	0.87	0.47	−0.30	−0.76	−1.10	−1.40	−1.67	−1.91	−2.15						
	SE	0.1	2.20	1.97	1.73	1.47	1.18	0.85	0.44	−0.35	−0.79	−1.13	−1.42	−1.69	−1.94	−2.17						
16	N,NW	1	2.61	2.51	2.36	2.20	2.01	1.82	1.60	1.37	1.11	0.82	0.45	−0.26	−0.69	−1.01	−1.29	−1.55				
	NE	0.5	2.48	2.31	2.11	1.89	1.66	1.41	1.13	0.81	0.40	−0.36	−0.78	−1.11	−1.40	−1.66	−1.90	−2.13				
	W	0.4	2.46	2.27	2.07	1.84	1.60	1.34	1.05	0.70	0.23	−0.51	−0.90	−1.21	−1.49	−1.75	−1.99	−2.21				
	E,S	0.15	2.43	2.21	1.99	1.74	1.48	1.20	0.88	0.47	−0.30	−0.76	−1.10	−1.40	−1.66	−1.91	−2.15	−2.37				
	SE	0.1	2.42	2.20	1.97	1.73	1.47	1.18	0.85	0.44	−0.34	−0.79	−1.13	−1.42	−1.69	−1.93	−2.17	−2.39				
18	N,NW	1	2.81	2.71	2.57	2.42	2.24	2.06	1.86	1.64	1.41	1.15	0.86	0.51	−0.18	−0.65	−0.98	−1.26	−1.52	−1.76		
	NE	0.5	2.69	2.52	2.33	2.13	1.91	1.68	1.42	1.14	0.83	0.42	−0.34	−0.77	−1.10	−1.39	−1.65	−1.89	−2.12	−2.34		
	W	0.4	2.67	2.49	2.29	2.08	1.85	1.61	1.35	1.06	0.72	0.25	−0.50	−0.89	−1.20	−1.48	−1.74	−1.98	−2.21	−2.42		
	E,S	0.15	2.64	2.43	2.22	1.99	1.75	1.49	1.20	0.88	0.48	−0.30	−0.75	−1.10	−1.39	−1.66	−1.91	−2.15	−2.37	−2.58		
	SE	0.1	2.63	2.42	2.21	1.98	1.73	1.47	1.18	0.85	0.44	−0.34	−0.78	−1.12	−1.42	−1.69	−1.93	−2.17	−2.39	−2.60		
20	N,NW	1	3.01	2.91	2.78	2.63	2.46	2.28	2.10	1.89	1.68	1.45	1.19	0.90	0.56	−0.09	−0.61	−0.95	−1.24	−1.50	−1.74	−1.96
	NE	0.5	2.89	2.73	2.55	2.35	2.14	1.93	1.69	1.44	1.16	0.84	0.45	−0.31	−0.75	−1.09	−1.38	−1.64	−1.88	−2.11	−2.33	−2.54
	W	0.4	2.87	2.70	2.51	2.31	2.09	1.87	1.62	1.36	1.07	0.73	0.27	−0.48	−0.88	−1.20	−1.48	−1.73	−1.97	−2.20	−2.42	−2.62
	E,S	0.15	2.84	2.64	2.44	2.22	1.99	1.75	1.49	1.20	0.88	0.48	−0.29	−0.75	−1.10	−1.39	−1.66	−1.91	−2.14	−2.37	−2.58	−2.78
	SE	0.1	2.83	2.63	2.43	2.21	1.98	1.73	1.47	1.18	0.85	0.44	−0.34	−0.78	−1.12	−1.42	−1.69	−1.93	−2.17	−2.39	−2.60	−2.80

续表

长春，住宅，$V_0=3.9m/s$，$t_w=-20.9℃$，$h_c=2.9m$，$t'_n=-5℃$，$a_1=0.3$，$C_r=0.6$，$b=0.67$			渗透量 L $m^3/(h \cdot m)$																			
N	朝向	$n\backslash M$	1	2	3	4	5	6	7	8	9	10	11	12	13	14	15	16	17	18	19	20
8	SW	1	1.09	1.02	0.91	0.78	0.62	0.44	0.20	−0.24												
	W	0.9	1.07	0.98	0.86	0.71	0.55	0.34	−0.06	−0.37												
	S	0.7	1.02	0.91	0.76	0.59	0.38	0.07	−0.35	−0.57												
	NW	0.4	0.96	0.81	0.63	0.41	0.10	−0.35	−0.58	−0.78												
	N	0.35	0.96	0.80	0.61	0.39	0.02	−0.38	−0.61	−0.80												
	SE	0.25	0.94	0.77	0.58	0.34	−0.13	−0.44	−0.66	−0.85												
	E	0.15	0.93	0.75	0.55	0.29	−0.20	−0.48	−0.70	−0.89												
10	SW	1	1.25	1.18	1.08	0.96	0.82	0.67	0.49	0.26	−0.18	−0.44										
	W	0.9	1.22	1.14	1.03	0.90	0.75	0.58	0.38	0.08	−0.34	−0.56										
	S	0.7	1.18	1.08	0.94	0.79	0.62	0.41	0.12	−0.32	−0.55	−0.74										
	NW	0.4	1.13	0.99	0.83	0.64	0.43	0.12	−0.33	−0.57	−0.77	−0.95										
	N	0.35	1.12	0.98	0.81	0.62	0.40	0.06	−0.37	−0.60	−0.80	−0.97										
	SE	0.25	1.11	0.95	0.78	0.58	0.34	−0.12	−0.43	−0.66	−0.85	−1.02										
	E	0.15	1.10	0.93	0.76	0.55	0.30	−0.19	−0.48	−0.70	−0.89	−1.06										
12	SW	1	1.39	1.33	1.24	1.12	1.00	0.86	0.71	0.53	0.31	−0.12	−0.41	−0.61								
	W	0.9	1.37	1.30	1.19	1.07	0.94	0.79	0.62	0.42	0.14	−0.30	−0.53	−0.72								
	S	0.7	1.33	1.23	1.11	0.97	0.82	0.65	0.44	0.17	−0.29	−0.53	−0.73	−0.90								
	NW	0.4	1.28	1.15	1.00	0.84	0.66	0.44	0.15	−0.32	−0.56	−0.76	−0.94	−1.10								
	N	0.35	1.27	1.14	0.99	0.82	0.63	0.41	0.08	−0.36	−0.60	−0.79	−0.97	−1.13								
	SE	0.25	1.26	1.12	0.96	0.79	0.59	0.35	−0.11	−0.43	−0.65	−0.84	−1.02	−1.17								
	E	0.15	1.25	1.10	0.94	0.76	0.55	0.30	−0.19	−0.48	−0.70	−0.88	−1.05	−1.21								
14	SW	1	1.53	1.47	1.38	1.28	1.16	1.03	0.89	0.74	0.56	0.35	−0.04	−0.37	−0.58	−0.77						
	W	0.9	1.51	1.44	1.34	1.23	1.10	0.97	0.82	0.65	0.45	0.19	−0.26	−0.50	−0.70	−0.87						
	S	0.7	1.48	1.38	1.26	1.14	1.00	0.84	0.67	0.47	0.20	−0.27	−0.51	−0.71	−0.89	−1.05						
	NW	0.4	1.43	1.30	1.17	1.02	0.85	0.67	0.45	0.16	−0.31	−0.56	−0.76	−0.93	−1.10	−1.25						

续表

N	朝向	n\M	1	2	3	4	5	6	7	8	9	10	11	12	13	14	15	16	17	18	19	20
14	N	0.35	1.42	1.29	1.15	1.00	0.83	0.64	0.42	0.10	−0.35	−0.59	−0.79	−0.96	−1.12	−1.27						
	SE	0.25	1.41	1.27	1.13	0.97	0.79	0.60	0.36	−0.10	−0.42	−0.65	−0.84	−1.01	−1.17	−1.32						
	E	0.15	1.40	1.26	1.10	0.94	0.76	0.56	0.30	−0.19	−0.48	−0.69	−0.88	−1.05	−1.21	−1.36						
16	SW	1	1.67	1.61	1.52	1.42	1.31	1.19	1.06	0.92	0.77	0.59	0.39	0.08	−0.34	−0.56	−0.74	−0.91				
	W	0.9	1.65	1.58	1.48	1.38	1.26	1.13	0.99	0.84	0.68	0.48	0.24	−0.23	−0.48	−0.68	−0.85	−1.01				
	S	0.7	1.61	1.52	1.41	1.29	1.16	1.02	0.86	0.69	0.49	0.23	−0.24	−0.50	−0.70	−0.87	−1.04	−1.19				
	NW	0.4	1.57	1.45	1.32	1.18	1.03	0.86	0.68	0.46	0.18	−0.30	−0.55	−0.75	−0.93	−1.09	−1.24	−1.39				
	N	0.35	1.56	1.44	1.30	1.16	1.01	0.84	0.65	0.43	0.12	−0.34	−0.58	−0.78	−0.96	−1.12	−1.27	−1.41				
	SE	0.25	1.55	1.42	1.28	1.13	0.97	0.80	0.60	0.36	−0.09	−0.42	−0.65	−0.84	−1.01	−1.17	−1.32	−1.46				
	E	0.15	1.54	1.40	1.26	1.11	0.94	0.76	0.56	0.31	−0.18	−0.47	−0.69	−0.88	−1.05	−1.21	−1.36	−1.50				
18	SW	1	1.80	1.74	1.66	1.56	1.46	1.34	1.22	1.09	0.95	0.80	0.62	0.42	0.14	−0.30	−0.53	−0.72	−0.89	−1.05		
	W	0.9	1.78	1.71	1.62	1.52	1.41	1.29	1.16	1.02	0.87	0.70	0.51	0.27	−0.19	−0.45	−0.66	−0.84	−1.00	−1.15		
	S	0.7	1.74	1.66	1.55	1.43	1.31	1.18	1.03	0.88	0.71	0.51	0.26	−0.21	−0.48	−0.68	−0.86	−1.03	−1.18	−1.32		
	NW	0.4	1.70	1.58	1.46	1.33	1.19	1.03	0.87	0.69	0.47	0.19	−0.29	−0.54	−0.74	−0.92	−1.09	−1.24	−1.38	−1.52		
	N	0.35	1.69	1.57	1.45	1.31	1.17	1.01	0.85	0.66	0.44	0.13	−0.34	−0.58	−0.78	−0.95	−1.12	−1.27	−1.41	−1.55		
	SE	0.25	1.68	1.56	1.42	1.28	1.14	0.98	0.80	0.61	0.37	−0.08	−0.41	−0.64	−0.83	−1.01	−1.17	−1.32	−1.46	−1.59		
	E	0.15	1.67	1.54	1.41	1.26	1.11	0.95	0.77	0.56	0.31	−0.18	−0.47	−0.69	−0.88	−1.05	−1.21	−1.36	−1.50	−1.63		
20	SW	1	1.92	1.87	1.79	1.69	1.59	1.49	1.37	1.25	1.12	0.98	0.82	0.65	0.45	0.19	−0.27	−0.51	−0.70	−0.87	−1.03	−1.18
	W	0.9	1.90	1.84	1.75	1.65	1.54	1.43	1.31	1.18	1.04	0.89	0.72	0.54	0.30	−0.15	−0.43	−0.64	−0.82	−0.98	−1.13	−1.27
	S	0.7	1.87	1.78	1.68	1.57	1.45	1.33	1.19	1.05	0.89	0.72	0.53	0.28	−0.19	−0.46	−0.67	−0.85	−1.02	−1.17	−1.31	−1.45
	NW	0.4	1.83	1.72	1.60	1.47	1.34	1.19	1.04	0.88	0.69	0.48	0.21	−0.28	−0.53	−0.74	−0.92	−1.08	−1.24	−1.38	−1.52	−1.65
	N	0.35	1.82	1.71	1.58	1.46	1.32	1.17	1.02	0.85	0.66	0.45	0.14	−0.33	−0.57	−0.77	−0.95	−1.11	−1.26	−1.41	−1.54	−1.67
	SE	0.25	1.81	1.69	1.56	1.43	1.29	1.14	0.98	0.81	0.61	0.37	−0.06	−0.41	−0.64	−0.83	−1.01	−1.17	−1.31	−1.46	−1.59	−1.72
	E	0.15	1.80	1.68	1.55	1.41	1.26	1.11	0.95	0.77	0.56	0.31	−0.18	−0.47	−0.69	−0.88	−1.05	−1.21	−1.36	−1.50	−1.63	−1.76

续表

长春，办公楼，$V_0=3.9m/s$，$t_w=-20.9℃$，$h_c=3.3m$，$t_n'=16℃$，$a_1=0.3$，$C_r=0.8$，$b=0.67$　　渗透量 L　$m^3/(h \cdot m)$

N	朝向	$n\backslash M$	1	2	3	4	5	6	7	8	9	10	11	12	13	14	15	16	17	18	19	20
8	SW	1	2.20	1.90	1.55	1.13	0.60	−0.43	−1.03	−1.49												
	W	0.9	2.17	1.86	1.49	1.06	0.48	−0.56	−1.12	−1.57												
	S	0.7	2.13	1.79	1.39	0.91	0.21	−0.77	−1.29	−1.72												
	NW	0.4	2.07	1.69	1.26	0.72	−0.33	−1.00	−1.48	−1.90												
	N	0.35	2.06	1.68	1.24	0.69	−0.37	−1.02	−1.51	−1.92												
	SE	0.25	2.05	1.66	1.20	0.64	−0.45	−1.08	−1.55	−1.97												
	E	0.15	2.04	1.64	1.18	0.59	−0.50	−1.12	−1.59	−2.00												
10	SW	1	2.56	2.29	1.97	1.60	1.18	0.66	−0.36	−0.99	−1.45	−1.86										
	W	0.9	2.53	2.25	1.92	1.54	1.10	0.54	−0.51	−1.09	−1.55	−1.94										
	S	0.7	2.49	2.18	1.83	1.42	0.95	0.27	−0.74	−1.27	−1.70	−2.09										
	NW	0.4	2.44	2.10	1.71	1.27	0.73	−0.31	−0.98	−1.47	−1.89	−2.27										
	N	0.35	2.43	2.08	1.69	1.25	0.70	−0.36	−1.02	−1.50	−1.92	−2.29										
	SE	0.25	2.42	2.06	1.66	1.21	0.65	−0.44	−1.07	−1.55	−1.96	−2.34										
	E	0.15	2.41	2.04	1.64	1.18	0.60	−0.50	−1.11	−1.59	−2.00	−2.37										
12	SW	1	2.89	2.64	2.34	2.01	1.65	1.23	0.71	−0.30	−0.95	−1.43	−1.83	−2.20								
	W	0.9	2.87	2.61	2.30	1.96	1.58	1.14	0.59	−0.46	−1.06	−1.52	−1.92	−2.29								
	S	0.7	2.83	2.54	2.22	1.86	1.45	0.98	0.32	−0.71	−1.25	−1.69	−2.08	−2.43								
	NW	0.4	2.78	2.46	2.11	1.72	1.28	0.75	−0.29	−0.97	−1.47	−1.89	−2.26	−2.61								
	N	0.35	2.78	2.45	2.10	1.70	1.26	0.72	−0.34	−1.01	−1.49	−1.91	−2.29	−2.64								
	SE	0.25	2.77	2.43	2.07	1.67	1.22	0.65	−0.43	−1.06	−1.54	−1.96	−2.33	−2.68								
	E	0.15	2.76	2.42	2.05	1.64	1.18	0.60	−0.50	−1.11	−1.58	−2.00	−2.37	−2.72								
14	SW	1	3.21	2.97	2.69	2.39	2.05	1.68	1.27	0.76	−0.22	−0.92	−1.40	−1.81	−2.18	−2.53						
	W	0.9	3.19	2.94	2.65	2.34	1.99	1.61	1.18	0.63	−0.42	−1.03	−1.50	−1.90	−2.27	−2.61						
	S	0.7	3.15	2.88	2.57	2.24	1.88	1.47	1.00	0.36	−0.69	−1.23	−1.67	−2.07	−2.42	−2.76						
	NW	0.4	3.11	2.80	2.48	2.12	1.73	1.30	0.76	−0.27	−0.96	−1.46	−1.88	−2.26	−2.61	−2.94						

续表

N	朝向	n\M	1	2	3	4	5	6	7	8	9	10	11	12	13	14	15	16	17	18	19	20
14	N	0.35	3.10	2.79	2.46	2.11	1.71	1.27	0.73	−0.33	−1.00	−1.49	−1.91	−2.29	−2.63	−2.96						
	SE	0.25	3.09	2.78	2.44	2.08	1.68	1.22	0.66	−0.42	−1.06	−1.54	−1.96	−2.33	−2.68	−3.01						
	E	0.15	3.08	2.76	2.42	2.05	1.65	1.18	0.60	−0.49	−1.11	−1.58	−2.00	−2.37	−2.72	−3.04						
16	SW	1	3.51	3.29	3.02	2.73	2.42	2.09	1.72	1.30	0.80	−0.14	−0.88	−1.37	−1.79	−2.16	−2.51	−2.83				
	W	0.9	3.49	3.25	2.98	2.69	2.37	2.02	1.64	1.21	0.67	−0.37	−1.01	−1.48	−1.88	−2.25	−2.59	−2.92				
	S	0.7	3.46	3.20	2.91	2.60	2.26	1.90	1.50	1.03	0.39	−0.66	−1.21	−1.66	−2.05	−2.41	−2.75	−3.07				
	NW	0.4	3.41	3.13	2.82	2.49	2.13	1.74	1.31	0.77	−0.25	−0.96	−1.45	−1.87	−2.25	−2.61	−2.93	−3.25				
	N	0.35	3.41	3.12	2.80	2.47	2.11	1.72	1.28	0.74	−0.31	−0.99	−1.48	−1.90	−2.28	−2.63	−2.96	−3.27				
	SE	0.25	3.40	3.10	2.78	2.44	2.08	1.68	1.23	0.67	−0.42	−1.06	−1.54	−1.95	−2.33	−2.68	−3.00	−3.32				
	E	0.15	3.39	3.08	2.76	2.42	2.05	1.65	1.19	0.61	−0.49	−1.11	−1.58	−1.99	−2.37	−2.71	−3.04	−3.35				
18	SW	1	3.80	3.58	3.33	3.06	2.77	2.45	2.12	1.75	1.33	0.84	−0.04	−0.85	−1.35	−1.77	−2.15	−2.49	−2.82	−3.13		
	W	0.9	3.79	3.56	3.30	3.01	2.72	2.40	2.05	1.67	1.24	0.71	−0.32	−0.98	−1.46	−1.87	−2.24	−2.58	−2.90	−3.21		
	S	0.7	3.75	3.50	3.23	2.93	2.62	2.28	1.92	1.52	1.05	0.42	−0.64	−1.20	−1.65	−2.04	−2.40	−2.74	−3.06	−3.36		
	NW	0.4	3.71	3.43	3.14	2.83	2.50	2.14	1.75	1.31	0.78	−0.23	−0.95	−1.45	−1.87	−2.25	−2.60	−2.93	−3.24	−3.54		
	N	0.35	3.70	3.42	3.13	2.81	2.48	2.12	1.73	1.28	0.74	−0.30	−0.99	−1.48	−1.90	−2.28	−2.63	−2.96	−3.27	−3.57		
	SE	0.25	3.69	3.41	3.11	2.79	2.45	2.08	1.69	1.23	0.67	−0.41	−1.05	−1.53	−1.95	−2.33	−2.68	−3.00	−3.31	−3.61		
	E	0.15	3.68	3.39	3.09	2.77	2.42	2.06	1.65	1.19	0.61	−0.49	−1.11	−1.58	−1.99	−2.37	−2.71	−3.04	−3.35	−3.65		
20	SW	1	4.08	3.87	3.63	3.37	3.09	2.80	2.48	2.15	1.78	1.36	0.87	0.11	−0.82	−1.32	−1.75	−2.13	−2.48	−2.80	−3.11	−3.41
	W	0.9	4.07	3.84	3.59	3.33	3.04	2.74	2.42	2.07	1.69	1.26	0.74	−0.28	−0.95	−1.44	−1.85	−2.22	−2.57	−2.89	−3.20	−3.49
	S	0.7	4.03	3.79	3.53	3.25	2.95	2.64	2.30	1.94	1.53	1.07	0.45	−0.62	−1.18	−1.63	−2.03	−2.39	−2.73	−3.05	−3.35	−3.64
	NW	0.4	3.99	3.73	3.45	3.15	2.84	2.50	2.15	1.76	1.32	0.79	−0.22	−0.94	−1.44	−1.86	−2.25	−2.60	−2.93	−3.24	−3.54	−3.83
	N	0.35	3.99	3.72	3.43	3.13	2.82	2.49	2.13	1.73	1.29	0.75	−0.29	−0.98	−1.47	−1.89	−2.27	−2.62	−2.95	−3.27	−3.56	−3.85
	SE	0.25	3.98	3.70	3.41	3.11	2.79	2.45	2.09	1.69	1.24	0.68	−0.40	−1.05	−1.53	−1.95	−2.32	−2.67	−3.00	−3.31	−3.61	−3.89
	E	0.15	3.97	3.69	3.40	3.09	2.77	2.43	2.06	1.65	1.19	0.61	−0.49	−1.10	−1.58	−1.99	−2.37	−2.71	−3.04	−3.35	−3.65	−3.93

续表

哈尔滨，住宅，$V_0=3.5\text{m/s}$，$t_w=-24.1℃$，$h_c=2.9\text{m}$，$t'_n=-7℃$，$a_1=0.3$，$C_r=0.6$，$b=0.67$　　渗透量 L　$\text{m}^3/(\text{h}\cdot\text{m})$

N	朝向	$n\backslash M$	1	2	3	4	5	6	7	8	9	10	11	12	13	14	15	16	17	18	19	20
8	S	1	1.12	1.01	0.87	0.71	0.51	0.26	−0.22	−0.49												
	SW	0.85	1.09	0.96	0.81	0.63	0.40	0.06	−0.37	−0.61												
	W	0.7	1.06	0.92	0.75	0.55	0.29	−0.20	−0.49	−0.71												
	NW	0.6	1.04	0.89	0.71	0.50	0.21	−0.29	−0.56	−0.77												
	N	0.3	1.00	0.82	0.61	0.36	−0.14	−0.47	−0.71	−0.91												
	E	0.2	0.99	0.80	0.59	0.32	−0.20	−0.51	−0.74	−0.94												
	NE	0.15	0.99	0.79	0.57	0.30	−0.23	−0.52	−0.75	−0.95												
10	S	1	1.28	1.19	1.06	0.91	0.75	0.55	0.31	−0.17	−0.46	−0.68										
	SW	0.85	1.26	1.14	1.00	0.84	0.66	0.44	0.13	−0.34	−0.59	−0.79										
	W	0.7	1.23	1.10	0.95	0.77	0.57	0.32	−0.17	−0.47	−0.70	−0.89										
	NW	0.6	1.22	1.08	0.92	0.73	0.52	0.24	−0.27	−0.54	−0.76	−0.95										
	N	0.3	1.18	1.01	0.83	0.62	0.36	−0.13	−0.46	−0.70	−0.90	−1.09										
	E	0.2	1.17	1.00	0.81	0.59	0.32	−0.20	−0.51	−0.74	−0.94	−1.12										
	NE	0.15	1.16	0.99	0.80	0.58	0.30	−0.22	−0.52	−0.75	−0.95	−1.13										
12	S	1	1.44	1.35	1.23	1.10	0.95	0.78	0.58	0.35	−0.11	−0.43	−0.65	−0.85								
	SW	0.85	1.42	1.31	1.18	1.03	0.87	0.68	0.47	0.17	−0.31	−0.57	−0.78	−0.96								
	W	0.7	1.39	1.27	1.13	0.97	0.80	0.59	0.35	−0.13	−0.45	−0.68	−0.88	−1.06								
	NW	0.6	1.38	1.25	1.10	0.93	0.75	0.54	0.26	−0.25	−0.53	−0.75	−0.94	−1.11								
	N	0.3	1.34	1.19	1.02	0.84	0.63	0.37	−0.12	−0.46	−0.70	−0.90	−1.08	−1.25								
	E	0.2	1.33	1.17	1.00	0.81	0.59	0.33	−0.19	−0.50	−0.74	−0.94	−1.12	−1.28								
	NE	0.15	1.33	1.17	0.99	0.80	0.58	0.31	−0.22	−0.52	−0.75	−0.95	−1.13	−1.30								
14	S	1	1.59	1.51	1.39	1.27	1.13	0.98	0.81	0.61	0.38	−0.04	−0.40	−0.63	−0.83	−1.01						
	SW	0.85	1.57	1.47	1.34	1.21	1.06	0.89	0.71	0.49	0.21	−0.29	−0.55	−0.76	−0.95	−1.12						
	W	0.7	1.55	1.43	1.30	1.15	0.99	0.81	0.61	0.37	−0.10	−0.44	−0.67	−0.87	−1.05	−1.21						
	NW	0.6	1.53	1.41	1.27	1.12	0.95	0.76	0.55	0.28	−0.23	−0.52	−0.74	−0.93	−1.11	−1.27						

续表

N	朝向	n\M	1	2	3	4	5	6	7	8	9	10	11	12	13	14	15	16	17	18	19	20
14	N	0.3	1.50	1.35	1.20	1.03	0.84	0.63	0.38	−0.11	−0.45	−0.69	−0.90	−1.08	−1.25	−1.41						
	E	0.2	1.49	1.34	1.18	1.00	0.81	0.60	0.33	−0.19	−0.50	−0.73	−0.93	−1.11	−1.28	−1.44						
	NE	0.15	1.49	1.33	1.17	1.00	0.80	0.58	0.31	−0.22	−0.52	−0.75	−0.95	−1.13	−1.30	−1.45						
16	S	1	1.74	1.65	1.55	1.43	1.30	1.15	1.00	0.83	0.64	0.42	0.08	−0.37	−0.61	−0.81	−0.99	−1.15				
	SW	0.85	1.71	1.62	1.50	1.37	1.23	1.08	0.91	0.73	0.52	0.24	−0.26	−0.53	−0.75	−0.93	−1.10	−1.26				
	W	0.7	1.69	1.58	1.46	1.32	1.17	1.01	0.83	0.63	0.39	−0.06	−0.42	−0.66	−0.86	−1.04	−1.20	−1.36				
	NW	0.6	1.68	1.56	1.43	1.29	1.13	0.96	0.78	0.57	0.30	−0.21	−0.50	−0.73	−0.92	−1.10	−1.26	−1.42				
	N	0.3	1.65	1.51	1.36	1.20	1.03	0.85	0.64	0.38	−0.10	−0.45	−0.69	−0.89	−1.08	−1.25	−1.41	−1.56				
	E	0.2	1.64	1.50	1.34	1.18	1.01	0.82	0.60	0.33	−0.18	−0.50	−0.73	−0.93	−1.11	−1.28	−1.44	−1.59				
	NE	0.15	1.63	1.49	1.34	1.17	1.00	0.80	0.58	0.31	−0.21	−0.52	−0.75	−0.95	−1.13	−1.30	−1.45	−1.60				
18	S	1	1.88	1.80	1.69	1.58	1.45	1.32	1.18	1.02	0.86	0.67	0.44	0.13	−0.34	−0.59	−0.79	−0.98	−1.14	−1.30		
	SW	0.85	1.85	1.76	1.65	1.53	1.39	1.25	1.10	0.93	0.75	0.54	0.27	−0.23	−0.51	−0.73	−0.92	−1.09	−1.25	−1.41		
	W	0.7	1.83	1.73	1.61	1.48	1.34	1.18	1.02	0.85	0.65	0.41	0.02	−0.40	−0.64	−0.85	−1.03	−1.20	−1.35	−1.50		
	NW	0.6	1.82	1.71	1.58	1.44	1.30	1.14	0.98	0.79	0.58	0.32	−0.19	−0.49	−0.72	−0.92	−1.09	−1.26	−1.41	−1.56		
	N	0.3	1.79	1.66	1.52	1.37	1.21	1.04	0.85	0.64	0.39	−0.09	−0.44	−0.69	−0.89	−1.07	−1.24	−1.40	−1.55	−1.70		
	E	0.2	1.78	1.64	1.50	1.35	1.18	1.01	0.82	0.60	0.34	−0.18	−0.50	−0.73	−0.93	−1.11	−1.28	−1.44	−1.59	−1.73		
	NE	0.15	1.78	1.64	1.49	1.34	1.17	1.00	0.81	0.59	0.31	−0.21	−0.52	−0.75	−0.95	−1.13	−1.30	−1.45	−1.60	−1.75		
20	S	1	2.01	1.93	1.83	1.72	1.60	1.48	1.34	1.20	1.04	0.88	0.69	0.47	0.17	−0.32	−0.57	−0.78	−0.96	−1.13	−1.29	−1.43
	SW	0.85	1.99	1.90	1.79	1.67	1.55	1.41	1.27	1.12	0.95	0.77	0.56	0.30	−0.20	−0.49	−0.72	−0.91	−1.08	−1.24	−1.40	−1.54
	W	0.7	1.97	1.87	1.75	1.62	1.49	1.35	1.20	1.04	0.86	0.66	0.42	0.07	−0.39	−0.63	−0.84	−1.02	−1.19	−1.35	−1.50	−1.64
	NW	0.6	1.96	1.85	1.73	1.60	1.46	1.31	1.15	0.99	0.80	0.59	0.33	−0.17	−0.48	−0.71	−0.91	−1.09	−1.25	−1.41	−1.55	−1.70
	N	0.3	1.92	1.80	1.66	1.52	1.37	1.21	1.04	0.86	0.65	0.40	−0.08	−0.44	−0.68	−0.89	−1.07	−1.24	−1.40	−1.55	−1.70	−1.83
	E	0.2	1.92	1.79	1.65	1.50	1.35	1.19	1.01	0.82	0.61	0.34	−0.18	−0.49	−0.73	−0.93	−1.11	−1.28	−1.44	−1.59	−1.73	−1.87
	NE	0.15	1.91	1.78	1.64	1.49	1.34	1.18	1.00	0.81	0.59	0.31	−0.21	−0.51	−0.75	−0.95	−1.13	−1.29	−1.45	−1.60	−1.74	−1.88

续表

哈尔滨，办公楼，$V_0=3.5m/s$，$t_w=-24.1℃$，$h_c=3.3m$，$t'_n=16℃$，$a_1=0.3$，$C_r=0.8$，$b=0.67$　　渗透量 L　$m^3/(h\cdot m)$

N	朝向	n\M	1	2	3	4	5	6	7	8	9	10	11	12	13	14	15	16	17	18	19	20
8	S	1	2.30	1.95	1.55	1.06	0.41	−0.70	−1.27	−1.74												
	SW	0.85	2.27	1.91	1.48	0.97	0.22	−0.83	−1.38	−1.84												
	W	0.7	2.24	1.86	1.42	0.88	−0.11	−0.94	−1.47	−1.92												
	NW	0.6	2.23	1.83	1.38	0.83	−0.24	−1.00	−1.53	−1.97												
	N	0.3	2.19	1.77	1.28	0.68	−0.48	−1.15	−1.66	−2.10												
	E	0.2	2.18	1.75	1.26	0.64	−0.53	−1.18	−1.69	−2.13												
	NE	0.15	2.17	1.74	1.25	0.62	−0.55	−1.20	−1.70	−2.14												
10	S	1	2.68	2.37	2.00	1.59	1.11	0.47	−0.66	−1.25	−1.72	−2.14										
	SW	0.85	2.66	2.33	1.95	1.52	1.01	0.28	−0.80	−1.36	−1.82	−2.23										
	W	0.7	2.63	2.29	1.89	1.45	0.91	−0.01	−0.91	−1.45	−1.91	−2.32										
	NW	0.6	2.62	2.26	1.86	1.40	0.85	−0.20	−0.98	−1.51	−1.96	−2.37										
	N	0.3	2.58	2.20	1.77	1.29	0.69	−0.47	−1.14	−1.65	−2.09	−2.49										
	E	0.2	2.57	2.18	1.75	1.26	0.64	−0.53	−1.18	−1.69	−2.13	−2.52										
	NE	0.15	2.57	2.18	1.74	1.25	0.62	−0.55	−1.20	−1.70	−2.14	−2.54										
12	S	1	3.04	2.75	2.41	2.04	1.63	1.14	0.52	−0.61	−1.22	−1.70	−2.12	−2.50								
	SW	0.85	3.02	2.71	2.36	1.98	1.54	1.04	0.33	−0.77	−1.34	−1.80	−2.22	−2.60								
	W	0.7	3.00	2.67	2.31	1.92	1.47	0.93	0.10	−0.89	−1.44	−1.90	−2.31	−2.68								
	NW	0.6	2.98	2.65	2.28	1.88	1.42	0.87	−0.17	−0.97	−1.50	−1.95	−2.36	−2.74								
	N	0.3	2.95	2.59	2.21	1.78	1.30	0.69	−0.46	−1.14	−1.65	−2.09	−2.49	−2.86								
	E	0.2	2.94	2.58	2.19	1.76	1.26	0.65	−0.52	−1.18	−1.68	−2.12	−2.52	−2.89								
	NE	0.15	2.94	2.57	2.18	1.75	1.25	0.63	−0.55	−1.20	−1.70	−2.14	−2.54	−2.91								
14	S	1	3.39	3.11	2.79	2.45	2.07	1.66	1.18	0.56	−0.58	−1.19	−1.68	−2.10	−2.49	−2.85						
	SW	0.85	3.36	3.07	2.74	2.39	2.00	1.57	1.06	0.38	−0.74	−1.32	−1.79	−2.21	−2.59	−2.94						
	W	0.7	3.34	3.03	2.70	2.33	1.93	1.49	0.96	0.15	−0.87	−1.43	−1.89	−2.30	−2.68	−3.03						
	NW	0.6	3.33	3.01	2.67	2.30	1.89	1.44	0.89	−0.13	−0.95	−1.49	−1.95	−2.35	−2.73	−3.08						

续表

N	朝向	n\M	1	2	3	4	5	6	7	8	9	10	11	12	13	14	15	16	17	18	19	20
14	N	0.3	3.29	2.96	2.60	2.21	1.79	1.30	0.70	−0.45	−1.13	−1.65	−2.09	−2.49	−2.86	−3.21						
	E	0.2	3.29	2.95	2.58	2.19	1.76	1.27	0.65	−0.52	−1.18	−1.68	−2.12	−2.52	−2.89	−3.24						
	NE	0.15	3.28	2.94	2.57	2.18	1.75	1.25	0.63	−0.54	−1.19	−1.70	−2.14	−2.54	−2.90	−3.25						
16	S	1	3.71	3.45	3.15	2.83	2.48	2.10	1.69	1.21	0.60	−0.54	−1.17	−1.66	−2.09	−2.48	−2.84	−3.18				
	SW	0.85	3.69	3.41	3.10	2.77	2.41	2.02	1.59	1.09	0.41	−0.71	−1.30	−1.77	−2.19	−2.58	−2.93	−3.27				
	W	0.7	3.67	3.38	3.06	2.72	2.35	1.95	1.50	0.98	0.19	−0.86	−1.41	−1.88	−2.29	−2.67	−3.02	−3.36				
	NW	0.6	3.65	3.36	3.03	2.69	2.31	1.91	1.45	0.90	−0.09	−0.94	−1.48	−1.94	−2.35	−2.72	−3.08	−3.41				
	N	0.3	3.62	3.30	2.97	2.61	2.22	1.79	1.31	0.71	−0.45	−1.13	−1.64	−2.09	−2.49	−2.86	−3.21	−3.54				
	E	0.2	3.62	3.29	2.95	2.58	2.19	1.76	1.27	0.65	−0.51	−1.17	−1.68	−2.12	−2.52	−2.89	−3.24	−3.57				
	NE	0.15	3.61	3.29	2.94	2.58	2.18	1.75	1.26	0.63	−0.54	−1.19	−1.70	−2.14	−2.53	−2.90	−3.25	−3.58				
18	S	1	4.02	3.77	3.48	3.18	2.85	2.50	2.13	1.71	1.23	0.63	−0.50	−1.15	−1.64	−2.07	−2.46	−2.82	−3.17	−3.49		
	SW	0.85	4.00	3.73	3.44	3.13	2.79	2.43	2.04	1.61	1.11	0.45	−0.69	−1.28	−1.76	−2.18	−2.57	−2.93	−3.26	−3.59		
	W	0.7	3.98	3.70	3.40	3.08	2.73	2.37	1.97	1.52	0.99	0.23	−0.84	−1.40	−1.87	−2.28	−2.66	−3.02	−3.35	−3.67		
	NW	0.6	3.97	3.68	3.37	3.05	2.70	2.33	1.92	1.46	0.92	−0.03	−0.93	−1.47	−1.93	−2.34	−2.72	−3.07	−3.40	−3.72		
	N	0.3	3.94	3.63	3.31	2.97	2.61	2.22	1.80	1.31	0.71	−0.44	−1.13	−1.64	−2.08	−2.48	−2.86	−3.20	−3.54	−3.85		
	E	0.2	3.93	3.62	3.29	2.95	2.59	2.20	1.76	1.27	0.66	−0.51	−1.17	−1.68	−2.12	−2.52	−2.89	−3.24	−3.57	−3.88		
	NE	0.15	3.93	3.62	3.29	2.94	2.58	2.18	1.75	1.26	0.63	−0.54	−1.19	−1.70	−2.14	−2.53	−2.90	−3.25	−3.58	−3.90		
20	S	1	4.32	4.08	3.80	3.51	3.20	2.88	2.53	2.15	1.73	1.26	0.67	−0.47	−1.12	−1.62	−2.06	−2.45	−2.81	−3.16	−3.48	−3.79
	SW	0.85	4.30	4.04	3.76	3.46	3.15	2.81	2.45	2.06	1.63	1.13	0.48	−0.67	−1.27	−1.75	−2.17	−2.56	−2.92	−3.26	−3.58	−3.89
	W	0.7	4.28	4.01	3.72	3.42	3.09	2.75	2.38	1.98	1.53	1.01	0.26	−0.82	−1.39	−1.86	−2.27	−2.65	−3.01	−3.35	−3.67	−3.97
	NW	0.6	4.27	3.99	3.70	3.39	3.06	2.71	2.34	1.93	1.47	0.93	0.05	−0.91	−1.46	−1.92	−2.33	−2.71	−3.06	−3.40	−3.72	−4.03
	N	0.3	4.24	3.95	3.64	3.32	2.98	2.61	2.23	1.80	1.32	0.72	−0.43	−1.12	−1.64	−2.08	−2.48	−2.85	−3.20	−3.53	−3.85	−4.16
	E	0.2	4.23	3.94	3.62	3.30	2.95	2.59	2.20	1.77	1.28	0.66	−0.51	−1.17	−1.68	−2.12	−2.52	−2.89	−3.24	−3.57	−3.88	−4.19
	NE	0.15	4.23	3.93	3.62	3.29	2.95	2.58	2.19	1.75	1.26	0.64	−0.54	−1.19	−1.70	−2.13	−2.53	−2.90	−3.25	−3.58	−3.90	−4.20

续表

呼和浩特，住宅，$V_0=3.8m/s$，$t_w=-16.8℃$，$h_c=2.9m$，$t'_n=-3℃$，$a_1=0.3$，$C_r=0.6$，$b=0.67$　　渗透量 L　$m^3/(h·m)$

N	朝向	n\M	1	2	3	4	5	6	7	8	9	10	11	12	13	14	15	16	17	18	19	20
8	NW	1	0.99	0.94	0.85	0.73	0.61	0.46	0.27	−0.10												
	N	0.7	0.92	0.83	0.70	0.55	0.38	0.13	−0.27	−0.48												
	NE	0.25	0.84	0.69	0.52	0.31	−0.10	−0.39	−0.58	−0.75												
	S	0.2	0.84	0.68	0.51	0.28	−0.14	−0.41	−0.61	−0.77												
	SW	0.15	0.83	0.67	0.49	0.26	−0.17	−0.43	−0.62	−0.79												
	E	0.1	0.83	0.67	0.48	0.25	−0.20	−0.45	−0.64	−0.81												
10	NW	1	1.13	1.08	0.99	0.89	0.78	0.65	0.50	0.32	0.02	−0.31										
	N	0.7	1.07	0.98	0.86	0.73	0.58	0.41	0.17	−0.24	−0.45	−0.63										
	NE	0.25	0.99	0.86	0.70	0.53	0.32	−0.09	−0.38	−0.58	−0.75	−0.91										
	S	0.2	0.99	0.85	0.69	0.51	0.29	−0.14	−0.41	−0.60	−0.77	−0.92										
	SW	0.15	0.98	0.84	0.68	0.50	0.27	−0.17	−0.43	−0.62	−0.79	−0.94										
	E	0.1	0.98	0.83	0.67	0.48	0.25	−0.19	−0.44	−0.64	−0.80	−0.96										
12	NW	1	1.26	1.21	1.13	1.04	0.93	0.81	0.68	0.53	0.36	0.11	−0.27	−0.47								
	N	0.7	1.20	1.12	1.01	0.89	0.76	0.61	0.43	0.21	−0.21	−0.43	−0.61	−0.77								
	NE	0.25	1.13	1.00	0.86	0.71	0.53	0.32	−0.08	−0.37	−0.58	−0.75	−0.90	−1.04								
	S	0.2	1.13	1.00	0.85	0.69	0.52	0.30	−0.13	−0.40	−0.60	−0.77	−0.92	−1.06								
	SW	0.15	1.12	0.99	0.84	0.68	0.50	0.27	−0.16	−0.42	−0.62	−0.79	−0.94	−1.08								
	E	0.1	1.12	0.98	0.83	0.67	0.48	0.25	−0.19	−0.44	−0.64	−0.80	−0.96	−1.10								
14	NW	1	1.39	1.34	1.26	1.17	1.07	0.97	0.85	0.71	0.57	0.39	0.17	−0.23	−0.45	−0.62						
	N	0.7	1.33	1.25	1.15	1.04	0.91	0.78	0.63	0.46	0.24	−0.18	−0.42	−0.60	−0.76	−0.90						
	NE	0.25	1.26	1.14	1.01	0.87	0.71	0.54	0.33	−0.07	−0.37	−0.57	−0.75	−0.90	−1.04	−1.18						

续表

N	朝向	$n\backslash M$	1	2	3	4	5	6	7	8	9	10	11	12	13	14	15	16	17	18	19	20
14	S	0.2	1.26	1.13	1.00	0.86	0.70	0.52	0.30	-0.12	-0.40	-0.60	-0.77	-0.92	-1.06	-1.20						
	SW	0.15	1.25	1.13	0.99	0.84	0.68	0.50	0.28	-0.16	-0.42	-0.62	-0.79	-0.94	-1.08	-1.21						
	E	0.1	1.25	1.12	0.98	0.83	0.67	0.49	0.25	-0.19	-0.44	-0.64	-0.80	-0.95	-1.10	-1.23						
16	NW	1	1.50	1.46	1.39	1.30	1.21	1.11	0.99	0.87	0.74	0.60	0.43	0.21	-0.19	-0.42	-0.59	-0.75				
	N	0.7	1.45	1.37	1.28	1.17	1.06	0.93	0.80	0.65	0.48	0.27	-0.14	-0.40	-0.58	-0.75	-0.89	-1.03				
	NE	0.25	1.39	1.27	1.15	1.02	0.87	0.72	0.54	0.34	-0.05	-0.36	-0.57	-0.74	-0.90	-1.04	-1.17	-1.30				
	S	0.2	1.38	1.26	1.14	1.00	0.86	0.70	0.52	0.31	-0.12	-0.39	-0.59	-0.77	-0.92	-1.06	-1.19	-1.32				
	SW	0.15	1.38	1.26	1.13	0.99	0.85	0.69	0.50	0.28	-0.16	-0.42	-0.62	-0.79	-0.94	-1.08	-1.21	-1.34				
	E	0.1	1.37	1.25	1.12	0.98	0.84	0.67	0.49	0.25	-0.19	-0.44	-0.63	-0.80	-0.95	-1.09	-1.23	-1.35				
18	NW	1	1.62	1.58	1.51	1.43	1.34	1.24	1.13	1.02	0.90	0.77	0.62	0.46	0.25	-0.15	-0.39	-0.57	-0.73	-0.87		
	N	0.7	1.57	1.49	1.40	1.30	1.19	1.08	0.95	0.82	0.67	0.50	0.29	-0.11	-0.38	-0.57	-0.73	-0.88	-1.02	-1.15		
	NE	0.25	1.51	1.40	1.28	1.15	1.02	0.88	0.72	0.55	0.34	-0.04	-0.36	-0.57	-0.74	-0.89	-1.04	-1.17	-1.30	-1.42		
	S	0.2	1.50	1.39	1.27	1.14	1.01	0.86	0.70	0.53	0.31	-0.11	-0.39	-0.59	-0.76	-0.92	-1.06	-1.19	-1.32	-1.44		
	SW	0.15	1.50	1.38	1.26	1.13	1.00	0.85	0.69	0.51	0.28	-0.15	-0.42	-0.61	-0.78	-0.94	-1.08	-1.21	-1.34	-1.46		
	E	0.1	1.49	1.38	1.25	1.12	0.99	0.84	0.67	0.49	0.26	-0.19	-0.44	-0.63	-0.80	-0.95	-1.09	-1.23	-1.35	-1.47		
20	NW	1	1.73	1.69	1.62	1.54	1.46	1.36	1.26	1.16	1.05	0.92	0.79	0.65	0.49	0.29	-0.10	-0.36	-0.55	-0.71	-0.85	-0.99
	N	0.7	1.68	1.61	1.52	1.42	1.32	1.21	1.09	0.97	0.83	0.68	0.51	0.31	-0.08	-0.36	-0.56	-0.72	-0.87	-1.01	-1.14	-1.26
	NE	0.25	1.62	1.52	1.40	1.28	1.16	1.03	0.88	0.73	0.55	0.35	-0.03	-0.36	-0.56	-0.74	-0.89	-1.04	-1.17	-1.30	-1.42	-1.53
	S	0.2	1.62	1.51	1.39	1.27	1.15	1.01	0.87	0.71	0.53	0.31	-0.10	-0.39	-0.59	-0.76	-0.92	-1.06	-1.19	-1.32	-1.44	-1.55
	SW	0.15	1.61	1.50	1.38	1.26	1.13	1.00	0.85	0.69	0.51	0.28	-0.15	-0.42	-0.61	-0.78	-0.94	-1.08	-1.21	-1.34	-1.46	-1.57
	E	0.1	1.61	1.50	1.38	1.25	1.12	0.99	0.84	0.67	0.49	0.26	-0.19	-0.44	-0.63	-0.80	-0.95	-1.09	-1.23	-1.35	-1.47	-1.59

续表

呼和浩特，办公楼，$V_0=3.8m/s$，$t_w=-16.8℃$，$h_c=3.3m$，$t'_n=16℃$，$a_1=0.3$，$C_r=0.8$，$b=0.67$　　　渗透量 L　$m^3/(h·m)$

N	朝向	$n\backslash M$	1	2	3	4	5	6	7	8	9	10	11	12	13	14	15	16	17	18	19	20
8	NW	1	2.02	1.76	1.44	1.06	0.59	−0.33	−0.90	−1.32												
	N	0.7	1.95	1.65	1.29	0.85	0.24	−0.68	−1.16	−1.55												
	NE	0.25	1.88	1.52	1.10	0.59	−0.40	−0.98	−1.41	−1.79												
	S	0.2	1.87	1.51	1.09	0.56	−0.43	−1.00	−1.43	−1.81												
	SW	0.15	1.86	1.50	1.08	0.54	−0.46	−1.02	−1.45	−1.83												
	E	0.1	1.86	1.49	1.06	0.53	−0.48	−1.03	−1.46	−1.84												
10	NW	1	2.35	2.11	1.82	1.49	1.11	0.65	−0.26	−0.86	−1.29	−1.66										
	N	0.7	2.28	2.00	1.68	1.32	0.89	0.29	−0.65	−1.14	−1.54	−1.89										
	NE	0.25	2.21	1.89	1.52	1.11	0.60	−0.39	−0.97	−1.41	−1.79	−2.13										
	S	0.2	2.21	1.88	1.51	1.09	0.57	−0.43	−1.00	−1.43	−1.81	−2.15										
	SW	0.15	2.20	1.87	1.50	1.08	0.55	−0.45	−1.02	−1.45	−1.82	−2.17										
	E	0.1	2.20	1.86	1.49	1.07	0.53	−0.48	−1.03	−1.46	−1.84	−2.18										
12	NW	1	2.65	2.43	2.16	1.86	1.53	1.16	0.70	−0.18	−0.82	−1.26	−1.64	−1.98								
	N	0.7	2.59	2.33	2.04	1.71	1.34	0.92	0.33	−0.62	−1.12	−1.52	−1.88	−2.21								
	NE	0.25	2.53	2.23	1.89	1.53	1.12	0.60	−0.39	−0.97	−1.41	−1.79	−2.13	−2.45								
	S	0.2	2.52	2.22	1.88	1.52	1.10	0.58	−0.42	−0.99	−1.43	−1.81	−2.15	−2.47								
	SW	0.15	2.52	2.21	1.87	1.50	1.08	0.55	−0.45	−1.01	−1.45	−1.82	−2.16	−2.48								
	E	0.1	2.52	2.20	1.87	1.49	1.07	0.53	−0.48	−1.03	−1.46	−1.84	−2.18	−2.50								
14	NW	1	2.94	2.73	2.48	2.20	1.90	1.57	1.19	0.74	−0.09	−0.79	−1.24	−1.62	−1.96	−2.27						
	N	0.7	2.89	2.64	2.36	2.06	1.73	1.37	0.94	0.37	−0.60	−1.10	−1.51	−1.87	−2.20	−2.50						
	NE	0.25	2.83	2.54	2.23	1.90	1.54	1.12	0.61	−0.38	−0.96	−1.40	−1.78	−2.13	−2.45	−2.74						

续表

N	朝向	$n\backslash M$	1	2	3	4	5	6	7	8	9	10	11	12	13	14	15	16	17	18	19	20
14	S	0.2	2.82	2.53	2.22	1.89	1.52	1.10	0.58	-0.42	-0.99	-1.43	-1.80	-2.15	-2.46	-2.76						
	SW	0.15	2.82	2.52	2.21	1.88	1.51	1.08	0.55	-0.45	-1.01	-1.45	-1.82	-2.16	-2.48	-2.78						
	E	0.1	2.81	2.52	2.20	1.87	1.49	1.07	0.53	-0.47	-1.03	-1.46	-1.84	-2.18	-2.49	-2.79						
16	NW	1	3.22	3.02	2.78	2.52	2.24	1.94	1.60	1.23	0.78	0.08	-0.75	-1.21	-1.59	-1.94	-2.26	-2.55				
	N	0.7	3.17	2.93	2.67	2.39	2.08	1.75	1.39	0.96	0.40	-0.57	-1.08	-1.49	-1.86	-2.19	-2.49	-2.78				
	NE	0.25	3.11	2.83	2.55	2.24	1.91	1.54	1.13	0.62	-0.37	-0.96	-1.40	-1.78	-2.12	-2.44	-2.74	-3.03				
	S	0.2	3.10	2.83	2.54	2.23	1.89	1.52	1.11	0.58	-0.41	-0.99	-1.42	-1.80	-2.15	-2.46	-2.76	-3.05				
	SW	0.15	3.10	2.82	2.53	2.21	1.88	1.51	1.09	0.56	-0.44	-1.01	-1.44	-1.82	-2.16	-2.48	-2.78	-3.06				
	E	0.1	3.10	2.82	2.52	2.21	1.87	1.50	1.07	0.53	-0.47	-1.03	-1.46	-1.84	-2.18	-2.49	-2.79	-3.07				
18	NW	1	3.49	3.29	3.06	2.82	2.55	2.27	1.97	1.63	1.26	0.82	0.16	-0.72	-1.19	-1.57	-1.92	-2.24	-2.54	-2.82		
	N	0.7	3.43	3.21	2.96	2.69	2.41	2.10	1.77	1.41	0.98	0.43	-0.55	-1.07	-1.48	-1.84	-2.18	-2.48	-2.77	-3.05		
	NE	0.25	3.38	3.12	2.84	2.55	2.24	1.91	1.55	1.13	0.62	-0.36	-0.96	-1.40	-1.78	-2.12	-2.44	-2.74	-3.02	-3.30		
	S	0.2	3.37	3.11	2.83	2.54	2.23	1.89	1.53	1.11	0.59	-0.41	-0.98	-1.42	-1.80	-2.14	-2.46	-2.76	-3.04	-3.32		
	SW	0.15	3.37	3.10	2.82	2.53	2.22	1.88	1.51	1.09	0.56	-0.44	-1.01	-1.44	-1.82	-2.16	-2.48	-2.78	-3.06	-3.33		
	E	0.1	3.37	3.10	2.82	2.52	2.21	1.87	1.50	1.07	0.53	-0.47	-1.03	-1.46	-1.84	-2.18	-2.49	-2.79	-3.07	-3.35		
20	NW	1	3.74	3.55	3.33	3.10	2.85	2.58	2.30	1.99	1.66	1.29	0.85	0.23	-0.69	-1.16	-1.55	-1.90	-2.23	-2.53	-2.81	-3.08
	N	0.7	3.69	3.47	3.23	2.98	2.71	2.42	2.12	1.79	1.42	1.00	0.46	-0.53	-1.05	-1.47	-1.83	-2.17	-2.48	-2.77	-3.04	-3.31
	NE	0.25	3.64	3.39	3.12	2.85	2.55	2.25	1.91	1.55	1.14	0.63	-0.36	-0.95	-1.39	-1.78	-2.12	-2.44	-2.74	-3.02	-3.30	-3.56
	S	0.2	3.63	3.38	3.11	2.84	2.54	2.23	1.90	1.53	1.11	0.59	-0.40	-0.98	-1.42	-1.80	-2.14	-2.46	-2.76	-3.04	-3.31	-3.57
	SW	0.15	3.63	3.37	3.11	2.83	2.53	2.22	1.88	1.51	1.09	0.56	-0.44	-1.01	-1.44	-1.82	-2.16	-2.48	-2.78	-3.06	-3.33	-3.59
	E	0.1	3.63	3.37	3.10	2.82	2.52	2.21	1.87	1.50	1.07	0.54	-0.47	-1.03	-1.46	-1.84	-2.18	-2.49	-2.79	-3.07	-3.34	-3.61

续表

济南，住宅，$V_0=3.5m/s$，$t_w=-5.2℃$，$h_c=2.9m$，$t'_n=4℃$，$a_1=0.3$，$C_r=0.6$，$b=0.67$　　渗透量 L　$m^3/(h \cdot m)$

N	朝向	n\M	1	2	3	4	5	6	7	8	9	10	11	12	13	14	15	16	17	18	19	20
8	E	1	0.76	0.74	0.69	0.62	0.55	0.46	0.36	0.23												
	S	0.55	0.66	0.59	0.50	0.38	0.25	0.04	−0.23	−0.37												
	N	0.45	0.65	0.56	0.46	0.33	0.18	−0.12	−0.30	−0.44												
	SE	0.4	0.64	0.55	0.44	0.31	0.14	−0.17	−0.33	−0.46												
	W	0.25	0.62	0.51	0.39	0.24	−0.04	−0.26	−0.41	−0.53												
	NW	0.15	0.61	0.49	0.36	0.20	−0.11	−0.30	−0.45	−0.57												
10	E	1	0.86	0.84	0.79	0.73	0.66	0.58	0.49	0.39	0.27	0.11										
	S	0.55	0.77	0.70	0.61	0.52	0.40	0.27	0.08	−0.21	−0.36	−0.48										
	N	0.45	0.75	0.67	0.58	0.47	0.35	0.20	−0.10	−0.29	−0.43	−0.55										
	SE	0.4	0.75	0.66	0.56	0.45	0.32	0.16	−0.15	−0.32	−0.46	−0.57										
	W	0.25	0.73	0.63	0.52	0.40	0.25	−0.02	−0.26	−0.40	−0.53	−0.64										
	NW	0.15	0.72	0.61	0.50	0.37	0.20	−0.11	−0.30	−0.44	−0.57	−0.68										
12	E	1	0.95	0.93	0.89	0.83	0.76	0.69	0.61	0.52	0.42	0.31	0.16	−0.12								
	S	0.55	0.87	0.80	0.72	0.63	0.53	0.42	0.29	0.11	−0.19	−0.35	−0.47	−0.59								
	N	0.45	0.85	0.78	0.69	0.59	0.49	0.36	0.21	−0.08	−0.28	−0.42	−0.54	−0.65								
	SE	0.4	0.85	0.77	0.68	0.58	0.46	0.33	0.17	−0.14	−0.31	−0.45	−0.57	−0.67								
	W	0.25	0.83	0.74	0.64	0.53	0.40	0.26	0.02	−0.25	−0.40	−0.53	−0.64	−0.74								
	NW	0.15	0.82	0.72	0.62	0.50	0.37	0.21	−0.10	−0.30	−0.44	−0.57	−0.68	−0.78								
14	E	1	1.04	1.02	0.98	0.92	0.86	0.79	0.72	0.64	0.55	0.45	0.34	0.20	−0.07	−0.26						
	S	0.55	0.96	0.90	0.82	0.74	0.65	0.55	0.44	0.30	0.13	−0.17	−0.33	−0.46	−0.58	−0.68						
	N	0.45	0.95	0.88	0.79	0.70	0.61	0.50	0.37	0.23	−0.06	−0.27	−0.41	−0.53	−0.64	−0.74						

续表

N	朝向	$n\backslash M$	1	2	3	4	5	6	7	8	9	10	11	12	13	14	15	16	17	18	19	20
14	SE	0.4	0.94	0.87	0.78	0.69	0.59	0.47	0.35	0.18	-0.13	-0.31	-0.44	-0.56	-0.67	-0.77						
	W	0.25	0.92	0.84	0.74	0.64	0.53	0.41	0.26	0.03	-0.25	-0.40	-0.52	-0.64	-0.74	-0.84						
	NW	0.15	0.91	0.82	0.72	0.62	0.50	0.37	0.21	-0.10	-0.30	-0.44	-0.56	-0.68	-0.78	-0.87						
16	E	1	1.12	1.11	1.07	1.02	0.96	0.89	0.82	0.74	0.66	0.57	0.48	0.36	0.23	0.02	-0.23	-0.36				
	S	0.55	1.05	0.99	0.92	0.84	0.75	0.66	0.56	0.45	0.32	0.15	-0.15	-0.32	-0.45	-0.57	-0.67	-0.77				
	N	0.45	1.04	0.97	0.89	0.81	0.72	0.62	0.51	0.39	0.24	-0.04	-0.26	-0.40	-0.53	-0.64	-0.74	-0.83				
	SE	0.4	1.03	0.96	0.88	0.79	0.70	0.59	0.48	0.35	0.20	-0.11	-0.30	-0.44	-0.56	-0.67	-0.77	-0.86				
	W	0.25	1.01	0.93	0.84	0.75	0.65	0.54	0.41	0.27	0.04	-0.24	-0.39	-0.52	-0.64	-0.74	-0.84	-0.93				
	NW	0.15	1.00	0.92	0.83	0.73	0.62	0.51	0.37	0.21	-0.10	-0.30	-0.44	-0.56	-0.67	-0.78	-0.87	-0.97				
18	E	1	1.21	1.19	1.15	1.10	1.04	0.98	0.92	0.84	0.77	0.69	0.60	0.50	0.39	0.26	0.08	-0.20	-0.34	-0.46		
	S	0.55	1.13	1.08	1.01	0.93	0.85	0.77	0.67	0.57	0.46	0.33	0.17	-0.14	-0.31	-0.44	-0.56	-0.67	-0.77	-0.86		
	N	0.45	1.12	1.06	0.98	0.90	0.82	0.72	0.63	0.52	0.39	0.25	0.01	-0.25	-0.40	-0.52	-0.63	-0.73	-0.83	-0.92		
	SE	0.4	1.11	1.05	0.97	0.89	0.80	0.70	0.60	0.49	0.36	0.21	-0.10	-0.29	-0.43	-0.55	-0.66	-0.76	-0.86	-0.95		
	W	0.25	1.10	1.02	0.94	0.85	0.75	0.65	0.54	0.42	0.27	0.05	-0.24	-0.39	-0.52	-0.63	-0.74	-0.84	-0.93	-1.02		
	NW	0.15	1.09	1.01	0.92	0.83	0.73	0.62	0.51	0.38	0.22	-0.09	-0.29	-0.44	-0.56	-0.67	-0.78	-0.87	-0.97	-1.05		
20	E	1	1.29	1.27	1.23	1.18	1.13	1.07	1.01	0.94	0.87	0.79	0.71	0.62	0.52	0.41	0.29	0.12	-0.17	-0.32	-0.44	-0.55
	S	0.55	1.22	1.16	1.10	1.02	0.95	0.86	0.78	0.68	0.58	0.47	0.34	0.19	-0.12	-0.30	-0.44	-0.55	-0.66	-0.76	-0.85	-0.94
	N	0.45	1.20	1.14	1.07	0.99	0.91	0.83	0.73	0.63	0.53	0.40	0.26	0.04	-0.24	-0.39	-0.51	-0.63	-0.73	-0.82	-0.92	-1.00
	SE	0.4	1.20	1.13	1.06	0.98	0.90	0.81	0.71	0.61	0.50	0.37	0.22	-0.09	-0.28	-0.43	-0.55	-0.66	-0.76	-0.85	-0.94	-1.03
	W	0.25	1.18	1.11	1.03	0.94	0.85	0.76	0.66	0.54	0.42	0.28	0.06	-0.23	-0.39	-0.52	-0.63	-0.74	-0.83	-0.93	-1.02	-1.10
	NW	0.15	1.17	1.09	1.01	0.92	0.83	0.73	0.62	0.51	0.38	0.22	-0.09	-0.29	-0.44	-0.56	-0.67	-0.78	-0.87	-0.96	-1.05	-1.14

续表

济南，办公楼，$V_0=3.5m/s$，$t_w=-5.2℃$，$h_c=3.3m$，$t_n'=16℃$，$a_1=0.3$，$C_r=0.8$，$b=0.67$　　渗透量 L　$m^3/(h\cdot m)$

N	朝向	$n\backslash M$	1	2	3	4	5	6	7	8	9	10	11	12	13	14	15	16	17	18	19	20
8	E	1	1.50	1.33	1.12	0.88	0.58	0.14	−0.49	−0.82												
	S	0.55	1.41	1.18	0.92	0.60	0.13	−0.52	−0.86	−1.15												
	N	0.45	1.39	1.15	0.88	0.54	−0.08	−0.59	−0.92	−1.20												
	SE	0.4	1.38	1.14	0.86	0.52	−0.14	−0.62	−0.94	−1.22												
	W	0.25	1.36	1.11	0.81	0.44	−0.27	−0.69	−1.01	−1.28												
	NW	0.15	1.35	1.09	0.79	0.40	−0.32	−0.73	−1.04	−1.32												
10	E	1	1.73	1.58	1.39	1.17	0.92	0.62	0.21	−0.45	−0.79	−1.07										
	S	0.55	1.65	1.44	1.21	0.94	0.62	0.17	−0.50	−0.85	−1.13	−1.39										
	N	0.45	1.63	1.42	1.17	0.89	0.56	−0.03	−0.57	−0.91	−1.19	−1.44										
	SE	0.4	1.63	1.41	1.16	0.87	0.53	−0.12	−0.61	−0.94	−1.22	−1.47										
	W	0.25	1.61	1.37	1.11	0.82	0.45	−0.26	−0.69	−1.01	−1.28	−1.53										
	NW	0.15	1.60	1.36	1.09	0.79	0.41	−0.32	−0.73	−1.04	−1.32	−1.56										
12	E	1	1.95	1.81	1.63	1.43	1.21	0.96	0.67	0.27	−0.40	−0.76	−1.05	−1.30								
	S	0.55	1.88	1.68	1.47	1.23	0.96	0.64	0.20	−0.48	−0.83	−1.12	−1.38	−1.62								
	N	0.45	1.86	1.66	1.43	1.19	0.91	0.58	0.04	−0.56	−0.90	−1.18	−1.44	−1.67								
	SE	0.4	1.85	1.65	1.42	1.17	0.89	0.54	−0.09	−0.60	−0.93	−1.21	−1.46	−1.70								
	W	0.25	1.84	1.62	1.38	1.12	0.82	0.46	−0.25	−0.68	−1.00	−1.28	−1.53	−1.76								
	NW	0.15	1.83	1.60	1.36	1.10	0.79	0.41	−0.31	−0.73	−1.04	−1.31	−1.56	−1.79								
14	E	1	2.16	2.03	1.86	1.67	1.47	1.24	0.99	0.70	0.32	−0.36	−0.73	−1.02	−1.28	−1.52						
	S	0.55	2.09	1.91	1.70	1.48	1.24	0.97	0.66	0.23	−0.46	−0.82	−1.11	−1.37	−1.61	−1.83						
	N	0.45	2.07	1.88	1.67	1.45	1.20	0.92	0.59	0.08	−0.55	−0.89	−1.18	−1.43	−1.67	−1.89						

续表

N	朝向	$n\backslash M$	1	2	3	4	5	6	7	8	9	10	11	12	13	14	15	16	17	18	19	20
14	SE	0.4	2.07	1.87	1.66	1.43	1.18	0.90	0.56	−0.06	−0.59	−0.92	−1.20	−1.46	−1.69	−1.91						
	W	0.25	2.05	1.85	1.63	1.39	1.13	0.83	0.46	−0.24	−0.68	−1.00	−1.28	−1.53	−1.76	−1.97						
	NW	0.15	2.04	1.83	1.61	1.36	1.10	0.79	0.41	−0.31	−0.72	−1.04	−1.31	−1.56	−1.79	−2.01						
16	E	1	2.36	2.23	2.07	1.90	1.70	1.50	1.27	1.02	0.73	0.37	−0.32	−0.70	−1.00	−1.26	−1.50	−1.72				
	S	0.55	2.29	2.12	1.92	1.72	1.50	1.25	0.99	0.67	0.25	−0.45	−0.81	−1.11	−1.37	−1.60	−1.83	−2.04				
	N	0.45	2.28	2.10	1.90	1.69	1.46	1.21	0.93	0.60	0.11	−0.54	−0.88	−1.17	−1.43	−1.66	−1.88	−2.09				
	SE	0.4	2.27	2.09	1.89	1.67	1.44	1.19	0.90	0.57	−0.03	−0.58	−0.92	−1.20	−1.45	−1.69	−1.91	−2.11				
	W	0.25	2.26	2.06	1.85	1.63	1.39	1.13	0.83	0.47	−0.24	−0.67	−1.00	−1.27	−1.52	−1.76	−1.97	−2.18				
	NW	0.15	2.25	2.05	1.83	1.61	1.37	1.10	0.80	0.42	−0.31	−0.72	−1.04	−1.31	−1.56	−1.79	−2.01	−2.21				
18	E	1	2.55	2.43	2.28	2.11	1.93	1.73	1.52	1.30	1.05	0.76	0.41	−0.28	−0.68	−0.98	−1.25	−1.48	−1.71	−1.92		
	S	0.55	2.48	2.32	2.13	1.94	1.73	1.51	1.27	1.00	0.69	0.27	−0.43	−0.80	−1.10	−1.36	−1.60	−1.82	−2.03	−2.23		
	N	0.45	2.47	2.30	2.11	1.91	1.70	1.47	1.22	0.94	0.61	0.13	−0.53	−0.88	−1.16	−1.42	−1.66	−1.88	−2.09	−2.28		
	SE	0.4	2.47	2.29	2.10	1.89	1.68	1.45	1.20	0.91	0.58	0.02	−0.57	−0.91	−1.19	−1.45	−1.68	−1.90	−2.11	−2.31		
	W	0.25	2.45	2.26	2.07	1.86	1.63	1.40	1.13	0.84	0.47	−0.23	−0.67	−0.99	−1.27	−1.52	−1.75	−1.97	−2.18	−2.37		
	NW	0.15	2.44	2.25	2.05	1.84	1.61	1.37	1.10	0.80	0.42	−0.31	−0.72	−1.04	−1.31	−1.56	−1.79	−2.01	−2.21	−2.41		
20	E	1	2.74	2.62	2.47	2.31	2.14	1.95	1.76	1.55	1.32	1.08	0.79	0.44	−0.24	−0.65	−0.96	−1.23	−1.47	−1.69	−1.90	−2.10
	S	0.55	2.67	2.51	2.34	2.15	1.95	1.74	1.52	1.28	1.01	0.70	0.29	−0.42	−0.79	−1.09	−1.35	−1.59	−1.81	−2.03	−2.23	−2.42
	N	0.45	2.66	2.49	2.31	2.12	1.92	1.70	1.48	1.23	0.95	0.62	0.15	−0.52	−0.87	−1.16	−1.42	−1.65	−1.87	−2.08	−2.28	−2.47
	SE	0.4	2.65	2.48	2.30	2.11	1.90	1.69	1.45	1.20	0.92	0.58	0.05	−0.56	−0.90	−1.19	−1.44	−1.68	−1.90	−2.11	−2.31	−2.50
	W	0.25	2.64	2.46	2.27	2.07	1.86	1.64	1.40	1.14	0.84	0.48	−0.22	−0.67	−0.99	−1.27	−1.52	−1.75	−1.97	−2.18	−2.37	−2.56
	NW	0.15	2.63	2.45	2.25	2.05	1.84	1.61	1.37	1.10	0.80	0.42	−0.30	−0.72	−1.04	−1.31	−1.56	−1.79	−2.00	−2.21	−2.41	−2.60

续表

兰州，住宅，$V_0=2.2\text{m/s}$，$t_w=-8.8℃$，$h_c=2.9\text{m}$，$t'_n=2℃$，$a_1=0.3$，$C_r=0.6$，$b=0.67$

渗透量 L $\text{m}^3/(\text{h}\cdot\text{m})$

N	朝向	$n\backslash M$	1	2	3	4	5	6	7	8	9	10	11	12	13	14	15	16	17	18	19	20
8	N	1	0.74	0.64	0.53	0.40	0.23	−0.10	−0.32	−0.47												
	SE	0.7	0.71	0.60	0.47	0.32	0.10	−0.24	−0.42	−0.56												
	S	0.5	0.70	0.58	0.44	0.27	−0.05	−0.30	−0.47	−0.61												
	SW	0.2	0.68	0.55	0.40	0.21	−0.16	−0.36	−0.52	−0.66												
	W	0.15	0.68	0.55	0.39	0.20	−0.17	−0.37	−0.53	−0.66												
10	N	1	0.86	0.77	0.67	0.55	0.41	0.25	−0.07	−0.30	−0.46	−0.59										
	SE	0.7	0.83	0.73	0.62	0.48	0.33	0.12	−0.23	−0.41	−0.55	−0.68										
	S	0.5	0.82	0.71	0.59	0.45	0.28	−0.04	−0.29	−0.46	−0.60	−0.73										
	SW	0.2	0.80	0.68	0.55	0.40	0.21	−0.15	−0.36	−0.52	−0.66	−0.78										
	W	0.15	0.80	0.68	0.55	0.39	0.20	−0.16	−0.37	−0.53	−0.66	−0.79										
12	N	1	0.97	0.89	0.79	0.68	0.57	0.43	0.27	−0.04	−0.29	−0.45	−0.59	−0.71								
	SE	0.7	0.95	0.85	0.74	0.63	0.49	0.34	0.13	−0.22	−0.40	−0.55	−0.68	−0.80								
	S	0.5	0.93	0.83	0.72	0.59	0.45	0.28	−0.02	−0.29	−0.46	−0.60	−0.73	−0.84								
	SW	0.2	0.92	0.81	0.69	0.55	0.40	0.21	−0.15	−0.36	−0.52	−0.66	−0.78	−0.90								
	W	0.15	0.92	0.80	0.68	0.55	0.39	0.20	−0.16	−0.37	−0.53	−0.66	−0.79	−0.90								
14	N	1	1.07	1.00	0.91	0.81	0.70	0.58	0.44	0.28	0.03	−0.27	−0.44	−0.58	−0.70	−0.82						
	SE	0.7	1.05	0.96	0.86	0.75	0.64	0.50	0.35	0.15	−0.21	−0.39	−0.54	−0.67	−0.79	−0.90						
	S	0.5	1.04	0.94	0.84	0.72	0.60	0.46	0.29	0.02	−0.28	−0.45	−0.60	−0.72	−0.84	−0.95						

续表

N	朝向	n\M	1	2	3	4	5	6	7	8	9	10	11	12	13	14	15	16	17	18	19	20
14	SW	0.2	1.03	0.92	0.81	0.69	0.55	0.40	0.21	−0.15	−0.36	−0.52	−0.66	−0.78	−0.90	−1.00						
	W	0.15	1.02	0.92	0.81	0.68	0.55	0.40	0.20	−0.16	−0.37	−0.53	−0.66	−0.79	−0.90	−1.01						
16	N	1	1.17	1.10	1.02	0.92	0.82	0.71	0.59	0.46	0.30	0.06	−0.26	−0.43	−0.57	−0.70	−0.81	−0.92				
	SE	0.7	1.15	1.07	0.97	0.87	0.76	0.64	0.51	0.36	0.16	−0.20	−0.39	−0.54	−0.67	−0.79	−0.90	−1.01				
	S	0.5	1.14	1.05	0.95	0.84	0.73	0.60	0.46	0.29	0.03	−0.28	−0.45	−0.59	−0.72	−0.84	−0.95	−1.05				
	SW	0.2	1.13	1.03	0.92	0.81	0.69	0.56	0.40	0.21	−0.15	−0.36	−0.52	−0.65	−0.78	−0.90	−1.00	−1.11				
	W	0.15	1.13	1.03	0.92	0.81	0.68	0.55	0.40	0.20	−0.16	−0.37	−0.52	−0.66	−0.79	−0.90	−1.01	−1.11				
18	N	1	1.27	1.20	1.12	1.03	0.93	0.83	0.72	0.60	0.47	0.31	0.09	−0.25	−0.42	−0.56	−0.69	−0.81	−0.91	−1.02		
	SE	0.7	1.25	1.17	1.08	0.98	0.88	0.77	0.65	0.52	0.36	0.17	−0.19	−0.38	−0.53	−0.66	−0.79	−0.90	−1.00	−1.10		
	S	0.5	1.24	1.15	1.06	0.96	0.85	0.73	0.61	0.47	0.30	0.05	−0.27	−0.45	−0.59	−0.72	−0.84	−0.95	−1.05	−115		
	SW	0.2	1.23	1.13	1.03	0.92	0.81	0.69	0.56	0.40	0.22	−0.15	−0.36	−0.52	−0.65	−0.78	−0.89	−1.00	−1.11	−1.21		
	W	0.15	1.23	1.13	1.03	0.92	0.81	0.68	0.55	0.40	0.20	−0.16	−0.37	−0.52	−0.66	−0.79	−0.90	−1.01	−1.11	−1.21		
20	N	1	1.36	1.30	1.22	1.13	1.04	0.95	0.84	0.73	0.61	0.48	0.32	0.11	−0.23	−0.41	−0.55	−0.68	−0.80	−0.91	−1.01	−1.11
	SE	0.7	1.34	1.27	1.18	1.09	0.99	0.89	0.78	0.66	0.52	0.37	0.18	−0.18	−0.37	−0.53	−0.66	−0.78	−0.89	−1.00	−1.10	−1.20
	S	0.5	1.33	1.25	1.16	1.06	0.96	0.85	0.74	0.61	0.47	0.30	0.06	−0.27	−0.44	−0.59	−0.72	−0.84	−0.95	−1.05	−1.15	−1.25
	SW	0.2	1.32	1.23	1.13	1.03	0.93	0.81	0.69	0.56	0.41	0.22	−0.14	−0.36	−0.52	−0.65	−0.78	−0.89	−1.00	−1.11	−1.21	−1.30
	W	0.15	1.32	1.23	1.13	1.03	0.92	0.81	0.69	0.55	0.40	0.21	−0.16	−0.37	−0.52	−0.66	−0.79	−0.90	−1.01	−1.11	−1.21	−1.31

续表

兰州，办公楼，$V_0=2.2\text{m/s}$，$t_w=-8.8℃$，$h_c=3.3\text{m}$，$t_n'=16℃$，$a_1=0.3$，$C_r=0.8$，$b=0.67$　　渗透量 L　$\text{m}^3/(\text{h}\cdot\text{m})$

N	朝向	$n\backslash M$	1	2	3	4	5	6	7	8	9	10	11	12	13	14	15	16	17	18	19	20
8	N	1	1.57	1.30	1.00	0.63	0.01	−0.63	−1.01	−1.32												
	SE	0.7	1.54	1.26	0.94	0.54	−0.23	−0.73	−1.09	−1.40												
	S	0.5	1.53	1.24	0.91	0.49	−0.30	−0.78	−1.14	−1.44												
	SW	0.2	1.51	1.21	0.87	0.43	−0.38	−0.84	−1.19	−1.49												
	W	0.15	1.51	1.21	0.86	0.42	−0.39	−0.84	−1.19	−1.50												
10	N	1	1.84	1.60	1.33	1.02	0.65	0.08	−0.61	−0.99	−1.31	−1.60										
	SE	0.7	1.82	1.56	1.28	0.95	0.56	−0.21	−0.72	−1.08	−1.40	−1.68										
	S	0.5	1.80	1.54	1.25	0.91	0.50	−0.30	−0.77	−1.13	−1.44	−1.72										
	SW	0.2	1.79	1.52	1.21	0.87	0.43	−0.38	−0.83	−1.18	−1.49	−1.77										
	W	0.15	1.79	1.51	1.21	0.86	0.42	−0.39	−0.84	−1.19	−1.50	−1.77										
12	N	1	2.09	1.87	1.62	1.35	1.04	0.67	0.12	−0.60	−0.98	−1.30	−1.59	−1.85								
	SE	0.7	2.07	1.83	1.57	1.29	0.96	0.57	−0.19	−0.71	−1.08	−1.39	−1.67	−1.93								
	S	0.5	2.06	1.81	1.55	1.25	0.92	0.51	−0.29	−0.77	−1.13	−1.44	−1.72	−1.97								
	SW	0.2	2.04	1.79	1.52	1.22	0.87	0.44	−0.38	−0.83	−1.18	−1.49	−1.77	−2.02								
	W	0.15	2.04	1.79	1.51	1.21	0.87	0.43	−0.39	−0.84	−1.19	−1.50	−1.77	−2.03								
14	N	1	2.33	2.12	1.89	1.64	1.36	1.05	0.69	0.15	−0.58	−0.97	−1.30	−1.58	−1.85	−2.09						
	SE	0.7	2.31	2.09	1.84	1.58	1.30	0.97	0.58	−0.17	−0.70	−1.07	−1.39	−1.67	−1.93	−2.17						
	S	0.5	2.30	2.07	1.82	1.55	1.26	0.93	0.52	−0.28	−0.76	−1.12	−1.43	−1.71	−1.97	−2.22						

续表

N	朝向	$n\backslash M$	1	2	3	4	5	6	7	8	9	10	11	12	13	14	15	16	17	18	19	20
14	SW	0.2	2.29	2.05	1.79	1.52	1.22	0.87	0.44	−0.38	−0.83	−1.18	−1.49	−1.77	−2.02	−2.26						
	W	0.15	2.28	2.04	1.79	1.51	1.21	0.87	0.43	−0.39	−0.84	−1.19	−1.49	−1.77	−2.03	−2.27						
16	N	1	2.56	2.36	2.14	1.90	1.65	1.37	1.06	0.70	0.18	−0.57	−0.96	−1.29	−1.58	−1.84	−2.09	−2.32				
	SE	0.7	2.54	2.33	2.10	1.85	1.59	1.30	0.98	0.59	−0.16	−0.70	−1.07	−1.38	−1.66	−1.92	−2.17	−2.40				
	S	0.5	2.53	2.31	2.07	1.83	1.56	1.26	0.93	0.52	−0.27	−0.76	−1.12	−1.43	−1.71	−1.97	−2.21	−2.44				
	SW	0.2	2.52	2.29	2.05	1.79	1.52	1.22	0.87	0.44	−0.38	−0.83	−1.18	−1.49	−1.77	−2.02	−2.26	−2.49				
	W	0.15	2.51	2.29	2.05	1.79	1.52	1.21	0.87	0.43	−0.39	−0.84	−1.19	−1.49	−1.77	−2.03	−2.27	−2.50				
18	N	1	2.78	2.58	2.37	2.15	1.91	1.66	1.38	1.08	0.71	0.20	−0.56	−0.95	−1.28	−1.57	−1.84	−2.08	−2.32	−2.54		
	SE	0.7	2.76	2.55	2.34	2.11	1.86	1.60	1.31	0.99	0.60	−0.14	−0.69	−1.06	−1.38	−1.66	−1.92	−2.17	−2.40	−2.62		
	S	0.5	2.75	2.54	2.31	2.08	1.83	1.56	1.27	0.94	0.53	−0.26	−0.76	−1.12	−1.43	−1.71	−1.97	−2.21	−2.44	−2.66		
	SW	0.2	2.73	2.52	2.29	2.05	1.80	1.52	1.22	0.88	0.44	−0.38	−0.83	−1.18	−1.49	−1.76	−2.02	−2.26	−2.49	−2.71		
	W	0.15	2.73	2.52	2.29	2.05	1.79	1.52	1.21	0.87	0.43	−0.39	−0.84	−1.19	−1.49	−1.77	−2.03	−2.27	−2.50	−2.72		
20	N	1	2.98	2.80	2.60	2.39	2.16	1.93	1.67	1.39	1.09	0.73	0.23	−0.55	−0.94	−1.27	−1.56	−1.83	−2.08	−2.31	−2.54	−2.75
	SE	0.7	2.97	2.77	2.56	2.34	2.11	1.87	1.60	1.32	0.99	0.61	−0.13	−0.68	−1.06	−1.37	−1.66	−1.92	−2.16	−2.40	−2.62	−2.83
	S	0.5	2.96	2.76	2.54	2.32	2.08	1.83	1.57	1.27	0.94	0.53	−0.26	−0.75	−1.11	−1.43	−1.71	−1.97	−2.21	−2.44	−2.66	−2.88
	SW	0.2	2.95	2.74	2.52	2.29	2.05	1.80	1.52	1.22	0.88	0.44	−0.37	−0.83	−1.18	−1.49	−1.76	−2.02	−2.26	−2.49	−2.71	−2.92
	W	0.15	2.94	2.73	2.52	2.29	2.05	1.79	1.52	1.21	0.87	0.43	−0.39	−0.84	−1.19	−1.49	−1.77	−2.03	−2.27	−2.50	−2.72	−2.93

续表

沈阳,住宅,$V_0=1.9m/s$,$t_w=-16.8℃$,$h_c=2.9m$,$t'_n=-3℃$,$a_1=0.3$,$C_r=0.6$,$b=0.67$

渗透量 L $m^3/(h\cdot m)$

N	朝向	$n\backslash M$	1	2	3	4	5	6	7	8	9	10	11	12	13	14	15	16	17	18	19	20
8	N	1	0.87	0.73	0.57	0.38	0.11	−0.30	−0.51	−0.68												
	NE	0.7	0.85	0.70	0.53	0.32	−0.08	−0.37	−0.57	−0.74												
	S	0.4	0.83	0.68	0.49	0.27	−0.17	−0.43	−0.62	−0.79												
	SW	0.35	0.83	0.67	0.49	0.26	−0.18	−0.43	−0.63	−0.79												
	E,W	0.3	0.83	0.67	0.48	0.25	−0.19	−0.44	−0.63	−0.80												
10	N	1	1.01	0.89	0.75	0.59	0.40	0.14	−0.28	−0.50	−0.68	−0.83										
	NE	0.7	1.00	0.86	0.71	0.54	0.33	−0.06	−0.36	−0.57	−0.74	−0.89										
	S	0.4	0.98	0.84	0.68	0.50	0.27	−0.16	−0.42	−0.62	−0.79	−0.94										
	SW	0.35	0.98	0.84	0.68	0.49	0.26	−0.17	−0.43	−0.63	−0.79	−0.95										
	E,W	0.3	0.98	0.83	0.67	0.49	0.26	−0.19	−0.44	−0.63	−0.80	−0.95										
12	N	1	1.15	1.04	0.90	0.76	0.60	0.41	0.15	−0.27	−0.49	−0.67	−0.83	−0.97								
	NE	0.7	1.14	1.01	0.87	0.72	0.55	0.34	−0.04	−0.36	−0.56	−0.74	−0.89	−1.03								
	S	0.4	1.12	0.99	0.84	0.68	0.50	0.28	−0.16	−0.42	−0.62	−0.79	−0.94	−1.08								
	SW	0.35	1.12	0.99	0.84	0.68	0.49	0.27	−0.17	−0.43	−0.62	−0.79	−0.94	−1.08								
	E,W	0.3	1.12	0.98	0.84	0.67	0.49	0.26	−0.18	−0.44	−0.63	−0.80	−0.95	−1.09								
14	N	1	1.28	1.17	1.05	0.92	0.77	0.61	0.42	0.17	−0.26	−0.48	−0.66	−0.82	−0.97	−1.11						
	NE	0.7	1.27	1.15	1.02	0.88	0.72	0.55	0.35	−0.02	−0.35	−0.56	−0.73	−0.89	−1.03	−1.16						
	S	0.4	1.25	1.13	0.99	0.85	0.69	0.50	0.28	−0.15	−0.42	−0.61	−0.78	−0.94	−1.08	−1.21						

续表

N	朝向	$n\backslash M$	1	2	3	4	5	6	7	8	9	10	11	12	13	14	15	16	17	18	19	20
14	SW	0.35	1.25	1.12	0.99	0.84	0.68	0.50	0.27	−0.17	−0.43	−0.62	−0.79	−0.94	−1.08	−1.22						
	E,W	0.3	1.25	1.12	0.99	0.84	0.68	0.49	0.26	−0.18	−0.44	−0.63	−0.80	−0.95	−1.09	−1.22						
16	N	1	1.40	1.30	1.18	1.06	0.93	0.78	0.62	0.43	0.18	−0.25	−0.48	−0.66	−0.82	−0.96	−1.10	−1.23				
	NE	0.7	1.39	1.28	1.16	1.02	0.88	0.73	0.56	0.35	0.02	−0.35	−0.55	−0.73	−0.88	−1.03	−1.16	−1.29				
	S	0.4	1.38	1.26	1.13	1.00	0.85	0.69	0.51	0.28	−0.15	−0.42	−0.61	−0.78	−0.93	−1.08	−1.21	−1.33				
	SW	0.35	1.38	1.26	1.13	0.99	0.84	0.68	0.50	0.27	−0.16	−0.43	−0.62	−0.79	−0.94	−1.08	−1.22	−1.34				
	E,W	0.3	1.38	1.25	1.12	0.99	0.84	0.68	0.49	0.26	−0.18	−0.43	−0.63	−0.80	−0.95	−1.09	−1.22	−1.35				
18	N	1	1.52	1.42	1.31	1.19	1.07	0.93	0.79	0.63	0.44	0.20	−0.24	−0.47	−0.65	−0.81	−0.96	−1.10	−1.23	−1.35		
	NE	0.7	1.51	1.40	1.28	1.16	1.03	0.89	0.73	0.56	0.36	0.04	−0.34	−0.55	−0.72	−0.88	−1.02	−1.16	−1.29	−1.41		
	S	0.4	1.50	1.38	1.26	1.13	1.00	0.85	0.69	0.51	0.29	−0.15	−0.41	−0.61	−0.78	−0.93	−1.08	−1.21	−1.33	−1.45		
	SW	0.35	1.50	1.38	1.26	1.13	0.99	0.85	0.68	0.50	0.27	−0.16	−0.42	−0.62	−0.79	−0.94	−1.08	−1.21	−1.34	−1.46		
	E,W	0.3	1.49	1.38	1.26	1.13	0.99	0.84	0.68	0.49	0.26	−0.18	−0.43	−0.63	−0.80	−0.95	−1.09	−1.22	−1.35	−1.47		
20	N	1	1.64	1.54	1.43	1.32	1.20	1.08	0.94	0.80	0.63	0.45	0.21	−0.23	−0.46	−0.65	−0.81	−0.96	−1.09	−1.22	−1.35	−1.46
	NE	0.7	1.62	1.52	1.41	1.29	1.17	1.03	0.89	0.74	0.57	0.36	0.05	−0.34	−0.55	−0.72	−0.88	−1.02	−1.16	−1.28	−1.41	−1.52
	S	0.4	1.61	1.50	1.39	1.26	1.14	1.00	0.85	0.69	0.51	0.29	−0.14	−0.41	−0.61	−0.78	−0.93	−1.07	−1.21	−1.33	−1.45	−1.57
	SW	0.35	1.61	1.50	1.38	1.26	1.13	0.99	0.85	0.69	0.50	0.28	−0.16	−0.42	−0.62	−0.79	−0.94	−1.08	−1.21	−1.34	−1.46	−1.58
	E,W	0.3	1.61	1.50	1.38	1.26	1.13	0.99	0.84	0.68	0.50	0.27	−0.17	−0.43	−0.63	−0.79	−0.95	−1.09	−1.22	−1.35	−1.47	−1.58

续表

沈阳,办公楼,$V_0=1.9m/s$,$t_w=-16.8℃$,$h_c=3.3m$,$t'_n=16℃$,$a_1=0.3$,$C_r=0.8$,$b=0.67$　　渗透量 L　$m^3/(h·m)$

N	朝向	$n\backslash M$	1	2	3	4	5	6	7	8	9	10	11	12	13	14	15	16	17	18	19	20
8	N	1	1.90	1.55	1.15	0.66	−0.29	−0.90	−1.35	−1.73												
	NE	0.7	1.88	1.52	1.11	0.60	−0.38	−0.97	−1.40	−1.78												
	S	0.4	1.87	1.50	1.08	0.55	−0.45	−1.01	−1.45	−1.82												
	SW	0.35	1.86	1.50	1.07	0.54	−0.46	−1.02	−1.45	−1.83												
	E,W	0.3	1.86	1.49	1.07	0.53	−0.47	−1.03	−1.46	−1.83												
10	N	1	2.23	1.92	1.57	1.17	0.68	−0.27	−0.89	−1.34	−1.72	−2.07										
	NE	0.7	2.22	1.89	1.53	1.12	0.61	−0.37	−0.96	−1.40	−1.78	−2.12										
	S	0.4	2.20	1.87	1.50	1.08	0.55	−0.45	−1.01	−1.45	−1.82	−2.16										
	SW	0.35	2.20	1.87	1.50	1.08	0.54	−0.46	−1.02	−1.45	−1.83	−2.17										
	E,W	0.3	2.20	1.87	1.50	1.07	0.53	−0.47	−1.03	−1.46	−1.83	−2.17										
12	N	1	2.55	2.25	1.93	1.58	1.18	0.69	−0.25	−0.88	−1.33	−1.72	−2.06	−2.38								
	NE	0.7	2.53	2.23	1.90	1.54	1.13	0.62	−0.36	−0.95	−1.39	−1.77	−2.12	−2.44								
	S	0.4	2.52	2.21	1.88	1.51	1.08	0.55	−0.45	−1.01	−1.44	−1.82	−2.16	−2.48								
	SW	0.35	2.52	2.21	1.87	1.50	1.08	0.55	−0.46	−1.02	−1.45	−1.83	−2.17	−2.48								
	E,W	0.3	2.52	2.21	1.87	1.50	1.07	0.54	−0.47	−1.02	−1.46	−1.83	−2.17	−2.49								
14	N	1	2.84	2.57	2.27	1.95	1.59	1.19	0.71	−0.23	−0.87	−1.32	−1.71	−2.06	−2.38	−2.68						
	NE	0.7	2.83	2.54	2.24	1.91	1.55	1.13	0.63	−0.35	−0.95	−1.39	−1.77	−2.12	−2.43	−2.73						
	S	0.4	2.82	2.53	2.21	1.88	1.51	1.09	0.56	−0.44	−1.01	−1.44	−1.82	−2.16	−2.48	−2.78						

续表

N	朝向	$n\backslash M$	1	2	3	4	5	6	7	8	9	10	11	12	13	14	15	16	17	18	19	20
14	SW	0.35	2.82	2.52	2.21	1.87	1.50	1.08	0.55	-0.45	-1.02	-1.45	-1.83	-2.17	-2.48	-2.78						
	E,W	0.3	2.81	2.52	2.21	1.87	1.50	1.08	0.54	-0.46	-1.02	-1.46	-1.83	-2.17	-2.49	-2.79						
16	N	1	3.12	2.86	2.58	2.28	1.95	1.60	1.20	0.72	-0.21	-0.86	-1.32	-1.71	-2.05	-2.37	-2.68	-2.96				
	NE	0.7	3.11	2.84	2.55	2.24	1.91	1.55	1.14	0.63	-0.35	-0.94	-1.39	-1.77	-2.11	-2.43	-2.73	-3.02				
	S	0.4	3.10	2.82	2.53	2.22	1.88	1.51	1.09	0.56	-0.44	-1.01	-1.44	-1.82	-2.16	-2.48	-2.78	-3.06				
	SW	0.35	3.10	2.82	2.53	2.21	1.88	1.51	1.08	0.55	-0.45	-1.01	-1.45	-1.82	-2.17	-2.48	-2.78	-3.06				
	E,W	0.3	3.10	2.82	2.52	2.21	1.87	1.50	1.08	0.54	-0.46	-1.02	-1.45	-1.83	-2.17	-2.49	-2.79	-3.07				
18	N	1	3.39	3.14	2.87	2.59	2.29	1.96	1.61	1.21	0.73	-0.19	-0.86	-1.31	-1.70	-2.05	-2.37	-2.67	-2.96	-3.23		
	NE	0.7	3.38	3.12	2.85	2.56	2.25	1.92	1.56	1.15	0.64	-0.34	-0.94	-1.38	-1.77	-2.11	-2.43	-2.73	-3.01	-3.29		
	S	0.4	3.37	3.10	2.82	2.53	2.22	1.88	1.51	1.09	0.56	-0.44	-1.00	-1.44	-1.82	-2.16	-2.48	-2.77	-3.06	-3.33		
	SW	0.35	3.37	3.10	2.82	2.53	2.21	1.88	1.51	1.09	0.55	-0.45	-1.01	-1.45	-1.82	-2.17	-2.48	-2.78	-3.06	-3.33		
	E,W	0.3	3.37	3.10	2.82	2.52	2.21	1.87	1.50	1.08	0.54	-0.46	-1.02	-1.45	-1.83	-2.17	-2.49	-2.79	-3.07	-3.34		
20	N	1	3.65	3.41	3.15	2.88	2.60	2.29	1.97	1.62	1.22	0.74	-0.17	-0.85	-1.31	-1.70	-2.04	-2.37	-2.67	-2.95	-3.23	-3.49
	NE	0.7	3.64	3.39	3.13	2.85	2.56	2.25	1.92	1.56	1.15	0.65	-0.33	-0.93	-1.38	-1.76	-2.11	-2.43	-2.73	-3.01	-3.28	-3.54
	S	0.4	3.63	3.37	3.11	2.83	2.53	2.22	1.88	1.52	1.09	0.57	-0.43	-1.00	-1.44	-1.82	-2.16	-2.48	-2.77	-3.06	-3.33	-3.59
	SW	0.35	3.63	3.37	3.10	2.82	2.53	2.22	1.88	1.51	1.09	0.56	-0.45	-1.01	-1.45	-1.82	-2.16	-2.48	-2.78	-3.06	-3.33	-3.59
	E,W	0.3	3.63	3.37	3.10	2.82	2.53	2.21	1.87	1.50	1.08	0.55	-0.46	-1.02	-1.45	-1.83	-2.17	-2.49	-2.79	-3.07	-3.34	-3.60

续表

太原,住宅,$V_0=2.9m/s$,$t_w=-9.9℃$,$h_c=2.9m$,$t'_n=1℃$,$a_1=0.3$,$C_r=0.6$,$b=0.67$　　渗透量 L　$m^3/(h \cdot m)$

N	朝向	$n \backslash M$	1	2	3	4	5	6	7	8	9	10	11	12	13	14	15	16	17	18	19	20
8	NW	1	0.79	0.72	0.63	0.52	0.39	0.23	−0.08	−0.30												
	N	0.9	0.77	0.70	0.60	0.48	0.34	0.16	−0.18	−0.36												
	W	0.7	0.75	0.65	0.54	0.40	0.23	−0.10	−0.32	−0.47												
	NE	0.4	0.71	0.59	0.45	0.29	0.02	−0.28	−0.45	−0.60												
	S	0.3	0.70	0.58	0.43	0.25	−0.09	−0.32	−0.49	−0.63												
	SE	0.2	0.69	0.56	0.41	0.22	−0.14	−0.35	−0.51	−0.65												
	E	0.15	0.69	0.56	0.40	0.21	−0.15	−0.36	−0.52	−0.66												
10	NW	1	0.91	0.85	0.76	0.66	0.55	0.42	0.27	0.00	−0.27	−0.43										
	N	0.9	0.89	0.82	0.73	0.63	0.51	0.37	0.19	−0.15	−0.34	−0.49										
	W	0.7	0.87	0.78	0.68	0.56	0.42	0.25	−0.07	−0.30	−0.46	−0.60										
	NE	0.4	0.83	0.73	0.60	0.46	0.30	0.04	−0.28	−0.45	−0.59	−0.72										
	S	0.3	0.82	0.71	0.58	0.44	0.26	−0.08	−0.32	−0.48	−0.63	−0.75										
	SE	0.2	0.82	0.70	0.57	0.41	0.23	−0.13	−0.35	−0.51	−0.65	−0.78										
	E	0.15	0.81	0.69	0.56	0.41	0.21	−0.15	−0.36	−0.52	−0.66	−0.79										
12	NW	1	1.02	0.96	0.88	0.79	0.69	0.57	0.45	0.29	0.07	−0.24	−0.41	−0.55								
	N	0.9	1.00	0.94	0.85	0.76	0.65	0.53	0.39	0.22	−0.12	−0.32	−0.48	−0.61								
	W	0.7	0.98	0.90	0.80	0.69	0.57	0.44	0.27	−0.03	−0.29	−0.45	−0.59	−0.72								
	NE	0.4	0.95	0.85	0.73	0.61	0.47	0.31	0.06	−0.27	−0.44	−0.59	−0.72	−0.84								
	S	0.3	0.94	0.83	0.72	0.59	0.44	0.27	−0.07	−0.31	−0.48	−0.62	−0.75	−0.87								
	SE	0.2	0.93	0.82	0.70	0.57	0.42	0.23	−0.13	−0.35	−0.51	−0.65	−0.78	−0.89								
	E	0.15	0.93	0.82	0.69	0.56	0.41	0.22	−0.15	−0.36	−0.52	−0.66	−0.79	−0.90								
14	NW	1	1.12	1.07	0.99	0.91	0.81	0.71	0.60	0.47	0.32	0.12	−0.22	−0.39	−0.54	−0.66						
	N	0.9	1.11	1.05	0.97	0.88	0.78	0.67	0.55	0.41	0.24	−0.08	−0.31	−0.46	−0.60	−0.72						
	W	0.7	1.09	1.01	0.92	0.82	0.71	0.59	0.45	0.29	0.03	−0.27	−0.44	−0.58	−0.71	−0.83						
	NE	0.4	1.06	0.96	0.86	0.74	0.62	0.48	0.31	0.08	−0.26	−0.44	−0.58	−0.71	−0.83	−0.95						

续表

N	朝向	$n\backslash M$	1	2	3	4	5	6	7	8	9	10	11	12	13	14	15	16	17	18	19	20
14	S	0.3	1.05	0.95	0.84	0.72	0.59	0.45	0.27	−0.06	−0.31	−0.48	−0.62	−0.75	−0.87	−0.98						
	SE	0.2	1.04	0.94	0.83	0.70	0.57	0.42	0.23	−0.12	−0.35	−0.51	−0.65	−0.78	−0.89	−1.00						
	E	0.15	1.04	0.93	0.82	0.70	0.56	0.41	0.22	−0.15	−0.36	−0.52	−0.66	−0.79	−0.90	−1.01						
16	NW	1	1.22	1.17	1.10	1.02	0.93	0.83	0.73	0.62	0.49	0.34	0.15	−0.19	−0.38	−0.52	−0.65	−0.77				
	N	0.9	1.21	1.15	1.07	0.99	0.89	0.79	0.68	0.56	0.43	0.26	−0.04	−0.29	−0.45	−0.59	−0.71	−0.83				
	W	0.7	1.19	1.11	1.03	0.93	0.83	0.72	0.60	0.46	0.30	0.07	−0.26	−0.43	−0.57	−0.70	−0.82	−0.93				
	NE	0.4	1.16	1.07	0.97	0.86	0.75	0.62	0.48	0.32	0.09	−0.26	−0.43	−0.58	−0.71	−0.83	−0.94	−1.05				
	S	0.3	1.15	1.06	0.95	0.84	0.73	0.60	0.45	0.28	−0.05	−0.30	−0.47	−0.62	−0.75	−0.86	−0.98	−1.08				
	SE	0.2	1.15	1.05	0.94	0.83	0.71	0.57	0.42	0.24	−0.12	−0.34	−0.51	−0.65	−0.77	−0.89	−1.00	−1.11				
	E	0.15	1.14	1.04	0.93	0.82	0.70	0.56	0.41	0.22	−0.15	−0.36	−0.52	−0.66	−0.79	−0.90	−1.01	−1.12				
18	NW	1	1.32	1.27	1.20	1.12	1.04	0.95	0.85	0.75	0.63	0.51	0.36	0.18	−0.17	−0.36	−0.51	−0.64	−0.76	−0.87		
	N	0.9	1.31	1.25	1.18	1.09	1.01	0.91	0.81	0.70	0.58	0.44	0.28	0.03	−0.27	−0.44	−0.58	−0.70	−0.82	−0.92		
	W	0.7	1.28	1.21	1.13	1.04	0.95	0.84	0.73	0.61	0.48	0.32	0.09	−0.25	−0.42	−0.57	−0.70	−0.81	−0.92	−1.03		
	NE	0.4	1.26	1.17	1.08	0.98	0.87	0.75	0.63	0.49	0.33	0.10	−0.25	−0.43	−0.58	−0.71	−0.83	−0.94	−1.05	−1.15		
	S	0.3	1.25	1.16	1.06	0.96	0.85	0.73	0.60	0.46	0.28	−0.04	−0.30	−0.47	−0.62	−0.74	−0.86	−0.97	−1.08	−1.18		
	SE	0.2	1.24	1.15	1.05	0.94	0.83	0.71	0.58	0.42	0.24	−0.12	−0.34	−0.51	−0.65	−0.77	−0.89	−1.00	−1.11	−1.21		
	E	0.15	1.24	1.15	1.04	0.94	0.82	0.70	0.56	0.41	0.22	−0.14	−0.36	−0.52	−0.66	−0.79	−0.90	−1.01	−1.12	−1.22		
20	NW	1	1.41	1.36	1.30	1.22	1.14	1.06	0.96	0.87	0.76	0.65	0.52	0.38	0.20	−0.14	−0.34	−0.49	−0.63	−0.75	−0.86	−0.96
	N	0.9	1.40	1.34	1.27	1.20	1.11	1.02	0.93	0.82	0.71	0.59	0.46	0.30	0.07	−0.25	−0.42	−0.57	−0.69	−0.81	−0.92	−1.02
	W	0.7	1.38	1.31	1.23	1.15	1.05	0.96	0.85	0.74	0.62	0.49	0.33	0.11	−0.23	−0.41	−0.56	−0.69	−0.81	−0.92	−1.02	−1.12
	NE	0.4	1.35	1.27	1.18	1.08	0.98	0.87	0.76	0.63	0.49	0.33	0.11	−0.24	−0.42	−0.57	−0.71	−0.83	−0.94	−1.05	−1.15	−1.24
	S	0.3	1.35	1.26	1.16	1.07	0.96	0.85	0.73	0.60	0.46	0.29	−0.03	−0.30	−0.47	−0.61	−0.74	−0.86	−0.97	−1.08	−1.18	−1.28
	SE	0.2	1.34	1.25	1.15	1.05	0.94	0.83	0.71	0.58	0.43	0.24	−0.11	−0.34	−0.50	−0.65	−0.77	−0.89	−1.00	−1.11	−1.21	−1.30
	E	0.15	1.34	1.24	1.15	1.04	0.94	0.82	0.70	0.57	0.41	0.22	−0.14	−0.36	−0.52	−0.66	−0.78	−0.90	−1.01	−1.12	−1.22	−1.31

续表

太原，办公楼，$V_0=2.9\text{m/s}$，$t_w=-9.9℃$，$h_c=3.3\text{m}$，$t'_n=16℃$，$a_1=0.3$，$C_r=0.8$，$b=0.67$　　渗透量 L　$\text{m}^3/(\text{h}\cdot\text{m})$

N	朝向	n\M	1	2	3	4	5	6	7	8	9	10	11	12	13	14	15	16	17	18	19	20
8	NW	1	1.66	1.42	1.13	0.78	0.32	−0.47	−0.89	−1.23												
	N	0.9	1.64	1.39	1.09	0.74	0.24	−0.54	−0.95	−1.28												
	W	0.7	1.62	1.34	1.03	0.65	−0.03	−0.66	−1.04	−1.37												
	NE	0.4	1.58	1.29	0.95	0.52	−0.29	−0.79	−1.16	−1.48												
	S	0.3	1.57	1.27	0.92	0.49	−0.34	−0.82	−1.19	−1.50												
	SE	0.2	1.56	1.26	0.90	0.46	−0.38	−0.85	−1.21	−1.53												
	E	0.15	1.56	1.25	0.90	0.45	−0.39	−0.86	−1.22	−1.54												
10	NW	1	1.93	1.71	1.45	1.16	0.82	0.37	−0.44	−0.87	−1.22	−1.52										
	N	0.9	1.92	1.69	1.42	1.12	0.77	0.28	−0.52	−0.93	−1.27	−1.57										
	W	0.7	1.90	1.65	1.37	1.05	0.67	0.07	−0.64	−1.03	−1.36	−1.66										
	NE	0.4	1.86	1.60	1.30	0.96	0.54	−0.28	−0.78	−1.15	−1.47	−1.76										
	S	0.3	1.86	1.58	1.28	0.93	0.50	−0.33	−0.82	−1.18	−1.50	−1.79										
	SE	0.2	1.85	1.57	1.26	0.91	0.46	−0.38	−0.85	−1.21	−1.53	−1.81										
	E	0.15	1.85	1.56	1.25	0.90	0.45	−0.39	−0.86	−1.22	−1.54	−1.82										
12	NW	1	2.19	1.99	1.75	1.48	1.19	0.84	0.40	−0.41	−0.85	−1.20	−1.50	−1.78								
	N	0.9	2.18	1.96	1.72	1.45	1.14	0.79	0.32	−0.49	−0.91	−1.25	−1.55	−1.83								
	W	0.7	2.16	1.93	1.67	1.39	1.07	0.69	0.11	−0.63	−1.02	−1.35	−1.65	−1.92								
	NE	0.4	2.13	1.88	1.60	1.30	0.96	0.54	−0.27	−0.78	−1.15	−1.47	−1.76	−2.03								
	S	0.3	2.12	1.87	1.59	1.28	0.94	0.50	−0.33	−0.81	−1.18	−1.50	−1.79	−2.05								
	SE	0.2	2.11	1.85	1.57	1.26	0.91	0.47	−0.37	−0.85	−1.21	−1.53	−1.81	−2.08								
	E	0.15	2.11	1.85	1.57	1.26	0.90	0.45	−0.39	−0.86	−1.22	−1.54	−1.82	−2.09								
14	NW	1	2.44	2.24	2.02	1.77	1.51	1.21	0.87	0.44	−0.38	−0.83	−1.18	−1.49	−1.77	−2.03						
	N	0.9	2.43	2.22	1.99	1.74	1.47	1.17	0.81	0.35	−0.47	−0.90	−1.24	−1.54	−1.82	−2.08						
	W	0.7	2.40	2.19	1.95	1.68	1.40	1.08	0.70	0.14	−0.61	−1.01	−1.34	−1.64	−1.91	−2.17						
	NE	0.4	2.38	2.14	1.89	1.61	1.31	0.97	0.55	−0.26	−0.77	−1.14	−1.47	−1.76	−2.02	−2.27						

续表

N	朝向	n\M	1	2	3	4	5	6	7	8	9	10	11	12	13	14	15	16	17	18	19	20
14	S	0.3	2.37	2.13	1.87	1.59	1.29	0.94	0.51	−0.32	−0.81	−1.18	−1.50	−1.79	−2.05	−2.30						
	SE	0.2	2.36	2.12	1.86	1.58	1.27	0.91	0.47	−0.37	−0.84	−1.21	−1.52	−1.81	−2.08	−2.33						
	E	0.15	2.36	2.11	1.85	1.57	1.26	0.90	0.45	−0.39	−0.86	−1.22	−1.54	−1.82	−2.09	−2.34						
16	NW	1	2.67	2.48	2.27	2.04	1.80	1.53	1.23	0.89	0.47	−0.35	−0.81	−1.17	−1.48	−1.76	−2.02	−2.26				
	N	0.9	2.66	2.47	2.25	2.01	1.76	1.49	1.18	0.83	0.38	−0.44	−0.88	−1.23	−1.53	−1.81	−2.07	−2.31				
	W	0.7	2.64	2.43	2.20	1.96	1.70	1.41	1.09	0.72	0.17	−0.60	−1.00	−1.34	−1.63	−1.91	−2.16	−2.40				
	NE	0.4	2.61	2.39	2.15	1.89	1.62	1.32	0.98	0.56	−0.25	−0.77	−1.14	−1.46	−1.75	−2.02	−2.27	−2.51				
	S	0.3	2.61	2.38	2.13	1.87	1.60	1.29	0.94	0.51	−0.31	−0.81	−1.18	−1.50	−1.78	−2.05	−2.30	−2.54				
	SE	0.2	2.60	2.37	2.12	1.86	1.58	1.27	0.92	0.47	−0.37	−0.84	−1.21	−1.52	−1.81	−2.08	−2.33	−2.56				
	E	0.15	2.60	2.36	2.12	1.85	1.57	1.26	0.90	0.46	−0.39	−0.86	−1.22	−1.53	−1.82	−2.09	−2.34	−2.57				
18	NW	1	2.90	2.72	2.51	2.30	2.06	1.82	1.55	1.25	0.91	0.49	−0.32	−0.79	−1.15	−1.47	−1.75	−2.01	−2.26	−2.49		
	N	0.9	2.88	2.70	2.49	2.27	2.03	1.78	1.50	1.20	0.85	0.40	−0.42	−0.87	−1.22	−1.52	−1.80	−2.06	−2.31	−2.54		
	W	0.7	2.86	2.66	2.45	2.22	1.97	1.71	1.42	1.11	0.73	0.20	−0.58	−0.99	−1.33	−1.63	−1.90	−2.16	−2.40	−2.63		
	NE	0.4	2.84	2.62	2.40	2.15	1.90	1.62	1.32	0.98	0.57	−0.24	−0.76	−1.14	−1.46	−1.75	−2.02	−2.27	−2.51	−2.74		
	S	0.3	2.83	2.61	2.38	2.14	1.88	1.60	1.29	0.95	0.52	−0.31	−0.80	−1.17	−1.49	−1.78	−2.05	−2.30	−2.54	−2.77		
	SE	0.2	2.83	2.60	2.37	2.12	1.86	1.58	1.27	0.92	0.48	−0.36	−0.84	−1.21	−1.52	−1.81	−2.07	−2.33	−2.56	−2.79		
	E	0.15	2.82	2.60	2.36	2.12	1.85	1.57	1.26	0.91	0.46	−0.38	−0.85	−1.22	−1.53	−1.82	−2.09	−2.34	−2.57	−2.80		
20	NW	1	3.11	2.94	2.74	2.54	2.32	2.08	1.83	1.56	1.27	0.93	0.52	−0.29	−0.78	−1.14	−1.45	−1.74	−2.00	−2.25	−2.48	−2.71
	N	0.9	3.10	2.92	2.72	2.51	2.29	2.05	1.79	1.52	1.22	0.87	0.42	−0.40	−0.85	−1.21	−1.51	−1.79	−2.05	−2.30	−2.53	−2.76
	W	0.7	3.08	2.89	2.68	2.46	2.23	1.98	1.72	1.43	1.12	0.74	0.22	−0.57	−0.98	−1.32	−1.62	−1.89	−2.15	−2.39	−2.62	−2.85
	NE	0.4	3.06	2.85	2.63	2.40	2.16	1.90	1.63	1.33	0.99	0.57	−0.23	−0.76	−1.13	−1.46	−1.75	−2.02	−2.27	−2.51	−2.74	−2.95
	S	0.3	3.05	2.84	2.62	2.39	2.14	1.88	1.60	1.30	0.95	0.52	−0.30	−0.80	−1.17	−1.49	−1.78	−2.05	−2.30	−2.54	−2.76	−2.98
	SE	0.2	3.04	2.83	2.61	2.37	2.12	1.86	1.58	1.27	0.92	0.48	−0.36	−0.84	−1.20	−1.52	−1.81	−2.07	−2.32	−2.56	−2.79	−3.01
	E	0.15	3.04	2.83	2.60	2.37	2.12	1.86	1.57	1.26	0.91	0.46	−0.38	−0.85	−1.22	−1.53	−1.82	−2.09	−2.34	−2.57	−2.80	−3.02

续表

乌鲁木齐，住宅，$V_0=2.2m/s$，$t_w=-19.5℃$，$h_c=2.9m$，$t_n'=-5℃$，$a_1=0.3$，$C_r=0.6$，$b=0.67$　　渗透量 L　$m^3/(h \cdot m)$

N	朝向	$n\backslash M$	1	2	3	4	5	6	7	8	9	10	11	12	13	14	15	16	17	18	19	20
8	S	1	0.92	0.79	0.63	0.44	0.19	−0.25	−0.49	−0.68												
	SE	0.75	0.90	0.75	0.58	0.37	0.06	−0.34	−0.56	−0.74												
	SW	0.7	0.89	0.75	0.57	0.36	0.01	−0.36	−0.57	−0.75												
	E	0.55	0.88	0.73	0.55	0.32	−0.10	−0.40	−0.61	−0.79												
	N	0.35	0.87	0.71	0.52	0.28	−0.17	−0.44	−0.65	−0.82												
	W	0.25	0.87	0.70	0.51	0.26	−0.20	−0.46	−0.66	−0.84												
10	S	1	1.07	0.95	0.81	0.65	0.46	0.21	−0.23	−0.47	−0.67	−0.83										
	SE	0.75	1.05	0.92	0.77	0.59	0.39	0.08	−0.33	−0.55	−0.74	−0.90										
	SW	0.7	1.05	0.91	0.76	0.58	0.37	0.05	−0.35	−0.57	−0.75	−0.91										
	E	0.55	1.04	0.90	0.74	0.55	0.33	−0.09	−0.39	−0.60	−0.78	−0.94										
	N	0.35	1.03	0.88	0.71	0.52	0.29	−0.17	−0.44	−0.65	−0.82	−0.98										
	W	0.25	1.02	0.87	0.70	0.51	0.27	−0.20	−0.46	−0.66	−0.84	−1.00										
12	S	1	1.21	1.10	0.97	0.82	0.66	0.47	0.23	−0.22	−0.46	−0.66	−0.83	−0.98								
	SE	0.75	1.20	1.07	0.93	0.78	0.60	0.40	0.10	−0.32	−0.55	−0.73	−0.89	−1.05								
	SW	0.7	1.19	1.07	0.92	0.77	0.59	0.38	0.07	−0.34	−0.56	−0.74	−0.91	−1.06								
	E	0.55	1.18	1.05	0.91	0.74	0.56	0.34	−0.08	−0.39	−0.60	−0.78	−0.94	−1.09								
	N	0.35	1.17	1.04	0.88	0.72	0.53	0.29	−0.16	−0.44	−0.64	−0.82	−0.98	−1.13								
	W	0.25	1.17	1.03	0.87	0.70	0.51	0.27	−0.19	−0.46	−0.66	−0.84	−0.99	−1.14								
14	S	1	1.35	1.24	1.12	0.98	0.84	0.67	0.49	0.25	−0.20	−0.45	−0.65	−0.82	−0.97	−1.12						
	SE	0.75	1.33	1.21	1.08	0.94	0.79	0.61	0.41	0.12	−0.31	−0.54	−0.73	−0.89	−1.04	−1.18						
	SW	0.7	1.33	1.21	1.08	0.93	0.78	0.60	0.39	0.09	−0.33	−0.55	−0.74	−0.90	−1.05	−1.19						

续表

N	朝向	n\M	1	2	3	4	5	6	7	8	9	10	11	12	13	14	15	16	17	18	19	20
14	E	0.55	1.32	1.20	1.06	0.91	0.75	0.57	0.35	−0.06	−0.38	−0.60	−0.78	−0.94	−1.09	−1.23						
	N	0.35	1.31	1.18	1.04	0.89	0.72	0.53	0.29	−0.16	−0.44	−0.64	−0.82	−0.98	−1.13	−1.26						
	W	0.25	1.31	1.17	1.03	0.88	0.71	0.51	0.27	−0.19	−0.46	−0.66	−0.83	−0.99	−1.14	−1.28						
16	S	1	1.48	1.38	1.26	1.13	1.00	0.85	0.69	0.50	0.27	−0.18	−0.44	−0.64	−0.81	−0.97	−1.11	−1.25				
	SE	0.75	1.46	1.35	1.23	1.09	0.95	0.79	0.62	0.42	0.14	−0.31	−0.53	−0.72	−0.89	−1.04	−1.18	−1.31				
	SW	0.7	1.46	1.35	1.22	1.09	0.94	0.78	0.61	0.40	0.10	−0.33	−0.55	−0.73	−0.90	−1.05	−1.19	−1.33				
	E	0.55	1.45	1.33	1.20	1.07	0.92	0.75	0.57	0.35	−0.05	−0.38	−0.59	−0.77	−0.94	−1.09	−1.23	−1.36				
	N	0.35	1.44	1.32	1.18	1.04	0.89	0.72	0.53	0.30	−0.15	−0.43	−0.64	−0.82	−0.98	−1.12	−1.26	−1.40				
	W	0.25	1.44	1.31	1.18	1.03	0.88	0.71	0.51	0.27	−0.19	−0.46	−0.66	−0.83	−0.99	−1.14	−1.28	−1.41				
18	S	1	1.60	1.50	1.39	1.27	1.14	1.01	0.86	0.70	0.51	0.28	−0.16	−0.43	−0.63	−0.80	−0.96	−1.10	−1.24	−1.37		
	SE	0.75	1.59	1.48	1.36	1.24	1.10	0.96	0.80	0.63	0.42	0.15	−0.30	−0.53	−0.72	−0.88	−1.03	−1.18	−1.31	−1.44		
	SW	0.7	1.58	1.47	1.36	1.23	1.09	0.95	0.79	0.61	0.41	0.12	−0.32	−0.54	−0.73	−0.90	−1.05	−1.19	−1.32	−1.45		
	E	0.55	1.58	1.46	1.34	1.21	1.07	0.92	0.76	0.58	0.36	−0.03	−0.37	−0.59	−0.77	−0.93	−1.08	−1.22	−1.36	−1.48		
	N	0.35	1.57	1.45	1.32	1.19	1.04	0.89	0.72	0.53	0.30	−0.15	−0.43	−0.64	−0.82	−0.98	−1.12	−1.26	−1.39	−1.52		
	W	0.25	1.56	1.44	1.31	1.18	1.03	0.88	0.71	0.52	0.28	−0.19	−0.45	−0.66	−0.83	−0.99	−1.14	−1.28	−1.41	−1.54		
20	S	1	1.72	1.63	1.52	1.40	1.28	1.15	1.02	0.87	0.71	0.52	0.30	−0.15	−0.42	−0.62	−0.80	−0.95	−1.10	−1.24	−1.37	−1.49
	SE	0.75	1.71	1.60	1.49	1.37	1.24	1.11	0.96	0.81	0.63	0.43	0.16	−0.29	−0.52	−0.71	−0.88	−1.03	−1.17	−1.31	−1.44	−1.56
	SW	0.7	1.70	1.60	1.48	1.36	1.23	1.10	0.95	0.80	0.62	0.42	0.13	−0.31	−0.54	−0.73	−0.89	−1.04	−1.19	−1.32	−1.45	−1.57
	E	0.55	1.70	1.59	1.47	1.34	1.21	1.07	0.93	0.76	0.58	0.37	−0.01	−0.37	−0.59	−0.77	−0.93	−1.08	−1.22	−1.35	−1.48	−1.60
	N	0.35	1.69	1.57	1.45	1.32	1.19	1.05	0.89	0.73	0.54	0.30	−0.15	−0.43	−0.64	−0.81	−0.97	−1.12	−1.26	−1.39	−1.52	−1.64
	W	0.25	1.68	1.57	1.44	1.32	1.18	1.04	0.88	0.71	0.52	0.28	−0.18	−0.45	−0.66	−0.83	−0.99	−1.14	−1.28	−1.41	−1.54	−1.66

续表

乌鲁木齐，办公楼，$V_0=2.2m/s$，$t_w=-19.5℃$，$h_c=3.3m$，$t_n'=16℃$，$a_1=0.3$，$C_r=0.8$，$b=0.67$ 渗透量 L $m^3/(h \cdot m)$

N	朝向	$n\backslash M$	1	2	3	4	5	6	7	8	9	10	11	12	13	14	15	16	17	18	19	20
8	S	1	2.02	1.67	1.25	0.74	−0.24	−0.92	−1.40	−1.80												
	SE	0.75	2.01	1.63	1.20	0.67	−0.36	−0.99	−1.46	−1.86												
	SW	0.7	2.00	1.63	1.20	0.66	−0.37	−1.00	−1.47	−1.87												
	E	0.55	1.99	1.61	1.17	0.62	−0.43	−1.04	−1.50	−1.90												
	N	0.35	1.98	1.59	1.15	0.58	−0.48	−1.08	−1.54	−1.94												
	W	0.25	1.98	1.58	1.13	0.56	−0.50	−1.09	−1.55	−1.95												
10	S	1	2.38	2.05	1.69	1.27	0.76	−0.20	−0.90	−1.39	−1.80	−2.16										
	SE	0.75	2.36	2.02	1.65	1.22	0.69	−0.34	−0.98	−1.45	−1.86	−2.22										
	SW	0.7	2.36	2.02	1.64	1.21	0.67	−0.36	−0.99	−1.46	−1.87	−2.23										
	E	0.55	2.35	2.00	1.62	1.18	0.63	−0.42	−1.03	−1.50	−1.90	−2.26										
	N	0.35	2.34	1.99	1.60	1.15	0.59	−0.48	−1.07	−1.53	−1.93	−2.30										
	W	0.25	2.34	1.98	1.59	1.14	0.57	−0.50	−1.09	−1.55	−1.95	−2.31										
12	S	1	2.71	2.41	2.07	1.70	1.29	0.78	−0.17	−0.89	−1.38	−1.79	−2.16	−2.50								
	SE	0.75	2.70	2.38	2.04	1.66	1.23	0.70	−0.32	−0.97	−1.45	−1.85	−2.22	−2.56								
	SW	0.7	2.69	2.38	2.03	1.65	1.22	0.68	−0.35	−0.99	−1.46	−1.86	−2.23	−2.57								
	E	0.55	2.69	2.36	2.01	1.63	1.19	0.64	−0.41	−1.03	−1.49	−1.90	−2.26	−2.60								
	N	0.35	2.68	2.35	1.99	1.60	1.15	0.59	−0.47	−1.07	−1.53	−1.93	−2.30	−2.63								
	W	0.25	2.67	2.34	1.98	1.59	1.14	0.57	−0.50	−1.09	−1.55	−1.95	−2.31	−2.65								
14	S	1	3.03	2.74	2.43	2.09	1.72	1.30	0.80	−0.14	−0.88	−1.37	−1.78	−2.15	−2.49	−2.81						
	SE	0.75	3.01	2.71	2.39	2.05	1.67	1.24	0.71	−0.31	−0.96	−1.44	−1.85	−2.21	−2.55	−2.87						
	SW	0.7	3.01	2.71	2.39	2.04	1.66	1.23	0.69	−0.33	−0.98	−1.45	−1.86	−2.23	−2.57	−2.88						

续表

N	朝向	$n\backslash M$	1	2	3	4	5	6	7	8	9	10	11	12	13	14	15	16	17	18	19	20
14	E	0.55	3.00	2.70	2.37	2.02	1.63	1.19	0.65	−0.40	−1.02	−1.49	−1.89	−2.26	−2.60	−2.91						
	N	0.35	2.99	2.68	2.35	1.99	1.60	1.16	0.59	−0.47	−1.07	−1.53	−1.93	−2.29	−2.63	−2.95						
	W	0.25	2.99	2.68	2.34	1.98	1.59	1.14	0.57	−0.50	−1.09	−1.55	−1.95	−2.31	−2.65	−2.96						
16	S	1	3.33	3.05	2.76	2.44	2.10	1.73	1.31	0.81	−0.11	−0.87	−1.36	−1.77	−2.14	−2.49	−2.81	−3.11				
	SE	0.75	3.31	3.03	2.72	2.40	2.06	1.67	1.24	0.72	−0.29	−0.96	−1.43	−1.84	−2.21	−2.55	−2.87	−3.17				
	SW	0.7	3.31	3.02	2.72	2.40	2.05	1.66	1.23	0.70	−0.32	−0.97	−1.45	−1.86	−2.22	−2.56	−2.88	−3.18				
	E	0.55	3.30	3.01	2.70	2.38	2.02	1.64	1.20	0.65	−0.39	−1.02	−1.49	−1.89	−2.26	−2.59	−2.91	−3.21				
	N	0.35	3.29	3.00	2.69	2.35	2.00	1.61	1.16	0.60	−0.47	−1.07	−1.53	−1.93	−2.29	−2.63	−2.95	−3.25				
	W	0.25	3.29	2.99	2.68	2.34	1.99	1.59	1.14	0.57	−0.49	−1.09	−1.55	−1.95	−2.31	−2.64	−2.96	−3.26				
18	S	1	3.61	3.35	3.07	2.77	2.45	2.11	1.74	1.32	0.82	−0.07	−0.85	−1.35	−1.77	−2.14	−2.48	−2.80	−3.11	−3.40		
	SE	0.75	3.60	3.33	3.04	2.73	2.41	2.06	1.68	1.25	0.73	−0.28	−0.95	−1.43	−1.84	−2.21	−2.55	−2.87	−3.17	−3.46		
	SW	0.7	3.59	3.32	3.03	2.73	2.40	2.05	1.67	1.24	0.71	−0.31	−0.97	−1.44	−1.85	−2.22	−2.56	−2.88	−3.18	−3.47		
	E	0.55	3.59	3.31	3.02	2.71	2.38	2.03	1.64	1.20	0.66	−0.39	−1.01	−1.48	−1.89	−2.25	−2.59	−2.91	−3.21	−3.50		
	N	0.35	3.58	3.30	3.00	2.69	2.36	2.00	1.61	1.16	0.60	−0.46	−1.07	−1.53	−1.93	−2.29	−2.63	−2.95	−3.25	−3.53		
	W	0.25	3.57	3.29	2.99	2.68	2.35	1.99	1.59	1.14	0.57	−0.49	−1.14	−1.62	−2.04	−2.43	−2.78	−3.11	−3.43	−3.73		
20	S	1	3.89	3.63	3.36	3.08	2.78	2.46	2.12	1.75	1.33	0.84	−0.03	−0.84	−1.34	−1.76	−2.13	−2.48	−2.80	−3.10	−3.39	−3.67
	SE	0.75	3.87	3.61	3.34	3.05	2.74	2.42	2.07	1.69	1.26	0.74	−0.27	−0.94	−1.42	−1.83	−2.20	−2.54	−2.86	−3.17	−3.46	−3.73
	SW	0.7	3.87	3.61	3.33	3.04	2.73	2.41	2.06	1.68	1.25	0.72	−0.30	−0.96	−1.44	−1.85	−2.22	−2.56	−2.88	−3.18	−3.47	−3.74
	E	0.55	3.86	3.60	3.32	3.02	2.71	2.38	2.03	1.65	1.21	0.67	−0.38	−1.01	−1.48	−1.89	−2.25	−2.59	−2.91	−3.21	−3.50	−3.78
	N	0.35	3.85	3.58	3.30	3.00	2.69	2.36	2.00	1.61	1.16	−0.60	−0.46	−1.06	−1.53	−1.93	−2.29	−2.63	−2.94	−3.25	−3.53	−3.81
	W	0.25	3.85	3.58	3.29	2.99	2.68	2.35	1.99	1.59	1.14	0.58	−0.49	−1.08	−1.54	−1.94	−2.31	−2.64	−2.96	−3.26	−3.55	−3.82

续表

西安，住宅，$V_0=1.7m/s$，$t_w=-3.2℃$，$h_c=2.9m$，$t_n'=5℃$，$a_1=0.3$，$C_r=0.6$，$b=0.67$ 渗透量 L $m^3/(h\cdot m)$

N	朝向	n\M	1	2	3	4	5	6	7	8	9	10	11	12	13	14	15	16	17	18	19	20
8	NE	1	0.59	0.51	0.41	0.29	0.14	−0.14	−0.30	−0.42												
	N	0.7	0.57	0.48	0.37	0.24	0.03	−0.22	−0.36	−0.48												
	SW	0.5	0.56	0.46	0.35	0.20	−0.07	−0.26	−0.39	−0.51												
	S	0.4	0.56	0.46	0.34	0.19	−0.10	−0.27	−0.41	−0.52												
	W	0.35	0.56	0.45	0.33	0.18	−0.11	−0.28	−0.41	−0.52												
	NW	0.25	0.55	0.45	0.32	0.17	−0.12	−0.29	−0.42	−0.53												
10	NE	1	0.69	0.61	0.52	0.42	0.30	0.15	−0.13	−0.29	−0.41	−0.52										
	N	0.7	0.67	0.59	0.49	0.38	0.25	0.05	−0.21	−0.35	−0.47	−0.58										
	SW	0.5	0.66	0.57	0.47	0.35	0.21	−0.06	−0.26	−0.39	−0.50	−0.61										
	S	0.4	0.66	0.57	0.46	0.34	0.19	−0.09	−0.27	−0.40	−0.52	−0.62										
	W	0.35	0.66	0.56	0.46	0.34	0.19	−0.10	−0.28	−0.41	−0.52	−0.62										
	NW	0.25	0.65	0.56	0.45	0.33	0.17	−0.12	−0.29	−0.42	−0.53	−0.63										
12	NE	1	0.78	0.71	0.63	0.53	0.43	0.31	0.17	−0.12	−0.28	−0.41	−0.51	−0.61								
	N	0.7	0.76	0.68	0.59	0.50	0.38	0.25	0.06	−0.21	−0.35	−0.47	−0.57	−0.67								
	SW	0.5	0.76	0.67	0.58	0.47	0.36	0.21	−0.06	−0.25	−0.39	−0.50	−0.60	−0.70								
	S	0.4	0.75	0.66	0.57	0.46	0.34	0.20	−0.09	−0.27	−0.40	−0.51	−0.62	−0.71								
	W	0.35	0.75	0.66	0.57	0.46	0.34	0.19	−0.10	−0.28	−0.41	−0.52	−0.62	−0.72								
	NW	0.25	0.75	0.66	0.56	0.45	0.33	0.17	−0.12	−0.29	−0.42	−0.53	−0.63	−0.73								
14	NE	1	0.86	0.80	0.72	0.64	0.54	0.44	0.32	0.18	−0.10	−0.27	−0.40	−0.51	−0.61	−0.70						
	N	0.7	0.85	0.78	0.69	0.60	0.50	0.39	0.26	0.07	−0.20	−0.35	−0.46	−0.57	−0.67	−0.76						
	SW	0.5	0.84	0.76	0.68	0.58	0.48	0.36	0.22	−0.05	−0.25	−0.38	−0.50	−0.60	−0.70	−0.79						

续表

N	朝向	$n\backslash M$	1	2	3	4	5	6	7	8	9	10	11	12	13	14	15	16	17	18	19	20
14	S	0.4	0.84	0.76	0.67	0.57	0.47	0.35	0.20	−0.08	−0.27	−0.40	−0.51	−0.62	−0.71	−0.80						
	W	0.35	0.84	0.76	0.66	0.57	0.46	0.34	0.19	−0.10	−0.28	−0.41	−0.52	−0.62	−0.72	−0.81						
	NW	0.25	0.84	0.75	0.66	0.56	0.45	0.33	0.18	−0.12	−0.29	−0.42	−0.53	−0.63	−0.73	−0.82						
16	NE	1	0.95	0.88	0.81	0.73	0.64	0.55	0.45	0.33	0.19	−0.09	−0.26	−0.39	−0.50	−0.60	−0.70	−0.78				
	N	0.7	0.93	0.86	0.78	0.70	0.61	0.51	0.40	0.26	0.08	−0.20	−0.34	−0.46	−0.57	−0.66	−0.75	−0.84				
	SW	0.5	0.93	0.85	0.77	0.68	0.58	0.48	0.36	0.22	−0.04	−0.25	−0.38	−0.50	−0.60	−0.70	−0.79	−0.87				
	S	0.4	0.92	0.84	0.76	0.67	0.57	0.47	0.35	0.20	−0.08	−0.26	−0.40	−0.51	−0.61	−0.71	−0.80	−0.88				
	W	0.35	0.92	0.84	0.76	0.67	0.57	0.46	0.34	0.19	−0.09	−0.27	−0.41	−0.52	−0.62	−0.72	−0.80	−0.89				
	NW	0.25	0.92	0.84	0.75	0.66	0.56	0.45	0.33	0.18	−0.12	−0.29	−0.42	−0.53	−0.63	−0.73	−0.82	−0.90				
18	NE	1	1.03	0.96	0.89	0.82	0.74	0.65	0.56	0.46	0.34	0.20	−0.07	−0.26	−0.39	−0.50	−0.60	−0.69	−0.78	−0.86		
	N	0.7	1.01	0.94	0.87	0.79	0.70	0.61	0.51	0.40	0.27	0.09	−0.19	−0.34	−0.46	−0.56	−0.66	−0.75	−0.84	−0.92		
	SW	0.5	1.01	0.93	0.85	0.77	0.68	0.59	0.48	0.37	0.23	−0.03	−0.24	−0.38	−0.50	−0.60	−0.69	−0.78	−0.87	−0.95		
	S	0.4	1.00	0.93	0.85	0.76	0.67	0.58	0.47	0.35	0.21	−0.07	−0.26	−0.40	−0.51	−0.61	−0.71	−0.80	−0.88	−0.96		
	W	0.35	1.00	0.93	0.84	0.76	0.67	0.57	0.46	0.34	0.20	−0.09	−0.27	−0.40	−0.52	−0.62	−0.72	−0.80	−0.89	−0.97		
	NW	0.25	1.00	0.92	0.84	0.75	0.66	0.56	0.45	0.33	0.18	−0.12	−0.29	−0.42	−0.53	−0.63	−0.73	−0.82	−0.90	−0.98		
20	NE	1	1.10	1.04	0.98	0.90	0.83	0.75	0.66	0.57	0.46	0.35	0.21	−0.06	−0.25	−0.38	−0.49	−0.60	−0.69	−0.78	−0.86	−0.94
	N	0.7	1.09	1.02	0.95	0.87	0.79	0.71	0.61	0.51	0.40	0.27	0.10	−0.19	−0.33	−0.46	−0.56	−0.66	−0.75	−0.84	−0.92	−1.00
	SW	0.5	1.08	1.01	0.94	0.86	0.77	0.68	0.59	0.49	0.37	0.23	#NUM!	−0.24	−0.38	−0.49	−0.60	−0.69	−0.78	−0.87	−0.95	−1.03
	S	0.4	1.08	1.01	0.93	0.85	0.77	0.67	0.58	0.47	0.35	0.21	#NUM!	−0.26	−0.40	−0.51	−0.61	−0.71	−0.80	−0.88	−0.96	−1.04
	W	0.35	1.08	1.01	0.93	0.85	0.76	0.67	0.57	0.47	0.35	0.20	#NUM!	−0.27	−0.40	−0.52	−0.62	−0.71	−0.80	−0.89	−0.97	−1.05
	NW	0.25	1.08	1.00	0.92	0.84	0.75	0.66	0.56	0.46	0.33	0.18	#NUM!	−0.29	−0.42	−0.53	−0.63	−0.73	−0.81	−0.90	−0.98	−1.06

续表

西安，办公楼，$V_0=1.7\text{m/s}$，$t_w=-3.2℃$，$h_c=3.3\text{m}$，$t_n'=16℃$，$a_1=0.3$，$C_r=0.8$，$b=0.67$　　渗透量 L　$\text{m}^3/(\text{h}\cdot\text{m})$

N	朝向	$n\backslash M$	1	2	3	4	5	6	7	8	9	10	11	12	13	14	15	16	17	18	19	20
8	NE	1	1.29	1.06	0.80	0.49	−0.12	−0.57	−0.87	−1.13												
	N	0.7	1.27	1.04	0.77	0.43	−0.23	−0.63	−0.93	−1.18												
	SW	0.5	1.27	1.02	0.74	0.39	−0.27	−0.66	−0.96	−1.21												
	S	0.4	1.26	1.02	0.73	0.38	−0.29	−0.68	−0.97	−1.22												
	W	0.35	1.26	1.01	0.73	0.37	−0.30	−0.68	−0.97	−1.23												
	NW	0.25	1.26	1.01	0.72	0.36	−0.32	−0.69	−0.98	−1.24												
10	NE	1	1.52	1.31	1.08	0.82	0.50	−0.10	−0.56	−0.87	−1.13	−1.36										
	N	0.7	1.50	1.29	1.05	0.77	0.44	−0.22	−0.62	−0.92	−1.18	−1.41										
	SW	0.5	1.49	1.27	1.03	0.75	0.40	−0.27	−0.66	−0.95	−1.21	−1.44										
	S	0.4	1.49	1.27	1.02	0.74	0.38	−0.29	−0.67	−0.97	−1.22	−1.45										
	W	0.35	1.49	1.26	1.02	0.73	0.38	−0.30	−0.68	−0.97	−1.23	−1.46										
	NW	0.25	1.49	1.26	1.01	0.72	0.36	−0.32	−0.69	−0.98	−1.24	−1.47										
12	NE	1	1.73	1.54	1.32	1.09	0.83	0.51	−0.07	−0.55	−0.86	−1.12	−1.36	−1.58								
	N	0.7	1.71	1.51	1.29	1.05	0.78	0.44	−0.21	−0.62	−0.92	−1.18	−1.41	−1.63								
	SW	0.5	1.71	1.50	1.28	1.03	0.75	0.40	−0.26	−0.66	−0.95	−1.21	−1.44	−1.65								
	S	0.4	1.70	1.50	1.27	1.02	0.74	0.39	−0.29	−0.67	−0.96	−1.22	−1.45	−1.66								
	W	0.35	1.70	1.49	1.27	1.02	0.73	0.38	−0.30	−0.68	−0.97	−1.23	−1.46	−1.67								
	NW	0.25	1.70	1.49	1.26	1.01	0.72	0.36	−0.31	−0.69	−0.98	−1.24	−1.47	−1.68								
14	NE	1	1.93	1.75	1.55	1.33	1.10	0.84	0.52	−0.04	−0.54	−0.85	−1.12	−1.35	−1.57	−1.78						
	N	0.7	1.91	1.72	1.52	1.30	1.06	0.79	0.45	−0.20	−0.61	−0.92	−1.17	−1.41	−1.62	−1.83						
	SW	0.5	1.91	1.71	1.50	1.28	1.04	0.76	0.41	−0.26	−0.65	−0.95	−1.21	−1.44	−1.65	−1.85						

续表

N	朝向	$n\backslash M$	1	2	3	4	5	6	7	8	9	10	11	12	13	14	15	16	17	18	19	20
14	S	0.4	1.90	1.71	1.50	1.27	1.03	0.74	0.39	−0.28	−0.67	−0.96	−1.22	−1.45	−1.66	−1.87						
	W	0.35	1.90	1.70	1.50	1.27	1.02	0.74	0.38	−0.29	−0.68	−0.97	−1.22	−1.46	−1.67	−1.87						
	NW	0.25	1.90	1.70	1.49	1.26	1.01	0.73	0.36	−0.31	−0.69	−0.98	−1.24	−1.47	−1.68	−1.88						
16	NE	1	2.12	1.94	1.76	1.56	1.34	1.11	0.85	0.53	0.00	−0.53	−0.85	−1.11	−1.35	−1.57	−1.77	−1.97				
	N	0.7	2.10	1.92	1.73	1.53	1.31	1.06	0.79	0.46	−0.19	−0.61	−0.91	−1.17	−1.40	−1.62	−1.82	−2.02				
	SW	0.5	2.10	1.91	1.72	1.51	1.28	1.04	0.76	0.41	−0.25	−0.65	−0.95	−1.20	−1.44	−1.65	−1.85	−2.04				
	S	0.4	2.09	1.91	1.71	1.50	1.28	1.03	0.75	0.39	−0.28	−0.67	−0.96	−1.22	−1.45	−1.66	−1.86	−2.06				
	W	0.35	2.09	1.91	1.71	1.50	1.27	1.02	0.74	0.38	−0.29	−0.67	−0.97	−1.22	−1.45	−1.67	−1.87	−2.06				
	NW	0.25	2.09	1.90	1.70	1.49	1.26	1.01	0.73	0.37	−0.31	−0.69	−0.98	−1.23	−1.47	−1.68	−1.88	−2.07				
18	NE	1	2.30	2.13	1.95	1.77	1.57	1.35	1.12	0.85	0.54	0.04	−0.52	−0.84	−1.11	−1.35	−1.56	−1.77	−1.96	−2.15		
	N	0.7	2.28	2.11	1.93	1.74	1.53	1.31	1.07	0.80	0.46	−0.18	−0.60	−0.91	−1.17	−1.40	−1.62	−1.82	−2.01	−2.20		
	SW	0.5	2.28	2.10	1.92	1.72	1.51	1.29	1.04	0.76	0.42	−0.25	−0.65	−0.94	−1.20	−1.43	−1.65	−1.85	−2.04	−2.23		
	S	0.4	2.28	2.10	1.91	1.71	1.50	1.28	1.03	0.75	0.40	−0.28	−0.67	−0.96	−1.22	−1.45	−1.66	−1.86	−2.05	−2.24		
	W	0.35	2.27	2.10	1.91	1.71	1.50	1.27	1.02	0.74	0.39	−0.29	−0.67	−0.97	−1.22	−1.45	−1.67	−1.87	−2.06	−2.24		
	NW	0.25	2.27	2.09	1.90	1.70	1.49	1.26	1.01	0.73	0.37	−0.31	−0.69	−0.98	−1.23	−1.46	−1.68	−1.88	−2.07	−2.25		
20	NE	1	2.47	2.31	2.14	1.96	1.77	1.57	1.36	1.12	0.86	0.55	0.07	−0.52	−0.84	−1.10	−1.34	−1.56	−1.77	−1.96	−2.14	−2.32
	N	0.7	2.46	2.29	2.12	1.93	1.74	1.53	1.31	1.07	0.80	0.47	−0.17	−0.60	−0.91	−1.17	−1.40	−1.62	−1.82	−2.01	−2.20	−2.37
	SW	0.5	2.45	2.28	2.11	1.92	1.72	1.51	1.29	1.04	0.76	0.42	−0.25	−0.64	−0.94	−1.20	−1.43	−1.65	−1.85	−2.04	−2.22	−2.40
	S	0.4	2.45	2.28	2.10	1.91	1.71	1.50	1.28	1.03	0.75	0.40	−0.27	−0.66	−0.96	−1.21	−1.45	−1.66	−1.86	−2.05	−2.24	−2.41
	W	0.35	2.45	2.28	2.10	1.91	1.71	1.50	1.27	1.03	0.74	0.39	−0.29	−0.67	−0.97	−1.22	−1.45	−1.67	−1.87	−2.06	−2.24	−2.42
	NW	0.25	2.45	2.27	2.09	1.90	1.70	1.49	1.27	1.01	0.73	0.37	−0.31	−0.69	−0.98	−1.23	−1.46	−1.68	−1.88	−2.07	−2.25	−2.43

续表

郑州，住宅，$V_0=4.3\text{m/s}$，$t_w=-3.8℃$，$h_c=2.9\text{m}$，$t'_n=5℃$，$a_1=0.3$，$C_r=0.6$，$b=0.67$　　渗透量 L　$\text{m}^3/(\text{h}\cdot\text{m})$

N	朝向	n\M	1	2	3	4	5	6	7	8	9	10	11	12	13	14	15	16	17	18	19	20
8	EW	1	0.81	0.84	0.82	0.79	0.75	0.69	0.63	0.57												
	NE	0.9	0.78	0.79	0.76	0.72	0.66	0.60	0.53	0.45												
	N,E	0.65	0.71	0.67	0.61	0.54	0.45	0.36	0.24	0.06												
	SW	0.4	0.64	0.57	0.48	0.37	0.24	0.03	−0.22	−0.36												
	S	0.2	0.60	0.50	0.38	0.24	0.01	−0.24	−0.39	−0.51												
	SE	0.15	0.59	0.49	0.36	0.21	−0.08	−0.27	−0.41	−0.53												
10	EW	1	0.90	0.93	0.91	0.88	0.84	0.79	0.73	0.67	0.61	0.53										
	NE	0.9	0.87	0.88	0.86	0.81	0.76	0.70	0.64	0.57	0.48	0.39										
	N,E	0.65	0.80	0.77	0.72	0.65	0.57	0.48	0.39	0.27	0.11	−0.16										
	SW	0.4	0.74	0.67	0.59	0.50	0.39	0.26	0.07	−0.21	−0.35	−0.47										
	S	0.2	0.70	0.61	0.51	0.39	0.25	0.03	−0.24	−0.38	−0.50	−0.61										
	SE	0.15	0.70	0.60	0.49	0.37	0.22	−0.07	−0.27	−0.41	−0.53	−0.64										
12	EW	1	0.99	1.01	1.00	0.97	0.93	0.88	0.83	0.77	0.71	0.64	0.57	0.48								
	NE	0.9	0.96	0.97	0.94	0.90	0.86	0.80	0.74	0.67	0.60	0.52	0.43	0.33								
	N,E	0.65	0.89	0.86	0.81	0.75	0.68	0.60	0.51	0.41	0.30	0.15	−0.13	−0.28								
	SW	0.4	0.84	0.77	0.70	0.61	0.51	0.40	0.27	0.10	−0.19	−0.34	−0.46	−0.57								
	S	0.2	0.80	0.72	0.62	0.52	0.40	0.26	0.05	−0.23	−0.38	−0.50	−0.61	−0.71								
	SE	0.15	0.79	0.70	0.61	0.50	0.37	0.22	−0.06	−0.27	−0.41	−0.53	−0.64	−0.73								
14	EW	1	1.07	1.10	1.08	1.05	1.01	0.97	0.92	0.86	0.81	0.74	0.67	0.60	0.52	0.43						
	NE	0.9	1.04	1.05	1.03	0.99	0.94	0.89	0.83	0.77	0.70	0.63	0.55	0.46	0.36	0.24						
	N,E	0.65	0.98	0.95	0.90	0.84	0.78	0.70	0.62	0.53	0.44	0.32	0.18	−0.09	−0.26	−0.39						

续表

N	朝向	n\M	1	2	3	4	5	6	7	8	9	10	11	12	13	14	15	16	17	18	19	20
14	SW	0.4	0.93	0.87	0.79	0.71	0.62	0.53	0.42	0.29	0.12	−0.17	−0.33	−0.45	−0.56	−0.66						
	S	0.2	0.89	0.81	0.72	0.63	0.52	0.40	0.26	0.06	−0.22	−0.37	−0.50	−0.61	−0.71	−0.80						
	SE	0.15	0.89	0.80	0.71	0.61	0.50	0.38	0.23	−0.05	−0.26	−0.40	−0.52	−0.63	−0.73	−0.83						
16	EW	1	1.15	1.18	1.16	1.13	1.10	1.05	1.01	0.95	0.90	0.84	0.77	0.70	0.63	0.55	0.46	0.36				
	NE	0.9	1.13	1.13	1.11	1.07	1.03	0.98	0.92	0.86	0.80	0.73	0.66	0.58	0.49	0.39	0.28	0.13				
	N,E	0.65	1.06	1.04	0.99	0.93	0.87	0.80	0.72	0.64	0.55	0.46	0.35	0.21	−0.04	−0.24	−0.37	−0.48				
	SW	0.4	1.01	0.95	0.88	0.81	0.73	0.64	0.54	0.43	0.30	0.14	−0.16	−0.32	−0.44	−0.55	−0.65	−0.75				
	S	0.2	0.98	0.90	0.82	0.73	0.63	0.53	0.41	0.27	0.07	−0.22	−0.37	−0.49	−0.60	−0.70	−0.80	−0.89				
	SE	0.15	0.97	0.89	0.81	0.71	0.61	0.50	0.38	0.23	−0.05	−0.26	−0.40	−0.52	−0.63	−0.73	−0.83	−0.91				
18	EW	1	1.23	1.25	1.24	1.21	1.18	1.13	1.09	1.04	0.98	0.93	0.86	0.80	0.73	0.66	0.58	0.49	0.39	0.28		
	NE	0.9	1.20	1.21	1.19	1.15	1.11	1.06	1.01	0.95	0.89	0.83	0.76	0.68	0.60	0.52	0.42	0.31	0.17	−0.09		
	N,E	0.65	1.14	1.12	1.07	1.02	0.96	0.89	0.82	0.74	0.66	0.57	0.48	0.37	0.24	0.04	−0.21	−0.35	−0.47	−0.57		
	SW	0.4	1.09	1.04	0.97	0.90	0.82	0.74	0.65	0.55	0.44	0.32	0.16	−0.14	−0.31	−0.43	−0.55	−0.65	−0.74	−0.83		
	S	0.2	1.06	0.99	0.91	0.82	0.73	0.64	0.53	0.41	0.27	0.08	−0.21	−0.36	−0.49	−0.60	−0.70	−0.80	−0.89	−0.97		
	SE	0.15	1.06	0.98	0.90	0.81	0.72	0.62	0.51	0.38	0.24	−0.04	−0.26	−0.40	−0.52	−0.63	−0.73	−0.82	−0.91	−1.00		
20	EW	1	1.30	1.33	1.31	1.29	1.25	1.21	1.17	1.12	1.07	1.01	0.95	0.89	0.82	0.76	0.68	0.60	0.52	0.42	0.31	0.18
	NE	0.9	1.28	1.29	1.26	1.23	1.19	1.14	1.09	1.04	0.98	0.92	0.85	0.78	0.71	0.63	0.54	0.45	0.34	0.21	−0.03	−0.23
	N,E	0.65	1.22	1.20	1.15	1.10	1.04	0.98	0.91	0.84	0.76	0.68	0.59	0.50	0.39	0.26	0.09	−0.19	−0.33	−0.45	−0.56	−0.65
	SW	0.4	1.17	1.12	1.06	0.99	0.91	0.83	0.75	0.66	0.56	0.45	0.33	0.17	−0.13	−0.30	−0.43	−0.54	−0.64	−0.74	−0.83	−0.91
	S	0.2	1.14	1.07	1.00	0.91	0.83	0.74	0.64	0.53	0.42	0.28	0.09	−0.21	−0.36	−0.49	−0.60	−0.70	−0.80	−0.89	−0.97	−1.05
	SE	0.15	1.14	1.06	0.98	0.90	0.81	0.72	0.62	0.51	0.39	0.24	−0.03	−0.25	−0.40	−0.52	−0.63	−0.73	−0.82	−0.91	−1.00	−1.08

续表

郑州，办公楼，$V_0=4.3m/s$，$t_w=-3.8℃$，$h_c=3.3m$，$t'_n=16℃$，$a_1=0.3$，$C_r=0.8$，$b=0.67$　　渗透量 L　$m^3/(h·m)$

N	朝向	n\M	1	2	3	4	5	6	7	8	9	10	11	12	13	14	15	16	17	18	19	20
8	EW	1	1.51	1.41	1.26	1.07	0.85	0.59	0.24	−0.37												
	NE	0.9	1.48	1.36	1.19	0.98	0.74	0.45	−0.13	−0.55												
	N,E	0.65	1.40	1.23	1.02	0.77	0.46	−0.14	−0.57	−0.87												
	SW	0.4	1.34	1.13	0.87	0.57	0.13	−0.49	−0.82	−1.09												
	S	0.2	1.30	1.06	0.78	0.43	−0.24	−0.65	−0.95	−1.21												
	SE	0.15	1.29	1.05	0.76	0.40	−0.28	−0.68	−0.98	−1.24												
10	EW	1	1.73	1.64	1.49	1.32	1.13	0.91	0.65	0.32	−0.30	−0.64										
	NE	0.9	1.70	1.59	1.43	1.24	1.04	0.80	0.51	0.04	−0.50	−0.80										
	N,E	0.65	1.63	1.47	1.28	1.06	0.81	0.50	−0.06	−0.54	−0.84	−1.10										
	SW	0.4	1.57	1.37	1.15	0.89	0.59	0.16	−0.47	−0.81	−1.08	−1.32										
	S	0.2	1.53	1.31	1.07	0.79	0.44	−0.23	−0.64	−0.95	−1.21	−1.45										
	SE	0.15	1.53	1.30	1.05	0.77	0.41	−0.27	−0.67	−0.97	−1.24	−1.47										
12	EW	1	1.94	1.85	1.71	1.55	1.38	1.18	0.96	0.71	0.39	−0.22	−0.60	−0.88								
	NE	0.9	1.91	1.80	1.65	1.48	1.29	1.08	0.84	0.56	0.15	−0.45	−0.76	−1.02								
	N,E	0.65	1.84	1.69	1.51	1.31	1.09	0.84	0.54	0.07	−0.50	−0.82	−1.08	−1.32								
	SW	0.4	1.79	1.60	1.39	1.17	0.91	0.61	0.19	−0.46	−0.79	−1.07	−1.32	−1.54								
	S	0.2	1.75	1.55	1.32	1.07	0.79	0.45	−0.22	−0.64	−0.94	−1.21	−1.45	−1.67								
	SE	0.15	1.74	1.53	1.31	1.06	0.77	0.41	−0.27	−0.67	−0.97	−1.23	−1.47	−1.69								
14	EW	1	2.13	2.05	1.92	1.77	1.60	1.42	1.23	1.01	0.76	0.45	−0.14	−0.55	−0.84	−1.09						
	NE	0.9	2.10	2.00	1.86	1.70	1.53	1.33	1.12	0.89	0.61	0.23	−0.40	−0.73	−1.00	−1.23						
	N,E	0.65	2.04	1.90	1.73	1.55	1.34	1.12	0.87	0.57	0.14	−0.48	−0.80	−1.07	−1.30	−1.52						

续表

N	朝向	$n\backslash M$	1	2	3	4	5	6	7	8	9	10	11	12	13	14	15	16	17	18	19	20
14	SW	0.4	1.99	1.81	1.62	1.41	1.18	0.93	0.63	0.22	−0.44	−0.78	−1.06	−1.31	−1.53	−1.74						
	S	0.2	1.96	1.76	1.55	1.33	1.08	0.80	0.46	−0.21	−0.63	−0.94	−1.20	−1.44	−1.66	−1.87						
	SE	0.15	1.95	1.75	1.54	1.31	1.06	0.77	0.42	−0.26	−0.67	−0.97	−1.23	−1.47	−1.69	−1.89						
16	EW	1	2.32	2.24	2.11	1.97	1.82	1.65	1.47	1.27	1.05	0.80	0.51	0.01	−0.51	−0.81	−1.06	−1.29				
	NE	0.9	2.29	2.19	2.06	1.91	1.74	1.56	1.37	1.16	0.92	0.65	0.29	−0.35	−0.70	−0.97	−1.21	−1.43				
	N,E	0.65	2.23	2.10	1.94	1.76	1.57	1.37	1.14	0.89	0.60	0.19	−0.45	−0.78	−1.05	−1.29	−1.51	−1.72				
	SW	0.4	2.18	2.01	1.83	1.64	1.42	1.19	0.94	0.64	0.24	−0.43	−0.77	−1.05	−1.30	−1.53	−1.74	−1.94				
	S	0.2	2.15	1.96	1.77	1.56	1.33	1.08	0.80	0.46	−0.20	−0.63	−0.94	−1.20	−1.44	−1.66	−1.87	−2.06				
	SE	0.15	2.14	1.96	1.76	1.54	1.31	1.06	0.78	0.42	−0.26	−0.66	−0.97	−1.23	−1.47	−1.69	−1.89	−2.09				
18	EW	1	2.50	2.42	2.30	2.17	2.02	1.86	1.69	1.50	1.30	1.09	0.84	0.55	0.13	−0.46	−0.78	−1.04	−1.27	−1.48		
	NE	0.9	2.47	2.38	2.25	2.11	1.95	1.78	1.60	1.40	1.19	0.96	0.69	0.34	−0.30	−0.66	−0.94	−1.19	−1.41	−1.62		
	N,E	0.65	2.41	2.28	2.13	1.97	1.79	1.60	1.39	1.17	0.92	0.62	0.23	−0.42	−0.76	−1.03	−1.28	−1.50	−1.71	−1.90		
	SW	0.4	2.36	2.21	2.03	1.85	1.65	1.44	1.21	0.95	0.65	0.26	−0.41	−0.76	−1.04	−1.29	−1.52	−1.73	−1.93	−2.12		
	S	0.2	2.34	2.16	1.97	1.77	1.56	1.34	1.09	0.81	0.47	−0.19	−0.62	−0.93	−1.20	−1.44	−1.66	−1.87	−2.06	−2.25		
	SE	0.15	2.33	2.15	1.96	1.76	1.55	1.32	1.07	0.78	0.43	−0.25	−0.66	−0.96	−1.23	−1.46	−1.68	−1.89	−2.09	−2.27		
20	EW	1	2.67	2.59	2.48	2.35	2.21	2.06	1.89	1.72	1.54	1.34	1.12	0.88	0.60	0.21	−0.42	−0.74	−1.01	−1.24	−1.46	−1.66
	NE	0.9	2.65	2.55	2.43	2.29	2.14	1.98	1.81	1.63	1.43	1.22	0.99	0.72	0.39	−0.25	−0.63	−0.92	−1.17	−1.39	−1.60	−1.80
	N,E	0.65	2.59	2.47	2.32	2.16	1.99	1.81	1.62	1.41	1.19	0.94	0.65	0.27	−0.39	−0.74	−1.02	−1.26	−1.49	−1.70	−1.89	−2.08
	SW	0.4	2.54	2.39	2.22	2.05	1.86	1.66	1.45	1.22	0.96	0.67	0.28	−0.40	−0.75	−1.04	−1.29	−1.51	−1.73	−1.93	−2.12	−2.30
	S	0.2	2.51	2.34	2.16	1.98	1.78	1.57	1.34	1.09	0.81	0.47	−0.19	−0.62	−0.93	−1.20	−1.44	−1.66	−1.86	−2.06	−2.25	−2.43
	SE	0.15	2.51	2.34	2.15	1.96	1.76	1.55	1.32	1.07	0.78	0.43	−0.25	−0.66	−0.96	−1.23	−1.46	−1.68	−1.89	−2.09	−2.27	−2.45

注：① 表中：N——楼房总层数；M——计算所在层数；n——渗风量的朝向修正系数；其他符号同前述渗风量计算公式；

② 表中负值表示该朝向外窗缝为排风；

③ 住宅类建筑的楼梯间不采暖，排风的自然补风建议考虑有负荷；当外窗的气密性差时，可将表中数值乘以1.2～1.3；

④ 办公楼类建筑的楼梯间采暖，当内门经常开启时，可将表中数值乘以1.1～1.2；

⑤ 外门缝的渗风量可将相应查得数值乘以2。

5.2 供暖系统的选择

5.2.1 热媒的选择

热媒的选择见表5.2-1。

供暖系统热媒的选择 **表5.2-1**

建筑种类		适宜采用	允许采用
居住及公用建筑	住宅、医院、幼儿园、托儿所等	不超过95℃的热水	
	办公楼、学校、展览馆等	不超过95℃的热水	不超过110℃的热水
	车站、食堂、商业建筑等	不超过110℃的热水	高压蒸汽
	一般俱乐部、影剧院等	·不超过110℃的热水 ·低压蒸汽	不超过130℃的热水
工业建筑	不散发粉尘或散发非燃烧性和非爆炸性粉尘的生产车间	·低压蒸汽或高压蒸汽 ·不超过110℃的热水 ·热风	不超过130℃的热水
	散发非燃烧和非爆炸性有机无毒升华粉尘的生产车间	·低压蒸汽 ·不超过110℃的热水 ·热风	不超过130℃的热水
	散发非燃烧性和非爆炸性的易升华有毒粉尘、气体及蒸汽的生产车间	与卫生部门协商确定	
	散发燃烧性或爆炸性有毒气体、蒸汽及粉尘的生产车间	根据各部及主管部门的专门指示确定	
	任何体积的辅助建筑	·不超过110℃的热水 ·低压蒸汽	高压蒸汽
	设在单独建筑内的门诊所、药房、托儿所及保健站等	不超过95℃的热水	·低压蒸汽 ·不超过110℃的热水

注：① 低压蒸汽系指压力≤70kPa的蒸汽。

② 采用蒸汽为热媒时，必须经技术论证认为合理，并在经济上经分析认为经济时才允许。

5.2.2 供暖系统形式

1. 重力循环热水供暖系统（表5.2-2）

重力循环热水供暖系统常用形式 **表5.2-2**

序号	形式名称	图式	适用范围	特点
1	单管上供下回式	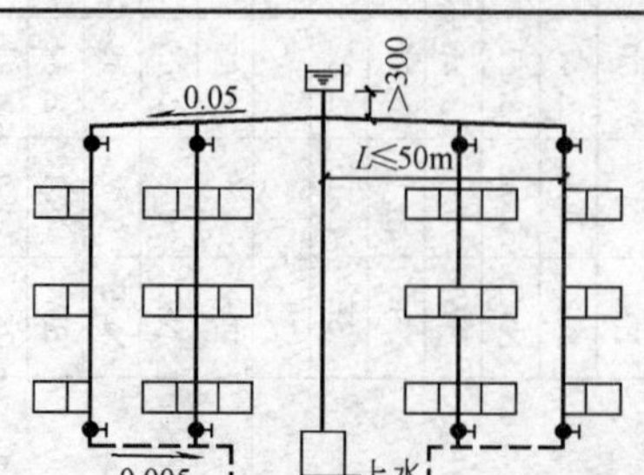	作用半径不超过50m的多层建筑	·升温慢、作用压力小、管径大、系统简单、不消耗电能 ·水力稳定性好 ·可缩小锅炉中心与散热器中心距离

续表

序号	形式名称	图　式	适用范围	特　点
2	双管上供下回式	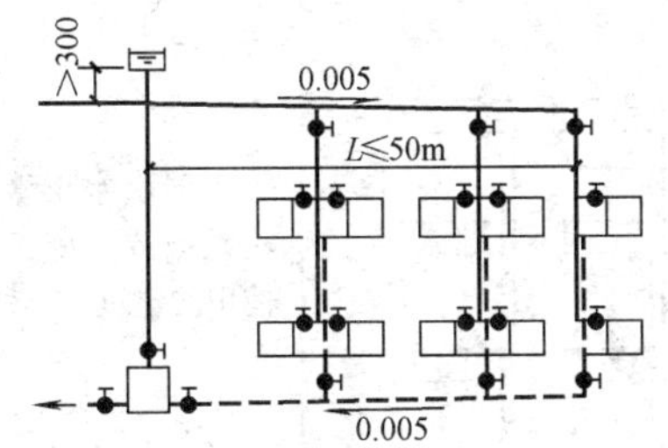	作用半径不超过50m的三层（≤10m)以下建筑	·升温慢、作用压力小、管径大、系统简单、不消耗电能 ·易产生垂直失调 ·室温可调节
3	单户式	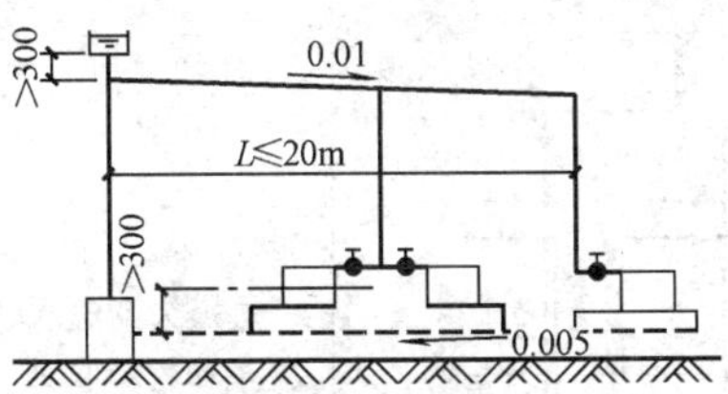	单户单层建筑	·一般锅炉与散热器在同一平面，故散热器安装至少提高到300～400mm高度 ·尽量缩小配管长度，减少阻力

2. 机械循环热水供暖系统（表5.2-3）

机械循环热水供暖系统常用形式　　表5.2-3

序号	形式名称	图　式	适用范围	特　点
1	双管上供下回式	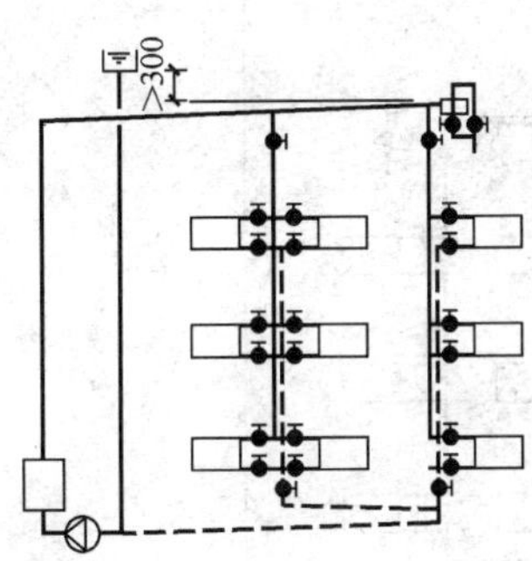	室温有调节要求的建筑	·最常用的双管系统做法 ·排气方便 ·室温可调节 ·易产生垂直失调
2	双管下供下回式	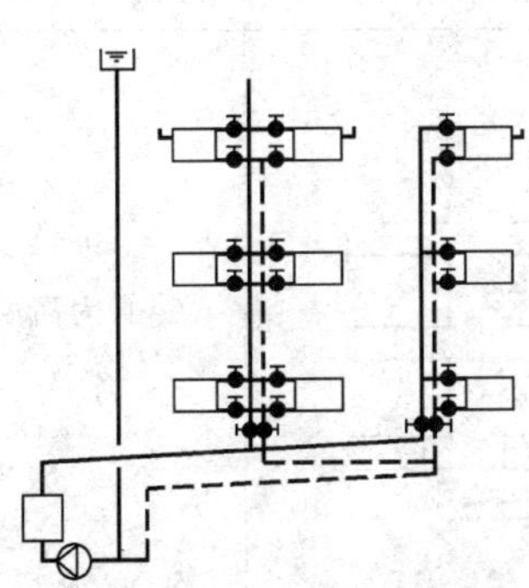	室温有调节要求且顶层不能敷设干管时的建筑	·缓和了上供下回式系统的垂直失调现象 ·安装供、回水干管需设置地沟 ·室内无供水干管，顶层房间美观 ·排气不便

续表

序号	形式名称	图 式	适用范围	特 点
3	双管中供式	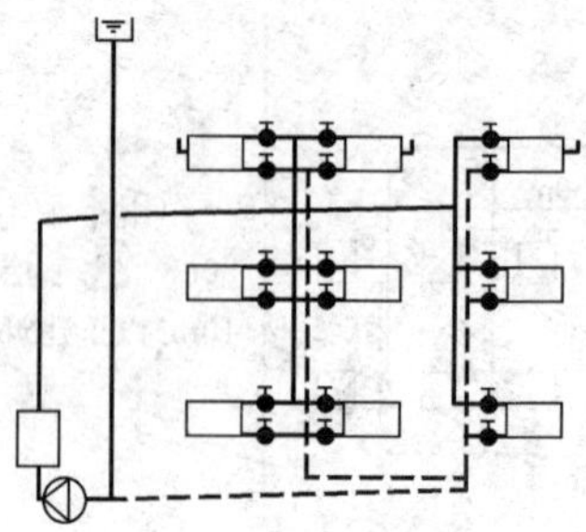	顶层供水干管无法敷设或边施工边使用的建筑	·可解决一般供水干管挡窗问题 ·解决垂直失调比上供下回有利 ·对楼层、扩建有利 ·排气不利
4	双管下供上回式	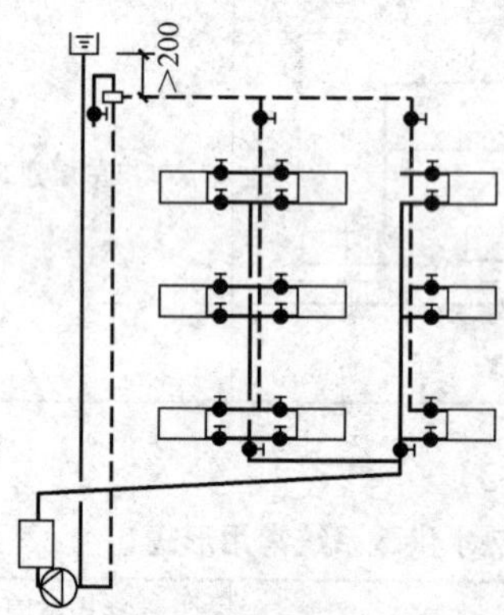	热媒为高温水、室温有调节要求的建筑	·对解决垂直失调有利 ·排气方便 ·能适应高温水热媒,可降低散热器表面温度 ·降低散热器传热系数,浪费散热器
5	垂直单管上供下回式	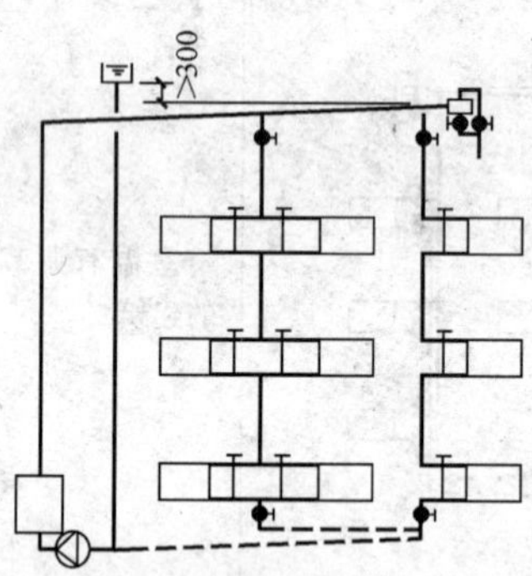	一般多层建筑	·常用的一般单管系统做法 ·水力稳定性好 ·排气方便 ·安装构造简单
6	垂直单管下供上回式	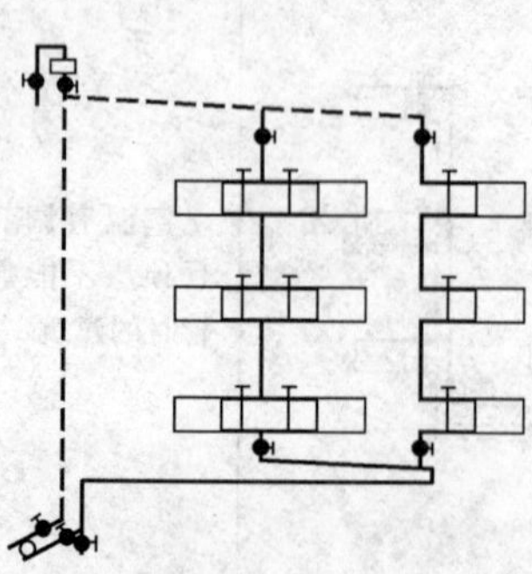	热媒为高温水的多层建筑	·可降低散热器的表面温度 ·降低散热器传热量、浪费散热器

续表

序号	形式名称	图　式	适用范围	特　点
7	水平单管跨越式	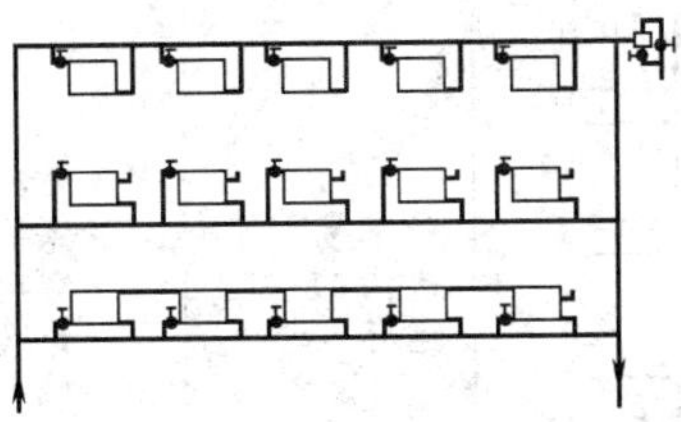	单层建筑串联散热器组数过多时	·每个环路串联散热器数量不受限制 ·每组散热器可调节 ·排气不便
8	分层式	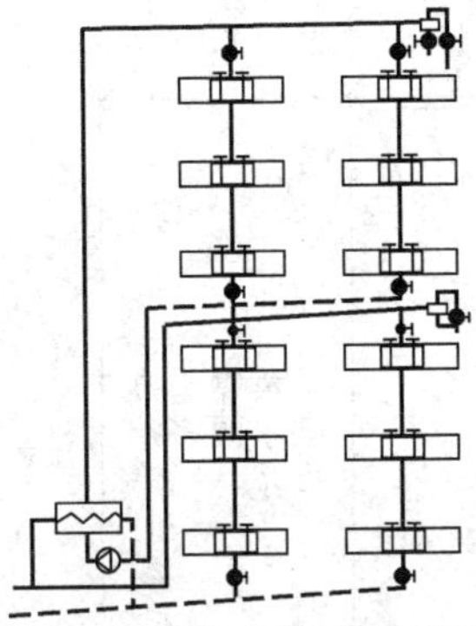	高温水热源	·入口设换热装置造价高
9	双水箱分层式	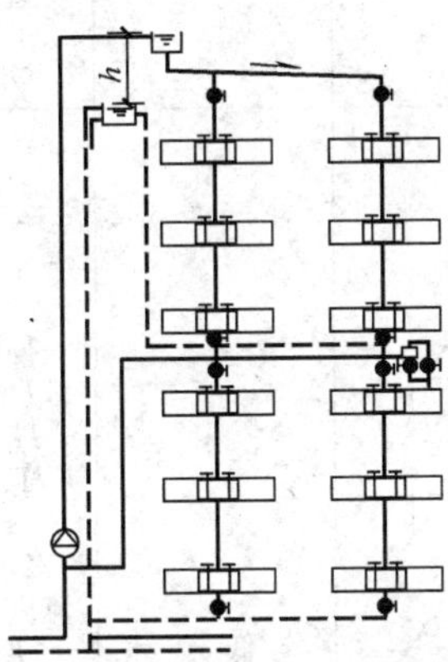	低温水热源	·管理较复杂 ·采用开式水箱，空气进入系统，易腐蚀管道
10	单双管式	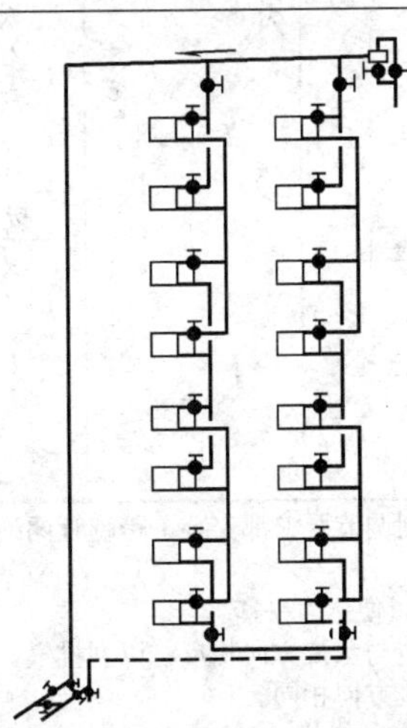	8层以上建筑	·避免垂直失调现象产生 ·可解决散热器立管管径过大的问题 ·克服单管系统不能调节的问题

续表

<table>
<tr><th>序号</th><th>形式名称</th><th>图　　式</th><th>适用范围</th><th>特　　点</th></tr>
<tr><td>11</td><td>垂直单管上供中回式</td><td>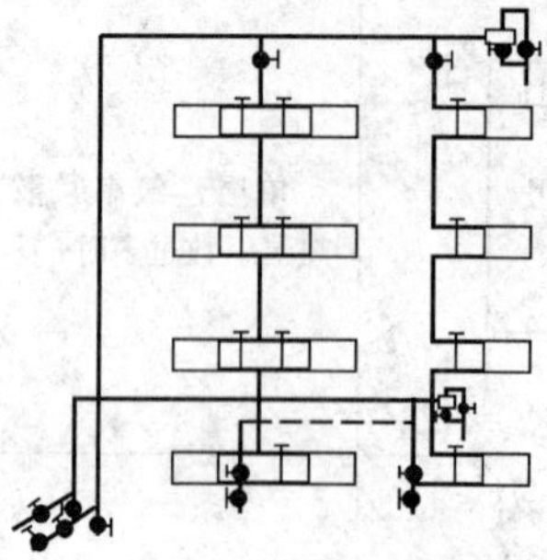</td><td>不易设置地沟的多层建筑</td><td>·节约地沟造价
·系统泄水不方便
·影响室内底层房屋美观
·排气不便
·检修方便</td></tr>
<tr><td>12</td><td>混合式</td><td>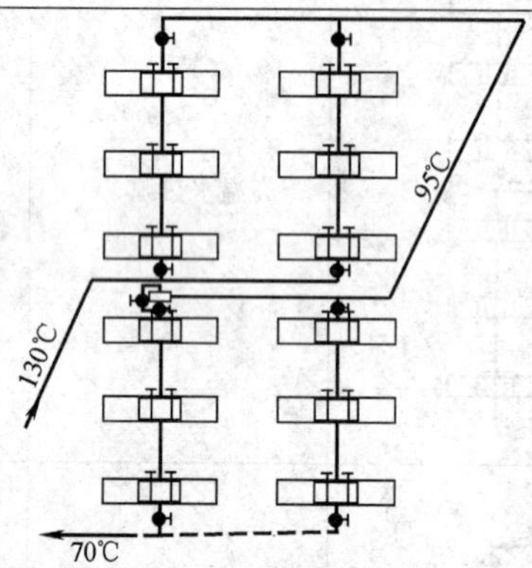</td><td>热媒为高温水的多层建筑</td><td>解决高温水热媒直接系统的最佳方法之一</td></tr>
<tr><td>13</td><td>高低层无水箱直连</td><td>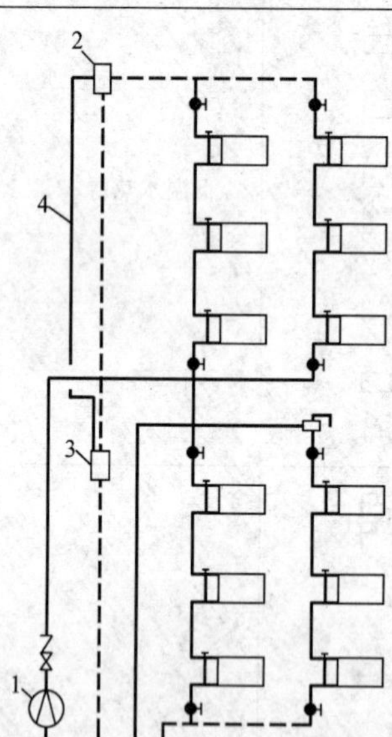
1—加压泵；2—断流器；
3—阻旋器；4—连通管</td><td>低温水热源</td><td>·直接用低温水供暖，便于运行管理
·用于旧建筑高低层并网改造，投资少
·微机变频增压泵，精确控制流量与压力，供暖系统平稳可靠
·加压泵选择：
扬程 $H_b=H_j+H_g+V^2/2g-H_w$
H_j——泵至断流装置处的高度，m；
H_g——系统阻力损失，m；
H_w——热网供水在泵位置的水头高度，m；
$V^2/2g$——出水口的动压头，m。
流量 $V=K0.86Q/\rho(t_1-t_2)$
K——附加系数，可取1.1；
Q——高区供暖系统热负荷，W；
t_1——供水温度，℃；
t_2——回水温度，℃；
ρ——供水密度，kg/m³。
断流器，阻旋器
<table>
<tr><th>接口管径</th><th>直径</th><th>高度</th></tr>
<tr><td>DN50</td><td>250(200)</td><td>350(350)</td></tr>
<tr><td>DN70</td><td>250(200)</td><td>350(350)</td></tr>
<tr><td>DN80</td><td>300(250)</td><td>450(450)</td></tr>
<tr><td>DN100</td><td>300(250)</td><td>450(450)</td></tr>
<tr><td>DN125</td><td>350(300)</td><td>500(500)</td></tr>
<tr><td>DN150</td><td>350(350)</td><td>500(500)</td></tr>
</table>
注：括号内数字为阻旋器</td></tr>
</table>

注：垂直单管和水平单管系统，为了达到室温控制调节要求都安装了跨越管两通阀或三通阀，如不需室温控制或利用其他方式调温可不加跨越管。

① 无论系统大小，有条件时，尽量采用同程式，以便压力平衡。

② 水平供水干管敷设坡度不应小于0.003。坡向应与水流方向相反，以利排气。

③ 回水干管的坡度不应小于0.003，坡向应与水流方向相同。

④ 无水箱直连技术由沈阳直连高层供暖技术有限公司提供。

3. 低压蒸汽供暖系统（表 5.2-4）

低压蒸汽供暖系统常用的几种形式 **表 5.2-4**

序号	形式名称	图 式	适用范围	特 点
1	双管上供下回式	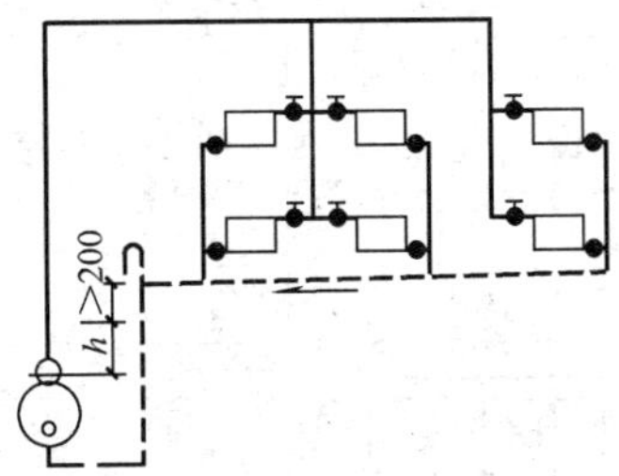	室温需调节的多层建筑	·常用的双管做法 ·易产生上热下冷
2	双管下供下回式	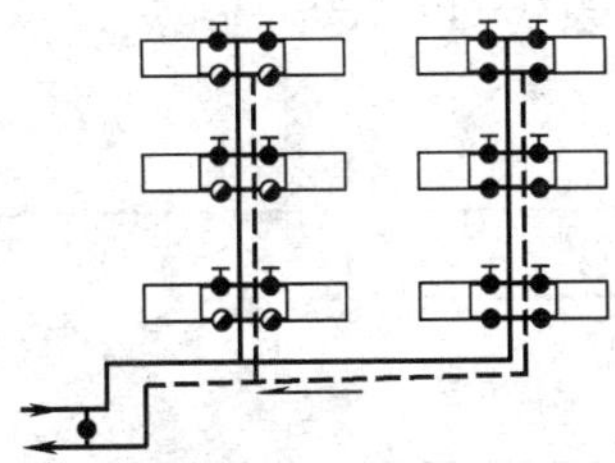	室温需调节的多层建筑	·可缓和上热下冷现象 ·供汽立管需加大 ·需设地沟 ·室内顶层无供汽干管、美观
3	双管中供式	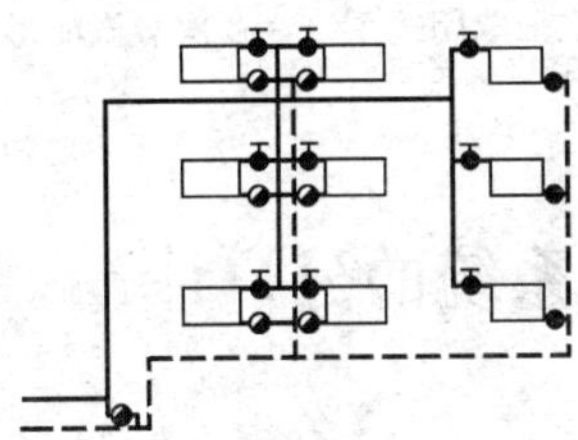	当顶层无法敷设供汽干管的多层建筑	·接层方便 ·与上供下回式对比解决上热下冷有利一些
4	单管下供下回式	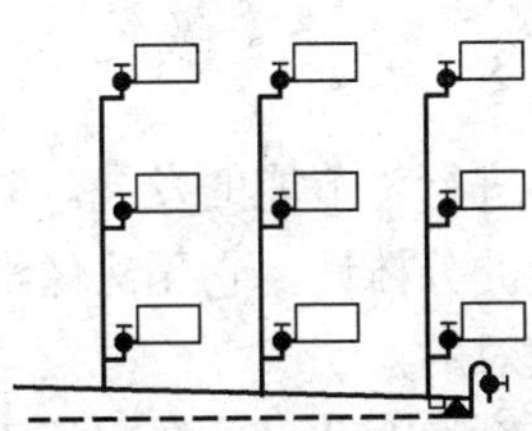	三层以下建筑	·室内顶层无供汽干管美观 ·供汽立管要加大 ·安装简便、造价低 ·需设地沟
5	单管上供下回式	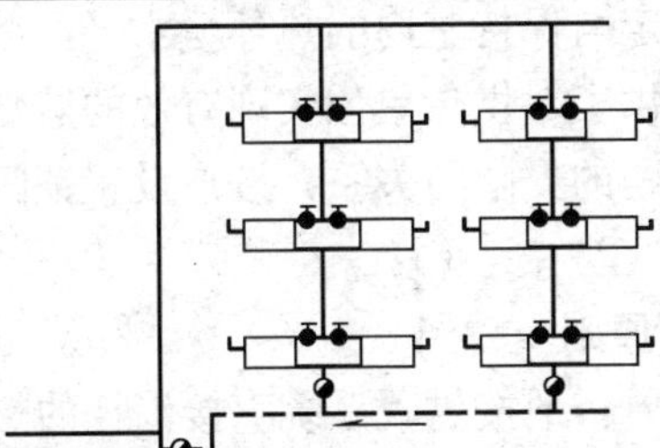	多层建筑	·常用的单管做法 ·安装简便、造价低

注：① 蒸汽水平干管汽、水逆向流动时坡度应大于 0.005，其他应大于 0.003。
② 水平敷设的蒸汽干管每隔 30～40m 宜设抬管泄水装置。
③ 回水为重力干式回水方式时，回水干管敷设高度，应高出锅炉供汽压力折算静水压力再加 200～300mm 安全高度。如系统作用半径较大时，则需采取机械回水。

4. 高压蒸汽供暖系统（表 5.2-5）

高压蒸汽供暖系统常用的几种形式 **表 5.2-5**

序号	形式名称	图式	适用范围	特点
1	上供下回式	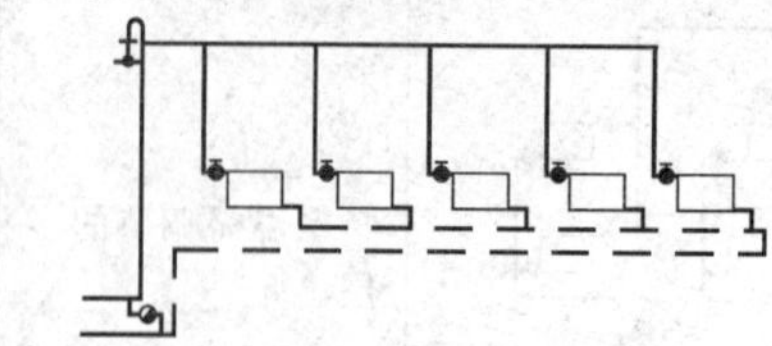	单层公用建筑或工业厂房	·常用的做法，可节约地沟
2	上供上回式	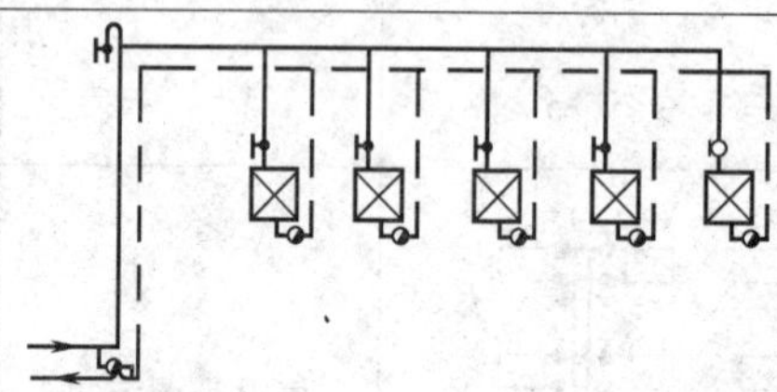	工业厂房暖风机供暖系统	·除节省地沟外检修方便 ·系统泄水不便
3	水平串联式	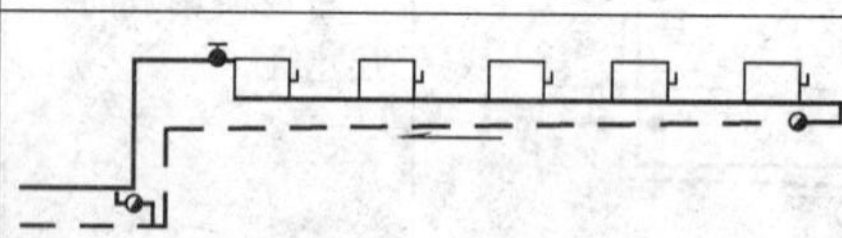	单层公用建筑	·构造最简单、造价低 ·散热器接口处易漏水漏汽

注：作用半径较小且锅炉房在低处，凝水能自动流回锅炉房时可采取开式系统，优点是系统简单，造价低，缺点是产生二次蒸汽，污染环境，浪费能源；反之采取闭式系统，二次蒸汽能得到合理利用减少凝水管道腐蚀，不受地形高低的太大限制。

5.3 供暖系统的分户计量

5.3.1 概 述

1. 分户计量的主要目的

（1）激励、提高人们的节能意识，促进行为节能的发展，取得最大的节能效果。

（2）由于供暖的特殊性，导致了计量的分摊性。它无法像水、电和气那样精确计量其用量，因此收费的合理性只是大致的、相对的。

（3）确保供暖费用的分摊，基本上符合相对公平、合理的原则。

（4）满足个性化要求，合理地设定与保持室内的热环境水平，节省能源的消耗。

（5）在供热质量和数量方面，提供了对供热单位实现有效的监督及结算的可能性。

（6）切勿混淆技术问题与社会问题的界限与关系，按户设置锁闭阀并非分户计量所必需；与节约能源也毫无关系。

2. 分户计量供暖系统的基本设计原则

（1）分户计量所计的量，决不能单一地按供暖系统直接消耗的热量来计费；在两部制热价的结构下，总热费等于基本热费与热量热费之和。

（2）分户计量的实质，是如何公平、合理地对建筑物的总热费在用户间进行分摊的问题。

（3）供给建筑物的热量，是所有用户共同消耗的，所以，热费的支付，应由建筑物内所有用户共同承担。

（4）同一栋建筑物内的用户，如果供暖面积相同，在相同的时间内，若保持基本相同的室内热环境和舒适度，应缴纳相同的热费。

（5）建筑物的每个供暖入口，必须设置楼前热量表，作为与供热单位结算的依据。

（6）设计集中供暖系统时，必须设置分户计量（热量分摊）装置；暂无安装条件时，应预留安装该装置的位置。

（7）在确保散热器的散热量可以任意设定和调节的前提下，室内供暖系统可以采用任何供暖制式。

（8）室内供暖散热器的接管上，应设置恒温控制阀，或调节性能优良的手动阀。

3. 分户计量时供暖热负荷的确定

实行分户计量的建筑，供暖热负荷的确定方法与常规系统并无原则上的区别。不过，有些计量方式如分户热表/热水表，在选择确定散热器的散热能力时，应考虑和计算邻室间的传热损失。

影响邻室传热量的因素很多，而且大多数是随机的，没有固定的变化规律，因此很难进行精确的分析计算。尤其是不供暖房间的自然（原始）温度，更是一个受制于众多因素的变数，根据一般的热平衡概念，几乎无法准确地计算出邻室温度。目前工程设计中，普遍按表 5.3-1 所示方法进行近似估算。

邻室传热量的近似估算法 **表 5.3-1**

项　目	估算方法	备　注
面积估算法： 传热量 q(W)	$q=P\cdot\sum_{i=1}^{n}k_i\cdot\Delta t$	P——同时产生传热的概率系数： 一面楼板或隔墙时：$P=0.8$； 两面楼板或隔墙，一面楼板另一面为隔墙：$P=0.7$； 两面楼板及一面隔墙，两面隔墙及一面楼板：$P=0.6$； 两面楼板及两面隔墙：$P=0.5$； k_i——室间楼板、隔墙等的传热系数，W/(m^2·℃)； Δt——室间传热温差，宜取 $\Delta t=5\sim6$℃
体积估算法： 传热量 q(W)	$q=P\cdot V$	P——同时产生传热的概率系数： 一面楼板或隔墙时：$P=2.64$； 两面楼板或隔墙，一面楼板另一面为隔墙：$P=4.62$； 两面楼板及一面隔墙，两面隔墙及一面楼板：$P=5.94$； 两面楼板及两面隔墙：$P=6.60$； V——轴线包围的房间体积，m^3
注意事项	①邻室传热量不应大于房间热负荷的 50%。 ②邻室传热量仅作为散热器所需提供散热量的增量考虑，不应计入供暖系统热负荷。 ③测试已经证明，邻室间的温差传热量并没有想像的那么大，这是由于存在自然（原始）室温的缘故，所以实测传热量普遍小于按本表估算得出的数值。	

5.3.2 分户计量的具体方式

实现分户计量的具体方式很多，且各有利弊，各有适用的场合；表 5.3-2 汇总了已经在实际工程中应用过的几种计量方式。

分户计量方式汇总表 表5.3-2

序号	方式	计量原理与方法	特征
1	楼前热表法	在建筑物的供暖入口处设置楼前热量表，通过该表测量水的流量与供、回水温度，计算出该供暖系统入口处的总供热量；该系统的用户统一按此总供热量并结合各户的建筑面积进行热费分摊。 由于建筑物的朝向、楼层数等会有差异，因此入口所负担的建筑（单元）不应过多	优点是简单易行、初投资省、容易实现。 缺点是存在一定的平均主义，不利于行为节能的充分发挥
2	分户热表法	除在建筑物供暖入口处设置楼前热量表外，在楼内各户的供暖入口处再设置分户热量表。 即使面积相同，保持同样的室温，热表上显示的数字会因用户所处位置的不同而不相同。如顶层住户因有屋顶耗热，端头用户因有山墙耗热，在保持同样室温时，散热器必须提供比中间层更多的热量。因此，采用户用热量表进行分摊时，需将各住户热量表显示的数值，根据最大限度的保持“相同面积的用户，在相同的舒适度的条件下，缴纳相同的热费”的原则，折算为当量热量，按当量热量进行收费	优点是有利于行为节能的发挥与实现，缺点是涉及难以解决的户间传热计算问题，而且供暖系统必须设计成每户一个独立系统的分户循环模式，限制了其他供暖制式的应用与发展。 至今我国尚未制定出具体的折算办法，从而造成了热费分摊上的实际困难与混乱
3	分户热水表法	优点是有利于行为节能的发挥与实现，缺点是涉及难以解决的户间传热计算问题，而且供暖系统必须设计成每户一个独立系统的分户循环模式，限制了其他供暖制式的应用与发展。	这种方法与户用热量表基本相同，差异仅在于以热水表替代了热量表，能节省一定的初投资费用
4	分配表法	蒸发式分配表充分利用了“分摊”的概念，抓住了影响散热器散热量的最主要因素“散热器平均温度与室温（为了简便，将室温默认为0℃）之差”这个关键，以散热器平均温度的高低来近似代表散热器散热量的大小，使问题得到了简化。 必须指出： ·蒸发式热分配表的计量值并不包含向邻室传递的热量，也不能计量从邻室传来的热量，甚至向邻室传递的热量越多，本身的计量值会越小（其值变化不大），这是由于在一定条件下，向邻室传热量越多，散热器平均温度就越低，从而计量值越小造成的。 ·蒸发式分配表的计量值随室外温度的降低而降低（其实这时散热量是增加的）。由于室外温度的变化对各户计量值的影响规律是一致的，从而并不影响计量和收费的合理性。 ·开窗散热将造成散热量的增加，而计量值却在减小，由于此时散热器平均温度的降低很小（例如1K，约占计量值的2%），而室温降低却很多（例如4K，约占室温的20%），应该不会有人如此操作。 ·蒸发式热分配表的计量法则能够对户间传热这一供暖的特殊问题进行自动修正，使收费过程进一步简化	采用分配表时的主要优点是： 计量值基本不受户间传热的影响。可以免去户间传热的修正。 ·初投资低。 ·可适用于任何散热器户内采暖系统形式。 采用分配表时的主要缺点是： ·安装较复杂，且需要厂家进行热费计算。 ·计量值不直观，需要入户安装和抄表；电子式热分配表可以数据远传，但价格较高。 ·每组散热器每年需要更换液管（费用：10元/支）

续表

序号	方式	计量原理与方法	特　征
5	温度法	在建筑物的供暖入口处设置楼前热量表，通过测量热媒水的流量与供、回水温度，计算出该供暖入口的供暖总热量。 在每个用户户内各室的内门上部装置一个温度传感器，用来测量室内温度，并通过采集器采集的室内温度经通信线路送到热量采集显示器。热量采集显示器接收来自采集器的信号，并将采集器送来的用户室温送至热量计算分配器；热量计算分配器接收采集显示器、热量表送来的信号后，按照规定的程序将热量进行分摊。 这种方法的出发点是：按照住户的等舒适度分摊热费，认为室温与住户的舒适是一致的，如果供暖期的室温维持较高，那么该住户分摊的热费也应该较多。遵循的分摊的原则是：同一栋建筑物内的用户，如果供暖面积相同，在相同的时间内，相同的舒适度应缴纳相同的热费。它与住户在楼内的位置没有关系，不必进行住户位置的修正	温度法的主要优点是： ·计量出的每户热量，是在实际舒适度下的热用户的折算热量，消除了建筑物的位置差别对计量结果的影响。 ·每户分摊的热量之和，等于结算热表计量的结果，不需要考虑管道散热损失的热量。 ·避免了难以解决的户间传热的计算问题，不管用户是否采暖，均应根据室温的分摊结果缴纳热费。 ·不需每户测量流量，避免了小口径机械式热量表易堵塞的问题。 ·设备简单、初投资低、使用可靠、易于管理，既适合于新建建筑中应用，也适用于既有建筑改造

5.3.3 计量装置

1. 分配表

热分配表有两种类型，其综合技术性能见表 5.3-3。

分配表综合性能 **表 5.3-3**

类型	计量原理	特　点	设计注意事项
蒸发式热分配表	表内蒸发液是一种带颜色的无毒化学液体，装在细玻璃管内密闭的容器中，容器表面是防雾透明胶片，上面标有刻度与导热板组成一体，紧贴散热器安装，散热器表面将热量传给导热板，导热板将热量传递到液体管中，管中的液体会逐渐蒸发而减少，可以读出与散热器热量有关的蒸发量	·此表构造简单，成本低廉 ·适用于任何供暖系统制式 ·测量结果不直观，靠入口总热量表计量的热量，按每组散热器的蒸发表的液柱高度进行按比例分配换算得出耗热量 ·管理工作量大，每年需更换部件	·用此表计量时，一定要在楼栋入口安装总热量装置 ·散热器不能设暖气罩 ·此表应安装于散热器正面的平均温度处，垂直偏上 1/3 地方，安装时采用夹具或焊接螺栓的方式将导热板紧贴在散热器表面
电子式热分配表	在蒸发式分配表的基础上发展起来的计量仪表，它需要同时测量室内温度和散热器的表面温度，利用两者的温差确定其散热量	·造价高于蒸发式分配表 ·计量准确 ·适用于任何供暖系统制式 ·可将多组散热器的温度数据引至户外存储器显示热量读数 ·管理方便，不需要每年更换部件	·用此表计量时，一定要在楼栋口安装总热量计量表 ·散热器不能设暖气罩 ·此表应安装于散热器正面的平均温度处，垂直偏上 1/3 地方，安装时采用夹具或焊接螺栓的方式将导热板紧贴在散热器表面

2. 热量表

热量表由流量传感器，温度传感器，积分仪三部分组成。

流量传感器——测量热介质流过热循环系统体积值；

温度传感器——测量计算热循环系统进出口热介质的温差；

积分仪——根据流量传感器的体积信号和配套温度传感器的温差信号计算出消耗的热量值；

热量表由流量传感器的测量原理进行分类，可分为机械式、超声波式和电磁式三种，其综合性能见表5.3-4。

热量表综合性能表 **表5.3-4**

类型	计算原理	特点	设计注意事项
机械式	通过叶轮的转速测量热介质的流量 按规格分小口径(≤40mm)和大口径(≥50mm)。 按内部构造分:小口径的有单流束式,多流束式和标准机芯型多流束式;大口径的有水平螺翼式和垂直螺翼式。 按传感器的计数器是否与热水接触分干式和湿式,干式的叶轮转速是通过磁耦合的方式传递给计数器,而湿式是通过机械连接方式传动,计数器浸在水中	·应用比较广泛的一种 ·当系统流量超过热量表公称流量时对表机械有损伤的危险 ·垂直螺翼式仅能够水平安装 ·热介质不清洁而堵塞 ·系统有气影响测量精度	·热量表前要保证6～12倍公称直径的直管段的距离 ·热量表安装在回水管上可延长使用寿命 ·热量表前应安装过滤器
超声波式	通过波在热介质中的传输速度按顺水流和逆水流的差异,即“速度差法”而求出热介质流速的方法来测量流量	·可按表的最大流量进行选型,小计量时精度高 ·适用于测量最大流量供热系统 ·气泡对测量准确带来极大的干扰 ·表面无可动部件,使用寿命长	·表前应有20～30倍表公称直径的直管段,表后10倍直管段 ·安装时要求有良好的排气措施 ·热量表安装在供水,回水管上均可
电磁式	是按法拉第定律即水流过电磁式产生感应电动势的原理来测量其截止的流量	·脉动流影响非常大 ·气泡对测量准确带来极大的干扰 ·铁锈水含量会引起测量误差 ·与介质的电导率关系很大 ·对电和电磁干扰十分敏感,信号线不应采用绕圈的方式缩短,并远离干扰源 ·表内无可动部件,使用寿命长	·表前后直管段分别不小于表公称直径的10倍和5倍 ·严格保证密封垫不得突入管道内,口径缩小1mm会引起1%的测量误差 ·安装上要求有排气装置

热量表分户用和公用，分别见表 5.3-5 和表 5.3-6。

户用热量表 **表 5.3-5**

公称口径(mm)		*DN*15	*DN*20	*DN*25
最小流量(m^3/h)		0.03	0.05	0.07
常用流量(m^3/h)		1.5	2.5	3.5
最大流量(m^3/h)		3	5	7
外型尺寸(mm)	*L*	110	130	160
	H	100	105	110
阻力曲线图及外型尺寸图		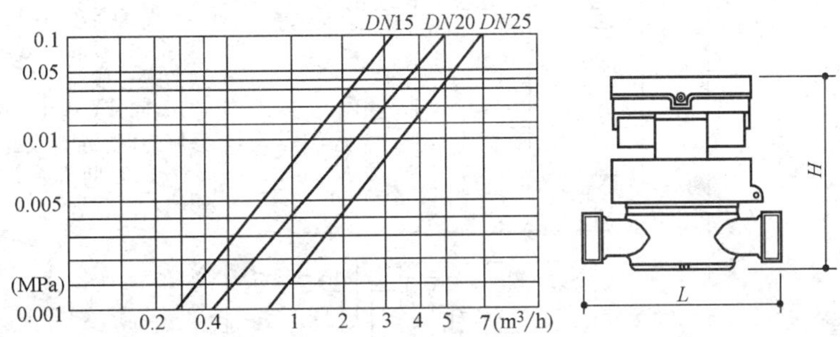		

注：本表用于分户热力入口。

公用热量表 **表 5.3-6**

公称口径(mm)		*DN*32	*DN*40	*DN*50	*DN*65	*DN*80	*DN*100	*DN*125	*DN*150	*DN*200	*DN*250	*DN*300
最小流量(m^3/h)		0.12	0.2	1.2	2	3.2	4.8	8	12	20	32	48
额定流量(m^3/h)		6	6	15	25	40	60	100	150	250	400	600
最大流量(m^3/h)		12	20	30	30	80	120	200	300	500	800	1200
外形尺寸(mm)	*L*	260	300	200	200	225	250	250	300	350	400	450
	H	128	170	247	260	265	272	295	302	359	435	485

注：① 本表用于楼栋入口。

② *DN*32～*DN*50 为丝扣连接，*DN*≥65 为法兰连接。

（1）户用热量表宜按系统的设计流量，对应热量表的额定流量选择规格型号，为了提高计量精度，宜按设计流量的 80%来选用对应热量表的额定流量。

（2）选择热量表时，其耐温性能应与安装热媒最高工作温度相适应。

（3）机械式热量表前应配置过滤器，宜选用带有磁性过滤功能的过滤器。

3. 温度法热量表（热量分配器）

温度法的热量装置是由室温传感器，数据采集器，单元显示器，热量分配器及热力入口的热量表组成，热量分配器的综合性能见表 5.3-7。

温度法热量表（热量分配器） **表5.3-7**

类　型	计算原理	特　点	设计注意事项
WDRB型 温度法热量表 （热量分配器）	·采集器采集的室内温度数据送到热量采集显示器。并将采集器送来的用户室温送至热量计算分配器，按照规定的程序将热量进行分摊。 ·系统原理图式： 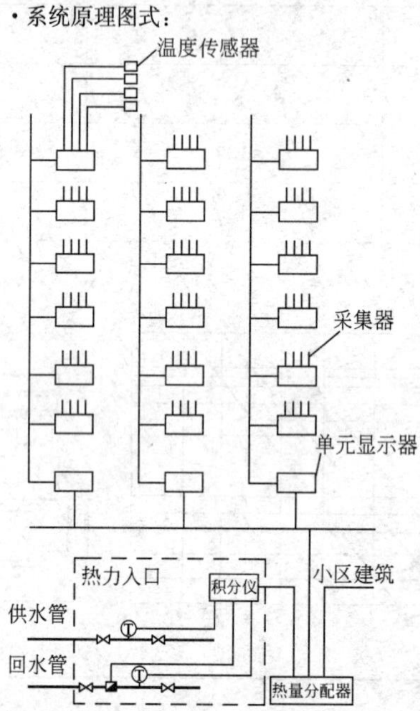	·同时可实时显示每户的平均室温及累计用热量 ·温度法计算出的每户热量，是在实际舒适度下的热用户的折算热量，消除了建筑物位置差别对计量结果的影响 ·不需要计算户间传热量 ·设备简单、使用方便、可靠、稳定、容易。适用于公寓式的既有或新建居住建筑中应用，同时为居住小区数字化系统的理想配套设备 ·长时间开窗对计量有影响	·数据采集器每户一个，最多可按7个温度传感器，采集器仪表箱可分一梯两户用（400mm×400mm×140mm），采集器如在公共空间明装，应采用带锁箱挂装或嵌墙安装 ·单元显示器每个单元一个，最多可按24个数据采集器，应装在有可视察的仪表中，安装在单元入口便于观察的位置 ·单元显示仪表箱尺寸为400mm×300mm×140mm ·室温传感器宜嵌墙安装于房间门上方300～500mm处，且应避开阳光直射及其他热源

5.3.4 管道安装

1. 共用立管

(1) 供回水干管，共用立管宜采用热镀锌钢管螺纹连接。

(2) 共用立管的水平分环系统所供的层数根据系统水力平衡散热器承受能力以及塑料管材的寿命等因素确定，超过已确定的层数时应进行竖向压力分区，一般不宜超过16层。

(3) 共用立管设于管道井内，管道井宜邻楼梯间或户外公共空间。供回水立管在管道井中的位置应保证与之相连，各分户系统入口装置安装在管道井内，并具备查验及检修条件。

(4) 一对共用立管负担的户内系统数不宜过多，除每层设置热媒集配装置连接各户的系统外，一对共用立管每层连接的户数不宜大于三户。

2. 户内管道

(1) 户内供暖管道安装时，宜采用热镀锌钢管螺纹连接或塑料管材，暗装时宜采用塑料管材或有色金属管材。

(2) 可用于户内供暖系统的塑料管材为：交联铝塑复合管（XPAP）。交联聚乙烯管（PE-X）、聚丁烯管（PB）和无规共聚丙烯管（PP-R）。塑料管材应根据散热器材质，系统工作温度和压力、水质、材料供应条件，施工技术条件等因素确定，暗装敷设管材的寿命不低于50年。常用的几种塑料管材壁厚选择见表5.3-8。

常用的几种塑料管材最小壁厚（mm） 表 5.3-8

管材类型		PB管（聚丁烯）				PE-X管（交联聚乙烯）				PP-R管（聚丙烯）			
供暖系统压力(MPa)		0.4	0.6	0.8	1.0	0.4	0.6	0.8	1.0	0.4	0.6	0.8	1.0
塑料管材公称外径(mm)	16	1.3	1.3	1.5	1.8	1.3	1.5	1.8	2.2	2.2	2.2	3.3	
	20	1.3	1.5	1.9	2.3	1.5	1.9	2.3	2.8	2.8	2.8	4.1	
	25	1.3	1.9	2.3	2.8	1.9	2.3	2.8	3.5	3.5	3.5	5.1	

注：① 表中各种管材的设计环应力为：
PB管=4.31MPa；PE-X管=3.24MPa；PP-R管=1.90MPa；
是按塑料管材的温度使用条件为5级考虑的。
② 考虑管材生产和施工过程可能产生的缺陷，故按表中选出的壁厚改选一个档次的壁厚，另各类管材的壁厚均不宜小于1.7mm。
③ 铝塑管材的壁厚选用按交联聚乙烯（PE-X）管考虑。

(3) 户内地面的管道可暗装在本层地面下沟槽或垫层内或镶嵌在踢脚板内。暗装敷设时应注意下述问题：

1) 对于PP-R管和PB管除分支管连接件外，垫层内不宜设其他管件，且埋入垫层的管件应与管道同材质，热熔连接。垫层内不应设有任何机械性接头。

2) 暗装敷设在垫层内的管道宜进行适当的绝热，一般可采用在管道沟槽内填充水泥珍珠岩等绝热材料做法或外加塑料套管的办法。

3) 暗埋敷设管道应避免随意性，宜敷设在垫层预留沟槽内，用卡子妥善固定在地面上，并处理好管道膨胀。

(4) 塑料管材与金属的安装，应注意以下问题：

1) 塑料管材与金属管材在刚度，热伸长等方面的差异，其支、吊架间距一般较小。

2) 塑料管材的线膨胀系数比金属管材大10倍，安装时应充分注意热膨胀问题。各类管材的线膨胀系数为：

PB管0.130mm/(m·K)；铝塑复合管0.025mm/(m·K)；

PE-X管0.200mm/(m·K)；PP-R管0.180mm/(m·K)；

3) 塑料管材安装时，宜尽量利用其可弯曲性减少接头数量，弯曲时应满足最小弯曲半径的要求。

5.3.5 水力计算

1. 户内系统包括调节阀和户用热量表在内的计算压力损失，宜控制在15～30kPa范围内。

2. 共用立管的自然循环附加压力应计入水力平衡计算，其值可取设计供、回水温度下附加压力值的1/2～2/3。

3. 塑料管材的水力计算，详见本手册第6.4.6节。

5.3.6 热力入口装置

安装在地沟，检查井内见表5.3-9，安装在地下室见表5.3-10；安装在室内见表5.3-11。

热水供暖系统热力入口（地沟，检查井内）安装 表 5.3-9

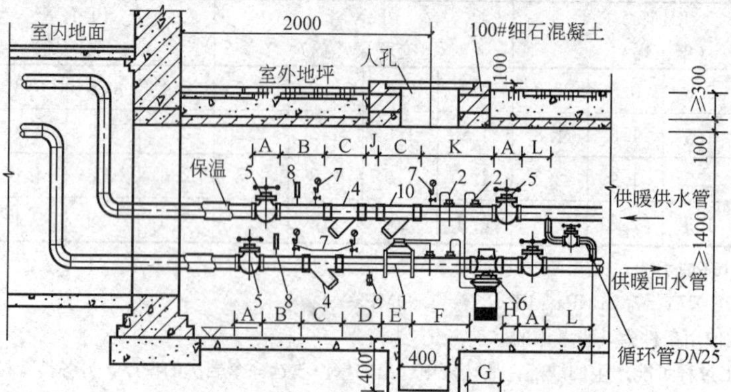

I—I 剖面

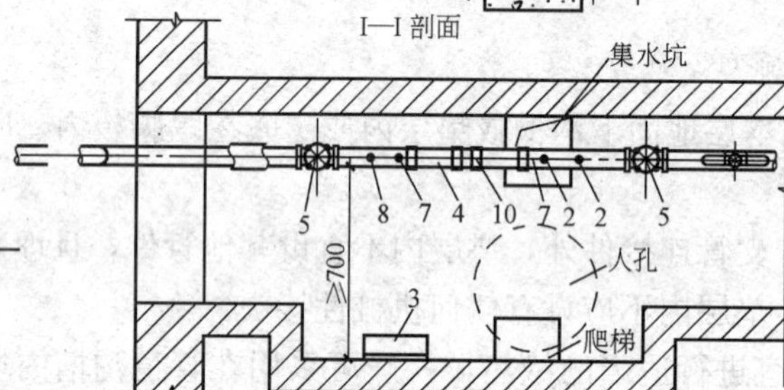

入口平面

1	流量计
2	温度、压力传感器
3	积分仪
4	水过滤器(60目)
5	截止阀
6	自力式压差控制阀
7	压力表
8	温度计
9	泄水阀(DN15)
10	水过滤器(孔径3mm)

供回水管径	自力式压差控制阀口径	热量表公称流量(m^3/h)	尺寸(mm)										
			A	B	C	D	E	F	G	H	J	K	L
DN25	DN15	0.6	160	250	121	250	110	300	130	150	110	350	150
	DN20								150				
DN32	DN15	1.5	180	250	131	250	110	300	130	150	130	350	150
	DN20								150				
	DN25								160				
DN40	DN15	2.5	200	250	146	250	190	350	130	200	150	400	200
	DN20								150				
	DN25								160				
	DN32								180				
DN50	DN20	6.0	230	300	220	300	260	350	150	200	180	400	200
	DN25								160				
	DN32								180				
	DN40								200				
DN70	DN25	10	290	300	290	300	300	400	160	200	200	450	200
	DN32								180				
	DN40								200				
	DN50								230				
DN80	DN25	15	310	350	310	350	270	400	160	250	220	450	250
	DN32								180				
	DN40								200				
	DN50								230				
DN100	DN25	25	350	350	350	350	300	450	160	250	250	500	250
	DN32								180				
	DN40								200				
	DN50								230				

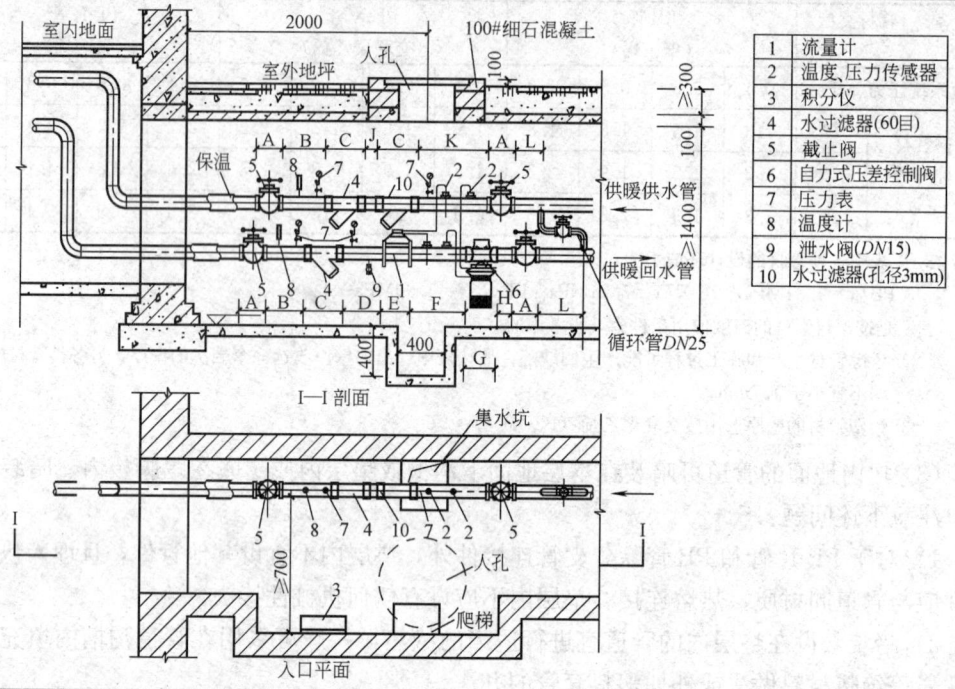

注：见国标 04K502。

热水供暖系统热力入口（地下室）安装 **表 5.3-10**

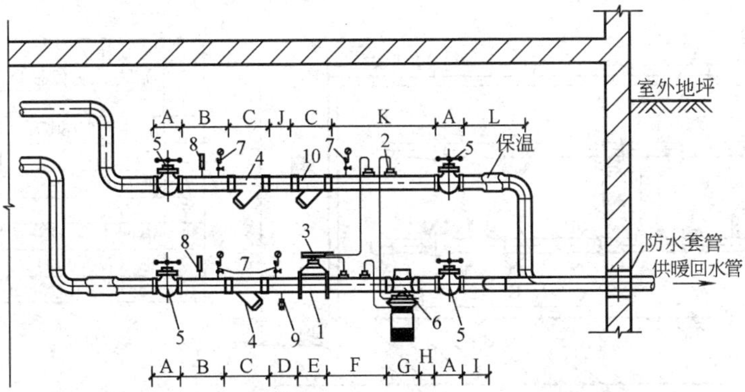

I—I剖面

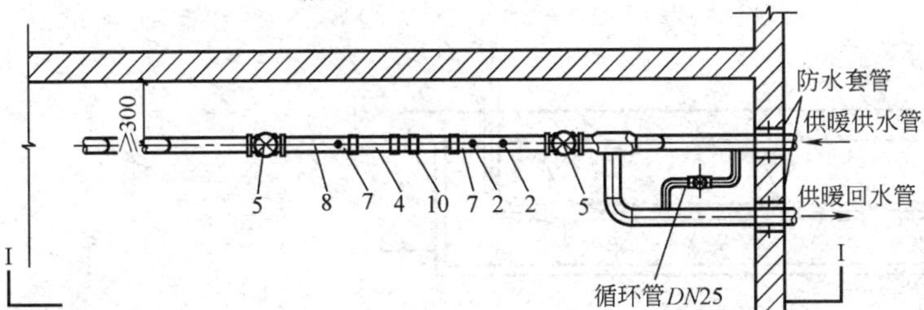

入口平面

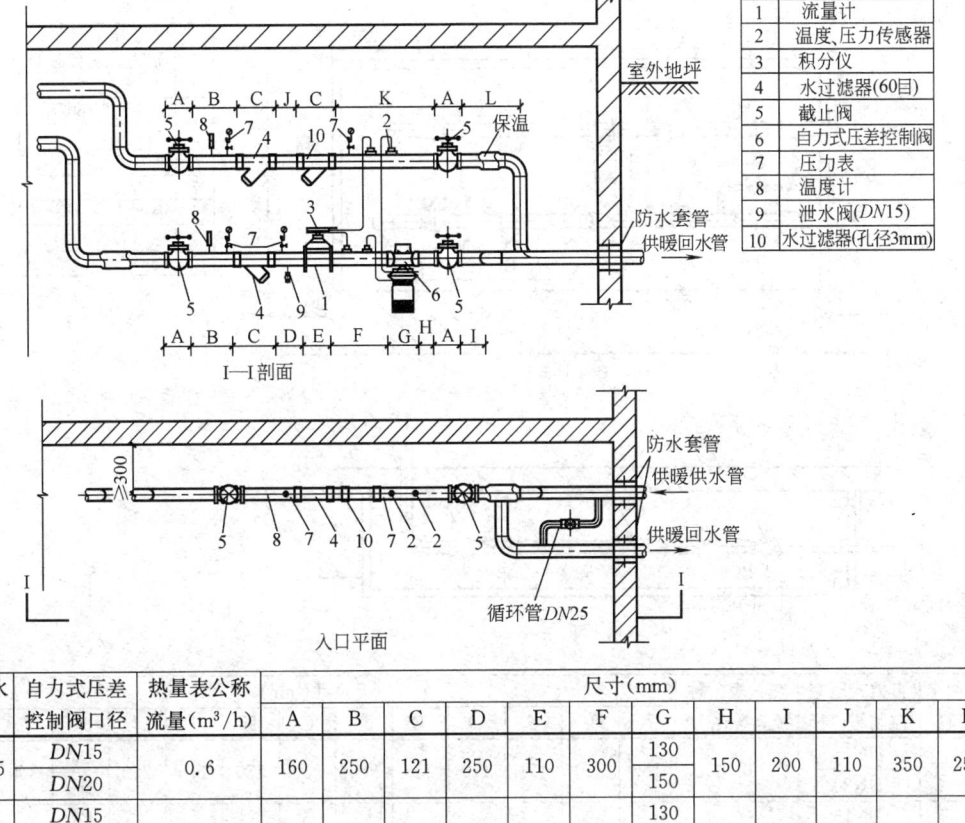

1	流量计
2	温度、压力传感器
3	积分仪
4	水过滤器(60目)
5	截止阀
6	自力式压差控制阀
7	压力表
8	温度计
9	泄水阀(*DN*15)
10	水过滤器(孔径3mm)

供回水管径	自力式压差控制阀口径	热量表公称流量(m^3/h)	尺寸(mm) A	B	C	D	E	F	G	H	I	J	K	L
*DN*25	*DN*15	0.6	160	250	121	250	110	300	130	150	200	110	350	250
	*DN*20								150					
*DN*32	*DN*15	1.5	180	250	131	250	110	300	130	150	200	130	350	250
	*DN*20								150					
	*DN*25								160					
*DN*40	*DN*15	2.5	200	250	146	250	190	350	130	200	250	150	400	300
	*DN*20								150					
	*DN*25								160					
	*DN*32								180					
*DN*50	*DN*20	6.0	230	300	220	300	260	350	150	200	250	180	400	300
	*DN*25								160					
	*DN*32								180					
	*DN*40								200					
*DN*70	*DN*25	10	290	300	290	300	300	400	160	200	300	200	450	350
	*DN*32								180					
	*DN*40								200					
	*DN*50								230					
*DN*80	*DN*25	15	310	350	310	350	270	400	160	250	300	220	450	350
	*DN*32								180					
	*DN*40								200					
	*DN*50								230					
*DN*100	*DN*25	25	350	350	350	350	300	450	160	250	350	250	500	400
	*DN*32								180					
	*DN*40								200					
	*DN*50								230					

注：见国标 04K502。

热水供暖系统热力入口（带箱）安装　　表 5.3-11

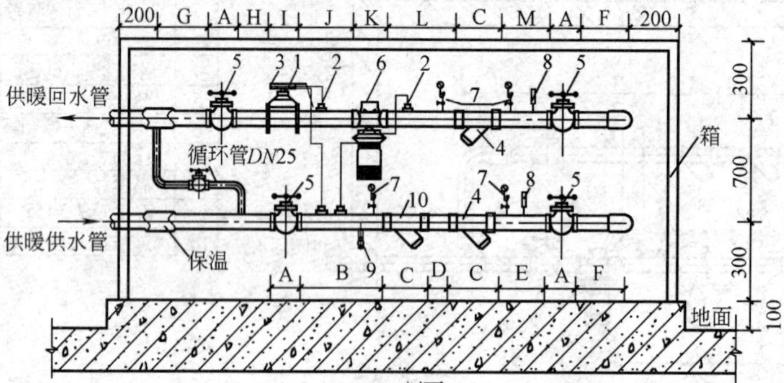

I—I剖面

1	流量计
2	温度、压力传感器
3	积分仪
4	水过滤器(60目)
5	截止阀
6	自力式压差控制阀
7	压力表
8	温度计
9	泄水阀(*DN*15)
10	水过滤器(孔径3mm)

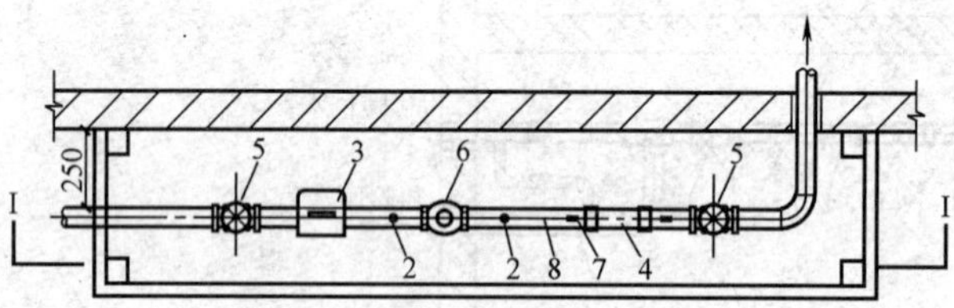

入口平面

供回水管径	自力式压差控制阀口径	热量表公称流量(m³/h)	尺寸(mm)												
			A	B	C	D	E	F	G	H	I	J	K	L	M
*DN*25	*DN*15	0.6	160	350	121	110	250	200	350	150	110	250	130	300	250
	*DN*20												150		
*DN*32	*DN*15	1.5	180	350	131	130	250	200	350	150	110	250	130	300	250
	*DN*20												150		
	*DN*25												160		
*DN*40	*DN*15	2.5	200	400	146	150	250	250	350	150	190	300	130	350	250
	*DN*20												150		
	*DN*25												160		
	*DN*32												180		
*DN*50	*DN*20	6.0	230	400	220	180	300	250	350	200	260	300	150	350	300
	*DN*25												160		
	*DN*32												180		
	*DN*40												200		
*DN*70	*DN*25	10	290	450	290	200	300	300	350	200	300	350	160	400	300
	*DN*32												180		
	*DN*40												200		
	*DN*50												230		
*DN*80	*DN*25	15	310	450	310	220	350	300	350	250	270	350	160	400	350
	*DN*32												180		
	*DN*40												200		
	*DN*50												230		
*DN*100	*DN*25	25	350	500	350	250	350	350	350	250	300	400	160	450	350
	*DN*32												180		
	*DN*40												200		
	*DN*50												230		

注：见国标 04K502。

5.4 管道水力计算

5.4.1 水力计算方法和要求

1. 基本计算法

$$\Delta P=\Delta P_{\mathrm{m}}+\Delta P_{\mathrm{i}}=\frac{\lambda}{d}l\frac{\rho v^2}{2}+\zeta\frac{\rho v^2}{2}=\Delta p_{\mathrm{m}}l+\zeta\frac{\rho v^2}{2} \tag{5.4-1}$$

式中 ΔP——管段压力损失，Pa；

ΔP_{m}——摩擦压力损失，Pa；

ΔP_{i}——局部压力损失，Pa；

Δp_{m}——单位长度摩擦压力损失，Pa/m；

λ——摩擦系数；

d——管道直径，m；

l——管道长度，m；

v——热媒在管道内流速，m/s；

ρ——热媒的密度，kg/m³；

ζ——局部阻力系数。

单位长度摩擦压力损失分别见不同热媒的水力计算表，局部阻力系数见表 5.4-1，表 5.4-2，表 5.4-3。

热水及蒸汽供暖系统局部阻力系数 ζ 值　　表 5.4-1

局部阻力名称	ζ	说　明	局部阻力名称	在下列管径(DN)mm时的ζ值					
				15	20	25	32	40	≥50
散热器	2.0	以热媒在导管中的流速计算局部阻力	截止阀	16.0	10.0	9.0	9.0	8.0	7.0
钢制锅炉	2.0		旋塞	4.0	2.0	2.0	2.0		
突然扩大	1.0	以其中较大的流速计算局部阻力	斜杆截止阀	0.3	3.0	3.0	2.5	2.5	2.0
突然缩小	0.5		闸阀	1.5	0.5	0.5	0.5	0.5	0.5
直流三通(图①)	1.0		弯头	2.0	2.0	1.5	1.5	1.0	1.0
旁流三通(图②)	1.5	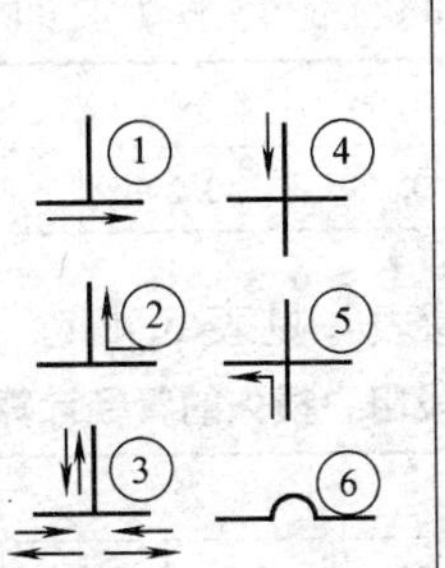	90°煨弯及乙字管	1.5	1.5	1.0	1.0	0.5	0.5
合流三通(图③)	3.0		括弯(图⑥)	3.0	2.0	2.0	2.0	2.0	2.0
分流三通(图③)	3.0		急弯双弯头	2.0	2.0	2.0	2.0	2.0	2.0
直流四通(图④)	2.0		缓弯双弯头	1.0	1.0	1.0	1.0	1.0	1.0
分流四通(图⑤)	3.0								
方形补偿器	2.0								
套管补偿器	0.5								

注：表中三通局部阻力系数，未考虑流量比，是一种简化形式。对分流、合流三通误差较大，可见《供暖通风设计手册》表 10-4。

热水供暖系统局部阻力系数 $\zeta=1$ 的局部损失动压值 $P_d=\rho v^2/2$　　表 5.4-2

v (m/s)	P_d (Pa)	v (m/s)	P_d (Pa)	v (m/s)	P_d (Pa)	v (m/s)	P_d (Pa)	v (m/s)	P_d (Pa)	v (m/s)	P_d (Pa)
0.01	0.05	0.13	8.34	0.25	30.44	0.37	67.67	0.49	117.71	0.61	183.42
0.02	0.20	0.14	9.61	0.26	33.34	0.38	70.61	0.50	122.61	0.62	189.3
0.03	0.45	0.15	11.08	0.27	36.29	0.39	74.53	0.51	127.52	0.65	207.88
0.04	0.80	0.16	12.56	0.28	38.25	0.40	78.45	0.52	131.37	0.68	227.48
0.05	1.23	0.17	14.22	0.29	41.19	0.41	82.37	0.53	138.31	0.71	248.07
0.06	1.77	0.18	15.89	0.30	44.13	0.42	86.3	0.54	143.21	0.74	268.67
0.07	2.45	0.19	17.75	0.31	47.08	0.43	91.2	0.55	149.09	0.77	291.23
0.08	3.14	0.20	19.61	0.32	49.99	0.44	95.13	0.56	154	0.8	314.79
0.09	4.02	0.21	21.57	0.33	53.93	0.45	99.08	0.57	159.88	0.85	355
0.10	4.9	0.22	23.53	0.34	56.88	0.46	103.98	0.58	165.77	0.9	398.18
0.11	5.98	0.23	26.48	0.35	59.82	0.47	108.89	0.59	170.67	0.95	443.29
0.12	7.06	0.24	28.44	0.36	63.74	0.48	112.81	0.60	176.55	1	490.3

低压蒸汽供暖系统局部阻力系数 $\zeta=1$ 的局部损失动压值 $P_d=\rho v^2/2$　　表 5.4-3

v (m/s)	P_d (Pa)	v (m/s)	P_d (Pa)	v (m/s)	P_d (Pa)	v (m/s)	P_d (Pa)
5.5	9.58	10.5	34.93	15.5	76.12	20.5	133.16
6.0	11.4	11.0	38.34	16.0	81.11	21.0	139.73
6.5	13.39	11.5	41.9	16.5	86.26	21.5	146.46
7.0	15.53	12.0	45.63	17.0	91.57	22.0	153.36
7.5	17.82	12.5	49.5	17.5	97.04	22.5	160.41
8.0	20.28	13.0	53.5	18.0	102.66	23.0	167.61
8.5	22.89	13.5	57.75	18.5	108.44	23.5	174.89
9.0	25.66	14.0	62.1	19.0	114.38	24.0	182.51
9.5	28.6	4.5	66.6	19.5	120.48	24.5	190.19
10.0	31.69	15.0	71.29	20.0	126.74	25.0	198.03

2. 简化计算法

(1) 当量阻力法

将沿管道长度的摩擦损失折合成与之相当的局部阻力系数（称之谓当量局部阻力系数）的计算方法。

$$\Delta P=A(\zeta_d+\sum\zeta)G^2 \tag{5.4-2}$$

式中 A——常数（因管径不同而异）；

G——流量，m^3/h；

ζ_d——当量局部阻力系数，$\zeta_d=\lambda/dl$，不同管径的 λ/d 值如下：

d	15	20	25	32	40	50	70	80	100
λ/d	2.6	1.8	1.3	0.9	0.76	0.54	0.4	0.31	0.24

令 $\zeta_{zh}=\lambda/dl+\sum\zeta$，按式（5.4-2）制成水力计算表，见表 5.4-4。

按 $\zeta_{zh}=1$ 确定热水供暖系统管段阻力损失的管径计算表　　表 5.4-4

项目	DN(mm)									流速 v (m/s)	ΔP (Pa)
	15	20	25	32	40	50	70	80	100		
水流量 G (kg/h)	75	137	220	386	508	849	1398	2033	3023	0.11	5.9
	82	149	240	421	554	926	1525	2218	3298	0.12	7.0
	89	161	260	457	601	1004	1652	2402	3573	0.13	8.2
	95	174	280	492	647	1081	1779	2587	3848	0.14	9.5

续表

项目	DN(mm)									流速 v (m/s)	ΔP (Pa)
	15	20	25	32	40	50	70	80	100		
水流量 G (kg/h)	102	186	301	527	693	1158	1906	2772	4122	0.15	10.9
	109	199	321	562	739	1235	2033	2957	4397	0.16	12.5
	116	211	341	597	785	1312	2160	3141	4672	0.17	14
	123	223	361	632	832	1390	2287	3326	4947	0.18	15.8
	130	236	381	667	878	1467	2415	3511	5222	0.19	17.6
	136	248	401	702	947	1583	2605	3788	5634	0.20	19.4
	143	261	421	738	970	1621	2669	3881	5771	0.21	21.4
	150	273	441	773	1016	1698	2796	4065	6046	0.22	23.5
	157	285	461	808	1063	1776	2923	4250	6321	0.23	25.7
	164	298	481	843	1109	1853	3050	4435	6596	0.24	27.9
	170	310	501	878	1155	1930	3177	4620	6871	0.25	30.4
	177	323	521	913	1201	2007	3304	4805	7146	0.26	32.9
	184	335	541	948	1247	2084	3431	4989	7420	0.27	35.4
	191	347	561	983	1294	2162	3558	5174	7695	0.28	38
	198	360	581	1019	1340	2239	3685	5359	7970	0.29	40.9
	205	372	601	1054	1386	2316	3812	5544	8245	0.30	43.7
	211	385	621	1089	1432	2393	3939	5729	8520	0.31	46.7
	218	397	641	1124	1478	2470	4067	5913	8794	0.32	49.7
	225	410	661	1159	1525	2548	4194	6098	9069	0.33	53
	232	422	681	1194	1571	2625	4321	6283	9344	0.34	56.2
	237	434	701	1229	1617	2702	4448	6468	9619	0.35	59.5
	245	447	721	1264	1663	2825	4575	6653	9894	0.36	63
	252	459	741	1300	1709	2856	4702	6837	10169	0.37	66.5
	259	472	761	1335	1756	2934	4829	7022	10443	0.38	70.1
	273	496	801	1405	1848	3088	5083	7392	10993	0.40	77.8
	286	521	841	1475	1940	3242	5337	7761	11543	0.42	85.7
	300	546	882	1545	2033	3397	5592	8131	12092	0.44	94
	314	571	922	1616	2125	3551	5846	8501	12642	0.46	102.8
	327	596	962	1686	2218	3706	6100	8870	13192	0.48	111.9
	341	621	1002	1756	2310	3860	6354	9240	13741	0.50	121.5
	375	683	1102	1932	2541	4246	6989	10164	15115	0.55	147
	409	745	1202	2107	2772	4632	7625	11088	16490	0.60	192.4
	443	807	1302	2283	3003	5018	8260	12012	17864	0.65	205.3
	477	869	1402	2459	3234	5404	8896	12936	19238	0.70	238.1
	511	931	1503	2634	3465	5790	9531	13860	20612	0.75	273.3
			1603	2810	3696	6176	10166	14784	21986	0.80	311
				3161	4158	6948	11437	16631	24734	0.90	393.5
				3512	4620	7720	12708	18479	27483	1.00	485.8
						9264	15250	22175	32979	1.20	699.6
						10808	17791	25871	38476	1.40	952.2

(2) 当量长度法

将管段的局部阻力损失折算成一定长度的摩擦损失的计算方法。

$$\Delta P=\Delta p_m l+\Delta p_m l_d=\Delta p_m(l+l_d)=\Delta p_m l_{zh} \quad (5.4\text{-}3)$$

式中 l_d——局部损失的当量长度，m；

l_{zh}——管段的折算长度，m。

局部损失的当量长度分别见表 5.4-5，表 5.4-6。

高压蒸汽供暖系统局部阻力的当量长度 l_d（m） 表 5.4-5

局部阻力名称	在下列管径 DN(mm)时的 l_d 值							
	20	25	32	40	50	70	80	100
ζ=1	0.597	0.83	1.22	1.39	1.82	2.81	4.05	4.95
柱型散热器	0.7	1.2	1.7	2.4	—	—	—	—
钢制锅炉	—	—	2.4	2.8	3.6	5.6	8.1	9.9
突然扩大	0.6	0.8	1.2	1.4	1.8	2.8	4.1	5.0
突然缩小	0.3	0.4	0.6	0.7	0.9	1.4	2.0	2.5
直流三通	0.6	0.8	1.2	1.4	1.8	2.8	4.1	5.0
旁流三通	0.9	1.2	1.8	2.1	2.7	4.2	6.1	7.4
分(合)流三通	1.8	2.5	3.7	4.2	5.5	8.4	12.2	14.9
直流四通	1.2	1.7	2.4	2.8	3.6	5.6	8.1	9.9
分(合)流四通	1.8	2.5	3.7	4.2	5.5	8.4	12.2	14.9
"Π"形补偿器	1.2	1.7	2.4	2.8	3.6	5.6	8.1	9.9
集气罐	0.9	1.2	1.8	2.1	2.7	4.2	6.1	7.4
除污器	6.0	8.3	12.2	13.9	18.2	28.1	40.5	49.5
截止阀	6.0	7.5	11.0	11.1	12.7	19.7	28.4	34.7
闸阀	0.3	0.4	0.6	0.7	0.9	1.4	2.0	2.5
弯头	1.2	1.2	1.8	1.4	1.9	2.8	—	—
90°煨弯	0.9	0.8	1.2	0.7	0.9	1.4	2.0	2.5
乙字弯	0.9	0.8	1.2	0.7	0.9	1.4	2.0	2.5
括弯	1.2	1.6	2.4	2.8	3.6	5.6	—	—
急弯双弯头	1.2	1.6	2.4	2.8	3.6	5.6	—	—
缓弯双弯头	0.6	0.8	1.2	1.4	1.8	2.8	4.1	5.0

热水供暖系统局部阻力的当量长度 l_d（m） 表 5.4-6

局部阻力名称	在下列管径 DN(mm)时的 l_d 值						
	15	20	25	32	40	50	70
ζ=1	0.343	0.516	0.652	0.99	1.265	1.76	2.30
柱型散热器	0.7	1.0	1.3	2.0	—	—	—
钢制锅炉	—	—	—	2.0	2.5	3.5	4.6
突然扩大	0.3	0.5	0.7	1.0	1.3	1.8	2.3
突然缩小	0.2	0.3	0.3	0.5	0.6	0.9	1.2
直流三通	0.3	0.5	0.7	1.0	1.3	1.8	2.3
旁流三通	0.5	0.8	1.0	1.5	1.9	2.6	3.5
分(合)流三通	1.0	1.6	2.0	3.0	3.8	5.3	6.9
裤叉三通	0.5	0.8	1.0	1.5	1.9	2.6	3.5
直流四通	0.7	1.0	1.3	2.0	2.5	3.5	4.6
分(合)流四通	1.0	1.6	2.0	3.0	3.8	5.3	6.9
"Π"形补偿器	0.7	1.0	1.3	2.0	2.5	3.5	4.6
集气罐	0.5	0.8	1.0	1.5	1.9	2.6	3.5
除污器	3.4	5.2	6.5	9.9	12.7	17.6	23.0
截止阀	5.5	5.2	5.9	8.9	10.1	12.3	16.1
闸阀	0.5	0.3	0.4	0.5	0.6	0.9	1.2
弯头	0.7	1.0	1.0	1.5	1.3	1.8	2.3
90°煨弯	0.5	0.8	0.7	1.0	0.6	0.9	1.2
乙字弯	0.5	0.8	0.7	1.0	0.6	0.9	1.2
括弯	1.0	1.0	1.3	2.0	2.5	3.5	4.6
急弯双弯头	0.7	1.0	1.3	2.0	2.5	3.5	4.6
缓弯双弯头	0.3	0.5	0.7	1.0	1.3	1.8	2.3

3. 计算要求

(1) 供暖系统各并联环路之间计算压力损失不应超过表 5.4-7 的规定。

压力损失允许差值　　表 5.4-7

系统形式	允许差值(%)	系统形式	允许差值(%)
双管同程式	15	单管同程式	10
双管异程式	25	单管异程式	15

(2) 热媒在管道中的流速不应超过表 5.4-8 的规定。

管道内热媒流动的最大允许流速 (m/s)　　表 5.4-8

管径(mm)	热水			低压蒸汽				高压蒸汽	
	有特殊安静要求的室内管网	一般室内管网	生产厂房	蒸汽与凝水同向流动时		蒸汽与凝水逆向流动时		同向	逆向
				在水平管内	在立管内	在水平管内	在立管内		
15	0.5	0.8	1.0	14(7.0)	20	4.5	5	25	11
20	0.65	1.0	1.3	18(9.0)	22	5.0	6	40	16
25	0.8	1.2	1.5	22(12)	25	6.0	7	50	20
32	1.0	1.4	1.8	25(16)	30	7.0	9	55	22
40	1.0	1.8	2.0	30(17)	30	7.0	10	60	24
50	1.0	2.0	2.5	30(20)	30	7.5	11	70	28
>50	1.0	2.0	3.0	30(25)	30	7.5	14	80	32

注：低压蒸汽栏括弧内数值用于需要安静的建筑物如剧院、图书馆、住宅等。

(3) 供暖系统的总压力损失可按下列原则确定：

1) 热水供暖系统的循环压力，一般宜保持在 10～40kPa 左右。

2) 高压蒸汽供暖系统最不利环路供汽管的压力损失，不应超过起始压力的 25%。

3) 低压蒸汽室内系统作用半径不宜超过 50～60m。锅炉工作压力的确定：当作用半径 l=200m 时，锅炉的工作压力 P=5kPa；l=200～300m 时，P=15kPa；l=300～500m 时，P=20kPa。

4) 设计机械循环热水双管系统时，必须计算由于水在散热器和管道内冷却而产生的重力作用压力，重力循环压力可按设计水温条件下最大循环压力的 2/3 计算。对于重力循环热水供暖系统，水在管道内冷却而产生的附加压力见表 5.4-9，该附加压力应全部计算，同时应按表 5.4-10 对散热器的散热面积进行相应的修正。

在自然循环上供下回双管热水供暖系统中，由于水在管路内冷却而产生的附加压力 (Pa)　　表 5.4-9

系统的水平距离(m)	锅炉到散热器的高度(m)	自总立管至计算立管之间的水平距离(m)					
		<10	10～20	20～30	30～50	50～75	75～100
未保温的明装立管(1)1 层或 2 层的房屋							
25 以下	7 以下	100	100	150	—	—	—
25～50	7 以下	100	100	150	200	—	—
50～75	7 以下	100	100	150	150	200	—
75～100	7 以下	100	100	150	150	200	250
(2)3 层或 4 层的房屋							
25 以下	15 以下	250	250	250	—	—	—
25～50	15 以下	250	250	300	350	—	—
50～75	15 以下	250	250	250	300	350	—
75～100	15 以下	250	250	250	300	350	400

续表

系统的水平距离(m)	锅炉到散热器的高度(m)	自总立管至计算立管之间的水平距离(m)					
		<10	10～20	20～30	30～50	50～75	75～100
(3)高于4层的房屋							
25以下	7以下	450	500	550	—	—	—
25以下	大于7	300	350	450	—	—	—
25～50	7以下	550	600	650	750	—	—
25～50	大于7	400	450	500	550	—	—
50～75	7以下	550	550	600	650	750	—
50～75	大于7	400	400	450	500	550	—
75～100	7以下	550	550	550	600	650	700
75～100	大于7	400	400	400	450	500	650
未保温的暗装立管(1)1层或2层的房屋							
25以下	7以下	80	100	130	—	—	—
25～50	7以下	80	80	130	150	—	—
50～75	7以下	80	80	100	130	180	—
75～100	7以下	80	80	80	130	180	230
(2)3层或4层的房屋							
25以下	15以下	180	200	280	—	—	—
25～50	15以下	180	200	250	300	—	—
50～75	15以下	150	180	200	250	300	—
75～100	15以下	150	150	180	230	280	330
(3)高于4层的房屋							
25以下	7以下	300	350	380			
25以下	大于7	200	250	300			
25～50	7以下	350	400	430	530		
25～50	大于7	250	300	330	380		
50～75	7以下	350	350	400	430	530	
50～75	大于7	250	250	300	330	380	
75～100	7以下	350	350	380	400	480	530
75～100	大于7	250	260	280	300	350	450

注：① 在下供下回系统中，不计算水在管路中冷却而产生的附加压力值。

② 在单管式系统中，附加值采用本表所示的相应值的50%。

考虑管内水的冷却、散热器表面积的附加数 **表5.4-10**

层数	附加的百分数											
	重力循环						机械循环					
	被计算的层数						被计算的层数					
	1	2	3	4	5	6	1	2	3	4	5	6
下供式(不保温)												
2	10	—	—	—	—	—	5	—	—	—	—	—
3	15	5	—	—	—	—	5	—	—	—	—	—
4	20	10	5	—	—	—	10	5	—	—	—	—
5	20	10	5	—	—	—	10	5	5	—	—	—
6	25	15	10	5	—	—	10	5	5	—	—	—

续表

层数	附加的百分数											
	重力循环						机械循环					
	被计算的层数						被计算的层数					
	1	2	3	4	5	6	1	2	3	4	5	6
上供式(不保温)												
2	—	10	—	—	—	—	—	5	—	—	—	—
3	—	5	15	—	—	—	—	—	5	—	—	—
4	—	5	10	20	—	—	—	—	5	10	—	—
5	—	—	5	10	20	—	—	—	5	5	10	—
6	—	—	5	10	15	25	—	—	—	5	5	10
下供式(保温)												
2	3	—	—	—	—	—	—	—	—	—	—	—
3	5	2	—	—	—	—	—	—	—	—	—	—
4	5	3	2	—	—	—	—	—	—	—	—	—
5	7	4	2	—	—	—	—	—	—	—	—	—
6	8	5	3	2	—	—	—	—	—	—	—	—
上供式(保温)												
2	—	3	—	—	—	—	—	—	—	—	—	—
3	—	2	5	—	—	—	—	—	—	—	—	—
4	—	2	3	6	—	—	—	—	—	—	—	—
5	—	—	2	4	7	—	—	—	—	—	—	—
6	—	—	2	3	5	8	—	—	—	—	—	—

注：① 沟内不保温的竖管其附加值按裸竖管数值的50%。
② 层数高于4层，也可按进入散热器内水的有效温度决定散热器面积，而不进行附加。

5）在计算蒸汽供暖系统时，应考虑沿途凝水和空气的排除，为此，低压蒸汽系统，始端管径大于DN50mm时，末端不应小于32mm；始端小于DN50mm时，末端不应小于DN25mm；凝水干管始端不应小于DN25mm。高压蒸汽系统，蒸汽干管末端和凝水干管始端管径不应小于DN20mm。

5.4.2 热水供暖系统的水力计算

常用的水力计算方法有等温降法、变温降法。不同热媒的水力计算表，见本手册。

1. 等温降法

(1) 计算原理

等温降计算法的特点是预先规定每根立管（对双管系统是每个散热器）的水温降，系统中各立管的供、回水温度都取相同的数值，在这个前提下计算流量。这种计算法的任务：一种是已知各管段的流量，给定最不利各管段的管径，确定系统所必须的循环压力；另一种是根据给定的压力损失，选择流过给定流量所需要的管径。

(2) 计算方法

按表5.4-11的步骤进行。

表 5.4-11

步骤	计算内容	计 算 方 法
1	流量	根据已知热负荷 Q 和规定的供回水温差 Δt，计算出每根管道的流量 G，即 $$G=\frac{0.86Q}{\Delta t}$$ 式中 G——流量，kg/h； Q——热负荷，W； Δt——供回水温差，℃。 当热媒为 110～70℃时，$\Delta t=40$℃；95～70℃时，$\Delta t=25$℃；80～60℃时，$\Delta t=20$℃
2	管径	·根据已算出的流量在允许流速范围内，选择最不利环路中各管段的管径。 ·当系统压力损失有限制时（尤其是自然循环时）应先算出平均的单位长度摩擦损失后再选取管径。 $$\Delta p_m=\frac{\alpha\Delta P}{\sum l}$$ 式中 Δp_m——平均单位长度摩擦损失，Pa/m； α——摩擦损失占总压力损失的百分数，热水系统为 0.5； ΔP——系统允许的总压力损失，Pa； $\sum l$——最不利环路的总长度，m
3	压力损失	根据流量和选择好的管径，可计算出各管段的压力损失 ΔP，即， $$\Delta P=\left(\frac{\lambda}{d}l+\sum\zeta\right)\frac{\rho v^2}{2}$$
4	环路压力平衡	按已算出的各管段压力损失，进行各并联环路间的压力平衡计算，如不能满足平衡要求，再调整管径，使之达到平衡为止，即， $$不平衡率=\frac{\sum\Delta P_1-\sum\Delta P_2}{\sum\Delta P_1}\times100\%<规定值$$ 式中 $\sum\Delta P_1$——第一环路总压力损失，Pa； $\sum\Delta P_2$——第二环路总压力损失，Pa

2. 变温降法

(1) 计算原理

在各立管温降不相等的前提下进行计算。首先选定管径，根据平衡要求的压力损失去计算立管的流量，根据流量来计算立管的实际温降，最后确定散热器的数量，本计算方法最适用于异程式垂直单管系统。

(2) 计算方法

1) 求最不利环路的 Δp_m 值，作查表参考用；

2) 假设最远立管的温降，一般按设计温降增加 2～5℃；

3) 根据假设温降，在推荐的流速范围内，并参照已求得的 Δp_m 值，查表求得最远立管的计算流量 G_i 和压力损失；

4) 根据立管环路之间压力平衡原理，依次由远至近计算出其他立管的计算流量、温降、及压力损失；

5) 已求得各立管计算流量之和 $\sum G_j$ 与要求温降 Δt 所求得的实际流量 $\sum G_t$ 不一致，需进行调整对各立管乘以调整系数，最后得出立管实际流量、温降和压力损失。各种调整系数为：

温降调整系数 $a=\frac{\sum G_j}{\sum G_t}$；

流量调整系数 $b=\frac{\sum G_t}{\sum G_j}$；

压力调整系数 $c=\left(\frac{\sum G_t}{\sum G_j}\right)^2$。

5.4.3 蒸汽供暖系统的水力计算

1. 低压蒸汽系统

(1) 供汽管道计算

一般按单位长度摩擦压力损失方法计算，即根据热负荷和推荐的流速按表5.4-12选用管径。但当供汽压力有限制时，可按预先计算出的单位长度压力损失Δp_m值为依据选用管径，计算式为：

$$\Delta p_m=\frac{(P-2000)a}{l} \tag{5.4-4}$$

式中 Δp_m——单位长度摩擦压力损失，Pa/m；

P——起始压力，Pa；

l——供汽管道最大长度，m；

2000——管道末端为克服散热器阻力而保留的剩余压力，Pa；

a——摩擦压力损失占压力损失的百分数，$a=0.6$。

局部阻力计算与热水相同，其动压头值查表5.4-3。

低压蒸汽供暖系统管路水力计算表（$P=5\sim20$kPa，$K=0.2$mm） **表5.4-12**

比摩阻R (Pa/m)	上行:通过热量Q(W);下行:蒸汽流速v(m/s)						
	15	20	25	32	40	50	70
5	790 2.92	1510 2.92	2380 2.92	5260 3.67	8010 4.23	15760 5.1	30050 5.75
10	918 3.43	2066 3.89	3541 4.34	7727 5.4	11457 6.05	23015 7.43	43200 8.35
15	1090 4.07	2490 4.68	4395 5.45	10000 6.65	14260 7.64	28500 9.31	53400 10.35
20	1239 4.55	2920 5.65	5240 6.41	11120 7.8	16720 8.83	33050 10.85	61900 12.1
30	1500 5.55	3615 7.61	6340 7.77	13700 9.6	20750 10.95	40800 13.2	76600 14.95
40	1759 6.51	4220 8.2	7330 8.98	16180 11.30	24190 12.7	47800 15.3	89400 17.35
60	2219 8.17	5130 9.94	9310 11.4	20500 14	29550 15.6	58900 19.03	110700 21.4
80	2510 9.55	5970 11.6	10630 13.15	23100 16.3	34400 18.4	67900 22.1	127600 24.8
100	2900 10.7	6820 13.2	11900 14.6	25655 17.9	38400 20.35	76000 24.6	142900 27.6
150	3520 13	8323 16.1	14678 18	31707 22.15	47358 25	93495 30.2	168200 33.4
200	4052 15	9703 18.8	16975 20.9	36545 25.5	55568 29.4	108210 35	202800 38.9
300	5049 18.7	11939 23.2	20778 25.6	45140 31.6	68360 35.6	132870 42.8	250000 48.2

(2) 凝水管道的确定

低压蒸汽的凝水为重为回水，分干式和湿式两种回水方式，直接查表5.4-13。

2. 高压蒸汽系统

(1) 蒸汽管道计算

一般采用当量长度法计算，蒸汽管道的管径可根据平均单位长度摩擦损失Δp_m，由

表5.4-14、表5.4-15、表5.4-16查得。管内最大流速不得超过表5.4-8的规定。Δp_{m} 值按下式求出：

$$\Delta p_{\mathrm{m}}=\frac{0.5ap}{l} \tag{5.4-5}$$

式中符号同前

蒸汽管道总压力损失 Δp 按下式计算：

$$\Delta p=\sum\left[\Delta p_{\mathrm{m}}(l+l_{\mathrm{d}})\right] \tag{5.4-6}$$

式中 l_{d}——当量长度，查表5.4-5。

低压蒸汽供暖系统干式和湿式自流凝结水管管径计算表 **表5.4-13**

凝水管径(mm)	形成凝水时，由蒸汽放出的热(kW)				
	干式凝水管		湿式凝水管(垂直或水平的)		
			计算管段的长度(m)		
	水平管段	垂直管段	50以下	50～100	100以上
15	14.7	7	33	21	9.3
20	17.5	26	82	53	29
25	33	49	145	93	47
32	79	116	310	200	100
40	120	180	440	290	135
50	250	370	760	550	250
76×3	580	875	1750	1220	580
89×3.5	870	1300	2620	1750	875
102×4	1280	2000	3605	2320	1280
114×4	1630	2440	4540	3000	1600

室内高压蒸汽供暖系统管径计算表（$P=200$kPa，$K=0.2$mm） **表5.4-14**

公称直径		10		15		20		25		32		40	
内径(mm)		12.50		15.75		21.25		27		35.75		41	
外径(mm)		17		21.25		26.75		33.50		42.25		48	
Q	G	Δp_{m}	v	Δp_{m}	v	Δp_{m}	v	Δp_{m}	v	Δp_{m}	v	Δp_{m}	v
2000	3	72	6	22	3.8								
3000	5	192	10	59	6.3	13	3.5						
4000	7	369	14	113	8.8	24	4.9	7	3				
5000	8	479	16	146	10.1	32	5.5	9	3.4				
6000	10	742	20	225	12.6	48	6.9	14	4.3				
7000	11	894	22.1	271	13.9	58	7.6	17	4.7				
8000	13			376	16.4	80	9	24	5.6	5	3.2		
9000	15			497	18.9	106	10.4	31	6.4	7	3.7		
10000	16			564	20.2	120	11.1	35	6.9	8	3.9		
12000	20					186	13.9	54	8.6	13	4.9	6	3.7
14000	23					244	16	71	9.8	17	5.6	8	4.3
16000	26					310	18	90	11.2	21	6.4	10	4.8
18000	29					384	20.1	112	12.5	26	7.1	13	5.4
20000	33					496	22.9	144	14.2	34	8.1	17	6.1
24000	39					688	27.1	199	16.8	47	9.6	23	7.3
28000	46					953	31.9	275	19.8	65	11.3	32	8.6
32000	52					1215	36.1	350	22.3	82	12.7	40	9.7
36000	59							449	25.4	105	14.5	52	11

续表

公称直径		10		15		20		25		32		40	
内径(mm)		12.5		15.75		21.25		27		35.75		41	
外径(mm)		17		21.25		26.75		33.50		42.25		48	
Q	G	Δp_m	v	Δp_m	v	Δp_m	v	Δp_m	v	Δp_m	v	Δp_m	v
40000	65							543	27.9	127	15.9	62	12.1
44000	72							665	30.9	155	17.6	76	13.4
48000	78							779	33.5	181	19.1	89	14.5
55000	90							1033	38.7	240	22.1	118	16.8
65000	106							1428	45.6	332	26	163	19.8
75000	123									445	30.1	218	22.9
85000	139									566	34.1	278	25.9
95000	155									702	38	344	28.9
110000	180									944	44.1	462	33.5
130000	213									1318	52.2	645	39.7
150000	245											851	45.7
170000	278											1093	51.8
190000	311											1366	58

公称直径		50		70		89×4		108×4		133×4		159×4	
内径(mm)		53		68		81		100		125		151	
外径(mm)		60		75.50		89		108		133		159	
Q	G	Δp_m	v	Δp_m	v	Δp_m	v	Δp_m	v	Δp_m	v	Δp_m	v
17000	28	3	3.1										
19000	31	4	3.5										
22000	36	5	4										
26000	43	7	4.8										
30000	49	9	5.5	2	3.3								
34000	56	12	6.2	3	3.8								
38000	62	15	6.9	4	4.2								
42000	69	19	7.7	5	4.7	2	3.4						
46000	75	22	8.3	6	5.1	2	3.6						
50000	82	26	9.1	7	5.6	3	3.9						
60000	98	37	10.9	10	6.6	4	4.7	1	3.1				
70000	114	50	12.7	14	7.7	5	5.4	2	3.6				
80000	131	65	14.6	18	8.8	7	6.3	2	4.1				
90000	147	82	16.4	22	10	9	7	3	4.6				
100000	163	100	18.2	27	11	11	7.8	3	5.1	1	3.3		
120000	196	144	21.9	39	13.3	16	9.3	5	6.1	1	3.9		
140000	229	196	25.5	54	15.5	22	10.9	7	7.2	2	4.6	0	3.2
160000	262	255	29.2	70	17.7	28	12.5	9	8.2	3	5.3	1	3.6
180000	294	321	32.8	88	19.9	35	14	12	9.2	3	5.9	1	4.1
200000	327	396	36.5	108	22.2	44	15.6	14	19.2	4	6.6	1	4.6
240000	392	566	43.7	155	26.6	62	18.7	21	12.3	5	7.9	2	5.5
280000	458	771	51.1	210	31	85	21.9	28	14.3	9	9.2	3	6.4
320000	523	1003	58.3	273	35.4	110	25	37	16.4	11	10.5	4	7.3
360000	589	1271	65.7	346	39.9	139	28.1	46	18.5	14	11.8	5	8.2
400000	654			426	44.3	171	31.2	57	20.5	18	13.1	7	9.1
440000	719			514	48.7	206	34.3	69	22.5	21	14.4	8	10
480000	785			612	53.2	246	37.5	82	24.6	26	15.7	10	10.9
550000	899			801	60.9	321	42.9	107	28.2	33	18	13	12.5

续表

公称直径		50		70		89×4		108×4		133×4		159×4	
内径(mm)		53		68		81		100		125		151	
外径(mm)		60		75.50		89		108		133		159	
Q	G	Δp_m	v	Δp_m	v	Δp_m	v	Δp_m	v	Δp_m	v	Δp_m	v
650000	1063			1117	72	448	50.8	149	33.3	47	21.3	18	14.8
750000	1226					595	58.5	198	38.4	62	24.6	24	17.1
850000	1390					763	66.4	254	43.5	79	27.9	31	19.4
950000	1553					951	74.2	316	48.7	99	31.1	38	21.6
1100000	1798							423	56.3	132	36	51	25
1300000	2125							590	66.6	184	42.6	71	29.6
1500000	2452							784	76.8	244	49.2	94	34.1
1700000	2779									313	55.7	121	38.7
1900000	3106									391	62.3	151	43.2
2200000	3597									523	72.1	202	50.1
2600000	4251											281	59.2
3000000	4905											374	68.3

注：① 制表时假定蒸汽运动黏度为$11.4\times10^{-6}m^2/s$，汽化潜热为2202kJ/kg，密度为$1.129kg/m^3$。

② λ按下式计算：

层流区 $\lambda=\frac{64}{Re}$

阻力平方区 $\lambda=0.11\left(\frac{K}{d}+\frac{68}{Re}\right)^{0.25}$

③ 表中符号

Q——管段热负荷，W； Δp_m——单位长度摩擦压力损失，Pa/m；

G——管段蒸汽流量，kg/h； v——流速，m/s。

室内高压蒸汽供暖系统管径计算表（P=300kPa，K=0.2mm） **表 5.4-15**

公称直径		10		15		20		25		32		40	
内径(mm)		12.50		15.75		21.25		27		35.75		41	
外径(mm)		17		21.25		26.75		33.50		42.25		48	
Q	G	Δp_m	v	Δp_m	v	Δp_m	v	Δp_m	v	Δp_m	v	Δp_m	v
2000	3	49	4.1										
3000	5	132	6.9	40	4.3								
4000	7	253	9.6	77	6	17	3.3						
5000	8	328	11	100	6.9	22	3.8						
6000	10	508	13.7	154	8.6	33	4.7						
7000	12	727	16.5	220	10.4	47	5.7	14	3.5				
8000	13	851	17.8	257	11.2	55	6.2	16	3.8				
9000	15	1128	20.6	340	13	73	7.1	21	4.4				
10000	17	1443	23.3	435	14.7	93	8.1	27	5				
12000	20			599	17.3	127	9.5	37	5.9	9	3.4		
14000	23			789	19.9	167	10.9	49	6.8	11	3.9		
16000	26			1004	22.5	213	12.3	62	7.6	14	4.4	7	3.3
18000	30					281	14.2	82	8.8	19	5	9	3.8
20000	33					339	15.7	98	9.7	23	5.5	11	4.2
24000	40					495	19	143	11.8	34	6.7	16	5.1
28000	46					653	21.8	188	13.5	44	7.7	22	5.9
32000	53					863	25.1	249	15.6	58	8.8	29	6.8
36000	60					1103	28.5	318	17.6	74	10.1	36	7.6
40000	66					1332	31.3	383	19.4	89	11.1	44	8.3
44000	73					1627	34.6	468	21.5	109	12.2	54	9.3
48000	79					1903	37.5	547	23.2	127	13.2	63	10.1
55000	91							723	26.7	168	15.3	83	11.6
65000	108							1014	31.7	235	18.1	116	13.8
75000	124							1334	36.4	309	20.8	152	15.8

续表

公称直径		10		15		20		25		32		40	
内径(mm)		12.50		15.75		21.25		27		35.75		41	
外径(mm)		17		21.25		26.75		33.50		42.25		48	
Q	G	Δp_m	v	Δp_m	v	Δp_m	v	Δp_m	v	Δp_m	v	Δp_m	v
85000	141							1721	41.4	398	23.6	195	18
95000	157							2131	46.1	493	26.3	242	20
110000	182									660	30.5	323	23.2
130000	215									919	36	450	27.4
150000	248									1219	41.6	597	31.6
170000	282									1574	47.3	770	35.9
190000	315									1961	52.8	959	40.1
220000	364											1277	46.4
260000	431											1787	54.9

公称直径		50		70		89×4		108×4		133×4		159×4	
内径(mm)		53		68		81		100		125		151	
外径(mm)		60		75.50		89		108		133		159	
Q	G	Δp_m	v	Δp_m	v	Δp_m	v	Δp_m	v	Δp_m	v	Δp_m	v
24000	40	4	3.1										
28000	46	6	3.5										
32000	53	7	4										
36000	60	10	4.6										
40000	66	12	5	3	3.1								
44000	73	14	5.6	4	3.4								
48000	79	16	6	4	3.7								
55000	91	22	6.9	6	4.2								
65000	108	30	8.2	8	5	3	3.5						
75000	124	40	9.5	11	5.7	4	4						
85000	141	52	10.8	14	6.5	5	4.6	2	3				
95000	157	64	12	17	7.3	7	5.1	2	3.4				
110000	182	85	13.9	23	8.3	9	5.9	3	3.9				
120000	199	102	15.2	28	9.2	11	6.5	3	4.3				
140000	232	137	17.7	38	10.7	15	7.6	5	5	1	3.2		
160000	265	179	20.2	49	12.3	20	8.7	6	5.7	2	3.6		
180000	298	225	22.7	62	13.8	25	9.7	8	6.4	2	4.1		
200000	331	277	25.2	76	15.3	30	10.8	10	7.1	3	4.5	1	3.2
240000	397	397	30.3	108	18.4	44	13	14	8.5	4	5.4	1	3.8
280000	464	541	35.4	148	21.5	59	15.1	20	9.8	6	6.4	2	4.4
320000	530	705	40.4	192	24.6	77	17.3	26	11.4	8	7.3	3	5
360000	596	890	45.5	242	27.6	97	19.5	32	12.8	10	8.2	4	5.7
400000	662	1096	50.5	298	30.7	120	21.6	40	14.2	12	9.1	5	6.3
440000	729	1328	55.6	361	33.8	145	23.8	48	15.6	15	10	6	6.9
480000	795	1578	60.6	429	36.8	172	26	57	17	18	10.9	7	7.6
550000	911	2069	69.5	562	42.2	226	29.7	75	19.5	23	12.5	9	8.7
650000	1076			783	49.8	314	35.1	104	23.1	33	14.8	12	10.2
750000	1242			1041	57.5	417	40.6	139	26.6	43	17	17	11.8
850000	1408			1337	65.2	535	46	178	30.2	55	19.3	21	13.4
950000	1573			1667	72.9	667	51.4	222	33.7	69	21.6	27	15
1100000	1822					894	59.5	297	39	93	25	36	17.3
1300000	2153					1246	70.3	414	46.1	129	29.5	50	20.5
1500000	2484							550	53.2	171	34.1	66	23.6
1700000	2815							706	60.3	220	38.6	85	26.8
1900000	3147							881	67.4	274	43.1	106	30
2200000	3643							1179	78	367	49.9	141	34.7
2600000	4306									512	59	197	41
3000000	4968									680	68.1	262	47.3
3400000	5631									873	77.3	336	53.6
3800000	6293											420	59.9

注：① 制表时假定蒸汽运动黏度为 $8.21\times10^{-6}m^2/s$，汽化潜热为 2164kJ/kg，密度为 $1.651kg/m^3$。

② λ值的确定同表 5.4-14。

③ 表中符号同表 5.4-14。

室内高压蒸汽供暖系统管径计算表（P=400kPa，K=0.2mm） **表 5.4-16**

公称直径		10		15		20		25		32		40	
内径(mm)		12.50		15.75		21.25		27		35.75		41	
外径(mm)		17		21.25		26.75		33.50		42.25		48	
Q	G	Δp_m	v	Δp_m	v	Δp_m	v	Δp_m	v	Δp_m	v	Δp_m	v
2000	3	38	3.1										
3000	5	101	5.2	31	3.3								
4000	7	193	7.3	59	4.6								
5000	8	251	8.3	76	5.3								
6000	10	388	10.5	118	6.6	25	3.6						
7000	12	555	12.6	168	7.9	36	4.3						
8000	14	752	14.7	227	9.2	49	5.1	14	3.1				
9000	15	861	15.7	260	9.8	55	5.4	16	3.4				
10000	17	1102	17.8	332	11.2	71	6.2	21	3.8				
12000	20	1519	20.9	457	13.2	97	7.2	28	4.5				
14000	24			655	15.8	139	8.7	40	5.4	9	3.1		
16000	27			826	17.8	175	9.8	51	6.1	12	3.5		
18000	30			1017	19.8	215	10.9	62	6.7	15	3.8		
20000	34			1303	22.4	275	12.3	80	7.6	19	4.3	9	3.3
24000	41					397	14.8	115	9.2	27	5.2	13	4
28000	47					520	17	150	10.5	35	6	17	4.6
32000	54					684	19.6	197	12.1	46	6.9	23	5.3
36000	61					871	22.1	251	13.7	58	7.8	29	5.9
40000	68					1079	24.6	310	15.3	72	8.7	36	6.6
44000	74					1276	26.8	367	16.6	85	9.5	42	7.2
48000	81					1527	29.3	438	18.2	102	10.4	50	7.9
55000	93					2008	33.7	576	20.9	134	11.9	66	9
65000	110					2803	39.8	803	24.7	186	14.1	91	10.7
75000	127							1068	28.5	247	16.2	121	12.4
85000	144							1370	32.3	317	18.4	155	14
95000	160							1689	35.9	391	20.5	191	15.6
110000	186							2278	41.7	526	23.8	258	18.1
130000	220							3181	49.3	734	28.1	359	21.4
150000	253									969	32.4	474	24.6
170000	287									1244	36.7	608	27.9
190000	321									1554	41.1	760	31.2
220000	372									2084	47.6	1018	36.2
260000	439											1415	42.7
300000	507											1885	49.3
340000	574											2413	55.8

公称直径		50		70		89×4		108×4		133×4		159×4	
内径(mm)		53		68		81		100		125		151	
外径(mm)		60		75.5		89		108		133		159	
Q	G	Δp_m	v	Δp_m	v	Δp_m	v	Δp_m	v	Δp_m	v	Δp_m	v
32000	54	6	3.1										
36000	61	7	3.6										
40000	68	8	3.7										
44000	74	11	4.3										
48000	81	13	4.7										

续表

公称直径		50		70		89×4		108×4		133×4		159×4	
内径(mm)		53		68		81		100		125		151	
外径(mm)		60		75.50		89		108		133		159	
Q	G	Δp_m	v	Δp_m	v	Δp_m	v	Δp_m	v	Δp_m	v	Δp_m	v
55000	93	17	5.4	5	3.3								
65000	110	24	6.4	6	3.9								
75000	127	32	7.4	9	4.5	3	3.2						
85000	144	41	8.3	11	5.1	4	3.6						
95000	160	50	9.3	14	5.7	5	3.8						
110000	186	68	10.8	18	6.6	7	4.6	2	3				
130000	220	94	12.8	26	7.8	10	5.5	3	3.6				
150000	253	124	14.7	34	8.8	14	6.3	4	4.1				
170000	287	160	16.7	44	10.1	17	7.2	6	4.7	1	3		
190000	321	199	18.7	54	11.4	22	8	7	5.2	2	3.4		
220000	372	267	21.7	73	13.2	29	9.3	10	6.1	3	3.9		
260000	439	370	25.6	101	15.5	41	10.9	13	7.2	4	4.6	1	3.2
300000	507	493	29.5	134	17.9	54	12.6	18	8.3	5	5.3	2	3.7
340000	574	630	33.4	172	20.3	69	14.3	23	9.3	7	6	2	4.2
380000	642	788	37.4	214	22.7	86	16	29	10.5	9	6.7	3	4.7
420000	709	959	41.3	261	25.1	105	17.7	35	11.6	11	7.4	4	5.2
460000	777	1151	45.2	313	27.5	126	19.4	42	12.7	13	8.1	5	5.6
500000	844	1357	49.1	369	29.8	148	21	49	13.8	15	8.8	6	6.1
600000	1013	1952	59	530	35.8	213	25.2	71	16.6	22	10.6	8	7.4
700000	1182	2654	68.8	720	41.8	289	29.5	96	19.3	30	12.4	11	8.6
800000	1351			940	47.8	377	33.7	125	22.1	39	14.1	15	9.8
900000	1520			1188	53.7	476	37.9	158	24.9	49	15.9	19	11
1000000	1689			1466	59.7	587	42.1	195	27.6	61	17.7	23	12.3
1200000	2026			2106	71.6	843	50.5	280	33.1	87	21.2	34	14.7
1400000	2364					1146	58.9	381	38.7	118	24.7	46	17.2
1600000	2702					1496	67.3	497	44.2	155	28.3	59	19.6
1800000	3040					1892	75.8	628	49.7	195	31.8	75	22.1
2000000	3377							774	55.2	241	35.3	93	24.5
2400000	4053							1113	66.3	346	42.4	133	29.5
2800000	4728							1514	77.3	471	49.5	181	34.4
3200000	5404									614	56.6	236	39.3
3600000	6079									776	63.6	299	44.2
4000000	6755									958	70.7	369	49.1

注：① 制表时假定蒸汽运动黏度为 $6.41\times10^{-6}m^2/s$，汽化潜热为 2133kJ/kg，密度为 $2.163kg/m^3$。

② λ 值的确定同表 5.4-14。

③ 表中符号同表 5.4-14。

(2) 凝水管道计算

- 由散热器至疏水器间的管径按表 5.4-17 选用。
- 疏水器后的管径分开式和闭式两种，其管径根据凝水量的平均单位长度压力损失 Δp_m 和计算负荷确定。开式凝水查表 5.4-18、表 5.4-19、表 5.4-20；闭式凝水查表 5.4-21、表 5.4-22、表 5.4-23。

由散热器至疏水器间不同管径通过的负荷　　表 5.4-17

管径(mm)	15	20	25	32	40	50	70	80	100	125	150
热量(kW)	9.3	30.2	46.5	98.8	128	246	583	860	1340	2190	4950

开式高压凝水管径计算表（P=200kPa） 表 5.4-18

ΔP (Pa/m)	在下列管径时通过的热量(kW)											
	15	20	25	32	40	50	70	80	100	125	150	219×6
20	3.76	8.34	15.5	31.8	45.2	98.6	174	287	541	714	1570	3070
40	5.28	11.7	21.9	45.6	65	140	245	405	764	1010	2231	4310
60	6.46	14.4	26.8	55.7	78.7	171	299	296	939	1230	2712	5260
80	7.52	16.7	31	63.6	90.4	197	348	573	1080	1430	3150	6130
100	8.46	18.6	34.8	71.8	101	220	389	637	1200	1590	3470	6820
120	9.16	20.2	37.9	78.5	111	243	425	704	1330	1750	3830	7430
150	10.1	22.8	42.5	88.1	124	271	476	786	1480	1960	4290	8340
200	11.7	26.2	49	101	137	312	552	902	1700	2250	4920	9630
250	13.2	29.3	54.7	106	153	351	617	1010	1910	2540	5530	16800
300	14.4	32.2	59.9	124	169	382	672	1100	2090	2760	6010	11700
350	15.5	34.6	65	134	182	415	729	1200	2280	2980	6530	12700
400	16.6	37.2	69.5	143	195	444	777	1280	2420	3220	7020	13700
450	17.6	39.2	74	153	207	469	824	1360	2570	3410	7400	14500
500	20.2	41.3	77.5	160	218	493	869	1430	2710	3570	7810	15000

注：漏汽加二次蒸汽按10%计算，K=0.5mm，ρ_{pj}=5.8kg/m^3。

开式高压凝水管径计算表（P=300kPa） 表 5.4-19

ΔP (Pa/m)	在下列管径时通过的热量(kW)											
	15	20	25	32	40	50	70	80	100	125	150	219×6
20	3.05	6.81	12.6	25.8	36.5	81	141	235	440	580	1268	2490
40	4.35	9.51	18.4	37	52.4	114	200	328	622	829	1820	3523
60	5.28	11.6	21.7	45.1	64	140	242	401	763	854	2200	4270
80	6.10	13.4	25	52	73.4	160	284	470	904	1170	2540	4980
100	6.81	15	28	58.7	82.2	180	317	521	987	1310	2830	5500
120	7.52	16.4	30.8	64.6	90.4	196	346	572	1080	1430	3110	6110
150	8.22	18.3	34.5	72	101	218	388	640	1200	1585	3500	6850
200	9.40	21.1	39.9	83.4	117	252	446	740	1370	1820	4020	7830
250	10.6	23.7	44.6	92.8	130	283	505	822	1540	2060	4510	8830
300	11.5	25.9	49	101	142	309	552	904	1689	2230	4930	9680
350	12.4	28.2	52.8	109	153	335	599	975	1836	2410	5320	10500
400	13.4	30.3	56.4	117	164	362	638	1050	1960	2580	5730	11200
450	14.1	32.1	60.5	123	174	384	674	1100	2110	2760	5990	11900
500	14.9	33.7	63.4	129	182	399	711	1160	2230	2900	6400	12400

注：漏汽加二次蒸汽按15%计算，K=0.5mm，ρ_{pj}=3.85kg/m^3。

开式高压凝水管径计算表（P=400kPa） 表 5.4-20

ΔP (Pa/m)	在下列管径时通过的热量(kW)											
	15	20	25	32	40	50	70	80	100	125	150	219×6
20	2.70	5.87	11.0	22.5	31.9	69.9	124	203	383	506	1113	2170
40	3.76	8.34	15.6	32.3	45.7	98.7	174	287	543	716	1570	3050
60	4.58	10.2	19.0	39.6	55.7	121	211	350	666	870	1910	3720
80	5.40	11.7	22.1	45.1	63.9	140	247	406	766	1012	2220	4350
100	5.99	13.3	24.7	51	71.6	156	277	452	853	1130	2470	4820
120	6.46	14.2	26.9	55.7	78.9	173	303	497	940	1233	2700	5260
150	7.16	16.1	30.1	62.5	88.1	193	337	557	1050	1390	3040	5900
200	8.34	18.6	34.6	72.3	102	221	390	636	1210	1600	3490	6810
250	9.28	20.9	38.8	80.4	114	248	438	716	1350	1800	3910	7630
300	10.2	22.8	42.3	88.0	124	271	476	785	1480	1880	4270	8340
350	11.0	24.4	46.0	94.7	135	295	517	846	1600	2110	4620	8900
400	11.7	26.4	49.2	102	144	314	552	904	1710	2280	4970	9640
450	12.4	27.8	52.3	107	153	334	585	963	1830	2410	5260	10200
500	13.2	29.1	55.6	113	161	349	613	1012	1910	2520	5570	10700

注：漏汽加二次蒸汽量按20%计算，K=0.5mm，ρ_{pj}=2.9kg/m^3。

闭式高压凝水管径计算表（P=200kPa） 表 5.4-21

ΔP (Pa/m)	在下列管径时通过的热量(kW)											
	15	20	25	32	40	50	70	80	100	125	150	219×6
20	4.35	9.63	17.9	37.0	52.3	115	202	332	628	880	1810	3550
40	6.11	13.6	25.5	52.8	74.9	162	285	470	890	1170	2580	5000
60	7.52	16.6	31.1	64.6	91.1	198	348	575	1090	1430	3140	6690
80	8.69	19.1	35.9	74.0	105	229	404	640	1260	1660	3630	7080
100	9.75	21.6	40.3	83.4	117	256	451	740	1460	1840	4030	7870
120	10.6	23.5	44.0	91.0	129	281	493	813	1540	2030	4440	8660
150	11.7	26.3	49.3	102	144	315	552	910	1720	2280	4980	9690
200	13.6	30.1	56.7	117	167	362	637	1045	1970	2610	5710	11100
250	15.2	34.1	63.4	132	187	406	716	1174	2220	2940	6420	12500
300	16.7	37.1	69.5	144	204	444	780	1280	2420	3190	7000	13600
350	18.0	40.2	75.2	155	221	482	846	1386	1630	3460	7560	14800
400	19.3	43.1	80.7	167	236	513	904	1480	2810	3720	8120	15900
450	20.4	45.6	85.7	176	250	546	957	1570	2980	3950	8660	16800
500	21.5	47.9	90.0	186	263	573	1010	1660	3140	4130	9070	17600

注：漏汽加二次蒸汽量按 10%计算，K=0.5mm，ρ_{pj}=7.88kg/m³。

闭式高压凝水管径计算表（P=300kPa） 表 5.4-22

ΔP (Pa/m)	在下列管径时通过的热量(kW)											
	15	20	25	32	40	50	70	80	100	125	150	219×6
20	3.64	7.99	15.0	30.5	43.6	95	168	275	521	691	1510	2940
40	5.05	11.3	23.3	43.5	60.7	135	238	390	738	974	2140	4130
60	6.22	13.9	26.1	53.3	74.6	164	291	477	904	1160	2810	5070
80	7.16	15.0	30.1	61.0	86.9	189	336	552	1040	1370	3030	6070
100	7.99	17.9	33.7	68.4	97.2	213	376	613	1160	1540	3380	6550
120	8.81	19.5	36.4	75.2	106	233	409	669	1270	1680	3700	7140
150	9.87	21.8	39.9	83.4	119	260	458	752	1410	1880	4130	7970
200	11.4	25.2	47.2	96.5	137	301	528	866	1640	2170	4770	9210
250	12.8	28.4	53.0	108	153	337	595	975	1840	2430	5270	10300
300	14.0	30.8	57.8	117	169	366	646	1060	2020	2650	5840	11300
350	15.0	33.5	62.5	128	182	397	701	1140	2180	2870	6350	12200
400	16.1	35.6	66.9	136	195	426	752	1230	2330	3080	6790	13500
450	17.0	38.1	71.2	146	207	451	792	1310	2470	3250	7180	13800
500	19.3	40.0	74.9	152	218	474	834	1370	2610	3430	7530	14600

注：漏汽加二次蒸汽量按 15%计算，K=0.5mm，ρ_{pj}=5.26kg/m³。

闭式高压凝水管径计算表（P=400kPa） 表 5.4-23

ΔP (Pa/m)	在下列管径时通过的热量(kW)											
	15	20	25	32	40	50	70	80	100	125	150	219×6
20	3.05	6.81	12.7	26.2	36.9	81	143	235	444	585	1280	2510
40	4.35	9.63	18.1	37.3	52.8	115	202	332	626	834	1830	3520
60	5.28	11.7	22.0	45.6	65.0	140	245	406	767	1010	2220	4310
80	6.11	13.6	25.4	52.4	73.8	162	287	470	911	1170	2560	5030
100	6.93	15.4	28.4	59.1	83.4	182	321	526	998	1310	2870	5610
120	7.52	16.6	31.2	64.6	91.8	200	350	577	1090	1440	3150	6190
150	8.34	18.8	35.0	72.6	102	223	392	646	1220	1620	3530	6880
200	9.63	21.5	40.1	83.4	119	257	452	742	1400	1830	4060	7880
250	10.8	24.2	45.1	93.6	133	289	509	834	1570	2090	4560	8910
300	11.7	26.4	49.4	102	146	315	554	908	1710	2280	4970	9720
350	12.7	28.5	53.6	110	157	342	600	986	1870	2470	5380	10500
400	13.6	30.6	57.1	119	168	365	644	1060	2000	2650	5770	11300
450	14.4	32.4	60.8	126	177	386	681	1120	2130	2800	6110	11900
500	15.1	34.1	63.9	132	186	406	716	1170	2250	2940	6460	12500

注：漏汽加二次蒸汽量按 20%计算，K=0.5mm，ρ_{pj}=3.95kg/m³。

5.5 供暖设备的选择与计算

5.5.1 散 热 器

1. 散热器散热片数 n（片）计算

$$n=(Q_J Q_S)\beta_1\beta_2\beta_3\beta_4 \tag{5.5-1}$$

式中 Q_J——房间的供暖热负荷，W；

Q_S——散热器的单位（每片或每米长）散热量，W/片或W/m；

β_1——柱型散热器（如铸铁柱型，柱翼型，钢制柱型等）的组装片数修正系数及扁管型，板型散热器长度修正系数，见表5.5-1；

β_2——散热器支管连接方式修正系数，见表5.5-2；

β_3——散热器安装形式修正系数，见表5.5-3；

β_4——进入散热器流量修正系数，见表5.5-4；

散热器安装长度修正系数 β_1 **表5.5-1**

散热器型式	各种铸铁及钢制柱型				钢制板型及扁管型		
每组片数或长度	<6片	6～10	11～20	>20片	≤600	800	≥1000
β_1	0.95	1.00	1.05	1.10	0.95	0.92	1.00

散热器支管连接方式修正系数 β_2 **表5.5-2**

连接方式	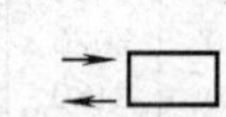	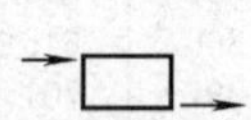	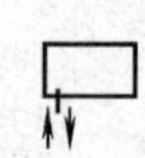	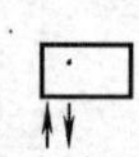	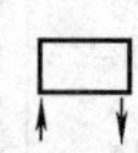
各类柱型	1.0	1.009	—	—	—
铜铝复合柱翼型	1.0	0.96	1.01	1.14	1.08
连接方式		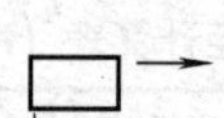	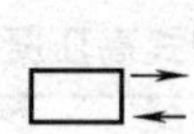		
各类柱型	1.251	—	1.39	1.39	—
铜铝复合柱翼型	1.10	1.38	1.39	—	

注：① 柱型散热器为原M-132型所测数据，其他类型散热器可参考采用，数据来源于原哈尔滨建工学院。
② 铜铝复合柱翼型的数据来源于青岛理工大学。

散热器安装形式修正系数 β_3 **表5.5-3**

安装形式	β_3
装在墙体的凹槽内(半暗装)散热器上部距墙距离为100mm	1.06
明装但散热器上部有窗台板覆盖,散热器距离台板高度为150mm	1.02
装在罩内,上部敞开,下部距地150mm	0.95
装在罩内,上部,下部开口,开口高度均为150mm	1.04

进入散热器的流量修正系数 β_4 表 5.5-4

散热器类型	流量增加倍数						
	1	2	3	4	5	6	7
柱型、柱翼型、多翼型长翼型，镶翼型	1.0	0.9	0.86	0.85	0.83	0.83	0.82
扁管型散热器	1.0	0.94	0.93	0.92	0.91	0.90	0.90

注：表中流量增加倍数为1时的流量即为散热器进出口水温为25℃时的流量，亦称标准流量。

对多层住宅根据多年实践经验，一般多发生上层热下层冷的现象，故在计算散热器片数时，建议在总负荷不变的条件下，将房间热负荷做上层减下层加的调整，调整百分数一般为5%～15%，见表5.5-5。

散热器片数调整百分表（%） 表 5.5-5

设计层数 \ 总层数	七	六	五	四	三	二	一
七	−15						
六	−10	−10					
五	−5	−5	−10				
四	0	0	−5	−5			
三	+5	0	0	0	−5		
二	+10	+5	+5	0	0	−5	
一	+15	+10	+10	+5	+5	+5	

2. 室内不保温明装采暖管道散热量计算

$$Q=F\times K\times\eta\times(t-t_n) \tag{5.5-2}$$

式中 Q——明装不保温采暖管道散入室内的热量，W；

F——管道外表面积，m^2；

K——管道传热系数，$W/(m^2\cdot℃)$，见表5.5-6；

η——管道安装位置系数，按表5.5-7；

t——管道热媒温度，℃；

t_n——室内设计温度，℃；

无保温管道的传热系数 K [$W/(m^2\cdot℃)$] 表 5.5-6

水平或垂直钢管管径(mm)	管道内水温与室内温差(℃)					蒸汽压力(Pa)	
	40～50	50～60	60～70	70～80	80以上	70	200
32以下	12.7	13.3	13.9	14.5	14.5	15.0	16.1
40～100	11.0	11.6	12.1	12.7	13.3	14.5	14.8
125～150	11.0	11.6	12.1	12.1	12.1	13.3	14.2
200以下	9.8	9.8	9.8	9.8	9.8	13.3	14.2

管道安装位置系数 η 表 5.5-7

管道安装位置	立管	沿顶棚敷设的管道	沿地面敷设的管道
η	0.75	0.5	1.0

3. 散热器布置

(1) 散热器一般应明装。暗装时应留有足够的空气流通通道，并方便维修。暗装散热器设温控阀时，应采用外置式温度传感器，温度传感器应设置在能正确反映房间温度的位置。

(2) 片式组对柱型散热器每组散热器片数不宜过多。铸铁柱型散热器每组片数不宜超过25片，组装长度不宜超过1500mm。当散热器片数过多，可分组串接时，供回管支管宜异侧连接。

(3) 有外窗房间的散热器宜布置在窗下。

(4) 进深较大的房间内侧分别设置散热器。

(5) 托儿所，幼儿园的散热器应暗装或加防护罩。

(6) 汽车库散热器宜高位安装。散热器落地安装时宜设置防冻设施。

(7) 有冻结危险的门斗不应设置散热器。

(8) 楼梯间散热器应尽量布置在底层。当底层布置不下时，可参考表5.5-8进行分配。

楼梯间散热器分配比例（%） **表5.5-8**

建筑物总层数	安装层数					
	一	二	三	四	五	六
2	65	35				
3	50	30	20			
4	50	30	20			
5	50	25	15	10		
6	50	20	15	15		
7	45	20	15	10	10	
≥8	40	20	15	10	10	5

4. 散热器选用注意事项

(1) 散热器的承压能力应满足系统的工作压力。

(2) 放散粉尘或防尘要求较高的工业建筑，应选用易于清扫的散热器。

(3) 具有腐蚀性气体的工业建筑或相对湿度较大的房间应选用外表面耐腐蚀的散热器。

(4) 当选用钢制，铝制，铜制散热器时，为降低内腐蚀应对水质提出要求，一般钢制pH=10～12，O_2≤0.1mg/L；铝制pH=5～8.5；铜制pH=7.5～10为适用值。铜或不锈钢散热器Cl^-、SO_4^{2-}含量分别不大于100mg/L。在供水温度高于85℃、pH值大于10的连续供暖系统中，不宜采用铝合金散热器。

5. 铸铁散热器

铸铁散热器种类见表5.5-9，图5.5-1。

6. 钢制散热器

钢制散热器种类见表5.5-10、表5.5-11、表5.5-12、表5.5-13，图5.5-2、图5.5-3、图5.5-4、图5.5-5。

7. 铜铝散热器

铜铝制散热器见表5.5-14，图5.5-6。

表 5.5-9

铸铁散热器综合性能表

序号	项目 / 型号	规格	单片尺寸(mm) 高度	宽度	长度	同侧进出口中心距	重量(kg/片)	水容量(L/片)	散热面积(m^2/片)	传热系数(W/m^2·℃)	散热量(W) 当ΔT=64.5℃时	计算式	工作压力(MPa) 热水 普压	高压	超高压	蒸汽
1	卉艺二柱 780 型 SC(WS)THY2-6-6(8/10)(780)	中	706	136	70	600	7.1	1.85	0.301	7.00	135.9	$Q=0.7374\Delta T^{1.252}$	0.6	0.8	1.0	0.2
		足	780				7.7									
2	卉艺三柱 750 型 SC(WS)THY2-6-6(8/10)(750)	中	680	136	70	600	6.9	1.85	0.290	7.27	135.9	$Q=0.7374\Delta T^{1.252}$	0.6	0.8	1.0	0.2
		足	750				7.5									
3	圆管三柱 745 型 SC(WS)TYZ3-6-6(8/10)(745)	中	680	100	45	600	3.7	0.75	0.179	8.64	99.8	$Q=0.4960\Delta T^{1.273}$	0.6	0.8	1.0	0.2
		足	745				4.0									
4	圆管三柱 645 型 SC(WS)TYZ3-5-6(8/10)(645)	中	572	100	45	500	3.2	0.64	0.150	8.51	82.3	$Q=0.3909\Delta T^{1.284}$	0.6	0.8	1.0	0.2
		足	645				3.5									
5	圆管三柱 445 型 SC(WS)TYZ3-3-6(8/10)(445)	中	372	100	45	300	2.0	0.44	0.111	7.77	55.6	$Q=0.2905\Delta T^{1.261}$	0.6	0.8	1.0	0.2
		足	445				2.3									
6	圆管五柱 300 型 SC(WS)TYZ5-230-6(8/10)(375)	中	302	175	45	230	2.8	0.56	0.120	8.80	68.2	$Q=0.4039\Delta T^{1.231}$	0.6	0.8	1.0	0.2
7	椭圆柱 750 型 SC(WS)TYZ-6-6(8/10)(750)	中	672	84	65	600	4.6	1.10	0.180	10.36	120.3	$Q=0.5255\Delta T^{1.304}$	0.6	0.8	1.0	0.2
		足	750				4.9									
8	心梅型 748 型 SC(WS)TXMZ-6-6(8/10)(748)	中	674	100	55	600	4.4	0.83	0.200	8.64	111.5	$Q=0.4261\Delta T^{1.336}$	0.6	0.8	1.0	0.2
		足	748				4.7									
9	锥柱花翼对流 750 型 SC(WS)TZZH-6-6(8/10)(750)	中	666	100	60	600	5.2	1.01	0.240	8.30	128.5	$Q=0.4692\Delta T^{1.347}$	0.6	0.8	1.0	0.2
		足	750				5.5									
10	柱翼 750 型 SC(WS)TZY3-6-6(8/10)(750)	中	670	100	60	600	5.1	1.10	0.258	7.45	123.9	$Q=0.5738\Delta T^{1.290}$	0.6	0.8	1.0	0.2
		足	750				5.4									

续表

序号	项目 型号	规格	单片尺寸(mm)				重量(kg/片)	水容量(L/片)	散热面积(m^2/片)	传热系数(W/m^2·℃)	散热量(W)		工作压力(MPa)			
			高度	宽度	长度	同侧进出口中心距					当ΔT=64.5℃时	计算式	热水			蒸汽
													普压	高压	超高压	
11	柱翼650型 SC(WS)TZY3-5-6(8/10)(650)	中	570	100	60	500	4.4	0.72	0.195	9.30	117	$Q=0.5397\Delta T^{1.291}$	0.6	0.8	1.0	0.2
		足	650				4.7									
12	柱翼450型 SC(WS)TZY3-3-6(8/10)(450)	中	370	100	60	300	3.0	0.48	0.127	9.23	75.8	$Q=0.4472\Delta T^{1.232}$	0.6	0.8	1.0	0.2
		足	450				3.3									
13	柱翼橄榄745型 SC(WS)TZYG3-6-6(8/10)(745)	中	668	120	60	600	5.9	1.10	0.273	8.28	145.8	$Q=0.7308\Delta T^{1.271}$	0.6	0.8	1.0	0.2
		足	745				6.3									
14	柱翼橄榄645型 SC(WS)TZYG3-5-6(8/10)(645)	中	568	120	60	500	4.8		0.248	7.60	121.6	$Q=0.6223\Delta T^{1.266}$	0.6	0.8	1.0	0.2
		足	645				5.2									
15	T型管750型 SC(WS)TTYD2-6-6(8/10)(750)	中	670	100	60	600	5.7	1.80	0.271	7.45	130.3	$Q=0.6698\Delta T^{1.265}$	0.6	0.8	1.0	0.2
		足	750				6.0									
16	T型管650型 SC(WS)TTYD2-5-6(8/10)(650)	中	570	100	60	500	4.7	1.65	0.239	6.92	106.7	$Q=0.6009\Delta T^{1.243}$	0.6	0.8	1.0	0.2
		足	650				5.0									
17	板翼560型 SC(WS)TBY2-1.8/5-6(8/10)(560)	中	560	60	180	500	8.8	1.60	0.330	8.35	177.8	$Q=0.9732\Delta T^{1.250}$	0.6	0.8	1.0	0.2
		足														
18	柱翼780型 SC(WS)TZY2-1.0/6-5(8)	中	700	100	70	600	5.8	1.40	0.330	6.92	147.3	$Q=0.6765\Delta T^{1.292}$	0.5	0.8		0.2
		足	780				6.4									
19	柱翼680型 SC(WS)TZY2-1.0/5-5(8)	中	600	100	70	500	5.0	1.25	0.280	6.81	123	$Q=0.6064\Delta T^{1.275}$	0.5	0.8		0.2
		足	680				5.6									
20	双管对流700型 SC(WS)SGDLTZ2-5-6(8/10)(700)	中	600	99	70	500	5.1	1.00	0.288	6.67	123.9	$Q=0.6450\Delta T^{1.262}$	0.6	0.8	1.0	0.2
		足	700				5.5									

续表

序号	项目 / 型号	规格	单片尺寸(mm) 高度	宽度	长度	同侧进出口中心距	重量(kg/片)	水容量(L/片)	散热面积(m^2/片)	传热系数(W/m^2·℃)	散热量(W) 当ΔT=64.5℃时	计算式	工作压力(MPa) 热水 普压	高压	超高压	蒸汽
21	双管对流 800 型 SC(WS)SGDLTZ2-6-6(8/10)(800)	中	700	99	70	600	6.0	1.15	0.380	5.73	140.5	$Q=0.7072\Delta T^{1.270}$	0.6	0.8	1.0	0.2
		足	800				6.4									
22	椭三柱 745 型 SC(WS)TTZ3-6-6(8/10)(745)	中	674	120	60	600	5.1	1.30	0.213	9.31	127.9	$Q=0.5473\Delta T^{1.309}$	0.6	0.8	1.0	0.2
		足	745				5.5									
23	椭三柱 645 型 SC(WS)TTZ3-5-6(8/10)(645)	中	574	120	60	500	4.3	1.02	0.181	9.82	114.7	$Q=0.5632\Delta T^{1.276}$	0.6	0.8	1.0	0.2
		足	645				4.7									
24	椭三柱 450 型 SC(WS)TTZ3-3-6(8/10)(450)	中	385	120	60	300	3.0	0.68	0.135	9.83	85.6	$Q=0.3897\Delta T^{1.294}$	0.6	0.8	1.0	0.2
		足	450				3.4									
25	椭柱翼 745 型 SC(WS)TTZY2-6-6(8/10)(745)	中	673	120	70	600	5.1	1.95	0.239	8.65	133.4	$Q=0.5828\Delta T^{1.304}$	0.6	0.8	1.0	0.2
		足	745				5.4									
26	椭柱翼 645 型 SC(WS)TTZY2-5-6(8/10)(645)	中	573	120	70	500	4.3	1.45	0.211	8.69	118.2	$Q=0.5451\Delta T^{1.291}$	0.6	0.8	1.0	0.2
		足	645				4.7									
27	椭柱 132 型 SC(WS)TTZ2-5-6(8/10)(132)	中	582	132	80	500	5.6	1.36	0.237	8.28	126.6	$Q=0.6267\Delta T^{1.274}$	0.6	0.8	1.0	0.2
		足	660				6.0									
28	细四柱 725 型 SC(WS)TX4-6-6(8/10)(725)	中	665	113	45	800	4.0	0.54	0.185	8.68	103.5	$Q=0.5544\Delta T^{1.255}$	0.6	0.8	1.0	0.2
		足	725				4.3									
29	椭四柱 813 型 SC(WS)TTZ4-642-6(8/10)(813)	中	725	160	58	642	5.9	1.15	0.275	8.55	151.7	$Q=0.6570\Delta T^{1.306}$	0.6	0.8	1.0	0.2
		足	813				6.3									
30	椭四柱 760 型 SC(WS)TTZ4-6-6(8/10)(760)	中	682	143	60	600	5.1	0.93	0.230	9.02	133.8	$Q=0.5773\Delta T^{1.307}$	0.6	0.8	1.0	0.2
		足	760				5.5									

续表

序号	项目/型号	规格	单片尺寸(mm)				重量(kg/片)	水容量(L/片)	散热面积(m^2/片)	传热系数(W/m^2·℃)	散热量(W)		工作压力(MPa)			
			高度	宽度	长度	同侧进出口中心距					当ΔT=64.5℃时	计算式	热水 普压	热水 高压	热水 超高压	蒸汽
31	椭四柱660型 SC(WS)TTZ4-5-6(8/10)(660)	中	582	143	60	500	4.3	0.85	0.195	9.25	116.3	$Q=0.5231\Delta T^{1.297}$	0.6	0.8	1.0	0.2
		足	660				4.7									
32	椭四柱460型 SC(WS)TTZ4-3-6(8/10)(460)	中	382	143	60	300	2.9	0.50	0.126	9.57	77.8	$Q=0.4364\Delta T^{1.244}$	0.6	0.8	1.0	0.2
		足	460				3.3									
33	椭四柱745型 SC(WS)TTZ4-6-6(8/10)(745)	中	671	143	55	600	5.2	0.90	0.235	8.84	134	$Q=0.5500\Delta T^{1.319}$	0.6	0.8	1.0	0.2
		足	745				5.6									
34	四柱760型(无粘砂型) SC(WS)TZ4-6-5(8)	中	682	143	60	600	5.7	1.05	0.235	8.79	133.3	$Q=0.5538\Delta T^{1.316}$	0.5	0.8		0.2
		足	760				6.4									
35	四柱660型(无粘砂型) SC(WS)TZ4-5-5(8)	中	582	143	60	500	4.6	0.90	0.200	8.88	114.5	$Q=0.5620\Delta T^{1.276}$	0.5	0.8		0.2
		足	660				5.3									
36	棱四柱780型 SC(WS)TLZ4-6-6(8/10)(780)	中	690	140	60	600	5.7	0.96	0.247	8.81	140.4	$Q=0.5784\Delta T^{1.318}$	0.6	0.8	1.0	0.2
		足	780				6.1									
37	四柱760型 TZ4-6-5(8)	中	682	143	60	600	6.0	1.05	0.235	8.79	133.3	$Q=0.5538\Delta T^{1.316}$	0.5	0.8		0.2
		足	760				6.7									
38	四柱660型 TZ4-5-5(8)	中	582	143	60	500	4.9	0.90	0.200	8.88	114.5	$Q=0.5620\Delta T^{1.276}$	0.5	0.8		0.2
		足	660				5.6									
39	四柱460型 TZ4-3-5(8)	中	382	143	60	300	3.4	0.60	0.134	9.60	83.0	$Q=0.4734\Delta T^{1.240}$	0.5	0.8		0.2
		足	460				4.1									
40	翼型 TY0.8/3-5(7)	中	388	95	L=80	300	4.2	0.85	0.200	7.35	94.8	$Q=0.496\Delta T^{1.273}$	0.5	0.7		0.2
		足														

续表

序号	项目／型号	规格	单片尺寸(mm)				重量（kg/片）	水容量（L/片）	散热面积（m^2/片）	传热系数（W/m^2·℃）	散热量(W)		工作压力(MPa)			
			高度	宽度	长度	同侧进出口中心距					当ΔT=64.5℃时	计算式	热水			蒸汽
													普压	高压	超高压	
41	翼型 TY1.4/3-5(7)	中	388	95	L_1=140	300	6.7	1.16	0.340	6.96	152.7	$Q=0.391\Delta T^{1.284}$	0.5	0.7		0.2
		足														
42	翼型 TY2.8/3-5(7)	中	388	95	L_2=280	300	12.3	3.10	0.730	6.46	304.3	$Q=0.291\Delta T^{1.261}$	0.5	0.7		0.2
		足														
43	翼型 TY0.8/5-5(7)	中	588	95	L=83	500	5.8	1.25	0.260	7.93	133.0	$Q=0.372\Delta T^{1.250}$	0.5	0.7		0.2
		足														
44	翼型 TY1.4/3-5(7)	中	588	95	L_1=140	500	9.1	2.44	0.500	6.81	219.6	$Q=0.645\Delta T^{1.262}$	0.5	0.7		0.2
		足														
45	翼型 TY2.8/5-5(7)	中	588	95	L_2=280	500	18.1	4.80	1.000	6.81	439.2	$Q=0.707\Delta T^{1.270}$	0.5	0.7		0.2
		足														
46	翼型 THW(I)100-500-0.8	中	580	100	58	500	5.2	0.83	0.42	5.2	141	$Q=0.713\Delta T^{1.277}$	0.6	0.8		0.2
		足	660													
47	翼型 THW(I)100-600-0.8	中	680	100	58	600	6.2	0.98	0.48	5.58	173	$Q=0.736\Delta T^{1.310}$	0.6	0.8		0.2
		足	760													

注：表中1～39 为河北春风冀暖股份有限公司产品；

40～45 为辽宁黑山胜利暖气片铸造有限公司；

46～47 为山西泽州惠远散热器有限公司产品。

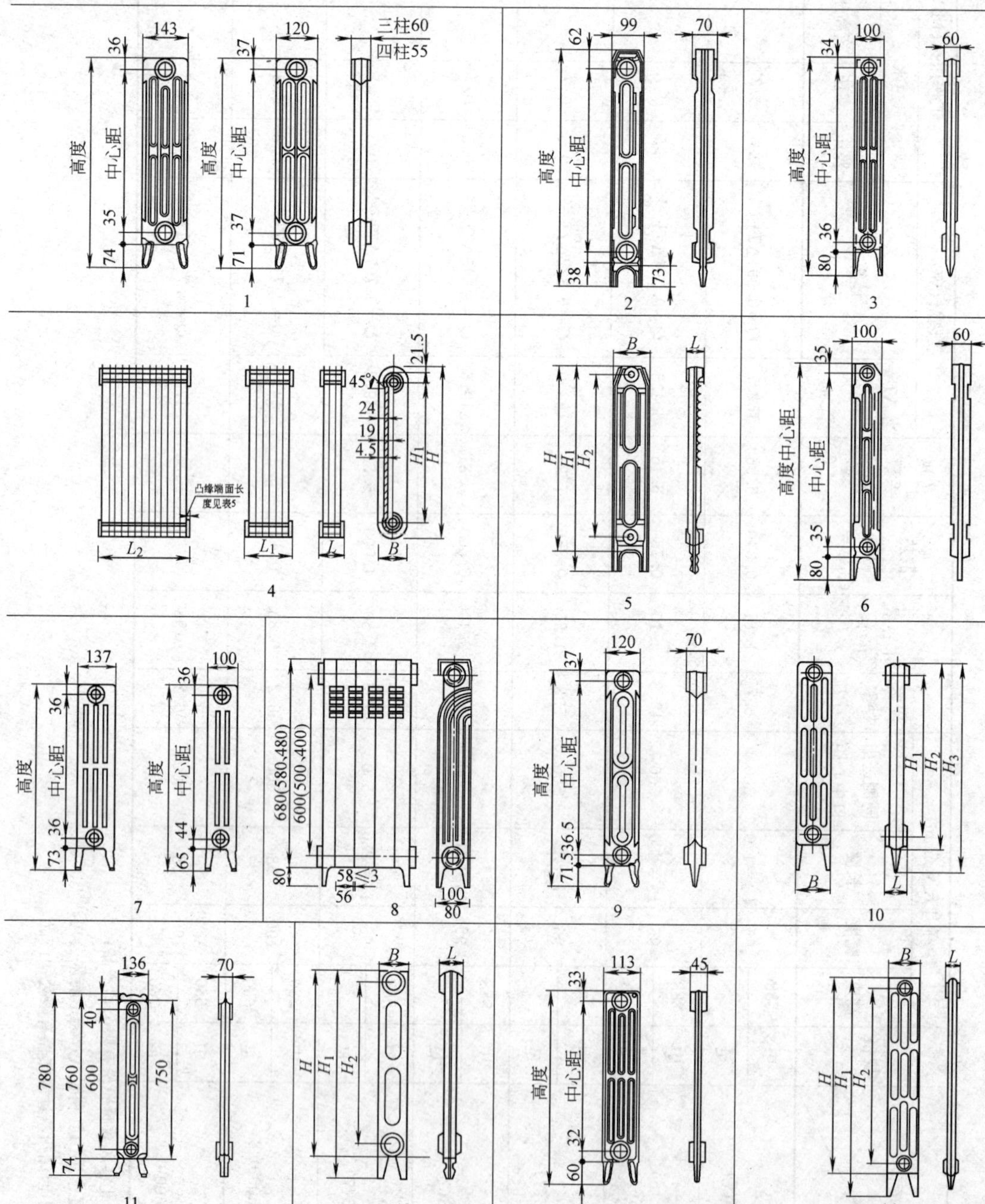

图 5.5-1 各种铸铁散热器构造尺寸图

1—椭柱型；2—双管对流型；3—柱翼型；4—翼型（TX)；5—锥柱花翼对流型；6—T 形管辐射直翼型；7—圆管柱型；8—翼型（THW)；9—椭柱翼型；10—四柱型；11—卉艺型；12—椭圆柱型；13—细四柱；14—棱四柱

钢制柱型散热器综合性能表　　　　**表 5.5-10**

序号	规格 型号	高度(mm)	宽度(mm)	厚度(mm)	中心距(mm)	散热面积(m^2)	重量(kg/片)	散热量(W/片) 当 Δt=64.5℃时	散热量(W/片) 计算式	工作压力(MPa)
1	GZ-2-6-1.0	678	95	60	600	0.116	2.75	80	$Q=0.2814\Delta t^{1.356}$	1.0
2	GZ-2-10-1.0	1078	95	60	1000	0.18	3.73	130	$Q=0.4207\Delta t^{1.376}$	1.0
3	GZ-2-15-1.0	1578	95	60	1500	0.27	4.95	195	$Q=0.6498\Delta t^{1.369}$	1.0
4	GZ-2-20-1.0	2078	95	60	2000	0.35	6.17	260	$Q=0.9222\Delta t^{1.354}$	1.0
5	GZ-3-6-1.0	678	120	60	600	0.181	3.44	100	$Q=0.3095\Delta t^{1.387}$	1.0
6	GZ-3-10-1.0	1078	120	60	1000	0.281	4.5	156	$Q=0.4703\Delta t^{1.393}$	1.0
7	GZ-3-15-1.0	1578	120	60	1500	0.408	5.8	222	$Q=0.7428\Delta t^{1.368}$	1.0
8	GZ-3-20-1.0	2078	120	60	2000	0.534	7.15	282	$Q=1.0472\Delta t^{1.343}$	1.0

钢制扁管散热器综合性能表　　　　**表 5.5-11**

序号	规格 型号	长度 L(mm)	宽度 B(mm)	高度 A(mm)	中心距 H(mm)	重量(kg/片)	散热量 当 Δt=64.5℃时	散热量 计算式	工作压力
1	GBG/D-360	1000	50	416	360	12.85	730	$Q=3.425\Delta t^{1.287}$	0.8
2	GBG/D-470	1000	50	520	470	16.6	864	$Q=3.918\Delta t^{1.295}$	0.8
3	GBG/D-570	1000	50	624	570	19.8	1046	$Q=4.531\Delta t^{1.3061}$	0.8
4	GBG/D-360	1000	50	416	360	21.8	1062	$Q=4.111\Delta t^{1.333}$	0.8
5	GBG/DL-470	1000	50	520	470	23.8	1230	$Q=4.531\Delta t^{1.345}$	0.8
6	GBG/DL-570	1000	50	624	570	25.2	1463	$Q=5.308\Delta t^{1.3486}$	0.8
7	GBG/SL-360	1000	117	416	360	36	1896	$Q=7.738\Delta t^{1.3203}$	0.8
8	GBG/SL-470	1000	117	520	470	43.4	2034	$Q=8.018\Delta t^{1.3287}$	0.8
9	GBG/SL-570	1000	117	624	570	50.6	2584	$Q=9.816\Delta t^{1.3375}$	0.8

注：D 为单板；DL 为单板带对流片；SL 为双板带对流片。

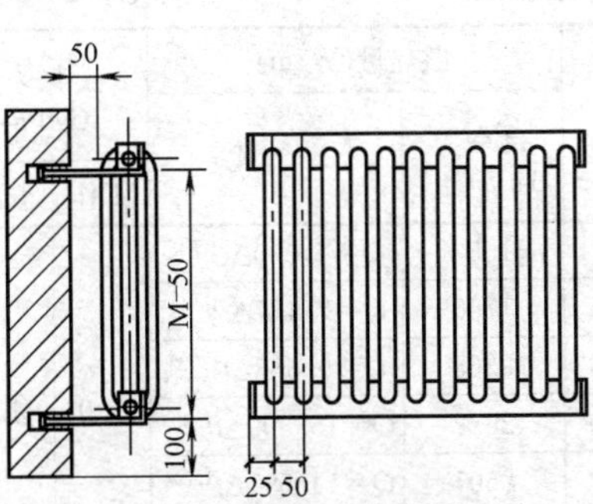

图 5.5-2　钢制柱型散热器

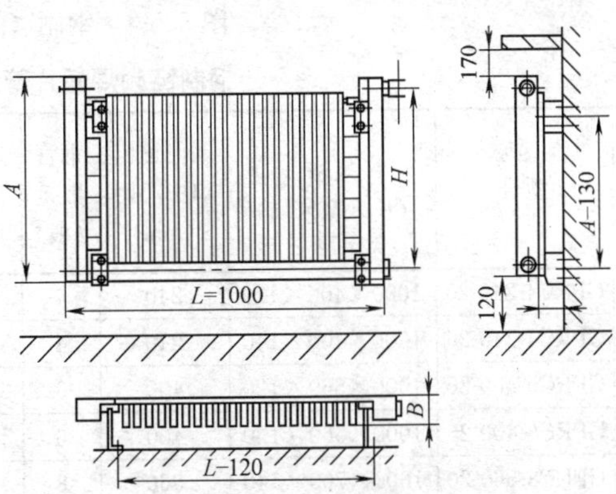

图 5.5-3　钢制扁管散热器

钢制（闭式）串片散热器综合性能表 **表 5.5-12**

序号	型号	规格 长度 L (mm)	规格 高度 A (mm)	规格 宽度 B (mm)	钢管规格 (DN)	钢管段量(根)	中心距(H)	散热量(W/片) 当 Δt=64.5℃时	散热量(W/片) 计算式	工作压力 (MPa)	备注
1	串钢片 GCB70-20	1000	150	80	20	2	70	802	$Q=4.367\Delta t^{1.251}$	1.0	
2	串钢片 GCB120-25	1000	240	100	25	2	120	1116	$Q=4.914\Delta t^{1.302}$	1.0	
3	串钢片 GCB220-20	1000	300	80	20	4	220	1197	$Q=6.125\Delta t^{1.266}$	1.0	
4	串钢片 GCB360-25	1000	480	100	25	4	360	1647	$Q=5.263\Delta t^{1.379}$	1.0	
5	串铝片 GCB70-20	1000	150	80	20	2	70	882	$Q=4.804\Delta t^{1.251}$	1.0	
6	串铝片 GCB120-25	1000	240	100	25	2	120	1227	$Q=5.405\Delta t^{1.302}$	1.0	
7	串铝片 GCB220-20	1000	300	80	20	4	220	1317	$Q=6.738\Delta t^{1.266}$	1.0	
8	串铝片 GCB360-25	1000	480	100	25	4	360	1811	$Q=5.789\Delta t^{1.379}$	1.0	

注：建设部第218号公告：钢制（闭式）串片散热器为限制产品，逐步退出建筑市场。

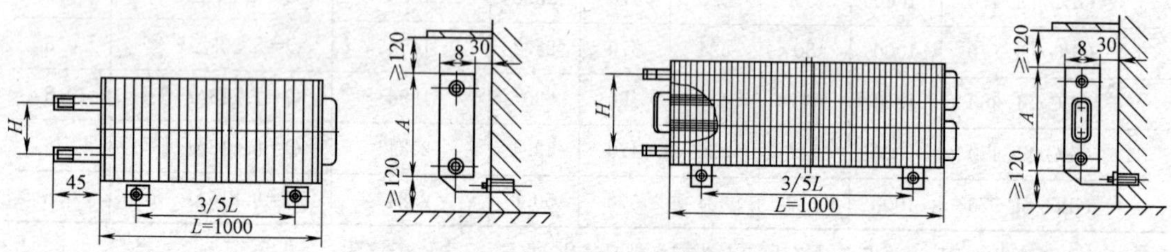

图 5.5-4 钢制（闭式）串片散热器

钢制高频焊翅片管散热器综合性能表 **表 5.5-13**

序号	型号	规格(长×宽×高)	同侧进出口中心距(mm)	钢管数量(根)	钢管规格 DN	重量(kg/m)	散热量(W/m) 当 Δt=64.5℃时	散热量(W/m) 计算式	压力(MPa) 工作	压力(MPa) 试验
1	GPRC4-240-20	1000×400×120	240	4	20	21.8	1550	$Q=7.030\Delta t^{1.295}$		
2	GPRC4-240-25	1000×400×140	240	4	25	28.95	1750	$Q=7.427\Delta t^{1.311}$		
3	GPRC6-400-20	1000×560×120	400	6	20	37.25	2365	$Q=9.583\Delta t^{1.322}$		
4	GPRC6-400-25	1000×560×120	400	6	25	41.10	2622	$Q=15.399\Delta t^{1.233}$	1.0	1.5
5	GPRC8-560-20	1000×700×140	560	8	20	47.80	2601	$Q=14.591\Delta t^{1.244}$		
6	GPRC8-560-25	1000×700×140	560	8	25	51.30	2684	$Q=17.427\Delta t^{1.209}$		

铜铝复合散热器综合性能表 表 5.5-14

序号	项目 型号	单片主要尺寸(mm) 高度(H)	宽度(B)	长度(L_1)	同侧进出口中心距(H_1)	散热面积(m^2)	散热量(W/片) 当 ΔT=64.5℃时	计算式	工作压力(MPa)	备注
1	中心距 300mm TLZY8-6/3-1.0	345	60	80	300	0.277	82.0	$Q=0.3305\Delta T^{1.324}$	1.0	
2	中心距 400mm TLZY8-6/4-1.0	445	60	80	400	0.311	100.0	$Q=0.5471\Delta T^{1.250}$	1.0	
3	中心距 500mm TLZY8-6/5-1.0	545	60	80	500	0.396	119.0	$Q=0.6510\Delta T^{1.250}$	1.0	
4	中心距 600mm TLZY8-6/6-1.0	645	60	80	600	0.480	136.4	$Q=0.6751\Delta T^{1.274}$	1.0	
5	中心距 700mm TLZY8-6/7-1.0	745	60	80	700	0.564	155.0	$Q=0.8480\Delta T^{1.250}$	1.0	
6	中心距 800mm TLZY8-6/8-1.0	845	60	80	800	0.650	174.0	$Q=0.9519\Delta T^{1.250}$	1.0	
7	中心距 1000mm TLZY8-6/10-1.0	1045	60	80	1000	0.820	209.0	$Q=1.1434\Delta T^{1.250}$	1.0	
8	中心距 1200mm TLZY8-6/12-1.0	1245	60	80	1200	0.987	245.0	$Q=1.9189\Delta T^{1.164}$	1.0	
9	中心距 1800mm TLZY8-6/18-1.0	1845	60	80	1800	1.493	368.0	$Q=1.5947\Delta T^{1.306}$	1.0	

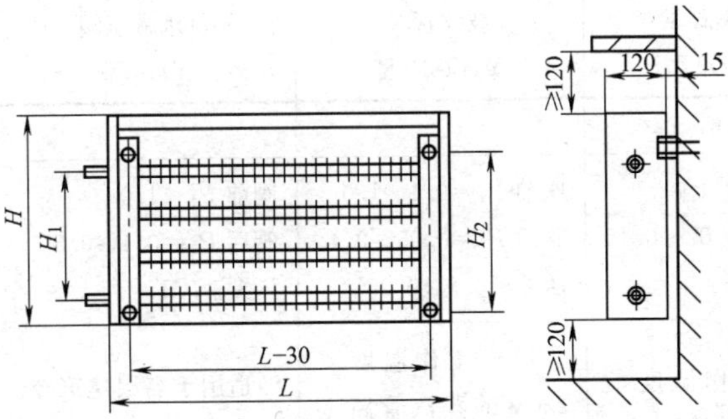

图 5.5-5 钢制高频焊翅片管散热器

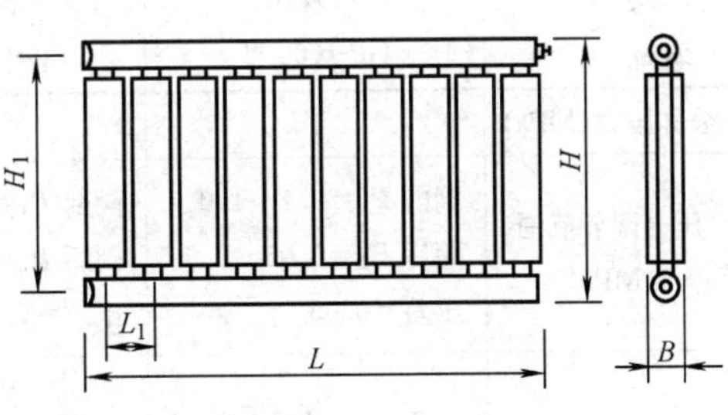

图 5.5-6 铜铝复合散热器

5.5.2 减压阀、安全阀

1. 常用的各类减压阀综合性能（表 5.5-15 所示）

2. 常用各类减压阀

(1) 活塞式（GP-1000 型）减压阀选用见图 5.5-7。选用方法见［例题 1］、［例题 2］。

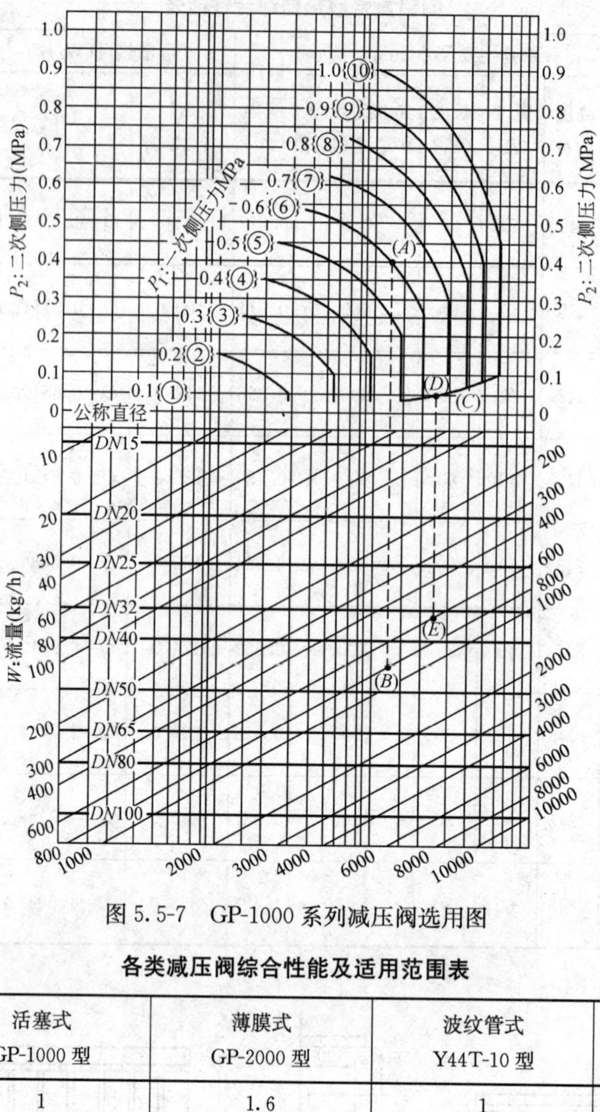

图 5.5-7 GP-1000 系列减压阀选用图

各类减压阀综合性能及适用范围表 **表 5.5-15**

类型 / 性能	活塞式 GP-1000 型	薄膜式 GP-2000 型	波纹管式 Y44T-10 型	供水减压阀 Y110 型
公称压力(MPa)	1	1.6	1	1
压力调节范围(MPa)	阀前 P_1＝0.1～1.0 阀后 P_2＝0.05～0.9 压差＝0.05	阀前 P_1＝0.1～2.0 阀后 P_2＝0.02～0.15 压差＝0.05	阀前 P_1＝0.1～1.0 阀后 P_2＝0.05～0.4 压差≤0.6≥0.05	阀前 P_1＜1.0 阀后 P_2＝0.1～0.5 压差≥0.1
适用范围	用于工作温度≤220℃蒸汽管路上	用于工作温度≤220℃蒸汽管路上	用于工作温度＜220℃的蒸汽管路上和低压蒸汽系统上	适用于高层建筑冷、热水管路上
特点	工作可靠，维修量小，减压范围大	工作可靠，维修量小，减压范围大	调节范围大	体积小，性能稳定，调节方便

注：活塞式减压阀为北京康森阿姆斯壮机械有限公司提供选用数据。

【例题 1】

一次侧压力（P_1）为 0.6MPa，二次侧压力（P_2）为 0.4MPa，蒸汽流量为 800kg/h

的减压阀的公称直径的选定方法如下：求一次侧压力为 0.6MPa 和二次侧压力为 0.4MPa 的交点（A），从（A）点划一条垂直线，求流量为 800kg/h 的交点（B）处在公称直径 DN40 和 DN50 之间，选择大的一方，DN50 便是所求的公称直径。

【例题 2】

一次侧压力（P_1）为 0.8MPa，二次侧压力（P_2）为 0.05MPa，蒸汽流量为 600kg/h 的减压阀的公称直径的选定方法如下：求一次侧压力为 0.8MPa 和斜线的交点（C），求斜线和二次侧压力为 0.05MPa 的交点（D），从（D）点划一条垂直线，求流量为 600kg/h 的交点，交点（E）处在公称直径 DN32 和 DN40 之间，选择大的一方，DN40 便是所求的公称直径。

（2）活塞式（GP-2000 型）减压阀活塞式（GP-2000 型）减压阀选用见图 5.5-8，选用方法见［例题 3］。

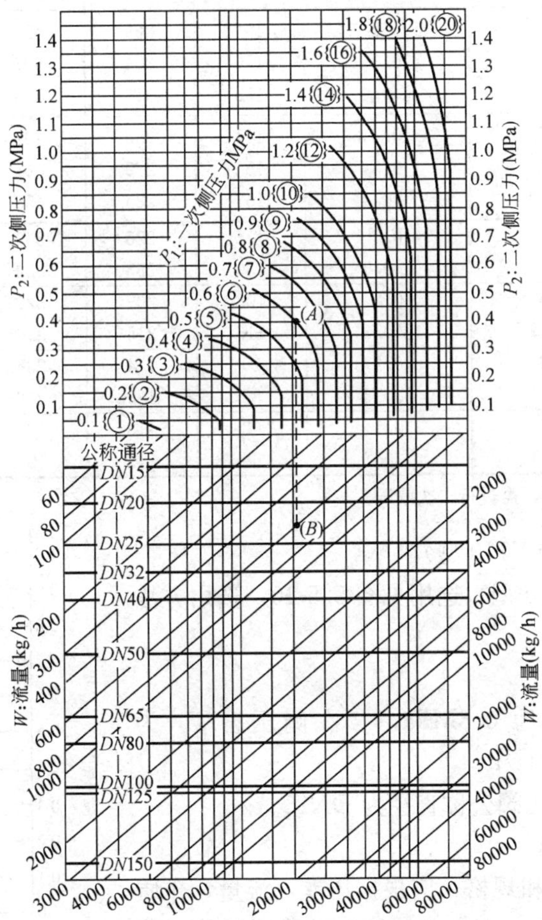

图 5.5-8　GP2000 系列减压阀选用图

【例题 3】

一次侧压力（P_1）为 0.6MPa，二次侧压力（P_2）为 0.4MPa，蒸汽流量为 600kg/h 的减压阀的公称直径的选定方法如下：求一次侧压力为 0.6kg/h 和二次侧压力为 0.4MPa（4kgf/cm²G）的交点（A），从（A）点划一条垂直线，求流量为 600kg/h 的交

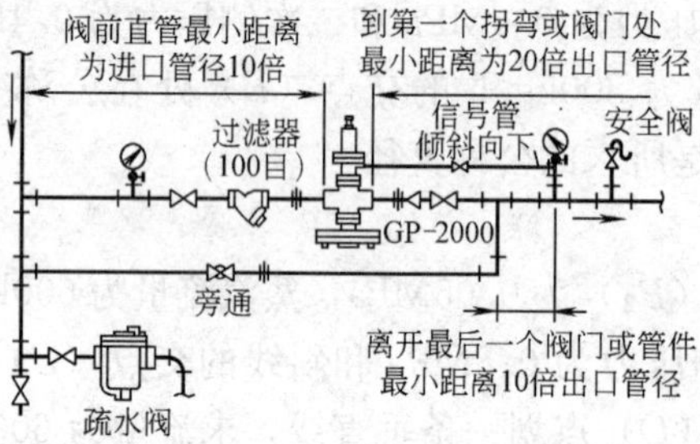

图 5.5-9 GP系列减压阀安装图

点，交点（B）处在公称直径 DN20 和 DN25 之间，选择大的一方，DN25 便是所求的公称直径。

活塞式减压阀（GP 系列）安装图见图 5.5-9。

（3）波纹管式（Y44T-10 型）减压阀。

波纹管式（Y44T-10 型）减压阀选用见表 5.5-16。

Y44T-10 型波纹管式减压阀 **表 5.5-16**

阀前压力 P_1（MPa）	阀后压力 P_2（MPa）	压力差（MPa）	不同直径下减压阀通过的热量(kW)				
			20	25	32	40	50
0.8	0.6	0.2	154	269	455	524	709
	0.5	0.3	170	304	503	589	808
	≤0.4	≥0.4	173	319	510	593	849
0.7	0.5	0.2	141	255	407	487	676
	0.4	0.3	151	279	441	530	738
	≤0.3	≥0.4	157	285	453	544	756
0.6	0.4	0.2	125	225	369	429	583
	≤0.3	≥0.3	130	253	383	467	657
0.5	0.3	0.2	108	203	320	387	540
	≤0.2	≥0.3	116	215	329	404	569
0.4	0.2	0.2	80	174	236	315	465
	≤0.1	≥0.3	83	180	246	326	479
0.3	0.2	0.1	62	116	184	220	308
	≤0.1	≥0.2	65	145	191	259	386

注：压力差≥0.6MPa 时，需进行二次减压。

（4）供水减压阀（Y110 型）

供水减压阀（Y110 型）选用见图 5.5-10，选用方法见［例题 4］

【例题 4】

一次侧压力 P_1 为 0.6MPa，二次侧压力 P_2 为 0.2MPa，通过水量为 4t/h。

查图 5.5-10 得减压阀公称直径为 DN25。

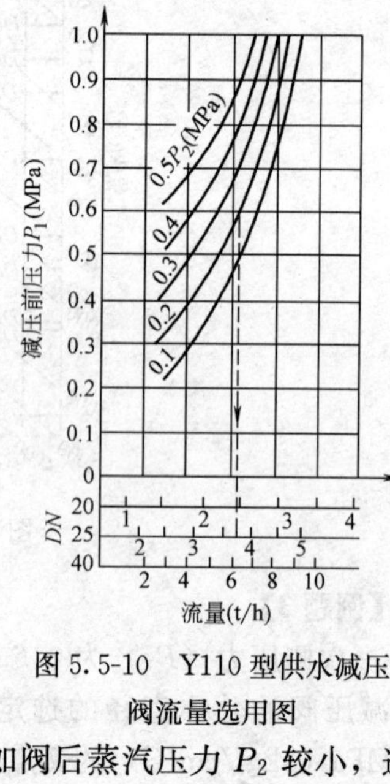

图 5.5-10 Y110 型供水减压阀流量选用图

（5）设计选用要点

1）减压阀的型号和规格，应根据压差，流量，介质特性等因素经计算确定，不应直接按上游或下游管的管径确定。

2）活塞式减压阀减压后的压力，不应小于 0.1MPa，如需减至 0.07MPa 以下，应再设波纹管式减压阀或截止阀进行二次减压。

3）当减压阀前后压力比＞5～7 时，应串联装两个，如阀后蒸汽压力 P_2 较小，通常宜采用两级减压，以使减压阀工作时噪声和振动小，而且安全可靠。在热负荷波动频繁而剧烈时，为使第一级减压阀工作稳定，一，二级减压阀之间的距离应尽量拉开一些。

4）减压阀前后压差 ΔP 的选择范围：

波纹管式减压阀 $0.05\text{MPa}<\Delta P<0.6\text{MPa}$；

活塞式减压阀 $0.15\text{MPa}\leqslant\Delta P<0.45\text{MPa}$。

5）当压力差为 0.1～0.2MPa 时，可以串联安装两只截止阀进行减压。

6）减压阀两端，应分别设置压力表。阀后应设置安全阀。

7）设计时对型号，规格进行选择外，还应说明减压阀前后压差值和安全阀的开启压力，以便生产厂家合理配备弹簧。

3. 常用各类安全阀

（1）安全阀选用见表 5.5-17、表 5.5-18。

弹簧式安全阀通过的热量（W） **表 5.5-17**

安全阀直径 *DN* (mm)	工作压力(kPa)					通路面积
	200	300	400	500	600	mm^2
15	20400	29000	37400	45200	53500	177
20	36000	51600	66300	81000	94700	314
25	54000	80000	103000	125000	148000	490
32	97300	137000	176000	217000	225000	805
40	144000	205000	264000	318000	379000	1255
50	226000	321000	409000	501000	600000	1960
70	324000	459000	593000	724000	851000	2820
80	580000	878000	1054000	1290000	1510000	5020
100	781000	1280000	1328000	2030000	2380000	7850

注：适用于压力和温度较低的系统（$P\leqslant600\text{kPa}$）。

重锤式安全阀通过的热量 **表 5.5-18**

安全阀直径 *DN* (mm)	工作压力(kPa)					通路面积
	200	300	400	500	600	mm^2
15	24500	34900	44900	54200	64000	177
20	43200	61900	79500	97700	113000	314
25	64900	96300	123000	150000	178000	490
32	117000	165000	212000	260000	307000	805
40	173000	245000	316000	382000	450000	1255
50	271000	385000	491000	600000	725000	1960
70	389000	551000	712000	869000	1020000	2820
80	696000	1050000	1265000	1500000	1810000	5020
100	937000	1530000	1590000	2400000	2860000	7850

注：一般多用于温度和压力较高系统。

（2）安全阀设计选用要点

各种安全阀的进出口公称直径均相同。

法兰连接的单弹簧或单杠杆安全阀座的内径，一般比公称通径小一号，例如 *DN*100 的阀座内径为 $\phi80$；双弹簧或双杠杆的则为小二号的两倍，例如 *DN*100 的为 2×65。

设计时应注明使用压力范围。

安全阀的蒸汽进口接管直径不应小于其内径。

安全阀通至室外的排汽管直径不应小于安全阀的内径，且不得小于 4cm。

系统工作压力为 P 时，安全阀的开启压力应为 $P+30\text{kPa}$。

4. 减压装置快速选用表（见表 5.5-19）

减压装置快速选用表　　　　表 5.5-19

热量(kW)	减压阀 DN(mm)	安全阀 DN(mm)	旁通管 (mm)	放汽管 (mm)	泄水管 (mm)
67～773	25	25	25	25	15
120～140	32	25～32	32	25～32	15
271～314	40	40～50	40	40～50	15
354～409	50	50	50	50	15
409～502	65	65	65	65	15
650～866	80	80	80	80	15
1170～1360	100	100	100	80	20

注：① 表中减压装置按蒸汽压力由 600kPa 减压至 300kPa～400kPa 选择，减压后压力为 300kPa 用上限值，400kPa 用下限值。

② 压力表的规格，应比工作压力大一倍。

5.5.3 疏 水 器

1. 疏水器类型

各类疏水器型号见表 5.5-20。

各类疏水器性能表　　　　表 5.5-20

型式		规格 DN	工作压力(MPa)	排量(kg/h)	备注
机械型 由阀体内凝结水液位变化控制	倒置桶型	铸铁 15～65	0～1.7	至 9000	·耐磨损，耐腐蚀，耐水击，耐冰冻
		不锈钢 10～25	0～4.5	至 2000	·处理排污能力好
		锻钢 15～25	0～18.6	至 8600	·极小负荷小时性能不变
		铸钢 15～25	0～4.1	至 2000	·低压力排气能力不好
		铸不锈钢 15～50	0～4.8	至 8600	·外型尺寸比较大
	杠杆浮球式	铸铁 15～80	0～1.7	至 9400	·适用于超大的排量 ·耐冰冻不好 ·低压力排气好 ·处理排气能力不好
		铸钢 50～80	0～3.1	至 127000	
热静力型 由阀体内凝结水温度变化控制开关动作	波纹管式	不锈钢 15、20	0～2.1	至 1560	·耐水击不好 ·处理启动空气负荷能力好 ·在背压下工作好 ·极小负荷性能好 ·处理污物能力不好 ·处理二次蒸汽能力不好
		青铜 15、20	0～0.34	至 720	
	膜盒式	不锈钢 6 至 20	0～7.8	至 32	
		碳钢 15、20	0～4.1	至 35	
		青铜 15 至 25	0～0.45	至 430	
	双金属片式	碳钢 15 至 25	0～1.7	至 5000	
		不锈钢 15 至 25	1.3～6.2	至 5000	
	恒温式	不锈钢 15 至 25	0～2.1	至 7000	
热动力型 由阀体内蒸汽与凝结水的流体动态特性控制开关动作	圆盘式	不锈钢 10 至 25	0.07～4.1	至 1290	·不耐腐蚀，不耐磨损 ·耐水击好 ·低压力下排气能力不好 ·在背压下工作不好 ·清洗系统能力好

注：表中疏水器为北京康森阿姆斯壮机械有限公司产品。

2. 设计选用要点

(1) 应按疏水器前，后的压差和凝结水量，选择对应规格型号。

(2) 疏水器的设计排水量应大于理论排水量，其安全系数（倍率）按疏水器的安装位置不同，见表 5.5-21。

(3) 疏水器后的压力，约为疏水器前后压力的 0.4～0.6，一般可取 0.5。

(4) 应验算需疏水器提供的最大背压和疏水器正常动作所需的最小压力。

3. 疏水器选用

按疏水器在供热系统中安装的不同，进行疏水器的选用，见表 5.5-21。

疏水器选用表 **表 5.5-21**

安装部位	疏水器选型	设计凝结水排量 G_{sh}(kg/h)	安装图式
锅炉分汽缸	倒置桶型	$G_{sh}=G\cdot C\cdot 10\%$ 式中 G—连接到分汽缸上的锅炉负荷，kg/h； C—安全系数取 1.5； 10%—为预计夹带量	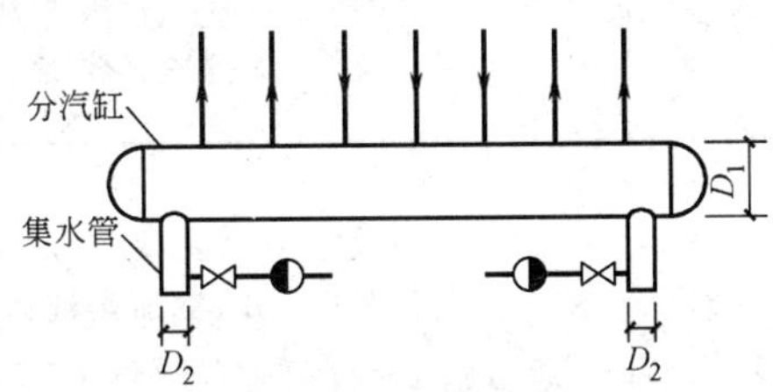 当 $D_1<100$mm 时，$D_2=D_1$ 当 $D_1>100$mm 时，$D_2=D_1/2$，但 $D_2\geqslant 100$mm
蒸汽主管 ·主管末端 ·管道提升处 ·各种阀门之前 ·膨胀管或弯管之前	倒置桶型	$G_{sh}=F\cdot K(t_1-t_2)C\cdot E/H$ 式中 F—蒸汽管外表面积，m^2； K—管道传热系数，kJ/m²·℃·h； t_1—蒸汽温度，℃； t_2—空气温度，℃； E—保温效率，一般取 0.7； H—蒸汽潜热，kJ/kg； C—安全系数取 2，管末端取 3	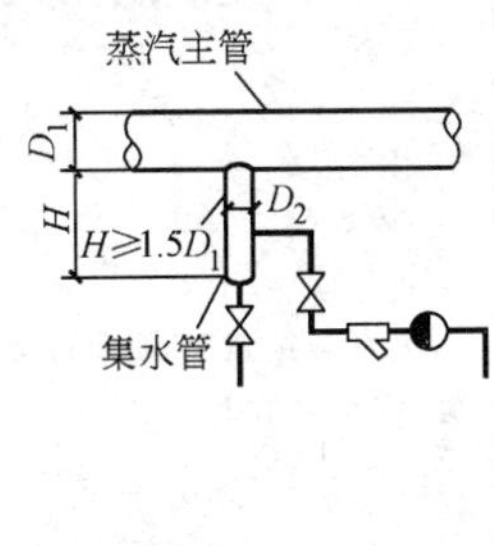 排除途凝水 通常每 90m 设一疏水点，但不超过 150m 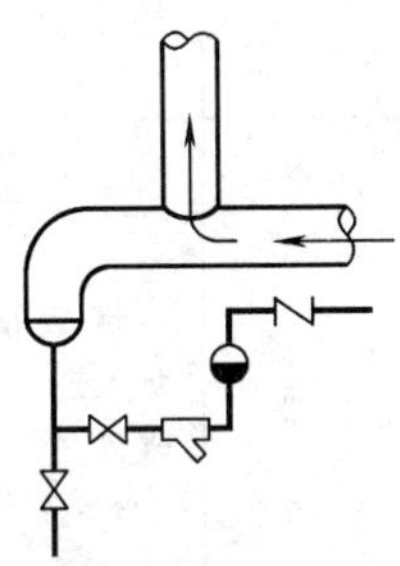 管道提升疏水
蒸汽支管 ·阀门距主管小于 3m 时可不设疏水器	倒置桶型	计算式同上，安全系数 C 取 3	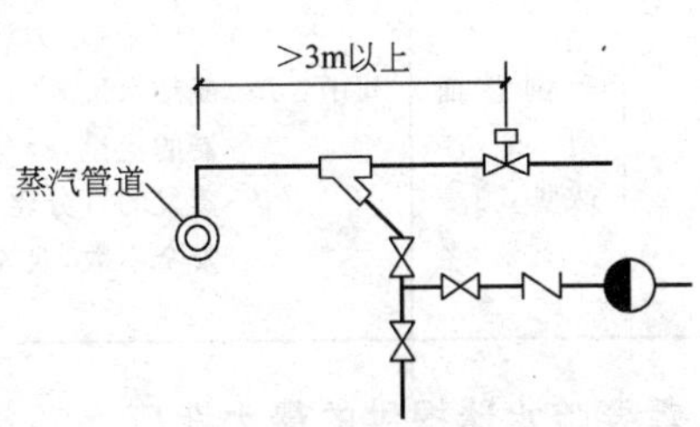

续表

安装部位	疏水器选型	设计凝结水排量G_{sh}(kg/h)	安装图式
蒸汽伴热管线 • 需要伴热介质输送管线要安装在伴热管的上部	倒置桶型或热静力型	$G_{sh}=L\cdot K\cdot C\cdot \Delta t\cdot E/P\cdot H$ 式中 L—蒸汽伴热管上各疏水器之间管线的长度,m; K—管道传热系数,kJ/m^2·℃·h; Δt—温差,℃; E—保温效率,一般取0.7; P—管道单位外表面积的线性长度m/m^2; H—蒸汽潜热,kJ/kg; C—安全系数,取2	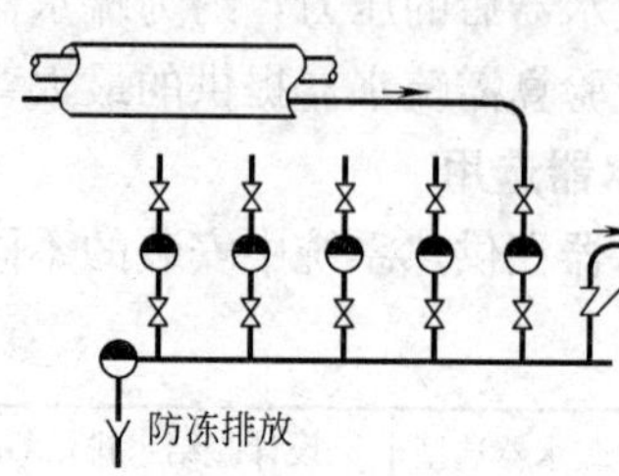
管壳式热交换器	倒置桶型或浮球型	$G_{sh}=L\cdot \Delta t\cdot C_g\cdot \rho_g\cdot C/H$ 式中 L—被加热液体流量,m^3/h; Δt—温升,℃; C_g—液体比热,kJ/kg·℃; ρ_g—液体密度,kg/m^3; H—蒸汽潜热,kJ/kg; C—安全系数,取2	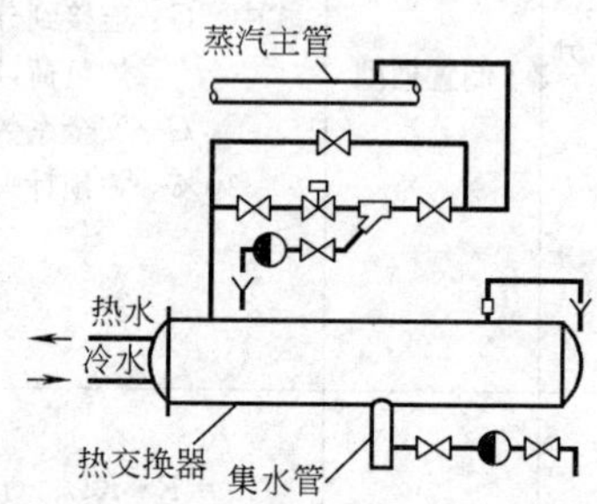
暖风机空气加热器	倒置桶型或浮球型	蒸汽凝结水重量乘以安全系数,安全系数取3	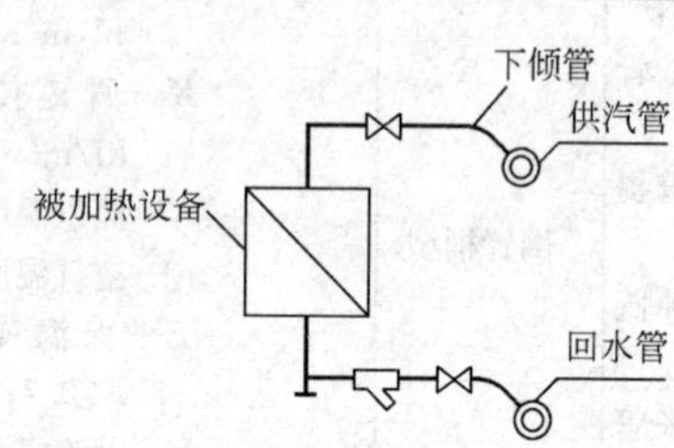
供暖散热器	恒温式或圆盘型	蒸汽凝结水的重量乘以安全系数,安全系数取2,快热式安全系数取3	
二次蒸汽罐	倒置桶型或浮球型	$G_{sh}=L(1-L_p)C$ 式中 L—凝结水进入二次蒸发器的流量,kg/h; L_p—蒸发的百分比,%; C—安全系数,取3	

4. 需要疏水器提供的最大背压

凝水流经疏水器时,要损失部分能量,表现为一定的压力降,即$\Delta P=P_1-P_2$,除损

失一部分能量外，尚有一部分剩余压力（以 P_2 表示），依靠这部分余压，可以使凝水提升至一定的高度。即

$$h_z=\frac{P_1-P_2-P_z}{1000\cdot\rho g} \tag{5.5-3}$$

式中 P_1——疏水器前压力，kPa；

暖风机，$P_1=0.95P$；

散热器集中回水时，$P_1=0.7P$；

末端泄水，$P_1=0.7P$；

分汽缸和蒸汽管道中途泄水，$P_1=P$；

P_2——疏水器后压力，kPa；

因各种疏水器型号不同，一般可取 $P_2=0.5P_1$；

P_z——疏水器后系统的总压力损失，kPa；

h_z——疏水器后凝结水的提升高度，m；

ρ——凝结水的密度，kg/m^3；

g——重力加速度，m/s^2。

为保证疏水器的正常工作，必须保证疏水器后的背压以及疏水器正常动作所需要的最小压力 ΔP_{min}。

$$P_{2max}\leqslant P_1-\Delta P_{min}$$

式中 P_{2max}——疏水器后最大压力，kPa。

5. 疏水器安装

(1) 疏水器疏水如排至大气中或单独流至集中箱无反压作用者，止回阀应取消。

(2) 疏水器一般不设旁通管。

(3) 疏水器应有墩子或支架，具体由施工现场确定。

(4) 疏水器安装见国标图 97R407。

(5) 疏水器安装图示见图 5.5-11。

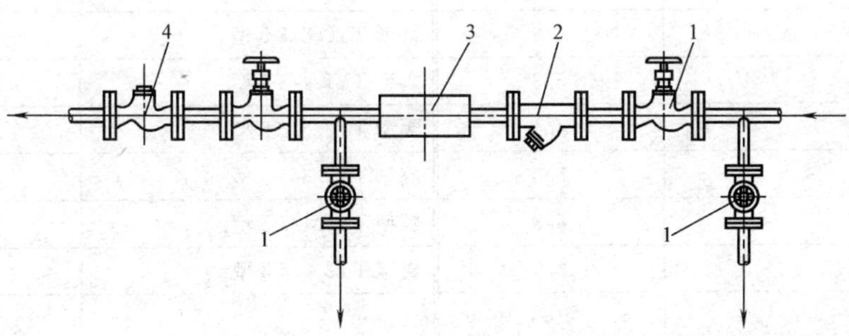

图 5.5-11 疏水器安装示意图

1—截止阀；2—过滤器；3—疏水阀；4—止回阀

5.5.4 膨胀水箱

1. 水箱容积计算

当 95～70℃供暖系统

$$V=0.034V_c \quad (5.5\text{-}4)$$

当110～70℃供暖系统

$$V=0.038V_c \quad (5.5\text{-}5)$$

当130～70℃供暖系统

$$V=0.043V_c \quad (5.5\text{-}6)$$

空调冷冻水系统

$$V=0.014V_c \quad (5.5\text{-}7)$$

式中　V——膨胀水箱的有效容积（即相当于检查管到溢流管之间高度的容积），L；

V_c——系统内的水容量，L，见表5.5-22。

供给每1kW热量所需设备的水容量 V_c 值（L）　　**表5.5-22**

散热器型号	水容量 V_c 值	散热器型号	水容量 V_c 值
椭四柱813型	7.5	柱翼650型	6.2
椭四柱760型	6.9	柱翼450型	5.9
椭四柱745型	6.7	板翼560型	8.9
椭四柱660型	7.3	板翼橄榄745型	7.5
椭三柱745型	10	管翼750型	7.1
椭三柱645型	8.8	T型管750型	13.8
椭三柱450型	7.9	T型管650型	15.4
椭柱132型	10.7	卉艺二柱750型	13.6
椭柱翼型745型	14.6	圆管三柱745型	7.5
椭柱翼型645型	12.2	圆管三柱645型	7.8
内腔洁净四柱760型	7.2	圆管三柱445型	7.9
四柱760型	7.8	圆管五柱300型	8.2
四柱660型	7.8	双管对流700型	8.1
四柱460型	7.2	双管对流800型	8.1
棱四柱780型	6.8	翼型TY0.8/3-5型	8.9
细四柱525型	5.8	翼型TY1.4/3-5型	7.6
细四柱625型	4.1	翼型TY2.8/3-5型	10.1
细四柱725型	5.0	翼型TY0.8/5-5型	9.3
柱翼750型	8.8	翼型TY1.4/5-5型	11.1
柱翼780型	9.5	翼型TY2.8/5-5型	10.9
柱翼680型	10.1		
管道系统		室内自然循环管路	15.6
室内机械循环管路	7.8	室内机械循环管路	5.9

2. 膨胀水箱选用

(1) 开式高位膨胀水箱

适用于中小型低温水供暖系统，构造简单，有空气进入供暖系统腐蚀管道及散热器，膨胀水箱规格见表5.5-23，构造见国标图。

膨胀水箱规格表　　表 5.5-23

型号	方　形					圆　形			
	公称容积 (m^3)	有效容积 (m^3)	外形尺寸(mm)			公称容积 (m^3)	有效容积 (m^3)	筒体(mm)	
			长	宽	高			内径	高度
1	0.5	0.61	900	900	900	0.3	0.35	900	700
2	0.5	0.63	1200	700	900	0.3	0.33	800	800
3	1.0	1.15	1100	1100	1100	0.5	0.54	900	1000
4	1.0	1.20	1400	900	1100	0.5	0.59	1000	900
5	2.0	2.27	1800	1200	1200	0.8	0.83	1000	1200
6	2.0	2.06	1400	1400	1200	0.8	0.81	1100	1000
7	3.0	3.50	2000	1400	1400	1.0	1.1	1100	1300
8	3.0	3.20	1600	1600	1400	1.0	1.2	1200	1200
9	4.0	4.32	2000	1600	1500	2.0	2.1	1400	1500
10	4.0	4.37	1800	1800	1500	2.0	2.0	1500	1300
11	5.0	5.18	2400	1600	1500	3.0	3.3	1600	1800
12	5.0	5.35	2200	1800	1500	3.0	3.4	1800	1500
13						4.0	4.2	1800	1800
14						4.0	4.6	2000	1600
15						5.0	5.2	1800	2200
16						5.0	5.2	2000	1800

膨胀水箱设计安装要点：

1）膨胀水箱安装位置，应考虑防止水箱内水的冻结。若水箱安装在非供暖房间内时，应考虑保温。

2）膨胀管在重力循环系统时接在供水总立管的顶端；在机械循环系统时接至系统定压点，一般接至水泵入口前。循环管接至系统定压点前的水平回水干管上，该点与定压点之间应保持不小于 1.5～3m 的距离。

3）膨胀管、溢水管和循环管上严禁安装阀门，而排水管和信号管上应设置阀门。

4）设在非供暖房间内的膨胀管、循环管、信号管均应保温。

5）一般开式膨胀水箱内的水温不应超过 95℃。

(2) 闭式低位膨胀水箱

当建筑物顶部安装高位开式膨胀水箱有困难时，可采用气压罐方式。采用这种方式时，不但能解决系统中水的膨胀问题，而且可与锅炉自动补水和系统稳压结合起来。气压罐安装在锅炉房内，工作原理图见图 5.5-12。

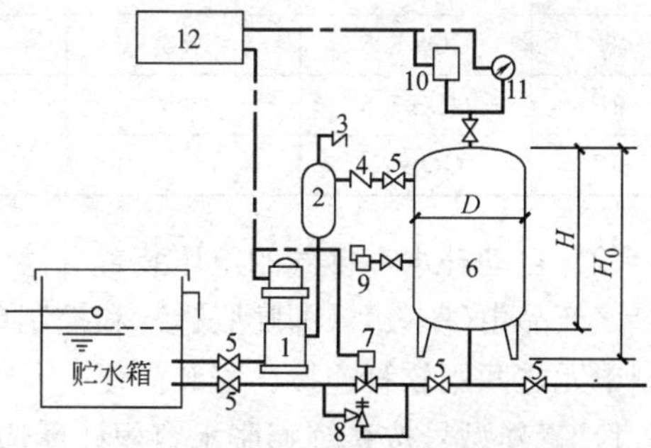

图 5.5-12　气压罐工作原理图

1—补给水泵；2—补气罐；3—吸气阀；4—止回阀；5—闸阀；6—气压罐；7—泄水电磁阀；8—安全阀；9—自动排气阀；10—压力控制器；11—电接点压力表；12—电控箱

工作原理

1）自动补水　按锅炉系统循环稳压要求，在压力控制器 10 内设定气压罐 6 的上限压力 P_2 和下限压力 P_1，一般 $P_1 = P_2 -$ (0.03～0.05) MPa。当需给热水锅炉补水时，气压罐 6 的气枕压力 P 随水位下降，当

P下降到下限压力P_1时接通电机，启动水泵，把贮水箱内的水压入补气罐2，使罐内的水位和压力上升，压力上升到上限压力P_2时，切断水泵电源，停止补水。此时补气罐2内的水位下降吸开吸气阀3，使外界空气进入补气罐2。在如此循环工作中，不断给锅炉补充所需的水量。

2）自动排气　由于水泵每工作一次，给气压罐补气一次，罐内的气枕容积逐步扩大，水位亦逐步下降，当下降到自动排气阀9限定的水位时，排出多余的气体，恢复正常水位。

3）自动泄水　当锅炉系统的热水膨胀，使热水倒流到气压罐6内，其水位上升时，罐内压力P亦上升。当压力超过静压0.01～0.02MPa，即达到电接点压力表11所设定上限压力P_4时，接通并打开泄水电磁阀7，把气压罐内的水泄回到贮水箱。泄水到电接点压力表11所设定下限压力P_3，一般取$P_3=P_4-(0.02\sim0.04)$MPa。

4）自动过压保护　当气压罐内的压力超过电接点压力表11所设定上限压力P_4时，自动打开安全阀8，和电磁阀7一同快速泄水，迅速降低气压罐压力，达到保护系统的目的，安全阀8的设定压力P_5，一般$P_5=P_4+(0.01\sim0.02)$MPa。

气压罐选用　用气压罐方式代替高位膨胀水箱时，气压罐的选用应以系统补水量为主要参数选取，一般系统的补水量可取总容水量的4%计算，与锅炉的容量配套选用。

气压罐的性能规格见表5.5-24。

GQS系列气压供水设备性能表　　**表5.5-24**

序号	规格	补水量(m^3/h)	气压罐安装尺寸			锅炉容量(t/h)
			D	H	H_0	
1	GQS-1.0	1.0	800	2000	2400	2
2	GQS-1.5	1.5	1000	2000	2400	3
3	GQS-2.0	2.0	1200	2000	2400	4
4	GQS-3.0	3.0	1400	2400	2800	6
5	GQS-4.0	4.0	1600	2400	2800	8
6	GQS-5.0	5.0	1600	2800	3200	10
7	GQS-6.5	6.5	2000	2400	2900	14
8	GQS-7.5	7.5	2000	2700	3200	18
9	GQS-10	10	2000	3500	4000	20

（3）自动补水，排气的定压装置（德国reflex产品上海海生机电设备有限公司）

该产品由基本罐（即膨胀罐）和控制单元（控制盘＋补水泵）构成的装置，基本罐与控制单元之间用软管连接，安装简便。

1）罐体型号按系统膨胀水容积计算选用。或按图5.5-13直接查系统膨胀水容积，基本罐规格见表5.5-25。

选用基本罐规格时，根据工程具体情况，可选用双罐并联应用，建议：当系统负荷为2000kW以下时选用单罐，单泵系统；4000kW时为双罐，单泵系统；8000kW时为双罐，双泵系统，双罐系统的第二个罐的名称为续列罐。

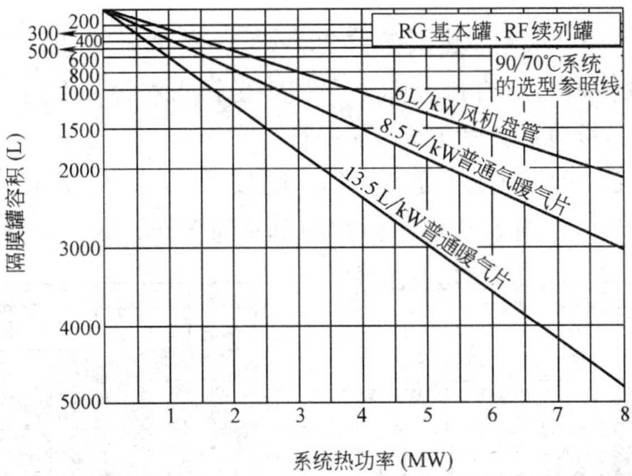

图 5.5-13 膨胀水容积计算线解图

基本罐体规格表 **表 5.5-25**

型号 系统水容积 V_n(L)	罐体直径 (mm)	罐体高度 (mm)	罐体支架高度 (mm)	重量 (kg)	
200	634	1060	146	37	
300	634	1360	146	54	
400	740	1350	133	65	
500	740	1570	133	78	
600	740	1790	133	94	
800	740	2240	133	149	
1000	740	2690	133	156	
1000	1000	2130	133	320	
1500	1200	2130	350	465	
2000	1200	2590	350	265	
3000	1500	2590	380	795	
4000	1500	3160	380	1080	
5000	1500	3695	380	1115	

2）控制单元选用按系统水静压力加上保证水在系统中不汽化的最小压力。即

当 $t<100$℃时为 0.02MPa；$t=105$℃时为 0.05MPa；

$t=110$℃时为 0.07MPa；$t=120$℃时为 0.12MPa。

选用见图 5.5-14。

3）系统工作原理

图 5.5-15 为双罐双泵系统图式，图中系统补水管 P 和系统泄水管 O 均接在室内水系统回水管上，两管水平最小间距要大于 500mm。图中 PIS 为定压，TIME 为排气，LIS 为补水。

4）选用方法示例

已知：热负荷 Q=3000kW，热媒参数 90/70℃，普通散热器，建筑物高度为 25m。

【解】 ① 选用罐体型号，直接查图 5.5-13，得膨胀水容积 V_n=1800L，查表 5.5-25，选用基本罐 D=1000，续列罐 D=1000 各一个。

② 选用控制单元，取安全温度 110℃，则安全压力为 0.07MPa，则系统压力为 0.25+0.07=0.32MPa，查图 5.5-14，得控制单元为 Variomat2-2/60。

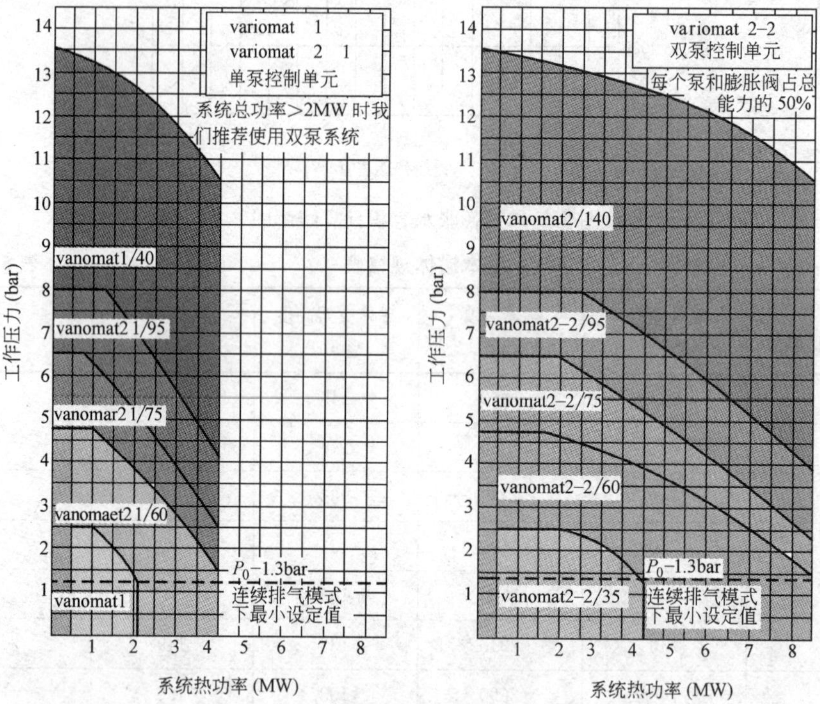

图 5.5-14 控制单元选用图

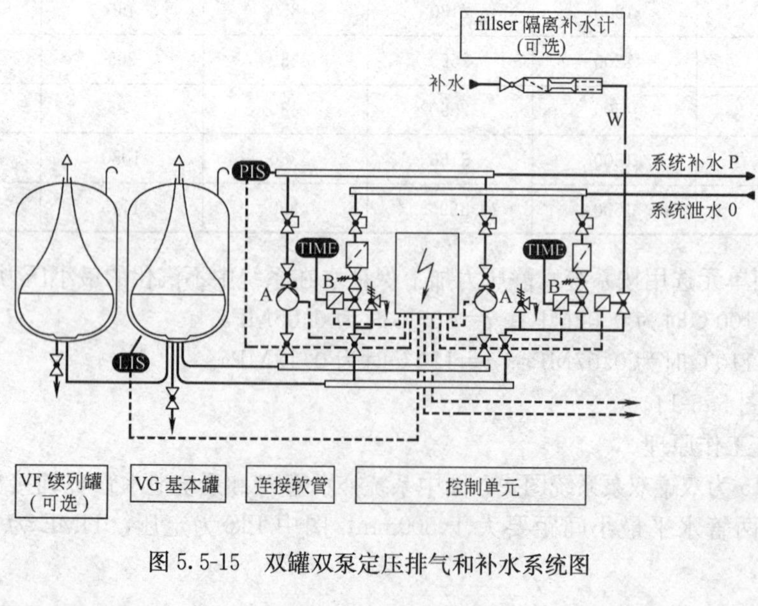

图 5.5-15 双罐双泵定压排气和补水系统图

5.5.5 除污器、过滤器

常用除污器、过滤类型见表 5.5-26。

除污器（或过滤器）规格表 表 5.5-26

类 型	规格 DN(mm)	备 注
立式直通除污器	40～300	工作压力为 600～1600kPa
卧式直通除污器	150～500	工作压力为 600～1600kPa
卧式角通除污器	150～450	工作压力为 600～1600kPa
ZPG 自动排污过滤器	100～1000	工作压力为 1600kPa
变角形过滤器	50～450	工作压力为 1000～2500kPa

注：除污器局部阻力系数 $\xi=4\sim6$；过滤器局部阻力系数 $\xi=1.5\sim3.0$。

1. 立、卧式除污器选用见表 5.5-27，图 5.5.16～图 5.5.19。

立、卧式直通（角通）除污器选用表 表 5.5-27

立式直通除污器				卧式直通除污器				卧式角通除污器			
DN	ϕ	H	h	DN	ϕ	H	h	DN	ϕ	H	h
45	159	350	220	150	273	920	396	150	273	700	452
50	159	350	220	200	357	1140	506	200	325	800	506
65	219	400	250	250	407	1250	573	250	408	970	601
80	273	500	350	300	457	1340	628	300	457	1060	649
100	310	500	390	350	507	1430	688	350	508	1200	709
125	362	540	400	400	607	1700	793	400	610	1350	831
150	414	610	470	450	709	2000	944	450	708	1600	951
200	516	770	590	500	820	2180	1050				
250	620	1100	840								
300	674	1200	880								

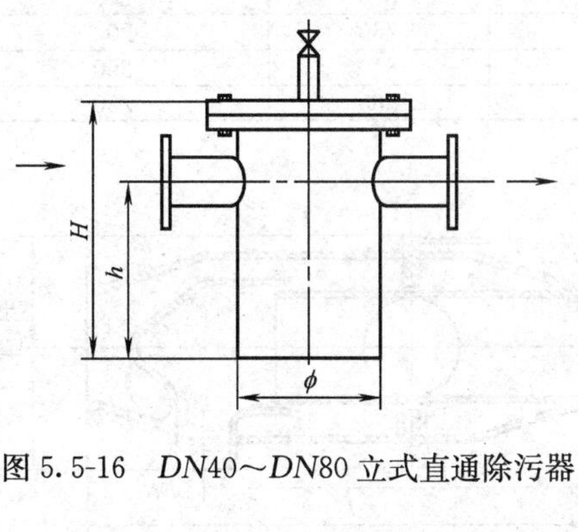

图 5.5-16 DN40～DN80 立式直通除污器

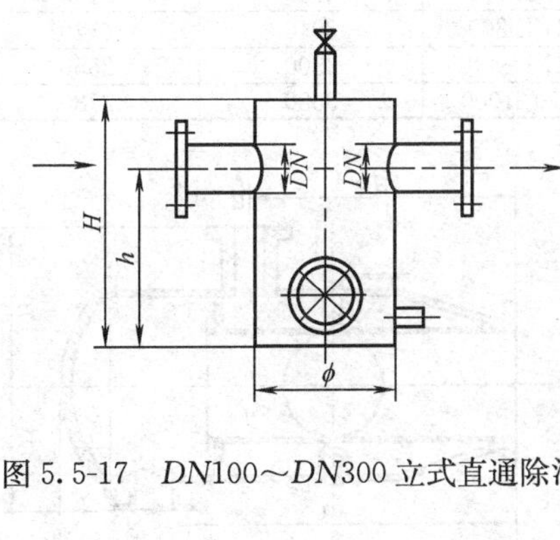

图 5.5-17 DN100～DN300 立式直通除污器

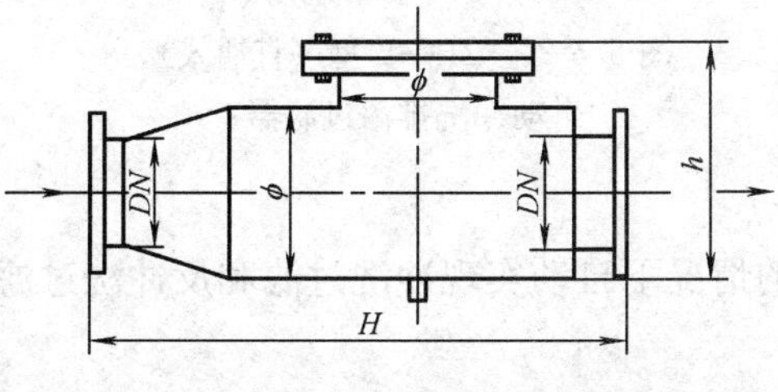

图 5.5-18 DN150～DN500 卧式直通除污器

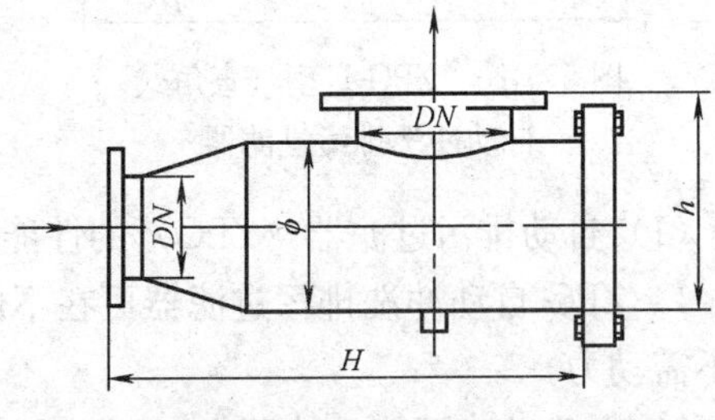

图 5.5-19 DN150～DN450 卧式角通除污器

2. 自动冲洗排污过滤器选用见表5.5-28、表5.5-29，图5.5-20、图5.5-21。

ZPG-L型（直角式）自动冲洗排污过滤器尺寸表 **表5.5-28**

型号	L	A	B	C	D	排污口DN
ZPG-L-100	710	400	255	540	260	G1¼"
ZPG-L-125	790	455	280	615	290	G1½"
ZPG-L-150	860	495	290	670	290	50
ZPG-L-200	1060	610	340	830	340	65
ZPG-L-250	1390	765	390	1030	385	80
ZPG-L-300	1495	800	415	1105	415	100
ZPG-L-350	1720	975	425	1325	415	125
ZPG-L-400	1950	1075	465	1465	465	150
ZPG-L-450	2140	1215	510	1645	510	150
ZPG-L-500	2315	1335	560	1790	560	150
ZPG-L-600	2660	1530	650	2065	650	200
ZPG-L-700	2820	1600	715	2140	660	200
ZPG-L-800	3150	1745	760	2340	760	200
ZPG-L-900	3380	1900	810	2560	810	200
ZPG-L-1000	3680	2220	860	2780	860	250

ZPG-L型（直通式）自动冲洗排污过滤器尺寸表 **表5.5-29**

型号	L	A	B	D	排污口DN
ZPG-L-100	428	320	128	180	G1¼"
ZPG-L-125	560	400	162	200	G1½"
ZPG-L-150	700	500	189	230	50
ZPG-L-200	870	620	220	280	65
ZPG-L-250	1080	780	255	330	80
ZPG-L-300	1280	920	290	380	100
ZPG-L-350	1580	1140	330	450	125
ZPG-L-400	1800	1300	277	470	150
ZPG-L-450	1860	1340	420	500	150
ZPG-L-500	2030	1470	462	570	150
ZPG-L-600	2440	1750	537	640	200
ZPG-L-700	2850	2140	607	650	200
ZPG-L-800	3040	2340	685	760	200
ZPG-L-900	3300	2550	785	810	200
ZPG-L-1000	3580	2780	860	860	250

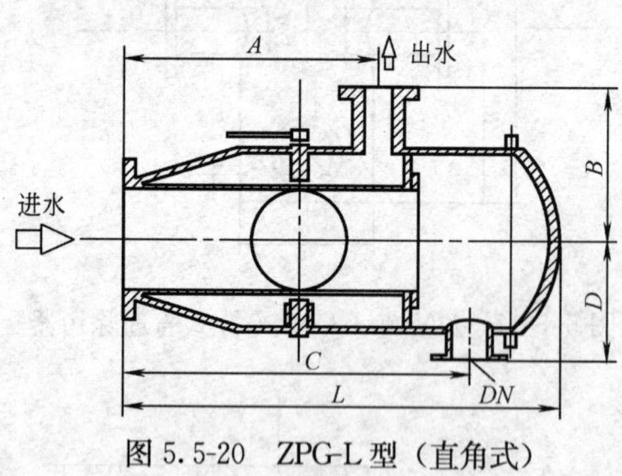

图5.5-20 ZPG-L型（直角式）自动冲洗排污过滤器

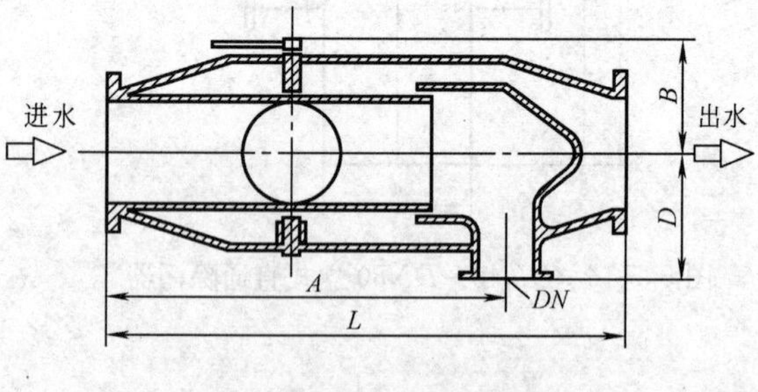

图5.5-21 ZPG-L型（直通式）自动冲洗排污过滤器

（1）自动排污过滤器（ZPG）的性能与特点

1）ZPG自动冲洗排污过滤器可在不停机的情况下自动实现冲洗过滤和反冲洗过滤器且不需动力。

2）由于过滤网筒整体固定于管道上，因此除污器安装在管网上不需专设支撑。

3）排污口可由用户指定方位。

4）过滤器在额定流速下阻力小于 0.008MPa。

（2）自动排污过滤器（ZPG）的安装、使用与维护

1）直接安装在管道上，不需专设支撑结构，一般靠近被保护设备前。

2）ZPG-L 型自动排污过滤器，可取代任何方向 90°的弯头。

3）ZPG-L 和 ZPG-I 型自动排污过滤器均可水平，垂直安装，垂直安装时，水流方向必须与重力方向一致。

4）冲洗可分为两阶段进行。一是清洗排污阶段，打开排污阀大约 30 秒的时间，根据管内杂质而定，让杂质从排污口排出，二是反冲洗阶段，排污阀仍打开，开启水流转向阀约 30 秒，将粘附在过滤网上的残余物反冲洗排出。

5）该设备无易损件，只定期根据水质进行排污即可。

3. 变角形过滤器规格见表 5.5-30，图 5.5-22，选用见表 5.5-31。

变角形过滤器规格表　　**表 5.5-30**

DN	50	65	80	100	125	150	200	250	300	350	400	450
DN_1	20	25	32	40	50	50	80	80	80	100	100	100
D	108	133	159	194	219	273	325	377	426	480	530	630
L	632	650	712	747	912	914	1077	1201	1330	1441	1570	1769

注：① 该产品详见国标 92R423。

② 表中 L 尺寸用于 $P=1.6$MPa。

变角形过滤器设计，安装，运行说明：

（1）用于热水供暖系统，过滤网为 20 目，集中空调系统为 40～60 目。

（2）局部阻力系数 $\xi=1.961\times V^{0.907}$。

（3）过滤器出口可以是两个或三个，其管径可等于或小于进口管。

（4）过滤器本体中心线与水平应尽可能保持 45°夹角，当条件不允许时，可不受此限制。

（5）颗粒状污物，较大颗粒沉降在过滤器底部，不需停机，打开排污阀即可，对贴附于过滤网的较小颗粒，需关闭前后阀门，打开排污阀，快速启闭几次过滤器后方阀门，污物即可冲出。

（6）纤维状污物，需关闭前后阀门，拆下排污盖，更换过滤网筒。

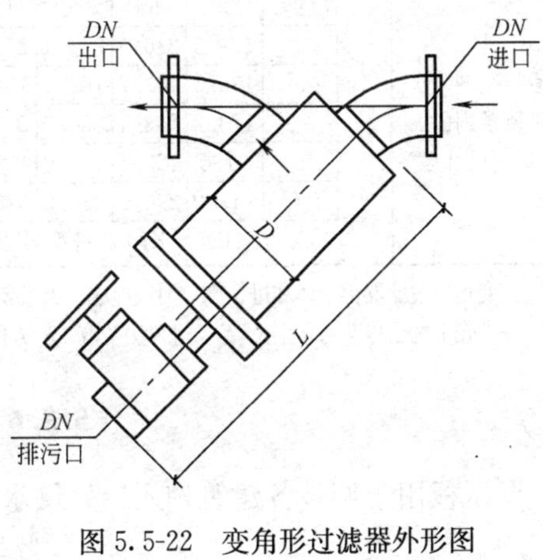

图 5.5-22　变角形过滤器外形图

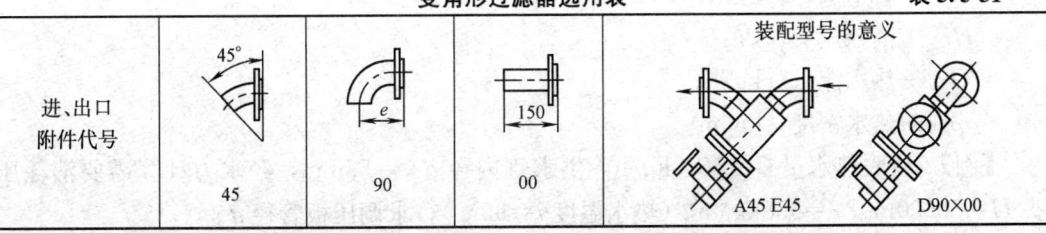

变角形过滤器选用表　　**表 5.5-31**

进、出口附件代号	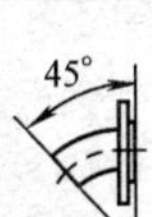 45	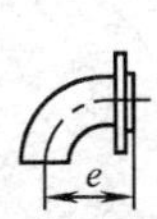 90	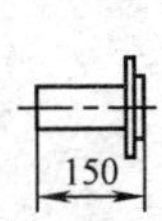 00	装配型号的意义 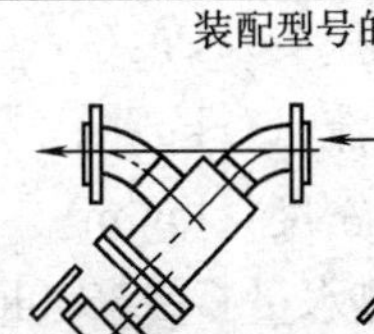 A45 E45　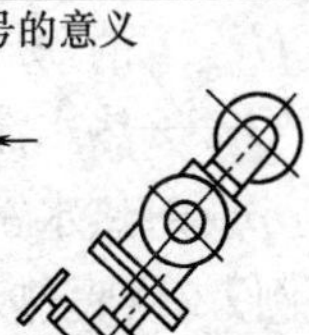 D90×00

续表

进口法兰方位代号	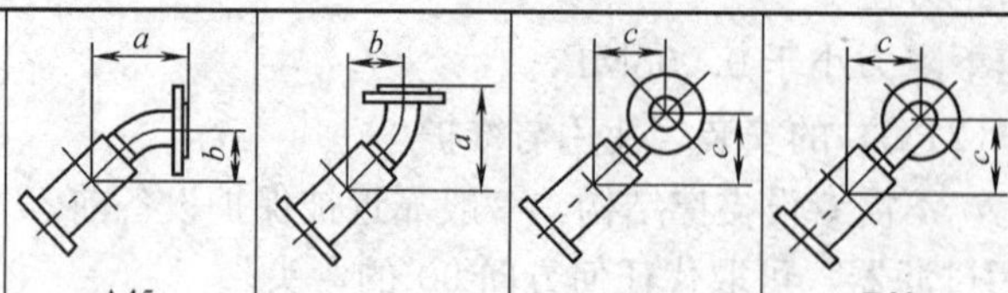					
	A45	B45	C90	D90		
	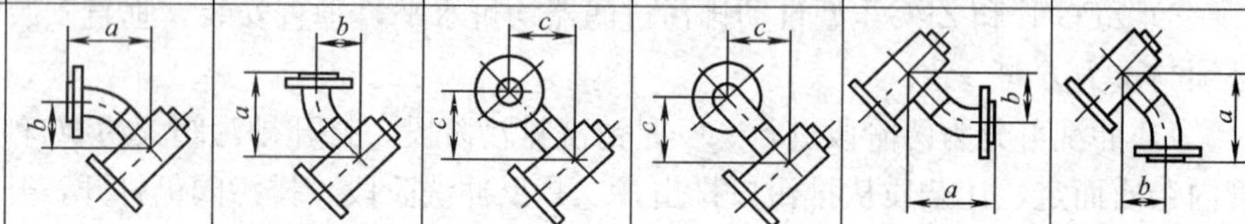					
	E45	F45	J90	K90	G45	H45
出口法兰方位代号	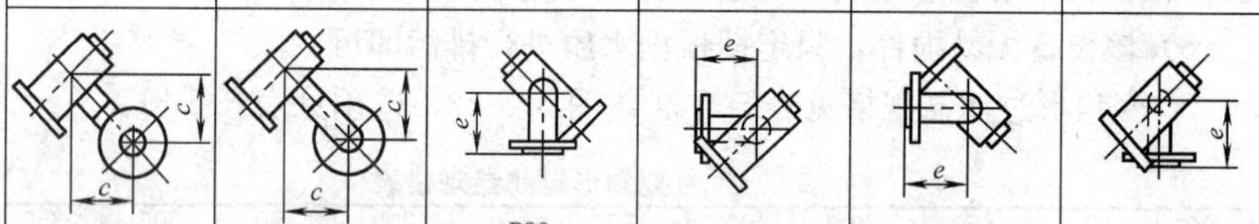					
	M90	N90	P90	Q90	T90	U90
	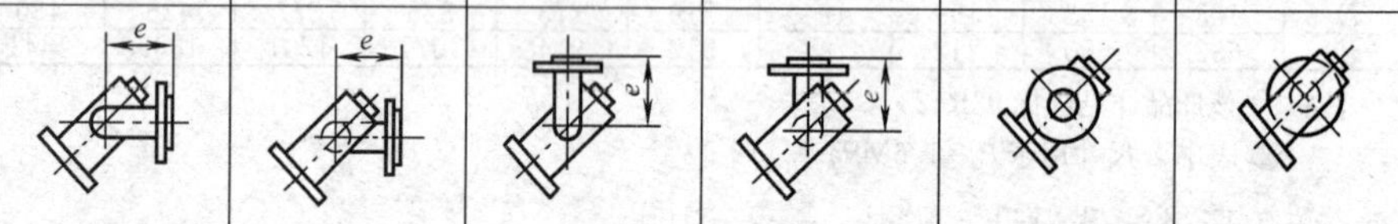					
	R90	S90	V90	X90	X00	Z00

各装配型号通径系列的安装尺寸

DN	50	65	80	100	125	150	200	250	300	350	400	450
a	185.5	210.9	241.1	274.2	309.6	354.8	365.5	420.5	476.7	536.5	590.9	665.2
b	130.9	147.7	162.1	183.2	203.1	233.1	244.2	277.2	309.2	342.9	375.3	425.3
c	173.2	205.1	233.7	267.3	302.6	348.6	357.4	412.2	468.8	527.5	580.5	654.1
e	91.0	123.5	151.0	181.0	218.5	256.5	243.0	294.5	350.0	406.0	456.0	510.0
f	245.0	290.0	330.5	378.0	428.0	493.0	505.0	583.0	663.0	746.0	821.0	925.0

注：P90～X90八种型号出口法兰轴线至过滤器轴线距离为 f

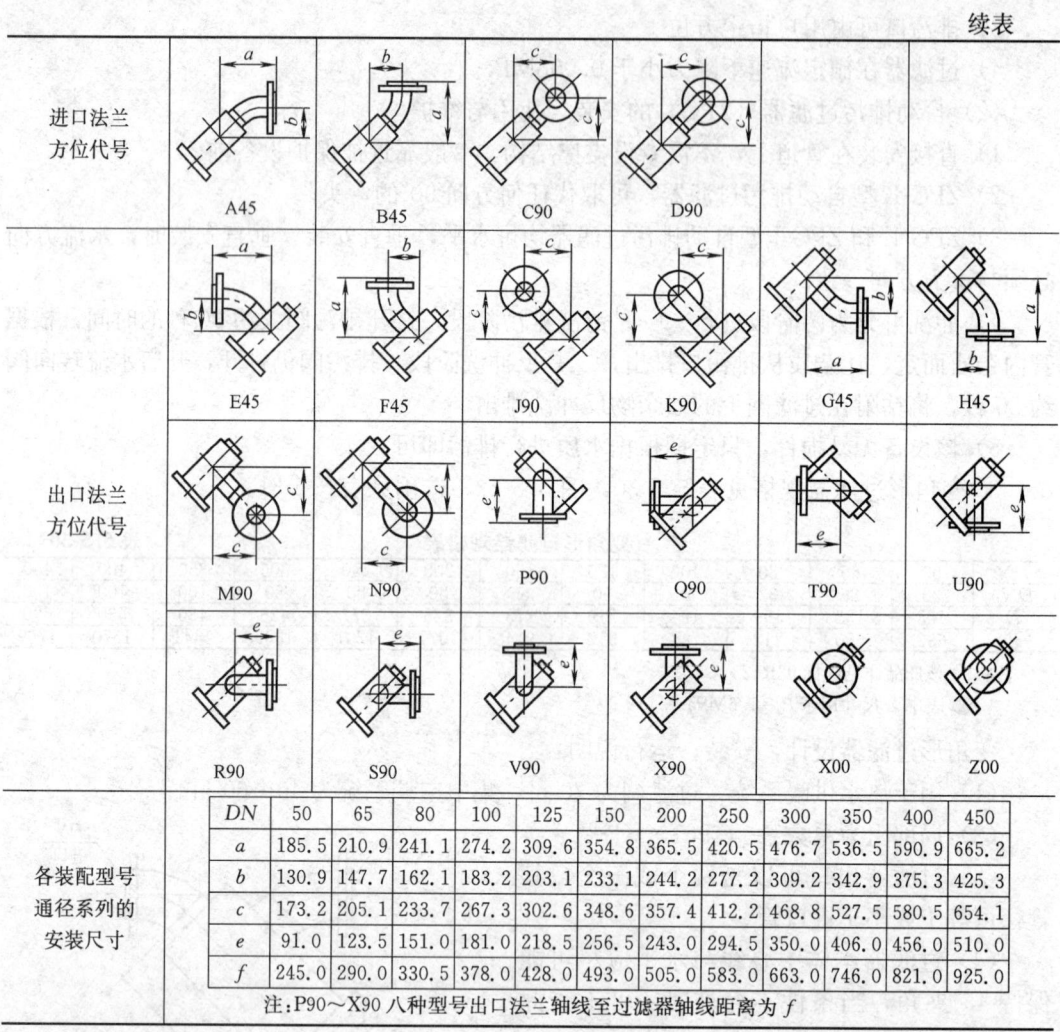

注：变角形过滤器由主体和进、出口附件焊成，当组装时可选用不同的弯头附件并使法兰取得各种不同的方向与位置（主体外壳上的出口孔有4个位置），进口法兰有4种方位，出口法兰有18种方位，两者任意组合可得到72种装配型号。

5.5.6 调压板

调压板用于调整各建筑物入口处供水干管上的压力。调压板孔径按下式计算：

$$d=\sqrt{GD^2/f} \tag{5.5-8}$$

$$f=23.21\times10^{-4}D^2\sqrt{\rho H}+0.812G \tag{5.5-9}$$

式中 d——调压板孔径，mm；

D——管道内径，mm；

H——消耗压头，Pa；

G——热水流量，kg/h；

ρ——热水密度，kg/m³。

【例】 供暖热水量 G=3500kg/h，供水管内径 $d_{内}$=53mm，经水力计算需要消耗压头 H=50000Pa，ρ=958kg/m³（热水温度 t=95℃），求调压板管径 d。

【解】 $f=23.21\times10^{-4}\times53^2\sqrt{958\times50000}+0.812\times3500=47958$

则 $d=\sqrt{3500\times53^2/47598}=14.3\text{mm}$

5.5.7 集气罐、自动排气阀

集气罐直径 D 的确定 集气罐有效容积应为膨胀水箱容积的 1%。它的直径 D 应大于或等于干管直径的 1.5～2 倍，使水在其中的流速不超过 0.05m/s。集气罐按安装形式分立式和横式两种，规格尺寸见表 5.5-32。

集气罐规格尺寸表 **表 5.5-32**

规 格	型 号				备 注
	1	2	3	4	
直径 D(mm)	100	150	200	250	国标图 94K402-1
高度(长度) $H(L)$(mm)	200	250	300	350	

设计注意要点：

1. 集气罐一般应设于系统的末端最高处，并使干管逆坡有利于排气。
2. 集气罐上引出的排气管一般取 $DN=15$，并应安装阀门。
3. 为了管理简便，可用自动排气阀取代集气罐。

5.5.8 换 热 器

1. 换热器计算

（1）换热器传热面积 F（m^2）：

$$F=\frac{Q}{K\cdot B\cdot \Delta t_{pj}} \tag{5.5-10}$$

式中 Q——传热量，W；

K——传热系数，W/($\text{m}^2\cdot$℃)；

B——考虑水垢的系数；

当汽——水换热器时，$B=0.9\sim0.85$；

水——水换热器时，$B=0.8\sim0.7$；

Δt_{pj}——对数平均温度差，℃。

（2）对数平均温度差 Δt_{pj}（℃）。

$$\Delta t_{pj}=\frac{\Delta t_a-\Delta t_b}{\ln\dfrac{\Delta t_a}{\Delta t_b}} \tag{5.5-11}$$

式中 Δt_a，Δt_b——热媒入口及出口处的最大、最小温差值，℃。

2. 设计选用要点

（1）应根据用途及使用要求选用换热器的类型，各类型换热器的选用应在技术经济比较基础上进行。

（2）根据已知冷、热流体的流量，初、终温度及流体的比热容决定所需的换热面积。初步估计换热面积，一般先假定传热系数，确定换热器构造，再校核传热系数 K 值。实际换热面积应取计算面积的 1.15～1.25 倍。

(3) 选用换热面积时，应尽量使换热系数小的一侧得到大的流速，并且尽量使两流体换热面两侧的换热系数相等或相近，以提高传热系数。高温流体宜在内部，低温流体宜在外部，以减少换热器外表面的热损失。经换热器加热的流体温度应比加热器出口压力下的饱和温度低10℃，且应低于二次水所用水泵的工作温度。

(4) 含有泥砂赃物的流体宜通入容易清洗或不易结垢的空间。

(5) 换热器中流体选择宜遵循以下原则：

• 尽量使流体呈湍流状态；

• 提高流速应考虑动力消耗与减少换热局积之间的经济比较；

• 适当的流速可以使换热的外形尺寸比较合理；

• 换热器的压力降不宜过大，一般控制在0.01～0.05MPa之间；

• 流速大小应考虑流体的黏度，黏度大的流速应小于0.5～1.0m/s；一般流体管内的流速宜取0.4～1.0m/s；易结垢的流体宜取0.8～1.2m/s。

(6) 选用换热器时应注意压力等级，使用温度，接口的连接条件。在压力降，安装条件允许的前提下，管壳式换热器宜选用直径小的加长型，有利于提高换热量。选用板式换热器时，温差较小侧流体的接口处流速不宜过大，应能满足压力降的要求。

3. 换热器种类

当前供暖及空调常用的换热器类型见表5.5-33。

各类换热器综合性能表 表5.5-33

换热器类型	传热系数 (W/m²·K)	工作压力 (MPa)	冷热介质允许压差 (MPa)	水阻 (kPa)	特 点
波节管式	水—水 2000～3500 汽—水 2500～4000	≤8	≤8	≤30	适用于汽水换热，承压高，换热效率高。不结垢不堵塞，运行维修简单
板式	水—水 5000～6000	≤2.5	≤0.5	≤50	适用于水—水小温差，换热效率高，占地面积小，设备投资少，易结垢，易堵塞，调节性能好
螺纹扰动盘管式	水—水 1500～2500 汽—水 3000～4000	≤1.6	≤1.6	≤40	适用于水—水换热，可不加水箱具有容积性，连续运行稳定，不易结垢
螺旋螺纹管式	汽—水 7000～8000	≤1.6	≤1.6	≤50	适用于大温差汽—水换热，传热系数高，不渗不漏，耐腐蚀，外形体积小，节省占地面积

注：① 波节管式，板式，螺纹扰动盘管式换热器为永大捷盟（北京）换热设备有限公司产品。
② 螺旋螺纹管式换热器为塞斯波国际集团研制生产，山东鸿基水技术有限公司代理。

4. 波节管式换热器

分别列出常用汽——水换热性能：0.4MPa（汽）—50/60℃；0.4MPa（汽）—60/85℃；0.4MPa（汽）—70/95℃；见表5.5-34。

水——水换热性能：110/70℃—50/60℃；110/70℃—60/85℃；95/70℃—50/60℃；见表5.5-35。

换热器构造分卧式和立式两种类型，见表5.5-36，表5.5-37，图5.5-23，图5.5-24。

波节管换热器性能表（汽—水） **表 5.5-34**

蒸汽压力 0.4MPa，二次水温度 50～60℃

设备直径(mm)	换热面积(m^2)	换热量(kW)	二次水流量(m^3/h)	蒸汽用量(t/h)
300	2.3～4.5	541.3～1082.6	46.5～93.1	0.9～1.8
400	6.3～10.6	1522.4～2537.4	130.9～218.2	2.6～4.3
500	11.0～22.0	2638.9～5277.8	226.9～453.8	4.5～8.9
600	22.2～38.8	5322.9～9315.1	457.7～800.9	9.0～15.7
700	29.3～51.3	7037.1～12314.9	605.1～1058.8	11.9～20.8
800	50.7～81.2	12179.6～19487.4	1047.2～1675.5	20.6～32.9
900	78.4～117.5	18810.7～28216.1	1617.4～2426.0	31.7～47.6
1000	99.2～198.4	23817.9～47635.8	2047.9～4095.7	40.2～80.4
1200	149.4～298.8	35862.2～71724.3	3083.4～6166.9	60.5～121.1
1400	212.0～423.9	50883.7～101767.3	4375.0～8750.0	85.9～171.8
1600	390.5～683.4	93737.8～164041.2	8059.6～14104.3	158.2～276.9
1800	492.0～861.0	118097.0～206669.8	10154.0～17769.6	199.3～348.8

蒸汽压力 0.4MPa，二次水温度 60～85℃

设备直径(mm)	换热面积(m^2)	换热量(kW)	二次水流量(m^3/h)	蒸汽用量(t/h)
300	2.1～4.1	395.0～789.9	13.6～27.4	0.7～1.3
400	5.4～8.9	1023.3～1705.5	35.2～58.7	1.7～2.9
500	9.0～18.0	1723.5～3446.9	59.3～118.5	2.9～5.8
600	18.4～32.2	3518.7～6157.8	121.0～211.8	5.9～10.4
700	25.9～45.4	4954.9～8671.1	170.4～298.2	8.4～14.6
800	44.6～71.4	8527.5～13644.0	293.3～469.2	14.4～23.0
900	67.7～101.5	12925.9～19388.9	444.5～666.8	21.8～32.7
1000	93.6～187.2	17880.8～35761.7	615.0～1229.9	30.2～60.4
1200	145.5～290.9	27790.7～55581.4	955.8～1911.6	46.9～93.8
1400	197.9～395.8	37808.3～75616.6	1300.3～2600.6	63.8～127.6
1600	378.1～661.7	72241.5～126422.5	2484.5～4347.9	121.9～213.4
1800	484.1～847.1	92492.0～161861.1	3181.0～5566.8	156.1～273.2

蒸汽压力 0.4MPa，二次水温度 70～95℃

设备直径(mm)	换热面积(m^2)	换热量(kW)	二次水流量(m^3/h)	蒸汽用量(t/h)
300	2.1～4.1	338.5～676.9	11.6～23.3	0.6～11
400	5.4～8.9	876.9～1461.6	30.2～50.3	1.5～2.5
500	9.0～18.0	1476.9～2953.9	50.8～101.6	2.5～5.0
600	18.4～32.2	3015.4～5277.0	103.7～181.5	5.1～8.9
700	25.7～45.4	4246.2～7430.9	146.0～255.6	7.2～12.5
800	44.6～71.4	7307.8～11692.4	251.3～402.1	12.3～19.7
900	67.7～101.5	11077.0～16615.6	381.0～571.4	18.7～28.0
100	93.6～187.2	15323.3～30646.5	527.0～1054.0	25.9～51.7
1200	145.5～290.9	23815.7～47631.3	819.1～1638.1	40.2～80.4
1400	197.9～395.8	32400.4～64800.7	1114.3～2228.6	54.7～109.4
1600	378.1～661.7	61908.4～108339.7	2129.2～3726.0	104.5～182.9
1800	484.1～847.1	79262.4～138709.3	2726.0～4770.5	133.8～234.1

波节管换热器性能表（水一水） **表 5.5-35**

高温水温度110～70℃，二次水温度50～60℃

设备直径(mm)	换热面积(m^2)	换热量(kW)	二次水流量(m^3/h)	蒸汽用量(t/h)
300	2.1～4.1	128.6～257.2	11.1～22.1	2.8～5.5
400	5.4～8.9	333.2～555.3	28.6～47.7	7.2～11.9
500	9.0～18.0	561.1～1122.2	48.2～96.5	12.1～24.1
600	17.3～30.3	1075.5～1882.1	92.5～161.8	23.1～40.5
700	21.8～38.1	1356.0～2373.1	116.6～204.0	29.1～51.0
800	47.0～75.2	2922.5～4676.0	251.3～402.0	62.8～100.5
900	66.5～99.8	4138.3～6207.4	355.8～533.7	89.0～133.4
1000	93.0～186.0	5786.6～11573.1	497.5～995.1	124.4～248.8
1200	136.4～272.9	8486.9～16973.9	729.7～1459.4	182.4～364.9
1400	193.4～386.7	12029.0～24058.0	1034.3～2068.5	258.6～517.1
1600	354.0～619.6	22024.0～38541.9	1893.6～3313.9	473.4～828.5
1800	453.3～793.2	28196.3～49343.5	2424.3～4242.6	606.1～1060.6

高温水温度110～70℃，二次水温度60～85℃

设备直径(mm)	换热面积(m^2)	换热量(kW)	二次水流量(m^3/h)	蒸汽用量(t/h)
300	2.1～4.1	64.3～128.6	2.2～4.4	1.4～2.8
400	5.4～8.9	166.6～277.6	5.7～9.5	3.6～6.0
500	9.0～18.0	280.6～561.1	9.6～19.3	6.0～12.1
600	17.3～30.3	537.7～941.0	18.5～32.4	11.6～20.2
700	21.8～38.1	678.0～1186.5	23.3～40.8	14.6～25.5
800	47.0～75.2	1461.3～2338.0	50.3～80.4	31.4～50.3
900	66.5～99.8	2069.1～3103.7	71.2～106.7	44.5～66.7
1000	93.0～186.0	2893.3～5786.6	99.5～199.0	62.2～124.4
1200	136.4～272.9	4243.5～8486.9	145.9～291.9	91.2～182.4
1400	193.4～386.7	6014.5～12029.0	206.9～413.7	129.3～258.6
1600	354.0～619.6	11012.0～19271.0	378.7～662.8	236.7～414.2
1800	453.3～793.2	14098.1～24671.7	484.9～848.5	303.0～530.3

高温水温度95～70℃，二次水温度50～60℃

设备直径(mm)	换热面积(m^2)	换热量(kW)	二次水流量(m^3/h)	蒸汽用量(t/h)
300	2.1～4.1	105.3～210.5	9.1～18.1	3.6～7.2
400	5.4～8.9	272.8～454.6	23.5～39.1	9.4～15.6
500	9.0～18.0	459.4～918.8	39.5～79.0	15.8～31.6
600	17.3～30.3	880.5～1540.8	75.7～132.5	30.3～53.0
700	21.8～38.1	1110.2～1942.8	95.5～167.0	38.2～66.8
800	47.0～75.2	2392.6～3828.1	205.7～329.1	82.3～131.7
900	66.5～99.8	3387.9～5081.9	291.3～436.9	116.5～174.8
1000	93.0～186.0	4737.3～9474.6	407.3～814.6	162.9～325.9
1200	136.4～272.9	6948.1～13896.2	597.4～1194.8	239.0～477.9
1400	193.4～386.7	9847.9～19695.8	846.7～1693.5	338.7～677.4
1600	354.0～619.6	18030.5～31553.5	1550.3～2713.0	620.1～1085.2
1800	453.3～793.2	23083.7～40396.5	1984.7～3473.3	793.9～1389.3

卧式波节管换热器结构尺寸表 表 5.5-36

设备直径(mm)	换热面积(m^2)	设备长度L(mm)	接管口径(mm)							
			汽一水				水一水			
			①	②	③	④	①	②	③	④
300	2.3	1920	80	80	100	50	50	50	50	50
	3.5	2420	80	80	100	50	65	65	80	80
	4.7	2920	100	100	125	50	65	65	80	80
400	6.0	2460	100	100	125	50	80	80	80	80
	8.1	2960	100	100	125	50	80	80	80	80
	10.1	3460	125	125	150	50	80	80	100	100
500	10.2	2540	125	125	150	50	100	100	100	150
	13.6	3040	125	125	150	50	100	100	100	150
	17.0	3540	125	125	150	50	100	100	150	150
	20.4	4040	150	150	200	80	150	150	150	150
600	20.8	3100	150	150	200	80	150	150	150	150
	26.0	3600	150	150	200	80	150	150	150	150
	31.2	4100	200	200	250	80	150	150	150	200
	36.4	4600	200	200	250	80	200	200	200	200
700	31.0	3190	200	200	250	100	200	200	200	200
	38.7	3690	200	200	250	100	200	200	200	200
	46.4	4230	250	250	300	100	200	200	200	250
	54.2	4730	250	250	300	100	200	200	250	250
800	55.1	3850	300	300	350	125	200	200	250	250
	66.1	4350	300	300	350	125	200	200	250	250
	77.2	4850	300	300	350	125	200	200	250	250
	88.2	5350	300	300	350	125	250	250	300	300
900	82.7	4460	350	350	400	150	300	300	350	350
	96.5	4960	350	350	400	150	300	300	350	350
	110.2	5460	350	350	400	150	300	300	350	350
	124.0	5960	350	350	400	150	300	300	350	350
1000	109.4	4520	350	350	400	150	300	300	350	350
	145.9	5520	400	400	400	150	300	300	350	350
	182.3	6570	400	400	450	200	300	300	400	400
	218.8	7570	400	400	450	200	300	300	400	400
1200	166.6	4820	400	400	450	200	300	300	400	400
	222.2	5820	400	400	450	200	300	300	400	400
	277.7	6880	450	450	500	250	400	400	450	450
	333.3	7880	450	450	500	250	400	400	450	450
1400	233.1	4990	450	450	500	250	400	400	450	450
	309.5	5990	450	450	500	250	400	400	450	450
	386.5	6990	450	450	500	250	400	400	450	450
	464.3	7990	450	450	500	250	400	400	450	450

立式波节管换热器结构尺寸表 表5.5-37

设备直径(mm)	换热面积(m^2)	设备长度 L(mm)	接口直径(mm)							
			汽—水				水—水			
			①	②	③	④	①	②	③	④
300	2.3	2070	80	80	100	50	50	50	50	50
	3.5	2570	80	80	100	50	65	65	80	80
	4.7	3070	100	100	125	50	65	65	80	80
400	6.0	2570	100	100	125	50	80	80	80	80
	8.1	3070	100	100	125	50	80	80	80	80
	10.1	3600	125	125	150	50	80	80	100	100
500	10.2	2670	125	125	150	50	100	100	100	150
	13.6	3170	125	125	150	50	100	100	100	150
	17.0	3670	125	125	150	50	100	100	150	150
	20.4	4180	150	150	200	80	150	150	150	150
600	20.8	3310	150	150	200	80	150	150	150	150
	26.0	3810	150	150	200	80	150	150	150	150
	31.2	4310	200	200	250	80	150	150	150	200
	36.4	4740	200	200	250	80	200	200	200	200
700	31.0	3440	200	200	250	100	200	200	200	200
	38.7	3940	200	200	250	100	200	200	200	200
	46.4	4490	250	250	300	100	200	200	200	250
	54.2	4990	250	250	300	100	200	200	250	250
800	55.1	4120	300	300	350	125	200	200	250	250
	66.1	4620	300	300	350	125	200	200	250	250
	77.2	5120	300	300	350	125	200	200	250	250
	88.2	5620	300	300	350	125	250	250	300	300
900	82.7	4730	350	350	400	150	300	300	350	350
	96.5	5230	350	350	400	150	300	300	350	350
	110.2	5730	350	350	400	150	300	300	350	350
	124.0	6230	350	350	400	150	300	300	350	350
1000	109.4	4670	350	350	400	150	300	300	350	350
	145.9	5670	350	350	400	150	300	300	350	350
	182.3	6670	350	350	450	200	300	300	400	400
	218.8	7670	450	450	450	200	300	300	400	400
1200	166.6	4970	450	450	450	200	300	300	400	400
	222.2	5970	450	450	450	200	300	300	400	400
	277.7	6970	450	450	500	250	400	400	450	450
	333.3	7970	450	450	500	250	400	400	450	450
1400	233.1	5140	450	450	500	250	400	400	450	450
	309.5	6140	450	450	500	250	400	400	450	450
	386.5	7140	450	450	500	250	400	400	450	450
	464.3	8140	450	450	500	250	400	400	450	450

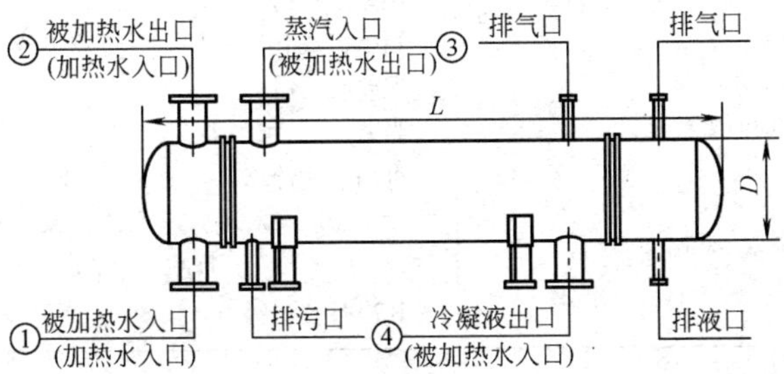

注: 括号内接管名称为水—水换热器

图 5.5-23 卧式波节管换热器结构图

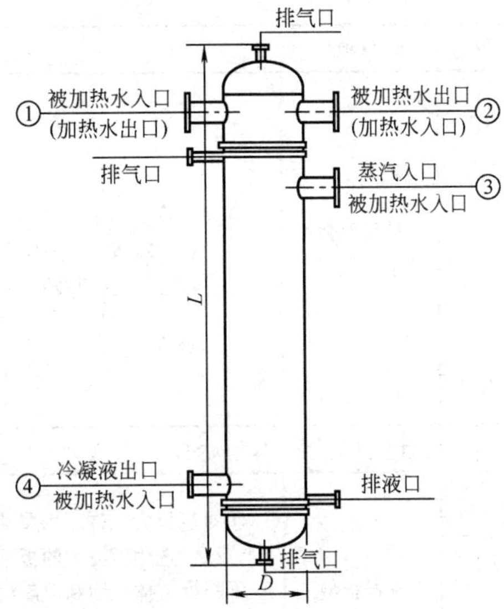

图 5.5-24 立式波节管换热器结构图

注：① 对汽—水换热器：

排气口口径：除 $D\geqslant1200$mm 以上时为 32mm，其余均为 25mm。

排液口排污口口径：$D\leqslant600$ 时为 32mm；

D=700～800 时为 50mm；

D=900～1200 时为 80mm；

D=1400 时为 100mm。

② 对水—水换热器：

排气口口径：除 $D\geqslant1200$mm 以上时为 32mm，其余均为 25mm；

排液口排污口口径：$D\geqslant500$ 以上时为 32mm；

D=600～800 时为 50mm；

D=900～1200 时为 70mm；

D=1400 时为 80mm

5. 板式换热器

板式换热器设计计算方法见表 5.5-38，板式换热器性能见表 5.5-39，构造见图 5.5-25。

板式换热器设计选型计算方法和步骤 **表 5.5-38**

<table>
<tr><th>序号</th><th>计算项目</th><th>计 算 方 法</th><th>说　明</th></tr>
<tr><td>1</td><td>设计条件</td><td>冷热流体的有关参数
体积流量 m³/h；进口温度℃；
出口温度℃；允许压力降 MPa</td><td>为已知条件，由工艺设计提出</td></tr>
<tr><td>2</td><td>物性参数</td><td>查出冷热流体平均温度的物性参数
<table>
<tr><th>符号</th><th>名称</th><th>单位</th><th>热侧</th><th>冷侧</th></tr>
<tr><td>ρ</td><td>密度</td><td>kg/m³</td><td>ρ_h</td><td>ρ_c</td></tr>
<tr><td>c_p</td><td>定压比热</td><td>kJ/kg·℃</td><td>c_{p_h}</td><td>c_{p_c}</td></tr>
<tr><td>λ</td><td>导热系数</td><td>W/m·℃</td><td>λ_h</td><td>λ_c</td></tr>
<tr><td>υ</td><td>运动黏度</td><td>m²/s</td><td>υ_h</td><td>υ_c</td></tr>
<tr><td>Pr</td><td>普朗特数</td><td></td><td>Pr_h</td><td>Pr_c</td></tr>
</table>
若 Pr 查不到，按 $Pr=3600c_p\mu g/\lambda$ 计算
式中：μ——运动黏度，kg·s/m²，
g——重力加速度，m/s²</td><td>冷热物体平均温度计算式分别为：
$\theta_p=(\theta_1+\theta_2)/2$；
$t_p=(t_1+t_2)/2$</td></tr>
</table>

续表

序号	计算项目	计算方法	说明
3	计算对数平均温度	$\Delta t_m=(\Delta_大-\Delta_小)/\ln(\Delta_大/\Delta_小)$℃ 当$\Delta_大\approx\Delta_小$时，可用算术平均温差代替，即 $\Delta t_N=(\Delta_大+\Delta_小)/2$℃	当$\Delta_大/\Delta_小<1.5$时 误差<1%； 当$\Delta_大/\Delta_小<2.0$时， 误差<4%； 当$\Delta_大/\Delta_小<5$时， 可用下式计算： $\Delta t_N=0.5(\Delta_大+\Delta_小)-0.1(\Delta_大-\Delta_小)$ 其误差<4%
4	计算热负荷	$Q=v_h\rho_h c_{p_h}(\theta_1-\theta_2)=v_c p_c c_{p_c}(t_1-t_2)$，W	
5	选择板型	①对流量大允许压力降小的情况应选用阻力小的板型，反之，选用阻力大的板型； ②根据流体压力和温度情况选用可拆卸式或电焊式； ③不宜选用单板面积太小的板片，以免板片数量过多，板间流速偏小，降低传热系数	
6	估算传热面积F'	$F'=Q'/K'\Delta t_m$，m^2	K'按经济取值： 水—水$K'=2900\sim4650$ 汽—水$K'=2500\sim3800$
7	选择台数	①大中型换热站可选2～3台最多不超过4台 ②选2台时，其每台的热负荷$Q=0.6\sim0.7Q'$ 选3台时，$Q=0.4\sim0.5Q'$	根据选定的板型，从样本中可查出板式技术参数；单值有效换热面积f，m^2； 板间流道截面积S，m。 当量直径d_e，m。 如有准则式，查出Nu或α、Eu或Δp计算关联式
8	拟定板间流速初值	拟定初值方法有两种，即等流程法和不等流程法，其判别条件如下： $V_1/V_2<2$时采用等流程法； $V_1/V_2\geqslant2$时采用不等流程法。 ①等流程法：先假设热侧流速W_h或冷侧流速W_c中任意一个值，再由$V_hW_c=V_cW_h$计算出另一个值。对水—水换热介质，一般W取0.2～0.6m/s ②不等流程法：设$Z=V_1/V_2\geqslant2$，先假定W_h和W_c中任一个值，再按以下二式中的一个计算出另一个值： $W_cV_h=ZV_cW_h$（当$V_h>V_c$时） $ZW_cV_h=V_cW_h$（当$V_h>V_c$时）	
9	计算雷诺数	计算冷热侧流体的雷诺数Re_c、Re_h $Re=Wd_e/v$	
10	计算努谢尔特数	计算冷热侧流体的努谢尔特数Nu $Nu=CRe^nPr^m$	

续表

序号	计算项目	计算方法	说明
11	计算换热系数	计算冷热侧的换热系数 $\alpha=Nu\lambda/d_e$，$W/m^2\cdot℃$	
12	计算传热系数 K	$K=\left(\frac{1}{\alpha_c}+\frac{1}{\alpha_h}+R_p+R_{fh}+R_{fc}\right)^{-1}$ $W/m^2\cdot℃$	板片热阻 取 $45\times10^{-5}m^2\cdot℃/W$ 水污垢热阻 R_f 取 $1.16\times10^{-6}m^2\cdot℃/W$
13	计算理论换热面积 F_m	$F_m=Q'/K\Delta t_m$，m^2	
14	计算单程流道数 n	计算冷热介质的单程流道数 $n=V/3600SW$	若 $V_1/V_2\geqslant2$，在拟定板间流速时。小流量单程流数为 n/Z，大流量为 n
15	计算流程数 N	$N=\left(\frac{F_m}{f}+1\right)\Big/2n$	当 $V_1/V_2\geqslant2$ 时，小流量侧流程数为 ZN，大流量侧为 N
16	计算实际换热面积 F	$F=(2N\cdot n-1)f$，m^2	计算结果如 F 比 F_m 大5%以内，实际应用是允许的，实际面积按 F 选取。若超出5%应重新设定流速进行叠代计算
17	计算压力降 Δp	计算冷热侧压降 $\Delta p_c'$，$\Delta p_h'$ $\Delta p=Eu\rho W^2N\times10^{-6}$，MPa $Eu=bRe^d$ 考虑积垢对阻力影响，乘以12系数则： $\Delta p_c=1.2\Delta p_c'$ $\Delta p_h=1.2\Delta p_h'$	Δp_c，Δp_h 与允许压降 Δp 比较；当 $\Delta p<\Delta p_{允许}$ 时，计算通过 若 $\Delta p>\Delta p_{允许}$ 时，需减少初设值重新计算。 一般水—水换热器压降值不大于0.06MPa

板式换热器性能表 表 5.5-39

型号	项目		1	2	3	4	5	6	7	8	9	10
BR0.01型	换热面积	(m²)	0.1	0.2	0.3	0.4	0.5	0.6	0.7	0.8	0.9	1.0
	外形尺寸(mm)	L(长)	100	150	190	250	290	340	380	440	490	540
		H(高)	228									
	接管口径	(mm)	$DN15$(螺纹)									
BR0.02型	换热面积	(m²)	0.3	0.5	0.7	0.9	1.1	1.3	1.5	1.7	1.9	
	外形尺寸(mm)	L(长)	140	175	220	255	300	345	382	430	463	
		H(高)	380									
	接管口径	(mm)	$DN20$(螺纹)									

续表

BR0.05型	换热面积	(m^2)	1	2	3	4	5	6					
	外形尺寸(mm)	*L*(长)	255	365	485	615	715	815					
		H(高)	564										
	接管口径	(mm)	*DN*40(法兰)										
BR0.1型	换热面积	(m^2)	3	4	5	6	8	10	12	15			
	外形尺寸(mm)	*L*(长)	654	654	754	754	854	854	1054	1204			
		H(高)	800										
	接管口径	(mm)	*DN*50(法兰)										
BR0.2型	换热面积	(m^2)	5	8	10	12	15	20	25	30			
	外形尺寸(mm)	*L*(长)	636	716	766	806	896	1016	1166	1266			
		H(高)	1170										
	接管口径	(mm)	*DN*80(法兰)										
BR0.3型	换热面积	(m^2)	10	15	20	25	30	35	40	45	50		
	外形尺寸(mm)	*L*(长)	723	830	924	1017	1120	1218	1313	1418	1707		
		H(高)	1370										
	接管口径	(mm)	*DN*100(法兰)										
BR0.5型	换热面积	(m^2)	20	30	40	50	60	70	80	90	100		
	外形尺寸(mm)	*L*(长)	1013	1173	1313	1443	1578	1713	1843	1983	2103		
		H(高)	1570										
	接管口径	(mm)	*DN*125(法兰)										
BR0.6型	换热面积	(m^2)	50	60	70	80	90	100	110	120	130	140	150
	外形尺寸(mm)	*L*(长)	1303	1503	1603	1703	1803	1903	2003	2103	2203	2303	2303
		H(高)	1990										
	接管口径	(mm)	*DN*150(法兰)										
BR0.8型	换热面积	(m^2)	60	80	100	120	140	160	180	200			
	外形尺寸(mm)	*L*(长)	1222	1352	1502	1652	1802	1952	2102	2242			
		H(高)	1980										
	接管口径	(mm)	*DN*200(法兰)										
BR1.06型	换热面积	(m^2)	80	100	120	150	180	200	230	250			
	外形尺寸(mm)	*L*(长)	1478	1608	1738	1928	2118	2248	2448	2578			
		H(高)	2310										
	接管口径	(mm)	*DN*250(法兰)										

续表

F₂BR0.3型											
换热面积	(m²)	10	15	20	25	30	40	50	60	70	80
外形尺寸(mm)	L(长)	870	965	1073	1160	1277	1481	1685	1889	2093	2297
外形尺寸(mm)	H(高)	1180									
接管口径	(mm)	DN150/DN200(法兰)									

F₂BR0.6型											
换热面积	(m²)	50	60	70	80	90	100	110	120	130	150
外形尺寸(mm)	L(长)	1249	1385	1467	1575	1684	1779	1889	1997	2106	2323
外形尺寸(mm)	H(高)	1560									
接管口径	(mm)	DN150/DN200(法兰)									

F₂BR0.8型											
换热面积	(m²)	60	80	100	120	140	160	180	200	220	240
外形尺寸(mm)	L(长)	1239	1402	1552	1702	1865	2014	2164	2327	2477	2626
外形尺寸(mm)	H(高)	1940									
接管口径	(mm)	DN150/DN200(法兰)									

BRM0.8型														
换热面积	(m²)	100	120	150	180	200	230	250	280	300	350	400	450	500
外形尺寸(mm)	L(长)	1307	1367	1547	1697	1797	1973	1998	2177	2277	2527	2767	2977	3237
外形尺寸(mm)	H(高)	2200												
接管口径	(mm)	DN200(法兰)												

BRM1.2型														
换热面积	(m²)	150	200	250	300	350	400	450	500	550	600	650	700	800
外形尺寸(mm)	L(长)	1547	1797	1998	2277	2527	2767	2977	3237	3427	3617	3807	3977	4377
外形尺寸(mm)	H(高)	2650												
接管口径	(mm)	DN200(法兰)												

BRM1.6型													
换热面积	(m²)	200	230	260	290	320	360	390	420	450	490	520	550
外形尺寸(mm)	L(长)	1680	1890	2100	2310	2520	2720	2930	3140	3350	3560	3760	3970
外形尺寸(mm)	H(高)	2520											
接管口径	(mm)	DN300(法兰)											

BRM2.0型									
换热面积	(m²)	150	200	350	400	450	500	550	600
外形尺寸(mm)	L(长)	1590	1830	2120	2250	2400	2550	2690	2840
外形尺寸(mm)	H(高)	3150							
接管口径	(mm)	DN350(法兰)							

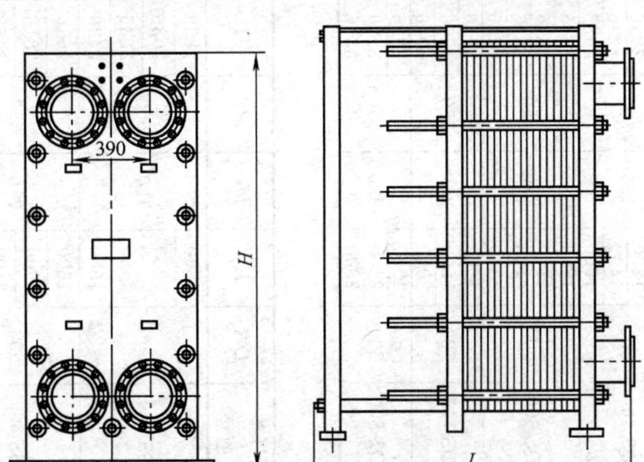

图 5.5-25 板式换热器结构尺寸

6. 螺旋扰动盘管式换热器

螺旋扰动盘管式换热器构造规格见表5.5-40、表5.5-41及图5.5-26、性能见表5.5-42，5.5-43。

LPQS型汽—水螺旋扰动盘管式换热器尺寸表 表5.5-40

项目参数型号	DN	H_1	H_2	H_3	H	L_1	L_2	L_3	L_4	A	B	C	D	a	b	f	g	h	i	换热面积(m^2)	重量(kg)
LPQS-500	500	1000	180	500	1836	300	184	160	120	570	696	600	700	32	80 (100)	80 (100)	32	65	40	4.48	396
		1200			2036															5.76	416
		1400			2236															7.04	478
		1600			2436															8.32	526
LPQS-600	600	1600	210	550	2516	332	216	180	120	670	796	700	800	40	100	100	40	80	40	11.05	604
		1900			2816															12.75	665
		2100			3016															14.45	732
		2300			3216															16.15	806
LPQS-700	700	1600	260	550	2616	395	251	200	180	770	910	800	900	50	125	125	50	100	50	17.81	926
		1800			2816															20.55	1018
		2000			3016															23.29	1121
LPQS-800	800	1900	290	650	2996	485	294	250	200	870	1010	900	1000	50	150	150	50	125	65	29.90	1296
		2100			3196															33.30	1417
		2300			3396															37.10	1560

LPSS型水—水螺旋扰动盘管式换热器尺寸表 表5.5-41

项目参数型号	DN	H_1	H_2	H_3	H	L_1	L_2	L_3	L_4	A	B	C	D	a	b	f	g	h	i	换热面积(m^2)	重量(kg)
LPSS-500	500	1000	180	500	1836	315	194	160	120	570	696	600	700	32	80 (100)	80 (100)	32	65	40	4.48	413
		1200			2036															5.76	437
		1400			2236															7.04	518
		1600			2436															8.32	556
LPSS-600	600	1600	210	550	2516	352	234	180	120	670	796	700	800	40	100 (150)	100 (150)	40	80	80	11.05	624
		1900			2816															12.75	685
		2100			3016															14.45	709
		2300			3216															16.15	833
LPSS-700	700	1600	260	600	2616	418	274	200	180	770	910	800	900	50	125 (200)	125 (200)	50	100	50	17.81	963
		1800			2816															20.55	1050
		2000			3016															23.29	1158
LPSS-800	800	1900	290	650	2996	511	316	250	200	870	1010	900	1000	50	150 (250)	150 (250)	50	125	65	29.90	1333
		2100			3196															33.30	1454
		2300			3396															37.10	1600

螺旋扰动盘管式换热器性能表（水—水） 表 5.5-42

参数 型号	换热面积 (m^2)	被加热水		加热水				换热量 (MW)
		流量(t/h)	阻力(kPa)	进口(℃)	出口(℃)	流量(t/h)	阻力(kPa)	
LPSS-500	4.48	5.2	1.8	110	90	7.15	2.4	0.15
		8.8	2.2	130	90	6.05	2.4	0.26
		14.0	2.4	150	100	7.70	2.4	0.48
LPSS-500	5.76	6.8	2.2	110	90	9.35	2.4	0.20
		11.2	2.4	130	90	7.70	2.4	0.33
		18.4	2.6	150	100	10.12	2.4	0.54
LPSS-500	7.04	8.4	2.4	110	90	11.55	2.4	0.25
		14.0	2.6	130	90	9.63	2.4	0.41
		22.4	3.0	150	100	12.32	2.4	0.65
LPSS-600	8.32	10.0	2.4	110	90	13.75	2.4	0.29
		16.8	2.6	130	90	11.55	4.3	0.49
		26.4	3.0	150	100	14.52	4.3	0.77
LPSS-600	11.05	13.2	2.4	110	90	18.15	4.3	0.39
		22.0	2.6	130	90	15.13	4.3	0.64
		35.2	3.0	150	100	19.36	4.3	1.03
LPSS-600	12.75	15.2	2.4	110	90	20.90	4.3	0.44
		25.6	2.6	130	90	17.60	4.3	0.75
		40.8	3.0	150	100	22.44	4.3	1.19
LPSS-600	14.45	17.2	2.4	110	90	23.65	4.3	0.50
		28.8	2.6	130	90	19.80	4.3	0.84
		46.0	3.0	150	100	25.30	4.3	1.34
LPSS-700	16.15	19.2	2.4	110	90	26.40	4.3	0.56
		32.0	2.6	130	90	22.00	7.5	0.93
		51.6	3.0	150	100	28.38	7.5	1.51
LPSS-700	17.81	21.2	2.4	110	90	29.15	7.5	0.62
		35.22	2.6	130	90	24.48	7.5	1.04
		56.8	3.0	150	100	31.24	7.5	1.66
LPSS-700	20.55	24.4	2.6	110	90	33.55	7.5	0.71
		40.8	2.8	130	90	28.05	7.5	1.19
		65.6	3.2	150	100	36.08	7.5	1.19
LPSS-700	23.29	27.6	2.6	110	90	37.95	7.5	0.81
		46.4	2.8	130	90	31.90	7.5	1.35
		74.0	3.2	150	100	40.70	7.5	2.16
LPSS-800	29.90	35.6	2.6	110	90	48.95	7.5	1.04
		59.6	2.8	130	90	40.98	10.5	1.74
		95.6	3.2	150	100	52.58	10.5	2.79
LPSS-800	33.30	40.0	2.6	110	90	55.00	10.5	1.17
		66.4	2.8	130	90	45.65	10.5	1.94
		106.4	3.2	150	100	58.52	10.5	3.10
LPSS-800	37.10	44.8	2.6	110	90	61.60	10.5	1.31
		74.0	2.8	130	90	50.87	10.5	2.16
		118.4	3.2	150	100	65.12	10.5	3.45

注：一次热媒为高温水，二次热媒为 70/95℃。

螺旋扰动盘管式换热器性能表（汽—水） 表5.5-43

型号＼参数	换热面积 (m^2)	被加热水		加热蒸汽		换热量 (MW)
		流量(t/h)	阻力(kPa)	压力(MPa)	流量(t/h)	
LPQS-500	4.48	12.4	1.2	0.2	0.56	0.36
		19.6	1.4	0.4	0.90	0.57
		26.8	1.6	0.6	1.23	0.78
LPQS-500	5.76	16.0	1.2	0.2	0.74	0.47
		25.2	1.4	0.4	1.16	0.74
		34.4	1.6	0.6	1.58	1.00
LPQS-500	7.04	19.6	1.2	0.2	0.90	0.57
		25.2	1.4	0.4	1.16	0.74
		42.0	1.6	0.6	1.93	1.23
LPQS-600	8.32	23.2	1.6	0.2	1.06	0.68
		36.4	1.8	0.4	1.67	1.06
		50.1	2.0	0.6	2.29	1.46
LPQS-600	11.05	30.8	1.6	0.2	1.42	0.90
		48.4	1.8	0.4	2.22	1.41
		66.0	2.0	0.6	3.02	1.93
LPQS-600	12.75	35.6	1.6	0.2	1.63	1.04
		56.0	1.8	0.4	2.57	1.63
		76.4	2.0	0.6	3.50	2.23
LPQS-600	14.45	40.4	1.6	0.2	1.86	1.18
		63.2	1.8	0.4	2.90	1.84
		86.4	2.0	0.6	3.96	2.52
LPQS-700	16.15	45.2	2.0	0.2	2.07	1.32
		70.8	2.2	0.4	3.25	2.07
		96.8	2.4	0.6	4.44	2.82
LPQS-700	17.81	49.6	2.0	0.2	2.28	1.45
		78.4	2.2	0.4	3.59	2.29
		106.8	2.4	0.6	4.89	3.12
LPQS-700	20.55	57.2	2.0	0.2	2.63	1.67
		90.4	2.2	0.4	4.14	2.64
		123.2	2.4	0.6	5.64	3.59
LPQS-700	23.29	65.2	2.0	0.2	3.00	1.90
		102.4	2.2	0.4	4.69	2.99
		139.6	2.4	0.6	6.39	4.07
LPQS-800	29.90	83.6	3.0	0.2	3.84	2.44
		131.2	3.4	0.4	6.01	3.83
		179.5	3.6	0.6	8.21	5.23
LPQS-800	33.30	92.8	3.0	0.2	4.26	2.71
		146.0	3.4	0.4	6.69	4.26
		199.3	3.6	0.6	9.13	5.81
LPQS-800	37.10	103.6	3.0	0.2	4.75	3.02
		163.3	3.4	0.4	7.48	4.76
		222.3	3.6	0.6	10.19	6.49

注：一次热媒为高温蒸汽，二次热媒为70/95℃。

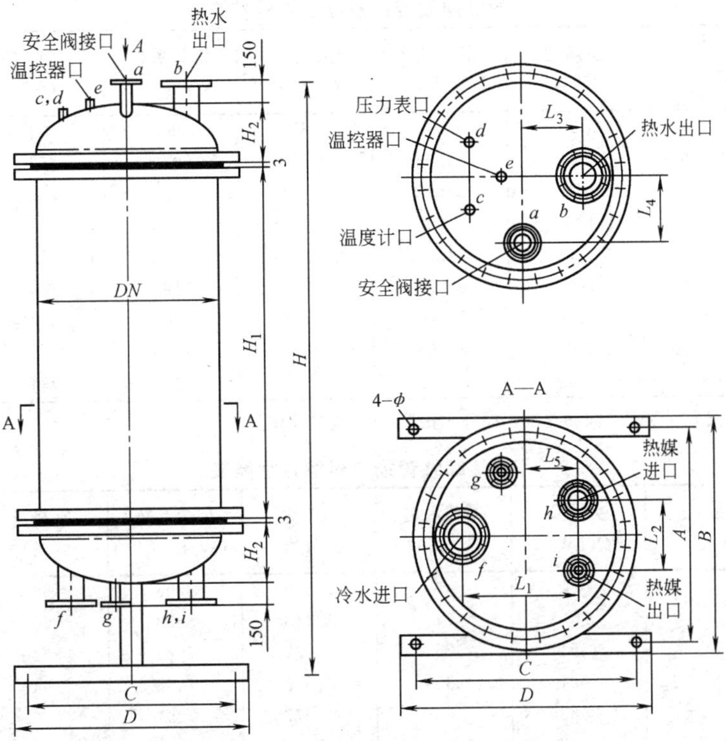

图 5.5-26 LPQS，LPSS 型螺旋扰动盘管换热器外型尺寸图

7. 螺旋螺纹管换热器

此换热器采用的是螺旋盘绕的不锈钢螺纹管，极大地增强了流体的湍流效果，提高了综合传热系数。

螺旋螺纹管换热器构造尺寸见表 5.5-44，综合性能见表 5.5-45、表 5.5-46。

螺旋螺纹管换热器构造尺寸表 **表 5.5-44**

型号	换热面积 (m^2)	重量 (kg)	构造尺寸						图式
			I (mm)	L (mm)	h (mm)	H (mm)	φ (mm)	接口管径 (mm)	
H-2K	1.32	10		160.80		1060	101.60	25	
JADXK3.18.08.75	1.2	23	172	272	917	1037	101.60	50	
JADXK5.38.08.71	4.0	24.5	204	304	911	1030	139.70	50	
JADXK6.50.08.72	3.14	35	206	341	907	1068	159.00	80	
JADXK9.88.08.65	4.97	53.3	253	416	886	1050	219.00	100	
JADXK9.88.08.85	6.2	57.8	253	416	1086	1250	219.00	100	
JADXK12.114.08.50	6.25	66.4	340	501	781	953	273.00	100	
JADXK12.114.08.60	6.46	68.10	340	501	881	1053	273.00	100	
JADXK12.114.08.75	8.78	77.5	340	501	1031	1203	273.00	100	
JADX2.11	1.2	19.5	160	260	1513	1632	80.00	40	
JADX3.18	2.0	28	172	278	1510	1636	101.60	50	
JADX5.38	4.0	43.5	204	314	1510	1646	139.70	50	
JADX6.50	5.7	55	206	341	1492	1653	159.00	80	
JADX9.88	10.7	95	253	416	1481	1676	219.00	100	
JADX12.114	18.4	150	340	501	1681	1910	273.00	100	

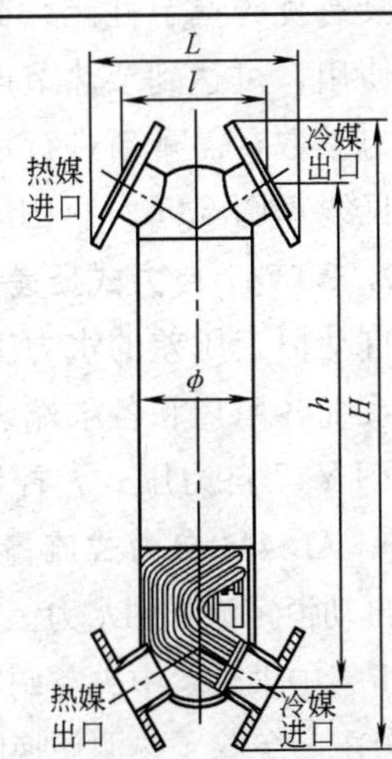

螺旋螺纹管换热器综合性能表 表 5.5-45

型号 \ 参数	换热量 Q(kW)	循环水量 G_w(t/h)	蒸汽量 G_s(t/h)	传热系数 k(W/m²·℃)	富裕量 (%)	水侧阻力 ΔP(kPa)
H-2K	200	6.89	0.349	6804	74	8.42
JADXK3.18.08.75	320	11.03	0.558	6979	57	30.34
JADXK5.38.08.71	700	24.12	1.221	7234	55	27.89
JADXK6.50.08.72	1000	34.45	1.745	7106	51	48.70
JADXK9.88.08.65	1300	44.79	2.268	5735	40	9.84
JADXK9.88.08.85	1800	62.02	3.14	7168	44	25.93
JADXK12.114.08.50	2200	75.80	3.839	6567	34	5.88
JADXK12.114.08.60	2600	89.58	4.537	7329	33	16.97
JADXK12.114.08.75	3200	110.25	5.584	8341	41	38.74

注：上表中蒸汽为 0.6MPa 饱和蒸汽，循环水按照 25℃温差计算。

螺旋螺纹管换热器综合性能表 表 5.5-46

型号 \ 参数	换热量 Q(kW)	循环水量 G_w(t/h)	蒸汽量 G_s(t/h)	传热系数 k(W/m²·℃)	富裕量 (%)	水侧阻力 ΔP(kPa)
JADX2.11	464	8	0.810	8503	65	55.33
JADX3.18	813	14	1.418	8633	65	71.04
JADX5.38	1451	25	2.532	7929	64	65.66
JADX6.50	2031	35	3.545	7468	64	76.61
JADX9.88	3483	60	6.077	7291	66	50.29
JADX12.114	4643	80	8.105	6901	71	62.24

注：上表中蒸汽为 0.6MPa 饱和蒸汽，生活热水按照 50℃温差计算。

5.5.9 平 衡 阀

平衡阀是用于规模较大的供暖或空调水系统的水力平衡。平衡阀安装位置在建筑供暖和空调系统入口，干管分支环路或立管上。

平衡阀的类型有静态平衡阀（数字锁定平衡阀）和动态平衡阀（自力式压差控制阀，自力式流量控制阀两种）。

1. SPF45-16 型数字锁定平衡阀

具有优秀调节性能，截止功能，还具有开度显示和开度锁定功能，在供暖和空调水系统中使用，可达到节热节电的效果，但当系统中压差发生变化时，不能够随系统变化而改变阻力系数，需重新进行手动调节。SPF45-16 型数字平衡阀规格尺寸见表 5.5-47，计算选用见线算图 5.5-27、图 5.5-28。

2. ZTY47 自力式压差控制阀

自动恒定压差的水力工况平衡用阀，应用于集中供热，中央空调等水系统中，有利于被控系统各用户和各末端装置的自主调节，尤其适用于分户计量供暖系统和变流量空调系统。ZTY47 自力压式差控制阀规格见表 5.5-48，计算选用见线算图 5.5-29。

3. ZL-4M 自力式流量控制阀

自动恒定流量的水力工况平衡用阀。可按需求设定流量，并将通过阀门的流量保持恒定。应用于集中供热，中央空调等水系统中，使管网的流量调节一次完成，把调网工作变为简单的流量分配。免除了热源切换时的流量重新分配工作，可有效地解决管网的水力失调。

SPF45-16 型数字锁定平衡阀外形及连接尺寸 表 5.5-47

DN	D	D_1	D_2	L
32	135	100	76	180
40	145	110	84	200
50	160	125	102	230
65	180	145	122	290
80	195	160	130	310
100	215	180	158	350
125	245	210	184	400
150	280	240	212	480
200	335	295	268	495
250	405	355	320	622
300	460	410	370	698
350	520	470	435	787
400	580	525	485	914
500	705	650	608	978
600	840	770	718	1295

图 式

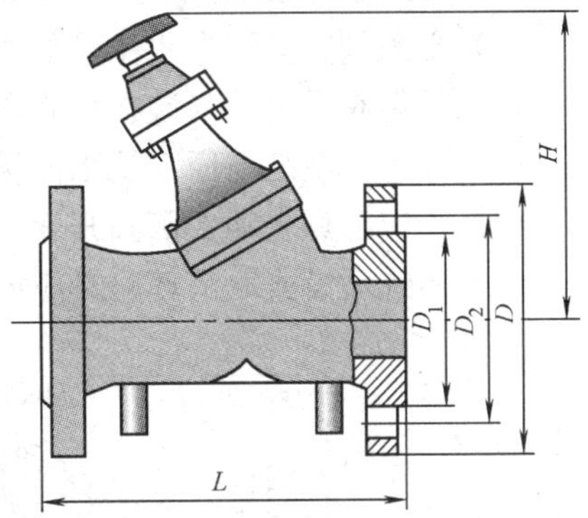

ZTY47 型自力式压差控制阀外形及连接尺寸 表 5.5-48

DN	结构长度(mm)	流量系数 Kv
20	100	0.07～5.4
25	120	0.1～8.5
32	180	0.3～13.2
40	200	0.5～25
50	230	0.7～39
65	290	1.2～58.4
80	310	1.8～80.4
100	350	3.0～118
125	400	5.0～214
150	480	8.0～285
200	495	10～603
250	622	20～901
300	698	25～1390
350	787	30～1740

图 式

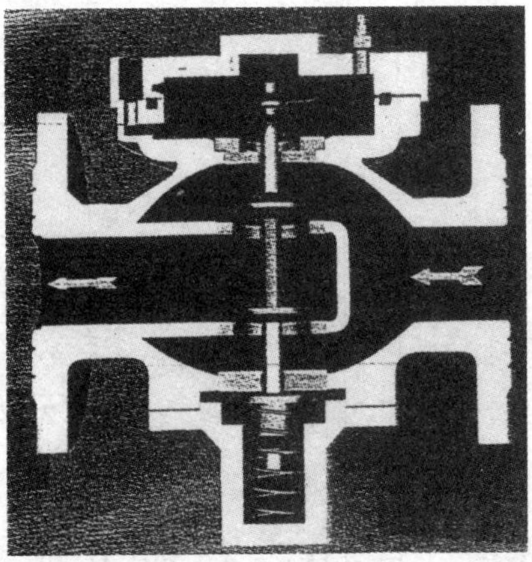

ZL-4M 型自力式流量控制阀外形及连接尺寸 表 5.5-49

DN	结构长度(mm)	恒定流量范围(m^3/h)	G_{max}(m^3/h)
20	110	0.1～1.5	
25	125	0.2～2	
32	180	0.5～4	
40	200	1～6	
50	230	2～10	20
65	290	3～15	30
80	310	5～25	50
100	350	10～35	70
125	400	15～50	100
150	480	20～80	200
200	495	40～160	400
250	622	75～300	800
300	698	100～450	1200
350	787	200～650	1400

图 式

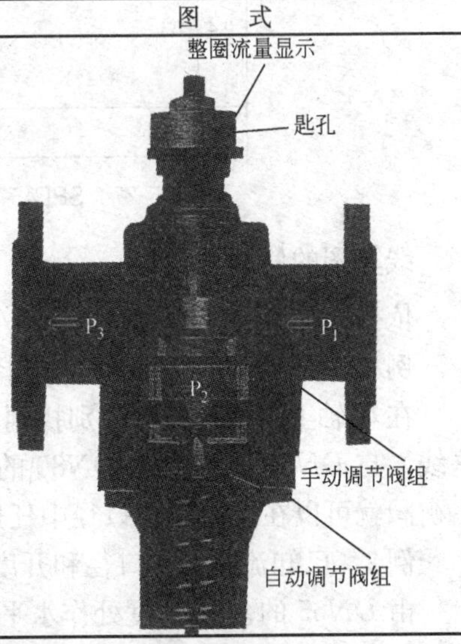

注：SPF45-16，ZTY47 及 ZL-4M 型各阀均为河北平衡阀门制造公司产品。

ZL-4M 自力式流量控制规格见表 5.5-49。

4. 平衡阀安装要点

（1）平衡阀宜安装在水温较低的回水管上，总管上的平衡阀安装在供水总管水泵后。

（2）平衡阀尽可能安装在直管段上。

（3）注意新系统与原系统水流量的平衡。

（4）不应随意变动平衡阀开度。

（5）系统增设或取消环路时应重新调试整定。

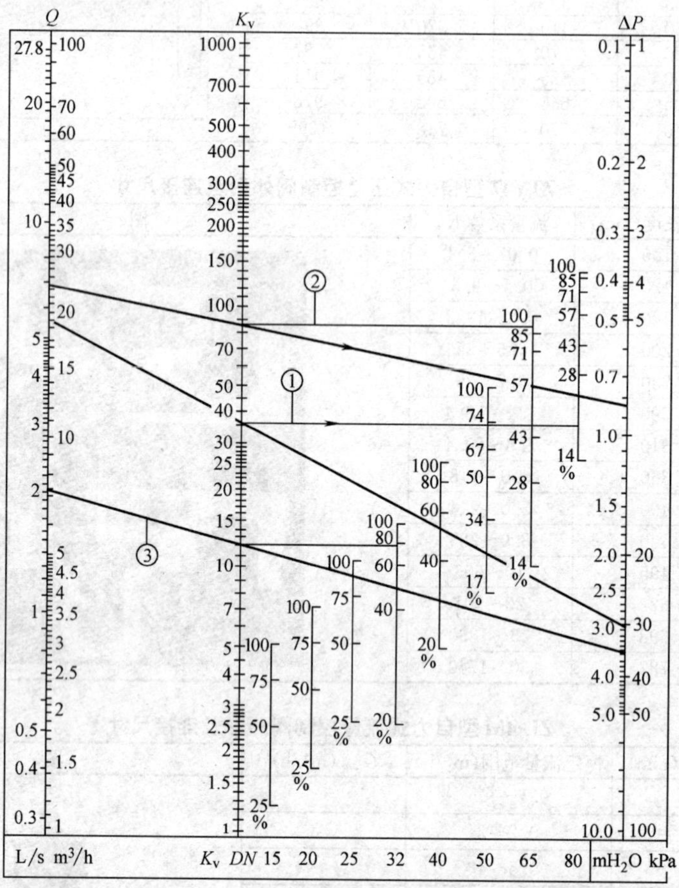

图 5.5-27　SPF45-16 型数字锁定平衡阀线算图（DN15～80）

线算图的使用：

依据公式 $K_v=Q/\sqrt{\Delta P}$ Q—m³/h，ΔP—100kPa（1kgf/cm²）

例 1　已知流量 Q 和 ΔP，选择口径和开度，Q=20m³/h，ΔP=30kPa

在 Q 轴上与 ΔP 轴上分别找到其数值点，然后相连，与 K_v 轴有一交点，由此点作水平线，与 DN50、DN65、DN80 的开度比相交，开度分别为 74%、46%、20%，那么，平衡阀就可以在以上三种口径中任选一种（见图中①）

例 2　已知流量 Q，口径和开度，确定压差消耗 ΔP，Q=25m³/h，DN65，开度 90%

由 DN65 的 90%开度处作水平线与 K_v 轴相交，此交点与 Q 轴 25m³/h 的点相连，并延长至 ΔP 轴，即得 ΔP=8.0kPa（见图中②）

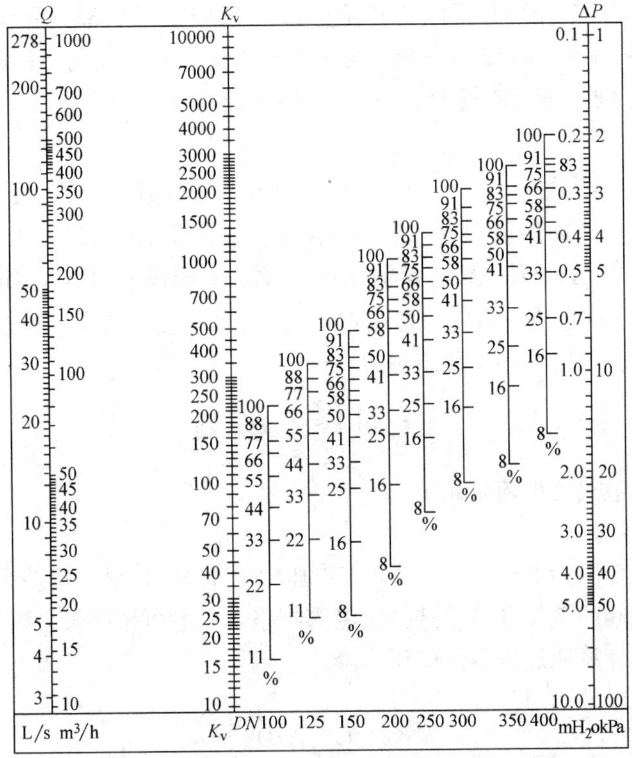

图 5.5-28 SPF45-16 型数字锁定平衡阀线算图（DN100～400）

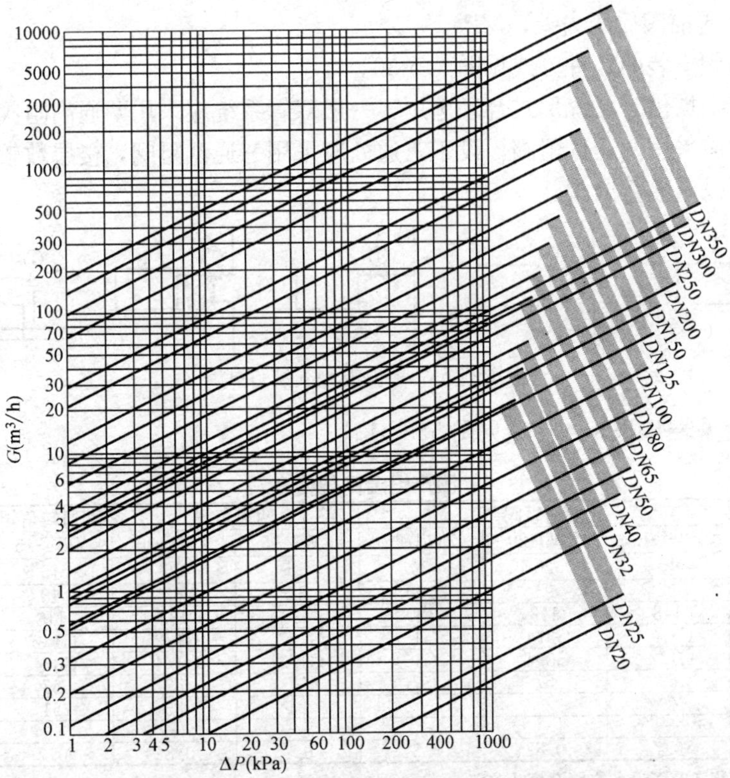

图 5.5-29 ZTY47 自立式压差控制阀线算图

例3 已知ΔP，口径和开度，确定流量$\Delta P=35$kPa，$DN32$，开度80%

由$DN32$的80%开度处作水平线，与K_v轴相交，此交点与ΔP轴上的35kPa点相连，然后延长至Q轴，得到流量为7.4m^3/h（见图中③）

选型说明：

按式$K_v=G/\sqrt{\Delta P'}$式中$G-m^3/h$，$\Delta P-100$kPa（1kgf/cm^2），根据最大流量和可能的最小工作压差计算所需的最大K_v值，根据最小流量和可能的最大工作压差计算所需的最小K_v值，所选阀门的K_v值包容上述两个K_v值即满足要求，如$G=3\sim10m^3/h$，$\Delta P'_{最大}=200$kPa，$\Delta P'_{最小}=20$kPa，$K_{v最大}=10/\sqrt{0.2}=25$，$K_{v最小}=3/\sqrt{2}=2.12$，选择$DN50$即符合要求，建议不变径选用阀门。

5.5.10 恒 温 阀

用于供暖系统散热器的流量调节

1. 设计选用要点

(1) 调节温度范围为8～28℃；最大工作压力为1MPa，最大压差为0.1MPa。

(2) 通过恒温阀的流量和压差选择恒温阀规格，一般可按接管公称管径直接选择恒温阀口径，然后校核计算通过恒温阀的压力降。

其计算式为：

$$K_v=G/(\Delta P)^{0.5}$$

式中 K_v——阀门阻力系数，由生产厂家给出：

G——通过流量，m^3/h；

ΔP——阀前阀后压力差，MPa。

(3) 恒温阀安装的几种方式见图5.5-30。

恒温阀应根据供暖系统形式合理选用，一般双管系统应采用两通高阻阀，单管系统设在供水支管时应采用两通低阻阀，设于三通处应采用三通低阻阀，楼层数较多的双管系统应采用带有预设定的恒温阀。

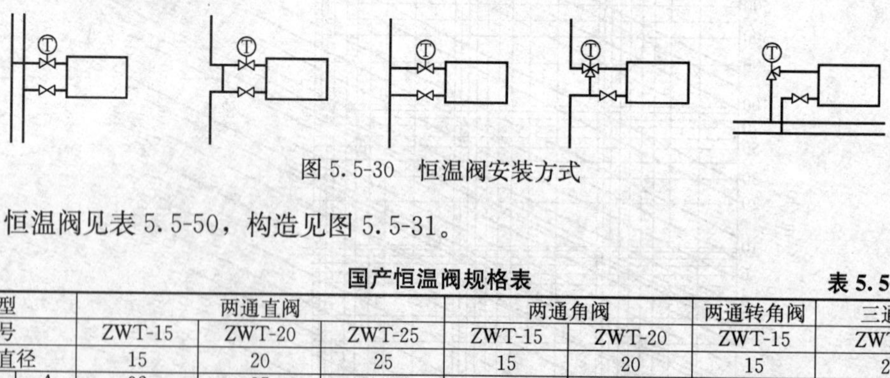

图5.5-30 恒温阀安装方式

2. 恒温阀见表5.5-50，构造见图5.5-31。

国产恒温阀规格表 表5.5-50

类型		两通直阀			两通角阀		两通转角阀	三通阀
型号		ZWT-15	ZWT-20	ZWT-25	ZWT-15	ZWT-20	ZWT-15	ZWT-20
公称直径		15	20	25	15	20	15	20
外形尺寸	A	92	95	100	60	63	48	95
	B	118	118	120	133	133	118	118
	C	G1/2″	G3/4″	G1″	G1/2″	G1/2″	G1/2″	G3/4″
	D	G1/2″	G3/4″	G1″	G1/2″	G3/4″	G3/4″	G3/4″
	E	57	57	57	57	57	57	57
	F	—	—	—	24	25	51	30
	G	—	—	—	—	—	—	G3/4″
	K_v	0.7	0.82	0.82	0.7	0.82	0.7	—

该产品沈阳市北新节能设备有限公司生产。

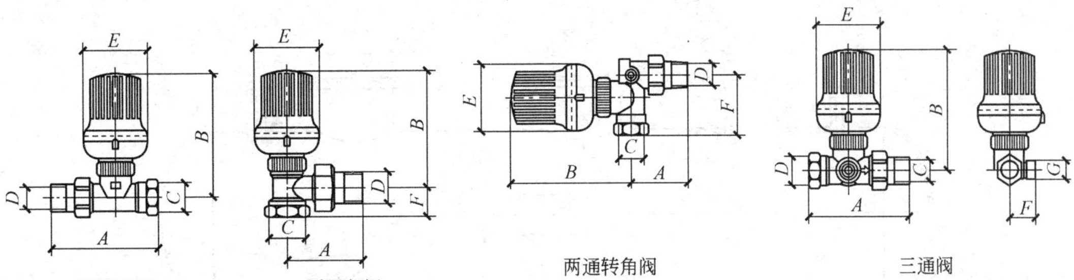

两通直阀　　两通角阀　　两通转角阀　　三通阀

图 5.5-31　恒温阀外型构造

5.5.11　分（集）水器，分汽缸

当需从供暖总入口分接出 3 个及 3 个以上分支环路，或虽是两个环路，但平衡有困难时，在入口处应设分汽缸或分水器，集水器。

1. 分（集）水器，分汽缸筒体直径的确定

(1) 按断面流速计算：

分（集）水器　$V=0.1\sim1.0\mathrm{m/s}$；

分汽缸　$V=8\sim12\mathrm{m/s}$。

(2) 按经验估算确定：

筒体直径 D 等于 1.5～3 倍的接到分（集）水器，分汽缸上的支管的最大直径。

2. 分（集）水器，分汽缸筒体长度 L 按接管数计算确定：

$$L=130+L_1+L_2+L_3+\cdots\cdots L_i+120+2h$$

筒体接管中心距 L_1；L_2；$L_3\cdots\cdots L_i$，根据接管直径和保温层厚度确定，一般可按下表选用

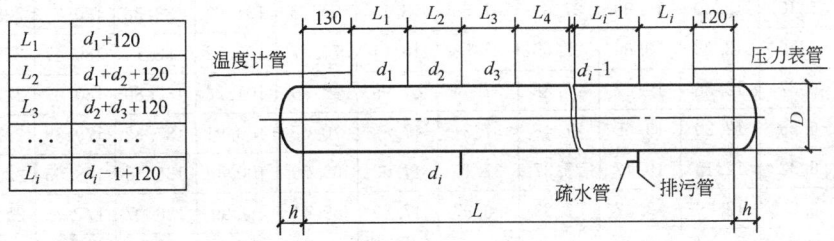

L_1	d_1+120
L_2	d_1+d_2+120
L_3	d_2+d_3+120
…	……
L_i	$d_i-1+120$

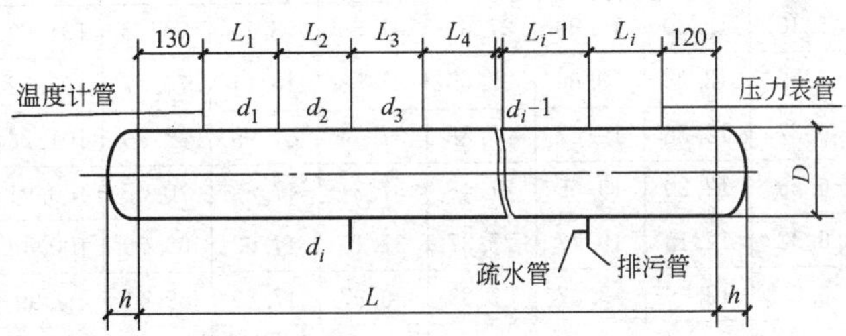

如接管不保温，则接管中心距必须大于 d_1+d_2+80；d_1，d_2 为任意两相邻接管的外径。

3. 分（集）水器构造

见图 5.5-32，图中 d_1，d_2，d_i 为接管直径，δ_1，δ_2，δ_i 为接管壁厚，由设计者确定。

4. 分（集）水器选用

按筒体断面不同流速选用，分别见表 5.5-51，表 5.5-52，表 5.5-53，表 5.5-54，表 5.5-55。

5. 分汽缸构造

见图 5.5-33，图中 d_1，d_2，d_i 为接管外径，δ_1，δ_2，δ_i 为接管壁厚，由设计者确定。

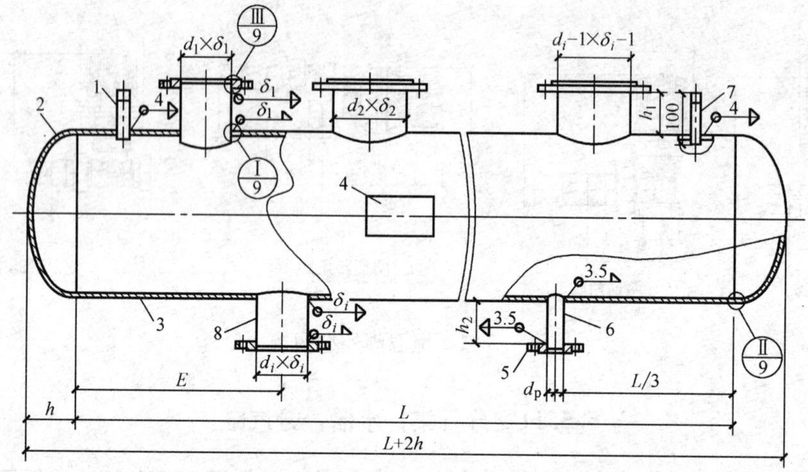

筒体直径 D(mm)	159	219	273	325	377	426	500	600	700	800	900	1000
封头高度 h(mm)	65	80	93	106	119	132	150	175	200	225	250	275
排污管规格 d_p(mm)	50							100				

图5.5-32 分（集）水器结构尺寸图

1—温度计接管；2—封头；3—筒体；4—铭牌支座；5—法兰；6—排污器；7—压力表接管；8—接管

分（集）水器选用表（当 V=0.1m/s 时） **表5.5-51**

工作温度(℃)	筒体直径 D(mm)											
	159	219	273	325	377	426	500	600	700	800	900	1000
	热水量(t/h)											
0	6.40	12.30	19.70	27.69	37.59	48.19	70.59	101.68	138.37	180.76	228.75	282.44
5	6.40	12.30	19.70	27.70	37.60	48.20	70.60	101.70	138.40	180.80	228.80	282.50
10	6.40	12.30	19.69	27.69	37.59	48.19	70.58	101.67	138.36	180.75	228.73	282.42
20	6.39	12.28	19.66	27.65	37.53	48.11	70.47	101.52	138.15	180.47	228.39	281.99
30	6.37	12.25	19.62	27.58	37.44	47.99	70.30	101.26	137.80	180.02	227.82	281.29
40	6.35	12.20	19.55	27.48	37.31	47.82	70.05	100.91	137.32	179.39	227.02	280.30
50	6.32	12.15	19.47	27.37	37.15	47.63	69.76	100.49	136.75	178.65	226.08	279.14
60	6.29	12.09	19.37	27.23	36.97	47.39	69.41	99.99	136.07	177.76	224.96	227.75
70	6.26	12.03	19.26	27.09	36.77	47.13	69.03	99.44	135.33	176.79	223.72	276.23
80	6.22	11.95	19.14	26.92	36.54	46.84	68.61	98.83	134.50	175.70	222.35	274.53
90	6.18	11.87	19.02	26.74	36.30	46.53	68.15	98.17	133.60	174.53	220.86	272.70
95	6.16	11.83	18.95	26.64	36.17	46.36	67.91	97.83	133.13	173.91	220.08	271.74
100	6.13	11.79	18.88	26.55	36.04	46.19	67.66	97.47	132.64	173.28	219.28	270.75
110	6.09	11.70	18.73	26.34	36.76	45.84	67.14	96.72	131.62	171.94	217.59	268.66
120	6.04	11.60	18.58	26.12	35.46	45.46	66.58	95.91	130.53	170.51	215.78	266.43
130	5.98	11.50	18.42	25.89	35.15	46.06	66.00	95.07	129.38	169.01	213.88	264.08
140	5.93	11.39	18.24	25.65	34.82	44.64	65.38	94.18	128.17	167.44	211.89	261.62
150	5.87	11.28	18.06	25.40	34.48	44.20	64.74	93.28	126.91	165.79	209.81	259.05

分（集）水器选用表（当 V=0.3m/s 时） **表 5.5-52**

工作温度（℃）	筒体直径 D(mm)											
	159	219	273	325	377	426	500	600	700	800	900	1000
	热水量(t/h)											
0	19.00	36.99	57.99	82.98	112.98	144.97	211.96	304.94	414.92	541.89	685.86	846.83
5	19.00	37.00	58.00	83.00	113.00	145.00	212.00	305.00	415.00	542.00	686.00	847.00
10	18.99	36.99	57.98	82.98	112.97	144.96	211.94	304.91	414.88	541.84	685.79	846.75
20	18.97	36.93	57.90	82.85	112.80	144.74	211.62	304.45	414.25	541.02	684.77	845.48
30	18.92	36.84	57.75	82.64	112.51	144.38	211.09	303.69	413.22	539.67	683.05	843.36
40	18.85	36.71	57.55	82.35	112.12	143.87	210.35	302.62	411.76	537.77	680.65	840.39
50	18.77	36.56	57.31	82.01	111.66	143.27	209.48	301.37	410.06	535.55	677.84	836.92
60	18.68	36.38	57.03	81.61	111.10	142.56	208.44	299.88	408.03	532.89	674.48	832.77
70	18.58	36.18	56.71	81.16	110.49	141.78	207.29	298.23	405.79	529.97	670.77	828.20
80	18.46	35.96	56.36	80.66	109.81	140.91	206.02	296.40	403.30	526.72	666.65	823.11
90	18.34	35.72	55.99	80.12	109.08	139.97	204.64	294.42	400.60	523.19	662.20	817.61
95	18.28	35.59	55.79	79.84	108.69	139.48	203.92	293.38	399.19	521.35	659.86	814.73
100	18.21	35.46	55.59	79.55	108.30	138.97	203.18	292.31	397.74	519.45	657.46	811.76
110	18.07	35.19	55.16	78.93	107.46	137.90	201.61	290.06	394.67	515.44	652.39	805.50
120	17.92	34.89	54.70	78.28	106.57	136.75	199.94	287.65	391.39	511.16	646.97	798.81
130	17.76	34.59	54.22	77.59	105.63	135.55	198.18	285.11	387.94	506.66	641.27	791.78
140	17.60	34.27	53.71	76.87	104.65	134.28	196.33	282.46	384.33	501.95	635.30	784.41
150	17.42	33.93	53.19	79.11	103.62	132.97	194.40	279.69	380.56	497.01	629.06	776.70

分（集）水器选用表（当 V=0.5m/s 时） **表 5.5-53**

工作温度（℃）	筒体直径 D(mm)											
	159	219	273	325	377	426	500	600	700	800	900	1000
	热水量(t/h)											
0	31.99	61.99	95.98	137.97	187.96	240.95	352.93	507.90	691.86	903.82	1143.77	1411.72
5	32.00	62.00	96.00	138.00	188.00	241.00	353.00	508.00	692.00	904.00	1144.00	1412.00
10	31.99	61.98	95.97	137.96	187.94	240.93	352.89	507.85	691.79	903.73	1143.66	1411.58
20	31.94	61.89	95.83	137.75	187.66	240.57	352.36	507.09	690.75	902.37	1141.94	1409.46
30	31.86	61.73	95.59	137.41	187.19	239.96	351.48	505.82	689.02	900.11	1139.08	1405.93
40	31.75	61.52	95.25	136.92	186.53	239.12	350.25	504.04	686.60	896.95	1135.08	1400.99
50	31.62	61.26	94.86	136.36	185.76	238.13	348.80	501.95	683.77	893.24	1130.39	1395.20
60	31.46	60.96	94.39	135.68	184.84	236.95	347.07	499.47	680.37	888.81	1124.78	1388.28
70	31.29	60.62	93.87	134.94	183.83	235.65	345.16	496.72	676.64	883.93	1118.60	1380.65
80	31.10	60.25	93.29	134.11	182.70	234.20	343.05	493.67	672.49	878.51	1111.74	1372.18
90	30.89	59.85	92.67	133.21	181.48	232.64	340.75	490.37	667.99	892.63	1104.30	1363.00
95	30.78	59.64	92.34	132.74	180.84	231.82	339.55	448.65	665.63	869.56	1100.41	1358.20
100	30.67	59.42	92.01	132.26	180.18	230.97	338.32	486.87	663.21	866.39	1096.41	1353.26
110	30.43	58.96	91.30	131.24	178.79	229.19	335.70	483.11	658.09	859.70	1087.94	1342.81
120	30.18	58.47	90.54	130.15	177.30	227.29	332.91	479.09	652.63	852.56	1078.91	1331.66
130	29.91	57.96	89.74	129.00	175.74	225.29	329.98	474.88	646.88	845.06	1069.41	1319.94
140	29.64	57.42	88.91	127.80	174.11	223.19	326.91	470.46	640.86	837.19	1059.46	1307.65
150	29.34	56.85	88.03	126.55	172.40	221.00	323.70	465.84	634.56	828.97	1049.05	1294.80

分（集）水器选用表（当V=0.7m/s时） 表 5.5-54

工作温度(℃)	筒体直径D(mm)											
	159	219	273	325	377	426	500	600	700	800	900	1000
	热水量(t/h)											
0	44.99	85.98	134.97	193.96	262.95	336.93	493.90	711.86	968.81	1264.75	1601.68	1976.60
5	45.00	86.00	135.00	194.00	263.00	337.00	494.00	712.00	969.60	1265.00	1602.00	1977.00
10	44.99	85.97	134.96	193.94	262.92	336.90	493.85	711.79	968.71	1264.62	1601.52	1976.41
20	44.92	85.85	134.76	193.65	262.53	336.39	493.11	710.72	967.26	1262.72	1599.12	1973.44
30	44.81	85.63	134.42	193.17	261.87	335.55	491.88	708.94	964.83	1259.56	1595.11	1968.50
40	44.65	85.33	133.95	192.49	260.95	334.37	490.15	706.45	961.44	1255.13	1589.50	1961.58
50	44.46	84.98	133.39	191.69	259.87	332.99	488.12	703.53	957.47	1249.95	1582.94	1953.47
60	44.24	84.56	132.73	190.74	258.58	331.34	485.70	700.04	952.72	1243.75	1575.09	1943.79
70	44.00	84.09	132.00	189.69	257.16	329.52	483.03	696.19	947.49	1236.92	1566.44	1933.11
80	43.73	83.57	131.19	188.53	255.58	327.50	480.07	691.92	941.67	1229.33	1556.82	1921.25
90	43.44	83.02	130.32	187.27	253.87	325.31	476.86	687.29	935.38	1221.10	1546.41	1908.40
95	43.29	82.72	129.86	186.61	252.98	324.16	475.18	684.87	932.08	1216.80	1540.96	1901.68
100	43.13	82.42	129.38	185.93	252.06	322.98	473.45	682.38	928.68	1212.38	1535.36	1894.76
110	42.80	81.79	128.39	184.49	250.11	320.49	469.79	677.11	921.52	1203.02	1523.50	1880.13
120	42.44	81.11	127.32	182.96	248.04	317.82	465.89	671.49	913.86	1193.02	1510.85	1864.51
130	42.07	80.39	126.20	181.35	245.85	315.03	461.79	665.58	905.82	1182.52	1497.55	1848.10
140	41.67	79.64	125.02	179.66	243.56	312.10	457.49	659.38	897.39	1171.52	1483.61	1830.90
150	41.27	78.86	123.80	177.90	241.17	309.03	453.00	652.90	888.57	1160.01	1469.03	1812.91

分（集）水器选用表（当V=1m/s时） 表 5.5-55

工作温度(℃)	筒体直径D(mm)											
	159	219	273	325	377	426	500	600	700	800	900	1000
	热水量(t/h)											
0	63.99	122.98	191.96	276.94	375.92	481.90	705.86	1016.80	1383.72	1807.64	2287.54	2824.44
5	64.00	123.00	192.00	277.00	376.00	482.00	706.00	1017.00	1384.00	1808.00	2288.00	2825.00
10	63.98	122.96	191.94	276.92	375.89	481.86	705.79	1016.69	1383.58	1807.46	2287.31	2824.15
20	63.88	122.78	191.65	276.50	375.32	481.13	704.73	1015.17	1381.51	1804.75	2283.88	2819.92
30	63.72	122.47	191.17	275.81	374.38	479.93	702.96	1012.63	1378.05	1800.23	2278.16	2812.85
40	63.50	122.04	190.50	274.84	373.07	478.24	700.49	1009.07	1373.20	1793.90	2270.15	2802.97
50	63.24	121.54	189.72	273.70	371.53	476.26	697.60	1004.90	1367.53	1786.48	2260.77	2791.38
60	62.92	120.93	188.77	272.35	369.68	473.90	694.14	999.91	1360.75	1777.63	2249.56	2777.54
70	62.58	120.27	187.74	270.85	367.65	471.30	690.33	994.42	1353.28	1767.86	2237.21	2762.29
80	62.20	119.53	186.59	269.19	365.40	468.41	686.0.9	988.32	1344.97	1757.01	2223.48	2745.34
90	61.78	118.73	185.34	267.39	362.95	465.27	681.50	981.71	1335.98	1745.26	2208.61	2726.97
95	61.56	118.31	184.68	266.45	361.67	463.64	679.10	978.25	1331.27	1739.12	2200.83	2717.37
100	61.34	117.88	184.01	265.48	360.36	461.95	676.63	974.69	1326.43	1732.79	2192.82	2707.48
110	60.86	116.97	182.59	263.43	357.58	458.38	671.41	976.17	1316.18	1719.41	2175.89	2686.58
120	60.36	116.00	181.08	261.24	354.61	454.57	665.83	959.13	1305.25	1705.12	2157.81	2664.26
130	59.83	114.98	179.48	258.97	351.48	450.57	659.97	950.69	1293.76	1690.12	2138.82	2640.81
140	59.27	113.91	177.81	256.53	348.21	446.38	653.83	941.84	1281.72	1674.39	2118.92	2416.23
150	58.69	112.79	176.06	254.01	344.79	441.99	647.40	932.59	1269.13	1657.94	2098.10	2590.53

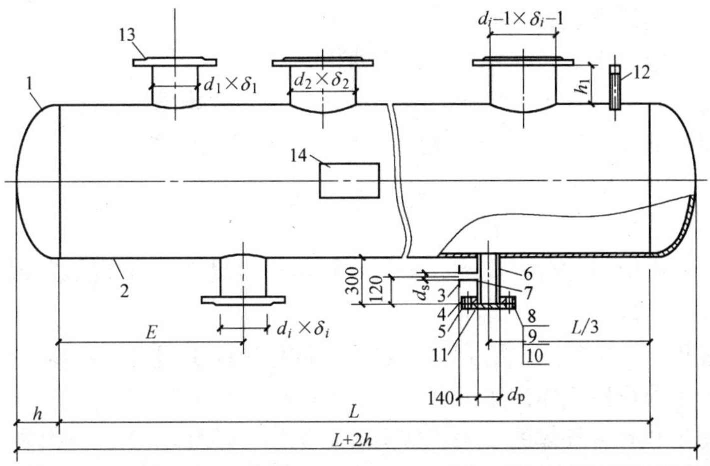

筒体直径 D(mm)	159	219	273	325	377	426	500	600	700	800	900	1000
封头高度 h(mm)	65	80	93	106	119	132	150	175	200	225	250	275
排污管规格 d_p(mm)	50							100				
疏水管规格 d_s(mm)	25							32				

图 5.5-33 分汽缸结构尺寸图

1—封头；2—筒体；3—法兰；4—法兰；5—法兰盖；6—排污管；7—疏水管；8—螺栓 M16×55；9—螺母 M16；10—垫圈；11—垫片 δ=2；12—压力表接管；13—接管及法兰；14—铭牌支座

6. 分汽缸选用

按筒体流速 V=10m/s 编制，见表 5.5-56。

分汽缸选用表 **表 5.5-56**

工作状态蒸汽表压 (MPa)	筒体直径 D(mm)											
	159	219	273	325	377	426	500	600	700	800	900	1000
0.05	标准状态蒸汽量(t/h)											
0.05	0.55	1.06	1.52	2.18	2.97	3.88	6.07	8.74	11.89	15.53	19.66	24.27
0.1	0.72	1.39	2.00	2.87	3.91	5.10	7.97	11.48	15.62	20.41	25.83	31.89
0.2	1.06	2.03	2.92	4.19	5.71	7.46	11.65	16.79	22.84	29.84	37.76	46.63
0.3	1.38	2.66	3.83	5.49	7.48	9.77	15.27	21.99	29.93	39.10	49.48	61.09
0.4	1.71	3.28	4.72	6.78	9.23	12.06	18.84	27.13	36.93	48.24	61.04	75.37
0.5	2.03	3.90	5.61	8.05	10.96	14.32	22.37	32.23	43.86	57.29	72.51	89.52
0.6	2.35	4.51	6.49	9.31	12.69	16.57	25.89	37.29	50.74	66.29	83.89	103.58
0.7	2.66	5.12	7.37	10.57	14.40	18.81	29.38	42.32	57.59	75.24	95.21	117.56
0.8	2.98	5.73	8.24	11.82	16.11	21.04	32.86	47.34	64.42	84.16	106.50	131.49
0.9	3.29	6.33	9.11	13.07	17.81	23.26	36.34	52.34	71.23	93.05	117.76	145.39
1.0	3.61	6.93	9.98	14.32	19.51	25.48	39.80	57.33	78.02	101.92	128.98	159.25
1.1	3.92	7.54	10.85	15.56	21.20	27.70	43.26	62.32	84.80	110.78	140.20	173.10
1.2	4.24	8.14	11.71	16.81	22.90	29.91	46.72	67.30	91.58	119.64	151.40	186.94
1.3	4.55	8.74	12.58	18.05	24.59	32.12	50.17	72.27	98.35	128.48	162.59	200.75
1.4	4.86	9.34	13.44	19.29	26.28	34.33	53.63	77.25	105.13	137.33	173.79	214.58
1.5	5.17	9.95	14.31	20.54	27.98	36.55	57.08	82.23	111.90	146.18	184.99	228.41
1.6	5.49	10.55	15.18	21.78	29.67	38.76	60.54	87.21	118.69	155.05	196.21	242.26

5.6 热风供暖

热风供暖有：集中送风，管道送风，悬挂式和落地式暖风机等型式。

1. 符合下列条件之一时，应采用热风供暖：

(1) 能与机械送风系统合并时;

(2) 利用循环空气供暖,技术,经济合理时;

(3) 由于防火,防爆和卫生要求,必须采用全新风的热风供暖时。

2. 属于下列情况之一时,不得采用空气再循环的热风供暖:

(1) 空气中含有病原体(如毛类,破烂布等分选车间),极难闻气味的物质(如熬胶等)及有害物质浓度可能突然增高的车间;

(2) 生产过程中散发的可燃气体,蒸气,粉尘与供暖管道或加热器表面接触能引起燃烧的车间;

(3) 生产过程中散发的粉尘受到水,水蒸气的作用能引起自燃,爆炸以及受到水,水蒸气的作用能产生爆炸性气体的车间;

(4) 产生粉尘和有害气体的车间,如落砂,浇注,砂处理工部,喷漆工部及电镀车间等。位于严寒地区和寒冷地区的生产厂房时,当采用热风供暖且距离外窗 2m 或 2m 以内有固定工作地点时,宜在窗下设置散热器。

3. 当非工作时间不设值班供暖系统时,热风供暖不宜少于两个系统,其供热量的确定,应根据其中一个系统损坏时,其余仍能保持工艺所需的最低温度,但不得低于 5℃。

5.6.1 集中送风

1. 集中送风的供暖型式一般适用于允许采用空气再循环的车间,或作为有大量局部排风车间的补风和供暖系统。对于内部隔断较多,散发灰尘或大量散发有害气体的车间,一般不宜采用集中送风供暖型式。

2. 设计循环空气热风供暖时,在内部隔墙和设备布置下,不影响气流组织的大型公共建筑和高大厂房内,宜采用集中送风系统,设计时,应符合下列技术要求:

(1) 集中送风供暖时,应尽量避免在车间的下部工作区形成与周围空气显著不同的流速和温度,应该使回流尽可能处于工作区内,射流的开始扩散区处于房间的上部。

(2) 射流正前方不应有高大的设备或实心的建筑结构,最好将射流正对着通道。

(3) 在使用集中送风的车间内,如在车间中间有 3m 以下的无顶小隔间,则内部不必另行考虑供暖装置;这些隔断最好采用铁丝网等漏空材料,而不要用玻璃屏及砖墙等实心砌体。

(4) 工作区射流末端最小平均回流速度,一般取 0.15m/s;工作区的最大回流速度;坐着工作时≤0.5m/s;轻体力劳动时≤0.5m/s;重体力劳动时≤0.75m/s 时。送风口的出口风速,应通过计算确定,一般采用 5~15m/s。

(5) 送风口的安装高度,应根据房间高度和回流取的分布位置因素确定,一般以 3.5m~7m 为宜;回风口底边至地面的距离,宜采用 0.4m~0.5m 房间高度或集中送风温度较高时,送风口处宜设置向下倾斜的导流板。

(6) 送风温度,宜采用 30~50℃,不得高于 70℃。

5.6.2 集中送风的气流组织和计算

1. 集中送风的气流组织

一般有平行送风和扇形送风两种,见图 5.6-1 选用的原则主要取决于房间的大小和几何形状,因房间的形状和大小对送风的地点,射流的数目,射程和布置,射流的初始流速，喷口的构造和尺寸等有关。

每股射流作用的宽度范围：

平行送风时　$B \leqslant 3 \sim 4H$

扇形送风时　$B = 45°$

每股射流作用半径：

平行送风时　$L \leqslant 9H$

扇形送风时　$R \leqslant 10H$

集中送风气流分布情况见表 5.6-1。

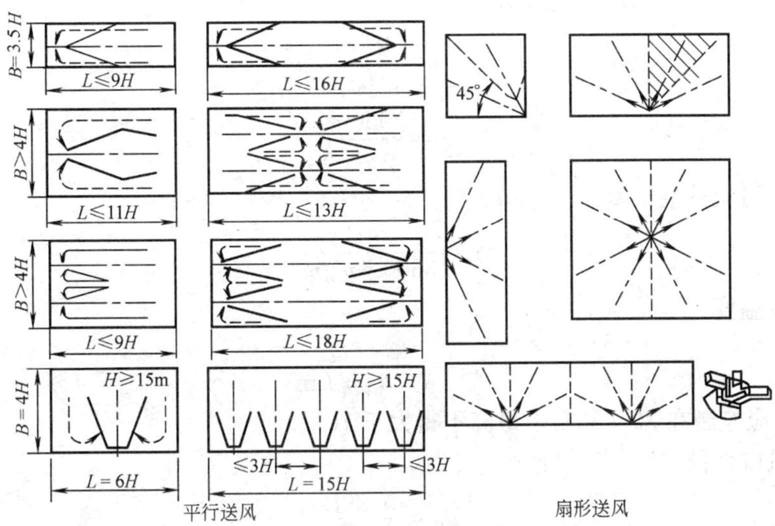

图 5.6-1　气流组织布置

集中送风气流分布情况　　**表 5.6-1**

H(m)	h(m)	B(m)	气流分布	v_1(m/s)
4～9	0.7H	≥3.5H	射流在上，回流在下，工作地带全部处于回流区	v_1
		≥4H	射注在中间，回流在两侧，中间工作地带处于射流区，两旁处于回流区	0.69v_1
10～13	0.5H	≤3.5H	射流在中部，回流在上下，工作地带全部处于回流区	v_1
		≥4H	射流在中间，回流在两侧，中间工作地带处于射流区，两旁处于回流区	0.69v_1
>13	6～7	≤3H	射流在中间，回流在两侧，工作地带大部分处于射流区	0.69v_1
	7 (a=10°～20°)	≤3H	射流在下，回流在上，工作地带全部处于射流区	0.69v_1

表中　B——每股射流作用宽度，m；

H——房间高度，m；

h——送风口中心离地面高度，m；

v_1——工作地带最大平均回流速度，m/s。

2. 集中送风计算

（1）平行送风射流

1）射流的有效作用长度

- 当送风口高度 $h \geqslant 0.7H$ 时，

$$l_x = \frac{X}{a}\sqrt{A_h} \tag{5.6-1}$$

- 当送风口高度 $h = 0.5H$ 时，

$$l_x = \frac{0.7X}{a}\sqrt{A_h} \tag{5.6-2}$$

2）换气次数（或循环空气次数）

$$n = \frac{380 v_1^2}{l_x} \tag{5.6-3}$$

或

$$n = \frac{5950 v_1^2}{v_0 l_x} \tag{5.6-4}$$

3）每股射流的空气量

$$L = \frac{nV}{3600 \cdot m_p m_c} \tag{5.6-5}$$

4）送风温度

$$t_0 = t_n + \frac{Q}{c_p \rho_p L m} \tag{5.6-6}$$

送风温度 t_0 应控制在 30～50℃，最高不得大于 70℃。

5）送风口直径

$$d_0 = \frac{0.88L}{v_1\sqrt{A_h}} \tag{5.6-7}$$

6）送风口出风速度

$$v_0 = 1.27\frac{L}{d_0^2} \tag{5.6-8}$$

（2）扇形送风射流

1）射流的有效作用半径

$$R_x = \left(\frac{X_1}{a}\right)^2 H \tag{5.6-9}$$

2）换气次数

$$n = \frac{18.8 v_1^2}{X_1^2 R_x} \tag{5.6-10}$$

或

$$n = \frac{294 v_1^2}{X_1^2 v_0 R_x} \tag{5.6-11}$$

3）每股射流的空气量

$$L = \frac{nV}{3600 \cdot m} \tag{5.6-12}$$

4）送风温度

$$t_0 = t_n + \frac{Q}{c_p \rho_p L m} \tag{5.6-13}$$

t_0 应控制在 30～50℃之间。

5）送风口直径

$$d_0=6.25\frac{aL}{v_1H} \tag{5.6-14}$$

6）送风口出风速度

$$v_0=1.27\frac{L}{d_0^2} \tag{5.6-15}$$

式中 l_x——一股射流的有效作用长度，m；

R_x——扇形送风的射流有效作用半径，m；

X——射流作用距离的无因次数，与工作地带最大平均回流速度 v_1 及射流末端最小平均回流速度 v_2 有关，按表 5.6-2 采用；

射流作用距离的无因次数 X **表 5.6-2**

v_1 (m/s)	v_2(m/s)					
	0.07	0.10	0.15	0.20	0.30	0.40
0.3	0.385	0.36	0.33	0.30	0.20	—
0.4	0.40	0.38	0.35	0.33	0.29	0.20
0.5	0.42	0.40	0.37	0.35	0.31	0.28
0.6	0.43	0.41	0.38	0.37	0.33	0.30
0.75	0.44	0.42	0.40	0.38	0.35	0.33
1.0	0.46	0.44	0.42	0.40	0.37	0.35
1.25	0.47	0.46	0.43	0.41	0.39	0.37
1.5	0.48	0.47	0.44	0.43	0.40	0.38

X_1——扇形送风射流作用距离的无因次数，按表 5.6-3 采用；

扇形送风射流作用距离的无因次数 X_1 **表 5.6-3**

v_1 (m/s)	v_2(m/s)					
	0.07	0.10	0.15	0.20	0.30	0.40
0.3	0.31	0.28	0.25	0.22	0.12	—
0.4	0.32	0.30	0.27	0.25	0.21	0.12
0.5	0.33	0.31	0.29	0.26	0.23	0.20
0.6	0.34	0.33	0.30	0.28	0.25	0.22
0.75	0.36	0.34	0.32	0.29	0.26	0.24
1.0	0.37	0.35	0.33	0.32	0.29	0.27
1.25	0.38	0.36	0.35	0.33	0.30	0.28
1.5	0.39	0.37	0.36	0.34	0.32	0.29

L——每股射流的空气量，m^3/s；

a——送风口的紊流系数，按表 5.6-4 采用；

A_h——每股射流作用的车间横截面积，m^2；

V——车间体积，m^3；

m_p——沿车间宽度平行送风的射流股数；

m_c——沿车间长度串联送风的射流股数；

m——射流股数；

t_n——室内温度，℃；

Q——总热负荷，kW；

ρ_p——室内上部地带空气密度，kg/m³。

(3) 工作地带空气回流速度

1) 工作地带射流末端最小平均回流速度 v_2，一般采取 0.15m/s。

2) 工作地带的最大平均回流速度 v_1

- 坐着工作时 $v \leqslant 0.3$m/s；
- 轻体力劳动 $v_1 \leqslant 0.5$m/s；
- 重体力劳动 $v_1 \leqslant 0.75$m/s。

(4) 射流作用距离无因次数 X 和 X_1

平行送风时的 X 值，可按表 5.6-2 查出。

扇形送风时的 X_1 可按表 5.6-3 查出。

(5) 几种常用送风口的紊流系数 α 值见表 5.6-4。

送风口的紊流系数 α 值表 **表 5.6-4**

喷嘴名称	α 值	喷嘴名称	α 值
收缩的圆喷嘴	0.07	带导流板的直角弯管	0.20
普通圆喷嘴	0.08	带金属网的轴流风机	0.24
支管上的圆喷嘴	0.10	带导流板的弧弯管	0.10
带导流板的轴流风机	0.12	NA 型及 NC 型暖风机	0.16

(6) A_h 的计算

1) 车间整个长度上都有天窗，且射流沿车间轴线送风时，则天窗的空间应计算在 A_h 内。

2) 如射流方向垂直车间轴线，则天窗空间不计入 A_h 内。

3) 如车间用空心结构的桁架（如钢屋架），则 A_h 应包括桁架内的面积，如用密实的桁架（如薄腹梁屋架），则桁架的空间不应计算在 A_h 内。

3. 集中送风计算例题

【例 1】 平行送风（图 5.6-2）

已知：车间体积 V=102000m³，长 148m，宽 60m，高 11.5m，维持室温 16℃，建筑外围结构等耗热量共计为 1163kW，试设计集中送风采暖。

【解】 根据生产条件，在房间的两端墙处布置平行而对吹的两股射流，送风口布置在离地 6m 高，总共设置四个送风口，每面墙设置两个，这时每股射流作用宽度

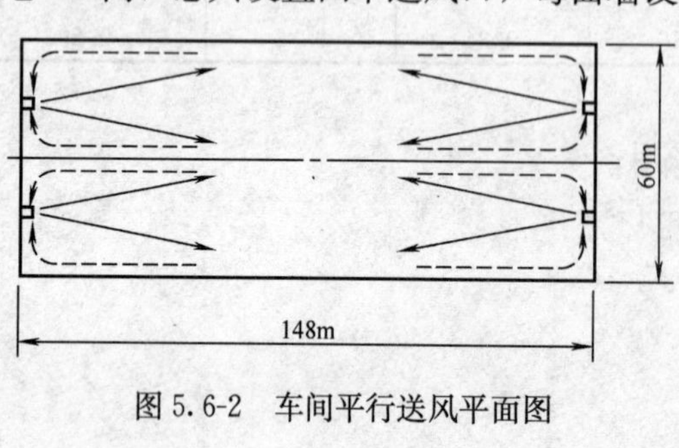

图 5.6-2 车间平行送风平面图

$$B=\frac{60}{2}=30\text{m}<3H$$

每股射流作用长度

$$t=\frac{148}{2}=74\text{m}<9H$$

每股射流作用截面积

$$A_h=BH=30\times11.5=345\text{m}^2$$

工作区域内的空气流动速度

$v_1=0.5\text{m/s}$，$v_2=0.15\text{m/s}$，查表 5.6-2 得 $X=0.37$，选用带收缩的圆喷嘴，其紊流系数由表 5.6-4 查得 $\alpha=0.07$。

当送风口高度 $h=6\text{m}=0.5H$ 时，射流作用长度

$$l_x=\frac{0.7X}{a}\sqrt{A_h}=\frac{0.7\times0.37}{0.07}\sqrt{345}=68.8\text{m}$$

循环次数

$$n=\frac{380(0.5)^2}{68.8}=1.38\text{次/h}$$

每股射流空气量

$$L=\frac{1.38\times102000}{3600\times2\times2}=9.775\text{m}^3\text{/s 或 }35190\text{m}^3\text{/h}$$

送风温度

$$t_0=16+\frac{1163}{4\times9.775\times1.164\times1.012}=41.25℃$$

送风口直径

$$d_0=\frac{0.88}{0.5}\times\frac{9.775}{\sqrt{345}}=0.928\text{m}=928\text{mm}$$

出口风速

$$v_0=1.27\times\frac{9.775}{(0.928)^2}=14.41\text{m/s}$$

【例2】 扇形送风（图 5.6-3）

已知：车间体积 $V=36600\text{m}^3$，长 95m，宽 55m，平均高度 $H=7\text{m}$，维持室温 16℃，建筑外围结构等耗热量为 376kW，试设计集中送风供暖。

【解】 在车间长边中心用四个送风口集中一点扇形送风，送风口设在离地面 4.6m 处水平送风，这时射流的平均作用半径 $R=60\text{m}$。

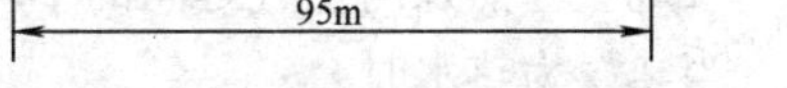

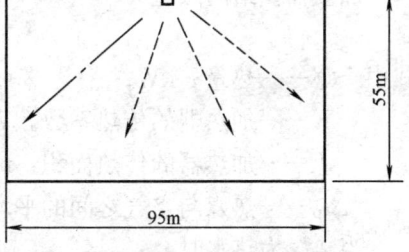

图 5.6-3 车间扇形送风平面图

工作区域内的空气流动速度

$v_1=0.6\text{m/s}$，$v_2=0.15\text{m/s}$，查表 5.6-3 得 $X_1=0.3$。

选用带支管上的圆喷嘴，其紊流系数由表 5.6-4 查得 $\alpha=0.1$。

射流的作用半径：

$$R_x=\left(\frac{0.3}{0.1}\right)^2\times7=63\text{m}\approx60\text{m}$$

循环次数

$$n=\frac{18.8\times(0.6)^2}{(0.3)^2\times63}=1.2\text{次/h}$$

每股射流的空气量

$$L=\frac{1.2\times36600}{4\times3600}=3.05\text{m}^3\text{/s}=11000\text{m}^3\text{/h}$$

送风温度

$$t_0=16+\frac{376}{4\times3.05\times1.164\times1.012}=42.16℃$$

送风口直径

$$d_0=6.25\times\frac{0.1\times3.05}{0.6\times7}=0.455\text{m}=455\text{mm}$$

出口风速

$$v_0=1.27\times\frac{3.05}{(0.455)^2}=18.8\text{m/s}$$

5.6.3 空气加热器的选择

在热风供暖系统中，空气加热器主要用于直接加热室外冷空气或室内循环空气，常用的空气加热器型号有SRZ和SRL型两种。

1. 空气加热器的选择计算

（1）基本计算公式

加热空气所需热量

$$Q=Gc_p(t_2-t_1) \tag{5.6-16}$$

式中 Q——热量，kW；

c_p——空气比热，$c_p=1.01$，kJ/kg·℃；

G——被加热空气量，kg/s；

t_1——加热前空气温度，℃；

t_2——加热后空气温度，℃。

加热器供给的热量

$$Q'=KF\Delta t_p \tag{5.6-17}$$

式中 Q'——热量，kW；

K——加热器的传热系数，W/m²·K；

F——加热器的传热面积，m²；

Δt_p——热媒与空气之间的平均温差，K。

当热媒为热水时

$$\Delta t_p=\frac{t_{w1}+t_{w2}}{2}-\frac{t_1+t_2}{2}$$

当热媒为蒸汽时

$$\Delta t_p=t_g-\frac{t_1+t_2}{2}$$

t_{w1}、t_{w2}为热水的初、终温度，（℃）；t_g 为蒸汽温度，（℃）。压力在30kPa以下时 $t_g=100$℃；压力在30kPa以上时 t_g 等于该压力下蒸汽的饱和温度。

（2）选择计算方法和步骤

1）初选加热器的型号

求所需要加热器的有效截面面积 A（m²）

$$A=\frac{G}{v_p}$$

v_p 为空气质量流速，一般 $v_p=8$(kg/m²·s) 左右。

2）计算加热器的传热系数 $K(W/m^2 \cdot K)$

$$K=A(v_p)^R$$

A、R 为实验系数和指数，因不同加热器而异。

3）计算需要的加热面积 $A(m^2)$

$$A=\frac{Q'}{K \cdot \Delta t_p}$$

4）检查加热器的安全系数

传热面积安全系数为1.1～1.2

5）计算加热器阻力（Pa）

空气阻力：$H=B\ (v_p)^p$

水阻力：$h=Cw^q$

B、C、p、q 为实验系数和指数，因不同型号加热器而异。

（3）计算例题

【例3】 需要将60000kg/h空气从 $t_1=-32℃$ 加热到 $t_2=31℃$，热媒是工作压力为0.30MPa的高压蒸汽（$t_g=143℃$），试选择合适的空气加热器。

【解】

1）初选加热器型号

因为 $G=60000kg/h=\frac{60000}{3600}=16.7kg/s$，假定 $v'_p=8kg/m^2 \cdot s$，则需要的加热器有效截面积为：

$$A'=\frac{G}{v'_p}=\frac{16.7}{8}=2.08m^2$$

根据算得的 A' 值，查空气加热器技术数据表5.6-5，可选2台SRZ15×10Z的加热器并联共4台，每台有效截面积为0.932m²，加热面积为52.95m²。

根据实际有效截面积可算出实际的 v_p 为：

$$v_p=\frac{G}{A}=\frac{16.7}{2\times0.932}=8.9kg/m^2 \cdot s$$

2）求加热器的传热系数

由表5.6-6查得SRZ-10Z型加热器的传热系数公式为：

$$K=13.6(v_p)^{0.49}=13.6(8.9)^{0.49}=39.7W/m^2 \cdot K$$

3）计算加热面积及台数

先计算需要的加热量

$$Q=Gc_p(t_2-t_1)=16.7\times1.01(31+32)=1062kW$$

需要的加热面积为：

$$A=\frac{Q}{K\Delta t_p}=\frac{1062\times10^3}{39.7\left(143-\frac{31-32}{2}\right)}=185m^2$$

需要的加热器串联台数为：

$$N=\frac{185}{52.95\times2}=1.75$$

取两台串联共四台加热器，总加热面积为52.95×4=212m²。

4）检查安全系数

$$\frac{212-185}{185}\times 100\%=15\%$$

即安全系数为1.15，说明所选的加热器合适。

5）计算空气侧压力损失，由表5.6-6得

$$\Delta p=1.47(v_{p})^{1.98}=1.47(8.9)^{1.98}=111.5\text{Pa}$$

2. 空气加热器构造及主要技术数据

（1）SRZ型钢制绕片翅片管散热器

SRZ型散热器的翅片管根据放热能力，片距的大小分为大（D），中（Z），小（X）三种类型，常见型号共计有38个规格，并可非标制造，规格见表5.6-5，外形构造见图5.6-4，传热系数及阻力系数见表5.6-6。

型号，规格举例：

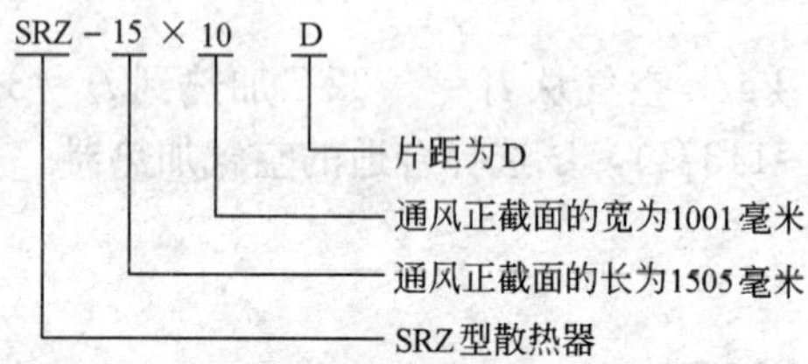

SRZ型散热器基本型号规格表 表5.6-5

型号	散热面积（m²）	通风净截面积（m²）	热介质通过截面积（m²）	管排数（排）	螺旋翅片管根数（根）	连接管 φ	尺寸（mm） A	A_1	A_2	B	B_1	B_2	n	N	m	M	重量（kg）
SRZ 5×5D	10.13	0.154	0.0043	3	23	1½″	497	532	562	507	547	573	5	500	4	400	54
SRZ 5×5Z	8.78	0.155															48
SRZ 5×5X	6.13	0.158															45
SRZ 10×5D	19.92	0.302								1001	1041	1067			9	900	93
SRZ 10×5Z	17.26	0.306															84
SRZ 10×5X	12.22	0.312															76
SRZ 12×5D	24.86	0.378								1250	1290	1316			12	1200	113
SRZ 6×6D	15.33	0.231	0.0055	3	29	2″	623	658	688	609	649	675	6	600	5	500	77
SRZ 6×6Z	13.29	0.234															69
SRZ 6×6X	9.43	0.239															63
SRZ 10×6D	25.13	0.381								1001	1041	1067			9	900	115
SRZ 10×6Z	21.77	0.385															103
SRZ 10×6X	15.43	0.393															93
SRZ 12×6D	31.35	0.475								1250	1290	1316			12	1200	139
SRZ 15×6D	37.73	0.572								1505	1545	1571			14	1400	164
SRZ 15×6Z	32.67	0.579															146
SRZ 15×6X	23.13	0.591															139

续表

型 号	散热面积(m^2)	通风净截面积(m^2)	热介质通过截面积(m^2)	管排数(排)	螺旋翅片管根数(根)	连接管ϕ	尺寸(mm)										重量(kg)
							A	A_1	A_2	B	B_1	B_2	n	N	m	M	
SRZ 7×7D	20.31	0.320															97
SRZ 7×7Z	17.60	0.324								710	750	776			6	600	87
SRZ 7×7X	12.48	0.329															79
SRZ 10×7D	28.59	0.450															129
SRZ 10×7Z	24.77	0.456								1001	1041	1061			9	900	115
SRZ 10×7X	17.55	0.464															104
SRZ 12×7D	35.67	0.563	0.0063	3	33	2″	717.5	742	772		1290	1316	7	700	12	1200	156
SRZ 15×7D	42.93	0.678															183
SRZ 15×7Z	37.18	0.685								1505	1545	1571			14	1400	164
SRZ 15×7X	26.32	0.698															145
SRZ 17×7D	49.90	0.788															210
SRZ 17×7Z	43.21	0.797								1750	1790	1816			17	1700	187
SRZ 17×7X	30.58	0.812															169
SRZ 22×7D	62.75	0.991	0.0063	3	33	2½″				2202	2242	2268			21	2100	260
SRZ 15×10D	62.14	0.921															255
SRZ 15×10Z	52.95	0.932								1505	1545	1571			14	1400	227
SRZ 15×10X	37.48	0.951															203
SRZ 17×10D	71.06	1.072	0.0089	3	47	2½″	1001	1036	1066				10	1000			293
SRZ 17×10Z	61.54	1.085								1750	1790	1816			17	1700	260
SRZ 17×10X	43.56	1.106															232
SRZ 20×10D	81.27	1.226								2002	2042	2068			19	1900	331

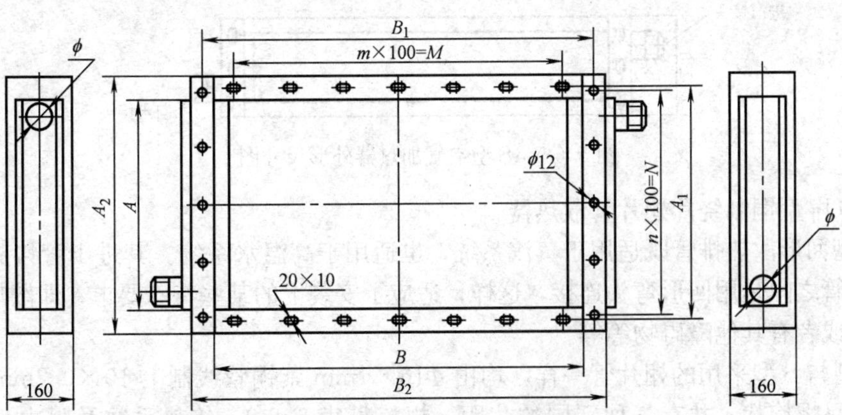

图 5.6-4 SRZ 型散热器外形尺寸图

SRZ 型空气加热器传热系数及空气（水）阻力表 **表 5.6-6**

型号		传热系数 K(W/m^2·K)	空气侧压力损失 ΔP(Pa)	水侧压力损失 Δh(kPa)
SRZ 5.6.10	D	$13.6(v_p)^{0.49}$(蒸汽)	$1.76(v_p)^{1.998}$	$1.52w^{1.96}$
	Z		$1.47(v_p)^{1.98}$	$19.3w^{1.83}$
	X	$14.5(v_p)^{0.532}$(蒸汽)	$8.82(v_p)^{2.12}$	
SRZ 7	D	$14.3(v_p)^{0.51}$(蒸汽)	$2.06(v_p)^{1.97}$	$15.2w^{1.96}$
	Z		$2.94(v_p)^{1.52}$	$19.3w^{1.83}$
	X	$15.1(v_p)^{0.571}$(蒸汽)	$1.37(v_p)^{1.917}$	

注：v_p——空气质量流速 kg/m^2·s，计算时一般 v_p 值取 8kg/m^2·s 左右。

w——热水在加热器内流速 m/s，用130℃热水，w=0.023～0.037m/s。

（2）S 型铜制绕片翅片管散热器

有三种不同的片距：①“R”型－3.2mm，片距小而散热面积大，具有最大的散热量；②“M”型－4.2mm，片距较大，故散热量及空气阻力均较小；③“T”型－6.5mm，片距最大，适用蒸汽压力较高而空气温升较低的工况。规格见表5.6-7，外形构造见图5.6-5，传热系数及阻力计算见表5.6-8。

型号、规格举例：

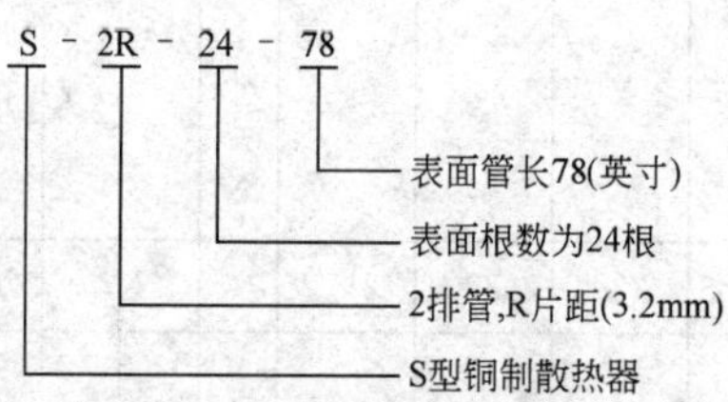

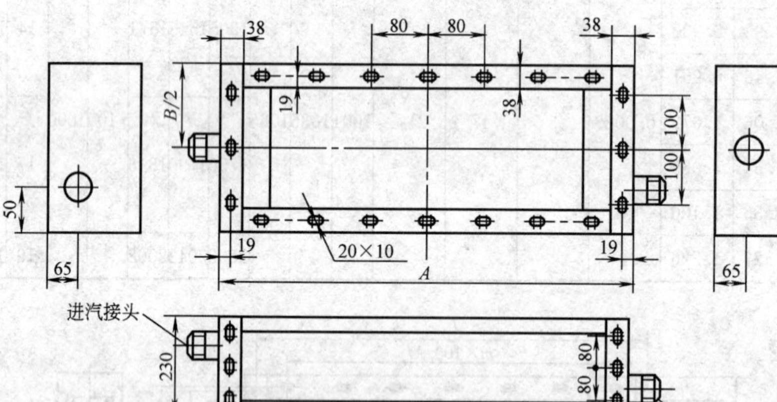

图 5.6-5 S 型空气加热器外形尺寸图

（3）U$_{II}$ 型铜制绕片翅片管散热器

U$_{II}$ 型回形散热排管既适用于蒸汽系统，也适用于高温水系统。其进出管接头都在同一端，排管之间是用回形弯头连接，这样，适应了安装上的某些特殊要求，即散热排管的一端靠墙或者有其他障碍物等等。

U$_{II}$ 型与 S 型采用的翅片管一样，均由 Φ16×1mm 紫铜管线制上 10×0.2mm 的紫铜带而成，呈螺旋状，共有三种不同的片距。规格见表5.6-9，传热系数及阻力计算见表5.6-8。外形构造见图5.6-6。

表 5.6-7

S型散热器型号参数表

表面管数	B (mm)	基本参数＼排数＼表面管长(英寸)＼A(mm)		24	30	36	42	48	54	60	66	72	78	84	90	96	102	108	114	120
				830	980	1130	1280	1430	1580	1730	1880	2030	2180	2330	2480	2630	2780	2930	3080	3230
12	530	散热面积(m^2)	2	9	11.25	13.5	15.75	18	20.25	22.5	24.75	27	29.25	31.5	33.75	36	38.25	40.5	42.75	45
		受风表面积(m^2)	1或2	0.25	0.325	0.39	0.455	0.52	0.585	0.65	0.715	0.78	0.845	0.91	0.975	1.04	1.105	1.17	1.235	1.3
		通风净截面积(m^2)	1或2	0.144	0.18	0.216	0.252	0.288	0.324	0.36	0.396	0.432	0.468	0.504	0.54	0.576	0.612	0.648	0.684	0.72
		进出管接头(英寸)	1	2	2	2	2	2	2	2	2	2	2	2	2	2	2	2½	2½	2½
		进出管接头(英寸)	2	2	2	2	2	2	2	2	2½	2½	2½	2½	2½	2½	2½	2½	2½	2½
		净重(kg)	1	29.1	32.8	36.5	40.2	43.9	47.6	51.3	55	58.7	62.4	66.01	69.8	73.5	77.2	80.9	84.6	88.3
		净重(kg)	2	37	42.5	48	53.5	59	64.5	70	75.5	81.1	86.5	92	97.5	103	108.5	114	119.5	125
15	636	散热面积(m^2)	2	11.25	14.06	16.88	19.68	22.5	25.31	28.13	30.94	33.75	36.56	39.38	42.19	45	47.81	50.63	53.44	56.25
		受风表面积(m^2)	1或2	0.325	0.406	0.488	0.569	0.65	0.731	0.812	0.894	0.975	1.056	1.137	1.219	1.3	1.381	1.462	1.544	1.625
		通风净截面积(m^2)	1或2	0.18	0.225	0.27	0.315	0.36	0.405	0.45	0.495	0.54	0.858	0.635	0.675	0.72	0.765	0.81	0.855	0.9
		进出管接头(英寸)	1	2	2	2	2	2	2	2	2	2	2	2	2½	2½	2½	2½	2½	2½
		进出管接头(英寸)	2	2	2	2	2	2	2	2	2½	2½	2½	2½	2½	2½	2½	2½	2½	2½
		净重(kg)	1	34	38.3	42.6	46.9	51.2	55.5	59.8	64.1	68.4	72.7	77	81.3	85.6	89.9	94.2	98.5	102.8
		净重(kg)	2	43	50	57	64	71	78	85	92	99	106	113	120	127	134	141	148	155
18	742	散热面积(m^2)	2	13.5	16.88	20.25	23.63	27	30.38	33.75	37.13	40.5	43.88	47.25	50.63	54	57.38	60.75	64.13	67.5
		受风表面积(m^2)	1或2	0.39	0.488	0.586	0.684	0.782	0.88	0.978	1.076	1.174	1.272	1.37	1.468	1.566	1.664	1.762	1.86	1.958
		通风净截面积(m^2)	1或2	0.216	0.27	0.324	0.378	0.432	0.486	0.54	0.594	0.648	0.702	0.756	0.81	0.864	0.918	0.972	1.026	1.08
		进出管接头(英寸)	1	2	2	2	2	2	2	2	2	2½	2½	2½	2½	2½	2½	2½	2½	2½
		进出管接头(英寸)	2	2	2	2	2	2	2½	2½	2½	2½	2½	2½	2½	2½	2½	2½	2½	2½
		净重(kg)	1	39	44	49	54	59	64	69	74	79	84	89	94	99	104	109	114	119
		净重(kg)	2	50	57.8	65.6	73.4	81.2	89	96.8	104.6	112.4	120.2	128	135.8	143.6	151.4	159.2	167	174.8

续表

表面管数	B (mm)	基本参数 \ 表面管长(英寸)	排数	24	30	36	42	48	54	60	66	72	78	84	90	96	102	108	114	120
		A(mm)		830	980	1130	1280	1430	1580	1730	1880	2330	2180	2330	2480	2630	2780	2930	3080	3230
21	848	散热面积(m²)	2	15.75	19.69	23.63	27.56	31.5	35.44	39.38	43.31	47.35	51.29	55.13	59.06	63	66.94	70.88	74.81	78.75
		受风表面积(m²)	1或2	0.455	0.568	0.681	0.794	0.907	1.02	1.133	1.246	1.359	1.472	1.585	1.698	1.811	1.924	2.037	2.15	2.263
		通风净截面积(m²)	1或2	0.252	0.315	0.378	0.441	0.504	0.567	0.63	0.693	0.756	0.819	0.882	0.945	1.008	1.071	1.134	1.197	1.26
		进出管接头(英寸)	1	2½	2½	2½	2½	2½	2½	2½	2½	2½	2½	2½	2½	2½	2½	2½	2½	2½
		进出管接头(英寸)	2	2½	2½	2½	2½	2½	2½	2½	2½	2½	2½	2½	2½	2½	2½	2½	2½	2½
		净重(kg)	1	43	48.5	54	59.5	65	70.5	76	81.5	87	92.5	98	103.5	109	114.5	120	125.5	131
		净重(kg)	2	57	66	75	84	93	102	111	120	129	138	147	156	165	174	183	192	201
24	954	散热面积(m²)	2	18	22.5	27	31.5	36	40.5	45	49.5	54	58.5	63	67.5	72	76.5	81	85.5	90
		受风表面积(m²)	1或2	0.52	0.65	0.78	0.91	1.04	1.17	1.3	1.43	1.56	1.69	1.83	1.95	2.08	2.21	2.34	2.47	2.6
		通风净截面积(m²)	1或2	0.288	0.36	0.432	0.504	0.576	0.648	0.72	0.792	0.864	0.936	1.008	1.08	1.152	1.224	1.296	1.368	1.44
		进出管接头(英寸)	1	2½	2½	2½	2½	2½	2½	2½	2½	2½	2½	2½	2½	2½	2½	2½	2½	2½
		进出管接头(英寸)	2	2½	2½	2½	2½	2½	2½	2½	2½	2½	2½	2½	2½	2½	2½	2½	2½	2½
		净重(kg)	1	50	56	62	68	74	80	86	92	98	104	110	116	122	128	134	140	146
		净重(kg)	2	64	74	84	94	104	114	124	134	144	154	164	174	184	194	204	214	224

附注：

① 表中散热面积系2R-翅片数据，若为其他情况下，则可以利用下列常数换算之：

1R—翅片散热面积＝2R—翅片散热面积×0.5　　2M—翅片散热面积＝2R—翅片散热面积×0.77

1M—翅片散热面积＝2R—翅片散热面积×0.385　　2T—翅片散热面积＝2R—翅片散热面积×0.54

1T—翅片散热面积＝2R—翅片散热面积×0.27

② 表面通风净截面积按R种片距计算，若为其他片距则用下列常数换算之：

M种片距通风截面积＝R种片距通风截面积×1.015　　T种片距通风截面积＝R种片距通风截面积×1.035

③ 表中净重系1R—翅片和2R—翅片的排管重量，若为其他片距则可用下列常数换算之：

1M—翅片的排管净重＝1R—翅片的排管净重×0.94　　2M—翅片的排管净重＝2R—翅片的排管净重×0.92

1T—翅片的排管净重＝1R—翅片的排管净重×0.85　　2T—翅片的排管净重＝2R—翅片的排管净重×0.78

S.U型空气加热器传热系数及空气（水）侧阻力表 **表5.6-8**

传热系数 K(W/m²·K)	空气侧压力损失 ΔP(Pa)	水侧压力损失 Δh(kPa)
$17V_r^{0.608}$(蒸汽)	$7.029V_r^{1.639}$	$13.85V_r^{1.726}$
$21.9V_r^{0.0556}\cdot w^{0.0115}$(水，R片距)		
$18.6V_r^{0.0556}\cdot w^{0.0115}$(水，M片距)		
$17.95V_r^{0.0556}\cdot w^{0.0115}$(水，T片距)		

注：V_r——迎风面积重量流速，kg/m²·s。

w——换热管内水流速，m/s。

型号、规格举例：

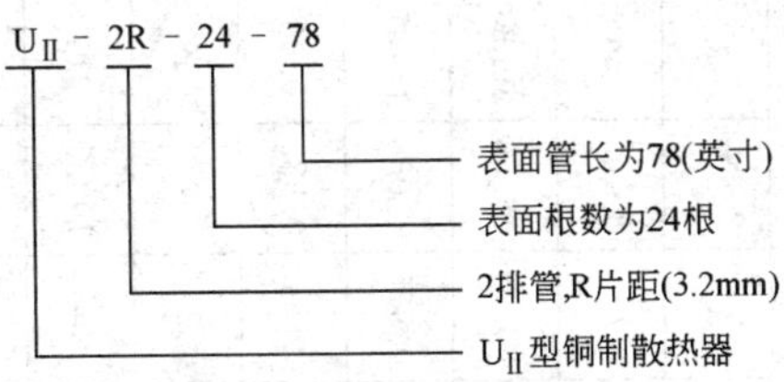

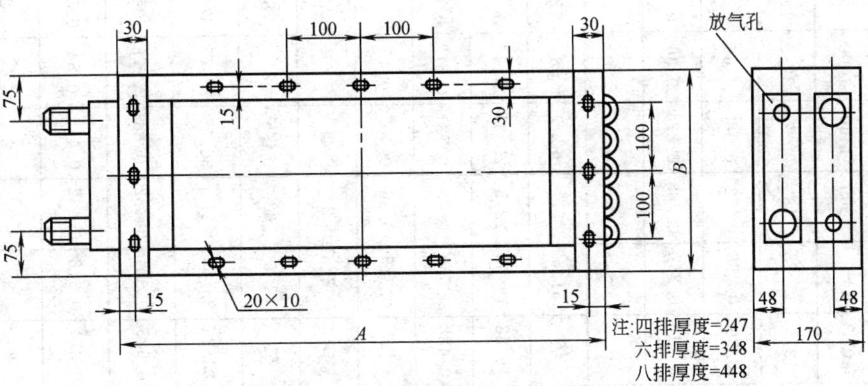

图5.6-6 U_{II}型空气加热器外形尺寸图

(4) TZ型钢制椭圆管翅片散热器

TZ型椭圆管翅片散热器是一种新型散热器，具有传热系数大，气侧流动阻大小，结构紧凑，外形美观等特点。在外形结构上与SRZ型散热器可以完全互换。与SRZ型空气散热器比较，在相同外形尺寸下其传热量可增加50%以上，气侧阻力可降低80%。型号规格见表5.6-10，外形构造见图5.6-7，传热系数及阻力计算见表5.6-11。

型号、规格举例：

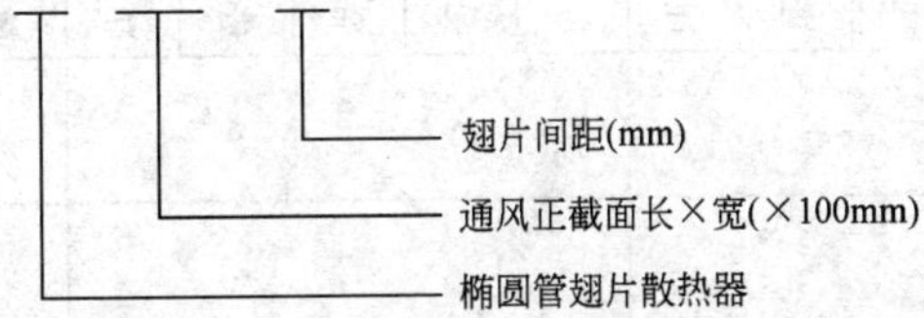

U_{II}型散热器型号参数表（二排管）

表 5.6-9

表面管数	B (mm)	表面管长(英寸) / A(mm) / 基本参数	24	30	36	42	48	54	60	66	72	78	84	90	96	102	108	114	120
			700	850	1000	1150	1300	1450	1600	1750	1900	2050	2200	2350	2500	2650	2800	2950	3100
12	510	散热面积(m^2)	9	11.25	13.5	15.75	18	20.25	22.5	24.75	27	29.25	31.5	33.75	36	38.25	40.5	42.75	45
		受风表面积(m^2)	0.26	0.325	0.39	0.455	0.52	0.585	0.65	0.715	0.78	0.845	0.91	0.975	1.04	1.105	1.17	1.235	1.3
		通风净截面积(m^2)	0.144	0.18	0.216	0.252	0.288	0.324	0.36	0.396	0.432	0.468	0.504	0.54	0.576	0.612	0.648	0.684	0.72
		进出管接头(英寸)	2	2	2	2	2	2	2	2	2	2	2	2½	2½	2½	2½	2½	2½
		净重(kg)	35	40.5	46	51.5	57	62.5	68	73.5	79	84.5	90	95.5	101	106.5	112	117.5	123
15	616	散热面积(m^2)	11.25	14.06	16.88	19.68	22.5	25.31	28.13	30.94	33.75	36.56	39.38	42.19	45	47.81	50.63	53.44	56.25
		受风表面积(m^2)	0.325	0.406	0.488	0.569	0.65	0.731	0.812	0.894	0.975	1.056	1.137	1.219	1.3	1.381	1.462	1.544	1.625
		通风净截面积(m^2)	0.18	0.225	0.27	0.315	0.36	0.405	0.45	0.495	0.54	0.585	0.63	0.675	0.72	0.765	0.81	0.855	0.9
		进出管接头(英寸)	2	2	2	2	2	2	2	2	2	2	2	2½	2½	2½	2½	2½	2½
		净重(kg)	42	48.5	55	61.5	68	74.5	81	78.5	94	100.5	107	113.5	120	126.5	133	139.5	146
18	722	散热面积(m^2)	13.5	16.88	20.25	23.63	27	30.38	33.75	37.13	40.5	43.88	47.25	50.63	54	57.38	60.75	64.13	67.5
		受风表面积(m^2)	0.39	0.488	0.586	0.684	0.782	0.88	0.978	1.076	1.174	1.272	1.37	1.468	1.566	1.664	1.762	1.86	1.958
		通风净截面积(m^2)	0.216	0.27	0.324	0.378	0.432	0.486	0.54	0.594	0.648	0.702	0.756	0.81	0.864	0.918	0.972	1.026	1.08
		进出管接头(英寸)	2	2	2	2	2	2	2	2	2	2	2	2½	2½	2½	2½	2½	2½
		净重(kg)	48.5	56	63.5	71	78.5	86	93.5	101	108.5	116	123.5	131	138.5	146	153.5	161	168.5

续表

表面管数	B (mm)	表面管长(英寸) / A(mm) / 基本参数	24	30	36	42	48	54	60	66	72	78	84	90	96	102	108	114	120
			700	850	1000	1150	1300	1450	1600	1750	1900	2050	2200	2350	2500	2650	2800	2950	3100
21	828	散热面积(m²)	15.75	19.68	23.63	27.56	31.5	35.44	39.38	43.31	47.35	51.29	55.13	59.6	63	66.94	7.88	74.81	78.75
		受风表面积(m²)	0.455	0.568	0.681	0.794	0.907	1.02	1.133	1.246	1.359	1.472	1.585	1.698	1.811	1.924	2.037	2.15	2.263
		通风净截面积(m²)	0.252	0.315	0.378	0.441	0.504	0.567	0.63	0.693	0.756	0.819	0.882	0.945	1.008	1.071	1.134	1.197	1.26
		进出管接头(英寸)	2	2	2	2	2	2	2	2	2	2	2	2½	2½	2½	2½	2½	2½
		净重(kg)	55	63.5	72	80.5	89	97.5	106	114.5	123	131.5	140	148.5	157	165.5	174	182.5	191
24	934	散热面积(m²)	18	22.5	27	31.5	36	40.5	45	49.5	54	58.5	63	67.5	72	76.5	81	85.5	90
		受风表面积(m²)	0.52	0.65	0.78	0.91	1.04	1.17	1.3	1.43	1.56	1.69	1.83	1.95	2.08	2.21	2.34	2.47	2.6
		通风净截面积(m²)	0.288	0.36	0.432	0.504	0.576	0.648	0.72	0.792	0.864	0.936	1.008	1.08	1.152	1.224	1.296	1.368	144
		进出管接头(英寸)	2	2	2	2	2	2	2	2	2	2	2	2½	2½	2½	2½	2½	2½
		净重(kg)	63	72.5	82	91.5	101	110.5	120	129.5	139	148.5	158	167.5	177	186.5	196	205.5	215

附注：

① 表中散热面积系 2R—翅片数据，若为其他情况下，则可以利用下列常数换算之：

2M—翅片散热面积＝2R—翅片散热面积×0.77

2T—翅片散热面积＝2R—翅片散热面积×0.54

② 表面通风净截面积按 R 种片距计算，若为其他片距则可用下列常数换算之：

M 种片距通风截面积＝R 种片距通风截面积×1.015

T 种片距通风截面积＝R 种片距通风截面积×1.035

③ 表中净重系 2R—翅片的排管重量，若为其他翅片则可用下列常数换算之：

2M—翅片的排管净重＝2R—翅片的排管净重×0.92

2T—翅片的排管净重＝2R—翅片的排管净重×0.78

TZ型散热器规格技术参数表 表5.6-10

型号	散热面积（m^2）	通风净截面积（m^2）	排数	根数	连接管ϕ	尺寸(mm) A	A_1	A_2	B	B_1	B_2	n	N	m	M
TZ-5×5×4	12.66	0.132	3	47	$1\frac{1''}{2}$	497	542	562	507	547	573	5	500	4	400
TZ-10×5×4	25.00	0.260				497	542	562	1001	1041	1067	5	500	9	900
TZ-12×5×4	31.21	0.325				497	542	562	1250	1290	1316	5	500	12	1200
TZ-6×6×4	19.05	0.200	3	59	2″	623	668	688	609	649	675	6	600	5	500
TZ-10×6×4	31.74	0.329				623	668	688	1001	1041	1067	6	600	9	900
TZ-12×6×4	39.67	0.411				623	668	688	1250	1290	1316	6	600	12	1200
TZ-15×6×4	47.61	0.495				623	668	688	1505	1545	1571	6	600	14	1400
TZ-7×7×4	25.61	0.268	3	68	$2\frac{1''}{2}$	707	752	772	710	750	776	7	700	6	600
TZ-10×7×4	36.58	0.378				707	752	772	1001	1041	1067	7	700	9	900
TZ-12×7×4	45.73	0.473				707	752	772	1250	1290	1316	7	700	12	1200
TZ-15×7×4	54.88	0.563				707	752	772	1505	1545	1571	7	700	14	1400
TZ-17×7×4	64.02	0.663				707	752	772	1750	1790	1816	7	700	17	1700
TZ-22×7×4	80.48	0.834				707	752	772	2202	2242	2268	7	700	21	2100
TZ-15×10×4	75.96	0.792	3	95	3″	1001	1046	1066	1505	1545	1571	10	1000	14	1400
TZ-17×10×4	89.44	0.924				1001	1046	1066	1750	1790	1816	10	1000	17	1700
TZ-20×10×4	101.28	1.056				1001	1046	1066	2002	2042	2068	10	100	19	1900

注：各类空气加热器均为广州赛唯热工设备有限公司产品。

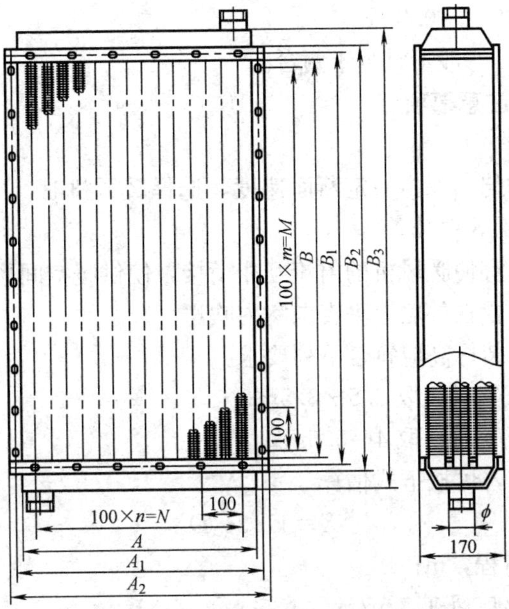

图 5.6-7 TZ 型散热器外形尺寸图

TZ 型散热器传热系数及阻力表 表 5.6-11

迎风面风速 V(m/s)	3	4	5	6	7	8	9	10
传热系数 K(W/m²·℃)	33.2	39.0	43.6	47.1	48.8	50.6	51.8	52.3
空气阻力 ΔP(Pa)	60	70	90	110	155	210	270	340

5.6.4 暖风机的选择

适用于各种类型的车间，当空气中不含灰尘和易燃或易爆性的气体时，可作为循环空气供暖用。暖风机可独立作为供暖用，一般用以补充散热器热的不足部分或者利用散热器作为值班供暖，其余热负荷由暖风机承担。

1. 暖风机台数的决定

可按下式确定

$$n=\frac{Q}{Q_d \cdot \eta} \tag{5.6-18}$$

当空气进口温度与标准参数 15℃不同时，应按下式换算：

$$\frac{Q_d}{Q_o}=\frac{t_{pj}-t_n}{t_{pj}-15} \tag{5.6-19}$$

式中 Q——建筑物的热负荷，W；

Q_d——暖风机的实际散热量，W；

Q_o——进口温度 15℃时的散热量，W；

t_n——设计条件下的进风温度，℃；

t_{pj}——热媒平均温度，℃；

η——有效散热系数：

热媒为热水时 $\eta=0.8$；

热媒为蒸汽时 η=0.7～0.8。

暖风机的安装台数，一般不宜少于两台。

2. 选用暖风机时应注意事项

（1）小型暖风机

1）为使车间温度均匀，保持一定断面速度，选择暖风机时，应验算车间内的空气循环次数，一般不应少于1.5次/h。

2）布置暖风机时，宜使暖风机的射流互相衔接，使供暖空间形成一个总的空气环流。

3）不应将暖风机布置在外墙上垂直向室内吹送。

4）暖风机底部的安装标高应符合下列要求：

当出口风速 $v_o \leqslant 5$m/s时，取2.5～3.5m；

当出口风速 $v_o > 5$m/s时，取4～5.5m。

5）暖风机的射程 X，可按下式估算

$$X = 11.3 v_o D \tag{5.6-20}$$

式中 X——暖风机的射程，m；

v_o——暖风机的出口风速，m/s；

D——暖风机出口的当量直径，m。

6）送风温度不宜低于35℃，不应高于55℃。

（2）大型暖风机

1）暖风机出口速度和风量都很大，所以，应沿车间长度方向布置，出风口离侧墙的距离不宜小于4m，气流射程不应小于车间供暖的长度，在射程区域内不应有建筑物或高大设备。

2）暖风机出口离地面的高度应符合下列要求：

当厂房下弦≤8m时，宜取3.5～6m；

当厂房下弦>8m时，宜取5～7m。

3）大型暖风机不应布置在车间大门附近，吸风口底部距地面的高度不宜大于1m，也不应小于0.3m。

3. 暖风机种类和性能

（1）Q型暖风机

适用于蒸汽热媒，性能参数见表5.6-12，外形尺寸见图5.6-8。

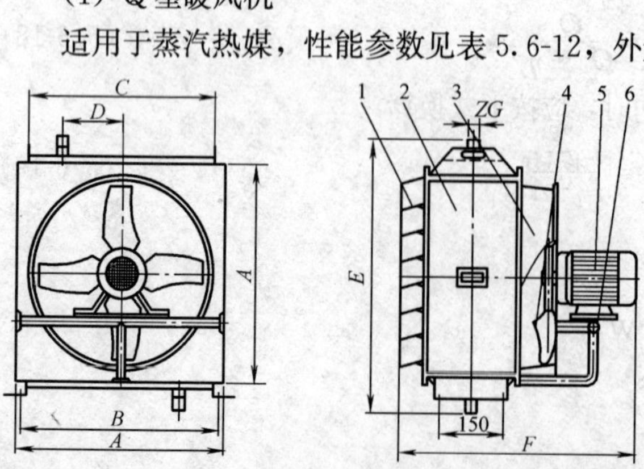

主要外形尺寸

型号	4Q	5Q	7Q	8Q
A	500	670	835	1000
B	480	(650)	840	1010
C	448	618	788	958
D	150	230	320	400
E	650	830	1040	1160
F	566	(609)	(662)	(691)
ZG	$1\frac{1}{4}''$	$1\frac{1}{4}''$	$1\frac{1}{2}''$	2″

图5.6-8 Q型暖风机外形尺寸图

1—百叶窗；2—散热器；3—集风器；4—叶轮；5—电动机；6—支架

Q型暖风机主要性能参数 表 5.6-12

型号	热介质(MPa)(蒸汽)	放热量(kW)	空气量(kg/h)	进风温度(℃)	出风温度(℃)	出风速度(m/s)	电机功率(W)	噪声(dB)	重量(kg)
4Q	0.101325 0.20265 0.303975 0.405300	24.31 27.27 29.77 31.87	2140	15	54.9 60 63.8 66.8	2.85	120W	80.5	68
5Q	0.101325 0.20265 0.303975 0.405300	40.82 44.43 48.50 51.40	4300	15	54.9 60 63.8 67	3.0	370W	82.5	109
7Q	0.101325 0.20265 0.303975 0.405300	62.34 70.36 76.18 88.04	7460	15	51.7 56.4 60 62.7	3.24	750W	82.2	194
8Q	0.101325 0.20265 0.303975 0.405300	107.58 128.40 131.42 139.56	10400	15	56.3 61.5 65.5 68.6	3.1	1100W	85.5	262

注：Q及GS型暖风机为长沙华湘散热器厂产品。

(2) GS型暖风机

适用于热水热媒，性能参数见表 5.6-14，外形尺寸见表 5.6-13 及图 5.6-9。

GS型暖风机外形尺寸 表 5.6-13

型号		4GS	5GS	7GS	8GS
盘管	传热面积(m^2)	14.76	27.6	45.9	66.5
	热媒流通面积(m^2)	13.68×10^{-4}	17.6×10^{-4}	22.88×10^{-4}	28.16×10^{-4}
	空气出风截面积(m^2)	0.205	0.384	0.614	0.905
电动机	型号	AQ_2-6314	AQ_2-7124	Y90S-6	Y90L-6
	功率(W)	120	370	750	1100
主要尺寸(mm)	*A*	500	670	835	1000
	B	522	617	700	737
	C	505	675	840	1005
	a	250	335	420	500
	b	325	407	480	510
	L	530	700	864	1030
	ϕ	410	510	710	810
噪声(dB)		80.5	82.5	82.3	85.5
重量(kg)		82	139	229	310

GS型暖风机热工性能表　　表 5.6-14

型号	热水温度(℃)	80				90				110				130				出风速度(m/s)	风量(m^3/h)
	进风温度(℃)	10		15		10		15		10		15		10		15			
4GS	热量(kW)	14.77	15.24	13.72	14.07	16.86	17.68	15.70	15.93									2.3	1500
	出风温度(℃)	42.8	44.6	45.85	46.9	47.5	50.2	50.0	51.2										
	水量(kg/h)	920	1050	920	1050	920	1050	920	1050										
	流速(m/s)	0.178	0.201	0.178	0.201	0.178	0.201	0.178	0.201										
	回水温度(℃)	66.2	67.5	67.2	68.5	74.3	75.6	75.3	77.0										
5GS	热量(kW)	28.49	28.96	26.40	26.98	32.56	32.91	30.47	30.70	40.71		38.61		49.19	35.82	47.33	34.42	2.3	3180
	出风温度(℃)	39.5	40.1	42.3	43.0	43.7	44.1	46.5	46.0	52.2		55		61	47.4	64	51		
	水量(kg/h)	1100	1450	1100	1450	1100	1450	1100	1450	1100		1100		1100	670	1100	670		
	流速(m/s)	0.17	0.224	0.17	0.224	0.17	0.224	0.17	0.224	0.17		0.17		0.17	0.09	0.17	0.09		
	回水温度(℃)	57.7	62.8	59.3	64.0	64.5	70.54	66.2	71.7	78.2		79.8		91.5	74	93.0	76.0		
7GS	热量(kW)	50.01	56.99	46.29	52.34	56.99	64.78	57.22	59.89	62.22	71.52	59.08	68.04	79.04		71.41		3.0	6600
	出风温度(℃)	35.7	39.2	38.8	41.8	45.8	43.2	44.4	45.7	41.3	46.7	44.9	49.9	45.7		50.9			
	水量(kg/h)	1520	1860	1520	1860	1520	1860	1520	1860	995	1520	995	1520	995		995			
	流速(m/s)	0.178	0.224	0.178	0.224	0.178	0.224	0.178	0.224	0.118	0.178	0.118	0.178	0.118		0.118			
	回水温度(℃)	51.6	53.7	53.8	55.5	57.7	60.0	58.7	62.3	56.3	59.5	59	71.5	65.6		68.4			
8GS	热量(kW)	70.36	71.87	65.13	66.87	80.25	82.34	74.9	77.92	92.11	100.02	87.46	95.37	110.49		105.83		2.6	8500
	出风温度(℃)	37.8	38.5	40.7	41.5	41.6	42.6	43.8	46	46.6	49.5	49.9	52.5	54		57			
	水量(kg/h)	2000	2250	2000	2250	2000	2250	2000	2250	1610	2000	1610	2000	1610		1610			
	流速(m/s)	0.182	0.205	0.182	0.205	0.182	0.205	0.182	0.205	0.147	0.182	0.147	0.182	0.147		0.147			
	回水温度(℃)	49.8	52.5	52	54.4	55.2	58.5	57.8	60.3	60.7	67.0	63.2	69.0	71.0		73.5			

注：水阻力为 9～10kPa。

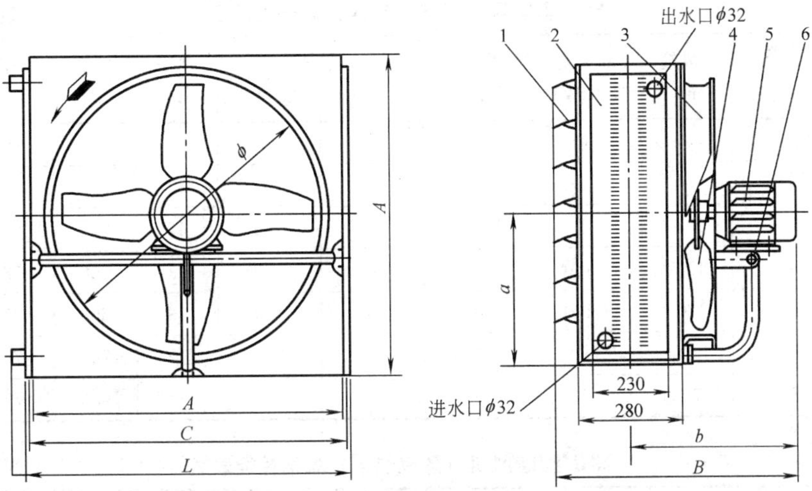

图 5.6-9 GS 型暖风机外形尺寸图

1—百叶窗；2—散热器；3—集风器；4—叶轮；5—电动机；6—电机支架

(3) NGL 型暖风机

落地安装，用于大空间供暖，送风速度为 12m/s 以上，送风距离可达 20m。设备性能分别见表 5.6-15，表 5.6-16，表 5.6-17。构造见图 5.6-10。

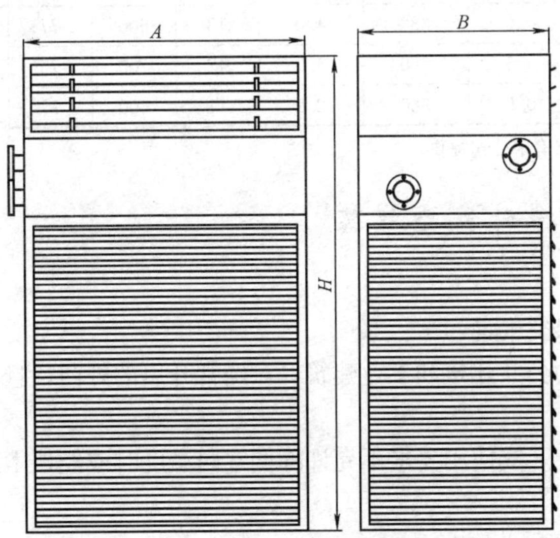

型号	A	B	H	C	D
NGL-40	2200	1200	2300	2100	1100
NGL-30	2200	1200	2200	2100	1100
NGL-20	1800	1200	2000	1600	1000
NGL-15	1400	1000	1800	1200	800
NGL-12	1200	1000	1800	1000	800
NGL-09	1000	800	1800	800	600
NGL-07	1000	800	1800	800	600

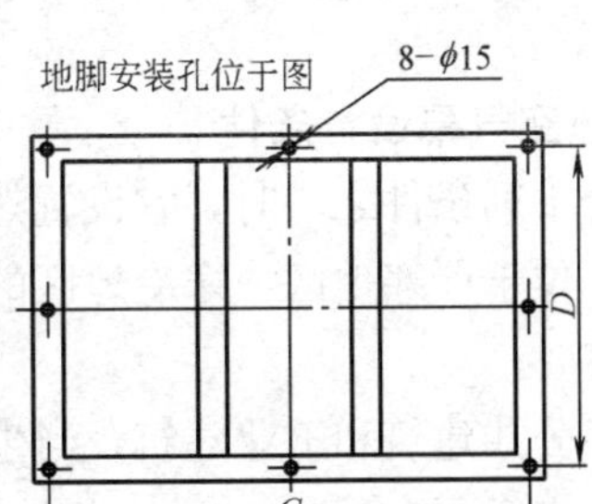

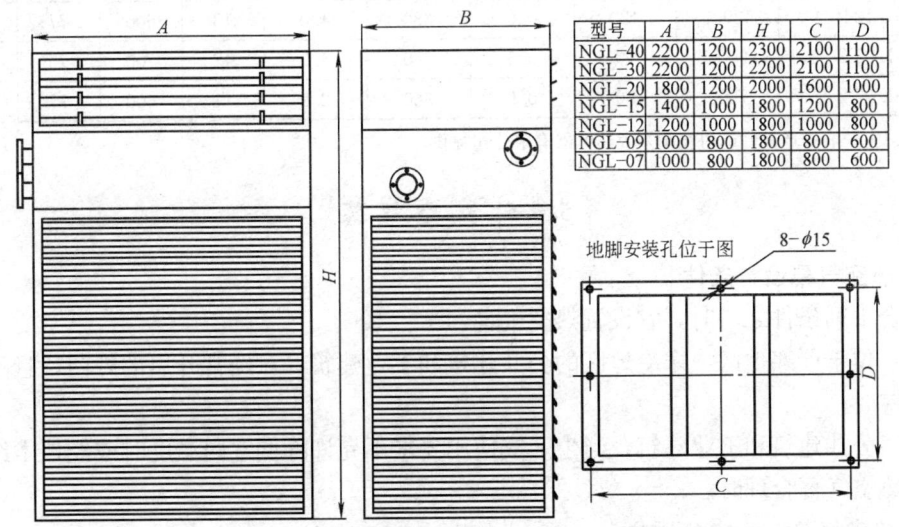

图 5.6-10 NGL 型暖风机（电、蒸汽、热水）外形图

NGL 型暖风机（电热媒）规格性能表 **表 5.6-15**

参数 型号	风量(m^3/h)	加热参数		风机参数		风速 (m/s)	风压 (Pa)	噪声 (dB)
		电压(V)	功率(kW)	电压(V)	功率(kW)			
NGL-40-D	40000	380	400	380	2×7.5	13	700	80
NGL-30-D	30000	380	300	380	2×5.5	13	800	78
NGL-20-D	20000	380	200	380	7.5	13	700	80
NGL-15-D	15000	380	150	380	5.5	13	800	78
NGL-12-D	12000	380	120	380	4.0	13	600	77
NGL-09-D	9000	380	90	380	3.0	12	700	75
NGL-07-D	7000	380	70	380	2.2	11	600	77

NGL型暖风机（热水热媒）规格性能表 表5.6-16

参数 型号	风量 (m³/h)	加热能力 (kW)	供回水 温度(℃)	风机参数		风速 (m/s)	风压 (Pa)	噪声 (dB)	流量 (kg/h)
				电压(V)	功率(kW)				
NGL-40-S	40000	400	120-80	380	2×7.5	13	700	80	11600
NGL-30-S	30000	300	120-80	380	2×5.5	13	800	80	8700
NGL-20-S	20000	200	120-80	380	7.5	13	700	80	5800
NGL-15-S	15000	150	120-80	380	5.5	13	800	78	4350
NGL-12-S	12000	120	120-80	380	4.0	13	600	77	3480
NGL-09-S	9000	90	120-80	380	3.0	12	700	75	2610
NGL-07-S	7000	70	120-80	380	2.2	11	600	77	2030

NGL型暖风机（蒸汽热媒）规格性能表 表5.6-17

参数 型号	风量 (m³/h)	加热能力 (kW)	蒸汽压力 (MPa)	风机参数		风速 (m/s)	风压 (Pa)	噪声 (dB)	凝结水量 (kg/h)
				电压(V)	功率(kW)				
NGL-40-Z	40000	400	0.6	380	2×7.5	13	700	80	646
NGL-30-Z	30000	300	0.6	380	2×5.5	13	800	78	484
NGL-20-Z	20000	200	0.6	380	7.5	13	700	80	323
NGL-15-Z	15000	150	0.6	380	5.5	13	800	78	242
NGL-12-Z	12000	120	0.6	380	4.0	13	600	77	194
NGL-09-Z	9000	90	0.6	380	3.0	12	700	75	145
NGL-07-Z	7000	60	0.6	380	2.2	11	600	77	97

注：以上三表中产品性能由沈阳东大热电器有限公司提供。

5.6.5 热空气幕

1. 热空气幕设置条件

符合下列条件之一时，宜设置热空气幕：

(1) 位于严寒地区，寒冷地区的公共建筑和工业建筑，对经常开启的外门，且不设门斗和前室时；

(2) 公共建筑和工业建筑，当生产或使用要求不允许降低室内温度时或经技术经济比较设置热空气幕合理时。

2. 热空气幕设计技术要求

(1) 热空气幕的送风方式：公共建筑宜采用由上向下送风。工业建筑，当外门宽度小于3m时，宜采用单侧送风；当大门宽度为3～18m时，应经过技术经济比较，采用单侧，双侧送风或由上向下送风；当大门宽度超过18m时，应采用由上向下送风。

(2) 热空气幕的送风温度，应根据计算确定。对于公共建筑和工业建筑的外门，不宜高于50℃；对高大的外门，不应高于70℃。

(3) 热空气幕的出口风速，应通过计算确定。对于公共建筑的外门，不宜大于6m/s；对于工业建筑的外门，不宜大于8m/s；对于高大的外门，不宜大于25m/s。

(4) 热空气幕电加热时，使用温度为−10℃～40℃，相对湿度＜90%。有下列情况之一时，不能使用电热空气幕：有腐蚀性气体；易燃易爆场所；灰尘较大；蒸汽弥漫结露；有能破坏电气绝缘的气体或灰尘。

3. 热空气幕分类

（1）按安装型式分：水平安装，垂直安装。

（2）按所用热源分：电、热水、蒸汽。

（3）按采用风机型式分：贯流式、离心式、轴流式。

4. 热空气幕技术性能（见表 5.6-18）

常用热空气幕技术性能表 **表 5.6-18**

序号	类型	热源	风量(m^3/h)	适用范围及其特点	备　注
1	贯流式	电	700～2800	多用于公共建筑，水平安装，噪声低，外形体积小，美观	
		热水	1800～2800		
		蒸汽	1800～2800		
2	离心式	电	3000～8000	用于公共建筑和工业建筑，多为水平安装，也可垂直安装，外形体积较大，风压，风速大，封闭大门效果好，噪声偏高	
		热水	1500～12000		
		蒸汽	1500～12000		
3	侧吹式	热水	配轴流风机 12300～27300	多用于工业建筑，一般为双侧垂直安装，可配轴流风机和离心风机	
			配离心风机 14000～22400		
		蒸汽	配轴流风机 12300～27300		
			配离心风机 14000～25200		

注：① 贯流式热空气幕安装高度不宜大于 3m。
② 离心式热空气幕安装高度不宜大于 4.5m。
③ 热源为热水时，供水温度不宜低于 85℃。
④ 热源为蒸汽时，供汽压力不宜低于 0.2MPa。
⑤ 侧吹式热空气幕出风口方向与大门平面夹角为 15°～20°。
⑥ 本表热空气幕产品的性能由沈阳东大热电器有限公司提供。

（1）贯流式热空气幕

贯流式热空气幕性能规格见表 5.6-19，表 5.6-20，表 5.6-21。构造见图 5.6-11，表 5.6-12。

贯流式电热空气幕技术性能表 **表 5.6-19**

参数 / 型号	外型尺寸(mm)(长×宽×高)	风量(m^3/h)	出口风速(m/s)	噪声(dB)	风机参数			加热器参数		重量(kg)
					电压(V)	频率(Hz)	功率(W)	电流(A)	功率(kW)	
RM-1506-D	600×270×265	700	6-8	<57	220	50	120	5-8	3-5	24
RM-1509-D	900×270×265	1300	6-8	<62	220	50	180	9-15	6-10	27
RM-1510-D	1000×270×265	1500	6-8	<62	220	50	180	11-17	8-12	28
RM-1512-D	1200×270×265	1800	6-8	<62	220	50	180	12-23	8-15	34
RM-1515-D	1500×270×265	2300	6-8	<68	220	50	250	21-33	14-22	35
RM-1509-D-G	900×310×265	1600	8-12	<62	220	50	180	12-18	10-15	29
RM-1510-D-G	1000×310×265	1900	8-12	<62	220	50	180	15-23	10-15	31
RM-1512-D-G	1200×310×265	2400	8-12	<68	220	50	180	27-36	18-24	35
RM-1515-D-G	1500×310×265	2800	8-12	<68	220	50	250	38-48	25-32	44

注：RM-1509-D-G～RM-1515-D-G 为加强性。

贯流式热水热空气幕技术性能表 表 5.6-20

参数 型号	外型尺寸(mm) (长×宽×高)	风量 (m^3/h)	风速 (m/s)	风机参数		盘管排数根数	入水温度 (℃)	流量 (L/h)	进出口温差 (℃)	加热量 (kW)	重量 (kW)
				电压 (V)	功率 (kW)						
RM-1509-S-3	900×390×265	1800	8.5	220	180	3/18	>65	720	>35	>20	40
RM-1510-S-3	1000×390×265	2000	8.5	220	180	3/18	>65	720	>35	>21	42
RM-1512-S-3	1200×390×265	2400	8.5	220	220	3/18	>65	720	>35	>24	45
RM-1515-S-3	1500×390×265	2800	8.5	220	220	3/18	>65	720	>35	>28	53
RM-1509-S-4	900×418×265	1800	8.5	220	180	4/20	>65	800	>38	>22	39
RM-1510-S-4	1000×418×265	2000	8.5	220	180	4/20	>65	800	>38	>23	42
RM-1512-S-4	1200×418×265	2400	8.5	220	220	4/20	>65	800	>38	>26	49
RM-1515-S-4	1500×418×265	2800	8.5	220	220	4/20	>65	800	>38	>30	59
RM-1509-S-5	900×450×265	1800	8.5	220	180	5/30	>65	1020	>40	>25	45
RM-1510-S-5	1000×450×265	2000	8.5	220	180	5/30	>65	1020	>40	>27	48
RM-1512-S-5	1200×450×265	2400	8.5	220	220	5/30	>65	1020	>40	>30	55
RM-1515-S-5	1500×450×265	2800	8.5	220	220	5/30	>65	1020	>40	>35	65

贯流式蒸汽热空气幕技术性能表 表 5.6-21

参数 型号	外型尺寸(mm) (长×宽×高)	风量 (m^3/h)	风速 (m/s)	风机参数		盘管排数/根数	蒸汽压力 (MPa)	流量 (kg/h)	进出口温差 (℃)	加热量 (kW)
				电压 (V)	功率 (kW)					
RM-1509-3	900×390×265	1800	8.5	220	180	3/18	>0.1	46	>38	>22
RM-1510-3	1000×390×265	2000	8.5	220	180	3/18	>0.1	49	>38	>24
RM-1512-3	1200×390×265	2400	8.5	220	220	3/18	>0.1	54	>38	>28
RM-1515-3	1500×390×265	2800	8.5	220	220	3/18	>0.1	62	>38	>34
RM-1509-4	900×418×265	1800	8.5	220	180	4/20	>0.1	48	>40	>26
RM-1510-4	1000×418×265	2000	8.5	220	180	4/20	>0.1	51	>40	>28
RM-1512-4	1200×418×265	2400	8.5	220	220	4/20	>0.1	56	>40	>32
RM-1515-4	1500×418×265	2800	8.5	220	220	4/20	>0.1	65	>40	>38

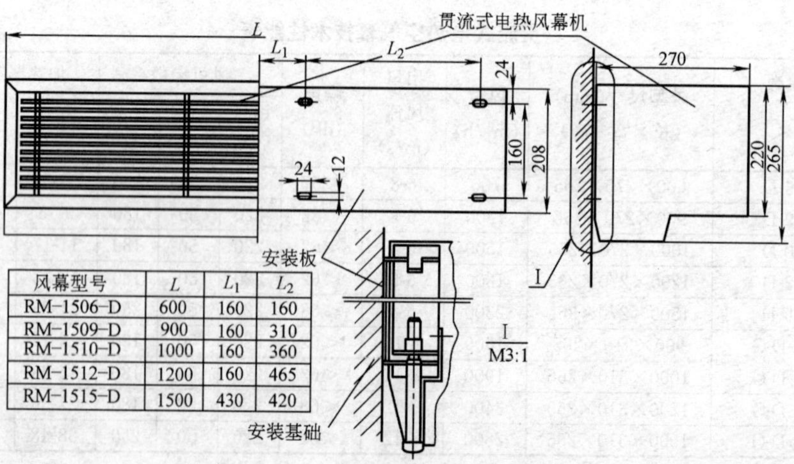

风幕型号	L	L_1	L_2
RM-1506-D	600	160	160
RM-1509-D	900	160	310
RM-1510-D	1000	160	360
RM-1512-D	1200	160	465
RM-1515-D	1500	430	420

图 5.6-11 贯流式电热风幕构造图

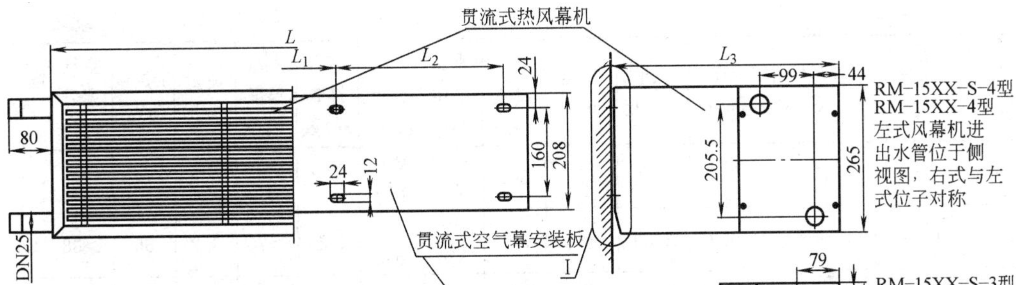

风幕型号	L	L_1	L_2	L_3
RM-1509-S-3 RM-1509-3	900	160	310	388
RM-1510-S-3 RM-1510-3	1000	160	360	388
RM-1512-S-3 RM-1512-3	1200	160	465	388
RM-1515-S-3 RM-1515-3	1500	430	420	388
RM-1509-S-4 RM-1509-4	900	160	310	418
RM-1510-S-4 RM-1510-4	1000	160	360	418
RM-1512-S-4 RM-1512-S	1200	160	465	418
RM-1515-S-4 RM-1515-4	1500	430	420	418
RM-1509-S-5	900	160	310	448
RM-1510-S-5	1000	160	360	448
RM-1512-S-5	1200	160	465	448
RM-1515-S-5	1500	430	420	448

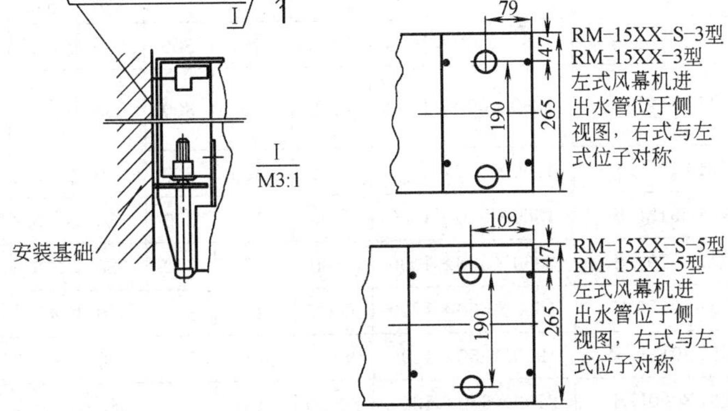

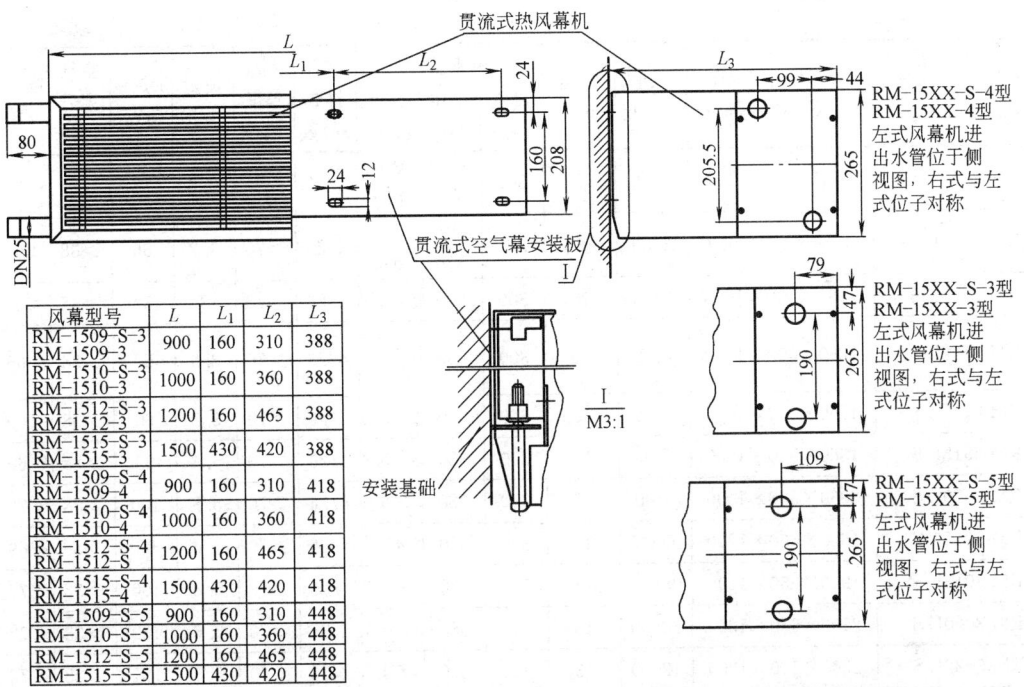

图 5.6-12 贯流式蒸汽（热水）热风幕构造图

（2）离心式热空气幕性能规格见表 5.6-22，表 5.6-23，表 5.6-24。构造见图 5.6-13，图 5.6-14，图 5.6-15。

离心式电热空气幕技术性能表 **表 5.6-22**

参数 型号	外型尺寸(mm) (长×宽×高)	风量 (m^3/h)	风速 (m/s)	风机参数 功率 (台×kW)	风机参数 电压 (V)	风机参数 相	风机参数 风压 (Pa)	加热器参数 功率 (kW)	加热器参数 电源 (V/P/Hz)	噪声 (dB)
RM-2012L-D	1260×420×750	3000	11	2×0.2	220/380	1/3	300	22	380/3/50	<63
RM-2015L-D	1560×420×750	4000	11	2×0.2	220/380	1/3	300	30	380/3/50	<63
RM-2018L-D	1860×420×750	4500	11	3×0.2	220/380	1/3	300	36	380/3/50	<66
RM-2020L-D	2060×420×750	8000	11	3×0.2	220/380	1/3	300	40	380/3/50	<66
RM-2022L-D	2260×460×900	8000	11	4×0.2	220/380	1/3	300	44	380/3/50	<69
RM-2515L-D	1560×480×900	6000	11	2×0.4	380	3	300	36	380/3/50	<69
RM-2518L-D	1860×480×900	6000	9	2×0.4	380	3	300	43	380/3/50	<69
RM-2520L-D	2060×480×900	8000	11	3×0.4	380	3	300	48	380/3/50	<69
RM-2522L-D	2260×480×900	8000	10	4×0.4	380	3	300	53	380/3/50	<72

离心式热水热空气幕技术性能表 **表 5.6-23**

参数 型号	外形尺寸(mm) (长×宽×高)	风量 (m^3/h)	风速 (m/s)	风机参数 风压 (Pa)	风机参数 电压 (V)	风机参数 功率 (kW)	盘管 排数 /根数	入水 温度 (℃)	流量 (t/h)	供热量 (kW)	空气 温升 (℃)	噪声 (dB)
RM-2010L-S	1060×460×980	1500	8	300	200/300	1×0.4	4/26	>70	1.8	30	>38	<63

续表

型号＼参数	外形尺寸(mm)(长×宽×高)	风量(m³/h)	风速(m/s)	风机参数 风压(Pa)	风机参数 电压(V)	风机参数 功率(kW)	盘管排数/根数	入水温度(℃)	流量(t/h)	供热量(kW)	空气温升(℃)	噪声(dB)
RM-2012L-S	1260×460×980	3000	8	300	220/380	2×0.2	4/26	＞70	2.2	38	＞38	＜63
RM-2015L-S	1560×460×980	3000	8	300	330/380	2×0.2	4/26	＞70	3.2	56	＞38	＜63
RM-2510L-S	1060×500×1000	2600	10	300	380	1×0.4	4/26	＞70	2	33	＞38	＜63
RM-2512L-S	1260×500×1000	4000	10	300	380	2×0.37	4/26	＞70	2.9	50	＞38	＜66
RM-2515L-S	1560×500×1000	5200	10	300	380	2×0.4	4/26	＞70	3.8	60	＞38	＜69
RM-2518L-S	1860×500×1000	7800	12	300	380	3×0.4	4/26	＞70	5.4	93	＞38	＜69
RM-2520L-S	2060×500×1000	8400	12	300	380	3×0.4	4/26	＞70	5.8	100	＞38	＜72
RM-3015L-S	1600×650×1200	6000	13	300	380	2×0.7	4/26	＞70	3.6	63	＞38	＜69
RM-3018L-S	1900×650×1200	9000	13	540	380	3×0.7	4/26	＞70	5.8	100	＞38	＜72
RM-3020L-S	2100×650×1200	10500	13	540	380	3×0.7	4/26	＞70	7.6	132	＞38	＜72
RM-3022L-S	2300×650×1200	12000	13	420	380	4×0.7	4/26	＞70	8.6	151	＞38	＜72

离心式蒸汽热空气幕技术性能表 **表 5.6-24**

型号＼参数	外形尺寸(mm)(长×宽×高)	风量(m³/h)	风速(m/s)	风机参数 风压(Pa)	风机参数 电压(V)	风机参数 功率(kW)	盘管排数/根数	蒸汽流量(kg/h)	蒸汽压力(MPa)	供热量(kW)	空气温升(℃)	噪声(dB)
RM-2010L	1060×460×940	1500	8	300	200/380	1×0.4	3/20	55	＞0.2	30	＞42	＜63
RM-2012L	1260×460×940	3000	8	300	220/380	2×0.2	3/20	69	＞0.2	42	＞42	＜63
RM-2015L	1560×460×940	3000	8	300	220/380	2×0.2	3/20	105	＞0.2	62	＞42	＜63
RM-2510L	1060×500×1000	2600	10	300	380	1×0.4	3/20	60	＞0.2	35	＞42	＜63
RM-2512L	1260×500×1000	4000	10	300	380	2×0.37	3/20	92	＞0.2	50	＞42	＜66
RM-2515L	1560×500×1000	5200	10	300	380	2×0.4	3/20	120	＞0.2	70	＞42	＜69
RM-2518L	1860×500×1000	7800	12	300	380	3×0.4	3/20	180	＞0.2	108	＞42	＜69
RM-2520L	2060×500×1000	8400	12	340	380	3×0.4	3/20	195	＞0.2	116	＞42	＜72
RM-3015L	1600×650×1100	6000	12	300	380	2×0.7	3/20	115	＞0.2	69	＞42	＜69
RM-3018L	1900×650×1100	9000	13	540	380	3×0.7	3/20	184	＞0.2	110	＞42	＜72
RM-3020L	2100×650×1100	10500	13	540	380	3×0.7	3/20	242	＞0.2	145	＞42	＜72
RM-3022L	2300×650×1100	12000	13	420	380	4×0.7	3/20	276	＞0.2	165	＞42	＜72

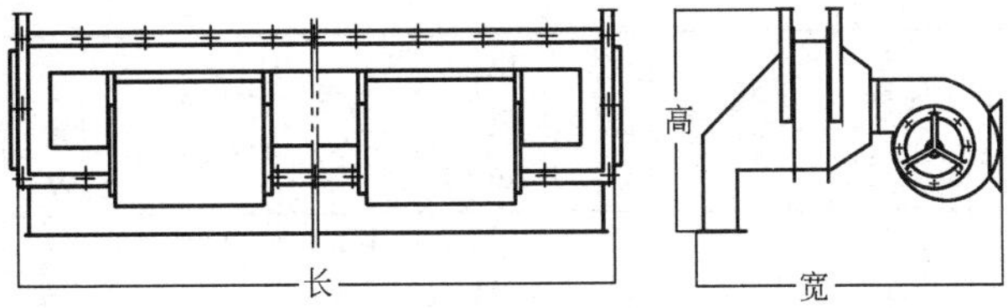

图 5.6-13 离心式电热风幕构造图

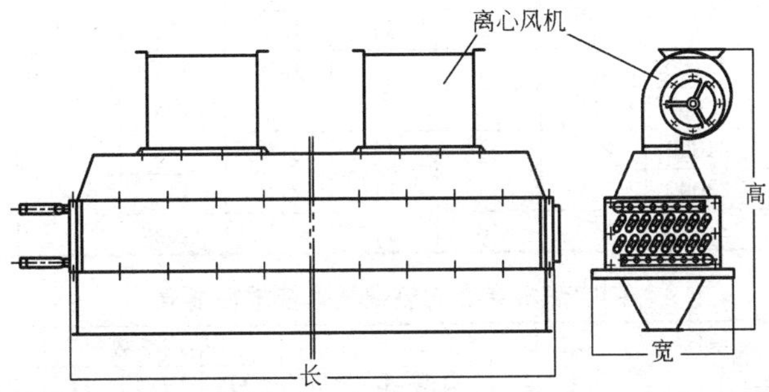

注：进出管尺寸定货时与用户协商解决，
蒸汽热风幕可带法兰

图 5.6-14 离心式蒸汽（热水）立式热空气幕构造图

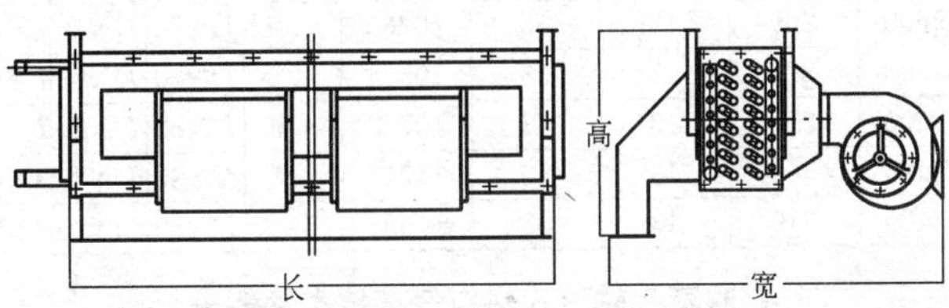

注：进出管尺寸定货时与用户协解
决蒸气热风幕可带法兰

图 5.6-15 离心式蒸汽（热水）热空气幕构造图

（3）侧吹式热空气幕规格见表 5.6-25，表 5.6-26，表 5.6-27，表 5.6-28。构造见图 5.6-16，图 5.6-17，图 5.6-18。

侧吹热水轴流式热空气幕技术性能表 **表 5.6-25**

参数 型号	风量 (m^3/h)	热量 (kW)	出口风温 (℃)	出口风速 (m/s)	水阻 (Pa)	水量 (kg/min)	风机参数			噪声 (dB)
							功率 (kW)	转速 (r/min)	电压 (V)	
RM-6030Z-C-S-12	12300	110	43	11	503	79	1.1	1450	380	72
RM-6030Z-C-S-15	14600	122	41	13	657	88				73
RM-6033Z-C-S-14	13500	113	43	11	570	81				72
RM-6033Z-C-S-16	16000	133	41	13	763	96	1.5			74
RM-6036Z-C-S-15	14700	135	43	11	800	978				73
RM-6036Z-C-S-18	17500	187	42	13	1020	110				75
RM-6039Z-C-S-16	16000	149	44	11	1000	107				73

续表

型号 \ 参数	风量 (m^3/h)	热量 (kW)	出口风温 (℃)	出口风速 (m/s)	水阻 (Pa)	水量 (kg/min)	风机参数 功率 (kW)	转速 (r/min)	电压 (V)	噪声 (dB)
RM-6039Z-C-S-19	19000	158	41	13	1120	114				75
RM-6042Z-C-S-17	17200	157	43	11	1150	113	2.2			73
RM-6042Z-C-S-21	20500	168	41	13	1290	121				75
RM-6545Z-C-S-18	18400	167	43	11	1390	124				75
RM-6545Z-C-S-22	21900	185	41	13	1590	133	3			76
RM-6548Z-C-S-20	19700	182	43	11	1580	131	2.2	1450	380	76
RM-6548Z-C-S-23	23400	197	41	13	1820	141				77
RM-7051Z-C-S-21	20900	185	43	11	1660	133				76
RM-7051Z-C-S-25	24800	207	41	13	2140	148	3			77
RM-7056Z-C-S-23	23000	207	43	11	2140	148				78
RM-7056Z-C-S-27	27300	225	40	13	2510	162				77

侧吹热水离心式热空气幕技术性能表 表 5.6-26

型号 \ 参数	风量 (m^3/h)	热量 (kW)	出口风速 (m/s)	出口风温 (℃)	热水流量 (kg/h)	结构参数 *H* (m)	*D* (mm)	*D* (mm)	风机参数 功率 (kW)	转速 (r/min)	电压 (V)	噪声 (dB)
RM-2530L-C-14	14000	185	11	53	7955	3	*DN*80	*DN*80	5×0.7	1450	380	72
RM-2533L-C-14	14000	194	11	54	8342	3.3	*DN*80	*DN*80	5×0.7	1450	380	72
RM-2536L-C-17	16800	232	13	53	9976	3.6	*DN*80	*DN*80	6×0.7	1450	380	75
RM-2539L-C-19	19600	265	13	53	10266	3.9	*DN*80	*DN*80	7×0.7	1450	380	75
RM-2542L-C-19	19600	270	13	53	10554	4.2	*DN*80	*DN*80	7×0.7	1450	380	75
RM-2545L-C-19	19600	275	13	53	10750	4.5	*DN*80	*DN*80	7×0.7	1450	380	75
RM-2548L-C-23	22400	300	13	53	11217	4.8	*DN*80	*DN*80	8×0.7	1450	380	75
RM-2551L-C-23	22400	310	13	53	11591	5.1	*DN*80	*DN*80	8×0.7	1450	380	75

侧吹蒸汽轴流式热空气幕技术性能表 表 5.6-27

型号 \ 参数	风量 (m^3/h)	热量 (kW)	出口风速 (m/s)	出口风温 (℃)	凝结水量 (kg/h)	风机参数 功率 (kW)	转速 (r/min)	电压 (V)	噪声 (dB)
RM-6030Z-C-12	12300	149	11	53	239				72
RM-6030Z-C-15	14600	170	13	32	272	1.1			73
RM-6033Z-C-14	13500	168	11	54	269				72
RM-6033Z-C-16	16000	189	13	52	302				74
RM-6036Z-C-15	14700	185	11	55	269	1.5			73
RM-6036Z-C-18	17500	209	13	53	335				75
RM-6039Z-C-16	16000	204	11	55	326				73
RM-6039Z-C-19	19000	224	13	53	359				75
RM-6042Z-C-17	17200	217	11	55	347				75
RM-6042Z-C-21	20500	249	13	53	398	2.2	1450	380	76
RM-6545Z-C-18	18400	236	11	55	371				76
RM-6545Z-C-22	21900	262	13	53	419	3			77
RM-6548Z-C-20	19700	252	11	55	402	2.2			76
RM-6548Z-C-23	23400	285	13	53	456				77
RM-7051Z-C-21	20900	266	11	55	424				76
RM-7051Z-C-25	24800	299	13	53	471	3			78
RM-7056Z-C-23	23000	295	11	55	471				77
RM-7056Z-C-27	27300	328	13	53	524				78

侧吹蒸汽离心式热空气幕技术性能表 表 5.6-28

参数 型号	风量 (m³/h)	热量 (kW)	出口风速 (m/s)	出口风温 (℃)	凝结水量 (kg/h)	结构参数 H (m)	结构参数 D (mm)	结构参数 D (mm)	风机参数 功率 (kW)	风机参数 转速 (r/min)	风机参数 电压 (V)	噪声 (dB)
RM-2530L-C-14	14000	185	11	53	312	3	*DN*80	*DN*50	5×0.7	1450	380	72
RM-2533L-C-14	14000	194	11	54	320	3.3	*DN*80	*DN*50	5×0.7	1450	380	72
RM-2536L-C-17	16800	232	13	53	336	3.6	*DN*80	*DN*50	6×0.7	1450	380	75
RM-2539L-C-19	19600	265	13	53	440	3.9	*DN*80	*DN*50	7×0.7	1450	380	75
RM-2542L-C-19	19600	270	13	53	450	4.2	*DN*80	*DN*50	7×0.7	1450	380	75
RM-2545L-C-19	19600	275	13	53	458	4.5	*DN*80	*DN*50	7×0.7	1450	380	75
RM-2548L-C-23	22400	300	13	53	465	4.8	*DN*80	*DN*50	8×0.7	1450	380	75
RM-2551L-C-23	22400	310	13	53	471	5.1	*DN*80	*DN*50	8×0.7	1450	380	75
RM-2556L-C-23	25200	315	13	53	524	5.6	*DN*80	*DN*50	9×0.7	1450	380	75

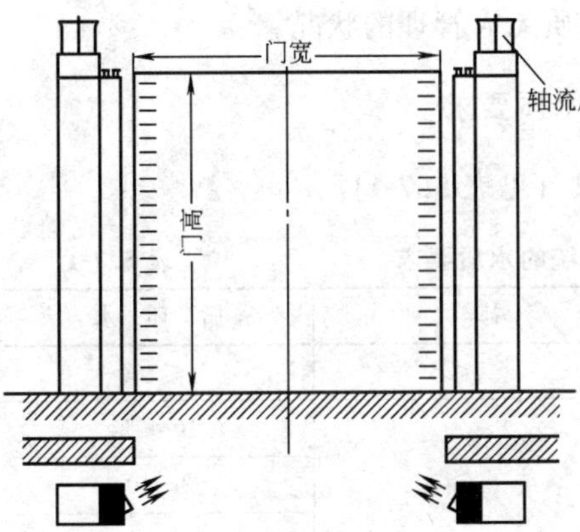

图 5.6-16 侧吹蒸汽（热水）轴流热风幕构造图

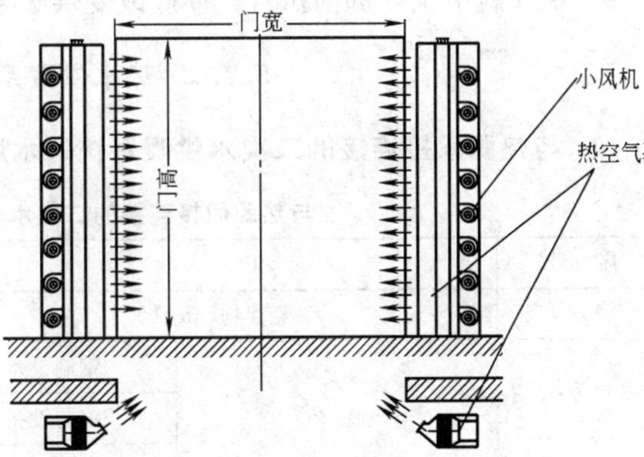

图 5.6-17 侧吹蒸汽（热水）离心小风机热空气幕板造图

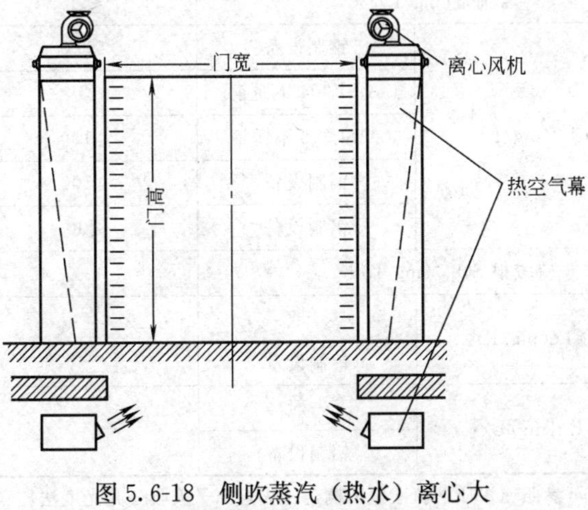

图 5.6-18 侧吹蒸汽（热水）离心大风机热风幕构造图

5.7 热水供暖系统的水质要求及防腐设计

5.7.1 概 述

热水供暖系统的水质，与供暖系统的供热效率、使用寿命和安全运行等有着密切的关系；所以，欧洲及北美诸国，对供暖系统的水质问题普遍十分重视，都制定有严格的标准和规定。由于实行了科学管理，因此，能源利用率高、环境保护好、设备和管网的寿命长，一般都在30～50年左右。

长期以来，在热水供暖系统的水质、水处理和运行管理等方面，我国一直处于无序状态；在很大程度上阻碍了新型散热器、散热器恒温控制阀和机械式热表等先进的节能设备的推广应用。

为了改变这种不合理的现状，本手册根据北京市地方标准：《供热采暖系统水质及防腐技术规程》（DBJ 01—619—2004）的各项规定撰写了本节，希望业界同仁给以足够的重视，在实践中认真贯彻执行，彻底改变供暖系统水质无人管理的状况。

5.7.2 热水供暖系统的水质要求

1. 与热源间接连接的二次水供暖系统的水质要求（见表5.7-1）。

与热源间接连接的二次水供暖系统的水质要求 **表5.7-1**

序号	项目		补水	循环水
1	悬浮物(mg/L)		≤5	≤10
2	pH值(25℃)	钢制设备	≥7	10～12
		铜制设备		9～10
		铝制设备		8.5～10
3	总硬度(mmol/L)		≤6	≤0.6
4	溶氧量(mg/L)		—	≤0.1
5	含油量(mg/L)		≤2	≤1
6	氯根 Cl^-(mg/L)	钢制设备	≤300	≤300
		AISI 304不锈钢	≤10	≤10
		AISI 316不锈钢	≤100	≤100
		铜制设备	≤100	≤100
		铝制设备	≤30	≤30
7	硫酸根 SO_4^{2-}(mg/L)①		—	≤150
8	总铁量Fe(mg/L)	一般	—	≤0.5
		铝制设备		≤0.1
9	总铜量Cu(mg/L)②	一般	—	≤0.5
		铝制设备		0.02

注：① 硫酸根的检测，可参照《水质 硫酸盐的测定 火焰原子吸收分光光度法》(GB 13196—91)。
② 总铜量的检测，可参照《水质 铜的测定 二乙二基硫代氨基甲酸钠分光光度法》(GB 7474—87)。

2. 与锅炉房直接连接的供暖系统（无压热水锅炉除外）的水质要求（见表 5.7-2）

与锅炉房直接连接的供暖系统（无压热水锅炉除外）的水质要求　　表 5.7-2

序号	项目		补水	循环水
1	悬浮物(mg/L)		≤5	≤10
2	pH 值(25℃)	钢制设备	9～10	10～12
		铜制设备		9～10
3	总硬度(mmol/L)		≤6/≤0.6①	≤0.6
4	溶氧量(mg/L)		—/≤0.1②	≤0.1
5	含油量(mg/L)		≤2	≤1
6	氯根 Cl^-(mg/L)	钢制设备	≤300	≤300
		AISI 304 不锈钢	≤10	≤10
		AISI 316 不锈钢	≤100	≤100
		铜制设备	≤100	≤100
7	硫酸根 SO_4^{2-}(mg/L)		—	≤150
8	总铁量 Fe(mg/L)		—	≤0.5
9	总铜量 Cu(mg/L)		—	≤0.1

注：① 当锅炉的补水采用锅外化学处理时，对补水总硬度的要求为≤0.6mmol/L；
② 当锅炉的补水采用锅外化学处理时，对补水溶氧量的要求为≤0.1mg/L。

3. 与无压（常压）热水锅炉连接的热水供暖系统

无压热水锅炉也称常压热水锅炉，与无压热水锅炉连接的热水供暖系统，应设置热交换器，将锅炉热水（一次水系统）与供暖系统（二次水系统）分开。

二次水系统的介质，应满足表 5.7-1 的各项要求。

一次水系统的水处理和水质，应符合国家标准：《工业锅炉水质》（GB 1576—2001）第 2.3 条关于“常压热水锅炉”的规定（见表 5.7-3）。

无压锅炉一次水系统水质的要求　　表 5.7-3

项目	锅内加药		锅外化学处理	
	给水	锅水	给水	锅水
悬浮物(mg/L)	≤20	—	≤5	—
总硬度(mmol/L)	≤6	—	≤0.6	—
pH 值(25℃)	≥7	10～12	≥7	10～12
溶解氧(mg/L)	—	—	≤0.1	—
含油量(mg/L)	≤2	—	≤2	—

注：① 通过补加药剂使锅水 pH 值控制在 pH=10～12；
② 额定功率≥4.2MW 的承压热水锅炉给水应除氧，额定功率＜4.2MW 的承压热水锅炉和常压热水锅炉给水应尽量除氧。

5.7.3 热水供暖系统水处理的方式

1. 热水供暖系统水处理的目标

(1) 使系统的金属腐蚀减至最小；

(2) 水质达到表5.7-1的要求；

(3) 抑制水后、污泥的生成及微生物的生长，防止堵塞供暖设备、管理、温控阀、热表等；

(4) 不污染环境，特别是不污染地下水；

(5) 处理方法简单，便于实施，费用较低。

2. 水处理的方式（见表5.7-4）

热水供暖系统水处理的方式 **表5.7-4**

类 别	处理方式	处理要求	备 注
补水	加防腐阻垢剂	当补水的pH值小于表5.7-1或表5.7-2的规定时，可投加防腐阻垢剂	当补水总硬度为0.6～6mmol/L，且日补水量＞10％系统水容量时，也应对补水投加防腐阻垢剂
	离子交换软化	当补水硬度＞6mmol/L，可采用钠离子软化水处理装置，使总硬度≤0.6mmol/L	离子交换软化的水处理方式可降低硬度，防止结垢
	石灰水软化处理	当补水硬度＞6mmol/L、总碱度≥2.5mmol/L时，可采用石灰水软化处理	投加工业成品石灰的含量应≥85％。石灰水软化处理所需占地面积较大，操作劳动强度也大
循环水	贮药罐人工投药	当循环水的溶氧量＞0.1mg/L，或pH值小于表5.7-1或表5.7-2的规定时，可在回水总管上设置简易投药罐	运行过程中，根据pH值，人工间歇投加防腐阻垢剂或缓蚀剂
	旁通式自动加药装置	当循环水的溶氧量＞0.1mg/L，或pH值小于表5.7-1或表5.7-2的规定时，可在回水总管上设置旁通式自动加药装置	通过对pH值的监测实现自动进行加药，并控制其加药量。本方式的最大优点是准确、及时

3. 热水供暖系统的水处理装置

(1) 人工加药装置

对热水供暖系统加防腐阻垢剂，是一种简单而有效的水处理方式；它的特点是设备投资少，运行费用低。

防腐阻垢剂具有防腐、阻垢、除垢、除锈、育（保护）膜、防止人为失水、抑制细菌和藻类繁殖以及停炉保护等多种功能。使用固体防腐阻垢剂后，通常不用除氧就能有效地防腐。

固体防腐阻垢剂有以下三种功能：

1) 由于除垢除锈，等于除去了电化学腐蚀的阴极，从而能有效地阻止电化学腐蚀；

2) 它含有几种育膜剂，能在铁的表面生成一层黑亮的保育膜，可阻隔氧和二氧化碳的腐蚀；

3) 它是碱性药剂，能迅速提高水的pH值。

加药装置与系统的连接，一般有下列两种方式：

① 对补水进行水处理：贮药罐人工加药装置的出口与补水泵的入口相连。

② 对循环水进行水处理：贮药罐人工加药装置的出口与循环水泵的入口和出口相连，如图5.7-1所示。

对于采用钢制散热器的供暖系统，实际运行时只要控制9≤pH≤12（pH≥10时，铁

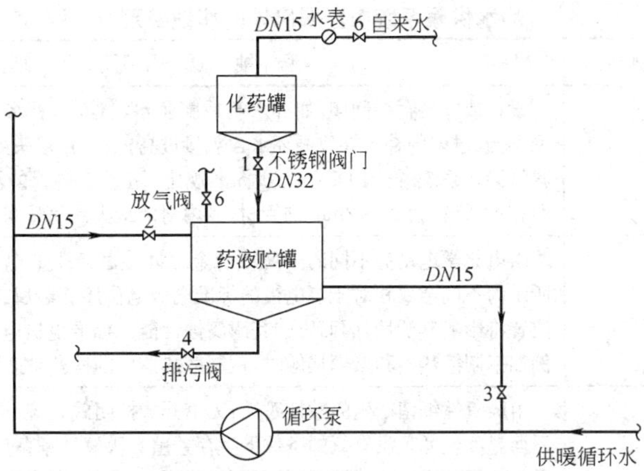

图 5.7-1 人工加药装置示意图

处于钝化区中，腐蚀最小）就可以了。不过，运行中必须注意，一旦出现 pH＜9 时，应迅速投药；否则会因为水中的碳酸盐析出而使水系统中形成沉淀物的堆积。另外，为了降低悬浮物的浓度，每天每组排污阀进行一次排污也是十分必要的。

(2) 自动加药装置

图 5.7-2 所示为旁通式自动加药装置，它是一种根据 pH 值按比例自动进行加药的系统。

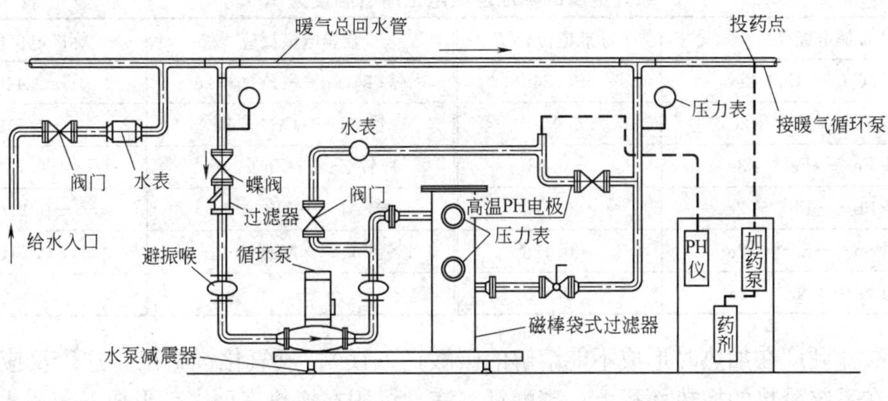

图 5.7-2 旁通式自动加药装置

这种加药装置通常由 pH 仪、自动加药装置、袋式过滤器等组成，可以添加具有防止腐蚀和结垢的化学水处理剂，能自动控制 pH 值（保持 pH＝9.8±0.2）。

5.7.4 热水供暖系统的防腐设计

1. 腐蚀机理

腐蚀是由化学反应或电化学反应引起的一种损坏过程，它能导致热水供暖系统中管道、管件、设备等的损坏。

热水供暖系统中金属腐蚀的主要原因，如表 5.7-5 所示。

2. 水垢和污泥的形成

结垢是钙、镁等成垢盐类在系统换热表面上形成的粘合性沉积。水垢形成对系统的危害，主要是使锅炉、热交换器等的换热效率降低，产生垢下腐蚀等。

热水供暖系统中金属腐蚀的腐蚀机理　　表 5.7-5

序号	腐蚀类型	腐蚀原因及机理
1	氧腐蚀	设计或安装存在问题，如补水箱或膨胀水箱偏小、补水管管径不合适、补水泵选型不当、过多的补水导致循环水含氧量过高；空气在接头处和通过没有阻氧层的塑料管渗入系统[德国 DIN 4726 标准规定：阻氧塑料管的渗氧量应<0.1mg/(m·d)；对于管径为 20×2mm 的管材，其内衬的最大渗氧量为 0.02mg/(m·d)]等
2	电化学腐蚀	由电化学电动势不同的金属或合金之间接触产生的电化学反应引起。表 5.7-6 所示为不同金属相对于氢电极的标准电极电位序。金属或合金在该序列中的相对位置将影响其活性，因而影响其耐腐蚀性能。标准电极电位相对低的金属先腐蚀，例如钢制散热器和紫铜接触时，钢制散热器中的铁就易遭腐蚀
3	细菌腐蚀	由厌氧性细菌产生的酸性腐蚀：无论开式抑闭式系统，厌氧性细菌能够在沉淀物下面温度较低且没有氧的条件下生存繁殖。厌氧性细菌产生的酸性物质能加剧对黑色金属的腐蚀。硫酸盐还原细菌（sulphate reducing bacteria）甚至可在 60℃的温度下和没有氧的条件下生存繁殖，将硫酸盐还原为硫化物，如硫化氢；导致铜制部件特别是黄铜部件的腐蚀
4	氯根腐蚀	高活性的氯化物离子，可使黑色金属和有色金属发生点腐蚀，如不锈钢、铝和铜。氯化物的来源包括焊剂、维护不当的软化水设施、有余氯的自来水以及清洗剂
5	水处理药剂选用不当	选用不当的水处理剂，或使用不当引起的化学腐蚀

部分金属的标准电极电位序（温度为 25℃）　　表 5.7-6

金属电极反应	标准电位(V)	金属电极反应	标准电位(V)
铜 $Cu \longrightarrow Cu^{2+}$ 2e	+0.345	铁(钢) $Fe \longrightarrow Fe^{2+}+2e$	−0.440
氢 $H \longrightarrow 2H^{+}+2e$	0	铬 $Cr \longrightarrow Cr^{3+}+3e$	−0.710
铁 $Fe \longrightarrow Fe^{3+}+3e$	−0.36	锌 $Zn \longrightarrow Zn+2e$	−0.762
铅 $Pb \longrightarrow Pb^{2+}+2e$	−0.126	铝 $Al \longrightarrow Al^{3+}+3e$	−0.1670
锡 $Sn \longrightarrow Sn^{2+}+2e$	−0.136	镁 $Mg \longrightarrow Mg^{2+}+2e$	−0.2340
镍 $Ni \longrightarrow Ni^{2+}+2e$	−0.250	—	—

碳酸盐硬度在加热时形成不能溶解的碳酸钙（镁）、氢氧化镁析出。这个反应一般可能发生在系统最热的换热面积上；碳酸钙（镁）沉积在换热表面，就形成石灰质水垢。在其他部位，尤其是流速低的地方，则形成碳酸钙（镁）污泥。为了降低系统补水或循环水的硬度，施加阻垢剂或防腐阻垢剂进行水处理，也将产生一定数量的污泥。

腐蚀生成物，也会使流速较低处的污泥增加。

3. 设备与管道的堵塞

设备与管道的堵塞，特别是散热器恒温控制阀、机械式热表、分支环路控制阀、水泵等的堵塞，几乎都是由于循环水中的悬浮物浓度过高或有较大直径的颗粒物无法通过设备内部的流道而造成的。

悬浮物重量浓度大，在系统中流速相对较低的地方，就会出现沉积（污泥）。严重时，可能出现局部堵塞。不过，这样的沉积性堵塞，一般不会发生在温控阀和热表处，因为在那里水的流速有加大趋势，所以，它们的堵塞物大都是无法通过的大颗粒物质。

4. 防腐设计的要求

热水供暖系统的防腐设计，应符合有 5.7-7 的规定。

热水供暖系统的防腐设计 **表 5.7-7**

序号	项目	具体要求	备注
1	基本要求	• 热水供暖系统，应根据补水的水质情况、系统规模、与热源的连接方式、定压方式、设备及管道材质等按本表要求进行防腐设计。 • 采用铝制（包括铸铝与铝合金）及其内防腐型散热器时，热水供暖系统不宜与热水锅炉直接连接。 • 热水地面辐射供暖系统的加热管，宜带阻氧层。 • 散热器供暖系统与空调供热系统不应合在同一个热水系统里	非供暖季节供暖系统应充水保养。 热水地面辐射供暖系统与散热器供暖系统并联于同一热源系统时，应将它们作为一个热水供暖系统，进行防腐设计
2	设计说明	• 有条件时，应注明补水的水质材料。 • 标明供暖系统的总水容量、定压方式、给出系统的最高、最低工作压力及补水泵的启停压力	采用隔膜式压力膨胀水罐定压时，宜绘制 p-t 曲线图，详见第 5 小节
3	定压方式	• 采用高位膨胀水箱定压时，宜采用常压密闭水箱。 • 采用钢制散热器时，应采用闭式系统。 • 采用水泵定压方式时，宜应用变频泵。 • 户用燃气（油）热水炉（器），应选用内置隔膜膨胀水罐的产品	宜采用隔膜式压力膨胀水罐定压（充注惰性气体）
4	补水量的控制	• 计算确定高位膨胀水箱和隔膜式压力膨胀水罐的有效容积时，应包括膨胀容积和调节容积。 • 采用普通补水泵补水时，宜按补水量的 50%、100% 两档设置水泵；水泵应自动控制运行。 • 热源设备的供回水管、供暖系统的分支回路、立管上，均应设置密闭性好的关断阀门；放气应采用带自闭功能的自动排气阀	系统的补水管上应设置水表
5	水处理设施	• 补水水质达不到表 5.7-1 或表 5.7-2 的规定时，应设补水水处理设施和/或循环水水处理设施。 • 循环水水质达不到表 5.7-1 或表 5.7-2 规定时，应设循环水水处理设施。 • 补水水处理设备的小时处理水量，宜按系统总水容量的 2%～2.5% 设计；循环水水处理设备的小时处理水量宜按系统循环水量的 10% 设计。 • 对于既有采用普通补水泵定压、用安全阀泄水卸压的供暖系统，宜增设隔膜式压力膨胀水罐定压，或改用变频泵补水定压，宜根据补水水质情况增设补水水处理设施。 • 对于既有采用高位开式膨胀水箱定压或系统中含有不阻氧塑料管的供暖系统，宜根据补水水质、循环水水质情况增设补水水处理设施、旁通式循环水水处理设施	补水水质符合表 5.7-1 或表 5.7-2 的规定时，可不设补水水处理设施，但宜预留水处理设施的位置

续表

序号	项　目	具体要求	备　注
6	预防电化学腐蚀	• 热水供暖系统的供暖设备、管道与热源设备的材质应尽量一致。在同一热水供暖系统中，少量的不同金属设备无法避免混装时，其接头处应做防腐绝缘处理。 • 与热源间接连接的二次热水供暖系统中，采用铝制(包括铸铝、铝合金及内防腐型)散热器时，与钢管连接处应有可靠的防止电化学腐蚀措施	热水供暖系统有条件时宜与空调水系统分开设置，以避免不同金属设备混装引发电化学腐蚀
7	除污器过滤器的设置	• 循环水水处理设施的过滤：循环水旁通进水管上设滤径为3mm的过滤器或旁通式袋式等过滤器。 • 建筑物热力入口的供水总管上，宜设两级过滤，初级为滤径3mm；二级为滤径0.65～0.75mm的过滤器	采用户用热表的居住建筑，在热表前应再设置一道滤径为0.65～0.75mm的过滤器
8	金属腐蚀检查片的设备	新建民用建筑热水供暖系统及既有热水供暖系统改造时，宜在系统中预先设置金属腐蚀检查片，以便定期检查金属的腐蚀速率、评估被腐蚀状况，并及时采取相应的水处理补救措施	金属腐蚀检查片应使用与金属设备相同的材质，并宜设置于热源或便于监控的管道中

5. *P-t* 曲线图

供暖系统采用隔膜式压力膨胀水罐定压时，应根据供水温度的变化绘制供暖系统的工作压力图表，通常称为 *P-t* 曲线图。

为了建立检查用工作压力图表，需先计算选定隔膜式压力膨胀水罐的最低工作压力曲线和最高工作压力曲线，不同供水温度时的实际工作压力，应当运行在最低工作压力曲线与最高工作压力曲线之间。

最低工作压力 $P_{\min}$（kPa）曲线，可按下式确定：

$$P_{\min}=(P_0+100)\cdot\frac{V_n}{V_n-V_e}-100 \tag{5.7-1}$$

式中 P_0——膨胀水罐的充气压力，kPa；运行温度不超过95℃时，一般采用供暖系统的静压；

V_n——膨胀水罐的额定容积，L；

V_e——水的膨胀容积，L。

水的膨胀容积 V_e（L），可按下式确定：

$$V_e=n\cdot\frac{V}{100} \tag{5.7-2}$$

式中 V——供暖系统的水容量，L；

n——水的膨胀率，%。

热水最高温度 t（℃）相对于4℃时水的体积膨胀率如表5.7-8所示。

热水最高温度 t（℃）相对于4℃时水的体积膨胀率 表 5.7-8

t(℃)	40	50	60	70	75	80	85	90	95
n(%)	0.78	1.21	1.71	2.27	2.58	2.90	3.24	3.60	3.96

隔膜式压力膨胀水罐所吸纳的水容量 V_w（L）：

$$V_w = V_e + V_v \tag{5.7-3}$$

隔膜式压力膨胀水罐所需的最小容积 $V_{n.min}$（L）：

$$V_{n.min} = V_w \cdot \frac{P_e + 100}{P_e - P_0} \tag{5.7-4}$$

式中 V_v——补偿为维持压力上下限而可能发生的失水量，一般取系统水容量的 0.5%；

P_e——隔膜式压力膨胀水罐的排放压力，kPa。考虑到安全阀能够在达到最高工作压力之前开启，一般排放压力可比最高工作压力小 10%。

在最高供水温度条件下，最大工作压力等于排放压力时，隔膜式压力膨胀水罐能够吸纳的水容积 V_w（L）：

$$V_w = \left[1 - \frac{(P_0 + 100)}{(P_e + 100)}\right] \cdot V_n \tag{5.7-5}$$

最大工作压力 P_{max}（kPa）则为：

$$P_{max} = (P_0 + 100) \cdot \frac{V_n}{V_n - (V_e + V_v)} - 100 \tag{5.7-6}$$

【例】 热水供暖系统，要求压力保持在 750～800kPa，系统水容量 V=10000L，设计供水温度 t=95℃，系统静压为 300kPa，试确定隔膜式压力膨胀水罐的最小容积，并计算其最低工作压力曲线和最高工作压力曲线。

【解】

(1) 由表 5.7-8 得体积膨胀率：n=3.96%，根据式（5.7-2）可求出水的膨胀体积为：

$$V_e = n \cdot \frac{V}{100} = 3.96 \times \frac{10000}{100} = 396\text{L}$$

(2) 由式（5.7-3）可求出膨胀水罐所吸纳的水量为：

$$V_w = V_e + V_v = 396 + (0.5\% \times 10000) = 446\text{L}$$

(3) 取排放压力 P_e=800−10%×800=720kPa。根据式（5.7-4）计算膨胀水罐的最小容积：

$$V_{n.min} = V_w \cdot \frac{P_e + 100}{P_e - P_0} = 446 \times \frac{720 + 100}{720 - 300} = 870.8\text{L}$$

(4) 根据产品样本，可选择水罐容积为 1000L、充气压力为 300kPa、排放压力为

720kPa 的隔膜式压力膨胀水罐。

（5）根据式（5.7-1）、式（5.7-2）和表 5.7-8 等，可得出最低工作压力和供水温度的关系。见表 5.7-9。

（6）根据式（5.7-5）可求出最高供水温度条件下，系统最大工作压力等于排放压力时，隔膜式压力膨胀水罐能吸纳的水体积：

$$V_{\mathrm{w}}=\left[1-\frac{(P_0+100)}{P_{\mathrm{e}}+100)}\right]\cdot V_{\mathrm{n}}=\left[1-\frac{300+100}{720+100}\right]\times 1000=512\mathrm{L}$$

（7）由式（5.7-3），可求出膨胀水罐的蓄水量为：

$$V_{\mathrm{v}}=V_{\mathrm{w}}-V_{\mathrm{e}}=512-396=116\mathrm{L}$$

（8）将不同温度下的 V_{w} 值计算出来，根据式（5.7-6）求出最高工作压力，见表 5.7-10。

最低工作压力和供水温度的关系 **表 5.7-9**

温度(℃)	水膨胀率(%)	膨胀容积(L)	最低工作压力(kPa)
10	0	0	300
40	0.78	78	334
50	1.21	121	355
60	1.71	171	383
70	2.27	227	417
80	2.90	290	463
90	3.60	360	525
95	3.96	396	562

最高工作压力与供水温度的关系 **表 5.7-10**

温度(℃)	水容积(L)	最高工作压力(kPa)
10	0+116=116	325
40	78+116=194	396
50	121+116=237	424
60	171+116=287	461
70	227+116=343	509
80	290+116=406	573
90	360+116=476	663
95	396+116=512	720

(9) 根据计算出的最低工作压力数据（表 5.7-9）和最高工作压力数据（表 5.7-10），可绘制出如图 5.7-3 所示的检查用工作压力图表。

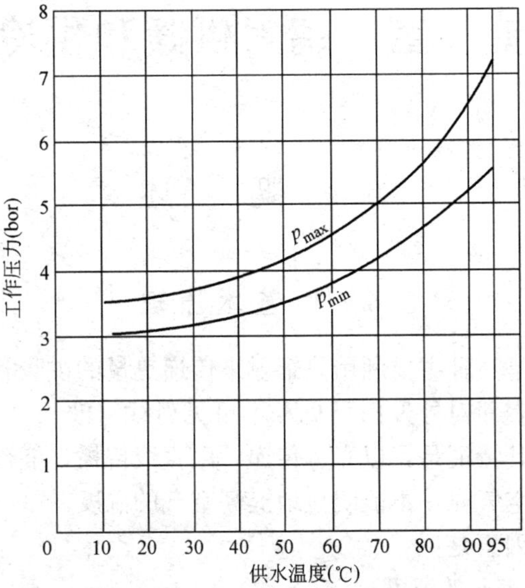

图 5.7-3　检查用工作压力图表

第6章　辐射供暖和供冷

6.1　概　　述

6.1.1　基本原理

辐射供暖和供冷，是一种主要利用热辐射来传递热量的供暖和供冷方式。

热辐射是依靠物体表面对外发射可见和不可见射线（波长0.4～40μm的电磁波）来传递热能的一种现象，其特征是：以光速传递，以直线传播，能被反射，能被固体吸收并使其温度升高，但通过空气时，不能明显地提高空气的温度。

影响辐射热交换的因素是：

1. 发射表面和接受表面的温度；

2. 辐射表面的发射率；

3. 接受物体的反射率、吸收率和透过率；

4. 发射表面与接受表面之间的角系数。

6.1.2　系统分类

通常，把在总传热量中辐射传热比例大于50%的供暖/冷系统，称为辐射供暖/冷系统。

根据辐射板的构造、所在位置、热媒种类和温度等的不同，辐射供暖/冷系统可以分成很多类型，如表6.1-1所示。

系统的分类　　　　表6.1-1

分类根据	名　称	特　征
使用功能	供冷辐射板	应用12～20℃的冷媒水循环流动于辐射板换热元件（管道）内，将室内余热转移至室外
	供暖辐射板	应用30℃以上的热媒水循环流动于辐射板换热元件（管道）内，向室内供暖
	供暖/冷辐射板	一板两用，既供暖又供冷，冬季用以供暖、夏季用以供冷
表面温度	常温辐射板	板面温度不高于29℃
	低温辐射板	板面温度低于80℃
	中温辐射板	板面温度等于80～200℃
	高温辐射板	板面温度高于500℃
辐射板构造	埋管式	热媒水循环流动于埋置在地面、墙面或平顶的填充层或粉刷层内的直径d=10～20mm金属管或塑料管内而构成
	毛细管式	模拟植物叶脉和人体血管输配能量的形式，利用ϕ3.35×0.5mm导热塑料管预加工成毛细管席，然后采用砂浆直接粘贴于墙面、地面或平顶表面而组成辐射板

续表

分类根据	名　称	特　征
辐射板构造	风管式	利用建筑构件如空心楼板的空腔，让热空气循流其间而构成
	装配式	在按一定模数组成的金属板上通过焊接、镶嵌、粘结、紧固等方式与金属管相固定而预制成辐射板
	整体式	整块辐射板系通过模压等工艺形成的一个带有水通路的整体，没有接触热阻
辐射板位置	平顶式	以平顶表面作为辐射板进行供暖或供冷
	墙面式	以墙壁表面作为辐射板进行供暖或供冷
	地面式	以地板表面作为辐射板进行供暖或供冷
介质(热媒)种类	冷水	冷水温度等于或低于 20℃
	低温热水	热水温度低于或等于 120℃(地面供暖时规定为≤60℃)
	中温热水	热水温度等于 120～175℃
	高温热水	热水温度高于 175℃
	热风式	热空气
	电热式	通过发热电缆或电热膜将电能转化为热能
	燃气式	燃烧可燃气体
安装方式	组合式(干 式)	加热盘管预先镶嵌在绝热板上，并以铝箔覆面预制成片状辐射板，现场仅进行组合、拼装和配管(线)连接，没有砂浆粉刷和混凝土浇捣工作；整个安装过程为干式作业
	直埋式(湿 式)	加热管在现场敷设，并在现场埋置于粉刷层或现浇混凝土填充层内。由于需浇混凝土，所以也称湿式

注：表中高温热水、中温热水和低温热水的温度界限，是根据 ASME Boiler and pressure vessel code 的规定划分的。

6.1.3 辐射供暖/冷系统的特征

1. 在热辐射的作用下，围护结构内表面和室内其他物体表面的温度，都比对流供暖时高，人体的辐射散热相应减少，人的实际感觉比相同室内温度对流供暖时舒适得多。

2. 由于直接满足了辐射负荷，而且室内空气的流动速度处于自然通风水平，因此能创造舒适度优于其他供暖和空调系统的绿色环境。

3. 室内空气的流动速度很低，没有强烈的对流，不会像对流供暖那样导致室内尘埃飞扬，影响卫生。

4. 供暖时室内的垂直温度梯度很小，不仅舒适性提高，而且，围护结构上部的热损耗减少，供暖效果优于对流供暖。

5. 室内没有明露的散热设备（散热器），不仅不占建筑面积与空间，且便于布置家具和悬挂窗帘；而且，也不会污染（熏黑）墙面。

6. 既能供暖，又可供冷，一套设备，两种用途。

7. 便于实现热量的“分户计量”。

8. 由于有辐射强（照）度和温度的综合利用，供暖负荷可减少约 15%左右；不仅节省能耗，而且初投资与运行费用都相应减少。

9. 供水温度一般为 40～60℃，为利用低温热水（如热泵机组的供水）、废热等创造了条件。

10. 能适应和满足房间分隔任意改变的需要。

11. 可以与任何全空气空调系统相结合，组成混合（多元）暖通空调系统（hybrid HAVC systems），分别处理热湿负荷；这时，所需的送风量一般不超过通风换气与除湿要求的数量。

12. 不需要如风机盘管机组、诱导器等末端设备；几乎所有机械设备（如新风机组）都可以集中安置，简化运行管理与维修。

13. 辐射供暖和供冷，加上置换通风或常规新风系统，可以创造出符合绿色要求的仿自然通风环境（draft-free environment）。

14. 避免了冷却盘管在湿工况下运行的弊端，没有潮湿的表面，杜绝细菌孳生，不仅改善了卫生条件，而且减少了金属的腐蚀机会。

15. 与全空气空调系统相结合，可以同时为建筑物的内区和外区服务。

16. 不会产生空调器、风机盘管机组、诱导器、风机动力箱等无法避免的噪声。

17. 由于辐射板、外墙、隔墙等构造具有较大的蓄热功能，使峰值负荷减小。

6.1.4 辐射供暖/冷系统效果的衡量与评价

在对流供暖系统中，衡量与评价供暖效果的标准，通常是室内空气的干球温度。在辐射供暖（冷）时，由于辐射和对流传热共同发生作用，所以，既不能单一地以室内温度来衡量，也不能单纯地以辐射强（照）度来评价。为了准确地评价室内辐射供暖/冷时的舒适性，必须引入平均辐射温度 MRT（mean readiant temperature）和作用温度 OT（operative Temperature）的概念。

平均辐射温度的定义是：假设在一个绝热黑体表面构成的封闭空间里，人体与周围的辐射换热量与在一个实际房间里的辐射换热量相同，则这一黑体封闭空间的表面平均温度称为实际房间的平均辐射温度。

作用温度的定义是：假设在一个绝热黑体表面构成的各表面温度相同的封闭空间里，人体与周围的辐射和对流换热量之和，与在实际房间里的换热量相同，则这个空间内的均匀温度称为实际房间的作用温度。

作用温度 t_0（℃）是平均辐射温度与环境温度的加权平均值，所用的权系数为辐射换热系数 h_r 和对流换热系数 h_c。因此，作用温度可按下式计算：

$$t_0=\frac{h_r \cdot t_r+h_c \cdot t_a}{h_r+h_c} \tag{6.1-1}$$

式中 h_r——辐射换热系数，W/(m·℃)；

h_c——对流换热系数，W/(m·℃)。

当室内空气流速 $v<0.2$m/s 时，平均辐射温度 $\bar{t}_r$ 和室内空气温度的差异小于 4℃时，可近似地认为作用温度等于室内空气温度和平均辐射温度的平均值，即：

$$t_0=\frac{1}{2}\times(t_a+\bar{t}_r) \tag{6.1-2}$$

平均辐射温度，可通过比较复杂的计算求得，详见本手册第 19 章（19.2）。

在辐射供暖/冷工程设计中，可以近似地认为平均辐射温度 $\bar{t}_r$（℃）等于房间围护结构内表面的面积加权平均温度，即

$$\bar{t}_r=\frac{A_1t_1+A_2t_2+\cdots\cdots+A_nt_n}{A_1+A_2+\cdots\cdots+A_n} \tag{6.1-3}$$

式中 A_1、A_2、A_3、……A_n——围护结构的面积，m^2；

t_1、t_2、t_3……t_n——围护结构的表面温度，℃。

平均辐射温度可以用 Vernon 球型温度计（Vernon's globe thermometer）进行测量，Vernon 球型温度计也称黑球温度计，所以，平均辐射温度也称黑球温度（globe temperature）。

Vernon 球型温度计是一个用薄壁铜板做成的直径为 152mm、外表面为黑色的空心圆球，圆球上开有一个小孔，供插入经校正过的、精度不低于 1/10、量程为 0～50℃的水银温度计或热电偶感温包。温度计插入口处，通过橡胶塞进行密封。温度计的感温包必须处于圆球中心。当球体与环境之间的对流和辐射换热达到平衡时，测得的温度就是球的平衡温度，即平均辐射温度。

在辐射供暖环境中，辐射强（照）度越大，实感温度比室内空气温度高得也越多。其中的关系，可近似地以下式表示：

$$E_m = 5.76 \times \left[T_g^4 \times 10^{-8} + 2.47\sqrt{v} \cdot (t_g - t_a)\right] \tag{6.1-4}$$

式中 E_m——黑球温度计处的平均辐射强度，W/m^2；

T_g——黑球温度的热力学温度，K；

v——测点处的空气流速，m/s；

t_g——黑球温度计的读数，℃；

t_a——测点处的室内空气温度，℃。

辐射供暖/冷时，辐射强度与室内空气温度同时分别发挥各自的作用，而在一定范围内又可以互相补充，在温度为 t_a 时的辐射强度 E（W/m^2），可按下列经验公式计算：

$$E = 175.85 - 9.77t_a \tag{6.1-5}$$

为了保持人体的舒适感，必须使室内温度和辐射强度保持在一定的比例范围之内。在辐射供暖环境中，由于热辐射的结果，室内诸表面有较高的表面温度，因此，人体的辐射散热大大减少，人的实际感觉比相同室内温度对流供暖时舒适得多。

国内外大量实验研究一致证实：在人体舒适范围之内，作用温度可比周围空气温度高 2～3℃。这意味着在保持相同舒适感的前提下，辐射供暖时的室内空气温度，可以比对流供暖时降低 2～3℃。

6.1.5 辐射供暖/冷系统设计负荷的确定

1. 供暖负荷的确定

在辐射供暖时，辐射传热和对流传热交织在一起，很难精确地计算围护结构的耗热量。因此，至今国内外大都采用近似方法来估算供暖负荷，常用的有以下两种方法：

(1) 修正系数法

建筑耗热量完全按对流供暖时相同的方法进行计算，然后对计算得出的总耗热量 q（W）乘以一个修正系数，即可得出辐射供暖时的热负荷 q_r（W）：

$$q_r = \alpha \cdot q_c \tag{6.1-6}$$

式中 q_c——对流供暖时的热负荷，W；

α——修正系数，我国《采暖通风与空气调节设计规范》规定为 $\alpha=0.9\sim0.95$；低温辐射供暖系统建议采用 $\alpha=0.9$，中温和高温辐射供暖，建议采用 $\alpha=0.8$。

(2) 降低室温法

建筑耗热量的计算方法与对流供暖时完全相同，但在室内供暖计算温度的取值上，比对流供暖时降低 2～3℃。通常，在低温辐射供暖时，建议取 2℃。中温和高温辐射供暖，建议取 3℃。

(3) 计算供暖负荷时的注意事项

1) 房间进深大于 6m 时，应以距离外围护结构 6m 为界进行分区，分别计算供暖负荷。

2) 计划铺设加热盘管或发热电缆的地面，不应计算地面的传热损失。

3) 计算地面辐射供暖系统的热负荷时，可不考虑房间的高度附加。

4) 对于局部辐射供暖系统，供暖热负荷可按全面辐射供暖时的热负荷，乘以表 6.1-2 的附加系数来确定。

确定局部辐射供暖系热负荷的附加系数 **表 6.1-2**

供暖区面积与房间总面积的比值	0.55	0.40	0.25
附加系数	1.30	1.35	1.50

5) 确定单位面积散热量时，必须考虑由于室内家具、设备等遮蔽和覆盖对地面辐射供暖造成的影响，一般可参考表 6.1-3 的系数对室内供暖负荷进行修正。

不同房间的计算覆盖率与单位面积应增加散热量的修正系数 **表 6.1-3**

房间名称	建筑面积(m^2)	计算覆盖率(%)	修正系数
主卧	10～18	21～12	1.27～1.14
次卧	6～16	33～14	1.47～1.16
客厅	9～26	22～6.4	1.28～1.07
书房	6～12	34～20	1.52～1.25

注：引自董重成等：地面遮挡对地板辐射采暖散热量的影响研究。《全国暖通空调制冷 2004 年学术文集》。中国建筑工业出版社。

必须指出，地面的覆盖率与户内建筑面积的大小有密切关系。一般情况下，覆盖率与建筑面积成反比，而修正系数则与覆盖率成正比。表 6.1-3 研究对象的建筑面积 $A=80\sim90m^2$，对于面积较大的户型（$A\geqslant90m^2$/户），修正系数可适当减小。

2. 供冷负荷的确定

辐射供冷系统的负荷计算，可参见本手册第 20 章。但必须注意以下特点：

(1) 多数辐射板提供的冷量都不大，平顶辐射板供冷时，一般为 $q=90\sim115W/m^2$；地面辐射供冷时，一般为 $q=30\sim50W/m^2$。

(2) 当围护结构大量采用透明玻璃幕墙而室外空气温度又较高时，由于太阳辐射得热很大，会导致围护结构内表面温度的升高，这时辐射供冷量会增高。

(3) 在比较潮湿的地区，由于受空气露点温度的限制，辐射板的供冷量会更少。

(4) 辐射供冷系统只能除去室内的显热负荷，无法除去室内的潜热负荷；因此，应与送风系统相结合。比较可行的方案是：

1) 围护结构负荷：由辐射供冷系统负责处理；如无法满足，则将多余的负荷划归送风系统。

2) 室内负荷：由送风系统和辐射供冷系统共同负责处理。

3. 设计计算的具体步骤：

(1) 按常规方法计算围护结构冷负荷和室内冷负荷。

(2) 确定辐射供冷系统的形式。

(3) 计算辐射供冷板与外围护结构间的辐射换热量，要求外围护结构的冷负荷全部由辐射板提供，并计算出辐射供冷板能承担消除的室内负荷数量。

(4) 计算辐射供冷板的对流换热量，并与上述辐射供冷量相加，从而求出辐射板的总供冷量。

(5) 确定新风量和计算新风冷负荷。

(6) 确定送风系统的形式、送风量和送风温度：应注意的是送风除承担新风负荷外，还能承担剩余的室内负荷。

(7) 确定辐射供冷板的面积、管间距和管径等。

(8) 为了防止辐射板表面结露，ASHRAE Handbook 2000 建议，必须保持供水温度高于室内空气露点温度 0.5℃（有些文献介绍：辐射供冷板的表面温度应高于室内空气露点温度 1～2℃）。

(9) 当辐射板冷热两用时，为了同时满足夏季供冷与冬季供热的需要，应综合考虑冷热负荷和辐射板的供冷量与供热量。

6.2 辐射板表面的传热

6.2.1 辐射传热

单位面积辐射板的净辐射传热量 q_r（W/m²）为：

$$q_r = J_p - \sum_{j=1}^{n} F_{pj} J_j \tag{6.2-1}$$

式中 J_p——辐射板表面的总辐射量，W/m²；

J_j——来自室内另一表面的辐射量，W/m²；

F_{pj}——辐射板表面与室内另一表面之间的辐射角系数，无量纲；

n——除辐射板外室内的表面数。

对两个围护结构的表面进行评价时，不需要确定角系数，MRT（平均辐射温度）方程可以写成：

$$q_r = \sigma F_r (T_p^4 - T_r^4) \tag{6.2-2}$$

式中 σ——斯蒂芬-波耳兹曼常数，$\sigma = 5.67\times10^{-8}$ W/(m²·K⁴)；

F_r——辐射换热系数，无量纲；

T_p——供暖（冷）辐射板表面的有效温度，K；

T_r——非供暖（冷）表面的温度，K。

$$T_r = \frac{\sum\limits_{j\neq p}^{n} A_j \varepsilon_j T_j}{\sum\limits_{j\neq p}^{n} A_j \varepsilon_j} \tag{6.2-3}$$

式中 A_j——除辐射板外的表面面积；

ε_j——除辐射板外的热发射率。

当围护结构表面的发射系数接近相等，且接受辐射的表面几乎没有加热或冷却时，式(6.2-3)就成为室内非加热(冷却)表面的加权平均温度(AUST)。

表面辐射换热的辐射系数，可按 Hottel 方程确定：

$$F_r=\frac{1}{\frac{1}{F_{p-r}}+\left(\frac{1}{\varepsilon_p}-1\right)+\frac{A_p}{A_r}\left(\frac{1}{\varepsilon_r}-1\right)} \tag{6.2-4}$$

式中 F_{p-r}——辐射板对非供暖(冷)表面的辐射角系数，对于平板(flat panel)：$F_{p-r}=1.0$；

A_p，A_r——分别为辐射板表面和非供暖(冷)表面的面积，m^2；

ε_p，ε_r——分别为辐射板表面和非供暖(冷)表面的热发射率。

实际上，非金属或刷油漆金属的非反射表面的热发射率大约为0.9，将此值用于式(6.2-4)，辐射系数约为 $F_r=0.87$，代入式(6.2-2)，可得 $\sigma F_r=5\times10^{-8}$。这样，辐射供暖和供冷时的辐射方程变成：

$$q_r=5\times10^{-8}[(t_p+273)^4-(\text{AUST}+273)^4] \tag{6.2-5}$$

式中 t_p——有效辐射板的表面温度，℃；

AUST——除辐射板以外室内其余表面的加权平均温度(Area-weighted Average Temperature of Uncontrolled Surfaces in Room)，℃

辐射板供暖时，q_r 为正值；供冷时 q_r 为负值。图6.2-1是根据式(6.2-5)求出的适用于平顶、地板和墙面供暖时的辐射传热量。图6.2-2是平顶和墙面供冷时的辐射传热量。

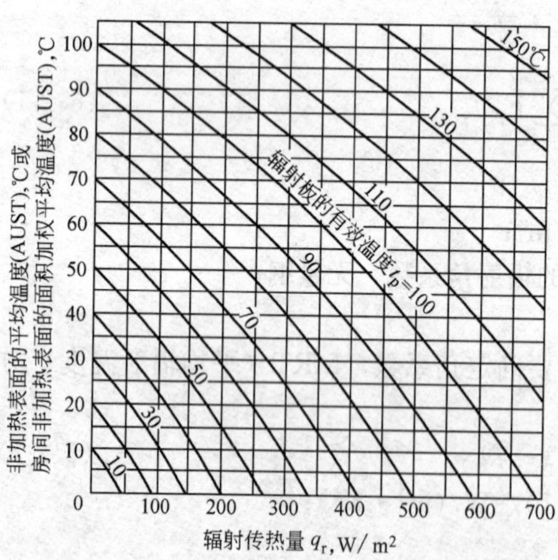

图6.2-1 平顶、地面或墙面供暖板的辐射传热量

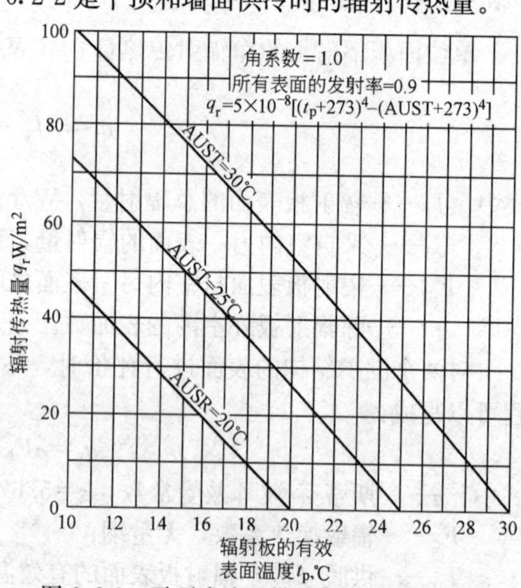

图6.2-2 平顶或墙面供冷板的辐射传热量

6.2.2 对流传热

辐射板的单位对流传热量 q_c (W/m^2)，是指辐射板表面因空气边界层处有温度差异，使空气产生流动而导致的自然对流换热量。

平顶供暖时：$$q_c=0.20\times\frac{(t_p-t_a)^{1.25}}{D_e^{0.25}} \tag{6.2-6}$$

平顶供冷和地面供暖时：$$q_c=2.42\times\frac{|(t_p-t_a)|^{0.31}(t_p-t_a)}{D_e^{0.08}} \tag{6.2-7}$$

墙面供暖（冷）时：$$q_c=2.42\times\frac{|(t_p-t_a)|^{0.32}(t_p-t_a)}{H^{0.05}} \tag{6.2-8}$$

式中 t_p——辐射板表面的有效温度，℃；

t_a——空气的温度，℃；

D_e——辐射板的当量直径，$D_e=4A/L$（A——板面积，m^2，L——板周长，m）；

H——墙面辐射板的高度，m。

通常，房间的大小对性能影响不大，除了如会堂、大厅、候机（车）厅等大空间房间应利用式（6.2-6）和式（6.2-7）进行计算以外，当 $D_e=4.9$m 和 $H=2.7$m 时，式（6.2-6）、式（6.2-7）和式（6.2-8）可简化如下：

全部平顶供暖时：$$q_c=0.134\times(t_p-t_a)^{0.25}(t_p-t_a) \tag{6.2-9a}$$

平顶供暖时，辐射板之间有时会留一定间隔（非供暖板）；这样会导致自然对流增强，这时，式（6.2-9a）应以下式代替：

$$q_c=0.87\times(t_p-t_n)^{0.25}(t_p-t_a) \tag{6.2-9b}$$

对于大空间房间，式（6.2-9）应乘以$(16.1/D_e)^{0.25}$。

地面供暖、平顶供冷时：

$$q_c=2.13\times|t_p-t_a|^{0.31}(t_p-t_a) \tag{6.2-10}$$

墙面供暖或供冷时：

$$q_c=1.78\times|t_p-t_a|^{0.32}(t_p-t_a) \tag{6.2-11}$$

由于目前尚无计算地面供冷时的确切数据，ASHRAE HandBook 2000 建议按式（6.2-9b）进行近似计算。通常，t_a 代表室内空气的设计温度，在地面供暖或平顶供冷时，可近似取 t_a=AUST。在供冷时，由于 $t_p<t_a$，所以，q_c 为负值。

图 6.2-3 绘出了根据式（6.2-9a）、式（6.2-9b）、式（6.2-10）和式（6.2-11）计算得出的地面、平顶和墙面辐射板表面的自然对流传热量。

图 6.2-4 比较了平顶供冷辐射板表面通过自然对流带走的热量，它可通过式（6.2-10）计算得出。图中数据根据以下条件得出：1—D_e=300mm、v=0.13m/s；2—D_e=1.5m、s=50mm；3—根据式（6.2-10）求出；4—D_e=300mm、h=1.52m（D_e=4×辐射板面积/辐射板周长=当量直径；s—测温点与板面的距离；h—测温点 t_a 距地面的高度）。

6.2.3 辐射和对流的综合传热

辐射板的综合传热量 q（W/m²），实际上就是单位辐射传热量 q_r 与单位对流传热量 q_c 之和，即

$$q=q_r+q_c$$

围护结构的内表面温度 t_u，可由下列关系式求出：

$$h(t_a-t_u)=U(t_a-t_o) \tag{6.2-12}$$

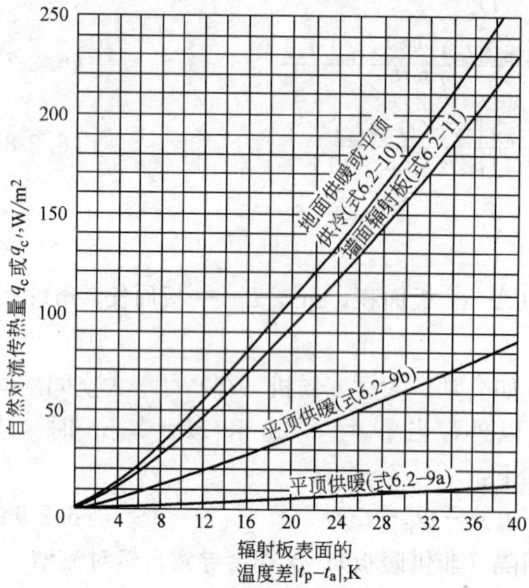

图 6.2-3 地面、平顶和墙面辐射板表面的自然对流传热量

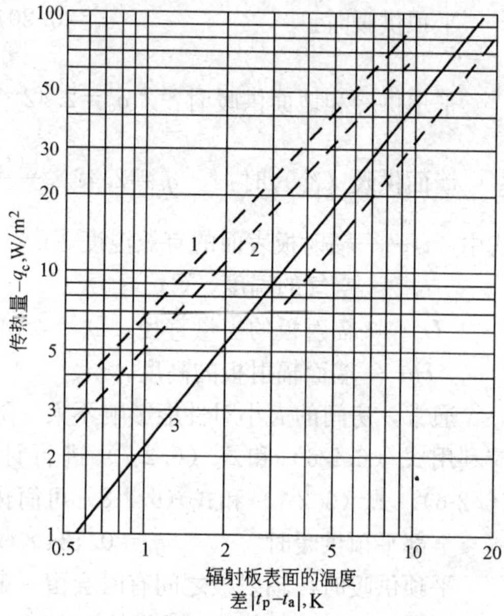

图 6.2-4 平顶辐射供冷板的自然对流传热量

或

$$t_u = t_a - \frac{U}{h}(t_a - t_o) \tag{6.2-13}$$

式中 h——与室内空气相邻的墙或平顶的内表面换热系数，ASHRAE Handbook 1997 给出了以下数据：

水平表面（热流向上时） …………………………… $h=9.26\text{W/(m}^2\cdot\text{K)}$

水平表面（热流向下时） …………………………… $h=8.29\text{W/(m}^2\cdot\text{K)}$

垂直表面（墙） ………………………………………… $h=9.09\text{W/(m}^2\cdot\text{K)}$

U——墙、平顶或地板的总传热系数，W/(m²·K)；

t_a——室内空气温度，℃；

t_u——外墙的内表面温度，℃；

t_o——室外空气温度，℃。

当 $t_a=21$℃、$h=9.09\text{W/(m}^2\cdot\text{K)}$ 时，内表面温度与总传热系数的关系如图 6.2-5 所示；当室内温度高于或低于 21℃时，可按图 6.2-6 的温度进行修正。

图 6.2-7 是吊平顶辐射供冷时的性能（环境内没有渗透风和内部热源）。应该指出，图 6.2-7 未包括来自太阳、人体、灯光和设备的得热。

6.2.4 辐射板的热阻

辐射板的热阻，包括：

r_t——单位管间距的管壁热阻（水循环系统），m·K/W；

r_s——单位管间距盘管（电热电缆）与辐射板之间的热阻，m·K/W；

r_p——辐射板的热阻，m²·K/W；

r_c——辐射板覆盖层的热阻，m²·K/W；

r_u——辐射板的特性热阻，m²·K/W。

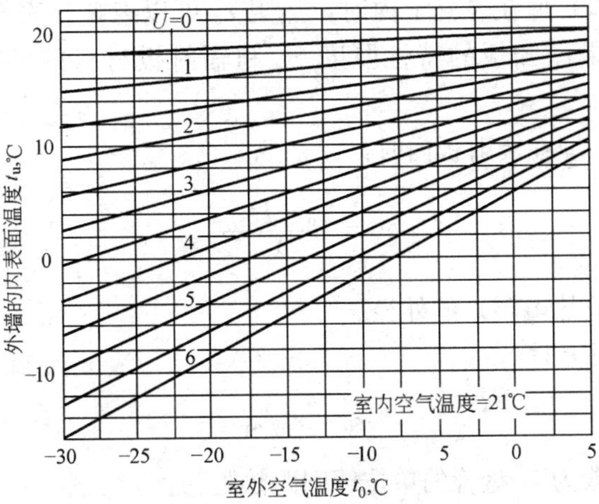

图 6.2-5 内表面温度与总传热系数的关系

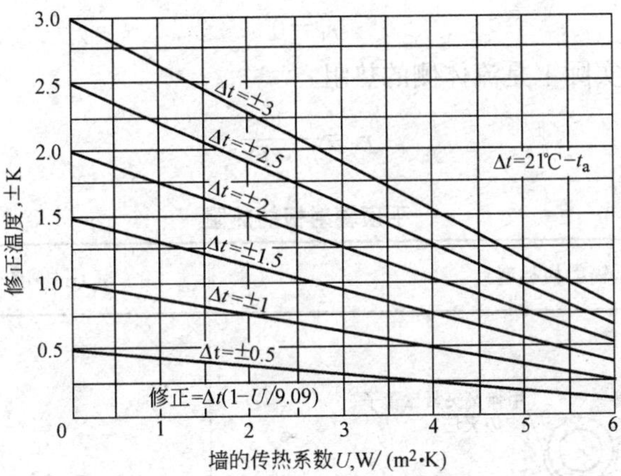

图 6.2-6 室温不等于 21℃时的修正温度

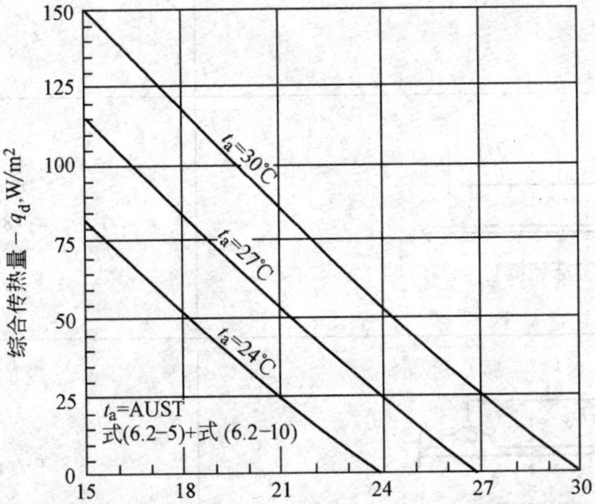

图 6.2-7 环境内没有渗透和内部热源时平顶辐射供冷板的性能

管间距为 M 时：
$$r_u = r_t M + r_s M + r_p + r_c \tag{6.2-14}$$

当盘管（电热电缆）埋在混凝土内时，热阻 r_s 可以忽略。表 6.2-1 列出了各种平顶辐射板的热阻值。如果已知板的特性厚度 x_p 和辐射板材料的导热系数 λ_p，则可算出 r_p 值：

盘管（电热电缆）埋在辐射板内时：

$$r_p = \frac{x_p - D_o/2}{\lambda_p} \tag{6.2-15a}$$

式中 D_o——盘管（电热电阻）的外径。

盘管固定在辐射板上时：

$$r_p = x_p/\lambda_p \tag{6.2-15b}$$

内径 D_i、导热系数为 λ_t 盘管的单位管间距热阻为：

$$r_t = \frac{\ln(D_o/D_i)}{2\pi \times \lambda_t} \tag{6.2-16a}$$

对于发热电缆： $r_t = 0$

对于金属管，r_t 实际上是流体侧的热阻：

$$r_t = \frac{1}{h \cdot D_i} \tag{6.2-16b}$$

平顶辐射板的热阻 表 6.2-1

辐射板类型	r_p(m² · K/W)	r_s(m · K/W)
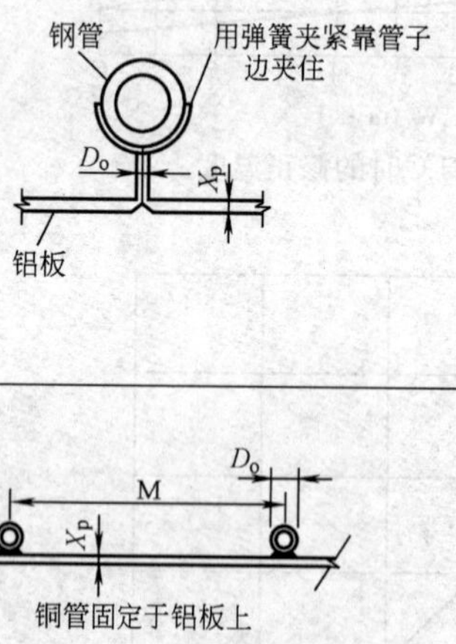	x_p/λ_p	0.32
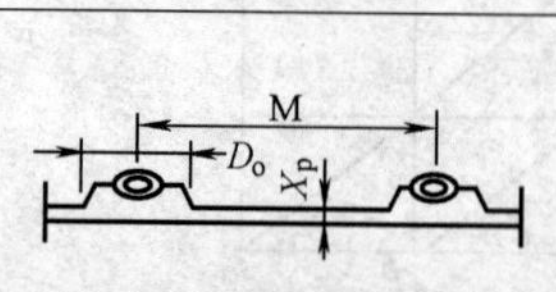	x_p/λ_p	0.38
	x_p/λ_p	0.10

续表

辐射板类型	$r_p(m^2 \cdot K/W)$	$r_s(m \cdot K/W)$
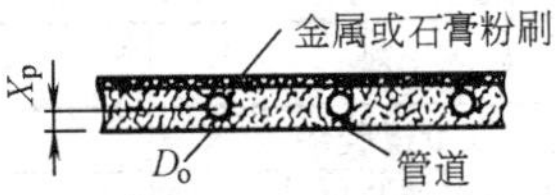	$\frac{x_p - D_o/2}{\lambda_p}$	0
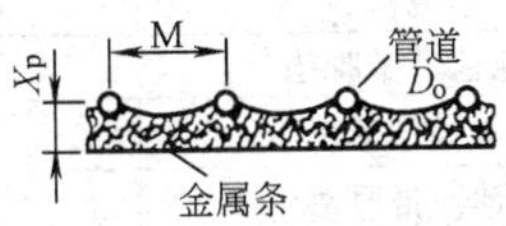	$\frac{x_p - D_o/2}{\lambda_p}$	≤0.12

表 6.2-2 列出了部分管材的导热系数。

管材的导热系数 λ [W/ (m·K)] **表 6.2-2**

材　　　料	导热系数 λ
碳钢(AISI 1020)	52(52)
紫铜	390(390)
红(色黄)铜(85Cu-15Zn)	159
不锈钢(AISI 202)	17
聚丁烯(PB)(Polybutylene)	0.23(0.22)
低密度聚乙烯(LDPE)(Low-density polyethylene)	0.31(0.35)
高密度聚乙烯(HDPE)(Hight-density polyethylene)	0.42
交联聚乙烯(PE-X 或 VPE)(Cross-linked polyethylene)	0.38(0.35)
耐热聚乙烯(PE-RT)(Polyethylene of raised temperature resitance)	0.40
无规共聚聚丙烯(PP-R)(Polypropylene random copolymer)	0.24(0.22)
嵌段共聚聚丙烯(PP-C)(Polypropylene block copolymer)	0.23(0.22)
铝塑复合管(Cross linked polyethylene-aluminiun compound pipe)	0.23
混凝土填充层(找平层)	(1.20)
铝导热片	(200)

注：括号中数字引自 EN 1264 标准，其他数据引自 ASHRAE Handbook 2001。

6.2.5 地面覆盖层的影响

地面辐射供暖(冷)时，可以采用各种地面材料作面层，如水泥地、水磨石、瓷砖、大理石、花岗石、复合木地板、实铺地板(实铺或架空)等，也容许铺各种地毯。不过，不管什么材料，由于都有热阻，会不同程度地影响地面的传热量，所以，必须计算地面层的热阻。为了达到预期的效果，有时必须提高（供暖时）或降低（供冷时）介质的温度。

从提高供暖和供冷效率、节省能源、降低供暖和供冷费用考虑，应优先选择采用热阻小的材料做面层，如水泥、石材和瓷砖等。

地面层的热阻 r_c $(m^2 \cdot K/W)$ 可按下式计算：

$$r_c = x_c / \lambda_c \tag{6.2-17}$$

式中　x_c——地面层的厚度，m；

λ_c——地面层材料的导热系数，W/(m·K)。

表6.2-3列出了部分地面层材料的热阻值；当地面层有几层组成时，应取各层热阻值的总和作为地面层的热阻。

地面层材料的热阻 r_c 值 表6.2-3

材料	r_c(m²·K/W)	材料	r_c(m²·K/W)
水泥及水磨石(无覆盖层)	0.000	薄地毯带橡胶垫	0.176
瓷砖	0.009(0.00)	薄地毯带薄垫	0.247
大理石	0.031	薄地毯带厚垫	0.300
10mm硬木	0.095(0.10)	厚地毯	0.141(0.15)
16mm橡木地板	0.100(0.15)	厚地毯带橡胶垫	0.211
橡胶垫	0.009	厚地毯带薄垫	0.281
薄地毯	0.106(0.10)	厚地毯带厚垫	0.335

注：① 括号中数字引自BS EN 1264标准，其他引自ASHRAE 2000手册；
② 地毯垫层的厚度，不应大于6mm；
③ 地毯的热阻，可近似的按地毯总厚度（以mm计）乘以0.018确定。

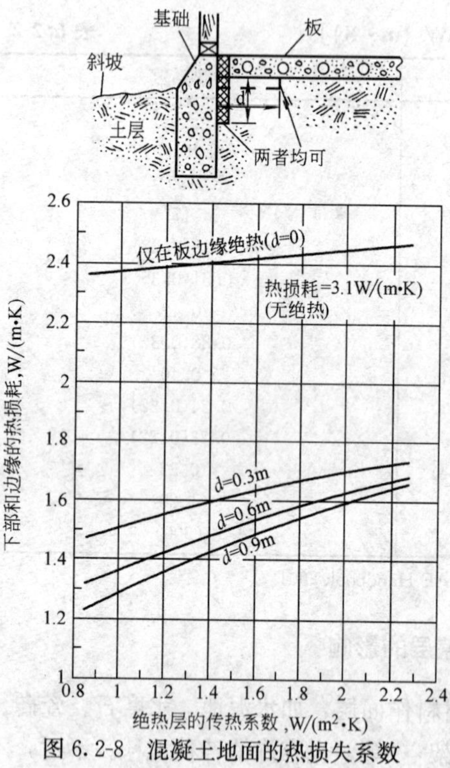

图6.2-8 混凝土地面的热损失系数

6.2.6 辐射板的热损失或得热

任何一种辐射板都有热损失，它们的热损失发生在平顶辐射板的上面、墙面辐射板的背面、地面辐射板的下部。如果热量传递至建筑物的外面，辐射板的热损失就成为建筑耗热量的一部分；如果热量传递至另一供暖房间，辐射板的热损失就成为该房间的一个得热。因此，不论属于何种情况，都必须把这部分热量计算出来。

图6.2-8给出了混凝土地面向下和向外侧传热的热损失系数。

为了最大限度地节省能量，必须采取绝热措施来减少传至外部的热量。因此，平顶辐射板的上部、墙面辐射板的背面、地面辐射板与外墙相邻的侧面、与土地接触的下部等，应采用高效保温材料进行绝热处理。

6.3 水系统辐射板的构造及设计要求

6.3.1 金属平顶辐射板

金属平顶辐射板是由穿孔板吸声平顶发展而来的，它的总体构造是在穿孔平顶板的上表面，装配一定数量的管道，让冷水（供冷时）或热水（供暖时）在管内循环流动，将热量经平顶表面转移出去或传递给室内。传统的金属平顶辐射板有以下三种典型形式：

1. 固定在管侧的金属平顶辐射板：是一种在现场将 300mm×600mm 的铝穿孔板与 *DN*=15mm 镀锌钢管（盘管）的侧面相固定而组成的轻型的铝制辐射板，而盘管都与 38mm 的方形集管相连接，如图 6.3-1 所示。

2. 粘结在铜管上的平顶辐射板：是一种将铜盘管与穿孔铝板表面紧密粘结而组成的具有标准尺寸的装配式辐射板；板的大小也可以根据需要加工成不同尺寸，实践中大都采用 600mm×1200mm。辐射板一般安装在以 T 形标准型材制成的吊顶搁栅上，如图 6.3-2 所示。

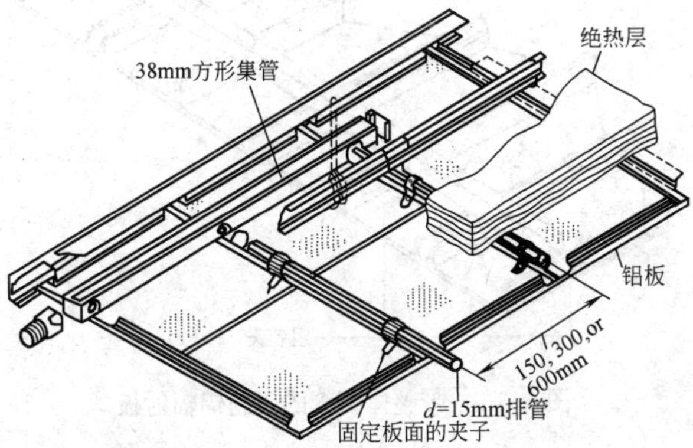

图 6.3-1 固定在管侧的金属平顶辐射板

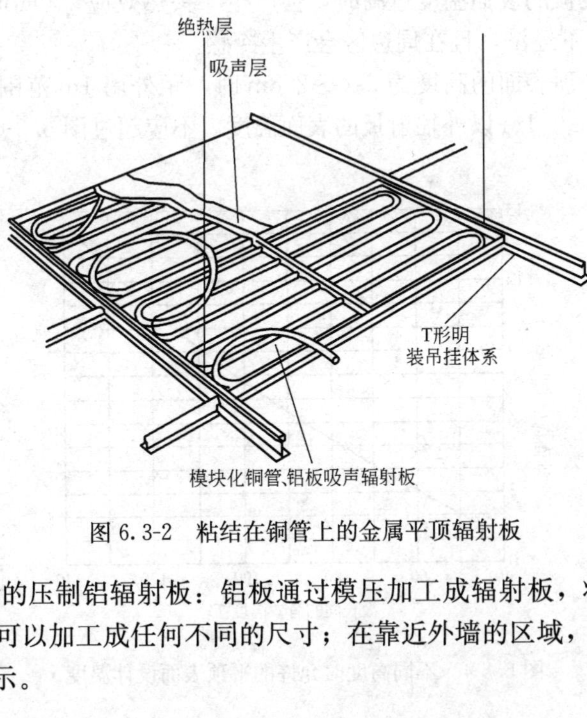

图 6.3-2 粘结在铜管上的金属平顶辐射板

3. 带整体铜管的压制铝辐射板：铝板通过模压加工成辐射板，将铜管嵌入铝板背面的槽内而组成，它可以加工成任何不同的尺寸；在靠近外墙的区域，经常使用狭长的辐射板，如图 6.3-3 所示。

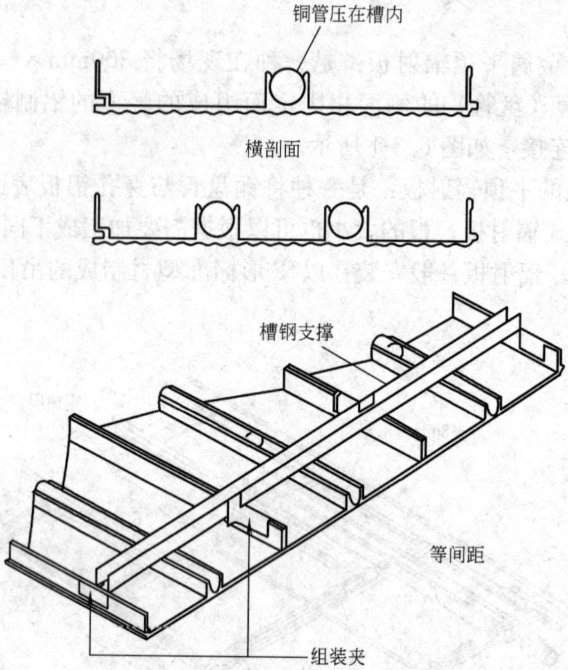

图 6.3-3 带整体铜管的压制铝辐射板

铝制平顶辐射板的背面，必须覆盖一定厚度的绝热材料，这既是减少向上传热的有效措施，也是出于吸声（通过穿孔铝板）的需要。

采用金属平板辐射板时，应考虑以下因素：

1. 平顶辐射供暖板的表面温度过高时，会产生“头热效应”（Hot headeffect）；温度太低，则耗材增多，不经济，且在周边区会产生冷感。

2. 室内地面至平顶表面的高度为 2.4～2.8m 时，距外墙 1m 范围内辐射板的表面温度一般可以采用 113℃。1m 以外辐射板的表面温度，不应超过图 6.3-4 给定的数。

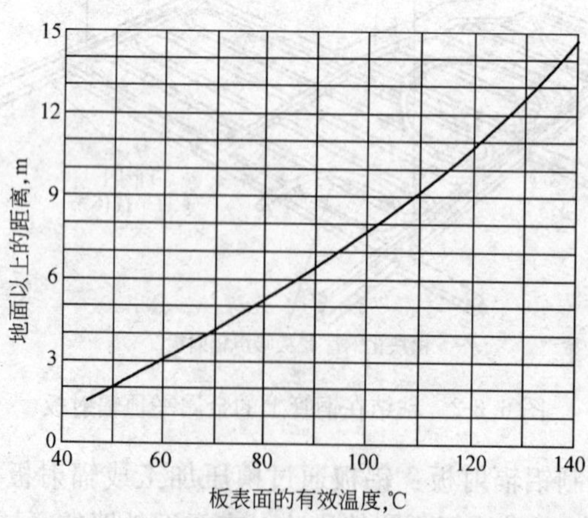

图 6.3-4 不同高度时允许的平顶表面设计温度

3. 水系统辐射板可应用温度较低的热媒进行供暖，能用于回收冷凝热。

4. 不要让回风穿过平顶辐射板部分。

5. 平顶上部应有供安装、维护用的足够空间。

6. 平顶辐射板适用于供暖和供冷，具有安静、舒适、反应迅速、便于控制等优点。采用平顶供冷时，室内的潜热负荷，应全部由新风承担。

7. 辐射供暖/冷时，应配置独立的新风系统。

8. 平顶辐射供暖/冷时，送风系统的气流组织型式，欧洲普遍采用与置换通风相结合的送风方式。我国有些实验证明：采用贴附顶送，效果可能更好，因为它能使板面的传热由“辐射＋自然对流”转变为“辐射＋强迫对流”的综合过程，从而使供冷量增多。

6.3.2 预制组装型辐射供冷平顶

1. 构造型式

预制组装型辐射供冷平顶，实质上也是水系统金属平顶辐射板的一种形式。其商品名为吊顶冷却单元（德国 TROX 公司生产）。

图 6.3-5 所示为辐射供冷平顶的基本构造，吊顶冷却单元内含一块基座孔板，上面紧贴 ϕ10mm 的铜质盘管，盘管压成扁平形，目的是使盘管与基座孔板能保持良好的接触，最大限度地降低接触热阻。安装时应注意：盘管面要背对平顶板，基座孔板应正对平顶板，以确保平顶板和基座孔板之间产生辐射换热。

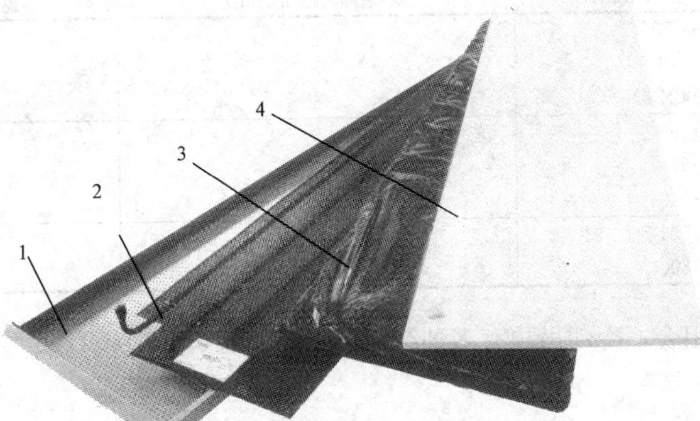

图 6.3-5 冷却吊顶的基本构造

1—孔板吊顶；2—吊顶冷却单元；3—外包聚乙烯薄膜的矿棉绝热层；4—石膏纤维板

图 6.3-6 给出了冷却吊顶单元的结构与尺寸。吊顶板有正方形和长方形两种类型，它们的结构尺寸如下：

正方形吊顶板　$L \times B$=600mm×600mm 和 625mm×625mm

长方形吊顶板　L=(600……1800mm)×B=(200……800mm)（可以任意组合）

吊顶板的盘管间距和盘管排数见表 6.3-1。

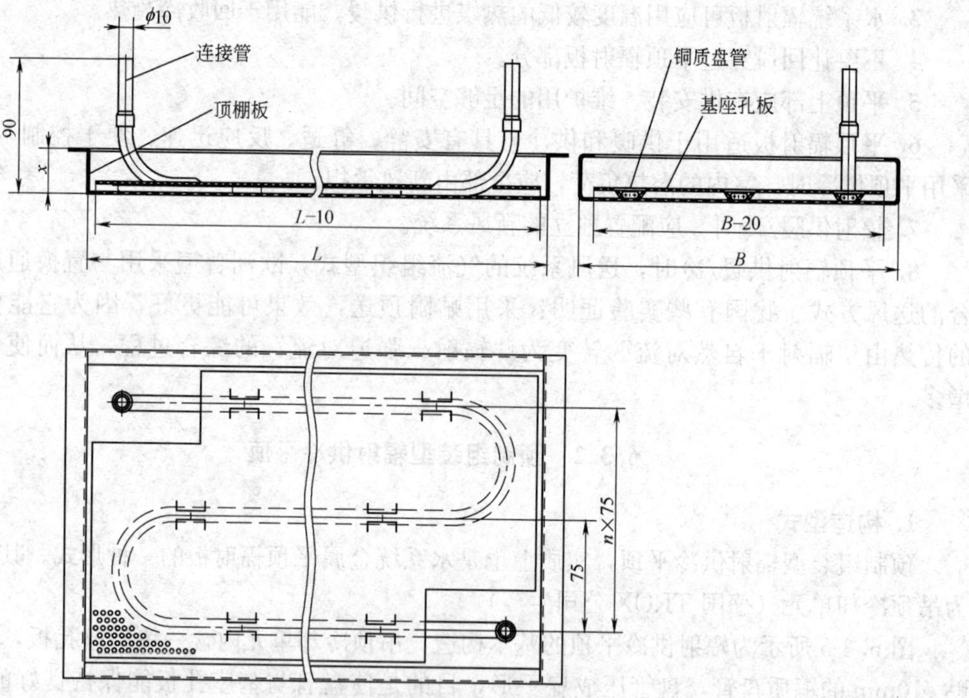

图 6.3-6 冷却吊顶的结构尺寸

吊顶板的管间距和排数 **表 6.3-1**

吊顶板的宽度 B(mm)	盘管间距 n(mm)	盘管排数 A_R
200……274	2	3
275……349	3	4
350……424	4	5
425……499	5	6
500……574	6	7
575……649	7	8
650……724	8	9
725……800	9	10

根据不同的组合，冷却吊顶有多种结构形式，如图 6.3-7 所示。

图 6.3-7 中：

① 带孔平顶板；

② 带孔平顶板加绝热层；

③ 背侧贴有纤维层的带孔平顶板；

④ 背侧贴有纤维层的带孔平顶板加绝热层；

⑤ 正面贴有纤维层的带孔平顶板；

⑥ 正面贴有纤维层的带孔平顶板加绝热层；

⑦ 放置于敞开式的搁栅平顶上；

⑧ 夹心式安装法，下部 6mm 厚。

2. 供冷量

冷却吊顶通常由多个冷却单元组成，相互间以软管连接。室内所需的块数，可根据室

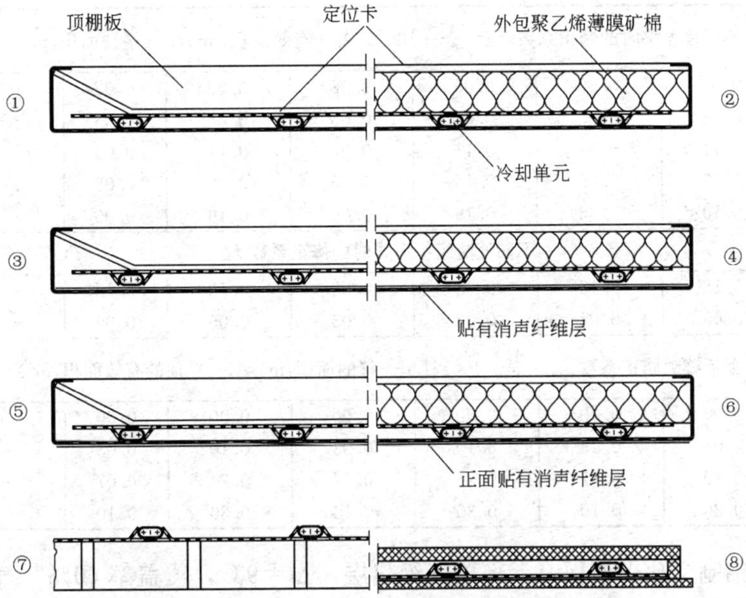

图 6.3-7 冷却吊顶的典型结构形式

内冷负荷 Q（W）和冷却单元的供冷量（冷却功率）q（W/m²）确定。

$$q=q_B\cdot(1+k_B+k_L+k_S) \tag{6.3-1}$$

式中 q_B——冷却单元的基本供冷量，W/m²；

k_B——平顶覆盖修正系数，%；

k_L——室内气流组织形式的修正系数，%；

k_S——平顶板留缝修正系数，%。

冷却单元的基本供冷量 q_B（W/m²），随吊顶结构和温差而变化，表 6.3-2 是德国妥思（TROX）公司提供的 WK-D-UM 系列冷却单元的基本供冷量。

表中 $\Delta t=t_r-\Delta\bar{t}_w$（$t_r$—室内温度，℃；$\bar{t}_w$—供回水的平均温度，℃）。

WK-D -UM 系列冷却单元的基本供冷量 q_B（W/m²）及修正系数　　表 6.3-2

Δt(℃)	不同结构时钢板吊顶的基本供冷量 q_B (W/m²)							
	①	②	③	④	⑤	⑥	⑦	⑧
10	78	71	63	63	67	67	—	—
9	69	63	56	56	60	60	—	—
8	61	56	50	50	52	52	—	—
7	53	48	43	43	45	45	—	—
6	45	41	36	36	38	38	—	—
5	37	33	30	30	32	32	—	—
	不同结构时铝板吊顶的基本供冷量 q_B (W/m²)							
10	84	80	65	65	—	—	—	—
9	75	71	58	58	—	—	—	—
8	66	63	51	51	—	—	—	—
7	57	54	44	44	—	—	—	—
6	48	46	38	38	—	—	—	—
5	40	38	31	31	—	—	—	—

续表

不同覆盖率时的修正系数：$k_B=\frac{A_e}{A_c}\cdot 100\%$（$A_e$—有效面积，$m^2$；$A_c$—平顶面积，$m^2$）								
$k_B=90\%$	0.05	0.02	0.05	0.02	0.05	0.02	—	—
$k_B=80\%$	0.08	0.03	0.08	0.03	0.08	0.03	—	—
$k_B=70\%$	0.11	0.04	0.11	0.04	0.11	0.04	—	—
$k_B=60\%$	0.15	0.05	0.15	0.05	0.15	0.05	—	—
$k_B=50\%$	0.19	0.06	0.19	0.06	0.19	0.06	—	—
不同气流组织形式时的修正系数 k_L								
混合送风	0.15	0.15	0.08	0.08	0.15	0.15	—	—
置换送风	0.05	0.05	0.03	0.03	0.05	0.05	—	—
顶板缝隙修正系数：$k_s=\frac{A_s}{A_e}\cdot 100\%$（$A_s$—缝的面积，$m^2$；$A_e$—平顶的有效面积，$m^2$）								
$k_s\geqslant 1.5\%$	0.00	0.00	0.00	0.00	0.00	0.00	—	—
3%	0.08	0.03	0.10	0.03	0.10	0.03	—	—
6%	0.20	0.07	0.24	0.07	0.24	0.07	—	—
10%	0.26	0.10	0.30	0.10	0.30	0.10	—	—

【例-1】 铝制穿孔平顶板，上部覆盖绝热层，$\Delta t=9$℃，覆盖率60%，气流组织为条缝型风口混合送风，平顶开缝为平顶板宽度的3%，求冷却单元的供冷量。

【解】 结构形式属于图6.3-7中的②，由表6.3-2可得：

$$q_B=71W/m^2;\quad k_B=0.05;\quad k_L=0.15;\quad k_s=0.03$$

由此得： $q=71\times(1+0.05+0.15+0.03)=71\times1.23=87W/m^2$

3. 水量及压力损失

冷却单元的压力损失，可根据吊顶板的宽度 B、长度 L、冷却盘管排数 A_R、吊顶板块数 A_D、水温差 Δt_w、总水量 V 等由图6.3-8求出。

每个水环路允许连接的块数，一般可按压力损失 $\Delta P_w=20\sim50kPa$ 考虑。

【例-2】 已知：

顶板宽度×长度	$B\times L=300mm\times1200mm$
供冷量	$q=87W/m^2$
最小流量	$V_{min}=70L/h$（紊流）
每个水环路连接的顶板数量	$A_D=6$ 块
每个冷却单元的盘管排数	$A_R=4$ 排
水温差	$\Delta t_w=2K$

【解】 总水量

$$V=\frac{q\cdot B\cdot L\cdot A_D}{\Delta t_w\cdot 1.163}=\frac{87\times0.3\times1.2\times6}{2\times1.163}=81L/h$$

由图6.3-8得每个冷却单元的压力损失 $\Delta P_k=4.2kPa$

每个水环路的压力损失 $\Delta P_w=\Delta P_k\cdot A_D=4.2\times6=25.2kPa$（进出水连接管的压力损失另加）。

6.3.3 整体型金属平顶辐射板

目前的各种类型平顶辐射供冷板，存在下列共同的问题：

（1）单位面积供冷量偏小，大多数为 $90W/m^2$ 左右。

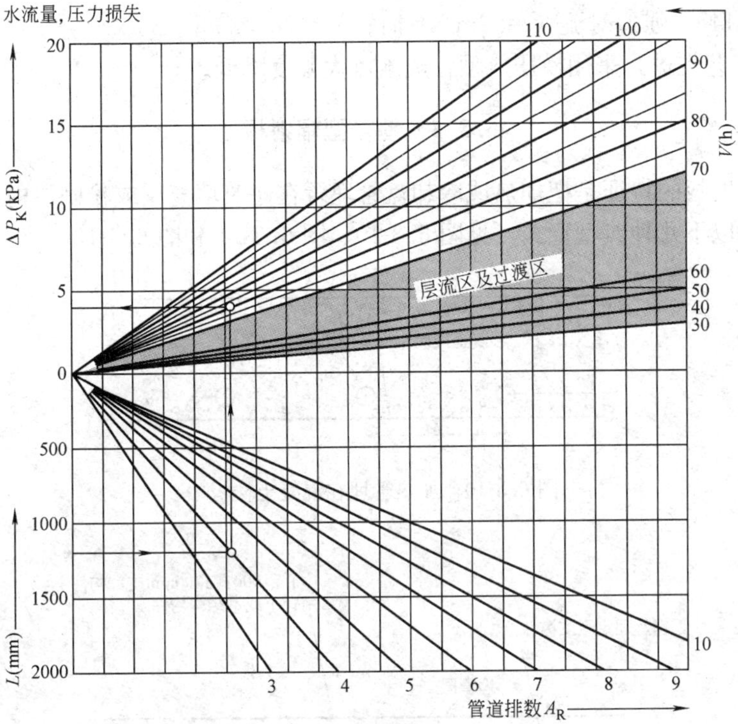

图 6.3-8 冷却单元的压力损失计算图

（2）进口辐射板的价格过于昂贵，一般工程很难接受。

（3）制造工艺复杂，不仅要应用大量铜管，并需经过多道工序加工，还需应用昂贵的导热胶，致使成本居高难下。

（4）存在凝露问题。

为了防止供冷时辐射板表面产生凝露，需通过控制供水温度来保持板表面温度高于露点温度。在欧洲，普遍采用平顶辐射供冷与置换通风或下送风相结合，并设置冷凝状态监控器来保证不发生凝露。共同的结果是供水温度提高；这也是辐射板供冷量小的重要原因之一。尽管随着水温的提高，冷水机组的 COP 值将增大，但很难弥补因辐射板面积增加而造成的初投资增大的费用。

湖南大学殷平教授等正在研制一种整体型平顶辐射板，其断面形式如图 6.3-9 所示，该板具有以下特点：

1. 没有接触热阻，热工性能优良。

2. 表面经过特殊的憎水处理，因此不会产生凝露，供水温度可以大幅度降低。

图 6.3-9 整体型平顶辐射板

3. 根据对研制样品的初步测试，辐射板的单位面积供冷量 q（W/m^2）为：自然对流时：$q=110\sim145$；强迫对流（$v=2m/s$）时：$q=178\sim238$。

4. 加工工艺先进，采用模压成型，成本可大幅度降低。

6.3.4 埋管型辐射板

埋管型辐射板的特征是把加热或冷却盘管埋置在建筑填充层或粉刷层内。根据位置的不同，一般有以下几种典型型式，见图 6.3-10、图 6.3-11 和图 6.3-12。

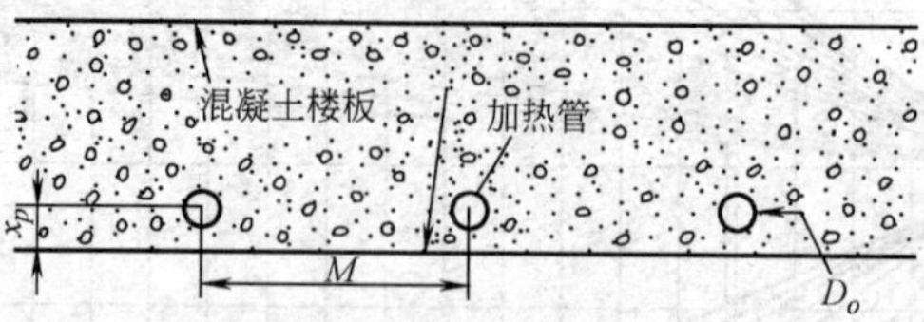

图 6.3-10 加热管埋在混凝土楼板中

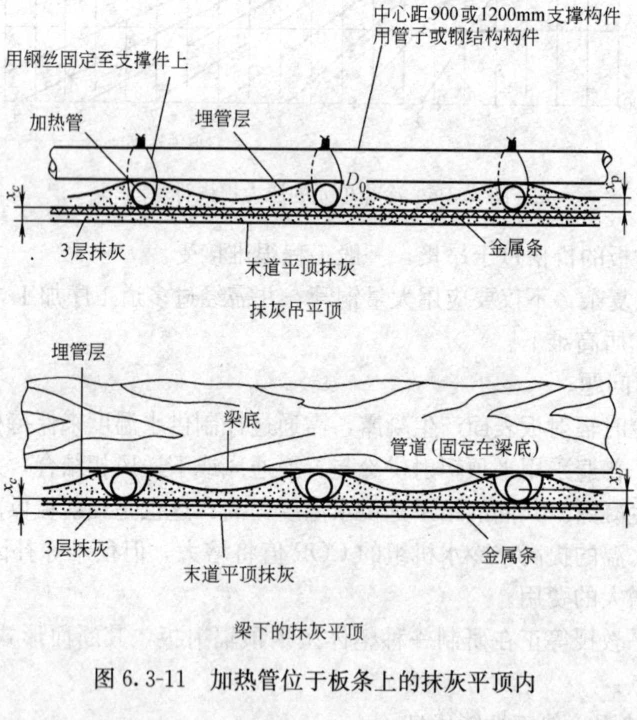

图 6.3-11 加热管位于板条上的抹灰平顶内

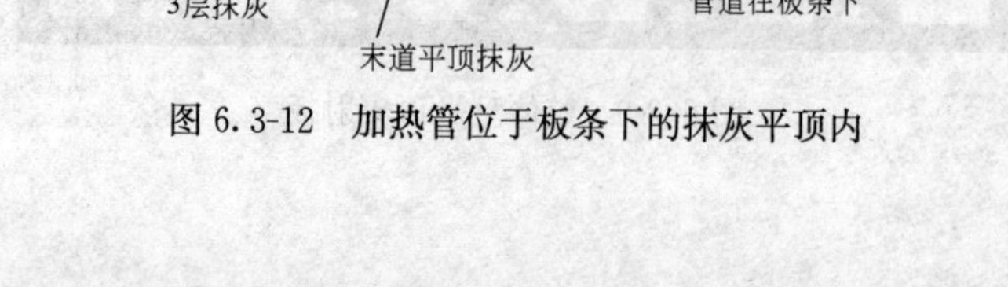

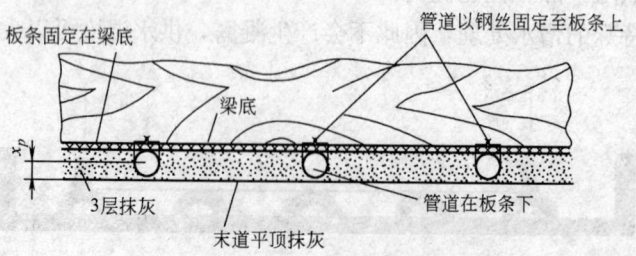

图 6.3-12 加热管位于板条下的抹灰平顶内

将盘管埋在粉刷层内时，必须注意：

1. 盘管外径应≤16mm。

2. 盘管表面的外部必须保持有≥10mm 的粉刷层。

3. 限制供水温度≤60℃，确保粉刷层的表面温度≤50℃。

4. 粉刷层竣工后，在两周之内不得向盘管供热；室内应保持良好的自然通风，让粉刷层自然干燥。

5. 系统第一次供热时，供水温度不应高于室外气温 11℃，且不得超过 32℃，要让热水循环 48h，然后逐日升温 3℃，直至设计值为止。

6. 完成预热过程之前，不能对表面进行刷油漆或涂料。

7. 表面处理完后，应再进行一次短的类似第一次启动时的预热过程。

6.4 热水地面辐射供暖系统的设计

6.4.1 型式与构造

1. 类型

热水地面辐射供暖可分为埋管式与组合式两大类型：

埋管式　埋管式也称湿式，它需要在现场进行铺设绝热层、敷设并固定加热管、浇灌混凝土填充层等全部工序，如图 6.6-3 和图 6.6-4 所示。其中：图 6.6-3 的加热管埋在填充层内（A 型及 C 型）；图 6.6-4 的加热管铺在填充层下（B 型）。

也有将加热管直接浇捣在钢筋混凝土楼板内的工程案例（图 6.3-10），由于加热管位于结构层内，因此，对施工质量有极为严格的要求。根据我国具体国情，从安全方面考虑，这种构造型式目前不宜大量推广。

埋管式热水地面辐射供暖系统的地面构造，自下而上一般由基层（结构层——楼板或地面）、找平层（水泥砂浆）、绝热层（上部敷设加热管）、填充层（水泥砂浆或豆石混凝土）和地面覆盖层（面层）等组成；必要时在填充层和基层上部设隔离层（如洗手间、游泳池等潮湿房间）。

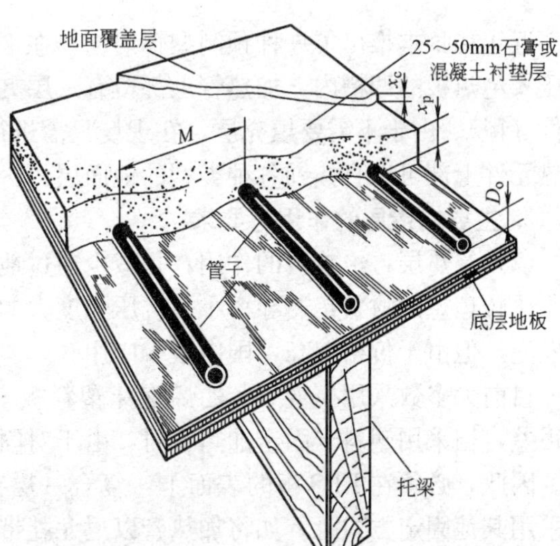

图 6.4-1　在薄板中埋管

图 6.4-1 所示系一种在薄板中埋管的结构形式。当底板为木板时，埋管填充层的材料，可采用 25～50mm 厚混凝土或石膏。由于石膏的柔韧性和抗裂性优于混凝土，一般宜应用 25～40mm 厚石膏作为填充层。

当采用混凝土时，应采取必要的措施，减少由于木结构位移或收缩时引起面层开裂。埋管填充材料必须具有坚硬、平整、光滑的表面，以便铺设各种地面的表层。

组合式　组合式也称干式，它的构造特点是不需混凝土填充层，所以没有湿作业。常见型式如图 6.4-2 和图 6.4-3 所示。

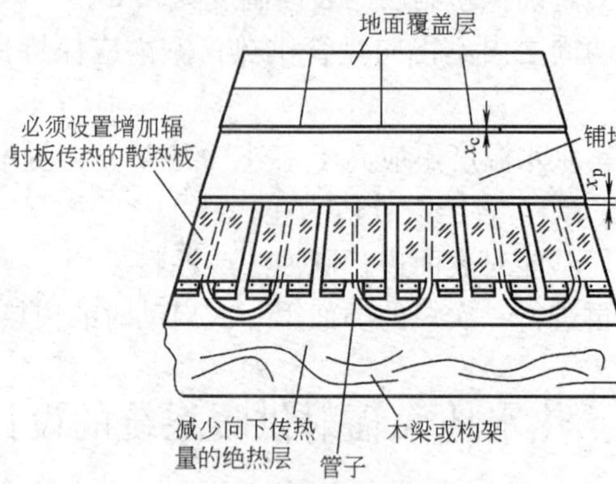

图 6.4-2　加热管敷在衬板中

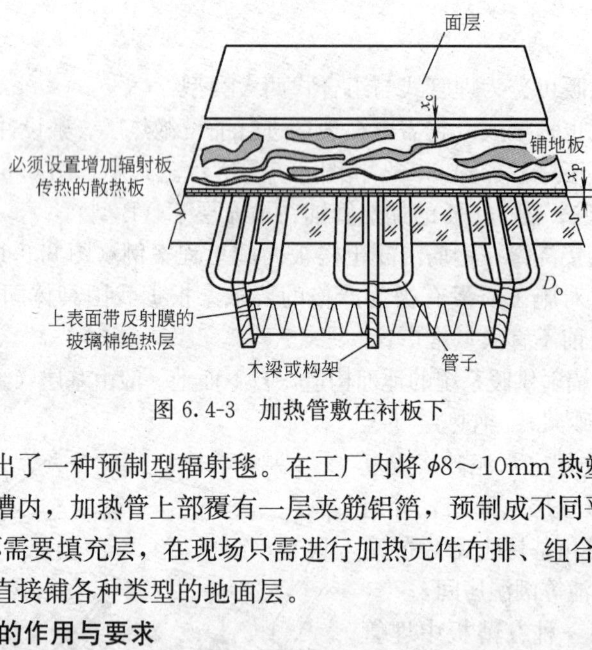

图 6.4-3　加热管敷在衬板下

近年在日本推出了一种预制型辐射毯。在工厂内将 ϕ8～10mm 热塑性塑料加热盘管预先压入绝热板的凹槽内，加热管上部覆有一层夹筋铝箔，预制成不同平面尺寸的整体加热元件（毯）。由于不需要填充层，在现场只需进行加热元件布排、组合和连接供、回水管。加热元件上部可以直接铺各种类型的地面层。

2. 主要构造层的作用与要求

（1）绝热层　绝热层的作用，是减少通过地（楼）板及墙壁的传热损失。

比较理想的材料是热导率小、抗压强度大的挤塑板，如挤塑聚苯乙烯板；或聚氨酯现场发泡。但由于价格偏高，国内很少应用。

目前大多数采用模塑聚苯乙烯泡沫塑料板（EPS 板）作为绝热层。EPS 板的表面强度很差，当采用塑料卡固定加热管时，由于对固定卡子的抓力不足，很难有效地固定加热管。因此，必须在 EPS 板的表面上，复合一层夹筋镀铝膜层来增强 EPS 板的表面强度。当采用其他固定方式时，如将加热管以尼龙扎带捆扎在钢丝网上时，为了降低初投资，可以不加复合镀铝膜层。

对于如办公楼、旅馆、酒店、幼儿园、候车厅、展厅等不进行“分户热计量”的建筑，相邻楼层之间的地面可不设置绝热层，但其楼板应按双向散热进行设计。

（2）填充层　填充层的主要作用：一是埋置加热管与保护加热管；二是增大蓄热与均衡地板表面的传热。

作为填充层的材料，应具有以下特性：

① 具有一定的强度和刚度，保证能承受地面设计荷载；

② 传热性能好，导热系数大；

③ 施工方便；

④ 价格便宜。

填充层厚度，不仅直接影响建筑层高，而且，还影响到结构荷载和初投资。实践证明，当地面较平整时，有 40mm 厚填充层就可以满足要求；为安全计，填充层的推荐厚度为 50mm。

当地面的设计荷载较大，或需要有车辆通行时，应在加热管上部的填充层里加一层钢丝网，丝径、网孔大小等由土建专业配合确定。

（3）附加导热装置　在加热管上镶嵌金属薄板作为附加导热装置，可以有效地增加地面的散热量。

国外常见的做法是在绝热板上按不同管间距要求，预制好 U 形凹槽；同时将薄铝板（薄铝板的宽度一般小于或等于管间距）加工成 Ω 形并与加热管一起压入绝热板的 U 形槽内，形成类似翅片状的附加导热装置。

附加导热装置上部，可以直接铺设面层，不应再做填充层，所以特别适用于以木地板为面层的场合。

6.4.2 地面的表面温度

当加热管的敷设间距相同时，地面辐射供暖系统地面温度的分布，在垂直于加热管方向的平面上近似为一条正弦曲线；地面的最高温度 t_{max}，出现在加热管顶部（波峰），地面的最低温度 t_{min}，则出现在管间距 1/2 处（波谷）。

为了满足热环境舒适性的要求，各国标准都对地表面的最高温度（t_{max}）规定了限值。我国《采暖通风及空气调节设计规范》（GB 50019—2003）则采用地表面的平均温度 t_m 作为限制对象：

$$t_m = \frac{t_{max} + t_{min}}{2}$$

式中　t_{max}——地面的最高温度，℃；

t_{min}——地面的最低温度，℃。

兹将有关地面温度的限值汇总于表 6.4-1 中，供大家参考。

表 6.4-2 给出了避免痛苦与伤害（烫伤）的极限表面温度。

Moritz 和 Hemrique 等以人的皮肤为对象，接触温度 44～46℃、接触时间 3～6s 为条件，进行炙烤发生实验得出的温度、时间和炙烤发生关系（图 6.4-4），其结论是：地面的表面温度＜44℃时，比起壁厚方向的炙烤来，体细胞的新陈代谢速度较快，不会形成炙烤［转引自《温水地板供暖系统设计施工手册》（2000 年第三次修订版）日本地面供暖协会编辑出版］。

地表面温度的限值（℃） **表 6.4-1**

依　据	条件	经常停留区	短期停留区	无人停留区	浴室、游泳馆
ASHRAE(美国)	最高限值	$t_{max}≤29$			
GB 50019—2003（中国）	适宜范围	$t_m=24～26$	$t_m=28～30$	$t_m=35～40$	
	最高限值	$t_m=28$	$t_m=32$	$t_m=42$	
EN 1264(欧洲)	最高限值	$t_{max}≤29$	—	$t_{max}≤35$	$t_{max}≤33$
DIN 4725(德国)	最高限值	$t_{max}≤29$	—	$t_{max}≤35$	$t_{max}≤t_a+9℃$
日本地面供暖协会	最高限值	$t_{max}≤36$			

注：t_a—室内温度，℃。

避免痛苦与伤害（烫伤）的极限表面温度 **表 6.4-2**

材　料	不同接触时间(min)下的极限表面温度(℃)				
	1/60	10/60	1	10	480
金属、水	65	56	51	48	43
玻璃、混凝土	80	66	54	48	43
木	120	88	60	48	43

注：引自 ASHRAE Handbook 2005。

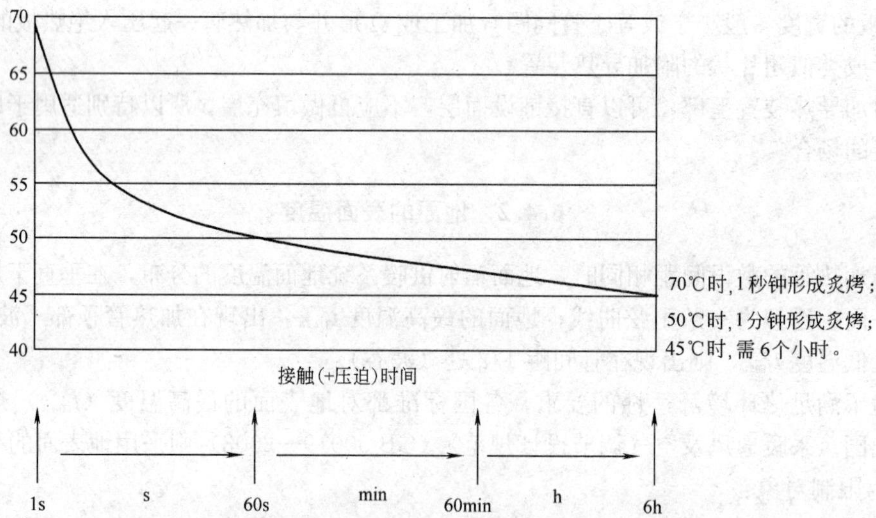

图 6.4-4　形成低温炙烤的温度和时间关系

确定地面的单位面积供热量时，必须校核地表面平均温度，保证其不超过表 6.4-1 规定的最高限值。

地表面平均温度 t_m（℃），可按下式计算：

$$t_m = t_a + 9.82 \times \left(\frac{q}{100}\right)^{0.969} \tag{6.4-1}$$

式中　t_a——室内计算温度，℃；

q——单位地面面积的总供热量（包括向上和向下的散热量），W/m^2。

在工程设计实践中，式（6.4-1）的主要用途是通过它来求出具体条件下地面的最大允许供热量。当地面的最大允许供热量小于房间的供暖负荷值时，应改善建筑热工性能，减少供暖负荷，或提高热媒温度，或增设其他辅助供暖设备。例如住宅中的卫生间，若根据 t_a＝25℃设计，往往会出现加热管布置不下的问题。其实，按 t_a＝18～20℃设计加热管，另配辅助供暖器如浴霸（供洗澡时升温）更合理、更加符合舒适要求。

6.4.3 加热管的选择

辐射供暖系统的加热管，一般采用热塑性塑料管、铝塑复合管或铜管，应用较为普遍的是热塑性塑料管。有关热塑性塑料管和铝塑复合管的性能和选择方法等，详见本手册第1章第1.7节。

国内在地面辐射供暖设计中，应用铜管的实例很少。在采用铜管作为加热管时，应注意以下两点：

1. 一般应采用无缝铜管，$D\leqslant 28$mm 时应选用半硬态铜管；$D\leqslant 22$mm 时，宜选用软态铜管。

2. 系统下游的管道，不宜使用钢管等非铜金属管道。

选择塑料管材时，应结合其工作温度、工作压力、使用寿命、可维修性、施工方便程度和环保性能（如管材回收利用的可能性）等因素，进行全面综合考虑与技术经济比较；特别是环保性能，应该予以足够的重视。

由于塑料管的使用寿命与其工作温度和压力密切相关，温度和压力越高，使用寿命就越短。因此，在满足使用温度和压力要求的前提下，切勿盲目提高耐温与承压要求，避免大材小用，造成浪费。目前，国际上普遍认为最适宜作为辐射供暖/冷加热管的管材，是PE-RT管和PE-X管。尤其是PE-RT管，不仅承压和耐温适中，便于安装，能热熔连接，而且废料能回收利用，不会形成“白色污染”，符合环保要求。

表6.4-3列出了管道性能的综合比较，可供管道选择时参考。

管道性能的综合比较 **表6.4-3**

比较内容	管道种类				
	PB管	PE-X管	PE-RT管	PP管	XPAP管
110℃/8760h试验	通过	通过	通过	通过	—
低温下的韧性	很好	很好	很好	PP-H很差 PP-B很好 PP-C较差	很好
热强度	很高	高	较高	低	极高
输送热水时的壁厚	薄	较薄	较薄	厚	薄
加工性能	方便	方便	很方便	方便	不方便
卫生性能	优	PE-Xa优 PE-Xb差 PE-Xc优	优	优	PE-Xb差
环保性(回收利用可能性)	差(不可)	差(不可)	好(可)	好(可)	差(不可)
气味	有	有	无	无	有
热熔连接	不能	不能	能	能	不能

续表

比较内容	管道种类				
	PB管	PE-X管	PE-RT管	PP管	XPAP管
变形后的恢复情况	能复原	能复原	能复原	能复原	不能
施工方便程度	方便	方便	最方便	方便	不方便
小口径管材价格比	>1.0	1.0	<1.0	>1.0	>1.0

注：个别企业生产的PB管产品，能热熔连接。

6.4.4 设计和施工注意事项

为了确保地面辐射供暖系统的供暖效果，保证埋置在填充层中的加热元件加热管达到“免维修”标准，设计和施工安装时，必须注意遵守和执行表6.4-4中的各项要求。

设计和施工注意事项　　表6.4-4

序号	对象名称	技术措施与要求	备注
1	绝热层	1. 绝热层应采用导热系数小、吸湿率低、难燃或不燃、有足够承载能力的材料，且不应含腐殖菌源、散发异味或可能危害健康的挥发物 2. 采用聚苯乙烯泡沫塑料板作为绝热层时，其厚度δ不应小于下列规定值： 楼层之间楼板上的绝热层$\delta \geqslant 20$mm； 与土壤或不供暖地下室相邻的楼板上的绝热层$\delta \geqslant 30$mm； 与室外空气相邻的楼板上的绝热层$\delta \geqslant 40$mm 3. 模塑聚苯乙烯泡沫塑料板的技术指标，应符合下列规定： 表观宽度≥20.0kg/m^3 压缩强度(10%形变下的压缩应力)≥100kPa 导热系数≤0.041W/(m^2·K) 吸水率(体积分数)≤4%(V/V) 70℃、48h后尺寸变化率≤3% 烧结性(弯曲变形)≥20mm 水蒸气透过系数≤4.5ng/(Pa·m·s) 氧指数≥30% 燃烧分级　达到B_2级	1. 对于潮湿房间如卫生间、游泳馆等，在填充层上部应要求土建设计隔离层，防止地面上的水分渗入填充层和绝热层 2. 铺设绝热层之前，必须对地面进行清扫，必要时应进行找平 3. 应将粉刷时掉至地面上的落地砂浆彻底清除，使墙面与地面交接处保持平直。绝热层的铺设，应保持表面平整，接缝严密 4. 加热管排列密集的部位，当管间距小于100mm时，加热管外部应加柔性套管
2	加热管的布置	1. 加热管的敷设间距，应按计算确定，一般不宜大于300mm，最大不应超过400mm 2. 为了确保地面温度均匀，应采用不等距布置，在距外围护结构(外墙、外门和外窗等)1000～1500mm范围内，应采用较小的管间距如100～200mm，如图6.4-6所示 3. 布置加热管时，应尽可能按室(房间)划分回路，分别与分、集水器相连接。在卫生洁具、固定设备等下部，不应布置加热管 4. 敷设加热管时，管道必须妥加固定；固定点的间距，直管段宜保持500～700mm；弯曲部分宜保持200～300mm	1. 加热管的布置型式很多(图6.4-5)，其中以回折型布置时地面温度分布最均匀 2. 塑料加热管的弯曲半径，取决于管材种类，一般不宜小于$6D$～$8D$(D—加热管的外径)；柔韧性较好的PE-RT管，可以采用$6D$ 3. 进行弯管时，塑料管圆弧的顶端应加以限制(顶住)，防止出现“死折” 4. 埋设在填充层内的加热管上，不允许有接头

续表

序号	对象名称	技术措施与要求	备注
3	填充层	填充层的材料，宜选择传热性能好的豆石混凝土，强度等级可取 C15，豆石粒径不应大于 12mm 当采用图 6.4-1 的构造型式时，也可以采用石膏或水泥砂浆作为埋管层	面层采用带龙骨的架空木地板时，加热管应裸敷在地板下龙骨之间的绝热层上。这时，宜附加散热片，不应设混凝土填充层
4	分、集水器	1. 分/集水器的构造如图 6.4-7 所示 2. 在分水器的总进水支管上，顺水流方向应装置关断阀、过滤器、热量表和关断阀 3. 在集水器的回水支管上，顺水流方向应装置泄水短管(带关断阀)、平衡阀和关断阀。在分水器的总进水支管(始端)与集水器的总回水管(末端)之间，应设旁通管并安装关断阀，以保证管路冲洗时，冲洗水不流入加热管系统，如图 6.4-8 所示 4. 加热管的直径，可按管内热水流速不小于 0.25m/s 确定 5. 加热管不宜穿越伸缩缝，如必须穿越时，应在加热管外部加装长度不小于 200mm 的柔性套管	1. 每组分、集水器连接加热管的分支环路，不宜多于 8 路(组)，每路加热管的长度，不宜超过 120m。每路加热管与分水器和集水器相连接时，均应装置关断阀 2. 分、集水器上，必须设手动或自动排气阀 3. 总热水量流经分、集水器断面的流速，不宜大于 0.8m/s 4. 加热管出地面与分、集水器连接时，其露明部分应加套 150～200mm 长塑料管
5	伸缩缝	1. 在填充层与墙(含过门处)、柱等垂直构件的交接处，应预留宽度≥10mm 的不间断伸缩缝 2. 地面面积超过 $30m^2$，或长度大于 6m 时，每间隔 5m 应设置宽度≥8mm 的伸缩缝 3. 与内、外墙和柱子交接处的伸缩缝，应直至地面最后装饰层的上表面为止，保持整个截面隔开	1. 所有伸缩缝，均应从绝热层的上表面开始，直至填充层的上表面为止 2. 浇捣混凝土填充层时，应采用“分仓跳格”法间隔进行 3. 伸缩缝内应满填高发泡聚乙烯泡沫塑料或弹性膨胀膏

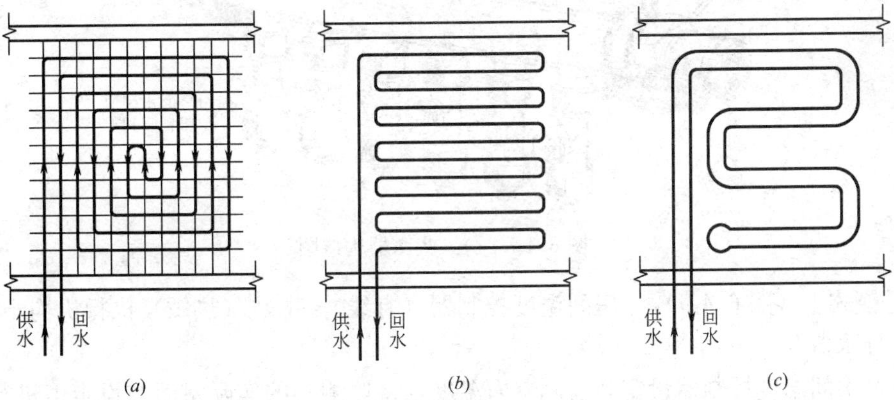

图 6.4-5 加热管的布置形式

(*a*) 回折型布置；(*b*) 平行型布置；(*c*) 双平行型布置

6.4.5 热水地面辐射供暖/冷系统的控制

根据节能设计标准的要求，在满足个性化要求的前提下，还应激励和提高人们的节能意识，提倡和促进行为节能的发展。为了取得最大的节能效果，达到最大限度的节省能耗，室内温度必须能通过自动或手动途径进行设定、调节与控制。

地面辐射供暖系统室内温度的调控，一般有下列几种典型的模式：

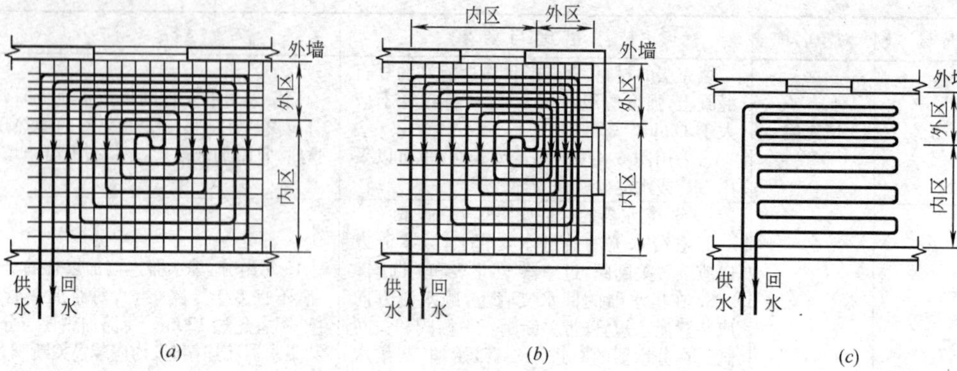

图 6.4-6 加热管的布置方法

(*a*) 带有外区和内区的回折型布置；(*b*) 带有两面外区和内区的回折型布置；(*c*) 带有外区和内区的平行型布置

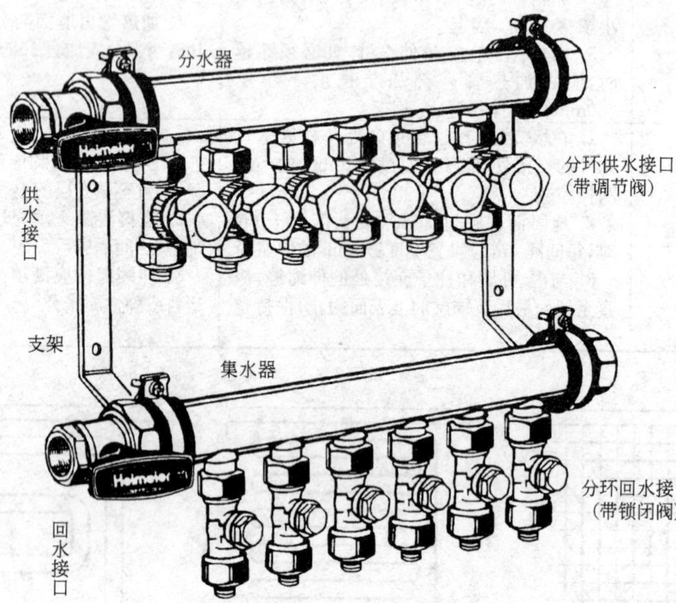

图 6.4-7 分、集水器构造图

1. 模式Ⅰ（图 6.4-9)：“房间温度控制器（有线)＋电热（热敏）执行机构＋带内置阀芯的分水器”。

通过房间温度控制器设定和监测室内温度，将监测到的实际室温与设定值进行比较，根据比较结果输出信号，控制电热（热敏）执行机构的动作，带动内置阀芯开启与关闭，从而改变被控（房间）环路的供水流量，保持房间的设定温度。

模式Ⅰ的特点是一个房间温控器对应一个电热（热敏）执行机构，感温灵敏，控制精度较高。缺点是需要外接电源并需连接配线。

2. 模式Ⅱ（图 6.4-10)：“房间温度控制器（有线)＋分配器＋电热（热敏）执行机构＋带内置阀芯的分水器”。

模式Ⅱ与模式Ⅰ基本类似，差异在于模式Ⅱ的房间温度控制器同时控制多个回路，其输出信号不是直接至电热（热敏）执行机构，而是到分配器，通过分配器再控制各回路的

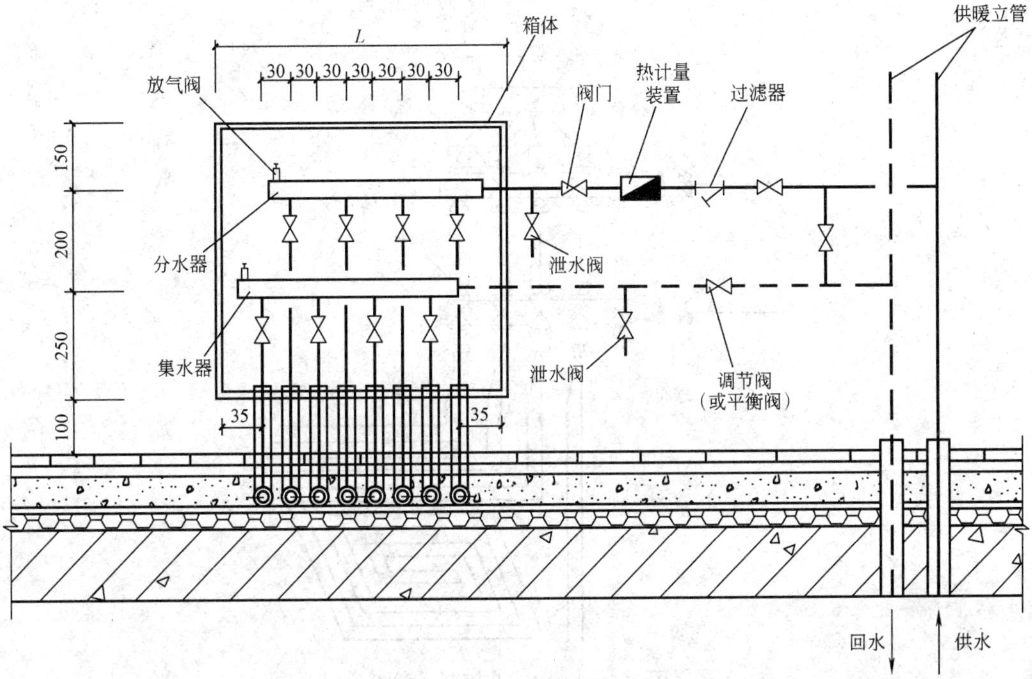

图 6.4-8 分、集水器安装示意图

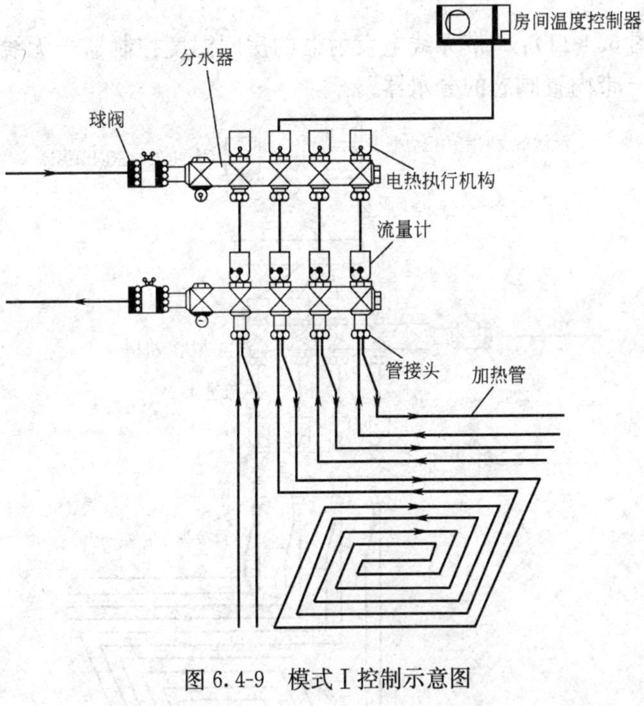

图 6.4-9 模式Ⅰ控制示意图

电热（热敏）执行机构，带动内置阀芯动作，从而同时改变各回路的水流量，保持房间的设定温度。

模式Ⅱ的特点是投资较少、控制精度高、感受室温灵敏、安装方便、可以精确地控制

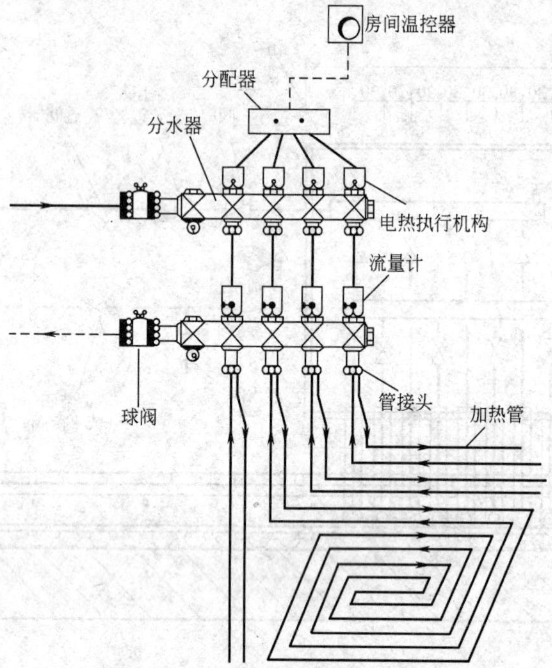

图 6.4-10 模式Ⅱ控制示意图

每一个房间的温度，能够控制几个环路同时动作，适用于面积较大的房间内。缺点是需要外接电源并需连接配线。

3. 模式Ⅲ（图 6.4-11）："带无线电发射器的房间温度控制器＋无线电接收器＋电热（热敏）执行机构＋带内置阀芯的分水器"。

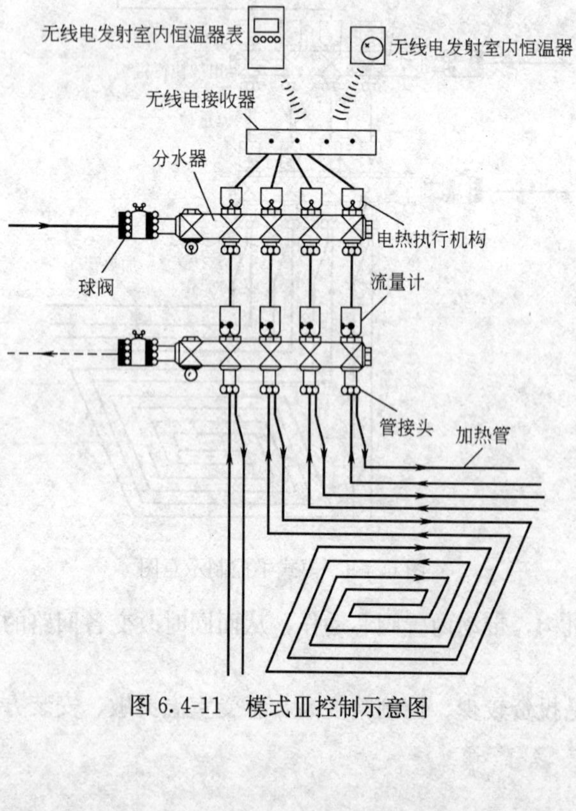

图 6.4-11 模式Ⅲ控制示意图

通过带无线电发射器的房间温度控制器对室内温度进行设定和监测，将监测到的实际值与设定值进行比较，然后将比较后得出的偏差信息发送给无线电接收器（每间隔 10min 发送一次信息），无线电接收器将发送器的信息转化为电热（热敏）式执行机构的控制信号，使分水器上的内置阀芯开启或关闭，对各个环路的流量进行调控，从而保持房间的设定温度。

模式Ⅲ的特点是控制精度高、感受室温灵敏、安装简单、使用方便、房间温控器无须外接电源；但投资较高，适用于房间控制温度要求较高的场所。

4. 模式Ⅳ（图 6.4-12）：“自力式温度控制阀组”。

在被控制温度房间的回水管路上，设置自力式温控阀组，通过温控阀组来设定室内温度，这是近年来应用较多的一种控制方式，如图 6.4-12 所示。

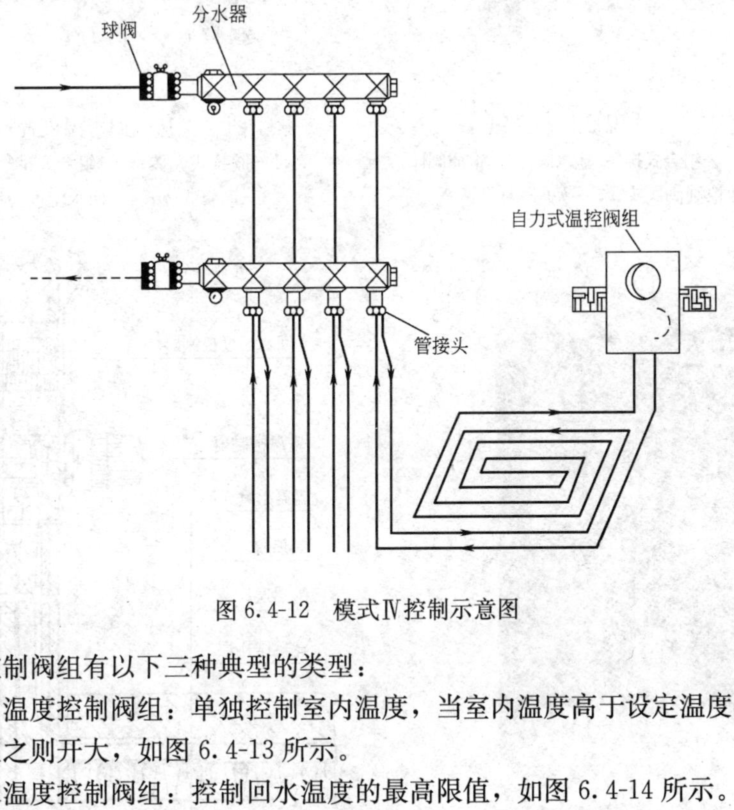

图 6.4-12 模式Ⅳ控制示意图

通常，控制阀组有以下三种典型的类型：

（1）室内温度控制阀组：单独控制室内温度，当室内温度高于设定温度时，温控阀的开度关小，反之则开大，如图 6.4-13 所示。

（2）回水温度控制阀组：控制回水温度的最高限值，如图 6.4-14 所示。

（3）同时控制室内温度与回水温度的阀组：对室内温度和最高回水温度同时进行控制，如图 6.4-15 所示。

为了监测到具有代表性的室内温度，作为温控阀的动作信号，室温控制阀的阀头（温度传感器）应安装在室内离地 1.5m 处。因此，加热管必须嵌墙抬升至该高度处，如图 6.4-16 所示。由于此处极易积聚空气，所以该装置具有排气功能。

自力式温控阀组一般适用于供暖面积 $A\leqslant20m^2$；当 $A>20m^2$ 时，可分为两个环路，配置两个自力式温控阀组。

5. 模式Ⅴ（图 6.4-17）：“房间温度控制器（有线）＋电热（热敏）执行机构＋带内置阀芯的分水器”。

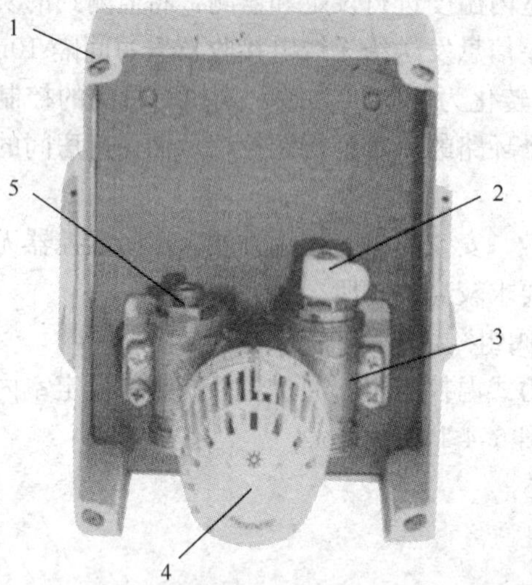

图 6.4-13 室内温度控制阀组
1—嵌装式壳体；2—组合式排气/泄水阀；3—铜质阀体；
4—室内温度控制阀阀头；5—关闭/调节阀杆

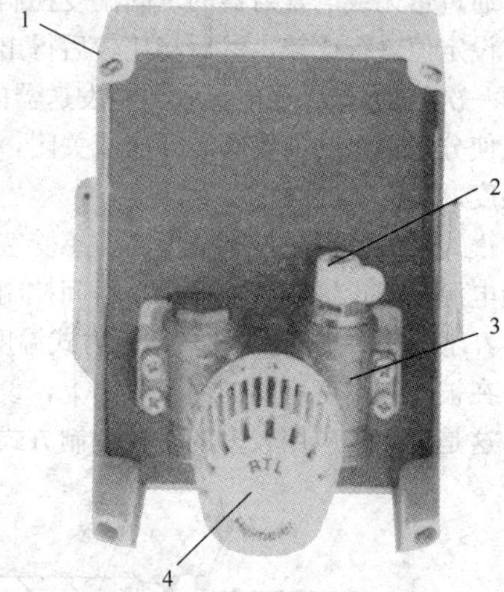

图 6.4-14 回水温度控制阀组
1—嵌装式壳体；2—组合式排气/泄水阀；
3—铜质阀体；4—回水温度控制阀阀头

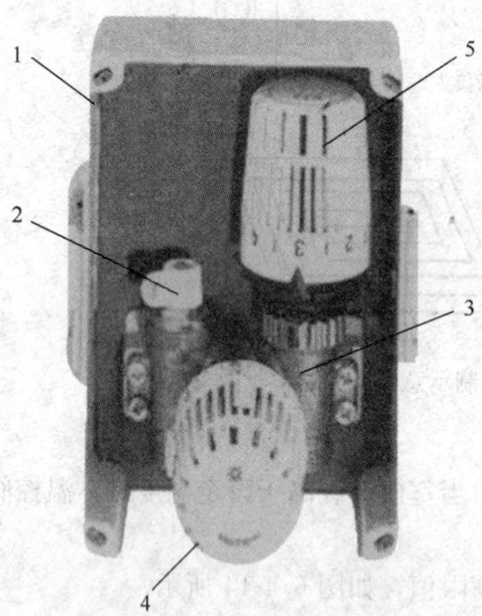

图 6.4-15 同时控制室内温度与回水温度的阀组
1—嵌装式壳体；2—组合式排气/泄水阀；3—铜质阀体；
4—室内温度控制阀阀头；5—回水温度控制阀阀头

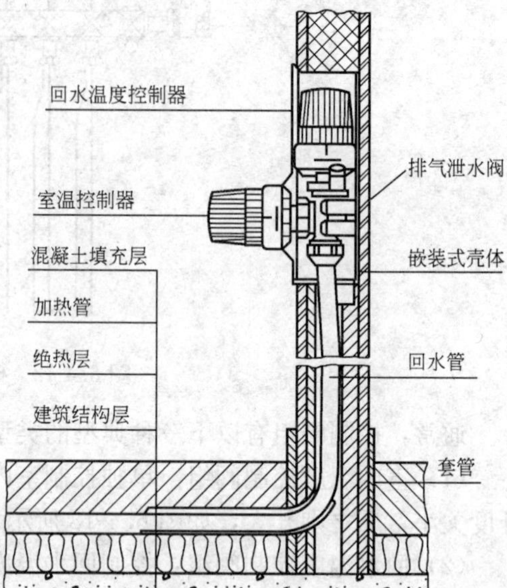

图 6.4-16 控制阀组的安装

在室内有代表性的部位，设置房间温度控制器，通过该控制器设定和监测室内温度；在分水器前的进水支管上，安装电热（热敏）执行器和两通阀。房间温度控制器将监测到的实际室内温度与设定值比较后，将偏差信号发送至电热（热敏）执行机构，从而改变二通阀的阀芯位置，改变总的供水流量，保证房间所需的温度。

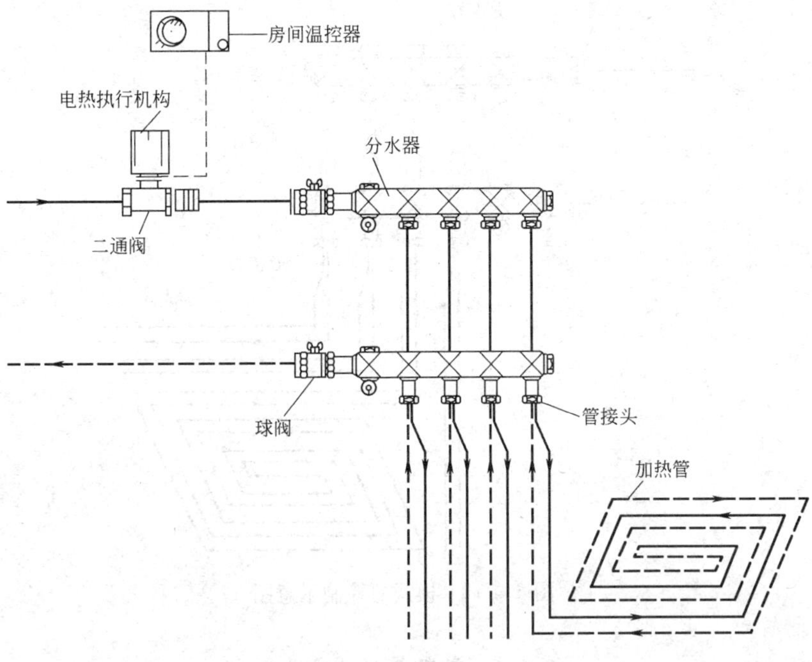

图 6.4-17 模式Ⅴ控制示意图

本系统的特点是投资较少、感受室温灵敏、安装方便。缺点是不能精确地控制每个房间的温度，且需要外接电源。一般适用于房间控制温度要求不高的场所，特别适用于大面积房间需要统一控制温度的场所。

以上介绍的五种室内温度的控制模式，都是通过改变热媒流量来实现的。为了稳定供水温度，模式Ⅵ增加了对热媒温度的控制环节。

6. 模式Ⅵ（图 6.4-18）

通过调节图 6.4-18 中的阀 3 和阀 4，改变热网供水与室内回水的混合比例，使供水温度保持在要求范围之内。超温保护器 5 时刻监测混水温度的变化，若超出设定值，水泵 8 立即关闭。如用三通调节阀替代阀 3 及阀 4 自动调节混水比例，效果将更加理想。

7. 模式Ⅶ（图 6.4-19）

当缺乏条件设置室温自控装置时，允许利用每组加热盘管与分水器和集水器相连接处的手动调节阀作为手动温控阀，根据需要通过改变开度实现对室温的调控。不过，必须指出，通过手动调节方法，很难取得理想的节能效果。

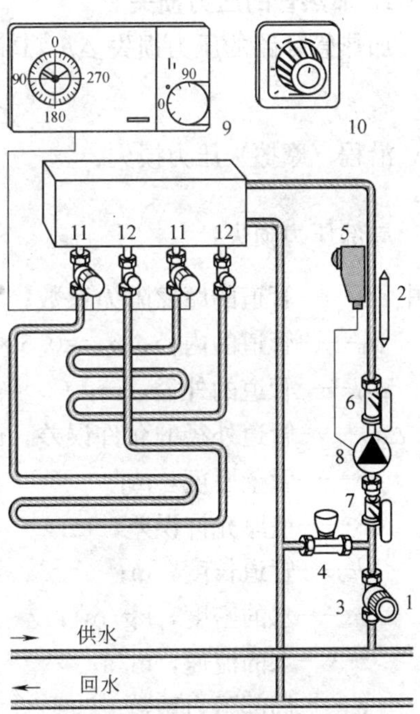

图 6.4-18 模式Ⅵ控制示意图

1—恒温控制阀阀头；2—温度式传感器；3—恒温控制阀阀体；4—旁通调节阀；5—超温保护器；6—水泵出口球阀；7—水泵入口球阀；8—水泵；9—可编程恒温器；10—远程设定型恒温阀阀头；11—电动调节阀；12—锁闭阀

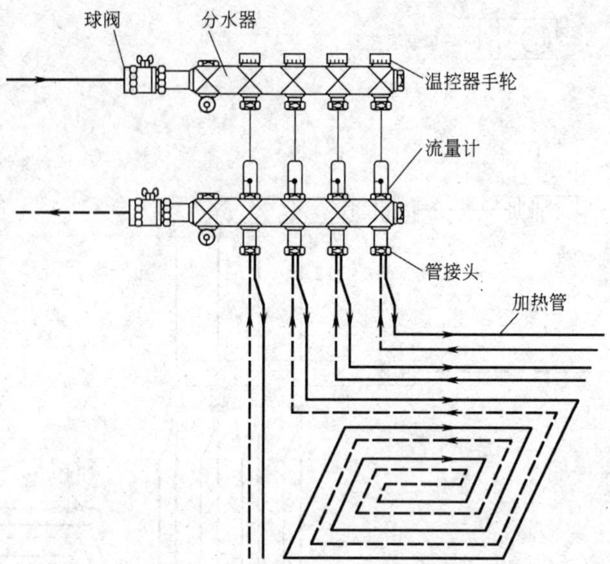

图 6.4-19 模式Ⅶ控制示意图

6.4.6 塑料管的水力计算

1. 加热管的压力损失

加热管环路的压力损失 Δp (Pa)，可按下式计算：

$$\Delta p=\Delta p_{\mathrm{m}}+\Delta p_{\mathrm{j}} \tag{6.4-2}$$

沿程（摩擦）压力损失：

$$\Delta p_{\mathrm{m}}=\lambda\frac{l}{d_{\mathrm{n}}}\frac{\rho v^2}{2} \tag{6.4-3}$$

局部压力损失：

$$\Delta p_{\mathrm{j}}=\xi\frac{\rho v^2}{2} \tag{6.4-4}$$

式中 λ——管道的摩擦阻力系数；

d_{n}——管道的内径，$d_{\mathrm{n}}=0.5\times(2d_{\mathrm{w}}+\Delta d_{\mathrm{w}}-4\delta-2\Delta\delta)$，m；

d_{w}——管道的外径，m；

Δd_{w}——管道外径的允许误差，m；

δ——管壁厚度，m；

$\Delta\delta$——壁厚允许误差，m；

l——管道长度，m；

ρ——水的密度，kg/m³；

v——水的流速，m/s；

ξ——局部阻力系数。

2. 摩擦阻力系数 塑料管的摩擦阻力系数，可近似的统一按下式计算：

$$\lambda=\left[\frac{0.5\times\left[\frac{b}{2}+\frac{1.312\times(2-b)\lg 3.7\times\frac{d}{k_{\mathrm{d}}}}{\lg Re_{\mathrm{s}}-1}\right]}{\lg\frac{3.7d_{\mathrm{n}}}{k_{\mathrm{d}}}}\right]^2 \tag{6.4-5}$$

$$Re_s = \frac{dv}{\nu_t} \tag{6.4-6}$$

$$b = 1 + \frac{\lg Re_s}{\lg Re_z} \tag{6.4-7}$$

$$Re_z = \frac{500 d_n}{k_d} \tag{6.4-8}$$

式中 b——水的流动相似系数；

k_d——管道的当量粗糙度，塑料管：$k_d = 1\times10^{-5}$m；

Re_s——实际雷诺数；

ν_t——水的运动黏度（与温度有关），m^2/s；

Re_z——阻力平方区的临界雷诺数。

3. 塑料管的水力计算表 根据以上诸式，给定平均水温和流量，即可算出塑料管的水力计算表（表 6.4-5）。

表 6.4-5 中的比摩阻，是根据平均水温 t=60℃计算得出的；当水温不等于 60℃时，应按下式进行修正：

$$R = R_{60} \times a \tag{6.4-9}$$

式中 R——设计温度和设计流量下的比摩阻，Pa/m；

R_{60}——在设计流量和热水平均温度等于 60℃时，由表 6.4-5 查出的比摩阻，Pa/m；

a——比摩阻修正系数，见表 6.4-6。

塑料管道的水力计算表（t=60℃） **表 6.4-5**

比摩阻 R_{60} (Pa/m)	12×16(mm)		16×20(mm)		20×25(mm)	
	流速 v (m/s)	流量 G (kg/h)	流速 v (m/s)	流量 G (kg/h)	流速 v (m/s)	流量 G (kg/h)
2.06	0.02	7.90	0.03	19.91	0.03	33.74
4.12	0.03	11.84	0.04	26.35	0.05	56.24
6.17	0.04	15.79	0.06	39.82	0.07	78.73
8.23	0.05	19.74	0.07	46.46	0.08	89.98
10.30	0.06	23.69	0.08	53.10	0.10	112.48
20.60	0.10	39.48	0.12	79.64	0.15	168.71
41.19	0.15	59.22	0.18	119.47	0.22	247.45
61.78	0.19	75.02	0.23	152.65	0.28	314.93
82.37	0.22	86.86	0.27	179.20	0.33	371.17
102.96	0.25	97.71	0.31	205.75	0.37	416.16
123.56	0.28	110.55	0.34	225.66	0.41	461.15
144.15	0.31	122.40	0.37	245.57	0.45	506.14
164.75	0.33	130.29	0.40	265.48	0.48	539.88
185.35	0.35	138.19	0.43	285.39	0.52	584.87
205.94	0.38	150.03	0.45	298.67	0.55	618.62
226.53	0.40	157.93	0.48	318.58	0.58	652.36

续表

比摩阻 R_{60} (Pa/m)	12×16(mm)		16×20(mm)		20×25(mm)	
	流速 v (m/s)	流量 G (kg/h)	流速 v (m/s)	流量 G (kg/h)	流速 v (m/s)	流量 G (kg/h)
247.13	0.42	165.83	0.50	331.85	0.60	674.85
267.72	0.44	173.72	0.52	345.13	0.63	708.60
288.31	0.45	177.67	0.55	365.04	0.66	742.34
308.91	0.47	185.57	0.57	378.31	0.68	764.83
329.50	0.49	193.47	0.59	391.58	0.71	798.58
350.09	0.51	201.36	0.61	404.86	0.73	821.07
370.69	0.52	205.31	0.63	418.13	0.76	854.81
391.28	0.54	213.21	0.65	431.41	0.78	877.31
411.87	0.56	221.10	0.67	444.68	0.80	899.80
432.47	0.57	225.05	0.69	457.95	0.82	922.30
453.06	0.59	232.95	0.70	464.59	0.84	944.79
473.66	0.60	236.90	0.72	477.87	0.87	978.54
494.26	0.61	240.84	0.74	491.14	0.89	1001.03
514.85	0.63	248.74	0.75	497.78	0.91	1023.53
535.44	0.64	252.69	0.77	511.05	0.93	1046.02
556.04	0.66	260.59	0.79	524.32	0.94	1057.27
576.63	0.67	264.53	0.80	530.96	0.96	1079.76
597.22	0.68	268.48	0.82	544.24	0.98	1102.96
617.82	0.70	276.38	0.83	550.87	1.00	1124.76
638.41	0.71	280.33	0.85	564.15	1.02	1147.25
659.00	0.72	284.28	0.86	570.78	1.04	1169.75
679.60	0.73	288.22	0.88	584.06	1.05	1180.99
700.19	0.75	296.12	0.89	590.69	1.07	1203.49
720.79	0.76	300.07	0.91	603.97	1.09	1225.98
741.38	0.77	304.02	0.92	610.61	1.11	1248.48
761.97	0.78	307.97	0.94	623.88	1.12	1259.73
782.58	0.79	311.91	0.95	630.52	1.14	1282.22
803.17	0.80	315.86	0.96	637.15	1.15	1293.47
823.77	0.82	323.76	0.97	650.43	1.17	1315.96
844.36	0.83	327.71	0.99	657.06	1.19	1338.46
871.25	0.84	331.65	1.00	663.70	1.20	1349.71
885.55	0.85	335.60	1.02	676.98	1.22	1372.20
906.14	0.86	339.55	1.03	683.61	1.23	1383.45
926.73	0.87	343.50	1.04	690.25	1.25	1405.94

续表

比摩阻 R_{60} (Pa/m)	12×16(mm)		16×20(mm)		20×25(mm)	
	流速 v (m/s)	流量 G (kg/h)	流速 v (m/s)	流量 G (kg/h)	流速 v (m/s)	流量 G (kg/h)
947.33	0.88	347.45	1.06	703.52	1.26	1417.19
967.92	0.89	351.40	1.07	710.16	1.28	1439.69
988.51	0.90	355.34	1.08	716.80	1.29	1450.93
1009.11	0.91	359.29	1.09	723.44	1.31	1473.43
1029.70	0.92	363.24	1.10	730.07	1.32	1484.68
1070.90	0.94	371.14	1.13	749.98	1.35	1518.42
1112.08	0.96	379.03	1.15	763.26	1.38	1552.16
1153.27	0.98	386.93	1.17	776.53	1.41	1585.90
1194.46	1.00	394.83	1.20	796.44	1.43	1608.40
1235.64	1.02	402.72	1.22	809.72	1.46	1642.14
1276.83	1.04	410.62	1.24	822.99	1.48	1664.64
1318.02	1.06	418.52	1.26	836.26	1.51	1698.38
1359.20	1.08	426.41	1.28	849.54	1.54	1732.12
1440.40	1.09	430.36	1.31	869.45	1.56	1754.62
1441.59	1.11	438.26	1.33	882.72	1.59	1788.36
1482.77	1.13	446.15	1.35	896.00	1.61	1810.86
1523.96	1.14	450.10	137	909.27	1.63	1833.35
1565.15	1.16	458.00	1.39	922.55	1.66	1867.09
1606.33	1.18	465.90	1.41	935.82	1.68	1889.59
1467.52	1.19	469.84	1.43	949.09	1.70	1912.08
1680.32	1.21	477.74	1.45	962.37	1.73	1945.83
1729.90	1.23	485.64	1.46	969.00	1.75	1968.32
1771.09	1.24	489.59	1.48	982.28	1.77	1990.82

比摩阻的修正系数 **表 6.4-6**

供、回水平均温度(℃)	60	55	50	45	40
修正系数 a	1.00	1.015	1.03	1.045	1.06

4. 局部阻力系数 塑料管附件的局部阻力系数，见表 6.4-7。

塑料管附件的局部阻力系数 ζ **表 6.4-7**

管路附件	ξ	管路附件		ξ
90°弯头($R\geqslant5D$)	0.3～0.5	三通	直流	0.5
乙字弯	0.5		旁流	1.5
括弯	1.0		合流	1.5
突然扩大	1.0		分流	3.0
突然缩小	0.5	四通	直流	2.0
压紧螺母(连接件)	1.5		分流	3.0

6.5 毛细管型供暖/冷辐射板

6.5.1 概 述

毛细管型供暖/冷辐射板，实质上是埋管型辐射供暖/冷板的一种特殊形式，它是根据仿真原理模拟自然界植物利用叶脉和人体依靠皮下血管输送能量的形式设计制作的一种较先进的辐射板形式。它以 $\phi3.35\times0.5$mm 的导热塑料管作为毛细管，用 $\phi20\times2$mm 塑料管作为集管，通过热熔焊接组成不同规格尺寸的毛细管席，如图 6.5-1 所示。

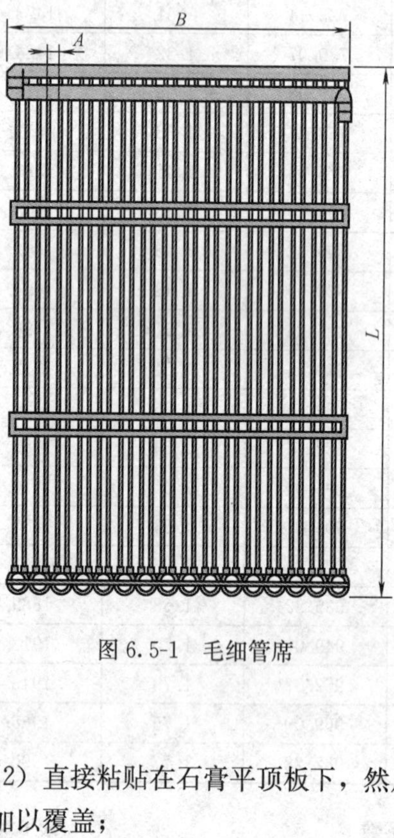

图 6.5-1 毛细管席

毛细管席的敷设与安装形式，一般有以下几种类型：

1. 墙面埋置式

将加工好的毛细管席安装在墙上，然后喷或抹 5～10mm 水泥砂浆、混合砂浆或石膏粉刷层加以覆盖并固定，使所在墙面成为辐射供暖与供冷的换热表面。

2. 平顶安装

平顶安装有下列几种方式：

(1) 直接固定在平顶上，表面喷或抹 5～10mm 水泥砂浆、混合砂浆或石膏粉刷层加以覆盖；

(2) 直接粘贴在石膏平顶板下，然后喷或抹 5～10mm 水泥砂浆、混合砂浆或石膏粉刷层加以覆盖；

(3) 敷设在金属吊顶或石膏板吊顶的背面（预制成金属顶板或石膏板顶板的模块，现场进行拼装连接）。

3. 地面埋置式

将加工好的毛细管席铺设在地面的基层上，然后抹以 10mm 厚水泥砂浆，干燥后上部再铺设地面的面层。

毛细管席的基本数据：

毛细管席的长度	L=600～6000mm
毛细管席的宽度	B=150～1250mm
毛细管的间距	A=15mm
最高允许的热媒（热水）温度	t=60℃
系统运行压力	p=0.4MPa

6.5.2　毛细管型辐射板的供冷与供热能力

1. 毛细管型辐射平顶

表 6.5-1 给出了毛细管型辐射板不同安装组合时的代号，根据代号和冷水平均温度与室内温度的温度差，由图 6.5-2 和图 6.5-3 可以分别查得其供冷能力与供热能力。

抹灰平顶不同安装组合时的代号表　　**表 6.5-1**

抹灰层的厚度 δ (mm)	不同抹灰层及导热系数 λ(W/m·k)时的代号				
	石　膏			水泥砂浆	隔声砂浆
	λ=0.35	λ=0.45	λ=0.87	λ=1.5	λ=0.12
5	R24	R21	R12	R10	R39(δ=2mm)
10	R38	R32	R18	R13	R55(δ=4mm)
15	R52	R41	R23	R15	R72(δ=6mm)
20	R90	R70	R38	R24	

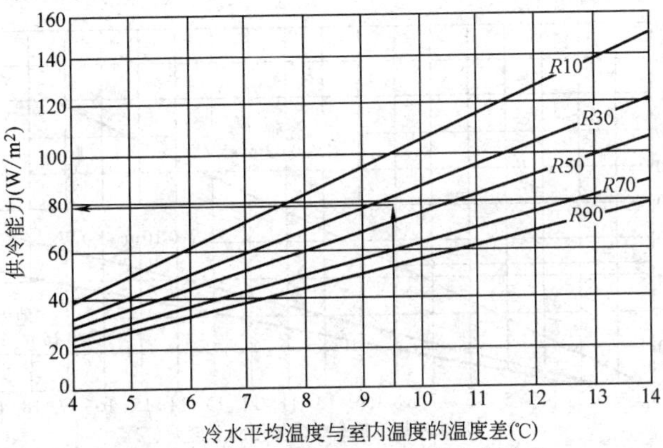

图 6.5-2　抹灰平顶毛细管的供冷能力

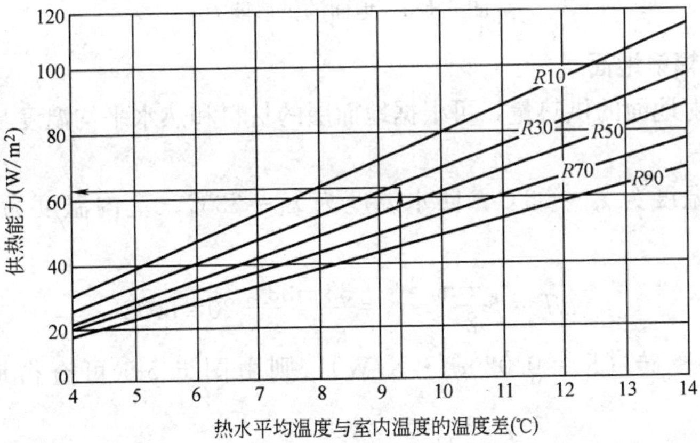

图 6.5-3　抹灰平顶毛细管的供热能力

2. 毛细管型辐射墙面

毛细管型辐射墙面的供热量，可按下列步骤求出：先由表 6.5-1 查出毛细管型辐射板不同安装组合时的代号，然后，根据代号和热水平均温度与室内温度的温度差，由图 6.5-4 查得其供热能力。

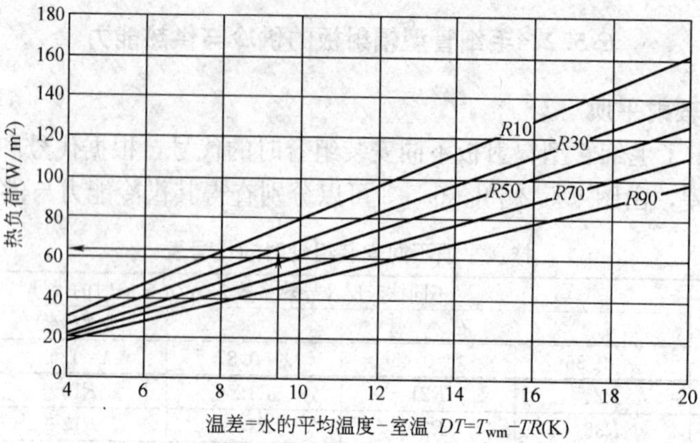

图 6.5-4 墙面的供热能力

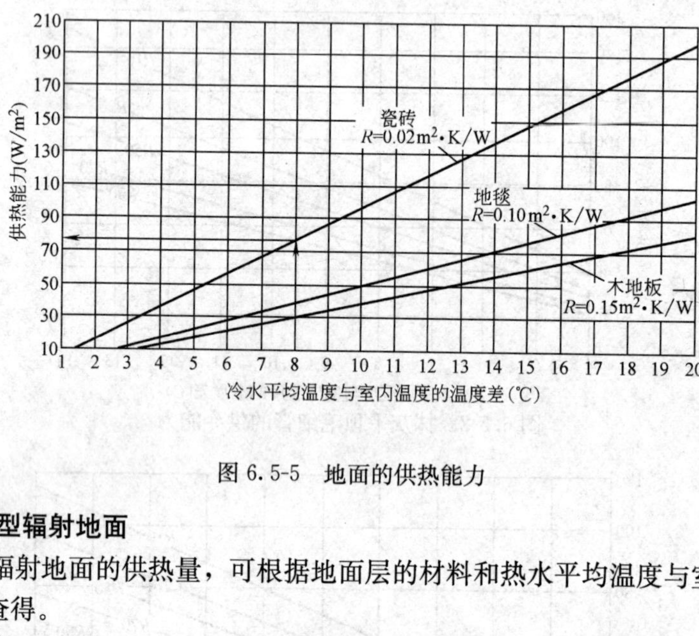

图 6.5-5 地面的供热能力

3. 毛细管型辐射地面

毛细管型辐射地面的供热量，可根据地面层的材料和热水平均温度与室内温度的温度差由图 6.5-5 查得。

例如当供水温度为 $t_g=33℃$，回水温度为 $t_h=23℃$，室内温度为 $t_a=20℃$时，可求出：

$$\Delta T=\frac{t_g+t_h}{2}-t_a=\frac{33+23}{2}-20=80℃$$

若地面层为瓷砖（$R=0.02m^2\cdot K/W$），则由图 6.5-5 可查得地面的供热量为 $77W/m^2$。

6.5.3 毛细管席的压力损失

1. 长度 1.0～8.0m 毛细管席的压力损失：见图 6.5-6。
2. 长度 1.0～2.6m 毛细管席的压力损失：见图 6.5-7。
3. 管道的压力损失：见图 6.5-8。
4. 流出/入弯头的压力损失：见图 6.5-9。

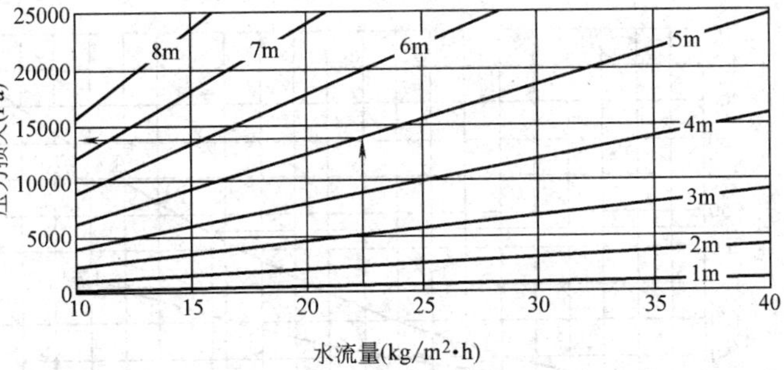

图 6.5-6 毛细管席的压力损失（长度 1.0～8.0m）

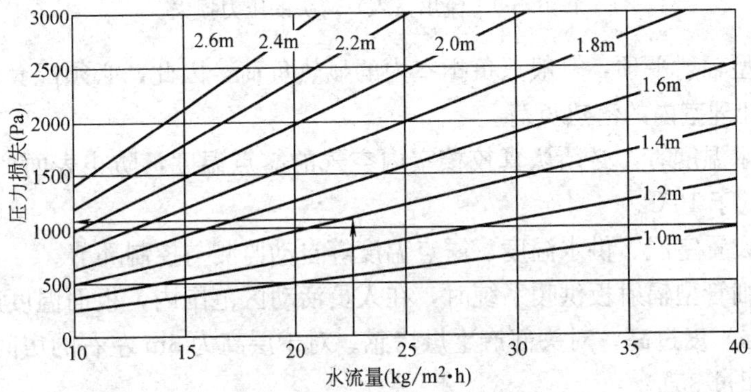

图 6.5-7 毛细管席的压力损失（长度 1.0～2.6m）

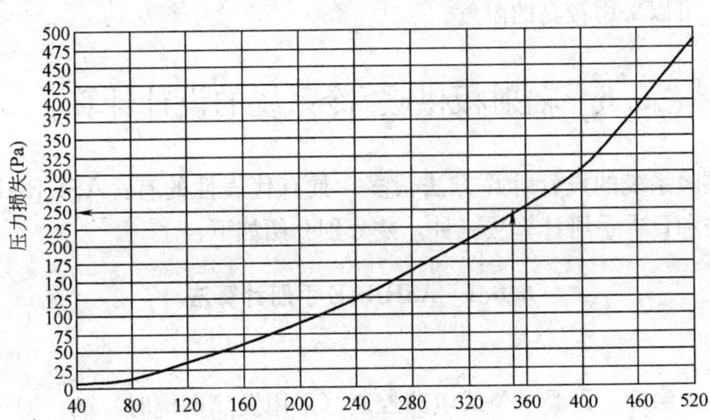

图 6.5-8 管道的压力损失（20×2mm）

6.5.4 毛细管型辐射供暖/冷系统设计注意事项

设计毛细管型辐射供暖/冷系统时，必须注意以下事项：

1. 毛细管席适用于各种安装形式，但安装形式不同时，其供热/冷能力不同。

2. 单独供冷或冷热两用时，宜采用吊顶安装方式；单独供暖时，宜采用地面埋置方式或墙面埋置方式。

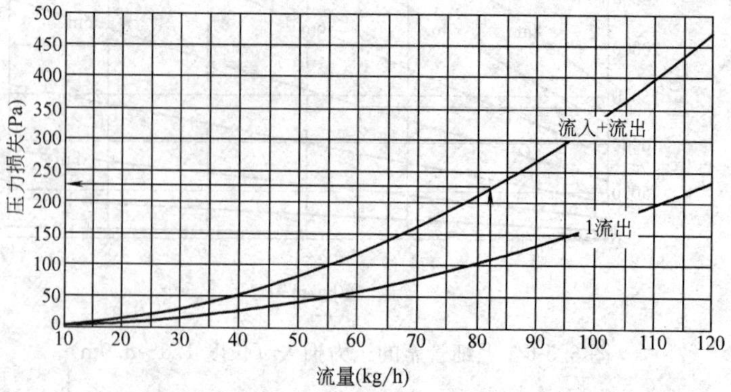

图 6.5-9 流出（入）弯头的压力损失

3. 毛细管型辐射平顶，一般只负担室内的显热负荷，因此，必须配套设置新风系统，由新风系统来处理室内的潜热负荷。

4. 确定冷水温度时，必须认真校核室内空气的露点温度，防止表面产生凝露；冷水温度一般不应低于16℃。

5. 应配套设置室温、供水温度、露点温度等自动监测与控制环节。

6. 设计毛细管型辐射板供暖系统时，在人员活动区范围内，板面温度应该有所限制，以防辐射照（强）度过高，对头部产生烘烤感。对于层高为3m左右的房间，平顶的表面温度一般不应超过35℃。

7. 在沿窗、门、外墙等外围护结构附近的非人员活动区范围内，辐射板的表面温度一般不必限制，可以采用较高的温度。

6.6 辐射板供暖/冷系统的设计计算

地面辐射供暖系统的设计计算方法很多，具有代表性的有：ASHRAE手册计算法、欧洲标准计算法和日本手册计算法三种，兹分别介绍如下：

6.6.1 ASHRAE 手册计算法

1. 图算法

辐射板的表面温度，是受水路或电路控制（采用发热电缆时）的。对于综合传热量 q（$q=q_r+q_c$）所需的有效表面温度 t_p，可以根据辐射板的位置，通过 q_r 和 q_c 的传热方程来计算。在已知 t_a 时，首先应计算 AUST。当已知 q 和 AUST 时，也可用图 6.6-1 和图 6.6-2 来确定 t_p。

对于水系统来说，下一个步骤是确定需要的平均水温 t_w，它主要取决于 t_p、管间距 M 和辐射板的特征热阻 r_u。图 6.6-1 给出了地面或平顶辐射供暖或供冷时的设计资料。

由图 6.6-1 可以直接得出用于加热或冷却房间的地面或平顶辐射板的综合传热量。这里，q_u 是指地面辐射时的综合传热量；q_d 是指平顶辐射时的综合传热量。对于发热电缆辐射供暖系统来说，t_w 相当于电缆的表面温度。

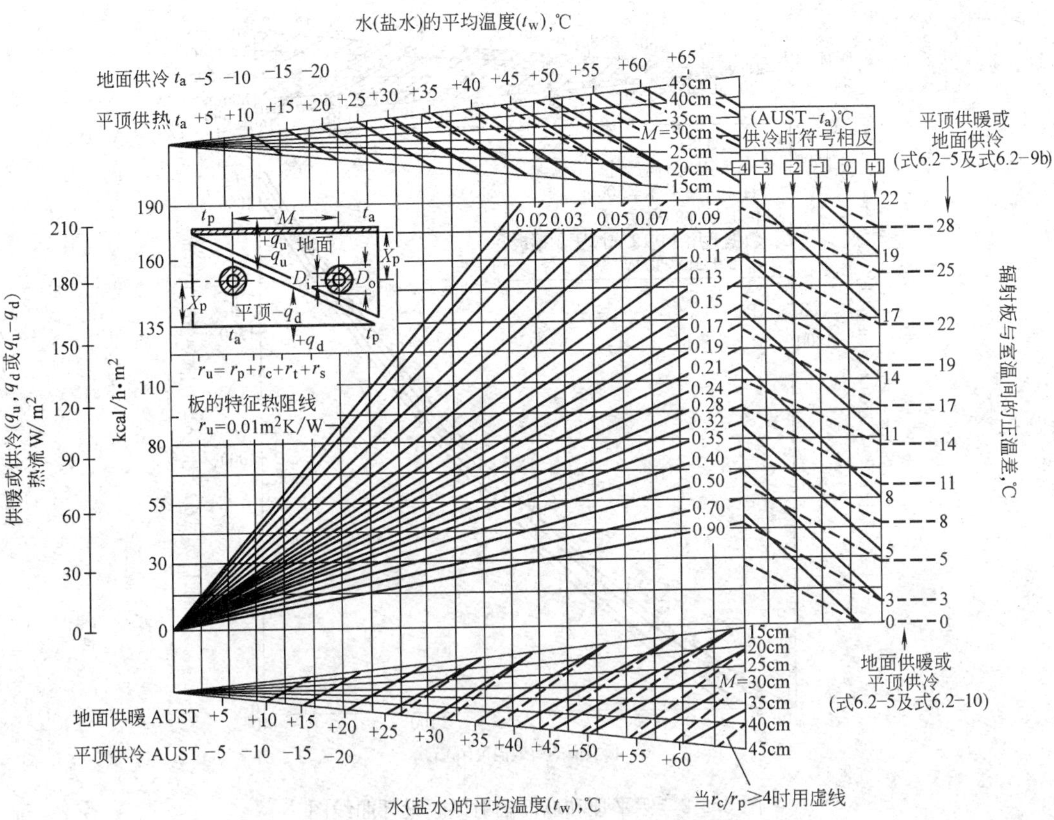

图 6.6-1 地面和平顶辐射供暖/供冷设计曲线图

【例 1】 地面辐射供暖和供冷系统，已知：M=300mm，r_u=0.09m²·K/W，$r_c/r_p<4$；冬季供暖时：t_a=20℃，夏季供冷时：t_a=24.5℃。

供暖时：AUST 比 t_a 低 1℃，AUST=t_a−1=20−1=19℃，q_u=130W/m²；供冷时：AUST 比 t_a 高 0.5℃，AUST=t_a+0.5=24.5+0.5=25℃，$-q_u$=50W/m²。求在以上条件下的平均水温和有效地面温度。

【解】 (1) 冬季供暖时：由图 6.6-1 左侧纵坐标上选定 q_u=130W/m²，向右与 r_u=0.09m²·K/W 交于一点，再向下至 M=300mm 的线，由于 $r_c/r_p<4$，应选择实线，平行于斜实线向下，在横坐标上得读数 AUST+31。所以，水的平均温度为：t_w=19+31=50℃。

再沿 q_u=130W/m² 线向右，与 AUST=t_a−1 线交于一点，在实线上得辐射板与室内空气之间的温度差 12℃，由此得有效地面温度：t_p=t_a+12 或 t_p=20+12=32℃。

(2) 夏季供冷时：由图 6.6-1 左侧纵坐标上选定 $-q_u$=−50W/m²，向右与 r_u=0.09m²·K/W 点相交，再向上与 M=300mm 相交于一点，得供冷时的平均水温：t_w=t_a−11=24.5−11=13.5℃。

再沿 q=50W/m² 线向右，与 AUST−t_a=+0.5℃线交于一点，读得−5℃，所以，有效地面温度为：24.5+(−5)=19.5℃。

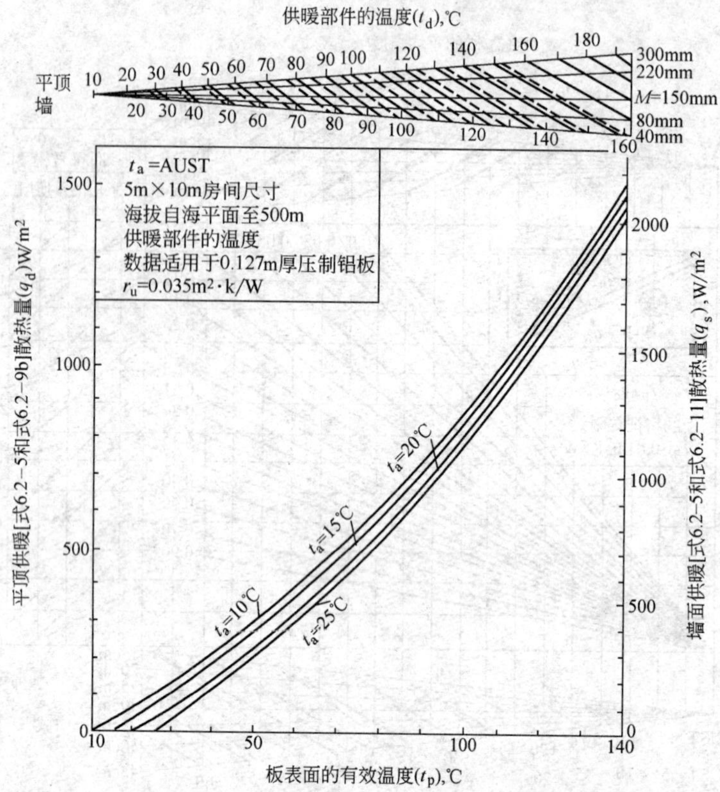

图 6.6-2　铝平顶和墙面辐射供暖设计曲线图

【例 2】 铝平顶辐射板，厚度为 127mm，管间距 $M=150$mm；室内温度 $t_a=20$℃时需要的平顶供热量为 $q_d=1260$W/m²；求要求加热元件的温度 t_d 和有效的辐射板表面温度 t_p。

【解】 在图 6.6-2 右侧纵坐标上选定 $q=1260$W/m²，向右与 $t_a=20$℃曲线相交，然后向上与 $M=150$mm 线交于一点，得平顶加热元件温度 $t_d=160$℃；在图 6.6-2 的底部横坐标上可得出有效的辐射板表面温度 $t_p=129$℃。

图 6.6-1 也可用于加热管不嵌在辐射板中的系统：

(1) 当管道固定在辐射板上时，$x_p=0$；

(2) 用弹性夹紧固时，$D_i=0$（D_o 指夹子的厚度）。

2. 表算法

(1) 表算法的计算公式

ASHRAE Handbook 2000 给出了设计和分析辐射板的下列公式：

$$t_d \approx t_a + \frac{(t_p - t_a) \cdot M}{2W \cdot \eta + D_o} + q \cdot (r_p + r_c + r_s \cdot M) \tag{6.6-1}$$

式中 t_d——加热盘管（发热电缆）的平均表面温度，℃；

q——板面的综合传热量，W/m²；

t_a——室内设计温度，℃；对于地面辐射供暖或平顶辐射供冷系统，当有大面积的外窗时，应以 AUST 替代；

D_o——管外径或特征宽度，m，见表 6.2-1；

M——管道的中心距，mm；

$2W$——管间的净距，$M-D_o$，m；

η——翅片效率：

$$\eta=\frac{\tanh\cdot(f\cdot w)}{f\cdot w} \tag{6.6-2}$$

$f\cdot w>2$ 时：

$$\eta\approx 1/f\cdot w \tag{6.6-3}$$

下式可用以计算包括了辐射板与表面覆盖物中的横向热扩散的翅片效率：

对于 $t_p\neq t_a$

$$f\approx\left[\frac{q}{m\cdot(t_p-t_a)\cdot\sum_{i=1}^{n}\lambda_i\cdot x_i}\right]^{\frac{1}{2}} \tag{6.6-4}$$

$$m=2+r_c/2\cdot r_p$$

式中 n——不同材料的层数，包括辐射板和覆盖物；

x_i——i 层的厚度，m；

λ_i——i 层的导热系数，W/(m·K)。

对于水系统来说，要求的水（盐水）的平均温度为：

$$t_w=(q+q_b)\cdot M\cdot r_t+t_d \tag{6.6-5}$$

式中 q_b——供暖时为板背面和周边的热损失（正值），供冷时为得热（负值）。

（2）散热量计算表

根据以上计算公式，给定地面构造、加热管类型、管径、铺设间距及面层热阻，即可计算出不同供水温度和室内温度时地面的向上及向下散热量，如下列表 6.6-1 至表 6.6-8 所示。

计算表的编制条件如下：

1）地板构造，由下向上分别为：

钢筋混凝土楼板

20mm 厚聚苯乙烯泡沫塑料板绝热层

加热管：外径 20mm 的 PE-X、PE-RT 管和 PB、PP-R 管

50mm 厚豆石混凝土填充层。

2）供、回水温度差为 10℃。

3）地面层材料的热阻：

水泥、陶瓷（瓷砖）	$R=0.02m^2\cdot$℃/W
塑料类	$R=0.075m^2\cdot$℃/W
木地板	$R=0.10m^2\cdot$℃/W
地毯	$R=0.15m^2\cdot$℃/W

R=0.02m²·K/W（水泥、陶瓷地面）时 PE-X、PE-RT 管的散热量 表 6.6-1

热媒平均温度(℃)	室内计算温度(℃)	分子—向上散热量(W/m²)；分母—向下散热量(W/m²)				
		管间距(mm)				
		300	250	200	150	100
35	16	84.7/23.8	92.5/24	100.5/24.6	108.9/23.7	116.6/24.2
	18	76.4/21.7	83.3/22	90.4/22.6	97.9/21.6	104.7/22.5
	20	68/19.9	74/20.2	80.4/20.5	87.1/19.5	93.1/20.2
	22	59.7/17.7	65/18	70.5/18.4	76.3/17.5	81.5/18.1
	24	51.6/15.6	56.1/15.7	60.7/15.7	65.7/15.7	70.1/15.7
40	16	108/29.7	118.1/29.8	128.7/30.5	139.6/30.8	149.7/30.8
	18	99.5/27.4	108.7/27.9	118.4/28.5	128.4/28.7	137.6/28.7
	20	91/25.4	99.4/25.7	108.1/26.5	117.3/26.7	125.6/26.7
	22	82.5/23.8	90/23.9	97.9/24.4	106.2/24.6	113.7/24.6
	24	74.2/21.3	80.9/21.5	87.8/22.4	95.2/22.4	101.9/22.4
45	16	131.8/35.5	144.4/35.5	157.5/36.5	171.2/36.8	183.9/36.8
	18	123.3/33.2	134.8/33.9	147/34.5	159.8/34.8	171.6/34.8
	20	114.5/31.7	125.3/32	136.6/32.4	148.5/32.7	159.3/32.7
	22	106/29.4	115.8/29.8	126.2/30.4	137.1/30.7	147.1/30.7
	24	97.3/27.6	106.5/27.3	115.9/28.4	125.9/28.6	134.9/28.6
50	16	156.1/41.4	171.1/41.7	187/42.5	203.6/42.9	218.9/42.9
	18	147.4/39.2	161.5/39.5	176.4/40.5	192/40.9	206.4/40.9
	20	138.6/37.3	151.9/37.5	165.8/38.5	180.5/38.9	194/38.9
	22	130/35.2	142.3/35.6	155.3/36.5	168.9/36.8	181.5/36.8
	24	121.2/33.4	132.7/33.7	144/34.4	157.5/34.7	169.1/34.7
55	16	180.8/47.1	198.3/47.8	217/48.6	236.5/49.1	254.8/49.1
	18	172/45.2	188.7/45.6	206.3/46.6	224.9/47.1	242/47.1
	20	163.1/43.3	178.9/43.8	195.6/44.6	213/45	229.4/45
	22	154.3/41.4	169.3/41.5	185/42.5	201.5/43	216.9/43
	24	145.5/39.4	159.6/39.5	174.3/40.5	189.9/40.9	204.3/40.9

R=0.075m²·K/W（塑料类地面）时 PE-X、PE-RT 管的散热量 表 6.6-2

热媒平均温度(℃)	室内计算温度(℃)	分子—向上散热量(W/m²)；分母—向下散热量(W/m²)				
		管间距(mm)				
		300	250	200	150	100
35	16	67.7/24.2	72.3/24.3	76.8/24.6	81.3/25.1	85.3/25.7
	18	61.1/22	65.2/22.3	69.3/22.5	73.2/22.9	76.9/23.4
	20	54.5/19.9	58.1/20.1	61.8/20.3	65.3/20.7	68.5/21.3
	22	48/17.8	51.1/18.1	54.3/18.1	57.4/18.5	60.2/18.8
	24	41.5/15.5	44.2/15.9	46.9/16	49.5/16.3	51.9/16.7
40	16	85.9/30	91.8/30.4	97.7/30.7	103.4/31.3	108.7/32
	18	79.2/27.9	84.6/28.1	90/28.6	95.3/29.1	100.1/29.8
	20	72.5/26	77.5/26	82.4/26.4	87.2/26.9	91.5/27.6
	22	65.9/23.7	70.3/24	74.8/24.2	79.1/24.7	83/25.3
	24	59.3/21.4	63.2/21.9	67.2/22.1	71.1/22.5	74.6/23.1
45	16	104.5/35.8	111.7/36.1	119/36.8	126.1/37.6	132.6/38.5
	18	97.7/33.8	104.5/34.1	111.2/34.7	117.8/35.4	123.9/36.3
	20	90.9/31.8	97.2/32.1	103.5/32.6	109.6/33.2	115.2/33.9
	22	84.2/29.7	89.9/30	95.8/30.4	101.4/31	106.5/31.9
	24	77.4/27.7	82.7/28	88.1/28.2	93.2/28.8	97.9/29.4
50	16	123.3/41.8	131.9/42.2	140.6/42.9	149.1/43.9	156.9/44.9
	18	116.5/39.6	124.6/40.3	132.8/40.8	140.7/41.7	148.1/42.7
	20	109.6/37.7	117.3/38.1	125/38.7	132.4/39.5	139.3/40.4
	22	102.8/35.5	109.9/36.2	117.1/36.6	124.1/37.3	130.6/38.3
	24	96/33.7	102.7/33.9	109.4/34.4	115.9/35.1	121.8/35.9
55	16	142.4/47.7	152.3/48.6	162.5/49.1	172.4/50.2	181.5/51.4
	18	135.4/45.8	145/46.2	154.6/47	164/48	172.7/49.3
	20	128.6/43.7	137.6/44.3	146.8/44.9	155.6/45.9	163.8/47
	22	121.7/416	130.2/42.2	138.9/42.8	147.3/43.7	155/44.9
	24	114.9/39.9	122.9/39.9	131/40.7	138.9/41.5	146.2/42.6

R=0.10m²·K/W（木地板）时 PE-X、PE-RT 管的散热量 表 6.6-3

热媒平均温度（℃）	室内计算温度（℃）	分子—向上散热量(W/m²)；分母—向下散热量(W/m²)				
		管间距(mm)				
		300	250	200	150	100
35	16	62.4/24.4	66/24.6	69.6/25	73.1/25.5	76.2/26.1
	18	56.3/22.3	59.6/22.5	62.8/22.9	65.9/23.3	68.7/23.9
	20	50.3/20.1	53.1/20.5	56/20.7	58.8/21.1	61.3/21.6
	22	44.3/18	46.8/18.2	49.3/18.5	51.7/18.9	53.9/19.3
	24	38.4/15.7	40.5/16.1	42.6/16.3	44.7/16.6	46.5/17
40	16	79.1/30.2	83.7/30.7	88.4/31.2	92.8/31.9	96.9/32.5
	18	72.9/28.3	77.2/28.6	81.5/29	85.5/29.6	89.3/30.3
	20	66.8/26.3	70.7/26.5	74.6/26.9	78.3/27.4	81.7/28.1
	22	60.7/24	64.2/24.4	67.7/24.7	71.1/25.2	74.1/25.8
	24	54.6/21.9	57.8/22.1	60.9/22.5	63.9/22.9	66.6/23.4
45	16	96/36.4	101.8/36.9	107.5/37.5	112.9/38.2	117.9/39.1
	18	89.8/34.1	95.1/34.8	100.5/35.3	105.6/36	110.2/36.8
	20	83.6/32.2	88.6/32.7	93.5/33.1	98.2/33.8	102.6/34.5
	22	77.4/30.1	82/30.4	86.6/30.9	90.9/31.6	94.9/32.4
	24	71.2/28	75.4/28.4	79.6/28.8	83.6/29.3	87.3/30
50	16	113.2/42.3	120/43.1	126.8/43.7	133.4/44.6	139.3/45.6
	18	106.9/40.3	113.3/41	119.8/41.6	125.9/42.4	131.6/43.4
	20	100.7/38.1	106.7/38.7	112.7/39.4	118.5/40.2	123.8/41.2
	22	94.4/36.1	100.1/36.7	105.7/37.2	111.1/38	116.1/38.9
	24	88.2/34	93.4/34.6	98.7/35.1	103.8/35.7	108.4/36.6
55	16	130.5/48.6	138.5/49.1	146.4/50	154/51.1	161/52.2
	18	124.2/46.6	131.8/47.1	139.3/47.9	146.6/48.9	153.2/50
	20	118/44.4	125.1/45	132.2/45.7	139.1/46.7	145.4/47.8
	22	111.7/42.2	118.4/42.8	125.2/43.6	131.6/44.5	137.6/45.5
	24	105.4/40.1	111.7/40.8	118.1/41.4	124.2/42.2	129.8/43.2

R=0.15m²·K/W（厚地毯）时 PE-X、PE-RT 管的散热量 表 6.6-4

热媒平均温度（℃）	室内计算温度（℃）	分子—向上散热量(W/m²)；分母—向下散热量(W/m²)				
		管间距(mm)				
		300	250	200	150	100
35	16	53.8/25	56.2/25.4	58.6/25.7	60.9/26.2	62.9/26.8
	18	48.6/22.8	50.8/23.2	52.9/23.5	54.9/23.9	56.8/24.3
	20	43.4/20.6	45.3/20.9	47.2/21.2	49/21.7	50.7/22.1
	22	38.2/18.4	39.9/18.7	41.6/19	43.2/19.3	44.6/19.8
	24	33.2/16.2	34.6/16.4	36/16.7	37.4/17	38.6/17.4
40	16	68/31	71.1/31.6	74.2/32.1	77.1/32.7	79.7/33.3
	18	62.7/28.9	65.6/29.3	68.4/29.8	71.1/30.4	73.5/31
	20	57.6/26.7	60.1/27.1	62.7/27.6	65.1/28.1	67.3/28.7
	22	52.3/24.6	54.6/24.9	57/25.3	59.2/25.9	61.2/26.4
	24	47.1/22.3	49.2/22.7	51.3/23.1	53.2/23.5	55/23.9
45	16	82.4/37.3	86.2/37.9	90/38.5	93.5/39.2	96.8/40
	18	77.1/35.1	80.7/35.7	84.2/36.3	87.5/37	90.5/37.6
	20	71.8/33	75.1/33.5	78.4/34	81.5/34.7	84.3/35.5
	22	66.5/30.7	69.6/31.2	72.6/31.8	75.4/32.4	78/32.9
	24	61.3/28.6	64.1/29.1	66.8/29.5	69.4/30.1	71.8/30.8
50	16	97/43.4	101.5/44.2	106/44.9	110.2/45.7	114.1/46.7
	18	91.6/41.4	95.9/42	100.1/42.7	104.1/43.5	107.8/44.5
	20	86.3/39.2	90.3/39.8	94.3/40.5	98/41.3	101.5/42.1
	22	81/37	84.7/37.7	88.5/38.3	92/39	95.2/39.8
	24	75.7/34.9	79.2/35.3	82.6/36	85.9/36.7	88.9/37.4
55	16	111.7/49.7	117/50.6	122.2/51.4	127.1/52.4	131.6/53.4
	18	106.3/47.7	111.4/48.4	116.3/49.2	120.9/50.1	125.2/51.2
	20	101/45.5	105.7/46.2	110.4/47	114.8/47.9	118.9/49
	22	95.6/43.3	100.1/43.9	104.5/44.8	108.7/45.6	112.5/46.7
	24	90.3/41.2	94.5/41.8	98.6/42.5	102.6/43.3	106.2/44.2

R=0.02m²·K/W（水泥、陶瓷地面）时PB、PP-R管的散热量 表6.6-5

热媒平均温度(℃)	室内计算温度(℃)	分子—向上散热量(W/m²)；分母—向下散热量(W/m²)				
		管间距(mm)				
		300	250	200	150	100
35	16	76.5/21.9	84.3/22.3	92.7/22.9	101.8/23.7	111.1/24.1
	18	68.9/20.1	75.9/20.4	83.5/20.9	91.5/21.7	99.8/22.6
	20	61.4/18.2	67.5/18.7	74.3/19	81.4/19.6	88.6/20.6
	22	53.9/16.5	59.3/16.8	65.1/17.2	71.4/17.5	77.6/18.5
	24	46.6/14.6	51.2/14.8	56.1/15.3	61.4/15.7	66.8/16.4
40	16	97.3/27.1	107.4/27.6	118.5/28.3	130.3/29.2	142.4/30.6
	18	89.6/25.4	98.9/25.9	109.1/26.4	119.9/27.2	130.9/28.6
	20	82/23.5	90.4/24.1	99.6/24.6	109.5/25.2	119.5/26.5
	22	74.4/21.7	82/22.1	90.3/22.7	99.2/23.3	108.2/24.4
	24	66.8/19.9	73.6/20.3	81/20.8	88.9/21.5	96.9/22.4
45	16	118.6/32.4	131.1/33	144.9/33.8	159.6/35.1	174.7/36.6
	18	110.8/30.6	122.5/31.2	135.3/31.9	149/33	163.1/34.6
	20	103.1/28.8	113.9/29.4	125.7/30	138.4/31.2	151.4/32.5
	22	95.3/27	105.3/27.5	116.2/28.2	127.9/29.1	139.8/30.5
	24	87.7/25.2	96.7/25.6	106.7/26.3	117.4/27.2	128.3/28.4
50	16	140.3/37.6	155.2/38.4	171.8/39.4	189.5/40.8	207.9/42.7
	18	132.4/35.8	146.5/36.5	162.1/37.5	178.8/38.9	196/40.6
	20	124.6/34	137.8/34.7	152.4/35.7	168.1/36.8	184.2/38.6
	22	116.8/32.2	129.1/32.9	142.7/33.8	157.3/35	172.4/36.6
	24	109/30.5	120.4/31.1	133.1/31.9	146.7/32.9	160.7/34.5
55	16	162.2/42.9	179.7/43.7	199.1/44.9	220/46.5	241.7/48.7
	18	154.3/41.1	170.9/42	189.3/43	209.2/44.4	229.7/46.7
	20	146.4/39.3	162.2/40.1	179.5/41.3	198.3/42.6	217.7/44.7
	22	138.5/37.5	153.4/38.3	169.8/39.5	187.5/40.7	205.8/42.7
	24	130.7/35.8	144.6/36.5	160/37.5	176.7/38.7	193.9/40.6

R=0.075m²·K/W（塑料类地面）时PB、PP-R管的散热量 表6.6-6

热媒平均温度(℃)	室内计算温度(℃)	分子—向上散热量(W/m²)；分母—向下散热量(W/m²)				
		管间距(mm)				
		300	250	200	150	100
35	16	62/23.2	66.8/23.5	72/23.5	77.2/24.2	82.3/24.8
	18	55.9/21.3	60.3/21.6	64.9/21.6	69.5/22.1	74.2/22.6
	20	49.9/19.3	53.7/19.9	58/19.9	62/20	66.1/20.6
	22	43.9/17.4	47.2/17.9	51/17.9	54.5/17.9	58/18.5
	24	38/15.3	40.8/15.9	44.1/15.9	47.1/15.9	50.1/16.3
40	16	78.5/28.9	84.7/29.6	91.5/29.6	98.1/30.1	104.8/30.9
	18	72.4/27.1	78.1/27.7	84.4/27.7	90.5/27.8	96.5/28.8
	20	66.3/25.1	71.5/25.7	77.2/25.7	82.8/25.8	88.3/26.8
	22	60.2/23.1	64.9/23.7	70.1/23.7	75.1/23.8	80.1/24.5
	24	54.1/21.1	58.3/21.7	63/21.7	67.5/21.7	71.9/22.3
45	16	95.4/34.6	103/35.4	111.4/35.4	119.5/36.1	127.7/37.2
	18	89.2/32.5	96.3/33.4	104.1/33.4	111.7/33.9	119.4/35
	20	83/30.6	89.6/31.5	96.9/31.5	104/31.8	111/32.9
	22	76.9/28.5	82.9/29.5	89.7/29.5	96.2/29.6	102.7/30.8
	24	70.7/26.9	76.3/27.5	82.5/27.5	88.5/27.5	94.4/28.4
50	16	112.5/40.2	121.6/41.2	131.5/41.2	141.3/41.9	151.1/43.4
	18	106.2/38.4	114.8/39.3	124.2/39.3	133.4/40.1	142.6/41.3
	20	100/36.4	108/37.4	116.9/37.4	125.5/38.1	134.2/39.1
	22	93.8/34.5	101.3/35.4	109.6/35.4	117.7/35.8	125.7/37
	24	87.6/32.3	94.6/33.4	102.3/33.4	109.8/33.6	117.4/34.8
55	16	129.8/45.7	140.3/47.1	151.1/47.1	163.4/47.7	174.8/49.6
	18	122.8/44	132.9/44	145.1/44	155.9/45.5	166.7/47
	20	117.2/42.1	126.8/42.7	137.2/42.7	147.5/43.7	157.7/45.4
	22	110.9/40.3	120/41	129.8/41	139.5/41.8	149.2/43.4
	24	104.7/38.2	113.2/39.2	122.5/39.2	131.6/39.9	140.7/41.2

R=0.10m²·K/W（木地板）时 PB、PP-R 管的散热量 表 6.6-7

热媒平均温度(℃)	室内计算温度(℃)	分子—向上散热量(W/m²)；分母—向下散热量(W/m²) 管间距(mm) 300	250	200	150	100
35	16	57.4/23.1	61.5/23.1	65.6/23.9	69.7/24.6	73.7/25.4
	18	51.8/21.4	55.5/21.4	59.2/21.7	62.9/22.4	66.5/23.1
	20	46.2/19.2	49.5/19.2	52.7/19.9	56.1/20.2	59.3/20.9
	22	40.7/17.7	43.5/17.7	46.5/17.5	49.3/18	52.1/18.7
	24	35.2/15.2	37.7/15.2	40.2/15.6	42.7/15.8	45.1/16.4
40	16	72.6/29.3	77.8/29.3	83.1/29.8	88.5/30.6	93.7/31.6
	18	66.9/27.3	71.8/27.3	76.6/27.7	81.5/28.4	86.3/29.4
	20	61.4/24.7	65.8/24.7	70.2/25.6	74.6/26.4	79/27.2
	22	55.8/22.7	59.8/22.7	63.7/23.6	67.8/24.2	71.7/24.9
	24	50.2/20.7	53.8/20.7	57.3/21.3	60.9/21.9	64.5/22.7
45	16	88.2/34.4	94.7/34.4	101.1/35.4	107.6/36.5	114/37.8
	18	82.4/32.4	88.5/32.4	94.5/33.6	100.6/34.6	106.6/35.6
	20	76.7/30.4	82.4/30.4	87.9/31.5	93.6/32.4	99.2/33.5
	22	71.1/28.4	76.3/28.4	81.4/29.4	86.7/30.1	91.8/31.2
	24	65.6/26.4	70.2/26.4	74.9/27.4	79.7/28.1	84.4/29
50	16	103.9/40.1	111.6/40.1	119.2/41.5	127/42.6	134.6/44.3
	18	98.2/38.1	105.4/38.1	112.6/39.3	119.9/40.5	127.1/42
	20	92.4/36.1	99.2/36.1	106/37.4	112.9/38.5	119.6/39.9
	22	86.7/34.2	93/34.2	99.4/35.3	105.8/36.3	112.2/37.6
	24	81/32.2	86.9/32.2	92.8/33.2	98.8/34.2	104.7/35.4
55	16	119.7/45.9	128.6/45.9	137.5/47.3	146.6/48.8	155.5/50.5
	18	114/44.8	122.4/43.8	130.8/45.5	139.5/46.8	148/48.5
	20	108.1/41.9	116.2/41.9	124.2/43.5	132.4/44.5	140.5/46.2
	22	102.3/39.9	110/39.9	117.5/41.5	125.3/42.4	132.9/44.1
	24	96.6/37.9	103.8/37.9	111/39.1	118.2/40.3	125.4/41.7

R=0.15m²·K/W（厚地毯）时 PB、PP-R 管的散热量 表 6.6-8

热媒平均温度(℃)	室内计算温度(℃)	分子—向上散热量(W/m²)；分母—向下散热量(W/m²) 管间距(mm) 300	250	200	150	100
35	16	49.9/23.6	52.8/23.8	55.6/24.4	58.4/25.1	61.1/26.1
	18	45.2/21.3	47.7/21.7	50.2/22.3	52.7/23	55.2/23.7
	20	40.3/19.4	42.6/19.7	44.8/20.1	47.1/20.8	49.3/21.4
	22	35.5/17.4	37.5/17.6	39.5/18.1	41.5/18.6	43.4/19.1
	24	30.8/15.4	32.5/15.5	34.2/15.9	35.9/16.4	37.6/16.9
40	16	63.2/29	66.7/29.7	70.3/30.5	73.9/31.3	77.5/32.4
	18	58.2/27.2	61.6/27.6	64.9/28.5	68.2/29.2	71.4/30.1
	20	53.4/25.2	56.4/25.6	59.4/26.3	62.4/27.1	65.4/27.9
	22	48.6/22.9	51.3/23.4	54/24.2	56.8/24.8	59.4/25.7
	24	43.7/21	46.1/21.4	48.6/21.9	51.1/22.6	53.5/23.3
45	16	76.5/34.8	80.9/35.5	85.3/36.6	89.7/37.6	94/38.9
	18	71.6/32.9	75.6/33.5	79.7/34.6	83.9/35.6	87.9/36.7
	20	66.6/31.2	70.4/31.5	74.3/32.3	78.1/33.4	81.9/34.3
	22	61.8/28.8	65.2/29.4	68.8/30.3	72.3/31.1	75.8/32.1
	24	56.8/26.9	60.1/27.3	63.3/28.1	66.6/28.9	69.8/29.8
50	16	90/40.6	95.2/41.5	100.4/42.6	105.6/44	110.8/45.3
	18	85/38.7	89.9/39.4	94.8/40.7	99.8/41.8	104.6/43.1
	20	80.1/36.6	84.7/37.4	89.3/38.6	94/39.6	98.5/40.9
	22	75.1/34.8	79.4/35.4	83.8/36.3	88.1/37.5	92.4/38.6
	24	70.2/32.5	74.2/33.3	78.3/34.2	82.3/35.3	86.3/36.4
55	16	103.6/46.2	109.6/47.4	115.7/48.7	121.7/50.3	127.7/52.1
	18	98.6/44.8	104.3/45.4	110.1/46.8	115.9/48.1	121.5/49.8
	20	93.6/42.7	99/43.4	104.5/44.7	110/46	115.4/47.5
	22	88.6/40.7	93.8/41.3	98.9/42.5	104.1/43.8	109.3/45.3
	24	83.7/38.3	88.5/39.3	93.4/40.5	98.3/41.7	103.1/43

6.6.2 欧洲标准（EN 1264）的计算法

本节内容摘引自"EUROPEAN STANDARD EN 1264：《Floor Heating Systems and Components》"。

该标准建立了如图 6.6-3 和图 6.6-4 所示的 A、B 和 C 三种构造模型，应用有限元法进行模拟计算，得出经验公式，给出各项系数的数值，供工程设计应用。

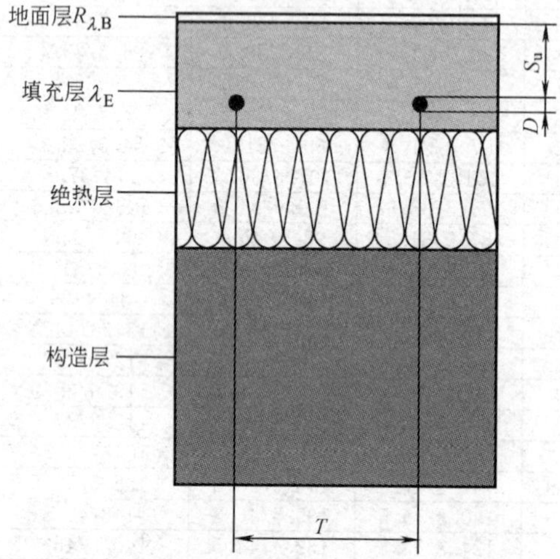

图 6.6-3 加热管埋在填充层内（A 型及 C 型）

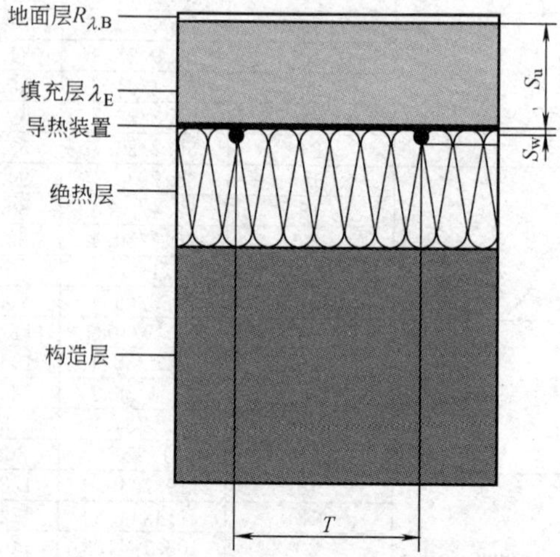

图 6.6-4 加热管在填充层下（B 型）

1. 边界条件：

（1）基本特性曲线反映单位面积供热量和平均动态表面温度之间的关系，它独立于供暖系统，适用于所有地面供暖表面（包括有较高热辐射的边缘区域），参见图 6.6-5。

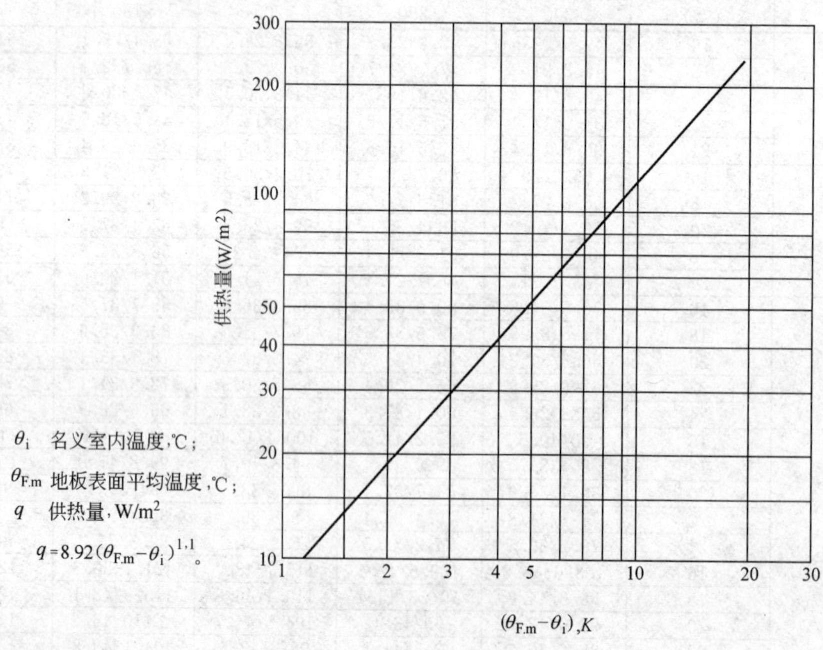

图 6.6-5 基本特性曲线

(2) 每个地面供暖系统，有一个最大允许供热量，即极限供热量 q_G。这是根据名义室内温度 $\theta_i=20$℃、最高表面温度 $\theta_{F,max}=29$℃、温度降 $\Delta=0$K 决定的；边缘区域延伸至 $\theta_{F,max}=35$℃，温度降 $\Delta=0$K。

(3) 不管系统形式，都同样以供暖地面区域的中心为参考点温度 $\theta_{F,max}$进行计算。

(4) 决定供热量的平均地板表面温度 $\theta_{F.m}$（参见图 6.6-5），与最高地面温度相联系，$\theta_{F.m}<\theta_{F.max}$，永远适用。

$\theta_{F.m}$可达到的值，不仅取决于地面供暖系统，还依附于运行条件（温度降 $\Delta=\theta_V-\theta_R$，向下热流 q_u 和地面覆盖层的热阻 $R_{\lambda.B}$）。

2. 供热量计算的基本假定

(1) 地板表面至室内活动区的传热，与基本特性曲线相一致。

(2) 如果地面没有覆盖（$R_{\lambda.B}=0$），向下散热量 q_u（穿过地板）假定等于向上散热量 q 的 10%。

(3) 温度降 $\Delta=0$；热媒温度差采用对数平均温度差 $\Delta\theta_H$ 计算：

$$\Delta\theta_H=\frac{\theta_V-\theta_R}{\ln\dfrac{\theta_V-\theta_i}{\theta_R-\theta_i}} \tag{6.6-6}$$

式中 θ_V——供水温度，℃；

θ_R——回水温度，℃；

θ_i——室内温度，℃。

(4) 流动形态为紊流，$m_H/d_i>4000$kg/(h·m)。

m_H——设计热水流量，kg/s；

d_i——加热管的内径，m。

(5) 没有横向热流。

(6) 地面的供热量（地面向上散热量）q（W/m²）的基本特性曲线计算式为：

$$q=8.92(\theta_{F.m}-\theta_i)^{1.1} \tag{6.6-7}$$

式中 $\theta_{F.m}$——地板表面的平均温度，℃；

θ_i——名义室内温度，℃。

(7) 地表面的最高温度（$\theta_{F.max}$）与最大供热量（$q_{G.max}$），如表 6.6-9 所示。

地表面的最高温度与最大单位地面散热量　　　表 6.6-9

特　征	θ_i(℃)	$\theta_{F.max}$(℃)	$q_{G.max}$(W/m²)
人员经常停留区	20	29	100
浴室等	24	33	100
周边区	20	35	175

3. 供热量的计算（特性和限值曲线）

地板表面的供热量 q，取决于下列参数：

① 加热管的间距 T。

② 加热管顶以上填充层的厚度 s_u 及其导热系数 λ_E。

③ 地面覆盖层的热阻 $R_{\lambda.B}$。

④ 加热管的外径 $D=d_a$，如果需要包括导热翅片（$D=d_M$）与管道的导热系数 λ_R 和/或翅片的导热系数 λ_M。

⑤ 导热装置（翅片）以 K_{WL} 值表示。

⑥ 加热管和导热装置或填充层之间的接触，以系数 α_k 表示。

地面供热量与（$\Delta\theta_H$）^{n} 成正比。实验和理论研究得出：指数 n 值为：$1.0<n<1.05$；在实用精度范围内，可取 $n=1.0$。因此，地面供热量 q（W/m^2）可按下式计算：

$$q=B\cdot\prod_i(\alpha_i^{m_i})\cdot\Delta\theta_H \quad (6.6\text{-}8)$$

式中 B——随系统决定的系数，W/m^2；

$\prod_i(\alpha_i^{m_i})$——链接构造参数乘积的幂。

(1) 加热管埋置于填充层内的系统（图 6.6-3 所示的 A 型与 C 型）

对于这类系统（图 6.6-3），特性曲线可按下式计算：

$$q=B\cdot\alpha_B\cdot\alpha_T^{m_T}\cdot\alpha_u^{m_u}\cdot\alpha_D^{m_D}\cdot\Delta\theta_H \quad (6.6\text{-}9)$$

式中 B——常数；$B=B_0=6.7W/(m^2\cdot K)$；适用于管壁厚度 $s_R=s_{R.0}=(d_a-d_i)/2=0.002m$ 和管材的导热系数 $\lambda_R=\lambda_{R.0}=0.35W/(m\cdot K)$ 的情况。不符合上述条件时，B 值应另行计算。

λ_E——混凝土填充层的导热系数，可以采用：$\lambda_E=1.2W/(m\cdot k)$；

α_B——地面填充层的影响因数，$\alpha_B=f(\lambda_E, R_{\lambda.B})$，按表 6.6-10 确定；

α_T——管间距的影响因数，$\alpha_T=f(R_{\lambda.B})$，按表 6.6-11 确定；

α_u——覆盖层的影响因数，$\alpha_u=f(T, R_{\lambda.B})$，按表 6.6-12 确定；

α_D——管外径的影响因数，$\alpha_D=f(T, R_{\lambda.B})$，按表 6.6-13 确定；

m_T——管间距影响因素的指数：

$$m_T=1-T/0.075 \quad (\text{适用于：}0.050m\leqslant T\leqslant 0.375m) \quad (6.6\text{-}10)$$

m_u——覆盖层影响因素的指数：

$$m_u=100(0.045-s_u) \quad (\text{适用于：}s_u\geqslant 0.015m) \quad (6.6\text{-}11)$$

m_D——管径影响因素的指数：

$$m_D=250(D-0.020) \quad (\text{适用于：}0.010m\leqslant D\leqslant 0.030m) \quad (6.6\text{-}12)$$

式（6.6-10）、式（6.6-11）和式（6.6-12）中：T 为加热管的间距；D 为加热管的外径，包含翅片（如果有的话）；s_u 为加热管上部构造层的厚度。

加热管的间距 $T>0.375m$ 时，热流密度可近似的按下式计算：

$$q=q_{0.375}\times\frac{0.375}{T} \quad (6.6\text{-}13)$$

限值曲线可根据公式乘积计算，它与式（6.6-20）相一致（详见本节后“(4) 热供量的限值”中的介绍）。

填充层的影响因数（α_B）表（A型与C型） **表 6.6-10**

$R_{\lambda.B}$(m²·K/W)	0	0.05	0.10	0.15
λ_E(W/m·K)	α_B			
2.0	1.196	0.833	0.640	0.519
1.5	1.122	0.797	0.618	0.505
1.2	1.058	0.764	0.598	0.491
1.0	1.000	0.734	0.579	0.478
0.8	0.924	0.692	0.553	0.460
0.6	0.821	0.632	0.514	0.433

填充层的影响因数 α_B 按下式确定：

$$\alpha_B=\frac{\frac{1}{\alpha}+\frac{s_{u.o}}{\lambda_{u.o}}}{\frac{1}{\alpha}+\frac{s_{u.o}}{\lambda_E}+R_{\lambda.B}}$$；（式中 $\alpha=10.8$W/(m²·K)；$\lambda_{u.o}=1$W/(m²·K)；$s_{u.o}=0.045$m）

管间距的影响因数（α_T）表（A型和C型） **表 6.6-11**

$R_{\lambda.B}$(m²·K/W)	0	0.05	0.10	0.15
α_T(W/m²·K)	1.23	1.188	1.156	1.134

覆盖层的影响因数（α_u）表（A型和C型） **表 6.6-12**

$R_{\lambda.B}$(m²·K/W)	0	0.05	0.10	0.15
T(m)	α_u			
0.050	1.069	1.056	1.043	1.037
0.075	1.066	1.053	1.041	1.035
0.100	1.063	1.05	1.039	1.0335
0.150	1.057	1.046	1.035	1.0305
0.200	1.051	1.041	1.0315	1.0275
0.225	1.048	1.038	1.0295	1.026
0.300	1.0395	1.031	1.024	1.021
0.375	1.03	1.024	1.018	1.016

管外径的影响因数（α_D）表（A型和C型） **表 6.6-13**

$R_{\lambda.B}$(m²·K/W)	0	0.05	0.10	0.15
T(m)	α_D			
0.05	1.013	1.013	1.012	1.011
0.075	1.021	1.019	1.016	1.014
0.10	1.029	1.025	1.022	1.018
0.15	1.04	1.034	1.029	1.024
0.20	1.046	1.04	1.035	1.03
0.225	1.049	1.043	1.038	1.033
0.30	1.053	1.049	1.044	1.039
0.375	1.056	1.051	1.046	1.042

因数 B_G（A型和C型） 表 6.6-14

λ_E=1.2W/(m·K)，s_u 以m计	0.025*	0.035	0.045	0.055	0.065
s_u/λ_E(m²·K/W)	0.0208	0.0292	0.0375	0.0458	0.0542
T(m)			B_G		
0.05	91.5	96.8	100	100	100
0.075	83.5	89.9	96.3	99.5	100
0.1	75.4	82.9	89.3	95.5	98.8
0.15	61.3	69.2	76.3	82.8	87.8
0.2	48.2	56.2	63.1	69.1	74.5
0.225	42.5	49.5	56.5	62	67.1
0.3	26.8	31.6	36.4	41.5	46
0.375	13.4	15.5	18.2	21.1	24.1

* 如果应用是合适的。

指数 n_G（A型和C型） 表 6.6-15

λ_E=1.2W/(m·K)，s_u 以m计	0.025*	0.035	0.045	0.055	0.065
s_u/λ_E(m²·K/W)	0.0208	0.0292	0.0375	0.0458	0.0542
T(m)			n_G		
0.05	0.005	0.002	0	0	0
0.075	0.021	0.018	0.011	0.002	0
0.1	0.043	0.041	0.033	0.014	0.005
0.15	0.085	0.082	0.076	0.055	0.038
0.2	0.13	0.129	0.123	0.105	0.083
0.225	0.154	0.153	0.146	0.13	0.11
0.2625	0.196	0.196	0.19	0.173	0.15
0.3	0.253	0.253	0.245	0.225	0.2
0.3375	0.321	0.321	0.31	0.293	0.265
0.375	0.421	0.421	0.405	0.385	0.354

* 如果应用是合适的。

（2）加热管的填充层下部的系统（图 6.6-4 所示的B型）

对于B型系统（图 6.6-4），填充层的厚度 s_u 及导热系数 λ_E 的变化，是通过系数 α_u 来体现的。管径没有影响，但是，加热管与散热装置或任何其他热分布装置间的连接是重要参数。这时，特性曲线按下式计算：

$$q=B\cdot\alpha_B\cdot\alpha_T^{m_T}\cdot\alpha_u\cdot\alpha_{WL}\cdot\alpha_K\cdot\Delta\theta_H \quad (6.6\text{-}14)$$

式中 B——常数；$B=B_0$=6.5W/(m²·K)［在式（6.6-9）的已知条件下］；

α_T——管间距的影响因数，$\alpha_T=f(s_u/\lambda_E)$，按表 6.6-16 确定；

m_T——在 $0.05\text{m}\leqslant T\leqslant 0.45\text{m}$ 范围内，$m_T=1-\dfrac{T}{0.075}$，见式（6.6-10）；

α_u——覆盖层的影响因数，$\alpha_u=f(s_u/\lambda_E)$ 按表 6.6-17 确定；

α_{WL}——导热装置（翅片）的影响因数，$\alpha_{WL}=f(K_{WL}, T, D)$，按表 6.6-19 确定：

$$K_{WL}=\frac{s_{WL}\lambda_{WL}+b_u s_u \lambda_E}{0.125} \tag{6.6-15}$$

$b_u=f(T)$，可按表 6.6-18 确定。$s_{WL}\cdot\lambda_{WL}$是附加导热装置（翅片）的厚度与导热系数的乘积；$s_u\cdot\lambda_E$ 系填充层的厚度与导热系数的乘积。如果导热装置的宽度 L 小于管间距 T，按表 6.6-19 确定的系数 α_{WL}应进行修正；从

$$\alpha_{WL}=\alpha_{WL\cdot L=T}$$

至 $$\alpha_{WL}=\alpha_{WL\cdot L=T}-(\alpha_{WL\cdot L=T}-\alpha_{WL\cdot L=0})\cdot\left[1-3.2\left(\frac{L}{T}\right)+3.4\left(\frac{L}{T}\right)^2-1.2\left(\frac{L}{T}\right)^3\right] \tag{6.6-16}$$

导热装置的影响因数 $\alpha_{WL.L=T}$和 $\alpha_{WL.L=0}$按表 6.6-19 取值。当 $L=T$ 时，表中 K_{WL}示值与式（6.6-15）一致，可以直接应用；$L=0$ 时，K_{WL}将与 $S_{WL}=0$ 一起组成；

α_K——连接（接触）的影响因数，$\alpha_K=f(T)$，见表 6.6-20；连接（接触）的影响因数 α_K 包括附加导热装置与加热管间点或线接触的接触热阻，表 6.6-20 给出的系平均值；

α_B——地面覆盖的影响因数：

$$\alpha_B=\frac{1}{1+B\cdot\alpha_u\cdot\alpha_T^{m_T}\cdot\alpha_K\cdot R_{\lambda.B}\cdot\overline{f}(T)};\ \overline{f}(T)=1+0.44\sqrt{T} \tag{6.6-17}$$

管间距的影响因数 α_T 表（B 型） **表 6.6-16**

s_u/λ_E ($m^2\cdot K/W$)	0.02	0.03	0.04	0.05	0.06	0.08	0.1	0.15
α_T	1.1	1.097	1.093	1.091	1.088	1.082	1.075	1.064

覆盖层的影响因数 α_u（B 型） **表 6.6-17**

s_u/λ_E ($m^2\cdot K/W$)	0.02	0.03	0.04	0.05	0.06	0.08	0.1	0.15
α_u	1.222	1.122	1.038	0.965	0.902	0.797	0.715	0.567

$\alpha_u=\left(\frac{1}{\alpha}+\frac{s_{u.0}}{\lambda_{u.0}}\right)\div\left(\frac{1}{\alpha}+\frac{s_u}{\lambda_E}\right)$；(式中 $\alpha=10.8W/m^2\cdot K$；$\lambda_{u.o}=1W/m\cdot K$；$s_{u.o}=0.045m$)

系数 b_u（B 型） **表 6.6-18**

T(m)	0.05	0.075	0.1	0.15	0.2	0.225	0.3	0.375	0.45
b_u	1	1	1	0.7	0.5	0.43	0.25	0.1	0

散热装置的影响因数（α_{WL}）表（B 型系统） **表 6.6-19**

K_{WL}	T(m)	0.1	0.15	0.20	0.30	0.45
	D(m)	α_{WL}				
0	0.022	0.658	0.505	0.422	0.344	0.3
	0.020	0.617	0.47	0.4	0.33	0.29
	0.018	0.576	0.444	0.379	0.315	0.28
	0.016	0.533	0.415	0.357	0.3	0.264

续表

K_{WL}	T(m)	0.1	0.15	0.20	0.30	0.45
	D(m)	α_{WL}				
0	0.014	0.488	0.387	0.337	0.288	0.25
0.1	0.022	0.77	0.642	0.57	0.472	0.45
	0.020	0.76	0.621	0.55	0.462	0.44
	0.018	0.726	0.6	0.53	0.453	0.43
	0.016	0.693	0.59	0.51	0.444	0.42
	0.014	0.66	0.561	0.49	0.435	0.41
0.2	0.022	0.885	0.775	0.71	0.615	0.57
	0.020	0.843	0.765	0.703	0.608	0.565
	0.018	0.832	0.755	0.695	0.6	0.56
	0.016	0.821	0.745	0.688	0.592	0.555
	0.014	0.81	0.735	0.68	0.585	0.55
0.3	0.022	0.92	0.855	0.8	0.72	0.68
	0.020	0.915	0.855	0.8	0.72	0.68
	0.018	0.91	0.855	0.8	0.72	0.68
	0.016	0.905	0.855	0.8	0.72	0.68
	0.014	0.9	0.855	0.8	0.72	0.68
0.4	0.022	0.94	0.895	0.86	0.78	0.75
	0.020	0.94	0.895	0.86	0.78	0.75
	0.018	0.94	0.895	0.86	0.78	0.75
	0.016	0.94	0.895	0.86	0.78	0.75
	0.014	0.94	0.895	0.86	0.78	0.75
0.5	$K_{WL}\geqslant 0.5$ 不受影响	0.963	0.924	0.894	0.83	0.81
0.6		0.972	0.945	0.921	0.87	0.86
0.7		0.98	0.96	0.943	0.91	0.90
0.8		0.988	0.974	0.961	0.94	0.93
0.9		0.995	0.99	0.98	0.97	0.97
1.0		1	1	1	1	1
∞		1.02	1.04	1.06	1.09	1.1

$K_{WL}>1$：$\alpha_{WL}=(\alpha_{WL})K_{WL=\infty}-[(\alpha_{WL})K_{WL=0}]\cdot\left[\dfrac{(\alpha_{WL})K_{WL=\infty}-1}{(\alpha_{WL})K_{WL=\infty}-(\alpha_{WL})K_{WL=\infty}}\right]^{K_{WL}}$

连接（接触）的影响因数（α_K） **表 6.6-20**

T(m)	0.05	0.075	0.1	0.15	0.2	0.225	0.3	0.375	0.45
α_K	1	0.99	0.98	0.95	0.92	0.9	0.82	0.72	0.60

(3) 平板系统

下式适用于计算地面覆有平板导热元件的系统：

$$q=B\cdot\alpha_{B}\cdot\alpha_{T}^{m_{T}}\cdot\alpha_{u}\cdot\Delta\theta_{H} \tag{6.6-18}$$

式中 $B=B_0=6.5\text{W/m}^2\cdot\text{K}$，而 $\alpha_{T}^{m_{t}}=1.06$

α_u——覆盖层的影响因数，根据表 6.6-17 确定；

α_B——地板覆盖的影响因数：

$$\alpha_{B}=\frac{1}{1+B\cdot\alpha_{u}\cdot\alpha_{T}^{m_{T}}\cdot R_{\lambda.B}} \tag{6.6-19}$$

(4) 供热量的限值

限值曲线给定了供热量与不同热媒温度之间的关系，从而可获得最高允许表面温度。

限值曲线可按下式计算：

$$q_{G}=\varphi\cdot B_{G}\cdot\left(\frac{\Delta\theta_{H}}{\varphi}\right)^{n_{G}} \tag{6.6-20}$$

式中 B_G——依据表 6.6-14（A 型和 C 型）、表 6.6-21（B 型）或 $B_G=100\text{W/(m}^2\cdot\text{K)}$（平面型）决定的系数；

n_G——依据表 6.6-15（A 型和 C 型）、表 6.6-22（B 型）或 $n_G=0$（平面型）确定的指数；

φ——换算至任何温度值 θ_F 和 θ_i 的系数：

$$\varphi=\left(\frac{\theta_{F.max}-\theta_{i}}{\Delta\theta_{o}}\right)^{1.1};\ \Delta\theta_{o}=9\text{K} \tag{6.6-21}$$

特性曲线与限值曲线的交叉点，可按下式计算：

$$\Delta\theta_{H.G}=\varphi\cdot\left(\frac{B_{G}}{B\cdot\prod_{i}\alpha_{i}^{m_{i}}}\right)^{\frac{1}{1-n_{G}}} \tag{6.6-22}$$

对于 A 型和 C 型（图 6.6-3），在 $T>0.375\text{m}$ 时，限值曲线可按下式计算：

$$q_{G}=q_{G.0.375}\frac{0.375}{T} \tag{6.6-23a}$$

$$\Delta\theta_{H.G}=\Delta\theta_{H.G.0.375} \tag{6.6-23b}$$

$L<T$ 时，对于 B 型系统，q_G 可根据式（6.6-20）和依据式（6.6-16）的系数（$\alpha_{WL}/\alpha_{WL\cdot L=T}$）计算。在这种情况下，热媒的超过温度 $\Delta\theta_{H.G}$ 等于 $L=T$ 时的情况。

这里，$\theta_{F.max}-\theta_i=9\text{K}$，$\varphi=1$，$R_{\lambda.B}=0$，供热量限值 q_G 被看作设计名义供热量 q_N，而相应的热媒超过温度 $\Delta\theta_H$ 看作设计名义热媒超过温度 $\Delta\theta_N$。

最大可能的供热量 $q_{G.max}$，取决于基本特性曲线等温表面的温度分布，详见图 6.6-5（图中 $\theta_{F.m}=\theta_{F.max}$）。

表 6.6-9 给出了取决于最高的表面温度 $\theta_{F.max}$ 和名义室内温度 θ_i 的 $q_{G.max}$ 值。

如果依据式（6.6-20）确定的 q_G 值较高（由于计算精度、插补和线性化），$q_{G.max}$ 将被应用。

系数 B_G（B型） **表 6.6-21**

T(m)	0.05	0.075	0.1	0.15	0.2	0.225	0.3	0.375	0.45
K_{WL}	B_G								
0.1	92	86.7	79.4	64.8	50.8	45.8	27.5	9.9	0
0.2	93.1	88	81.3	67.5	54.2	49	31.8	15.8	2.4
0.3	94.2	89.5	83.3	70.5	57.6	52.5	36	21.3	7.0
0.4	95.4	90.7	85.2	72.9	60.8	56	40.2	25.7	11.9
0.5	96.6	92.1	87.2	75.6	64.1	59.3	44.4	30	16.6
0.6	97.8	93.7	89.2	78.3	67.3	62.6	48.6	34.1	21.1
0.7	98.7	95	91	81	70.6	66.3	52.8	38.5	25.5
0.8	99.3	96.3	93	83.7	74	69.7	57	42.8	29.6
0.9	99.8	97.7	95	86.3	77.2	73	61.2	47	33.6
1.0	100	98.5	96.5	89	80.7	76.6	65.4	51.4	37.3
1.1	100	99.3	97.8	91.5	84	80	69.4	55.6	40.9
1.2	100	99.6	98.5	93.8	87.2	83.3	73.2	59.8	44.3
1.3	100	99.8	99.3	95.8	90	86.3	76.6	63.8	47.5
1.4	100	100	99.8	97.5	92.5	89	80	67.3	50.5
1.5	100	100	100	98.6	94.8	91.7	83	71	53.4

指数 n_G（B型） **表 6.6-22**

T(m)	0.05	0.075	0.1	0.15	0.2	0.225	0.3	0.375	0.45
K_{WL}	n_G								
0.1	0.0029	0.017	0.032	0.067	0.122	0.151	0.235	0.333	1
0.2	0.0024	0.015	0.027	0.055	0.097	0.120	0.184	0.288	0.725
0.3	0.0021	0.013	0.024	0.048	0.086	0.104	0.169	0.256	0.482
0.4	0.0018	0.012	0.022	0.044	0.08	0.095	0.456	0.228	0.38
0.5	0.0015	0.011	0.02	0.04	0.074	0.088	0.143	0.204	0.31
0.6	0.0012	0.0099	0.018	0.037	0.067	0.082	0.131	0.183	0.25
0.7	0.0009	0.0087	0.016	0.033	0.061	0.074	0.118	0.162	0.21
0.8	0.0006	0.0074	0.014	0.03	0.055	0.067	0.106	0.144	0.187
0.9	0.0003	0.0062	0.012	0.27	0.049	0.06	0.095	0.126	0.165
1.0	0	0.005	0.01	0.024	0.044	0.053	0.083	0.11	0.143
1.1	0	0.0038	0.008	0.021	0.038	0.046	0.072	0.096	0.121
1.2	0	0.0025	0.006	0.018	0.032	0.038	0.063	0.084	0.107
1.3	0	0.0012	0.004	0.015	0.0277	0.034	0.054	0.073	0.093
1.4	0	0	0.002	0.012	0.022	0.029	0.047	0.063	0.080
1.5	0	0	0	0.009	0.02	0.025	0.04	0.055	0.070

(5) 管材、管壁厚度和导热片对热流密度的影响

在确定 B_0 时，式（6.6-9）和式（6.6-14）里的管材的导热系数为 $\lambda_{R,0}=0.35W/(m\cdot k)$，管壁厚度为 $s_{R,O}=0.002m$，向下热流密度 $q_u=0.1q$。若采用导热系数为 λ_R 和管壁厚度为 s_R 的其他管材时，B_0 应按式（6.6-24）确定：

$$\frac{1}{B}=\frac{1}{B_0}+\frac{1.1}{\pi}\cdot\prod_{i}(\alpha_i^{m_i})\cdot T\cdot\left[\frac{1}{2\lambda_R}\ln\frac{d_a}{d_a-2s_R}-\frac{1}{2\lambda_{R.0}}\ln\frac{d_a}{d_a-2s_{R.0}}\right] \quad (6.6\text{-}24)$$

如果加热管外有外径为 d_M、内径为 d_a、导热系数为 λ_M 的附加导热片，则应按式（6.6-25）进行计算：

$$\frac{1}{B}=\frac{1}{B_0}+\frac{1.1}{\pi}\cdot\prod_{i}(\alpha_i^{m_i})\cdot T\cdot\left[\frac{1}{2\lambda_M}\ln\frac{d_M}{d_a}+\frac{1}{2\lambda_R}\ln\frac{d_a}{d_a-2s_R}-\frac{1}{2\lambda_{R.0}}\ln\frac{d_M}{d_M-2s_{R.0}}\right] \quad (6.6\text{-}25)$$

(6) 填充层内镶嵌件的导热系数

采用A型系统时，通过镶嵌件例如螺栓固定架或类似元件使填充层的导热系数改变，如果它们的体积百分比在填充层数量的 $15\%\geqslant\psi\geqslant5\%$，元件的有效导热系数 λ'_E 应按式（6.6-26）计算：

$$\lambda'_E=(1-\psi)\cdot\lambda_E+\psi\cdot\lambda_W \quad (6.6\text{-}26)$$

式中 λ_E——填充层的导热系数；

λ_W——螺栓固定架的导热系数；

ψ——螺栓固定架在填充层内的体积比。

【例】 已知条件：室内设计温度 $\theta_i=20℃$，供水温度 $\theta_V=60℃$，回水温度 $\theta_R=50℃$。地板构造见图 6.6-3（A型）。加热管外径 $D=0.02m$，加热管绑扎在钢丝网上，管顶至填充层上表面之间的厚度 $s_u=0.035m$，填充层的导热系数 $\lambda_E=1.2W/(m\cdot K)$，地面层热阻 $R_{\lambda.B}=0.15m^2\cdot K/W$。求单位地面的散热量。

【解】 先根据式（6.6-6）计算对数平均温度差 $\Delta\theta_H$：

$$\Delta\theta_H=\frac{\theta_V-\theta_R}{\ln\dfrac{\theta_V-\theta_i}{\theta_R-\theta_i}}=\frac{60-50}{\ln\dfrac{60-20}{50-20}}=\frac{10}{0.2877}=34.76℃$$

加热管采用PE-X管，导热系数 $\lambda=0.35W/(m\cdot K)$，壁厚为 0.002mm，由式（6.6-9）可知，可取 $B=6.7W/(m\cdot K)$。由于钢丝网所占体积小于填充层体积的5%，所以，不必对 λ_E 进行修正。

依次求出表 6.6-10 中各项的数值：

$$\alpha_B=\frac{\dfrac{1}{\alpha}+\dfrac{s_{u.o}}{\lambda_{u.o}}}{\dfrac{1}{\alpha}+\dfrac{s_{u.o}}{\lambda_E}+R_{\lambda.B}}=\frac{\dfrac{1}{10.8}+\dfrac{0.045}{1}}{\dfrac{1}{10.8}+\dfrac{0.045}{1.2}+0.15}=0.491$$

上值也可由表 6.6-10 直接查得。

若取加热管的平均间距为 $T=0.15m$，依据 $R_{\lambda.B}=0.15m^2\cdot K/W$，由表 6.6-11 可得：$\alpha_T=1.134W/(m^2\cdot K)$；

根据 $R_{\lambda.B}=0.15m^2\cdot K/W$，$T=0.15m$，由表 6.6-12 可得：$\alpha_u=1.0305$

根据 $R_{\lambda,B}=0.15m^2\cdot K/W$，$T=0.15m$，由表 6.6-13 可得：$\alpha_D=1.024$

由式（6.6-10）知，当 $0.05m\leqslant T\leqslant 0.375m$ 时：$m_T=1-\frac{T}{0.075}=1-\frac{0.15}{0.075}=-1$

由式（6.6-11）知，当 $s_u=0.03m>0.015m$ 时：

$$m_u=100\times(0.045-s_u)=100\times(0.045-0.03)=1.5$$

由式（6.6-12）知，当 $0.01m\leqslant D\leqslant 0.30m$ 时：

$$m_D=250\times(D-0.02)=250\times(0.02-0.02)=0$$

将上列诸值，代入式（6.6-9），可计算出供热量为：

$$q=B\cdot\alpha_B\cdot\alpha_T^{m_T}\cdot\alpha_u^{m_u}\cdot\alpha_D^{m_D}\cdot\Delta\theta_H$$

$$=6.7\times0.491\times1.134^{-1}\times1.0305^{1.5}\times1.024^0\times34.76=105.5W/m^2$$

按式（6.6-20）和式（6.6-21）校核供热量的限值：

根据 $s_u=0.035$，$T=0.15m$，由表 6.6-14 得：$B_G=69.2$；由表 6.6-15 得：$n_G=0.082$。

取 $\theta_{F.max}=29℃$，$\Delta\theta_o=9℃$，按式（6.6-21）可得：

$$\varphi=\left(\frac{\theta_{F.max}-\theta_i}{\Delta\theta_0}\right)^{1.1}=\left(\frac{29-20}{9}\right)^{1.1}=1$$

由式（6.6-20）可计算出供热量的限值为：

$$q_G=\varphi\cdot B_G\cdot\left(\frac{\Delta\theta_H}{\varphi}\right)^{n_G}=1\times69.2\times\left(\frac{34.76}{1}\right)^{0.082}=92.6W/m^2$$

由于 $q>q_G$，即供热量超过了限值。为此，将供水温度调整为 $\theta_V=55℃$，回水温度调整为 $\theta_R=45℃$。这时，

$$\Delta\theta_H=\frac{\theta_V-\theta_R}{\ln\frac{\theta_V-\theta_i}{\theta_R-\theta_i}}=\frac{55-45}{\ln\frac{55-20}{45-20}}=\frac{10}{0.3365}=29.72℃$$

$$q=B\cdot\alpha_B\cdot\alpha_T^{m_T}\cdot\alpha_u^{m_u}\cdot\alpha_D^{m_D}\cdot\Delta\theta_H$$

$$=6.7\times0.491\times1.134^{-1}\times1.0305^{1.5}\times1.024^0\times29.72=90.2W/m^2$$

供热量的限值相应改变为：

$$q_G=\varphi\cdot B_G\cdot\left(\frac{\Delta\theta_H}{\varphi}\right)^{n_G}=1\times69.2\times\left(\frac{29.72}{1}\right)^{0.082}=91.4W/m^2$$

由于没有超过限值，$q=90.2W/m^2$ 可以作为设计供热量。

4. 欧洲标准 EN 1264 的散热量计算表

图 6.6-6 至图 6.6-15 和表 6.6-23 至表 6.6-26 所示，系德国工业标准 DIN 4725 根据欧洲标准编制的散热量计算图和计算表。

地面类型：A 型（图 6.6-3）

管材：直径 20mm 的 PE-X，PE-RT 管道

绝热层的热阻：$R\geqslant1m^2\cdot℃/W$（如采用聚苯乙烯泡沫塑料板，其厚度为 40mm）

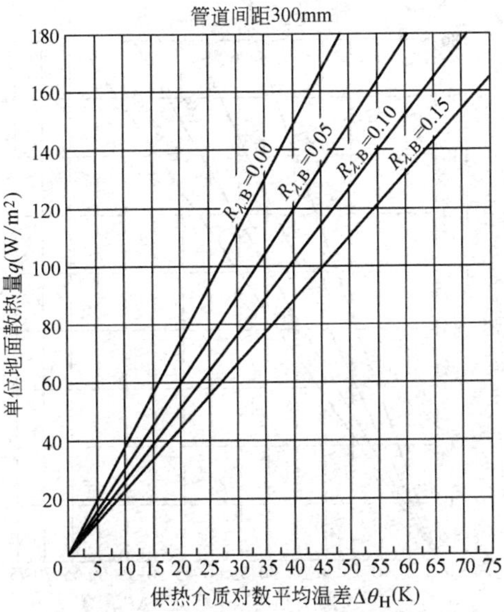

图 6.6-6 管间距 300mm 时的散热量

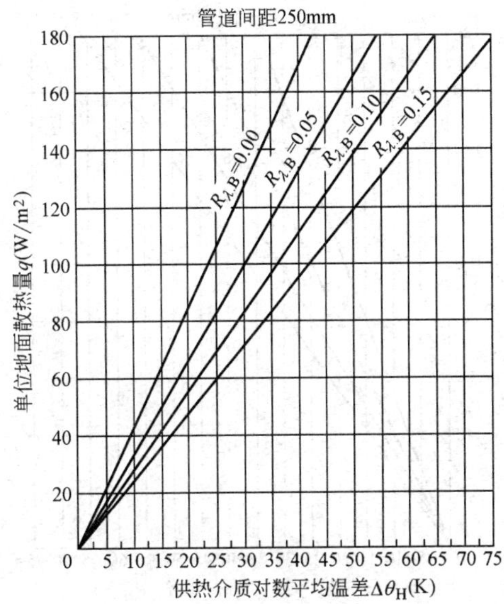

图 6.6-7 管间距 250mm 时的散热量

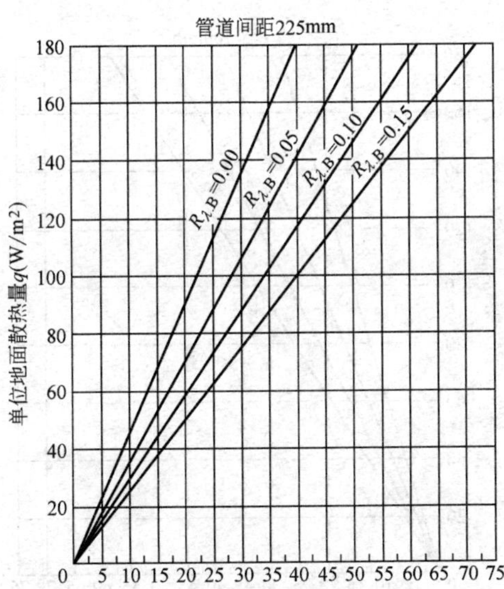

图 6.6-8 管间距 225mm 时的散热量

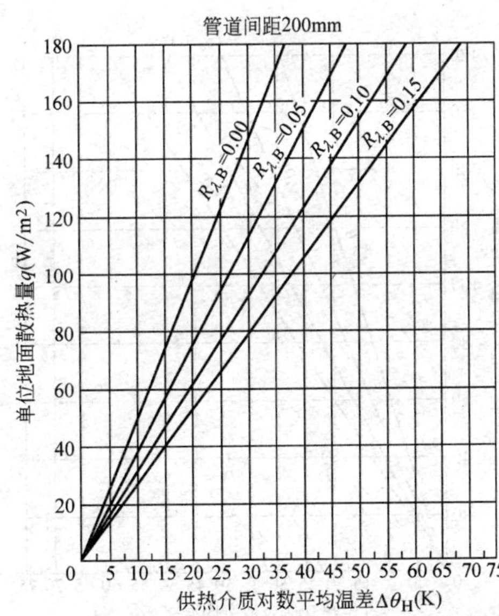

图 6.6-9 管间距 200mm 时的散热量

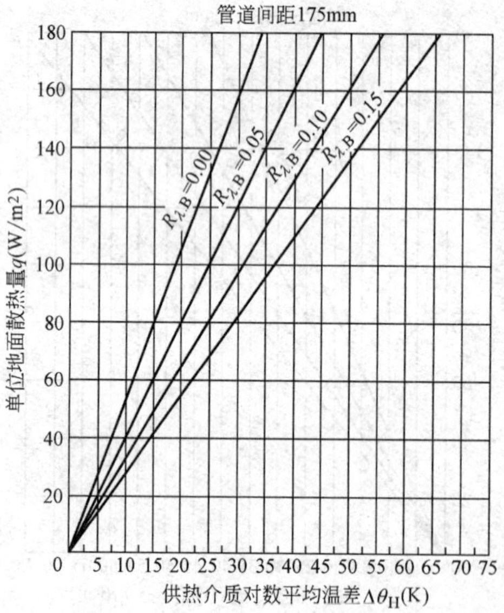

图 6.6-10　管间距 175mm 时的散热量

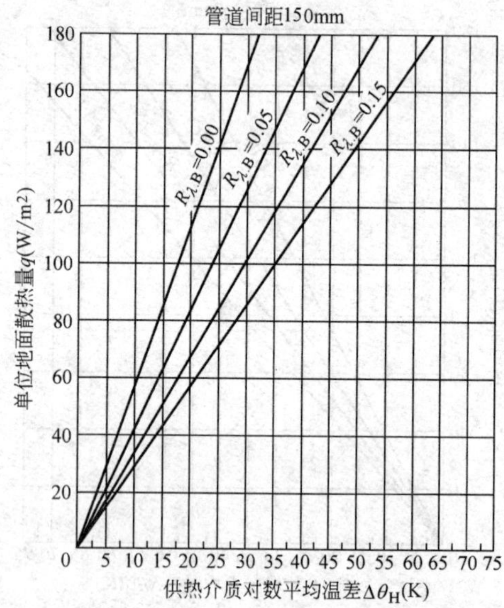

图 6.6-11　管间距 150mm 时的散热量

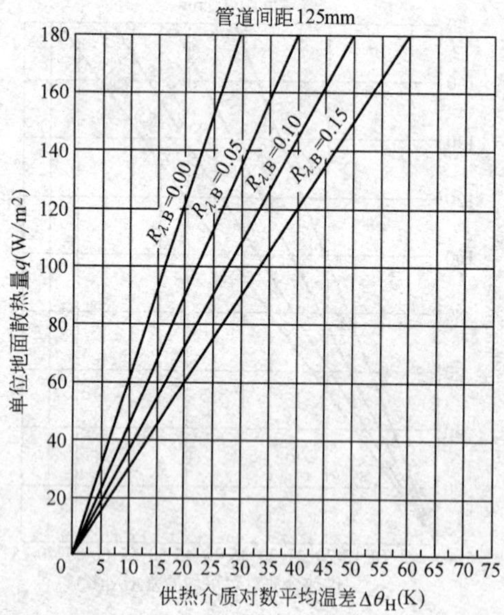

图 6.6-12　管间距 125mm 时的散热量

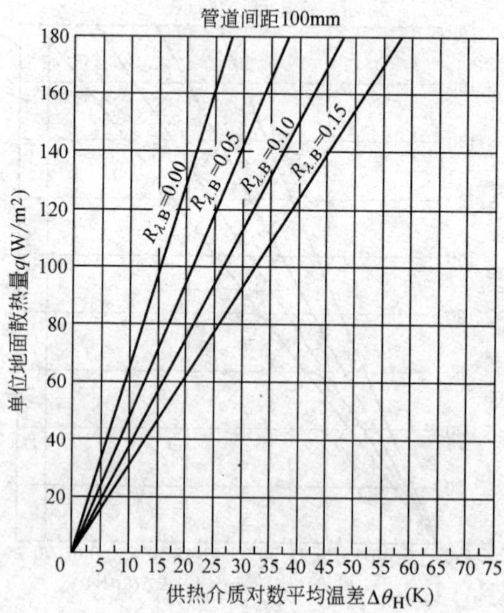

图 6.6-13　管间距 100mm 时的散热量

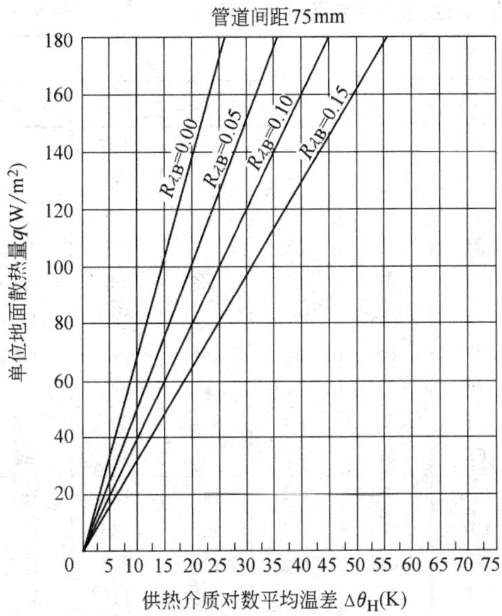

图 6.6-14　管间距 75mm 时的散热量

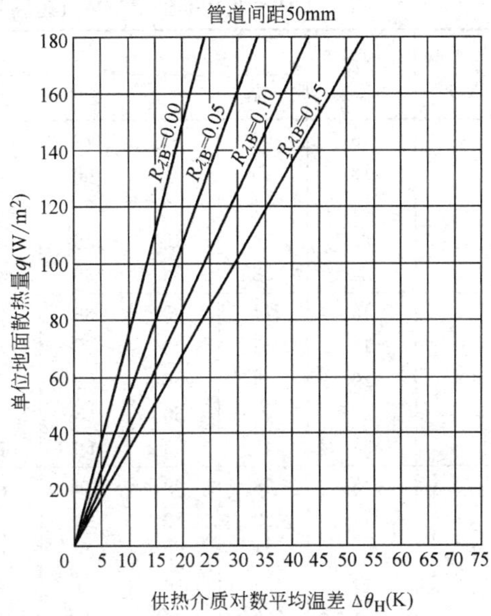

图 6.6-15　管间距 50mm 时的散热量

R_{λ}=0.00m²·℃/W（陶瓷、水泥）地面的单位面积散热量（W/m²）　表 6.6-23

平均水温（℃）	室内温度（℃）	加热管间距(mm)									
		300	250	225	200	175	150	125	100	75	50
35	15	73	84	90	97	104	112	120	129	140	150
	18	62	71	77	83	88	95	102	110	119	128
	20	55	63	68	73	78	84	90	97	105	113
	22	48	55	59	63	68	73	78	84	91	98
	24	41	46	50	54	57	62	66	71	77	83
40	15	92	105	113	121	130	140	150	162	174	188
	16	81	92	99	107	114	123	132	142	154	165
	20	73	84	90	97	104	112	120	129	140	150
	22	66	76	81	87	94	101	108	116	126	135
	24	59	67	72	78	83	90	96	103	112	120
45	15	110	126	136	146	156	168	181	194	209	226
	18	99	116	122	131	140	151	162	175	188	203
	20	92	105	113	121	130	140	150	162	174	188
	22	84	97	104	111	120	129	138	149	160	173
	24	77	88	95	102	109	118	126	136	147	158
50	15	128	147	158	170	182	196	211	227	244	263
	18	117	134	145	156	166	179	193	207	223	241
	20	110	126	136	146	156	168	181	194	209	226
	22	103	118	127	136	146	157	169	181	195	211
	24	96	109	118	126	135	146	156	168	181	196
55	15	147	169	181	194	208	224	241	259	279	301
	18	136	156	167	180	192	207	223	240	258	278
	20	128	147	158	170	182	196	211	227	244	263
	22	121	139	149	160	172	185	199	214	230	248
	24	114	130	140	151	161	174	187	201	216	233

R_{λ}=0.05m²·℃/W（塑料）地面的单位面积散热量（W/m²） 表6.6-24

平均水温（℃）	室内温度（℃）	加热管间距（mm）									
		300	250	225	200	175	150	125	100	75	50
35	15	59	66	70	75	79	84	89	95	101	107
	18	50	56	60	64	67	71	76	81	86	91
	20	44	50	53	56	59	63	67	71	76	81
	22	38	43	46	48	51	55	58	61	66	70
	24	32	36	39	41	44	46	49	52	55	59
40	15	74	83	88	93	99	105	112	119	126	134
	16	65	73	77	82	87	92	98	105	111	118
	20	59	66	70	75	79	84	89	95	101	107
	22	53	60	63	67	71	76	80	85	91	97
	24	47	53	56	60	63	67	71	76	81	86
45	15	88	99	105	112	119	126	134	142	151	161
	18	80	89	95	101	107	113	121	128	136	145
	20	74	83	88	93	99	105	112	119	126	134
	22	68	76	81	86	91	97	103	109	116	123
	24	62	69	74	79	83	88	94	100	106	112
50	15	103	116	123	131	139	147	156	166	177	188
	18	94	106	112	120	127	134	143	152	161	172
	20	88	99	105	112	119	126	134	142	151	161
	22	82	93	98	104	111	118	125	133	141	150
	24	77	86	91	97	103	109	116	124	131	139
55	15	118	133	141	149	158	168	179	190	202	215
	18	109	123	130	138	147	155	165	176	187	199
	20	103	116	123	131	139	147	156	166	177	188
	22	97	109	116	123	131	139	147	156	167	177
	24	91	102	109	116	123	130	138	147	156	166

R_{λ}=0.10m²·℃/W（木地板、地毯）地面的单位面积散热量（W/m²） 表6.6-25

平均水温（℃）	室内温度（℃）	加热管间距（mm）									
		300	250	225	200	175	150	125	100	75	50
35	15	50	55	58	61	65	68	71	75	79	83
	18	43	47	50	52	55	58	61	64	67	71
	20	38	42	44	46	48	51	54	56	59	63
	22	33	36	38	40	42	44	47	49	51	55
	24	28	31	32	34	35	37	40	42	44	46
40	15	63	69	73	77	81	85	89	94	99	104
	16	55	61	64	67	71	75	78	83	87	91
	20	50	55	58	61	65	68	71	75	79	83
	22	45	50	52	54	58	61	64	67	71	75
	24	40	45	47	49	51	54	57	60	63	67
45	15	75	83	87	92	97	102	107	113	119	125
	18	68	75	79	83	87	92	96	102	107	112
	20	63	69	73	77	81	85	89	94	99	104
	22	58	63	67	71	75	78	82	86	91	96
	24	53	58	61	64	68	71	75	79	83	87

续表

平均水温（℃）	室内温度（℃）	加热管间距（mm）									
		300	250	225	200	175	150	125	100	75	50
50	15	88	97	102	107	113	119	125	131	139	146
	18	80	89	93	98	103	109	114	120	127	133
	20	75	83	87	92	97	102	107	113	119	125
	22	70	77	81	86	91	95	100	105	111	117
	24	65	72	76	80	84	88	93	98	103	108
55	15	100	111	117	123	129	136	143	150	158	167
	18	93	103	108	113	119	126	132	139	147	154
	20	88	97	102	107	113	119	125	131	139	146
	22	83	91	96	101	107	112	118	124	131	138
	24	78	86	90	95	100	105	111	117	123	129

R_λ=0.15m² · ℃/W（镶木地板、厚地毯）地面的单位面积散热量（W/m²） 表 6.6-26

平均水温（℃）	室内温度（℃）	加热管间距（mm）									
		300	250	225	200	175	150	125	100	75	50
35	15	44	48	50	52	55	57	60	62	65	68
	18	37	41	42	44	47	49	51	53	55	58
	20	33	36	37	39	41	43	45	47	49	51
	22	29	31	32	34	35	37	39	41	43	44
	24	24	26	27	29	30	32	33	34	36	37
40	15	55	60	62	65	68	71	74	78	81	85
	16	48	53	55	57	60	63	66	68	71	75
	20	44	48	50	52	55	57	60	62	65	68
	22	40	43	45	47	49	51	54	56	59	61
	24	35	38	40	42	44	46	48	50	52	54
45	15	66	72	75	78	82	86	89	93	98	102
	18	59	65	67	70	74	77	80	84	88	92
	20	55	60	62	65	68	71	74	78	81	85
	22	51	55	57	60	63	65	68	72	75	78
	24	46	50	52	55	58	60	63	65	68	71
50	15	77	84	87	91	95	100	104	109	114	119
	18	70	77	80	83	87	92	95	99	104	109
	20	66	72	75	78	82	86	89	93	98	102
	22	62	67	70	73	76	80	83	87	91	95
	24	57	62	65	68	71	74	77	81	84	88
55	15	88	96	100	104	109	114	119	125	130	136
	18	81	89	92	96	101	106	110	115	120	126
	20	77	84	87	91	95	100	104	109	114	119
	22	73	79	82	86	90	94	98	103	108	112
	24	68	74	77	81	85	89	92	96	101	105

6.6.3 日本手册的计算法

日本地板供暖工业协会编辑出版的《温水地板供暖系统设计施工手册》(2000 年第三次修订版）中，对地面散热量采用了下列计算方法和步骤：

1. 确定地面可能的供热量：

(1) 先按下式计算出除地面（加热面）外的诸表面（墙、窗、门、平顶等）的内表面温度 t_s（℃）：

$$t_s = t_r - \frac{k}{\alpha_0} \times \Delta t \tag{6.6-27}$$

式中 t_r——室内计算温度，℃；

k——所计算围护结构的传热系数；

α_0——内表面换热系数（垂直表面取 9.09W/(m^2·K)，平顶取 11.1W/(m^2·K)）；

Δt——室内外计算温度差，℃。

(2) 根据求出的各部分的表面温度 t_{si}（℃）和对应围护结构的面积 A_i（m^2），按下式计算出非加热面的平均辐射温度（UMRT）：

$$\text{UMRT} = \sum_{i=1}^{n} t_{si} A_i / \sum_{i=1}^{n} A_i \tag{6.2-28}$$

(3) 计算来自地面的对流散热量 q_c（W/m^2）：

$$q_c = 2.17 \times (t_f - t_r)^{1.31} \tag{6.6-29}$$

式中 t_f——地板表面温度，℃；

t_r——室内计算温度，℃。

(4) 计算地面的辐射散热量 q_r（W/m^2）：

$$q_r = 5 \times 10^{-8} \times [(t_f + 273)^4 - (\text{UMRT} + 273)^4] \tag{6.6-30}$$

(5) 确定地面可能的供热量 q（W/m^2）：

$$q = q_c + q_r \tag{6.3-31}$$

2. 不同埋管构造时地面的散热量（构造如图 6.6-16 所示）：

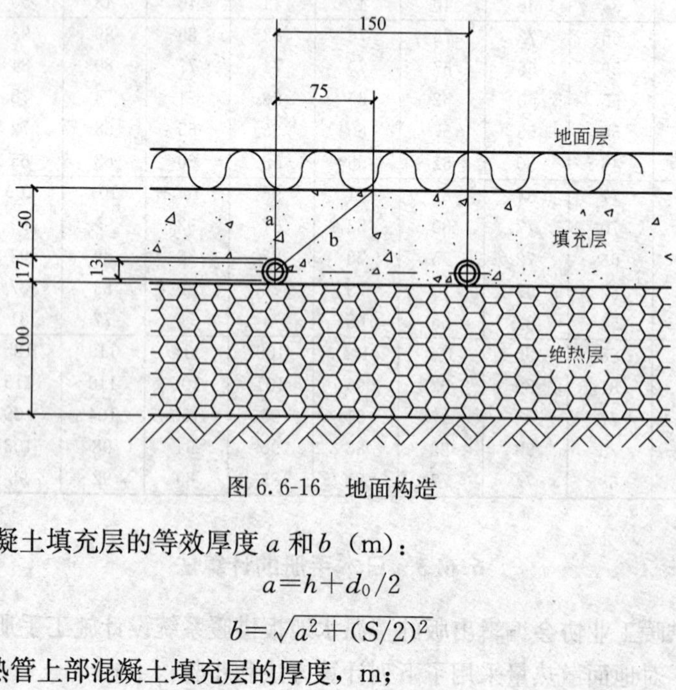

图 6.6-16 地面构造

(1) 计算混凝土填充层的等效厚度 a 和 b（m）：

$$a = h + d_0/2 \tag{6.6-32}$$

$$b = \sqrt{a^2 + (S/2)^2} \tag{6.6-33}$$

式中 h——加热管上部混凝土填充层的厚度，m；

d_0——加热管的外径，m；

S——加热管的管间距，m。

(2) 计算地面的传热系数 k_u [W/(m²·K)]：

$$k_u = \frac{1}{R_u + \sum_{i=1}^{n} R_i + \frac{a+b}{2\lambda}} \tag{6.6-34}$$

式中 R_u——地面（室内侧）的热阻，R_u=0.15m²·K/W；

R_i——混凝土填充层以上各层材料热阻的总和，m²·K/W；

λ——混凝土填充层的导热系数，W/(m·K)。

(3) 规定构造条件下单位地面的散热量：

$$q = k_u\left(\frac{t_1+t_2}{2} - t_r\right) \tag{6.6-35}$$

式中 t_1——供水温度，℃；

t_2——回水温度，℃；

t_r——室内温度，℃。

3. 确定地板的向下热损失 q_d (W/m²)：

(1) 计算地面的向下传热系数 k_d [W/(m²·K)]：

$$k_d = \frac{1}{\frac{\delta_p}{\lambda_p} + \frac{\delta_i}{\lambda_i} + \frac{1}{\lambda}} \tag{6.6-36}$$

式中 δ_p——加热管的壁厚，m；

λ_p——加热管的导热系数，W/(m·K)；

δ_i——绝热层的厚度，m；

λ_i——绝热材料的导热系数，W/(m·K)；

λ——土壤的导热系数，λ=1.51W/(m·K)（当地板下部为房间时，取 $1/\lambda$=0.09m·K/W）。

(2) 计算向下热损失：

$$q_d = k_d\left(\frac{t_1+t_2}{2} - t\right) \tag{6.6-37}$$

式中 t——土壤温度，一般可取 t=3℃；如地板下部与空气相邻，则应以空气温度取代土壤温度。

4. 确定单位地面所需的总供热量 Q (W/m²)：

$$Q = q_u + q_d \tag{6.6-38}$$

【例】 已知室内温度 t_r=18℃，地板表面温度 t_f=29℃。取 PE-X 加热管的壁厚 δ=0.002m，外径 d_0=0.02m，导热系数 λ=0.38W/(m²·K)，管间距 S=0.15m。供回水温度为 55℃/45℃。

先按式 (6.6-27) 分别算出各部分围护结构的内表面温度 t_s，再按式 (6.6-28) 求得非加热面平均辐射温度 UMRT；设 UMRT=15.4℃。

【解】 ① 地面的可能供热量，按式 (6.6-29) 至式 (6.6-31) 确定如下：

$$q_c = 2.17 \times (29-18)^{1.31} = 50.2\text{W/m}^2$$

$$q_r=5\times\left\{\left(\frac{29+273}{100}\right)^4-\left(\frac{15.4+273}{100}\right)^4\right\}=74.3\text{W/m}^2$$

$$q=q_c+q_r=50.2+74.3=124.5\text{W/m}^2$$

② 计算实际构造下地面的散热量：

混凝土填充层的等效厚度：$a=0.03+\frac{0.02}{2}=0.04\text{m}$

$$b=\sqrt{0.04^2+\left(\frac{0.15}{2}\right)^2}=0.075\text{m}$$

地面的传热系数：$$k=\frac{1}{\frac{0.04+0.075}{2\times1.6}+\frac{0.008}{0.10}+0.15}=3.76\text{W/(m}^2\cdot\text{K)}$$

地面实际散热量：$$q=3.76\times\left(\frac{55+45}{2}-18\right)=120.32\text{W/m}^2$$

③ 地面的向下（假设向土壤传热）传热损失：

地面的总传热系数：$$k_d=\frac{1}{\frac{0.002}{0.38}+\frac{0.10}{0.045}+\frac{1}{1.51}}=\frac{1}{2.89}=0.35\text{W/(m}^2\cdot\text{K)}$$

取地层温度 $t_g=3$℃，由式（6.6-37）得向下热损失为：

$$q_d=0.35\times\left(\frac{55+45}{2}-3\right)=16.45\text{W/m}^2$$

④ 总供热量：$$Q=120.32+16.45=136.77\text{W/m}^2$$

6.6.4 辐射板供冷量的计算

辐射板供冷量的计算方法很多，第6.6.1节已对 ASHRAE Handbook 2000 提供的图算法作了介绍，这里再介绍另外两种比较完整的计算方法。

1. 辐射平顶的供冷量

德国标准 DIN 4715 规定辐射平顶的供冷量 q（W/m²），可以用下列特征曲线描述：

$$q=k\cdot\Delta t_0 \quad (6.6\text{-}39)$$

$$\Delta t_0=\frac{t_1-t_2}{\ln\frac{t_p-t_2}{t_p-t_1}} \quad (6.6\text{-}40)$$

式中 k——冷水至辐射板表面的传热系数；

t_1——冷水进水温度，℃；

t_2——冷水出水温度，℃；

t_p——辐射板表面的平均温度，℃。

当辐射供冷板的表面与空气之间的温度差为10℃时，辐射板的总传热系数约为9～12W/(m²·℃)，其中辐射换热系数约为5.5W/(m²·℃)；表面换热系数约为3.5～6.5W/(m²·℃)。

当围护结构表面温度 t_p（℃）与室内空气温度 t_a（℃）相差不大时，可以近似按下式计算辐射供冷平顶板的单位面积供冷量：

$$q=8.92\cdot(t_a-t_p)^{1.1} \quad (6.6\text{-}41)$$

根据上式，可求出不同温差时辐射供冷板的供冷量，如表 6.6-27 所示。

平顶辐射供冷板的供冷量 **表 6.6-27**

温 差(℃)	2	3	4	5	6	7	8	9	10
供冷量(W/m^2)	19	30	41	52	64	76	88	100	112

2. 地面辐射供冷量的计算

地面辐射供冷系统的施工安装比平顶辐射供冷方便简单，造价也低；特别是与供暖相结合使用时，具有更大的经济性。因此，在欧美等发达国家，实际应用越来越多。

地面辐射供冷通常都是与地面辐射供暖共用一个系统，其系统形式、盘管管材、敷设方式等都是相同的。但是，在设计计算方面，地面供冷还是有不少特殊性，必须予以充分注意：

A. 盘管的设计与布排，应按照夏季供冷工况进行；管间距一般不宜大于 200mm。

B. 应加强绝热，宜采用挤塑泡沫板。当采用模塑聚苯乙烯泡沫塑料板时，盘管下部绝热层的厚度不应小于 50mm。

C. 水系统设计时，应注意冬夏供回水温差不同导致的循环水量的变化。

D. 应充分考虑湿度的影响，采取可靠的防结露措施。

E. 为了确保室内空气的品质，一般应与送风系统结合使用，既能改善室内空气品质，又能在需要时补充供冷量。

有关地面辐射供冷系统供冷量的计算，B. W. Olesen 在系统研究的基础上，给出了下列适合工程设计应用的完整方法。

(1) 热交换系数

由第 6.2 节介绍可知，地面的供冷量由辐射换热量 q_r（W/m^2）和对流换热量 q_c（W/m^2）两部分组成，而辐射换热量可按下式计算：

$$q_r = \varepsilon_f \sigma \cdot T_f^4 - \sum_{i=1}^{n} \varepsilon_i \sigma \cdot T_i^4 F_{f-i} \tag{6.6-42}$$

式中 ε_f、ε_i——地面和房间其他表面的发射率；

σ——斯蒂芬-波尔兹曼常数，$\sigma = 5.67 \times 10^{-8} W/(m^2 \cdot K^4)$；

T_f、T_i——地面和房间其他表面的热力学温度，K；

F_{f-i}——地面与其他表面的辐射换热角系数。

由于建筑材料基本上都属于灰体，所以可以将 ε_f 和 ε_i 统一成为 ε，且 $\varepsilon = 0.90 \sim 0.95$，因此，上式可简化为：

$$q = \varepsilon \cdot \sigma \cdot \sum_{i=1}^{n} \theta_{f \cdot i} \cdot (T_f - T_i) \cdot F_{f-i} \tag{6.6-43}$$

$\theta_{f \cdot i}$是考虑地面与其他表面之间温差影响的过余温度，单位为“K^3”：

$$\theta_{f \cdot i} = \frac{T_f^4 - T_i^4}{T_f - T_i} \tag{6.6-44}$$

实际上在地面温度和其他表面温度的变化范围内，$\theta_{f \cdot i}$的变化很小。例如：

$t_f = 20℃, t_i = 25℃$时，$\theta_{f \cdot i} = 1.03 \times 10^8 K^3$；

而 $t_f = 25℃, t_i = 35℃$时，$\theta_{f \cdot i} = 1.11 \times 10^8 K^3$。因此，若取 $\theta_{f \cdot i}$ =

1.05×10^8,不会引起大的误差。这时，可用θ代替$\theta_{f\cdot i}$，并取$\varepsilon_f=0.92$，则式（6.6-42）可进一步简化为：

$$q_r = h_r \cdot \sum_{i=1}^{n} (T_f - T_i) \cdot F_{f-i} \tag{6.6-45}$$

这里，h_r代表辐射换热系数，其值为：

$$h_r=\varepsilon \cdot \sigma \cdot \theta=0.92\times5.67\times10^{-8}\times1.05\times10^8=5.5\text{W}/(\text{m}^2\cdot℃)$$

地面与室内其他表面的换热量，可按下式计算：

$$q_c=h_c \cdot (t_a-t_f) \tag{6.6-46}$$

式中 h_c——表面换热系数，W/(m²·℃)；

t_a——室外空气温度，℃。

对流换热系数的计算公式很多，差异也很大；Olesen认为从房间整体着眼时，可取：$h_c=1.0\text{W}/(\text{m}^2\cdot℃)$。

上述计算q_r和q_c时，公式中使用的温差是不同的。为了进一步简化，可以用作用温度t_0与地表面温度间的差值作为计算传热量的基础，即

$$q=h \cdot (t_0-t_f) \tag{6.6-47}$$

$$q_r=h_r \cdot (t_0-t_f) \tag{6.6-48}$$

$$q_c=h_c \cdot (t_0-t_f) \tag{6.6-49}$$

显然，这时有：

$$h=h_r+h_c \tag{6.6-50}$$

总换热系数的实验方程如下：

$$h=\left[\frac{q_w \cdot r_s}{S \cdot \bar{t}_r}+\frac{t_h-t_b}{\bar{t}_r}-1\right] \cdot \frac{1}{r_h+r_s} \tag{6.6-51}$$

式中 q_w——冷水提供的热量，W；

r_s——盘管上部混凝土填充层的热阻，$r_s=1.779\text{m}^2\cdot℃/\text{W}$；

S——实验时的地面面积，$S=24\text{m}^2$；

$\bar{t}_r$——平均辐射温度，℃；

t_h——距地面1.6m高度处黑球温度计测得的温度，℃；

t_b——地面下盘管顶部的温度，℃；

r_h——盘管至混凝土填充层的传热阻，$r_h=0.0343\text{m}^2\cdot℃/\text{W}$。

冷水提供的冷量q_w（W），可按下式计算：

$$q_w=G_w \cdot c \cdot \Delta t_w \tag{6.6-52}$$

式中 G_w——冷水流量，L/s或kg/s；

c——水的比热容，$c=4.18\text{kJ}/(\text{kg}\cdot℃)$；

Δt_w——供回水温差，℃。

在研究计算基础上，Olesen得出了下列结论：取总换热系数$h=7.5\text{W}/(\text{m}^2\cdot℃)$，不会引起很大误差。

（2）供冷量

表6.6-28为测试和计算得出的供冷量。

不同实验条件下的表面温度、空气温度、平均辐射温度、作用温度和供冷量　　表 6.6-28

序号	条件		表面温度（℃）							空气温度		MRT		作用温度		黑球温度（℃）	供冷量（W/m²）
	供水（℃）	水量（L/h）	屋顶	地面	东墙	西墙	南墙	北墙	窗	坐姿（℃）	站姿（℃）	坐姿（℃）	站姿（℃）	坐姿（℃）	站姿（℃）		
1	21	250	27.8	24.1	27.6	27.7	27.6	27.7	27.7	26.3	27.0	26.3	26.8	26.3	26.9	27.2	20.1
2	17	250	26.3	21.8	26.3	26.2	26.2	26.3	26.3	24.7	25.4	24.6	25.1	24.6	25.2	25.6	29.2
3	13	250	24.9	19.5	24.9	24.9	24.8	25.0	25.0	23.2	24.0	22.9	23.4	23.0	23.7	24.2	38.4
4	17	140	23.3	20.6	23.2	23.2	23.1	23.3	25.8	22.3	22.9	22.3	22.6	22.3	22.8	22.9	18.1
5	17	140	26.9	22.5	27.0	27.0	27.0	27.0	31.5	25.5	26.3	25.4	25.9	25.4	26.1	26.5	26.4
6	17	140	31.9	25.8	31.6	31.8	31.7	31.7	37.4	29.8	30.7	29.6	30.3	29.7	30.5	31.1	41.4
7	13	90	26.3	21.5	26.2	26.3	26.2	26.2	31.2	24.6	25.3	24.6	25.1	24.6	25.2	25.7	33.6
8	13	140	25.8	20.3	25.7	25.7	25.6	25.7	31.0	24.0	24.8	23.8	24.4	23.9	24.6	25.1	34.0
9	13	250	25/3	19.6	25.4	25.3	25.2	25.3	30.8	23.4	24.2	23.3	23.9	23.3	24.0	24.7	38.1
10	13	140	26.6	21.1	26.2	26.5	26.3	26.4	31.0	25.1	25.7	24.5	25.1	24.8	25.4	25.8	29.7
11	13	140	26.9	21.2	27.1	27.2	28.1	27.8	31.6	25.5	26.1	25.1	25.7	25.3	25.9	26.6	26.4
12	13	140	26.3	20.5	26.2	26.2	26.2	26.3	31.0	24.5	25.3	24.2	24.8	24.3	25.0	25.5	30.2
13	13	140	26.3	20.6	26.9	26.6	26.8	27.0	30.2	24.6	25.6	24.5	25.1	24.5	25.4	26.5	32.0

注：① 序号 1～9 的地表面上无覆盖层；10 和 12 覆盖有地毯；11 为镶木地板；13 为地砖。
② 中心高度：坐姿高度取 600mm；站姿高度取 1100mm。
③ 黑球温度的测点高度为 1600mm。

从上表可以看出：

A. 除窗户外，墙和顶的表面温度相差并不大，且与地面保持 3～6℃左右的温差。

B. 600mm 高度处的空气温度与地面温差为 2～4℃左右；1100mm 高度处的空气温度与地面温差要高一些。

C. 室内的空气温度与平均辐射温度相差不大，因此作为两者平均值的作用温度与空气温度的差值也不大。

D. 冷量在 18～41W/m² 范围内；参考文献中未说明实验室的高度、围护结构热工性能等情况，但所给出的冷负荷与供冷量相似，可以推断，其围护结构的绝热性能很好，而且也设有大的日射负荷。

(3) 地面辐射供冷系统的参数与供冷量的关系

与热水地面辐射供暖系统一样，盘管的直径、间距、填充层和地面层的热阻等系统参数，对地面供冷量有直接影响。所以，第 6.6.2 节介绍的欧洲标准 EN 1264：《Floor Heating Systems and Components》(1997)同样适用于地面供冷的计算。

Olesen 使用上述标准的公式，结合实验给出了地面辐射供冷的有关影响因数，得出了不同系统参数时的地面供冷量。

经验公式的形式与式 (6.6-9) 相同，地面供冷量 q (W/m²) 为：

$$q=B\cdot\alpha_B\cdot\alpha_T^{m_T}\cdot\alpha_D^{m_D}\cdot\alpha_u^{m_u}\cdot\Delta t_H \qquad (6.6\text{-}53)$$

式中 B——系统常数，当换热系数 $h=7.0$W/(m²·℃) 时，$B=5.12$W/(m²·℃)；

α_B——地面面层的影响因数，$\alpha_B=f(R_{\lambda\cdot B},\lambda_E)$，见表 6.6-29；

α_T——管间距的影响因数，$\alpha_T=f(R_{\lambda\cdot B})$，见表 6.6-30；

α_D——管径的影响因数，$\alpha_D=f(T,R_{\lambda\cdot B})$，见表 6.6-31；

α_u——盘管上部填充层厚度的影响因数，$\alpha_u=f(T,R_{\lambda\cdot B})$，见表 6.6-32；

λ_E——混凝土的导热系数，W/m·℃；

$R_{\lambda \cdot B}$——地面面层的热阻，m·℃/W；

$m_T=1-T/75$；

$m_D=0.25(D-20)$；

$m_u=0.1(45-s_u)$；

D——盘管的外径；

T——盘管间距，mm；

s_u——填充层的厚度，mm；

Δt_H——房间与冷水间的对数平均温度差，即地面供冷时的房间特性。

$$\Delta t_H=\frac{t_2-t_1}{\ln\frac{t_o-t_1}{t_o-t_2}} \tag{6.6-54}$$

式中 t_1——供水温度，℃；

t_2——回水温度，℃；

t_o——房间作用温度，℃。

地面面层的影响因数：$a_B=f(R_{\lambda B},\ \lambda_E)$　　表 6.6-29

地面面层的影响因数	地面面层的热阻 $R_{\lambda B}$ (m·℃/W)				
	0	0.01	0.05	0.10	0.15
a_B	1.04	0.98	0.81	0.67	0.57

管间距的影响因数：$a_T=f(R_{\lambda B})$　　表 6.6-30

管间距 (mm)	地面面层的热阻 $R_{\lambda B}$ (m·℃/W)				
	0	0.01	0.05	0.10	0.15
75	1	1	1	1	1
150	0.81	0.81	0.84	0.87	0.88
300	0.54	0.35	0.60	0.65	0.69

管间距150mm和300mm时管径的影响因数：$a_D=f(T,\ R_{\lambda B})$　　表 6.6-31

管间距 T(mm)	管径 D(mm)	地面面层的热阻 $R_{\lambda B}$ (m·℃/W)				
		0	0.01	0.05	0.10	0.15
150	10	0.91	0.91	0.92	0.93	0.94
	17	0.97	0.97	0.98	0.98	0.98
	25	1.05	1.05	1.04	1.04	1.03
300	10	0.88	0.88	0.89	0.90	0.91
	17	0.96	0.96	0.96	0.97	0.97
	25	1.07	1.07	1.06	1.06	1.05

管间距150mm和300mm时填充层厚度的影响因数：$a_u=f(T,\ R_{\lambda B})$　　表 6.6-32

管间距 T(mm)	填充层厚度 S_u(mm)	地面面层的热阻 $R_{\lambda B}$ (m·℃/W)				
		0	0.01	0.05	0.10	0.15
150	35	1.06	1.06	1.05	1.04	1.03
	45	1	1	1	1	1
	65	0.90	0.90	0.91	0.93	0.94
300	35	1.04	1.04	1.03	1.02	1.02
	45	1	1	1	1	1
	65	0.92	0.92	0.94	0.95	0.96

不同参数时的计算供冷量（W/m²） **表 6.6-33**

管 径 D(mm)	地 砖 （$R_{λB}$=0.01m²·℃/W）			地 毯 （$R_{λB}$=0.10m²·℃/W）		
	管 间 距 T (mm)			管 间 距 T (mm)		
	75	150	300	75	150	300
10	45	35	23	31	26	19
17	46	37	25	32	27	20
25	48	40	28	33	29	22

表 6.6-29 至表 6.6-32 列出了不同地面热阻、管间距、管径时各项影响因数的实验数值；实验条件为：管径 D＝17mm，供水温度 t_1＝14℃，回水温度 t_2＝19℃，室内温度t_a＝26℃。

表 6.6-33 列出了应用上述参数计算得出的不同条件下的供冷量。由表 6.6-33 可以看出：

① 盘管直径的变化，对供冷量的影响较小；

② 盘管间距的改变，对供冷量的影响较大；

③ 地面面层热阻的变化，对供冷量有较大的影响；由此可见，一般应选择热阻小的材料做面层。

6.7 供暖/冷辐射板的水系统设计

6.7.1 概 述

辐射板供暖/冷时的水系统，既可以采用 2 管制，也可以采用 4 管制。图 6.7-1 是一种典型的布置方式。

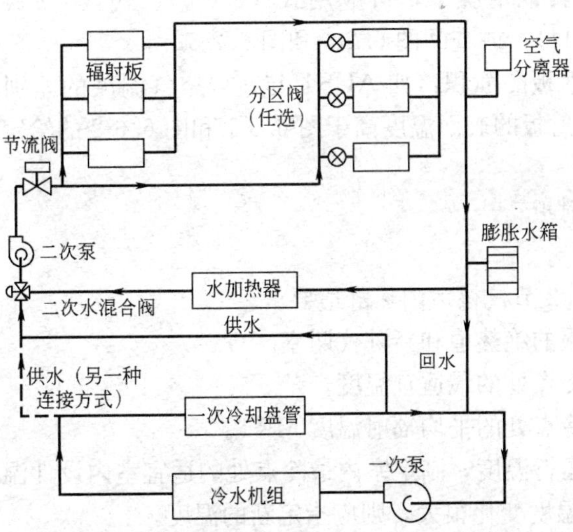

图 6.7-1 带混合调节的一/二次水分布系统

辐射板水系统的供回水温度差 Δt（℃），供暖时一般取 Δt＝10℃；供冷时取 Δt＝3℃。如果需要，也可采用更大的温度差。

6.7.2 设计计算的依据和步骤

辐射板系统的设计，需确定板面积、供水温度、水流速度、板的布置方式……等；辐射板的性能直接与室内空气状态密切相关，通常，可按下列步骤确定空气侧的设计与冷（热）负荷：

1. 供冷

(1) 确定室内设计干球温度、相对湿度、露点温度；

(2) 计算室内的显热和潜热得热；

(3) 选择供冷的平均水温；

(4) 确定最小通风量；

(5) 计算确定空气负担的潜热负荷；

(6) 计算确定空气负担的显热负荷；

(7) 确定辐射板的冷负荷；

(8) 确定辐射板的冷却面积。

2. 供暖

(1) 确定室内的设计供暖干球温度；

(2) 计算确定室内的供暖热损失；

(3) 选择供暖的平均水温；

(4) 确定非加热表面的表面温度，根据式（6.3-11）可得出外墙、外露地面和平顶的表面温度，内墙的表面温度假设等于室内空气温度；

(5) 确定室内表面的AUST；

(6) 确定辐射板的表面温度，如AUST与室内空气温度的差别不是很大，可查阅图6.6-1和图6.6-2；在其他情况下，可应用式（6.6-5）、式（6.2-9a）、式（6.2-9b）、式（6.2-10）和式（6.2-11），或查阅图6.2-1和图6.2-3；

(7) 确定供暖辐射板的面积，如AUST与室内空气温度的差别不是很大，可查阅图6.6-1和图6.6-2。辐射板的表面温度高于图6.6-1和图6.6-2的给定值时，可查阅制造商的数据；

(8) 设计布置辐射板。

3. 既供暖又供冷

根据本手册第19.2节校核室内热舒适要求。

(1) 确定人们衣服的绝热值和新陈代谢率。

(2) 确定室内最冷点处的最适宜温度。

(3) 确定室内最冷点处的平均辐射温度MRT。

(4) 根据确定的运行温度，制定室内最冷点处的适宜室内设计温度；如果室内适宜温度与指定的室内设计温度变化很大，则应指定新的温度。

(5) 确定室内最热点处的MRT。

(6) 计算室内最热点处的运行温度。

(7) 比较室内最热和最冷点处的运行温度，是否在可接受范围内（20～24℃），如不在此范围，供暖系统必须调整。

(8) 计算辐射温度的不平衡度（asymmetry），对于窗户，可接受范围为小于 10℃；而加热平顶则为小于 5℃。

6.7.3 应用、设计和安装的技术要求

1. 分（集）水器（Manifold）

如果有加热管长度不相等的回路，必须注意分、集水器的设计；下列方程适用于 i 回路连接至 n 环路分（集）水器上的情况：

$$Q_i=\left(\frac{L_{eq}}{L_i}\right)^{\frac{1}{r}}\cdot Q_{tot} \tag{6.7-1}$$

其中

$$L_{ep}=\left(\sum_{i=1}^{n}L_i-\frac{1}{r}\right)^{-r} \tag{6.7-2}$$

式中 Q_i——i 回路的流量，L/s；

Q_{tot}——分水器的总流量，L/s；

L_i——i 回路加热盘管的长度，m；

r——水系统时：$r=1.75$。

2. 技术要求

(1) 设计管道系统时，应充分考虑管道热膨胀的补偿；不允许管道的膨胀力作用至辐射板上。同时，必须考虑平顶辐射板的热膨胀。

(2) 塑料、铜、钢、橡胶管可广泛的应用于循环水系统，当盘管嵌在混凝土和石膏板内时，加热管和干管不允许采用螺纹连接，钢管应全部焊接。

(3) 采用节流调节时，干管末端应设置固定的旁通；或在干管上最后一个房间或两个房间，设置一个旁通阀，用来保持平管中的水量。这样，当节流阀调节时，那里能迅速反应。

(4) 当供冷辐射板的面积大于供暖时需要的面积时，可采用如图 6.7-2 所示的双辐射板布置方式，其中：HC 板既供暖又供冷；CO 板只供冷。

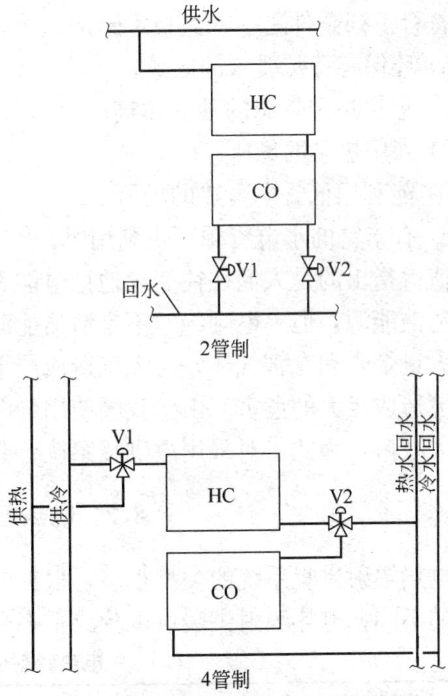

图 6.7-2 分开布置的 2/4 管制系统

(5) 为了防止供冷辐射板在室内侧产生凝露，供水温度必须至少保持比室内设计露点温度高 0.5℃。这个最小温差，是通常水和空气系统温度控制推荐的允许偏差；同时，这也为室内湿度临时升高时提供了一个安全系数。

(6) 通常，选择夏季室内设计露点温度低于 10℃是不经济的。

(7) 采用冷却盘管进行除湿，是应用频率最高的方法；如果冷却盘管总的排数是 6 排或更多，出风的露点温度接近于出水温度；除湿器的冷却水出水，可用于辐射板水系统。

(8) 一些化学除湿方法，可以用于分别控制潜热和显热负荷，冷却塔的水可用于移去来自化学干燥过程的热；此外，显热冷却是冷却除湿空气以达到送风温度所必需的。

(9) 不应把供冷辐射板布置在高湿度区域。

6.8 电热辐射供暖系统

6.8.1 概 述

电热辐射供暖系统，是利用电能转换为热能且主要通过热辐射热传递向室内提供热量的一种供暖方式。

众所周知，电能属于高品位的能源；而“合理利用能源、提高能源利用率、节约能源”是我国的基本国策。因此，将高品位的电能直接用于转换为低品位的热能，进行供暖或空调，不仅热效率低，而且运行费用也高，一般来说是不合适的。

正因为如此，《采暖通风与空气调节设计规范》(GB 50019—2003) 和《公共建筑节能设计标准》(GB 50189—2005) 等都对其应用作出了严格的限制，如 (GB 50019—2003) 规范就明确规定：

符合下列条件之一，经技术经济比较合理时，可采用电采暖：

a) 环保有特殊要求的区域；

b) 远离集中热源的独立建筑；

c) 采用热泵的场所；

d) 能利用低谷电蓄热的场所；

e) 有丰富的水电资源可供利用时。

值得指出的是人们往往笼统地把电能看作是清洁能源，其实这是不全面的。水电是公认的清洁能源，但火电则绝对不是清洁能源。因为，在火力发电过程中，锅炉燃烧不仅要排放大量烟尘和有害气体，对大气造成严重的污染；还会对气候变暖产生很大影响；对地球环境造成巨大的危害。由于我国使用的电能，不仅绝大部分是火电，而且，供需之间存在很大缺口，为此，对采用电供暖系统，必须持谨慎态度。

6.8.2 电热辐射供暖系统的类型

电热辐射供暖系统的类型很多，根据辐射板的加热元件、安装方式和加热元件安装位置等的不同，电热辐射供暖可以分成很多类型，常见的如表 6.8-1 所示。

电热辐射供暖系统的分类 **表 6.8-1**

分类依据	名 称	特 征
加热元件	发热电缆辐射供暖	以发热电缆为加热元件，将它埋置于平顶、地面或墙面等构造层内，构成辐射板
	电热膜辐射供暖	以特制的电热膜为加热元件，将它设置于平顶、地面或墙面等构造层内，构成辐射板
元件安装位置	平顶辐射供暖	将加热元件设置于平顶构造层内
	地面辐射供暖	将加热元件设置于地面构造层内
	墙面辐射供暖	将加热元件设置于墙面构造层内

续表

分类依据	名 称	特 征
安装方式	组合式(干式)	预先将发热电缆加工成不同尺寸的加热片或毯，在现场只需进行铺设与配线等组合
	直埋式(湿式)	将发热电缆埋置于墙面、地面或吊平顶等的混凝土填充层、砂浆或石膏粉刷构造层内

6.8.3 发热电缆的构造及技术要求

发热电缆是电热辐射供暖系统中的核心元件，由于它大都隐蔽敷设在建筑构造层内，几乎没有可维修性，为了彻底消除隐患，确保达到安全、可靠和耐久的使用要求，其技术性能应符合下列各项规定：

发热电缆应由以下几个部分组成（按由里到外排序）：

1. 发热体：作为发热元件的发热体，必须具有发热稳定、可靠的特性，能保持其发热量不随时间的增长而出现衰减。实践证明，比较可靠的发热体是合金金属丝。

2. 绝缘层：在发热电缆的构造层中，绝缘层担负着保证安全的重任。作为绝缘层的材料，必须具有绝缘性能可靠、柔韧性好、耐腐蚀等特性。目前，普遍认为交联聚乙烯是比较合适的材料。此外，绝缘层的厚度，必须符合 IEC 800 的规定。

3. 接地导体：接地导体的主要功能是保证在万一发生漏电事故时，保证不致危及到人们生命和财产的安全；因此，其稳定性极为重要。实践中多数采用经过退火处理的铜导，环绕在绝缘层外。

4. 屏蔽层：屏蔽层的作用有三：一是防止或减弱电缆通电后产生的电磁辐射；二是提高电热转化效率；三是提高电缆的抗拉强度。通常，屏蔽层有全金属屏蔽和金属网屏蔽两种做法：一般认为前者的防电磁辐射性能更好。

5. 护套：护套的作用是保护电缆，特别是防止水分渗入电缆内部；由于防水性能的好坏，与安全直接有关，因此，必须特别重视。通常都采用 PVC 塑料作护套，其厚度应符合 IEC 800 的要求。

6.8.4 电热平顶辐射供暖系统

电热平顶辐射供暖系统，应用较多的有以下几种类型：

1. 抹灰平顶电热辐射板：将特制的发热电缆埋置于湿的石膏或白灰砂浆抹灰层内，使整个平顶成为辐射板，如图 6.8-1 所示。

当加热时表面温度低于 40℃时，功率密度可限制在 240W/m^2。

2. 预制平顶电热辐射板：预制辐射板由金属板、玻璃纤维板、玻璃或塑料板构成，其规格一般宽为 300～1800mm，长为 600～3600mm，厚为 13～50mm。发热元件紧贴面板敷设，上部铺设玻璃棉板绝热层，绝热层上部覆有背板，如图 6.8-2 所示。

预制平顶电热辐射板加热时，表面温度在 40～150℃范围内，对应的功率密度范围为 270～1100W/m^2 （120～480V）。

3. 电热膜辐射平顶：电热膜辐射平顶，是应用特制的电热膜组合而成的，其宽度一般为 400～450mm，长度为 320mm，有效发热区为 320mm×320mm。

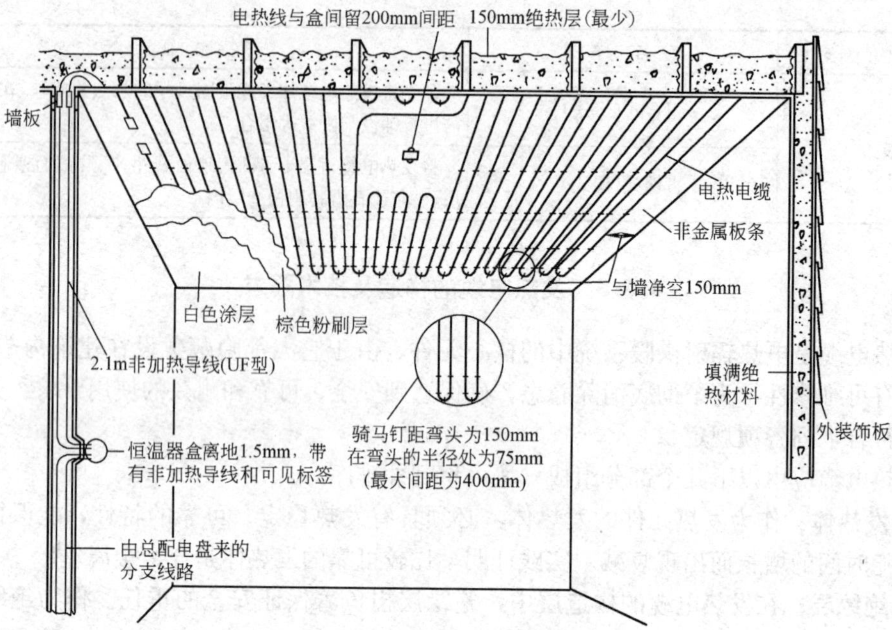

图 6.8-1　抹灰平顶电热辐射板

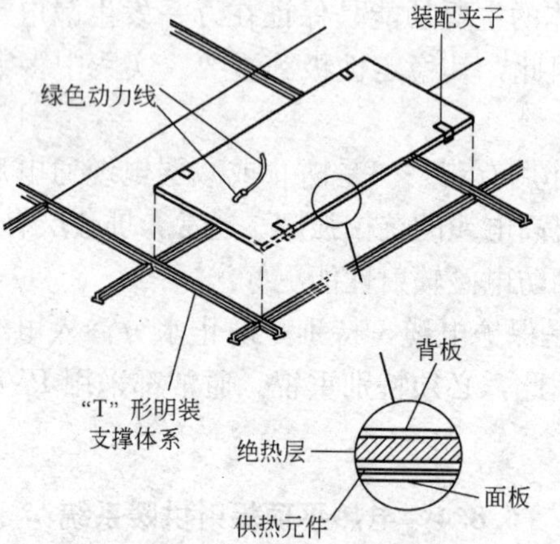

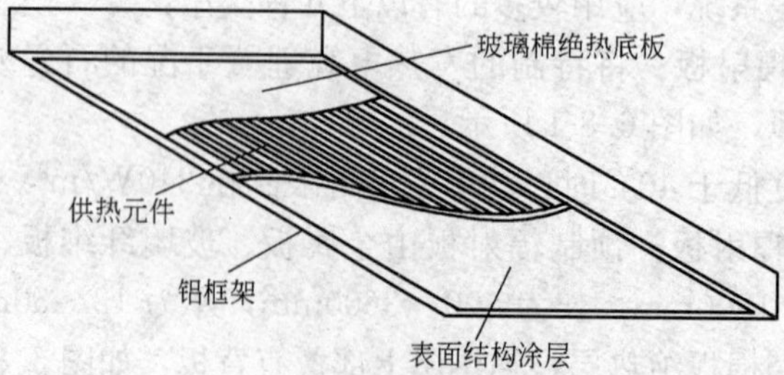

图 6.8-2　平顶电热辐射板

6.8.5　电热地面辐射供暖系统

电热地面辐射供暖系统，主要有以下几种型式：

1. 直埋式（湿式）：

（1）发热电缆地面辐射供暖：将发热电缆埋置在混凝土填充层中来加热整个地面，使地面成为辐射板的一种供暖型式。发热电缆地面辐射供暖系统的构造形式，与热水地面辐射供暖基本相同，区别仅在于以发热电缆替代了加热管，故不再赘述。

（2）电热膜地面辐射供暖：将电热膜埋置于混凝土或水泥砂浆层中来加热整个地面，使地面成为辐射板的一种供暖型式。电热膜地面辐射供暖系统的工程实践不多，暂不作介绍。

2. 组合式（干式）：

（1）电热膜地面辐射供暖：先由土建施工方地面处理平整，并铺好绝热层，再在上部浇筑35mm厚混凝土层并找平。施工电热膜辐射供暖系统时，先在找平层上铺一层3mm厚发泡塑料保护垫，然后敷设电热膜并进行接线；然后，在电热膜上部铺一层塑料薄膜，再铺设木地板。

（2）发热电缆地面辐射供暖：与电热膜地面辐射供暖基本相同，区别主要在于发热元件不同。

6.8.6 发热电缆辐射供暖系统设计与施工注意事项

1. 发热电缆必须经国家电线电缆质量监督检验部门检验合格，产品的电气安全性能和机械性能，应符合国家相关标准的规定。

2. 发热电缆地面辐射供暖系统的混凝土填充层的厚度不宜小于35mm，混凝土强度等级可采用C15。

3. 发热电缆从里到外应由以下材料组成：发热导线、绝缘层、接地屏蔽层和护套等；电缆外径不宜小于6mm。

4. 电缆的发热导体，应使用纯金属或金属合金材料，并应满足最少50年的非连续正常使用时间寿命。

5. 发热电缆的布线间距，最大不宜超过300mm，最小不应小于6*D*（*D*—电缆直径），敷设电缆时，与墙表面之间的净距，不应小于100mm。

6. 每根发热电缆只宜负担一个供暖区域（房间），两个温度要求不同的区域，不宜共用一根电缆。

7. 采用发热电缆地面辐射供暖方式时，电缆的线功率不宜大于20W/m。

8. 当发热电缆裸敷在架空木地板的龙骨之间（绝热层上部）时，电缆的线功率不宜大于10W/m。

9. 发热电缆的布线间距，可按下式计算确定：

$$T=1000\times\frac{p_s}{q} \tag{6.8-1}$$

式中 T——电缆的布线间距，mm；

p_s——电缆的线性功率，W/m；

q——单位地面面积的安装功率，W/m^2。

10. 电缆的电阻必须根据设计条件下的温度按下式进行调整：

$$R'=R\cdot\frac{[1+\alpha_e(t_d-20)]}{[1+\alpha_0(t_d-20)]} \tag{6.8-2}$$

式中 R——电缆在标准温度（20℃）下的电阻，Ω/m；

α_e——材料电阻的热系数，$℃^{-1}$；

α_0——热膨胀系数，$℃^{-1}$；

t_d——运行条件下电缆的表面温度，℃。

11. 发热电缆的供电方式：采用 AC 220V 供电，每个回路电流不应大于 16A。进户回路负载超过 8kW 时，可采用 AC220/380V 三相五线制供电。

12. 多根电缆接入 220V/380V 三相系统时，应使三相平衡。

13. 导线截面及开关配置，应满足过负荷保护和短路保护要求，零线截面不得小于相线截面。

14. 发热电缆的屏蔽接地线，应与温控器的 PE 线连接，并终结于电源配电箱的端子上。

15. 敷设发热电缆前，必须严格检查外观质量，禁止使用有外伤或破损的电缆。

16. 发热电缆供暖系统，应设置接触器与温控器结合的方式进行温度自动调节。温控器宜各室单独设置，温控器不应安装在外墙上，应选择安装在能正确反映室内温度的位置处。

17. 温控器的选择应符合下列要求：

(1) 一般房间可采用室温控制器（air thermostat controller）或地温控制器（floor thermostat controller)；

(2) 高大空间的房间、浴室、卫生间、游泳池等，应采用地温型温控器；

(3) 需要同时控制室内温度和限制地面或电缆最高温度的场合，应选择双温型温控器(Bi-temperature thermostat controller)；

(4) 有特殊要求的房间，温控器可以与定时时钟区域编程器串联连接，实现智能控制；

(5) 负荷较小的房间，当仅需一根电缆即能满足要求时，可采用一个温控器；

(6) 负荷较大的房间，需敷设两根或两根以上电缆时，可采用温控器和接触器相结合的控制方式；

(7) 几个温度相同的房间统一进行温度控制时，也可采用温控器和接触器相结合的控制方式；

(8) 温控器应安装在距室内地面 1.5m 的墙面上；应避免温控器受到阳光或其他热源对它的影响；

(9) 温控器的额定电流，不宜大于 16A。

18. 配电箱应具备过流保护和漏电保护功能，每个供电回路应设带漏电保护装置的双极开关。

19. 电气设计与施工应遵守《民用建筑电气设计规范》JGJ/T 16 和《建筑电气工程施工质量验收规范》GB 50303 中的有关规定。

6.8.7 电热膜辐射供暖系统

1. 电热膜辐射供暖系统的组成

电热膜辐射供暖系统，一般由电热膜、连接端子、导线、温控器等组成：

电热膜 电热膜由特制的电阻性电热材料通过印刷方式印制在聚酯薄膜上，两边再印上导电性极好的导电材料，并配粘上加强导电容量的铜质薄带（习称载流条），最后在上面粘合上同质的聚酯薄膜以封闭绝缘。

电热膜一般安装在平顶上，其长度为 320mm，宽度为 400～450mm，有效发热区为 320mm×320mm。

连接端子(连接卡) 连接端子是电热膜与电源线之间的连接件，通过它把两者连接起来。连接端子一般以导电性好的金属加工而成。连接件平面的一侧，带有梅花状刺，在压钳作用下刺穿载流条而实现连接，端子另一端带有圆柱孔，供插入导线，然后压紧并予以固定。

温控器 根据室内温度变化自动接通或断开电源的位置。温控器的类型很多，根据温控元件的不同，可分成双金属片型、气囊型和电子型等类型。温控器的电工指标一般为 220V/20～16A，温度调控范围为 0～30℃。

导线 一般采用断面为 $4mm^2$ 的单股铜线。

2. 电热膜平顶辐射供暖系统设计与施工注意事项

(1) 电热膜必须经国家电线电缆质量监督检验部门检验合格，产品的电气安全性能和机械性能，应符合国家相关标准的规定。

(2) 负责安装电热膜平顶辐射供暖系统的单位，必须同时负责室内的吊平顶工程的施工和安装。

(3) 安装轻钢龙骨及绝热层

① 放线、定位、安装轻钢龙骨；龙骨中心距应保持为 400mm。

② 在龙骨之间满铺不燃绝燃材料（50mm 厚玻璃棉毡或岩棉毡），绝热材料的物理参数应符合下列规定：

密度 $\rho=10\sim18kg/m^3$

导热系数 $\lambda\leqslant0.04W/(m\cdot℃)$

(4) 安装电热膜

① 根据电热膜布置图要求，沿电热膜剪切线裁剪出所需数量的电热膜组，每组最多数量一般不超过 35 片（20W/片）。

② 将裁剪好的电热膜居中定位并固定至轻钢龙骨上。电热膜两侧的载流条应与龙骨内边等距，且应保持距离大于 10mm。

③ 电热膜与轻钢龙骨的固定，宜采用自攻螺钉或拉铆钉，钉距应保持小于 1000mm；接线一端应留出 60mm，以便压接连接端子。

④ 固定电热膜时，应注意将膜拉平整，并使其上部紧贴绝热层。

⑤ 设计布置电热膜时，必须考虑为灯具、烟感器、喷头、音响等留出空白位置。

⑥ 压接连接端子并连接导线。用于电热膜并联连接的导线与电源导线，需加套金属软管或阻燃蜡管进行保护。

⑦ 连接电源线连接的同时，必须同时将接地线与轻钢龙骨实现对接。

⑧ 对连接端子进行密封、绝缘处理。

(5) 检测：

① 根据房间的供暖热负荷分配表，用精确万用表测量电阻值，并与表 6.8-2 相对照，核对其是否与设计值相符（允许公差为＋5 至－10）。

20W电热膜的电阻值表 **表6.8-2**

电热膜的片数	电阻值(Ω)	电热膜的片数	电阻值(Ω)	电热膜的片数	电阻值(Ω)	电热膜的片数	电阻值(Ω)
1	2420.00	16	151.25	31	78.06	46	52.61
2	1210.00	17	142.35	32	75.63	47	51.49
3	806.67	18	134.44	33	73.33	48	50.42
4	605.00	19	127.37	34	71.18	49	49.39
5	484.00	20	121.00	35	69.14	50	48.40
6	403.33	21	115.24	36	67.22	51	47.45
7	345.71	22	110.00	37	65.41	52	46.54
8	302.50	23	105.22	38	63.68	53	45.66
9	268.89	24	100.83	39	62.05	54	44.81
10	242.00	25	96.80	40	60.50	55	44.00
11	220.00	26	93.08	41	59.02	56	43.21
12	201.67	27	89.63	42	57.62	57	42.46
13	186.15	28	86.43	43	56.28	58	41.72
14	172.86	29	83.45	44	55.00	59	41.02
15	161.33	30	80.67	45	53.78	60	40.33

② 用500V兆欧表检测绝缘电阻，电热膜回路与龙骨（接地）之间的绝缘电阻不应小于1MΩ。

③ 临时送电测试：在通电状态下，检查每个连接端子与载流条的连接，不应产生电弧；用红外测温仪检测每片电热膜是否发热；用钳形数字万用表检查电源支路的电流是否符合设计要求。如有不符合要求的情况，应作相应的处理。

（6）安装石膏板

① 石膏板的质量应符合相关标准的各项要求，其热阻不应大于0.114m·℃/W（厚度一般为8～12mm）。

② 石膏板应紧贴电热膜，两者之间不应有任何杂物存在。

③ 石膏板安装完毕后，应重复检测电阻和绝缘电阻，确保安装过程未损坏电热膜系统。潮湿房间如洗澡间、厨房等，石膏板易发生变形，不宜采用电热膜供暖。

（7）安装温控器

① 温控器应安装在室内离地1400mm高度处的内隔墙上，不应安装在外墙上。

② 应避免和防止温控器受到阳光或其他热源的影响。

③ 温控器的额定电流，不宜大于16A。

6.9 中温辐射供暖

6.9.1 中温辐射供暖系统的特点

表面温度80℃≤t_p≤200℃的辐射板供暖系统，通常称为中温辐射供暖系统。

中温辐射供暖系统，主要适用于车间、车站、室内市场、展厅等具有高大空间（3～30m高）的建筑物内的供暖。

中温辐射供暖系统的主要特点是：

1. 热传播中辐射成分占60%～70%，所以能创造和提供最舒适的热环境。

2. 在获得相同热舒适环境的前提下，可以采用比对流供暖时低3℃的供暖室内计算温度，使供暖负荷大幅度减少。

3. 在3～30m的高大空间内供暖时，具有显著的经济性和节能性。

4. 室内温度梯度很小，一般仅0.03℃/m；不会引起由于室内上部温度过高导致屋顶等热损失增大的现象。

5. 不会造成室内气流的激烈流动而导致灰尘飞扬。

6. 不产生机械噪声。

7. 由于系统的蓄热量少，热惰性小，所以加热迅速，调节性能好。

8. 夏季可作为供冷辐射板应用，一套设施，两种用途。

9. 不占用地面和墙面。

10. 使用寿命长，无需维修。

11. 采用科学的基本模块单元组装方式，设计布置十分灵活；长度方向都可自由延伸与扩展，辐射板的最大组合长度可达120m。

12. 由于板宽一致（b=320mm），可以数块模板供平行组合在一起。

13. 重量轻，吊装简单，安装容易；改造或扩建调整时也十分方便。

6.9.2　型式及规格

中温辐射供暖，一般利用中温辐射板来实现。图6.9-1所示系森德散热器公司生产的ZIP型吊顶辐射板的外形及吊装图。

ZIP吊顶辐射板是由4根ϕ15铜管与厚度为0.5mm、宽度为320mm、长度分别为2000mm、3000mm、4000mm、5000mm、和6000mm的镀锌钢板卡压在一起而组成的(共五种基本模块)。辐射板采用科学的模块式结构，通过专用的卡压或螺扣接头，可以使基本模块在长度方向任意扩展延伸。通过水路的串联或并联连接，辐射板可以多块进行平行布置。

基本模块的端头，配置由ϕ28mm铜管制成的集管，每组集管的端头，有一端带有盲堵，另一端则带连接排气阀或进水的接口。连接工作完成后，可用盖板将下部封闭。为了提高供暖效率，减少无效热耗，辐射板的顶部，覆盖有带铝箔复合层的高效绝热层（绝热材料的密度ρ=25kg/m^3、导热系数λ=0.04W/(m^2·K)、厚度为δ=40mm)。

辐射板的规格、尺寸及散热量，见表6.9-1。

ZIP辐射板的规格及尺寸　　**表6.9-1**

名　称	单　位	规　格	名　称	单　位	规　格
铜管外径	mm	15	辐射板的散热量	W/m	277
铜管间距	mm	80	冷却能力(冷辐射板)	W/m	48
模块基本宽度	mm	320	最高允许工作温度	℃	95
每个固定点的挂钩数量	个	2	最大允许工作压力	MPa	0.5
悬吊点轴间距	mm	256	重量(含水和绝热层)	kg/m	5.18

注：根据用户要求，可以提供更高温度和压力的产品

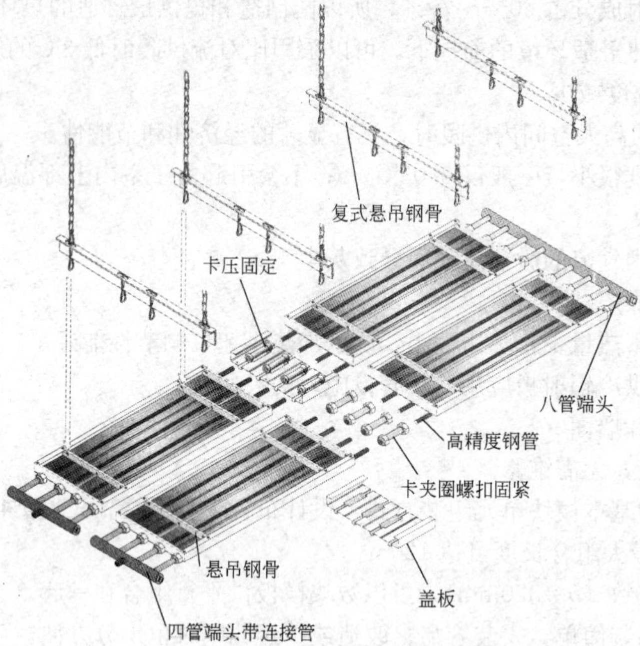

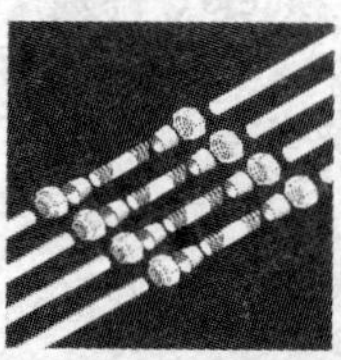
卡夹圈螺扣固紧详图

卡压固定详图

图 6.9-1 吊顶辐射板的结构及吊挂图

6.9.3 辐射板的散热量

辐射板的供热量，随供、回水平均温度与供暖室内计算温度之间的温度差而改变，表 6.9-2 是 ZIP 型辐射板在不同温差时的供热量。

不同温差 ΔT 时的供热量 (W/m) **表 6.9-2**

ΔT(℃)	供热部位		ΔT(℃)	供热部位	
	ZIP 基本模块	端头		ZIP 基本模块	端头
22	99	35	44	215	82
24	108	39	46	227	86
26	119	43	48	238	92
28	130	47	50	248	96
30	139	51	52	259	101
32	150	55	54	271	107
34	161	59	56	282	108
36	171	65	58	294	111
38	182	69	60	305	120
40	193	73	62	317	126
42	204	78	64	328	131

续表

ΔT(℃)	供热部位		ΔT(℃)	供热部位	
	ZIP 基本模块	端头		ZIP 基本模块	端头
66	340	135	74	387	157
68	351	140	76	398	161
70	363	146	78	410	166
72	375	151	80	423	171

注：$\Delta T=\frac{t_g+t_h}{2}-t_n$（$t_g$—供水温度,℃；$t_h$—回水温度,℃；$t_n$—供暖室内计算温度,℃）

表 6.9-2 中给出的供热量，是建立在热水流经每根管道时处于紊流流动状态基础上的，因此，流经每根管道的热水流量，应大于或等于图 6.9-2 中给出的最小流量。如不能满足以上要求，且又无法将多块辐射板串联安装时，辐射板的供热量将下降 15%左右，因此，在设计吊顶辐射板时，应乘以 1.18 安全系数。

为了根据图 6.9-2 确定流经每根管道的最小热水流量，必须先确定辐射板水路的连接方式。水路的连接，一般有六种方式，如图 6.9-3 所示。

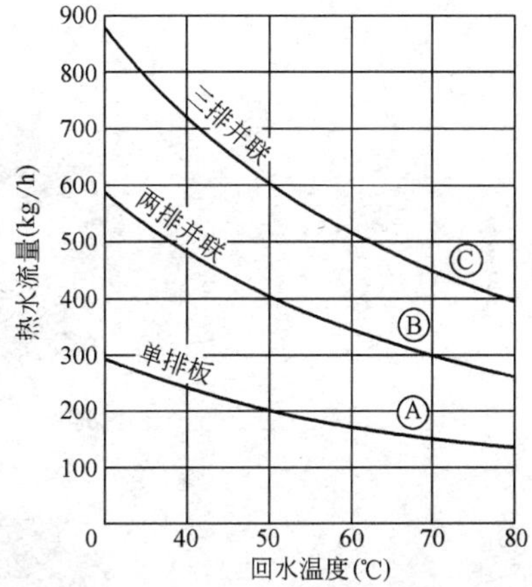

图 6.9-2 流经每根管道的最小流量

6.9.4 辐射板的压力损失

辐射板的压力损失，由基本模块中管道的沿程阻力、接头和集管的局部阻力组成；当装置有流量调节阀时，则尚应附加调节阀的阻力。

辐射板每根管道的压力损失，可根据水系统的连接方式与总热水流量由图 6.9-4 确定。

端头的压力损失，可根据总热水流量由图 6.9-5 确定。

6.9.5 辐射板设计与安装注意事项

1. 吊顶辐射板的最高平均水温，应根据辐射板的安装高度和辐射板所占平顶面积的比例按表 6.9-3 确定。

吊顶辐射板的最高平均水温 **表 6.9-3**

安装高度 (m)	辐射板占平顶面积的百分比 (%)					
	10	15	20	25	30	35
3	73	71	68	64	58	56
4	115	105	91	78	67	60
5	>147	123	100	83	71	64
6	—	132	104	87	75	69
7	—	137	108	91	80	74
8	—	>141	112	96	86	80
9	—	—	117	101	92	87
10	—	—	122	107	98	94

注：安装高度系指室内地面至辐射板表面的垂直距离。

2. 提高辐射板表面的黑度，可以增大辐射板的散热量，因此，板表面宜刷无光漆。

3. 为了减少热耗，辐射板的安装高度不宜太高；但也不应太低，以防止对人产生炙烤感。通常，辐射板的安装高度，可参考表 6.9-3 的数值确定。

4. 应考虑并预留辐射板受热后沿长度方向产生热膨胀的余地。

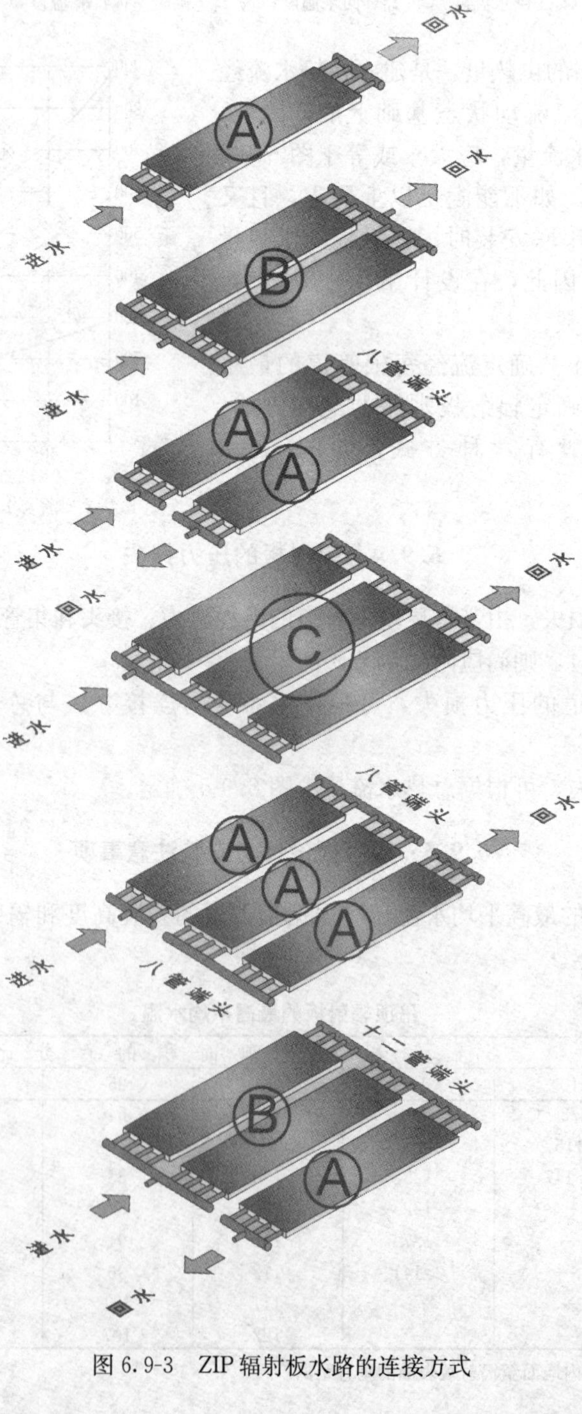

图 6.9-3 ZIP 辐射板水路的连接方式

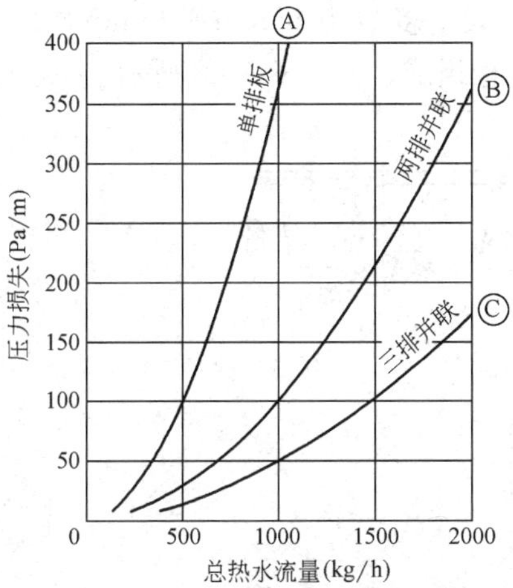

图 6.9-4　每根管道的压力损失

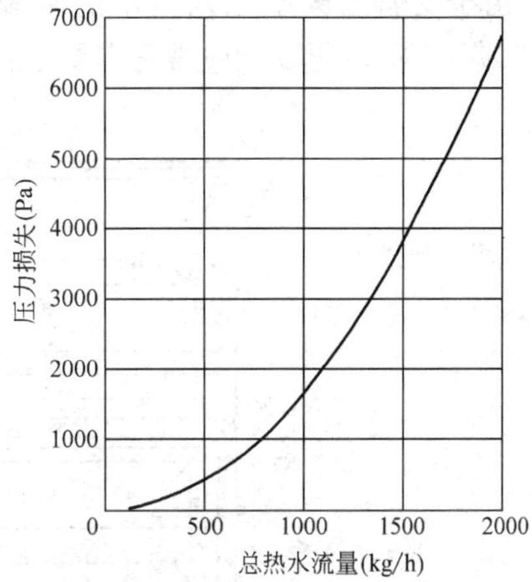

图 6.9-5　端头的压力损失

6.10　高温辐射供暖

6.10.1　燃气红外线辐射器

表面温度高于或等于 500℃的供暖系统，一般称为高温辐射供暖系统。

高温辐射供暖的形式很多，在工程中应用较广的主要是燃气红外线辐射供暖，它是利用可燃气体（天然气、煤气、液化石油气等）通过特殊的燃烧装置—发生器（也称燃烧器、辐射器或辐射加热器等）产生的红外线进行供暖的。

燃气红外线发生器，主要有表面燃烧式、催化氧化式、间接辐射式等几种型式。发生器通常由燃气喷嘴、引射器、外壳、混合气分配装置、反射罩及点火装置等组成，如图 6.10-1 所示。

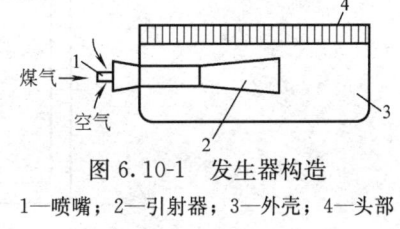

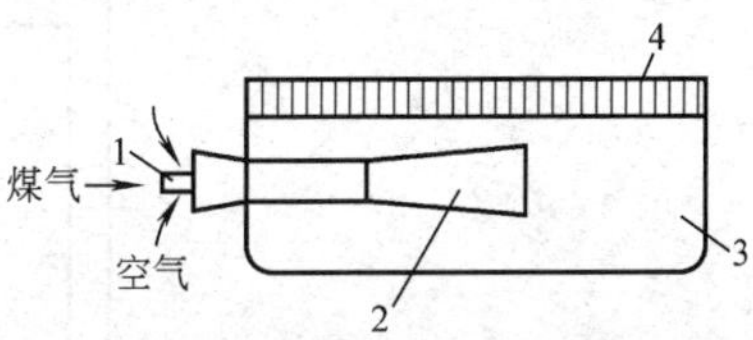

图 6.10-1　发生器构造

1—喷嘴；2—引射器；3—外壳；4—头部

1. 喷嘴　喷嘴是燃气的进入口，它的作用主要是固定燃气的流量，并使燃气本身所具有的势能转化为动能；因此，喷嘴都设计成进口直径大，出口直径小。

2. 引射器　引射器的功能是吸入空气并使燃气与空气均匀混合，它一般由进口段、混合段和扩散段三个部分组成。

3. 外壳　外壳是保持燃气、空气混合气体在进入头部之前具有一定的静压，并使混合气体均匀地分配至发生器头部中去的部件，通常都由钢板冲压成型，外壳常因引射器位置的不同而有不同的外形，常见的外壳如图 6.10-2 所示。

4. 分配板　分配板的作用，是协助外壳对燃气与空气的混合气体进行均匀分布，通常，它以薄钢板制作，安装在引射器出口端的外壳上。

5. 头部　根据发生器头部结构和所用材料的不同，头部分成以下型式：

(1) 多孔陶瓷板式　多孔陶瓷板的单位热负荷，一般为 13～16W/cm^2。陶瓷板的尺寸，由于受加工成型工艺技术的限制，不能做得太大，多数为 65mm×45mm×12mm（长×宽×高）；所以，通常它需要由若干块多孔陶瓷板组成，如图 6.10-3 所示。

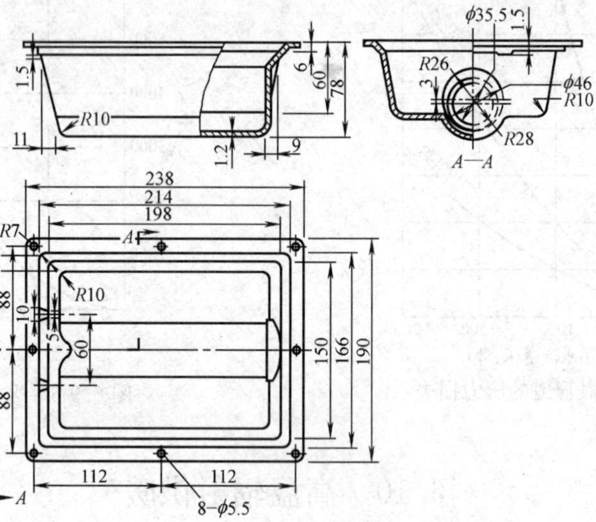

图 6.10-2 外壳构造

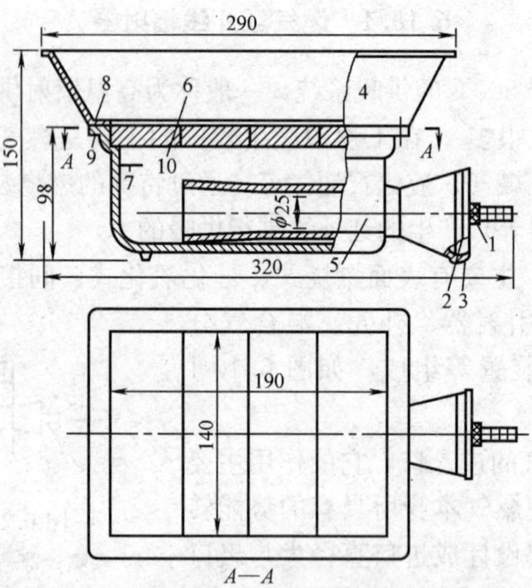

图 6.10-3 多孔陶瓷板头部

1—喷嘴；2—支撑；3—调节风门；4—反射罩；5—外壳；6—多孔陶瓷板；7—分配板；8、9—螺栓、螺母；10—多孔陶瓷板托架

(2) 金属网式 金属网式辐射器的单位热负荷，一般为 14～19W/cm²。金属网辐射器的头部，由两层或两层以上不同直径、不同目数的耐高温腐蚀的金属丝网所构成，如图 6.10-4 所示。

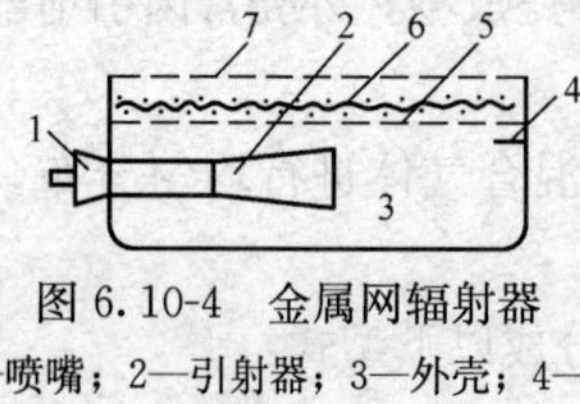

图 6.10-4 金属网辐射器

1—喷嘴；2—引射器；3—外壳；4—分配板；5—托网；6—内网；7—外网

(3) 复合式 它是由多孔陶瓷板与金属网复合而成，其头部与多孔陶瓷板辐射器基本相同，只是在距离陶瓷板外表面一定距离处，增加了一层金属网，使燃烧面向前推

移，提高辐射效果。

(4) 筛板式　筛板式辐射器与金属网式辐射器在外观上没有明显的区别，差别在于头部内层网的变化上，筛板式辐射器的头部虽也有一层内网，但它不用托网，而是包在金属筛板上。这种燃烧器在燃烧时的温度分布更为均匀，辐射效率也有所提高。在相同气源条件下，它的辐射强度可比金属网式提高5%左右。

6. 反射罩　反射罩的功能主要有二：一是将热射线经罩面集中后反射至某一个范围内；二是利用燃烧产物的热量加热反射罩面，进行再辐射。

反射罩必须选用对红外线有较强反射性的材料制作，如经过电化学表面处理过的铝板，不仅反射性强，且重量很轻，是一种较好的材料。

为了减少无效热损耗，在反射罩背面贴一层高效绝热材料是有益的。

7. 点火装置　点火装置是发生器的重要组成部分，它的效果往往会影响发生器的正常工作。点火的方式很多，常见的是带安全保护装置的电子激发自动点火；对这种装置，有以下要求：

(1) 一定要先接通电源，才能开启燃气的供气阀。

(2) 当电源或气源中任何一个在瞬间中断，或由于其他原因使发生器熄灭时，应能自动关闭供气阀门；当气源或电源恢复正常后，应能立即自动点燃发生器。

(3) 自动安全装置和线路本身任何一个元件发生故障时，应能自动关断气源；而且，在未修复之前，阀门不能开启。

(4) 发生器一旦发生回火时，安全装置应能立即自动关断气源。

6.10.2　燃气红外线辐射器的辐射性能

红外线是整个电磁波波段中的一部分，波长等于0.76～1000μm，尤其是波长为0.76～40μm范围内，具有非色散性，能量集中，热效应显著，所以，通常称为热射线或红外线，而红外线的传播过程则称为热辐射。

发生器辐射出的能量取决于发生器的表面温度和温度的分布情况。通常，发生器的辐射能量随表面温波段范围和温度的变化规律，可按下式确定：

$$E_0=\frac{C_1\cdot\lambda^{-5}}{e^{\frac{C_2}{\lambda T}}-1} \tag{6.10-1}$$

式中　E_0——黑体的辐射能量，W/m²；

T——黑体的热力学温度，K；

C_1——常数，$C_1=3.69\times10^{-16}$；

C_2——常数，$C_2=1.44\times10^{-2}$；

λ——波长，m。

不同温度的黑体，都有一个辐射能量的最大波长（λ_{max}），当波长大于或小于最大波长时，辐射能量逐渐减少；波长趋于零或无穷大时，辐射能量也趋向零。

黑体最大辐射能量时的最大波长λ_{max}与黑体绝对温度T的关系，可由Wien定律表达如下：

$$\lambda_{max}\cdot T=2898\mu m\cdot K \tag{6.10-2}$$

燃气红外线发生器头部应用的材料，都是属于灰体而不是黑体，它们的最大能量所在波长，也可由式（6.10-2）求得，详见表6.10-1。

不同温度时最大辐射能量所在波长　　**表6.10-1**

温度	℃	300	400	500	600	700	800	900	1000	1100
波长	μm	5.05	4.30	3.74	3.32	2.98	2.70	2.47	2.28	2.11

实际上，输入发生器的能量，不可能全部转变为有效的辐射热量。通常，把有效辐射热量所占输入总能量的百分比，称为辐射效率 η（%）：

$$\eta=\frac{Q_y}{Q_z} \tag{6.10-3}$$

而：

$$Q_y=C\cdot A\left(\frac{T}{100}\right)^4$$

$$Q_z=V\cdot Q_r$$

因此

$$\eta=\frac{C\cdot A\cdot\left(\frac{T}{100}\right)^4}{V\cdot Q_r} \tag{6.10-4}$$

式中　Q_y——有效辐射热量，W；

Q_z——输入发生器的总能量，W；

C——辐射系数；

A——辐射面积，m^2；

T——辐射表面温度，K；

V——燃气量，m^3/s；

Q_r——燃气热值，J/m^3。

由于发生器的组装形式、安装角度、反射罩的形式等的变化，都会对辐射效率发生影响，因此，实际上很难通过理论计算求得精确的辐射效率。比较实用的方法是通过测试来求得辐射效率。

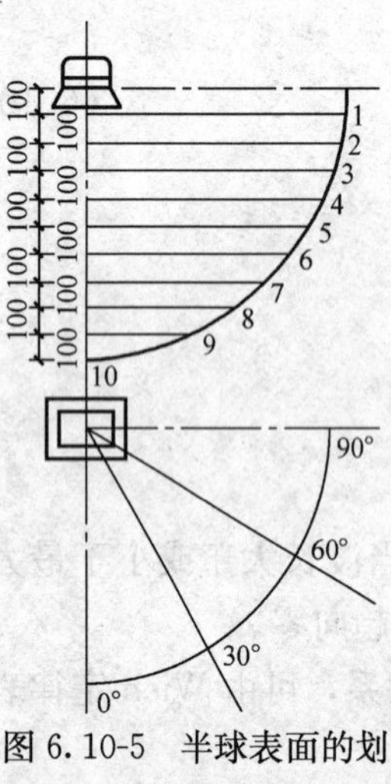

图6.10-5　半球表面的划分及测点布置

辐射效率的测试，主要应用半球辐射效率测定仪、辐射热计、电位差计、光点检流计等测试仪表。具体测试方法是：将半径 $r=1.0$m 的一个半球，分成面积相等的120块，如图6.10-5所示。假设每块面积上所接受的辐射强（照）度是均匀的。因此，以辐射计在每个球面上所测得的辐射强（照）度，与该块球面积的乘积，表示这块球面上所接受到的辐射量。

将这个量与发生器的热负荷相比，即可得出该发生器在一定热负荷条件下的辐射效率，它可按下式计算：

$$\eta=\frac{\sum_1^n q\cdot 2\pi\cdot r^2}{n\cdot V\cdot Q_r}\times\frac{273+t}{273} \tag{6.10-5}$$

式中　q——半球上各点测得的辐射强度，W/m^2；

n——测点数，$n=30$；

r——半球的半径，$r=1.0$m；

V——燃气量，m^3/s；

Q_r——燃气的热值，J/m³；

t——燃气的温度，℃。

由于发生器位于半球的球心，而两个半球是对称的，所以，实际上只需要测定1/4半球就可以了。半球的总点数为120点，实际测点数则为：$n=120/4=30$ 点

图6.10-6为半球辐射效率测定的示意图，摇臂可以回旋360°，从而形成一个球面，辐射热计装在摇臂上，可以上下移动，因此，能测定出各点球面的辐射热照（强）度。

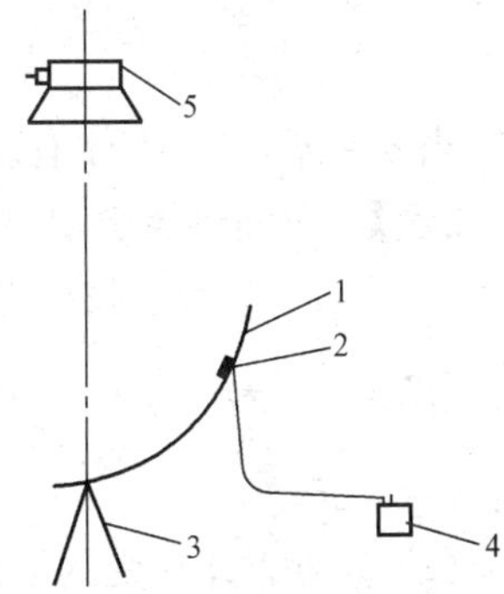

图6.10-6 辐射效率测定设备

1—摇臂；2—辐射热计；3—支架；4—电位差计；5—辐射器

6.10.3 全面辐射供暖

燃气红外线辐射供暖，具有高效节能、舒适卫生、运行费低、环保等特点，它不仅可以用于建筑物内的全面供暖或局部供暖，还能用于室外工作地点的供暖。在层高高、空间大、外窗面积多、换气量大的建筑物内，采用燃气红外线辐射供暖，在技术上和经济上都具有明显的优势。

设计全面辐射供暖时，首先应计算发生器的总散热量 Q（W）：

$$Q=\frac{Q_d}{1+R} \tag{6.10-6}$$

$$R=\frac{Q_d}{\frac{CA}{\eta}\cdot(t_{sh}-t_w)} \tag{6.10-7}$$

$$\eta=\varepsilon\cdot\eta_1\cdot\eta_2 \tag{6.10-8}$$

式中 Q_d——按常规对流供暖时计算得出的供暖热负荷，W；

C——系数，$C=11W/(m^2\cdot K)$；

A——供暖面积，m²；

t_{sh}——人的舒适温度，$t_{sh}=15\sim20$ ℃；

t_w——室外供暖计算温度，℃；

ε——辐射系数，按图6.10-7确定；

η_1——发生器的辐射效率；

η_2——空气效率（考虑到空气中 CO_2 和水蒸气对辐射热的吸收），见表6.10-2。

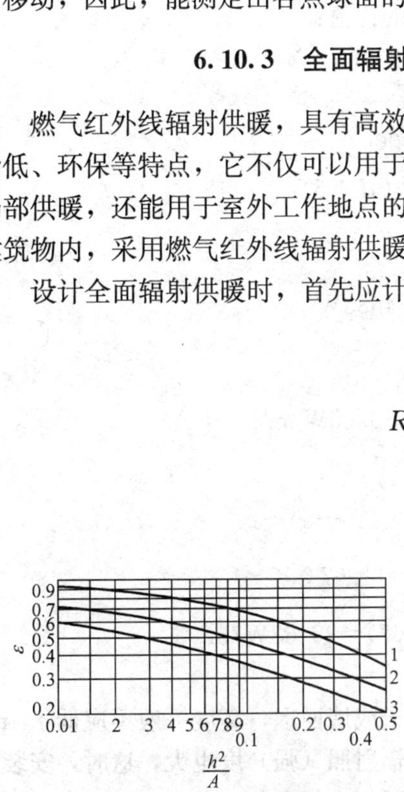

图6.10-7 辐射系数

1—水平面；2—坐着；3—站立

h—辐射器安装高度（m）；

A—供暖面积（m²）

注：图中横坐标上的数值2～9，实际上为0.02～0.09。

空气效率 表6.10-2

空气层厚度(m)	1.0	1.5	2.0	2.5	3.0	4.0	5.0	6.0	8.0	≥10
η_2	0.94	0.93	0.91	0.90	0.89	0.88	0.87	0.86	0.85	0.84

人体所需的辐射照（强）度 q_x（W/m²），可近似地按下式确定：

$$q_x=11\cdot(t_{sh}-t_n) \tag{6.10-9}$$

人体实际接受到的辐射照（强）度 q_s（W/m²）为：

$$q_s=\eta\cdot\frac{Q}{A} \tag{6.10-10}$$

当 $q_x=q_{sh}$ 时，人体有较好的舒适感。

【例】 车间供暖面积 $A=3200m^2$，$t_{sh}=15℃$，$t_w=-5℃$，供暖负荷 $Q_d=581500W$，$\eta_1=0.5$，$\eta_2=0.88$，发生器安装高度 $h=4m$，求全面辐射供暖时发生器的总散热量。

【解】 (1) 先求出指数：$\frac{h^2}{A}=\frac{4\times4}{3200}=0.005$，由图 6.10-7 可求得辐射系数：$\varepsilon=0.55$

(2) 计算人体接受的辐射热量与发生器总散热量的比值：

$$\eta=\varepsilon\cdot\eta_1\cdot\eta_2=0.55\times0.5\times0.88=0.242$$

(3) 计算特征值：

$$R=\frac{Q_d}{\frac{CA}{\eta}\cdot(t_{sh}-t_w)}=\frac{581500}{\frac{11\times3200}{0.242}\times(15+5)}=0.20$$

(4) 发生器的总散热量：

$$Q=\frac{Q_d}{1+R}=\frac{581500}{1+0.20}=484583W$$

(5) 验算：

$$q_s=\eta\cdot\frac{Q}{A}=0.242\times\frac{484583}{3200}=36.65W/m^2$$

由于
$$Q_d(t_n-t_w)=Q(t_{sh}-t_w)$$
即
$$581500\times(t_n+5)=484583\times(15+5)$$
所以
$$t_n=\frac{484583\times(15+5)}{581500}-5=11.67℃$$
而
$$q_x=11\times(t_{sh}-t_n)=11\times(15-11.67)=36.63W/m^2$$

结果是 $q_x\approx q_s$，可以认为满意。

全面辐射供暖时，发生器可安装在屋架下弦、柱子或墙面上，高度一般不应低于 4m。当发生器的表面积较大时，热负荷也高，辐射效率和辐射照（强）度也大，这时，安装高度应高一些。当发生器的安装角度增大时，安装高度可相应低一些。

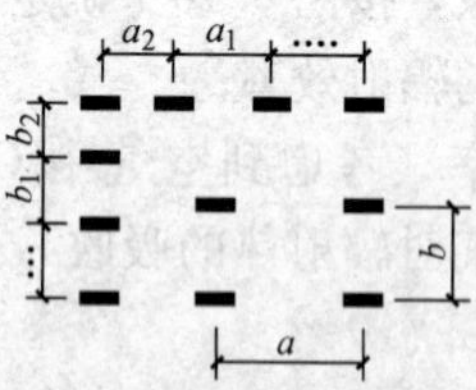

图 6.10-8 边缘和墙角发生器的布置

通常，在考虑全面辐射供暖系统的负荷分配时，应保持沿四周外墙、外门处的发生器散热量，不少于总热负荷的 60%。

布置发生器时，必须结合建筑的特点、高度、大小等进行统一考虑。发生器既可以单排或多排交错排列，也可以平行排列，或沿外墙周边布置。不论采用哪一种形式，在沿外墙周边处，至少应布置一排发生器。

发生器的布置，通常应满足下列两个条件（图 6.10-8）：

(1) $\frac{a}{h}\leqslant1$（正方形布置）或 $\frac{ab}{h}=0.8\sim0.1$（长方形布置），且 $\frac{a}{b}=1.5\pm0.5$；

(2) $\frac{h^2}{A}\leqslant0.1$

式中 a、b——发生器的中心距，m；

h——发生器的安装高度，m；

A——发生器的照射面积，m^2。

靠外墙周边地区和墙交角处的辐射强（照）度，可按下列公式计算确定：

$$q_1=(1+\varphi)\cdot q_f \quad (6.10\text{-}11)$$

$$q_2=(1+2\varphi)\cdot q_f \quad (6.10\text{-}12)$$

式中 q_1——靠外墙周边地区的单位辐射强（照）度，W/m^2；

q_2——靠墙角处的单位辐射强（照）度，W/m^2；

q_f——室内其他地区的辐射照（强）度，W/m^2；

φ——边缘附加系数，%，见表 6.10-3。

边缘附加系数 φ（%） **表 6.10-3**

h^2/A	a/h					
	2/3	3/4	0.9	1.0	1.1	4/3
0.01	125	110	84	70	60	51
0.02	123	105	77	62	54	44
0.03	121	100	71	58	49	38
0.04	119	98	67	53	44	34
0.05	117	95	63	49	40	30
0.06	114	92	60	46	36	26
0.07	111	90	57	43	33	23
0.08	108	87	55	40	30	20
0.09	105	85	53	37	28	17
0.10	102	82	50	35	26	15
0.15	98	73	40	26	15	7
0.20	90	64	33	18	10	—
0.30	78	50	23	10	4	—

周边地区和墙交角处发生器的中心距，可按下列公式计算：

$$a_1=\frac{a}{1+\varphi} \quad (6.10\text{-}13)$$

$$a_2=\frac{a}{1+2\varphi} \quad (6.10\text{-}14)$$

$$b_1=\frac{b}{1+\varphi} \quad (6.10\text{-}15)$$

$$b_2=\frac{b}{1+2\varphi} \quad (6.10\text{-}16)$$

式中 a_1、b_1——边缘地区发生器的中心距，m；

a_2、b_2——墙角处发生器的中心距，m。

6.10.4 CRV 燃气红外辐射供暖系统

1. 特点

CRV 燃气红外辐射供暖系统，是 Roberts-Gordon 公司提出的一种负压运行、低强度的红外辐射供暖系统，它的特点是：

(1) 能源：适用于天然气、液化石油气和人工煤气。

(2) 热量传播：主要依靠辐射方式传递热量。

(3) 辐射管供暖：不是利用发生器直接向室内供暖，而是通过由 ϕ100mm 钢管连接而成的热辐射管路系统向室内进行供热。

(4) 负压运行：用真空泵（风机）驱动，使热流体在系统的辐射管路内流动，将尾气排放至室外。而且，只有在负压状态下，管路内的气体才能快速流动。

(5) 零压调节阀：使用 100％预混气体发生器，燃气经过发生器时，必须调整为零压；如系统内的负压不能建立，系统立即关闭，阻止管路内气体流动。

(6) 渐增发生器专利技术：在同一条热辐射管路上，多个发生器可串联工作；上游发生器的热流穿过下游发生器，但不影响下游发生器的正常运行。同一辐射供暖管路的发生器，可具有不同的发热功率，各发生器的间距，可根据实际需要确定。

2. 系统

CRV 系统一般由一个或多个独立的真空系统组成，每个真空系统包括一台真空泵（风机）、一定数量的发生器、散热器（由 ϕ100mm 热辐射管及覆盖在管上方的铝合金反射罩组成）、控制系统等；散热器首尾的辐射强度是不相同的，靠近发生器部分管路的辐射热交换强度较高，称为辐射管，应布置在室内热负荷相对较大区域的上部；其余辐射热交换强度较低部分的管路，称为尾管，一般应布置在室内热负荷相对较小区域的上部。

图 6.10-9 绘出了整个系统的流程。

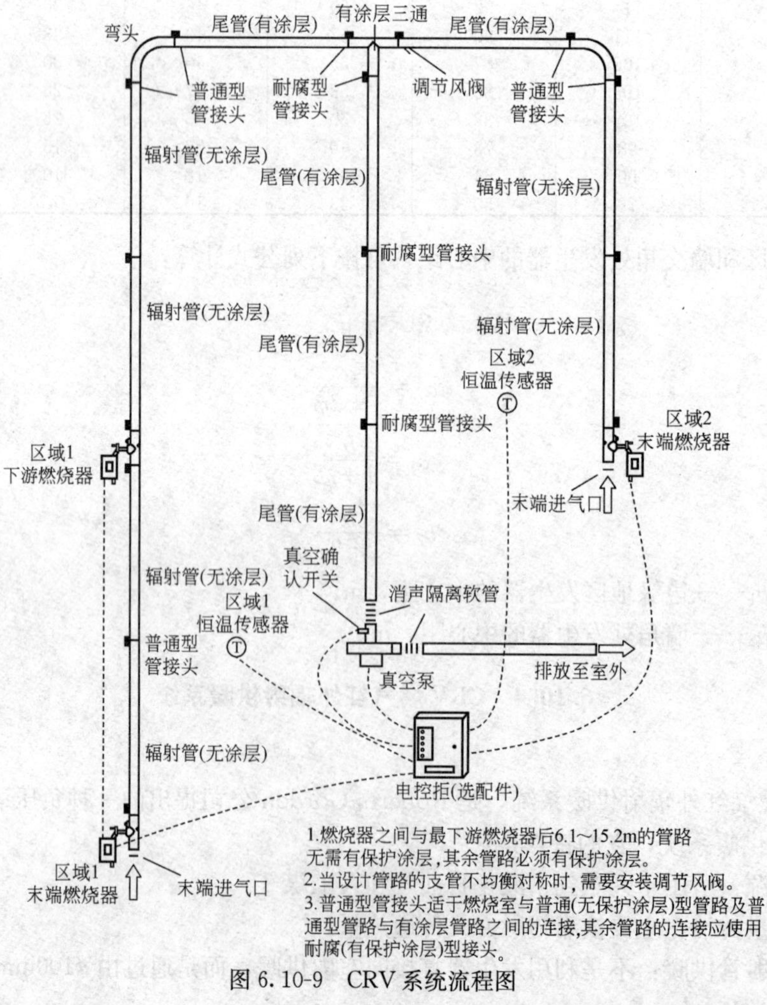

图 6.10-9 CRV 系统流程图

3. 组装方式

如图 6.10-10、图 6.10-11 和图 6.10-12 所示。

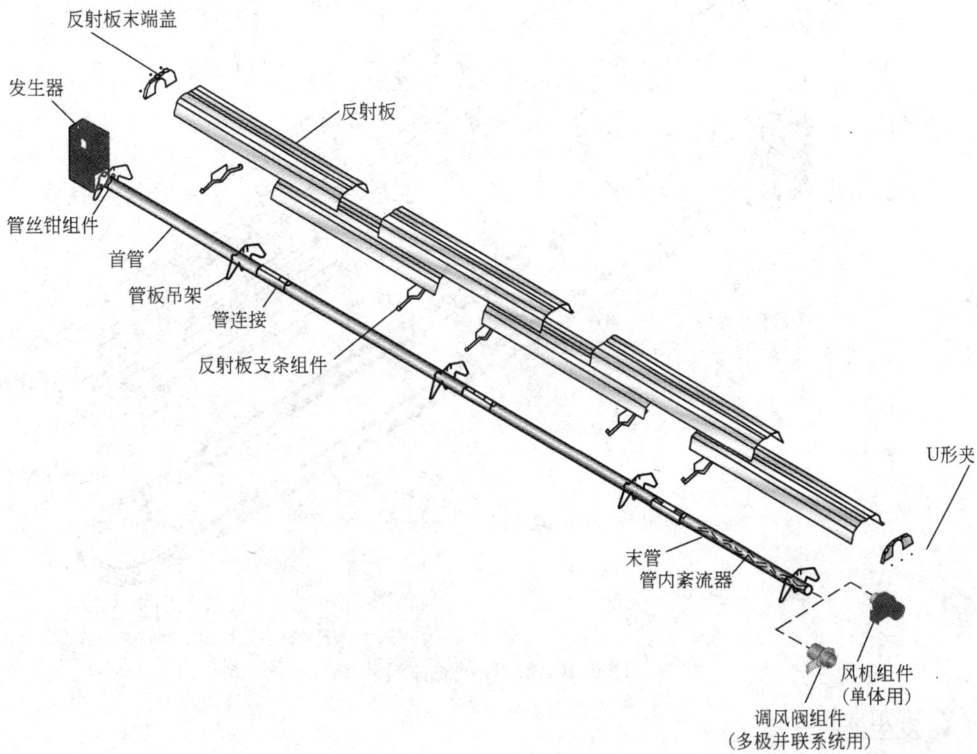

图 6.10-10　线型总体组装图

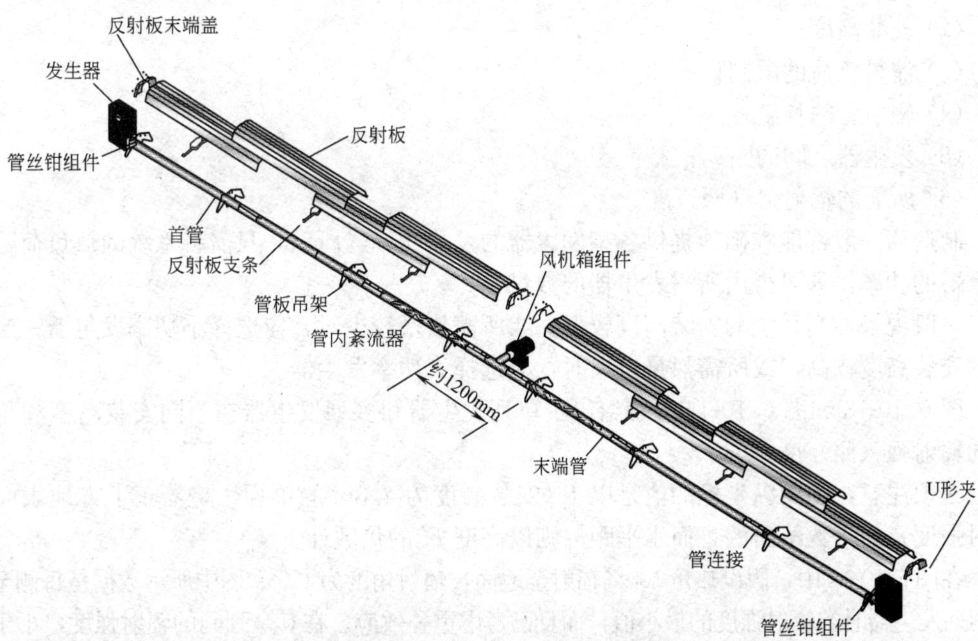

图 6.10-11　双线型总体组装图

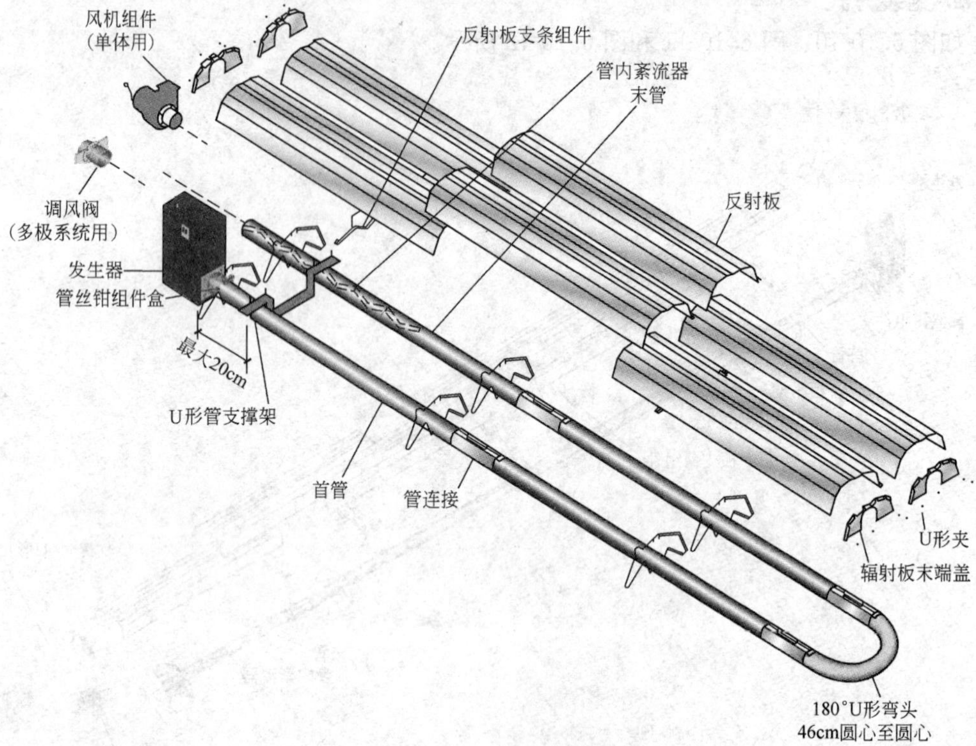

图 6.10-12 U 型总体组装图

4. 发生器的选择

选择确定发生器的数量时，必须考虑下列因素：

(1) 所需热量和发生器的分布；

(2) 安装高度；

(3) 流量负荷的限制；

(4) 辐射管的长度；

(5) 发生器之间的距离；

(6) 所需的辐射强（照）度。

制造商一般都能准确地提供各型发生器的发热功率，所以，只需将系统的热负荷除以发生器的功率，即可得出所需发生器的数量。

一般说来，当系统的安装高度较低，或所需热量较少时，应选择小功率发生器；当系统的安装高度较高，或所需热量较大时，应选择大功率发生器。

图 6.10-13 和图 6.10-14 分别给出了单列发生器和多列发生器在不同安装高度和角度时的辐射强（照）度。

必须注意，图中纵坐标的值是以 I（安装高度为 4.8m 的单列燃烧器正下方地表面的辐射强度）的倍数给出的，而水平距离则以高度 H 的倍数计。

在图 6.10-14 中，假设热量 100%辐射至地面，辐射角度为 120°。图中所示数据是每侧至少有两列发生器时的辐射强度的最小值，而且已考虑重叠效应。在其余列间的辐射强度，小于图中所示数据。两列的间距为 $3H$ 时，由于邻近发生器管路的影响，增加的辐射强度不超过 5%。

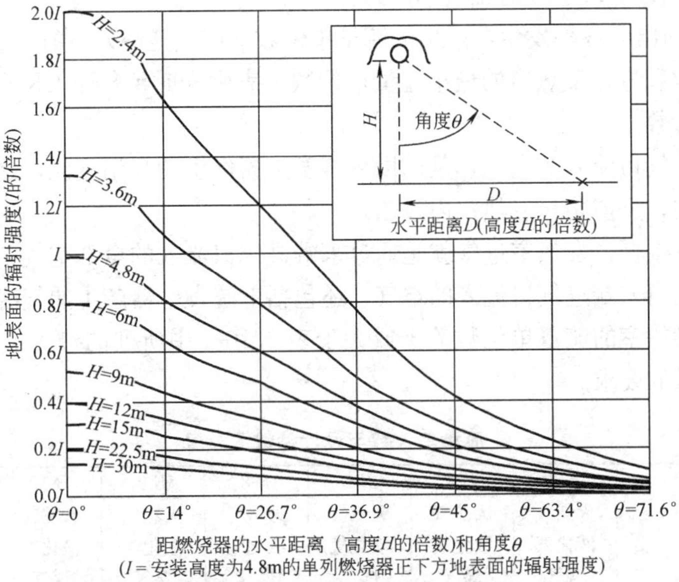

图 6.10-13 单列发生器的辐射强度

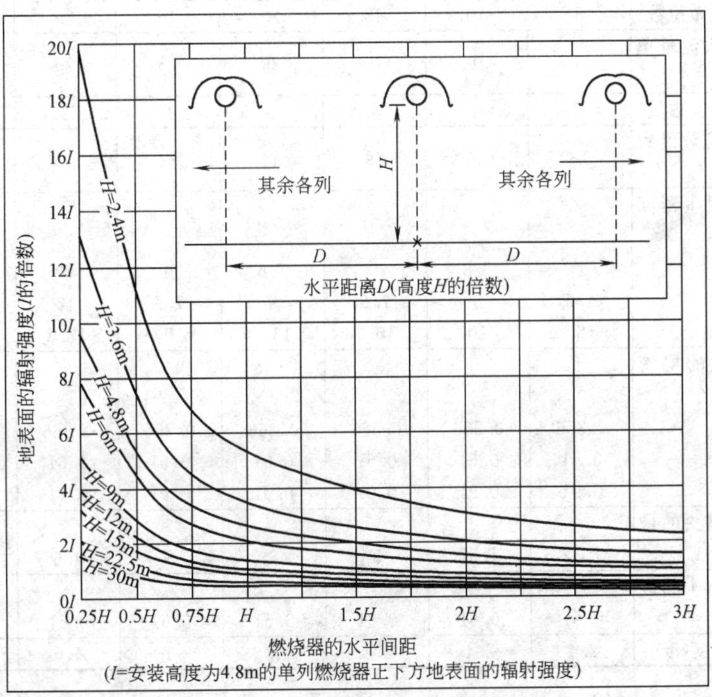

图 6.10-14 多列发生器的辐射强度

5. 流量负荷

为了简化计算，建立了“流量单位”概念，“流量单位”的定义是产热量为 2.926kW 时，燃气与空气混合物的流量。

设计中计算系统流量单位数时，必须考虑以下两个部分：

① 通过发生器产生的流量单位；

② 通过末端进气口进入的流量单位。

表6.10-4列出了各种发生器产生的流量单位数（产热速率）、通过末端进气口进入系统的流量单位数和进入发热室的最小流量单位数。表中同时汇集了CRV系统设计流量负荷的其他相关参数。

通过末端进气口流入的空气，是用以稀释发生器产生的高温气流；这样，既可以保证辐射管受热均匀，又能防止发热室内过热。

对于末端发生器，发热室进气就是通过末端进气口流入的全部空气。对于其他的发生器，进气既包括由末端进气口流入的空气，还包括上游发生器产生的气流。

如果进入发热室的流量单位数等于或大于表6.10-4中所列的最小值，即可满足发生器的最小进气量的要求。

流量单位数与设计参数汇总表 **表6.10-4**

发生器型号	*B*-2	*B*-4	*B*-6	*B*-8	*B*-9	*B*-10	*B*-12*A*	*B*-12
能源	天然气 液化气 煤气	天然气 液化气 煤气	天然气 液化气 煤气	天然气 液化气 煤气	天然气 液化气 煤气	天然气 液化气 煤气	天然气	液化气
产热量(kW)	5.852	11.704	17.556	23.408	26.334	29.260	32.186	35.112
发生器流量单位数	2	4	6	8	9	10	12	12
末端进气口流量单位数	6	10	15	20	15	20	20	20
进入发热室最大流量单位数	6	10	15	20	15	20	20	20
支管的发生器最大数量	6	4	4	3	2	3	2	2
支管的流量单位数最大数量	18	26	39	44	33	50	44	44
辐射管长度(发生器间距)								
最小长度(m)	3	3.8	6	7.6	6	9	10.7	10.7
推荐长度(m)	4.6	6	7.6	9	7.6	12	15.2	15.2
最大长度(m)	6	10	10.7	13.7	9	18.3	21.3	21.2
单位流量单位的尾管长度								
最小长度(m)	0.366	0.366	0.366	0.366	0.366	0.366	0.366	0.366
推荐长度(m)	0.61	0.61	0.61	0.61	0.61	0.61	0.61	0.61
最大长度(m)	0.91	0.91	0.91	0.91	0.91	0.91	0.91	0.91
发生器至下游弯头的最小距离(m)	1.52	1.52	3	3	3	4.6	4.6	4.6
发生器至上游弯头的最小距离(m)	0.61	0.61	0.61	0.61	0.61	0.61	0.61	0.61
推荐最低安装高度(m)	2.4	2.4	2.4	3	3	4.6	4.6	4.6

各部分流量的特征：

(1) 辐射支管的流量　辐射支管的流量，包括末端进气口的进气量和各发生器产生的气流量。

每条辐射支管的最大允许流量，可用两种方式表示：根据各发生器的产热功率确定的发生器允许安装数量；相应的最大流量单位数。

(2) 尾管的流量　设计中必须注意，如果某一部分的尾管流量负荷过大，就会使系统的真空度降低，真空泵的有效流量减少。

为了保证末端进气口处的负压值（真空度），尾管的长度决不能超过管内流量的允许长度；因此，必须检查每条尾管的长度，确保其偏差不超过推荐值的±5%。有关管路的负压曲线见图 6.10-15。

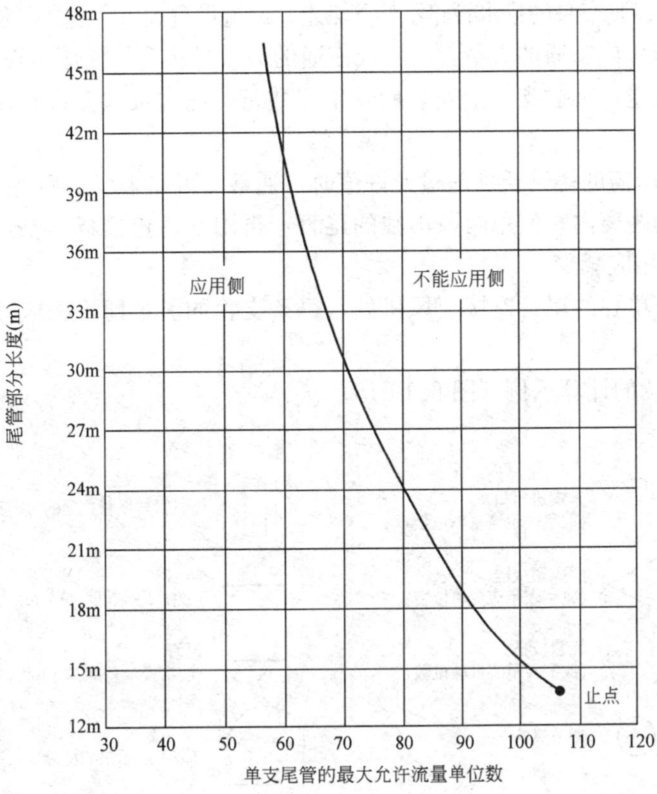

图 6.10-15 尾管管路的压力损失

应用图 6.10-15 时，应注意：

① 尾管长度与流量的交点，必须落在图中应用一侧，否则，管路的压力损失会超过允许值。

② 图中所示的长度，允许每隔 15m 安装 1 个弯头，如在每 15m 长度内增加 1 个弯头，则需将尾管长度减少 15%。

(3) 真空泵（风机）的流量单位数（见表 6.10-5）。

真空泵的流量单位数与海拔高度变化的关系 **表 6.10-5**

海拔高度(m)	最大流量单位数		海拔高度(m)	最大流量单位数	
	EP-100	*EP*-200		*EP*-100	*EP*-200
600	66	110	1501～1800	54	90
601～900	63	105	1801～2100	51	84
901～1200	60	100	2101～2400	48	80
1201～1500	57	95	2401～2700	45	75

注：使用 *EP*-100 型发生器时，尾管长度不能超过 0.57m/流量单位。

真空泵设计时，必须满足以下各项要求，否则，真空泵的有效流量和系统的真空度（负压）将会大大降低。

1）最小尾管长度：如小于要求的最小长度，就不可能将高温气流冷却至合适的温度，从而影响真空泵的正常运行。

2）检查尾管压力损失：如果两条或两条以上的辐射支管共用一部分尾管，应检查其压降。

3）负压过高：真空泵的排水管路不畅（堵塞）或流量过大，会使真空泵运行的负压过高。

4）管路上弯头或三通的数量：弯头或三通的数量过多，将使压力损失增加。

5）发生器数量：辐射支管上安装的发生器数量，超过最大允许数值，或流量超过最大流量单位数。

当至风机处所需的尾管长度超过允许值时，通常，可以采取下列措施予以克服：

① 在1/2的距离内，使用两条单独的尾管，再用三通连接成一条尾管，这样，每条支管的流量即可相应减少。

② 使用两条单独的尾管连接至风机处，每条支管的流量即可相应减少；每条支管的长度可适当延长。

（4）流量单位的计算示例（图6.10-16）

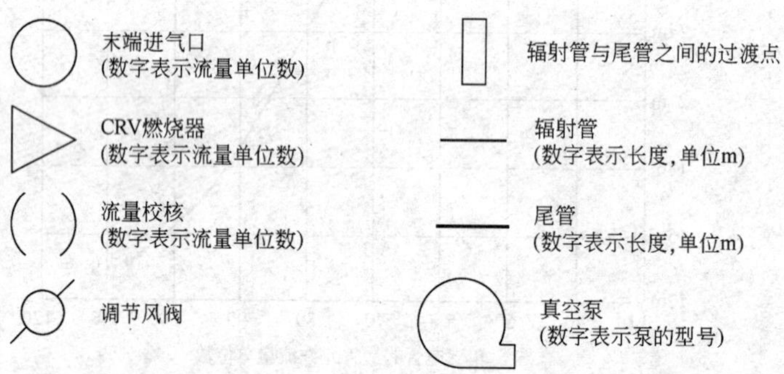

图6.10-16 图例

1）具有一条支管的CRV系统：3个*B*-8发生器串联，使用最小长度的辐射管，无弯头，海拔高度为零（图6.10-17）。

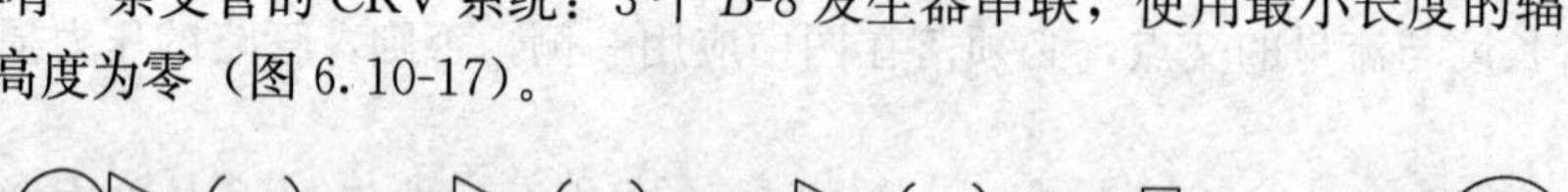

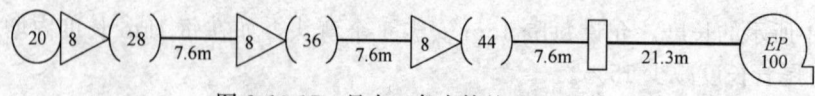

图6.10-17 具有一条支管的CRC系统

由表6.10-4可查出：*B*-8发生器的最小辐射管长度为7.6m。

零海拔时，*EP*100风机可处理的最大单位数为44流量单位。

最大尾管长度：对于*EP*100风机，每个流量单位为0.51m。

$$0.51\text{m}\times44=22.44\text{m}\quad 按4舍5入原则取22\text{m}$$

根据流量单位44和尾管长度22m，由图6.10-15校核可知，交点位于应用一侧，符合要求。

2）具有两条不对称支管的CRV系统：支管1安装3个*B*-12型和1个*B*-10型发生器，

连接使用推荐长度的辐射管和推荐长度的尾管，2 个弯头，零海拔高度（图 6.10-18）。

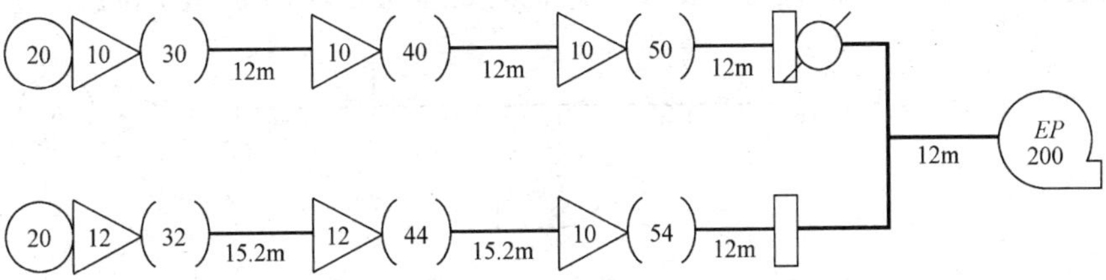

图 6.10-18 具有两条不对称支管的 CRV 系统

由表 6.10-4 可查出：*B*-10 型发生器连接辐射管的推荐长度为 12m；*B*-12 型发生器连接辐射管的推荐长度为 15.2m。

零海拔高度时，*EP*200 风机可处理的最大单位数为 104 流量单位。

最大尾管长度：每个流量单位为 0.61m。对于 *EP*200 风机：0.61m×104=63.44m。

参照表 6.10-4，对于发生器型号混合使用的支管，最大允许的流量单位恰好为 54。因此，如支管 2 使用 3 个 *B*-12 型发生器，将超过流量限定值（44 流量单位）。

由图 6.10-15 可知，104 流量单位可使用 12m 的尾管，弯头的数量也符合使用要求。

3）具有两条平衡（对称）支管和混合尾管的 CRV“SC”系统：辐射支管各安装 2 个 *B*-9 型发生器，连接使用最小长度的辐射管和推荐长度的尾管，4 个弯头，海拔高度 1200m（图 6.10-19）。

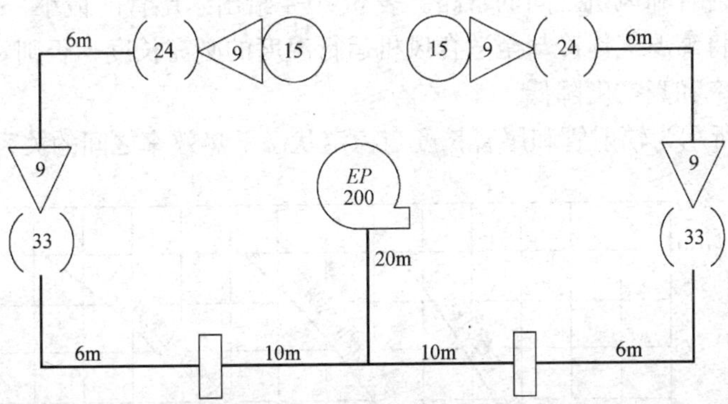

图 6.10-19 具有两条对称支管和混合尾管的 CRV“SC”系统

由表 6.10-4 可知：*B*-9 型发生器连接辐射管的最小长度为 6m；

尾管的推荐长度为 0.61/流量单位；

各辐射支管的流量单位数为 33 流量单位；

单独连接的尾管长度为 10m；

共用的尾管长度为 20m；处理的流量为 66 流量单位。

因此，整个尾管长度应为 40m（66 流量单位×0.6m=39.6≈40m）。

当海拔高度为 1200m 时，由表 6.10-5 得 *EP*100 风机的流量为 60 流量单位，因此，必须使用 *EP*200 风机。

4）CRV*B*-12 末端发生器系统：两个辐射支管各安装 1 个 *B*-12 型发生器，连接使用最小长度的辐射管和最小长度的尾管，无弯头，海平面（图 6.10-20）。

由表 6.10-4 可知：*B*-12 型发生器连接辐射管的最小长度为 10.7m；

尾管的最小长度为0.366/流量单位，0.366×32流量单位=11.7m，取12m。

参照表6.10-5，在零海拔时，*EP*100风机的处理能力为64流量单位。

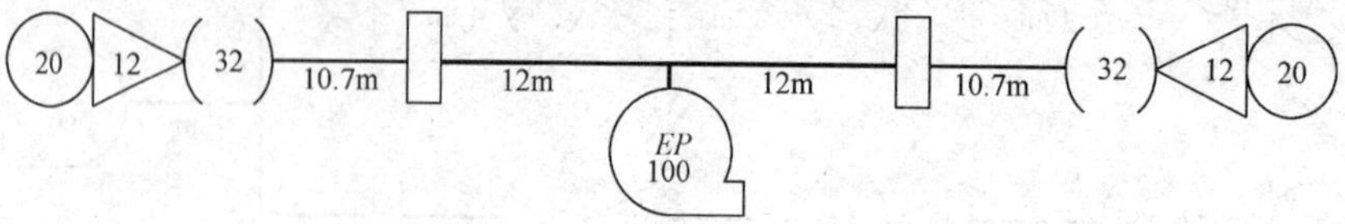

图6.10-20 CRV*B*-12末端发生器系统

6. 散热器

尾管与辐射管的主要作用：提供足够的供热面积；大部分热量由辐射管向空间辐射，其余部分热量由尾管向空间辐射。

辐射管：指各发生器之间的管路和末端发生器下游部分的管路。选择确定辐射管的长度时，应考虑：

采用最小长度时：辐射管表面的平均辐射强度较高，发生器的布置紧凑，但是，为了保证系统的运行效率和风机的容量，需要较长的尾管。

采用最大长度时：辐射管表面的平均辐射强度较低，发生器的间距较大，因此，在下一个发生器之前的1.5～3m长辐射管的辐射强度会略有降低。

实践中，可以根据发生器的型号和不同的产热量，由表6.10-4可查出辐射管的长度。

尾管：指辐射管和风机之间的管路。表6.10-4给出了尾管的最小、最大和推荐长度。最小长度是保证将高温气体冷却至适合风机运行温度的必需长度；否则，会因温度过高而使风机的有效功率和真空度降低。

图6.10-21所示为辐射管和尾管长度与稳定状态下热效率之间的关系。

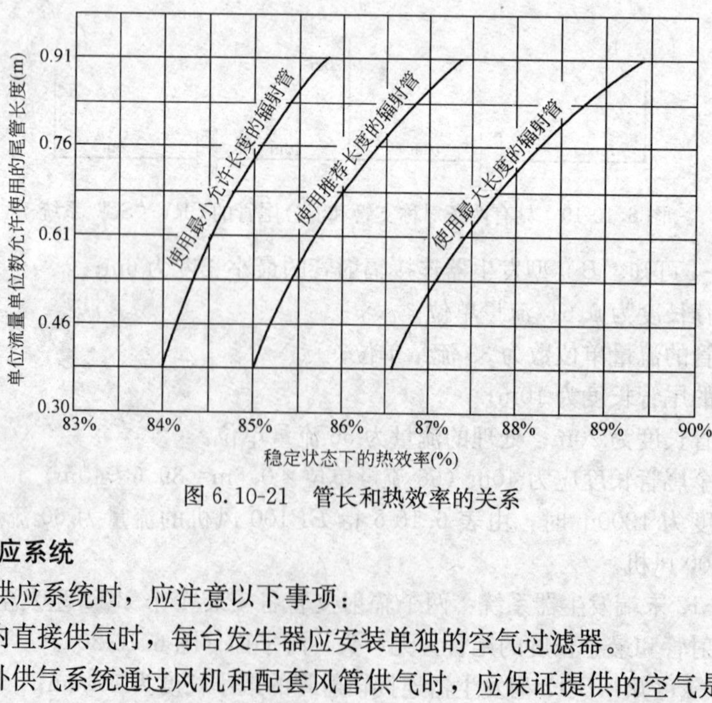

图6.10-21 管长和热效率的关系

7. 空气供应系统

设计空气供应系统时，应注意以下事项：

(1) 由室内直接供气时，每台发生器应安装单独的空气过滤器。

(2) 由室外供气系统通过风机和配套风管供气时，应保证提供的空气是未经污染的、清洁的；送风管内应保持少许正压，以防止送风被渗入气体污染。

（3）设计室外供气系统时，必须考虑整个系统的流量单位数及允许的整套风管的长度（直径）。各部分风管的尺寸，可按下列步骤确定：

1）计算确定每个送风口所需的流量单位数；

2）计算出风机至最远送风口的风管长度；

3）根据计算出的风管长度和流量单位数，按图 6.10-22 确定在最大压力损失 ΔP_{max}＝62Pa 条件下的风管直径；

4）根据每个送风口的流量单位数和风管长度，按图 6.10-22 确定在最大压力损失 ΔP_{max}＝62Pa 条件下该段风管的直径。

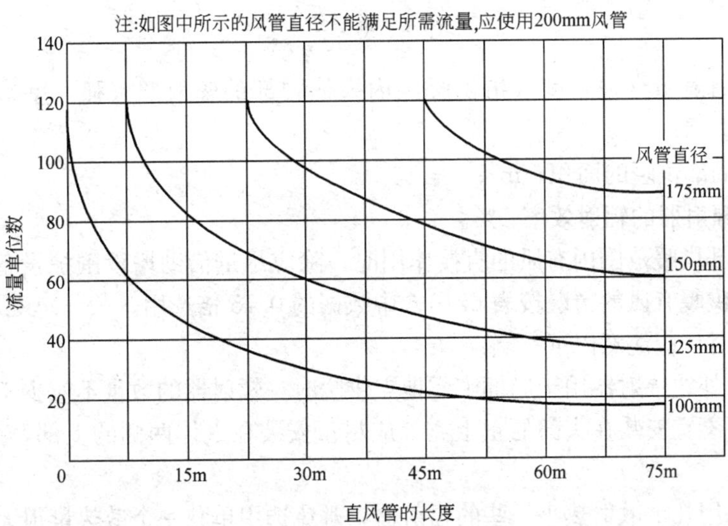

图 6.10-22 风管长度与直径的关系（ΔP_{max}＝62Pa）

6.10.5 局部、单点及室外供暖

1. 局部供暖

局部供暖是指在一个很大的建筑空间内，只对其中的某一小部分或区域进行供暖，而其余的大部分或区域则无供暖要求。局部供暖与全面供暖的根本区别，在于它主要依靠辐射热量来保持供暖范围内的热环境，尽管这个范围内的空气温度也会有一定程度的升高，但并不起主导作用。

局部供暖通常有下列两种情况：

（1）在供暖范围内，人员比较稀少，工作岗位比较固定：这时，可按单点供暖考虑。

（2）在供暖范围内，人员较多，工作岗位不完全固定：这时，可按全面供暖考虑。

到目前为止，发表的有关局部供暖所需辐射照度、空气温度等方面的数据很少，下面摘引一些国外资料上发表的数据，供设计时参考。

在无风的条件下，室内局部供暖时辐射照（强）度与空气温度的关系，如表 6.10-6 所示。

无风时的辐射照（强）度与空气温度　　　　**表 6.10-6**

辐射照(强)度(W/m²)	空气温度(℃)	辐射照(强)度(W/m²)	空气温度(℃)
861	−23.3	431	−1.11
807	−20.6	377	1.67
754	−17.8	323	4.44
700	−15.0	269	7.22
646	−12.2	216	9.99
592	−9.4	161	12.8
539	−6.7	129	15
484	−3.9	129	≥15

局部辐射供暖所需辐射器的散热量 Q（W）：

$$Q=700\cdot\frac{EA}{\eta} \tag{6.10-17}$$

式中　E——辐射照（强）度（指供暖区内人体腰部的辐射照（强）度），按表 6.10-6 选用；

A——局部供暖的面积，m^2；

η——辐射器的辐射效率，%。

如果在局部供暖范围内有风的直接作用时，除应尽量借助增设围护设备加以阻挡外，也可以按单点供暖有风的情况按表 6.10-6 中数据的 0.75 倍选用。

局部供暖时，应注意以下三点：

① 燃气红外线辐射器用于局部工作地点供暖时，辐射器的数量不应少于两个。

② 辐射器不宜安装在头部的正上方，应尽量安装在人体两侧的上部，并以一定角度对准人的腰部。

③ 尽量选用几个散射热小一些的辐射器，避免选用单独一个散热量很大的辐射器。

④ 务必注意防风。

2. 单点供暖与室外供暖

单点供暖是指在一个大空间内只对某个工作点进行供暖；室外供暖则是在一个无限大的空间里对某个点或一个小范围进行供暖。这两种供暖方式，起主导作用的都是辐射热。

当人处于非供暖的大空间或室外的情况下，人体散热量与空气温度与流速有密切的关系，详见表 6.10-7。

人体的对流和辐射热损失（W/m²）　　　　**表 6.10-7**

空气温度(℃)	在下列空气流速(m/s)时的对流热损失				辐射热损失
	0.45	2.24	4.47	6.71	
−17.8	189.1	514.3	898.8	1242.1	239.4
−12.2	173.8	453.6	795.5	1101.1	214.2
−6.7	145.1	394.3	686.6	951.8	182.8
−1.1	120.0	333.6	579.2	844.3	126.3

设计单点供暖或室外供暖时，可根据所在处的空气温度和空气流速，由表 6.10-7 求出人体的对流和辐射热损失之和；同时，再计算出相应条件下人体的散热量，两者之差即为辐射供暖应补充的热量。辐射器的对流散热，在此可以忽略不计。

通常，单点供暖时所需的辐射照度，可参见表6.10-8。

单点供暖时所需的辐射照度（W/m²） **表6.10-8**

空气温度(℃)	舒适温度与空气温度之差(℃)	空气的流速(m/s)			
		0.50	0.75	1.00	1.50
18	2	29.10	40.68	52.34	69.78
16	4	58.20	81.36	104.67	139.56
14	6	87.29	122.05	157.01	209.34
12	8	116.38	162.73	209.34	279.12
10	10	145.49	203.41	261.68	348.90
8	12	174.59	244.09	314.01	418.68
6	14	203.69	284.77	366.35	488.46
4	16	232.79	325.45	418.68	558.24
2	18	261.88	366.14	471.02	628.02
0	20	290.98	406.82	523.35	697.80
−2	22	320.08	447.50	575.69	767.58
−4	24	349.17	488.18	628.02	837.36
−6	26	378.28	528.86	680.36	907.14
−8	28	407.03	569.54	732.69	976.92
−10	30	436.47	610.23	785.03	1046.70
−12	32	465.57	650.91	837.36	1116.48
−14	34	494.67	691.59	889.70	1186.26
−16	36	523.76	732.27	942.03	1256.04
−18	38	552.87	772.95	994.78	1325.82
−20	40	581.97	813.64	1046.70	1395.60
−22	42	611.06	854.32	1099.45	1465.38
−24	44	640.16	894.99	1151.37	1535.16

注：① 本表编制条件：人体表面积为1.8m²，辐射器从人体两侧照射，人员穿衣较少，工作位置基本固定，舒适温度为20℃。
② 若舒适温度不是20℃，可按表中的温度差来选取。
③ 对于体力劳动或穿衣较多者，辐射照度值可适当减少。

单点和室外供暖时，辐射器的布置与安装要求，与局部安装时相同。辐射器不应挂在人的头部上方，而应以某个角度布置在人体两侧或背后上方。此外，辐射器也可以安置在落地支架上，使辐射热自下向上照射人体；这时，由于辐射器距头部较远，所以，允许采用较大的辐射照度。

6.10.6 燃气红外线辐射供暖设计安装注意事项

设计和安装燃气红外线辐射供暖系统时，必须注意以下事项：

(1) 燃气红外线辐射器具有炽热的高温表面，采用燃气红外线辐射供暖时，必须采取相应的防火防爆等安全保护措施。

(2) 燃烧器工作时，不仅需要消耗空气，同时还排放二氧化碳和水蒸气等燃烧产物；当燃烧不完全时，还会产生一氧化碳。为此，必须配置有效的通风换气装置。

(3) 为了避免室内缺氧和确保燃烧器的正常工作，必须对燃烧器燃烧所需空气量进行校核；当燃烧所需空气量 L (m^3/h) 大于 $0.5V$ (V—所在房间的体积，m^3) 时，应考虑由室外供应空气。

(4) 当燃气红外线辐射供暖系统由室外提供空气时，进风口应符合下列要求：

1) 进风口要设置在室外空气洁净的区域，距离地面的高度不少于2m。

2）进风口与排风口之间的水平距离，应大于6m。

3）进风口与排风口之间的垂直距离：当进风口处于排风口的下方时，不应小于6m；处于上方时，不应小于3m。

4）进风口应安装过滤网。

(5) 燃气红外线辐射供暖系统的尾气，应排至室外。排风口应符合下列要求：

1）应设在人员不经常通行的地方，并应高出地面2m以上。

2）水平安装的排气管，其排风口至少应伸出墙面0.5m。

3）垂直安装的排气管，排风口应高出周围（半径6m以内）建筑物最高点1.0m以上。

注：燃气的尾气，主要是二氧化碳和水蒸气，当燃气红外线辐射供暖系统用于蔬菜、花卉等栽培温室时，尾气一般可以直接排在室内。

4）排气管穿越屋面和墙体处，应加装金属套管，并进行隔热处理。

(6) 燃气红外线辐射供暖系统，应在便于操作的位置设置能直接切断供暖系统及燃气供应系统的控制开关。

(7) 机械供风的系统，风机应与供暖系统连锁，确保风机未运行时，供暖系统不能工作。

(8) 燃气红外线辐射供暖系统与可燃物之间应保持一定距离以防止发生火灾。距离的大小，与发生器的功率、反射罩的形式、安装角度等多种因素有关，具体要求详见各制造厂的规定。

第 7 章　热力网与区域供冷

7.1　管道材料、连接及附件

7.1.1　常用管材

常用管材，应符合《工业金属管道设计规范》GB 50316 有关规定选用。

工程中，输送介质公称压力大于 2.5MPa 时，一般不宜选用焊接钢管，输送介质温度大于 200℃时，一般不宜选用镀锌钢管，供热管道的管材可参照表 7.1-1 选用。各种管材规格、质量、公称压力、试验压力、允许压力等参数分别见表 7.1-2 和表 7.1-3。

供热管材选用表　　**表 7.1-1**

介质种类	介质工作参数		管道材料	管道种类
	压力(MPa)	温度(℃)		
饱和蒸汽、热水	≤1.0 ≤1.6 ≤2.5	≤150 ≤300 ≤430	Q235-AF Q235-A 10 号钢、20 号钢	无缝钢管(GB/T 8163) 电焊钢管(GB/T 14980)
热水供应管道	≤1.6	≤200	Q235-A	镀锌焊接钢管(GB/T 3091) 焊接钢管(GB/T 3092)
过热蒸汽	≤2.5	250～430	10 号钢、20 号钢	无缝钢管(GB/T 8163) 电焊钢管(GB/T 14980)

常用管材尺寸及其质量　　**表 7.1-2**

序号	DN	无缝钢管 PN2.5		电焊管 PN1.6		电焊管 PN2.5		焊接钢管(镀锌焊接钢管)			
								普通		加强	
		d_o/s (mm×mm)	质量 (kg/m)	d_o/s (mm×mm)	质量 (kg/m)	d_o/s (mm×mm)	质量 (kg/m)	$d_o \times s$ (mm)	质量 (kg/m)	$d_o \times s$ (mm)	质量 (kg/m)
1	32	38×2.5	2.19	—	—	—	—	42.25×3.25	3.13	42.25×4	3.77
2	40	45×2.5	2.62	—	—	—	—	48.35×3.5	3.84	48×4.25	4.58
3	50	57×3	4.00	—	—	—	—	60×3.5	4.88	60×4.5	6.16
4	65	76×3	5.40	—	—	—	—	75.5×3.75	6.64	75.5×4.5	7.88
5	80	89×3.5	7.38	—	—	—	—	88.5×4	8.34	88.5×4.75	9.81
6	100	108×4	10.26	—	—	—	—	114×4	10.85	114×5	13.44
7	125	133×4	12.73	—	—	—	—	140×4.5	15.04	140×5.5	18.24
8	150	159×4.5	17.15	—	—	—	—	165×4.5	17.81	165×5.5	21.63
9	200	219×6	31.52	219×5	26.39	219×5	26.39	—	—	—	—
10	250	273×7	45.92	273×6	39.51	273×6	39.51	—	—	—	—
11	300	325×8	62.54	325×6	47.20	325×7	54.90	—	—	—	—

续表

序号	DN	无缝钢管 $PN2.5$		电焊管 $PN1.6$		电焊管 $PN2.5$		焊接钢管(镀锌焊接钢管)			
								普通		加强	
		d_o/s (mm×mm)	质量(kg/m)	d_o/s (mm×mm)	质量(kg/m)	d_o/s (mm×mm)	质量(kg/m)	$d_o \times s$ (mm)	质量(kg/m)	$d_o \times s$ (mm)	质量(kg/m)
12	350	377×9	81.68	377×6	54.90	377×8	72.8	—	—	—	—
13	400	426×9	92.55	426×7	72.33	426×9	93.05	—	—	—	—
14	450	480×9	104.52	478×7	81.31	478×10	115.41	—	—	—	—
15	500	530×9	115.62	529×7	90.11	529×11	141.02	—	—	—	—
16	600	630×11	167.91	630×8	122.62	630×12	183.39	—	—	—	—
17	700	—	—	720×9	151.81	720×14	244.24	—	—	—	—
18	800	—	—	820×9	178.45	—	—	—	—	—	—
19	900	—	—	920×10	224.42	—	—	—	—	—	—
20	1000	—	—	1020×11	273.32	—	—	—	—	—	—
21	1100	—	—	1120×12	327.90	—	—	—	—	—	—
22	1200	—	—	1220×13	387.16	—	—	—	—	—	—

钢管及附件的公称压力、试验压力和允许压力 **表 7.1-3**

钢材型号	公称压力 PN (MPa)	试验压力(用<100℃的水) P_s (MPa)	设计温度(℃)						
			≤200	250	300	350	400	425	450
			允许工作压力(MPa)						
			P_{20}	P_{25}	P_{30}	P_{35}	P_{40}	$P_{42.5}$	P_{45}
Q235-A Q235-AF	0.1	0.2	0.1	0.09	0.08	0.07	—	—	—
	0.25	0.31	0.25	0.22	0.20	0.17	—	—	—
	0.4	0.50	0.4	0.36	0.32	0.27	—	—	—
	0.6	0.75	0.6	0.54	0.48	0.41	—	—	—
	1.0	1.25	1.0	0.90	0.80	0.70	—	—	—
	1.6	2.0	1.6	1.45	1.30	1.10	—	—	—
	2.5	3.1	2.5	2.20	2.00	1.70	—	—	—
	4.0	5.0	4.0	3.60	3.20	2.70	—	—	—
	6.4	8.0	6.4	5.30	5.20	4.30	—	—	—
	10.0	12.5	10.0	9.00	8.10	6.80	—	—	—
10号钢	0.1	0.2	0.1	0.09	0.08	0.07	0.06	0.05	—
	0.25	0.31	0.25	0.23	0.21	0.18	0.16	0.14	—
	0.4	0.5	0.4	0.37	0.33	0.29	0.25	0.23	—
	0.6	0.75	0.6	0.56	0.51	0.44	0.38	0.35	—
	1.0	1.25	1.0	0.94	0.84	0.74	0.64	0.58	—
	1.6	2.0	1.6	1.51	1.35	1.18	1.03	0.93	—
	2.5	3.1	2.5	2.36	2.12	1.85	1.61	1.46	—
	4.0	5.0	4.0	3.7	3.3	2.9	2.57	2.3	—
	6.4	8.0	6.4	6.0	5.4	4.7	4.1	3.75	—
	10.0	12.5	10.0	9.4	8.4	7.4	6.1	5.8	—

续表

钢材型号	公称压力 PN (MPa)	试验压力（用<100℃的水）P_s (MPa)	设计温度(℃)						
			≤200	250	300	350	400	425	450
			允许工作压力(MPa)						
			P_{20}	P_{25}	P_{30}	P_{35}	P_{40}	$P_{42.5}$	P_{45}
20号钢	0.1	0.2	0.1	0.09	0.08	0.07	0.06	0.05	—
	0.25	0.31	0.25	0.24	0.21	0.19	0.17	0.14	—
	0.4	0.5	0.4	0.39	0.35	0.31	0.27	0.22	—
	0.6	0.75	0.6	0.58	0.52	0.46	0.4	0.34	—
	1.0	1.25	1.0	0.97	0.87	0.78	0.68	0.57	—
	1.6	2.0	1.6	1.56	1.4	1.25	1.08	0.91	—
	2.5	3.1	2.5	2.4	2.2	1.9	1.7	1.42	—
	4.0	5.0	4.0	3.9	3.5	3.1	2.7	2.2	—
	6.4	8.0	6.4	6.2	5.6	5.0	4.3	3.6	—
	10.0	12.5	10.0	9.7	8.7	7.8	6.8	5.7	—
16Mn 16Mng	0.1	0.2	0.1	0.09	0.08	0.07	0.06	0.05	0.04
	0.25	0.31	0.25	0.24	0.21	0.19	0.17	0.14	0.11
	0.4	0.5	0.4	0.39	0.35	0.31	0.27	0.22	0.16
	0.6	0.75	0.6	0.58	0.52	0.46	0.40	0.34	0.24
	1.0	1.25	1.0	0.97	0.87	0.78	0.68	0.57	0.41
	1.6	2.0	1.6	1.56	1.4	1.25	1.08	0.91	0.66
	2.5	3.1	2.5	2.4	2.2	1.9	1.7	1.42	1.03
	4.0	5.0	4.0	3.9	3.5	3.1	2.7	2.2	1.65
	6.4	8.0	6.4	6.2	5.6	5.0	4.3	3.6	2.6
	10.0	12.5	10	9.7	8.7	7.8	6.8	5.7	4.1

7.1.2 管道连接

管道连接可分为螺纹连接、法兰连接和焊接连接三种方式。供热管道通常采用后两种方式。

1. 螺纹连接

管道螺纹处强度较低，所以螺纹连接仅限于公称直径不大于40mm的放气阀或放水阀上。螺纹连接方式及其特点见表7.1-4，常用丝接管件及技术参数见表7.1-5。

管螺纹连接三种方式及其特点 **表7.1-4**

连接方式	特点	填料
圆柱形套入圆柱形	用于介质压力较低的管道连接	介质为水或压缩空气(温度在100℃以下)时,用在铅丹油或白铅油中浸过的麻丝缠到管螺纹上以后,沿管螺纹再抹铅油;介质为蒸汽时,用缠抹黑铅油的石棉
圆柱形套入圆锥形	连接较紧密,用于带锥形螺纹阀件的连接	同上,或不缠填料而抹矿物油
圆锥形套入圆锥形	连接紧密,一般用于管道连接	不缠填料,沿螺纹抹矿物油

注：铅丹油：清油（植物油制成的天然干性油）拌铅丹。
白铅油：清油拌铅白厚漆；
黑铅油：清油拌石墨粉。

常用丝接管件技术参数 表 7.1-5

项目 技术参数 名称	可锻铸铁管件	普通铸铁管件
允许最高工作温度 (℃)	(GB 3287～3289—82)≤175	≤100
最高工作压力 (MPa)	1.6	≤0.8
试验压力 (MPa)	2.5	1.2
使用材料牌号	KT-33-8	灰铸铁

2. 法兰连接

管道上的法兰，除用于检修时需要拆卸的地方外，只能用于连接带法兰的阀体、仪表和设备。法兰过多，将增加供热系统泄漏的可能性和降低管道的弹性。法兰规格及垫片见表 7.1-6、表 7.1-7、表 7.1-8。

中、低压法兰一般采用软垫片，常用的材料为石棉橡胶板。选用厚度为：当 $DN=100\sim125$mm 时，垫片 $\delta=1.6$mm；$DN=150\sim450$mm 时，垫片 $\delta=2.4$mm，规格见表 7.1-9。

垫片材料选用表 表 7.1-6

垫片材料	工作介质	应用范围	
		工作压力(MPa)	工作温度(℃)
绝缘纸	水、油	1.0	40
橡皮	水、空气	0.6	60
石棉橡胶板	水、汽	5.0	450
软钢	水、汽	5.0	任何

垫片厚度表 表 7.1-7

管道公称直径 DN (mm)	垫片厚度 (mm)
100～125	1.6
150～450	2.4
500～600	3.2

常见焊接钢制管法兰品种规格表 表 7.1-8

管法兰名称	公称压力(MPa)	公称通径范围 DN(mm)	标准号
平面板式平焊钢制管法兰	0.25、0.6	10～2000	GB 9119.1～9119.4—88
	1.0、1.6	10～600	
凸面板式平焊钢制管法兰	0.25、0.6	10～2000	GB 9119.5～9119.10—88
	1.0～4.0	10～600	
平面带颈平焊钢制管法兰	1.0、1.6	10～600	GB 9116.1～9116.3—88
	2.0	15～600	
凸面带颈平焊钢制管法兰	1.0～4.0	10～600	GB 9116.4～9116.9—88
	2.0、5.0	15～600	
平面对焊钢制管法兰	0.25	10～1000	GB 911.5～1～9115.5—88
	0.6	10～3600	
	1.0	10～2000	
	1.6	10～1200	
	2.0	10～1200	

续表

管法兰名称	公称压力(MPa)	公称通径范围 DN(mm)	标 准 号
凸面对焊钢制管法兰	0.25、0.6	10～3000	GB 9115.6～9115.13—88
	1.0	10～2000	
	1.6	10～1200	
	2.5	10～1000	
	4.0	10～600	
	2.0、5.0	15～600	
平焊钢法兰(板式平焊钢制管法兰)	0.25	10～1000	JB 81—59
	0.6	10～1000	
	1.0、1.6	10～600	
	2.5	10～500	
对焊钢法兰	0.25	10～1600	JB 82—59
	0.6	10～1400	
	1.0、1.6	10～1200	
	2.5	10～800	

石棉橡胶板规格表 **表 7.1-9**

高压石棉橡胶板	适用于5.0MPa,450℃蒸汽管； 厚度:0.5、0.6、0.8、1.0、1.2、1.5、2.0、2.5、3.0、4.0	能承受 10MPa,450℃条件下密封性试验
中压石棉橡胶板	适用于4.0MPa,375℃以下蒸汽管: 厚度:1.0、1.5、2.0、2.5、3.0、3.5、4.0、4.5、5.0、5.5、6.0	能承受 8MPa,375℃条件下密封性试验
低压石棉橡胶板	厚度:1.0、1.5、2.0、2.5、3.0、3.5、4.0、4.5、5.0、5.5、6.0	

7.1.3 管 道 附 件

1. 法兰组件

工作温度 $t \leqslant 300$℃，工作压力 $PN \leqslant 2.5$MPa 的管道采用平焊法兰。

工作温度 $t > 300$℃，工作压力 $PN > 4.0$MPa 的管道采用对焊法兰。

2. 弯头、大小头、三通和封头

(1) 弯头：热网管道一般采用热压弯头，弯管采用煨弯。弯头材质、壁厚应与管材一致。热网管道不得采用皱折弯头。

(2) 大小头：工作压力 $PN \leqslant 2.5$MPa 的管道上，一般采用钢板焊制。大小头的材质应与管材一致。

(3) 三通：工作压力 $PN \leqslant 2.5$MPa 的管道上，一般采用钢管焊制三通或挤压三通，支管开孔应进行补偿，对于承受干管轴向荷载较大的直埋管道，应考虑三通干管的轴向补强。

(4) 封头：工作压力 $PN \leqslant 2.5$MPa 的管道可采用平封头，带夹筋焊接封头或锥形封头。

3. 阀门

阀门应根据不同用途、介质温度及工作压力等因素选择，选用表见表7.1-10。

阀门选用表 **表7.1-10**

	名称	型号	PN (MPa)	最高介质温度(℃)	阀体材料	介质	公称直径 DN 范围(mm)
(一)闸阀	内螺纹暗杆楔式	Z15W-10T	1.0	120	青铜	煤气、油品	15～100
	内螺纹暗杆楔式	Z15T-10	1.0	120	灰铸铁	水、蒸汽	15～65
	内螺纹暗杆楔式	Z15W-10	1.0	100	灰铸铁	煤气、石油	15～65
	内螺纹暗杆楔式	Z15T-10K	1.0	120	可锻铸铁	煤气、蒸汽	15～65
	明杆平行式双闸板	Z44W-10	1.0	200	灰铸铁	煤气、石油	50～450
	明杆平行式双闸板	Z44T-10	1.0	200	灰铸铁	水、蒸汽	50～450
	暗杆楔式	Z45W-10	1.0	100	灰铸铁	煤气、石油	50～500
	暗杆楔式	Z45Y-10	1.0	120	灰铸铁	水、蒸汽	50～500
	电动明杆平行式双闸板	Z944T-10	1.0	200	灰铸铁	水、蒸汽	100～400
	明杆楔式单闸板	Z41H-10C	1.0	400	铸钢	水、蒸汽、石油	250～400
	明杆楔式单闸板	Z41H-10Q	1.0	350	球墨铸铁	蒸汽、油品	50～200
	明杆楔式单闸板	Z44H-1.6	1.6	450	铸钢	水、蒸汽、石油	200～400
	电动明杆楔式单闸板	Z941H-16	1.6	450	铸钢	水、蒸汽、石油	200～400
	明杆楔式	Z41Y-16I	1.6	550	铬钼钢	油	50～500
	明杆楔式	Z41H-25	2.5	400	铸钢	水、蒸汽、石油产品	65～250
	明杆楔式	Z42H-25	2.5	300	铸钢	水、蒸汽	50～400
	电动明杆楔式	Z941H-25	2.5	420	铸钢	水、蒸汽、石油	80～150
	内螺纹明杆楔式	Z11H-40	4.0	300	锻钢	蒸汽、石油产品	15～50
	明杆楔式	Z411H-40	4.0	400	铸钢	水、蒸汽、石油	15～250
	内螺纹明杆楔式	Z11Y-40Q	4.0	300	球墨铸铁	蒸汽、石油产品	15～50
	法兰楔式单闸板	Z41H-40Q	4.0	350	球墨铸铁	蒸汽、石油	50～200
	明杆楔式单闸板	Z41Y-40I	4.0	550	铬钼钢	油品	50～250
	电动明杆楔式单闸板	Z941H-40	4.0	400	铸钢	水、蒸汽、石油	150～400
(二)截止阀	内螺纹	J11X-10	1.0	60	灰铸铁	水	15～65
	内螺纹	J11W-10T	1.0	225	青铜	水、蒸汽	15～65
	内螺纹	J11P-10	1.0	50	灰铸铁	水	15～80
	法兰	J41W-10T	1.0	225	青铜	水、蒸汽	6～65
	法兰	J41X-10	1.0	60	灰铸铁	水	25～150
	内螺纹	J11T-16	1.6	200	灰铸铁	水、蒸汽、油	15～150
	内螺纹	J11W-16	1.6	100	灰铸铁	水、蒸汽、石油	15～65
	内螺纹	J11T-16K	1.6	100	可锻铸铁	水、蒸汽	15～65
	法兰	J41H-16	1.6	100	灰铸铁	水、蒸汽	65～200
	法兰	J41T-10K	1.6	225	可锻铸铁	水、蒸汽	25～65
	法兰	J41W-16K	1.6	225	可锻铸铁	水、蒸汽	25～40

续表

名称		型号	PN (MPa)	最高介质温度(℃)	阀体材料	介质	公称直径 DN 范围(mm)
(二)截止阀	法兰	J41T-16	1.6	200	灰铸铁	水、蒸汽、油	15～150
	法兰	J41W-16	1.6	200	灰铸铁	石油、煤气	15～150
	法兰	J41H-25Q	2.5	300	球墨铸铁	水、蒸汽、石油	15～80
	法兰	J41T-25K	2.5	225	可锻铸铁	水、蒸汽	25～80
	法兰	J41H-25K	2.5	300	可锻铸铁	水、蒸汽、石油	25～80
	法兰	J43H-25	2.5	300	锻钢	水、蒸汽、石油	10～25
	电动	J941H-25	2.5	425	碳钢	蒸汽、石油	40～200
	带保温夹套直流	J45W-25P	2.5	300	铸不锈钢	需保温介质	25,50,80
	带保温夹套直流	J45H-25	2.5	300	铸钢	需保温介质	125
	内螺纹	J11H-40	4.0	300	铸钢	水、蒸汽、石油	15～40
	内螺纹	J13H-40	4.0	300	锻钢	水、蒸汽、石油	15～25
	内螺纹	J11Y-40Q	4.0	300	球墨铸铁	水、蒸汽、石油	15～50
	法兰直通	J41Y-40Q	4.0	300	球墨铸铁	水、蒸汽、石油	15～50
	法兰	J41H-40	4.0	400	铸钢	水、蒸汽、石油	15～250
	法兰	J43H-40	4.0	425	锻钢	水、蒸汽、石油产品	15～25
	角式	J42H-40	4.0	400	铸钢	水、蒸汽、石油	32,50
	角式	J44H-40	4.0	425	碳钢	蒸汽、石油产品	20,25
	电动	J941H-40	4.0	400	铸钢	水、蒸汽、石油	40～150
(三)止回阀	旋启式	H44T-10	1.0	200	灰铸铁	水、蒸汽	50～600
	内螺纹升降式	H11T-16	1.6	200	灰铸铁	水、蒸汽	15～65
	内螺纹升降式	H11T-16K	1.6	225	可锻铸铁	水、蒸汽	15～65
	升降式	H41T-16	1.6	200	灰铸铁	水、蒸汽	20～200
	升降式	H41T-16K	1.6	200	可锻铸铁	水、蒸汽	25～65
	升降式	H41W-16	1.6	200	灰铸铁	煤气、石油产品	20～200
	升降式	H41H-25	2.5	425	铸钢	水、蒸汽、石油产品	25～150
	立式升降式	H42H-25	2.5	450	铸钢	水、蒸汽、石油产品	25～200
	立式升降式	H42W-25P	2.5	200	不锈钢	有腐蚀性介质	25～200
	旋启式	H44H-25	2.5	400	铸钢	水、蒸汽、石油	50～300
	升降式	H43H-40	4.0	400	铸钢	水、蒸汽	15～200
	立式升降式	H42H-40	4.0	450	铸钢	水、蒸汽	15～200
	立式升降式	H42W-40P	4.0	200	不锈钢	腐蚀介质	15～200
	旋启式	H44H-40	4.0	400	铸钢	水、蒸汽	50～400
	旋启式	H44Y-40I	4.0	450	铬钼钢	油	50～250
	升降式	H41H-40	4.0	400	铸钢	水、蒸汽	32～150
	内螺纹升降式底阀	H12X-2.5	0.25	60	灰铸铁	水	50～80
	对夹式蝶型止回阀	H76X-16	1.6	150	灰铸铁、铸钢	水	40～600

续表

	名称	型号	PN (MPa)	最高介质温度(℃)	阀体材料	介质	公称直径 DN 范围(mm)
(四)安全阀	单弹簧微启式	A27W-10	1.0	200	灰铸铁	水、蒸汽	15～80
	带扳手双弹簧微启式	A37H-16	1.6	350	碳钢	水、蒸汽	50～100
	带扳手单弹簧微启式	A47-16	1.6	350	碳钢	水、蒸汽	40～80
	单杠杆微启式	A51T-16	1.6	200	灰口铸铁	水、蒸汽	50～100
	双杠杆微启式	A53T-16	1.6	200	灰口铸铁	水、蒸汽	50～100
	单弹簧微启式	A41H-16	1.6	350	碳钢	空气、石油、水	20～80
(五)减压阀	活塞式	Y43H-10	1.0	200	铸铁	空气、水	20～50
	波纹管式	Y44H-10	1.0	200	铸铁	空气、汽	20～50
	活塞式	Y43H-16	1.6	225	铸铁	空气、水、汽	65～200
	活塞式	Y43H-16Q	1.6	300	球墨铸铁	空气、水	20～200
	活塞式	Y43H-25	2.5	450	铸钢	空气、汽	25～200
(六)蝶阀	内螺纹手动	D11X-1.0/1.6	1.6	－30～120	碳钢	清、污水、油、气、煤气、蒸汽	15～65
	手动对夹式	D71X-1.0/1.6	1.6	－30～120	碳钢	清、污水、油、气、煤气、蒸汽	40～300
	蜗轮转动对夹式	D371X-1.0/1.6	1.6	－30～120	碳钢	清、污水、油、气、煤气、蒸汽	200～600
	气动对夹式	D671X-1.0/1.6	1.6	－30～120	碳钢	清、污水、油、气、煤气、蒸汽	40～600
	液动对夹式	D771X-1.0	1.0	－30～120	碳钢	清、污水、油、气、煤气、蒸汽	100～600
	电动对夹式	D971X-1.0/1.6	1.6	－30～120	碳钢	清、污水、油、气、煤气、蒸汽	40～60
(七)调节、平衡阀	手动(调节)	T40H-4 (1.0/1.6)	1.0、1.6、4.0	300		水、蒸汽	15～400
	手动(调节)	T10H-4(1.6)	1.6,4.0	200		水	15～50
	手动(平衡)	PH15F-1.0/1.6	1.0,1.6	150	铸铁	水	15～50
	手动(平衡)	PH45F-1.0/1.6	1.0,1.6	150	铸铁	水	50～400
(八)疏水阀	钟形浮子式(内螺纹)	S15H-16	1.6	200	铸铁	蒸汽	15～40
	钟形浮子式	S45H-16	1.6	200	铸铁	蒸汽	40～50
	热动力式(内螺纹)	A-1～6 S19H-16	1.6	200	铸铁	蒸汽	15～40
	脉冲式(内螺纹)	S18H-25	2.5	250	铸钢	蒸汽	15～50
	脉冲式	S48H-40	4.0	400	铸钢	蒸汽	15～25
	浮球式	S41H-16	1.6	300	铸钢	蒸汽	15～100
(九)柱塞阀	柱塞阀(内螺纹)	U11S-1.6	1.6	≤250	铸铁、铸钢	水、蒸汽、气、油	15～50
	柱塞阀(法兰)	U41S-16 (25/40)	1.6(2.5,4.0)	≤250	铸铁、铸钢	水、蒸汽、气、油	15～250

注：上列后五种蝶阀均为中线衬胶型、气、液、电动均能使蝶板转动90°或任意角度，起启动和调节作用。

(1) 闸阀：只用于全开、全闭的供热管道，不允许作节流用。

(2) 截止阀：只用于全开、全闭的供热管道，一般不作流量或压力调节用。

(3) 蝶阀：用于全开、全闭的供热管道，也可作调节用。

(4) 调节阀：可用于全开、全闭的供热管道上，并具有良好的调节性能。

4. 阀门及管道安装原则

(1) 寒冷地区，露天敷设的热网管道上不得采用灰铸铁的阀门和附件，宜采用钢制阀门和附件。

(2) 热网干管或支管的起点应安装关断阀门。

(3) 热水供热管网输送干线每隔2000～3000m，输配干线每隔1000～1500m，宜装设一个分段阀门。蒸汽供热管网可不安装分段阀门。

(4) $DN \geqslant 600$mm的阀门，应采用电动驱动装置。由遥控系统操作的阀门，其旁通阀也应采用电动驱动装置。

(5) 工作压力$PN \geqslant 1.6$MPa，且$DN \geqslant 350$mm的管道上的闸阀应安装旁通阀，旁通阀的直径可按闸阀直径的十分之一选用。

(6) 地下管道安装套筒补偿器、阀门放水和除污器等设备附件时，应设检查室。

(7) 当检查室内的设备、附件不能从人孔进出时，应在检查室顶板上设安装孔。安装孔的尺寸和位置应保证检查室最大设备的出入和便于安装。

(8) 当检查室内装有电动阀门时，应采取措施，保证电动驱动装置安装地点的空气温度、湿度满足该装置的技术要求。

(9) 中、高支架敷设的管道，安装阀门及放水、放气、除污装置的地方应设操作平台。操作平台的尺寸应保证维修人员操作方便。平台周围应设防护栏杆。

在低支架敷设管道上露天安装的电动阀门，其操作装置和电气部分应安装防护罩，防止雨水侵入和无关人员触动。在高支架敷设管道上，安装阀门电动装置的操作平台上方宜设防雨棚。

(10) 对需要以旁通阀进行调节的管道上装设旁通阀时，旁通阀直径可参照表7.1-11选取。

旁通阀选用表 **表7.1-11**

阀门公称直径DN(mm)	80～125	150～250	300～500	500～700	700～1000
旁通阀通称直径DN(mm)	10～15	20～25	40～50	50～100	100～150

(11) 热水供热管网上，在下列地点，一般应设除污器。

1) 在循环水泵入口前的管道上；

2) 在热力站入口的供水管道上；

3) 在各用户入口处的热水供水管道上。

(12) 供热管网的放气、排水应考虑如下原则：

1) 供热热水管网的最高点，应装设带有关闭阀门的排气阀和连接管，连接管的尺寸见表7.1-12。

热网高点排气管管径表 **表7.1-12**

热网干管公称直径DN(mm)	32～80	100～150	175～300	350～400	500～700	800～1200	1400
关闭阀及连接管直径DN(mm)	15	20	25	32	40	50	65

热水管网的低点，应设置排水关闭阀门和连接管。排水管管径，应按分段管道的排水持续时间确定。各种规格管道的排水持续时间一般为：

2）管径≤300mm时，不超过2h；

3）管径350～500mm时，不超过4h；

4）管径≥600mm时，不超过5h。

热水管网的排、放水，应排入集水坑（或附近下水井）内，排入下水道的水温不得超过40℃。

（13）供热蒸汽管道的低点和蒸汽管道翻高之前，应装设连续疏水装置，在蒸汽管道顺坡每隔400～500m；逆坡每隔200～300m的直管段上应装设启动疏水装置，并应装置带有关闭装置的连接管。连接管和关闭阀的直径，可参照表7.1-13选取。

连接管和关闭阀直径参考表 **表7.1-13**

干管公称直径 *DN*(mm)	～65	80～125	150～175	200～250	300～400	450～600	700～800	900～1000
连接管和关闭阀直径 *DN*(mm)	25	32	40	50	80	100	125	150

在蒸汽干管疏水的启动预热期（即暖管）内，应打开旁通阀和冲洗管进行启动疏水，冲洗完毕后才可开启疏水阀前后阀门投入运行，并经常疏水。启动和连续（经常）疏水装置应包括疏水阀、旁通阀、冲洗管以及疏水阀前后阀门等附件。

7.2 热力系统

7.2.1 锅炉房集中供热系统

1. 热水采暖系统

如图7.2-1所示，该系统较简单，不论锅炉房容量大小，台数多少，供水温度高低，系统原理基本相同。

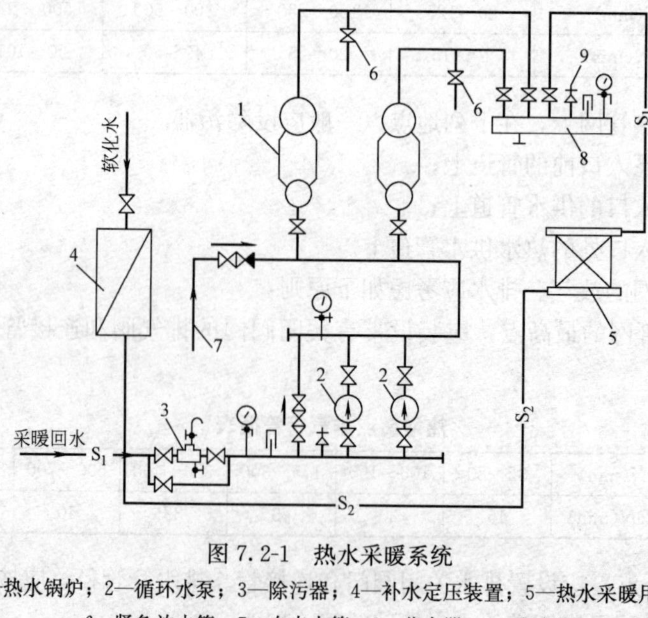

图7.2-1 热水采暖系统

1—热水锅炉；2—循环水泵；3—除污器；4—补水定压装置；5—热水采暖用户；6—紧急放水管；7—自来水管；8—分水器；9—安全阀

2. 热水采暖和生活用汽系统

如图 7.2-2 所示，该系统适用于宾馆和饭店的供热。蒸汽锅炉产生的蒸汽供吸收式制冷机、厨房、洗衣房和生活用水加热等民用热负荷。蒸汽压一般为 0.1～0.4MPa，锅炉运行压力为 0.4MPa。低压蒸汽通过减压阀减压。热水锅炉专用冬季采暖。用户为散热器系统时，其供、回水温度为 95/70 或 80/60℃；如果用户为风机盘管系统时，供、回水温度应降低为 60/50℃。

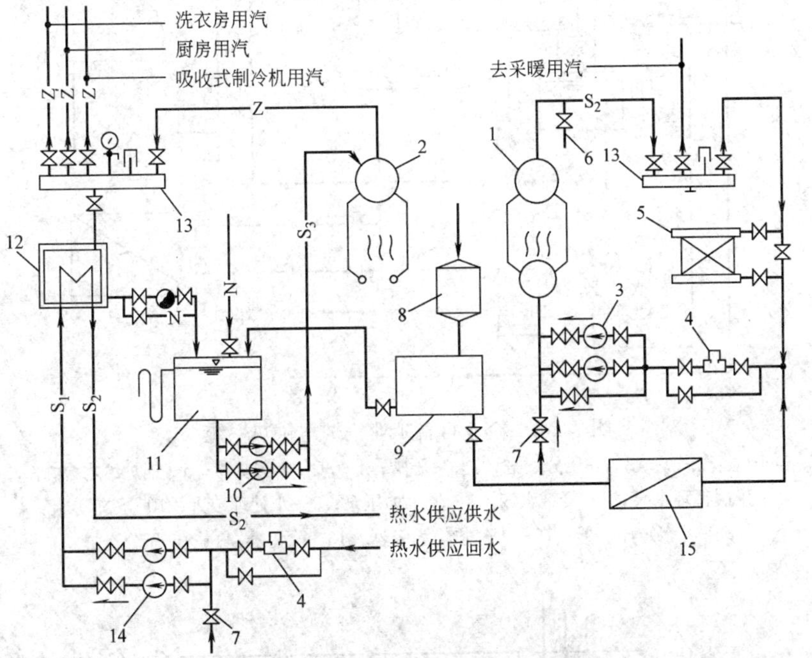

图 7.2-2 有热水采暖和生活用汽的系统

1—热水锅炉；2—蒸汽锅炉；3—循环水泵；4—除污器；5—采暖用户；6—紧急放水管；7—自来水管；8—水处理设备；9—贮软水箱；10—锅炉给水泵；11—凝结水箱；12—生活热水加热器；13—分汽缸；14—热水供应循环泵；15—补水定压装置

3. 自备锅炉房集中供热热力系统

生产需要蒸汽，供暖和生活需要热水。当生产用汽占锅炉房总热负荷 30%以上时，锅炉房宜只设蒸汽锅炉，而所需热水则通过汽-水换热器获得。如图 7.2-3 所示，以生产用汽为主，锅炉压力应满足生产用汽压力。加热采暖和生活热水的低压蒸汽，可用蒸汽减压装置获得。

4. 汽、水两用锅炉的热力系统

汽、水两用锅炉供热系统，如图 7.2-4 所示。该系统的热水锅炉可以利用蒸汽锅炉改装而成。其工作原理简述如下：热网回水经热网循环水泵加压后，通过锅炉省煤器 12 进入锅炉的上锅筒 1；在锅炉内水被加热到饱和温度后，从上锅炉引出。为了防止饱和水因压降而汽化，将其向下引入混水器 2 在此与部分热网回水混合降温，从而保证在设计供水温度下不会在管道或在用户处产生汽化。调节混水阀 9 的开启度，将改变流入锅炉的水量，从而改变网路供水温度。该系统可一炉二用，在供热水同时也可供少量蒸汽，在必要

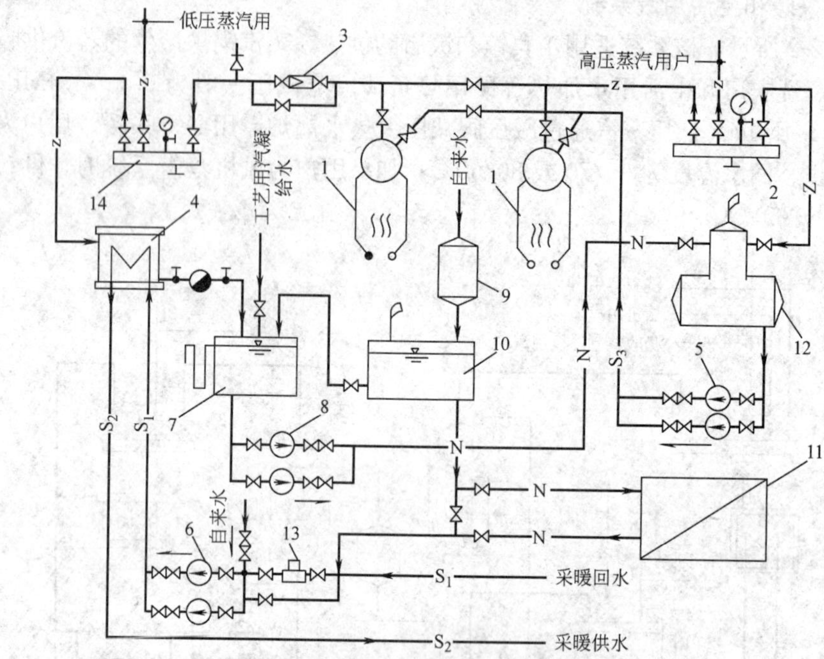

图 7.2-3 企业自备工业锅炉房供热系统

1—蒸汽锅炉；2—高压分汽缸；3—减压阀；4—汽水热交换器；5—锅炉给水泵；6—采暖循环水泵；7—凝结水箱；8—软水加压泵；9—水处理装置；10—贮软水箱；11—补水定压装置；12—大气热力除氧器；13—除污器；14—低压分汽缸

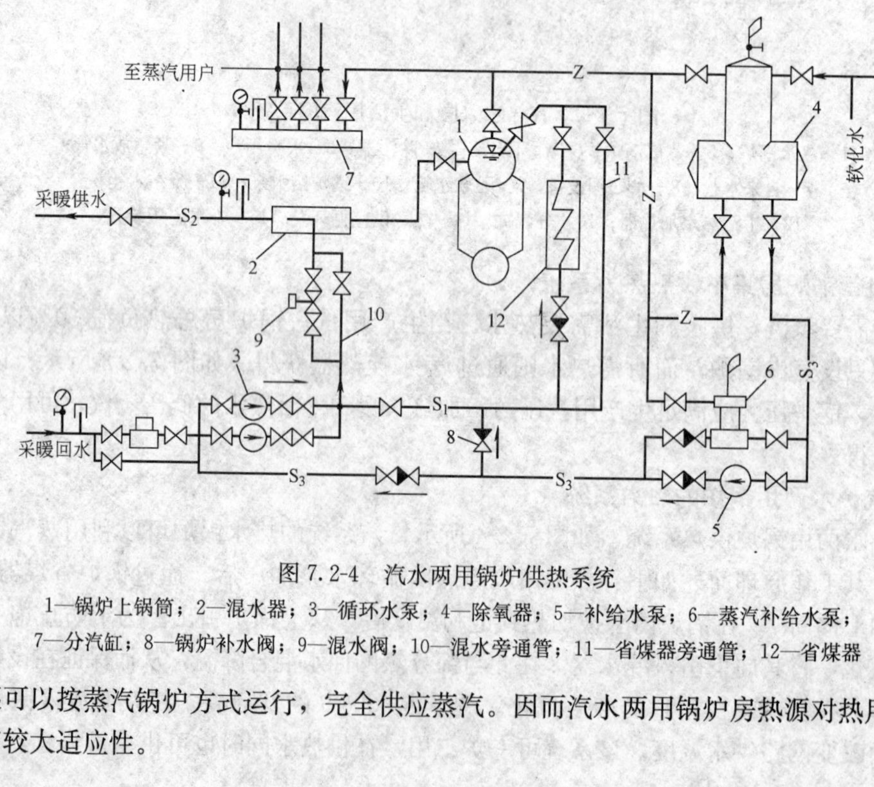

图 7.2-4 汽水两用锅炉供热系统

1—锅炉上锅筒；2—混水器；3—循环水泵；4—除氧器；5—补给水泵；6—蒸汽补给水泵；7—分汽缸；8—锅炉补水阀；9—混水阀；10—混水旁通管；11—省煤器旁通管；12—省煤器

时，还可以按蒸汽锅炉方式运行，完全供应蒸汽。因而汽水两用锅炉房热源对热用户的需要具有较大适应性。

7.2.2　热电厂集中供热系统

1. 一级热网加热系统

如图 7.2-5 所示，供热管网回水经过基本热网加热器后，水温由 70℃升至 95～110℃。此系统适用于建筑物高度不超过 30m 的生活小区供暖。基本热网加热器的加热主汽源为汽轮机抽汽，压力一般不超过 0.4MPa，备用汽源来自厂用蒸汽母管并经减温减压。加热蒸汽经热网加热器后进入疏水罐 8，再由疏水泵 9 加压送入除氧器、回入热力系统。

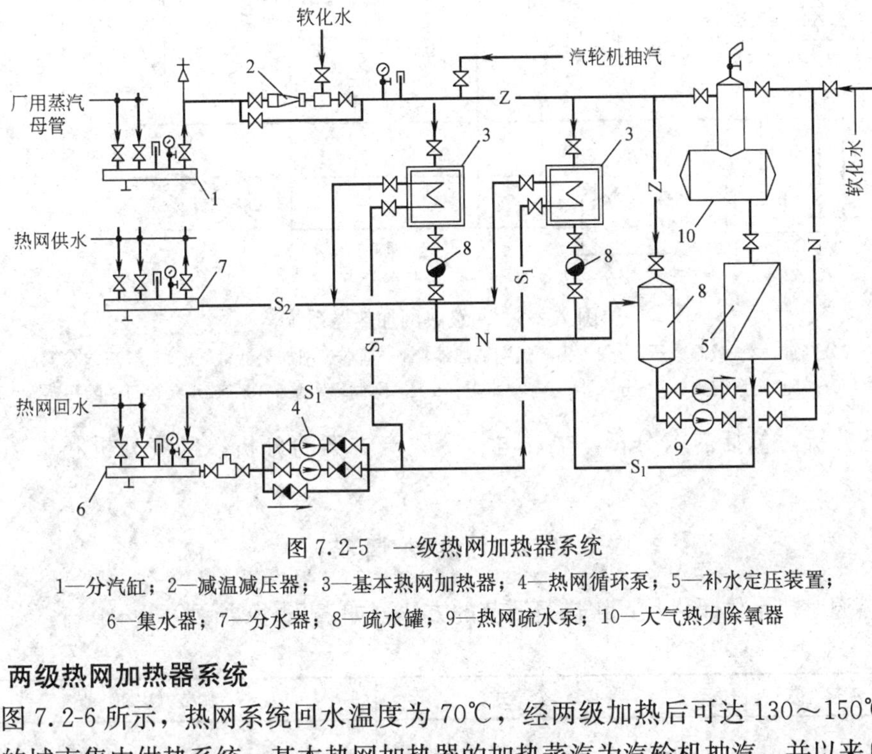

图 7.2-5　一级热网加热器系统

1—分汽缸；2—减温减压器；3—基本热网加热器；4—热网循环泵；5—补水定压装置；6—集水器；7—分水器；8—疏水罐；9—热网疏水泵；10—大气热力除氧器

2. 两级热网加热器系统

如图 7.2-6 所示，热网系统回水温度为 70℃，经两级加热后可达 130～150℃，适用较大型的城市集中供热系统。基本热网加热器的加热蒸汽为汽轮机抽汽，并以来自厂用蒸汽母管的蒸汽减压后作为备用汽源。尖峰热网加热器的加热蒸汽来自厂用蒸汽母管。

3. 利用集中供热系统集中供冷

在夏季高温、高湿的集中供热地区，当集中供热区域内的宾馆、饭店、商场和影剧院等公共建筑的制冷负荷足够大，且供热系统供热参数又能满足制冷要求时，应尽量利用现有的集中供热系统实现集中供冷（又称热力制冷）。

增加了夏季所需制冷热负荷，全年季节性热负荷差缩小，延长了热源热负荷利用小时数。

在设计中应注意到冬季（供暖）和夏季（供冷）共用热网管道，由于冬夏两季的冷热负荷的供回水温差不一样（热水温差一般为 20～40℃，冷水温差为 5～8℃），所以管道内的水流量是不同的。设计中应按大流量的工况选择管径。如果冬夏两季的流量差特别过大，将影响到集中供冷方案的经济性。

在实施集中供热、制冷方案时，应调查现有供热范围内的供冷市场，对实施方案进

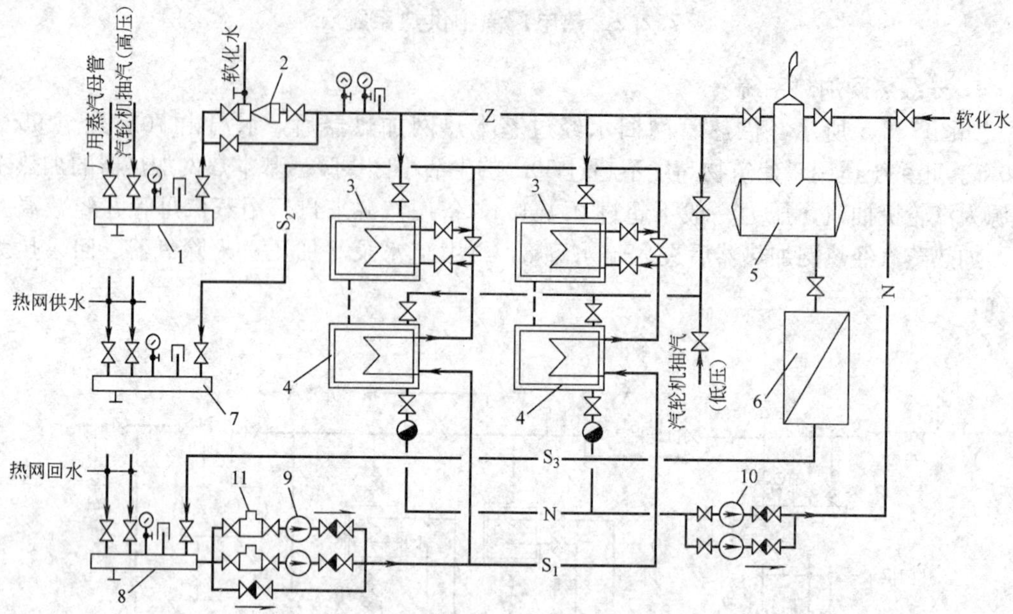

图 7.2-6 两级热网加热器系统

1—分汽缸；2—减温减压器；3—尖峰热网加热器；4—基本热网加热器；5——大气热力除氧器；6—补水定压装置；7—分水器；8—集水器；9—热网循环水泵；10—疏水泵；11—除污器

行可行性分析，包括需求分析，热、电、冷联产方案的分析，经济分析和市场策略分析等。

7.2.3 供热调节

1. 热源对热水供暖供热系统进行调节的方法（如表 7.2-1 所列）

表 7.2-1

序号	名　称	计 算 公 式	调节方法和特点
1	量调节	$\overline{G}=\frac{t'_g-t'_h}{t_g-t_h}\overline{Q}$ t_g=定值 $t_h=2t_n+(t'_g+t'_h-2t_n)\times\overline{Q}^{\frac{1}{1+B}}-t'_g$	1. 供水温度不变，改变水流量； 2. 节省电耗，但由于室外温度的改变而改变热网流量，将会使热用户系统水力失调
2	质调节	$G=G'$=定值 $t_g=t_n+\Delta t'_s\cdot\overline{Q}^{\frac{1}{1+B}}+0.5\Delta t'_j\overline{Q}$ $t_h=t_n+\Delta t'_s\overline{Q}^{\frac{1}{1+B}}-0.5\Delta t'_j\overline{Q}$	1. 循环水量不变，仅改变供回水温度； 2. 网路水力稳定性好，运行管理方便。由于水量不变，增加电耗；当水温过低时，对暖风机系统和热水供应系统均不利
3	阶式质-量综合调节	$t_g=t_n+\Delta t'_s\cdot\overline{Q}^{\frac{1}{1+B}}+0.5\frac{\Delta t'_j}{\phi}\overline{Q}$ $t_h=t_n+\Delta t'_s\overline{Q}^{\frac{1}{1+B}}-0.5\frac{\Delta t'_j}{\phi}\overline{Q}$ $G=\phi\cdot G'$在每一区段保持定值	1. 供水温度变化的同时，热网水流量也发生阶段变化（介于质调与量调之间）； 2. 具有上两种方式的优点，可以满足最佳工况要求

续表

序号	名　称	计 算 公 式	调节方法和特点
4	间歇调节	$n=24\frac{t_n-t_W}{t_n-t''_W}$	1. 在供暖初期或末期，不改变热网水流量和供水温度，而改变每天的供热时数来调节供热量； 2. 建筑物(用户)应有较好的蓄热能力

上表公式中符号：

t_g、t_h——网路供、回水温度，℃；

t_n、t_W——供暖室内、外温度，℃；

$\overline{Q}$——相对热量比，$\overline{Q}=\frac{t_n-t_W}{t_n-t'_W}$；

$\overline{G}$——相对流量比，$\overline{G}=\frac{G}{G'}$；

ϕ——相对流量比，$\phi=\overline{G}$，每一区保持不变；

G——网路循环水量，t/h；

B——由实验确定的散热器系统，$B=0.14\sim0.37$；

$\Delta t'_s$——用户散热器的设计平均计算温度，℃，$\Delta t'_s=0.5(t'_g+t'_h-2t_n)$；

$\Delta t'_j$——用户设计供、回水温差，℃，$\Delta t'_j=t'_g-t'_h$；

n——每天工作总时效，h/d。

符号右上角带（′）的是指设计工况下的参数，带（″）的是指采用间歇调节时的参数。

2. 供热调节水温曲线图（图 7.2-7～图 7.2-10）

7.2.4　热水供热系统的补水与定压

1. 以热电厂为热源的集中供热系统热力网补水

（1）补水量：补水量的确定有两种规定，第一为 GJJ 34—90《城市热力网设计规范》规定：热网补水量不宜大于热网循环水量的 1%；第二为 GB 50049—94《小型火力发电厂设计技术规定》：正常补水量一般为热网水循环总量的 1%～2%，较大型热网取低值，小型热网取高值。

补水设备（包括补水泵、补水箱或热水贮罐、补水管道等）的容量，一般正常情况下取补水量的 4～5 倍，其中 50%的补水量（但不少于 20t/h）应采用除过氧的软化水。

（2）补水水源：锅炉排污水，除过氧的软化水，蒸汽凝结水。备用补水源可考虑用生活用水和工业供水。图 7.2-11 为某供热系统补水系统图。

热网补水的水质应符合现行国家标准，GB 1576—2001《工业锅炉水质标准》的规定。

2. 以区域锅炉房的热源热水管网的补水

其补水水质要求分两种：

当供水温度大于 90℃，补给水应采用炉外化学处理。当供水温度等于或小于 95℃时，可采用炉内加药处理。

以区域锅炉房为热源的城市热网的补水量及补水设备容量，可以参照以热电厂为热源的热水网的有关计算方法。图 7.2-12 为一个供水温度在 95℃以下的小型热水网的补水系统。

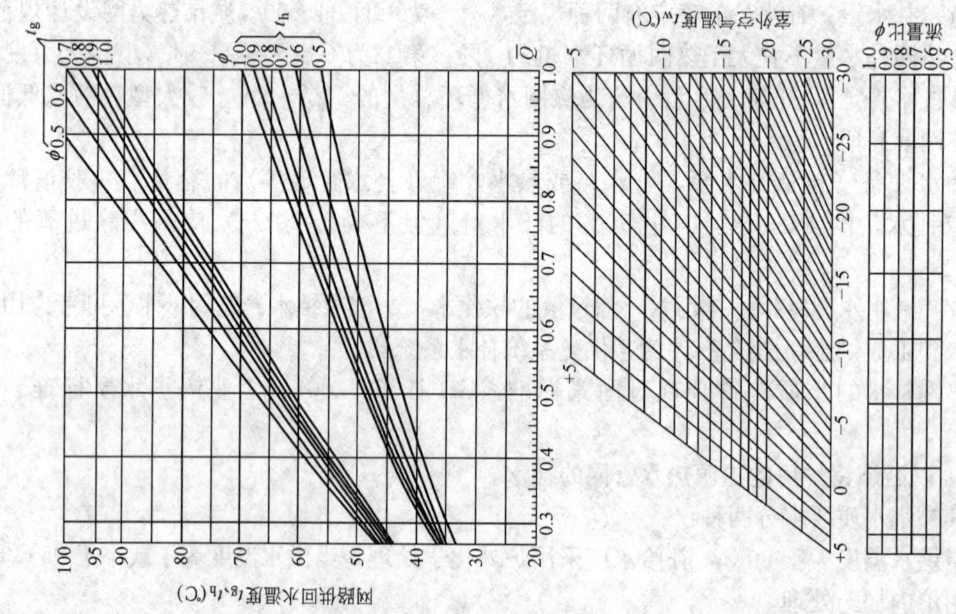

图 7.2-7 95/70℃质调节、阶式质-量综合调节曲线

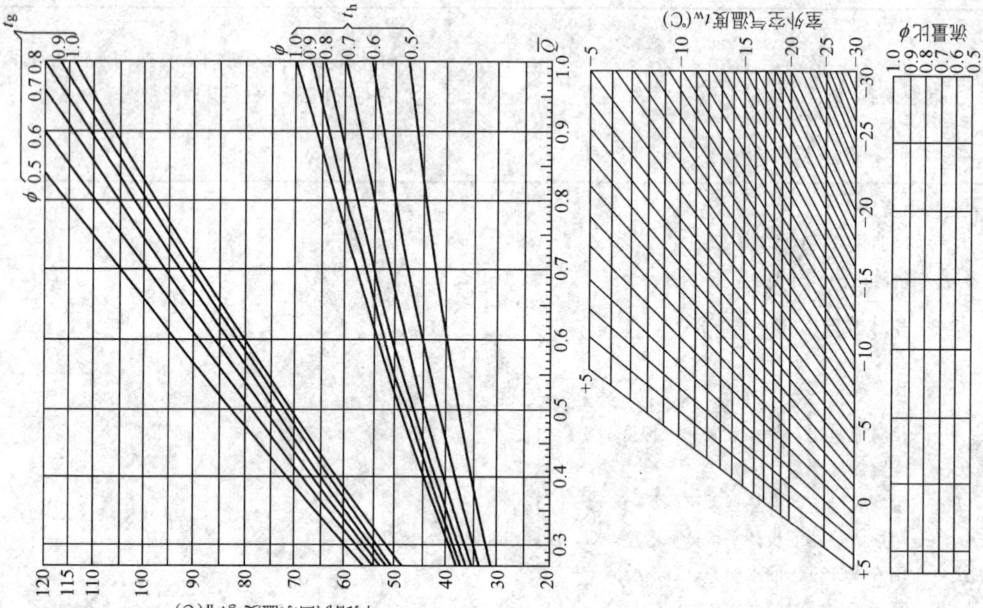

图 7.2-8 115/70℃质调节、阶式质-量综合调节曲线

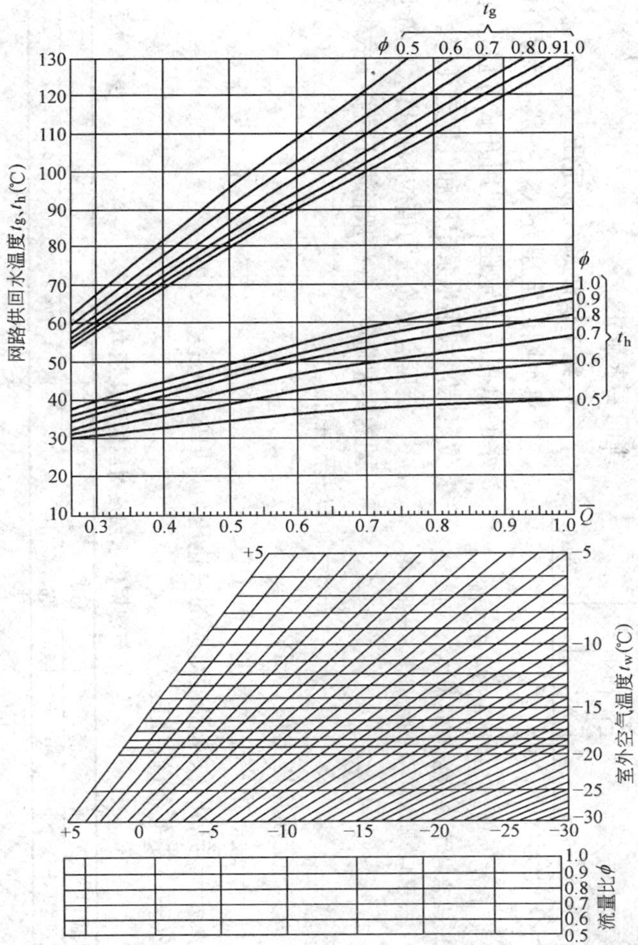

图 7.2-9　130/70℃质调节、阶式质-量综合调节曲线

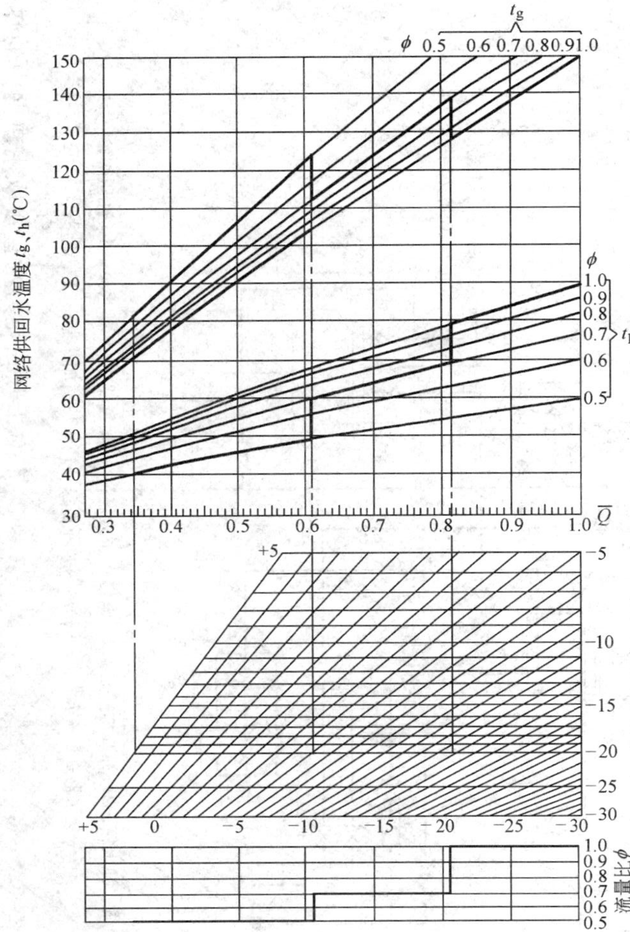

图 7.2-10　150/70℃质调节、阶式质-量综合调节曲线

注：编制条件：$t_g = t_h = 95/70$、115/70、130/70、150/90℃；$B = 0.25$；$\phi =$ 0.5、0.6、0.7.0.8、0.9、1.0；$t_W = -5 \sim -30$℃

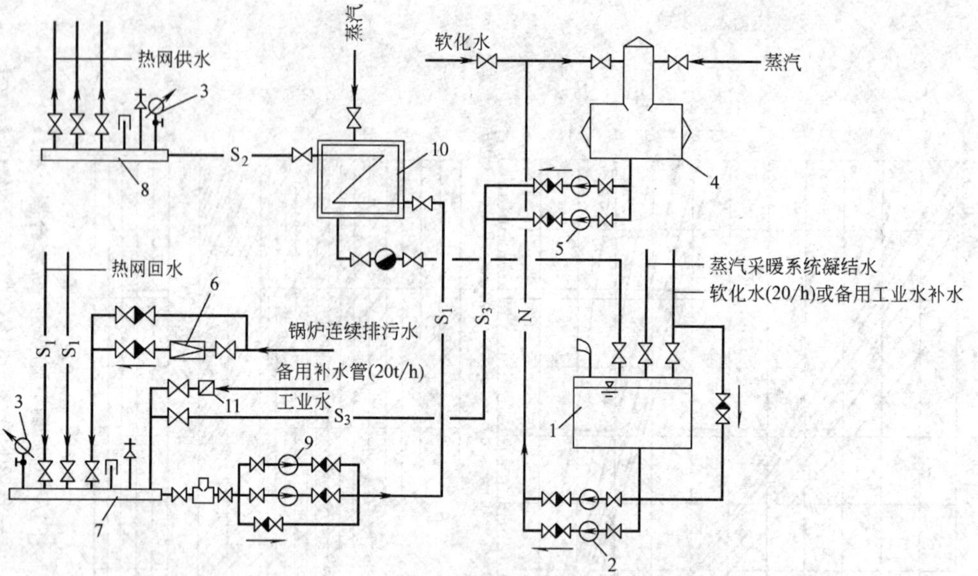

图 7.2-11 热网补水系统

1—补水箱；2—补水加压泵；3—电接点压力表；4—除氧器；5—补水泵；6—减压阀；7—集水器；8—分水器；9—热网循环水泵；10—热网加热器；11—流量计

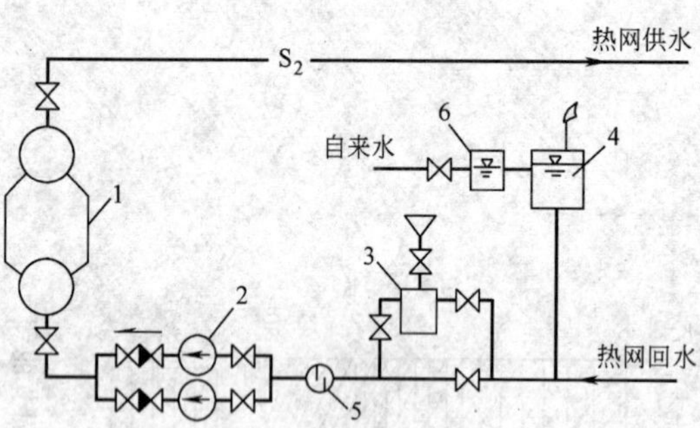

图 7.2-12 小型热水网补水系统

1—热水锅炉；2—热水循环水泵；3—加药罐；4—开式膨胀水箱；5—除污器；6—补水箱

对于开式热力网直接取用热网中的热水为生活热水使用、应使用生活饮用水作为补水水源，其水质应符合现行的 GB 5749《生活饮用水卫生标准》的要求。

开式热水供应热网的补水量应根据系统的要求确定。

3. 集中供热系统的定压

热水网的定压方式，一般有利用补给水的原有压力定压，利用开式膨胀水箱水位定压，利用水泵定压和气体定压等。

定压点处的压力值应根据热水网的水压图的要求确定。在一般情况下可按下式求出：

$$p=10H+p_s+20 \tag{7.2-1}$$

式中 p——定压点压力值，kPa；

H——最高用户充水高度，mH_2O；

p_s——与热网供水温度对应的汽化压力，kPa，见表 7.2-2；

20——安全余量，kPa。

与热网供水温度对应的汽化压力 **表 7.2-2**

水温(℃)	95	110	120	130	140	150
汽化压力(kPa)	0	46	103	176	269	386

(1) 利用软化水或锅炉连续排污水定压系统

如图 7.2-13 所示，软化水来自水处理间，锅炉连续排污水来自锅炉连续排污扩容器。

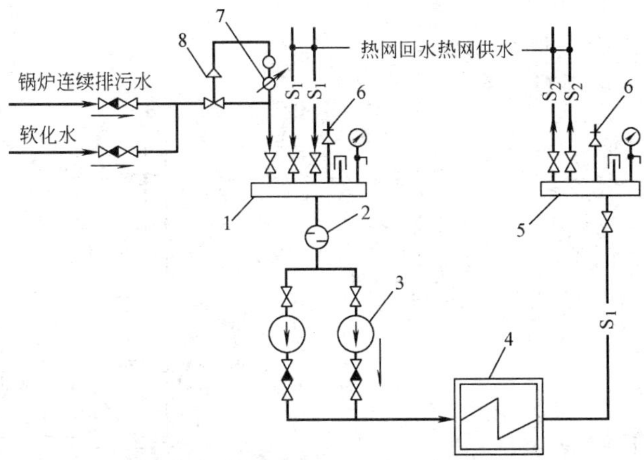

图 7.2-13 用软化水或锅炉连续排污水定压系统

1—集水器；2—除污器；3—热网循环水泵；4—热网加热器；5—分水器；6—安全阀；7—电接点压力表；8—电动阀

只要上述两补充水源的压力能满足热水网定压点的定压压力，就可以直接将补给水源接到供热系统定压点上；如果压力大于定压点压力，则可通过减压阀减压后再接入系统。在软化水或锅炉连续排污水的补给水管上应设置止回阀。

这种定压方式，适用于以热电厂作为热源的中小型集中供热系统。正常运行时，以锅炉连续排污水作为主要补水水源，而以软化水作为备用补水水源。在这种补水系统中，软化水未经除氧处理，不宜集中大量的补入系统。

这个定压方式是最为简单、可靠的。在采用前应细致的了解锅炉连续排污系统的运行情况，看其流量、压力、连续性等是否满足热网定压要求。

(2) 利用开式高位水箱定压系统

图 7.2-14 所示，为这种定压方式的典型系统。

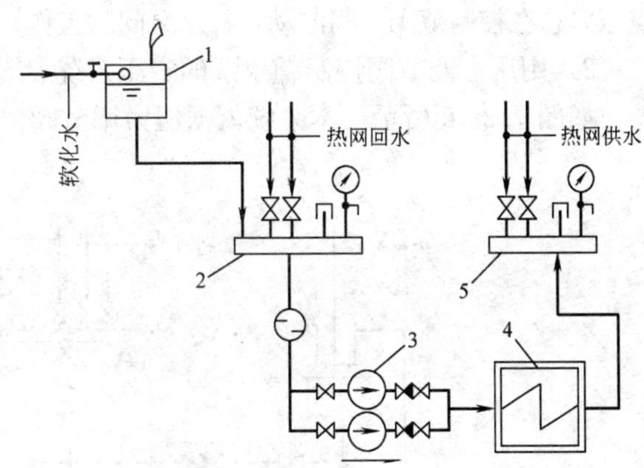

图 7.2-14 开式高位水箱定压系统

1—开式高位水箱；2—集水器；3—热网循环水泵；4—热网加热器；5—分水器

开式高位水箱，除了起定压作用外，还起容纳系统膨胀水的作用。在实际工程中，由于膨胀水箱不可能做得较大，不易找到适于开式膨胀水箱安装高度的位置，所以仅适用于供水温度较低且供热区域内建筑物高度不高的小型供热系统中。这种定压方式简单、可靠，初投资少，凡是有条件安装开式高位水箱的系统，应优先考虑采用这种定压方式。

(3) 利用补水泵定压系统

这是目前工程中使用最为普遍的一种定压方式，适用于各种规模、各种水温、各种地形的热网定压系统。

补水泵定压有多种系统，目前，各生产厂家也生产了不少专用补水定压装置，下面介绍五种补水泵定压系统比较有典型意义。

1）用电接点压力表控制补水泵的定压系统

图 7.2-15 所示为其典型系统。

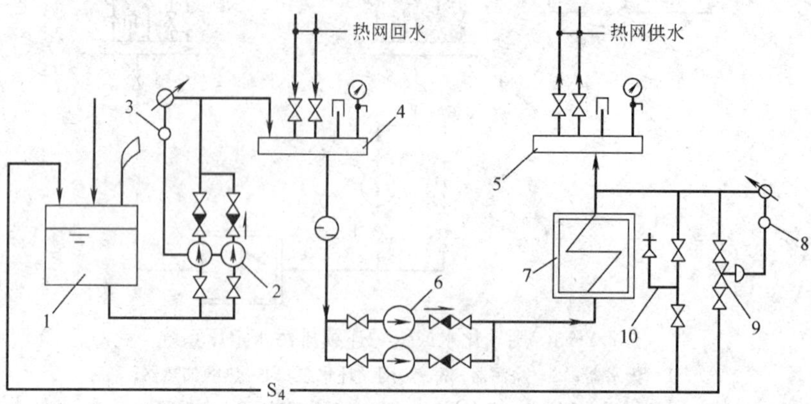

图 7.2-15 用电接点压力表控制补水泵的定压系统

1—补水箱；2—补水加压泵；3—电接点压力表；4—集水器；5—分水器；6—热网循环水泵；7—热网加热器；8—电接点压力表；9—电动阀；10—安全阀

这是个补给水泵间歇工作的定压系统。补水泵 2 的运行，靠电接点压力表 3 表盘上的触点开关控制，控制波动范围为 5m 左右。这个定压系统用电动阀 9 和安全阀 10 作为安全装置。电动阀由电接点压力表 8 控制，电动阀的开阀压力 0.02MPa（$2mH_2O$）。

这种定压系统应用较为广泛，是最为简单、可靠的补水泵定压系统。其缺点是热网定压点压力总在控制范围之间波动，补水泵间歇工作，不宜用于水压要求稳定的热网系统定压。

2）用压力调节阀控制补水泵的定压系统

如图 7.2-16 所示。本系统依据压力调节阀，在超压时自动开启放水而维持系统压力。

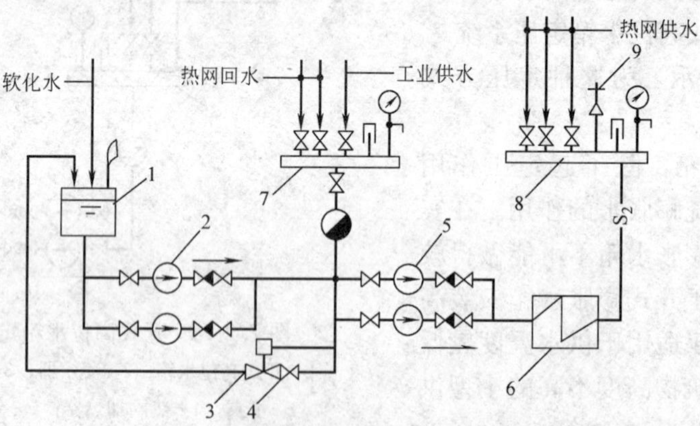

图 7.2-16 用压力调节阀控制补水泵的定压系统

1—软水贮存箱；2—补水泵；3—压力调节阀；4—截止阀；5—热网循环水泵；6—热源（锅炉或热网加热器）；7—集水器；8—分水器；9—安全阀

压力调节阀的开阀压力与定压点的压力相同，补水泵连续工作。系统中用工业供水作为辅助补水措施。安全阀 9 作为系统超压泄水之用。

该系统的关键设备是压力调节阀，目前已有专门的生产厂家，型号为 ZMHT-16 型，阀径为 $DN25 \sim DN200$，为机械直接作用式。

3）采用自动稳压补水装置的定压系统

这是补水泵定压的一种变型系统，如图 7.2-17 所示。其工作原理与一般的补水泵定压系统原理相同。稳压补水装置生产厂家把补水泵及其电气控制系统、安全泄压装置组合成一个完整的设备。

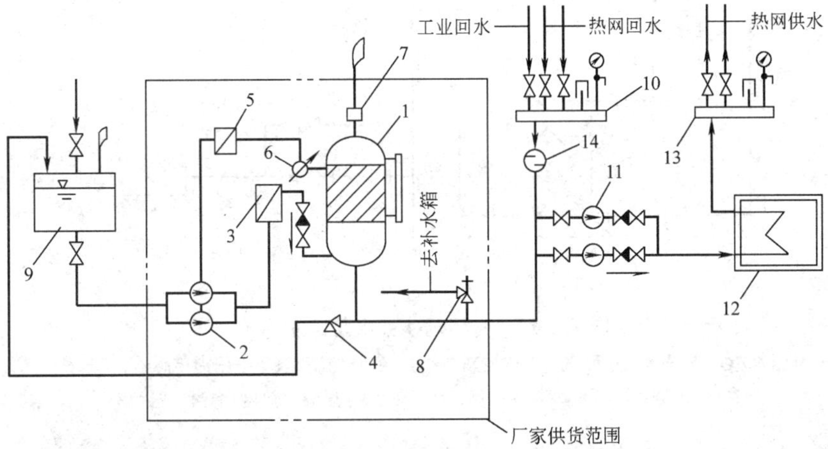

图 7.2-17　自动稳压补水装置定压系统

1—气体定压罐；2—补水泵；3—自动补气装置；4—溢流阀；5—电控柜；6—电接点压力表；7—自动排气阀；8—安全阀；9—补水箱；10—集水器；11—热网循环水泵；12—热源；13—分水器；14—除污器

其工作原理简介如下：供热系统开始运行时，气体定压罐充水，同时压缩罐内气体，使系统保持压力 P_1，随着系统水温升高，水体积膨胀，水位升高，当达到最高水位时，压力增至 P_2。在运行期间，定压点压力维持在 $P_1 \sim P_2$ 间。当水位上升超过最高水位面压力继续上升时，溢流阀开启把水排入补水箱，待压力恢复后，溢流阀关闭。运行期间，如果系统失水面使罐内水位降至最低水位时，则电接点压力表通过电控柜自动启动补水泵补水，直到最高水位时，自动停泵。罐内的补气量、最高水位、最低水位均通过水位控制器和电磁阀自动控制。

4）变频调速补水泵定压系统

如图 7.2-18 所示。其工作原理如下：安装在定压点处的压力传感器感受到补水泵出口压力值（即供热系统定压点值）后，反馈回变频控制柜，与给定压力比较后，控制变频调节电动机转速，使补水泵流量随之变化。当补水泵出口压力低于给定压力值时，供电频率增加，电动机转速提高，水泵流量增大；反之，流量则减小；如果超过给定压力值，则自动停机。这样，通过变化水泵流量的方法可保证热网系统压力不变，自动定压补水。若系统超压，则靠安全阀泄水，安全阀开阀压力为定压点压力再加 0.05MPa（$5mH_2O$）。

该定压系统具有如下特点：

① 运行管理方便，达到设定压力自动停机，低于设定压力自动开机补水，不需专人管理。

② 与常用补水泵相比节省电能。

③ 具有过压、过流、欠压、过载、短路、过热保护和故障声响及灯光报警信号。

④具有手动、自动两种控制方式，自动控制时，有备用泵连锁和变频电源。自控系统故障时，可自动切换为人工运行。

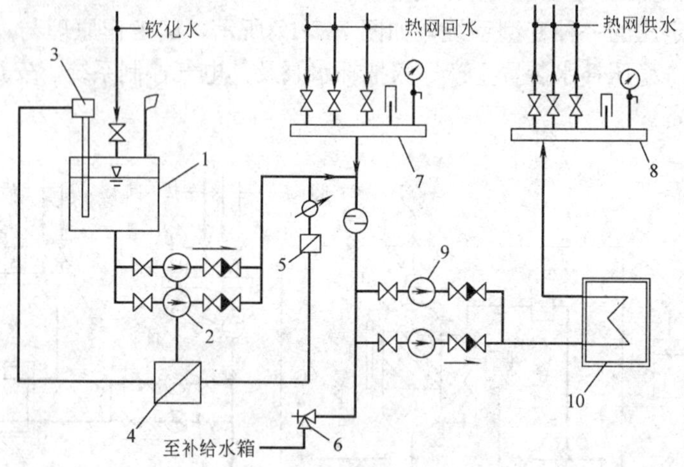

图7.2-18 变频调速补水泵定压系统

1—补给水箱；2—补给水泵；3—水位控制器；4—变频控制柜；5—压力传感器；6—安全阀；7—集水器；8—分水器；9—循环水泵；10—热源（热网加热器或锅炉）

变频调速补水泵定压系统是一种很有前途的定压方式。目前，生产变频调速补水泵定压装置的厂家较多，控制的补水泵流量范围为9～126t/h，扬程范围为0.25～1.7MPa（26～170mH_2O），电动机功率范围为3.7～110kW，水管吸入管径为DN50～100mm，出水管管径为DN40～80mm。可以满足各种规模供热系统的补水定压要求。

5）可调压补水泵定压系统

如图7.2-19所示。其工作原理简述如下：定压点的压力值，事先在电控箱内用专用

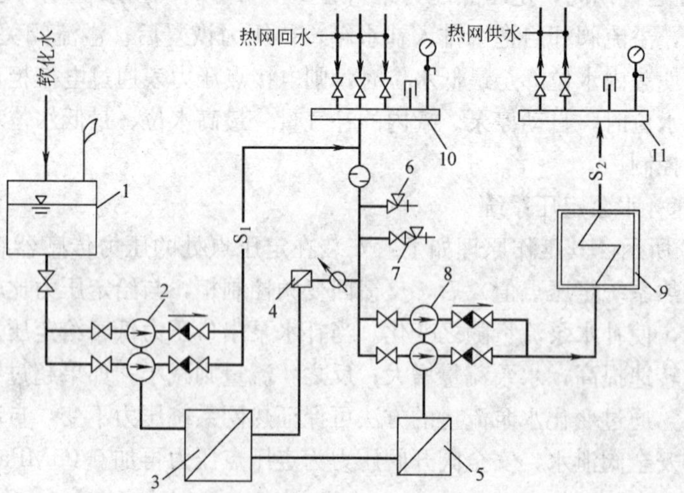

图7.2-19 可调压补水泵定压系统

1—补水箱；2—补水泵；3—补水泵电控箱；4—压力传感器；5—热网循环水泵电控箱；6—热网循环水泵停止时用的安全阀；7—热网循环水泵正常运行时用的安全阀；8—热网循环水泵；9—热源；10—集水器；11—分水器

旋钮设定，当热网出现失水或热膨胀等状况时，定压点压力波动，压力传感器把压力波动信号传到电控箱内，箱内控制电路会自动改变补水泵电动机的转速，使水泵流量变化，从而维持系统定压点压力。这一定压原理与变频调速补水泵的定压原理相同。不同之处是该系统有两个压力设定端，可分别设定两个不同的压力值、这两个值是由循环水泵的启动或停止状态信号进行选择。当热网循环水泵停止时，选定第一给定值 P_1（为热网系统的设计静压值）；当热网循环水泵运行时，选定第二给定值 P_2（为热网系统运行时定压点的压力）。这样供热系统在热网循环水泵运行和停止两种状态下，定压点具有不同的压力，可降低热网循环水泵运行时的定压点压力，使热网系统运行时的动水压曲线降低，而不必以系统静压曲线作为系统运行时的定压点压力，这对于供热工程具有较大的实际意义。从图 7.2-20 中可看出：在运行时可调节补水泵定压系统比其他补水泵定压系统可降低运行压力 ΔP（$\Delta P = P_1 - P_2$）。

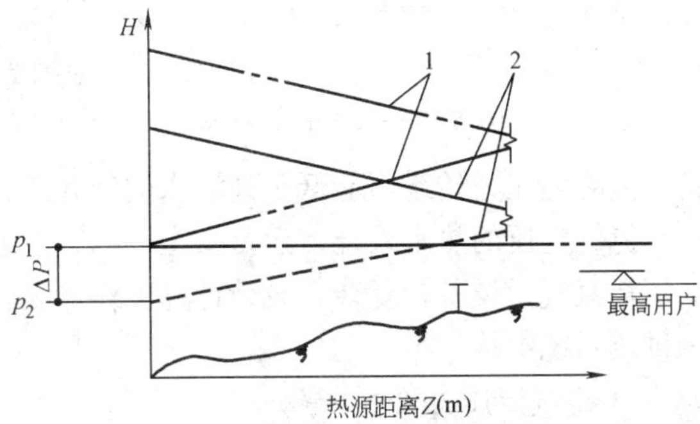

图 7.2-20 可调压补水泵定压系统的水压图
1—采用不可调压补水泵定压时的水压图；
2—采用可调压补水泵定压时的水压图

为了防止供热系统的超压事故，在定压点附近，可装设两个安全阀作为安全措施。一个安全阀 6 在第一给定值 P_1 状态下工作，另一个安全阀 7 在的前面设一个手动阀门控制。当热网循环水泵工作时开启手动阀门，热网循环水泵停止时，应关闭此阀。

该定压设备有专门的生产厂家，其供货范围是：补水泵电控箱 3 和压力传感器 4。可控制的补水功率为 1.5～5.5kW，压力范围为 0.18～0.40MPa（18～40mH_2O）。

(4) 气体定压方式

目前，供热工程中所采用的气体定压主要分氮气、空气和蒸汽定压。

1) 氮气定压方式

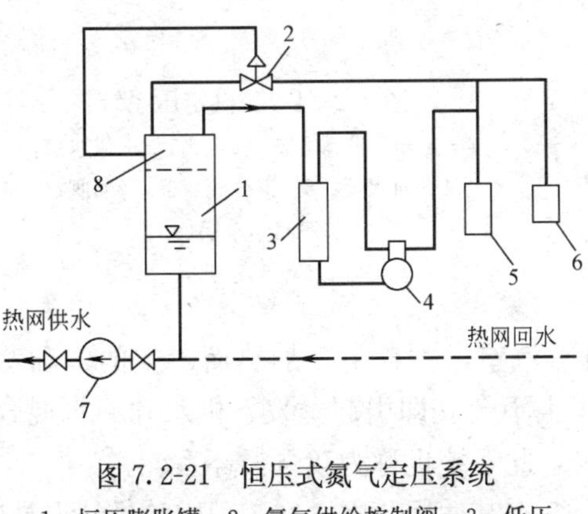

图 7.2-21 恒压式氮气定压系统
1—恒压膨胀罐；2—氮气供给控制阀；3—低压氮气罐；4—压缩机；5—高压氮气罐；6—氮气瓶；7—循环水泵；8—最小气体空间

如图 7.2-21 为恒压式氮气定压系统，工作原理如下：热水膨胀时，从恒压膨胀罐所排除的氮气进入低压氮气贮气罐中，再由压缩机压入高压贮气罐。在热水收缩时，氮气供给控制阀开启，由高压氮气贮气罐向恒压膨胀罐送入氮气，氮气不足时由氮气瓶供给。这样可使恒压膨胀罐内的压力始终保持一致。

如图 7.2-22 所示，为变压式氮气定压系统。其工作原理如下：水受热膨胀时、罐内氮气被压缩，管道的压力增加。水收缩时，罐内压力降低，使氮气量保持一定而允许罐内压力变化。压力变动虽是允许

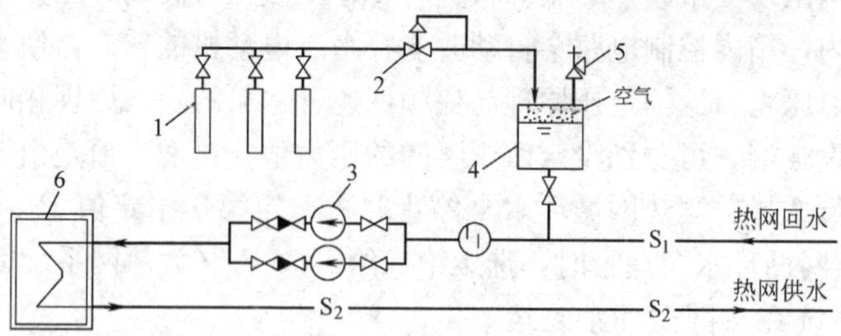

图 7.2-22 变压式氮气定压系统

1—氮气瓶；2—压力调节阀；3—循环水泵；4—恒压膨胀罐；5—安全阀；6—热源

的，但罐内压力始终不能低于高温水的饱和压力。

氮气定压的热水系统，运行安全可靠，能够较好的防止系统出现汽化及水击现象，但需消耗氮气，设备较复杂，设计计算工作量大。因此，这种定压方式多用在供水温度较高的供热系统中。

2）空气定压方式

如图 7.2-23 所示。这种定压方式与氮气定压方式相同，但采用空气时，若压力高，则会大量溶解空气中的氧气而使管道或定压的内壁受到腐蚀，所以空气定压方式不宜用在高温水系统上，如果采用，必须调节循环水的 pH 值或尽可能减少空气供给量。

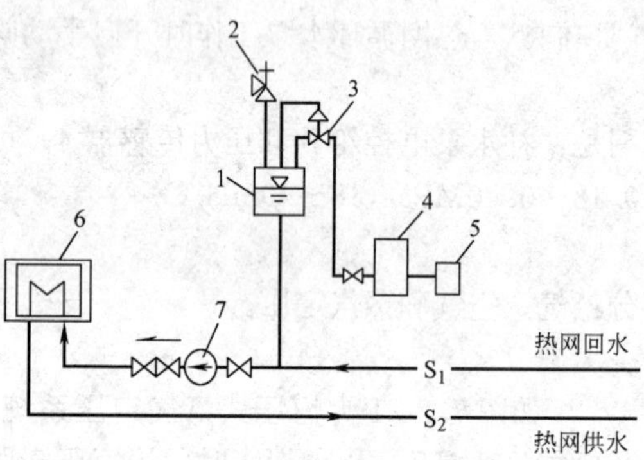

图 7.2-23 空气定压系统

1—定压膨胀罐；2—安全阀；3—压力调节阀；4—空气压缩机；5—空气罐；6—热源；7—循环水泵

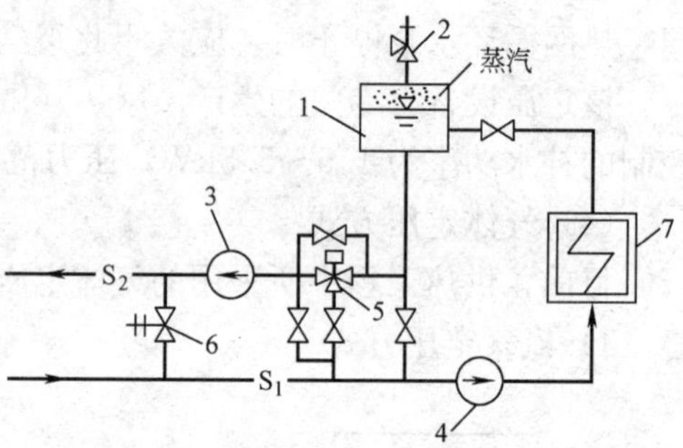

图 7.2-24 蒸汽定压系统

1—定压膨胀罐；2—安全阀；3—供水泵；4—回水泵；5—混合阀；6—旁通阀；7—高温水锅炉

3）蒸汽定压方式

如图 7.2-24 所示。定压膨胀罐上部设有蒸汽室，贮存由于加热而产生的饱和蒸汽。在饱和压力作用下，罐内压力即使稍有降低，也不会立即引起蒸发，供水和回水混合后，使供水温度降低再送出。在回水管上加回水泵，此系统也称为双泵循环系统。

以上所介绍的各种定压方式各有其特点，各有其适用范围，在工程中，设计人员应根据实际情况，多方案比较，选择合适的定压方式，表 7.2-3 为各种定压方式的总结与归纳。

各种定压方式一览表 表7.2-3

定压方式	特点	适用范围	选择注意事项
1. 锅炉连续排污水或软化水定压	设计运行简单、可靠,初投资少	以热电厂为热源的中小型热力网	注意锅炉连续排污水、软化水的压力、流量是否可满足补水定压的要求
2. 高位膨胀水箱定压	系统简单,压力稳定,安装高度受限制	供水温度低,热用户充水高度不高的小型热水网	水箱的安装位置、水箱容积的选择
3. 补水泵定压方式			
(1)电接点压力表控制补水泵定压	初投资少,运行管理方便,水泵间歇工作,系统压力波动	允许系统压力波动,且电源可靠的各种规模的热水网	电接点压力表波动范围5mH_2O左右,要考虑安全泄水装置
(2)压力调节阀控制补水泵定压	初投资少,运行管理方便,水泵连续工作,压力稳定,对电源依赖性大	电源可靠的各种规模的供热系统	压力调节阀的选择应考虑安全泄水装置
(3)自动稳压补水装置定压	初投资较大,运行管理方便,可满足补水定压、膨胀的要求,定压系统由厂家供货	以热电厂和锅炉房为热源的各种规模的供热系统	注意厂家设备的适用供水温度、供热量
(4)变频调速补水泵定压	初投资大,节电,不用人管理,电气控制保护功能齐全	以热电厂和锅炉房为热源的各种规模的供热系统	厂家仅供压力传感器及电控装置,需选择设计补水泵及安全泄水装置
(5)可调压补水泵定压	自动运行,不用人管理,节电,可以降压运行	以热电厂和锅炉房为热源的各种规模的供热系统	厂家仅供压力传感器及电控装置。需选择设计补水泵及安全泄水装置
4. 气体定压方式			
(1)氮气定压	罐内压力可调,安装高度不限,对设备无腐蚀,需常备充氮气装置	供水温度高的大型供热系统	补充氮气方便的地区
(2)空气定压	安放高度不限,空气对设备有腐蚀作用,体积大,管理不方便	供水温度较低的中小型供热系统	
(3)蒸汽定压	压力调节性差,运行管理不方便	有可靠蒸汽来源的系统	仅适用于连续供热的系统

7.2.5 凝结水回收和利用

1. 凝结水回收和利用的一般原则

(1) 凡是用蒸汽间接加热产生的凝结水,除被加热介质为有毒或有强烈腐蚀性的溶液外,均应加以回收,不能回收的凝结水,也要考虑回收其热量。

(2) 蒸汽采暖的凝结水回收率,一般不得低于60%～80%,回收确有困难又不经济时,可以暂不回收,但必须就地加以利用。

(3) 在凝结水回收系统中,应充分利用凝结水的显热和二次蒸汽的热量。

(4) 对所有可能被污染的凝结水,应设置水质监测装置。符合锅炉水质标准,可直接作为锅炉给水,不合标准时,应经处理合格的方可利用。经技术经济分析确无回收价值时,亦应回收其热量。

(5) 选用凝结水回收方式时,应尽量采用闭式系统。

(6) 采暖通风和生产用高、低压蒸汽的凝结水管,压差小于0.3MPa时,可合管输送,如压差大于0.3MPa时,为避免高低压干扰,可按图7.2-25所示安装连接。

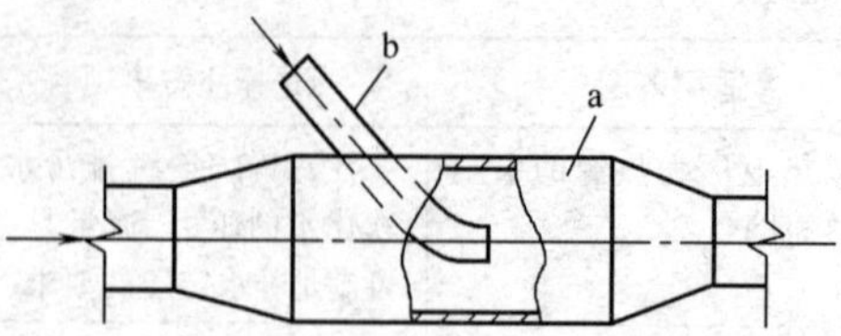

图 7.2-25 高、低压回水接管图

a—低压凝结水管；b—高压凝结水管

2. 凝结水回收系统

(1) 蒸汽供热系统的凝结水回收和利用，可采用如下几种方式：

1) 闭式满管回水系统；

2) 重力自流回水系统；

3) 余压回水系统；

4) 开式回水箱自流回水或泵压回水系统。

(2) 低压（<0.1MPa）采暖或生产用蒸汽的凝结水宜采用如图 7.2-26 (*a*) 所示的开式水箱重力自流回水系统，但地形条件应能满足顺坡回水的要求。

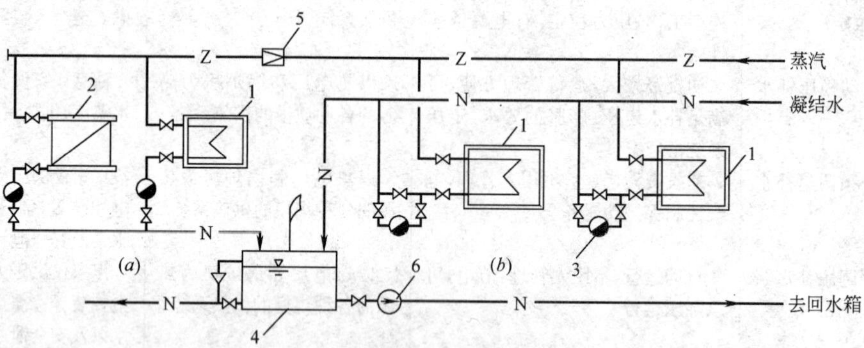

图 7.2-26 开式水箱凝结水系统

1—热交换器；2—散热器；3—疏水阀；4—凝结水箱；5—减压阀；6—回水泵

供汽压力高于 0.2MPa 的生产、采暖用的蒸汽凝结水，宜采用如图 7.2-26 (*b*) 所示的开式水箱余压回水系统。但在有条件时，应尽量采用如图 7.2-27 所示的闭式水箱的余压回水系统。

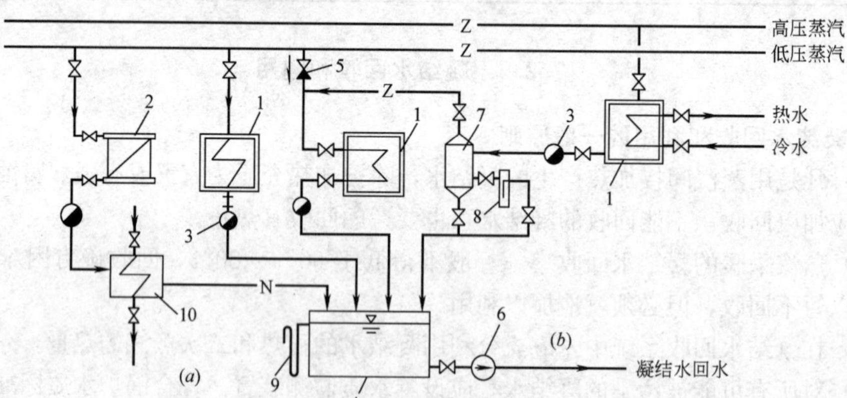

图 7.2-27 闭式水箱凝结水系统

1—热交换器；2—散热器；3—疏水阀；4—凝结水箱；5—止回阀；6—回水泵；

7—二次蒸发器；8—水封管；9—安全水封；10—水-水热交换器

闭式水箱余压回水的特点：

1) 系统不会产生倒空，不进空气，减少管路腐蚀，可避免二次蒸汽的散失。

2）宜用于蒸汽分散，凝结水量不多的场合。

3）由于系统凝结水中含有二次蒸汽，所以水温高，要求凝结水箱和水泵的安装高差大。

(3) 供汽用户范围大而多，地形复杂且用汽压力不同时，宜考虑以大用户为中心，分区设置凝结水回收点（热力站），采用泵压或气压式输送。

3. 凝结水及其热量的利用

(1) 如图 7.2-27 (*a*) 所示，采用余压回水系统时，宜在凝结水管道中，增设热交换装置回收热量。

(2) 在凝结水回入凝结水箱前，应装设二次蒸汽冷却器，可利用锅炉给水或软化水冷却二次蒸汽。

(3) 用汽车间如装有高、中、低三种或中、低两种压力蒸汽管道时，回收和利用凝结水分离出来的二次蒸汽，宜采用如下三种方式。

1）将二次蒸汽直接引入低压蒸汽管道。

2）利用高压蒸汽，通过喷射加压器将二次蒸汽加压后送入中压管道。

3）将分离出来的二次蒸汽，直接接入汽-水热交换器或散热器，供水加热或采暖用。

4. 凝结水回收和利用中的辅助装置（或设备）

(1) 凝结水泵

凝结水泵的设置应符合下列要求：

1）安装多台凝结水泵时，应设备用泵，当任何一台泵停止运行时，其余水泵的总容量不应小于凝结回收总量的 120%。

2）凝结水泵站的水泵，通常宜采用间断工作制。水泵容量应根据小时综合最大凝结水回收总量和水箱水位上下限之间的有效容积进行计算。

3）当热源内凝结水箱，有大量补给水进入水箱时，凝结水泵可按连续工作制考虑。

4）凝结水泵的安装台数和容量，可参考下表（表 7.2-4）确定。

表 7.2-4

凝结水泵台数	凝结水泵容量(m^3/h)			
	间断工作		连续工作	
	每台容量	全部容量	每台容量	全部容量
2	$2.0D_m$	$4.0D_m$	$1.2D_m$	$2.4D_m$
3	$1.0D_m$	$3.0D_m$	$0.6D_m$	$1.8D_m$
4	$0.7D_m$	$2.8D_m$	$0.4D_m$	$1.6D_m$

注：D_m—进入凝结水箱的总水容量。

凝结水泵的扬程 H (kPa)：

$$H=P+H_1+H_2+H_3 \tag{7.2-2}$$

式中 P——热源回水箱内工作压力，闭式水箱 P=20～40kPa，开式水箱 P=0；

H_1——管路系统总压力损失，kPa；

H_2——凝结水箱最低水位与热源回水箱进口管顶部之间的标高差，kPa（$1mH_2O$=10kPa）；

H_3——附加水头，一般取 $H_3=30\sim50\text{kPa}$。

由于凝结水温度较高，为避免水泵产生气蚀现象，而破坏水泵的正常运行，离心式水泵的灌注正水头 H_Z 应符合下列要求：

① 开式水箱： $H_Z \geqslant P_{BH}-P_g+h_\lambda+h_i$，kPa (7.2-3)

② 闭式水箱： $H_Z \geqslant h_\lambda+h_f+\Delta P_g$，kPa (7.2-4)

式中 P_{BH}——水泵进口的饱和压力，kPa；

P_g——水箱内气层压力，kPa；

h_λ——吸水管道的压力损失，kPa；

h_i——附加压力损失，一般取 $h_i=30\sim50\text{kPa}$；

h_f——水泵的气蚀余量，kPa；

ΔP_g——考虑水箱压力瞬变的余量，$\Delta P_g=30\sim50\text{kPa}$。

离心式水泵正水头与允许吸水高度和水温的关系见表 7.2-5。

离心式水泵正水头与允许吸水高度和水温关系表 **表 7.2-5**

输送的凝结水温(℃)	0	10	20	30	40	50	60	75	80	90	100	110	120
最大吸水高度(m)	6.4	6.2	5.9	5.4	4.7	3.7	2.3	—	—	—	—	—	—
最小允许正水头(kPa)	—	—	—	—	—	—	—	0	20	30	60	110	175

注：$1\text{mH}_2\text{O}=10\text{kPa}$。

在设计并联水泵或并联水泵站时，应考虑下列各点：

① 并联水泵或并联水泵站的凝结水总母管的压力损失，宜控制在 50Pa/m 左右。

② 凝结水泵的输水量和扬程的附加系数可取 1.15 左右。

③ 几个并联的凝结水泵站的许多水泵，宜选用同一特性的水泵，并应绘制水压图，以确定水泵的具体规格。

(2) 凝结水箱

选用凝结水箱时应考虑如下各点：

1) 凝结水箱的容积，应根据凝结水最大小时流入量 D_m 的 50%～200%确定，可参照表 7.2-6。

凝结水箱容积的确定参考表 **表 7.2-6**

序号	确定条件	容积(V_N)	序号	确定条件	容积(V_N)
1	纯为采暖通风负荷时	$V_N=50\%D_m$	4	当凝结水泵采用自控时	$V_N=50\%D_m$
2	纯为生产负荷时	$V_N=100\%D_m$	5	凝结水箱的有效容积,V_j	$V_j=80\%V_N$
3	当凝结水量很小(如 $D_m<1\text{t/h}$)时	$V_N=150\%D_m$			

注：V_N 为凝结水箱容积

2) 凝结水箱宜采用闭式水箱，用安全水封控制水箱内压力，一般宜控制在 10～30kPa。闭式水箱宜采用带封头式圆柱形卧式水箱。

3) 凝结水泵站内宜设置两个凝结水箱，也可将一个水箱中间用隔板分隔为二。两个水箱应有连通管，用阀门隔开。

采用闭式水箱时，两水箱还应设置汽空间连通管。

中、小型锅炉房，可将凝结水箱与锅炉给水箱合一，可减少凝结水的二次蒸汽损失，提高给水温度。

4）凝结水箱的放水管直径应大于50mm；溢流管直径比凝结水泵入口管径大1～2号。

5）凝结水箱的安装高度，与凝结水温有关，见表7.2-5。

6）钢板制凝结水箱，内外表面应作防腐处理；一般情况下，凝结水箱应进行保温隔热，以减少热损失。

(3) 二次蒸发器

二次蒸发器所需容积 v_m（m^3）：

$$v_m = 0.5 v \cdot x \cdot G_N，m^3 \tag{7.2-5}$$

式中 G_N——进入二次蒸发器的凝结水量，t/h；

v——二次蒸发汽比容，m^3/kg；

x——在二次蒸发器内分离出来的二次蒸汽量，kg（汽）/kg（凝结水）。

二次蒸发器的容积，也可按图7.2-28选择。

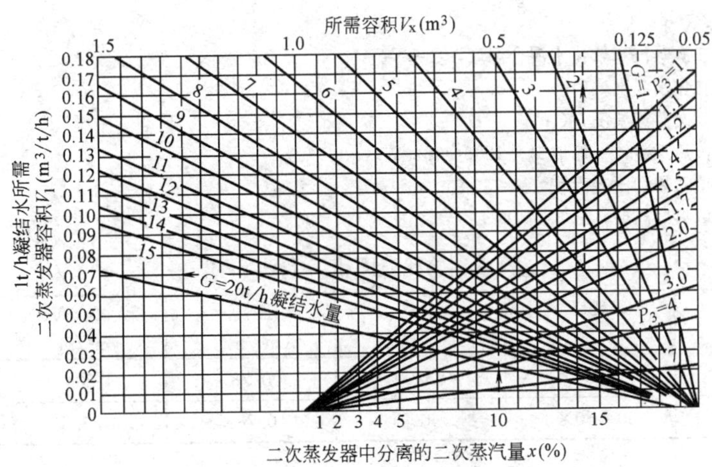

图7.2-28 二次蒸发器选择图

(4) 填料喷淋冷却器

填料喷淋冷却器的构造尺寸，可按表7.2-7中的公式计算并参照图7.2-29。

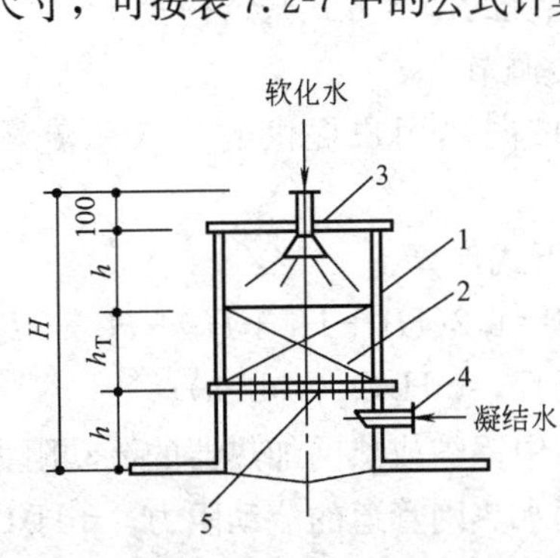

图7.2-29 填料喷淋冷却器

1—壳体；2—填料层；3—喷淋头；4—凝结水管接头；5—花板

填料喷淋冷却器构造尺寸计算公式表 **表 7.2-7**

序号	项目	计算公式	备注
1	冷却用软水需要量 G_L(kg/h)	$G_L=9.345G_z$	
2	传热量 Q(W)	$Q=G_z(h_z''-h_c')\times0.28$	
3	冷却器所需总传热面积 $\sum f$(m^2)	$\sum f=\frac{1.2Q}{\Delta t_m\cdot k_a}$	1.2为附加系数
4	填料体积 v_T(m^3)	$v_T=\frac{\sum f}{f}$	
5	冷却器直径 D_T(m)	$D_T=\sqrt{\frac{v_T}{0.785\cdot h_T}}$	

式中 G_z——二次蒸汽量，kg/h，$G_z=xG_N$；

G_N——凝结水量，kg/h；

x——每kg凝结水所产生的二次蒸汽量，kg/kg；

h_z''——二次蒸汽的热焓，kJ/kg；

h_c'——二次蒸汽与软水混合后的热焓，kJ/kg；

Δt_m——对数温差，$\Delta t_m=\frac{t_c-t_n}{\ln\frac{t_z-t_n}{t_z-t_c}}$，℃；

t_c——二次蒸汽和软化水混合温度，℃；

t_n——软化水温度，℃；

t_z——二次蒸汽温度，℃；

k_a——传热系数，一般取 $k_a=1280\sim1628$W/($m^2\cdot$℃)；

f——填料物的比表面积（表7.2-8），m^2/m^3；

h_T——填料层高度，m，一般取 $h_T=0.4$m。

填料物比表面积 f (m^2/m^3) **表 7.2-8**

填料名称	规格 (mm)	个数 (个/m^3)	空隙 (m^3/m^3)	f比表面积 (m^2/m^3)	当量直径 (mm)
拉西环	25×25×3	53200	0.78	204	0.0145
拉西环	50×50×3	6000	0.785	87.5	0.036

7.2.6 主要设备选择

1. 热网循环水泵

热网循环水泵应按供热系统的调节方式来选择。

(1) 供热系统采用中央质调节

热网循环水泵的总流量按向热用户提供的热水总流量的110%选取，数量不少于两台。

热网循环水泵场程 H 按下式计算：

$$H=1.2(H_1+H_2+H_3+H_4+H_5) \quad (7.2\text{-}6)$$

式中 H——热网循环水泵扬程，mH_2O (10kPa)；

H_1——热水通过供热站中锅炉或热网加热器的流动阻力，mH_2O (10kPa)；

H_2，H_3——热水通过供、回水热网管道的流动阻力，mH_2O (10kPa)；

H_4——热水在热用户（或热力站）的压力损失，mH_2O (10kPa)；

H_5——热源系统内部其他损失（如过滤器、阀门等处），mH_2O (10kPa)。

(2) 供热系统采用中央质-量调节（连续变流量调节）

热网循环水泵的流量、台数、扬程可参照中央质调节的选择方法。

(3) 供热系统采用中央阶式质-量调节（分阶段改变流量调节）

热网循环水泵宜选用不同性能的泵组，其流量、台数、扬程应根据需要选择。表7.2-9为推荐的泵组组合。

分阶段改变流量调节的热网循环泵组组合　　表7.2-9

热网规模	热网循环水泵组合	流量	扬程	耗电量比
中小型热水网（循环水量小于200t/h）	一大泵 一小泵	100% 75%	100% 56%	100% 42%
大型热水网	一大泵 一中泵 一小泵	100% 80% 60%	100% 64% 36%	100% 51% 22%
	一大泵 二小泵	100% 2×60%	100% 2×36%	100% 2×22%

(4) 热网循环水泵设计时应注意的其他问题

1) 热网循环水泵和补给水泵的供电，宜来自两个不同的供电电源。

2) 较大型热网循环水泵，应考虑检修时的起吊设施和检修场地。

工程中可选择的热网循环水泵泵型见表7.2-10。

可选用的热网循环水泵泵型　　表7.2-10

泵型	介质温度（℃）	流量范围（t/h）	扬程范围（mH_2O）	电功率（kW）	生产厂家
R型	<230	7.2～450	20.5～72	1.5～90	上海水泵厂
IS型	<80	3.75～460	5.4～125	0.75～110	全国各泵厂
S·Sh型	<80	140～12500	10～125	18.5～1250	沈阳、上海水泵厂
PHK-Y型	<230	7.4～660	29～201	～400	上海水泵厂

(5) 与热网循环水泵配用电动机有关公式

1) 水泵所需轴功率：

$$p=\frac{2.72\rho\cdot D\cdot H}{\eta}\times 10^{-6} \tag{7.2-7}$$

式中 p——水泵轴功率，kW；

ρ——流体密度，kg/m^3；

D——水泵流量，t/h；

H——水泵扬程，mH_2O（10kPa）；

η——水泵效率，%。

2) 水泵配用电动机额定功率：

$$P_e=KP \tag{7.2-8}$$

式中 P_e——水泵配用电动机额定功率，kW；

K——配用电动机容量的机械贮备系数，对于水泵，$K=1.20$；

P——水泵运行中可能出现的最大流量所对应的轴功率，kW。

3）水泵配用电动机的额定电流：

$$I=\frac{P_e\times10^3}{\sqrt{3}U\cos\varphi\cdot\eta} \tag{7.2-9}$$

式中 I——电动机额定电流，A；

P_e——水泵配用电动机额定功率，kW；

U——电动机电压，取380V；

$\cos\varphi\cdot\eta$——功率因数与电动机效率的乘积，此值与电动机转速和容量有关，对于Y型电动机，转速为1450r/min、功率为100kW左右时，$\cos\varphi\cdot\eta=0.8\sim0.85$。

2. 补给水泵

（1）补水泵流量根据补水量和事故补水量等因素确定，一般不应小于供热系统循环流量的2%；事故补水量，不应小于供热系统循环流量的4%。

（2）补给水泵，一般选用两台，互为连锁，其中一台为备用。

（3）补给水泵的扬程为补水定压点处的压力再加3～5mH_2O（0.03～0.05MPa），补水定压点的压力应根据供热系统水压图确定。

（4）如果采用补水配套定压装置，补水泵由厂家配套提供，则补水泵的流量、台数、扬程应满足上述规定。

（5）补水泵和热网循环水泵的供电电源宜来自两个不同的供电电源。如有可能，补水泵采用双电源供电。

3. 各类联箱

分水器、集水器、分汽缸和疏水集水器统称联箱。联箱布置原则和选择计算方法如下：

（1）三个或三个以上环路时，应设置联箱。

（2）联箱应安装在便于控制操作之处，当靠墙布置时，联箱中心距墙面的距离宜大于0.5倍联箱直径加200mm。

（3）联箱上接管出口阀门中心距地面为1.20～1.50m。

（4）分汽缸上应安装压力表、温度计和安全阀。

（5）分（集）水器上应安装压力表、温度计。

（6）联箱上接管所配法兰的压力等级应与阀门所配法兰一致。

（7）分汽缸底处应设疏水器及排水阀，若分（集）水器底部没有接管时，应设有排水阀。

（8）分（集）水器的接管阀门宜采用手动流量调节阀，一般可采用T40H-16型。分汽缸上接管阀门一般宜采用J41H-25型。

（9）联箱外应设保温层，及保护层，主保温厚度一般为50mm。

（10）分汽缸内蒸汽流速应按10～15m/s计算，其直径D一般为最大接管直径d_{max}的1.5～2.0倍。

（11）分（集）水器横断面流速应按0.1～0.5m/s计算，其直径D一般为最大接管直径d_{max}的1.5～2.0倍。

（12）联箱上各接管间距离的确定，应考虑各相邻支管上阀门手轮操作的最小允许间距。一般可以按图7.2-30确定。

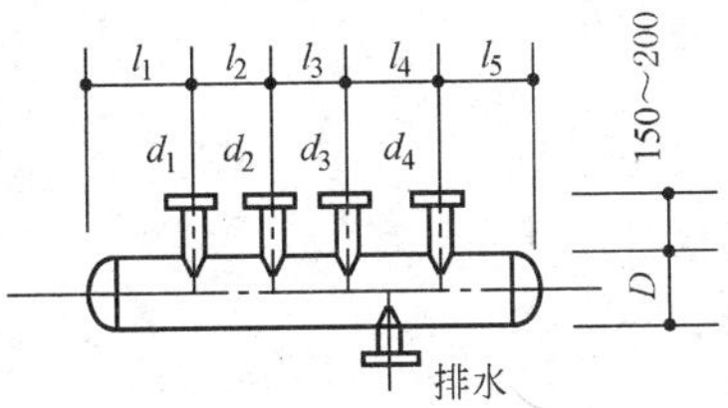

l_1	d_1+80
l_2	d_1+d_2+150
l_3	d_2+d_3+150
l_4	d_3+d_4+150
l_5	d_4+80

图 7.2-30 联箱接管间距的确定（单位：mm）

联箱属于压力容器，其管壁与封头的厚度，焊接形式，加工制作要求，均应根据介质温度、压力等参数按压力容器的有关标准、规定进行设计和加工制造。

7.2.7 集中供热系统的安全技术措施

本节叙述供热系统（设备）由于设计原因而可能引起的安全问题，并介绍预防措施。

1. 热网循环水泵入口承压问题

热网循环水泵在闭式热网系统中运行，热网系统定压点，大都放在热网循环水泵入口，不论采用什么样的定压方式，水泵吸入口的压力都大致与系统定压点压力值相等。

近年来，曾多次出现水泵运行事故，比如：泵壳破裂，减振基础板向电动机方向移位，爪形联轴器内的橡胶块被挤碎，运行电流高，噪声大，以及水泵达不到额定出力等种种现象，大多发生在循环水泵入口承压较高的供热系统中，而且损坏的水泵以 IS 型泵为多。经分析，事故原因主要是水泵入口静压力过大，超过了水泵入口允许承受的压力。

为避免热网循环水泵入口承压高的现象，在选择设计时可作如下考虑：

（1）凡是定压点压力值大于 0.3MPa 的供热系统，不宜选用 IS 型水泵作热网循环水泵。因 IS 型水泵属单级单吸清水离心泵，吸入口承压不得大于 0.3MPa。

（2）当所选用类型的热网循环水泵的入口承压参数不清时，设计人员应尽可能向生产厂家认真核查。

（3）当所选择的泵型入口承压不能满足要求，而又不能用其他泵型代替时，应与厂家联系，特殊加工制造能满足入口承压要求的该类水泵。

（4）从目前已知的厂家资料看，能满足供热系统循环水泵入口承压要求的水泵类型有以下几类：R 系列热水泵、HPK 系列热水泵，最高介质温度 230℃，对应此温度的压力 2.8MPa；管道型泵，入口压力不大于 1.0MPa。除此之外还有双吸式离心型（如 S、Sh 型），虽然国家并未对吸入口压力作出明确规定（只是规定泵出口压力等于水泵设计点扬程与泵入口压力之和），但由于双吸型泵的结构特点，轴向力平衡先天条件较好，故其吸入口承压要比单级单吸清水泵高。

2. 水击的预防

在以水为热媒的供热系统中，由于突然停电或其他原因的突然停泵，会使管道内正在流动的水突然停止流动，致使原来以一定流速流动的动能转变为压力能，并使循环水泵吸入侧管路中的水压急剧增高，这就叫做水击。

由于水击而产生的压力可按下式计算：

$$p_{\max}=\frac{10 \cdot a \cdot w}{g} \tag{7.2-10}$$

$$a=\frac{1466}{\sqrt{1+\frac{k}{E}\cdot\frac{d_{\mathrm{i}}}{s}}} \tag{7.2-11}$$

式中 p_{max}——由于水击而产生的压力，kPa；

w——水击发生前管道内正常流速，m/s；

g——重力加速度，$g=9.81\mathrm{m/s^2}$；

a——冲击波传播速度，m/s；

k——水的位移弹性模量，$k=2.03\times10^9\mathrm{N/m^2}$；

E——管材的弹性模量，$\mathrm{N/m^2}$；

d_{i}——管道内径，m；

s——管道壁厚，m。

对钢管材，$k/E=0.01$；对于铸铁管材，$k/E=0.02$；对于水泥管材，$k/E=0.1$。

假定有一供热系统热网循环水泵前主管为 $\phi325\times9$，水击前流速为 1.0m/s，水击发生时产生的压力约为 125mH_2O（1.25MPa），水击产生的压力是很大的。水击发生会使供热系统管道剧烈振动并导致保温层脱落，产生噪声，或从补水箱、安全阀上大量冒水；特别是高温水供热系统的水击更具破坏性，会使地沟内管道支架被破坏。因此，对于供热系统的水击问题，一定要从设计上予以认真预防。一般可以采取以下措施：

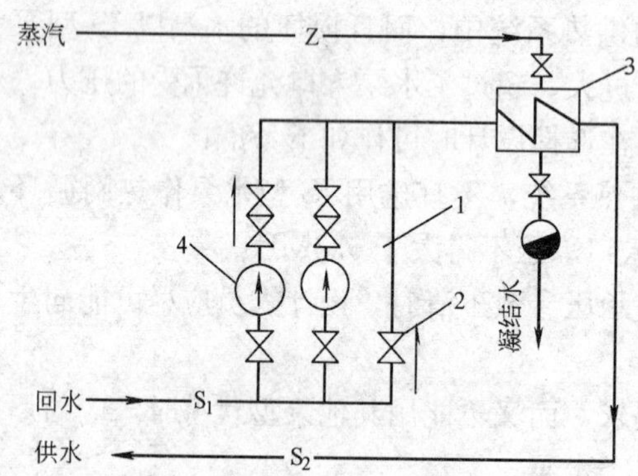

图 7.2-31 预防水击的措施

1—泄压用旁通管；2—止回阀；3—热源；4—循环水泵

（1）在热网循环水泵的前后供回水干管之间设置一根带止回阀的泄压旁通管。如图 7.2-31 所示。

泄压旁通管的管径，一般可比水泵进水管管径小一号。

（2）在热网循环水泵进水管侧的管道上装设压力调节阀或安全阀，作为泄压之用。其工作压力宜为循环水泵入口处压力（即定压点压力）的 1.12～1.14 倍左右，（但不低于水泵入口压力＋0.10MPa）。

（3）选用单级离心泵作循环泵，以增加水泵的转动惯性，延长停泵时间，减缓水击危害。

（4）当采用稳压膨胀装置等由工厂生产的设备作为供热系统的定压装置时，定压装置上应设有防止水击事故的保护装置。

（5）在水泵出口管道上安装三合一止回阀，此阀兼有防水击止回、关断、流量调节三种功能。

以上几种措施中，设计人员应根据供热系统的实际情况和工程条件，采用一种或其中几种。

3. 供热系统的超压及预防

（1）蒸汽供热系统

为防止超压、应在系统中安装安全阀，安全阀的安装位置，一般在加热设备上和分汽缸上。

(2) 热水供热系统

根据不同的定压方式，采取不同的防超压措施：

① 当采用软化水和锅炉连续排污水定压时，可在分（或集）水器上设安全阀，如图 7.2-13 所示。

② 当采用高位水箱定压时，开式水箱可容纳系统内的膨胀水并可起泄压作用，因此，除了热源（锅炉或热网加热器）本身所带的安全阀外，可不加其他泄压装置，如图 7.2-14。

③ 当采用补给水泵定压时，可专门设置泄压管道，管道设置压力调节阀（或溢流阀），泄压管道可放在热网循环水泵入口侧，如图 7.2-16 所示。也可设在热网循环水泵出口侧，如图 7.2-15。

④ 当采用自动定压补水装置、变频调速补水泵等厂家供货的补水定压设备时，采用安全阀作为泄压装置，如图 7.2-18 和图 7.2-19。

7.2.8 热力网循环水泵与热力网特性的匹配

热力网循环水泵是供热系统中最主要的设备之一，其选择得是否合适，对供热系统的正常运行至关重要。特别是热网循环水泵的工作性能曲线能否与热网特性曲线相交在设计点上（即水泵工作点）是很重要的。在一些实际工作中，常出现热网循环水泵与热网特性不匹配的问题（即水泵工作点偏移设计期望点），以致影响供热效果，浪费电能。

为此，在供热系统设计选用循环水泵时，首先应根据热网主干线的各段流量和压力损失计算出各点压力，绘制热网特性曲线，并应取得厂家提供的水泵工作特性曲线。以此绘制出泵与管道特性曲线图（见图 7.2-32）使二者相交在设计点上，确保管网正常运行。

否则，循环水泵与热网不匹配，会造成热网不能正常运行和不必要的浪费。

如图 7.2-32 所示，循环水泵特性曲线 G-H 与管道实际特性曲线（虚线）无交点，这就必然会使在运行中出现不正常现象（最远和最大用户不热）。运行单位为使运行正常而采取一些补救措施：

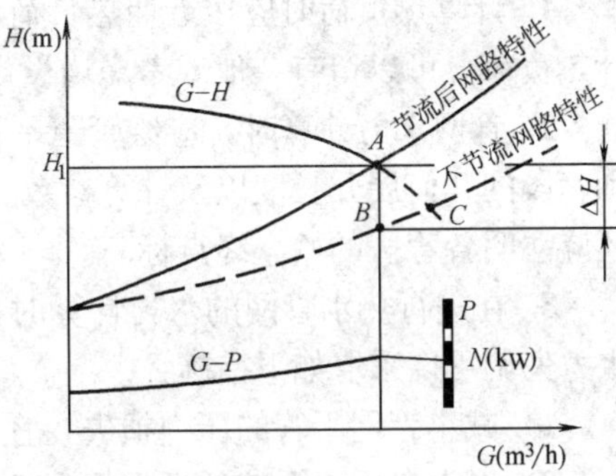

图 7.2-32 水泵与热网特性曲线分析图
A—水泵节流后的工作点；
B、C—理想的水泵工作点。

1. 为使水泵的实际工作点能从图中的 A 点移至右下方 B、C 点附近，而采取水泵出口管道阀门开小节流，使水泵出口流速加大，加大压力损失 ΔH。这样将会出现潜在隐患：水泵出口阀门主要是作为关断，不允许长期关小作调节阀，会使阀芯在急速水流冲刷下变形。失去关断功能，也会使电动机过热而烧坏。从而造成投资和运行成本的增加。

2. 更换合适的循环水泵或只更换电动机以及改造水泵叶片等措施，虽然能改善运行状况，但也增加投资和运行成本。

据上述一些措施（不得已而为之的措施）可看出，在选用循环水泵时，应作到水泵与热网特性的合理匹配。

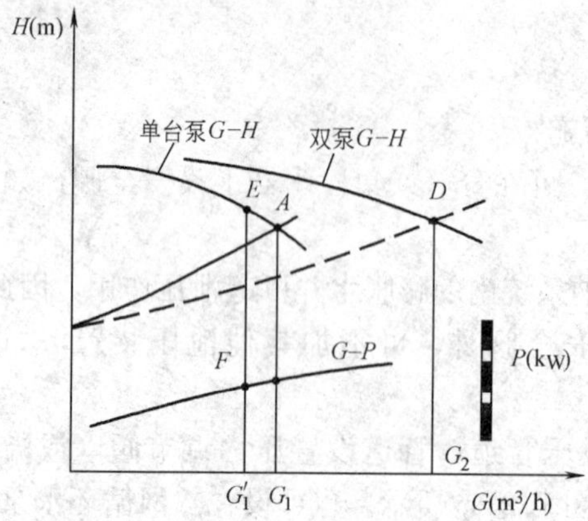

图 7.2-33 双泵并联与热网曲线分析图
D—双泵并联工作点；E—单泵工作点；
F—并联工作时单台泵的功率点

另外，在设计中、小型热网时，常考虑采取阶段变流量，三台循环水泵（冬季采用双泵并联运行，过渡季采用单泵运行），如图7.2-33所示，冬季水泵与网路的交点在 D 处。过渡期单台工作交在 E 点附近，均可以维持正常运行。双泵并联运行时，其所配用的电动机均不超电流，而此时热网流量增加，水泵进出口压差有些提高，不必对水泵出口节流，供热效果也很好。但此方案会使一次投资和耗电均有增加，不算太大。因此，这一方案尚有可取之处。

实践证明：在设计时能做到水泵与管网特性合理匹配（能在设计点）时，采用两台（一台备用）和三台（双台进行一台备用）循环水泵方案是可行的。

注意：选用循环水泵时，应使水泵的最高效率点流量比系统流量稍大些，一般在5%～10%为最佳。

7.3 热力管网的水力计算

7.3.1 热网管道水力计算的一般要求

1. 计算热负荷时应按近期热负荷计算，并应考虑计入发展热负荷，对于分期建设设计热负荷，可以留有余地或考虑增设设计管网的可能性。

2. 管网水力计算时，应绘管道平面布置图、简易计算系统图，在图中注明各热用户和管段的几何展开长度以及计算参数、管道附件、补偿器、流量孔板、阀门等。热水管网还应注明各管段的始、终点标高。

3. 在进行热水管网的水力计算时，应注意提高整个供热系统的水力稳定性，为防止水力失调可以采取如下措施：

1）减小管网干管的压力损失，宜选取较小的比压降，适当加大管径；

2）增大热用户系统的压力损失，一般在热用户入口处安装手动调节阀（或平衡阀）、调压孔板，控制和调节入口压力；

3）高温水采暖系统的热源内部压力损失，对管网的水力稳定性也有影响，一般在热源内部留有一定的富裕压头，在正常工况下，富裕压头消耗在循环水泵的出口阀门上。当管网流量发生变化引起热源出口的压力变化时，可调整循环水泵出口阀门的开度，使出口压力保持稳定；

4）供热主管网的管径 DN，不论热负荷多少，均不应小于 50mm，而通向单体建筑物（热用户）的管径一般不宜小于如下尺寸：

蒸汽管网　25mm

热水管网　32mm

5）在供热管网计算中，有的点出现静压超过允许极限值时，一般从此点与其他系统分开，设置独立的供热系统；

6）热水采暖管网，宜采用双管闭式系统，其供回水管道应采取相同的管径。

7.3.2 供热管道设计流速及粗糙度

蒸汽、热水及凝结水等常用供热管道中的热介质允许最大流速和表面粗糙度按表7.3-1选取。

常用管道允许最大流速及粗糙度　　表7.3-1

介　质	公称直径(mm)	允许最大流速(m/s)	表面粗糙度K值(m)
过热蒸汽	32～40 50～100 100～150 ≥200	30～35 35～40 40～50 50～60	0.0002～0.0001
饱和蒸汽	32～40 50～80 100～150 ≥200	20～25 25～30 30～35 35～40	0.0002
热水	32～40 50～100 ≥150	0.5～1.0 1.0～2.0 2.0～3.0	0.0005
废汽	≤150 ≥200	20 30	0.001
凝结水:热水供应	有压 自流	0.5～2.0 0.2～0.5	0.001
给水	水泵进口管 水泵出口管	0.5～1.5 1.5～2.5	0.0005

当计算管径时，若考虑将来发展需增加流量的可能性，则宜选取较低流速；如管道的允许压力损失较大时，宜选用较高流速。但流速过大时，不仅会导致压力损失过大，而且有可能出现管道振动现象。

7.3.3 热网设计流量

1. 采暖、通风、空调热负荷热水热力网设计流量及生活热水热负荷闭式热水热力网设计流量，应按下列公式计算：

$$G_h = 3.6\frac{Q_h}{c(t_1 - t_2)} \quad (7.3\text{-}1)$$

式中　G_h——热力网设计流量，t/h；

Q_h——设计热负荷，kW；

c——水的比热容，kJ/kg·℃；

t_1——热力网供水温度，℃；

t_2——各种热负荷相应的热力网回水温度，℃。

2. 生活热水热负荷开式热水热力网设计流量，应按下列公式计算：

$$G_v=3.6\frac{Q_v}{c(t_1-t_{wo})} \tag{7.3-2}$$

式中 G_v——生活热水热负荷相应的热力网设计流量，t/h；

Q_v——生活热水热负荷，kW；

c——水的比热容，kJ/kg·℃；

t_1——热网供水温度，℃；

t_{wo}——冷水计算温度，℃。

3. 各类供热系统热网设计流量，应考虑如下内容：

(1) 当热水热力网有夏季制冷热负荷时，应计算采暖期和供冷期热力网流量，并取较大值作为热力网设计流量。

(2) 当计算采暖期热水热力网设计流量时，各种热负荷的热力网设计流量应按下列规定计算：

1) 当热力网采用集中质调节时，采暖、通风、空调热负荷的热力网供热介质温度取相应的冬季室外计算温度下的热力网供、回水温度；生活热水热负荷的热力网供热介质温度取采暖期开始（结束）时的热网供水温度。

2) 当热力网采用集中量调节时，采暖、通风、空调热负荷的热力网供热介质温度应取相应的冬季室外计算温度下的热力网供、回水温度；生活热水热负荷的热力网供热介质温度取采暖室外计算温度下的热网供水温度。

3) 当热力网采用集中质-量调节时，应采用各种热负荷在不同室外温度下的热网流量曲线叠加得出的最大流量值作为设计流量。

(3) 计算生活热水热负荷热水热力网设计流量时，当生活热水换热器与其他系统换热器并联或两级混合连接时，仅应计算并联换热器的热网流量；当生活热水换热器与其他系统换热器两级串联连接时，计算方法与两级混合连接时的计算方法相同。

(4) 计算热水热力网干线设计流量时，生活热水设计热负荷，应取生活热水平均热负荷；计算热水热力支线设计流量时，生活热水设计热负荷，应根据生活热水用户有无储水箱，按下列规定取生活热水平均热负荷或生活热水最大热负荷：

1) 干线，应采用生活热水平均热负荷；

2) 支线，当用户有足够容积的储水箱时，应采用生活热水平均热负荷；当用户无足够容积的储水箱时，应采用生活热水最大热负荷，最大热负荷叠加时应考虑同时使用系数。

(5) 蒸汽热力网的设计流量，应按各用户的最大蒸汽流量之和乘以同时使用系数确定。当供热介质为饱和蒸汽时，设计流量应考虑补偿管道热损失产生的凝结水的蒸汽量。

(6) 凝结水管道的设计流量，按蒸汽管道的设计流量乘以用户的凝结水回收率确定。

7.3.4 水力计算基本公式

1. 热力网管道水力计算公式

热力网管道水力计算基本公式见表 7.3-2。

2. 管道局部阻力与沿程阻力比值

管道局部阻力与沿程阻力比值见表 7.3-3。

管道水力计算基本公式表　　表 7.3-2

序号	名　称	符号	基本公式	式　　中
1	管道内径	d_1	$594.5\sqrt{\frac{G}{w\rho}}$	G——热介质质量流量，t/h； w——管内介质流速，m/s； ρ——热介质密度，kg/m³； Δp_f——管道直管段摩擦阻力，Pa； Δp_j——管道局部阻力，Pa； Δh——直管段平均比摩阻，Pa/m； K——表面粗糙度，mm； L——直管段长度，m； λ——管道摩擦阻力系数； $\sum\zeta$——管件局部阻力系数之和； L_{el}——局部阻力当量长度，m； α——管道局部阻力与沿程阻力比值
2	管道总压力损失	Δp	$\Delta p_f+\Delta p_j$	
3	管道直管段摩擦阻力	Δp_f	ΔhL　其中： $\Delta h=6.25\times10^{-2}\frac{G^2\lambda}{d_i^5\rho}$ $\lambda=0.11\left(\frac{K}{d_i}\right)^{0.25}$	
4	管道局部阻力	Δp_j	$\sum\zeta\frac{w^2\rho}{2}=\Delta hL_{el}$	
5	管道当量长度	L_{el}	$\sum\zeta=\alpha L$	

注：① α 可查表 7.3-3。
② 管道阻力 $\Delta p=\Delta hL(1+\alpha)=\Delta hL_e$，$L_e$—计算管段总当量长度，m。

管道局部阻力与沿程阻力比值　　表 7.3-3

补偿器类型		公称直径(mm)	局部阻力与沿程阻力的比值(α)	
			蒸汽管道	热水及凝结水管道
输送干线	套筒或波纹管补偿器(带内衬筒)	≤1200	0.2	0.2
	方形补偿器	200～350	0.7	0.5
	方形补偿器	400～500	0.9	0.7
	方形补偿器	600～1200	1.2	1.0
输配管线	套筒或波纹管补偿器(带内衬筒)	≤400	0.4	0.3
	套筒或波纹管补偿器(带内衬筒)	450～1200	0.5	0.4
	方形补偿器	150～250	0.8	0.6
	方形补偿器	300～350	1.0	0.8
	方形补偿器	400～500	1.0	0.9
	方形补偿器	600～1200	1.2	1.0

7.3.5 热水管网水力计算

1. 水力计算条件、水力工况及水压图

计算条件及资料

1）地形图；

2）管道平面图；

3）用户和热源的标高；

4）热源近期和远期供热能力，供热范围、供热方式、供热介质参数；

5）热用户近、远期热负荷及其性质。

2. 计算热水管网比摩阻及估算压力损失

(1) 比摩阻

1）对干管、支干管

$DN\geqslant250$mm，$\Delta h=30\sim60$Pa/m（3～6mmH_2O/m）；

$DN<250$mm，$\Delta h=60\sim100$Pa/m（6～10mmH_2O/m）。

2）对支管

$\Delta h\leqslant300$Pa（30mmH_2O/m）。

（2）用户压力损失

1）对直接连接的散热器采暖系统

$$\Delta p=10\sim20\text{kPa}\ (1\sim2\text{mH}_2\text{O})$$

2）对直接连接的暖风机采暖系统

$$\Delta p=20\sim50\text{kPa}\ (2\sim5\text{mH}_2\text{O})$$

3）对混水器采暖系统

$$\Delta p=80\sim120\text{kPa}\ (8\sim12\text{mH}_2\text{O})$$

4）对水-水热交换器连接的采暖系统

$$\Delta p=30\sim100\text{kPa}\ (3\sim10\text{mH}_2\text{O})$$

（3）热网水泵出口和热源内部压力损失

$$\Delta p=80\sim150\text{kPa}\ (8\sim15\text{mH}_2\text{O})$$

（4）热源内的除污器及由除污器至热网水泵入口的压力损失

$$\Delta p=20\sim50\text{kPa}\ (2\sim5\text{mH}_2\text{O})$$

3. 水力工况

（1）热水管网供水管道任何一点的压力不应低于热水介质的汽化压力，并应留有30～50kPa（3～5mH_2O）的富裕压力。

（2）热水管网回水压力应符合如下规定：

1）回水压力不应超过直接连接用户系统的允许压力；

2）回水管路任何一点的压力不应低于50kPa（5mH_2O）。

（3）热水管网的循环水泵停止运行时，应保持必要的静态压力，静态压力应符合如下规定：

1）不使热网任何一点的水汽化，并应有30～50kPa（3～5mH_2O）的富裕压力；

2）应使与热网直接连接的用户系统充满水；

3）不应超过系统中的任何一点的允许压力。

（4）热水管网供回水压力差，应满足用户系统所需的作用压头。对间接连接系统：一次管网的供、回水压差大于热力站内系统的压力损失，二次管网的供回水压差大于用户系统的压力损失；对直接连接系统：供、回水管网压差大于用户系统压力损失。

（5）对热水管网，应在水力计算的基础上绘制主要运行方案的主干线水压图。对地形复杂的地区，应绘制支干线水压图。

4. 水压图

水压图可以按如下方法绘制：

（1）一般以热源内部循环水泵中心线高度为基准面，用纵坐标 y 表示标高，用横坐标 x 表示距离。

（2）按网路上的各点和各用户，从热源出口起沿着管路计算的距离的相应点标出地面标高和建筑物高度。

（3）静压线是循环水泵停止运行时，管网中各点压力的连接线。静压线高度不应超过底层散热器的承压能力和保证网路直接连接的用户系统不汽化、不倒空。

（4）回水管网压力曲线，是循环运行中回水管上各点的动压力连线。为了保证水泵运行时，用户系统里的水不会倒空，回水干管的总水压线必须高出所有用户的顶部5m。

（5）供水管的压力曲线，是循环水泵运行中供水管上各点的压力连接线。

供水管压力曲线的位置应满足：网路供水干管内以及与网路直接连接的用户系统的供水管内任何一点都不应发生汽化；在网路上任何一点供水压力和回水压力的差额应保证用户有足够的资用压力。

水压图的实例如图 7.3-1 所示。在管网上有 4 个用户（即用户 1、2、3、4），设用户 1、2 采用低温水采暖（95/70℃），用户 3、4 直接采用高温水采暖（130/70℃），如要保证所有用户都不会出现汽化和倒空现象，静压线的高度需要定在不低于 42m 处（用户最高点为 40m），这样静压太高，将使用户 1、3、4 底层承受的静压都超过铸铁散热器允许承受的压力（0.4MPa），这样务必使大多数用户采用隔绝式连接的方案，就会大大增加投资。为此，只好在部分用户处采用隔绝式连接方式。那么，以最高用户 4 为基准，确定静压线，4′高为 14m，130℃水的汽化压力为 18m，再加上 2m 的富裕值，则静压线高度为 14＋18＋2＝34m。

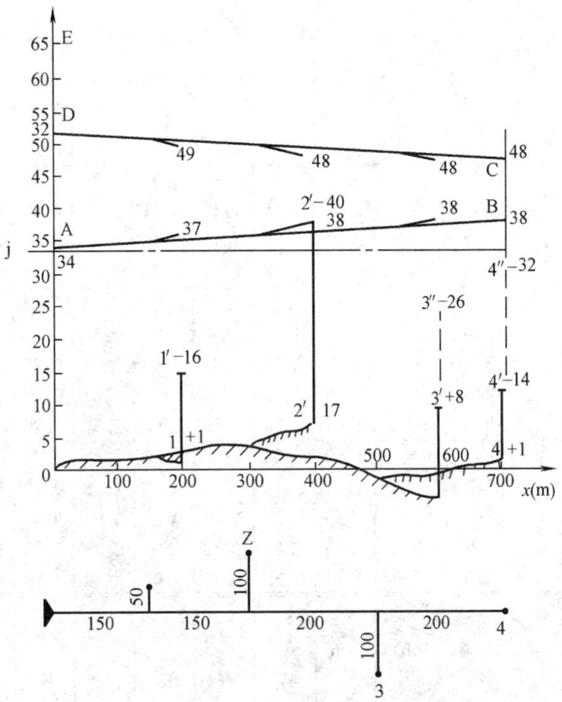

图 7.3-1　热水管网水压图

5. 热水管道水力计算表

热水管道水力计算表见表 7.3-4。

热水及泵压凝结水管道水力计算表［k=0.5mm，ρ=958kg/m³］　　　**表 7.3-4**

DN / G(m³/h) W(m/s) / R(Pa/m)	25		32		40		50		65		80		100	
	G	*W*	*G*	*W*	*G*	*W*	*G*	*W*	*G*	*W*	*G*	*W*	*G*	*W*
10	0.21	0.11	0.34	0.12	0.57	0.14	1.11	0.17	2.34	0.20	4.01	0.23	70.3	0.26
20	0.30	0.15	0.48	0.17	0.81	0.20	1.57	0.23	3.31	0.29	5.67	0.32	9.95	0.37
30	0.37	0.19	0.58	0.21	0.99	0.24	1.92	0.29	4.06	0.35	6.95	0.39	12.18	0.50
40	0.43	0.22	0.67	0.24	1.15	0.28	2.22	0.33	4.68	0.41	8.02	0.45	14.06	0.52
50	0.48	0.24	0.75	0.27	1.28	0.31	2.48	0.37	5.24	0.46	8.97	0.51	15.73	0.58
60	0.52	0.27	0.83	0.29	1.41	0.34	2.72	0.40	5.74	0.50	9.83	0.55	17.23	0.64
70	0.56	0.29	0.89	0.32	1.52	0.37	2.94	0.44	6.20	0.54	10.62	0.60	18.60	0.69
80	0.60	0.31	0.95	0.34	1.62	0.39	3.14	0.47	6.62	0.58	11.35	0.64	19.90	0.73
90	0.64	0.32	1.01	0.36	1.72	0.42	3.33	0.50	7.02	0.61	12.03	0.68	21.09	0.78
100	0.67	0.34	1.07	0.38	1.81	0.44	3.51	0.52	7.41	0.65	12.70	0.72	22.24	0.82
110	0.71	0.36	1.12	0.40	1.90	0.46	3.68	0.55	7.77	0.68	13.30	0.75	23.30	0.86
120	0.74	0.37	1.17	0.42	1.99	0.48	3.84	0.57	8.11	0.71	13.90	0.78	24.35	0.90
130	0.77	0.39	1.22	0.43	2.07	0.50	4.00	0.60	8.44	0.74	14.47	0.82	25.34	0.94
140	0.80	0.40	1.26	0.45	2.15	0.52	4.15	0.62	8.77	0.76	15.00	0.85	26.30	0.97
150	0.83	0.42	1.31	0.47	2.22	0.54	4.30	0.64	9.07	0.79	15.54	0.88	27.24	1.01
160	0.85	0.43	1.35	0.48	2.29	0.56	4.44	0.66	9.36	0.82	16.04	0.90	28.12	1.04

续表

DN / G(m³/h) W(m/s) / R(Pa/m)	25		32		40		50		65		80		100	
	G	W	G	W	G	W	G	W	G	W	G	W	G	W
170	0.88	0.45	1.39	0.50	2.37	0.57	4.58	0.68	9.65	0.84	16.55	0.93	29.00	1.07
180	0.90	0.46	1.43	0.51	2.44	0.59	4.70	0.70	9.94	0.87	17.00	0.96	29.80	1.10
190	0.93	0.47	1.47	0.52	2.50	0.61	4.84	0.72	10.20	0.89	17.50	0.99	30.65	1.13
200	0.95	0.48	1.51	0.54	2.57	0.62	4.97	0.74	10.47	0.91	17.95	1.01	31.44	1.16
210	0.98	0.50	1.55	0.55	2.63	0.64	5.08	0.76	10.73	0.94	18.40	1.04	32.20	1.19
220	1.00	0.51	1.58	0.56	2.69	0.65	5.20	0.77	10.98	0.96	18.82	1.06	33.00	1.22
230	1.02	0.52	1.62	0.58	2.75	0.67	5.32	0.79	11.23	0.98	19.25	1.09	33.70	1.24
240	1.05	0.53	1.65	0.59	2.81	0.68	5.44	0.81	11.47	1.00	19.65	1.11	34.45	1.27
250	1.07	0.54	1.69	0.60	2.87	0.70	5.55	0.83	11.70	1.02	20.05	1.13	35.15	1.30
260	1.09	0.55	1.72	0.61	2.93	0.71	5.65	0.84	11.94	1.04	20.45	1.15	35.85	1.32
270	1.11	0.56	1.75	0.62	2.98	0.72	5.76	0.86	12.17	1.06	20.84	1.18	36.54	1.35
280	1.13	0.57	1.79	0.64	3.04	0.74	5.87	0.87	12.40	1.08	21.24	1.20	37.20	1.37
290	1.15	0.58	1.82	0.65	3.09	0.75	5.98	0.89	12.60	1.10	21.60	1.22	37.85	1.40
300	1.17	0.59	1.85	0.66	3.14	0.76	6.09	0.90	12.82	1.12	22.00	1.24	38.50	1.42

DN / G(m³/h) W(m/s) / R(Pa/m)	125		150		200		250		300		350		400	
	G	W	G	W	G	W	G	W	G	W	G	W	G	W
10	12.70	0.30	20.60	0.34	45.60	0.41	83.50	0.47	134.0	0.53	202.0	0.59	287.0	0.64
20	17.98	0.43	29.15	0.48	64.50	0.58	118.2	0.67	189.5	0.75	286.0	0.83	406.0	0.90
30	22.00	0.52	35.68	0.59	79.00	0.71	144.7	0.82	232.0	0.92	350.0	1.02	497.0	1.10
40	25.40	0.60	41.20	0.68	91.20	0.82	167.0	0.95	268.0	1.06	404.0	1.17	574.0	1.27
50	28.40	0.68	46.10	0.76	102.0	0.91	187.0	1.06	300.0	1.19	452.0	1.31	642.0	1.42
60	31.13	0.74	50.50	0.83	111.8	1.00	204.6	1.16	328.0	1.30	495.0	1.44	703.0	1.56
70	33.60	0.80	54.50	0.90	120.8	1.08	221.0	1.25	354.7	1.41	535.0	1.55	760.0	1.68
80	35.93	0.86	58.25	0.96	129.1	1.16	236.2	1.34	379.0	1.50	572.0	1.66	812.0	1.80
90	38.10	0.91	61.80	1.02	136.8	1.22	250.5	1.42	402.0	1.59	606.0	1.76	861.0	1.91
100	40.20	0.96	65.15	1.07	144.3	1.29	264.0	1.50	424.0	1.68	639.0	1.86	908.0	2.01
110	42.15	1.00	68.35	1.13	151.4	1.35	277.0	1.57	445.0	1.76	670.0	1.95	952.0	2.11
120	44.00	1.05	71.35	1.18	158.0	1.41	289.0	1.64	464.0	1.84	700.0	2.03	995.0	2.21
130	45.80	1.09	74.25	1.22	164.6	1.47	301.0	1.71	483.0	1.93	728.0	2.12	1035.0	2.29
140	47.50	1.13	77.15	1.27	170.8	1.53	312.5	1.77	501.5	1.99	756.0	2.20	1075.0	2.38
150	49.20	1.17	79.80	1.32	176.8	1.58	323.5	1.83	519.0	2.06	782.5	2.27	1112.0	2.46
160	50.80	1.21	82.40	1.36	182.4	1.63	334.0	1.89	536.0	2.12	808.0	2.34	1148.0	2.54
170	52.40	1.25	85.00	1.40	188.2	1.68	344.7	1.95	552.5	2.19	833.0	2.42		
180	53.90	1.28	87.40	1.44	193.7	1.73	354.0	2.01	569.0	2.25	857.0	2.49		
190	55.40	1.32	89.80	1.48	199.0	1.78	364.0	2.06	585.0	2.32	880.0	2.55		
200	56.80	1.35	92.15	1.52	204.0	1.83	374.0	2.12	600.0	2.38				
210	58.20	1.39	94.50	1.56	209.0	1.87	383.0	2.17	615.0	2.44				
220	59.60	1.42	96.70	1.59	214.0	1.92	392.0	2.22	629.0	2.49				
230	60.90	1.45	98.80	1.63	219.0	1.96	401.0	2.27						
240	62.25	1.48	101.0	1.66	223.5	2.00	409.0	2.32						
250	63.50	1.51	103.0	1.70	228.0	2.04	417.5	2.37						
260	64.80	1.54	105.0	1.73	232.7	2.08	426.0	2.42						
270	66.00	1.57	107.0	1.76	237.0	2.12	424.0	2.46						
280	67.25	1.60	109.0	1.80	241.5	2.16	442.0	2.51						
290	68.45	1.63	111.0	1.83	246.0	2.20								
300	69.60	1.65	112.8	1.86	250.0	2.24								

7.3.6 蒸汽及凝结水管网的水力计算

1. 蒸汽管道水力计算

蒸汽管道水力计算的特点是在计算压力损失时，应考虑蒸汽密度的变化。在设计中，为了简化计算，蒸汽密度采用计算管段平均密度，即以管段的起点和终点密度的平均值作为该管段的计算密度。

蒸汽管道计算见表 7.3-5。

蒸汽管道水力计算表（k=0.2mm） **表 7.3-5**

DN(mm)	W(m/s) \ P(MPa)	0.07		0.1		0.2		0.3		0.4		0.5		0.6	
	G(kg/h) R(Pa/m)	G	R	G	R	G	R	G	R	G	R	G	R	G	R
15	10	6.7	114	7.8	134	11.3	193	14.9	256	18.4	317	21.8	374	25.3	435
	15	10	256	11.7	300	17.0	437	22.4	577	27.6	663	32.4	825	37.6	958
	20	13.4	446	15	535	22.7	780	29.8	1020	30.8	1260	43.7	1500	50.5	1730
20	10	12.2	78	14.1	80	20.7	184	27.1	174	33.5	216	39.8	256	46	295
	15	18.2	175	21.1	202	31.1	302	38.6	353	50.3	486	57.7	538	69	665
	20	24.3	310	28.2	36.9	41.4	535	54.2	695	67	862	79.6	1024	92	1180
25	15	29.4	131	34.4	153.5	50.2	325	65.8	294	81.2	362	96.2	429	111	497
	20	39.2	230	45.8	274	66.7	401	87.8	523	108	655	128	762	149	882
	25	49	356	57.3	426	83.3	616	110	817	136	1020	161	1190	186	1380
32	15	51.6	92	60.2	108	88	158	115	206	142	248	169	270	195	357
	20	67.7	153	80.2	191	117	271	154	367	190	447	226	548	260	617
	25	85.6	250	100	296	147	443	193	574	238	597	282	832	325	964
	30	103	358	120	430	176	633	230	823	284	1030	338	1210	390	1380
40	20	90.6	138	105	150	154	233	202	308	249	359	263	415	343	524
	25	113	214	132	252	104	368	258	484	311	592	354	647	478	816
	30	138	312	158	361	252	530	306	680	374	855	444	1020	514	1180
	35	157	415	185	495	269	715	354	941	437	1170	521	1400	594	1570
50	20	134	107	157	128	229	185	301	242	371	300	443	358	508	405
	25	158	169	197	197	287	287	377	370	465	470	554	561	636	637
	30	202	241	236	286	344	414	452	538	558	676	664	805	764	920
	35	234	327	270	390	400	565	530	939	650	930	716	1100	895	1240
65	20	257	71	299	85	437	123	572	162	706	196	838	236	970	271
	25	317	110	514	131	542	189	715	251	880	306	1052	370	1200	415
	30	380	157	448	168	650	274	658	360	1060	446	1262	532	1440	547
	35	445	215	525	258	762	374	1005	495	1240	607	1478	730	1685	816
80	25	454	91	528	106	773	155	1012	204	1297	270	1280	296	1713	342
	30	556	135	630	152	926	223	1213	291	1498	360	1776	425	2053	848
	35	634	177	738	206	1082	304	1415	396	1749	490	2074	580	2400	671
	40	725	232	844	270	1237	398	1620	520	1978	640	2370	757	2740	865
100	25	673	70	784	82	1149	121	1502	157	1856	195	2201	231	2547	267
	30	808	102	940	118	1377	174	1801	226	2220	280	2640	331	3058	384
	35	944	139	1099	161	1608	237	2108	310	2600	382	3083	452	3568	524
	40	1034	166	1250	208	1832	307	2396	400	2980	500	3514	587	4030	667
125	25	1034	52	1205	60	1762	89	2310	117	2852	143	3380	169	3910	196
	30	1241	75	1447	87	2118	128	2770	166	3420	206	4063	244	4690	282
	35	1450	102	1690	119	2477	175	3200	228	4000	281	4740	333	5485	389
	40	1600	133	1930	155	2826	228	3700	296	4560	366	5420	435	6264	490

续表

DN(mm)	W(m/s)	0.07 G	0.07 R	0.1 G	0.1 R	0.2 G	0.2 R	0.3 G	0.3 R	0.4 G	0.4 R	0.5 G	0.5 R	0.6 G	0.6 R
150	25	1515	43	1768	50	2584	71	3380	96	4196	117	4960	140	5731	162
	30	1818	62	2120	71	3100	105	4066	138	5015	170	5760	189	6875	232
	35	2121	84	2404	98	3620	144	4739	187	5850	231	6948	275	8036	317
	40	2400	101	2830	128	4114	186	5416	244	6080	301	7920	352	9180	414
200	35	4038	61	4710	71	6880	105	9020	136	11250	172	13212	200	15290	231
	40	4616	80	5376	93	7880	137	10320	178	12720	220	15100	261	17450	301
	50	5786	125	6740	148	9800	212	12920	280	15910	353	18790	405	21880	472
	60	6930	180	8057	209	11750	304	15450	400	19060	495	22615	586	26200	680
250	30	5320	30	6318	36	9250	53	12120	71	14950	86	17730	100	20500	118
	35	6300	42	7370	49	10800	72	14120	94	17450	124	20680	139	23930	159
	40	7237	54	8430	64	12300	94	16145	123	19910	172	23640	180	27380	208
	50	9060	90	10530	101	15330	145	20190	192	24900	237	29560	281	34200	324
	60	14840	123	12650	144	18400	210	24200	276	28870	318	35450	403	41100	468
300	30	7718	25	8980	29	13150	42	17220	55	21240	68	25210	81	29180	93
	35	9018	34	10500	39	15370	58	20130	75	24810	92	29470	111	34080	128
	40	10280	44	11900	51	17520	75	22980	100	28370	121	33600	144	38800	166
	50	12860	69	14960	60	21800	117	28700	154	35400	189	42000	224	48640	260
	60	15430	99	17970	115	26180	168	34430	220	42500	273	50400	322	58380	37.5

P(MPa), G(kg/h), R(Pa/m), DN(mm), W(m/s)

DN(mm)	W(m/s)	0.7 G	0.7 R	0.8 G	0.8 R	0.9 G	0.9 R	1.0 G	1.0 R	1.1 G	1.1 R	1.2 G	1.2 R	1.3 G	1.3 R
15	10	28.7	492	32	548	35.4	605	39.0	671	42.2	724	45.6	781	48.8	835
	15	43	1110	48	1230	53.2	1370	54.8	1510	63.3	1630	68.4	1760	73	1870
	20	57.4	1970	63.8	2180	71	2410	78.0	2580	84.4	2890	912	3120	97.2	3310
20	10	52.2	335	58.2	384	64.5	415	70.5	450	76.6	482	83	534	89.4	576
	15	78.4	753	87.5	844	96.7	934	106	1020	115	1110	124	1190	134	1300
	20	104	1340	116	1450	129	1660	141	1800	153	1970	166	2130	179	2300
25	15	127	564	141	639	156	684	172	767	181	784	199	880	216	965
	20	169	1000	188	1120	208	1230	229	1350	242	1400	253	1420	296	1690
	25	211	1570	235	1740	250	1780	286	2130	302	2180	316	2220	358	2656
32	15	222	396	253	462	274	489	303	546	326	580	350	620	388	710
	20	296	706	338	822	367	897	404	997	435	1040	456	1100	517	1260
	25	370	1110	422	1280	457	1360	505	1520	543	1610	582	1720	645	1980
	30	444	1590	506	1850	548	1955	606	2190	652	2330	599	2480	756	2710
40	20	389	594	435	665	480	737	527	805	573	875	613	930	663	1010
	25	430	968	533	997	600	1140	658	1260	710	1380	767	1460	830	1580
	30	584	1340	652	1500	720	1650	770	1820	858	1960	920	2090	995	2280
	35	666	1740	754	2000	840	2240	926	2480	997	2650	1075	2850	1150	3040
50	20	578	466	646	520	713	573	782	628	850	683	912	728	985	790
	25	724	730	805	806	892	896	979	985	1065	1070	1140	1140	1233	1240
	30	868	1050	970	1170	1070	1290	1174	1420	1276	1540	1370	1640	1480	1780
	35	1010	1440	1130	1590	1249	1750	1380	1950	1487	2090	1605	2260	1714	2400

续表

DN(mm) \ W(m/s) \ G(kg/h) R(Pa/m) \ P(MPa)		0.7		0.8		0.9		1.0		1.1		1.2		1.3	
DN(mm)	W(m/s)	G	R	G	R	G	R	G	R	G	R	G	R	G	R
65	20	1101	305	1230	344	1360	376	1490	398	1619	453	1748	490	1878	526
	25	1345	460	1530	534	1900	595	1970	656	2015	702	2170	755	2320	802
	30	1610	660	1830	763	2040	855	2240	940	2450	1010	2600	1080	2780	1150
	35	1885	903	2145	1050	2380	1170	2625	1300	2830	1400	3050	1500	3258	1580
80	25	1947	390	2176	428	2400	479	2636	529	2860	572	3084	615	3318	665
	30	2333	559	2676	659	2880	690	3159	757	3430	822	3700	885	3980	955
	35	2723	761	3041	850	3360	980	3682	1080	4005	1140	4323	1210	4650	1290
	40	3110	994	3480	1120	3840	1230	4216	1350	4576	1470	4940	1580	5306	1700
100	25	2888	302	3231	339	3565	375	3916	411	4250	435	4583	499	4930	516
	30	3470	437	3879	487	4280	515	4690	589	5100	631	5510	692	5915	743
	35	4050	594	4530	615	5000	737	5480	804	5960	875	6424	940	6905	1020
	40	4610	710	5118	848	5696	958	6240	1040	6780	1130	7276	1210	7872	1320
125	25	4440	222	4963	248	5482	294	6020	302	6230	327	7050	352	7570	379
	30	5334	321	5960	358	6578	395	7217	434	7840	430	8450	506	9080	544
	35	6235	438	6960	488	7700	542	8438	593	9160	642	9880	692	10560	737
	40	7118	570	7950	687	8776	719	9628	721	10460	810	11280	902	12120	970
150	25	6501	184	7280	205	8032	226	8810	248	9565	270	10330	291	11100	313
	30	7810	264	8730	295	9150	330	10560	358	11400	388	12380	418	13300	450
	35	9120	359	10182	403	17250	443	12330	487	13400	530	14470	571	15520	613
	40	10400	467	11646	525	12876	580	14080	635	15336	690	16560	745	17760	800
200	35	17350	262	19390	293	21410	324	23500	356	25500	386	27380	410	29600	448
	40	19830	343	22120	383	24440	421	26800	453	29140	503	31460	542	33980	590
	50	24800	537	23730	585	30690	665	33600	725	36500	787	39410	850	42300	915
	60	29720	770	33200	860	36770	950	40230	1040	43700	1130	49300	1230	50685	1310
250	30	23290	132	26010	148	28770	164	31520	172	34230	195	26720	204	39700	226
	35	27200	181	30380	202	33520	222	36800	245	39980	266	42800	282	46300	308
	40	31030	235	34700	264	38300	290	42050	318	45670	347	49900	394	52890	421
	50	38800	368	43380	412	48000	456	52600	500	57150	544	61100	585	66200	630
	60	46500	530	52000	593	57530	655	63000	717	68500	780	74000	845	78400	860
300	30	33100	105	37000	119	40840	131	44800	143	48700	156	52600	169	56500	182
	35	38700	145	43220	162	47760	178	52380	196	56850	213	61000	226	66000	247
	40	44100	189	49320	211	54500	232	59760	255	64900	277	69620	295	75250	321
	50	55140	294	61680	329	67180	352	74700	398	81200	433	87680	467	94000	503
	60	66220	425	74000	474	81920	524	89640	574	97500	625	105100	678	113000	724

2. 凝结水管道水力计算

(1) 凝结水管道分类

1) 满管流动管道

这种管道中的流动是纯凝结水的单相满管流动。流动状态和规律与热水管道完全一样，可按热水管道的有关公式和图表（见表 7.3-4）计算管径。

2) 非满管流动管道

这种管子的管道断面，不完全充满水或均匀分布的汽水混合物，而是汽与水分层或汽与水分段（或汽水充塞）流动的两相非满管流动。其管径与室内高压蒸汽采暖系统凝结水管确定方法相同，即根据热负荷查表 7.3-6。

余压凝结水管

R(Pa/m) / G(t/h) W(m/s) / DN_1(mm)	20		50		80		100		150		200	
	G	W	G	W	G	W	G	W	G	W	G	W
10	0.047	0.10	0.076	0.16	0.095	0.22	0.11	0.28	0.14	0.36	0.17	0.42
15	0.070	0.11	0.11	0.17	0.15	0.27	0.165	0.32	0.20	0.40	0.23	0.43
20	0.175	0.14	0.26	0.23	0.34	0.30	0.39	0.33	0.45	0.44	0.54	0.47
25	0.30	0.15	0.48	0.24	0.62	0.32	0.70	0.35	0.85	0.45	0.95	0.48
32	0.48	0.17	0.76	0.27	0.95	0.34	1.10	0.40	1.30	0.47	1.50	0.54
40	0.80	0.19	1.30	0.31	1.64	0.40	1.85	0.45	2.22	0.53	2.60	0.63
50	1.60	0.24	2.50	0.37	3.15	0.47	3.60	0.53	4.40	0.65	5.00	0.74
65	3.70	0.29	5.80	0.45	7.00	0.54	8.00	0.62	10.00	0.78	11.50	0.89
80	5.60	0.31	9.00	0.51	11.20	0.63	13.00	0.73	15.50	0.88	18.00	1.01
100	10.00	0.37	15.60	0.59	20.00	0.74	22.00	0.81	27.00	1.00	31.00	1.15
125	18.00	0.42	28.50	0.67	36.00	0.85	41.00	0.97	49.00	1.16	58.00	1.37
150	28.00	0.48	44.00	0.75	58.00	0.95	65.00	1.07	80.00	1.31	90.00	1.48
200	64.00	0.57	100.00	0.90	130.00	1.16	145.00	1.30	177.00	1.59	205.00	1.84

余压凝结水管

0.01	0.02	0.03	0.04	0.05	0.06	0.07	0.08	0.09	0.10	0.11	0.12	0.013	0.14
2.30	2.34	2.38	2.41	2.43	2.46	2.50	2.52	2.55	2.57	2.58	2.60	2.61	2.62
	2.25	2.30	2.33	2.35	2.38	2.40	2.42	2.45	2.47	2.48	2.50	2.52	2.54
		2.23	2.26	2.30	2.32	2.34	2.36	2.39	2.41	2.43	2.45	2.46	2.47
			2.18	2.20	2.25	2.29	2.31	2.32	2.35	2.38	2.40	2.41	2.42
				2.15	2.19	2.23	2.25	2.26	2.29	2.32	2.34	2.35	2.37
	P_1				2.13	2.17	2.19	2.20	2.24	2.26	2.28	2.30	2.32
	↓					2.10	2.12	2.15	2.18	2.20	2.22	2.24	2.26
							2.04	2.09	2.12	2.14	2.16	2.18	2.20
	μ	←	P_2					2.03	2.05	2.09	2.12	2.14	2.16
									2.02	2.04	2.07	2.10	2.12
										2.00	2.03	2.06	2.08
10	2.16	2.86	3.28								1.98	2.02	2.04
15	1.72	2.27	2.60	3.23								1.97	1.97
20		1.68	1.93	2.40	3.16								1.96
25			1.52	1.89	2.48	3.04					→		
32				1.43	1.87	2.30	2.80			DN_1		μ	
40					1.64	2.00	2.44	3.04				↓	
50						1.60	1.96	2.45	3.00				
65							1.49	1.87	2.44	3.09	3.16	DN_2	
80								1.52	1.83	2.52	2.59		
100									1.50	2.07		3.09	
DN_1 / DN_2	25	32	40	50	65	80	100	125	150	200	250	300	

注：① 符号 DN_1——热水管径，mm；DN_2——汽水混合物管径，mm；P_1——起点压力，MPa；P_2——终点压。

② 当实际采用的管径 DN_2 与计算的管径 DN_2' 不同时，实际压降应按下式校正 $R'=R\left(\frac{DN_2}{DN_2'}\right)^{5.25}=R_1\left(\frac{\mu}{\mu'}\right)^{5.25}$。

③ 本表已考虑了由于压降而导致的二次蒸发汽和疏水阀的漏汽。

水力计算表（一） **表 7.3-6**

250		300		350		400		450		500	
G	*W*	*G*	*W*	*G*	*W*	*G*	*W*	*G*	*W*	*G*	*W*
0.18	0.44	0.20	0.45	0.21	0.47	0.23	0.49	0.24	0.51	0.25	0.53
0.25	0.45	0.28	0.48	0.30	0.49	0.32	0.52	0.34	0.54	0.36	0.56
0.60	0.50	0.66	0.55	0.70	0.59	0.77	0.64	0.83	0.68	0.89	0.72
1.07	0.54	1.17	0.59	1.27	0.64	1.35	0.68	1.40	0.72	1.52	0.76
1.7	0.61	1.85	0.66	2.0	0.72	2.15	0.77	2.30	0.83	2.4	0.86
2.9	0.70	3.15	0.76	3.4	0.82	3.6	0.87	3.85	0.93	4.1	0.99
5.6	0.83	6.1	0.91	6.6	0.97	7.0	1.03	7.5	1.11	7.8	1.17
13.0	1.01	14.0	1.09	15.0	1.16	16.0	1.24	17.5	1.36	18.2	1.42
20.0	1.12	22.0	1.24	23.8	1.34	25.5	1.43	27.0	1.62	28.5	1.60
35.0	1.29	38.0	1.40	41.5	1.53	44.5	1.62	47.0	1.74	53.0	1.80
64.0	1.51	70.0	1.65	75.0	1.78	80.0	1.89	85.0	2.01	90.0	2.13
103.0	1.68	112.0	1.85	123.0	2.00	130.0	2.13	138.0	2.34	145.0	2.38
228.0	2.06	250.0	2.24	270.0	2.42	290.0	2.60	307.0	2.75	324.0	2.90

水力计算表（二）

0.15	0.16	0.17	0.18	0.19	0.20	0.30	0.40	0.50	0.60	0.70	0.80	P_1(MPa) / P_2(MPa)
2.63	2.65	2.67	2.68	2.69	2.70	2.76	2.86	2.90	2.95	2.97	3.00	0
2.56	2.57	2.58	2.59	2.60	2.61	2.71	2.77	2.82	2.88	2.90	2.95	0.01
2.49	2.58	2.51	2.52	2.54	2.55	2.65	2.72	2.77	2.80	2.84	2.87	0.02
2.44	2.45	2.46	2.48	2.49	2.50	2.61	2.68	2.72	2.76	2.80	2.83	0.03
2.38	2.40	2.41	2.43	2.44	2.45	2.57	2.63	2.67	2.72	2.75	2.78	0.04
2.33	2.35	2.36	2.38	2.39	2.48	2.53	2.58	2.62	2.68	2.70	2.73	0.05
2.28	2.30	2.31	2.32	2.34	2.35	2.47	2.52	2.57	2.61	2.64	2.69	0.06
2.23	2.24	2.25	2.26	2.28	2.30	2.40	2.45	2.52	2.55	2.59	2.62	0.07
2.18	2.19	2.20	2.22	2.24	2.26	2.37	2.42	2.49	2.52	2.56	2.58	0.08
2.14	2.15	2.16	2.18	2.20	2.21	2.33	2.38	2.45	2.49	2.52	2.55	0.09
2.10	2.11	2.12	2.14	2.16	2.17	2.29	2.35	2.42	2.46	2.48	2.52	0.10
2.06	2.08	2.09	2.10	2.13	2.15	2.27	2.33	2.40	2.46	2.47	2.50	0.11
1.98	2.05	2.06	2.07	2.09	2.12	2.25	2.31	2.38	2.42	2.44	2.47	0.12
1.97	2.02	2.03	2.04	2.06	2.09	2.23	2.28	2.35	2.40	2.42	2.45	0.13
1.95	1.98	2.00	2.01	2.03	2.06	2.20	2.25	2.32	2.37	2.40	2.42	0.14
	1.94	1.97	1.98	2.00	2.03	2.17	2.23	2.30	2.35	3.38	2.48	0.15
		1.93	1.94	1.96	1.99	2.14	2.20	2.27	2.32	2.35	2.38	0.16
			1.90	1.92	1.95	2.10	2.17	2.24	2.29	2.32	2.35	0.17
				1.88	1.91	2.06	2.14	2.21	2.26	2.29	2.33	0.18
					1.87	2.02	2.10	2.17	2.22	2.26	2.30	0.19
						1.98	2.07	2.14	2.18	2.23	2.28	0.20
						1.87	1.96	2.03	2.07	2.13	2.17	0.25
							1.87	1.95	2.00	2.05	2.09	0.30
							1.80	1.85	1.92	1.96	2.00	0.35
								1.80	1.85	1.90	1.95	0.40
									1.75	1.80	1.85	0.45

力，MPa。

3）两相满管流动管道

在这种管道中的流动是被乳状汽水混合物充满的两相满管流动。这类管路要求根据水力计算结果确定管径。流体在管内流动规律认为与热水管路相同，但流体密度应为汽水混合的密度。

凝结水系统如图7.3-2所示。图中AB段按两相非满管流动考虑，BC段按乳状汽水混合物的满管流动考虑，亦称余压凝结水管路。

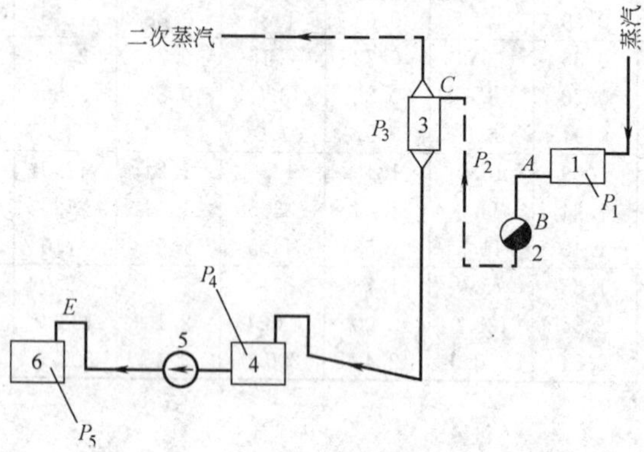

图7.3-2 凝结水系统示意图
1—用热设备；2—疏水阀；3—二次蒸发器；4—凝结水箱；
5—凝结水泵；6—总凝水箱

(2) 凝结水管道流量计算

在进行凝结水管道水力计算确定管径时，不同的凝结水回水管段流量的计算，可按如下方法进行。

1）余压凝结水管道

$$G=G_{\max} \tag{7.3-3}$$

式中 G——余压凝结水管道计算流量，t/h；

$G_{\max}$——最大凝结水量，t/h。

2）开式高位水箱重力自流凝结水管道

$$G=1.5G_{\max} \tag{7.3-4}$$

3）压力凝结水管道

$$G=KG_{\max} \tag{7.3-5}$$

式中 K——凝结水泵运行间歇系数，一般取2。

4）低压自流凝结水管道

低压自流凝结水的设计流量，按凝结水量的1.5倍选取。

7.4 热力管道的敷设

7.4.1 热力管网布置原则

1. 热力管网布置要求

(1) 管网布置应在建筑总体规划的指导下，深入地研究各功能分区的特点及对管网的要求。

(2) 管网布置应能与规划发展速度和规模相协调，并在布置上考虑分期实施。

(3) 管网布置应满足生产、生活、采暖，空调等不同热用户对热负荷的要求。

(4) 管网布置要考虑热源的位置、热负荷分布、热负荷密度。

(5) 管网布置要充分注意与地上、地下管道及构筑物、园林绿地的关系。

(6) 管网布置要认真分析当地地形、水文、地质等条件。

2. 管网布置原则

(1) 管网主干线尽可能通过热负荷中心。

(2) 管网力求线路短直。

(3) 管网敷设应力求施工方便，工程量少。

(4) 在满足安全运行、维修简便的条件下，应节约用地。

(5) 在管网改建、扩建过程中，应尽可能做到新设计的管线不影响原有管道正常运行。

(6) 管线一般应沿道路敷设，不应穿过仓库、堆场以及发展扩建的预留地段。

(7) 管线尽可能不通过铁路、公路及其他管线、管沟等，并应适当地注意整齐美观。

(8) 城市街区或小区干线一般应敷设在道路路面以外，在城市规划部门同意下，可以将热网管线敷设在道路下面，和人行道下面。

(9) 地沟敷设的热力管线，一般不应同地下敷设的热网管线（通行、不通行沟、无沟敷设）重合。

7.4.2 管网布置形式

1. 枝状布置

枝状布置是一种常用的管网形式，它具有简单、投资省，运行管理方便等优点。见图7.4-1。

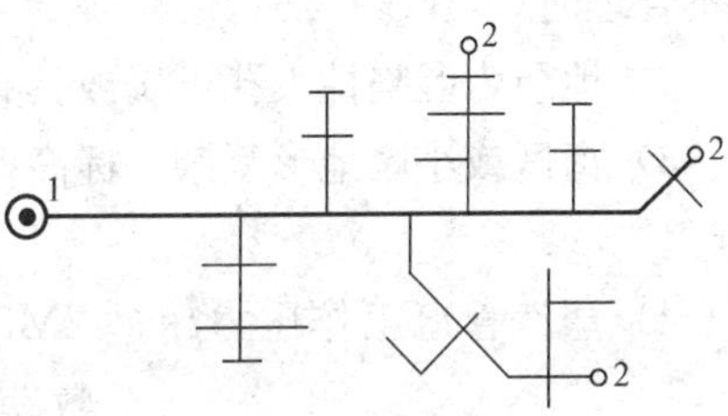

图 7.4-1 枝状布置图

1—主热源；2—调峰热源

2. 环状布置

环状布置时，将其主干线连成环状管网。特别是在城市中多热源联合供热时，各热源连在环状主管网上。这种方式投资高，但运行可靠、安全。见图 7.4-2。

3. 放射状布置

放射状管网实际上跟枝状管网差不多，当主热源在供热区域中心地带时，可采用这种方式，该方式虽然减小了主干线管径，但又增加了主干线长度。总之，投资增加不多，但对运行管理带来很大方便。见图 7.4-3。

7.4.3 与其他管道共同敷设应注意的问题

热网管道可以跟自来水管道、电压 10kV 以下的电力电缆、通信电缆、压缩空气管道、压力排水管道、重油管道等同沟敷设，但热网管道应高于自来水管道和重油管道。自来水管道应做保温层和防水层。

地上敷设的热网管道也可以与其他管道共架敷设，但应便于检修，且不得架设在腐蚀介质管道下方。

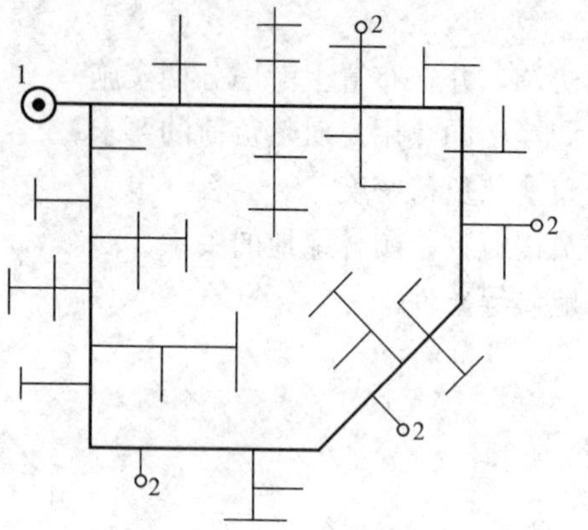

图 7.4-2 环状布置图
1—主热源；2—调峰热源

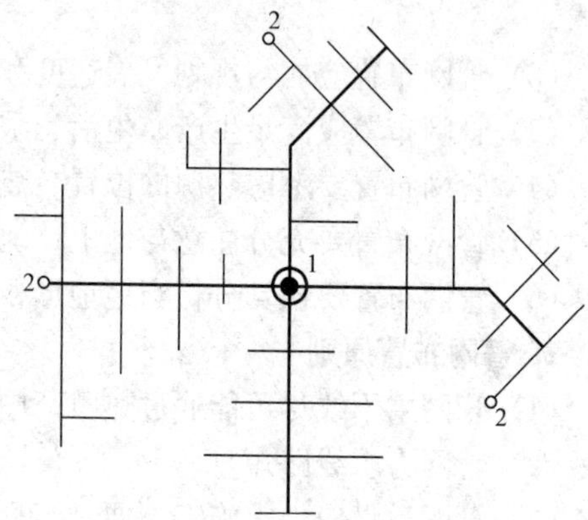

图 7.4-3 放射状布置图
1—主热源；2—调峰热源

热网管道不允许同液化石油气管道、氧气管道、氮气管道、易燃易爆、易挥发以及有化学腐蚀和有害物质的管道、粪便排水管道同沟敷设。

7.4.4 热力管网敷设

供热管网敷设方式可分为地上、地下两种。在城市道路和居住区内，热网管道应采用地下敷设。当地下敷设有困难时，可采用地上敷设，但设计时应注意美观。

1. 地上敷设

(1) 热网管线地上敷设的条件

1) 多雨地区及地下水位较高，不能保证防水，或虽然可采用有效防水措施，但经济上不合理时。

2) 地质为湿陷性大孔土壤或具有较强腐蚀性，而不适于地下敷设时。

3) 街区或小区地形复杂，标高差较大，土石方工程量大或地下障碍多，且管道种类多时。

4) 蒸汽管道工作压力超过 2MPa（$20kgf/cm^2$）和温度超过 350℃的热网不宜地下敷设。

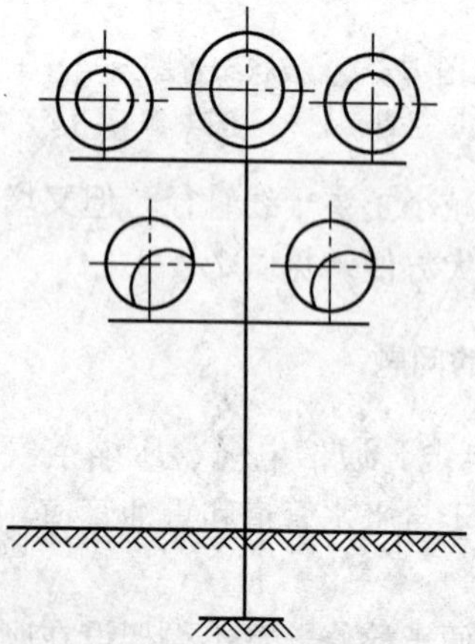
图 7.4-4 架空敷设形式图

(2) 地上敷设方式

地上敷设采用架空的方式，热力管道宜架设在独立支架上（图 7.4-4），也可架设在栈桥、沿建筑物、构筑物外墙上，架设的管道不得妨碍车辆和行人通行，不得影响建筑物采光。

地上架空敷设的供热管道，按高度分为高、中、低支架。高支架净高≥4m；中支架净高 2～4m；低支架净高 0.3～1.0m，并应高出积雪层高度。

架空敷设的供热管道采用原则如下：

1) 低支架敷设，在不妨碍交通及行人的地段敷设，不影响城市和厂区的美化，不影响工厂厂区扩建的地段和地区，保温结构应有足够的机械强度和有可靠的防护设施。

2）中支架敷设，在不通行或非主要通行车辆的地段，人行交通不频繁的地方敷设。

3）高支架敷设，跨越厂外或厂区主要干道，跨越障碍物和车辆通行的地区，以及行人和小型车辆通行的地区。

（3）地上敷设，热力管道的一般要求

1）热力管道跨越水面、峡谷地段和道路时，可在永久性公路桥（立交桥）上架设，不得在铁路桥梁下敷设供热管道。

2）热力管道不得不跨越大跨度障碍时，宜采用拱管结构或悬垂管结构、桁架结构。

3）沿建筑物构筑物敷设的供热管道，应摸清建筑物构筑物的详细情况，应不妨碍起重机运行及门窗开启。

4）多管共架敷设时，管道的排列布置，应使所有管道的安装及维修方便，并应考虑管架荷载的合理分布。

5）供热管道如果与输送易挥发或易燃以及化学浸蚀性介质的工艺管道共架敷设时，除应执行有关专业部门规定外，一般应敷设在工艺管道的上面。

6）地上敷设的热网管道，在架空输电线下面通过时，管道上方应安装防止导线断线触及管道的防护网。防护网的边缘应超出导线的最大风偏范围。

7）地上敷设的热网管道同架空输送电线或电气化铁路交叉时，管网的金属部分（包括交叉点两侧 5m 范围内钢筋混凝土结构的钢筋）应接地。接地电阻不应大于 10Ω。

（4）管道敷设净距和净高

1）地上架空管道与建筑物、构筑物之间的最小水平净距离和跨越铁路、公路的最小垂直净距离应按《城市热网设计规范》CJJ 34—2002 中的（表 8.2.8）确定，也可按本节表 7.4-1 选取。

地上敷设热力网管道与建筑物、构筑物其他管线的最小距离　　表 7.4-1

建筑物、构筑物或管线名称	与热力网管道最小水平净距(m)	与热力网管道最小垂直净距(m)
铁路钢轨	轨外侧 3.0	轨顶一般 5.5，电气铁路 6.55
电车钢轨	轨外侧 2.0	—
公路路面边缘	1.5	—
架空输电线路：		热力网管道在下面交叉通过导线最大垂度时
1kV 以下	导线最大风偏时 1.5	1.0
1～10kV	导线最大风偏时 2.0	2.0
35～110kV	导线最大风偏时 4.0	4.0
220kV	导线最大风偏时 5.0	5.0
330kV	导线最大风偏时 6.0	6.0
500kV	导线最大风偏时 6.5	6.5
树冠	0.5(到树中不小于 2.0)	—
公路路面	—	4.5

2）管道架空跨越通航河流时，应保证航道的净宽与净高符合《全国内河通航标准》的规定。

3）管道架空跨越不通航河流时，一般情况下管道保温结构表面与 50 年一遇的最高水位垂直净距不应小于0.5m。跨越重要河流时，还应符合河道管理部门的有关规定。

(5) 热力管道与其他障碍物的交叉

1) 热力管道与铁路、公路、河流交叉时，应尽量垂直相交，特殊情况下与铁路（包括地铁）交叉不得小于60°角，与河流、公路交叉不得小于45°角。

2) 供热管道跨越铁路的支架净高不应低于6m。

3) 供热管道同架空输电线或电气化铁路交叉时的具体要求详见本节（3）的7）部分。

2. 地下敷设

(1) 热网管道地下敷设的条件

1) 热网管道在寒冷地区且间断运行，有可能出现冻结或散热损失量大，难于保证介质参数要求时。

2) 当敷设于大型公共建筑或街区建筑，环境有美观要求时。

3) 管道通过的地段，在总体规划中不允许热网管线采用地上敷设或地上敷设在经济上不合适时。

(2) 有沟敷设方式

地下敷设有有沟敷设和无沟敷设两种，有沟敷设有以下几种方式。（无沟敷设方式详见7.7“热水管道直埋敷设”）

1) 通行地沟

① 当热力管道沿不允许开挖的路面敷设，或供热管道数量较多、管径较大，管道垂直排列等于或大于1.5m时，宜采用通行地沟敷设。

② 通行地沟每隔200m应设置出入口（事故人孔），但装有蒸汽管道的管沟每隔100m应设一个事故人孔。整体混凝土结构的通行管沟，每隔200m宜设一个安装孔，安装孔宽度不小于0.6m并应大于管沟内最大一根管外径加0.4m，其长度至少应保证6m长的管子进入管沟。

③ 通行地沟的最小净断面应为1.2m（宽）×1.8m（高），通道的净宽一般宜取0.6m。当采用横贯地沟断面的支架时，支架下面的净高不应小于1.7m。

④ 通行地沟沟底应有与地沟内主要管道坡向一致的坡度，并应坡向集水坑。

⑤ 通行地沟内，应设置永久性照明设备，电压不应大于36V。

⑥ 通行地沟内的空气温度不宜超过45℃，一般可利用自然通风，但当自然通风不能满足要求时，可采用机构通风。自然通风塔应根据总体安排，可直接设在地沟上或沿建筑物设置。排风塔和进风塔必须沿地沟长度方向交替设置，其横断面积，应根据换气次数2～3次/h和风速不大于2m/s计算确定。

2) 半通行地沟

① 当热力管道根数较多，采用单排水平布置地沟宽度受限制，且需要考虑能进行一般的检修工作时，可采用半通行地沟。

② 沟内管道应尽量采取沿沟壁单侧单排上下布置，沟的最小断面应采用0.7m（宽）×1.4m（高）。如采用横贯地沟断面设置支架时，其下面净高不应小于1m。其通道宽宜采用0.5～0.6m。

③ 半通行地沟长度超过200m时，应设置检查口，孔口直径一般不应小于0.6m。

④ 为防止管道及保温层因潮湿受到损坏，应考虑有自然通风措施。

通行地沟和半通行地沟断面形式如图 7.4-5 和图 7.4-6 所示。

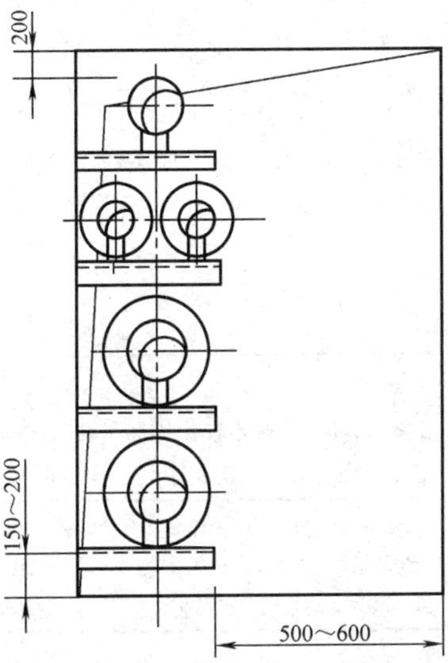

图 7.4-5 半通行地沟单侧布置图

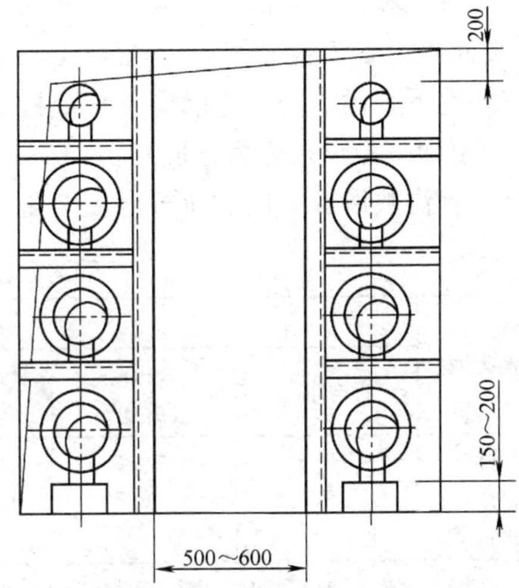

图 7.4-6 通行、半通行地沟双侧布置图

3）不通行地沟

① 当管道根数不多，且维修工作量不大时，宜采用不通行地沟。

② 不通行地沟沟宽不宜超过 1.5m，超过 1.5m 时，宜采用双槽地沟，沟道内管道一般应为单排水平布置。

③ 地沟埋深不宜过大，一般应在地下水位以上。

④ 地沟敷设的直线管段每隔 200m 在低处应设置检查井和集水坑。

不通行地沟断面尺寸图如图 7.4-7 及表 7.4-2 所示。

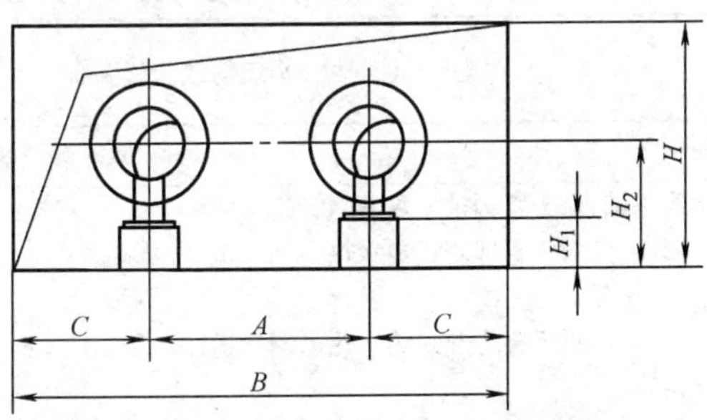

图 7.4-7 不通行地沟断面尺寸图

不通行地沟断面尺寸（mm） **表 7.4-2**

序号	公称直径 *DN*	宽 度			高 度		
		C	*A*	*B*	H_1	H_2	*H*
1	≤50	250	300	800	150	270	500
2	65	250	350	850	150	270	500
3	80	260	380	900	150	295	500
4	100	270	410	950	150	310	500
5	125	300	450	1100	150	330	600
6	150	340	470	1150	150	350	650
7	200	350	550	1250	150	370	700
8	250	375	600	1350	200	460	800
9	300	400	650	1450	200	490	850
10	350	425	750	1600	200	520	900

（3）地下敷设热力管道的一般要求

① 地下敷设热力管道和管沟宜设有坡度，其坡度应不小于0.002。进入建筑物的管道应坡向干管。

② 地沟和检查井的内外墙面和底板，应采取防水措施，沟盖板顶应有0.01～0.05的横向排水坡。多盖板之间的缝隙应勾抹水泥砂浆，以确保地沟和检查井严密不漏水。

③ 地下敷设热网管道的沟盖板或检查井盖板覆土深度不宜小于200mm。

（4）地下敷设热力管道间距、净空

① 管沟敷设有关尺寸应符合表7.4-3的规定。

管沟敷设有关尺寸（mm） **表7.4-3**

地沟类型	有关尺寸名称					
	管沟净高	人行通道宽	管道保温表面与沟墙净距	管道保温表面与沟顶净距	管道保温表面与沟底净距	管道保温表面间的净距
通行管沟	≥1.8	≥0.6	≥0.2	≥0.2	≥0.2	≥0.2
半通行管沟	≥1.2	≥0.5	≥0.2	≥0.2	≥0.2	≥0.2
不通行管沟	—	—	≥0.1	≥0.05	≥0.15	≥0.2

注：考虑在沟内更换钢管时，人行通道宽度还应不小于管子外径加0.1m。

② 管沟敷设的热网管道的管沟或检查井外缘与建筑物、构筑物、道路、铁路、电缆及其他管道的最小水平净距、垂直净距应符合表7.4-4的数据。

热力网管道与建筑物（构筑物）或其他管线的最小距离 **表7.4-4**

建筑物、构筑物或管线名称	与热力网管道最小水平净距(m)	与热力网管道最小垂直净距(m)
地下敷设热力网管道		
建筑物基础:对于管沟敷设热力网管道	0.5	—
对于直埋闭式热水热力网管道 *DN*≤250	2.5	—
DN≥300	3.0	—
对于直埋开式热水热力网管道	5.0	—
铁路钢轨	钢轨外侧3.0	轨底1.2
电车钢轨	钢轨外侧2.0	轨底1.0
铁路、公路路基边坡底脚或边沟的边缘	1.0	—
通信、照明或10kV以下电力线路的电杆	1.0	—
桥墩(高架桥、栈桥)边缘	2.0	—
架空管道支架基础边缘	1.5	—
高压输电线铁塔基础边缘35～220kV	3.0	—
通信电缆管块	1.0	0.15
直埋通信电缆(光缆)	1.0	0.15
电力电缆和控制电缆35kV以下	2.0	0.5
110kV	2.0	1.0
燃气管道		
压力<0.005MPa 对于管沟敷设热力网管道	1.0	0.15
压力≤0.4MPa 对于管沟敷设热力网管道	1.5	0.15
压力≤0.8MPa 对于管沟敷设热力网管道	2.0	0.15
压力>0.8MPa 对于管沟敷设热力网管道	4.0	0.15
压力≤0.4MPa 对于直埋敷设热水热力网管道	1.0	0.15
压力≤0.8MPa 对于直埋敷设热水热力网管道	1.5	0.15

续表

建筑物、构筑物或管线名称	与热力网管道最小水平净距(m)	与热力网管道最小垂直净距(m)
地下敷设热力网管道		
压力＞0.8MPa　对于直埋敷设热水热力网管道	2.0	0.15
给水管道	1.5	0.15
排水管道	1.5	0.15
地铁	5.0	0.8
电气铁路接触网电杆基础	3.0	—
乔木(中心)	1.5	—
灌木(中心)	1.5	—
车行道路面	—	0.7

注：① 当热力网管道的埋设深度大于建（构）筑物基础深度时，最小水平净距应按土壤内摩擦角计算确定。
② 热力网管道与电缆平行敷设时，电缆处的土壤温度与月平均土壤自然温度比较，全年任何时候对于电压 10kV 的电力电缆不高出 10℃，对于电压 35～110kV 的电缆不高出 5℃时，可减小表中所列距离。
③ 在不同深度并列敷设各种管道时，各种管道间的水平净距不应小于其深度差。
④ 热力网管道检查室、方形补偿器壁龛与燃气管道最小水平净距亦应符合表中规定。
⑤ 在条件不允许时，经有关单位同意，可以减小表中规定的距离。

(5) 管沟敷设热力管道与其他障碍物的交叉

① 热力管道不允许同雨水井和排水井交叉。

② 当热力管道与给水、排水、雨水管道交叉时，热网管道应设在这些管道的上方。

③ 地沟敷设的管道与不允许开挖的街道、铁路、车行道、城市广场和其他居民区交叉时，可以将供热管道敷设在套管内。交叉处的套管长度与交叉的构筑物边长相比不应少于 3.0m。

④ 套管敷设时，套管内不宜采用填充式保温，管道保温层与套管间宜留有不小于 50mm 的空隙。套管内的管道及其他钢制部件应加强防腐措施，套管内外表面均应做防腐处理。

⑤ 地沟敷设的热力管道同燃气管道交叉时，燃气管道不应穿过检查井和不通行地沟。

(6) 检查井

为了便于运行检修和维护，有沟敷设的热力管道，应设置检查井。其设置原则为：

① 管道分支处及需要检查和检修的地方应设置检查井。

② 装有套筒补偿器、波纹管补偿器、阀门、排水装置等处，应设置检查井。

检查井的设置要求为：

① 检查井的净高不应小于 1.8m。

② 检查井的人行道宽度不小于 0.6m。

③ 干管保温结构表面与检查井的地面距离不小于 0.6m。

④ 检查井的人孔直径不小于 0.7m，人孔数量不少于两个，并应对角布置。当热水管网的检查井只有放气门或检查井净空面积小于 4m^2 时，可只设一个人孔。

⑤ 检查井内至少设一个集水坑，并应设置在人孔下方。

⑥ 检查井地面低于地沟内底不小于 300mm。

检查井布置形式如图 7.4-8 所示，其参考尺寸如表 7.4-5 所列。

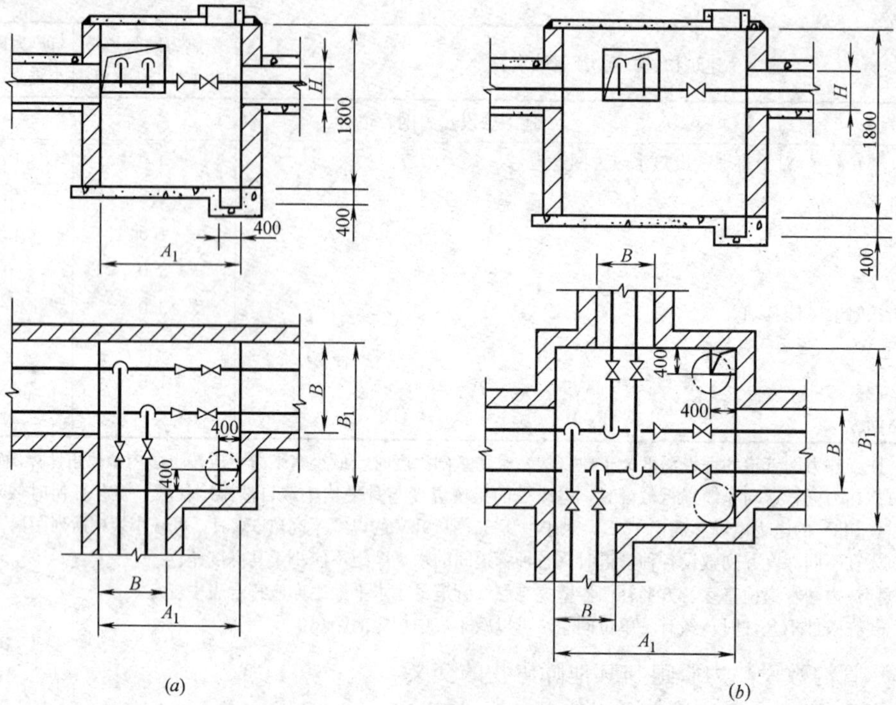

图 7.4-8 检查井布置尺寸图

(a) 三通检查井；(b) 四通检查井

检查井尺寸 (mm) 表 7.4-5

序号	公称直径		三通检查井		四通检查井		地沟	
	DN_1	DN_2	A_1	B_1	A_1	B_1	B	H
1	≤50	≤50	1850	1650	2450	2450	800	500
2	65	≤65	1850	1650	2450	2450	850	500
3	80	≤80	2050	1850	2650	2650	900	500
4	100	≤100	2050	1850	2650	2650	950	500
5	125	≤125	2050	1850	2650	2650	1100	600
6	150	≤150	2250	2050	2850	2850	1150	650
7	200	≤200	2250	2050	2850	2850	1250	700
8	250	≤250	2250	2050	3050	3050	1350	800
9	300	≤300	2450	2250	3050	3050	1450	850
10	350	≤350	2450	2250	3250	3250	1600	900
11	400	≤400	2650	2450	3450	3450	1700	950

3. 热力网管道的放气、排水和疏水

(1) 热水、凝结水管道的最高点，应装设带有关闭阀门的排气阀和连接管，其尺寸如表 7.4-6 所示。

(2) 蒸汽管道的最高点，应装设放气装置，放气阀尺寸参见表 7.4-6。

热水管网排气阀尺寸（mm） 表 7.4-6

管网尺寸 DN	≤80	100～150	200～300	350～400	500～700	800～1200	1400
排气阀尺寸 DN	15	20	25	32	40	50	65

（3）热水、凝结水管道的低点（包括分段阀门划分的每个管段的低点），应安装放水装置。热水管道的放水装置，应保证一个放水段的排放时间不超过表 7.4-7 的规定。

热水管道放水时间 表 7.4-7

管道公称直径 DN(mm)	放水时间(h)	管道公称直径 DN(mm)	放水时间(h)
≤300 350～500	2～3 4～6	≥600	5～7

注：寒冷地区采用表中规定的放水时间较小值。停热期间供热装置无冻结危险的地区对于表中的规定可放宽。

（4）热水管道的排水，应排入集水坑（或附近下水井）内，排入下水道的水温不得超过 40℃。

（5）蒸汽管道的低点和垂直升高的管段前应设启动疏水和经常疏水装置，同一坡向的管段，顺坡情况下每隔 400～500m，逆坡时每隔 200～300m 应设启动疏水和经常疏水设置。

（6）经常疏水装置与管道连接处，应设聚集凝结水的短管，短管直径为管道直径的 1/2～1/3，短管底部设法兰堵板。经常疏水管应连接在短管侧面。

（7）经常疏水装置排出的凝结水，宜排入凝结水管道。

7.5 热力管道热补偿及其强度计算

在进行热力管道热补偿及其强度计算时，必须遵照《火力发电厂汽水管道应力计算技术规定》SDGJ6 有关规定执行。

7.5.1 热 补 偿

1. 热力管道的热位移计算

热力管道热位移计算公式见表 7.5-1 及图 7.5-1。

表 7.5-1

<table>
<tr><th>序号</th><th colspan="3">名　称</th><th>符号</th><th>公　式</th><th>式　中</th></tr>
<tr><td>1</td><td colspan="3">直管段</td><td>ΔL</td><td>$\alpha_t L \Delta t$</td><td rowspan="6">ΔL——管段的伸长量,mm,(见表 7.5-2);
α_t——管材在设计温度 t 时的线膨胀系数，mm/(m·℃)，(见表 7.5-20)；
Δt——热媒温度与管道安装温度之差，℃；
ΔL_1,ΔL_2——管段 L_1、L_2 的热伸长量，mm；
L_1,L_2——L 形管段 L_1 和 L_2 的臂长，m；
Δh_1,Δh_2——管段 h 的两端热位移量，mm；
L_1,L_2,h——Z 形管段各段长度，mm；
Δh——管段 h 的热伸长，mm</td></tr>
<tr><td rowspan="5">2</td><td rowspan="5">弯管</td><td rowspan="2">L 形</td><td>L_1</td><td>ΔL_1</td><td>$L_1 \alpha_t \Delta t$</td></tr>
<tr><td>L_2</td><td>ΔL_2</td><td>$L_2 \alpha_t \Delta t$</td></tr>
<tr><td rowspan="3">Z 形</td><td>L_1</td><td>Δh_1</td><td>$\frac{\Delta h}{L_1^3+L_2^3}L_1^3$</td></tr>
<tr><td>L_2</td><td>Δh_2</td><td>$\frac{\Delta h}{L_1^3+L_2^3}L_2^3=\Delta h-\Delta h_1$</td></tr>
<tr><td>h</td><td>Δh</td><td>$h\alpha_t \Delta t$</td></tr>
</table>

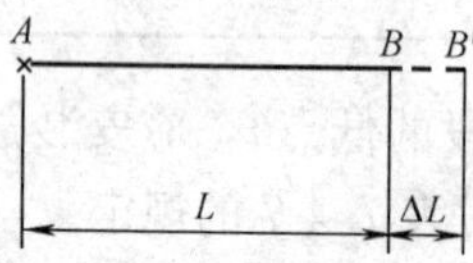

图 7.5-1 直管段热位移

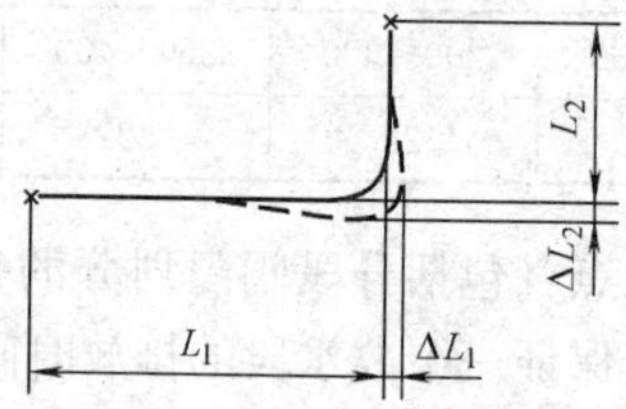

图 7.5-2 L形管段热位移

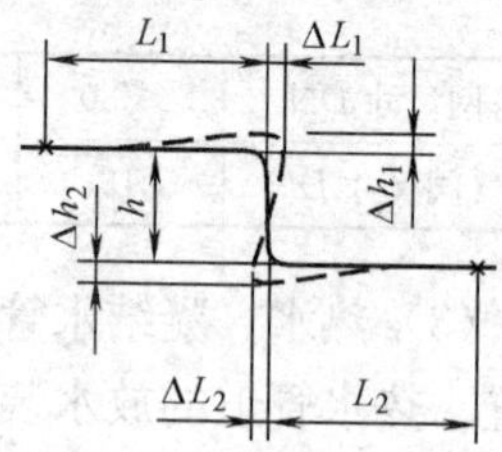

图 7.5-3 Z形管段热位移

2. 热补偿方式及补偿器

在设计热力管道时，应充分利用管道本身的自然弯曲，来补偿管道的热伸长。

在无条件利用管道本身自然弯曲来补偿管道的热伸长时，应采用合适的补偿器，以降低管道运行所产生的作用力，减少管道应力和作用于阀门及支架结构上的作用力，确保管道的稳定和安全运行。

(1) 管道自然补偿

常采用的有L形和Z形两种型式。当转角不大于150°时，管道臂长不宜超过20～25m。L、Z形自然补偿短臂长度估算公式，见表 7.5-2。

L形、Z形自然补偿短臂长度估算公式 **表 7.5-2**

序号	名　称	符号	公　式	式　中：
1	L形管道 (见图 7.5-2)	L_2	$1.1\sqrt{\frac{\Delta L_1 d_o}{300}}$	L_2——L形管道短臂长度，m； ΔL_1——长臂 L_1 的热伸长量，mm； d_o——管道外径，mm。 h——Z形管道的短臂长度，m； E——材料弹性模量，MPa； $[\sigma]$——弯曲允许应力，可取 $[\sigma]=80$MPa； DN——管道公称直径，mm； ΔL——管道三个方向热伸长量的向量和，mm； L——管道展开总长度，m； x——管道两端固定点之间的直线距离，m
2	Z形管道 (见图 7.5-3)	h	$\left[\frac{6\Delta tEd_o}{10^2[\sigma](1+1.2L_2/L_1)}\right]^{\frac{1}{2}}$	
3	检验空间自然补偿能力是否满足要求		$\frac{DN\Delta L}{(L-x)^2}\leqslant 20.8$	

(2) 管道补偿器

1) 方形补偿器

一般常用无缝钢管煨制，亦可用热压弯头拼制。它具有加工方便，轴向推力小，不需经常维修等优点，但它有占地面积大，不易布置等缺点。

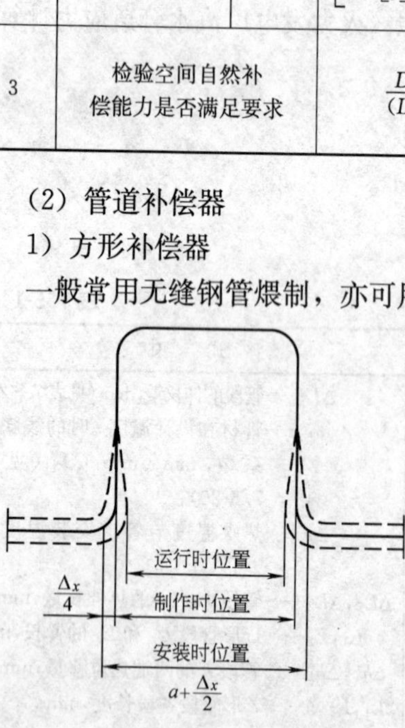

图 7.5-4 方形补偿器安装示意图

它宜装于两相邻固定支架间的中心或接近中心的位置。它的两侧直管段应设导向支架。

方形补偿器外形尺寸及补偿能力见表 7.5-3。

方形补偿器弹性力估算见表 7.5-4。

安装方形补偿器时，应进行预拉伸、预拉伸值一般为 50%，安装方式如图 7.5-4 所示。

2) L形补偿器

① L形补偿器的选择

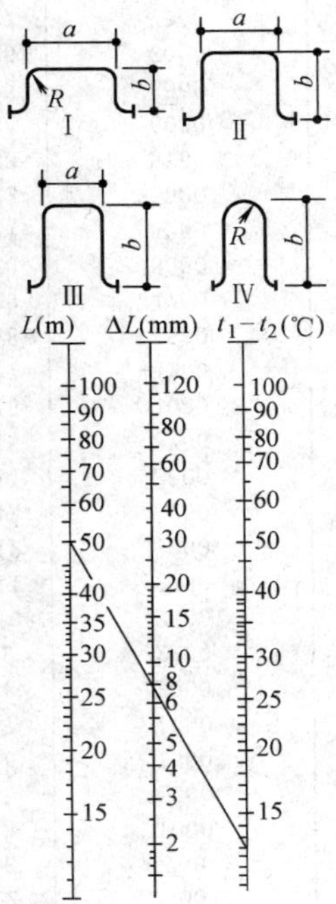

方形补偿器选用尺寸表 表 7.5-3

管径		*DN*25		*DN*32		*DN*40		*DN*50		*DN*65		*DN*80		*DN*100		*DN*125		*DN*150		*DN*200		*DN*250	
半径		$R=134$		$R=169$		$R=192$		$R=240$		$R=304$		$R=356$		$R=432$		$R=532$		$R=636$		$R=876$		$R=1090$	
ΔL	型号	*a*	*b*	*a*	*b*	*a*	*b*	*a*	*b*	*a*	*b*	*a*	*b*	*a*	*b*	*a*	*b*	*a*	*b*	*a*	*b*	*a*	*b*
25	Ⅰ	780	520	850	580	860	620	820	650	—	—	—	—	—	—	—	—	—	—	—	—	—	—
	Ⅱ	600	600	650	650	680	680	700	700	—	—	—	—	—	—	—	—	—	—	—	—	—	—
	Ⅲ	470	660	530	720	570	740	620	750	—	—	—	—	—	—	—	—	—	—	—	—	—	—
	Ⅳ	—	800	—	820	—	830	—	840	—	—	—	—	—	—	—	—	—	—	—	—	—	—
50	Ⅰ	1200	720	1300	800	1280	830	1280	880	1250	930	1290	1000	1400	1130	1550	1300	1550	1400	—	—	—	—
	Ⅱ	840	840	920	920	970	970	980	980	1000	1000	1050	1050	1200	1200	1300	1300	1400	1400	—	—	—	—
	Ⅲ	650	980	700	1000	720	1050	780	1080	860	1100	930	1150	1060	1250	1200	1300	1350	1400	—	—	—	—
	Ⅳ	—	1250	—	1250	—	1280	—	1300	—	1120	—	1200	—	1300	—	1300	—	1400	—	—	—	—
75	Ⅰ	1500	880	1600	950	1660	1020	1720	1100	1700	1150	1730	1220	1800	1350	2050	1550	2080	1680	2450	2100	2250	2200
	Ⅱ	1050	1050	1150	1150	1200	1200	1300	1300	1300	1300	1350	1350	1450	1450	1600	1600	1750	1750	2100	2100	2208	2200
	Ⅲ	750	1250	830	1320	890	1380	970	1450	1030	1450	1110	1500	1260	1650	1410	1750	1550	1800	1950	2100	2200	2200
	Ⅳ	—	1550	—	1650	—	1700	—	1750	—	1500	—	1600	—	1700	—	1800	—	1900	—	2100	—	2200
100	Ⅰ	1750	1000	1900	1100	1920	1150	2020	1250	2000	1300	2130	1420	2350	1600	2450	1750	2550	1950	2850	2300	3020	2600
	Ⅱ	1200	1200	1320	1320	1400	1400	1600	1600	1500	1500	1600	1600	1700	1700	1900	1900	2050	2050	2380	2380	2600	2600
	Ⅲ	860	1400	950	1550	1010	1630	1070	1654	1180	1700	1280	1850	1460	2050	1600	2100	1750	2200	2080	2400	2390	2600
	Ⅳ	—	—	—	1954	—	2000	—	2050	—	1850	—	1950	—	2100	—	2150	—	2300	—	2550	—	2900
150	Ⅰ	2150	1200	2320	1320	2420	1400	2520	1500	2600	1600	2790	1750	2950	1900	3250	2150	3550	2400	3750	2750	—	—
	Ⅱ	1500	1500	1640	1640	1730	1730	1800	1800	1850	1850	2000	2000	2150	2150	2450	2450	2600	2600	2950	2950	3100	3100
	Ⅲ	—	—	1150	1920	1210	2030	1290	2100	1460	2300	1580	2450	1760	2650	1950	2800	2080	2880	2480	3200	2840	3500
	Ⅳ	—	—	—	—	—	—	—	2650	—	2400	—	2550	—	2750	—	2850	—	3000	—	3250	—	3600
200	Ⅰ	—	—	2730	1530	2860	1620	3020	1750	3100	1850	3390	2050	3550	2200	3950	2500	4350	2800	4500	3150	—	—
	Ⅱ	—	—	1900	1900	2000	2000	2100	2100	2200	2200	2350	2350	2550	2550	2800	2800	3050	3050	3500	3500	3700	3700
	Ⅲ	—	—	—	—	1350	2300	1480	2400	1680	2750	1860	3000	2060	3250	2200	3300	2400	3500	2850	3900	3090	4000
	Ⅳ	—	—	—	—	—	—	—	—	—	2950	—	3100	—	3300	—	3450	—	3600	—	4000	—	4300
250	Ⅰ	—	—	—	—	—	—	—	—	3500	2050	3900	2300	4050	2450	4550	2800	4950	3100	5250	3500	—	—
	Ⅱ	—	—	—	—	—	—	—	—	2450	2450	2700	2700	2850	2850	3200	3200	3500	3500	4000	4000	4400	4400
	Ⅲ	—	—	—	—	—	—	—	—	1900	3150	2110	3500	2350	3800	2450	3900	2750	4200	3180	4600	3290	4400
	Ⅳ	—	—	—	—	—	—	—	—	—	3400	—	3600	—	3850	—	4050	—	4250	—	4700	—	4900

方形补偿器弹性力 P_x (N) 估算表

表 7.5-4

序号	DN(mm)	25	32	40	50	65	80	100	125	150	200	250	300	350	400	500	600
	$D_w \times s$(mm) / H(mm)	32×2.5	38×2.5	45×2.5	57×3.5	73×3.5	89×3.5	108×4	133×4	159×4.5	219×6	273×7	325×8	377×9	426×9	529×9	630×9
1	250	660	1020	1480	3270	—	—	—	—	—	—	—	—	—	—	—	—
2	500	330	510	740	1630	3040	4250	7250	11200	18100	46000	83500	—	—	—	—	—
3	750	220	340	500	1090	2020	2830	4800	—	—	—	—	—	—	—	—	—
4	1000	170	260	370	820	1520	2120	3600	5600	9030	22900	41700	67700	103000	—	—	—
5	1250	—	—	300	650	1220	1700	2900	—	—	—	—	—	—	—	—	—
6	1500	—	—	250	550	1020	1420	2400	3740	6000	1530	28000	45250	68500	—	—	—
7	1750	—	—	210	470	870	1220	2100	—	—	—	—	—	—	—	—	—
8	2000	—	—	190	410	760	1060	1800	2800	4500	11500	20800	33900	51500	66300	103500	148000
9	2250	—	—	170	360	680	950	1600	—	—	—	—	—	—	—	—	—
10	2500	—	—	150	330	610	850	1450	2240	3600	9150	16300	27000	41200	53000	82800	118500
11	2750	—	—	140	300	550	780	1320	—	—	—	—	—	—	—	—	—
12	3000	—	—	130	270	510	710	1200	1870	3000	7650	14000	22600	34300	44000	69000	98700
13	3250	—	—	—	—	470	660	1100	—	—	—	—	—	—	—	—	—
14	3500	—	—	—	—	440	610	1030	1600	2600	6550	12000	19350	29400	37800	59000	84500
15	3750	—	—	—	—	410	570	970	—	—	—	—	—	—	—	—	—
16	4000					380	530	910	1400	2260	5750	10500	16950	25700	33100	51750	74000
17	4250					360	500	850	—	—	—	—	—	—	—	—	—
18	4500					340	470	800	1250	2000	5100	9250	15000	22900	29400	46000	66500
19	4750					320	450	760	—	—	—	—	—	—	—	—	—
20	5000					310	430	730	1120	1800	4600	8350	13600	20600	26500	41300	59000
21	5250						410	690	—	—	—	—	—	—	—	—	—
22	5500						390	660	1020	1650	4200	7600	12300	18700	24000	37600	53700
23	5750						370	630	—	—	—	—	—	—	—	—	—
24	6000						360	600	940	1500	3800	6950	11300	17200	22000	34500	49200
25	6500								860	1400	3500	6400	10400	15800	20400	31800	45500
26	7000								800	1300	3270	5950	9700	14700	18900	29600	42000
27	7500								750	1200	3050	5550	9050	13700	17700	27600	39400
28	8000								700	1130	2860	5200	8500	12900	16600	25800	36900
29	8500										2700	4900	8000	12100	15600	24300	34700
30	9000										2540	4650	7500	11450	14700	23000	32800
31	9500										2410	4400	7150	10850	13900	21800	31000
32	10000										2300	4200	6800	10300	13200	20700	29500

注：① 本表弹性力按 $P_x=\frac{\sigma \cdot W}{b}$，N 计算；

② 其中 $\sigma=110$MPa；b—方型补偿器外伸臂长，m；W—管子断面抗弯矩，cm^3（见表 7.5-21）；H—补偿器高度，mm。

已知管径、长臂热伸长量，可按图 7.5-5 查得短臂长度。

② L 形补偿器的弹性力计算（参照图 7.5-6）。

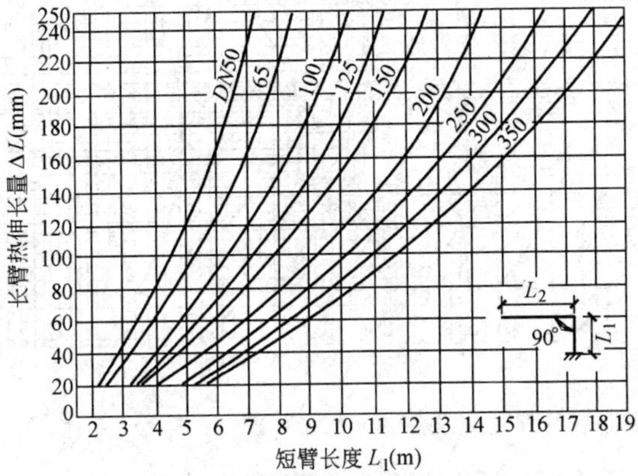

图 7.5-5 L 形自然转弯补偿器线算图

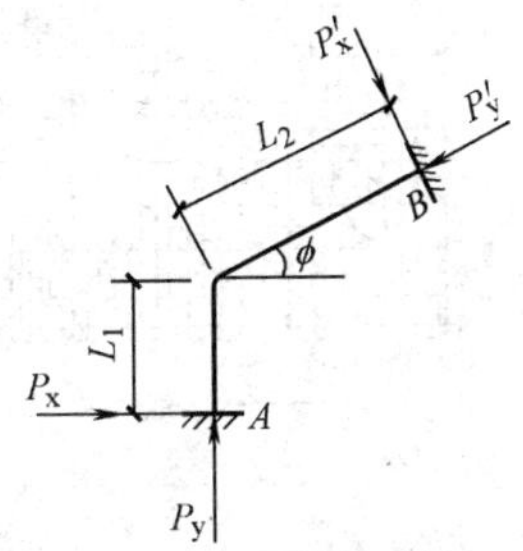

图 7.5-6 L 形补偿器计算图

a. 短臂固定点的弹性力：

$$P_x = A\frac{a \cdot E \cdot J}{10^7} \cdot \frac{\Delta t}{L_1^2} = \frac{A}{L_1^2} \cdot \frac{a \cdot E \cdot J \cdot \Delta t}{10^7} \quad \text{N} \tag{7.5-1}$$

$$P_y = B\frac{a \cdot E \cdot J}{10^7} \cdot \frac{\Delta t}{L_1^2} = \frac{B}{L_1^2} \cdot \frac{a \cdot E \cdot J \cdot \Delta t}{10^7} \quad \text{N} \tag{7.5-2}$$

b. 长臂固定点的弹性力：

$$P'_x = A'\frac{a \cdot E \cdot J}{10^7} \cdot \frac{\Delta t}{L_1^2} = \frac{A'}{L_1^2} \cdot \frac{a \cdot E \cdot J \cdot \Delta t}{10^7} \quad \text{N} \tag{7.5-3}$$

$$P'_y = B'\frac{a \cdot E \cdot J}{10^7} \cdot \frac{\Delta t}{L_1^2} = \frac{B'}{L_1^2} \cdot \frac{a \cdot E \cdot J \cdot \Delta t}{10^7} \quad \text{N} \tag{7.5-4}$$

式中 A、B——L 形补偿器短臂弹性力系数，据 $n=\frac{L_2}{L_1}$ 及 φ 可由图 7.5-7 查得；

A'、B'——L 形补偿器长臂弹性力系数，据 $n=\frac{L_2}{L_1}$ 及 φ 可由图 7.5-8 查得；

φ——补偿器长臂与水平夹角，见图 7.5-6；

L_1、L_2——短臂、长臂长度，m。

$\frac{a \cdot E \cdot J \cdot \Delta t}{10^7}$——辅助数值，可查表 7.5-5；

E——弹性模数，MPa，见表 7.5-20；

J——管子断面惯性矩，cm^4，见表 7.5-21；

Δt——安装温度，℃，根据计算，一般常用的温度差取：

① $\Delta t \leqslant 100$℃，为 100℃以下的热力管道；

② $\Delta t = 135$℃，为 135～70℃热水管道；

③ $\Delta t = 155$℃，为 150～70℃热水管道；

④ $\Delta t = 200$℃，为 1.0MPa 以下的蒸汽管。

$\frac{A}{L_1^2}$、$\frac{B}{L_1^2}$及$\frac{A'}{L_1^2}$、$\frac{B'}{L_1^2}$——查图 7.5-9。

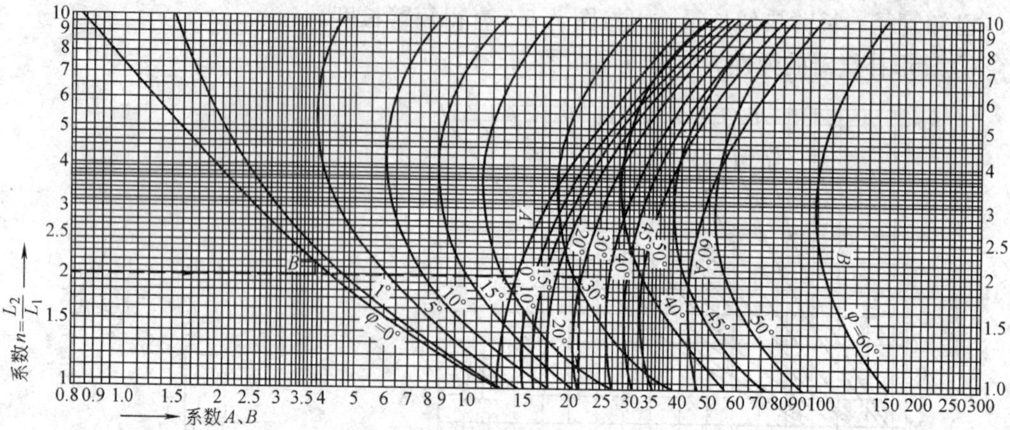

图 7.5-7 L 形补偿器短臂弹性力系数 A、B 线算图

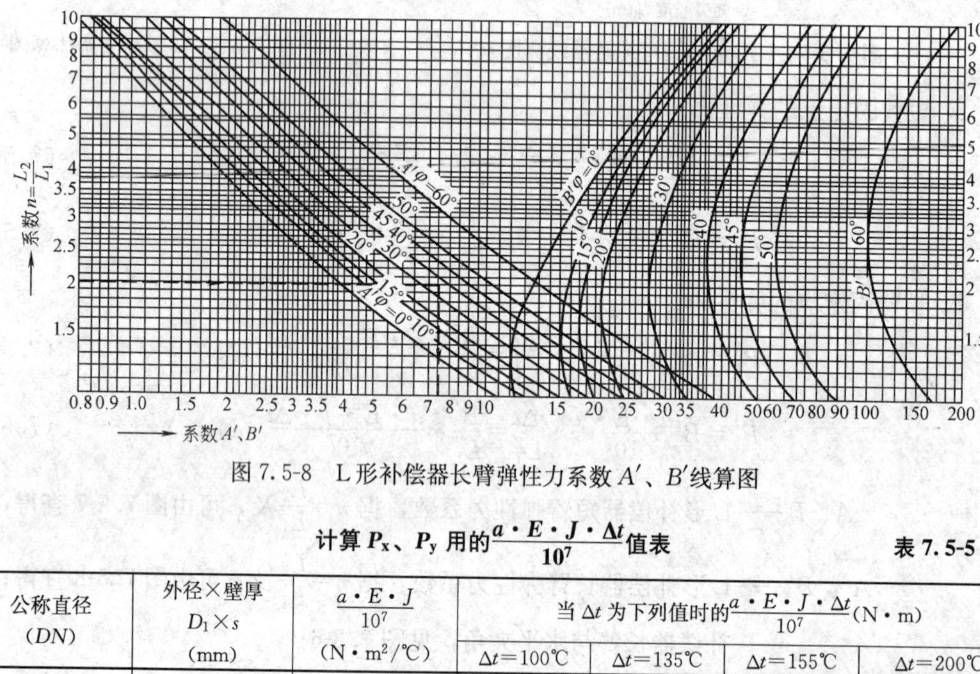

图 7.5-8 L 形补偿器长臂弹性力系数 A'、B' 线算图

计算 P_x、P_y 用的 $\frac{a\cdot E\cdot J\cdot\Delta t}{10^7}$ 值表 **表 7.5-5**

公称直径 (DN)	外径×壁厚 $D_1\times s$ (mm)	$\frac{a\cdot E\cdot J}{10^7}$ (N·m²/℃)	当 Δt 为下列值时的 $\frac{a\cdot E\cdot J\cdot\Delta t}{10^7}$ (N·m)			
			Δt=100℃	Δt=135℃	Δt=155℃	Δt=200℃
15	18×3	0.010	1.00	1.35	1.55	2.00
20	25×3	0.031	3.10	4.19	4.81	6.20
25	32×3	0.070	7.00	9.45	10.85	14.00
32	38×3	0.122	12.20	16.47	18.91	24.40
40	48×3.5	0.293	29.30	39.56	45.40	58.60
50	57×3.5	0.506	50.60	68.31	78.43	101.20
65	73×3.5	1.11	111.0	149.85	172.05	222.00
80	89×4	2.321	232.1	313.34	359.76	464.20
100	108×4	4.248	424.8	573.48	658.44	849.60
125	133×4	8.102	810.2	1093.77	1255.81	1620.40
150	159×4.5	15.658	1565.8	2113.83	2426.99	3131.60
200	219×6	54.696	5469.6	7383.96	8477.88	10939.2
250	273×7	124.30	12429.6	16779.96	19265.88	24859.2
300	325×8	240.384	24038.4	32451.84	37259.52	48076.8
350	377×9	423.096	42309.6	57117.96	65579.88	84619.2
400	426×9	615.504	61550.4	83093.04	95403.12	123100.8
500	529×9	1193.352	119335.2	161102.52	184969.56	238670.4

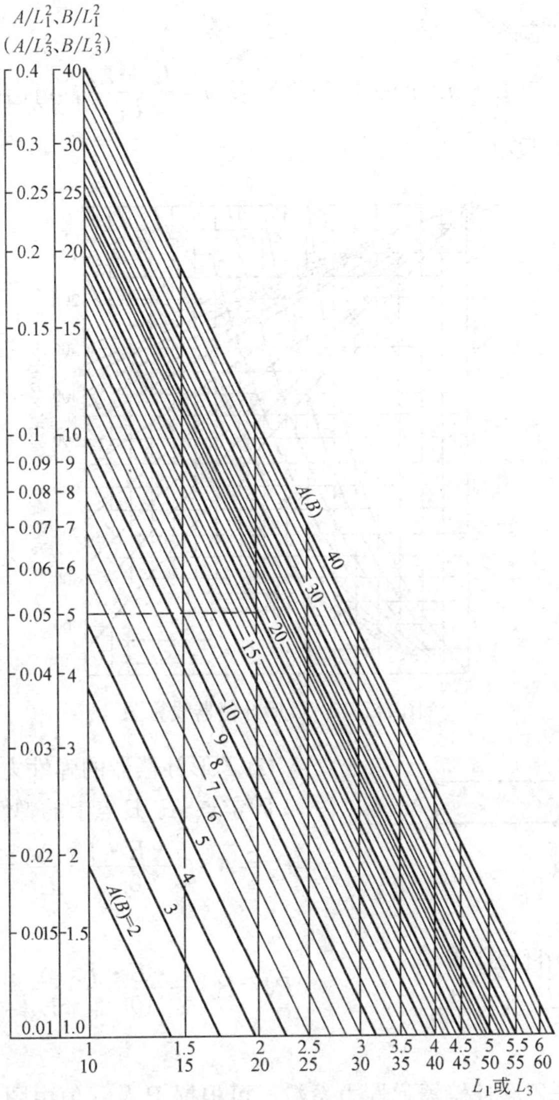

图 7.5-9 $\frac{A}{L_1^2}$、$\frac{B}{L_1^2}$线算图

图表用法说明：

① $\frac{A}{L_1^2}$、$\frac{B}{L_1^2}$用于L型，Z形自然转弯管段；

② L_1 单位为m，个位内查得的$\frac{A}{L_1^2}$、$\frac{B}{L_1^2}$值为右行数值；十位数的 L_1，查得的$\frac{A}{L_1^2}$、$\frac{B}{L_1^2}$值为左行数值。

例：

① L形自然转弯管段之 $L_1=2$m，$A=20$（查 A 图得），求$\frac{A}{L_1^2}$值；

解：由图中 $L_1=2$ 处沿虚线引至 $A=20$ 处，转折到 5，则所求之$\frac{A}{L_1^2}=5$。

② 同上，$A=20$，$L_1=20$m，求$\frac{A}{L_1^2}$值。查法同上，因 $L_1=20$

则$\frac{A}{L_1^2}$值是左行值，应为$\frac{A}{L_1^2}=0.05$。

3）Z形补偿器

① Z形补偿器的选择

已知管径、ΔL（为 L_1+L_2 的热伸长量）及 $n=\dfrac{L_1+L_2}{L_1}$，可由图7.5-10查得Z形补偿器伸出部分 L_3 之长度。

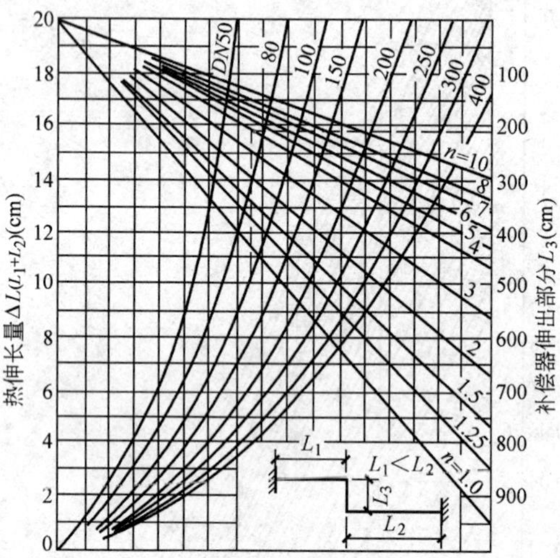

图7.5-10　Z形补偿器线算图

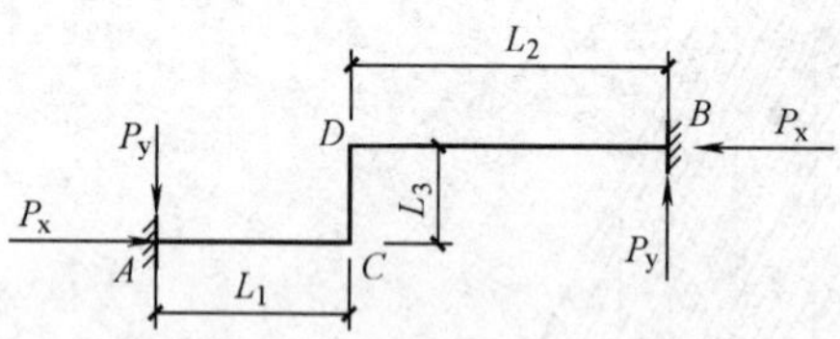

图7.5-11　Z形补偿器计算图

$L_2>L_1$，$P=\dfrac{L_1+L_2}{L_3}$，$n=\dfrac{L_1}{L_1+L_2}$

② Z形补偿器的弹性力计算

固定点A、B点上的弹性力（参照图7.5-11）：

$$P_x=A\cdot\frac{a\cdot E\cdot J}{10^7}\cdot\frac{\Delta t}{L_3^2}=\frac{A}{L_3^2}\cdot\frac{a\cdot E\cdot J\cdot\Delta t}{10^7}\tag{7.5-5}$$

$$P_y=B\cdot\frac{a\cdot E\cdot J}{10^7}\cdot\frac{\Delta t}{L_3^2}=\frac{B}{L_3^2}\cdot\frac{a\cdot E\cdot J\cdot\Delta t}{10^7}\tag{7.5-6}$$

式中　　A、B——Z形补偿器弹性力系数，可根据 P 及 n 值由图7.5-12查得；

$\dfrac{A}{L_3^2}$、$\dfrac{B}{L_3^2}$——查图7.5-9；

$\dfrac{a\cdot E\cdot J\cdot\Delta t}{10^7}$——查表7.5-5。

4）套筒式补偿器

它具有补偿能力大、结构简单、占地面积小、流体阻力小、安装方便等优点。但它有漏水、漏汽，需要经常检修，更换填料等缺点。因而出现了弹性注入式套筒补偿器。工作压力不同有0.6、1.0、1.6、2.5MPa型，温度不超过300℃，适用热介质为蒸汽、热水。填料宜使用膨胀石墨、石棉绳或耐热聚氟乙烯等，而不能使用棉纱或麻垫。弹性套筒式补偿器如图7.5-13所示。

弹性套筒式补偿的特点：

① 在弹簧力的作用下，密封填料始终处在压紧状态，而使管内的介质无法泄漏。

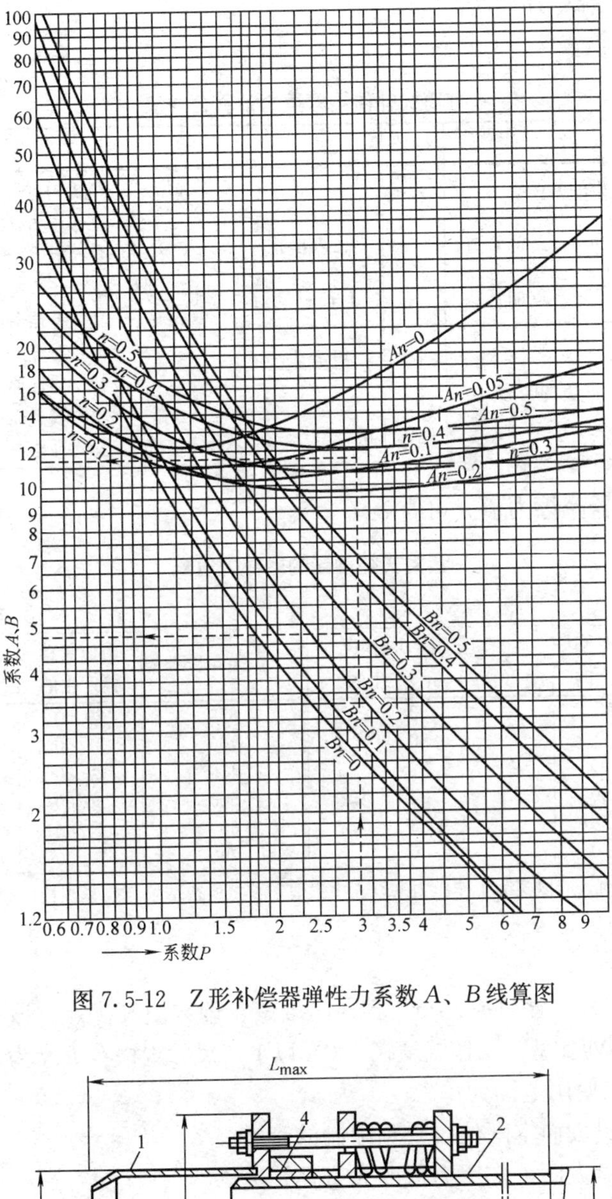

图 7.5-12 Z形补偿器弹性力系数 A、B 线算图

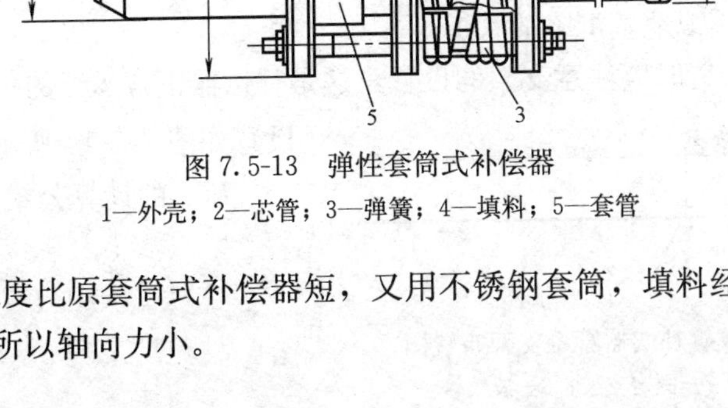

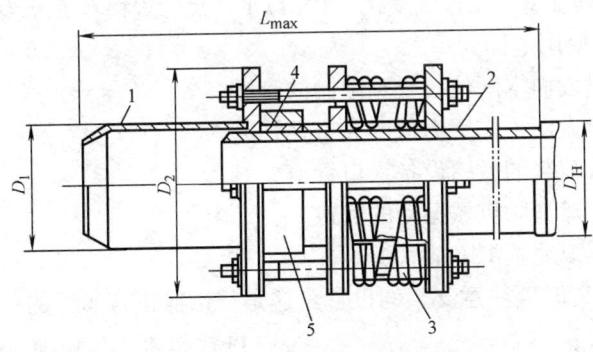

图 7.5-13 弹性套筒式补偿器

1—外壳；2—芯管；3—弹簧；4—填料；5—套管

② 由于填料长度比原套筒式补偿器短，又用不锈钢套筒，填料经特殊处理，使套管光滑，经久不变，所以轴向力小。

③ 安装方便。

套筒式补偿器摩擦力的计算

a. 计算公式，见表7.5-6。

套筒式补偿器摩擦力计算公式表 表7.5-6

序号	名称		符号	公式	式中
1	由内压产生的摩擦力		F_{f1}		F_{f1}，F_{f2}——摩擦力，N； p——工作压力，MPa； l_2——套筒补偿器沿轴线方向的填料长度，cm； D_2——套筒补偿器的套管外径，cm； μ——填料对金属的摩擦系数，$\mu=0.15$； n——补偿器螺栓个数； A——填料横截面积，cm^2； D_3——套筒补偿器的壳体内径，cm
	a	对 $DN=150\sim400$ 的管道		$2\pi pD_2\mu l_2$	
	b	对 $DN=400\sim800$ 的管道		$1.75\pi pD_2\mu l_2$	
2	由于拉紧螺栓产生的摩擦力		F_{f2}	$\frac{400n\pi D_2\mu l_2}{A}$	
			A	$0.785(D_2^2-D_3^2)$	

b. 套筒式补偿器摩擦力值，可查表7.5-7。

套筒式补偿器的摩擦力值表 表7.5-7

公称直径(mm)	摩擦力(kN)		公称直径(mm)	摩擦力(kN)	
	由拉紧螺栓产生的	工作压力为0.1MPa($1kgf/cm^2$)产生的		由拉紧螺栓产生的	工作压力为0.1MPa($1kgf/cm^2$)产生的
100	9.85	0.59	350	20.60	3.67
125	9.90	0.80	400	27.60	4.50
150	13.20	1.22	450	27.80	4.65
200	13.00	2.84	500	36.80	7.30
250	19.90	3.36	600	44.00	8.80
300	20.30	3.60	700	50.00	10.00

注：当工作压力不同时，应以实际工作压力乘以表中数值，再将所得结果与拉紧螺栓的摩擦力比较，取其大者作为设计用的摩擦力。

5）波纹管补偿器

波纹管补偿器具有配管简单、安装容易、维修管理方便等优点。该补偿器工作压力有0.6、1.0、1.6、2.5MPa型，工作温度在450℃以下，尺寸规格有 DN 为50～2400mm等。

波纹管补偿器的使用范围为：

① 变形与位移量大而空间位置受到限制的管道。

② 变形与位移量大而工作压力低的大直径管道。

③ 需要限制接管荷载的敏感设备入口管道。

④ 要求吸收或隔离高频机械振动的管道。

⑤ 考虑吸收地震或地基沉陷的管道。

波纹管补偿器布置时应注意支架的设置，这是补偿器正常运行的决定性因素。支架的设置如图7.5-14所示。

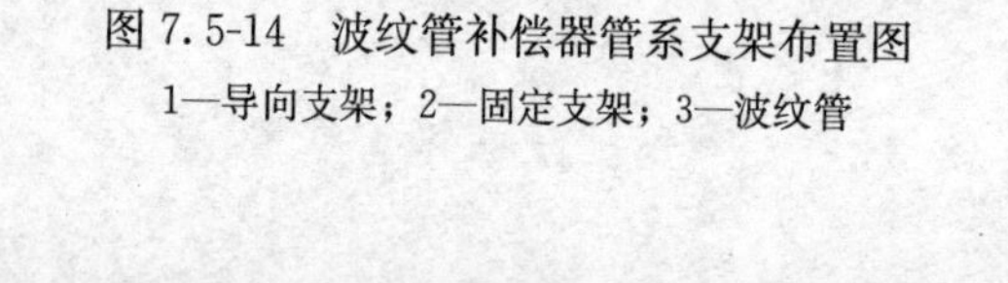

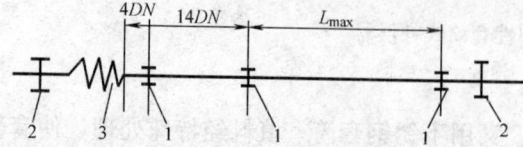

图7.5-14 波纹管补偿器管系支架布置图

1—导向支架；2—固定支架；3—波纹管

L_{max}的计算公式如下：

$$L_{max}=0.157\sqrt{\frac{EJ}{pA+K\delta}} \tag{7.5-7}$$

式中　E——管子弹性模量，MPa；

L_{max}——最大导向间距，m；

J——管子断面惯性矩，cm^4；

p——工作压力，MPa；

A——补偿器刚度，N/mm；

δ——最大补偿量，mm；

K——安全系数，一般取 $K=1.2\sim1.3$。

波纹管补偿器产品选用表：

① 轴向型波纹管补偿器见表 7.5-8、表 7.5-9 和图 7.5-15 所示。

② 角向型波纹管补偿器见表 7.5-10 和图 7.5-16 所示。

③ 横向型波纹管补偿器见表 7.5-11 和图 7.5-17 所示。

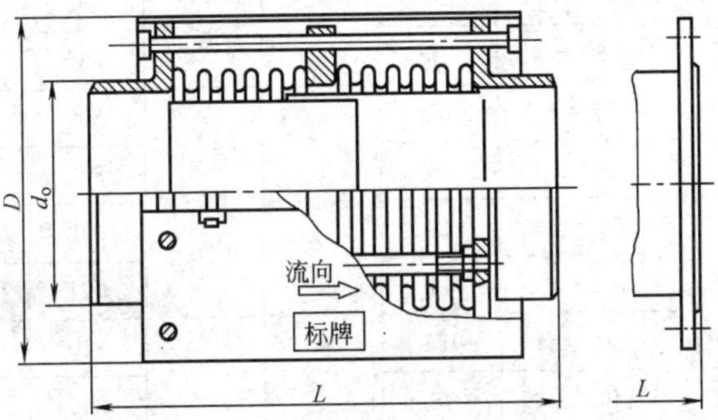

图 7.5-15　轴向型波纹管补偿器

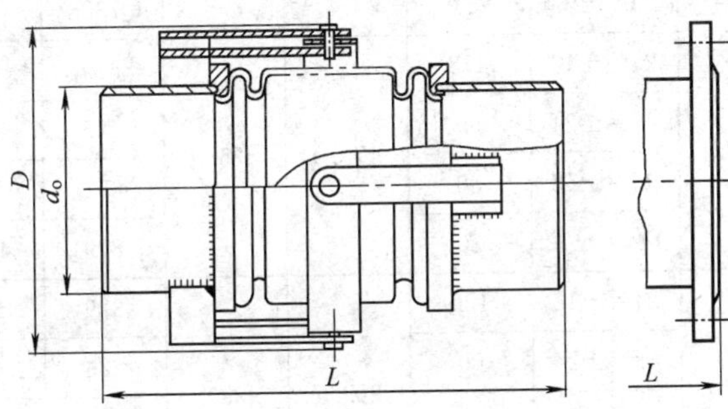

图 7.5-16　角向型波纹管补偿器

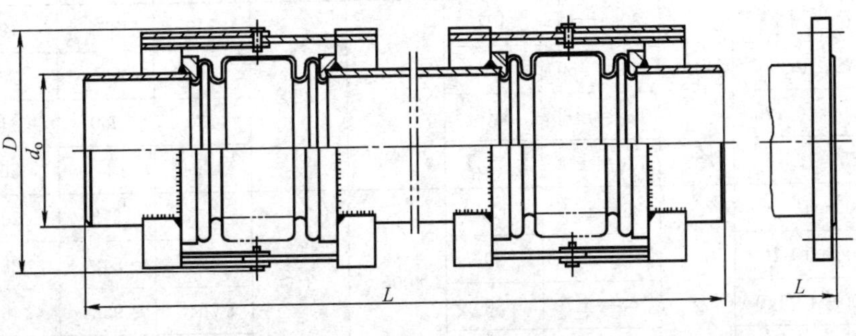

图 7.5-17　横向型波纹管补偿器

轴向型波纹管补偿器（*PN*1.0MPa） 表7.5-8

序号	型号	公称直径	轴向补偿量	刚度	有效面积	最大外径	供货长度		质量	
							接管式	法兰式	接管式	法兰式
		DN (mm)	*x* (mm)	*K* (N/mm)	*A* (cm^2)	*D* (mm)	*L* (mm)	*L* (mm)	*m* (kg)	*m* (kg)
1	Z50—10/12	50	12=±6	43	38.5	170	280	280	4	8
	Z50—10/24		24=±12	22			334	334	5	9
	Z50—10/48		48=±24	11			466	466	10	14
	Z50—10/72		72=±36	7			598	656	13	17
2	Z65—10/16	65	16=±8	95	60.1	190	290	290	5	11
	Z65—10/32		32=±16	48			355	355	6	12
	Z65—10/64		64=±32	24			499	519	10	16
	Z65—10/96		96=±48	16			660	738	13	19
3	Z80—10/18	80	18=±9	67	86.5	205	300	300	6	13
	Z80—10/36		36=±18	33			375	375	7	14
	Z80—10/72		72=±36	17			548	548	11	18
	Z80—10/108		108=±54	11			721	758	14	21
4	Z100—10/20	100	20=±10	151	12.4	225	310	310	8	17
	Z100—10/40		40=±20	76			396	396	9	18
	Z100—10/80		80=±40	38			589	589	14	23
	Z100—10/120		120=±60	25			782	840	24	33
5	Z125—10/24	125	24=±12	118	179.0	255	329	329	10	20
	Z125—10/48		48=±24	59			426	440	14	24
	Z125—10/96		96=±48	30			652	746	21	32
	Z125—10/144		144=±72	20			879	1054	28	39
6	Z150—10/24	150	24=±12	120	229.5	290	329	329	14	27
	Z150—10/48		48=±24	60			426	440	18	31
	Z150—10/96		96=±48	30			652	746	27	40
	Z150—10/144		144=±72	20			879	1054	37	50
7	Z175—10/30	175	30=±15	121	325.1	320	349	334	19	34
	Z175—10/60		60=±30	61			468	500	26	42
	Z175—10/120		120=±60	30			736	960	41	58
	Z175—10/180		180=±90	20			1004	1240	56	78
8	Z200—10/36	200	36=±18	118	400.9	345	373	373	23	40
	Z200—10/70		70=±35	59			492	542	28	47
	Z200—10/140		140=±70	30			784	956	45	67
	Z200—10/210		210=±105	20			1076	1367	58	82

续表

序号	型号	公称直径 DN (mm)	轴向补偿量 x (mm)	刚度 K (N/mm)	有效面积 A (cm^2)	最大外径 D (mm)	供货长度 接管式 L (mm)	供货长度 法兰式 L (mm)	质量 接管式 m (kg)	质量 法兰式 m (kg)
9	Z250—10/40	250	40=±20	100	598.0	415	375	383	33	53
	Z250—10/80		80=±40	67			522	596	39	65
	Z250—10/160		160=±80	33			844	1054	70	100
	Z250—10/240		240=±120	22			1166	1512	97	125
10	Z300—10/60	300	60=±30	139	860.1	470	452	520	48	74
	Z300—10/100		100=±50	93			581	715	54	85
	Z300—10/200		200=±100	46			962	1266	96	135
	Z300—10/300		300=±150	31			1343	1817	127	175
11	Z350—10/60	350	60=±30	176	1169.6	530	452	520	70	106
	Z350—10/100		100=±50	109			581	715	80	126
	Z350—10/200		200=±100	54			962	1266	126	176
	Z350—10/300		300=±150	36			1343	1817	176	226
12	Z400—10/60	400	60=±30	185	1492.3	590	452	520	84	130
	Z400—10/100		100=±50	132			581	715	91	145
	Z400—10/200		200=±100	66			962	1266	143	200
	Z400—10/300		300=±150	44			1343	1817	199	460
13	Z450—10/60	450	60=±30	181	1878.1	650	434	561	90	150
	Z450—10/100		100=±50	104			581	773	102	160
	Z450—10/200		200=±100	52			962	1324	160	225
	Z450—10/300		300=±150	35			1343	1809	223	290
14	Z500—10/60	500	60=±30	194	2297.5	715	434	561	99	165
	Z500—10/100		100=±50	111			581	773	113	190
	Z500—10/200		200=±100	55			962	1324	177	250
	Z500—10/300		300=±150	37			1343	1809	247	320
15	Z600—10/60	600	60=±30	219	3265.8	850	452	561	124	210
	Z600—10/100		100=±50	146			564	773	132	215
	Z600—10/200		200=±100	73			928	1324	204	295
	Z600—10/300		300=±150	49			1292	1809	285	380
16	Z700—10/80	700	80=±40	200	4439.2	950	680	868	150	290
	Z700—10/140		140=±70	134			860	1108	170	320
	Z700—10/280		280=±140	67			1440	1828	273	420
	Z700—10/420		420=±210	45			2020	2548	351	505

续表

序号	型号	公称直径 DN (mm)	轴向补偿量 x (mm)	刚度 K (N/mm)	有效面积 A (cm^2)	最大外径 D (mm)	供货长度 接管式 L (mm)	供货长度 法兰式 L (mm)	质量 接管式 m (kg)	质量 法兰式 m (kg)
17	Z800—10/80	800	80=±40	258	5705.0	1090	680	868	171	361
	Z800—10/140		140=±70	172			860	1108	190	390
	Z800—100/28		280=±140	86			1440	1828	311	510
	Z800—10/420		420=±210	57			2020	2548	400	595
18	Z900—10/80	900	80=±40	369	7295.0	1210	680	868	192	415
	Z900—10/140		140=±70	184			860	1108	210	465
	Z900—10/280		280=±140	92			1440	1828	349	615
	Z900—10/420		420=±210	61			2020	2548	450	715
19	Z1000—10/80	1000	80=±40	335	8970.7	1320	680	868	213	473
	Z1000—10/140		140=±70	201			860	1108	235	500
	Z100—10/280		280=±140	101			1440	1828	387	660
	Z1000—10/420		420=±210	67			2020	2548	500	810
20	Z1100—10/80	1100	80=±40	804	11537	1420	680	868	235	500
	Z1100—10/140		140=±70	459			860	1108	276	660
	Z1100—10/280		280=±140	229			1440	1828	426	760
	Z1100—10/420		420=±210	153			2020	2548	560	910
21	Z1200—10/60	1200	60=±30	1002	13519	1530	632		238	
	Z1200—10/120		120=±60	501			824		280	
	Z1200—10/240		240=±120	250			1368		440	
	Z1200—10/360		360=±180	167			1912		580	

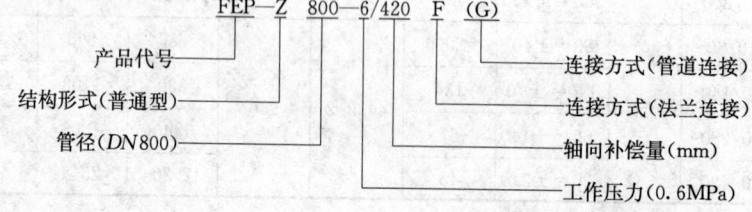

注：产品标注方式：

FEP—Z 800—6/420 F (G)

- 产品代号
- 结构形式(普通型)
- 管径(DN800)
- 连接方式(管道连接)
- 连接方式(法兰连接)
- 轴向补偿量(mm)
- 工作压力(0.6MPa)

轴向型波纹管补偿器（*PN*1.6MPa） **表 7.5-9**

序号	型号	公称直径	轴向补偿量	刚度	有效面积	最大外径	供货长度		质量	
							接管式	法兰式	接管式	法兰式
		DN (mm)	*x* (mm)	*K* (N/mm)	*A* (cm^2)	*D* (mm)	*L* (mm)	*L* (mm)	*m* (kg)	*m* (kg)
1	Z50-16/12	50	12=±6	145	38.5	170	280	280	4	9
	Z50-16/24		24=±12	73			334	334	5	10
	Z50-16/48		48=±24	36			466	466	10	15
	Z50-16/72		72=±36	24			598	626	13	18
2	Z65-16/16	65	16=±8	225	60.1	190	290	290	5	12
	Z65-16/32		32=±16	113			355	355	6	13
	Z65-16/64		64=±32	56			499	519	10	17
	Z65-16/96		96=±48	38			660	738	13	20
3	Z80-16/18	80	18=±9	159	86.5	205	300	300	6	14
	Z80-16/36		36=±18	79			375	375	7	15
	Z80-16/72		72=±36	40			548	548	11	19
	Z80-16/108		108=±54	26			721	758	14	22
4	Z100-16/20	10	20=±10	296	124.6	225	310	310	8	18
	Z100-16/40		40=±20	148			396	396	9	19
	Z100-16/80		80=±40	74			589	589	14	24
	Z100-16/120		120=±60	49			782	840	24	34
5	Z125-16/24	125	24=±12	231	179.0	255	329	329	10	22
	Z125-16/48		48=±24	115			426	440	14	26
	Z125-16/96		96=±48	58			652	746	21	34
	Z125-16/144		144=±72	38			879	1054	28	41
6	Z150-16/24	150	24=±12	234	229.5	290	329	329	14	30
	Z150-16/48		48=±24	117			426	440	18	34
	Z150-16/96		96=±48	58			652	746	27	43
	Z150-16/144		144=±72	39			879	1054	37	53
7	Z175-16/30	175	30=±15	182	325.1	320	349	334	19	36
	Z175-16/60		60=±30	91			468	500	26	44
	Z175-16/120		120=±60	45			736	960	41	60
	Z175-16/180		180=±90	30			1004	1240	56	80
8	Z200-16/36	200	36=±18	231	400.9	345	373	373	23	43
	Z200-16/70		70=±35	11.6			492	545	28	50
	Z200-16/140		140=±70	58			784	956	45	70
	Z200-16/210		210=±105	39			1076	1367	58	85
9	Z250-16/40	250	40=±20	196	598.0	415	375	383	33	63
	Z250-16/80		80=±40	131			522	596	39	75

续表

序号	型　号	公称直径 DN (mm)	轴向补偿量 x (mm)	刚度 K (N/mm)	有效面积 A (cm^2)	最大外径 D (mm)	供货长度 接管式 L (mm)	供货长度 法兰式 L (mm)	质量 接管式 m (kg)	质量 法兰式 m (kg)
9	Z250-16/160	250	160=±80	65	598.0	415	844	1054	70	110
	Z250-16/240		240=±120	44			1166	1512	97	135
10	Z300-16/60	300	60=±30	165	860.1	470	452	520	48	84
	Z300-16/100		100=±50	123			581	715	54	95
	Z300-16/200		200=±100	62			962	1266	96	145
	Z300-16/300		300=±150	38			1343	1817	127	185
11	Z350-16/60	350	60=±30	218	1169.6	530	452	520	70	120
	Z350-16/100		100=±50	136			581	715	80	140
	Z350-16/200		200=±100	68			962	1266	126	190
	Z350-16/300		300=±150	45			1343	1817	176	240
12	Z400-16/60	400	60=±30	232	1492.3	590	452	520	84	150
	Z400-16/100		100=±50	165			581	715	91	165
	Z400-16/200		200=±100	83			962	1266	143	220
	Z400-16/300		300=±150	55			1343	1817	199	480
13	Z450-16/60	450	60=±30	227	1878.1	650	434	561	90	180
	Z450-16/100		100=±50	130			581	773	102	190
	Z450-16/200		200=±100	65			961	1324	160	255
	Z450-16/300		300=±150	43			1343	1809	223	320
14	Z500-16/60	500	60=±30	242	2297.5	715	434	561	99	215
	Z500-16/100		100=±50	138			581	773	113	240
	Z500-16/200		200=±100	69			962	1324	177	300
	Z500-16/300		300=±150	46			1343	1809	247	370
15	Z600-16/60	600	60=±30	263	3265.8	850	452	561	124	290
	Z600-16/100		100=±50	175			564	773	132	295
	Z600-16/200		200=±100	88			928	1324	204	375
	Z600-16/300		300=±150	44			1292	1809	285	460
16	Z700-16/80	700	80=±40	234	4439.2	950	680	868	150	350
	Z700-16/140		140=±70	156			860	1108	170	380
	Z700-16/280		280=±140	78			1440	1828	273	480
	Z700-16/420		420=±210	52			2020	2548	351	565
17	Z800-16/80	800	80=±40	295	5705.0	1090	680	868	171	421
	Z800-16/140		140=±70	197			860	1108	190	450
	Z800-16/280		280=±140	98			1440	1828	311	570
	Z800-16/420		420=±210	66			2020	2548	400	655

续表

序号	型号	公称直径 DN (mm)	轴向补偿量 x (mm)	刚度 K (N/mm)	有效面积 A (cm^2)	最大外径 D (mm)	供货长度 接管式 L (mm)	供货长度 法兰式 L (mm)	质量 接管式 m (kg)	质量 法兰式 m (kg)
18	Z900-16/80	900	80=±40	415	7295.0	1210	680	868	192	492
	Z900-16/140		140=±70	207			860	1108	210	540
	Z900-16/280		280=±140	104			1440	1828	349	690
	Z900-16/420		420=±210	69			2020	2548	450	790
19	Z1000-16/80	1000	80=±40	419	8970.7	1320	680	868	213	613
	Z1000-16/140		140=±70	251			860	1108	235	640
	Z1000-16/280		280=±140	157			1440	1828	387	800
	Z1000-16/420		420=±210	105			2020	2548	500	950
20	Z1100-16/80	1100	80=±40	1107	11537	1420	680	868	235	700
	Z1100-16/140		140=±70	634			860	1108	276	800
	Z1100-16/280		280=±140	316			1440	1828	426	900
	Z1100-16/420		420=±210	207			2020	2548	560	1050
21	Z1200-16/60	1200	60=±30	1308	13519	1530	632		238	
	Z1200-16/120		120=±60	564			824		280	
	Z1200-16/240		240=±120	327			1368		440	
	Z1200-16/360		360=±180	218			1912		580	

角向型波纹管补偿器（*PN*0.6、1.0、1.6MPa） **表 7.5-10**

序号	公称直径 DN(mm)	角向移位 θ	弯曲刚度 K(N·m/度)	焊接端管 直径 d(mm)	焊接端管 壁厚 s(mm)	外形尺寸 宽度 B(mm)	外形尺寸 总长 L(mm)	质量 m (kg)
1	100	−5°～+5°	41	114	4	254	432	20
		−10°～+10°	21				464	23
		−15°～+15°	14				496	26
2	125	−5°～+5°	56	140	4.5	300	436	30
		−10°～+10°	28				472	33
		−15°～+15°	19				508	36
3	150	−5°～+5°	90	118	5	328	450	38
		−10°～+10°	45				500	41
		−15°～+15°	30				550	44
4	200	−5°～+5°	190	219	8	419	560	45
		−10°～+10°	95				620	48
		−15°～+15°	63				680	51
5	250	−5°～+5°	454	273	8	478	580	52
		−10°～+10°	227				660	55
		−15°～+15°	151				740	58
6	300	−5°～+5°	664	324	8	524	580	62
		−10°～+10°	332				660	66
		−15°～+15°	221				740	70

续表

序号	公称直径 DN(mm)	角向移位 θ	弯曲刚度 K(N·m/度)	焊接端管 直径 d(mm)	焊接端管 壁厚 s(mm)	外形尺寸 宽度 B(mm)	外形尺寸 总长 L(mm)	质量 m (kg)
7	350	−5°～+5°	733	356	9	636	700	72
		−10°～+10°	366				800	76
		−15°～+15°	244				900	80
8	400	−5°～+5°	1351	406	9	686	710	84
		−10°～+10°	675				820	88
		−15°～+15°	453				930	92
9	450	−5°～+5°	1783	457	9	737	710	100
		−10°～+10°	891				820	105
		−15°～+15°	594				930	110
10	500	−5°～+5°	2025	508	9	788	720	120
		−10°～+10°	1012				840	126
		−15°～+15°	675				960	132
11	600	−5°～+5°	3132	610	9	930	820	128
		−10°～+10°	1566				940	136
		−15°～+15°	1044				1060	144
12	700	−5°～+5°	4538	711	10	1051	830	152
		−10°～+10°	2269				960	160
		−15°～+15°	1513				1090	168

注 产品标注方式：

FEP — J 400 — 6 / 30 F (G)

- 产品代号
- 单向角型
- 管径(DN400)
- 工作压力(0.6MPa)
- 角向位移量(mm)
- 连接方式(法兰连接)
- 连接方式(管道连接)

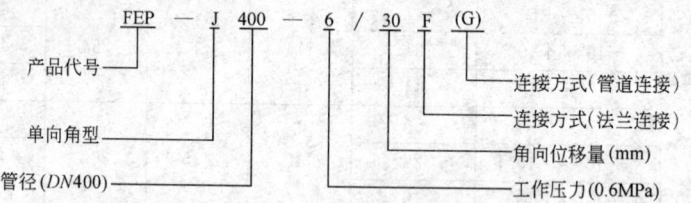

横向型波纹管补偿器（PN0.6、1.0、1.6MPa） **表 7.5-11**

序号	公称直径 DN(mm)	横向位移 y(mm)	横向刚度 K_y (N/mm)	焊接端管 直径 d(mm)	焊接端管 壁厚 s(mm)	外形尺寸 宽度 B(mm)	外形尺寸 总长 L(mm)	质量 m(kg)
1	100	−50～+50	7	114	4	220	1050	45
		−100～+100	3				1250	50
		−150～+150	2				1450	55
		−200～+200	1				1650	60
2	125	−50～+50	1	140	4	250	1050	66
		−100～+100	4				1250	70

续表

序号	公称直径 DN(mm)	横向位移 y(mm)	横向刚度 K_y (N/mm)	焊接端管 直径 d(mm)	焊接端管 壁厚 s(mm)	外形尺寸 宽度 B(mm)	外形尺寸 总长 L(mm)	质量 m(kg)
2	125	−150～+150	3	140	4	250	1450	74
		−200～+200	2				1650	78
3	150	−50～+50	21	168	5	285	1090	80
		−100～+100	9				1290	85
		−150～+150	6				1490	90
		−200～+200	4				1690	95
4	200	−100～+100	18	219	8	340	1340	98
		−150～+150	12				1600	106
		−200～+200	9				1860	114
		−250～+250	6				2120	122
5	250	−100～+100	28	273	8	410	1340	112
		−150～+150	19				1600	126
		−200～+200	14				1860	139
		−250～+250	9				2120	153
6	300	−150～+150	41	324	3	465	1520	145
		−200～+200	28				1780	162
		−250～+250	21				2040	179
		−300～+300	14				2300	196
7	350	−150～+150	42	356	9	530	1520	152
		−200～+200	31				1780	172
		−250～+250	21				2040	192
		−300～+300	12				2300	212
8	400	−150～+150	52	406	9	590	1790	180
		−200～+200	38				2050	202
		−250～+250	26				2310	224
		−300～+300	16				2570	246
9	450	−150～+150	68	457	9	650	1890	220
		−200～+200	51				2150	247
		−250～+250	34				2410	274
		−300～+300	21				2670	301
10	500	−150～+150	112	508	9	715	1890	270
		−200～+200	81				2150	302
		−250～+250	55				2410	334
		−300～+300	32				2670	366

续表

序号	公称直径 DN(mm)	横向位移 y(mm)	横向刚度 K_y (N/mm)	焊接端管		外形尺寸		质量 m(kg)
				直径 d(mm)	壁厚 s(mm)	宽度 B(mm)	总长 L(mm)	
11	600	−150～+150	59	610	9	850	2000	290
		−200～+200	36				2260	326
		−250～+250	24				2520	362
		−300～+300	17				2780	398

注 产品标注方式：

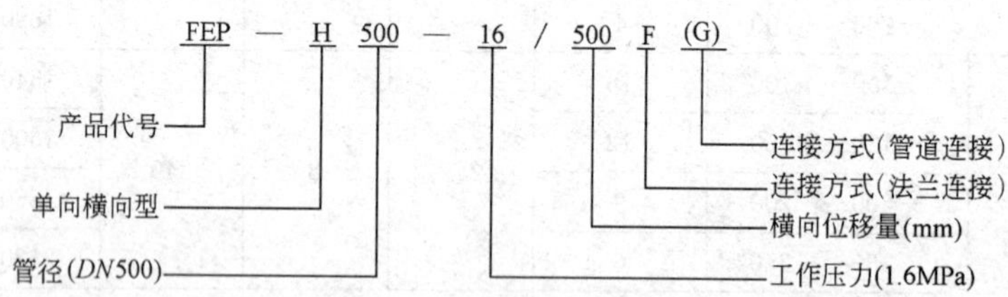

6）球形补偿器

球形补偿器具有补偿能力大、占地空间小、流体阻力小、安装方便、投资省等优点。这种补偿器特别适合于三维位移的蒸汽和热水管道。所以又叫万向补偿器。球形补偿器如图 7.5-18 所示。

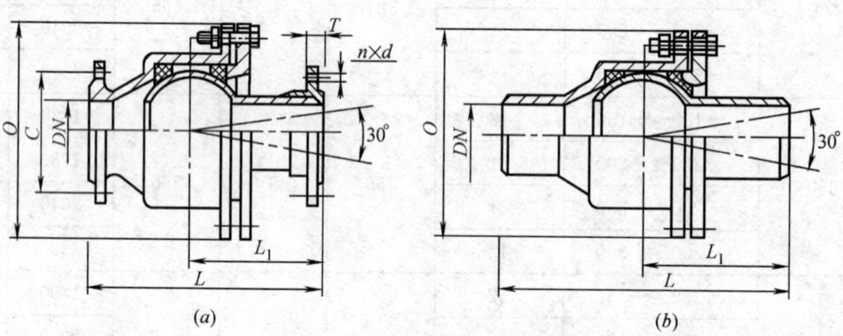

图 7.5-18 球形补偿器

（*a*）法兰连接；（*b*）焊接方式连接

球形补偿器选用时，应注意如下几点：

① 补偿器必须设置两个一组使用。

② 补偿器可以在管道直线段水平、垂直安装，为减少摩擦力，滑动支座宜采用滚动支座。

③ 安装补偿器要正确的分段和合理的确定固定支架位置，以减少固定支架的推力。

④ 由于补偿管段长（直线段可达 400～500m），所以应考虑设置导向支架。

球形补偿器的外形及其尺寸如表 7.5-12 和图 7.5-18 所示。

球形补偿器补偿量的计算：

每组球形补偿器的补偿量 Δ（mm）为：

球形补偿器 表 7.5-12

公称直径 DN(mm)	尺寸(mm)						螺栓		质量(kg)	转动力矩 (N·m)
	L	L_1	O	C	T	d	n	螺纹		
32	155	95	155	100	16	18	4	M16	6.17	60
40	180	108	175	110	16	18	4	M16	12.8	100
50	215	125	205	125	16	18	4	M16	15.8	130
65	240	140	240	145	16	18	4	M16	24.5	330
80	265	155	280	160	20	18	8	M16	31.8	570
100	300	181	310	180	20	18	8	M16	52	1020
125	360	216	350	210	22	18	8	M16	71	1800
150	390	230	395	240	22	23	8	M20	77.2	2480
200	420	245	440	295	24	23	12	M20	108	5370
250	520	299	630	355	26	25	12	M22	203	9440
300	585	332	700	410	28	25	12	M22	282	16020
350	690	380	810	470	32	25	16	M22	428	24240
400	740	420	880	525	36	30	16	M27	532	25680
450	820	468	960	585	38	30	20	M27	720	52940
500	880	495	960	650	42	34	20	M30	899	66450
600	1030	570	1120	770	46	41	20	M36	1226	115240

$$\Delta=2\cdot l\text{cin}\frac{\theta}{2} \tag{7.5-8}$$

式中 l——球形补偿器组的中心距，mm；

θ——设计取用的折屈角（<30°）。

球形补偿器在全折屈角θ°时的补偿量Δ（mm），见表 7.5.13。

球形补偿器的转动摩擦力矩M（N-m），见表 7.5-14。

球形补偿器的基本安装形式，见图 7.5-19。

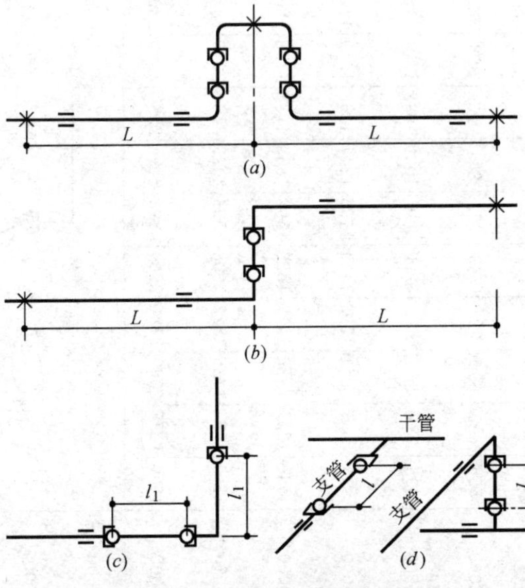

图 7.5-19 球补的基本安装形式

(a) 直管段；(b) Z形管段；(c) L形管段；(d) 远离干管固定支架的支管连接

球补组在全折屈角 $\theta°$时的补偿量 Δ（mm） 表 7.5-13

θ / Δ(mm) / l(mm)	DN40～DN350										DN400～DN600										DN700～DN1000								
	16°	18°	20°	21°	22°	23°	24°	25°	26°	27°	16°	18°	20°	21°	22°	23°	24°	25°	26°	27°	6°	7°	8°	9°	10°	11°	12°	13°	14°
500	139	156	173	182	190	199	207	216	225	233	——										——								
1000	278	312	347	364	381	398	415	432	449	466																			
2500	417	468	520	546	571	597	622	648	674	699	Δ值与DN40～DN350球补相同																		
2000	556	625	694	728	763	797	831	865	899	933											209	244	279	313	348	383	418	452	487
1500	695	782	868	911	954	996	1039	1082	1124	1167											262	305	349	392	435	479	523	566	609
3000	835	938	1041	1093	1144	1196	1247	1298	1349	1400											314	366	418	470	522	575	627	679	731
4000	1113	1251	1389	1457	1526	1594	1663	1731	1799	1867											418	488	558	627	697	766	836	905	975
5000	1391	1564	1736	1822	1908	1993	2079	2164	2249	2334											523	610	697	784	871	958	1045	1132	1218
6000	1670	1877	2083	2186	2289	2392	2494	2597	2699	2801											628	732	837	941	1045	1150	1254	1358	1462
8000											2226	2503	2778	2915	3052	3189	3326	3463	3599	3735	837	976	1116	1255	1394	1533	1672	1811	1949
10000											2783	3128	3472	3644	3816	3987	4158	4328	4499	4668	1046	1221	1395	1569	1743	1916	2090	2264	2437
12000											3340	3754	4167	4373	4579	4784	4989	5194	5398	5602	1256	1465	1674	1883	2091	2300	2508	2716	2924
15000											4175	4693	5209	5467	5724	5981	6237	6493	6748	7003	1570	1831	2092	2353	2614	2875	3135	3396	3656
18000																					1884	2197	2511	2824	3137	3450	3763	4075	4387
20000																					2094	2441	2790	3138	3486	3833	4181	4528	4874

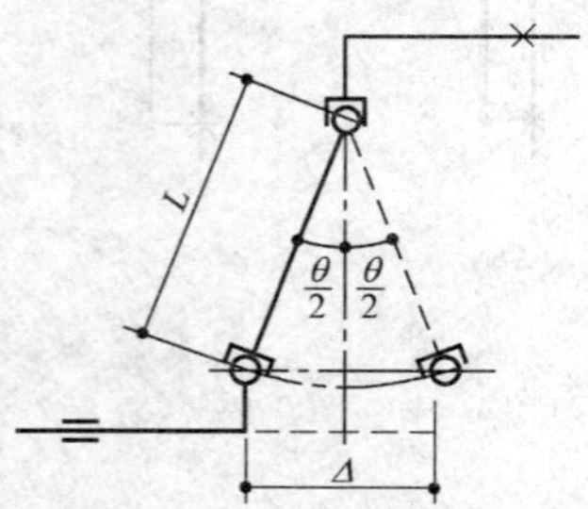

球补组的工作简图

球补转动摩擦力矩 M (N-m) 表 7.5-14

球补公称直径 DN(mm)	40	50	65	80	100	125	150	200	250	300	350	400	450	500	600	700
转动摩擦力矩 M(N·m)	200	250	500	570	1020	1800	2480	5370	9440	16020	24240	25680	52940	66450	115240	210000

注：① 编表时介质工作压力为 1.6MPa。

② 力矩值是根据新的球补测定，工程设计时应乘以安全系数 1.30～1.50。

7.5.2 管道强度计算

验算管道在内压、自重、持续外载作用下的一次应力和由于热胀冷缩及其他位移受约束产生的二次应力，以判断所计算的管道是否安全、经济、合理。计算管道由于热胀冷缩及其他位移受约束和持续外载作用产生的对设备或支吊架的推力和力矩，以判明是否在设备所能安全承受的范围。

1. 承受内压的管子壁厚计算

1）直管最小壁厚 s_m，见表 7.5-15

直管最小壁厚 s_m 计算公式 表 7.5-15

序号	名 称	符号	公式	式 中
1	按直管外径确定时	s_m	$\frac{pd_0}{2[\sigma]^t\eta+2Yp}+\alpha$	p——设计压力，MPa； d_0——管子外径，mm； d_i——管子内径，mm； $[\sigma]^t$——钢材在设计温度下的许用应力，MPa； Y——温度对计算管子壁厚公式的修正系数，对于碳钢、低合金钢和高铬钢，$t\leqslant480$℃时 $Y=0.4$； α——考虑腐蚀、磨损和机械强度要求的附加厚度，mm
2	按直管内径确定时	s_m	$\frac{pd_i}{2[\sigma]^t\eta-2p(1-Y)}+\alpha$	

注：式中 η—许用应力的修正系数，无缝钢管 $\eta=1.0$，纵缝焊接钢管按表 7.5-16 取用，螺旋焊缝钢管按 SY 5036 标准取 $\eta=0.9$。

纵缝焊接钢管许用应力修正系数 表 7.5-16

焊 接 方 法	焊 缝 形 式	η
手工电焊或气焊	双面焊接有坡口对接焊缝，100％无损探伤	1.00
	有氩弧焊打底的单面焊接有坡口对接焊缝	0.90
	无亚氩弧焊打底的单面焊接有坡口对接焊缝	0.75
熔剂下的自动焊	双面焊接对接焊缝，100％无损探伤	1.00
	单面焊接有坡口对接焊缝	0.85
	单面焊接无坡口对接焊缝	0.80

2）直管计算厚度

$$s_c=s_m+C \tag{7.5-9}$$

式中 C——直管壁厚负偏差值的附加值，mm。

① 对于热轧生产的无缝钢管，壁厚负偏差值的附加值可按如下公式确定：

$$C=As_m \tag{7.5-10}$$

式中 A——直管壁厚负偏差系数，根据管子产品技术条件中规定的壁厚允许负偏差（%），按表 7.5-17 取用。

直管壁厚负偏差系数 表 7.5-17

直管壁厚允许负偏差（%）	−5	−8	−9	−10	−11	−12.5	−15
A	0.053	0.087	0.099	0.111	0.124	0.143	0.176

② 对于焊接钢管，采用钢板厚度的允许负偏差值按表 7.5-17 选取，但 C 值不得小于 0.5mm。

3）直管公称壁厚 s_N

直管公称壁厚 s_N，对按外径确定壁厚的钢管，根据直管计算壁厚 s_c 按管子产品规格选用，在任何情况下，s_N 均应等于或大于 s_c。

4）弯管壁厚

弯管后任何一点的实测最小壁厚不得小于直管最小壁厚 s_m。

2. 管道应力验算

（1）管道在内压力下的应力验算

管道在工作状态下，由内压产生的折算应力不得大于钢材在设计温度下的许用应力，即

$$\sigma_{eq}=\frac{p[0.5d_o-Y(s-\alpha)]}{s-\alpha}\leqslant[\sigma]^t \tag{7.5-11}$$

式中 σ_{eq}——内压折算应力，MPa；

p——设计压力，MPa；

d_o——管子外径，mm；

s——管子实测最小壁厚，mm；

Y——温度对计算管子壁厚公式的修正系数；

α——考虑腐蚀、磨损和机械强度的附加厚度，mm；

$[\sigma]^t$——钢材在设计温度下的许用应力，MPa。

（2）管道在持续荷载下的应力验算

管道在工作状态下，由持续荷载即内压、自重和其他持续外载产生的轴向应力之和，必须满足下式的要求：

$$\sigma_L=\frac{p(d_o-s)}{4s}+\sigma_{ax}+\sigma_A\leqslant[\sigma]^t \tag{7.5-12}$$

式中 σ_L——由于内压、自重和其他持续外载所产生的轴向应力之和，MPa；

σ_{ax}——持续外载轴向应力，MPa；

σ_A——持续外载当量应力，MPa。

持续外载产生的轴向应力和当量应力，是管道自重（管子及附件重力、保温结构重力，对水管道还应包括水重）和支吊架反力产生的应力。

（3）管系热胀应力范围的验算

管道由热胀、冷缩和其他位移受约束而产生的热胀应力，不得大于按如下公式计算的

许用应力范围：

$$\sigma_{E} \leqslant f(1.2[\sigma]^{20}+0.2[\sigma]^{t})=[\sigma]^{t1} \tag{7.5-13}$$

式中 $[\sigma]^{20}$——钢材在20℃时的许用应力，MPa；

σ_E——热胀应力范围，MPa；

f——应力范围的减小系数。

热胀应力范围可按如下公式计算：

$$\sigma_{E}=\frac{iM_{C}}{W\varphi} \tag{7.5-14}$$

式中 M_C——按全补偿值和钢材在20℃时的弹性模量计算的热胀引起的合成力矩，N·mm；

φ——环向焊缝系数；

W——管子截面抗弯矩，mm^3；

i——应力增强系数。

(4) 管系持续外载、热胀应力范围的验算

如所计算的热胀应力不能满足公式（7.5-15）的要求，但内压和持续外载的一次应力低于 $[\sigma]^t$ 时，允许将未用足的这部分许用应力加在二次应力验算的许用应力范围内，以扩大二次应力的许用应力范围。此时，应准确地计算持续外载产生的应力。

由内压、持续外载和热胀产生的最大合成应力，不得大于钢材在20℃时与设计温度下许用应力之和的1.2倍，即

$$\sigma_{co} \leqslant 1.2f([\sigma]^{20}+[\sigma]^{t})=[\sigma]^{t2} \tag{7.5-15}$$

其中

$$\sigma_{co}=\frac{p(d_{o}-s)}{4s}+\sigma_{ax}+\sigma_{A}+\sigma_{E} \tag{7.5-16}$$

式中 σ_{co}——内压、持续外载和热胀产生的合成应力，MPa。

3. 管道对设备的推力和力矩的计算

管道对设备（或端点）的推力和力矩计算原则：

(1) 按热胀、端点附加位移、有效冷紧、自重和其他持续外载及支吊架反力作用的条件，计算管道运行初期工作状态下的力和力矩。

(2) 按冷紧、自重和其他持续外载及支吊架反力作用的条件，计算管道运行初期冷状态下的力和力矩。

(3) 按应变自均衡、自重和其他持续外载及支吊架反力作用的条件，计算管道应变自均衡后在冷状态下的力和力矩。

计算出的工作状态和冷状态下推力和力矩的最大值应能满足设备安全承受的要求。当数根管道同设备相连时，管道在工作状态和冷状态下推力和力矩的最大值，应按设备和各连接管道可能出现的运行工况分别计算和进行组合。

当管道无冷紧或各方向（沿坐标轴 X、Y、Z）采用相同的冷紧比时，在不计及持续外载的条件下，管道对设备（或端点）的推力（或力矩），可按如下公式计算：

在工作状态下

$$R^{t}=-\left(1-\frac{2}{3}\gamma\right)\frac{E^{t}}{E^{20}}R_{E} \tag{7.5-17}$$

在冷状态下
$$R^{20}=\gamma R_{\mathrm{E}} \tag{7.5-18}$$

或
$$R_1^{20}=\left(1-\frac{[\sigma]^{\mathrm{t}}}{\sigma_{\mathrm{E}}}\cdot\frac{E^{20}}{E^{\mathrm{t}}}\right)R_{\mathrm{E}} \tag{7.5-19}$$

式中 R^{t}——管道运行初期在工作状态下对设备（或端点）的推力（或力矩），N或N·mm；

R^{20}——管道运行初期在冷状态下对设备（或端点）的推力（或力矩），N或N·mm；

R_{E}——计算端点对管道的热胀作用力（或力矩），按全补偿值和钢材在20℃时的弹性模量计算，N或N·mm；

γ——冷紧比，对$t<250$℃管道，$\gamma=0.50$，对250℃$\leqslant t\leqslant$400℃的管道$\gamma=0.70$；

$[\sigma]^{\mathrm{t}}$——钢材在设计温度下的许用应力，MPa；

σ_{E}——热胀应力范围［见式（7.5-13）］，MPa；

E^{t}——钢材在设计温度下的弹性模量，MPa；

E^{20}——钢材在20℃时的弹性模量，MPa。

当$\frac{[\sigma]^{\mathrm{t}}}{\sigma_{\mathrm{E}}}\cdot\frac{E^{20}}{E^{\mathrm{t}}}<1$时冷状态下管道对设备的推力（或力矩）取式（7.5-17）和式（7.5-18）计算结果的较大值；当$\frac{[\sigma]^{\mathrm{t}}}{\sigma_{\mathrm{E}}}\cdot\frac{E^{20}}{E^{\mathrm{t}}}\geqslant1$时，取$R^{20}$作为管道在冷状态下对设备（或端点）的推力（或力矩）。

上列公式中，R^{t}、R^{20}、R_1^{20}、R_{E}均为一组力和力矩，包括F_{X}、F_{Y}、F_{Z}、M_{X}、M_{Y}、M_{Z}六个分量。

当管道各方向（沿坐标轴X、Y、Z）采用不同的冷紧比时，在不计及持续外载的条件下，管道对设备（或端点）的推力（或力矩）可按如下方法计算：

（1）按冷补偿值和钢材在20℃时的弹性模量计算的冷紧作用力（或力矩），若取其相同的数值、相反的方向，即为管道运行初期在冷状态下对设备（或端点）的推力（或力矩）。然后再同式（7.5-19）计算出的管道应变自均衡后在冷状态下对设备（或端点）的推力（或力矩）相比较，取其大者（绝对值）作为管道在冷状态下对设备（或端点）的推力（或力矩）。

（2）管道在工作状态下对设备（或端点）的推力（或力矩）按下式计算：

$$R^{\mathrm{t}}=-\left(R_{\mathrm{E}}-\frac{2}{3}R^{20}\right)\frac{E^{\mathrm{t}}}{E^{20}} \tag{7.5-20}$$

式中符号的定义与公式（7.5-19）相同。

4. 持续外载轴向应力计算

由管道自重和支吊架摩擦力所产生的持续外载轴向应力，可按如下方法计算：

（1）水平管道

对水平管道，一般只考虑由支吊架摩擦力产生的轴向应力，按如下公式计算：

$$\sigma_{\mathrm{ax}}=\frac{qL\mu}{10A} \tag{7.5-21}$$

式中 σ_{ax}——持续外载轴向应力，MPa；

q——管道单位荷重，N/m；

L——从验算点到补偿器中心或转弯点的距离，m；

μ——摩擦系数，见表 7.6-12；

A——管壁截面积，mm^2。

当验算点在固定支架处时，L 值计算如图 7.5-20 所示。

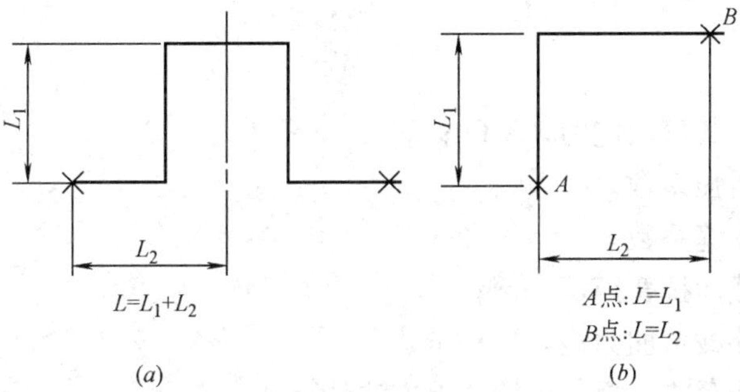

图 7.5-20 验算点在固定支架处

(a) 方形补偿器；(b)"L"形补偿器

对图 7.5-21 所示的吊架

$$\mu=\frac{\Delta}{L_g} \tag{7.5-22}$$

式中 Δ——吊架本体位移量，mm；

L_g——拉杆可偏移部分长度，mm。

当吊架拉杆可偏移长度未定时，可近似取 $\mu=0.1$。

当管段上有较多的支吊架时，摩擦系数可按平均值计算，如图 7.5-22 所示。

$$\mu=\frac{\mu_1+\mu_2+\mu_3}{3} \tag{7.5-23}$$

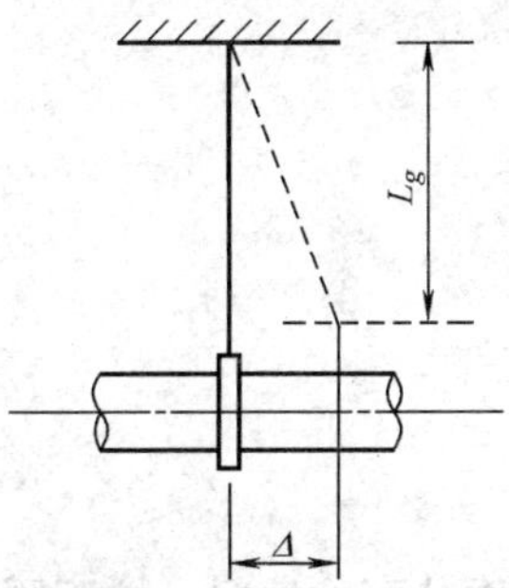

图 7.5-21 吊架位移

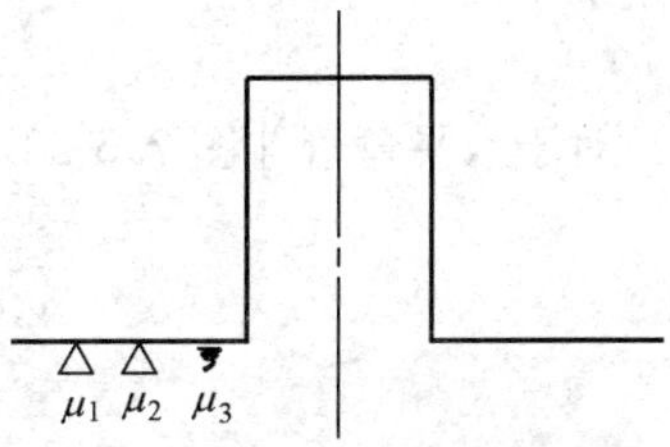

图 7.5-22 多个支吊架 μ 计算简图

(2) 垂直管道

对垂直管道，一般只考虑由管道自重产生的持续外载轴向应力，可按如下公式计算：

$$\sigma_{ax}=\frac{F_{ax}}{10A} \tag{7.5-24}$$

式中 F_{ax}——持续外载轴向力，即作用于该验算点的管段重力，N；

A——管壁截面积，mm^2。

5. 由管道自重所产生的持续外载弯曲应力

由管道自重所产生的持续外载弯曲应力，可按如下公式计算：

$$\sigma_A=\frac{iM_A}{W\varphi} \tag{7.5-25}$$

式中 σ_A——持续外载弯曲应力，MPa；

i——应力增强系数；

φ——环向焊缝系数；

W——管子截面抗弯矩，mm^3；

M_A——持续外载弯曲力矩，N·mm。

管道的持续外载弯曲力矩，可按如下方法计算：

(1) 对于水平直管［图7.5-23 (*a*)］

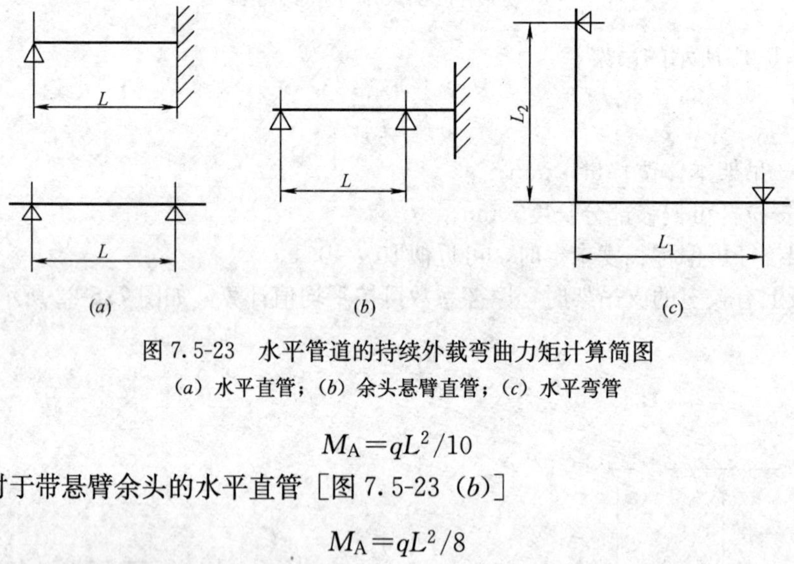

图7.5-23 水平管道的持续外载弯曲力矩计算简图

(*a*) 水平直管；(*b*) 余头悬臂直管；(*c*) 水平弯管

$$M_A=qL^2/10 \tag{7.5-26}$$

(2) 对于带悬臂余头的水平直管［图7.5-23 (*b*)］

$$M_A=qL^2/8 \tag{7.5-27}$$

(3) 对于水平弯管［图7.5-23 (*c*)］

$$M_A=qL^2/5.33 \tag{7.5-28}$$

$$L=L_1+L_2$$

(4) 对于垂直弯管，应根据支吊架布置的具体形式、荷重分配的情况，按不同的公式计算，如图7.5-24，对支吊架1处的弯矩：

$$M_A=\frac{qL_1^2+qL_1L_2}{2} \tag{7.5-29}$$

如图7.5-25对支吊架1处的弯矩计算如下：

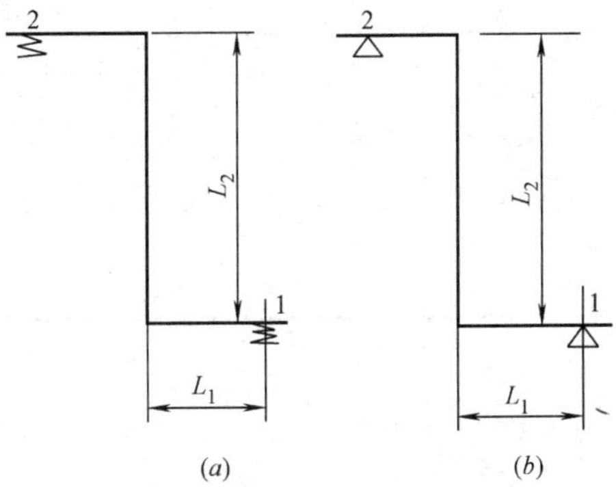

图 7.5-24 垂直弯管支架的持续外载弯曲力矩计算简图

(a) 弹簧支架；(b) 滑动支架

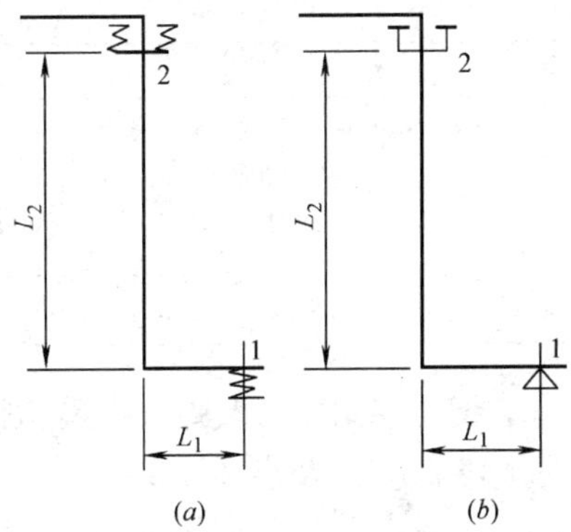

图 7.5-25 垂直弯管吊架（支架）持续外载弯曲力矩计算简图

(a) 弹簧吊架；(b) 刚性吊架

图 7.5-25（a）中的水平管段 L_1 较长时，其荷重分配于支吊架 1 和垂直管段支吊架 2，则

$$M_A=\frac{qL_1^2}{8} \tag{7.5-30}$$

图 7.5-25（b）中的水平管段 L_1 较短时，其水平管段的重力全部由支吊架 1 承担，则

$$M_A=\frac{qL_1^2}{2} \tag{7.5-31}$$

上两式中 M_A——持续外载弯曲力矩，N·mm；

q——管道单位荷重，N/m。

6. 在强度计算中常用的辅助计算参数

参照表 7.5-18。

管道强度计算辅助计算参数表 **表 7.5-18**

序号	名 称	符号	公 式	式 中
1	管壁截面积	A	$\frac{\pi}{4}(d_i^2-d_i^2)=0.785(d_o^2-d_i^2)$	A——管壁截面积，cm^2 或 mm^2； d_o——管子外径，cm 或 mm； d_i——管子内径，cm 或 mm； J——管子截面惯性矩，cm^4 或 mm^4； A_i——管子截面积，cm^2 或 mm^2； W——管子截面抗弯矩，cm^3 或 mm^3； r_m——管道平均半径，cm 或 mm； K——管子柔性系数； h——管子尺寸系数； s_n——连接管道公称壁厚，mm； R——弯曲半径，mm
2	管子截面惯性矩	J	$\frac{\pi}{64}(d_o^4-d_i^4)=0.049(d_o^4-d_i^4)$	
3	管子截面积	A_i	$\frac{\pi}{4}d_i^2=0.785d_i^2$	
4	管子截面抗弯矩	W	$\frac{\pi(d_o^4-d_i^4)}{32d_o}=0.098\frac{d_o^4-d_i^4}{d_o}$	
5	管道平均半径	Y_m	$0.25(d_o+d_i)$	
6	弯管柔性系数	K	$\frac{1.65}{h}$	
7	弯管尺寸系数	h	$\frac{s_n R}{r_m^2}(0.2\leqslant h\leqslant 1.65)$	
8	应力增强系数	i	$\frac{0.9}{h^{2/3}}$	

续表

序号	名称	符号	公式	式中
9	交变次数与应力范围的减小系数 f，应力范围与交变次数的 0.2 次方成反比。 交变次数与应力范围减小系数关系如下： $N \leqslant 2500$ 次时，$f=1.00$；$N=7500$ 次时，$f=0.8$； $N=4000$ 次时，$f=0.90$；$N=15000$ 次时，$f=0.70$。 $N=5500$ 次时，$f=0.85$；			

7. 钢材许用应力及弹性模量和膨胀系数

见表 7.5-19 及表 7.5-20。

钢材许用应力（MPa） **表 7.5-19**

温度(℃) \ 钢材		Q235-A	10	20	16Mn
σ_b^{20}		372	333	392	470
σ_s^{20}		216	196	226	305
管壁温度(℃)	20	124	111	131	156
	100	124	111	131	156
	150	124	111	131	156
	200	124	111	131	156
	250	113	104	125	149
	300	101	91	113	135
	350	—	80	100	129
	400	—	70	87	117
	450	—	49	55	—

常用钢材的弹性模量和线膨胀系数 **表 7.5-20**

钢号		Q235-A Q235-AF	10	20 20g	16Mn 16Mng	15MnV 15MnVg	Q235-A Q235-AF	10	10 20g	16Mn 16Mng	15MnV 15MnVg
		弹性模量（$\times 10^5$ MPa）					线膨胀系数[$\times 10^{-6}$ m/(m·C)]				
计算温度(℃)	20	2.058	1.979	1.979	2.058	2.058	—	—	—	—	—
	100	1.999	1.911	1.833	2.009	2.009	12.2	11.90	11.16	8.31	8.31
	150	1.960	1.862	1.793	1.950	1.950	12.6	12.25	11.64	9.65	9.65
	158	1.954	1.854	1.788	1.941	1.941	12.60	12.31	11.72	9.86	9.86
	200	1.921	1.813	1.754	1.891	1.891	13.0	12.60	12.12	10.99	10.99
	220	1.905	1.793	1.737	1.876	1.876	13.09	12.64	12.25	11.26	11.26
	230	1.897	1.784	1.728	1.868	1.868	13.14	12.66	12.32	11.39	11.39
	240	1.889	1.774	1.719	1.860	1.860	13.18	12.68	12.38	11.52	11.52
	250	1.882	1.764	1.710	1.852	1.852	13.23	12.70	12.45	11.60	11.60
	260	1.874	1.754	1.701	1.844	1.844	13.27	12.72	12.52	11.78	11.78
	270	1.866	1.744	1.692	1.837	1.837	13.32	12.74	12.59	11.91	11.91
	280	1.858	1.735	1.684	1.829	1.829	13.36	12.76	12.65	12.05	12.05
	290	1.850	1.725	1.675	1.821	1.821	13.41	12.78	12.72	12.18	12.18
	300	1.842	1.715	1.666	1.813	1.813	13.45	12.80	12.78	12.31	12.31

续表

钢号		Q235-A Q235-AF	10	20 20g	16Mn 16Mng	15MnV 15MnVg	Q235-A Q235-AF	10	10 20g	16Mn 16Mng	15MnV 15MnVg
		弹性模量(×10⁵MPa)					线膨胀系数[$\times10^{-6}$m/(m·C)]				
计算温度(℃)	310		1.700	1.657	1.803	1.803		12.82	12.89	12.40	12.40
	320		1.686	1.648	1.793	1.793		12.84	12.99	12.49	12.49
	330		1.671	1.640	1.784	1.784		12.86	13.10	12.58	12.58
	340		1.656	1.634	1.774	1.774		12.88	13.20	12.68	12.68
	350		1.642	1.622	1.764	1.764		12.90	13.31	12.77	12.77
	360		1.627	1.613	1.754	1.754		12.92	13.41	12.86	12.86
	370		1.612	1.604	1.744	1.744		12.94	13.52	12.95	12.95
	380		1.597	1.595	1.735	1.735		12.96	13.62	13.04	13.04
	390		1.583	1.587	1.725	1.725		12.98	13.73	13.13	13.13
	400		1.568	1.578	1.715	1.715		13.00	13.83	13.22	13.22

管道截面计算数据表 表 7.5-21

公称直径 DN (mm)	管子外径 d_o (mm)	管子壁厚 s (mm)	管壁截面积 A (cm²)	截面抗弯矩 W (cm³)	惯性矩 J (cm⁴)	公称直径 DN (mm)	管子外径 d_o (mm)	管子壁厚 s (mm)	管壁截面积 A (cm²)	截面抗弯矩 W (cm³)	惯性矩 J (cm⁴)
20	25	2	1.44	0.77	0.96	400	426	5	66.1	688	14653
25	32	2.5	2.32	1.58	2.54			6	79.1	820	17460
32	38	2.5	2.79	2.32	4.41			8	106	1077	22953
(40)	45	2.5	3.3	3.36	7.55	450	478	6	88.9	1036	24780
50	57	3	5.1	6.52	18.6			7	103.5	1202	28728
(65)	73	3	6.6	11.1	40.5			9	133	1526	36473
80	89	3.5	9.4	19.3	86	500	529	5	82.2	1068	28253
100	108	4	13.1	32.8	177			6	89.5	1274	33711
125	133	4	16.2	50.8	337.5			7	115	1478	39106
150	159	4.5	21.8	82	652.3			8	130.9	1680	44439
200	219	5	33.6	175.8	1925	600	630	5	98	1521	47940
		6	40.1	208.1	2278			7	137	2110	66478
250	273	6	50.3	328.7	4487			8	156	2400	75612
		7	58.5	379.3	5177			9	176	2687	84658
300	325	5	50.2	396	6435	700	720	7	157	2768	99648
		6	60.1	471	7651			8	179	3150	113408
		7	69.9	544	8844			10	223	3905	140579
		8	79.7	616	10000	800	820	7	178	3603	147728
350	377	5	58.4	536	10109	900	920	7	201	4548	209216
		6	69.9	638	12035	1000	1020	7	222.7	5603	285764
		9	104	934	17600			8	254	6384	325626

续表

公称直径 DN (mm)	管子外径 d_o (mm)	管子壁厚 s (mm)	管壁截面积 A (cm^2)	截面抗弯矩 W (cm^3)	惯性矩 J (cm^4)	公称直径 DN (mm)	管子外径 d_o (mm)	管子壁厚 s (mm)	管壁截面积 A (cm^2)	截面抗弯矩 W (cm^3)	惯性矩 J (cm^4)
1100	1120	8	279.4	7714	432004	1600	1620	11	556	22215	1799459
1200	1220	9	342.4	10290	627711	1800	1820	12	6816	30606	2785281
1400	1420	10	443	15505	1100880	2000	2020	13	819.6	40864	4127286

8. 管道计算壁厚及其各项应力验算图表

(1) 图表编制及使用说明

热力管道计算壁厚及其各项应力（一、二次应力）验算图表（见表7.5-23），系按本节管道强度计算公式进行计算并汇总编制而成的。为便于设计人员在热网设计时方便使用。本图表计算条件为室外热网架空敷设的热力管道。采用自然转弯和方形补偿器，不涉及其他敷设方式或其他形式的补偿器计算。在热网工程设计中，所选用的各项参数等与本图表所列不符时，则不得使用本图表，应按本节有关公式进行计算和验算。

为检验设计管道的安全性，本图表进行了一、二次应力验算。二次应力的验算，由于它与管道布置（特别是主体布置）有关，所应验算的项目（如主管、转弯、三通以及管道对设备的推力等）较多，不宜于用本图表表达，所以设计者应根据实际情况，做相应的计算，以确保管网的安全运行。

(2) 管道计算条件和参数为：

① 本图表只计算无缝钢管，各项数据见表7.5-21。

② 计算介质为设计压力 $p=2.5$ 和 $p=1.6$MPa；温度 $t=400\sim200°$ 的蒸汽和热水管道。

③ 管子公称直径范围为 $DN=400\sim200$mm。

④ 管道保温材料为岩棉管壳，$\rho=150$kg/m^3；$\lambda=0.036+0.00015t$ W/m·℃。

管子壁厚及其强度应力验算公式见本图表公式编号栏。

(3) 几点说明：

① 计算 σ_{ax} [式 (7.5-21)]，为验算方形补偿器固定支架处的应力（见图7.5-20)。

② 计算 σ_A [式 (7.5-25)]，为验算活动支架处的应力（见图7.5-23)。

③ 计算 σ_E [见式 (7.5-13、7.5-14)] 和 σ_{co} [见式 (7.5-15、7.5-16)]，为按外管平面布置并采用弹性中心法有关公式计算方形补偿器的 σ_E 和 σ_{co} 值。

(4) 本图表的使用方法：

先根据热力管道计算参数 p、t 和管径来确定管子的公称壁厚 s_N 和钢号，再查得计算壁厚和一、二次应力验算，是否在确保安全运行的条件下，选用合适的 s_N 和钢号。同时要考虑管道的经济合理性。如 s_N 与其相应的 s_c、σ_{cq}、σ_L、σ_E、σ_{co} 均为推荐和可用时为止。此时的 s_N 和钢号为所选用值。

具体选用方法为：

先在 d_o 栏的 s_N 处划竖线，再在 s_C、σ_{cq}、σ_L、σ_E、σ_{co} 各栏内的 t 和钢号划横线，横、竖线交点处确定的选用的 s_N 和钢号。同时要考虑安全和经济性。举例如下表（表7.5-24）所示。

表 7.5-22

水和蒸汽管道的热伸长量 ΔL（mm）

饱和蒸汽压力 P(MPa)(表压)								0.05	0.1	0.18	0.27	0.3	0.4	0.5	0.6	0.7	0.8	0.9	1.0	1.2	1.4	1.6	2.0	2.5
管段长 L	t_2 热介质温度(℃)																							
(m)	40	60	70	80	90	95	100	110	120	130	140	143	151	158	164	170	175	179	183	191	197	203	214	225
5	3	4	4	5	6	6	6	7	8	8	9	9	10	10	10	11	11	10	12	12	12	13	13.15	14
10	6	8	9	10	11	12	13	14	15	16	18	18	19	20	21	21	22	22	23	24	24	25	26	28
15	8	11	13	15	17	18	19	21	23	24	26	27	28	30	31	32	33	33	34	35	37	38	39	41
20	11	15	18	20	23	24	25	28	30	33	35	36	38	40	41	43	44	45	46	47	49	50	52	55
25	14	19	22	25	28	30	31	34	38	41	44	45	47	50	51	53	55	56	57	59	61	63	66	68
30	17	23	26	30	34	36	38	41	45	49	53	54	57	60	62	64	66	67	69	71	73	75	79	82
35	19	26	31	35	40	42	44	48	53	57	61	63	66	70	72	74	77	79	80	83	85	88	92	97
40	22	30	35	40	45	48	50	55	60	65	70	72	76	80	82	85	88	90	92	94	97	100	101	110
45	25	34	40	45	51	54	56	62	68	73	79	81	85	90	92	96	99	101	103	106	109	112	118	124
50	27	38	44	50	57	60	63	69	75	81	88	89	95	99	103	106	110	112	114	118	121	125	131	138
55	30	41	48	55	62	66	69	76	83	89	96	99	104	109	113	117	120	123	126	129	134	137	145	152
60	33	45	53	60	68	71	75	83	90	98	105	107	114	119	123	128	131	134	137	141	146	150	158	165
65	35	49	57	65	74	77	81	89	98	106	114	116	123	129	133	138	142	145	148	153	158	162	171	179
70	38	53	62	70	79	83	88	96	105	113	123	125	132	139	144	149	154	157	160	165	170	175	184	193
75	41	56	66	75	85	89	94	103	113	122	131	134	142	148	154	159	164	168	172	176	182	187	197	203
80	44	60	70	80	90	95	100	110	120	130	140	143	152	158	164	170	175	180	183	188	194	200	210	220
85	46	64	75	85	96	101	100	117	128	138	149	152	161	168	174	180	186	190	194	200	206	212	224	234
90	49	68	79	90	102	107	113	124	135	146	157	161	171	178	185	191	197	200	205	212	218	225	236	248
95	52	71	83	95	107	113	119	130	143	154	166	170	180	188	195	202	208	212	217	223	230	237	250	262
100	54	75	88	100	113	119	125	137	150	163	175	179	190	198	205	212	219	224	229	235	243	250	263	276
105	57	79	92	105	119	123	131	144	158	170	184	188	199	208	215	223	230	235	240	247	255	262	276	290
110	60	83	96	110	124	131	138	151	165	180	194	197	288	218	226	234	240	246	252	259	267	274	290	304

本表按公式：$\Delta L = 0.012(t_2 - t_1) \cdot L$ mm，安装温度为：$t_1 = -5$℃。

表7.5-23

热力管道计算壁厚及其各项应力（一、二次）验算图表

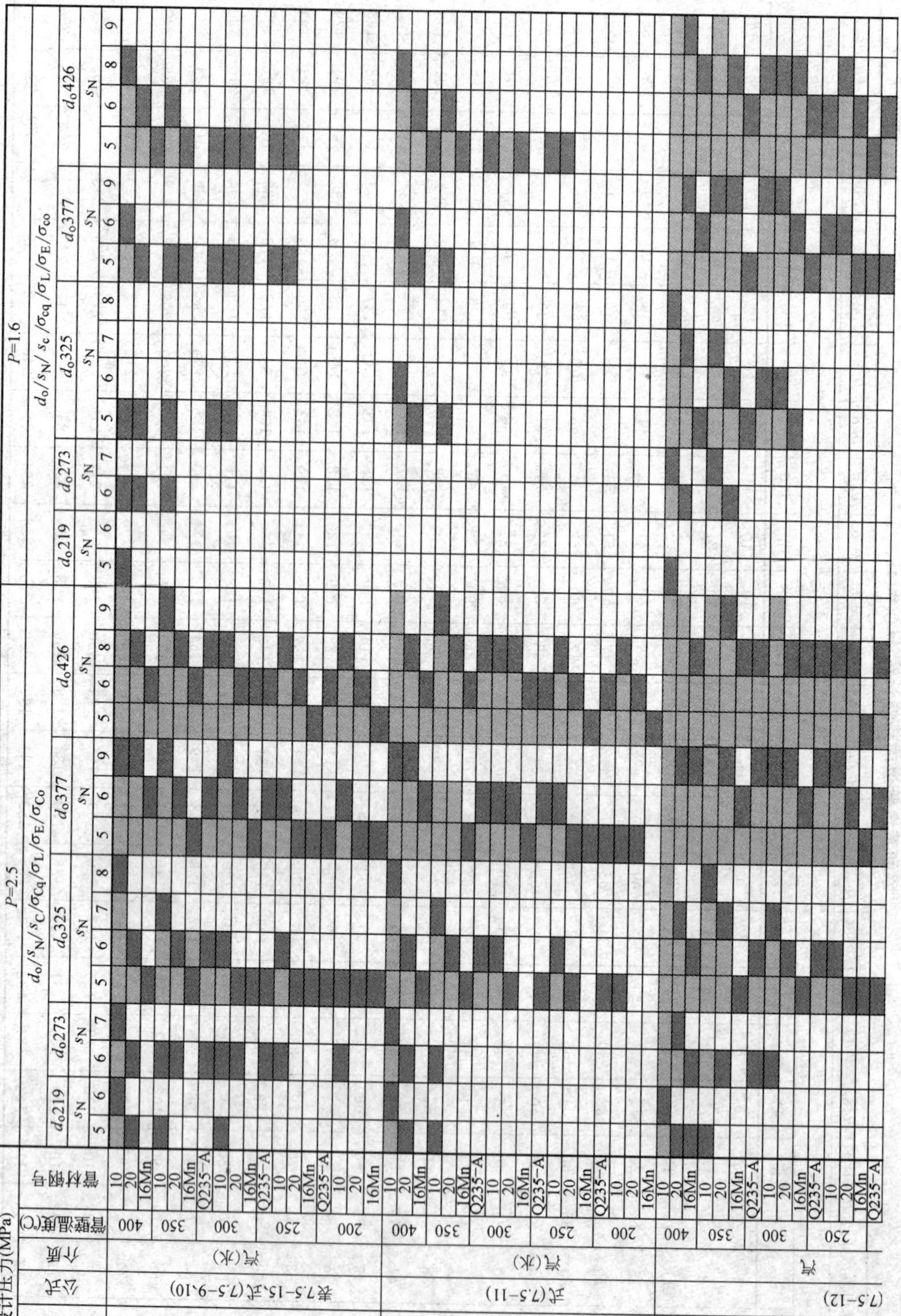

验算项目		公式	介质	温度	钢号
管道应力范围验算	管道持续荷	式		200	10
					20
					16Mn
			水	250	Q235-A
					10
					20
					16Mn
				200	Q235-A
					10
					20
					16Mn
	管系热胀应力范围, σ_E, (MPa)	式(7.5-13.14)	汽(水)	400	10
					20
					16Mn
				350	10
					20
					16Mn
				300	Q235-A
					10
					20
					16Mn
				250	Q235-A
					10
					20
					16Mn
				200	Q235-A
					10
					20
					16Mn
	管道持续外载, 热胀应力范围, σ_{co} (MPa)	式(7.5-15.16)	汽	400	10
					20
					16Mn
				350	10
					20
					16Mn
				300	Q235-A
					10
					20
					16Mn
				250	Q235-A
					10
					20
					16Mn
				200	Q235-A
					10
					20
					16Mn
			水	250	Q235-A
					10
					20
					16Mn
				200	Q235-A
					10
					20
					16Mn

注：① $s_c > s_N$; σ_{cq}、$\sigma_L > [\sigma]^t$; $\sigma_E > [\sigma]^{t1}$; $\sigma_{co} > [\sigma]^{t2}$ 不可用(不安全)

$s_c \leqslant s_N$; σ_{cq}、$\sigma_L \leqslant [\sigma]^t$; $\sigma_E \leqslant [\sigma]^{t1}$; $\sigma_{co} \leqslant [\sigma]^{t2}$ 推荐值(较佳)

$s_c < s_N$; σ_{cq}、$\sigma_L < [\sigma]^t$; $\sigma_E < [\sigma]^{t1}$; $\sigma_{co} < [\sigma]^{t2}$ 可用(不经济)

② s_N— 无缝钢管系列中的几个通(常)用壁厚。

举例表 表7.5-24

举例			例1			例2			
已知		介质	蒸汽			热水			
		压力	p=2.5MPa			p=1.6MPa			
		温度	t=400℃			t=250℃			
		d_o	219mm			325mm			
设定		s_N(mm)	5		6	5	6	7	8
		钢号	20	16M	16Mn	20	20、16Mn	16Mn	16Mn
计算壁厚		s_c(mm)	推荐	可用	可用	可用	可用	可用	可用
应力验算	一次	σ_{cq}	推荐	可用	可用	可用	可用	可用	可用
		σ_L	推荐	推荐	可用	可用	可用	可用	可用
	二次	σ_E	不可用	不可用	推荐	不可用	可用	不可用	推荐
		σ_{co}	不可用	推荐	可用	不可用	不可用	推荐	可用
结论			不可用		可用	不可用			可用

注：s_c 和 σ_{cq}、σ_L、σ_E、σ_{co} 五项应力验算中有一项为不可用则认为不安全，不能采用该 s_N 和钢号。

7.6 热力管道支架

7.6.1 管道支吊架设计要求

1. 支吊架的设置和选型，应保证正确支吊管道，符合管道补偿、热位移和对设备(包括固定支架等）推力的要求，防止管道振动。

2. 确定支吊架间距时，应考虑管道荷重的合理分布，并满足疏、放水的要求。

3. 支吊架必须支承在可靠的构筑物上，支吊架结构应具有足够的强度和刚度，并应尽量简单。

4. 支吊架的装设，不影响设备检修以及其他管道的安装和扩建。

5. 为便于施工，尽量采用典型结构和元件。

7.6.2 支吊架形式和布置

1. 支吊架形式选择和分类

支吊架形式的选择分类见表7.6-1。

管道支吊架分类 表7.6-1

序号	支吊架分类		敷设条件
1	固定支架		用于管道上不允许有任何位移的部位
2	活动支架用于承受管道垂直荷载并允许有水平位移	刚性吊架	用于管道上无垂直位移或垂直位移很小的部位
		滑动支架	用于当水平摩擦力无严格限制时
		滚动支架	用于当要减少管道水平摩擦作用力时
		滚柱支架	用于当要减少管道轴向摩擦作用力时

续表

序号	支吊架分类		敷设条件
3	导向支架用于只允许有轴向位移的部位	滑动导向支架	用于当水平摩擦力无严格限制时
		滚珠导向支架	用于当要减小管道水平摩擦作用力时
		滚柱导向支架	用于当要减少管道轴向摩擦作用力时
4	弹簧吊架		用于当管道上具有垂直位移的地方，有水平位移时，弹簧支架应加装滚柱

2. 支吊架布置

(1) 设备接口附近的支吊架间距和形式，应符合管道的强度、刚度和防振要求外，应使设备接口所承受的管道最大荷重、推力和力矩在允许范围内。

(2) 支吊架宜布置在靠近集中荷重（如阀门、三通）附近。

(3) 当垂直管段仅有一个支吊架时，一般装在垂直管段的上部约三分之一处。此时垂直管段上部的水平管段第一个支吊架，可装在允许间距之四分之三范围内；垂直管段下部的水平管段第一个支吊架，可装在允许间距的二分之一范围内。

当垂直管段的支吊架只能设在该管段的下方时，垂直管段上部和下部的水平管段第一个吊架的位置与上述相反。

(4) 水平弯管两侧的支吊架间距应将其中一只设置在靠近弯管的直管段上。

7.6.3 管道活动、固定支架跨距的计算

管道的允许跨度应按强度及刚度两个条件确定，取其最小值作为最大允许跨距。

1. 按强度条件确定管道活动支架的跨距 l (cm)

对于连续敷设的水平直管跨距（见图 7.6-1）宜按下式计算或从表 7.6-3～表 7.6-6 查得。

$$l=\sqrt{\frac{15[\sigma_w]\cdot W\cdot\varphi}{q}} \tag{7.6-1}$$

式中 $[\sigma_w]$——许用外载综合应力，MPa，见表 7.6-8；

W——管子断面抗弯矩，cm^3，见表 7.6-10；

φ——管子强度焊缝系数，见表 7.6-2；

q——管子单位长度计算重量，见表 7.6-3～表 7.6-6。

管子强度焊缝系数 φ **表 7.6-2**

横向焊缝系数		纵向焊缝系数	
焊接情况	φ	焊接情况	φ
手工电弧焊	0.7	手工电弧焊	0.7
有垫环对焊	0.9	直缝焊接钢管	0.8
手工双面加强焊	0.95	螺旋焊接钢管	0.6
自动双面焊	1.0		
自动单面焊	0.8		
无垫环对焊	0.7		

2. 按刚度条件确定管道的活动支架跨距

根据对管道挠度的限制所确定的管道允许跨距，即按刚度条件确定的管道活动支架跨距。

根据管道输送介质的情况，合理地确定最大允许挠度（图 7.6-2 的 Δ_{max}），以适当扩大管道的允许跨距。

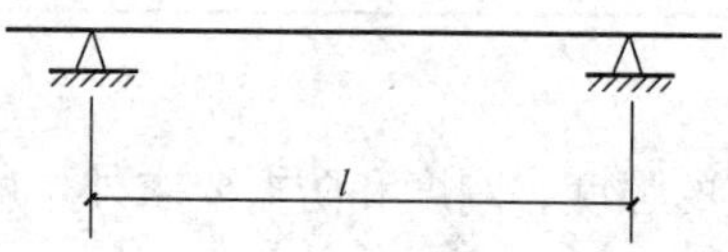

图 7.6-1　活动支架跨距计算图（按强度条件）

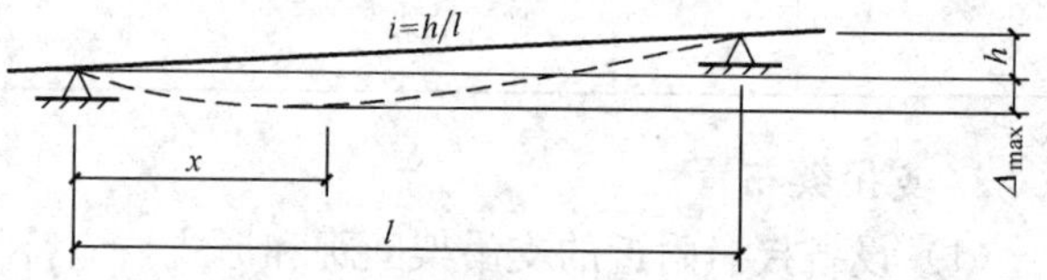

图 7.6-2　活动支架跨距计算图（按刚度条件）

按 $\Delta_{max}=0.1DN$ 的条件确定管道允许跨距，可用下式计算或从表 7.6-3～表 7.6-6 查得。

对于连续敷设的水平直管：

$$\left.\begin{aligned} l=l_1&=\frac{x^4+\dfrac{24E\cdot J}{q}\cdot\dfrac{ix}{2}+\dfrac{24E\cdot J}{q}\cdot\dfrac{DN}{10^2}}{x^3}\\ l=l_1&=2x+\sqrt{x^2-\frac{1}{x^2}\cdot\frac{24E\cdot J}{q}\cdot\frac{DN}{10^2}}\end{aligned}\right\}\tag{7.6-2}$$

式中　l、l_1、l_2——活动支架跨距，cm；

x——管道支座到管子最大挠曲面的距离，cm；

$E\cdot J$——管子刚度，$N\cdot cm^2$，见表 7.6-10；

q——管子单位长度计算重量，N/m，见表 7.6-3～表 7.6-6；

DN——管子公称直径，cm；

i——管子坡度。

3. 各种活动支架跨距选查表（见表 7.6-4～表 7.6-7）

管子单位长度计算重量表　　　　**表 7.6-3**

公称直径	外径×厚度	管子重 q_1	凝结水重 q_2	充满水重 q_3	不保温管计算重量		保温管道计算重量		
					汽体管 q_4	液体管 q_5	200℃汽体管 q_6	200℃液体管 q_7	350℃汽体管 q_8
(mm)	(mm)	(N/m)	(N/m)	(N/m)	(N/m)	(N/m)	(N/m)	(N/m)	(N/m)
25	32×2.5	17.6	1.1	5.7	22.4	26.8	22.4+1.2g	26.8+1.2g	17.6+1.2g
32	38×2.5	21.9	1.7	8.6	28.3	34.9	28.3+1.2g	34.9+1.2g	21.9+1.2g
40	45×2.5	26.2	2.5	12.6	34.4	44.0	34.4+1.2g	44.0+1.2g	26.2+1.2g
50	57×3.5	46.2	3.9	19.6	60.1	75.0	60.1+1.2g	75.0+1.2g	46.2+1.2g
65	73×3.5	60.0	6.8	34.2	80.2	106.2	80.2+1.2g	106.2+1.2g	60.0+1.2g
80	89×3.5	73.8	10.5	52.8	101.7	141.4	101.7+1.2g	141.4+1.2g	73.8+1.2g
100	108×4	102.6	11.8	78.5	137.3	201.6	137.3+1.2g	201.6+1.2g	102.6+1.2g

续表

公称直径	外径×厚度	管子重 q_1	凝结水重 q_2	充满水重 q_3	不保温计算重量		保温管道计算重量		
					汽体管 q_4	液体管 q_5	200℃汽体管 q_6	200℃液体管 q_7	350℃汽体管 q_8
(mm)	(mm)	(N/m)	(N/m)	(N/m)	(N/m)	(N/m)	(N/m)	(N/m)	(N/m)
125	133×4	127.3	18.4	122.7	174.8	275.5	174.8+1.2g	275.5+1.2g	127.3+1.2g
150	159×4.5	171.5	26.5	176.7	237.6	382.5	237.6+1.2g	382.5+1.2g	171.5+1.2g
200	219×6	315.2	50.5	336.5	438.8	714.7	438.8+1.2g	714.7+1.2g	315.2+1.2g
250	273×7	459.2	79.0	527	645.8	1078.0	645.8+1.2g	1078.0+1.2g	459.2+1.2g
300	325×8	625.4	112.5	750	885.5	1499.4	885.5+1.2g	1499.4+1.2g	625.4+1.2g
350	377×9	816.8	152	1012	1162.6	1992.2	1162.6+1.2g	1992.2+1.2g	816.8+1.2g
400	426×9	925.5	196	1307	1346.4	2417.6	1346.4+1.2g	2417.6+1.2g	925.5+1.2g

注；表中 g 是单位长度保温结构重量，N/m，按不同的保温材料不同的介质温度，查国家保温管道标准图。

不保温管道最大跨距表　　表 7.6-4

公称直径	外径×壁厚	最大跨距					
		汽体管			液体管		
		单位重量	按强度的跨距	按刚度的跨距	单位重量	按强度的跨距	按刚度的跨距
(mm)	(mm)	(N/m)	(m)	(m)	(N/m)	(m)	(m)
25	32×2.5	22.4	9.19	4.86	26.8	8.40	4.61
32	38×2.5	28.3	9.90	5.49	34.9	8.92	5.17
40	45×2.5	34.4	10.80	6.24	44	9.55	5.81
50	57×3.5	60.1	12.04	7.36	75	10.86	6.90
65	73×3.5	80.2	13.57	8.80	106.2	11.80	8.21
80	89×3.5	101.7	15.01	10.11	141.4	12.73	9.20
100	108×4	137.3	16.83	11.77	201.6	13.89	10.55
125	133×4	174.8	18.49	13.63	275.5	14.73	11.98
150	159×4.5	237.6	20.13	15.48	382.5	15.86	13.53
200	219×6	438.8	23.57	19.37	714.7	18.47	16.89
250	273×7	645.8	26.17	22.65	1078	20.26	19.63
300	325×8	885.5	28.45	25.68	1499.4	21.87	22.17
350	377×9	1162.6	31.37	28.57	1992.2	23.96	24.60
400	426×9	1346.4	32.07	30.94	2417.6	23.94	26.31

P=1.3MPa

t=200℃　　各种保温管道最大允许跨距表　　表 7.6-5

序号	管子规格 $D_w \times S$ (mm)	项目	管子单位长度计算重量的分类											
			1	2	3	4	5	6	7	8	9	10	11	12
1	32×2.5	管子计算重量(N/m)	70	100	130	160	190	220	250	280	310	340	370	400
		按强度计算跨距(m)	5.20	4.39	3.81	3.43	3.15	2.93	2.75	2.59	2.46	2.35	2.26	2.17
		按刚度计算跨距(m)	3.49	3.15	2.92	2.75	2.63	2.52	2.43	2.35	2.28	2.22	2.17	2.13

续表

序号	管子规格 $D_w \times S$ (mm)	项目	管子单位长度计算重量的分类											
			1	2	3	4	5	6	7	8	9	10	11	12
2	38×2.5	管子计算重量(N/m)	80	115	150	185	220	255	290	325	360	395	430	465
		按强度计算跨距(m)	5.89	4.91	4.30	3.87	3.55	3.30	3.09	2.92	2.77	2.66	2.54	2.44
		按刚度计算跨距(m)	4.07	3.67	3.40	3.21	3.05	2.93	2.82	2.74	2.66	2.59	2.53	2.48
3	45×2.5	管子计算重量(N/m)	90	125	160	195	230	265	300	335	370	405	440	475
		按强度计算跨距(m)	6.68	5.66	5.00	4.53	4.17	3.89	3.65	3.46	3.29	3.14	3.02	2.91
		按刚度计算跨距(m)	4.74	4.32	4.03	3.81	3.63	3.49	3.37	3.27	3.18	3.10	3.03	2.97
4	57×3.5	管子计算重量(N/m)	125	170	215	260	305	350	395	440	485	530	575	620
		按强度计算跨距(m)	8.41	7.21	6.41	5.83	5.38	5.02	4.73	4.48	4.26	4.08	3.92	3.78
		按刚度计算跨距(m)	5.98	5.48	5.12	4.86	4.64	4.47	4.32	4.19	4.08	3.98	3.89	3.81
5	73×3.5	管子计算重量(N/m)	150	200	250	300	350	400	450	500	550	600	650	700
		按强度计算跨距(m)	9.92	8.59	7.69	7.02	6.50	6.08	5.73	5.43	5.18	4.96	4.77	4.59
		按刚度计算跨距(m)	7.38	6.80	6.38	6.06	5.80	5.59	5.41	5.25	5.11	4.99	4.88	4.78
6	89×3.5	管子计算重量(N/m)	190	250	310	370	430	490	550	610	670	730	790	850
		按强度计算跨距(m)	10.98	9.56	8.59	7.86	7.30	6.83	6.45	6.13	5.85	5.59	5.38	5.18
		按刚度计算跨距(m)	8.48	7.85	7.38	7.03	6.74	6.49	6.29	6.11	5.95	5.81	5.69	5.57
7	108×4	管子计算重量(N/m)	245	320	395	470	545	620	695	770	845	920	995	1070
		按强度计算跨距(m)	12.60	11.02	9.92	9.09	8.45	7.92	7.48	7.10	6.78	6.50	6.25	6.03
		按刚度计算跨距(m)	10.01	9.29	8.75	8.34	8.00	7.72	7.47	7.26	7.08	6.92	6.77	6.63
8	133×4	管子计算重量(N/m)	300	390	480	570	660	750	840	930	1020	1110	1200	1290
		按强度计算跨距(m)	14.11	12.38	11.16	10.24	9.52	8.93	8.44	8.02	7.66	7.34	7.06	6.81
		按刚度计算跨距(m)	11.74	10.90	10.29	9.80	9.41	9.08	8.80	8.56	8.34	8.15	7.98	7.82
9	159×4.5	管子计算重量(N/m)	370	485	600	715	830	945	1060	1175	1290	1405	1520	1635
		按强度计算跨距(m)	16.13	14.09	12.66	11.60	10.77	10.09	9.53	9.05	8.64	8.28	7.96	7.67
		按刚度计算跨距(m)	13.71	12.70	11.97	11.40	10.94	10.55	10.22	9.93	9.68	9.46	9.26	9.07
10	219×6	管子计算重量(N/m)	620	770	920	1070	1220	1370	1520	1670	1820	1970	2120	2270
		按强度计算跨距(m)	19.69	17.66	16.16	14.99	14.04	13.24	12.57	11.99	11.49	11.04	10.65	10.29
		按刚度计算跨距(m)	17.63	16.59	15.79	15.14	14.60	14.14	13.74	13.38	13.07	12.79	12.53	12.30
11	273×7	管子计算重量(N/m)	880	1060	1240	1420	1600	1780	1960	2140	2320	2500	2680	2860
		按强度计算跨距(m)	22.23	20.25	18.72	17.50	16.49	15.63	14.89	14.26	13.69	13.19	12.74	12.33
		按刚度计算跨距(m)	20.85	19.79	18.94	18.24	17.65	17.14	16.69	16.29	15.93	15.61	15.31	15.04
12	325×8	管子计算重量(N/m)	1150	1370	1590	1810	2030	2250	2470	2690	2910	3130	3350	3570
		按强度计算跨距(m)	24.75	22.67	21.04	19.73	18.63	17.69	16.88	16.18	15.56	15.00	14.50	14.05
		按刚度计算跨距(m)	23.95	22.82	21.89	21.12	20.46	19.89	19.38	18.93	18.53	18.16	17.83	17.52
13	377×9	管子计算重量(N/m)	1470	1740	2010	2280	2550	2820	3090	3360	3630	3900	4170	4440
		按强度计算跨距(m)	27.62	25.39	23.62	22.18	20.97	19.95	19.05	18.27	17.58	16.96	16.40	15.90
		按刚度计算跨距(m)	26.86	25.63	24.63	23.78	23.06	22.43	21.87	21.38	20.93	20.52	20.15	19.80
14	426×9	管子计算重量(N/m)	1690	2010	2330	2650	2970	3290	3610	3930	4250	4570	4890	5210
		按强度计算跨距(m)	28.27	25.92	24.08	22.58	21.33	20.26	19.34	18.54	17.83	17.19	16.62	16.10
		按刚度计算跨距(m)	29.15	27.78	26.67	25.74	24.95	24.26	23.65	23.11	22.62	22.17	21.77	21.39

P=1.3MPa

t=350℃

各种保温管道最大允许跨距表 **表 7.6-6**

序号	管子规格 $D_w \times S$ (mm)	项目	管子单位长度计算重量的分类											
			1	2	3	4	5	6	7	8	9	10	11	12
1	32×2.5	管子计算重量(N/m)	80	125	170	215	260	305	350	395	440	485	530	575
		按强度计算跨距(m)	3.96	3.17	2.71	2.41	2.20	2.03	1.89	1.78	1.69	1.60	1.5	1.48
		按刚度计算跨距(m)	3.26	2.87	2.63	2.46	2.33	2.23	2.14	2.07	2.01	1.96	1.91	1.87
2	38×2.5	管子计算重量(N/m)	100	155	210	265	320	375	430	485	540	595	650	705
		按强度计算跨距(m)	4.29	3.44	2.96	2.63	2.39	2.21	2.07	1.94	1.84	1.76	1.68	1.61
		按刚度计算跨距(m)	3.71	3.28	3.01	2.82	2.67	2.56	2.46	2.38	2.31	2.25	2.19	2.14
3	45×2.5	管子计算重量(N/m)	110	165	220	275	330	385	440	495	550	605	660	715
		按强度计算跨距(m)	4.91	4.01	3.48	3.10	2.83	2.63	2.45	2.32	2.20	2.10	2.01	1.93
		按刚度计算跨距(m)	4.35	3.88	3.58	3.36	3.19	3.06	2.95	2.85	2.77	2.70	2.63	2.58
4	57×3.5	管子计算重量(N/m)	150	215	280	345	410	475	540	605	670	735	800	865
		按强度计算跨距(m)	6.25	5.22	4.58	4.12	3.78	3.51	3.29	3.11	2.96	2.8	2.71	2.60
		按刚度计算跨距(m)	5.52	4.98	4.62	4.36	4.15	3.98	3.84	3.73	3.62	3.53	3.45	3.37
5	73×3.5	管子计算重量(N/m)	190	270	350	430	510	590	670	750	830	910	990	1070
		按强度计算跨距(m)	7.16	6.01	5.28	4.76	4.37	4.06	3.81	3.60	3.42	3.27	3.13	3.02
		按刚度计算跨距(m)	6.70	6.07	5.64	5.33	5.08	4.88	4.71	4.56	4.44	4.32	4.22	4.14
6	89×3.5	管子计算重量(N/m)	220	315	410	505	600	695	790	885	980	1075	1170	1265
		按强度计算跨距(m)	8.27	6.91	6.05	5.45	5.01	4.65	4.36	4.12	3.91	3.74	3.58	3.44
		按刚度计算跨距(m)	7.91	7.15	6.64	6.26	5.97	5.73	5.53	5.36	5.21	5.08	4.96	4.86
7	108×4.0	管子计算重量(N/m)	270	380	490	600	710	820	930	1040	1150	1260	1370	1480
		按强度计算跨距(m)	9.71	8.18	7.21	6.51	5.99	5.57	5.23	4.94	4.70	4.49	4.31	4.15
		按刚度计算跨距(m)	9.47	8.60	8.01	7.57	7.23	6.94	6.71	6.50	6.32	6.17	6.03	5.90
8	133×4.0	管子计算重量(N/m)	350	485	620	755	890	1025	1160	1295	1430	1565	1700	1835
		按强度计算跨距(m)	10.53	8.95	7.91	7.17	6.60	6.15	5.78	5.47	5.21	4.98	4.78	4.60
		按刚度计算跨距(m)	10.92	9.97	9.31	8.82	8.43	8.10	7.83	7.60	7.39	7.21	7.05	6.91
9	159×4.5	管子计算重量(N/m)	420	575	730	885	1040	1195	1350	1505	1660	1815	1970	2125
		按强度计算跨距(m)	12.17	10.40	9.23	8.38	7.73	7.21	6.78	6.42	6.12	5.85	5.62	5.41
		按刚度计算跨距(m)	12.86	11.78	11.02	10.45	9.99	9.62	9.30	9.03	8.79	8.58	8.39	8.21
10	219×6	管子计算重量(N/m)	700	900	1100	1300	1500	1700	1900	2100	2300	2500	2700	2900
		按强度计算跨距(m)	14.73	12.99	11.75	10.81	10.06	9.45	8.94	8.50	8.12	7.80	7.50	7.24
		按刚度计算跨距(m)	16.57	15.45	14.61	13.95	13.41	12.95	12.56	12.22	11.92	11.65	11.41	11.19
11	273×7	管子计算重量(N/m)	940	1190	1440	1690	1940	2190	2440	2690	2940	3190	3440	3690
		按强度计算跨距(m)	17.03	15.13	13.75	12.70	11.85	11.15	10.57	10.06	9.62	9.24	8.90	8.60
		按刚度计算跨距(m)	19.90	18.63	17.67	16.91	16.28	15.74	15.28	14.88	14.55	14.20	13.91	13.65
12	325×8	管子计算重量(N/m)	1210	1480	1750	2020	2290	2560	2830	3100	3370	3640	3910	4180
		按强度计算跨距(m)	19.03	17.21	15.83	14.73	13.84	13.09	12.44	11.89	11.40	10.97	10.59	10.24
		按刚度计算跨距(m)	22.96	21.71	20.73	19.92	19.25	18.67	18.16	17.71	17.31	16.95	16.62	16.32
13	377×9	管子计算重量(N/m)	1580	1890	2200	2510	2820	3130	3440	3750	4060	4370	4680	4990
		按强度计算跨距(m)	20.44	18.68	17.31	16.21	15.30	14.52	13.84	13.26	12.74	12.28	11.87	11.50
		按刚度计算跨距(m)	25.60	24.36	23.36	22.53	21.82	21.20	20.66	20.18	19.74	19.35	18.99	18.66

续表

序号	管子规格 $D_w \times S$ (mm)	项 目	管子单位长度计算重量的分类											
			1	2	3	4	5	6	7	8	9	10	11	12
14	426×9	管子计算重量(N/m)	1800	2140	2480	2820	3160	3500	3840	4180	4520	4860	5200	5540
		按强度计算跨距(m)	21.28	19.51	18.13	17.00	16.06	15.26	14.57	13.96	13.42	12.95	12.52	12.13
		按刚度计算跨距(m)	27.86	26.56	25.50	24.61	23.86	23.20	22.62	22.10	21.63	21.21	20.82	20.47

不通行地沟内管道活动支架最大允许跨距 **表 7.6-7**

公称直径(*DN*)	25	32	40	50	65	80	100	125	150	200	250	300	350	400
蒸汽、热水管跨距(m)	1.7	2.0	2.0	2.5	3.0	3.5	4.0	4.5	5.0	6.5	7.5	8.0	8.5	9.5
不保温凝结水管跨距(m)	3.0	4.0	4.5	5.0	6.0	6.0	7.0	7.5	8.0	9.5	10.5	11.5	11.5	13.0

许用外载综合应力 [σ_w] MPa，P=1.3MPa **表 7.6-8**

管子规格 $D_w \times S$(mm)	ϕ32×2.5	ϕ38×2.5	ϕ45×2.5	ϕ57×3.5	ϕ73×3.5	ϕ89×3.5	ϕ108×4	ϕ133×4	ϕ159×4.5	ϕ219×6	ϕ273×7	ϕ325×8	ϕ377×9	ϕ426×9
200℃	114	113.90	113.69	113.80	113.48	112.96	112.86	112.13	118.81	110.04	109.30	108.88	108.47	106.90
350℃	75.73	75.59	75.31	75.52	74.89	74.26	73.99	72.80	72.25	69.57	68.51	67.81	67.21	64.48

各种活动支架允许跨距表（表 7.6-4～表 7.6-6）的使用条件如下：

(1) 横向焊缝系数取用手工电弧焊，φ=0.7；

(2) 管子坡度 i=0.002；管道允许反坡 Δ_{max}=0.1DN；

(3) 表中所列最大跨距是按连续敷设的水平直管公式计算的。

对尽端直管的跨距，可以近似地等于表中最后选定的水平直管跨距的 0.8 倍。

对水平弯管的跨距，可近似取表中最后选定的水平直管跨距的 0.65 倍。

4. 管道固定支架间距的确定

选用固定支架间距时，不应使管道产生纵向弯曲。一般可按表 7.6-9 确定。

热力管道固定支架最大允许跨距表 **表 7.6-9**

公称直径 *DN*(mm)		25	32	40	50	65	80	100	125	150	200	250	300	350	400	450	500	600
方形补偿器	地沟或架空敷设(m)	30	35	45	50	55	60	65	70	80	90	100	115	130	145	160	180	200
套筒补偿器	通行地沟或架空敷设(m)			25	25	35	40	40	50	55	60	70	80	90	100	120	120	140
波纹管补偿器	地沟或架空敷设(m)						8	10	12	12	18	18	18	25	25	30	30	30
球形补偿	地沟或架空敷设(m)	100～500(一般 400～500)																
L形补偿器 地沟架空	长边(m)	≤15	18	20	24	24	30	30	30	30								
	短边(m)	≥2	2.5	3.0	3.5	4.0	5.0	5.5	6.0	6.0								

常用管子计算数值表 表 7.6-10

公称直径 DN (mm)	外径 D_w (mm)	壁厚 s (mm)	内径 d (mm)	管内断面积 F (cm²)	管壁断面积 f(cm²)	管子截面惯性矩 J(cm⁴)	管子断面抗弯矩 W(cm³)	管子刚度(E·J) ×10⁷(N·cm²) 200℃	350℃
25	32	2.5	27	5.73	2.32	2.54	1.58	4.763	4.305
32	38	2.5	33	8.55	2.79	4.41	2.32	8.269	7.475
40	45	2.5	40	12.57	3.30	7.55	3.36	14.156	12.797
50	57	3.5	50	19.63	5.88	21.11	7.40	39.581	35.781
65	73	3.5	66	34.2	7.64	46.3	12.4	86.813	78.479
80	89	3.5	82	52.81	9.41	86	19.3	161.25	145.71
100	108	4	100	78.54	13.1	177	32.8	331.88	300.02
125	133	4	125	122.7	16.2	337	50.8	631.88	571.22
150	159	4.5	150	176.7	21.9	652	82	1222.5	1105.14
200	219	4	211	349.5	27.0	1559	142	2923.13	2642.51
		6	207	336.5	40.2	2279	208	4273.13	3862.91
250	273	4	265	551	33.8	3053	219	5724.38	5174.84
		7	259	526.9	58.4	5177	379	9706.88	8775.02
300	325	4	317	788.8	40.3	5428	334	10177.5	9200.46
		5	315	778.9	50.2	6424	395	12045	10888.61
		8	309	749.9	79.7	10010	616	18768.75	16966.95
350	377	4	369	1069	46.9	8138	432	15258.75	13793.91
		5	367	1057	58.4	10092	535	18922.5	17105.91
		9	359	1012	104	17620	935	33037.5	29865.90
400	426	4	418	1372	53	11785	553	22096.88	19975.58
		6	414	1346	79	17460	820	32737.5	29594.7
		9	408	1307	118	25600	1204	48000	43392.0

注：① 计算数值均按管壁额定厚度计算；

② 刚度计算按 $E=1.875\times10^5$ （$t=200$℃）及 1.695×10^5 （$t=350$℃）MPa；

③ 表中计算公式：

$$J=\frac{\pi(D_w^4-d^4)}{64}=0.049(D_w^4-d^4);$$

$$w=\frac{\pi(D_w^4-d^4)}{32D_w}=0.098\times\frac{D_w^4-d^4}{D_w};$$

$$f=0.785(D_w^2-d^2)。$$

7.6.4 管道支架荷载及推力计算

1. 管道支架荷载及推力的计算公式（见表 7.6-11）

管道支架荷载及推力计算公式表 表 7.6-11

荷载种类	计算公式	备注或简图
一、垂直荷载		
1. 汽体管道	$Q=\Sigma1.2(q_z+q_w+q_L)l$	
2. 液体管道	$Q=\Sigma1.2(q_z+q_w)l+\Sigma q_y\cdot l$	
二、水平荷载		
1. 轴向荷载		
(1)固定支架轴向荷载		

续表

荷 载 种 类	计 算 公 式	备注或简图
①方形或拐弯补偿器的弹性力	表 7.5-4	
②套筒补偿器的摩擦力	表 7.5-6、表 7.5-7	
③球补转动摩擦力矩折算的轴向力	表 7.5-14 $F_j=\frac{2M}{l}$	根据球补布置尺寸折算
④由活动支座传来的摩擦力	$F_m=\mu\cdot q\cdot L_1$(或 L_2)	
⑤由介质压力作用在闸门、拐弯处的水平内压力	$F_n=0.785d_n^2\cdot P$	采用套筒或波纹管补偿器时,才有此项力
(2)刚性活动支架轴向荷载		
①对直管道支架	$F_m=\mu\cdot q\cdot l$	
②对拐弯管道支架轴向摩擦力	$F_m=q\cdot\mu\cdot l\cdot\cos\alpha$(轴向)	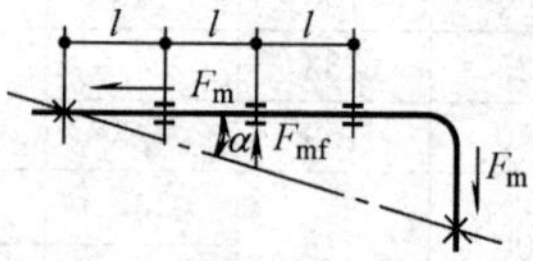
③吊架水平推力	$F_m=q\cdot\mu_i\cdot l$	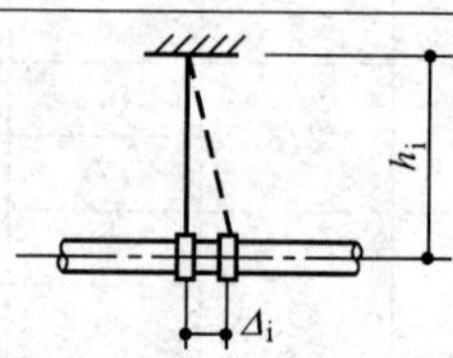
2. 侧向水平荷载		
(1)由拐弯补偿器或支架传来的弹性力	式(7.5-1～7.5-6)	图 7.5-5～图 7.5-12
(2)管道横向位移产生的摩擦力	$F_{mf}=q\cdot\mu\cdot l\cdot\sin\alpha$(侧向)	见附图②
(3)作用在管道上的风荷载	$F_f=13K\cdot K_z\cdot W_0\cdot D_w\cdot l$	

上表中公式符号为:

Q——汽体或液体管道垂直荷载,N;

q_z、q_w——管道自重、保温层重量,N/m;

q_y——按满管截面计算的液体重量,N/m,当输送过热蒸汽时考虑水压试验,亦为满管;

q_L——管道内输送汽体时的凝结水重量,N/m,

当 $DN<100$ 时,占管子截面的 20%;

$DN=150\sim500$ 时,占管子截面的 15%;

$DN>500$ 时,占管子截面的 10%。

l——管道支架间距,m,当两侧间距不等时,取平均值;

μ——活动支架的摩擦系数,见表 7.6-12;

F_m——轴向水平推力,N;

μ_i——吊架摩擦系数,

$$\mu_i=\frac{\Delta i}{h_i}$$

Δi——在第 i 个吊架处管道可能出现的最大位移量,mm;

h_i——第 i 个吊架的吊杆长度,m;

当吊杆长度 h_i 未定时,可取 $\mu_i=0.1$;

F_{mf}——管道横向位移产生的摩擦力,N;

q——管道单位长度重量,

蒸汽管道:$q=q_z+q_w+q_L$,N/m;

热水或满管凝结水管道:$q=q_y$;

F_f——管道径向(侧向)风荷载,N;

K——风载体型系数(见表 7.6-13);

K_z——风压高度变化系数(见表 7.6-14);

W_0——基本风压值,N/m^2,一般可取 $500N/m^2$;

D_w——管道直径,m,保温管道取保温层外径,多管平排敷设时,取最大管的直径。

摩擦系数 **表 7.6-12**

接触情况		μ
滑动支座	钢与钢接触	0.3
	钢与混凝土接触	0.6
	钢与木接触	0.28～0.4
滚柱支座	钢与钢接触	0.15
	沿滚柱轴向移动时	0.3
	沿滚柱径向移动时	0.1
滚珠支座	钢与钢接触	0.1
管道与墙		0.6
管道与保温材料		0.6
管道与橡胶填料		0.15
管道与浸油和涂石墨粉的石棉垫		0.1

架空管道风载体型系数 *K* **表 7.6-13**

序号	简图	*K* 值					
		$W_zD^2\geqslant2.0$		$W_zD^2\leqslant0.3$		$0.3<W_zD^2<2.0$	
1	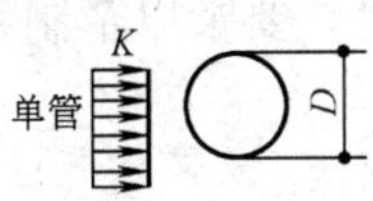	+0.6		+1.2		在+0.6～+1.2之间按插入法求得 $K_{插}$	
2	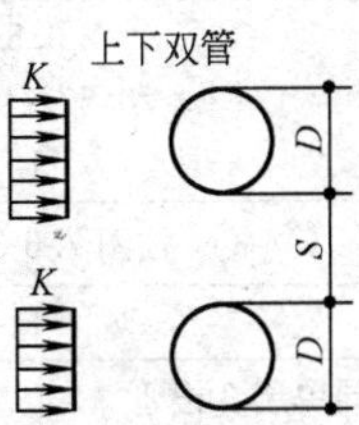					$\nu=\frac{K_{插}}{+0.6}$	
		S	*K*	*S*	*K*	*S*	*K*
		$\leqslant\frac{D}{4}$	+1.2	$\leqslant\frac{D}{4}$	+2.40	$\leqslant\frac{D}{4}$	$+1.20\nu$
		$\frac{D}{2}$	+0.9	$\frac{D}{2}$	+1.80	$\frac{D}{2}$	$+0.90\nu$
		$\frac{3D}{4}$	+0.75	$\frac{3D}{4}$	+1.50	$\frac{3D}{4}$	$+0.75\nu$
		D	+0.70	*D*	+1.40	*D*	$+0.70\nu$
		1.5*D*	+0.65	1.5*D*	+1.30	1.5*D*	$+0.65\nu$
		2.0*D*	+0.63	2.0*D*	+1.26	2*D*	$+0.63\nu$
		≥3*D*	+0.60	≥3*D*	+1.20	≥3*D*	$+0.60\nu$
		S≥3*D* 按单管取用		*S*≥3*D* 按单管取用		*S*≥3*D* 按单管取用	
3	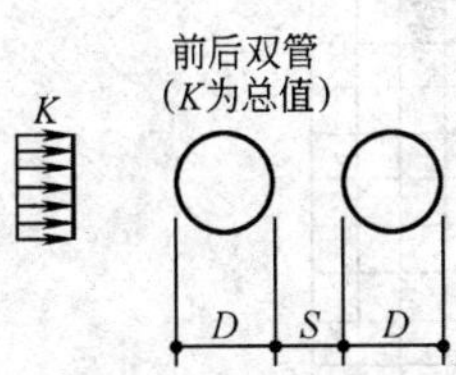	$\leqslant\frac{D}{2}$	+0.68	$\leqslant\frac{D}{2}$	+1.36	$\leqslant\frac{D}{2}$	$+0.68\nu$
		D	+0.86	*D*	+1.72	*D*	$+0.86\nu$
		1.5*D*	+0.94	1.5*D*	+1.88	1.5*D*	$+0.94\nu$
		2*D*	+0.99	2*D*	+1.98	2*D*	$+0.99\nu$
		4*D*	+1.08	4*D*	+2.16	4*D*	$+1.08\nu$
		6*D*	+1.11	6*D*	+2.22	6*D*	$+1.11\nu$
		8*D*	+1.14	8*D*	+2.28	8*D*	$+1.14\nu$
		≥10*D*	+1.20	≥10*D*	+2.40	≥10*D*	$+1.20\nu$
		由表可见，*S*≥10*D* 即各按单管取用		由表可见，*S*≥10*D* 即各按单管取用		由表可见，*S*≥10*D* 即各按单管取用	

续表

序号	简图	K值		
		$W_zD^2 \geqslant 2.0$	$W_zD^2 \leqslant 0.3$	$0.3<W_zD^2<2.0$
4	密排多管(K为总值) 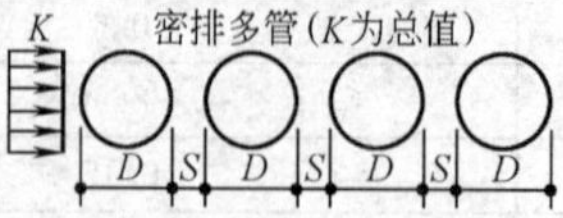	+1.4	+28	$\nu=\frac{K_{插}}{+0.6}$ $K=+1.4\nu$

注：W_z 为相应计算高度的风压值 $W_z=K_z \cdot W_0$。

风压高度变化系数 K_z　　表7.6-14

离地面高度(m)	K_z	备注
≤5	0.8	中间值可用插入法求取
10	1.0	
20	1.26	
30	1.42	
40	1.54	

2. 牵制系数的确定

对于支承多根管道的管道支架，在计算支架推力 F_m 时，要乘以牵制系数。管道布置的牵制系数值，详见表7.6-15。

管道布置牵制系数　　表7.6-15

支架层数	管道根数	$a=\frac{主要热管重量}{全部管线重量}$	牵制系数 K_q	
			对管架柱	计算横梁水平弯矩
单层	1~2		1	
	3	<0.5 0.5≤a≤0.7 >0.7	0.5 0.57~0.67 1	
	≥4	0.15~0.8	按图7.6-3选取	
双层	上下共2		1	
	上下共3		同单层3根管	1
	上下共4	0.15~0.8	查图7.6-3	1~2根管:1; 3根管:同单层; ≥4根管,查图7.6-3

注：① 所谓主要热管就是支架上温度高、直径大（荷重大）、布置位置最不利的一根管；

② 以牵制系数乘以多根管道轴向水平推力 ΣF_m，即得活动支架的计算水平推力。

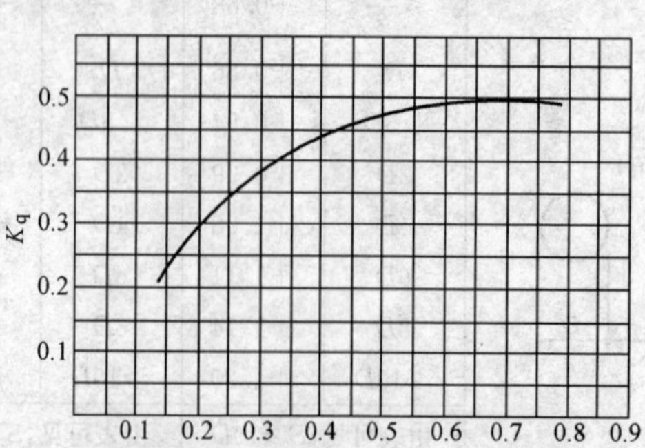

图7.6-3　管道布置牵制系数线算图

3. 复合管段固定支架的推力计算公式

(1) 带方形补偿器及弹性自然转弯补偿管段的计算公式及简图见表 7.6-16

带方形补偿器及弹性自然转弯补偿管段计算公式表 **表 7.6-16**

序号	计算简图	计算公式	备注
1	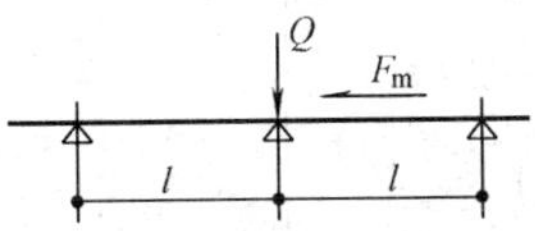	滑动支架垂直荷载：$Q=q\cdot l$ 轴向摩擦推力：$F_m=\mu\cdot q\cdot l$	计算活动支架受力
2	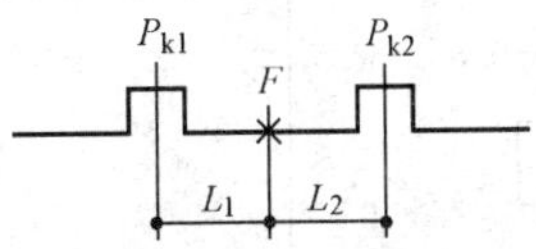	$F=P_{k1}+\mu\cdot q_1\cdot L_1-0.8(P_{k2}+\mu\cdot q_2\cdot L_2)$	计算固定支架受力
3	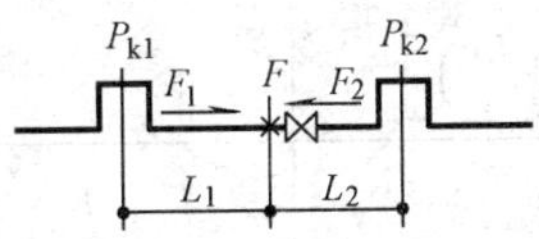	$F_1=P_{k1}+\mu\cdot q_1\cdot L_1$ $F_2=P_{k2}+\mu\cdot q_2\cdot L_2$ $F=F_1-0.8F_2$	计算固定支架受力
4	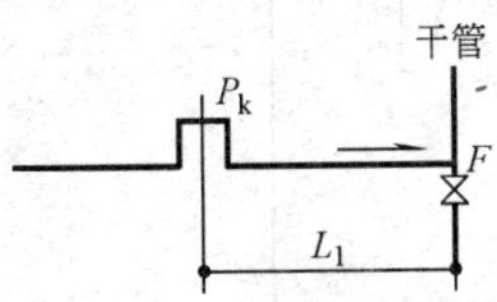	$F=P_k+\mu\cdot q_1\cdot L_1$	作用在干管固定支架的侧向推力
5	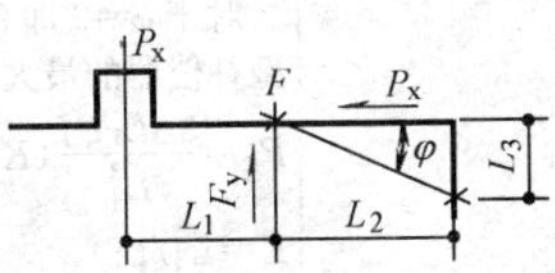	$F=P_k+\mu\cdot q_1\cdot L_1-0.8\left[P_x+\mu\cdot q_2\cdot\cos\varphi\left(L_2+\frac{L_3}{2}\right)\right]$ $F_y=P_y+\mu\cdot q_2\cdot\sin\varphi\left(L_2+\frac{L_3}{2}\right)$	
6	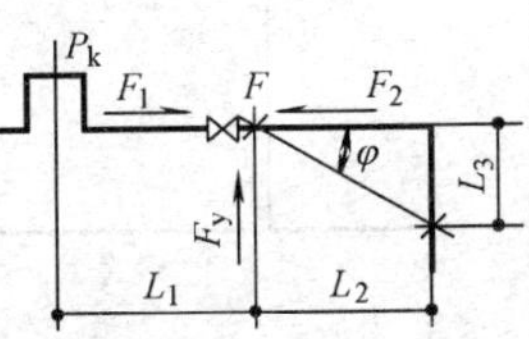	$F_1=P_k+\mu\cdot q_1\cdot L_1$ $F_2=P_x+\mu\cdot q_2\cdot\cos\varphi\left(L_2+\frac{L_3}{2}\right)$ $F_y=P_y+\mu\cdot q_2\cdot\sin\varphi\left(L_2+\frac{L_3}{2}\right)$	
7	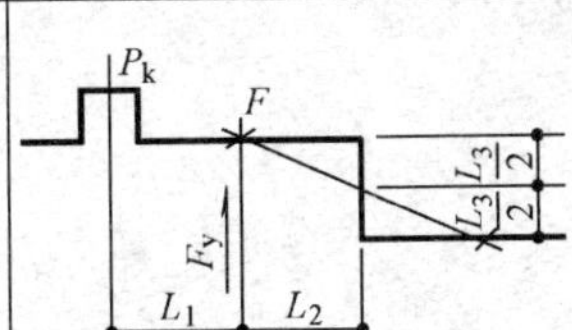	$F=P_k+\mu\cdot q_1\cdot L_1-0.8\left[P_x+\mu\cdot q_2\cdot\cos\varphi\left(L_2+\frac{L_3}{4}\right)\right]$ $F_y=P_y+\mu\cdot q_2\cdot\sin\varphi\left(L_2+\frac{L_3}{4}\right)$	不利条件在热胀临终阶段
8	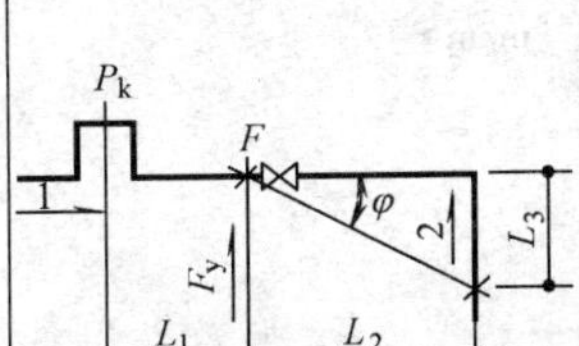	$F_1=P_k+\mu\cdot q_1\cdot L-0.8P_x$ 或 $F_1=P_k+P_x+\mu\cdot q\left[\cos\varphi\left(\frac{L_3}{2}+L_2\right)\right]$ $F_2=P_k+\mu\cdot q\cdot L_1$ $F_y=P_y+\mu\cdot q\cdot\sin\varphi\left(L_2+\frac{L_3}{2}\right)$	介质流向$\xrightarrow{2}$当自然补偿管段受热后开启阀门阶段 关闭阀口 F 应由二式中取大者，介质流向由$\xrightarrow{1}$阀门关闭

续表

序号	计算简图	计算公式	备注
9	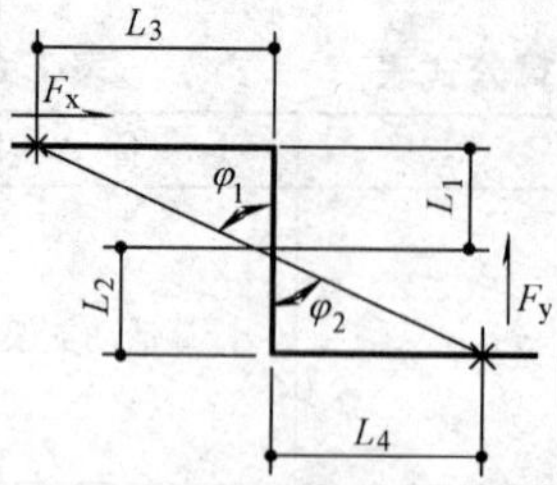	$F_x=P_{x1}+\mu\cdot q_1\cdot\cos\varphi_1\left(L_1+\frac{L_3}{2}\right)-0.8\left[P_{x2}+\mu\cdot q_2\cdot\cos\varphi_2\left(L_2+\frac{L_4}{2}\right)\right]$ $F_y=P_{y1}+\mu\cdot q_1\cdot\sin\varphi_1\left(L_1+\frac{L_3}{2}\right)-0.8\left[P_{y2}+\mu\cdot q_2\cdot\sin\varphi_2\left(L_2+\frac{L_4}{2}\right)\right]$	
10	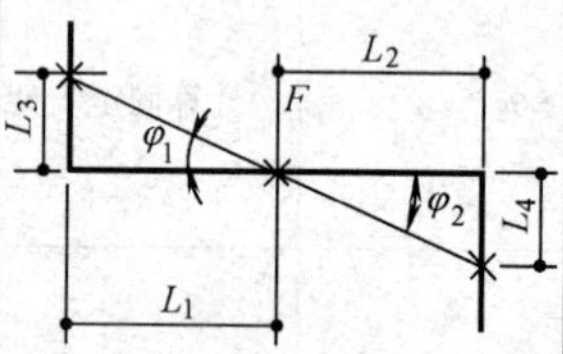	$F=P_{x1}+\mu\cdot q\left[\cos\varphi_1\left(L_1+\frac{L_3}{2}\right)\right]-0.8\left[P_{x2}+\mu\cdot q\cdot\cos\varphi_2\left(L_2+\frac{L_4}{2}\right)\right]$ $F_y=P_{y1}+\mu\cdot q\cdot\sin\varphi_1\left(L_1+\frac{L_3}{2}\right)-0.8\left[P_{y2}+\mu\cdot q_2\cdot\sin\varphi_2\left(L_2+\frac{L_4}{4}\right)\right]$	
11	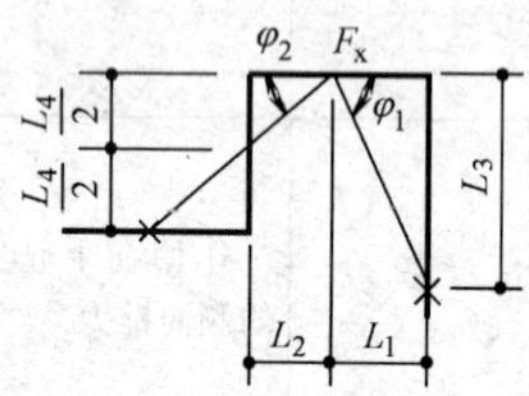	$F_x=P_{x1}+\mu\cdot q_1\cdot\cos\varphi_1\left(L_1+\frac{L_3}{2}\right)-0.8\left[P_{x2}+\mu\cdot q_2\cos\varphi_2\left(L_2+\frac{L_4}{4}\right)\right]$ $F_y=P_{y1}+\mu\cdot q_1\cdot\sin\varphi_1\left(L_1+\frac{L_3}{2}\right)+P_{y2}+\mu\cdot q_2\cdot\sin\varphi_2\left(L_2\ \frac{L_4}{4}\right)$	
12	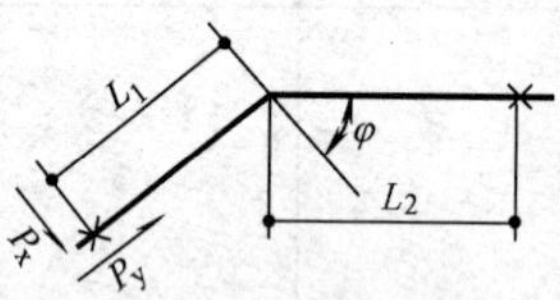	弹性力计算(见本章7.5.1) $P_x=A\frac{a\cdot E\cdot J\cdot\Delta t}{10^7\cdot L_1^2}$ $P_y=B\frac{a\cdot E\cdot J\cdot\Delta t}{10^7\cdot L_1^2}$	对于$\varphi=0$即90°直角L型补偿器的最大推力为: $P_x=\frac{3\Delta L_1EJ}{L_1^3}(K+1)$ $K=L_2/L_1$
13	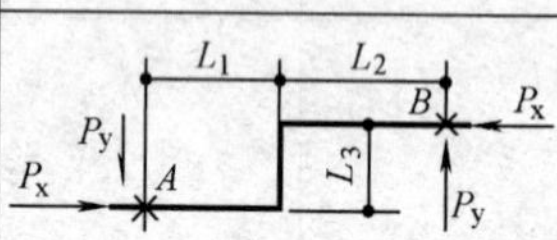	$P_k=A\frac{aEJ\Delta t}{10^7L_3^2}$ $P_y=B\frac{aEJ\Delta t}{10^7L_3^2}$	

上表公式中符号为：

F、F_x——固定支架所承受的轴向推力，N；

F_1、F_2——介质从不同方向流动时，作用在固定支架上的轴向推力，N；

F_y——固定支架承受的侧向推力，N；

P_x、P_y——自然转弯管段在x、y轴方向的弹性力，N；

P_k——方形补偿器的弹性力，N；

L_1、L_2、L_3、L_4——管段长度，cm；

μ——摩擦系数，见表7.6-12；

q_1、q_2——管道单位长度重量，N/m；

φ——管道拐弯处的夹角，度；

a——管材线膨胀系数，见表7.5-20，计算时，取$a=12\times10^{-6}$m/m·℃；

Δt——计算温度差，℃；

J——管道断面惯性矩，cm⁴，见表7.6-10；

E——管道材料的弹性模数，计算时取；

$E=2\times10^5$MPa；

A、B——系数，见图7.5-7、图7.5-12。

(2) 套筒及波纹管补偿器的管段计算公式及简图见表7.6-17。

(3) 球形补偿器的管段计算公式见表7.6-18。

一、套筒补偿器管段计算公式表 **表 7.6-17**

序号	计算简图	计算公式	备注
1	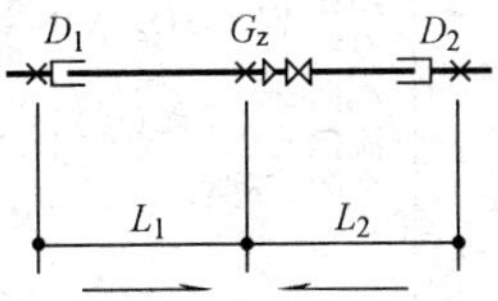	$N_o=P_{t1}+\mu\cdot q_1L_1+100P(F_{tw1}-F_{tw2})$ $-0.8(P_{t2}+\mu\cdot q_2L_2)$ $N_o=P_{t2}+\mu\cdot q_2L_2+100P(F_{tw1}-F_{tw2})$ $-0.8(P_{t1}+\mu q_1L_1)$ $N_o=0.2(P_t+\mu qL)$ $N_o=P_{t1}+\mu q_1L_1+100PF_{tw1}$ $N_o=P_{t2}+\mu q_2L_2+100PF_{tw2}$ $N_o=P_{t1}+P_{t2}+\mu q_1L_1+\mu q_2L_2+100PF_{tw1}$	加热、冷却 } $D_1\geqslant D_2$；$D_1=D_2, L_1=L_2=L$ } 全开 流向→、流向← } 全闭(单路) 全闭(环路)
2	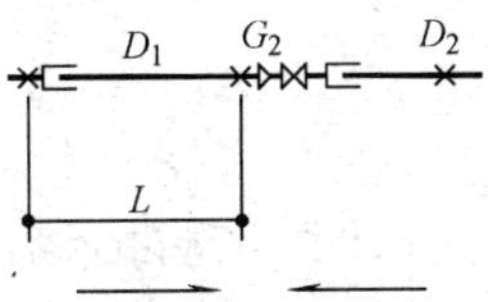	$N_o=P_{t1}-0.8P_{t2}+\mu q_1L+100P(F_{tw1}-F_{tw2})$ $N_o=0.2P_t+\mu qL$ $N_o=P_{t1}+\mu q_1L+100P\cdot F_{tw1}$ $N_o=P_{t1}+100PF_{tw2}$ $N_o=P_{t1}+P_{t2}+\mu q_1L+100PF_{tw1}$	加热 $D_1\geqslant D_2$；$D_1=D_2, L_1=L_2=L$ } 全开 流向→、流向← } 全闭(单路) 全闭(环路)
3	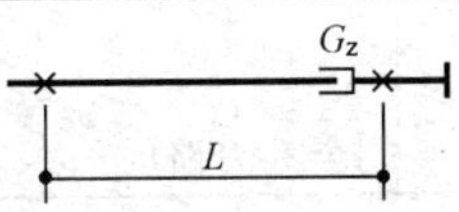	$N_o=P_t+100PF_{tw}$	
4	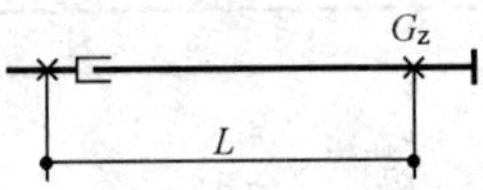	$N_o=P_t+100PF_{tw}+\mu qL$	
5	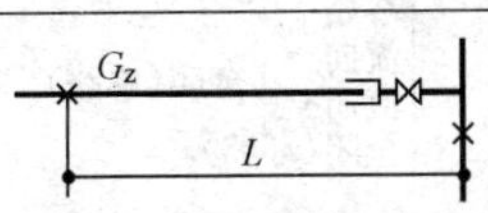	$N_h=P_t+100PF_{tw}$	全开、全闭
6	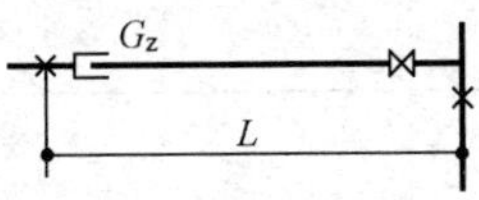	$N_h=P_t+100PF_{tw}+\mu qL$	全开、全闭
7	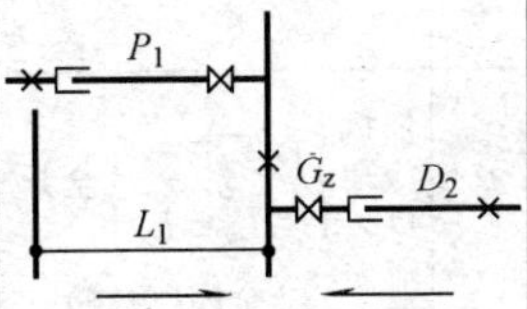	$N_h=P_{t1}+\mu q_1L_1+100PF_{tw1}$ $N_h=P_{t2}+100PF_{tw2}$	流向→、流向← } 全开、全闭
8	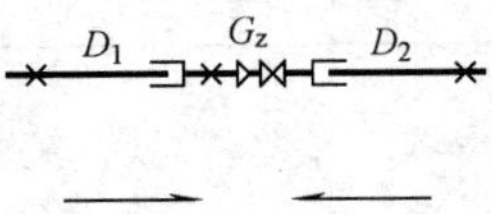	$N_o=P_{t1}-0.8P_{t2}+100P(F_{tw1}-F_{tw2})$ $N_o=0.2P_t$ $N_o=P_{t1}+100PF_{tw1}$ $N_o=P_{t2}+100PF_{tw2}$ $N_o=P_{t1}+P_{t2}+100PF_{tw1}$	加热 $D_1\geqslant D_2$；$D_1=D_2$ } 全开 流向→、流向← } 全闭(单路) 全闭(环路)
9	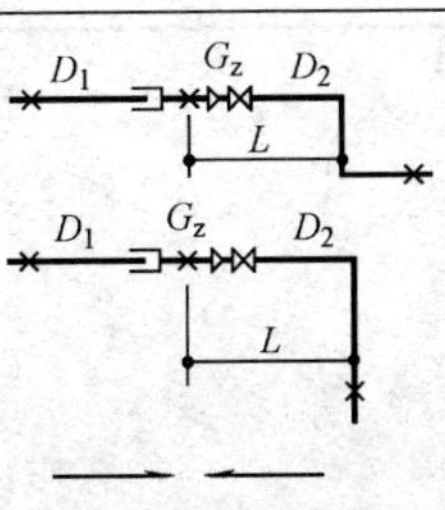	$N_o=100PF_{tw}+P_t-0.8\mu q_2L$ $N_o=100PF_{tw}+\mu q_2L-0.8P_t$ $N_o=P_t+100PF_{tw}$ $N_o=P_x+\mu q_2L$ $N_o=P_t+100PF_{tw}+\mu q_2L+P_x$ $N_h=P_y$	热始、冷终 } $D_1\geqslant D_2$ 全开 流向→、流向← } 全闭(单路) 全闭(环路)

续表

序号	计算简图	计算公式	备注
10	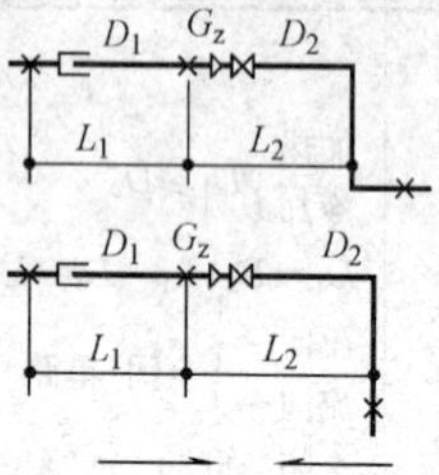	$N_o=100PF_{tw}+\mu q_1L_1-0.8(P_t+\mu q_2L_2)$ $N_o=100PF_{tw}+\mu q_2L_2-0.8(P_t+\mu q_1L_1)$ $N_o=P_t+100PF_{tw}+\mu q_1L_1$ $N_o=P_x+\mu q_2L_2$ $N_o=P_t+100PF_{tw}+\mu q_1L_1+P_x+\mu q_2L_2$ $N_h=P_y$	热始、冷终 } $D_1\geqslant D_2$ 全开 流向→、流向← } 全闭(单路) 全闭(环路)
11	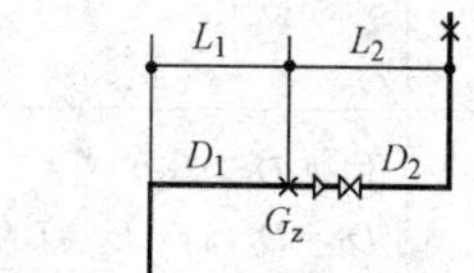 (a) 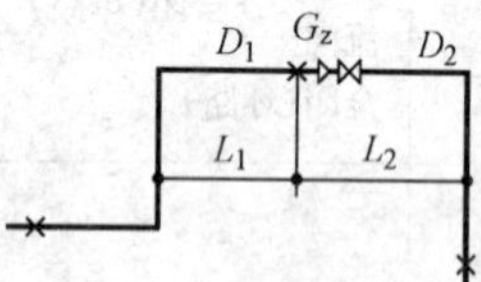 (b)	$N_o=P_{x1}+\mu q_1L_1-0.8(P_{x2}+\mu q_2L_2)$ $N_o=P_{x2}+\mu q_2L_1-0.8(P_{x1}+\mu q_1L_1)$ $N_o=P_{x1}+\mu q_2L_2-0.8(P_{x2}+\mu q_1L_1)$ $N_o=P_{x2}+\mu q_1L_1-0.8(P_{x1}+\mu q_2L_2)$ 图(a)：$N_h=P_{y1}-0.8P_{y2}$ 或 $N_h=P_{y2}-0.8P_{y1}$ 图(b)：$N_h=P_{y1}+P_{y2}$ $N_o=P_{x1}+\mu q_1L_1$ $N_h=P_{y1}$ $N_o=P_{x2}+\mu q_2L_2$ $N_h=P_{y2}$ $N_o=P_{x1}+P_{x2}+\mu q_1L_1+\mu q_2L_2$ $N_h=P_{y1}+P_{y2}$	}热终、}冷始 } 全开 }流向→、}流向← } 全闭(单路) }全闭(环路)

二、波纹管补偿器管段计算公式表

序号	计算简图	计算公式	备注
12	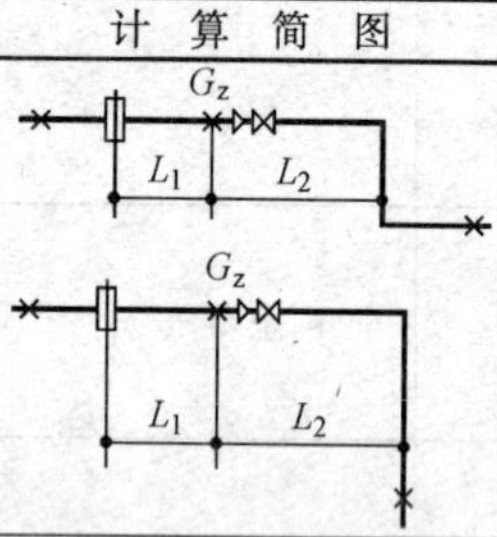	$N_o=P_b+P_{bn}+\mu q_1L_1-0.8\mu q_2L_2$ $N_o=P_b+P_{bn}+\mu q_2L_2-0.8\mu q_1L_1$ $N_o=P_b+P_{bn}+\mu q_1L_1$ $N_o=P_x+\mu q_2L_2$ $N_o=P_b+P_{bn}+\mu q_1L_1+\mu q_2L_2$ $N_h=P_y$	热终、冷始 } 全开 流向→、流向← } 全闭(单路) 全闭(环路)
13	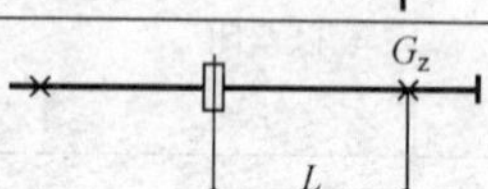	$N_o=P_b+P_{bn}+\mu qL$	
14	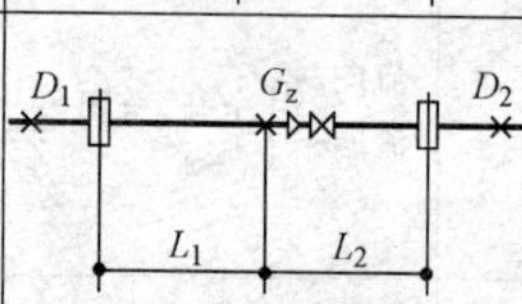	$N_o=P_{b1}+P_{bn1}+\mu q_1L_1-0.8(P_{b2}+P_{bn2}+\mu q_2L_2)$ $N_o=P_{b2}+P_{bn2}+\mu q_2L_2-0.8(P_{b1}+P_{bn1}+\mu q_1L_1)$ $N_o=0.20(P_b+P_{bn})$ $N_o=P_{b1}+P_{bn1}+\mu q_1L_1$ $N_o=P_{b2}+P_{bn2}+\mu q_2L_2$ $N_o=P_{b1}+P_{bn1}+\mu q_1L_1+\mu q_2L_2$	加热、冷却 } $D_1>D_2$ } 全开 $D_1=D_2,L_1=L_2$ } 全开 流向→、流向← } 全闭(单路) 全闭(环路)
15	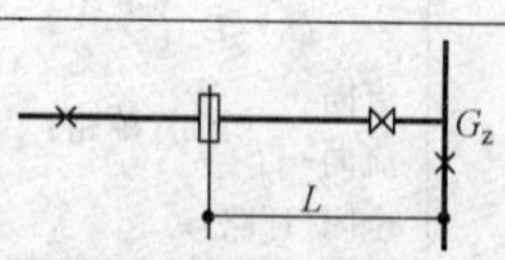	$N_h=P_b+P_{bn}+\mu qL$	

上表中公式符号为：

P_t——套筒补偿器的摩擦力，N；
P_b、P_{bn}——波纹管补偿器的弹性力和内压力，N；
P——介质的工作压力，MPa；
P_x、P_y——自然转弯补偿管段在 x、y 方向的弹性力，N；
F_{tw}——套筒补偿器的套筒外径面积，cm^2；
μ——套筒补偿器套筒与填料的摩擦系数，表7.6-12；
q——单位长度管道荷载，N/m；
L——计算活动支架摩擦力的管道计算长度，m；
N_o、N_h——固定支架的水平轴向和纵向荷载，N；
D——管径，脚码1、2用以区别固定支架两侧管段的管径。

球形补偿器的管段固定支架推力计算公式 表 7.6-18

序号	推力名称	计算公式	备注
1	滑动支架轴向摩擦推力(N)	$F_m=\mu\cdot q\cdot L$	
2	球补转动力矩的反作用力(N)	$F_j=\frac{2M}{l}$	
3	固定支架轴向推力(N)	$F=(F_{m1}+F_{j1})-0.8(F_{m2}+F_{j2})$	

上表中公式符号为：
M——球补转动摩擦力矩，N·m（见表 7.5-14）；
l——球补组的中心距，m。

附注：

(1) 当一种示意图有几个计算公式时，应结合实际情况按所列有关公式进行计算，以所得最大数值作为固定支架的水平荷载。

(2) 对于装有阀门的管段，按阀门开启和关闭的不同条件进行计算，以所得最大数值作为固定支架的水平荷载。

(3) “热始”、“热终”、“冷始”、“冷终”是指管段“开始加热”、“加热终了”、“开始冷却”“冷却终了”四种边界工况。“加热”是介于“热始”和“热终”之间的中间过程；“冷却”是介于“冷始”和“冷终”之间的中间过程。

(4) “全开”是管段上无阀门或阀门全开，两侧管段工况相同，“全闭”是指阀门完全关闭，两侧管段工况不同。

(5) “单路”是指辐射（枝状布置）式热网，由一侧供热；“环路”是指环形热网，由两侧供热。“全闭（单路）”一侧为冷态，不计摩擦力；“全闭（环路）”一侧可能趋于冷却，管段在收缩，应计入摩擦力。

7.6.5 管道支座

1. 管道支座（是指管道支架与管道之间支承管道的支座），通常分为固定支座、活动支座、导向支座以及弹簧支座等形式。

管道支座简图见图 7.6-4～图 7.6-7。

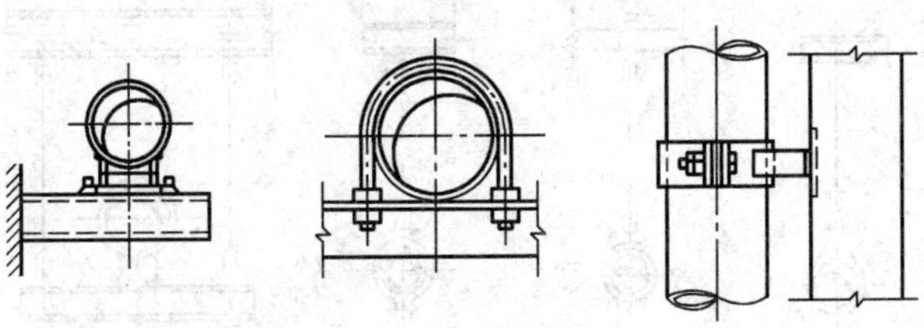

(*a*) (*b*) (*c*)

图 7.6-4 导向支座

(*a*) 挡条导向；(*b*) 卡箍导向；(*c*) 立管卡箍导向

2. 支座型式

(1) 热力管网管道支座适用范围如表 7.6-19 所列数值。

(2) *R* 国标图集索引，见表 7.6-20。

(3) 常用托座见表 7.6-21。

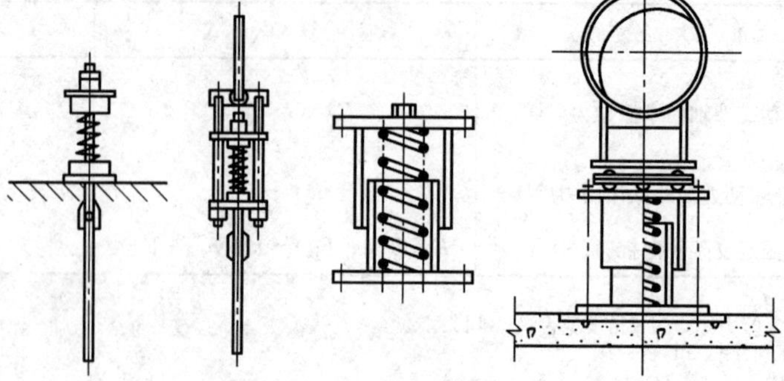

图 7.6-5 弹簧支座

(a) 装于拉杆顶端（或底端）；(b) 装于拉杆中部；(c) 装于支座下；(d) 滚珠弹簧支座

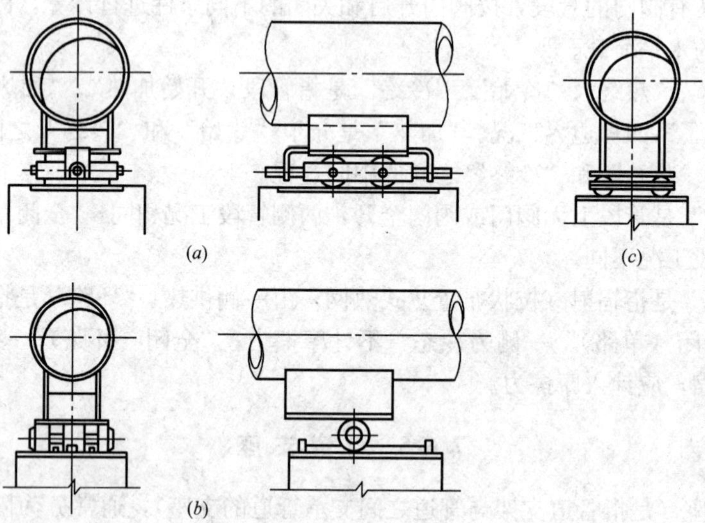

图 7.6-6 滚柱支座

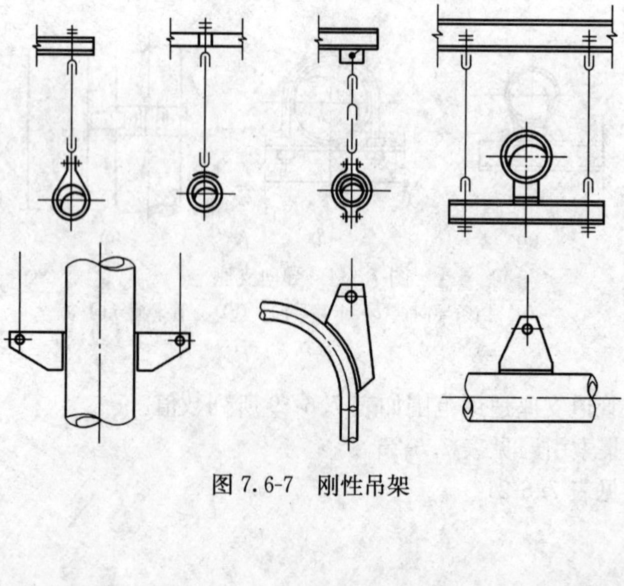

图 7.6-7 刚性吊架

***R* 支座适用范围表** **表 7.6-19**

介质参数：热水、蒸汽，温度≤350℃	公称直径：DN20～400
支座名称	应用范围
滑动支座	Δl(mm)＝100、150、250、350；H(mm)＝2、3、50、100、150
固定支座	推力(kN)＝50、100、200、300、450、600
背管结构	H(mm)＝100、150

注：H 为各种类型的支座高。

7.6.6 支吊架弹簧的选择

支吊架弹簧是根据所承受的最大荷重和管道的垂直位移来选择的。

1. 弹簧所承受的荷重

(1) 当热位移向上时，因安装荷重大于工作荷重，应以安装荷重作为选择弹簧的依据。

$$P'_{gz}=P_{gz}\frac{\lambda_{max}}{\lambda_{max}-\Delta Z} \quad \text{N} \tag{7.6-3}$$

式中 P'_{gz}——计算的安装荷重，N；

P_{gz}——工作荷重，是指管道在正常工作状态下，弹簧承受的荷量。对于水平管道等于支、吊架所承的基本荷重；对于蒸汽管道，其数值为基本荷重减去水重；

λ_{max}——弹簧的最大压缩值，mm，见表 7.6-24；

ΔZ——管道垂直热位移，mm。

(2) 当热位移向下时，因工作荷重大于安装荷重，应以工作荷重作为选择弹簧的依据。

2. 管道的热位移

(1) 任何一个水平管段的转角点（即弯头处）热位移的计算通式：

$$\delta_z=\frac{\Delta Z}{L_1^3+L_2^3+\cdots\cdots+L_n^3}\cdot L_{Jsn}^3 \quad \text{mm} \tag{7.6-4}$$

式中 δ_z——水平管段转角点的热位移值，mm；

L_1、L_2……L_n——任一方向的水平管段长度，m；

L_{Jsn}——所要计算的水平管段长度，m；

ΔZ——管系在 Z 方向（即垂直方向）的总热位移值，mm；

$$\Delta Z=h\cdot\alpha_t\cdot\Delta t$$

h——两固定点间的垂直距离，m；

α_t——材料的线膨胀系数，m/m·℃，见表 7.5-20；

Δt——热态和冷态温差，℃。

(2) 计算示例

计算简图及计算公式见表 7.6-22。

3. 弹簧选择方法

(1) 按弹簧位移的大小确定弹簧的类别。当热位移值小于 25mm 时，选用第Ⅱ类弹簧。当热位移大于 25mm 而又小于 50mm 时，选用第Ⅰ类弹簧。

R 图集索引表 表 7.6-20

一、DN20～400 弧形板滑动支座

序号	简图	尺寸表										
1	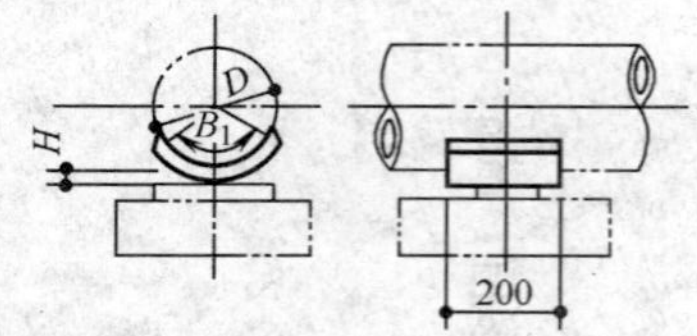	管子外径 D_w(mm)		25	32	38	45	57	73	89	108	133
		尺寸(mm)	$\widehat{B_1}$	27	33	38	43	53	65	78	93	112
			H	2	2	2	2	2	2	2	3	3
		管子外径 D_w(mm)		159	219	273	325	377	426	—	—	—
		尺寸(mm)	$\widehat{B_1}$	140	180	200	250	270	330	—	—	—
			H	3	3	3	3	3	3	—	—	—

二、DN150～400 曲面槽滑动支座($L=200, H=50$)

序号	简图	尺寸表							
2	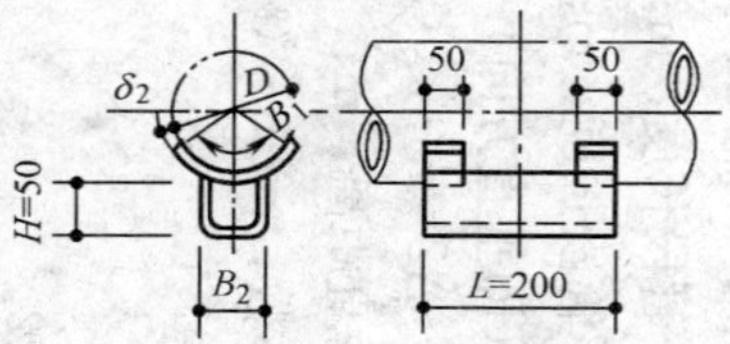	管子外径 D_w(mm)		159	219	273	325	377	426
		尺寸(mm)	$\widehat{B_1}$	140	180	200	250	270	330
			B_2	108	128	152	192	202	232
			δ_2	4	4	6	6	6	6

三、DN150～400 曲面槽滑动支座($L=200, H=100$)

序号	简图	尺寸表							
3	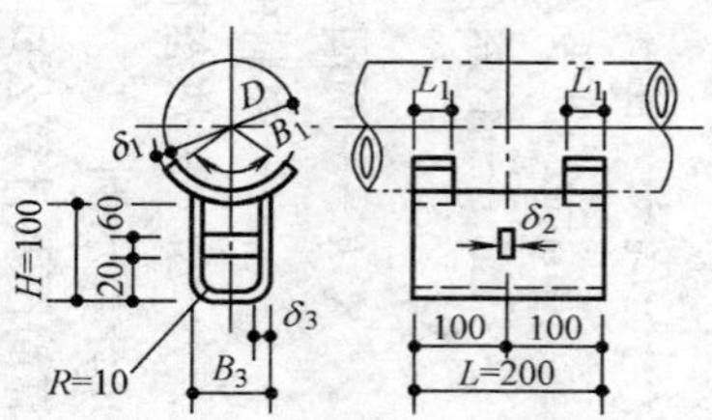	管子外径 D_w(mm)		159	219	273	325	377	426
		尺寸(mm)	$\widehat{B_1}$	140	180	200	250	270	330
			B_3	108	128	152	192	202	232
			L_1	50	50	60	60	80	80
			δ_1	4	4	4	4	4	4
			$\delta_2=\delta_3$	4	4	6	6	6	6

续表

四、DN150～400 曲面槽滑动支座($L=300$，$H=150$)

序号	简图	尺寸表							
4	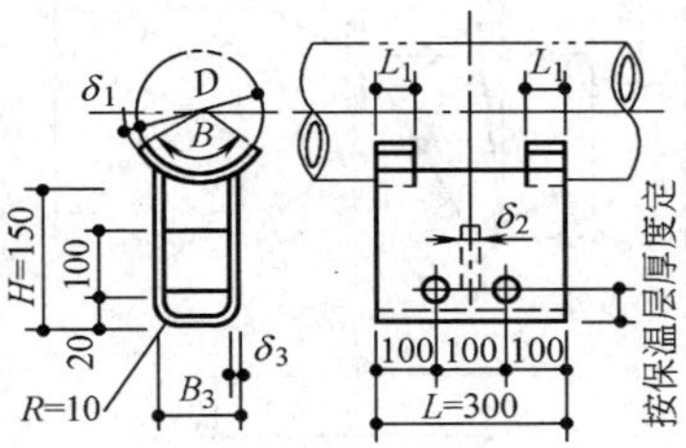	管子外径 D_w(mm)		159	219	273	325	377	426
		尺寸(mm)	$\widehat{B}$	140	180	200	250	270	330
			B_3	112	132	156	196	206	236
			$L_1\times\delta_1$	50×4	50×4	60×4	60×4	80×4	80×4
			$\delta_2=\delta_3$	6	6	8	8	8	8

五、DN20～150 煨弯座板式滑动支座($L_1=150$，$H=50$、100)

序号	简图	管子外径 D_w(mm) / 尺寸(mm)		25	32	38	45	57	73	89	108	133	159
5	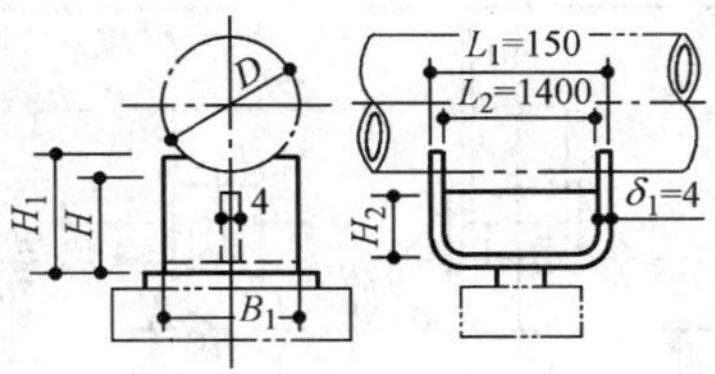	B_1		30	40	40	50	50	70	80	90	100	110
		H_1	$H=50$	55	55	60	60	60	65	65	70	75	80
			$H=100$	105	105	110	110	110	115	115	120	125	130
		H_2	$H=50$	35	35	35	35	35	35	35	35	35	35
			$H=100$	85	85	85	85	85	85	85	85	85	85

六、DN20～400 焊接角钢固定支座

序号	简图	管子外径 D_w(mm)	25	32	38	45	57	73	89	108	133	159	219	273	273	325	325	377	377	426	426
6	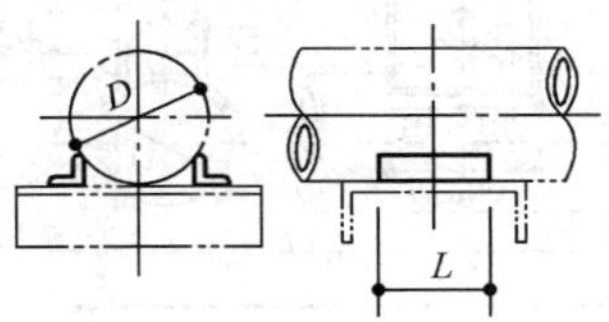	推力(kN)	22.40			28.00		36.00		44.70		50.40	56.00		112.00	56.00	112.00	67.20	134.40	67.20	134.40
		L(mm)	100			100		100		100		100			200	100	200	100	200	100	200
		角钢 Q235AF	∟20×4			∟30×4		∟36×4				∟50×32×4		∟70×50×5		∟100×63×6				∟125×80×7	

续表

序号	简图	尺寸表						
		七、DN150～400 曲面槽固定支座(L=200、H=100)						
7	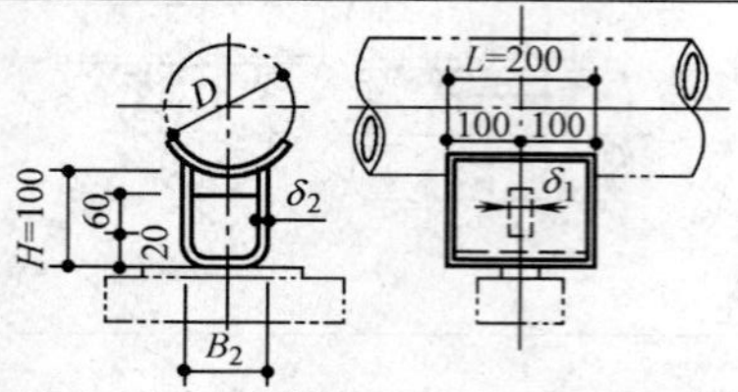	管子外径 D_w(mm)	159	219	273	325	377	426
		推力(kN)	17.00	17.00	25.00	25.00	25.00	25.00
		B_2	108	128	152	192	202	232
		δ_1	4	4	6	6	6	6
		δ_2	4	4	6	6	6	6
		八、DN150～400 单面挡板固定支座(推力<5t)						
8	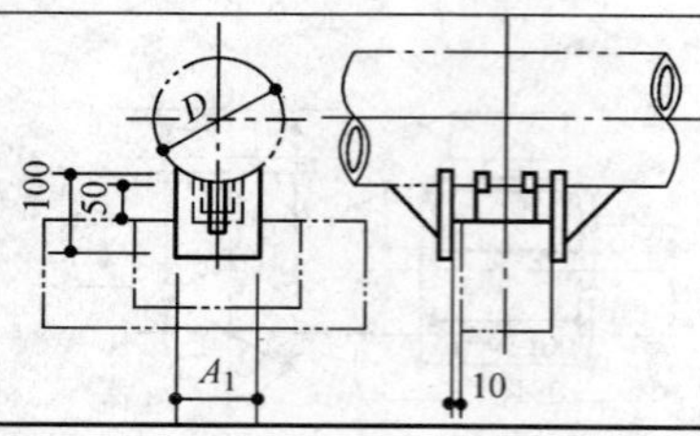	管子外径 D_w(mm)	159	219	273	325	377	426
		A_1	80	100	100	100	120	120
		挡板(扁钢)(mm)	180×10	180×10	180×10	180×10	180×10	180×10
		肋板(扁钢)(mm)	150×16	150×16	150×16	150×16	150×16	150×16

常用托座简图及其尺寸表 **表 7.6-21**

一、弯管托座(mm)

序号	简图	DN	D_w	H	H_1	H_2	D_1	L	B	δ	K	K_1	重量(kg)
1	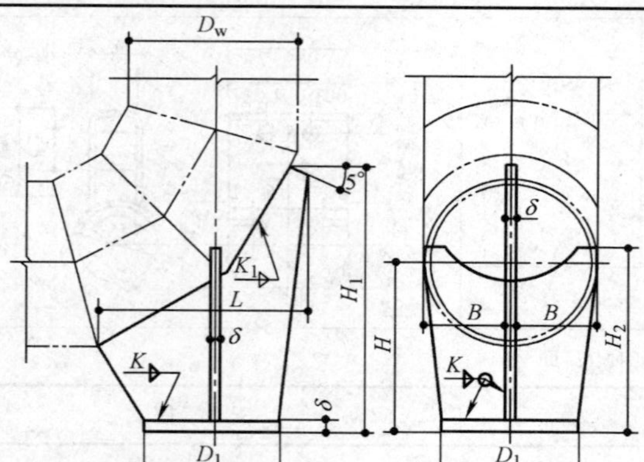	100	108	145	235	180	ϕ100	150	56	5	4	4	1.74
		125	133	160	260	205	ϕ125	180	68	5	4	4	2.39
		150	159	170	282	208	ϕ150	205	80	8	6	4	4.55
		200	219	200	340	230	ϕ200	265	110	10	6	6	8.77
		250	273	240	400	284	ϕ250	320	135	12	8	6	15.54
		300	325	270	460	330	ϕ250	400	156	12	8	6	17.74
		350	377	300	496	378	ϕ300	430	185	16	10	8	31.28
		400	426	328	564	421	ϕ300	490	210	16	10	8	36.86

续表

二、大管背小管支座

2

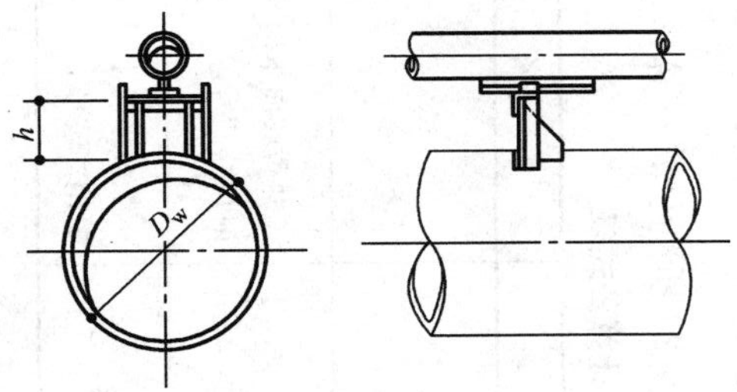

注：h 见表 7.6-30

D_w(mm)	219	273	325	377	426	478	529	630
支柱(角钢)	∟50×5 L=158	∟50×5 L=138	∟50×5 L=130	∟50×5 L=122	∟50×5 L=120	∟50×5 L=118	∟50×5 L=115	∟50×5 L=111
横梁(角钢)	∟50×5 L=280	∟50×5 L=280	∟50×5 L=280	∟50×5 L=280	∟50×5 L=280	∟50×5 L=280	∟50×5 L=280	∟50×5 L=280
肋板(扁钢)	−80×6 δ=6	−80×6 δ=6	−80×6 δ=6	−80×6 δ=6	−80×6 δ=6	−80×6 δ=6	−80×6 δ=6	−80×6 δ=6

三、混凝土支座

3

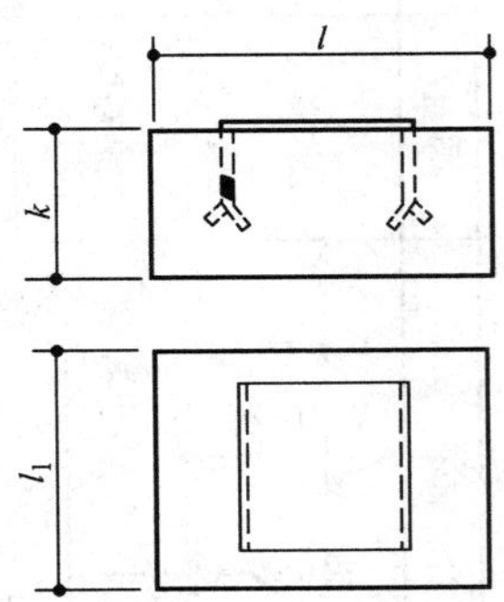

公称直径 DN(mm)	25～100	125～200	250～300	350～400	450～500	600
l	200	300	400	500	650	750
l_1	200	300	400	450	600	650
k	100	100	100	150	150	150
重量(kg)	0.54	1.07	2.47	4.24	5.93	10.08

计算简图及计算公式表 **表 7.6-22**

计算简图	计算公式	备注
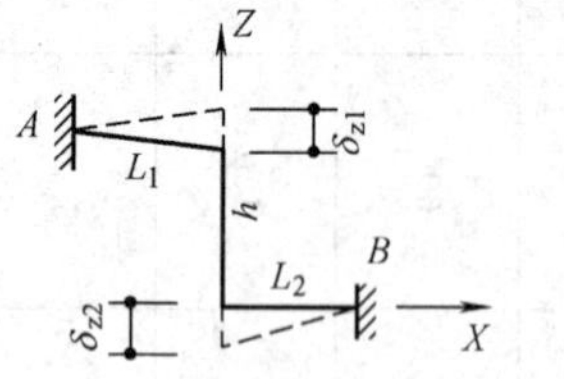	$\delta_{z1}=\frac{\Delta Z \cdot L_1^3}{L_1^3+L_2^3}$	
	$\delta_{z2}=\frac{\Delta Z \cdot L_2^3}{L_1^3+L_2^3}$	
	$\Delta Z=h \cdot \alpha_1 \cdot \Delta t$	

(2) 按热位移的方向确定弹簧所承受的最大荷重。用图 7.6-8、图 7.6-9 选择弹簧。

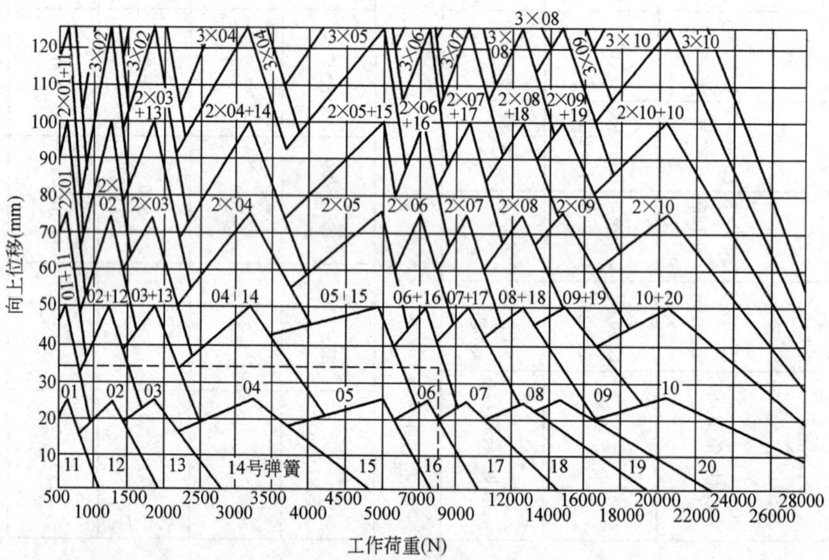

图 7.6-8 位移向上弹簧选择曲线

【例】 向上位移：34mm；工作荷重：8000N。查图后选用 DG3256-06 弹簧一只

弹簧的工作高度、安装高度和安装荷重，可按表 7.6-23 所列公式计算：

弹簧工作高度、安装高度及安装荷重计算公式表 **表 7.6-23**

计算简图	项目	计算公式	备注
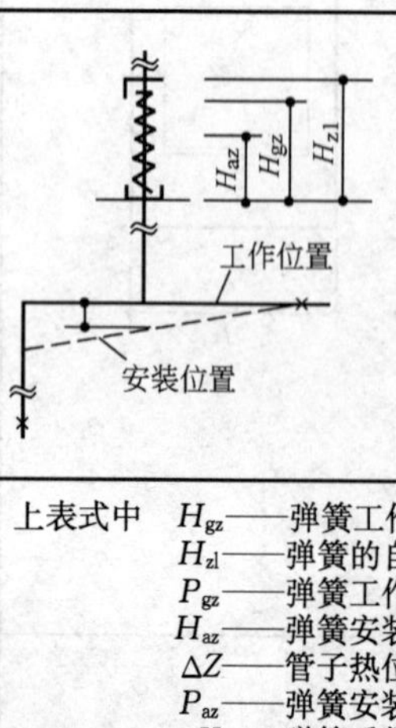	工作高度	$H_{gz}=H_{zl}-K \cdot P_{gz}$	
	安装高度	$H_{az}=H_{gz}\pm\Delta Z$	热位移向下时用"+"号，向上时用"−"号
	安装荷重	$P_{az}=P_{gz}\pm\frac{1}{K}\Delta Z$	热位移向下时用"−"号，向上时用"+"号

上表式中 H_{gz}——弹簧工作高度，mm；
H_{zl}——弹簧的自由高度，mm，见表 7.6-24；
P_{gz}——弹簧工作荷重，N；
H_{az}——弹簧安装高度，mm；
ΔZ——管子热位移，mm；
P_{az}——弹簧安装荷重，N；
K——弹簧系数，mm/N，见表 7.6-24。

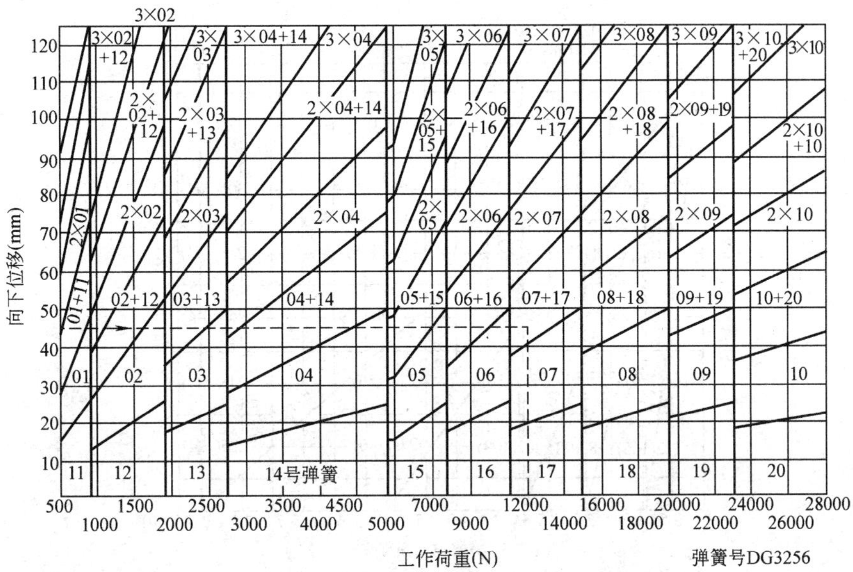

图 7.6-9 位移向下弹簧选择曲线

【例】 向下位移：45mm；工作荷重：12000N

查图后选用 DG3256-17＋DG3256-07 二只弹簧串联。

标准弹簧的特性数据表 **表 7.6-24**

弹簧类别		编号	P_{max}(N)	$K=\frac{\lambda_{max}}{P_{max}}$(mm/N)	$\frac{1}{K}$(N/mm)	H_{z1}(mm)
第Ⅰ类	$\lambda_{max}=140$mm	01	970	0.1443	6.93	242
		02	1970	0.0711	14.07	303
		03	2920	0.0479	21.21	322
		04	5140	0.0272	36.71	394
		05	8150	0.0172	58.21	345
		06	11550	0.0121	82.5	405
		07	15620	0.00896	111.6	373
		08	20500	0.00683	144.6	413
		09	24200	0.00579	172.9	497
		10	33600	0.00417	240.0	507
第Ⅱ类	$\lambda_{max}=70$mm	11	970	0.0772	13.86	126
		12	1970	0.0355	28.14	158
		13	2920	0.0240	42.42	168
		14	5140	0.0136	73.42	206
		15	8150	0.00859	116.4	184
		16	11550	0.00606	165.0	216
		17	15620	0.00448	223.2	203
		18	20500	0.00342	292.8	225
		19	24200	0.00289	345.8	268
		20	33600	0.00208	480.0	276

图 7.6-10、图 7.6-11 是弹簧荷重和高度的关系曲线。根据表 7.6-25 选弹簧的型号，可查荷重与弹簧高度的关系。

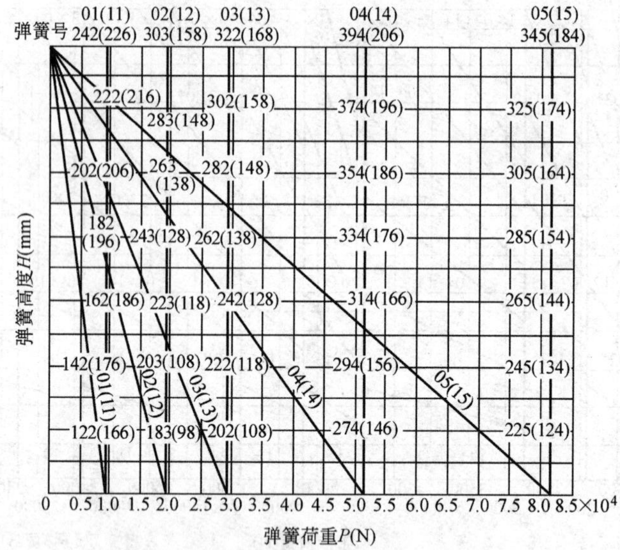

图 7.6-10 弹簧荷重与高度关系曲线（Ⅰ）

注：图中带括号者 λ_{max}=140mm；不带括号者 λ_{max}=70mm

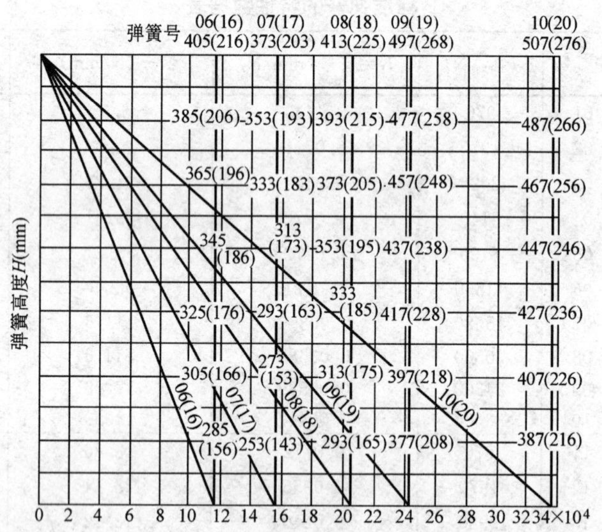

图 7.6-11 弹簧荷重与高度关系曲线（Ⅱ）

注：图中带括号者 λ_{max}=140mm；不带括号者 λ_{max}=70mm

7.6.7 增长管道支吊架跨距的措施

为增加管道支吊架间跨度，常采取管道拱形布置、加强管道刚度、大管吊（或背）小管以及悬吊等布置形式和技术措施。

弹簧规格表 **表 7.6-25**

标号 No	最大允许荷重 P_{max}(N)	与 P_{max} 相应的最大压缩值 λ_{max} (mm)	弹簧钢丝直径 d_1 额定值 (mm)	弹簧钢丝直径 d_1 允许偏差 (mm)	弹簧外径 D 额定值 (mm)	弹簧外径 D 允许偏差 (mm)	圈数 工作圈数 n	圈数 总圈数 n_1	节距 t	自由高度 H_{zl} 额定值 (mm)	自由高度 H_{zl} 允许偏差 (mm)	展开长度	重量 (kg)
1	970	140	7	+0.1 −0.3	80	±1.2	9	11	25.7	242	+7 −2.5	2540	0.763
2	1970		9				13	15	22.2	303	+9 −3	3360	1.68
3	2920		10	+0.2 −0.3			14	16	21.9	322	+9.5 −3	3540	2.18
4	5140		12				18	20	20.9	394	+12 −4	4290	3.82
5	8150		16		120	±1.8	10	12	32.1	345	+10 −3.5	3950	6.23
6	11550		18				12	14	31.5	405	+12 −4	4500	8.99
7	15620		22	+0.2 −0.4	160	±2.4	8	10	42.5	373	+11 −4	4360	13.0
8	20500		24				9	11	41.9	413	+12 −4	4730	16.8
9	24200		26	+0.2 −0.6			11	13	41.6	497	+15 −5	5510	23.0
10	33600		30		180	±2.7	10	12	46.2	507	+15 −5	5690	31.6
11	970	70	7	+0.1 −0.3	80	±1.2	4.5	6.5	25.7	126	+3.5 −1	1500	0.453
12	1970		9				6.5	8.5	22.2	158	+4.5 −1.5	1910	0.954
13	2920		10	+0.2 −0.3			7	9	21.9	168	+5 −1.5	1990	1.22
14	5140		12				9	11	20.9	206	+6 −2	2360	2.09
15	8150		16		120	±1.8	5	7	32.1	184	+5.5 −2	2320	3.66
16	11550		18				6	8	31.5	216	+6 −2	2570	5.13
17	15620		22	+0.2 −0.4	160	±2.4	4	6	42.5	203	+6 −2	2620	7.82
18	20500		24				4.5	6.5	41.9	225	+6.5 −2	2800	9.95
19	24200		26	+0.2 −0.6			5.5	7.5	41.6	268	+8 −2.5	3180	13.2
20	33600		30		180	±2.7	5	7	46.2	276	+8 −3	3320	18.0

1. 拱形管道支架

拱形管道支架如图 7.6-12 所示，拱形管道跨距范围如表 7.6-26 所示。

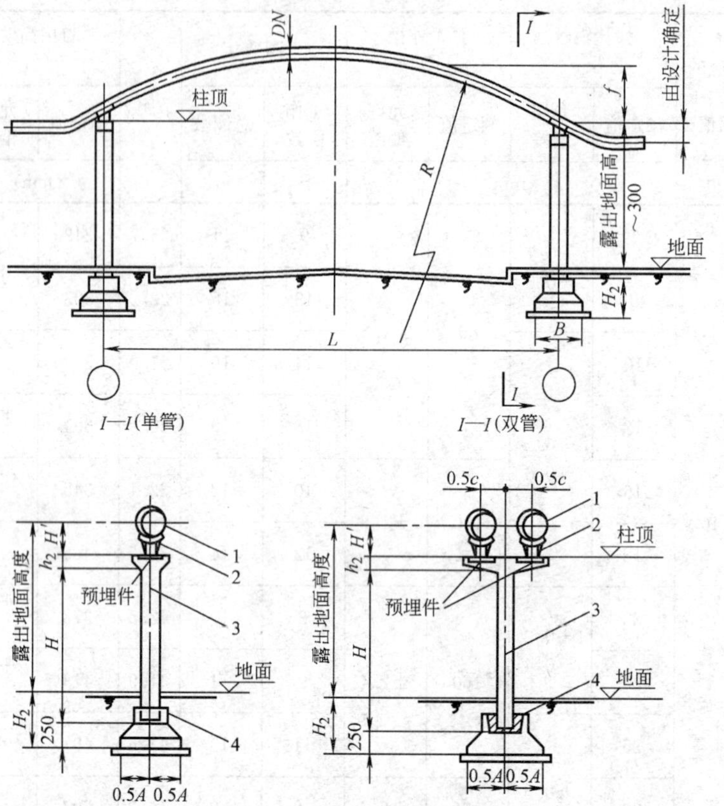

图 7.6-12 拱形管道支架

1—拱形管；2—管托；3—管架柱；4—柱基础

拱管跨距数据（L） **表 7.6-26**

f/L(矢高比)		1/4		1/6	
规格 $D_o \times s$(mm×mm)	公称直径 DN(mm)	液体	蒸汽	液体	蒸汽
		Δt≤100℃	Δt≤200℃	Δt≤100℃	Δt≤200℃
		(m)	(m)	(m)	(m)
57×3.5	50	3～12	3～10	3～13	4～11
73×4	65	3～15	4～13	3～16	6～15
89×4	80	4～17	5～15	4～19	7～17
108×4	100	4～20	6～18	4～22	8～20
133×4	125	5～22	8～20	6～24	11～22
159×4.5	150	6～26	8～24	6～28	12～26
219×6	200	8～36	11～36	8～38	16～38
273×7	250	8～42	13～44	10～44	20～48
325×8	300	8～48	16～52	12～52	24～56
377×9	350	11～54	18～60	14～59	28～64
426×9	400	11～60	22～64	15～62	32～68

续表

f/L(矢高比)		1/8		1/10	
规格 $D_o\times s$(mm×mm)	公称直径 DN(mm)	液体	蒸汽	液体	蒸汽
		$\Delta t\leqslant100$℃	$\Delta t\leqslant200$℃	$\Delta t\leqslant100$℃	$\Delta t\leqslant200$℃
		(m)	(m)	(m)	(m)
57×3.5	50	3～14	6～11	4～13	8～11
73×4	65	4～17	8～14	7～16	10～17
89×4	80	5～19	9～17	6～19	13～16
108×4	100	6～26	11～20	7～20	16～18
133×4	125	8～24	16～22	10～24	—
159×4.5	150	8～28	17～26	10～28	—
219×6	200	11～38	24～38	14～38	—
273×7	250	14～44	28～48	18～44	—
325×8	300	16～52	34～56	22～50	—
377×9	350	19～58	40～62	24～56	—
426×9	400	22～62	46～68	28～60	—

2. 管道加强

为增大管架之间的跨距，在管道上（下）焊接加强板，增大断面系数，增加该管段的刚度。在管道上焊接加强板的方式如图 7.6-13 所示，其安装尺寸如表 7.6-27 所示。

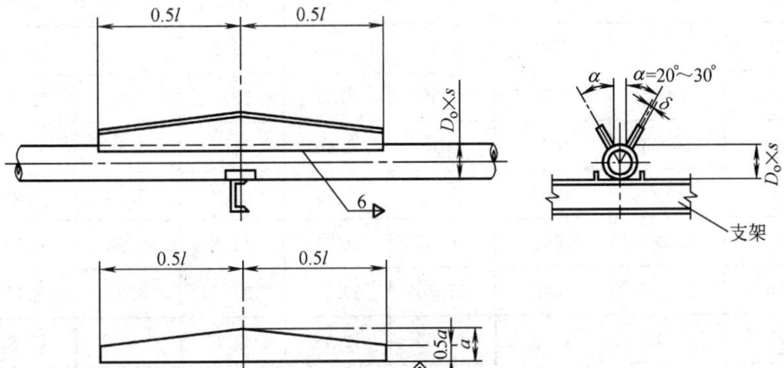

图 7.6-13 管道上焊接加强板

管道上焊接加强板安装尺寸 **表 7.6-27**

管子直径×壁厚 $D_o\times s$ (mm×mm)	加强板尺寸(mm)			管支架跨距(m)		跨距增量 (%)
	高 a	厚度 δ	长度 l	不加强 L	加强后 L_s	
73×3.5	60	6	600	5.0	9.5	90
89×4	70	8	800	6.0	10.0	60
108×4	80	8	850	8.0	12.0	50
159×4.5	120	10	850	9.5	14.0	50
219×6	150	12	180	18	26.1	45

管道下焊接加强板的方式如图 7.6-14 所示，其安装尺寸如表 7.6-28 所示。

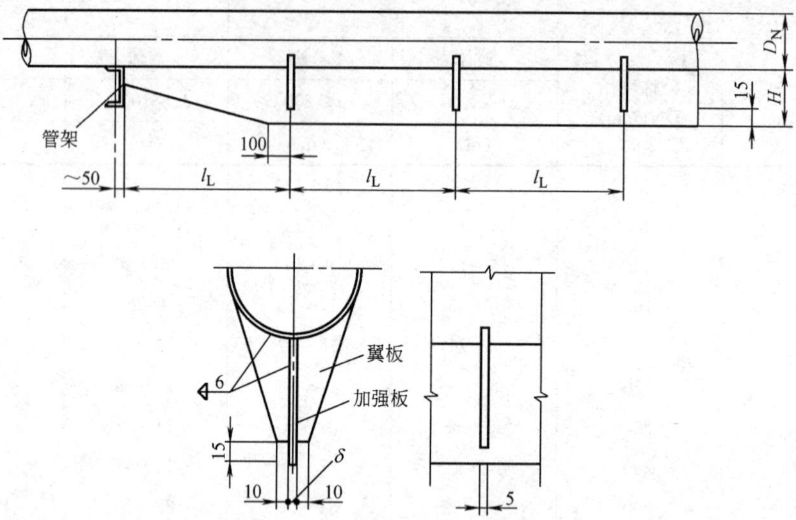

图 7.6-14 管道下焊接加强板

管道下焊接加强板安装尺寸 表 7.6-28

序号	公称直径 DN(mm)	加强板 H×δ (mm×mm)	翼板间距 l_L (mm)	无保温加强管道跨距 L(m)			保温加强管道跨距 L(m)		
				L_1 按强度计算	L_2 按刚度计算	比普通管增长(%)	L_2 按刚度计算	L_1 按强度计算	比普通管增长(%)
1	25	50×5	500	6.87	5.44	70.0	2.90	2.96	87.0
2	32	50×5	800	6.94	5.69	53.8	3.92	3.98	60.5
3	40	50×5	800	7.08	5.97	53.6	4.13	4.22	42.0
4	50	50×5	1000	7.15	6.46	31.6	4.52	4.56	19.6
5	65	100×8	1000	9.90	9.13	52.2	6.98	7.27	52.0
6	80	100×8	1000	9.88	9.70	44.8	6.99	7.52	35.0
7	100	100×8	1000	11.40	10.37	36.5	8.08	8.88	34.0
8	125	150×10	1200	13.55	12.72	44.5	10.32	11.85	51.5
9	150	150×10	1500	13.60	13.50	38.0	10.71	12.67	39.7
10	200	200×20	1500	16.70	16.60	39.2	11.56	13.37	41.2
11	250	250×30	1500	17.05	18.10	33.2	12.10	14.02	36.2

3. “大管吊（或背）小管”

(1) 大管上架设小管支架，宜制成以下四种型式：

① 轴向移动（见表 7.6-29 插图 1~6）。

② 具有导向支挡的轴向移动（见表 7.6-29 插图 1、2）。

③ 轴向和横向移动（见表 7.6-29 插图 3、4）。此外还可制成适于被支承管道具有卡箍式固定支座的支架结构（见表 7.6-29 插图 5）。

④ 大管吊小管（见表 7.6-29 插图 6）。

支架结构型式简图 **表 7.6-29**

序号	简图	备注(零件名称)
1	一、装设在 DN250～350 管子上的支架结构 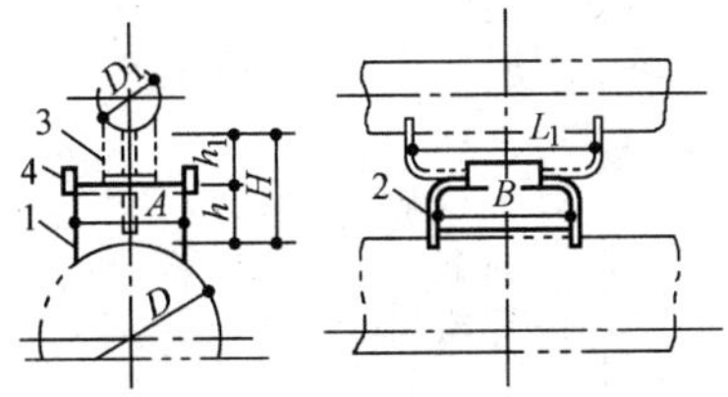	1—卡板座 2—肋板 3—滑动支座 4—仅用于导向支架的挡板
2	二、装设在 DN400～1000 管子上的支架结构 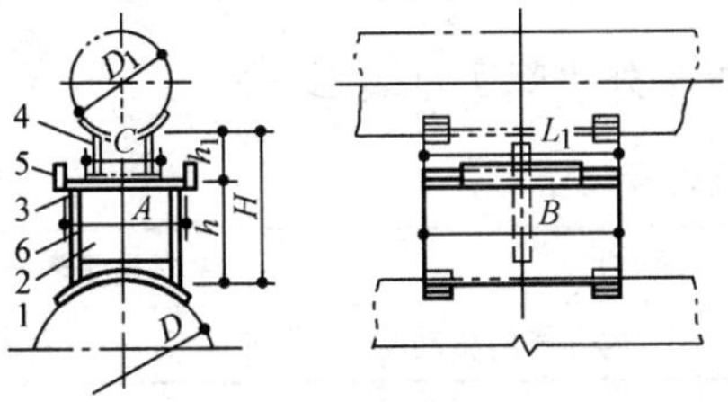	1—垫板 2—肋板 3—底座 4—滑动支座 5—挡板 6—支承板
3	三、装设在 DN250～350 管子上的支架结构 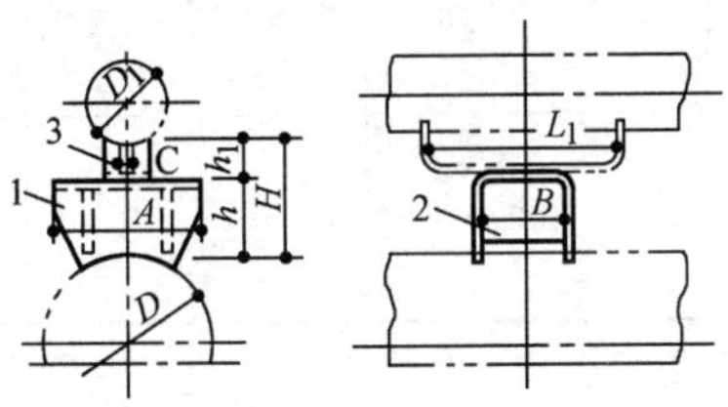	1—卡板座 2—肋板 3—滑动支座
4	四、装设在 DN400～1000 管子上的支架结构 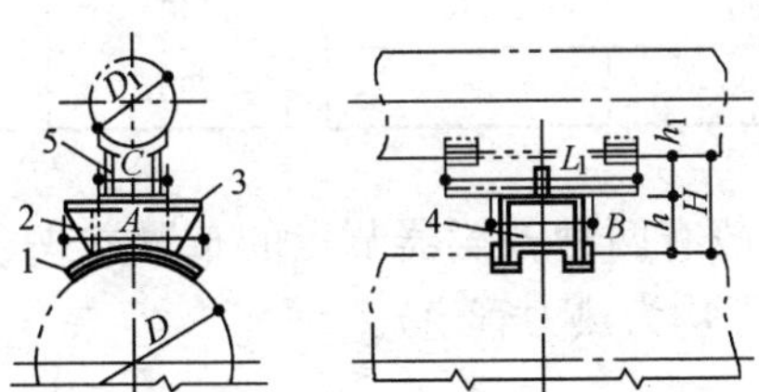	1—垫板 2—横肋板 3—底座 4—肋板 5—滑动支座
5	五、装设在 DN250～1000 管子上由支承梁组成的支架结构 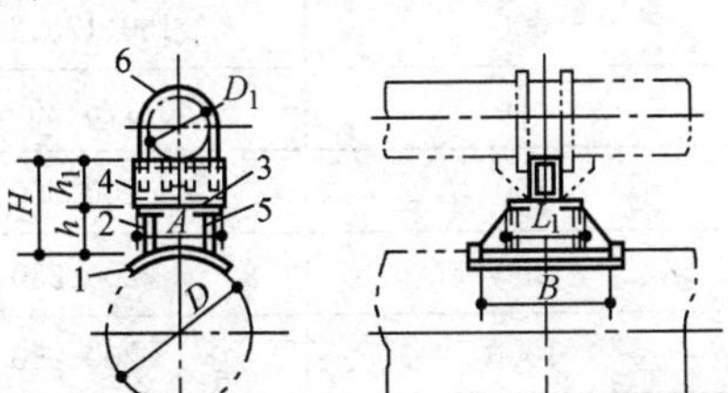	1—垫板 2—肋板 3—底座 4—支承梁 5—横肋板 6—固定止箍支座

续表

序号	简　图	备注(零件名称)
6	六、装设在 DN250～1000 管子上的吊架 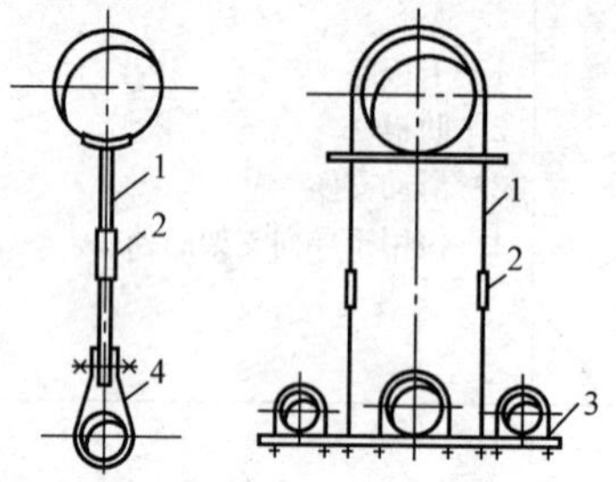	1—吊杆 2—花篮螺丝 3—抱箍 4—吊箍

支架结构的主要轮廓尺寸见表 7.6-30；管子外表间距见表 7.6-31。

支架结构主要轮廓尺寸表 　　**表 7.6-30**

支承管外径 D_w(mm)	高度 h(mm)	宽度 A(mm)		长度 B(mm)	
		轴向移动	轴向和横向移动	轴向移动	轴向和横向移动
273	100 150	170	300	300	150
325～428	100 150 200	200			200
259～1000	100 150 200	260	400	300 400	250

注：本表的配合图为表 7.6-29 中的简图。

管子外表之间的距离（mm） 　　**表 7.6-31**

h	100	150	200	100	150	200
h_1	90	90	90	140	140	140
H	190	240	290	240	290	340

注：本表的配合图为表 7.6-29 中的简图。

当采用“大管背小管”敷设方式时，一般有两种补偿器节点的布置方式（如图 7.6-15 所示），并宜采用表 7.6-32 配合管径（上下均为热力管道）。

大小管配合管径参考表 　　**表 7.6-32**

支承管 DN(mm)	被支承管 DN(mm)	支承管 DN(mm)	被支承管 DN(mm)
250	50、65、80、100、125	600	150、175、200、250
300	50、65、80、100、125、150	700	150、175、200、250、300
350	80、100、125、150、175	800	200、250、300
400	100、125、150、175、200	900	200、250、300
450	100、125、150、175、200	1000	200、250、300
500	150、175、200、250		

(2) 按支架结构的许用轴向位移，检查固定支架的间距。

被支承管道固定支架的间距，可以采用支承管固定支架的间距，但需根据许用轴向位移检查所采用支座外形尺寸，要求确保直管段的滑动支座与支架结构的最小接触长度不小于100mm。

按照给定尺寸的支架结构的许用轴向位移，检查固定支架的间距 L (m)：

对于图 7.6-15 (a)：$$L=\frac{L_1+B-200}{0.5(\delta_1+\delta_1)} \quad (7.6\text{-}5)$$

对于图 7.6-15 (b)、(c)：$$L=\frac{L_1+B-200}{\delta_1} \quad (7.6\text{-}6)$$

式中 B——支架结构长度，mm；

L_1——被支承管道滑动支座长度，mm；

δ_1、δ_2——被支承管和支承管每 m 长热伸长量，mm/m；

$\delta_1=\alpha(t_1-t_w)$，mm/m；

$\delta_2=\alpha(t_2-t_w)$，mm/m；

α——管材线膨胀系数，mm/m·℃；

t_1、t_2——被支承管与支承管内热介质的计算温度，℃；

t_w——采暖计算室外空气温度，℃。

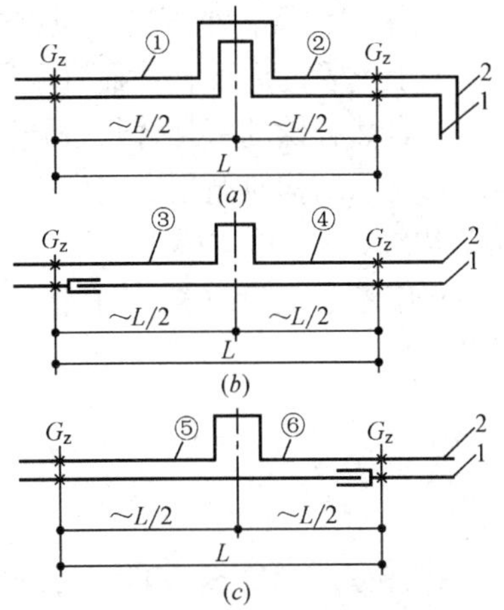

图 7.6-15 在"大管背小管"的条件下，推荐补偿器节点分布示意图

(a) 具有方形补偿器的支承管道；(b)、(c) 具有套筒式补偿器的支承管道；

1—支承管道；2—被支承管道

注：圆圈内号码所标示的点见下面求 c 的计算公式。

为充分利用支架表面，并确保滑动支座与支架的最小接触面长度不小于100mm，在安装时，应考虑上下管道热位移的大小及其可能移动的方向，使上下管道轴线，如图 7.6-16 所示，保持在一定的偏移量 C (mm)。

参照图 7.6-15 对于点①和点⑤，符号为"+"；对于点②和点④，符号为"−"。

$$C=\pm\frac{L_1(\delta_1-\delta_2)}{4} \quad (7.6\text{-}7)$$

对于点⑥，符号为"+"，对于点③符号为"−"。

$$C=\pm\frac{L_1(\delta_1+\delta_2)}{2} \quad (7.6\text{-}8)$$

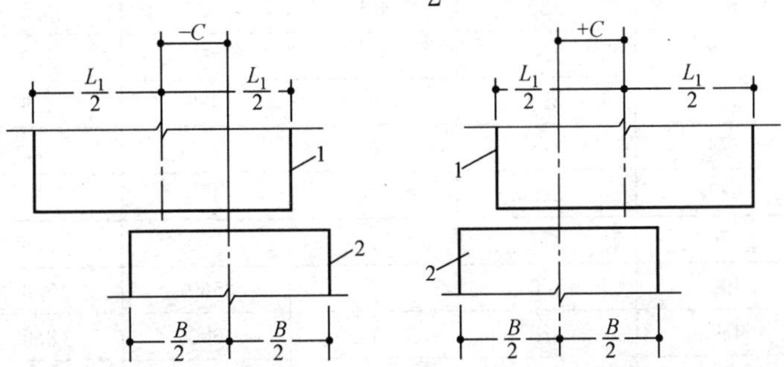

图 7.6-16 上管滑动支座轴线对支架结构轴线在安装时的偏移

1—上管滑动支座；2—在下管上的支架结构

L_1—上管滑动支座长度；B—支架结构长度；±C—在安装时上管滑动支座与支架结构之间的偏移

采用“大管背小管”敷设方式时应注意：

- 上下管的方形补偿器宜采用同样尺寸，并按计算选用两者中较大尺寸者；
- 自然补偿的弯管臂长按强度计算确定；
- 支承结构应满足支座发生横向位移的条件，即支座有横向位移时，不会达到支架结构的边缘，且两侧均保留20～25mm裕量。弯管不考虑预先冷紧；
- 应考虑上管（被支承管）对下管（支承管）的附加重量，并应对下管进行强度验算。

7.7 热水管道直埋敷设

供热介质温度≤150℃、公称直径≤*DN*500的热水管道，可以按照我国行业标准《城镇直埋供热管道工程技术规程》(CJJ/T 81—98) 的规定进行设计。

7.7.1 管道材料

1. 预制直埋保温管尺寸

直埋敷设热水管道的保温材料为聚氨酯硬质泡沫塑料，保护壳材料可采用高密度聚乙烯外护管或玻璃钢外护层。直埋保温管保温层厚度应根据敷设情况经计算确定，外护层厚度应根据生产工艺要求确定。典型的预制直埋保温管的尺寸见表7.7-1。

典型预制直埋保温管尺寸 **表7.7-1**

公称直径(mm)	钢管外径(mm)		钢管壁厚(mm)	外护管外径(mm)	聚乙烯外护管壁厚(mm)	玻璃钢外护层壁厚(mm)
25	34	32	3	90	2.2	1.5
32	42	38	3	110	2.5	1.5
40	48	45	3.5	110	2.5	1.5
50	60	57	3.5	125	3	1.5
65	76	73	4	140	3	2
80	89	89	4	160	3	2
100	114	108	4	200	3.2	2
125	140	133	4.5	225	3.5	2.5
150	168	159	4.5	250	3.9	2.5
200	219	219	6	315	4.9	2.5
250	273	273	6	400	6.3	2.5
300	325	325	7	450	7	3
350	356	377	7	500	7.8	3
400	406	426	7	560	8.8	3
450	457	478	7	600	8.8	4
500	508	529	7	655	9.8	4

2. 直埋保温管性能指标

用于直埋敷设热水管道的预制直埋保温管，应采用钢管、保温层、外护层紧密结合为一体的整体式预制直埋保温管。预制直埋保温管的主要性能指标见表 7.7-2。

预制直埋保温管的主要指标 **表 7.7-2**

项目	指标
保温层耐热性	不低于设计工作温度和设计寿命
保温层泡沫密度(kg/m^3)	≥60
保温层压缩强度(MPa)	≥0.3
保温层导热系数[W/(m·K)]	≤0.033(50℃)
保温管(包括保温层与钢管、保温层与外护层之间粘结)轴向剪切强度(MPa)	≥0.12(23℃)
	≥0.08(140℃)

3. 钢管

用于直埋敷设热水管道的钢管，机械性能须有明显的屈服极限，宜采用 10、20、Q235 钢材。钢管应采用承压流体输送用无缝钢管或双面自动埋弧焊螺旋缝钢管，钢管的材料、尺寸公差、性能应符合 CJ/T 3022 或 GB/T 9711.1 或 GB/T 8163 标准规定。常用钢材的主要物理特性见表 7.7-3、表 7.7-4。

常用钢材许用应力 **表 7.7-3**

钢号	10	20	Q235
抗拉强度最小值 σ_b(MPa)	333.5	402.2	375
屈服极限最小值 σ_s(MPa)	206.0	215.8	235
许用应力[σ](MPa)	111.1	134.1	125

常用钢材物理特性 **表 7.7-4**

物理特性		弹性模量 E(10^4MPa)			线膨胀系数 α[10^{-6}m/(m·℃)]		
钢号		10	20	Q235	10	20	Q235
计算温度(℃)	20	19.8	19.8	10.6			
	100	19.1	18.2	20.0	11.9	11.2	12.2
	150	18.6	18.0	19.6	12.3	11.6	12.6

4. 直埋保温管件

常用预制直埋保温管件有以下几种：

(1) 弯头：宜采用压制、推制或热煨制作的光滑弯头或弯管，不得使用皱褶弯管。

(2) 三通：应在开孔区周围加设传递主管轴向荷载的结构，抑制三通开孔区的变形。

(3) 阀门：应能承受管道的轴向荷载，采用钢质阀门及焊接连接。

(4) 固定节：应采用整体密封结构，防止地下水渗入保温层和钢管外层。结构形式除承受管道轴向推力外，应满足外护管和热收缩带使用温度的要求。

(5) 其他：放气装置、放水装置、变径管、管封头等。

5. 保温接头

直埋热水管道要求外壳连续、完整、密闭不渗水，并能整体承受管道自身轴向运动产生的作用力，以保证整个管道系统的使用寿命。

保温管接头套袖与外护管连接可采用热收缩带、电热熔焊等形式。保温材料应达到规定的密度，不宜采用手工发泡。

直埋保温管进入检查室处，保温层端头应加收缩端帽封闭。

6. 报警系统

为保障供热系统的运行安全，直埋热水管道可以在保温层内敷设报警导线，通过监测系统发现故障点并准确定位。

7.7.2 直埋管段构成

由于管道与周围土壤之间摩擦力的作用阻止管道热伸长，直埋管道的热位移与架空及管沟敷设管道有很大不同。当直线管段较长时，管道温度变化只能引起部分管段产生热位移，其他部分直管段不产生热位移，见图7.7-1所示。

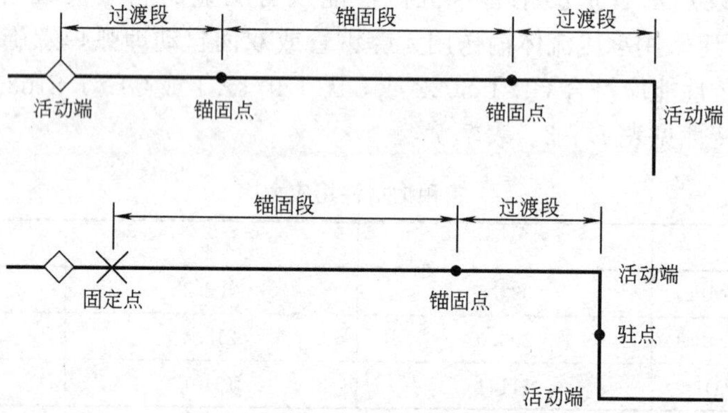

图7.7-1 直埋管段构成

(1) 活动端：管道上安装套筒、波纹管、弯头等能补偿热位移的部位。

(2) 固定点：管道上采用强制固定措施不能发生位移的点。

(3) 锚固点：管道温度变化时，直线管道产生热位移管段和不产生热位移管段的自然分界点。

(4) 驻点：两侧为活动端的直线管段，当管段较短时管道温度变化引起全线管道产生热位移，管段中位移为零的点。

(5) 锚固段：在管道温度变化时不产生热位移的直埋管段。

(6) 过渡段：一端固定（可以是固定点、驻点或锚固点）另一端为活动端，在管道温度变化时，能产生热位移的直埋管段。

7.7.3 直埋管道布置与敷设

1. 管道平面布置

设计时应尽量将管道布置为锚固段，应尽量避免设置固定墩、补偿器等易损附件。

2. 管线折角

(1) 60°～90°平面折角，可按自然补偿管段进行设计。

(2) 当平面折角不超过表7.7-5数值时，可按直线管段考虑。

（3）当竖向坡度变化不大于2%时，可按直线管段考虑。

（4）折角或坡度变化与轴向补偿器的距离不得小于12m。

直埋热水管道可视为直管段的最大平面折角（°） **表7.7-5**

公称直径（mm）	循环工作温差(℃)					
	50	65	85	100	120	140
50～100	4.3	3.2	2.4	2.0	1.6	1.4
125～300	3.8	2.8	2.1	1.8	1.4	1.2
350～500	3.4	2.6	1.9	1.6	1.3	1.1

3. 转角管段的布置

设计布置转角管段两侧的臂长（弯头至驻点、锚固点或固定点的距离），不应小于表7.7-6数值。

转角管段最小臂长 **表7.7-6**

公称直径(mm)	25	32	40	50	65	80	100	125
最小臂长(m)	1.3	1.5	1.8	2.0	2.4	2.6	3.0	3.5
公称直径(mm)	150	200	250	300	350	400	450	500
最小臂长(m)	3.9	4.8	5.4	6.2	6.8	7.2	7.8	8.3

4. 覆土深度

（1）管顶覆土深度应不小于表7.7-7的规定。

直埋敷设管道最小覆土深度 **表7.7-7**

公称直径(mm)	≤125	150～200	250～300	350～400	450～500
车行道下(m)	0.8	1.0	1.0	1.2	1.2
非车行道下(m)	0.6	0.6	0.7	0.8	0.9

（2）当管道设计温度高于100℃时，处于锚固段内的管道还应符合表7.7-8的纵向稳定条件。

高温管道锚固段稳定最小覆土深度 **表7.7-8**

公称直径(mm)	50	65～80	100～200
覆土深度(m)	0.9	0.8	0.7

（3）直埋热水管道穿越河底的覆土深度，应根据水流冲刷条件和管道稳定条件确定，应进行抗浮计算。

（4）当管道覆土深度不能满足上述要求时，应采取相应的措施。

5. 沟槽

（1）直埋管道沟槽开挖尺寸应视保温管管径、位移情况、附件安装尺寸和回填夯实工艺确定，布置尺寸可参见图7.7-2。

（2）在管道保温接头处，沟槽应加宽加深设工作坑。

（3）在位移较大的管道转弯处，两管间距应取较大值。

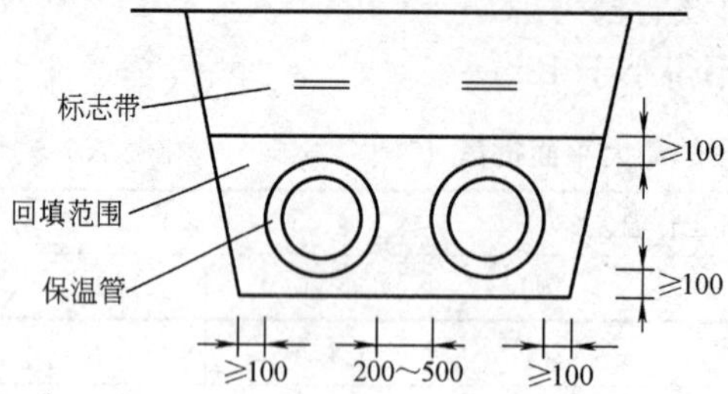

图 7.7-2 直埋保温管布置最小尺寸

(4) 当地基软硬不一致时，应对地基做过渡处理。

(5) 沟槽应填砂或过筛的细土，回填料应分层夯实。

6. 分支管

从干管直接引出直埋分支管时，应符合下列规定：

(1) 分支点处干管的轴向计算热位移不宜大于 50mm。

(2) 分支三通至干管上弯头、轴向补偿器、固定点的距离 B，应符合图 7.7-3 的要求。

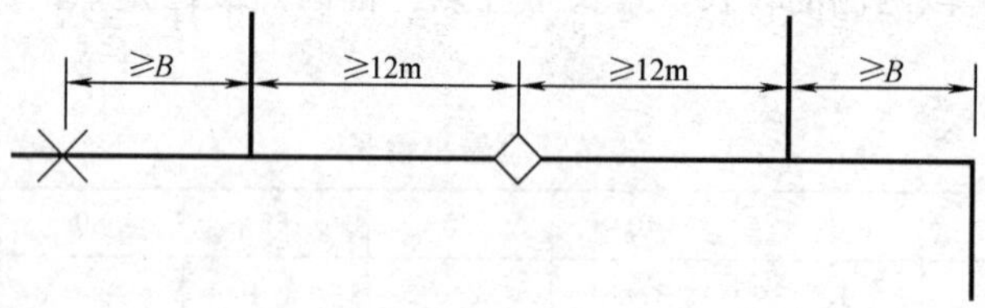

图 7.7-3 分支三通在干管上的位置

(3) 分支管上应设弯管、轴向补偿器或固定点，以减小支管热伸长对干管开孔处的推力，支管布置应符合图 7.7-4 的要求。

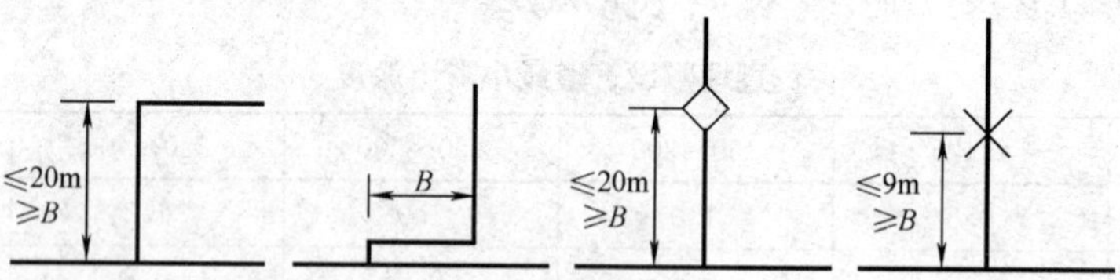

图 7.7-4 分支管的布置

7.7.4 直埋管道保温计算

直埋保温管保温层厚度除满足工艺要求的保温效果外，还应保证外护管的使用温度条件，保温层厚度应根据管道埋设深度和土壤导热系数经计算确定。高密度聚乙烯外护管的使用温度不高于 50℃；玻璃钢外护层的使用温度不高于 65℃。

1. 热损失

$$\Delta q_1=\frac{(t_1-t_0)(R_{b2}+R_{t2})-(t_2-t_0)R_c}{(R_{b1}+R_{t1})(R_{b2}+R_{t2})-R_c^2} \tag{7.7-1}$$

$$\Delta q_2=\frac{(t_2-t_0)(R_{b1}+R_{t1})-(t_1-t_0)R_c}{(R_{b1}+R_{t1})(R_{b2}+R_{t2})-R_c^2} \tag{7.7-2}$$

$$R_b=\frac{1}{2\pi\lambda_b}\ln\frac{d_z}{d_w} \tag{7.7-3}$$

$$R_t=\frac{1}{2\pi\lambda_t}\ln\left[\frac{2h}{d_z}+\sqrt{\left(\frac{2h}{d_z}\right)^2-1}\right] \tag{7.7-4}$$

$$R_c=\frac{1}{2\pi\lambda_t}\ln\sqrt{\left(\frac{2h}{b}\right)^2+1} \tag{7.7-5}$$

式中 Δq——管道单位长度散热损失，W/m；

t_1、t_2——管内供热介质温度，℃；

t_0——管道周围土壤温度，℃；

R_b——保温材料热阻，m·℃/W；

R_t——土壤热阻，m·℃/W；

R_c——附加热阻，m·℃/W；

d_w——钢管外径，m；

d_z——保温层外表面直径，m；

λ_b——保温材料导热系数，W/(m·℃)；

λ_t——土壤导热系数，W/(m·℃)，当土壤温度为10～40℃时，中等湿度土壤的导热系数 λ_t 在1.2～2.5W/(m·℃) 范围内；

h——从地表面到管中心线的埋设深度，m；

b——两管中心线间的距离，m；

下角标1表示供水管参数，下角标2表示回水管参数。

2. 保温层外表面温度

$$t_{b1}=t_1-R_{b1}\Delta q_1 \tag{7.7-6}$$

$$t_{b2}=t_2-R_{b2}\Delta q_2 \tag{7.7-7}$$

式中 t_b——保温层外表面温度，℃。

7.7.5 直埋管道受力和应力计算

1. 符号（表7.7-9）

计算符号 表7.7-9

符 号	单 位	定 义	取值或计算方法
A	m^2	钢管管壁的横截面积	
D_c	m	预制保温管外壳的外径	
D_i	m	钢管内径	
E	MPa	钢材的弹性模量	
F_{max}	N/m	管道的最大单长摩擦力	
F_{min}	N/m	管道的最小单长摩擦力	
g	m/s^2	重力加速度	
H	m	管顶覆土深度	当 $H>1.5$m时，取 $H=1.5$m
L_{max}	m	直管段的过渡段最大长度	
L_{min}	m	直管段的过渡段最小长度	
P_d	MPa	管道的计算压力	
t_0	℃	管道计算安装温度	应采用安装时当地的最低温度，在非采暖期安装可取10℃

续表

符 号	单 位	定 义	取值或计算方法
t_1	℃	管道工作循环最高温度	应采用采暖室外计算温度下的热力网计算供水温度
t_2	℃	管道工作循环最低温度	全年运行的管网应采用30℃；只在采暖期运行的管网应采用10℃
ΔT_y	℃	管道的屈服温差	$\Delta T_y=\frac{1}{\alpha E}[1.3\sigma_s-(1-\upsilon)\sigma_t]$
α	m/m·℃	钢材的线膨胀系数	
δ	m	钢管公称壁厚	
σ_t	MPa	管道内压引起的环向应力	$\sigma_t=\frac{P_d D_i}{2\delta}$
σ_s	MPa	钢材的屈服极限最小值	
ρ	kg/m³	土壤密度	
μ_{max}		保温管与土壤间最大摩擦系数	
μ_{min}		保温管与土壤间最小摩擦系数	
υ		钢材的泊松系数	取 $\upsilon=0.3$
F_f	N	活动端对管道伸缩的阻力	指弯头的轴向力、套筒补偿器的摩擦力、波纹管补偿器的弹性力和由内压产生的不平衡力

2. 直埋管道应力验算

(1) 直管段

对于供热介质温度≤130℃、计算压力≤2.5MPa、公称直径≤DN500的热水管道，当预制直埋保温管的尺寸与表7.7-1相同时，均可满足锚固段的强度验算条件，即从管道强度方面考虑，直管段可以不设补偿器。

(2) 直埋转角管段

直埋转角管段弯头的应力和轴向力，与弯头的型式、材质、壁厚、角度、弯曲半径、过渡段布置长度、土壤摩擦力、安装温度、运行温度、工作压力等参数有关。弯头应力验算可以按照《城镇直埋供热管道工程技术规程》(CJJ/T 81—98) 规定计算，或按有限元等方法计算，一般应采用较大弯曲半径的光滑弯管。

3. 直埋管与土壤间的摩擦力

热力管道初次升温时摩擦力较大，随着管道升温、降温伸缩循环次数的增加，直埋保温管外壳与土壤间的摩擦力逐渐下降，过渡段逐渐增长。摩擦系数见表7.7-10。

$$F_{max}=\pi\rho g\mu_{max}\left(H+\frac{D_c}{2}\right)D_c \tag{7.7-8}$$

$$F_{min}=\pi\rho g\mu_{min}\left(H+\frac{D_c}{2}\right)D_c \tag{7.7-9}$$

高密度聚乙烯或玻璃钢外壳与土壤间的摩擦系数　　表7.7-10

回 填 料	中 砂	粉质黏土或砂质粉土
最大摩擦系数 μ_{max}	0.40	0.40
最小摩擦系数 μ_{min}	0.20	0.15

4. 直管段过渡段长度

$$L_{max}=\frac{[\alpha E(t_1-t_0)-\upsilon\sigma_t]A\cdot 10^6}{F_{min}} \tag{7.7-10}$$

$$L_{min}=\frac{[\alpha E(t_1-t_0)-\upsilon\sigma_t]A\cdot 10^6}{F_{max}} \tag{7.7-11}$$

5. 管道轴向力

（1）锚固段

$$N_a=[\alpha E(t_1-t_0)-\upsilon\sigma_t]A\cdot 10^6 \tag{7.7-12}$$

当 $t_1-t_0>\Delta T_y$ 时，取 $t_1-t_0=\Delta T_y$。

式中 N_a——锚固段的轴向力，N。

（2）过渡段

$$N_{t.max}=F_{max}l+F_f \tag{7.7-13}$$

当 $l\geqslant L_{min}$时，取 $l=L_{min}$。

$$N_{t.min}=F_{min}l+F_f \tag{7.7-14}$$

式中 $N_{t.max}$——计算截面的最大轴向力，N；

$N_{t.min}$——计算截面的最小轴向力，N；

l——过渡段内计算截面距活动端的距离，m。

6. 管道对固定点的作用力

固定点两侧管段作用力合成时，应按下列原则进行：

（1）根据两侧管段摩擦力下降造成的轴向力变化的差异，按最不利情况进行合成。

（2）两侧管段由热胀冷缩受约束引起的作用力和活动端作用力的合力互相抵消时，荷载较小方向的力应乘以 0.8 的抵消系数；当两侧管段均为锚固段时，抵消系数取 0.9。

（3）两侧内压不平衡力的抵消系数取 1。

7.7.6 直埋管道热位移计算

1. 驻点位置计算

相邻的两个直管过渡段之间、直管与弯管臂之间、两个弯管臂之间的驻点位置，可按式（7.7-15）和图 7.7-5 确定。

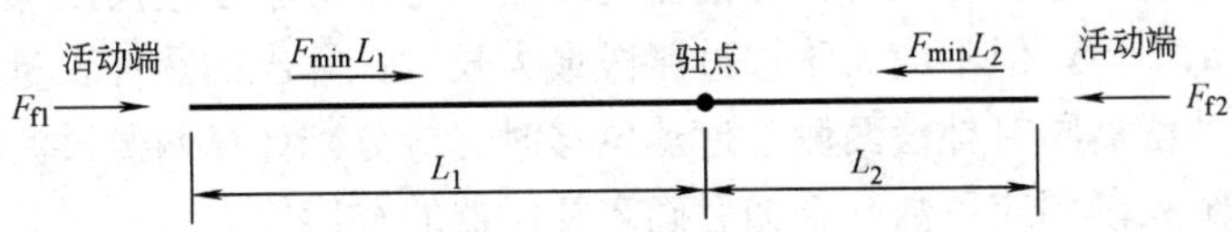

图 7.7-5 驻点位置计算示意图

$$L_1=\frac{1}{2}\left[L_1+L_2-\frac{F_{f1}-F_{f2}}{F_{min}}\right] \tag{7.7-15}$$

式中 L_1——驻点左侧过渡段长度，m；

L_2——驻点右侧过渡段长度，m；

F_{f1}——驻点左侧活动端对管道伸缩的阻力，N；

F_{f2}——驻点右侧活动端对管道伸缩的阻力，N。

计算时 F_f 的数值与过渡段长度有关，当需要采用迭代法计算时，计算误差不应大于10%。

2. 过渡段的热伸长量

$$\Delta l=\left[\alpha(t_1-t_0)-\frac{F_{min}L}{2EA\cdot 10^6}\right]L-\Delta l_p \tag{7.7-16}$$

$$\Delta l_p=\alpha(t_1-t_0-\Delta T_y)(L-L_{min}) \tag{7.7-17}$$

当 $t_1-t_0\leqslant\Delta T_y$ 或 $L\leqslant L_{min}$ 时，取 $\Delta l_p=0$；当 $L\geqslant L_{max}$ 时，取 $L=L_{max}$。

式中 Δl——整个过渡段的热伸长量，m；

L——设计布置的过渡段长度，m。

3. 过渡段内任一计算点的热位移量

当需要计算过渡段内某一点（如分支点）的热位移量时，可按式（7.7-16）式（7.7-18）和图7.7-6确定。

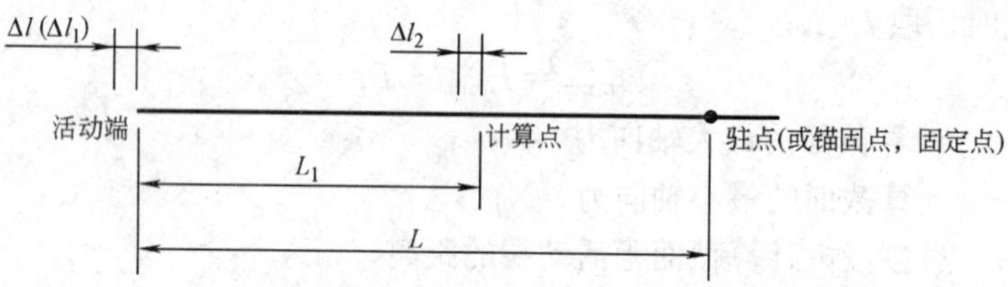

图7.7-6 热位移计算示意图

$$\Delta l_2=\Delta l-\Delta l_1 \tag{7.7-18}$$

式中 Δl_2——计算点的热位移量，m；

Δl——按式（7.7-16）计算的整个过渡段的热伸长量，m；

Δl_1——以计算点到活动端的距离 L_1 作为 L 带入式（7.7-16）计算的过渡段热伸长量，m。

4. 补偿器选择

选用套筒、波纹管、球型等补偿器时，补偿能力应符合下列要求：

（1）当过渡段的一端为固定点或锚固点时，补偿器的补偿能力不应小于过渡段热伸长量（或分支三通热位移）的1.1倍；

（2）当过渡段的一端为驻点时，补偿器的补偿能力不应小于过渡段热伸长量（或分支三通热位移）的1.2倍，但不应大于按过渡段最大长度计算出的热伸长量的1.1倍。

（3）当一个补偿器同时补偿两侧管道热位移时，应分别计算两侧过渡段的热伸长量并按（1）、（2）规定乘以相应系数，叠加后确定补偿器的补偿能力。

7.8 区域供冷

7.8.1 概　　述

1. 概念

区域供冷系统是为了满足某一特定区域内多个建筑物的空调冷源要求，由专门的供冷站集中制备冷冻水，并通过区域管网进行供给冷冻水的供冷系统。可由一个供冷站或多个供冷站联合组成。

区域供冷系统是现代城市的基础设施之一，与集中供热、自来水、城市燃气、电力一样是一项公用事业。

区域供冷系统的应用有将近40年的历史，是伴随国际能源紧缺、科技进步和城市化发展、改造而产生的。它是区域能源规划或分布式能源系统（冷、热、电联供）的组成部分。

区域供冷系统所提供的冷水可以是一种商品。

2. 实施的条件

当新建或改造城市的一定区域内，具备下列条件就可实施区域供冷：

(1) 平均冷负荷需求密度较高；

(2) 具有较长的供冷时间；

(3) 有明确用户；

(4) 具备规划、建设区域供冷站及区域供冷管网的条件；

(5) 具备适当的能源动力条件及配套的政策、法规。

适合建设的区域有：城市中心商业区（CBD）、高科技产业园区、大学校园、大型交通枢纽、大型的工业企业、新开发的高档住宅小区、为改善街区环境而必须进行空调设施改造的区域等。

国内工程实例：北京中关村西区、浦东国际机场、广州大学城等；

国外工程：美国芝加哥中心区、日本东京新宿地区、马来西亚吉隆坡双塔地区等。

3. 构成

区域供冷系统一般由区域供冷站、输送管网、用户入口装置三部分构成。

区域供冷系统也可以是区域能源系统的一部分，可与分布式能源站、热电厂、城市燃气系统、垃圾发电厂及其他余热利用等组合作为能源梯级利用系统。

4. 特点

(1) 减少建设的初投资；

(2) 提高能源利用率；

(3) 美化城市环境；

(4) 减少空调系统的日常维护费用；

(5) 提高空调系统的安全性和有效性；

(6) 提高生活品质；

(7) 满足能源服务业市场化、专业化的需要。

7.8.2 区域能源规划

1. 目的

区域能源规划是对所规划区域在一定的时段内各种能源形式综合利用提出指导性的意见，目的是提高能源利用率，降低城市运行成本，实现可持续发展。

根据能源规划，确定区域内主要的能源来源、多种能源利用形式及能源综合利用的方案，同时确定区域供冷的范围、能源形式、能源综合利用流程及区域供冷系统的制冷工艺流程（图 7.8-1）。

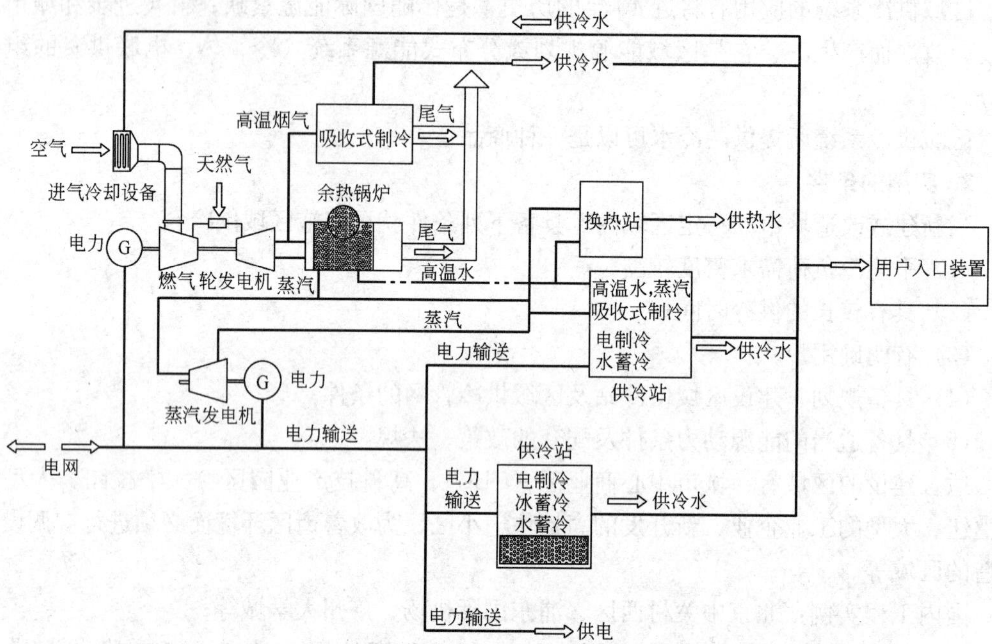

图 7.8-1 冷热电联供（能源梯级利用）流程示意

2. 主要工作内容

(1) 制定区域能源规划总则；

(2) 制定建筑主体节能规划；

(3) 制定能源供应系统规划；

1) 制定分布式能源站及冷热电联供规划

2) 制定区域供冷系统规划

3) 制定集中供热、生活热水系统规划

4) 制定蓄能技术的应用及规划

(4) 制定可再生能源规划；

1) 制定可再生能源利用的条件和目标

2) 制定可再生能源利用方案及技术经济性

3) 制定风力发电，垃圾资源化，太阳能利用的发展规划

(5) 能源系统运营机制的研究及规划；

1) 引进区域性能源服务运营公司的运营模式

2) 进行区域能源系统、区域供冷系统的开发建设及管理

3) 理顺区域能源生产、运营机构与现行电力公司的关系

7.8.3 前期规划及方案论证

1. 区域供冷建设程序（表7.8-1）

表7.8-1

区域供冷系统建设	政府决策阶段	提出概念
		项目建议书
		可行性研究
		专家论证，政府决策
		特许经营权招标
		初步确定冷水价格
		初步签订用户协议
	规划设计阶段	方案设计
		进行市政管线规划及土地使用规划
		主要工艺流程的成套技术、设备招标与采购
		初步设计
		施工图设计
	施工调试阶段	施工
		配套设备采购
		冲洗及调试
		试运行
	运营阶段	售冷价格调研并确定
		确定冷水价格调价机制
		政府批准冷水（商品）价格及调价机制
		与用户签订用冷协议
		运营商招标
		开始运营

应注意的几个问题：

(1) 由于区域供冷是向一定区域内的众多建筑提供冷水，不论是由多个特殊用户构成的小区域或是城市内的大区域，都应在建设及规划的初期开始实施（包括旧城市的改造）。

(2) 规划设计阶段需提供冷站用地、冷水管网敷设所需的位置及空间。

(3) 需要在土地开发及规划审批过程中在单体建筑方案设计要点中明确体现，要在政府主导下市场化运作。

(4) 需要有关政府职能部门和相关技术部门制定配套的指南、法规和技术标准。

2. 可行性研究及方案设计

(1) 必要性

区域供冷不同于单体建筑的中央空调系统，它一般需要一个投资主体及运营主体，是以冷水为商品的生产性企业，因此其投资的回报率、运营管理及冷水销售的市场预测，必须在设计建设前期进行研究和论证。

（2）可行性研究

可行性研究除满足国家有关编制内容、深度要求外，区域供冷系统主要的技术分析工作如下（见图7.8-2）：

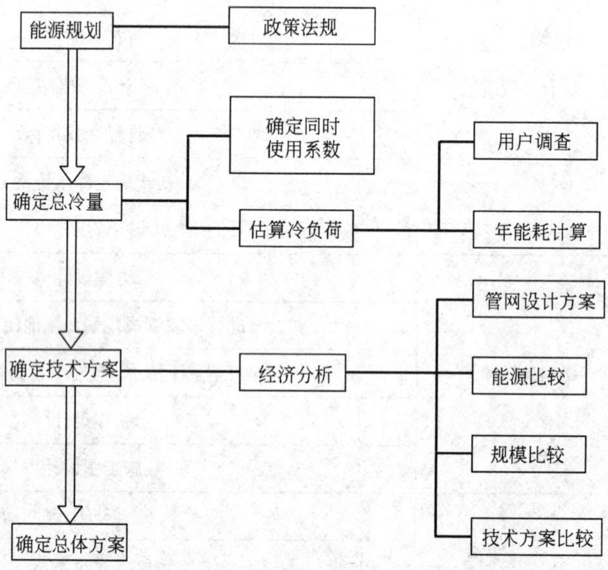

图7.8-2 可行性研究或方案设计步骤图

1）冷负荷的分析、预测

目的是确定总的装机容量，同时为预测年总售冷量，确定冷水价格提供基础资料。

区域供冷的建设投入（如管网的设计、建设；供冷站（房）的设计、建设）直接与冷负荷的预测有关，按一般的建设程序，在多数单体建筑建设之前，管网和冷站的设计已基本完成，建设规模应已落实，并且部分配合城市建设的地下工程已先期完成。

冷负荷的分析和预测是区域供冷系统的特点和难点之一，既有复杂的技术问题又含有生活习惯、消费水平和市场行为，要在设计、建设的各个阶段修正和调整。

区域供冷的冷负荷分析一般可根据投资经营分为两类：

一类是一个机构为其拥有的多个建筑空调需要而建设的区域供冷系统，投资、建设、经营成本是内部核算。其特点是规划、建设计划、加入区域供冷计划确定，各单体建筑需求量确定，如大型航空港的区域供冷系统。这种情况冷负荷需求明确，重点是确定合理的同时使用系数，确定合理的供冷站规模及位置等。

另一类是具有明确的投资主体，运营机构，冷水作为商品出售，如广州大学城区域供冷项目。城市规划和建设计划基本确定，但加入区域供冷计划的各单体建筑及多个建筑冷负荷需求有不确定的因素。这种情况的重点是分析、预测冷负荷，再确定同时使用系数，确定供冷站的规模、数量及位置等。

2）同时使用系数的确定

根据计算预测的冷负荷，确定总装机容量，重点是确定合理的同时使用系数。影响因素主要有：

ⓐ 建筑类型

ⓑ 供冷站的规划数量及位置选取

ⓒ 各类建筑的使用特点

ⓓ 气候条件、生活习惯、经济条件等人为因素

可简化计算为

$$\text{同时使用系数}=\frac{\text{各类建筑叠加某时刻最大冷负荷}}{\text{各类建筑计算日最大冷负荷之和}} \tag{7.8-1}$$

表 7.8-2 供使用参考。

表 7.8-2

区域名称	同时使用系数	备 注
大学园区	0.49～0.55	教室、实验室、图书馆、行政办公室、体育馆、宿舍、餐厅生活服务
商务区	0.7～0.77	商业中心、办公类建筑、文化建筑、酒店、医院
综合区	0.65～0.7	上述两类主要建筑及功能同时具有

3）冷站的规模、数量及位置：

位置：尽量位于供冷区域中心或冷负荷中心。

规模和数量：这两者是彼此关联的，应进行技术经济分析确定。供冷站规模大，一般来讲供冷半径就大，管网投资多，冷水输送的能耗就高。根据工程实践，供冷半径不宜大于 2～3km。确定供冷站的位置、规模、和供冷半径，有 3 个具体的数据可供参考：

ⓐ 管网的冷损失：温升控制在小于 0.5℃至 0.8℃；

冷损失小于 4%至 6%。

ⓑ 管网的投资：占总投资的比例不大于 10%至 12%（旧城改造可提高此项的比例）。

ⓒ 冷水输送的能耗：占总能耗的比例不大于 15%。

4）供冷站制冷工艺的选择

影响因素主要有：

ⓐ 外部条件：主要是能源动力的条件，如电力、蒸汽、天然气等燃料及水源的条件。

ⓑ 供冷站规模。

ⓒ 初投资与运行费用，维护费用。

ⓓ 能源规划及政策。

制冷工艺方案见表 7.8-3。

表 7.8-3

<table>
<tr><th>能 源</th><th>工 艺</th><th>供回水温度</th><th>特 点</th></tr>
<tr><td rowspan="2">电力</td><td rowspan="2">压缩式制冷
一般采用大型离心式或螺杆式冷水机组
冰蓄冷或水蓄冷</td><td>供水 5 至 6℃
回水 13 至 15℃</td><td>投资较少，运营管理简单</td></tr>
<tr><td>供水 1.1 至℃
回水 13 至 15℃</td><td>输送能耗低，管网投资少，移峰填谷，减少电力投资，初投资高，制冷能耗高，运行管理复杂</td></tr>
<tr><td>天然气等可燃气体或其他燃料</td><td>直燃式
溴化锂吸收式冷水机组</td><td>供水 5 至 6℃
回水 13 至 15℃</td><td>用于天然气较丰富的地区</td></tr>
</table>

续表

能 源	工 艺	供回水温度	特 点
蒸汽（一般为发电机组抽汽）	溴化锂吸收式冷水机组	供水5至6℃ 回水13至15℃	初投资较少，与热电厂或分布式能源站配合，实现能源的梯级利用
	蒸汽驱动离心式或其他形式制冷机组	供水3至4℃ 回水13至15℃	初投资高，设备维护较复杂可较大限度的使用蒸汽
其他采用各种余热	余热型吸收机 水源、地源等冷水机组	供水5至6℃ 回水13至15℃	利用余热，日常运行费用低初投资较高
多种能源组合	吸收式冷水机与电制冷机组串联/并联，或其他各种形式能源组合	供水3至4℃ 回水13至15℃	可发挥每一种能源的优势，获得较大的供回水温差，也可以利用不同种类的能源在不同时段的优惠价格，以降低运行成本

5）区域供冷系统存在的主要问题是管网投资多、输送距离长、水泵能耗高、管网沿程冷损失较大。因此系统方案的确定，主要是围绕解决好上述的几个问题。

在合理选择制冷工艺方案及制冷设备情况下，增大供回水温差一般是经济合理的方案。如冰蓄冷方案中，采用钢盘管外融冰技术，可以提供1.1℃的冷水。在国内外有较多大型区域供冷工程实例，应用得很广泛。此外，冰晶（又称冰泥浆）技术可以提供温度更低的冷水以及利用水的相变潜热输送更多的冷量。随着该项技术的成熟，在工程实践中将有广泛的应用前景。

6）利用分时电价政策或平衡电力生产及输配的成本进行技术经济比较后，采用冰蓄冷技术既可降低系统的运行成本，也可增大供回水温差减少区域供冷系统的输送能耗和管网投资。

因此通过调整电价政策，改善电网的运行条件，优于为满足短时间的峰值负荷而简单扩大电厂、电网建设规模的传统模式。

7.8.4 区域供冷站

1. 区域供冷站可建于供冷区域某一建筑物内，也可作为一座独立建筑建设。但由于区域供冷的供冷站的规模较大，需考虑平面布置、层高、设备运输安装、室外冷却塔的布置，一般宜独立设置（参见图7.8-3）。

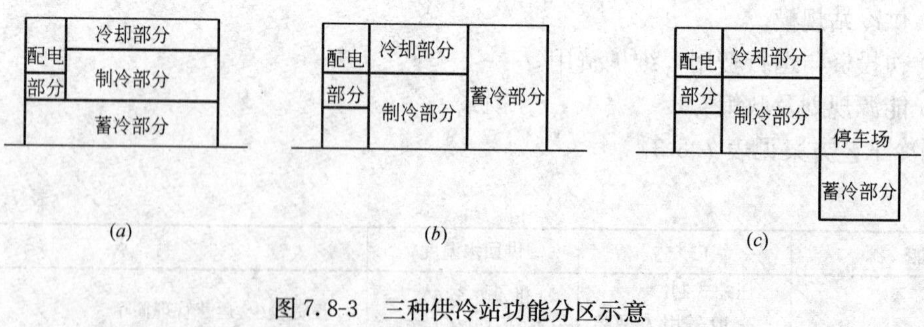

图7.8-3 三种供冷站功能分区示意

2. 主要功能用房

（1）蓄能装置（采用冰蓄冷或水蓄冷设计），一般布置在供冷站底部或独立建在附近。

（2）制冷工艺设备用房（表7.8-4）。

（3）变配电设备用房。

表 7.8-4

总装机冷量 kW(RT)	单机冷量 kW(RT)	净高(m)	推荐柱距(m)
≤17590(5000)	≤3510(1000)	4.0～4.5	6.0～7.5
≤52760(15000)	≤5300(1500)	5.0～6.0	
≤105510(30000)	≤8790(2500)	7.0～7.5	

(4) 冷却设备所需空间。供冷站冷却塔的数量多且集中布置，噪声较大，应配合建筑立面设计采取适当措施处理，可参考如下方案（图 7.8-4）。

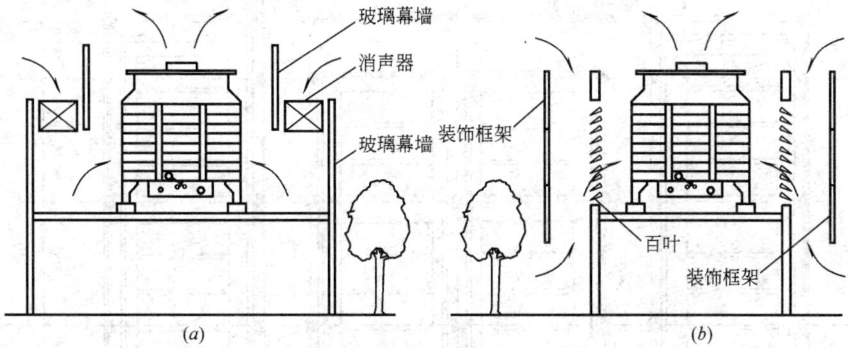

图 7.8-4 供冷站两种冷却塔隔声示意图

(5) 办公及控制用房。

3. 供冷站规划建设方案

结合管网设计，区域内多个供冷站建设规划有以下两种基本方案（图 7.8-5）：

(1) 采用枝状管网：设计时，区域内多个供冷站根据用户的要求同时建设，但主要制冷设备可根据用户的发展，分段安装运行，每个供冷站的装机容量是分阶段增加的。

(2) 主干部分采用环状管网：可先集中建设一个供冷站，当第一个供冷站的供冷量达到设计的装机容量后，再建设下一个供冷站。当区域内规划的供冷站都建设完成后，也可将原环状管网改为枝状管网。

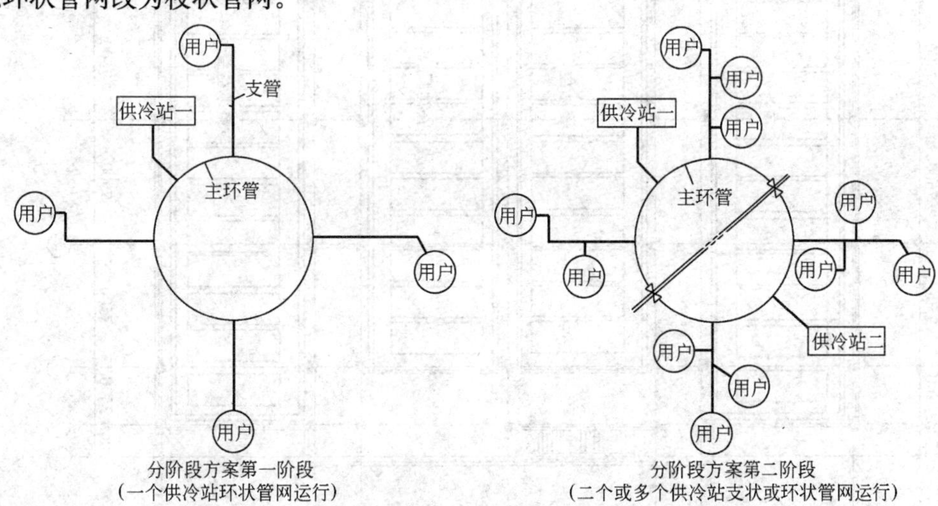

图 7.8-5 冷站规划建设方案示意

4. 工程实例（某区域供冷系统的供冷站）

该供冷站总装机制冷量 95000kW（27000RT），蓄冰量 84000RTH，主体两层，三层局部为配电房（图 7.8-6，图 7.8-7，图 7.8-8）。

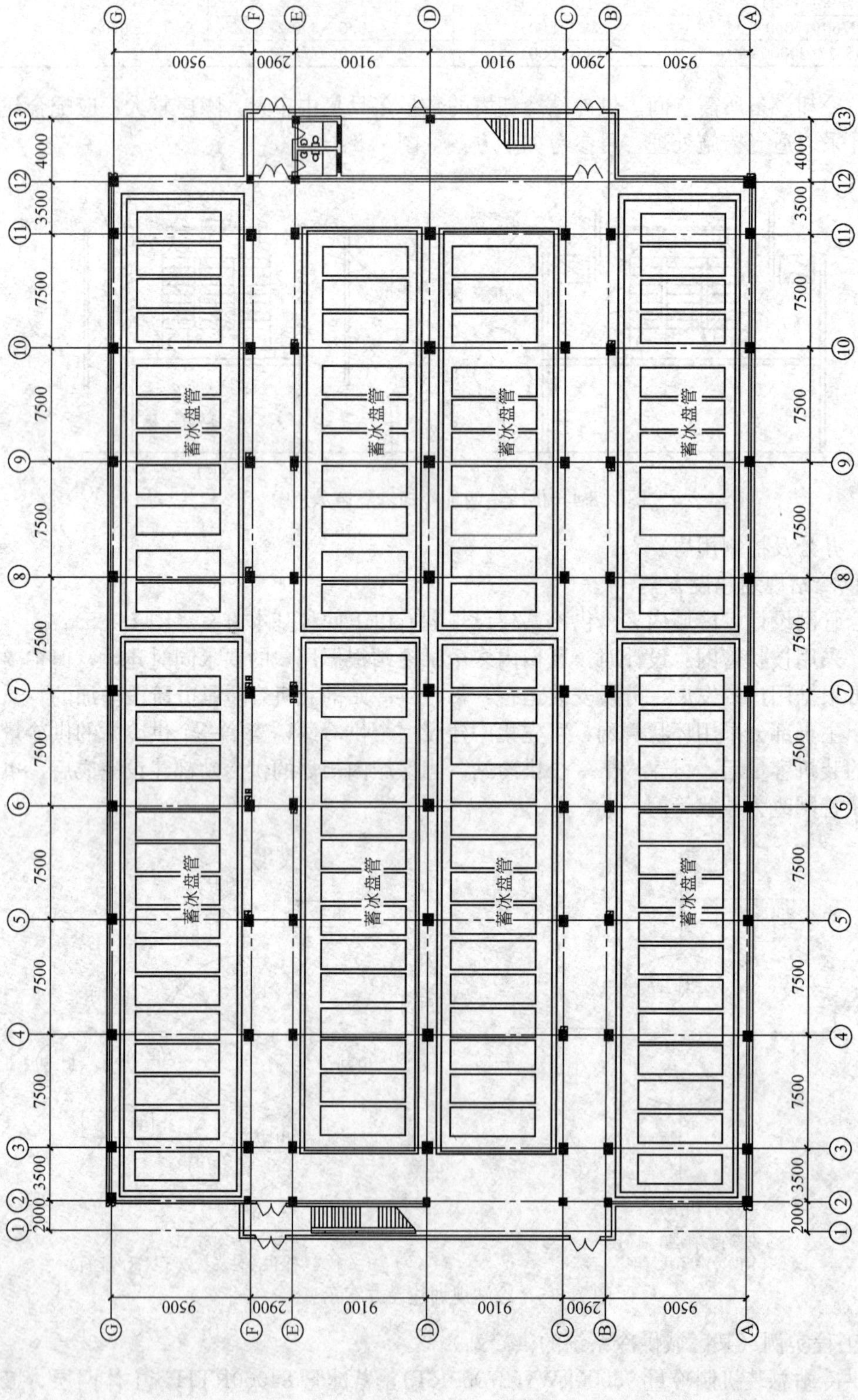

图 7.8-6 蓄冰池层平面图

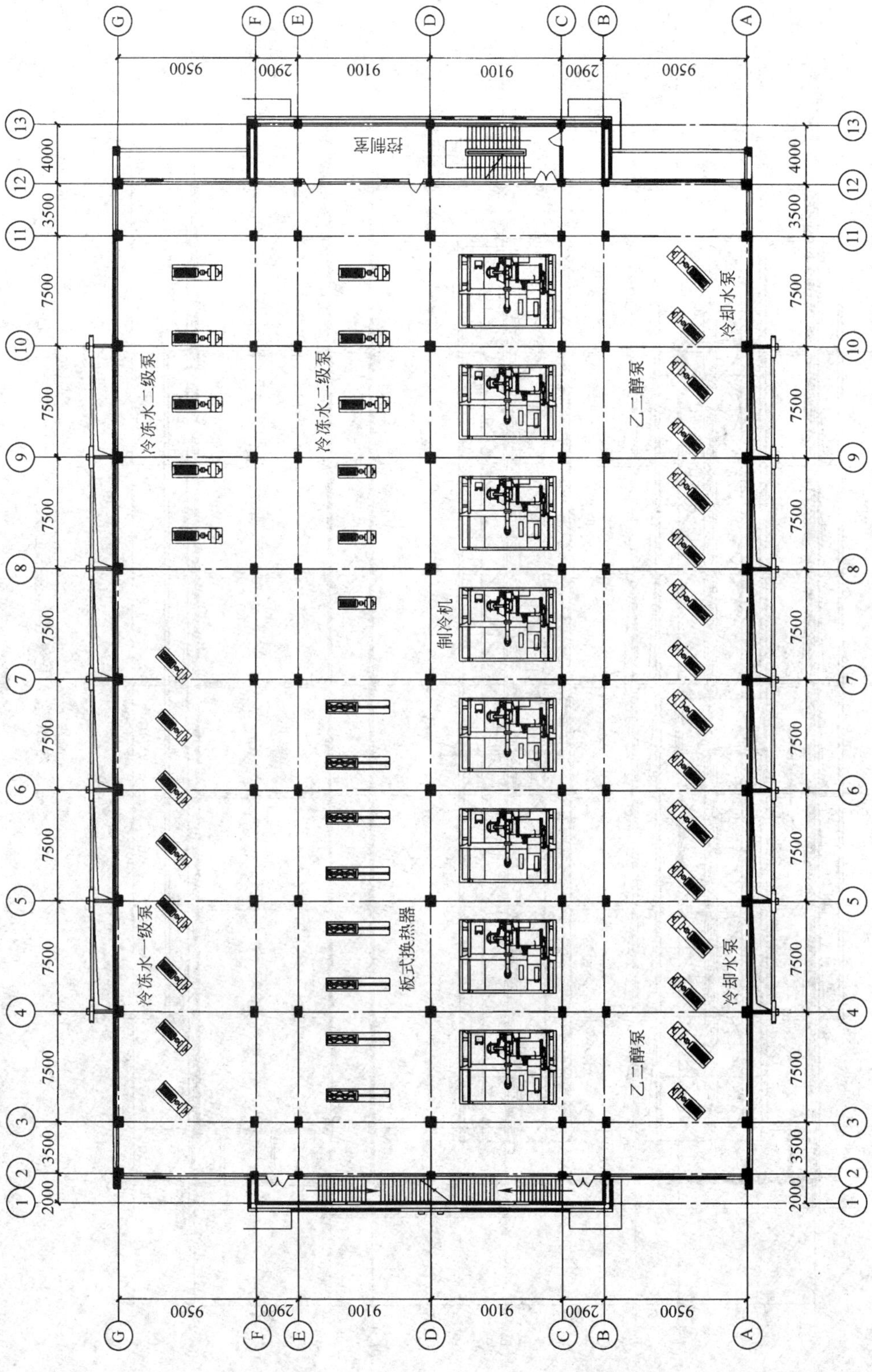

图 7.8-7 制冷设备层平面图

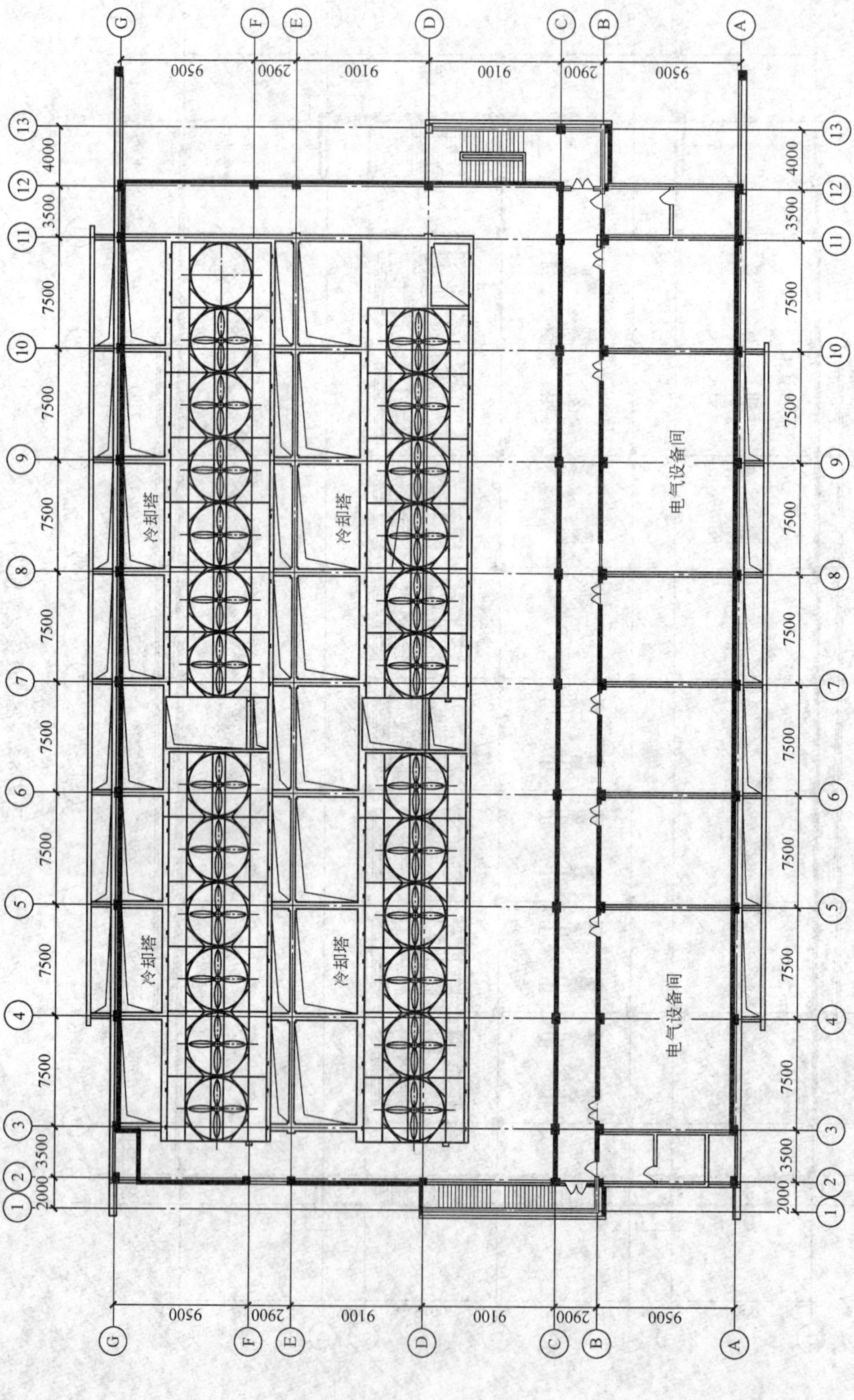

图 7.8-8 冷却塔及电气设备层平面图

7.8.5 管网设计

管网设计是区域供冷系统设计的重点。设计过程中应注意以下几个问题：

1. 环状管网与枝状管网设计

采用何种管网布置方案，应配合用户的发展、建设、投入使用的计划，也应配合区域供冷系统的建设计划。

采用环状管网方案，主要优点是总体初投资较少，投资风险小，而且建设资金的投入与实际用冷量可以有较好的配合，可提高系统的可靠性。可根据区域供冷负荷的变化，选择系统按枝状管网或环状管网运行。其缺点是管网的投资略有增加，管网输送水泵的选型较复杂，水泵数量有所增加。

区域供冷范围及规模较大的项目，应比较不同方案的水泵选型及运行模式后确定，一般采用枝状管网设计较多，主要是因为设计、运行简单方便。

2. 管网的规划及路由

(1) 应以尽量减少管网长度为目标（配合合理的供冷站选址及冷负荷分布）；

(2) 主干管要尽量穿越冷负荷较集中的区域；

(3) 沿市政道路边缘敷设，避免在主要道路中间或路面下敷设（图 7.8-9）；

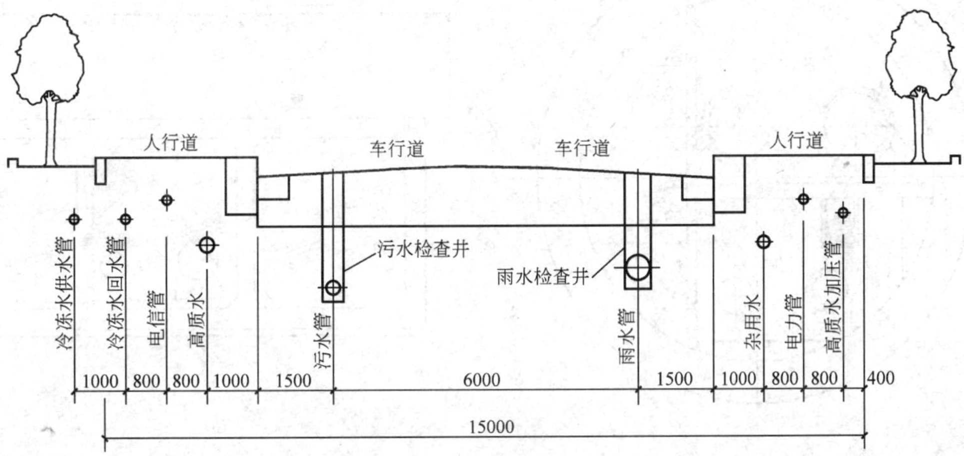

图 7.8-9 道路横断面

(4) 个别距离较远的建筑或有特殊使用要求的建筑不宜规划接入区域供冷系统。

3. 管网的敷设

一般有架空、区域综合管沟、直埋三种敷设方式。

架空敷设用于工业企业内或有特定情况的城市区域供冷系统，利用城市或区域综合管沟，或直埋敷设两种方式较普遍采用。直埋敷设施工方便，投资较低，一般为首选方案，但其主要的缺点是维护、检修不方便。

采用综合管沟布置的工程如北京中关村西区项目，广州大学城项目部分管段（图 7.8-11）。

采用直埋的工程如广州大学城项目，香港迪斯尼乐园项目（图 7.8-10）。

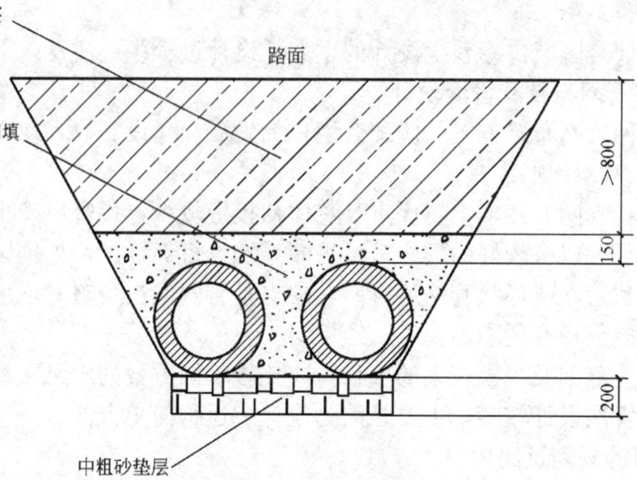

图 7.8-10 直埋冷冻水管道断面图

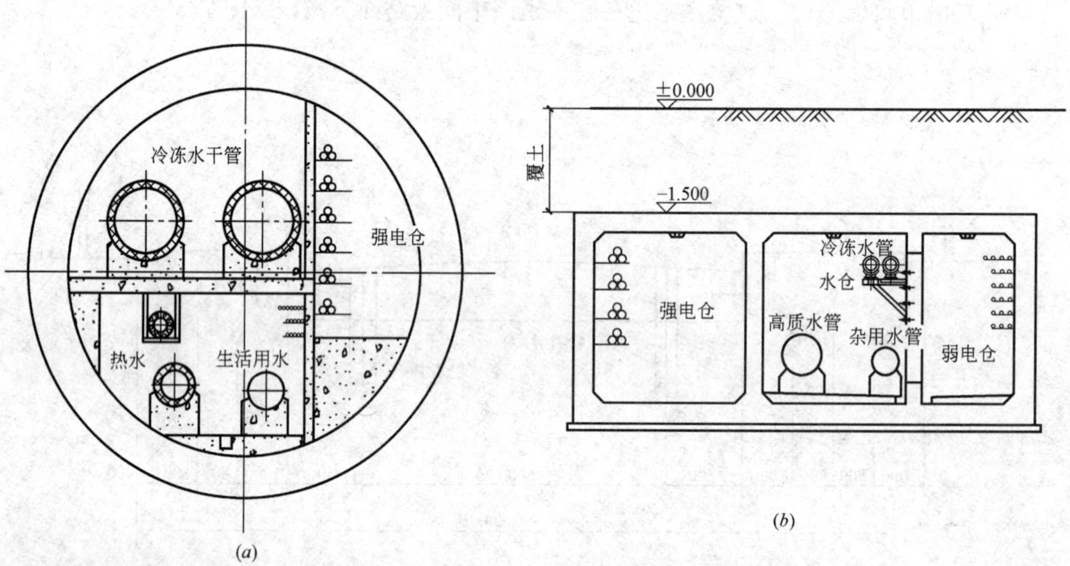

图 7.8-11 两种城市综合管沟剖面图

4. 管网的保温及温升

在管网的直埋敷设方式中有保温或不保温两种方式。无保温直埋方式，在干燥、多雨、炎热等多种气候的地区均有成功的大型区域供冷的工程实例，例如美国芝加哥中心区、奥斯丁市的区域供冷系统，马来西亚吉隆坡双塔区域供冷系统。保温与不保温直埋两者的造价相差 10%～20%。无保温直埋敷设的温升计算与土壤特性、埋深、地下水位、当地气候因素等有关，设计时应根据具体地区的情况确定。

保温直埋管网温升及冷损耗见表 7.8-5 及表 7.8-6。

供水工况温升及冷损耗　　表 7.8-5

DN	温　升(℃/1000m)						冷　损　耗(W/m)					
	流　速(m/s)						流　速(m/s)					
	1.50	2.00	2.50	3.00	3.50	4.00	1.50	2.00	2.50	3.00	3.50	4.00
100	0.264	0.198	0.158	0.132	0.113	0.099	13.016	13.016	13.016	13.016	13.016	13.016
150	0.166	0.125	0.100	0.083	0.071	0.062	18.426	18.426	18.426	18.426	18.426	18.426
200	0.121	0.091	0.072	0.060	0.052	0.045	23.816	23.816	23.816	23.816	23.816	23.816
250	0.095	0.071	0.057	0.047	0.041	0.036	29.198	29.198	29.198	29.198	29.198	29.198
300	0.078	0.058	0.047	0.039	0.033	0.029	34.575	34.575	34.575	34.575	34.575	34.575
350	0.066	0.050	0.040	0.033	0.028	0.025	39.949	39.949	39.949	39.949	39.949	39.949
400	0.057	0.043	0.034	0.029	0.019	0.022	45.321	45.321	45.321	45.321	45.321	45.321
450	0.051	0.038	0.030	0.025	0.022	0.019	50.692	50.692	50.692	50.692	50.692	50.692
500	0.045	0.034	0.027	0.018	0.019	0.017	56.063	56.063	56.063	56.063	56.063	56.063
550	0.041	0.031	0.025	0.021	0.018	0.015	61.432	61.432	61.432	61.432	61.432	61.432
600	0.038	0.028	0.023	0.019	0.016	0.014	66.801	66.801	66.801	66.801	66.801	66.801
650	0.035	0.026	0.021	0.017	0.015	0.013	72.170	72.170	72.170	72.170	72.170	72.170
700	0.032	0.024	0.019	0.016	0.014	0.012	77.539	77.539	77.539	77.539	77.539	77.539
800	0.028	0.021	0.017	0.014	0.012	0.010	88.275	88.275	88.275	88.275	88.275	88.275
900	0.025	0.019	0.015	0.012	0.011	0.009	99.010	99.010	99.010	99.010	99.010	99.010
1000	0.022	0.017	0.013	0.011	0.010	0.008	109.746	109.746	109.746	109.746	109.746	109.746
1100	0.020	0.015	0.012	0.010	0.009	0.008	120.480	120.480	120.480	120.480	120.480	120.480
1200	0.018	0.014	0.011	0.009	0.008	0.007	131.215	131.215	131.215	131.215	131.215	131.215
1300	0.017	0.013	0.010	0.009	0.007	0.006	141.949	141.949	141.949	141.949	141.949	141.949
1400	0.016	0.012	0.009	0.008	0.007	0.006	152.683	152.683	152.683	152.683	152.683	152.683
1500	0.015	0.011	0.009	0.007	0.006	0.006	163.417	163.417	163.417	163.417	163.417	163.417

回水工况温升及冷损耗 表 7.8-6

DN	温　升(℃/1000m)						冷　损　耗(W/m)					
	流　速(m/s)						流　速(m/s)					
	1.50	2.00	2.50	3.00	3.50	4.00	1.50	2.00	2.50	3.00	3.50	4.00
100	0.115	0.086	0.069	0.058	0.049	0.043	5.684	5.684	5.684	5.684	5.684	5.684
150	0.072	0.054	0.043	0.036	0.031	0.027	8.046	8.046	8.046	8.046	8.046	8.046
200	0.053	0.040	0.032	0.026	0.023	0.020	10.400	10.400	10.400	10.400	10.400	10.400
250	0.041	0.031	0.025	0.021	0.018	0.016	12.750	12.750	12.750	12.750	12.750	12.750
300	0.034	0.026	0.020	0.017	0.015	0.013	15.098	15.098	15.098	15.098	15.098	15.098
350	0.029	0.022	0.017	0.014	0.012	0.011	17.445	17.445	17.445	17.445	17.445	17.445
400	0.025	0.019	0.015	0.013	0.011	0.009	19.791	19.791	19.791	19.791	19.791	19.791
450	0.022	0.017	0.013	0.011	0.009	0.008	22.136	22.136	22.136	22.136	22.136	22.136
500	0.020	0.015	0.012	0.010	0.009	0.007	24.481	24.481	24.481	24.481	24.481	24.481
550	0.018	0.013	0.011	0.009	0.008	0.007	26.826	26.826	26.826	26.826	26.826	26.826
600	0.016	0.012	0.010	0.008	0.007	0.006	29.171	29.171	29.171	29.171	29.171	29.171
650	0.015	0.011	0.009	0.008	0.006	0.006	31.515	31.515	31.515	31.515	31.515	31.515
700	0.014	0.011	0.008	0.007	0.006	0.005	33.860	33.860	33.860	33.860	33.860	33.860
800	0.012	0.009	0.007	0.006	0.005	0.005	38.548	38.548	38.548	38.548	38.548	38.548
900	0.011	0.008	0.006	0.005	0.005	0.004	43.236	43.236	43.236	43.236	43.236	43.236
1000	0.010	0.007	0.006	0.005	0.004	0.004	47.924	47.924	47.924	47.924	47.924	47.924
1100	0.009	0.007	0.005	0.004	0.004	0.003	52.612	52.612	52.612	52.612	52.612	52.612
1200	0.008	0.006	0.005	0.004	0.003	0.003	57.299	57.299	57.299	57.299	57.299	57.299
1300	0.007	0.006	0.004	0.004	0.003	0.003	61.987	61.987	61.987	61.987	61.987	61.987
1400	0.007	0.005	0.004	0.003	0.003	0.003	66.674	66.674	66.674	66.674	66.674	66.674
1500	0.006	0.005	0.004	0.003	0.003	0.002	71.361	71.361	71.361	71.361	71.361	71.361

水管温升：
$$\Delta t_g=\frac{l\times(t_w-t_1)}{G\times R\times c}\quad(℃/m)\tag{7.8-2}$$

管道冷损耗：
$$Q=c\times G\times \Delta t_g\quad(W/m)\tag{7.8-3}$$

式中 l——冷水管道长度，m；

G——冷水管内流过水量，kg/h；

t_w——保温层外空气温度，℃。取地下土壤温度 24℃；

t_1——进入管道内介质温度，℃。取冷冻水供回水温度为 1.1、14℃；

c——水的比热，kJ/(kg·℃)；

R——水管热阻，m^2·℃/W。

5. 管网设计同时使用系数

管网设计中水力计算的流量与管段上的用户类型及使用特性相关，确定计算流量时，要确定此管段的同时使用系数。例如某一支路的用户为教学楼和学生宿舍，其使用特性差异较大，另一支路主要为办公建筑，因此在计算流量时应确定各支路的同时使用系数及流量，再逐步确定支管和主干管的流量，主干管的流量应与供冷站的流量进行配合，支路的同时使用系数应在 0.45～0.8 之间，视不同情况而定。

6. 管网的补偿问题

冷水管网由于其温度差较小，工作温度一般为 2～15℃。由于温差引起的伸缩变化较小，可采用无补偿直埋敷设。但考虑由于管网中需设置多种阀门，为防止阀门与管道连接处由于冷缩而产生的变形，便于维护，防止泄漏，一般在阀门法兰两端设可伸缩或变形的管件即可。较大的阀门（*DN*350 以上）应作支架。

7. 管网的检修与冲洗

管网的设计中应考虑各种意外产生的管网的破坏，同时应方便维修，并且尽量减少损失和对用户的影响，在规划及设计中应结合地势及周围市政设施考虑，设补水、排水点。一般在设计中应考虑如下装置：

（1）支管设阀门及维修井；

（2）结合用户入口装置设阀门检修井；

（3）主干管段一般可隔 200m 左右设阀门及检修井；

（4）结合地势或坡向设放气井、泄水井。

8. 二级泵变频调节管网压力控制点的选择

利用二级泵变频技术调节流量是水系统节能的主要措施。但控制方法的选择、管网压力控制点的选择直接影响用户的需要和节能效果。选取的原则建议如下：

（1）最近用户；

（2）最不利用户；

（3）主要用户或用量较大的用户；

（4）有特定使用时间的用户。

通过对上述用户点的流量的采集，在不同时段，经过对比、分析，满足用户的需求，减少水泵的能耗，这项工作需要自控专业的配合及运行管理经验。

9. 主干管设计流速的确定

国外相关技术资料建议取 2.5～3.0m/s。广州大学城区域供冷系统取 2.5～3.5m/s，入户管流速≤2.0m/s。

7.8.6 用户入口设计

(1) 冷水通过输送管网为各用户（单体建筑）提供冷水，在用户入口处需设计一套用户入口装置，一般需占用十几到几十平方米的房间，用于配套安装设备和阀门等，用户入口功能有：

1) 冷量计量；

2) 根据用户测量冷负荷变化调节流量；

3) 同一支路不同用户水力平衡的调节；

4) 关闭及检修；

5) 用于管网与用户的分隔。

用户入口装置，一般也是区域供冷系统与建筑内部空调系统投资及日常管理的分界线。

连接方式一般可分为三种（图7.8-12）：

1) 间接连接，即用换热器将管网与用户隔开；

2) 直接连接；

3) 直接连接并设有循环水泵。

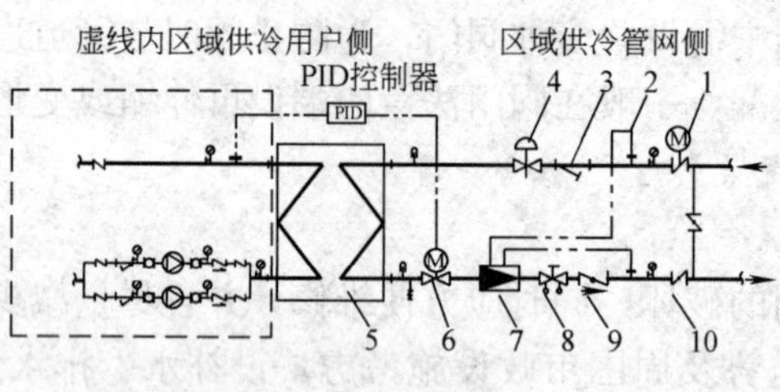

用户入口系统图(单台板式换热器)

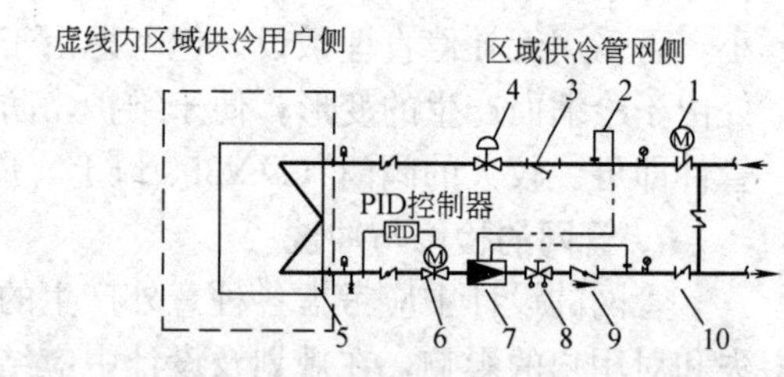

用户入口系统图(直联方式)

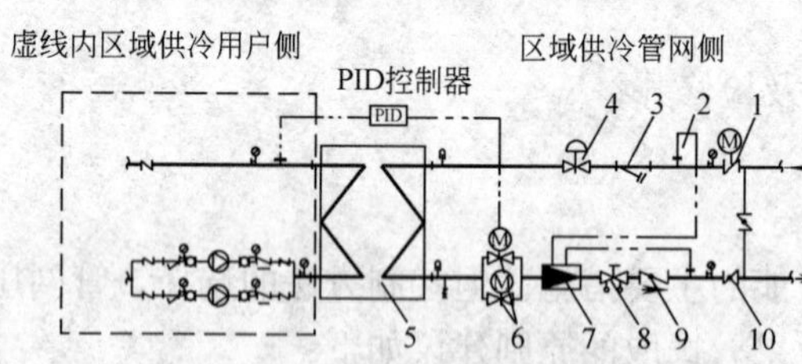

用户入口系统图(比例调节电动调节阀并联)

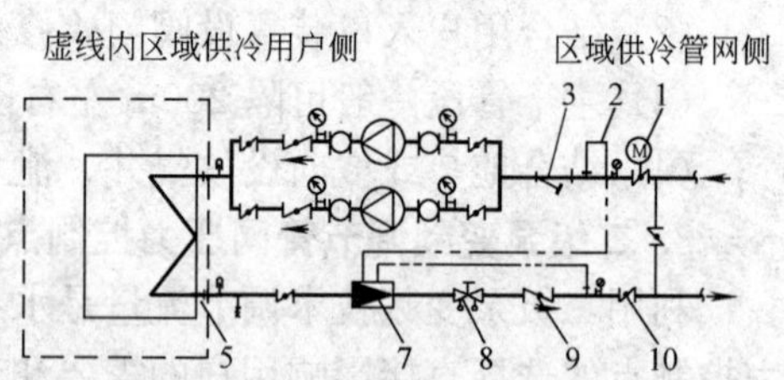

用户入口系统图(直联及加压泵方式)

图中编号	名称	图中编号	名称
1	电动蝶阀	6	比例调节电动调节阀
2	温度传感器	7	流量(冷量)计量器
3	过滤器	8	流量平衡阀
4	压差控制阀	9	止回阀
5	板式换热器	10	手动蝶阀

图7.8-12 用户入口系统图

(2) 用户入口装置总阻力一般应控制≤100kPa。

(3) 入口调节装置的设计是整个管网水力工况调节装置的一部分，应与整个水力工况调节方案配合，应与区域供冷站、主管、干管及用户入口各部分统筹设计。

(4) 用户入口装置调节阀的选择

保证调节阀的调节特性，应控制调节阀的阀权度在0.4～0.6之间。表7.8-7供设计选型参考。

比例式电动调节阀规格表 **表7.8-7**

序号	板换冷量(kW)	冷水流量(m^3/h)	板换压降(kPa)	电动调节阀管径(mm)	阀门压降(kPa)	阀权度	供回水管管径(mm)	流速(m/s)
1	200	17	25～40	DN40	46	0.44	DN80	0.95
2	400	34	25～40	DN65	48	0.45	DN100	1.21
3	600	51	25～40	DN80	43	0.42	DN125	1.16
4	800	69	25～40	DN80	78	0.57	DN125	1.55
5	1000	86	25～40	DN100	48	0.44	DN150	1.35
6	1300	111	25～40	DN100	80	0.57	DN150	1.75
7	1600	137	25～40	DN125	47	0.44	DN200	1.21
8	1900	163	25～40	DN125	66	0.53	DN200	1.44
9	2100	180	25～40	DN125	81	0.57	DN200	1.59
10	2400	206	25～40	DN150	47	0.44	DN200	1.82
11	2700	231	25～40	DN150	59	0.50	DN250	1.31
12	3000	257	25～40	DN150	73	0.55	DN250	1.46
13	3500	300	25～40	DN125×2	56	0.48	DN250	1.70
14	4000	343	25～40	DN125×2	74	0.55	DN250	1.94

注：表中数据均按10℃温差计算

(5) 对于一般较多用户的区域供冷系统，出于系统承压、水力工况的稳定和方便调节、系统清洁及维护管理方便、用户的可扩展性等各方面考虑，不宜采用直联方案。

7.8.7 经济分析及冷水价格的确定

1. 投资

区域供冷系统建设投资主要由下列部分构成，其各部分占总投资的比例如表7.8-8所示。

投资组成部分及其所占比例 **表7.8-8**

项目/分项	制冷、蓄冰设备及自控	二次管网	变配电设备	用户入口设备及安装	冷却塔	安装工程	水泵及辅助设备	设计、咨询代理及监理费用	土建	合计
比例	40%	15%	4%	8%	2%	11%	8%	3%	9%	100%

注：上述比例为某冰蓄冷区域供冷工程的实例，主要设备采用进口产品。若采用不同的能源或供冷方案将有所差异。

单位冷量投资的参考值：冰蓄冷方案　0.23～0.27　万元/kW

常规电制冷方案　0.18～0.22　万元/kW

2. 冷水价格

(1) 确定冷水价格的步骤（图7.8-13）

(2) 售冷量的估算

1) 区域供冷售冷量的估算是进行经济分析、确定冷水售价时非常重要的数据。影响

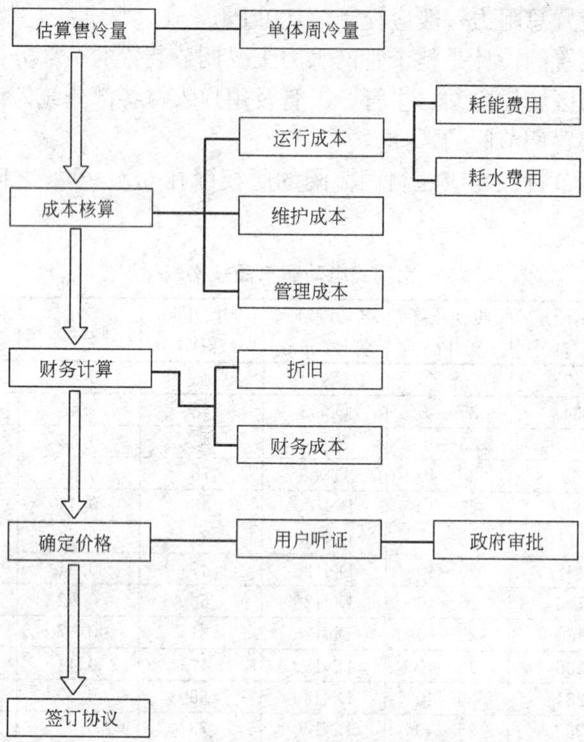

图 7.8-13 冷水价格确定步骤图

售冷量的因素主要是区域内的建筑类型、建筑规模、标准、地域气候条件、空调使用习惯、经济条件等技术、人文因素。为了便于使用，把全国主要城市的单位使用面积年售冷量计算结果列于表 7.8-9。

全国主要城市的单位使用面积年售冷量估算表（W/m²） **表 7.8-9**

城市	大型商场	甲级写字楼	普通办公楼	五星级酒店	四星级酒店	教学楼	食堂	体育馆	图书馆	学生公寓
广州	208200	177600	189100	224500	171900	323100	319200	239300	278600	180300～248000
武汉	132900	118200	120000	144900	109800	196900	210500	161400	171000	8100～154834
上海	118200	107400	106000	130700	97000	173000	193300	150300	148700	72000～139600
兰州	71900	91500	63000	95400	55700	85200	71300	111000	70100	5200～788000
重庆	128800	121300	1142600	145300	105200	186300	202400	160400	155800	94200～159600
北京	111600	120100	101000	135100	90800	149000	145300	144400	130700	69800～129100
济南	118200	123700	105900	140600	95800	160800	157300	152200	137800	80400～142100
贵阳	102800	101800	89300	119700	81800	138900	155500	139500	112400	7300～126700
海口	262100	211300	241000	273500	217900	416200	411100	289600	359500	238700～309800
南京	125000	109500	112800	135900	103300	188200	207800	155200	164100	76700～145800

注：① 表中所列建筑的围护结构均满足《公共建筑节能设计标准》GB 50189—2005 的节能要求，其中五星级宾馆的窗墙面积比为 0.7，空调温度为 25℃；甲级写字楼的窗墙面积比为 0.7，空调温度为 24℃；其余建筑窗墙面积比为 0.4，空调温度为 26℃。

② 以下情况时，需考虑对冷负荷作适当调整：

（1）建筑主朝向为东西向时；

（2）建筑的体形系数大于 0.2 时；

（3）建筑无法满足《公共建筑节能设计标准》GB 50189—2005 时。

③ 体育馆的年售冷量是按学校每天有正常教学、训练计算；学生公寓中，下限值为不考虑 7、8 月暑假运行的工况，上限值为全年运行的工况，食堂考虑早餐、午饭、晚餐、夜宵，共营业 11 个小时。

④ 表中没有列出冷量值的城市，可参考与其相近城市的冷量值。

2）工程实例

广州某大学年售冷量统计，供冷时间段为 4 月上旬～11 月上旬（图 7.8-14）。

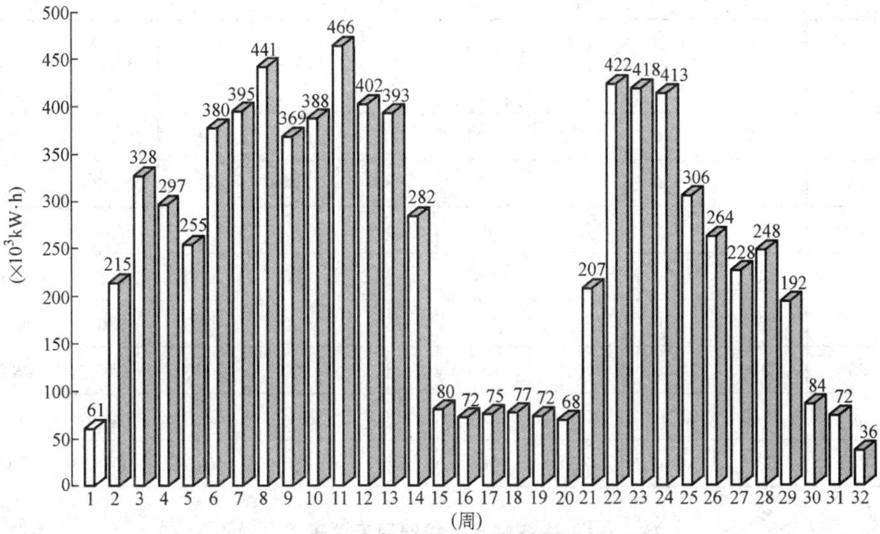

图 7.8-14 某高校全年售冷量曲线图

3. 运营成本的构成

（1）运行成本

1）能源费用的估算

区域供冷主要的运行成本为能源费用，如电费、蒸汽或天然气费用。以电制冷为例，全年运行电费的估算方法为：先计算全年折算满负荷运行时间，可按下式计算。

$$全年折算满负荷运行时间（h）=\frac{全年各单体售冷量总和（kW）}{供冷站装机容量（kW/h）} \quad (7.8\text{-}4)$$

常规电制冷方案供冷站的耗电量指标为 0.24～0.29；

冰蓄冷方案供冷站的耗电量指标为 0.34～0.42。

可根据供冷半径及供回水温差在上述数值范围内选取。

$$全年耗电量（kW\cdot h）=耗电指标\times总装机容量（kW）\times全年折算满负荷运行时间（h） \quad (7.8\text{-}5)$$

2）耗水费的估算

区域供冷系统全年冷却水耗水量可按下式估算：

$$全年总耗水量（m^3）=全年折算满负荷运行时间（h）\times总循环水量（m^3/h）\times1\% \quad (7.8\text{-}6)$$

冷水系统的补水量可根据系统的大小做适当考虑。

3）为方便比较能耗及运行成本，将全国主要城市各种单体建筑的折算满负荷运行时间列于表 7.8-10。供设计参考。

（2）维修、维护成本：主要考虑日常维护的费用，中小部件的更换及使用期限内大型部件的更换费用，可参见表 7.8-11。

维护费用也可按工程造价进行估算，国外有关设计手册推荐为第一年～第三年分别为建设投资的 1.1%～1.3%，逐年递增。第四年开始可按建筑投资×1.3×$1.1^{(n-3)}$。

全国主要城市的折算满负荷运行时间估算表（h） 表7.8-10

城市	大型商场	甲级写字楼	普通办公楼	五星级酒店	四星级酒店	教学楼	食堂	体育馆	图书馆	学生公寓
广州	1190	1320	1020	1240	1070	1320	1100	1620	1260	1730～2370
武汉	710	800	610	740	640	720	740	1040	740	690～1320
上海	700	770	590	730	620	680	680	1080	730	680～1300
兰州	760	920	650	850	660	780	570	1100	620	910～1550
重庆	780	900	650	830	690	840	780	1130	750	980～1650
北京	700	910	600	790	620	670	600	1060	960	550～1000
济南	720	950	610	810	640	650	650	1100	680	850～1500
贵阳	990	1080	830	1030	870	960	960	1330	850	1280～2040
海口	1520	1580	1310	1520	1370	1560	1340	1980	1640	2420～3140
南京	730	830	630	770	660	770	730	1070	770	770～1470

冷冻站年维护费用汇总表 表7.8-11

序号	项目 设备	设备数量(台)	日常维护(万元)	中小部件更换(万元)	大型部件更换(万元)	其他	备注	合计(万元)
1	冷水机组							
2	蓄冰盘管							
3	水泵							
4	冷却塔							
5	通风空调设备							
6	自动控制							
7	电气设备							
8	土建							
9	其他							
合计(万元)								

（3）管理成本：人工、管理、经营费用。

此项成本应根据项目的具体情况确定。运行、管理人员可分为两个层次，即一般操作人员和系统管理人员。

4. 折旧及财务成本

（1）折旧

一般制冷设备的使用寿命为20～25年，土建工程的使用寿命为50年以上。该项成本是冷水价格构成的另一项主要成本，一般占总成本的30%～50%，基本与运行成本相当。若采用BOT或BOO特许经营模式，折旧年限应与特许经营年限相关。

（2）各项成本构成，见表7.8-12分析表

成本构成分析表 **表 7.8-12**

序号	名称	单位	计算公式	占总成本比例(%)	备注
1	用冷量	kW·h/a			
2	耗电成本	元/a	2.1×2.2/1.17		
2.1	耗电量	kW·h/a			
2.2	每度电价格	元/(kW·h)			
3	用水成本	元/a	3.1×3.2/1.13	W1	运行成本 A
3.1	年用水量	t			
3.2	每吨冷水价格	元/t			
4	折旧费用	元/a	4.1+4.2		
4.1	设备折旧	元	4.1.1×Z−175.5mm(1−4.1.2)/4.1.3		
4.1.1	设备投资	元			
4.1.2	设备残值率				
4.1.3	设备折旧年限	a		W2	折旧成本 B
4.2	土建折旧	元	4.2.1×Z−175.5mm(1−4.2.2)/4.2.3		
4.2.1	土建投资	元			
4.2.2	土建残值率				
4.2.3	土建折旧年限	a			
5	维修费用	元/a	5.1+5.2		
5.1	人工费	元/a	5.1.1×Z−175.5mm 5.1.2×Z−175.5mm12		
5.1.1	维护人员配备	人			
5.1.2	人工费标准	元/mon		W3	管理成本 C
5.2	其他费用				
6	管理费用	元/a			
6.1	管理费用	元			
7	财务费用	元/a			
7.1	实际资金需求	元		W4	财务成本 D
7.2	年利率(%)				
8	总成本	元/a	2+3+4+5+6+7		
9	单位成本	元/(kW·h)	8/1		
10	利润	元			E
11	税费	元			F
12	成本,税费,利润合计	元	8+10+11		
13	不含税价	元/(kW·h)	12/1		
14	含税价	元/(kW·h)	13×Z−175.5mm 税率	P	

注:表中带下划线为序号。

5. 运行成本占总成本的比例反映了年售冷量的多少，也间接反映出该区域供冷系统的负荷密度、年供冷时间以及投资和财务安排的合理性，一般应不少于 40%～50%。

6. 冷水价格调整机制

在与用户签订价格协议或在政府审批售冷价格的同时，应提出价格的调整方案。影响冷水价格的主要因素是电力、蒸汽、燃气等能源价格，水资源的价格，工资、维护和管理费用、物价指数、运营价格等。而折旧和财务成本的增幅在调整价格过程中一般可考虑不变。

冷水价格可按照下式简化调整计算：

$$P_{t+1}=P_t+[\Delta A+\Delta C] \quad (7.8\text{-}7)$$

式中 P_{t+1}——第 $t+1$ 次调整后的冷水价格；

P_t——第 t 次的冷水价格；

ΔA，ΔC——运行成本和管理成本的增幅。

其余参数见表 7.8-12。

7. 收费模式

(1) 按使用年度收费

即每年按用户供冷的建筑面积一次性收费。出租性的公寓、办公建筑由于不能按户计量也多采用类似的收费方法。

(2) 按实际用量收费

即根据安装于用户入口的计量装置按实际用冷量进行收费。

(3) 按实际用量与报装量相结合收费

根据用户的报装量收取月（或日）基本容量费，再加上用户实际用量收费。

(4) 报装用量加实际使用量相结合的收费

用户的支付一次性容量费，再加上用户实际用量收费。

第 8 章　锅炉房设计

8.1　锅炉房的总体布置

8.1.1　锅炉房在总平面上的布置

锅炉房在工业与居民区里的布置应配合总图专业合理安排，并应考虑下列因素综合确定：

1. 新建城市居民区和大型公共建筑及工厂区应优先考虑设置区域性供热锅炉房，尽量减少锅炉房的数量。

若因热用户分散、热负荷较低、外管线较长等因素考虑分散设置锅炉房时，应经过技术经济论证确认为合理时，方可采用。

2. 锅炉房属于丁类明火生产厂房，一般应是独立的建筑，它和其他建筑物的距离应执行国家两个建筑防火规范的规定，具体可按表 8.1-1 选用。

锅炉房与其他建筑物的防火间距（m）　　　　表 8.1-1

防火间距 / 其他建筑物类别 / 锅炉房类型及耐火等级			高层民用建筑 一类 主体建筑	高层民用建筑 一类 裙房	高层民用建筑 二类 主体建筑	高层民用建筑 二类 裙房	一般民用建筑耐火等级 一、二级	一般民用建筑耐火等级 三级	一般民用建筑耐火等级 四级	工厂建筑类别及耐火等级 甲类厂房	工厂建筑类别及耐火等级 单层、多层乙类厂房(仓库)	工厂建筑类别及耐火等级 单层,多层丙,丁,戊类厂房(仓库) 一、二级	工厂建筑类别及耐火等级 单层,多层丙,丁,戊类厂房(仓库) 三级	工厂建筑类别及耐火等级 单层,多层丙,丁,戊类厂房(仓库) 四级	工厂建筑类别及耐火等级 高层厂房(仓库)
燃煤锅炉房	单台锅炉额定容量≤4t/h,(2.8MW)	一、二级	15	10	13	10	6	7	9	12	10	10	12	14	13
		三级	18	12	15	10	7	8	10	14	12	12	14	16	15
	>4t/h,(2.8MW)	一、二级	15	10	13	10	10	12	14	12	10	10	12	14	13
燃油,燃气锅炉房		一、二级	15	10	13	10	10	12	14	12	10	10	12	14	13

注：锅炉房总容量＜4t/h（2.8MW）的燃煤锅炉房，采用一、二级耐火等级有困难时，可采用三级耐火等级。

锅炉烟囱距散发可燃气体、可燃蒸气的甲类厂房≥30m。当烟囱高度＞30m 或设有除尘装置时，其间距可适当减少。

3. 当锅炉房单独设置有困难时，在符合下述要求的条件下可设置在与多层和高层建筑相连或不相连的民用建筑内，但在任何情况下都不允许设置在人员密集场所的上一层、下一层、贴邻、或主要疏散口的两旁。

（1）当与民用建筑贴邻布置时，锅炉房应设置在耐火等级不低于二级的建筑内，并应采用防火墙与民用建筑隔开。

（2）当锅炉房需在民用建筑内布置时，应符合以下要求：

1）必须采用燃油、燃气或电加热的锅炉（不允许采用液化石油气作燃料）；

2）应布置在建筑物的首层或地下一层靠外墙部位。常（负）压锅炉可设置在地下二层；当常（负）压燃气锅炉房距安全出口的距离大于6m时，可设置在屋顶上；

3）锅炉房的门应直通室外或直通安全出口，外墙上门窗等开口部位的上方应设置宽度不小于1m的不燃烧体防火挑檐或高度不小于1.2m的窗槛墙；

4）与建筑物其他部位应采用无门窗洞口的耐火极限不低于2h的不燃烧体隔墙和1.5h的楼板隔开；当必须在隔墙上开门窗时，应设置甲级防火门窗；

5）当锅炉房内设置储油间时，其总储量不应大于1m³，且储油间应采用防火墙与锅炉间隔开；当必须在防火墙上开门时，应设置甲级防火门；

6）锅炉房的建筑结构应有相应的抗爆措施，锅炉间至少应有相当于锅炉间占地面积10%的泄压面积；

7）燃气、燃油锅炉房应有良好的自然通风或设有独立的通风系统。燃气锅炉通风换气不小于6次/h，事故换气不小于12次/h；燃油锅炉通风换气不小于3次/h，事故换气不小于6次/h；

8）燃气、燃油锅炉房应设置火灾报警装置和自动水喷雾灭火系统；

9）每台蒸汽锅炉必须有可靠的超压连锁保护装置和低水位连锁保护装置；每台热水锅炉必须有超温报警及连锁保护装置；以油或气体作燃料的锅炉必须装有可靠的点火程序和熄火保护装置；

10）锅炉油气燃料供给管应在进入建筑物前和在设备间内设置自动和手动切断阀；储油间的油箱应密闭，且应设置带有阻火器呼吸阀的通向室外的通气管，油箱的下部应设置防止油品流散的措施；

11）锅炉的安装容量及压力、温度等技术参数应符合现行国家标准《锅炉房设计规范》GB 50041《建筑设计防火规范》GB 50016和《高层民用建筑设计防火规范》GB 50045的规定。锅炉房的设计应事先征得市、地级以上安全监察机构及消防等有关部门的同意。

4. 锅炉房不得与甲、乙类及使用可燃液体的丙类火灾危险性厂房相连。若与其他生产厂房相连时，应用防火墙隔开。余热锅炉不受此限制。

5. 锅炉房应靠近主要负荷或负荷较大的地区，以缩短管线长度，减少热损失。

6. 蒸汽锅炉房宜位于地势较低的地区，可利用自流或余压系统回水，有利于凝结水回收，不设或少设凝结水泵站。

7. 锅炉房位置要便于燃料和灰渣的运输及存放，如燃煤用铁路运输时，则锅炉房应靠近铁路专用线，并应有足够的煤场和灰场面积。当设计采用燃油锅炉时，应考虑燃油库的位置。

8. 为减少烟尘及有害气体、噪声、灰渣等对环境的污染，全年运行的锅炉房宜位于全年最小频率风向的上风侧，季节性运行的锅炉房宜位于该季节主导风向的下风侧。

9. 锅炉房位置应有较好的朝向，主要的操作间一般应布置成南向或东向，避免西晒，炎热地区的锅炉房尤其应注意此点。应考虑有较好的自然通风和采光。

10. 锅炉房的位置应注意与周围建筑物的互相影响，不应距空气压缩机站、制氧站、油库、有较强振动的大型汽锤以及净化厂房和洁净要求的建筑太近。如建设工程同时有煤气站时，则锅炉房和煤气站应尽可能布置在同一区域内，以利燃料的运输和灰渣的清除。

11. 新建锅炉房应考虑留有扩建的可能和余地。锅炉房的扩建端不应设置永久性建筑物或体型较大的设备或构筑物。

12. 锅炉房的位置应便于给、排水和供电，并且要有较好的地形、地质条件，不宜将锅炉房特别是大容量锅炉房设置在地质条件很差的地方。

锅炉房的位置要同时满足上述条件往往是困难的，必须根据具体情况，分析研究，分清主次，一般应着重考虑靠近负荷中心，便于回水，便于运输，符合规范要求。

13. 设有沸腾炉或煤粉炉的锅炉房，不应设置在居住区、名胜风景区和其他主要环境保护区内。

8.1.2 锅炉房区域布置

1. 锅炉房区域内各建筑物、构筑物和场地的布置，应充分利用地形，使挖填土方量最小，排水良好。运煤系统运输距离短，提升高度小。

2. 锅炉间操作面或辅助间应布置在主要道路边，以便于满足消防车、燃料运输车辆进行作业的要求。

单台锅炉额定出力≥35t/h（24.5MW）的锅炉房及煤场，其周围宜设有环形道路。

3. 烟囱、烟道、排污降温池一般布置在锅炉房主厂房的后面，以减少对主要道路的污染。

4. 锅炉房燃料储罐、堆场的布置位置，应考虑接收及供应方便，并应符合防火规范的有关规定。

（1）露天、半露天燃料堆场、液体贮罐与建筑物的防火距离（m）（见表 8.1-2）

表 8.1-2

一个堆场或罐区的总储量		多层建筑耐火等级			高层建筑	
		一、二级	三级	四级	主体	裙房
煤和焦炭(t)	100～5000	6	8	10		
	>5000	8	10	12		
闪点≥60℃的小型丙类液体(m^3)	<150	12	15	20	35	30
	150～200				40	35

注：① 当液体储罐直埋时，与高层建筑的防火间距可减少 50%。
② 总储量≤15m^3 的丙类液体储罐，当直埋于建筑（多层及高层）外墙附近，在面向油罐一面 4m 范围内的建筑物外墙为防火墙时，其防火距离可不限。
③ 不大于 1.00m^3 的丙类液体中间罐，可设在建筑内耐火等级不低于二级的单独房间内，该房间的门应采用甲级防火门。

（2）燃料堆场、液体储罐与铁路、道路的防火间距（见表 8.1-3）

表 8.1-3

防火间距(m) / 名称	厂外铁路线中心线	厂内铁路线中心线	厂外道路路边	厂内道路路边	
				主要	次要
丙类液体储罐及易燃燃料堆场	30	20	15	10	5

5. 煤气调压装置宜设置在地上单独的建筑物内或单独的调压箱内。当环境许可，可设在有围墙（或护栏及车挡）的露天场地。

地上单独的悬挂式调压箱，供锅炉房的调压箱燃气进口压力≤0.8MPa；地上单独的落地式调压柜，供锅炉房的调压柜燃气进口压力≤1.6MPa。

当地上条件受限制，且调压装置进口压力≤0.4MPa时，可设置在地下单独的建筑物内。（石油液化气及相对密度>0.75的燃气调压装置不得设于地下室、半地下室内和地下单独的调压箱内）。

（1）调压站（含调压柜）与其他建筑物、构筑物的水平净距（m）（见表8.1-4）

表8.1-4

设置形式	调压装置入口燃气压力级制(MPa)		建筑物外墙面	重要公共建筑物	铁路中心线	城镇道路	公共电力变配电箱
地上单独建筑	高压	(A)2.5<p≤4	18	30	25	5	6
		(B)1.6<p≤2.5	13	25	20	4	6
	次高压	(A)0.8<p≤1.6	9	18	15	3	4
		(B)0.4<p≤0.8	6	12	10	3	4
	中压	(A)0.2<p≤0.4	6	12	10	2	4
		(B)0.01≤p≤0.2	6	12	10	2	4
调压柜	次高压	(A)0.8<p≤1.6	7	14	12	2	4
		(B)0.4<p≤0.8	4	8	8	2	4
	中压	(A)0.2<p≤0.4	4	8	8	1	4
		(B)0.01≤p≤0.2	4	8	8	1	4
地下单独建筑	中压	(A)0.2<p≤0.4	3	6	6	—	3
		(B)0.01≤p≤0.2	3	6	6	—	3
地下调压箱	中压	(A)0.2<p≤0.4	3	6	6	—	3
		(B)0.01≤p≤0.2	3	6	6	—	3

注：当达不到上表净距要求时，采取有效措施，可适当减少净距。

（2）锅炉房专用的调压装置，应符合下列要求：

1）当调压装置进口压力≤0.4MPa时，可设置在专用的单层毗连的建筑物内。该建筑的耐火等级不低于二级，并应具有爆炸泄压的轻型屋顶，室内通风换气不小于2次/h；

2）当调压装置进口压力≤0.2MPa时，可直接设置在单层建筑的锅炉间内，并宜设不燃烧体护栏。调压装置与用气设备的距离不应小于3m。

6. 当设有室外独立的凝结水回收系统时，宜布置在锅炉房辅助间的一侧，以便于凝结水往给水箱的输送。

8.1.3 锅炉房的工艺布置

1. 锅炉房的组成及布置

（1）锅炉房一般由锅炉间（主厂房）、生产辅助间（水泵及水处理间、除氧间、运煤廊及煤仓间、鼓风机、引风机及除尘设备间、化验间、仪表控制间、换热间、机修间、贮藏室、日用油箱间、燃气调压室等）及生活间（值班、办公、更衣、休息、浴厕）组成。锅炉房应根据锅炉的型式、容量和规模及工艺流程的需要布置。

生活辅助间的设置面积可参照表 8.1-5 进行选用。

表 8.1-5

锅炉房规模 t/h (MW) 生活间名称	2～6 (1.4～4.2)	8～16 (5.6～11.2)	20～65 (14～45.5)		≥80 (≥56)	
办公室(m^2)	3.3×3.6	(3.3×4.5)2	(3.6×6)2		(3.9×6)2	
值班、休息(m^2)	3.3×3.6	3.3×4.5	(3.6×6)2		(3.9×6)2	
化验(m^2)	—	3.3×4.5	3.9×6		4.5×5.4	
更衣(m^2)	—	—	3.6×4.5		3.9×4.5	
机修/贮藏(m^2)	—/3.3×3.6	—/3.3×4.5	6×12/3.6×4.5		6×12/3.9×4.5	
淋浴间数量			女	男	女	男
	1	2	1	2	1	2
厕所(个)	1	1	1	1	1	1

（2）生产、生活辅助用房都必须围绕锅炉间以一定的规律进行布置。一般将水泵水处理间、变配电间、机修间、贮藏室、办公、值班、休息、更衣、浴厕等辅助房间布置在锅炉间的固定端，独立的鼓风机、引风机及除尘器间布置在锅炉间后面，运煤廊一般布置在锅炉间的前面。化验室和仪表控制间应布置在采光良好，监测和取样方便，噪声和振动较小的部位。

（3）锅炉间的层数主要取决于锅炉容量和本体结构形式，锅炉燃烧方式及除渣方式等因素。一般 6t/h 以下燃煤的蒸汽锅炉和与其相当的热水锅炉，以及 30t/h 以下的燃油、燃气锅炉多采用单层布置。较大容量的锅炉配合锅炉本体的结构形式采用双层布置。

锅炉采用多层布置时，锅炉间可分成运转层和除灰层。锅炉间运转层标高宜与辅助间内楼面标高一致。

（4）辅助间的层数，一般做成单层、双层或三层建筑，用以布置水处理设备、换热设备、给水设备等，并安排生活间（办公室、休息室、浴厕等房间）。当采用大气式热力除氧时，为提高给水泵入口的压头，将给水箱布置在三层，不采用大气式热力除氧时，一般多用双层。

辅助间各附属设备的布置：

1）更衣、浴厕、给水泵、水处理设备、库房、机修间、贮藏室、定期排污扩容器多布置在一层。

2）办公室、休息室、化验室、连续排污扩容器多布置在二层。

3）换热设备多布置在二层或三层。

4）给水箱、反洗水箱多布置在三层。

以上系指辅助间三层布置。如辅助间仅为二层或单层时，则应根据具体情况布置。

2. 锅炉间的工艺布置

（1）锅炉间设备布置的一般要求

1）应尽量按工艺流程来布置锅炉设备，使蒸汽、给水、燃料、灰渣、空气和烟气等介质的流程简短，通畅，阀门附件少，安全性能高，并便于操作和检修。

2）设备的选择和布置应考虑扩建和分期建设的合理性和可能性。

3）工艺布置应尽量符合建筑模数，使建筑面积和体积紧凑，结构简单，实用，美观。

4）横火管和横水管锅炉在炉前应留有清扫和更换管束的操作面积。

5）锅炉房的建筑应有良好的通风采光，特别是燃油和燃气锅炉房。燃气锅炉房应尽量避免有积聚气体的死角，如不能避免时，必须采取局部排风措施。

6）贮煤斗一般装设在炉前，运煤层的标高除应使贮煤斗有效贮存量和溜煤管倾角符合规定外，尚应使建筑结构合理，满足炉前操作自然采光的需要。

7）烟道、烟管及烟囱的位置应尽量简短，并应使每台锅炉所受到的引力均衡。一般应用地上烟道。采用地下烟道时应有便于除灰的条件，并尽量使地下烟道不低于最高地下水位，如低于最高地下水位时，则应有可靠的防水措施。烟囱与建筑物的距离，除应满足工艺要求外，还应满足烟囱基础下沉时，不致影响建筑物的基础。

8）燃油、燃气锅炉的燃烧室、尾部受热面的烟道及锅炉的总烟道应装设防爆门。防爆门的位置不应危及操作人员的安全，否则应装泄压引出管。防爆门的数量及面积应根据设计确定。

（2）锅炉设备布置的主要尺寸要求见图 8.1-1 及表 8.1-6。

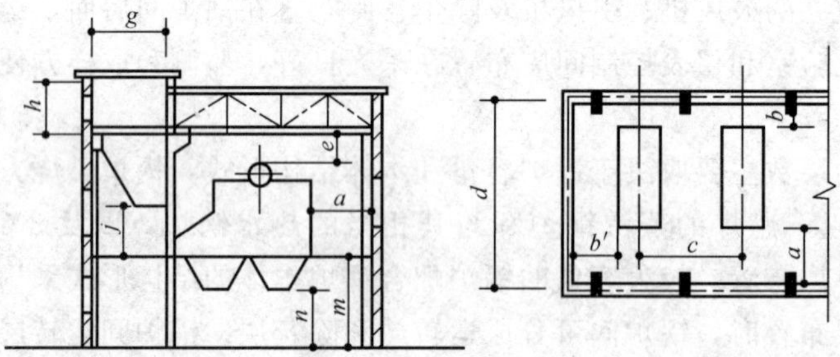

图 8.1-1 锅炉设备布置尺寸图

3. 锅炉辅机的工艺布置

（1）鼓、引风机宜布置在单独的房间内，如露天布置时，应采取防潮、防噪声、防腐保温等措施。鼓、引风机之间的净距离不应小于 0.8m。

（2）烟气除尘器宜布置在室外，但寒冷地区如采用湿法除尘或排灰时，则不应露天布置。

（3）机械过滤器、钠离子交换器、连续或定期排污扩容器、除氧水箱等设备的突出部位之间的净距离一般不应小于 1.5m。水泵基础之间的净距不宜小于 0.7m。

（4）分汽缸、集水缸、水箱等设备前面应考虑有供操作、更换阀件用的空间，其通道宽度不应小于 1.2m。

（5）在锅炉间、除尘间、水处理间、热力除氧设备间及破碎机间等的适当地点应留有安装孔（一般可与门窗结合考虑）。

（6）在必须定期检修，设备重量又较大（0.5～1.0t）的辅助设备（如风机、热交换器、除尘器、除氧及水处理设备等）的上部，宜有安装手动吊车的条件，以利设备的维修。

4. 操作平台、烟囱和烟道的布置

锅炉设备布置的尺寸要求　　表 8.1-6

序号	间距名称	符号	要求间距(m)	
			燃煤锅炉	油气锅炉
1	锅炉前端或燃烧室前凸出部分与锅炉房前墙的距离 锅炉容量：1～4t/h(0.7～2.8MW) 6～20t/h(4.2～14MW) 35～65t/h(29～58MW) 当炉前需要换管时	a	≥3.5 ≥4.0 ≥5.0 应满足换管操作要求	2.5 3.0 4.0
2	锅炉侧面和后部的通道净距 锅炉容量：1～4t/h(0.7～2.8MW) 6～20t/h(4.2～14MW) 35～65t/h(29～58MW) 当需吹灰、拨火、除渣、安装或检修除渣机时	b	≥1.20 ≥1.50 ≥1.80 应满足操作要求	1.20 1.50 1.80
3	锅炉中心距(c)×锅炉间跨度(d) 锅炉容量：2t/h(1.4MW) 4t/h(2.8MW) 6t/h(4.2MW) 10t/h(7.0MW) 20t/h(14MW) 35t/h(29MW)	$c \times d$	(5.0～5.5)×(10.5～12.0) (5.5～6.0)×(12.0～13.5) (6.0)×(13.5～15.0) (7.0)×(15.0) (9.0)×(15.0) (12.0)×(18.0～21.0)	
4	锅炉最高操作点至锅炉房屋架下弦的净空高度 锅筒、省煤器上部需通行时 锅筒、省煤器上部不需通行时	e	≥2.0 ≥1.5	
5	快装锅炉锅炉房的净空高度		≥5.5	
6	运煤廊 宽度 高度	 g h	 4～4.5 3～3.5	
7	炉前贮煤斗下底距运转层地坪高度	j	≥3.5	
8	除灰室高度 锅炉容量　6t/h(4.2MW) 10～20t/h(7～14MW) 35t/h(29MW)	m	3.60 4.00～4.50 6.00	
9	除灰斗下部净空尺寸 人工除灰 机械除灰	n	≥1.90 根据除灰机械高度确定	

(1) 锅炉、辅机设备和监控仪表安装处，应根据运行、检修的需要设置平台或扶梯。

1) 平台和扶梯踏板，一般宜用 5mm 厚花纹钢板或其他不滑金属材料制作。当采用栅板时，其缝隙宽度不应大于 30mm。

2) 操作平台的宽度不应小于 0.8m，其他平台的宽度不应小于 0.6m。

3) 平台和扶梯应配置高 1.0m 的栏杆。

4) 扶梯宽度不应小于 0.6m。当扶梯其高度超过 4m 时，每隔 3～4m 应设置中间平台。经常通行的扶梯其高度超过 1.5m 时，其倾斜角不应大于 50°，垂直爬梯高度超过 5m 时，应设保护围圈。

5）锅炉之间的操作平台可根据需要加以连通。

（2）烟囱和烟道的布置应符合下列要求：

1）砖砌或钢筋混凝土制烟囱的位置，一般宜布置在锅炉房的后面，在不影响锅炉房建筑基础和引风机、除尘器布置的条件下应尽量靠近锅炉房。

高层建筑采用贴墙砖砌烟囱时，水平烟道长度，一般不宜大于30m。

2）钢板制烟囱应装有可靠的牵引拉绳，拉绳位置要均布，烟囱高度 h/烟囱直径 d 之比＞35时，可装设双重牵引拉绳。

8.2 锅炉房主机设备的选择

8.2.1 锅炉房设计容量的确定

1. 热负荷的确定（确定锅炉房热负荷时应注意下列几点）

（1）对各用热部门所提供的热负荷资料，应认真核实，摸清工艺生产、生活及采暖通风等对供热的要求（介质参数、负荷大小及使用情况等），如有条件可绘制热负荷曲线，进行分析研究。

（2）在计算热负荷时应防止层层加码，以免造成锅炉房设计容量过大。

（3）应尽量利用余热以减少锅炉房的供热量。在计算热负荷时应扣除已利用的余热量。

（4）用汽负荷波动较大和有条件利用低谷电的电热锅炉房，应考虑装设蓄热器。

2. 锅炉房设计容量的确定

锅炉房设计容量 Q 按下式计算：

$$Q=K_0(K_1Q_1+K_2Q_2+K_3Q_3+K_4Q_4)+K_5Q_5 \text{ t/h 或(MW)} \tag{8.2-1}$$

式中 Q_1、Q_2、Q_3、Q_4——分别为采暖、通风、生产、生活的最大热负荷，t/h或(MW)；

Q_5——锅炉房自用热负荷，t/h或（MW）；

K_0——室外管网热损失及漏损系数，按表8.2-1查得；

K_1、K_2、K_3、K_4、K_5——分别为采暖、通风（空调）、生产、生活和锅炉房自用热负荷同时使用系数，见表8.2-2。

室外管网热损失及漏损系数 K_0 **表8.2-1**

管道种类	敷设方式		
	架空	地沟	直埋
蒸汽管网	1.1～1.15	1.08～1.12	1.12～1.15
热水管网	1.07～1.10	1.05～1.08	1.02～1.06

同时使用系数 K_1、K_2、K_3、K_4、K_5 **表8.2-2**

项目	K_1	K_2	K_3	K_4	K_5
推荐值	1.0	0.7～0.9	0.7～1.0	0.5	0.8～1.0

注：生活用热负荷同时使用系数采取0.5，若生活用热和生产用热时间错开，则 $K_4=0$。

锅炉房自用热负荷（Q_5）主要由锅炉给水除氧和汽动水泵耗汽量组成，其值为：

（1）当以汽动给水泵为主要给水泵时，蒸汽泵的耗汽量应按产品说明书计算。当缺乏此项资料时，可按锅炉房总蒸发量的3%～4%考虑。汽泵作为备用水泵时，此项耗汽量在锅炉房容量计算中可不考虑。

（2）锅炉给水除氧采用大气式热力除氧器时，其耗汽量可按表8.2-3选用。

大气式热力除氧器耗汽量 **表8.2-3**

进除氧器的水温(℃)	50	60	70	80	90
耗汽量$\left(\frac{\text{kg(汽)}}{\text{t·h(水)}}\right)$	125	100	75	55	35

（3）当采用蒸汽喷射式真空除氧时（进水温度61℃、真空度0.0774MPa时），喷射器的耗汽量为5kg（汽）/t·h（水）。

8.2.2 锅炉产品系列

1. 锅炉产品参数系列

（1）工业蒸汽锅炉参数系列（见表8.2-4）

工业蒸汽锅炉参数系列 **表8.2-4**

额定蒸发量①(t/h)	额定出口蒸汽压力(MPa)(表压)										
	0.4	0.7	1.0	1.25			1.6		2.5		
	额定出口蒸汽温度(℃)										
	饱和	饱和	饱和	饱和	250	350	饱和	350	饱和	350	400
0.1	△										
0.2	△										
0.5	△	△									
1	△	△	△								
2		△	△	△			△				
4		△	△	△			△		△		
6			△	△	△	△	△	△	△		
8			△	△	△	△	△	△	△		
10			△	△	△	△	△	△	△	△	△
15				△	△	△	△	△	△	△	△
20				△		△	△	△	△	△	△
35				△			△	△	△	△	△
65										△	△

① 表中的额定蒸发量，对于小于6t/h的饱和蒸汽锅炉是20℃给水温度情况下锅炉的额定蒸发量，对于大于或等于6t/h的饱和蒸汽锅炉及过热蒸汽锅炉是105℃给水温度情况下锅炉的额定蒸发量。

(2) 热水锅炉参数系列(见表8.2-5)

热水锅炉参数系列 **表8.2-5**

额定热功率(MW)	额定出口/进口水温度(℃)									
	95/70			115/70		130/70		150/90		180/110
	允许工作压力(MPa)(表压)									
	0.4	0.7	1.0	0.7	1.0	1.0	1.25	1.25	1.6	2.5
0.1	△									
0.2	△									
0.35	△	△								
0.7	△	△		△						
1.4	△	△		△						
2.8	△	△	△	△	△	△	△	△		
4.2		△	△	△	△	△	△	△		
7.0		△	△	△	△	△	△	△		
10.5					△		△	△		
14.0					△		△	△	△	
29.0							△	△	△	△
46.0									△	△
58.0									△	△
116.0									△	△

(3) 常压热水锅炉参数系列(见表8.2-6)

常压热水锅炉参数系列 **表8.2-6**

额定热功率(MW)	0.05	0.07	0.1	0.2	0.35	0.5	
	0.7	1.05	1.4	2.1	2.8	(3.5)	(4.2)
允许工作压力(MPa)(表压)	0						
额定出口/进口水温度(℃)	95/70						

注:括号内参数不推荐使用。

2. 工业锅炉产品型号编制方法

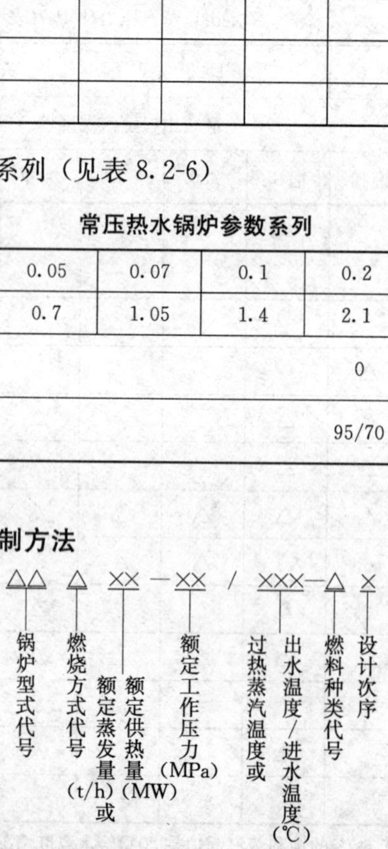

锅炉型号、燃烧方式及燃料种类的代号分别见表8.2-7、表8.2-8、表8.2-9。

工业锅炉型式代号 表 8.2-7

锅炉型式	代号	锅炉型式	代号
立式水管	LS(立,水)	单锅筒横置式	DH(单,横)
立式火管	LH(立,火)	双锅筒纵置式	SZ(双,纵)
卧式外燃	WW(卧,外)	双锅筒横置式	SH(双,横)
卧式内燃	WN(卧,内)	纵横锅筒式	ZH(纵,横)
单锅筒立式	DL(单,立)	强制循环式	QX(强,循)
单锅筒纵置式	DZ(单,纵)		

燃烧方式代号 表 8.2-8

燃烧方式	代号	燃烧方式	代号	燃烧方式	代号
固定炉排	G(固)	倒转炉排加抛煤机	D(倒)	沸腾炉	F(沸)
活动手摇护排	H(活)	振动炉排	Z(振)	半沸腾炉	B(半)
链条炉排	L(链)	下饲炉排	A(下)	室燃炉	S(室)
抛煤机	P(抛)	往复推饲炉排	W(往)	旋风炉	X(旋)

燃料种类代号 表 8.2-9

燃烧种类	代号	燃烧种类	代号	燃烧种类	代号
无烟煤	W(无)	褐煤	H(褐)	稻壳	D(稻)
贫煤	P(贫)	油	Y(油)	甘蔗渣	G(甘)
烟煤	A(烟)	气	Q(气)	煤矸石	S(石)
劣质烟煤	L(劣)	木柴	M(木)	油页岩	YM(油母)

注：对于常压锅炉，其产品型号表示时在锅炉型式代号前加“C”并取消“额定工作压力”一项内容。

8.2.3 锅炉设备的选择

1. 燃料及燃烧方式的选择

(1) 燃料选择

1) 锅炉燃料的选用应符合国家和地方的燃料或节能政策，应以煤为燃料。有条件的城镇和对环保有较高要求的建设项目，经上级有关部门的批准可使用油和天然气作为锅炉燃料。

2) 锅炉用煤一般应采用就近煤种，避免长途运输，当有条件（如煤矿区）采用当地低质煤种并在经济上合理时，宜采用低质煤。在大中城市中争取供应混合配煤及型煤，以稳定煤质和提高锅炉效率。当选用优质煤做锅炉燃料时，应落实供应，以免煤种变更，煤质下降时，发生锅炉出力不足，燃烧困难等问题。

3) 工业锅炉煤种分类和设计用代表性煤种见表 8.2-10、表 8.2-11；

锅炉设计用代表性燃油品种见表 8.2-12；

锅炉设计用代表性天然气品种见表 8.2-13。

(2) 燃烧方式（锅炉燃烧设备）的选择

锅炉燃烧设备一般分为层燃炉、室燃炉、流化床炉三大类，目前我国燃煤锅炉绝大部分是层燃炉。锅炉燃烧设备的选择应根据采用的煤种和锅炉适用的煤种范围，并应按下述要求综合确定：

工业锅炉煤种分类 表 8.2-10

煤种类别		燃料代号	挥发物 V_{daf} (%)	收到基低位发热量 $Q_{net,ar}$ (kJ/kg)/(kcal/kg)
石煤、煤矸石	Ⅰ类	SⅠ	—	≤5440/(≤1300)
	Ⅱ类	SⅡ	—	>5440～8370/(>1300～2000)
	Ⅲ类	SⅢ	—	>8370～11300/(>2000～2700)
褐煤		H	>40	8370～14650/(2000～3500)
无烟煤	Ⅰ类	WⅠ	5～10	>14650～20930/(>3500～5000)
	Ⅱ类	WⅡ	<5	>20930/(>5000)
	Ⅲ类	WⅢ	5～10	>20930/(>5000)
贫煤		P	>10～20	≥18840/(≥4500)
烟煤	Ⅰ类	AⅠ	≥20	>11300～15490/(>2700～3700)
	Ⅱ类	AⅡ	≥20	>15490～19680/(>3700～4700)
	Ⅲ类	AⅢ	≥20	>19680/(>4700)

锅炉设计用代表性煤种特性 表 8.2-11

煤种类别		挥发分 V_{daf} (%)	水分 M_{ar} (%)	碳 C_{ar} (%)	氢 H_{ar} (%)	氧 O_{ar} (%)	硫 S_{ar} (%)	氮 N_{ar} (%)	灰分 A_{ar} (%)	低位发热量 $Q_{net,ar}$ (kJ/kg)	锅炉设计代表性煤种产地
石煤煤矸石	SⅠ	45.03	9.82	14.80	1.19	5.30	1.50	0.29	67.10	5033	湖南株洲煤矸石
	SⅡ	14.74	3.90	19.49	1.42	8.34	0.69	0.37	65.79	6950	安徽淮北煤矸石
	SⅢ	8.05	4.13	28.04	0.62	2.73	3.57	2.87	58.04	9307	浙江安仁石煤
褐煤	H	43.75	34.63	34.65	2.34	10.48	0.31	0.57	17.02	12288	黑龙江扎赉诺尔
无烟煤	WⅠ	6.18	8.00	54.70	0.78	2.23	0.89	0.28	33.12	18187	京西安家滩
	WⅡ	2.84	9.80	74.15	1.19	0.59	0.15	0.14	13.98	25435	福建天湖山
	WⅢ	7.85	8.00	65.65	2.64	3.19	0.51	0.99	19.02	24426	山西阳泉三矿
贫煤	P	13.25	9.00	55.19	2.38	1.51	2.51	0.74	28.67	20901	四川芙蓉
烟煤	AⅠ	21.91	10.50	38.46	2.16	4.65	0.61	0.52	43.10	13536	吉林通化
	AⅡ	38.50	9.00	46.55	3.06	6.11	1.94	0.86	32.48	17693	山东良庄
	AⅢ	38.48	8.85	57.42	3.81	7.16	0.46	0.93	27.37	22211	安徽淮南

设计用代表性燃油品种 表 8.2-12

名称	M_{ar} (%)	A_{ar} (%)	C_{ar} (%)	H_{ar} (%)	O_{ar} (%)	S_{ar} (%)	N_{ar} (%)	$Q_{net,ar}$ (kJ/kg)	相对密度
200号重油	2	0.026	83.976	12.23	0.568	1	0.2	41858	0.92～1.01
100号重油	1.05	0.05	82.5	12.5	1.91	1.5	0.49	40612	0.92～1.01
渣油	0.4	0.03	86.17	12.35	0.31	0.26	0.48	41797	
0号轻柴油	0	0.01	85.55	13.49	0.66	0.25	0.04	42915	

注：表中成分均为质量分数。

1）对改变煤种的适应性好；

2）对热负荷变化的适应性和压火性能好；

3）对消烟除尘有利；

4）操作劳动强度小，耗电量较少，金属消耗量少。

各种锅炉燃烧设备的特点及其对燃料的适应性列于表 8.2-14，供选用锅炉燃烧设备时参考。

设计用代表性天然气品种　　表 8.2-13

名称	CO_2 (%)	CO (%)	CH_4 (%)	H_2 (%)	N_2 (%)	O_2 (%)	C_2H_6 (%)	H_2S (mg/Nm^3)	S (mg/Nm^3)	H_2O (mg/Nm^3)	$Q_{net,ar}$ (kJ/Nm^3)
四川纳溪天然气	0.5	0.1	95	1	1	0	2.4	400	100	0.2～2	35588

注：① 天然气的主要成分是甲烷（CH_4），含量可达 80%～98%，发热量很高，一般 $Q_{net,ar}=33490\sim37686$kJ/$Nm^3$。

② 以上各燃料表中燃料基的新旧标准对照如下：

新标准（下脚标）GB/T 483—1998　　原标准（上脚标）GB/T 483—87

空气干燥基（ad）——分析基（f）；

收到基（ar）——应用基（y）；

干基（d）——干燥基（g）；

干燥无灰基（daf）——可燃基（r）；

燃料高供热量 Q_{gr}——原符号 Q_{GW}；

燃料低供热量 Q_{net}——原符号 Q_{DW}。

2. 锅炉选型原则

（1）必须满足供热负荷及热介质参数的要求。

（2）应能有效地燃烧所选用的燃料，燃煤锅炉应对煤种有较大的适应性。

（3）锅炉应有较高的热效率，应不低于《工业锅炉通用技术条件》JB/T 10094—2002 中规定的数值，见表 8.2-15、表 8.2-16。

锅炉的出力（台数配合）应能经济有效地适应用户热负荷的变化。一般燃煤锅炉的经济负荷为其额定出力的 70%～80%，低负荷不应低于 20%～30%，要尽量避免长期低负荷运行。

（4）应优先选用原国家经委和国家机械工业部公布推广的节能锅炉产品和经中国工业锅炉行业评审委员会评审出的优良节能锅炉产品，不得采用国家经委和机械工业部已公布淘汰的产品。

（5）应选用消烟除尘效率较好，有利于环境保护要求的锅炉，一般宜选用排尘原始浓度较低的层燃锅炉。

（6）同一锅炉房内应尽量采用相同燃烧设备，相同容量的锅炉，以利设计、施工、安装运行。当供热介质参数不同或冬、夏季负荷差别较大时，也可采用不同类型及不同出力的锅炉。

（7）所选择的锅炉应在基建、运行维修和环境保护等方面有较好的经济效益和环境效益。必要时应提出不同的设计方案，进行全面的技术经济比较，以确定合理的方案。

（8）对于出力在 1t/h 以下的锅炉，宜采用固定反烧水管炉排等燃烧方式的锅炉。

3. 锅炉台数的确定

（1）锅炉房采用锅炉的台数应根据热负荷的调度、锅炉检修和扩建的可能性等因素确定，一般不少于两台。当选用一台锅炉能满足热负荷和锅炉检修的需要时，可装设一台锅炉。

采用机械加煤锅炉，且锅炉房为新建时，锅炉台数一般不超过四台，锅炉房扩建和改建时，锅炉总台数不宜超过七台。

当采用手工加煤锅炉，锅炉房新建时，锅炉的总台数不宜超过三台；改建和扩建时，锅炉总台数不宜超过五台。

锅炉燃烧设备常用设计数据和特性比较 表 8.2-14

燃烧方式		适合燃料种类	对燃煤粒度的要求(mm)	·炉排面积热负荷 $q_R=BQ_{net}/R$,(W/m^2) ·炉膛容积热负荷 $q_V=BQ_{net}/V$,(W/m^3)	炉膛过量空气系数 α(%)	未完全燃烧热损失		炉排下风压(机械鼓风)h (Pa)	优点	缺点	适用范围
						气体 q_3(%)	固体 q_4(%)				
燃煤锅炉	手烧炉排	适应煤种广	≤30 <3 的碎煤不多于 30%	自然通风 $q_R=(550\sim690)\times10^3$ $q_V=(220\sim270)\times10^3$	1.3~1.5	<3	8~15		适合煤种广(可燃用发热量 12552kJ/kg 左右的粘结性强、水分多、挥发分多的煤),负荷适应性强,制造工作量少,安全可靠性较高	炉膛温度变化大,炉排热负荷强度低,锅炉效率低;锅炉排尘量高,周期性冒黑烟,司炉劳动强度大	≤1t/h 的锅炉
				机械通风 $q_R=(650\sim800)\times10^3$ $q_V=(270\sim440)\times10^3$				800~1000			
	链条炉排	Ⅱ、Ⅲ类烟煤 无烟煤 贫煤	≤30(其中 0~3≤25%)	烟煤 $q_R=(690\sim1050)\times10^3$ $q_V=(220\sim345)\times10^3$	1.2~1.4	<2	8~12	400~800	燃烧效率高,运行平稳可靠,负荷适应性好,飞灰损失和对环境污染较小,司炉劳动强度小,操作简便	结构复杂,制造工作量大,金属耗量大,在固定拱型下对燃料的适应性差	链带式 <10t/h 的锅炉 鳞片式 10~35t/h 的锅炉
				无烟煤、贫煤 $q_V=(550\sim810)\times10^3$ $q_V=(220\sim345)\times10^3$	1.3~1.5	<1	10~15	400~1000			
	抛煤机链条炉	Ⅱ、Ⅲ类烟煤 贫煤 Ⅲ类无烟煤	最大粒度≤25,0~3 碎屑不超过 30%;0~6 碎屑不超过 50%~60%	$q_R=(1050\sim1610)\times10^3$ $q_V=(278\sim440)\times10^3$	1.3~1.4	<1	烟煤 8~12	800	燃煤种类适应性强,负荷变化适应性好,炉排热负荷强度较高	飞灰损失和污染严重,对煤的外表水分要求高,在雨较多的地区要建干煤棚,增加基建投资	≥10t/h 的锅炉
							贫煤 无烟煤 10~15	1000			
	往复炉排	Ⅰ、Ⅱ类烟煤、褐煤、低质煤(不适合Ⅲ类烟煤及优质煤、粘性煤)	≤40(其中 0~8≤30%)	$q_R=(560\sim915)\times10^3$ $q_V=(220\sim345)\times10^3$	1.3~1.5	0.5~2	7~12	600~800	点火条件好,具有良好的燃烧特性,适用煤种宽,运行比较安全稳定,金属用量少,制造简单	炉排片冷却条件差,易损坏,更换炉排片要停炉,负荷适应性差,热负荷强度低	<6t/h 以下的锅炉

续表

燃烧方式	适合燃料种类	对燃煤粒度的要求(mm)	• 炉排面积热负荷 $q_R=BQ_{net}/R$,(W/m²) • 炉膛容积热负荷 $q_V=BQ_{net}/V$,(W/m³)	炉膛过量空气系数 α(%)	未完全燃烧热损失		炉排下风压(机械鼓风)h (Pa)	优　　点	缺　　点	适用范围
					气体 q_3(%)	固体 q_4(%)				
燃煤锅炉 流化床燃烧炉	石煤、煤矸石、褐煤、Ⅰ类烟煤、Ⅰ类无烟煤	0～8 或 0～10	常规流化床 $q_R=(1000\sim3000)\times10^3$	1.1～1.25	1～1.5	25～35	9000	煤种适应广，特别适用燃用石煤、煤矸石、褐煤。负荷适应性强，排烟热损失低，氮氧化合物生成少，灰渣在床层中低温焙烧，含碳量低，便于灰渣利用	排烟浓度大，设备磨损严重，耗电量高（8～12kW/t・h)	适用于矿区、劣质煤产地，在城市不宜使用。锅炉容量已有 6～75t/h 产品
			循环流化床 $q_R=(3000\sim8000)\times10^3$		1	4～8	14000			
燃油锅炉	重油，柴油		$q_V=(300\sim1000)\times10^3$	1.1～1.2	<1	0		燃烧效率高，SO_2、NO_x 排放浓度低，环境效益好，自动化系统配套全，安全可靠性高，燃料系统占地少	易形成爆炸性气体、火灾危险性较大，使用安全性要求较高，供热运行费用较高	有条件的城镇、对环境质量有较高要求的工程和由于条件限制锅炉房须在民用建筑内部建造时
燃气锅炉	天然气，城市煤气		$q_V=(1150\sim1800)\times10^3$	1.05～1.1	<0.5	0				

燃煤工业锅炉热效率（%） **表 8.2-15**

燃烧方式	燃料品种		锅炉容量 D(t/h 或 MW)					
			$D<1$ 或 $D<0.7$	$1\leqslant D\leqslant 2$ 或 $0.7\leqslant D\leqslant 1.4$	$2<D\leqslant 8$ 或 $1.4<D\leqslant 5.6$	$8<D\leqslant 20$ 或 $5.6<D\leqslant 14$	$6\leqslant D\leqslant 20$ 或 $4.2\leqslant D\leqslant 14$	$D>20$ 或 $D>14$
层状燃烧	烟煤	AⅡ	71	74	76	77		78
		AⅢ	73	76	78	79		80
	贫煤	P	69	72	74	76		77
	无烟煤	WⅡ	58	61	64	66		69
		WⅢ	63	68	72	74		77
	褐煤	H	69	72	74	76		78
抛煤机链条炉	烟煤	AⅡ					78	79
		AⅢ					80	81
	贫煤	P					77	78
流化床燃烧炉	烟煤	AⅠ					76	78
		AⅡ					79	81
		AⅢ					81	82
	贫煤	P					78	80
	褐煤	H					79	81

燃油、燃气和电加热工业锅炉热效率（%） **表 8.2-16**

锅炉类型	燃料品种	锅炉容量 D(t/h 或 MW)			
		不带省煤器的蒸汽锅炉		热水锅炉和带省煤器的蒸汽锅炉	
		$D\leqslant 2$	$D>2$	$D\leqslant 2$ 或 $D\leqslant 1.4$	$D>2$ 或 $D>1.4$
燃油锅炉	重油	84	86	86	88
	轻油	86	88	88	90
燃气锅炉	气	86	88	88	90
电加热锅炉		>97			

(2) 锅炉房备用锅炉的设置可按下述原则确定：

1) 以采暖、通风和生活负荷为主的锅炉房，一般不设备用锅炉。锅炉的正常检修应在非采暖期进行。

2) 以生产负荷为主的锅炉房，当非采暖期至少能停用一台锅炉轮流进行检修时，可不设备用锅炉。

3) 专供生产及生活用热负荷的锅炉房，应根据生产要求考虑是否需设备用锅炉。当不设备用锅炉将使生产上发生事故或造成较大经济损失时，应设置一台备用锅炉。

(3) 如按设计规划要求，已落实近期内热负荷将有较大增长时，可选择单台出力较大的锅炉，土建设计时可预留位置，并在辅助设备选择、系统管道等方面均适当加大；对远期可能发展的热负荷在锅炉房设计时不可预留，仅在总图布置上，留出锅炉房发展所需要的场地。

8.2.4 燃料消耗量

1. 蒸汽锅炉实际燃料消耗量

$$B=\frac{D_{ss}(h_{ss}-h_{w})+D_{bs}(h_{bs}-h_{w})}{\eta\cdot Q_{net,ar}} \tag{8.2-2}$$

式中 B——锅炉实际燃料消耗量，kg/h 或 m^3/h；

D_{ss}、D_{bs}——分别为过热蒸汽量、饱和蒸汽量，kg/h；

h_{ss}、h_{bs}——分别为过热蒸汽比焓、饱和蒸汽比焓，kJ/kg；

h_w——锅炉机组入口给水比焓，kJ/kg；

η——锅炉的热效率（由锅炉厂提供），%；

$Q_{net,ar}$——燃料低位发热量，kJ/kg 或 kJ/m^3。

2. 热水锅炉实际燃料消耗量

$$B=\frac{G(h_1-h_2)}{\eta\cdot Q_{net\cdot ar}} \tag{8.2-3}$$

式中 G——热水锅炉循环水量，kg/h；

h_1、h_2——分别为热水锅炉出水焓、回水焓，kJ/kg。

3. 锅炉计算燃料消耗量

对于燃用固体燃料的锅炉，在锅炉热效率中含有固体未完全燃烧热损失 q_4，在计算燃烧用空气量及烟气量时，应采用锅炉计算燃料消耗量。

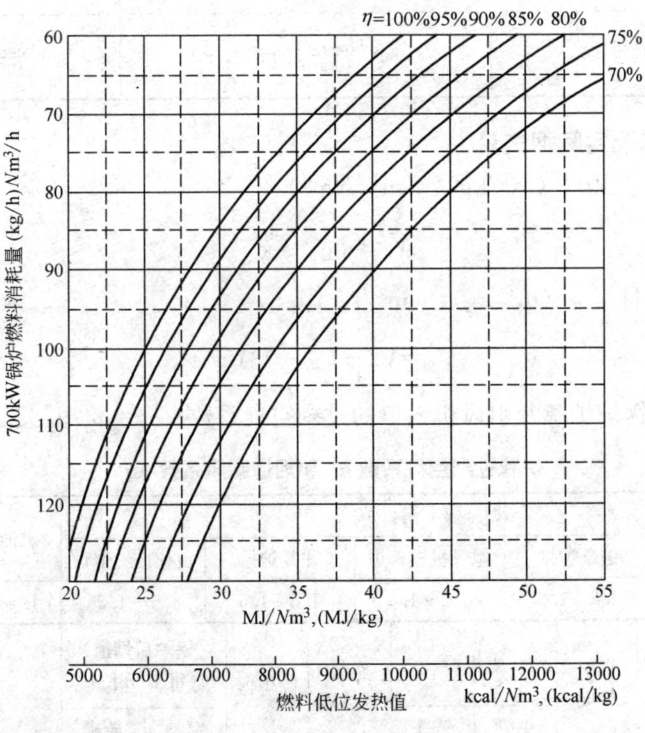

图 8.2-1 锅炉实际燃料消耗量

$$B_j=B\left(1-\frac{q_4}{100}\right) \tag{8.2-4}$$

式中 B_j——锅炉计算燃料消耗量，kg/h；

q_4——锅炉固体未完全燃烧热损失，%，可按表 8.2-14 选用。

锅炉容量 1t/h 或 0.7MW 的实际燃料消耗量可查图 8.2-1。

8.3 锅炉送风排烟系统

8.3.1 燃料燃烧的空气量及烟气量的近似计算

1. 理论空气量及理论烟气量（见表 8.3-1）

理论空气量及理论烟气量 **表 8.3-1**

燃料	理论空气量 V_K^0(Nm^3/kg)	理论烟气量 V_y^0(Nm^3/kg)
烟煤($V_{daf}>15\%$)	$0.25\frac{Q_{net\cdot ar}}{1000}+0.278$	$0.25\frac{Q_{net\cdot ar}}{1000}+0.77$
贫煤及无烟煤($V_{daf}<15\%$)	$0.243\frac{Q_{net\cdot ar}}{1000}+0.606$	
低质煤($Q_{net\cdot ar}<12560kJ/kg$)	$0.243\frac{Q_{net\cdot ar}}{1000}+0.455$	$0.25\frac{Q_{net\cdot ar}}{1000}+0.54$
燃油	$0.20\frac{Q_{net\cdot ar}}{1000}+2$	$0.265\frac{Q_{net\cdot ar}}{1000}$(非蒸汽雾化)
燃气	$0.268\frac{Q_{net\cdot ar}}{1000}$($Nm^3/Nm^3$)	$0.239\frac{Q_{net\cdot ar}}{1000}+2$($Nm^3/Nm^3$)

2. 实际空气量及实际烟气量

（1）实际空气量 V_K，(m^3/kg)、(m^3/Nm^3)

$$V_K=\alpha_L\cdot V_K^0 \tag{8.3-1}$$

（2）实际烟气量 V_y，(m^3/kg)、(m^3/Nm^3)

$$V_y=V_y^0+(\alpha_y-1)V_K^0 \tag{8.3-2}$$

式中 α_L、α_y——锅炉炉膛及引风机入口的过剩空气系数；$\alpha_y=\alpha_L+\sum\Delta\alpha$（见表 8.3-2）。

炉膛过剩空气系数 α_L 和烟道漏风系数 $\Delta\alpha$ **表 8.3-2**

项目	燃煤锅炉					燃油锅炉	燃气锅炉
炉膛	手烧炉排	链条炉排	抛煤机链条炉	往复炉排	流化床燃烧炉		
α_L	1.3～1.5	1.2～1.5	1.3～1.4	1.3～1.5	1.1～1.25	1.1～1.2	1.05～1.1

烟道 $\Delta\alpha$	炉膛	过热器	锅炉管束	省煤器		空气预热器	除尘器	锅炉后烟道（每10m长）		微正压燃烧时 $\alpha_{y-1}=1.2$
				钢管	铸铁			钢制	砖砌	
	0.1	0.05	0.15	0.1	0.15	0.1	0.05	0.01	0.05	

3. 送风量及排烟量的估算（见表 8.3-3）

锅炉单位容量（1t/h 或 0.7MW）的送风量及排烟量　　表 8.3-3

燃料品种		燃料低热值 $Q_{net\cdot ar}$		过剩空气系数		送风量 V_K (m^3/h)	排烟温度(℃)			
							150	200	250	300
		kJ/kg (kJ/m^3)	kcal/kg (kcal/m^3)	炉膛 α_L	排烟 α_y		排烟量 V_y(m^3/h)			
燃煤	WⅡ	25440	6076	1.35	1.70	1495	2836	3170	3505	3841
	WⅢ	24430	5835	1.35	1.70	1284	2120	2370	2621	2872
	P	20900	4992	1.35	1.70	1305	2481	2773	3067	3360
	AⅡ	17690	4225	1.30	1.65	1173	2302	2573	2845	3118
	AⅢ	22210	5303	1.30	1.65	1129	2188	2446	2705	2964
	H	12290	2935	1.30	1.65	1220	2336	2611	2887	3164
轻柴油	Y	42915	10250	1.15	1.20	885	1348	1506	1666	1825
天然气	Q	(35588)	(8500)	1.10	1.20	951	1489	1665	1841	2017

注：① 若 α_L、α_y 不是表中数值，则送风量及排烟量应予以校正：$V'_K=V_K(\alpha'_L/\alpha_L)$，$V'_y=V_y(\alpha'_y/\alpha_y)$；

② 油、气炉为微正压燃烧工况；

③ 选用时按不同地区的海拔高度进行大气压力修正（本表 $C_p=1$），修正系数 C_p 见表 8.3-15。

8.3.2 风烟道及烟囱设计

1. 风烟道的设计要点

（1）风烟道应力求平直、附件少、气密性好和有较好的空气动力特性。当几台锅炉共用烟道、烟囱时，应尽量使每台锅炉的引力均衡。

（2）铸铁省煤器宜设旁通烟道和严密的烟道闸门。当采用通过省煤器并接到给水箱的循环管时，可不设旁通烟道。

（3）送风管道可布置在地上或地下。当布置在地上时，应不妨碍交通和操作，地下风道应考虑防水和积水的排除措施。

（4）烟道宜采用地上布置，水平烟道顺气流方向宜有 $i=0.03$ 的向上坡度。烟道的适当位置应设置清扫孔，其尺寸不应小于 400（宽）×500（高）mm。

（5）多台锅炉合用总烟、风道时，在与总烟风道连接的支烟风道上，应装设能完全开启的闸板阀或调风蝶阀。

（6）风机的调节装置应设在风机的进口处。鼓风机的进风口应安装金属网格，网格的有效面积不应小于风机进口的截面积。

（7）钢板风烟道的钢板厚度，可按下列数值采用：冷风道 3mm、热风道和烟道 3～4mm，油气锅炉钢板烟道 4～6mm。矩形钢板风烟道应配置足够的加强筋，以保证其强度和刚度的要求。

（8）钢板热风道和烟道结构，应考虑热膨胀补偿。砖砌或钢筋混凝土热风道和烟道每隔 25m 应设伸缩缝。

（9）使用含硫量高的燃料时，烟道和烟囱应采取防腐蚀措施。当烟气中 SO_2 含量小于 1%时，金属烟道和烟囱宜刷耐热防锈漆；当 SO_2 含量大于 1%时，金属烟道、烟囱宜采用耐腐蚀性材料制作，砖砌或钢筋混凝土的烟道、烟囱也应采用抗腐蚀性材料和砂浆。

(10) 砖砌烟道及烟囱的内衬，当烟温小于400℃时，可用100号机砖砌筑；当烟温大于400℃时，应采用耐火砖和耐火砂浆砌筑，且烟道墙面宜用双层，层间留有30～40mm的空气层，也可留20～30mm空隙，内填石棉绳。

(11) 室外烟道应避免在墙上产生凝结水，烟道外表面应作粉刷，并应考虑排除雨水措施。

(12) 为便于烟道清灰，烟道净宽应≥0.4m，净高宜≥0.6m。

(13) 安装在室内的引风机，钢板烟道和热风道均应保温。当室温为25℃时，保温层外表的温度≤50℃，并应保证烟道内表面的温度高于烟气的露点温度10～20℃。

2. 烟囱设计要点

(1) 自然通风的锅炉，烟囱高度应使其产生的抽力能克服锅炉本体及烟道系统的压力损失外，并能保证炉膛出口有40～80Pa的负压。

全年运行的自然通风锅炉房，应分别以冬季、夏季室外温度和相应最大蒸发量时的烟气压力损失来计算烟囱高度。

每m烟囱高度能产生的抽力见表8.3-8。

每m长烟道和烟囱的温降参考数值：砖砌～0.5℃、钢板制～2℃。

(2) 烟囱高度的确定，必须符合“锅炉大气污染物排放标准”(GB 13271—2001)中的规定。

(3) 当锅炉房因位于机场附近，或因其他原因烟囱高度不能满足要求时，应取得当地环保等有关部门的同意，并需考虑采取提高除尘效率和增加引力等措施。

(4) 砖砌烟囱和钢筋混凝土烟囱结构，应符合下列要求：

• 烟囱应设置耐热的内衬，内衬材料和高度应符合表8.3-4的规定。

烟囱内衬材料和高度 **表8.3-4**

<table>
<tr><th>排烟温度(℃)</th><th>内衬材料</th><th>内衬厚度</th><th>内衬高度</th><th>备　注</th></tr>
<tr><td>>500</td><td>耐火黏土砖或耐热混凝土块</td><td rowspan="2">底段20m内不小于1砖厚,其余部分厚度不小于半砖</td><td rowspan="2">和烟囱外筒体一样高</td><td rowspan="4">1. 建筑物内的烟囱内衬应与烟囱一样高,或超出建筑物屋顶,并不低于独立烟囱内衬高度
2. 使用含硫高的燃料时,烟囱应用耐腐蚀材料,或烟囱内壁敷设耐热砖衬或粉耐酸水泥</td></tr>
<tr><td>400～500</td><td rowspan="3">不低于MU7.5红砖</td></tr>
<tr><td>250～400</td><td></td><td>不小于烟囱高度的一半</td></tr>
<tr><td><250</td><td></td><td>不小于烟囱高度的1/3</td></tr>
</table>

• 为了便于施工，砖砌圆形烟囱的出口内径不宜小于0.8m，当直径较小时宜做成方形。

• 烟囱下部应设清灰孔，清灰孔在锅炉运行期间应严格密封（可用黄泥、砖密封）。

• 烟囱底部应设置比水平烟道入口底部低0.5～1m的积灰坑。

• 当烟囱与水平烟道有两个接口时，两个接口一般应相对布置，并用与烟道成45°角的隔墙分开。隔墙高出水平烟道入口顶部应不小于烟道高度的1/2。

• 烟道在与烟囱连接处，应留有伸缩缝。

• 通常应在烟囱顶部涂刷耐酸漆。

• 烟囱应设置爬梯和避雷装置。

• 飞机场和飞行航道附近的烟囱，应装设信号灯，刷标志色。

（5）钢板制烟囱设计应符合下列要求：

• 应有足够的强度和刚度。烟囱壁厚还应考虑有一定量的腐蚀裕量。一般当烟囱高度为20～40m，直径为0.2～1.0m，无内衬时，壁厚可取4～10mm；有内衬时壁厚取8～18mm。

• 当烟囱高度与其直径之比超过20倍时，必须设置可靠的牵引拉绳，拉绳沿圆周等弧度布置3～4根。

• 烟囱与基础连接部分，宜做成倒锥形，基础宜采用混凝土捣制。

• 烟囱内外壁应刷耐热防腐油漆。

• 当采用带内衬的钢烟囱时，内衬应分段支承，每段长4～6m。内衬和筒壁宜保持2～5mm的间隙。

• 为加强烟囱顶部和保护内衬不受雨淋，烟囱顶部需设置环状护板。

• 烟囱应设避雷装置，一般尚应设置检修爬梯。

（6）油、气锅炉应采用钢筋混凝土或钢制烟囱。

3. 风烟道及烟囱截面尺寸的确定

（1）风烟道及烟囱出口截面 F（m^2）计算

$$F=\frac{V}{3600\cdot w} \tag{8.3-3}$$

式中 V——空气或烟气的流量，m^3/h；

w——空气或烟气的流速，m/s。可按表8.3-5推荐值选用。

风、烟道及烟囱出口气体流速（m/s） **表8.3-5**

名称 / 流速(m/s) / 风、烟道材料	风道	烟道		烟囱出口			
		自然通风	机械通风	自然通风		机械通风	
				全负荷时	最低负荷时	全负荷时	最低负荷时
砖或混凝土	4～8	3～5	6～8	6～10	2.5～3	10～20	4～5
钢板	10～15	8～10	10～15				

（2）层燃炉单位容量风烟道及烟囱出口截面，见表8.3-6。

层燃炉单位容量（1t/h蒸汽或0.7MW热水）所需风、烟道及烟囱出口截面积（m^2） **表8.3-6**

数值 / 名称 / 类别		冷风道(20℃)		烟道		烟囱出口	
		非金属制	金属制	非金属制	金属制	全负荷时	最低负荷时不大于
自然通风	蒸汽(T_{py}=250～300℃)	—	—	0.18～0.30	0.09～0.11	0.10～0.15	0.33
	热水(T_{py}=150～200℃)	—	—	0.17～0.25	0.084～0.09	0.084～0.12	0.28
机械通风	蒸汽(T_y=150～250℃)	0.049	0.032～0.039	0.10～0.12	0.055～0.072	0.045～0.072	0.18
	热水(T_y=150～200℃)	0.049	0.032～0.039	0.10～0.12	0.055～0.072	0.042～0.072	0.17

4. 烟囱抽力和烟囱高度

(1) 烟囱抽力 S_y (Pa)

$$S_y=H\left(\rho_k^o\frac{273}{273+t_k}-\rho_y^o\frac{273}{273+\bar{t}_y}\right)\frac{9.8}{C_p} \tag{8.3-4}$$

$$=H\left(\frac{3459}{273+t_k}-\frac{3585}{273+\bar{t}_y}\right)\frac{1}{C_p}$$

式中 H——烟囱高度，m；

ρ_k^o、ρ_y^o——标准状态下空气和烟气的密度，分别取 1.293 和 1.340kg/m^3；

t_k、$\bar{t}_y$——分别为外界空气温度和烟囱内烟气平均温度，℃；

C_p——大气压力修正系数，见表 8.3-15。

烟囱每 m 高度的温度 Δt (℃/m) 表 8.3-7

烟囱条件 \ Δt(℃/m) \ 蒸发量 D(t/h)		1	2	4	6	8	10	计算公式
铁烟囱	无内衬	2	1.41	1	0.82	0.71	0.63	$2/\sqrt{D}$
	有内衬	0.8	0.57	0.4	0.33	0.28	0.25	$0.8/\sqrt{D}$
砖或混凝土烟囱	壁厚≤0.5m	0.4	0.28	0.2	0.16	0.14	0.13	$0.4/\sqrt{D}$
	壁厚>0.5m	0.2	0.14	0.1	0.08	0.07	0.06	$0.2/\sqrt{D}$

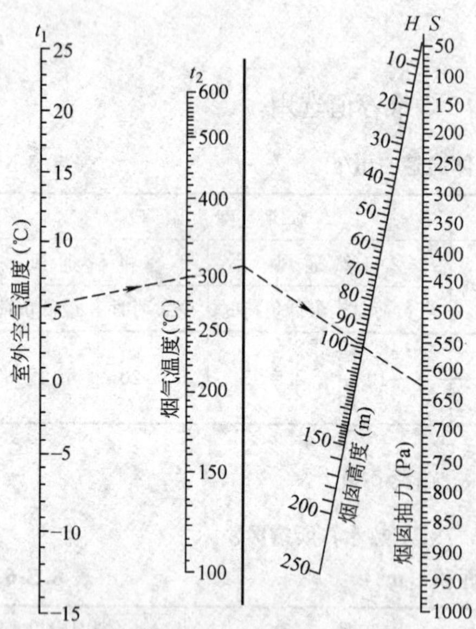

图 8.3-1 自然通风线算图

公式：$S=(\rho_1-\rho_2)H$；

$\rho_1=\rho_{01}\frac{273}{273+t_1}$；$\rho_2=\rho_{02}\frac{273}{273+t_2}$

空气在标准状况之密度 $\rho_{01}=1.293$kg/m^3

烟气在标准状况之密度 $\rho_{02}=1.34$kg/m^3

大气压力修正系数为 $C_p=1$

(2) 烟囱中烟气平均温度 $\bar{t}_y$ (℃)

$$\bar{t}_y=t_{y1}-\frac{H\Delta t}{2} \tag{8.3-5}$$

式中 t_{y1}——烟囱入口烟温，℃；

Δt——烟囱每 m 高的温降，℃/m。见表 8.3-7。

(3) 自然通风烟囱高度 H (m)

$$H=29\frac{S_y}{\left(\frac{1}{273+t_k}-\frac{1}{273+\bar{t}_y}\right)b}\ \text{m} \tag{8.3-6}$$

式中 S_y——烟囱抽力，Pa；自然通风时应使 $S_y\geqslant1.20\sum\Delta h_y$ ($\sum\Delta h_y$ 为烟气系统总阻力，Pa)；

b——当地大气压力，Pa。

(4) 烟囱抽力 S_y (Pa) 及自然通风烟囱高度 H (m) 速算图表见图 8.3-1 及表 8.3-8。

5. 风烟道及烟囱推荐尺寸

(1) 风烟道及烟囱推荐尺寸，见表 8.3-10。

(2) 风烟道横向加固肋规格，见表 8.3-9。

烟囱每 m 高度产生的抽力（Pa） **表 8.3-8**

烟囱内烟气的平均温度(℃)	在相对湿度 φ=70%，大气压力为 100kPa 下空气密度(kg/m³)										
	1.420	1.375	1.327	1.300	1.276	1.252	1.228	1.206	1.182	1.160	1.137
	空气温度(℃)										
	−30	−20	−10	−5	0	+5	+10	+15	+20	+25	+30
140	5.65	5.15	4.70	4.42	4.15	3.91	3.68	3.45	3.20	3.00	2.77
160	5.97	5.50	5.02	4.75	4.51	4.27	4.03	3.81	3.57	3.35	3.12
180	6.31	5.85	5.37	5.10	4.86	4.62	4.38	4.16	3.92	3.70	3.47
200	6.65	6.20	5.72	5.45	5.21	4.97	4.73	4.51	4.27	4.05	3.82
220	6.98	6.50	6.02	5.75	5.51	5.27	5.03	4.81	4.57	4.35	4.12
240	7.28	6.78	6.30	6.03	5.79	5.55	5.31	5.09	4.85	4.63	4.40
260	7.55	7.05	6.57	6.30	6.06	5.82	5.58	5.36	5.12	4.90	4.67
280	7.80	7.28	6.80	6.53	6.29	6.05	5.81	5.59	5.35	5.13	4.90
300	8.00	7.51	7.03	6.76	6.52	6.28	6.05	5.82	5.58	5.36	5.13
320	8.20	7.72	7.24	6.97	6.73	6.49	6.25	6.03	5.79	5.57	5.34
340	8.42	7.92	7.44	7.17	6.93	6.69	6.45	6.23	5.99	5.77	5.54
360	8.62	8.10	7.62	7.35	7.11	6.87	6.63	6.41	6.17	5.95	5.72
380	8.80	8.27	7.79	7.52	7.28	7.04	6.80	6.58	6.34	6.12	5.89

风烟道横向加固肋规格 **表 8.3-9**

圆形风烟道			矩形风烟道		
规格 D(mm)	风道(δ=3)	烟道(δ=4)	规格 $A\times B$(mm)	风道(δ=3)	烟道(δ=4)
ϕ220	—	—	200×250	—	—
ϕ280			250×250		
ϕ300			200×320		
ϕ360			320×320		
ϕ400			320×400		
ϕ420			320×400		
ϕ480			400×500		
ϕ500			400×500		
ϕ530			500×500	−50×5，C=700	−50×5，C=800
ϕ560			500×500		
ϕ630			500×630		
ϕ700			630×630		
ϕ750			500×800		
ϕ900	−60×6，C=1500	−60×6，C=1500	630×1000		
ϕ900			800×800	−50×5，C=650	−50×5，C=750
ϕ1250			1000×1250		

注：1. 风、烟道材料采用 Q235、Q235F。

2. 加固肋规格−50×5、−60×6 为热轧扁钢，C 为横向加固肋间距（mm）。

风、烟道及烟囱推荐尺寸

表 8.3-10

锅炉及锅炉房安装容量		油、气锅炉房 不同烟速(m/s)下的烟道断面及烟囱上口直径(mm)					燃煤锅炉房 自然通风 烟道断面(mm)		自然通风 烟囱上口直径(mm)	机械通风 冷风道断面(mm)		机械通风 烟道断面(mm)		烟囱 不同烟速(m/s)的上口直径(mm)				烟囱 高度(m)
(t/h)	(MW)	6	8	10	12	14	非金属	金属		非金属	金属	非金属	金属	12	14	16	18	
1	0.7	φ320	φ280				500×750	320×320 (φ360)	φ400	200×250	200×250 (φ220)	500×750	250×250 (φ280)	φ280	φ260			20～25
2	1.4	φ450	φ400	φ360			500×1000	400×500 (φ530)	φ600	250×400	200×320 (φ300)	500×750	320×400 (φ400)	φ400	φ360			30
3	2.1	φ560	φ500	φ440			700×1250	500×630 (φ630)	φ700			500×750	400×500 (φ480)	φ480	φ450			30
4	2.8	φ630	φ560	φ500			800×1300	500×800 (φ750)	φ800	400×500	320×400 (φ420)	500×1000	500×500 (φ560)	φ560	φ500			35
5	3.5	φ700	φ630	φ560			900×1500		φ1000			600×1000		φ630	φ560			35
6	4.2	φ800	φ700	φ600			900×1500		φ1000	500×630	400×500 (φ500)	600×1250	630×630 (φ700)	φ700	φ630			35
8	5.6	φ900	φ800	φ700			1100×1800		φ1200			800×1300		φ800	φ750			35
10	7			φ800	φ750	φ700	1300×1800		φ1200	630×800	500×630 (φ630)	800×1500	800×800 (φ900)	φ900	φ800			40
12	8.4			φ900	φ800	φ750	1300×2100		φ1400			900×1500		φ1000	φ900			40
16	11.2			φ1000	φ950	φ900						900×1600		φ1100	φ1000			40
20	14			φ1100	φ1000	φ950				800×1250	630×1000 (φ900)	1100×2250	1000×1250 (φ1250)	φ1200	φ1100	φ1000	φ1000	45
24	16.8			φ1250	φ1100	φ1000						1300×2500		φ1400	φ1250	φ1200	φ1100	45
30	21			φ1400	φ1300	φ1200						1300×2500			φ1400	φ1300	φ1200	45
40	28			φ1600	φ1500	φ1400						1500×2750			φ1600	φ1500	φ1400	45
50	35			φ1800	φ1600	φ1500						1600×3250			φ1800	φ1700	φ1600	(≥45)
60	42			φ2000	φ1800	φ1700						1600×4000			φ2000	φ1800	φ1700	(≥45)
80	56			φ2200	φ2000	φ1900						1800×4400			φ2200	φ2200	φ2000	(≥45)
100	70			φ2500	φ2300	φ2200						2200×4600			φ2500	φ2500	φ2300	(≥45)
120	84			φ2800	φ2500	φ2400						2500×6000			φ2800	φ2600	φ2500	(≥45)

注：① 表中烟道及烟囱的尺寸计算数值已按常用的规格数值进行圆整；

② 燃气、燃轻柴油、煤油锅炉烟囱高度应按批准的环境影响报告书要求确定，但不得低于 8m；燃重油的锅炉房烟囱高度采用燃煤锅炉房同样数值；

③ 带（ ）烟囱高度应按环境影响评价要求确定，但不得低于 45m。

8.3.3 锅炉风烟道系统阻力

1. 送风系统阻力$\sum\Delta h_f$ (Pa)

$$\sum\Delta h_f=\Delta h_{k\text{-}k}+\Delta h_r+\Delta h_m+\Delta h_j \tag{8.3-7}$$

式中 $\Delta h_{k\text{-}k}$——空气预热器空气侧阻力（制造厂提供），Pa；

Δh_r——燃烧设备阻力，Pa；

Δh_m——风（烟）道摩擦阻力，Pa；

Δh_j——风（烟）道局部阻力，Pa。

(1) 燃烧设备阻力 Δh_r (Pa)

燃烧设备阻力（包括炉排和煤层阻力）与炉排结构、燃料特性与粒度、炉排燃烧率等因素有关，应综合以上诸因素进行考虑。具体可按表 8.3-11 进行选用。

层燃炉排及煤层阻力 Δh_r **表 8.3-11**

炉 型	炉排及煤层阻力(Pa)	炉 型	炉排及煤层阻力(Pa)
手烧炉排	800～1000	链条炉排	800～1000
往复炉排	600	抛煤机链条炉排	800

(2) 风（烟）道摩擦阻力 Δh_m (Pa)

$$\Delta h_m=\lambda\frac{L}{d_{dL}}\frac{\rho\omega^2}{2}=\lambda\frac{L}{d_{dL}}H_d \tag{8.3-8}$$

式中 λ——摩擦阻力系数，可按表 8.3-12 选取；

L——管道长度，m；

d_{dL}——管道当量直径，m；

对于圆形管道，d_{dL}为其内径；对于非圆形管道，$d_{dL}=\frac{4F}{U}$；

F——管道截面积，m^2；

U——管道壁面的接触周界，m；

ρ——空气（烟气）密度，kg/m^3；

ω——空气（烟气）流速，m/s；

H_d——动压头，Pa。

风（烟）道摩擦阻力系数 **表 8.3-12**

风(烟)道类别	λ值	风(烟)道类别	λ值
无耐火内衬的钢板烟风道	0.02	当 $d_{dL}<0.9$m 时	0.04
有耐火内衬的钢板烟风道、砖与混凝土烟道		金属烟囱	0.03
当 $d_{dL}\geqslant 0.9$m 时	0.03	砖和混凝土烟囱	0.05

(3) 风（烟）道局部阻力 Δh_j (Pa)

$$\Delta h_j=\zeta\frac{\omega^2\rho}{2}=\zeta\cdot H_d \tag{8.3-9}$$

式中 ζ——局部阻力系数，见表 8.3-13；

局部阻力系数 ζ **表 8.3-13**

序号	名称	示意图	局部阻力系数（对应于尺寸 d, b 或 F 处截面积的值）
1	管端与壁平齐的入口	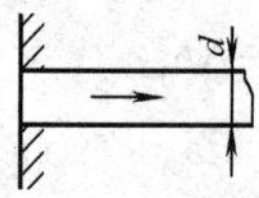	$\zeta=0.5$
2	管端凸出的入口	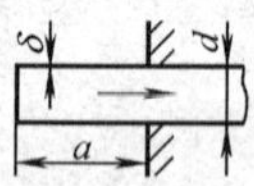	$\delta/d=0$： $a/d\geqslant0.2$　$\zeta=1.0$ $0.05<a/d<0.2$　$\zeta=0.85$ $\delta/d\geqslant0.04$： $\zeta=0.5$
3	喇叭形入口	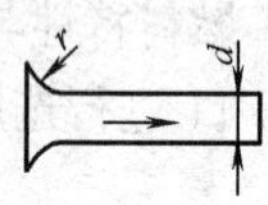	$r/d=0.05$ 与壁平齐的 $\zeta=0.25$ 凸出的 $\zeta=0.4$ 与壁平齐的或凸出的 $r/d=0.1$　$\zeta=0.12$ $r/d=0.2$　$\zeta=0.02$
4	锥形入口	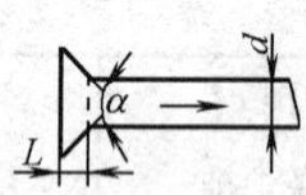	与壁平齐的或凸出的 $L=0.2d$：$\alpha=30°$ $\zeta=0.4$；$\alpha=50°$ $\zeta=0.2$；$\alpha=90°$ $\zeta=0.25$ $L\geqslant0.3d$：$\alpha=30°$ $\zeta=0.2$；$\alpha=50°$ $\zeta=0.15$；$\alpha=90°$ $\zeta=0.2$
5	经网格或孔板的通道入口	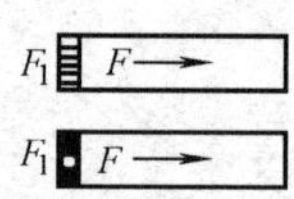	$\zeta=\left(1.707\frac{F}{F_1}-1\right)^2$ 式中　F_1——网格或孔板的有效截面； F——通道的有效截面
6	罩下通道入口或出口	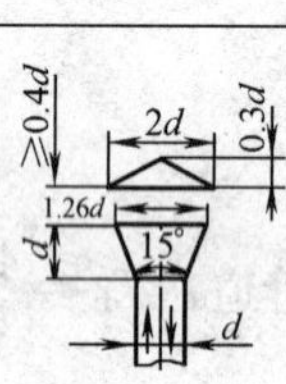	吸气时　$\zeta=0.5$ 排气时　$\zeta=0.65$
7	管道出口	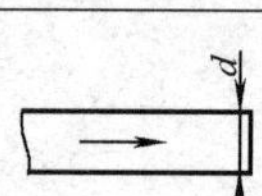	$\zeta=1.1$
8	单个侧孔出口	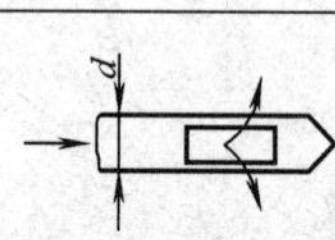	$\zeta=2.5$
9	分开状态的闸板或转动挡板	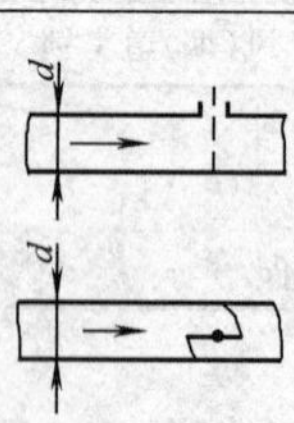	$\zeta=0.1$
10	闸板	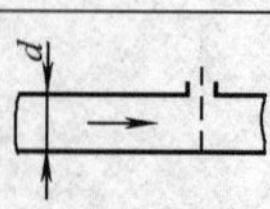	开启程度（%）：5, 10, 30, 50, 70, 90, 100 ζ：1000, 200, 18, 4, 1, 0.22, 0.1

续表

<table>
<tr><th>序号</th><th>名　称</th><th>示 意 图</th><th>局部阻力系数(对应于尺寸 d,b 或 F 处截面积的值)</th></tr>
<tr><td>11</td><td>转动挡板</td><td>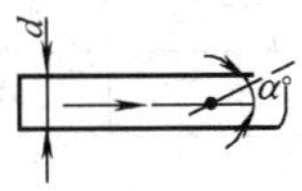</td><td>
ζ值
<table>
<tr><th>n \ α°</th><th>10</th><th>20</th><th>30</th><th>40</th><th>50</th><th>60</th><th>70</th><th>80</th><th>90</th></tr>
<tr><td>1</td><td>0.3</td><td>1.0</td><td>2.5</td><td>7</td><td>20</td><td>60</td><td>100</td><td>1500</td><td>8000</td></tr>
<tr><td>2</td><td>0.4</td><td>1.0</td><td>2.5</td><td>4</td><td>8</td><td>30</td><td>50</td><td>350</td><td>6000</td></tr>
<tr><td>3</td><td>0.2</td><td>0.7</td><td>2.0</td><td>5</td><td>10</td><td>20</td><td>40</td><td>160</td><td>6000</td></tr>
<tr><td>4</td><td>0.25</td><td>0.8</td><td>2.0</td><td>4</td><td>8</td><td>15</td><td>30</td><td>100</td><td>6000</td></tr>
<tr><td>5</td><td>0.2</td><td>0.6</td><td>1.8</td><td>3.5</td><td>7</td><td>13</td><td>28</td><td>80</td><td>4000</td></tr>
</table>
n—叶片数
</td></tr>
<tr><td>12</td><td>突然扩大</td><td>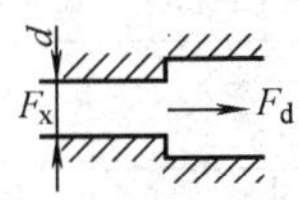</td><td>
<table>
<tr><td>F_x/F_d</td><td>0</td><td>0.2</td><td>0.4</td><td>0.6</td><td>0.8</td><td>1.0</td></tr>
<tr><td>ζ</td><td>1.1</td><td>0.7</td><td>0.4</td><td>0.18</td><td>0.1</td><td>0</td></tr>
</table>
</td></tr>
<tr><td>13</td><td>突然缩小</td><td>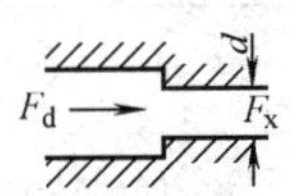</td><td>
<table>
<tr><td>F_x/F_d</td><td>0</td><td>0.2</td><td>0.4</td><td>0.6</td><td>0.8</td><td>1.0</td></tr>
<tr><td>ζ</td><td>0.5</td><td>0.4</td><td>0.3</td><td>0.2</td><td>0.1</td><td>0</td></tr>
</table>
</td></tr>
<tr><td>14</td><td>直通道中扩张管</td><td>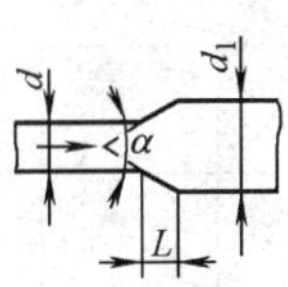</td><td>
$\alpha<40°$时,$\zeta=K\zeta_0$;ζ_0 按 12 项取用
<table>
<tr><td>α°</td><td>5</td><td>10</td><td>20</td><td>30</td><td>40</td></tr>
<tr><td>K</td><td>0.07</td><td>0.17</td><td>0.43</td><td>0.81</td><td>1.0</td></tr>
</table>
$\alpha>40°$时,按 12 项突然扩大取用,$\mathrm{tg}\frac{\alpha}{2}=\frac{d_1-d}{2L}$,矩形截面 α 取最大角度
</td></tr>
<tr><td>15</td><td>直通道中收缩管</td><td>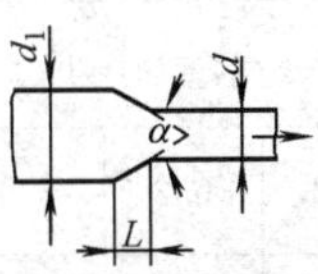</td><td>
$\alpha<20°$　　$\zeta=0$
$\alpha=0°\sim60°$　　$\zeta=0.1$
$\alpha>60°$时,按 13 项突然缩小取用
$\mathrm{tg}\frac{\alpha}{2}=\frac{d_1-d}{2L}$
</td></tr>
<tr><td>16</td><td>三通管道</td><td>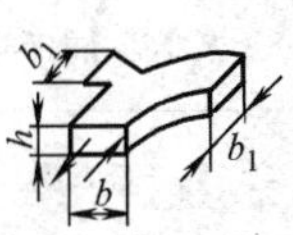
$F=bh, f=b_1h$</td><td>
f/F 为下值时的 ζ_z 值(ζ_z —支管阻力系数)
<table>
<tr><th>工况 \ f/F</th><th>0.5</th><th>1</th></tr>
<tr><td>分流</td><td>0.304</td><td>0.247</td></tr>
<tr><td>合流</td><td>0.233</td><td>0.072</td></tr>
</table>
</td></tr>
<tr><td>17</td><td>转角</td><td>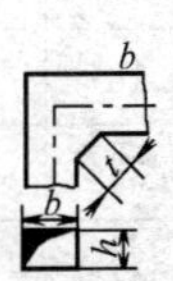</td><td>
$t=0.10b$ 时　$\zeta=0.80$
$t=0.25b$ 时　$\zeta=0.50$
</td></tr>
</table>

续表

序号	名　称	示 意 图	局部阻力系数(对应于尺寸 d,b 或 F 处截面积的值)
18	缓弯头	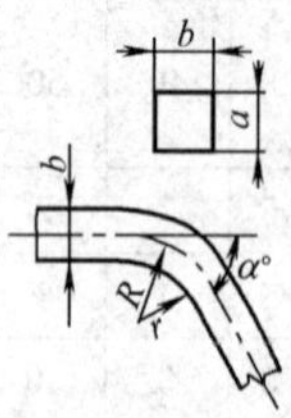 $R=r+\frac{b}{2}$ 对于圆管 $b=d$ $b=a$	$\zeta=\zeta_0 K_\alpha K_{a/b}$

R/b	0.6	0.7	0.8	0.9	1.0	2.0	3.0
ζ_0	1.0	0.68	0.48	0.36	0.28	0.20	0.15
$\alpha°$	0	30	60	90	120	150	180
K_α	0	0.45	0.75	1.0	1.9	2.6	3.0

$K_{a/b}$ (R/b \ a/b)	0.4	0.6	0.8	1.0	2.0	3.0	4.0	8.0
≤2	1.22	1.14	1.07	1.0	0.86	0.85	0.9	1.0
>2	1.55	1.35	1.15	1.0	0.45	0.40	0.43	0.6

序号	名　称	示 意 图	局部阻力系数
19	焊接弯头	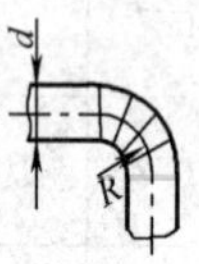	$\zeta=\zeta_0 K_\alpha$

R/d	0.6	0.7	0.8	0.9	1.0	2.0	3.0
ζ_0	1.0	0.87	0.80	0.74	0.70	0.34	0.23

K_α 同序号 18

序号	名　称	示 意 图	局部阻力系数
20	内外侧均呈弧形的急弯头	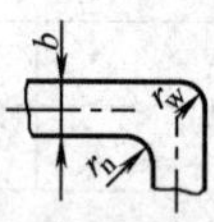 $r_w=r_n=r$	$\zeta=\zeta_0 K_\alpha K_{a/b}$

r/b	0.1	0.2	0.3	0.4	0.5	0.6
ζ_0	0.84	0.53	0.38	0.32	0.27	0.25

K_α 及 $K_{a/b}$ 同序号 18

序号	名　称	示 意 图	局部阻力系数
21	内侧呈弧形的急弯头	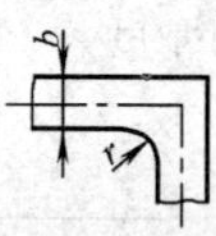	$\zeta=\zeta_0 K_\alpha K_{a/b}$

r/b	0.1	0.2	0.3	0.4	0.5	0.6	0.7
ζ_0	1.05	0.83	0.70	0.63	0.57	0.53	0.50

K_α 及 $K_{a/b}$ 同序号 18

序号	名　称	示 意 图	局部阻力系数
22	等错弯头	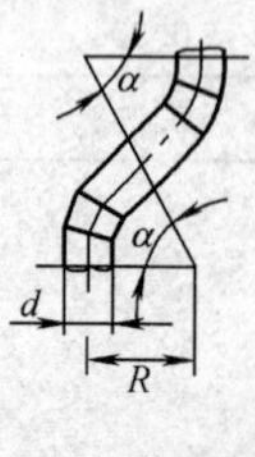	$\zeta=\zeta_0 K_{a/b}$

ζ_0 (R/d \ $\alpha°$)	30	45	60	90
1.5	0.18	0.25	0.30	0.39
1.0	0.23	0.30	0.38	0.48

$K_{a/b}$同序号 18

续表

<table>
<tr><th>序号</th><th>名　　称</th><th>示　意　图</th><th>局部阻力系数(对应于尺寸 d,b 或 F 处截面积的值)</th></tr>
<tr><td>23</td><td>不对称分支三通</td><td>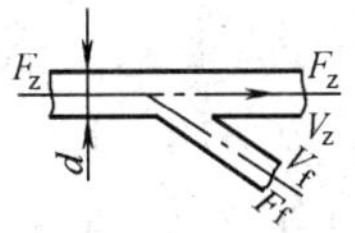
F_z—主管截面积;
F_f—分支管截面积;
V_f—分支管风量份额;
V_z—主管风量份额
$V_z+V_f=1$</td><td>
<table>
<tr><td colspan="7">分支管局部阻力系数 $\zeta=V_f^2(F_z/F_f)^2\zeta_0$</td></tr>
<tr><td>$V_f(F_z/F_f)$ / ζ_0 / $\alpha°$</td><td>0.4</td><td>0.6</td><td>0.8</td><td>1.0</td><td>1.5</td><td>2.0</td></tr>
<tr><td>45</td><td>4</td><td>1.4</td><td>0.7</td><td>0.5</td><td>0.4</td><td>0.5</td></tr>
<tr><td>90</td><td>7</td><td>3</td><td>1.8</td><td>1.3</td><td>0.3</td><td>0.6</td></tr>
</table>
<table>
<tr><td colspan="6">主管局部阻力系数 $\zeta=V_z^2\zeta_0$</td></tr>
<tr><td>V_z</td><td>0.2</td><td>0.4</td><td>0.6</td><td>0.8</td><td>1.0</td></tr>
<tr><td>ζ_0</td><td>5.0</td><td>0.9</td><td>0.2</td><td>0.02</td><td>0</td></tr>
</table>
</td></tr>
<tr><td>24</td><td>风机出口的渐扩管道</td><td>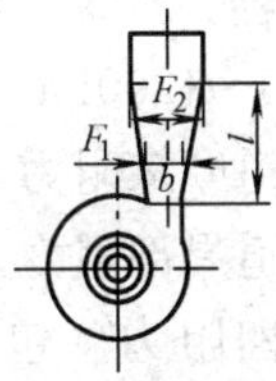</td><td>
<table>
<tr><td>ζ / F_2/F_1 / l/b</td><td>1.5</td><td>2.0</td><td>2.5</td><td>3.0</td><td>3.5</td></tr>
<tr><td>1.0</td><td>0.20</td><td>0.47</td><td>0.60</td><td></td><td></td></tr>
<tr><td>2.0</td><td>0.04</td><td>0.22</td><td>0.40</td><td>0.54</td><td>0.70</td></tr>
<tr><td>3.0</td><td></td><td>0.12</td><td>0.22</td><td>0.35</td><td>0.47</td></tr>
<tr><td>4.0</td><td></td><td></td><td>0.15</td><td>0.24</td><td>0.34</td></tr>
</table>
注:如果用截面 F_2 上的速度来计算阻力,则 ζ 值应为表内数值的 $(F_2/F_1)^2$ 倍
</td></tr>
<tr><td>25</td><td>吸风机或送风机的进口</td><td>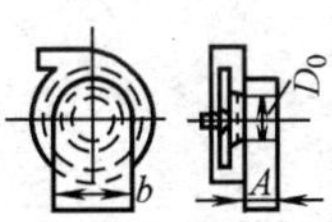</td><td>$\zeta=0.7$</td></tr>
<tr><td>26</td><td>二次风蜗壳</td><td>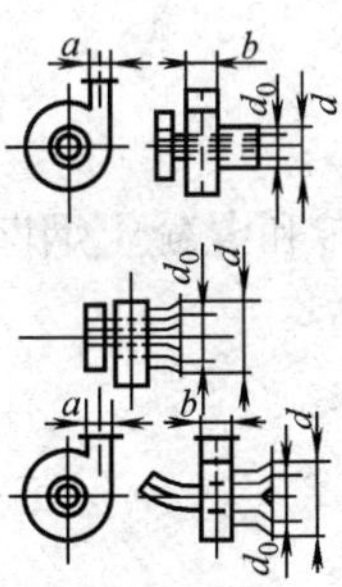</td><td>当 $a/b=0.3\sim0.9$;$d_0/d\leqslant0.61$;
$ab/d^2=0.55\sim0.72$;
$\zeta=5.0$(已包括出口损失)</td></tr>
<tr><td>27</td><td>烟囱入口</td><td>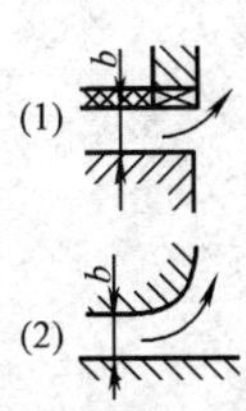</td><td>图1　　$\zeta=1.4$
图2　　$\zeta=0.9$</td></tr>
</table>

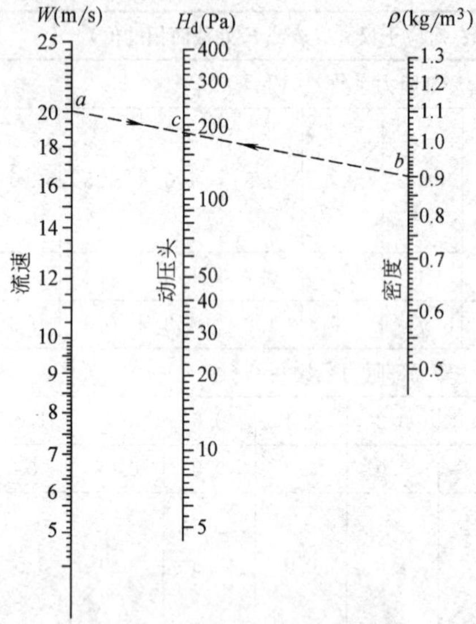

图 8.3-2 动压头 H_d 计算图

烟气在标准状况下（0℃，100kPa）的密度为 $\rho_{02}=1.34\text{kg/m}^3$

空气在标准状况下（0℃，100kPa）的密度为 $\rho_{01}=1.293\text{kg/m}^3$

密度的温度修正为：$\rho_t=\rho_0\dfrac{273}{273+t}\text{kg/m}^3$

（4）动压头 H_d（Pa）计算图，见图 8.3-2

2. 烟气系统阻力 $\sum\Delta h_y$（Pa）

$$\sum\Delta h_y=\Delta h_L+\Delta h_g+\Delta h_s+\Delta h_{k\text{-}y}+\Delta h_c+\Delta h_m+\Delta h_j+\Delta h_{yc} \tag{8.3-10}$$

式中 Δh_L——炉膛负压，Pa；

当有鼓风机时，$\Delta h_L=20\sim40$Pa；

当无鼓风机时，$\Delta h_L=40\sim80$Pa；

Δh_g——锅炉本体（受热面管束）阻力，Pa；

Δh_s——省煤器阻力，Pa；

$\Delta h_{k\text{-}y}$——空气预热器烟气侧阻力，Pa；

（以上由锅炉厂提供）

Δh_c——除尘器阻力，Pa；

旋风除尘器：600～800Pa、多管除尘器：800～1000Pa、水膜除尘器 800～1200Pa

Δh_m——烟道摩擦阻力，Pa；

Δh_j——烟道局部阻力，Pa；

Δh_{yc}——烟囱阻力（包括烟囱摩擦阻力和出口阻力），Pa。

3. 烟囱阻力 Δh_{yc}（Pa）

$$\Delta h_{yc}=\Delta h_{yc}^m+\Delta h_{yc}^c \tag{8.3-11}$$

式中 Δh_{yc}^m——烟囱的摩擦阻力，Pa；

Δh_{yc}^c——烟囱出口阻力，Pa。

（1）烟囱的摩擦阻力 Δh_{yc}^m（Pa）

$$\Delta h_{yc}^m=\lambda\frac{L\omega_{pj}^2}{d_{yc}^{pj}2}\rho_{pj} \tag{8.3-12}$$

式中 λ——烟囱摩擦阻力系数，金属烟囱 $\lambda=0.03$，砖和混凝土烟囱，$\lambda=0.04$；

L——烟囱高度，m；

ω_{pj}——烟囱内烟气平均流速，m/s；

d_{yc}^{pj}——烟囱平均内径，m；

ρ_{pj}——烟囱内烟气平均密度，kg/m³。

（2）烟囱出口阻力 Δh_{yc}^c（Pa）

$$\Delta h_{yc}^c=\zeta\frac{\omega_c^2}{2}\rho_c \tag{8.3-13}$$

式中 ζ——烟囱出口阻力系数，$\zeta=1.0$；

ω_c——烟囱出口烟气流速，m/s；

ρ_c——烟囱出口处烟气密度，kg/m³。

8.3.4 鼓引风机的配置与计算

1. 鼓引风机配置选择要点

(1) 锅炉鼓引风机宜单炉配套，小于 2t/h 的锅炉可按具体情况单炉或集中配置。当集中配置时，每台锅炉与总风道、总烟道的连接处，应设置密闭的闸门。

(2) 单炉配置风机时，风量的富裕量一般为 10%。风压的富裕量一般为 20%。

(3) 集中配置风机时，鼓引风机应各设两台，并应使风机符合并联运行的要求，每台风机的风量和风压应能满足全部锅炉负荷的 60%～70%。

(4) 选择鼓引风机时应尽量使风机在最高效率点附近运行，风机的转速不宜超过 1450r/min。

(5) 采用锅炉厂配套的鼓引风机时，设计中应注意风烟道介质流速及阻力的验算，并应根据当地的大气压进行修正。

2. 鼓引风机的计算

(1) 鼓风机的计算

风量 $$V_1=1.10V_k \cdot C_{t1}^k \cdot C_p, m^3/h \tag{8.3-14}$$

风压 $$H_1=1.20\sum\Delta h_f \cdot C_{t2}^k \cdot C_p, Pa \tag{8.3-15}$$

(2) 引风机的计算

风量 $$V_2=1.10V_y \cdot C_{t1}^y \cdot C_p, m^3/h \tag{8.3-16}$$

风压 $$H_2=1.20(\sum\Delta h_y-S_y) \cdot C_{t2}^y \cdot C_p \cdot C_y, Pa \tag{8.3-17}$$

式中 C_{t1}^k、C_{t2}^k、C_{t1}^y、C_{t2}^y——空气及烟气的温度校正系数，见表 8.3-14；

t_k、t_y——分别为进入风机的空气温度及烟气温度，℃；

C_p——大气压力修正系数，见表 8.3-15；

C_y——烟气介质密度修正系数，$C_y=\dfrac{1.293}{1.34}=0.965$；

S_y——烟囱抽力，Pa。

空气、烟气温度校正系数 表 8.3-14

t_k、t_y(℃)	20	40	60	80	100	120	140	160	180	200	220	240	260
$C_{t1}^k=\frac{273+t_k}{273}$	1.073	1.147	1.22										
$C_{t1}^y=\frac{273+t_y}{273}$				1.293	1.366	1.440	1.513	1.586	1.660	1.733	1.806	1.879	1.952
$C_{t2}^k=\frac{273+t_k}{273+20}$	1.00	1.068	1.137										
$C_{t2}^y=\frac{273+t_y}{273+200}$				0.746	0.789	0.831	0.873	0.915	0.958	1.00	1.042	1.085	1.127

大气压力修正系数 C_p 表 8.3-15

海拔高度(m)	0	100	200	300	400	500	600	700	800	900	1000	1500	2000	2500	3000	3500	4000	5000
大气压力 b(Pa)	101325	100128	99325	97770	96259	95457	94392	93189	92526	90990	90526	84660	79060	74394	70394	65750	61625	55672
$C_p=\frac{101325}{b}$	1	1.01	1.02	1.04	1.05	1.06	1.07	1.09	1.10	1.11	1.12	1.20	1.28	1.36	1.44	1.54	1.62	1.82

(3) 二次风机的计算

风量：对一般层燃炉，二次空气量约占燃烧需要空气量的 8%～15%。当燃煤的挥发分高时，取较大数值。

风压：根据所需要的射程确定，一般选用2.5～4.0kPa。风压与射程的关系可按表8.3-16选取。

二次风风压、喷嘴直径和射程的关系 **表8.3-16**

要求风压(kPa)	1.20			1.50			2.20			3.00		
喷嘴直径(mm)	40	50	60	40	50	60	40	50	60	40	50	60
射程(m)	2.70	3.40	4.00	3.40	4.20	5.10	4.10	5.00	6.10	4.80	5.90	7.10
风速(m/s)	40			50			60			70		

(4) 风机的电动机功率N(kW)

$$N=\beta\frac{V\cdot H}{3600\cdot\eta_1\cdot\eta_2\cdot\eta_3},\text{kW} \tag{8.3-18}$$

式中 V——风机风量，m^3/h；

H——风机风压，kPa；

β——电动机备用系数，按表8.3-17选用；

η_1——风机全压时的效率。普通风机为0.6～0.7，高效风机达0.9；

η_2——机械传动效率，按表8.3-18选用；

η_3——电动机效率，常取0.9。

电动机备用系数β **表8.3-17**

电动机功率(kW)		≤0.5	1.0	2.0	5.0	>5.0
备用系数β	皮带传动	2.0	1.5	1.3	1.2	1.1
	直联	1.15	1.15	1.15	1.0	1.0

机械传动效率η_2 **表8.3-18**

风机与电动机传动方式	直联	联轴器	三角皮带	平皮带
η_2	1.00	0.95～0.98	0.9～0.95	0.80

3. 燃煤层燃炉常用鼓、引风机技术参数，见表8.3-19

常用鼓、引风机技术参数 **表8.3-19**

技术参数 / 锅炉容量 t/h (MW)	鼓风机			引风机			
	风量 (m^3/h)	风压 (Pa)	电机功率 (kW)	烟气温度 (℃)	烟气量 (m^3/h)	风压 (Pa)	电机功率 (kW)
1(0.7)	1430～1650	1370	≤1.5	180～200	3140～3740	1700～1850	≤4
2(1.4)	2860～3300	1530	≤3	160～180	6000～7100	1800～2200	≤7.5
4(2.8)	5720～6600	1800	≤5.5	160～180	11990～14340	2200～2340	≤18.5
6(4.2)	8580～9900	1980	≤7.5	160～180	17990～21510	2280～2740	≤30
10(7.0)	14300～16500	2100	≤18.5	160～180	27800～31370	2360～3610	≤45
20(14)	28600～33000	2440	≤30	160～180	55600～62750	2360～3610	≤90

注：工程选用时需根据锅炉风烟道阻力、鼓引风系统的配置及当地大气压力进行校核调整。

8.3.5 锅炉烟气净化

1. 锅炉烟气净化系统设计原则

(1) 锅炉房的烟尘排放标准及烟囱高度应符合《锅炉大气污染物排放标准》(GB 13271—2001) 的规定，并应符合本地区环保部门的有关规定。

(2) 锅炉房一般宜采用干式除尘。当采用湿式除尘时，其废水应采取有效措施进行处理，使其符合《污水综合排放标准》(GB 8976—1996) 的要求后，方可排放；并应采取防止除尘器及其后的排烟系统腐蚀的措施。

(3) 一般宜采用一级除尘。当烟气含尘浓度很高时，可以采用两级除尘。

(4) 大容量锅炉采用多台并联除尘器时，应考虑并联的除尘器有相同的性能，并应考虑其前后接管的压力平衡。

(5) 干式除尘器必须采用密封可靠的排灰机构，并同时考虑除尘器收尘的贮存、输送和处理方式，以保证除尘效率和严防灰尘产生二次污染。

(6) 采用干法除尘达不到烟尘排放标准时，可采用湿法除尘。对具有碱性工业废水的工厂和采用水力冲渣的锅炉房，应优先采用湿法除尘。冲灰及冲渣水应予以回收利用。

(7) 在寒冷地区选用湿法除尘器时，除尘器及其前后接管，必须考虑保温和防冻措施。

(8) 中小型燃煤锅炉房，应优先采用低硫煤。当必须采用脱硫装置时，宜采用低阻高效的除尘脱硫一体化装置。对采用湿法除尘装置的已建锅炉房，可采用增加脱硫功能的技术改造。

(9) 对于"两控区"——《国务院关于酸雨控制区和二氧化硫污染控制区有关问题的批复》中所划定的控制区范围，其二氧化硫排放除执行国家标准外，还应执行所在控制区规定的总量控制标准。

2.《锅炉大气污染物排放标准》(GB 13271—2001) 摘要

(1) 适用区域划分类别

本标准中的一、二、三类区是指 GB 3095—1996《环境空气质量标准》中所规定的环境空气质量功能区的分类区域。

一类区为自然保护区、风景名胜区和其他需要特殊保护的地区；

二类区为城镇规划中确定的居住区、商业交通居民混合区、文化区、一般工业和农村地区；

三类区为特定工业区。

(2) 年限划分

本标准按锅炉建成使用年限分为两个阶段，执行不同的大气污染物排放标准。

Ⅰ时段：2000 年 12 月 31 日前建成使用的锅炉；

Ⅱ时段：2001 年 1 月 1 日起建成使用的锅炉（含在Ⅰ时段立项未建成或未运行使用的锅炉和建成使用锅炉中需要扩建、改造的锅炉)。

(3) 锅炉烟尘最高允许排放浓度和烟气黑度限值，见表 8.3-20

(4) 锅炉二氧化硫和氮氧化物最高允许排放浓度，见表 8.3-21

锅炉烟尘最高允许排放浓度和烟气黑度限值 表 8.3-20

锅炉类别		适用区域	烟尘排放浓度(mg/Nm^3)		烟气黑度(林格曼黑度,级)
			Ⅰ时段	Ⅱ时段	
燃煤锅炉	自然通风锅炉[<0.7MW(1t/h)]	一类区 二、三类区	100 150	80 120	1
	其他锅炉	一类区 二类区 三类区	100 250 350	80 200 250	1
燃油锅炉	轻柴油、煤油	一类区 二、三类区	80 100	80 100	1
	其他燃料油	一类区 二、三类区	100 200	80* 150	1
燃气锅炉		全部区域	50	50	1

注：*一类区禁止新建以重油、渣油为燃料的锅炉。

锅炉二氧化硫和氮氧化物最高允许排放浓度 表 8.3-21

锅炉类别		适用区域	SO_2排放浓度(mg/Nm^3)		NO_x排放浓度(mg/Nm^3)	
			Ⅰ时段	Ⅱ时段	Ⅰ时段	Ⅱ时段
燃煤锅炉		全部区域	1200	900	—	—
燃油锅炉	轻柴油、煤油	全部区域	700	500	—	400
	其他燃料油	全部区域	1200	900*	—	400*
燃气锅炉		全部区域	100	100	—	400

注：*一类区禁止新建以重油、渣油为燃料的锅炉。

(5) 燃煤锅炉烟尘初始排放浓度和烟尘黑度限值，根据锅炉销售出厂时间，见表8.3-22

燃煤锅炉烟尘初始排放浓度和烟气黑度限度 表 8.3-22

锅炉类别		燃煤收到基灰分(%)	烟尘初始排放浓度(mg/Nm^3)		烟气黑度(林格曼黑度,级)
			Ⅰ时段	Ⅱ时段	
层燃锅炉	自然通风锅炉[<0.7MW(1t/h)]	—	150	120	1
	其他锅炉[≤2.8MW(4t/h)]	$A_{ar}\leqslant25\%$	1800	1600	1
		$A_{ar}>25\%$	2000	1800	
	其他锅炉[>2.8MW(4t/h)]	$A_{ar}\leqslant25\%$	2000	1800	1
		$A_{ar}>25\%$	2200	2000	
沸腾锅炉	循环流化床锅炉	—	15000	15000	1
	其他沸腾锅炉	—	20000	18000	
抛煤机锅炉		—	5000	5000	1

(6) 燃煤、燃油（燃轻柴油、煤油除外）锅炉房烟囱高度，见表 8.3-23

燃煤、燃油（燃轻柴油、煤油除外）锅炉烟囱最低允许高度 **表 8.3-23**

锅炉房装机总容量	MW	<0.7	0.7～<1.4	1.4～<2.8	2.8～<7	7～<14	14～≤28	>28
	t/h	<1	1～<2	2～<4	4～<10	10～<20	20～≤40	>40
烟囱最低允许高度	m	20	25	30	35	40	45	>45

1）每个新建锅炉房只能设一根烟囱。锅炉房装机总容量大于 28MW（40t/h）时，其烟囱高度应按批准的环境影响报告书（表）要求确定，但不得低于 45m。新建锅炉房烟囱周围半径 200m 距离内有建筑物时，其烟囱应高出最高建筑物 3m 以上。

2）燃气、燃轻柴油、煤油锅炉烟囱高度应按批准的环境影响报告书（表）要求确定，但不得低于 8m。

3）各种锅炉烟囱高度如达不到上项各项要求时，其烟尘、SO_2、NO_x 的最高允许排放浓度，应按相应区域和时段排放标准值的 50%执行。

(7) 监测

1）≥0.7MW（1t/h）各种锅炉烟囱应设置便于永久采样监测孔及其相关设施。新建成使用（含扩建、改造）单位容量≥14MW（20t/h）的锅炉，必须安装固定的连续监测烟气中烟尘、SO_2 排放浓度的仪器。

2）监测锅炉烟尘、SO_2、NO_x 排放浓度的采样方法应按 GB 5468 和 GB/T 16157 规定执行。

3）实测的锅炉烟尘、SO_2、NO_x 排放浓度，应按表 8.3-24 中规定的过量空气系数 α_c 进行折算。

各种锅炉过量空气系数折算值 **表 8.3-24**

锅 炉 类 型	折 算 项 目	过量空气系数
燃煤锅炉	烟尘初始排放浓度	$\alpha_c=1.7$
	烟尘、SO_2 排放浓度	$\alpha_c=1.8$
燃油、燃气锅炉	烟尘、SO_2、NO_x 排放浓度	$\alpha_c=1.2$

3. 锅炉大气污染物排放量计算

(1) 燃煤锅炉烟尘排放量 M_A 和排放浓度 c_A

$$M_A=B_g\left(\frac{A_{ar}}{100}+\frac{q_4\times Q_{net\cdot ar}}{100\times 33913}\right)\alpha_{fh}\left(1-\frac{\eta_c}{100}\right) \tag{8.3-19}$$

式中 M_A——锅炉烟尘排放量，t/h；

B_g——锅炉额定负荷时的燃煤量，t/h；

A_{ar}——燃料的收到基含灰量质量分数，%；

q_4——固体未完全燃烧热损失，%；

$Q_{net\cdot ar}$——燃料的收到基低位发热量，kJ/kg；

α_{fh}——锅炉排烟带出的飞灰份额，%；

手烧炉、往复炉、链条炉取15%～20%、抛煤机炉取20%～40%、沸腾炉取40%～60%、煤粉炉取70%～80%；

η_c——除尘效率，%；

33913——碳原子燃烧的发热量，kJ/kg；

$$c_A = \frac{M_A \times 10^9}{V_y \times \frac{273}{T_c} \times \frac{b}{101.3} \times \frac{\alpha_y}{\alpha_c}} \tag{8.3-20}$$

式中 c_A——烟囱出口处烟尘排放浓度（标态），mg/Nm^3；

V_y——锅炉排烟量，m^3/h；

T_c——烟囱出口处烟温，$T_c = t_c + 273$，K；

可按烟囱入口处或引风机出口处烟气温度以5℃/1000m递减率计算；

b——当地大气压力，kPa；

α_y——实测的过量空气系数；

α_c——折算用的过量空气系数，见表8.3-24。

(2) 燃煤锅炉二氧化硫排放量 M_{SO_2} 和排放浓度 c_{SO_2}

$$M_{SO_2} = 2B_g\left(1-\frac{\eta_s}{100}\right)\left(1-\frac{q_4}{100}\right)\cdot\frac{S_{ar}}{100}\cdot K_s \tag{8.3-21}$$

式中 M_{SO_2}——锅炉二氧化硫排放量，t/h；

2——SO_2 与S的分子量比值，$\frac{64}{32}$；

B_g——锅炉额定负荷时的燃煤量，t/h；

η_s——脱硫效率（%），根据脱硫设备的装备情况进行选用，见表8.3-25；

q_4——固体未完全燃烧热损失，%；

S_{ar}——燃料的收到基含硫量质量分数，%；

K_s——燃料燃烧中硫的转化率，随燃烧方式而定，链条炉取0.8～0.85，煤粉炉取0.85～0.90。

除尘器的脱硫效率 **表8.3-25**

除尘器型式	干式除尘器	洗涤式水膜除尘器	文丘里水膜除尘器	其他脱硫除尘器
η_s(%)	0	5	10～15	按产品性能选用

$$c_{SO_2} = \frac{M_{SO_2} \times 10^9}{V_y \times \frac{273}{T_c} \cdot \frac{b}{101.3} \times \frac{\alpha_y}{\alpha_c}} \tag{8.3-22}$$

式中 c_{SO_2}——烟囱出口处 SO_2 的排放浓度（标态），mg/Nm^3；

其余符号均与公式（8.3-20）相同。

(3) 燃煤锅炉氮氧化物排放量 M_{NO_x} 和排放浓度 c_{NO_x}

$$M_{NO_x}=2.14B_g\left(1-\frac{\eta_N}{100}\right)\left(1-\frac{q_4}{100}\right)\frac{N_{ar}}{100}\cdot K_N\frac{1}{1-c_N} \quad (8.3\text{-}23)$$

式中 M_{NO_x}——锅炉氮氧化物排放量，t/h；

2.14——燃料型 NO_x 的$\frac{NO}{N}$的分子量比值，$\frac{30}{14}$；

B_g——锅炉额定负荷时的燃煤量，t/h；

η_N——降硝、脱硝效率，(%)；根据设备装置情况进行选用，见表 8.3-26；

q_4——固体未完全燃烧热损失，%；

N_{ar}——燃料的收到基含氮量，%，煤炭为 0.5%～2.5%；

K_N——燃烧时燃料中有机氮向燃料型 NO 的转化率，%；一般层燃炉为 10%～20%，煤粉炉为 25%～40%；

c_N——热力型 NO_2（高温燃烧时空气中的 N_2 和 O_2 反应生成）占总 NO_x 的比例（与燃烧温度、燃烧气氛中氧气的浓度及气体在高温区停留的时间有关），一般可取 15%～20%。

设备装置的降硝、脱硝效率 **表 8.3-26**

设备装置	低 NO_x 燃烧技术	干法脱硝		湿法脱硝	
		催化还原法	非催化还原法	吸收还原法	ClO_2 氧化吸收还原法
η_N(%)	20～60	80～90	40～60	50～90	95

$$c_{NO_x}=\frac{M_{NO_x}\times10^9}{V_y\times\frac{273}{T_c}\times\frac{b}{101.3}\times\frac{\alpha_y}{\alpha_c}} \quad (8.3\text{-}24)$$

式中 c_{NO_x}——烟囱出口处 NO_x 的排放浓度（标态），mg/Nm^3；其余符号均与公式（8.3-20）相同。

4. 锅炉烟气除尘

（1）除尘器分类

目前，除尘器种类繁多，根据在除尘过程中是否采用液体介质可分为干式和湿式除尘器两大类。按捕集粉尘的机理可分为机械式、过滤式、洗涤式和静电除尘器四类。锅炉常用除尘器分类见表 8.3-27。

（2）除尘器型号编制规定

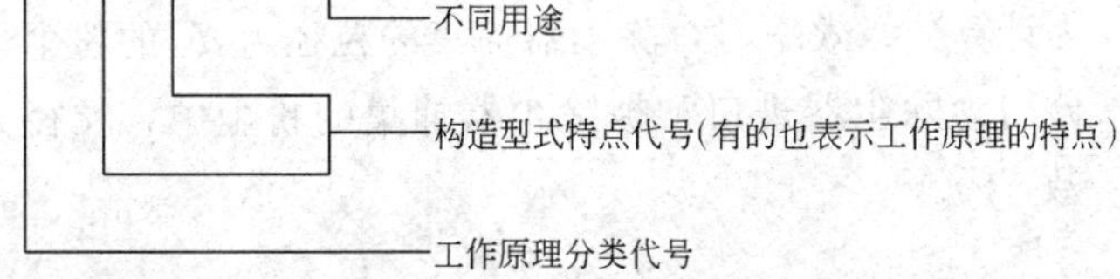

1）工作原理分类代号

X—旋风式、S—湿式、L—过滤式、D—静电式

锅炉常用除尘器分类 表 8.3-27

型式	除尘器名称		适用的粒径范围(μm)	除尘效率 η_c (%)	压力损失 Δp (Pa)	烟气流速 w (m/s)	净化程度
干式	机械式	重力沉降室	>40	<50	50~100	0.5~1	粗
		惯性除尘器	20~50	50~70	300~800	10~15	粗
		旋风除尘器	5~30	85~90	800~1000	15~20	中
	袋式除尘器		0.5~1	95~99	1000~1500	0.5~3	高
	电除尘器		0.5~1	90~98	100~300	<2	高
湿式	冲击水浴除尘器		1~10	80~95	1000~1600	14~18	中、高
	文丘里除尘器		0.5~1	90~98	1250~8750	16~22	高
	旋风水膜除尘器		≥5	87~95	800~1200	15~22	中、高

2）构造型式特点代号

L—立式、W—卧式、S—双级、T—筒式、C—长锥体、Z—直锥体、直底板、P—旁路、平旋、N—扭底板、X—下排烟

3）工作原理特点代号

P—平旋、M—水膜、G—多管、K—扩散式、Z—直流

(3) 除尘装置的技术性能指标

1）除尘效率

除尘效率分为总效率和分级效率两种表示方法。

① 除尘器的总效率是指在同一时间内被除尘装置捕集的粉尘质量占进入除尘装置的粉尘质量的百分数（%），用 η 表示。

$$\eta=\frac{G_1-G_2}{G_1}\times100\%=\left(1-\frac{G_2}{G_1}\right)\times100\% \tag{8.3-25}$$

当由两种或多种不同类型的除尘器串联工作时，其总效率（%）用 η_{1-n} 表示。

$$\eta_{1-n}=1-(1-\eta_1)(1-\eta_2)\cdots(1-\eta_n) \tag{8.3-26}$$

② 除尘器的分级效率是指除尘器对不同粒径的净化效率（%），用 η_i 表示。

$$\eta_i=\frac{G_3\cdot gd_3}{G_1\cdot gd_1}\times100\% \tag{8.3-27}$$

式中 G_1、G_2——各为进、出除尘装置的粉尘量，mg/h；

η_1、η_2、…、η_n——为串联工作时各级除尘器效率，%；

G_3——为计算分级效率时，除尘器捕集的粒径为 d_3 的粉尘量，kg/h；

gd_1、gd_2——分别为除尘器进口和被除尘器捕集的粉尘中，粒径为 d 的粉尘质量分数，%。

2）分割粒径

是指除尘器分级效率为50%的粉尘粒径，用 dc_{50} 表示，dc_{50} 愈小，除尘装置的性能愈好。

3）除尘装置的压力损失（Pa），以 Δp 表示。

$$\Delta p=\xi\frac{\rho v_1^2}{2} \tag{8.3-28}$$

式中 Δp——除尘装置压力损失，Pa；

ξ——除尘装置的阻力系数；

ρ——气体的密度，kg/m^3；

v_1——装置的进口气体流速，m/s。

（4）除尘装置的选用原则

选择除尘器时，必须对有关因素综合考虑。如除尘效率、压力损失、设备投资、占用空间、维护管理等，其中主要的是除尘效率。还必须了解粉尘的性质（如粉尘的粘性、亲水性、磨损性等）、粉尘的粒径分布和除尘器的分级效率等，以便合理地选用除尘器类型。

1）除尘器应达到的效率（%），见表 8.3-28

燃煤锅炉除尘器应达到的除尘效率（%）　　表 8.3-28

锅炉类型		收到基灰分(%)	初始浓度(mg/m³)		烟尘排放浓度(mg/m³)							
			Ⅰ时段	Ⅱ时段	Ⅰ时段				Ⅱ时段			
					100	150	250	350	80	120	200	250
层燃锅炉	自然通风[<0.7MW(1t/h)]	—	150	120	34	0			34	0		
	其他炉[≤2.8MW(4t/h)]	A_{ar} ≤25%	1800	1600	94.4	91.6	86.1	80.6	95	92.5	87.5	84.4
		A_{ar} >25%	2000	1800	95	92.5	87.5	82.5	95.6	93.3	88.9	86.1
	其他炉[>2.8MW(4t/h)]	A_{ar} ≤25%	2000	1800	95	92.5	87.5	82.5	95.6	93.3	88.9	86.1
		A_{ar} >25%	2200	2000	95.5	93.2	88.6	84.1	96	94	90	87.5
沸腾锅炉	循环流化床锅炉	—	15000	15000	99.3	99	98.3	97.7	99.5	99.2	98.7	98.3
	其他沸腾锅炉	—	20000	18000	99.5	99.3	98.8	98.3	99.6	99.3	98.9	98.6
抛煤机锅炉		—	5000	5000	98	97	95	93	98.4	97.6	96	95

注：① 表中锅炉类型、初始浓度及排放浓度的数值均引自 GB 13271—2001《锅炉大气污染物排放标准》的规定。

② 如锅炉产品的初始浓度达不到以上要求，则应达到的除尘效率应重新计算。

2）锅炉烟尘分散度组成及除尘器分级效率（分别见表 8.3-29 及表 8.3-30）

（5）工业锅炉常用的除尘器

1）常用的旋风除尘器，见表 8.3-31。

2）花岗石水膜除尘器

① 花岗石水膜除尘器设计计算，见表 8.3-32。

② 花岗石水膜除尘器技术性能见表 8.3-33。

锅炉烟尘分散度组成（%） **表 8.3-29**

粒径范围（μm）	锅炉类型						
	手烧炉（自然引风）	手烧炉（机械引风）	往复炉排炉	链条炉	抛煤机炉	煤粉炉	沸腾炉
<5	1.2	1.3	4.2	3.1	1.5	6.4	1.3
5～10	4.6	7.6	8.9	5.4	3.6	13.9	7.9
10～20	14.0	6.65	12.4	11.3	8.5	22.9	13.8
20～30	10.6	8.2	10.6	8.8	8.1	15.3	11.2
30～47	16.9	7.5	13.8	11.7	11.2	16.4	15.4
47～60	9.1	15.6	6.7	6.9	7.0	6.4	10.6
60～74	7.4	3.2	7.0	6.3	6.1	5.8	11.2
>74	36.2	50.0	36.4	46.5	54.0	13.4	28.6

除尘器分级效率 **表 8.3-30**

除尘器名称	全效率（%）	不同粒径的分级效率(%)				
		0～5μm（20%）	5～10μm（10%）	10～20μm（15%）	20～44μm（20%）	>44μm（35%）
带挡板的沉降室	56.8	7.5	22	43	80	90
普通的旋风除尘器	65.3	12	33	57	82	91
长锥体旋风除尘器	84.2	40	79	92	99.5	100
喷淋塔	94.5	72	96	98	100	100
电除尘器	97.0	90	94.5	97	99.5	100
文丘里除尘器	99.5	99	99.5	100	100	100
袋式除尘器	99.7	99.5	100	100	100	100

注：① 表中实验用的标准粉尘为二氧化硅粉尘，密度 $\rho=2700kg/m^3$。

② 表中不同粒径栏内用“()”注明的%是指粒子的不同粒径分布值。

常用的旋风除尘器 **表 8.3-31**

常用旋风除尘器代号名称	配套锅炉容量（t/h）	除尘效率 η_c（%）	分割粒径 d_{c50}（μm）	折算阻力 ΔP（Pa）	研制单位
SG型(三角形进口、单筒旋风除尘器)	0.5～4	88～95	4	470～885	北京劳保所、原机械部设计总院
XZD/G型(锥形底板、单筒旋风除尘器)	0.5～6	90～95	8	620～800	原湖北省工业建筑设计院
XD型(多管旋风除尘器)	4～20	93～95	2.9～3.5	750～880	张家口热工所、北京环保所
XGG型(斜多管旋风除尘器)	2～10	93～95	3.4～4	800～1100	北京劳保所
XCY型(组合式旋风除尘器)	6～65	>93		<950	西安建筑科技大学
XD-Ⅱ型(多管旋风除尘器)	0.5～35	>95	3.5	<900	泊头科美公司
99型(陶瓷多管旋风除尘器)	1～40	95	3～3.2	800～1000(一级) 1300～1600(二级)	大连陶瓷环保所
KL型(陶瓷多管旋风除尘器)	0.5～20	95～98		800～1000	大连科力脱硫除尘公司
XZTD型(陶瓷多管旋风除尘器)	0.5～75	95～99		650～900(一级) 1000～1400(二级)	大连陶环除尘设备公司

花岗石水膜除尘器设计计算 表 8.3-32

项　　目	计 算 公 式	附　　注
1. 除尘器内径 D_n(m)	$D_n=\sqrt{\frac{4V}{3600\cdot\pi\cdot w_1}}$	V——烟气量，m^3/h； w_1——除尘器内烟气上升速度，m/s（w_1＝3.5～4.5m/s）
2. 烟气进口管截面 F(m^2)	$F=\frac{V}{3600\cdot v}$	v——烟气进口流速，m/s（$v\cong$20m/s） 烟气进口应做成狭长型，其宽高比采用 1∶1.8～1∶3.5
3. 除尘器淋洗面高度 H(m)	$H=3\sim4D_n$	
4. 除尘器耗水量 G(kg/h)	$G=q\cdot V$	q——单位耗水量，kg/m^3 烟气（q＝0.07～0.20kg/m^3）
5. 供水压力 P(MPa)	环形喷嘴供水： P＝0.015～0.025，喷嘴出口水速～1.2m/s	如采用稳压水箱，其标高一般应比环形集水管高 2～2.5m 左右。外水槽微压式或内水槽溢流式供水时，只要保证不间断供水即可，也可设稳压水箱进行水槽水量和水压的调节
6. 除尘器的阻力 Δh(Pa)	$\Delta h=\xi\frac{v^2\cdot\rho}{2}$	ξ——流体阻力系数； ρ——入口烟气的密度，kg/m^3； $\rho=1.34\frac{273}{273+t_y}$ t_y——烟气温度，℃

花岗石水膜除尘器技术性能数据表 表 8.3-33

项目 \ 型号 D_n			φ1000	φ1250	φ1600	φ2000	φ2500	φ2800
MC型	处理烟气量 V(m^3/h)		10000～12000	16500～20000	26500～30500	41500～50000	62000～74000	77500～93000
	除尘器进口烟速 v(m/s)		17.5～23.5					
	筒体上升流速 w_1(m/s)		3.5～4.5					
	除尘器耗水量 G(t/h)		1.6～2.5	2～3	2.5～4.0	3.2～4.5	4～6	4.5～6.6
	除尘器阻力 Δh(Pa)		500～700					
	除尘器效率 η(%)		90					
	外形尺寸	筒体外径(mm)	φ1400	φ1650	φ2000	φ2500	φ3000	φ3300
		筒体总高(mm)	9550	10400	11800	13900	14550	16900
WMC型	处理烟气量 V(m^3/h)		10500～12500	17500～21000	27000～32000	43500～52500	65000～78000	81500～97500
	除尘器进口烟速 v(m/s)		9.5～13.0					
	文丘里管喉部流速(m/s)		55～70					
	筒体上升流速 w_1(m/s)		3.5～4.5					
	除尘器耗水量 G(t/h)		3.5～4.5	5～6	7～8	9～10	13～15	16～18
	除尘器阻力 Δh(Pa)		1000～1500					
	除尘器效率 η(%)		95～97					
	外形尺寸	筒体外径(mm)	φ1400	φ1650	φ2000	φ2500	φ3000	φ3300
		筒体总高(mm)	9550	10400	11800	13900	14550	16900
		文丘里管长度(mm)	2250	2700	3250	3700	5350	6350
配套锅炉(t/h)			4、6	10	15	20	35、75	35、75

注：MC 型为普通的花岗石水膜除尘器；

WMC 型为烟气进口带文丘里喷管的花岗石水膜除尘器。

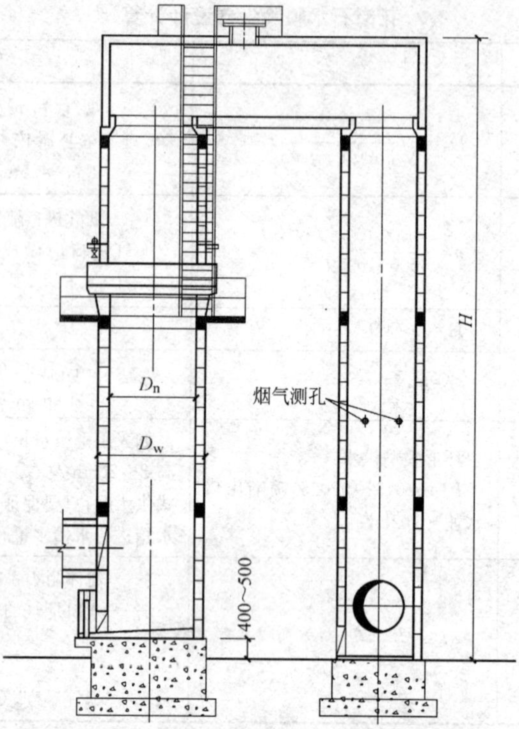

图 8.3-3 MC 型花岗石水膜除尘器构造图

D_n—花岗石水膜除尘器型号（筒体内径 mm），H—花岗石水膜除尘器筒体总高（mm），D_w—花岗石水膜除尘器筒体外径（mm）

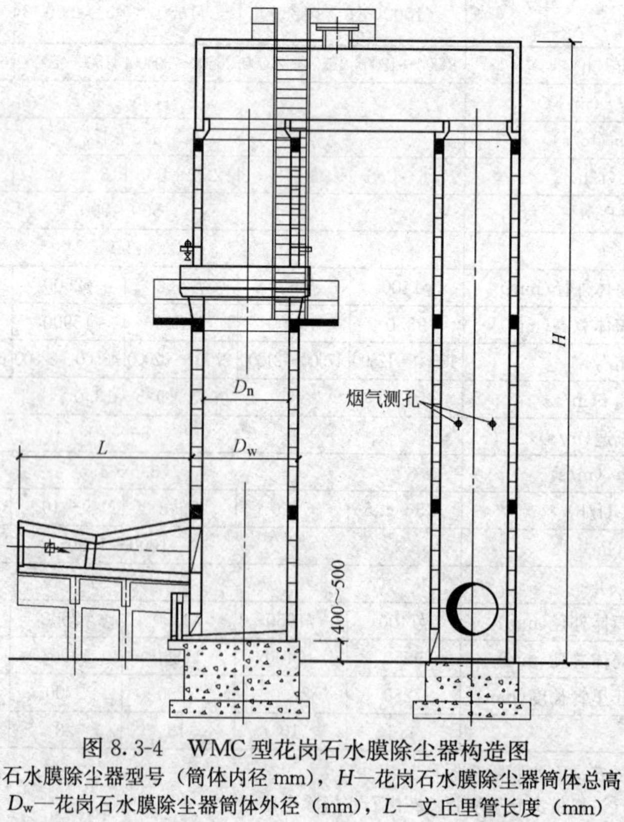

图 8.3-4 WMC 型花岗石水膜除尘器构造图

D_n—花岗石水膜除尘器型号（筒体内径 mm），H—花岗石水膜除尘器筒体总高（mm），
D_w—花岗石水膜除尘器筒体外径（mm），L—文丘里管长度（mm）

③ 花岗石水膜除尘器的设计要点

A. 烟气进气及引出方式，采用蜗壳进气、蜗壳引出，以改善除尘器筒体内部气流流场；采用构造简单的不收缩轴向直接引出，也有较好效果。

B. 在筒体内部设置中心导流柱，以消除原筒体内中心区存在的不稳定负压区，使气流维持较强的旋转运动，提高尘粒的离心力。

C. 选用合适的供水装置，维持均匀稳定的流动水膜。环形喷嘴主要优点是形成的水膜较薄，调节灵活，维修方便。但水质太脏时易堵塞喷嘴，造成水膜断裂，且在燃煤含硫量大时容易腐蚀，故宜用于水质较好，燃煤含硫量不高的场合；溢流槽主要优点防堵性能好，但水膜较厚，要定期清理槽内淤泥，安装时要求水平度高，应做溢流水平试验，以保证运行时有均匀的水膜。

D. 采用合适的进口调速和筒体内上升烟速，以维持稳定的水膜。进口烟速一般控制在 20～23m/s，上升烟速一般控制在 4～5m/s。

E. 采用措施防止烟气带水。保证有足够的气水分离段的高度，一般此高度可控制在 1～1.5 倍筒体内径；在除尘器烟气出口前加设脱水旋流板，效果比较明显。

F. 强化气水有效接触，提高除尘效率。采用文丘里管水膜除尘器；改变常规的沿筒体圆周供水为筒体中心喷雾供水；在筒体内增设几层旋流板以强化气流的旋转，且在旋流板上下进行喷淋喷雾，以提高净化效率。

G. 采取有效措施防止灰水二次污染。采用锅炉的排污水、冲渣的碱性废水、工厂的碱性废水以中和水膜除尘器的酸性废水；采用沉淀池或灰水分离装置，将处理后的除尘器排水进行循环利用。

(6) 环境烟尘浓度

1) 单根烟囱下风向地面烟尘浓度 C_0 (mg/m^3)

$$C_0=\frac{2000Q}{\pi\cdot C_y\cdot C_Z\cdot U_h L^{2-n}}\cdot e^{\frac{-H^2}{C_Z^2\cdot L^{2-n}}} \tag{8.3-29}$$

式中 Q——连续点源排出烟尘的数量，g/s；

U_h——烟囱高 h 处的平均风速，m/s；

C_y——水平方向的紊流扩散系数；

C_z——垂直方向的紊流扩散系数；

n——考虑气象条件变化的系数，其数值与温度梯度有关，一般 $n=0\sim0.5$；

L——距烟囱的水平距离，m；

H——烟尘排放有效高度，m。

2) 紊流扩散系数 C_y、C_z（见表 8.3-34）

3) 烟囱排放有效高度 H (m)

$$H=h+\Delta h \tag{8.3-30}$$

式中 h——烟囱高度，m；

Δh——气体动力作用的有效高度，m；

$$\Delta h=\frac{1.5U_0 d}{U_h}+\frac{65}{U_h}d^{\frac{3}{2}}\left(\frac{T_0-T_h}{T_0}\right)^{\frac{1}{4}} \tag{8.3-31}$$

U_0——烟囱出口烟气流速，m/s；

U_h——烟囱高 H 处的平均风速，m/s；

d——烟囱上口内径，m；

T_0——烟气出口绝对温度，K；

T_h——烟气出口处环境绝对温度，K。

紊流扩散系数 C_y、C_z **表 8.3-34**

大气紊流系数 / 扩散系数 / 离地高度(m)	温度梯度大 $n=0.20$		温度梯度小 $n=0.25$		温度逆增小 $n=0.33$		温度逆增大 $n=0.50$	
	C_y	C_z	C_y	C_z	C_y	C_z	C_y	C_z
0	0.42	0.24	0.24	0.14	0.15	0.09	0.12	0.07
10								
25	0.24		0.14		0.09		0.07	
30	0.23		0.13		0.085		0.065	
45	0.21		0.12		0.075		0.060	
60	0.19		0.11		0.070		0.055	
75	0.18		0.10		0.065		0.050	
90	0.16		0.09		0.055		0.045	
100	0.13		0.07		0.045		0.035	

4）工业锅炉房烟尘浓度扩散表（见表 8.3-35）

工业锅炉房烟尘浓度扩散表 **表 8.3-35**

总蒸吨 (t/h)	烟囱尺寸 $D \times h$ (m)	风速 U_h (m/s)	出口烟速 U_0 (m/s)	烟温 T_0 (K)	气温 T_h (K)	烟尘排放量 Q (g/s)	扩散系数 C_z	紊流系数 n	最小浓度距离 L_{min} (m)	最大浓度距离 L_{max} (m)	地面烟尘最大浓度 C_0^{max} (mg/m³)
1	0.28×20	2.28	13.53	473	268	0.096	0.13	0.25	100	500	1.444×10^{-2}
		2.64	6.765		304	0.048				400	7.449×10^{-3}
2	0.36×25	2.28	16.37		268	0.192				600	1.715×10^{-2}
		2.64	8.185		304	0.096				500	8.975×10^{-3}
4	0.56×30	2.28	13.53		268	0.385				800	1.981×10^{-2}
		2.64	6.765		304	0.192				700	1.058×10^{-2}
6	0.70×35	2.28	12.99	473	268	0.577	0.13	0.25	100	1000	1.994×10^{-2}
		2.64	6.495		304	0.289				900	1.078×10^{-2}
8	0.80×35	2.28	13.26		268	0.770				1100	2.308×10^{-2}
		2.64	6.625		304	0.385				900	1.279×10^{-2}
		0.50	3.315		304	0.193				2000	6.593×10^{-3}
10	0.80×40	2.28	16.58	473	268	0.962	0.13	0.25	100	1200	2.319×10^{-2}
		2.64	8.29		304	0.481				1100	1.292×10^{-2}
16	1.00×40	2.28	16.98		268	1.539				1400	2.864×10^{-2}
		2.64	8.49		304	0.770				1200	1.675×10^{-2}
		0.50	4.245		304	0.385				2000	4.753×10^{-3}
20	1.20×45	2.28	14.74	473	268	1.924	0.13	0.25	100	1700	2.609×10^{-2}
		2.64	7.37		304	0.962				1400	1.514×10^{-2}
30	1.40×45	2.28	16.24		268	2.886				2000	3.068×10^{-2}
		2.64	8.12		304	1.443				1600	1.859×10^{-2}
		0.50	4.06		304	0.723				2000	5.184×10^{-4}

续表

总蒸吨(t/h)	烟囱尺寸 $D\times h$ (m)	风速 U_h (m/s)	出口烟速 U_0 (m/s)	烟温 T_0 (K)	气温 T_h (K)	烟尘排放量 Q (g/s)	扩散系数 C_z	紊流系数 n	最小浓度距离 L_{min} (m)	最大浓度距离 L_{max} (m)	地面烟尘最大浓度 C_0^{max} (mg/m³)
40	1.60×50	2.28	16.58	473	268	3.848	0.13	0.25	100	2000	2.922×10^{-2}
		2.64	8.29		304	1.924				1800	1.850×10^{-2}
50	1.80×50	2.28	16.37		268	4.810				2000	2.816×10^{-2}
		2.64	8.185		304	2.405				1800	1.833×10^{-2}
60	2.00×50	2.28	15.92		268	5.772				2750	3.185×10^{-2}
		2.64	7.96		304	2.886				2250	2.009×10^{-2}
80	2.20×60	2.28	17.54	473	268	7.696	0.13	0.25	100	3500	3.054×10^{-2}
		2.64	8.77		304	3.848				2750	1.828×10^{-2}
100	2.50×60	2.28	16.98		268	9.620				4000	3.069×10^{-2}
		2.64	8.49		304	4.810				3000	1.964×10^{-2}
120	2.80×60	2.28	16.24		268	11.544				4250	3.015×10^{-2}
		2.64	8.12		304	5.772				3500	1.949×10^{-2}

注：① 本资料按西安地区的气象资料进行计算：

风速 U_h（m/s）：冬季 1.9×1.20=2.28，夏季 2.20×1.20=2.64；

气温 T_h（K）：冬季−5+273=268，夏季 31+273=304。

② 每个烟囱按冬季（100%负荷）、夏季（50%负荷）进行计算；

对 h=35、40、45m 的烟囱还进行了低风速 U_h=0.5m/s 及 25%负荷计算。

5. 中小型燃煤锅炉烟气中 SO_2 和 NO_x 的防治

（1）防治途径

1）燃煤的选用——采用洗煤、低硫低氮煤或添加有固硫剂的型煤；

2）燃烧方式的选用——采用炉内喷钙的循环流化床（CFBC）燃料脱硫技术；

3）燃烧过程的调整——采用部分烟气再循环或二段燃烧法等低 NO_x 燃烧技术；

4）超标烟气的尾部治理——采用液体吸收法、吸附法或催化法（催化转化法净化 SO_2、催化还原法净化 NO_x）等净化技术进行治理。

（2）中小型燃煤锅炉采用的脱硫除尘器见表 8.3-36

表 8.3-36

脱硫除尘器名称	锅炉容量 (t/h)	除尘效率 η_c (%)	脱硫效率 η_{SO_2} (%)	折算阻力 Δp (Pa)	研制单位
WX 型模块式除尘脱装置	<75	95～99	85		天津大学环境科学与工程研究院
AFGD 气动脱硫装置		98	84		北京空气动力研究所
宇宝牌 SLTC 湿式脱硫除尘器	2～75	>95	30～60	700	河南沁阳红旗机械厂
佳宇牌 S-PXJ 麻石脱硫除尘器	1～75	>96	30～60	800～1200	长沙佳宇环保设备公司
99 高效(干法、半干法)脱硫除尘器	0.5～410	95	干法 70～90 半干法 60～80	层燃炉 800～1200 沸腾炉 1300～1700	大连陶瓷环保设备研究所
XTJ/G 型半干式脱硫除尘净化器	0.5～75	>98	>60		大连陶环除尘设备有限公司
WDL-Ⅱ型湿式脱硫除尘净化器	1～75	95～99	60～80	≤1200	大连陶环除尘设备有限公司

8.4 锅炉水处理

8.4.1 水质及水质标准

1. 水源的水质分析项目（表 8.4-1）

水源的水质分析项目 表 8.4-1

序号	项目	符号	单位	序号	项目	符号	单位
1	悬浮物	C_0	mg/L	15	钠	Na^+	mg/L
2	溶解固形物	S_0	mg/L	16	钙	Ca^{2+}	mg/L
3	总硬度	H_0	mmol/L	17	镁	Mg^{2+}	mg/L
4	碳酸盐硬度	H_T	mmol/L	18	铵	NH_4^+	mg/L
5	非碳酸盐硬度	H_F	mmol/L	19	铁	Fe^{2+}，Fe^{3+}	mg/L
6	钙硬度	H_{Ca}	mmol/L	20	铝	Al^{3+}	mg/L
7	镁硬度	H_{Mg}	mmol/L	21	碳酸氢根	HCO_3^-	mg/L
8	总碱度	A_0	mmol/L	22	碳酸根	CO_3^{2-}	mg/L
9	耗氧量	COD	mg/L	23	氯离子	Cl^-	mg/L
10	含油量	Y	mg/L	24	硫酸根	SO_4^{2-}	mg/L
11	游离二氧化碳	CO_2	mg/L	25	硅酸根	SiO_3^2	mg/L
12	溶解氧	O_2	mg/L	26	硝酸根	NO_3^-	mg/L
13	pH 值(25℃)	pH		27	磷酸根	PO_4^{3-}	mg/L
14	钾	K^+	mg/L				

注：① 表中序号第 1～13 项为水质分析必须测定项目。

② 硬度 mmol/L 的基本单元为 $C\left(\frac{1}{2}Ca^{2+}、\frac{1}{2}Mg^{2+}\right)$。

③ 碱度 mmol/L 的基本单元为 $C\left(OH^-、HCO_3^-、\frac{1}{2}CO_3^{2-}\right)$。

2. 水源水质资料的校核（见表 8.4-2）

表 8.4-2

校核项目		校核公式
1	阳、阴离子当量总数	$\sum E_{阳}=\sum E_{阴}$； 分析误差允许值 $X=\left\|\frac{\sum E_{阳}-\sum E_{阴}}{0.5(\sum E_{阳}+\sum E_{阴})}\right\|\times100\%\leqslant5\%$
2	硬度	$H_0=H_T+H_F$； $H_0=H_{Ca}+H_{Mg}$
3	碱度	$A_0=A_{CO_3}+A_{HCO_3}(+A_{OH})$ A_{HCO_3}与A_{OH}不同时存在
4	pH	pH=6.37+lg[HCO_3^-]−lg[CO_2] 计算值与实测值之差一般应小于 0.1，最大不超过 0.2
5	不同水质阳、阴离子当量数的关系	(1)有永硬时 [HCO_3^-]<[$Ca^{2+}+Mg^{2+}$]<[$HCO_3^-+SO_4^{2-}+Cl^-$]； [$Cl^-+SO_4^{2-}$]>[Na^++K^+] (2)有负硬时 [HCO_3^-]>[$Ca^{2+}+Mg^{2+}$]；[$Cl^-+SO_4^{2-}$]<[Na^++K^+]

式中 $\sum E_{阳}$、$\sum E_{阴}$——分别表示各种阳离子和阴离子浓度的总和，mmol/L；

H_0、H_T、H_F、H_{Ca}、H_{Mg}——分别表示总硬度、碳酸盐硬度、非碳酸盐硬度、钙硬度和镁硬度，mmol/L；

A_0、A_{CO_3}、A_{HCO_3}、A_{OH}——分别表示总碱度、碳酸盐碱度、重碳酸盐碱度和氢氧根碱度，mmol/L；

lg[HCO_3^-]、lg[CO_2]——分别表示重碳酸盐、游离二氧化碳含量（mg/L）的对数值。

3. 水质分类

(1) 按主要水质指标分类

表 8.4-3

含盐量	数量(mg/L)	<200	200～500	500～1000	>1000	
	分类	低含盐量	中含盐量	较高含盐量	高含盐量	
水质硬度	数量(mmol/L)	<1.0	1～3	3～6	6～9	>9
	分类	极软	软	中硬	硬	极硬

(2) 按水处理工艺分类

绘制水中离子假想结合顺序（按 mmol/L 为统一尺度）。

- 非碱性水：$H_0>A_0$，即 $[Ca^{2+}]+[Mg^{2+}]>[HCO_3^-]$，存在 H_F。

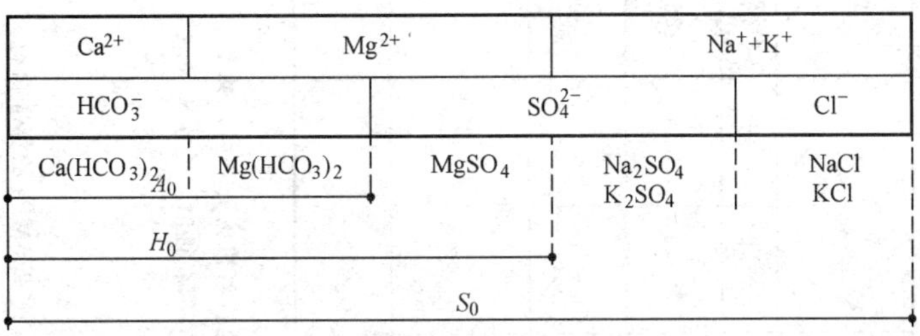

- 碱性水：$A_0>H_0$，即 $[HCO_3^-]>[Ca^{2+}]+[Mg^{2+}]$，无 H_F，存在负硬（$NaHCO_3$）。

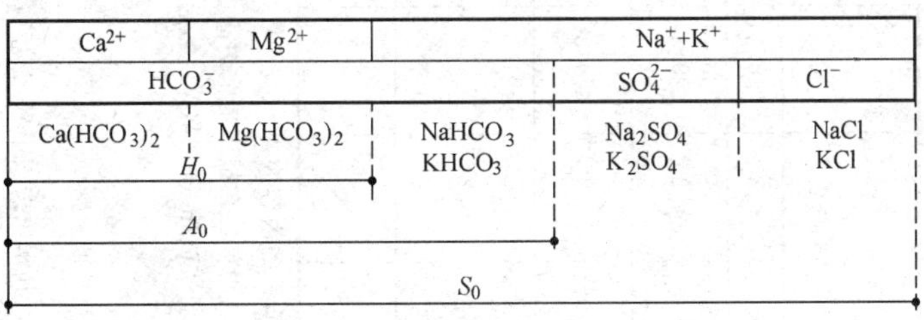

- 碳酸盐型水：$[HCO_3^-]>[Cl^-]+[SO_4^{2-}]$，即 $H_T>H_F$。
- 非碳酸盐型水：$[HCO_3^-]<[Cl^-]+[SO_4^{2-}]$，即 $H_T<H_F$。

4. 工业锅炉水质（见表 8.4-4）

5. 对处理前原水水质的要求

- 炉内加药水处理
  - (1) 不呈酸性，不含酸、碱性化合物，pH 值在 7 左右；
  - (2) 总碱度 A_0 不太高，一般 $A_0 \leqslant H_0+2.5$mmol/L 为宜；
  - (3) 总硬度 $H_0 \leqslant 4.0$mmol/L；
  - (4) 悬浮物含量≤20mg/L。
- 炉外化学水处理
  - (1) 不含苯、酸等有机化合物；
  - (2) pH 值在 7 左右；
  - (3) 清彻、透明，悬浮物含量对于固定床离子交换器应≤5mg/L；对于具有体外擦洗的浮动床离子交换器应≤2mg/L。

当不符合上述要求时，需根据原水水质进行预处理。

工业锅炉水质① 表 8.4-4

锅炉类型、参数及水处理方式 \ 水质指标			给水						炉水							
			悬浮物(mg/L)	总硬度(mmol/L)	溶解氧③(mg/L)	含油量(mg/L)	含铁量⑤(mg/L)	pH(25℃)	总碱度②(mmol/L)		溶解固形物(mg/L)		SO_3^{2-}(mg/L)	PO_4^{3-}(mg/L)	相对碱度④(游离NaOH/溶解固形物)	pH(25℃)
									无过热器	有过热器	无过热器	有过热器				
蒸汽锅炉和汽水两用锅炉	≤2t/h且≤1MPa对汽水品质无特殊要求时	锅内加药	≤20	≤4.0				≥7	8～26		<5000					10～12
	额定蒸汽压力(MPa) ≤1.0	锅外化学	≤5	≤0.03	≤0.1	≤2	≤0.3	≥7	6～26	—	<4000	—	—	—	—	10～12
	>1.0 ≤1.6		≤5	≤0.03	≤0.1	≤2	≤0.3	≥7	6～24	≤14	<3500	<3000	10～30	10～30	<0.2	10～12
	>1.6 ≤2.5		≤5	≤0.03	≤0.05	≤2	≤0.3	≥7	6～16	≤12	<3000	<2500	10～30	10～30	<0.2	10～12
热水锅炉	• ≤4.2MW非管架式承压热水锅炉 • 常压热水锅炉	锅内加药	≤20	≤6	—	≤2		≥7								10～12
	承压热水锅炉	锅外化学	≤5	≤0.6	≤0.1	≤2		≥7								10～12

注：① 本表系国家标准 GB 1576—2001《工业锅炉水质》的内容摘要。

② 当蒸汽品质要求不高，且不带过热器的锅炉，使用单位在报当地锅炉压力容器安全监察机构同意后，碱度指标上限值可适当放宽。

③ 当锅炉额定蒸发量≥6t/h（4.2MW）时应除氧，<6t/h（4.2MW）的锅炉如发现局部腐蚀时，给水应采取除氧措施，对于供汽轮机用汽的锅炉给水含氧量应≤0.05mg/L。

④ 全焊接结构锅炉相对碱度可不控制。

⑤ 仅限燃油、燃气锅炉。

其他：⑥ 直流（贯流）锅炉给水应采用锅外化学水处理，其水质按表中额定蒸汽压力>1.6、≤2.5MPa 的标准执行。

⑦ 余热锅炉及电热锅炉的水质指标应符合同类型、同参数锅炉的要求。

6. 水质指标常用单位的换算（见表 8.4-5、表 8.4-6）

水质指标硬度单位换算　　表 8.4-5

硬度单位	mmol/L（毫摩尔/升）	mg/L（以 $CaCO_3$ 表示）	德国度（10mgCaO/L）	ppm（$CaCO_3$）
mmol/L	1	50.045	2.804	50.045
mg/L（以 $CaCO_3$ 表示）	0.02	1	0.056	1
德国度	0.357	17.848	1	17.848
ppm（$CaCO_3$）	0.02	1	0.056	1

水质指标碱度单位换算　　表 8.4-6

碱度单位	mmol/L（毫摩尔/升）	mg/L（以 $CaCO_3$ 表示）	mg/L（Na_2CO_3）	mg/L（NaOH）	mg/L（HCO_3）	ppm（$CaCO_3$）
mmol/L	1	50	53	40	61	50
mg/L（以 $CaCO_3$ 表示）	0.02	1	1.06	0.8	1.22	1
mg/L（Na_2CO_3）	0.0189	0.943	1	0.755	1.151	0.943
mg/L（NaOH）	0.025	1.25	1.325	1	1.525	1.25
mg/L（HCO_3）	0.0164	0.82	0.87	0.656	1	0.82
ppm（$CaCO_3$）	0.02	1	1.06	0.8	1.22	1

8.4.2 水处理系统的分类及适用范围

1. 水处理系统的分类

（1）锅内水处理——锅内加药处理。

（2）锅外水处理

- 净化预处理——凝聚、沉淀（或澄清）与过滤；
- 软　　化——离子交换软化与加药沉淀软化；
- 除　　盐——阴阳离子交换除盐、电渗析除盐等；
- 除氧（气）——热力除氧、真空除氧、解析除氧、化学除氧、海绵铁过滤式除氧、除二氧化碳等。

2. 主要的水处理系统及其适用范围（见表 8.4-7）

主要的水处理系统及其适用范围　　表 8.4-7

序号	水处理系统	适用进水水质	出水水质	备　注
1	锅内水处理	$H_0 \leqslant 3.5$mmol/L $A_0 \leqslant 5.5$mmol/L $C_0 \leqslant 20$mg/L pH≥7		炉水保持 $A_K \geqslant 8$mmol/L，仅结松软薄垢及沉渣
2	混凝—沉淀	$C_0 < 150$mg/L	一般<10mg/L，特殊情况下≤15mg/L	一般设两个沉淀池，如进水 C_0 经常低于 30mg/L 亦可只设一个
3	混凝—澄清	水力循环澄清池 $C_0 \leqslant 2000$mg/L； 脉冲澄清池 $C_0 \leqslant 3000$mg/L	≤10mg/L	

续表

序号	水处理系统	适用进水水质	出水水质	备注
4	过滤 G	单流机械过滤进水浊度≤20mg/L 双层滤料过滤进水浊度≤100mg/L	<5mg/L <5mg/L	
5	石灰降碱处理(沉淀软化) CaO—	H_T>6mmol/L A_0>6mmol/L H_F<1mmol/L 或A_0-H_0≤1.5～2mmol/L	$H_C=H_F+(0.7\sim1)$,mmol/L $A_C=(0.7\sim1)+a$ $=(0.7\sim1)+(0.2\sim0.3)$ mmol/L	可用Fe_2SO_4、Fe_2Cl_3作混凝剂 出水H_F不变,H_T可除掉大部分 a为石灰裕量,mmol/L
6	石灰纯碱水处理(沉淀软化) CaO—Na_2NO_3	H_0≤15mmol/L H_T较大 水中存在H_F	H_C=0.3～0.4mmol/L A_C=1.3～1.6mmol/L	可用Fe_2SO_4、Fe_2Cl_3作混凝剂
7	单级钠离子交换 Na	H_0≤10mmol/L H_T较小 S_0<300mg/L P_A<10% 相对碱度≤0.2	H_C<0.03～0.05mmol/L $A_C=H_T$mmol/L	对S_0及A_0大的水不宜采用
8	双级钠离子交换 —Na—Na_2—	H_0>10mmol/L H_T较小 S_0>500～600mg/L P_A<10% 相对碱度≤0.2	H_{C1}<0.05～0.1mmol/L H_{C2}<0.005mmol/L $A_C=H_T$mmol/L	
9	局部钠离子交换 Na—	水量、水压及供水水质较稳定 H_0=5～8mmol/L $\frac{H_T}{H_0}>0.5$ 混合水H_0≤3.5mmol/L且P_A<10%	$H_C=(1-y_{Na})H_0$,mmol/L A_C=0.5～1.0mmol/L (在炉内混合反应后)	软化和部分除碱,以防止炉水碱度过高
10	石灰—钠离子交换 CaO—Na	H_0>6mmol/L A_0>6mmol/L H_T较大	H_C<0.03～0.05mmol/L A_C=0.8～1.2mmol/L	
11	钠离子交换+酸 H_2SO_4 Na—D	H_0<4mmol/L H_T较大, 酸化后S_0增加不致使P_A太大	H_C<0.03～0.05mmol/L A_C=0.5～0.8mmol/L	
12	串联氢—钠离子交换 H—D—Na	(1)H_F>3.6mmol/L时,$\frac{H_T}{H_0}$≤0.5 (2)$SO_4^{2-}+Cl^-\geqslant5.3\sim7.0$mmol/L	H_C<0.03～0.05mmol/L A_C=0.5～0.8mmol/L	
13	不足酸串联氢—钠离子交换 H—D—Na	H_F较少或有负硬 H_T>1mmol/L S_0<2000～3000mg/L	H_C<0.03～0.05mmol/L A_C=0.3～0.5mmol/L	采用固定床时,交换剂仅适合用磺化煤或弱酸树脂

续表

序号	水处理系统	适用进水水质	出水水质	备 注
14	并联氢—钠离子交换 H—┐ Na$_1$—┘D—Na$_2$	（1）$H_F < 3.6$mmol/L 时， $\frac{H_T}{H_0} \geqslant 0.5$ （2）$SO_4^{2-} + Cl^- \leqslant 5.3 \sim 7.0$mmol/L	$H_C < 0.03 \sim 0.05$mmol/L $A_C = 0.2 \sim 0.35$mmol/L	
15	并联铵—钠离子交换 NH_4—┐ Na—┘—	$\frac{Na^+}{总阳离子} > 25\%$ $\frac{Na^+}{H_0} > 30\% \sim 35\%$ $y_{NH_4^+} < 40\%$ $> 85\% \sim 90\%$	$H_C < 0.03 \sim 0.05$mmol/L $A_C = 0.35 \sim 0.50$mmol/L（在炉内受热后）	
16	综合铵—钠离子交换 $NH_4 \cdot Na$—	$\frac{Na^+}{总阳离子} < 25\%$ $\frac{Na^+}{H_0} < 30\% \sim 35\%$ $y_{NH_4^+} = 40\% \sim 90\%$	$H_C < 0.03 \sim 0.05$mmol/L $A_C = 0.50 \sim 1.00$mmol/L（在炉内受热后）	
17	电渗析 ED	$H_0 > 10$mmol/L $S_0 = 1000 \sim 4000$mg/L	$H_C = 0.3$mmol/L 一级处理： $S_{C1} = (0.3 \sim 0.4) S_0$ 二级处理： $S_{C2} = 0.1 S_0$ mg/L	

表中 H_C、A_C——残留硬度及残留碱度，mmol/L；

A_K——炉水碱度，mmol/L；

P_A——锅炉排污百分率，%；

y_{Na^+}、$y_{NH_4^+}$——各为通过钠离子和铵离子交换器的水量百分比；

其余均详见表 8.4-2。

表中符号 H——强酸阳离子交换器；

Na——钠离子交换器；

D——除二氧化碳器；

CaO——石灰处理装置

8.4.3 水处理设备容量的确定

1. 水处理设备的容量 *D*（t/h）

$$D = K(D_1 + D_2 + D_3 + D_4 + D_5 + D_6) \qquad (8.4\text{-}1)$$

式中 K——富裕系数，取 $K = 1.20$；

D_1——蒸汽用户凝结水损失量，t/h；

D_2——锅炉房内部汽水损失量，t/h（按锅炉房负荷的 5%考虑）；

D_3——锅炉排污损失量，t/h（按实际计算，估算时按额定蒸发量的 5%～10%考虑）；

D_4——热网漏损量，t/h。蒸汽系统按锅炉房负荷的 2%～5%考虑；热水系统按系统水容量的 1%考虑，方案设计中可按系统循环量的 0.5%（$\Delta t = 25$℃）～1%（$\Delta t = 40$℃）估算；

D_5——水处理系统自耗软化水量，t/h；

D_6——其他工艺装置及用户需要的软化水量，t/h。

2. 采用单台离子交换器时的水处理设备容量 D'（t/h）

$$D'=K(D_1+D_2+D_3+D_4+D_5+D_6+D_7) \tag{8.4-2}$$

式中 D_7——满足在离子交换器还原期间不影响供应的折算水量，t/h。

$$D_7=(D_1+D_2+D_3+D_4+D_5+D_6)\frac{4}{Z} \tag{8.4-3}$$

Z——运行周期，h。

8.4.4 给水的净化预处理

1. 预处理工艺流程的选择（可按表 8.4-8 进行）

预处理工艺选择 表 8.4-8

原水悬浮物含量 C_0(mg/L)	水质预处理工艺
<20	过滤处理
<100～150	混凝—沉淀(或澄清)处理、或直流混凝过滤(<100mg/L)或接触混凝过滤(<150mg/L)处理
2000～3000	混凝—沉淀(或澄清)—过滤处理

2. 混凝处理工艺系统的设计要点

(1) 应控制溶液的 pH 值及水温

- 当以铝盐作混凝剂时，最佳 pH=6.5～7.5，水温 25～30℃；
- 当以铁盐作混凝剂时，最佳 pH=8～10，水温影响不大；
- 冬季水温过低时，可采用 1∶1（以无水化合物重量计）铁铝盐混合处理。

(2) 当原水碱度不够时，需进行人工碱化，加碱量 D_J（mmol/L）按下式计算：

$$D_J=D_N+(0.4\sim0.7)-A_0 \tag{8.4-4}$$

式中 D_J——加碱量，mmol/L（常用石灰、烧碱、苏打等）；

D_N——混凝剂有效剂量，mmol/L（试验确定，一般 0.1～0.5mmol/L）；

A_0——原水总碱度，mmol/L；

(0.4～0.7)——富裕量，mmol/L。

(3) 采用的混合设备型式，应保证混合速度≥1.5m/s，混合时间≤2min。

(4) 混合后的原水，在反应池中应保持有足够的反应时间和相应的反应流速。当采用涡流反应池时，反应时间为 6～10min，锥角底部的入口流速 v=0.7m/s，圆柱部分上升流速 4～5mm/s。

3. 沉淀处理设备（沉淀池、澄清池）的设计要点

(1) 对于处理水量较小的锅炉房，可以采用间歇式沉淀池，数量应不少于两个，以便于静止沉淀交错运行。

(2) 连续式平流沉淀池应保持进出水区的水流均匀和在沉淀区有足够的停留时间。

- 进水槽内及配水孔内的水流速度不大于 0.2～0.3m/s，配水孔应淹没在水面下 12～15cm；
- 沉淀区的水平流速，自然沉淀取 1～3mm/s，混凝沉淀取 5～20mm/s；
- 在沉淀区的流经时间应根据原水水质和要求水质确定，一般为 1～2h；
- 沉淀区的有效水深 2.5～3m，超高 0.3～0.5m；池的长宽比一般不小于 4∶1，长深比不少于 10∶1；

- 出水槽内及集水孔内的水流速度不大于 0.3～0.5m/s。

(3) 涡流反应器主要用于石灰沉淀软化处理系统。反应器的容积按水流停留时间 8～15min 计算，器内装粒径为 1～1.5mm 的砂子或大理石粉作反应生成物的结晶核心。

4. 选用压力式机械过滤器的设计要点

(1) 压力式机械过滤器一般不少于两台，过滤器的规格按运行流速及运行周期进行选择。过滤器运行周期一般单流式为 9h，双流式为 20～22h。

(2) 滤料应根据化学性质稳定、机械强度好、粒度适当及取材方便等条件进行选择。

- 石英砂在酸性及中性水中化学性能稳定，适用于未经石灰凝聚处理的原水及不含侵蚀性二氧化碳的水的处理工艺；
- 大理石和煅烧过的白云石碎块，在热的碱性水中化学性能稳定，适用于石灰—苏打软化水处理系统；
- 无烟煤粒适用于碱性水中。

(3) 应配置必须的反冲洗设施，并宜采用压缩空气、水合洗。

(4) 机械过滤器主要工艺的设计指标，见表 8.4-9。

(5) 机械过滤器的主要规格和性能，见表 8.4-10。

机械过滤器主要工艺的设计指标　　表 8.4-9

序号	指标名称	单位	过滤用材料					
			石英砂		大理石		无烟煤	
			单流	双流	单流	双流	单流	双流
1	过滤物料							
	平均直径	mm	0.5～1.0	0.5～1.2	0.5～1.0	0.5～1.2	0.8～1.5	0.8～1.5
	真密度	t/m³	2.6～2.7	2.6～2.7	2.5～2.8	2.5～2.8	1.4～1.7	1.4～1.7
	视密度	t/m³	1.6～1.7	1.6～1.7	1.6～1.7	1.6～1.7	0.75～0.9	0.75～0.9
2	过滤层高度 h	m	1.2	2～2.4	1.2	2～2.4	1.2	2～2.4
3	过滤速度 v(原水未经沉淀)	m/h						
	正常情况		4	8	4	8	4	8
	加速情况		5	10	5	10	5	10
4	过滤物料计算除污力 E_1	kg/m³	0.75	1.87	0.75	1.87	1.0	2.5
	E_2	kg/m²	0.9	4～4.48	0.90	4～4.48	1.2	5.37～6
5	每一过滤循环中滤液计算量	m³/m²	45	200～224	45	200	60	268～300
6	过滤器运行延续时间 T	h	9	20～22	9	20～22	12	26～30
7	冲洗前通过过滤器阻力 Δp	kPa	100	100	100	100	100	100
8	冲洗水压力	kPa	100	120	100	120	100	120
9	冲洗强度 q_1	L/(m²·s)	15	18	15	18	10	12
10	冲洗时间 t_1	min	10	20	10	20	10	20
11	单位面积冲洗耗水量 q_w	m³/m²	9	21.6	9	21.6	6	13.4
12	过滤器本身消耗水计算比耗(按每一循环滤液的%计)	%	20	10.8～9.6	20	10.8	10	5～4.5
13	在用水冲洗前压缩空气吹洗过滤器(通过下部排水系统)							
	(1)至过滤器的空气压力	MPa	0.1	0.12	0.1	0.12	0.1	0.12
	(2)吹洗强度 q_2	L/(m²·s)	20	24	20	24	12	15
	(3)吹洗时间 t_2	min	3	5	3	5	3	5
	(4)空气用量 q_a	m³/m²	3.6	7.2	3.6	7.2	2.2	4.5

机械过滤器的主要规格和性能

表 8.4-10

型式	序号	项目	单位	过滤器直径×高度(mm)					计算依据
				1000×2870	1500×3470	2000×3610	2500×4020	3000×4480	
单流式	1	过滤面积 F	m^2	0.785	1.767	3.140	4.910	7.070	
	2	过滤层高度 h	m	1.2	1.2	1.2	1.2	1.2	
	3	过滤层体积 V	m^3	0.942	2.120	3.768	5.892	8.484	
	4	处理水量 D	m^3/h	3.14～3.93	7.07～8.84	12.56～15.7	19.64～24.55	28.28～35.35	$D=F\cdot v=(4\sim5)F$
	5	周期除污力 E	kg	0.59～0.942	1.325～2.12	2.355～3.768	3.68～5.892	5.30～8.484	$E=V\cdot E_1=V(0.75\sim1)$
	6	运行延续时间 T	h	11.25～12	11.25～12	11.25～12	11.25～12	11.25～12	$T=\frac{1000E_1V}{g\cdot D}$
	7	冲洗水耗 G_1	m^3/(台次)	7.065	15.90	28.26	44.19	63.63	$G_1=\frac{60q_1t_1F}{1000},q_1=15$
	8	小时最大水耗 G	m^3/h	42.40	95.40	169.56	265.14	381.78	$G=\frac{G_1}{t_1}\cdot60$
	9	压缩空气耗量 g_1	m^3/(台次)	2.83	6.36	11.30	17.68	24.45	$g_1=\frac{60\cdot q_2\cdot t_2\cdot F}{1000},q_2=20$
	10	压缩空气计算耗量 g	m^3/min	0.94	2.12	3.77	5.89	8.15	$g=\frac{g_1}{t_2},t_2=3$
双流式	1	过滤面积 F	m^2	0.785	1.767	3.140	4.910	7.070	
	2	过滤层高度 h	m	0.6/1.30	0.6/1.35	0.7/1.40	0.70/1.40	0.70/1.70	
	3	过滤层体积 V	m^3	1.492	3.446	6.594	10.311	16.968	
	4	处理水量 D	m^3/h	6.28～7.86	14.14～17.68	25.12～31.4	39.28～49.1	56.56～70.7	$D=F\cdot v=(8\sim10)F$
	5	周期除污力 E	kg	2.79～3.73	6.44～8.62	12.33～16.49	19.28～25.78	31.73～42.42	$E=V\cdot E_1=V(1.87\sim2.5)$
	6	运行延续时间 T	h	22.2～23.75	22.78～24.38	24.53～26.25	24.53～26.25	28～30	$T=\frac{1000\cdot E_1V}{g\cdot D}$
	7	冲洗水耗 G_2	m^3/(台次)	16.96	38.16	67.82	106	153	$G_2=\frac{60\cdot q_1t_1F}{1000},q_1=18$
	8	小时最大水耗 G	m^3/h	50.88	114.48	203.46	318	459	$G=\frac{G_2}{t_1}\cdot60$
	9	压缩空气耗量 g_2	m^3/(台次)	5.65	12.72	22.60	35.35	50.90	$g_2=\frac{60\cdot q_2\cdot t_2\cdot F}{1000},q_2=24$
	10	压缩空气计算耗量 g	m^3/min	1.13	2.54	4.52	7.07	10.18	$g=\frac{g_2}{t_2},t_2=5$

注：计算中原水悬浮物 C_0 取 20mg/L。

8.4.5 锅内水处理

1. 锅内水处理的适用条件

(1) 锅炉：蒸汽锅炉和汽水两用锅炉，当蒸发量≤2t/h，且额定蒸汽压力≤1.0MPa，如对汽水品质无特殊要求时；常压热水锅炉和额定功率≤4.2MW 非管架式承压的热水锅炉；

锅炉结构便于清洗和排除泥渣沉淀。

(2) 原水水质：H_0≤4.0mmol/L（蒸汽和汽水两用锅炉）、～≤6mmol/L（热水锅炉）；C_0≤20mg/L；pH≥7。

2. 锅内水处理方法的选用

(1) 以纯碱（Na_2CO_3）为主的锅内水处理

- 原水中存在 H_F，且其中 $H_{F\cdot Ca}$ 比例较大，而镁硬（$H_{F\cdot Mg}$）与纯碱（Na_2CO_3）在炉水中的水解率相当时 [$(1-\eta)H_{F\cdot Mg}-\eta H_{F\cdot Ca}\approx 0$]；
- 原水仅存在 H_T 或存在负硬度，如锅炉补充水带进的碱度不足以维持炉水所需的碱度时。

(2) 运行中不加碱剂的天然碱处理

原水存在负硬（≥1mmol/L），H_0<4.0mmol/L，可采用天然碱处理。

3. 锅内水处理常用软水剂的性能作用（见表 8.4-11）

4. 软水剂的耗量

(1) 锅内水处理软化剂耗量 G（g/t），可根据不同情况按表 8.4-12 进行计算。

(2) 纯碱（Na_2CO_3）为主的软水剂耗量（g/t），可按表 8.4-14 确定。

锅内水处理常用软水剂的性能作用 **表 8.4-11**

类别		名称	性能作用	备注
沉淀剂		Na_2CO_3(纯碱)	主要消除水中 $H_{F\cdot Ca}$，维持炉水[CO_3^{2-}]离子浓度，防止生成 $CaSO_4$ 垢 调整炉水碱度和 pH 值	由于水解作用：$Na_2CO_3+H_2O\rightarrow 2NaOH+CO_2$ 炉水中[OH^-]升高，对安全运行不利，故 P>1.5MPa，对以 $H_{F\cdot Ca}$ 为主的水质不宜采用
沉淀剂		NaOH(苛性钠)	主要消除水中 $H_{F\cdot Mg}$，调整炉水碱度和 pH 值	
沉淀剂		Na_3PO_4(磷酸三钠)	代替上述碱剂，沉淀水中钙镁盐类；增加泥垢流动性，适用于任何压力的锅炉	生成的 $Mg_3(PO_4)_2$ 沉淀比较黏，故水中 Mg 盐比较大时要少用或不用
沉淀剂		Na_2HPO_4(磷酸氢二钠) NaH_2PO_4(磷酸二氢钠)	作用与 Na_3PO_4 相似，能降低炉水碱度，适用于负硬较大的给水	
泥垢调节剂	天然有机物	栲胶	主要成分是单宁，能调整水垢，在水垢质点外层形成隔离膜，使水垢处于细小分散状态 在碱性水质中具有吸氧能力	
泥垢调节剂	天然有机物	腐殖酸钠(H_m-COONa)	使水垢晶体畸变，颗粒变小，易于流动	最佳用量 10～20mg/L，A_K>8mmol/L

续表

类别		名称	性能作用	备注
泥垢调节剂	合成有机物	有机磷酸盐ATMP EDTMP HEDP	与钙镁盐类生成稳定的络合物，干扰成垢盐类晶体的定向生成，降低晶体强度(晶体歪曲作用)	最佳用量 0.5～1mg/L，A_K＞8mmol/L
		聚羧酸盐HPMa PAN	晶格的歪曲作用、分散作用	最佳用量1～3mg/L，A_K＞8mmol/L

锅内水处理软水剂量计算表 **表 8.4-12**

项目	锅炉初次运行软水剂耗量 G_1 (g/t)	锅炉运行中软水剂耗量 G_2 (g/t)
一般加碱法	$G_1=[(H_0-A_0)+A_K-E]\frac{R}{\varepsilon}$	$G_2=\left[\rho(H_0-A_0)+\frac{P_A}{1+P_A}A_K-E\right]\frac{R}{\varepsilon}$
当存在 H_{F1} 同时加入 NaOH 及 Na_2CO_3 时	$G_{1\cdot NaOH}=G_1\left(\frac{H_{F\cdot Mg}}{H_F}-\frac{\eta}{1-\eta}\cdot\frac{H_{F\cdot Ca}}{H_F}\right)$ $G_{1\cdot Na_2CO_3}=G_1\left(\frac{H_{F\cdot Ca}}{H_F}\cdot\frac{1}{1-\eta}\right)$	$G_{2\cdot NaOH}=G_2\left(\frac{H_{F\cdot Mg}}{H_F}-\frac{\eta}{1-\eta}\cdot\frac{H_{F\cdot Ca}}{H_F}\right)$ $G_{2\cdot Na_2CO_3}=G_2\left(\frac{H_{F\cdot Ca}}{H_F}\cdot\frac{1}{1-\eta}\right)$
磷酸盐	$G_{1\cdot Na_3PO_4}=E\times\frac{R}{\varepsilon}=(H_C+\beta)\frac{R}{\varepsilon}$	$G_{2\cdot Na_3PO_4}=E\times\frac{R}{\varepsilon}=(H_C+\beta)\frac{R}{\varepsilon}$
有机泥垢调节剂	腐殖酸钠＝10～20	腐殖酸钠＝10～20

表中 G_1——锅炉初次运行时每吨锅炉给水的软化剂耗量，g/t；

G_2——锅炉运行中每吨锅炉给水的软水剂耗量，g/t；

A_0、A_K——原水中总碱度及炉水碱度，mmol/L，$A_K=10\sim20$mmol/L；

H_0、H_F、$H_{F\cdot Mg}$、$H_{F\cdot Ca}$——原水中总硬度、非碳酸盐硬度、非碳酸盐中的镁硬和钙硬，mmol/L；

E——磷酸盐的加入量，$E=0.26\sim0.40$mmol/L；

H_C——炉水中的残留硬度，$H_C=0.1\sim0.2$mmol/L；

β——炉水中保持磷酸根浓度，$\beta=0.16\sim0.20$mmol/L；

P_A——锅炉排污百分率，$P_A=0.05\sim0.10$；

ρ——锅炉补充水百分率，($\rho\leqslant1$)；

R——软水剂耗量系数，(NaOH＝40、Na_2CO_3＝53、$Na_3PO_4\cdot12H_2O$＝126.73、$Na_2HPO_4\cdot12H_2O$＝179.12)；

ε——软水剂的纯度，($\varepsilon<1$)；

η——炉水中 Na_2CO_3 的水解百分率，见表 8.4-13。

不同锅炉压力时纯碱的水解率 **表 8.4-13**

锅炉压力(MPa)	0.2	0.3	0.4	0.5	0.6	0.7	0.8	0.9	1.0	1.3	1.5
纯碱的水解率(%)	2	5	10	15	20	25	30	35	40	50	60

炉内水处理软水剂耗量（g/t） **表 8.4-14**

锅炉工况	软水剂		补给水水质 H_0-A_0(mmol/L) -5.0	-4.0	-3.0	-2.0	-1.0	0	1.0	2.0	3.0	4.0	5.0	炉水碱度 A_K(mmol/L)	排污率 P_A(%)
初次运行	Na_2CO_3		250	300	360	410	460	510	570	620	670	720	780	10	
	Na_3PO_4		14	14	15	15	16	16	17	18	18	19	19		
	腐殖酸钠		10～20	10～20	10～20	10～20	10～20	10～20	10～20	10～20	10～20	10～20	10～20		
运行中间	Na_2CO_3	ρ=0.30						9.50	25	40	55	70	85	10	5%
		0.50						9.50	35	62	87	115	140		
		1.00						9.50	62	115	170	220	270		
		0.30					6.60	22	37	53	68	85	100	15	
		0.50						22	48	75	100	126	152		
		1.00						22	75	127	180	232	285		
		0.30				3.80	19	35	50	65	81	96	112	20	
		0.50					8.6	35	61	87	112	138	165		
		1.00						35	87	140	192	245	297		
		0.30			1.1	16.5	32	47	63	80	95	110	125	25	
		0.50					21	47	73	100	125	151	177		
		1.00						47	100	152	205	257	310		
		0.30			13.8	29	45	60	75	91	106	121	137	30	
		0.50				8	23	60	86	112	138	164	190		
		1.00					7.5	60	112	165	217	270	322		
		ρ=0.30				1.2	17	33	48	63	79	94	110	10	10%
		0.50					6.4	33	58	85	110	136	162		
		1.00						33	85	137	190	242	295		
		0.30			10	26	41	56	72	87	103	118	133	15	
		0.50				4.3	30	56	82	110	134	160	246		
		1.00					3.7	56	110	161	215	266	319		
		0.30	3.1	19	34.3	50	65	80	96	111	127	142	157	20	
		0.50			2.5	29	55	80	106	132	158	184	210		
		1.00					28	80	133	185	238	290	343		
		0.30	27	43	58	74	89	105	120	135	151	166	181	25	
		0.50		1	27	53	77	105	131	157	182	208	234		
		1.00					52	105	157	210	262	314	365		
		0.30	51	67	83	98	113	129	144	159	175	190	205	30	
		0.50		25	51	77	103	129	155	181	207	233	265		
		1.00				24	76	129	181	234	286	339	390		
	Na_3PO_4		14	14	15	15	16	16	17	18	18	19	19	10～30	
	腐殖酸钠		10～20	10～20	10～20	10～20	10～20	10～20	10～20	10～20	10～20	10～20	10～20		

注：本表 ε=1

(3) 天然碱处理

a. 空炉初次上水应投加适量的纯碱，以维持炉内水处理所规定的炉水碱度和 pH 值。

$$G_1=[(H_0-A_0)+A_K]\frac{R}{\varepsilon}\quad \text{g/t} \tag{8.4-5}$$

b. 锅炉运行中应根据补给水的不同水质，通过排污量的调节以维持适当的炉水碱度和 pH 值。运行中的炉水碱度 A_K（mmol/L）由下式确定：

$$A_K=\frac{\rho(1+P_A)}{P_A}(A_0-H_0) \tag{8.4-6}$$

A_K 值也可由表 8.4-15 查得。

不同工况下能维持的炉水碱度 A_K（mmol/L）　　表 8.4-15

P_A	ρ \ A_0-H_0	0.5	1.0	1.5	2.0	2.5	3.0	3.5	4.0	4.5	5.0
0.05	0.3			9.45	12.60	15.75	18.90	22.05	25.20	28.35	31.50
	0.5		10.50	15.75	21.00	26.25	31.50				
	1.0	10.50	21.00	31.50							
0.10	0.3					8.25	9.90	11.55	13.20	14.85	16.50
	0.5			8.25	11.00	13.75	16.50	19.25	22.00	24.75	27.50
	1.0		11.00	16.50	22.00	27.50	33.00				
0.15	0.3							8.05	9.20	10.35	11.50
	0.5				7.67	9.58	11.50	13.42	15.33	17.25	19.17
	1.0		7.67	11.50	15.33	19.17	23.00	26.83	30.67		

c. 炉水中可投加适量的有机泥垢调节剂，以增加天然碱处理的防垢效果。有机泥垢调节剂可以采用：腐殖酸钠（H_m－COONa）　10～20g/t

或（0.5～1.0）EDTMPS＋(1～3)HPMA

式中　EDTMPS——乙二胺四甲叉膦酸钠；

HPMA——聚马来酸酐。

5. 纯碱处理时防止生成 $CaSO_4$ 水垢，炉水中应维持的离子比值（见表 8.4-16）

不同锅炉压力应维持的最低离子比值　　表 8.4-16

锅炉压力(MPa)	0.7	0.8	1.05	1.2	1.4	1.58
$\frac{[CO_3^{2-}]\ (mg/L)}{[SO_4^{2-}]\ (mg/L)}$	>0.045	>0.065	>0.088	>0.115	>0.145	>0.175

6. 纯碱处理时炉水的碱度 A_K 与 pH 的关系（见图 8.4-1 所示）

7. 炉内水处理的加药系统

(1) 加药系统：常用加药系统及其特点，详见表 8.4-17。

(2) 加药罐的容积 V（L）

$$V\geqslant\frac{8Q_{max}G}{1000C\cdot\rho} \tag{8.4-7}$$

式中 Q_{max}——最大补充水量，m^3/h；

G——软水剂消耗量，g/m^3 补充水；

C——溶液的浓度（一般 $C=5\%\sim10\%$）；

ρ——溶液的密度，g/cm^3（$\rho=1.052\sim1.108$）。

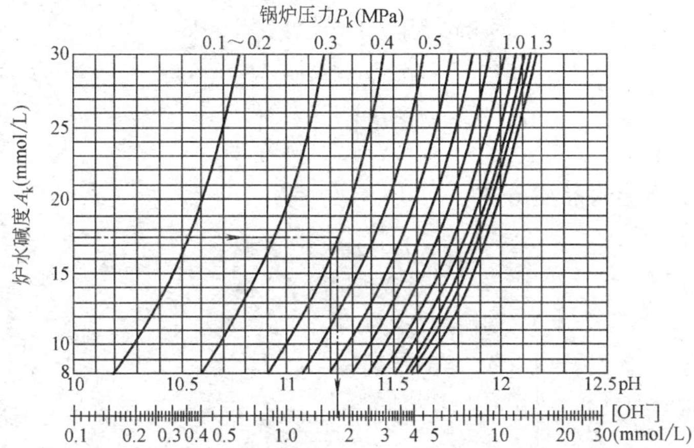

图 8.4-1 炉水碱度 A_K-pH 值关系曲线

制表公式：$pH=14-\lg\frac{1000}{A_K\cdot\eta}$，$[OH^-]=\eta\cdot A_K$，$\eta$—纯碱的水解率（%）

加药系统及特点 **表 8.4-17**

系统简图	特点
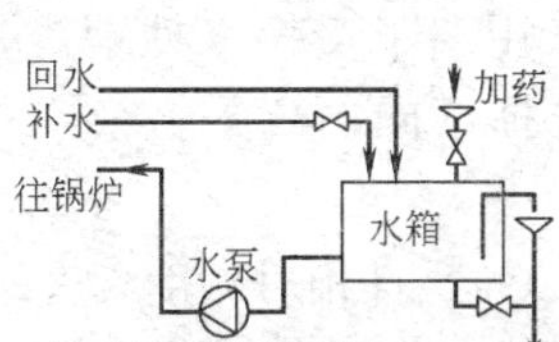 低压侧定期加药系统	系统简单。但对给水量和软水剂量的比例不易控制，很难调整多台锅炉的炉水碱度，且易在给水管道和锅炉省煤器内产生结垢现象
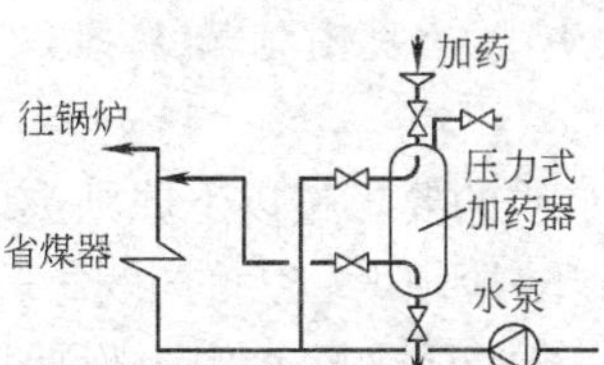 高压侧连续加药系统	设备可靠近锅炉安装，给水管及省煤器内不易结垢。每次加药周期内药剂浓度由浓到稀变化，炉水碱度不易保持均衡
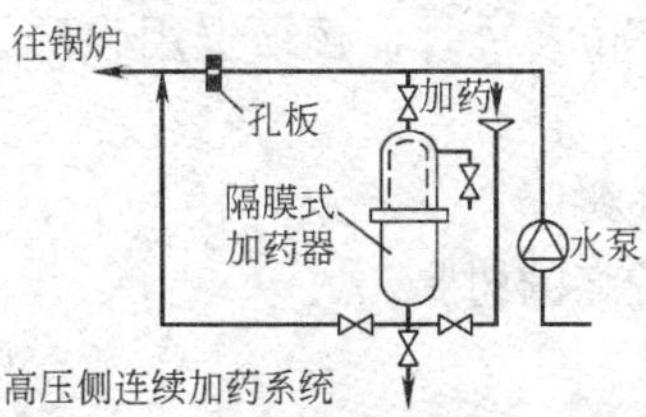 高压侧连续加药系统	优点同上。且每次加药周期内药剂浓度均匀，有利于保持比较均衡的炉水碱度

8.4.6 离子交换水处理

1. 离子交换水处理的分类及适用条件

（1）按离子交换运行方式分类：

- 固定式（床）
  - 顺流再生固定床
  - 逆流再生固定床
  - 浮动床
- 连续式（床）
  - 移动床
  - 流动床

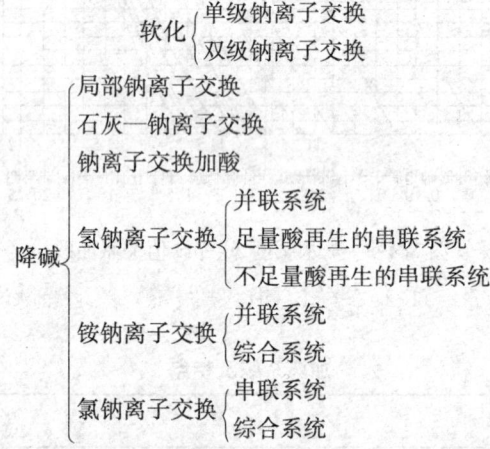

（2）按离子交换出水品质分类：

- 软化
  - 单级钠离子交换
  - 双级钠离子交换
- 降碱
  - 局部钠离子交换
  - 石灰—钠离子交换
  - 钠离子交换加酸
  - 氢钠离子交换
    - 并联系统
    - 足量酸再生的串联系统
    - 不足量酸再生的串联系统
  - 铵钠离子交换
    - 并联系统
    - 综合系统
  - 氯钠离子交换
    - 串联系统
    - 综合系统

（3）适用条件

额定蒸发量大于2t/h的蒸汽锅炉和承压式热水锅炉应采用离子交换水处理。并应根据锅炉的容量、生水水质、排污量大小等技术经济因素选择不同的离子交换水处理系统。

- 当原水碱度不高，按碱度计算的锅炉排污率小于5%～10%，且相对碱度≤0.2时，可采用单一的软化处理系统；
- 当原水碱度较高，按碱度计算的锅炉排污率大于5%～10%，或相对碱度>0.2时，应采用软化降碱的处理系统。

（4）离子交换剂的种类应根据原水中离子组成及处理后水质的要求按以下原则选取：

- 当只需要去除水中交换吸附性能较强的离子时（如对碳酸盐硬度较大的生水——特别是碱性水进行软化处理时），应选用弱酸性或弱碱性树脂；当需要去除水中吸附性能比较弱的阳离子（如Na^+、K^+）或阴离子（如HCO_3^-、$HSiO_3^-$）时，必须选用强酸性或强碱性树脂；
- 对于不要求除盐的软化系统，宜选用强酸性或弱酸性树脂；
- 采用流动床或移动床水处理时，应选择机械强度比较高的树脂。

常用离子交换剂的主要性能见表8.4-18及表8.4-19。

2. 离子交换系统的工艺流程

（1）常用离子交换系统的工艺流程简图如图8.4-2所示

磺化煤的主要物理、化学性能　　表 8.4-18

项　目	单　位	性　能	项　目	单　位	性　能
外观		黑色颗粒	水浸膨胀率	%	15
粒度	mm	0.3～1.2	全交换容量	mol/m^3	500 左右
真密度	g/mL	1.4	工作交换容量	mol/m^3	300 左右
视密度	g/mL	0.6～0.7	再生盐(酸)耗量	g/mol	NaCl 160～180
允许 pH 值范围		≤8.5			HCl 80～90
允许使用温度	℃	40	年损耗量	%	10～15

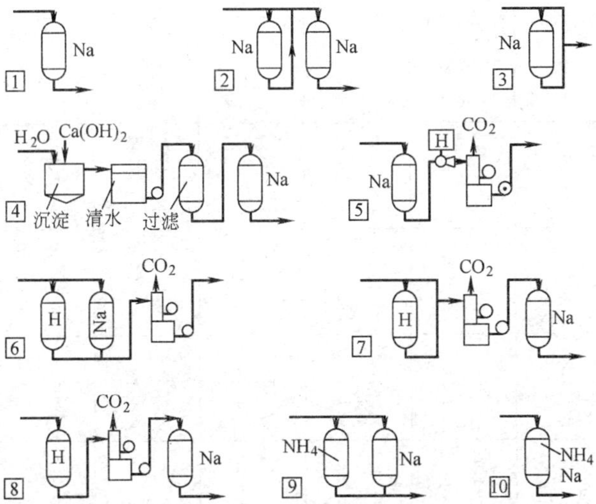

图 8.4-2　常用离子交换系统工艺流程简图

1—单级钠离子交换系统；2—两级钠离子交换系统；3—局部钠离子交换系统；4—石灰钠离子交换系统；5—钠离子交换加酸系统；6—并联氢钠离子交换系统；7—足量酸串联氢钠离子交换系统；8—不足量酸氢钠离子交换系统；9—并联铵钠离子交换系统；10—综合铵钠离子交换系统

(2) 常用离子交换系统的主要化学反应方程

1) 钠离子交换系统

$$\left.\begin{matrix}Ca\\Mg\end{matrix}\right>\begin{cases}(HCO_3)_2\\SO_4\\Cl_2\end{cases}+2NaR\longrightarrow\left.\begin{matrix}Ca\\Mg\end{matrix}\right>R_2+\begin{cases}2NaHCO_3\\Na_2SO_4\\2NaCl\end{cases}$$

原水经钠离子交换后，水中易结垢的钙镁化合物转化为易溶性的钠化合物，使水得到软化，但水中原有的碱度不变。其碱度在锅内受盐水解反应如下：

$$2NaHCO_3\xrightarrow{\triangle}Na_2CO_3+H_2O+CO_2\uparrow$$

$$Na_2CO_3+H_2O\xrightarrow{\triangle}2NaOH+CO_2\uparrow$$

2) 局部钠离子交换系统

经过钠离子交换的化学反应方程同上 1)；

未经钠离子交换的原水中钙镁化合物在锅水中与碱作用生成易流动的泥渣可通过排污排除。此部分作用机理与锅内水处理相同。

国产离子交换树脂的主要性能

表 8.4-19

型号		名称	外观	交换容量		机械性能	粒度	密度		转型膨胀率（%）	出厂离子型	含水量（%）	适用 pH 值范围	最高使用温度（℃）
国标型号	曾用型号			全交换容量（mmol/g（干））	工作交换容量（mmol/mL（湿））	磨后圆球率（%）	0.3～1.25mm（%）	湿真密度（g/mL）	湿视密度（g/mL）					
001×7	732 强酸 1# 010	强酸苯乙烯系阳离子交换树脂	棕黄至棕褐色球状	≥4.3	NaCl 再生 ≥0.8～1.0 HCl 再生 ≥1.2～1.5	～85	≥95	1.24～1.28	0.77～0.87	$Na^+ \to H^+$ ≤10	Na 型	45～56	1～14	Na 型≤120 H 型≤100
D001	D031	大孔强酸苯乙烯系阳离子交换树脂	灰褐色不透明球状	≥4.3	1.0～1.3	～90	0.5～1.25 ≥95	1.25～1.28	0.76～0.82	$Na^+ \to H^+$ ≤10	Na 型	45～55	1～14	Na 型≤120 H 型≤100
111	110	弱酸丙烯酸系阳离子交换树脂	白色或微黄色球状	≥11.5	1.5～1.8	～90	0.25～1.2 ≥95	1.17～1.19	0.77～0.82	$H^+ \to Na^+$ ≤65～75	Na 型	H 型 50～55	4～14	≤100
D113	D131	大孔弱酸丙烯酸系阳离子交换树脂	乳白色球状	≥11	HCl 再生 ≥2.0	～90	0.35～0.75 ≥95	1.15～1.20	0.76～0.8	$H^+ \to Na^+$ ≤70	H 型	45～52	4～14	H 型≤100
201×7	717 强碱 201	强碱季胺 I 型阴离子交换树脂	淡黄至金黄色球状	≥3.6	NaOH 再生 ≥0.45	～80	≥95	1.06～1.18	0.65～0.75	$Cl^- \to OH^-$ ≤18～22	Cl 型	40～50	1～14	OH 型<40 Cl 型<100
D201	D231	大孔强碱季胺 I 型阴离子交换树脂	乳白色不透明球状	≥3.7	NaOH 再生 ≥0.80	～90	0.46～0.90 ≥95	1.06～1.10	0.65～0.75	$Cl^- \to OH^-$ ≤20	Cl 型	50～60	1～14	OH 型≤60 Cl 型≤80
331	330 701	弱碱环氧系阴离子交换树脂	金黄至琥珀色球状	≥9	0.7～1.1	～90	≥95	1.05～1.09	0.60～0.75	$OH^- \to Cl^-$ ≤25	游离胺	60～70	1～10	OH 型≤100 Cl 型≤40
D301	D370 D354	大孔弱碱苯丙烯系阴离子交换树脂	乳白或淡黄色不透明球状	≥4.5	0.9～1.0	～90	≥95	1.03～1.07	0.65～0.72	$OH^- \to Cl^-$ ≤28	游离胺	50～60	1～9	OH 型≤100 Cl 型≤40

$$\left.\begin{matrix}Ca\\Mg\end{matrix}\right\rangle(HCO_3)_2+2NaOH\longrightarrow\left.\begin{matrix}CaCO_3\downarrow\\Mg(OH)_2\downarrow\end{matrix}\right\rangle+Na_2CO_3+\left\langle\begin{matrix}2H_2O\\H_2O+CO_2\uparrow\end{matrix}\right.$$

$$Ca\left\langle\begin{matrix}SO_4\\Cl_2\end{matrix}\right.+Na_2CO_3\longrightarrow CaCO_3\downarrow+\left\langle\begin{matrix}Na_2SO_4\\2NaCl\end{matrix}\right.$$

$$Mg\left\langle\begin{matrix}SO_4\\Cl_2\end{matrix}\right.+2NaOH\longrightarrow Mg(OH)_2\downarrow+\left\langle\begin{matrix}Na_2SO_4\\2NaCl\end{matrix}\right.$$

3）石灰沉淀软化

$$CaO+H_2O\longrightarrow Ca(OH)_2$$

$$CO_2+Ca(OH)_2\longrightarrow CaCO_3\downarrow+H_2O$$

$$\left.\begin{matrix}Ca\\Mg\end{matrix}\right\rangle(HCO_3)_2+Ca(OH)_2\longrightarrow\begin{matrix}2CaCO_3\downarrow+2H_2O\\CaCO_3\downarrow+2H_2O+MgCO_3\end{matrix}$$

$$+$$

$$Ca(OH)_2\longrightarrow Mg(OH)_2\downarrow+CaCO_3\downarrow$$

$$Mg\left\langle\begin{matrix}SO_4\\Cl_2\end{matrix}\right.+Ca(OH)_2\longrightarrow Mg(OH)_2\downarrow+Ca\left\langle\begin{matrix}SO_4\\Cl_2\end{matrix}\right.$$

石灰能除去水中的 CO_2 和 H_T，并将水中 $H_{F\cdot Mg}$转化为相应的 $H_{F\cdot Ca}$，即水中的 H_F 不变。

4）钠离子交换后加酸

$$2NaHCO_3+H_2SO_4\longrightarrow Na_2SO_4+CO_2\uparrow+2H_2O$$

原水经钠离子交换后，水中碱度不变。为降低碱度，可在软水中加酸，以中和水中碱度。

5）氢—钠离子交换

$$\left.\begin{matrix}Ca\\Mg\end{matrix}\right\rangle(HCO_3)_2+2HR\longrightarrow\left.\begin{matrix}Ca\\Mg\end{matrix}\right\rangle R_2+2H_2CO_3$$

$$\hookrightarrow 2H_2O+2CO_2\uparrow$$

当原水中 H_T 较大或存在负硬度（钠碱度）时，采用氢—钠离子交换系统可降低原水中的硬度和碱度，也可除去部分含盐量，使锅炉排污率降低。

氢—钠离子交换有串联、并联及综合等多种系统，其中不足量酸再生（采用磺化煤或弱酸性阳离子交换树脂为 HR）的串联氢—钠离子交换系统是目前工业锅炉房常用的除硬降碱的软化水处理系统。

6）铵—钠离子交换

原水中的易结垢的 Ca、Mg 离子与 NH_4 离子交换后变成易溶的铵盐。

$$\left.\begin{matrix}Ca\\Mg\end{matrix}\right\rangle\left\{\begin{matrix}(HCO_3)_2\\SO_4\\Cl_2\end{matrix}\right.+2NH_4R\longrightarrow\left.\begin{matrix}Ca\\Mg\end{matrix}\right\rangle R_2+\left\{\begin{matrix}2NH_4HCO_3\\(NH_4)_2SO_4\\2NH_4Cl\end{matrix}\right.$$

铵盐在锅内加盐反应生成酸（H_2SO_4、HCl）。

$$\left.\begin{array}{l}NH_4HCO_3\\(NH_4)_2SO_4\\NH_4Cl\end{array}\right\}\xrightarrow{\triangle}\left\{\begin{array}{l}NH_3\uparrow+CO_2\uparrow+H_2O\\2NH_3\uparrow+H_2SO_4\\NH_3\uparrow+HCl\end{array}\right.$$

原水经钠离子交换生成的钠盐在锅内加热水解生成的碱与上述酸发生中和反应。

$$2NaHCO_3\xrightarrow{\triangle}Na_2CO_3+H_2O+CO_2\uparrow$$

$$+$$

$$H_2O\xrightarrow{\triangle}2NaOH+CO_2\uparrow$$

$$\left.\begin{array}{l}H_2SO_4\\HCl\end{array}\right\rangle+Na_2CO_3\longrightarrow\left.\begin{array}{l}Na_2SO_4\\2NaCl\end{array}\right\rangle+H_2O+CO_2\uparrow$$

$$H_2SO_4+2NaOH\longrightarrow Na_2SO_4+2H_2O$$

$$HCl+NaOH\longrightarrow NaCl+H_2O$$

原水经铵—钠离子交换后，可除硬降碱和部分除盐，以降低锅炉排污量。铵离子交换生成酸和排放 CO_2 均在锅内受热后发生，故系统设备不须防腐和不须设置除 CO_2 器。

3. 固定式阳离子交换器的主要工艺计算及设计要点

（1）离子交换器的内径 d（m）

$$d=\sqrt{\frac{4Q}{\pi\cdot v}}\qquad(8.4\text{-}8)$$

式中　Q——离子交换器的出力，m^3/h；

v——水通过交换器的空塔流速，m/h，其推荐值见表 8.4-20。

离子交换器空塔流速推荐值　　**表 8.4-20**

原水总硬度(mmol/L)	空塔流速(m/h)					
	钠离子交换器		氢离子交换器		铵离子交换器	
	一级	双级	不足量酸还原	并联系统	并联系统	综合系统
0.2～1	25～30	40				
1～2	20～25	40			20	20
2～3	15～20	40	20	20	10～15	10～15
3～6	10～15	30～35	15	15	10	10
＞6	3～10	25～30	10	10	5	5

（2）离子交换器的运行延续时间 T（一般 $T\geqslant 8\sim12h$）

$$T=\frac{VE}{QH}\qquad(8.4\text{-}9)$$

式中　V——离子交换器内装交换剂体积，m^3；

E——交换剂实际有效工作交换容量，mol/m^3；

Q——软化水量，m^3/h；

H——进出离子交换器水中总硬度之差，mol/m^3。

（3）再生一次用盐量（再生剂耗量）B（kg）

$$B=\frac{bEV}{1000} \tag{8.4-10}$$

式中 V、E——意义同上式；

b——离子交换剂单位再生剂耗量，g/mol。

（4）设计要点：

• 进水 $H_0<2$mmol/L，可采用固定床顺流再生方式；当进水 $H_0 \leqslant 6.5$mmol/L，应采用固定床逆流再生方式。

• 单级固定床离子交换器一般不少于两台，当锅炉房总蒸发量≤4.2MW或软水消耗量较少时，可只设置一台，但其出力应满足离子交换器运行和再生时的软水消耗量，且水箱容量应能保证离子交换器再生时间内锅炉给水量。

• 当进水 $H_0>6.5$mmol/L，应采用两级串联钠离子交换系统。

4. 固定式阳离子交换软化系统

（1）单级钠离子交换系统

钠离子交换器主要工艺指标见表8.4-21。

（2）局部钠离子交换系统

a. 允许采用炉内加药水处理的锅炉可以采用局部钠离子交换法。这时应校核生水的 $\frac{H_T}{H_0}$，使其满足 $\frac{H_T}{H_0}>0.5$；锅炉计算给水总硬度（软水、生水和凝结水混合后的总硬度）$H_j<3.5$mmol/L。

$$H_j=[y_{Na^+}\cdot H_C+(1-y_{Na^+})H_0]\rho \tag{8.4-11}$$

式中 y_{Na^+}——通过钠离子交换器的软水量占给水量的百分率，见表8.4-22；

$$y_{Na^+}=\frac{\rho(1+P_A)(H_0-A_0)+P_A\cdot A_K}{\rho(1+P_A)H_0} \tag{8.4-12}$$

H_C——软水的残留硬度，mmol/L；

H_0——生水的总硬度，mmol/L；

ρ——锅炉补充水百分率（$\rho \leqslant 1$）。

b. 系统中必须设置可靠的水计量装置，以便按生水水质情况调节通过钠离子交换器的水量百分率。

炉水中应投加适量的有机泥垢调节剂，以增加防垢效果（药剂种类及药剂量参阅本章8.4.5锅内水处理）。

（3）氢—钠离子交换法

a. 系统适用范围及主要设计参数，详见表8.4-23。

b. 足量酸再生氢—钠离子系统 y_{H^+}（%），其数值见表8.4-24。

c. 氢离子交换器的主要工艺指标，见表8.4-25。

d. 设计要点：

• 足量酸再生的并联及串联氢钠离子交换系统中，必须设置可靠的水量计量装置，以便按生水水质及混合水的残余碱度调节通过氢离子交换器的水量百分比 Y_{H^+} 值；

• 系统中应设置 CO_2 脱气设备；

• 氢离子交换器及呈酸性水流过的管道及设备均应考虑防酸处理；

钠离子交换器主要工艺指标 表 8.4-21

钠离子交换器规格 直径×全高 (mm)	ϕ300×2000	ϕ400×2300	ϕ500×3000	ϕ750×3000	ϕ1000×3700	ϕ1500×4700	ϕ2000×5000	计算依据
交换器面积 F(m^2)	0.07	0.126	0.196	0.441	0.785	1.770	3.140	
交换剂层高度 h(m)	1.00	1.20	1.50	1.50	2.00	2.50/2.00	2.50/2.00	
交换剂体积 V(m^3)	0.07	0.151	0.294	0.66	1.57	4.43/3.54	7.85/6.28	
出力 D(m^3/h)	—/2.00	—/4.00	2.00/5.00	4.50/11.00	8.00/20.00	17.50/45.00	55.00/80.00	设计流速 10～25m/h(按样本取值)/15～30m/h(取 25)
周期交换能力 E_0(mol)	—/70	—/151	88/294	198/660	471/1570	1329/3540	2355/6280	工作交换容量 250～360mol/m^3(取 300)/800～1000mol/m^3(取 1000)
每次反洗用水量 G_1 (m^3/15min)	—/0.49	—/1.06	0.53/0.71	1.19/1.59	2.12/2.82	4.77/6.38	8.34/11.30	反洗强度 3～4L/s·m^2(取 3)/4L/s·m^2 时间 15min
每次正洗用水量 G_2 (m^3/次)			1.18	2.65	4.71	10.60	18.90	正洗流速 6～8m/h(取 8),时间 30～50(取 45)min
配制盐液用水量 G_3 (m^3/次)	—/0.105～0.21	—/0.226～0.452	0.198～0.316/0.441～0.882	0.445～0.712/0.99～1.98	1.06～1.70/2.36～4.72	3.00～4.78/5.31～10.62	5.30～8.48/9.42～18.84	盐液浓度 5%～8%/5%～10%
还原时总用水量 G (m^3/次)	—/0.595～0.70	—/1.286～1.512	1.908～2.026/2.331～2.772	4.285～4.552/5.23～6.13	7.89～8.53/9.89～12.25	18.37～20.15/22.29～27.60	32.54～35.72/39.02～49.04	$G=G_1+G_2+G_3$
每次还原食盐耗量 B (kg/次)	—/10.5	—/22.6	15.8/44.1	35.6/99	85/236	239/531	424/942	盐耗率 160～200g/mol(取 180)/120～150g/mol(取 150)
小时最大耗水量 (m^3/h)	—/～1.96	—/～4.24	1.57/2.12～2.84	3.54/4.76～6.36	6.28/8.48～11.28	14.14/19.08～25.52	25.20/33.36～45.20	分子按正洗计算,分母按反洗计算,(其数值小者为磺化煤,大者为树脂)。

注：① 表中 ϕ300～ϕ400 两种小型树脂软水器的工艺指标按单级倒置固定床逆流交换方式进行，ϕ500～ϕ2000 离子交换器按单级固定床顺流再生方式运行。

② 表中数据按两种交换剂进行计算，分子为磺化煤，分母为 001×7 强酸树脂。

③ 小时最大耗水量，无反洗水箱时应按反洗计算，有反洗水箱时按正洗计算。

④ ϕ500～ϕ2000 如按逆流再生方式运行，其还原盐耗及盐液量可按表中数值的 60%取值。

通过钠离子交换器的软化水百分率“y_{Na^+}”值 **表 8.4-22**

H_0	P_A	ρ \ A_0	1.5	2.0	2.5	3.0	3.5	4.0	4.5	5.0	5.5	6.0	6.5	7.0	7.5
1.0	0.05	0.3					0.68	0.18							
		0.5		0.91	0.41										
		1.0	0.45												
	0.10	0.3											0.56	0.06	
		0.5						0.64	0.14						
		1.0			0.86	0.63	0.40	0.17	0.06						
2.0	0.05	0.3					0.84	0.59	0.34	0.09					
		0.5		0.95	0.70	0.45	0.20								
		1.0	0.73	0.48	0.23										
	0.10	0.3											0.78	0.53	0.28
		0.5						0.82	0.57	0.32	0.07				
		1.0		0.91	0.66	0.41	0.16	0.09							
3.0	0.05	0.3					0.89	0.73	0.56	0.39	0.23	0.06			
		0.5		0.97	0.80	0.64	0.47	0.30	0.13						
		1.0	0.82	0.65	0.48	0.32	0.15	0.02							
	0.10	0.3											0.85	0.69	0.52
		0.5						0.88	0.71	0.55	0.38	0.21	0.05		
		1.0			0.98	0.79	0.61	0.42	0.23	0.05					
4.0	0.05	0.3					0.92	0.79	0.67	0.54	0.42	0.29	0.17	0.05	
		0.5		0.98	0.85	0.73	0.60	0.48	0.35	0.23	0.10				
		1.0	0.86	0.74	0.61	0.49	0.36	0.24	0.11						
	0.10	0.3											0.89	0.77	0.64
		0.5						0.91	0.78	0.66	0.53	0.41	0.28	0.16	0.04
		1.0		0.96	0.83	0.71	0.58	0.46	0.33	0.21	0.08				

续表

H_0	P_A	ρ \ A_0	1.5	2.0	2.5	3.0	3.5	4.0	4.5	5.0	5.5	6.0	6.5	7.0	7.5
5.0	0.05	0.3					0.94	0.84	0.74	0.64	0.54	0.44	0.34	0.24	0.14
		0.5		0.98	0.88	0.78	0.68	0.58	0.48	0.38	0.28	0.18	0.08		
		1.0	0.89	0.72	0.69	0.59	0.49	0.39	0.29	0.19	0.09				
	0.10	0.3											0.91	0.81	0.71
		0.5						0.93	0.83	0.73	0.63	0.53	0.43	0.33	0.23
		1.0		0.96	0.86	0.76	0.66	0.56	0.46	0.36	0.26	0.16	0.07		
6.0	0.05	0.3					0.95	0.86	0.78	0.70	0.61	0.53	0.45	0.36	0.28
		0.5		0.98	0.90	0.82	0.74	0.65	0.57	0.48	0.40	0.32	0.23	0.15	0.06
		1.0	0.91	0.83	0.74	0.66	0.58	0.49	0.41	0.33	0.24	0.16	0.08		
	0.10	0.3											0.93	0.84	0.76
		0.5						0.94	0.86	0.77	0.69	0.61	0.52	0.44	0.36
		1.0		0.97	0.89	0.80	0.72	0.64	0.55	0.47	0.39	0.30	0.22	0.14	0.05
7.0	0.05	0.3					0.95	0.88	0.81	0.74	0.67	0.60	0.53	0.45	0.38
		0.5		0.99	0.92	0.84	0.77	0.70	0.62	0.54	0.49	0.42	0.34	0.27	0.20
		1.0	0.92	0.85	0.78	0.71	0.64	0.57	0.49	0.42	0.35	0.28	0.21	0.14	0.07
	0.10	0.3											0.94	0.87	0.79
		0.5						0.95	0.88	0.81	0.73	0.66	0.59	0.52	0.45
		1.0		0.97	0.90	0.83	0.76	0.69	0.62	0.55	0.47	0.40	0.33	0.26	0.19
8.0	0.05	0.3					0.96	0.90	0.83	0.77	0.71	0.65	0.58	0.52	0.46
		0.5		0.99	0.93	0.86	0.80	0.74	0.68	0.61	0.55	0.49	0.43	0.36	0.30
		1.0	0.93	0.87	0.81	0.74	0.68	0.62	0.56	0.49	0.43	0.37	0.31	0.24	0.18
	0.10	0.3											0.95	0.88	0.82
		0.5						0.96	0.89	0.83	0.77	0.71	0.64	0.58	0.52
		1.0		0.98	0.91	0.85	0.79	0.73	0.66	0.60	0.54	0.48	0.41	0.35	0.29

注：本表 A_K=20mmol/L。

氢—钠离子交换系统适用范围及主要设计参数 **表 8.4-23**

项目 \ 系统	足量酸再生		不足量酸再生
	并联系统	串联系统	串联系统
适用生水品质	• 当 $H_F < 3.6$mmol/L 时，$\frac{H_T}{H_0} \geqslant 0.5$； • $S_0 < 500 \sim 600$mg/L； • $[SO_4^{2-}] + [Cl^-] \leqslant 5.3 \sim 7$mg/L	• 当 $H_F > 3.6$mmol/L 时，$\frac{H_T}{H_0} \leqslant 0.5$； • S_0 较大； • $[SO_4^{2-}] + [Cl^-] \geqslant 5.3 \sim 7$mg/L	• H_F 较小，$H_T > 1$mmol/L 或有负硬； • $S_0 < 2000 \sim 3000$mg/L； • 当采用弱酸性阳树脂时 $\frac{H_0}{A_0} = 1 \sim 1.5$。
软化水控制残留碱度 A_C	混合水 0.2～0.35mmol/L	混合水 0.5～0.8mmol/L	H 离子交换后 0.3～0.5mmol/L
交换剂	强酸性阳树脂或磺化煤		磺化煤或弱酸性阳树脂
通过氢离子交换器的水量百分比 Y_H	• 当生水无负硬时 $Y_{H^+} = \frac{H_T - A_C}{H_0} \times 100(\%)$； • 当生水具有负硬或钠盐时 $Y_{H^+} = \frac{A_0 - A_C}{A_0 + [SO_4^{2-}] + [Cl^-]} \times 100(\%)$		$Y_{H^+} = 100(\%)$
氢离子交换器再生剂比耗 b	• 顺流再生 H_2SO_4—100～150g/mol； HCl—70～85g/mol。 • 逆流再生 H_2SO_4—70～80g/mol； HCl—50～55g/mol。		顺流再生 • 磺化煤 H_2SO_4—49g/mol； HCl—36.5g/mol。 • 弱酸性阳树脂 H_2SO_4—(1.05～1.10)49g/mol； HCl—(1.05～1.10)36.5g/mol。
进入钠离子交换器的水质硬度 H_J	$H_J = H_0$mmol/L	$H_J = Y_{H^+} \cdot H_C + (1 - Y_{H^+}) H_0 \approx (1 - Y_{H^+}) H_0$mmol/L	$H_J = H_F + A_C$mmol/L

足量酸氢离子交换水量百分比 Y_{H^+} 值（%） **表 8.4-24**

$[SO_4^{2-}]+[Cl^-]$(mmol/L) \ A_0(mmol/L)	1	2	3	4	5	6	$[SO_4^{2-}]+[Cl^-]$(mmol/L) \ A_0(mmol/L)	1	2	3	4	5	6
0.3	38	65	76	81.4	84.9	87.3	4.0	10	25	35.7	43.8	50	55
0.5	33	60	71	77	81.8	84.6	4.5		23	33.3	41.2	47.4	52.4
1.0	25	50	62.5	70	75	78.6	5.0		21.4	31.3	38.9	45	50
1.5	20	43	55.5	63.6	69.2	73.3	5.5		20	29.4	36.8	42.9	47.8
2.0	16.7	37.5	50	58.3	64.3	68.8	6.0		18.8	27.7	35	40.9	45.8
2.5	14.3	33	45.5	53.8	60	64.7	6.5		17.7	26.3	33.3	39.1	44
3.0	12.5	30	41.6	50	56.3	61.1	7.0		16.7	25	31.8	37.5	42.3
3.5	11	27	38.5	46.7	52.9	57.9							

注：制表时取 $A_C = 0.5$mmol/L。

• 为防止还原时生成石膏状结晶，还原用 H_2SO_4 的浓度应采用 1%～1.5%（≤2%）；酸液流速 9～10m/h（≥5m/h），还原过程应连续进行。

(4) 铵—钠离子交换系统

a. 系统适用范围及主要设计参数见表 8.4-26。

氢离子交换器的

氢离子交换器规格 直径×全高(mm)		ϕ1000×3450		ϕ1500×4420		ϕ2000×4750	
交换器面积 F(m²)		0.785		1.770		3.140	
交换剂层高度 h(m)		2.000		2.500		2.500	
交换剂体积 V(m³)		1.570		4.425		7.850	
出力 D(m³/h)		11.78～15.70		26.55～35.40		47.00～62.80	
再生剂		H_2SO_4	HCl	H_2SO_4	HCl	H_2SO_4	HCl
周期交换能力 E_0(mol)	强酸树脂	940	1415	2655	3980	4710	7065
	磺化煤	425		1195		2120	
	弱酸树脂	2510		7080		12560	
每次反洗用水量 G_1(m³/15min)		2.95		6.64		11.78	
每次正洗用水量 G_2(m³/次)	树脂	9.80		22.13		39.25	
	磺化煤	7.85		17.70		31.40	
配制酸液用水量 G_3(m³/次)	强酸树脂 磺化煤	>5.82 >2.61	2.77 0.83	>16.35 >7.39	7.79 2.35	>29 >13.1	13.85 4.17
	磺化煤 弱酸树脂	>1.08 >6.45	0.39 2.33	>3.05 >18.13	1.1 6.59	>5.4 >32.17	2.00 11.70
还原时总用水量 G(m³/次)	强酸树脂 磺化煤	15.62～18.57 10.46～13.41	12.57～15.52 8.68～11.63	38.48～45.12 25.09～31.73	29.92～36.56 20.05～26.69	68.25～80.03 44.5～56.28	53.1～68.44 35.57～47.35
	磺化煤 弱酸树脂	8.93～11.88 16.25～19.2	8.24～11.19 12.13～15.08	20.75～27.39 40.26～46.9	18.8～25.44 28.72～35.36	36.8～48.58 71.42～83.2	33.4～45.18 50.95～62.73
每次还原再 生剂耗量 B(kg/次)	强酸树脂 磺化煤	118 53	113 34	332 150	318 96	589 265	565 170
	磺化煤 弱酸树脂	22 131	16 95	62 368	45 269	110 653	81 477
小时最大耗水量 (m³/h)	树脂	11.76～11.80		26.56～26.56		47.10～47.12	
	磺化煤	9.42～11.80		21.24～26.56		37.68～47.12	

注：① 表中数值均按顺流方式进行计算，如足量酸系统采用逆流方式运行时，其还原酸耗及酸液量可按表中数值

② 小时最大耗水量，有反洗水箱时按正洗计算，无反洗水箱时按反洗计算。

③ 表中 G_3、G、B 栏中，磺化煤上行与强酸树脂同为足量酸数值，下行与弱酸树脂同为不足量酸数值。

主要工艺指标 **表 8.4-25**

$\phi 2500\times5050$		$\phi 3000\times5360$		计算依据
4.910 2.500 12.275 73.65～98.20		7.100 2.500 17.750 106.50～142.00		设计流速 v=15～20m/h
H_2SO_4	HCl	H_2SO_4	HCl	H_2SO_4 | HCl
7365	11050	10650	15780	工作交换容量 E(mol/m^3)—足酸—600|900；不足酸—270、1600
3315		4795		
19640		28400		
18.41		26.63		反洗流速 15m/h、时间 15min
61.38		88.75		正洗流速$\frac{15m/h}{12m/h}$,时间 50min
49.10		71.00		
>45.3 >20.44	21.67 6.50	>65.5 >29.56	31 9.4	酸液浓度 H_2SO_4 <2% | HCl 3%～4%
>8.47 >50.30	3.10 18.30	>12.32 >72.76	4.46 26.50	
106.68～125.09 69.54～87.95	83.05～101.46 55.6～74.01	154.25～180.88 100.56～127.19	120～147 80～107	前数为利用正洗水作下次反洗用 $G=G_2+G_3$ 后数为不用正洗水作下次反洗用 $G=G_1+G_2+G_3$
57.57～75.98 111.68～130.09	52.2～70.61 79.68～98.09	83.32～109.95 161.51～188.14	75.5～102 115～142	
920 415	884 265	1330 600	1260 384	耗酸率(g/mol)—足酸—125|80、125|80；不足酸—52|38、52|38
172 1021	126 746	250 1477	182 1080	
73.66～73.64		106.50～106.52		前数按正洗计算,后数按反洗计算
58.92～73.64		85.20～106.52		

的 70%取值。

铵—钠离子交换系统适用范围及主要设计参数　　　　表 8.4-26

项目＼系统	综合法	并联法
适用生水品质	• $Y_{NH_4^+}=40\%\sim90\%$； • $\frac{[Na^+]}{总阳离子}<25\%$； • $\frac{[Na^+]}{H_0}<30\%\sim35\%$； • 当允许 $A_C>0.5$mmol/L 时 $\frac{H_T}{H_0}>80\%$。	• $Y_{NH_4^+}<40\%$ 或 $>85\%\sim90\%$； • $\frac{[Na^+]}{总阳离子}>25\%$； • $\frac{[Na^+]}{H_0}>30\%\sim35\%$； ——
控制在炉内受热后软化水残余碱度 A_C	0.5～1mmol/L	0.35～0.50mmol/L
通过铵离子交换的水量百分比 $Y_{NH_4^+}$	• 当生水无负硬时 $Y_{NH_4^+}=\frac{H_T-A_C}{H_0}\times100(\%)$； • 当生水具有负硬或钠盐时 $Y_{NH_4^+}=\frac{A_0-A_C}{A_0+[SO_4^{2-}]+[Cl^-]}\times100(\%)$。	
铵离子交换再生剂比耗 b(g/mol)	• 磺化煤 $(NH_4)_2SO_4$ $226Y^P_{NH_4}/100$ NH_4Cl $183Y^P_{NH_4}/100$ • 树脂 $(NH_4)_2SO_4$ $203Y^P_{NH_4}/100$ NH_4Cl $165Y^P_{NH_4}/100$	• 磺化煤 $(NH_4)_2SO_4$ 200 NH_4Cl 162 • 树脂 $(NH_4)_2SO_4$ 180 NH_4Cl 146

注：① 综合交换系统再生液中铵盐相对浓度 $Y^P_{NH_4^+}=Y_{NH_4^+}-(0.1\sim0.15)$

② 综合交换系统再生液中钠盐相对浓度 $Y^P_{Na}=(1-Y_{NH_4^+})+(0.1\sim0.15)$

其钠盐比耗对磺化煤为 $178Y^P_{Na}/100$；对树脂为 $134Y^P_{Na}/100$。

b. 铵离子交换水量百分比 $Y_{NH_4^+}$（%）值，见表 8.4-27。

c. 铵钠离子交换器主要工艺指标见表 8.4-28。

d. 设计要点：

• 采用铵—钠离子交换法，应注意蒸汽中带氨对用户是否有影响，并考虑如给水除氧效果不彻底时含氨蒸汽对供汽系统中含铜部件的腐蚀作用；

• 铵—钠离子交换系统宜设置热力除氧装置；

• 采用综合铵—钠离子交换系统时，考虑到铵离子实际交换度增大的因素，还原液中铵盐比例应比计算耗量减少 10%～15%。近似计算：

$$Y^P_{NH_4}=Y_{NH_4}-(0.1\sim0.15) \quad (8.4\text{-}13)$$

$$Y^P_{Na}=(1-Y_{NH_4})+(0.1\sim0.15) \quad (8.4\text{-}14)$$

具体数值可由图 8.4-3 查得。

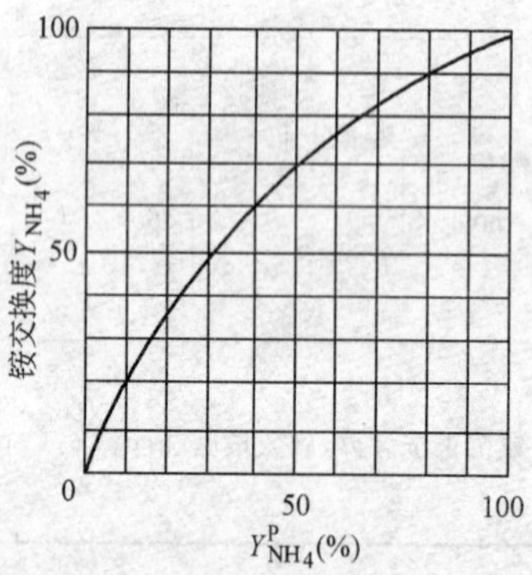

图 8.4-3　再生液中 $(NH_4)_2SO_4$ 的相对浓度 $Y^P_{NH_4}$

5. 逆流再生及浮动床工艺

(1) 固定床逆流再生

铵离子交换水量百分比 $Y_{NH_4^+}$ （%） **表 8.4-27**

$[SO_4^{2-}]+[Cl^-]$ (mmol/L) \ A_0 (mmol/L)	1.0	1.5	2.0	2.5	3.0	3.5	4.0	5.0	6.0	7.0
0	50	66.7	75	80	83.3	85.7	87.5	90		
0.25	40	57.1	66.7	72.7	76.9	80	82.4	85.7	88	89.7
0.50	33	50	60	66.7	71.4	75	77.8	81.8	84.6	86.7
0.75	28.6	44.4	54.6	61.5	66.7	70.6	73.7	78.3	81.5	83.9
1.00	25	40	50	57.1	62.5	66.7	70	75	78.6	81.3
1.50	20	33.3	42.9	50	55.6	60	63.6	69.2	73.3	76.5
2.00	16.7	28.6	37.5	44.4	50	54.6	58.3	64.3	68.8	72.2
2.50	14.3	25	33.3	40	45.5	50	53.9	60	64.7	68.4
3.00	12.5	22.2	30	36.4	41.7	46.2	50	56.3	61.1	65
3.50	11	20	27.3	33.3	38.5	42.9	46.7	52.9	57.9	61.9
4.00	10	18.2	25	30.8	35.7	40	43.8	50	55	59.1
4.50	9.1	16.7	23.1	28.6	33.3	37.5	41.2	47.4	52.4	56.5
5.00	8.3	15.4	21.4	26.7	31.3	35.3	38.9	45	50	54.2
5.50	7.7	14.3	20	25	29.4	33.3	36.8	42.9	47.8	52
6.00	7.1	13.3	18.8	23.5	27.8	31.6	35	40.9	45.8	50
6.50	6.7	12.5	17.7	22.2	26.3	30	33.3	39.1	44	48.2
7.00	6.3	11.8	16.7	21.1	25	28.6	31.8	37.5	42.3	46.4

综合法

并联法

注：① 制表时取 A_C＝0.5mmol/L；

② 确定系统方式，除本表 $Y_{NH_4^+}$ 数值外，还应综合其他因素通盘考虑。

a. 逆流再生工艺适用范围及设计要点：

● 适用范围——对各种阳、阴离子交换（如钠型、氢型阳离子及氢氧型阴离子交换等）的生水水质 H_0≤6.5mmol/L，S_0＝150～500mg/L 时均可适用；

● 特点——与顺流再生工艺相比，交换剂工作交换容量大，再生剂量减少 20%～40%，自用水率及废水排放量降低 30%～40%；

● 采用逆流再生离子交换器时，应有防止交换剂乱层的措施（一般采用气顶法、水顶法、负压法及控制低流速、无顶压法等）。

● 要求进水浊度不超过 1～2mg/L，以减少大反洗次数。

b. 逆流再生工艺的运行技术参数见表 8.4-29 和表 8.4-30。

(2) 浮动床

a. 浮动床工艺的适用范围及设计要点：

● 适用范围——与逆流再生工艺类似，生水水质 H_0＝2～4mmol/L，S_0＝150～300mg/L，进水浊度 1～2mg/L（当采用体内擦洗时可提高到 5～8mg/L）。

● 特点——交换器内树脂的填充率 95%～98%，运行时交换剂层被水流托起呈悬浮状态。运行速度高，产水量大，出水品质稳定，再生剂用量低（比耗 1.20～1.50，利用率达 85%～95%），自耗水率低（≤5%），不需设置顶压系统，操作方便。

铵钠离子交换器

离子交换器规格 直径×全高(mm)		φ750×3000 综合		φ750×3000 并联	φ1000×3700 综合		φ1000×3700 并联
交换器面积 F(m^2)		0.441		0.441	0.785		0.785
交换剂层高度 h(m)		1.50		1.50	2.00		2.00
交换剂体积 V(m^3)		0.66		0.66	1.57		1.57
出力 D(m^3/h)		4.41～6.62		4.41～6.62	7.85～11.78		7.85～11.78
交换剂类型		NH_4^+	Na^+	NH_4^+	NH_4^+	Na^+	NH_4^+
周期交换能力 E_0 (mol)	树脂	396		396	942		942
	磺化煤	198		231	471		550
每次反洗用水量 G_1 (m^3/15min)		1.65		1.65	2.95		2.95
每次正洗用水量 G_2 (m^3/次)	树脂	3.53		2.65	6.28		4.71
	磺化煤	3.53		2.65	6.28		4.71
配制盐液用水量 G_3 (m^3/次)	树脂	1.37	0.56	2.71	3.26	1.34	6.45
	磺化煤	0.76	0.37	1.75	1.82	0.89	4.18
还原时总用水量 G (m^3/次)	树脂	5.46～7.11		5.36～7.00	10.88～13.83		11.16～14.11
	磺化煤	4.66～6.31		4.4～6.05	8.99～11.94		8.89～11.84
每次还原再生剂耗量 B (kg/次)	树脂	36.2	29.2	71.30	86	69.4	170
	磺化煤	20.14	19.4	46.20	47.9	46	110
小时最大耗水量(m^3/h)		5.30～6.60		5.30～6.60	9.42～11.80		9.42～11.80

注：① 综合系统中，计算时取 $Y_{NH_4^+}=60\%$，$Y^P_{NH_4}=Y_{NH_4}-15\%=45\%$；$(NH_4)_2SO_4$ 相对耗率 $\frac{203\times45}{100}=91.35$g/mol

则 $Y^P_{Na}=100\%-45\%=55\%$。NaCl 相对耗率 $\frac{134\times55}{100}=73.7$g/mol 及 $\frac{178\times55}{100}=97.9$g/mol。

② 当以 NH_4Cl 代替 $(NH_4)_2SO_4$ 时，铵剂的用量可减少19%。

③ 小时最大耗水量，有反洗水箱时按正洗计算，无反洗水箱时按反洗计算。

④ 并联系统中，本表仅列出铵离子交换器工艺指标，有关钠离子交换器的工艺指标见表8.4-21。

主要工艺指标 **表 8.4-28**

ϕ1500×4700			ϕ2000×5000			计算依据		
综合		并联	综合		并联			
1.770 2.50 4.43 17.70～26.55		1.770 2.50 4.43 17.70～26.55	3.14 2.50 7.85 31.40～47.10		3.140 2.50 7.85 31.40～47.10	设计流速 v=10～15m/h		
NH_4^+	Na^+	NH_4^+	NH_4^+	Na^+	NH_4^+		NH_4^+	Na^+
2658		2658	4710		4710	工作交换容量 E (mol/m³)	600	600
1329		1550	2355		2748		300	350
6.64		6.64	11.78		11.78	反洗流速 15m/h;时间 15min。		
14.16		10.62	25.12		18.84	正洗流速 12m/h;时间(min)	40	30
14.16		10.62	25.12		18.84		40	30
9.22	3.78	18.14	16.32	6.70	32.18	盐液浓度:%	$(NH_4)_2SO_4$ 2.5	NaCl 5
5.12	2.51	11.76	9.11	4.46	20.90			
27.38～34.02		28.76～35.4	48.14～59.92		51.02～62.8	前数利用正洗水作下次反洗用 $G=G_2+G_3$		
21.79～28.43		22.38～29.02	38.68～50.47		39.74～51.5	后数不用正洗水作下次反洗用 $G=G_1+G_2+G_3$		
243	196	478	430	347	848	盐耗率 g/mol (综合)	$2.03Y_{NH_4}^{P}$	$1.34Y_{Na}^{P}$ | 180 (并联)
135	130	310	240	231	550		$2.26Y_{NH_4}^{P}$	$1.78Y_{Na}^{P}$ | 200
21.24～25.56		21.24～25.56	37.68～47.12		37.68～47.12	前数按正洗计算、后数按反洗计算。		

及$\frac{226\times45}{100}$=101.7g/mol。

逆流再生工艺运行技术参数（一） 表 8.4-29

类　型	工艺条件及技术参数	备　注
气顶压法	1. 压缩空气的压力 0.03～0.05MPa，压力稳定，不间断； 2. 气量 0.2～0.3$m^3/(m^2\cdot min)$； 3. 压脂层厚度 120～150mm	1. 不易乱层，稳定性好； 2. 操作容易掌握； 3. 耗水量少； 4. 需设置净化压缩空气系统
水顶压法	1. 水压 0.05～0.1MPa； 2. 顶压水量为再生液流量的 1～1.5 倍； 3. 压脂层厚度 120～150mm	1. 操作简单； 2. 再生废液量大，增加废水中和处理的负担
低流速法	1. 控制再生液流速低到不乱层为限，一般 $v<1.6\sim2m/h$； 2. 不需压脂层	1. 设备及辅助系统简单； 2. 不易控制，再生时间较长； 3. H_2SO_4 再生不宜采用
无顶压法	1. 中排液装置小孔流速小于 0.1m/s； 2. 压脂层厚度 200mm	1. 操作简便； 2. 外部管系简单； 3. 不需任何顶压系统

逆流再生工艺运行技术参数（二） 表 8.4-30

工艺阶段		技术参数	备　注
运行		v=15～20m/h，瞬间 v=30m/h	
再生	小反洗	v=10～12m/h，时间 10～15min	生水浊度较低时，可间隔几个周期进行一次
再生	上部排水	使压脂层处于干的状态	水顶压法不排水
再生	顶压	气压法 p=0.03～0.05MPa， 水压法 p=0.05～0.10MPa	低流速法及无顶压法不需顶压
再生	逆向进再生液	v=4～7m/h，时间 30～50min	对低流速法控制如下： 磺化煤：v=3～5m/h，25～40min 树脂：v=1.6～2m/h，40～60min
再生	逆向置换清洗	速度及时间与再生相同。 对 NaR 控制： $Cl^-_{出水}=Cl^-_{进水}+20mg/L$ 或 $H_C<0.5mmol/L$； 对 HR 控制： 出水酸度<3～5mmol/L	
再生	小正洗	v=15～20m/h，时间 5～10min	
再生	正洗	v=10～15m/h，出水水质符合运行指标为终点	
再生	大反洗	v=10～15m/h，时间 10～15min	一般根据生水浊度，间隔 15～20 个运行周期在再生前进行一次大反洗，较彻底地清除树脂层的污物及疏松树脂层。 大反洗后第一次再生剂耗量要比一般增加 50%～100%

• 要求成床稳定，防止乱层，适用于连续工作，在一个周期内不宜间断运行。运行时树脂下部水垫层应不大于 100mm，失效时其水垫层≤300mm。树脂层上部应设置相对密度 $\gamma<1$，粒径 $\phi1\sim1.5mm$ 的惰性树脂（或塑料球），厚度 $h=200\sim300mm$。

● 设备上应设体内取样管（在出水端树脂层下150～250mm处设置），以加强运行终点的监督。

● 设备下部排水管应做成倒“U”形管道，其最高点应高于树脂层上表面100mm，以防止下部排水时空气进入树脂层。

● 应设置定期（一般15～20周期左右）清洗树脂的设备，推荐采用由原武汉水利电力学院研制的带有上部体内抽气擦洗装置的浮床离子交换装置。

b. 浮动床工艺的运行技术参数见表8.4-31。

浮动床工艺的运行技术参数　　表8.4-31

工艺阶段		技术参数	备注
运行↑		v=30～40m/h， v_{max}=50m/h，v_{min}=7～10m/h	
再生	落床↓	利用反压力落床，时间～1min； 重力落床，时间2～3min	
	再生↓	NaR床：NaCl 80～100g/mol，浓度2%～3%，v=3～6m/h 强酸HR床 < HCl 50～55g/mol，浓度2%～3%，v=3～6m/h H_2SO_4≤70g/mol，浓度0.8%～1.2%，v=7～12m/h	
	置换↓	v与再生相同，时间15～30min	
	清洗↓	v=10～15m/h，时间15～30min	控制$Cl^-_{出水}$≤$Cl^-_{进水}$+100mg/L 清洗水 < 对NaR应用软水， 对HR应用H^+型水
	成床↑	v=15～25m/h，时间2～3min	
	正洗↑	至出水合格为止，时间一般3～5min	
定期擦洗		< 体内擦洗 体外擦洗	每间隔15～20周期进行一次

6. 再生系统

（1）常用离子交换再生系统的流程见图8.4-4。

（2）再生系统的设计原则

a. 再生系统的设计应满足以下要求：

● 再生用原料储存量根据供应及运输条件按15～30天的需用量计算；

● 采用槽车进酸时，浓酸贮存箱容积应按一个槽车的运输量加10天的需用量进行计算；

● 当全厂设有集中仓库或贮罐时，锅炉房内可只设日用贮罐，其有效容积按不小于1～2天的需用量进行计算；

● 各种再生系统的再生剂浓度、流速及再生时间可按表8.4-32采用：

● 注意再生废液的回收。一般可将再生液后段回收以配制再生液或作预再生之用（逆流再生时不宜用废液配制再生液）。在两级离子交换时，也可用第二级再生废液作为第一级离子交换剂的再生液。

b. 钠离子交换再生系统

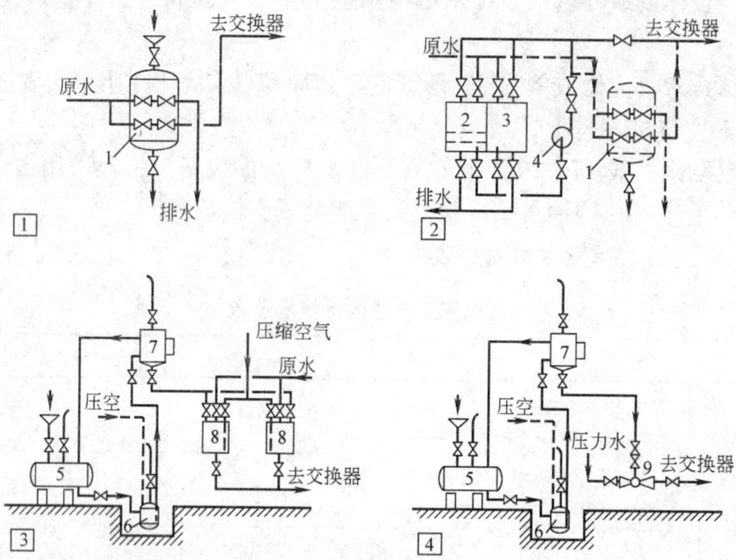

图 8.4-4 常用离子交换再生系统流程简图

1 盐溶解器系统（适用于 Na^+ 交换）；2 盐液池配置盐液系统（适用于 Na^+ 交换、NH_4- Na 离子交换）；

3 具有稀释箱的酸液制备系统；4 具有水射器的酸液制备系统

1—盐溶解器（盐液过滤器）；2—浓盐溶液池；3—稀盐溶液池；4—盐液泵；

5—浓酸贮存箱；6—排挤器；7—计量箱；8—稀释箱；9—水射器

再生剂浓度、流速及再生时间 **表 8.4-32**

再生剂名称	一般采用浓度(%)	再生剂流速(m/h)	再生时间(min)
NaCl	一级 5～8、二级 8～12	一级 3～4、二级 4～5	
H_2SO_4	1～2	≥10	
HCl	3～4	4～6	15～20
$(NH_4)_2SO_4$	2.5～3	≥10	
NH_4Cl	5～10	4～6	

• 再生用盐量小于 50kg/班时，可采用干法贮存，食盐贮存高度一般为 2m。盐溶解器按一次还原盐耗来选择；

• 一般食盐宜采用湿贮存，贮存池的数量按容量大小设置 1～2 个。

湿贮存池内的饱和盐液宜自流送入稀盐池。稀盐池的容积不应小于最大一台钠离子交换器的一次再生需用量；

• 再生用盐液应经过滤，一般可在贮存池底部设过滤层，对容量较大的水处理系统可设置专用盐液过滤器。

过滤层的滤料采用石英砂或无烟煤，可按表 8.4-33 进行配制。

• 盐液系统的设备、管道及附件应采取防腐措施。贮存池内壁可采用瓷砖贴面，管道阀门及附件可采用硬聚氯乙烯制品。

c. 铵离子交换再生系统

过滤层滤料规格及级配 表 8.4-33

滤料粒径 d(mm)	上 层	中 层	底 层
	1～2.5	2.5～5	5～10
滤料高度 h(mm)	100	150～200	100～150

• 不宜采用直接将硫酸铵放置在溶解器内溶解后输送到铵离子交换器的系统，以防止超过还原液的允许浓度；

• 硫酸铵的浓液池应单独设置。其稀液池是否与氯化钠稀盐池合并设置应视铵钠离子交换系统的不同类型确定；

• 当采用并联铵钠离子交换系统时，应分别设置稀盐池。当采用综合铵钠离子交换系统时，可采用混合液稀液池，但宜选用分设稀液池以便采用先钠后铵的再生工艺，提高除碱效率。

d. 氢离子交换器再生系统

• 酸液贮罐的标高位置应与酸液输送方式相适应。当采用槽车输送时，宜采用重力卸料，贮罐顶应低于槽车槽底；当采用坛子输送时，贮罐顶应与卸货平台高度相同；

• 装卸浓酸时，一般宜采用负压抽吸或泵抽送。不准用压缩空气直接在酸坛内挤压；

• 浓酸计量器及稀酸计量器贮量应不小于最大一台氢离子交换器一次再生的需用量；

• 当用水射器吸取酸液（尤其是浓硫酸）再生时，要注意采取防止水射器返水的措施（一般采用止回阀）；

• 浓度在 90%以上的浓硫酸贮槽可用钢板制作。稀硫酸及各种浓度的盐酸系统的设备管道内部（包括贮槽、计量器、喷射器及输送管道）均需作防腐处理。通常可采用橡胶、玻璃钢、有机玻璃、硬聚氯乙烯制品作内衬；

• 酸液贮槽和计量器附近地坪、墙裙和沟道均需有耐酸防腐设施，并应设置水冲洗装置；

贮存和配置盐酸的容器内，酸液面上应放置一层厚 3～5mm 的液状石蜡，以防止酸气外溢；

• 废液的排除应符合国家排放标准，一般排出废液的 pH 值不小于 6～9；

废酸液可排至碱性水系统中（如锅炉冲灰系统）进行中和，并经石灰石（或白云石）过滤器过滤后排入下水道。

(3) 再生系统的计算，见表 8.4-34。

(4) 典型压力式盐过滤器的主要工艺指标，见表 8.4-36。

7. 常用离子交换器工艺计算主要数据综合表（见表 8.4-37）

8. 介绍两种全自动钠离子交换器

(1) 国产多路阀全自动钠离子交换器

交换器安装尺寸及主要性能见图 8.4-5 及表 8.4-38。

(2) 进口多路阀全自动钠离子交换器

交换器安装尺寸及主要性能见图 8.4-6 及表 8.4-39。

再生系统计算公式汇总表 **表 8.4-34**

计算项目		计算公式		
		钠离子再生	铵离子再生	氢离子再生
再生剂耗量 B(kg/次)		$B=\frac{b\cdot E\cdot F\cdot h}{1000}$		
浓液池(箱)容积 V_1(m^3)		$V_1=\frac{1.2B\cdot n\cdot K}{10\cdot C_1\cdot \rho_1}$		$V_1=\frac{1.2B\cdot n\cdot K}{10\cdot \varepsilon\cdot \rho_1}$
配制再生液用水量 G(m^3/次)		$G=\frac{B}{10\cdot C_2\cdot \rho_2}$		
稀盐池(箱)容积 V_2(m^3)		$V_2=(1.2\sim1.3)G$		
盐液泵	流量 Q(m^3/h)	$Q=\frac{1.2B60\times100}{1000t_H\cdot C_2\cdot \rho_2}=\frac{72}{t_H}G$		
	扬程 H(MPa)	0.15～0.20		
酸液排挤器容积 V_P(m^3)		—		$V_P=\frac{n_P\cdot B}{10\cdot \varepsilon\cdot \rho_1}$
酸液计量箱容积 V_J(m^3)		—		$V_J=\frac{1.1B}{10\cdot \varepsilon\cdot \rho_1}$

式中 n——一昼夜还原总次数，次/d；

K——贮存天数，d；

ε——工业用浓酸的纯度，%；

C_1、C_2——浓液及稀液的浓度百分数，%；

ρ_1、ρ_2——浓液及稀液的密度，t/m^3（g/cm^3）；

t_H——还原时间，min；

n_P——酸液排挤器还原次数（可按2次或一天考虑）。

再生系统再生剂的耗量及再生液的容积，也可按表8.4-35确定。

8.4.7 给水除氧及脱气

1. 给水除氧脱气装置的分类及适用条件（见表8.4-40）

2. 水中含氧量与温度压力的关系（见表8.4-41）

3. 大气式热力除氧

(1) 大气式热力除氧器的耗汽量，见表8.4-42。

(2) 大气式热力除氧器的进水水温及运行蒸汽压力，见表8.4-43。

(3) 大气式热力除氧系统的设计要点：

• 一般宜选用喷雾—填料式热力除氧器，其负荷适应范围为额定负荷的30%～120%；

• 当除氧器进水温与除氧后水的温差＞8～10℃时，宜在排汽管上安装排汽冷却器，以减少汽水损失。当温差较小时，可采用直接排汽；

• 数台除氧器并列运行时，必须装设水、汽平衡管道，以消除除氧器之间的水位和压力不平衡现象。管径参考表8.4-44选用；

• 进入除氧器的软水应使在各并列除氧器中分配均匀。除氧器应配有可靠的水位调节和汽压调节装置，以保持水位及汽压的稳定。

除氧水箱应配置有水位计、水位变送器、水位报警装置、溢流水封、排污管及出水管等附件。

再生系统再生剂耗量及再生液容积表 **表 8.4-35**

离子交换器规格 D(mm)		ϕ300	ϕ400	ϕ500	ϕ750	ϕ1000	ϕ1500	ϕ2000	ϕ2500	ϕ3000	备注
钠离子交换（NaCl 再生）	再生剂耗量 B(kg/次)	14	30	48	109	258	730	1300			交换剂为树脂
	浓液容积 V_1'（m^3/次）	0.045	0.096	0.154	0.350	0.830	2.34	4.17			$C_1=26\%$、$\rho_1=1.20$
	稀液容积 V_2'（m^3/次）	0.14～0.28	0.30～0.60	0.48～0.96	1.09～2.18	2.58～5.16	7.29～14.58	13～26			$C_2=5\%\sim10\%$，$\rho_2=1.036\sim1.071$
铵离子交换（$(NH_4)_2SO_4$ 再生）	B(kg/次)				71.30	170	478	848			交换剂为树脂
	V_1'(m^3/次)				0.810	1.94	5.43	9.64			$C_1=10\%$、$\rho_1=1.056$
	V_2'(m^3/次)				2.82	6.71	18.87	33.48			$C_2=2.5\%$、$\rho_2=1.013$
氢离子交换（H_2SO_4 再生）	B(kg/次)					$\frac{118}{22}$	$\frac{332}{62}$	$\frac{589}{110}$	$\frac{920}{172}$	$\frac{1330}{250}$	强酸树脂、足量酸再生 磺化煤、不足量酸再生
	V_1'(m^3/次)					$\frac{0.094}{0.018}$	$\frac{0.265}{0.050}$	$\frac{0.47}{0.088}$	$\frac{0.735}{0.137}$	$\frac{1.062}{0.20}$	$\varepsilon=75\%$、$\rho_1=1.67$
	V_2'(m^3/次)					$\frac{>5.82}{>1.08}$	$\frac{>16.35}{>3.05}$	$\frac{>29}{>5.4}$	$\frac{>45.3}{>8.47}$	$\frac{>65.5}{>12.32}$	$C_2<2\%$、$\rho_2=1.015$
氢离子交换（HCl 再生）	B(kg/次)					$\frac{113}{16}$	$\frac{318}{45}$	$\frac{565}{81}$	$\frac{884}{126}$	$\frac{1260}{182}$	强酸树脂、足量酸再生 磺化煤、不足量酸再生
	V_1'(m^3/次)					$\frac{0.317}{0.05}$	$\frac{0.89}{0.13}$	$\frac{1.585}{0.23}$	$\frac{2.48}{0.35}$	$\frac{3.51}{0.51}$	$\varepsilon=31\%$、$\rho_1=1.15$
	V_2'(m^3/次)					$\frac{2.77}{0.39}$	$\frac{7.79}{1.1}$	$\frac{13.85}{2.00}$	$\frac{21.67}{3.10}$	$\frac{31}{4.46}$	$C_2<3\%\sim4\%$、$\rho_2=1.02$
交换剂层高度 h(m)		1.00	1.20	1.50	1.50	2.00	2.50	2.50	2.50	2.50	

注：① 本表仅表示单位耗量及单位容积，作为贮存箱、浓稀池等容积计算的基础资料；

② 本表按顺流固定床进行计算，对逆流再生或浮动床，可按表中数值的 70%取值；

③ 铵离子交换系并联系统计算数值，当还原剂改用 NH_4Cl 时，表中数值可减少 19%。

典型压力式盐过滤器的主要工艺指标 **表 8.4-36**

指标＼规格 DN	500	650	800	1000
外形尺寸 $D\times H$(mm)	524×1535	674×1650	824×1956	1024×2032
溶盐量 G(kg/次)	～75	～145	～210	～375
容积 V(m^3)	0.10	0.20	0.30	0.50
工作压力 P(MPa)	≤0.59	≤0.59	≤0.59	≤0.54
工作温度 t(℃)	≤60	≤60	≤60	≤60
石英砂过滤层：				
高度(mm)	496	532	500	500
颗粒直径(mm)	1～10	1～10	1～10	1～10
重量(kg)	112	229	304	474
设备净重(kg)	216	464	660	824
总重(kg)	510	1040	1500	2180

常用离子交换器工艺计算主要数据综合表 **表 8.4-37**

项目＼单元设备再生方式			顺流再生 磺化煤		顺流再生 树脂		逆流再生 树脂	
运行流速		(m/h)	正常 10～20(30～40) 最大 25		正常 15～25(35～55) 最大 30		正常 15～25 最大 30	
反洗流速		(m/h)	10～15		15		小反洗 5～10	
反洗时间		(min)	15		15		小反洗 10～15	
钠离子交换器	再生	再生剂	NaCl		NaCl		NaCl	
		盐耗(g/mol)	150～200(400)		120～150(350～400)		80～90	
		盐液浓度(%)	5～8(8～12)		5～8(8～12)		3～5	
		流速(m/h)	3～5(4～5)		3～5(4～5)		≤5	
	正洗	流速(m/h)	8～10		8～10		小正洗 7～10	正洗 7～10
		时间(min)	40～50		40～50		～10	至出水合格
		工作交换容量(mol/m^3)	250～300		900～1000		900～1000	
氢离子交换器	再生	再生剂	H_2SO_4	HCl	H_2SO_4	HCl	H_2SO_4	HCl
		酸耗(g/mol)	足量酸 100～150 不足量酸 49	70～85 36.5	100～150 ～54	70～85 ～40	70～80 —	50～55 —
		酸液浓度(%)	<2	3～4	<2	3～4	1～2	1.5～3
		流速(m/h)	10	4～6	10	4～6	8～10	≤5
	正洗	流速(m/h)	10～12		15		小正洗 15	正洗 7～10
		时间(min)	50		50		～10	至出水合格
		工作交换容量(mol/m^3)	足量酸 250～300 不足量酸 250～280		500～650 1500～1800	800～1000 1500～1800	500～650	800～1000
铵离子交换器		系统	并联	综合	并联	综合		
	再生	再生剂	$(NH_4)_2SO_4$		$(NH_4)_2SO_4$			
		盐耗(g/mol)	200	$2.26Y_{NH_4}^{P}$ $1.78Y_{Na}^{P}$	180	$2.03Y_{NH_4}^{P}$ $1.34Y_{Na}^{P}$		
		盐液浓度(%)	2.5～3.0		2.5～3.0			
		流速(m/h)	10～15	>10	10～15	>10		
	正洗	流速(m/h)	>10	>10	>10	>10		
		时间(min)	25～30	30～40	25～30	30～40		
		工作交换容量(mol/m^3)	350～400	300～350	500～650	450～600		

注：① 表中数值带（ ）者为二级离子交换器采用的数据。

② 再生液中 $(NH_4)_2SO_4$ 相对浓度 $Y_{NH_4}^{P}=Y_{NH_4}-(0.1\sim0.15)$。

③ 如用 NH_4Cl 代替 $(NH_4)_2SO_4$，铵剂量可减少 19%。

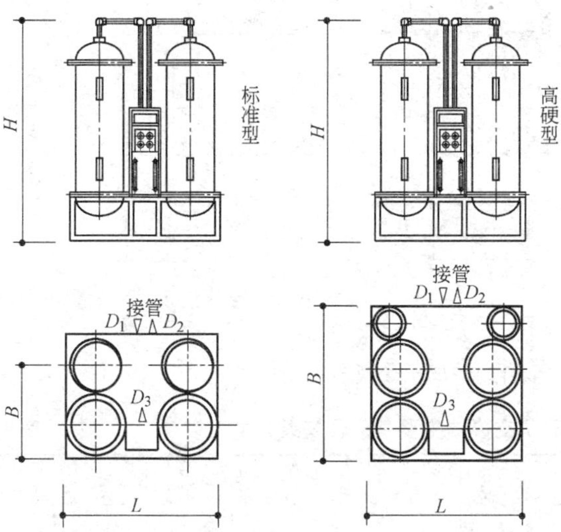

主要性能指标：

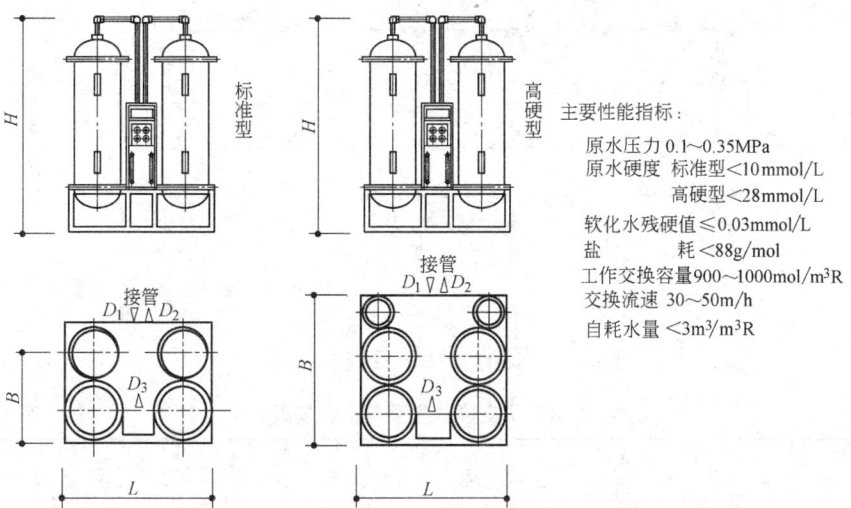

原水压力 0.1～0.35MPa
原水硬度 标准型<10mmol/L
高硬型<28mmol/L
软化水残硬值≤0.03mmol/L
盐　　耗<88g/mol
工作交换容量900～1000mol/m^3R
交换流速 30～50m/h
自耗水量<3m^3/m^3R

图 8.4-5　CN 系列电脑程控钠离子交换器安装尺寸

特点：

- 浮床逆流再生，出水质量好、盐耗低。
- 全开式溶盐箱结构、操作方便。
- 全新的平面程控多路阀工艺设计、杜绝串漏。
- 设有时间，流量及水箱水位反馈控制供选用。
- 双柱布置，单柱运行、连续供水。

产品型号规格的标注："YH-CN□-额定出力"，方框□表示型号，有八种选择：

1. 时间控制、标准型。(H<10mmol/L)。
2. 时间控制、高硬型。(H<28mmol/L)。
3. 时间水位控制、标准型。
4. 时间水位控制、高硬型。
5. 流量水位控制、标准型。
6. 流量水位控制、高硬型。
7. 时间水位控制、不锈钢、标准型。
8. 流量水位控制、不锈钢、标准型。

CN 系列电脑程控钠离子交换器主要性能及安装尺寸　　　　**表 8.4-38**

产品型号	额定出力(t/h)	管径 DN(mm)			电源	自耗水量(t/h)	设备外形尺寸(mm)						设备总重量(kg)			
		进水 D1	软水 D2	排水 D3			标准硬度型			高硬度型			设备净重		树脂装填量	
							L	B	H	L	B	H	标准	高硬	标准	高硬
YH-CN□	001	15	15	15	～220V 3A	0.07	1058	712	2370	1058	1016	2370	244	345	2×44	4×44
	002	20	20	15		0.10	1158	762	2590	1158	1116	2590	272	400	2×83	4×83
	004	25	25	15		0.27	1366	866	2640	1366	1324	2640	362	577	2×164	4×164
	006	32	32	25		0.36	1528	972	2717	1528	1486	2717	410	677	2×214	4×214
	008	40	40	25		0.45	1628	1022	2784	1628	1586	2784	476	773	2×270	4×270
	010	40	40	25		0.58	1728	1072	2797	1728	1686	2797	519	856	2×334	4×334
	015	50	50	25		0.76	2064	1340	2954	2064	2072	2954	791	1312	2×480	4×480
	020	50	50	25		1.22	2268	1442	2983	2268	2276	2983	900	1522	2×654	4×654
	030	65	65	32		1.90	2938	1752	3170	2938	2896	3170	1490	2653	2×1335	4×1335
	050	65	65	32		2.74	3362	2264	3240	3362	3620	3240	2236	3931	2×1922	4×1922
	100	125	125	50		6.02	5880	2000	4100	5880	4000	4100	4894	9656	2×4972	4×4972
	150	150	150	65		9.33	6000	2560	4300	6000	5120	4300	5500	10000	2×7500	4×7500
	200	150	150	65		13.2	6600	2760	4500	6600	5520	4500	6500	12000	2×10000	4×10000

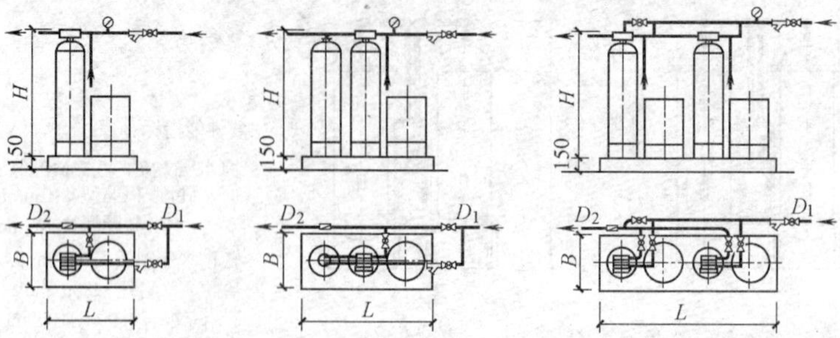

DD—单阀单罐　　DS—单阀双罐　　SS—双阀双罐

图8.4-6　全自动钠离子交换器安装尺寸

全自动钠离子交换器主要性能及安装尺寸　　**表8.4-39**

序号	产品型号	额定出水量(t/h)	进出水管径 D_1/D_2 (mm)	电源220V/50Hz功率(W)	树脂罐直径×高度×个(mm)	盐罐直径×高度×个(mm)	树脂装填量(L)	工作交换容量(mol)	安装空间 $L \times B \times H$ (m)	系统运行方式
1	□N-0.5-DD	0.5	20～25	3	200×1200×1	350×750×1	25	22	1.0×0.6×1.4	单阀单罐间断供水
2	□N-1.0-DD	1.0	20～25	3	250×1350×1	350×750×1	50	45	1.0×0.6×1.6	
3	□N-2.0-DD	2.0	25	3	300×1350×1	430×820×1	75	68	1.2×0.7×1.6	
4	□N-4.0-DD	4.0	32	3	400×1650×1	530×970×1	125	115	1.3×0.8×2.0	
5	□N-6.0-DD	6.0	40	40	500×1800×1	530×970×1	200	180	1.4×0.8×2.0	
6	□N-8.0-DD	8.0	40	40	600×1850×1	660×1100×1	250	225	1.7×1.0×2.2	
7	□N-10-DD	10	50	40	750×1950×1	760×1220×1	500	450	1.9×1.2×2.2	
8	□N-15-DD	15	50	75	900×2150×1	1080×1150×1	800	720	2.4×1.5×2.4	
9	□N-20-DD	20	65	125	1000×2250×1	1080×1150×1	900	810	2.5×1.5×2.5	
10	□N-30-DD	30	65	125	1200×2300×1	1200×1400×1	1250	1125	2.8×1.6×2.5	
11	□N-40-DD	40	80	125	1400×2400×1	1200×1400×1	1700	1530	3.0×1.8×2.8	
12	□N-50-DD	50	80	125	1500×2600×1	1630×1360×1	1875	1690	3.6×2.0×2.8	
13	□N-0.5-DS	0.5	20～25	3	200×1200×2	350×750×1	25×2	22×2	1.4×0.6×1.4	单阀双罐连续供水一用一备
14	□N-1.0-DS	1.0	20～25	3	250×1350×2	350×750×1	50×2	45×2	1.5×0.6×1.6	
15	□N-2.0-DS	2.0	25	3	300×1350×2	430×820×1	75×2	68×2	1.6×0.7×1.6	
16	□N-4.0-DS	4.0	32	3	400×1650×2	530×970×1	125×2	115×2	2.0×0.8×2.0	
17	□N-6.0-DS	6.0	40	40	500×1800×2	530×970×1	200×2	180×2	2.2×0.8×2.0	
18	□N-8.0-DS	8.0	40	40	600×1850×2	660×1100×1	250×2	225×2	2.5×1.0×2.2	
19	□N-10-DS	10	50	40	750×1950×2	760×1220×1	500×2	450×2	3.0×1.2×2.2	
20	□N-12-SS	12	50	140	500×1800×2	530×970×2	200×2	180×2	3.0×0.8×2.0	双阀双罐连续供水同时运行互为备用交替再生
21	□N-16-SS	16	50	140	600×1850×2	660×1100×2	250×2	225×2	3.3×1.0×2.2	
22	□N-20-SS	20	65	250	750×1950×2	760×1220×2	500×2	450×2	3.8×1.2×2.2	
23	□N-30-SS	30	65	250	900×2150×2	1080×1150×2	800×2	720×2	4.8×1.5×2.4	
24	□N-40-SS	40	80	250	1000×2250×2	1080×1150×2	900×2	810×2	5.0×1.5×2.5	
25	□N-60-SS	60	80	250	1200×2300×2	1200×1400×2	1250×2	1125×2	5.6×1.6×2.5	

产品型号规格的标注

□N□-□□

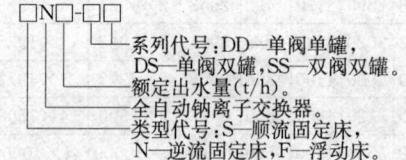

- 系列代号：DD—单阀单罐，DS—单阀双罐，SS—双阀双罐。
- 额定出水量(t/h)。
- 全自动钠离子交换器。
- 类型代号：S—顺流固定床，N—逆流固定床，F—浮动床。

产品选用其他项目：

- 自动控制器及多路阀：一般选用由美国 Osmonics-Autotrol，及 Pentair-FLECK 等公司生产的设备。
- 运行控制方式选择：流量控制，时间控制，水箱水位反馈控制。

备注：产品型号，多路阀种类，运行控制方式等应按制造厂资料选定。

给水除氧脱气装置的分类及适用条件 **表 8.4-40**

除氧(脱气)装置	适用条件	备注
1. 大气式热力除氧	• 适用锅炉:蒸发量≥6t/h 的蒸汽锅炉或总蒸发量>16t/h 的锅炉房; • 有蒸汽来源的高温热水锅炉房; • 进水温度应≥40℃	处理后给水含氧量≤0.05mg/L,除氧同时还可除去水中其他气体(如 CO_2、NH_3 等)
2. 真空除氧	• 适用锅炉:蒸发量≥6t/h 的蒸汽锅炉及无蒸汽来源的高温热水锅炉; • 一般用于进水温度低,出水温度 30~60℃的给水系统	处理后给水含氧量≤0.05mg/L,除氧同时可除去水中其他气体(如 CO_2、NH_3 等)
3. 常温过滤式除氧	• 适用于锅炉补水采用炉外化学软化处理的工业锅炉(包括蒸汽、热水和汽水两用锅炉); • 待除氧的水应采用软水	处理后给水含氧量≤0.05mg/L,出水中含有少量的二价铁离子 Fe^{2+},在蒸汽锅炉房使用时应增设除铁器(Na 型强酸阳离子交换器)将其除去
4. 化学药剂除氧(常用反应剂为 Na_2SO_3)	• 作热力除氧的辅助措施; • 单独作为小型蒸汽锅炉或水温≤95℃的热水锅炉的除氧; • 进水应预热到≥80℃	处理后给水含氧量≈0
5. 除二氧化碳气	经氢离子交换器或钠离子交换加酸后的出水均需进行二氧化碳除气处理	处理后水中 CO_2 残余量为 3~5mg/L

水的含氧量与温度、压力的关系 **表 8.4-41**

水温(℃) / 含氧量(mg/L) / 水上空间压力(MPa)	0	10	20	30	40	50	60	70	80	90	100
0.10	14.5	11.2	9.1	7.5	6.4	5.5	4.7	3.8	2.8	1.6	0
0.08	11.0	8.5	7.0	5.7	5.0	4.2	3.4	2.6	1.6	0.5	0
0.06	8.3	6.4	5.3	4.3	3.7	3.0	2.3	1.7	0.8	0	0
0.04	5.7	4.2	3.5	2.7	2.2	1.7	1.1	0.4	0	0	0
0.02	2.8	2.0	1.6	1.4	1.2	1.0	0.4	0	0	0	0
0.01	1.2	0.9	0.8	0.5	0.2	0	0	0	0	0	0

除氧器加热耗汽量 **表 8.4-42**

进除氧器的水温(℃)	40	50	60	70	80	90
耗汽量[kg(汽)/(t·h)(水)]	150	125	100	75	55	35

注:除氧水箱底部再沸腾管耗汽量为除氧器耗汽量的 10%~20%。

进水水温及蒸汽压力 **表 8.4-43**

项目		淋水盘式	喷雾—填料式
进水水温	(℃)	>70	>20
除氧器内蒸汽压力	(MPa)	0.02~0.025	0.02~0.025
喷头进水压力	(MPa)		0.15~0.20
维持出水温度	(℃)	102~105	102~105

注:进入沸腾管的蒸汽压力要高于除氧器内蒸汽压力。

除氧水箱汽、水平衡管管径 **表 8.4-44**

水箱工作压力(MPa)		0.020					
水箱容积	(m^3)	<5	15~24	25~34	35~44	45~59	60~75
汽平衡管管径	(mm)	100	125	150	200	250	300
水平衡管管径	(mm)	65、80	100	125	150	200	250

(4) 喷雾—填料式热力除氧装置的主要工艺资料，见表 8.4-45。

喷雾—填料式热力除氧装置的主要工艺资料 **表 8.4-45**

指标 \ 出力(t/h)		10	20	40	50	75
除氧器						
外形尺寸 $DN \times h$	(mm)	DN650×1810	DN800×1880	DN1000×2520	DN1000×2500	DN1200×2810
填料高度	(mm)	300	300	350	350	400
工作压力	(MPa)	0.02	0.02	0.02	0.02	0.02
工作温度	(℃)	104	104	104	104	104
进水压力	(MPa)	0.15~0.2	0.15~0.2	0.15~0.2	0.15~0.2	0.15~0.2
进水温度	(℃)	40	40	40	40	40
重量	(kg)	365	434	656	843	1253
除氧水箱						
水箱有效容积	(m^3)	5	10	20	25	35
水箱外形尺寸 $DN \times L$	(mm)	DN1500×4025	DN1800×5357	DN2500×6054	DN2500×6800	DN2500×9300
重量	(kg)	1503	2588	5834	6563	7738
装置安装总高度	(m)	3422	3920	5400	5400	5570
设备净重	(kg)	2061	3104	6869	7343	9026

4. 真空除氧

(1) 常用真空除氧系统的流程，如图 8.4-7 所示。

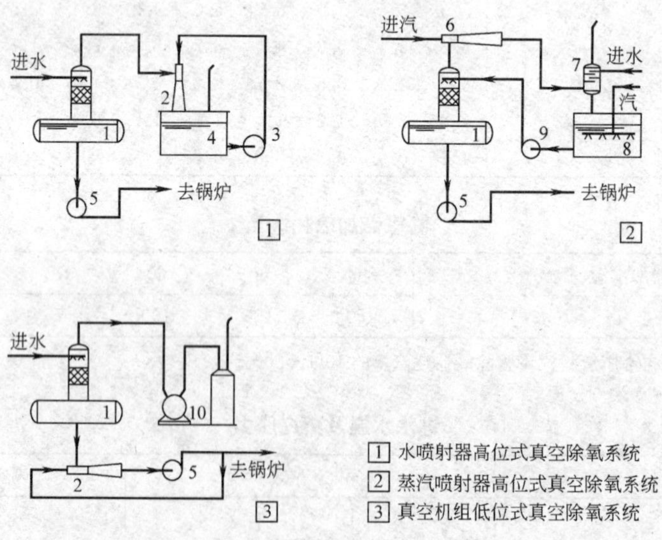

图 8.4-7 常用真空除氧系统的流程

1—真空除氧器；2—水喷射器；3—循环水泵；4—循环水箱；5—给水泵；6—蒸汽喷射器；7—热交换器；8—中间水箱；9—除氧水泵；10—真空机组

（2）真空除氧系统的设计要点：

● 一般宜选用喷雾—填料式除氧器；

● 待除氧水在进入除氧器之前应预热到比除氧器内相应压力下的饱和温度高出0.5～1℃；

● 应保证整个系统的严密性，除氧器真空吸水管应采用焊接连接，水泵的轴封和阀杆处一般应加设水封；

● 一般可采用蒸汽或水喷射器来维持除氧器的真空度和排除水中被解析出的气、汽混合物；

● 蒸汽喷射器的级数由除氧器工作温度所要求的最低吸入压力（或真空度）来决定，见表8.4-46；

蒸汽喷射器级数选择 **表8.4-46**

级数 参数	单　级	两　级
除氧器工作温度(℃)	51～60	23～51
吸入压力(MPa)	0.013～0.02	0.003～0.013
真空度(MPa)	0.086～0.079	0.096～0.086

● 喷射器汽压≥0.6MPa、蒸汽耗量～5kg/(t·h)水。采用两级蒸汽喷射器时，在两级之间应设置中间冷却器，以减少蒸汽耗量；

当工作蒸汽量较小时，设计工作蒸汽压力不宜过高，以保持喷嘴有合适的流通面积，当喷嘴直径<6mm时，应设蒸汽滤网；

● 水力喷射器工作水压应大于0.17MPa，喷口设计流速15～30m/s；

● 真空除氧器必须具有可靠的水箱水位及进水温度（代替压力调节）的自动调节装置，以确保系统在必须的真空度下运行。

5. 热力及真空除氧系统除氧水箱设置高度

（1）除氧水箱设置高度计算

除氧水箱水面至锅炉给水泵轴心线之间的正水头 H_z（m）应按下列公式计算确定。

热力除氧 $$H_z > (h_\lambda + h_f + \Delta p_g) \cdot 100 \tag{8.4-15}$$

真空除氧 $$H_z > (p_g + h_\lambda + h_f + \Delta p_g) \cdot 100 \tag{8.4-16}$$

式中 h_λ——水泵吸水管道的阻力，MPa；

h_f——水泵的汽蚀余量，MPa；

Δp_g——除氧水箱压力瞬变裕量（一般 Δp_g=0.003～0.005MPa）；

p_g——真空除氧器内的真空度，MPa。

（2）除氧水箱设置高度选用，见表8.4-47。

（3）除氧水箱的低位布置措施，见表8.4-48。

6. 常温过滤式除氧

常温过滤式除氧（海绵铁粒除氧）工艺是原武汉水利电力学院研究的专利技术，因其装置简单、运行方便、除氧效果稳定，在工业锅炉给水除氧领域有着广阔的发展前景。

一般除氧水箱的正水头 H_z 表 **表 8.4-47**

除氧方式 \ H_z(m) \ 水温(℃)	20	30	40	50	60	70	80	90	100	105	110	120
真空除氧	12	12	11.5	11	10	9	7.5	5				
热力除氧									6	8	11	17.5

注：本表真空除氧水箱正水头 H_z 值系按一般的给水泵，除氧器采用高位布置进行考虑。

除氧水箱低位布置措施 **表 8.4-48**

技术措施 \ 除氧方式	热力除氧	真空除氧
·降低给水泵的必需汽蚀余量		
改变水泵入口几何尺寸，改善抗汽蚀性能；	△	△
采用双吸水泵，降低给水泵入口流速；	△	△
在离心泵叶轮前加装诱导轮，使流体产生预旋；	△	△
采用抗汽蚀的除氧器专用给水泵	△	△
·提高系统的有效汽蚀余量		
尽量减少吸入管路流动损失；	△	△
在给水泵前加装低速前置泵；	△	△
在给水泵前加装水喷射引水装置	△	△
·降低除氧器出水温度		
在给水泵前布置水—水换热器；	△	
在除氧水箱中布置冷却盘管；	△	
注入已除氧的低温水(如低温疏水等)	△	

海绵铁粒是一种高含铁量的多孔性物质，还原能力很强，当含氧软水通过滤层时，发生的总反应是：

$$2Fe+2H_2O+O_2 \longrightarrow 2Fe^{2+}+4OH^- \longrightarrow 2Fe(OH)_2\downarrow$$

$$2Fe(OH)_2+H_2O+\frac{1}{2}O_2 \longrightarrow 2Fe(OH)_3\downarrow$$

反应产物 $Fe(OH)_3$ 为溶解度非常小的松软絮状物，当其积累到一定程度时即可通过反冲洗排掉，恢复到初始的除氧能力。

经除氧后水中溶解氧含量≤0.05mg/L，但水中常有少量二价铁离子 Fe^{2+}，当应用于蒸汽锅炉上，为防止在锅水中浓缩结垢，可在除氧器后增设一除铁装置（Na 型强酸阳离子交换器）将其除去。

进水水温的提高（如～80℃），对加快化学反应速度、降低水中溶解氧和 Fe^{2+} 的浓度均有益处。

常温过滤式除氧器的连接系统、安装尺寸及主要技术参数见图 8.4-8 及表 8.4-49。

7. 化学药剂除氧

（1）常用化学药剂除氧系统的流程，如图 8.4-9 所示。

（2）常用除氧剂亚硫酸钠的用量

每 m^3 给水需要的亚硫酸钠量 G 按下式计算：

$$G=\frac{\alpha \cdot C+\beta}{\varepsilon} \quad mg/L(g/m^3) \qquad (8.4\text{-}17)$$

式中 α——吸收 1g 氧理论上亚硫酸钠耗量，g；对无水 Na_2SO_3 为 8g；对结晶状 $Na_2SO_3 \cdot 7H_2O$ 为 16g；

C——水中初始含氧量，mg/L；

β——亚硫酸钠过剩量（一般取 3～4）mg/L；

ε——亚硫酸钠的纯度系数。

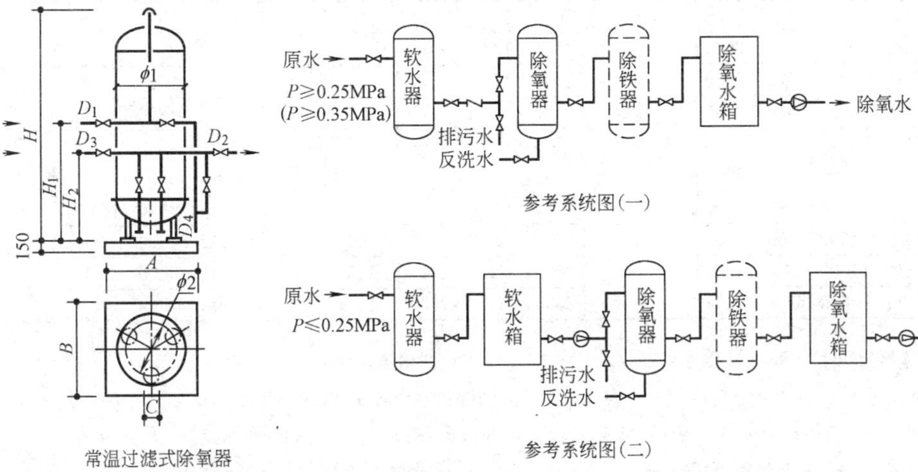

图 8.4-8 常温过滤式除氧器安装及系统图

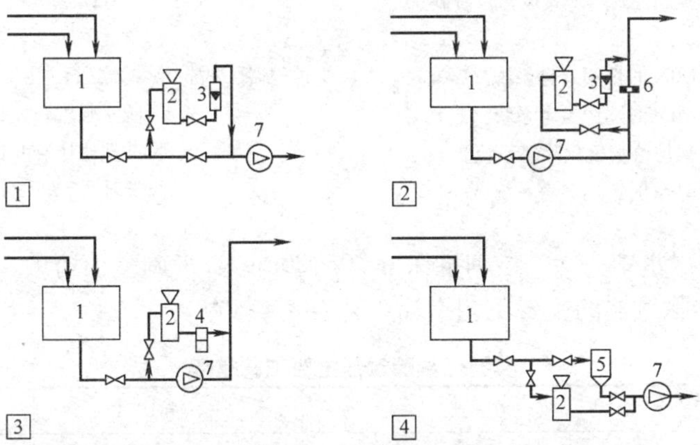

图 8.4-9 常用化学药剂除氧系统的流程

[1] 低压侧连续加药系统；[2] 高压侧连续加药系统；

[3] 活塞泵加药系统；[4] 钢屑除氧与化学药剂联合除氧系统

1—给水箱；2—加药器；3—转子流量计；4—活塞泵；5—钢屑除氧器；6—孔板；7—给水泵

（3）亚硫酸钠除氧系统设计要点

• 除氧剂应调配为 2%～10%浓度的溶液并连续自动加入，溶液的配制和贮存，都必须在密闭的容器中进行；

• 待除氧的水应预热到较高温度（≥80℃）和保证有足够的反应时间（>2min）；

• 宜加入适量的催化剂（$CuSO_4 \cdot 5H_2O$ 或 $MnSO_4 \cdot H_2O$）以提高脱氧速度和除氧效率。催化剂的加入量为：

$$CuSO_4 \cdot 5H_2O—1 \sim 1.5\text{mg/L};$$

$$MnSO_4 \cdot H_2O—4 \sim 4.5\text{mg/L}。$$

常温过滤式除氧器主要技术参数及安装尺寸 **表 8.4-49**

产品型号	额定出水量(t/h)	设备外形及安装尺寸(mm)							管径(mm)		填料层		设备荷重(含填料)(kg)	反冲洗水	
		$\phi1$	$\phi2$	H	H_1	H_2	A,B	C	进出水 D_1/D_2	反洗水 D_3/D_4	高度(mm)	重量(kg)		强度(t/h)	水压(MPa)
	04	400	370	2600			500	120	32	32		270	660	9	
	06	500	440	2600			600	120	40	40		420	910	14	
	10	700	570	2800			1000	140	50	50		820	1320	26	
	15	800	630	2800			1100	140	50	50		1000	1800	34	
CWGL-□	20	900	700	2900	1600	1200	1300	150	65	65	1200	1300	2300	44	0.2～0.3
	25	1000	730	2900			1400	150	80	80		1600	3100	54	
	30	1100	810	3100			1500	160	80	80		2000	3800	65	
	40	1300	960	3100			1800	160	100	100		2800	4600	90	
	50	1500	1100	3100			2000	180	100	100		3750	5400	120	
	100	2000	1600	3100			2500	200	150	150		6700	15000	215	

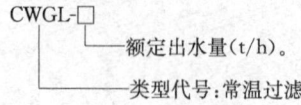

产品型号规格的标注

CWGL-□
- □——额定出水量(t/h)。
- CWGL——类型代号：常温过滤。

备注：

1. 产品型号，运行控制方式等应按制造厂资料选定。
2. 参考系统选择：
   原水压力≥0.25MPa 时选用参考系统（一）。
   原水压力≤0.25MPa 时选用参考系统（二）。
3. 除铁器用于蒸汽锅炉给水软化除氧系统。
   原水压力≥0.35MPa 时选用参考系统（一）。

主要性能指标：

1. 除氧水溶解氧：≤0.05mg/L。
2. 工作压力：0.20～0.60MPa。
3. 工作温度：5～50℃常温。
4. 运行控制方式选择：手动型——压差控制，手动反洗。
   自动型——时间或压差控制，自动反洗。
5. 除氧器反冲洗：除氧器运行进出口压差控制 Δh～0.05MPa。
   反洗水强度>0.18 [L/(m² · s)]
   反冲洗水压>0.15MPa。
   反洗时间 5～10 分钟，正洗时间～5 分钟。

• 运行中应按锅水中 SO_3^{2-} 过剩量保持 10～20mg/L 来调整加药量。

(4) 典型化学除氧器的主要工艺指标，见表 8.4-50。

典型化学除氧器主要工艺指标 **表 8.4-50**

型号 指标	扩散式			排挤式		隔膜式	
	KS-50	KS-100	KS-150	PZ-100	PZ-150	GM-100	GM-150
外形尺寸 $\phi\times H$(mm)	ϕ300×920	ϕ400×970	ϕ500×920	ϕ400×1200	ϕ500×1250	ϕ400×1300	ϕ500×1350
容积(L)	50	100	150	100	150	100	150
药液浓度(%)	8	8	8	8	8	8	8
周期除氧水量(t)	90	180	270	180	270	180	270
配用流量计	LZB-4 2.5～25L/h	LZB-6 4～40L/h	LZB-6 4～40L/h	LZB-6 4～40L/h	LZB-6 4～40L/h	LZB-6 4～40L/h	LZB-6 4～40L/h
适用锅炉	≤2t/h	2～6t/h	2～10t/h	2～6t/h	2～10t/h	2～6t/h	2～10t/h

注：表列除氧水量是按水温 60℃（初始含氧量 4.7mg/L）及药剂过剩量 5mg/L 进行计算。

8. 除二氧化碳器

(1) 除二氧化碳器主要工艺计算

a. 工艺计算基本条件：

填料—ϕ25×25×3 瓷质拉希环；

淋水密度—q=60m³/(m² · h)；

单位体积填料的工作表面积—$S=204m^2/m^3$。

b. 进入除CO_2器水中CO_2含量C_{C1}

$$C_{C1}=44H_T+CO_2 \quad mg/L \tag{8.4-18}$$

或

$$C_{C1}=44H_T+0.268(H_T)^3 \quad mg/L \tag{8.4-19}$$

c. 除CO_2器所需脱除的CO_2量G

$$G=Q(C_{C1}-C_{C2})10^{-3} \quad kg/h \tag{8.4-20}$$

d. 除CO_2器的主要尺寸

$$D=\sqrt{\frac{4Q}{\pi \cdot q}}=\sqrt{\frac{4Q}{\pi \cdot 60}}=\sqrt{0.0212Q} \quad m \tag{8.4-21}$$

$$F=\frac{G}{K \cdot \Delta C_{cp}} \quad m^2 \tag{8.4-22}$$

$$h_0=\frac{F}{0.785D^2 \cdot S}=\frac{F}{0.785D^2 \cdot 204}=\frac{F}{160 \cdot D^2} \quad m \tag{8.4-23}$$

式中 H_T——原水中的碳酸盐硬度（碳酸盐碱度），mmol/L；

CO_2——原水中游离CO_2含量，mg/L；

Q——设计处理水量，m^3/h；

C_{C2}——出水中残余CO_2量，（一般为3～5）mg/L；

D——除CO_2器的内径，m；

F——填料的工作表面积，m^2；

h_0——填料的装载高度，m；

q——设计淋水密度，$m^3/(m^2 \cdot h)$；

K——除CO_2的解吸系数，m/h，见表8.4-51；

$\phi 25\times25\times3$瓷质拉希环的K值（m/h） **表8.4-51**

水温t(℃)	5	10	15	20	25	30	35	40	45	50
K(m/h)	0.27	0.31	0.35	0.40	0.46	0.51	0.56	0.62	0.69	0.76

ΔC_{cp}——除气过程平衡的解析能量，kg/m^3，见表8.4-52；

$$\Delta C_{cp}=\frac{C_{C1}-C_{C2}}{2.44\lg\frac{C_{C1}}{C_{C2}}} \quad kg/m^3 \tag{8.4-24}$$

解析能量ΔC_{cp}值（kg/m^3） **表8.4-52**

C_{C2}(mg/L) \ C_{C1}(mg/L)	50	100	150	200	250	300	350	400	450	500
3	0.016	0.026	0.036	0.044	0.053	0.061	0.069	0.077	0.084	0.092
4	0.017	0.028	0.038	0.047	0.056	0.065	0.073	0.081	0.089	0.097
5	0.018	0.030	0.040	0.050	0.059	0.068	0.077	0.085	0.093	0.101

S——单位体积填料的工作表面积，m^2/m^3。

e. 离心式鼓风机选择

风量：

$$W=(20\sim30)Q \quad m^3/h \tag{8.4-25}$$

风压：

$$P=(200\sim500)h_0+(300\sim400) \quad Pa \tag{8.4-26}$$

(2) 典型除CO_2器的主要工艺资料，见表8.4-53和表8.4-54。

鼓风填料式除 CO_2 器填料层高度 h_0 (m) 表 8.4-53

<table>
<tr><th>C_{Cl}(mg/L)
水温(℃)</th><th>67</th><th>114</th><th>165</th><th>222</th><th>287</th><th>360</th><th>443</th></tr>
<tr><td>15</td><td>2.50</td><td>3.15</td><td rowspan="2">3.15</td><td colspan="2">4.00</td><td colspan="2" rowspan="2">4.00</td></tr>
<tr><td>20</td><td rowspan="2">2.00</td><td rowspan="2">2.50</td><td colspan="2" rowspan="2">3.15</td></tr>
<tr><td>25</td><td rowspan="2">2.50</td><td colspan="2" rowspan="2">3.15</td></tr>
<tr><td>30</td><td rowspan="3">1.60</td><td rowspan="2">2.00</td><td colspan="2" rowspan="2">2.50</td></tr>
<tr><td>35</td><td rowspan="2">2.00</td><td colspan="2" rowspan="2">2.50</td></tr>
<tr><td>40</td><td>1.60</td><td colspan="2">2.00</td></tr>
</table>

典型鼓风填料式除 CO_2 器主要工艺资料 表 8.4-54

指标 \ DN(mm)		600	800	1000	1100	1250	1400	1600	1800	2000	2200	2500
产水量(m^3/h)		16.8	30.0	46.8	56.4	73.2	91.8	120	152	187	227	293
空气耗量(m^3/h)		336～504	600～900	936～1404	1128～1692	1464～2196	1836～2754	2400～3600	3036～4554	3744～5616	4536～6804	5868～8802
有效面积(m^2)		0.28	0.50	0.78	0.94	1.22	1.53	2.00	2.53	3.12	3.78	4.89
进水口 *DN*(mm)		80	100	100	125	125	150	150	200	200	250	250
出水口 *DN*(mm)		100	125	150	150	200	200	200	250	300	300	350
排气口 *DN*(mm)		200	200	300	300	350	350	400	500	500	600	600
填料层高度(m) 1.60	设备总高度(m)/设备总重(t)	3.150/1.0	3.180/1.4	3.290/2.1	3.313/2.4	3.329/3.0	3.454/3.7	3.478/4.5	3.494/5.8	3.526/7.0	3.643/8.4	3.691/10.4
填料层高度(m) 2.00	设备总高度(m)/设备总重(t)	3.550/1.1	3.580/1.6	3.697/2.5	3.713/2.9	3.729/3.6	3.854/4.4	3.878/5.4	3.894/6.9	3.926/8.4	4.043/10.0	4.091/12.5
填料层高度(m) 2.50	设备总高度(m)/设备总重(t)	4.050/1.3	4.080/1.9	4.197/2.9	4.213/3.4	4.229/4.5	4.354/5.2	4.378/6.5	4.394/8.3	4.426/10.1	4.543/12.1	4.591/15.2
填料层高度(m) 3.15	设备总高度(m)/设备总重(t)	4.700/1.5	4.730/2.3	4.847/3.5	4.863/4.1	4.879/5.4	5.004/6.3	5.028/7.9	5.044/10.1	5.076/12.3	5.193/14.7	5.241/18.6
填料层高度(m) 4.00	设备总高度(m)/设备总重(t)	5.550/1.8	5.580/2.8	5.697/4.3	5.713/5.0	5.729/6.6	5.854/7.7	8.878/9.8	5.894/12.5	5.926/15.2	6.043/18.2	6.091/23.0

8.4.8 锅炉排污

1. 锅炉房排污系统设计要点

(1) 锅炉下锅筒、下联箱、省煤器最低处应设定期排污装置；上锅筒根据锅炉本体设计情况设连续排污装置。

(2) 连续排污管道每台锅炉必须独立设置。定期排污管道可每2～3台锅炉汇合一根总管排出，每台锅炉的定期排污管上应装止回阀，总排污管上不得装任何阀门。

额定蒸发量≥1t/h或额定压力≥0.7MPa的蒸汽锅炉及额定出口温度≥120℃的热水锅炉，每根排污管上应串联安装两个排污阀。

(3) 锅炉排污水排入下水道前应经扩容器减压并冷却至 40℃。室外排污池内应设有简易扩容装置，并有足够的混合降温所需容积。

(4) 连续排污系统应设置连续排污膨胀器回收二次蒸汽，并应考虑连续排污水热量的合理利用。连续排污水宜用作热水采暖系统或水力出灰系统的补充水。

(5) 锅炉房容量较大时，宜设置定期排污膨胀器，以减少排污时产生的噪声和防止烫伤事故。

(6) 汽水系统的取样冷却器宜集中设置，并靠近化验室。当取样冷却器数量较多时，可设置取样冷却槽（在开口溢流式水槽中设置数个取样冷却盘管）。水汽样品的取用温度宜低于 30℃。

2. 锅炉排污系统计算

(1) 锅炉连续排污率 P_{lp}（%）

分别根据以下两式进行计算，取其较大数值，但不得超过规定的允许排污率（锅炉蒸发量的 10%）：

$$P_{lp}=\frac{\phi A_0}{A_K-\phi A_0}\times 100(\%) \tag{8.4-27}$$

$$P_{lp}=\frac{\phi S_0}{S_K-\phi S_0}\times 100(\%) \tag{8.4-28}$$

式中 A_0、S_0——分别为补给水的碱度 mmol/L，或含盐量 mg/L；

A_K、S_K——分别为锅水允许碱度 mmol/L，或含盐量 mg/L；

ϕ——锅炉补给水率（$\phi\leqslant 1$）。

(2) 锅炉定期排污量 G_{dp}（kg/次）和定期排污率 P_{dp}（%）

a. 锅外水处理时

锅炉每次排污量以上锅筒水位高度变化为控制标准，一般每班进行一次。

$$G_{dp}=n\cdot DhL\rho \tag{8.4-29}$$

式中 n——每台锅炉上锅筒的数量，个；

D——上锅筒直径，m；

L——上锅筒长度，m；

h——水位计中水位高度的降低值（一般取 $h=0.1$m）；

ρ——锅水的密度，kg/m^3。

b. 锅内化学水处理时

$$P_{dp}=\frac{\phi Z_0}{Z_K-\phi Z_0}\times 100(\%) \tag{8.4-30}$$

式中 Z_0——补给水中潜在的水渣含量，mg/L；

$$Z_0=50H_{Ca}+29.2H_{Mg}$$

当 $\frac{H_{Mg}}{H_0}=0.25\sim0.30$ 时，$Z_0=43.8H_0$

Z_K——锅水允许沉渣含量，mg/L；可按下列经验公式计算：

$$Z_K=(30\sim40)W$$

W——每 m^2 受热面中锅炉单位水容量，L/m^2；

ϕ——锅炉补给水率（$\phi\leqslant 1$）。

(3) 连续排污膨胀器的容积 V_{lp} (m^3)

$$V_{lp}=\frac{D_{lp}(i\eta-i_1)}{(i_2-i_1)x}\cdot\frac{K\cdot V}{W_0} \tag{8.4-31}$$

式中 D_{lp}——连续排污水量，kg/h；

i、i_1、i_2——分别为锅炉饱和水、膨胀器出水及膨胀器出来的二次蒸汽的焓，kJ/kg；

η——排污管热损失系数，$\eta=0.98$；

x——二次蒸汽的干度，$x=0.97$；

K——膨胀器富裕系数，$K=1.3\sim1.5$；

V——二次汽的比容，m^3/kg；

W_0——分离强度，$W_0=400\sim1000m^3/(m^3\cdot h)$。

(4) 定期排污膨胀器容积的选择

锅炉定期排污强度 G'_{dp}(kg/h)

$$G'_{dp}=\frac{60\cdot G_{dp}}{m\cdot t} \tag{8.4-32}$$

式中 G_{dp}——每台锅炉每次定期排污量，kg/次；

m——每台锅炉定期排污点数量，个；

t——每个定期排污点排污时间，一般 $t\geqslant0.5$min。

从定期排污膨胀器排到室外排污池的污水量可按 $(0.1\sim0.2)G_{dp}$ 估算。

3. 典型排污膨胀器的主要工艺资料（见表 8.4-55 和表 8.4-56）

连续排污膨胀器的性能表 **表 8.4-55**

型号	容积(m^3)	锅炉压力(MPa) / 连续排污量(kg/h) / 二次蒸汽(kg/h)	0.8	1.0	1.3	1.6	2.5
ϕ500	0.50	250	2200	1900	1700	1350	1050
ϕ650	0.75	375	3200	2800	2500	2050	1650
ϕ700	1.00	500	4300	3800	3300	2750	2200
ϕ850	1.50	750	6500	5700	5000	4100	3250
ϕ1200	3.00	1500	12900	11400	9900	8250	6600
ϕ1500	5.50	2750	23650	20900	18150	15125	12100

定期排污膨胀器的性能表 **表 8.4-56**

型 号	二次汽排汽压力(MPa) / 定期排污强度(kg/h) / 容积(m^3)	0.02	0.03	0.04	0.05
ϕ900	0.8	785	850	910	970
ϕ1500	3.5	3430	3710	3980	4240
ϕ2000	7.5	7360	7940	8510	9080
ϕ2000	12.0	11780	12710	13620	14520

8.4.9　锅炉水处理常用资料

1. 常用元素的原子量和 mol 量（见表 8.4-57）

常用元素的原子量和 mol 原子量　　表 8.4-57

元素名称	元素符号	原子量	常见原子价（化合价）数	1mol 的原子量
氢	H	1.008	+1	1.008
硼	B	10.81	+3	3.603
碳	C	12.011	+4	3.003
氮	N	14.007	+3;+5	4.669;2.801
氧	O	15.999	−2	8.00
氟	F	18.998	−1	18.998
钠	Na	22.99	+1	22.990
镁	Mg	24.305	+2	12.152
铝	Al	26.982	+3	8.994
硅	Si	28.086	+4	7.021
磷	P	30.974	+3;+5	10.32;6.195
硫	S	32.066	−2;+4	16.033;8.016
			+6	5.344
氯	Cl	35.453	−1;+5	35.453;7.091
			+7	5.065
钾	K	39.09	+1	39.09
钙	Ca	40.08	+2	20.04
铬	Cr	51.996	+2;+3;	25.998;17.332;
			+6	8.666
锰	Mn	54.938	+2;+4;	27.469;13.734;
			+6;+7	9.165;7.848
铁	Fe	55.847	+2;+3	27.923;18.616
铜	Cu	63.546	+1;+2	63.546;31.773
锌	Zn	65.38	+2	32.69
钼	Mo	95.94	+4;+6	23.985;15.99
银	Ag	107.868	+1	107.868
锡	Sn	118.70	+2;+4	59.35;29.67
钡	Ba	137.34	+2	68.67
汞	Hg	200.59	+1;+2	200.59;100.295
铅	Pb	207.21	+2;+4	103.605;51.802

注：表中 mol 的基本单元 $C\left(\frac{1}{\text{化合价}}\text{原子量。}\right)$

2. 常用化合物的分子量和 mol 量（见表 8.4-58）

常用化合物的分子量和 mol 分子量　　表 8.4-58

化合物名称	分子式	分子量	1mol 的分子量
盐酸	HCl	36.46	36.46
硝酸	HNO_3	63.01	63.01
硫酸	H_2SO_4	98.08	49.04
碳酸	H_2CO_3	62.0	31.0
磷酸	H_3PO_4	98.0	32.67

续表

化合物名称	分子式	分子量	1mol的分子量
氢氧化钠(火碱)	$NaOH$	40.00	40.00
氢氧化钾	KOH	56.11	56.11
氢氧化镁	$Mg(OH)_2$	58.33	29.16
氢氧化钙	$Ca(OH)_2$	74.10	37.05
氢氧化亚铁	$Fe(OH)_2$	89.86	44.93
氢氧化铁	$Fe(OH)_3$	106.87	35.62
氢氧化铝	$Al(OH)_3$	78.00	26.00
氯化钠	$NaCl$	58.44	58.44
硫酸钠	Na_2SO_4	142.04	71.02
重碳酸钠	$NaHCO_3$	84.00	84.00
碳酸钠(纯碱)	Na_2CO_3	105.99	53.00
硅酸钠	$Na_2SiO_3 \cdot 9H_2O$	284.20	142.10
六偏磷酸钠	$(NaPO_3)_6$	611.80	50.98
磷酸三钠	$Na_3PO_4 \cdot 12H_2O$	379.94	124.97
重碳酸镁	$Mg(HCO_3)_2$	146.34	73.17
碳酸镁	$MgCO_3$	84.32	42.16
氯化镁	$MgCl_2$	95.22	47.61
硫酸镁	$MgSO_4$	120.37	60.19
硫酸铝	$Al_2(SO_4)_3$	342.15	57.03
含水硫酸铝	$Al_2(SO_4)_3 \cdot 18H_2O$	666.42	111.07
氯化钙	$CaCl_2$	110.99	55.49
硫酸钙	$CaSO_4$	136.14	68.07
含水硫酸钙(石膏)	$CaSO_4 \cdot 2H_2O$	172.144	86.072
重碳酸钙	$Ca(HCO_3)_2$	162.118	81.059
碳酸钙(大理石)	$CaCO_3$	100.09	50.04
磷酸钙(磷灰石)	$Ca_3(PO_4)_2$	310.19	155.09
氯化铁	$FeCl_3$	162.21	54.07
硫酸亚铁	$FeSO_4$	151.91	75.96
含水硫酸亚铁	$FeSO_4 \cdot 7H_2O$	278.02	139.01
硫酸铁	$Fe_2(SO_4)_3$	399.88	66.65
氧化钙(生石灰)	CaO	56.08	28.04
氧化镁	MgO	40.31	20.16
二氧化碳	CO_2	44.00	22.00
二氧化硅	SiO_2	60.086	30.043
三氧化硫	SO_3	80.063	40.031

注：表中mol的基本单元 $C\left(\frac{1}{\text{化合价}}\text{分子量}\right)$

3. 常用溶液的密度

(1) 硫酸溶液的密度（20℃），见表8.4-59。

(2) 盐酸溶液的密度（20℃），见表8.4-60。

(3) 氢氧化钠溶液的密度（20℃），见表8.4-61。

(4) 氯化钠溶液的密度（20℃），见表8.4-62。

(5) 石灰乳的密度（20℃），见表8.4-63。

(6) 硫酸铵溶液的密度（15℃），见表8.4-64。

硫酸溶液的密度（20℃） 表 8.4-59

密度 (g/cm³)	H_2SO_4 的含量			密度 (g/cm³)	H_2SO_4 的含量		
	(%)	(g/L)	(mol/L)		(%)	(g/L)	(mol/L)
1.005	1	10.05	0.21	1.415	52	735.8	15.02
1.012	2	20.24	0.41	1.435	54	774.9	15.80
1.018	3	30.55	0.62	1.456	56	815.2	16.64
1.025	4	41.00	0.84	1.477	58	856.7	17.48
1.032	5	51.58	1.05	1.498	60	898.8	18.34
1.038	6	62.31	1.27	1.520	62	942.4	19.23
1.045	7	73.17	1.49	1.542	64	986.9	20.14
1.052	8	84.18	1.71	1.565	66	1033	21.08
1.059	9	95.32	1.94	1.587	68	1079	22.02
1.066	10	106.6	2.18	1.601	70	1127	23.00
1.073	11	118.0	2.41	1.622	71	1152	23.51
1.080	12	129.6	2.64	1.634	72	1176	24.00
1.087	13	141.4	2.88	1.646	73	1201	24.51
1.095	14	153.3	3.12	1.657	74	1226	25.02
1.102	15	165.3	3.37	1.669	75	1252	25.55
1.109	16	177.5	3.62	1.681	76	1278	26.08
1.117	17	189.9	3.87	1.693	77	1303	26.60
1.124	18	202.3	4.13	1.704	78	1329	27.12
1.132	19	215.1	4.39	1.716	79	1355	27.65
1.139	20	227.9	4.65	1.727	80	1382	28.20
1.155	22	254.1	5.18	1.749	82	1434	29.27
1.170	24	280.9	5.73	1.769	84	1486	30.33
1.186	26	308.4	6.29	1.787	86	1537	31.37
1.202	28	366.6	6.87	1.802	88	1586	32.37
1.219	30	365.6	7.46	1.814	90	1633	33.33
1.235	32	395.2	8.07	1.819	91	1656	33.79
1.252	34	425.2	8.68	1.824	92	1678	34.24
1.268	36	456.6	9.32	1.828	93	1700	34.69
1.286	38	488.5	9.97	1.8312	94	1721	35.12
1.303	40	521.1	10.64	1.8337	95	1742	35.55
1.321	42	554.6	11.32	1.8355	96	1762	35.96
1.338	44	588.9	12.02	1.8363	97	1781	36.35
1.357	46	624.2	12.74	1.8361	98	1799	36.71
1.376	48	660.5	13.48	1.8342	99	1816	37.06
1.395	50	697.5	14.24	1.8305	100	1831	37.37

盐酸溶液的密度（20℃） 表 8.4-60

密度 (g/cm³)	HCl 的含量			密度 (g/cm³)	HCl 的含量		
	(%)	(g/L)	(mol/L)		(%)	(g/L)	(mol/L)
1.003	1	10.03	0.28	1.108	22	243.8	6.68
1.008	2	20.16	0.55	1.119	24	268.5	7.36
1.018	4	40.72	1.12	1.129	26	293.5	8.04
1.028	6	61.67	1.69	1.139	28	319.0	8.74
1.038	8	83.01	2.27	1.149	30	344.8	9.45
1.047	10	104.7	2.87	1.159	32	371.0	10.16
1.057	12	126.9	3.48	1.169	34	397.5	10.89
1.068	14	149.5	4.10	1.179	36	424.4	11.64
1.078	16	172.5	4.72	1.189	38	451.6	12.37
1.088	18	195.8	5.37	1.198	40	479.2	13.13
1.098	20	219.6	6.02				

氢氧化钠溶液的密度（20℃） 表8.4-61

密度 (g/cm³)	NaOH的含量			密度 (g/cm³)	NaOH的含量		
	(%)	(g/L)	(mol/L)		(%)	(g/L)	(mol/L)
1.010	1	10.10	0.25	1.241	22	273.0	6.83
1.021	2	20.41	0.51	1.263	24	303.0	7.58
1.032	3	30.95	0.77	1.285	26	334.0	8.35
1.043	4	41.71	1.04	1.306	28	365.8	9.15
1.054	5	52.69	1.32	1.328	30	398.4	9.96
1.065	6	63.89	1.60	1.349	32	431.7	10.76
1.076	7	75.31	1.88	1.370	34	465.7	11.64
1.087	8	86.95	2.17	1.390	36	500.4	12.51
1.098	9	98.81	2.47	1.410	38	535.8	13.40
1.109	10	110.9	2.77	1.430	40	572.0	14.30
1.120	11	123.3	3.08	1.440	41	590.3	14.76
1.131	12	135.7	3.39	1.449	42	608.7	15.22
1.142	13	148.5	3.71	1.459	43	627.5	15.69
1.153	14	161.4	4.04	1.469	44	646.1	16.15
1.164	15	174.7	4.37	1.478	45	665.2	16.63
1.175	16	188.0	4.70	1.487	46	684.2	17.11
1.186	17	201.7	5.04	1.497	47	703.5	17.59
1.197	18	215.5	5.39	1.507	48	723.1	18.01
1.208	19	229.7	5.74	1.516	49	742.9	18.07
1.219	20	243.8	6.10	1.525	50	762.7	19.07

氯化钠溶液的密度（20℃） 表8.4-62

密度 (g/cm³)	NaCl的含量			密度 (g/cm³)	NaCl的含量		
	(%)	(g/L)	(mol/L)		(%)	(g/L)	(mol/L)
1.005	1	10.1	0.17	1.109	15	166	2.84
1.013	2	20.3	0.35	1.116	16	179	3.06
1.020	3	30.6	0.52	1.124	17	191	3.27
1.027	4	41.1	0.70	1.132	18	204	3.48
1.034	5	51.7	0.88	1.140	19	217	3.71
1.041	6	62.5	1.07	1.148	20	230	3.93
1.043	7	73.4	1.26	1.156	21	243	4.15
1.056	8	84.5	1.44	1.164	22	256	4.38
1.063	9	95.6	1.63	1.172	23	270	4.61
1.071	10	107.1	1.83	1.180	24	283	4.84
1.078	11	118	2.02	1.189	25	297	5.08
1.086	12	130	2.22	1.197	26	311	5.32
1.093	13	142	2.43	1.20	26.4	318	5.43
1.101	14	154	2.63				

石灰乳的密度（20℃） 表8.4-63

密度 (g/cm³)	CaO的含量		$Ca(OH)_2$的重量百分浓度 (%)	密度 (g/cm³)	CaO的含量		$Ca(OH)_2$的重量百分浓度 (%)
	(%)	(g/L)			(%)	(g/L)	
1.009	0.99	10	1.31	1.119	14.30	160	18.90
1.017	1.96	20	2.59	1.126	15.10	170	19.95
1.025	2.93	30	3.87	1.133	15.89	180	21.00
1.032	3.88	40	5.13	1.140	16.47	190	22.03
1.039	4.81	50	6.36	1.148	17.43	200	23.03
1.046	5.74	60	7.58	1.155	18.19	210	24.04
1.054	6.65	70	8.79	1.162	18.94	220	25.03
1.061	7.54	80	9.96	1.169	19.68	230	26.01
1.068	8.43	90	11.14	1.176	20.41	240	26.96
1.075	9.30	100	12.29	1.184	21.12	250	27.91
1.083	10.16	110	13.43	1.191	21.84	260	28.86
1.090	11.01	120	14.55	1.198	22.55	270	29.80
1.097	11.86	130	15.67	1.205	23.24	280	30.71
1.104	12.68	140	16.76	1.213	23.92	290	31.61
1.111	13.50	150	17.84	1.220	24.60	300	32.51

硫酸铵溶液的密度（15℃） 表 8.4-64

密度 (g/cm³)	$(NH_4)_2SO_4$ 的含量			密度 (g/cm³)	$(NH_4)_2SO_4$ 的含量		
	(%)	(g/L)	(mol/L)		(%)	(g/L)	(mol/L)
1.004	1	10.042	0.152	1.137	24	272.957	4.131
1.010	2	20.198	0.306	1.143	25	285.850	4.327
1.016	3	30.470	0.461	1.149	26	298.792	4.522
1.021	4	40.856	0.618	1.155	27	311.850	4.720
1.027	5	51.355	0.777	1.161	28	325.024	4.919
1.033	6	61.968	0.938	1.167	29	338.314	5.121
1.039	7	72.699	1.100	1.172	30	351.720	5.323
1.044	8	83.544	1.265	1.178	31	365.180	5.527
1.050	9	94.505	1.430	1.184	32	378.752	5.733
1.056	10	105.580	1.598	1.189	33	392.436	5.933
1.062	11	116.767	1.767	1.195	34	406.232	6.149
1.067	12	128.069	1.938	1.200	35	420.140	6.359
1.073	13	139.485	2.111	1.206	36	434.160	6.571
1.079	14	151.015	2.286	1.212	37	448.292	6.785
1.084	15	162.660	2.462	1.217	38	462.536	7.001
1.090	16	174.419	2.640	1.223	39	476.892	7.218
1.096	17	186.293	2.820	1.228	40	491.360	7.437
1.102	18	198.281	3.001	1.235	41	506.129	7.661
1.107	19	210.383	3.184	1.241	42	521.018	7.886
1.113	20	222.660	3.369	1.247	43	536.029	8.113
1.119	21	235.007	3.557	1.253	44	551.162	8.342
1.125	22	247.535	3.747	1.259	45	566.415	8.573
1.131	23	260.185	3.938				

(7) 氯化铵溶液的密度（15℃），见表 8.4-65。

氯化铵溶液的密度（15℃） 表 8.4-65

密度 (g/cm³)	NH_4Cl			密度 (g/cm³)	NH_4Cl		
	(%)	(g/L)	(mol/L)		(%)	(g/L)	(mol/L)
1.003	1	10.023	0.187	1.041	14	145.776	2.725
1.005	2	20.108	0.376	1.044	15	156.615	2.928
1.009	3	30.257	0.566	1.047	16	167.510	3.131
1.012	4	40.468	0.756	1.050	17	178.463	3.336
1.015	5	50.740	0.948	1.053	18	189.472	3.542
1.018	6	61.074	1.142	1.056	19	200.537	3.749
1.021	7	71.463	1.336	1.058	20	211.660	3.956
1.024	8	81.912	1.531	1.061	21	222.818	4.165
1.027	9	92.421	1.728	1.064	22	234.032	4.375
1.030	10	102.990	1.925	1.067	23	245.300	4.585
1.033	11	113.601	2.124	1.069	24	256.622	4.797
1.036	12	124.270	2.323	1.072	25	268.000	5.010
1.038	13	134.995	2.523				

4. 再生剂混凝剂及滤料

表 8.4-66

名 称	密度(t/m^3)	包 装	规 格
氯化钠 NaCl	0.81	袋或散	80%～93%
硫酸 H_2SO_4	1.85(98%)	槽车或坛	75%、98%
盐酸 HCl	1.149(30%)	槽车或坛	30%
氢氧化钠 NaOH	2.13(固体) 1.328(30%)	固体铁桶 液体槽车	固 98%～99.5% 液 30%～45%
纯碱 Na_2CO_3	2.53	桶袋	98%～98.5%
磷酸三钠 $Na_3PO_4 \cdot 12H_2O$	1.62	袋	95%～98%
硫酸铵 $(NH_4)_2SO_4$	1.77	编织袋	一级品≥21%、二级品≥20.8%、三级品≥20.6%
氯化铵 NH_4Cl	1.54	编织袋	99%
氨水 NH_4OH	0.91	瓶装	NH_3 含量≥21.6%
液氨 NH_3		钢瓶	NH_3 含量 99.5%～99.8%
生石灰 CaO	0.84	散	40%～85%
硫酸铝 $Al_2(SO_4)_3 \cdot 18H_2O$	1.69	袋	精≥15.7% 粗 10.5%～16.5%
硫酸亚铁 $FeSO_4 \cdot 7H_2O$	1.89	袋	95%～96%
活性炭(颗粒状)	0.75	袋或桶	8～14 目
石英砂	2.70	袋	0.5～1.2mm
无烟煤	1.4～1.5	袋	0.8～1.6mm
卵石	1.8～2	袋	2～32mm

5. 水在树脂层中的流动阻力（见表 8.4-67）

水在树脂层中的流动阻力 ΔH (kPa) 表 8.4-67

水速(m/h) / ΔH(kPa) / 树脂层高(m)	5	10	15	20	25	30	35	40
1.0	7.0	14	21	28	35	42	49	56
1.2	8.4	16.8	25.2	33.6	42	50.5	58.8	67.2
1.4	9.8	19.6	29.4	39.2	49	58.8	68.6	78.5
1.6	11.2	22.4	33.6	44.8	56	67.2	78.5	89.5
1.8	12.6	25.2	37.8	50.5	63	75.6	88.3	101
2.0	14	28	42	56	70	84	98	112

6. 水处理设备及管道防腐方法（见表 8.4-68）

设备、管道防腐方法 表 8.4-68

序号	项 目	防 腐 方 法	技 术 要 求
1	阳离子交换器 阴离子交换器 混合离子交换器	衬胶、衬玻璃钢 衬胶、衬玻璃钢 衬胶、衬玻璃钢	衬胶厚度≥4.5mm 衬胶厚度≥4.5mm 衬胶厚度≥4.5mm
2	盐酸贮存槽	衬胶、衬玻璃钢	衬胶厚度≥4.5mm
3	地下盐酸贮存池	铸石、衬玻璃钢	衬玻璃钢 4～6 层，应做好池外壁防水层

续表

序号	项　目	防腐方法	技术要求
4	地下浓碱液贮存池	铸石、衬玻璃钢、衬钢板	应做好池外壁防水层
5	浓硫酸贮存槽	钢制	
6	盐酸计量箱	衬胶、硬聚氯乙烯、玻璃钢	
7	稀硫酸箱、计量箱	衬胶、衬玻璃钢	衬胶厚度 4mm
8	盐酸喷射器	衬胶、有机玻璃	衬胶厚度 4mm
9	硫酸喷射器	陶瓷、铅锑合金、法奥里特等	
10	食盐湿贮存槽	耐酸水泥、衬瓷砖	
11	食盐溶液箱、计量箱	硬聚氯乙烯涂漆	
12	氨、联氨与碱液的贮槽、计量箱、溶液箱、喷射器及管道	钢制无铜件，硬聚氯乙烯	
13	中间水箱	衬玻璃钢	4～6 层
14	加混凝剂的澄清器、过滤器、清水箱	涂漆	
15	混凝剂溶液箱、计量箱及管道	硬聚氯乙烯等	
16	除盐水箱、凝结水箱	涂漆（如环氧树脂，聚氨酯，漆酚树脂等）	
17	除二氧化碳器	衬胶或硬聚氯乙烧制	衬胶厚 3～4.5mm
18	泡沫除尘器、吸收塔 第一层筛板 第二、三、四层筛板	衬胶 不锈钢（1Cr18Ni9Ti） 不锈钢，玻璃钢，塑料	
19	酸碱中和池	衬玻璃钢，铸石	衬玻璃钢 4～6 层
20	食盐溶液管	硬聚氯乙烯	
21	盐酸溶液管	衬胶、衬玻璃钢、硬聚氯乙烯、玻璃钢管等	衬胶厚度 3mm
22	氢离子交换水管，未加氨的除盐水管	衬胶、玻璃钢、 硬聚氯乙烯管等	衬胶厚度 3mm
23	氢钠离子交换软化水管	衬胶或涂漆等	根据具体情况确定是否防腐
24	氯气管	紫铜	
25	氯水管	硬聚氯乙烯	
26	泡沫除尘器到高压风机的烟道	衬胶、硬聚氯乙烯	衬胶厚度 3mm
27	泡沫吸收塔回收水管	衬胶、硬聚氯乙烯	衬胶厚度 3mm
28	酸碱性水排水沟	衬玻璃钢、铸石	衬玻璃钢 4～6 层

注：经试用，在稀酸碱溶液的设备和管道内壁，涂聚硫橡胶防腐，也有良好效果，可根据情况选用。

7. 分析锅炉用水时常用的仪器和药品（见表 8.4-69）

分析锅炉用水时常用的仪器与药品 表 8.4-69

品名	规格	单位	数量
分析天平	称量 200g，感量 0.1mg	架	1
电热干燥箱	中小型	台	1
水浴锅	多孔	台	1
蒸馏水器	10L/h	台	1
比重计	大于 1	套	1
滴定台		台	3
大口瓶	5L	个	2
	10L	个	3
滴瓶	25mL	个	5
	25mL（棕色）	个	5
塞比色管	25mL（有磨口塞）	套	1
酸式滴定管	50mL	支	5
	25mL	支	3
容量瓶	1000mL	个	2
	500mL	个	2
	250mL	个	2
	100mL	个	5
	50mL	个	5
量筒	50mL	个	2
瓷坩埚	10～15mL	个	10
刻度移液管	10mL	支	2
	5mL	支	3
	2mL	支	2
玻璃表量皿	ϕ50mm	个	3
	ϕ100mm	个	10
托盘天平	称量 200g，感量 0.1g	架	1
马弗炉（电热高温炉）	1000℃小型	台	1
万用电炉	220V 1000kW	台	2
干燥器	玻璃	台	1
pH 比色计	标准系列	台	1
细口瓶	1000mL	个	5
	500mL	个	5
	500mL（棕色）	个	5
	200～300mL	个	10
	250mL（棕色）	个	5
微量滴定管	2～5mL	支	1
碱式滴定管	50mL	支	3
	25mL	支	2
胖肚移液管	100mL	支	1
	50mL	支	5
	25mL	支	2
	20mL	支	2
	10mL	支	2
蒸发皿	100～150mL	个	10
古氏坩埚		个	2
量筒	500mL	个	2
	250mL	个	2
	100mL	个	5

续表

品　名	规　格	单　位	数　量
锥形瓶(三角烧杯)	250mL	个	20
	150mL	个	10
烧杯	500mL	个	10
	250mL	个	5
	100mL	个	5
玻璃研钵	ϕ100mm	个	1
称量瓶	ϕ30mm	个	5
玻璃管	ϕ5～8mm	斤	0.5
乳胶管	6×8	盒	1
洗耳球		个	3
塑料瓶	1000mL	个	10
广泛 pH 试纸	1～14	本	5
硫酸	二级 2500mL	瓶	1
硝酸	二级 2500mL	瓶	1
氢氧化钠	二级 500mL	瓶	1
氯化铵	二级 500g	瓶	5
硝酸银	二级 250g	瓶	2
硫酸钠	二级 500g	瓶	1
无水碳酸钠	一级 500g	瓶	1
靛蓝二磺酸钠(靛胭脂)	25g	瓶	1
氧二锌	一级 500g	瓶	1
硫酸铝	二级 500g	瓶	1
钼酸铵	二级 500g	瓶	1
玻璃漏斗	ϕ50mm	个	5
分液漏斗	500mL	个	3
吸滤瓶	1000mL	个	1
酒精灯		个	1
玻璃棒	ϕ3～5mm	斤	1
胶塞	各种规格	个	10
玻璃珠	大号	斤	0.1
药勺	牛角(塑料)	个	5
滤纸	定性 ϕ100mm	盒	1
	定量 ϕ100mm	盒	1
盐酸	二级 2500mL	瓶	1
乙酸(冰乙酸)	二级 500g	瓶	1
氨水	二级 1000mL	瓶	10
氯化钠	一级 500g	瓶	1
硝酸亚汞	二级 250g	瓶	1
铬酸钾	二级 500g	瓶	1
苦味酸	25g	瓶	1
乙二胺四醋酸二钠	二级 500g	瓶	2
邻苯二甲酸氢钾	一级 500g	瓶	1
磷酸二氢钾	一级 500g	瓶	1
氯化亚锡	一级 500g	瓶	1
锌粒	二级 500g	瓶	1
无水乙醇	二级 1000m	瓶	5
铬黑 T 指示剂	25g	瓶	1
甲基橙指示剂	25g	瓶	1
亚甲基蓝指示剂	25g	瓶	1
四氯化碳	二级 1000mL	瓶	2
纯甘油	二级 1000mL	瓶	1
酚酞指示剂	25g	瓶	1
甲基红指示例	25g	瓶	1
钙红指示剂	25g	瓶	1

8.5 锅炉房汽水系统

8.5.1 给水及凝结水系统

1. 给水系统级数的确定

在锅炉房内除了采用除氧设施需设置除氧水箱而采用两级给水系统外，一般可采用给水箱和凝结水回水箱合用的一级给水系统。

2. 回水箱间的地面标高

应根据室外回水方式确定。在条件合适时，优先采用地上或半地下室布置方式。

3. 给水箱和凝结水回水箱的设计

(1) 水箱容量和数量的确定，见表 8.5-1。

(2) 水箱的外形：小容量水箱一般采用矩形水箱，当容量大于 20m³ 时宜采用圆形水箱。

(3) 水箱一般采用开式结构，当室外为余压凝结水系统时，凝结水回水箱应采用闭式结构。

(4) 水箱的附件应配置齐全（如水位计、温度计、水封、溢流管、泄水管、进水管、出水管、排汽管及人孔等)，当水箱高度超过 1.5m 时，应设内外人梯。

溢水管管径应为出水管管径的 1.5～2 倍，排汽管管径应为凝结水进水管径的 2～2.5 倍。水箱的溢水管采用封闭式，闭式凝结水回水箱的排汽管应通过水封（控制 10～30kPa）后再排入大气。

当室外凝结水回水量较大时，水箱顶部尚应设置回收凝结水二次蒸汽的填料喷淋冷却器。

水箱的容量和数量 　　**表 8.5-1**

水箱类别	锅炉房额定容量 D(t/h)	锅炉房性质	水箱个数 (个)	水箱总容量(m³)	
				容量计算	推荐容量
一级给水系统给水箱	$D\leqslant10$	季节运行	1	$(1\sim2)D$	2～10
		常年运行	2	$\left(1\sim1\frac{1}{2}\right)D$	1.5～10
	$10<D\leqslant60$	不论性质	2	$\left(\frac{1}{2}\sim1\right)D$	10～30
	$D>60$	不论性质	2	$\left(\frac{1}{3}\sim\frac{2}{3}\right)D$	>20～40
两级给水系统凝结水回水箱	最大凝结水量 D'(t/h)	季节运行	1	$\frac{1}{3}D'$	
		常年运行	2	$\frac{2}{3}D'$	

注：当锅炉房水处理系统只设一台离子交换器时，水箱容量应能满足离子交换器再生时间内的锅炉给水量。

(5) 水箱内底部如设置蒸汽加热管时，其均布喷孔的数量 n（个）可按下式计算，并可按表 8.5-2 选用。

$$n=\frac{A}{a}=\frac{V_g}{a \cdot w}=\frac{V_g}{a \cdot \sqrt{2g \cdot \Delta h}} \tag{8.5-1}$$

式中 A——喷孔的总面积，m^2；

a——每个喷孔面积，m^2；

V_g——根据水温升高要求所需的蒸汽容积，m^3/s；

w——喷孔处的蒸汽流速，m/s；

Δh——蒸汽在开孔处的动压头，$\Delta h=h$；

h——水箱中水位的有效高度，m。

单位蒸汽量（t/h）所需蒸汽喷孔数 **表 8.5-2**

蒸汽压力 P(MPa)	0.15				0.20				0.30			
水位高度 h(m) / 孔数 n 个 / 孔径 ϕ(mm)	1.00	1.50	2.00	2.50	1.00	1.50	2.00	2.50	1.00	1.50	2.00	2.50
$\phi 4$	3650	2980	2580	2310	3080	2515	2180	1950	2350	1920	1660	1490
$\phi 5$	2340	1910	1650	1450	1970	1610	1395	1245	1510	1230	1060	930
$\phi 6$	1620	1325	1150	1030	1370	1120	970	865	1060	850	740	660

(6) 安装时水箱底部应设支座，支座间距 L（cm）按下式计算，也可查表 8.5-3，一般 $L<50$cm。

$$L=\frac{\sigma(S-C)}{0.1\sqrt{H}} \tag{8.5-2}$$

式中 σ——钢板许用应力，MPa；

S——箱底厚度，cm；

C——腐蚀裕量，一般取 $C=0.1$cm；

H——箱内盛水高度，cm。

水箱支座间距表 L **表 8.5-3**

箱内水高 H(mm) / 支座间距 L(mm) / 箱底厚度 S(mm)	800	1000	1200	1500	2000	2500	3000
4	335	300	275	245	210	190	175
5	445	400	365	330	280	255	230
6	560	500	460	410	355	320	290
7	670	600	550	490	425	380	350
8	780	700	640	570	495	440	400

(7) 水箱底的安装高度应满足水泵灌注头的要求。

(8) 水箱管接头及所有附件制作完毕后，应在水箱内外表面进行防腐处理，见表 8.5-4。

(9) 水温>50℃时，水箱应保温，保温层外表面温度应≤40～50℃。

(10) 凝结水回水箱应设有水箱水位自控装置，以控制水泵自动启闭。并设声光信号传送到控制室。

水箱防腐处理措施 表8.5-4

水箱部位	水温(℃)	防腐处理措施
水箱内部	<30 30～<70 70～100	刷红丹防锈漆2遍 刷过氯乙烯漆4～5遍 刷汽包漆4～5遍
水箱外部		刷红丹防锈漆2遍

4. 锅炉给水泵的选择计算

(1) 锅炉给水宜采用多台锅炉集中给水系统。水泵性能及台数的确定应能满足并联运行及全年负荷调节的要求：

• 给水泵的台数不应少于两台，在任何一台停运情况下，其余给水泵的总给水量不应小于锅炉房额定蒸发量时所需给水量（包括减温装置及蓄热器等装置的额定用水量）的110%。

• 当采用电泵为常用给水设备时，宜采用汽泵为事故备用泵，该泵的流量应满足锅炉房额定蒸发量时所需给水量的20%～40%；对于供电可靠或停止给水不会导致锅炉缺水事故的锅炉房可不设事故备用泵。

• 当采用汽泵为电泵的工作备用泵时，其流量应≥最大一台电泵的流量。

给水泵的种类和容量的确定可参见表8.5-5。

(2) 当锅炉额定蒸汽量≥35t/h，额定出口蒸汽压力≥2.5MPa，热负荷较为稳定，且给水泵排汽可以利用时，宜选用工业汽轮机驱动的给水泵作常用给水泵，以电动给水泵作工作备用泵。

(3) 给水泵的设计扬程 H (MPa)

电动、汽动给水泵台数、容量选择表 表8.5-5

序号	给水泵总台数(台)	电泵			汽泵			所有水泵总容量(m^3/h)	汽泵工况		
		数量(台)	出水量(m^3/h)		数量(台)	出水量(m^3/h)			供电可靠不设汽泵	汽泵作事故备用	汽泵作工作备用
			一台电泵	所有电泵		一台汽泵	所有汽泵				
1	2	1	1.1D	1.1D	1	1.1D	1.1D	2.2D			△
2	2	2	1.1D	2.2D	—	—	—	2.2D	△		
3	3	2	1.1D	2.2D	1	0.3D	0.3D	2.5D		△	
4	3	2	0.55D	1.1D	1	0.55D	0.55D	1.65D			△
5	3	3	0.55D	1.65D	—	—	—	1.65D	△		
6	4	3	0.55D	1.65D	1	0.30D	0.30D	1.95D		△	
7	4	3	0.37D	1.11D	1	0.37D	0.37D	1.48D			△
8	4	4	0.37D	1.48D	—	—	—	1.48D	△		
9	5	4	0.37D	1.48D	1	0.37D	0.37D	1.85D		△	△
10	5	4	0.275D	1.1D	1	0.275D	0.275D	1.375D			△
11	5	3	0.37D	1.1D	2	0.37D	0.74D	1.84D			△

注：D为锅炉房额定给水量=锅炉房额定蒸发量+排污量，m^3/h。

$$H = P_g + (0.1\sim0.2) \tag{8.5-3}$$

式中 P_g——锅炉工作压力，MPa；

0.1～0.2——考虑管路、省煤器等水流阻力的附加值，MPa。当锅炉带有省煤器时，应采用较高值。

5. 凝结水泵的选择计算

（1）凝结水泵至少应安装两台，其中一台备用。凝结水泵的容量应按进入凝结水箱的每小时最大水量和凝结水泵的工况考虑。

- 当补给水不进入或极少量进入凝结水箱时，凝结水泵按间断工作考虑；
- 当大量补给水进入凝结水箱时，凝结水泵按连续工作考虑。

凝结水泵的安装台数和容量可参考表 8.5-6 确定。

凝结水泵的台数、容量选用表　　**表 8.5-6**

凝结水泵台数（台）	凝结水泵容量(m^3/h)			
	间断工作		连续工作	
	每台容量	全部容量	每台容量	全部容量
2	$2.0D_1$	$4.0D_1$	$1.1D_1$	$2.2D_1$
3	$1.0D_1$	$3.0D_1$	$0.55D_1$	$1.65D_1$
4	$0.7D_1$	$2.8D_1$	$0.37D_1$	$1.48D_1$

注：D_1—进入凝结水箱的总水量，m^3/h。

（2）凝结水泵的设计扬程 H（MPa）

$$H=P+(H_1+10H_2+H_3)10^{-3} \tag{8.5-4}$$

式中　P——凝结水接收设备内的工作压力，MPa；

大气式热力除氧器 $P=0.02$MPa；

喷雾式热力除氧器 $P=0.15\sim0.20$MPa；

开式水箱 $P=0$。

H_1——管路系统总阻力，kPa；

H_2——凝结水箱最低水位至凝结水接收设备进口之间的标高差，m；

H_3——附加压头，一般取 $H_3=50$kPa。

6. 水箱最低贮水面至水泵轴心线之间的灌注头 H_z（m）

（1）水泵灌注头 H_z（m）按下式计算：

$$H_z>0.1[(P_{BH}-P_g)+h_\lambda+h_f+\Delta P_g] \tag{8.5-5}$$

式中　P_{BH}——水泵进口处水的饱和压力，kPa（见表 8.5-7）；

P_g——水箱的工作压力，kPa；

h_λ——吸水管道的阻力，kPa；

h_f——水泵的汽蚀余量，kPa；

ΔP_g——考虑水箱压力瞬变的裕量，$\Delta P_g=3\sim5$kPa。

不同水温下水的饱和压力 P_{BH}（kPa）　　**表 8.5-7**

水温(℃)	0	10	20	30	40	50	60	70	80	90	100	110	120
P_{BH}(kPa 绝)	0.62	1.25	2.38	4.32	7.52	12.6	20.3	31.8	48.3	71.5	103	146	202

对于闭式水箱（如热力除氧），$P_{BH}\approx P_g$。

（2）凝结水箱安装高度（箱底高出水泵轴线距离）

当凝结水温90～100℃——1m；

＞100℃——1～1.5m。

7. 给水及凝结水管道系统

(1) 常年不间断运行的锅炉房，应采用双给水母管，每条给水管道的给水量≥锅炉额定出力的120%。

(2) 省煤器应设有不经省煤器而直接通入锅炉汽包的给水旁通管。

无旁通管道的省煤器出口应有接到给水箱的循环水管。

(3) 必须于短期内低负荷运行的离心水泵的出口管与止回阀之间应接有返回给水箱的低负荷循环管，循环管上应设减压孔板或调压阀。低负荷循环管管径可按循环水量计算，一般不小于表8.5-8的规定。

低负荷循环管最小管径 *DN* **表8.5-8**

给水泵出力(m^3/h)	＜15	15～30	30～40	40～80	80～120	120～200	＞200
DN(mm)	15	20	25	32	40	50	65～80

(4) 并联运行的热力除氧水箱上应有汽水连管。

(5) 蒸汽锅炉给水管上的手动给水调节阀及热水锅炉手动控制补水装置，宜设在便于司炉操作的地点。

(6) 室外凝结水管应翻高后接入凝结水回水箱，上翻高度应按保证室外管网保持满管运行的要求确定。

(7) 给水系统应配置的阀门附件如表8.5-9所示。

给水系统配置阀门表 **表8.5-9**

系统部位＼阀件名称		闸阀	止回阀	截止阀	调节阀	安全阀	放气阀	放水阀
给水泵	入口	▲						
	出口		▲	▲				
水管低负荷循环管					▲			
省煤器	入口		▲	▲		▲		▲
	出口			▲		▲	▲	
锅炉	入口		▲	▲	▲			
	出口			▲				
省煤器循环管				▲				
管道	最高点						▲	
	最低点							▲

8.5.2 蒸汽系统

1. 供汽管道

(1) 蒸汽参数相同的锅炉宜采用蒸汽单母管，对常年连续供热的锅房炉可采用双母管。

工作压力不同的锅炉，应设置独立的蒸汽管和给水管道。如合用蒸汽管时，高压管应设减压和安全保护装置。当给水压差<20%时可由总的给水系统向锅炉给水。

(2) 分汽缸的设置应根据用汽需要和管理方便等因素进行考虑，每台锅炉的主蒸汽管可以分别接至分汽缸。

(3) 每台锅炉与蒸汽母管或与分汽缸之间的锅炉主蒸汽管上，均应安装两个阀门，其中一个紧靠锅炉汽包或过热器出口，另一个应装在靠近蒸汽母管处或分汽缸上。

两阀之间应有通向大气的疏水管（$DN\geqslant20$ 并带阀门）。

(4) 锅炉房内自用蒸汽（汽泵、除氧器及生活等用汽）应由分汽缸上自用蒸汽总管接出。

2. 凝结水、锅炉连续排污膨胀器产生的二次蒸汽应充分予以利用

3. 蒸汽系统安全阀的设置

(1) 蒸发量>0.5t/h 的锅炉至少装设两个安全阀，安全阀的总排汽能力必须大于锅炉最大连续蒸发量。

(2) 安全阀应设有直接通向室外的排汽管，排汽管的截面积至少为安全阀座排汽面积的 2 倍。两只独立安全阀排汽管不得相连。排汽管的底部应装有接到安全地点的疏水管，排汽管和疏水管上都不得装阀门。

4. 蒸汽系统疏水设施

(1) 汽水换热器、汽水分离器、分汽缸等设备下面及蒸汽管道的最低点，应设置连续疏水阀。

(2) 蒸汽管末端、节流孔板的前面、锅炉启动时有可能积水的系统最低点等处，应设置启动疏水装置。

(3) 疏水设备选用原则：

- 蒸汽压力≤0.05MPa 时，尽量采用水封管疏水。
- 蒸汽压力>0.05MPa 时，应采用疏水阀。疏水阀排水能力选择时应考虑安装地点的实际工作压差及疏水倍率系数（蒸汽管道及分汽缸倍率系数取 2～3，热交换器倍率系数取 3～4）。

(4) 启动时有大量凝结水的疏水点，疏水阀应设旁通管。

当疏水阀后的管段高于疏水阀安装高度时，疏水阀后应装止回阀。

8.5.3 汽水管道设计

汽水管道应按热力系统和锅炉房工艺布置进行设计。应使计算正确，选材符合设计参数要求，布置合理，流阻较小，疏水通畅，支吊稳固，保温合适，造价低廉，扩建方便和整齐美观。

1. 汽水管道布置应考虑以下要求

- 应使安装、操作、检修方便。
- 尽量沿墙柱敷设，力求排列整齐。
- 人行通道上方的管道离地净距≥2m。
- 不影响采光和门窗的开启。
- 应满足装设仪表的要求。
- 应考虑热补偿措施，尽量利用管道自然补偿。

2. 锅炉房汽水管道的管径应按表 8.5-10 推荐的流速进行选择计算

汽、水及压缩空气管道的允许流速 **表 8.5-10**

工作介质	管道种类	管道的粗糙度 (mm)	流速 (m/s)
过热蒸汽	*DN*>200mm *DN*=200~100mm *DN*<100mm	0.1	40~60 30~50 20~40
饱和蒸汽	*DN*>200mm *DN*=200~100mm *DN*<100mm	0.2	30~40 25~35 15~30
二次蒸汽	利用的二次蒸汽管 不利用的二次蒸汽管	0.2	15~30 60
废汽	利用的锻锤废汽管 不利用的锻锤废汽管		20~40 60
乏汽	排汽管(从受压容器中排出) 排汽管(从无压容器中排出) 排汽管(从安全阀排出)		80 15~30 200~400
锅炉给水	水泵吸水管 离心泵出口管 往复泵出口管 给水总管		0.5~1.0 2~3 1~2 1.5~3
凝结水	凝结水泵吸水管 凝结水泵出水管 *DN*<100mm *DN*≥100mm 自流凝结水管 余压凝结水管	0.5 0.5 1.0 0.5	0.5~1.0 1.0~1.6 ≤2 0.2~0.5 0.5~3
生水	自来水管、冲洗水管(压力) 软化水管、反洗水管(压力) 反洗水管(自流)、溢流水管 盐水管		1.5~3 1.5~3 0.5~1 1~2
冷却水	冷水管 热水管(压力)		1.5~2.5 1~1.5
热网循环水	供、回水管 室外管网		0.5~3
	供、回水管 锅炉房出口		(与热网干管一致)
压缩空气	小于 1MPa 压缩空气管		8~12

3. 汽水管道的支吊架设计

- 应考虑管道、阀门与附件的重量，管内水重，保温结构重量和管道膨胀的作用力
- 汽水管道应合理布置支吊架，支吊架间距和管道离墙柱的间距应符合表 8.5-11、表 8.5-12 及图 8.5-1 的要求。

汽水管道支架间距　　表 8.5-11

$DN1$	$DN2$	L_H(m) 保温	L_H(m) 不保温	$DN1$	$DN2$	L_H(m) 保温	L_H(m) 不保温
15	15	1.5	3.0	125	65～100	3.0	6.0
20	20	2.0	3.0		125	6.0	6.0
25	25	2.0	3.0	150	80～100	3.0	6.0
32	32	2.0	3.0		125～150	6.0	6.0
40	40	3.0	3.0	200	100	3.0	6.0
50	50	3.0	6.0		125～200	6.0	6.0
65	65	3.0	6.0	250	100	3.0	6.0
80	80	3.0	6.0		125～250	6.0	6.0
100	50～100	3.0	6.0	300	125～300	6.0	6.0

汽水管道中心距墙柱的距离　　表 8.5-12

$DN1$		25	32	40	50	65	80			100				125			
$DN2$		25	32	40	50	65	50	65	80	50	65	80	100	65	80	100	125
A (mm)	保温	190	200	210	220	230	240			250				270			
	不保温	120	120	130	130	140	150			160				170			
B (mm)	保温	300	320	330	350	370	350	360	380	360	370	390	420	390	410	430	450
	不保温	150	160	170	180	190	190	200	210	200	210	220	230	220	230	240	250
$DN1$		150				200				250				300			
$DN2$		80	100	125	150	100	125	150	200	100	125	150	250	125	150	200	300
A (mm)	保温	300				330				370				400			
	不保温	180				210				240				270			
B (mm)	保温	440	460	480	510	480	510	540	580	520	540	570	640	580	610	640	720
	不保温	250	260	270	280	300	310	320	340	330	340	350	390	380	390	400	450

• 与水泵等设备连接的管道，应有独立牢固的支架，以防止设备振动沿管道系统传播，并防止设备承受管道的荷重。

4. 管道最低点和可能积水的管段，应设放水管（DN>20），管道最高点应设放气管（DN15～20），放水排气管应引到安全地点

5. 管道及设备保温

（1）温度>50℃的汽水管道、管道附件和设备均需保温。

疏水管、排污管、废汽管、安全阀排汽管和取样管等可不保温，但敷设在有可能烫伤人的地方时，应采取隔热措施。

（2）保温材料选择应因地制宜、就地取材，宜采用成型制品，保温层外的保护层应具有阻燃性能。

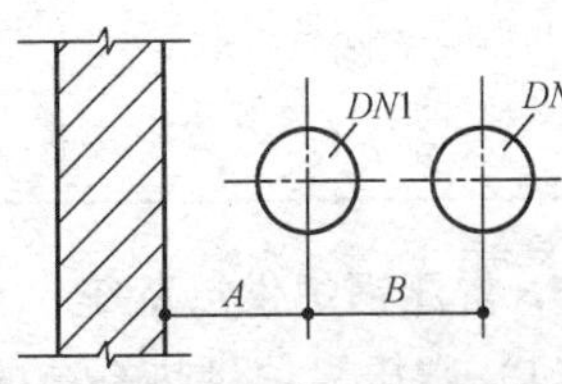

图 8.5-1　管道距墙柱距离图

阀门及附件和其他需经常维修的设备和管道，宜采用

便于拆装的成型保温结构。

6. 锅炉房内管道表面（或保温层表面）涂色标志（可参照表 8.5-13 的规定）。

管道表面涂色标志 **表 8.5-13**

管道名称	表面涂色		管道名称	表面涂色	
	底色	环色		底色	环色
过热蒸汽管	红	黄	软化水管	绿	白
饱和蒸汽管	红		锅炉排污管	黑	
排汽、废汽管	红	黑	燃油管	深黄	
自来水管、锅炉给水管	绿		废油管	深黄	黑
热网回水管	绿	蓝	燃气管	浅黄	
凝结水管、热网供水管	绿	红	燃气放散管	浅黄	黑
盐液管、加药管	绿	黄	压缩空气管	蓝	
疏水管、排放水管	绿	黑			

8.5.4 常压热水锅炉供热系统

在任何情况下，锅炉本体顶部表压为零的常压锅炉，由于其所具有的特点，自 80 年代以来，在常压热水锅炉的设计制造、管理和安全监察及供热系统的设计研究方面均得到很大的发展。

1. 常压热水锅炉供热系统的特点

(1) 安全性高。由于锅筒顶部开口与大气相通，从根本上消除锅筒爆炸的可能性；

(2) 锅炉制造工艺简化，锅壳，炉胆、管板等部件壁厚减薄且可不用优质钢材，降低了锅炉制造成本；

(3) 安装地点灵活，不受承压锅炉安装位置规定的若干限制的约束。可以和建筑物贴邻或在建筑物内部建造常压锅炉房，从而缓解在城市人口密集地区及建筑群中难以安排锅炉房合适位置的矛盾。

2. 常压热水锅炉的主要类型（见表 8.5-14）

常压热水锅炉的主要类型 **表 8.5-14**

类 型	额定供回水温度	供热系统主要特点
1. 直接加热循环型	95/70℃或 60/50℃	锅筒常压，锅水直接参与供热系统循环，为全开式系统
2. 间接加热循环型	60/50℃	锅筒常压，锅水不直接进入供热系统循环，而是通过锅内换热盘管来加热供热系统循环水，供热系统为闭式循环系统
3. 两用锅炉	95/70℃和 60/70℃	锅筒常压，锅内设有加热盘管，部分水直接加热后进入全开式供热循环系统，部分水通过加热盘管后进入闭式循环系统。 可以同时供应两种不同水温和两种不同的循环系统

3. 常压锅炉供热系统

(1) 常压锅炉供热系统的基本形式

工程中常见的锅水直接循环的常压锅炉供热系统见图 8.5-2。

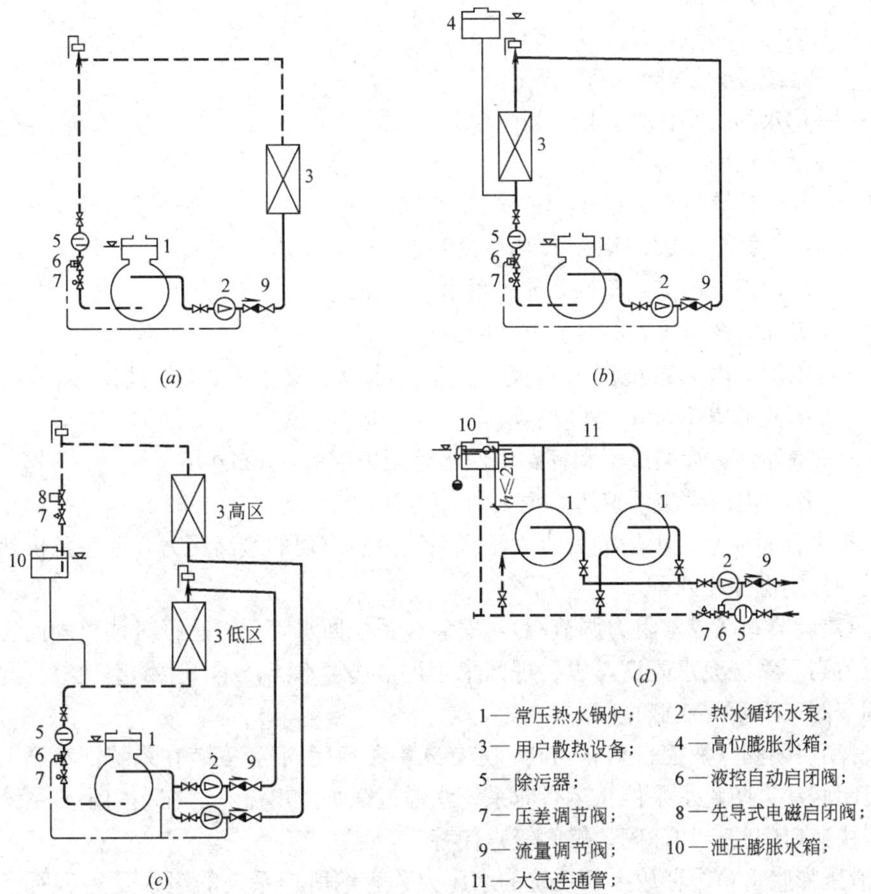

1—常压热水锅炉；　2—热水循环水泵；
3—用户散热设备；　4—高位膨胀水箱；
5—除污器；　6—液控自动启闭阀；
7—压差调节阀；　8—先导式电磁启闭阀；
9—流量调节阀；　10—泄压膨胀水箱；
11—大气连通管；

图 8.5-2　常压锅炉供热系统

(a) 单点定压系统；(b) 双点定压系统；(c) 高层建筑分区系统；(d) 锅炉房共用膨胀水箱系统

1) 单点定压系统是利用常压锅炉锅筒自带（或在炉侧另外设置的锅炉膨胀水箱）的水位面进行定压，此系统维护运行简单，常应用于下供上回的用户供暖系统；

2) 双点定压系统是指具有锅筒（或锅炉膨胀水箱）及系统高位膨胀水箱两个水位面进行定压。此系统运行维护较复杂，控制不当在锅筒或高位膨胀水箱处会发生系统跑水现象。常用于上供下回的用户供暖系统；

3) 高层建筑分区系统，为解决系统垂直失调或低区散热设备超压问题可应用分区系统。在低区系统高处设有泄压膨胀水箱，以减少高区回水压力对低区回水的干扰；

4) 锅炉房共用膨胀水箱系统，应用于多台常压锅炉的锅炉房中，可使系统简化。

(2) 供热系统主要设备和附件

1) 常压热水锅炉，额定热功率≤2.8MW，额定出口水温不宜大于85℃；

2) 热水循环水泵，位于锅炉出水管之后，当供水温度大于80℃时应选用R型热水泵。选择循环水泵时其流量和扬程按以下公式计算：

$$G=K_1\frac{3.6Q}{c(t_g-t_h)}=K_1\frac{0.86Q}{t_g-t_h}\quad \text{t/h} \tag{8.5-6}$$

$$H=K_2[0.5(H_1+H_2)+H_3]+(h_0+a)\quad \text{mH}_2\text{O} \tag{8.5-7}$$

式中 G——水泵计算流量，t/h；

K_1——热损失系数，$K_1=1.05\sim1.10$；

Q——系统设计供热负荷，kW；

c——热水的平均比热，kJ/(kg·℃)；

t_g、t_h——设计供回水温度，℃；

H——水泵计算扬程，mH_2O；

K_2——扬程裕量系数，$K_2=1.10\sim1.20$；

h_0——用户系统最高点与锅炉水位的高差，m；

a——附加富裕压力，$a=2\sim3mH_2O$；

H_1——锅炉房内部系统压力损失（包括分水器、集水器、除污器、无压锅炉等），一般可按 $5\sim8mH_2O$ 估算；

H_2——室外供热管网最不利环路供回水管压力损失，mH_2O；

H_3——用户内部供暖系统压力损失，mH_2O。

在选择水泵时注意其承压能力应大于水系统可能出现的最高压力，并注意供热系统温差要与锅炉额定温差相匹配。

3）压差调节阀（或称阻力调节阀），安装在系统回水管上，运行时调整阀前压力，使回水管压力高于系统充水高度，以实现回水管正常连续水流，不产生倒空现象。此阀可选用压差调节阀、平衡阀或截止阀。

4）自动启闭阀（液控自动启闭阀、先导式电磁启闭阀）。安装在系统回水管上，与循环水泵启闭联动，防止水泵停止运行时系统水通过锅炉溢出流失。在小的供热系统中也可采用人工快速启闭阀（如球阀、蝶阀等）代替。

5）泄压膨胀水箱，释放上部系统的水压力和容纳所连系统的锅水受热后所产生的膨胀量。水箱的有效膨胀容积一般取系统总容积的3.5%。

6）锅炉大气连通管，安装在锅炉顶部，可接向锅炉房膨胀水箱的上方。大气连通管的当量通径 D_n 按下式计算：

$$D_n=88\sqrt{Q}\quad \text{mm} \tag{8.5-8}$$

式中 D_n——当量通径，mm，见表8.5-15；

Q——常压热水锅炉额定热功率，MW。

常压热水锅炉大气连通管当量通径 **表8.5-15**

额定热功率 Q(MW)	0.35	0.70	1.05	1.40	2.10	2.80
大气连通管 D_n(mm)	65	80	100	125	150	150

4. 供热系统设计及运行应注意的问题（见表8.5-16）

5. 常压锅炉出水管及循环水泵位置（见图8.5-3）

（1）常压锅炉出水管位置

为了不使锅筒内水发生局部汽化，锅炉出水管处应有比额定供水温度高一定安全裕度的相应饱和压力。对于常压锅炉，此安全裕度可取10～15℃，当额定供水温度为85℃时，在85+(10～15)=95～100℃时的 $h=860\sim1000$mm，一般锅筒（或锅炉膨胀水箱）最低水位至出水管的高差 $h\geqslant1000$mm。

（2）循环水泵的安装位置

常压热水锅炉供热系统设计及运行应注意的问题 **表 8.5-16**

<table>
<tr><th>问题及现象</th><th>原因分析</th><th>改善或解决措施</th></tr>
<tr><td>供热系统循环水泵扬程高、能耗大</td><td>常压热水锅炉(开式)循环水泵的扬程,除克服通常闭式系统的循环流动阻力外,还必须满足系统充水高度的提升要求,这是常压(开式)系统增加的能耗。楼层愈高,能耗增加愈大。按有关资料用(开式/闭式)轴功率的能耗比来表示:
<table>
<tr><td>建筑层数(层)</td><td>1～2</td><td>7</td><td>12</td><td>18</td><td>25</td></tr>
<tr><td>建筑高度(m)</td><td><6</td><td>24</td><td>39</td><td>57</td><td>75</td></tr>
<tr><td>(开/闭)能耗比</td><td>相当</td><td>2</td><td>3</td><td>4</td><td>5.3</td></tr>
</table>
如采用改变流量的节能调节,由于系统高度为不变因素,故其能耗比更大</td><td>在多层及高层建筑中采用
1)高低区分区供暖,以减少供暖系统中需高扬程的比例;
2)利用开式与闭式各自的优点,采用热交换器设计成前后两级循环系统。一级为常压开式系统,二级为承压闭式系统</td></tr>
<tr><td>循环水泵工况恶化,产生振动及噪声,水泵叶轮和部件产生腐蚀</td><td>循环水泵入口发生液体汽化,产生汽蚀。
1)锅筒膨胀水箱最低水位至水泵轴心线之间的高差 H_z 不够,水泵入口静水压力低;
2)水泵入口的管道系统(管路和阀件)水流阻力(H_c)太大</td><td>1)加大位差,增大水泵入口的静水压力,(一般大于 2～2.5m);
2)适当增大吸入段管径,采用低阻阀门(如闸阀、蝶阀、球阀等);
3)采用低 Δh_f 的水泵;使系统的有效汽蚀余量 Δh_e 大于水泵的必须汽蚀余量 Δh_f
$\Delta h_e(=H_z-H_c)>\Delta h_f$,m</td></tr>
<tr><td>系统回水管上部及上供下回的用户供热系统产生倒空现象,锅炉水箱经常溢水</td><td>回水管路中未设置压差调节阀或压差调节阀调整不当,使系统水流在回水管部分未实现正常连续水流,产生倒空现象</td><td>安装并正确调整回水管路中的压差调节阀,使进压差阀前的回水压力高于系统的充水高度</td></tr>
<tr><td>循环水泵停止运行时,回水管路产生水击,管路振动,甚至用户散热器破裂</td><td>在停泵时,由于与水泵启闭连锁动作以防止系统水通过锅炉膨胀水箱泄出的自动启闭阀突然关闭,正常流动的水突然受阻,产生水击</td><td>可以借鉴承压热水锅炉循环水泵的前后管路间设置旁通泄压管的办法,在自动启闭阀前与循环水泵后的管路之间安装一根带有止回阀的旁通泄压管</td></tr>
<tr><td>锅炉受热面产生氧化腐蚀,有的运行一个采暖期受热面管子即腐蚀穿透</td><td>由于常压锅炉顶部开口与大气相通,故系统循环水中含氧量比较高,经常保持在相应水温的饱和状态(当水温50～90℃时,含氧量达到 5.4～1.6mg/L)。如再发生大量补水或低温回水接入锅炉膨胀水箱的位置不当(接入水箱上部空间),与空气充分接触,使水中的含氧量更高。
回水进入锅炉受热升温后气体的溶解度减少,氧气不断从水中逸出,这些气体如排放不彻底,滞留在受热面上,就会造成金属局部腐蚀</td><td>1)尽量减少大量空气溶入水系统;杜绝跑、冒、滴、漏,减少系统的补水量;防止回水管产生倒空现象;回水接入锅炉膨胀水箱的位置应改到水箱下部;
2)投入化学药剂以减缓腐蚀:
用除氧反应剂 Na_2SO_3 降低水中溶解氧,用 Na_3PO_4 和 NaOH 来调整循环水的 pH=10～12,以使腐蚀速率最低</td></tr>
<tr><td>常压锅炉发生爆炸</td><td>大气连通管误装了阀门或连通管管径太细,排气不畅,也有由于排气管发生结冰堵塞;膨胀水箱与系统连接的主管道上误装了阀门或发生结冰堵塞,结果使常压锅炉举压运行</td><td>系统设计、安装、验收及运行应严格按《小型和常压热水锅炉安全监察规定》与技术条件的要求进行;
运行后不得改变系统管路和阀门,严禁改作承压锅炉使用</td></tr>
</table>

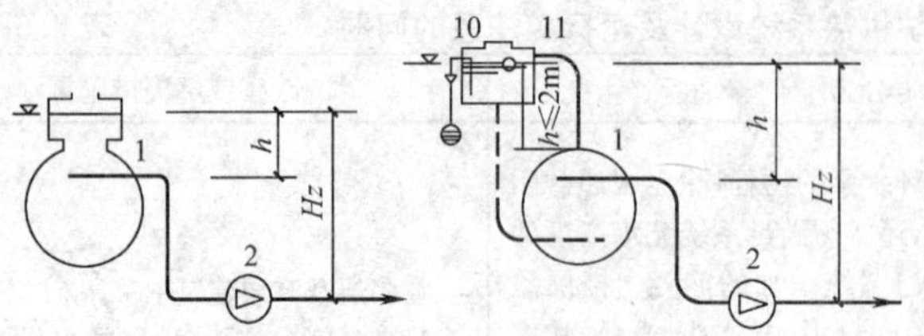

图 8.5-3　常压锅炉出水管及循环水泵位置

确定常压热水锅炉循环水泵的安装位置，关键是确定锅筒（或锅炉膨胀水箱）最低水位与循环水泵入口中心线之间的高差距离—灌注高度 H_z，以保证水泵入口处不产生汽化现象。

$$H_z \geqslant \Delta h_f - 0.1(P_b - P_v) + \frac{w^2}{2g} + \sum h_c \quad \text{m} \tag{8.5-9}$$

式中　Δh_f——水泵允许汽蚀余量，m；

P_b——当地大气压，kPa；

P_v——最高水温时的汽化压力，kPa；

w——水泵入口处水速，m/s；

g——重力加速度，9.8m/s²；

$\sum h_c$——吸入管道总阻力，m。

以西安地区的工程为例，计算循环水泵的灌注安装高度 H_z。

P_b——西安地区冬季大气压力，97.87kPa；

P_v——最高水温为90℃时的汽化压力，69.97kPa；

w——水泵入口处水速，3m/s；

$\sum h_c$——吸入管道总阻力，0.2m；

Δh_f——立式离心泵允许汽蚀余量，3～3.5m。

$$H_z \geqslant (3\sim3.5) - 0.1(97.87 - 69.97) + \frac{3^2}{2\times9.8} + 0.2$$

$$= (3\sim3.5) - 2.79 + 0.46 + 0.2 = (3\sim3.5) - 2.13 = 0.87\sim1.37 \quad \text{m}$$

从实例计算可见采用低 Δh_f 的水泵、适当增加吸入段管径以减少 $\sum h_c$，可以有效防止水泵入口的汽化现象，一般 $H_z \geqslant 2$m。

8.5.5　集流罐两级网路供热系统

近年来在国内不少城市的小区新建供热系统中，采用了由国外引进全套设备与技术的新颖的集流罐两级网路热水供热系统，用一个集流罐代替通常设置的分水器和集水器，构成独特的循环回路。本节将对其机理、特点及典型的工艺流程作一综合介绍。

1. 集流罐供热系统的基本形式及其特点

集流罐供热系统的基本形式见图 8.5-4（*a*）。这种系统由热源侧的一级网路通过集流罐与用户侧的二级网路相连接。设备布置紧凑，不必安装常规的构成两级网路所必备的换热器或混水泵，降低了工程投资。

此供热系统具有以下主要特点：

（1）一级网与二级网系具有自调性能的直连串联网路系统，一个集流罐可以连接几个不同性质的二级用户（流量 G、温度 T 不同）。参见图 8.5-4（*b*）。

1）当一级网与二级网流量相等 $G_1 = G_2$，此时调节流量 $\Delta G_1 = 0$、$\Delta G_2 = 0$；前后两级

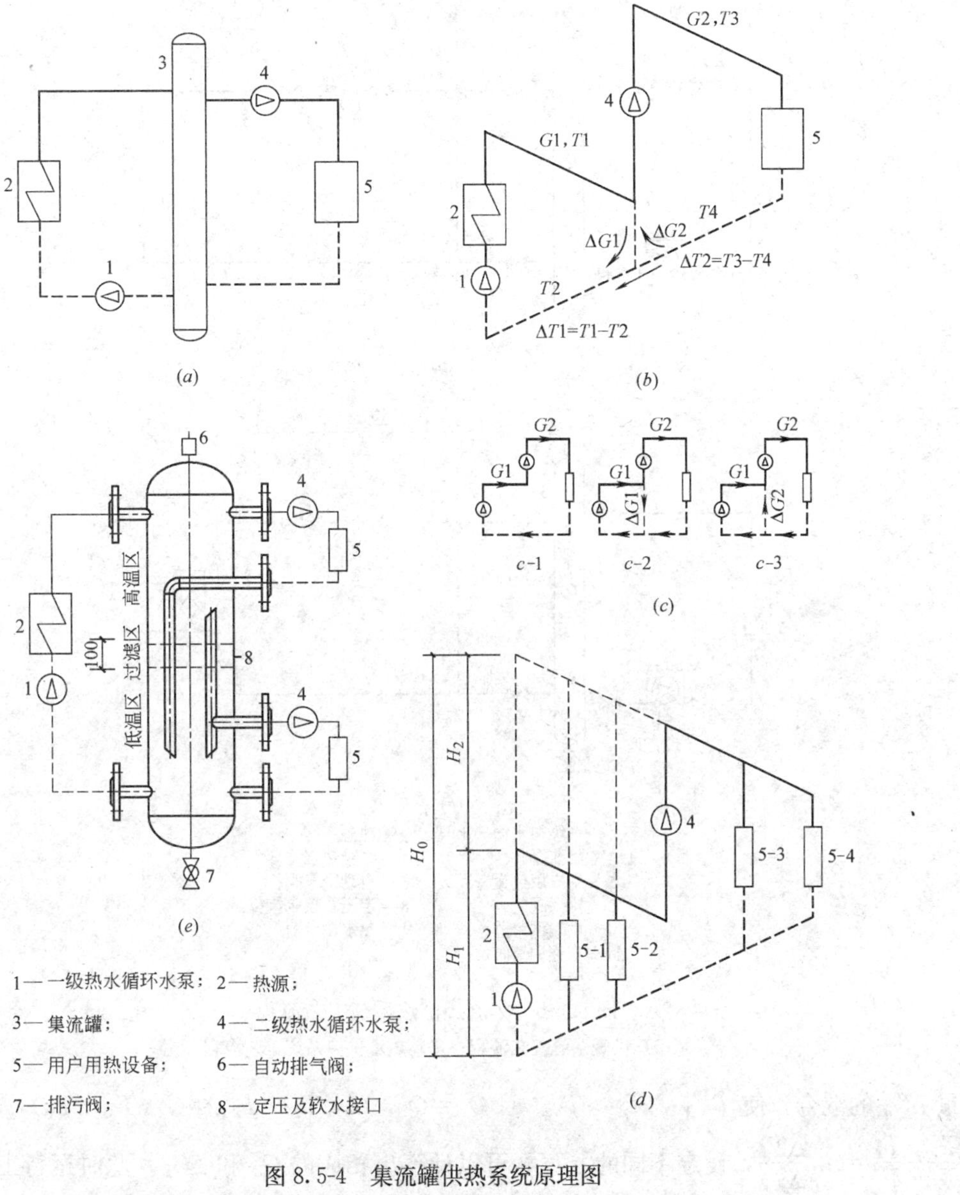

1— 一级热水循环水泵；2— 热源；
3— 集流罐；4— 二级热水循环水泵；
5— 用户用热设备；6— 自动排气阀；
7— 排污阀；8— 定压及软水接口

图 8.5-4 集流罐供热系统原理图

(*a*) 集流罐供热系统基本形式；(*b*) 集流罐供热系统水压图；(*c*) 集流罐供热系统基本工况；(*d*) 集流罐供热系统输送能耗示意图；(*e*) 集流罐构造示意图

网路的供回水温度也相等，$T_1=T_3$、$T_2=T_4$。此时运行工况为纯两级串联网路系统。参见图 8.5-4 (*c*-1)。

2) 当 $G_1>G_2$，调节流量 $\Delta G_1>0$，$\Delta G_1=G_1-G_2$。一级网路的回水由于高温调节流量 ΔG_1 的混合，使 $T_2\uparrow>T_4$，$\left[\dfrac{(T_1\times\Delta G_1)+(T_4\times G_2)}{G_2+\Delta G_1}=T_2\right]$。反馈至热源，当设定一级网温差 ΔT_1 为一定值时，热源自控系统将使供热量 Q_1 下降。此时运行工况为有分流的两级串联网路系统。参见图 8.5-4 (*c*-2)。

3) 当 $G_1<G_2$，调节流量 $\Delta G_2>0$，$\Delta G_2=G_2-G_1$。二级网路的供水由于低温调节流

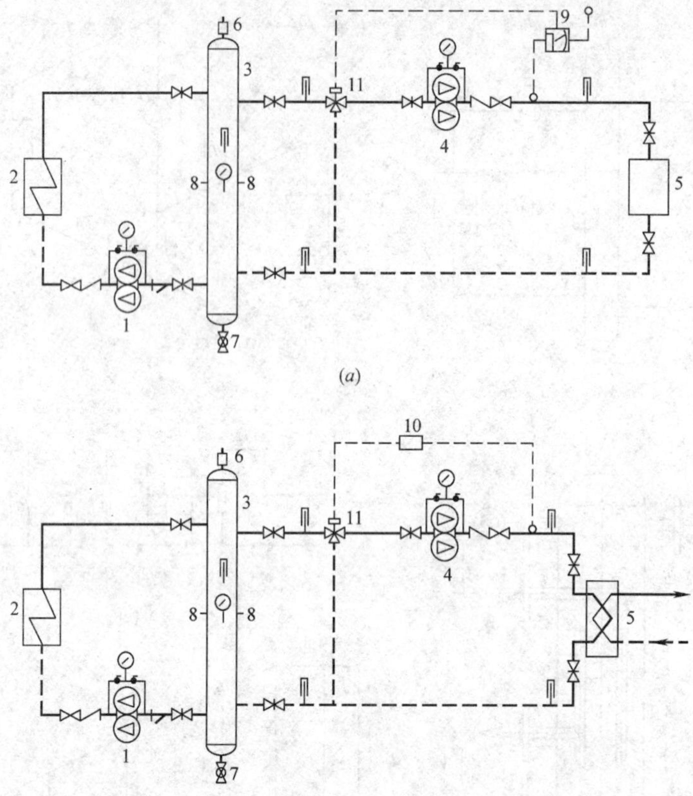

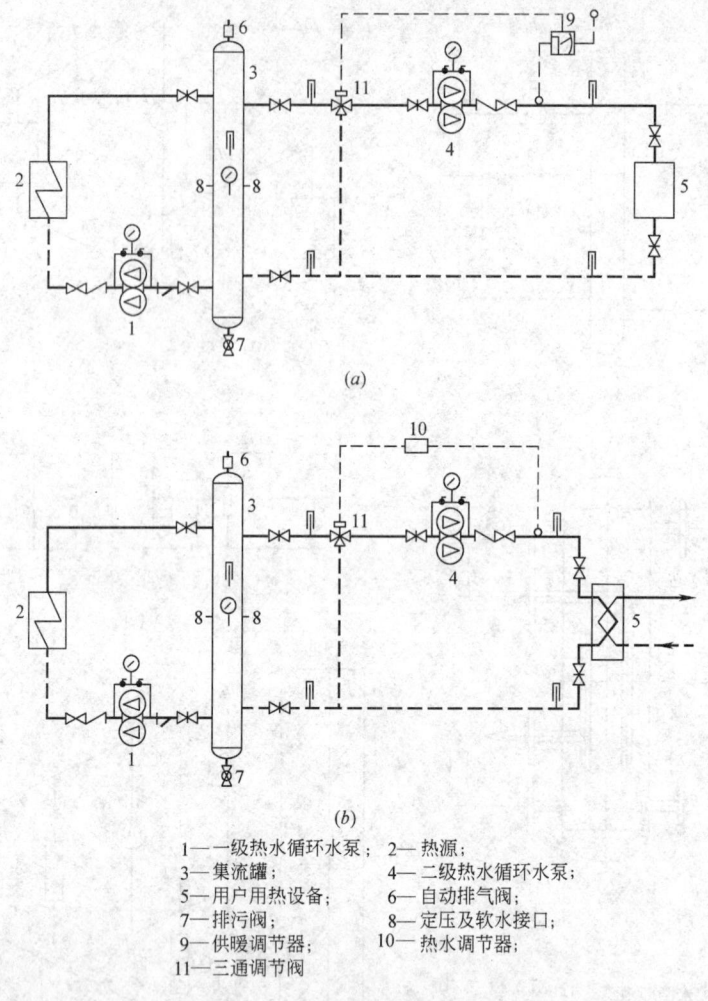

1—一级热水循环水泵；　2—热源；
3—集流罐；　4—二级热水循环水泵；
5—用户用热设备；　6—自动排气阀；
7—排污阀；　8—定压及软水接口；
9—供暖调节器；　10—热水调节器；
11—三通调节阀

图 8.5-5　集流罐供热系统工艺流程

(a) 供暖系统工艺流程；(b) 热水供应系统工艺流程

量 ΔG_2 的混合，使 $T_3\downarrow$，$T_1>T_3$。因 $Q_1=Q_2$，$G_1(T_1-T_2)=G_2(T_3-T_4)$，$G_2=G_1\dfrac{T_1-T_2}{T_3-T_4}=G_1\dfrac{\Delta T_1}{\Delta T_2}$，设定不同的 ΔT_2，可以计算出相应的 G_2 和 ΔG_2。此时运行工况为有合流的两级串联网路系统。参见图 8.5-4 (c-3)。

(2) 在区域性供热站中，两级供热网路比常规的单级供热网路具有明显的降低循环水泵输送总能耗的节能效果。参见图 8.5-4 (d)。

水泵的输送能耗 N (kW) 与输送水量 G (t/h) 及扬程 H (kPa) 呈正比关系：$N\infty G\cdot H$。两者的能耗比可由以下关系式表示：

$$\frac{N_1+N_2}{N_0}=\frac{G_1H_1+G_2H_2}{G_1H_0}=\frac{H_1}{H_0}+\frac{G_2}{G_1}\times\frac{H_2}{H_0} \qquad (8.5\text{-}10)$$

即两者的能耗比与 $\left(\dfrac{H_1}{H_0}、\dfrac{G_2}{G_1}、\dfrac{H_2}{H_0}\right)$ 有关。

从图 8.5-4 (d) 可以看出，两级网路总输送能耗的下降主要是大幅度减少了靠近热源的用户为实现设计水力工况而设置的调节阀上的节流能量损耗。

(3) 热水管网的水力稳定性得到改善，减少了集流罐之前与之后的用户在工况调节时的相互影响。

2. 集流罐的设计要点

集流罐的构造示意图参见图 8.5-4 (*e*)。

集流罐可以立式或卧式安装，罐内可分为高温区、低温区及中部的水力过渡区。为了使三个区段的水层相对稳定，罐内设置有若干导流管，根据外部循环管网的设计意图将导流管的端口接往相应的温度区内。

集流罐罐径设计，与一般分（集）水器的设计相同，空罐的水流速取 $w=0.05\sim0.1$m/s，罐体高度按外部接管数量而定，一般取 2～2.5m。

3. 集流罐供热系统的工艺流程（见图 8.5-5）

图 8.5-5 (*a*) 为供暖系统工艺流程，采用双头管道泵，并设有供暖调节器和其控制的三通调节阀，通过对供、回水和环境温度的检测，按预定程序自动调节供水温度以满足室内温度的要求。

图 8.5-5 (*b*) 为热水供应系统工艺流程，采用双头管道泵，并设有热水调节器和其控制的三通调节阀，通过对供、回水温度的检测，按预定程序设定的供水温度，自动调节使之适应用水量的变化。

8.6 运煤除灰系统

8.6.1 概　　述

运煤除灰系统是燃煤锅炉房的一个重要组成部分，设计时应根据锅炉燃烧设备的特点，节约能源和技术经济的合理性、并尽量减轻工人劳动强度和改善劳动条件、充分考虑环境保护、灰渣的综合利用等综合因素进行选用。

锅炉房运煤系统，是指原煤进厂后从煤场到炉前贮煤斗的运输系统，其中包括煤场堆放、煤的转运输送、破碎、筛分、磁选和计量等过程；除灰系统是指炉渣从锅炉炉排下渣斗和烟灰从除尘装置的灰斗到锅炉房灰渣场之间的灰渣输送系统，其中包括灰渣浇湿，运输和堆放等过程。

8.6.2 贮煤场及灰渣场设计

1. 贮煤场设计要求

煤场设计应考虑：当供煤短期中断时，仍能保证锅炉正常运行；并可利用煤场级配，分离水分，自然干燥。煤场的设计应贯彻节约用地的原则。

(1) 煤场应布置在区域内主要建（构）筑物的常年主导风向的下风侧，靠近锅炉房和便于运输。小型锅炉房可利用其附近空地作煤场。一般应设有围墙。

对建筑密集的地区，煤场面积或位置受限制时，可考虑采用高位贮煤仓，地上或地下贮煤库等，但应考虑运输设备的行驶条件。

(2) 煤场一般宜露天布置，但在雨水较多的地区，或使用高水分的燃煤时，宜设置干煤棚。干煤棚的贮煤量，应根据当地气象条件，锅炉燃烧设备，对煤的含水量要求等因素确定，一般可按锅炉房5～7昼夜最大燃煤量来考虑。

干煤棚可为开敞式结构，棚的下弦净高一般为3～3.5m。干煤棚内一般不单独设置装卸运输设备，与煤场统一考虑。

(3) 煤场与周围建筑物的防火间距应符合表8.6-1的规定。

煤场与其他建筑物的防火间距 **表8.6-1**

煤场的总容量(t)	耐火等级		
	一、二级	三级	四级
	防火间距(m)		
100～5000	6	8	10
>5000	8	10	12

(4) 煤场地坪表面应坚固平整，地面应高出地下水位0.5m以上，并应有0.005的排水坡度，煤场的四周应设置排水沟。煤场地坪可用卵石砂浆、三合土或混凝土等材料砌筑。

(5) 煤场各煤堆之间要有足够的通道，采用手推车运输时其宽度应不小于3.5m；采用装载机、推土机、移动式皮带机时其宽度应不小于6～8m。

(6) 煤场四周应有环形消防车道，若煤场面积较小时，可布置成尽头式，但应设有回车道。

(7) 耗煤量较大的锅炉房煤场入口处，应设有地衡房。

(8) 煤场应设置洒水和防止煤堆自燃的消防用给水点或消火栓。

(9) 煤场应装设供夜间作业和安全保卫工作用的照明装置。

2. 贮煤场计算（见表8.6-2）

表8.6-2

序号	名称	符号	单位	计算公式及数值
1	煤场贮煤量 (1)铁路运输 (2)船舶运输 (3)公路运输	G	t	 10～25昼夜锅炉房最大耗煤量 >30昼夜锅炉房最大耗煤量 5～10昼夜锅炉房最大耗煤量
2	煤堆高度 (1)人工堆煤 (2)移动式胶带输送机堆煤 (3)推煤机堆煤 (4)履带式推煤机 (5)桥式抓斗起重机	H_m	m	 ≤3 ≤5 ≤7 ≤7 视设备而定
3	煤堆场面积	F_m	m²	$\frac{B_M \cdot T_G \cdot M \cdot N_m}{H_m \cdot \rho_m \cdot \varphi_m}$
4	煤堆体积	V_m	m³	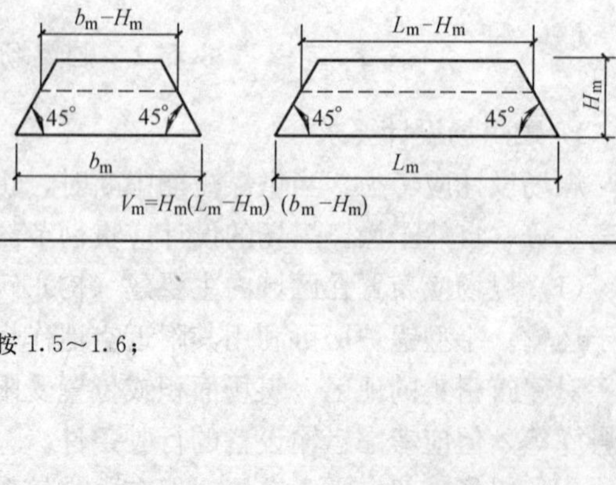 $V_m=H_m(L_m-H_m)(b_m-H_m)$

表式中 B_M——锅炉房的平均小时最大耗煤量，t/h；
T_G——锅炉房每昼夜运行时间，h；
M——煤的贮备天数，d；
N_m——考虑煤堆过道占用面积的系数，一般按1.5～1.6；
H_m——煤堆高度，m；
ρ_m——煤的堆积密度，t/m³（见表8.6-3）；
φ_m——煤的堆角系数，一般取0.6～0.8；
L_m——煤堆底面积长度，m；
b_m——煤堆底面积宽度，m。

煤的堆积密度 表 8.6-3

煤种	堆积密度 ρ_m(t/m³)	煤种	堆积密度 ρ_m(t/m³)
细煤粒	0.75～1.0	褐煤	0.65～0.78
干无烟煤	0.80～0.95		

3. 灰渣场设计要求

（1）灰渣场宜设在最小频率风向锅炉房的上风侧。

（2）灰渣场与贮煤场间的距离，不应小于 10m。

（3）灰渣场的贮存量，应根据灰渣综合利用情况和运输方式等条件确定。一般不少于 3～5 昼夜锅炉房最大灰渣排除量。

采用集中灰渣斗贮存灰渣时，一般可不设灰渣场，灰渣斗的贮存量可按贮存 1～2 昼夜的最大灰渣量计算。每个灰渣斗贮量不应大于 60m³。

（4）灰渣斗的设计应符合下列要求：

• 灰渣斗一般为钢筋混凝土结构，内壁应耐磨、光滑，壁面倾斜角不应小于 60°，相邻壁交角应为圆弧形，灰渣斗内部锥体部位宜加砌铸石板，以便于灰渣滑卸。

• 出渣口尺寸≥600mm×600mm，宜配置弧形闸门开关。

• 灰渣斗下部距地面的净空高度：用汽车运灰渣时，一般不小于 3.0m；用火车运灰渣时，不应小于 5.3m，如机车不通过灰渣斗下部时，可减至 3.5m。

• 寒冷地区，灰渣斗应设有防冻保温措施。可在斗内或出口处设置蒸汽管，也可采用砌外墙作成封闭的灰渣斗，并设置散热设备，以使室温≥+5℃。

• 灰渣斗下面的地面，应有排水坡度。

（5）灰渣场地面应作夯实处理或铺水泥地坪，并考虑排水坡度。

4. 灰渣场计算

（1）锅炉房的灰渣量及储灰场面积计算见表 8.6-4。

（2）灰渣总量中的灰渣量

锅炉房灰渣量及储灰场面积计算表 表 8.6-4

序号	项目	符号	单位	计算公式或数值
1	锅炉房小时耗煤量	B_m	t/h	由燃料消耗量计算得出
2	煤的低位发热量	$Q_{net\cdot ar}$	kJ/kg	见煤质资料
3	煤的灰分	A_{ar}	%	见煤质资料
4	煤的机械不完全燃烧损失	q_4	%	查表 8.6-5
5	灰渣的堆积密度	ρ_{hz}	t/m³	查表 8.6-6
6	锅炉房的总灰渣量	G_{hz}	t/h	$G_{hz}=B_m\left(\frac{A_{ar}}{100}+\frac{q_4\cdot Q_{net\cdot ar}}{100\times 33913}\right)$
		V_{hz}	m³/h	$V_{hz}=G_{hz}/\rho_{hz}$
7	锅炉房昼夜运行小时数	T	h	根据运行班制确定
8	灰渣储存天数	M	d	根据运输方式，综合利用情况确定，一般 10～20
9	渣堆高度	H	m	根据设计取值
10	灰渣堆过道占用系数	N		1.5～1.6
11	灰渣堆积角系数	φ		0.6～0.8
12	灰渣场所需面积	F_{hz}	m²	$F_{hz}=\frac{V_z\cdot M\cdot N\cdot T}{H\cdot\rho_{hz}\cdot\varphi}$

注：当煤质资料不详时，总灰渣量可按耗煤量的 25%～30%估算。

灰量 $$G_h = p_h \cdot \eta_c \cdot G_{hz} \tag{8.6-1}$$

渣量 $$G_z = p_z \cdot G_{hz} \tag{8.6-2}$$

式中 G_h、G_z——分别为灰渣总量中的灰量和渣量，t/h；

p_h、p_z——灰、渣在灰渣总量中的百分数，与燃烧方式有关，可按表 8.6-7 选用；

η_c——除尘器效率（%），按设备制造厂提供的数据采用，当资料不全时，可按表 8.3-31、表 8.3-33 选用。

煤的机械不完全燃烧损失 q_4 **表 8.6-5**

炉型	燃料种类	q_4(%)	炉型	燃料种类	q_4(%)
链条炉	褐煤、烟煤	8～12	抛煤机链条炉	褐煤、烟煤	8～12
	无烟煤、贫煤	10～15		无烟煤、贫煤	10～15
往复炉	褐煤 烟煤 低质煤	7～12	循环流化床炉	褐煤、烟煤 无烟煤、贫煤	4～8

灰渣密度 ρ_{hz} (t/m³) **表 8.6-6**

灰渣名称	干渣 ρ_z	湿渣 ρ_z	干灰 ρ_h	湿灰 ρ_h
堆积密度	0.85～1.0	1.3～1.4	0.7～0.75	1.2～1.4
真实密度	2.2～2.4		2.0～2.2	

表 8.6-7

锅炉型式	链条炉	抛煤机链条炉	循环流化床炉
p_h(%)	20～25	30～35	50～60
p_z(%)	75～80	65～70	40～50

5. 煤、灰渣量及堆场面积估算

在做锅炉房初步设计时，可按表 8.6-8 估算各种锅炉的煤灰量及堆场面积。

煤、灰渣量及堆场面积 **表 8.6-8**

名称	单位	锅炉容量 D(t/h)						
		1	2	4	6	10	20	35
燃煤消耗量	t/h·台 t/班·10 天·台	0.175 14	0.35 28	0.70 56	1.07 86	1.65 132	3.30 265	5.78 464
灰渣量	t/h·台 t/班·5 天·台	0.0525 2.1	0.105 4.2	0.21 8.4	0.321 13	0.495 19.80	0.99 39.70	1.733 69.48
贮煤堆面积(按一班制 10 天计量)m²/台		16.7	33.4	43.4	67	104	207	362
灰渣场面积(按一班制 5 天计算)m²/台		2.47	4.92	7.95	12.10	18.60	37.20	65

注：制表时采用以下数值

燃料低位发热量：$Q_{net\cdot ar}=20.934$MJ/kg；

锅炉热效率：当$D=1\sim4$t/h 时，$\eta_G=0.7$；

$D=6\sim35$t/h 时，$\eta_G=0.75$；

干灰渣量：按燃煤 30%计算；

堆煤高度：当$D=1\sim2$t/h 时，$H_m=2$m；

$D=4\sim35$t/h 时，$H_m=3$m；

堆灰高度：当$D=1\sim2$t/h 时，$H_h=2$m；

$D=4\sim35$t/h 时，$H_h=2.5$m。

8.6.3 运煤系统设计

1. 运煤系统的设计要求

（1）运煤系统的设计应根据锅炉房的规模，小时最大耗媒量以及对煤的粒度要求，并考虑来煤情况，地形条件及锅炉房贮煤仓贮煤量等因素进行设计。

（2）运煤系统应尽量减少运输环节和转运次数，力求采用机械化运煤设备，各工序机械化程度和输送能力应尽量协调一致。所选用的运输机械设备的规格型号力求统一，以便维修管理。小型锅炉的供煤设施尽量选用一机多用的设备，以减少基建投资。

（3）运煤系统宜采用单一系统，不设备用装置。

（4）运煤系统的工作班制，一般宜采用一或二班制工作。考虑到设备的维修需要，每昼夜运煤系统的工作时间，不应大于14h。

（5）锅炉燃煤的粒度应符合下列要求：

人工加煤锅炉　　≤80mm；
抛煤机锅炉　　≤40mm；
链条炉排锅炉　　≤50mm。

当燃煤的粒度不符合上述要求时，应进行破碎。破碎机宜采用双辊式或反击式破碎机。对于耗煤量小于2t/h的小型锅炉房或大块煤所占比例不大时，宜采用手工或简易破碎装置。

（6）燃煤在破碎前应进行筛选。筛选设备一般多采用固定筛或振动筛。

（7）破碎机前应设置磁选设备。通常采用的磁选设备有悬挂式（CFL）型和滚筒式（S92）型两种。

（8）在运煤系统中应装设必要的计量装置。计量装置应根据所选用的燃煤运输系统的特点选用，常用的有：地中衡（用于煤场计量），GL型机械式皮带秤或DZCB-2A型电子皮带秤（用于皮带机输煤系统），MBSI-3型煤耗量表或GMX-1型远传煤耗计（装在链条炉排传动轴上）。

（9）为确保受煤斗中的煤能连续均匀地给煤，一般宜装设给料设备，给料设备宜采用机械式给料机或电磁振动给料机。

（10）运煤系统的受煤、破碎筛分以及转折处，宜设置密封或防尘装置。传动机械的外露轴端，应加装防护罩盖。

（11）地下受煤坑、运煤廊等，应考虑防水排水措施。

（12）在连续机械化运煤和除灰渣系统中，各运煤机械之间或各除灰渣机械之间，应分别设置电气连锁装置，集中遥控。在控制室与运煤系统各部分（如运煤廊、破碎间、受煤斗间等处），应装设音响联络信号。

单轨抓斗运煤系统等间歇式运煤装置，应设终端限位开关及事故停车装置，以保证运煤系统安全运行。

2. 运煤系统运煤量的计算

运煤系统运煤量 Q_m 可按下式计算

$$Q_m=\frac{24\cdot B_{mc}\cdot K_G\cdot m_G}{t_{mn}}\quad t/h \tag{8.6-3}$$

式中 B_{mc}——锅炉房的平均耗煤量，t/h；

K_G——锅炉房发展系数；

m_G——运输不平衡系数，一般采用 $m_G=1.2$；

t_{mn}——运煤系统每天工作时间，h。一班制运行时≤6h；二班制运行时≤12h；三班制运行时≤18h。

3. 运煤系统的选择

目前常采用的各种类型运煤系统和适用范围列于表 8.6-9，供设计选用参考。

锅炉房运煤系统选择表 **表 8.6-9**

锅炉房规模	额定耗煤量(t/h)	推荐采用的运煤系统
(1)小型锅炉房 单台容量 2t/h～4t/h 总容量≤20t/h	1～3	采用简单间歇运输方式： 1)人工手推车→垂直卷扬翻斗 2)人工手推车→电动葫芦活底吊煤斗 3)人工手推车→斜坡式单斗上煤机
(2)中型锅炉房 单台容量 6t/h～20t/h 总容量 20～60t/h	3～8	采用间歇或连续运输方式： 1)人工手推车→单斗滑轨输送机 2)埋刮板输送机→单机抓斗输送机 3)装载机→胶带输送机→单斗滑轨输送机 4)装载机→斗式提升机→胶带输送机
(3)大型锅炉房 单台容量 20t/h、35t/h 以上 总容量＞60t/h	＞8	采用连续运输方式： 装卸桥车→胶带输送机

(1) 小型锅炉房运煤系统

1) 垂直卷扬翻斗上煤装置（见图 8.6-1）。

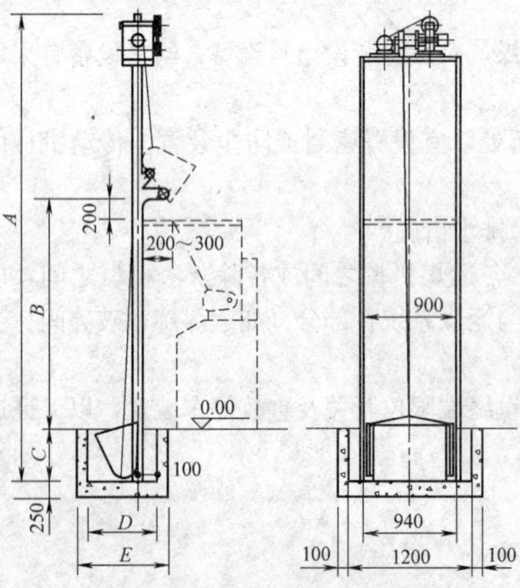

图 8.6-1 垂直卷扬翻斗上煤装置图

垂直卷扬翻斗上煤机技术性能表

型 号		CGS4-A	CGS10-A
配用锅炉(t/h)		1～4	6～10
煤斗容量(m^3)		0.125	0.2
提升速度(m/s)		0.125	0.125
工作循环时间(min)		4	5
电机功率(kW)		1.1	2.2
重量(kg)		245	295
尺寸(mm)	A	4230	5130
	B	1950	2700
	C	500	700
	D	550	650
	E	750	850

注：提升高度 B 应按锅炉煤斗尺寸进行调整。

2）电动葫芦吊煤斗上煤装置（见图 8.6-2、图 8.6-3、表 8.6-10）。

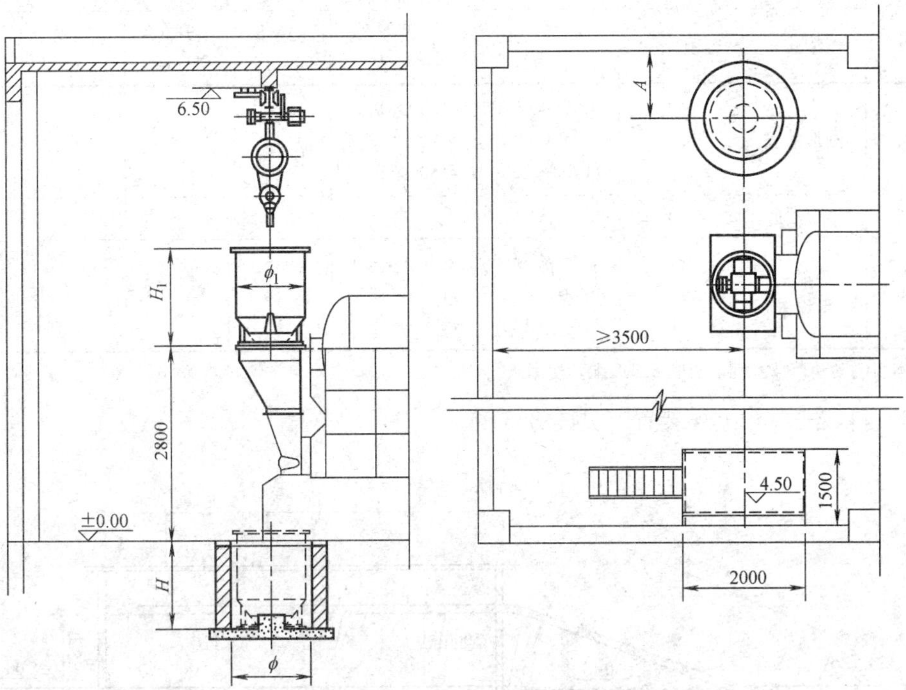

图 8.6-2　电动葫芦吊煤斗上煤装置图

注：地坑，检修平台的布置及尺寸 A，由工程设计确定。

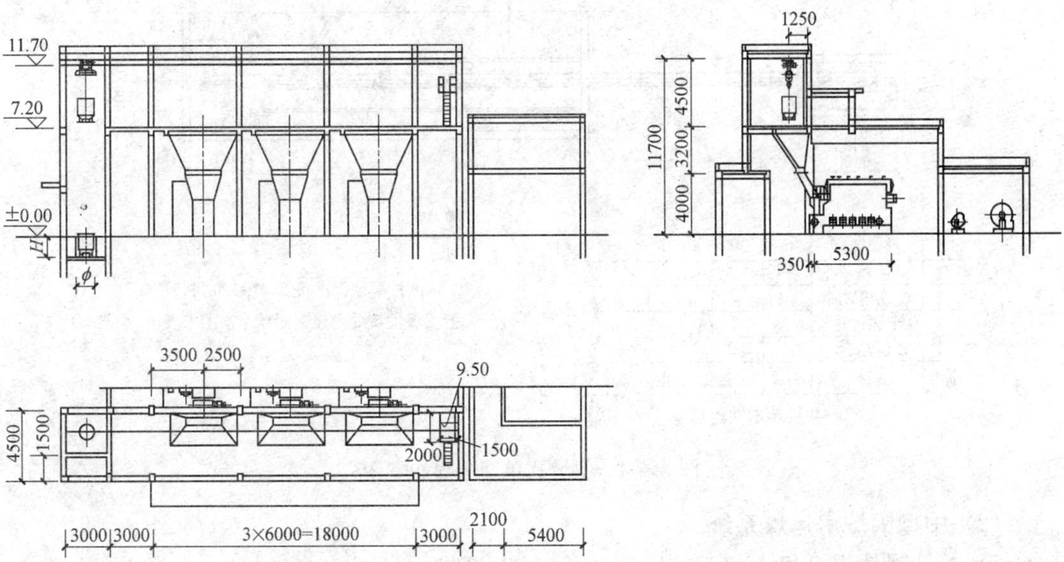

图 8.6-3　电动葫芦吊煤斗上煤装置图

（炉前封闭煤廊布置）

电动葫芦吊煤斗上煤装置技术性能 **表 8.6-10**

国家标准图号	吊煤斗			地坑尺寸	*电动葫芦			
	型式	容积(m^3)	尺寸(mm) $\phi_1 \times H_1$	(mm) $\phi \times H$	起重量(t)	起升高度(m)	柱距(m)	工字钢轨型号
CR306-1	圆形活底	0.4	φ800×1251	φ1000×1000	0.5	6	6	22b
		0.7	φ950×1450	φ1200×1300	1			30c
		1.0	φ1000×1550	φ1300×1400	1			30c
CR306-2	方形活底	0.4		—	0.5	6	6	22b
CR306-3	钟罩式吊煤罐	0.4	φ800×1000	φ1000×950	0.5	6	6	22b
		0.7	φ900×1300	φ1100×1250	1			30c
		1.0	φ1100×1300	φ1300×1250	1			30c

* 本表电动葫芦技术性能与图 8.6-2 配套使用。

3）斜坡式单斗上煤装置（见图 8.6-4）

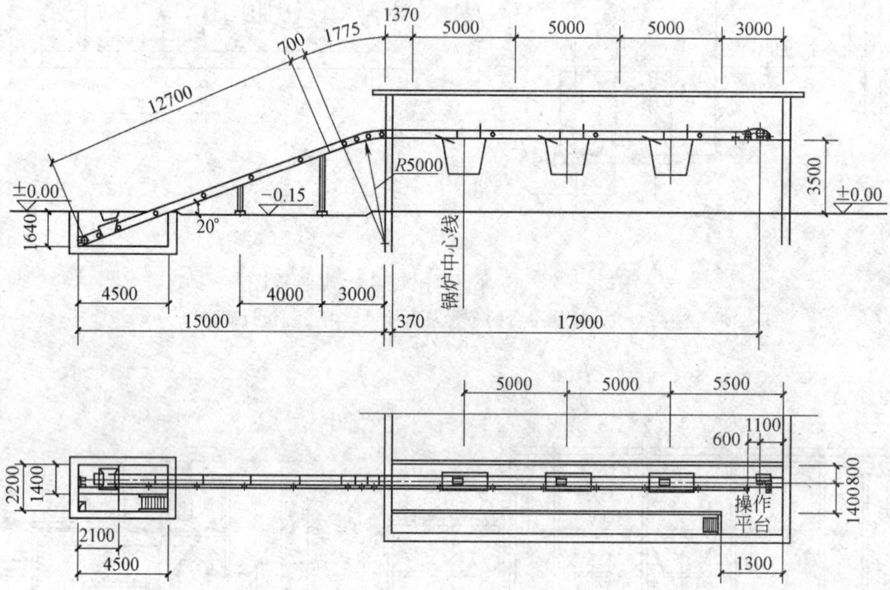

5	设计速度	m	30	40	
4	减速器速比		48.57	31.5	
3	电动机功率	kW	3	4	
2	斗车运行速度	m/s	0.26	0.4	
1	运输量	t/h	2.2	3.5	
序号	名称	单位	数值		备注

主要技术性能表

说明：

1. 本图按国家标准设计 87R320 进行编制。
2. 受煤地坑处可设置雨棚，本图未表示。

图 8.6-4 斜坡式单斗上煤布置图

(2) 中型锅炉房运煤系统

1）单斗滑轨提升机上煤系统（2～3 台 6t/h 锅炉，见图 8.6-5）。

2）单斗滑轨提升机上煤系统（3 台 10t/h 锅炉，见图 8.6-6）。

3）斗式提升机上煤系统（3 台 10t/h 锅炉，见图 8.6-7）。

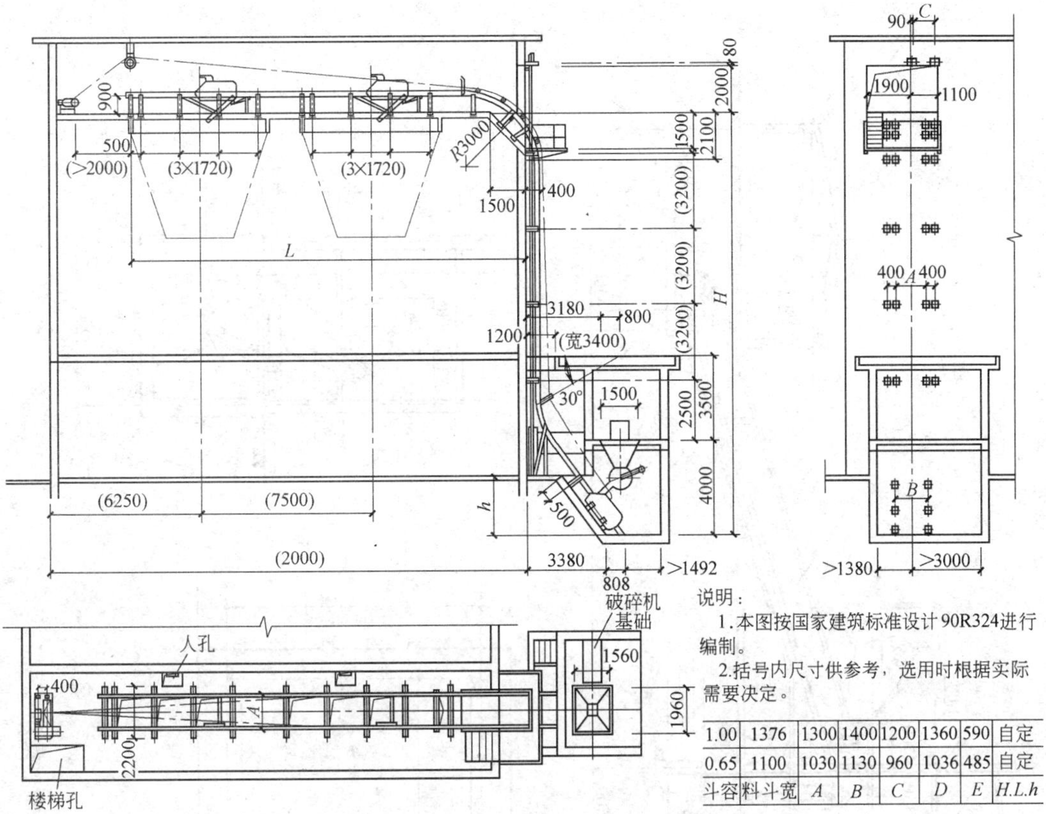

说明：

1.本图按国家建筑标准设计90R324进行编制。

2.括号内尺寸供参考，选用时根据实际需要决定。

斗容	料斗宽	A	B	C	D	E	H.L.h
1.00	1376	1300	1400	1200	1360	590	自定
0.65	1100	1030	1130	960	1036	485	自定

图 8.6-5 DKT 型底开式单斗滑轨提升机布置

(3) 大型锅炉房运煤系统

装卸桥车和胶带输送机上煤系统（3 台 20t/h 锅炉，见图 8.6-8 及表 8.6-11)。

4. 运煤系统的设计要点

(1) 采用埋刮板输送机运煤系统时，应符合下列要求：

1) 在埋刮板输送机前，应设置电磁分离器。

2) 对大块煤或含非磁性杂物的煤，应采用破碎比大，出料粒度小而均匀的锤式或反击式破碎机，不宜采用颚式或双齿辊式破碎机。一般粒度不太大的碎煤，应在受煤斗上设置方孔金属篦子，筛出个别大块煤和其他大块杂物。适宜碎煤粒度可取 1/20～1/30 机槽宽度。

3) 埋刮板输送机的维修工作量较大，炉前煤斗的容积应适当加大，煤斗贮煤量一般应大于 10～12h 锅炉的耗煤量。

4) 在寒冷地区，埋刮板输送机露天设置部分，应采取防冻措施。

5) 当受煤斗与埋刮板输送机进料口直接相接时，在受煤斗卸料口处应装设插板闸门，以便于设备检修。

6) 埋刮板输送机的头部，宜布置在煤斗上面，使返料能落入煤斗中。如不能布置在煤斗上部时，应在埋刮板输送机头部卸料口下面接一溜煤管，使返料溜到容器或小车内运走。在中部每个煤斗上应设两个以上卸料口，以便减少头部的返料量。

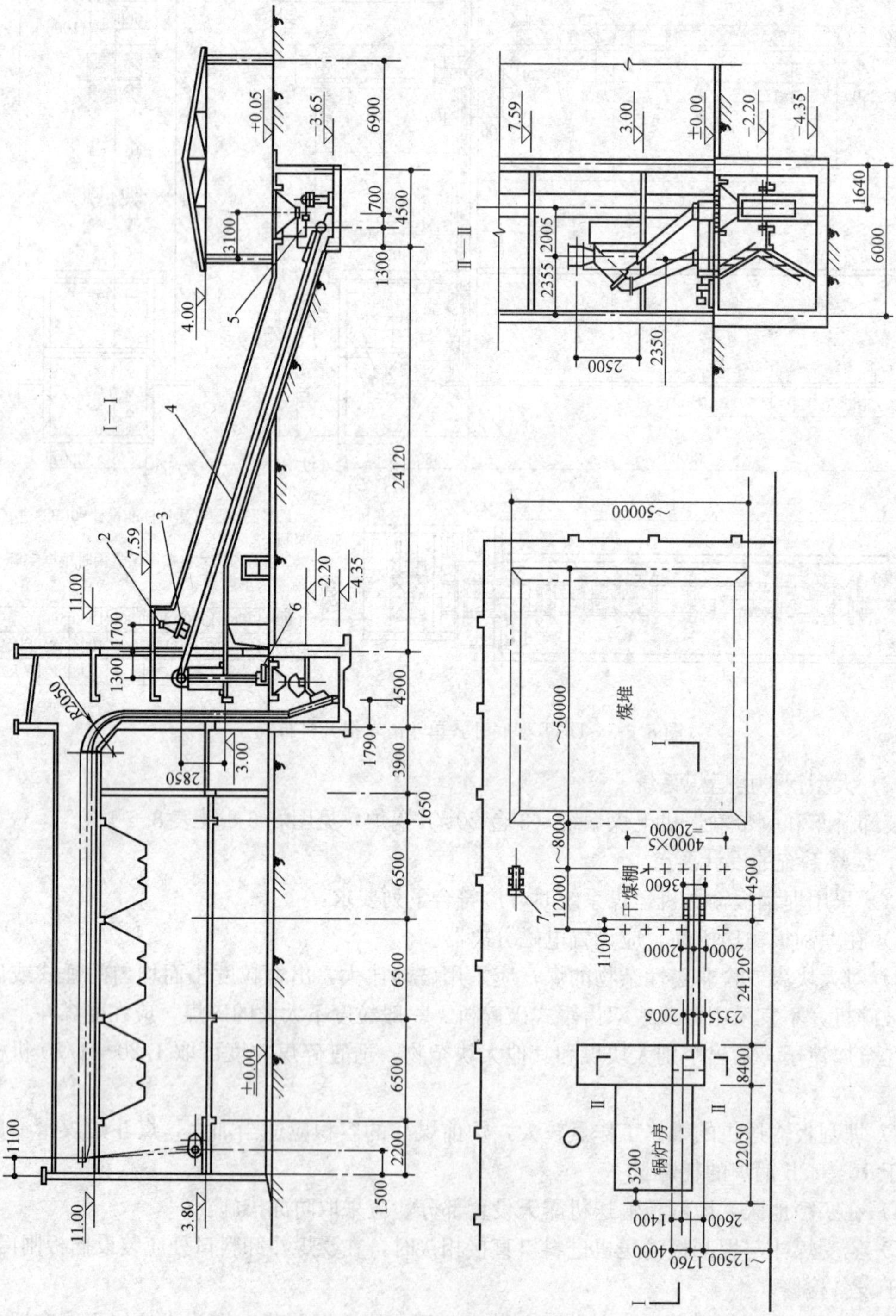

图 8.6-6 单斗滑轨提升机运煤系统

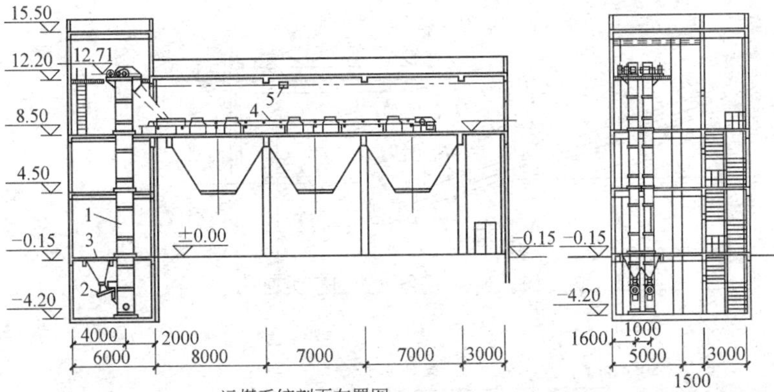

运煤系统剖面布置图

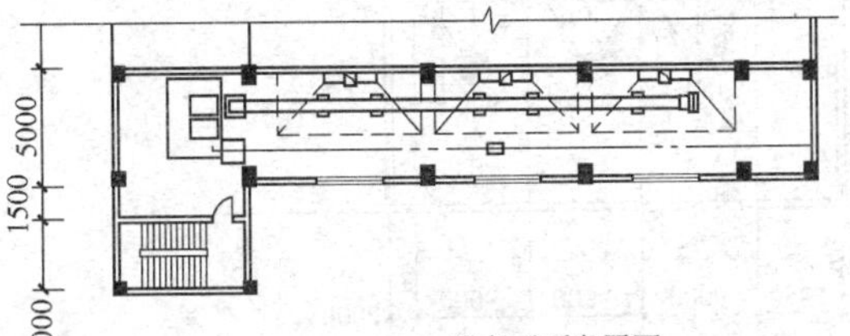

8.50m设备平面布置图

编号	系统配套设备名称及型号规格	数量
6	装载机 ZLM15B(煤场)	1
5	电动葫芦 CDJ1-180 1t H=18m 1.5kW	1
4	胶带输送机 B=500 L=19.50m	1
3	受煤斗(固定筛 2800×2000)	1
2	配套控制箱 XKZ-5G2 N=0.15kW	2
	电磁振动给料机 GZ2 型 安装角度:−10°	
1	电机 Y132M2-6 N=5.5kW	2
	斗式提升机 HL300 型 Q-X1 h=12.710m	

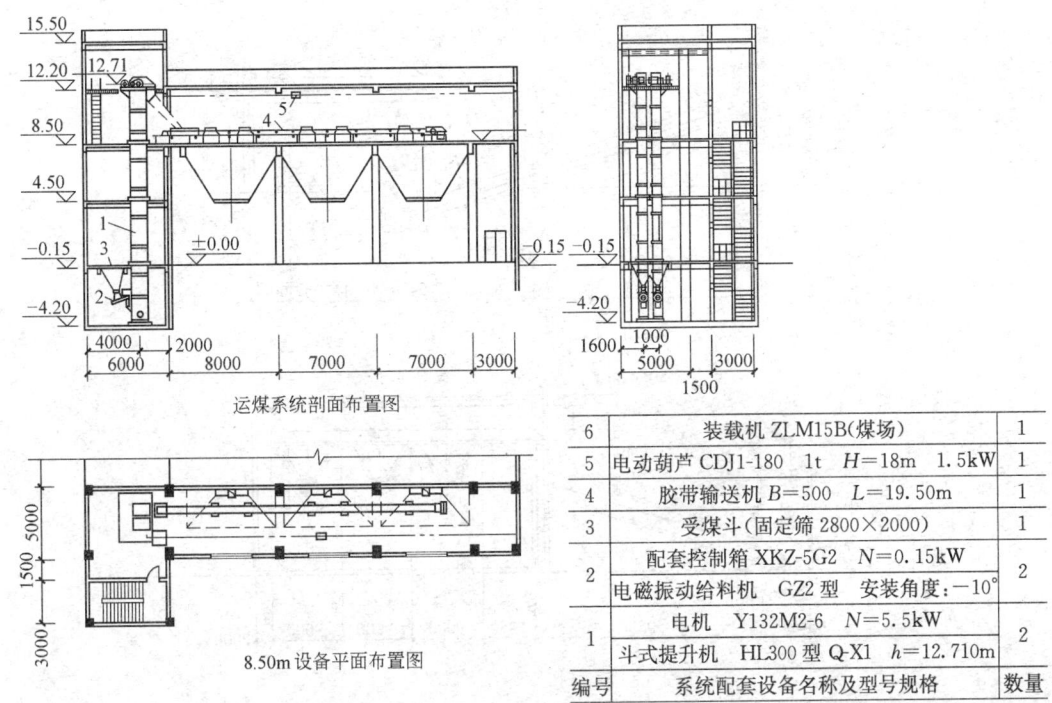

图 8.6-7 斗式提升机上煤系统装置

带式输送机运煤系统设备 **表 8.6-11**

设备编号	名称及规格	单 位	数 量
1	5t 抓斗桥式起重机	台	1
2	750×500 槽式给料机	台	1
3	2t 手动单轨小车	台	1
4	CF-60 悬挂式电磁分离器	台	1
5	B500 带式输送机	台	1
6	固定筛	个	1
7	450×500 双齿辊式破碎机	台	1
8	3t 手动单轨小车	台	1
9	3t 手动葫芦	台	1
10	B500 带式输送机	台	1
11	滚轮式皮带秤	台	1
12	移动式犁式卸料器	个	1

7）在多雨地区或燃煤含水量较高时，应考虑设置干煤棚。

8）当锅炉房内安装的锅炉台数较多（超过三台），炉顶煤斗上部水平距离很长时，宜采用 MC 型和 MS 型埋刮板输送机组合布置，以便保证设备安全可靠运行。

(2) 采用胶带式输送机运煤系统时，应符合下列要求：

1）胶带式输送机的带宽，宜采用≥500mm，不应小于 400mm。

2）胶带式输送机倾斜向上输送物料时，不同粒度的煤允许的最大倾斜角为：

块煤	16°
原煤（经筛选或破碎的煤）	17°
粉煤或湿煤渣	20°

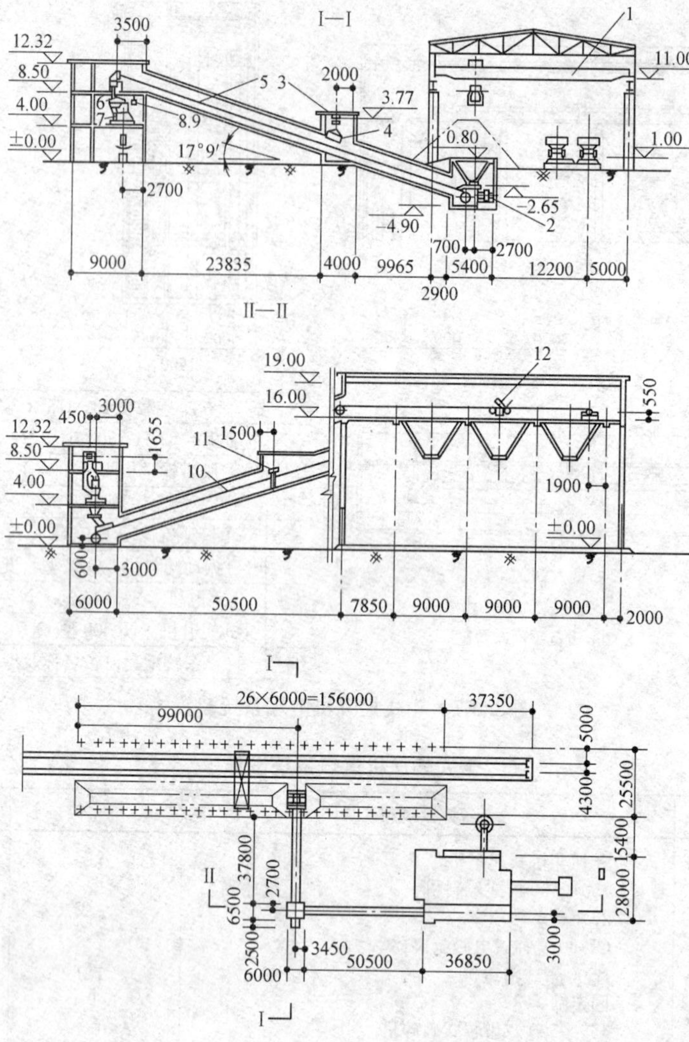

图 8.6-8 三台 20t/h 锅炉房带式输送机运煤系统

3）皮带拉紧装置的拉紧行程，应按皮带长度的1%～1.5%考虑（当实际使用张力为受张能力的100%时，拉紧行程为输送机全长的1.5%；当实际使用能力≤受张能力的75%时，拉紧行程为输送机全长的1%）。当皮带机长度大于80m时，宜选用重锤式拉紧装置。

4）输送带一般宜选用普通橡胶带，其帆布径向强度不应小于560N/cm²·层。当带宽 B=400～500mm时，胶带层数 $Z_n \geqslant 3 \sim 5$ 层，其厚度 $\delta = 3 + 1.5$mm。

5）胶带输送机托辊布置，应符合下列要求：

上托辊间距一般为1000～1200mm；

下托辊间距一般为2400～3000mm；

下托辊中心轴线距地面应不小于300mm；

定心托辊用于胶带输送机长度≥40m时，其间距为12m。

6）胶带输送机的布置，在北方寒冷地区宜采用室内布置；在南方地区，可采用半开敞式布置。半开敞式输送机通廊两侧墙高度不应小于1m。

7）胶带输送机通廊设计，应符合下列要求：

a. 通廊尺寸：

一条胶带输送机通廊尺寸见图8.6-9及附表所列数值。

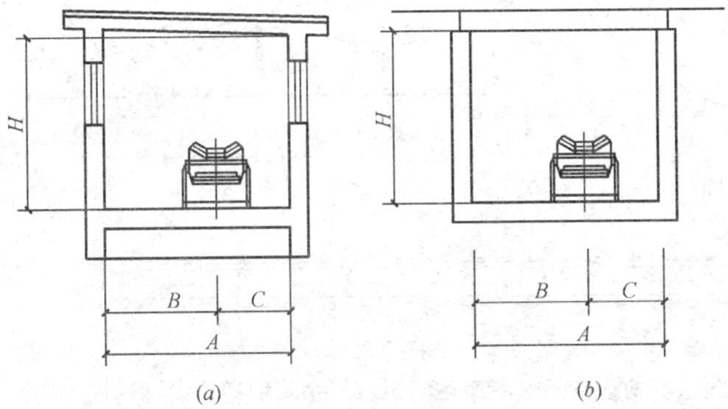

胶带输送机布置尺寸（mm）

带宽 \ 尺寸	A	B	C	H
500	2500	1500	1000	≥2200
650	2700	1600	1100	≥2200

图8.6-9 胶带输送机通廊布置尺寸图
（a）地上通廊；（b）地下通廊

b. 胶带输送机的倾斜角在6°以上时，通廊应设有防滑措施；大于12°时应设置踏步。

c. 输送机通廊内每隔50m左右设置一中间过桥。

d. 输送机通廊出地面处应设置出入口。

e. 位于地下通廊的带式输送机，机架底部应有基础台，一般应高出地坪50～100mm。

f. 为确保操作安全或及时消除溜槽堵塞，宜在输送机头部溜槽的侧面设置物料堵塞自动控制停车装置。

（3）采用多斗式提升机运煤系统时应符合下列要求：

1）采用多斗提升机运煤系统时，应设置连续给料设备。

2）设备露天布置时，传动部分检修平台宜设在房间内，提升机顶部最高处应设置工字钢梁或吊环，以便于检修。在北方寒冷地区，机身应设置简易采暖措施。

3）在斗式提升机的中部，应根据检修工作的需要设置检修平台。

4）操作人员经常到的地方，应设置事故开关。与斗式提升机相连的给料设备，应设置电气连锁装置。

5）多斗提升机运煤时应有不小于连续8小时的检修时间，否则应设备用设备。

6）多斗提升机中部外壳，应有固定框与楼板相连，以防提升机偏移。固定框间距不大于8m。

（4）采用单轨抓斗起重机运煤系统时应符合下列要求：

1）单轨抓斗起重机为中级工作制（JC25%），为确保生产，选择起重机时，应考虑有足够的富裕能力。

2）炉前煤仓间楼板上的单轨抓斗起重机的抓斗升降孔处，应装设栏杆及活动盖板，以保证安全。煤仓间应设起重机检修平台。

5. 运煤系统主要设备的技术参数

（1）固定式胶带输送机

1）胶带输送机总图组成（见图8.6-10）

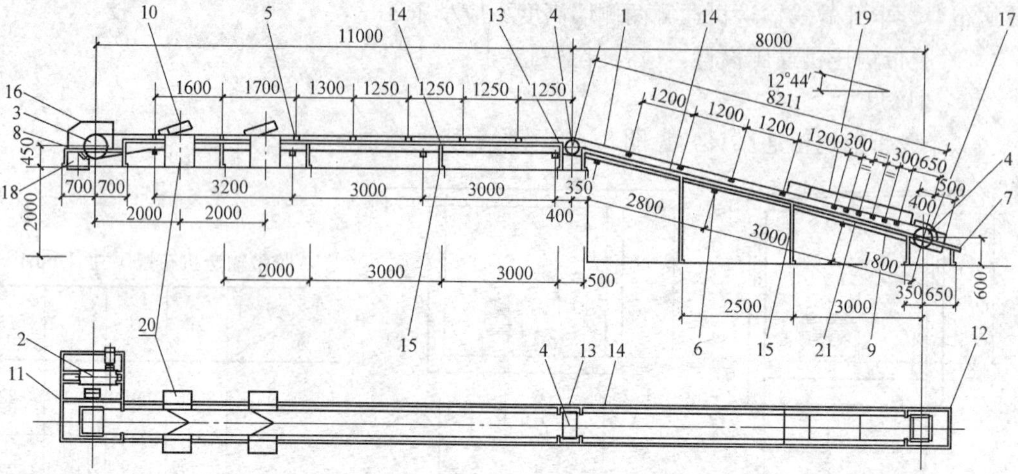

图 8.6-10 胶带输送机总图组成示意图（本图选自张家港市运输机械厂带式输送机设计选用手册）

1—输送带；2—驱动装置；3—传动滚筒；4—改向滚筒；5—上托辊；6—下托辊；7—拉紧装置；8—头部清扫器；9—空段清扫器；10—犁式卸料器；11—头架；12—尾架；13—改向滚筒支架；14—中间架；15—中间腿；16—头罩；17—尾罩；18—头部卸料漏斗；19—导料槽；20—犁式卸料器漏斗；21—挡砂板

2）胶带输送机输煤量（见表 8.6-12）

胶带输送机输煤量（t/h） **表 8.6-12**

断面形式	带速 v(m/s)	带宽 B(m)									
		500					650				
		倾斜角 α(℃)									
		0°～6°	10°	14°	18°	20°	0°～6°	10°	14°	18°	20°
平形	0.8	41	39	37	35	33	67	63	60	57	54
	1.0	52	49	47	44	42	88	83	79	75	71
	1.25	66	62	59	56	53	110	103	99	94	89
	1.6	84	79	76	71	68	142	133	128	121	115
槽形	0.8	78	73	70	66	63	131	123	118	114	106
	1.0	97	91	87	83	79	164	154	148	139	133
	1.25	122	115	110	104	99	206	194	185	175	167
	1.6	156	147	140	133	126	264	248	238	224	214

3）胶带输送机主要参数实例（见表 8.6-13）

B=500mm、650mm 胶带输送机主要参数实例 **表 8.6-13**

图　形	带速 v (m/s)	总长度 L(m)	提升高度 H(m)	倾斜段水平长度 L_1(m)	上部卸料段长度 L_2(m)	刮板卸料数量（个）	倾斜角度 α(°)	输送量 Q (t/h)	电机功率 N(kW)	输送物料
(B=500mm)										
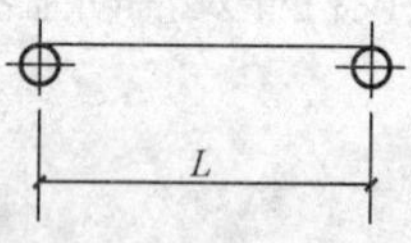	0.8	13	—	—	—	3	—	30	2.2	碎煤
		22	—	—	—	6	—	30	2.2	碎煤
		32	—	—	—	—	—	7	3	湿渣
		52	—	—	—	—	—	7	2.2	湿渣
	1.0	4	—	42	—	—	—	20	3.0	湿渣
		—	—	43	—	11	—	50	5.5	碎煤
		—	—	81	—	—	—	50	5.5	原煤

续表

图形	带速 v (m/s)	总长度 L(m)	提升高度 H(m)	倾斜段水平长度 L_1(m)	上部卸料段长度 L_2(m)	刮板卸料数量(个)	倾斜角度 α(°)	输送量 Q (t/h)	电机功率 N(kW)	输送物料
(B=500mm)										
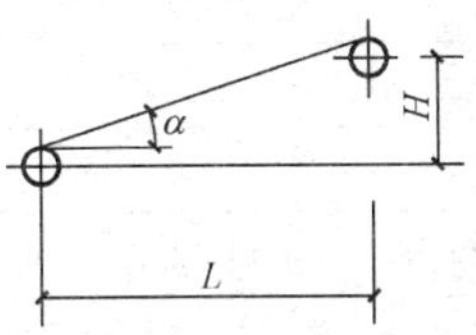	0.8	—	11	31	—	—	19°20′	7	2.2	湿渣
		—	11	34	—	—	17°54′	35	4	原煤
		—	11	33	—	—	17°50′	30	4	原煤
		—	14	43	—	—	17°54′	20	5.5	原煤
	1.0	—	4	20	—	—	11°53′	40	3	碎煤
		—	12	37	—	—	17°51′	35	4	原煤
		—	16	65	—	—	9°38′	50	5.5	碎煤
		—	18	58	—	—	17°57′	40	5.5	原煤
		—	20	61	—	—	17°58′	35	5.5	原煤
	1.25	—	15	49	—	—	17°40′	35	10	原煤
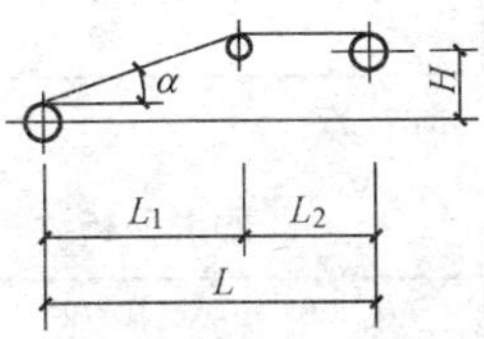	0.8	41	9	33	8	3	16°29′	7	3	湿渣
		43	4.4	14	29	9	17°48′	25	5.5	碎煤
		60	12.4	38	22	5	17°55′	20	4	碎煤
		64	12	37	27	5	17°58′	30	5.5	碎煤
	1.0	41	2.2	6	35	8	17°33′	40	4	原煤
		52	12	37	15	3	18°22′	30	5.5	碎煤
		76	7	22	54	17	18°02′	40	5.5	碎煤
		90	16	54	36	8	16°28′	40	10	碎煤
		102	16	48	54	18	17°47′	35	7.5	碎煤
	1.25	73	16	50	23	5	17°48′	35	10	碎煤
(B=650mm)										
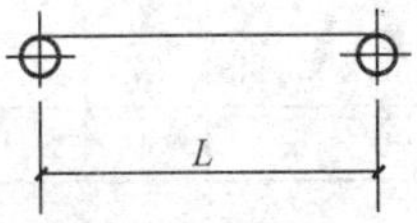	0.8	40.6	—	—	—	8	—	60	4	碎煤
	1.6	49.1	—	—	—	—	—	100	11	碎煤
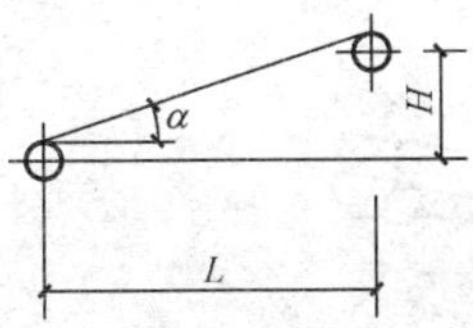	1.0	—	5	15.4	—	—	18°	60	4	原煤
		—	13.4	42.2	—	—	17°41′	60	5.5	原煤
		—	18.3	57	—	—	17°54′	50	7.5	原煤
		—	21	64.8	—	—	17°55′	60	11	碎煤
	1.25	—	11.4	36.2	—	—	17°35′	100	7.5	碎煤
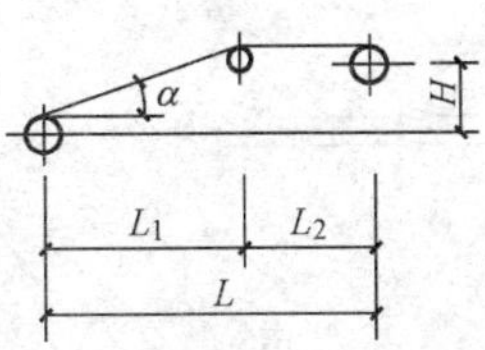	1.0	104	12.4	56	47.6	11	16°50′	50	13	碎煤
		88	16	50	38	8	17°50′	46	10	碎煤
	1.25	126	16.9	56.5	69.5	小车卸料	16°38′	100	22	碎煤

(2) 多斗式提升机

1) 常用多斗式提升机型号

D型多斗式提升机用橡胶输送带作牵引机构，不宜用于沉重的工作条件，被输送物料的温度一般不超过80℃。

HL型多斗式提升机用锻造的环形链条作牵引机构，运转平稳，不掉链，不打滑，被输送物料的温度可高达 250℃。

多斗式提升机运行部分的料斗型式分深斗（S 制法）和浅斗（Q 制法）两种。一般深斗适于输送干燥松散、易于抛出的物料；浅斗适于输送较潮湿、易结块、较难抛出的物料。

2）多斗式提升机主要技术性能（见表 8.6-14 及表 8.6-15）。

多斗式提升机主要技术性能表 **表 8.6-14**

提升机型号及规格		D160		D250		D350		D450		HL300		HL400	
		S	*Q*	*S*	*Q*	*S*	*Q*	*S*	*Q*	*S*	*Q*	*S*	*Q*
输送量(m^3/h)		8.0	3.1	21.6	11.8	42	25	69.5	48	28	16	47.2	30
料斗	容量(L)	1.1	0.65	3.2	2.6	7.8	7.0	14.5	15	5.2	4.4	10.5	10
	间距(mm)	300	300	400	400	500	500	640	640	500	500	600	600
运行部分重量(kg/m)		4.72	3.8	10.2	9.4	13.9	12.1	21.3	21.3	24.8	24	29.2	28.3
机壳断面尺寸 $A\times B$(mm)		800×456		1000×586		1100×710		1300×958		1200×638		1300×758	
输送物料最大块度(mm)		25		35		45		55		40		50	

注：表中输送量对于 S 制法的料斗充满系数 $\psi=0.6$ 计算，对于 Q 制法的充满系数 $\psi=0.4$ 计算。

多斗式提升机输煤时提升高度 H 及轴功率 N_0 **表 8.6-15**

提升机型号			D160		D250		D350		D450		HL300		HL400	
			H (m)	N_0 (kW)	H (m)	N_0 (kW)	H (m)	N_0 (kW)	H (m)	N_0 (kW)	H (m)	N_0 (kW)	H (m)	N_0 (kW)
物料堆积密度 ρ (t/m^3)	0.8	*S*	34	1.18	41	3.9	26	5.0	23.2	7.4	59	6.35	30	7.0
		Q	50	1.02	57	4.2	30	4.9	22.7	7.5	64	4.36	33	6.3
	1.0	*S*	30	1.34	37	4.3	22	5.4	19.9	8.0	52	7.55	27	7.6
		Q	46	1.16	51	4.7	26	5.4	19.4	8.1	60	5.12	30	7.0

(3) 埋刮板输送机

1）常用埋刮板输送机机型型号（见图 8.6-11 及表 8.6-16）

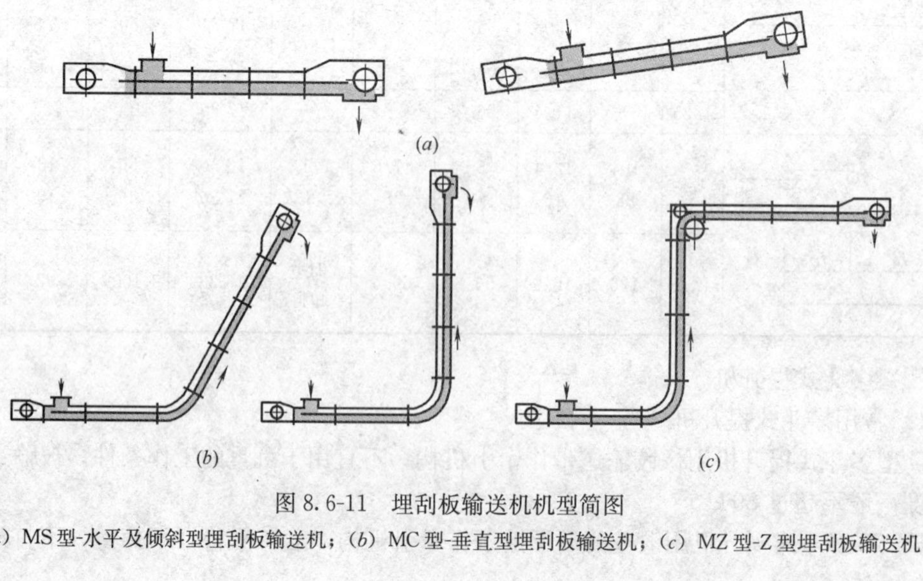

图 8.6-11 埋刮板输送机机型简图

(*a*) MS 型-水平及倾斜型埋刮板输送机；(*b*) MC 型-垂直型埋刮板输送机；(*c*) MZ 型-Z 型埋刮板输送机

埋刮板输送机型号规格 **表 8.6-16**

机 型	型 号				
MS MC MZ	MS16 MC16 MZ16	MS20 MC20 MZ20	MS25 MC25 MZ25	MS32 MC32	MS40

2）埋刮板输送机主要技术性能（见表 8.6-17～表 8.6-20）

MS 型埋刮板输送机主要技术性能表 **表 8.6-17**

型 号		MS16				MS20				MS25				MS32		MS40	
机槽宽度 B(mm)		160				200				250				320		400	
机槽高度 h(mm)		160				200				250				320		360	
输送能力 Q(m^3/h)																	
输送效率 η(%)		75～85				75～85				65～75				65～75		65～75	
刮板链条速度 v(m/s)	0.16	11～13				17～20				23～27				—		—	
	0.20	14～16				22～24				29～34				48～55		67～78	
	0.25	17～20				27～31				37～42				60～69		84～97	
	0.32	22～25				35～39				47～54				77～88		108～124	
输送机最大长度 L_0(m)																	
刮板链条	节距(mm)	100				125				160				200		200	
	型式	DT		GT		DT		GT		DT		GT		BU_1		BU_1	
	许用载荷(kN)	15	17	15	17	23	26	23	26	31	35	31	35	29×2	33×2	44×2	50×2
运送物料堆积密度 ρ(t/m^3)	0.5	77	80	68	77	80	80	71	80	74	80	69	78	68	77	80	80
	0.8	55	62	50	56	56	63	51	58	53	59	50	57	51	58	61	69
	1.0	46	52	42	48	46	53	43	49	44	50	42	48	44	50	51	59
	1.2	39	45	37	42	40	45	37	42	38	43	37	41	39	44	44	51

注：刮板链条型式代号：D—模锻链、G—滚子链、B—双板链；
T—T 型刮板、U_1—U_1 型刮板。

MC 型埋刮板输送机主要技术性能表 **表 8.6-18**

型 号		MC16	MC20	MC25	MC32
垂直段机槽宽度 B(mm)		160	200	250	320
垂直承载段机槽高度 h(mm)		120	130	160	200
输送能力 Q(m^3/h)					
输送效率 η(%)		对碎煤炉渣等物料取 65～80			
刮板链条速度 v(m/s)	0.16	7～9	10～12	15～18	—
	0.20	9～11	12～15	19～23	30～37
	0.25	11～13	15～18	23～29	38～46
	0.32	14～18	20～24	30～37	48～59

续表

型号		MC16				MC20				MC25				MC32			
输送机最大高度 H_0(m)																	
水平部分长度 L(m)		5				5				5				6			
刮板链条	节距(mm)	100				125				160				200			
	型式	DV_1		GV_1		DV_1		GV_1		DV_1		GV_1		BO		BO_4	
	许用载荷(kN)	15	17	15	17	23	26	23	26	31	35	31	35	29×2	33×2	29×2	33×2
运送物料堆积密度 ρ(t/m^3)	0.5	30	30	30	30	30	30	30	30	30	30	30	30	30	30	30	30
	0.8	25	30	24	29	30	30	28	30	24	28	23	27	21	25	20	25
	1.0	19	24	19	23	24	28	22	26	18	22	18	21	16	20	16	19
	1.2	15	19	15	18	19	23	18	21	14	17	14	17	12	16	12	15

注：刮板链条型式代号：D、G、B—链条代号（同上表）；
V_1、O、O_4—刮板代号。

MZ型埋刮板输送机主要技术性能表 **表8.6-19**

型号		MZ16		MZ20		MZ25	
垂直段机槽宽度 B(mm)		160		200		250	
垂直承载段机槽高度 h(mm)		120		130		160	
输送能力 Q(m^3/h)							
输送效率 η(%)		对碎煤炉渣等物料取65～80					
刮板链条速度 v(m/s)	0.16	7～9		10～12		—	
	0.20	9～11		12～15		19～23	
	0.25	11～13		15～18		23～29	
	0.32	14～18		20～24		30～37	
上水平部分最大允许长度 L_2(m)							
下水平部分长度 L_1(m)		5		5		5	
垂直提升高度 H_0(m)		20		20		20	
刮板链条	节距(mm)	100		125		160	
	型式	DV_1		DV_1		DV_1	
	许用载荷(kN)	22	25	29	33	44	50
运送物料堆积密度 ρ(t/m^3)	0.5	30	30	30	30	30	30
	0.8	30	30	29	30	27	30
	1.0	17	27	16	26	12	22
	1.2	8	17	6	14	—	10

埋刮板输送机输送物料的粒度（mm） **表8.6-20**

输送方式	适宜粒度	最大粒度(≤10%)
水平输送	$<\frac{B}{20}$	$<\frac{B}{10}$
垂直输送	$<\frac{B}{30}$	$<\frac{B}{15}$

注：表中 B 为输送机槽宽。（本节"埋刮板输送机"资料选编于张家港市运输机械厂设计选用手册）

6. 运煤系统附属设备的技术参数

(1) ZL 系列常用装载机技术参数见表 8.6-21

ZL 系列常用装载机主要技术参数表 **表 8.6-21**

项目＼型号	ZL20A	ZL30A	ZL40B	ZL50
额定载重量(t)	2	3	4	5
标准斗容量(m^3)	1.0	1.5	2.2	3
卸载高度 H(mm)	2600	2750	2800	3050
卸载距离 L(mm)	900	850	1000	1280
爬坡能力(°.)	30	30	30	28
最大转向角(左右各°)	35	35	35	35
最高行驶速度(km/h)	30	30	35	38
铲斗臂在最高位置时总高度(mm)	4180	4495	4580	5350
外形尺寸长×宽×高(mm)	5700×2150×2760	6000×2350×2900	7030×2706×3337	7080×2940×3370

(2) CSL 型手拉单轨行车技术参数见表 8.6-22

CSL 型手拉单轨行车主要技术参数表 **表 8.6-22**

项目＼型号	CSL-1	CSL-2	CSL-3	CSL-5	CSL-10
额定载荷(t)	1	2	3	5	10
标准运行高度(m)	3	3	3	3	3
满载时的手拉力(在水平直道上,N)	80	120	150	160	340
能通过的最小弯道半径(m)	1.0	1.1	1.3	1.4	1.7
推荐用工字钢型号(GB/T 706—88)②	12.6～32a	16～40a	20b～45a	22b～56a	28b～63a
净重(kg)①	18	26	41	55	75

注：① 运行高度每增减 1m，相应增减重量 1kg。

② 运行轨道工字钢应根据产品的轨宽进行选用。

(3) CD_1-D、MD_1-D 型电动葫芦技术参数见表 8.6-23

CD_1-D、MD_1-D 型电动葫芦主要技术参数表 **表 8.6-23**

<table>
<tr><th rowspan="2">型 号</th><th rowspan="2">起重量 G(t)</th><th rowspan="2">起升高度 h(m)</th><th rowspan="2">起升速度(m/min)</th><th colspan="2">起升电动机</th><th colspan="2">运行电动机</th><th colspan="2">运行轨道</th><th rowspan="2">最大轮压(N/个)</th><th rowspan="2">重量(kg)</th></tr>
<tr><th>功率(kW)</th><th>转速(r/min)</th><th>功率(kW)</th><th>转速(r/min)</th><th>工字钢型号</th><th>曲率半径(m)</th></tr>
<tr><td>$CD_1(MD_1)$0.5D-6</td><td rowspan="3">0.5</td><td>6</td><td rowspan="7">CD_1型=8</td><td rowspan="3">0.8</td><td rowspan="7">1380</td><td rowspan="7">0.2</td><td rowspan="7">1380</td><td rowspan="7">I16～I28b</td><td rowspan="5">1.0</td><td>2150</td><td>125</td></tr>
<tr><td>$CD_1(MD_1)$0.5D-9</td><td>9</td><td>2350</td><td>130</td></tr>
<tr><td>$CD_1(MD_1)$0.5D-12</td><td>12</td><td>2250</td><td>180</td></tr>
<tr><td>$CD_1(MD_1)$1D-6</td><td rowspan="4">1</td><td>6</td><td rowspan="4">1.5</td><td>4200</td><td>150</td></tr>
<tr><td>$CD_1(MD_1)$1D-9</td><td>9</td><td>4950</td><td>160</td></tr>
<tr><td>$CD_1(MD_1)$1D-12</td><td>12</td><td>1.2</td><td>4000</td><td>190</td></tr>
<tr><td>$CD_1(MD_1)$1D-18</td><td>18</td><td>1.8</td><td></td><td>210</td></tr>
</table>

续表

型号	起重量 G(t)	起开高度 h(m)	起开速度(m/min)	起升电动机		运行电动机		运行轨道		最大轮压(N/个)	重量(kg)
				功率(kW)	转速(r/min)	功率(kW)	转速(r/min)	工字钢型号	曲率半径(m)		
$CD_1(MD_1)$1D-24	1	24	MD_1 型=8/0.8	1.5	1380	0.2	1380	I16～I28b	2.5	3800	220
$CD_1(MD_1)$1D-30		30							3.2		235
$CD_1(MD_1)$2D-6	2	6		3.0		0.4		I20a～I45c	1.2	8000	230
$CD_1(MD_1)$2D-9		9								9200	245
$CD_1(MD_1)$2D-12		12							1.5	8050	290
$CD_1(MD_1)$2D-18		18							2.0	7550	315
$CD_1(MD_1)$2D-24		24							2.5	7300	335
$CD_1(MD_1)$2D-30		30							3.5		360
$CD_1(MD_1)$3D-6	3	6		4.5					1.5	13000	300
$CD_1(MD_1)$3D-9		9								14950	320
$CD_1(MD_1)$3D-12		12							1.8	12550	360
$CD_1(MD_1)$3D-18		18							2.5	11850	390
$CD_1(MD_1)$3D-24		24							3.2	10870	420
$CD_1(MD_1)$3D-30		30							4.0	10650	450

注：电动葫芦型号 CD_1或MD_1-D

- D——带水平运行电动小车式
- MD_1——具有常速、慢速二种起升速度
- CD_1——具有常速一种起升速度

(4) 给料设备

1) GZ系列电磁振动给料机见图8.6-12，主要技术参数及尺寸见表8.6-24

GZ系列电磁振动给料机主要技术参数及尺寸　　表8.6-24

项目 \ 型号		GZ1	GZ2	GZ3	GZ4	GZ5
给料粒度(mm)		50	50	75	100	150
生产率(t/h)	水平	5	10	25	50	100
	−10°	7	14	35	70	140
双振幅(mm)		1.75				
供电电压(V)		220				
电流(A)	工作电流	1.34	3.0	4.58	8.4	12.7
	表示电流	1	2.3	3.8	7	10.6
有功功率(kW)		0.06	0.15	0.2	0.45	0.65
配套控制箱型号		XKZ-5G2			XKZ-20G2	
主要尺寸(mm)	B	200	300	400	500	700
	B_1	280	388	496	620	850
	B_2	340	456	518	682	761
	B_3	296	400	452	581	650
	B_4	376	506	574	762	840
	L	600	800	900	1100	1200
	L_1	209	310	311	413	465
	L_2	550	660	790	965	1050
	L_3	910	1175	1325	1615	1815
	H	100	120	150	200	250
	H_1	350	430	480	550	647
	H_2	360	450	520	645	765
	H_3	485	600	675	814	980
设备总重(kg)		73	146	217	412	656

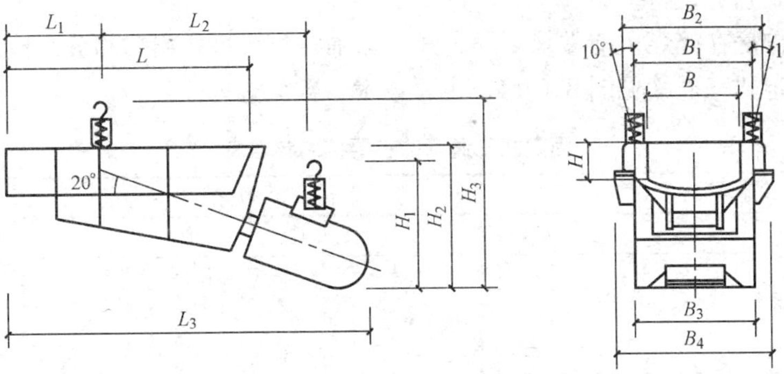

图 8.6-12 GZ 系列电磁振动给料机

2) 750×660 槽式摆动给料机主要技术参数见表 8.6-25

750×660 槽式摆动给料机主要技术参数表 **表 8.6-25**

基本参数	生产量(t/h)	15～60	减速器	型号	ZQ250-Ⅶ-3Z
	进料口尺寸(mm)	750×660		减速比	12.64
	槽底往复行程 S(mm)	60	外形尺寸(mm)		2900×1050×688
	给料次数(次/min)	74.3			
电动机	型号	Y112M-6	设备总重量(kg)		861
	功率(kW)	2.2			

(5) 磁选设备见图 8.6-13，主要技术参数见表 8.6-26

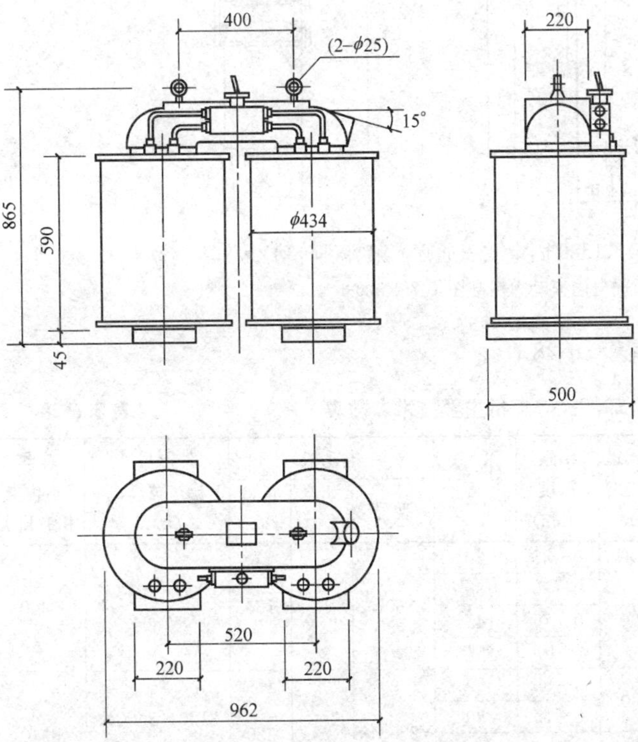

图 8.6-13 CF-60、CFL-60 型悬挂式电磁分离器

CF-60、CFL-60 型悬挂式电磁分离器主要技术参数表

表 8.6-26

项目 \ 型号	CF-60	CFL-60
适用输送带宽度(mm)	500、650	
适用输送带速度(m/s)	<2	
物料最大厚度(mm)	～100	
额定悬挂高度(mm)	125	
输入功率(kW)	1.29	
直流电压(V)	110/220	
直流电流(A)	11.7/5.85	
最高环境温度(℃)	+40	
配用硅整流器型号	KGLA-20/250	
总重量(kg)	1040	810

注：CF 表示铜线绕组、CFL 表示铝线绕组。

（6）固定式筛分设备

中小型锅炉房在碎煤机前常采用固定式三通筛，将煤进行粗略筛分，以减少破碎机的工作负荷。固定式三通筛见图 8.6-14，主要技术参数见表 8.6-27。

固定式三通筛的主要技术参数表　　　**表 8.6-27**

项　目		设计技术参数				标准图号 88R326-1
入口煤粒度 (mm)		≤150				≤150
筛算的筛缝宽度 a (mm)		(1.2～1.3)×筛分下煤粒径				26～50
筛算的安装倾角 α (°)		40～50				50°
固定筛筛分效率 η (%)		50～60				—
筛算尺寸	筛算宽 B(mm)	>3 倍最大煤块粒径				520
	筛算长 L(mm)	$L=(2\sim3)\times B$				1580
固定筛生产能力 Q(t/m²·h)	筛缝宽 a	30	40	50	75	筛分粒度<40(mm)
	生产能力 Q	48	54	60	64	40～50(t/h)

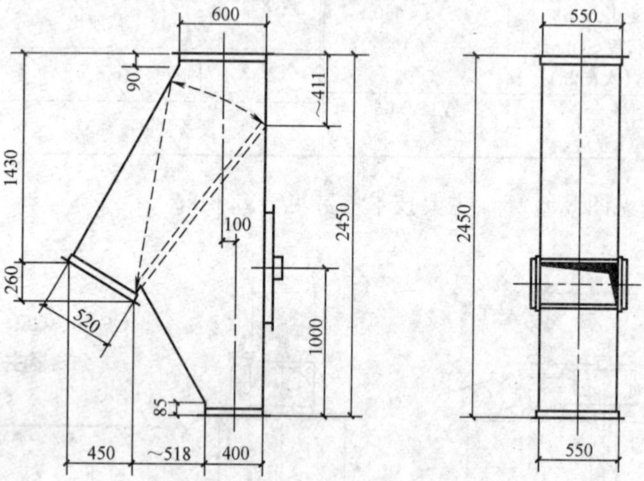

图 8.6-14　520×1580 固定式三通筛（筛算可转动）

注：本图选自国家动力标准图集 88R326-1。

（7）破碎设备主要技术参数见表 8.6-28

双齿辊及环锤式碎煤机主要技术参数表　　　**表 8.6-28**

型　号		齿辊(转子)直径×长度(mm)	齿辊(转子)转速(r/min)	最大进料块度(mm)	出料粒度(mm)	产量(t/h)	电动机 型号	电动机 功率(kW)	电动机 重量(kg)	外形尺寸 长×宽×高(mm)	总重(不含电机)(kg)
双辊齿牙式	ϕ450×500	ϕ450×500	≈64	100	0～25	20	Y180L-8	11	183	2290×2643×750	3400
				200	0～50	35					
					0～75	45					
					0～100	55					
	ϕ600×750	ϕ600×750	≈50	300	0～50	60	Y225M-8	22	320	3120×3600×1335	8340
					0～75	80					
				600	0～100	100					
					0～125	125					

续表

型号		齿辊(转子)直径×长度(mm)	齿辊(转子)转速(r/min)	最大进料块度(mm)	出料粒度(mm)	产量(t/h)	电动机			外形尺寸长×宽×高(mm)	总重(不含电机)(kg)
							型号	功率(kW)	重量(kg)		
环锤式	PCH-0402	(400×200)	(960)	200	≤30	8～12	Y132 M2-6	5.5	100	810×890×560	800
	PCH-0404	(400×400)	(970)			16～25	Y160L-6	11	150	980×890×570	1050
	PCH-0604	(600×400)				22～33	Y180L-6	15	170	1050×1270×800	1430
	PCH-0606	(600×600)	(980)			30～60	Y225M-6	30	360	1350×1270×820	1770

(8) 溜煤管

1) 溜煤管断面形状的选择

在一般情况下垂直设备的溜煤管，宜采用方形断面；倾斜设置的溜煤管，宜采用矩形断面；输送煤粉的溜煤管宜采用圆形断面。

2) 溜煤管的截面积计算见表8.6-29。

溜煤管的截面积计算表 **表8.6-29**

序号	项目	符号	单位	计算公式或数值
1	输送量	Q_m	t/h	
2	溜煤管中煤的流速	v_e	m/s	一般取 $v_e=1.5$
3	煤的堆积密度	ρ_m	t/m^3	见表8.6-3
4	充满系数	ψ		一般取 $\psi=0.3\sim0.35$
5	溜煤管的截面积	F_e	m^2	$F_e=\dfrac{Q_m}{3600v_e\cdot\rho_m\cdot\psi}$
6	溜煤管的倾斜角： 转卸用溜煤管 煤斗下溜煤管	θ		 $\theta=50°\sim60°$ $\theta=55°\sim60°$

由表8.6-29计算出的溜煤管的断面积 F_e 不应小于表8.6-30所列数值。

溜煤管最小断面尺寸表 **表8.6-30**

煤的最大粒度(mm)	溜煤管最小宽度(mm)	溜煤管高度(mm)
<25	200	150
40	300	200
65	350	250
100	400	300
150	500	350
200	600	400
250	700	500
300	800	600

(9) 常用料仓闸门

1) 闸门型式、规格见表8.6-31

闸门型式、规格及调节性能表 **表8.6-31**

闸门型式		规格(mm)						流量调节
		300×300	400×400	500×500	600×600	700×700	800×800	
插板闸	手动齿条	●	●	●				可调
	手动螺旋	●	●	●				可调
	气动		●	●	●	●		不可调
	电动			●	●	●	●	通过调限位开关位置调流量
扇形闸	手动	●	●	●				可调
	气动		●	●	●	●		不可调
	电动		●	●	●			通过调限位开关位置调流量
颚式闸	手动		●	●	●			不可调
	气动				●	●	●	可调
	电动				●	●	●	通过调限位开关位置调流量
三通换向阀	手动	●	●	●				
	气动			●	●	●		
	电动			●	●	●		

2）闸门的通过能力及仓口压力见表8.6-32

闸门的最大通过能力及适合的料仓口承受压力 **表8.6-32**

项目		仓口断面及闸门规格(mm)					
		300×300	400×400	500×500	600×600	700×700	800×800
适合物料粒度(mm)		<40	<80	<110	<150	<200	<250
适合料仓口压力(N)		<1050	<2400	<4700	<7700	<11300	<17200
最大通过能力(t/h)	物料堆积密度 $\rho=2(t/m^3)$	250	450	710	1000	1300	2000
	$\rho=1.6(t/m^3)$	200	360	570	800	1000	1600
	$\rho=1.0(t/m^3)$	130	220	360	500	670	1000
适合的物料堆积密度 $\rho(t/m^3)$	颚式闸	<2	<2	<2	<2	<2	<2
	插板闸	<1.6	<1.6	<1.6	<1.6	<1.6	<1.6
	扇形及三通换向阀	<1.6	<1.6	<1.6	<1.6	<1.6	<1.6

3）电动及气动闸门的主要技术参数见表8.6-33及表8.6-34

电动闸门主要技术参数表 **表8.6-33**

闸门名称		型号	闸(颚)板转角(°)	电动推杆						闸门总重(kg)
				型号	电动机		行程(mm)	推力(N)	速度(mm/s)	
					型号	功率(kW)				
插板闸	500×500	DC500	—	DTⅢ250.50-H	A27122	2×0.55	500	2×2500	84	209
	600×600	DC600	—	DTⅢ630.60-H	JW7134	2×0.75	600	2×6300	65	387
	700×700	DC700	—	DTⅢ1000.70-M	JW7134	2×0.75	700	2×10000	42	417
扇形闸	400×400	DS400	45°	DTⅢ250.40-M	A27124	0.37	400	2500	42	298
	500×500	DS500	46°	DTⅢ630.40-M	JW7134	0.75	400	6300	42	430
	600×600	DS600	47°	DTⅢ630.50-M	JW7134	0.75	500	6300	42	622

续表

闸门名称		型号	闸(颚)板转角(°)	电动推杆						闸门总重(kg)
				型号	电动机		行程(mm)	推力(N)	速度(mm/s)	
					型号	功率(kW)				
颚式闸	600×600	DE600	60°	DTⅢ630.70-M	JW7134	0.75	700	6300	42	259
	700×700	DE700	50°54′	DTⅢ630.70-M	JW7134	0.75	700	6300	42	391
	800×800	DE800	60°	DTⅢ1000.80-M	JW7134	0.75	800	10000	42	443
三通换向闸	500×500	DYH500×50°	50°	DTⅢ630.30-M	JW7134	0.75	300	6300	42	338
	600×600	DYH600×56°	56°	DTⅢ630.40-M	JW7134	0.75	400	6300	42	412
	700×700	DYH700×55°	55°	DTⅢ1000.50-M	JW7134	0.75	500	10000	42	500

气动闸门主要技术参数表 **表 8.6-34**

闸门名称		型号	闸(颚)板转角(度)	气缸				电控换向阀型号规格	闸门总重(kg)
				型号	缸径(mm)	工作压力(MPa)	活塞行程(mm)		
插板闸	500×500	QC500	—	QGBJ100×500	ϕ100	0.5～0.8	500	双电控二位互通 *DN*10	180
	600×600	QC600	—	QGBJ125×600	ϕ125	0.5～0.8	600	双电控二位互通 *DN*15	234
	700×700	QC700	—	QGBJ160×700	ϕ160	0.5～0.8	700	双电控二位互通 *DN*20	303
扇形闸	400×400	QS400	45°	QGBZZ80×310	ϕ80	0.5～0.8	310	双电控二位互通 *DN*10	283
	500×500	QS500	46°	QGBZZ100×390	ϕ100	0.5～0.8	390	双电控二位互通 *DN*10	397
	600×600	QS600	47°	QGBZZ125×470	ϕ125	0.5～0.8	470	双电控二位互通 *DN*15	602
颚式闸	600×600	QE600	60°	QGBES125×560	ϕ125	0.5～0.8	560	双电控二位互通 *DN*15	254
	700×700	QE700	50°54′	QGBES160×530	ϕ160	0.5～0.8	530	双电控二位互通 *DN*20	421
	800×800	QE800	60°	QGBES200×600	ϕ200	0.5～0.8	600	双电控二位互通 *DN*20	489
三通换向闸	500×500	QYH500-50°	50°	QGBZZ160×272	ϕ160	0.5～0.8	272	双电控二位互通 *DN*20	350
	600×600	QYH600-56°	56°	QGBZZ160×360	ϕ160	0.5～0.8	360	双电控二位互通 *DN*20	425
	700×700	QYH700-55°	55°	QGBZZ160×480	ϕ160	0.5～0.8	480	双电控二位互通 *DN*20	547

注：外接压缩空气管与电控换向（电磁）阀用管螺纹连接，公称管径相同。（本节“常用料仓闸门”资料均选引自张家港市输送机械厂选用手册）。

8.6.4 除灰渣系统设计

1. 除灰渣系统的类型

目前常采用的各种类型除灰渣系统的特性，优、缺点和适用范围列于表 8.6-35。

2. 除灰渣系统的选择

在设计锅炉房除灰渣系统时，可参照表 8.6-36 所推荐的系统选用。

3. 除灰渣系统设计中的注意事项

（1）必须保证锅炉排渣口与除灰渣设备连接处的密封。对于单炉配置的除渣机应保持规定的水封高度，对于敞开式水封除渣机其水封高度应为 100～150mm。

常用除灰渣系统 表 8.6-35

系统类型	作业特点	优 点	缺 点	适用范围
1. 螺旋除渣机	可水平或倾斜连续输送灰渣	(1)设备简单,运行基本可靠,操作简单 (2)飞灰量少,锅炉房卫生条件好,运行费用低	(1)运送量小 (2)螺旋叶片磨损快,检修工作量大,出现大块灰渣时易卡住	适用于1～4t/h的小型快装锅炉
2. 刮板式除渣机	可做水平或倾斜运输	(1)适应性强,无论北方或南方,室内、室外均能适应 (2)运输量适应范围广 (3)设备构造简单,易加工,投资省 (4)检修比较方便	(1)金属耗量多,部件磨损快 (2)电耗偏大	适用于6t/h以下的小型锅炉
3. 马丁式除渣机	设备具有碎渣机构,炉渣经破碎后落入水槽,然后被推渣机构推出	(1)设备紧凑,体积小,布置方便,运行可靠,既能除渣又能碎渣 (2)湿式除渣,改善了锅炉房卫生条件	(1)结构复杂,加工工作量大 (2)排渣量增大时,易发生故障	适用于6～20t/h锅炉
4. 圆盘式除渣机	设备无碎渣能力,大块灰渣易卡住,在蜗轮与主轴间装有安全离合器,一旦灰渣卡住时,还应使电机反转,故需设有报警装置及电机反转按钮	(1)操作维护简单,运行安全可靠,湿式除渣,改善了卫生条件 (2)转速比马丁除渣机低,磨损小	设备制造复杂,投资高	适用于10～20t/h锅炉(层燃炉)。不适用于燃用强结焦性煤
5. 重链除渣机	敞开式水封除渣机,可水平和大倾角倾斜除渣 可设置变频调速装置以调节出渣量	(1)机械化程度高,系统运行平稳,安全可靠,操作简单,节省人力 (2)排渣不需破碎,能适应大渣和异物的排除 (3)重链的制造材料(铸铁、球墨铸铁或铸钢)耐磨性高,使用时间长,故障率低 (4)排渣量大,应用范围广,运行时节水省电 (5)水平运输距离长(～100m),提升高度高(～10m),可利用贮渣斗,占地少	(1)系统金属耗量较大 (2)设备加工工作量较大 (3)当起弧点的半径及角度取值不当时起弧处易产生悬空,会造成灰渣在起弧处沉积	适用于排渣量为1～50t/h的大中型锅炉房 适当的起弧角度≤18°,半径10～12m 当角度＞18°时应考虑在起弧处的下链部位加设压辊
6. 低压水力除灰	冲灰水的压力0.3～0.6MPa,灰渣池水经沉淀过滤后循环利用	(1)系统运行安全可靠,机械化程度高,节省劳力,操作简便 (2)卫生条件好,机械设备少,维修工作量少	(1)需建造庞大的灰渣池,还需设置灰渣抓取设备,基建投资高 (2)湿灰渣的贮运不方便,尤其在寒冷地区,灰渣装卸较困难	适用于大、中型锅炉房。室外气温低于－5℃的地区应考虑保温防冻措施

(2) 干式除尘器的干灰应采用水封式冲灰器，干灰经润湿后才排入敞开式水封除渣机或低压水力除灰系统。

锅炉房除灰渣系统推荐表 **表 8.6-36**

锅炉容量及台数	灰渣量(t/h)	推荐选用的除灰渣系统
单台容量 1～4t/h 总容量＜12t/h	＜0.5	(1)单炉配置螺旋除渣机＋手推车 (2)单炉配置刮板除渣机＋手推车
4t/h、3～4 台 6t/h、3～4 台	≥0.5～1	链式刮板除渣机联合除渣＋室外装卸车
10t/h、3～4 台 20t/h、2 台	1.5～2.0	(1)马丁除渣机(圆盘除渣机)＋皮带机＋室外装卸车 (2)重链除渣机＋室外装卸车(或灰渣斗) (3)低压水力除灰＋起重装置
单炉容量 20t/h、35t/h 总容量＞60t/h	≥2.5	(1)重链除渣机、灰渣混除系统 (2)低压水力除灰,灰渣混除系统 (3)重链除渣机(除渣)＋低压水力除灰(除灰)的灰渣分除系统

(3) 大中型锅炉房宜采用灰、渣分除系统，以有利于灰渣的综合利用。

(4) 除灰渣设备发生故障时，应有人工临时排灰渣的可能。

4. 机械除灰渣系统常用设备

(1) 螺旋出渣机

LXC 系列的螺旋出渣机的安装图及主要技术参数见图 8.6-15 及表 8.6-37。

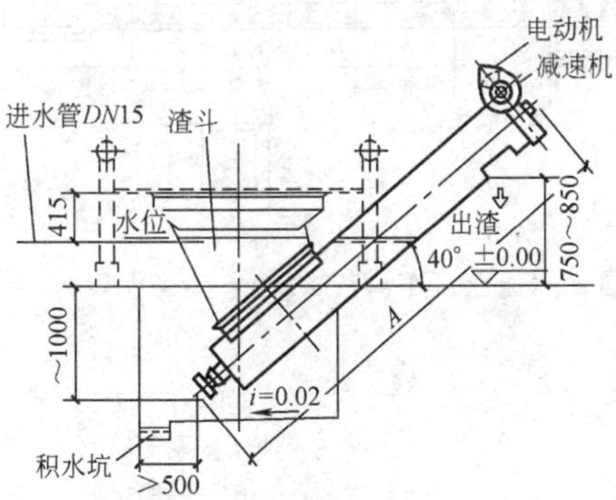

图 8.6-15 螺旋出渣机安装图

螺旋出渣机主要技术参数 **表 8.6-37**

名称	参数
设备型号	LXC-1
配用锅炉(t/h)	1～6
除渣量(t/h)	0.80
主轴转数(r/min)	3.34
电机功率(kW)	1.10
安装倾角(°)	40
设备重量(kg)	1100
总长(mm)	3700

(2) 刮板出渣机

GBC 系列的刮板出渣机的安装图及主要技术参数见图 8.6-16 及表 8.6-38。

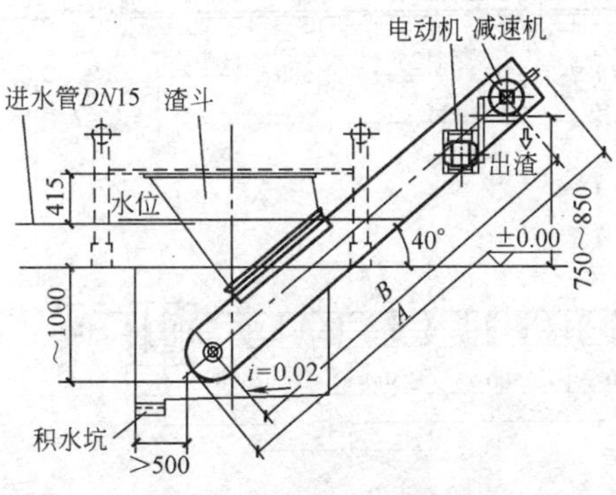

图 8.6-16 刮板出渣机安装图

刮板出渣机主要技术参数 **表 8.6-38**

名称		参数		
设备型号		GBC-2	GBC-4	GBC-6
配用锅炉(t/h)		2	4	6
除渣量(t/h)		0.80		
主轴转数(r/min)		3.0		
电机功率(kW)		1.10		
安装倾角(°)		30～40		
设备重量(kg)		1300	1500	1800
长度(mm)	A	2600	3200	3600
	B	2300	2900	3300

(3) 重链除渣机

ZKC型重链除渣机的机槽主要分为铁槽（用于地上布置）及水泥槽（用于地下布置）两种，灰渣的清除方式主要有渣仓汽车清灰及铲车清灰两种，可视具体工程的实际情况进行选择和组合。

ZKC型重链除渣机的布置及主要技术参数见图8.6-17、图8.6-18及表8.6-39、表8.6-40。

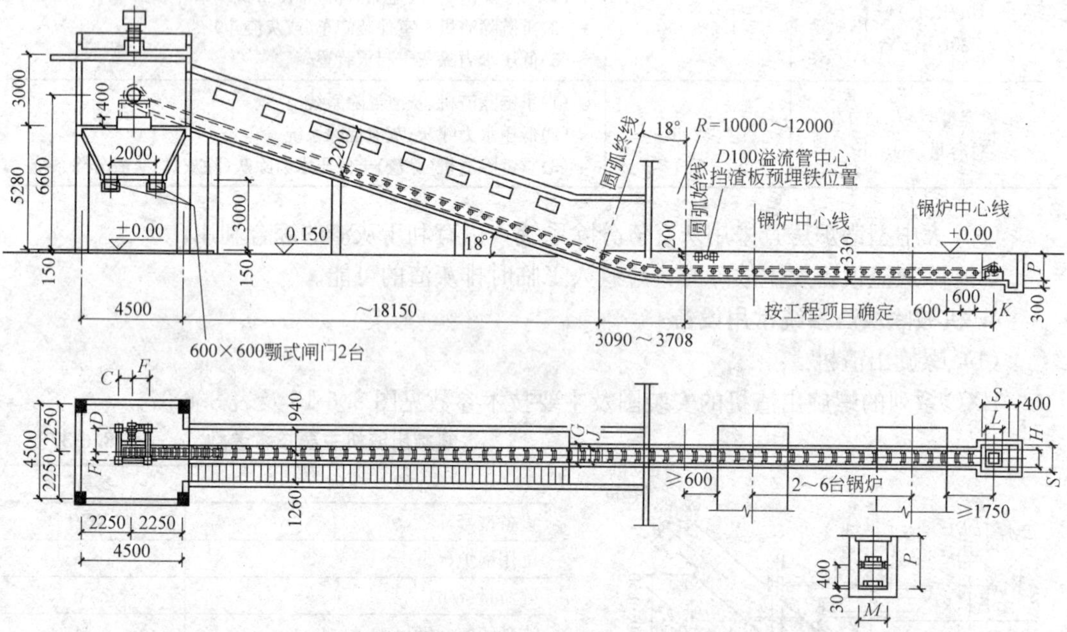

图8.6-17 ZKC型重链除渣机平剖面布置图（渣仓汽车清灰系统）

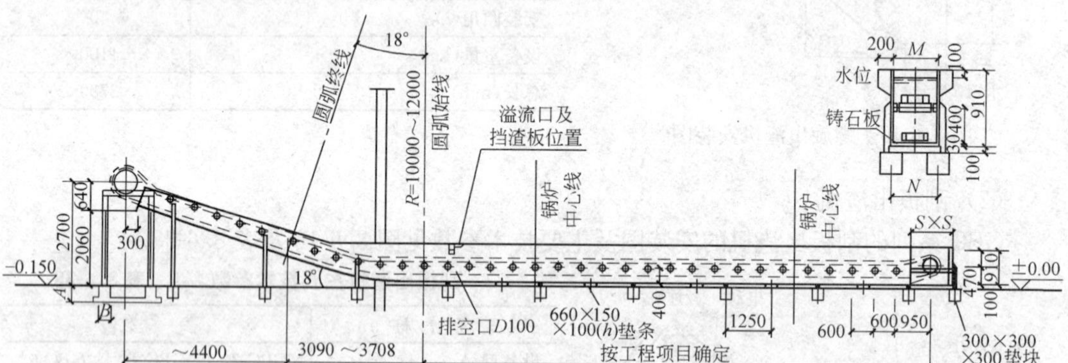

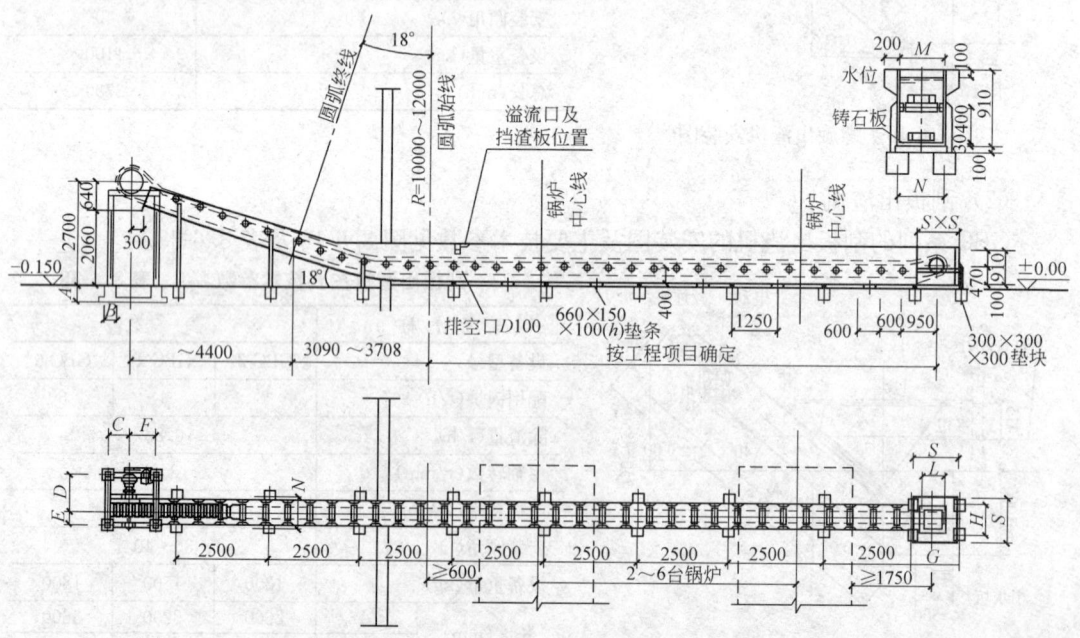

图8.6-18 ZKC型重链除渣机平剖面布置图（铲车清灰系统）

重链除渣机技术参数表 **表 8.6-39**

锅炉规格（t/h）＼序号 ／ 项目		1	2	3	4	5	6
		1～4	1～4	4～6	6～10	10～12	20～35
锅炉房总容量(t/h)		12	18	35	60	100	160
除渣量(t/h)		0.5	0.8	1.6	2.7	4.5	7.2
链条速度(m/s)		2.2	2.2	2.5	2.5	2.5	2.5
链条规格(宽×节距×厚)		260×200×60	260×200×80	300×210×80	400×210×80	500×210×80	600×210×80
计算功率系数(kW/m)		0.0595	0.0795	0.0930	0.1035	0.1210	0.1320
输送长度(m)		25	30	40	50	60	70
设计配置电机功率(kW)		1.5	3.0	4.0	5.5	7.5	11
部件名称		铁槽重链除渣机尺寸表(mm)					
机槽部分	*M*	510	510	510	610	710	810
	N	560	560	560	660	760	860
	S×*S*	1200×1200	1200×1200	1200×1200	1200×1200	1200×1200	1200×1200
后传动部分	*G*	1250	1250	1250	1250	1250	1250
	L	650	650	650	750	850	850
	H	800	800	800	800	800	860
每延米增重	(kg/m)	410	430	460	630	680	720
部件名称		水泥槽重链除渣机尺寸表(mm)					
机槽部分	*P*	850	850	850	900	900	900
	M	510	510	510	610	710	810
	J	600	600	600	700	800	900
	G	910	910	910	1010	1110	1210
后传动部分	*K*	800	800	800	800	900	900
	S	1200	1200	1200	1200	1300	1300
	L	650	650	650	750	850	850
	H	585	585	585	730	830	930
主动轮部分	直径 ϕ	478	483	784	646	784	784
	齿数 *Z*	8	8	12	12	12	12

前传动部分标准支架基础尺寸表（mm） **表 8.6-40**

电机型号/功率(kW)		Y90L-4/1.5	Y90L1-4/2.2	Y90L2-4/3.0	Y112M-4/4.0	Y132S-4/5.5	Y132M-4/7.5	Y160M-4/11
减速机型号/机座号 No		XWE/63	XWE/74	XWE/84	XWE/85	XWE/95	XWE/106	XWE/117
机槽宽度 *M*(mm)		510	510	510	610	710	810	810
前传动部分标准支架尺寸	*A*	600	600	700	700	800	800	900
	B	500	500	600	600	700	700	800
	C	550	550	532	532	580	600	600
	D	1033.5	752.5	877.5	927.5	1054	1074	1199
	E	323	323	344	394	427	477	498
	F	700	700	700	700	700	700	738

注：每种规格的机槽宽度差为100～200mm，当上选或下选一种规格时，尺寸 D_1E 相应增减 50～100mm。

5. 低压水力除灰渣系统

(1) 一般工艺流程(图8.6-19)

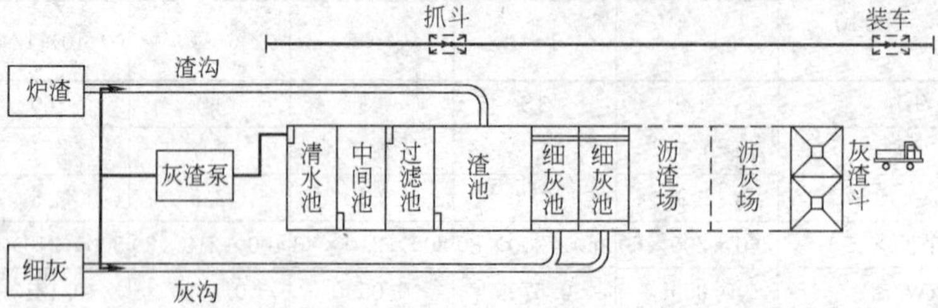

图8.6-19 低压水力除灰渣系统工艺流程图

(2) 低压水力除灰渣系统耗水量

1) 按灰渣与水的重量比进行计算(表8.6-41)

低压水力除灰渣系统耗水量计算(一) **表8.6-41**

序号	项目	符号	单位	计算公式或数值
	(按灰渣分别输送计算)			
1	锅炉房总灰渣量	G_{hz}	t/h	$G_{hz}=B_m\left(\frac{A_{ar}}{100}+\frac{q_4\cdot Q_{net\cdot ar}}{100\times33913}\right)$,见表8.6-4
2	锅炉房排渣量	G_z	t/h	$G_z=\rho_z\cdot G_{hz}$,见公式(8.6-2)
3	水与渣的重量比		m^3(水)/t(渣)	15~20
4	冲渣水量	Q_{cz}	m^3/h	$Q_{cz}=(15\sim20)G_z$
5	锅炉房排灰量	G_h	t/h	$G_h=\rho_h\cdot\eta_c\cdot G_{hz}$,见公式(8.6-1)
6	水与灰的重量比		m^3(水)/t(灰)	7~10
7	冲灰水量	Q_{ch}	m^3/h	$Q_{ch}=(7\sim10)G_h$
8	锅炉房冲灰渣总水量	Q_{chz}	m^3/h	$Q_{chz}=Q_{ch}+Q_{cz}$
	(按灰渣混合输送计算)			
9	水与灰渣的重量比		m^3(水)/t(灰渣)	10~15
10	锅炉房冲灰渣总水量	Q_{chz}	m^3/h	$Q_{chz}=(10\sim15)G_{hz}$

2) 按锅炉房除灰渣系统的设施进行计算(表8.6-42)

低压水力除灰渣系统耗水量计算(二) **表8.6-42**

序号	项目	符号	单位	计算公式或数值
1	冲灰渣系统始端喷嘴出水量	Q_{p1}	m^3/h	
2	单台锅炉排渣口处喷嘴出水量	Q_{p2}	$m^3/h\cdot$台	
3	锅炉运行台数	n_g	台	
4	室外冲灰渣沟单个喷嘴出水量	Q_{p3}	$m^3/h\cdot$台	
5	室外冲灰渣沟喷嘴数量	n_p	台	
6	单台水膜除尘器耗水量	Q_{SM}	$m^3/h\cdot$台	参见表8.3-33
7	水膜除尘器运行台数	n_{SM}	台	
8	干式除尘器所用水封冲灰器耗水量	Q_{ch}	$m^3/h\cdot$台	4~5m^3(水)/t(灰)
9	水封冲灰器运行台数	n_{ch}	台	
10	水力除灰渣系统总耗水量	Q_{chz}	m^3/h	$Q_{chz}=Q_{p1}+Q_{p2}\times n_g+Q_{p3}\times n_p+Q_{SM}\times n_{SM}+Q_{ch}\times n_{ch}$

比较上述耗水量计算（一）、（二），取较大值。

（3）激流喷嘴

1）激流喷嘴的构造（图 8.6-20、表 8.6-43）

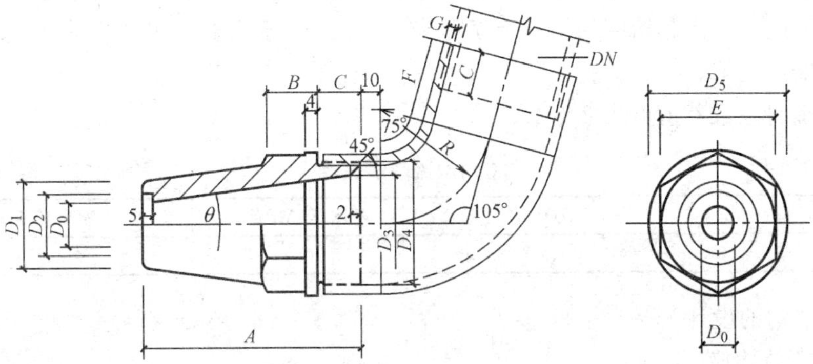

图 8.6-20 激流喷嘴构造图

激流喷嘴尺寸表 **表 8.6-43**

喷嘴直径 D_0(mm)	激流喷嘴尺寸(mm)													
	D_1	D_2	D_3	D_4	D_5	A	B	C	E	F	G	R	DN	θ
8	24	18	33	$G1\frac{1}{4}$	68	78	24	18	55	30	5	50	32	20°
10			35											
12	38	30	37	$G1\frac{1}{2}$	81	86	26	20	65	35	5	60	40	18°
14			39											
16	42	32	50	G2	95	103	30	22	75	40	5	75	50	20°
18			52											
20			54											

2）激流喷嘴耗水量（表 8.6-44）

激流喷嘴耗水量（m^3/h） **表 8.6-44**

d (mm)	DN (mm)	喷嘴前水压(MPa)								
		0.20	0.30	0.40	0.50	0.60	0.70	0.80	0.90	1.00
8	32	2.50	3.10	3.60	4.00	4.35	4.70	5.00	5.30	5.60
10		4.20	5.10	5.90	6.60	7.30	7.85	8.40	8.90	9.40
12	40	6.10	7.40	8.60	9.60	10.50	11.30	12.10	12.80	13.50
14		8.20	10.10	11.70	13.00	14.30	15.40	16.50	17.50	18.40
16	50	10.75	13.20	15.20	17.00	18.60	20.10	21.50	22.80	24.00
18		14.50	17.80	20.50	22.90	25.10	27.10	29.00	30.80	32.40
20		19.10	23.30	27.00	30.10	33.00	35.70	38.10	40.50	42.60

符号：d—喷嘴直径，(mm)；DN—水管公称直径，(mm)。

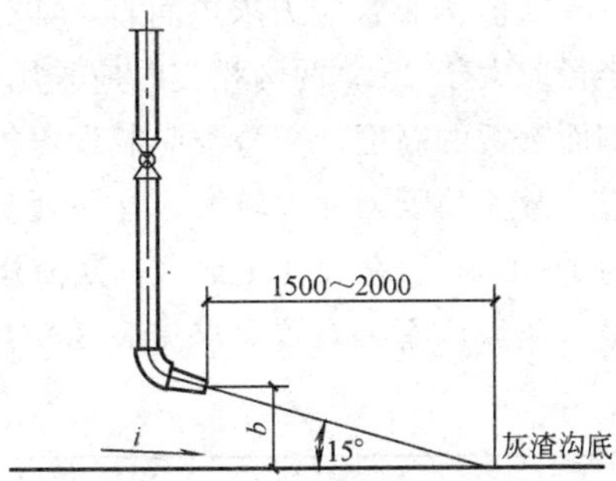

图 8.6-21 激流喷嘴安装示意图

3）激流喷嘴的安装要求

渣沟的起始端、每个排渣设备的排渣口前、灰渣口相交和转弯处及较长的直沟段，一般要设激流喷嘴。布置于排渣口前的喷嘴，应设在距落渣口前 1.5～2.0m 处，直沟长度每10～15m 增设一个喷嘴。喷嘴距沟底高度 $h\approx$250～300mm，喷嘴的安装可参见图 8.6-21。灰沟可不设激流喷嘴。

激流喷嘴直径的选择应根据水压、安装地点渣沟要求的水流量、锅炉和喷嘴的运行台数等因素进行调配。渣沟起始端的第一个喷嘴流量应大些，且保持常开，以防止其下游沟内水位高时发生倒流现象。

常用喷嘴直径推荐值见表 8.6-45。

常用激流喷嘴直径 **表 8.6-45**

水压(MPa)	喷嘴直径(mm)	水压(MPa)	喷嘴直径(mm)
0.3	ϕ14、ϕ16、ϕ18	0.5	ϕ12、ϕ14、ϕ16

(4) 灰渣沟的设计

1) 灰渣沟的构造

灰渣沟一般为钢筋混凝土结构，沟底衬有铸石镶板，其构造及尺寸见图 8.6-22 及表 8.6-46。

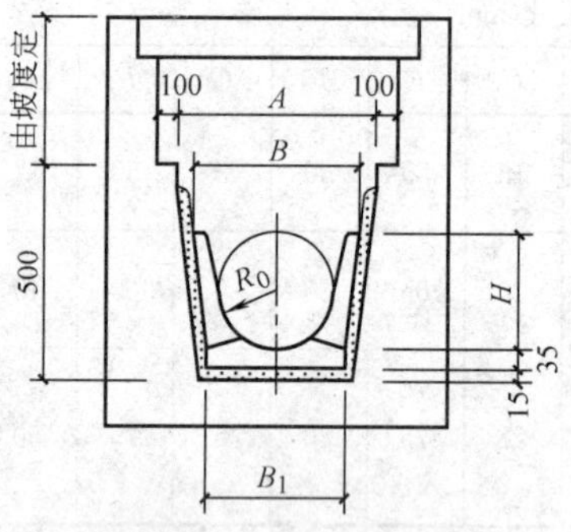

图 8.6-22 灰渣沟剖面图

灰渣沟断面尺寸 **表 8.6-46**

R_0	A	B	B_1	H
125	500	370	260	260
150	500	415	290	
175	500	470	310	
200	600	490	400	
225	600	570	430	335

注：本沟配置为常用系列灰渣沟铸石镶板

2) 灰渣沟的布置

灰渣沟布置应力求短而直，如分期扩建时应考虑便于连接。拐弯时尽量避免 90°，弯道半径应大于 2m。两沟相交时应采用锐角，支沟接入主沟时如有跌落，其落差不应小于主沟侧面镶板的高度。灰渣沟应装设盖板，在落灰渣口前后及装设激流喷嘴的沟段应采用轻便盖板。激流喷嘴因冲力较大，在该处灰渣沟二侧上部顺水流方向再加铸石侧板各一块，长度各为 1～1.5m。在大孔土地区，灰渣沟应有可靠的防水措施。

灰渣沟有关布置要求见表 8.6-47。

灰渣沟布置要求 **表 8.6-47**

参数名称 / 沟名称	沟起点距落灰渣口前距离(mm)	沟起点深度(mm)	弯道半径(mm)	坡度 i(%)
灰沟	2000～3000	400	≥2000	1～1.5
渣沟	2000～3000	500	≥2000	1.5～2.0

3) 灰渣沟的水力计算

灰渣沟的运行工况属于自流沟加激流喷嘴，其水力计算的目的是使灰渣不会在沟内沉积，它与混合物流量、流速、深度、沟坡度、断面尺寸、沟内衬材料等因素有关。

① 灰渣沟水力计算表

低压水力除灰（渣）系统灰渣沟水力计算表 **表 8.6-48**

R_0 (mm)	H_0 (mm)	i=0.5%		i=1.0%		i=1.5%		i=2.0%		i=2.5%		i=3.0%		i=3.5%	
		V_g (m/s)	Q (m^3/s)	V_g (m/s)	Q (m^3/s)	V_g (m/s)	Q (m^3/s)	V_g (m/s)	Q (m^3/s)	V_g (m/s)	Q (m^3/s)	V_g (m/s)	Q (m^3/s)	V_g (m/s)	Q (m^3/s)
	50					1.19	29.90	1.37	34.50	1.53	38.50	1.68	42.30	1.81	45.50
	55			1.03	29.70	1.26	36.30	1.45	41.80	1.62	46.70	1.78	51.30	1.92	55.40
	60			1.08	35.20	1.32	43.00	1.52	49.50	1.70	55.40	1.86	60.60	2.01	65.50
	65			1.13	41.30	1.38	50.40	1.60	58.50	1.78	65.10	1.96	71.60	2.11	77.10
	70			1.18	47.70	1.44	58.20	1.66	67.20	1.86	75.20	2.04	82.50	2.20	89.00
125	80			1.27	61.90	1.55	75.60	1.79	87.30	2.00	97.50	2.19	106.80	2.37	115.60
	90			1.35	77.30	1.65	94.50	1.90	108.80	2.13	122.00	2.33	133.40	2.52	144.30
	100	1.00	66.00	1.42	93.70	1.74	114.90	2.01	132.70	2.25	148.50	2.46	162.40	2.66	175.60
	110	1.05	78.60	1.49	111.60	1.82	136.30	2.10	157.30	2.35	176.00	2.58	193.20	2.78	208.20
	120	1.09	83.90	1.55	130.00	1.90	159.30	2.19	183.70	2.45	205.50	2.68	224.70	2.90	243.20
	125	1.11	98.10	1.57	138.70	1.93	170.50	2.23	197.00	2.49	220.00	2.73	241.20	2.95	260.70
	50					1.20	33.40	1.38	38.40	1.55	43.10	1.69	47.00	1.83	51.00
	55			1.04	33.30	1.27	40.70	1.47	47.10	1.64	52.50	1.80	57.60	1.94	62.10
	60			1.09	39.50	1.34	48.60	1.55	56.20	1.73	62.70	1.89	68.50	2.05	74.30
	65			1.15	46.70	1.41	57.30	1.62	65.80	1.81	73.60	1.99	80.90	2.15	87.40
	70			1.20	54.10	1.47	66.30	1.69	76.20	1.89	85.20	2.07	93.30	2.24	101.00
	80			1.29	70.30	1.58	86.10	1.83	99.80	2.04	111.20	2.24	122.10	2.42	132.00
150	90			1.38	88.60	1.69	108.50	1.95	125.20	2.18	140.00	2.39	153.40	2.58	165.60
	100	1.03	76.50	1.46	108.40	1.79	132.90	2.07	153.70	2.31	171.50	2.53	187.80	2.73	202.70
	110	1.09	92.20	1.54	130.20	1.88	159.00	2.17	183.50	2.43	205.50	2.66	224.90	2.87	242.70
	120	1.13	107.40	1.61	153.00	1.97	187.30	2.27	215.80	2.54	241.40	2.78	264.20	3.00	285.20
	130	1.18	124.70	1.67	176.50	2.04	215.70	2.36	249.50	2.64	279.10	2.89	305.50	3.12	329.80
	140	1.22	142.10	1.73	201.50	2.11	245.70	2.44	284.10	2.73	317.90	2.99	348.20	3.23	376.10
	150	1.26	160.30	1.78	226.50	2.18	277.40	2.51	319.40	2.81	357.50	3.08	392.00	3.33	423.70
	50			0.99	30.00	1.21	36.70	1.40	42.50	1.56	47.30	1.71	51.90	1.85	56.10
	55			1.05	36.50	1.28	44.60	1.48	51.50	1.66	57.80	1.81	63.00	1.96	68.20
	60			1.10	43.40	1.35	53.30	1.56	61.60	1.75	69.10	1.91	75.40	2.07	81.70
	65			1.16	51.50	1.42	63.00	1.64	72.80	1.83	81.20	2.01	89.20	2.17	96.30
	70			1.21	59.70	1.49	73.50	1.71	84.30	1.92	94.70	2.10	103.60	2.27	111.90
	80			1.31	78.10	1.61	96.00	1.85	110.30	2.07	123.50	2.27	135.40	2.45	146.10
	90	0.99	69.70	1.40	98.60	1.72	121.20	1.98	139.50	2.22	156.40	2.43	171.20	2.63	185.30
	100	1.05	85.80	1.49	121.70	1.82	148.70	2.11	172.40	2.35	192.00	2.58	210.70	2.79	227.90
175	110	1.11	103.50	1.57	146.30	1.92	179.00	2.22	206.90	2.48	231.20	2.72	253.50	2.94	274.00
	120	1.16	121.90	1.64	172.30	2.01	211.20	2.32	243.70	2.60	273.20	2.85	299.40	3.08	323.60
	130	1.21	141.70	1.71	200.00	2.10	246.00	2.42	283.50	2.71	317.40	2.97	347.90	3.21	376.00
	140	1.26	163.00	1.78	230.30	2.18	282.00	2.51	324.70	2.81	363.60	3.08	398.50	3.33	430.80
	150	1.30	184.40	1.84	260.90	2.25	319.10	2.60	368.70	2.91	412.70	3.18	450.90	3.44	487.80
	160	1.34	206.80	1.89	291.60	2.32	358.00	2.68	413.50	3.00	462.90	3.28	506.10	3.54	546.20
	170	1.38	230.30	1.95	325.40	2.38	397.20	2.75	458.90	3.08	514.00	3.37	562.40	3.64	607.40
	175	1.39	240.70	1.97	341.70	2.41	417.40	2.79	483.20	3.12	540.30	3.41	590.60	3.69	639.00
	50			0.99	32.20	1.22	39.70	1.40	45.50	1.57	51.10	1.72	56.00	1.86	60.50
200	60			1.11	47.10	1.36	57.80	1.57	66.70	1.76	74.80	1.93	82.00	2.08	88.30
	70			1.22	64.90	1.50	79.80	1.73	92.00	1.93	102.60	2.12	112.70	2.29	121.80

续表

R_0 (mm)	H_0 (mm)	i=0.5%		i=1.0%		i=1.5%		i=2.0%		i=2.5%		i=3.0%		i=3.5%	
		V_g (m/s)	Q (m^3/s)	V_g (m/s)	Q (m^3/s)	V_g (m/s)	Q (m^3/s)	V_g (m/s)	Q (m^3/s)	V_g (m/s)	Q (m^3/s)	V_g (m/s)	Q (m^3/s)	V_g (m/s)	Q (m^3/s)
200	80			1.33	85.70	1.62	104.40	1.87	120.50	2.10	135.30	2.30	148.20	2.48	159.70
	90	1.00	76.20	1.42	108.20	1.74	132.60	2.01	153.20	2.25	171.50	2.46	187.50	2.66	202.70
	100	1.07	94.70	1.51	133.70	1.85	163.80	2.14	189.40	2.39	211.60	2.62	231.90	2.83	250.50
	110	1.13	114.30	1.59	160.80	1.95	197.20	2.25	227.60	2.52	254.90	2.76	279.20	2.98	301.40
	120	1.18	134.60	1.67	190.50	2.05	233.90	2.36	269.20	2.64	301.20	2.90	330.80	3.13	357.10
	130	1.23	156.80	1.75	223.10	2.14	272.80	2.47	314.80	2.76	351.80	3.02	384.90	3.27	416.80
	140	1.28	180.60	1.82	256.70	2.22	313.10	2.57	362.50	2.87	404.80	3.14	442.90	3.40	479.60
	150	1.33	206.10	1.88	291.40	2.31	358.00	2.66	412.20	2.98	461.80	3.26	505.20	3.52	545.50
	160	1.37	231.50	1.94	327.80	2.38	402.20	2.75	464.70	3.07	518.80	3.37	569.50	3.64	615.10
	170	1.42	260.10	2.00	366.30	2.45	448.70	2.83	518.30	3.16	578.70	3.47	635.50	3.74	684.90
	180	1.45	289.30	2.06	406.70	2.52	497.60	2.91	574.60	3.25	641.70	3.56	702.90	3.85	760.20
	190	1.49	315.60	2.11	446.90	2.58	546.40	2.98	631.20	3.33	705.30	3.65	773.10	3.94	834.50
	200	1.52	343.80	2.15	486.30	2.64	597.20	3.05	689.90	3.41	771.30	3.73	843.70	4.03	911.60

符号：R_0—灰渣沟镶板半径，(mm)；H_0—灰渣水混合流体深度，(mm)；i—灰渣沟坡度，(%)；V_g—流速，(m/s)；Q—灰渣水混合物流量，(m^3/h)。

根据灰渣沟自流条件计算公式编制的“灰渣沟水力计算表”见表8.6-48，“参数常用范围”见表8.6-49。

灰渣沟技术参数常用范围 **表8.6-49**

参数名称 / 沟名称	镶板半径 R_0(mm)	混合流体深度 H_0(mm)	沟坡度 i(%)	混合物流速 V_g(m/s)	附注
灰沟	125	$\leqslant R_0$	1～1.5	>1.20	
渣沟	150	$\leqslant R_0$	1.5～2.0	>1.60	$H_0\geqslant$90(mm)

② 灰渣沟水力计算步骤

A. 灰渣沟中混合物流量计算

$$Q_{zs}=\frac{G_z}{\rho_z}+Q_{cz} \tag{8.6-4}$$

$$Q_{hs}=\frac{G_h}{\rho_h}+Q_{ch} \tag{8.6-5}$$

$$Q_{hzs}=Q_{zs}+Q_{hs}+\sum Q_p \tag{8.6-6}$$

式中 Q_{zs}、Q_{hs}、Q_{hzs}——分别为渣沟中、灰沟中、灰渣沟中的混合物流量，m^3/h；

G_z、G_h——分别为排入渣沟的渣量、排入灰沟的灰量，t/h；

ρ_z、ρ_h——分别为渣及灰的真实密度，t/m^3；

Q_{cz}、Q_{ch}、Q_p——分别为渣沟中冲渣水量、灰沟中冲灰水量及灰渣沟中运行的激流喷嘴耗水量，m^3/h。

B. 根据计算所得混合物流量 Q→由表8.6-48分别选择灰、渣沟的 R_0、i，注意复核 H_0 及 V_g 均应满足要求。在满足条件的前提下，灰渣沟的终点不要太低，以不使灰渣沉淀池太深。

(5) 灰渣沉淀池的设计

1）灰渣沉淀池的布置（见图 8.6-23、图 8.6-24）

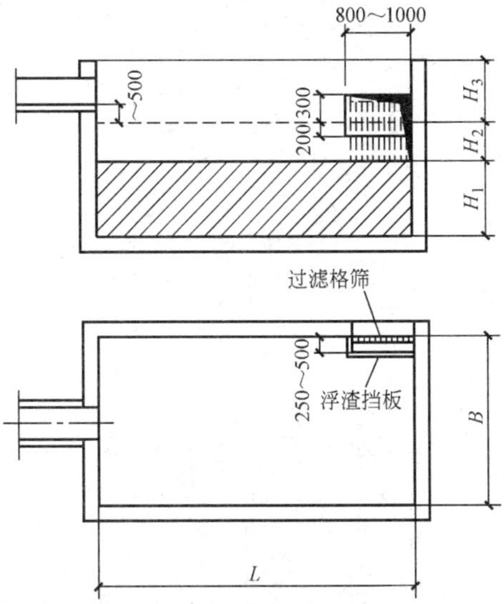

图 8.6-23　沉渣池平剖面布置图

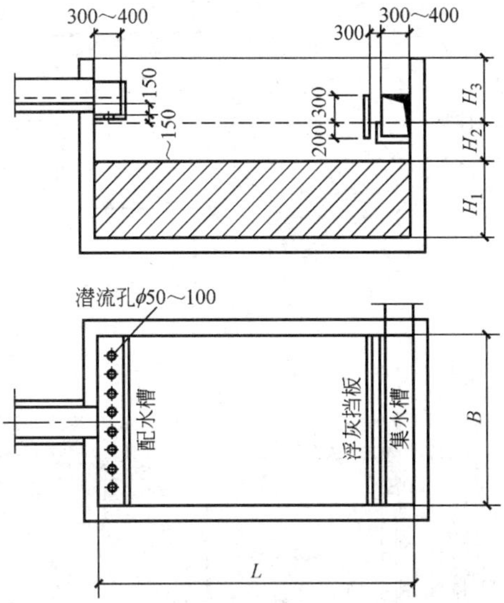

图 8.6-24　沉灰池平剖面布置图

灰渣沉淀池一般由沉灰池、沉渣池、过滤池、中间池及清水池等组成。过滤池采用炉渣作滤料，定期更换。设中间池为延长澄清时间，提高清水池水质。

灰渣池几何尺寸根据灰渣量、灰渣颗粒大小、沉淀速度及外运条件等因素确定，通常设一个渣池（在一个渣池内可同时进行运行及清渣工作），二个灰池（同时运行，交替清灰）。

沉灰池在灰水进口处考虑设置具有消能和整流作用的配水槽，出口处设置带有浮灰挡板的溢流式集水槽。沉渣池在出口处设置带有浮渣挡板的过滤格栅。

2）灰渣沉淀池的计算（按容积法进行计算）

① 灰渣沉淀池的有效设计容积

$$V=1.25\rho G \tag{8.6-7}$$

式中　V——沉渣池或沉灰池的有效设计容积，m^3；

G——贮存周期内，锅炉房的排渣量或排灰量，t，按系统 1～2 昼夜的排渣或排灰量考虑；

ρ——湿渣或湿灰的堆积密度，m^3/t，见表 8.6-6；

1.25——考虑灰渣池充满系数为 0.8 时的参数。

② 灰渣池的平均有效深度 H_1，一般取 $H_1 \geqslant 2.5m$。

③ 灰渣池的平面尺寸（宽度 B 及长度 L）。

宽度 B 按抓灰（渣）起重机的跨度和抓斗宽度确定，一般 $B \geqslant 3m$，

长度

$$L=\frac{V}{B \cdot H_1} \quad m \qquad L \geqslant 6m, \tag{8.6-8}$$

④ 灰渣池的总深度 H（m）

$$H=H_1+H_2+H_3 \tag{8.6-9}$$

式中　H_2——沉淀、分离及缓冲水层，m，沉渣池 $H_2 \approx 0.5m$，沉灰池 $H_2 \approx 2～2.5m$；

H_3——灰渣池水面至灰渣池上沿的距离，由布置确定。

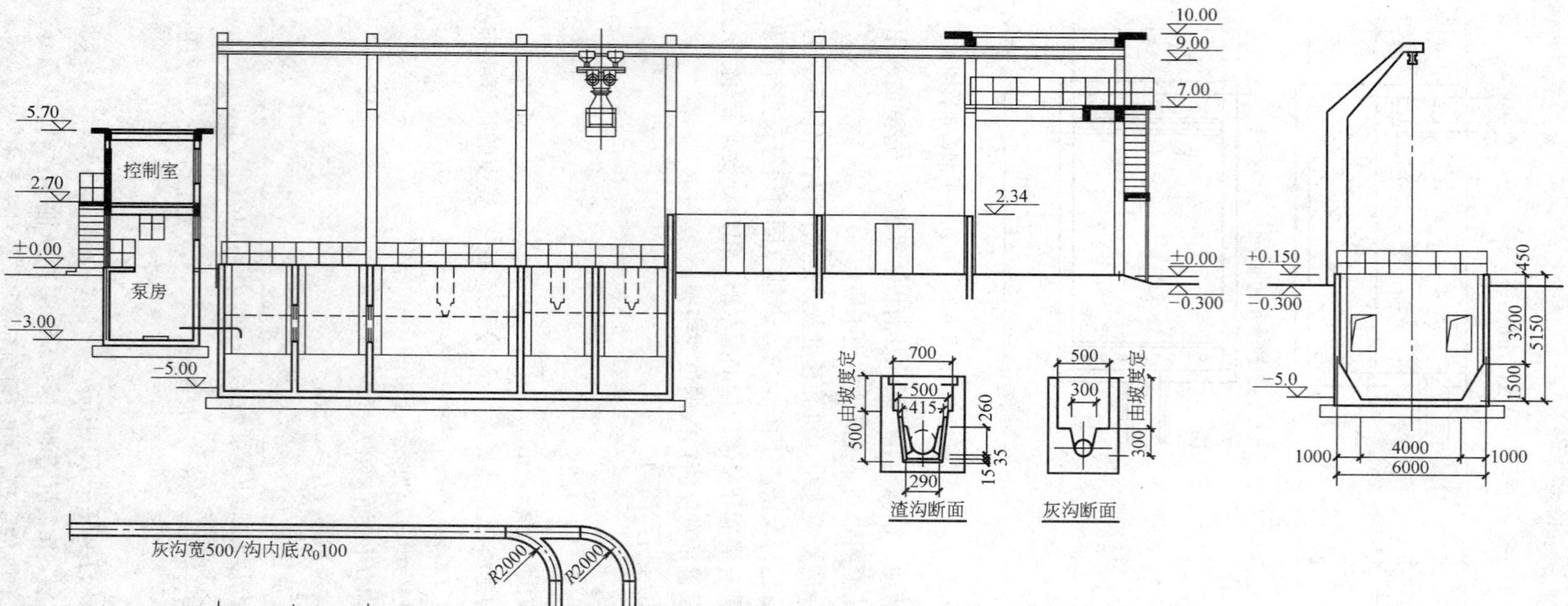

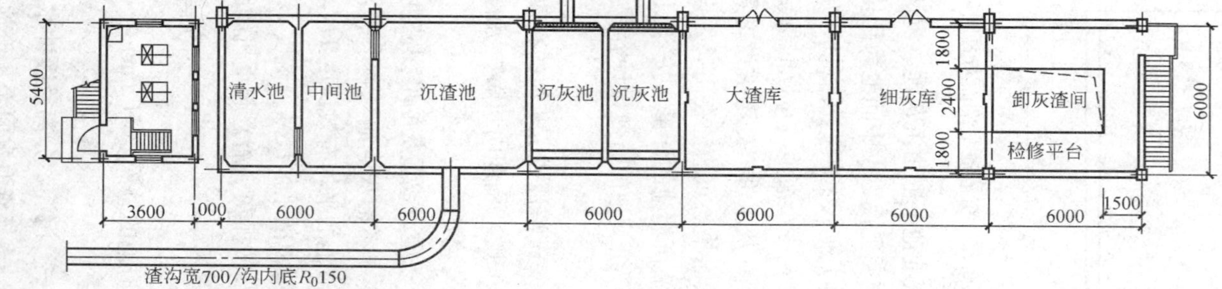

注：1. 本工程锅炉房安装链条锅炉10t/h五台。
2. 灰渣吊装设备采用301型电动单轨抓斗起重机。
3. 渣沟采用辉绿岩铸石灰渣沟镶板，$R_0$150。
4. 灰沟采用辉绿岩铸石碎渣混凝土，$R_0$100。
5. 沉灰池进出口采用潜孔配水槽和带浮灰挡板的集水槽。
6. 灰渣泵采用石家庄水泵厂生产的ZGBP系列渣浆泵。

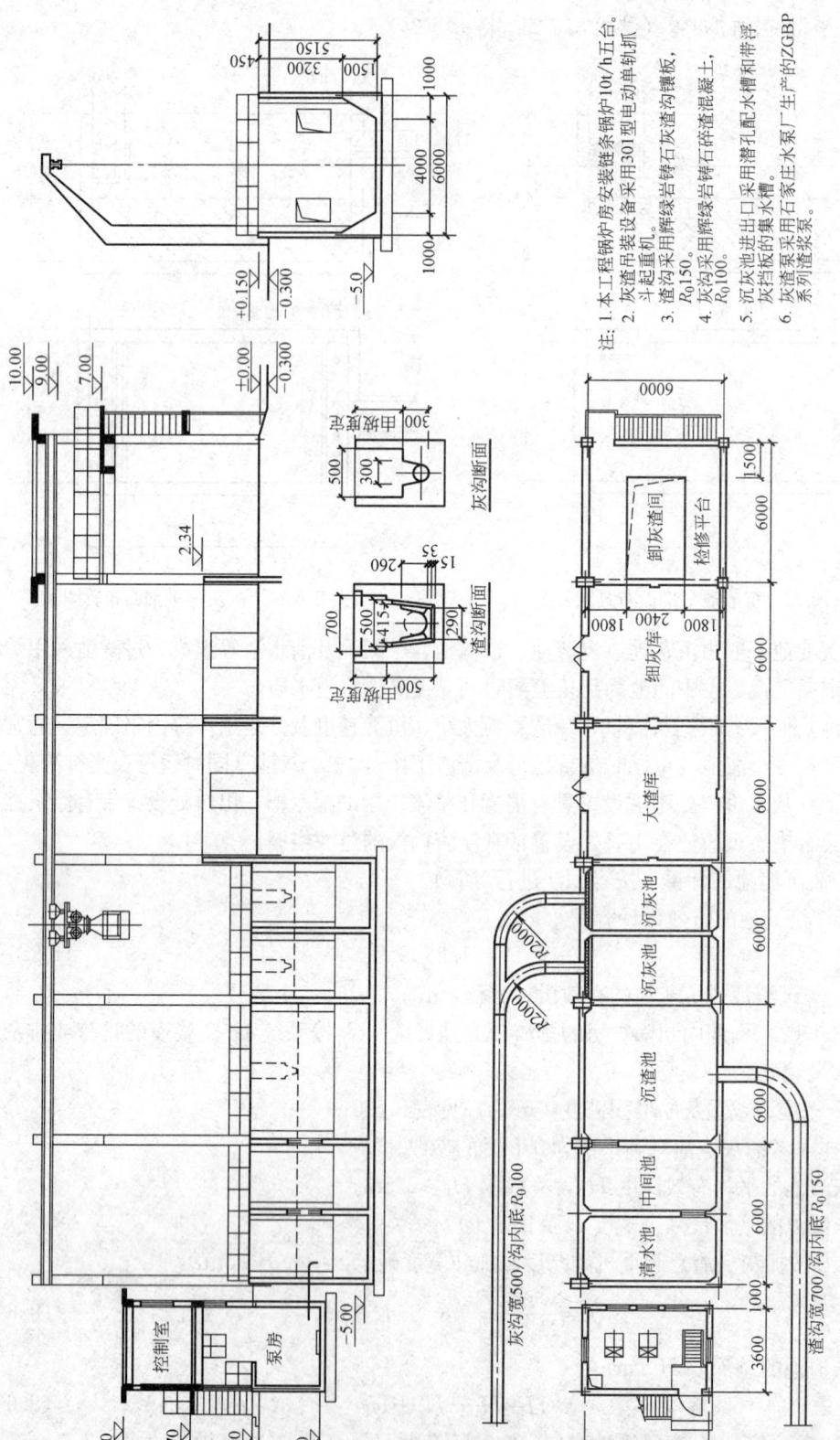

图 8.6-25 锅炉房低压水力除灰渣工程布置实例

3）沉灰池进口配水槽及出口集水槽

① 进出口水槽断面积 f（m^2）

$$f=\frac{q}{v} \tag{8.6-10}$$

式中 q——设计灰水流量，m^3/s；

v——槽中流体流速，进水槽 v=0.2～0.3m/s，出水槽 v=0.3～0.5m/s。

② 进口配水槽潜流孔总面积 Ω（m^2）

$$\Omega=\frac{q}{v_0} \tag{8.6-11}$$

式中 v_0——进口配水槽灰水通过潜流孔的流速，v_0=0.2～0.3m/s。（潜流孔径可选用 D50～D100，沿配水槽均匀布置）

（6）灰渣泵的选择及泵房布置

1）灰渣泵的流量应大于水力除灰渣系统总耗水量的110%。

2）灰渣泵的扬程一般采用30～50mH_2O。

3）灰渣泵应设有备用。

4）灰渣泵的选型。

水力除灰渣系统使用的水泵，要求耐磨、耐腐蚀。石家庄水泵厂生产的如下系列产品，可供选用（见表8.6-50）。

ZGB/ZGBP系列渣浆泵主要技术参数范围表 **表8.6-50**

泵型号	清水性能				轴功率 N(kW)	配套电机功率(kW)	排出口直径/吸入口直径(mm)
	流量 Q(m^3/h)	扬程 H(m)	效率 η(%)	汽蚀余量 NPSH(m)			
65ZGB	37.8～114	26.7～58	47.4～62.5	1.3～4.5	5.8～28.8	15～55	65/80
80ZGBP	55.4～204	27.3～87.5	48.7～66.1	0.8～5.2	8.4～73.7	15～132	80/100
100ZGBP	125～420	32.6～85.1	57.4～77.9	1.1～6.0	19.4～124.9	30～200	100/150
150ZGBP	231～720	37.2～85.2	53.3～77	0.6～3.8	44.3～215	75～355	150/200
200ZGBP	352～1080	40.2～89	63.2～76.3	1.1～6.7	61～342.9	110～560	200/250
250ZGBP	358～1440	39.1～84	64.1～78.2	1.4～7.3	59.4～421.2	110～630	250/300

5）灰渣泵房宜作成半地下室，使灰渣泵在正水头条件下运行，水泵吸水管上部设有引水罐以保证吸水管不会倒空。灰渣泵房也可平地布置。

（7）低压水力除灰渣系统灰渣沉淀池示例

见图8.6-25

8.7 小型燃油（气）锅炉房

8.7.1 概述

供热锅炉燃用洁净燃料——天然气（油），是改善城市环保、提高大气质量的主要措施之一。随着我国经济的飞速发展，人民生活水平的不断提高，对环境质量的要求越来越高，特别是大中城市及沿海开放城市，越来越多的采用油（气）作为供热锅炉房的燃料。

本节涉及的内容为：燃料的基本性质、锅炉房燃料供应系统、油（气）系统的辅助设备及附件、锅炉房油（气）管道设计计算、油（气）锅炉房安全技术措施及锅炉房设计方案的综合技术指标等。其余与油（气）锅炉房设计有关的内容，如锅炉房总体布置、锅炉房主机设备的选择、送风排烟、锅炉水处理及锅炉房的汽水系统等均见本章其他各节的内容。

8.7.2 油（气）燃料的基本性质

1. 燃料油的基本性质

在锅炉常用的燃料油系列（柴油-轻柴油、重柴油、重油、渣油）中，工作条件最理想的是轻柴油，轻柴油的黏度低，流动性好，贮存和输送方便；凝点低，工作中不须加热；水分和机械杂质少，发热量高。

按我国的燃料政策，燃油锅炉首先应燃用重油和渣油。“锅炉大气污染物排放标准”(GB 13271—2001) 中规定环境空气质量要求高的“一类区”禁止新建以重油和渣油为燃料的锅炉。由于轻柴油所具有的特点，目前小型燃油锅炉用轻柴油作燃料已日趋普遍。下面介绍几种油品的基本性质及质量指标。

(1) 锅炉设计用代表性燃料油（表 8.7-1）：

锅炉设计用代表性重油、轻柴油性质表　　表 8.7-1

名称	水分 Mar (%)	灰分 Aar (%)	碳 Car (%)	氢 Har (%)	氧 Oar (%)	氮 Nar (%)	硫 Sar (%)	低位发热量 $Q_{nat\cdot ar}$ (kJ/kg)	密度 ρ (g/cm³)	黏度 (°E)	开口闪点 (℃)	凝点 (℃)
200 号重油	2	0.026	83.976	12.23	0.568	0.2	1	41860	0.92～1.01	100℃时 5.5～9.5	130	36
100 号重油	1.05	0.05	82.5	12.5	1.91	0.49	1.5	40600	0.92～1.01	80℃时 15.5	120	25
0 号轻柴油	0	0.01	85.55	13.49	0.66	0.04	0.25	42900	*0.81～0.84	20℃时 1.2～1.67	(闭口) >65	0

注：表中各成分含量皆指质量分数。

* 表中 0 号轻柴油的密度值供参考。

(2) 重油（表 8.7-2）

(3) 重柴油（表 8.7-3）

重油的质量指标　　表 8.7-2

项目 \ 重油牌号	20 号	60 号	100 号	200 号
黏度(°E_{800})≤	5.0	8.0	15.5	5.5～9.5 (°E_{100})
凝点(℃)≤	15.0	20.0	25.0	36.0
开口闪点(℃)≥	80	100	120	130
灰分 A_{ar}(%)≤	0.3	0.3	0.3	0.3
水分 M_{ar}(%)≤	1.0	1.5	2.0	2.0
硫分 S_{ar}(%)≤	1.0	1.5	2.0	3.0
机械杂质 (%)≤	1.5	2.0	2.5	2.5

注：表中各成分含量皆指质量分数。

重柴油的质量指标　　表 8.7-3

项目 \ 重柴油牌号	10 号	20 号	30 号
黏度(°E_{50})≤	2.20	3.01	5.00
凝点(℃)≤	10	20	30
闭口闪点(℃)≥	65	65	65
灰分 A_{ar}(%)≤	0.04	0.06	0.08
水分 M_{ar}(%)≤	0.5	1.0	1.5
硫分 S_{ar}(%)≤	0.5	0.5	1.5
机械杂质(%)≤	0.1	0.1	0.5
残炭含量(%)≤	0.5	0.5	1.5

注：表中各成分含量皆指质量分数。

表中凝点由原表中倾点换算得出。

（4）轻柴油（表 8.7-4）

轻柴油主要质量指标 **表 8.7-4**

项目 \ 轻柴油牌号	优等品						一等品						合格品					
	10	0	−10	−20	−35	−50	10	0	−10	−20	−35	−50	10	0	−10	−20	−35	−50
黏度(°E_{20})≤	1.2～1.67			1.15～1.67	1.08～1.57		1.2～1.67			1.15～1.67	1.08～1.57		1.2～1.67			1.15～1.67	1.08～1.57	
凝点(℃)≤	10	0	−10	−20	−35	−50	10	0	−10	−20	−35	−50	10	0	−10	−20	−35	−50
闭口闪点(℃)≥	65			60	45		65			60	45		65			60	45	
灰分 A_{ar}(%)≤	0.01						0.01						0.02					
水分 M_{ar}(%)≤	痕迹						痕迹						痕迹					
硫分 S_{ar}(%)≤	0.2						0.5						1.0					
机械杂质(%)≤	无						无						无					
残炭含量(%)≤	0.3						0.3						0.4	0.3				
酸度(mgKOH/100mL)	5						7						10					

注：表中各成分含量均指质量分数。

（5）油品蒸汽的爆炸极限（表 8.7-5）

某些油品蒸汽的爆炸极限 **表 8.7-5**

油品名称	爆炸浓度下限(%)	爆炸浓度上限(%)
汽油	1.0	6.0
煤油	1.4	7.5
大庆原油	1.71	11.30

2. 天然气的基本性质

天然气是一种优质、高效、清洁的燃料，利用天然气作为小型供热锅炉的燃料，可以有效解决利用燃煤锅炉供热与环境污染之间的矛盾。同时，由于天然气采用管道输送，与油燃料相比，在用户处不需要贮存设施，系统简单、操作管理方便。

在有条件利用天然气的大中城市，小型天然气供热锅炉房正在迅速发展。

天然气的成分及性质见表 8.7-6 及表 8.7-7。

天然气（气井气）的成分及主要特性 **表 8.7-6**

成分体积分数(%)					相对分子质量 M	标态下密度 ρ_0 (kg/m³)	相对密度 d (空气=1)	标态下低发热量 $Q_{nat \cdot ar}$ (kJ/m³)	实用华白数 W_s	运动黏度 $\nu\times10^6$ (m²/s)	爆炸极限上限/下限(%)
CH_4	C_3H_6	C_3H_8	C_4H_{10}	N_2							
98	0.4	0.3	0.3	1.0	16.654	0.7435	0.5750	36533	42218	13.92	15/5

我国部分天然气指标 **表 8.7-7**

天然气类型	产地	成分体积分数(%)		标态下低发热量 $Q_{nat \cdot ar}$(kJ/m³)	标态下密度 ρ_0(kg/m³)	爆炸极限上限/下限(%)
		CH_4	C_2H_6、C_3H_8、C_4H_{10}			
气井气	陕北长庆	98		36590	0.74～0.75	15/5
气井气	四川地区	>90	1～3.8	34800～36800	0.57～0.63	15/5
油田伴生气	大港地区	～80	～15	～41900	0.97～1.04	14.2/4.2
矿井气		～50		<21000	1.01	

8.7.3 锅炉房燃油系统设计

1. 燃油供应系统（见图8.7-1）

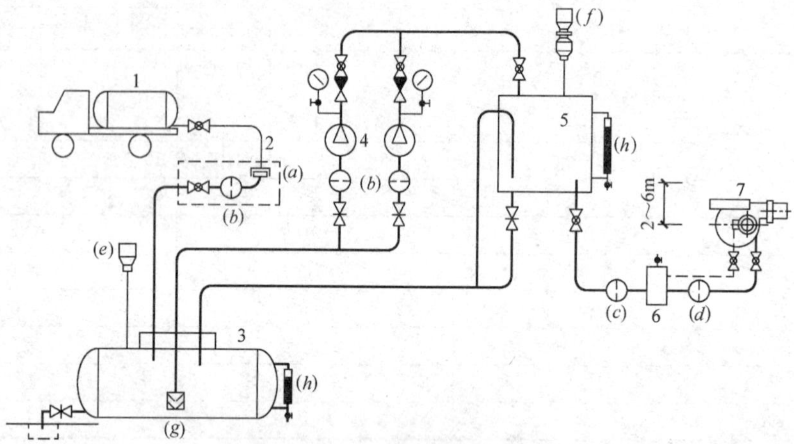

图8.7-1 燃油供应系统

1—油槽车；2—卸油井；3—地下贮油罐；4—油泵；5—日用油箱；6—油气分离器；7—燃烧机

(a) 卸油接头；(b) 粗过滤器；(c) 中过滤器；(d) 细过滤器；(e) 阻火透气帽；

(f) 阻火呼吸阀；(g) 双门吸油底阀；(h) 玻璃板液位计（宜配置远传液位指示及连锁装置）

由油槽车运来的轻油，靠自流下卸到地下贮油罐中，贮油罐中的燃油由供油泵送入日用油箱，日用油箱中的燃油经燃烧器内部的油泵加压后一部分通过喷嘴进入炉膛燃烧，一部分回油接到油气分离器（或返回至日用油箱）。此系统没有设事故油罐，当发生事故时，日用油箱中的油可卸入地下贮油罐。

2. 燃油供应系统设计要点

(1) 小型燃油锅炉房宜采用轻柴油作燃料。当采用汽车油槽车运输时，锅炉房贮油罐的总容量按5～10d的锅炉房最大计算耗油量进行计算。

(2) 贮油罐至室内日用油箱的输油泵不应少于2台（其中一台备用）。输油泵的容量不应小于锅炉房小时最大计算耗油量的110%。

(3) 为及时清除在燃油运输装卸过程中混入的一些杂质，以避免对管道、泵及燃油喷嘴产生堵塞和磨损，在油泵前和喷嘴前须设置过滤器。过滤器的选配，可按表8.7-8进行。

燃油过滤器选用表 **表8.7-8**

过滤器级别	滤网规格	安装位置	滤网流通总面积为进口管断面积的倍数
粗过滤器	10目/cm(25目/in)	离心油泵或蒸汽往复泵进口母管上	8～10倍
中过滤器	20目/cm(50目/in)	螺杆泵或齿轮泵进口母管上	8～10倍
细过滤器	25目/cm(60目/in)	燃油加热器后或燃烧器(喷嘴前)油管上	>2倍

油过滤器前后均须设压力表，当压差≥0.02MPa时就须清洗。

(4) 锅炉房的供油管道一般宜采用单母管。

(5) 供油泵和供油管道的计算流量应按锅炉房最大计算耗油量和回油量之和进行计算。回油管和回油量应满足以下要求：

1) 回油量应按锅炉厂的规定取值，一般为喷油嘴额定出力的15%～50%。

2）回油管路应设置调节阀，以便根据锅炉热负荷的变化调节回油量。

（6）输油管道宜采用无缝钢管，除与设备及附件等处需要法兰连接外，其余均宜采用焊接。

输油管路的设计流速应根据油品黏度、运行安全等因素合理选定，一般可按表 8.7-9 的规定进行选用。

油品常用流速选用表 **表 8.7-9**

油口黏度		平均流速(m/s)	
恩氏黏度(°E)	运动黏度(mm^2/s)	泵吸入管	泵压出管
1～2	1～11.5	≤1.5	≤2.5
2～4	11.5～27.7	≤1.3	≤2.0
4～10	27.7～72.5	≤1.2	≤1.5

（7）每台锅炉的供油干管上，应设关闭阀和快速切断阀。每个燃烧器前的燃油支管上，应设关闭阀。当设置有 2 台或 2 台以上锅炉时，在每台锅炉的回油干管上设止回阀。

（8）锅炉房供油泵的设置应符合下列要求：

1）集中设置的供油泵不应少于 2 台，当一台停止运行时，其余油泵的总容量不应小于锅炉房最大计算耗油量和回油量之和。

2）供油泵的扬程不应小于下列各项的代数和：供油系统压力降；供油系统的油位差；燃烧器前所需的油压；及适当的富裕量。

（9）不带安全阀的容积式供油泵（如齿轮泵和螺杆泵），在其出口的阀门前靠近油泵处的管段上，必须装设安全阀。

（10）燃油管道的敷设应有坡度和低点的放空设施。柴油管道宜顺坡敷设，坡度不应小于 0.3%。低点放空设施可以设置管端用法兰盖螺栓封堵的短管或放空阀，并通过放空管道引向污油池。

（11）燃油锅炉房应设置污油处理池，将收集的污油沉淀脱水，回收送入油罐。污水经处理后排放。

（12）日用油箱的容量不得大于 $1m^3$。锅炉房日用油箱应布置在专用房间。室内的油箱上应有直接通向室外的通气管，通气管上设置阻火呼吸阀。室内油箱应采用闭式油箱，油箱上应采用玻璃板液位计（宜配置远传液位指示及连锁装置）。油箱下部应设有紧急排空管，室外应设置相应的事故排油箱。

3. 燃油锅炉房辅助设备及附件

（1）地上卧式储油罐见图 8.7-2 及表 8.7-10。

（2）埋地卧式储油罐见图 8.7-3 及表 8.7-11。

（3）立式储油罐见图 8.7-4 及表 8.7-12。

（4）燃油过滤器见图 8.7-5 及表 8.7-13（A）、(B)、(C)。

（5）卸油接头、吸油底阀、阻火透气帽、阻火呼吸阀、重力防爆门见图 8.7-6 及表 8.7-14。

（6）电动风烟道蝶阀、抽风控制器、拉链式风烟道蝶阀见图 8.7-7 及表 8.7-15（A）、(B)、(C)。

（7）手动式风烟道蝶阀、烟囱消声器见图 8.7-8 及表 8.7-16（A）、(B)。

（8）油泵

1）油泵的种类及应用范围（见表 8.7-17）

2）锅炉房常用油泵性能范围（见表 8.7-18）

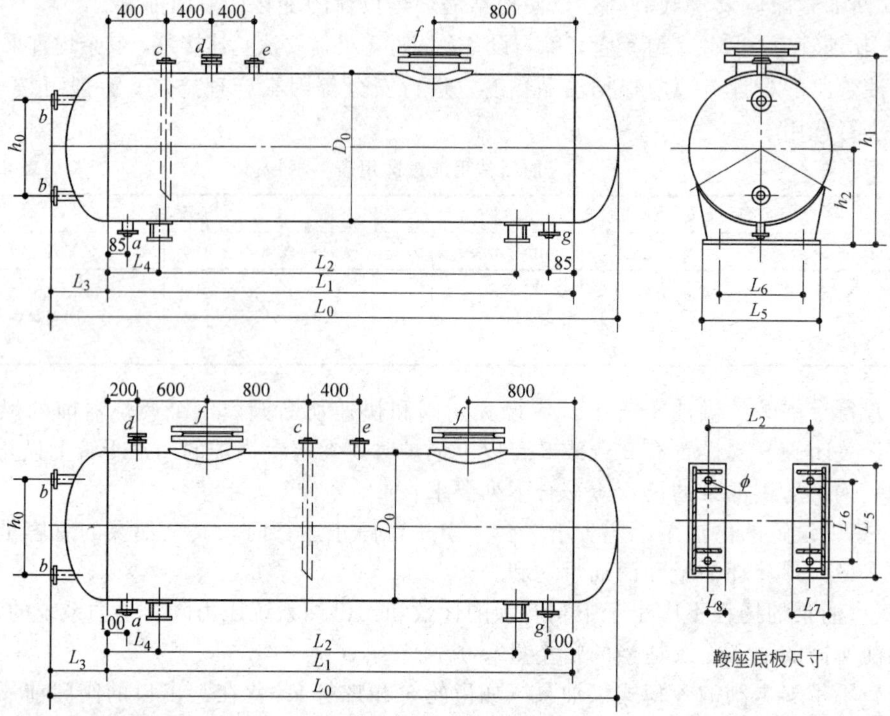

图 8.7-2 地上卧式储油罐总图

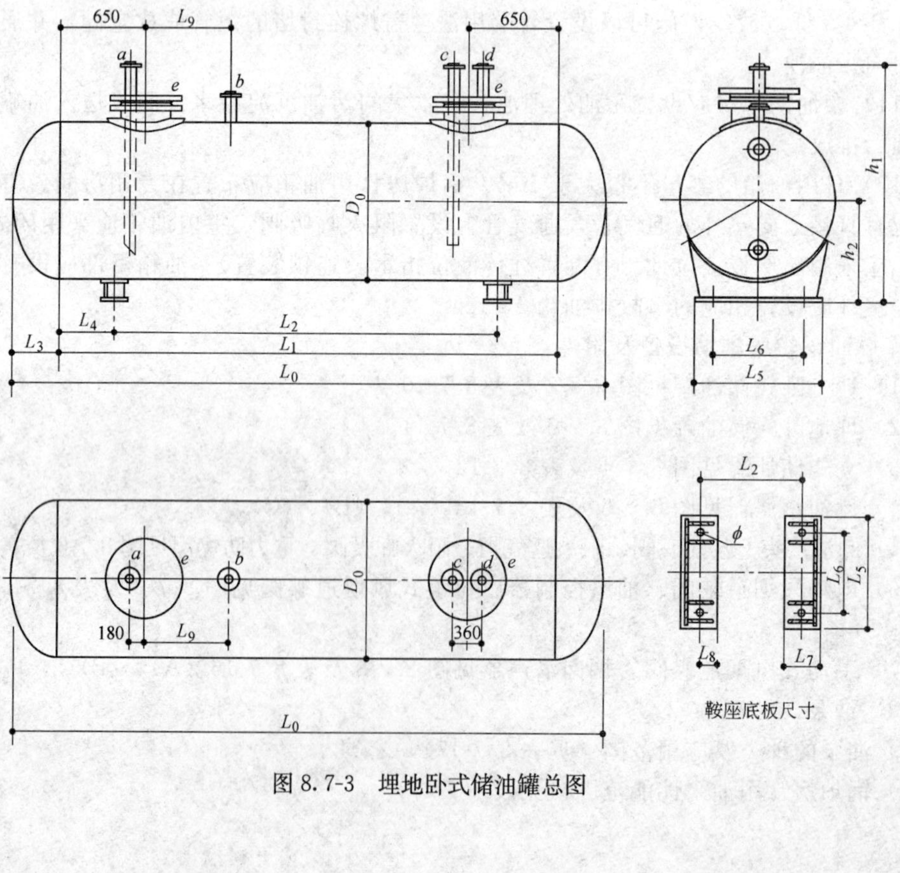

图 8.7-3 埋地卧式储油罐总图

表 8.7-10

地上卧式储油罐尺寸及接管

类型	公称容积(m³)	筒体主要尺寸 内径×长度×壁厚(mm) $D_0 \times L_0 \times S$	筒体其他尺寸(mm)												设备金属总质量(kg)	出油	液位计	进油	备用	排气	人孔	放净
			L_1	L_2	L_3	L_4	L_5	L_6	L_7	L_8	ϕ	h_0	h_1	h_2		a	b	c	d	e	f	g
单人孔	5	1200×5231×6	4500	3740	400	380	880	720	170	85	2-ϕ24	900	1564	806	1175	50	15	50	50	40	500	40
	10	1600×5801×6	4900	4100	470	400	1120	960	200	100	2-ϕ24	1200	2016	1056	1775	65	15	65	65	50	500	50
	15	1800×6901×6	5900	5000	520	450	1280	1120	220	110	2-ϕ24	1400	2216	1156	2345	80	15	80	80	65	500	65
双人孔	20	2000×7511×6	6400	5400	580	500	1420	1260	220	110	2-ϕ24	1500	2420	1256	2950	80	15	80	80	65	500	65
	25	2200×7618×8	6400	5300	635	550	1580	1380	240	120	2-ϕ24	1700	2616	1358	4155	80	15	80	80	65	500	65
	30	2400×7803×8	6500	5300	670	600	1720	1520	240	120	2-ϕ24	1900	2818	1458	4680	80	15	80	80	65	500	65
	40	2600×8813×8	7400	6100	730	650	1880	1640	300	150	2-ϕ24	2000	3021	1558	5675	80	15	80	80	65	500	65
	50	2800×9313×8	7800	6400	780	700	2040	1800	300	150	2-ϕ24	2200	3223	1658	6395	80	15	80	80	65	500	65
	80	3000×13050×10	11400	9800	850	800	2180	1940	360	180	2-ϕ28	2400	3427	1760	11290	80	15	80	80	65	500	65
	100	3000×16250×10	14600	13000	850	800	2180	1940	360	180	2-ϕ28	2400	3427	1760	13685	100	15	100	100	80	500	80

注：本图及表均摘编于国标图集〈02R111〉。

表 8.7-11

埋地卧式储油罐尺寸及接管

公称容积(m³)	筒体主要尺寸 内径×长度×壁厚(mm) $D_0 \times L_0 \times S$	筒体其他尺寸(mm)												设备金属总质量(kg)	进油	液位计	出油	放空	人孔
		L_1	L_2	L_3	L_4	L_5	L_6	L_7	L_8	L_9	ϕ	h_1	h_2		a	b	c	d	e
5	1200×5162×6	4500	3740	400	380	880	720	170	85	800	2-ϕ24	1729	806	1310	80	150	50	50	500
10	1600×5766×8	4900	4100	433	400	1120	960	200	100	1100	2-ϕ24	2185	1058	2435	80	150	50	50	500
15	1800×6866×8	5900	5000	483	450	1280	1120	220	110	1400	2-ϕ24	2385	1158	3170	80	150	50	50	500
20	2000×7466×8	6400	5400	533	500	1420	1260	220	110	1100	2-ϕ24	2589	1258	3830	100	150	80	80	500
25	2200×7596×8	6400	5300	598	550	1580	1380	240	120	1100	2-ϕ24	2781	1358	4300	100	150	80	80	500
30	2400×7800×10	6500	5300	650	600	1720	1520	240	120	1100	2-ϕ24	2987	1460	5900	100	150	80	80	500
40	2600×8800×10	7400	6100	700	650	1880	1640	300	150	1100	2-ϕ24	3190	1560	7160	100	150	80	80	500
50	2800×9300×10	7800	6400	750	700	2040	1800	300	150	1250	2-ϕ24	3392	1660	8170	100	150	80	80	500
80	3000×13000×10	11400	9800	800	800	2180	1940	360	180	1100	2-ϕ28	3592	1760	12040	100	150	80	80	500
100	3000×16204×12	14600	13000	802	800	2180	1940	360	180	1650	2-ϕ28	3596	1762	16885	100	150	80	80	500

注：本图及表均摘编于国标图集〈02R111〉。

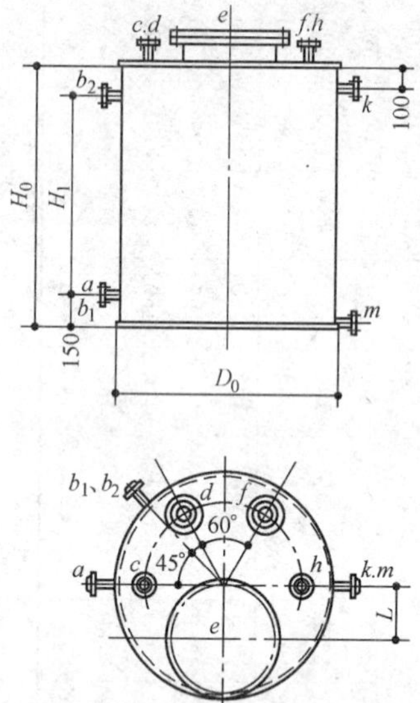

图 8.7-4 立式储油罐总图

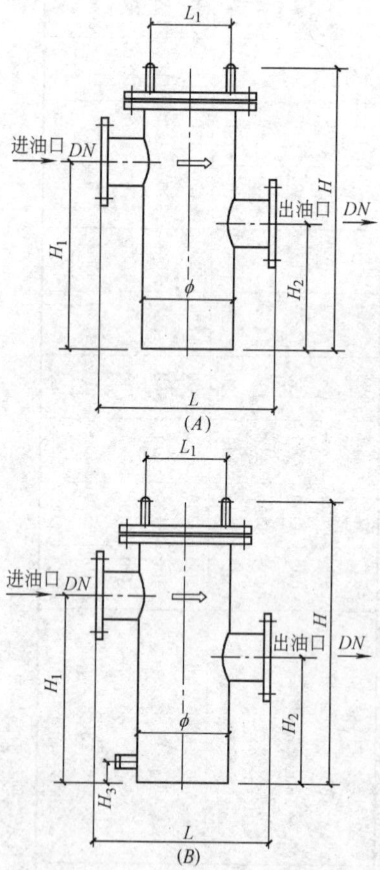

图 8.7-5 燃油（气）锅炉房配套附件（一）

(A) 粗燃油过滤器；(B) 中细燃油过滤器

立式储油罐尺寸及接管 **表 8.7-12**

公称容积 (m^3)	筒体主要尺寸 内径×高度×壁厚(mm) $D_0 \times H_0 \times S$	其他尺寸(mm)			设备金属总质量 (kg)
		H_1	L	底盖板厚	
1	1100×1300×5	1100	270	5	340
3	1600×1600×5	1300	480	6	605

出油	液位计	进油	通气	人孔	液位控制	回油	溢流	放净
a	b_1.b_2	c	d	e	f	h	k	m
32	15	32	50	450	80	32	40	40
50	15	50	50	450	80	40	65	65

注：本图及表均摘编于国标图集〈02R111〉。

液位计只用于配置现场液位指示的玻璃板液位计。对罐内液位控制由工程设计确定。

粗燃油过滤器规格性能及尺寸表

表 8.7-13 (A)

型号	公称压力 PN (MPa)	公称直径 DN (mm)	流量 G (t/h)	筒体其他尺寸(mm)						
				ϕ	L	H	H_1	H_2	H_3	L_1
C-50	1.0	50	≤5	133	293	299	170	85		—
C-65		65	5～10	219	409	364	175	100		160
C-80		80	10～15	219	419	464	225	105		160
C-100		100	15～20	273	493	526	250	120		170
C-125		125	20～35	325	555	598	300	140		200
C-150	1.0	150	35～50	325	575	721	395	170		220
C-200		200	50～100	529	769	1015	680	410		360
C-250		250	100～150	630	870	1264	870	525		480
C-300		300	150～200	630	930	1569	1140	750		480
其他说明	粗燃油过滤器一般安装在离心油泵或蒸汽往复泵的进口母管上。滤网：10目/cm(25目/英寸)，温度≤85℃。									

中燃油过滤器规格性能及尺寸表

表 8.7-13 (B)

型号	公称压力 PN (MPa)	公称直径 DN (mm)	流量 G (t/h)	筒体其他尺寸(mm)						
				ϕ	L	H	H_1	H_2	H_3	L_1
Z-25	1.0	25	＜1.5	108	258	327	215	140	30	—
Z-32		32	1.5～2.5	133	283	379	260	185	30	—
Z-40		40	2.5～3.5	219	379	424	240	140	40	160
Z-50		50	3.5～5	219	379	544	350	230	40	160
Z-65		65	5～10	273	523	665	470	350	45	240
Z-80	1.0	80	10～15	273	523	820	615	480	40	240
Z-100		100	15～25	478	718	811	560	330	65	350
Z-125		125	25～35	478	718	1106	840	630	70	350
Z-150		150	35～45	630	870	1029	715	470	90	480
其他说明	中燃油过滤一般安装在螺杆泵或齿轮油泵的进口母管上。滤网：20目/cm(50目/英寸)，温度：≤85℃。									

细燃油过滤器规格性能及尺寸表 **表 8.7-13（C）**

型号	公称压力 PN (MPa)	公称直径 DN (mm)	流量 G (t/h)	筒体其他尺寸(mm)						
				ϕ	L	H	H_1	H_2	H_3	L_1
X-15	1.0	15	<0.5	89	229	196	100	55	33	—
X-20		20	0.5～1	89	239	236	135	80	30	—
X-25		25	1～2	89	239	291	175	120	30	—
X-32		32	2～3.5	108	278	293	170	95	35	—
X-40		40	3.5～5	108	278	333	205	130	35	—
X-50	1.0	50	5～8	133	323	395	255	170	35	—
X-65		65	8～12	219	419	539	310	205	55	160
X-80		80	12～18	219	439	619	390	270	55	160
X-100		100	18～28	273	513	753	490	335	60	240
X-125		125	28～50	273	533	808	535	360	60	240
其他说明	细燃油过滤器一般安装在燃油加热器后或燃烧器(喷嘴前)油管上。滤网:25 目/cm(60 目/英寸),温度:≤140℃。									

注：本图及表均摘编于国标图集〈02R110〉。
图集按上海精达锅炉辅机厂技术资料绘制。

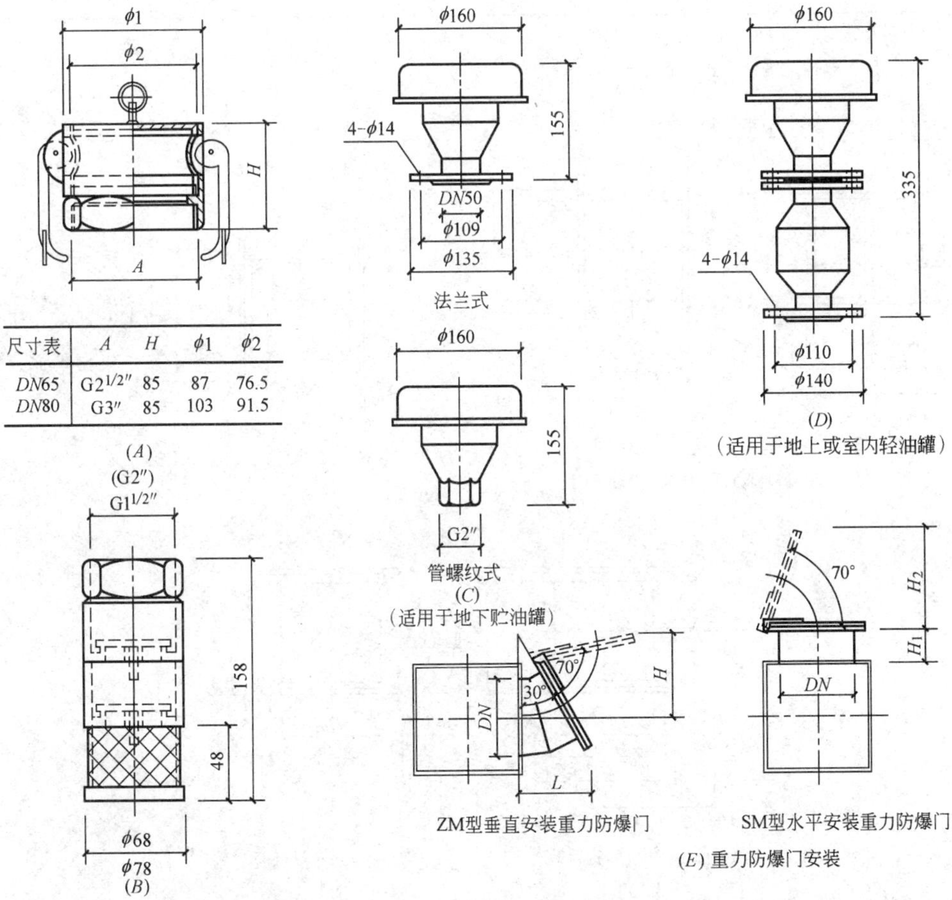

尺寸表	A	H	φ1	φ2
DN65	G2 1/2″	85	87	76.5
DN80	G3″	85	103	91.5

图 8.7-6 燃油（气）锅炉房配套附件（二）

（A）卸油接头；（B）双门吸油底阀；（C）SCZ509-A 阻火透气帽；
（D）DN50 阻火呼吸阀；（E）重力防爆门安装

重力防爆门规格及安装尺寸 **表 8.7-14**

ZM 型垂直安装重力防爆门					SM 型水平安装重力防爆门				
型号	公称直径	D_w	L	H	型号	公称直径	D_w	H_1	H_2
ZM-200	DN200	ϕ219	260	276	SM-200	DN200	ϕ219	150	305
ZM-250	DN250	ϕ273	313	322	SM-250	DN250	ϕ273	150	358
ZM-300	DN300	ϕ325	365	364	SM-300	DN300	ϕ325	150	405
ZM-350	DN350	ϕ377	380	398	SM-350	DN350	ϕ377	150	456
ZM-400	DN400	ϕ426	398	431	SM-400	DN400	ϕ426	160	501
ZM-450	DN450	ϕ480	436	472	SM-450	DN450	ϕ480	160	552
ZM-500	DN500	ϕ530	477	511	SM-500	DN500	ϕ530	180	600
ZM-600	DN600	ϕ630	555	587	SM-600	DN600	ϕ630	180	694
ZM-700	DN700	ϕ720	626	655	SM-700	DN700	ϕ720	180	780
ZM-800	DN800	ϕ820	703	730	SM-800	DN800	ϕ820	180	874
ZM-900	DN900	ϕ920	779	805	SM-900	DN900	ϕ920	180	968
ZM-1000	DN1000	ϕ1020	855	879	SM-1000	DN1000	ϕ1020	180	1062

注：本图及表均摘编于国标图集〈02R110〉。

图集按上海精达锅炉辅机厂技术资料绘制。

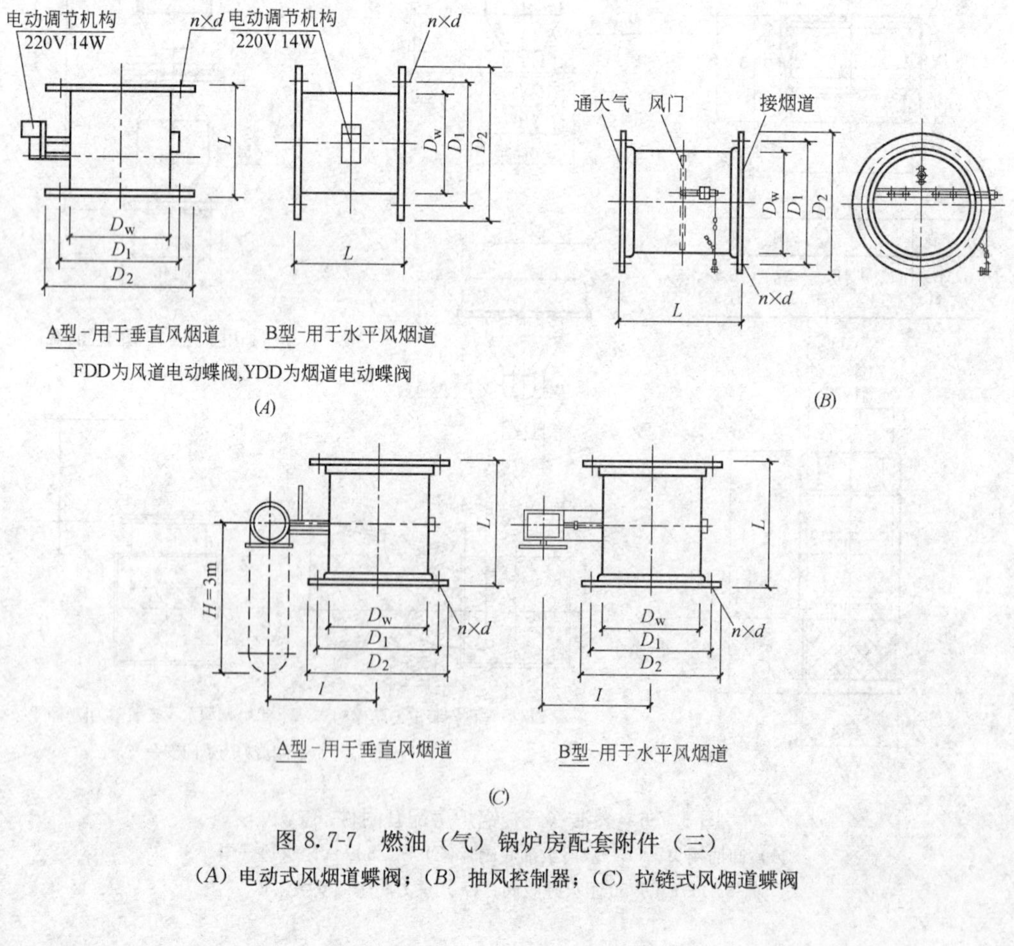

图 8.7-7 燃油（气）锅炉房配套附件（三）

(A) 电动式风烟道蝶阀；(B) 抽风控制器；(C) 拉链式风烟道蝶阀

电动式风烟道蝶阀型号及结构尺寸表 **表 8.7-15（A）**

型　号	公称直径	D_w	D_1	D_2	L	$n\times d$
FDD/YDD-300 A/B	DN300	ϕ325	ϕ367	ϕ407	320	12×14
FDD/YDD-400 A/B	DN400	ϕ426	ϕ468	ϕ508	425	12×14
FDD/YDD-450 A/B	DN450	ϕ480	ϕ532	ϕ582	475	12×18
FDD/YDD-500 A/B	DN500	ϕ530	ϕ582	ϕ632	525	12×18
FDD/YDD-600 A/B	DN600	ϕ630	ϕ698	ϕ758	625	16×18
FDD/YDD-700 A/B	DN700	ϕ720	ϕ788	ϕ848	715	16×18
FDD/YDD-800 A/B	DN800	ϕ820	ϕ888	ϕ948	815	20×18
FDD/YDD-900 A/B	DN900	ϕ920	ϕ988	ϕ1048	915	20×18
FDD/YDD-1000 A/B	DN1000	ϕ1020	ϕ1088	ϕ1148	1015	20×22

抽风控制器规格及安装尺寸 **表 8.7-15（B）**

规格	抽风控制器外径 D_w	D_1	D_2	L	$n\times d$	规格	抽风控制器外径 D_w	D_1	D_2	L	$n\times d$
12″	ϕ305	ϕ345	ϕ385	305	12×12	22″	ϕ560	ϕ610	ϕ660	560	12×18
15″	ϕ380	ϕ430	ϕ480	380	12×14	28″	ϕ710	ϕ780	ϕ841	715	16×18
18″	ϕ455	ϕ505	ϕ555	460	12×14	32″	ϕ810	ϕ876	ϕ936	810	20×18

注：抽风控制器适用于燃油（气）锅炉因烟囱拔力过大而影响燃烧器正常工作时，安装在每台锅炉出口烟道的侧面，可自动调节炉膛压力、控制器的直径与烟道相同。

拉链式风烟道蝶阀型号及结构尺寸表 **表 8.7-15（C）**

型　号	公称直径	D_w	D_1	D_2	L	I	$n\times d$
FDL/YDL-300 A/B	DN300	ϕ325	ϕ367	ϕ407	320	350	12×14
FDL/YDL-400 A/B	DN400	ϕ426	ϕ468	ϕ508	426	400	12×14
FDL/YDL-450 A/B	DN450	ϕ480	ϕ532	ϕ582	476	450	12×18
FDL/YDL-500 A/B	DN500	ϕ530	ϕ582	ϕ632	526	500	12×18
FDL/YDL-600 A/B	DN600	ϕ630	ϕ698	ϕ758	626	550	16×18
FDL/YDL-700 A/B	DN700	ϕ720	ϕ788	ϕ848	716	600	16×18
FDL/YDL-800 A/B	DN800	ϕ820	ϕ888	ϕ948	816	650	20×18
FDL/YDL-900 A/B	DN900	ϕ920	ϕ988	ϕ1048	916	700	20×18
FDL/YDL-1000 A/B	DN1000	ϕ1020	ϕ1088	ϕ1148	1016	750	20×22

注：FDL 为拉链式风道蝶阀、YDL 为拉链式烟道蝶阀。

本图及表均摘编于国标图集〈02R110〉。

图集按上海精达锅炉辅机厂技术资料绘制。

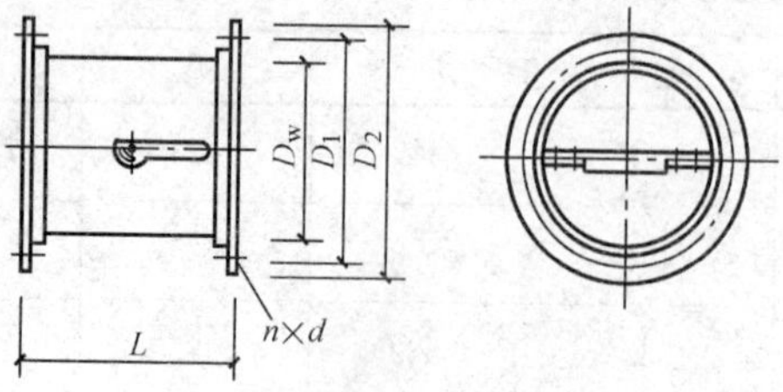

(A)

注:FD为手动式风道蝶阀,YD为手动式烟道蝶阀。
手动式烟道蝶阀适用于微正压燃烧锅炉出口烟道。

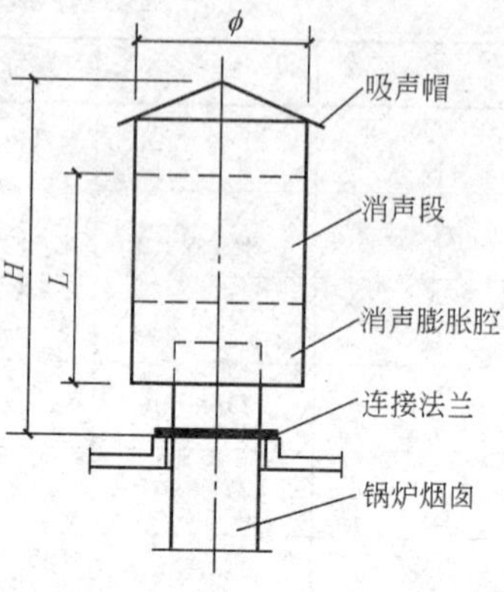

(B)

图 8.7-8 燃油（气）锅炉房配套附件（四）
（A）手动式风烟道蝶阀；（B）RYQ 型燃油（气）锅炉烟囱消声器

手动式风烟道蝶阀型号及结构尺寸表 **表 8.7-16（A）**

型号	公称直径	D_w	D_1	D_2	L	$n\times d$
YD-200	DN200	ϕ219	ϕ260	ϕ300	215	8×14
YD-250	DN250	ϕ273	ϕ315	ϕ355	270	12×14
YD-300	DN300	ϕ325	ϕ367	ϕ407	320	12×14
YD-350	DN350	ϕ377	ϕ419	ϕ459	375	12×14
YD-400	DN400	ϕ426	ϕ468	ϕ508	425	12×14
YD-450	DN450	ϕ480	ϕ532	ϕ582	475	12×18
YD-500	DN500	ϕ530	ϕ582	ϕ632	525	12×18
YD-600	DN600	ϕ630	ϕ698	ϕ758	625	16×18
YD-700	DN700	ϕ720	ϕ788	ϕ848	715	16×18
YD-800	DN800	ϕ820	ϕ888	ϕ948	815	20×18
YD-900	DN900	ϕ920	ϕ988	ϕ1048	915	20×18
YD-1000	DN1000	ϕ1020	ϕ1088	ϕ1148	1015	20×22

注：本图及表均摘编于国标图集〈02R110〉。
图集按上海精达锅炉辅机厂技术资料绘制。

RYQ 型燃油（气）锅炉烟囱消声器技术指标 **表 8.7-16（B）**

型号	法兰直径	外形尺寸 $\phi\times H$	有效消声长度 L	消声量 dB(A)	阻力(Pa)
RYQ-1-1	ϕ250	ϕ1100×2300	1800	25～30	80
RYQ-2-2	ϕ350	ϕ1300×2300	1800	25～30	
RYQ-3-4	ϕ500	ϕ1500×2350	1900	25～30	
RYQ-4-6	ϕ600	ϕ1600×2350	2000	20～25	
RYQ-5-8	ϕ700	ϕ1700×2400	2100	22～26	
RYQ-6-10	ϕ800	ϕ1800×2580	2100	22～26	
RYQ-7-15	ϕ900	ϕ2000×2600	2200	20～25	
RYQ-7-20	ϕ1000	ϕ2400×3000	2500	20～25	

注：本图及表均摘编于国标图集〈02R110〉。
图集按江苏宜兴兴华环保有限公司的技术资料绘制。
消声器使用温度＜300（℃）。

油泵的种类及应用范围 表 8.7-17

油泵种类	用途	工作特点	可选泵类型			
			往复泵	离心泵	齿轮泵	螺杆泵
转油(卸油)泵	用于油品装卸	要求大流量、低扬程	•	•	•	•
输油泵	用于沿输油管线输送油品		•	•	•	•
供油泵	用于对燃烧器连续供油	要求小流量、高扬程、压力稳定			•	•

常用油泵的性能范围 表 8.7-18

类别	系列	工作性能范围		电动机功率(kW)	必须汽蚀余量(m)
		流量(m^3/h)	压力(MPa)		
齿轮泵	YCB	(0.6～1.2)～(8～14.4)	0.6～2.5	0.75～15	5.5～7.0
	KCB	1.1～18	1.45～0.33	1.5～5.5	5～7.0
	2CY	1.08～12	2.5	2.2～15	9.5
螺杆泵	EH	(0.15～73.2)～(0.12～51.5)	0.2～0.6	0.55～15	
	E2H	(0.06～30)～(0.03～22.5)	0.6～1.2	0.55～15	
	E4H	(0.03～14.6)～(0.01～11)	1.2～2.4	0.55～15	
	3G	(4～8.1)～(6.3～12.4)	2.5～1.6	5.5～11	4.5
	SPF	(7.5～8.9)～(52～55)	0.5～4.0	轴功率 (0.12～0.71)～(0.69～4.22)	2.5～6.4

8.7.4 锅炉房燃气系统设计

1. 燃气供应系统（见图 8.7-9）

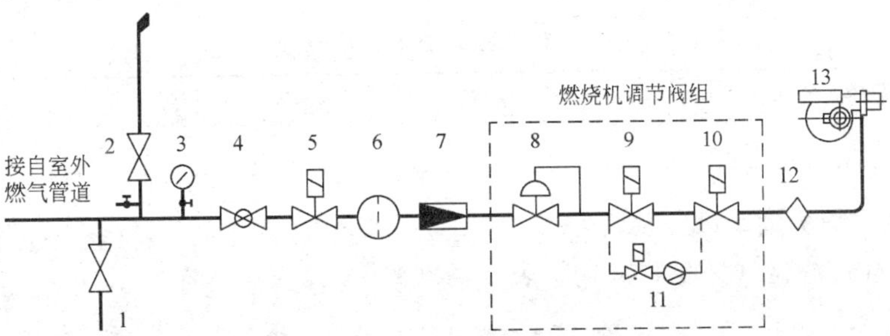

图 8.7-9 燃气供应系统

1—排水；2—放散；3—压力表；4—球阀；5—电磁阀；6—过滤器；7—流量计；8—稳压器；9—电磁主气阀；10—电磁安全阀；11—检漏器；12—波形伸缩节；13—燃烧机

由室外调压站（箱）接来的燃气管道、经过总切断阀、电磁阀和计量装置后接入随锅炉成套供应的燃烧机调节阀组。调节阀组系统的配置情况各生产厂不尽一致，本系统表示的是自控和安全保护程度较高的一种，具有两个串联的电磁阀和自动密封检测功能。在预吹扫时间内如检测到两只电磁阀不密封，就阻止燃烧器启动。运行中如发现风机故障、燃气压力异常或发生炉膛熄火时，电磁安全阀即将气源迅速切断。

2. 燃气供应系统的设计要点

（1）小型燃气锅炉房的气体燃料主要是天然气。也可使用城市煤气、液化石油气等其他气体燃料，设计时应获得实际使用气源的详细技术数据。

（2）锅炉燃气的供气压力，应根据锅炉制造厂燃气阀组入口压力的规定确定。一般1～2t/h（0.7～1.4MW）的锅炉采用低压供气（2～10kPa），≥4t/h（2.8MW）的锅炉采用中压B供气（10～30kPa或30～50kPa）。

（3）燃气锅炉房应设置专用的调压设施和供气系统。

（4）锅炉房燃气管道设计应符合以下要求：

1）小型燃气锅炉房的燃气管道一般采用单母管。

2）锅炉房的燃气管道宜采用架空敷设，当室外专用调压箱的进气压力在0.3MPa以上，而调压比又较大时，为避免其产生的噪声沿管道传到锅炉房，室外调压装置后宜有10～15m的管道采用埋地敷设。

3）锅炉房燃气入口总管处应装设总手动快速切断阀和电磁阀。当调压站距锅炉房较远时，总切断阀前宜加装过滤器。

4）锅炉房的燃气计量装置宜单炉配置，集中布置在专用的燃气计量室内。台数较多的小锅炉（如模块炉），也可在锅炉房内设置总的计量装置。

5）每台锅炉的燃气干管上应装设关闭阀和快速切断阀。每个燃烧器前的供气支管上，应装设手动关闭阀，该阀后再连接锅炉燃烧机调节阀组。

6）燃气管道宜采用无缝钢管，除与设备及阀件等采用法兰连接外均采用焊接。

7）燃气管道应设置放散管、取样口和吹扫口，放散管应引至室外，其排出口应高出锅炉房屋脊2m以上，与门窗之间的距离应大于3m。

放散管管径可按表8.7-19选用；吹扫量可按吹扫段容积的10～20倍计算，吹扫时间为15～20min。

燃气系统放散管管径 **表8.7-19**

燃气管管径 DN(mm)	25～50	65～80	100	125～150	200～250	300～350
放散管管径 DN(mm)	25	32	40	50	65	80

3. 燃气锅炉房辅助设备及附件

（1）燃气过滤器（见图8.7-10、表8.7-20）

燃气过滤器型号及结构尺寸表 **表8.7-20**

型号	DN	ϕD	L	L_1	h	H
G-50-G1	DN50	ϕ133	380	190	270	400
G-80-G1.5	DN80	ϕ159	420	210	350	500
G-100-G2	DN100	ϕ219	480	240	420	600
G-125-G2.5	DN125	ϕ273	540	270	450	650
G-150-G3	DN150	ϕ325	600	300	500	750
G-150-G3.5	DN150	ϕ377	640	320	420	680
G-200-G4	DN200	ϕ426	700	350	630	930
G-250-G5	DN250	ϕ530	800	400	700	1080
G-300-G6	DN300	ϕ630	900	450	900	1310

注：型号：过滤器-进出公称管径-滤芯代号。

耐压：可达100bar。

过滤精度：可达5μm。

带有显示滤芯肮脏程度的压差表。

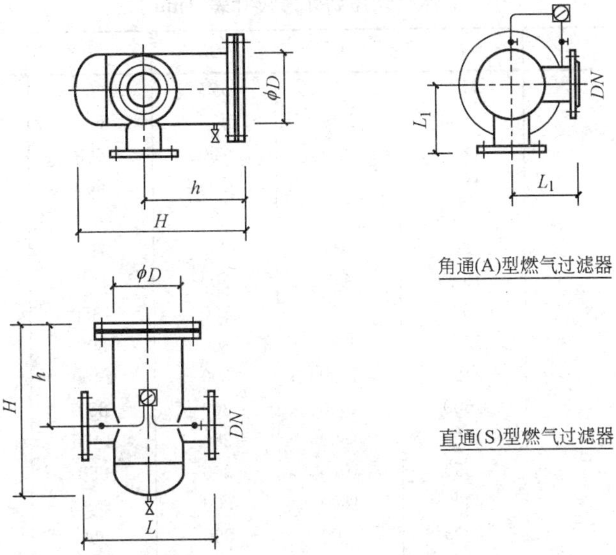

图 8.7-10 燃气过滤器

(2) 天然气调压站（箱）(见图 8.7-11，表 8.7-21、表 8.7-22)。

(3) 重力防爆门、抽风控制器、风烟道蝶阀、锅炉烟囱消声器等附件均与燃油锅炉房相同。

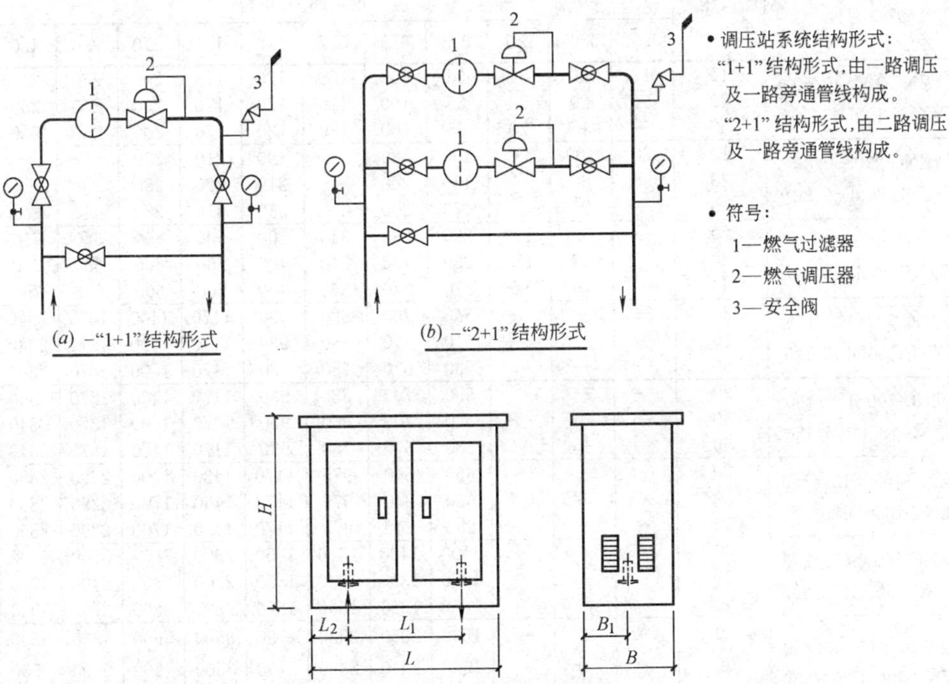

图 8.7-11 天然气调压站

图 (a)—“1+1”结构形式；图 (b)—“2+1”结构形式

可选功能：(S)—带温控系统；(M)—带计量系统；(P)—带压力记录系统；(MP)—带计量和压力记录系统。

本图及表选编于常州市通用装备机械厂“燃气调压站”产品样本。

天然气调压站外形尺寸表（mm） 表8.7-21

型号	L	L_1	L_2	B	B_1	H
TYZNC-100S40/50	1100	750	175	600	200	1000
TYZNC-100D40/50	1550	1200	175	600	200	1300
TYZNC-200S50/80	1200	800	200	600	200	1100
TYZNC-200D50/80	1800	1400	200	600	200	1700
TYZNC-300S80/100	1250	850	200	700	250	1200
TYZNC-300D80/100	1900	1450	200	700	250	1700
TYZNC-500S100/125	1550	950	300	800	300	1350
TYZNC-500D100/125	2000	1400	300	1350	840	1900
TYZNC-700S125/150	1550	950	300	800	300	1350
TYZNC-700D125/150	2100	1500	300	1400	890	1900
TYZNC-1000S125/150	1600	1000	300	850	300	1400
TYZNC-1000D125/150	2200	1600	300	1450	900	2000
TYZNC-1500S150/200	1650	1050	300	850	300	1450
TYZNC-1500D150/200	2400	1800	300	1500	900	2150
TYZNC-2000S200/250	2000	1400	300	950	350	1500
TYZNC-2000D200/250	2500	1900	300	1550	960	2300
TYZNC-3000S250/300	2300	1600	350	950	400	1550
TYZNC-3000D250/300	2600	1950	300	1600	1060	2350

天然气调压站流量特性表（Nm^3/h） 表8.7-22

型号	出口压力(mbar)	进口压力(bar)											
		0.03	0.07	0.1	0.3	0.5	0.7	1.0	1.5	2.0	3.0	4.0	5.0
TYZNC-100S40/50 TYZNC-100D40/50	15	12	20	30	65	100	120	120	170	200	250	250	250
	30	—	20	30	65	100	120	120	170	200	250	250	250
	50	—	15	20	65	100	120	120	170	200	250	250	250
TYZNC-200S50/80 TYZNC-200D50/80	10	70	100	—	150	180	—	190	210	230	—	—	—
	20	55	80	—	160	200	—	210	220	250	—	—	—
	50	—	90	—	170	200	—	250	310	280	440	—	—
TYZNC-300S80/100 TYZNC-300D80/100	20	—	100	120	220	280	340	400	500	600	650	750	900
	30	—	90	110	220	280	340	400	500	600	650	750	900
	50	—	70	90	210	270	340	400	500	600	650	750	900
TYZNC-500S100/125 TYZNC-500D100/125	20	—	—	—	550	700	880	930	1170	1400	1870	2340	2800
	30	—	—	—	540	700	880	930	1170	1400	1870	2340	2800
	50	—	—	—	530	670	780	930	1170	1400	1870	2340	2800
TYZNC-700S125/150 TYZNC-700D125/150	20	—	—	—	550	700	880	930	1170	1400	1870	2340	2800
	30	—	—	—	540	700	880	930	1170	1400	1870	2340	2800
	50	—	—	—	530	670	780	930	1170	1400	1870	2340	2800
TYZNC-1000S125/150 TYZNC-1000D125/150	20	—	—	—	660	840	975	1170	1430	1700	2290	2850	3430
	30	—	—	—	660	840	975	1170	1430	1700	2290	2850	3430
	50	—	—	—	650	840	975	1170	1430	1700	2290	2850	3430
TYZNC-1500S150/200 TYZNC-1500D150/200	20	—	—	—	1100	1400	1600	1850	2300	2800	3700	4000	4000
	30	—	—	—	1050	1350	1550	1850	2300	2800	3700	4000	4000
	50	—	—	—	1050	1350	1550	1850	2300	2800	3700	4000	4000
TYZNC-2000S200/250 TYZNC-2000D200/250	20	—	—	—	1630	2050	2380	2790	3500	5600	4200	6500	6500
	30	—	—	—	1600	2040	2380	2790	3500	4200	5600	6500	6500
	50	—	—	—	1600	2040	2380	2790	3500	4200	5600	6500	6500
TYZNC-3000S250/300 TYZNC-3000D250/300	20	—	—	—	2410	2030	3500	4100	5200	6200	8000	8000	8000
	30	—	—	—	2350	3000	3500	4100	5200	6200	8000	8000	8000
	50	—	—	—	2350	3000	3500	4100	5200	6200	8000	8000	8000

● 天然气相对密度=0.6； ● 对双路系统，表中流量系指每路流量；

● 产品型号：TYZ N C-100S 40/50（调压站 天然气 区域站-流量 S单路（D双路）进/出管径）。

8.7.5 燃油（气）管道的水力计算

1. 燃油管道水力计算

（1）燃油管道水力计算表的编制

1）管径计算

$$d=18.8\sqrt{\frac{Q}{w}} \tag{8.7-1}$$

或

$$d=18.8\sqrt{\frac{G}{\rho w}} \tag{8.7-2}$$

式中 d——管道直径，mm；

Q——管道内油品的容积流量，m^3/h；

G——管道内油品的质量流量，t/h；

w——管道内油品的平均流速，m/s；

ρ——油品的密度，t/m^3。

2）直管段的摩擦阻力

$$\Delta h_1=10^3\frac{\lambda\rho l w^2}{2d} \tag{8.7-3}$$

式中 Δh_1——直管段的压力降，Pa；

λ——摩擦阻力系数；

l——管道长度，m。

3）局部阻力

$$\Delta h_2=\frac{10^3\lambda\rho w^2\sum L_D}{2d} \tag{8.7-4}$$

式中 Δh_2——克服管件局部阻力引起的压力降，Pa；

$\sum L_D$——所计算的管道局部阻力当量长度的总和，m。

4）管线压力降

$$\Delta h=\Delta h_1+\Delta h_2=10^3\lambda\rho(l+\sum L_D)w^2/(2d) \tag{8.7-5}$$

设

$$R=10^3\lambda\rho w^2/(2d) \tag{8.7-6}$$

$$\Delta h=R(l+\sum L_D) \tag{8.7-7}$$

式中 Δh——管线压力降，Pa；

R——管线单位长度压力降，Pa。

（2）燃油管道水力计算表的应用

1）本表适用条件：运动黏度 $20mm^2/s$（恩氏黏度 2.95°E）。

2）本表的燃油密度 $\rho=1.0t/m^3$，使用时如 $\rho\neq1.0t/m^3$，所查得的压降应采以实际燃油密度。

3）表中 R 取值为 Pa/100m。

4）管道局部阻力当量长度的总和 $\sum L_D$ 可近似取值为所计算管道总长的 10%～15%，即 $\sum L_D=(0.10\sim0.15)L$，m。

燃油管道水力计算表见表 8.7-23。

燃油管道水力计算表（$\rho=1t/m^3$） 表 8.7-23

DN (mm)	20 (ϕ25×2.5)		25 (ϕ32×3)		32 (ϕ38×3)		40 (ϕ45×3)		50 (ϕ57×3)		65 (ϕ73×3)		80 (ϕ89×3.5)		100 (ϕ108×4)	
G (m^3/h)	W (m/s)	R (Pa/100m)	W (m/s)	R (Pa/100m)	W (m/s)	R (Pa/100m)	W (m/s)	R (Pa/100m)	W (m/s)	R (Pa/100m)	W (m/s)	R (Pa/100m)	W (m/s)	R (Pa/100m)	W (m/s)	R (Pa/100m)
0.2	0.177	28.3														
0.3	0.265	42.5														
0.4	0.354	56.6	0.226	23.2												
0.5	0.442	70.8	0.283	29.0												
0.6	0.531	84.9	0.340	34.8	0.207	13.0										
0.7	0.619	99.1	0.396	40.6	0.242	15.1										
0.8	0.708	113	0.453	46.4	0.276	17.3	0.186	7.83								
0.9	0.797	127	0.510	52.2	0.311	19.4	0.209	8.81								
1.0	0.884	142	0.566	58.0	0.346	21.6	0.233	9.79								
1.2	1.062	170	0.679	69.6	0.415	25.9	0.279	11.7								
1.4			0.793	81.2	0.484	30.2	0.326	13.7								
1.6			0.906	92.8	0.553	34.6	0.372	15.7								
1.8			1.019	104	0.622	38.9	0.419	17.6								
2.0					0.691	43.2	0.465	19.6	0.272	6.70						
2.2					0.760	47.5	0.512	21.5	0.299	7.37						
2.4					0.829	51.8	0.558	23.5	0.327	8.04						
2.6					0.899	56.2	0.605	25.5	0.354	8.70						
2.8					0.968	60.4	0.651	27.4	0.381	9.37						
3.0					1.037	64.8	0.698	29.4	0.408	10.0						
3.5							0.814	34.3	0.476	11.7						
4.0							0.931	39.2	0.544	13.4	0.315	4.5				
4.5							1.047	44.1	0.612	15.1	0.355	5.06				
5.0									0.680	16.7	0.394	5.62				
5.5									0.748	18.4	0.434	6.18				

续表

DN (mm)	20 (ϕ25×2.5)		25 (ϕ32×3)		32 (ϕ38×3)		40 (ϕ45×3)		50 (ϕ57×3)		65 (ϕ73×3)		80 (ϕ89×3.5)		100 (ϕ108×4)	
G (m^3/h)	W (m/s)	R (Pa/100m)	W (m/s)	R (Pa/100m)	W (m/s)	R (Pa/100m)	W (m/s)	R (Pa/100m)	W (m/s)	R (Pa/100m)	W (m/s)	R (Pa/100m)	W (m/s)	R (Pa/100m)	W (m/s)	R (Pa/100m)
6.0									0.816	30.6	0.473	6.74				
6.5									0.884	35.2	0.512	7.31	0.342	3.26		
7.0									0.952	40.1	0.552	7.87	0.368	3.51		
8.0									1.089	50.6	0.631	13.9	0.421	4.01		
9.0											0.710	17.0	0.474	4.51		
10											0.788	20.5	0.526	7.84	0.354	2.26
12											0.946	28.2	0.632	10.8	0.425	4.20
14											1.104	36.9	0.737	14.1	0.495	5.50
16											1.261	46.6	0.842	17.8	0.566	6.95
18											1.419	57.3	0.947	21.9	0.637	8.55
20											1.577	68.9	1.053	26.4	0.708	10.3
22													1.158	31.2	0.779	12.1
24													1.263	36.3	0.849	14.1
26													1.368	41.7	0.920	16.3
28													1.474	47.5	0.991	18.5
30													1.579	53.6	1.062	20.9
35													1.158	31.2	1.239	27.4
40													1.263	36.3	1.416	34.6
45													1.368	41.7	1.593	42.5
50													1.474	47.5	1.770	51.1

注：本表燃油的运动黏度：20mm^2/s（恩氏黏度：2.95°E），由《燃油燃气锅炉房设计手册》油管压力降表资料摘编。

本表的燃油密度 ρ=1.0t/m^3，在使用时如 $\rho\neq$1.0t/m^3，所查得的阻力应乘以实际密度。

2. 燃气管道水力计算

(1) 燃气管道水力计算表的编制

1) 管径计算

$$d=18.8\sqrt{Q/w} \tag{8.7-8}$$

式中 d——燃气管道直径，m；

Q——燃气在工作状态下的流量，m^3/h；

w——燃气允许流速，m/s。

燃气在标准状态下的流量 Q_0（标准状态为 $T_0=273K$，$P_0=0.1MPa$），与工作状态下的流量 Q 按下式进行换算：

$$Q_0=\frac{Q\cdot P\cdot T_0}{P_0\cdot T}=\frac{Q\cdot P\cdot 273}{0.1\times T}=\frac{2730Q\cdot P}{T} \tag{8.7-9}$$

式中 Q_0——燃气计算流量（标态），m^3/h；

P——燃气在工作状态下的绝对压力，MPa；

T——燃气在工作状态下的热力学温度，K。

2) 低压燃气管道的摩擦阻力

① 层流区 $Re<2000$

$$R=0.849\times10^6\cdot\frac{Q_0}{d_4}\cdot\upsilon_0 \tag{8.7-10}$$

② 过渡区 $2000<Re<3500$

$$R=0.3850\cdot\frac{Q_0^{2.333}}{d^{5.333}\times\upsilon_0^{0.333}} \tag{8.7-11}$$

③ 紊流区 $Re>3500$

$$R=51.599\times\frac{Q_0^2}{d^5}\cdot\left(\frac{K}{d}+1923\times\frac{\upsilon_0 d}{Q_0}\right)^{0.25} \tag{8.7-12}$$

式中 R——燃气管道单位长度摩擦阻力，Pa/m；

Q_0——燃气流量（标态），m^3/h；

d——燃气管道内径，cm；

υ_0——燃气运动黏度，m^2/s；

K——钢管绝对粗糙度，$K=0.017cm$。

(2) 燃气管道水力计算表的应用

1) 本表的适用条件：

低压天然气管道，

天然气密度 $\rho_0=0.75kg/m^3$（标态），

天然气运动黏度 $\upsilon_0=12.5\times10^{-6}$（$m^2/s$）。

表 8.7-24

低压天然气管道水力计算表（ρ=0.75kg/Nm³）

DN(mm)	15		20		25		32		40		50		65	
Q (Nm³/h)	W (m/s)	R (Pa/m)	W (m/s)	R (Pa/m)	W (m/s)	R (Pa/m)	W (m/s)	R (Pa/m)	W (m/s)	R (Pa/m)	W (m/s)	R (Pa/m)	W (m/s)	R (Pa/m)
10	14.3	185	7.83	40.3	4.85	12.1	2.77	3.00	2.10	1.53	1.41	0.58		
20	28.5	715	15.7	153	9.70	45.0	5.53	10.9	4.20	5.50	2.83	2.06	1.67	0.57
30			23.5	336	14.6	98.2	8.30	23.5	6.30	11.8	4.24	4.36	2.51	1.19
40			31.3	590	19.4	172	11.1	40.8	8.42	20.3	5.66	7.47	3.35	2.02
50					24.3	265	13.8	62.7	10.5	31.1	7.47	11.4	4.19	3.06
60					29.1	379	16.6	89.2	12.6	44.2	8.49	16.1	5.02	4.30
70							19.4	120	14.7	59.6	9.90	21.6	5.86	5.75
80							22.1	156	16.8	77.2	11.3	28.0	6.70	7.40
90							24.9	197	18.9	97.1	12.7	35.1	7.53	9.25
100							27.7	242	21.0	119	14.2	43.0	8.37	11.3
120									25.3	170	17.0	61.2	10.1	16.0
140									29.5	230	19.8	82.7	11.7	21.5
160											22.6	107	13.4	27.9
180											25.5	135	15.1	35.0
200											28.3	166	16.7	42.9
220											31.1	200	18.4	51.7
240													20.1	61.2
260													21.8	71.6
280													23.4	82.8
300													25.1	94.7
320													26.8	107
340													28.5	121
360													30.1	135
380														
400														

续表

DN(mm)	80		100		125		150		200		250		300	
Q (Nm³/h)	W (m/s)	R (Pa/m)	W (m/s)	R (Pa/m)	W (m/s)	R (Pa/m)	W (m/s)	R (Pa/m)	W (m/s)	R (Pa/m)	W (m/s)	R (Pa/m)	W (m/s)	R (Pa/m)
10														
20	1.08	0.20												
30	1.62	0.41	1.06	0.15										
40	2.16	0.68	1.41	0.24										
50	2.70	1.03	1.77	0.37	1.13	0.12								
60	3.23	1.44	2.12	0.51	1.36	0.17								
70	3.77	1.92	2.48	0.68	1.58	0.23	1.10	0.09						
80	4.31	2.46	2.83	0.86	1.81	0.29	1.26	0.12						
90	4.85	3.06	3.18	1.07	2.04	0.36	1.41	0.15						
100	5.39	3.73	3.54	1.31	2.26	0.43	1.57	0.18						
120	6.47	5.26	4.24	1.83	2.72	0.61	1.89	0.25						
140	7.55	7.05	4.95	2.45	3.17	0.81	2.20	0.33	1.09	0.07				
160	8.62	9.10	5.66	3.14	3.62	1.03	2.52	0.42	1.26	0.09				
180	9.70	11.4	6.37	3.92	4.07	1.29	2.83	0.52	1.43	0.11				
200	10.8	13.9	7.07	4.80	4.53	1.56	3.14	0.63	1.60	0.14	1.05	0.04		
220	11.9	16.7	7.78	5.74	4.98	1.87	3.46	0.75	1.77	0.16	1.16	0.05		
240	12.9	19.8	8.50	6.78	5.43	2.20	3.77	0.89	1.94	0.19	1.27	0.06		
260	14.0	23.1	9.20	7.90	5.90	2.56	4.09	1.03	2.10	0.22	1.37	0.07		
280	15.1	26.7	9.90	9.10	6.34	2.94	4.40	1.18	2.27	0.25	1.48	0.08	1.04	0.03
300	16.2	30.5	10.6	10.4	6.80	3.35	4.72	1.34	2.44	0.29	1.58	0.09	1.11	0.04
320	17.3	34.6	11.3	11.8	7.24	3.79	5.03	1.52	2.52	0.32	1.69	0.10	1.19	0.04
340	18.3	38.9	12.0	13.2	7.70	4.25	5.34	1.70	2.69	0.36	1.79	0.11	1.26	0.05
360	19.4	43.5	12.7	14.8	8.15	4.74	5.66	1.89	2.86	0.40	1.90	0.13	1.33	0.05
380	20.5	48.3	13.4	16.4	8.60	5.26	5.97	2.10	3.03	0.44	2.00	0.14	1.41	0.06
400	21.6	53.4	14.2	18.1	9.05	5.80	6.29	2.31	3.20	0.49	2.11	0.15	1.48	0.06

续表

DN(mm)	80		100		125		150		200		250		300	
Q (Nm³/h)	W (m/s)	R (Pa/m)	W (m/s)	R (Pa/m)	W (m/s)	R (Pa/m)	W (m/s)	R (Pa/m)	W (m/s)	R (Pa/m)	W (m/s)	R (Pa/m)	W (m/s)	R (Pa/m)
420	22.6	58.7	14.9	19.9	9.51	6.37	6.60	2.53	3.37	0.53	2.21	0.17	1.56	0.07
440	23.7	64.3	15.6	21.7	9.96	6.96	6.92	2.77	3.53	0.58	2.32	0.18	1.63	0.08
460	24.8	70.2	16.3	23.7	10.4	7.58	7.23	3.01	3.70	0.63	2.43	0.20	1.70	0.08
480	25.9	76.3	17.0	25.7	10.9	8.22	7.55	3.26	3.87	0.68	2.53	0.22	1.78	0.09
500	27.0	82.6	17.7	27.9	11.3	8.90	7.86	3.53	4.04	0.74	2.64	0.23	1.85	0.10
550	29.7	99.6	19.5	33.6	12.5	10.7	8.65	4.23	4.21	0.88	2.90	0.28	2.04	0.12
600			21.2	39.8	13.6	12.6	9.43	5.00	4.63	1.03	3.16	0.32	2.22	0.14
650			23.0	46.5	14.7	14.8	10.2	5.82	5.05	1.20	3.43	0.38	2.41	0.16
700			24.8	53.8	15.8	17.0	11.0	6.71	5.47	1.38	3.69	0.43	2.59	0.18
750			26.5	61.5	17.0	19.5	11.8	7.66	5.89	1.57	3.95	0.49	2.78	0.21
800			28.3	69.8	18.1	22.1	12.6	8.68	6.31	1.78	4.22	0.55	2.96	0.23
850			30.1	78.7	19.2	24.9	13.4	9.75	6.73	2.00	4.48	0.62	3.15	0.26
900					20.4	27.8	14.2	10.9	7.15	2.22	4.75	0.69	3.33	0.29
950					21.5	30.9	14.9	12.1	7.57	2.46	5.01	0.76	3.52	0.32
1000					22.6	34.1	15.7	13.4	8.00	2.72	5.27	0.84	3.70	0.35
1100					24.9	41.1	17.3	16.1	8.42	3.26	5.80	1.00	4.07	0.42
1200					27.2	48.8	18.9	19.1	9.26	3.85	6.33	1.18	4.44	0.49
1300					29.4	57.1	20.4	22.3	10.1	4.49	6.85	1.37	4.82	0.57
1400					31.7	66.0	22.0	25.7	10.9	5.18	7.38	1.58	5.19	0.65
1500							23.6	29.5	11.8	5.92	7.91	1.80	5.56	0.74
1600							25.2	33.4	12.6	6.70	8.44	2.04	5.93	0.84
1700							26.7	37.6	13.5	7.53	8.96	2.29	6.30	0.94
1800							28.3	42.1	14.3	8.42	9.49	2.55	6.67	1.05
1900							29.9	46.8	15.2	9.35	10.0	2.83	7.04	1.16
2000							31.5	51.8	16.8	10.3	10.5	3.12	7.41	1.28

2）管道计算压力降

$$\Delta h = R(L + \sum L_D) \tag{8.7-13}$$

式中 Δh——管道计算压力降，Pa；

L——管段长度，m；

$\sum L_D$——所计算的管段局部阻力当量长度的总和，m。

可近似取值为所计算管段总长的15％～20％，即

$$\sum L_D = (0.15 \sim 0.20)L，\text{m}。$$

3）低压天然气管道流速 $w \leqslant 25\text{m/s}$。

低压天然气管道水力计算表［$\rho = 0.75\text{kg/m}^3$（标态）］见表8.7-24。

8.7.6 小型燃油（气）锅炉房安全措施

1. 小型燃油（气）锅炉房的燃料为轻柴油或低压、中压B级天然气。锅炉房的设计、轻柴油贮罐及天然气调压站位置的确定均应遵照现行的国家标准《锅炉房设计规范》GB 50041、《建筑设计防火规范》GB 50016、《高层民用建筑设计防火规范》GB 50045、《城镇燃气设计规范》GB 50028、及劳动人事部颁布的《蒸汽锅炉安全技术监察规程》、《热水锅炉安全技术监察规程》等有关规定进行。

本章第一节8.6.1中摘引的有关规定可供设计应用。

2. 燃油（气）锅炉房火灾危险性分类及建筑物耐火等级见表8.7-25。

燃油（气）锅炉房火灾危险性分类及建筑物耐火等级　　表8.7-25

火灾危险性分类	危险性特征	生产部位	建筑物耐火等级
甲	爆炸下限＜10％的气体	天然气调压站计量室	不低于二级
乙	闪点≥28℃、＜60℃的液体	－35号、－50号轻柴油贮存输送系统	不低于二级
丙	闪点≥60℃的液体	－20号、0号、10号轻柴油贮罐，油箱油泵间	不低于二级
丁	利用固体、气体、液体作燃料燃烧的生产	锅炉房的锅炉间	一、二级

3. 燃油（气）锅炉房宜独立建设

当受条件限制时可与多层或高层民用建筑贴邻布置，但应采用防火墙隔开，且不应贴邻人员密集的场所。当受条件限制必须在多层或高层民用建筑内布置时，不应布置在人员密集的上一层、下一层或贴邻，并应布置在首层或地下一层靠外墙部位。但常（负）压燃油（气）锅炉可布置在地下二层，当常（负）压燃气锅炉房距安全出口距离大于6m时，可设置在屋顶上。

4. 总贮存量不大于1m³的日用油箱或调压装置进口压力≤0.4MPa的天然气调压计量装置可安装在锅炉房的专用房间内（天然气室应是靠外墙的单层建筑），用防火墙与锅炉间隔开，并具有向外开敞的门窗。日用油箱间的地面应有防油性能，天然气调压计量室的地面应采用不产生火花的材料。当必须在与锅炉间的防火墙上开门时，应采用甲级防火门。

当进口压力≤0.2MPa的天然气调压装置和计量装置也可直接设置在单层建筑的锅炉

间内，并宜设不燃烧体护栏。调压装置与用气设备的距离不应小于 3m。

5. 锅炉间、日用油箱间或天然气调压计量室应有不低于各自占地面积 10%的爆炸泄压面积，泄压面应避开人员密集的场所和主要交通要道。锅炉房的建筑结构应有相应的抗爆措施。

6. 锅炉间、日用油箱间或天然气调压计量室等可能散发可燃气体和可燃蒸汽的场所应设置可燃气体浓度检测监控仪表及声光报警装置。该装置应与通风设施连锁。

7. 锅炉房应有消防设施。对于一般独立建造的锅炉房按规模配置灭火器和室内外消火栓。对于贴邻或在多层、高层民用建筑内部建造的燃油（气）锅炉房，根据民用建筑的性质和规模，锅炉房除设灭火器和消火栓外，可设置火灾自动报警系统和自动喷水雾灭火系统。并应和油气燃料供应管的紧急切断阀连锁。

8. 锅炉房应有良好的自然通风，当自然通风不能满足要求时，应设置机械通风装置。设在多层或高层民用建筑中的锅炉房，其机械通风设施应独立设置。设在地下室的锅炉房应采用强制的通风设施。锅炉房的通风量按表 8.7-26 选用。

燃油（气）锅炉房的通风量 **表 8.7-26**

房间名称	正常通风量(次/h)	事故通风量(次/h)	备　注
燃油锅炉房的锅炉间	≥3	≥6	
燃气锅炉房的锅炉间	≥6	≥12	
天然气调压计量室	≥3	≥8	
丙类油品的油泵间	≥10(定期排风)		主要用自然通风
日用油箱间	≥3		主要用自然通风

注：① 正常通风量中未包括锅炉燃烧器所需的空气量。
② 设在地面上的油泵、油箱间，当建筑外墙下部设有百叶窗等通风孔口时，可不设机械通风装置。

安装在锅炉房上述房间中的通风装置应采用防爆型。

9. 锅炉房有爆炸和火灾危险的房间和场所，电气防爆等级应符合 GB 50058《爆炸和火灾危险环境电力装置设计规范》Ⅰ区设计的规定。

10. 锅炉烟囱、燃气系统的放散管、贮油罐和日用油箱的放散管应有防雷装置。

燃油（气）系统的设备和管道、通风系统的设备和风道均应设置导除静电的接地装置。

11. 控制室的观察窗宜装固定的防爆玻璃。

12. 油（气）锅炉后的烟道上应装设防爆门，防爆门的位置应有利于泄压，应设在不危及人员安全及转弯前的适当位置。

13. 锅炉房的油（气）燃料管宜架空敷设，当确有困难时，可埋地敷设或布置在专用浅沟内，沟盖板应开通气小孔，沟底应有不小于 0.002 的坡度，以利于沟内排水。

8.7.7 燃油（气）锅炉房设计方案

为便于设计中研究和编制燃油（气）锅炉房设计方案，在本节中安排了锅炉房设计方案图及综合技术指标，两者配套使用。本方案图以独立建造的燃气锅炉房为主，供设计时参考。方案图及综合技术指标见图 8.7-12 及表 8.7-27。

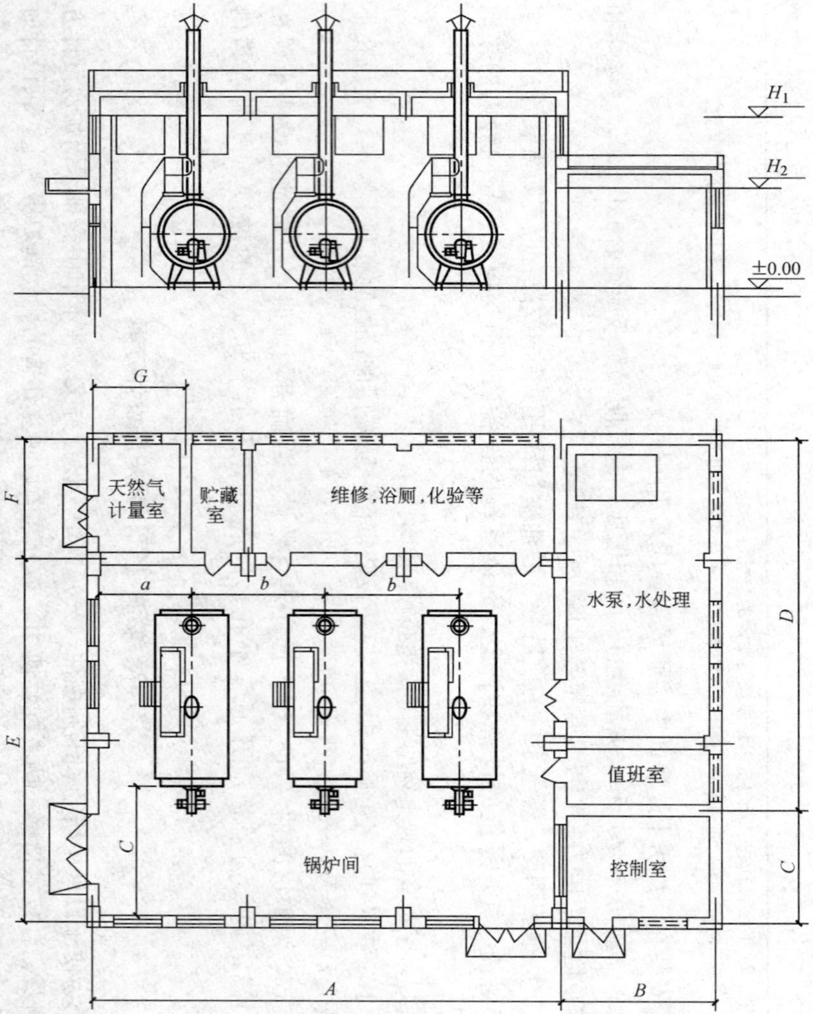

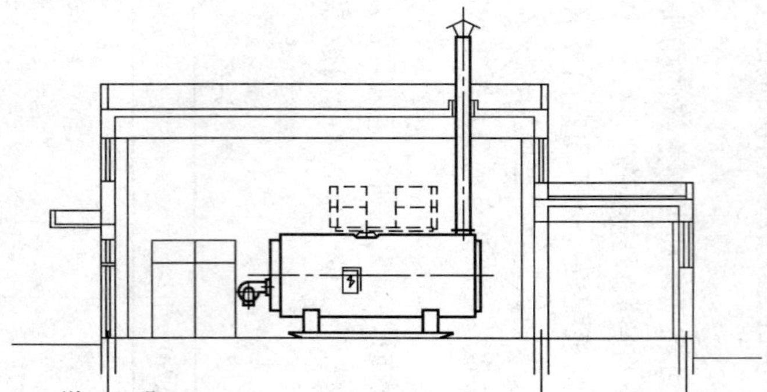

说　明

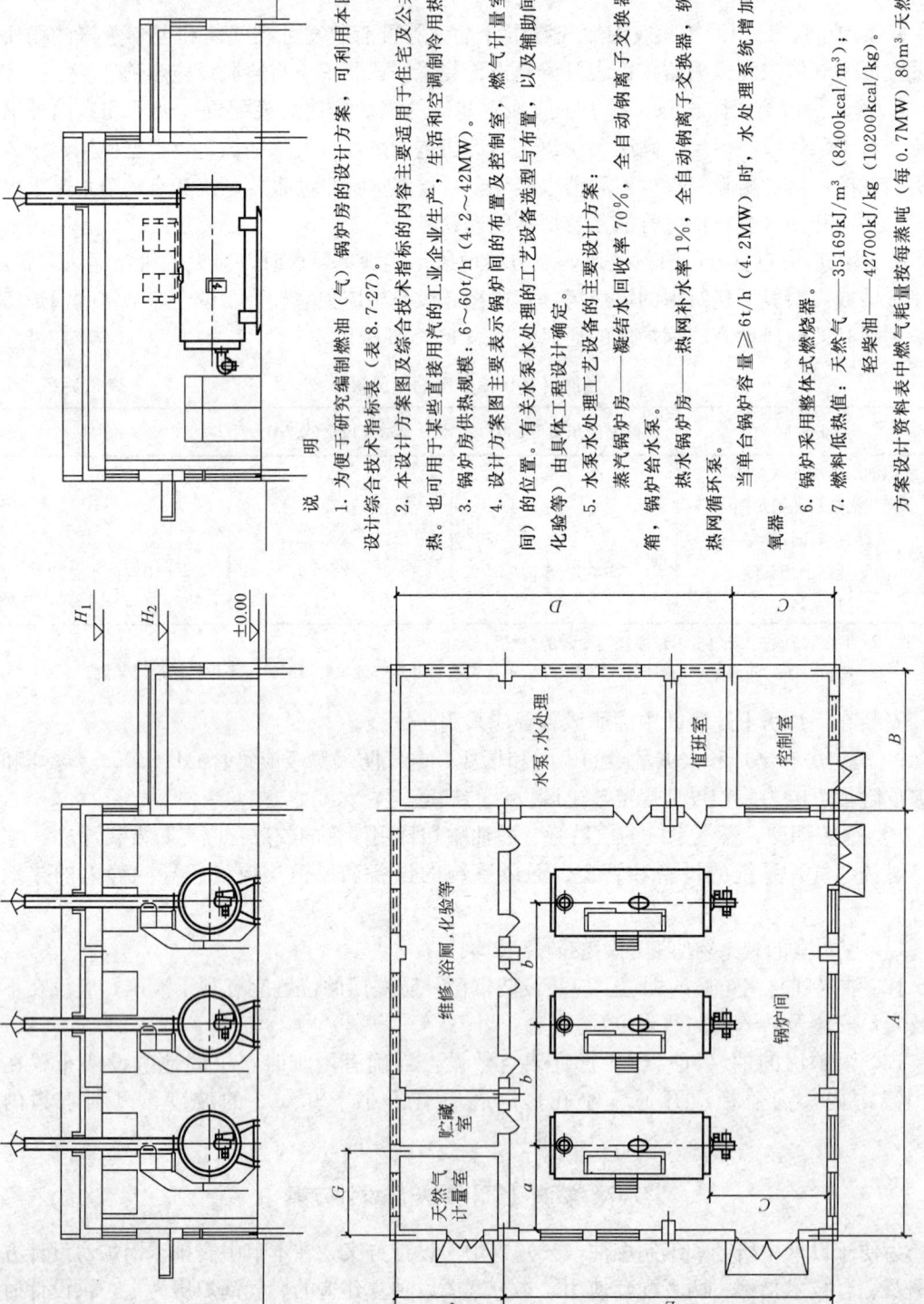

1. 为便于研究编制燃油（气）锅炉房的设计方案，可利用本图与配套的方案设计综合技术指标表（表 8.7-27）。

2. 本设计方案图及综合技术指标的内容主要适用于住宅及公共建筑的采暖用热。也可用于某些直接用汽的工业企业生产，生活和空调制冷用热。

3. 锅炉房供热规模：6～60t/h（4.2～42MW）。

4. 设计方案图主要表示锅炉间的布置及控制室，燃气计量室（或日用油箱间）的位置。有关水泵水处理的工艺设备选型与布置，以及辅助间（维修，浴厕，化验等）由具体工程设计确定。

5. 水泵水处理工艺设备的主要设计方案：

蒸汽锅炉房——凝结水回收率 70%，全自动钠离子交换器，软化凝结水箱，锅炉给水泵。

热水锅炉房——热网补水率 1%，全自动钠离子交换器，软水箱，补水泵，热网循环泵。

当单台锅炉容量≥6t/h（4.2MW）时，水处理系统增加常温过滤式除氧器。

6. 锅炉采用整体式燃烧器。

7. 燃料低热值：天然气——35169kJ/m³（8400kcal/m³）；

轻柴油——42700kJ/kg（10200kcal/kg）。

方案设计资料表中燃气耗量按每蒸吨（每 0.7MW）80m³ 天然气估算。

图 8.7-12　燃油（气）锅炉房设计方案图

燃油（气）锅炉房设计方案综合技术指标表 表 8.7-27

锅炉房总容量	技术指标						建筑尺寸（mm）									锅炉安装尺寸(mm)		
	建筑面积（m^2）	燃料耗量（m^3/h）	用电量(kW)		用水量(m^3/h)		A	B	C	D	E	F	G	H_1	H_2	a	b	c
			安装	备用	最大	强度												
蒸汽锅炉房								控制室				天然气计量室						
3×20t/h	554	4800	268.5	63	46	89	21000	7000	4800	15000	15000	4800	3600	8000	4000	3500	6250	5000
3×10t/h	483	2400	144	37	24	46	19800	6600	4500	13800	13800	4500	3600	6500	4000	4000	5600	4800
3×6t/h	374	1440	83	22	22.2	51.2	18000	6000	3900	11700	12000	3600	3300	6000	4000	3500	5000	4750
3×4t/h	311	960	46.5	12	6.4		16200	5400	3600	10800	10800	3600	3000	5500	3600	3000	4500	4200
3×2t/h	271	480	25.2	6.6	4		14400	4800	3300	10800	10800	3300	3000	5000	3600	2800	4200	4400
热水锅炉房								控制室				天然气计量室						
3×14MW	554	4800	727.5	147	31.5	71.86	21000	7000	4800	15000	15000	4800	3600	8000	4000	3500	6250	5000
3×7.0MW	483	2400	256.4	50.2	16.5	33.8	19800	6600	4500	13800	13800	4500	3600	6500	4000	4000	5600	4800
3×4.2MW	374	1440	134.4	27.2	9.2	18.5	18000	6000	3900	11700	12000	3600	3300	6000	4000	3500	5000	4750
3×2.8MW	311	960	98.7	19.6	5.63		16200	5400	3600	10800	10800	3600	3000	5500	3600	3000	4500	4200
3×1.4MW	271	480	47.9	9.7	3.04		14400	4800	3300	10800	10800	3300	3000	5000	3600	2800	4200	4400

说　明：

1. 本表与（图 8.7-12）燃油（气）锅炉房设计方案图配合使用。

2. 本设计方案图及技术指标主要按燃气锅炉进行编制，如编制燃油锅炉设计方案，则本图及表需作部分变动。

（1）燃油耗量按每蒸吨（每 0.7MW）66kg 轻柴油估算。

（2）将燃气计量室改为日用油箱间，在室外增加贮油及输油泵装置，用电量指标作相应变动。

3. 技术指标中用水量强度是指除正常均衡的用水量外，增加了过滤式除氧反洗水强度值，最大用水量是指除正常均衡的用水量外。增加了过滤式除氧反洗水折算的小时用水量。

4. 建筑面积指标按建筑外墙轴线计算。

5. 方案图系按西安“金牛股份有限公司”的金牛牌锅炉产品资料进行编制。

8.8 锅炉房典型设计

8.8.1 锅炉房设计基础资料

1. 新建锅炉房

(1) 热负荷资料

1) 供热介质及参数要求。

2) 生产、供暖、通风、生活小时最大及小时平均用热量。

3) 余热利用的最大和平均小时产热量及蒸汽或热水参数。

4) 相邻单位协作供热资料，包括热源输送距离、热负荷、介质参数、价格、凝结水回水要求等。

5) 建设单位用热发展情况，包括是否分期扩建，热负荷增加情况，或附近有无热电厂，是否有改为热电厂供热的可能性。

6) 凝结水回收量。

7) 全厂（或全地区）热负荷曲线。

(2) 燃料供应资料：

1) 煤质分析资料应包括：

① 元素分析（%）：Car. Har. Oar. Sar. *A*ar. *M*ar

② 工业分析（%）：Cad. *V*ad. *A*ad. *M*ad

③ 煤的低位发热量　*Q*net. ar

④ 煤的粘结性及燃烧的情况。

⑤ 煤的变形温度、软化温度和液化温度（即 t_1、t_2、t_3）。

⑥ 煤的可磨系数 K_{km}。

⑦ 煤的粒度及筛分资料。

2) 燃油分析资料

*M*ar. *A*ar. Car. Har. Oar. Sar. Nar 及密度、黏度、闪点、凝固点、机械杂质含量、比热容、热导率、发热量。

3) 气体燃料（天然气、人工煤气、液化石油气等）分析资料

H_2、CO、CH_4、C_3H_6、C_3H_8、C_4H_{10}、N_2、O_2、CO_2、H_2S、H_2O 及相对密度、爆炸极限、发热量。

4) 燃料价格，供应和运输方式。

(3) 水质资料

水质资料应包括表 8.4-1 所列内容。

(4) 气象资料

气象资料应包括表 8.8-1 所列内容。

(5) 地质资料应具有下列内容：

1) 地质资料包括湿陷性黄土、地下水位、地耐力等；

2) 地震等级。

气象资料项目表 表 8.8-1

序号	项目		单位	数值
1	海拔高度		m	
2	室外计算温度	冬季供暖 冬季通风 夏季通风	℃	
3	供暖期室外平均温度 供暖天数		℃ d	
4	主导风向及频率	冬季 夏季		
5	大气压力	冬季 夏季	Pa	
6	最大冻土深度		m	

（6）全厂总平面图、地形图

（7）设备、材料资料

1）锅炉机组资料：初步设计时应掌握锅炉及辅机的主要技术参数、型号、规格、外形图及价格资料；施工图设计时、应取得锅炉安装（设备基础、配管、平台扶梯、风烟接管、操作位置等）图纸资料。

2）辅助设备资料：包括风机、水泵、各种标准及非标准设备图纸、技术参数及价格。

3）材料：主要包括当地的保温材料、管材、钢材等。

2. 改建、扩建锅炉房

改、扩建锅炉房除应掌握新建锅炉房设计基础资料外，尚应搜集下列资料：

（1）原有锅炉房及已购置设备的型号、规格、数量、制造厂、使用年限、主要尺寸、运行使用情况及存在问题等。

（2）原锅炉房的施工图（包括建筑、结构、水、暖、电、工艺等各专业原施工图）。

（3）现场实际情况与施工图资料的差异（包括各专业施工时的变更）。

（4）原有锅炉房的运行记录、存在问题及事故分析等。

（5）原锅炉房的人员组织、技术经济定额等。

8.8.2 锅炉房设计文件编制深度

1. 初步设计

在初步设计阶段，热能动力专业设计文件应有设计说明书、设计图纸、主要设备表、计算书。

（1）设计说明书

1）设计依据

① 摘录设计总说明中与本专业设计有关的批准文件和依据性资料（水质分析、燃料种类、地质情况、冻土深度、地下水位）；

② 其他专业提供的本工程设计资料（如总平面布置图、供热分区及介质参数、热负荷及发展要求等）；

③ 本工程采用的主要法规和标准。

2）设计范围和内容

① 根据设计任务书和有关设计资料，说明本专业设计的内容和分工。

② 供热和供气的协作关系、计量方式，对今后发展或扩建的考虑。

③ 改建、扩建工程，应说明对原有建筑、结构和设备等的利用情况。

④ 节能、环保、消防、安全措施等。

3）锅炉房设计说明

① 热负荷的确定及锅炉型式的选择

确定计算热负荷，列出各建筑物内部供热设施热负荷表；确定供热介质及参数；确定锅炉型式、规格、台数，并说明备用情况及冬夏季运行台数。

② 热力系统及辅机选择

说明水处理系统，给水系统，蒸汽及凝结水系统，热水循环系统及其调节、定压、补水方式，排污系统，各种水泵和加热设备等的台数及备用情况；对燃煤锅炉还应说明烟气除尘、脱硫措施。

③ 噪声的防、治措施。

④ 燃料系统

说明燃料消耗量、燃料来源。当燃料为煤时，确定燃料的处理设备、计量和输送设备；当燃料为油时，说明油的来源、油罐大小、数量及位置、储存时间和运输方式；当燃料为燃气时，说明燃气来源、调压站位置及安全措施等。

⑤ 简述锅炉房及附属间的组成，对扩建发展的考虑等。

⑥ 技术指标：列出主要设备名称及技术规格、建筑面积、供热量、燃料消耗量、灰渣排放量、软化水消耗量、自来水消耗量及电容量等。

⑦ 需提请在设计审批时解决或确定的主要问题。

(2) 设计图纸

锅炉房部分

1）设备平面布置图　表示设备平面布置、绘出门、窗、楼梯、平台及地坑位置，注明房间名称、建筑轴线尺寸及标高；设备布置、定位尺寸及编号。

2）热力系统图　表示出设备与汽、水管道（含管道附件）工艺流程；标明图例符号、管径，设备应编号（与设备表编号一致）；就地安装测量仪表位置等。

(3) 主要设备表　列出主要设备名称、规格、技术参数、单位和数量。该表也可附在设计说明书中。

(4) 计算书（供内部使用）　负荷计算，主要设备选型计算，水电和燃料消耗量计算，主要管道水力计算，并将主要计算结果列入设计说明书中有关部分。

2. 施工图设计

在施工图设计阶段，热能动力专业设计文件应包括图纸目录、设计说明和施工说明、主要设备表、设计图纸、计算书。

(1) 图纸目录　先列新绘制设计图纸，后列选用的标准图、通用图或重复利用图。

(2) 设计说明和施工说明

1）当施工图设计与初步（或方案）设计有较大变化时应说明原因及调整内容。

2）本工程各类供热负荷及供热要求。

3）各种气体用量及燃料的用量。

4）设计容量、运行介质参数（如压力、温度、低位热值、密度等）、系统运行的特殊要求及维护管理、需要特别注意的事项。

5）管材及附件的选用，管道连接方式，管道安装坡度及坡向的一般要求。

6）管道滑动支吊架间距表。

7）设备和管道防腐、保温及涂色要求。

8）管道补偿器和建筑物入口装置。

9）设备和管道与土建各专业配合要求。

10）对施工安装质量及安全规程标准与设备、管道系统试压要求。

11）安装与土建施工的配合及设备基础与到货设备尺寸的核对要求。

12）设计所采用的图例符号说明及遵循的有关施工验收规范等。

（3）设计图纸

锅炉房部分

1）热力系统图　应绘出设备、各种管道工艺流程，绘出就地测量仪表设置的位置。按本专业制图规定注明符号、管径及介质流向，并注明设备名称或设备编号。

2）绘出设备平面布置图，对规模较大的锅炉房还应绘出主要设备剖面图，注明设备定位尺寸及设备编号。

3）绘出汽、水、风、烟等管道布置平面图，当规模较大、管道系统复杂时，应绘出管道布置剖面图，并注明管道阀门、补偿器、管道固定支架安装位置以及就地安装一次测量仪表的位置等。注明各种管道管径尺寸及安装标高，必要时还应注明管道坡度及坡向。

4）其他图纸，如机械化运输平、剖面布置图，设备安装详图、非标准设备制造图或制作条件图（如油罐等）应根据工程情况进行绘制。

（4）主要设备表　列出主要设备名称、规格、各项技术参数、单位和数量。

（5）计算书（供内部使用）　施工图阶段的计算书系根据初步设计审批意见进行调整计算。

锅炉房　各系统主要工艺设备调整后的计算，管道水力计算，管道特殊支架或固定支架的推力计算，汽、水、燃料等消耗及贮存场地调整后的计算，小型锅炉房可简化计算。

8.8.3 燃煤锅炉房布置示例

1. 三台 SHL-10-13A 型锅炉房（见图 8.8-1～图 8.8-6，主要设备表见表 8.8-2）

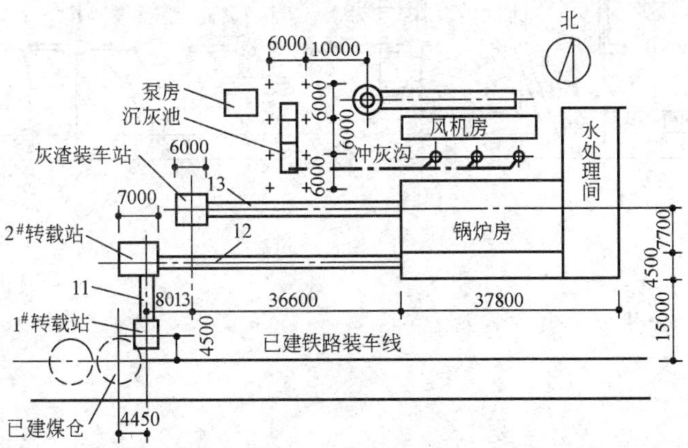

图 8.8-1　三台 SHL-10-13A 型锅炉房区域布置图

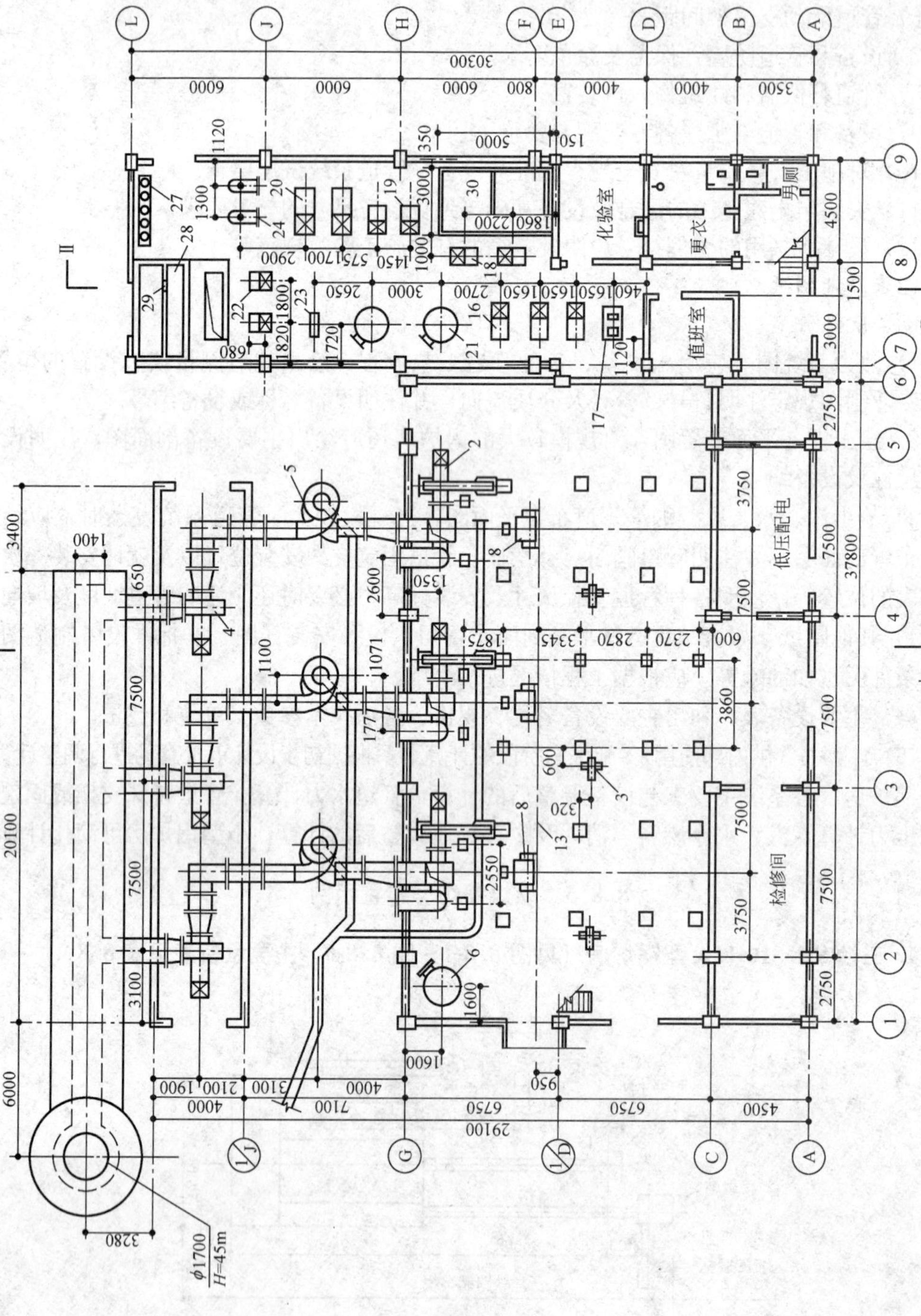

图 8.8-2 三台 SHL 10-13A 型锅炉房±0.00 平面图

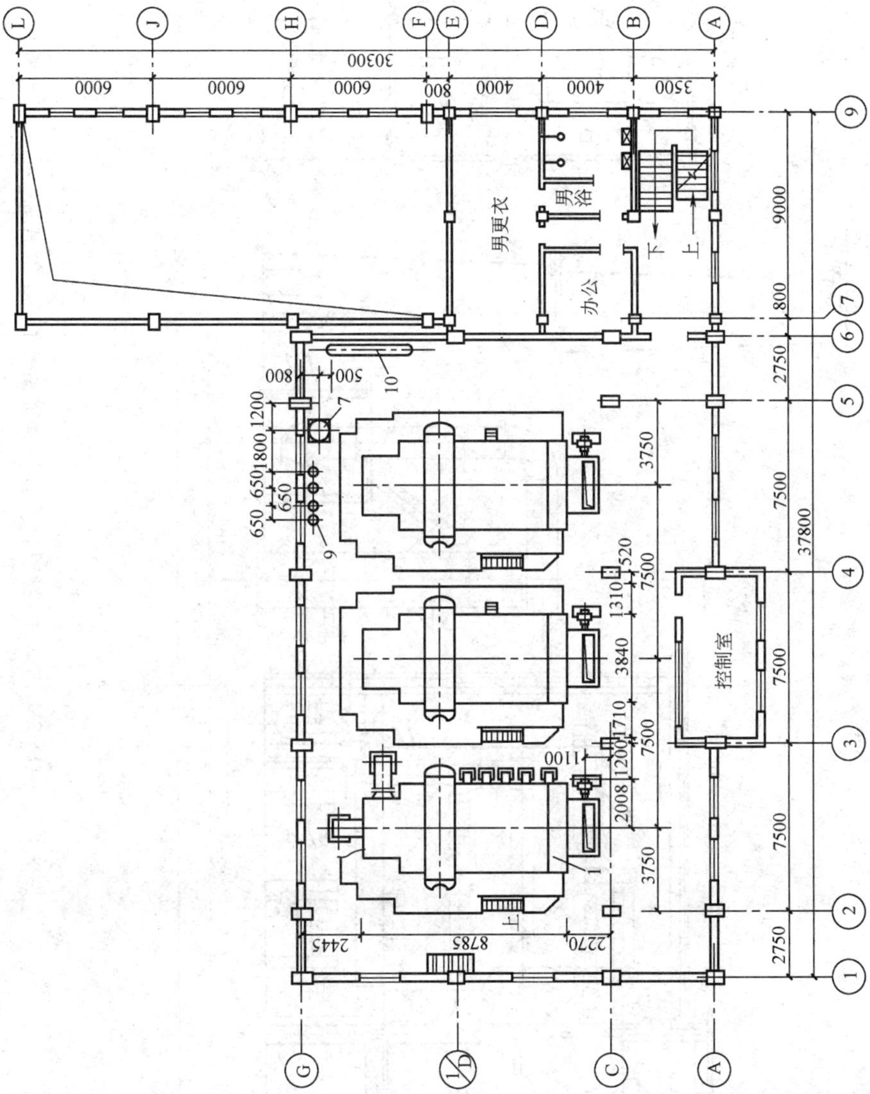

图 8.8-3 三台 SHL-10-13A 型锅炉房 4.50 平面图

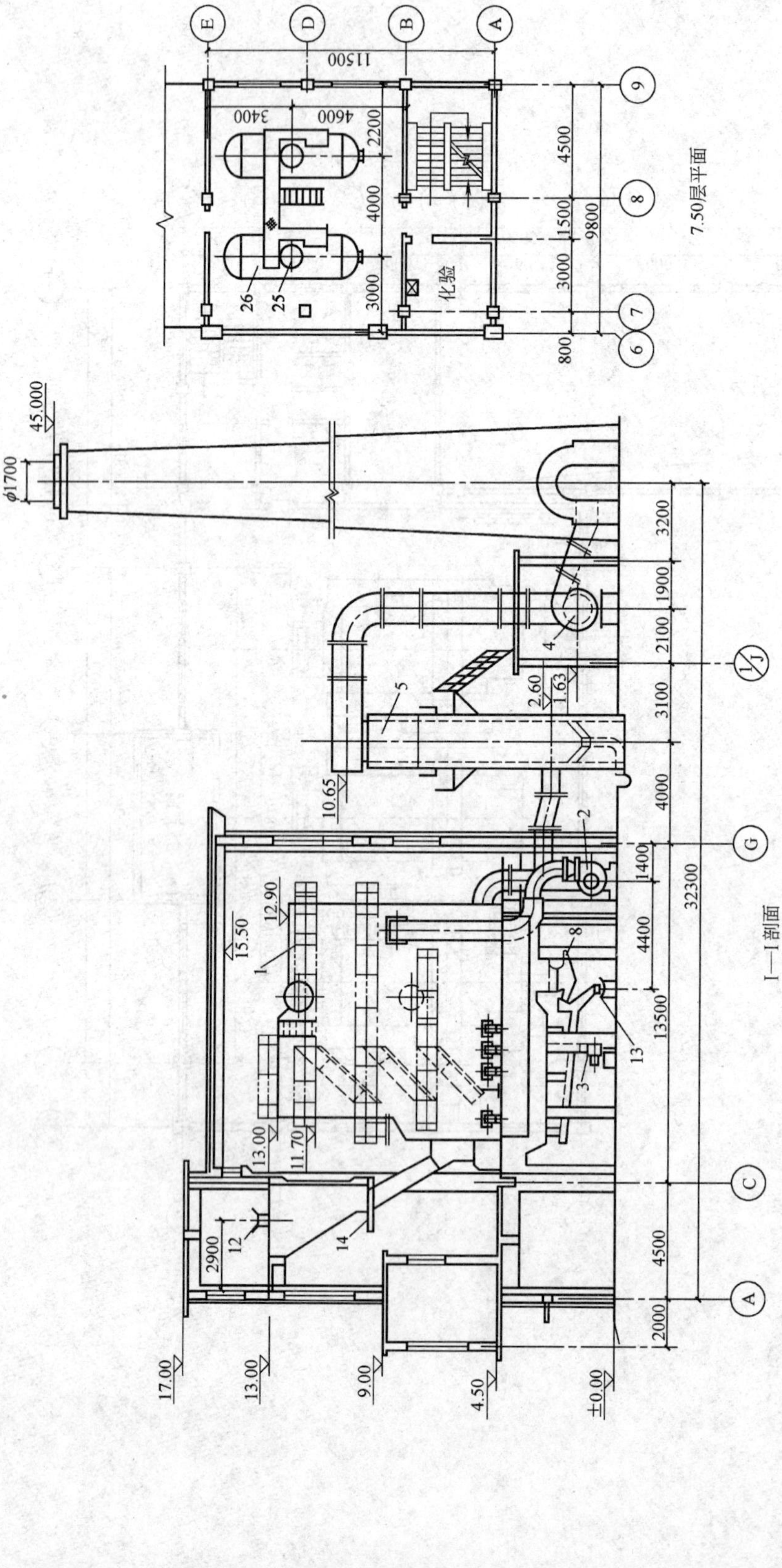

图 8.8-4 三台 SHL-10-13A 型锅炉房 7.50 平面图及 I—I 剖面图

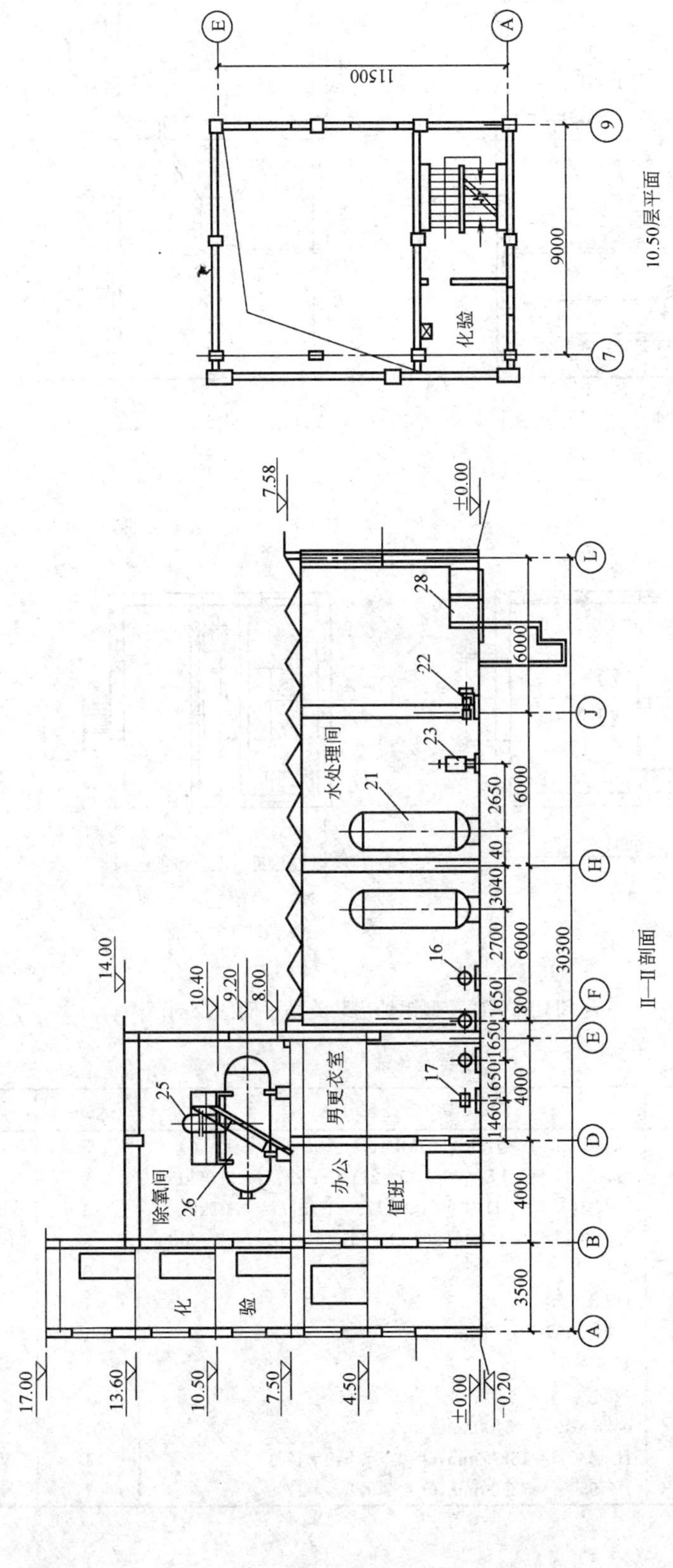

图 8.8-5 三台 SHL-10-13A 型锅炉房 10.50 平面图及 II — II 剖面图

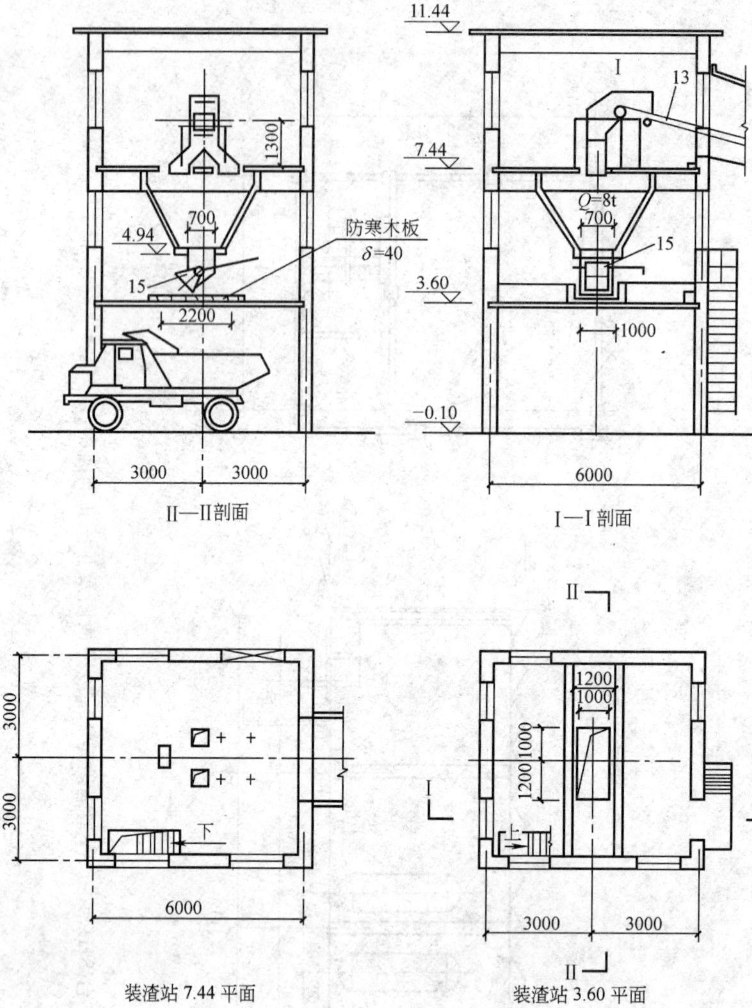

图8.8-6 三台SHL-10-13A型锅炉房装渣站平面图及剖面图

主要设备表 **表8.8-2**

序号	名称	型号规格	数量	备注
1	锅炉	SHL10-13-A型，P=1.3MPa，D=10t/h	3	
2	鼓风机	G4-73-11型№8D左90°，Q=21100m^3/h，H=2.09kPa	3	N=18.5kW
3	二次风机	9-27-101型№4D右90°，Q=1790m^3/h，H=4.07kPa	3	N=4kW
4	引风机	Y4-73-11型№10D左90°，Q=33100m^3/h，H=2.05kPa	3	N=30kW
5	水膜除尘器	ϕ1600	3	
6	定期排污扩容器	DP-3.5型	1	
7	连续排污膨胀器	ϕ670mm，V=0.75m^3	1	
8	马丁出渣机	1500×600	3	N=1.1kW
9	取样冷却器	ϕ254	4	
10	分汽缸	ϕ426×12，l=3700mm	1	
11	1#上煤带式输送机	B=650，l=13317mm，Q=270t/h，α=17°	1	N=10kW
12	2#上煤带式输送机	B=650，l=73300mm，Q=270t/h，α=17°	1	N=22kW

续表

序号	名　　称	型 号 规 格	数量	备　　注
13	出渣带式输送机	$B=500, l=61122mm, Q=4t/h, \alpha=14°$	1	$N=3kW$
14	煤斗闸门	800×800mm	3	
15	灰渣装车闸门		1	
16	电动给水泵	2½GC-6×6 型，$Q=20m^3/h, H=162m$	3	$N=22kW$
17	蒸汽往复泵	QB-7 型，$Q=30m^3/h, H=175m$	1	
18	除氧水泵	IS80-65-160 型，$Q=50m^3/h, H=32m$	2	$N=7.5kW$
19	供暖补水泵	IS65-40-200 型，$Q=20m^3/h, H=50m$	2	$N=7.5kW$
20	供暖循环水泵	IS125-100-250 型，$Q=180m^3/h, H=80m$	2	$N=75kW$
21	钠离子交换器	NJN-1500 型	2	
22	盐液泵	65F-25 型，$Q=36m^3/h, H=21m$	2	$N=5.5kW$
23	螺旋板式热交换器	SS50-10 型，$Q=209\times10^4kJ/h$	1	
24	汽水混合加热器	QSH-40 型	2	
25	除氧器	QR_3 型，$\phi800, Q=20t/h$	2	
26	除氧水箱	$V=10m^3, \phi1816$	2	
27	分水器		1	
28	盐液池		1	
29	塑料挡板	$1200\times600mm, \delta=20mm$	1	
30	软水箱		1	

2. 三台 SHF-20-25/400 型锅炉房（见图 8.8-7～图 8.8-11，主要设备表见表 8.8-3）

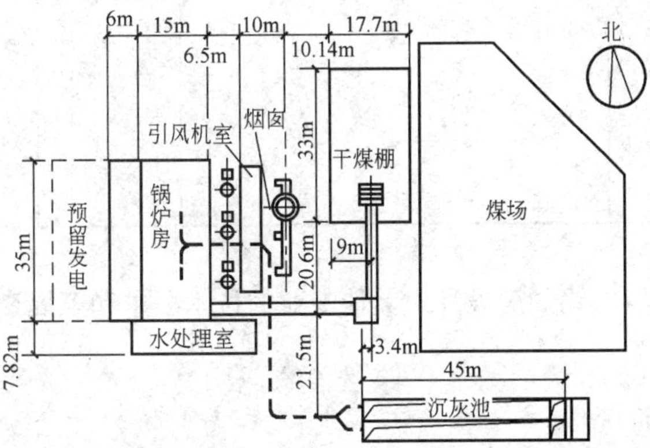

图 8.8-7　三台 SHF-20-25/400 型锅炉房区域布置图

主要设备表　　**表 8.8-3**

序号	名　　称	型 号 规 格	单位	数量	备　　注
1	锅炉	SHF20-25/400、20t/h	台	3	煤粉炉
2	热工仪表盘	KGD-221，$B=900$	块	3	
3	鼓风机	G4-73-11，No9D	台	3	$49000m^3/h$，2670Pa，30kW
4	引风机	Y4-73-11，No11D	台	3	$49300m^3/h$，2480Pa，55kW
5	除尘器	$\phi1850$	台	3	水膜式
6	连续排污扩容器	LP-0.7，$\phi674$	台	3	
7	定期排污扩容器	DL-3.5，$\phi1500$	台	1	
8	凝水扩容器	LP-0.7，$\phi674$	台	1	
9	凝水泵	2BA-6，$10m^3/h$，34.5m	台	1	4.5kW
10	无阀滤池	60t/h	台	1	
11	清水泵	4BA-12，65t/h，37.7m	台	2	14kW

续表

序号	名　称	型号规格	单位	数量	备　注
12	钠离子交换器	KN-2000	台	4	
13	盐溶解器	YB-1000	台	1	
14	盐水泵	$1\frac{1}{2}$BA-68,13t/h,88m	台	1	1kW
15	除氧器	QR-3,20t/h	台	3	
16	电动给水泵	$1\frac{1}{2}$KG6×12,23t/h,380m	台	4	55kW
17	给水仪表盘	KGD221,B=900	块	1	
18	1#皮带机	TD62,B=500,L=24.3m	台	1	
19	振动筛	SZZ900×1800	台	1	
20	双辊破碎机	2PG400×250	台	1	
21	2#皮带机	TD62,B=500,L=53.5m	台	1	
22	3#皮带机	TD62,B=500,L=31m	台	1	
23	电磁振动给煤机	2t/h	台	6	
24	风扇磨煤机	ϕ1000×3000	台	6	75kW
25	冲灰水泵	100D45×2,97t/h	台	2	80m水柱,40kW
26	齿轮油泵	CBZ-40,24t/h	台	2	250m水柱,18kW(点火用)
27	厂用变压器	SJL	台	2	
28	高压开关柜	GG-1A	块	4	
29	低压开关柜	BSL-1	块	16	
30	工业水箱	20t	台	1	
31	清水箱	50t	台	1	
32	疏水箱	10t	台	1	
33	盐水箱	8t	台	1	
34	地下油箱	4t	台	1	

8.8.4 锅炉房设计对其他专业的技术要求和互提资料

1. 总图

(1) 对总图专业的要求

1) 确定锅炉房、煤场、灰场等的位置。承担锅炉房区域内道路、专用线及绿化设计。

2) 锅炉房区域总平面布置，应根据工艺流程和自然条件，力求分区明确、方便生产、合理紧凑、节省用地、减少土石方量，并与厂区周围地形、地貌和现有的规划建筑群体相协调。

3) 锅炉房、煤场、灰渣场、贮油罐、燃气调压站之间以及与其他建筑物、构筑物之间的间距，均应按现行国家标准《建筑设计防火规范》和有关工业企业设计卫生标准等有关规定执行。

(2) 本专业应提供给总图专业的资料：

1) 锅炉房平面图和锅炉房区域布置图。

2) 锅炉房年耗煤量及供暖期月耗煤量，或提供煤场面积的大小，以及运煤设施的情况。

3) 锅炉房年灰渣量及供暖期月灰渣量，或提供灰渣场面积大小，以及运灰渣设施情况。

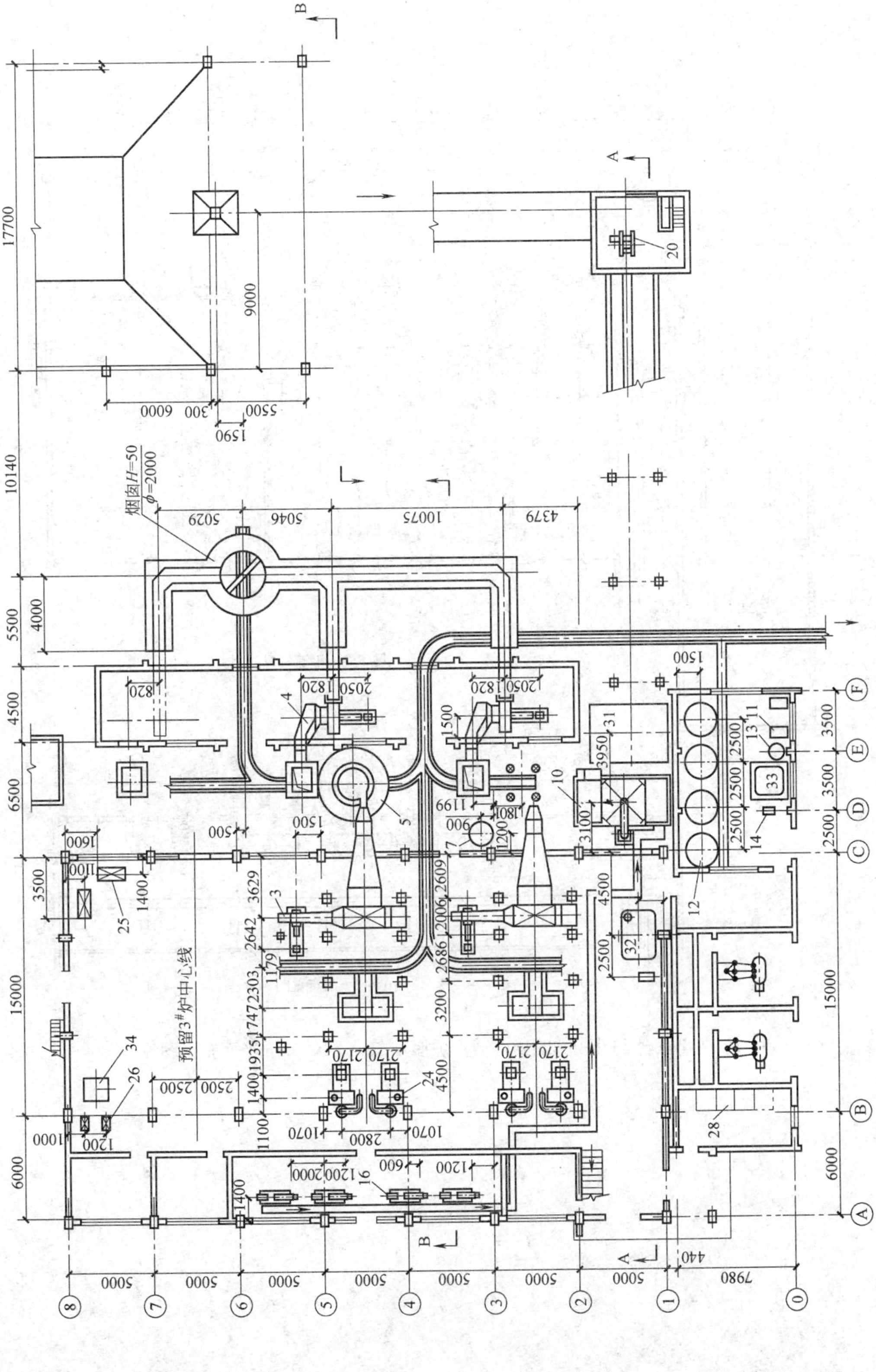

图 8.8-8 三台 SHF-20-25/400 型锅炉房±0.00 平面布置图

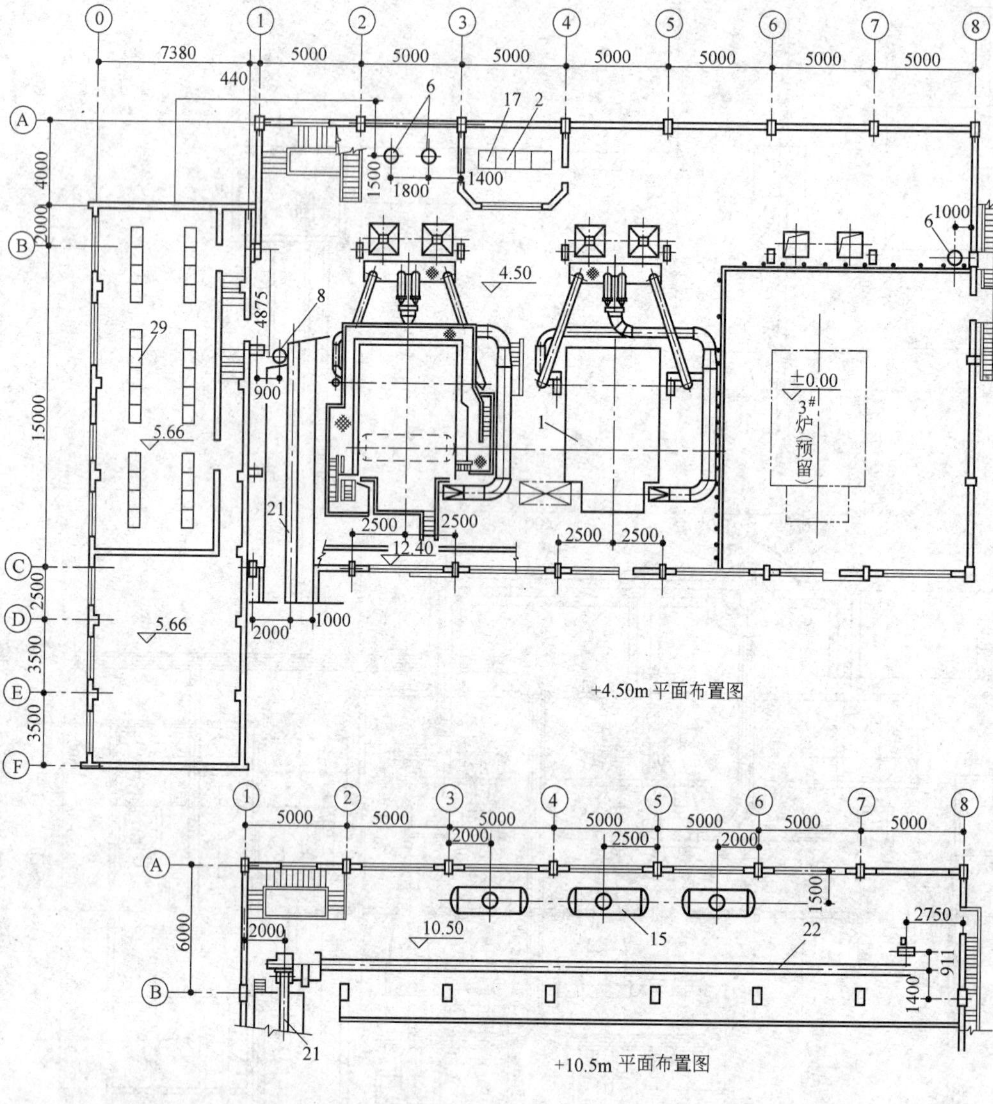

图 8.8-9 三台 SHF-20-25/400 型锅炉房 4.50m、10.50m 平面布置图

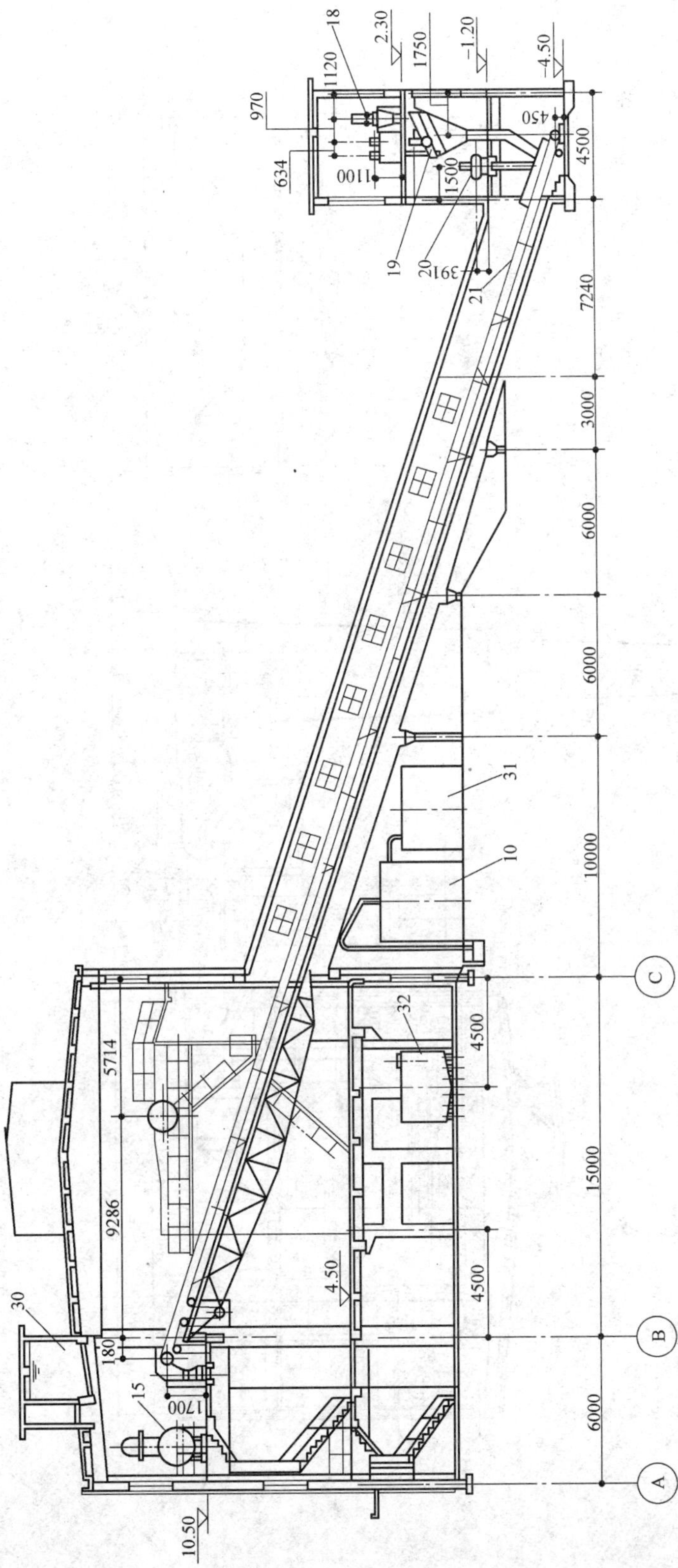

图 8.8-10 三台 SHF-20-25/400 型锅炉房 A—A 剖面图

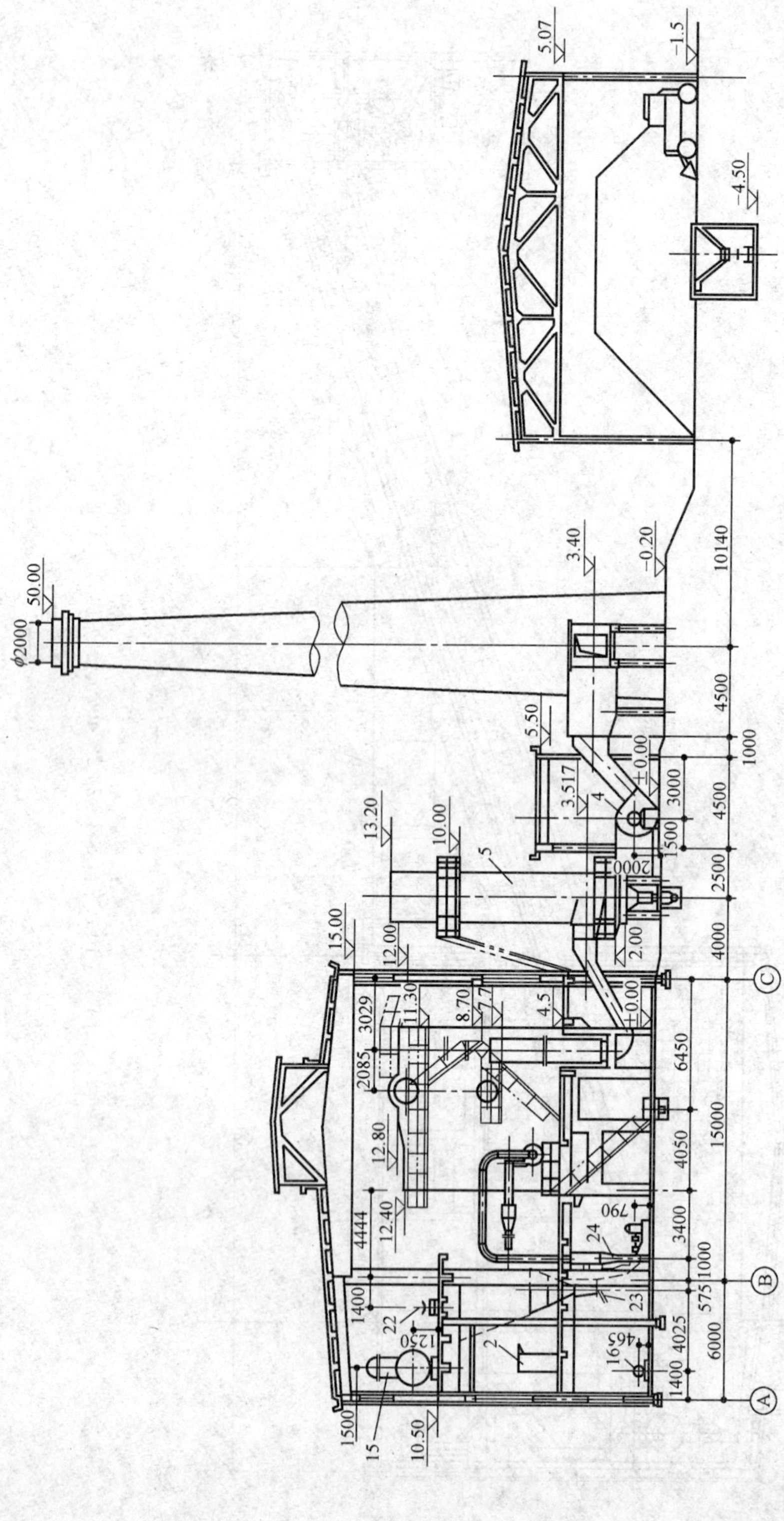

图 8.8-11 三台 SHF-20-25/400 型锅炉房 B—B 剖面图

4）锅炉房人员编制资料，见表 8.8-4。

锅炉房人员编制　　表 8.8-4

序号	职　务	班制	最大班人数	总人数	备　注
1	主任	1			小锅炉房可不设
2	技术员	1			小锅炉房可不设
3	化验员	1			可由水处理工兼
4	统计员	1			小锅炉房可不设
5	司炉	3			兼管鼓、引风机
6	水处理工	3			兼管水泵
7	运煤工	1～2			
8	除灰渣工	1～2			
9	检修工	1			
10	电工、仪表工	1			
11	杂工	1			
12	合计				

2. 土建（建筑、结构）

（1）对土建专业的要求

1）土建专业承担所有建筑物的设计，锅炉及辅助设备基础的设计、烟囱、烟道、地沟、水池等构筑物的设计。

2）建筑立面处理应美观简洁大方，对面向城市街道或企业干道的建筑物造型和立面设计，应满足城市和总体规划的要求。

3）锅炉房的火灾危险性分类和耐火等级应符合下列要求：

① 锅炉间属于丁类生产厂房，燃油（气）锅炉间和额定容量>4t/h（2.8MW）的燃煤锅炉间建筑不应低于二级耐火等级；额定容量≤4t/h（2.8MW）的燃煤锅炉间可采用三级耐火等级。

② 油箱间，油泵间和油加热器间均属于丙类生产厂房，其建筑不应低于二级耐火等级，上述房间布置在锅炉房辅助间时，应设防火墙与其他房隔开。

③ 燃气调压间属于甲类生产厂房，其建筑不应低于二级耐火等级，与锅炉房相邻的调压间应设防火墙与锅炉房隔开，其门窗应向外开启，地面应采用不发生火花的地坪。

④ 锅炉间、日用油箱间及天然气调压间等应有不低于各自占地面积10%的爆炸泄压面积。

⑤ 燃油、燃气锅炉的烟囱应采用钢制或钢筋混凝土烟囱。

⑥ 锅炉房每层至少应有两个出口，分别设在两侧，附近如有通向消防梯的太平门时，可只设一个出入口。锅炉间炉前总宽度（包括锅炉之前的宽度在内）不超过12m，并且面积在 200m^2 以下的单层锅炉房，可只设一个出入口。

⑦ 辅助间的安全出口的数量按《建筑设计防火规范》有关规定进行设计。

⑧ 锅炉房通向室外的门应向外开，锅炉房内工作室或生活室的门应向锅炉间内开。

⑨ 固定端应向各层的楼梯间，厂房长度超过 30m 时，扩建端一般设有消防梯。

⑩ 锅炉房如需扩建时，则应考虑扩建的可能性。

⑪ 单台蒸发量≥6t/h 的蒸汽锅炉或产热量≥4.2MW 的热水锅炉，宜设置单独的机修间。机修间布置在锅炉房的底层，其门的宽度不应小于 1.5m。

⑫ 在必须检修，重量又较大（0.5～1.0t）的附属设备（引风机、热交换器、除氧器及水处理设备等）的上部，宜考虑有安装手动吊车的条件。

⑬ 当锅炉房内安装有振动炉排锅炉等振动较大的设备时，应考虑防振措施。

⑭ 锅炉房应预留通过设备最大搬运件的安装孔洞，安装孔洞可与门窗结合考虑。

⑮ 钢筋混凝土煤斗内壁的表面应光滑耐磨，内壁交接处宜做成圆角，并应设置有盖的人孔和爬梯，在敞口处应设置栏杆等防护设施。

⑯ 运煤系统建筑物（运煤提升机房及运煤栈桥等）的内壁表面，应考虑不积存煤灰的措施，其内壁一般应抹灰。

⑰ 运煤栈桥的倾斜角小于12°时，通道上应考虑设防滑措施，大于12°时，应设踏步。

⑱ 钢筋混凝土烟囱和砖砌烟道的混凝土底板等表面设计计算温度高于100℃的部位，应设隔热层。

⑲ 烟道和锅炉房的墙壁、基础之间应保持70mm宽的膨胀间隙，间隙的上部和两端应加覆盖。

⑳ 在楼层布置锅炉房时，锅炉基础与楼板地面接缝处，应采用能适应沉降的处理措施。

㉑ 锅炉房平台、楼板及屋面荷载可参考表8.8-5。

（2）本专业提供给土建专业的资料：

1）锅炉房设备布置平、剖面图及设备明细表。

2）主辅机设备基础尺寸图。

3）支承结构及楼板的预埋件和预留孔洞的具体尺寸图。

4）各部位的标准荷载及集中荷载表。

5）人员编制资料。

平台、楼板及屋面荷载 **表8.8-5**

名称	标准荷载(kN/m^2)	超载系数
锅炉房运转层平面	8～12	1.3
化验室	3	1.2
水箱水泵间(非基础)地面	5	1.2
辅助间屋面	5	1.2
生产操作平台：		
不堆放材料	2	1.2
堆放材料	4	1.2
机修间地面	4～8	1.2
无车辆通过的沟盖板	4	1.2
煤仓间：		
皮带及楼板	4	1.4
皮带头部及装置处	10	1.4
运煤廊：		
地面	4	1.4
转运站楼板	5～10	1.4
破碎机房、皮带机间楼板	5	1.4
筛煤间楼板	5	1.4
碎煤机层楼板	10～20	1.4
碎煤机间底层	5～10	1.4

注：① 上表未计入设备的集中荷载。

② 锅炉房运转层楼板如分区计算，则炉后部分楼板荷载可比上表数值适当减少。

3. 电气

(1) 对电气专业的要求

1) 承担锅炉房电气设备的供电设计，室内外照明，连锁和通信设计。

2) 对不允许中断供热的锅炉房，应由两回路的电源供电。

3) 单台锅炉额定容量≥6t/h (4.2MW) 宜设低压配电室，当有6～10kV高压用电设备时宜设高压开关室。

4) 锅炉机组采用集中控制时，在远离操作控制盘的各电机旁，宜设置开、停机按钮。

5) 碎煤机和运煤廊的电气设备应按“H-2级”火灾危险场所考虑。

6) 电力线路宜采用穿金属管电缆布线，并不宜沿锅炉、烟道、热水箱和其他载热体表面敷设。电缆不得在煤场下通行。

7) 锅炉房电气照明装置应符合下列要求：

① 锅炉房单台机组的照明和局部照明应根据运行需要考虑。

锅炉水位表、锅炉压力表、仪表控制盘和其他照度要求较高的部分，均应设置局部照明；煤场和灰渣场应设置照明；化验室用日光灯照明。

② 锅炉房的照度可参照表8.8-6。

③ 照明装置的电压应符合表8.8-7要求。

锅炉房照度 **表8.8-6**

序号	照明部位名称	最低照度(lx)
1	锅炉前、水泵间、除灰室、修理间、水处理间、各种自动装置、油泵间	20
2	工作平台、锅炉之间通道、煤仓、风机间、除氧间、水箱间	10
3	走廊和扶梯	5
4	仪表盘、水位计、油位计、锅炉压力表、控制室、化验室	100
5	煤场、灰场	1

照明装置电压 **表8.8-7**

序号	照明装置安装部位	电压(V)
1	照明灯具安装高度距地面(工作台面)<2.4m时	应用防触电措施或采用≤36V电压
2	使用携带式行灯时： (1)一般场所	≤36
	(2)较危险场所(炉内工作、地位狭窄处、接触大块金属时)	≤12
	(3)锅炉间、风机间、除氧间、水箱间、水处理间、换热站、地下室、运煤廊、破碎机间、水泵间、卷扬机间等房间内的插座	12

注：照明插座应有明显的电压、标志。

④ 锅炉房应在锅炉前及锅炉之间通道、热工仪表盘及控制盘、锅炉水位计、压力表、水处理间、除氧器或水箱间、风机间、运煤系统控制间、主要出入口及楼梯间设置保证连续工作的事故照明。小型锅炉可不设置事故照明。

⑤ 对巡回检查线路较长的工作场所（如运煤廊）的照明应考虑设置联动开关。

8) 锅炉房有关各处，宜设置单相动力插座，参见表8.8-8。

动力插座 表 8.8-8

插座安装地点	锅炉间	机修间	化验室	煤灰场
数量(个)	1～2	1～2	1～2	1～2
功率(kW/个)	3～4	3～4	1～3	3～5

9）锅炉房应设置通信电话机。

10）烟囱应装置防雷保护装置。砖及钢盘混凝土烟囱的避雷针或避雷带，可用铁爬梯作引下线，但必须有可靠的连接和接地。钢板烟囱可利用烟囱本身作为接闪器和引下线。但在非金属垫圈分开的两筒体间，应用钢筋焊成导电引桥。

11）在燃气（油）锅炉间、油箱油泵间、天然气调压计量室等地点设置可燃气体浓度检测监控仪表及声光报警装置，该装置与通风设施连锁。

12）燃油（气）系统的扩散管，管顶及其附近应设置避雷装置。

13）燃油（气）系统的设备和管道，通风系统的设备和风道均应设置导除静电的接地装置。

14）燃气调压间、油泵间等处的电气设计，必须符合现行国家标准《爆炸和火灾危险环境电力装置设计规范》的有关规定。

（2）本专业应提供给电气专业的资料：

1）锅炉房设备平、剖面布置图（附设备表）。

2）锅炉房管道系统图，在图上应注明热工控制测量仪表的测点位置，并注明测量参数要求。

3）用电设备表，内容包括：电机型号、规格（功率）、台数及是否备用或经常使用情况等。

4）照明、自动控制、信号、通信联系等具体要求。

4. 暖通

（1）对暖通专业的要求

1）进行锅炉房的供暖、通风、空调设计。

2）供暖地区、锅炉房各房间的冬季室内计算温度按表 8.8-9 选用。

室内供暖计算温度 表 8.8-9

房 间 名 称	温　度(℃)
人工加煤的锅炉间	+12
燃油、燃气、机械加煤的锅炉间	+16
有控制室的锅炉间	+5
值班室、休息室、水处理间、化验室、仪表间	+18～+20
风机间、破碎间、运煤廊、出渣间	+5
浴室、更衣室	+25

3）在寒冷地区，用人工手推车运煤和除灰渣时，在小车出入口处宜设门斗。

4）在运煤系统的转运处，破碎筛选和干式机械除灰渣处等产生灰尘严重的地点，应有密封措施并设置局部排风及除尘装置。

5）锅炉房是否需要开设天窗，应根据对土建技术要求的规定并考虑通风的需要来确定。炎热地区的锅炉间应设置天窗。

6）在锅炉房的司炉操作处、除氧器间、水处理间、地下凝结水箱间、水泵间、除灰间等处可根据需要设置机械通风。

7）炎热地区的集中控制室，应设空调装置。

8）燃油（气）锅炉的通风要求见（表 8.7-26）。

（2）本专业应向暖通专业提供的资料；

1）锅炉房平、剖面布置图及设备表。

2）锅炉本体的表面散热量，冬夏季锅炉运行台数以及附属设备的表面散热量等。

3）电动机台数、功率、备用和常用情况。

4）一、二次风机总吸风量，如采用室外吸风时可不提供此项内容。

5）供暖、通风及空调要求。

5. 给排水

（1）对给排水专业的要求

1）负责锅炉房给排水系统的设计、室内外消防系统的设计。

2）锅炉房一般采用一根进水管。但对于中断给水会造成重大损失的锅炉房，应采用两根进水管，两根进水管应来自不同水源或室外环形管网的不同管段。

3）锅炉房给水入口处的水压应能满足水处理的需要，一般不应低于 0.2～0.3MPa，否则应设置生水加压泵。

4）锅炉排污水应先排至排污降温池，将排污水温度降至 40℃以下，方可排入下水道。

5）湿法除尘、水力除灰、渣及水处理间排除的酸碱废水，应采取有效的措施进行处理，使其符合《污水综合排放标准》(GB/T 8978) 的要求后，方可排入室外下水道。

6）煤场、灰渣场应有防止积水的措施。

7）锅炉房的小时最大、平均耗水量，昼夜耗水量及排水量可按表 8.8-10 计算确定：

锅炉房耗水量及排水量计算表 **表 8.8-10**

项　目	计 算 公 式
锅炉补给水量 G_1(m³/h)	$G_1=G_{1-1}+G_{1-2}+G_{1-3}+G_{1-4}$
(*a*)生产用汽的凝结水损失量,G_{1-1}	按具体情况进行计算
(*b*)室外管网凝结水损失量,G_{1-2}	$G_{1-2}=0.05\times$锅炉蒸发量
(*c*)锅炉房内部凝结水损失量,G_{1-3}	$G_{1-3}=(0.02\sim0.05)\times$锅炉蒸发量
(*d*)锅炉排污量,G_{1-4}	$G_{1-4}=(0.05\sim0.1)\times$锅炉蒸发量
热水管网的补给水量,G_2(m³/h)	$G_2=(0.01\sim0.03)\times$热水管网循环水量
引风机轴承冷却水量,G_3(m³/h)	$G_3=0.5\times$引风机运行台数
抛煤机或炉排轴承冷却水量,G_4(m³/h)	$G_4=0.5\times$锅炉运行台数
定期排污冷却水量,G_5(m³/h)	$G_5=(3\sim4)\times$每台锅炉定期排污量
水处理系统耗水量,G_6(m³/h)	根据水处理系统计算得出
化验冷却水量,G_7(m³/h)	$G_7=0.3\sim0.5$
浇灰耗水量,G_8(m³/h)	$G_8=(0.3\sim0.5)\times$锅炉房小时灰渣量(t/h)

注：锅炉房小时最大耗水量 $G_{max}=G_1+G_2+G_3+G_4+G_6$，m³/h；

锅炉房小时平均耗水量 $G_{pj}=\frac{昼夜耗水量G}{24}$，m³/h；

锅炉房小时最大排水量 $G_{PA}=G_3+G_4+G_6$（反洗）+锅炉房连续排污量，m³/h。

（2）本专业应提供给水排水专业的资料：

1）锅炉房平、剖面布置图。

2）给水、排水流量（最大及平均小时流量，昼夜用水量）。

3）给水、排水出入口位置，管径及接管标高。

4）给水的水压及水源要求。

5）排水参数（温度、压力）及特性。

第9章　通风与除尘

9.1　自然通风

自然通风是利用自然能源而不依靠空调设备来维持适宜的室内环境的一种方式。自然通风的作用原理，主要是利用室内外温度差所造成的热压或室外风力所造成的风压来实现通风换气的。它是一种可以管理的，有组织的全面通风方式，并且可用来冲淡工作区有害物的浓度。

自然通风可以提供大量的室外新鲜空气，提高室内舒适程度，减少建筑物冷负荷。在日本和欧洲的一些国家，自然通风是建筑师和设计师的首选。在许多居住建筑和非居住建筑（如工业厂房、体育场馆等）得到广泛的应用。我国许多地方的大量民居也因地制宜，结合不同气候，创造各式各样的自然通风方式，很好地解决了夏季通风降温的问题。例如日本的大阪体育馆、我国广西南宁体育馆、法兰克福商业银行总部大楼、德国巴伐利亚住宅、我国的皖南民居等，都是利用自然通风降温，改善室内环境的范例。

9.1.1　自然通风的通风量

自然通风的通风量 G（kg/h），按下式计算：

$$G=3600\frac{Q}{c(t_{\mathrm{p}}-t_{\mathrm{wf}})} \tag{9.1-1}$$

或

$$G=3600\frac{mQ}{c(t_{\mathrm{n}}-t_{\mathrm{wf}})} \tag{9.1-2}$$

式中　Q——散至室内的全部显热量，kW；

c——空气比热，$c=1.0$kJ/(kg·℃)；

t_{p}——排风温度，℃，按公式（9.1-3）、（9.1-4）计算；

t_{n}——室内工作地点温度，℃，可按表9.1-1采用；

t_{wf}——夏季通风室外计算温度，℃；

m——散热量有效系数，按式（9.1-5）确定。

室内工作地点温度 t_{n}（℃）　　**表9.1-1**

夏季通风室外计算温度(℃)	≤22	23	24	25	26	27	28	29～32	≥33
允许温度(℃)	10	9	8	7	6	5	4	3	2
工作地点温度	≤32	32						32～35	35

以上计算方法是在下列简化条件下进行的：

(1) 空气在流动过程中是稳定的；

(2) 整个车间的空气温度都等于车间的平均温度；

(3) 车间内空气流动的路途上，没有任何障碍物；

(4) 除进风口外的缝隙所渗入的空气量不予考虑。

9.1.2 排风温度 t_p

$$t_p = t_{wf} + \frac{t_n - t_{wf}}{m} \tag{9.1-3}$$

对散热比较均匀，且不大于116W/m³ 时，可按下式计算：

$$t_p = t_n + \Delta t_H (H-2) \tag{9.1-4}$$

式中 Δt_H——温度梯度，℃/m，按表9.1-2采用；

H——排风口中心距地面的高度，m。

温度梯度 Δt_H 值（℃/m） 表9.1-2

室内散热量（W/m³）	厂房高度(m)										
	5	6	7	8	9	10	11	12	13	14	15
12～23	1.0	0.9	0.8	0.7	0.6	0.5	0.4	0.4	0.3	0.3	0.2
24～47	1.2	1.2	0.9	0.8	0.7	0.6	0.5	0.5	0.5	0.4	0.4
48～70	1.5	1.5	1.2	1.1	0.9	0.8	0.8	0.8	0.8	0.8	0.5
71～93	—	1.5	1.5	1.3	1.2	1.2	1.2	1.2	1.1	1.0	0.9
94～116	—	—	—	1.5	1.5	1.5	1.5	1.5	1.5	1.4	1.3

9.1.3 散热量有效系数 m

$$m = m_1 m_2 m_3 \tag{9.1-5}$$

式中 m_1——根据热源占地面积 f 和地面面积 F 之比值，按图9.1-1确定；

m_2——根据热源的高度，按表9.1-3确定；

m_3——根据热源的辐射散热量 Q_f 和总散热量 Q 之比值，按表9.1-4确定。

系数 m_2 值 表9.1-3

热源高度（m）	≤2	4	6	8	10	12	≥14
m_2	1.0	0.85	0.75	0.65	0.6	0.55	0.5

系数 m_3 值 表9.1-4

Q_f/Q	≤0.40	0.45	0.50	0.55	0.60	0.65	0.70
m_3	1.00	1.03	1.07	1.12	1.18	1.30	1.45

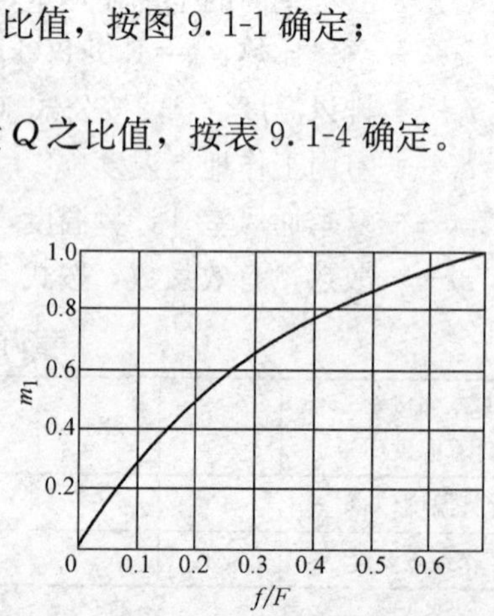

图9.1-1 系数 m_1 值

9.1.4 设备散热量的确定

设备散热量主要与散热设备及管道外表面面积，外表面与室内空气温差及室内空气流速大小有关。

单位面积法设备散热量 Q_{re}（W）按下式计算：

$$Q_{re}=\sum Aa\Delta t \tag{9.1-6}$$

其中 $a=11.63+7v$

式中 A——设备及管道外表面面积，m^2；

a——设备及管道外表面积的传热系数，$W/(m^2 \cdot ℃)$；

Δt——散热表面和室内空气温差，℃；

v——室内空气流速，m/s，在计算中可认为 $v\approx0$。

9.1.5 进风口面积 F_j（m^2）和排风口面积 F_p（m^2）

$$F_j=\frac{G_j}{3600\sqrt{\dfrac{2g\rho_{wf}h_j(\rho_{wf}-\rho_{np})}{\zeta_j}}} \tag{9.1-7}$$

$$F_p=\frac{G_p}{3600\sqrt{\dfrac{2g\rho_p h_p(\rho_{wf}-\rho_{np})}{\zeta_p}}} \tag{9.1-8}$$

式中 G_j、G_p——进风量及排风量，kg/h；

h_j、h_p——进风口及排风口中心与中和面的高差，m；

ρ_{wf}——夏季通风室外计算温度下的空气密度，kg/m^3；

ρ_p——排风温度下的空气密度，kg/m^3；

ρ_{np}——室内空气的平均密度，kg/m^3，按作业地带和排风口处空气密度的平均值采用；

ζ_j、ζ_p——进风口及排风口的局部阻力系数，按表 9.1-5、表 9.1-6 采用；

g——重力加速度，$9.81m/s^2$。

为简化计算，根据式（9.1-7）、（9.1-8）绘制出计算图（图 9.1-2、图 9.1-3）。

进、排风口局部阻力系数 ζ 值 表 9.1-5

窗扇结构	开启角度($\alpha°$)	$b/l=1:1$	$b/l=1:2$	$b/l>1:2$
单层窗上悬 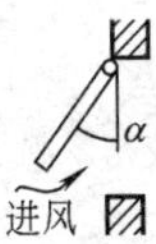 进风	15	16	20.6	30.8
	30	5.65	6.9	9.15
	45	3.68	4.0	5.15
	60	3.07	3.18	3.54
	90	2.59	2.59	2.59
单层窗上悬  排风	15	11.1	17.3	30.8
	30	4.9	6.9	8.6
	45	3.18	4.0	4.7
	60	2.51	3.07	3.3
	90	2.22	2.51	2.51

续表

窗扇结构	开启角度(α°)	b/l=1∶1	b/l=1∶2	b/l>1∶2
单层窗中悬 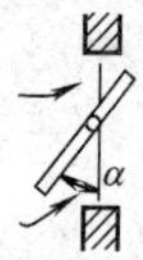	15 30 45 60 90	45.3 11.1 5.15 3.18 2.43	— — — — —	59.0 13.6 6.55 3.18 2.68
双层窗上悬 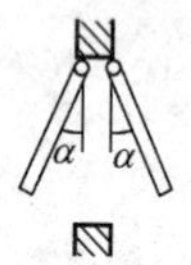	15 30 45 60 90	14.8 4.9 3.83 2.96 2.37	30.8 9.75 5.15 3.54 2.37	— — — — —
双层窗上下悬 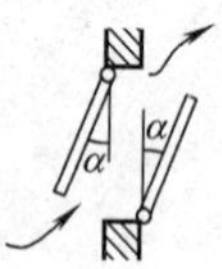	15 30 45 60 90	18.8 6.25 3.83 3.07 2.37	45.3 11.1 5.9 4.0 2.77	59.0 17.3 8.6 5.0 2.77
竖轴板式进风窗 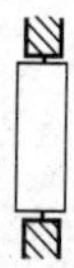	90		2.37	

注：① 各跨间的膛孔阻力系数 $\zeta=1.56$；

② 无挡风板的矩形天窗作为进风用时，当窗扇开启的角度 $\alpha=35°$时，$\zeta=12.2$；

③ 厂房大门 $\zeta=1.56$；

④ b代表窗扇高度，l代表窗扇长度。

常用避风天窗的局部阻力系数ζ值 **表9.1-6**

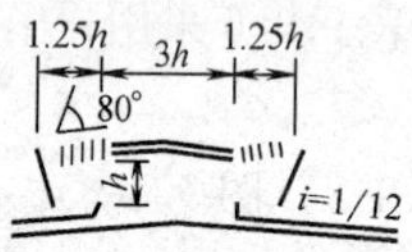	X-Ⅰ型	
	l/h	1.25
	ζ	4.0
	用途及说明	1. 天窗无窗扇，并可防雨，适用于南方高温车间 2. 防雨角度按30°～35°计算
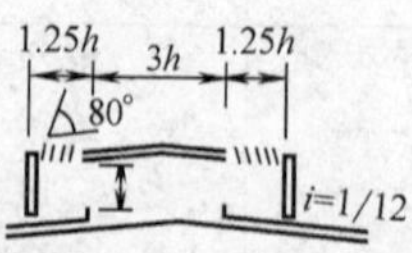	X-Ⅱ型	
	l/h	1.25
	ζ	4.6
	用途及说明	1. 天窗无窗扇，并可防雨，适用于南方高温车间 2. 防雨角度按30°～35°计算
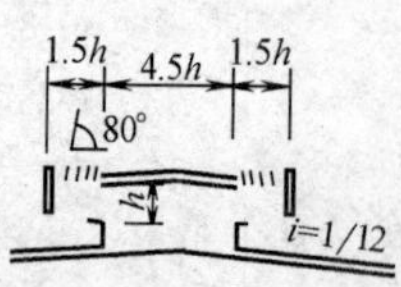	X-Ⅲ型	
	l/h	1.5
	ζ	2.2
	用途及说明	1. 天窗无窗扇，并可防雨，适用于南方高温车间 2. 防雨角度按30°～35°计算

续表

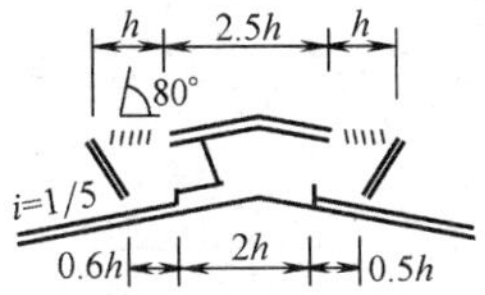

X-Ⅳ型	
l/h	1.0
ζ	4.1
用途及说明	1. 天窗无窗扇，并可防雨，适用于南方高温车间 2. 防雨角度按 30°～35°计算

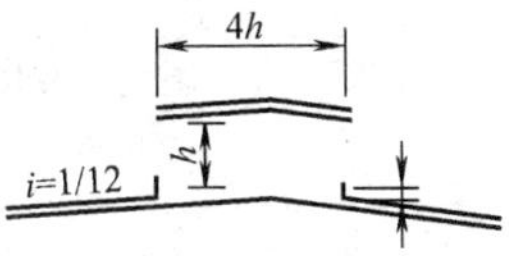

不避风型天窗	
ζ	2.52
用途及说明	适用于不避风和不调节的车间

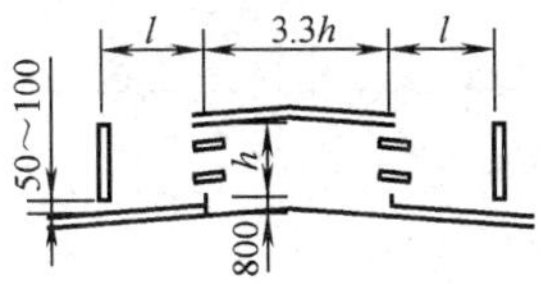

中悬式矩形天窗		
开启角度	l/h	ζ
80°	1.5	4.2
说明	结构简单，局部阻力系数小，可以调节，适用于高温车间	

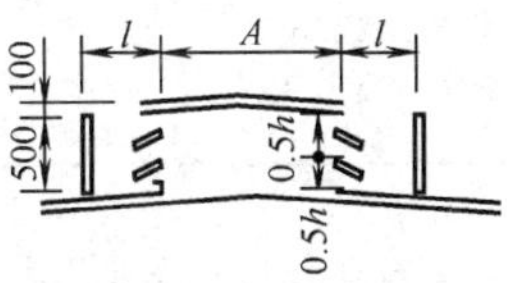

上悬式矩型天窗												
开启角度	35°				45°				55°			
l/h	1	1.5	2	2.5	1	1.5	2	2.5	1	1.5	2	2.5
ζ	13.9	11.5	9.5	9.1	11.5	9.2	6.8	6.1	11.7	7.1	5.1	4.3
说明	1. 窗扇受开启机构限制，开启角度不大 2. 结构简单，但阻力系数大											

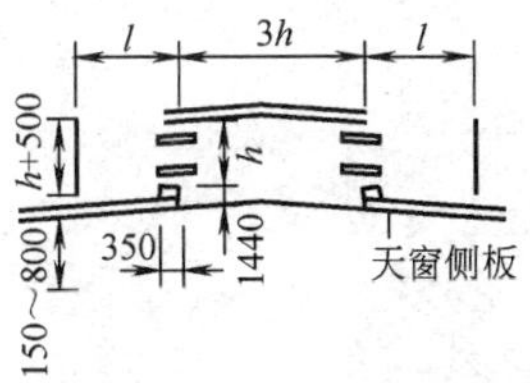

带水平挡板矩型天窗	
窗扇开启角度	80°
l/h	1.5
ζ	3.9
说明	空气动力性能良好，局部阻力系数小

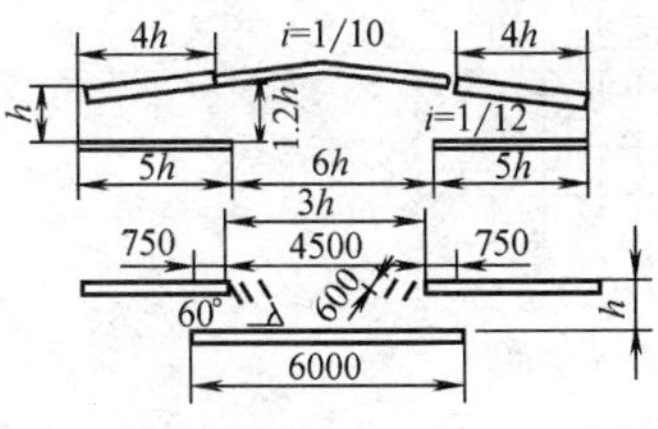

井式Ⅰ型(6m 柱距)天窗	
防雨角度	45°
ζ	3.84
说明	1. 根据热源位置灵活布置 2. 天窗无窗扇，并可防雨 3. 适用于高温车间

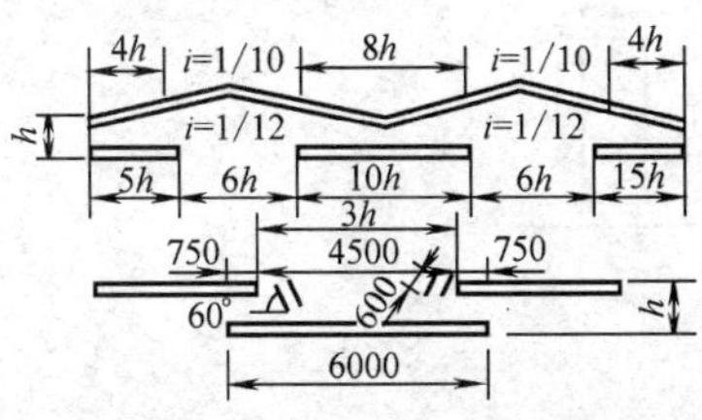

井式Ⅱ型(6m 柱距)天窗	
防雨角度	45°
ζ	4.8
说明	1. 根据热源位置灵活布置 2. 天窗无窗扇，并可防雨 3. 适用于高温车间

续表

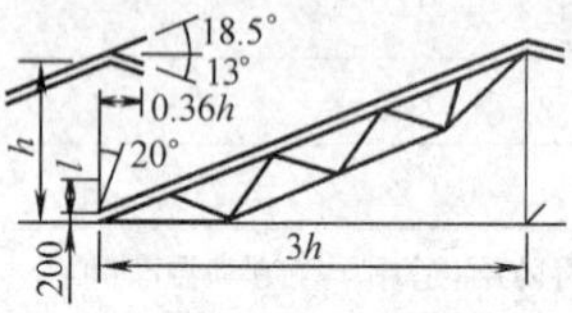

锯齿形天窗	
遮阳板倾角	+18.5°　　−13°
ζ	2.1　　3.1
说明	适用于轧钢车间

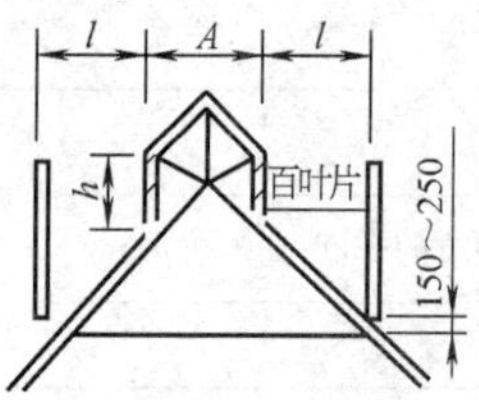

炼铁车间天窗						
窗口型式	没有百叶片		有直百叶片		有角百叶片	
l/h	1	1.5	1	1.5	1	1.5
ζ	6.4	5.8	8	6.7	10	7.5
说明	1. 适用于炼铁车间 2. $A/h=2$					

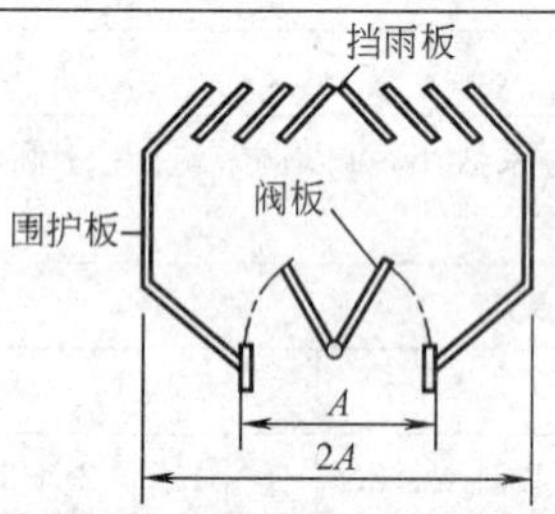

多边形组合天窗	
ζ	2.71
说明	1. 工厂化生产，局部阻力系数小 2. 适用于电厂锅炉间等高温车间

注：① l 表示挡风板至天窗距离，A 表示喉口宽度，h 表示天窗高度。

② X-Ⅰ～X-Ⅳ型系北京钢铁设计院试验值，无窗扇型天窗系冶金建筑研究院试验值，井式Ⅰ、Ⅱ型天窗系冶金建研院试验值。

③ 多边形组合天窗系东北电力设计院提供数值。

④ 所列局部阻力系数值皆对天窗口速度而言。

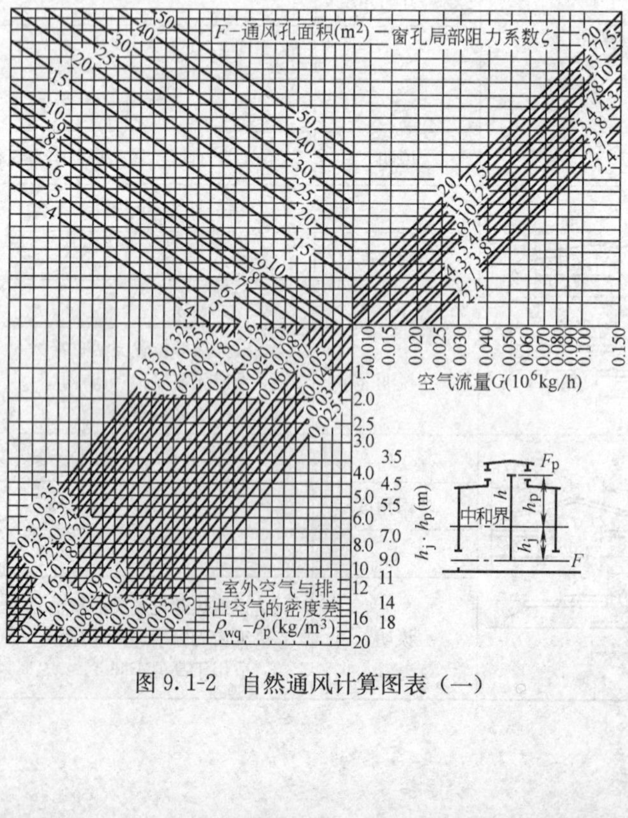

图 9.1-2 自然通风计算图表（一）

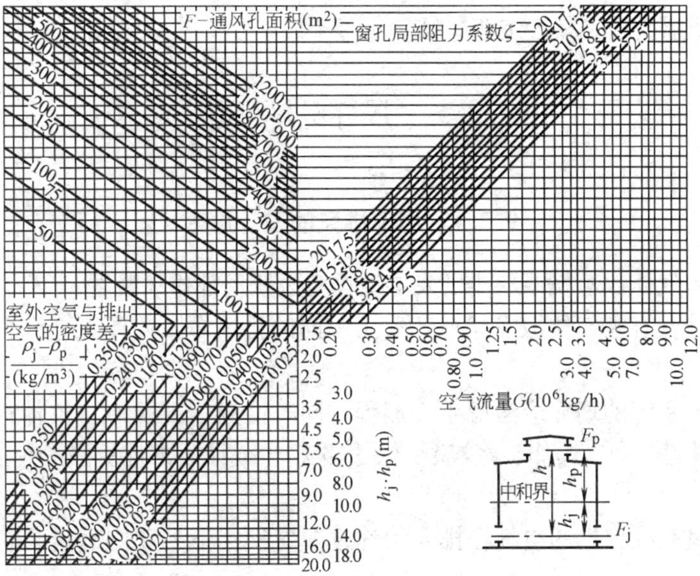

图 9.1-3 自然通风计算图表（二）

9.1.6 自然通风设备选择

1. 进风装置

进风装置主要有对开窗、推拉窗、上旋窗、中旋窗、进风百叶窗等。推拉窗外形美观、密封性好、不易损坏，但开窗面积一般只有 50%；

在夏热冬冷和夏热冬暖地区，采用进风活动百叶窗的居多，这种窗开启方便，开启角度可实现远方控制，不容易损坏，外形美观。如使用其他开窗形式需要与建筑专业商定。

在严寒地区，寒冷地区，因为冬季冷风渗透量大，一般可在外面设置固定百叶，在里面设置保温密闭门。

2. 排风装置

排风装置主要有天窗和屋顶通风器

天窗是一种常见的排风装置。

在夏热冬冷和夏热冬暖地区，当室内散热量大于 23W/m²；其他地区室内散热量大于 35W/m²；夏季室外平均风速大于 1m/s；不允许气流倒灌时，应采用避风天窗。对不需要调节天窗开启角度的高温工业建筑，宜采用不带窗扇的天窗，但要采取防雨措施。

在实际使用中，天窗因其阻力系数大、流量系数小（见表 9.1-5），开启和关闭很烦琐，玻璃易损坏。因此，往往达不到预期效果。

屋顶通风器是以型钢为骨架，用彩色压型钢板（或玻璃钢）组合而成的全避风型的新型自然通风装置。它具有结构简单，重量轻，不用电力也能达到良

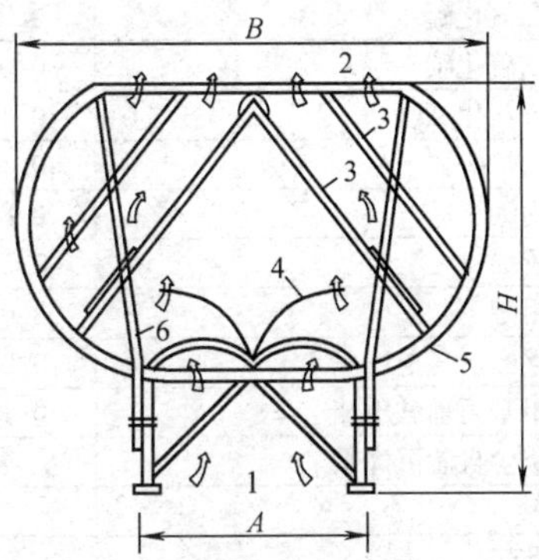

图 9.1-4 新型屋顶通风器外形图
1—进风喉口；2—排风口；3—防水及导流板；4—阀板；5—护板；6—骨架

好的通风效果等优点，这种通风器的外形如图 9.1-4 所示。该设备局部阻力小，现已由工厂批量生产，特别适用于高大工业建筑。

9.2 局部排风

9.2.1 局部排风的设计原则

1. 对于有害气体、蒸发或粉尘的发散源均应设置局部排风装置；

2. 根据工艺及有害气体散发状况，采用不同的排风罩。除受工艺条件限制外，均应优先考虑密闭罩；

3. 局部排风系统的划分应考虑生产流程，同时使用情况及有害气体性质等因素。对于混合后可能引起燃烧、爆炸、蒸汽凝结并积聚粉尘或形成毒性更强的有害物时，应分设排风系统。

4. 局部排风系统排出的空气在排入大气之前应根据下列原则确定是否需要进行净化处理：

(1) 排出空气中所含有害物的毒性及浓度；

(2) 考虑周围的自然环境及排出口方位；

(3) 直接排入大气的有害物在经过稀释扩散后，一般不宜超过表 9.2-1 中的规定值。对于某些有害物质的排放标准应严格执行国标《大汽污染物综合排放标准》(GB 16297-1996) 的规定。如当地规定值更高时，应按当地排放标准执行。

居住区大气中有害物质最高容许浓度　　表 9.2-1

物质名称	最高容许浓度 (mg/m^3)		物质名称	最高容许浓度 (mg/m^3)	
	一次	日平均		一次	日平均
一氧化碳	3.00	1.00	苯乙烯	0.01	0.01
乙酰苯	0.008	0.008	苯胺	0.10	0.03
乙醛	0.01	0.01	氨	0.20	0.20
二甲苯	0.30	0.30	氟化物(换算成 F)	0.02	0.007
二氧化硫	0.50	0.15	氧化氮(换算成 NO_2)	0.015	0.085
二硫化碳	0.05	0.015	砷化物(换算成 As)		0.003
五氧化二磷	0.15	0.05	烟尘	0.50	0.15
丙烯醛	0.10	0.03	酚	0.02	0.02
丙酮	0.80	0.80	硫化氢	0.01	0.01
戊烯	1.50	1.50	硫酸	0.30	0.10
甲醇	3.00	1.00	硝基苯	0.01	0.01
甲醛	0.05	0.05	铅及其无机化合物(换算成 Pb)		0.0015
甲基丙烯酸甲酯	0.10	0.10	氯	0.10	0.03
灰尘自然沉降量	6～8t/(km^2·月)		氯丁二烯	0.10	0.10
汞		0.0003	氯化氢	0.05	0.015
吡啶	0.08	0.08	铬(六价)	0.0015	0.0015
苯	2.40	0.80	锰及其化合物(换算成 Mn)		0.01

注：① 一次最高容许浓度，指任何一次测定结果的最大容许值。

② 日平均最高容许浓度，指任何一天的日平均浓度的最大容许值。

9.2.2 侧 吸 罩

1. 侧吸罩的设计原则

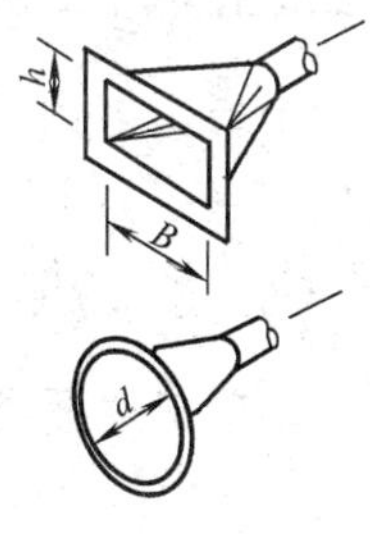

图 9.2-1 侧吸罩

（1）侧吸罩（图 9.2-1）的形状应适应有害物的排除，其罩口长度应不小于有害物扩散区的长度。当有害物扩散区较宽时，侧吸罩应分成两个或多个设置。接管与罩子应同心，罩口面积与接管截面之比最大为 16∶1。

（2）侧吸罩的长度一般为接管直径的 3 倍。

（3）侧吸罩口应有边，边宽一般不超过 150mm。有边侧吸罩的排风量比无边的减少 25%。

（4）在不影响操作的原则下，排风罩应尽量靠近有害物散发点。

2. 罩口速度场和排风量

（1）圆形及矩形侧吸罩$\left(\frac{h}{B}\geqslant 0.2\right)$

a. 罩口速度场：

$$\text{无边罩}\quad \frac{v_k}{v_x}=\frac{10x^2+F}{F} \tag{9.2-1}$$

$$\text{有边罩}\quad \frac{v_k}{v_x}=0.75\frac{10x^2+F}{F} \tag{9.2-2}$$

式中 v_k——罩口风速，m/s；

v_x——吸入速度，m/s，按表 9.2-2 采用；

F——罩口截面积，m^2；

x——罩口距有害物扩散区的距离，m。

b. 排风量 L（m^3/s）

$$\text{无边罩}\quad L=v_x(5x^2+F) \tag{9.2-3}$$

$$\text{有边罩}\quad L=0.75v_x(5x^2+F) \tag{9.2-4}$$

（2）台上圆形及矩形侧吸罩$\left(\frac{h}{B}\geqslant 0.2\right)$

吸入速度 **表 9.2-2**

周围气流情况	吸入速度(m/s)	
	危害性小时	危害性大时
无气流或容易安装挡板的地方	0.20～0.25	0.25～0.30
中等程度气流的地方	0.25～0.30	0.30～0.35
较强气流的地方或不安挡板的地方	0.35～0.40	0.38～0.50
强气流的地方	0.5	
非常强气流的地方	1.0	

a. 罩口速度场

$$\text{无边罩}\quad \frac{v_k}{v_x}=\frac{5x^2+F}{F} \tag{9.2-5}$$

$$有边罩 \quad \frac{v_k}{v_x}=0.75\frac{5x^2+F}{F} \tag{9.2-6}$$

b. 排风量 L（m^2/s）

$$无边罩 \quad L=v_x(5x^2+F) \tag{9.2-7}$$

$$有边罩 \quad L=0.75v_x(5x^2+F) \tag{9.2-8}$$

（3）缝口侧吸罩 $\left(\frac{h}{B}<0.2\right)$

a. 罩口速度场

$$\frac{v_k}{v_x}=3\frac{x}{h} \tag{9.2-9}$$

式中 h——缝口侧吸罩缝口宽度，m。

b. 排风量 L（m^3/s）

$$L=3v_x xB \tag{9.2-10}$$

式中 B——缝口侧吸罩宽度，m。

9.2.3 伞 形 罩

1. 伞形罩的设计原则

（1）伞形罩（图9.2-2）的罩口截面和形状应与有害物扩散区水平投影相似；

（2）伞形罩的开口角度 α 宜等于或小于60°，最大不大于90°。必要时对边长较大的伞形罩可分段设置；

（3）伞形罩应设裙边，裙边高度 $h_2=0.25\sqrt{F}$（F 为罩口面积）。排除潮湿气体时，应在裙边内设排水沟。排除热气体的伞形罩的罩口截面尺寸：

矩形伞形罩 $A=a+0.4h_1$

$B=b+0.4h_1$

圆形伞形罩 $D=d+0.4h_1$

（4）在不影响操作的情况下，伞形罩应尽量靠近有害物散发点。一般 $H=1.6\sim1.8$m。

2. 排风量 L（m^3/s）

$$L=3600v_0F \tag{9.2-11}$$

式中 F——罩口面积，m^2；

v_0——罩口平均风速，m/s，取值可按如下规定：

排除无刺激性的有害气体（热、湿）时：

$v_0=0.3\sim0.5$m/s。

排除有刺激性的有害气体时：

四边敞开 $v_0=1.05\sim1.25$m/s；

三边敞开 $v_0=0.9\sim1.05$m/s；

二边敞开 $v_0=0.75\sim0.9$m/s；

一边敞开 $v_0=0.5\sim0.75$m/s。

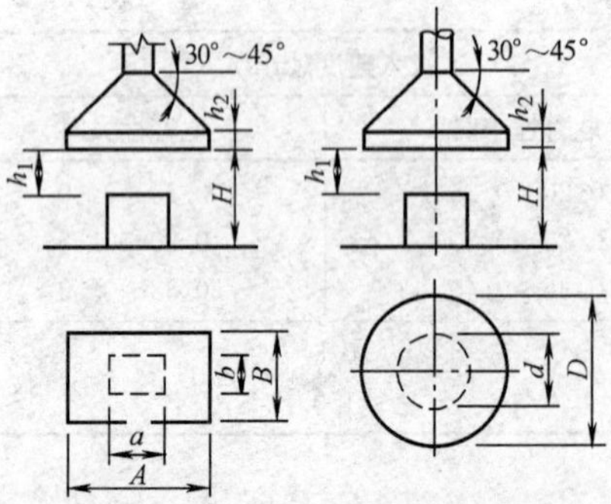

图9.2-2 伞形罩

9.2.4 槽边排风

1. 设计原则

(1) 单侧及双侧排风的选择

槽宽$B<500$mm 宜采用单侧排风；

$B=500\sim800$mm 宜采用双侧排风；

$B=900\sim1200$mm 必须采用双侧排风；

$B>1200$mm 采用吹吸式排风，但在下列情况下不宜采用：

a. 加工件频繁从槽中取出；

b. 槽面上有障碍物（挂具、工件等）扰乱吹出气流；

c. 工人经常在槽两侧工作时。

圆形槽子，宜采用环形排风。

(2) 为提高槽边排风效果，减少排风量，可采用以下措施：

a. 槽子宜靠墙设置；

b. 降低排风罩距液面的高度，但一般不得小于 150mm；

c. 在工艺允许情况下，槽面可设置活动盖板，或在液面上加漂浮覆盖物（如塑料棒、球等)、抑制剂（如 OP 乳化剂、皂根）等。

2. 条缝式槽边抽风

(1) 构造

条缝式槽边排风罩分为单侧、双侧两种。其安装形式分为单侧Ⅰ、单侧Ⅱ、双侧、周边Ⅰ、周边Ⅱ及环形（图 9.2-3)。

排风罩的条缝口分Ⅰ、Ⅱ、Ⅲ（带挡板）三种形式（图 9.2-4)。

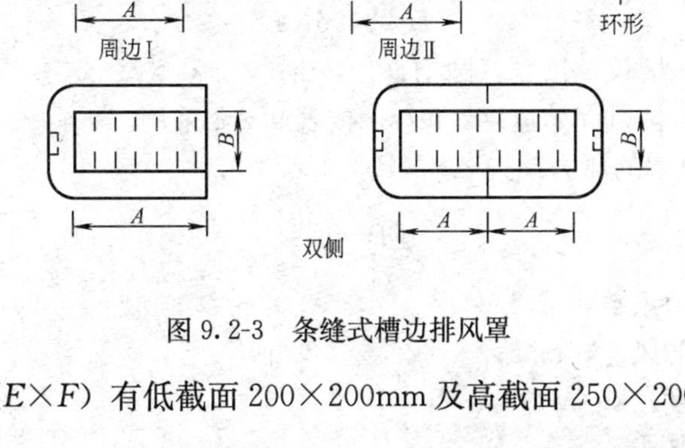

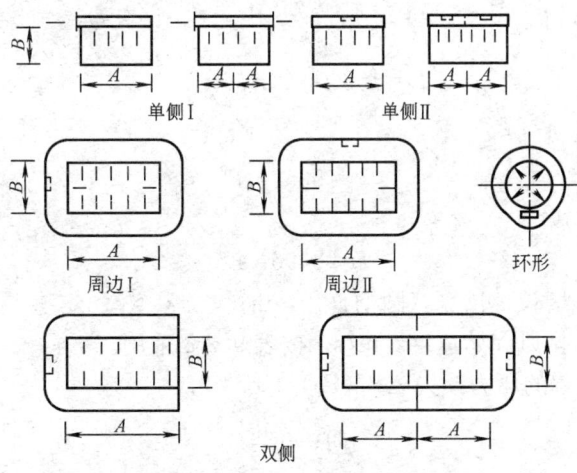

图 9.2-3 条缝式槽边排风罩

排风罩的截面（$E\times F$）有低截面 200×200mm 及高截面 250×200mm、250×250mm 三种。

(2) 条缝口的高度 h (m)

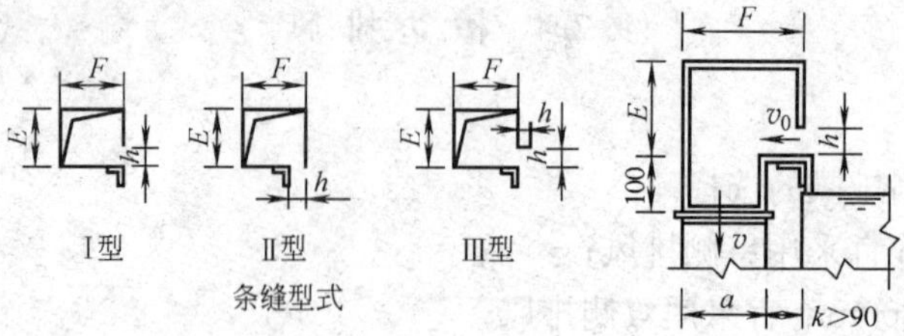

图 9.2-4 条缝式排风罩型式

$$h=\frac{L}{v_0 I\cdot 3600} \tag{9.2-12}$$

式中 L——条缝口的排风量，m^3/h；

v_0——条缝口的风速，m/s（一般取 7～12m/s）；

I——条缝口的长度，m。

条缝口的高度一般取 $h\leqslant 50mm$。

（3）条缝式排风罩的排风量 L（m^3/h）

a. 高截面单侧排风

$$L=7200v_xAB\left(\frac{B}{A}\right)^{0.2} \tag{9.2-13}$$

b. 低截面单侧排风

$$L=10800v_xAB\left(\frac{B}{A}\right)^{0.2} \tag{9.2-14}$$

c. 高截面双侧排风

$$L=7200v_xAB\left(\frac{B}{2A}\right)^{0.2} \tag{9.2-15}$$

d. 低截面双侧排风

$$L=10800v_xAB\left(\frac{B}{2A}\right)^{0.2} \tag{9.2-16}$$

e. 高截面环形排风

$$L=5652v_xD^2 \tag{9.2-17}$$

f. 低截面环形排风

$$L=8496v_xD^2 \tag{9.2-18}$$

式中 A、B、D——槽长、槽宽、圆槽直径，m；

v_x——排风起始速度，m/s，按表 9.2-3 采用。

（4）条缝式排风罩的压力损失 ΔP（Pa）

$$\Delta P=\zeta\frac{v_0^2}{2}\rho \tag{9.2-19}$$

式中 ζ——局部阻力系数，取 2.34；

v_0——条缝口的风速，m/s；

ρ——空气密度，kg/m^3。

3. 平口式槽边排风

（1）平口式槽边排风罩分整体式及分组式两种，见表 9.2-5 及表 9.2-6

槽边排风起始速度v_x 表 9.2-3

槽的用途	溶液中主要有害物	溶液温度(℃)	电流密度(A/m²)	v_x(m/s)
镀铬	H_2SO_4、CrO_3	55～58	20～35	0.5
镀耐磨铬	H_2SO_4、CrO_3	68～75	35～70	0.5
镀铬(装饰性)	H_2SO_4、CrO_3	40～50	10～20	0.4
电化学抛光	H_3PO_4、H_2SO_4、CrO_3	70～90	15～20	0.4
电化学腐蚀	H_2SO_4、KCN	15～25	8～10	0.4
氰化镀锌	ZnO、NaCN、NaOH	40～70	5～20	0.4
氰化镀铜	CuCN、NaOH、NaCN	35～55	2～4	0.35
镍层电化学抛光	H_2SO_4、CrO_3、$C_3H_5(OH)_3$	40～45	15～20	0.4
铝件电抛光	H_3PO_4、$C_3H_5(OH)_3$	85～90	30	0.4
电化学去油	NaOH、Na_2CO_3、Na_3PO_4、Na_2SiO_3	～80	3～8	0.35
镀镉	NaCN、NaOH、Na_3SO_4	15～25	1.5～4	0.35
氰化镀锌	ZnO、NaCN、NaOH	35～70	2～5	0.35
镀铜锡合金	NaCN、CuCN、NaOH、Na_2SnO_3	65～70	2～2.5	0.35
镀镍	$NiSO_4$、NaCl、$COH_6(SO_3Na)_2$	50	3～4	0.35
镀锡(碱)	Na_2SnO_3、NaOH、CH_3COONa、H_2O_2	65～75	1.5～2	0.35
镀锡(滚)	Na_2SnO_3、NaOH、CH_3COONa	70～80	1～4	0.35
镀锡(酸)	SnO_4、NaOH、H_2SO_4、C_6H_5OH	65～75	0.5～2	0.35
氰化电化学浸蚀	KCN	15～25	3～5	0.35
镀金	$K_4Fe(CN)_6$、$NaCO_3$、$H(AuCl)_4$	70	4～6	0.35
铝件电抛光	Na_3PO_4	—	20～25	0.35
钢件电化学氧化	NaOH	80～90	5～10	0.35
退铬	NaOH	室温	5～10	0.35
酸性镀铜	$CuCO_4$、H_2SO_4	15～25	1～2	0.3
氰化镀黄铜	CuCN、NaCN、Na_2SO_3、$Zn(CN)_2$	20～30	0.3～0.5	0.3
氰化镀黄铜	CuCN、NaCN、NaOH、Na_2CO_3、$Zn(CN)_2$	15～25	1～1.5	0.3
镀镍	$NiSO_4$、$NaSO_4$、NaCl、$MgSO_4$	15～25	0.5～1	0.3
镀锡铅合金	Pb、Sn、H_3BO_4、HBF_4	15～25	1～1.2	0.3
电解纯化	Na_2CO_3、K_2CrO_4、N_2CO_3	20	1～6	0.3
铝阳极氧化	H_2SO_4	15～25	0.8～2.5	0.3
铝件阳极绝缘氧化	$C_2H_4O_4$	20～45	1～5	0.3
退铜	H_2SO_4、CrO_3	20	3～8	0.3
退镍	H_2SO_4、$C_3H_5(OH)_3$	20	3～8	0.3
化学去油	NaOH、Na_2CO_3、Na_3PO_4	70～90	—	0.3
黑镍	$NiSO_4$、$(NH_4)_2SO_4$、$ZnSO_4$	15～25	0.2～0.3	0.25
镀银	KCN、AgCl	20	0.5～1	0.25
预镀银	KCN、K_2CO_3	15～25	1～2	0.25
镀银后黑化	Na_2S、Na_2SO_3、$(CH_3)_2CO$	15～25	0.08～0.1	0.25
镀铍	$BeSO_4$、$(NH_4)_2MO_7O_{24}$	15～25	0.005～0.02	0.25
镀金	KCN	20	0.1～0.2	0.25
镀钯	Pa、NH_4Cl、NH_4OH、NH	20	0.25～0.5	0.25
铝件铬酐阳极氧化	CrO_3	15～25	0.01～0.2	0.25
退银	AgCl、KCN、Na_2CO_3	20～30	0.3～0.1	0.25
退锡	NaOH	60～75	1	0.25
碱洗		60～80	—	0.20
热水槽	水蒸气	>50	—	0.20

注：v_x 值系根据溶液浓度、成分、温度和电流密度等因素综合确定。

表 9.2-4

分组式平口槽边排风罩

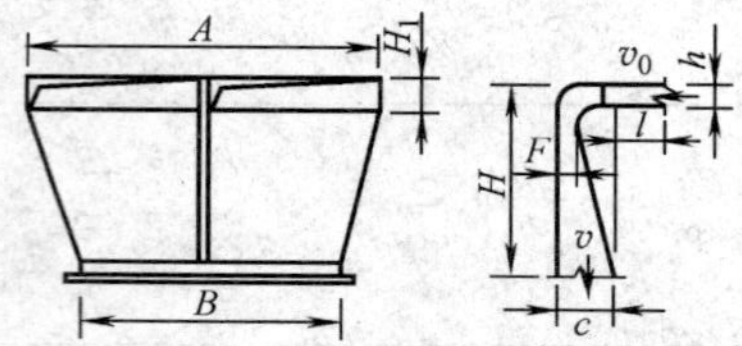

型号	v (m/s)	ζ_1	v_0(m/s) 4	5	6	7	8	9	10	11	A	B	C	h	F	H	H_1
			风量 L(m^3/h)														
1	1.7～4.6	1.0	225	280	340	395	450	515	565	620	400	300	120	40	25	500	100
2	1.7～4.8		285	360	430	500	580	650	720	790	500	370					
3	1.7～4.7		340	425	510	595	685	770	845	935	600	450					
4	1.6～4.5		400	500	600	700	800	900	1000	1100	700	550					
5	1.6～4.4		455	570	680	795	910	1020	1140	1250	800	650					
6	2.2～6.1	1.4	340	425	510	590	685	770	845	930	400	300	140	60	35	500	130
7	2.2～6.1		425	530	640	750	855	965	1060	1160	500	370					
8	2.2～6.1		510	635	765	900	1020	1150	1270	1390	600	450					
9	2.1～5.8		600	750	900	1050	1200	1350	1500	1650	700	550					
10	2.0～5.6		685	860	1030	1200	1370	1550	1720	1880	800	650					
11	2.6～7.1	1.7	450	560	680	800	900	1030	1130	1240	400	300	160	80	40	500	150
12	2.6～7.1		570	720	830	1000	1160	1300	1440	1580	500	370					
13	2.6～7.1		680	850	1020	1190	1370	1540	1690	1870	600	450					
14	2.5～6.8		800	1000	1200	1400	1600	1800	2000	2200	700	550					
15	2.4～6.6		910	1140	1360	1590	1820	2040	2280	2500	800	650					

注：① ζ_1 应按 v_0 计算压力损失。

② l 值根据槽壁厚度确定。

整体式平口槽边排风罩 **表 9.2-5**

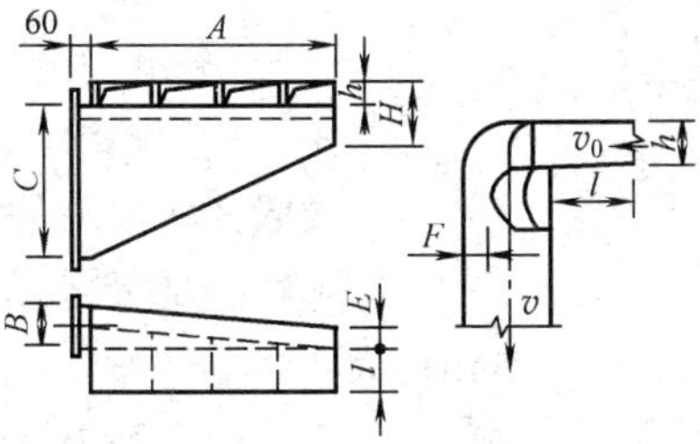

型号	v_0 (m/s)	v (m/s)	风量 L (m^3/h)	ζ_1	A	B	C	E	h	H	F
1	5.8 9.6	2.9 4.8	600 1000	2.6	600	120	500	50	70	200	25
2	6.8 12.0	3.2 5.6	1000 1800	2.7	600	150	600	80	70	250	35
3	7.2 10.8	3.8 5.8	800 1200	2.9	800	120	500	50	40	200	20
4	7.2 10.7	3.8 5.7	1200 1800	2.7	800	150	600	80	60	250	30
5	8.1 11.2	3.7 5.1	1800 2500	2.6	800	200	700	100	80	300	40
6	5.7 11.5	3.1 6.3	1000 2000	2.6	1000	150	600	80	50	250	25
7	8.2 12.3	4.1 6.2	2000 3000	3.7	1000	200	700	100	70	300	35
8	5.3 10.0	3.5 6.6	1100 2100	4.0	1200	150	600	80	50	250	20
9	7.2 11.9	4.3 7.1	2100 3500	2.5	1200	200	700	100	70	300	35
10	5.0 8.8	3.1 5.5	1300 2300	3.5	1500	200	600	100	50	250	20
11	6.3 10.0	4.7 8.2	2300 4000	3.0	1500	200	700	100	70	300	35

注：① ζ_1 要按 v_0 计算压力损失。
② l 值根据槽壁厚度确定。

（2）平口式排风罩的排风量 L（m^3/h）

单侧排风
$$L=1.15L_D \tag{9.2-20}$$

式中 L_D——单侧低截面条缝式排风罩排风量，m^3/h，按式（9.2-14）计算。

双侧排风
$$L=1.20L_S \tag{9.2-21}$$

式中 L_S——双侧低截面条缝式排风罩排风量，m^3/h，按式（9.2-16）计算。

（3）平口排风罩的压力损失 ΔP（Pa）

$$\Delta P=\zeta_1\frac{v_0^2}{2}\rho \tag{9.2-22}$$

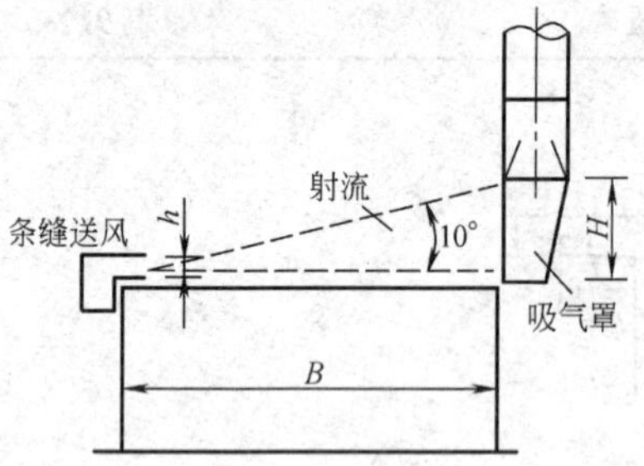

图 9.2-5 吹吸罩

式中 ζ_1——局部阻力系数，按表 9.2-5 或表 9.2-6 取；

v_0——条缝口的风速，m/s；

ρ——空气密度，kg/m^3。

4. 吹吸式排风罩的简易计算（图 9.2-5）

吹风射流的扩散角取为 10°，吸风口高度 H（m）为：

$$H=B\times \text{tg}10°=0.18B \tag{9.2-23}$$

式中 B——槽子宽度，m。

吸风量视横向气流大小，每 m^2 槽面面积取为：

$$L=1800\sim2700m^3/h$$

吸风量 L_0（m^3/h）按下式计算：

$$L_0=\frac{L}{BE} \tag{9.2-24}$$

式中 E——槽宽修正系数，见表 9.2-6。

修正系数表 **表 9.2-6**

槽宽 B(m)	0～2.4	2.4～4.9	4.9～7.3	7.3 以上
系数 E	6.6	4.6	3.3	2.3

吹风口高度 h，按吹风速度 5～10m/s 确定。

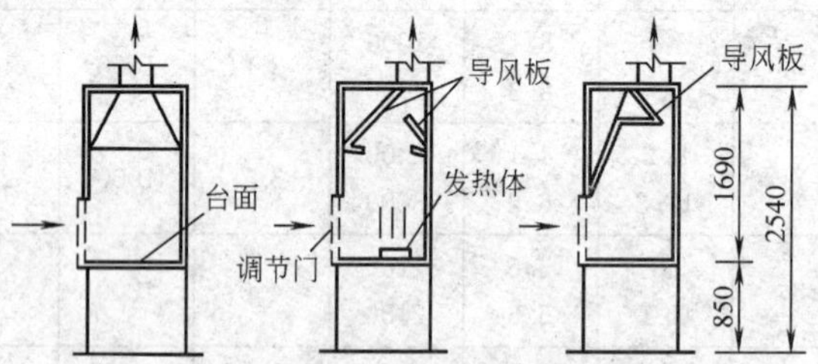

图 9.2-6 上部排风的通风柜

9.2.5 通 风 柜

1. 通风柜的形式及选择

(1) 上部排风的通风柜（图 9.2-6）

适用于柜内产生的有害气体密度比空气小的情况。

(2) 下部排风的通风柜（图 9.2-7）

适用于柜内产生的有害气体密度比空气大的情况。

(3) 上下联合排风的通风柜（图 9.2-8）

有可能既产生密度大于空气的有害气体，又产生密度小于空气的有害气体的情况。

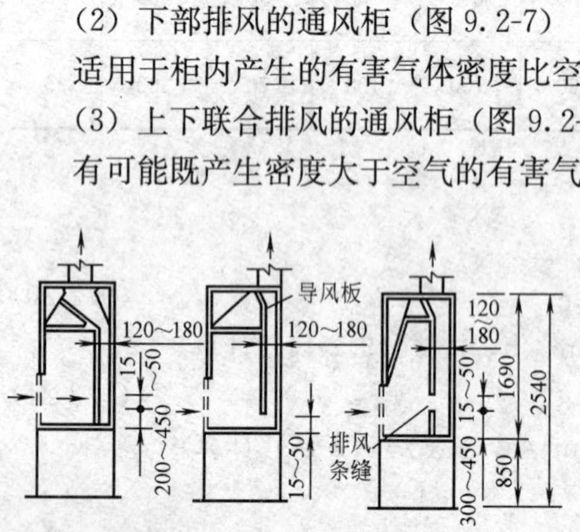

图 9.2-7 下部排风的通风柜

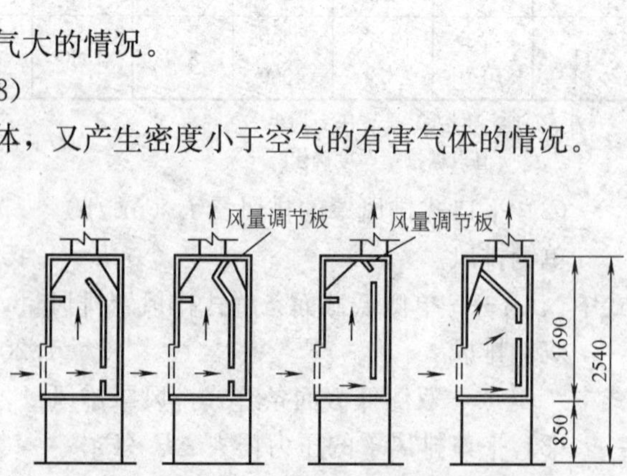

图 9.2-8 上下联合排风的通风柜

（4）供气式通风柜（图 9.2-9）

供气式通风柜的排风，其排风量的 2/3～3/4 为供给空气，仅 1/4～1/3 为室内空气。因此，当使用于供暖或空调房间时，能大幅度减少热量和冷量的耗损。

2. 通风柜的排风量 L（m^3/h）

$$L=3600Fv\beta \tag{9.2-25}$$

式中 F——操作口面积，m^2；

v——操作口平均风速，m/s，按表 9.2-7 采用；

β——安全系数，一般取 1.05～1.1。

通风柜操作口推荐的吸风风速　表 9.2-7

散发有害物种类	平均风速 v(m/s)
无毒有害物	0.25～0.375
有毒或有危险的有害物	0.4～0.5
极毒物或少量放射性有害物	0.5～0.6

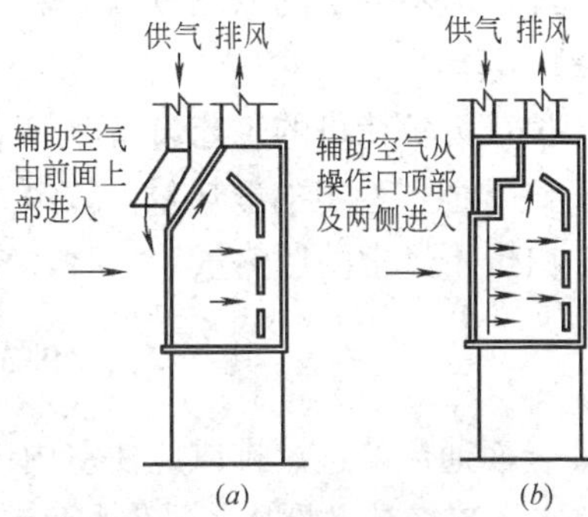

图 9.2-9　供气式通风柜

9.3 全面通风

9.3.1 设计原则

1. 散发热、湿及有害气体的房间，当发生源分散或不固定而无法采用局部排风，或者设置局部排风仍难以达到卫生要求时，应采用或辅以全面通风。

2. 同时放散热、蒸汽和有害气体，或仅放散密度比空气小的有害气体的生产厂房，除设局部排风外，宜在上部地带进行自然或机械的全面排风，其换气量不宜小于每小时一次换气。当房间高度大于 6m 时，排风量可按每 m^2 地面面积 $6m^3/h$ 计算。

3. 全面通风包括自然通风、机械通风或自然通风与机械通风相结合等多种方式。设计时应尽量采用自然通风，以达到节能、节省投资和避免噪声干扰的目的。当自然通风难以保证卫生要求时，可采用机械通风或机械通风和自然通风相结合的方式。

4. 设置集中供暖且有排风的生产房间，应首先考虑自然补风的可能性。对于换气次数小于每小时两次的全面排风系统或每班运行不到 2 小时的局部排风系统，可不设机械送风系统补偿所排风量。当自然补风达不到室内卫生条件、生产要求或在技术经济上不合理时，宜设置机械送风系统。

5. 要求清洁的房间，当周围环境较差时，送风量应大于排风量，以保证房间正压；对于产生有害气体的房间，为避免污染相邻房间，送风量应小于排风量，以保证房间负压。一般送风量可为排风量的 80%～90%。

6. 对冬季全面通风进行空气平衡与热平衡计算时，应视具体情况考虑如下因素：

(1) 允许短时间温度降低或间断排风的房间，其排风在空气热平衡计算中可不予考虑；

(2) 稀释有害物质的全面通风的进风，应采用冬季供暖室外计算温度；消除余热、余湿的全面通风，可采用冬季通风室外计算温度。

7. 计算工艺及设备散热量时，应遵循以下原则：

(1) 冬季

a. 按最小负荷班的工艺设备散热量计算；

b. 非经常散发的散热量，不予计入；

c. 经常但不稳定的散热量，应采用小时平均值。

(2) 夏季

a. 按最大负荷班的工艺设备散热量计算；

b. 经常但不稳定的散热量，按最大值计算；

c. 白班不经常的散热量较大时，应予考虑。

9.3.2 气流组织

1. 全面通风的进、排风应使室内气流从有害物浓度较低的地区流向较高的地区，特别是应使气流将有害物从人员停留区带走。

2. 机械送风系统的送风方式，应符合如下要求：

(1) 放散热或同时放散热、湿和有害气体的房间，当采用上部或下部同时全面排风时，宜送至作业地带；

(2) 放散粉尘或密度比空气大的蒸汽和气体，而不同时放热的房间，当从下部排风时，宜送至上部地带；

(3) 当固定工作地点靠近有害物放散源，且不可能安装有效的局部排风装置时，应直接向工作地点送风。

3. 当采用全面通风消除余热、余湿或其他有害物时，应分别从室内温度最高、含湿量或有害物浓度最大的区域排出，且其风量分配应符合下列要求：

(1) 当有害气体和蒸汽的密度比空气小，或在相反情况下但会形成稳定的上升气流时，宜从房间上部地带排出所需风量的$\frac{2}{3}$，从下部地带排出$\frac{1}{3}$；

(2) 当有害气体和蒸汽的密度比空气大，且不会形成稳定的上升气流时，宜从房间上部地带排出$\frac{1}{3}$，从下部排出$\frac{2}{3}$。

从房间下部排出的风量，包括距地面2m以内的局部排风量。从房间上部排出的风量，不应小于每小时一次换气。

当排出有爆炸危险的气体或蒸汽时，其风口上缘距顶棚应小于0.4m。

4. 机械送风系统室外进风口的位置，应符合下列要求：

(1) 应设在室外空气比较洁净的地方；

(2) 应尽量设在排风口的上风侧（指进、排风口同时使用季节的主导风向的上风侧），且应低于排风口；

(3) 进风口与排风口设于同一高度时的水平距离不应小于 20m。当水平距离小于 20m 时，进风口应比排风口至少低 6m；

(4) 进风口的底部距室外地坪不宜低于 2m。当布置在绿化带时，不宜低于 1m；

(5) 降温用的进风口，宜设在建筑物的背阴处。

9.3.3 全面换气量

1. 消除余热所需要的换气量 G_1（kg/h）：

$$G_1=3600\frac{Q}{(t_p-t_j)c} \tag{9.3-1}$$

2. 消除余湿所需要的换气量 G_2（kg/h）：

$$G_2=\frac{G_{sh}}{d_p-d_j} \tag{9.3-2}$$

3. 稀释有害物所需要的换气量 G_3（kg/h）：

$$G_3=\frac{\rho M}{c_y-c_j} \tag{9.3-3}$$

式中 Q——余热量，kW；

t_p——排出空气的温度，℃；

t_j——进入空气的温度，℃；

c——空气的比热，1.0kJ/(kg·K)；

G_{sh}——余湿量，g/h；

d_p——排出空气的含湿量，g/kg；

d_j——进入空气的含湿量，g/kg；

M——室内有害物的散发量，mg/h；

c_y——室内空气中有害物质的最高允许浓度，mg/m^3，见表 9.3-1；

c_j——进入空气中有害物质的浓度，mg/m^3；

ρ——空气密度，kg/m^3。

4. 房间内同时放散余热、余湿和有害物质时，换气量按其中最大值取。

5. 如室内同时散发几种有害物质时，换气量按其中最大值取。但当数种溶剂（苯及其同系物、醇类或醋酸酯类）的蒸汽，或数种刺激性气体（三氧化硫及二氧化硫或氟化氢及其盐类等）同时在室内放散时，换气量按稀释各有害物所需换气量的总和计算。

6. 当散发有害物数量不能确定时，全面通风的换气量可按换气次数确定。某些建筑的换气次数见表 9.3-2。

车间空气中有害物质的最高允许浓度 **表 9.3-1**

物质名称	最高容许浓度 (mg/m^3)	物质名称	最高容许浓度 (mg/m^3)
一、有毒物质		二甲胺	10
一氧化碳	30	二甲苯	100
一甲胺	5	二甲基甲酰胺(皮)	10
乙醚	500	二甲基二氯硅烷	2
乙腈	3	二氧化硫	15

续表

物质名称	最高容许浓度(mg/m³)	物质名称	最高容许浓度(mg/m³)
二氧化硒	0.1	硫酸及三氧化硫	2
二氯丙醇(皮)	5	硫化铅	0.5
二硫化碳(皮)	10	碱性气溶胶(换算成NaOH)	0.5
二异氰酸甲苯酯	0.2	氯	1
丁二烯	100	氯化氢及盐酸	15
丁醛	10	氯苯	50
三氧化二砷及五氧化二砷	0.3	氯萘及氯联苯(皮)	1
三氧化铬、铬酸盐、重铬酸盐(换算成 Cr_2O_3)	0.05	升汞	0.1
		五氧化二磷	1
三氯氢硅	3	五氯酚及其钠盐(皮)	0.3
己丙酰胺	10	六六六	0.1
敌百虫(皮)	1	四乙基铅(皮)	0.005
敌敌畏(皮)	0.3	甲苯	100
吡啶	4	甲醛	3
松节油	300	丙酮	400
环氧氯丙烷(皮)	1	丙烯腈(皮)	2
环氧己烷	5	丙烯醛	0.3
环己酮	50	丙体六六六	0.05
环己醇	50	光气	0.5
环己烷	100	有机汞化合物(皮)	0.005
苯(皮)	40	有机磷化合物:	
苯乙烯	40	内吸磷(1059)(皮)	0.02
苯及其同系物的一硝基化合物(硝基苯及硝基甲苯等)(皮)	5	对硫磷(1605)(皮)	0.05
苯及其同系物的二及三硝基化合物(二硝基苯,三硝基甲苯等)(皮)	1	甲拌磷(3911)(皮)	0.01
		马拉硫磷(4049)(皮)	2
苯的硝基及二硝基氯化物(一硝基氯苯,二硝基氯苯等)(皮)	1	甲基内吸磷(甲基1059)(皮)	0.2
		甲基对硫磷(甲基1605)(皮)	0.1
苯胺、甲苯胺、二甲苯胺(皮)	5	乐戈(乐果)(皮)	1
金属汞	0.01	氯化苦	1
氟化氢	1	氯化烃:	
氨	30	二氯乙烷	25
臭氧	0.3	三氯乙烯	50
氧化氮(换算成 NO_2)	5	四氯化碳(皮)	25
氧化锌	5	氯乙烯	30
氧化镉	0.1	氯丁二烯(皮)	2
砷化氢	0.3	溴甲烷(皮)	1
丙烯醇(皮)	2	碘甲烷(皮)	1
氢氟酸的盐类(换算成HF)	1	溶剂汽油	350
酚(皮)	5	铅及其无机化合物:	
假丁烯	100	铅烟	0.03
萘烷、四氯化萘钒	100	铅尘	0.05
五氧化二钒烟	0.1	铍及其化合物	0.001
五氧化二钒粉尘	0.5	钼(可溶性化合物)	4
钒铁合金	1	钼(不溶性化合物)	6
黄磷	0.03	滴滴涕	0.3
氰化氢及氢氰酸盐(换算成HCN)(皮)	0.3	醇:	
联苯-联苯醚	7	甲醇	50
硫代氢	10		

续表

物质名称	最高容许浓度（mg/m³）	物质名称	最高容许浓度（mg/m³）
丙醇	200	磷化氢	0.3
丁醇	200	钨及碳化钨	6
戊醇	100	二、生产性粉尘	
锆及其化合物	5	含有80%以上游离二氧化硅的粉尘	1
锰及其化合物（换算成 MnO_2）	0.2	含有10%以上游离二氧化硅的粉尘	2
羰基镍	0.001	石棉粉尘及含有10%以上石棉的粉尘	2
醋酸酯：		含有10%以下游离二氧化硅滑石粉尘	4
醋酸甲酯	100	含有10%以下游离二氧化硅的水泥粉尘	6
醋酸乙酯	300	含有10%以下游离二氧化硅的煤尘	10
醋酸丙酯	300	铝、氧化铝、铝合金粉尘	4
醋酸丁酯	300	烟草及茶叶粉尘	3
醋酸戊酯	100	玻璃棉和矿渣棉粉尘	5
糠醛	10	其他各种粉尘	10

民用及公共建筑通风换气次数表 **表 9.3-2**

序号	房间名称	换气次数(l/h)	
		进气	排气
	一、居住建筑		
1	住宅、宿舍的卧室及起居室		1.0
2	厨房		3.0
3	卫生间		1.0～3.0
4	盥洗室		0.5～1.0
5	公共厕所		每个大便器 40m³/h
	二、医疗建筑		每个小便器 20m³/h
1	病房	3.0	1.0
2	诊室		1.5
3	X光室	4.0	5.0
4	X光的操纵室及暗室	2.0	3.0
5	体疗室	每人 50～60m³/h	
6	理疗室	4.0	5.0
7	一般手术室	5.0	6.0
8	西药房、调剂室	2.0	2.0
9	中药房、煎药室	1.0	3.0
10	蒸汽消毒室 污部		4.0
	洁部	2.0	
	三、托儿所、幼儿园		
1	活动室、寝室、办公室		1.5
2	盥洗室、厕所		3.0
3	浴室		1.5
4	医务室、隔离室		1.5
5	厨房		3.0
6	洗衣房		5.0

续表

序号	房间名称	换气次数(l/h)	
		进气	排气
	四、学校		
1	教室		1.0～1.5
2	化学试验室		3.0
3	厕所		5.0
4	健身房		3.0
5	保健室		1.0～1.5
	五、影剧院		
1	观众厅	每人 $10m^3/h$	
2	休息厅		3.0
3	舞台		1.0
4	吸烟室		10
5	放映室		每台放映机 $700m^3/h$
	六、体育建筑		
1	比赛厅	每人 $10m^3/h$	
	七、洗衣房		
1	洗衣间	10	13
2	烫衣间	4.0	6.0
3	包装间	1.0	1.0
4	接收衣服间	3.0	4.0
5	取衣处	2.0	
6	集中衣服处		1.0
	八、公共建筑的共同部分		
1	变电室		10.0
2	配电室		3.0
3	电梯机房		10.0
4	蓄电池室		12.0
5	制冷空调机房		5.0
6	汽车库(停车场、无修理间)		2.0
7	汽车修理间		3.0
8	地下停车库	4.0～5.0	5.0～6.0
9	油罐室		5.0

9.3.4 空气热平衡计算

空气热平衡按下式计算：

$$(\sum Q_h-\sum Q_s)+G_p c(t_n-t_w)=G_x c(t_s-t_n)+G_{js} c(t_{js}-t_w) \tag{9.3-4}$$

式中 $\sum Q_h$——围护结构、材料吸热等的总耗热量，kW；

$\sum Q_s$——室内工艺设备和散热器的总散热量，kW；

G_p——局部和全面排风量，kg/s；

G_x——再循环空气量，kg/s；

G_{js}——机械送风量，kg/s；

c——空气比热，$c=1.0$kJ/(kg·℃)；

t_w——室外供暖或通风计算温度，℃；

t_n——室内温度，℃；

t_s——再循环送风温度，℃；

t_{js}——机械送风温度，℃。

9.3.5 散热量计算

1. 照明设备散热量 Q (kW)

(1) 白炽灯

$$Q=n_1 N \tag{9.3-5}$$

(2) 荧光灯

$$Q=n_1 n_2 n_3 N \tag{9.3-6}$$

式中 N——灯具安装功率，kW；

n_1——同时使用系数，视不同场所使用情况而定；

n_2——镇流器散热系数：镇流器装在室内时取 1.2，装在吊顶内时取 1.0；

n_3——安装系数：明装时为 1.0；暗装且灯罩上部穿有小孔，利用自然通风散热于顶棚内时，取 0.5～0.6；暗装而罩上无孔时，视顶棚内通风情况取 0.6～0.8。

2. 电动设备散热量 Q (kW)

(1) 工艺设备及其电机同在室内时

$$Q=n_1 n_2 n_3 \frac{N}{\eta} \tag{9.3-7}$$

式中 N——电动设备的安装功率，kW；

n_1——电机容量利用系数。电动设备最大实耗功率与安装功率之比，一般为 0.7～0.9；

n_2——负荷系数。电动设备每小时的平均实耗功率与设计最大实耗功率之比。应根据工艺资料定，一般为 0.5～0.8；

n_3——同时使用系数。根据工艺资料确定，一般为 0.5～1.0；

η——电动机效率。与电机型号、负荷情况有关，可查电机产品样本。

(2) 电机不在室内，仅计算工艺设备散热量

$$Q=n_1 n_2 n_3 N \tag{9.3-8}$$

(3) 工艺设备不在室内，仅计算电动机的散热量

$$Q=n_1 n_2 n_3 N \frac{1-\eta}{\eta} \tag{9.3-9}$$

(4) 一般机械加工车间的电动设备散热量可按下式作概略计算

$$Q=nN \tag{9.3-10}$$

式中 n——综合系数。一般电动设备和不用乳化液的机械加工机床取 0.25，用乳化液的机床取 0.15～0.2。

3. 发电机及充电机组散热量

(1) 柴油发电机组散热量 Q (kW)

$$Q=Q_1+Q_2 l \tag{9.3-11}$$

式中 Q_1——柴油发电机组散热量，kW，按表 9.3-3 选取；

Q_2——柴油发电机组排气管道单位长度散热量，kW/m，按表 9.3-4 选取；

l——柴油发电机排气管道长度，m。

（2）直流发电机组散热量 Q（kW）

$$Q=\frac{N(1-\eta_f\eta_d)}{\eta_f\eta_d} \tag{9.3-12}$$

式中 N——发电机功率，kW；

η_f——发电机效率；

η_d——电动机效率。

（3）充电机组散热量 Q（kW）

$$Q=n\frac{N}{\eta}(1-\eta) \tag{9.3-13}$$

式中 N——充电机组容量，kW；

η——充电机组的效率；

n——负荷系数。

柴油发电机组的散热量 **表 9.3-3**

柴油发电机(kW)	发电机功率(kW)	燃烧室空气量(m^3/h)	散入室内热量(kW)		
			柴油机	发电机	合计
7.46	5.8	50	1.55	0.70	2.25
12	10	80	2.57	1.20	3.77
24	20	160	5.23	3.22	8.45
36	30	240	7.70	3.61	11.31
52	40	350	8.96	4.07	13.03
67	56	450	12.10	7.39	19.49
100	84	675	13.96	10.76	24.72
134	120	900	18.72	14.76	33.48
246	200	1650	27.94	27.47	55.41
328	310	2200	35.65	40.30	75.95

柴油发电机组的排气管散热量 **表 9.3-4**

排气支管		排气干管	
管径(mm)	散热量(kW/m)	管径(mm)	散热量(kW/m)
50	0.36	219	0.66
80	0.47	273	0.77
100	0.56	325	0.93
125	0.64	377	1.03
150	0.73	426	1.14
		478	1.34
		529	1.40

注：排气管以石棉绳包扎，厚 50mm，外涂 10～50mm 厚石棉灰；排气支管温度 400℃，排气干管温度 300℃，室温按 35℃计。

4. 电炉散热量

电加热炉（槽）散热量可按表 9.3-5 作概略计算。

电炉和电热槽的散热量 **表 9.3-5**

形　式	散热量(kW)	
	包括加热工件的散热量	不包括加热工件的散热量
电热炉	0.7Ne	(0.25～0.35)Ne
电热槽	0.3Ne	(0.15～0.2)Ne

注：① Ne—电炉（槽）的额定功率，kW。

② 炉门或槽上装设排风罩时，散入厂房内的热量按表中“不包括加热工件的散热量”一栏的 30%采用；加热工件的散热量另计。

5. 人体散热量 Q（W）

$$Q=\varphi nq \tag{9.3-14}$$

式中 φ——考虑不同性质的场所，成年男子和成年女子、儿童的比例不同的群集系数，见表 9.3-7；

n——人数，个；

q——单个成年男子的散热量，W，见表 9.3-6。

单个成年男子散热量（W）和散湿量（g/h） **表 9.3-6**

项目	室温(℃)														
	16	17	18	19	20	21	22	23	24	25	26	27	28	29	30
静坐:如影剧院、食堂、阅览室等															
显热	99	93	89	87	84	80	78	74	71	67	63	58	53	48	43
潜热	18	20	22	23	26	28	30	34	37	41	45	50	55	60	65
全热	117	113	111	110	110	108	108	108	108	108	108	108	108	108	108
散湿量	26	30	33	35	38	41	45	50	56	61	68	75	82	90	97
极轻劳动:如办公室、旅馆、体育馆、手表安装、电子元件制造等															
显热	108	105	100	97	90	85	79	74	70	65	61	57	51	45	41
潜热	34	36	40	43	46	51	56	60	64	69	73	77	83	89	93
全热	142	141	140	140	136	136	135	134	134	134	134	134	134	134	134
散湿量	50	54	59	64	69	76	83	89	96	102	109	116	123	132	139
轻劳动:如商店、化学实验室、电子计算机房、工厂台面工作等															
显热	118	112	106	99	93	87	81	76	70	63	58	52	46	39	35
潜热	71	74	79	84	90	94	100	105	111	118	123	129	135	142	146
全热	189	186	185	183	183	181	181	181	181	181	181	181	181	181	181
散湿量	105	110	118	126	134	140	150	158	167	175	184	193	203	212	220
中等劳动:如纺织车间、印刷车间、机加工车间等															
显热	150	142	134	126	117	112	104	97	88	83	74	68	61	52	45
潜热	86	94	102	110	118	123	131	138	147	152	161	167	174	183	190
全热	236	236	236	236	235	235	235	235	235	235	235	235	235	235	235

续表

项目	室温(℃)														
	16	17	18	19	20	21	22	23	24	25	26	27	28	29	30
散湿量	128	141	153	165	175	184	196	207	219	227	240	250	260	273	283
重劳动:如炼钢车间、铸造车间、排练厅、室内运动场等															
显热	192	186	180	174	169	163	157	151	145	139	134	128	122	116	111
潜热	215	221	227	233	238	244	250	256	262	268	273	279	285	291	296
全热	407	407	407	407	407	407	407	407	407	407	407	407	407	407	·407
散湿量	321	330	339	347	356	365	373	382	391	400	408	417	425	434	443

某些场所的群集系数 **表 9.3-7**

场所名称	群集系数	场所名称	群集系数
影剧院	0.89	百货商场	0.89
图书馆、阅览室	0.96	纺织厂	0.90
旅馆	0.93	铸造车间	1.0
体育馆	0.92	炼钢车间	1.0

9.3.6 散湿量计算

1. 敞露水面散湿量 G (kg/h)

$$G=\beta(P_{q.b}-P_q)F\frac{B}{B'} \tag{9.3-15}$$

式中 F——蒸发表面积，m^2；

$P_{q.b}$——相应于水表面温度下的饱和空气的水蒸汽分压力，Pa；

P_q——室内空气中的水蒸汽分压力，Pa；

B——标准大气压力，101325Pa；

B'——当地实际大气压力，Pa；

β——蒸发系数，kg/(m^2·h·Pa)；

$$\beta=(a+0.00013v) \tag{9.3-16}$$

a——周围空气温度15～30℃时，不同水温下的扩散系数，kg/(m^2·h·Pa)，其数值见表9.3-8；

v——蒸发表面的空气流速，m/s。

不同水温下的扩散系数 α [kg/(m^2·h·Pa)] **表 9.3-8**

水温(℃)	<30	40	50	60	70	80	90	100
α	0.00017	0.00021	0.00025	0.00028	0.0003	0.00035	0.00038	0.00045

2. 沿地面流动的热水表面蒸发量 G (kg/h)

$$G=\frac{G_1c(t_1-t_2)}{r} \tag{9.3-17}$$

式中 G_1——流动的水量，kg/h；

c——水的比热，4.1868kJ/(kg·℃)；

t_1、t_2——水的初温和终温，℃；

r——汽化热，平均取2450kJ/kg。

3. 人体的散湿量G (g/h)

$$G=ng\varphi \tag{9.3-18}$$

式中 n——人数，个；

g——单个成年男子的散湿量，g/h，见表9.3-6；

φ——考虑不同性质的场所，成年男子和成年女子、儿童的比例，其散湿量不同的群集系数，见表9.3-7。

9.3.7 全面通风设计方案

1. 自然进风，自然排风

利用自然通风达到消除室内余热余湿的目的，应与车间的工艺布置、建筑型式以及总平面位置密切结合，在设计时要考虑：

(1) 尽量降低进风侧窗离地面的高度，一般不高于1.2m。

(2) 车间的主进风面应尽量垂直于夏季主导风向，角度不宜小于45℃，同时尽量避免大面积窗和墙受日晒影响。

其优缺点为：

(1) 充分利用自然能源，运行成本低、投资少。

(2) 进排风面积大，导致冷风渗透量大，增加了冬季供暖热负荷；

(3) 仅能在热车间使用。

2. 自然进风、机械排风

该系统为负压通风系统。对高温车间，它靠屋顶通风机的动力排除车间内的热空气，从车间的底层进风装置自然进风。

其优缺点为：

(1) 通风系统简单，只要打开通风机和进风窗就能运行；

(2) 通风效果不受室外风速及风向的影响；

(3) 负压通风，室外空气渗透量大，容易向车间内渗进其他有害气体。

(4) 对放散粉尘或密度比空气大的蒸汽和气体，而不同时放热的房间不适用。

3. 机械进风、自然排风

该系统是正压通风。根据车间不同的温、湿度及洁净度要求，对室外空气经过过滤，冷却（或加热）处理后直接送入车间的工作地带，消除余热、余湿后的热空气经过厂房顶部的排风装置排于室外。

在北方地区，冬季可作为换气装置向室内适当送风，部分空气可在室内再循环。

其优缺点为：

(1) 进风空气可经过处理，不仅能满足夏季通风降温的要求，而且能提供冬季供暖的需要，还能达到某些车间的洁净要求，进风空气品质好；

(2) 正压通风，减少了冷风渗透量和供暖热负荷；

(3) 运行管理方便；

(4) 但设备风道占地面积大，增加建设投资，运动费用高。

4. 机械进风，机械排风

该系统为全面机械通风。与其他三种方案相比，能提高进排风能力，更有效地排除室内的热湿空气，改善通风气流组织。可以根据室内卫生、环保和工艺条件的要求进行设计，是一种理想的通风方式。但建设投资和运行费用也最高，对运行管理人员的要求也高。

5. 几种通风方案的比较表

表 9.3-9

项目 \ 通风方式	自然进风 自然排风	自然进风 机械排风	机械进风 自然排风	机械进风 机械排风
初投资	*B*	*B*	*B*	*C*
运行成本	*A*	*B*	*B*	*C*
运行管理	*A*	*B*	*B*	*C*
运行效果	*D*	*C*	*B*	*A*

注：表中各符号意义：*A*—最好；*B*—良好；*C*—较差；*D*—最差。

9.3.8 事故通风

在建筑物内有可能突然从设备或管道中溢出大量有害气体或燃烧爆炸性气体时，则需要尽快地把有害物排到室外，这种建筑物应设置事故排风系统。

事故排风的吸风口，应布置在有害气体或爆炸性气体散发量可能最大的地方。当放散的气体或蒸气比空气重，吸风口应设在下部地带，反之应设在上部地带。当排除有爆炸性气体时，应考虑风机的防爆问题，事故风机的开关，应分别设置在室内和室外，便于开启的地点。

事故排风的排风口，不应布置在人员停留或经常通风的地方。排风口与进风口的水平距离不应小与 20m；当水平距离不足 20m 时，排风口必须高出进风口 6m 以上。排风出口应设在室外主导风向的下风侧。

事故通风量宜根据工艺设计要求通过计算确定，但换气次数不应小于 12 次/h。

9.4 除 尘

9.4.1 除尘设计的基本参数

1. 车间空气中粉尘最高容许浓度（表 9.3-1）；
2. 粉尘爆炸浓度下限（表 9.4-1）；
3. 工艺设备抽出空气含尘参考数据（表 9.4-2）；
4. 工业粉尘的真密度和容积密度（表 9.4-3）；
5. 工业粉尘的比电阻值（表 9.4-4）；
6. 锅炉烟尘最高允许排放浓度和烟气黑度限值（表 9.4-5）。

几种粉尘爆炸浓度下限　　表 9.4-1

序号	名　称	爆炸下限(g/m^3)	序号	名　称	爆炸下限(g/m^3)
1	铝粉末	58.0	8	泥炭粉	16.1
2	煤末	114.0	9	电子尘	30.0
3	沥青	15.0	10	胶木灰	7.6
4	硫磺	2.3	11	亚麻皮屑	16.7
5	硫矿粉	13.9	12	棉花	25.2
6	硫的磨细粉末	10.1	13	糖	10.3
7	页岩粉	58.0	14	淀粉	7.0

工艺设备内抽出空气含尘的参考数据　　表 9.4-2

序号	工艺设备	粉尘类别	含尘浓度(mg/m^3)	粉尘粒径(μm)					
				0～5	5～10	10～20	20～40	40～60	>60
1	磨料分级筛	碳化硅	850～1500	1.86	2.40	14.66	53.84	26.10	1.14
2	工具磨床	磨料、铁屑	100～300	13.04	12.06	22.80	22.92	21.74	7.44
3	球磨机煤粉锅炉	灰分	20000～26000	—	25.60	24.50	23.00	11.90	15.00
4	圆磨机煤粉锅炉	灰分	27000～50000	—	10.70	11.20	21.81	15.20	41.16
5	水泥磨	水泥	40000～45000	7.60	9.02	23.10	22.60	15.14	22.54
6	螺旋输送机	陶土	650～850	22.10	18.02	30.90	23.37	4.09	1.50
7	电炉	锰铁合金	900～1200	2.32	1.00	20.00	47.70	10.35	18.63
	电炉	硅铁合金	<150	0.50	10.00	41.38	48.05	0.64	0.03
	电炉	电石(石灰、煤)	9500～11500	55.30	17.80	14.60	7.30	5.00	—
8	球磨机	煤	9500～11500	72.30		19.20		4.30	4.20
9	喷砂室 $10m^3$	砂	4000～6000	6.00	12.00	6.80	32.80	8.40	34.00
	$2m^3$	砂	6000～10000	5.80	8.50	7.90	15.90	15.80	46.10
10	石棉梳棉机	石棉、尘土	72～225	0～6	6～10	10～24	>24		
				4.60	37.40	52.70	5.30		

工业粉尘的真密度与容积密度　　表 9.4-3

粉尘名称	真密度(g/cm^3)	容积密度(g/cm^3)	粉尘名称	真密度(g/cm^3)	容积密度(g/cm^3)
滑石粉	2.75	0.59～0.71	烟灰(0.7～56μm)	2.2	1.07
烟尘	2.15	1.2	硅酸盐水泥(0.7～91μm)	3.12	1.5
炭黑	1.85	0.04	造型用粘土	2.47	0.72～0.8
硅砂粉(105μm)	2.63	1.55	烧结矿粉	3.8～4.2	1.5～2.6
硅砂粉(30μm)	2.63	1.45	氧化铜(0.9～42μm)	6.4	2.64
硅砂粉(8μm)	2.63	1.15	锅炉炭末	2.1	0.6
硅砂粉(0.5～72μm)	2.63	1.26	烧结炉	3～4	1.0
电炉	4.5	0.6～1.5	转炉	5.0	0.7
化铁炉	2.0	0.8	铜精炼	4～5	0.2
黄铜溶解炉	4～8	0.25～1.2	石墨	2	～0.3
亚铅精炼	5	0.5	铸物砂	2.7	1.0
铅精炼	6	—	铅再精炼	～6	～1.2
铝二次精炼	3.0	0.3	黑液回收	3.1	0.13
水泥干燥窑	3	0.6	石灰粉尘	2.7	1.10
白云石粉尘	2.8	0.9			

工业中常见粉尘比电阻 **表 9.4-4**

粉尘种类	温度(℃)	湿度(%)	比电阻(Ω-cm)
水泥窑尘	120～180		5×10^{9}～5×10^{10}
水泥磨和烘干机尘	60 95	10 10	10^{12} 10^{13}
回转窑氧化铝微尘	121 177 232		2×10^{12} 5×10^{10} 8×10^{5}
铜焙烧烟尘	144 250	22	2×10^{9} 1×10^{8}
铅烧结机烟尘	144 52 40	10 9 7.5	1×10^{12} 2×10^{10} 1×10^{6}
铅鼓风炉烟尘	204 149	5 5	4×10^{12} 2×10^{13}
含锌渣烟化炉烟尘	204 149	1.3 1.3	4×10^{9} 2×10^{10}
回转窑氧化镍烟尘	20 65.5 121 177 232		3×10^{10} 8×10^{9} 6×10^{9} 5×10^{10} 8×10^{8}
回转窑氧化铝微尘	20 65.5		3×10^{8} 3×10^{11}
烧结机粉尘	烘干		1.3×10^{10}
高炉粉尘	未烘干		2.2×10^{8}～3.40×10^{8}
转炉粉尘	烘干		2.18×10^{11}
白云石粉尘	150		4×10^{12}
白云石粉尘	130		5×10^{12}
菱铁矿、镁砖、镁砂粉尘	160		3×10^{13}
氧化镁粉尘	180		3×10^{12}
平炉粉尘	232		9×10^{8}
飞灰	121 177 232		8×10^{3}、2×10^{11}、7×10^{12} 1×10^{6}、4×10^{11}、5×10^{12} 1×10^{6}、1×10^{11}、7×10^{11}
石灰	121 177		1×10^{11} 3×10^{11}

锅炉烟尘最高允许排放浓度和烟气黑度限值 **表 9.4-5**

锅炉类别		适用区域	烟尘排放浓度(mg/m^3)		烟气黑度(林格曼黑度,级)
			Ⅰ时段	Ⅱ时段	
燃煤锅炉	自然通风锅炉[<0.7MW(1t/h)]	一类区	100	80	1
		二、三类区	150	120	
	其他锅炉	一类区	100	80	1
		二类区	250	200	
		三类区	350	250	
燃油锅炉	轻柴油、煤油	一类区	80	80	1
		二、三类区	100	100	
	其他燃料油	一类区	100	80 *	1
		二、三类区	200	150	
燃气锅炉		全部区域	50	50	1

注：摘自《锅炉大气污染物排放标准》GB 13271-2001。

9.4.2 加湿防尘

1. 喷水加湿

（1）喷水加湿的设计原则

a. 喷水加湿应不影响生产和不改变物料的性质；

b. 喷水应均匀和防止水滴溅落到设备的运转部件上；

c. 在生产流程的起始扬尘点和破碎点，水量应多分配一些；

d. 供水阀门应尽可能与生产设备连锁；

e. 喷嘴距物料上面的距离不宜小于300mm，射流宽度不应大于物料输送时所处空间位置的最大宽度；

f. 在排尘口与喷嘴之间应装橡皮帘。

（2）耗水量

喷水加湿时的耗水量 G_s（kg/h）：

$$G_s = G_w(d_2 - d_1) \tag{9.4-1}$$

式中 G_w——需加湿的物料量，kg/h；

d_1——物料的原始含水量，%；

d_2——物料的最终含水量，%，见表9.4-6。

物料的最终含水量 **表9.4-6**

物料名称	金属矿石	石灰石	白云石	煤	石英	富矿石	烧结混合物	铸造用砂	焦炭
d_2(%)	4～6	3～6	4～6	8～22	4～6	8～10	8～10	4～6	8～12

当用喷嘴喷水时，喷嘴数量 n（个）：

$$n = \frac{G_s}{G_0} \tag{9.4-2}$$

式中 G_s——需要的喷水量，kg/h；

G_0——单个喷嘴的喷水量，kg/h，见表9.4-7。

当需要形成连续水幕时，所需喷嘴数量可按下式计算：

$$\left.\begin{aligned} h/b \leqslant 1\text{时}, n &= \frac{0.5b}{l \cdot \text{tg}(\alpha/2)} \\ h/b > 1\text{时}, n &= \frac{b}{l \cdot \text{tg}(\alpha/2)} \\ h/b > 2\text{时}, n &= \frac{1.5b}{l \cdot \text{tg}(\alpha/2)} \end{aligned}\right\} \tag{9.4-3}$$

式中 h——罩子或设备开口高度，m；

b——罩子或设备开口宽高，m；

l——喷射水流的长度，m；

α——喷水角度，见表9.4-7。

当使用喷水管时，应保证不小于200kPa的水压。喷水管用直径20mm的钢管，钻孔径2～3mm的喷水孔，孔距一般为20mm。

喷嘴的喷水量表 **表 9.4-7**

孔径(mm)	喷水量(kg/h)		喷射水流尺寸			
			喷水角度(α°)		喷射水流长度 l(m)	
	200kPa	300kPa	200kPa	300kPa	200kPa	300kPa
1.5	140	175	49	54	0.53	0.62
2.0	195	240	49	54	0.43	0.62
2.5	235	300	49	54	0.43	0.62

2. 喷蒸汽加湿

(1) 设计原则

a. 喷蒸汽加湿适用于煤、焦炭等弱粘结性粉尘，蒸汽压力以 60～100kPa 为宜；

b. 不宜与机械除尘并用；

c. 蒸汽喷射管应设在不受物料冲击的位置，以免损坏或造成喷孔堵塞；

d. 为防止蒸汽由密闭罩漏入室内，可在卸料处扩大密闭罩的容积加以缓冲；

e. 供汽管上的阀门应与生产设备连锁，并应妥善考虑凝结水排除措施；

f. 喷汽管一般采用 20～25mm 直径的钢管制作，管面距物料表面约 150～200mm。喷汽孔直径 ϕ2～3mm，孔距 30～50mm。

(2) 单个喷孔喷汽量 G_0(kg/h)

$$G_0=5.25FP \tag{9.4-4}$$

式中 F——单个喷孔面积，mm^2；

P——蒸汽绝对压力，MPa。

9.4.3 密 闭 排 尘

1. 防尘密闭罩的设置原则

(1) 放散粉尘的工艺设备，应尽量采用密闭措施。其密闭方式应根据设备的特点和工艺要求，设置局部密闭罩、整体密闭罩或大容积密闭罩；

(2) 密闭罩的设置应不妨碍操作和检修，必须设置的操作孔、检修孔及观察孔应避开气流速度较高的部位；

(3) 密闭罩应力求严密，所设各种门孔应开关灵活并保证严密。通过物料的孔口应装设弹性材料制成的遮尘帘；

(4) 密闭罩应避免直接连接于振动或往复运动的设备机体上，密闭罩可能受物料撞击和磨损的部分，须用坚固的材料制成。

2. 密闭罩排尘口及排尘罩的设计

(1) 密闭罩排尘口的选择，要能有效地控制含尘气流不致从密闭罩逸出，同时避免吸入粉料。通常排尘口应正对含尘气流中心，但对破碎、筛分和运输设备，排尘口应避开含尘气流中心，以防吸入大量粉料。对于皮带运输机受料点密闭罩的排尘口与卸料溜槽相邻两边之间的距离应为溜槽边长的 0.75～1.5 倍，通常取 300～500mm，排尘口距离皮带机表面的高度不应小于皮带机宽度的 0.6 倍；

(2) 排尘口接管宜垂直设置，以防物料进入造成阻塞；

(3) 排尘口的平均风速不宜大于下列数值：

细粉料的筛分 0.6m/s

物料的粉碎　　　　　　　2.0m/s

粗颗粒物料的破碎　　　　3.0m/s

(4) 排尘口与接管连接时收缩角不宜大于60°；

(5) 在工艺设备无法安装密闭罩时，可视具体情况装设局部排尘罩，如磨削机床的壳罩及侧吸罩等。

3. 排风量的确定

工艺设备防尘密闭罩的排风量 L (m^3/h)

$$L=L_1+L_2 \quad (9.4\text{-}5)$$

式中 L_1——随物料带入的空气量，m^3/h；

L_2——为使罩内形成一定负压，由不严密处吸入的空气量，m^3/h，按下式计算：

$$L_2=3600Fv_0 \quad (9.4\text{-}6)$$

式中 F——密闭罩不严密处的缝隙面积，m^2；

v_0——密闭罩不严密处空气速度，m/s。

一般常用生产设备密闭罩及排尘罩的排风量确定，分述如下。

(1) 运输设备

a. 皮带运输机

采用单层局部密闭罩，皮带机宽度为500mm，其排风量可按下列规定计算：

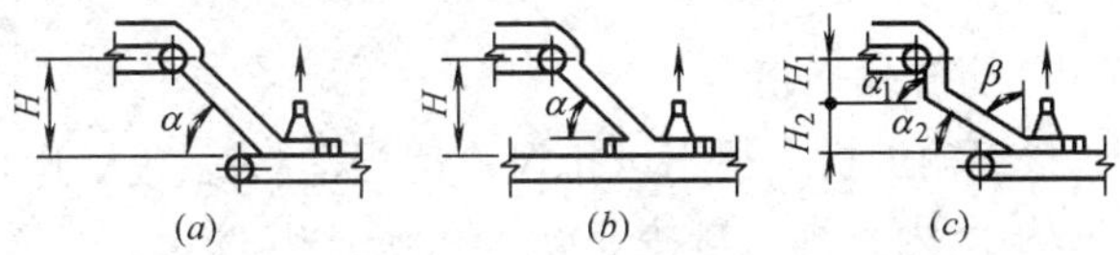

图 9.4-1 皮带运输机受料点除尘排风形式

• 受料点在皮带机尾部时［图 9.4-1 (*a*)］，根据落料高度 H 和溜槽倾斜角 α，按表 9.4-8 确定。

• 当受料点在皮带中部时［图 9.4-1 (*b*)］，表 9.4-8 中的 L_2 值应乘以 1.3 的系数。

• 当溜槽有转角时［图 9.4-1 (*c*)］，应先计算出物料的末速度 v_m (m/s)，再按末速度由表 9.4-8 确定风量。

$$v_m=\sqrt{(Kv_1)^2+v_2^2} \quad (9.4\text{-}7)$$

式中 v_1——溜槽第一段的物料末速度，m/s；

v_2——不考虑前段物料速度（即假定起始速度为零）时，溜槽第二段的物料末速度，m/s，根据 H_2、α_2 由表 9.4-8 查得；

K——溜槽转弯的减速系数，根据转角 β 由表 9.4-9 查得。

皮带运输机转运点的排风量 (m^3/h)　　　表 9.4-8

溜槽角度			物料落差(m)			物料末速度(m/s)	皮带宽度 B=500(mm)时的排风量 L		
α	α_1	α_2	H	H_1	H_2		L_1	L_2	$L=L_1+L_2$
45°			1.0			2.1	50	750	800
			2.0			2.9	100	1000	1100
			3.0			3.6	150	1300	1450
50°			1.0			2.4	50	850	900
			2.0			3.3	150	1200	1350
			3.0			4.1	200	1400	1600

续表

溜槽角度			物料落差(m)			物料末速度(m/s)	皮带宽度 B=500(mm)时的排风量 L		
α	α_1	α_2	H	H_1	H_2		L_1	L_2	$L=L_1+L_2$
60°			1.0			3.3	150	1200	1350
			2.0			4.6	250	1600	1850
			3.0			5.6	350	2000	2350
70°			1.0			3.8	150	1300	1450
			2.0			5.3	300	1900	2200
			3.0			6.5	500	2300	2800
90°			1.0			4.4	200	1600	1800
			2.0			6.3	450	2200	2650
			3.0			7.7	650	2700	3350

表 9.4-9

β	5°	10°	20°	30°	40°	45°
K	1.00	0.97	0.93	0.85	0.75	0.69

• 当皮带机宽度 B>500mm 时，确定的风量 L 值应乘以修正系数 φ，φ 由表 9.4-10 查得。

b. 螺旋输送机

螺旋输送机一般不设排风。但当落料高差大于 1.5m 时宜设排风，排风口速度控制在 0.5m/s 之内。排风量按 500～1000m^3/h 选用。

皮带运输机宽度与风量的修正系数（φ） 表 9.4-10

皮带机宽度(mm)	650	800	1000
φ	1.25	1.50	1.75

c. 斗式提升机

斗式提升机排风量按斗宽每 1mm 排风 3～4m^3/h 计算。

(2) 破碎、磨碎设备的排风

a. 破碎机的排风量，见表 9.4-11

b. 球磨机的排风量，应根据球磨机的内部容积确定。当内部容积为 4～9m^3 时，宜取 1400～1600m^3/h。

(3) 振动筛的排风量可根据给料高度，密闭状况，物料性质和筛子规格等因素，按每 m^2 筛子面积 800～1200m^3/h 计算。小筛子在局部密闭时应取上限。在处理热的旧型砂时则采用 1800m^3/h。

(4) 给料设备

a. 电振给料机和槽式（往复式）给料机

排风量见表 9.4-12。卸落物料湿度较大时，可只密闭不排风。

b. 圆盘给料机

排风量见表 9.4-13。当卸落湿料时，可不设排风。

破碎机排风量 **表 9.4-11**

序号	设备名称	排风示意图	设备规格(mm)	上部排风量(m^3/h)	下部排风量(m^3/h)	
					上部有排风	上部无排风
1	颚式破碎机	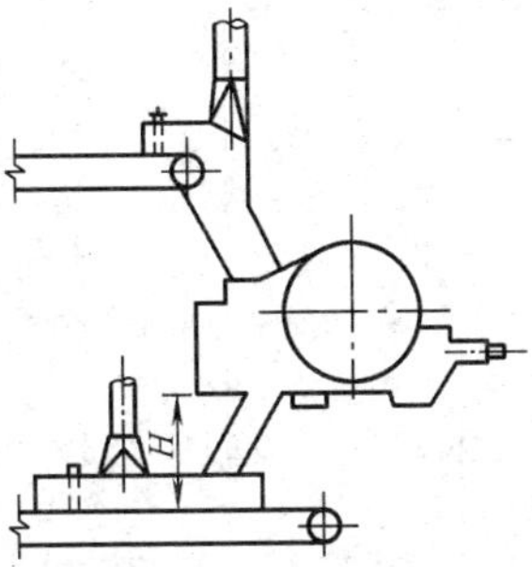	150×250 250×350 250×400 400×600 600×900 900×1200 1200×1500 1500×2100	80 1000 1200 1500 2000 2500 3000 4000	当破碎机卸料至皮带机上时按表9.4-8中的 L_2 选用	当破碎机卸料至皮带机上时按表9.4-8中的 L_1+L_2 选用
2	圆锥破碎机	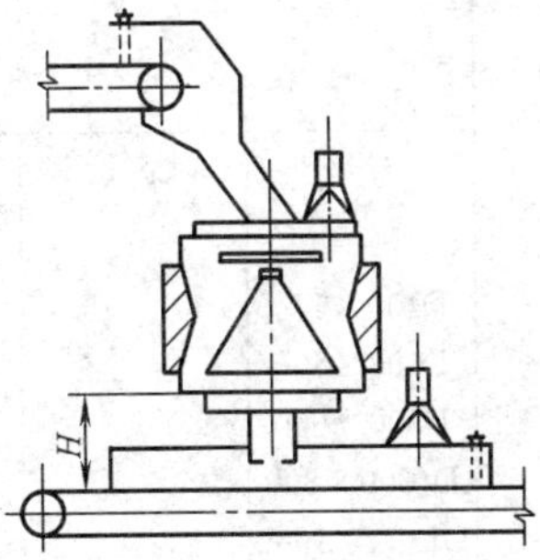	D600 D900 D1200 D1650 D1750 D2100 D2200	1000 1500 2000 3000 3000 4000 4000	当破碎机卸料至皮带机上时按表9.4-8中的 L_2 选用	当破碎机卸料至皮带机上时按表9.4-8中的 L_1+L_2 选用
3	对辊破碎机	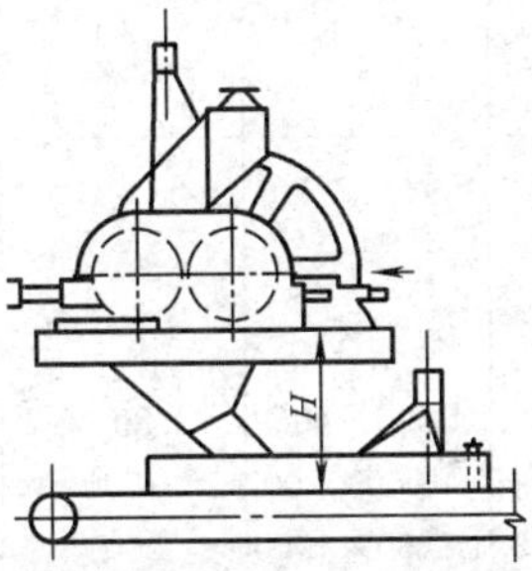	D200×125 D360×300	— 600～800	当破碎机卸料至皮带机上时按表9.4-8中的 L_2 选用	1400 1000
			D600×400 D750×500 D1200×100	1000 1500 2000		—
4	四辊破碎机	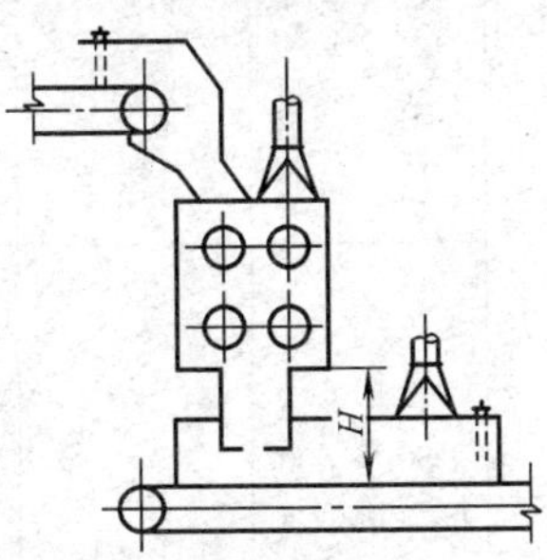	D750×500 D900×700	1000 1500	当破碎机卸料至皮带机上时按表9.4-8中的 L_2 选用	—
	齿辊破碎机	—	D450×500 D600×750 D900×900	1000 1500 2000		

续表

序号	设备名称	排风示意图	设备规格(mm)	上部排风量(m³/h)	下部排风量(m³/h)	
					上部有排风	上部无排风
5	可逆锤式破碎机	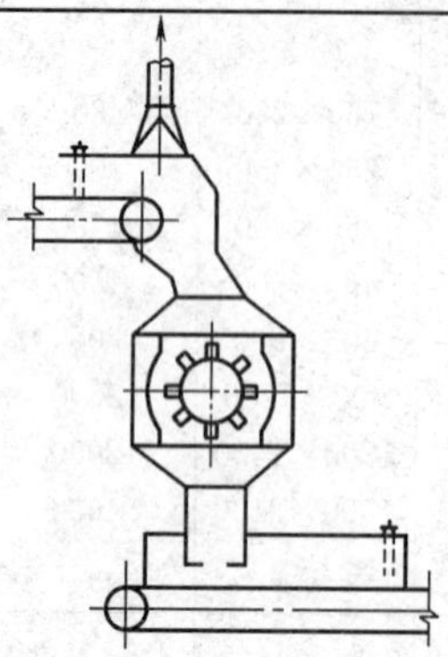 (*a*) (*a*)可逆锤式破碎机	D600×400 D1000×800 D1000×1000 D1430×1300	5000～6000 6000～8000 8000～10000 14000～16000	—	
	不可逆锤式破碎机	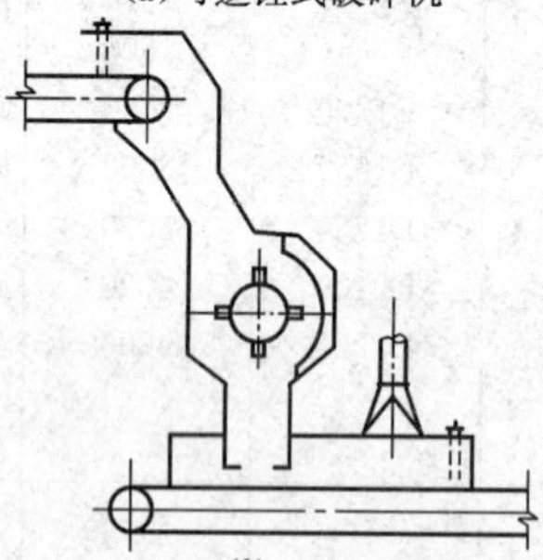 (*b*) (*b*)不可逆锤式破碎机	D400×175 D600×400 D800×600 D1000×800 D1300×1600 D1600×1600	—	2000～3000 3000～5000 4000～6000 5000～7000 9000～11000 12000～14000	
6	反击式破碎机	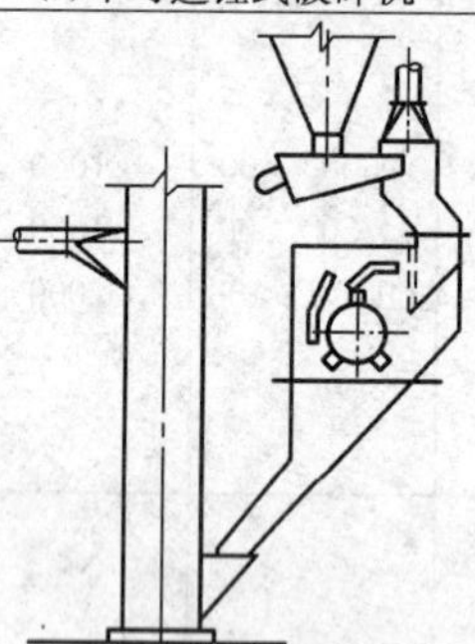 (*a*) (*a*)向斗式提升机排料	D500×400 D1000×700 D1250×1000 D1250×1250	800 1500 2000 2500	1600 3000 4000 5000	
		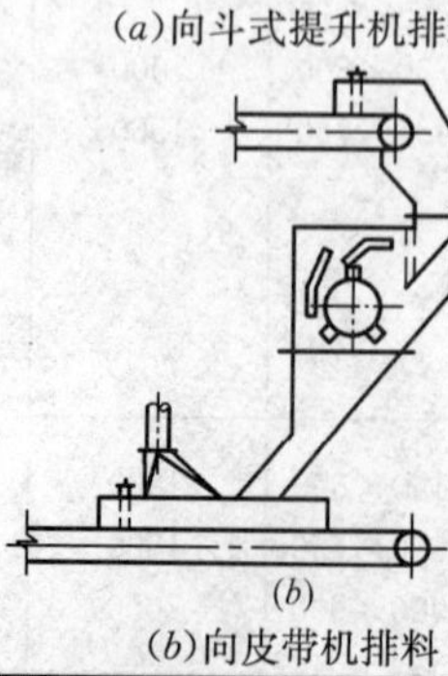 (*b*) (*b*)向皮带机排料	D500×400 D1000×700 D1250×1000 D1250×1250		6000～8000 8000～10000 10000～12000 12000～14000	

电振给料机和槽式（往复式）给料机除尘抽风量 表 9.4-12

电振给料机		槽式(往复式)给料机		受料皮带机宽 (mm)	物料落差 (mm)	抽风量 (m^3/h)
型号	槽子规格 宽×长×高 (mm)	型号	出料口 宽×高 (mm)			
DZ_1	200×600×100	π_3	400×400	300	200～100	500
DZ_2	300×800×120	π_4	600×500	300、400	200～400	600～700
DZ_3	400×1000×150	—	—	400、500	200～500	800～1000
DZ_4	500×1100×200	K－0	(长×宽)			
			1435×500	500、650	300～500	1000～1200
DZ_5	700×1200×250	K－1	1435×750	650、800	300～500	1300～1500
DZ_6	900×1500×300	K－2	1835×750	650、800	400～600	1500～1800
DZ_7	1100×1900×350	K－3	2050×996	1000、1200	500～800	2200～2300
DZ_8	1300×2000×400	K－4	2400×1246	1200、1400	600～1000	3000～5000
DZ_9	1500×2200×450	—	—	1400	800～1500	4000～6000
DZ_{10}	1800×2100×400	—	—	1400	—	4000～6000

圆盘给料机排风量 表 9.4-13

圆盘规格 (mm)	*D*									
	400	500	600	800	1000	1300	1500	2000	2500	3000
排风量(m^3/h)	500～700	600～800	700～1000	800～1300	1000～1500	1300～1800	1500～2000	2000～2500	2500～3000	3000～4000

犁式卸料刮板排风罩排风量 表 9.4-14

皮带宽度(mm)	400	500	650	800
单面卸料排风量(m^3/h)	800	1000	1500	2000
双面卸料排风量(m^3/h)	2×800	2×1000	2×1500	2×2000

(5) 其他设备的排风

a. 犁式卸料器

排风量见表 9.4-14。

b. 滚筒筛

根据筛子的大端断面积计算，一般每 m^2 面积的排风量为 2300m^3/h。当工艺还要求在过筛过程中排除无用细灰时，排风量应增加 50%。

c. 砂轮机及抛光机的排风量 L (m^3/h)

$$L=KD \tag{9.4-8}$$

式中 D——磨轮直径，mm；

K——每 1mm 轮径的排风量，$m^3/(h \cdot mm)$

砂轮 $K=2$； 毡轮 $K=4$； 布轮 $K=6$。

排风罩开口处的风速要求如下：

砂轮 $v>8m/s$； 毡轮 $v>4m/s$； 布轮 $v>6m/s$。

d. 木工机床的排风量，见表 9.4-15。

定型木工机床排风量 **表 9.4-15**

机床名称	型号	机床简图及吸尘罩位置	排风量 (m^3/h)	接管 直径 (mm)	吸尘罩 局部阻 力系数	制造厂
手动进料 木工圆 锯机	MJ104 MJ106 MJ109	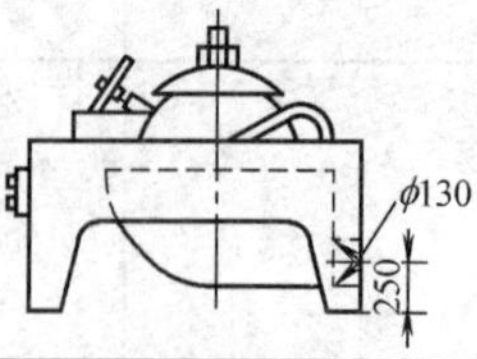	760 1020 1250	130 150 165	1.5 1.5 1.2	上木 都江 牡木
平衡截 锯机	MJ2010 MJ2015	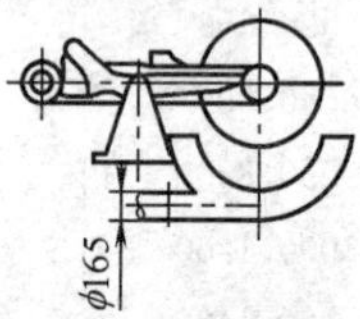	1250 1720	165 195	1.5 1.5	上木
脚踏截 锯机	MJ217	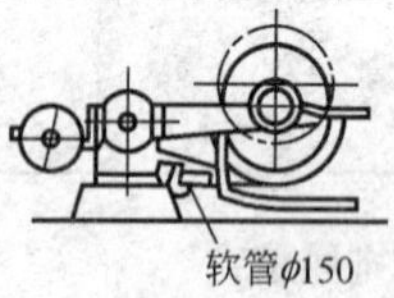	1020	150	1.5	都江
万能木工 圆锯机	MJ224	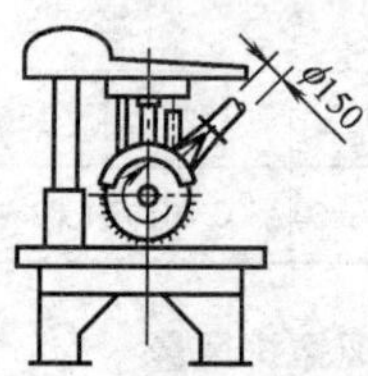	1020	150	1.2	都江
万能木工 圆锯机	MJ225	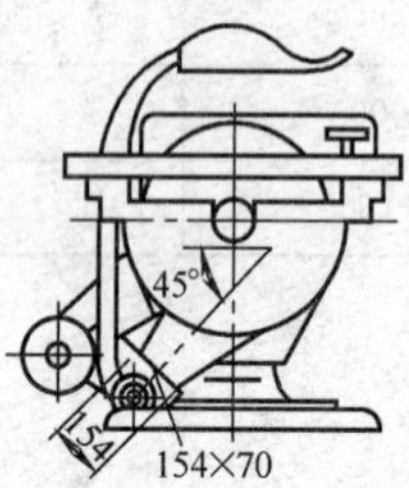	1020	150	1.8	牡木 都江
吊截锯	MJ255 MJ256	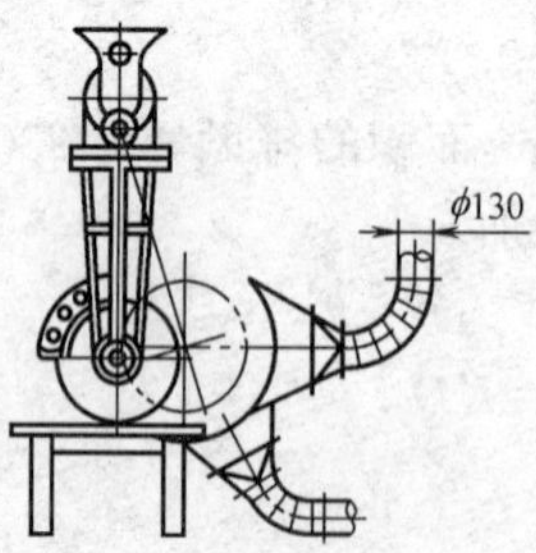	800 1020	130 150	1.1 1.1	都江
普通木工 带锯机	MJ318 MJ318A MJ3110	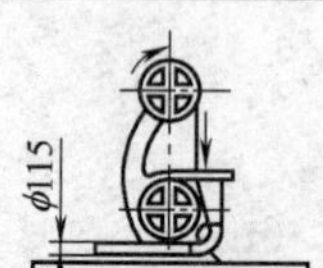	600 650 1250	115 120 165	1.0 1.0 1.0	沈木 沈木 邵武

续表

机床名称	型号	机床简图及吸尘罩位置	排风量 (m^3/h)	接管直径 (mm)	吸尘罩局部阻力系数	制造厂
台式木工带锯机	MJ3310	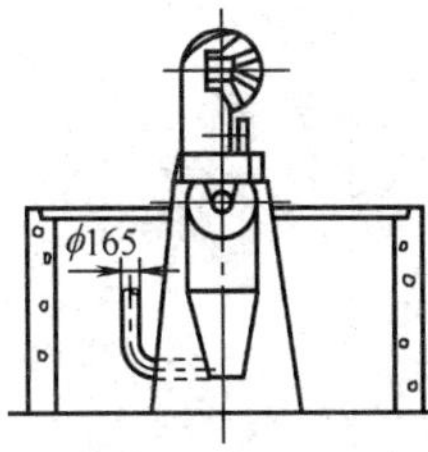	1250	165	1.5	沈木
细木工带锯机	MJ344 MJ346 MJ346A MJ348	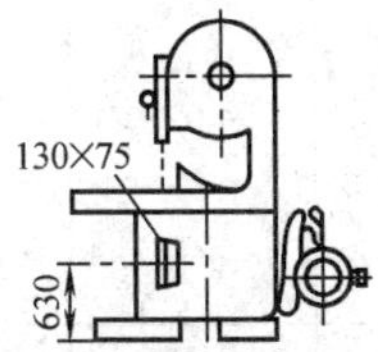	450 450 450 650	100 100 100 120	0.8 0.8 0.8 1.0	邵武 邵武 牡木 邵武
镂锯机（线锯）	MJ434	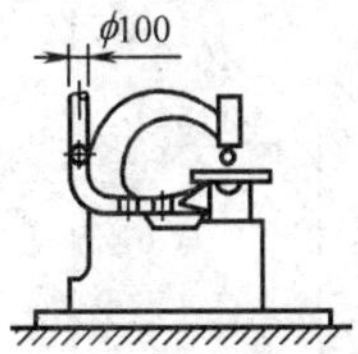	450	100	2.0	
单面木工压刨床	MB103 MB106	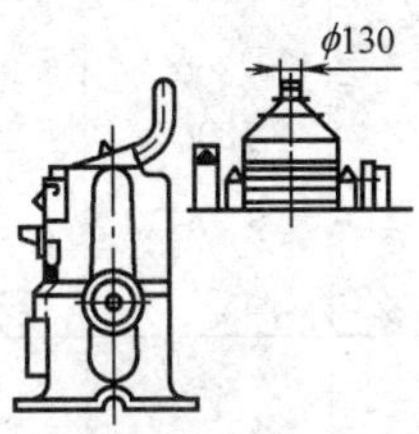	900 1000	130 140	1.0 1.3	牡木 洛阳 牡木 洛阳
单面木工压刨床	MB106A	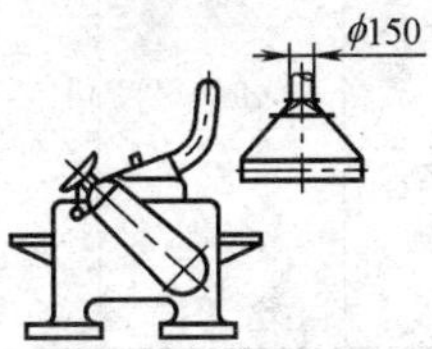	1200	150	1.3	牡木
双面木工压刨床	MB204 MB206	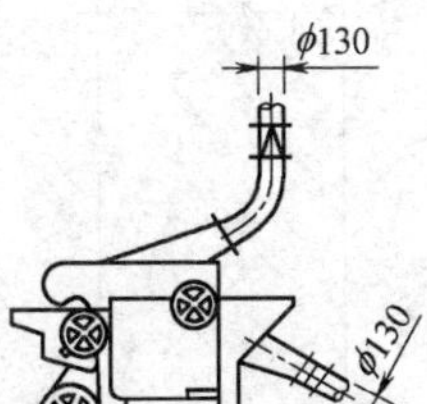	上部:900 下部:1200 上部:860 下部:1150	130 150 130 150	1.3 1.3 1.5 1.5	洛阳 洛阳

续表

机床名称	型号	机床简图及吸尘罩位置	排风量 (m^3/h)	接管直径 (mm)	吸尘罩局部阻力系数	制造厂
木工平刨床	MB502 MB503 MB503A	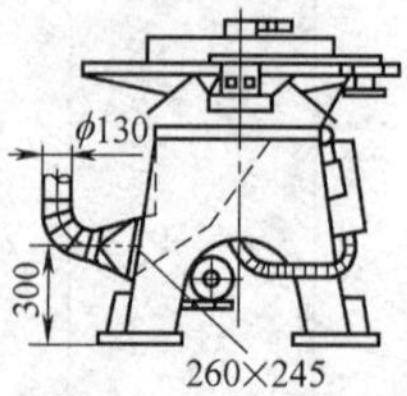	800 800 800	130 130 130	1.0 1.0 1.0	牡木 邵武 邵武
木工平刨床	MB504 MB504A MB506 MB506A	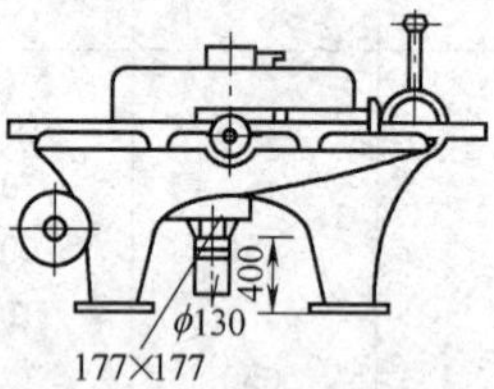	940 940 1100 1100	140 140 150 150	1.0 1.0 1.0 1.0	牡木 牡木 牡木 牡木
普通木工车床	MC614 MC616A	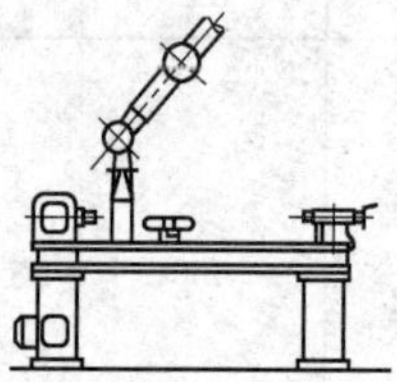	1000 1150	140 150	1.7 1.7	上木 牡木 上木
立式单轴木工铣床	MX518 MX518A	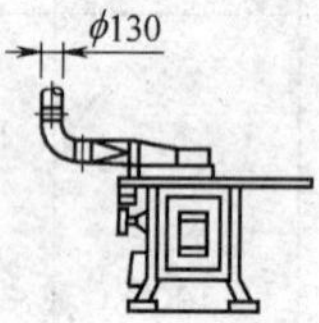	800 800	130 130	1.5 1.5	牡木 牡木
立式单轴木工钻床	MK515	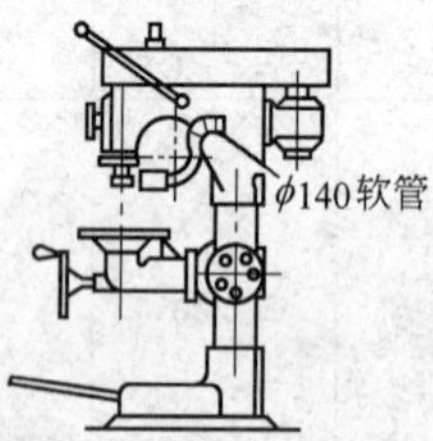	940	140	1.5	牡木 上木
卧式木工钻床	MK672	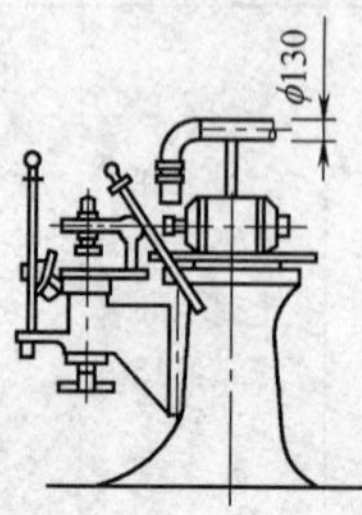	800	130	1.5	牡木

续表

机床名称	型号	机床简图及吸尘罩位置	排风量 (m^3/h)	接管直径 (mm)	吸尘罩局部阻力系数	制造厂
双盘式磨光机	MM128	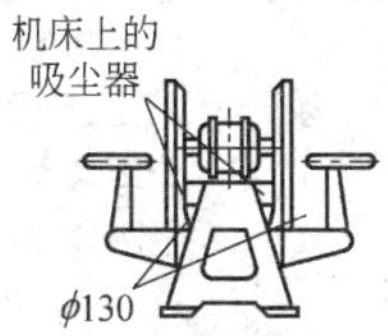	750×2 合计 1500	130.2	2.0	

9.4.4　除尘风管

1. 除尘风管设计

(1) 除尘风管采用枝状或集合管式。集合管有水平、垂直两种形式（图 9.4-2、图 9.4-3）。水平集合管内风速取 3～4m/s，垂直集合管取 6～10m/s。枝状除尘风管宜垂直或倾斜布置，必须水平布置时，风管不宜过长，且风速必须大于规定的最小风速（见表 9.4-16）。

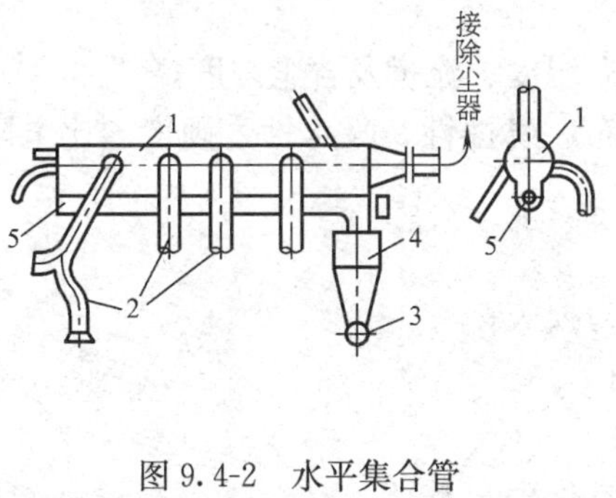

图 9.4-2　水平集合管

1—集合管；2—支风管；3—泄尘阀；4—集尘箱；5—螺旋输送机

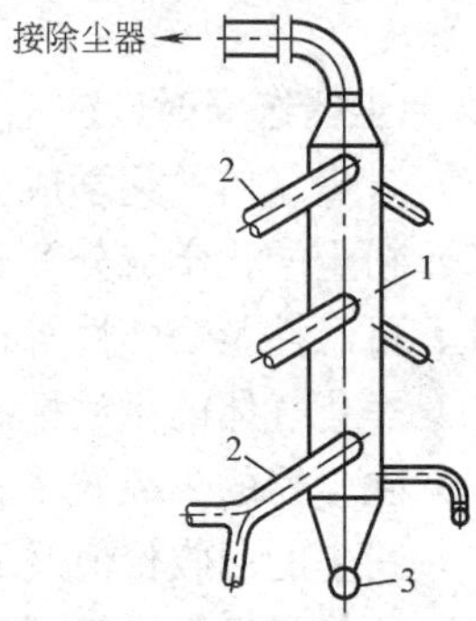

图 9.4-3　垂直集合管

1—集合管；2—支风管；3—泄尘阀

(2) 除尘风管宜明设，尽量避免地沟内敷设。

(3) 为清扫方便，在风管的适当部位应设清扫口。

(4) 支风管应尽量从侧面或上部与主风管连接。三通的夹角一般取 15～30°。

(5) 除尘器后风速以 8～10m/s 为宜。

(6) 有可能发生静电积聚的除尘风管应设计接地措施。

(7) 各支风管之间的不平衡压力差应小于 10%。

2. 除尘风管计算采用表 9.4-17

3. 除尘风管压力平衡计算

$$d_H = d_Q \left(\frac{\Delta P_C}{\Delta P_H}\right)^{0.225} \tag{9.4-9}$$

式中 d_Q、d_H——调整前后的管径，mm；

ΔP_c、ΔP_H——调整前后的压力损失，Pa。

除尘风管的最小风速（m/s） **表 9.4-16**

粉尘类别	粉尘名称	垂直风管	水平风管	粉尘类别	粉尘名称	垂直风管	水平风管
纤维粉尘	干锯末、小刨屑、纺织尘	10	12	矿物粉尘	轻矿物粉尘	12	14
	木屑、刨花	12	14		灰土、砂尘	16	18
	干燥粗刨花、大块干木屑	14	15		干细型砂	17	20
	潮湿粗刨花、大块湿木屑	18	20		金刚砂、刚玉粉	15	19
	棉絮	8	10	金属粉尘	钢铁粉尘	13	15
	麻	11	13		钢铁屑	19	23
	石棉粉尘	12	18		铅尘	20	25
矿物粉尘	耐火材料粉尘	14	17	其他粉尘	轻质干燥尘末（木加工磨床粉尘、烟草灰）	8	10
	粘土	18	16		煤尘	11	13
	石灰石	14	16		焦炭粉尘	14	18
	水泥	12	18		谷物粉尘	10	12
	湿土（含水2%以下）	15	18				
	重矿物粉尘	14	16				

9.4.5 除尘设备

1. 除尘器选择时应注意下列各点

（1）含尘气体的化学成分、腐蚀性、温湿度、流量及含尘浓度；

（2）粉尘的化学成分、密度、粒径分布、腐蚀性、吸水性、硬度、比电阻、粘结性、纤维性、可燃性及爆炸性等；

（3）净化气体的排放标准；

（4）除尘器的分级效率、总效率及压力损失；

（5）粉尘的回收价值及回收利用形式；

（6）维护管理的繁简程度；

（7）各种除尘器的性能及使用范围可参见表9.4-18。

2. 除尘器效率

一级除尘

$$\eta=\frac{g_1-g_2}{g_1}\times100\% \tag{9.4-10}$$

式中 g_1——除尘器入口气体的含尘浓度，mg/m^3；

g_2——除尘器出口气体的含尘浓度，mg/m^3。

二级除尘

$$\eta_{1-2}=\eta_1+(1-\eta_1)\eta_2 \tag{9.4-11}$$

式中 η_1、η_2——第一、二级除尘器效率，%。

各种除尘器的概略效率可参见表9.4-18。

3. 旋风除尘器的选用

（1）旋风除尘器除尘效率，可参见表9.4-19。

（2）适用于净化密度大和粒径大于5μm的粉尘。

表 9.4-17

除尘风管计算表

动压 (Pa)	风速 (m/s)	0 径 D(mm) 上行——风量(m^3/h) 下行——λ/d													
		80	90	100	110	120	130	140	150	160	170	180	190	200	210
60.1	10.0	168 0.342	214 0.293	266 0.255	324 0.226	387 0.202	456 0.182	531 0.166	611 0.152	697 0.140	789 0.129	886 0.120	989 0.112	1097 0.105	1212 0.0991
72.7	11.0	184 0.339	235 0.290	293 0.253	356 0.224	426 0.200	502 0.180	584 0.164	672 0.150	767 0.138	867 0.128	974 0.119	1088 0.111	1207 0.104	1333 0.0982
86.5	12.0	201 0.336	257 0.288	319 0.251	388 0.222	464 0.198	547 0.179	637 0.163	733 0.149	836 0.137	946 0.127	1063 0.118	1187 0.111	1317 0.104	1454 0.0975
101.5	13.0	218 0.334	278 0.268	346 0.249	421 0.220	503 0.197	593 0.178	690 0.162	794 0.148	906 0.136	1025 0.126	1152 0.118	1285 0.110	1426 0.103	1575 0.0969
117.8	14.0	235 0.332	300 0.284	372 0.248	453 0.219	542 0.196	638 0.177	743 0.161	855 0.147	976 0.136	1104 0.126	1240 0.117	1384 0.109	1536 0.102	1696 0.0963
135.2	15.0	251 0.330	321 0.283	399 0.247	486 0.218	581 0.195	684 0.176	796 0.160	916 0.147	1045 0.135	1183 0.125	1329 0.116	1483 0.109	1646 0.102	1817 0.0958
153.8	16.0	268 0.328	342 0.281	426 0.245	518 0.217	619 0.194	730 0.175	849 0.159	978 0.146	1115 0.134	1262 0.124	1417 0.116	1582 0.108	1756 0.101	1938 0.0954
173.6	17.0	285 0.327	364 0.280	452 0.244	550 0.216	658 0.193	775 0.174	902 0.159	1039 0.145	1185 0.134	1341 0.124	1506 0.115	1681 0.108	1865 0.101	2060 0.0950
194.7	18.0	302 0.326	385 0.279	479 0.243	583 0.215	697 0.192	821 0.174	955 0.158	1100 0.145	1254 0.133	1419 0.123	1594 0.115	1780 0.107	1975 0.101	2181 0.0946
216.9	19.0	319 0.325	407 0.278	505 0.243	615 0.214	735 0.192	866 0.173	1008 0.157	1161 0.144	1324 0.133	1498 0.123	1683 0.114	1879 0.107	2085 0.100	2302 0.0943
240.3	20.0	335 0.324	428 0.277	532 0.242	647 0.214	774 0.191	912 0.173	1061 0.157	1222 0.144	1394 0.132	1577 0.123	1772 0.114	1977 0.107	2195 0.100	2423 0.0940
265.0	21.0	352 0.323	449 0.277	559 0.241	680 0.213	813 0.191	958 0.172	1114 0.157	1283 0.143	1464 0.132	1656 0.122	1860 0.114	2076 0.106	2304 0.100	2544 0.0938
290.9	22.0	369 0.322	471 0.276	585 0.241	712 0.213	852 0.190	1003 0.172	1167 0.156	1344 0.143	1533 0.132	1735 0.122	1949 0.114	2175 0.106	2414 0.0994	2665 0.0935
317.8	23.0	386 0.321	492 0.275	612 0.240	745 0.212	890 0.190	1049 0.171	1221 0.156	1405 0.143	1603 0.131	1814 0.122	2037 0.113	2274 0.106	2524 0.0992	2787 0.0933
346.1	24.0	402 0.320	514 0.275	638 0.239	777 0.212	929 0.189	1094 0.171	1274 0.155	1466 0.142	1673 0.131	1893 0.121	2126 0.113	2373 0.106	2634 0.0990	2908 0.0931
375.5	25.0	419 0.320	535 0.274	665 0.239	809 0.211	968 0.189	1140 0.170	1327 0.155	1527 0.142	1742 0.131	1971 0.121	2215 0.113	2472 0.105	2743 0.0988	3029 0.0929
406.2	26.0	436 0.319	556 0.273	692 0.238	842 0.211	1006 0.188	1186 0.170	1380 0.155	1589 0.142	1812 0.131	2050 0.121	2303 0.113	2571 0.105	2853 0.0986	3150 0.0927

续表

动压 (Pa)	风速 (m/s)	外径 D(mm) 上行——风量(m^3/h) 下行——λ/d													
		220	240	250	260	280	300	320	340	360	380	400	420	450	480
60.1	10.0	1331	1588	1725	1867	2169	2494	2841	3211	3604	4019	4456	4917	5649	6433
		0.0935	0.0838	0.0797	0.0759	0.0692	0.0635	0.0544	0.0544	0.0507	0.0474	0.0445	0.0419	0.0385	0.0350
72.7	11.0	1465	1747	1897	2054	2386	2743	3125	3532	3964	4420	4902	5408	6214	7077
		0.0927	0.0831	0.0790	0.0752	0.0686	0.0630	0.0581	0.0539	0.0503	0.0470	0.0441	0.0416	0.0382	0.0353
86.5	12.0	1598	1906	2070	2241	2603	2993	3409	3853	4324	4822	5348	5900	6779	7720
		0.0920	0.0825	0.0784	0.0747	0.0681	0.0625	0.0577	0.0535	0.0499	0.0467	0.0438	0.0413	0.0379	0.0350
101.5	13.0	1731	2065	2242	2428	2820	3242	3694	4174	4685	5224	5793	6392	7344	8363
		0.0914	0.0820	0.0779	0.0742	0.0677	0.0622	0.0574	0.0532	0.0496	0.0464	0.0436	0.0410	0.0377	0.0348
117.8	14.0	1864	2223	2415	2614	3037	3492	3978	4496	5045	5626	6239	6883	7909	9007
		0.0909	0.0815	0.0775	0.0738	0.0673	0.0618	0.0570	0.0529	0.0493	0.0461	0.0433	0.0408	0.0375	0.0346
135.2	15.0	1997	2382	2587	2801	3254	3741	4262	4817	5405	6028	6684	7375	8474	9650
		0.0904	0.0811	0.0771	0.0734	0.0669	0.0614	0.0567	0.0526	0.0491	0.0459	0.0431	0.0406	0.0373	0.0345
153.8	16.0	2130	2541	2760	2988	3471	3990	4546	5138	5766	6430	7130	7867	9039	10290
		0.0900	0.0807	0.0767	0.0731	0.0666	0.0612	0.0565	0.0524	0.0488	0.0457	0.0429	0.0404	0.0371	0.0343
173.6	17.0	2263	2700	2932	3175	3688	4240	4830	5459	6126	6832	7576	8358	9604	10940
		0.0896	0.0804	0.0764	0.0728	0.0664	0.0609	0.0562	0.0522	0.0486	0.0455	0.0427	0.0402	0.0370	0.0342
194.7	18.0	2397	2859	3105	3361	3905	4489	5114	5780	6486	7233	8021	8850	10170	11580
		0.0893	0.0801	0.0761	0.0725	0.0661	0.0607	0.0560	0.0520	0.0485	0.0453	0.0426	0.0401	0.0368	0.0340
216.9	19.0	2530	3017	3277	3548	4122	4739	5398	6101	6847	7635	8467	9342	10730	12220
		0.0890	0.0798	0.0759	0.0722	0.0659	0.0605	0.0559	0.0518	0.0483	0.0452	0.0424	0.0400	0.0367	0.0339
240.3	20.0	2663	3176	3450	3735	4339	4988	5683	6422	7207	8037	8913	9883	11300	12870
		0.0887	0.0796	0.0756	0.0720	0.0657	0.0603	0.0557	0.0517	0.0482	0.0451	0.0423	0.0398	0.0366	0.0338
265.0	21.0	2796	3335	3622	3922	4556	5238	5967	6743	7567	8439	9359	10320	11860	13510
		0.0885	0.0794	0.0754	0.0718	0.0655	0.0601	0.0555	0.0515	0.0480	0.0449	0.0422	0.0397	0.0365	0.0337
290.9	22.0	2929	3494	3795	4108	4773	5487	6251	7064	7928	8841	9804	10820	12430	14150
		0.0882	0.0791	0.0752	0.0716	0.0653	0.0600	0.0554	0.0514	0.0479	0.0448	0.0421	0.0396	0.0364	0.0337
317.8	23.0	3062	3653	3967	4295	4990	5736	6535	7386	8288	9243	10250	11310	12990	14800
		0.0880	0.0790	0.0750	0.0715	0.0652	0.0598	0.0553	0.0513	0.0478	0.0447	0.0420	0.0395	0.0363	0.0336
346.1	24.0	3195	3812	4140	4482	5207	5986	6819	7707	8648	9645	10700	11800	13560	15440
		0.0878	0.0788	0.0749	0.0713	0.0650	0.0597	0.0	0.0512	0.0477	0.0446	0.0419	0.0395	0.0363	0.0335
375.5	25.0	3329	3970	4312	4669	5424	6235	7103	8028	9009	10050	11140	12290	14120	16080
		0.0876	0.0786	0.0748	0.0712	0.0649	0.0596	0.0550	0.0511	0.0476	0.0445	0.0418	0.0394	0.0362	0.0334
406.2	24.0	3462	4129	4485	4855	5641	6485	7387	8349	9369	10450	11590	12780	14690	16730
		0.0875	0.0785	0.0746	0.0710	0.0648	0.0595	0.0549	0.0510	0.0475	0.0444	0.0417	0.0393	0.0361	0.0334

续表

动压 (Pa)	风速 (m/s)	外径 D(mm) 上行——风量(m^3/h) 下行——λ/d												
		500	530	560	600	630	670	700	750	800	850	900	950	1000
60.1	10.0	6984	7823	8741	10040	11080	12540	13700	15740	17920	20240	22700	25300	28050
		0.0339	0.0316	0.0296	0.0272	0.0256	0.0238	0.0225	0.0207	0.0192	0.0178	0.0166	0.0156	0.0146
72.7	11.0	7682	8605	9615	11050	12190	13800	15070	17310	19710	22260	24970	27830	30850
		0.0336	0.0313	0.0293	0.0269	0.0254	0.0236	0.0223	0.0205	0.0190	0.0177	0.0165	0.0154	0.0145
86.5	12.0	8381	9387	10490	12050	13300	15050	16440	18880	21500	24280	27240	30360	33660
		0.0333	0.0311	0.0291	0.0268	0.0252	0.0234	0.0222	0.0204	0.0189	0.0175	0.0164	0.0153	0.0144
101.5	13.0	9079	10170	11360	13060	14400	16300	17810	20460	23290	26310	29510	32890	36460
		0.0331	0.0309	0.0289	0.0266	0.0251	0.0232	0.0220	0.0203	0.0187	0.0174	0.0163	0.0152	0.0143
117.8	14.0	9778	10950	12240	14060	15510	17560	19180	22030	25080	28330	31780	35420	39270
		0.0329	0.0308	0.0288	0.0264	0.0249	0.0231	0.0219	0.0202	0.0186	0.0173	0.0162	0.0151	0.0142
135.2	15.0	10480	11730	13110	15070	16620	18810	20540	23600	26870	30350	34050	37950	42070
		0.0328	0.0306	0.0286	0.0263	0.0248	0.0230	0.0218	0.0201	0.0186	0.0172	0.0161	0.0151	0.0142
153.8	16.0	11170	12520	13980	16070	17730	20070	21910	25180	28660	32380	36320	40490	44880
		0.0326	0.0305	0.0285	0.0262	0.0247	0.0229	0.0217	0.0200	0.0185	0.0172	0.0160	0.0150	0.0141
173.6	17.0	11870	13300	14860	17070	18840	21320	23280	26750	30460	34400	38590	43020	47880
		0.0325	0.0303	0.0284	0.0261	0.0240	0.0226	0.0216	0.0199	0.0184	0.0171	0.0160	0.0150	0.0141
194.7	18.0	12570	14080	15730	18080	19940	22570	24650	28320	32250	36430	40860	45550	50490
		0.0324	0.0302	0.0283	0.0260	0.0245	0.0227	0.0216	0.0198	0.0183	0.0170	0.0159	0.0149	0.0140
216.9	19.0	13270	14860	16610	19080	21050	23830	26020	29900	34040	38450	43130	48080	53290
		0.0323	0.0301	0.0282	0.0259	0.0244	0.0227	0.0215	0.0198	0.0183	0.0170	0.0159	0.0149	0.0140
240.3	20.0	13970	15650	17480	20090	22160	25080	27390	31470	35830	40470	45400	50610	56100
		0.0322	0.0301	0.0281	0.0258	0.0243	0.0226	0.0214	0.0197	0.0182	0.0169	0.0158	0.0148	0.0139
265.0	21.0	14670	16430	18360	21090	23270	26340	28760	33040	37620	42500	47670	53140	58900
		0.0321	0.0300	0.0280	0.0258	0.0243	0.0225	0.0214	0.0196	0.0182	0.0169	0.0158	0.0148	0.0139
290.9	22.0	15360	17210	19230	22100	24380	27590	30130	34620	39410	44520	49940	55670	61710
		0.0320	0.0299	0.0279	0.0257	0.0242	0.0225	0.0213	0.0196	0.0181	0.0168	0.0157	0.0147	0.0138
317.8	23.0	16060	17990	20100	23100	25480	28840	31500	36190	41200	46540	52210	58200	64510
		0.0319	0.0298	0.0279	0.0256	0.0242	0.0224	0.0213	0.0196	0.0181	0.0168	0.0157	0.0147	0.0138
346.1	24.0	16760	18770	20980	24100	26590	30100	32870	37760	43000	48570	54480	60730	67320
		0.0319	0.0298	0.0278	0.0256	0.0241	0.0224	0.0212	0.0195	0.0180	0.0168	0.0157	0.0147	0.0138
375.5	25.0	17460	19560	21850	25110	27700	31350	34240	39340	44790	50590	56750	63260	70120
		0.0318	0.0297	0.0278	0.0255	0.0241	0.0223	0.0212	0.0195	0.0180	0.0167	0.0156	0.0146	0.0138
406.2	24.0	18160	20340	22730	26110	28810	32610	35610	40910	46580	52610	59020	65790	72930
		0.0318	0.0296	0.0277	0.0255	0.0240	0.0223	0.0211	0.0194	0.0180	0.0167	0.0156	0.0146	0.0137

各种除尘器的性能及能耗指标 表 9.4-18

类　型	除尘效率(%)	最小捕集粒径(μm)	压力损失(Pa)	能耗(kJ/m³)
重力沉降室	<50	10～50	50～120	
惯性除尘器	50～70	20～50	300～800	
通用型旋风除尘器	60～85	20～40	400～800	0.8～6.0
高效型旋风除尘器	80～90	5～10	1000～1500	1.6～4.0
袋式除尘器	95～99	<0.1	800～1500	3.0～4.5
电除尘器	90～98	<0.1	125～200	0.3～1.0
喷淋塔	70～85	10	25～250	0.8
泡沫除尘器	85～95	2	800～3000	1.1～4.5
文氏管除尘器	90～98	<0.1	5000～20000	8.0～35.0
自激式除尘器	～99	<0.1	900～1800	4.0～4.5
卧式旋风水膜除尘器	～98	2～5	750～1250	3.0～4.0

旋风除尘器效率（%） 表 9.4-19

粉尘粒径(μm)	通用型	高效型	粉尘粒径(μm)	通用型	高效型
<5	<50	50～80	25～40	80～95	95～99
5～20	50～80	80～90	>40	95～99	95～99

注：通用型，相对断面比 K=4～6；高效型，相对断面比 K=6～13.5。

（3）性能相同的旋风除尘器一般不宜两级串联。

（4）为避免堵塞，不适用于净化粘结性强的粉尘。当处理高温和高湿的含尘气体的，应防止结露。

4. 袋式除尘器的选用

（1）袋式除尘器除尘效率高，对微细粉尘效率可达99%以上。

（2）不宜净化含有油雾、凝结水和粉尘粘结度大的含尘气体，以及有爆炸危险或带有火花的烟气。

（3）当含尘浓度大于 10g/m³ 时，宜增设预净化除尘器。

（4）袋式除尘器推荐的过滤风速见表 9.4-20。

（5）各种纤维的主要性能见表 9.4-22。

5. 湿式除尘器的选用

（1）除尘效率高，对细粉尘也有很高的效率。

（2）不宜用于疏水性及水硬性粉尘的净化。

（3）对产生的污水应有妥善处理措施。

（4）寒冷地区需注意采取防冻措施。

6. 电除尘器的选用

（1）电除尘器适用于捕集比电阻 10^4～$5\times10^{10}\Omega\cdot$cm 范围内的粉尘。常见粉尘的比电阻见表 9.4-4。

（2）根据入口含尘浓度（一般不大于 30～40g/m³）和出口含尘浓度，按公式（9.4-10）计算所要求的除尘效率。

（3）确定尘粒的有效驱进速度，可按表 9.4-21 采取。

袋式除尘器推荐的过滤风速（m/min） 表 9.4-20

等级	粉尘种类	清灰方式		
		振打与逆气流联合	脉冲喷吹	反吹风
1	炭黑①，氧化硅（白炭黑），铅①，锌①的升华物以及其他在气体中由于冷凝和化学反应而形成的气溶胶，化妆粉，去污粉，奶粉，活性炭，由水泥窑排出的水泥①	0.45～0.6	0.8～2.0	0.33～0.45
2	铁①及铁合金①的升华物，铸造尘，氧化铝①，由水泥磨排出的水泥①，碳化炉升华物①，石灰①，刚玉，安福粉及其他肥料，塑料，淀粉	0.6～0.75	1.5～2.5	0.45～0.55
3	滑石粉，煤，喷砂清理尘、飞灰①，陶瓷生产的粉尘，炭黑（二次加工），颜料，高岭土，石灰石①，矿尘，铝土矿、水泥（来自冷却器）①，搪瓷①	0.7～0.8	2.0～3.5	0.6～0.9
4	石棉，纤维尘，石膏、珠光石、橡胶生产中的粉尘，盐，面粉，研磨工艺中的粉尘	0.8～1.5	2.5～4.5	—
5	烟草，皮革粉，混合饲料，木材加工中的粉尘，粗植物纤维（大麻、黄麻等）	0.9～2.0	2.5～6.0	—

注：带①符号者指基本上为高温的粉尘，多采用反吹风清灰。

各种粉尘的有效驱进速度（m/s） 表 9.4-21

粉尘名称	范围	平均值	粉尘名称	范围	平均值
电站锅炉飞灰	4～20	12	熔炼炉		2.0
煤粉炉飞灰	10～14	12	立炉	5～14	9.5
纸浆及造纸锅炉	6.5～10	8.25	平炉	5～6	5.5
石膏	16～20	18	闪烁炉		7.6
硫酸	6～8.5	7.25	冲天炉	3～4	3.5
热磷酸	1～5	3	多膛焙烧炉		8.0
水泥（湿法）	9～12	10.5	高炉	6～14	10.0
水泥（干法）	6～7	6.5	催化剂粉尘		7.6
铁矿烧结灰尘	6～20	13	镁砂		4.7
氧化亚铁（FeO）	7～22	14.5	氧化锌、氧化铝		4.0
焦油	8～23	15.5	氧化铝		6.4
石灰石	3～55	29	氧化铝熟料		13

（4）根据所要求的除尘效率和有效驱进速度，按下式求出比表面积：

$$\eta=1-e^{-vf} \tag{9.4-12}$$

式中 η——所要求的除尘效率，%；

v——尘粒的有效驱进速度，m/s；

f——比表面积，$m^2 \cdot s/m^3$。

（5）由比表面积和处理风量，计算尘板总面积 F（m^2），选定型号：

$$F=Qf \tag{9.4-13}$$

式中 Q——除尘器要求的处理风量，m^3/s；

f——比表面积，$m^2 \cdot s/m^3$。

各种纤维的主要性能

表 9.4-22

类别	原料或聚合物	商品名称	密度(g/cm³)	最高使用温度(℃)	长期使用温度(℃)	20℃以下的吸湿性(%)		抗拉强度(×10⁵Pa)	断裂延伸率(%)	耐磨性	耐热性		耐有机酸	耐无机酸	耐碱性	耐氧化剂	耐溶性
						$\varphi=65\%$	$\varphi=95\%$				干热	湿热					
天然纤维	纤维素	棉	1.54	95	75～85	7～8.5	24～27	30～40	7～8	较好	较好	较好	较好	很差	较好	一般	很好
	蛋白质	羊毛	1.32	100	80～90	10～15	219	10～17	25～35	较好			较好	较好	很差	差	较好
	蛋白质	丝绸		90	70～80			38	17	较好			较好	较好	很差	差	较好
合成纤维	聚酰胺	尼龙、锦纶	1.14	120	75～85	4～4.5	7～8.3	38～72	10～50	很好	较好	较好	一般	很差	较好	一般	很好
	芳香族聚酰胺	诺梅克斯	1.38	260	220	4.5～5		40～55	14～17	很好	很好	很好	较好	较好	较好	一般	很好
	聚丙烯腈	腈纶	1.14～1.16	150	110～130	1～2	4.5～5	23～30	24～40	较好	较好	较好	较好	较好	一般	较好	很好
	聚丙烯	聚丙烯	1.14～1.16	100	85～95	0	0	45～52	22～25	较好	较好	较好	很好	很好	较好	较好	较好
	聚乙烯醇	维尼纶	1.28	180	<100	3.4				较好	一般	一般	较好	很好	很好	一般	一般
	聚氯乙烯	氯纶	1.39～1.44	80～90	65～70	0.3	0.9	24～35	12～25	差	差	差	很好	很好	很好	很好	较好
	聚四氟乙烯	特氟纶	2.3	280～300	220～260	0	0	33	13	较好	较好	较好	很好	很好	很好	很好	很好
	聚酯	涤纶	1.38	150	130	0.4	0.5	40～49	40～55	很好	较好	一般	较好	较好	较好	较好	很好
无机纤维	铝硼硅酸盐玻璃	玻璃纤维	3.55	315	250	0.3		145～158	3～0	很差	很好	很好	很好	很好	差	很好	很好
	铝硼硅酸盐玻璃	经硅油、聚四氟乙烯处理的玻纤		350	260	0	0	145～158	3～0	一般	很好	很好	很好	很好	差	很好	很好
	铝硼硅酸盐玻璃	经硅油、石墨和聚四氟乙烯处理的玻纤		350	300	0	0	145～158	3～0	一般	很好	很好	很好	很好	较好	很好	很好

9.5 人防地下室的通风

9.5.1 设 计 原 则

人防地下室的通风设计，应考虑平战结合，确保战时及平时所需的工作、生活条件。

平时通风可考虑自然通风、机械通风及空气调节。当有条件时，五、六级人防地下室可在外墙开设通风采光窗。

战时通风设防护通风系统、防护通风系统包括进风系统和排风系统，其功能包括：

1. 清洁通风。

2. 滤毒通风，根据《人民防空地下室设计规范》规定，全国人防重点城镇的区以上指挥所、通信工程和各级医院、救护站、防空专业队伍掩蔽室的防护通风系统应具备滤毒通风的功能。一般人员掩蔽室可根据需要和可能，预留滤毒通风设施的位置。

3. 隔绝通风。

9.5.2 设 计 参 数

1. 新鲜空气量标准

各类人防地下室内部工作人员或掩蔽人员的战时新鲜空气量标准，按表 9.5-1 选用。人防地下室平时所需新鲜空气量，根据不同的使用要求，可按同类地面建筑物的标准选取。

各类人防地下室战时新鲜空气量标准 **表 9.5-1**

类　别	清洁式通风量［m^3(h·人)］	滤毒式通风量［m^3(h·人)］
医疗及救护工程	≥12	≥5
专业队队员掩蔽室、一等人员掩蔽所、生产车间、电站控制室、食品站	≥10	≥5
二等人员掩蔽所	≥5	≥2
区域供水站、警报站	≥10	—
物资库	1～2 次换气	—

2. 隔绝防护时间和二氧化碳允许浓度

(1) 各类人防地下室的隔绝防护时间和二氧化碳允许浓度，应按表 9.5-2 确定。

隔绝防护时间和二氧化碳允许浓度 *C* **表 9.5-2**

名　称	隔绝防护时间(h)	二氧化碳允许浓度(%，按体积比)
中心医院、急救医院、救护站	≥6	≤2.0
专业队队员掩蔽所、一等人员掩蔽所、区域食品站、生产车间		
二等人员掩蔽所、电站控制室	≥3	≤2.5
区域供水站、物资库	≥2	≤3.0

（2）人防地下室实际能够达到的隔绝防护时间 t（h）

$$t=\frac{1000V(C-C_0)}{NC_1} \tag{9.5-1}$$

式中 V——人防地下室的清洁区容积，m^3；

C——隔绝防护时，人防地下室内二氧化碳的允许浓度（%），按表 9.5-2 取；

C_0——隔绝防护前，人防地下室内二氧化碳的初始浓度（%），按表 9.5-3 取；

C_1——每人每小时呼出二氧化碳量，掩蔽人员一般取 20L/(h·人)，工作人员一般取 20～50L/(h·人)；

N——人防地下室容纳人数。

二氧化碳的初始浓度 C_0　　表 9.5-3

隔绝防护前的新风量[m^3/(P·h)]	C_0(%)	隔绝防护前的新风量[m^3/(P·h)]	C_0(%)
20～25	0.13～0.15	5～7	0.34～0.45
15～20	0.15～0.18	3～5	0.46～0.72
10～15	0.18～0.25	2～3	0.72～1.05

3. 排风房间的换气次数

排风房间的换气次数按表 9.5-4 采取。

排风房间的换气次数（次/h）　　表 9.5-4

房间名称	换气次数	房间名称	换气次数
污水池、水泵房	≥2	冷饮、咖啡厅	≥4
污水泵间	≥8	吸烟室	≥10
水冲厕所	≥10	发电机房贮油间	≥5
汽车库、餐厅	≥6	物资库	≥1
盥洗室、浴室	≥3	封闭蓄电池室	≥2

注：贮水池、污水池按充满后的空间计。

4. 空气温度和相对湿度

战时清洁式通风时的防空地下室空气的温度和相对湿度，按表 9.5-5 采取。平时使用的温湿度，根据不同的使用要求，按相关规范的标准选取。

战时清洁通风室内空气温度和相对湿度　　表 9.5-5

<table>
<tr><th colspan="3" rowspan="2">工程及房间类别</th><th colspan="2">夏　季</th><th colspan="2">冬　季</th></tr>
<tr><th>温度(℃)</th><th>相对湿度(%)</th><th>温度(℃)</th><th>相对湿度(%)</th></tr>
<tr><td colspan="2" rowspan="2">中心医院、急救医院、救护站</td><td>手术室、急救室</td><td>≤28</td><td>≤75</td><td>≥20</td><td>>40</td></tr>
<tr><td>病房</td><td><30</td><td><80</td><td>≥16</td><td>>40</td></tr>
<tr><td rowspan="3">柴油发电机房</td><td rowspan="2">机房</td><td>人员直接操作</td><td><35</td><td>—</td><td colspan="2" rowspan="3"></td></tr>
<tr><td>人员间接操作</td><td><38</td><td>—</td></tr>
<tr><td colspan="2">控制室</td><td><30</td><td>≤75</td></tr>
<tr><td colspan="3">专业队队员掩蔽部、人员掩蔽所</td><td colspan="4">自然温度及相对湿度</td></tr>
<tr><td colspan="3">配套工程</td><td colspan="4">按工艺要求确定</td></tr>
</table>

5. 超压规定

在滤毒通风时，防空地下室内部应保持 30～50Pa 的超压，并须设置维持超压的自动排气活门及测压装置（图 9.5-1）。测压装置的压差计，应设于通风机房内便于观察之处。

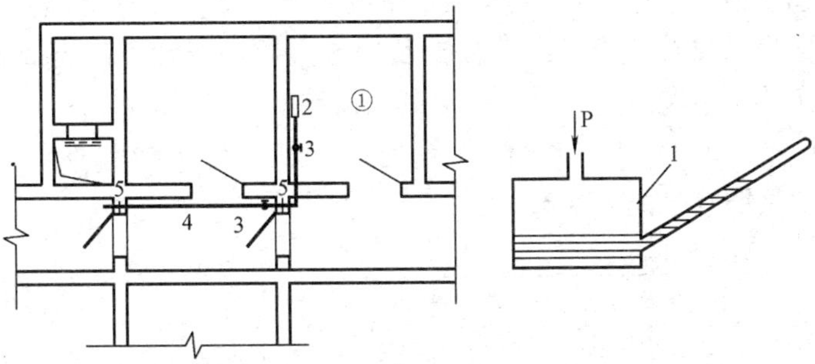

图 9.5-1 防空地下室测压装置示意图

① 防化值班室

1—倾斜式微压计；2—连接软管；3—旋塞阀；4—公称直径 15mm 镀锌钢管；5—密闭盘

注：测压管的室外端引至防护密闭门外通道内(或其他能正确反映工程外气压的地方)，其管口应向下。

9.5.3 防护通风系统的设计

1. 进风系统

(1) 系统图式

防护通风的进风系统的图式如图 9.5-2 所示。

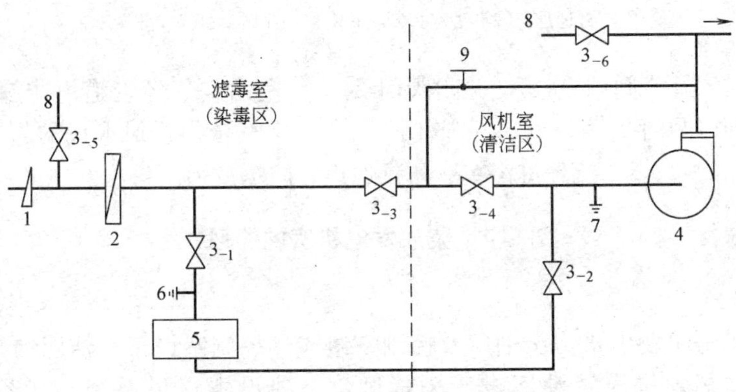

图 9.5-2 进风系统的原理示意图

1—消波系统；2—粗过滤器；3—密闭阀门；4—风机；5—过滤吸收器；6—换气堵头；7—堵头或插板阀；8—接平时通风系统；9—增压管旋塞阀 *DN*25

滤毒通风时，开启阀 3_{-1}、3_{-2}，关闭阀 3_{-3}、3_{-4}；清洁式通风时，关闭阀 3_{-1}、3_{-2}，开启阀 3_{-3}、3_{-4}；隔绝式通风时，关闭所有阀门，开启堵头 7。换气堵头 6 的作用是在更换过滤吸收器之后打开，把可能残存于滤毒室的毒气吸入系统。

平时通风的机械通风系统或空气调节系统可以单独设置，也可以与防护通风系统共用消波系统及风管系统。图 9.5-2 中的 8 即为平时通风系统的连接点。

（2）进风系统的风量

滤毒通风的进风量，按照如下规定计算，并取其大值：

a. 按表 9.5-1 数据及掩蔽人数计算；

b. 按防毒通道 30～50h^{-1}换气所需风量与规定超压值下的漏风量之和。对钢筋混凝土整体结构，当超压值为 50Pa 时，其漏风量可按清洁区总容积的 4%确定。

清洁式通风的进风量按表 9.5-1 的数据及掩蔽人数进行计算。当战时有温湿度要求时，还应按消除余热、余湿进行计算，并取其大值。

2. 排风系统

排风系统的典型图式见图 9.5-3。

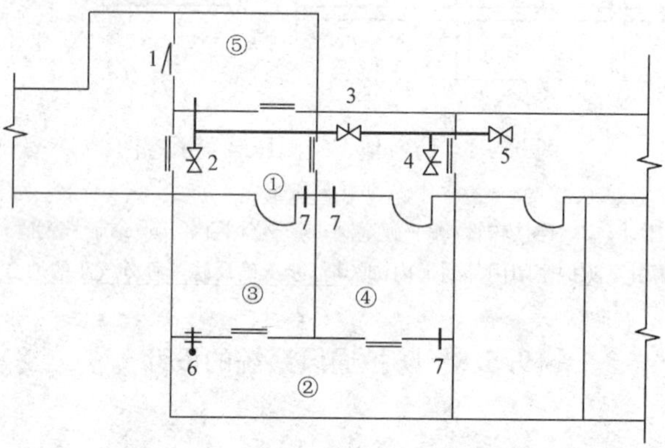

图 9.5-3 排风系统示意图（一）

1—防爆波活门；2、3、4、5—密闭阀门；6—自动排气阀；7—通风短管；

①防毒通道；②淋浴室；③脱衣室；④穿衣室；⑤扩散室

清洁通风时，开启阀门 3、5，关闭阀门 2、4，室内空气经管道由防爆波活门排出。滤毒通风时，开启阀门 2、4、5，关闭阀门 3，室内空气依靠进风形成的超压，通过自动排气阀 6，阀门 2、4、5，流经淋浴室、防毒通道、防爆波活门排出。

9.5.4 柴油发电机房的通风

1. 系统图式

柴油发电机房主要由机房、油库及控制室组成。控制室设于清洁区内，由地下室的防护通风系统送风。机房及油库设于染毒区，单独设置通风系统。其系统图式见图 9.5-4。

2. 进风系统

进风系统风量，按消除余热及稀释有害气体计算，并取其大者。消除余热所需风量的计算见全面通风一节。稀释有害气体所需风量按≥20m^3/(kW·h) 计算。当有条件时，进入空气可经冷却，以减少风量。进风可视具体情况自然进入、机械进入或利用地下室内部排风。

3. 排风系统

排风系统风量为进风量减去燃烧所需空气量。燃烧空气量按 7m^3/(kW·h) 计算。

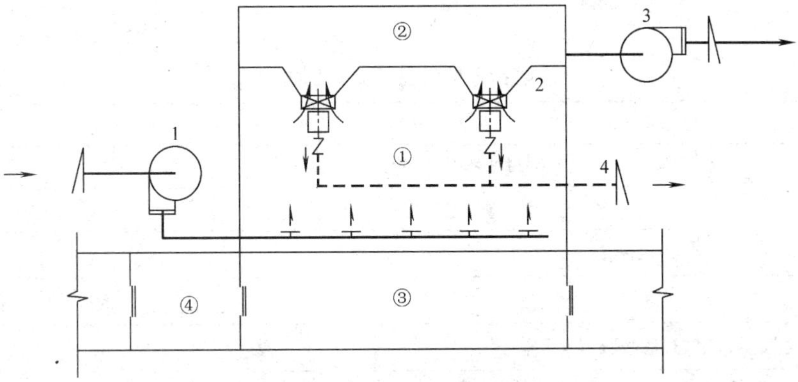

图 9.5-4 柴油发电机房通风系统

1—进风系统；2—发电机散热器连管；3—排风系统；4—排烟系统

①机房；②排风通道；③缓冲通道；④防毒通道

4. 排烟系统

(1) 排烟量 L (m³/min)

$$L=0.785d^2S\frac{2n}{Z}i \tag{9.5-2}$$

式中 d——气缸直径，m；

S——活塞行程，m；

n——柴油机转速，r/min；

Z——柴油机冲程数；

i——气缸数。

(2) 排烟管直径 d (m)

$$d=\sqrt{\frac{L}{60\times0.785v}\times\frac{273+t}{273+20}} \tag{9.5-3}$$

式中 L——排烟量，m³/min；

v——烟气流速，支管 20～25m/s，干管 8～15m/s；

t——烟气温度，支管按 400℃，干管按 200℃。

(3) 排烟管的设置

- 柴油机排烟口和排烟管的连接，宜采用柔性连接。当连接两台或两台以上机组时，排烟支管上宜装设单向阀门（见图 9.5-4）。
- 排烟管的室内部分，应用保温处理，其表面温度不应超过 60℃。
- 排烟管宜单独引出地面。
- 排烟管出口处宜作消声处理。

9.5.5 防护通风设备的选择

1. 消波系统

消波系统由防爆波活门、活门室、扩散室组成。消波系统的设计由结构专业在通风专业的配合下进行。通风专业应提供风量（平时及战时，择其大者）及防护通风设备的允许压力，见表9.5-6。

防护通风设备的允许压力 表9.5-6

设备名称		允许压力(kPa)
粗过滤器	油网过滤器(加固的)	50
	泡沫塑料过滤器	40
密闭阀门		50
通风机		50
过滤吸收器		30
自动排气阀		50

2. 过滤吸收器

过滤吸收器的主要技术指标，应符合表9.5-7的规定。

过滤吸收器的主要技术指标 表9.5-7

项目	单位	技术指标	
		三、四级	五、六级
防沙林	h	≥10	≥4
防维埃克斯	h	≥2	≥2
油雾透过系数	%	≤0.001	
抗核爆冲击波超压	kPa	≥30	
通风量	m^3/h	满足设计要求	
阻力	Pa	一般不大于700	

3. 通风机

进风系统的风机可根据战时电源保证情况，选用电动风机或手摇（脚踏）电动两用风机。所选风机在性能上应兼顾过滤式通风和清洁式通风时的风量及风压要求。当不能兼顾时，应分别选用风机。

排风系统风机一般选用电动风机。

4. 自动排气阀

自动排气阀在地下室超压达到规定值时，自动开启排风，以起到维持一定超压值的作用。

自动排气阀的数量n（个）

$$n=\frac{L_j-L_1}{l} \tag{9.5-4}$$

式中 L_j——滤毒通风的进风量，m^3/h；

L_1——规定超压下的漏风量，m^3/h，按清洁区容积的4%计算；

l——自动排气阀在规定超压下的排气量m^3/h，可由图9.5-5、图9.5-6确定。

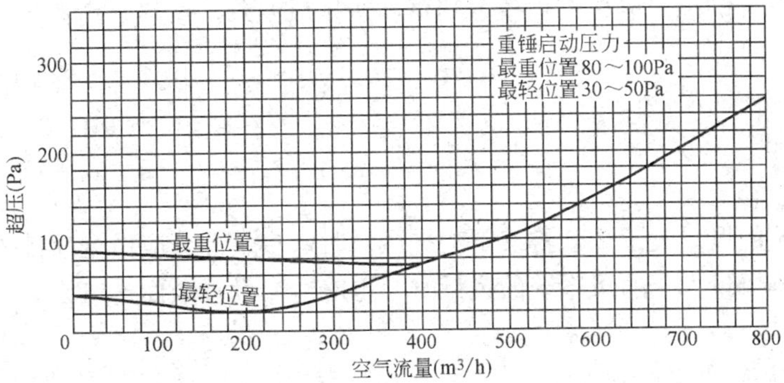

图 9.5-5　YF 型 D200 自动排气阀物性曲线

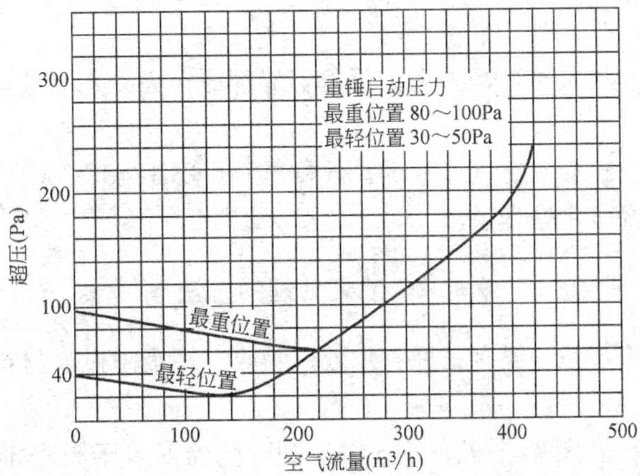

图 9.5-6　YF 型 D150 自动排气阀物性曲线

9.6 厨房通风

9.6.1 设计原则

公共建筑的厨房应设机械送、排风系统。

产生油烟的设备应设带有机械排风和油烟过滤器的排气罩，并对油烟进行净化处理。

排气罩的设计应符合下列要求：

1. 排气罩的平面尺寸应比炉灶边尺寸大100mm，排气罩下沿距灶面的距离不宜大于1.0m，排气罩的高度不宜小于600mm。

2. 排气罩的最小排风量按下式计算：

$$L=1000P\cdot H\quad \mathrm{m^3/h} \tag{9.6-1}$$

式中　P——罩口的周边长（靠墙的边不计），m；

H——罩口距灶面的距离，m。

3. 应控制罩口的吸风速度不小于0.5m/s。

厨房通风系统的风量应根据设备散热量和送排风温差，按热平衡计算。排风量也可按换气次数进行估算：

中餐厅：40～50次/h

西餐厅：30～40次/h

职工餐厅：25～35次/h

当通风系统的风量大于炉灶排气罩的排风量时，多余部分应由全面排风系统排出。当炉灶排气罩的排风量大于通风系统的风量时，也应适当设置全面排风设备，在炉灶排风未运行时使用。

厨房排风量应大于补风量，补风量为排风量的80%～90%，使厨房保持一定的负压。

厨房排风系统宜专用。整个厨房不宜只设一个排风系统，补风系统应根据排风系统做相应设置。

南方地区宜对夏季补风做冷却处理。可设置局部或全面冷却装置，北方地区应对冬季补风做加热处理。

按照国家环境保护标准《饮食业油烟排放标准》(GB 18483-2001) 的要求，公共建筑厨房所排的油烟要进行净化处理。

9.6.2 油烟处理的方法

目前对油烟处理的方法一般有三种：水处理吸收、用吸附过滤材料除油烟和高压静电除油烟。

1. 水处理吸收（示意图见图9.6-1）：将油烟净化器安装于厨房排风系统中，采用专用处理液在净化器中循环使用。油烟经过净化的水幕及挡水板撞击后使油脂溶于处理液中分解和皂化。从而达到净化油烟的目的。优点：结构简单，易于操作维护，运行成本低。缺点：去除效率较低（35%～60%），废水有可能造成二次污染。

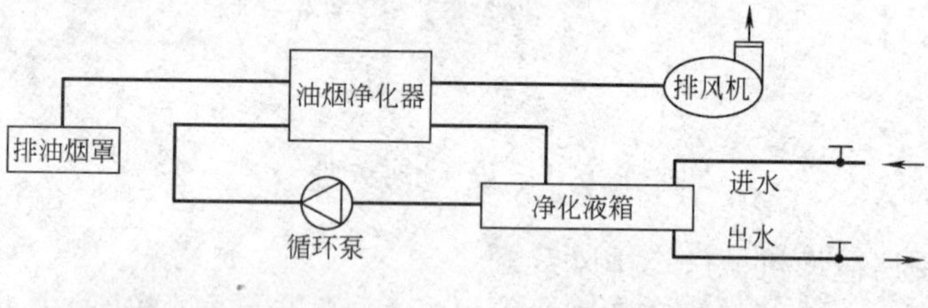

图9.6-1 水处理吸收示意图

2. 用吸附过滤材料除油烟：安装在排油烟管道上，初装时去除效率较高（约60%～80%），但随着油雾的附着，吸附能力逐渐减弱，运行成本较高。在更换或再生吸附过程中存在部分水处理及可能造成二次污染的问题。一些吸附材料会导致烟道风阻过大而不利于排烟。

3. 高压静电除油烟：初装时去除能力较强（约60%～80%），不会造成二次污染，但结构较复杂，运行成本较高，极板清理维护困难。

目前市场出现的一种新型静电油烟净化装置（其流程见图9.6-2），将油烟进行高度电离和捕集，使油烟气混合物高效分离净化，具有效率高（90%以上），体积小，维护方

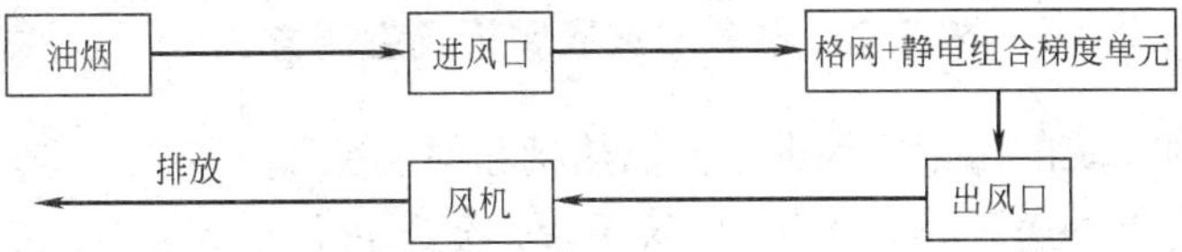

图 9.6-2 油烟净化装置流程图

便和运行成本低等特点。

最近几年，国内外的一些生产厂家针对中餐厨房排油烟风量大，环境差等特点，开发生产了一些新的厨房通风排油烟设备，比如一种送风型排烟罩，其构造见图 9.6-3。这种排烟罩在运行时可达到比传统排烟罩低 30%的排气量，增加了通风排烟罩吸气并集气的效率，降低了通常会扩散到厨房的气体总量，同时降低了能源的消耗。

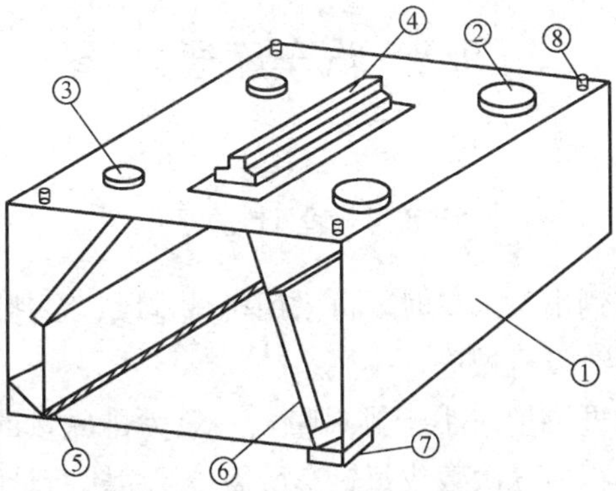

图 9.6-3 送风型排烟罩

① 不锈钢外罩；②排风口；③送风口；④照明灯；⑤送风喷嘴；⑥油污过滤器；⑦集油槽；⑧挂钩

9.7 桑拿浴室的通风

9.7.1 桑拿浴室设计参数

桑拿浴室室内设计参数建议按表 9.7-1 选用。

桑拿浴室设计参数 **表 9.7-1**

参数 / 房间功能	夏季		冬季		新风量 [m^3/(h·人)]	风速 (m/s)
	温度(℃)	相对湿度(%)	温度(℃)	相对湿度(%)		
桑拿浴 蒸汽浴	26～40	60～70	22～30	60～70	—	—
更衣室	24～27	45～60	20～22	40～55	30～40	≤0.15
按摩室	24～26	50～65	19～21	45～55	50	≤0.15

9.7.2 桑拿浴室通风量及空调方式

桑拿浴室通风系统的风量应根据水面散热量和桑拿房散热量以及送、排风的温差，按热平衡计算。也可以按送风≥6次/h，排风量≥7次/h进行估算。冬季送风温度不宜低于40℃，夏季可以直接送过滤之后的室外新风。为保证冬季的室内温度，桑拿浴室可采用散热器供暖或地板辐射供暖。

更衣室一般与桑拿浴室联通，可采用风机盘管加新风的空调方式，其排风可利用桑拿浴室的排风系统。

按摩室可采用风机盘管加独立新风的空调方式。有卫生间的按摩室，可在卫生间设排风系统进行排风。没有卫生间的按摩室应设单独的排风系统。

9.8 汽车库通风

9.8.1 设计原则

汽车库设有开敞的车辆出、入口时，可采用机械排风，自然进风的通风方式。当不具备自然进风条件时，应同时设机械进、排风系统。

机械进、排风系统的进风量应小于排风量，一般为排风量的80%～85%。汽车库机械通风的排风量，可按体积换气次数或每辆车所需排风量进行计算。

1. 按体积换气次数

(1) 当层高<3m时，按实际高度计算换气体积；当层高≥3m时，按3m高度计算换气体积。

(2) 当汽车出入频率较大时，可按6次/h换气计算：出入频率一般时，按5次/h换气计算；住宅建筑的汽车库可按4次/h换气计算。

2. 按每辆车所需排气量

汽车库里的汽车全部或部分为双层停放时，宜按每辆车所需排风量计算；当汽车出入频率较大时，可按每辆车500m^3/h计算；出入频率一般时，按每辆车400m^3/h计算；住宅建筑可按每辆车300m^3/h计算。

9.8.2 通风方式及控制

当采用接风管的机械进、排风系统时，应注意气流分布的均匀，减少通风死角。通风机宜采用多台并联或采用变频风机以达到通风量可调节。当车库层高较低，不易布置风管，为了防止气流不畅，杜绝死角，也可采用诱导式通风系统。

诱导通风机一般每台的风量为600～700m^3/h，喷嘴形式有导管式和方向球形两种。每种又有单喷嘴、双喷嘴和三喷嘴之分，可根据需要选择。

诱导通风机的数量一般按每台负担150～250m^{2}的面积选择。当汽车库隔墙及障碍物较多，且为自然进风，机械排风的情况下，应按下限选择诱导通风机的数量。

当基本无障碍物，送风口和排风口处的气流较顺畅，且为机械进、排风的情况下，按上限选择。

设置机械通风系统的停车库，有条件时宜设置CO气体浓度传感器，控制通风机的运行。当采用传统的机械进、排风系统时，传感器宜分散设置。当采用诱导式通风系统时，传感器应设在排风口附近。

第10章 置换通风

10.1 概 述

10.1.1 名词术语

1. 置换通风（displacement ventilation）：借助空气浮力作用的机械通风方式。空气以低风速（0.2m/s左右）、高送风温度（≥18℃）的状态送入活动区下部，在送风及室内热源形成的上升气流的共同作用下，将污浊空气提升至顶部排出。

注：上列解释，是置换通风的传统定义。随着置换通风应用的普及，近年来实际上已有一定变化，如2002年REHVA-Federation of European Heating and Air-conditioning Associations出版的《Displacement Ventilation in Non-industrial Premises》（非工业房屋内的置换通风）中，对置换通风的定义已改变为：从房间下部引入温度低于室温的空气来置换室内空气的通风。

2. 出口邻接区（adjacent zone）：简称出口区，置换送风口出口前出现“吹风（draught）”感的区域。

3. 换气率（air change rate）：送至房间的新鲜空气量与房间体积之比，以每小时交换次数计；习惯上称为换气次数。

4. 气流扩散（air diffusion）：通过置换送风口将空气输送至活动区的过程。

5. 气流分层（air stratification）：由于密度差异，在空间内气流形成不同的层次。

6. 气流射程（air throw）：气流从置换送风口至速度衰减至某一特定值之前的传播距离。

7. 吹风（draught）：由气流运动引起的与温度有关的对人体形成的有害的局部冷却。

8. 面速度（face velocity）：置换送风口的平均出口流速（流量与送风口出口毛面积之比）。

9. 等速线（isovel）：平均速度相等的点的边界线。

10. 羽流（plume）：从热物体周围升起或从冷物体周围下降的气流，也称热烟羽。

11. 下区送风温度差（under-temperature）：室内活动区内地面以上1.1m处的平均温度θ_{oz}（℃）与空气分布器出口温度θ_s（℃）之间的温度差（$\Delta\theta_s$），$\Delta\theta_s=\theta_{oz}-\theta_s$。

12. 活动区（Occupied zone）：建筑空间的一部分，在这个区域范围内，空气质量必须满足设计标准的规定，温湿度及气流速度等应符合热舒适要求。对于建筑空间的其余部分（非活动区），空气质量和热环境要求允许低于设计标准。

活动区的范围在平面上是指离门、窗、散热器所在墙面1.0m以内，离内墙0.5m以内的面积；在高度上是指离地面1.8m（站姿）或1.3m（坐姿）以下区域，如图10.1-1

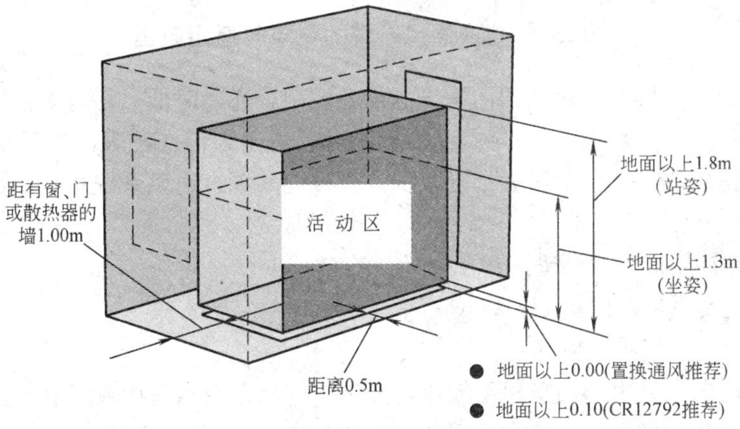

图 10.1-1 活动区的定位

和表 10.1-1 所示。

人与不同的内部设施表面之间的间距 **表 10.1-1**

设 施	与内部设施表面的距离(m)	
	典 型 范 围	默认值(CR 12792)
外窗、门和散热器	0.50～1.50	1.00
外墙和内墙	0.25～0.75	0.50
地面(下边界)	0.00～0.20	0.00※
地面(上边界)	1.30(坐姿)～2.00(站姿)	1.80

※ prEN 13779 推荐为 0.1m。

13. 送风温度（supply air temperature）：空气离开置换送风口时的干球温度。混合通风系统通常采用 13℃的送风温度。由于置换通风系统将冷空气直接引入到活动区，为了避免由送风温度过低而引起的吹风风险，送风温度通常应≥18℃。

14. 阿基米德数（Archimedes number）：

在通风房间里的几个现象，如垂直温度梯度、分层气流里的速度水平、分层水平和通风效率等都可以通过阿基米德数（Ar）来描述。阿基米德数是浮力与惯性力之间简单的比值，其原始形式定义如下：

$$Ar=\frac{\Delta\rho \cdot g \cdot L}{\rho \cdot v^2} \tag{10.1-1}$$

式中 $\Delta\rho$——冷空气与热空气之间的密度差，kg/m^3；

g——重力加速度，m/s^2；

L——特性长度，m；

ρ——空气的密度，kg/m^3；

v——空气的流速，m/s。

阿基米德数大，意味着浮力占优势；阿基米德数小，则意味着惯性力（速度）占优势。

10.1.2 置换通风系统的特点与适用范围

在活动区内，置换通风房间的污染物的浓度比混合通风时低。稀释污染物浓度所需的通风量，在理论上每人为20L/s·p；置换通风时，由于人们在呼吸区域里得到的是质量最好的空气，所以实际送风量可大幅度减少。与传统的混合通风系统相比，置换通风的主要优点是：

- 在相同设计温度下，活动区里所需的供冷量较少；
- 利用“免费供冷”的周期比较长久；
- 活动区内的空气质量更好。

置换通风的弱点是由于出口速度较小，安装空气分布器需占用较多墙面。

置换通风系统特别适用于符合下列条件的建筑物：

- 室内通风以排除余热为主，且单位面积的冷负荷 q 约为120W/m^2；
- 污染物的温度比周围环境温度高，密度比周围空气小；
- 送风温度比周围环境的空气温度低；
- 地面至平顶的高度大于3m的高大房间；
- 室内气流没有强烈的扰动；
- 对室内温湿度参数的控制精度无严格要求；
- 对室内空气品质有要求；
- 房间较小，但需要的送风量很大。

置换通风系统，不仅意味着室内能获得更加优良的空气品质，而且，可以减少空调冷负荷，延长免费供冷时段，节省空调能耗，降低运行费用。

下列情况的建筑，可能采用混合通风方式更合适些：

- 有害物以排除余热为主，对室内空气品质没有严格要求；
- 室内平顶高度低于2.3m左右；

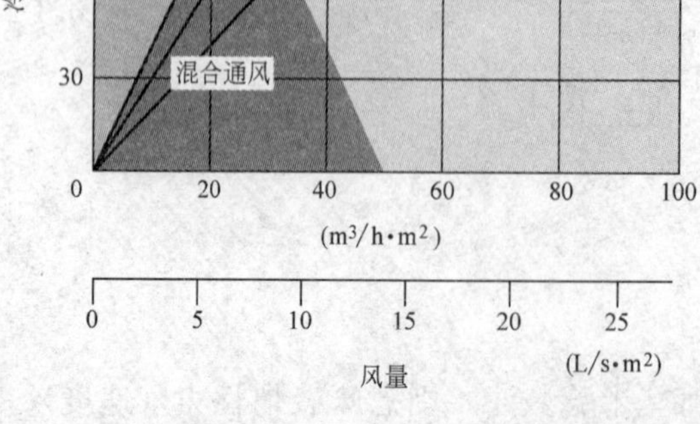

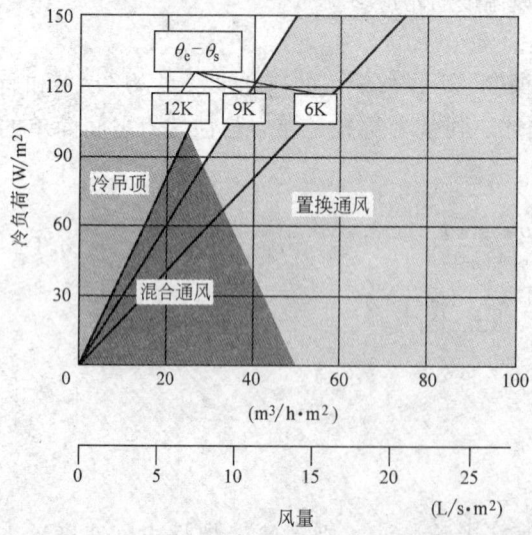

图10.1-2 通风系统与通风量与冷负荷的关系

- 层高较低需要冷却的房间，如办公室，可考虑采用混合通风和冷吊顶；
- 内部气流扰动强烈的房间；
- 室内的污染物比周围环境空气更寒冷/浓密。

Fitzner（1996）给出了下列系统选择的粗略原则，由图10.1-2可知：

- 送风量很大时可采用置换通风，不过，由于风量大时空气分布器需要占用较多的安装面积；这时，宜选择安装在地面上。
- 混合通风广泛地用于常规的通风系统中，风量直至15L/s·m^2（～50m^3/h·m^2），冷负荷大约60W/m^{2}或更多，见图10.1-2。

- 冷负荷大和送风量小时，推荐采用平顶供冷（冷吊顶）与混合通风相结合的方式。

10.1.3 置换通风系统的评价指标

为了满足活动区人员的热舒适要求，保证室内的空气品质，置换通风系统应满足下列各项评价指标的要求：

- 坐着时，头脚温差：$\Delta\theta_{hf} \leqslant 2$℃；
- 站着时，头脚温差：$\Delta\theta_{hf} \leqslant 3$℃；
- 吹风风速不满意率：PD≤15%；
- 热舒适不满意率：PPD≤15%；
- 置换通风房间内的温度梯度：$s<2$℃/m。

10.2 基本知识

10.2.1 气流分布

置换通风是室内通风或送、排风气流分布的一种特定形式。经过热湿处理后的新鲜空气，通过空气分布器直接送入活动区下部，较冷的新鲜空气沿着地面扩散，从而形成一较薄的空气层（湖）。室内人员及设备等内热源在浮力的作用下，形成向上的对流气流。新鲜空气随对流气流向室内上部区域流动形成室内空气运动的主导气流；热浊的污染空气则由设置于房间顶部的排风口排出。

置换通风的送风速度通常为0.25m/s左右，送风的动量很低，所以，对室内主导气流无任何实际的影响。由于较冷的新鲜空气沿地面形成空气湖，而热源引起的热对流气流将污染物和热量带到房间上部，因此，使室内产生垂直的温度梯度和浓度梯度；排风温度高于室内活动区温度，排风中的污染物浓度高于室内活动区的浓度。

置换通风的主导气流由室内热源控制。置换通风的目的是保持活动区的温度和浓度符合设计要求，而允许活动区上方存在较高的温度和浓度。与混合通风相比，设计良好的置换通风能更加有效地改善与提高室内空气品质。

图10.2-1与图10.2-2分别给出了置换通风的两种典型的气流分布型式。

10.2.2 温度分布

由于置换通风提供的新鲜空气直接地送至活动区，在地面处可能存在吹冷风的风险，此外，温度分层可能造成不舒适，见图10.2-3。为此，设计置换通风系统时，必须对气流的流型、温度分布、对流流动、浓度分布等进行详细研究，以便采取相应的有效措施，做到扬长避短。

图10.2-1 与排出物有关的水平气流运动

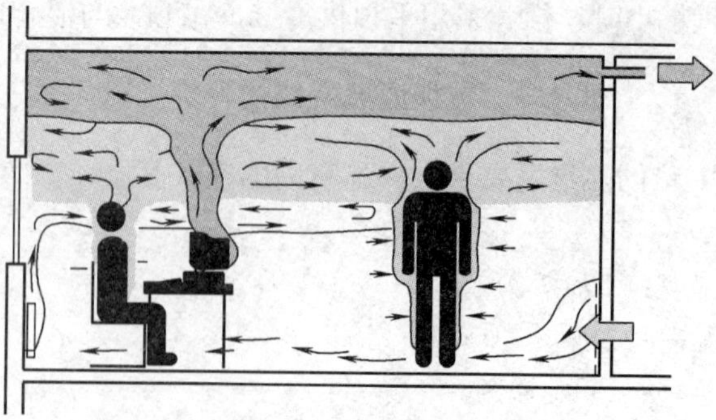

图 10.2-2 对流形成的垂直气流运动

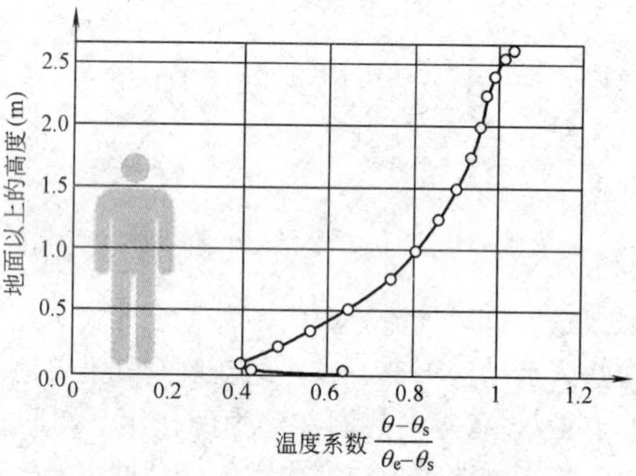

图 10.2-3 置换通风房间的温度分层

1. 地面处的温度

由于诱导和对流的作用，地面区域的送风温度将升高。形成这种现象的主要原因，是来自室内其他热表面的辐射。

邻近地面处的无因次温度 k，可用下式表示：

$$k=\frac{\theta_f-\theta_s}{\theta_e-\theta_s} \tag{10.2-1}$$

式中 θ_f——邻近地面处的温度；

θ_s——送风温度；

θ_e——排风温度。

从室内空间排除的总热量 ϕ_{tot} （W）为：

$$\phi_{tot}=q_v\cdot c_p\cdot\rho\cdot(\theta_e-\theta_s)\cdot 10^{-3} \tag{10.2-2}$$

式中 q_v——空气的体积流量，L/s；

c_p——空气的比热，$c_p=1000$J/kg·K；

ρ——空气的密度，$\rho=1.2$kg/m³。

邻近地面的无因次温度，一般可按下式计算：

$$k=\frac{1}{\frac{q_v\cdot 10^{-3}\cdot\rho\cdot c_p}{A}\left(\frac{1}{\alpha_r}+\frac{1}{\alpha_{cf}}\right)+1} \tag{10.2-3}$$

式中 A——地面面积，m^2；

α_r——辐射换热系数，$\alpha_r \approx 5W/m^2 \cdot K$；

α_{cf}——对流换热系数，$\alpha_{cf} \approx 4W/m^2 \cdot K$。

不同对流换热系数时邻近地面处的无因次温度与通风量的函数关系，如图 10.2-4 所示。

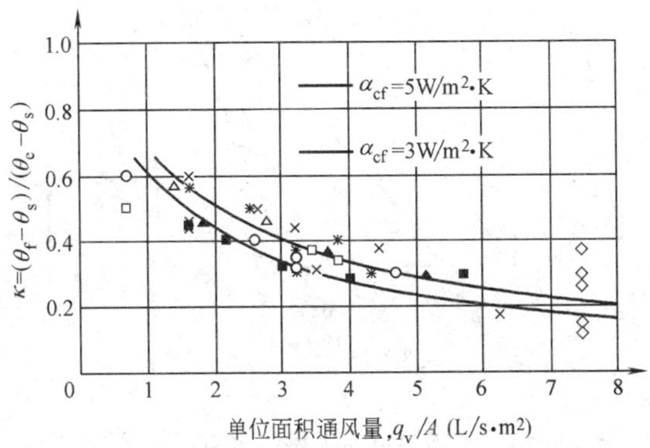

图 10.2-4 无因次温度与通风量的函数关系

2. 垂直方向的温度分布

室内垂直方向的温度分布，取决于热源的垂直位置。当热源位于室内较低部位时，温度梯度较大。反之，当热源位于室内上部区域时，温度梯度较小，如图 10.2-5 所示。

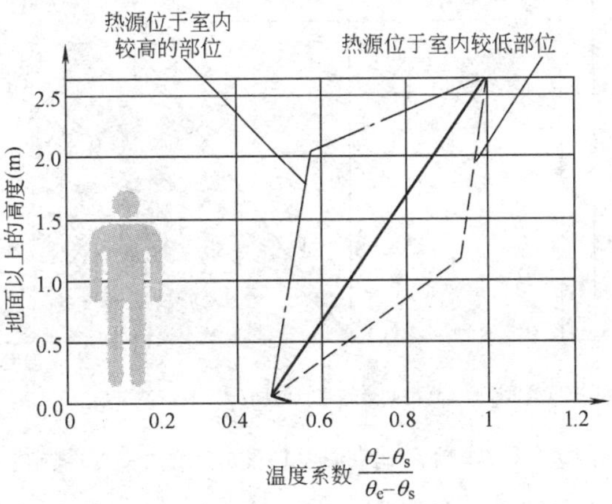

图 10.2-5 置换通风房间内的温度梯度

根据 Nielsen（1996）、Brohus 和 Ryberg（1999）的研究，对于不同型式的热源，相关的邻近地面的无因次温度变化在 0.3～0.65 之间（见图 10.2-6）。

图 10.2-6 表示了不同的温度梯度，它假定垂直温度分布是高度的线性函数。如果在房间中有许多不同的热源，建议采用“50%规则”。

3. 温度效率

当排气温度高于活动区内的空气温度时，温度效率 ε_θ 可定义为：

$$\varepsilon_{\theta}=\frac{\theta_e-\theta_s}{\theta_{oz}-\theta_s} \tag{10.2-4}$$

式中 θ_{oz}——活动区的平均温度。

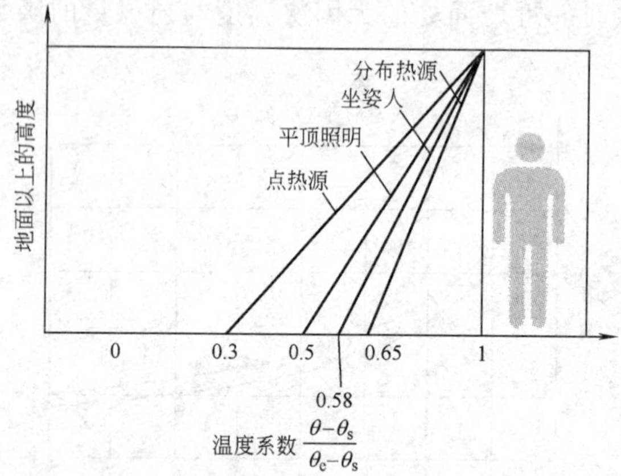

图 10.2-6 不同热负荷类型时垂直温度的分布

4. 用于温度分布的实用假设

如图 10.2-3 和图 10.2-5 所示，温度随着高度增加，而温度的分布型式取决于热源的位置和风量。对于大多数实用目的来说，我们可以设想一个温度分布型式，如图 10.2-7 所示。

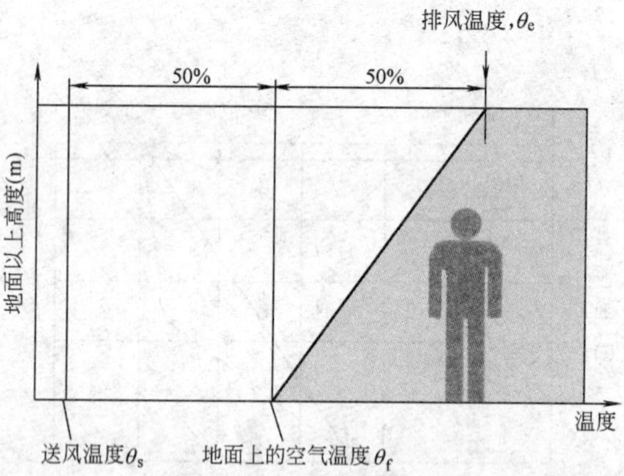

图 10.2-7 适合于垂直温度梯度分布的“50%规则”

对于垂直温度分布而言，“50%法则（50% Rule）”表示在地面处的温升（$\theta_f-\theta_s$）占送风和排风温度差（$\theta_e-\theta_s$）的一半。这是一般的经验，可以近似的优先用于常规的房间和常规的空气分布器（送风口）。对于平顶高度比常规高和比较大的房间，经常发现温度增加小于总量的 50%。这时，宜近似采用“33%法则（33% Rule)”。

10.2.3 对流流动

自然对流流动，是置换通风系统中气流运动的源动力，由于热烟羽的密（温）度低于周围空气的密（温）度，所以，使热气流在热物体如人体或计算机上部上升，并沿程不断卷吸周围空气而流向顶部。在浮力的影响下，气流沿热的墙面上升；沿着冷物体如窗或外墙下降，如图 10.2-8、图 10.2-9 和图 10.2-10 所示。

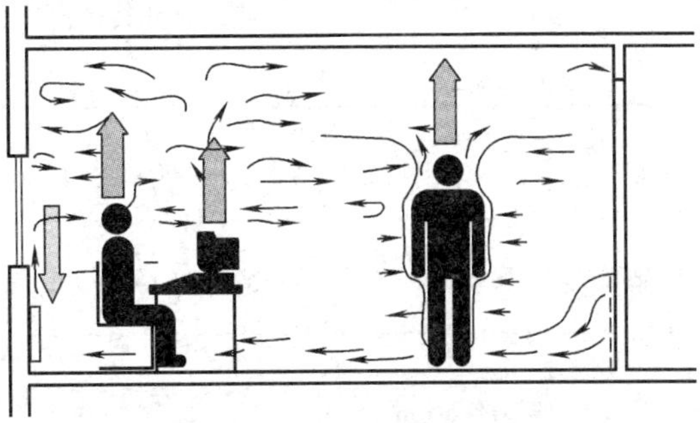

图 10.2-8 对流气流

在热物体上部升起的对流气流，称为羽流，也称热烟羽（thermal plume），或简称为烟羽（plume）；一般应用实验法、解析法和计算流体力学法来计算不同热源上部羽流内的温度、速度和气流量，以及垂直表面处的对流流动。实践中遇到的所有羽流，都属于紊流通风，完全遵循紊流类似的规律。

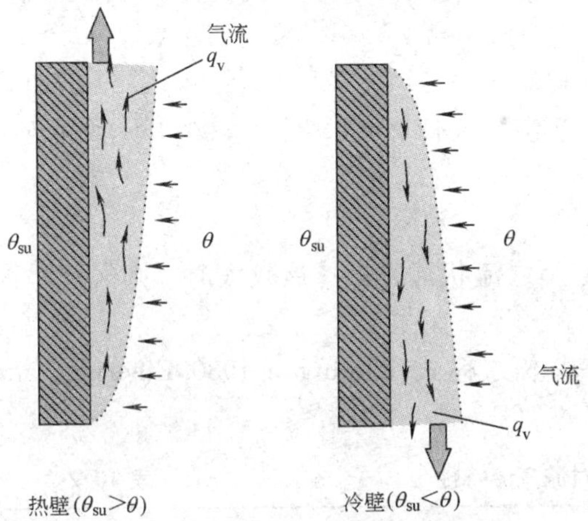

图 10.2-9 垂直表面上的对流气流

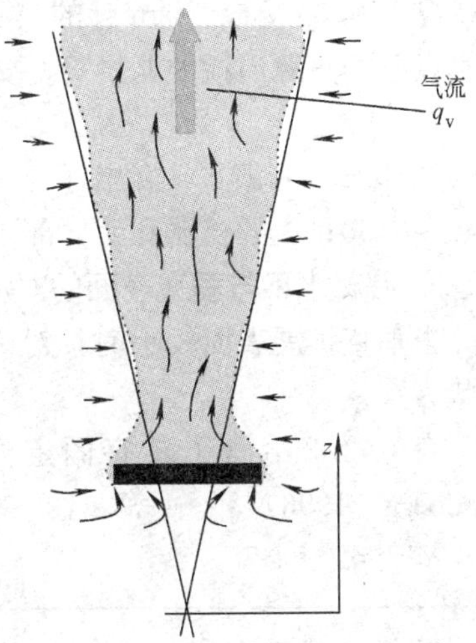

图 10.2-10 水平热源上部的热羽流

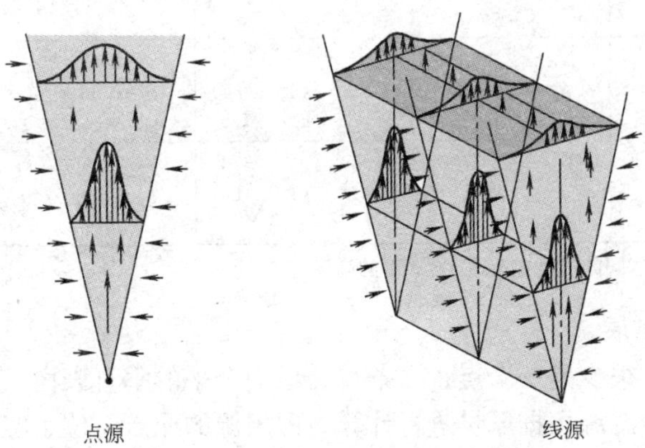

图 10.2-11 点源和线源的羽流

1. 点源与线源

热源通常可分为点源与线源两种，相应的羽流分布如图 10.2-11 所示。表 10.2-1 给出了点热源和线热源上方热羽流的特性。表 10.2-1 中的公式，是在假设热源尺寸很小且没有说明实际源尺度的情况下导出的。

点热源和线热源上方热羽流的特性 **表 10.2-1**

参量	点热源	线热源
轴心速度 v_z (m/s)	$v_z=0.128\cdot Q^{\frac{1}{3}}\cdot z^{-\frac{1}{3}}$ (10.2-5)	$v_z=0.067\cdot Q^{\frac{1}{3}}$ (10.2-6)
轴心过剩温度 $\Delta\theta$(K)	$\Delta\theta=0.329\cdot Q^{\frac{2}{3}}\cdot z^{-\frac{5}{3}}$ (10.2-7)	$\Delta\theta=0.094\cdot Q^{\frac{2}{3}}\cdot z^{-1}$ (10.2-8)
流量 $q_{v.z}$ (点源：L/s；线源：L/s·m；)	$q_{v.z}=5\cdot Q^{\frac{1}{3}}\cdot z^{\frac{5}{3}}$ (10.2-9)	$q_{v.z}=13\cdot Q^{\frac{1}{3}}\cdot z$ (10.2-10)

在不同的参考文献中，式中的系数有细微的差异，取决于所采用的卷吸系数（entrainment coefficient）。

Q表示以W或W/m计的热源的散热量，z表示热源水平线以上的高度。对流散热量Q可以根据热源消耗的能量Q_{tot}按下式估算：

$$Q=k\cdot Q_{tot} \tag{10.2-11}$$

Nielsen（1993B）给出了下列系数值：管道和风管 $k=0.70\sim0.90$；小部件 $k=0.40\sim0.60$；大的机器和元（部）件 $k=0.30\sim0.50$。

2. 沿着水平与垂直表面的对流气流

当垂直扩展表面较小时，对流气流大体上呈层流状薄片，扩展较大时，则气流呈紊流状。

表10.2-2给出了具有固定温度表面的基本方程式（Jaluvia，1980. **Etheridge** and **Sandberg**，1996）。

沿垂直表面的对流气流特性 **表 10.2-2**

参量	层流	紊流
最大速度 v_z (m/s)	$v_z=0.1\cdot\sqrt{\Delta\theta\cdot z}$ (10.2-12)	$v_z=0.1\cdot\sqrt{\Delta\theta\cdot z}$ (10.2-13)
边界层厚度 δ (m)	$\delta=0.05\cdot\Delta\theta^{-0.25}\cdot z^{0.25}$ (10.2-14)	$\delta=0.11\cdot\Delta\theta^{-0.1}\cdot z^{0.7}$ (10.2-15)
流量 $q_{v.z}$ (m^3/s·m宽度)	$q_{v\cdot z}=2.87\cdot\Delta\theta^{0.25}\cdot z^{0.75}$ (10.2-16)	$q_{v\cdot z}=2.75\Delta\theta^{0.4}\cdot z^{1.2}$ (10.2-17)

$\Delta\theta$表示表面与周围空气间的温度差；z为至底部的高度。

3. 源的延伸与扩展

实际上的热源，很少是一个点、一条线、或一个平的垂直表面。因此，通常都采用近似于实际源尺寸的假想源根据风量进行计算。假想源的原点，位于实际源表面另一侧沿羽流轴的距离z_0处，如图10.2-12所示。

假想源原点的定位，可采用"最大情形"（maximum case）和"最小情形"（minimum case）的方法提供一种估算手段，参见图10.2-13（Skistad，1994）。根据"最大情形"以点源替代实际源，这样点源上面羽流的边界就穿过实际源的顶部边缘（例如圆柱体）。

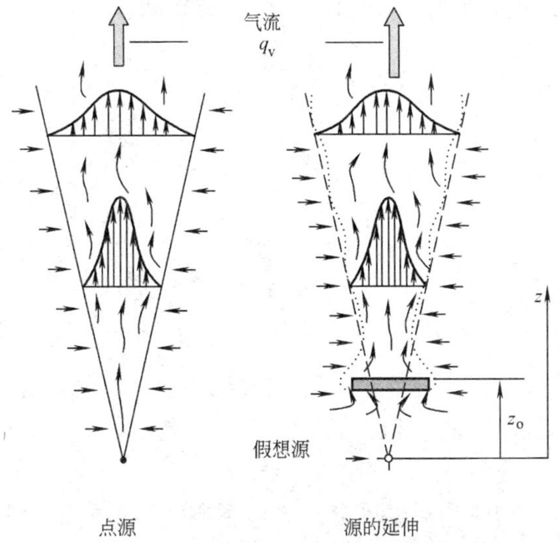

图 10.2-12 假想源位置的图解

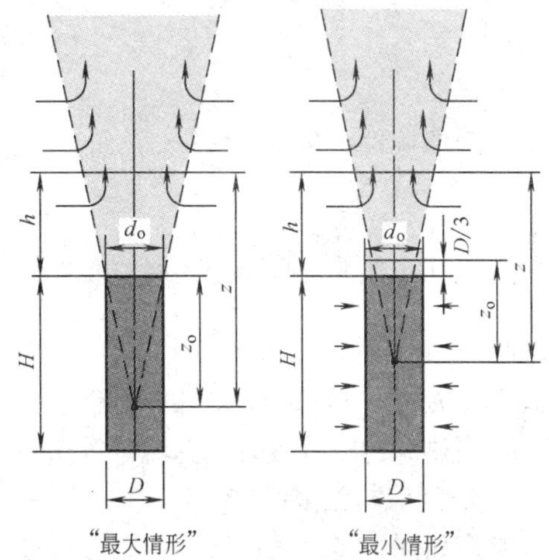

图 10.2-13 圆柱体上部的对流气流

“最小情形”是当羽流的收缩截面的直径是上部表面直径的 80%左右时，位于源以上 1/3 个直径处，羽流的扩展角度定为 25°。对于低温源，Skistad 推荐“最大情形”，然而，“最小情形”最适合于对大的高温源的度量。“最大情形”给定：$z_o=2.3D$，而“最小情形”给定：$z_o=1.8D$（图 10.2-13）。对于平面热源，Morton 建议假想源的位置定位于实际源之下 $z_o=1.7\sim2.1D$）。

【例】 对流热量为 50W，圆柱体高 1m、直径 0.4m，计算 0.5m 以上的对流气流量。

【解】 在“最大情形”下，可得：

$$z_o=\frac{D}{2\cdot\tan12.5^\circ}=2.255\cdot D=0.9\text{m}$$

$$z=z_o+h=0.9+0.5=1.4\text{m}$$

由表 10.2-1 可得：

$$q_{v.z}=5.50^{\frac{1}{3}}\cdot1.4^{\frac{5}{3}}=32\text{L/s}$$

在“最小情形”下，可得：

$$z_o=\frac{0.8\cdot D}{2\cdot\tan12.5^\circ}=1.804\cdot D=0.72\text{m}$$

$$z=z_o-\frac{D}{3}+h=0.72-0.13+0.5=1.09\text{m}$$

$$q_{v.z}=5.5^{\frac{1}{3}}\cdot1.09^{\frac{5}{3}}=21\text{L/s}$$

在本例的情形下，假想源的位置在源的上缘下面$\left(1.804-\frac{1}{3}\right)\cdot D=1.47\cdot D$处。

4. 羽流的相互作用

当热源位于墙的旁边时，羽流可能贴附于墙上，形成贴附流，如图 10.2-14 所示。

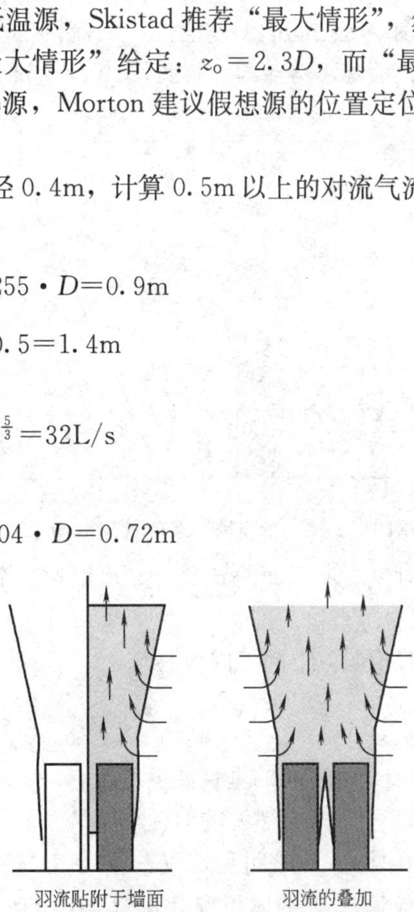

图 10.2-14 热羽流

在这种情形下，来自热源的空气量可以根据 2Q 散发热量的一半计算，即：

$$q_{v.z}=\frac{5\cdot(2Q)^{\frac{1}{3}}\cdot z^{\frac{5}{3}}}{2}=3.2\cdot Q^{\frac{1}{3}}\cdot z^{\frac{5}{3}} \tag{10.2-18}$$

当热源位于交角处时：

$$q_{v.z}=2\cdot Q^{\frac{1}{3}}\cdot z^{\frac{5}{3}} \tag{10.2-19}$$

当几个热源汇合至一起时（见图 10.2-14 右侧）：

$$q_{v.z.N}=N^{\frac{1}{3}}\cdot q_{v.z} \tag{10.2-20}$$

式中 $q_{v.z}$——热源中之一的羽流流量。

当热源比较分散时，总流量等于每个热源流量的总和。

5. 羽流与温度梯度

当如同置换通风一样室内有温度分层时，羽流会对温度分层产生影响。羽流的驱动力是羽流与环境之间的温度差。当温差减小时，羽流将分解并向室内水平方向蔓延，如图 10.2-15 所示。图中：$\theta_{phune.1}$—羽流 1 的温度；$\theta_{phune.2}$—羽流 2 的温度；θ_{room}—房间温度。

羽流在两个高度水平之间传播，一个是羽流到达的动态平衡高度（z_t），在那里羽流与周围空气之间的温差消失；羽流内的另一个高度水平称为羽流的最大高度（z_{max}），在那里气流速度等于零，详见图 10.2-16。

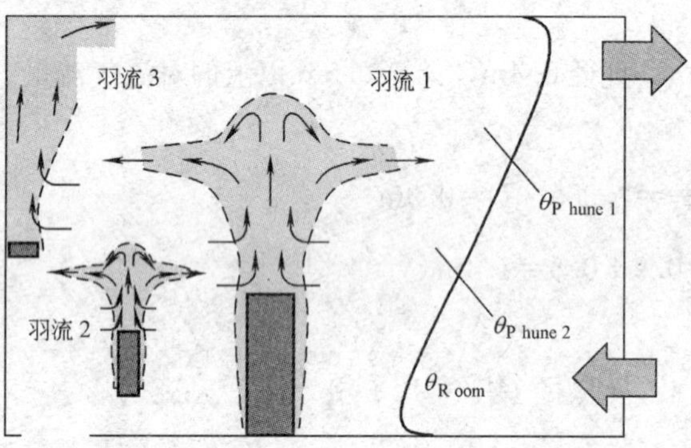

图 10.2-15 置换通风房间气流流型示意图

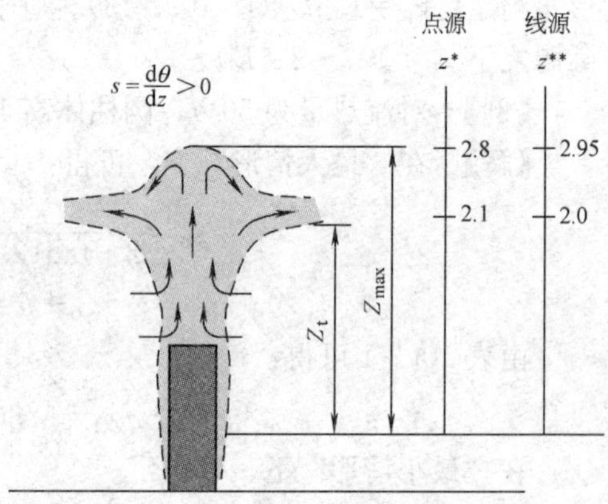

图 10.2-16 垂直羽流的温度梯度及分层

对流气流下面的高度 z_t，可以根据下列模型计算（Mundt 1996）：

（1）点源

假想源以上的无因次高度 z^*：

$$z^*=2.86\cdot z\cdot s^{\frac{3}{8}}\cdot Q_{cf}^{-\frac{1}{4}} \tag{10.2-21}$$

式中 s——室内的垂直温度梯度，$s=\Delta\theta/\Delta z$，K/m；

ϕ_{cf}——来自热源的对流热，W。

由图 10.2-16 可见，仅 $z^*<2.1$ 与进一步的计算有关。

高度 z^* 处的体积流量 q_v（L/s）为：

$$q_v=2.38\cdot Q_{cf}^{\frac{3}{4}}\cdot s^{-\frac{5}{6}}\cdot z_1 \tag{10.2-22}$$

$$z_1=0.004+0.039\cdot z^*+0.38\cdot (z^*)^2-0.062\cdot (z^*)^3 \tag{10.2-23}$$

对于 $z^*=2.8$，最大高度 z_{max}：

$$z_{max}=0.98\cdot Q_{cf}^{\frac{1}{4}}\cdot s^{-\frac{3}{8}} \tag{10.2-24}$$

对于 $z^*=2.1$，高度 z_t：

$$z_t=0.74\cdot Q_{cf}^{\frac{1}{4}}\cdot s^{-\frac{3}{8}} \tag{10.2-25}$$

（2）线源

假想源以上的无因次高度 z^{**}：

$$z^{**}=5.78\cdot z\cdot s^{\frac{1}{2}}\cdot Q_{cf}^{-\frac{1}{3}} \tag{10.2-26}$$

由图 10.2-16 可见，仅 $z^{**}<2.0$ 与进一步的计算有关。

高度 z^{**} 处的体积流量 q_v（L/s）为：

$$q_{v.1}=4.82\cdot Q_{cf}^{\frac{2}{3}}\cdot s^{-\frac{1}{2}}\cdot z_2 \tag{10.2-27}$$

$$z_2=0.004+0.477\cdot z^{**}+0.029(z^{**})^2-0.018\cdot (z^{**})^3 \tag{10.2-28}$$

对于 $z^{**}=2.95$，最大高度 z_{max}：

$$z_{max}=0.51\cdot Q_{cf}^{\frac{1}{3}}\cdot s^{-\frac{3}{2}} \tag{10.2-29}$$

对于 $z^{**}=2.0$，高度 z_t：

$$z_t=0.35\cdot Q_{cf}^{\frac{1}{3}}\cdot s^{-\frac{1}{2}} \tag{10.2-30}$$

6. 实际物体的对流量

根据上述理论和实际的实验，Nielsen（1993 B）归纳出了如图 10.2-17 所示的非工业环境的普通物体的对流流量。图中线段是根据表 10.2-1 中空气量方程式（10.2-10）按坐姿人员上部对流流量为 20L/s 计算求出的，如图 10.2-18 所示。

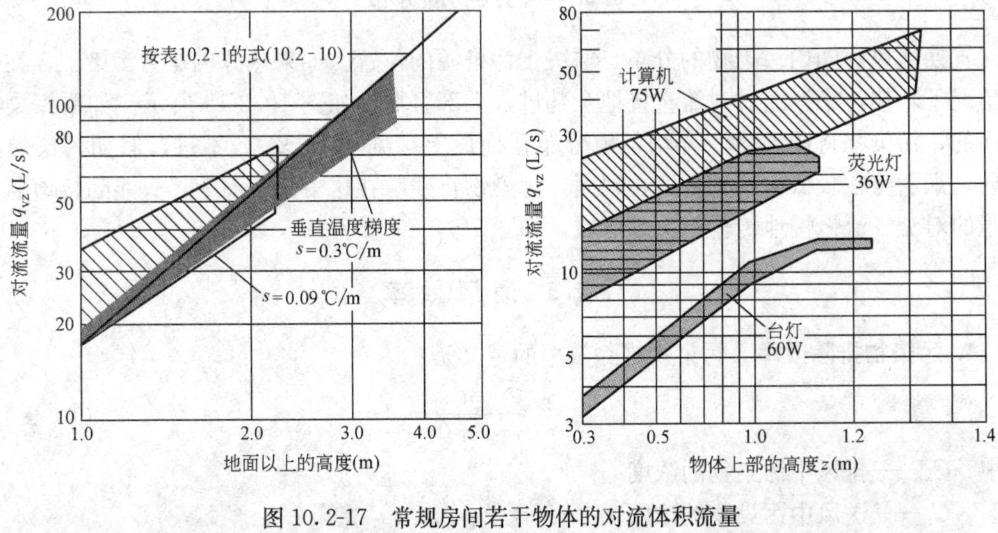

图 10.2-17 常规房间若干物体的对流体积流量

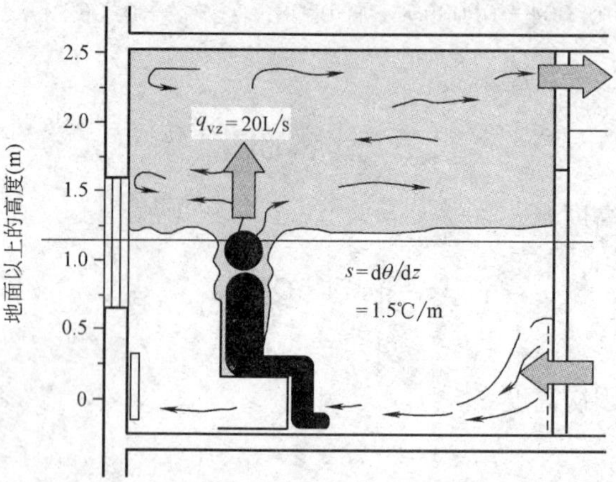

图 10.2-18 常规环境里坐姿人员上面的对流流动

表 10.2-3 汇集了部分热源形式引起的上升气流流量，以供设计参考。

部分热源形式引起的上升气流流量 **表 10.2-3**

热源形式		有效能量折算(W)	离地 1.1m 处的空气流量(m^3/h)	离地 1.8m 处的空气流量(m^3/h)
人员	坐或站 轻度或中度劳动	100～120	80～100	180～210
办公设备	台灯 计算机/传真机 投影仪 台式复印机/打印机 落地式复印机 散热器	60 300 300 400 1000 400	40 100 100 120 200 40	100 200 200 250 400 100
机器设备	约 1m 直径，1m 高 约 1m 直径，2m 高 约 2m 直径，1m 高 约 2m 直径，2m 高	2000 4000 6000 8000		600 800 900 1000

10.2.4 污染物的分布

置换通风房间内污染物的分布，取决于污染源的位置。如果热源也作为污染源，在理想情况下，热污染源通过对流直接地全部进入上部区域，如图 10.2-19 所示。如果污染源是冷的，污染物将同温度一样均匀地分布在地面上，见图 10.2-7。不过，假如污染源过分弱，烟羽将在较低水平处分解，因而，污染物将残留在这个水平面上，只能间接地通过更强的对流气流慢慢地传输至上部区域，如图 10.2-20 所示。

10.2.5 通风效率

1. 污染物排除效率 污染物排除效率的定义是：

$$\varepsilon^{c}=\frac{C_{e}-C_{s}}{C_{mean}-C_{s}} \tag{10.2-31}$$

式中 C_e——排风中污染物的浓度；

C_s——送风中污染物的浓度；

C_{mean}——室内污染物的平均浓度。

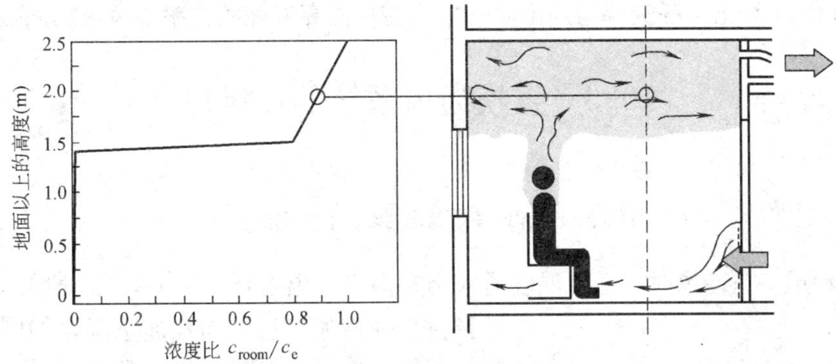

图 10.2-19 有热污染物源的房间，通过置换通风后室内污染物的分布示意图

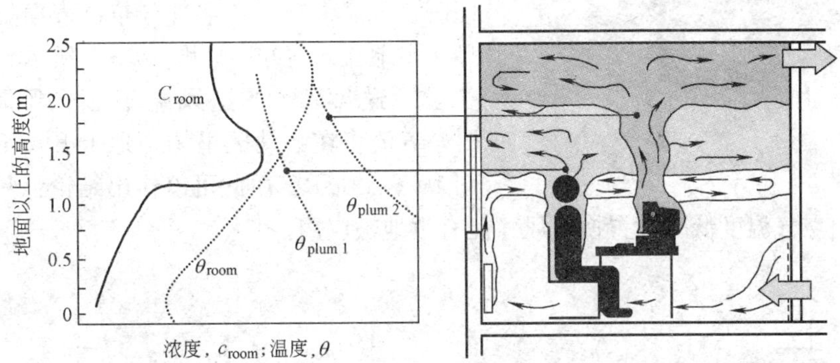

图 10.2-20 当污染源不是热时，通过置换通风后室内污染物的分布示意图

对于活动区：$\varepsilon^c = \dfrac{C_e - C_s}{C_{oz} - C_s}$ (10.2-32)

式中 C_{oz}——活动区内污染物的平均浓度。

2. 人体暴露指标 人体暴露指标可用下式表示：

$$\varepsilon_{exp} = \frac{C_e - C_s}{C_{exp} - C_s} \quad (10.2\text{-}33)$$

式中 C_{exp}——吸入的浓度。

由于清洁空气是由房间的较低部位通过自然对流围绕人体边界层上升至呼吸区的，因此，人体暴露指标经常大于局部通风时的指标。

虽然人体暴露指标表明有改善吸入空气质量的能力，但当污染源主要是寒冷即温度过低时，则不应该采用

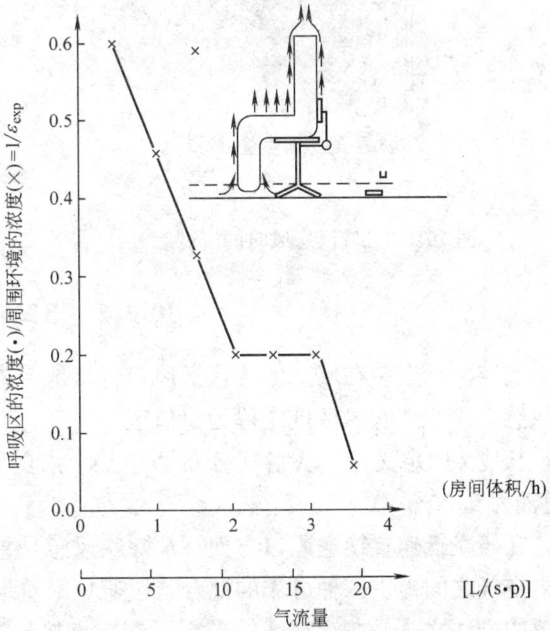

图 10.2-21 呼吸区与周围空气之间在相同高度处的比率与风量的函数关系

置换通风。

图 10.2-21 给出了呼吸区与周围空气之间在相同高度处的比率与风量的函数关系。

10.3 置换通风系统的送风口

10.3.1 低速置换送风口的气流分布

1. 送冷风 送冷风时，送风温度通常比室内空气温度低 1℃～8℃。这时，送风空气离开置换送风口后，向地面下降，如同地毯一样沿着地面伸展，如图 10.3-1 所示。

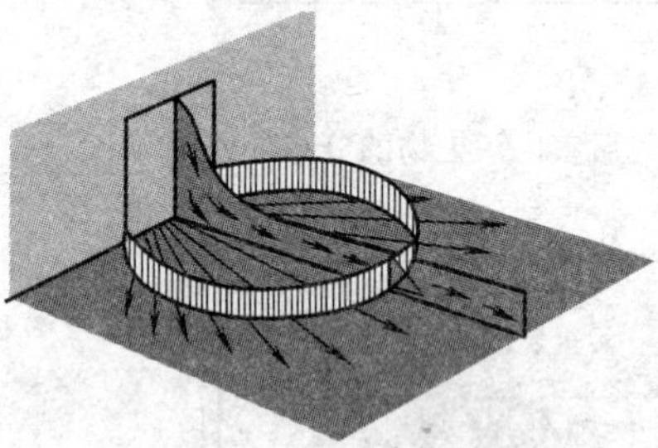

图 10.3-1 送冷风时的流型

2. 等温送风 当送风温度与室内空气温度相同时，气流将按照在空气分布器表面处的起始流型水平地流入房间，如图 10.3-2 所示。

3. 送热风 当送风温度高于周围空气温度时，气流将在活动区里均匀地上升，不扩散，如图 10.3-3 所示。由此可以作出结论：只有当送风温度比室内空气温度低时，置换通风才能有效地被应用。

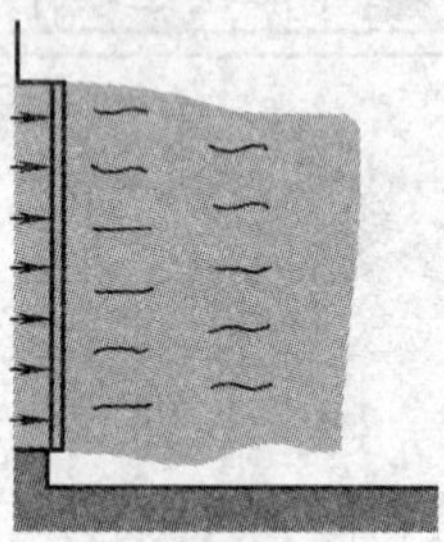

图 10.3-2 等温送风时的流型

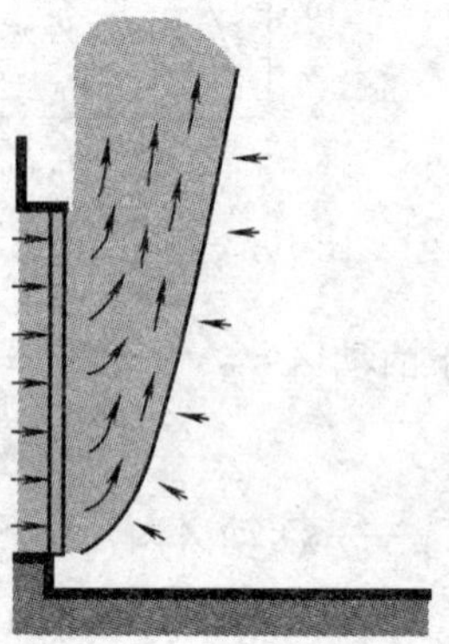

图 10.3-3 送热风时的流型

10.3.2 出口邻接区

当空气从安装在墙上的置换送风口直接地流入室内时，在活动区里可能沿着地面产生吹风感；这个“吹风区域”称为出口区。

长度 l 的定义是：从空气分布器至某个点的距离；该点的最大速度减少至确定的值（通常为 0.20m/s）。

在研发低速置换送风口方面，消除吹风感是主要任务之一。通常，必须为出口气流与室内空气之间提供一种可靠的混合，以避免沿着地面产生任何吹风感觉。减少活动区内吹风感的方法之一是在活动区外平行于侧墙直接地送风。图 10.3-4 给出了向前送出与向侧面送出两种典型的情形（墙面安装置换送风口的数据：高度 H=0.9m，宽度 B=0.6m，送风量 q_s=40L/s，下部的送风温差 $\Delta\theta_s$=6℃）。

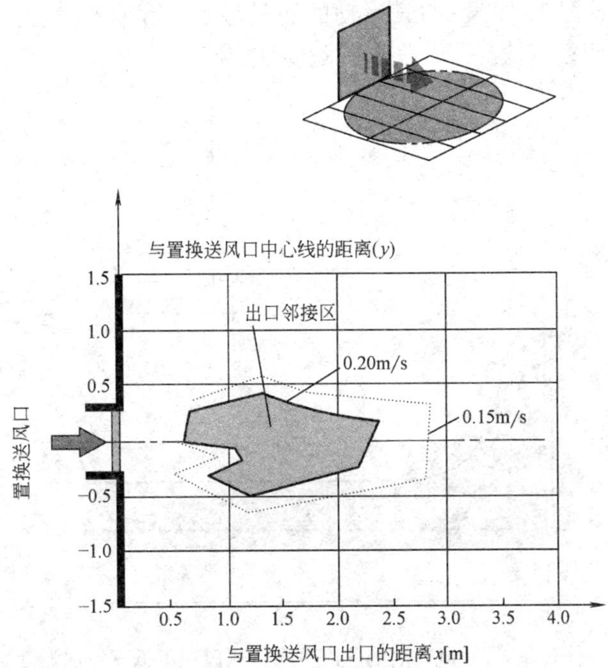

(*a*)

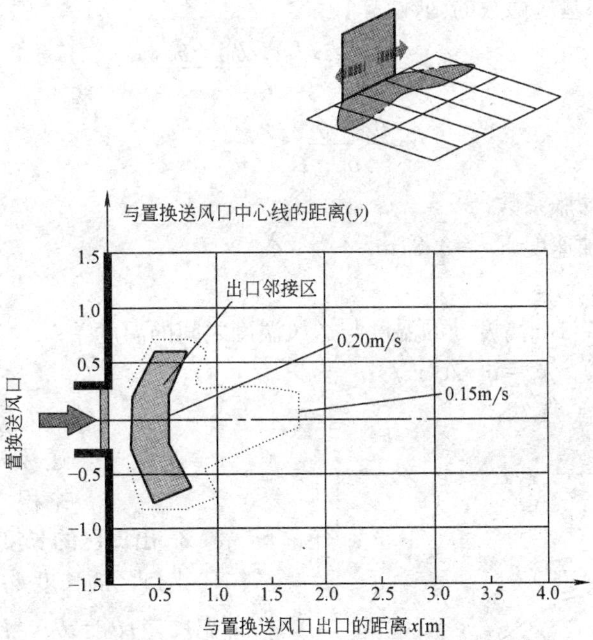

(*b*)

图 10.3-4 两种典型送风型式

(*a*) 向前吹出；(*b*) 向两侧吹出

10.3.3 墙面置换送风口的气流分布

1. 出口气流的深度

典型的出口气流深度为 200mm 左右；气流的最大速度为地面以上深度的 10%左右，

即近似为20mm，见图10.3-5。空气运动的测量显示，在水平气流里诱导卷吸的空气很少，这也证明，在假设的情况下，气流的深度是定值。

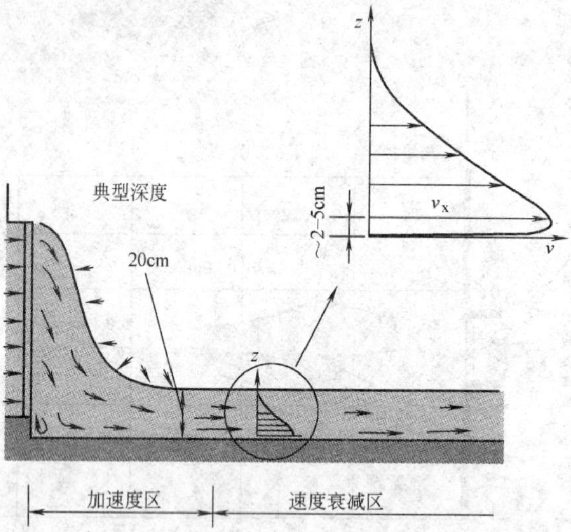

图10.3-5 送风口前的速度分布（送风温度低于室内温度）

分层的深度是阿基米德数的函数：

$$Ar=\frac{\beta\cdot g\cdot h\cdot(\theta_{oz}-\theta_s)}{v_z^2} \tag{10.3-1}$$

或

$$=\frac{\theta_{oz}-\theta_s}{q_s^2}$$

式中 β——体积膨胀系数；

g——重力加速度，$g=9.81m/s^2$；

h——高度，m；

$(\theta_{oz}-\theta_s)$——室内1.1m高度处的温度与送风温度之间的温度差；

v_s——面速度，$v_s=q_s/A_s$ m/s；

q_s——送风量，L/s；

A_s——送风口的高度与宽度的乘积，m^2。

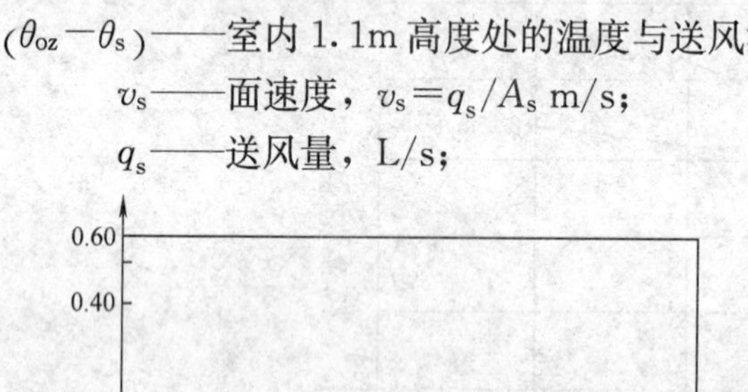

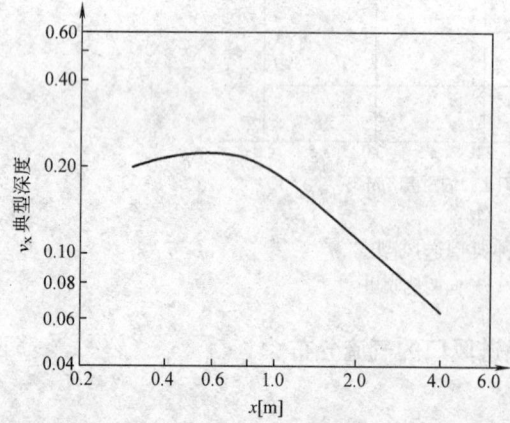

图10.3-6 出口距离与最大速度的关系（q_s=28L/s）

2. 出口区的长度

出口区的长度 l_n，是送风量 q_s、下部温度差 $(\theta_{oz}-\theta_s)$ 与空气分布器类型的函数。2000年Skaret发现出口区长度和送风量之间的下列关系（Ar=constant）：

$$l_n=q_s^{0.70} \tag{10.3-2}$$

3. 速度分布

图10.3-6所示为墙面置换送风口送风最大速度的测量实例，冷空气的初加

速度较高，由于浮力影响，在距置换送风口出口 0.6 处获得最高速度。测量显示，与出口的距离大于 1m 时，速度 v_s 与 $\frac{1}{x}$ 成正比；当距离已知为 l_n 时，最大速度可按下式确定：

$$v_s = 0.2 \cdot \frac{l_n}{x} \tag{10.3-3}$$

在活动区内，速度分布也可作为体积流量和温度差的函数：

$$v_x = 10^{-3} \cdot q_s \cdot K_{Dr} \cdot \frac{1}{x} \tag{10.3-4}$$

出口区的长度 l_n，可按下式计算（有效范围：$x \geqslant 1.0 \sim 1.5$m）：

$$l_n = 0.005 \cdot q_s \cdot K_{Dr} \tag{10.3-5}$$

式中 K_{Dr}——风量和下部温差的函数（阿基米德数的函数），不同型式空气分布器的值，见图 10.3-7。

图 10.3-7 显示，K_{Dr} 是阿基米德数平方根或 $\sqrt{\theta_{oz}-\theta_s}/q_s$ 的函数，因此，最大速度将是送风量与阿基米德数平方根的线性函数，见式（10.3-4）。

K_{Dr} 值可用下式表示（Niesen 2000）：

$$K_{Dr} = 0.9 \cdot \frac{e \cdot b_m}{\alpha_o \cdot \delta} \tag{10.3-6}$$

式中 e——风量的增大系数；

b_m——x 轴方向的风量调整系数；

α_o——辐向流的宽度角；

δ——$0.5v_x$ 处气流的厚度。

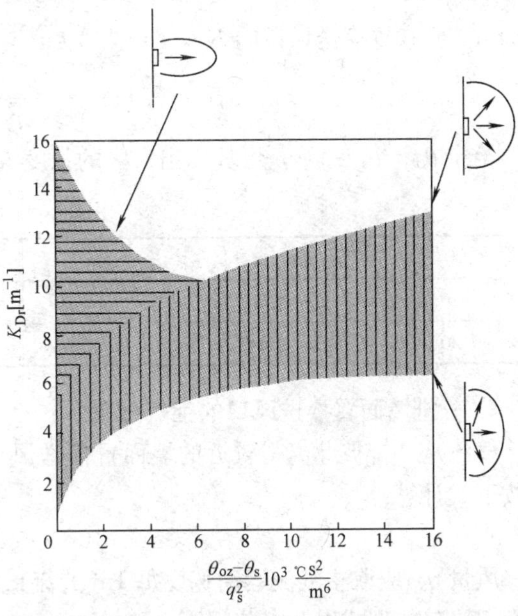

图 10.3-7 不同型式墙面置换送风口的 K_{Dr} 值

e 和 b_m 两者系阿基米德数的函数，其变化如图 10.3-8 所示。

墙面置换送风口出口区的算例（图 10.3-9）：墙面置换送风口：$H=0.45$m；$B=$

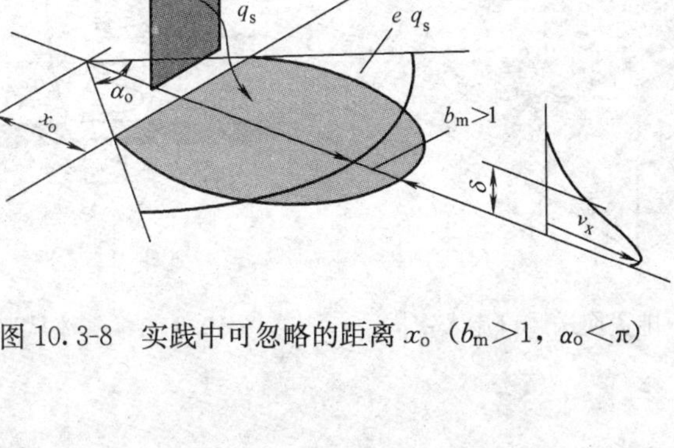

图 10.3-8 实践中可忽略的距离 x_o（$b_m>1$，$\alpha_o<\pi$）

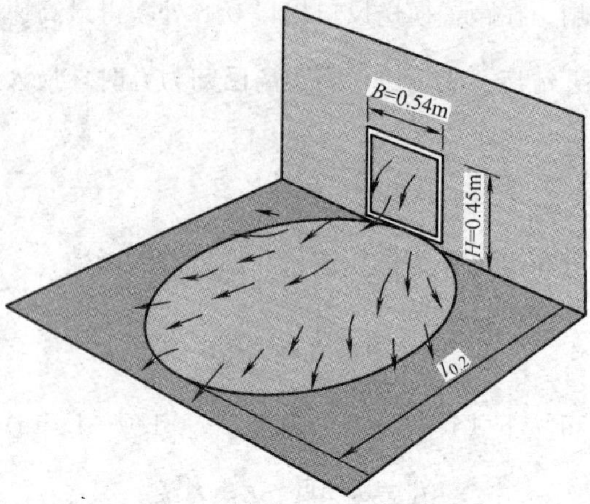

图 10.3-9 墙面置换送风口算例图

0.54m。已知置换送风口的 K_{Dr}（m^{-1}）为：

$$K_{Dr}=0.1185\cdot\frac{\theta_{oz}-\theta_s}{q_s^2}\cdot 10^3+7.748 \tag{10.3-7}$$

给定 $\theta_{oz}-\theta_s=3℃$，可算出出口区的长度 l_n（m）如表 10.3-1 所示：

出口区的长度 l_n 表 10.3-1

q_s(L/s)	$K_{Dr}(m^{-1})$	l_n(m)	q_s(L/s)	$K_{Dr}(m^{-1})$	l_n(m)
20	8.63	0.86	40	7.97	1.59
30	8.14	1.22	60	7.85	2.35

4. 一排墙面置换送风口的空气分布

气流从一排彼此离得较近的墙面置换送风口送入一个平面时（图 10.3-10），速度 v_x 可按下式计算：

$$v_x=10^{-3}\cdot q_{s,l}\cdot K_{D,p} \tag{10.3-8}$$

风量 $q_{s,l}$应取主气流运动宽度每 1m 的流量。$K_{D,p}$值是温差与风量的函数，它取决于置换送风口的型式以及安装间距。

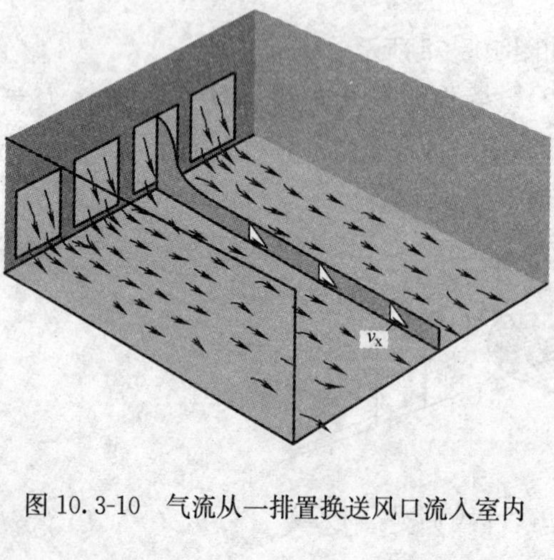

图 10.3-10 气流从一排置换送风口流入室内

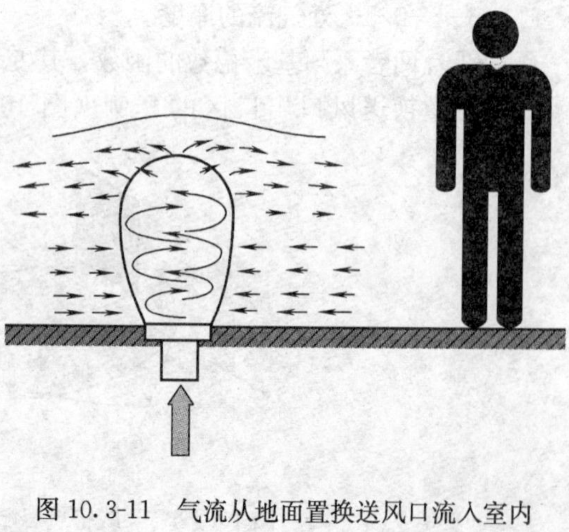

图 10.3-11 气流从地面置换送风口流入室内

5. 地面置换送风口

旋流型地面置换送风口（图 10.3-11）的速度衰减，可以采用与圆形自由喷口相同的方程式来描述：

$$\frac{v_z}{v_0}=\frac{K_a}{\sqrt{2}}\cdot\frac{\sqrt{A_0}}{z} \tag{10.3-9}$$

式中 v_z——在距离处地面上的最大速度；

v_0——地面置换送风口的送风速度，$v_0=q_s/A_0$；

A_0——置换送风口的送风面积。

图 10.3-12 表示了两种不同地面置换送风口的速度衰减。由图可见，旋流型置换送风口的速度衰减，比不带旋流的置换送风口要迅速得多。

至于 K_a值，对于自由喷口（无旋流）：$K_a=6.8$；带旋流的喷口：$K_a=0.42$。

墙面和地面置换送风口能处理的室内负荷为 50W/m² 左右。

10.3.4 常规置换送风口

1. 扁平型墙面置换送风口

这类置换送风口可整体装在墙内，如图 10.3-13 所示。其典型数据是：

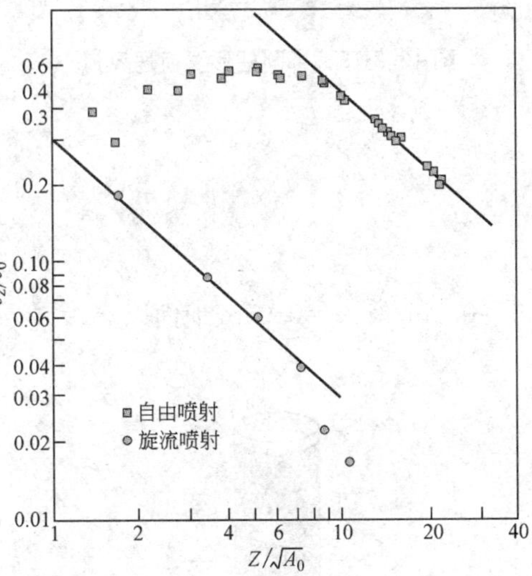

图 10.3-12 地面送风口的速度衰减

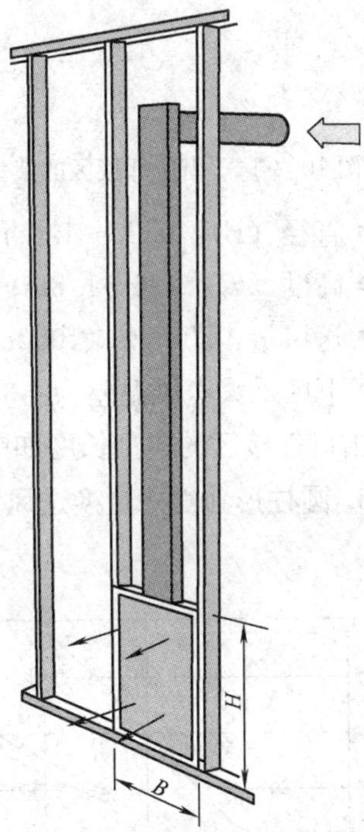

图 10.3-13 整体的扁平型置换送风口

- 宽度（B）：通常为 0.60m；
- 高度（H）：0.20～1.20m；
- 送风量：直至 70L/s；
- 下部区最大送风温差为：4～6℃。

当下部区送风温差 $\Delta\theta_s=3$℃时，出口区的典型长度如图 10.3-14 所示（$v_x=0.2$m/s；

z＝0.05m 地面以上）。

2. 半圆柱形置换送风口

这类风口都是靠墙安装，气流从中央呈放射状向三面扩散，如图 10.3-15 所示。置换送风口的典型数据是：

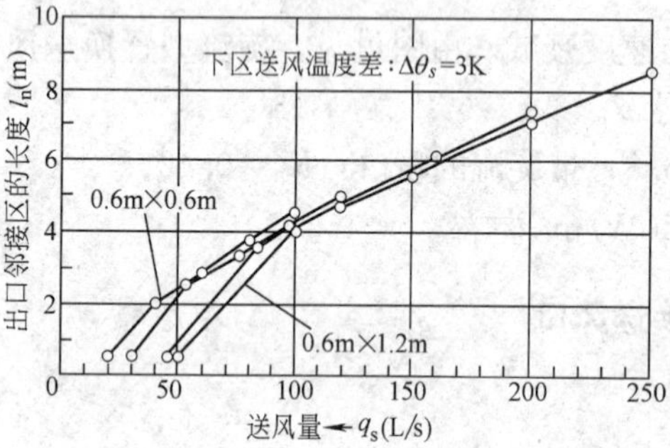

图 10.3-14 出口邻接区的典型长度

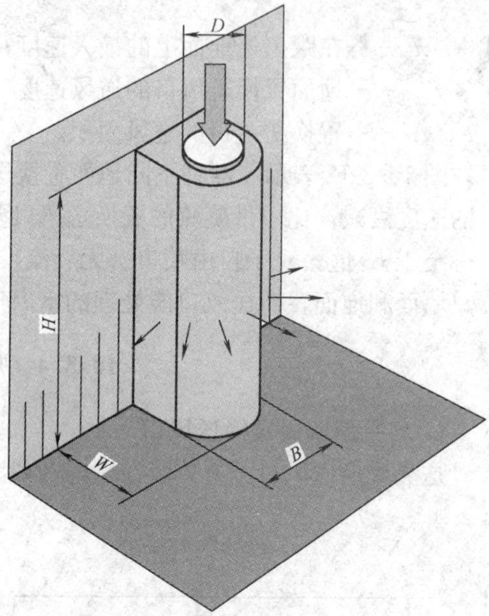

图 10.3-15 半圆柱形置换送风口

- 直径（B）：0.20～1.00m；
- 高度（h）：0.6～1.8m；
- 送风量：300L/s（1000m^3/h）；
- 下区最大送风温差为：3℃。

出口邻接区的典型长度如图 10.3-16 所示（v_x＝0.2m/s；z＝0.05m 地面以上）。

3. 圆柱形独立式置换送风口（图 10.3-17）

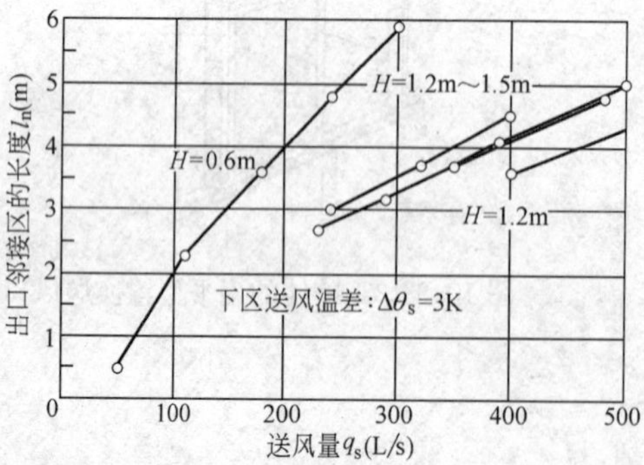

图 10.3-16 半圆柱置换送风口出口区的典型长度

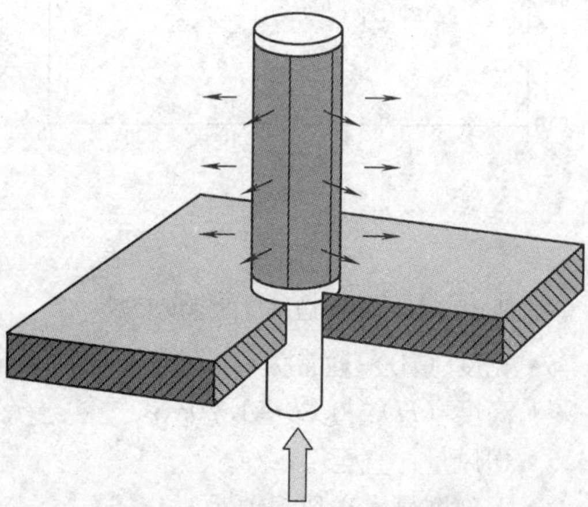

图 10.3-17 圆柱形独立式置换送风口

4. 1/4圆柱形（角形）置换送风口（图10.3-18）

5. 地面送风置换送风口（图10.3-19）

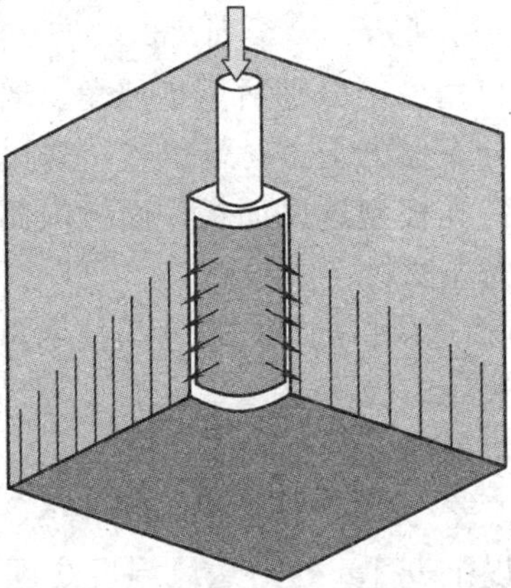

图10.3-18 1/4圆柱形（角形）置换送风口

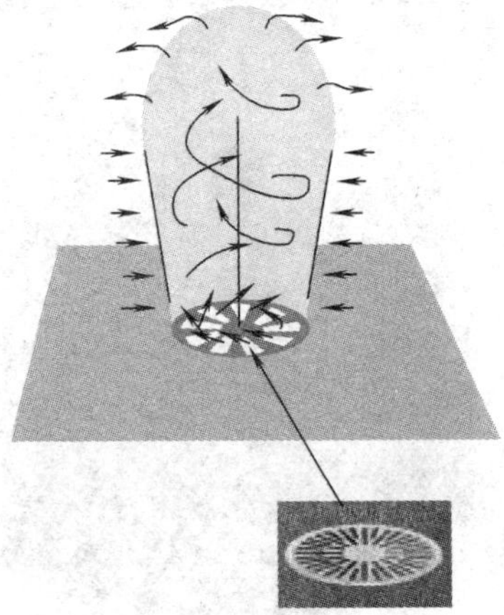

图10.3-19 地面送风置换送风口

送风口的标准数据（垂直旋流）：

直径：0.10～0.2m；

送风量：50L/s（180m/h）；

下部送风温差为：3～6℃。

10.3.5 置换送风口的主要数据

与常规空调系统气流组织设计相类似，设计置换通风系统时，必需已知低速置换送风口在整个送风量（q_s）范围内、下区送风温差为 $\Delta\theta_s=3K$ 和 $\Delta\theta_s=6K$ 下的下列数据：

- 出口邻接区的长度：l_n；
- 出口邻接区的宽度：b_n；
- 在出口邻接区边界处地面以上200mm处的温度；
- 通过置换送风口的压力降：Δp_{tot}；
- 产生的噪声级别；
- 噪声衰减量。

置换送风口的技术数据，一般应以置换送风口常数与下区送风温差、送风量等的函数关系形式给出：

$$K_{Dr}=f[(\theta_{oz}-\theta_s)\cdot q_s] \tag{10.3-10}$$

因此，出口邻接区的长度应根据下式计算：

$$l_n=0.005\cdot q_s\cdot K_{Dr} \tag{10.3-11}$$

而在活动区内的最大流速可按下式计算：

$$v_x=10^{-3}\cdot q_s\cdot K_{Dr}\cdot\frac{1}{x} \tag{10.3-12}$$

10.3.6 置换送风口产品简介

置换送风口的产品型式很多，为了便于设计选用，下面根据德国妥思（TROX）公司产品作一简介。

1. QLK 型置换送风口

QLK 型置换送风口主要适用于舒适性要求较高的空调系统中低速低紊流的场合，其外形如图 10.3-20 所示。该系列风口共有 90°、180°和 360°三种出口角度，分别适用于墙角、墙面和居中安装。空气分布器的上方，带供连接送风管的接口。前面装置有孔板型送风面板，面板内侧置有起均流作用的无纺布滤料。

图 10.3-20 QLK 型置换送风口的外形图

QLK 型置换送风口的结构尺寸与技术参数，详见表 10.3-2、表 10.3-3 及图 10.3-21。

其主要技术条件为：

(1) 送风温差：$\Delta\theta_s=\theta_{oz}-\theta_s=1\cdots\cdots6$℃；

(2) 地面以上 0.1m 处与送风温度之间的温差 $\Delta\theta_{0.1}=\theta_{0.1}-\theta_s$（$l_n=1.5m\leqslant0.5\times\Delta\theta_s$）；

(3) 空气分布器的压降：$\Delta p_{tot}=20Pa$；

(4) 噪声级：$L_W=30dB$（A）；

(5) 最大风量（表 10.3-3）。

QLK 型置换送风口的结构尺寸（mm） **表 10.3-2**

规格	ϕD	ϕD_a	A	B	C	H※
160	158	188	121	215	188	500
200	198	228	141	255	228	600
250	248	278	166	305	278	800
315	313	343	198	370	343	1000

※ 任何宽度名义尺寸与任何 H 相结合尺寸规格的产品均可供货。

QLK 型置换送风口的最大风量 **表 10.3-3**

型号		QLK-90°							
规格		160		200		250		315	
最大风量		L/s	m³/h	L/s	m³/h	L/s	m³/h	L/s	m³/h
高度（mm）	500	35	126	40	144	50	180	60	216
	600	40	144	50	180	60	216	75	270
	800	55	198	65	234	80	288	100	360
	1000	70	252	80	288	100	360	125	450
QLK-180°									
高度（mm）	500	50	180	60	216	75	270	90	324
	600	60	216	70	252	85	306	105	378
	800	80	288	95	342	115	414	140	504
	1000	100	360	120	432	145	522	180	648
QLK-360°									
高度（mm）	500	60	216	75	270	90	324	110	396
	600	75	270	90	324	105	378	130	468
	800	95	342	115	414	140	504	175	630
	1000	120	432	145	522	175	630	215	774

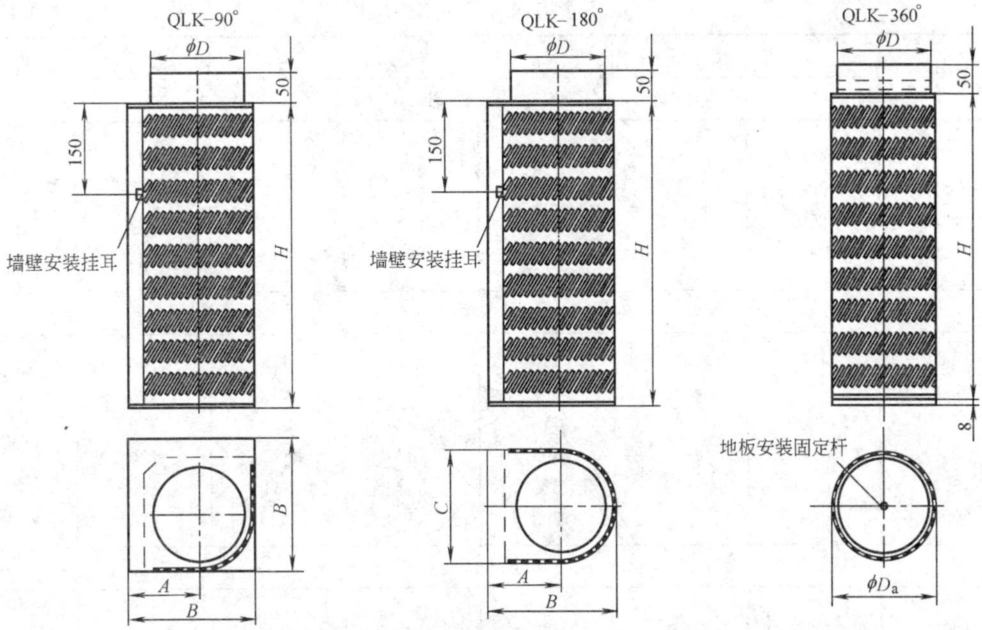

图 10.3-21 QLK 型置换送风口的结构尺寸

2. QL 型置换送风口

QL 型置换送风口适用于工业领域，该系列风口也分 90°、180°和 360°三种出口角度，分别适用于墙角、墙面和居中安装。送风口的顶部带有送风管的连接口，前面装置有孔板型送风面板，面板内侧置有起均流作用的无纺布滤料。为了保证系统的压力平衡更好，里面还装有无纺布的气流分布袋。

QL 型置换送风口的外形如图 10.3-22 所示；其结构尺寸及最大风量分别见图 10.3-23、表 10.3-4 和表 10.3-5。

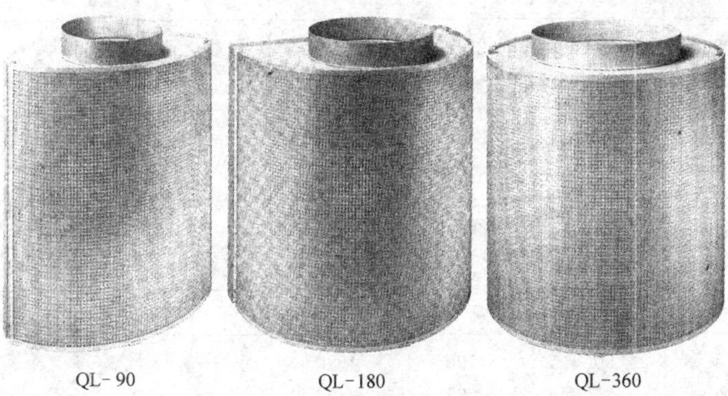

图 10.3-22 QL 型置换送风口的外形图

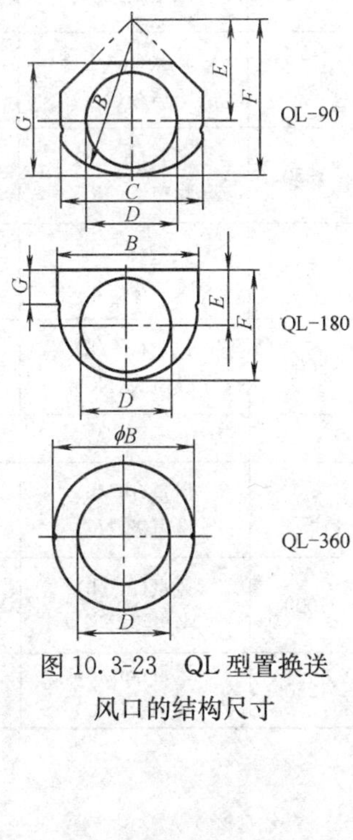

图 10.3-23 QL 型置换送风口的结构尺寸

QL型置换送风口的结构尺寸 表10.3-4

尺寸	*B*	*C*	*D*	*E*	*F*	*G*	*H*
	QL-90						
400	400	568	248	320	500	342	750 1000 1250 1500 2000
600	600	851	398	445	700	492	
800	800	1134	448	620	900	542	
1000	1000	1416	498	795	1100	592	
	QL180						
400	400	—	248	173	348	148	750 1000 1250 1500 2000
600	600	—	398	253	498	198	
800	800	—	448	262	570	170	
1000	1000	—	498	287	620	120	
1500	1500	—	628	352	864	120	
2000	2000	—	798	457	1114	120	
	QL-360						
1000	1000	—	628	—	—	—	750 1000 1250 1500 2000
1500	1500	—	798	—	—	—	
2000	2000	—	998	—	—	—	

QL型置换送风口的最大风量及噪声级 表10.3-5

H	尺 寸	QL-90-N					
		400	600	800	1000	1500	2000
750	风量(m^3/h)	720	1510	1945	2410	—	—
	噪声级(NC)	<20	<20	<20	<20	—	—
1000	风量(m^3/h)	790	1655	2160	2630	—	—
	噪声级(NC)	<20	<20	<20	<20	—	—
1250	风量(m^3/h)	830	1800	2270	2845	—	—
	噪声级(NC)	<20	<20	<20	<22	—	—
1500	风量(m^3/h)	900	1910	2450	3060	—	—
	噪声级(NC)	<20	<20	<22	<24	—	—
2000	风量(m^3/h)	970	2050	2665	3240	—	—
	噪声级(NC)	<20	<20	<23	<25	—	—
		QL-90-H					
750	风量(m^3/h)	575	900	1190	1510	—	—
	噪声级(NC)	<20	<20	<22	<23	—	—
1000	风量(m^3/h)	720	1170	1550	1910	—	—
	噪声级(NC)	<22	<23	<25	<27	—	—
1250	风量(m^3/h)	865	1405	1835	2305	—	—
	噪声级(NC)	<24	<25	<27	<28	—	—

续表

H	尺 寸	QL-90-H					
		400	600	800	1000	1500	2000
1500	风量(m^3/h) 噪声级(NC)	1080 <27	1690 <28	2270 <30	2810 <32	— —	— —
2000	风量(m^3/h) 噪声级(NC)	1405 <31	2305 <32	3025 <34	3780 <35	— —	— —
		QL-180-N					
750	风量(m^3/h) 噪声级(NC)	720 <20	1510 <20	1945 <20	2410 <20	3745 22	5580 24
1000	风量(m^3/h) 噪声级(NC)	790 <20	1655 <20	2160 <20	2630 20	4140 24	6265 27
1250	风量(m^3/h) 噪声级(NC)	830 <20	1800 <20	2270 20	2845 22	4320 25	6480 28
1500	风量(m^3/h) 噪声级(NC)	900 <20	1910 <20	2450 22	3060 24	4680 27	7020 30
2000	风量(m^3/h) 噪声级(NC)	970 <20	2050 21	2665 23	3240 25	5040 28	7560 31
		QL-180-H					
750	风量(m^3/h) 噪声级(NC)	575 <20	900 20	1190 22	1510 24	2270 26	3060 27
1000	风量(m^3/h) 噪声级(NC)	720 22	1190 24	1550 25	1945 27	2880 29	3960 30
1250	风量(m^3/h) 噪声级(NC)	865 24	1370 25	1800 26	2305 28	3420 30	4680 31
1500	风量(m^3/h) 噪声级(NC)	1080 27	1690 28	2270 30	2810 32	4250 33	5760 35
2000	风量(m^3/h) 噪声级(NC)	1440 31	2230 32	2990 33	3780 35	5760 36	7740 38
		QL-360-N					
750	风量(m^3/h) 噪声级(NC)	— —	— —	— —	4140 24	6590 27	9540 30
1000	风量(m^3/h) 噪声级(NC)	— —	— —	— —	4570 26	7200 30	10655 33
1250	风量(m^3/h) 噪声级(NC)	— —	— —	— —	4860 28	7630 31	11160 34
1500	风量(m^3/h) 噪声级(NC)	— —	— —	— —	5220 30	8280 33	12095 36

续表

H	尺 寸	QL-360-N					
		400	600	800	1000	1500	2000
2000	风量(m^3/h) 噪声级(NC)	— —	— —	— —	5760 31	8785 35	12960 37
		QL-360-H					
750	风量(m^3/h) 噪声级(NC)	— —	— —	— —	2880 29	4390 31	5940 33
1000	风量(m^3/h) 噪声级(NC)	— —	— —	— —	3745 32	5760 34	7740 36
1250	风量(m^3/h) 噪声级(NC)	— —	— —	— —	4390 33	6660 35	9180 36
1500	风量(m^3/h) 噪声级(NC)	— —	— —	— —	5400 37	8280 39	11160 41
2000	风量(m^3/h) 噪声级(NC)	— —	— —	— —	7380 40	11160 42	15480 43

3. QSH/ISH型置换送风口

图10.3-24 QSH/ISH型置换送风口的外形图

QSH/ISH型置换送风口既可以用于供暖工况，也可以用于供冷工况；所以，特别适合于室内冷热负荷变化很大的场合，在这些场合里，有时需要送冷风，有时又需要等温送风或送热风。

QSH/ISH型置换送风口冷、暖工况的转换，是通过拉链手动或电动执行器自动调节气流调节板的位置来实现的。这种风口一般均悬空安装在厂房中，以便于下部区域设备的通行。供冷时为低速低紊流度水平送冷风，供暖时以较高的速度向下送热风。由于它们的安装位置通常为3～4m，因此，送风温差比常规置换通风要大，有时可达－8℃～12℃。

QSH/ISH型置换送风口的外形如图10.3-24所示；其结构尺寸及技术参数分别见图10.3-25、表10.3-6和表10.3-7。

QSH/ISH型置换送风口的结构尺寸（mm） **表10.3-6**

尺 寸	250	355	450	560
$\phi D1$	248	353	448	558
$\phi D2$	252	357	452	562

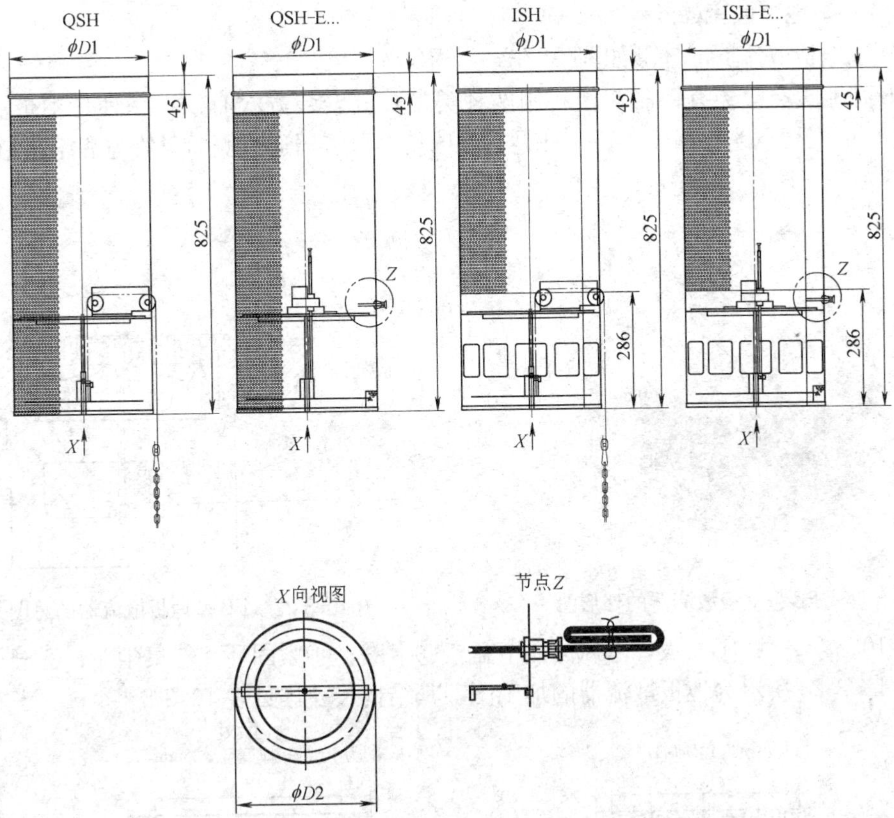

图 10.3-25　QSH/ISH 型置换送风口的结构尺寸

QSH/ISH 型置换送风口的技术参数　　**表 10.3-7**

型　号	规　格	风量	噪声级	压降	$H_{max}^{※}$
		m³/h	NC	Pa	m
QSH	250	700 1250 2000	24 46 55	11 33 85	2.6 4.4 8
	355	1250 2500 3500	22 48 54	10 40 86	3.8 5.7 9.5
	450	2000 3500 5000	24 46 52	11 33 69	3.8 6.1 10
	560	2500 5000 7000	19 45 50	9 34 70	3.5 7 10.5
ISH	250	700 1250 2000	27 50 57	12 35 90	2.6 4.4 8
	355	1250 2500 3500	25 52 57	11 45 90	3.8 5.7 9.5
	450	2000 3500 5000	25 47 54	13 37 80	3.8 6.1 10
	560	2500 5000 7000	18 45 50	9 38 72	3.5 7 10.5

※ H_{max}代表供暖模式时射流穿过的垂直深度（以出风口底部为计量基准）。

4. FB型地板散流器

FB型地板散流器的外形如图10.3-26所示。

FB型地板散流器有铝制与塑料制两种类型，其安装方式有二：一种是不带静压箱，散流器与正压架空地板相连；另一种是有静压箱，散流器通过侧向风管与静压箱相连（图10.3-27）。

图10.3-26 FB型地板散流器的外形图

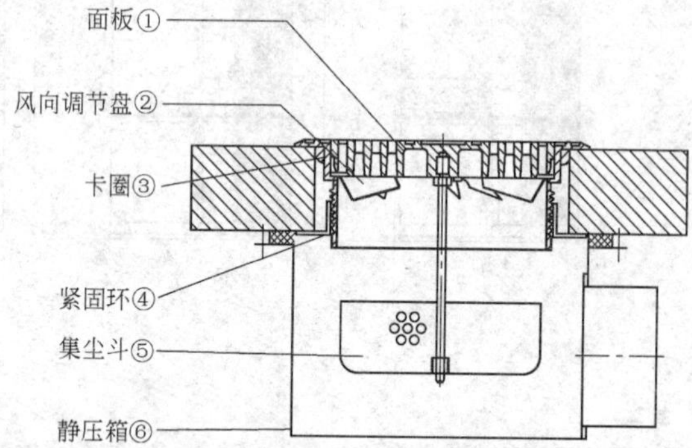

图10.3-27 FB型地板散流器的总图

图10.3-27中：①面板；②风向调节盘；③卡圈；④紧固环；⑤集尘斗；⑥静压箱。

图10.3-28所示为地板散流器的加工图，其结构尺寸详见表10.3-8。

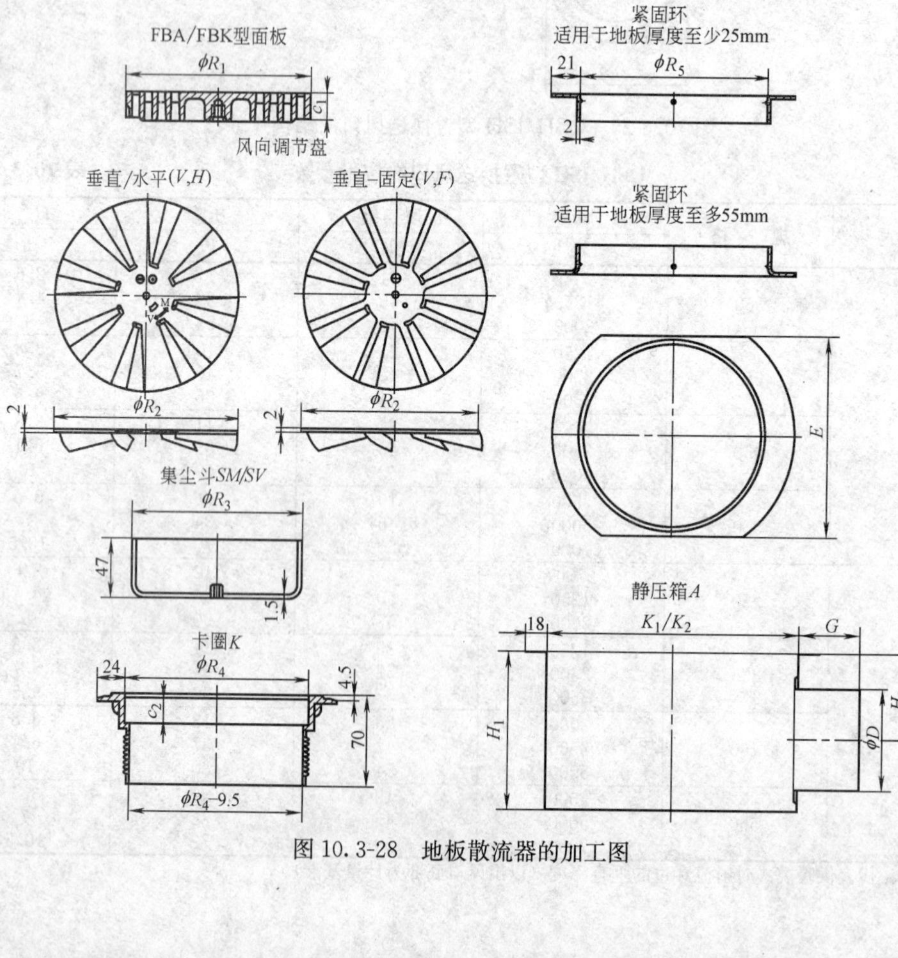

图10.3-28 地板散流器的加工图

地板散流器的结构尺寸（mm） 表 10.3-8

规格	ϕD	G	E	H_1	H_2	k_1	k_2	ϕR_1	ϕR_2	ϕR_3	ϕR_4	ϕR_5
150	98	50	160	125	71.5	200	198.5	149.5	138	137	150.1	150.3
200	123	48	200	150	84	250	248.8	199.5	188	187	200.1	200.3
$c_1=21$；$c_2=22$												

FB 型地板散流器的技术参数，见表 10.3-9。

FB 型地板散流器的技术参数 表 10.3-9

规格、风量及压降		水平送风(m)				垂直送风
		0.3	0.9	1.2	1.5	
150	风量(m^3/h)	35～58	54～90	64～108		36～108
	压降(Pa)	8～20	18～50	28～70		5～35
200	风量(m^3/h)	58～97	76～126	90～148	108～180	36～180
	压降(Pa)	8～20	13～35	18～50	28～70	5～50

注：① 噪声 NC38 已包括室内 4dB 的衰减，这是不带静压箱（集尘斗）、阀全开时的数据。
② 水平送风的距离，末端平均风速分别为 0.15m/s（最小风量）和 0.25m/s（最大风量）。
③ 垂直送风时，风口前应有 600mm 无阻挡区域。

5. TCD 型座椅送风柱

TCD 型座椅送风柱适用于座椅固定场合的送风，如音乐厅、影剧院、会堂、报告厅、体育馆等。

TCD 型座椅送风柱有 130、190 和 250 三种规格型号，根据送风柱与座椅的具体结合情况，分为承重型和非承重型两种类型。承重型送风柱与座椅相连接，实际上就是座椅的腿。非承重型送风柱与座椅没有任何机械连接。送风柱的主要特点是其噪声的声功率级低[L_{WA}<16dB（A）]，送风温差可达 6℃，送回风温差可达 12℃。

TCD 型座椅送风柱的结构如图 10.3-29 及表 10.3-10 所示，其技术参数分别见图 10.3-30 和图 10.3-31。

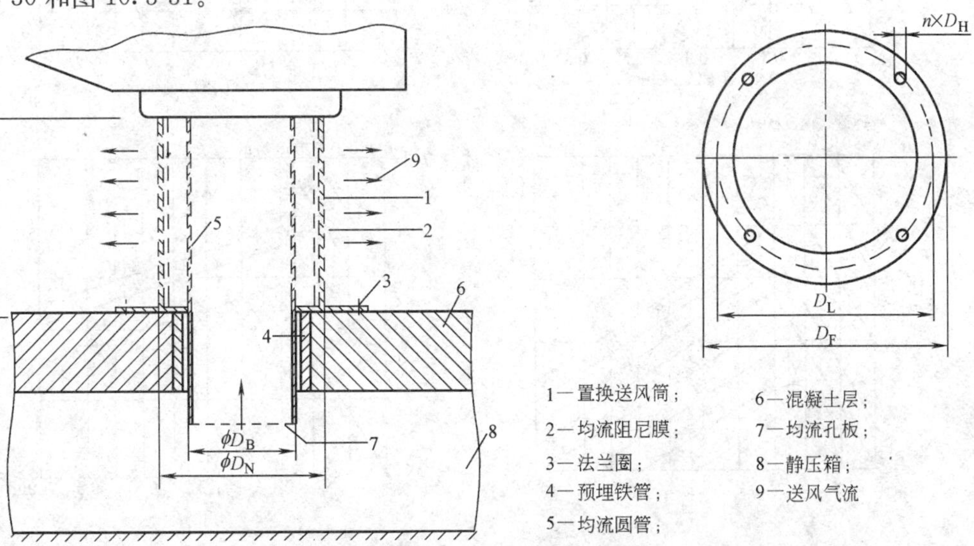

1—置换送风筒；
2—均流阻尼膜；
3—法兰圈；
4—预埋铁管；
5—均流圆管；
6—混凝土层；
7—均流孔板；
8—静压箱；
9—送风气流

图 10.3-29 TCD 型座椅送风柱的结构图

TCD 型座椅送风柱的结构尺寸（mm） 表 10.3-10

规格	H	D_N	D_B	D_F	D_L	n(个)	D
130	200	130	98	190	160	4	7
190	200	190	123	250	220	4	7
250	200	250	148	310	280	4	7

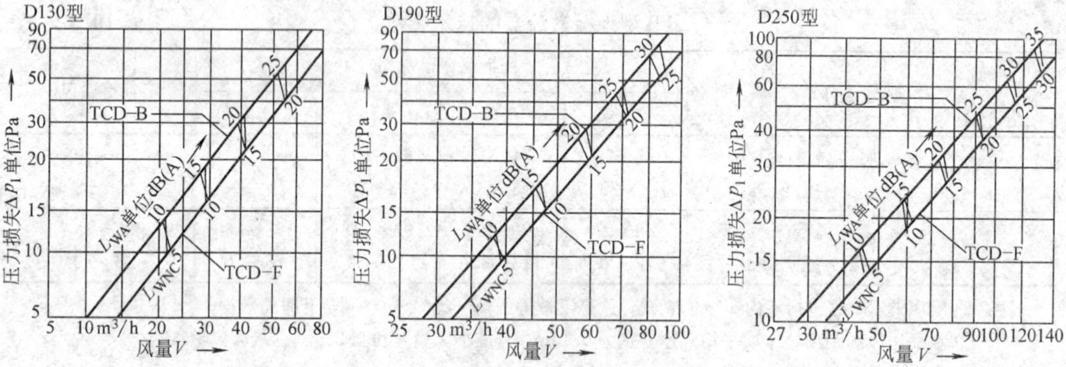

图 10.3-30 TCD 型座椅送风柱的技术参数（一）

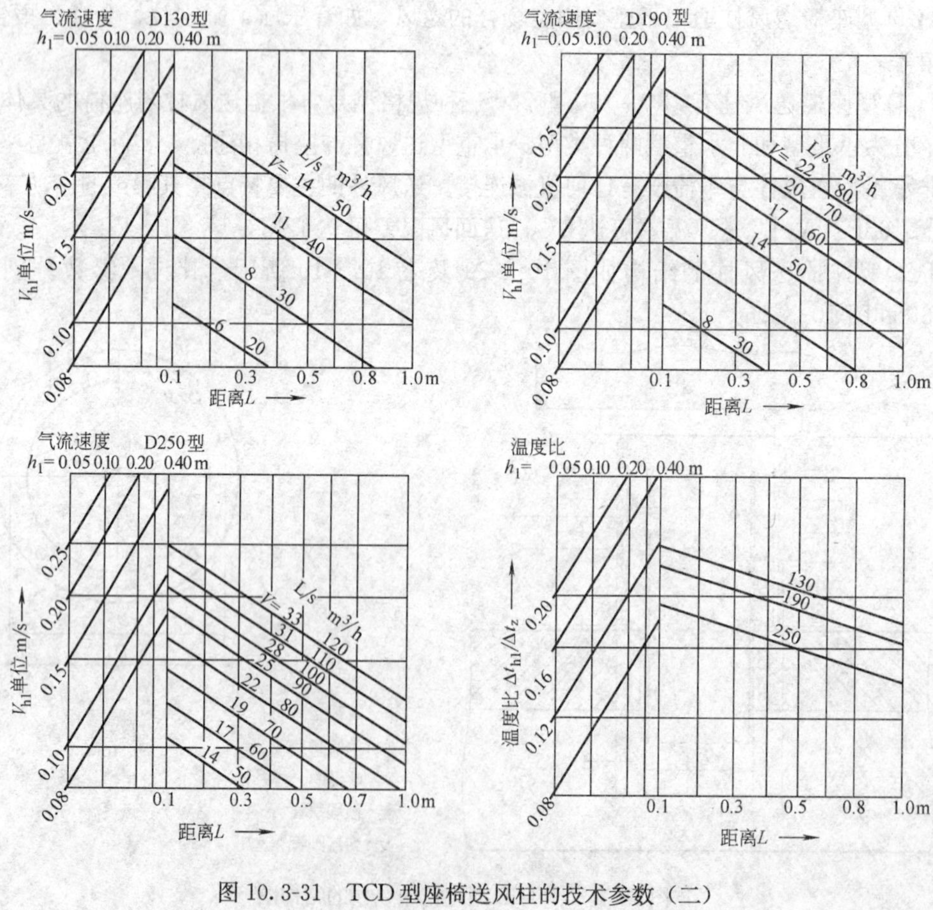

图 10.3-31 TCD 型座椅送风柱的技术参数（二）

6. SD型座椅旋流风口

SD型座椅旋流风口适用于音乐厅、影剧院、会堂、报告厅、体育馆等场所，利用阶梯垂直面进行送风，如图10.3-32所示。它可以配置如图10.3-33所示的不同面板。这种风口的最大优点是不会影响人员走动。

图10.3-34所示为SD型座椅旋流风口的构造详图。

图10.3-35所示为SD型座椅旋流风口的各项技术参数。

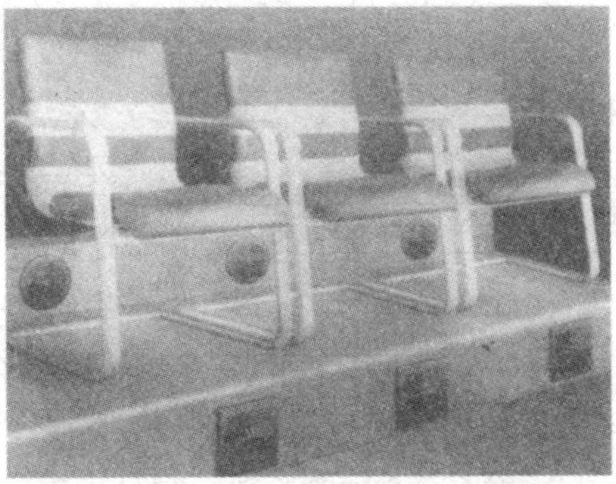

图10.3-32　SD型座椅旋流风口外形图

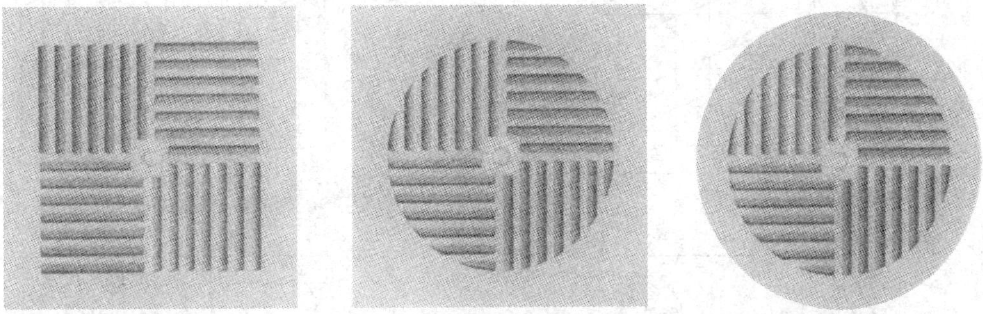

SD-Q-LQ型　　SD-Q-LR型　　SD-R-LR型

图10.3-33　不同外形的面板

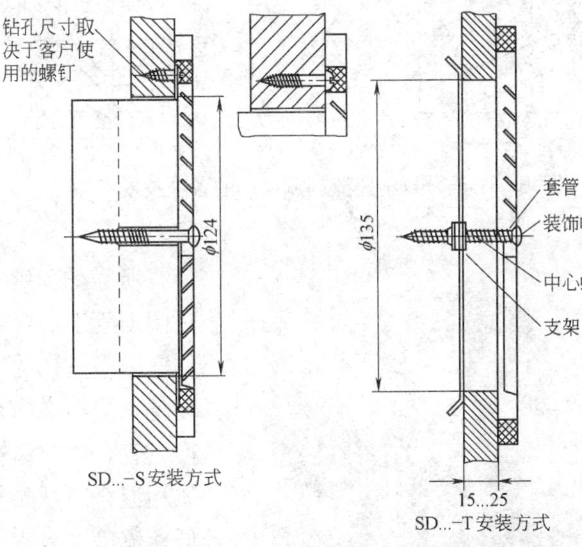

图10.3-34　SD型座椅旋流风口的构造详图

7. QLI型置换送风诱导器

QLI型置换送风诱导器，内部装有热交换盘管，因此，属于气水式空调末端装置。它利用了置换通风低紊流度、高舒适性和气水系统节能性的两大优点。诱导器的外形如图

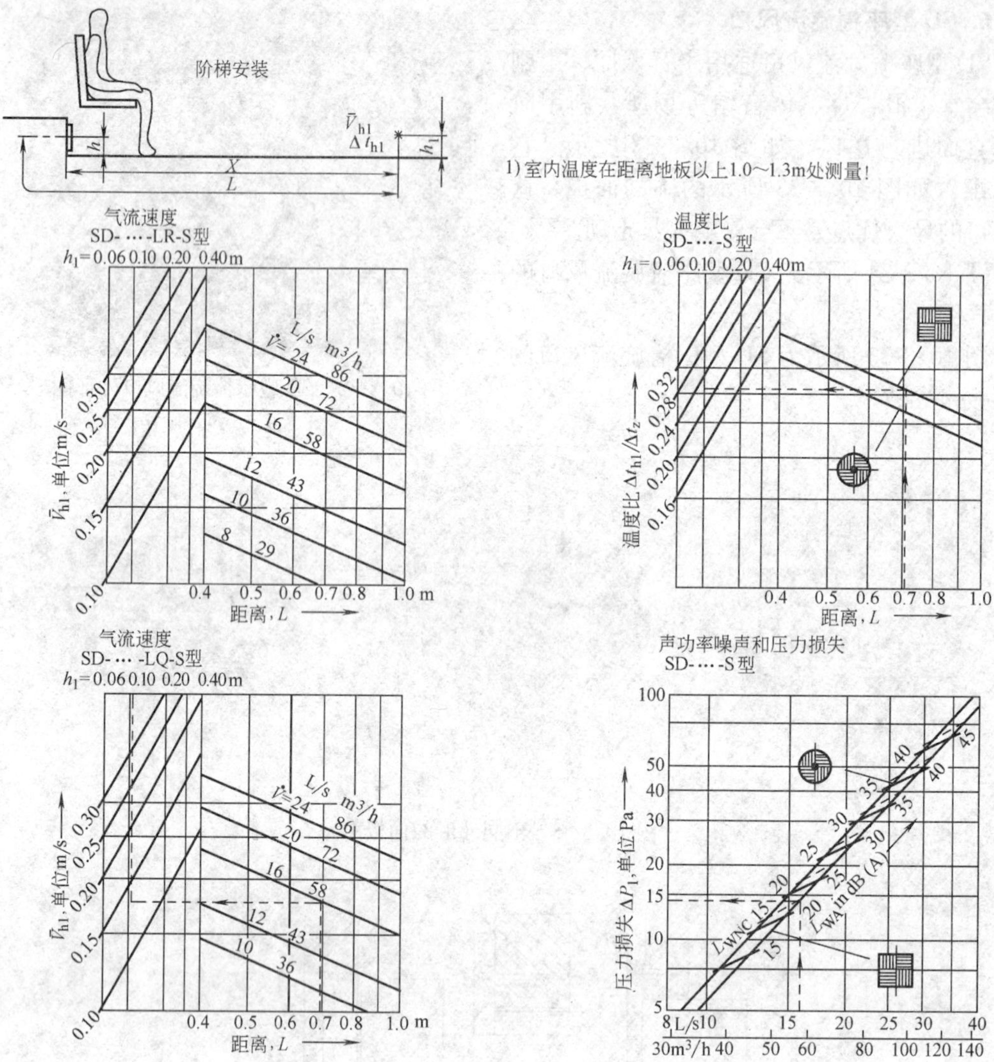

图 10.3-35 SD型座椅旋流风口的各项技术参数

10.3-36所示。

图 10.3-36 QLI型置换送风诱导器的外形图

所需的新鲜空气作为一次风通过圆形管上的喷嘴送出，温度较高的室内空气作为二次风被诱导进入设备，流经有冷水循环供冷的热交换盘管，二次风被冷却后再与一次风相混合，从腰部以下的多孔板以低紊流度送入室内。

诱导器的的热交换盘管，根据需要可选择采用单冷型两管制，或冷暖型的四管制。热交换器可以后置，也可以前置，详见图 10.3-37。

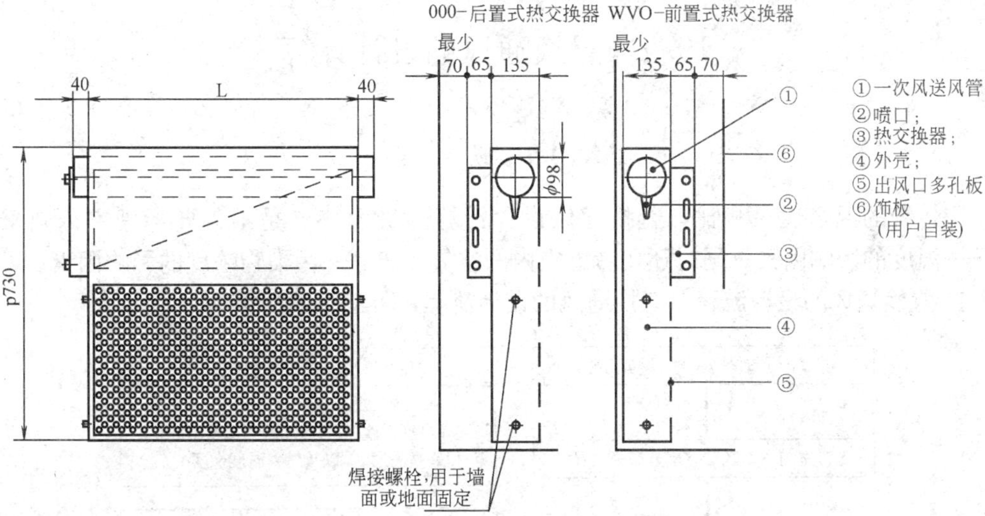

图 10.3-37 QLI 型置换送风诱导器的结构图

QLI 型置换送风诱导器的技术参数见表 10.3-11。

QLI 型置换送风诱导器的技术参数 **表 10.3-11**

工况	热交换器长度(mm)	900			1200			1500		
	喷嘴类型	*A*	*B*	*C*	*A*	*B*	*C*	*A*	*B*	*C*
供冷工况($\theta_{1.1}$=26℃；t_{w1}=26℃；t_{pr}=18℃；V_w=110L/h；Q_{AZ}/Q=0.6)	一次风量(m^3/h)	47	61	76	63	83	101	79	103	126
	送风量(m^3/h)	227	227	227	302	302	302	378	378	378
	一次风供冷量(W)	126	164	202	168	218	269	210	272	336
	二次风供冷/热量(W)	303	284	286	419	391	393	547	508	510
	混合风供冷/热量(W)	429	448	488	587	609	662	757	780	846
	室内总冷负荷(W)	450	477	527	616	648	715	795	832	914
	活动区温差(K)	2.1	2.2	2.4	2.2	2.3	2.5	2.3	2.4	2.5
	送风温度(K)	20.3	20.1	19.6	20.2	20.0	19.4	20.0	19.8	19.3
	噪声级[dB(A)]	36	35	35	38	38	37	40	39	39
	一次风压力损失(Pa)	241	135	87	247	138	89	252	140	91
	水侧压力损失(Pa)	2.6	2.6	2.6	3.5	3.5	3.5	4.4	4.4	4.4
供热	一次风量(m^3/h)	43	43	43	54	54	54	72	72	72
	送风量(m^3/h)	209	158	130	259	202	162	346	266	216
	一次风供冷量(W)	29	29	29	36	36	36	48	48	48
	二次风供冷/热量(W)	640	518	427	852	690	570	1177	955	789
	混合风供冷/热量(W)	611	489	398	816	654	534	1129	907	741
	送风温度(K)	28.8	29.2	29.2	29.4	29.8	29.9	29.8	30.2	30.3
	噪声级[dB(A)]	34	27	22	35	28	23	38	31	26
	一次风压力损失(Pa)	202	67	28	182	60	26	210	70	30
	水侧压力损失(Pa)	0.6	0.6	0.6	0.8	0.8	0.8	1.0	1.0	1.0
	一次风量为零时的供热量(W)	192	192	192	256	256	256	304	304	304

注：$\theta_{1.1}$—地面以上 1.1m 高度的空气温度，℃；t_{w1}—冷/热水入口温度，℃；t_{pr}—一次风温度，℃；V_w—冷/热水流量，L/h；Q_{AZ}—活动区的冷负荷，W；Q—室内总冷负荷，W。

10.4 置换通风的设计计算

10.4.1 概　　述

与传统的混合通风相比，置换通风设计计算的最大特点是不仅要考虑室内热舒适性——温度的影响因素；同时还要考虑室内的空气品质——污染物浓度的影响因素。

1. 置换通风的设计流程 置换通风的设计流程，可汇总如图10.4-1所示：

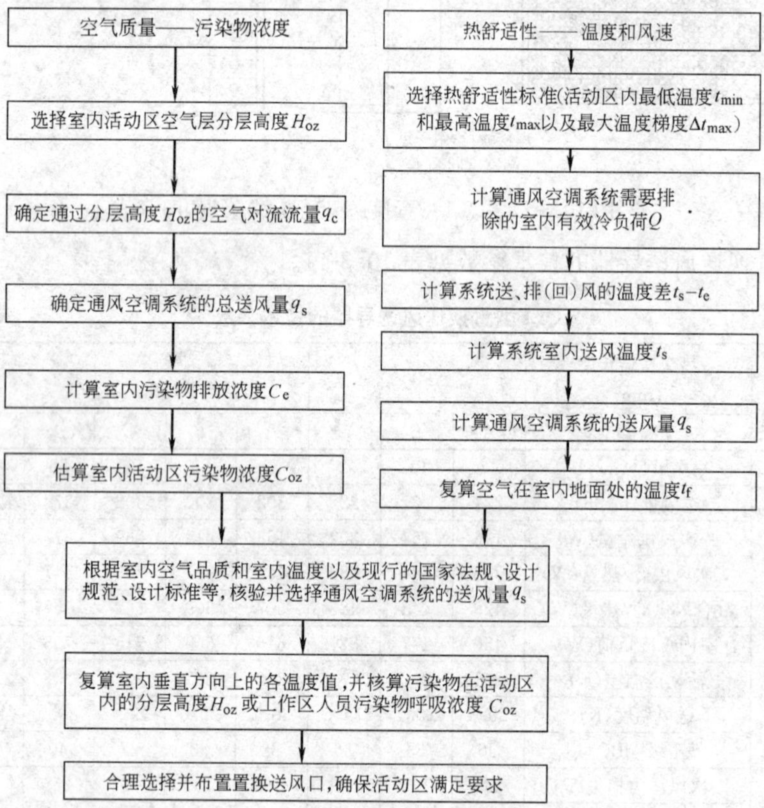

图10.4-1 置换通风的设计流程框图

2. 置换通风方式的设计计算方法 置换通风的设计计算方法，比较典型的有“实验系数法”和“计算流体力学模拟法”两种，它们的特点如表10.4-1所示。

置换通风的设计计算方法 **表10.4-1**

方法名称	方　法	特　点
实验系数法	将室内置换通风上、下分层之间进行的热交换影响因素，用某一实验系数值代入	计算简便、实用，并且在通常情况下计算比较准确
计算流体力学模拟法	利用计算流体力学(CFD)软件，对复杂空间进行大量计算机模拟的计算	能对各类复杂室内空间可在短时间内进行大量模拟计算并提供参数，但要求用于描述热源、污染源、送风装置以及上、下分层之间进行的热交换等边界条件的取值必须准确，否则将会使模拟计算结果偏离实际参数

10.4.2　实验系数法的应用

实验系数法设计计算的具体步骤：

1. 置换通风的空气品质的设计

(1) 室内活动区热力分层高度 H_{oz} (m)：由图 10.1-1 可知，对于以确保室内人员健康为主的建筑物，室内上、下区空气分层高度 H_{oz} 取值通常为高于人员呼吸区。当人员为站姿时，一般分层高度取 $H_{oz}=1.8$m；当人员为坐姿时，分层高度取 $H_{oz}=1.3$m。

(2) 通过分层高度的室内对流空气流量 $q_{v,z}$ (m^3/h)：自然对流射流流量（简称对流量），既要满足分层高度或人员呼吸的空气品质的要求，又要使系统送风量最小。

为了便于应用，今将确定人体和一般物体计算对流量 $q_{v,z}$ 的实验方程汇总于表 10.4-2 内。至于常用物体实际对流量可按图 10.2-17 确定。

人体和物体的自然对流流量　　表 10.4-2

热源特性		单　位	自然对流流量 空气品质——高	自然对流流量 空气品质——一般
人体	坐姿	$m^3/h(L/s)$	72(20)	36(10)或计算确定
	立姿	$m^3/h(L/s)$	72(20)	36(10)或计算确定
一般性物体	点源	m^3/h	$q_{v,z}=18Q_{cf}^{1/3}Z^{5/3}$	(10.4-1)
		L/s	$q_{v,z}=5Q_{cf}^{1/3}\cdot Z^{5/3}$	
	线源	$m^3/h\cdot m$	$q_{v,z}=46.8Q_{cf}^{1/3}Z$	(10.4-2)
		$L/s\cdot m$	$q_{v,z}=13Q_{cf}^{1/3}\cdot Z$	
	层流片源	$m^3/h\cdot m$	$q_{v,z}=10.33\Delta\theta^{0.25}\cdot Z^{0.75}$	(10.4-3)
		$L/s\cdot m$	$q_{v,z}=2.87\Delta\theta^{0.25}\cdot Z^{0.75}$	
	紊流片源	$m^3/h\cdot m$	$q_{v,z}=9.9\Delta\theta^{0.4}\cdot Z^{1.2}$	(10.4-4)
		$L/s\cdot m$	$q_{v,z}=2.75\Delta\theta^{0.4}\cdot Z^{1.2}$	
			$Q_{cf}=k\cdot Q$	(10.4-5)

Q_{cf}——热源对流部分的散热量，W；

Q——室内空调显热冷负荷，W；

k——对流系数。管状物时：$k=0.7\sim0.9$，小部件时：$k=0.4\sim0.6$，大设备和大部件：$k=0.3\sim0.5$；

Z——热源或热源延伸点与分层高度之间的距离，m；

$\Delta\theta$——热源表面与周围环境空气之间的温度差，℃。

(3) 通风空调系统总送风量 q_s (m^3/h)：

$$q_s=\sum_{i=1}^{N}q_i \tag{10.4-6}$$

(4) 室内污染物排放浓度 C_e (ppm)：室内污染源主要是人体时，可将人体散发至空气中的 CO_2 作为室内空气品质的衡量指标：

$$C_e=C_s+\frac{L_{CO_2}}{q_s} \tag{10.4-7}$$

室内人员呼吸到的 CO_2 浓度 C_{exp}（ppm）：

$$C_{exp}=\frac{1}{\varepsilon_{exp}}(C_e-C_s)+C_s \tag{10.4-8}$$

通常，应保持 $C_{exp}\cdot 1000$ppm。

送风中 CO_2 的浓度 C_s（ppm）：

$$C_s=\frac{q_rC_e+q_xC_x}{q_s}=\frac{\varphi_rq_sC_e+(1-\varphi_r)q_sC_x}{q_s}=\varphi_rC_e+(1-\varphi_r)C_x \tag{10.4-9}$$

式中 L_{CO_2}——室内人员呼出的 CO_2 气体流量，m^3/h。坐姿时一个人呼出的 CO_2 气体量为 $C_{CO_2}=0.0216m^3/h$（0.006L/s）；

C_x——室外新风的 CO_2 浓度，350ppm；

C_s——送风中 CO_2（污染物）含量的浓度，ppm。当全新风送风时，$C_s=C_x=350$ppm；

ε_{exp}——送入的置换气流对室内 CO_2 气体的排污效率，见图10.2-21；

φ_r——通风空调系统回风率，%；

q_s——室内送风空气流量，当全新风送风时，$q_s=q_x$ m^3/h；

q_r——通风空调系统的循环回风风量，$q_r=\varphi_r\cdot q_s$ m^3/h；

q_x——通风空调系统的室外新风风量，$q_x=(1-\varphi_r)q_s$ m^3/h。

当室内人员呼吸区 CO_2 允许浓度取 $C_{oz}=1000$ppm，室外新风中 CO_2 含量取 $C_x=350$ppm，人体呼出 CO_2 量取 $C_{CO_2}=0.0216m^3/h\cdot p=22L/h\cdot p=0.006L/s\cdot p$ 时，室内活动区人员呼吸到的 CO_2 浓度 C_{oz} 和排至室外的 CO_2 浓度 C_e 计算见表10.4-3。

人员在空气中呼吸到的 CO_2 含量浓度和排至室外的 CO_2 含量浓度　　表10.4-3

送、回风类型	送风量	CO_2 送风浓度 C_s	呼吸区 CO_2 浓度 C_{oz}	排风口 CO_2 浓度 C_e
	$m^3/h\cdot p$	ppm	ppm	ppm
全新风（回风率为0）	36	350	550	950
	72	350	350	650
部分新风（回风率 φ_r%）	30～36	$350+\frac{600\varphi_r}{1-\varphi_r}$（10.4-10）	$500+\frac{600\varphi_r}{1-\varphi_r}\sim550+\frac{600\varphi_r}{1-\varphi_r}$（10.4-12）	$350+\frac{600}{1-\varphi_r}$（10.4-14）
	72	$350+\frac{300}{1-\varphi_r}$（10.4-11）	$350+\frac{300}{1-\varphi_r}$（10.4-13）	$350+\frac{300}{1-\varphi_r}$（10.4-15）

当每人送风量为 $30\sim36m^3/h\cdot p$ 时，查图10.2-21知 $\varepsilon_{exp}=3\sim4$ 之间，故回风率为 φ_r 时人员呼吸浓度在 $500+\frac{600\varphi_r}{1-\varphi_r}\sim550+\frac{600\varphi_r}{1-\varphi_r}$ 范围之内。

（5）室内活动区污染物平均浓度 C_{oz} 或人员实际呼吸浓度 C_{exp}：

当人员为站姿且呼吸点在热力分层高度以下时，$C_{oz}=C_{exp}$；当人员为坐姿时，$C_{oz}\geqslant C_{exp}$。

系统送风中 CO_2（污染物）含量的浓度 C_s（ppm）：

$$C_s=\frac{q_rC_e+q_xC_x}{q_s} \tag{10.4-10}$$

按式（10.4-8）可计算确定室内活动区空气中污染物平均浓度 C_{oz} 或人体呼吸浓度 C_{exp}。

送入的置换气流对室内 CO_2 气体（污染物）的排污效率 ε_{exp} 取值，见图 10.2-21。

$$\eta_{exp}=\frac{C_a}{C_{exp}} \tag{10.4-11}$$

式中 C_a——室内活动区中与人体呼吸点同高度的周围空气中 CO_2 气体（污染物）浓度，ppm，$C_a=C_{oz}$；

C_{exp}——室内活动区中人体呼吸到的 CO_2 污染物浓度，ppm。

2. 置换通风的热舒适性设计

（1）室内热舒适性标准：

• 室内活动区内最低设计温度（距地 0.1m 脚踝处）θ_{min} 和最高设计温度（人员头部或工作区顶部）θ_{max}：一般要求 $\theta_{min}\geqslant 20$℃。

• 室内工作区内最大温度梯度：$s\leqslant 2$℃/m；

• 人体头、脚踝处最大温差 $\Delta\theta$：坐姿时 $\Delta\theta\leqslant 2$℃；站姿时 $\Delta\theta\leqslant 3$℃。

（2）室内空调的有效冷负荷 Q：根据现行规范的规定，计算空调冷负荷（显热部分）。

（3）根据以下条件绘制出'室内温度分布图'，确定最大送、排（回）风温差（$\theta_e-\theta_s$）：

•"50%-法则"即在送、排风温差（$\theta_e-\theta_s$）（或冷负荷）中，室内地面温升（$\theta_f-\theta_s$）（或冷负荷）占一半。该温度分配规律主要适用于送风量较小（$L=5\sim10\text{m}^3/\text{h}\cdot\text{m}^2$）的场合，或者采用普通送风散流器的场所和普通功能的房间。

•"33%-法则"即在送、排风温差（$\theta_e-\theta_s$）（或冷负荷）中，室内地面温升（$\theta_f-\theta_s$）（或冷负荷）占三分之一。该温度分配规律适用于房间高度较高或热源较密集的工业场所或送风量较大（一般 $L=15\text{m}^3/\text{h}\cdot\text{m}^2$）的场合。

• 普通送风散流器的室内下部温升：室内热舒适性要求标准较高时取：$\theta_{oz}-\theta_s=3$℃；不致形成室内人体不适的地面温升取值一般为：$\theta_{oz}-\theta_s\leqslant 6$℃。特殊送风散流器不致形成室内人体不适的要求地面温升值为：$\theta_{oz}-\theta_s\leqslant 10$℃。

（4）室内送风温度 θ_s（℃）：根据上面绘出的'室内温度分布图'计算并确定。

（5）室内空调送风量 q_s（m^3/h）：

$$q_s=\frac{3600\cdot Q}{\rho\cdot c_p\cdot(\theta_e-\theta_s)} \tag{10.4-12}$$

式中 Q——室内空调显热冷负荷，W；

ρ——空气密度，标准工况 $\rho=1.2\text{kg/m}^3$；

c_p——干空气的定压比热，$c_p=1010\text{J/kg}\cdot$℃；

θ_e——室内空气排风温度，℃；

θ_s——室内空气送风温度，℃。

（6）室内地面处送风温度 θ_f（℃）：

$$\theta_f=k\cdot(\theta_e-\theta_s)+\theta_s \tag{10.4-13}$$

式中 k——室内地板面处空气的无因次温度。当"50%-法则"时，$k=0.5$；当"33%-

法则”时，$k=0.33$。

10.4.3 计算流体力学模拟法的应用

1. 置换通风的空气质量设计

(1) 置换通风所需新风量 V_f (m^3/h)：

$$V_f=V_r/\eta \tag{10.4-14}$$

式中 η——室内工作区人体呼吸的通风效率，%；

V_f——置换通风所需最小新风量，m^3/h；

V_r——混合通风所需最小新风量，m^3/h。

(2) 通风效率 η (%)：

$$\eta=3.4(1-e^{-0.28n})(Q_{oe}+0.4Q_l+0.5Q_{ex})/Q_t=\frac{C_h-C_s}{C_e-C_s} \tag{10.4-15}$$

式中 n——室内换气次数，h^{-1}；

Q_{oe}——工作区内的人员、台灯和设备的显热冷负荷，W；

Q_l——头顶上部灯光冷负荷，W；

Q_{ex}——外墙和外窗的对流传热负荷以及外窗的太阳辐射传热负荷，W；

Q_t——室内总的显热冷负荷，W；

C_h——坐姿时头部区内的空气中污染物浓度，ppm；

C_s——送风空气中污染物浓度，ppm；

C_e——排风空气中污染物浓度，ppm。

(3) 换气次数 n (h^{-1})：

$$n=\frac{q_s}{A\cdot H} \tag{10.4-16}$$

式中 q_s——室内空气送风量，m^3/h；

A——室内房间面积，m^2；

H——室内房间顶棚高度，m。

2. 置换通风的热舒适性设计

(1) 室内空调送风量 q_s (m^3/h)：

$$q_s=\frac{3600}{\Delta\theta_{hf}\cdot\rho\cdot c_p}\cdot(\alpha_{oe}Q_{oe}+\alpha_l Q_l+\alpha_{ex}Q_{ex}) \tag{10.4-17}$$

式中 $\Delta\theta_{hf}$——人体头、脚处温度差，坐姿时取2.0℃；站姿取3.0℃；

ρ——空气密度，标准工况 $\rho=1.2kg/m^3$；

c_p——干空气的定压比热，$c_p=1010J/kg\cdot℃$；

α_{0e}、α_l、α_{ex}——表示坐姿时进入工作区内头与脚高度之间空气对流传热引起的冷负荷附加系数，分别等于0.295、0.132、0.185；

Q_{oe}——工作区内人员、台灯和设备的显热冷负荷，W；

Q_l——头顶上部灯光的冷负荷，W；

Q_{ex}——外墙和外窗的对流传热负荷以及外窗的太阳辐射传热负荷，W。

（2）室内送风温度 θ_s（℃）：

$$\Delta\theta_{hf}=\frac{3600}{L_s\cdot\rho\cdot c_p}\cdot(0.295Q_{oe}+0.132Q_l+0.185Q_{ex})\qquad(10.4\text{-}18)$$

$$\theta_f=\theta_h-\Delta\theta_{hf}\qquad(10.4\text{-}19)$$

$$k=\frac{1}{\frac{L_s\cdot\rho\cdot c_p}{3600A}\cdot\left(\frac{1}{\alpha_r}+\frac{1}{\alpha_{cf}}\right)+1}\qquad(10.4\text{-}20)$$

$$\theta_s=\theta_f-\frac{k\cdot Q}{q_s\cdot\rho\cdot c_p}\qquad(10.4\text{-}21)$$

式中 θ_f——距地 0.1m 人体脚踝处温度，℃；

θ_h——人体头部处温度（即室内设定温度 t_{oz}），℃；

Q——室内总的空调显热冷负荷，W；

A——室内地表面积，m^2；

α_r——室内顶棚对地面的辐射传热系数，一般取 5W/m^2·℃；

α_{cf}——室内地面对室内空气的对流传热系数，一般取 4W/m^2·℃。

（3）室内排（回）风温度 θ_e（℃）：

$$\theta_e=\theta_s-\frac{Q}{q_s\cdot\rho\cdot c_p}\qquad(10.4\text{-}22)$$

10.4.4 置换通风系统送风量的确定

空调系统的送风量应取以下三项中的最大值：

1. 国家的各种规范和标准要求

（1）卫生要求

满足现行规范、标准的最小新风量 L_x的要求，即 $L_x\geqslant30m^3/h\cdot p$ 或空气中人体呼吸到的 CO_2 浓度 $C_{exp}\leqslant1000ppm$。

（2）保持空气调节区“正压”要求：通常要求保持 5～10Pa 的室内、外压差正值。

（3）确保空气调节区需要的换气次数：$n\geqslant5h^{-1}$。

2. 按室内空气质量设计所需的送风量

3. 按室内热舒适性设计所需的送风量

4. 再次复核计算室内空气质量和热舒适性

- 复核室内工作区空气中污染物平均浓度 C_{oz}或人体呼吸浓度 C_{exp}。
- 复核室内地面处送风温度 θ_f和头部与脚踝处实际温度差 $\Delta\theta_{hf}$。

5. 选择空气分布器的型式并合理布置室内的空气分布器

10.4.5 设计计算注意事项

1. 计算流体力学模拟法的使用条件

（1）场所

- 小办公室，带隔断的大办公室，教室和工业车间。

- 不适用于室内净高 $H \geqslant 5.5\text{m}$ 的大空间，如电影院、各类剧院和各类大堂、中庭等。

（2）使用条件

- 室内平顶高度 H：$2.45\text{m} \leqslant H \leqslant 5.5\text{m}$；
- 换气次数 n：$2\text{h}^{-1} \leqslant n \leqslant 15\text{h}^{-1}$；
- 室内平均冷负荷$\dfrac{Q_t}{A}$：$21\text{W/m}^2 \leqslant \dfrac{Q_t}{A} \leqslant 120\text{W/m}^2$；
- $0.08 \leqslant \dfrac{Q_{oe}}{Q_t} \leqslant 0.68$；
- $0 \leqslant \dfrac{Q_l}{Q_t} \leqslant 0.43$；
- $0 \leqslant \dfrac{Q_{ex}}{Q_t} \leqslant 0.92$。

式中 Q_t——室内总的空调显热冷负荷，W；

A——室内地表面积，m^2；

Q_{oe}——室内人员和设备产生的热量，W；

Q_l——室内平顶处灯光产生的热量，W；

Q_{ex}——外墙和外窗以及太阳辐射产生的热量，W。

2. 置换送风口的选择和布置应满足：

- 为满足人体热舒适性要求，民用建筑送风口通常设置高度 $h \leqslant 0.8\text{m}$，出口风速 $v \leqslant 0.2\text{m/s}$；工业建筑置换送风口通常设置高度不限，出口风速 $v \leqslant 0.5\text{m/s}$。
- 除系统送风温度接近室内温度外，通常工作区人员坐姿时的停留处，空气流速$v_{oz} \leqslant 0.2\text{m/s}$；
- 布置置换送风口时，室内人员应在其扩散的平面临近区以外处。
- 置换送风口应布置在室内空气较易流通处，送风口前不应有大量遮挡物。
- 置换送风口不应布置在室内靠外墙或外窗侧处，应尽可能布置在室中央或冷负荷较集中的地方。
- 排风口应尽可能设置在室内最高处；回风口应设置在室内热力分层高度以上。

3. 室内送风温度及垂直温度梯度的要求：

- 工作区内最低设计送风温度（距地 0.1m 脚踝处）$\theta_{min} \geqslant 22℃$（冬季时为 20℃）。
- 工作区内温度梯度 $\Delta\theta_{hf} \leqslant 2℃/\text{m}$。
- 坐姿时人体头部与脚踝（即距地 0.1m 至 1.1m）处温差 $\Delta\theta_{hf} \leqslant 2℃$；站姿时人体头部与脚踝（即距地 0.1m 至 1.8m）处温差 $\Delta\theta_{hf} \leqslant 3℃$。

4. 通风空调系统的设计要求：

必须指出，冬季有大量热负荷需要的建筑物外部区域，不适宜采用置换通风系统。一般应按建筑物的内、外区分开设置系统。

5. 传感器和系统控制的设计要求：

（1）传感器的设置（见表 10.4-4）

（2）系统控制策略

置换通风系统传感器的设置位置　　表 10.4-4

传感器类型	普通高度平顶	地板送风	高大空间平顶
室内温度	距地：1.0～1.5m 距风口：0.25～0.5m	地板面上 （0.1m 高度处）	工作区内最高点和低处 （1.0～1.5m）各一个
室内空气品质 （CO_2 浓度）	距地：1.0～1.5m		工作区内最高点

1）变风量（VAV）系统控制：

• 空气品质（优先）：室内 CO_2 浓度 $\xrightarrow{\text{控制}}$ 新风量 $\xrightarrow{\text{控制}}$ 送风量；

• 舒适性：室内温度 $\xrightarrow{\text{控制}}\begin{cases}\text{送风量}L_S\text{（优先）}\\ \text{送风温度}t_S\end{cases}$。

2）定风量（CAV）系统控制：

• 空气品质（观察）：测量室内 CO_2 浓度；

• 舒适性：室内温度 $\xrightarrow{\text{控制}}$ 送风温度 θ_s。

10.4.6　设计计算例

某单层小型阶梯形会议报告厅，建筑平面如图 10.4-2 所示。

建筑特征：室内建筑面积 288m^2；外形尺寸：长 18m，宽 16m，高 6.0m，室内阶梯处最高 1.2m，吊平顶高 4.5m；南、北向有带外窗的外墙面，东向有无负荷空调内隔墙，西向有无空调内隔墙，顶部为直接对外的屋面。

会议报告厅考虑为非吸烟条件下的室内环境，最多使用人数为 165 人，室内人均面积 1.75m^2/p，使用条件为：上午 9：00～12：00；下午 14：00～17：00；每小时使用 45min（15min 会议休息）。

1. 设计计算标准

（1）室内工作区热舒适性：

$\theta_{min}=23$℃；$\theta_{max}=27$℃；$\theta_{oz}=25$℃；$\Delta\theta_{hf}=2$℃～3℃；$\Delta\theta=2$℃/m；$v_{oz}=0.2$m/s。

（2）室内工作区空气质量：人体呼吸空气中含 CO_2 的浓度 $C_{oz}\leqslant1000$ppm。

2. 热舒适性设计

（1）室内空调冷负荷，见表 10.4-5。

会议报告厅室内空调冷负荷　　表 10.4-5

负　荷　类　型	室内空调冷负荷（W）	单位面积冷负荷（W/m^2）
人体显热冷负荷	60W/p×165p=9900	34.4
设备（电脑）散热量冷负荷	75W×20=1500	5.2
灯光照明散热量冷负荷	15W/m^2×288m^2=4320	15
围护结构最大小时冷负荷（18：00）	8590	29.8
合计最大小时冷负荷	24310	84.4

（2）室内送、排（回）风温度及其温度差

根据"33%-法则"绘制出"室内垂直方向温度分布图"（见图 10.4-3），由图可看出：$\theta_e-\theta_s=10.8$℃；$\theta_s=19.4$℃；$\theta_e=30.2$℃。

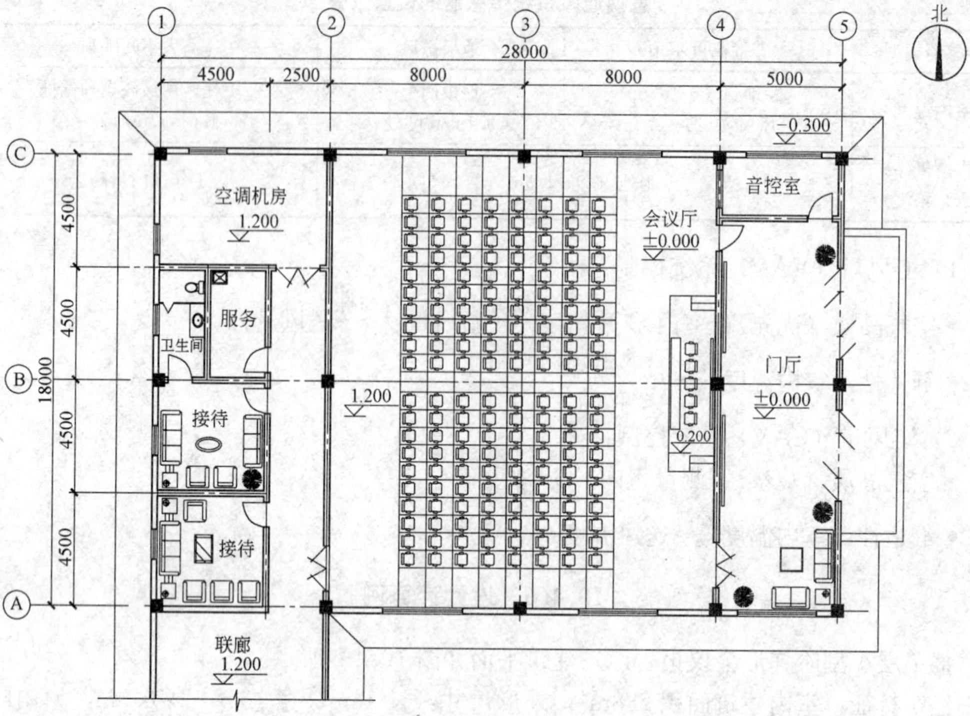

图 10.4-2 会议报告厅建筑平面图

(3) 室内空调送风量：由式（10.4-12）得：

$$q_s=\frac{3600Q}{\rho c_p(\theta_e-\theta_s)}=\frac{3600\times24.31}{1.2\times1.01\times10.8}=6686\text{m}^3/\text{h}$$

(4) 由式（10.4-13）可得室内地面处送风温度 θ_f：

$$\theta_f=k\cdot(\theta_e-\theta_s)+\theta_s=0.33\times10.8+19.4=22.96\approx23℃$$

此值也可由图 10.4-3 求得。

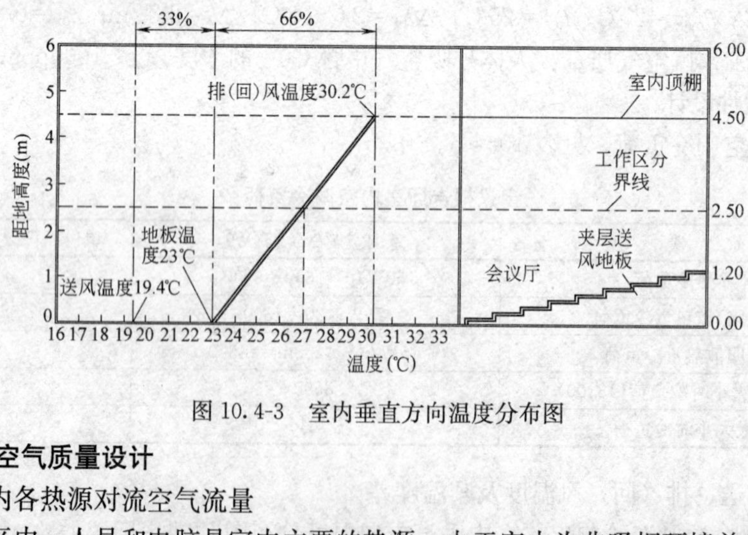

图 10.4-3 室内垂直方向温度分布图

3. 室内空气质量设计

(1) 室内各热源对流空气流量

在工作区内，人员和电脑是室内主要的热源。由于室内为非吸烟环境并且室内空间较高，根据图 10.4-2 和图 10.4-3 可知，提供给人员和电脑较适宜的对流空气流量分别为

$36m^3/h$ 和 $108m^3/h$。因此，可得出室内的对流空气流量为：

$$q_s = 165 \times 36 + 20 \times 108 = 8100 m^3/h$$

（2）室内人员呼吸的污染物浓度 C_{exp} 和污染物排放的浓度 C_e：

由于室内污染源主要是人体，故将人体散发至空气中的 CO_2 作为室内污染物。

取 $L_{CO_2} = 0.0216 m^3/h \cdot p \times 165 = 3.56 m^3/h$；

$C_{exp} = 1000ppm$；

$C_x = 350ppm$。

由式（10.4-11）算得：$\eta_{exp} = 4$；

将以上数值代入式（10.4-7）、式（10.4-8）和式（10.4-9），分别计算得：

$$C_e = C_s + 440$$

$$4000 = C_e + 3C_s$$

$$C_s = 350 + \varphi_r (C_e - 350)$$

从而得：$C_s = 890ppm$；$C_e = 1330ppm$；$\varphi_r = 55.1\%$。

4. 通风空调系统的实际送风量

空调系统的送风量应取以下三项中的最大值：

（1）规范和标准要求：人体呼吸的 CO_2 浓度不大于 1000ppm；换气次数 $n \geqslant 5h^{-1}$。

（2）室内空气质量设计所需的送风量 $q_s = 8100m^3/h$；$C_{exp} = 1000ppm$；$n = 6.3h^{-1}$。

（3）室内热舒适性设计所需的送风量 $q_s = 6686m^3/h$；$n = 5.2h^{-1}$。

实际送风量应取：$q_s = 8100m^3/h$。

5. 室内空调及系统送风参数

根据送风量 $q_s = 8100m^3/h$，可计算出空调及系统的送风参数，详见表 10.4-6。

室内空调及系统送风参数 **表 10.4-6**

序号	参数名称	数值	
1	系统送风量 q_s	8100(m^3/h)	28.1($m^3/h \cdot m^2$)；49.1($m^3/h \cdot p$)
2	系统新风量 q_x	3637(m^3/h)	12.6($m^3/h \cdot m^2$)；22($m^3/h \cdot p$)
3	系统回风量 q_r	4463(m^3/h)	15.5($m^3/h \cdot m^2$)；27.1($m^3/h \cdot p$)
4	室内通风换气次数	6.3(h^{-1})	
5	室内空气送风温度 θ_s	20.0(℃)	
6	室内地板处送风温度 θ_f	23.0(℃)	
7	室内工作区温度差 $\Delta\theta_{oz}$	1.31(℃/m)	
8	室内头与脚处温度差 $\Delta\theta_{hf}$	1.7(℃)	
9	室内工作区最高温度 $\theta_{oz \cdot max}$	26.3(℃)	
10	室内空气排风温度 θ_e	28.9(℃)	
11	室内空气的 CO_2 送风浓度 C_S	890(ppm)	
12	人员呼吸的 CO_2 浓度 C_{exp}	1000(ppm)	
13	室内空气的 CO_2 排风浓度 C_e	1330(ppm)	

6. 置换送风口的选择及布置

置换送风口及室内传感器的布置见图 10.4-4。室内采用座椅下地板置换送风口，其

数量 N 选择按室内座椅数为 160 个。每个置换送风口的送风量为：

$$q_s=\frac{q_s}{N}=\frac{8100}{160}=50.6\text{m}^3/\text{h}$$

由生产厂商提供的产品选用样本可查得：

型号——DSM-100；单个送风量：50.6m³/h；风口压力损失：35Pa；风口噪声：10dB(A)；送风口 0.225m 半径平面处的室内风速：0.1m/s。

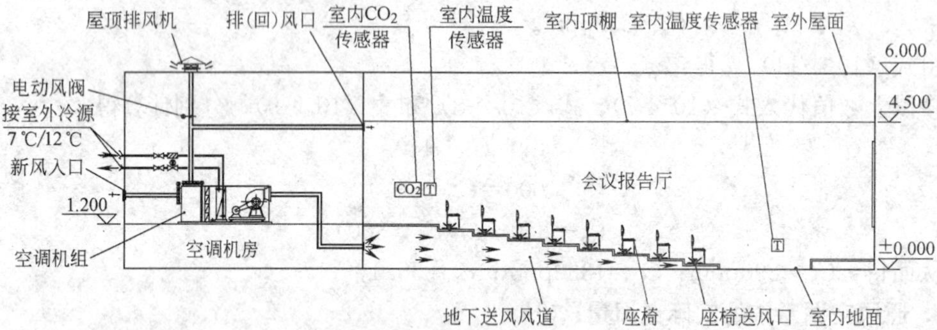

图 10.4-4 会议报告厅通风空调图

10.5 应用实例

10.5.1 剧院与礼堂建筑

1. 上海大剧院

上海大剧院由法国夏邦杰设计事务所获得竞赛方案，由华东建筑设计研究院有限公司设计，建成于 1998 年 8 月。剧院建筑面积为 65000m²，空调面积为 35000m²，剧场由一楼、二楼及三楼组成，每层均设置包厢，贵宾席设于二楼中间。全场共有 1800 个座位。剧院平面图如图 10.5-1 所示，剧场的气流分布如图 10.5-2 所示。

大剧院采用座椅送风柱送风，上部回/排风的置换通风系统。座椅送风柱由一个钢制多孔圆柱管支撑，送风柱的下部与阶梯静压箱相连接。送风气流经阶梯静压箱通过送风柱上的圆孔流入室内。

座椅送风参数及系统运行参数见表 10.5-1。

上海大剧院座椅置换通风实测参数 **表 10.5-1**

座椅送风量(m³/h)	送风温度(℃)	足踝处风速(m/s)	室内温度(℃)	剧场送风量(m³/h)
50～55	19～20	0.1～0.15	24	100000

2. 同济大学大礼堂（本资料由同济大学建筑设计研究院苏生工程师提供）

同济大学大礼堂为装配整体式钢筋混凝土联方网架结构，大厅无柱体，大厅宽 40m，长 56m，建成于 1961 年，曾属远东地区最大的礼堂，因其韵律和简洁的造型被评为“建国 50 周年上海经典建筑”。

大厅为穹形空间，建筑面积 1800m²，高 14m，最远视距为 59m，大厅内设 3003 个座

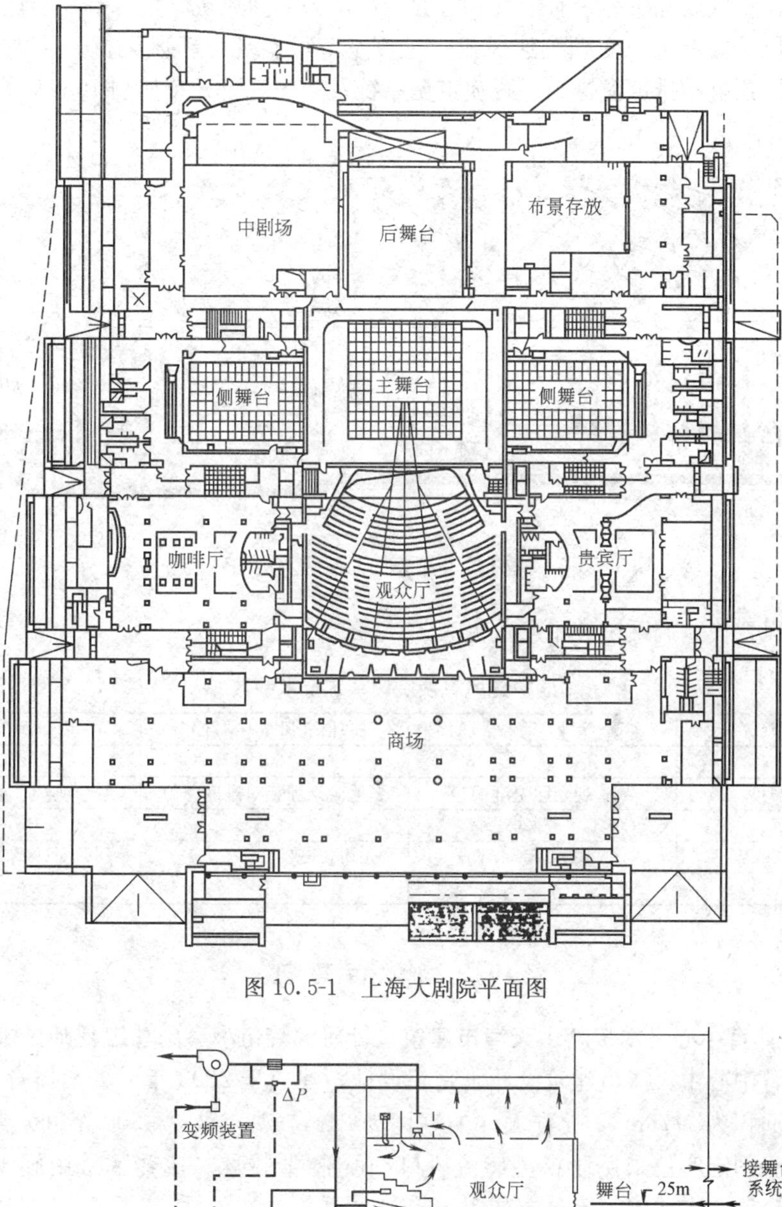

图 10.5-1 上海大剧院平面图

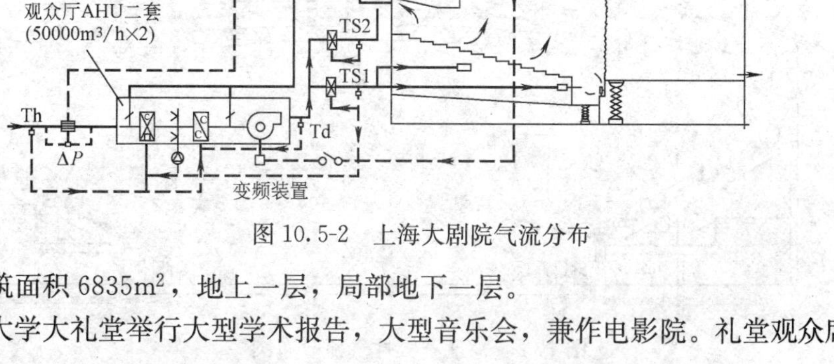

图 10.5-2 上海大剧院气流分布

位。总建筑面积 6835m^2，地上一层，局部地下一层。

同济大学大礼堂举行大型学术报告，大型音乐会，兼作电影院。礼堂观众席采用座椅下送风方式，空气处理机组带有混合、过滤、冷却去湿、风机、消声等功能段的组合式空调箱。送排风机的电机为变频调速风机，过渡季节可实现全新风运行。回风为侧回风方式。排风由屋顶电动排烟窗排出。置换空调系统及室内气流分布如图 10.5-3 所示。

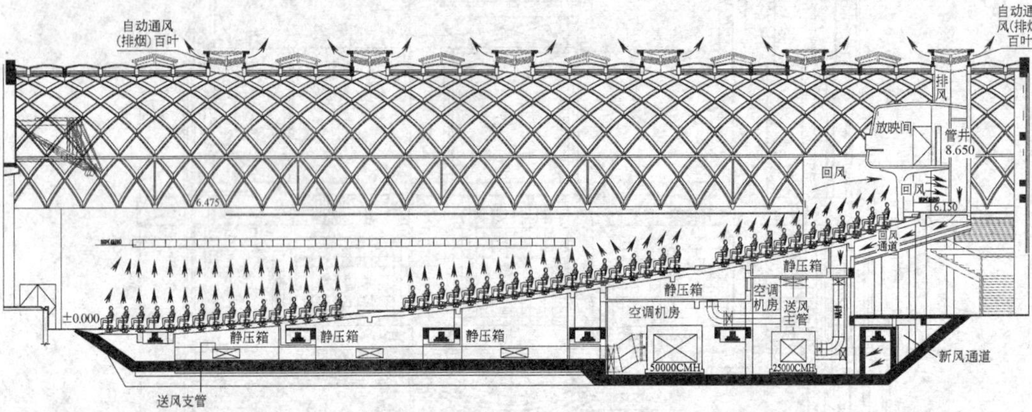

图 10.5-3 座椅送风置换空调系统及室内气流分布

座椅送风置换空调系统技术参数见表 10.5-2。

座椅送风置换空调系统技术参数 **表 10.5-2**

观众厅面积(m²)	观众厅送风量(m³/h)	座椅送风量(m³/h)	观众厅容积(m³)
1800	150000	50	25000
夏季观众厅温度(℃)	冬季观众厅温度(℃)	夏季观众厅相对湿度(%)	冬季观众厅相对湿度(%)
24～26	18～20	<65	—
夏季冷负荷(kW)	冬季热负荷(kW)	人均新风量(m³/h·人)	允许噪声(dBA)
934	752	15	<40

10.5.2 体育建筑

1. 苏州体育中心（本资料由天津市建筑设计研究院伍小亭副总工程师提供）

苏州体育中心由天津市建筑设计研究院设计，建成于 2002 年。苏州体育中心室内比赛大厅建筑面积为 2776m²，比赛大厅的高度为 24m，观众席设 4500 个固定座位和 1500 个活动座位。固定座位采用阶梯型旋流风口，顶部回/排风。比赛区采用旋流风口送风，下侧部回风。比赛大厅内气流分布如图 10.5-4 所示。

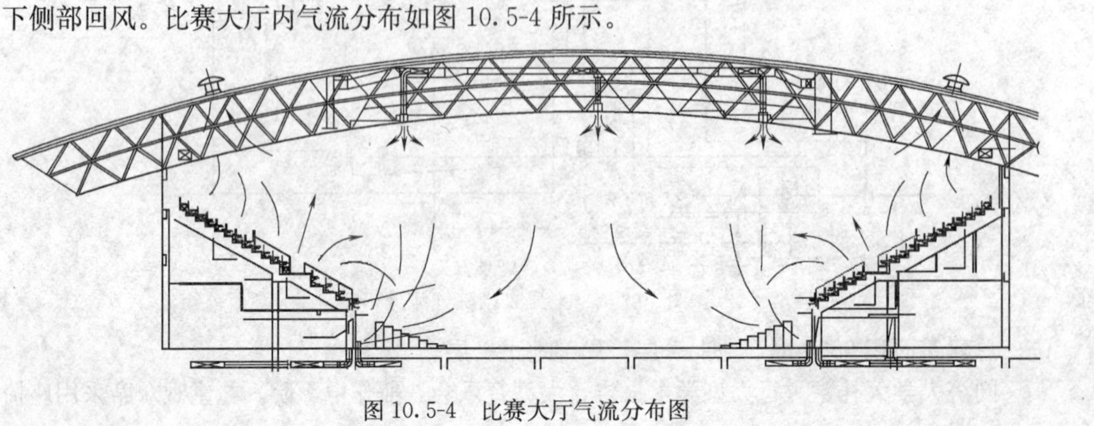

图 10.5-4 比赛大厅气流分布图

固定座位阶梯式旋流风口安装在阶梯型静压箱的垂直侧面，阶梯型旋流风口的预留孔如图10.5-5所示。旋流风口与座位的位置如图10.5-6所示。旋流风口的出风气流呈旋转气流。出风气流在旋转过程中掺混周围的空气，使旋转气流的速度和温度迅速衰减。在人体坐姿脚踝处无吹风感。阶梯旋流送风口技术参数及系统运行参数见表10.5-3所示。

图10.5-5 阶梯旋流风口预留孔

阶梯旋流送风口技术参数及置换通风系统运行参数 **表10.5-3**

风口风量(m^3/h)	出风速度(m/s)	送风温度(℃)	观众席温度(℃)	头脚温差(℃)
36	2.85	21	24.2	1.5
总送风量(m^3/h)	观众席呼吸区CO_2浓度(ppm)	送风口CO_2浓度(ppm)	排风口CO_2浓度(ppm)	人均新风量(m^3/h·人)
139000	1126	620	1520	23.8

2. 复旦正大体育馆（本资料由同济大学建筑设计研究院周鹏高工提供）

复旦正大体育馆由同济大学建筑设计研究院设计，于2005年9月投入使用。体育馆建筑面积为12000m^2，比赛大厅建筑面积为4497 m^2，观众席设固定座位3529个，活动座位1394个。

比赛大厅固定观众席采用座椅下送风型式。空气由组合空调式空调机处理后，经送风主管连接至座椅阶梯下方的送风消声静压室内，再经座椅阶梯侧的可调旋流风口送出。每个座椅下方均设有送风口，每个风口的送风量为55m^3/h。总送风量为240000 m^3/h。排风通过设于顶部的电动排风百叶自然排风。回风口设于观众席上方，气流分布如图10.5-6所示。

体育馆比赛大厅的技术参数见表10.5-4。

复旦正大体育馆置换通风设计参数 **表10.5-4**

夏/冬季干球温度(℃)	夏/冬季相对湿度(%)	旋流风口送风量(m^3/h)	人均新风量(m^3/h·人)	噪声(dBA)	夏季冷负荷(W/m^2)	冬季热负荷(W/m^2)
27/18	60/40	55	20	50	311	231

3. 南京奥林匹克体育馆（本资料由江苏省建筑设计研究院 夏卓平教授级高工、张瑜工程师、关宏宇工程师提供）

南京奥林匹克体育中心由澳大利亚HOK体育建筑设计公司中标建筑方案，由江苏省建筑设计研究院设计。该建筑体现了当代体育建筑设计理念，是全国第十届运动会主会场。

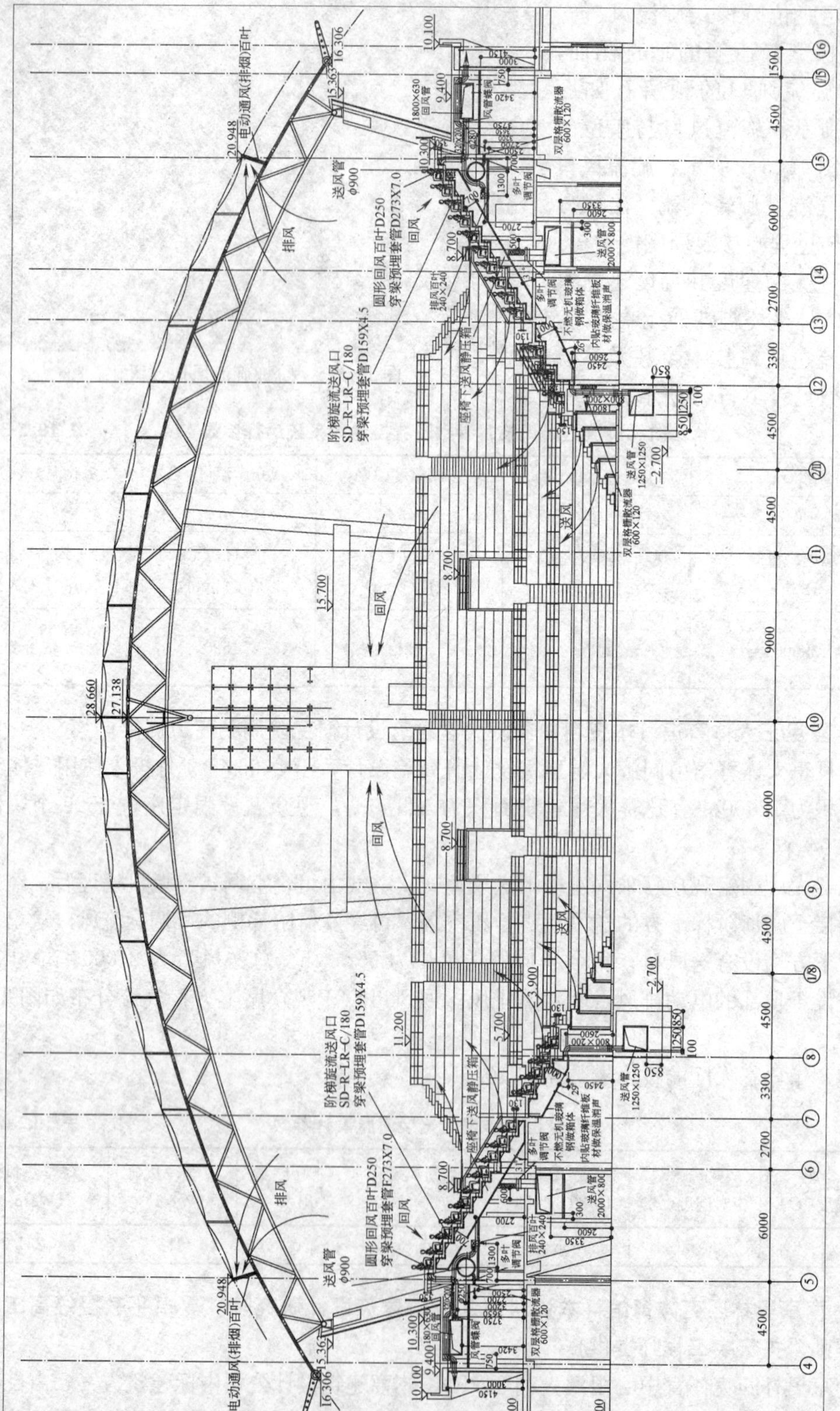

图 10.5-6 比赛大厅气流分布

体育馆建筑面积59662m²，建筑长180m，宽170m，高39m，体积约250000m³。体育馆设固定座位9500个，活动座位3500个。观众席采用阶梯式旋流风口。比赛区采用喷口顶送风。体育馆外观如图10.5-7所示。

体育馆的技术参数见表10.5-5。

南京奥林匹克体育馆置换通风空调设计参数 **表10.5-5**

夏/冬季干球温度(℃)	旋流风口送风量(m³/h)	旋流风口夏/冬季送风温度(℃)	人均新风量(m³/h·人)	噪声(dBA)	夏季冷负荷(kW)	冬季冷负荷(kW)
26/20	50	22/23	12	40	4460	2840

图10.5-7 南京奥林匹克体育馆外观

10.5.3 办公建筑

1. 上海外资公司办公楼（同济大学暖通空调研究所李强民教授课题组实测结果）

该工程由德国设计事务所概念设计，上海工程勘察设计研究院施工图设计，办公面积为970m²。该建筑按欧洲低能耗建筑标准设计，外墙保温性能优良，玻璃采用双层玻璃外加遮阳板。该办公室采用冷吊顶＋置换通风混合系统。

置换送风口采用半圆柱型，沿墙均匀分布。置换送风口在办公室内布置如图10.5-8所示。

置换通风采用全新风系统。室外新风经氯化锂除湿机除湿，并由冷却盘管冷却后进入置换通风系统。办公室的排风经转轮式全热交换器热回收后排出。

半圆柱型置换送风口如图10.5-9所示。置换送风口及系统运行技术参数见表10.5-6。

置换送风口及系统运行技术参数 **表10.5-6**

置换送风口			办公室内技术参数			
送风量(m³/h)	送风速度(m/s)	送风温度(℃)	温度(℃)	相对湿度(%)	CO_2浓度(ppm)	头脚温差(℃)
435	0.36	21	24.4	55.3	890	0.7

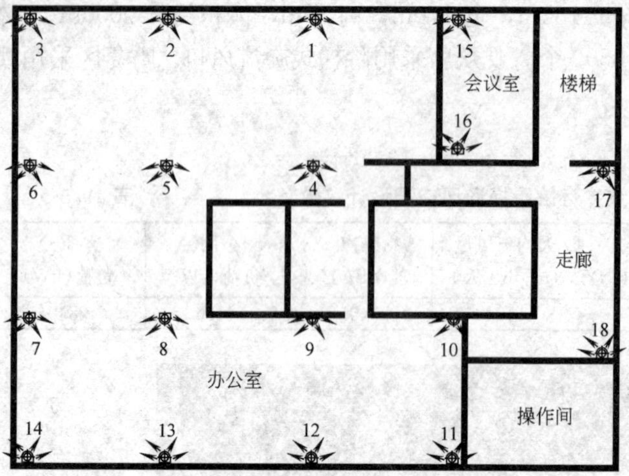

图 10.5-8 办公室内置换送风口布置平面图

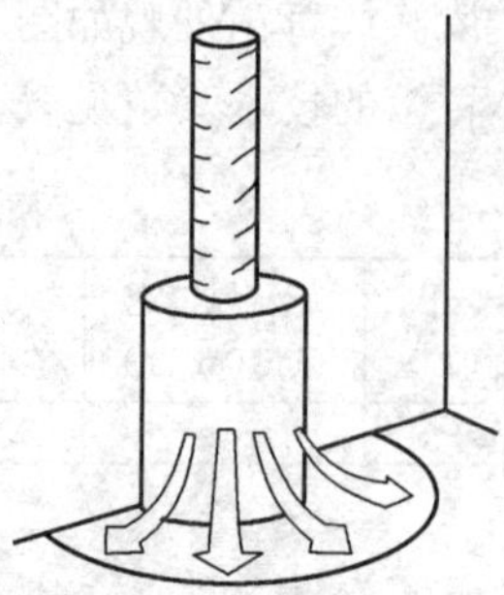

图 10.5-9 半圆柱型置换送风口

2. 上海爱康通风空调有限公司办公楼（同济大学暖通空调研究所李强民教授课题组实测结果）

该工程由同济大学通风空调研究所设计。办公室面积 14.1m²，房高 2.5m。该建筑为常规办公楼，单层玻璃窗。办公室采用全空气置换通风系统。办公室特性如表 10.5-7 所示。

上海爱康空调有限公司办公室特性　　表 10.5-7

房间尺寸 长/宽/高（m）	人体散热量（W）	照明负荷（W）	电脑散热（W）	维护结构负荷（W）	单位面积负荷（W/m²）
4.7/3.0/2.5	100	120	300	1100	115

办公室置换通风系统的布置及室内气流分布如图 10.5-10 所示，办公通风效率测点布置如图 10.5-11 所示。

办公室通风效率测量结果如表 10.5-8 所示。

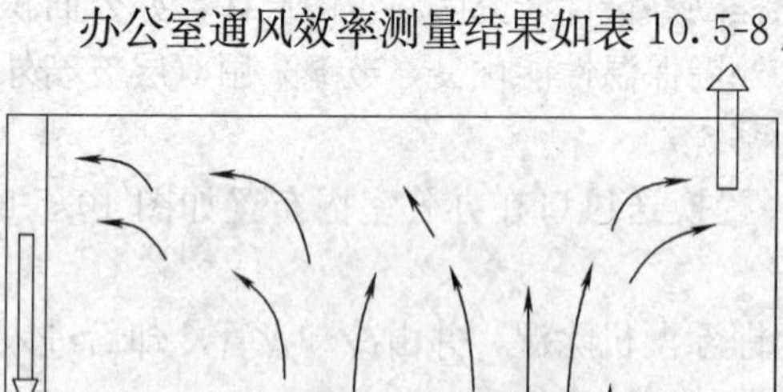

图 10.5-10 置换通风系统的布置及室内气流分布

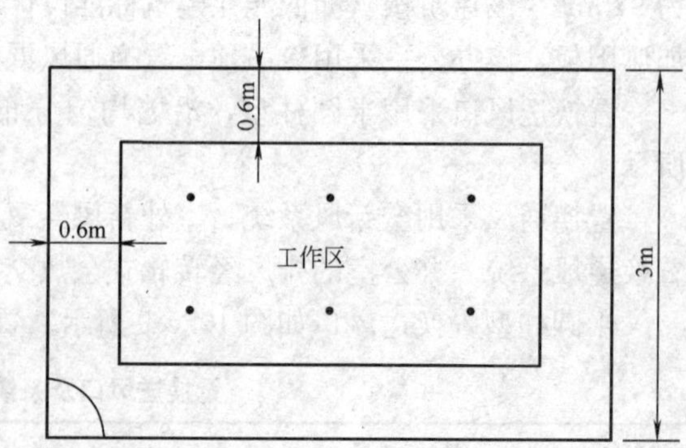

图 10.5-11 通风效率测点布置图

办公室通风效率测量结果 **表 10.5-8**

送风温度(℃)	排风温度(℃)	人员活动区温度(℃)							通风效率
		1	2	3	4	5	6	平均	
24	30	28.8	28.7	28.4	28.4	28.4	28.4	28.5	1.33

会议室气流分布如图 10.5-12 所示。会议室测点布置如图 10.5-13 所示。

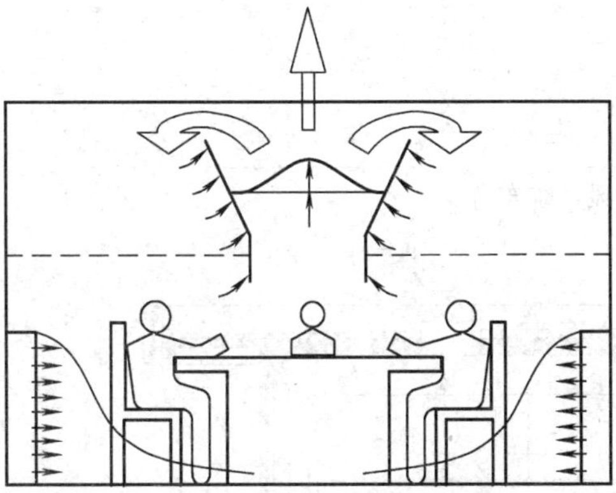

图 10.5-12 会议室气流分布

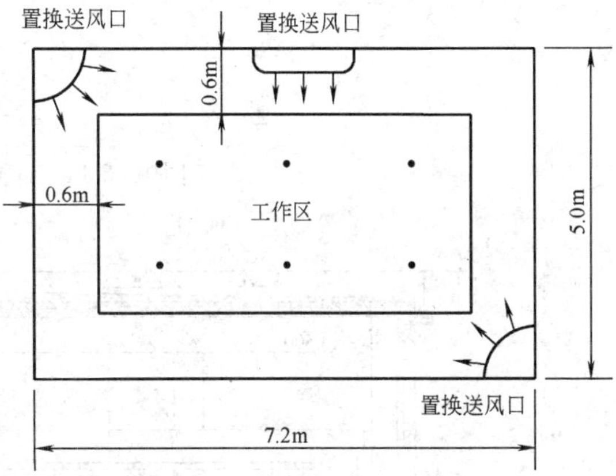

图 10.5-13 会议室测点布置

会议室通风效率测量结果如表 10.5-9 所示。

会议室通风效率测量结果 **表 10.5-9**

送风温度(℃)	排风温度(℃)	人员活动区温度(℃)							通风效率
		1	2	3	4	5	6	平均	
24	29	28.2	28.3	27.8	28.1	27.7	27.5	27.9	1.28

10.5.4 工业建筑

济南日报印刷厂（本资料由济南市建筑设计研究院李刚高工提供）

济南日报报业集团印发中心位于济南市市区腊山工业园，该中心为多层工业建筑，总面积 9962m^2，印刷厂长 96m，宽 15m，高 13.5m。

该厂采用置换通风系统，报纸快速印刷机布置在厂房中间位置，半圆柱型置换送风口间隔 4m，均匀布置在南墙与北墙两侧。置换通风系统布置如图 10.5-14 所示，印刷厂的剖面如图 10.5-15 所示。

印刷厂置换通风系统的技术参数如表 10.5-10 所示。

置换通风实测参数 **表 10.5-10**

置换通风器出风量	面风速	出口温度	出风相对湿度	出口 CO_2 浓度
1900m^3/h	0.25m/s	20.4℃	39%	605ppm
印刷机表面温度	报纸表面温度	印刷区空气温度	印刷区空气相对湿度	厂房顶棚表面温度
27℃	25℃	22.3℃	58%	21.4℃
地板表面温度	内墙面温度	外墙/窗表面温度	室外温度	室外相对湿度
21.2℃	19.8℃	18.4℃/14.2℃	10.9℃	68%

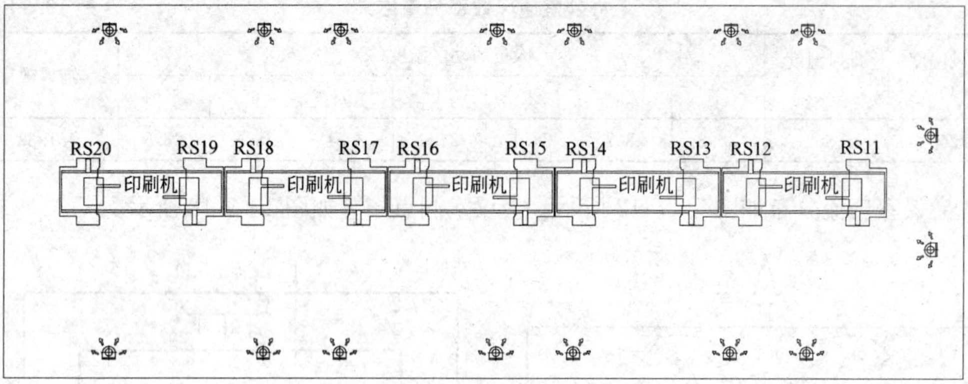

图 10.5-14 置换通风系统布置

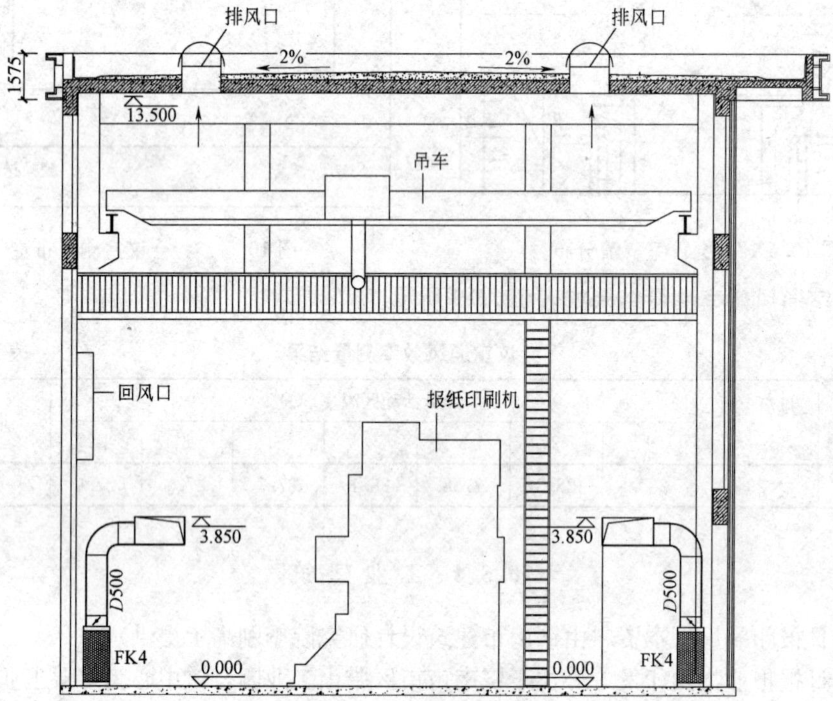

图 10.5-15 印刷厂剖面

第 11 章　风 管 设 计

11.1　风管设计的基础知识

11.1.1　风管设计的基本内容

风管设计的基本任务是，首先根据生产工艺和建筑物对通风空调系统的要求，确定风管系统的形式、风管的走向和在建筑空间内的位置，以及风口的布置，并选择风管的断面形状和风管的尺寸（对于公共建筑，风管高度的选取往往受到吊顶空间的制约）；然后计算风管的沿程（摩擦）压力损失（ΔP_{m}）和局部压力损失（ΔP_{j}），最终确定风管的尺寸并选择通风机或空气处理机组。

风管的压力损失 ΔP（Pa）：

$$\Delta P=\Delta P_{\mathrm{m}}+\Delta P_{\mathrm{j}} \tag{11.1-1}$$

11.1.2　风管的分类

1. 按制作风管的材料分：金属风管（见表 11.1-1）和非金属风管（见表 11.1-2）。

2. 按风管系统的工作压力分：低压系统、中压系统和高压系统。

风管系统的工作压力及密封要求，见表 11.1-3。

现行《建筑设计防火规范》和《高层民用建筑设计防火规范》指出："通风、空气调节系统的管道等，应采用不燃烧材料制作，但接触腐蚀性介质的风管和柔性接头，可采用难燃材料制作"。所以，在选择通风、空调系统风管的材质时，务必采用不燃烧材料制作。

根据《公共建筑节能设计标准》GB 50189—2005 的规定："空气调节风系统不应设计土建风道作为空气调节系统的送风道和已经过冷、热处理后的新风送风道。不得已而使用土建风道时，必须采取可靠的防漏风和绝热措施"。工程上，有时也可将土建风道作为敷设钢板风管的通道使用。

11.1.3　通风管道的规格

通风管道的规格，对于金属风管以外径或外边长为标注尺寸，而对于非金属风管以内径或内边长为标注尺寸。

1. 圆形风管规格（表 11.1-4）。有基本系列和辅助系列，应优先采用基本系列。适用于钢（铝）制风管、除尘风管、气密性风管和硬聚氯乙烯板风管、无机玻璃钢风管等。

2. 矩形风管规格（表 11.1-5）。适用于钢（铝）制风管、硬聚氯乙烯板风管、无机玻璃钢风管、酚醛铝箔复合板风管、聚氨酯铝箔复合板风管、玻璃纤维复合板风管等。

工程上常见的金属风管一览表 **表 11.1-1**

风管类别		保温材料密度（kg/m³）	板材厚度（mm）	燃烧性能	强度	特　点	适用范围
金属风管	普通钢板风管		表 11.1-9	A级	高	1. 断面形状为圆形和矩形。矩形断面的长、短边之比不大于4，最大不应大于10； 2. 内壁光滑，阻力小，刚度大。防火不燃烧； 3. 普通冷轧钢板的拼接采用咬口连接和焊接。镀锌钢板或彩色涂层(塑料复合)钢板的拼接，应采用咬口连接或铆接； 4. 普通冷轧钢板价格便宜，易腐蚀；镀锌钢板耐腐蚀性能较普通钢板好，价格要贵一些；塑料复合钢板和不锈钢板，不起尘，耐腐蚀，价格贵； 5. 风管及其配件加工制作机具完备。加工质量好。 6. 使用年限长	一般通风用的送风、排风系统，排烟系统和除尘系统等
	镀锌钢板风管		表 11.1-9				低、中、高压空调系统，特别是对温湿度要求较高场合的送、回风系统；洁净空调的中效过滤器之前和中效至高效过滤器之间的送风系统
	彩色涂塑钢板风管(塑料复合钢板风管)		表 11.1-9				高效过滤器后送风管，表面处理车间的排风系统
	不锈钢板风管		表 11.1-10				超净系统高效过滤器后的送风管，输送腐蚀性气体的管道
	镀锌钢板螺旋圆风管		表 11.1-7	A级	高	除了具有镀锌钢板风管的优点外，该风管及其配件系用专门的加工机械和生产流水线制作。加工质量好、强度大、气密性高，并能快捷插入装配。风管之间连接为无法兰连接。造型平整美观，特别适合于明装。扁圆形风管还可节省安装空间	低、中、高压空调系统。螺旋圆风管还可用于高速空调送风系统
	镀锌钢板螺旋扁圆形风管		表 11.1-8				
	铝合金板风管		表 11.1-11			薄铝板的板材连接可采用咬口连接或铆接，厚板应采用氩弧焊或气焊焊接。铝合金板不起尘，价格贵	超净化空调高效过滤器之后的送风系统

工程上常见的非金属风管一览表　　表 11.1-2

风管类别		保温材料密度（kg/m^3）	板材厚度（mm）	燃烧性能	强度（MPa）	特　点	适用范围
非金属风管	酚醛铝箔复合板风管	≥60	≥20	B_1 级	弯曲强度≥1.05	1. 断面形状为矩形； 2. 采用酚醛铝箔或聚氨酯铝箔复合夹心板制作，内外表面均为铝箔。内壁中度光滑，阻力较小： 3. 风管板材的拼接，采用45°角粘接或“H”形加固条拼接，在拼接处涂胶粘剂粘合。或在粘接缝处两侧贴铝箔胶带，刚度和气密性有保证。具有保温性能； 4. 属于难燃 B_1 级： 5. 加工工艺较先进，质量轻，使用年限较长	工作压力小于或等于2000Pa的空调系统及潮湿环境
	聚氨酯铝箔复合板风管	≥45	≥20	B_1 级	弯曲强度≥1.02		工作压力小于或等于2000Pa的空调系统及潮湿环境
	玻璃纤维复合板风管	≥70	≥25	B_1 级	—	1. 断面形状为矩形； 2. 采用离心玻璃纤维板材，外壁贴敷铝箔丝布，内壁贴阻燃的无碱或中碱玻璃纤维布，并用风管特型加强框架及不燃等级为A级的粘结剂，在高温、高压下粘合而成。外表面可喷涂彩色气密胶； 3. 具有保温、消声、防火、防潮的功能。质量轻，使用寿命较长	工作压力小于或等于1000Pa的空调系统
	无机玻璃钢： 1）水硬性无机玻璃钢风管	≤1700	见表 11.1-13	A级	弯曲强度≥70	1. 断面形状为矩形和圆形； 2. 水硬性无机玻璃钢风管，以硫酸盐类为胶凝材料与玻璃纤维网格布制成；而以改性氯氧镁水泥为胶凝材料与玻璃纤维网格布制成的称为氯氧镁水泥风管； 3. 无机玻璃钢风管可分为整体普通型（非保温）、整体保温型（内、外表面为无机玻璃钢，中间为绝热材料）、组合型（由复合板、专用胶、法兰、加固件等连接成风管）和组合保温型四类； 4. 风管内表面较粗糙，阻力较大。密度大，质量重	低、中、高压空调及防排烟系统；湿度较大场合（如地下室）的送排风系统，输送腐蚀性气体的管道
	2）氯氧镁水泥风管	≤2000	表 11.1-13	A级	弯曲强度≥65		

续表

风管类别		保温材料密度(kg/m^3)	板材厚度(mm)	燃烧性能	强度(MPa)	特点	适用范围
非金属风管	硬聚氯乙烯风管	1300～1600	表11.1-12	B_1级	拉伸强度≥34	1. 断面形状为圆形和矩形；2. 板材的拼接采用塑料焊接。内表面光滑，不起尘，耐腐蚀。价格较贵，易老化，易带静电	洁净空调高效过滤器后的送风管，含酸碱的表面处理车间的排风系统
	聚酯纤维织物风管					1. 断面形状为圆形或半圆形。可利用编织纤维的透气性向房间送风，也可在风管表面上开设纵向条缝口或者圆形孔口送风；2. 质量轻、无噪声、表面不结露，安装、拆卸方便，便于运输	某些生产车间、允许风管在顶板下明装的公共建筑空调系统，以及展览场所临时性的空调系统
	柔性风管					有铝合金薄带螺旋咬口圆形软管、玻纤布聚酯薄膜铝箔复合金属钢带螺旋软管和铝箔聚酯复合夹丝螺旋软管等，可带保温材料	用于通风空调风管与末端装置的连接

风管系统类别划分与密封要求 **表11.1-3**

系统类别	系统工作压力 P(Pa)	密封要求
低压系统	$P \leqslant 500$	接缝和接管连接处严密
中压系统	$500 < P \leqslant 1500$	接缝和接管连接处增加密封措施
高压系统	$P > 1500$	所有的拼接缝和接管连接处，均应采取密封措施

圆形风管规格 **表11.1-4**

风管直径 D(mm)			
基本系列	辅助系列	基本系列	辅助系列
100	80	500	480
	90		
120	110	560	530
140	130	630	600
160	150	700	670
180	170	800	750
200	190	900	850
220	210	1000	950
250	240	1120	1060
280	260	1250	1180
320	300	1400	1320
360	340	1600	1500
400	380	1800	1700
450	420	2000	1900

矩形风管规格 表 11.1-5

风管边长(mm)长边×短边		风管边长(mm)长边×短边	
120×120	630×500	320×320	1250×400
160×120	630×630	400×200	1250×500
160×160	800×320	400×250	1250×630
200×120	800×400	400×320	1250×800
200×160	800×500	400×400	1250×1000
200×200	800×630	500×200	1600×500
250×120	800×800	500×250	1600×630
250×160	1000×320	500×320	1600×800
250×200	1000×400	500×400	1600×1000
250×250	1000×500	500×500	1600×1250
320×160	1000×630	630×250	2000×800
320×200	1000×800	630×320	2000×1000
320×250	1000×1000	630×400	2000×1250

在某些公共建筑的空调工程中，由于受到层高和吊顶高度的制约，无法采用矩形风管统一规格的标准尺寸，不得不尽量减小矩形断面的高度。为了适当满足这种需要，给出"钢板非标准矩形风管规格"（表 11.1-6），其最大的长边与短边之比为 4，并将非标准矩形风管规格纳入钢板矩形风管单位长度沿程压力损失计算表（见表 11.2-3），供设计人员使用。

钢板非标准矩形风管规格 表 11.1-6

风管边长(mm)长边×短边		风管边长(mm)长边×短边	
320×120	630×200	1000×320	2000×500
400×120	800×200	1250×320	2000×630
400×160	800×250	1600×400	
500×160	1000×250		

3. 螺旋圆风管规格。由于该风管及其配件，是采用专门的加工机械和生产流水线制作的，其规格由生产厂家提供，参见表 11.1-7。

螺旋圆风管规格 表 11.1-7

风管直径 D (mm)	钢板厚度 t (mm)	风管直径 D (mm)	钢板厚度 t (mm)	风管直径 D (mm)	钢板厚度 t (mm)	风管直径 D (mm)	钢板厚度 t (mm)
80	0.5	300	0.6	600	0.8	1200	1.0
100	0.5	315	0.6	630	0.8	1250	1.0
125	0.5	350	0.6	650	0.8	1300	1.0
150	0.5	355	0.6	700	0.8	1350	1.2
160	0.5	400	0.8	800	0.8	1400	1.2
200	0.5	450	0.8	900	0.9		
250	0.6	500	0.8	1000	0.9		
280	0.6	550	0.8	1100	0.9		

4. 螺旋扁圆风管及其配件，也由专用的加工机械制作，其规格参见表 11.1-8。

螺旋扁圆风管规格（表中所列为公称宽度，即长轴 *B*，mm） **表 11.1-8**

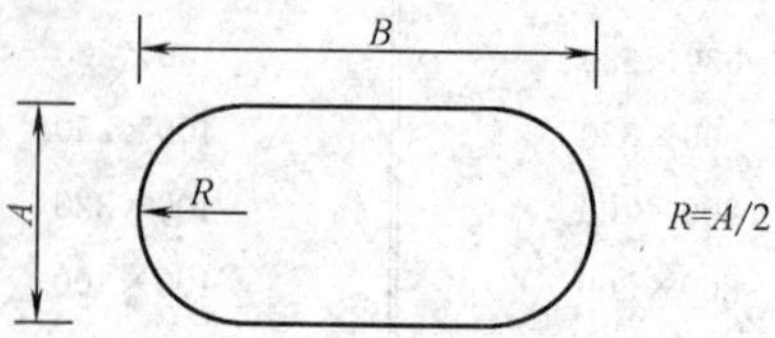

板厚	扁圆风管公称高度,即短轴 A(mm)													
mm	75	100	125	150	175	200	225	250	300	350	400	450	500	600
0.6	200													
	275	265			220									
	315	300												
	350	340	325	310	300		260							
	390	375	360	350	325		305							
	440	415	400	390	375		340							
		425	410	400	390		355							
		500	490	470	450		425							
			525	510	490	475	460		415					
				550	540	520	500		460					
0.8				625	610	600	575	565	535					
				700	690	675	660	650	615					
				790	775	760	735	725	700	665	635			
				860	840	830	815	800	775	750	715			
				890	875	860	850	830	805	775	750	715		
				940	925	910	890	885	880	825	800	765	735	
				1020	1000	990	975	960	935	910	875	850	825	
				1100	1090	1070	1050	1035	1010	985	950	925	900	
					1160	1150	1135	1115	1085	1060	1035	1010	985	915
1.0					1310	1300	1285	1275	1250	1215	1185	1160	1135	1075
					1475	1455	1440	1435	1400	1375	1350	1315	1285	1225
					1625	1610	1600	1585	1560	1535	1500	1475	1450	1385
1.2					1785			1750	1715	1685	1660	1635	1600	1550
					1940			1900	1875	1850	1815	1785	1760	1700
														2000

5. 金属圆形柔性风管，直径 $D\leqslant250$mm，其壁厚 $\delta\geqslant0.09$mm；$D=250\sim500$mm，$\delta\geqslant0.12$mm；$D>500$mm，$\delta\geqslant0.2$mm。对于铝箔聚酯膜复合柔性风管，其壁厚 $\delta\geqslant0.021$mm，钢丝的规格应符合现行国家标准的规定。

11.1.4 金属风管、非金属风管及其配件的板材厚度

1. 钢板风管板材厚度（表 11.1-9），适用于高、中、低压系统。

钢板风管板材厚度（mm）　　表 11.1-9

类别 / 直径 D 或长边 b	圆形风管	矩形风管		除尘系统风管
		中、低压系统	高压系统	
$D(b)\leqslant320$	0.5	0.5	0.75	1.5
$320<D(b)\leqslant450$	0.6	0.6	0.75	1.5
$450<D(b)\leqslant630$	0.75	0.6	0.75	2.0
$630<D(b)\leqslant1000$	0.75	0.75	1.0	2.0
$1000<D(b)\leqslant1250$	1.0	1.0	1.0	2.0
$1250<D(b)\leqslant2000$	1.2	1.0	1.2	按设计
$2000<D(b)\leqslant4000$	按设计	1.2	按设计	按设计

注：① 螺旋风管的钢板厚度可适当减小 10%～15%；
② 排烟系统风管钢板厚度可按高压系统；
③ 特殊除尘系统风管钢板厚度应符合设计要求；
④ 不适用于地下人防与防火隔墙的预埋管。

2. 不锈钢板风管板材厚度（表 11.1-10），适用于高、中、低压系统。

不锈钢板风管板材厚度（mm）　　表 11.1-10

风管直径 D 或长边尺寸 b	不锈钢板厚度	风管直径 D 或长边尺寸 b	不锈钢板厚度
$100<D(b)\leqslant500$	0.5	$1120<D(b)\leqslant2000$	1.0
$500<D(b)\leqslant1120$	0.75	$2000<D(b)\leqslant4000$	1.2

3. 铝板风管板材厚度（表 11.1-11），适用于中、低压系统。

铝板风管板材厚度（mm）　　表 11.1-11

风管直径 D 或长边尺寸 b	铝板厚度	风管直径 D 或长边尺寸 b	铝板厚度
$100<D(b)\leqslant320$	1.0	$630<D(b)\leqslant2000$	2.0
$320<D(b)\leqslant630$	1.5	$2000<D(b)\leqslant4000$	按设计

4. 硬聚氯乙烯风管板材厚度（表 11.1-12），适用于中、低压系统。

硬聚氯乙烯风管板材厚度（mm）　　表 11.1-12

圆形风管		矩形风管	
风管直径 D	板材厚度	风管长边尺寸 b	板材厚度
$D\leqslant320$	3.0	$b\leqslant320$	3.0
$320<D\leqslant630$	4.0	$320<b\leqslant500$	4.0
$630<D\leqslant1000$	5.0	$500<b\leqslant800$	5.0
$1000<D\leqslant2000$	6.0	$800<b\leqslant1250$	6.0
		$1250<b\leqslant2000$	8.0

5. 无机玻璃钢风管板材厚度（表11.1-13），适用于中、低压系统。

无机玻璃钢风管板材厚度（mm） 表11.1-13

圆形风管直径 D 或矩形风管长边尺寸 b	风管壁厚	圆形风管直径 D 或矩形风管长边尺寸 b	风管壁厚
$D(b)\leqslant 300$	2.5～3.5	$1000<D(b)\leqslant 1500$	5.5～6.5
$300<D(b)\leqslant 500$	3.5～4.5	$1500<D(b)\leqslant 2000$	6.5～7.5
$500<D(b)\leqslant 1000$	4.5～5.5	$D(b)>2000$	7.5～8.5

11.1.5 通风管道配件

通风与空调工程的风管系统是由直风管和各种异形配件（例如弯管、来回弯管、变径管、“天圆地方”、三通和四通）、各种风量调节阀以及空气分布器（送风口、回风口或排风口）等部件所组成。

弯管用来改变空气的流动方向，使气流转90°弯或其他角度：来回弯管用来改变风管的升降、躲让或绕过建筑物的梁、柱及其他管道；变径管用来连接断面尺寸不同的风管：“天圆地方”是用来连接圆形与矩形（或方形）两个断面的部件；三通和四通用于风管的分叉和汇合，即气流的分流和合流。

1. 钢板圆形风管的配件

(1) 圆形弯管：按照制作方法不同，有冲压成型弯管、皱褶型弯管和分节组合弯管3种。按弯管的角度分有90°弯管、60°弯管、45°弯管和30°弯管，圆形弯管的曲率半径以中心线计。

冲压成型弯管的管径 $D=75\sim250$mm，其曲率半径 $r=1.5D$；皱褶型弯管的管径 $D=100\sim400$mm，其曲率半径 $r=1.5D$。

分节组合弯管由两个端节和若干个中节所组成。工程中常见的5节90°弯管的管径 $D=80\sim1500$mm，曲率半径 $r=1.5D$；7节90°弯管的管径 $D=80\sim1500$mm，曲率半径 $r=2.5D$。至于3节90°弯管，由于阻力相对较大，一般可不予采用。

(2) 圆形变径管：有双面变径管和单面变径管，前者的夹角（θ）宜小于60°，后者的夹角（θ）宜小于30°。“天圆地方”有正心的和偏心的之分。

双面变径管的长度 $l=\dfrac{D_1-D_2}{2\tan\dfrac{\theta}{2}}$，单面变径管的长度 $l=\dfrac{D_1-D_2}{\tan\theta}$（其中 D_1 和 D_2 分别代表变径管的大断面、小断面的直径）。

(3) 圆形来回弯管：由两个相同角度的圆形弯管按相反方向连接而成。

(4) 圆形三通：按照主管与支管的夹角不同，有 $\theta=30°$、$\theta=45°$圆形三通，$\theta=30°$圆形封板式三通和 $\theta=45°$圆形燕尾（俗称裤衩）式三通。当三通支管的气流方向转90°时，在支管的出口处应连接角度为（$90°-\theta$）的圆形弯管。圆形四通宜采用两个斜三通的做法。

详见《全国通用通风管道配件图表》。

2. 钢板矩形风管的配件

(1) 矩形弯管：工程上常见的有①内外同心弧型弯管（图11.1-1a），弯管曲率半径宜为一个平面边长：②内弧外直角型弯管（图11.1-1b）；③内斜线外直角型弯管（图

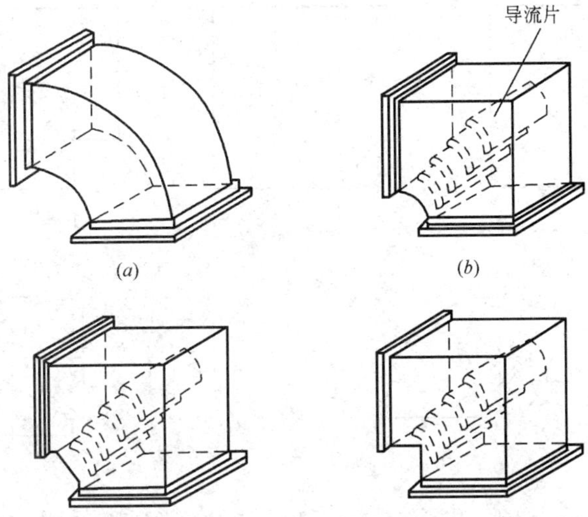

图 11.1-1 矩形弯管

11.1-1c)；④内外直角型弯管（图 11.1-1d）等 4 种。

内外同心弧型矩形弯管，内弧的曲率半径 r 为 0.5a，外弧的曲率半径不宜小于（1.5～2.0）a，该弯管气流阻力小，但占用空间较大。当内外弧型弯管的平面边长大于 500mm 时，且内弧半径（r）与弯管平面边长（a）之比小于或等于 0.25 时，应设置导流片（图 11.1-2），以减小气流阻力。导流片的弧度应与弯管弧度相等，迎风边缘应光滑。导流片的间隔是内侧密外侧疏，其片数及设置位置应符合表 11.1-14 的规定。

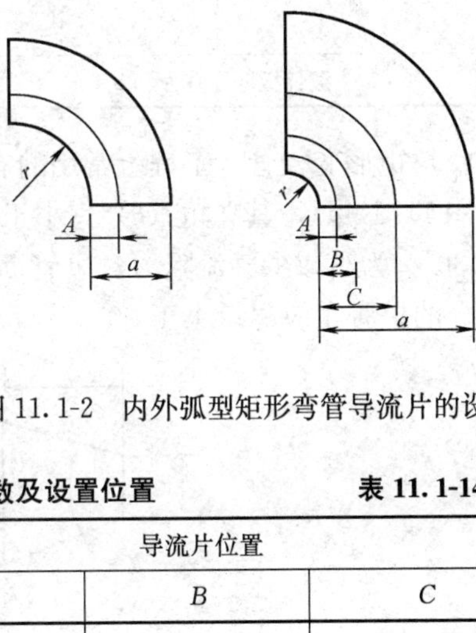

图 11.1-2 内外弧型矩形弯管导流片的设置

内外弧型矩形弯管导流片片数及设置位置 **表 11.1-14**

弯管平面边长 a(mm)	导流片数	导流片位置		
		A	B	C
500＜a≤1000	1	0.33a	—	—
1000＜a≤1500	2	0.25a	0.5a	—
a＞1500	3	0.125a	0.33a	0.5a

内弧外直角型、内斜线外直角型和内外直角型矩形弯管，它们与内外同心弧型矩形弯管相比，占用空间小些，但阻力相对较大。对于内外直角型矩形弯管以及边长大于 500mm 的内弧外直角型、内斜线外直角型矩形弯管，应设置导流片，以减少气流阻力，如图 11.1-3，(a)、(b)、(c) 所示。导流片有单弧形（图 11.1-3d）和双弧形（图 11.1-3e）两种，它们在弯管内是按等距离设置的。导流片的圆弧半径 R_1（或 R_1、R_2）及片距 P 宜按表 11.1-15 确定。

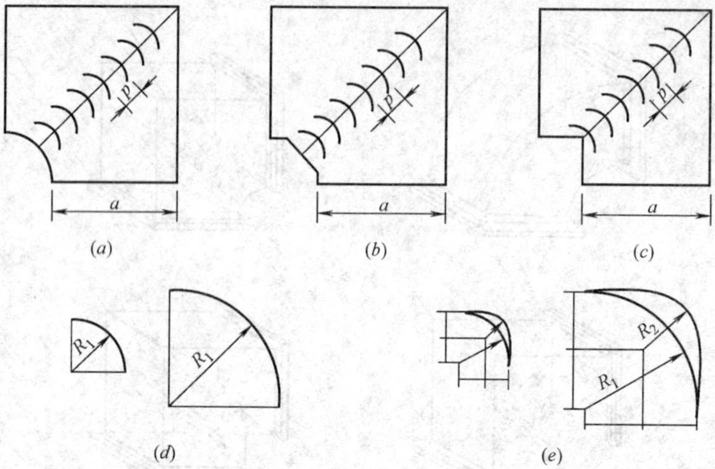

图 11.1-3 内弧、内斜线外直角和内外直角矩形弯管导流片的设置

单弧形或双弧形导流片圆弧半径及片距（mm） **表 11.1-15**

单圆弧导流片		双圆弧导流片	
$R_1=50$ $P=38$	$R_1=115$ $P=83$	$R_1=50$ $R_2=25$ $P=54$	$R_1=115$ $R_2=51$ $P=83$
镀锌板厚度宜为 0.8		镀锌板厚度宜为 0.6	

(2) 矩形变径管：工程上常用的有双面偏的和单面偏的两种形式。对于双面偏的变径管（图 11.1-4*a*），其夹角（θ）宜小于 60°；对于单面偏的变径管（图 11.1-4*b*），其夹角宜小于 30°。为了减少气流阻力，风管断面缩小部分的收缩角应尽量小于 45°，风管断面扩大部分的扩张角应尽量小于 20°。

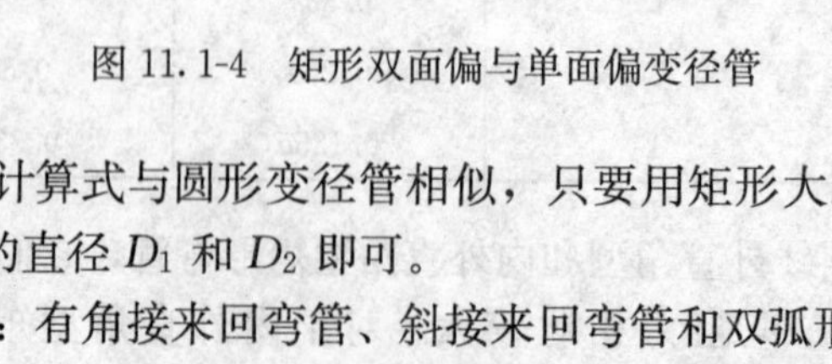

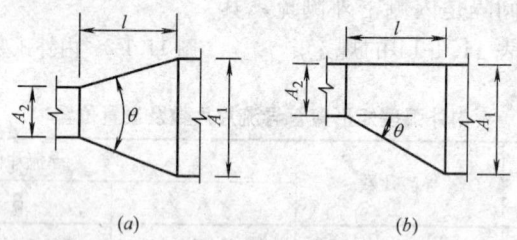

图 11.1-4 矩形双面偏与单面偏变径管

矩形变径管的长度计算式与圆形变径管相似，只要用矩形大断面的边长 A_1、小断面的边长 A_2 来取代圆形的直径 D_1 和 D_2 即可。

(3) 矩形来回弯管：有角接来回弯管、斜接来回弯管和双弧形来回弯管。

(4) 矩形三通和四通：工程上有分叉式（图 11.1-5）和分隔式（图 11.1-6）两种形式。分隔式三通是由两个 90°弯管或者由一个 90°弯管和另一根直风管组合而成，分隔式四通是由两个 90°弯管和一根变径管组合而成。气流的汇合或分离各行其道，彼此不发生互相牵制，风量分配均匀，加工制作工艺简单。因此，就被输送空气的分流或合流

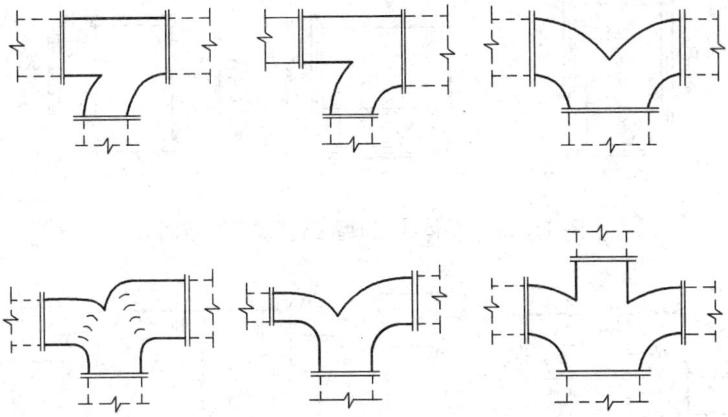

图 11.1-5 分叉式三通、四通

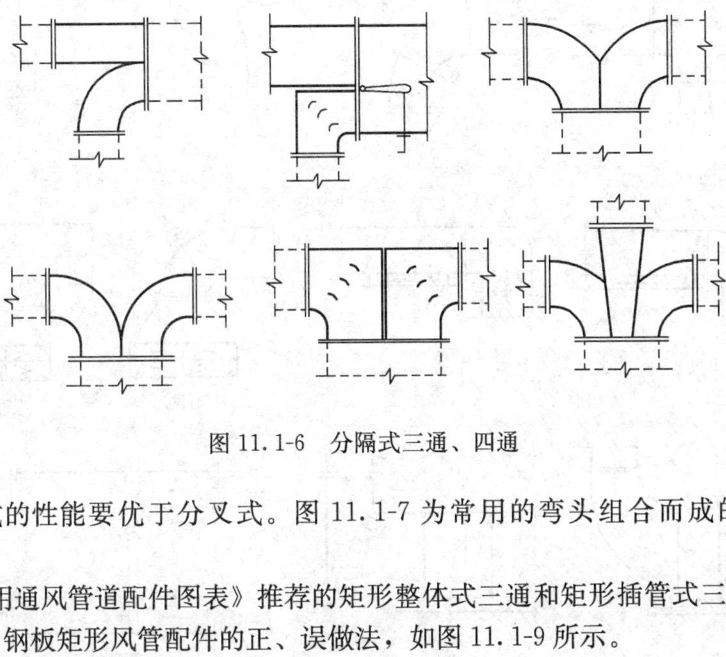

图 11.1-6 分隔式三通、四通

而言，分隔式的性能要优于分叉式。图 11.1-7 为常用的弯头组合而成的三通（或四通）。

《全国通用通风管道配件图表》推荐的矩形整体式三通和矩形插管式三通或四通，参见图 11.1-8。钢板矩形风管配件的正、误做法，如图 11.1-9 所示。

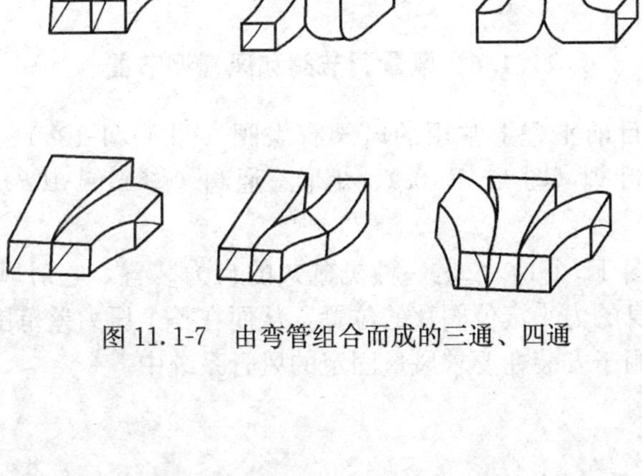

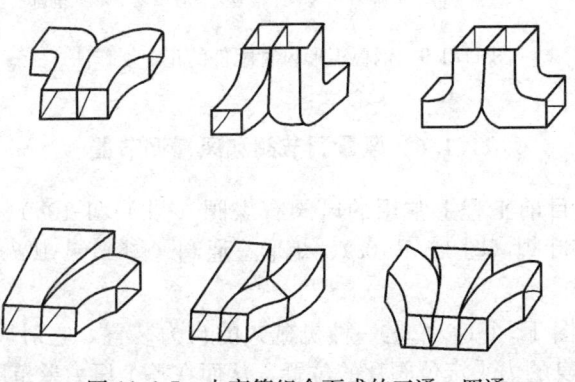

图 11.1-7 由弯管组合而成的三通、四通

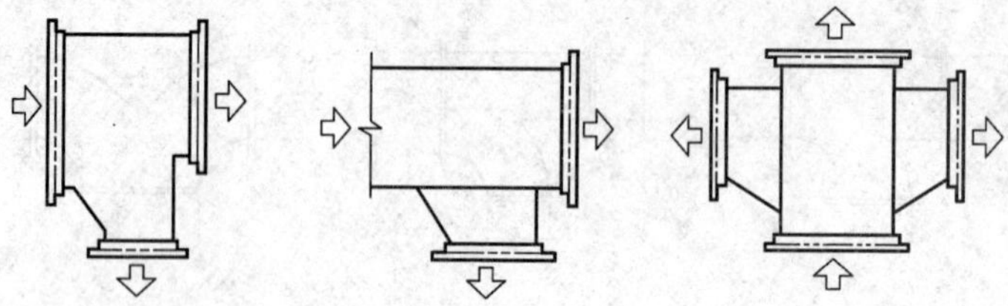

图 11.1-8 整体式三通和插管式三通或四通

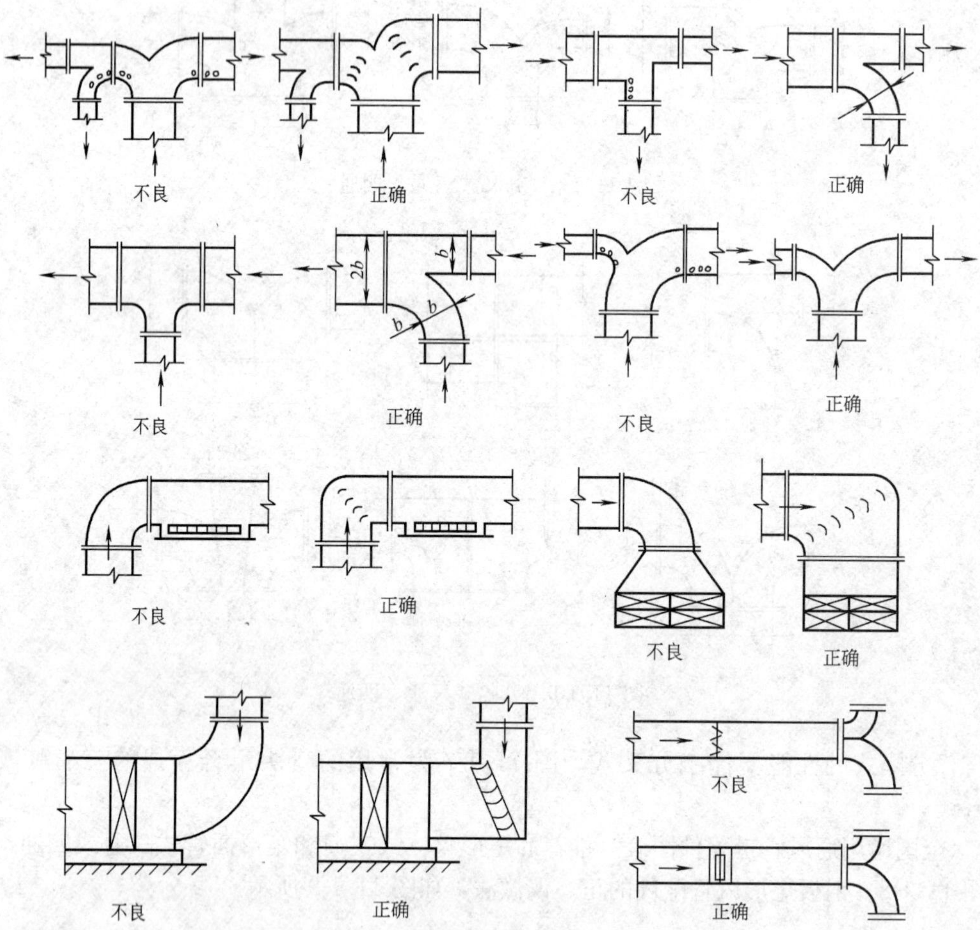

图 11.1-9 钢板矩形风管配件的正、误作法

11.1.6 风量调节阀和风量调节器

1. 风量调节阀：目前工程上常用的风阀有蝶阀（图 11.1-10*a*）、平行式多叶阀（图 11.1-10*b*）、对开式多叶阀（图 11.1-10*c*）、矩形三通阀（图 11.1-10*d*）等。

2. 定风量调节器

定风量调节器（图 11.1-11*a*）是一种机械式的自力装置，它对风量的控制无需外加动力，只依靠气流自身的力来定位阀片的位置，从而在整个压力差范围内将气流保持在预先设定的流量上。适用于安装在要求风量固定的风管系统中。

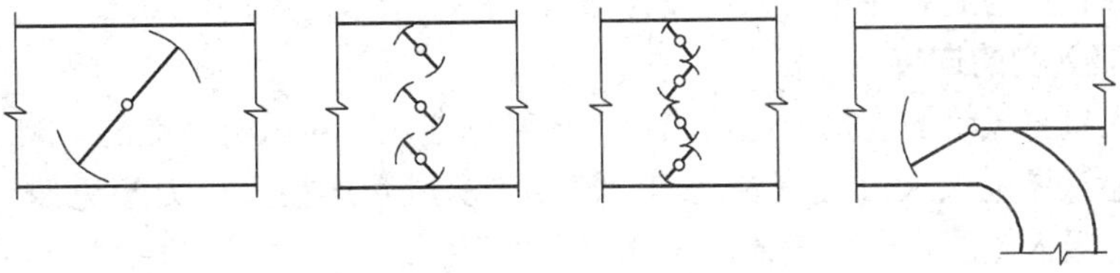

(a) (b) (c) (d)

图 11.1-10 风量调节阀

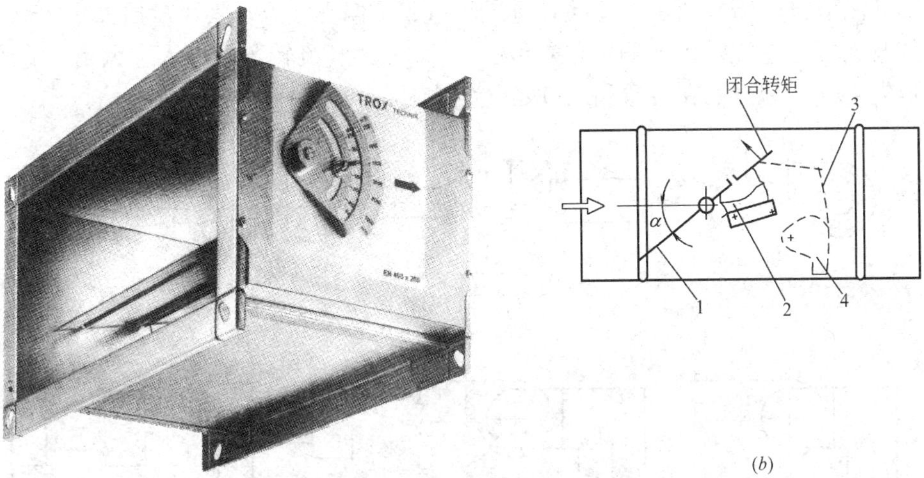

(a) (b)

图 11.1-11 定风量调节器

风量调节器是由阀片 1、气囊 2、弹簧片 3、异形轮 4、外壳和外置刻度盘等组成，气囊开有小孔与阀片上小孔相通，弹簧片与阀片相连，由异形轮调节，其结构及工作原理图如图 11.1-11*b*）所示。

当风管内压力（或流量）增大时，气囊体积膨胀。其结果，一方面增加了阀片的关闭转矩，使关闭力（在图中沿逆时针方向）增大，阀片向关闭方向动作；另一方面也起着振荡阻尼作用。弹簧片被用来产生一个与关闭力相对应的反向力，增加阀门的阻力，从而达到保持风量恒定的作用。当风管内压力（或流量）减小时，气囊体积缩小，关闭转矩随之减弱，阀片向开启方向动作，使风量保持恒定。

应用时，可以利用带指针的外置刻度盘准确地设定所需的风量。它的工作温度为10～50℃，压差范围为 50～1000Pa。风量调节器的断面形状有矩形和圆形两种，两端均带法兰，便于与被调试的风管相连接。安装时不受位置限制，但阀片的轴应保持水平。为保证正常工作，要求在气流进口前应有 1.5*B*（*B* 为风量调节器宽度）的直线入口长度和 0.5*B* 的直线出口长度即可。

11.1.7 风机与风管的连接

通风机进、出口与风管的正确连接，可保证达到风机的铭牌性能。如果处理不当，会造成局部压力损失增大，导致系统风量的严重损失。即使风管系统阻力计算做得很精确，也无法得到弥补。为此，在进行系统设计布置时必须给以足够的注意。

1. 风机吸入侧的连接

风机吸入口与风管的连接要比压出口与风管的连接，对风机性能的影响还要大。在设计时应特别注意风机吸入口气流要均匀、流畅，从风管连接上极力避免偏流和涡流的产生。同时，对吸入侧防止产生偏流的尺寸作出规定。

图 11.1-12 所示为风机吸入侧的接法。图中（*a*）用与吸入口直径相同的直风管连接，是可以的，如果要变径，宜采用较长的渐扩管；（*b*）为用直角弯管接入风机吸入口时，弯管内应设置导流片；（*c*）为采用突然缩小管接入风机吸入口是不可以的，应采取渐缩管或加弧形导流措施；（*d*）所示的连接，进风箱造成了偏心气流，其风量损失达 25%，应将入口处改成弯管并在两个弯管内设置导流片；（*e*）为气流转弯后进入进风箱，造成涡流，风量损失 40%，应分别在转弯和入口处设置导流片。

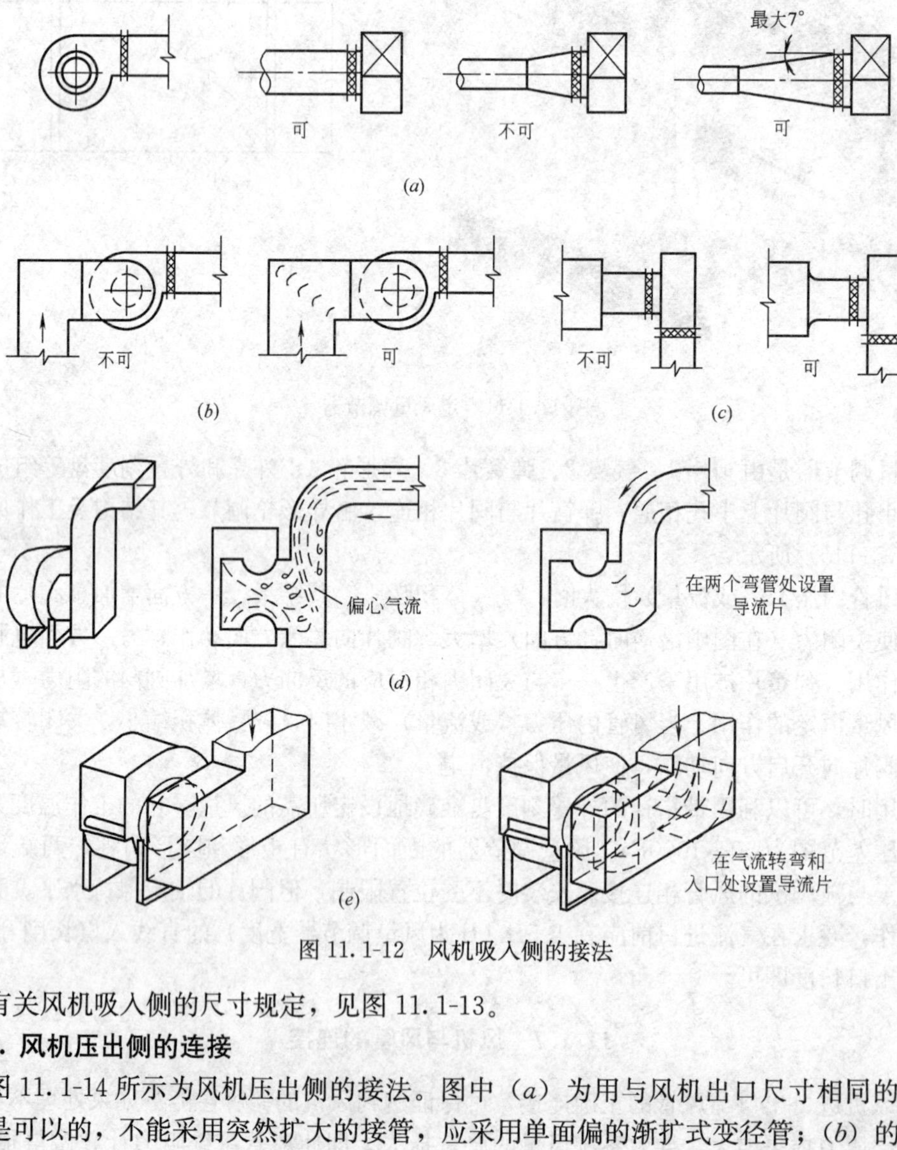

图 11.1-12 风机吸入侧的接法

有关风机吸入侧的尺寸规定，见图 11.1-13。

2. 风机压出侧的连接

图 11.1-14 所示为风机压出侧的接法。图中（*a*）为用与风机出口尺寸相同的直风管连接是可以的，不能采用突然扩大的接管，应采用单面偏的渐扩式变径管；（*b*）的情况与

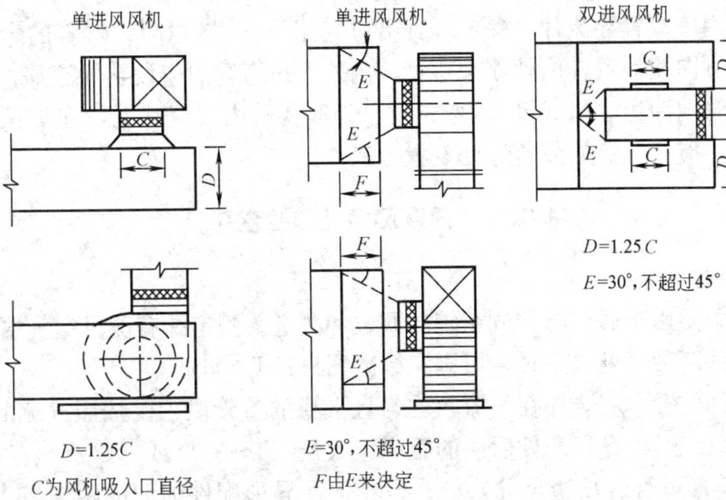

图 11.1-13 风机吸入侧的尺寸规定

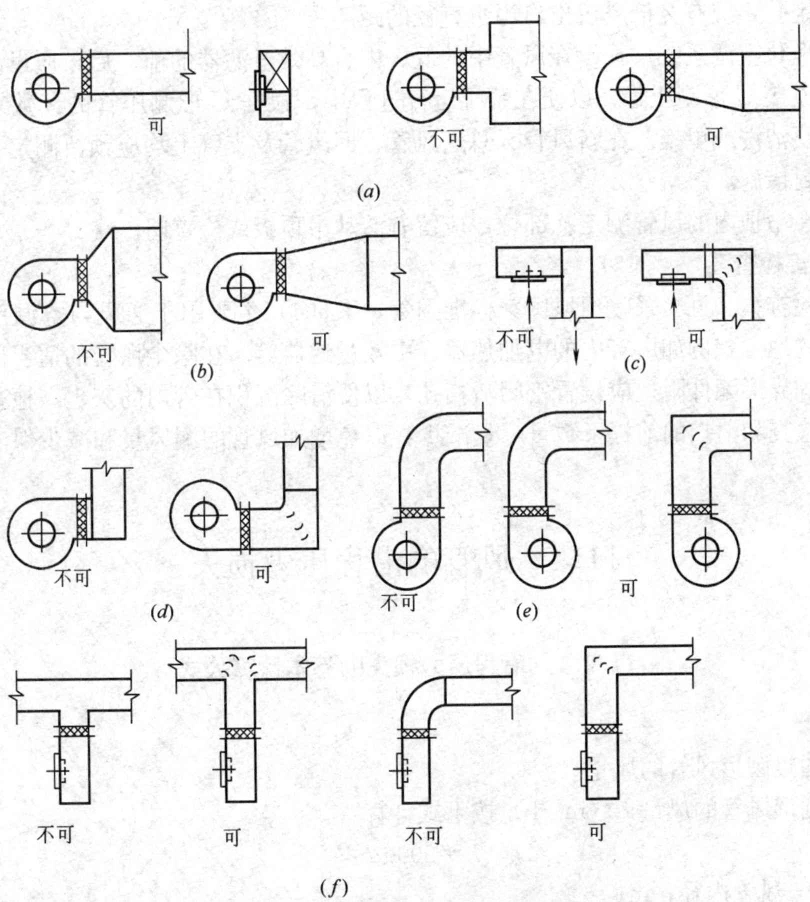

图 11.1-14 风机压出侧的接法

(a) 类似，应采用两面偏的渐扩式变径管；(c)、(d) 当风机出口气流呈 90°转弯时，在连接的直角弯管内应设置导流片；(e) 风机出口气流呈 90°转弯时，弯管的弯曲方向应与风机叶轮的旋转方向相一致，内外弧型弯管、内外直角弯管内应设置导流片；(f) 风机出口如接丁字三通管向两边送风或接 90°弯管时，为改善管内气流状况，在加长三通立管或弯管长度的同时，应在分流处或转弯处设置导流片。

11.1.8 风管测定孔和检查孔

1. 风管测定孔

风管测定孔主要用于通风与空调系统的调试和测定。测定孔有测量空气温度用的和测量风量、风压用的两种（见《采暖通风国家标准图集》T 605)。

风管测定孔的位置，应选择在气流较均匀且平稳的直管段上。按照气流的流动方向，测定孔设在弯管、三通等异形配件后面的距离应大于 $(4\sim5)D$ 或 $(4\sim5)a$（D 为圆形风管的直径，a 为矩形风管的长边尺寸）处；设在上述异形配件前面的距离应大于 $(1.5\sim2)D$ 或 $(1.5\sim2)a$ 处。调节阀前后应避免布置测定孔。为了便于系统调节，在主干风管分支点前后必须留有测定孔。

设在通风机进口前的测定孔，应有不少于 1.5 倍风机进口直径的距离；设在通风机出口后的测定孔，应有 2 倍风机出口当量直径的距离。

对于净化空调系统，凡设在风管中的低、中、高效过滤器的前、后，应设测压孔和测尘孔，并连接 U 形测压管，以便在系统运行过程中，根据 U 形测压管的读数来确定过滤器是否需要清洗或更换。在新风管、总送风管、回风管及支管上均应预留测定孔，测定孔应采取密封措施。

设置在吊顶内的风管测定孔部位，应留有活动吊顶板或检查门。

2. 风管检查孔

风管检查孔（见《采暖通风国家标准图集》T 604）主要用于通风与空调系统中需要经常检修的地方，例如风管内的电加热器、中效过滤器等。在除尘风管的适当部位，例如容易积尘的异形配件附近应设置密闭清扫孔，以便清除沉积在管内的灰尘。检查孔的设置应在保证检查和清扫的前提下数量尽量减少，以免增加风管的漏风量和减少保温工程施工的麻烦。

11.2 风管的沿程压力损失

11.2.1 沿程压力损失的基本计算公式

1. 风量

(1) 通过圆形风管的风量

通过圆形风管的风量 L (m³/h) 按下式计算：

$$L=900\pi d^2V \tag{11.2-1}$$

式中 d——风管内径，m；

V——管内风速，m/s。

(2) 通过矩形风管的风量

通过矩形风管的风量 L (m^3/h) 按下式计算：

$$L=3600abV \tag{11.2-2}$$

式中 a，b——风管断面的净宽和净高，m。

2. 风管沿程压力损失

风管沿程摩擦损失 ΔP_m (Pa)，可按下式计算：

$$\Delta P_m=\Delta p_m l \tag{11.2-3}$$

式中 Δp_m——单位管长沿程摩擦阻力，Pa/m；

l——风管长度，m。

3. 单位管长沿程摩擦阻力

单位管长沿程摩擦阻力 Δp_m，可按下式计算：

$$\Delta p_m=\frac{\lambda}{d_e}\frac{V^2\rho}{2} \tag{11.2-4}$$

式中 λ——摩擦阻力系数；

ρ——空气密度，kg/m^3；

d_e——风管当量直径，m；

对于圆形风管： $d_e=d$

对于非圆形风管： $$d_e=\frac{4F}{P} \tag{11.2-5}$$

例如，对于矩形风管： $d_e=\dfrac{2ab}{a+b}$

对于扁圆风管： $F=\dfrac{\pi A^2}{4}+A(B-A)$

$$P=\pi A+2(B-A)$$

F——风管的净断面积，m^2；

P——风管断面的湿周，m；

a——矩形风管的一边，m；

b——矩形风管的另一边，m；

A——扁圆风管的短轴，m；

B——扁圆风管的长轴，m。

4. 摩擦阻力系数

摩擦阻力系数 λ，可按下式计算：

$$\frac{1}{\sqrt{\lambda}}=-2\log\left(\frac{K}{3.71d_e}+\frac{2.51}{Re\sqrt{\lambda}}\right) \tag{11.2-6}$$

式中 K——风管内壁的绝对粗糙度，m；

Re——雷诺数；

$$Re=\frac{Vd_e}{\nu} \tag{11.2-7}$$

ν——运动黏度，m^2/s。

11.2.2 沿程压力损失的计算

风管沿程压力损失的确定，有两种方法可供选择。第一，按上述诸公式直接进行计算；第二，查表计算：可以按规定的制表条件事先算就单位管长沿程摩擦阻力 Δp_m（Pa/m），并编成表格供随时查用，当已知风管的计算长度为 l（m）时，即可使用式（11.2-3）算出该段风管的沿程压力损失 ΔP_m（Pa）了。下面仅介绍与计算表有关的内容。

1. 制表条件

（1）风管断面尺寸

风管规格取自国家标准《通风与空调工程施工质量验收规范》(GB 50243)。

（2）空气参数

设空气处于标准状态，即大气压力为101.325kPa，温度为20℃，密度 $\rho=1.2\text{kg/m}^3$，运动黏度 $\nu=15.06\times10^{-6}\text{m}^2/\text{s}$。

（3）风管内壁的绝对粗糙度

以 $K=0.15\times10^{-3}$m 作为钢板风管内壁绝对粗糙度的标准。其他风管内壁绝对粗糙度见表11.2-1。

风管内壁的绝对粗糙度 表11.2-1

绝对粗糙度 K(mm)	粗糙等级	典型风管材料及构造
0.03	光滑	洁净的无涂层碳钢板；PVC塑料；铝
0.09	中等光滑	镀锌钢板纵向咬口，管段长1200mm
0.15	一般	镀锌钢板纵向咬口，管段长760mm
0.90	中等粗糙	镀锌钢板螺旋咬口；玻璃钢风管
3.00	粗糙	内表面喷涂的玻璃钢风管；金属软管；混凝土

2. 单位长度沿程压力损失的标准计算表

（1）钢板圆形风管单位长度沿程压力损失计算

钢板圆形风管单位长度摩擦阻力，可直接查表11.2-2。

注：除尘风管单位长度沿程压力损失计算表见第9章。

（2）钢板矩形风管单位长度沿程压力损失计算

钢板矩形风管单位长度摩擦阻力，可直接查表11.2-3。

（3）除尘风管单位长度沿程压力损失计算，可查第9章表9.4-17“除尘风管计算表”。

3. 标准计算表的套用

（1）异形断面风管的套用

非标准断面的金属风管，使用标准计算表的步骤如下：

1）算出风管的净断面积 F（m^2）；

2）根据风管的净断面积 F 和风管的计算风量，算出风速 V（m/s）；

3）按公式（11.2-5）求出风管当量直径 d_e（m）；

4）最后，根据风速 V 和当量直径 d_e 查圆形风管标准计算表，得出该非标准断面风管的单位长度摩擦阻力。

表 11.2-2

钢板圆形风管单位长度沿程压力损失计算表

风速 (m/s)	动压 (Pa)	风管直径(mm) 100	120	140	160	180	200	220	250	280	320	360	400	450
		上行:风量(m^3/h) 下行:单位摩擦阻力(Pa/m)												
2.0	2.40	55	80	109	143	181	224	271	351	440	575	728	899	1139
		0.76	0.60	0.49	0.42	0.36	0.31	0.28	0.24	0.21	0.17	0.15	0.13	0.11
2.5	3.75	69	100	137	179	226	280	339	438	550	719	910	1124	1424
		1.13	0.90	0.74	0.62	0.54	0.47	0.42	0.36	0.31	0.26	0.23	0.20	0.17
3.0	5.40	83	120	164	214	272	336	407	526	660	863	1092	1349	1709
		1.58	1.25	1.03	0.87	0.75	0.66	0.58	0.50	0.43	0.37	0.32	0.28	0.24
3.5	7.35	97	140	191	250	317	392	475	614	770	1007	1274	1574	1993
		2.10	1.66	1.37	1.15	0.99	0.87	0.77	0.66	0.57	0.49	0.42	0.37	0.32
4.0	9.60	111	160	219	286	362	448	542	701	880	1151	1456	1799	2278
		2.68	2.12	1.75	1.48	1.27	1.12	0.99	0.84	0.73	0.62	0.54	0.47	0.41
4.5	12.15	125	180	246	322	408	504	610	789	990	1295	1638	2024	2563
		3.33	2.64	2.17	1.84	1.58	1.39	1.23	1.05	0.91	0.77	0.67	0.59	0.51
5.0	15.00	139	200	273	357	453	560	678	877	1100	1439	1820	2248	2848
		4.05	3.21	2.64	2.23	1.93	1.69	1.50	1.28	1.11	0.94	0.82	0.72	0.62
5.5	18.15	152	220	300	393	498	616	746	964	1210	1582	2002	2473	3132
		4.84	3.84	3.16	2.67	2.30	2.02	1.79	1.53	1.33	1.13	0.98	0.86	0.74
6.0	21.60	166	240	328	429	544	672	814	1052	1321	1726	2184	2698	3417
		5.69	4.51	3.72	3.14	2.71	2.38	2.11	1.80	1.56	1.33	1.15	1.01	0.87
6.5	25.35	180	260	355	465	589	728	881	1139	1431	1870	2366	2923	3702
		6.61	5.25	4.32	3.65	3.15	2.76	2.45	2.09	1.82	1.54	1.34	1.17	1.02
7.0	29.40	194	280	382	500	634	784	949	1227	1541	2014	2548	3148	3987
		7.60	6.03	4.96	4.20	3.62	3.17	2.82	2.41	2.09	1.77	1.54	1.35	1.17
7.5	33.75	208	300	410	536	679	840	1017	1315	1651	2158	2730	3373	4271
		8.66	6.87	5.65	4.78	4.12	3.62	3.21	2.74	2.38	2.02	1.75	1.54	1.33
8.0	38.40	222	320	437	572	725	896	1085	1402	1761	2302	2912	3597	4556
		9.78	7.76	6.39	5.40	4.66	4.09	3.63	3.10	2.69	2.28	1.98	1.74	1.50
8.5	43.35	236	340	464	608	770	952	1153	1490	1871	2446	3094	3822	4841
		10.96	8.70	7.16	6.06	5.23	4.58	4.07	3.47	3.02	2.56	2.22	1.95	1.69
9.0	48.60	249	360	492	643	815	1008	1220	1578	1981	2590	3276	4047	5126

续表

风速 (m/s)	动压 (Pa)	风管直径(mm)												
		100	120	140	160	180	200	220	250	280	320	360	400	450
		上行:风量(m^3/h)　下行:单位摩擦阻力(Pa/m)												
9.5	54.15	12.22	9.70	7.98	6.75	5.83	5.11	4.54	3.87	3.37	2.86	2.47	2.17	1.88
		263	380	519	679	861	1064	1288	1665	2091	2733	3458	4272	5410
10.0	60.00	13.54	10.74	8.85	7.48	6.46	5.66	5.03	4.29	3.73	3.17	2.74	2.41	2.09
		277	400	546	715	906	1120	1356	1753	2201	2877	3640	4497	5695
10.5	66.15	14.93	11.85	9.75	8.25	7.12	6.24	5.55	4.73	4.11	3.49	3.02	2.66	2.30
		291	420	574	751	951	1176	1424	1841	2311	3021	3822	4722	5980
11.0	72.60	16.38	13.00	10.70	9.05	7.81	6.85	6.09	5.20	4.52	3.83	3.32	2.92	2.53
		305	440	601	786	997	1232	1492	1928	2421	3165	4004	4946	6265
11.5	79.35	17.90	14.21	11.70	9.89	8.54	7.49	6.65	5.68	4.94	4.19	3.63	3.19	2.76
		319	460	628	822	1042	1288	1559	2016	2531	3309	4186	5171	6549
12.0	86.40	19.49	15.47	12.74	10.77	9.30	8.15	7.24	6.18	5.37	4.56	3.95	3.47	3.01
		333	480	656	858	1087	1344	1627	2104	2641	3453	4368	5396	6834
12.5	93.75	21.14	16.78	13.82	11.69	10.09	8.85	7.86	6.71	5.83	4.95	4.28	3.77	3.26
		346	500	683	894	1132	1400	1695	2191	2751	3597	4550	5621	7119
13.0	101.40	22.86	18.14	14.94	12.64	10.91	9.57	8.50	7.25	6.31	5.35	4.63	4.07	3.53
		360	521	710	929	1178	1456	1763	2279	2861	3740	4732	5846	7404
13.5	109.35	24.64	19.56	16.11	13.62	11.76	10.31	9.16	7.82	6.80	5.77	5.00	4.39	3.80
		374	541	737	965	1223	1512	1831	2367	2971	3884	4914	6071	7688
14.0	117.60	26.49	21.03	17.32	14.65	12.64	11.09	9.85	8.41	7.31	6.20	5.37	4.72	4.09
		388	561	765	1001	1268	1568	1898	2454	3081	4028	5096	6296	7973
14.5	126.15	28.41	22.55	18.57	15.71	13.56	11.89	10.57	9.02	7.84	6.65	5.76	5.06	4.39
		402	581	792	1036	1314	1624	1966	2542	3191	4172	5278	6520	8258
15.0	135.00	30.39	24.13	19.87	16.81	14.51	12.72	11.30	9.65	8.39	7.12	6.17	5.42	4.69
		416	601	819	1072	1359	1680	2034	2630	3301	4316	5460	6745	8543
15.5	144.15	32.44	25.75	21.21	17.94	15.49	13.58	12.07	10.30	8.96	7.60	6.58	5.79	5.01
		430	621	847	1108	1404	1736	2102	2717	3411	4460	5642	6970	8827
16.0	153.60	34.56	27.43	22.59	19.11	16.50	14.47	12.85	10.97	9.54	8.10	7.01	6.16	5.34
		443	641	874	1144	1450	1792	2170	2805	3521	4604	5824	7195	9112
		36.74	29.17	24.02	20.32	17.54	15.38	13.67	11.67	10.14	8.61	7.45	6.55	5.68

续表

风速 (m/s)	动压 (Pa)	风管直径(mm) 500	560	630	700	800	900	1000	1120	1250	1400	1600	1800	2000
		上行:风量(m³/h) 下行:单位摩擦阻力(Pa/m)												
2.0	2.40	1405	1764	2234	2759	3606	4565	5638	7068	8807	11046	14433	18273	22565
		0.10	0.09	0.08	0.07	0.06	0.05	0.04	0.04	0.03	0.03	0.02	0.02	0.02
2.5	3.75	1757	2205	2792	3449	4507	5706	7047	8835	11009	13807	18041	22841	28207
		0.15	0.13	0.11	0.10	0.08	0.07	0.06	0.06	0.05	0.04	0.04	0.03	0.03
3.0	5.40	2108	2646	3351	4139	5408	6848	8457	10602	13211	16568	21650	27409	33848
		0.21	0.18	0.16	0.14	0.12	0.10	0.09	0.08	0.07	0.06	0.05	0.04	0.04
3.5	7.35	2459	3087	3909	4828	6310	7989	9866	12369	15413	19330	25258	31978	39489
		0.28	0.24	0.21	0.19	0.16	0.14	0.12	0.11	0.09	0.08	0.07	0.06	0.05
4.0	9.60	2810	3528	4467	5518	7211	9130	11276	14136	17615	22091	28866	36546	45130
		0.36	0.31	0.27	0.24	0.20	0.18	0.15	0.14	0.12	0.10	0.09	0.08	0.07
4.5	12.15	3162	3969	5026	6208	8113	10272	12685	15903	19817	24853	32474	41114	50772
		0.45	0.39	0.34	0.30	0.25	0.22	0.19	0.17	0.15	0.13	0.11	0.10	0.08
5.0	15.00	3513	4410	5584	6898	9014	11413	14095	17670	22019	27614	36083	45682	56413
		0.55	0.48	0.41	0.36	0.31	0.27	0.24	0.21	0.18	0.16	0.13	0.12	0.10
5.5	18.15	3864	4851	6143	7587	9915	12554	15504	19437	24221	30375	39691	50251	62054
		0.65	0.57	0.49	0.43	0.37	0.32	0.28	0.25	0.22	0.19	0.16	0.14	0.12
6.0	21.60	4216	5292	6701	8277	10817	13696	16914	21204	26422	33137	43299	54819	67696
		0.77	0.67	0.58	0.51	0.43	0.38	0.33	0.29	0.25	0.22	0.19	0.16	0.14
6.5	25.35	4567	5733	7260	8967	11718	14837	18323	22972	28624	35898	46907	59387	73337
		0.89	0.78	0.67	0.59	0.50	0.44	0.39	0.34	0.30	0.26	0.22	0.19	0.17
7.0	29.40	4918	6174	7818	9657	12619	15978	19733	24739	30826	38660	50516	63955	78978
		1.03	0.90	0.78	0.68	0.58	0.50	0.44	0.39	0.34	0.30	0.25	0.22	0.19
7.5	33.75	5270	6615	8377	10346	13521	17119	21142	26506	33028	41421	54124	68524	84620
		1.17	1.02	0.88	0.78	0.66	0.57	0.51	0.44	0.39	0.34	0.29	0.25	0.22
8.0	38.40	5621	7056	8935	11036	14422	18261	22552	28273	35230	44182	57732	73092	90261
		1.32	1.15	1.00	0.88	0.75	0.65	0.57	0.50	0.44	0.38	0.33	0.28	0.25
8.5	43.35	5972	7496	9493	11726	15324	19402	23961	30040	37432	46944	61341	77660	95902
		1.49	1.29	1.12	0.99	0.84	0.73	0.64	0.56	0.49	0.43	0.37	0.32	0.28
9.0	48.60	6324	7937	10052	12416	16225	20543	25371	31807	39634	49705	64949	82228	101543

续表

风速 (m/s)	动压 (Pa)	500	560	630	700	800	900	1000	1120	1250	1400	1600	1800	2000
		风管直径(mm) 上行:风量(m³/h) 下行:单位摩擦阻力(Pa/m)												
		1.66	1.44	1.25	1.10	0.94	0.81	0.72	0.62	0.55	0.48	0.41	0.35	0.31
9.5	54.15	6675	8378	10610	13105	17126	21685	26780	33574	41836	52466	68557	86796	107185
		1.84	1.60	1.39	1.22	1.04	0.90	0.79	0.69	0.61	0.53	0.45	0.39	0.35
10.0	60.00	7026	8819	11169	13795	18028	22826	28190	35341	44037	55228	72165	91365	112826
		2.02	1.76	1.53	1.35	1.14	0.99	0.88	0.76	0.67	0.59	0.50	0.43	0.38
10.5	66.15	7378	9260	11727	14485	18929	23967	29599	37108	46239	57989	75774	95933	118467
		2.22	1.94	1.68	1.48	1.26	1.09	0.96	0.84	0.74	0.64	0.55	0.48	0.42
11.0	72.60	7729	9701	12286	15175	19831	25109	31009	38875	48441	60751	79382	100501	124109
		2.43	2.12	1.83	1.61	1.37	1.19	1.05	0.92	0.80	0.70	0.60	0.52	0.46
11.5	79.35	8080	10142	12844	15864	20732	26250	32418	40642	50643	63512	82990	105069	129750
		2.65	2.30	2.00	1.76	1.50	1.30	1.14	1.00	0.88	0.76	0.65	0.57	0.50
12.0	86.40	8431	10583	13402	16554	21633	27391	33827	42409	52845	66273	86598	109638	135391
		2.87	2.50	2.17	1.91	1.62	1.41	1.24	1.08	0.95	0.83	0.71	0.61	0.54
12.5	93.75	8783	11024	13961	17244	22535	28532	35237	44176	55047	69035	90207	114206	141033
		3.10	2.70	2.34	2.06	1.76	1.52	1.34	1.17	1.03	0.90	0.77	0.67	0.59
13.0	101.40	9134	11465	14519	17934	23436	29674	36646	45943	57249	71796	93815	118774	146674
		3.35	2.92	2.53	2.23	1.89	1.64	1.45	1.26	1.11	0.97	0.83	0.72	0.63
13.5	109.35	9485	11906	15078	18623	24338	30815	38056	47710	59450	74558	97423	123342	152315
		3.60	3.14	2.72	2.39	2.04	1.77	1.56	1.36	1.19	1.04	0.89	0.77	0.68
14.0	117.60	9837	12347	15636	19313	25239	31956	39465	49477	61652	77319	101031	127911	157957
		3.86	3.36	2.92	2.57	2.18	1.90	1.67	1.46	1.28	1.12	0.95	0.83	0.73
14.5	126.15	10188	12788	16195	20003	26140	33098	40875	51244	63854	80080	104640	132479	163598
		4.13	3.60	3.12	2.75	2.34	2.03	1.79	1.56	1.37	1.20	1.02	0.89	0.78
15.0	135.00	10539	13229	16753	20693	27042	34239	42284	53011	66056	82842	108248	137047	169239
		4.41	3.84	3.33	2.93	2.50	2.17	1.91	1.67	1.46	1.28	1.09	0.95	0.83
15.5	144.15	10891	13670	17312	21382	27943	35380	43694	54778	68258	85603	111856	141615	174880
		4.70	4.09	3.55	3.12	2.66	2.31	2.03	1.77	1.56	1.36	1.16	1.01	0.89
16.0	153.60	11242	14111	17870	22072	28844	36521	45103	56545	70460	88365	115465	146184	180522
		5.00	4.35	3.77	3.32	2.83	2.45	2.16	1.89	1.65	1.45	1.23	1.07	0.95

钢板矩形风管单位长度沿程压力损失计算表 **表 11.2-3**

风速 (m/s)	动压 (Pa)	风管断面尺寸——上行:宽(mm) 下行:高(mm)																						
		120	160	200	160	250	200	320	250	200	400	250	320	500	250	400	320	630	500	400	320	800	500	400
		120	120	120	160	120	160	120	160	200	120	200	160	120	250	160	200	120	160	200	250	120	200	250
		上行:风量(m³/h) 下行:单位摩擦阻力(Pa/m)																						
2.0	2.40	100	134	168	180	211	225	270	282	282	337	354	362	422	443	452	453	532	566	567	568	675	709	710
		0.61	0.51	0.46	0.42	0.41	0.37	0.38	0.33	0.32	0.35	0.28	0.29	0.33	0.24	0.27	0.24	0.31	0.25	0.22	0.21	0.30	0.20	0.18
2.5	3.75	125	168	210	225	263	282	338	353	353	422	442	452	528	554	565	567	666	707	708	710	843	886	887
		0.91	0.77	0.68	0.63	0.62	0.55	0.56	0.49	0.47	0.53	0.41	0.44	0.50	0.36	0.40	0.36	0.47	0.37	0.33	0.31	0.45	0.30	0.28
3.0	5.40	150	201	252	270	316	338	405	423	423	506	530	543	633	664	678	680	799	848	850	852	1012	1063	1065
		1.27	1.07	0.95	0.88	0.86	0.77	0.79	0.68	0.66	0.74	0.58	0.61	0.69	0.50	0.56	0.51	0.66	0.52	0.46	0.43	0.63	0.42	0.39
3.5	7.35	175	235	294	315	369	394	473	494	494	590	619	633	739	775	791	793	932	990	991	994	1181	1241	1242
		1.68	1.42	1.26	1.16	1.15	1.02	1.04	0.91	0.88	0.98	0.77	0.81	0.92	0.66	0.74	0.68	0.88	0.69	0.61	0.57	0.84	0.56	0.51
4.0	9.60	201	268	336	359	421	450	540	564	565	675	707	724	844	886	904	907	1065	1131	1133	1136	1349	1418	1419
		2.15	1.81	1.62	1.49	1.47	1.30	1.34	1.16	1.12	1.25	0.98	1.04	1.18	0.85	0.95	0.87	1.12	0.89	0.78	0.73	1.08	0.72	0.66
4.5	12.15	226	302	378	404	474	507	608	635	635	759	795	814	950	996	1017	1020	1198	1273	1275	1278	1518	1595	1597
		2.67	2.25	2.01	1.85	1.82	1.62	1.66	1.44	1.40	1.55	1.22	1.29	1.47	1.06	1.19	1.08	1.39	1.10	0.98	0.91	1.34	0.90	0.82
5.0	15.00	251	336	421	449	527	563	675	705	706	843	884	904	1056	1107	1130	1133	1331	1414	1416	1420	1687	1772	1774
		3.25	2.74	2.45	2.25	2.22	1.97	2.02	1.75	1.70	1.89	1.49	1.57	1.78	1.29	1.44	1.31	1.70	1.34	1.19	1.11	1.63	1.09	0.99
5.5	18.15	276	369	463	494	579	619	743	776	776	928	972	995	1161	1218	1243	1247	1464	1555	1558	1562	1855	1950	1952
		3.88	3.27	2.92	2.69	2.65	2.36	2.42	2.10	2.03	2.26	1.78	1.88	2.13	1.54	1.72	1.57	2.03	1.60	1.42	1.33	1.95	1.31	1.19
6.0	21.60	301	403	505	539	632	676	811	846	847	1012	1061	1085	1267	1328	1356	1360	1597	1697	1700	1703	2024	2127	2129
		4.56	3.85	3.44	3.17	3.12	2.77	2.85	2.47	2.39	2.66	2.10	2.21	2.51	1.81	2.03	1.85	2.38	1.89	1.67	1.57	2.29	1.54	1.40
6.5	25.35	326	436	547	584	685	732	878	917	917	1097	1149	1176	1372	1439	1469	1473	1731	1838	1841	1845	2193	2304	2307
		5.30	4.47	4.00	3.68	3.62	3.22	3.31	2.87	2.78	3.09	2.44	2.57	2.91	2.10	2.36	2.14	2.77	2.19	1.94	1.82	2.66	1.79	1.63
7.0	29.40	351	470	589	629	737	788	946	987	988	1181	1237	1266	1478	1550	1582	1587	1864	1980	1983	1987	2361	2481	2484
		6.09	5.14	4.59	4.23	4.17	3.70	3.80	3.30	3.19	3.55	2.80	2.95	3.35	2.42	2.71	2.47	3.19	2.52	2.24	2.09	3.06	2.05	1.87
7.5	33.75	376	503	631	674	790	845	1013	1058	1059	1265	1326	1357	1583	1661	1695	1700	1997	2121	2124	2129	2530	2659	2662
		6.94	5.86	5.23	4.82	4.75	4.22	4.33	3.76	3.64	4.05	3.19	3.36	3.82	2.75	3.09	2.81	3.63	2.87	2.55	2.39	3.49	2.34	2.13
8.0	38.40	401	537	673	719	843	901	1081	1128	1129	1350	1414	1447	1689	1771	1808	1813	2130	2262	2266	2271	2699	2836	2839
		7.84	6.62	5.91	5.44	5.36	4.77	4.89	4.24	4.11	4.57	3.60	3.80	4.31	3.11	3.49	3.17	4.10	3.25	2.88	2.70	3.94	2.64	2.41
8.5	43.35	426	571	715	764	895	957	1148	1199	1200	1434	1503	1537	1794	1882	1921	1927	2263	2404	2408	2413	2867	3013	3016
		8.79	7.42	6.63	6.10	6.01	5.35	5.49	4.76	4.61	5.13	4.04	4.26	4.84	3.49	3.92	3.56	4.60	3.64	3.23	3.02	4.42	2.97	2.70
9.0	48.60	451	604	757	809	948	1014	1216	1270	1270	1518	1591	1628	1900	1993	2034	2040	2396	2545	2549	2555	3036	3190	3194

续表

风速 (m/s)	动压 (Pa)	风管断面尺寸——上行:宽(mm) 下行:高(mm)																						
		120	160	200	160	250	200	320	250	200	400	250	320	500	250	400	320	630	500	400	320	800	500	400
		120	120	120	160	120	160	120	160	200	120	200	160	120	250	160	200	120	160	200	250	120	200	250
		上行:风量(m^3/h) 下行:单位摩擦阻力(Pa/m)																						
		9.80	8.27	7.39	6.80	6.70	5.96	6.12	5.31	5.14	5.72	4.51	4.75	5.39	3.89	4.37	3.97	5.13	4.06	3.60	3.37	4.93	3.31	3.01
9.5	54.15	476	638	799	854	1001	1070	1283	1340	1341	1603	1679	1718	2006	2103	2147	2153	2529	2687	2691	2697	3205	3367	3371
		10.86	9.17	8.19	7.54	7.43	6.61	6.78	5.88	5.70	6.33	5.00	5.26	5.98	4.31	4.84	4.40	5.68	4.50	3.99	3.74	5.46	3.67	3.34
10.0	60.00	501	671	841	899	1054	1126	1351	1411	1411	1687	1768	1809	2111	2214	2260	2267	2662	2828	2833	2839	3373	3545	3549
		11.97	10.11	9.03	8.31	8.19	7.28	7.47	6.48	6.28	6.98	5.51	5.80	6.59	4.76	5.34	4.85	6.27	4.96	4.40	4.12	6.02	4.04	3.68
10.5	66.15	526	705	883	944	1106	1183	1418	1481	1482	1771	1856	1899	2217	2325	2373	2380	2795	2969	2974	2981	3542	3722	3726
		13.14	11.09	9.91	9.12	8.99	7.99	8.20	7.12	6.89	7.67	6.05	6.37	7.23	5.22	5.86	5.33	6.88	5.45	4.83	4.52	6.61	4.44	4.04
11.0	72.60	551	738	925	989	1159	1239	1486	1552	1552	1856	1945	1990	2322	2436	2486	2493	2929	3111	3116	3123	3711	3899	3904
		14.36	12.12	10.83	9.97	9.82	8.74	8.96	7.78	7.54	8.38	6.61	6.96	7.90	5.71	6.40	5.82	7.52	5.95	5.28	4.94	7.23	4.85	4.42
11.5	79.35	576	772	967	1034	1212	1295	1553	1622	1623	1940	2033	2080	2428	2546	2599	2607	3062	3252	3258	3265	3879	4076	4081
		15.63	13.20	11.79	10.86	10.69	9.51	9.76	8.47	8.20	9.12	7.19	7.58	8.61	6.21	6.97	6.34	8.18	6.48	5.75	5.38	7.87	5.28	4.81
12.0	86.40	602	805	1009	1078	1264	1351	1621	1693	1694	2024	2121	2171	2533	2657	2712	2720	3195	3393	3399	3407	4048	4254	4258
		16.96	14.32	12.79	11.78	11.60	10.32	10.59	9.19	8.90	9.90	7.81	8.22	9.34	6.74	7.56	6.88	8.88	7.03	6.24	5.84	8.54	5.73	5.22
12.5	93.75	627	839	1051	1123	1317	1408	1689	1763	1764	2109	2210	2261	2639	2768	2825	2833	3328	3535	3541	3549	4217	4431	4436
		18.34	15.48	13.83	12.74	12.55	11.16	11.45	9.93	9.63	10.70	8.44	8.89	10.10	7.29	8.18	7.44	9.60	7.60	6.74	6.32	9.23	6.19	5.64
13.0	101.40	652	873	1093	1168	1370	1464	1756	1834	1835	2193	2298	2351	2744	2878	2938	2947	3461	3676	3682	3691	4385	4608	4613
		19.77	16.69	14.91	13.73	13.53	12.03	12.34	10.71	10.38	11.54	9.10	9.59	10.89	7.86	8.82	8.02	10.35	8.20	7.27	6.81	9.95	6.68	6.09
13.5	109.35	677	906	1135	1213	1422	1520	1824	1904	1905	2277	2386	2442	2850	2989	3051	3060	3594	3818	3824	3833	4554	4785	4791
		21.25	17.94	16.03	14.76	14.54	12.93	13.27	11.52	11.16	12.41	9.79	10.31	11.70	8.45	9.48	8.62	11.13	8.82	7.82	7.32	10.70	7.18	6.54
14.0	117.60	702	940	1178	1258	1475	1577	1891	1975	1976	2362	2475	2532	2955	3100	3164	3173	3727	3959	3966	3975	4723	4963	4968
		22.79	19.24	17.19	15.83	15.60	13.87	14.23	12.35	11.97	13.30	10.49	11.06	12.55	9.06	10.16	9.24	11.94	9.45	8.38	7.85	11.48	7.70	7.02
14.5	126.15	727	973	1220	1303	1528	1633	1959	2045	2046	2446	2563	2623	3061	3211	3277	3287	3860	4100	4107	4117	4891	5140	5146
		24.38	20.59	18.39	16.94	16.69	14.84	15.23	13.21	12.80	14.23	11.23	11.83	13.43	9.70	10.88	9.89	12.77	10.12	8.97	8.40	12.28	8.24	7.51
15.0	135.00	752	1007	1262	1348	1580	1689	2026	2116	2117	2530	2652	2713	3167	3321	3390	3400	3994	4242	4249	4259	5060	5317	5323
		26.03	21.98	19.64	18.08	17.81	15.84	16.26	14.10	13.67	15.19	11.99	12.63	14.33	10.35	11.61	10.56	13.64	10.80	9.58	8.97	13.11	8.80	8.02
15.5	144.15	777	1040	1304	1393	1633	1746	2094	2186	2188	2615	2740	2804	3272	3432	3503	3513	4127	4383	4391	4401	5229	5494	5500
		27.73	23.41	20.92	19.26	18.98	16.88	17.32	15.03	14.56	16.19	12.77	13.45	15.27	11.03	12.37	11.25	14.53	11.50	10.20	9.56	13.96	9.37	8.54
16.0	153.60	802	1074	1346	1438	1686	1802	2161	2257	2258	2699	2828	2894	3378	3543	3616	3627	4260	4525	4532	4543	5397	5672	5678
		29.48	24.89	22.24	20.48	20.17	17.94	18.41	15.97	15.48	17.21	13.58	14.30	16.24	11.72	13.15	11.96	15.44	12.23	10.85	10.16	14.84	9.96	9.08

续表

风速 (m/s)	动压 (Pa)	风管断面尺寸——上行:宽(mm) 下行:高(mm)																						
		630	320	1000	500	630	800	400	630	1000	800	500	400	1250	1000	800	500	630	1250	1000	500	630	1600	800
		160	320	120	250	200	160	320	250	160	200	320	400	160	200	250	400	320	200	250	500	400	160	320
		上行:风量(m^3/h) 下行:单位摩擦阻力(Pa/m)																						
2.0	2.40	713	728	844	888	894	904	910	1120	1131	1134	1139	1139	1410	1418	1421	1426	1437	1769	1778	1784	1798	1805	1823
		0.23	0.17	0.29	0.17	0.19	0.22	0.15	0.15	0.21	0.18	0.14	0.13	0.21	0.17	0.14	0.12	0.12	0.16	0.13	0.10	0.10	0.20	0.11
2.5	3.75	892	910	1055	1110	1118	1130	1138	1400	1414	1418	1424	1424	1762	1773	1776	1782	1796	2211	2222	2230	2248	2257	2279
		0.35	0.26	0.44	0.25	0.28	0.33	0.23	0.23	0.32	0.26	0.21	0.20	0.31	0.25	0.21	0.17	0.19	0.24	0.20	0.15	0.16	0.30	0.17
3.0	5.40	1070	1092	1266	1332	1341	1357	1365	1680	1697	1701	1709	1709	2114	2128	2132	2139	2155	2653	2666	2676	2697	2708	2735
		0.49	0.37	0.61	0.35	0.39	0.46	0.32	0.32	0.45	0.37	0.29	0.28	0.43	0.35	0.30	0.24	0.26	0.34	0.28	0.21	0.22	0.42	0.24
3.5	7.35	1248	1274	1477	1554	1565	1583	1593	1960	1980	1985	1993	1994	2467	2482	2487	2495	2514	3095	3111	3122	3147	3159	3190
		0.65	0.49	0.81	0.46	0.52	0.62	0.43	0.43	0.59	0.49	0.38	0.37	0.57	0.47	0.39	0.33	0.34	0.45	0.37	0.28	0.29	0.56	0.31
4.0	9.60	1427	1456	1688	1776	1788	1809	1820	2240	2262	2268	2278	2279	2819	2837	2842	2852	2873	3537	3555	3568	3596	3610	3646
		0.83	0.62	1.04	0.59	0.67	0.79	0.55	0.54	0.76	0.63	0.49	0.47	0.73	0.60	0.51	0.42	0.44	0.57	0.48	0.36	0.37	0.71	0.40
4.5	12.15	1605	1638	1899	1998	2012	2035	2048	2520	2545	2552	2563	2564	3172	3192	3198	3208	3232	3980	3999	4014	4046	4062	4102
		1.03	0.78	1.30	0.74	0.83	0.98	0.68	0.68	0.94	0.78	0.61	0.59	0.91	0.74	0.63	0.52	0.55	0.72	0.59	0.45	0.46	0.89	0.50
5.0	15.00	1783	1820	2110	2220	2235	2261	2276	2800	2828	2835	2848	2848	3524	3546	3553	3564	3591	4422	4444	4460	4495	4513	4558
		1.26	0.95	1.58	0.90	1.01	1.20	0.83	0.83	1.15	0.95	0.74	0.72	1.11	0.91	0.77	0.63	0.67	0.87	0.72	0.55	0.56	1.08	0.61
5.5	18.15	1962	2002	2321	2442	2459	2487	2503	3080	3111	3119	3132	3133	3876	3901	3908	3921	3950	4864	4888	4907	4945	4964	5013
		1.51	1.13	1.89	1.08	1.21	1.43	0.99	0.99	1.37	1.14	0.89	0.86	1.33	1.08	0.92	0.76	0.80	1.04	0.86	0.65	0.67	1.29	0.73
6.0	21.60	2140	2184	2532	2664	2682	2713	2731	3360	3393	3402	3417	3418	4229	4255	4263	4277	4310	5306	5333	5353	5394	5416	5469
		1.77	1.33	2.22	1.27	1.43	1.68	1.17	1.16	1.61	1.34	1.04	1.01	1.57	1.27	1.08	0.89	0.94	1.23	1.02	0.77	0.79	1.52	0.86
6.5	25.35	2318	2366	2743	2887	2906	2939	2958	3640	3676	3686	3702	3703	4581	4610	4619	4634	4669	5748	5777	5799	5844	5867	5925
		2.06	1.55	2.58	1.47	1.66	1.96	1.36	1.35	1.88	1.56	1.21	1.18	1.82	1.48	1.25	1.03	1.09	1.42	1.18	0.90	0.92	1.76	1.00
7.0	29.40	2496	2548	2954	3109	3129	3165	3186	3920	3959	3969	3987	3988	4934	4965	4974	4990	5028	6191	6221	6245	6293	6318	6381
		2.37	1.78	2.97	1.70	1.91	2.25	1.56	1.55	2.16	1.79	1.40	1.35	2.09	1.70	1.44	1.19	1.26	1.64	1.36	1.03	1.06	2.03	1.15
7.5	33.75	2675	2730	3165	3331	3353	3391	3413	4200	4242	4253	4271	4273	5286	5319	5329	5347	5387	6633	6666	6691	6743	6770	6837
		2.70	2.03	3.38	1.93	2.17	2.56	1.78	1.77	2.46	2.04	1.59	1.54	2.38	1.94	1.64	1.36	1.43	1.87	1.55	1.17	1.20	2.31	1.31
8.0	38.40	2853	2912	3376	3553	3576	3617	3641	4480	4525	4536	4556	4557	5638	5674	5685	5703	5746	7075	7110	7137	7192	7221	7292
		3.05	2.29	3.82	2.18	2.45	2.89	2.01	2.00	2.78	2.30	1.80	1.74	2.69	2.19	1.86	1.53	1.62	2.11	1.75	1.33	1.36	2.61	1.48
8.5	43.35	3031	3094	3587	3775	3800	3844	3868	4760	4807	4820	4841	4842	5991	6028	6040	6060	6105	7517	7555	7583	7642	7672	7748
		3.42	2.57	4.28	2.45	2.75	3.25	2.26	2.24	3.12	2.59	2.02	1.96	3.02	2.46	2.08	1.72	1.82	2.37	1.96	1.49	1.53	2.93	1.66
9.0	48.60	3210	3276	3797	3997	4023	4070	4096	5040	5090	5103	5126	5127	6343	6383	6395	6416	6464	7959	7999	8029	8092	8124	8204

续表

风速 (m/s)	动压 (Pa)	风管断面尺寸——上行:宽(mm) 下行:高(mm)																						
		630	320	1000	500	630	800	400	630	1000	800	500	400	1250	1000	800	500	630	1250	1000	500	630	1600	800
		160	320	120	250	200	160	320	250	160	200	320	400	160	200	250	400	320	200	250	500	400	160	320
		上行:风量(m^3/h) 下行:单位摩擦阻力(Pa/m)																						
		3.81	2.87	4.77	2.73	3.07	3.62	2.52	2.50	3.47	2.88	2.25	2.18	3.37	2.74	2.32	1.92	2.03	2.64	2.19	1.66	1.70	3.27	1.85
9.5	54.15	3388	3458	4008	4219	4247	4296	4324	5320	5373	5387	5410	5412	6696	6738	6750	6772	6823	8402	8443	8475	8541	8575	8660
		4.23	3.18	5.29	3.03	3.40	4.01	2.79	2.77	3.85	3.20	2.49	2.42	3.73	3.04	2.57	2.12	2.25	2.93	2.43	1.84	1.89	3.62	2.06
10.0	60.00	3566	3640	4219	4441	4470	4522	4551	5600	5656	5670	5695	5697	7048	7092	7106	7129	7183	8844	8888	8921	8991	9026	9115
		4.66	3.50	5.83	3.34	3.75	4.42	3.08	3.06	4.24	3.52	2.75	2.66	4.12	3.35	2.84	2.34	2.48	3.23	2.67	2.03	2.08	3.99	2.27
10.5	66.15	3745	3822	4430	4663	4694	4748	4779	5881	5939	5954	5980	5982	7400	7447	7461	7485	7542	9286	9332	9367	9440	9478	9571
		5.11	3.85	6.40	3.66	4.12	4.86	3.38	3.36	4.66	3.87	3.02	2.93	4.52	3.68	3.12	2.57	2.72	3.54	2.94	2.23	2.29	4.38	2.49
11.0	72.60	3923	4005	4641	4885	4917	4974	5006	6161	6221	6237	6265	6266	7753	7801	7816	7842	7901	9728	9776	9813	9890	9929	10027
		5.59	4.20	7.00	4.00	4.50	5.31	3.70	3.67	5.09	4.23	3.30	3.20	4.94	4.02	3.41	2.81	2.98	3.87	3.21	2.43	2.50	4.79	2.72
11.5	79.35	4101	4187	4852	5107	5141	5200	5234	6441	6504	6521	6550	6551	8105	8156	8172	8198	8260	10170	10221	10259	10339	10380	10483
		6.09	4.58	7.62	4.36	4.90	5.78	4.02	4.00	5.54	4.60	3.59	3.48	5.38	4.38	3.71	3.06	3.24	4.21	3.49	2.65	2.72	5.22	2.96
12.0	86.40	4280	4369	5063	5329	5365	5426	5461	6721	6787	6804	6834	6836	8458	8511	8527	8555	8619	10612	10665	10705	10789	10831	10939
		6.60	4.97	8.26	4.73	5.32	6.27	4.37	4.34	6.02	4.99	3.89	3.78	5.83	4.75	4.02	3.32	3.52	4.57	3.79	2.88	2.95	5.66	3.21
12.5	93.75	4458	4551	5274	5551	5588	5652	5689	7001	7070	7088	7119	7121	8810	8865	8882	8911	8978	11055	11110	11151	11238	11283	11394
		7.14	5.37	8.94	5.12	5.75	6.78	4.72	4.69	6.51	5.40	4.21	4.09	6.31	5.14	4.35	3.59	3.80	4.94	4.10	3.11	3.19	6.12	3.48
13.0	101.40	4636	4733	5485	5773	5812	5878	5916	7281	7353	7371	7404	7406	9162	9220	9237	9268	9337	11497	11554	11597	11688	11734	11850
		7.70	5.79	9.64	5.52	6.20	7.31	5.09	5.06	7.01	5.82	4.54	4.41	6.80	5.54	4.69	3.87	4.10	5.33	4.42	3.35	3.44	6.60	3.75
13.5	109.35	4815	4915	5696	5995	6035	6104	6144	7561	7635	7655	7689	7691	9515	9575	9593	9624	9696	11939	11998	12043	12137	12185	12306
		8.28	6.23	10.36	5.93	6.67	7.86	5.47	5.44	7.54	6.26	4.88	4.74	7.32	5.96	5.05	4.16	4.41	5.73	4.75	3.61	3.30	7.10	4.03
14.0	117.60	4993	5097	5907	6217	6259	6331	6372	7841	7918	7938	7973	7976	9867	9929	9948	9980	10056	12381	12443	12489	12587	12637	12762
		8.88	6.68	11.11	6.36	7.15	8.43	5.87	5.83	8.09	6.72	5.24	5.08	7.85	6.39	5.41	4.47	4.73	6.15	5.10	3.87	3.97	7.61	4.32
14.5	126.15	5171	5279	6118	6439	6482	6557	6599	8121	8201	8222	8258	8260	10220	10284	10303	10337	10415	12823	12887	12935	13036	13088	13217
		9.50	7.15	11.89	6.81	7.65	9.02	6.28	6.24	8.65	7.18	5.60	5.44	8.39	6.84	5.79	4.78	5.06	6.58	5.46	4.14	4.25	8.14	4.63
15.0	135.00	5350	5461	6329	6661	6706	6783	6827	8401	8484	8505	8543	8545	10572	10638	10659	10693	10774	13266	13332	13381	13486	13539	13673
		10.14	7.63	12.69	7.27	8.17	9.63	6.71	6.66	9.24	7.67	5.98	5.80	8.96	7.30	6.18	5.10	5.40	7.02	5.82	4.42	4.54	8.69	4.94
15.5	144.15	5528	5643	6540	6883	6929	7009	7054	8681	8767	8789	8828	8830	10924	10993	11014	11050	11133	13708	13776	13828	13935	13991	14129
		10.80	8.13	13.52	7.74	8.70	10.26	7.14	7.10	9.84	8.17	6.37	6.18	9.55	7.77	6.58	5.43	5.75	7.48	6.20	4.71	4.83	9.26	5.26
16.0	153.60	5706	5825	6751	7105	7153	7235	7282	8961	9049	9072	9112	9115	11277	11348	11369	11406	11492	14150	14220	14274	14385	14442	14585
		11.48	8.64	14.37	8.23	9.25	10.91	7.60	7.54	10.46	8.69	6.78	6.57	10.15	8.27	7.00	5.78	6.12	7.95	6.60	5.00	5.14	9.84	5.59

续表

风速 (m/s)	动压 (Pa)	风管断面尺寸——上行：宽(mm) 下行：高(mm)																						
		1250	630	1600	1000	800	2000	630	1600	1250	1000	800	2000	1250	1000	800	1600	2500	1250	1000	2000	1600	800	1250
		250	500	200	320	400	200	630	250	320	400	500	250	400	500	630	320	250	500.	630	320	400	800	630
		上行：风量(m^3/h) 下行：单位摩擦阻力(Pa/m)																						
2.0	2.40	2218	2250	2265	2280	2282	2833	2838	2840	2846	2855	2857	3551	3564	3573	3603	3645	4433	4462	4507	4558	4565	4579	5629
		0.13	0.09	0.15	0.10	0.09	0.15	0.08	0.12	0.10	0.09	0.08	0.12	0.08	0.07	0.07	0.09	0.11	0.06	0.06	0.05	0.07	0.06	0.05
2.5	3.75	2772	2813	2831	2850	2853	3541	3547	3550	3558	3569	3571	4439	4456	4466	4504	4556	5541	5578	5633	5697	5706	5724	7037
		0.19	0.13	0.23	0.16	0.14	0.23	0.11	0.18	0.15	0.13	0.12	0.18	0.12	0.11	0.10	0.14	0.17	0.10	0.09	0.13	0.11	0.09	0.08
3.0	5.40	3326	3375	3398	3420	3424	4249	4257	4260	4269	4282	4285	5327	5347	5360	5405	5467	6649	6693	6760	6837	6847	6869	8444
		0.27	0.19	0.33	0.22	0.20	0.32	0.16	0.25	0.21	0.18	0.16	0.25	0.17	0.15	0.14	0.20	0.24	0.14	0.12	0.19	0.16	0.12	0.11
3.5	7.35	3881	3938	3964	3990	3994	4957	4966	4970	4981	4996	4999	6215	6238	6253	6305	6379	7757	7809	7887	7976	7989	8014	9852
		0.35	0.25	0.43	0.29	0.26	0.42	0.21	0.34	0.28	0.24	0.22	0.33	0.22	0.20	0.18	0.26	0.32	0.18	0.17	0.25	0.21	0.16	0.15
4.0	9.60	4435	4500	4530	4561	4565	5665	5676	5680	5692	5710	5713	7103	7129	7146	7206	7290	8866	8925	9013	9116	9130	9158	11259
		0.45	0.32	0.55	0.38	0.33	0.54	0.27	0.43	0.35	0.31	0.28	0.42	0.29	0.25	0.24	0.33	0.41	0.23	0.21	0.32	0.27	0.20	0.19
4.5	12.15	4990	5063	5097	5131	5136	6373	6385	6390	6404	6423	6427	7991	8020	8039	8107	8201	9974	10040	10140	10255	10271	10303	12666
		0.57	0.39	0.69	0.47	0.42	0.67	0.34	0.54	0.44	0.38	0.35	0.52	0.36	0.32	0.30	0.42	0.51	0.29	0.26	0.40	0.33	0.25	0.24
5.0	15.00	5544	5625	5663	5701	5706	7081	7094	7100	7115	7137	7142	8879	8911	8933	9008	9112	11082	11156	11267	11395	11412	11448	14074
		0.69	0.48	0.84	0.57	0.51	0.82	0.41	0.66	0.54	0.47	0.42	0.64	0.43	0.39	0.36	0.51	0.62	0.35	0.32	0.49	0.41	0.31	0.29
5.5	18.15	6099	6188	6229	6271	6277	7789	7804	7810	7827	7851	7856	9767	9802	9826	9909	10024	12190	12271	12393	12534	12553	12593	15481
		0.82	0.57	1.00	0.68	0.60	0.98	0.49	0.79	0.64	0.56	0.51	0.76	0.52	0.46	0.43	0.61	0.74	0.42	0.38	0.58	0.49	0.37	0.35
6.0	21.60	6653	6750	6796	6841	6847	8498	8513	8520	8538	8565	8570	10654	10693	10719	10809	10935	13298	13387	13520	13674	13695	13738	16888
		0.97	0.67	1.18	0.80	0.71	1.15	0.58	0.93	0.76	0.66	0.60	0.90	0.61	0.54	0.51	0.71	0.87	0.50	0.45	0.69	0.57	0.43	0.41
6.5	25.35	7207	7313	7362	7411	7418	9206	9223	9230	9250	9278	9284	11542	11584	11612	11710	11846	14406	14502	14647	14813	14836	14883	18296
		1.13	0.78	1.37	0.93	0.83	1.34	0.68	1.08	0.88	0.76	0.70	1.04	0.71	0.63	0.59	0.83	1.02	0.58	0.53	0.80	0.66	0.51	0.48
7.0	29.40	7762	7875	7928	7981	7989	9914	9932	9940	9962	9992	9998	12430	12475	12506	12611	12757	15515	15618	15773	15953	15977	16027	19703
		1.30	0.90	1.58	1.07	0.95	1.54	0.78	1.24	1.01	0.88	0.80	1.20	0.82	0.73	0.68	0.96	1.17	0.67	0.61	0.92	0.76	0.58	0.55
7.5	33.75	8316	8438	8494	8551	8559	10622	10642	10650	10673	10706	10712	13318	13367	13399	13512	13669	16623	16733	16900	17092	17118	17172	21110
		1.48	1.03	180	1.22	1.09	1.75	0.89	1.41	1.15	1.00	0.91	1.37	0.93	0.83	0.77	1.09	1.33	0.76	0.69	1.05	0.87	0.66	0.63
8.0	38.40	8871	9001	9061	9121	9130	11330	11351	11360	11385	11419	11427	14206	14258	14292	14412	14580	17731	17849	18027	18232	18259	18317	22518
		1.67	1.16	2.03	1.38	1.23	1.98	1.00	1.59	1.30	1.13	1.03	1.54	1.05	0.94	0.87	1.23	1.50	0.86	0.78	1.18	0.99	0.75	0.71
8.5	43.35	9425	9563	9627	9691	9700	12038	12060	12070	12096	12133	12141	15094	15149	15185	15313	15491	18839	18965	19153	19371	19401	19462	23925
		1.87	1.30	2.28	1.55	1.38	2.22	1.12	1.79	1.46	1.27	1.16	1.73	1.18	1.05	0.98	1.38	1.69	0.97	0.88	1.33	1.11	0.84	0.80
9.0	48.60	9979	10126	10193	10261	10271	12746	12770	12780	12808	12847	12855	15982	16040	16079	16214	16402	19947	20080	20280	20511	20542	20607	25333

续表

风速 (m/s)	动压 (Pa)	1250	630	1600	1000	800	2000	630	1600	1250	1000	800	2000	1250	1000	800	1600	2500	1250	1000	2000	1600	800	1250
		250	500	200	320	400	200	630	250	320	400	500	250	400	500	630	320	250	500	630	320	400	800	630
		风管断面尺寸——上行:宽(mm) 下行:高(mm)；上行:风量(m³/h) 下行:单位摩擦阻力(Pa/m)																						
		2.09	1.45	2.54	1.73	1.54	2.47	1.25	1.99	1.63	1.41	1.29	1.93	1.32	1.17	1.09	1.54	1.88	1.08	0.98	1.48	1.23	0.94	0.89
9.5	54.15	10534	10688	10760	10831	10842	13455	13479	13490	13519	13561	13569	16869	16931	16972	17115	17314	21056	21196	21407	21650	21683	21751	26740
		2.31	1.61	2.82	1.91	1.70	2.74	1.39	2.21	1.80	1.57	1.43	2.14	1.46	1.30	1.21	1.71	2.09	1.19	1.08	1.64	1.37	1.04	0.98
10.0	60.00	11088	11251	11326	11401	11412	14163	14189	14201	14231	14274	14283	17757	17822	17865	18016	18225	22164	22311	22534	22790	22824	22896	28147
		2.55	1.78	3.11	2.11	1.88	3.02	1.53	2.44	1.99	1.73	1.58	2.36	1.61	1.43	1.34	1.88	2.30	1.32	1.20	1.81	1.51	1.15	1.09
10.5	66.15	11643	11813	11892	11971	11983	14871	14898	14911	14942	14988	14997	18645	18713	18758	18916	19136	23272	23427	23660	23929	23966	24041	29555
		2.80	1.95	3.41	2.32	2.06	3.32	1.68	2.68	2.19	1.89	1.73	2.59	1.77	1.57	1.47	2.07	2.52	1.45	1.31	1.98	1.65	1.26	1.19
11.0	72.60	12197	12376	12459	12542	12553	15579	15608	15621	15654	15702	15712	19533	19604	19652	19817	20047	24380	24542	24787	25069	25107	25186	30962
		3.06	2.13	3.73	2.53	2.25	3.63	1.84	2.93	2.39	2.07	1.89	2.83	1.93	1.72	1.60	2.26	2.76	1.58	1.43	2.17	1.81	1.38	1.30
11.5	79.35	12752	12938	13025	13112	13124	16287	16317	16331	16365	16415	16426	20421	20495	20545	20718	20959	25488	25658	25914	26208	26248	26331	32369
		3.33	2.32	4.06	2.76	2.45	3.95	2.00	3.19	2.60	2.26	2.06	3.08	2.10	1.87	1.75	2.46	3.01	1.72	1.56	2.36	1.97	1.50	1.42
12.0	86.40	13306	13501	13591	13682	13695	16995	17027	17041	17077	17129	17140	21309	21387	21438	21619	21870	26597	26774	27040	27348	27389	27475	33777
		3.62	2.52	4.41	2.99	2.66	4.29	2.17	3.46	2.82	2.45	2.24	3.34	2.28	2.03	1.90	2.67	3.26	1.87	1.70	2.56	2.14	1.63	1.54
12.5	93.75	13860	14063	14157	14252	14265	17703	17736	17751	17788	17843	17854	22197	22278	22332	22519	22781	27705	27889	28167	28487	28530	28620	35184
		3.91	2.72	4.76	3.24	2.88	4.64	2.35	3.74	3.05	2.65	2.42	3.62	2.47	2.19	2.05	2.89	3.53	2.02	1.83	2.77	2.31	1.76	1.67
13.0	101.40	14415	14626	14724	14822	14836	18412	18445	18461	18500	18556	18568	23085	23169	23225	23420	23692	28813	29005	29294	29627	29672	29765	36591
		4.22	2.94	5.14	3.49	3.10	5.00	2.53	4.03	3.29	2.85	2.61	3.90	2.66	2.37	2.21	3.11	3.80	2.18	1.98	2.99	2.49	1.90	1.80
13.5	109.35	14969	15188	15290	15392	15407	19120	19155	19171	19212	19270	19282	23972	24060	24118	24321	24604	29921	30120	30420	30766	30813	30910	37999
		4.53	3.16	5.52	3.75	3.34	5.38	2.72	4.33	3.54	3.07	2.80	4.19	2.86	2.54	2.38	3.35	4.09	2.34	2.13	3.22	2.68	2.04	1.93
14.0	117.60	15524	15751	15856	15962	15977	19828	19864	19881	19923	19984	19997	24860	24951	25011	25222	25515	31029	31236	31547	31906	31954	32055	39406
		4.86	3.39	5.92	4.02	3.58	5.77	2.92	4.65	3.80	3.29	3.01	4.50	3.07	2.73	2.55	3.59	4.39	2.51	2.28	3.45	2.87	2.19	2.07
14.5	126.15	16078	16313	16423	16532	16548	20536	20574	20591	20635	20698	20711	25748	25842	25905	26123	26426	32138	32351	32674	33045	33095	33200	40814
		5.20	3.62	6.34	4.31	3.83	6.17	3.12	4.97	4.06	3.52	3.22	4.81	3.28	2.92	2.73	3.84	4.69	3.69	2.44	3.69	3.08	2.34	2.22
15.0	135.00	16632	16876	16989	17102	17118	21244	21283	21301	21346	21411	21425	26636	26733	26798	27023	27337	33246	33467	33800	34185	34236	34344	42221
		5.55	3.87	6.77	4.60	4.09	6.59	3.34	5.31	4.34	3.76	3.43	5.14	3.51	3.12	2.91	4.10	5.01	2.87	2.61	3.94	3.28	2.50	2.37
15.5	144.15	17187	17439	17555	17672	17689	21952	21993	22011	22058	22125	22139	27524	27624	27691	27924	28249	34354	34583	34927	35324	35378	35489	43628
		5.92	4.12	7.21	4.90	4.36	7.02	3.55	5.66	4.62	4.01	3.66	5.47	3.74	3.32	3.10	4.37	5.34	3.06	2.78	4.20	3.50	2.66	2.52
16.0	153.60	17741	18001	18121	18242	18260	22660	22702	22721	22769	22839	22853	28412	28515	28584	28825	29160	35462	35698	36054	36464	36519	36634	45036
		6.29	4.38	7.66	5.21	4.63	7.46	3.78	6.02	4.91	4.26	3.89	5.82	3.97	3.53	3.30	4.65	5.67	3.25	2.95	4.46	3.72	2.83	2.68

续表

风速 (m/s)	动压 (Pa)	风管断面尺寸——上行:宽(mm) 下行:高(mm)																						
		2500 320	2000 400	1600 500	1000 800	3000 320	2500 400	2000 500	1250 800	1000 1000	1600 630	3000 400	2500 500	1250 1000	2000 630	1600 800	3500 400	3000 500	1250 1250	2500 630	4000 400	2000 800	1600 1000	3500 500
		上行:风量(m^3/h) 下行:单位摩擦阻力(Pa/m)																						
2.0	2.40	5691	5708	5715	5728	6831	7129	7146	7156	7164	7209	8557	8927	8951	9015	9164	9985	10714	11196	11263	11412	11460	11464	12502
		0.09	0.07	0.06	0.05	0.08	0.07	0.06	0.04	0.04	0.05	0.07	0.05	0.04	0.05	0.04	0.06	0.05	0.03	0.04	0.06	0.04	0.03	0.05
2.5	3.75	7114	7135	7143	7160	8539	8911	8933	8945	8955	9012	10696	11158	11189	11269	11455	12481	13393	13995	14079	14265	14324	14330	15628
		0.13	0.11	0.09	0.07	0.13	0.10	0.09	0.07	0.06	0.07	0.10	0.08	0.06	0.07	0.06	0.10	0.08	0.05	0.06	0.10	0.06	0.05	0.08
3.0	5.40	8537	8562	8572	8591	10246	10694	10719	10734	10746	10814	12835	13390	13427	13523	13746	14977	16072	16794	16895	17119	17189	17196	18753
		0.18	0.15	0.13	0.10	0.18	0.14	0.12	0.09	0.09	0.10	0.14	0.11	0.08	0.10	0.08	0.14	0.11	0.07	0.09	0.13	0.08	0.07	0.11
3.5	7.35	9959	9989	10001	10023	11954	12476	12506	12523	12537	12617	14974	15622	15665	15777	16037	17473	18750	19593	19711	19972	20054	20062	21879
		0.24	0.20	0.17	0.14	0.24	0.19	0.16	0.12	0.12	0.14	0.19	0.15	0.11	0.13	0.11	0.18	0.15	0.09	0.12	0.18	0.10	0.09	0.14
4.0	9.60	11382	11416	11429	11455	13662	14258	14292	14312	14328	14419	17114	17853	17903	18031	18328	19969	21429	22392	22527	22825	22919	22928	25004
		0.31	0.25	0.22	0.18	0.30	0.24	0.20	0.16	0.16	0.18	0.24	0.19	0.14	0.16	0.14	0.23	0.19	0.12	0.15	0.23	0.13	0.12	0.18
4.5	12.15	12805	12844	12858	12887	15369	16040	16079	16101	16119	16221	19253	20085	20141	20284	20620	22465	24107	25191	25343	25678	25784	25794	28130
		0.39	0.32	0.27	0.22	0.38	0.30	0.25	0.20	0.19	0.22	0.30	0.24	0.17	0.20	0.18	0.29	0.23	0.15	0.19	0.29	0.16	0.15	0.23
5.0	15.00	14228	14271	14287	14319	17077	17823	17865	17889	17910	18024	21392	22317	22379	22538	22911	24962	26786	27990	28159	28531	28649	28660	31255
		0.47	0.39	0.33	0.27	0.46	0.37	0.31	0.24	0.24	0.27	0.36	0.29	0.21	0.25	0.22	0.35	0.28	0.18	0.23	0.35	0.20	0.18	0.28
5.5	18.15	15650	15698	15715	15751	18785	19605	19652	19678	19701	19826	23531	24548	24617	24792	25202	27458	29465	30789	30975	31384	31514	31526	34381
		0.56	0.46	0.39	0.32	0.55	0.44	0.37	0.29	0.28	0.32	0.43	0.35	0.25	0.30	0.26	0.42	0.34	0.22	0.28	0.42	0.24	0.22	0.33
6.0	21.60	17073	17125	17144	17183	20492	21387	21438	21467	21492	21628	25671	26780	26854	27046	27493	29954	32143	33588	33790	34237	34379	34392	37506
		0.66	0.54	0.46	0.38	0.65	0.52	0.44	0.34	0.33	0.38	0.51	0.42	0.29	0.35	0.31	0.50	0.40	0.25	0.33	0.49	0.28	0.26	0.39
6.5	25.35	18496	18552	18573	18615	22200	23170	23225	23256	23283	23431	27810	29012	29092	29300	29784	32450	34822	36387	36606	37090	37244	37258	40632
		0.77	0.63	0.54	0.45	0.75	0.61	0.51	0.40	0.39	0.44	0.59	0.48	0.34	0.41	0.36	0.58	0.47	0.30	0.38	0.57	0.33	0.30	0.46
7.0	29.40	19919	19979	20001	20047	23908	24952	25011	25045	25074	25233	29949	31243	31330	31553	32075	34946	37500	39186	39422	39943	40109	40124	43758
		0.89	0.73	0.62	0.51	0.87	0.70	0.58	0.46	0.44	0.50	0.68	0.56	0.39	0.47	0.41	0.67	0.54	0.34	0.44	0.66	0.38	0.35	0.52
7.5	33.75	21341	21406	21430	21479	25616	26734	26798	26834	26865	27036	32088	33475	33568	33807	34366	37442	40179	41985	42238	42796	42973	42990	46883
		1.01	0.83	0.70	0.58	0.99	0.80	0.66	0.52	0.51	0.57	0.78	0.63	0.45	0.53	0.47	0.76	0.61	0.39	0.50	0.75	0.43	0.39	0.60
8.0	38.40	22764	22833	22859	22911	27323	28516	28584	28623	28656	28838	34227	35707	35806	36061	36657	39938	42858	44784	45054	45649	45838	45856	50009
		1.14	0.94	0.80	0.66	1.12	0.90	0.75	0.59	0.57	0.65	0.88	0.72	0.50	0.60	0.53	0.86	0.69	0.44	0.57	0.85	0.49	0.45	0.68
8.5	43.35	24187	24260	24287	24342	29031	30299	30371	30412	30447	30640	36367	37938	38044	38315	38948	42435	45536	47583	47870	48503	48703	48722	53134
		1.28	1.05	0.89	0.74	1.26	1.01	0.84	0.66	0.64	0.73	0.98	0.80	0.57	0.68	0.59	0.96	0.78	0.49	0.64	0.95	0.55	0.50	0.76
9.0	48.60	25610	25687	25716	25774	30739	32081	32157	32201	32238	32443	38506	40170	40282	40569	41239	44931	48215	50382	50686	51356	51568	51588	56260

续表

风速 (m/s)	动压 (Pa)	风管断面尺寸——上行：宽(mm) 下行：高(mm)																						
		2500	2000	1600	1000	3000	2500	2000	1250	1000	1600	3000	2500	1250	2000	1600	3500	3000	1250	2500	4000	2000	1600	3500
		320	400	500	800	320	400	500	800	1000	630	400	500	1000	630	800	400	500	1250	630	400	800	1000	500
		上行：风量(m^3/h) 下行：单位摩擦阻力(Pa/m)																						
		1.43	1.17	1.00	0.83	1.40	1.13	0.94	0.74	0.72	0.81	1.10	0.90	0.63	0.76	0.66	1.07	0.87	0.55	0.71	1.06	0.61	0.56	0.84
9.5	54.15	27032	27114	27145	27206	32446	33863	33944	33990	34029	34245	40645	42402	42519	42822	43530	47427	50893	53181	53501	54209	54433	54454	59385
		1.59	1.30	1.11	0.92	1.55	1.25	1.04	0.82	0.79	0.90	1.22	0.99	0.70	0.84	0.74	1.19	0.96	0.61	0.79	1.17	0.68	0.62	0.94
10.0	60.00	28455	28541	28574	28638	34154	35645	35730	35779	35820	36047	42784	44633	44757	45076	45821	49923	53572	55980	56317	57062	57298	57320	62511
		1.75	1.43	1.22	1.01	1.71	1.38	1.15	0.90	0.88	0.99	1.34	1.10	0.77	0.92	0.81	1.31	1.06	0.67	0.87	1.29	0.75	0.68	1.03
10.5	66.15	29878	29968	30002	30070	35862	37428	37517	37568	37611	37850	44923	46865	46995	47330	48112	52419	56251	58779	59133	59915	60163	60186	65636
		1.92	1.57	1.34	1.11	1.88	1.51	1.26	0.99	0.96	1.09	1.47	1.20	0.85	1.01	0.89	1.44	1.16	0.74	0.96	1.42	0.82	0.75	1.13
11.0	72.60	31301	31395	31431	31502	37569	39210	39303	39357	39402	39652	47063	49097	49233	49584	50403	54915	58929	61578	61949	62768	63028	63051	68762
		2.10	1.72	1.46	1.21	2.05	1.65	1.38	1.08	1.05	1.19	1.61	1.31	0.93	1.11	0.97	1.58	1.27	0.80	1.05	1.55	0.90	0.82	1.24
11.5	79.35	32724	32822	32860	32934	39277	40992	41090	41146	41193	41455	49202	51328	51471	51838	52694	57412	61608	64377	64765	65621	65893	65917	71887
		2.29	1.87	1.59	1.32	2.24	1.80	1.50	1.18	1.15	1.29	1.75	1.43	1.01	1.21	1.06	1.72	1.38	0.88	1.14	1.69	0.98	0.89	1.35
12.0	86.40	34146	34249	34288	34366	40985	42775	42876	42935	42984	43257	51341	53560	53709	54092	54985	59908	64286	67176	67581	68474	68758	68783	75013
		2.48	2.03	1.73	1.43	2.43	1.96	1.63	1.28	1.24	1.41	1.90	1.55	1.10	1.31	1.15	1.86	1.50	0.95	1.24	1.83	1.06	0.97	1.47
12.5	93.75	35569	35676	35717	35798	42693	44557	44663	44724	44775	45059	53480	55792	55947	56345	57276	62404	66965	69975	70397	71327	71622	71649	78139
		2.68	2.20	1.87	1.55	2.62	2.11	1.76	1.39	1.34	1.52	2.06	1.68	1.18	1.42	1.24	2.02	1.62	1.03	1.34	1.98	1.15	1.05	1.58
13.0	101.40	36992	37103	37146	37230	44400	46339	46449	46513	46566	46862	55620	58023	58185	58599	59567	64900	69644	72774	73213	74180	74487	74515	81264
		2.89	2.37	2.02	1.67	2.83	2.28	1.90	1.49	1.45	1.64	2.22	1.81	1.28	1.53	1.34	2.17	1.75	1.11	1.44	2.14	1.24	1.13	1.71
13.5	109.35	38415	38531	38574	38662	46108	48121	48236	48302	48357	48664	57759	60255	60422	60853	61859	67396	72322	75573	76028	77034	77352	77381	84390
		3.11	2.55	2.17	1.80	3.04	2.45	2.04	1.61	1.56	1.76	2.38	1.95	1.37	1.64	1.44	2.34	1.88	1.19	1.55	2.30	1.33	1.22	1.84
14.0	117.60	39837	39958	40003	40094	47816	49904	50022	50091	50148	50466	59898	62487	62660	63107	64150	69892	75001	78372	78844	79887	80217	80247	87515
		3.34	2.74	2.33	1.93	3.26	2.63	2.19	1.72	1.67	1.89	2.56	2.09	1.47	1.76	1.55	2.51	2.02	1.28	1.66	2.47	1.43	1.30	1.97
14.5	126.15	41260	41385	41432	41525	49523	51686	51809	51879	51939	52269	62037	64718	64898	65361	66441	72388	77679	81171	81660	82740	83082	83113	90641
		3.57	2.93	2.49	2.06	3.49	2.81	2.35	1.84	1.79	2.02	2.74	2.24	1.58	1.89	1.66	2.68	2.16	1.37	1.78	2.64	1.53	1.40	2.11
15.0	135.00	42683	42812	42860	42957	51231	53468	53595	53668	53730	54071	64176	66950	67136	67614	68732	74885	80358	83971	84476	85593	85947	85979	93766
		3.81	3.13	2.66	2.20	3.73	3.00	2.50	1.97	1.91	2.16	2.92	2.39	1.68	2.01	1.77	2.86	2.31	1.46	1.90	2.82	1.63	1.49	2.25
15.5	144.15	44106	44239	44289	44389	52939	55250	55382	55457	55521	55874	66316	69181	69374	69868	71023	77381	83037	86770	87292	88446	88812	88845	96892
		4.06	3.33	2.83	2.34	3.97	3.20	2.67	2.10	2.03	2.30	3.11	2.54	1.79	2.15	1.88	3.05	2.46	1.56	2.02	3.00	1.74	1.59	2.40
16.0	153.60	45528	45666	45718	45821	54646	57033	57169	57246	57312	57676	68455	71413	71612	72122	73314	79877	85715	89569	90108	91299	91677	91711	100017
		4.32	3.54	3.01	2.49	4.22	3.40	2.84	2.23	2.16	2.45	3.31	2.70	1.91	2.28	2.00	3.24	2.61	1.66	2.15	3.19	1.85	1.69	2.55

续表

风速 (m/s)	动压 (Pa)	风管断面尺寸——上行:宽(mm) 下行:高(mm) 3000 630	4000 500	2500 800	2000 1000	1600 1250	3500 630	3000 800	2500 1000	2000 1250	4000 630	1600 1600	3500 800	3000 1000	2500 1250	4000 800	2000 1600	3500 1000	3000 1250	4000 1000	2500 1600	2000 2000	3500 1250	3000 1600
		上行:风量(m³/h) 下行:单位摩擦阻力(Pa/m)																						
2.0	2.40	13519	14290	14319	14335	14339	15775	17187	17914	17930	18031	18363	20055	21502	22408	22923	22962	25090	26896	28678	28700	28714	31384	34447
		0.04	0.05	0.03	0.03	0.03	0.04	0.03	0.03	0.03	0.04	0.02	0.03	0.03	0.02	0.03	0.02	0.03	0.02	0.02	0.02	0.02	0.02	0.02
2.5	3.75	16899	17862	17899	17919	17923	19719	21484	22393	22412	22538	22954	25069	26878	28010	28653	28703	31362	33620	35847	35875	35892	39230	43059
		0.06	0.08	0.05	0.05	0.04	0.06	0.05	0.04	0.04	0.06	0.04	0.05	0.04	0.04	0.05	0.03	0.04	0.03	0.04	0.03	0.03	0.03	0.03
3.0	5.40	20279	21435	21479	21503	21508	23662	25781	26872	26895	27046	27544	30082	32253	33612	34384	34443	37635	40344	43017	43050	43071	47076	51671
		0.09	0.11	0.07	0.06	0.06	0.08	0.07	0.06	0.05	0.08	0.05	0.07	0.06	0.05	0.06	0.05	0.05	0.05	0.05	0.04	0.04	0.04	0.04
3.5	7.35	23659	25007	25059	25087	25092	27606	30077	31350	31377	31554	32135	35096	37629	39215	40115	40184	43907	47068	50186	50225	50249	54922	60283
		0.12	0.14	0.10	0.09	0.08	0.11	0.09	0.08	0.07	0.11	0.07	0.09	0.07	0.07	0.09	0.06	0.07	0.06	0.07	0.05	0.05	0.06	0.05
4.0	9.60	27038	28580	28639	28671	28677	31550	34374	35829	35860	36061	36726	40110	43004	44817	45845	45925	50180	53792	57355	57399	57427	62768	68895
		0.15	0.18	0.12	0.11	0.10	0.14	0.12	0.10	0.09	0.14	0.09	0.11	0.10	0.08	0.11	0.08	0.09	0.08	0.09	0.07	0.07	0.07	0.06
4.5	12.15	30418	32152	32218	32254	32262	35494	38671	40307	40342	40569	41317	45123	48380	50419	51576	51665	56452	60516	64525	64574	64606	70614	77507
		0.18	0.22	0.15	0.14	0.13	0.18	0.15	0.13	0.12	0.18	0.11	0.14	0.12	0.10	0.14	0.10	0.11	0.10	0.11	0.09	0.08	0.09	0.08
5.0	15.00	33798	35725	35798	35838	35846	39437	42968	44786	44825	45077	45907	50137	53755	56021	57306	57406	62725	67240	71694	71749	71784	78460	86119
		0.22	0.27	0.19	0.17	0.16	0.22	0.18	0.15	0.14	0.21	0.13	0.17	0.14	0.13	0.17	0.12	0.14	0.12	0.13	0.11	0.10	0.11	0.10
5.5	18.15	37178	39297	39378	39422	39431	43381	47264	49265	49307	49585	50498	55151	59131	61623	63037	63146	68997	73964	78864	78924	78963	86305	94731
		0.27	0.33	0.22	0.20	0.19	0.26	0.21	0.18	0.17	0.26	0.16	0.21	0.17	0.15	0.20	0.14	0.17	0.14	0.16	0.13	0.12	0.14	0.12
6.0	21.60	40558	42870	42958	43006	43016	47325	51561	53743	53790	54092	55089	60164	64506	67225	68768	68887	75270	80688	86033	86099	86141	94151	103342
		0.32	0.38	0.26	0.24	0.22	0.31	0.25	0.22	0.20	0.30	0.19	0.24	0.20	0.18	0.24	0.17	0.20	0.17	0.19	0.15	0.14	0.16	0.14
6.5	25.35	43937	46442	46538	46590	46600	51269	55858	58222	58272	58600	59680	65178	69882	72827	74498	74628	81542	87412	93202	93274	93319	101997	111954
		0.37	0.45	0.31	0.27	0.26	0.36	0.29	0.25	0.23	0.35	0.22	0.28	0.24	0.21	0.27	0.19	0.23	0.20	0.23	0.17	0.17	0.19	0.16
7.0	29.40	47317	50015	50118	50173	50185	55212	60155	62700	62755	63108	64270	70192	75258	78429	80229	80368	87815	94136	100372	100449	100498	109843	120566
		0.42	0.51	0.35	0.31	0.30	0.41	0.34	0.29	0.27	0.40	0.25	0.32	0.27	0.24	0.32	0.22	0.26	0.23	0.25	0.20	0.19	0.21	0.18
7.5	33.75	50697	53587	53697	53757	53769	59156	64451	67179	67237	67615	68861	75206	80633	84031	85960	86109	94087	100860	107541	107624	107676	117689	129178
		0.48	0.59	0.40	0.36	0.34	0.47	0.38	0.33	0.30	0.46	0.29	0.37	0.31	0.27	0.36	0.25	0.30	0.26	0.29	0.23	0.22	0.24	0.21
8.0	38.40	54077	57160	57277	57341	57354	63100	68748	71658	71719	72123	73452	80219	86009	89633	91690	91849	100360	107584	114711	114799	114855	125535	137790
		0.55	0.66	0.46	0.41	0.38	0.53	0.43	0.37	0.34	0.52	0.33	0.42	0.35	0.31	0.41	0.29	0.34	0.29	0.33	0.26	0.25	0.28	0.24
8.5	43.35	57457	60732	60857	60925	60939	67044	73045	76136	76202	76631	78043	85233	91384	95235	97421	97590	106632	114308	121880	121974	122033	133381	146402
		0.61	0.74	0.51	0.46	0.43	0.60	0.49	0.42	0.38	0.58	0.37	0.47	0.40	0.35	0.46	0.32	0.38	0.33	0.37	0.29	0.28	0.31	0.27
9.0	48.60	60836	64305	64437	64509	64523	70987	77342	80615	80684	81138	82633	90247	96760	100837	103152	103330	112905	121032	129050	129149	129212	141227	155014

续表

风速 (m/s)	动压 (Pa)	风管断面尺寸——上行:宽(mm) 下行:高(mm)																						
		3000	4000	2500	2000	1600	3500	3000	2500	2000	4000	1600	3500	3000	2500	4000	2000	3500	3000	4000	2500	2000	3500	3000
		630	500	800	1000	1250	630	800	1000	1250	630	1600	800	1000	1250	800	1600	1000	1250	1000	1600	2000	1250	1600
		上行:风量(m^3/h) 下行:单位摩擦阻力(Pa/m)																						
		0.68	0.83	0.57	0.51	0.48	0.66	0.54	0.47	0.43	0.65	0.41	0.52	0.44	0.39	0.51	0.36	0.42	0.36	0.41	0.32	0.31	0.35	0.30
9.5	54.15	64216	67877	68017	68093	68108	74931	81639	85093	85167	85646	87224	95260	102135	106439	108882	109071	119177	127756	136219	136324	136390	149073	163626
		0.76	0.92	0.63	0.56	0.53	0.74	0.60	0.52	0.47	0.72	0.45	0.58	0.49	0.43	0.56	0.40	0.47	0.40	0.45	0.36	0.35	0.38	0.33
10.0	60.00	67596	71450	71597	71676	71693	78875	85935	89572	89649	90154	91815	100274	107511	112041	114613	114812	125450	134480	143388	143499	143568	156919	172237
		0.84	1.01	0.70	0.62	0.58	0.81	0.66	0.57	0.52	0.79	0.50	0.64	0.54	0.48	0.62	0.44	0.52	0.44	0.50	0.39	0.38	0.42	0.36
10.5	66.15	70976	75022	75176	75260	75277	82819	90232	94051	94132	94661	96405	105288	112886	117643	120344	120552	131722	141204	150558	150674	150747	164765	180849
		0.92	1.11	0.76	0.68	0.64	0.89	0.73	0.63	0.57	0.87	0.55	0.70	0.59	0.52	0.68	0.48	0.57	0.49	0.55	0.43	0.42	0.46	0.40
11.0	72.60	74356	78595	78756	78844	78862	86762	94529	98529	98614	99169	100996	110302	118262	123246	126074	126293	137995	147928	157727	157848	157925	172611	189461
		1.00	1.22	0.84	0.75	0.70	0.97	0.80	0.69	0.63	0.95	0.60	0.77	0.65	0.57	0.75	0.53	0.62	0.53	0.60	0.47	0.46	0.51	0.44
11.5	79.35	77736	82167	82336	82428	82446	90706	98826	103008	103097	103677	105587	115315	123637	128848	131805	132033	144267	154652	164897	165023	165104	180457	198073
		1.09	1.32	0.91	0.81	0.76	1.06	0.87	0.75	0.68	1.04	0.65	0.84	0.71	0.62	0.81	0.58	0.68	0.58	0.65	0.52	0.50	0.55	0.48
12.0	86.40	81115	85740	85916	86012	86031	94650	103122	107486	107579	108184	110178	120329	129013	134450	137535	137774	150540	161376	172066	172198	172282	188303	206685
		1.19	1.44	0.99	0.88	0.83	1.15	0.94	0.81	0.74	1.13	0.71	0.91	0.77	0.67	0.88	0.62	0.73	0.63	0.71	0.56	0.54	0.60	0.52
12.5	93.75	84495	89312	89496	89595	89616	98594	107419	111965	112062	112692	114768	125343	134389	140052	143266	143514	156812	168100	179236	179373	179460	196149	215297
		1.28	1.56	1.07	0.95	0.90	1.25	1.02	0.88	0.80	1.22	0.77	0.98	0.83	0.73	0.95	0.68	0.79	0.68	0.77	0.60	0.59	0.65	0.56
13.0	101.40	87875	92885	93075	93179	93200	102537	111716	116444	116544	117200	119359	130356	139764	145654	148997	149255	163085	174824	186405	186548	186639	203995	223909
		1.38	1.68	1.15	1.03	0.97	1.34	1.10	0.95	0.87	1.31	0.83	1.06	0.89	0.79	1.03	0.73	0.86	0.74	0.83	0.65	0.63	0.70	0.60
13.5	109.35	91255	96457	96655	96763	96785	106481	116013	120922	121027	121708	123950	135370	145140	151256	154727	154996	169357	181548	193574	193723	193817	211841	232520
		1.49	1.80	1.24	1.10	1.04	1.44	1.18	1.02	0.93	1.41	0.89	1.14	0.96	0.85	1.11	0.78	0.92	0.79	0.89	0.70	0.68	0.75	0.65
14.0	117.60	94635	100029	100235	100347	100370	110425	120309	125401	125509	126215	128541	140384	150515	156858	160458	160736	175629	188272	200744	200898	200996	219687	241132
		1.60	1.93	1.33	1.18	1.11	1.55	1.27	1.09	1.00	1.51	0.95	1.22	1.03	0.91	1.19	0.84	0.99	0.85	0.95	0.75	0.73	0.81	0.69
14.5	126.15	98014	103602	103815	103931	103954	114369	124606	129879	129992	130723	133131	145397	155891	162460	166189	166477	181902	194996	207913	208073	208174	227533	249744
		1.71	2.07	1.42	1.27	1.19	1.66	1.35	1.17	1.07	1.62	1.02	1.31	1.10	0.97	1.27	0.90	1.06	0.91	1.02	0.81	0.78	0.86	0.74
15.0	135.00	101394	107174	107395	107514	107539	118312	128903	134358	134474	135231	137722	150411	161266	168062	171919	172217	188174	201720	215083	215248	215353	235379	258356
		1.82	2.21	1.52	1.35	1.27	1.77	1.45	1.25	1.14	1.73	1.09	1.39	1.18	1.04	1.36	0.96	1.13	0.97	1.09	0.86	0.83	0.92	0.79
15.5	144.15	104774	110747	110975	111098	111123	122256	133200	138837	138956	139738	142313	155425	166642	173664	177650	177958	194447	208444	222252	222423	222531	243225	266968
		1.94	2.35	1.62	1.44	1.36	1.89	1.54	1.33	1.22	1.84	1.16	1.49	1.25	1.11	1.44	1.02	1.20	1.03	1.16	0.92	0.89	0.98	0.85
16.0	153.60	108154	114319	114554	114682	114708	126200	137496	143315	143439	144246	146904	160439	172017	179266	183381	183698	200719	215168	229421	229598	229709	251070	275580
		2.07	2.50	1.72	1.53	1.44	2.01	1.64	1.41	1.29	1.96	1.23	1.58	1.33	1.18	1.54	1.09	1.28	1.10	1.23	0.97	0.95	1.04	0.90

(2) 绝对粗糙度的修正

对于内壁的当量绝对粗糙度 $K\neq 0.15\times 10^{-3}$ m 的风管，其单位长度摩擦阻力值，可先查风管标准计算表，之后乘以表 11.2-4 给出的修正系数。

绝对粗糙度的修正系数 **表 11.2-4**

<table>
<tr><th rowspan="2">风速
(m/s)</th><th colspan="5">下列绝对粗糙度(mm)时的修正系数</th></tr>
<tr><th>0.03</th><th>0.09</th><th>0.15</th><th>0.9</th><th>3.0</th></tr>
<tr><td>2</td><td rowspan="2">0.95</td><td>1</td><td rowspan="7">1</td><td>1.20</td><td>1.50</td></tr>
<tr><td>3</td><td rowspan="5">0.95</td><td>1.25</td><td>1.60</td></tr>
<tr><td>4</td><td rowspan="2">0.90</td><td>1.30</td><td>1.70</td></tr>
<tr><td>5～7</td><td>1.35</td><td>1.80</td></tr>
<tr><td>8～12</td><td rowspan="2">0.85</td><td>1.40</td><td>1.85</td></tr>
<tr><td>13</td><td rowspan="2">1.45</td><td>1.90</td></tr>
<tr><td>14～16</td><td>0.80</td><td>0.90</td><td>1.95</td></tr>
</table>

(3) 空气状态的修正

当风管内的空气处于非标准状态时，风管单位长度摩擦阻力实际值的确定方法是：先由计算表查出的风管单位长度摩擦阻力的标准值，然后再乘以 $\rho/1.2$ 的修正系数，其中 ρ (kg/m^3) 为实际状态下的空气密度，可近似按下式确定：

$$\rho=3.47\frac{P_b}{273+t} \tag{11.2-8}$$

式中 P_b——实际大气压，kPa；

t——风管内的空气温度，℃。

4. 沿程压力损失的简化计算

在使用手算法或者使用 Excel 电子表格计算风管的沿程压力损失时，由于摩擦阻力系数 λ 计算式（11.2-6）是超越方程，只能通过迭代运算近似求解，很不方便，此时可考虑使用能够直接求解的简化计算公式。

下列近似公式适用于内壁绝对粗糙度为 $K=0.15\times 10^{-3}$ m 的钢板风管：

$$\lambda=0.0175D^{-0.21}V^{-0.075} \tag{11.2-9}$$

$$\Delta p_m=1.05\times 10^{-2}D^{-1.21}V^{1.925} \tag{11.2-10}$$

对于内壁绝对粗糙度 $K\neq 0.15\times 10^{-3}$ m 的风管，其单位长度摩擦阻力值，应先按式（11.2-10）进行计算，之后再根据该风管的实际粗糙度乘以表 11.2-4 给出的修正系数。

11.3 风管的局部压力损失

11.3.1 局部压力损失

当空气流经风管系统的配件及设备时，由于气流流动方向的改变，流过断面的变化和流量的变化而出现涡流时产生了局部阻力。为克服局部阻力而引起的能量损失，称为局部压力损失 ΔP_j (Pa)，并按下式计算：

$$\Delta P_j=\zeta\frac{V^2\rho}{2} \tag{11.3-1}$$

式中 ζ——局部阻力系数；

V——风管内局部压力损失发生处的空气流速，m/s；

ρ——空气密度，kg/m^3。

通风、空调风管系统中产生局部阻力的配件，主要包括空气进口、弯管、变径管、三（四）通管、风量调节阀和空气出口等。大多数配件的局部阻力系数ζ值是通过实验确定的。选用局部阻力系数计算局部压力损失时，必须采用实验时所对应的流速和动压（$V^2\rho/2$）。

需要说明的是，局部压力损失沿着风管长度上产生，不能将它从摩擦损失中分离出来。为了简化计算，假定局部压力损失集中在配件的一个断面上，不考虑摩擦损失。只有对长度相当长的配件才必须考虑摩擦损失。通常，利用在丈量风管长度时从一个配件的中心线量到下一个配件的中心线的办法，来计算配件的摩擦损失。对于那些靠得很近的（间距小于6倍水力直径）成对配件，进入后面一个配件的气流流型与用来确定局部压力损失的气流流型的条件有所不同。出现这种情况时，就无法利用这个阻力系数数据。

11.3.2 局部阻力系数

通风空调风管系统常用配件的局部阻力系数见表11.3-1。

对于进风口、弯管、变径管和出风口等配件的局部阻力系数，在计算局部压力损失时，应采用标有L/F_0或V_0箭头处断面的流速和相应的动压；对于断面面积不相等的配件，如果有需要，可利用以下公式将局部阻力系数ζ从一个断面o换算成断面i：

$$\zeta_i=\frac{\zeta_o}{(V_i/V_o)^2} \tag{11.3-2}$$

式中 V_o、V_i——分别代表断面o和断面i的流速，m/s。

对于合流三通和分流三通，在计算直通管（或旁通管）的局部压力损失时，均采用总管断面的流速和相应的动压。

直通管的局部阻力 $\Delta P_{jS}=\zeta_S\dfrac{V_C^2\rho}{2}$

旁通管的局部阻力 $\Delta P_{jb}=\zeta_b\dfrac{V_C^2\rho}{2}$

式中 ζ_S、ζ_b——分别代表直通管和旁通管的局部阻力系数；

V_C——总管的流速，m/s。

工程上为了计算方便，不用总管的流速和相应的动压，而是直接用直通管（或旁通管）的动压来计算局部阻力，因此，需要对直通管（或旁通管）的局部阻力系数按以下公式进行换算：

$$\zeta_i=\frac{\zeta_{C,i}}{(V_i/V_C)^2} \tag{11.3-3}$$

式中 ζ_i——相对于被计算断面的局部阻力系数；

$\zeta_{C,i}$——相对于总管动压的直通管局部阻力系数（$\zeta_{C,S}$）或旁通管局部阻力系数（$\zeta_{C,b}$）。

必须指出，在表11.3-1中，不论是合流三（四）通还是分流三（四）通，直通管或旁通管的局部阻力系数均按公式（11.3-3）进行过换算（除非表上另有说明），因此，在计算三（四）通直通管（或旁通管）的局部压力损失时，只需将直通管的ζ_S（或旁通管的ζ_b）乘以直通管的动压（或旁通管的动压）即可。

通风空调风管系统常用配件的局部阻力系数 **表 11.3-1**

管件 A 进风口的局部阻力系数

A-1 安装在墙上的风管

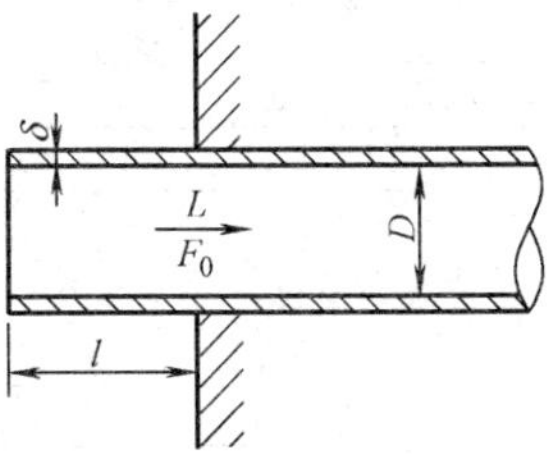

ζ值

δ/D	l/D 0.00	0.002	0.01	0.05	0.10	0.20	0.30	0.50	10.00
0.00	0.50	0.57	0.68	0.80	0.86	0.92	0.97	1.00	1.00
0.02	0.50	0.51	0.52	0.55	0.60	0.66	0.69	0.72	0.72
0.05	0.50	0.50	0.50	0.50	0.50	0.50	0.50	0.50	0.50
10.00	0.50	0.50	0.50	0.50	0.50	0.50	0.50	0.50	0.50

A-2 不在端墙上的弧形渐缩喇叭口

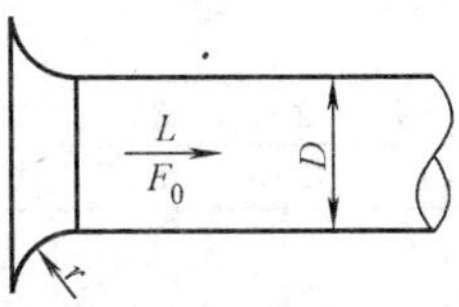

r/D	0	0.01	0.02	0.03	0.04	0.05
ζ	1.0	0.87	0.74	0.61	0.51	0.40
r/D	0.06	0.08	0.10	0.12	0.16	≥0.20
ζ	0.32	0.20	0.15	0.10	0.06	0.03

A-3 安装在端墙上的弧形渐缩喇叭口

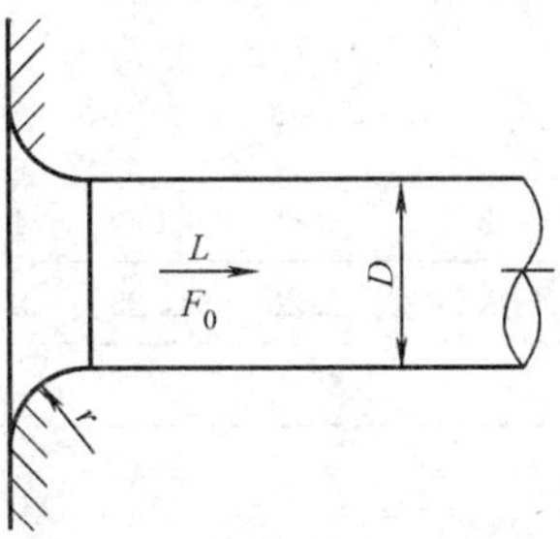

r/D	0.00	0.01	0.02	0.03	0.04	0.05	0.06	0.08	0.10	0.12	0.16	0.20	10.00
ζ_0	0.50	0.44	0.37	0.31	0.26	0.22	0.20	0.15	0.12	0.09	0.06	0.03	0.03

A-4 不在端墙上的锥形渐缩喇叭口

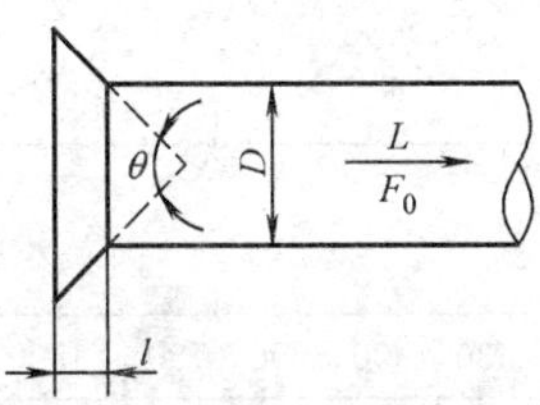

ζ_0 值

l/D	θ° 0	10	20	30	40	60	100	1
0.025	1.0	0.96	0.93	0.90	0.86	0.80	0.69	0
0.05	1.0	0.93	0.86	0.80	0.75	0.67	0.58	0
0.10	1.0	0.80	0.67	0.55	0.48	0.41	0.41	0
0.25	1.0	0.68	0.45	0.30	0.22	0.17	0.22	0
0.60	1.0	0.46	0.27	0.18	0.14	0.13	0.21	0
1.0	1.0	0.32	0.20	0.14	0.11	0.10	0.18	0

对于矩形断面喇叭口 $D=2HW/(H+W)$

A-5 安装在端墙上的锥形渐缩喇叭口

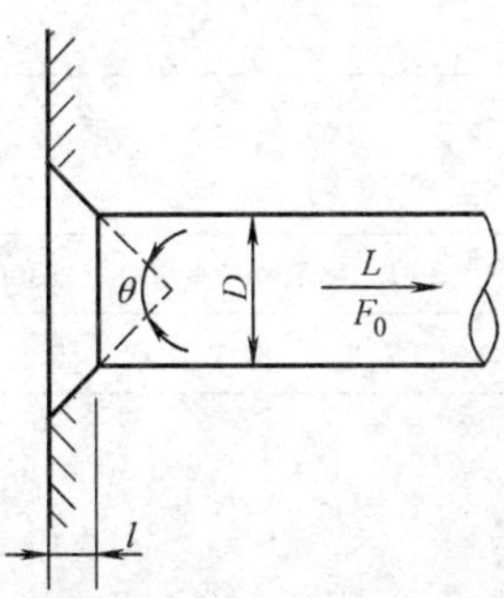

ζ_0 值

l/D	θ° 0	10	20	30	40	60	100	1
0.025	0.50	0.47	0.45	0.43	0.41	0.40	0.42	0
0.05	0.50	0.45	0.41	0.36	0.33	0.30	0.35	0
0.075	0.50	0.42	0.35	0.30	0.26	0.23	0.30	0
0.10	0.50	0.39	0.32	0.25	0.22	0.18	0.27	0
0.15	0.50	0.37	0.27	0.20	0.16	0.15	0.25	0
0.60	0.50	0.27	0.18	0.13	0.11	0.12	0.23	0

对于矩形断面喇叭口 $D=2HW/(H+W)$

续表

管件B 弯管(头)的局部阻力系数

B-1 冲压成型90°圆形弯管,$r/D=1.5$

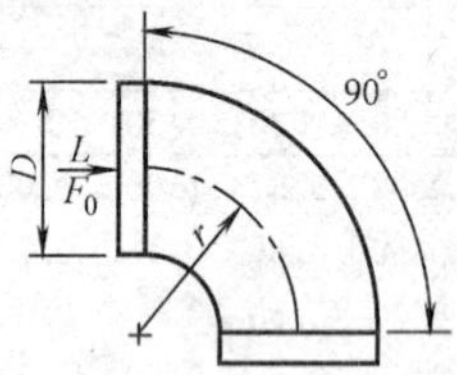

D(mm)	75	100	125	150	180	200	230	250
ζ_0	0.30	0.21	0.16	0.14	0.12	0.11	0.11	0.11

B-2 冲压成型45°圆形弯管,$r/D=1.5$

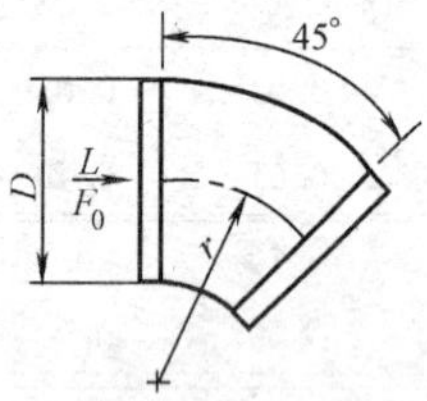

D(mm)	75	100	125	150	180	200	230	250
ζ_0	0.18	0.13	0.10	0.08	0.07	0.07	0.07	0.07

B-3 皱褶型90°圆形弯管,$r/D=1.5$

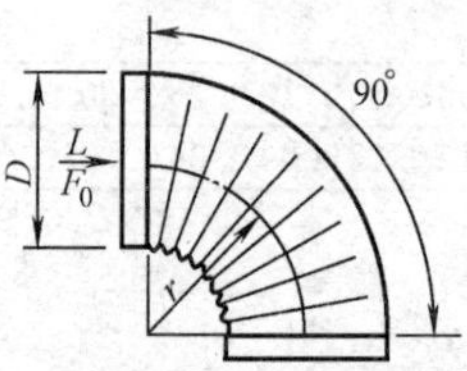

D(mm)	100	150	200	250	300	350	400
ζ_0	0.57	0.43	0.34	0.28	0.26	0.25	0.25

B-4 皱褶型45°圆形弯管,$r/D=1.5$

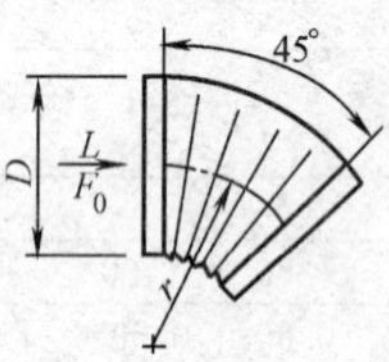

D(mm)	100	150	200	250	300	350	400
ζ_0	0.34	0.26	0.21	0.17	0.16	0.15	0.15

B-5 5节90°圆形弯管,$r/D=1.5$

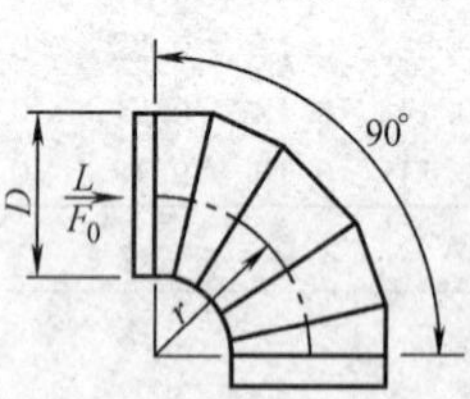

D(mm)	75	150	230	300	380	450	530	600	690	750	1500
ζ_0	0.51	0.28	0.21	0.18	0.16	0.15	0.14	0.13	0.12	0.12	0.12

B-6 7节90°圆形弯管,$r/D=2.5$

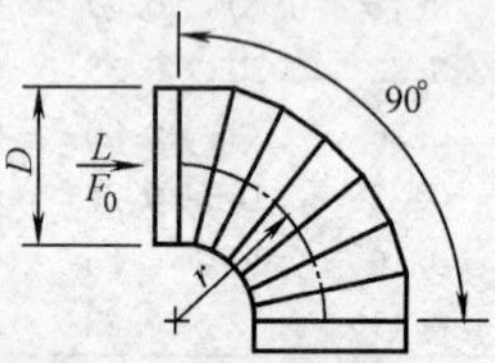

D(mm)	75	150	230	300	380	450	690	1500
ζ_0	0.16	0.12	0.10	0.08	0.07	0.06	0.05	0.03

续表

B-7 3节90°圆形弯管，$r/D=0.75\sim2.0$

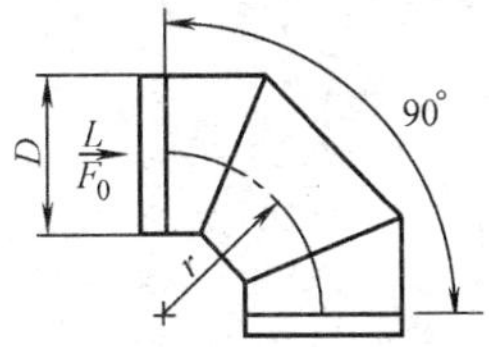

r/D	0.75	1.00	1.50	2.00
ζ_0	0.54	0.42	0.34	0.33

B-8 3节60°圆形弯管，$r/D=1.5$

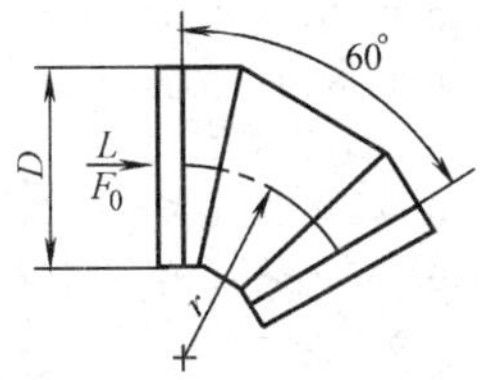

D(mm)	75	150	230	300	380	450	530	600	690	750	1500
ζ_0	0.40	0.21	0.16	0.14	0.12	0.12	0.11	0.10	0.09	0.09	0.09

B-9 3节45°圆形弯管，$r/D=1.5$

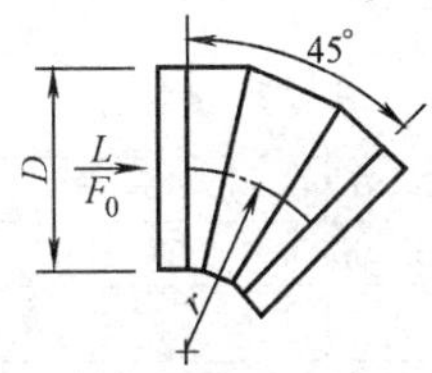

D(mm)	75	150	230	300	380	450	530	600	690	750	1500
ζ_0	0.31	0.17	0.13	0.11	0.11	0.09	0.08	0.08	0.07	0.07	0.07

B-10 斜接式45°圆形弯管，$r/D=1.5$

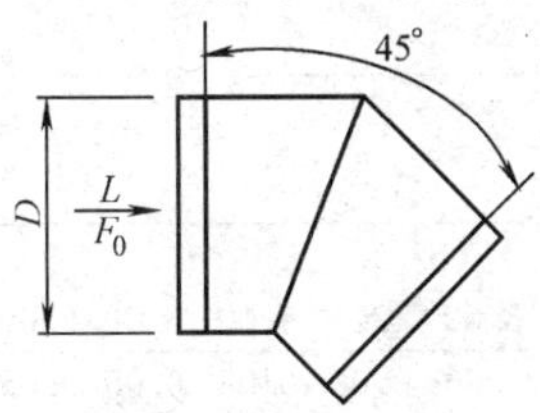

D(mm)	75	150	230	300	380	450	530	600	690	1500
ζ_0	0.34	0.34	0.34	0.34	0.34	0.34	0.34	0.34	0.34	0.34

B-11 圆形断面30°Z形弯管

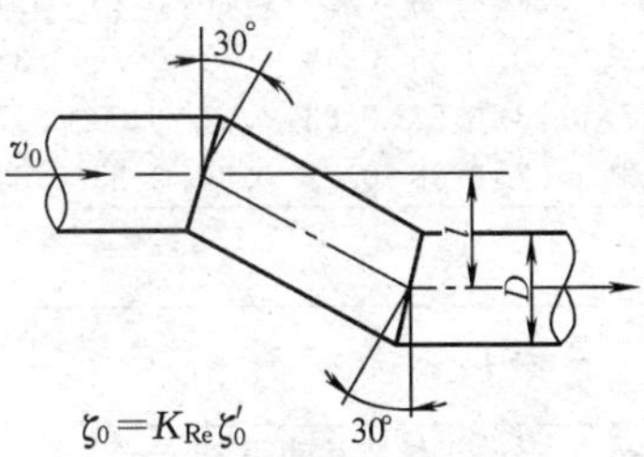

$\zeta_0=K_{Re}\zeta_0'$

l/D	0	0.5	1.0	1.5	2.0	2.5	3.0
ζ_0'	0	0.15	0.15	0.16	0.16	0.16	0.16

雷诺数修正系数 K_{Re}

$Re\times10^{-4}$	1	2	3	4	6	8	10	≥14
K_{Re}	1.40	1.26	1.19	1.14	1.09	1.06	1.04	1.0

B-12 内外弧型矩形弯管，不带导流片

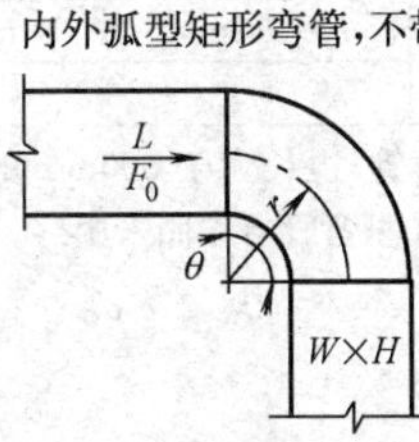

$\zeta_0=K\zeta_p$

式中 K——角度修正系数

ζ_p 值

r/W	H/W 0.25	0.50	0.75	1.00	1.50	2.00	3.00	4.00	5.00	6.00	8.00
0.50	1.53	1.38	1.29	1.18	1.06	1.00	1.00	1.06	1.12	1.16	1.18
0.75	0.57	0.52	0.48	0.44	0.40	0.39	0.39	0.40	0.42	0.43	0.44
1.00	0.27	0.25	0.23	0.21	0.19	0.18	0.18	0.19	0.20	0.21	0.21
1.50	0.22	0.20	0.19	0.17	0.15	0.14	0.14	0.15	0.16	0.17	0.17
2.00	0.20	0.18	0.16	0.15	0.14	0.13	0.13	0.14	0.14	0.15	0.15

角度修正系数 K

θ	0	20	30	45	60	75	90	110	130	150	180
K	0.00	0.31	0.45	0.60	0.78	0.90	1.00	1.13	1.20	1.28	1.40

续表

B-13 内外弧型矩形弯管,带1个导流片

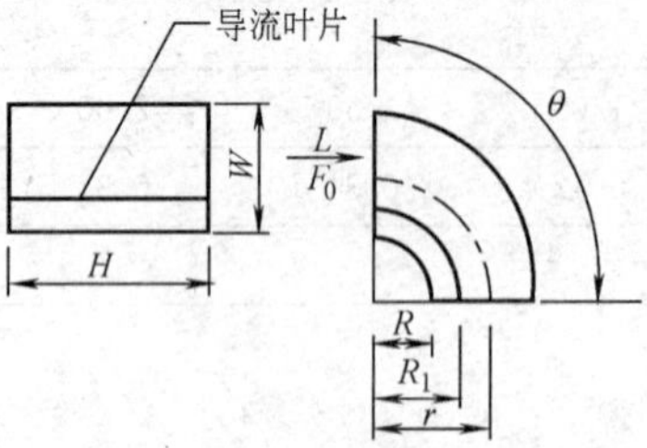

$\zeta_0 = K\zeta_p$

$R_1 = R/CR$

式中 R——弯管的内半径

R_1——导流片的半径

CR——弯曲比值

K——角度修正系数

ζ_p 值

r/W	H/W 0.25	0.50	1.00	1.50	2.00	3.00	4.00	5.00	6.00	7.00	8.00
0.55	0.52	0.40	0.43	0.49	0.55	0.66	0.75	0.84	0.93	1.01	1.09
0.60	0.36	0.27	0.25	0.28	0.30	0.35	0.39	0.42	0.46	0.49	0.52
0.65	0.28	0.21	0.18	0.19	0.20	0.22	0.25	0.26	0.28	0.30	0.32
0.70	0.22	0.16	0.14	0.14	0.15	0.16	0.17	0.18	0.19	0.20	0.21
0.75	0.18	0.13	0.11	0.11	0.11	0.12	0.13	0.14	0.14	0.15	0.15
0.80	0.15	0.11	0.09	0.09	0.09	0.09	0.10	0.10	0.11	0.11	0.12
0.85	0.13	0.09	0.08	0.07	0.07	0.08	0.08	0.08	0.08	0.09	0.09
0.90	0.11	0.08	0.07	0.06	0.06	0.06	0.06	0.07	0.07	0.07	0.07
0.95	0.10	0.07	0.06	0.05	0.05	0.05	0.05	0.05	0.06	0.06	0.06
1.00	0.09	0.06	0.05	0.05	0.04	0.04	0.04	0.05	0.05	0.05	0.05

角度修正系数 K

θ	0	30	45	60	90
K	0.00	0.45	0.60	0.78	1.00

弯曲比值 CR

r/W	0.55	0.60	0.65	0.70	0.75	0.80	0.85	0.90	0.95	1.00
CR	0.218	0.302	0.361	0.408	0.447	0.480	0.509	0.535	0.557	0.577

内半径与宽度之比(R/W)

r/W	0.55	0.60	0.65	0.70	0.75	0.80	0.85	0.90	0.95	1.00
R/W	0.05	0.10	0.15	0.20	0.25	0.30	0.35	0.40	0.45	0.50

B-14 斜接式矩形弯管

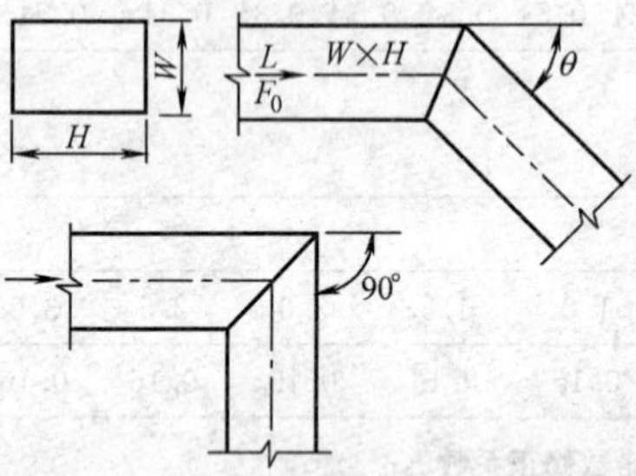

ζ_0 值

θ	H/W 0.25	0.50	0.75	1.00	1.50	2.00	3.00	4.00	5.00	6.00	8.00
20	0.08	0.08	0.08	0.07	0.07	0.07	0.06	0.06	0.05	0.05	0.05
30	0.18	0.17	0.17	0.16	0.15	0.15	0.13	0.13	0.12	0.12	0.11
45	0.38	0.37	0.36	0.34	0.33	0.31	0.28	0.27	0.26	0.25	0.24
60	0.60	0.59	0.57	0.55	0.52	0.49	0.46	0.43	0.41	0.39	0.38
75	0.89	0.87	0.84	0.81	0.77	0.73	0.67	0.63	0.61	0.58	0.57
90	1.30	1.27	1.23	1.18	1.13	1.07	0.98	0.92	0.89	0.85	0.83

B-15 斜接式90°矩形弯管,单弧形导流片

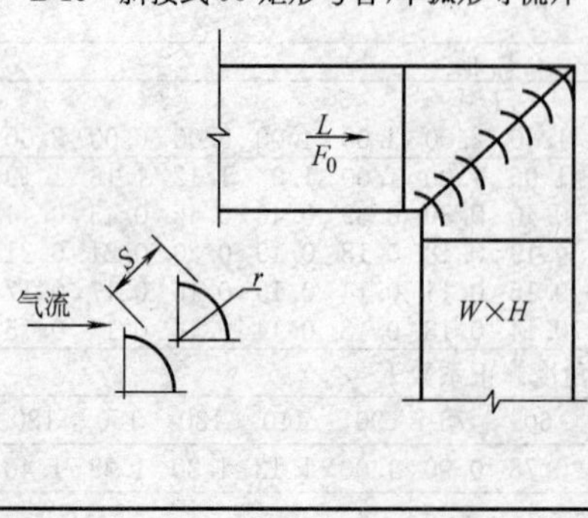

导流片间距38mm	导流片间距83mm
r=50mm S=40mm	r=110mm S=80mm
ζ_0=0.11	ζ_0=0.33

注:对于矩形内外直角弯管,边长大于500mm的内弧外直角型、内斜线外直角型弯管可参照采用

续表

B-16 斜接式90°矩形弯管，双弧形导流片

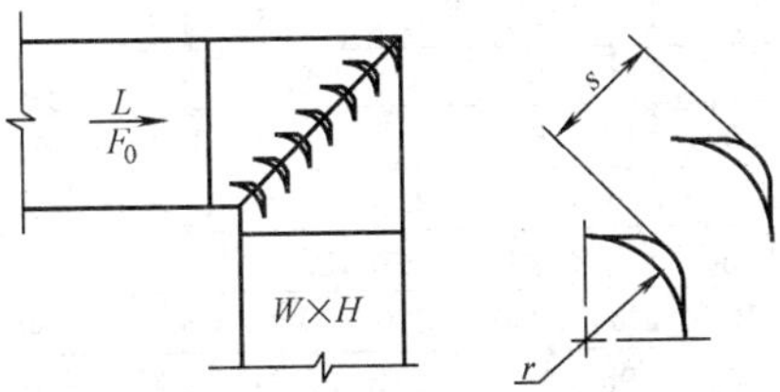

导流片间距54mm	导流片间距83mm
r=50mm S=60mm	r=110mm S=80mm
ζ_0=0.25	ζ_0=0.41

注：对于矩形内外直角弯管，边长大于500mm的内弧外直角型、内斜线外直角型弯管可参照采用

B-17 进口/出口变断面的90°矩形弯管(排风/回风系统)

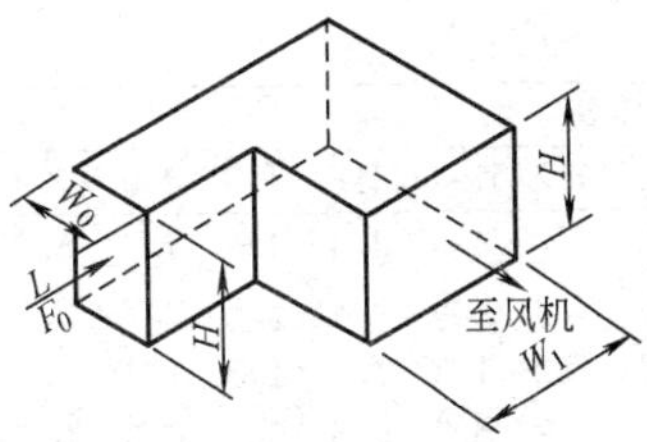

ζ_0值

H/W_0	W_1/W_0 0.6	0.8	1.0	1.2	1.4	1.6	2.0
0.25	1.76	1.43	1.24	1.14	1.09	1.06	1.06
1.00	1.70	1.36	1.15	1.02	0.95	0.90	0.84
4.00	1.46	1.10	0.90	0.81	0.76	0.72	0.66
100.00	1.50	1.04	0.79	0.69	0.63	0.60	0.55

B-18 进口/出口变断面的90°矩形弯管(送风系统)

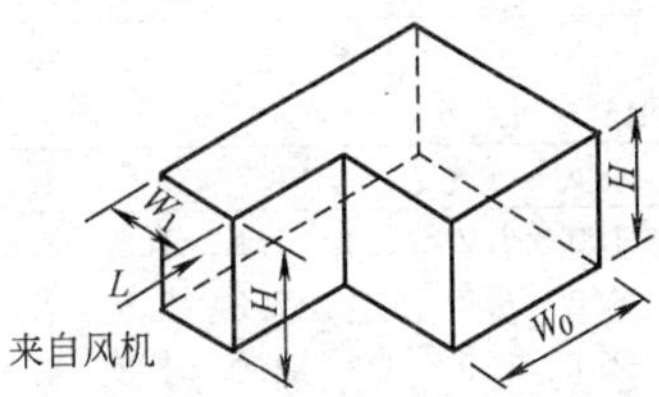

ζ_0值

H/W_1	W_0/W_1 0.6	0.8	1.0	1.2	1.4	1.6	2.0
0.25	0.63	0.92	1.24	1.64	2.14	2.71	4.24
1.00	0.61	0.87	1.15	1.47	1.86	2.30	3.36
4.00	0.53	0.70	0.90	1.17	1.49	1.84	2.64
100.00	0.54	0.67	0.79	0.99	1.23	1.54	2.20

B-19 矩形变断面90°弧形弯管

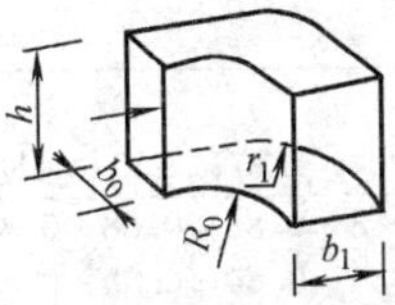

ζ值

r_1/b_0	b_1/b_0 0.4	0.6	0.8	1.0	1.2	1.4	1.6
0	0.38	0.29	0.22	0.18	0.20	0.30	0.50
1.0	0.38	0.29	0.26	0.25	0.28	0.35	0.44
2.0	0.49	0.33	0.20	0.13	0.14	0.22	0.34

B-20 矩形断面Z形弯管

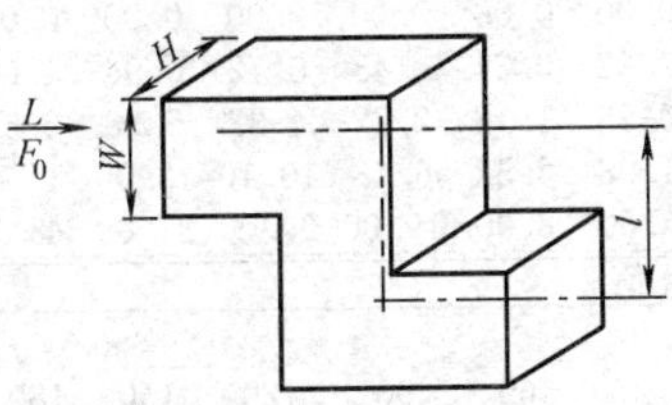

$\zeta_0=K_r\zeta_p$

K_r—Re数修正系数

ζ_p值

H/W	L/W 0.0	0.4	0.6	0.8	1.0	1.2	1.4	1.6	1.8	2.0	4.0	8.0	10.0	100.0
0.25	0.00	0.68	0.99	1.77	2.89	3.97	4.41	4.60	4.64	4.60	3.39	3.03	2.70	2.53
0.50	0.00	0.66	0.96	1.72	2.81	3.86	4.29	4.47	4.52	4.47	3.30	2.94	2.62	2.46
0.75	0.00	0.64	0.94	1.67	2.74	3.75	4.17	4.35	4.39	4.35	3.20	2.86	2.55	2.39
1.00	0.00	0.62	0.90	1.61	2.63	3.61	4.01	4.18	4.22	4.18	3.08	2.75	2.45	2.30
1.50	0.00	0.59	0.86	1.53	2.50	3.43	3.81	3.97	4.01	3.97	2.93	2.61	2.33	2.19
2.00	0.00	0.56	0.81	1.45	2.37	3.25	3.61	3.76	3.80	3.76	2.77	2.48	2.21	2.07
3.00	0.00	0.51	0.75	1.34	2.18	3.00	3.33	3.47	3.50	3.47	2.56	2.28	2.03	1.91
4.00	0.00	0.48	0.70	1.26	2.05	2.82	3.13	3.26	3.29	3.26	2.40	2.15	1.91	1.79
6.00	0.00	0.45	0.65	1.16	1.89	2.60	2.89	3.01	3.04	3.01	2.22	1.98	1.76	1.66
8.00	0.00	0.43	0.63	1.13	1.84	2.53	2.81	2.93	2.95	2.93	2.16	1.93	1.72	1.61

Re数修正系数K_r

Re/1000	10	20	30	40	60	80	100	140	500
K_r	1.40	1.26	1.19	1.14	1.09	1.06	1.04	1.00	1.00

续表

B-21 矩形断面两个90°组合弯管

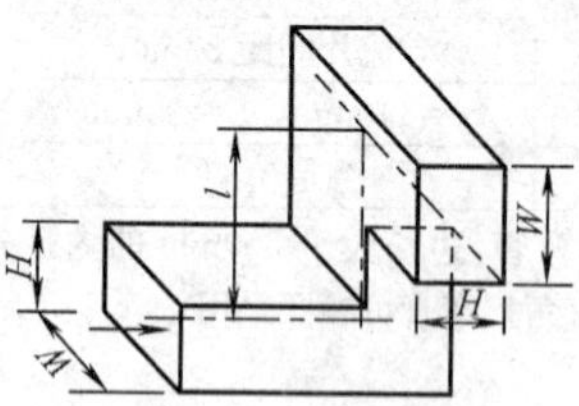

$\zeta_0 = K K_r \zeta_0'$

正方形风管的阻力系数

l/W	0	0.4	0.6	0.8	1.0	1.2	1.4	1.6	1.8	2.0
ζ_0'	1.2	2.4	2.9	3.3	3.4	3.4	3.4	3.3	3.2	3.1
l/W	2.4	2.8	3.2	4.0	5.0	6.0	7.0	9.0	10.0	∞
ζ_0'	3.2	3.2	3.2	3.0	2.9	2.8	2.7	2.5	2.4	2.3

当 H/W 不等于1时要乘修正系数 K

H/W	0.25	0.50	0.75	1.0	1.5	2.0	3.0	4.0	6.0	8.0
K	1.10	1.07	1.04	1.0	0.95	0.90	0.83	0.78	0.72	0.70

Re 数的修正系数见 B-20

B-22 Π形180°弯管(进、出口面积相等)

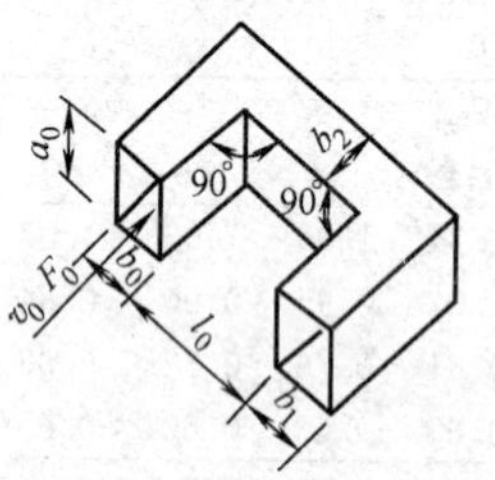

$$\frac{F_1}{F_0} = \frac{b_1}{b_0} = 1.0$$

ζ值

b_2/b_0	l_0/b_0											
	0	0.2	0.4	0.6	0.8	1.0	1.2	1.4	1.6	1.8	2.0	2.4
0.50	7.9	6.9	6.1	5.4	4.7	4.3	4.2	4.3	4.4	4.6	4.8	5.3
0.73	4.5	3.6	2.9	2.5	2.4	2.3	2.3	2.3	2.4	2.6	2.7	3.2
1.00	3.6	2.5	1.8	1.4	1.3	1.2	1.2	1.3	1.4	1.5	1.6	2.3
2.00	3.9	2.4	1.5	1.0	0.8	0.7	0.7	0.7	0.6	0.6	0.6	0.7

B-23 Π形180°弯管(进、出口面积不等)

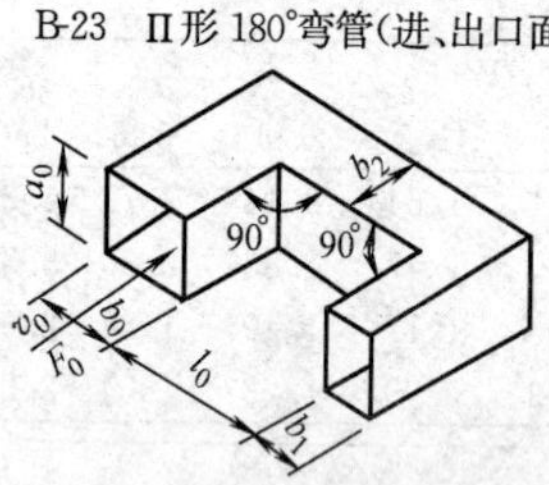

ζ值

b_2/b_0	l_0/b_0										
	0	0.2	0.4	0.6	0.8	1.0	1.2	1.4	1.6	1.8	2.0
0.5	7.5	5.2	3.6	3.4	4.5	6.0	6.7	7.1	7.3	7.5	7.6
0.73	5.8	3.8	2.4	1.9	2.2	2.7	3.3	3.7	4.0	4.3	4.7
1.00	5.5	3.5	2.1	1.7	1.9	2.1	2.3	2.4	2.6	2.7	2.7
2.00	6.3	4.2	2.7	2.1	2.1	2.1	2.1	2.0	1.7	1.6	1.6

管件C 变径管的局部阻力系数

C-1 圆形断面的变径管(排风/回风系统)

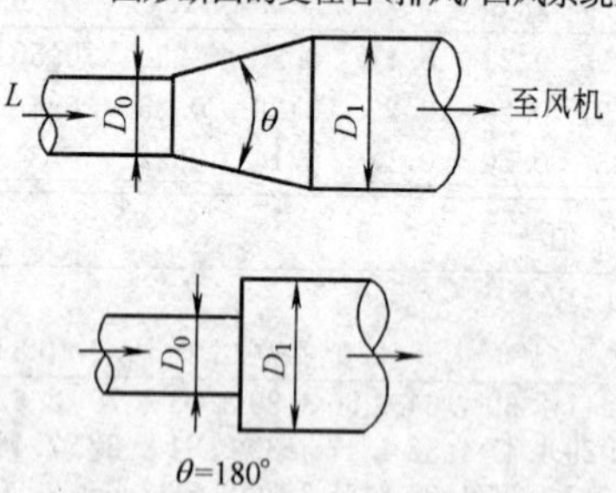

ζ_0 值

F_0/F_1	θ									
	10	15	20	30	45	60	90	120	150	180
0.06	0.21	0.29	0.38	0.60	0.84	0.88	0.88	0.88	0.88	0.88
0.10	0.21	0.28	0.38	0.59	0.76	0.80	0.83	0.84	0.83	0.83
0.25	0.16	0.22	0.30	0.46	0.61	0.68	0.64	0.63	0.62	0.62
0.50	0.11	0.13	0.19	0.32	0.33	0.33	0.32	0.31	0.30	0.30
1.00	0.00	0.00	0.00	0.00	0.00	0.00	0.00	0.00	0.00	0.00
2.00	0.20	0.20	0.20	0.20	0.22	0.24	0.48	0.72	0.96	1.04
4.00	0.80	0.64	0.64	0.64	0.88	1.12	2.72	4.32	5.60	6.56
6.00	1.80	1.44	1.44	1.44	1.98	2.52	6.48	10.10	13.00	15.10
10.00	5.00	5.00	5.00	5.00	6.50	8.00	19.00	29.00	37.00	43.00

C-2 圆形断面的变径管(送风系统)

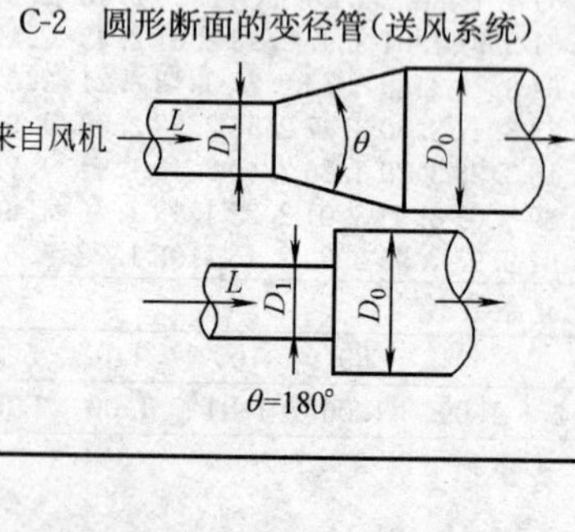

ζ_0 值

F_0/F_1	θ									
	10	15	20	30	45	60	90	120	150	180
0.10	0.05	0.05	0.05	0.05	0.07	0.08	0.19	0.29	0.37	0.43
0.17	0.05	0.04	0.04	0.04	0.06	0.07	0.18	0.28	0.36	0.42
0.25	0.05	0.04	0.04	0.04	0.06	0.07	0.17	0.27	0.35	0.41
0.50	0.05	0.05	0.05	0.05	0.06	0.06	0.12	0.18	0.24	0.26
1.00	0.00	0.00	0.00	0.00	0.00	0.00	0.00	0.00	0.00	0.00
2.00	0.44	0.52	0.76	1.28	1.32	1.32	1.28	1.24	1.20	1.20
4.00	2.56	3.52	4.80	7.36	9.76	10.88	10.24	10.08	9.92	9.92
10.00	21.00	28.00	38.00	59.00	76.00	80.00	83.00	84.00	83.00	83.00
16.00	53.76	74.24	97.28	153.60	215.04	225.28	225.28	225.28	225.28	225.28

续表

C-3 圆形变至矩形的变径管，“天圆地方”，（排风/回风系统）

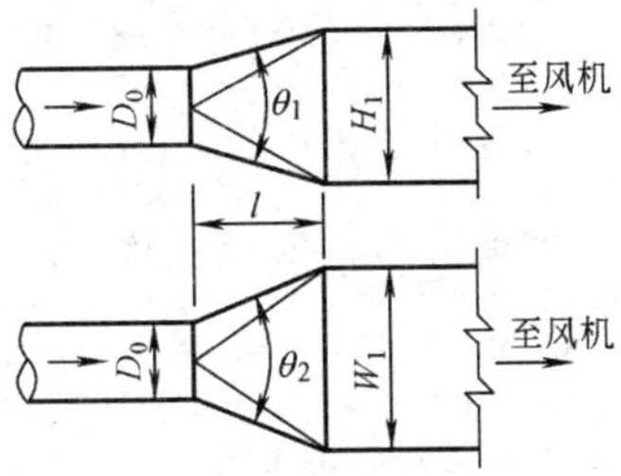

F_0/F_1	ζ_0 值 θ 10	15	20	30	45	60	90	120	150	180
0.06	0.30	0.54	0.53	0.65	0.77	0.88	0.95	0.98	0.98	0.93
0.10	0.30	0.50	0.53	0.64	0.75	0.84	0.89	0.91	0.91	0.88
0.25	0.25	0.36	0.45	0.52	0.58	0.62	0.64	0.64	0.64	0.64
0.50	0.15	0.21	0.25	0.30	0.33	0.33	0.33	0.32	0.31	0.30
1.00	0.00	0.00	0.00	0.00	0.00	0.00	0.00	0.00	0.00	0.00
2.00	0.24	0.28	0.26	0.20	0.22	0.24	0.49	0.73	0.97	1.04
4.00	0.89	0.78	0.79	0.70	0.88	1.12	2.72	4.33	5.62	6.58
6.00	1.89	1.67	1.59	1.49	1.98	2.52	6.51	10.14	13.05	15.14
10.00	5.09	5.32	5.15	5.05	6.50	8.05	19.06	29.07	37.08	43.05

C-4 圆形变至矩形的变径管，“天圆地方”，（送风系统）

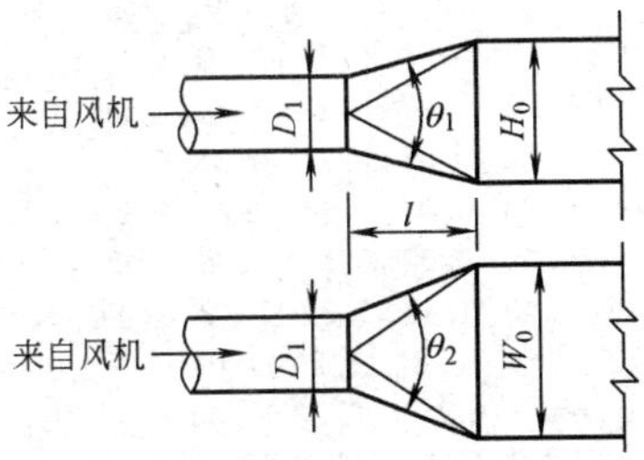

F_0/F_1	ζ_0 值 θ 10	15	20	30	45	60	90	120	150	180
0.10	0.05	0.05	0.05	0.05	0.07	0.08	0.19	0.29	0.37	0.43
0.17	0.05	0.05	0.05	0.04	0.06	0.07	0.18	0.28	0.36	0.42
0.25	0.06	0.05	0.05	0.04	0.06	0.07	0.17	0.27	0.35	0.41
0.50	0.06	0.07	0.07	0.05	0.06	0.06	0.12	0.18	0.24	0.26
1.00	0.00	0.00	0.00	0.00	0.00	0.00	0.00	0.00	0.00	0.00
2.00	0.60	0.84	1.00	1.20	1.32	1.32	1.32	1.28	1.24	1.20
4.00	4.00	5.76	7.20	8.32	9.28	9.92	10.24	10.24	10.24	10.24
10.00	30.00	50.00	53.00	64.00	75.00	84.00	89.00	91.00	91.00	88.00
16.00	76.80	138.24	135.68	166.40	197.12	225.28	243.20	250.88	250.88	238.08

C-5 矩形变至圆形的变径管，“天圆地方”，（排风/回风系统）

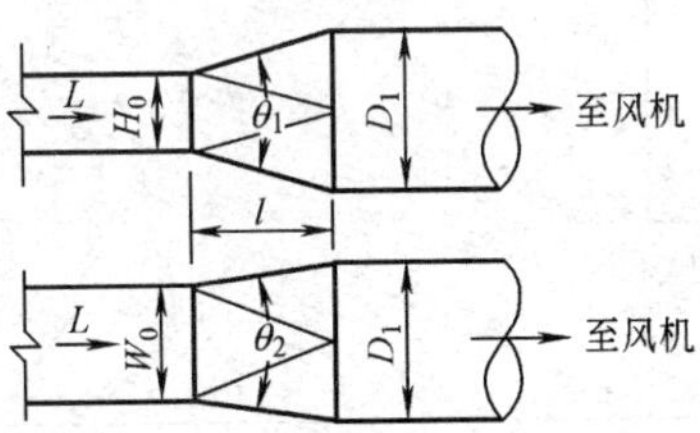

θ 为 θ_1 与 θ_2 中之较大者

F_0/F_1	ζ_0 值 θ 10	15	20	30	45	60	90	120	150	180
0.06	0.30	0.54	0.53	0.65	0.77	0.88	0.95	0.98	0.98	0.93
0.10	0.30	0.50	0.53	0.64	0.75	0.84	0.89	0.91	0.91	0.88
0.25	0.25	0.36	0.45	0.52	0.58	0.62	0.64	0.64	0.64	0.64
0.50	0.15	0.21	0.25	0.30	0.33	0.33	0.33	0.32	0.31	0.30
1.00	0.00	0.00	0.00	0.00	0.00	0.00	0.00	0.00	0.00	0.00
2.00	0.24	0.28	0.26	0.20	0.22	0.24	0.49	0.73	0.97	1.04
4.00	0.89	0.78	0.79	0.70	0.88	1.12	2.72	4.33	5.62	6.58
6.00	1.89	1.67	1.59	1.49	1.98	2.52	6.51	10.14	13.05	15.14
10.00	5.09	5.32	5.15	5.05	6.50	8.05	19.06	29.07	37.08	43.05

C-6 矩形变至圆形的变径管，“天圆地方”，（送风系统）

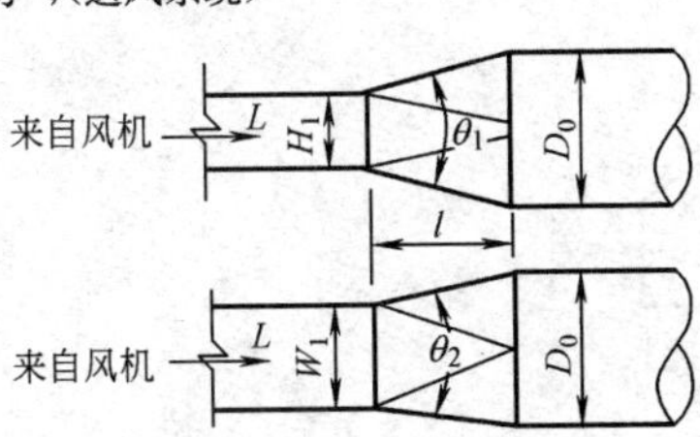

F_0/F_1	ζ_0 值 θ 10	15	20	30	45	60	90	120	150	180
0.10	0.05	0.05	0.05	0.05	0.07	0.08	0.19	0.29	0.37	0.43
0.17	0.05	0.05	0.04	0.04	0.06	0.07	0.18	0.28	0.36	0.42
0.25	0.06	0.05	0.05	0.04	0.06	0.07	0.17	0.27	0.35	0.41
0.50	0.06	0.07	0.07	0.05	0.06	0.06	0.12	0.18	0.24	0.26
1.00	0.00	0.00	0.00	0.00	0.00	0.00	0.00	0.00	0.00	0.00
2.00	0.60	0.84	1.00	1.20	1.32	1.32	1.32	1.28	1.24	1.20
4.00	4.00	5.76	7.20	8.32	9.28	9.92	10.24	10.24	10.24	10.24
10.00	30.00	50.00	53.00	64.00	75.00	84.00	89.00	91.00	91.00	88.00
16.00	76.80	138.24	135.68	166.40	197.12	225.28	243.20	250.88	250.88	238.08

续表

C-7 矩形变径管，两侧平行对称(排风/回风系统)

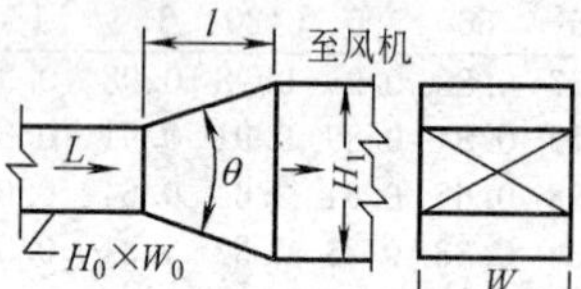

	ζ₀值									
	θ									
F_0/F_1	10	15	20	30	45	60	90	120	150	180
0.06	0.26	0.27	0.40	0.56	0.71	0.86	1.00	0.99	0.98	0.98
0.10	0.24	0.26	0.36	0.53	0.69	0.82	0.93	0.93	0.92	0.91
0.25	0.17	0.19	0.22	0.42	0.60	0.68	0.70	0.69	0.67	0.66
0.50	0.14	0.13	0.15	0.24	0.35	0.37	0.38	0.37	0.36	0.35
1.00	0.00	0.00	0.00	0.00	0.00	0.00	0.00	0.00	0.00	0.00
2.00	0.23	0.20	0.20	0.20	0.24	0.28	0.54	0.78	1.02	1.09
4.00	0.81	0.64	0.64	0.64	0.88	1.12	2.78	4.38	5.65	6.60
6.00	1.82	1.44	1.44	1.44	1.98	2.53	6.56	10.20	13.00	15.20
10.00	5.03	5.00	5.00	5.00	6.50	8.02	19.10	29.10	37.10	43.10

C-8 矩形变径管，两侧平行对称(送风系统)

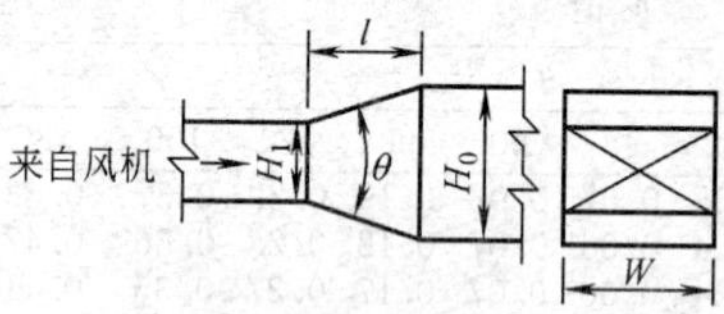

	ζ₀值									
	θ									
F_0/F_1	10	15	20	30	45	60	90	120	150	180
0.10	0.05	0.05	0.05	0.05	0.07	0.08	0.19	0.29	0.37	0.43
0.17	0.05	0.04	0.04	0.04	0.05	0.07	0.18	0.28	0.36	0.42
0.25	0.05	0.04	0.04	0.04	0.06	0.07	0.17	0.27	0.35	0.41
0.50	0.06	0.05	0.05	0.05	0.06	0.07	0.14	0.20	0.26	0.27
1.00	0.00	0.00	0.00	0.00	0.00	0.00	0.00	0.00	0.00	1.00
2.00	0.56	0.52	0.60	0.96	1.40	1.48	1.52	1.48	1.44	1.40
4.00	2.72	3.04	3.52	6.72	9.60	10.88	11.20	11.04	10.72	10.56
10.00	24.00	26.00	36.00	53.00	69.00	82.00	93.00	93.00	92.00	91.00
16.00	66.56	69.12	102.40	143.36	181.76	220.16	256.00	253.44	250.88	250.88

C-9 矩形变径管(渐扩型)

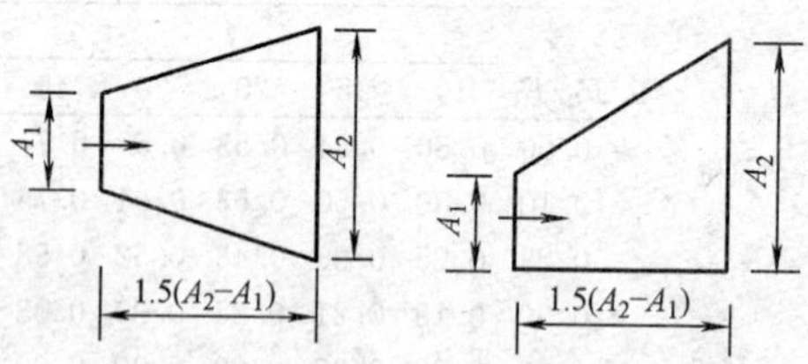

型式	双面偏			单面偏		
A_2/A_1	2.08～2.00	1.67～1.56	1.33～1.25	2.08～2.00	1.67～1.56	1.33～1.25
ζ	0.16	0.09	0.02	0.28	0.17	0.05

C-10 矩形变径管(渐缩型)

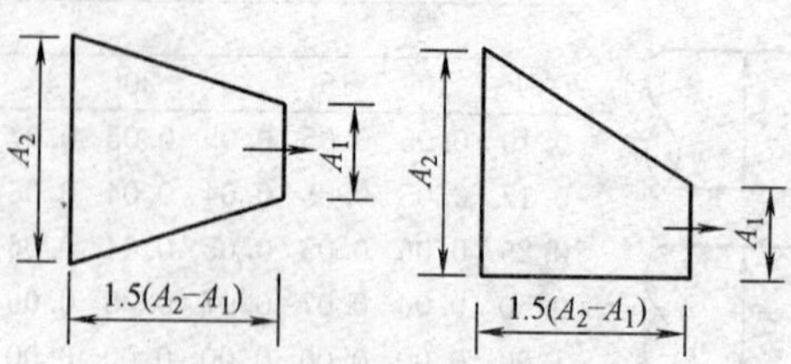

型式	双面偏			单面偏		
A_2/A_1	2.08～2.00	1.67～1.56	1.33～1.25	2.08～2.00	1.67～1.56	1.33～1.25
ζ	0.09	0.08	0.04	0.11	0.10	0.05

续表

管件 D 圆形三(四)通的局部阻力系数

D-1 圆风管 Y 形 30°合流三通

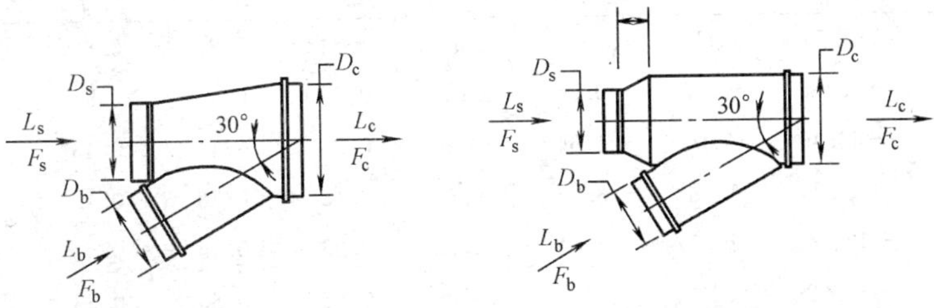

		ζ_b 值								
		L_b/L_c								
F_s/F_c	F_b/F_c	0.1	0.2	0.3	0.4	0.5	0.6	0.7	0.8	0.9
0.2	0.2	−24.17	−3.78	−0.60	0.30	0.64	0.77	0.83	0.88	0.98
	0.4	−99.93	−17.94	−5.13	−1.45	−0.11	0.42	0.62	0.68	0.68
	0.6	−225.62	−41.13	−12.30	−4.01	−0.99	0.20	0.66	0.78	0.75
	0.8	−401.44	−73.44	−22.18	−7.44	−2.08	0.04	0.84	1.06	1.01
	1.0	−627.39	−114.89	−34.80	−11.77	−3.39	−0.08	1.18	1.52	1.43
0.3	0.2	−13.97	−1.77	0.08	0.59	0.77	0.84	0.88	0.92	1.06
	0.4	−59.43	−10.08	−2.52	−0.41	0.32	0.59	0.67	0.68	0.66
	0.6	−134.51	−23.45	−6.44	−1.68	−0.03	0.57	0.76	0.77	0.70
	0.8	−239.47	−42.01	−11.77	−3.32	−0.38	0.69	1.02	1.03	0.91
	1.0	−374.32	−65.79	−18.53	−5.32	−0.73	0.94	1.45	1.47	1.27
0.4	0.2	−9.20	−0.85	0.39	0.71	0.82	0.87	0.90	0.94	1.09
	0.4	−40.52	−6.48	−1.37	0.02	0.48	0.64	0.67	0.66	0.65
	0.6	−92.00	−15.37	−3.84	−0.71	0.33	0.67	0.75	0.71	0.65
	0.8	−163.90	−27.65	−7.16	−1.59	0.25	0.86	1.00	0.93	0.80
	1.0	−256.25	−43.35	−11.33	−2.63	0.26	1.21	1.42	1.31	1.09
0.5	0.2	−6.62	−0.36	0.54	0.77	0.85	0.88	0.90	0.95	1.11
	0.4	−30.26	−4.59	−0.79	0.22	0.54	0.64	0.66	0.64	0.64
	0.6	−68.93	−11.13	−2.56	−0.28	0.45	0.67	0.69	0.65	0.58
	0.8	−122.90	−20.12	−4.88	−0.83	0.46	0.85	0.90	0.81	0.68
	1.0	−192.18	−31.58	−7.77	−1.43	0.59	1.19	1.26	1.12	0.90
0.6	0.2	−5.12	−0.10	0.62	0.79	0.85	0.87	0.90	0.95	1.11
	0.4	−24.31	−3.55	−0.50	0.30	0.55	0.62	0.63	0.62	0.63
	0.6	−55.58	−8.80	−1.92	−0.12	0.45	0.61	0.62	0.57	0.52
	0.8	−99.17	−16.00	−3.76	−0.54	0.46	0.74	0.76	0.67	0.56
	1.0	−155.12	−25.14	−6.02	−0.99	0.58	1.02	1.04	0.90	0.71
0.7	0.2	−4.24	0.05	0.65	0.80	0.85	0.87	0.89	0.94	1.12
	0.4	−20.82	−3.00	−0.38	0.31	0.52	0.59	0.60	0.59	0.61
	0.6	−47.78	−7.58	−1.67	−0.11	0.38	0.52	0.53	0.49	0.45
	0.8	−85.32	−13.83	−3.30	−0.53	0.33	0.5	0.59	0.52	0.43
	1.0	−133.48	−21.76	−5.30	−0.97	0.38	0.76	0.78	0.67	0.51

续表

ζb值										
		L_b/L_c								
F_s/F_c	F_b/F_c	0.1	0.2	0.3	0.4	0.5	0.6	0.7	0.8	0.9
0.8	0.2	−3.75	0.11	0.65	0.79	0.84	0.86	0.88	0.94	1.12
	0.4	−18.88	−2.75	−0.36	0.28	0.48	0.55	0.56	0.57	0.61
	0.6	−43.46	−7.05	−1.64	−0.20	0.26	0.41	0.43	0.41	0.39
	0.8	−77.64	−12.88	−3.26	−0.69	0.13	0.38	0.42	0.37	0.31
	1.0	−121.48	−20.27	−5.24	−1.23	0.06	0.45	0.51	0.43	0.31
0.9	0.2	−3.52	0.12	0.64	0.78	0.82	0.85	0.88	0.93	1.12
	0.4	−17.96	−2.70	−0.40	0.22	0.43	0.50	0.53	0.54	0.60
	0.6	−41.45	−6.97	−1.77	−0.35	0.12	0.28	0.32	0.32	0.32
	0.8	−74.08	−12.74	−3.49	−0.97	−0.12	0.16	0.23	0.22	0.18
	1.0	−115.92	−20.06	−5.61	−1.66	−0.34	0.11	0.21	0.18	0.11
1.0	0.2	−3.48	0.10	0.62	0.76	0.81	0.84	0.87	0.92	1.11
	0.4	−17.76	−2.79	−0.50	0.14	0.37	0.45	0.49	0.52	0.60
	0.6	−41.06	−7.21	−2.01	−0.55	−0.04	0.15	0.22	0.23	0.25
	0.8	−73.39	−13.17	−3.92	−1.32	−0.41	−0.07	0.04	0.06	0.06
	1.0	−114.85	−20.74	−6.28	−2.21	−0.79	−0.26	−0.09	−0.07	−0.09

ζs值										
		L_s/L_c								
F_s/F_c	F_b/F_c	0.1	0.2	0.3	0.4	0.5	0.6	0.7	0.8	0.9
0.2	0.2	−16.02	−3.15	−0.80	0.04	0.45	0.69	0.86	0.99	1.10
	0.4	−8.56	−1.20	0.05	0.47	0.68	0.82	0.92	1.02	1.11
	0.6	−4.85	−0.36	0.38	0.63	0.76	0.86	0.94	1.02	1.11
	0.8	−2.77	0.10	0.56	0.71	0.81	0.88	0.95	1.03	1.11
	1.0	−1.45	0.38	0.66	0.76	0.83	0.89	0.96	1.03	1.11
0.3	0.2	−36.37	−7.59	−2.48	−0.79	−0.06	0.29	0.47	0.57	0.61
	0.4	−19.94	−3.49	−0.80	0.02	0.35	0.49	0.56	0.60	0.62
	0.6	−11.73	−1.70	−0.13	0.32	0.49	0.56	0.60	0.61	0.62
	0.8	−7.11	−0.72	0.23	0.48	0.57	0.60	0.61	0.62	0.62
	1.0	−4.17	−0.11	0.45	0.58	0.61	0.62	0.62	0.62	0.62
0.4	0.2	−64.82	−13.76	−4.74	−1.81	−0.59	−0.02	0.24	0.36	0.39
	0.4	−35.81	−6.62	−1.88	−0.46	0.07	0.30	0.38	0.41	0.40
	0.6	−21.28	−3.48	−0.73	0.04	0.31	0.41	0.43	0.43	0.41
	0.8	−13.10	−1.77	−0.12	0.31	0.44	0.46	0.46	0.44	0.41
	1.0	−7.90	−0.69	0.26	0.47	0.51	0.50	0.47	0.44	0.41
0.5	0.2	−101.39	−21.64	−7.61	−3.07	−1.19	−0.34	0.05	0.22	0.26
	0.4	−56.18	−10.59	−3.21	−1.02	−0.20	0.13	0.26	0.29	0.27
	0.6	−33.51	−5.72	−1.43	−0.24	0.16	0.30	0.33	0.31	0.28
	0.8	−20.75	−3.06	−0.49	0.16	0.35	0.39	0.37	0.33	0.28
	1.0	−12.64	−1.39	0.10	0.41	0.46	0.44	0.39	0.33	0.28

续表

		ζ_s 值								
		L_s/L_c								
F_s/F_c	F_b/F_c	0.1	0.2	0.3	0.4	0.5	0.6	0.7	0.8	0.9
0.6	0.2	−146.06	−31.26	−11.09	−4.56	−1.89	−0.68	−0.12	0.10	0.16
	0.4	−81.04	−15.40	−4.80	−1.65	−0.48	−0.01	0.17	0.20	0.18
	0.6	−48.43	−8.41	−2.25	−0.54	0.03	0.22	0.26	0.24	0.18
	0.8	−30.07	−4.59	−0.90	0.03	0.30	0.34	0.31	0.25	0.19
	1.0	−18.39	−2.20	−0.06	0.39	0.46	0.42	0.34	0.27	0.19
0.7	0.2	−198.85	−42.62	−15.17	−6.31	−2.68	−1.04	−0.29	0.01	0.08
	0.4	−110.40	−21.07	−6.64	−2.36	−0.77	−0.14	0.09	0.15	0.11
	0.6	−66.02	−11.56	−3.19	−0.86	−0.08	0.18	0.23	0.19	0.12
	0.8	−41.04	−6.37	−1.35	−0.08	0.27	0.34	0.29	0.21	0.12
	1.0	−25.16	−3.12	−0.21	0.40	0.49	0.43	0.33	0.23	0.13
0.8	0.2	−259.75	−55.70	−19.86	−8.29	−3.56	−1.43	−0.46	−0.06	0.03
	0.4	−144.25	−27.58	−8.74	−3.16	−1.09	−0.26	0.05	0.11	0.06
	0.6	−86.30	−15.17	−4.24	−1.20	−0.19	0.15	0.22	0.17	0.08
	0.8	−53.67	−8.40	−1.84	−0.18	0.28	0.36	0.30	0.20	0.08
	1.0	−32.93	−4.15	−0.35	0.44	0.56	0.49	0.36	0.22	0.09
0.9	0.2	−328.76	−70.51	−25.16	−10.53	−4.54	−1.84	−0.62	−0.12	0.00
	0.4	−182.60	−34.94	−11.09	−4.03	−1.41	−0.37	0.02	0.10	0.04
	0.6	−109.25	−19.24	−5.40	−1.56	−0.28	0.15	0.23	0.17	0.05
	0.8	−67.96	−10.66	−2.37	−0.27	0.31	0.41	0.34	0.21	0.06
	1.0	−41.71	−5.29	−0.49	0.52	0.67	0.57	0.41	0.23	0.07
1.0	0.2	−405.88	−87.06	−31.07	−13.01	−5.62	−2.29	−0.77	−0.16	−0.02
	0.4	−225.44	−43.14	−13.70	−4.99	−1.76	−0.47	0.01	0.11	0.04
	0.6	−134.89	−23.76	−6.68	−1.94	−0.35	0.17	0.28	0.20	0.06
	0.8	−83.92	−13.18	−2.93	−0.35	0.37	0.50	0.41	0.25	0.06
	1.0	−51.51	−6.54	−0.61	0.63	0.81	0.70	0.49	0.28	0.07

D-2 圆风管 Y 形 45°合流三通

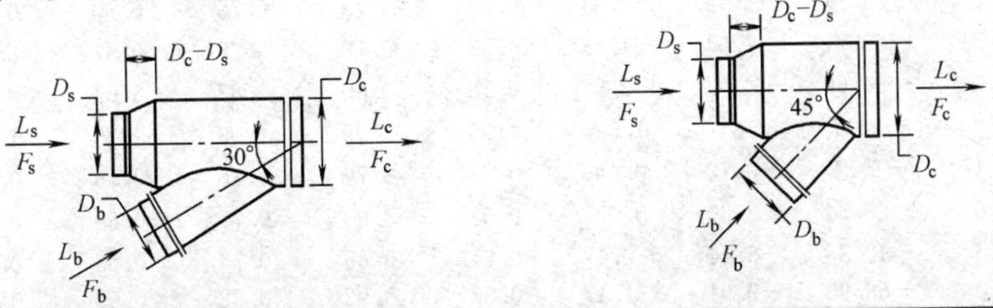

续表

F_s/F_c	F_b/F_c	ζ_b 值								
		L_b/L_c								
		0.1	0.2	0.3	0.4	0.5	0.6	0.7	0.8	0.9
0.2	0.2	−25.19	−3.97	−0.64	0.32	0.67	0.82	0.90	0.96	1.08
	0.4	−104.08	−18.80	−5.40	−1.51	−0.07	0.52	0.77	0.88	1.01
	0.6	−235.59	−43.47	−13.22	−4.44	−1.20	0.12	0.65	0.83	0.85
	0.8	−419.32	−77.73	−23.95	−8.33	−2.56	−0.22	0.72	1.02	1.02
	1.0	−655.51	−121.72	−37.68	−13.26	−4.25	−0.59	0.87	1.33	1.28
0.3	0.2	−14.27	−1.77	0.13	0.66	0.85	0.93	0.97	1.03	1.21
	0.4	−60.85	−10.26	−2.48	−0.30	0.47	0.77	0.88	0.93	1.04
	0.6	−138.38	−24.26	−6.68	−1.73	0.01	0.66	0.88	0.91	0.88
	0.8	−246.54	−43.60	−12.34	−3.54	−0.43	0.72	1.11	1.15	1.03
	1.0	−385.59	−68.43	−19.56	−5.79	−0.94	0.86	1.45	1.49	1.24
0.4	0.2	−8.77	−0.64	0.54	0.85	0.95	0.99	1.03	1.09	1.31
	0.4	−39.30	−6.02	−1.05	0.28	0.72	0.87	0.91	0.92	1.00
	0.6	−89.77	−14.65	−3.42	−0.38	0.61	0.93	0.99	0.95	0.90
	0.8	−160.18	−26.56	−6.55	−1.15	0.62	1.18	1.29	1.19	1.01
	1.0	−250.70	−41.83	−10.54	−2.09	0.68	1.56	1.71	1.53	1.15
0.5	0.2	−5.45	0.04	0.79	0.97	1.02	1.04	1.07	1.14	1.39
	0.4	−26.48	−3.53	−0.24	0.59	0.83	0.89	0.88	0.85	0.86
	0.6	−60.61	−8.90	−1.46	0.43	0.97	1.09	1.06	0.97	0.90
	0.8	−108.39	−16.35	−3.09	0.27	1.24	1.45	1.38	1.20	0.96
	1.0	−169.84	−25.90	−5.15	0.11	1.63	1.95	1.83	1.52	1.02
0.6	0.2	−5.54	−0.08	0.70	0.91	0.98	1.01	1.05	1.14	1.42
	0.4	−27.10	−4.14	−0.68	0.26	0.57	0.68	0.71	0.72	0.76
	0.6	−62.07	−10.28	−2.48	−0.34	0.37	0.61	0.67	0.66	0.63
	0.8	−111.02	−18.84	−4.92	−1.12	0.16	0.58	0.67	0.61	0.44
	1.0	−174.01	−29.83	−8.04	−2.07	−0.08	0.58	0.70	0.56	0.15
0.7	0.2	−3.96	0.25	0.83	0.97	1.01	1.04	1.08	1.17	1.47
	0.4	−20.92	−2.92	−0.27	0.43	0.65	0.72	0.73	0.73	0.77
	0.6	−48.21	−7.55	−1.55	0.03	0.53	0.68	0.69	0.65	0.61
	0.8	−86.42	−14.01	−3.30	−0.46	0.43	0.68	0.69	0.58	0.35
	1.0	−135.63	−22.32	−5.53	−1.07	0.33	0.72	0.71	0.48	−0.03
0.8	0.2	−2.78	0.50	0.91	1.01	1.03	1.05	1.09	1.18	1.49
	0.4	−16.29	−2.00	0.05	0.56	0.71	0.75	0.74	0.74	0.78
	0.6	−37.82	−5.52	−0.87	0.31	0.65	0.72	0.70	0.64	0.58
	0.8	−68.01	−10.42	−2.10	0.01	0.62	0.75	0.69	0.53	0.25
	1.0	−106.91	−16.73	−3.68	−0.35	0.61	0.79	0.68	0.38	−0.25
0.9	0.2	−1.87	0.68	0.98	1.03	1.05	1.06	1.09	1.18	1.49
	0.4	−12.69	−1.29	0.29	0.66	0.76	0.77	0.75	0.74	0.78
	0.6	−29.77	−3.94	−0.34	0.52	0.73	0.75	0.70	0.63	0.54
	0.8	−53.74	−7.64	−1.18	0.37	0.76	0.78	0.67	0.48	0.13
	1.0	−84.66	−12.42	−2.27	0.18	0.80	0.83	0.62	0.26	−0.49
1.0	0.2	−1.17	0.81	1.02	1.05	1.05	1.06	1.09	1.18	1.48
	0.4	−9.81	−0.72	0.48	0.74	0.79	0.78	0.76	0.74	0.77
	0.6	−23.34	−2.69	0.07	0.68	0.80	0.77	0.69	0.60	0.49
	0.8	−42.35	−5.44	−0.47	0.64	0.85	0.79	0.63	0.41	0.00
	1.0	−66.93	−9.01	−1.17	0.58	0.92	0.82	0.55	0.13	−0.75

续表

		ζs值								
		L_s/L_c								
F_s/F_c	F_b/F_c	0.1	0.2	0.3	0.4	0.5	0.6	0.7	0.8	0.9
0.2	0.2	−10.16	−2.08	−0.43	0.24	0.62	0.88	1.10	1.29	1.46
	0.4	−5.62	−0.59	0.30	0.65	0.85	1.01	1.16	1.31	1.46
	0.6	−2.71	0.12	0.60	0.80	0.94	1.06	1.19	1.32	1.47
	0.8	−0.99	0.52	0.77	0.88	0.98	1.08	1.20	1.32	1.47
	1.0	0.13	0.77	0.87	0.93	1.00	1.10	1.20	1.33	1.47
0.3	0.2	−23.33	−5.14	−1.67	−0.44	0.12	0.42	0.58	0.67	0.72
	0.4	−13.64	−2.22	−0.34	0.25	0.49	0.60	0.67	0.70	0.73
	0.6	−7.26	−0.75	0.24	0.52	0.62	0.67	0.70	0.72	0.73
	0.8	−3.48	0.07	0.55	0.66	0.69	0.70	0.71	0.72	0.73
	1.0	−1.03	0.60	0.74	0.75	0.73	0.73	0.72	0.72	0.73
0.4	0.2	−42.17	−9.48	−3.34	−1.23	−0.31	0.12	0.33	0.42	0.44
	0.4	−25.24	−4.51	−1.13	−0.13	0.25	0.40	0.46	0.47	0.45
	0.6	−13.99	−1.97	−0.17	0.31	0.46	0.50	0.50	0.48	0.46
	0.8	−7.32	−0.54	0.35	0.54	0.57	0.55	0.52	0.49	0.46
	1.0	−2.98	0.37	0.68	0.68	0.64	0.58	0.54	0.50	0.46
0.5	0.2	−66.95	−15.18	−5.49	−2.21	−0.81	−0.16	0.14	0.26	0.28
	0.4	−40.66	−7.54	−2.16	−0.57	0.02	0.25	0.32	0.33	0.30
	0.6	−23.15	−3.62	−0.69	0.09	0.33	0.39	0.38	0.35	0.30
	0.8	−12.75	−1.41	0.11	0.44	0.49	0.47	0.41	0.36	0.30
	1.0	−5.99	0.00	0.61	0.65	0.59	0.51	0.43	0.36	0.30
0.6	0.2	−97.90	−22.29	−8.18	−3.41	−1.39	−0.46	−0.03	0.13	0.16
	0.4	−60.15	−11.37	−3.44	−1.09	−0.23	0.10	0.21	0.22	0.18
	0.6	−34.97	−5.77	−1.35	−0.17	0.20	0.30	0.30	0.25	0.18
	0.8	−20.02	−2.59	−0.21	0.33	0.43	0.41	0.34	0.26	0.19
	1.0	−10.29	−0.57	0.51	0.63	0.57	0.47	0.37	0.27	0.19
0.7	0.2	−135.28	−30.88	−11.42	−4.85	−2.08	−0.80	−0.21	0.02	0.06
	0.4	−83.96	−16.08	−5.02	−1.73	−0.52	−0.05	0.11	0.13	0.08
	0.6	−49.71	−8.47	−2.19	−0.48	0.06	0.22	0.22	0.17	0.09
	0.8	−29.37	−4.16	−0.64	0.18	0.37	0.36	0.28	0.19	0.09
	1.0	−16.14	−1.41	0.33	0.60	0.55	0.44	0.32	0.20	0.09
0.8	0.2	−179.32	−41.01	−15.25	−6.55	−2.88	−1.19	−0.41	−0.10	−0.04
	0.4	−112.34	−21.71	−6.91	−2.50	−0.86	−0.22	0.01	0.05	−0.01
	0.6	−67.62	−11.78	−3.22	−0.87	−0.10	0.13	0.16	0.10	0.00
	0.8	−41.06	−6.16	−1.20	0.00	0.29	0.31	0.23	0.12	0.01
	1.0	−23.78	−2.58	0.06	0.53	0.54	0.42	0.28	0.14	0.01
0.9	0.2	−230.27	−52.75	−19.69	−8.53	−3.81	−1.63	−0.63	−0.22	−0.13
	0.4	−145.53	−28.34	−9.15	−3.41	−1.26	−0.41	−0.10	−0.04	−0.09
	0.6	−88.94	−15.78	−4.48	−1.35	−0.30	0.03	0.09	0.03	−0.08
	0.8	−55.33	−8.67	−1.93	−0.25	0.20	0.26	0.18	0.06	−0.07
	1.0	−33.46	−4.14	−0.34	0.42	0.50	0.39	0.24	0.08	−0.07
1.0	0.2	−288.39	−66.15	−24.77	−10.80	−4.88	−2.14	−0.87	−0.35	−0.22
	0.4	−183.77	−36.02	−11.76	−4.47	−1.73	−0.63	−0.22	−0.12	−0.18
	0.6	−113.91	−20.52	−6.00	−1.93	−0.55	−0.09	0.01	−0.04	−0.16
	0.8	−72.41	−11.74	−2.86	−0.58	0.06	0.19	0.13	−0.01	−0.16
	1.0	−45.42	−6.15	−0.88	0.25	0.44	0.36	0.20	0.02	−0.15

续表

D-3 圆风管T形合流三通，$D_c \leqslant 250mm$

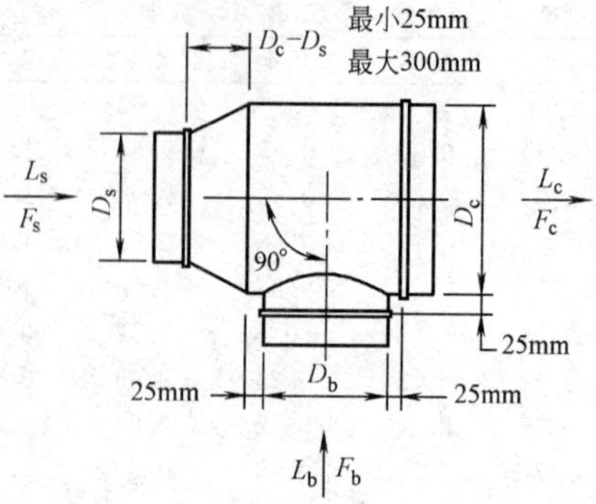

ζ_b 值

F_s/F_c	F_b/F_c	L_b/L_c 0.1	0.2	0.3	0.4	0.5	0.6	0.7	0.8	0.9
0.2	0.2	−24.56	−3.63	−0.36	0.59	0.93	1.08	1.14	1.19	1.27
	0.4	−101.83	−17.86	−4.68	−0.87	0.52	1.09	1.32	1.41	1.48
	0.6	−230.83	−41.68	−11.98	−3.39	−0.24	1.03	1.53	1.66	1.61
	0.8	−411.18	−74.90	−22.10	−6.82	−1.21	1.04	1.92	2.16	2.05
	1.0	−643.09	−117.63	−35.12	−11.24	−2.47	1.04	2.41	2.78	2.58
0.3	0.2	−14.05	−1.55	0.36	0.89	1.08	1.16	1.19	1.23	1.34
	0.4	−60.09	−9.68	−1.94	0.24	1.00	1.29	1.39	1.42	1.47
	0.6	−136.97	−23.33	−5.84	−0.92	0.81	1.45	1.65	1.66	1.53
	0.8	−244.33	−42.30	−11.19	−2.43	0.65	1.78	2.14	2.13	1.88
	1.0	−382.43	−66.70	−18.08	−4.39	0.42	2.19	2.74	2.72	2.29
0.4	0.2	−8.95	−0.54	0.71	1.04	1.15	1.20	1.22	1.26	1.40
	0.4	−39.99	−5.81	−0.67	0.73	1.19	1.35	1.39	1.39	1.41
	0.6	−91.72	−14.59	−2.97	0.20	1.26	1.60	1.67	1.60	1.43
	0.8	−163.91	−26.77	−6.09	−0.45	1.43	2.04	2.16	2.03	1.69
	1.0	−256.79	−42.45	−10.12	−1.30	1.63	2.58	2.75	2.54	1.95
0.5	0.2	−6.03	0.04	0.91	1.13	1.20	1.22	1.24	1.29	1.44
	0.4	−28.59	−3.67	−0.01	0.96	1.26	1.34	1.35	1.32	1.29
	0.6	−65.92	−9.70	−1.41	0.78	1.46	1.64	1.63	1.53	1.32
	0.8	−118.07	−18.07	−3.32	0.57	1.78	2.11	2.09	1.89	1.46
	1.0	−185.19	−28.89	−5.81	0.27	2.16	2.67	2.63	2.31	1.57
0.6	0.2	−4.20	0.39	1.03	1.18	1.22	1.24	1.26	1.30	1.47
	0.4	−21.57	−2.42	0.35	1.05	1.25	1.29	1.27	1.22	1.12
	0.6	−49.85	−6.73	−0.50	1.08	1.54	1.63	1.57	1.45	1.19
	0.8	−89.52	−12.81	−1.72	1.10	1.91	2.07	1.97	1.73	1.22
	1.0	−140.62	−20.68	−3.33	1.09	2.35	2.60	2.44	2.03	1.16
0.7	0.2	−3.00	0.62	1.10	1.21	1.23	1.24	1.26	1.31	1.49
	0.4	−16.90	−1.59	0.58	1.11	1.25	1.27	1.24	1.18	1.06
	0.6	−39.35	−4.86	0.02	1.22	1.54	1.57	1.50	1.35	1.05
	0.8	−70.87	−9.50	−0.79	1.35	1.91	1.97	1.82	1.54	0.96
	1.0	111.50	−15.53	−1.89	1.46	2.34	2.43	2.19	1.73	0.72
0.8	0.2	−2.20	0.76	1.14	1.22	1.24	1.24	1.26	1.31	1.49
	0.4	−13.77	−1.06	0.71	1.13	1.24	1.24	1.20	1.13	1.00

续表

ζb 值										
		L_b/L_c								
F_s/F_c	F_b/F_c	0.1	0.2	0.3	0.4	0.5	0.6	0.7	0.8	0.9
0.8	0.6	−32.33	−3.69	0.31	1.27	1.50	1.50	1.41	1.25	0.90
	0.8	−58.40	−7.42	−0.29	1.42	1.83	1.83	1.65	1.35	0.67
	1.0	−92.06	−12.30	−1.12	1.56	2.21	2.20	1.92	1.40	0.24
0.9	0.2	−1.67	0.85	1.16	1.22	1.23	1.24	1.25	1.30	1.48
	0.4	−11.68	−0.74	0.77	1.12	1.20	1.20	1.16	1.08	0.93
	0.6	−27.63	−2.98	0.44	1.24	1.42	1.41	1.31	1.13	0.75
	0.8	−50.07	−6.17	−0.07	1.36	1.69	1.66	1.47	1.13	0.37
	1.0	−79.08	−10.36	−0.79	1.46	1.98	1.92	1.61	1.06	−0.26
1.0	0.2	−1.33	0.89	1.16	1.21	1.22	1.22	1.24	1.29	1.46
	0.4	−10.31	−0.57	0.78	1.09	1.16	1.15	1.11	1.03	0.86
	0.6	−24.56	−2.59	0.46	1.17	1.32	1.30	1.20	1.01	0.57
	0.8	−44.64	−5.49	−0.05	1.22	1.51	1.46	1.27	0.91	0.05
	1.0	−70.62	−9.32	−0.77	1.24	1.68	1.61	1.28	0.69	−0.80

ζs 值										
		L_s/L_c								
F_s/F_c	F_b/F_c	0.1	0.2	0.3	0.4	0.5	0.6	0.7	0.8	0.9
0.2	0.2	18.11	3.42	1.62	1.11	0.90	0.80	0.74	0.70	0.68
	0.4	9.98	2.47	1.36	1.01	0.85	0.77	0.72	0.69	0.67
	0.6	7.34	2.13	1.26	0.96	0.83	0.76	0.72	0.69	0.67
	0.8	6.08	1.94	1.19	0.93	0.81	0.75	0.71	0.68	0.67
	1.0	4.55	1.61	1.05	0.86	0.76	0.71	0.68	0.66	0.65
0.3	0.2	44.33	7.19	2.80	1.57	1.08	0.84	0.71	0.63	0.57
	0.4	21.88	4.59	2.09	1.30	0.96	0.78	0.67	0.61	0.56
	0.6	14.90	3.71	1.82	1.19	0.90	0.74	0.65	0.59	0.55
	0.8	11.78	3.26	1.67	1.12	0.86	0.72	0.63	0.58	0.54
	1.0	8.36	2.52	1.36	0.95	0.75	0.65	0.58	0.54	0.51
0.4	0.2	78.99	12.25	4.42	2.26	1.39	0.97	0.74	0.60	0.50
	0.4	36.26	7.32	3.08	1.74	1.16	0.85	0.67	0.56	0.48
	0.6	23.50	5.72	2.61	1.54	1.05	0.79	0.63	0.53	0.46
	0.8	14.94	4.13	1.98	1.21	0.85	0.65	0.53	0.46	0.40
	1.0	12.66	3.69	1.80	1.12	0.79	0.62	0.51	0.44	0.39
0.5	0.2	114.73	17.76	6.27	3.07	1.79	1.16	0.81	0.60	0.46
	0.4	49.68	10.24	4.23	2.29	1.43	0.98	0.71	0.54	0.42
	0.6	31.23	7.90	3.53	1.99	1.27	0.88	0.65	0.50	0.39
	0.8	19.30	5.57	2.59	1.49	0.96	0.67	0.50	0.38	0.30
	1.0	17.16	5.05	2.36	1.36	0.88	0.62	0.46	0.35	0.28
0.6	0.2	142.32	22.64	8.06	3.91	2.23	1.39	0.92	0.63	0.44
	0.4	58.43	12.90	5.39	2.88	1.75	1.14	0.78	0.55	0.39
	0.6	29.06	8.20	3.69	2.04	1.25	0.81	0.55	0.38	0.26
	0.8	22.56	7.06	3.26	1.81	1.11	0.72	0.48	0.33	0.22
	1.0	22.24	6.61	3.00	1.65	1.00	0.65	0.43	0.28	0.18
0.7	0.2	152.32	25.82	9.48	4.66	2.65	1.63	1.04	0.68	0.44
	0.4	59.34	14.92	6.47	3.48	2.09	1.33	0.87	0.58	0.37
	0.6	28.26	9.51	4.41	2.42	1.45	0.90	0.57	0.35	0.19
	0.8	25.21	8.60	3.99	2.18	1.29	0.79	0.49	0.28	0.14
	1.0	29.34	8.49	3.77	2.01	1.16	0.70	0.41	0.22	0.10
0.8	0.2	136.74	26.38	10.30	5.22	3.01	1.85	1.17	0.74	0.45

续表

		ζ_s 值								
		L_s/L_c								
F_s/F_c	F_b/F_c	0.1	0.2	0.3	0.4	0.5	0.6	0.7	0.8	0.9
0.8	0.4	37.55	12.79	5.92	3.23	1.91	1.17	0.72	0.42	0.21
	0.6	24.23	10.57	5.10	2.81	1.66	1.01	0.60	0.33	0.14
	0.8	29.09	10.37	4.80	2.59	1.50	0.88	0.50	0.25	0.08
	1.0	41.23	10.98	4.71	2.43	1.36	0.77	0.41	0.18	0.01
0.9	0.2	90.70	23.73	10.34	5.54	3.28	2.05	1.30	0.81	0.47
	0.4	16.27	12.21	6.28	3.55	2.12	1.29	0.77	0.42	0.18
	0.6	19.43	11.62	5.81	3.23	1.89	1.13	0.64	0.32	0.10
	0.8	37.84	12.73	5.79	3.07	1.74	0.99	0.53	0.23	0.02
	1.0	62.35	14.52	5.94	2.97	1.61	0.87	0.42	0.14	−0.06
1.0	0.2	−6.40	12.70	7.32	4.31	2.64	1.64	1.00	0.56	0.25
	0.4	−11.05	11.02	6.50	3.82	2.32	1.41	0.83	0.43	0.15
	0.6	18.80	13.18	6.67	3.70	2.16	1.26	0.70	0.32	0.06
	0.8	57.27	16.30	7.09	3.67	2.03	1.12	0.57	0.21	−0.04
	1.0	99.20	19.80	7.61	3.67	1.92	1.00	0.45	0.10	−0.14

D-4 圆风管T形合流三通，D_c>250mm

		ζ_b 值								
		L_b/L_c								
F_s/F_c	F_b/F_c	0.1	0.2	0.3	0.4	0.5	0.6	0.7	0.8	0.9
0.2	0.2	−26.08	−4.19	−0.70	0.33	0.71	0.87	0.93	0.95	0.93
	0.4	−106.78	−19.39	−5.53	−1.46	0.05	0.67	0.91	0.97	0.91
	0.6	−241.50	44.68	−13.50	−4.37	−0.97	0.42	0.96	1.10	0.98
	0.8	−430.67	−80.18	−24.67	−8.42	−2.37	0.10	1.09	1.35	1.17
	1.0	−674.72	−125.98	−39.08	−13.64	−4.17	−0.28	1.28	1.72	1.48
0.3	0.2	−15.50	−2.16	−0.04	0.58	0.81	0.90	0.93	0.94	0.91
	0.4	−64.09	−11.09	−2.78	−0.38	0.48	0.82	0.93	0.94	0.86
	0.6	−145.16	−25.85	−7.21	−1.86	0.06	0.80	1.05	1.05	0.90
	0.8	−259.13	−46.56	−13.39	−3.89	−0.47	0.85	1.28	1.30	1.05
	1.0	−406.44	−73.33	−21.37	−6.48	−1.12	0.94	1.63	1.68	1.32
0.4	0.2	−10.31	−1.18	0.26	0.69	0.84	0.91	0.93	0.93	0.90
	0.4	−42.98	−7.03	−1.46	0.11	0.67	0.87	0.93	0.91	0.84
	0.6	−97.39	−16.60	−4.17	−0.69	0.52	0.95	1.06	1.01	0.87
	0.8	−173.96	−29.99	−7.90	−1.73	0.40	1.15	1.33	1.24	1.00
	1.0	−273.12	−47.31	−12.70	−3.04	0.29	1.45	1.74	1.61	1.26
0.5	0.2	−7.26	−0.62	0.43	0.75	0.86	0.91	0.93	0.93	0.90
	0.4	−30.49	−4.67	−0.72	0.38	0.76	0.89	0.92	0.90	0.85
	0.6	−69.03	−11.17	−2.42	−0.03	0.76	1.01	1.05	0.98	0.88
	0.8	−123.30	−20.22	−4.71	−0.50	0.87	1.29	1.33	1.20	1.02
	1.0	−193.74	−31.92	−7.63	−1.07	1.06	1.71	1.77	1.56	1.28
0.6	0.2	−5.28	−0.27	0.54	0.78	0.88	0.91	0.93	0.93	0.91
	0.4	−22.29	−3.15	−0.25	0.55	0.82	0.90	0.92	0.91	0.88
	0.6	−50.35	−7.64	−1.30	0.38	0.91	1.05	1.04	0.98	0.93
	0.8	−89.89	−13.83	−2.65	0.26	1.15	1.36	1.33	1.19	1.08
	1.0	−141.33	−21.84	−4.35	0.18	1.54	1.85	1.77	1.54	1.37
0.7	0.2	−3.90	−0.03	0.61	0.81	0.89	0.92	0.94	0.94	0.93
	0.4	−16.54	−2.10	0.07	0.66	0.85	0.91	0.93	0.92	0.92
	0.6	−37.21	−5.18	−0.54	0.65	1.00	1.07	1.05	1.00	1.00

续表

		ζb 值								
		L_b/L_c								
F_s/F_c	F_b/F_c	0.1	0.2	0.3	0.4	0.5	0.6	0.7	0.8	0.9
0.7	0.8	−66.31	−9.37	−1.24	0.78	1.33	1.41	1.33	1.21	1.20
	1.0	−104.29	−14.78	−2.09	1.03	1.84	1.94	1.78	1.56	1.52
0.8	0.2	−2.90	0.15	0.67	0.83	0.90	0.93	0.94	0.95	0.96
	0.4	−12.31	−1.34	0.30	0.74	0.88	0.93	0.94	0.95	0.98
	0.6	−27.50	−3.39	0.01	0.84	1.06	1.09	1.06	1.03	1.11
	0.8	−48.87	−6.11	−0.22	1.15	1.46	1.45	1.35	1.25	1.35
	1.0	−76.85	−9.59	−0.44	1.63	2.06	2.00	1.80	1.61	1.73
0.9	0.2	−2.14	0.28	0.71	0.85	0.91	0.94	0.96	0.97	0.99
	0.4	−9.09	−0.76	0.47	0.80	0.91	0.94	0.96	0.98	1.06
	0.6	−20.08	−2.04	0.42	0.99	1.11	1.12	1.09	1.09	1.24
	0.8	−35.50	−3.63	0.55	1.42	1.55	1.49	1.38	1.32	1.55
	1.0	−55.79	−5.64	0.80	2.08	2.22	2.06	1.84	1.69	1.99
1.0	0.2	−1.54	0.39	0.74	0.87	0.92	0.95	0.97	0.99	1.03
	0.4	−6.57	−0.32	0.61	0.85	0.93	0.97	0.99	1.03	1.16
	0.6	−14.24	−0.98	0.74	1.10	1.16	1.15	1.13	1.16	1.40
	0.8	−24.98	−1.69	1.14	1.63	1.63	1.53	1.43	1.41	1.78
	1.0	−39.19	−2.55	1.76	2.43	2.35	2.12	1.90	1.81	2.30

		ζs 值								
		L_s/L_c								
F_s/F_c	F_b/F_c	0.1	0.2	0.3	0.4	0.5	0.6	0.7	0.8	0.9
0.2	0.2	20.43	3.28	1.45	0.98	0.81	0.73	0.69	0.66	0.64
	0.4	8.78	1.98	1.12	0.86	0.76	0.70	0.67	0.66	0.64
	0.6	5.43	1.61	1.02	0.83	0.74	0.70	0.67	0.65	0.64
	0.8	4.15	1.47	0.98	0.81	0.74	0.69	0.67	0.65	0.64
	1.0	3.71	1.42	0.97	0.81	0.73	0.69	0.67	0.65	0.64
0.3	0.2	51.24	7.11	2.49	1.33	0.90	0.70	0.60	0.54	0.50
	0.4	19.40	3.57	1.58	1.00	0.76	0.64	0.57	0.52	0.50
	0.6	10.58	2.59	1.32	0.90	0.72	0.62	0.56	0.52	0.49
	0.8	7.52	2.25	1.23	0.87	0.70	0.61	0.56	0.52	0.49
	1.0	6.76	2.17	1.21	0.86	0.70	0.61	0.55	0.52	0.49
0.4	0.2	90.30	12.10	3.91	1.85	1.08	0.74	0.55	0.45	0.38
	0.4	30.96	5.51	2.21	1.23	0.82	0.61	0.49	0.42	0.37
	0.6	15.43	3.78	1.76	1.07	0.75	0.58	0.48	0.41	0.37
	0.8	10.86	3.27	1.63	1.02	0.73	0.57	0.47	0.41	0.37
	1.0	10.67	3.25	1.62	1.02	0.73	0.57	0.47	0.41	0.37
0.5	0.2	126.36	16.99	5.39	2.42	1.32	0.81	0.54	0.38	0.28
	0.4	38.84	7.27	2.87	1.51	0.93	0.63	0.45	0.34	0.27
	0.6	17.98	4.95	2.27	1.29	0.84	0.58	0.43	0.33	0.26
	0.8	13.78	4.48	2.15	1.25	0.82	0.57	0.43	0.33	0.26
	1.0	16.24	4.76	2.22	1.28	0.83	0.58	0.43	0.33	0.26
0.6	0.2	146.22	20.32	6.54	2.92	1.54	0.89	0.54	0.33	0.20
	0.4	38.66	8.37	3.44	1.80	1.06	0.67	0.43	0.28	0.18
	0.6	17.17	5.98	2.82	1.57	0.97	0.62	0.41	0.27	0.18
	0.8	17.19	5.98	2.82	1.57	0.97	0.62	0.41	0.27	0.18
	1.0	25.82	6.94	3.07	1.66	1.00	0.64	0.42	0.28	0.18
0.7	0.2	137.78	20.74	7.01	3.21	1.70	0.96	0.54	0.29	0.13
	0.4	27.78	8.52	3.84	2.06	1.21	0.73	0.44	0.24	0.11
	0.6	13.91	6.97	3.44	1.92	1.14	0.70	0.42	0.24	0.11
	0.8	24.08	8.10	3.73	2.02	1.19	0.72	0.43	0.24	0.11
	1.0	43.86	10.30	4.30	2.23	1.28	0.76	0.45	0.25	0.11

续表

		ζs 值								
		L_s/L_c								
F_s/F_c	F_b/F_c	0.1	0.2	0.3	0.4	0.5	0.6	0.7	0.8	0.9
0.8	0.2	92.97	17.35	6.57	3.21	1.75	0.99	0.55	0.27	0.08
	0.4	6.75	7.77	4.09	2.31	1.37	0.81	0.46	0.23	0.06
	0.6	12.05	8.36	4.24	2.37	1.39	0.83	0.47	0.23	0.07
	0.8	40.23	11.49	5.05	2.66	1.52	0.88	0.50	0.24	0.07
	1.0	77.56	15.64	6.13	3.05	1.68	0.96	0.53	0.26	0.08
0.9	0.2	10.77	10.05	5.20	2.91	1.70	0.99	0.55	0.25	0.04
	0.4	−19.11	6.73	4.34	2.60	1.57	0.93	0.52	0.24	0.04
	0.6	19.39	11.01	5.45	3.00	1.74	1.01	0.56	0.25	0.04
	0.8	74.99	17.18	7.05	3.58	1.98	1.13	0.61	0.28	0.05
	1.0	137.43	24.12	8.85	4.23	2.26	1.26	0.67	0.31	0.06
1.0	0.2	−99.78	−0.17	3.15	2.40	1.58	0.98	0.56	0.25	0.02
	0.4	−38.31	6.66	4.92	3.04	1.86	1.11	0.62	0.28	0.03
	0.6	48.66	16.32	7.43	3.94	2.24	1.29	0.70	0.31	0.04
	0.8	142.01	26.70	10.12	4.92	2.66	1.48	0.79	0.35	0.06
	1.0	237.90	37.35	12.88	5.92	3.08	1.68	0.88	0.39	0.07

D-5 圆风管封板式Y形合流三通，旁通管带有45°弯管

分支管与主管成90°，$r/D_b=1.5$

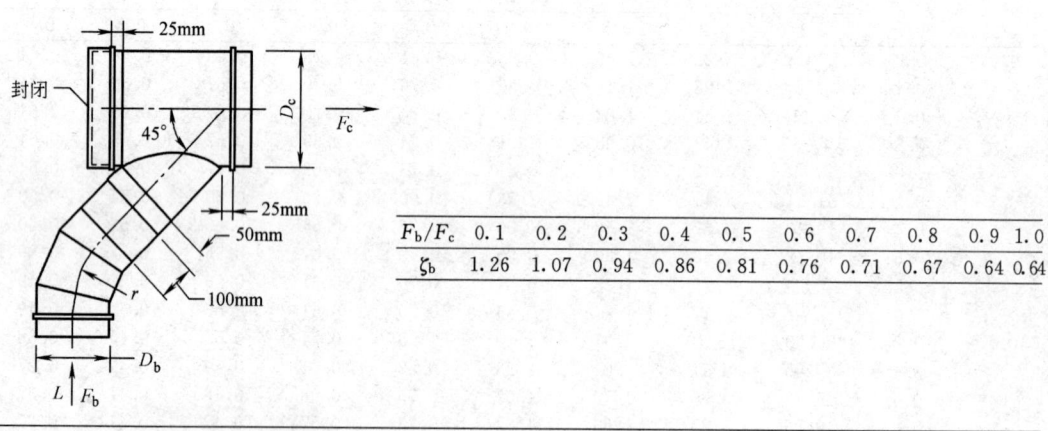

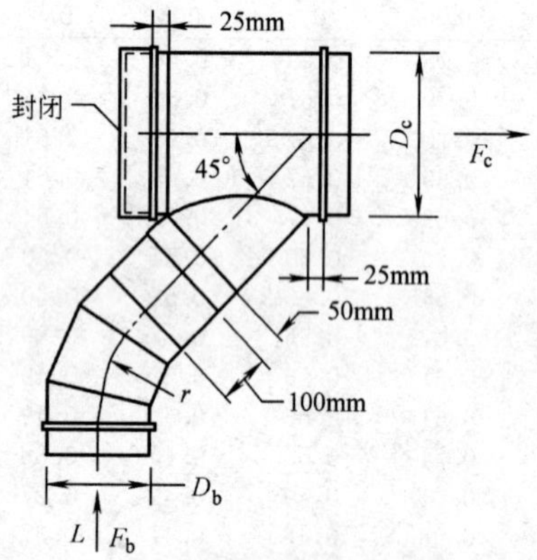

F_b/F_c	0.1	0.2	0.3	0.4	0.5	0.6	0.7	0.8	0.9	1.0
ζb	1.26	1.07	0.94	0.86	0.81	0.76	0.71	0.67	0.64	0.64

D-6 圆风管对称Y形60°合流三通，$D_{b1}\geqslant D_{b2}$

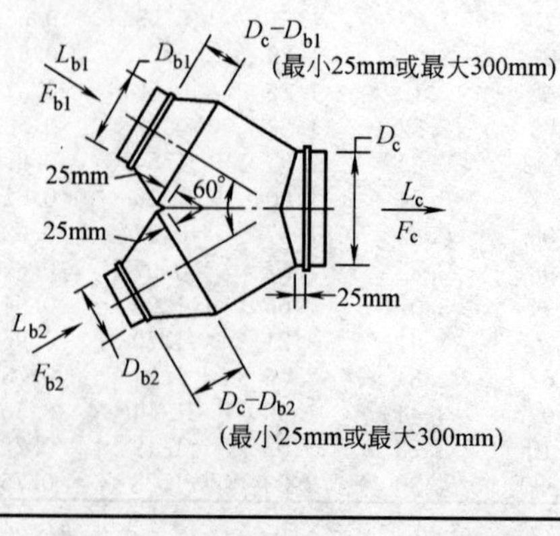

续表

		ζ_{b1}值								
		L_{b1}/L_c								
F_{b1}/F_c	F_{b2}/F_c	0.1	0.2	0.3	0.4	0.5	0.6	0.7	0.8	0.9
0.2	0.2	−11.95	−1.89	−0.09	0.41	0.62	0.74	0.80	0.80	0.79
	0.3	−11.95	−1.89	−0.09	0.41	0.62	0.74	0.80	0.80	0.79
0.3	0.2	−45.45	−9.39	−2.44	−0.41	0.33	0.68	0.89	1.03	1.13
	0.3	−16.88	−2.92	−0.09	0.59	0.86	1.02	1.09	1.10	1.08
0.4	0.2	−72.04	−14.00	−4.26	−1.24	−0.10	0.33	0.50	0.57	0.63
	0.3	−52.95	−9.91	−2.86	−0.69	0.07	0.30	0.40	0.49	0.62
	0.4	−28.86	−6.22	−2.15	−0.57	0.19	0.55	0.72	0.79	0.85
0.5	0.2	−126.04	−23.80	−7.44	−2.64	−0.85	−0.13	0.16	0.26	0.28
	0.3	−91.07	−16.91	−5.16	−1.73	−0.46	0.04	0.23	0.29	0.28
	0.4	−56.41	−10.07	−2.90	−0.82	−0.07	0.21	0.30	0.31	0.29
	0.5	−30.58	−5.23	−1.06	0.00	0.32	0.43	0.47	0.47	0.41
0.6	0.2	−209.81	−39.31	−12.13	−4.35	−1.54	−0.40	0.06	0.22	0.23
	0.3	−147.43	−27.69	−8.75	−3.20	−1.13	−0.29	0.05	0.17	0.18
	0.4	−85.06	−16.07	−5.38	−2.04	−0.71	−0.17	0.04	0.12	0.13
	0.5	−58.22	−11.03	−3.84	−1.49	−0.50	−0.09	0.07	0.11	0.12
	0.6	−40.57	−7.86	−2.60	−0.99	−0.26	0.00	0.14	0.21	0.25
0.7	0.2	−291.57	−54.52	−17.03	−6.21	−2.27	−0.68	−0.04	0.19	0.21
	0.3	−197.37	−38.02	−12.54	−4.92	−2.01	−0.76	−0.22	0.01	0.08
	0.4	−102.97	−21.41	−8.05	−3.64	−1.75	−0.84	−0.40	−0.17	−0.05
	0.5	−65.15	−14.75	−6.16	−3.07	−1.61	−0.85	−0.44	−0.22	−0.09
	0.6	−48.24	−11.70	−4.97	−2.59	−1.40	−0.76	−0.37	−0.15	−0.03
	0.7	−73.02	−16.68	−6.90	−3.29	−1.61	−0.80	−0.29	0.02	0.22
0.8	0.2	−373.33	−69.73	−21.93	−8.08	−3.00	−0.95	−0.13	0.15	0.20
	0.3	−247.31	−48.35	−16.32	−6.65	−2.89	−1.24	−0.49	−0.15	−0.02
	0.4	−120.88	−26.76	−10.71	−5.24	−2.78	−1.52	−0.84	−0.45	−0.24
	0.5	−72.08	−18.46	−8.48	−4.65	−2.71	−1.61	−0.95	−0.55	−0.31
	0.6	−55.91	−15.54	−7.35	−4.20	−2.54	−1.53	−0.89	−0.51	−0.30
	0.7	−80.68	−20.52	−9.27	−4.90	−2.75	−1.56	−0.80	−0.34	−0.06
	0.8	−105.46	−25.49	−11.19	−5.59	−2.96	−1.60	−0.72	−0.18	0.19
0.9	0.2	−479.24	−89.56	−28.39	−10.59	−4.04	−1.41	−0.36	0.01	0.09
	0.3	−305.31	−61.27	−21.50	−9.28	−4.39	−2.16	−1.07	−0.54	−0.29
	0.4	−131.17	−32.88	−14.60	−7.98	−4.74	−2.91	−1.79	−1.10	−0.68
	0.5	−67.90	−22.76	−12.17	−7.53	−4.89	−3.19	−2.05	−1.30	−0.81
	0.6	−68.95	−23.08	−12.11	−7.45	−4.84	−3.15	−2.01	−1.26	−0.79
	0.7	−90.48	−27.35	−13.58	−7.95	−4.97	−3.16	−1.96	−1.17	−0.65
	0.8	−112.02	−31.63	−15.05	−8.44	−5.11	−3.18	−1.90	−1.07	−0.51
	0.9	−130.32	−35.19	−16.07	−8.70	−5.18	−3.19	−1.88	−1.08	−0.53
1.0	0.2	−585.16	−109.39	−34.85	−13.11	−5.09	−1.86	−0.59	−0.13	−0.01
	0.3	−363.31	−74.20	−26.68	−11.91	−5.90	−3.08	−1.66	−0.94	−0.56
	0.4	−141.46	−39.00	−18.50	−10.71	−6.71	−4.29	−2.74	−1.74	−1.12
	0.5	−63.71	−27.06	−15.85	−10.41	−7.07	−4.77	−3.16	−2.05	−1.31
	0.6	−81.99	−30.62	−16.87	−10.70	−7.13	−4.77	−3.13	−2.02	−1.28
	0.7	−100.28	−34.19	−17.89	−11.00	−7.19	−4.76	−3.11	−1.99	−1.24
	0.8	−118.58	−37.76	−18.91	−11.29	−7.26	−4.76	−3.09	−1.96	−1.20
	0.9	−136.88	−41.32	−19.93	−11.55	−7.32	−4.77	−3.07	−1.98	−1.23
	1.0	−155.18	−44.89	−20.95	−11.80	−7.39	−4.78	−3.05	−1.99	−1.25

续表

F_{b1}/F_c	F_{b2}/F_c	ζ_{b2}值 L_{b2}/L_c 0.1	0.2	0.3	0.4	0.5	0.6	0.7	0.8	0.9
0.2	0.2	−11.95	−1.89	−0.09	0.41	0.62	0.74	0.80	0.80	0.79
	0.3	−11.95	−1.89	−0.09	0.41	0.62	0.74	0.80	0.80	0.79
0.3	0.2	−8.24	−1.18	0.05	0.42	0.61	0.73	0.78	0.77	0.76
	0.3	−16.88	−2.92	−0.09	0.59	0.86	1.02	1.09	1.10	1.08
0.4	0.2	−6.95	−1.00	0.16	0.53	0.67	0.71	0.72	0.72	0.71
	0.3	−16.21	−2.90	−0.44	0.40	0.79	0.98	1.05	1.06	1.05
	0.4	−28.86	−6.22	−2.15	−0.57	0.19	0.55	0.72	0.79	0.85
0.5	0.2	−4.82	−0.01	0.56	0.71	0.82	0.89	0.92	0.90	0.89
	0.3	−12.27	−1.17	0.44	0.88	1.11	1.25	1.29	1.25	1.23
	0.4	−20.76	−2.93	−0.21	0.48	0.73	0.84	0.88	0.87	0.82
	0.5	−30.58	−5.23	−1.06	0.00	0.32	0.43	0.47	0.47	0.41
0.6	0.2	−3.68	0.07	0.77	0.98	1.06	1.08	1.08	1.06	1.04
	0.3	−9.06	−0.55	0.86	1.27	1.42	1.48	1.49	1.46	1.42
	0.4	−17.62	−2.12	0.06	0.60	0.83	0.95	0.98	0.95	0.91
	0.5	−28.00	−4.26	−0.99	−0.16	0.20	0.39	0.45	0.41	0.38
	0.6	−40.57	−7.86	−2.60	−0.99	−0.26	0.00	0.14	0.21	0.25
0.7	0.2	−5.44	−0.40	0.55	0.86	0.98	1.02	1.04	1.03	1.02
	0.3	−9.36	−0.77	0.73	1.20	1.39	1.47	1.49	1.47	1.44
	0.4	−19.57	−3.09	−0.44	0.36	0.71	0.89	0.97	0.98	0.97
	0.5	−31.88	−6.02	−1.90	−0.63	−0.05	0.26	0.40	0.44	0.46
	0.6	−46.44	−9.82	−3.47	−1.41	−0.48	−0.04	0.21	0.36	0.45
	0.7	−73.02	−16.68	−6.90	−3.29	−1.61	−0.80	−0.29	0.02	0.22
0.8	0.2	−7.21	−0.87	0.33	0.73	0.90	0.97	1.00	1.00	0.99
	0.3	−9.67	−0.99	0.60	1.13	1.36	1.45	1.49	1.48	1.46
	0.4	−21.53	−4.06	−0.93	0.11	0.59	0.83	0.96	1.01	1.03
	0.5	−35.77	−7.77	−2.82	−1.09	−0.29	0.13	0.35	0.48	0.55
	0.6	−52.32	−11.78	−4.34	−1.83	−0.70	−0.09	0.28	0.51	0.65
	0.7	−78.89	−18.64	−7.76	−3.71	−1.83	−0.85	−0.22	0.16	0.42
	0.8	−105.46	−25.49	−11.19	−5.59	−2.96	−1.60	−0.72	−0.18	0.19
0.9	0.2	−4.98	−0.34	0.54	0.85	0.97	1.03	1.04	1.03	1.01
	0.3	−9.97	−1.21	0.48	1.06	1.32	1.44	1.49	1.49	1.48
	0.4	−23.54	−4.98	−1.39	−0.12	0.47	0.78	0.95	1.04	1.09
	0.5	−40.14	−9.57	−3.69	−1.56	−0.55	−0.01	0.31	0.51	0.63
	0.6	−58.25	−14.28	−5.64	−2.53	−1.08	−0.30	0.18	0.49	0.70
	0.7	−84.09	−21.02	−8.91	−4.38	−2.22	−1.04	−0.31	0.15	0.46
	0.8	−109.92	−27.77	−12.18	−6.22	−3.35	−1.79	−0.81	−0.19	0.23
	0.9	−130.32	−35.19	−16.07	−8.70	−5.18	−3.19	−1.88	−1.08	−0.53
1.0	0.2	−2.75	0.19	0.76	0.96	1.05	1.08	1.08	1.06	1.04
	0.3	−10.28	−1.43	0.35	0.99	1.29	1.43	1.49	1.50	1.50
	0.4	−25.56	−5.89	−1.86	−0.36	0.35	0.72	0.93	1.07	1.15
	0.5	−44.52	−11.37	−4.56	−2.02	−0.81	−0.14	0.27	0.54	0.72
	0.6	−64.19	−16.77	−6.94	−3.24	−1.47	−0.50	0.09	0.48	0.74
	0.7	−89.28	−23.41	−10.05	−5.05	−2.61	−1.24	−0.40	0.14	0.50
	0.8	−114.38	−30.04	−13.16	−6.86	−3.75	−1.97	−0.89	−0.20	0.27
	0.9	−134.78	−37.47	−17.06	−9.33	−5.57	−3.38	−1.97	−1.09	−0.49
	1.0	−155.18	−44.89	−20.95	−11.80	−7.39	−4.78	−3.05	−1.99	−1.25

续表

D-7 圆风管Y形45°分流三通

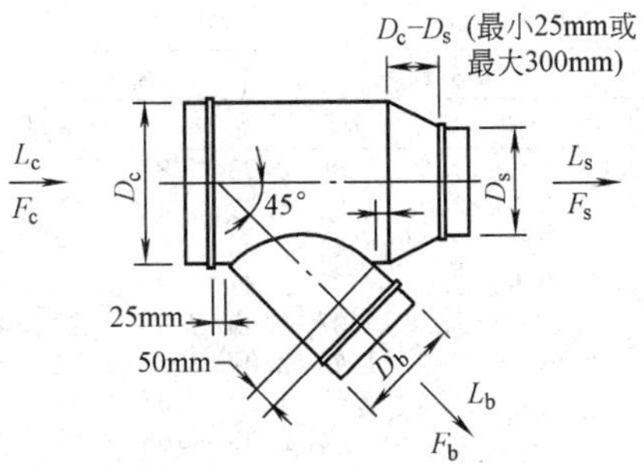

ζ_b 值

F_b/F_c	L_b/L_c 0.1	0.2	0.3	0.4	0.5	0.6	0.7	0.8	0.9
0.1	0.38	0.39	0.48						
0.2	2.25	0.38	0.31	0.39	0.46	0.48	0.45		
0.3	6.29	1.02	0.38	0.30	0.33	0.39	0.44	0.48	0.48
0.4	12.41	2.25	0.74	0.38	0.30	0.31	0.35	0.39	0.43
0.5	20.58	4.01	1.37	0.62	0.38	0.30	0.30	0.32	0.36
0.6	30.78	6.29	2.25	1.02	0.56	0.38	0.31	0.30	0.31
0.7	43.02	9.10	3.36	1.57	0.85	0.52	0.38	0.31	0.30
0.8	57.29	12.41	4.71	2.25	1.22	0.74	0.50	0.38	0.32
0.9	73.59	16.24	6.29	3.06	1.69	1.02	0.67	0.48	0.38

ζ_s 值

F_s/F_c	L_s/L_c 0.1	0.2	0.3	0.4	0.5	0.6	0.7	0.8	0.9
0.1	0.13	0.16							
0.2	0.20	0.13	0.15	0.16	0.28				
0.3	0.90	0.13	0.13	0.14	0.15	0.16	0.20		
0.4	2.88	0.20	0.14	0.13	0.14	0.15	0.15	0.16	0.34
0.5	6.25	0.37	0.17	0.14	0.13	0.14	0.14	0.15	0.15
0.6	11.88	0.90	0.20	0.13	0.14	0.13	0.14	0.14	0.15
0.7	18.62	1.71	0.33	0.18	0.16	0.14	0.13	0.15	0.14
0.8	26.88	2.88	0.50	0.20	0.15	0.14	0.13	0.13	0.14
0.9	36.45	4.46	0.90	0.30	0.19	0.16	0.15	0.14	0.13

D-8 圆风管T形分流三通

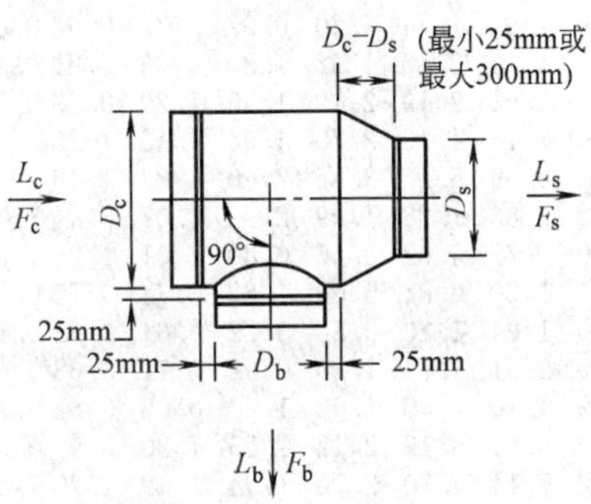

ζ_b 值

F_b/F_c	L_b/L_c 0.1	0.2	0.3	0.4	0.5	0.6	0.7	0.8	0.9
0.1	1.20	0.62	0.80	1.28	1.99	2.92	4.07	5.44	7.02
0.2	4.10	1.20	0.72	0.62	0.66	0.80	1.01	1.28	1.60
0.3	8.99	2.40	1.20	0.81	0.66	0.62	0.64	0.70	0.80
0.4	15.89	4.10	1.94	1.20	0.88	0.72	0.64	0.62	0.63
0.5	24.80	6.29	2.91	1.74	1.20	0.92	0.77	0.68	0.63
0.6	35.73	8.99	4.10	2.40	1.62	1.20	0.96	0.81	0.72
0.7	48.67	12.19	5.51	3.19	2.12	1.55	1.20	0.99	0.85
0.8	63.63	15.89	7.14	4.10	2.70	1.94	1.49	1.20	1.01
0.9	80.60	20.10	8.99	5.13	3.36	2.40	1.83	1.46	1.20

ζ_s 值

F_s/F_c	L_s/L_c 0.1	0.2	0.3	0.4	0.5	0.6	0.7	0.8	0.9
0.1	0.13	0.16							
0.2	0.20	0.13	0.15	0.16	0.28				
0.3	0.90	0.13	0.13	0.14	0.15	0.16	0.20		
0.4	2.88	0.20	0.14	0.13	0.14	0.15	0.15	0.16	0.34
0.5	6.25	0.37	0.17	0.14	0.13	0.14	0.14	0.15	0.15
0.6	11.88	0.90	0.20	0.13	0.14	0.13	0.14	0.14	0.15
0.7	18.62	1.71	0.33	0.18	0.16	0.14	0.13	0.15	0.14
0.8	26.88	2.88	0.50	0.20	0.15	0.14	0.13	0.13	0.14
0.9	36.45	4.46	0.90	0.30	0.19	0.16	0.15	0.14	0.13

续表

D-9 圆风管十字形分流四通

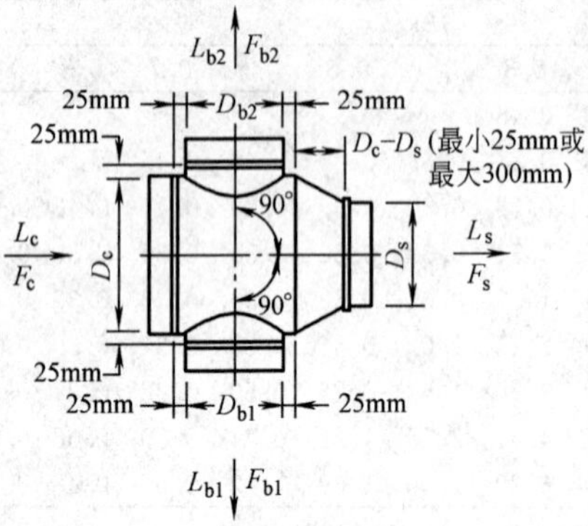

ζ_{b1}值

		L_{b1}/L_c								
F_s/F_c	F_{b1}/F_c	0.1	0.2	0.3	0.4	0.5	0.6	0.7	0.8	0.9
0.20	0.1	2.07	2.08	1.62	1.30	1.08	0.93	0.81	0.72	0.64
	0.2		2.07	2.31	2.08	1.83	1.62	1.44	1.30	1.18
	0.3			2.07	2.34	2.24	2.08	1.91	1.76	1.62
	0.4			0.90	2.07	2.32	2.31	2.21	2.08	1.95
	0.5				1.28	2.07	2.30	2.33	2.27	2.18
	0.6					1.48	2.07	2.29	2.34	2.31
	0.7					0.55	1.60	2.07	2.27	2.33
	0.8						0.90	1.68	2.07	2.25
	0.9							1.12	1.74	2.07
0.35	0.1		3.25	3.11	2.69	2.32	2.03	1.80	1.61	1.46
	0.2			2.44	3.25	3.28	3.11	2.90	2.69	2.49
	0.3				1.69	2.88	3.25	3.31	3.23	3.11
	0.4					1.12	2.44	3.02	3.25	3.31
	0.5						0.69	2.04	2.73	3.09
	0.6							0.37	1.69	2.44
	0.7								0.11	1.38
	0.8									
	0.9									
0.55	0.1		1.50	1.56	1.38	1.20	1.06	0.94	0.84	0.77
	0.2			0.89	1.50	1.60	1.56	1.47	1.38	1.28
	0.3				0.38	1.20	1.50	1.59	1.59	1.56
	0.4					0.00	0.89	1.31	1.50	1.58
	0.5							0.61	1.09	1.36
	0.6								0.38	0.89
	0.7									0.17
	0.8									
	0.9									
0.80	0.1	1.20	0.62	0.80	1.28	1.99	2.92	4.07	5.44	7.02
	0.2	4.10	1.20	0.72	0.62	0.66	0.80	1.01	1.28	1.60
	0.3	8.99	2.40	1.20	0.81	0.66	0.62	0.64	0.70	0.80
	0.4	15.89	4.10	1.94	1.20	0.88	0.72	0.64	0.62	0.63
	0.5	24.80	6.29	2.91	1.74	1.20	0.92	0.77	0.68	0.63
	0.6	35.73	8.99	4.10	2.40	1.62	1.20	0.96	0.81	0.72
	0.7	48.67	12.19	5.51	3.19	2.12	1.55	1.20	0.99	0.85
	0.8	63.63	15.89	7.14	4.10	2.70	1.94	1.49	1.20	1.01
	0.9	80.60	20.10	8.99	5.13	3.36	2.40	1.83	1.46	1.20
1.00	0.1	1.20	0.62	0.80	1.28	1.99	2.92	4.07	5.44	7.02
	0.2	4.10	1.20	0.72	0.62	0.66	0.80	1.01	1.28	1.60
	0.3	8.99	2.40	1.20	0.81	0.66	0.62	0.64	0.70	0.80
	0.4	15.89	4.10	1.94	1.20	0.88	0.72	0.64	0.62	0.63
	0.5	24.80	6.29	2.91	1.74	1.20	0.92	0.77	0.68	0.63
	0.6	35.73	8.99	4.10	2.40	1.62	1.20	0.96	0.81	0.72
	0.7	48.67	12.19	5.51	3.19	2.12	1.55	1.20	0.99	0.85
	0.8	63.63	15.89	7.14	4.10	2.70	1.94	1.49	1.20	1.01
	0.9	80.60	20.10	8.99	5.13	3.36	2.40	1.83	1.46	1.20

ζ_s值

	L_s/L_c								
F_s/F_c	0.1	0.2	0.3	0.4	0.5	0.6	0.7	0.8	0.9
0.1	0.13	0.16							
0.2	0.20	0.13	0.15	0.16	0.28				
0.3	0.90	0.13	0.13	0.14	0.15	0.16	0.20		
0.4	2.88	0.20	0.14	0.13	0.14	0.15	0.15	0.16	0.34
0.5	6.25	0.37	0.17	0.14	0.13	0.14	0.14	0.15	0.15
0.6	11.88	0.90	0.20	0.13	0.14	0.13	0.14	0.14	0.15
0.7	18.62	1.71	0.33	0.18	0.16	0.14	0.13	0.15	0.14
0.8	26.88	2.88	0.50	0.20	0.15	0.14	0.13	0.13	0.14
0.9	36.45	4.46	0.90	0.30	0.19	0.16	0.15	0.14	0.13

对另一分支管,将下标 1 和 2 变换位置

续表

D-10 圆风管十字形分流四通，锥形分支管与主管相接

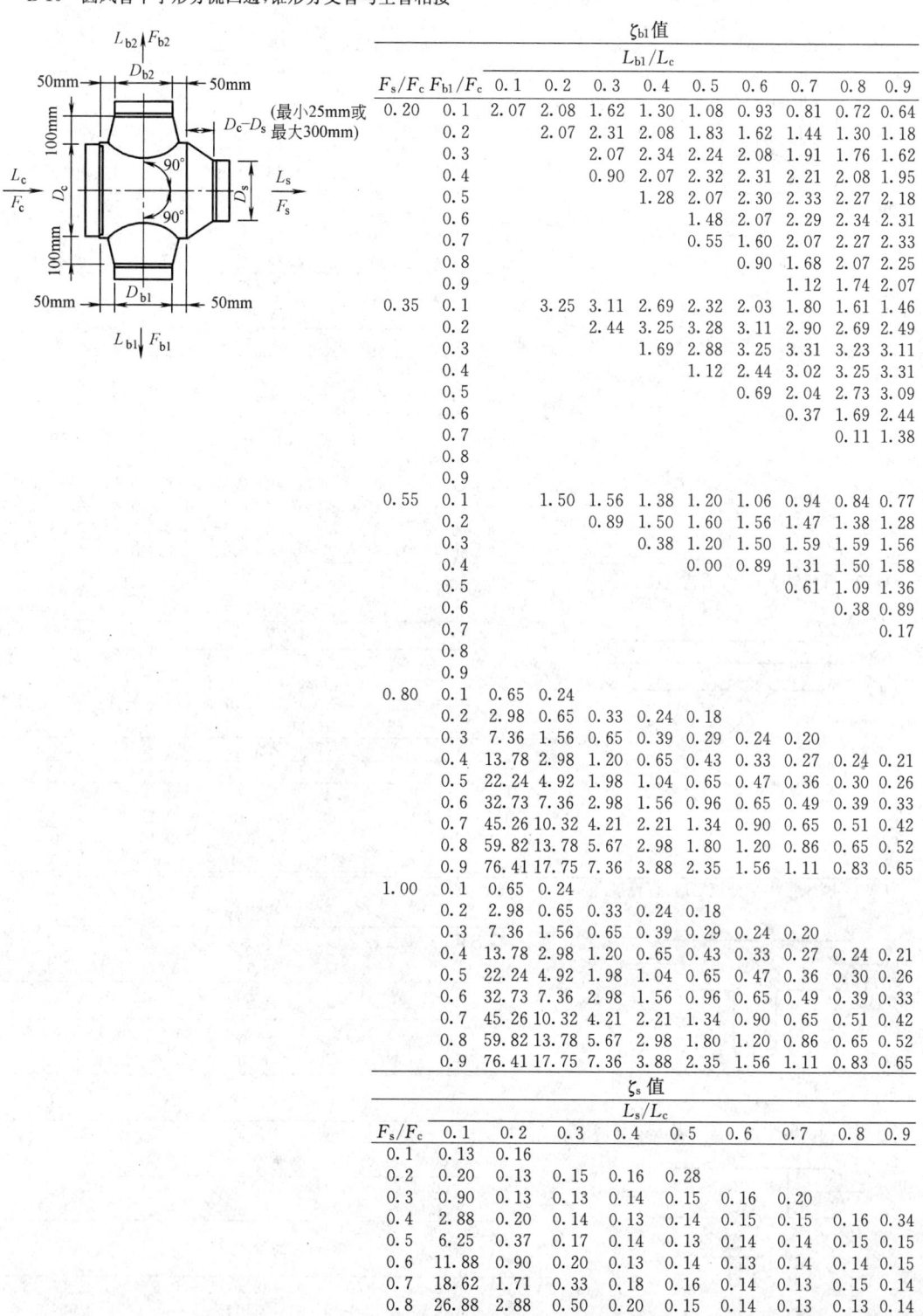

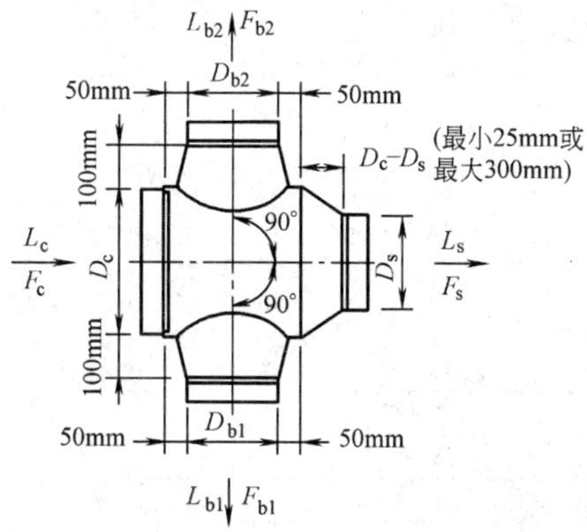

ζ_{b1}值

F_s/F_c	F_{b1}/F_c	L_{b1}/L_c 0.1	0.2	0.3	0.4	0.5	0.6	0.7	0.8	0.9
0.20	0.1	2.07	2.08	1.62	1.30	1.08	0.93	0.81	0.72	0.64
	0.2		2.07	2.31	2.08	1.83	1.62	1.44	1.30	1.18
	0.3			2.07	2.34	2.24	2.08	1.91	1.76	1.62
	0.4			0.90	2.07	2.32	2.31	2.21	2.08	1.95
	0.5				1.28	2.07	2.30	2.33	2.27	2.18
	0.6					1.48	2.07	2.29	2.34	2.31
	0.7					0.55	1.60	2.07	2.27	2.33
	0.8						0.90	1.68	2.07	2.25
	0.9							1.12	1.74	2.07
0.35	0.1		3.25	3.11	2.69	2.32	2.03	1.80	1.61	1.46
	0.2			2.44	3.25	3.28	3.11	2.90	2.69	2.49
	0.3				1.69	2.88	3.25	3.31	3.23	3.11
	0.4					1.12	2.44	3.02	3.25	3.31
	0.5						0.69	2.04	2.73	3.09
	0.6							0.37	1.69	2.44
	0.7								0.11	1.38
	0.8									
	0.9									
0.55	0.1		1.50	1.56	1.38	1.20	1.06	0.94	0.84	0.77
	0.2			0.89	1.50	1.60	1.56	1.47	1.38	1.28
	0.3				0.38	1.20	1.50	1.59	1.59	1.56
	0.4					0.00	0.89	1.31	1.50	1.58
	0.5							0.61	1.09	1.36
	0.6								0.38	0.89
	0.7									0.17
	0.8									
	0.9									
0.80	0.1	0.65	0.24							
	0.2	2.98	0.65	0.33	0.24	0.18				
	0.3	7.36	1.56	0.65	0.39	0.29	0.24	0.20		
	0.4	13.78	2.98	1.20	0.65	0.43	0.33	0.27	0.24	0.21
	0.5	22.24	4.92	1.98	1.04	0.65	0.47	0.36	0.30	0.26
	0.6	32.73	7.36	2.98	1.56	0.96	0.65	0.49	0.39	0.33
	0.7	45.26	10.32	4.21	2.21	1.34	0.90	0.65	0.51	0.42
	0.8	59.82	13.78	5.67	2.98	1.80	1.20	0.86	0.65	0.52
	0.9	76.41	17.75	7.36	3.88	2.35	1.56	1.11	0.83	0.65
1.00	0.1	0.65	0.24							
	0.2	2.98	0.65	0.33	0.24	0.18				
	0.3	7.36	1.56	0.65	0.39	0.29	0.24	0.20		
	0.4	13.78	2.98	1.20	0.65	0.43	0.33	0.27	0.24	0.21
	0.5	22.24	4.92	1.98	1.04	0.65	0.47	0.36	0.30	0.26
	0.6	32.73	7.36	2.98	1.56	0.96	0.65	0.49	0.39	0.33
	0.7	45.26	10.32	4.21	2.21	1.34	0.90	0.65	0.51	0.42
	0.8	59.82	13.78	5.67	2.98	1.80	1.20	0.86	0.65	0.52
	0.9	76.41	17.75	7.36	3.88	2.35	1.56	1.11	0.83	0.65

ζ_s值

F_s/F_c	L_s/L_c 0.1	0.2	0.3	0.4	0.5	0.6	0.7	0.8	0.9
0.1	0.13	0.16							
0.2	0.20	0.13	0.15	0.16	0.28				
0.3	0.90	0.13	0.13	0.14	0.15	0.16	0.20		
0.4	2.88	0.20	0.14	0.13	0.14	0.15	0.15	0.16	0.34
0.5	6.25	0.37	0.17	0.14	0.13	0.14	0.14	0.15	0.15
0.6	11.88	0.90	0.20	0.13	0.14	0.13	0.14	0.14	0.15
0.7	18.62	1.71	0.33	0.18	0.16	0.14	0.13	0.15	0.14
0.8	26.88	2.88	0.50	0.20	0.15	0.14	0.13	0.13	0.14
0.9	36.45	4.46	0.90	0.30	0.19	0.16	0.15	0.14	0.13

对另一分支管，将下标1和2变换位置

续表

D-11 圆风管 T 形分流三通，锥形旁支管与主管相接

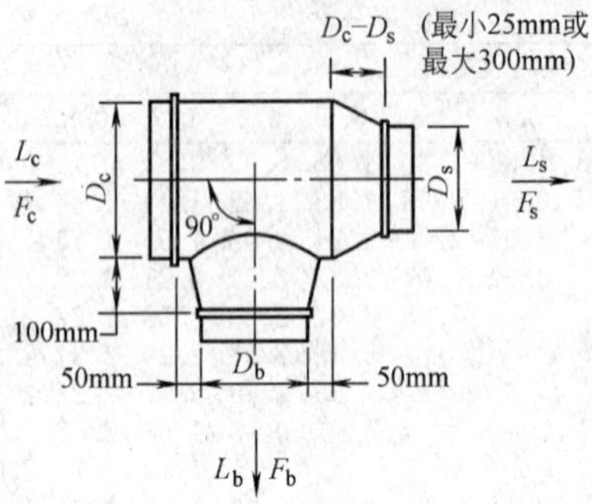

ζ_b 值

F_b/F_c	L_b/L_c 0.1	0.2	0.3	0.4	0.5	0.6	0.7	0.8	0.9
0.1	0.65	0.24							
0.2	2.98	0.65	0.33	0.24	0.18				
0.3	7.36	1.56	0.65	0.39	0.29	0.24	0.20		
0.4	13.78	2.98	1.20	0.65	0.43	0.33	0.27	0.24	0.21
0.5	22.24	4.92	1.98	1.04	0.65	0.47	0.36	0.30	0.26
0.6	32.73	7.36	2.98	1.56	0.96	0.65	0.49	0.39	0.33
0.7	45.26	10.32	4.21	2.21	1.34	0.90	0.65	0.51	0.42
0.8	59.82	13.78	5.67	2.98	1.80	1.20	0.86	0.65	0.52
0.9	76.41	17.75	7.36	3.88	2.35	1.56	1.11	0.83	0.65

ζ_s 值

F_s/F_c	L_s/L_c 0.1	0.2	0.3	0.4	0.5	0.6	0.7	0.8	0.9
0.1	0.13	0.16							
0.2	0.20	0.13	0.15	0.16	0.28				
0.3	0.90	0.13	0.13	0.14	0.15	0.16	0.20		
0.4	2.88	0.20	0.14	0.13	0.14	0.15	0.15	0.16	0.34
0.5	6.25	0.37	0.17	0.14	0.13	0.14	0.14	0.15	0.15
0.6	11.88	0.90	0.20	0.13	0.14	0.13	0.14	0.14	0.15
0.7	18.62	1.71	0.33	0.18	0.16	0.14	0.13	0.15	0.14
0.8	26.88	2.88	0.50	0.20	0.15	0.14	0.13	0.13	0.14
0.9	36.45	4.46	0.90	0.30	0.19	0.16	0.15	0.14	0.13

D-12 圆风管 Y 形 45°合流三通

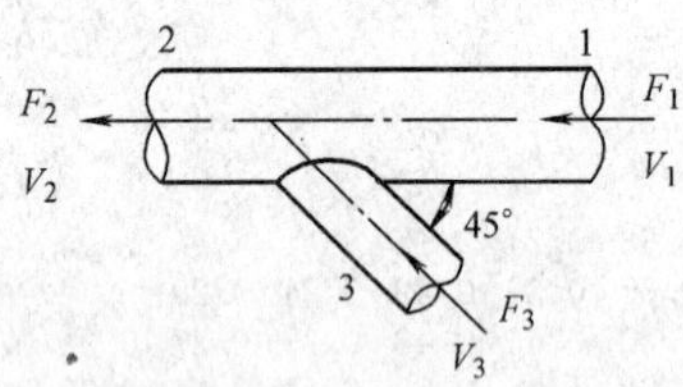

旁通管 ζ_{3-2}

F_1/F_3	V_3/V_2 0.4	0.6	0.8	1.0	1.2
1.0	0	0.22	0.37	0.37	0.20
3.0	−0.36	−0.10	0.15	0.40	0.75
8.2	−0.56	−0.32	−0.05	0.24	0.55

直通管 ζ_{1-2}

F_2/F_3	V_1/V_2 0.2	0.4	0.6	0.8	1.0
1.0	−0.17	0.06	0.19	0.17	0.04
3.0	−1.50	−0.70	−0.20	0.10	0
8.2	−5.70	−2.90	−1.10	−0.10	0

D-13 圆风管 T 形分流三通，直管接出

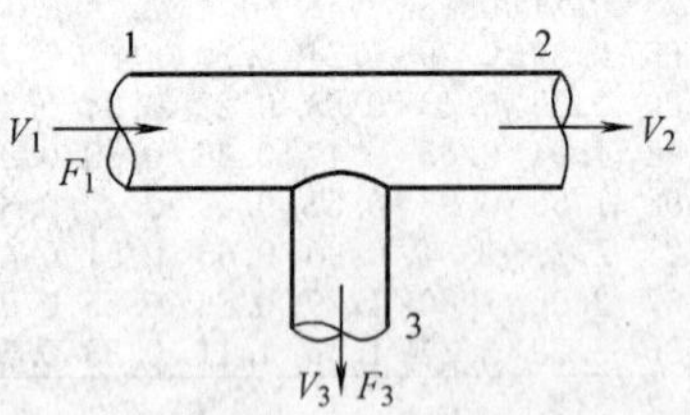

旁通管

V_3/V_1	0.4	0.6	0.8	1.0	1.2	1.4
ζ_{1-3}	1.1	1.2	1.3	1.3	1.4	1.6

直通管

V_2/V_1	0.3	0.4	0.5	0.6	0.8	1.0
ζ_{1-2}	0.20	0.15	0.10	0.06	0.02	0

D-14 圆风管 T 形分流三通，锥形支管接出

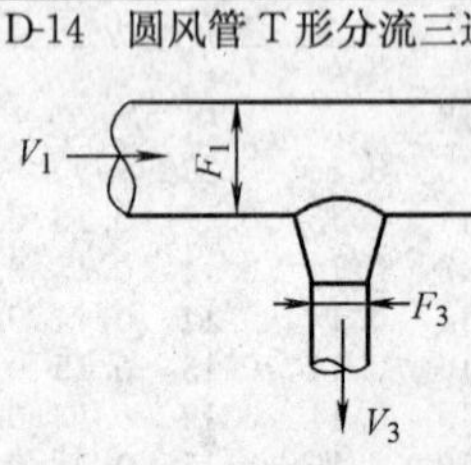

旁通管

V_3/V_1	0.6	0.7	0.8	1.0	1.2
ζ_{1-3}	1.90	1.27	0.39	0.50	0.37

直通管

V_2/V_1	0.3	0.4	0.5	0.6	0.8	1.0
ζ_{1-2}	0.20	0.15	0.10	0.06	0.02	0

续表

D-15 圆风管Y形45°分流三通

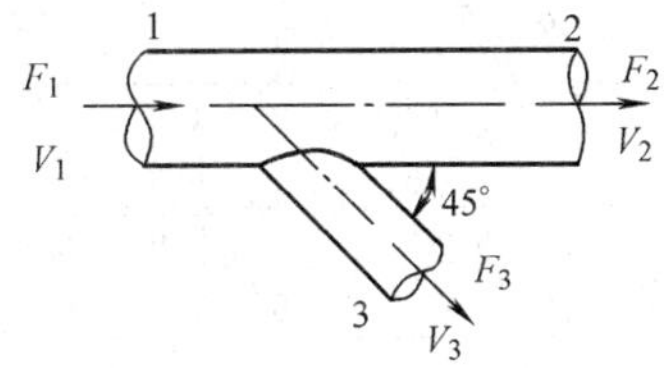

旁通管 ζ_{1-3}

F_1/F_3	V_3/V_1 0.4	0.6	0.8	1.0	1.2
1.0	3.2	1.02	0.52	0.47	—
3.0	3.7	1.4	0.75	0.51	0.42
8.2	—	—	0.79	0.57	0.47

直通管 ζ_{1-2}＝0.05～0.06

D-16 圆风管45°锥形合流三通

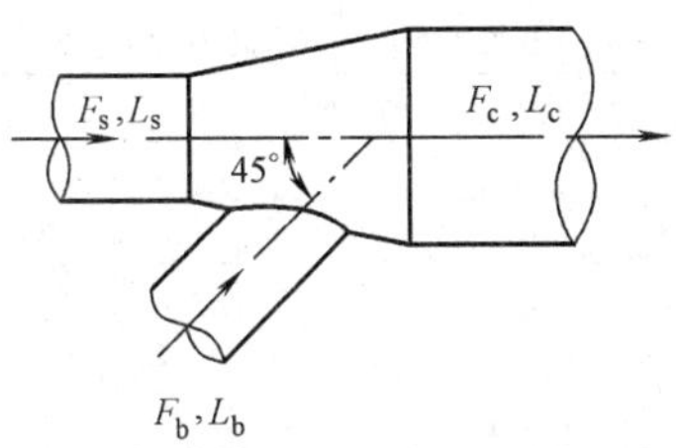

旁通管 $\zeta_{c,b}$

F_s/F_c	F_b/F_c	L_b/L_s 0.2	0.4	0.6	0.8	1.0	1.2	1.4	1.6	1.8	2.0
0.3	0.2	−2.4	−0.1	2.0	3.8	5.3	6.6	7.8	8.9	9.8	11
	0.3	−2.8	−1.2	0.12	1.1	1.9	2.6	3.2	3.7	4.2	4.6
0.4	0.2	−1.2	0.93	2.8	4.5	5.9	7.2	8.4	9.5	10	11
	0.3	−1.6	−0.27	0.81	1.7	2.4	3.0	3.6	4.1	4.5	4.9
	0.4	−1.8	−0.72	0.07	0.66	1.1	1.5	1.8	2.1	2.3	2.5
0.5	0.2	−0.46	1.5	3.3	4.9	6.4	7.7	8.8	9.9	11	12
	0.3	−0.94	0.25	1.2	2.0	2.7	3.3	3.8	4.2	4.7	5.0
	0.4	−1.1	−0.24	0.42	0.92	1.3	1.6	1.9	2.1	2.3	2.5
	0.5	−1.2	−0.38	0.18	0.58	0.88	1.1	1.3	1.5	1.6	1.7
0.6	0.2	−0.55	1.3	3.1	4.7	6.1	7.4	8.6	9.6	11	12
	0.3	−1.1	0	0.88	1.6	2.3	2.8	3.3	3.7	4.1	4.5
	0.4	−1.2	−0.48	0.10	0.54	0.89	1.2	1.4	1.6	1.8	2.0
	0.5	−1.3	−0.62	−0.14	0.21	0.47	0.68	0.85	0.99	1.1	1.2
	0.6	−1.3	−0.69	−0.26	0.04	0.26	0.42	0.57	0.66	0.75	0.82
0.8	0.2	0.06	1.8	3.5	5.1	6.5	7.8	8.9	10	11	12
	0.3	−0.52	0.35	1.1	1.7	2.3	2.8	3.2	3.6	3.9	4.2
	0.4	−0.67	−0.05	0.43	0.80	1.1	1.4	1.6	1.8	1.9	2.1
	0.6	−0.75	−0.27	0.05	0.28	0.45	0.58	0.68	0.76	0.83	0.88
	0.7	−0.77	−0.31	−0.02	0.18	0.32	0.43	0.50	0.56	0.61	0.65
	0.8	−0.78	−0.34	−0.07	0.12	0.24	0.33	0.39	0.44	0.47	0.50
1.0	0.2	0.40	2.1	3.7	5.2	6.6	7.8	9.0	11	11	12
	0.3	−0.21	0.54	1.2	1.8	2.3	2.7	3.1	3.7	3.7	4.0
	0.4	−0.33	0.21	0.62	0.96	1.2	1.5	1.7	2.0	2.0	2.1
	0.5	−0.38	0.05	0.37	0.60	0.79	0.93	1.1	1.2	1.2	1.3
	0.6	−0.41	−0.02	0.23	0.42	0.55	0.66	0.73	0.80	0.85	0.89
	0.8	−0.44	−0.10	0.11	0.24	0.33	0.39	0.43	0.46	0.47	0.48
	1.0	−0.46	−0.14	0.05	0.16	0.23	0.27	0.29	0.30	0.30	0.29

直通管 $\zeta_{c,s}$

F_s/F_c	F_b/F_c	L_b/L_s 0.2	0.4	0.6	0.8	1.0	1.2	1.4	1.6	1.8	2.0
0.3	0.2	5.3	−0.01	2.0	1.1	0.34	−0.20	−0.61	−0.93	−1.2	−1.4
	0.3	5.4	3.7	2.5	1.6	1.0	0.53	0.16	−0.14	−0.38	−0.58
0.4	0.2	1.9	1.1	0.46	−0.07	−0.49	−0.83	−1.1	−1.3	−1.5	−1.7
	0.3	2.0	1.4	0.81	0.42	0.08	−0.20	−0.43	−0.62	−0.78	−0.92
	0.4	2.0	1.5	1.0	0.68	0.39	0.16	−0.04	−0.21	−0.35	−0.47
0.5	0.2	0.77	0.34	−0.09	−0.48	−0.81	−1.1	1.3	−1.5	−1.7	−1.8
	0.3	0.85	0.56	0.25	−0.03	−0.27	−0.48	−0.67	−0.82	−0.96	−1.1
	0.4	0.88	0.66	0.43	0.21	0.02	−0.15	−0.30	−0.42	−0.54	−0.64
	0.5	0.91	0.73	0.54	0.36	0.21	0.06	−0.06	−0.17	−0.26	−0.35
0.6	0.2	0.30	0	−0.34	−0.67	−0.96	−1.2	−1.4	−1.6	−1.8	−1.9
	0.3	0.37	0.21	−0.02	−0.24	−0.44	−0.63	−0.79	−0.93	−1.1	−1.2
	0.4	0.40	0.31	0.16	−0.1	−0.16	−0.30	−0.43	−0.54	−0.64	−0.73
	0.5	0.43	0.37	0.26	0.14	0.02	−0.09	−0.20	−0.29	−0.37	−0.45
	0.6	0.44	0.41	0.33	0.24	0.14	0.05	−0.03	−0.11	−0.18	−0.25
0.8	0.2	−0.06	−0.27	−0.57	−0.86	−1.1	−1.4	−1.6	−1.7	−1.9	−2.0
	0.3	0	−0.08	−0.25	−0.43	−0.62	−0.78	−0.93	−1.1	−1.2	−1.3
	0.4	0.04	0.02	−0.08	−0.21	−0.34	−0.46	−0.57	−0.67	−0.77	−0.85
	0.5	0.06	0.08	0.02	−0.06	−0.16	−0.25	−0.34	−0.42	−0.50	−0.57
	0.6	0.07	0.12	0.09	0.03	−0.04	−0.11	−0.18	−0.25	−0.31	−0.37
	0.7	0.08	0.15	0.14	0.10	0.05	−0.01	−0.07	−0.12	−0.17	−0.22
	0.8	0.09	0.17	0.18	0.16	0.11	0.07	0.02	−0.02	−0.07	−0.11

续表

D-17 圆风管 T 形 45°分流三通，旁通管带有 45°弯管，分支管与主管成 90°

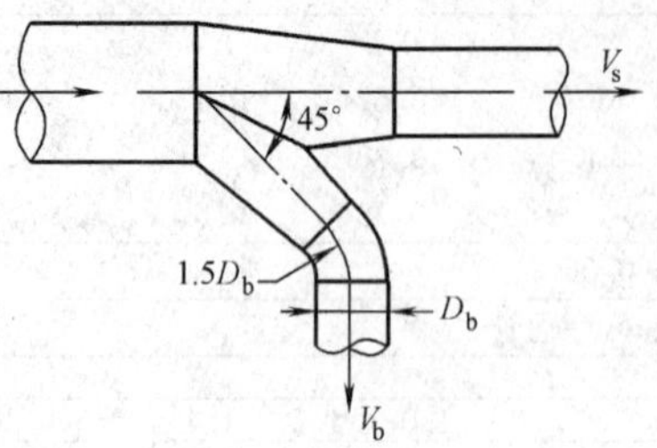

旁通管

V_b/V_c	0.2	0.4	0.6	0.7	0.8	0.9	1.0	1.1	1.2
$\zeta_{c,b}$	0.76	0.60	0.52	0.50	0.51	0.52	0.56	0.61	0.61
V_b/V_c	1.4	1.6	1.8	2.0	2.2	2.4	2.6	2.8	3.0
$\zeta_{c,b}$	0.86	1.1	1.4	1.8	2.2	2.6	3.1	3.7	4.2

直通管

V_s/V_c	0.2	0.4	0.6	0.8	1.0	1.2	1.4	1.6	1.8	2.0
$\zeta_{c,s}$	0.14	0.06	0.05	0.09	0.18	0.30	0.46	0.64	0.84	1.0

管件 E 矩形三通的局部阻力系数

E-1 矩形风管 T 形合流三通，圆形支管接至矩形主管

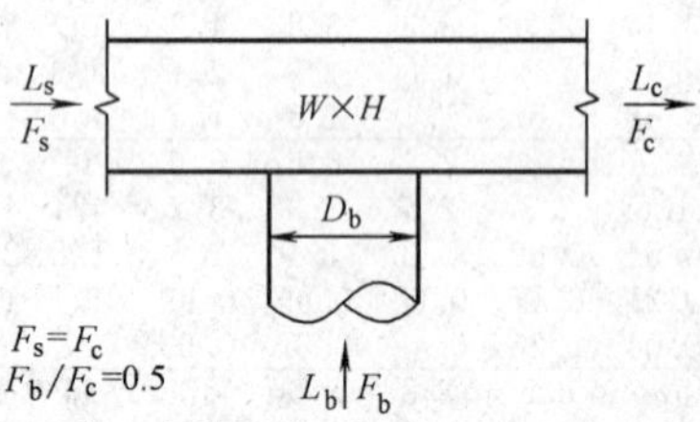

$F_s=F_c$
$F_b/F_c=0.5$

L_b/L_c	0.1	0.2	0.3	0.4	0.5	0.6	0.7	0.8	0.9	1.0
ζ_s	−12.25	−1.31	0.64	0.94	1.27	1.43	1.40	1.45	1.52	1.49

L_s/L_c	0.1	0.2	0.3	0.4	0.5	0.6	0.7	0.8	0.9
ζ_s	2.15	11.91	6.54	3.74	2.23	1.33	0.76	0.38	0.10

E-2 矩形风管 T 形合流三通，45°矩形支管接至矩形主管

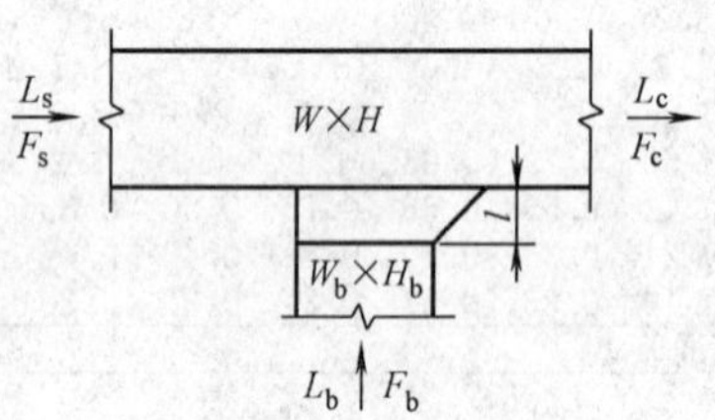

$l=0.25W$，最小 75mm
$F_s=F_c, F_b/F_c=0.5$

L_b/L_c	0.1	0.2	0.3	0.4	0.5	0.6	0.7	0.8	0.9	1.0
ζ_b	−18.00	−3.25	−0.64	0.53	0.76	0.79	0.93	0.79	0.90	0.91

L_s/L_c	0.1	0.2	0.3	0.4	0.5	0.6	0.7	0.8	0.9
ζ_s	2.15	11.91	6.54	3.74	2.23	1.33	0.76	0.38	0.10

E-3 矩形风管 Y 形对称燕尾合流三通，$L_b/L_c=0.5$

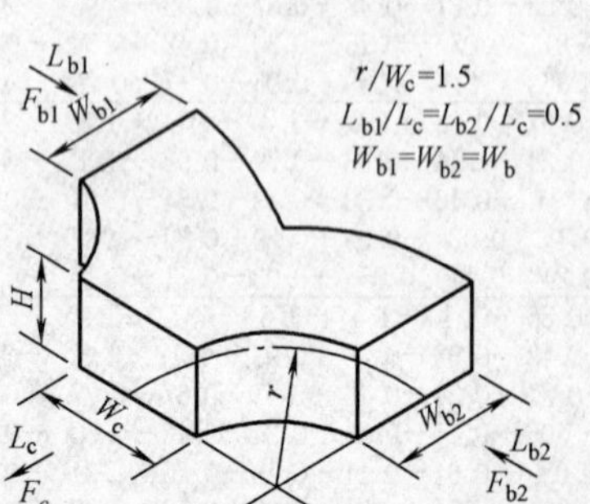

F_b/F_c	0.5	1.0
ζ_b	0.23	0.28

分支管相等，$L_{b1}=L_{b2}=L_b, \zeta_{b1}=\zeta_{b2}=\zeta_b$

续表

E-4 矩形风管 Y 形合流三通，支管与主管成 90°

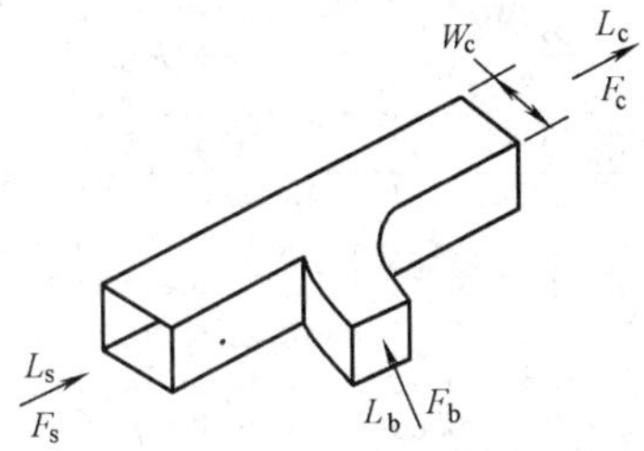

旁通管 $\zeta_{c,b}$

		L_b/L_c								
F_b/F_s	F_b/F_c	0.1	0.2	0.3	0.4	0.5	0.6	0.7	0.8	0.9
0.25	0.25	−0.50	0	0.50	1.2	2.2	3.7	5.8	8.4	11
0.33	0.25	−1.2	−0.40	0.40	1.6	3.0	4.8	6.8	8.9	11
0.5	0.5	−0.50	−0.20	0	0.25	0.45	0.70	1.0	1.5	2.0
0.67	0.5	−1.0	−0.60	−0.20	0.10	0.30	0.60	1.0	1.5	2.0
1.0	0.5	−2.2	−1.5	−0.95	−0.50	0	0.40	0.80	1.3	1.9
1.0	1.0	−0.60	−0.30	−0.10	−0.04	0.13	0.21	0.29	0.36	0.42
1.33	1.0	−1.2	−0.80	−0.40	−0.20	0	0.16	0.24	0.32	0.38
2.0	1.0	−2.1	−1.4	−0.90	−0.50	−0.20	0	0.20	0.25	0.30

直通管 $\zeta_{c,s}$

		L_b/L_c								
F_s/F_c	F_b/F_c	0.1	0.2	0.3	0.4	0.5	0.6	0.7	0.8	0.9
0.75	0.25	0.30	0.30	0.20	−0.1	−0.45	−0.92	−1.5	−2.0	−2.6
1.0	0.5	0.17	0.16	0.10	0	−0.08	−0.18	−0.27	−0.37	−0.46
0.75	0.5	0.27	0.35	0.32	0.25	0.12	−0.03	−0.23	−0.42	−0.58
0.5	0.5	1.2	1.1	0.90	0.65	0.35	0	−0.40	−0.80	−1.3
1.0	1.0	0.18	0.24	0.27	0.26	0.23	0.18	0.10	0	−0.12
0.75	1.0	0.75	0.36	0.38	0.35	0.27	0.18	0.05	−0.08	−0.22
0.5	1.0	0.80	0.87	0.80	0.68	0.55	0.40	0.25	0.08	−0.10

E-5 矩形风管 Y 形分流三通，支管与主管成 90°，$F_s+F_b \geqslant F_c$

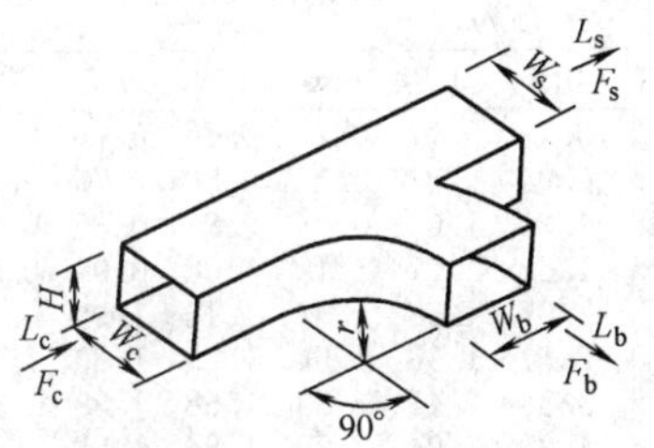

$r/W_b=1.0$
$F_s=F_b \geqslant F_c$

旁通管 ζ_b

		L_b/L_c								
F_s/F_c	F_b/F_c	0.1	0.2	0.3	0.4	0.5	0.6	0.7	0.8	0.9
0.50	0.25	3.44	0.70	0.30	0.20	0.17	0.16	0.16	0.17	0.18
	0.50	11.00	2.37	1.06	0.64	0.52	0.47	0.47	0.47	0.48
	1.00	60.00	13.00	4.78	2.06	0.96	0.47	0.31	0.27	0.26
0.75	0.25	2.19	0.55	0.35	0.31	0.33	0.35	0.36	0.37	0.39
	0.50	13.00	2.50	0.89	0.47	0.34	0.31	0.32	0.36	0.43
	1.00	70.00	15.00	5.67	2.62	1.36	0.78	0.53	0.41	0.36
1.00	0.25	3.44	0.78	0.42	0.33	0.30	0.31	0.40	0.42	0.46
	0.50	15.50	3.00	1.11	0.62	0.48	0.42	0.40	0.42	0.46
	1.00	67.00	13.75	5.11	2.31	1.28	0.81	0.59	0.47	0.46

直通管 ζ_s

		L_s/L_c								
F_s/F_c	F_b/F_c	0.1	0.2	0.3	0.4	0.5	0.6	0.7	0.8	0.9
0.50	0.25	8.75	1.62	0.50	0.17	0.05	0.00	−0.02	−0.02	0.00
	0.50	7.50	1.12	0.25	0.06	0.05	0.09	0.14	0.19	0.22
	1.00	5.00	0.62	0.17	0.08	0.08	0.09	0.12	0.15	0.19
0.75	0.25	19.13	3.38	1.00	0.28	0.05	−0.02	−0.02	0.00	0.06
	0.50	20.81	3.23	0.75	0.14	−0.02	−0.05	−0.05	−0.02	0.03
	1.00	16.88	2.81	0.63	0.11	−0.02	−0.05	0.01	0.00	0.07
1.00	0.25	46.00	9.50	3.22	1.31	0.52	0.14	−0.02	−0.05	−0.01
	0.50	35.00	6.75	2.11	0.75	0.24	0.00	−0.10	−0.09	−0.04
	1.00	38.00	7.50	2.44	0.81	0.24	−0.03	−0.08	−0.06	−0.02

续表

E-6 矩形风管 Y 形 45°分流三通，$F_s+F_b>F_c$，$F_s=F_c$

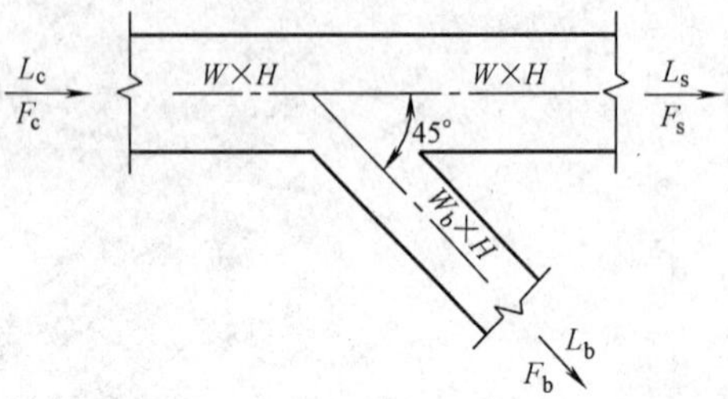

旁通管 ζ_b

F_b/F_c	L_b/L_c 0.1	0.2	0.3	0.4	0.5	0.6	0.7	0.8	0.9
0.1	0.60	0.52	0.57	0.58	0.64	0.67	0.70	0.71	0.73
0.2	2.24	0.56	0.44	0.45	0.51	0.54	0.58	0.60	0.62
0.3	5.94	1.08	0.52	0.41	0.44	0.46	0.49	0.52	0.54
0.4	10.56	1.88	0.71	0.43	0.35	0.31	0.31	0.32	0.34
0.5	17.75	3.25	1.14	0.59	0.40	0.31	0.30	0.30	0.31
0.6	26.64	5.04	1.76	0.83	0.50	0.36	0.32	0.30	0.30
0.7	37.73	7.23	2.56	1.16	0.67	0.44	0.35	0.31	0.30
0.8	49.92	9.92	3.48	1.60	0.87	0.55	0.42	0.35	0.32

直通管 ζ_s

L_s/L_c	0.1	0.2	0.3	0.4	0.5	0.6	0.8	1.0
ζ_s	32.00	6.50	2.22	0.87	0.40	0.17	0.03	0.00

E-7 矩形风管 T 形分流三通，$F_s+F_b>F_c$，$F_s=F_c$

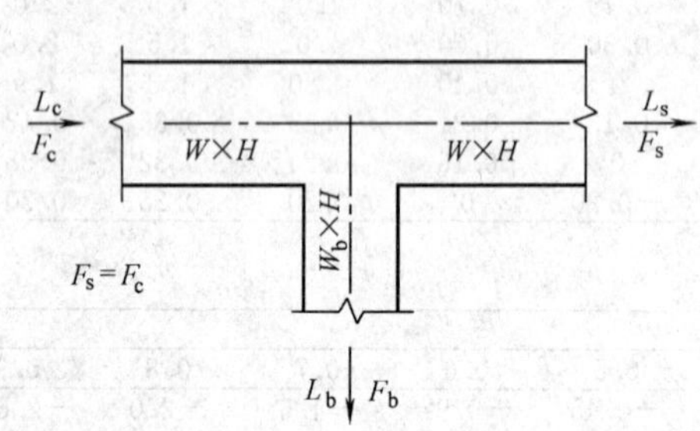

旁通管 ζ_b

F_b/F_c	L_b/L_c 0.1	0.2	0.3	0.4	0.5	0.6	0.7	0.8	0.9
0.1	2.06	1.20	0.99	0.87	0.88	0.87	0.87	0.86	0.86
0.2	5.16	1.92	1.28	1.03	0.99	0.94	0.92	0.90	0.89
0.3	10.26	3.13	1.78	1.28	1.16	1.06	1.01	0.97	0.94
0.4	15.84	4.36	2.24	1.48	1.11	0.88	0.80	0.75	0.72
0.5	24.25	6.31	3.03	1.89	1.35	1.03	0.91	0.84	0.78
0.6	34.56	8.73	4.04	2.41	1.64	1.22	1.04	0.94	0.87
0.7	46.55	11.51	5.17	3.00	2.00	1.44	1.20	1.06	0.96
0.8	60.80	14.72	6.54	3.72	2.41	1.69	1.38	1.20	1.07

直通管 ζ_s

L_s/L_c	0.1	0.2	0.3	0.4	0.5	0.6	0.8	1.0
ζ_s	32.00	6.50	2.22	0.87	0.40	0.17	0.03	0.00

E-8 矩形风管 T 形分流三通，矩形主管接出圆形支管

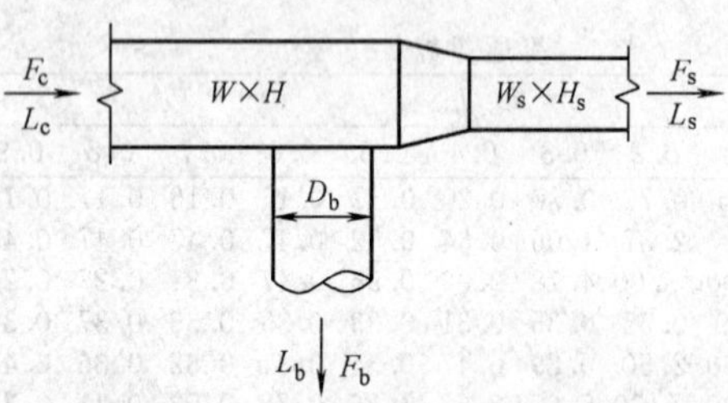

旁通管 ζ_b

F_b/F_c	L_b/L_c 0.1	0.2	0.3	0.4	0.5	0.6	0.7	0.8	0.9
0.1	1.58	0.94	0.83	0.79	0.77	0.76	0.76	0.76	0.75
0.2	4.20	1.58	1.10	0.94	0.87	0.83	0.80	0.79	0.78
0.3	8.63	2.67	1.58	1.20	1.03	0.94	0.88	0.85	0.83
0.4	14.85	4.20	2.25	1.58	1.27	1.10	1.00	0.94	0.90
0.5	22.87	6.19	3.13	2.07	1.58	1.32	1.16	1.06	0.99
0.6	32.68	8.63	4.20	2.67	1.96	1.58	1.35	1.20	1.10
0.7	44.30	11.51	5.48	3.38	2.41	1.89	1.58	1.38	1.24
0.8	57.71	14.85	6.95	4.20	2.94	2.25	1.84	1.58	1.40
0.9	72.92	18.63	8.63	5.14	3.53	2.67	2.14	1.81	1.58

直通管 ζ_s

F_s/F_c	L_s/L_c 0.1	0.2	0.3	0.4	0.5	0.6	0.7	0.8	0.9
0.1	0.04								
0.2	0.98	0.04							
0.3	3.48	0.31	0.04						
0.4	7.55	0.98	0.18	0.04					
0.5	13.18	2.03	0.49	0.13	0.04				
0.6	20.38	3.48	0.98	0.31	0.10	0.04			
0.7	29.15	5.32	1.64	0.60	0.23	0.09	0.04		
0.8	39.48	7.55	2.47	0.98	0.42	0.18	0.08	0.04	
0.9	51.37	10.17	3.48	1.46	0.67	0.31	0.15	0.07	0.04

续表

E-9 矩形风管T形分流三通，45°矩形支管接至矩形主管

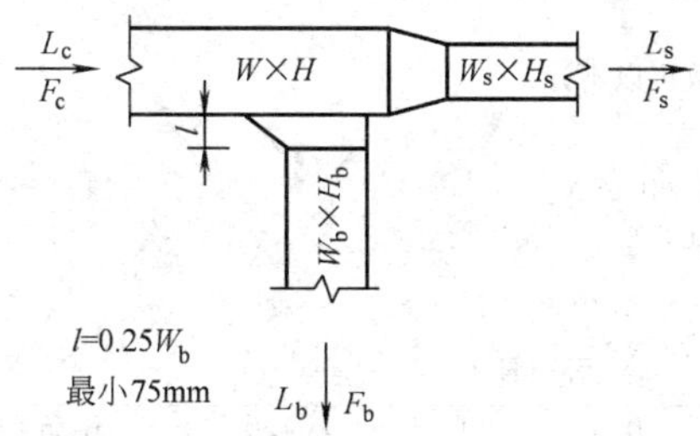

旁通管 ζ_b

F_b/F_c	L_b/L_c 0.1	0.2	0.3	0.4	0.5	0.6	0.7	0.8	0.9
0.1	0.73	0.34	0.32	0.34	0.35	0.37	0.38	0.39	0.40
0.2	3.10	0.73	0.41	0.34	0.32	0.32	0.33	0.34	0.35
0.3	7.59	1.65	0.73	0.47	0.37	0.34	0.32	0.32	0.32
0.4	14.20	3.10	1.28	0.73	0.51	0.41	0.36	0.34	0.32
0.5	22.92	5.08	2.07	1.12	0.73	0.54	0.44	0.38	0.35
0.6	33.76	7.59	3.10	1.65	1.03	0.73	0.56	0.47	0.41
0.7	46.71	10.63	4.36	2.31	1.42	0.98	0.73	0.58	0.49
0.8	61.79	14.20	5.86	3.10	1.90	1.28	0.94	0.73	0.60
0.9	78.98	18.29	7.59	4.02	2.46	1.65	1.19	0.91	0.73

直通管 ζ_s

F_s/F_c	L_s/L_c 0.1	0.2	0.3	0.4	0.5	0.6	0.7	0.8	0.9
0.1	0.04								
0.2	0.98	0.04							
0.3	3.48	0.31	0.04						
0.4	7.55	0.98	0.18	0.04					
0.5	13.18	2.03	0.49	0.13	0.04				
0.6	20.38	3.48	0.98	0.31	0.10	0.04			
0.7	29.15	5.32	1.64	0.60	0.23	0.09	0.04		
0.8	39.48	7.55	2.47	0.98	0.42	0.18	0.08	0.04	
0.9	51.37	10.17	3.48	1.46	0.67	0.31	0.15	0.07	0.04

E-10 矩形风管Y形对称燕尾分流三通，$L_b/L_c=0.5$

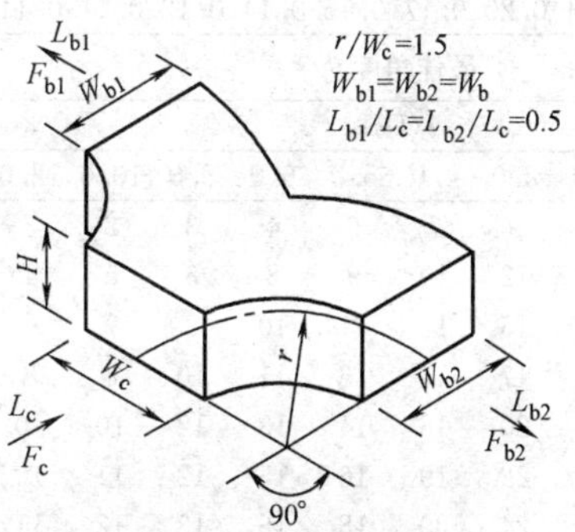

F_b/F_c	0.5	1.0
ζ_b	0.30	1.00

分支管相等，$L_{b1}=L_{b2}=L_b$，$\zeta_{b1}=\zeta_{b2}=\zeta_b$

E-11 矩形风管分隔式合流三通

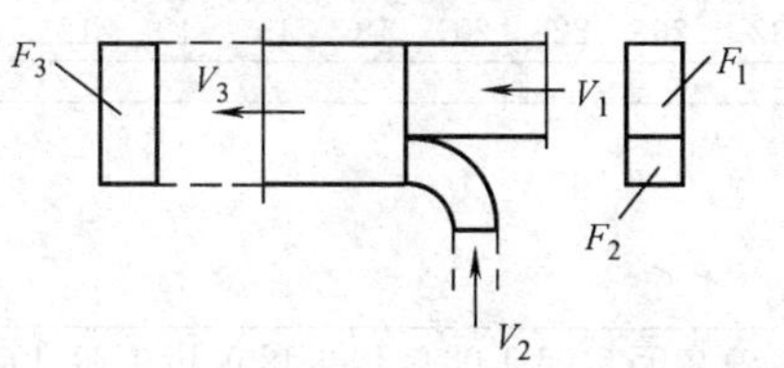

直通管 ζ_{1-3}

F_1/F_3	V_1/V_3 0.4	0.6	0.8	1.0	1.2	1.5
0.75	−1.2	−0.3	0.5	0.8	1.1	—
0.67	−1.7	−0.9	−0.3	0.1	0.45	0.7
0.60	−2.1	−1.3	−0.8	0.4	0.1	0.2

旁通管 ζ_{2-3}

V_2/V_3	0.4	0.6	0.8	1.0	1.2	1.5
ζ_{2-3}	−1.30	−0.90	−0.5	0.1	0.55	1.4

续表

E-12 矩形风管分隔式分流三通

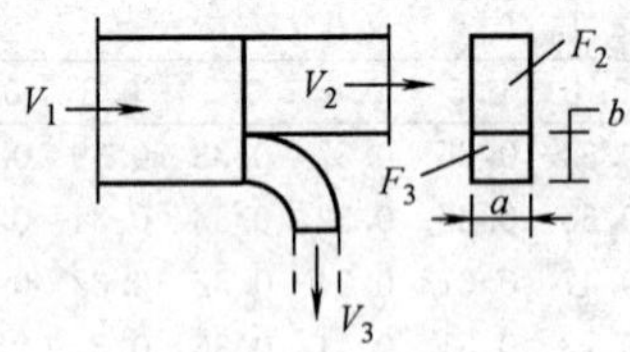

直通管 ζ_{1-2}

$V_2/V_1<1.0$ 时，大致可以不计

$V_2/V_1\geqslant1.0$ 时

$\zeta_{1-2}=0.46-1.24X+0.93X^2$

$X=\left(\frac{V_3}{V_1}\right)\times\left(\frac{a}{b}\right)^{1/4}$

旁通管 ζ_{1-3}

X	0.25	0.5	0.75	1.0	1.25
ζ_{1-3}	0.3	0.2	0.3	0.4	0.65

管件 F 静压箱与风管连接时的局部阻力系数

F-1 圆风管通过锥形扩大管与静压箱连接(排风/回风系统)

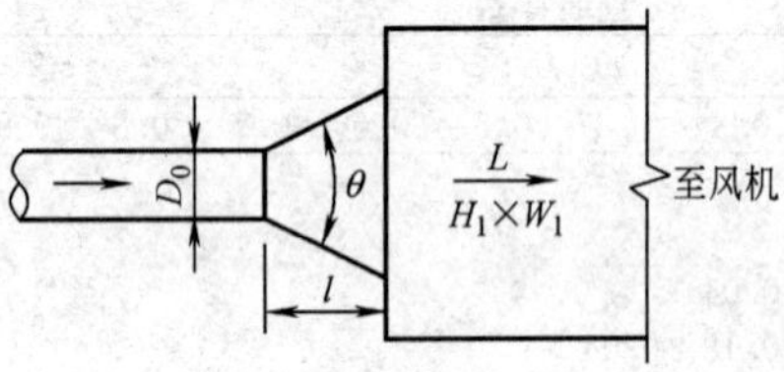

ζ_0 值

	l/D_0										
F_1/F_0	0.5	1.0	2.0	3.0	4.0	5.0	6.0	8.0	10.0	12.0	14.0
1.5	0.03	0.02	0.03	0.03	0.04	0.05	0.06	0.08	0.10	0.11	0.13
2.0	0.08	0.06	0.04	0.04	0.04	0.05	0.05	0.06	0.08	0.09	0.10
2.5	0.13	0.09	0.06	0.06	0.06	0.06	0.06	0.06	0.07	0.08	0.09
3.0	0.17	0.12	0.09	0.07	0.07	0.06	0.06	0.07	0.07	0.08	0.08
4.0	0.23	0.17	0.12	0.10	0.09	0.08	0.08	0.08	0.08	0.08	0.08
6.0	0.30	0.22	0.16	0.13	0.12	0.10	0.10	0.09	0.09	0.09	0.08
8.0	0.34	0.26	0.18	0.15	0.13	0.12	0.11	0.10	0.09	0.09	0.09
10.0	0.36	0.28	0.20	0.16	0.14	0.13	0.12	0.11	0.10	0.09	0.09
14.0	0.39	0.30	0.22	0.18	0.16	0.14	0.13	0.12	0.10	0.10	0.10
20.0	0.41	0.32	0.24	0.20	0.17	0.15	0.14	0.12	0.11	0.11	0.10

最佳角度 θ

	l/D_0										
F_1/F_0	0.5	1.0	2.0	3.0	4.0	5.0	6.0	8.0	10.0	12.0	14.0
1.5	34	20	13	9	7	6	4	3	2	2	2
2.0	42	28	17	12	10	9	8	6	5	4	3
2.5	50	32	20	15	12	11	10	8	7	6	5
3.0	54	34	22	17	14	12	11	10	8	8	6
4.0	58	40	26	20	16	14	13	12	10	10	9
6.0	62	42	28	22	19	16	15	12	11	10	9
8.0	64	44	30	24	20	18	16	13	12	11	10
10.0	66	46	30	24	22	19	17	14	12	11	10
14.0	66	48	32	26	22	19	17	14	13	11	11
20.0	68	48	32	26	22	20	18	15	13	12	11

F-2 静压箱与带弧形喇叭口的圆风管连接(送风系统)

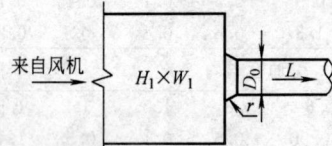

r/D_0	0.00	0.01	0.02	0.03	0.04	0.05	0.06	0.08	0.10	0.12	0.16	0.20	10.00
ζ_0	0.50	0.44	0.36	0.31	0.26	0.22	0.20	0.15	0.12	0.09	0.06	0.03	0.03

续表

F-3 静压箱与带有突然收缩、锥形喇叭口的圆风管连接(送风系统)

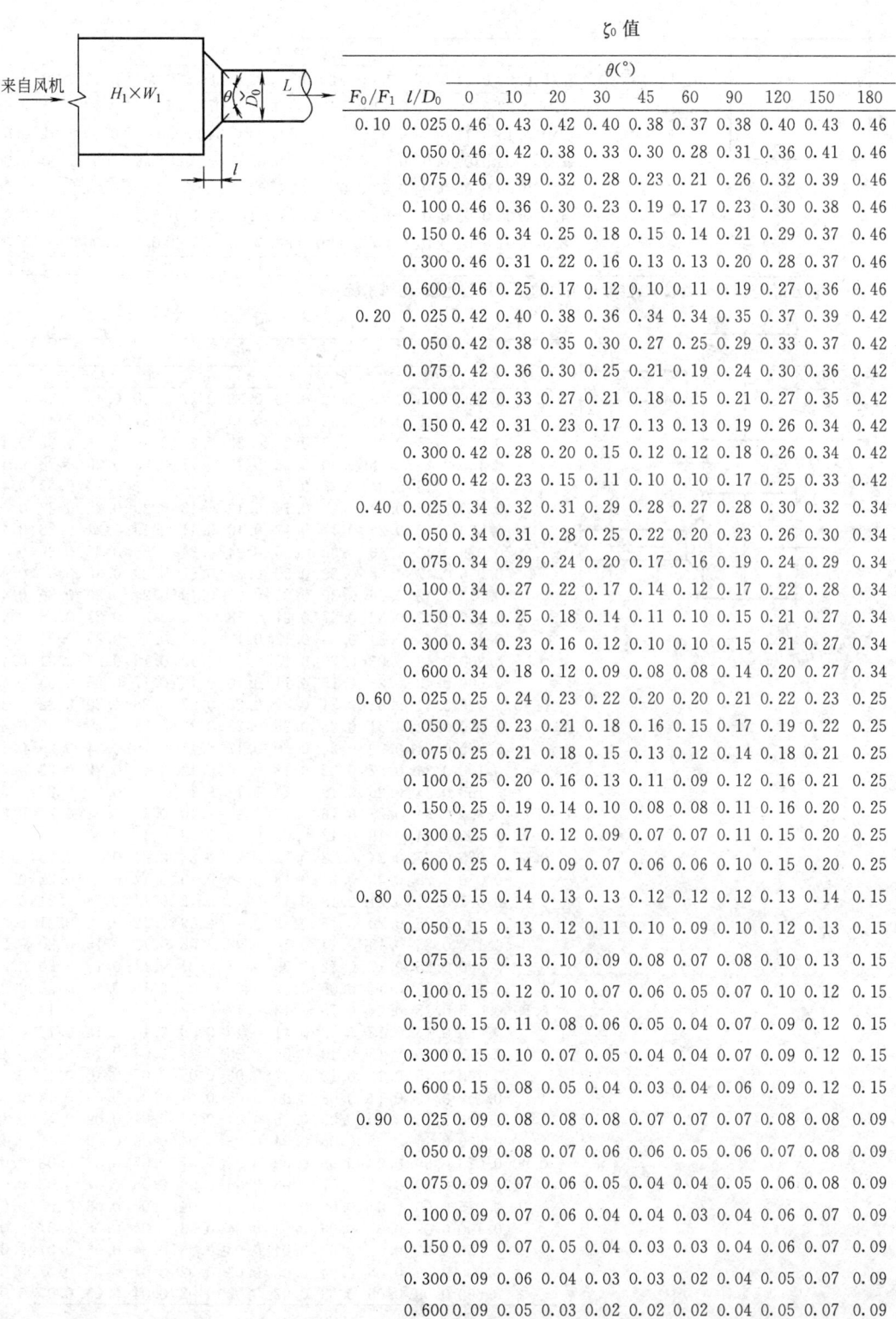

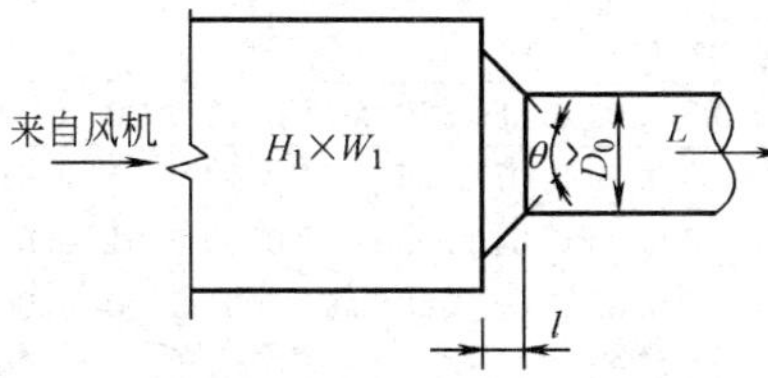

ζ_0 值

F_0/F_1	l/D_0	θ(°) 0	10	20	30	45	60	90	120	150	180
0.10	0.025	0.46	0.43	0.42	0.40	0.38	0.37	0.38	0.40	0.43	0.46
	0.050	0.46	0.42	0.38	0.33	0.30	0.28	0.31	0.36	0.41	0.46
	0.075	0.46	0.39	0.32	0.28	0.23	0.21	0.26	0.32	0.39	0.46
	0.100	0.46	0.36	0.30	0.23	0.19	0.17	0.23	0.30	0.38	0.46
	0.150	0.46	0.34	0.25	0.18	0.15	0.14	0.21	0.29	0.37	0.46
	0.300	0.46	0.31	0.22	0.16	0.13	0.13	0.20	0.28	0.37	0.46
	0.600	0.46	0.25	0.17	0.12	0.10	0.11	0.19	0.27	0.36	0.46
0.20	0.025	0.42	0.40	0.38	0.36	0.34	0.34	0.35	0.37	0.39	0.42
	0.050	0.42	0.38	0.35	0.30	0.27	0.25	0.29	0.33	0.37	0.42
	0.075	0.42	0.36	0.30	0.25	0.21	0.19	0.24	0.30	0.36	0.42
	0.100	0.42	0.33	0.27	0.21	0.18	0.15	0.21	0.27	0.35	0.42
	0.150	0.42	0.31	0.23	0.17	0.13	0.13	0.19	0.26	0.34	0.42
	0.300	0.42	0.28	0.20	0.15	0.12	0.12	0.18	0.26	0.34	0.42
	0.600	0.42	0.23	0.15	0.11	0.10	0.10	0.17	0.25	0.33	0.42
0.40	0.025	0.34	0.32	0.31	0.29	0.28	0.27	0.28	0.30	0.32	0.34
	0.050	0.34	0.31	0.28	0.25	0.22	0.20	0.23	0.26	0.30	0.34
	0.075	0.34	0.29	0.24	0.20	0.17	0.16	0.19	0.24	0.29	0.34
	0.100	0.34	0.27	0.22	0.17	0.14	0.12	0.17	0.22	0.28	0.34
	0.150	0.34	0.25	0.18	0.14	0.11	0.10	0.15	0.21	0.27	0.34
	0.300	0.34	0.23	0.16	0.12	0.10	0.10	0.15	0.21	0.27	0.34
	0.600	0.34	0.18	0.12	0.09	0.08	0.08	0.14	0.20	0.27	0.34
0.60	0.025	0.25	0.24	0.23	0.22	0.20	0.20	0.21	0.22	0.23	0.25
	0.050	0.25	0.23	0.21	0.18	0.16	0.15	0.17	0.19	0.22	0.25
	0.075	0.25	0.21	0.18	0.15	0.13	0.12	0.14	0.18	0.21	0.25
	0.100	0.25	0.20	0.16	0.13	0.11	0.09	0.12	0.16	0.21	0.25
	0.150	0.25	0.19	0.14	0.10	0.08	0.08	0.11	0.16	0.20	0.25
	0.300	0.25	0.17	0.12	0.09	0.07	0.07	0.11	0.15	0.20	0.25
	0.600	0.25	0.14	0.09	0.07	0.06	0.06	0.10	0.15	0.20	0.25
0.80	0.025	0.15	0.14	0.13	0.13	0.12	0.12	0.12	0.13	0.14	0.15
	0.050	0.15	0.13	0.12	0.11	0.10	0.09	0.10	0.12	0.13	0.15
	0.075	0.15	0.13	0.10	0.09	0.08	0.07	0.08	0.10	0.13	0.15
	0.100	0.15	0.12	0.10	0.07	0.06	0.05	0.07	0.10	0.12	0.15
	0.150	0.15	0.11	0.08	0.06	0.05	0.04	0.07	0.09	0.12	0.15
	0.300	0.15	0.10	0.07	0.05	0.04	0.04	0.07	0.09	0.12	0.15
	0.600	0.15	0.08	0.05	0.04	0.03	0.04	0.06	0.09	0.12	0.15
0.90	0.025	0.09	0.08	0.08	0.08	0.07	0.07	0.07	0.08	0.08	0.09
	0.050	0.09	0.08	0.07	0.06	0.06	0.05	0.06	0.07	0.08	0.09
	0.075	0.09	0.07	0.06	0.05	0.04	0.04	0.05	0.06	0.08	0.09
	0.100	0.09	0.07	0.06	0.04	0.04	0.03	0.04	0.06	0.07	0.09
	0.150	0.09	0.07	0.05	0.04	0.03	0.03	0.04	0.06	0.07	0.09
	0.300	0.09	0.06	0.04	0.03	0.03	0.02	0.04	0.05	0.07	0.09
	0.600	0.09	0.05	0.03	0.02	0.02	0.02	0.04	0.05	0.07	0.09

续表

F-4 静压箱与带弧形喇叭口的圆风管连接(排风/回风系统)

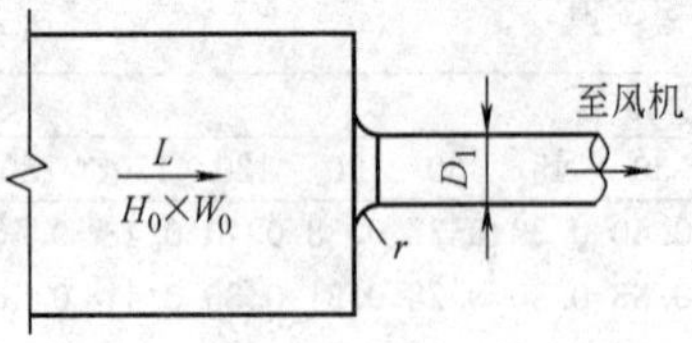

ζ_0 值

F_0/F_1	r/D_1												
	0.00	0.01	0.02	0.03	0.04	0.05	0.06	0.08	0.10	0.12	0.16	0.20	10.00
1.5	0.22	0.20	0.15	0.14	0.12	0.10	0.09	0.07	0.05	0.04	0.03	0.01	0.01
2.0	0.13	0.11	0.08	0.08	0.07	0.06	0.05	0.04	0.03	0.02	0.02	0.01	0.01
2.5	0.08	0.07	0.05	0.05	0.04	0.04	0.03	0.02	0.02	0.01	0.01	0.00	0.00
3.0	0.06	0.05	0.04	0.03	0.03	0.02	0.02	0.02	0.01	0.01	0.01	0.00	0.00
4.0	0.03	0.03	0.02	0.02	0.02	0.01	0.01	0.01	0.01	0.01	0.00	0.00	0.00
8.0	0.01	0.01	0.01	0.00	0.00	0.00	0.00	0.00	0.00	0.00	0.00	0.00	0.00

F-5 静压箱与带有突然收缩、锥形喇叭口的矩形风管连接(送风系统)

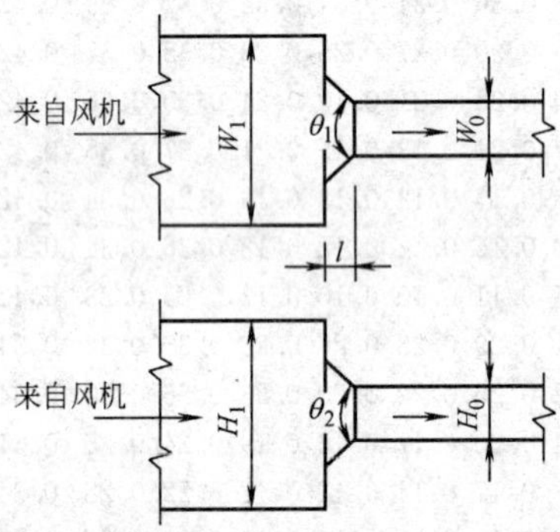

$D_h=\frac{2H_0W_0}{(H_0+W_0)}$，$\theta$ 为 θ_1 与 θ_2 中之较大者

ζ_0 值

F_0/F_1	l/D_h	θ(°)									
		0	10	20	30	45	60	90	120	150	180
0.10	0.025	0.46	0.43	0.42	0.40	0.38	0.37	0.38	0.40	0.43	0.46
	0.050	0.46	0.42	0.38	0.33	0.30	0.28	0.31	0.36	0.41	0.46
	0.075	0.46	0.39	0.32	0.28	0.23	0.21	0.26	0.32	0.39	0.46
	0.100	0.46	0.36	0.30	0.23	0.19	0.17	0.23	0.30	0.38	0.46
	0.150	0.46	0.34	0.25	0.18	0.15	0.14	0.21	0.29	0.37	0.46
	0.300	0.46	0.31	0.22	0.16	0.13	0.13	0.20	0.28	0.37	0.46
	0.600	0.46	0.25	0.17	0.12	0.10	0.11	0.19	0.27	0.36	0.46
0.20	0.025	0.42	0.40	0.38	0.36	0.34	0.34	0.35	0.37	0.39	0.42
	0.050	0.42	0.38	0.35	0.30	0.27	0.25	0.29	0.33	0.37	0.42
	0.075	0.42	0.36	0.30	0.25	0.21	0.19	0.24	0.30	0.36	0.42
	0.100	0.42	0.33	0.27	0.21	0.18	0.15	0.21	0.27	0.35	0.42
	0.150	0.42	0.31	0.23	0.17	0.13	0.13	0.19	0.26	0.34	0.42
	0.300	0.42	0.28	0.20	0.15	0.12	0.12	0.18	0.26	0.34	0.42
	0.600	0.42	0.23	0.15	0.11	0.10	0.10	0.17	0.25	0.33	0.42
0.40	0.025	0.34	0.32	0.31	0.29	0.28	0.27	0.28	0.30	0.32	0.34
	0.050	0.34	0.31	0.28	0.25	0.22	0.20	0.23	0.26	0.30	0.34
	0.075	0.34	0.29	0.24	0.20	0.17	0.16	0.19	0.24	0.29	0.34
	0.100	0.34	0.27	0.22	0.17	0.14	0.12	0.17	0.22	0.28	0.34
	0.150	0.34	0.25	0.18	0.14	0.11	0.10	0.15	0.21	0.27	0.34
	0.300	0.34	0.23	0.16	0.12	0.10	0.10	0.15	0.21	0.27	0.34
	0.600	0.34	0.18	0.12	0.09	0.08	0.08	0.14	0.20	0.27	0.34
0.60	0.025	0.25	0.24	0.23	0.22	0.20	0.20	0.21	0.22	0.23	0.25
	0.050	0.25	0.23	0.21	0.18	0.16	0.15	0.17	0.19	0.22	0.25
	0.075	0.25	0.21	0.18	0.15	0.13	0.12	0.14	0.18	0.21	0.25
	0.100	0.25	0.20	0.16	0.13	0.11	0.09	0.12	0.16	0.21	0.25
	0.150	0.25	0.19	0.14	0.10	0.08	0.08	0.11	0.16	0.20	0.25
	0.300	0.25	0.17	0.12	0.09	0.07	0.07	0.11	0.15	0.20	0.25
	0.600	0.25	0.14	0.09	0.07	0.06	0.06	0.10	0.15	0.20	0.25
0.80	0.025	0.15	0.14	0.13	0.13	0.12	0.12	0.12	0.13	0.14	0.15
	0.050	0.15	0.13	0.12	0.11	0.10	0.09	0.10	0.12	0.13	0.15
	0.075	0.15	0.13	0.10	0.09	0.08	0.07	0.08	0.10	0.13	0.15
	0.100	0.15	0.12	0.10	0.07	0.06	0.05	0.07	0.10	0.12	0.15
	0.150	0.15	0.11	0.08	0.06	0.05	0.04	0.07	0.09	0.12	0.15
	0.300	0.15	0.10	0.07	0.05	0.04	0.04	0.07	0.09	0.12	0.15
	0.600	0.15	0.08	0.05	0.04	0.03	0.04	0.06	0.09	0.12	0.15
0.90	0.025	0.09	0.08	0.08	0.08	0.07	0.07	0.07	0.08	0.08	0.09
	0.050	0.09	0.08	0.07	0.06	0.06	0.05	0.06	0.07	0.08	0.09
	0.075	0.09	0.07	0.06	0.05	0.04	0.04	0.05	0.06	0.08	0.09
	0.100	0.09	0.07	0.06	0.04	0.04	0.03	0.04	0.06	0.07	0.09
	0.150	0.09	0.07	0.05	0.04	0.03	0.03	0.04	0.06	0.07	0.09
	0.300	0.09	0.06	0.04	0.03	0.03	0.02	0.04	0.05	0.07	0.09
	0.600	0.09	0.05	0.03	0.02	0.02	0.02	0.04	0.05	0.07	0.09

续表

管件 G 装有金属网格的风管局部阻力系数

G-1 装有金属网格的圆形风管

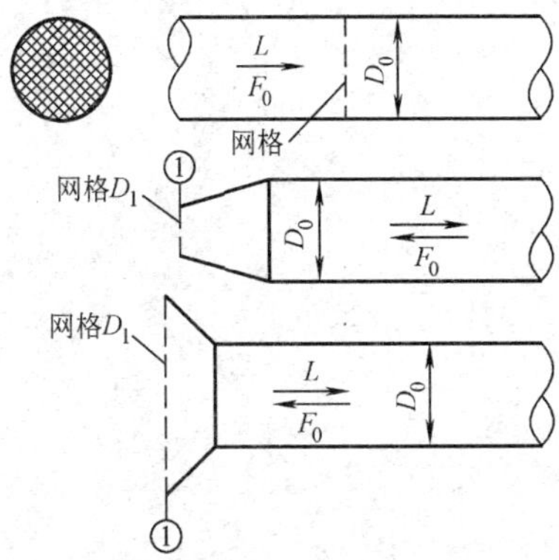

n——网格的有效面积比值

F_0——风管的面积

F_1——风管或配件中装有网格的横断面积

	ζ_0 值												
	n												
F_1/F_0	0.30	0.35	0.40	0.45	0.50	0.55	0.60	0.65	0.70	0.75	0.80	0.90	1.00
0.2	155.00	102.50	75.00	55.00	41.25	31.50	24.25	18.75	14.50	11.00	8.00	3.50	0.00
0.3	68.89	45.56	33.33	24.44	18.33	14.00	10.78	8.33	6.44	4.89	3.56	1.56	0.00
0.4	38.75	25.63	18.75	13.75	10.31	7.88	6.06	4.69	3.63	2.75	2.00	0.88	0.00
0.5	24.80	16.40	12.00	8.80	6.60	5.04	3.88	3.00	2.32	1.76	1.28	0.56	0.00
0.6	17.22	11.39	8.33	6.11	4.58	3.50	2.69	2.08	1.61	1.22	0.89	0.39	0.00
0.7	12.65	8.37	6.12	4.49	3.37	2.57	1.98	1.53	1.18	0.90	0.65	0.29	0。00
0.8	9.69	6.40	4.69	3.44	2.58	1.97	1.52	1.17	0.91	0.69	0.50	0.22	0.00
0.9	7.65	5.06	3.70	2.72	2.04	1.56	1.20	0.93	0.72	0.54	0.40	0.17	0.00
1.0	6.20	4.10	3.00	2.20	1.65	1.26	0.97	0.75	0.58	0.44	0.32	0.14	0.00
1.2	4.31	2.85	2.08	1.53	1.15	0.88	0.67	0.52	0.40	0.31	0.22	0.10	0.00
1.4	3.16	2.09	1.53	1.12	0.84	0.64	0.49	0.38	0.30	0.22	0.16	0.07	0.00
1.6	2.42	1.60	1.17	0.86	0.64	0.49	0.38	0.29	0.23	0.17	0.13	0.05	0.00
1.8	1.91	1.27	0.93	0.68	0.51	0.39	0.30	0.23	0.18	0.14	0.10	0.04	0.00
2.0	1.55	1.03	0.75	0.55	0.41	0.32	0.24	0.19	0.15	0.11	0.08	0.04	0.00
2.5	0.99	0.66	0.48	0.35	0.26	0.20	0.16	0.12	0.09	0.07	0.05	0.02	0.00
3.0	0.69	0.46	0.33	0.24	0.18	0.14	0.11	0.08	0.06	0.05	0.04	0.02	0.00
4.0	0.39	0.26	0.19	0.14	0.10	0.08	0.06	0.05	0.04	0.03	0.02	0.01	0.00
6.0	0.17	0.11	0.08	0.06	0.05	0.04	0.03	0.02	0.02	0.01	0.01	0.00	0.00

续表

G-2 装有金属网格的矩形风管

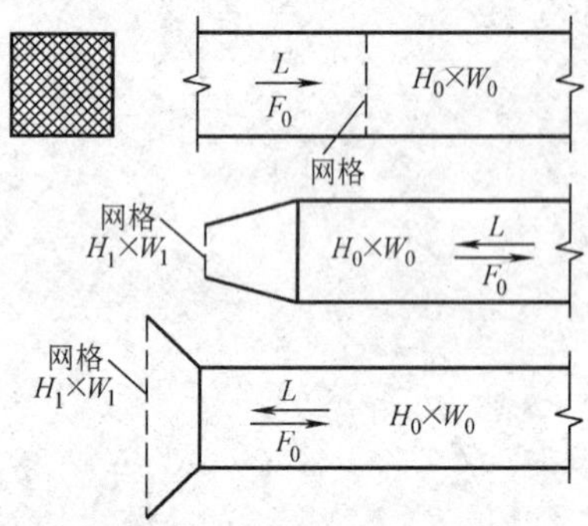

n——网格的有效面积比值

F_0——风管的面积

F_1——风管或配件中装有网格的横断面积

	ζ_0 值												
	n												
F_1/F_0	0.30	0.35	0.40	0.45	0.50	0.55	0.60	0.65	0.70	0.75	0.80	0.90	1.00
0.2	155.00	102.50	75.00	55.00	41.25	31.50	24.25	18.75	14.50	11.00	8.00	3.50	0.00
0.3	68.89	45.56	33.33	24.44	18.33	14.00	10.78	8.33	6.44	4.89	3.56	1.56	0.00
0.4	38.75	25.63	18.75	13.75	10.31	7.88	6.06	4.69	3.63	2.75	2.00	0.88	0.00
0.5	24.80	16.40	12.00	8.80	6.60	5.04	3.88	3.00	2.32	1.76	1.28	0.56	0.00
0.6	17.22	11.39	8.33	6.11	4.58	3.50	2.69	2.08	1.61	1.22	0.89	0.39	0.00
0.7	12.65	8.37	6.12	4.49	3.37	2.57	1.98	1.53	1.18	0.90	0.65	0.29	0.00
0.8	9.69	6.40	4.69	3.44	2.58	1.97	1.52	1.17	0.91	0.69	0.50	0.22	0.00
0.9	7.65	5.06	3.70	2.72	2.04	1.56	1.20	0.93	0.72	0.54	0.40	0.17	0.00
1.0	6.20	4.10	3.00	2.20	1.65	1.26	0.97	0.75	0.58	0.44	0.32	0.14	0.00
1.2	4.31	2.85	2.08	1.53	1.15	0.88	0.67	0.52	0.40	0.31	0.22	0.10	0.00
1.4	3.16	2.09	1.53	1.12	0.84	0.64	0.49	0.38	0.30	0.22	0.16	0.07	0.00
1.6	2.42	1.60	1.17	0.86	0.64	0.49	0.38	0.29	0.23	0.17	0.13	0.05	0.00
1.8	1.91	1.27	0.93	0.68	0.51	0.39	0.30	0.23	0.18	0.14	0.10	0.04	0.00
2.0	1.55	1.03	0.75	0.55	0.41	0.32	0.24	0.19	0.15	0.11	0.08	0.04	0.00
2.5	0.99	0.66	0.48	0.35	0.26	0.20	0.16	0.12	0.09	0.07	0.05	0.02	0.00
3.0	0.69	0.46	0.33	0.24	0.18	0.14	0.11	0.08	0.06	0.05	0.04	0.02	0.00
4.0	0.39	0.26	0.19	0.14	0.10	0.08	0.06	0.05	0.04	0.03	0.02	0.01	0.00
6.0	0.17	0.11	0.08	0.06	0.05	0.04	0.03	0.02	0.02	0.01	0.01	0.00	0.00

管件 H 百叶窗的局部阻力系数

H-1 固定直叶片百叶窗

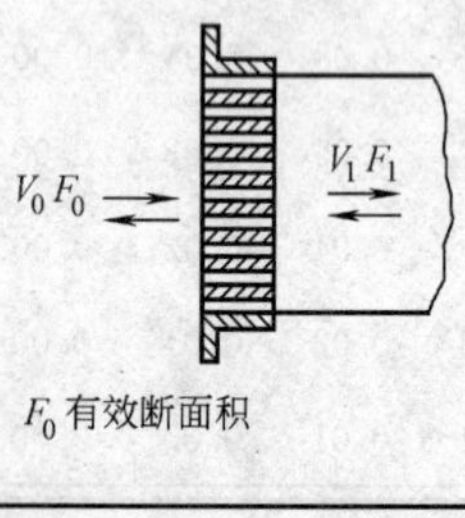

F_0 有效断面积

	ζ 值								
F_0/F_1	0.2	0.3	0.4	0.5	0.6	0.7	0.8	0.9	1.0
进风	33	13	6.0	3.8	2.2	1.3	0.79	0.52	0.5
出风	33	14	7.0	4.0	3.5	2.6	2.0	1.75	1.05

续表

H-2 固定45°斜叶片百叶窗

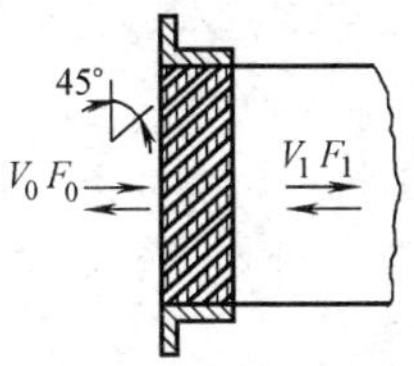

ζ值									
F_0/F_1	0.2	0.3	0.4	0.5	0.6	0.7	0.8	0.9	1.0
进风	45	17	6.8	4.0	2.3	1.4	0.9	0.6	0.5
出风	58	24	13	8.0	5.3	3.7	2.7	2.0	1.5

H-3 四面有百叶窗的进风竖风道

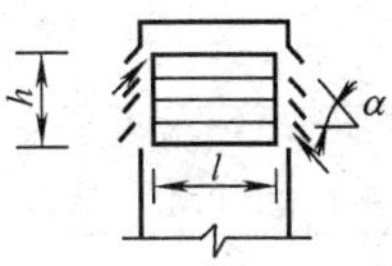

α(°)	l/h		
	1.5	1.0	0.5
30	2.5	3.6	6.0
45	3.8	13.7	21.5

管件I 风帽的局部阻力系数

I-1 伞形风帽

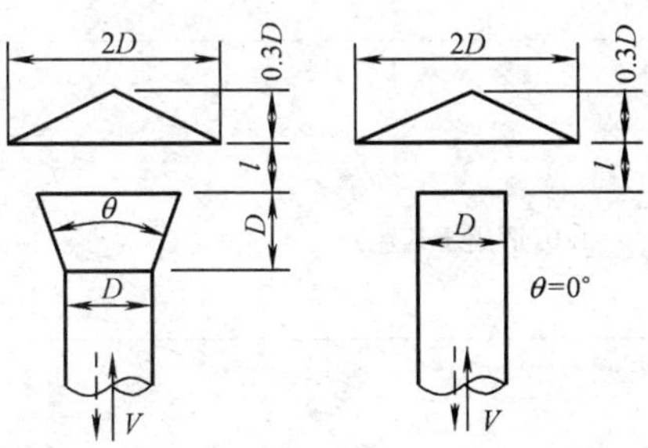

排风伞形风帽

θ°	ζ值 l/D									
	0.1	0.2	0.25	0.3	0.35	0.4	0.5	0.6	0.8	1.0
0	4.0	2.3	1.9	1.6	1.4	1.3	1.2	1.1	1.0	1.0
15	2.6	1.2	1.0	0.80	0.70	0.65	0.60	0.60	0.60	0.6

进风伞形风帽

θ°	ξ值 l/D								
	0.1	0.2	0.3	0.4	0.5	0.6	0.7	0.8	≥0.9
0	2.6	1.8	1.5	1.4	1.3	1.2	1.2	1.1	1.1
15	1.3	0.77	0.60	0.48	0.41	0.30	0.29	0.28	0.25

I-2 倒锥体伞形风帽

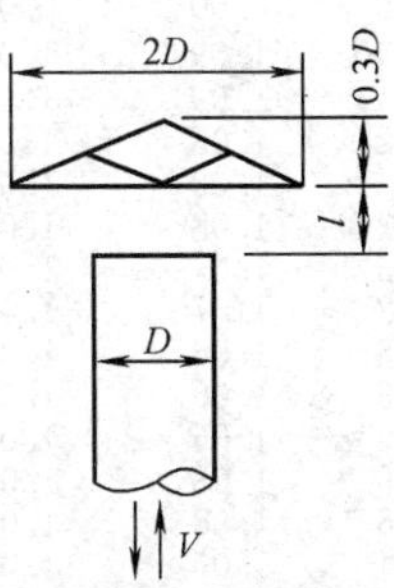

ζ值										
l/D	0.1	0.2	0.3	0.4	0.5	0.6	0.7	0.8	0.9	1.0
进风	2.9	1.9	1.59	1.41	1.33	1.25	1.15	1.10	1.07	1.06
排风	—	2.9	1.90	1.50	1.30	1.20	—	1.10	—	

续表

I-3 锥形排风风帽

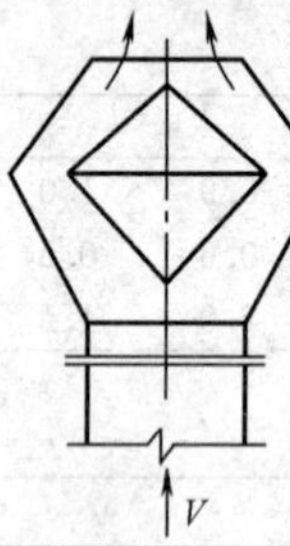

$\zeta=1.6$

I-4 筒形风帽

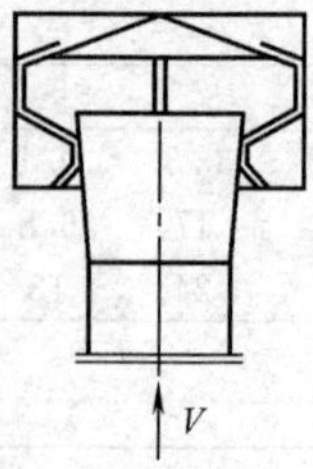

无风时 $\zeta=0.61$

有风时 $\zeta=1.2$

管件 J 伞形排风罩的局部阻力系数

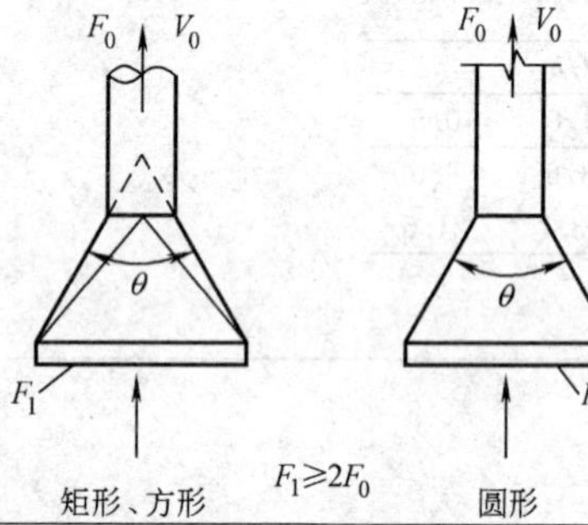

圆形伞形排风罩

θ	0°	20°	40°	60°	80°	100°	120°	140°	160°	180°
ζ_0	1.0	0.11	0.06	0.09	0.14	0.18	0.27	0.32	0.43	0.50

方形或矩形伞形排风罩

θ	0°	20°	40°	60°	80°	100°	120°	140°	160°	180°
ζ_0	1.0	0.19	0.13	0.16	0.21	0.27	0.33	0.43	0.53	0.62

管件 K 出风口的局部阻力系数

K-1 直管出风口

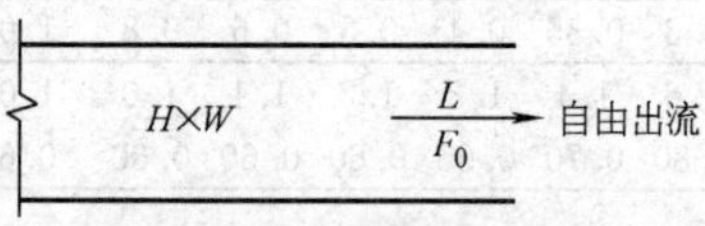

$\zeta_0=1.0$(适用于紊流)

K-2 矩形平面扩散出风口,两侧平行

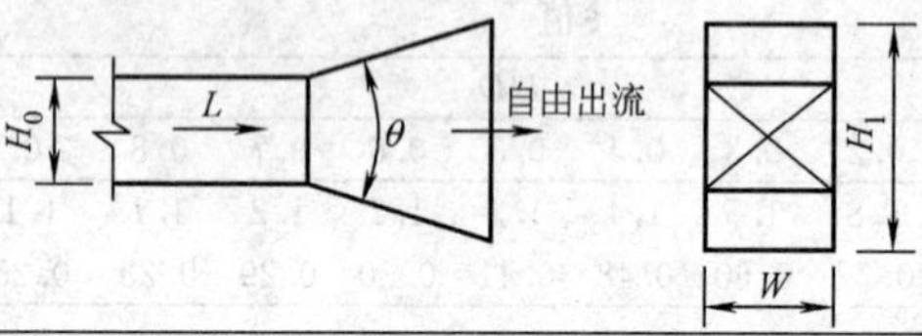

		ζ_0 值								
		θ(°)								
F_1/F_0	$Re/1000$	8	10	14	20	30	45	60	90	120
1	50	0.00	0.00	0.00	0.00	0.00	0.00	0.00	0.00	0.00
	100	0.00	0.00	0.00	0.00	0.00	0.00	0.00	0.00	0.00
	200	0.00	0.00	0.00	0.00	0.00	0.00	0.00	0.00	0.00
	400	0.00	0.00	0.00	0.00	0.00	0.00	0.00	0.00	0.00
	2000	0.00	0.00	0.00	0.00	0.00	0.00	0.00	0.00	0.00
2	50	0.50	0.51	0.56	0.63	0.80	0.96	1.04	1.09	1.09
	100	0.48	0.50	0.56	0.63	0.80	0.96	1.04	1.09	1.09
	200	0.44	0.47	0.53	0.63	0.74	0.93	1.02	1.08	1.08
	400	0.40	0.42	0.50	0.62	0.74	0.93	1.02	1.08	1.08
	2000	0.40	0.42	0.50	0.62	0.74	0.93	1.02	1.08	1.08
4	50	0.34	0.38	0.48	0.63	0.76	0.91	1.03	1.07	1.07
	100	0.31	0.36	0.45	0.59	0.72	0.88	1.02	1.07	1.07
	200	0.26	0.31	0.41	0.53	0.67	0.83	0.96	1.06	1.06
	400	0.22	0.27	0.39	0.53	0.67	0.83	0.96	1.06	1.06
	2000	0.22	0.27	0.39	0.53	0.67	0.83	0.96	1.06	1.06
6	50	0.32	0.34	0.41	0.56	0.70	0.84	0.96	1.08	1.08
	100	0.27	0.30	0.41	0.56	0.70	0.84	0.96	1.08	1.08
	200	0.24	0.27	0.36	0.52	0.67	0.81	0.94	1.06	1.06
	400	0.20	0.24	0.36	0.52	0.67	0.81	0.94	1.06	1.06
	2000	0.18	0.24	0.34	0.50	0.67	0.81	0.94	1.05	1.05

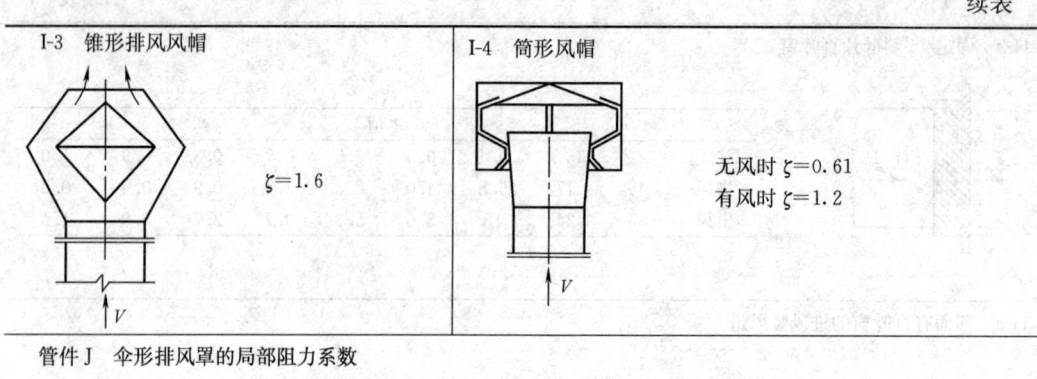

续表

K-3 矩形金字塔形扩散出风口

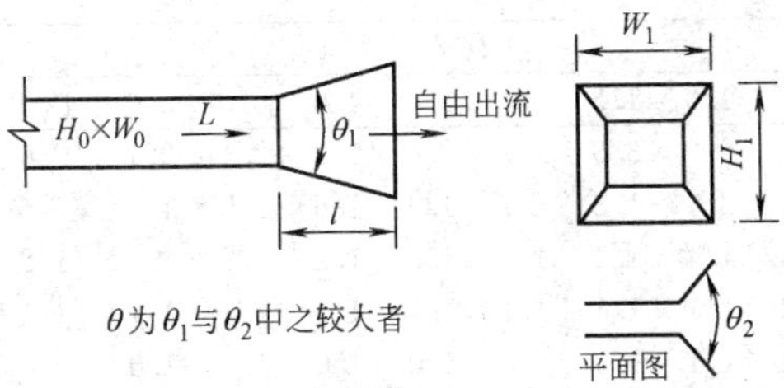

		ζ0 值								
		θ(°)								
F_1/F_0	$Re/1000$	8	10	14	20	30	45	60	90	120
1	50	0.00	0.00	0.00	0.00	0.00	0.00	0.00	0.00	0.00
	100	0.00	0.00	0.00	0.00	0.00	0.00	0.00	0.00	0.00
	200	0.00	0.00	0.00	0.00	0.00	0.00	0.00	0.00	0.00
	400	0.00	0.00	0.00	0.00	0.00	0.00	0.00	0.00	0.00
	2000	0.00	0.00	0.00	0.00	0.00	0.00	0.00	0.00	0.00
2	50	0.65	0.68	0.74	0.82	0.92	1.05	1.10	1.08	1.08
	100	0.61	0.66	0.73	0.81	0.90	1.04	1.09	1.08	1.08
	200	0.57	0.61	0.70	0.79	0.89	1.04	1.09	1.08	1.08
	400	0.50	0.56	0.64	0.76	0.88	1.02	1.07	1.08	1.08
	2000	0.50	0.56	0.64	0.76	0.88	1.02	1.07	1.08	1.08
4	50	0.53	0.60	0.69	0.78	0.90	1.02	1.07	1.09	1.09
	100	0.49	0.55	0.66	0.78	0.90	1.02	1.07	1.09	1.09
	200	0.42	0.50	0.62	0.74	0.87	1.00	1.06	1.08	1.08
	400	0.36	0.44	0.56	0.70	0.84	0.99	1.06	1.08	1.08
	2000	0.36	0.44	0.56	0.70	0.84	0.99	1.06	1.08	1.08
6	50	0.50	0.57	0.66	0.77	0.91	1.02	1.07	1.08	1.08
	100	0.47	0.54	0.63	0.76	0.98	1.02	1.07	1.08	1.08
	200	0.42	0.48	0.60	0.73	0.88	1.00	1.06	1.08	1.08
	400	0.34	0.44	0.56	0.73	0.86	0.98	1.06	1.08	1.08
	2000	0.34	0.44	0.56	0.73	0.86	0.98	1.06	1.08	1.08
10	50	0.45	0.53	0.64	0.74	0.85	0.97	1.10	1.12	1.12
	100	0.40	0.48	0.62	0.73	0.85	0.97	1.10	1.12	1.12
	200	0.34	0.44	0.56	0.69	0.82	0.95	1.10	1.11	1.11
	400	0.28	0.40	0.55	0.67	0.80	0.93	1.09	1.11	1.11
	2000	0.28	0.40	0.55	0.67	0.80	0.93	1.09	1.11	1.11

K-4 矩形金字塔形扩散出风口(靠墙)

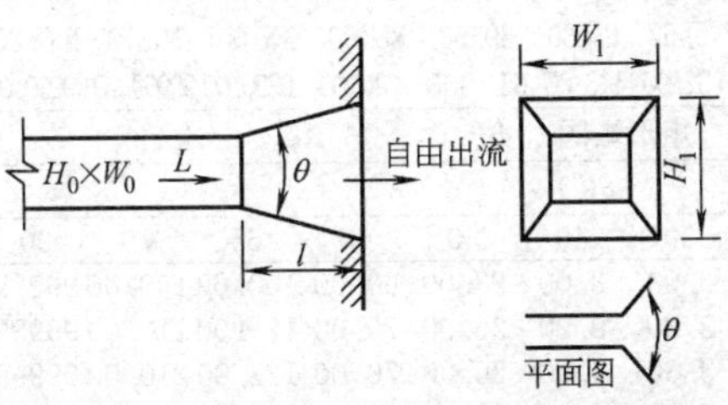

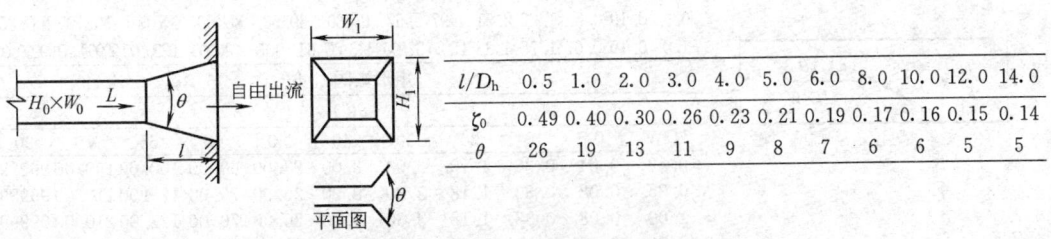

l/D_h	0.5	1.0	2.0	3.0	4.0	5.0	6.0	8.0	10.0	12.0	14.0
ζ_0	0.49	0.40	0.30	0.26	0.23	0.21	0.19	0.17	0.16	0.15	0.14
θ	26	19	13	11	9	8	7	6	6	5	5

续表

K-5 通过90°弯管排至大气的出风口

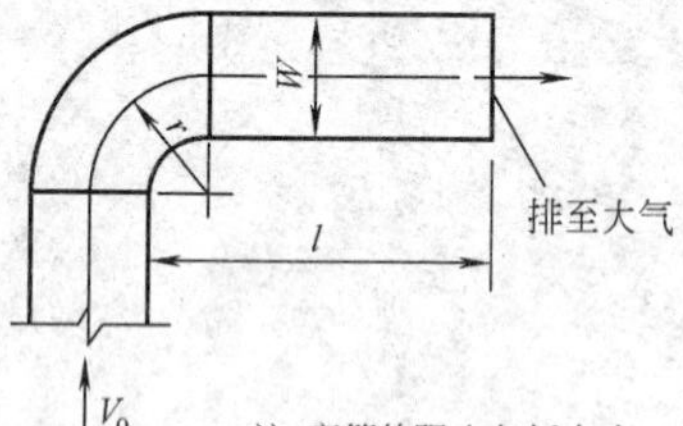

注：弯管的阻力包括在内

矩形弯管 ζ_0

$\frac{r}{W}$	l/W									
	0	0.5	1.0	1.5	2.0	3.0	4.0	6.0	8.0	12.0
0	3.0	3.1	3.2	3.0	2.7	2.4	2.2	2.1	2.1	2.0
0.75	2.2	2.2	2.1	1.8	1.7	1.6	1.6	1.5	1.5	1.5
1.0	1.8	1.5	1.4	1.4	1.3	1.3	1.2	1.2	1.2	1.2
1.5	1.5	1.2	1.1	1.1	1.1	1.1	1.1	1.1	1.1	1.1
2.5	1.2	1.1	1.1	1.0	1.0	1.0	1.0	1.0	1.0	1.0

圆形弯管($r/D=1.0$)

l/D	0.9	1.3
ζ_0	1.5	1.4

D为圆形弯管的直径

K-6 圆形渐缩喷口

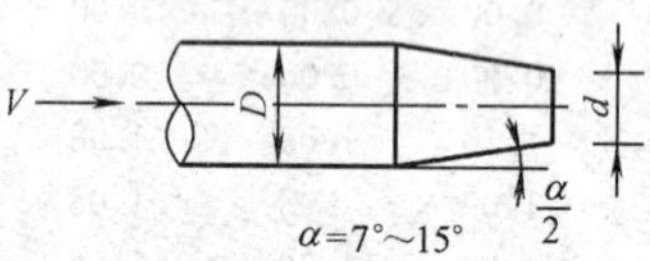

d/D	0.3	0.4	0.5	0.6	0.7	0.8	0.9	1.0
ζ	129	41	17	8.2	4.4	2.6	1.6	1.05

K-7 孔板出风口

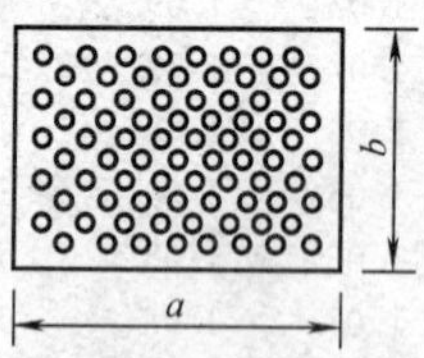

开孔率$=\frac{\text{孔面积}}{ab}$

ζ值

V(m/s)	开孔率				
	0.2	0.3	0.4	0.5	0.6
0.5	30	12	60	36	23
1.0	33	13	68	41	27
1.5	36	145	74	46	30
2.0	39	155	78	49	32
2.5	40	165	83	52	34
3.0	41	175	86	55	37

管件L 风量调节阀的局部阻力系数

L-1 蝶阀

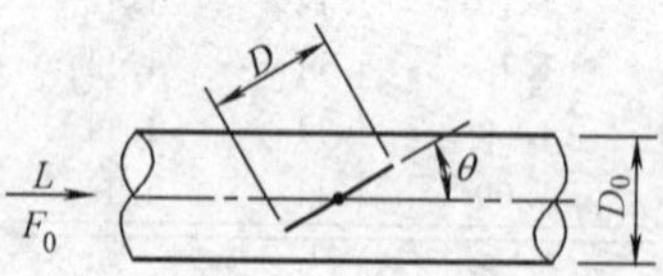

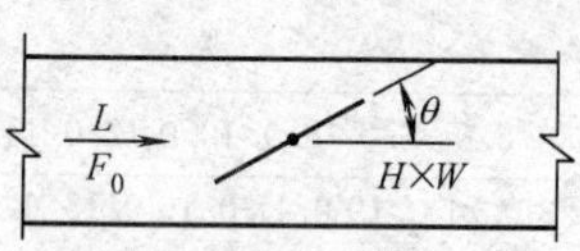

圆形蝶阀 ζ_0 值

D/D_0	θ(°)											
	0	10	20	30	40	50	60	70	75	80	85	90
0.5	0.19	0.27	0.37	0.49	0.61	0.74	0.86	0.96	0.99	1.02	1.04	1.04
0.6	0.19	0.32	0.48	0.69	0.94	1.21	1.48	1.72	1.82	1.89	1.93	2.00
0.7	0.19	0.37	0.64	1.01	1.51	2.12	2.81	3.46	3.73	3.94	4.08	6.00
0.8	0.19	0.45	0.87	1.55	2.60	4.13	6.14	8.38	9.40	10.30	10.80	15.00
0.9	0.19	0.54	1.22	2.51	4.97	9.57	17.80	30.50	38.00	45.00	50.10	100.00
1.0	0.19	0.67	1.76	4.38	11.20	32.00	113.00	619.00	2010.00	10350.00	99999.00	99999.00

矩形蝶阀 ζ_0 值

H/W	θ(°)								
	0	10	20	30	40	50	60	65	70	90
0.12	0.04	0.30	1.10	3.00	8.00	23.00	60.00	100.00	190.00	99999
0.25	0.08	0.33	1.18	3.30	9.00	26.00	70.00	128.00	210.00	99999
1.00	0.08	0.33	1.18	3.30	9.00	26.00	70.00	128.00	210.00	99999
2.00	0.13	0.35	1.25	3.60	10.00	29.00	80.00	155.00	230.00	99999

续表

L-2 插板阀

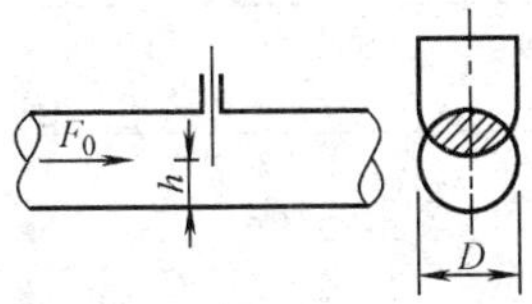

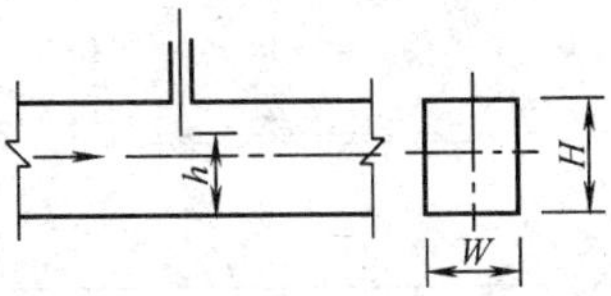

圆形插板阀								
h/D	0.2	0.3	0.4	0.5	0.6	0.7	0.8	0.9
F_h/F_0	0.25	0.38	0.50	0.61	0.71	0.81	0.90	0.96
ζ_0	35	10	4.6	2.1	0.98	0.44	0.17	0.06

矩形插板阀

	h/H						
H/W	0.3	0.4	0.5	0.6	0.7	0.8	0.9
0.5	14	6.9	3.3	1.7	0.83	0.32	0.09
1.0	19	8.8	4.5	2.4	1.2	0.55	0.17
1.5	20	9.1	4.7	2.7	1.2	0.47	0.11
2.0	18	8.8	4.5	2.3	1.1	0.51	0.13

L-3 矩形风管平行式多叶阀

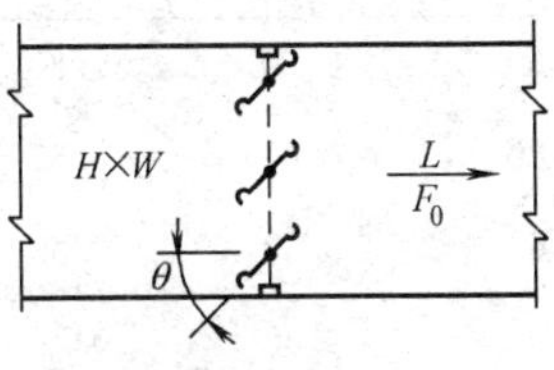

$$l/R=\frac{NW}{2(H+W)}$$

式中 N——风阀叶片数；

W——平行于叶片轴线的风管尺寸，mm；

H——风管高度，mm；

l——风阀叶片长度之和，mm；

R——风管的周长，mm。

ζ_0 值

	θ(°)								
l/R	0	10	20	30	40	50	60	70	80
0.3	0.52	0.79	1.49	2.20	4.95	8.73	14.15	32.11	122.06
0.4	0.52	0.84	1.56	2.25	5.03	9.00	16.00	37.73	156.58
0.5	0.52	0.88	1.62	2.35	5.11	9.52	18.88	44.79	187.85
0.6	0.52	0.92	1.66	2.45	5.20	9.77	21.75	53.78	288.89
0.8	0.52	0.96	1.69	2.55	5.30	10.03	22.80	65.46	295.22
1.0	0.52	1.00	1.76	2.66	5.40	10.53	23.84	73.23	361.00
1.5	0.52	1.08	1.83	2.78	5.44	11.21	27.56	97.41	495.31

L-4 矩形风管对开式多叶阀

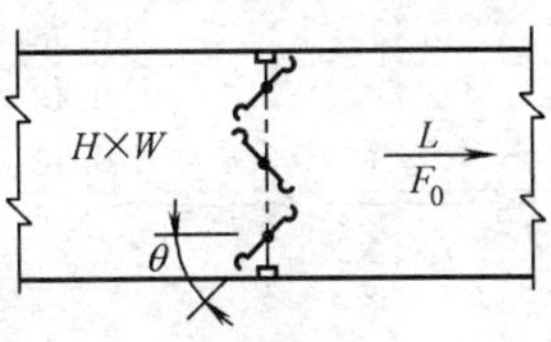

$$l/R=\frac{NW}{2(H+W)}$$

式中 N——风阀叶片数；

W——平行于叶片轴线的风管尺寸，mm；

H——风管高度，mm；

l——风阀叶片长度之和，mm；

R——风管的周长，mm。

ζ_0 值

	θ(°)								
l/R	0	10	20	30	40	50	60	70	80
0.3	0.52	0.79	1.91	3.77	8.55	19.46	70.12	295.21	807.23
0.4	0.52	0.85	2.07	4.61	10.42	26.73	92.90	346.25	926.34
0.5	0.52	0.93	2.25	5.44	12.29	33.99	118.91	393.36	1045.44
0.6	0.52	1.00	2.46	5.99	14.15	41.26	143.69	440.25	1163.09
0.8	0.52	1.08	2.66	6.96	18.18	56.47	193.92	520.27	1324.85
1.0	0.52	1.17	2.91	7.31	20.25	71.68	245.45	576.00	1521.00
1.5	0.52	1.38	3.16	9.51	27.56	107.41	361.00	717.05	1804.40

L-5 矩形风管防火阀

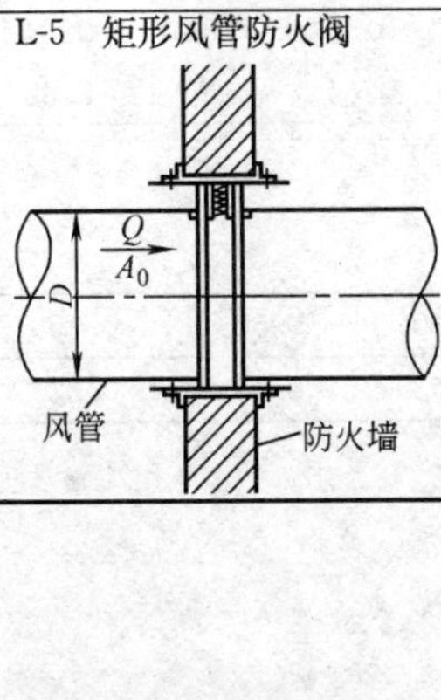

B型 $\zeta_0=0.19$

C型 $\zeta_0=0.12$

续表

管件 M 离心风机出口的局部阻力系数

M-1 风机进口接圆形 4 节 90°弯管

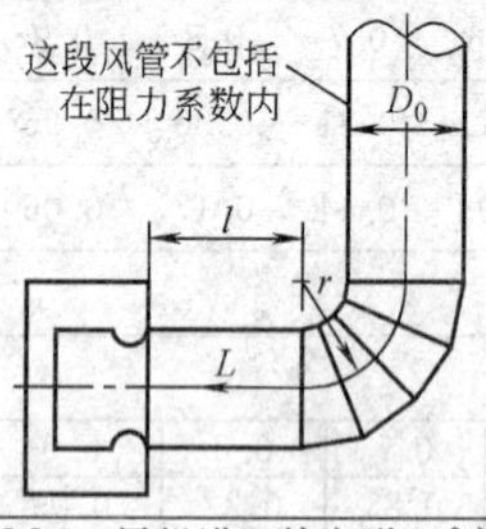

	ζ_0 值			
	l/D_0			
r/D_0	0.0	2.0	5.0	10.0
0.50	1.80	1.00	0.53	0.53
0.75	1.40	0.80	0.40	0.40
1.00	1.20	0.67	0.33	0.33
1.50	1.10	0.60	0.33	0.33
2.00	1.00	0.53	0.33	0.33
3.00	0.67	0.40	0.22	0.22

M-2 风机进口接方形 90°弯管

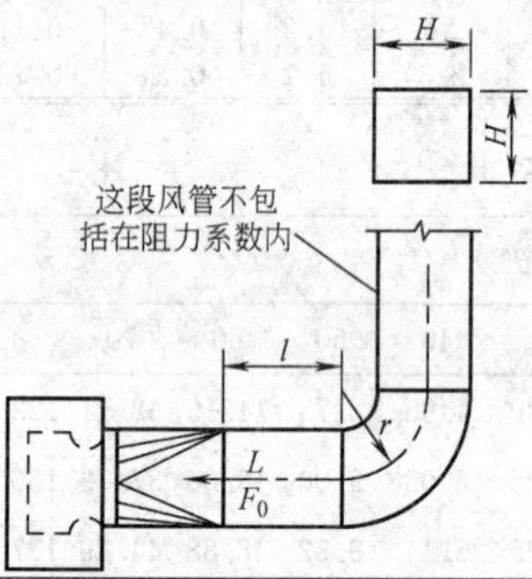

	ζ_0 值			
	l/H			
r/H	0.0	2.0	5.0	10.0
0.50	2.50	1.60	0.80	0.80
0.75	2.00	1.20	0.67	0.67
1.00	1.20	0.67	0.33	0.33
1.50	1.00	0.57	0.30	0.30
2.00	0.80	0.47	0.26	0.26

M-3 风机出口接平面对称的扩散管，自由出流

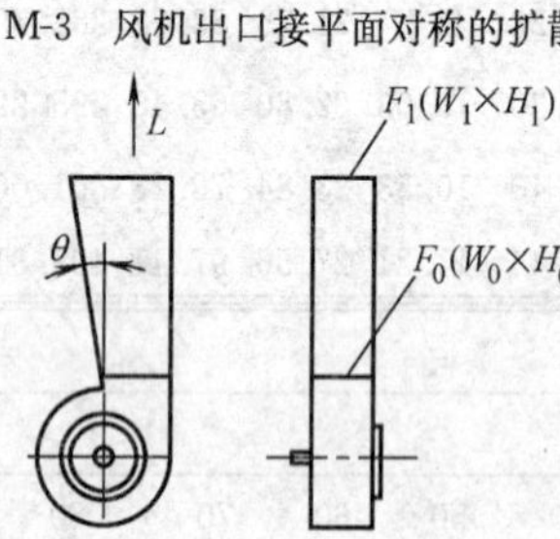

	ζ_0 值					
	F_1/F_0					
θ(°)	1.5	2.0	2.5	3.0	3.5	4.0
10	0.51	0.34	0.25	0.21	0.18	0.17
15	0.54	0.36	0.27	0.24	0.22	0.20
20	0.55	0.38	0.31	0.27	0.25	0.24
25	0.59	0.43	0.37	0.35	0.33	0.33
30	0.63	0.50	0.46	0.44	0.43	0.42
35	0.65	0.56	0.53	0.52	0.51	0.50

M-4 风机出口接金字塔形扩散管，带风管

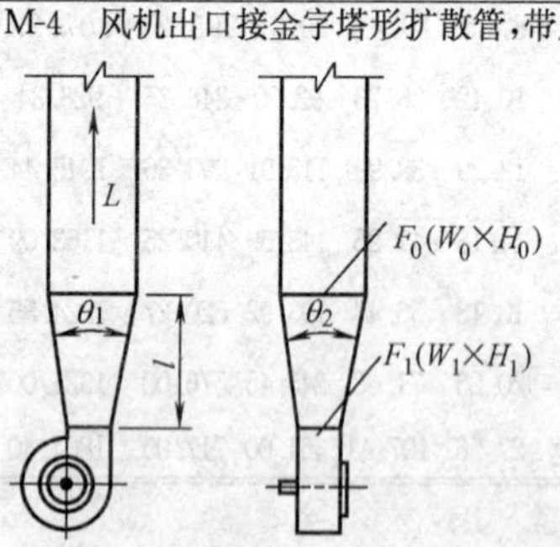

	ζ_1 值					
	F_0/F_1					
θ(°)	1.5	2.0	2.5	3.0	3.5	4.0
0	0.00	0.00	0.00	0.00	0.00	0.00
10	0.10	0.18	0.21	0.23	0.24	0.25
15	0.23	0.33	0.38	0.40	0.42	0.44
20	0.31	0.43	0.48	0.53	0.56	0.58
25	0.36	0.49	0.55	0.58	0.62	0.64
30	0.42	0.53	0.59	0.64	0.67	0.69

θ 取 θ_1 和 θ_2 中的大值

M-5 设在静压箱或柜内的双进风风机

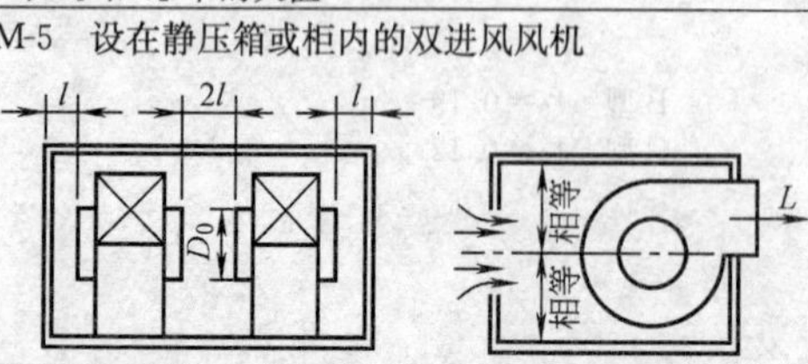

l/D_0	0.30	0.40	0.50	0.75
ζ_0	0.80	0.53	0.40	0.22

11.4 风管内的压力分布

了解通风、空调系统风管内空气压力的分布规律，有助于更好地解决通风、空调系统的设计和运行管理问题。

11.4.1 通风系统风管内的压力分布

绘制风管内压力分布图时，可采用两种不同的基准，即以大气压力为基准和以绝对真空为基准。

若以大气压力作为基准时，其静压称为相对静压，高于大气压力者为正（画在大气压力线的上方），低于大气压力者为负（画在大气压力线的下方）。显然，在风机的吸风管段，其静压、全压均是负值；而在风机的送风管段，其静压、全压均是正值。动压总是正值。

若以绝对真空作为基准时，其静压称为绝对静压，绝对静压与动压之和，就是绝对全压。不论是处在风机的吸风管段还是送风管段，绝对静压、绝对全压只有大小之分，而没有正、负之别。

1. 仅有沿程压力损失的风管内压力分布（图 11.4-1）

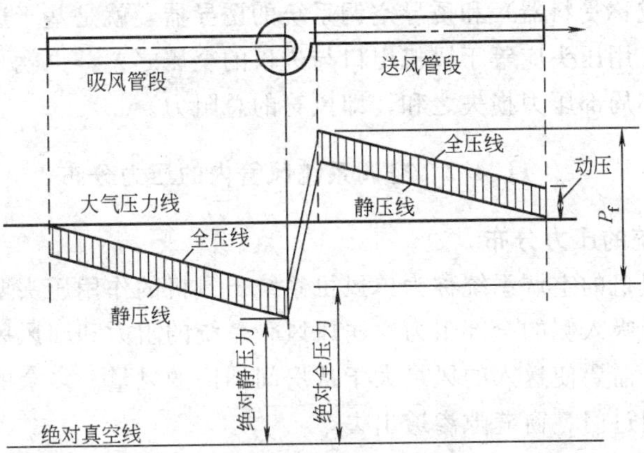

图 11.4-1 仅有沿程压力损失的风管内压力分布

2. 有沿程压力损失和局部压力损失的风管内压力分布（图 11.4-2）

通过对压力分布图的分析，可以得出以下几点：

(1) 吸风管段和送风管段都是直管段时（见图 11.4-1），只要管径（或断面尺寸）不变，管内风速就不变，其动压也不变。管段的压力损失是由摩擦阻力造成的。此时，静压的坡降线与全压的坡降线彼此平行。全压的坡降即表示管段的压力损失。

(2) 当风管内的风量一定时，随着管径（或断面尺寸）的变化（例如，渐扩管或渐缩管），管内动压发生变化，其静压也随之发生变化。也就是说，动压和静压之间是可以互相转化的。

空气流过渐扩管时，由于克服局部阻力，使全压减小，随着风速的降低，动压减小，

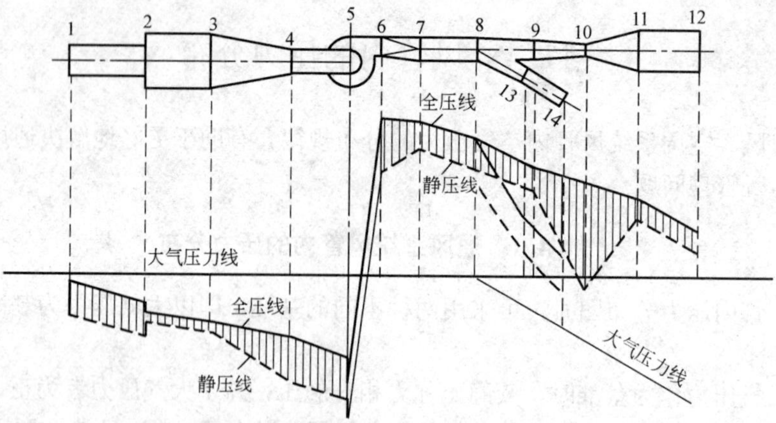

图 11.4-2 有沿程压力损失和局部压力损失的风管内压力分布

而静压就增大（例如，图 11.4-2 中，断面 6 至断面 7）。这个静压增加值，是由动压转化而来，称为静压复得；空气流过渐缩管时，全压减小，随着风速的升高，动压增大，而静压就减小，甚至使静压低于大气压力（例如，图 11.4-2 中，断面 10）。这个动压的增加值，是由静压转化而来。尽管断面 10 是处在风机的送风管段上（压出侧），但该处的静压为负值。若在断面 10 上开孔，将会吸入空气而不是压出空气。工程上，压送式气力输送系统的加料口（或称受料器）和诱导空调系统的诱导器，就是基于这种原理制作的。

(3) 风机的作用压头应等于风机出口与进口的全压之差，也就是，整个通风系统风管的沿程压力损失和局部压力损失之和，即风管的总阻力。

11.4.2 空调系统风管内的压力分布

1. 单风机系统的压力分布

只设一台送风机的空调系统称为单风机系统。风机的作用压头要克服从新风进口至空气处理机组的整个吸入侧的全部阻力、送风风管系统的阻力和回风风管系统的阻力。为了维持房间的正压，需要使送入的风量大于从房间抽回的风量。多余的送风量就是维持房间正压的风量，它通过门、窗缝隙渗透出去。

图 11.4-3 所示为只设送风机的一次回风式空调系统的风管压力分布。图中 W 为新风进口，其压力为大气压；M 为送风入口：N 为回风口，其压力是室内正压值。P 点是回风与排风的分流点，X 点是新风与回风的混合点。新风在风机吸力作用下，由 W 点吸入，其相对压力为零，混合点 X 的压力必定是负值。

由图 11.4-3 (*b*) 可知，在回风管路上，从 N 点的正压演变到 X 点的负压的过程中，必然有个过渡点 O，该点的相对压力为零。此时，$\Delta P_{WX}=\Delta P_{OX}$。为保持房间正压，回风从 N 点到混合点 X 的阻力，是由房间正压 ΔP 和风机吸力 ΔP_{WX} 共同作用下克服的。从回风与排风的分流点 P 到排风口 W' 的压力差，就是排风的动力。

通过对压力分布图的分析，可以得出以下两点：

(1) 排风口必须设在回风风管的正压段，否则排风口就无法排出空气。

(2) 排风口应当设在靠近空调房间的地方，不要设在空气处理机附近，否则会使房间内的正压增大。

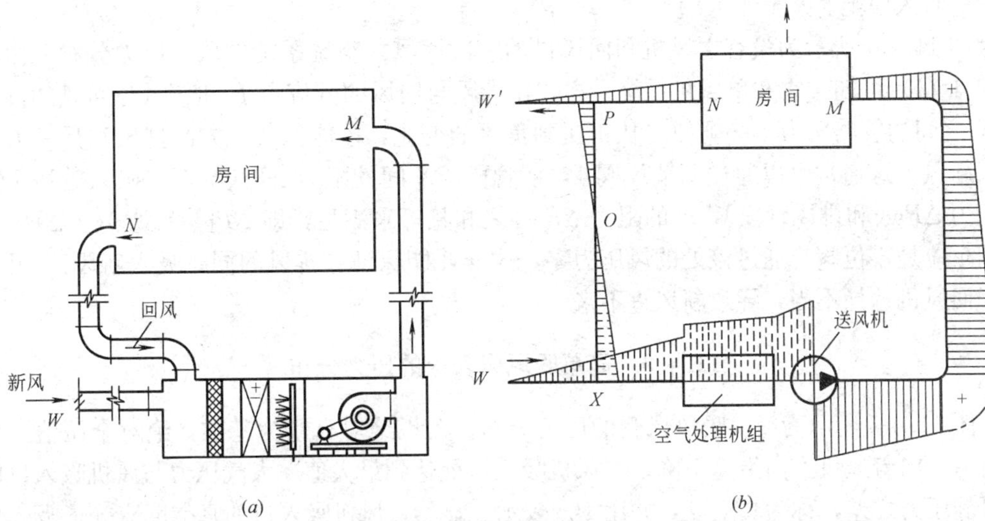

图 11.4-3 单风机系统风管的压力分布

(a) 工作原理；(b) 压力分布

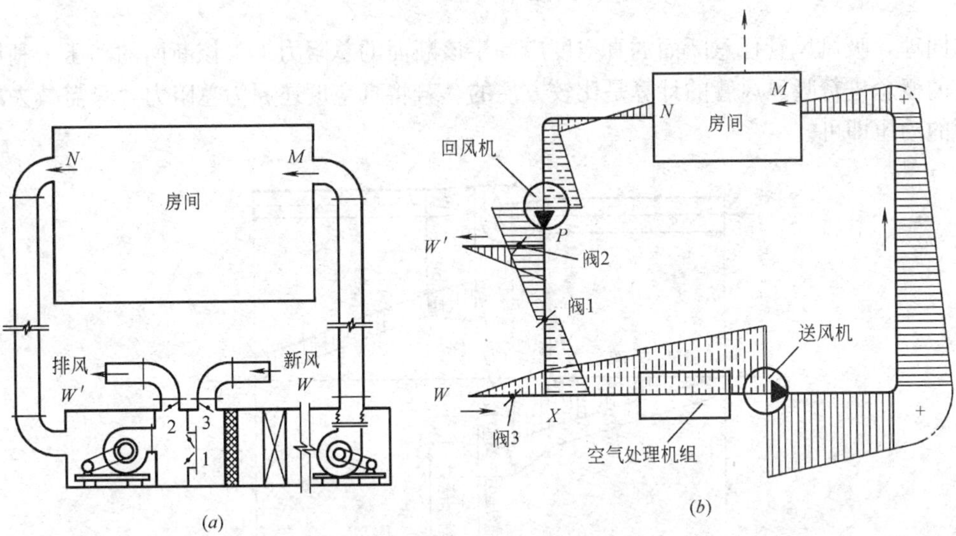

图 11.4-4 双风机系统风管的压力分布

(a) 工作原理；(b) 压力分布

单风机空调系统简单、占地少、一次投资省、运转时耗电量少，因此常被采用。但是，在需要变换新风、回风和排风量时，单风机系统存在调节困难、空气处理机组容易漏风等缺点、特别是当系统阻力大时，风机风压高、耗电量大，噪声也较大。因此，宜采用双风机系统。

2. 双风机系统的压力分布

设有送风机和回风机的空调系统称为双风机系统。送风机的作用压头用来克服从新风进口至空气处理机组整个吸入侧的阻力和送风风管系统的阻力并为房间提供正压值；回风机的作用压头用来克服回风风管系统的阻力并减去一个正压值。两台风机的风压之和应等于系统的总阻力。在双风机系统中，排风口应设在回风机的压出管上；新风进口应处在送风机的吸入段上。

图11.4-4所示为设有送风机和回风机的一次回风式空调系统的风管压力分布。由图11.4-4（*b*）可知，它和单风机系统一样，在排风与回风的分流点P和新风与回风的混合点X之间的管路压力，必须使之从正压到负压的变化，才能保证一方面排风和另一方面吸入新风。这通常可以通过调节风阀1，使管段PX间的阻力ΔP_{PX}与新风吸入管段WX的阻力ΔP_{WX}和排风管段$W'P$的阻力$\Delta P_{W'P}$之和相等来满足，即$\Delta P_{PX}=\Delta P_{WX}+\Delta P_{W'P}$。风阀1应是零位阀，通过该处的风压为零，这样才能保证在排风的同时吸入新风，否则，由于回风机选择不当，导致新风进不来。

11.4.3 简单吸风风管内的压力分布

图11.4-5所示为简单吸风风管的压力分布。若以绝对真空为基准，绝对全压值（即总阻力）向着风机方向沿途下降，在风机吸入口处达到最大值。大气压力与风机吸入口的绝对静压力之差，称为真空度，并用P_{ZK}表示。显然，风机吸入口的真空度应等于吸入口的总压力损失（总阻力）加上吸入口处的动压，即

$$P_{ZK}=(\Delta P_m+\Delta P_j)+\frac{V^2\rho}{2}$$

同理，吸风风管任意断面的真空度应等于该断面的总阻力加上该断面的动压。利用真空度的概念进行吸风风管的计算是比较方便的。若将真空度还原为总阻力，只需减去相应断面的动压即可。

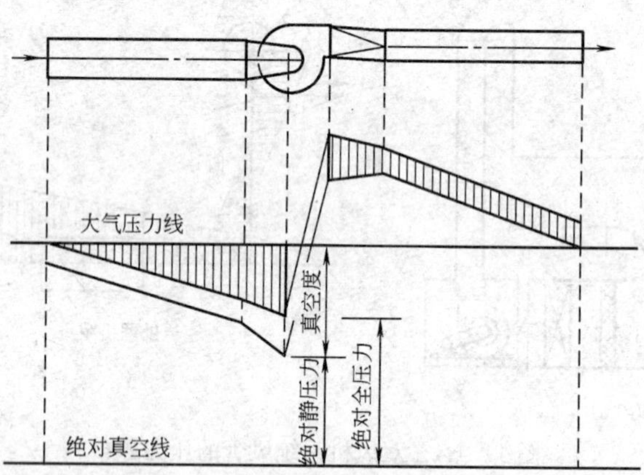

图11.4-5 简单吸风风管内的压力分布

11.5 风管的水力计算

11.5.1 水力计算方法简述

目前，风管的水力计算方法有压损平均法、假定流速法、静压复得法和T计算法（T-Method）等几种。

1. 压损平均法（又称等摩阻法）

是以单位长度风管具有相等的摩擦压力损失 Δp_m 为前提的，其特点是，将已知总的作用压力按干管长度平均分配给每一管段，再根据每一管段的风量和分配到的作用压力，确定风管的尺寸，并结合各环路间压力损失的平衡进行调整，以保证各环路间的压力损失的差额小于设计规范的规定值。这种方法对于系统所用的风机压头已定，或对分支管路进行压力损失平衡时，使用起来比较方便。

2. 假定流速法

是以风管内空气流速作为控制指标，这个空气流速应按照噪声控制、风管本身的强度，并考虑运行费用等因素来进行设定。根据风管的风量和选定的流速，确定风管的断面尺寸，进而计算压力损失，再按各环路的压力损失进行调整，以达到平衡。

按照设计规范的规定，对于并联环路压力损失的相对差额，不宜超过下列数值：

一般送、排风系统 15%

除尘系统 10%

3. 静压复得法（参见 11.6.3）

至于T计算法，是一种风管优化计算法，详见文献［4］。

对于低速机械送（排）风系统和空调风系统的水力计算，大多采用假定流速法和压损平均法；对于高速送风系统或变风量空调系统风管的水力计算宜采用静压复得法。

工程上为了计算方便，在将管段的沿程（摩擦）压力损失 ΔP_m 和局部压力损失 ΔP_j 这两项进行叠加时，可归纳为表 11.5-1 所列的 3 种方法。

将 ΔP_m 与 ΔP_j 进行叠加时所采用的计算方法 **表 11.5-1**

计算方法名称	基本关系式	备　注
单位管长压力损失法（比摩阻法）	管段的全压损失 $\Delta P=\Delta P_m+\Delta P_j=\frac{\lambda}{d_e}\frac{V^2\rho}{2}l+\zeta\frac{V^2\rho}{2}=(\Delta p_m l+\Delta P_j)$ Pa ΔP_m——单位管长沿程摩擦阻力，Pa/m	用于通风、空调的送（回）风和排风系统的压力损失计算，是最常用的方法
当量长度法	$l_e\frac{\lambda}{d_e}\frac{V^2\rho}{2}=\zeta\frac{V^2\rho}{2}$ 风管配件的当量长度 $l_e=\zeta\frac{d_e}{\lambda}$ 管段的全压损失 $\Delta P=(l+l_e)\Delta p_m$ Pa	常见用静压复得法计算高速风管或低速风管系统的压力损失。提供各类常用风管配件的当量长度值
当量局部阻力法（动压法）	$\frac{\lambda l}{d}\frac{V^2\rho}{2}=\zeta_e\frac{V^2\rho}{2}$ 直管段的当量局部阻力系数 $\zeta_e=\frac{\lambda}{d}l$ 管段的全压损失 $\Delta P=(\zeta+\zeta_e)\frac{V^2\rho}{2}=(\zeta+\zeta_e)P_d$ Pa	常见用于计算除尘风管系统的压力损失，计算表中给出长度 l=1m 时的 $\frac{\lambda}{d}$ 和动压值

11.5.2 通风、空调系统风管内的空气流速

1. 一般工业建筑的机械通风系统风管内风速，按表11.5-2采用。

一般工业建筑机械通风系统风管内的风速（m/s） **表11.5-2**

风管类别	钢板及非金属风管	砖及混凝土风道
干管	6～14	4～12
支管	2～8	2～6

注：本表引自《采暖通风与空气调节设计规范》GB 50019-2003。

2. 通风、空调系统风管内的风速及通过部分部件时的迎面风速，按表11.5-3采用。

通风、空调系统风管内风速及通过部分部件时的迎面风速（m/s） **表11.5-3**

部位	推荐风速			最大风速		
	居住建筑	公共建筑	工业建筑	居住建筑	公共建筑	工业建筑
风机吸入口	3.5	4.0	5.0	4.5	5.0	7.0
风机出口	5.0～8.0	6.5～10.0	8.0～12.0	8.5	7.5～11.0	8.5～14.0
主风管	3.5～4.5	5.0～6.5	6.0～9.0	4.0～6.0	5.5～8.0	6.5～11.0
支风管	3.0	3.0～4.5	4.0～5.0	3.5～5.0	4.0～6.5	5.0～9.0
从支管上接出的风管	2.5	3.0～3.5	4.0	3.0～4.0	4.0～6.0	5.0～8.0
新风入口	3.5	4.0	4.5	4.0	4.5	5.0
空气过滤器	1.2	1.5	1.75	1.5	1.75	2.0
换热盘管	2.0	2.25	2.5	2.25	2.5	3.0
喷水室		2.5	2.5		3.0	3.0

注：本表根据［日］井上宇市著·范存养等译《空气调节手册》和《全国民用建筑工程设计技术措施 暖通空调·动力》相关内容汇编而成，供设计参考。

3. 暖通空调部件的典型设计风速，按表11.5-4采用。

暖通空调部件的典型设计风速（m/s） **表11.5-4**

部件名称	迎面风速	部件名称	迎面风速
进风百叶窗		加热盘管	
风量大于10000m³/h	2.0～6.0	1. 蒸汽和热水盘管	2.5～5.0
风量小于10000m³/h	2.0		(最小1.0,最大8.0)
排风百叶窗		2. 电加热器	
风量大于8000m³/h	2.5～8.0	裸线式	参见生产厂家资料
风量小于8000m³/h	2.5	肋片管式	参见生产厂家资料
空气过滤器		冷却减湿盘管	2.0～3.0
1. 板式过滤器		空气喷淋室	
1)黏性滤料	1.0～4.0	喷水型	参见生产厂家资料
2)干式带扩展表面,平板型(粗效)	同风管风速	填料型	参见生产厂家资料
		高速喷水型	6.0～9.0
3)褶叠式(中效)	≤3.8		
4)高效过滤器(HEPA)	1.3		
2. 可更换滤料的过滤器			
1)卷绕型黏性滤料	2.5		
2)卷绕型干式滤料	1.0		
3. 电子空气过滤器			
电离式	0.8～1.8		

注：本表引自美国2005ASHRAE Handbook—Fundamentals Chapter 35 Duct Design。仅对进（排）风百叶窗的迎面风速，根据我国工程情况对风量范围作了划分，供设计参考。

4. 根据所服务房间的允许噪声级，通风空调风管和出风口的最大允许风速，按表11.5-5采用。

通风空调系统风管和出风口的最大允许风速（m/s）　　表 11.5-5

室内允许噪声级(dB)	干　管	支　管	风　口
25～35	3.0～4.0	≤2.0	≤0.8
35～50	4.0～7.0	2.0～3.0	0.8～1.5
50～65	6.0～9.0	3.0～5.0	1.5～2.5
65～85	8.0～12.0	5.0～8.0	2.5～3.5

注：① 百叶风口叶片间的气流速度增加10%，噪声的声功率级将增加2dB；若流速增加一倍，噪声的功率级约增加16dB。
② 对于出口处无障碍物的敞开风口，表中的出风口速度可以提高1.5～2倍。
③ 本表引自陆耀庆主编《HVAC暖通空调设计指南》。

5. 高速送风系统中风管的最大允许风速，按表11.5-6采用。

高速送风系统风管内的最大允许风速　　表 11.5-6

风量范围(m^3/h)	最大允许风速(m/s)	风量范围(m^3/h)	最大允许风速(m/s)
100000～68000	30	22500～17000	20.5
68000～42500	25	17000～10000	17.5
42500～22500	22.5	10000～5050	15

注：本表引自《全国民用建筑工程设计技术措施　暖通空调·动力》。

11.5.3　风管管网总压力损失的估算法

1. 对于一般的进风、排风系统和空调系统，管网总压力损失 ΔP（Pa），可按下式进行估算：

$$\Delta P=\Delta p_{\mathrm{m}}\times l(1+k) \tag{11.5-1}$$

式中　Δp_{m}——单位长度风管沿程压力损失，当系统风量 $L<10000\mathrm{m}^3/\mathrm{h}$ 时，$\Delta p_{\mathrm{m}}=1.0\sim1.5\mathrm{Pa/m}$；风量 $L\geqslant10000\mathrm{m}^3/\mathrm{h}$ 时，Δp_{m} 按照选定的风速查风管计算表确定。

l——风管总长度，是指到最远送风口的送风管总长度加上到最远回风口的回风管总长度，m；

k——整个管网局部压力损失与沿程压力损失的比值。

弯头、三通等配件较少时，$k=1.0\sim2.0$；

弯头、三通等配件较多时，$k=3.0\sim5.0$。

推荐的送风机静压值　　表 11.5-7

类　　型		风机静压值(Pa)
送、排风系统	小型系统	100～250
	一般系统	300～400
空调系统	小型(空调面积300m^2以内)	400～500
	中型(空调面积2000m^2以内)	600～750
	大型(空调面积大于2000m^2)	650～1100
	高速系统(中型)	1000～1500
	高速系统(大型)	1500～2500

注：本表引自［日］井上宇市著·范存养等译《空气调节手册》。

2. 通风、空调系统送风机静压的估算

送风机的静压应等于管网的总压力损失加上空气通过过滤器、喷水室（或表冷器）、加热器等空气处理设备的压力损失之和，可按表 11.5-7 给出的推荐值采用。

11.6 均匀送风风管的设计计算

11.6.1 均匀送风的设计原理

1. 风管上的侧孔出流

（1）空气通过侧孔的实际速度

当空气从风管的侧孔吹出时（图 11.6-1），受到垂直于风管壁面的静压 P_j 和平行于风管轴线方向动压 P_d 的作用。在静压作用下，产生一个垂直于风管壁面的静压速度 V_j，在动压作用下，产生一个平行于风管轴线的气流速度 V_d，空气通过侧孔的实际速度 V（m/s），即合成速度，可按下式计算：

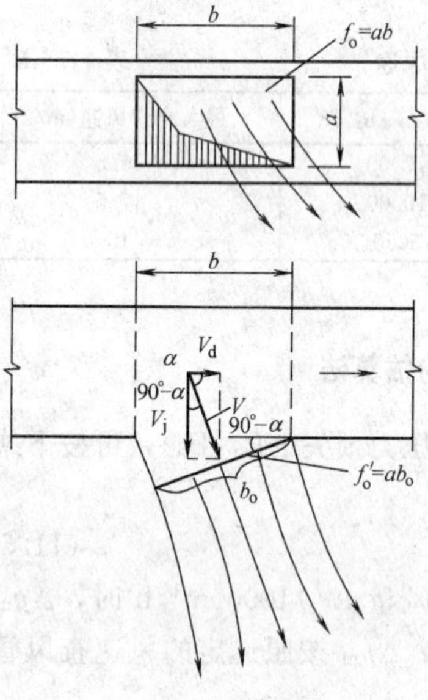

图 11.6-1 侧孔出流

$$V=\sqrt{V_j^2+V_d^2} \tag{11.6-1}$$

或者

$$V=\sqrt{\frac{2(P_j+P_d)}{\rho}}=\sqrt{\frac{2P_q}{\rho}} \tag{11.6-2}$$

式中 P_q——风管内的全压，Pa。

空气实际速度 V 与风管轴线的夹角 α 称为出流角，该角的正切为：

$$\mathrm{tg}\alpha=\frac{V_j}{V_d}=\sqrt{\frac{P_j}{P_d}} \tag{11.6-3}$$

实际速度 V 的大小与侧孔所在断面的全压 P_q 有关。侧孔中气流的出流角 α 取决于静压与动压的比值。显然，静压越大（静压速度越大）、动压越小（风管内速度越小），则出流角越大，这说明气流方向越接近于与风管壁面垂直。

（2）通过侧孔的风量 L_0（m^3/s）：

$$L_0=\mu f_o V_j=\mu f_o\sqrt{\frac{2P_j}{\rho}} \tag{11.6-4}$$

式中 μ——侧孔的流量系数；

f_o——侧孔的面积，m^2。

（3）空气通过侧孔时的平均速度 V_0：

$$V_0=\frac{L_o}{f_o}=\mu V_j \tag{11.6-5}$$

（4）侧孔的面积：

$$f_o=\frac{L_o}{V_o}=\frac{L_o}{\mu V_j}=\frac{L_o}{\mu\sqrt{\frac{2P_j}{\rho}}} \tag{11.6-6}$$

对于标准空气，取 $\rho=1.2\text{kg/m}^3$，则

$$f_o=\frac{L_o}{1.29\mu\sqrt{P_j}} \tag{11.6-7}$$

在计算中有时要用到侧孔（或短管）的局部阻力系数 ζ_o 来代替流量系数 μ，它们之间的关系是：

$$\zeta_o=\frac{1}{\mu^2}\quad 或者\quad \mu=\frac{1}{\sqrt{\zeta_o}} \tag{11.6-8}$$

在已知侧孔送风量 L_o 的情况下，侧孔面积主要取决于静压 P_j 和流量系数 μ（或局部阻力系数 ζ_o）。

2. 实现均匀送风的条件

在一根等断面的钢制风管的壁面上，均匀地开设一定数量且面积相等的侧孔进行送风（图 11.6-2）。不难发现，气流出口风速从风管首端向末端方向不断地增加，其送风量也是相应地增大，无法实现均匀送风。

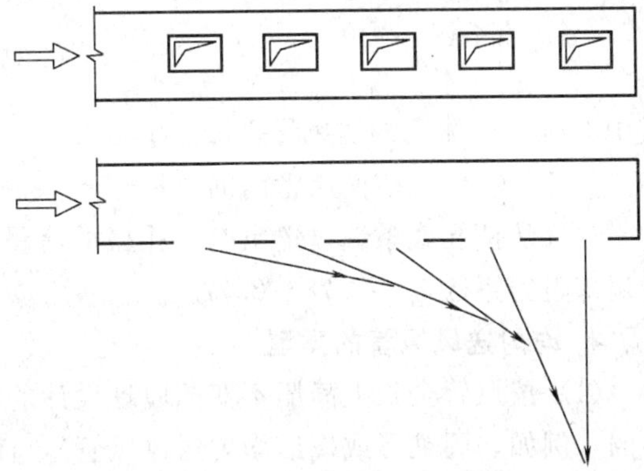

图 11.6-2　侧孔面积相等的等断面钢板风管

究其原因是，随着空气从沿途的侧孔送出，风管内风量不断减少，流速和动压相应降低，因而所复得的静压值也随之增大。表现在气流出口方向上，处于风管首端侧孔的气流几乎平行于风管轴线，然后逐渐地改变方向，到接近末端侧孔时，气流差不多与轴线垂直，也就是说，气流的出流角 α 沿着流动方向不断地增大。

从公式（11.6-4）不难看出，实现均匀送风的基本条件是：

（1）保证风管上每一个侧孔的静压相等，也就是风管全长上的静压保持不变，这是实现均匀送风的首要条件。

为了保持风管全长上静压不变，必须使风管首端速度 V_S 大于末端速度 V_m，并使首端的动压与末端的动压之差（或两侧孔间的动压差）等于风管全长上的压力损失（或两侧孔间的压力损失），即

$$\frac{\rho}{2}(V_S^2-V_m^2)=\sum(\Delta p_m l+\Delta P_j) \tag{11.6-9}$$

与此同时，还必须沿着风管的长度方向来改变断面，也就是说，风管的断面应向着末端方向逐渐地缩小。这是因为对于钢制风管（或其他内表面比较光滑的风管）而言，因流速下降而产生的静压复得往往大于风管的压力损失，故不得不沿着气流前进方向把断面缩小，使富余的静压转化为动压，只有这样才能使风管全长上静压保持恒定。

（2）每个侧孔的流量系数 μ（或局部阻力系数 ζ_o）相等。侧孔的流量系数，取决于孔口形状、出流角度 α，以及孔口送风量与孔口前风管内风量之比。在某个特定的范围内，为了简化计算，工程上可以认为侧孔（或短管）的流量系数 μ 不变。

（3）增大气流的出流角 α，是保证均匀送风的重要条件之一。通常要求侧孔出风时的流速要大于首端风管内的流速，并使第一个侧孔的出流角 $\alpha \geqslant 60°$，即 $\mathrm{tg}\alpha=\frac{V_{\mathrm{j}}}{V_{\mathrm{d}}}=\sqrt{\frac{P_{\mathrm{j}}}{P_{\mathrm{d}}}}\geqslant 1.73$，这样，就可使气流出流角 α 向着风管末端逐渐增大。

为了使气流方向尽可能地垂直于风管轴线，工程上也可以采取一些措施，例如，在孔口处设置导向叶片或送风格栅，或者把侧孔改为短管。

3. 侧孔送风时，通路（直通部分）局部阻力系数和侧孔局部阻力系数（或流量系数）

通常，可以将侧孔看作是支管长度为零的三通。当空气从侧孔送出时，产生两种局部阻力，并分别用通路局部阻力系数 ζ_{tl} 和侧孔局部阻力系数 ζ_{o}（或用流量系数 μ）来表示。

通路局部阻力系数 ζ_{tl}（对应侧孔前管内动压），C. E. 布塔柯夫（Бутаков）将 B. H. 塔利耶夫的实验数据进行整理，提出可按下式计算（文献［21］）：

$$\zeta_{\mathrm{tl}}=0.35\left(\frac{L_{\mathrm{o}}}{L}\right)^{2} \tag{11.6-10}$$

式中 L_{o}——侧孔的送风量，$\mathrm{m^3/s}$；

L——侧孔前面风管内的风量，$\mathrm{m^3/s}$。

空气从侧孔或条缝口送出时，孔口的流量系数可近似取 $\mu=0.6\sim0.65$，相当于孔口的局部阻力系数 $\zeta_{\mathrm{o}}=2.78\sim2.37$。

4. 均匀送风风管的类型

（1）按风管全长上静压不变的原理设计的均匀送风管道，沿长度方向的断面是逐渐缩小的（例如，圆锥形或楔形均匀送风风管），而侧孔（或短管）或纵向条缝口的面积是不变的，所以其出风速度是相同的，风管的结构型式如图 11.6-3 所示。如果在设计时使第一个侧孔的出流角 α 大于 60°，则可获得较好的均匀送风效果。

（2）按风管全长上静压变化的原理来设计的均匀送风管道，风管的断面是不变的，由于静压沿长度方向逐渐增大，侧孔或条缝口的面积必须是变化的，并沿着长度方向逐渐减小，风管的结构型式如图 11.6-4 所示。此时，侧孔或条缝口的出风速度是不相同的。严格地说，这类风管只能进行等量送风，无法保证出风速度相等。

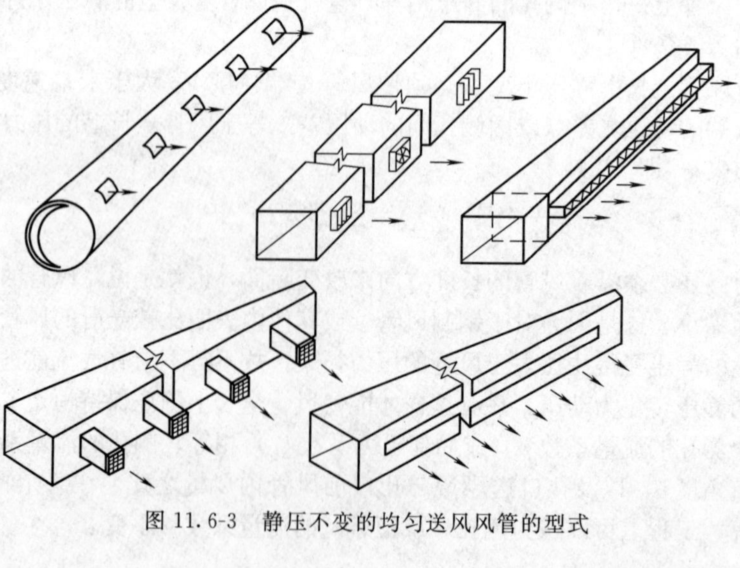

图 11.6-3 静压不变的均匀送风风管的型式

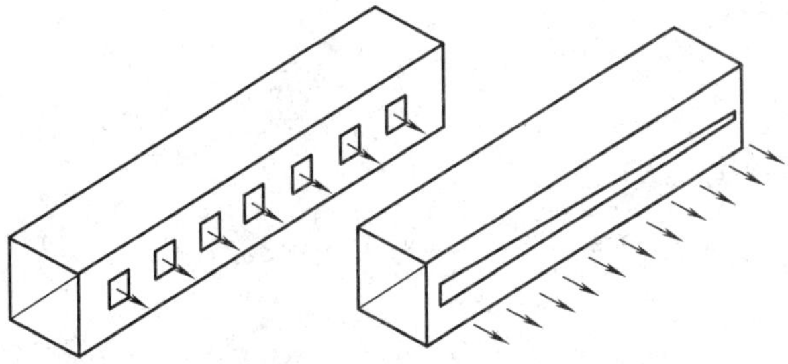

图 11.6-4 静压变化的均匀送风风管的型式

工程上，对于用钢筋混凝土制作的土建风道通常采用等断面的，其出风口的面积也是不变的。要实现均匀送风，可根据风道内静压沿空气流动方向不断增大的特点，在孔口上设置不同的阻体，使不同孔口具有不同的阻力，借以改变其流量系数；或者可以借鉴楔形均匀送风风管的设计思路，将风道首端的风速尽可能取低，而第一个侧孔或条缝口的出口风速要取得高一些（当然，出口速度的大小要符合气流组织的要求）。出口风速高，送风口阻力相应增加，所求孔口处管内的静压也高，管内静压与动压之比值就大，有利于均匀送风；风道内的风速越低，通路局部压力损失和沿程（摩擦）压力损失就越小，送风口之间的静压差值也就相对小了，这样也对均匀送风有利。设计时，根据风道首端的风速，计算风道断面，如果风道的大边尺寸 W 已定，就可调整风道的高度 H。采用了上述步骤之后，送风风道的最后几个风口如果还出现剩余压力，就在风口内设置阻力予以解决。

11.6.2 静压不变的无分支均匀送风风管的设计与计算

设计均匀送风风管时，常把侧孔（或短管）按需要均匀地布置在风管长度上，并将风管划分为若干个距离相等的管段。为了简化计算，假定各个侧孔的流量系数 μ 为常数；两侧孔（或短管）之间管段的单位长度沿程（摩擦）压力损失 Δp_m，可用管段首端上求得的 Δp_m 值来代替。然后，按照两侧孔之间管段首、末两端的动压差等于两侧孔间管段总压力损失的原则，来确定风管的断面尺寸。

【例 11.6-1】 薄钢板圆锥形带侧孔的均匀送风风管，如图 11.6-5 所示。总送风量为 8000m^3/h，开设 10 个侧孔，每个侧孔的送风量 $L_o=800\text{m}^3/\text{h}=0.222\text{m}^3/\text{s}$，侧孔之间的距离为 1.5m。试确定侧孔面积、各断面的直径以及风管的总压力损失。

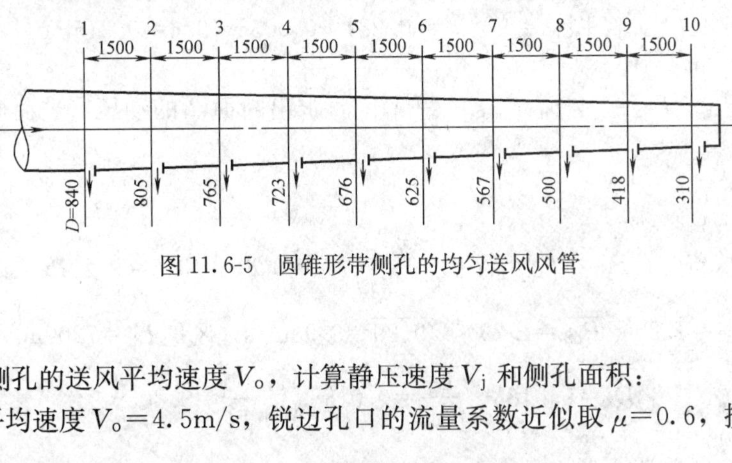

图 11.6-5 圆锥形带侧孔的均匀送风风管

【解】

1. 给定侧孔的送风平均速度 V_o，计算静压速度 V_j 和侧孔面积：

设侧孔平均速度 $V_o=4.5\text{m/s}$，锐边孔口的流量系数近似取 $\mu=0.6$，按式（11.6-5）

求得静压速度：

$$V_j=\frac{V_o}{\mu}=\frac{4.5}{0.6}=7.5\text{m/s}$$

侧孔处应具有的静压

$$P_j=\frac{V_j^2\rho}{2}=\frac{7.5^2\times1.2}{2}=33.75\text{Pa}$$

侧孔的面积

$f_o=\dfrac{L_o}{3600\times V_o}=\dfrac{800}{3600\times4.5}=0.049\text{m}^2$，采取侧孔的尺寸为 200mm×245mm

2. 为保证第一个侧孔的气流出流角 $\alpha\geqslant60°$，即 $\text{tg}\alpha=\dfrac{V_j}{V_{d1}}\geqslant1.73$，根据这个原则来确定断面 1 处的流速和断面尺寸。

断面 1 设 $V_{d1}=4.0\text{m/s}$，$\text{tg}\alpha=\dfrac{7.5}{4.0}=1.88>1.73$，气流的出流角 $\alpha=62°$，认为可满足要求。

动压 $$P_{d1}=\frac{V_{d1}^2\rho}{2}=\frac{4^2\times1.2}{2}=9.6\text{Pa}$$

管径 $$D_1=0.0188\sqrt{\frac{L_1}{V_{d1}}}=0.0188\sqrt{\frac{8000}{4}}=0.84\text{m}$$

全压 $$P_q=P_{j1}+P_{d1}=33.75+9.6=43.35\text{Pa}$$

3. 计算管段 1—2 的压力损失 $(\Delta p_m l+\Delta P_j)_{1-2}$：

管段 1—2 的单位长度沿程压力损失 Δp_m，可按简化公式（11.2-10）进行计算，并认为断面 1 上的单位长度沿程压力损失代表圆锥形管段的平均 Δp_m 值。

$$\Delta p_m=1.05\times10^{-2}D^{-1.21}V^{1.925}=1.05\times10^{-2}\times0.84^{-1.21}\times4^{1.925}=0.187\text{Pa/m}$$

管段 1—2 的沿程压力损失：

$$\Delta P_m=\Delta p_{m1}l=0.187\times1.5=0.281\text{Pa}$$

侧孔 1 的通路局部阻力系数 ζ_{t1}，可按式（11.6-10）计算：

$$\zeta_{t1}=0.35\left(\frac{L_o}{L}\right)^2=0.35\left(\frac{800}{8000}\right)^2=0.0035$$

管段 1—2 的总压力损失为

$$\left(\Delta p_{m1}l+\zeta_{t1}\frac{V_{d1}^2\rho}{2}\right)_{1-2}=0.281+0.0035\times9.6=0.315\text{Pa}$$

4. 根据 $P_{d1}-P_{d2}=\left(\Delta p_{m1}l+\zeta_{t1}\dfrac{V_{d1}^2\rho}{2}\right)_{1-2}$，求出断面 2 的动压，进而确定该断面的管径。

断面 2

动压 $$P_{d2}=P_{d1}-\left(\Delta p_{m1}l+\zeta_{t1}\frac{V_{d1}^2\rho}{2}\right)_{1-2}=9.6-0.315=9.29\text{Pa}$$

流速 $V_{d2}=1.29\sqrt{P_{d2}}=1.29\times\sqrt{9.29}=3.93\text{m/s}$，风量 $L_2=7200\text{m}^3/\text{h}$

管径 $$D_2=0.0188\sqrt{\frac{L_2}{V_{d2}}}=0.0188\sqrt{\frac{7200}{3.93}}=0.805\text{m}$$

侧孔 2 的气流出流角

$$\text{tg}\alpha=\frac{V_j}{V_{d2}}=\frac{7.5}{3.93}=1.91 \qquad \alpha=62.35°$$

5. 计算管段 2—3 的压力损失，进而求得断面 3 的管径：

$$\Delta p_{m2}=1.05\times10^{-2}\times0.805^{-1.21}\times3.93^{1.925}=0.19\text{Pa/m}$$

$$\Delta P_{m2-3}=0.19\times1.5=0.285\text{Pa}$$

$$\zeta_{tl}=0.35\left(\frac{800}{7200}\right)^2=0.0043$$

$$\Delta P_j=0.0043\times9.29=0.04\text{Pa}$$

$$(\Delta p_m l+\Delta P_j)_{2-3}=0.285+0.04=0.325\text{Pa}$$

断面 3

动压 $P_{d3}=P_{d2}-(\Delta p_m l+\Delta P_j)_{2-3}=9.29-0.325=8.97\text{Pa}$

流速 $V_{d3}=1.29\sqrt{P_{d3}}=1.29\sqrt{8.97}=3.86\text{m/s}$，风量 $L_3=6400\text{m}^3/\text{h}$

管径 $D_3=0.0188\sqrt{\frac{L_3}{V_{d3}}}=0.0188\sqrt{\frac{6400}{3.86}}=0.765\text{m}$

侧孔 3 的气流出流角

$$\text{tg}\alpha=\frac{V_j}{V_{d3}}=\frac{7.5}{3.86}=1.94 \qquad \alpha=62.76°$$

6. 按上述步骤继续进行计算，并将计算结果列入表 11.6-1 中。各个断面的管径标注在图 11.6-5 上。显然，断面 1 应具有的全压 $P_{q1}=43.35\text{Pa}$，就是该圆锥形侧孔均匀送风风管的总压力损失。

圆锥形侧孔均匀送风风管计算表 **表 11.6-1**

断面编号 No	断面风量 L (m³/h)	动压 P_d (Pa)	静压 P_j (Pa)	流速 V_d (m/s)	管径 D (mm)	出流角 α(°)	管段编号	管段风量 L (m³/h)	管段长度 l (m)	单位长度摩阻 Δp_m (Pa/m)	沿程压力损失 ΔP_m (Pa)	$\frac{L_o}{L}$	通路阻力系数 ζ_{tl}	局部损失 ΔP_j (Pa)	管段压力损失 (Pa)
1	8000	9.6	33.75	4.0	840	62	1—2	7200	1.5	0.187	0.281	0.10	0.0035	0.034	0.315
2	7200	9.29	33.75	3.93	805	62.35	2—3	6400	1.5	0.190	0.285	0.11	0.0043	0.04	0.325
3	6400	8.97	33.75	3.86	765	62.77	3—4	5600	1.5	0.195	0.293	0.125	0.0054	0.048	0.341
4	5600	8.63	33.75	3.79	723	63.19	4—5	4800	1.5	0.202	0.303	0.143	0.0071	0.061	0.364
5	4800	8.27	33.75	3.71	676	63.68	5—6	4000	1.5	0.210	0.315	0.167	0.0097	0.08	0.395
6	4000	7.88	33.75	3.62	625	64.23	6—7	3200	1.5	0.221	0.332	0.20	0.014	0.110	0.442
7	3200	7.44	33.75	3.52	567	64.86	7—8	2400	1.5	0.235	0.353	0.25	0.022	0.163	0.516
8	2400	6.92	33.75	3.39	500	65.68	8—9	1600	1.5	0.255	0.383	0.33	0.039	0.269	0.652
9	1600	6.27	33.75	3.23	418	66.7	9—10	800	1.5	0.288	0.432	0.50	0.088	0.552	0.984
10	800	5.29	33.75	2.97	310	68.4									

【例 11.6-2】 矩形变断面均匀送风风管，总送风量为 8000m³/h，风管长度为 10m 要求气流以 $V_o=4.5\text{m/s}$ 的速度从风管侧壁上开设的等宽度纵向条缝送出，如图 11.6-6 所示。试设计该均匀送风风管并确定风管的总压力损失。

【解】 为计算方便，可将均匀送风风管划分为 10 个相等的管段，每个管段的长度为 1.0m，并对断面加以编号。

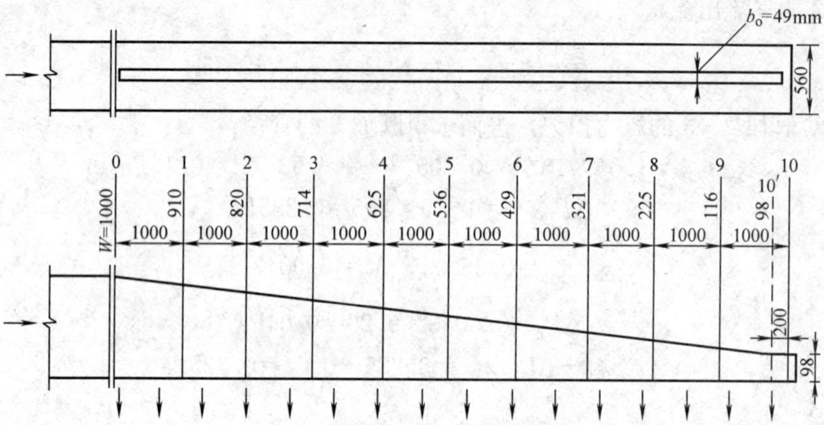

图 11.6-6 矩形变断面等宽度纵向条缝的均匀送风风管

对于纵向条缝的送风风管 $\mu=0.62$（文献［22］）。已知气流从条缝送出的平均速度为 4.5m/s，则条缝的宽度为：

$$b_o=\frac{L}{3600\times V_o\times l}=\frac{8000}{3600\times 4.5\times 10}=0.049\text{m}=49\text{mm}$$

纵向条缝总面积

$$f_o=b_o l=0.049\times 10=0.49\text{m}^2$$

从条缝送出的静压速度为：

$$V_j=\frac{V_o}{\mu}=\frac{4.5}{0.62}=7.26\text{m/s}$$

条缝处具有的静压为：

$$P_j=\frac{V_j^2\rho}{2}=\frac{7.26^2\times 1.2}{2}=31.62\text{Pa}$$

该风管首端（断面 0—0）的风速 $V_{do}=4.0$m/s

断面 0

风管断面积 $$F_0=\frac{L_0}{3600\times V_{do}}=\frac{8000}{3600\times 4.0}=0.56\text{m}^2$$

该送风风管的高度 H 不变，仅改变宽度，取 $W_0\times H=1000\times 560$mm

动压 $$P_{do}=\frac{V_{do}^2\rho}{2}=\frac{4^2\times 1.2}{2}=9.6\text{Pa}$$

风管起始断面上的全压

$$P_{qo}=P_j+P_{do}=31.62+9.6=41.22\text{Pa}$$

起始断面处气流的出流角

$$\text{tg}\alpha=\frac{V_j}{V_{do}}=\frac{7.26}{4}=1.815>1.73,\ \alpha=61.15°$$

管段 0—1 的压力损失

由于断面 1 的尺寸有待确定，故认为断面 0 上的单位长度沿程压力损失，就代表管段 0—1 的平均 Δp_m 值，可按单位长度沿程压力损失的简化公式（11.2-10）计算。

当量直径 $D_e=\frac{2W_0H}{W_0+H}=\frac{2\times1\times0.56}{1+0.56}=0.718\text{m}$

单位长度沿程压力损失

$\Delta p_m=1.05\times10^{-2}D^{-1.21}V^{1.925}=1.05\times10^{-2}\times0.718^{-1.21}\times4^{1.925}=0.226\text{Pa/m}$

沿程压力损失 $\Delta P_m=\Delta p_m l=0.226\times1=0.226\text{Pa}$

对于纵向条缝，可认为通路局部压力损失为零。

断面 1

动压 $P_{d1}=P_{do}-\Delta P_m=9.6-0.226=9.37\text{Pa}$

流速 $V_{d1}=1.29\sqrt{P_{d1}}=1.29\sqrt{9.37}=3.95\text{m/s}$，风量 $L_1=7200\text{m}^3/\text{h}$

断面面积

$$F_1=\frac{L_1}{3600\times V_{d1}}=\frac{7200}{3600\times3.95}=0.51\text{m}^2\text{，采取 }W_1\times H=910\times560\text{mm}$$

断面 1 处气流出流角

$$\text{tg}\alpha=\frac{V_j}{V_{d1}}=\frac{7.26}{3.95}=1.838\text{，}\alpha=61.45°$$

管段 1—2 的压力损失

当量直径 $D_e=\frac{2W_1H}{W_1+H}=\frac{2\times0.91\times0.56}{0.91+0.56}=0.693\text{m}$

单位长度沿程压力损失

$$\Delta p_{m1}=1.05\times10^{-2}\times0.693^{-1.21}\times3.95^{1.925}=0.23\text{Pa/m}$$

沿程压力损失 $\Delta P_{m1}=0.23\times1=0.23\text{Pa}$

断面 2

动压 $P_{d2}=P_{d1}-\Delta P_{m1}=9.37-0.23=9.14\text{Pa}$

流速 $V_{d2}=1.29\sqrt{P_{d2}}=1.29\sqrt{9.14}=3.90\text{m/s}$，风量 $L_2=6400\text{m}^3/\text{h}$

断面面积

$$F_2=\frac{L_2}{3600\times V_{d2}}=\frac{6400}{3600\times3.9}=0.46\text{m}^2$$

断面 2 处气流出流角

$$\text{tg}\alpha=\frac{V_j}{V_{d2}}=\frac{7.26}{3.9}=1.862\text{，}\alpha=61.76°$$

按上述步骤继续计算下去，现将计算结果列入表 11.6-2 中。需要指出，断面 10 的风量等于零，因此风管的宽度也为零。为了便于加工制作，我们只计算到断面 10′，管段 9—10′的长度为 800mm。

断面 10′

管段 9—10′的单位长度沿程压力损失 $\Delta p_{m9}=0.82\text{Pa/m}$

沿程压力损失 $\Delta P_{m9-10'}=0.82\times0.8=0.656\text{Pa}$

动压 $P_{d10'}=P_{d9}-\Delta P_{m9-10'}=6.97-0.656=6.31\text{Pa}$

流速 $V_{d10'}=1.29\sqrt{6.31}=3.24\text{m/s}$

矩形变断面等宽度纵向条缝的均匀送风风管计算表 表 11.6-2

断面编号	断面风量 L (m^3/h)	动压 P_d (Pa)	静压 P_j (Pa)	流速 V_d (m/s)	断面面积 F (m^2)	断面尺寸 $W\times H$ (mm)	当量直径 D_e (m)	气流出流角 α (°)	管段编号	管段长度 (m)	单位长度摩阻 Δp_m (Pa/m)	沿程压力损失 ΔP_m(Pa)
0	8000	9.6	31.62	4.0	0.56	1000×560	0.718	61.15	0—1	1.0	0.226	0.226
1	7200	9.37	31.62	3.95	0.51	910×560	0.693	61.45	1—2	1.0	0.23	0.23
2	6400	9.14	31.62	3.90	0.46	820×560	0.666	61.76	2—3	1.0	0.236	0.236
3	5600	8.90	31.62	3.85	0.40	714×560	0.628	62.06	3—4	1.0	0.247	0.247
4	4800	8.65	31.62	3.79	0.35	625×560	0.591	62.43	4—5	1.0	0.258	0.258
5	4000	8.39	31.62	3.74	0.30	536×560	0.548	62.74	5—6	1.0	0.275	0.275
6	3200	8.12	31.62	3.68	0.24	429×560	0.486	63.12	6—7	1.0	0.309	0.309
7	2400	7.81	31.62	3.61	0.18	321×560	0.408	63.56	7—8	1.0	0.368	0.368
8	1600	7.44	31.62	3.52	0.126	225×560	0.321	64.13	8—9	1.0	0.468	0.468
9	800	6.97	31.62	3.41	0.065	116×560	0.192	64.84	9—10′	0.8	0.82	0.656
10′	160	6.31	31.62	3.24	0.0137	98×560		65.95				

风量

$$L_{10'}=\frac{200}{1000}\times 800=160\text{m}^3/\text{h}$$

断面面积

$$F_{10'}=\frac{L_{10'}}{3600\times V_{d10'}}=\frac{160}{3600\times 3.24}=0.0137\text{m}^2$$

采取 $W_{10'}\times H=24\times 560$mm，而断面 10 也采取相同的尺寸。纵向条缝开到断面 10 为止，风管长度则加长 50～100mm，以便于制作。

与前例类似，该风管起始断面上的全压 $P_{qo}=41.22$Pa，就是总压力损失。

【例 11.6-3】 矩形变断面带短管送风口的均匀送风风管，如图 11.6-7 所示。总送风量为 6480m^3/h，风管上均匀布置了 8 个短管，其长度为 300mm，短管的末端镶嵌了尺寸为 350×200mm 的双层百叶送风口，每个送风口的风量为 810m^3/h，风口的间距为 1.0m，风口与空调房间的墙面齐平。试设计该均匀送风风管，并确定风管总压力损失。

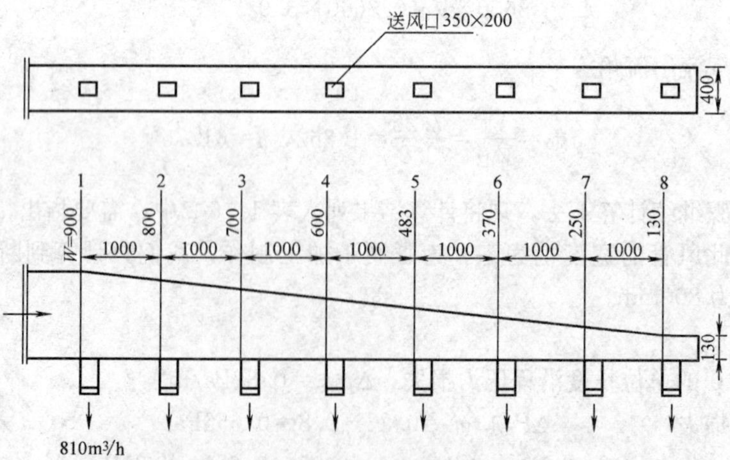

图 11.6-7 矩形变断面带短管送风口的均匀送风风管

【解】 送风口的面积 $f_o=0.07m^2$，经实测双层百叶风口的局部阻力系数 $\zeta_K=3.15$。送风速度

$$V_o=\frac{L_o}{3600\times f_o}=\frac{810}{3600\times 0.07}=3.21m/s$$

断面1

采取起始断面风速 $V_1=5.0m/s$，于是断面面积

$$F_1=\frac{L_1}{3600\times V_1}=\frac{6480}{3600\times 5.0}=0.36m^2$$

设风管高度不变，仅改变风管宽度，采取 $W_1\times H=900\times 400mm$

动压 $$P_{d1}=\frac{V_1^2\rho}{2}=\frac{5^2\times 1.2}{2}=15Pa$$

管段1—2的压力损失

当量直径 $$D_e=\frac{2W_1H}{W_1+H}=\frac{2\times 0.9\times 0.4}{0.9+0.4}=0.554m$$

单位长度沿程压力损失

$$\Delta p_{m1}=1.05\times 10^{-2}\times 0.554^{-1.21}\times 5^{1.925}=0.475Pa/m$$

沿程压力损失 $$\Delta P_{m1-2}=0.475\times 1=0.475Pa$$

分流三通直通管的局部阻力系数 ζ_{Zt}，按下式计算：

$$\zeta_{Zt}=0.35\left(1-\frac{V_{Zt}}{V_Z}\right)^2 \quad (11.6\text{-}11)$$

式中 V_{Zt}——直通管的流速，m/s；

V_Z——总管的流速，m/s。

由于设计的前提是静压不变，所以 V_{Zt} 和 V_Z 相差较小。为简化计算，可以忽略直通管的局部阻力，从而近似地以沿程压力损失代表该管段的总压力损失。

断面2

动压 $$P_{d2}=P_{d1}-\Delta P_{m1-2}=15-0.475=14.53Pa$$

流速 $V_2=1.29\sqrt{P_{d2}}=1.29\sqrt{14.53}=4.92m/s$，风量 $L_2=5670m^3/h$

断面面积

$$F_2=\frac{L_2}{3600\times V_2}=\frac{5670}{3600\times 4.92}=0.32m^2$$，采取 $W_2\times H=800\times 400mm$

若按公式（11.6-11）计算前面三通直通管的局部阻力系数

$$\zeta_{Zt}=0.35\left(1-\frac{V_{Zt}}{V_Z}\right)^2=0.35\left(1-\frac{4.92}{5.0}\right)^2=8.96\times 10^{-5}$$

由计算结果可知，忽略这个局部压力损失是可以的。

管段2—3的压力损失

当量直径 $$D_e=\frac{2W_2H}{W_2+H}=\frac{2\times 0.8\times 0.4}{0.8+0.4}=0.533m$$

单位长度沿程压力损失

$$\Delta p_{m2}=1.05\times 10^{-2}\times 0.533^{-1.21}\times 4.92^{1.925}=0.483Pa/m$$

沿程压力损失 $$\Delta P_{m2-3}=\Delta P_{m2}\times 1=0.483Pa$$

断面 3

动压 $P_{d3}=P_{d2}-\Delta P_{m2-3}=14.53-0.483=14.05\text{Pa}$

流速 $V_3=1.29\sqrt{P_{d3}}=1.29\sqrt{14.05}=4.84\text{m/s}$，风量 $L_3=4860\text{m}^3/\text{h}$

断面面积

$$F_3=\frac{L_3}{3600\times V_3}=\frac{4860}{3600\times 4.84}=0.28\text{m}^2\text{，采取 } W_3\times H=700\times 400\text{mm}$$

按以上步骤继续计算下去，并将计算结果列入表 11.6-3 中。

矩形变断面带短管送风口的均匀送风风管计算表 **表 11.6-3**

断面编号	断面风量 L (m^3/h)	动压 P_d (Pa)	静压 P_j (Pa)	流速 V (m/s)	断面面积 F (m^2)	断面尺寸 $W\times H$ (mm)	当量直径 D_e (m)	管段编号	管段长度 (m)	单位长度摩阻 Δp_m (Pa/m)	沿程压力损失 ΔP_m (Pa)
1	6480	15.0	34.37	5.0	0.36	900×400	0.554	1—2	1.0	0.475	0.475
2	5670	14.53	34.37	4.92	0.32	800×400	0.533	2—3	1.0	0.483	0.483
3	4860	14.05	34.37	4.84	0.28	700×400	0.509	3—4	1.0	0.495	0.495
4	4050	13.56	34.37	4.75	0.24	600×400	0.48	4—5	1.0	0.512	0.512
5	3240	13.05	34.37	4.66	0.193	483×400	0.438	5—6	1.0	0.552	0.552
6	2430	12.50	34.37	4.56	0.148	370×400	0.384	6—7	1.0	0.62	0.62
7	1620	11.88	34.37	4.45	0.10	250×400	0.308	7—8	1.0	0.773	0.773
8	810	11.11	34.37	4.30	0.052	130×400					

应当指出，在静压不变的均匀送风风管中，静压 P_j 主要用来克服三通旁通管和送风口的阻力。若接管长度较长，仍然要计算接管的沿程压力损失这一项。

对于三通旁通管的局部阻力系数 ζ_{Pt}，建议按下列公式计算：

$$\zeta_{Pt}=0.3+\left(\frac{V_Z}{V_{Zhi}}\right)^2 \tag{11.6-12}$$

该式是针对 90°圆柱形三通旁通管局部阻力系数的实验数据导出的。其中 V_Z 为分流三通总管的流速，V_{Zhi} 为旁通管的流速，它的适用范围为 $0.3\leqslant\frac{V_{Zhi}}{V_Z}\leqslant 2$。局部阻力系数是对应于旁通管动压而言的。

在本例中，旁通管的风速即送风速度为 3.21m/s，而主风管的风速是变化的。

对于第一个风口，三通旁通管的局部阻力系数：

$$\zeta_{Pt}=0.3+\left(\frac{V_Z}{V_{Zhi}}\right)^2=0.3+\left(\frac{5.0}{3.21}\right)^2=2.73$$

最末一个风口

$$\zeta_{Pt}=0.3+\left(\frac{4.30}{3.21}\right)^2=2.09$$

三通旁通管局部阻力系数的平均值

$$\zeta_{Pt}=\frac{2.73+2.09}{2}=2.41$$

送风风管的静压

$$P_j=(\zeta_k+\zeta_{Pt})\frac{V_0^2\rho}{2}=(3.15+2.41)\times\frac{3.21^2\times 1.2}{2}=34.37\text{Pa}$$

显然，该均匀送风风管起始断面上的全压

$$P_q=P_j+P_d=34.37+15=49.37\text{Pa}$$

该值就是风管的总压力损失。

若镶嵌风口用的接管长度较长时，送风风管的静压：

$$P_j=\left(\zeta_k+\zeta_{Pt}+\frac{\lambda l}{D_e}\right)\frac{V_0^2\rho}{2}$$

式中 ζ_k——送风口的局部阻力系数；

ζ_{Pt}——三通旁通管的局部阻力系数；

D_e、l——分别为接管的当量直径和管长，m。

11.6.3 具有分支的送风风管系统的静压复得计算法

1. 计算法原理

所谓静压复得法，如图 11.6-8 所示，其目的是通过改变下游处风管的断面积，使得在分流三通处的静压彼此相等。根据伯努利方程，存在以下的关系式：

$$P_{j1}-P_{j2}=\Delta P_{q1-2}-\left(\frac{\rho V_1^2}{2}-\frac{\rho V_2^2}{2}\right) \tag{11.6-13}$$

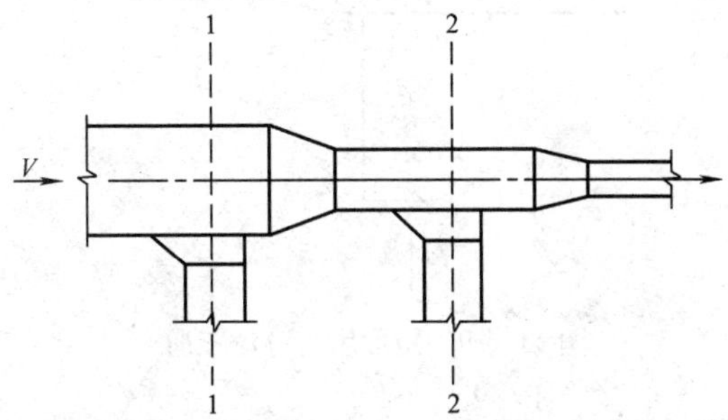

图 11.6-8 静压复得计算法原理示意图

当 $P_{j1}=P_{j2}$时，则

$$\Delta P_{q1-2}=\frac{\rho V_1^2}{2}-\frac{\rho V_2^2}{2} \tag{11.6-14}$$

式中 P_{j1}、P_{j2}——1—1 和 2—2 断面处的静压，Pa；

V_1、V_2——1—1 和 2—2 断面处的流速，m/s；

ΔP_{q1-2}——1—1 和 2—2 断面之间的全压损失，Pa。

因此，静压复得计算法的实质在于，利用风管分支（分流三通或四通）处复得的静压，来克服该管段的阻力，也就是说，利用式（11.6-14）来确定风管的流速，进而确定该管段的断面尺寸。

需要指出的是，早先采用过的传统静压复得计算法（开利公司 1960 年，Chun-Lun 1983 年提出），引进了静压复得系数的概念。所谓静压复得系数是指空气通过 1—1 和 2—2 断面时，由于全压损失的存在，动压的减少不可能完全转化为静压的增加，于是，在两个三通之间复得的静压为

$$\Delta P_r=R\left(\frac{\rho V_1^2}{2}-\frac{\rho V_2^2}{2}\right) \tag{11.6-15}$$

式中 ΔP_r——1—1 和 2—2 断面之间的静压复得值，Pa；

R——静压复得系数，该值的范围为 0.5～0.95。

传统计算法由于采用了 R 值，对分流三通直通管的阻力不予计算，因此 1—1 和 2—2 断面之间的全压损失，只包括这两个断面之间的沿程（摩擦）阻力。然而，正如文献［4］所指出的，“传统的静压复得计算法，不应采用一个 R 值，因为 R 是不可预测的”。将 R

设定为一个常数，必将导致明显的误差。

所以，静压复得法的新计算法的主要特点是：

① 摈弃这个不可预测的“静压复得系数 R”。

② 在确定1—1和2—2断面之间的全压损失时，除计算沿程（摩擦）阻力外，还要如实计算分流三通（或四通）的阻力。

③ 在求解方程式（11.6-14）时，通常先假设速度 V_2，然后再求速度 V_1，但在计算1—1和2—2断面的全压损失时，需要使用被求的速度值 V_1，为此必须同时假设一个 V_1，并经反复试算，直到方程式（11.6-14）成立；因此，最好采用电算编程或微软Excel电子表格进行迭代计算。用手算法要经过试算，比较麻烦。

④ 风管计算通常从尾部管段开始，逆着送风方向向前推进。

2. 矩形分流三通的局部阻力系数及其拟合公式

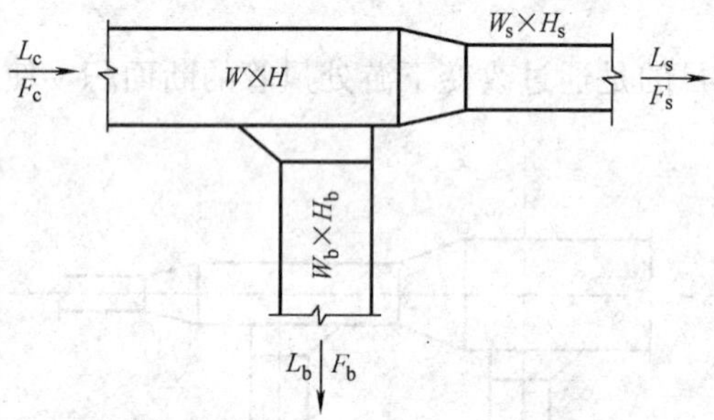

图11.6-9 矩形风管分流三通

根据通风空调风管系统常用配件的局部阻力系数表（表11.3-1）中的“E-9矩形风管分流三通”（图11.6-9）提供的数据，将矩形三通（直通管、旁通管）的局部阻力系数分段拟合成高精度公式，为迭代计算或手算提供方便。请注意，以下的局部阻力系数已包括变径管阻力。

（1）旁通管局部阻力系数拟合公式（表11.6-4）

表11.6-4

1. 当 $(L_b/L_C)/(F_b/F_C)=V_b/V_C=0.11\sim0.2$ 时，$\zeta_b=0.7494\times(V_b/V_C)^{-2.1224}$
2. 当 $(L_b/L_C)/(F_b/F_C)=V_b/V_C=0.2\sim0.667$ 时，$\zeta_b=-1500.8\times(V_b/V_C)^5+4180.2\times(V_b/V_C)^4-4711.6\times(V_b/V_C)^3+2716\times(V_b/V_C)^2-817.18\times(V_b/V_C)+107.29$
3. 当 $(L_b/L_C)/(F_b/F_C)=V_b/V_C=0.667\sim1.0$ 时，$\zeta_b=-68.925\times(V_b/V_C)^5+298.65\times(V_b/V_C)^4-525.84\times(V_b/V_C)^3+474.42\times(V_b/V_C)^2-222.78\times(V_b/V_C)+45.208$
4. 当 $(L_b/L_C)/(F_b/F_C)=V_b/V_C=1.0\sim2.0$ 时，$\zeta_b=-0.8184\times(V_b/V_C)^5+6.6951\times(V_b/V_C)^4-21.957\times(V_b/V_C)^3+36.411\times(V_b/V_C)^2-30.982\times(V_b/V_C)+11.381$
5. 当 $(L_b/L_C)/(F_b/F_C)=V_b/V_C=2.0\sim3.0$ 时，$\zeta_b=0.32$
6. 当 $(L_b/L_C)/(F_b/F_C)=V_b/V_C=3.0\sim9.0$ 时，$\zeta_b=0.2563\times(V_b/V_C)^{0.2027}$

（2）直通管的局部阻力系数拟合公式（表11.6-5）

表11.6-5

1. 当 $(L_S/L_C)/(F_S/F_C)=V_S/V_C=0.11\sim0.2$ 时，$\zeta_S=0.3244\times(V_S/V_C)^{-2.3083}$
2. 当 $(L_S/L_C)/(F_S/F_C)=V_S/V_C=0.2\sim0.571$ 时，$\zeta_S=-6646\times(V_S/V_C)^5+14604\times(V_S/V_C)^4-12869\times(V_S/V_C)^3+5740\times(V_S/V_C)^2-1319.1\times(V_S/V_C)+129.08$
3. 当 $(L_S/L_C)/(F_S/L_C)=V_S/V_C=0.571\sim1.0$ 时，$\zeta_S=28.814\times(V_S/V_C)^5-98.867\times(V_S/V_C)^4+123.81\times(V_S/V_C)^3-62.266(V_S/V_C)^2+4.5304\times(V_S/V_C)+4.0185$

3. 计算举例

【例 11.6-4】 具有分支管的单风管送风系统，如图 11.6-10 所示。该系统共有 9 根分支管，每根分支管的送风量为 $1000m^3/h$。主干管的管段长度均为 5m，各分支管的长度为 1m，支管上送风口等附加阻力为 50Pa。采用钢板矩形风管。试按照静压复得法进行该送风系统的设计与计算。

【解】

确定最不利环路。风管的最不利环路一般出现在离风机最远的支管的倒数第二根支管处，只有当最后一根支管的阻力大于倒数第二根支管的阻力时，风管的最不利环路才会出现在最后一根支管处。

图 11.6-10 中最不利环路主干管段的编号，从倒数第二根支管处开始，到风机出口为止，分别用①、②、③、④、⑤、⑥、⑦和⑧表示，而最后一根支管的水平管段的编号为⑨。支管的编号分别用 *a*、*b*、*c*、*d*、*e*、*f*、*g*、*h* 和 *i* 表示。

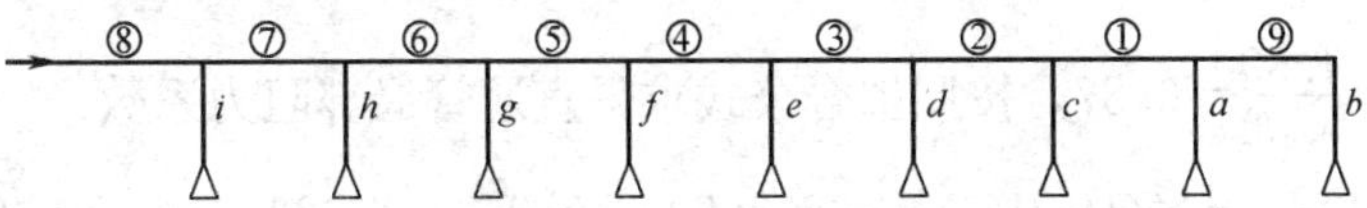

图 11.6-10 具有分支的单风管送风系统

(1) 干管计算

管段① $L_1=2000m^3/h$，$l_1=5m$，选定 $V_1=3.80m/s$，动压 $P_{d1}=\frac{3.80^2\times1.2}{2}=8.66Pa$。

风管面积 $F_1=\frac{2000}{3600\times3.80}=0.146m^2$，取风管高度 $H=0.32m$，宽度 $W_1=0.46m$。

当量直径 $$D_e=\frac{2HW_1}{H+W_1}=\frac{2\times0.32\times0.46}{0.32+0.46}=0.38m$$

单位长度摩阻 $\Delta p_{m1}=0.0105V^{1.925}D^{-1.21}=0.0105\times3.80^{1.925}\times0.38^{-1.21}=0.45Pa/m$

摩擦阻力 $$\Delta P_{m1}=0.45\times5=2.25Pa$$

为求三通直通管的局部阻力系数，需预先假定管段②的风速 V_2 进行试算，现假定 $V_2=4.2m/s$，动压 $P_{d2}=10.58Pa$。

速度比 $V_S/V_C=\frac{3.80}{4.20}=0.90$，按照拟合公式计算直通管的局部阻力系数：

$$\zeta_1=28.814\times(V_S/V_C)^5-98.867\times(V_S/V_C)^4+123.81\times(V_S/V_C)^3-62.266\times(V_S/V_C)^2+4.5304\times(V_S/V_C)+4.0185=0.063$$

直通管的局部阻力 $\Delta P_{j1}=\zeta_1\times P_{d1}=0.063\times8.66=0.55Pa$

管段①的阻力之和 $\Delta P=2.25+0.55=2.80Pa$

此时动压差 $P_{d2}-P_{d1}=10.58-8.66=1.92Pa$，该值与管段阻力之和 $\Delta P=2.80$ 相比，误差较大，不能通过静压复得基本公式（11.6-14）的检验，需要重新假设速度 V_2。

现取 $V_2=4.39m/s$，此时动压 $P_{d2}=11.56Pa$。第二次试算：

速度比 $V_S/V_C=\frac{3.80}{4.39}=0.866$，按照拟合公式计算直通管的局部阻力系数：

$$\zeta_1=28.814\times(V_S/V_C)^5-98.867\times(V_S/V_C)^4+123.81\times(V_S/V_C)^3-62.266\times(V_S/V_C)^2+4.5304\times(V_S/V_C)+4.0185=0.08$$

直通管的局部阻力 $\Delta P_{j1}=\zeta_1\times P_{d1}=0.08\times8.66=0.69\text{Pa}$

管段①的阻力之和 $\Delta P=2.25+0.69=2.94\text{Pa}$

此时动压差 $P_{d2}-P_{d1}=11.56-8.66=2.90\text{Pa}$，该值与管段阻力之和 $\Delta P=2.94$ 相比，误差很小，可以认为管段①计算完成。

管段② $L_2=3000\text{m}^3/\text{h}$，$l_2=5\text{m}$，$V_2=4.39\text{m/s}$（动压 $P_{d2}=11.56\text{Pa}$）

风管面积 $F_2=\dfrac{3000}{3600\times4.39}=0.19\text{m}^2$，风管高度 $H=0.32\text{m}$，宽度 $W_2=0.59\text{m}$

当量直径 $$D_e=\frac{2HW_2}{H+W_2}=\frac{2\times0.32\times0.59}{0.32+0.59}=0.42\text{m}$$

单位长度摩阻 $\Delta p_{m2}=0.0105\times4.39^{1.925}\times0.42^{-1.21}=0.52\text{Pa/m}$

摩擦阻力 $\Delta P_{m2}=0.52\times5=2.60\text{Pa}$

假定管段③的风速 $V_3=5.02\text{m/s}$，动压 $P_{d3}=\dfrac{5.02^2\times1.2}{2}=15.12\text{Pa}$

速度比 $V_S/V_C=\dfrac{4.39}{5.02}=0.87$，按照拟合公式求得直通管局部阻力系数：

$$\zeta_2=28.814\times(V_S/V_C)^5-98.867\times(V_S/V_C)^4+123.81\times(V_S/V_C)^3-62.266\times(V_S/V_C)^2+4.5304\times(V_S/V_C)+4.0185=0.08$$

直通管的局部阻力 $\Delta P_{j2}=\zeta_2\times P_{d2}=0.08\times11.56=0.92\text{Pa}$

管段②的阻力之和 $\Delta P=2.60+0.92=3.52\text{Pa}$

此时动压差 $P_{d3}-P_{d2}=15.12-11.56=3.56\text{Pa}$，该值与 $\Delta P=3.52$ 相比误差很小，可以认为管段②计算完成。

管段③ $L_3=4000\text{m}^3/\text{h}$，$l_3=5\text{m}$，$V_3=5.02\text{m/s}$（动压 $P_{d3}=15.12\text{Pa}$）

风管面积 $F_3=0.221\text{m}^2$，取高度 $H=0.32\text{m}$，宽度 $W_3=0.69\text{m}$，当量直径 $D_e=0.44\text{m}$

单位长度摩阻 $\Delta p_{m3}=0.64\text{Pa/m}$，摩擦阻力 $\Delta P_{m3}=0.64\times5=3.20\text{Pa}$

假定管段④的风速 $V_4=5.67\text{m/s}$，动压 $P_{d4}=19.29\text{Pa}$

速度比 $V_S/V_C=\dfrac{5.02}{5.67}=0.89$，按照拟合公式求得直通管局部阻力系数 $\zeta_3=0.07$

直通管的局部阻力 $\Delta P_{j3}=\zeta_3\times P_{d3}=0.07\times15.12=1.06\text{Pa}$

管段③的阻力之和 $\Delta P=3.20+1.06=4.26\text{Pa}$

此时动压差 $P_{d4}-P_{d3}=19.29-15.12=4.17\text{Pa}$，该值与 $\Delta P=4.26$ 相比，误差较小(2%)，可以认为管段③的计算完成。

管段④ $L_4=5000\text{m}^3/\text{h}$，$l_4=5\text{m}$，$V_4=5.67\text{m/s}$（动压 $P_{d4}=19.29\text{Pa}$）

风管面积 $F_4=0.245\text{m}^2$，取高度 $H=0.32\text{m}$，宽度 $W_4=0.77\text{m}$，当量直径 $D_e=0.45\text{m}$

单位长度摩阻 $\Delta p_{m4}=0.78\text{Pa/m}$，摩擦阻力 $\Delta P_{m4}=0.78\times5=3.90\text{Pa}$

假定管段⑤的风速 $V_5=6.39\text{m/s}$，动压 $P_{d5}=24.50\text{Pa}$

速度比 $V_S/V_C=\dfrac{5.67}{6.39}=0.89$，按照拟合公式求得直通管局部阻力系数 $\zeta_4=0.07$

直通管的局部阻力 $\Delta P_{j4}=\zeta_4\times P_{d4}=0.07\times19.29=1.35\text{Pa}$

管段④的阻力之和 $\Delta P=3.90+1.35=5.25\text{Pa}$

此时动压差 $P_{d5}-P_{d4}=24.50-19.29=5.21\text{Pa}$，该值与 $\Delta P=5.25$ 相比，误差很小，可

以认为已完成了管段④的计算。

管段⑤ $L_5=6000m^3/h$，$l_5=5m$，$V_5=6.39m/s$（动压 $P_{d5}=24.50Pa$）

风管面积 $F_5=0.261m^2$，取高度 $H=0.32m$，宽度 $W_5=0.82m$，当量直径 $D_e=0.46m$

单位长度摩阻 $\Delta p_{m5}=0.96Pa/m$，摩擦阻力 $\Delta P_{m5}=0.96\times5=4.80Pa$

假定管段⑥的风速 $V_6=7.18m/s$，动压 $P_{d6}=30.93Pa$

速度比 $V_S/V_C=\frac{6.39}{7.18}=0.89$，按照拟合公式求得直通管局部阻力系数 $\zeta_5=0.07$

直通管的局部阻力　　$\Delta P_{j5}=\zeta_5\times P_{d5}=0.07\times24.50=1.72Pa$

管段⑤的阻力之和　　$\Delta P=4.80+1.72=6.52Pa$

此时动压差 $P_{d6}-P_{d5}=30.93-24.50=6.43Pa$，该值与 $\Delta P=6.52$ 相比，误差较小(1.3%)，可以认为已完成了管段⑤的计算。

管段⑥ $L_6=7000m^3/h$，$l_6=5m$，$V_6=7.18m/s$（动压 $P_{d6}=30.93Pa$）

风管面积 $F_6=0.27m^2$，取风管高度 $H=0.32m$，宽度 $W_6=0.85m$，当量直径 $D_e=0.46m$

单位长度摩阻 $\Delta p_{m6}=1.18Pa/m$，摩擦阻力 $\Delta P_{m6}=1.18\times5=5.90Pa$

假定管段⑦的风速 $V_7=8.06m/s$，动压 $P_{d6}=38.98Pa$

速度比 $V_S/V_C=\frac{7.18}{8.06}=0.89$，按照拟合公式求得直通管局部阻力系数 $\zeta_6=0.07$

直通管的局部阻力　　$\Delta P_{j6}=\zeta_6\times P_{d6}=0.07\times30.93=2.17Pa$

管段⑥的阻力之和　　$\Delta P=5.90+2.17=8.07Pa$

此时动压差 $P_{d7}-P_{d6}=38.98-30.93=8.05Pa$，该值与 $\Delta P=8.07$ 相比，误差很小，可以认为已完成了管段⑥的计算。

管段⑦ $L_7=8000m^3/h$，$l_7=5m$，$V_7=8.06m/s$（动压 $P_{d7}=38.98Pa$）

风管面积 $F_7=0.276m^2$，取高度 $H=0.32m$，宽度 $W_7=0.86m$，当量直径 $D_e=0.47m$

单位长度摩阻 $\Delta p_{m7}=1.47Pa/m$，摩擦阻力 $\Delta P_{m7}=1.47\times5=7.35Pa$

假定管段⑧的风速 $V_8=9.03m/s$，动压 $P_{d8}=48.92Pa$

速度比 $V_S/V_C=\frac{8.06}{9.03}=0.89$，按照拟合公式求得直通管局部阻力系数 $\zeta_7=0.07$

直通管的局部阻力　　$\Delta P_{j7}=\zeta_7\times P_{d7}=0.07\times38.98=2.73Pa$

管段⑦的阻力之和　　$\Delta P=7.35+2.73=10.08Pa$

此时动压差 $P_{d8}-P_{d7}=48.92-38.98=9.94Pa$，该值与 $\Delta P=10.08$ 相比，误差较小(1.4%)，可以认为已完成了管段⑦的计算。

管段⑧ $L_8=9000m^3/h$，$l_8=5m$，$V_8=9.03m/s$（动压 $P_{d8}=48.92Pa$）

风管面积 $F_8=0.277m^2$，取高度 $H=0.32m$，宽度 $W_8=0.87m$，当量直径 $D_e=0.47m$

单位长度摩阻 $\Delta p_{m8}=1.82Pa/m$，摩擦阻力 $\Delta P_{m8}=1.82\times5=9.10Pa$

管段⑧的阻力为 9.10Pa

管段⑨ $L_9=1000m^3/h$，$l_9=5m$，$V_9=3.00m/s$，动压 $P_{d9}=5.40Pa$

风管面积 $F_9=0.093m^2$，取高度 $H=0.25m$，宽度 $W_9=0.37m$，当量直径 $D_e=0.30m$

单位长度摩阻 $\Delta p_{m9}=0.38Pa/m$，摩擦阻力 $\Delta P_{m9}=0.38\times5=1.90Pa$

速度比 $V_S/V_C=\frac{3.00}{3.80}=0.79$，按拟合公式计算直通管的局部阻力系数 $\zeta_9=0.14$

直通管的局部阻力　　$\Delta P_{j9}=\zeta_9\times P_{d9}=0.14\times5.40=0.76\text{Pa}$

管段⑨阻力之和　　$\Delta P=1.90+0.76=2.66\text{Pa}$

(2) 支管计算

支管 b　$L_b=1000\text{m}^3/\text{h}$，$l_b=1\text{m}$，风速为 3.00m/s，动压为 5.40Pa

风管面积 $F_b=0.092\text{m}^2$，取风管高度 $H=0.25\text{m}$，宽度 $W_b=0.37\text{m}$，当量直径 $D_e=0.30\text{m}$

单位长度摩阻 $\Delta p_m=0.38\text{Pa/m}$，摩擦阻力 $\Delta P_m=0.38\times1.0=0.38\text{Pa}$

90°内外弧形弯管的局部阻力：

风管高/风管宽＝0.37/0.25＝1.48，局部阻力系数为 0.19，局部阻力为 0.19×5.40＝1.03Pa

送风口等附加阻力为 50Pa

支管 b 的总阻力　　50＋0.38＋1.03＝51.41Pa

支管 a　$L_a=1000\text{m}^3/\text{h}$，$l_a=1\text{m}$，风速为 3.00m/s，动压为 5.40Pa

风管面积 $F_a=0.092\text{m}^2$，取风管高度 $H=0.25\text{m}$，宽度 $W_a=0.37\text{m}$，当量直径 $D_e=0.30\text{m}$

单位长度摩阻 $\Delta p_m=0.38\text{Pa/m}$，摩擦阻力 $\Delta P_m=0.38\times1.0=0.38\text{Pa}$

速度比 $V_b/V_C=\dfrac{3.00}{3.80}=0.79$，按拟合公式计算旁通管的局部阻力系数：

$$\zeta_a=-68.925\times(V_b/V_C)^5+298.65\times(V_b/V_C)^4-525.84\times(V_b/V_C)^3+474.42\times(V_b/V_C)^2-222.78\times(V_b/V_C)+45.208=1.16$$

旁通管的局部阻力　　$\Delta P_{ja}=\zeta_a\times P_{da}=1.16\times5.40=6.26\text{Pa}$

送风口等附加阻力为 50Pa

支管 a 的总阻力　　50＋0.38＋6.26＝56.64Pa

(3) 系统总阻力

对 b—⑨—①—②—③—④—⑤—⑥—⑦—⑧管路：

51.62＋2.66＋2.94＋3.52＋4.26＋5.25＋6.52＋8.07＋10.08＋9.10＝104.02Pa

对 a—①—②—③—④—⑤—⑥—⑦—⑧管路：

56.64＋2.94＋3.52＋4.26＋5.25＋6.52＋8.07＋10.08＋9.10＝106.38Pa

由总阻力计算结果可知，a—①—②—③—④—⑤—⑥—⑦—⑧管路为最不利环路，应以该管路系统的总阻力 106.38Pa 作为选取空调设备中风机的依据之一。

在节点 a 处，支管 a 与支管 b＋管段⑨之间的阻力不平衡率为：

$\dfrac{56.64-(51.41+2.66)}{56.64}\times100\%=4.54\%$，这个百分比已经满足了设计规范不超过 15%的要求。

(4) 其他支管的阻力计算

因其他支管的已知条件与支管 a 相同，故支管内风速、断面尺寸、摩擦阻力和送风口等附加阻力也与支管 a 相同。所不同的是三通旁通管的局部阻力各不相同，离风机越近，旁通管的局部阻力也越大。

支管 c　速度比 $V_b/V_C=\dfrac{3.00}{4.39}=0.68$，按拟合公式计算旁通管的局部阻力系数 $\zeta_C=$

1.57。旁通管的局部阻力 $\Delta P_{jc}=\zeta_C\times P_{dc}=1.57\times5.40=8.48$Pa

支管 c 的总阻力　　50+0.38+8.48=58.86Pa

支管 d　速度比 $V_b/V_C=\frac{3.00}{5.02}=0.60$，按拟合公式计算旁通管的局部阻力系数 $\zeta_d=2.11$。旁通管的局部阻力 $\Delta P_{jd}=\zeta_d\times P_{dd}=2.11\times5.40=11.39$Pa

支管 d 的总阻力　　50+0.38+11.39=61.77Pa

支管 e　速度比 $V_b/V_C=\frac{3.00}{5.67}=0.53$，按拟合公式计算旁通管的局部阻力系数 $\zeta_e=2.80$。旁通管的局部阻力 $\Delta P_{je}=\zeta_e\times5.40=2.80\times5.40=15.12$Pa

支管 e 的总阻力　　50+0.38+15.12=65.50Pa

支管 f　速度比 $V_b/V_C=\frac{3.00}{6.39}=0.47$，按拟合公式计算旁通管的局部阻力系数 $\zeta_f=3.71$。旁通管的局部阻力 $\Delta P_{jf}=\zeta_f\times5.40=3.71\times5.40=20.03$Pa

支管 f 的总阻力　　50+0.38+20.03=70.41Pa

支管 g　速度比 $V_b/V_C=\frac{3.00}{7.18}=0.42$，旁通管的局部阻力系数，按拟合公式计算

$$\zeta_g=-68.925\times(V_b/V_C)^5+298.65\times(V_b/V_C)^4-525.84\times(V_b/V_C)^3+474.42\times(V_b/V_C)^2-222.78\times(V_b/V_C)+45.208=4.82$$

旁通管的局部阻力　　$\Delta P_{jg}=\zeta_g\times5.40=4.82\times5.40=26.02$Pa

支管 g 的总阻力　　50+0.38+26.02=76.40Pa

支管 h　速度比 $V_b/V_C=\frac{3.00}{8.06}=0.37$，按拟合公式计算旁通管的局部阻力系数：$\zeta_h=6.14$。旁通管的局部阻力 $\Delta P_{jh}=\zeta_h\times5.40=6.14\times5.40=33.16$Pa

支管 h 的总阻力　　50+0.38+33.16=83.54Pa

支管 i　速度比 $V_b/V_C=\frac{3.00}{9.03}=0.33$，按拟合公式计算旁通管的局部阻力系数为 $\zeta_i=7.64$。旁通管的局部阻力 $\Delta P_{ji}=\zeta_i\times5.40=7.64\times5.40=41.26$Pa

支管 i 的总阻力　　50+0.38+41.26=91.64Pa

全部支管计算结果，见表 11.6-6。由该表可知，除节点 b 外，其余各个节点的静压接近相等。以节点 a 作为阻力平衡的参照点，阻力不平衡率的最大值为 5.8%，满足设计规范不超过 15%的要求。

至于多风管多分支的送风系统的静压复得计算法，详见文献 [16]。

支风管计算汇总表　　**表 11.6-6**

支管编号	a	b+⑨	c	d	e	f	g	h	i
节点资用全压(Pa)	56.64	56.64	59.58	63.10	67.36	72.61	79.13	87.20	97.28
节点静压(Pa)	47.98	51.24	48.02	47.98	48.07	48.11	48.20	48.22	48.36
支管阻力(Pa)	56.64	54.07	58.86	61.77	65.50	70.41	76.40	83.54	91.64
支管余压(Pa)	0.00	2.57	0.72	1.33	1.86	2.20	2.73	3.66	5.64
不平衡率(%)	0.00	4.54	1.21	2.11	2.76	3.03	3.45	4.19	5.80

传统的静压复得法主要的缺点是：①当风管管段较多，尤其是用于多分支结构风管时，为控制主风管风速在合理范围内，末端风速将很小，因此传统的静压复得法较适合于高速风管设计计算；②需要反复试算，不适合于手算；③当风管管段较多时，系统主风管起始几节管段断面可能出现缩小的反常现象。因此建议在多分支复杂风管计算时，可以将多分支风管系统划分成若干段，如主风管段、支风管段、分支风管段，分别采用上述静压复得法来进行计算。工程实践表明，利用计算机，即使是简单的 Excel 电子表格，均可快速、准确完成复杂的风管计算，并取得理想的风管阻力平衡。

11.7 均匀吸风风管的设计计算

11.7.1 均匀吸风的设计原理

所谓均匀吸风就是通过风管壁面上开设的侧孔（吸风口）或条缝口均匀地吸走等量的空气，或者通过带有分支管的吸气罩吸走等量的气体。

为了保证风管均匀吸风，必须使主风管全长上的真空度（或称为负静压）保持恒定。图 11.7-1 所示为圆锥形均匀吸风风管及其压力分布图。在风机运转的情况下，风管的全压损失是沿着长度方向增大的（如图中 ac 线所示），因此要使真空度保持不变（如图中 bd 所示），必须使动压沿着气流前进方向逐渐降低，也就是说，风管的断面应沿着吸气气流的前进方向逐渐地扩大。所以，要使风管全长上真空度保持恒定，其主风管必定是变断面的，而各个吸风口的面积相等，或采用等宽度的纵向条缝。

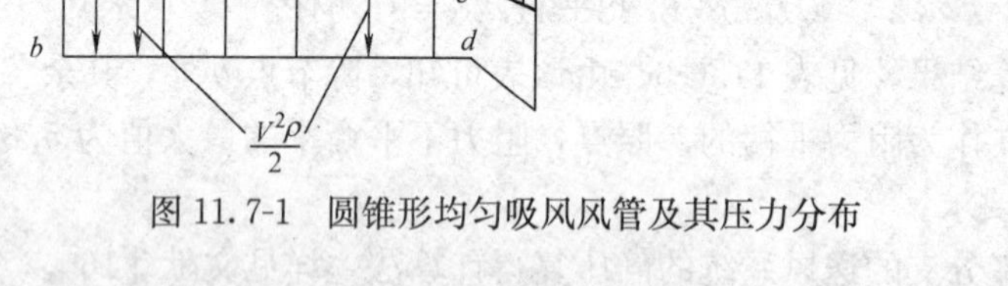

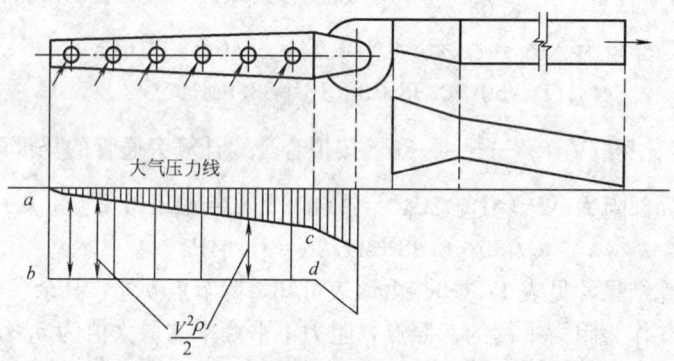

图 11.7-1 圆锥形均匀吸风风管及其压力分布

11.7.2 矩形变断面带等宽度纵向条缝的均匀吸风风管的设计与计算

这种均匀吸风风管如图 11.7-2 所示，它是根据动压沿气流方向逐渐降低（即断面逐渐扩大），从而使风管全长上的真空度保持恒定的原理来进行设计的。

设该风管的总吸风量为 L_0m³/s（或 m³/h），风管长度为 lm。为计算方便，将风管划分为 10 个等分，每一等分的风管长度为 l'm 并将各断面加以编号。

在计算带纵向条缝的不太长的吸风风管，可取流量系数 $\mu=1$。

从图 11.7-2 的压力分布图可知，风管起始断面 0—0 上的动压 P_{d0}，比末端断面 10—10 上的动压 P_{d10} 少了一个压力损失，即

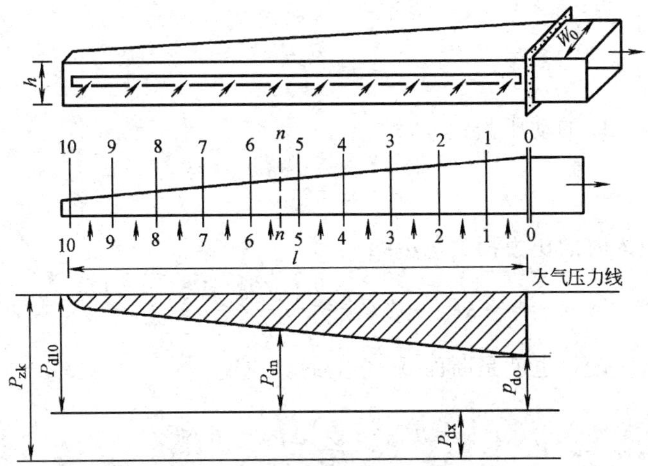

图 11.7-2 矩形变断面带等宽度纵向条缝的均匀吸风风管

$$P_{d0}=P_{d10}-\sum_{10}^{0}\Delta p_{m}l' \tag{11.7-1a}$$

由上式可得，末端断面 10—10 上的动压：

$$P_{d10}=P_{d0}+\sum_{10}^{0}\Delta p_{m}l' \tag{11.7-1b}$$

而任一断面 n—n 上的动压为：

$$P_{dn}=P_{d10}-\sum_{10}^{n}\Delta p_{m}l' \tag{11.7-2a}$$

或者

$$P_{d10}=P_{dn}+\sum_{10}^{n}\Delta p_{m}l' \tag{11.7-2b}$$

于是

$$P_{d0}+\sum_{10}^{0}\Delta p_{m}l'=P_{dn}+\sum_{10}^{n}\Delta p_{m}l'$$

所以

$$P_{dn}=P_{d0}+\sum_{10}^{0}\Delta p_{m}l'-\sum_{10}^{n}\Delta p_{m}l'=P_{d0}+\sum_{n}^{0}\Delta p_{m}l' \tag{11.7-3}$$

式中 $\sum_{n}^{0}\Delta p_{m}l'$——断面 0—0 与断面 n—n 之间风管的总压力损失，Pa。

任意断面 n—n 上的风速：

$$V_{n}=\sqrt{\frac{2P_{dn}}{\rho}}=1.29\sqrt{P_{dn}} \tag{11.7-4}$$

断面 n—n 上吸入的风量为 L_n，吸风风管的断面积：

$$F_{n}=W_{n}H=\frac{L_{n}}{V_{n}} \tag{11.7-5}$$

风管的宽度

$$W_{n}=\frac{L_{n}}{V_{n}H} \tag{11.7-6}$$

设空气通过条缝的吸入速度为 V_x 则条缝的面积为：

$$f_{0}=bl=\frac{L_{0}}{V_{x}} \tag{11.7-7}$$

条缝的宽度

$$b=\frac{L_0}{lV_x} \tag{11.7-8}$$

空气从条缝吸入时的动压为：

$$P_{dx}=\frac{V_x^2\rho}{2}$$

空气从条缝吸入时的压力损失（$\mu=1$）：

$$\Delta P_Z=\zeta_o P_{dx}=\frac{1}{\mu^2}\frac{V_x^2\rho}{2}=\frac{V_x^2\rho}{2}$$

吸风风管的真空度，也就是断面 0—0 上的真空度：

$$P_{zk}=P_{d0}+\sum_{10}^{0}\Delta p_m l'+\Delta P_z$$

或者

$$P_{zk}=P_{d0}+\sum_{10}^{0}\Delta p_m l'+\frac{V_x^2\rho}{2} \tag{11.7-9}$$

吸风风管的总压力损失：

$$\Delta P=P_{zk}-P_{d0}=\sum_{10}^{0}\Delta p_m l'+\frac{V_x^2\rho}{2} \tag{11.7-10}$$

【例 11.7-1】 已知总吸风量为 $3m^3/s$（$10800m^3/h$），风管总长度为 10m，要求条缝吸风速度为 7.5m/s，试计算如图 11.7-2 所示的具有等宽度纵向条缝的均匀吸风风管（该风管系用薄钢板制作）。

【解】 设风管起始断面（0—0）的风速 $V_0=5m/s$，则断面 0—0 的面积：

$$F_0=\frac{L_0}{V_0}=\frac{3}{5}=0.6m^2$$

采取风管高度 $H=0.75m$，宽度 $W_0=0.8m$，即 $W_0\times H=800\times750mm$

断面 0—0 的动压：

$$P_{d0}=\frac{V_0^2\rho}{2}=\frac{5^2\times1.2}{2}=15Pa$$

当量直径

$$D_e=\frac{2W_0H}{W_0+H}=\frac{2\times0.8\times0.75}{0.8+0.75}=0.774m$$

管段 0—1 的单位长度沿程压力损失：

$$\Delta p_{m0-1}=1.05\times10^{-2}\times0.774^{-1.21}\times5^{1.925}=0.317Pa/m$$

沿程压力损失 $\Delta P_{m0-1}=\Delta p_{m0-1}l'=0.317\times1=0.317Pa$

由于不考虑气流的通路局部损失，所以沿程压力损失就是该管段的总压力损失。

断面 1—1

按式（10.7-3），断面 1—1 上的动压：

$$P_{d1}=P_{d0}+\Delta P_{m0-1}=15+0.317=15.317Pa$$

风速 $V_1=1.29\sqrt{P_{d1}}=1.29\sqrt{15.317}=5.05m/s$，风量 $L_1=L_0-0.3=2.7m^3/s$

风管宽度 $W_1=\frac{L_1}{V_1H}=\frac{2.7}{5.05\times0.75}=0.712m=712mm$

当量直径 $D_e=\frac{2W_1H}{W_1+H}=\frac{2\times0.712\times0.75}{0.712+0.75}=0.730\text{m}$

管段 1—2 的单位长度沿程压力损失

$$\Delta p_{m1-2}=1.05\times10^{-2}\times0.730^{-1.21}\times5.05^{1.925}=0.347\text{Pa/m}$$

沿程压力损失 $\Delta P_{m1-2}=0.347\times1=0.347\text{Pa}$

断面 2—2

动压 $P_{d2}=P_{d1}+\Delta P_{m1-2}=15.317+0.347=15.664\text{Pa}$

风速 $V_2=1.29\sqrt{15.664}=5.11\text{m/s}$，风量 $L_2=L_1-0.3=2.4\text{m}^3/\text{s}$

风管宽度 $W_2=\frac{L_2}{V_2H}=\frac{2.4}{5.11\times0.75}=0.626\text{m}=626\text{mm}$

当量直径 $D_e=\frac{2W_2H}{W_2+H}=\frac{2\times0.626\times0.75}{0.626+0.75}=0.682\text{m}$

管段 2—3 的单位长度沿程压力损失

$$\Delta p_{m2-3}=1.05\times10^{-2}\times0.682^{-1.21}\times5.11^{1.925}=0.385\text{Pa/m}$$

沿程压力损失 $\Delta P_{m2-3}=0.385\times1=0.385\text{Pa}$

按上述步骤继续进行计算，并将结果列入表 11.7-1 中，各个断面风管的宽度标注在图 11.7-3 上。

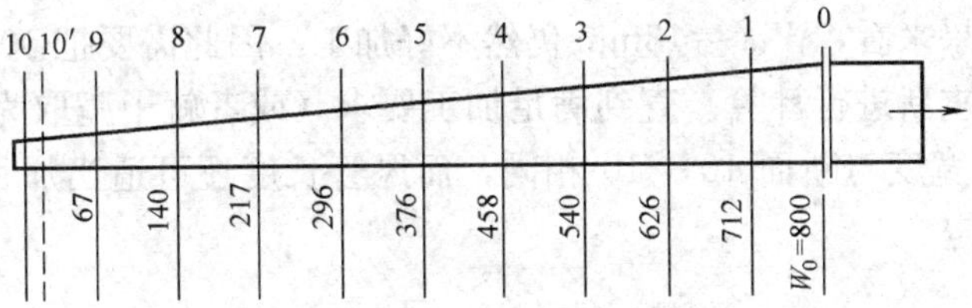

图 11.7-3 例 11.7-1 附图

对于断面 10—10，其吸风量为零，该断面的风管宽度也等于零。为便于加工，暂且计算到离断面 10—10 还有 200mm 处的 10′—10′。

由表 11.7-1 可知，对于断面 9—9 来说，有关数值如下：

矩形变断面带有纵向条缝的均匀吸风风管计算表 **表 11.7-1**

断面编号	断面风量 L_n (m^3/s)	动压 P_d (Pa)	流速 V (m/s)	断面面积 F (m^2)	断面尺寸 $W\times H$ (mm)	当量直径 D_e (m)	管段编号	管段长度 l' (m)	单位长度摩阻 Δp_m (Pa/m)	沿程压力损失 ΔP_m(Pa)
0—0	3.0	15.0	5.0	0.60	800×750	0.774	0—1	1.0	0.317	0.317
1—1	2.7	15.317	5.05	0.534	712×750	0.73	1—2	1.0	0.347	0.347
2—2	2.4	15.664	5.11	0.47	626×750	0.682	2—3	1.0	0.385	0.385
3—3	2.1	16.049	5.17	0.406	540×750	0.628	3—4	1.0	0.436	0.436
4—4	1.8	16.485	5.24	0.344	458×750	0.569	4—5	1.0	0.504	0.504
5—5	1.5	16.989	5.32	0.282	376×750	0.50	5—6	1.0	0.606	0.606
6—6	1.2	17.595	5.41	0.222	296×750	0.424	6—7	1.0	0.765	0.765
7—7	0.9	18.36	5.53	0.163	217×750	0.337	7—8	1.0	1.053	1.053
8—8	0.6	19.413	5.68	0.106	140×750	0.236	8—9	1.0	1.706	1.706
9—9	0.3	21.119	5.93	0.05	67×750	0.123	9—10′	0.8	4.079	3.263
10′—10′	0.06	24.382	6.37	0.038	13×750					$\sum_{10}^{0}10.198$

动压 $P_{d9}=21.119\text{Pa}$

风速 $V_9=1.29\sqrt{P_{d9}}=1.29\sqrt{21.119}=5.93\text{m/s}$，风量 $L_9=0.3\text{m}^3/\text{s}$

风管宽度

$$W_9=\frac{L_9}{V_9H}=\frac{0.3}{5.93\times0.75}=0.067\text{m}=67\text{mm}$$

当量直径

$$D_e=\frac{2W_9H}{W_9+H}=\frac{2\times0.067\times0.75}{0.067+0.75}=0.123\text{m}$$

管段9—10′的单位长度沿程压力损失

$$\Delta p_{m9-10'}=1.05\times10^{-2}\times0.123^{-1.21}\times5.93^{1.925}=4.079\text{Pa/m}$$

沿程压力损失 $\Delta P_{m9-10'}=4.079\times0.8=3.263\text{Pa}$

断面10′—10′

动压 $P_{d10'}=P_{d9}+\Delta P_{m9-10'}=21.119+3.263=24.382\text{Pa}$

风速 $V_{10'}=1.29\sqrt{24.382}=6.37\text{m/s}$

风量 $L_{10'}=(1-0.8)0.3=0.06\text{m}^3/\text{s}=216\text{m}^3/\text{h}$

风管宽度 $W_{10'}=\frac{L_{10'}}{V_{10'}H}=\frac{0.06}{6.37\times0.75}=0.013\text{m}=13\text{mm}$

从本例计算结果来看，$W_{10'}=13\text{mm}$ 仍然不好加工，因此需要把10′—10′断面向右移动至某个距离处，重新进行计算。直到满足加工要求（或者就干脆取为67mm）。对于断面10—10，其风管宽度与断面10′—10′相同，而风管长度还可适当加长一点。这由设计者根据具体情况确定。

条缝的宽度

$$b_0=\frac{L_0}{V_xl}=\frac{3}{7.5\times10}=0.04\text{m}=40\text{mm}$$

空气从条缝吸入时的动压

$$P_{dx}=\frac{V_x^2\rho}{2}=\frac{7.5^2\times1.2}{2}=33.75\text{Pa}$$

吸风风管的真空度

$$P_{zk}=P_{d0}+\sum_{10}^{0}\Delta p_m l'+\frac{V_x^2\rho}{2}=15+10.198+33.75=58.948\text{Pa}$$

吸风风管的总压力损失

$$\Delta P=\sum_{10}^{0}\Delta p_m l'+\frac{V_x^2\rho}{2}=10.198+33.75=43.948\text{ Pa}$$

11.7.3 具有分支的均匀吸风风管的设计与计算

均匀吸风的设计原理一般可推广应用到带有分支的风管上，这里最重要的是，要使主干管全长上的真空度保持恒定，为此，必须使主干管的断面积沿着吸气气流的前进方向逐渐地扩大。图11.7-4所示为局部排风系统，每个吸风罩的吸风量均相同，要求按照均匀吸风的原理进行设计。

该系统中的每个三通都属于合流三通（图11.7-5）。按照П. Н. 卡明涅夫（Каменев）

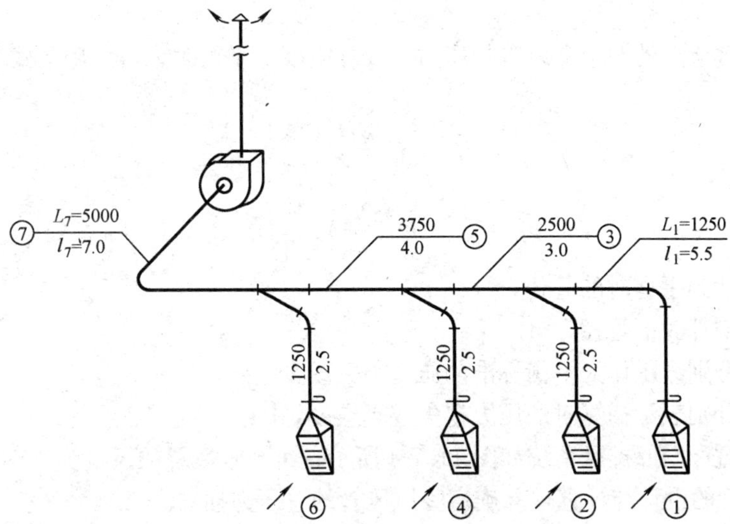

图 11.7-4 带有分支的均匀吸风风管

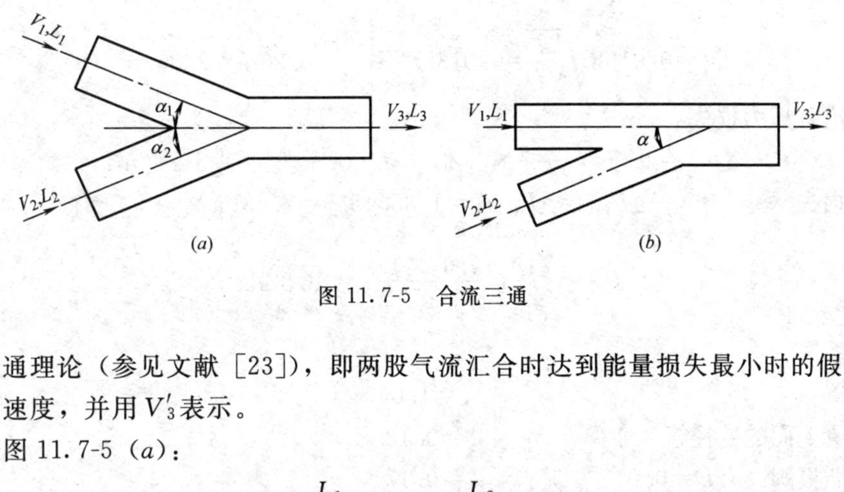

图 11.7-5 合流三通

的合流三通理论（参见文献［23］），即两股气流汇合时达到能量损失最小时的假想速度称为最有利速度，并用 V_3' 表示。

对于图 11.7-5（a）：

$$V_3'=\frac{L_1}{L_3}V_1\cos\alpha_1+\frac{L_2}{L_3}V_2\cos\alpha_2 \tag{11.7-11}$$

对于图 11.7-5（b）：

$$V_3'=\frac{L_1}{L_3}V_1+\frac{L_2}{L_3}V_2\cos\alpha \tag{11.7-12}$$

式中 V_1、V_2、V_3——分别表示支管 1、2 和总管 3 的风速，m/s；

L_1、L_2、L_3——分别表示支管 1、2 和总管 3 的风量，m^3/h。

理论上业已证明，在合流三通中，当管段 3 的实际速度等于最有利速度时，即 $V_3=V_3'$时，两股气流汇合时的能量损失为最小值；并且在整个汇流管段上的绝对静压力保持不变，也就是说，两股气流汇合前、后的真空度不变。所以，利用真空度的概念进行吸风风管水力计算时，不必计算合流三通直通管的局部阻力系数，可以取得合流三通的最有利形式；同时也易于做到风管各个支路的压力平衡。但是，在计算到通风机吸入口之前，要将真空度的累计值，减去吸入口管段的动压，以便将真空度还原为吸风风管的总压力损失。

在进行汇合节点处两个支风管的压力（或真空度）平衡时，可利用下式对已选取的管径进行调整：

$$D'=D\left(\frac{\Delta P}{\Delta P'}\right)^{0.225} \tag{11.7-13a}$$

或者

$$D'=D\left(\frac{P_{zk}}{P'_{zk}}\right)^{0.225} \tag{11.7-13b}$$

式中 D'——达到平衡时的管径，m；

D——初算时的管径，m；

$\Delta P'$、P'_{zk}——分别表示作为平衡标准的压力损失或真空度，Pa；

ΔP、P_{zk}——分别表示初算时的压力损失或真空度，Pa。

【例 11.7-2】 局部排风系统如图 11.7-4 所示，每个吸风罩的风量为 1250m³/h。试进行均匀吸风风管的设计与计算，并确定吸风风管的总压力损失。

【解】 和通常的计算方法一样，也是从离通风机最远的管段开始。

管段 1 $L_1=1250\text{m}^3/\text{h}$，取 $V_1=5.6\text{m/s}$

管径

$$D_1=0.0188\sqrt{\frac{L_1}{V_1}}=0.0188\sqrt{\frac{1250}{5.6}}=0.28\text{m}=280\text{mm}$$

单位长度沿程压力损失

$$\Delta p_{m1}=1.05\times10^{-2}\times0.28^{-1.21}\times5.6^{1.925}=1.35\text{Pa/m}$$

沿程压力损失 $\Delta P_{m1}=\Delta P_{m1}l_1=1.35\times5.5=7.43\text{Pa}$

动压 $P_{d1}=\dfrac{V_1^2\rho}{2}=\dfrac{5.6^2\times1.2}{2}=18.82\text{Pa}$

局部阻力系数：

侧吸罩 $\zeta=1.0$

侧吸罩上面的变径管 $\zeta=0.13$

圆形插板阀（$h/D=0.8$） $\zeta=0.17$

5 节 90°弯管（$r=1.5D$） $\zeta=0.18$

$\sum\zeta=1.48$

管段 1 的真空度：

$$P_{zk1}=(\Delta P_{m1}+\Delta P_{j1})+\frac{V_1^2\rho}{2}=\Delta P_{m1}+(1+\sum\zeta)\times P_{d1}$$

$$=7.43+(1+1.48)\times18.82=54.10\text{Pa}$$

管段 2 $L_2=1250\text{m}^3/\text{h}$，$D_2=0.28\text{m}=280\text{mm}$，$V_2=5.6\text{m/s}$，

$\Delta p_{m2}=1.35\text{Pa/m}$，$l_2=2.5\text{m}$，$P_{d2}=18.82\text{Pa}$

局部阻力系数：

侧吸罩 $\zeta=1.0$

侧吸罩上面的变径管 $\zeta=0.13$

圆形插板阀（$h/D=0.8$） $\zeta=0.17$

3 节 60°弯管（$r=1.5D$） $\zeta=0.14$

$$\sum\zeta=1.44$$

管段 2 的真空度

$$P_{zk2}=\Delta P_{m2}+(1+\sum\zeta)\times P_{d2}=1.35\times2.5+(1+1.44)\times18.82=49.30\text{Pa}$$

管段 1 与管段 2 的真空度之差

$\dfrac{P_{zk1}-P_{zk2}}{P_{zk1}}=\dfrac{54.10-49.30}{54.10}=0.089=8.9\%$，该值是允许的。

管段 3 $L_3=2500\text{m}^3/\text{h}$，$l_3=3.0\text{m}$

合流三通的最有利速度

$$V'_3=\frac{L_1}{L_3}V_1+\frac{L_2}{L_3}V_2\cos\alpha=\frac{1250}{2500}\times5.6+\frac{1250}{2500}\times5.6\times\cos30°=5.22\text{m/s}$$

管径

$$D_3=0.0188\sqrt{\frac{L_3}{V'_3}}=0.0188\sqrt{\frac{2500}{5.22}}=0.410\text{m}=410\text{mm}$$

单位长度沿程压力损失

$$\Delta p_{m3}=1.05\times10^{-2}\times0.410^{-1.21}\times5.22^{1.925}=0.743\text{Pa/m}$$

管段 3 末端的真空度

$$P_{zk3}=P_{zk1}+\Delta P_{m3}=54.10+0.743\times3.0=56.33\text{Pa}$$

管段 4 $L_4=1250\text{m}^3/\text{h}$，$D_4=0.28\text{m}$，$V_4=5.6\text{m/s}$

管段 4 的真空度

$$P_{zk4}=P_{zk2}=49.30\text{Pa}$$

因为 $P_{zk3}>P_{zk4}$，为使该节点上的真空度保持不变，所以需要按式（11.7-13b）来调整管段 3 末端的直径：

$$D'_3=D_3\left(\frac{P_{zk3}}{P_{zk4}}\right)^{0.225}=0.41\left(\frac{56.33}{49.30}\right)^{0.225}=0.422\text{m}=422\text{mm}$$

这表明，为使主干管上的真空度保持恒定，管段 3 全长上的管径是变化的，即由首端的 $D_3=410\text{mm}$ 变为末端的 $D'_3=422\text{mm}$，它是一根沿着气流方向断面扩大的圆锥形风管。

经调整后，管段 3 末端的实际流速：

$$V_{3.m}=\left(\frac{D_3}{D'_3}\right)^2V'_3=\left(\frac{0.41}{0.422}\right)^2\times5.22=4.93\text{m/s}$$

管段 5 $L_5=3750\text{m}^3/\text{h}$，$l_5=4.0\text{m}$

合流三通的最有利速度：

$$V'_5=\frac{L_3}{L_5}V_{3.m}+\frac{L_4}{L_5}V_4\cos30°=\frac{2500}{3750}\times4.93+\frac{1250}{3750}\times5.6\times0.866=4.9\text{m/s}$$

管径

$$D_5=0.0188\sqrt{\frac{L_5}{V'_5}}=0.0188\sqrt{\frac{3750}{4.9}}=0.52\text{m}=520\text{mm}$$

单位长度沿程压力损失

$$\Delta p_{m5}=1.05\times10^{-2}\times0.52^{-1.21}\times4.9^{1.925}=0.494\text{Pa/m}$$

管段 5 末端的真空度：

$$P_{zk5}=P_{zk3}+\Delta P_{m5}=56.33+0.494\times4=58.31\text{Pa}$$

管段 6 $L_6=1250\text{m}^3/\text{h}$，$D_6=0.28\text{m}$

管段 6 的真空度 $P_{zk6}=P_{zk2}=49.30\text{Pa}$

因为 $P_{zk5}>P_{zk6}$，故需调整管段 5 末端的管径：

$$D'_5=D_5\left(\frac{P_{zk5}}{P_{zk6}}\right)^{0.225}=0.52\times\left(\frac{58.31}{49.30}\right)^{0.225}=0.540\text{m}$$

管段 5 末端的实际流速

$$V_{5.m}=\left(\frac{D_5}{D'_5}\right)^2V'_5=\left(\frac{0.52}{0.54}\right)^2\times4.9=4.54\text{m/s}$$

管段 7 $L_7=5000\text{m}^3/\text{h}$，$l_7=7.0\text{m}$

合流三通的最有利速度

$$V'_7=\frac{L_5}{L_7}V_{5.m}+\frac{L_6}{L_7}V_6\cos30°=\frac{3750}{5000}\times4.54+\frac{1250}{5000}\times5.6\times0.866=4.62\text{m/s}$$

管径

$$D_7=0.0188\sqrt{\frac{L_7}{V'_7}}=0.0188\sqrt{\frac{5000}{4.62}}=0.618\text{m}$$

单位长度沿程压力损失

$$\Delta p_{m7}=1.05\times10^{-2}\times0.618^{-1.21}\times4.62^{1.925}=0.358\text{Pa/m}$$

沿程压力损失 $\Delta P_{m7}=0.358\times7=2.51\text{Pa}$

局部阻力系数：5 节 90°弯管，$\zeta=0.13$

动压 $P_{d7}=\frac{V_7^2\rho}{2}=\frac{4.62^2\times1.2}{2}=12.81\text{Pa}$

通风机吸入口前的真空度

$$P_{zk.x}=P_{zk5}+\Delta P_{m7}+\Delta P_j=58.31+2.51+0.13\times12.81=62.49\text{Pa}$$

通风机吸入口前的总压力损失

$$\Delta P=P_{zk.x}-P_{d7}=62.49-12.81=49.68\text{Pa}$$

现将计算结果列入表 11.7-2 中。该均匀吸风系统各管段的管径标注在图 11.7-6 上。

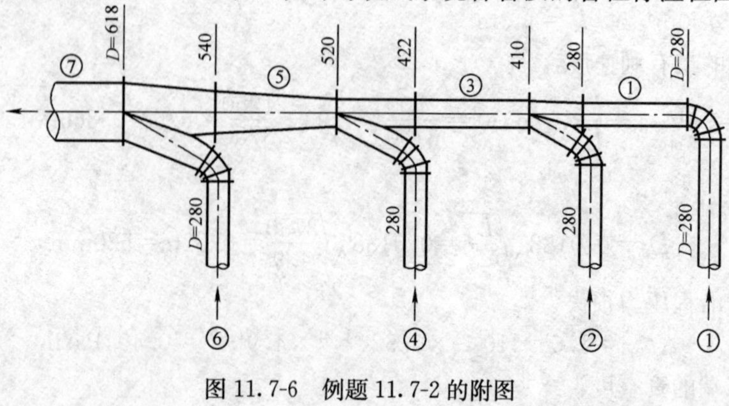

图 11.7-6 例题 11.7-2 的附图

具有分支的均匀吸风风管计算表 表 11.7-2

管段编号	风量 L (m^3/h)	风速 V (m/s)	最有利速度 V' (m/s)	管段长度 l (m)	管径 D (mm)	单位长度摩阻 Δp_m (Pa/m)	沿程压力损失 Δp_m (Pa)	动压 P_d (Pa)	局部阻力系数 $\Sigma\zeta$	管段末端真空度 P_{zk} (Pa)	调整后干管末端管径 (mm)	调整管径后的实际流速 (m/s)
1	1250	5.6	—	5.5	280	1.35	7.43	18.82	1.48	54.10	—	—
2	1250	5.6	—	2.5	280	1.35	3.38	18.82	1.44	49.30	—	—
3	2500	5.22	5.22	3.0	410	0.743	2.23	16.35	0	56.33	422	4.93
4	1250	5.6	—	2.5	280	1.35	3.38	18.82	1.44	49.30	—	—
5	3750	4.9	4.9	4.0	520	0.494	1.98	14.41	0	58.31	540	4.54
6	1250	5.6	—	2.5	280	1.35	3.38	18.82	1.44	49.30	—	—
7	5000	4.62	4.62	7.0	618	0.358	2.51	12.81	0.13	62.49	—	—

第 12 章　水泵、通风机和电动机

12.1　水　　泵

暖通空调工程中常用水泵有单级单吸清水离心泵和管道泵两种。当流量大时，也采用单级双吸离心泵。高层建筑供暖、空调系统及锅炉的定压、补水、给水泵，要求高扬程、小流量，一般采用多级泵。

根据“GB 5657—85”规定，单级单吸清水离心泵的适用条件为：

- 最高工作压力不大于 1.6MPa，吸入压力不大于 0.3MPa；
- 输送液体的温度 0～80℃；
- 输送液体不应含有体积超过 0.1%和粒度大于 0.2mm 的固体杂质。

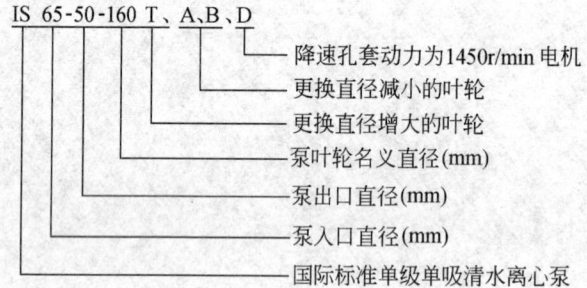

12.1.1　水泵型号示意

1. 单级单吸清水离心泵

IS 65-50-160 T、A、B、D

- D —— 降速孔套动力为1450r/min 电机
- A、B —— 更换直径减小的叶轮
- T —— 更换直径增大的叶轮
- 160 —— 泵叶轮名义直径(mm)
- 50 —— 泵出口直径(mm)
- 65 —— 泵入口直径(mm)
- IS —— 国际标准单级单吸清水离心泵

2. 单级双吸离心泵

150 S 50 A

- A —— 叶轮外径经切割
- 50 —— 扬程(m)
- S —— 单级双吸离心泵
- 150 —— 进口直径(mm)

3. 多级离心泵

D (DG) 6-25×5

- 5 —— 级数
- 25 —— 扬程(m)
- 6 —— 流量(m³/h)
- (DG) —— 多级锅炉给水泵
- D —— 多级离心泵

4. 管道泵

ISG 50-380

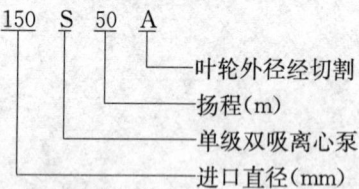

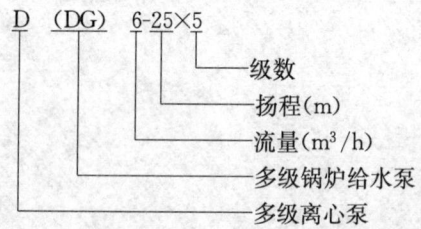

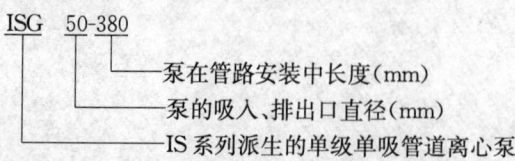

- 380 —— 泵在管路安装中长度(mm)
- 50 —— 泵的吸入、排出口直径(mm)
- ISG —— IS 系列派生的单级单吸管道离心泵

12.1.2 单台水泵的工作特性

1. 水泵的性能曲线

离心泵的性能曲线（G-H 曲线）一般有三种类型，如图 12.1-1 所示。

（1）平坦型——流量变化很大时能保持基本恒定的扬程；

（2）陡降型——流量变化时，扬程的变化相对地较大；

（3）驼峰型——当流量自零逐渐增加时，相应的扬程最初上升，达到最高值后开始下降。此种类型的泵，在一定运行的条件下可能出现不稳定工作。

常用单级单吸离心泵的性能曲线如图 12.1-2 所示。

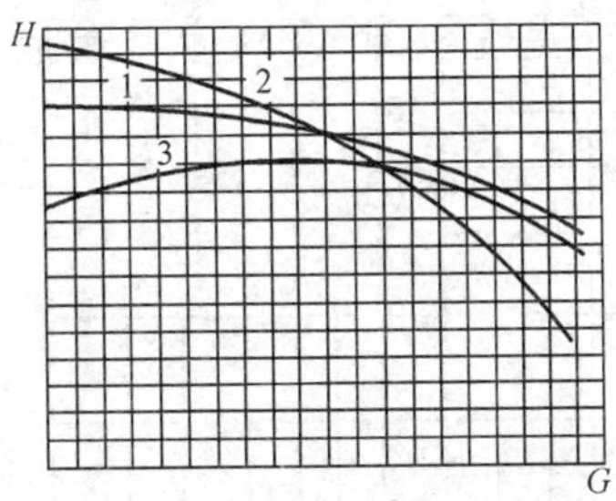

图 12.1-1　三种不同的 G-H 曲线

1—平坦型；2—陡降型；3—驼峰型

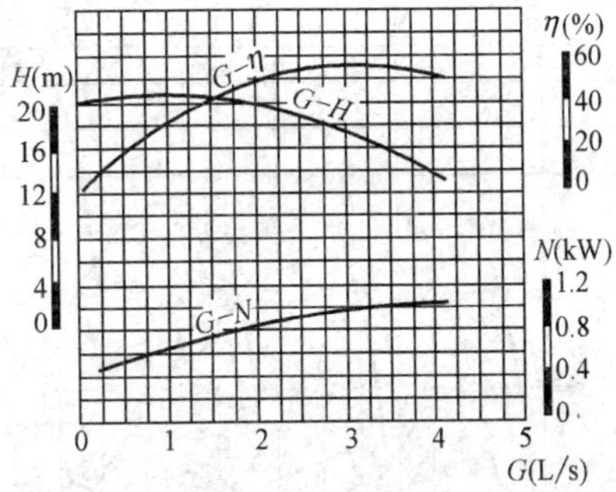

图 12.1-2　单级单吸离心泵的性能曲线

水泵的流量、扬程、轴功率和转速间的关系为：

$$G/G_1=n/n_1 \tag{12.1-1}$$

$$H/H_1=(n/n_1)^2 \tag{12.1-2}$$

$$N/N_1=(n/n_1)^3 \tag{12.1-3}$$

式中　G、H、N——叶轮转速为 n（r/min）时的流量（m^3/h）、扬程（m）和轴功率（kW）；

G_1、H_1、N_1——叶轮转速为 n_1 时的流量、扬程和轴功率。

作为一个系列的泵，有其型谱图，可覆盖一大片扬程、流量的区域，如图 12.1-3 所示。

2. 管路的特性曲线

水泵总是与一定的管路系统相连接的，在管路系统中，工作状况不仅决定于泵本身的性能，还和管路系统的状况有关。图 12.1-4 所示为管路特性曲线和泵的工作点。

G-H——泵的性能曲线；

R——管路特性曲线

$$H=H_1+h=H_1+KG^2 \tag{12.1-4}$$

式中　H_1——整个系统的静扬程，m；

h——总扬程，m。

$$h=\frac{\sum(\Delta P_m+\Delta P_j)}{\rho g} \tag{12.1-5}$$

式中　ΔP_m、ΔP_j——整个管路（包括吸入管路和压出管路）的摩擦损失和局部阻力损失，Pa；

ρ——流体的密度，kg/m^3；

g——重力加速度，m/s^2。

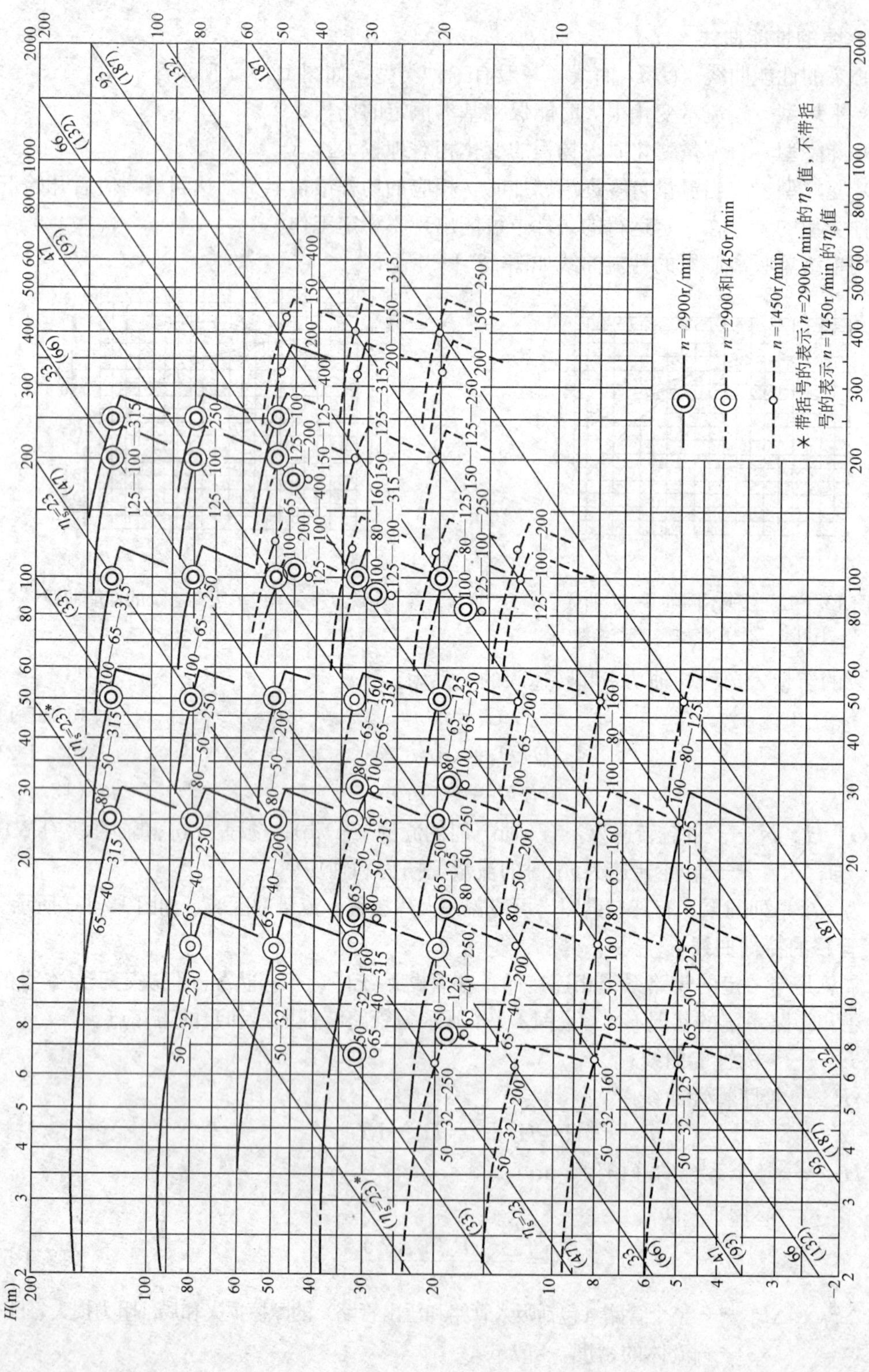

图 12.1-3 IS 型泵系列型谱图

将泵的性能曲线和管路特性曲线按同一比例画在同一张图上，可得出两条曲线的交点 A，A 点即为泵在系统中运行的工作点。

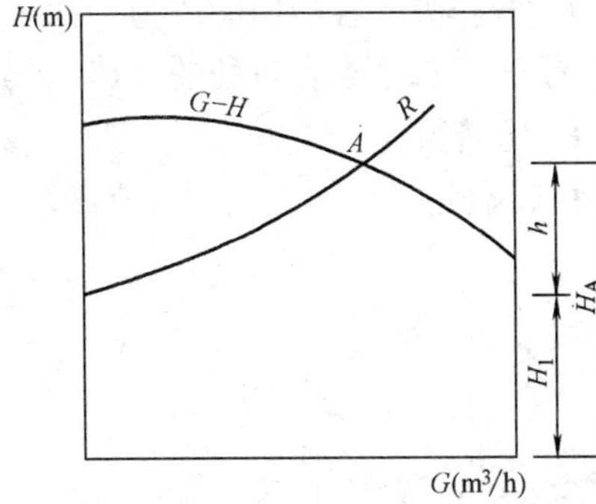

图 12.1-4 管路特性曲线

3. 泵的轴功率 N_Z（kW）

水泵的轴功率 N_Z（kW），可按下式计算：

$$N_Z=\frac{\rho \cdot G \cdot H}{102 \cdot \eta} \qquad (12.1\text{-}6)$$

式中 η——水泵的效率，一般为 0.5～0.8。

水泵配用的电机容量 N（kW）

$$N=K_A \cdot N_Z \qquad (12.1\text{-}7)$$

式中 K_A ——电机容量安全系数，其值见表 12.1-1。

电机容量安全系数 **表 12.1-1**

水泵轴功率（kW）	＜1.0	1～2	2～5	5～10	10～25	25～60	60～100	＞100
K_A	1.7	1.7～1.5	1.5～1.3	1.3～1.25	1.25～1.15	1.15～1.10	1.10～1.08	1.08～1.05

4. 允许吸上真空高度 H_s

样本给出的允许吸上真空高度（H_s），系指标准状态下（水温 20℃、水表面为一个标准大气压）运行时，泵可能有的最大值。如果水泵处于非标准状况下工作，其允许吸上真空高度 H_s'（m）应按下式确定：

$$H_s'=H_s-\left(10.33-\frac{P_g}{\rho \cdot g}\right)+\left(0.24-\frac{P_Z}{\rho \cdot g}\right) \qquad (12.1\text{-}8)$$

P_g ——水泵安装地点的大气压力，Pa；见表 12.1-2；

P_Z ——不同水温下的汽化压力，Pa。见表 12.1-3。

不同海拔高度的大气压力 **表 12.1-2**

海拔高度(m)	−600	0	100	200	300	400	500	600
大气压力(MPa)	0.113	0.103	0.102	0.101	0.100	0.098	0.097	0.096
海拔高度(m)	700	800	900	1000	1500	2000	3000	4000
大气压力(MPa)	0.095	0.094	0.093	0.092	0.086	0.084	0.073	0.063

不同水温时的饱和蒸汽压力 **表 12.1-3**

水温(℃)	0	5	10	15	20	30	40	50	60	70	80	90	100
饱和蒸汽压力(kPa)	0.6	0.9	1.2	1.7	2.4	4.3	7.5	12.5	20.2	31.7	48.2	71.4	103.3

5. 允许汽蚀余量 *NPSH*

在实际工程中，为确保水泵安全运行，规定了一个安全的必须汽蚀余量，亦称为允许汽蚀余量，用 $NPSH$（m）表示。

允许汽蚀余量 $NPSH$ 与允许吸上真空高度 H_s 之间的关系为：

$$H_s=\frac{P_a-P_Z}{r}-NPSH+\frac{v_s^2}{2g} \qquad (12.1\text{-}9)$$

P_a ——吸入容器内的压力，如敞开容器则为安装地点的大气压力，Pa；

v_s ——水泵吸入口处的流速，m/s。

6. 比转数 n_s

比转数是一个无因次相似准则数，是叶片泵叶片的相似特性值，其表达式为：

$$n_s = 3.65\frac{n\cdot\sqrt{G}}{H^{0.75}} \tag{12.1-10}$$

当 $G = 0.075\text{m}^3/\text{s}$，$H = 1\text{m}$，比转数在数值上等于它自身的转速，即 $n_s = n$。

当水泵转速 n 一定时，同样流量的水泵，n_s 越大，扬程越低。同样扬程的水泵，n_s 越大，流量也越大。

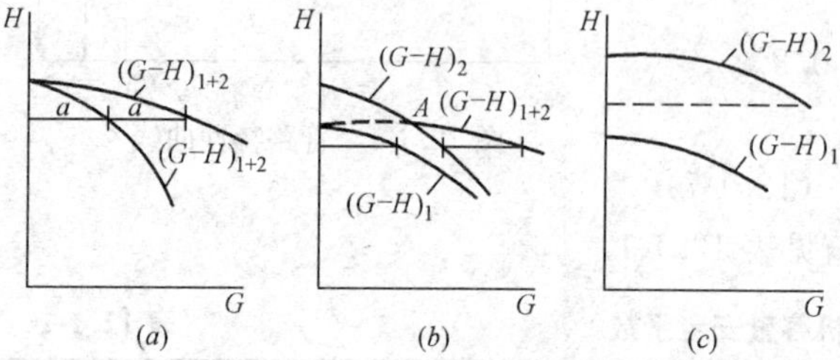

图 12.1-5 水泵并联的可能

(a) 完全并联；(b) 局部并联；(c) 不能并联

12.1.3 多台水泵的工作特性

1. 泵的并联

(1) 泵并联工作的可能性如图 12.1-5 所示。

图示	工作状况分析
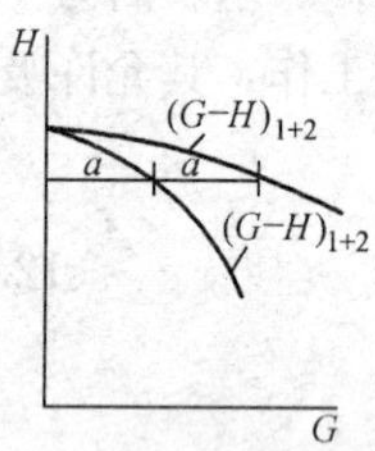	表示两台相同型号水泵的并联曲线。因为两台泵的 G-H 曲线完全叠加，并联后的总和特性曲线为各单台泵等扬程下流量的叠加，此种并联称之为特性曲线的完全并联
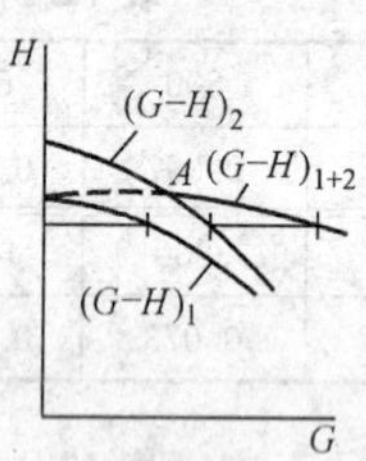	表示两台不同型号的水泵并联，一台大，一台小，起始扬程不同，但相差不大，此种水泵的并联，只能在 A 点以后才开始，称为不完全并联(局部并联)
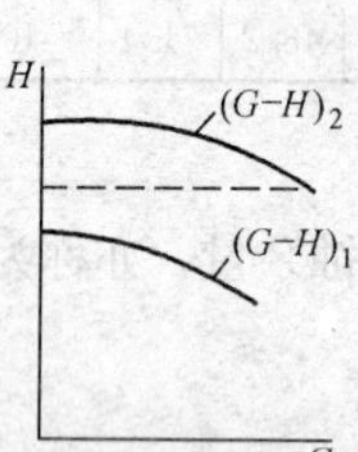	表示两台扬程相差过大的水泵并联，大泵任何时候的扬程都比小泵起始扬程高，在这种情况下，不能形成并联工作

(2) 并联工作的管路特性曲线

1) 型号相同水泵的并联工作（图 12.1-6）。

图 12.1-6 中点 1——两台水泵并联时的工作点；

点 2——并联工作时，每台水泵的工作点；

点 3——一台水泵单独工作时的工作点。

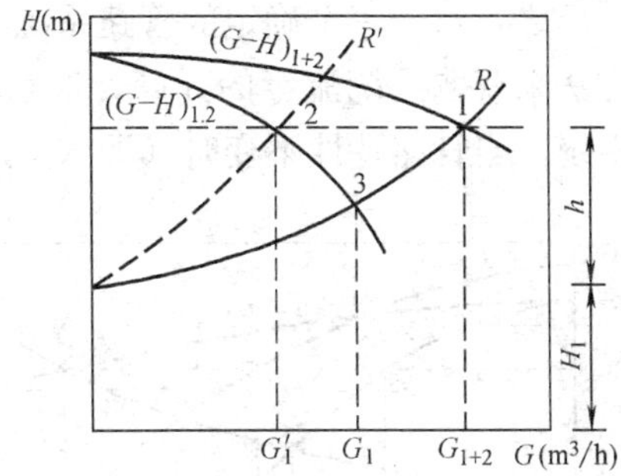

图 12.1-6　两台相同型号水泵的并联

由图 12.1-6 可以看出：

$$G_{1+2}=2G_1'<2G_1$$

$$G_1'<G_1$$

这就说明，一台泵单独工作时的流量大于并联工作时每台泵的流量。两台泵并联工作时，其并联工作的流量不可能比单台泵工作时的流量成倍增加。

以两台相同泵并联工作的系统为例：水泵应以系统所需扬程和单台泵需担负的流量（2 点）为选择依据，显然，这样确定的泵在并联工作时，均处在高效率工作点。如果在管路特性不变的前提下，仅开启一台泵，其工作点（3 点）则处在较大流量和较低扬程下运行，此时水泵的效率较低，通常消耗功率也会更大。要使单台泵运行处于高效率工作点（2 点），只要改变管路特性曲线 R 至 R'（如阀门节流）。

此种情况在多台泵并联时就更为明显，图 12.1-7 为五台同型号水泵并联的工作特性曲线。

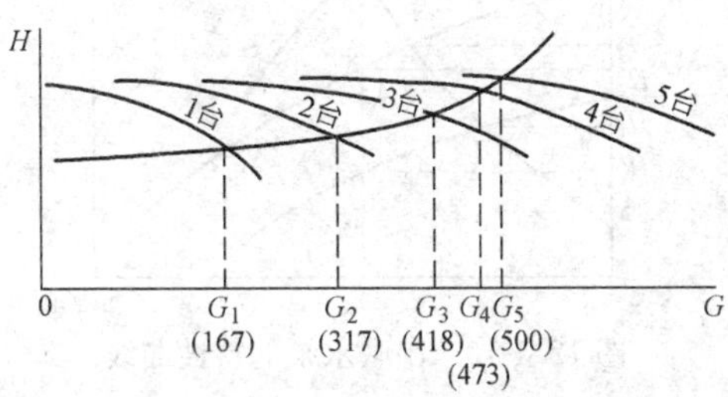

图 12.1-7　五台同型号水泵的并联

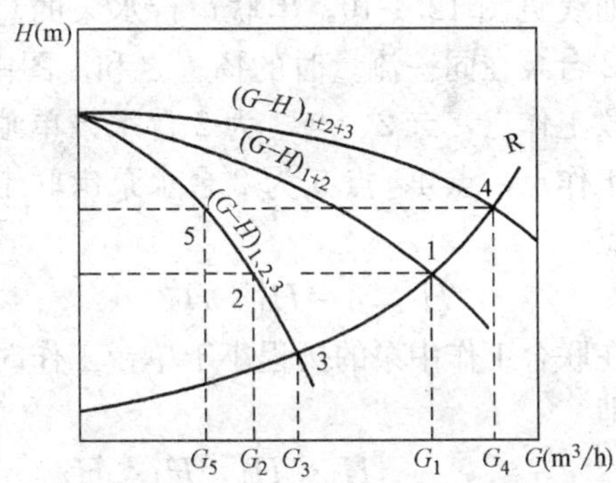

图 12.1-8　相同的两台并联水泵增至三台的特性曲线

并联的运行泵台数	并联运行时设计总流量 (m³/h)	设计工况下单台泵承担的流量 (m³/h)	管路特性不变时启运台数的总流量 (m³/h)	与选泵工况的流量偏移量 (m³/h)
1			167　1×167	67
2			317　2×158	58.5
3	500	100	418　3×139	39.3
4			473　4×118	18.2
5			500　5×100	0

反之，对于一个确定的管路系统，其管路特性曲线已定，如果企图通过增加水泵台数的方法来获取系统流量的提高，显然是不合理的。如图 12.1-8，两台相同水泵并联运行的系统，当管路特性不变时（即 R 不变），如增加一台同型号的水泵，则三台并联运行水泵的工作点由两台并联点（1 点）移至（4 点）。此时，单台水泵的工作点（5 点）偏离原高效工作点（2 点），显然，三台泵并联运行的流量（G_4）较两台泵并联运行的流量（G_1）增幅有限，单台水泵担负的流量（G_5）较两台泵并联运行时单台水泵担负的流量（G_2）小。

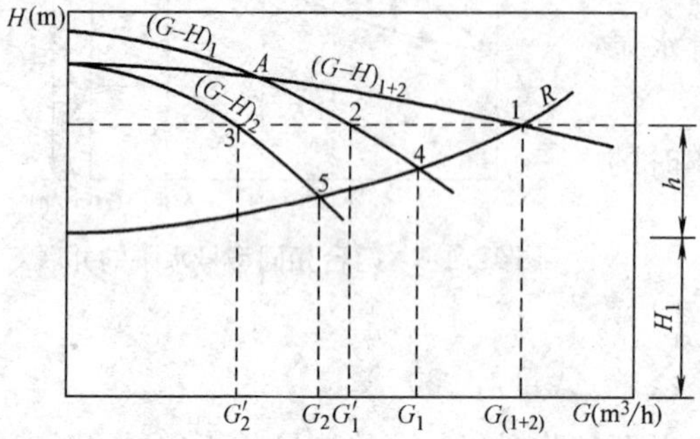

图 12.1-9 两台不同型号水泵的并联

2）两台不同型号泵的并联（图 12.1-9）。

由图可见，当工作扬程大于 A 点时，性能曲线同第 1 台泵，只有当扬程小于 A 点时，第 2 台泵才能投入工作。图中点 1 为并联工作时的工作点，点 2、点 3 为 2 台水泵在联合工作时的工作点，点 4、点 5 为 2 台水泵单独工作时的工作点。

$$G_{(1+2)}=G_1'+G_2'$$

在联合工作中泵的流量小于单台工作时的流量，即

$$G_1'<G_1,\ G_2'<G_2 \qquad G_{(1+2)}<G_1+G_2$$

2. 泵的串联

当要求加大扬程时，可采用泵串联型式，其特性曲线见图 12.1-10。串联运行水泵的总扬程等于 2 台泵在同一流量时的扬程之和。图中点 1 为串联工作点，点 2、点 3 为 2 台水泵单独运行时的工作点，点 4、点 5 为 2 台水泵串联工作时工作点。

$$H_{(1+2)}=H_1'+H_2'$$

在联合工作中泵的扬程小于单台工作时的扬程，即

$$H_1'<H_1,\ H_1'<H_2 \qquad H_{(1+2)}<H_1+H_2$$

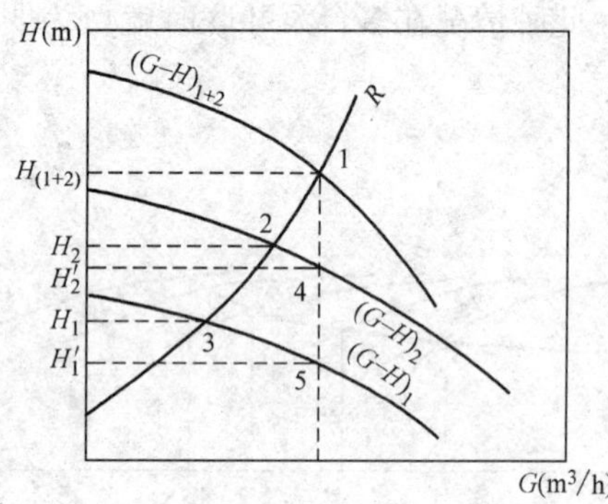

图 12.1-10 串联水泵的特性曲线

两台水泵串联工作时应注意下列事项：

（1）两台水泵的流量应该相近，否则容量较小的一台会产生严重的超负荷。

（2）串联在后面的水泵，构造必须坚固，否则易遭到损坏。

12.1.4 管 道 泵

管道泵用于暖通空调的水系统上，有其特殊优点：

1. 泵的体积小，重量轻，进出水均在同一直线上，可直接安装在水管道上，不需设置混凝土基础，安装方便，便于维修，占地少。

2. 采用机械密封；其性能好，运行时不易泄漏。

3. 泵的效率高、耗电少、噪声低。

4. 最常用的BG型管道泵的系列型谱见图12.1-11。

12.1.5 水泵的选择

1. 水泵的选择

(1) 水泵流量的确定

水泵流量G（m^3/h）可按下式计算：

$$G=1.1\frac{Q}{\Delta t\cdot c\cdot\rho}\quad(12.1\text{-}11)$$

式中 Q——担负系统的总负荷，W；

Δt——系统的供、回水温差，℃；

ρ——水的密度，kg/m^3；

c——水的比热容，J/kg·℃；

1.1——安全系数。

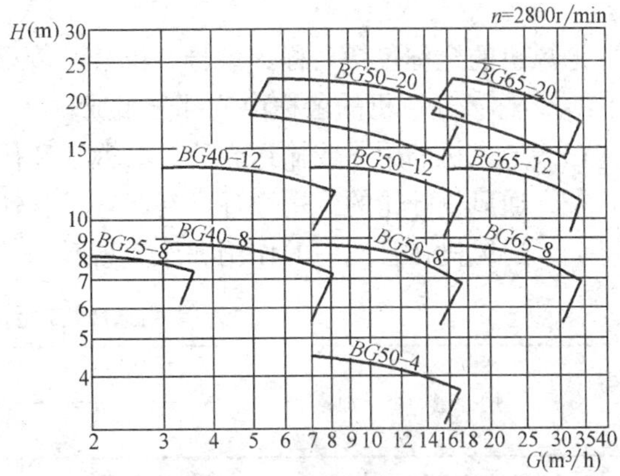

图12.1-11 BG型管道泵的系列型谱

(2) 水泵压力（扬程）h（m）的确定

$$\Delta P=(1.1\sim1.2)\sum(\Delta P_m+\Delta P_j);$$

$$h=\frac{\Delta P}{\rho g}\quad(12.1\text{-}12)$$

式中 ΔP——水泵压力，Pa；

$\sum(\Delta P_m+\Delta P_j)$——系统摩擦阻力和局部阻力损失的总和，Pa；

ρ——水的密度，kg/m^3；

g——重力加速度，m/s^2；

1.1～1.2——安全系数。

确定G和h值后，可按照水泵特性曲线选择水泵型号和配套电机。

2. 水泵的选择原则及注意事项

(1) 首先要满足最高运行工况的流量和扬程，并使水泵的工作状态点处于高效率范围。

(2) 泵的流量和扬程应有10%～20%的富裕量。

(3) 当流量较大时，宜考虑多台并联运行，并联台数不宜过多，一般不超过3台。

(4) 多台泵并联运行时，应选择同型号水泵。

(5) 多台并联运行的泵，应考虑部分台数运行时，系统工作状态点变化对泵工作点的影响，并采取应对措施。

(6) 选泵时必须考虑系统静压对泵体的作用，在选用水泵时应注明所承受的静压值。

12.2 通 风 机

一般通风空调工程中常用的通风机，按其工作原理可分为离心式、轴流式和贯流式三种。近年来在工程中广泛使用的混流式风机以及斜流式风机等均可看成是上述风机派生而来的。从用途上可分为通用、消防排烟用、屋顶、诱导、防腐、排尘和防爆型等。

12.2.1 通风机的全称

通风机的全称包括名称、型号、机号、传动方式、旋转方向和风口位置六部分。

1. 名称：通风机的名称由三部分组成

（1）通风机的用途或输送介质，其称呼和代号见表 12.2-1 规定。

（2）通风机叶轮的作用原理，有离心式、轴流式等。

（3）通风机在管网中的作用和压力高低。

常用通风机产品用途代码 **表 12.2-1**

用途类别	代号	
	汉字	简写
1. 一般通用通风换气	通用	T
2. 防爆气体通风换气	防爆	B
3. 防腐气体通风换气	防腐	F
4. 纺织工业通风换气	纺织	FZ
5. 船舶用通风换气	船通	CT
6. 矿井主体通风	矿井	K
7. 隧道通风换气	隧道	CD
8. 排尘通风	排尘	C
9. 锅炉通风	锅通	G
110. 锅炉引风	锅引	Y

2. 型号：型号组成的顺序（见表 12.2-2 和表 12.2-3）

离心式通风机型号组成顺序 **表 12.2-2**

型号	
型式	品种
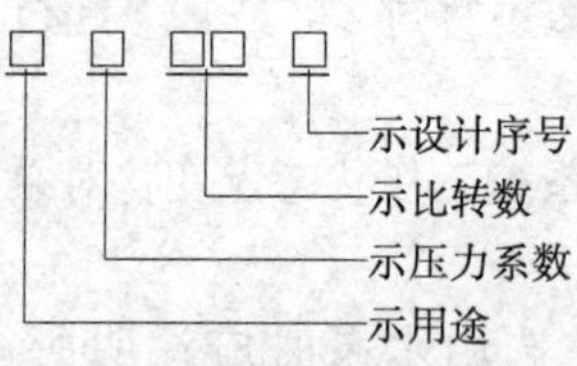	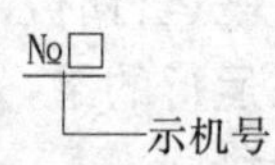

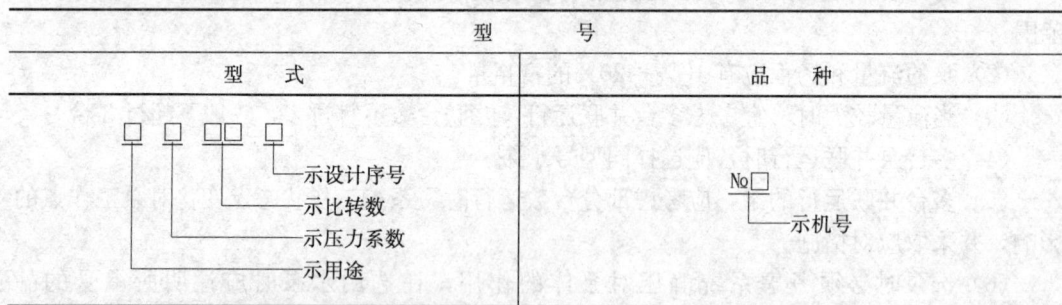

说明：① 用途代号按表 12.2-1 规定。

② 压力系数采用一位整数。个别前向叶轮的压力系数大于 1.0 时，亦可用两位整数表示。若用两叶轮串联结构，则用 2×压力系数表示。

③ 比转数采用两位整数。若用两叶轮并联结构，或单叶轮双吸入结构，则用 2×比转数表示。

④ 若产品的型式中产生有重复代号或派生型时，则在比转数后加注序号，采用罗马数字体Ⅰ，Ⅱ等表示。

⑤ 设计序号用阿拉伯数字“1”、“2”等表示。供对该型产品有重大修改时用。若性能参数、外形尺寸、地基尺寸、易损件没有更动时，不应使用设计序号。

⑥ 机号用叶轮直径的 dm 数表示。

轴流式通风机型号组成顺序 **表 12.2-3**

型号	
型 式	品 种
□ □□ □ □ □ 示设计序号 示转子位置 示叶轮毂比 示用途 示叶轮数	№□ 示机号

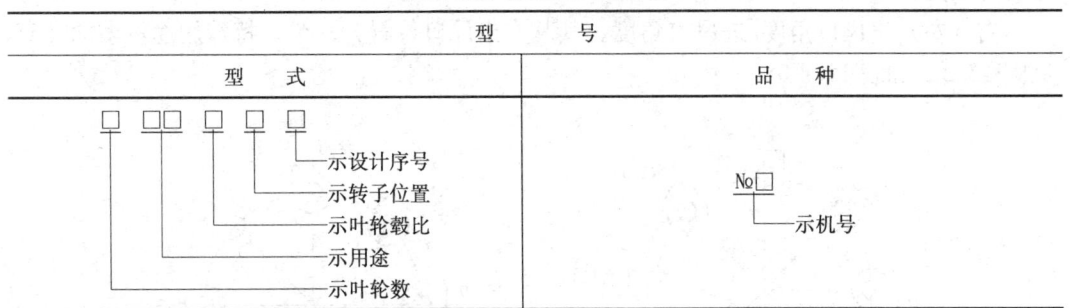

说明：① 叶轮数代号，单叶轮可不表示，双叶轮用“2”表示。

② 用途代号按表 12.2-1 规定。

③ 叶轮毂比为叶轮底径与外径之比，取两位整数。

④ 转子位置代号卧式用“A”表示，立式用“B”表示。产品无转子位置变化可不表示。

⑤ 若产品的型式中产生有重复代号或派生型时，则在设计序号前加注序号。采用罗马数字体Ⅰ，Ⅱ等表示。

3. 机号：以风机叶轮直径的 dm 值（尾数四舍五入）冠以符号“№”表示。

4. 传动方式（见表 12.2-4 和图 12.2-1）。

通风机的六种传动方式 **表 12.2-4**

代 号		A	B	C	D	E	F
传动方式	离心通风机	无轴承，电机直联传动	悬臂支承，皮带轮在轴承中间	悬臂支承，皮带轮在轴承外侧	悬臂支承，联轴器传动	双支承，皮带在外侧	双支承，联轴器传动
	轴流通风机	无轴承，电机直联传动	悬臂支承，皮带轮在轴承中间	悬臂支承，皮带轮在轴承外侧	悬臂支承，联轴器传动（有风筒）	悬臂支承，联轴器传动（无风筒）	齿轮传动

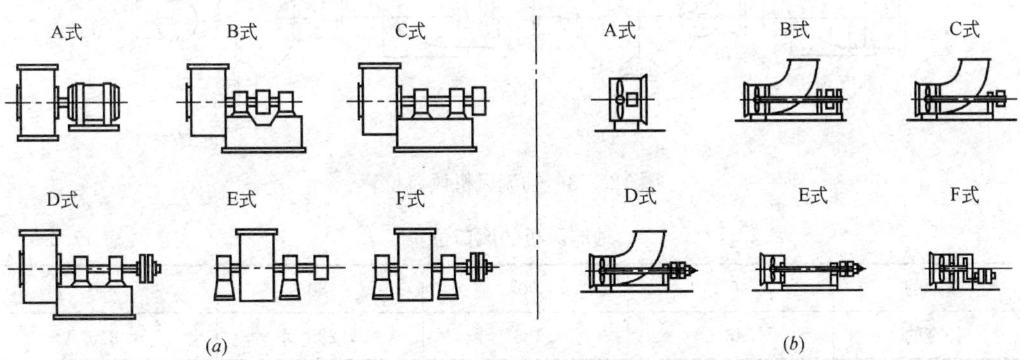

图 12.2-1 风机的传动方式

(*a*) 离心风机的传动方式；(*b*) 轴流风机的传动方式

5. 旋转方向

从主轴槽轮或电动机位置看叶轮旋转方向，顺时针者为“右”，逆时针者为“左”。

6. 风口位置

离心风机的风口位置，以叶轮的旋转方向和进、出风口方向（角度）表示。

写法是：

右（左）出风口角度/进风口角度。其基本出风口位置为八个，特殊用途可增加补充，见图 12.2-2 和表 12.2-5。

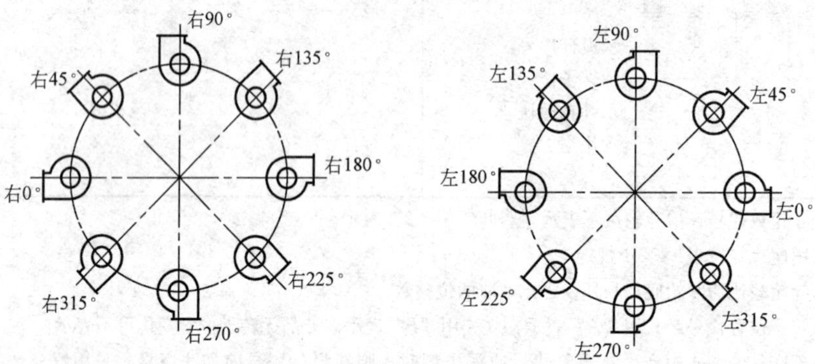

图 12.2-2 离心风机出风口位置

离心风机的风口位置 **表 12.2-5**

基本的	0°	45°	90°	135°	180°	225°	270°	(315°)
补充的	15°	60°	105°	150°	195°	(240°)	(285°)	(330°)
	30°	75°	120°	165°	210°	(255°)	(300°)	(345°)

轴流风机的风口位置，用进（出）若干角度表示，见图 12.2-3。基本风口位置有四个，特殊用途可增加，见表 12.2-6。

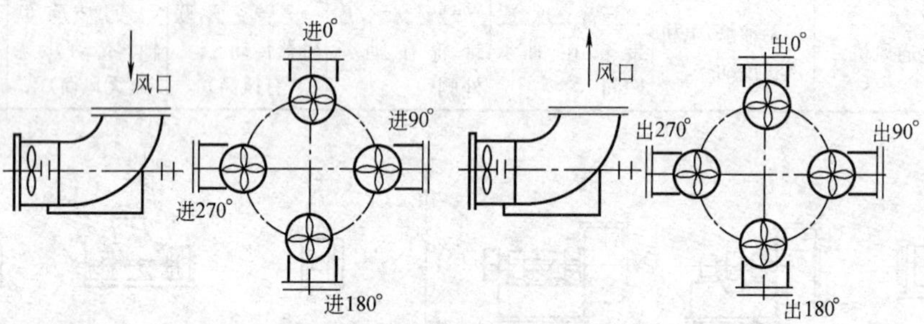

图 12.2-3 轴流风机风口位置

轴流风机的风口位置 **表 12.2-6**

基本的	0°	90°	180°	270°
补充的	45°	135°	225°	315°

12.2.2 单台风机的工作特性

1. 风机的构造和性能曲线

本专业常用的离心式风机、轴流式风机和贯流式风机等的构造性能曲线及应用范围详见表 12.2-7。

（1）离心式风机

离心式风机由集流器、叶轮、机壳和传动部件组成。叶轮上叶片的结构形式分为前向式、后向式和径向式（图 12.2-4）。

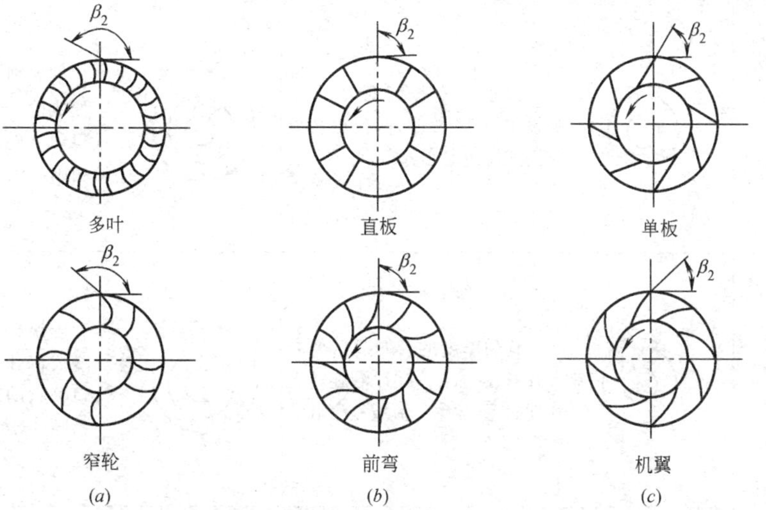

图 12.2-4　离心式风机叶片的结构形式

(*a*) 前向式 ($\beta_2>90°$)；(*b*) 径向式 ($\beta_2=90°$)；(*c*) 后向式 ($\beta_2<90°$)

离心式通风机的压力分区

高压 $P>3000$Pa	适宜工业通风或特殊工程通风
中压 $1000\text{Pa}\leqslant P\leqslant 3000\text{Pa}$	适宜工业与民用建筑的通风、空调
低压 $P<1000$Pa	用于建筑的通风、空调系统

（2）轴流式风机

轴流式风机主要由集风器、叶轮、轮毂、机壳和传动部件组成。

轴流式风机的压力分区

低压 $P<500$Pa	适宜各种通风换气
高压 $P\geqslant 500$Pa	适宜各种通风换气

（3）贯流式风机

贯流式风机是将机壳部分地敞开，使气流直接径向进入叶轮，气流横穿叶片两次后排出。贯流式风机的全压系数较大，效率较低。适宜于空气幕等设备。

2. 风机的管网特性

从风机工作的通风系统看，在吸风口和送风口处存在有静压差外，管网的特性曲线取决于管网的总阻力和管网排出时的动压

$$P=S\cdot Q^2 \qquad (12.2\text{-}1)$$

即管网的阻力特性曲线呈抛物线向上，随流量的增大而增大，如图 12.2-5 所示。风机特性曲线和管网特性曲线的交点即为该风机在管网中的工作点。

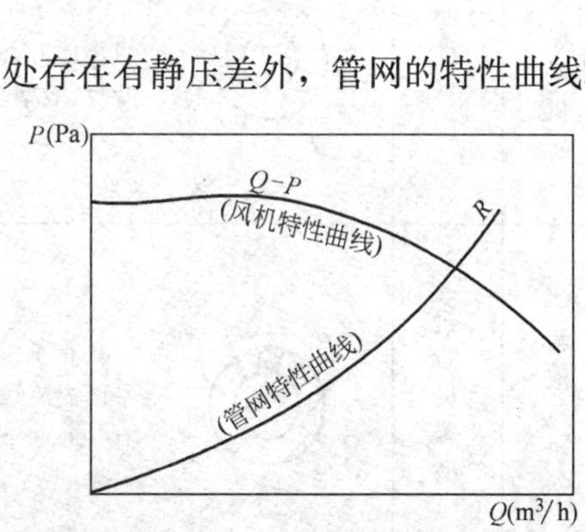

图 12.2-5　管网中风机的工作特性

3. 风机的功率

风机所需的轴功率 N_Z（kW）。

常用风

	种类	叶轮设计	外壳设计
离心式风机	流线型	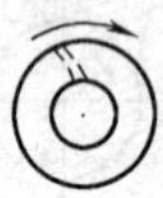 离心风机中效率最高，一般设10～16枚叶片，按旋转方向成周边离心分布	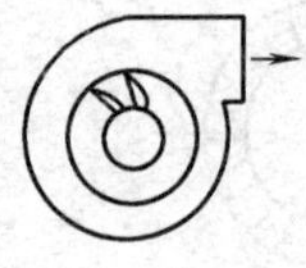 旋涡型，能有效地将动压变成静压。要求叶片和入口喇叭的对中及间隙非常精确，以达到最高效率
	后倾或后弯叶型	 均匀厚度的后倾成后弯叶片。10～16枚叶片沿旋转方向布置，效率比流线型稍低	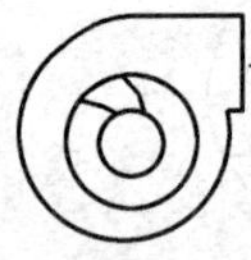 旋涡型，能有效地将动压变成静压。要求叶片和入口喇叭的对中及间隙非常精确，以达到最高效率
	径向型	 有6～10枚叶片，径向或带弧弯改进型的径向叶片。效率偏低，但有良好的机械强度，叶轮易更换。宜中速运行	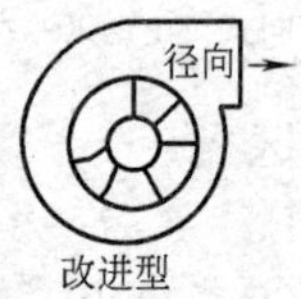 旋涡型。由于效率低些，外壳的要求不像对流线型或后弯叶型严格
	前向叶型	 效率比流线型或后弯叶型低。有20～64枚较小的前弯叶片。构造轻、造价低。空气离开叶轮时的速度大于叶片顶部处的速度。在相同性能时，在所有离心风机中其叶轮最小，运行速度最低	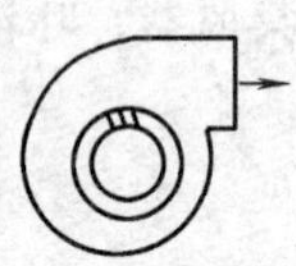 旋涡型。叶轮和入口的配合不像对流线型和后弯叶型似的严格
混流风机	扭曲机翼型	 具有子午加速特点的扭曲机翼形叶片，有6、8和10个叶片，效率较高	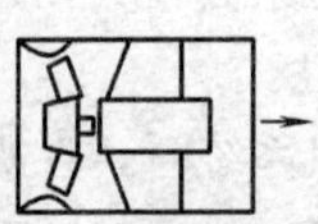 圆筒形机壳出口装的导流叶片使风机压力稳定，气流分布均匀
斜流风机	扭曲机翼型	 具有子午加速的叶轮子午平面内流线与风机轴线斜交，有4、6、8个斜流叶片	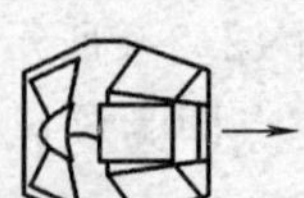 渐扩渐缩的鼓形圆筒外壳，出风口带有导流叶片

机性能 **表 12.2-7**

性能曲线	性能特性	应用范围
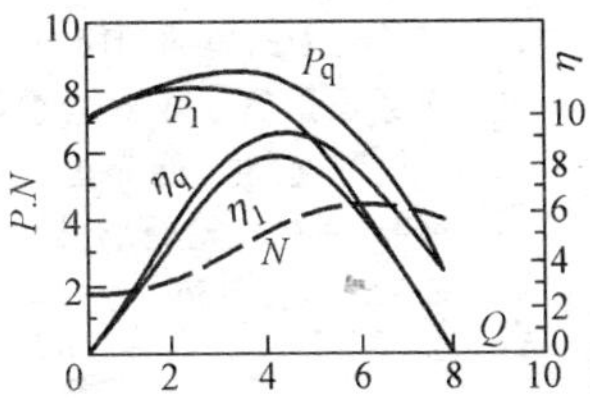	最高效率点在50%～65%的流量范围处，压力特性好，耗功率也接近最大值。当压力降低并趋向无压时，耗功率也因自身限制变小	低、中和高压系统，特别是用在大系统中，如大型通风、空调、净化系统，其节能效果明显
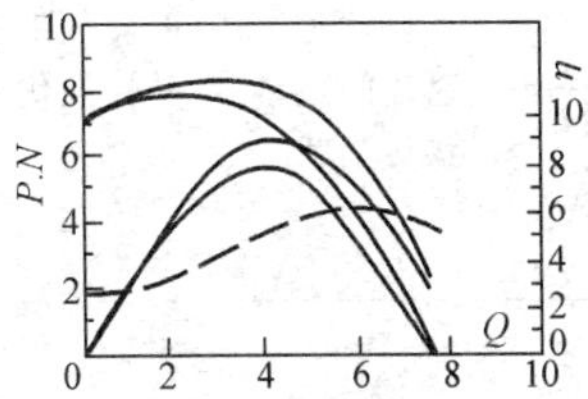	性能特性同流线型 最高效率比流线型稍低些	一般通风和空调系统。还可用在由于腐蚀，不能采用流线型风机的场合
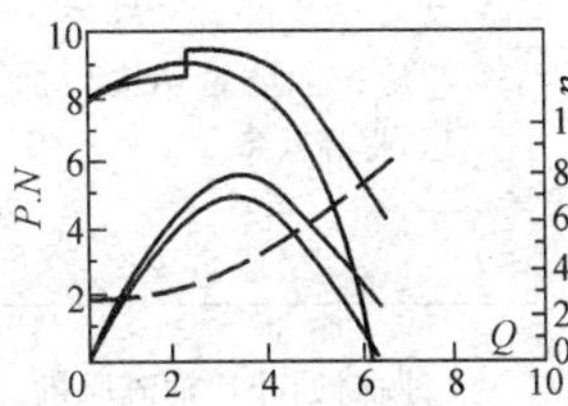	风机的压头比前两种高。在最高效率点的左边，性能曲线有个拐点。随风压降低，风量加大，风机的耗功不断上升	主要用于原料输送和除尘系统。叶片是加固型，且易于在现场修理、更换。很少在通风和空调系统中使用
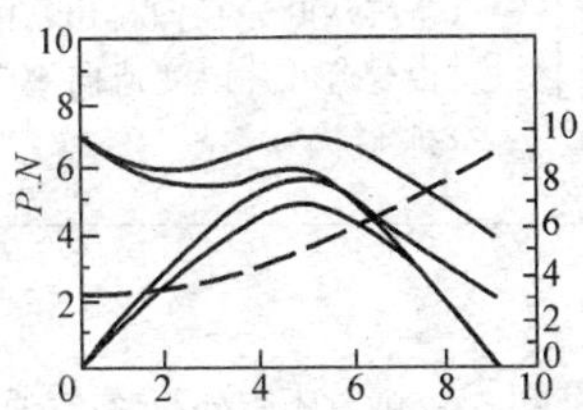	压力曲线不如后弯叶型陡，该曲线在最高效率点的左边有个低谷。最高效率点在最高压力点的右边，其流量为40%～50%全流量时，风机应在最高压力点的右边运行 注意：耗功率随着风机运行趋向无压排出时而不断上升，选电机时要考虑此特性	用在低压的供暖、通风及空调系统中，如住宅火炉供暖、中央空调和柜式空调系统、房间空调器及屋顶空调器
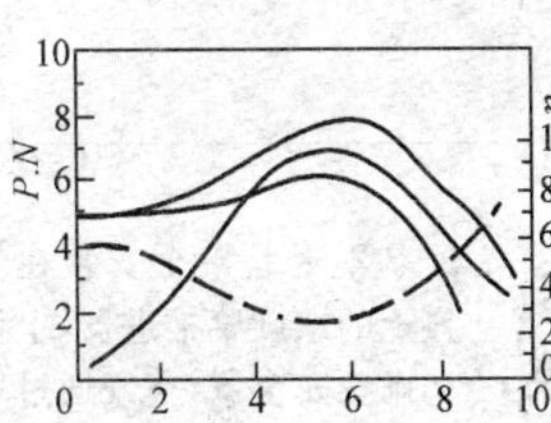	风压高于同机号的轴流式风机，风量大于同机号的离心式风机，效率高、高效区宽、噪声低、结构紧凑且安置方便	用于较大风量和较高风压的系统，可替代低压离心风机和高压轴流式风机，如：工矿企业和公共建筑
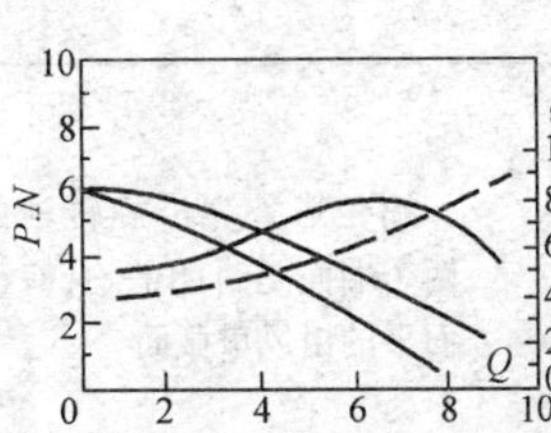	风量、风压介于轴流式风机和离心式风机，是混流式风机的派生产品	用于工矿企业和公共建筑，可替代低压离心风机和高压轴流式风机

种类			叶轮设计	外壳设计
轴流风机	螺旋桨型		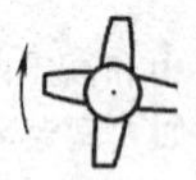 构造简单、价廉。2片或更多的均厚叶片连接在叶轮上。能量的传递主要由动压头转换得来	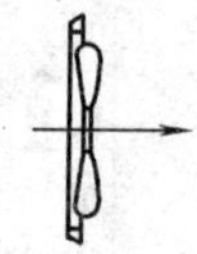 外壳为简单的圆筒，孔板或文丘里管。较好的设计应使圆筒尽可能靠近叶片顶部，使在叶轮处形成一个均匀的入口气流
轴流风机	筒型轴流		 4至8片流线型或均匀厚度叶片。轮毂小于50%叶片端部直径。效率比螺旋桨式略高些，且有可用的静压值	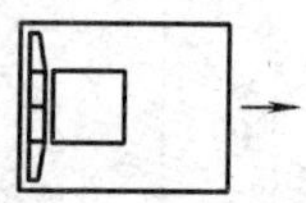 圆筒型管子，叶轮顶端和套筒间隙紧凑，其性能优于螺旋桨型
轴流风机	叶片轴流		 叶片设计良好，效率高，允许中高压时使用。叶片为流线型时效率最高。叶片可以是固定的，也可以是可调整角度的 轮毂多大于叶片顶部直径的50%	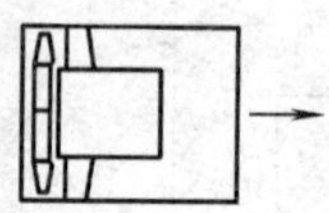 圆筒紧靠叶片的顶部，并装有导流叶片。导流叶片将旋转的能量用来增加风压，提高效率
专用风机	筒型	离心式	 通常采用流线或后倾（后弯）型叶片，也有用混合型螺旋桨	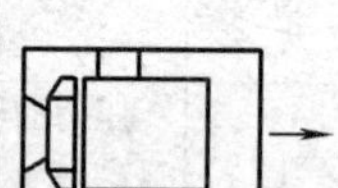 圆筒如叶片轴流风机，但叶轮转动外径不紧靠圆筒，空气从叶轮径向排出，并经由导流叶片改变流向90°后排出
专用风机	屋顶通风器	离心	 多数设计采用流线型或后倾（后弯）叶片以达到低压头大风量。实际使用中还有各种特殊的离心螺旋桨如混流设计	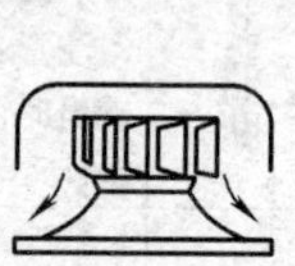 通常不带外筒，空气通过螺旋桨呈360°排至大气
专用风机	排风扇	轴流	 叶轮形式多种多样，以达到大流量低压头	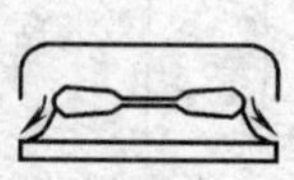 基本上是一个安装在基座上的螺旋桨推进器，上设防雨及安全罩，空气通过罩下部的环状空间排出
专用风机	贯流风机	离心	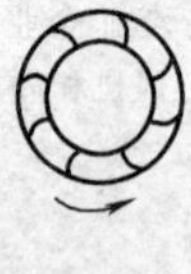 滚筒形前向式多叶叶轮，叶轮可沿旋转轴方向延长	 蜗壳形外壳沿旋转轴的两个端面是封闭的，具有扁而平的出风口截面

续表

性能曲线	性能特性	应用范围
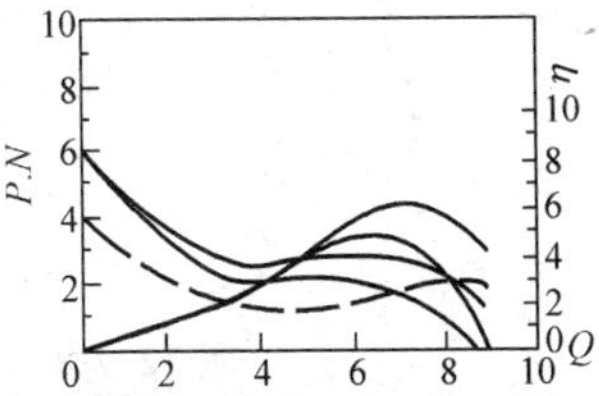	风机的流量大，压力低，最高效率点出现在压头接近无压自由排出的状态。由于叶片的作用和缺少变直能力，气流出口呈环状和旋涡状	用在大流量、低压头系统，如在一个空间内的气流循环，通过墙面不接风管的通风
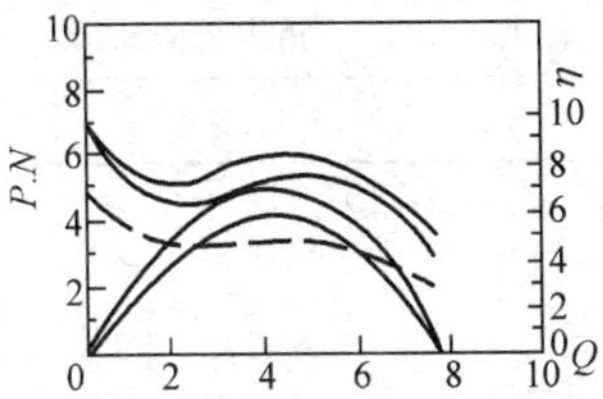	高流量、低压头。由于螺旋桨式的旋转叶轮及缺少导流叶片，出来的环状气流呈旋转或旋涡型。从性能曲线看，最高压力点的左边有个凹谷，应避开	用于对下降气流要求不严格的中、低压供暖、通风和空调系统中。也用在工业中，如干燥炉、喷漆柜和燃烧装置的排烟系统
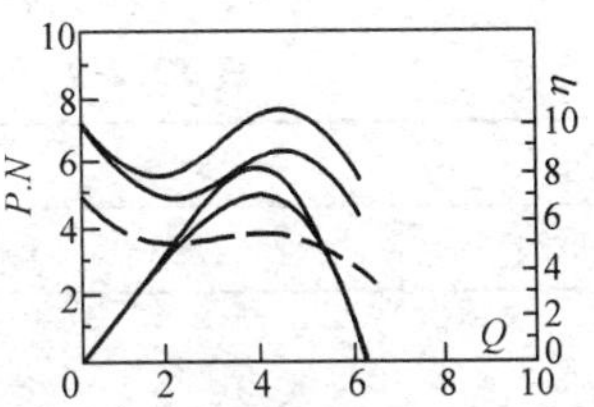	高压、中流量。从曲线可看到，在最高压力点左边有个由空气停止而引起的低谷，应避开。导流叶片将叶轮传给空气的旋转能量改变方向以增加压力和提高效率	用于供暖通风空调系统。其优点是空气直流，安装方便，下游的气流分布良好 同筒形轴流一样可用在工业建筑中，与离心风机相比，其安装地位紧凑
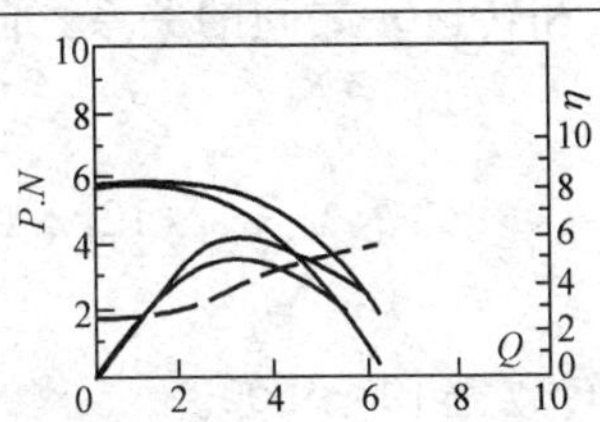	性能相似于后弯叶型离心风机，但风压低，风量小。由于在筒内气流要转90°，其效率比后弯叶型风机低。有些设计的产品会出现如轴流式的低谷	主要用于暖通空调的低压回风系统，气流流型为直通式
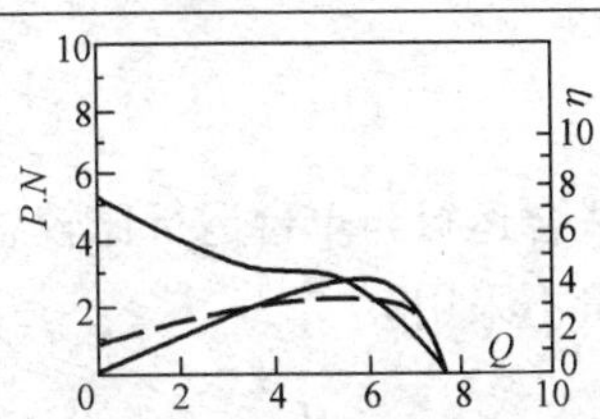	常用在不接风管的系统，低压头、大流量。这类产品仅表示静压和静压效率	用于一般工厂、厨房、仓库的低压排风以及商业上要求压力较小的系统。初投资及运行费低 离心式比下面提到的轴流式安静
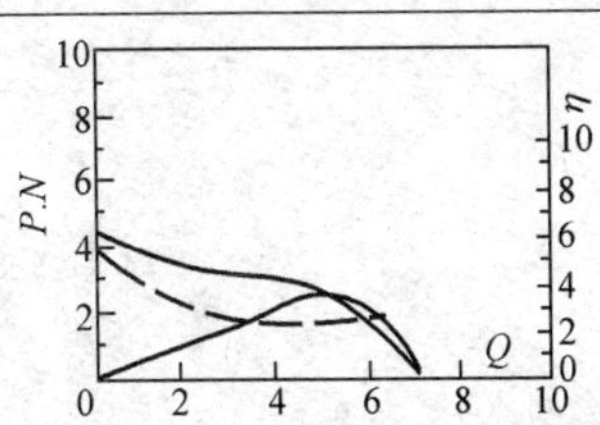	通常用在不接风管的系统，低压头，大流量。这类产品仅提供静压和静压效率	用于一般工厂、厨房、仓库的低压排风及商业上要求压力较小的场所。且初投资及运行费低
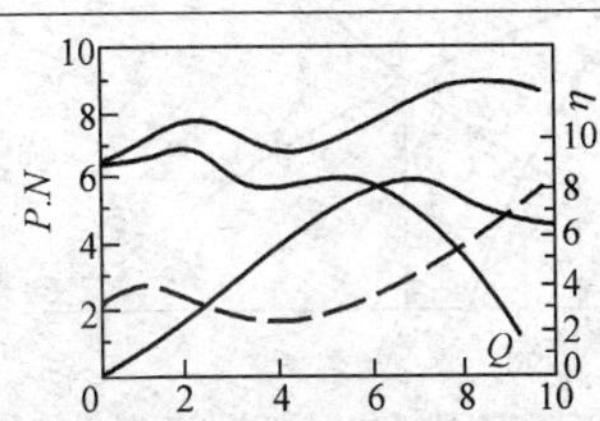	特性曲线呈驼峰形，效率较低。与其他风机相比动压较高，可获得扁平而高速的气流，气流达到的距离较长。噪声介于离心式风机与轴流式风机之间	用于分体式空调器的室内机、壁挂式风机盘管及大门空气幕等

$$N_Z=\frac{Q\cdot P}{3600\cdot 1000\cdot \eta\cdot \eta_m} \tag{12.2-2}$$

式中 Q——风机所输送的风量，m^3/h；

P——风机所产生的风压，Pa；

η——风机的效率；

η_m——风机的传动效率，见表 12.2-8。

风机的传动效率 η_m（%） **表 12.2-8**

传动方式	电动机直联	联轴器连接	三角皮带传动
η_m	100	98	95

配用风机的功率 N，可按式计算

$$N=K\cdot N_Z \tag{12.2-3}$$

式中 K——电动机容量安全系数，见表 12.2-9 所示。

电动机容量安全系数 K **表 12.2-9**

电动机容量(kW)	0.5	0.5～1.0	1～2	2～5	>5
K	1.5	1.4	1.3	1.2	1.13

4. 风机的比转数

风机的比转数 n_s，表示风机在标准状态下流量 Q、压力 P 和转速 n 之间的关系，同一类型的风机，其比转数必然相等。

$$n_s=\frac{n}{\left(\frac{P}{Q}\right)^{0.5}\cdot P^{0.25}} \tag{12.2-4}$$

一般离心式通风机的比转数为 15～80，轴流式通风机的比转数为 100～500。

12.2.3 多台风机联合的工作特性

风机并联工作可以提高风量，串联工作可以提高风压；但联合运行与单台运行比较总会引起经济性和可靠性的降低，因此在非必要的情况下，应尽量不采用。

1. 并联工作

图 12.2-6 为两台相同风机并联运行。

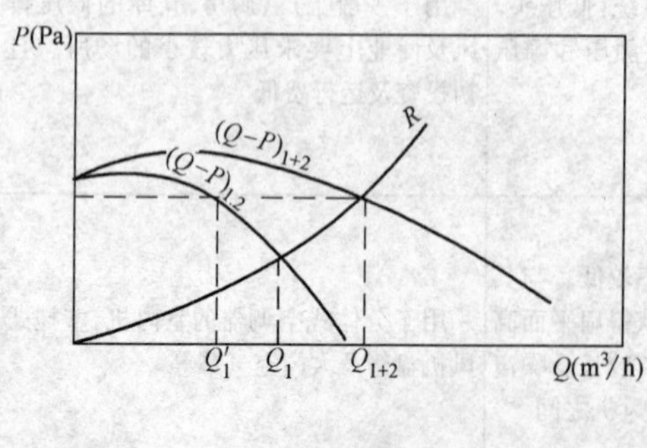

图 12.2-6 两台相同风机的并联运行

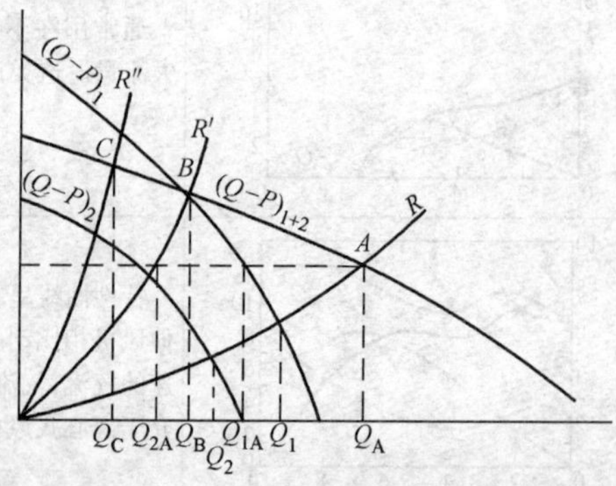

图 12.2-7 两台不同风机的并联运行

$$Q_{1+2}=2Q_1'<2Q_1$$

图 12.2-7 为两台不同风机的并联运行。

并联风机主要目的是加大风量，在 A 点并联运行工况是良好的。

$$Q_A=Q_{1A}+Q_{2A}<Q_1+Q_2$$

风量小于两台风机单独运行时的风量之和，但大于单台风机时的风量。

B、C 点则不好，在 B 点，两台风机并联运行的风量等于 1 风机的风量：在 C 点，并联风机运行的风量小于 1 风机的风量。应注意避免并联风机在阻力大的情况下运行。

2. 串联工作

图 12.2-8 表示两台性能不同的风机串联运行的性能曲线。B 点是串联运行的临界点，即串联运行的性能曲线和单台风机性能曲线的交点。工况点在 B 点的左方，串联运行可增加气体的压力和流量，离 B 点越远，串联运行的效果越好；反之，工况点在 B 点的右边，串联运行没有效果，气体的压力和流量比单台风机 2 单独工作时的流量和压力还小。因此，一定要经过综合性能分析后，再确定串联运行是否有效。

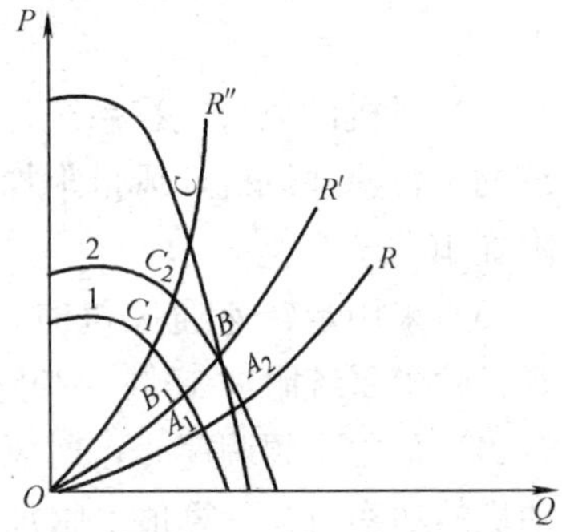

图 12.2-8　两台性能不同的风机串联运行的性能曲线

12.2.4　通风机的选择

1. 风机的选择

选择风机时应注意，性能曲线和样本上给出的性能，均指风机在标准状态下（大气压力 101.3kPa、温度 20℃、相对湿度 50%、密度 $\rho=1.20\text{kg/m}^3$）的参数。如果使用条件改变，其性能应按下列各式进行换算，按换算后的性能参数进行选择，同时应核对风机配用电动机轴功率是否满足使用条件状态下的功率要求。

（1）改变介质密度 ρ、转速 n 时

$$\begin{aligned} Q&=Q_0\cdot\frac{n}{n_0}\\ P&=P_0\cdot\left(\frac{n}{n_0}\right)^2\cdot\frac{\rho}{\rho_0}\\ N&=N_0\left(\frac{n}{n_0}\right)^3\cdot\frac{\rho}{\rho_0}\\ \eta&=\eta_0 \end{aligned}\qquad(12.2\text{-}5)$$

（2）当大气压力 P_0。及其温度 t 改变时

$$\begin{aligned} Q&=Q_0\\ P&=P_0\cdot\frac{P_b}{P_{b0}}\cdot\frac{273+20}{273+t}\\ N&=N_0\cdot\frac{P_b}{P_{b0}}\cdot\frac{273+20}{273+t}\\ \eta&=\eta_0 \end{aligned}\qquad(12.2\text{-}6)$$

式中 Q_0、P_0、N_0、η_0、n_0、P_{b0}——标准状态或性能表中的风量、风压、功率、效率、转数和大气压；

Q、P、N、η、n、P_b、t——实际工作条件下的风量、风压、功率、效率、转数、大气压和温度。

2. 风机的选择原则及注意事项

(1) 根据通风机输送气体的性质，以及对应管路系统的基本特性，确定选用风机的类型。

(2) 风机的风量应在系统计算总风量上附加风管和设备的漏风量。一般用在送、排风系统的定转速通风机，风量附加5%～10%，除尘系统风量附加10%～15%，排烟系统风量附加10%～20%。

(3) 采用定转速通风机时，通风机的压力应在系统计算的压力损失上附加10%～15%，除尘系统附加15%～20%，排烟系统附加10%。

(4) 采用变频调速时，通风机的压力应以系统计算总压力损失作为额定压力，但风机电动机的功率应在计算值上附加15%～20%。

(5) 风机的选用设计工况效率，不应低于风机最高效率的90%。

(6) 多台风机并联或串联运行时，宜选择同型号通风机。

(7) 当风机使用工况与风机样本工况不一致时，应对风机性能进行修正。

12.2.5 风机的运行调节

从特性曲线图可以看出，无论是改变风机的性能曲线（G-H），还是改变管路性能曲线（R），都可以调整运行工作点，实现风机的调节。通常风机的流量调节有以下几种方法：

1. 改变管路阻力调节法

通过管路系统中阀门等节流装置的开启程度增减管路阻力，以改变管路特性曲线，达到调节流量的目的。

这种方法适宜小范围风量条件，操作方便，但耗能、不经济。

2. 风机入口导流器调节法

通过风机入口导流叶片角度的调节，改变节流阻力和气流入口流向，达到调节流量的目的。

这是一种比较经济的风量调节方法。

3. 改变风机转数调节法

随着转数的降低，风机效率基本保持不变，其功率则由于流量和压力的降低而迅速下降。一般改变转数的方法有：变频调速、变级调速、液力耦合调速、皮带变速及齿轮变速等。

通常认为，改变风机转数是最经济、节能的风量调节方法。

12.3 电动机

暖通空调设备所配用的电动机绝大多数为异步电动机，这种电机是基于气隙旋转磁场和转子绕组中感应电流相互作用产生电磁转矩，从而实现能量转换的一种交流电动机。异步电动机和其他类型电动机不同之处在于其转子绕组不需和其他电源相连接，而其定子电流直接取自交流电网。它和其他电动机比较，具有结构简单，制造、使用和维护方便，运行可靠以及重量较轻，成本较低等优点。三相异步电动机的重量和成本约为同功率、同转速的直流电动机的 1/2 和 1/3。它还便于派生各种防护型式以适应不同环境条件的需要。异步电动机有较高的效率和较好的工作特性。

12.3.1 型号示意说明

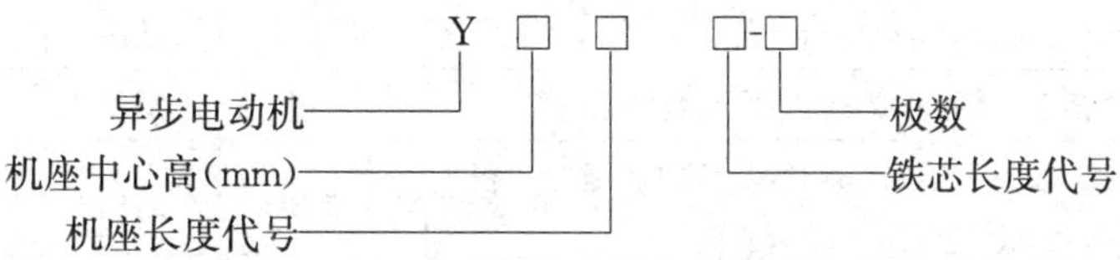

L-长机座、M-中机座、S-短机座

【例】 Y132S_{1-2}

Y——异步电动机；

132——机座中心高 132mm；

S——短机座；

1——铁芯长度代号；

2——2 极，电机转速 $n \approx 2900$r/min。

12.3.2 异步电动机分类

异步电动机的系列、品种、规格繁多。按转子绕组型式，一般可分为笼型和绕线型两类。笼型转子绕组本身自成闭合回路，整个转子形成一个坚实整体，其结构简单牢固，应用最为广泛。小型异步电动机大多为笼型。绕线型异步电动机，在其转子回路中通过集电环和电刷接入外加电阻，可以改善启动特性并在必要时可以调节转速。

异步电动机还可按电机的尺寸大小、防护型式、安装条件、绝缘等级和工作定额等进行分类，详见表 12.3-1。

三相异步电动机的主要分类 **表 12.3-1**

分类方式	类别		
转子绕组型式	笼型(Y) 绕线型(YR)		
电机尺寸 中心高度 H(mm) (定子铁心外径 D_{1mm})	大型 >630 (>1000)	中型 355～630 (500～1000)	小型 80～315 (120～500)
防护型式	开启式(IP11) 防护式(IP22,IP23) 封闭式(IP44)		
通风冷却方式	自冷式,自扇冷式,它扇冷式,管道通风式		
安装结构型式	卧式,立式,带底脚,带凸缘		
绝缘等级	E 级,B 级,F 级,H 级		
工作定额	连续,断续,间歇		

异步电动机有单相和三相两类。单相异步电动机一般为1kW以下的小功率电机。

异步电动机的派生和专用产品，一般是按工作环境或拖动特性或特殊性能要求分类，与本专业有关的包括防爆电动机（YA、YB、YF）、深井泵用异步电动机（YLB）、潜水异步电动机（YQS、YQSY）、屏蔽异步电动机（YP）和电磁调速异步电动机（YCT）。

爆炸性危险场所级别详见表12.3-2。

具有气体或蒸汽爆炸性混合物的危险场所级别表 **表12.3-2**

类别	定义	防爆安全型	隔爆型	防爆通风充气型
Q-1	正常情况下即能形成爆炸性混合物的场所	不适用	适用	适用
Q-2	仅在不正常情况下才能形成爆炸性混合物的场所	适用	适用	适用
Q-3	即使在不正常情况下，形成爆炸性混合物的可能性也很小的场所	适用	适用	适用

12.3.3 Y系列小型鼠笼转子异步电动机

目前在风机和水泵上配用的电动机基本上是Y型电动机。该系列电动机是全国统一设计的系列产品，其功率等级和安装尺寸符合国际电工委员会（IEC）标准。适用于驱动无特殊性能要求的各种机械设备，电动机额定电压380V，额定频率为50Hz。全系列共有65个规格、11个机座号、19个功率等级（0.55～90kW）。该型电动机和老产品JD型比较，提高效率0.415%；提高启动转矩30%；缩小体积15%；减轻重量12%。

小于3kW的电动机定子绕组为Y接法，其他功率的电动机则为△接法。

电动机采用B级绝缘，外壳保护为IP44，即能防护大于1mm的固体异物侵入壳内，同时能防溅。冷却方式为IC0141，即全封闭自扇冷式。

第 13 章　建筑防火与防排烟

13.1　设 计 原 则

13.1.1　防火分区与防烟分区的划分

防火分区的划分，在水平方向可以采用防火墙、防火卷帘、防火门等划分；在垂直方向可以采用防火楼板、窗间墙等为分隔物进行分区。

防烟分区可以按隔墙等划分，也可以梁或挡烟垂壁划分，前者称为封闭式防烟分区，后者称为开敞式防烟分区。

防烟分区是房间或走道排烟系统设计的组合单元，一个排烟系统可担负一个或多个防烟分区的排烟。对于地下汽车库，防烟分区则是一个独立的排烟单元，每个排烟系统只担负一个防烟分区排烟。

1. 地上建筑防火分区与防烟分区的划分（见表 13.1-1）

防烟分区的划分原则：第一、防烟分区不应跨越防火分区；第二、净空高度超过 6m 的房间不划分防烟分区，防烟分区的面积就等于防火分区的面积。

2. 地下建筑防火分区与防烟区的划分（见表 13.1-2）

3. 防火分区、防烟分区划分实例

图 13.1-1 表示某百货大楼在设计时的防火分区、防烟分区划分实例。

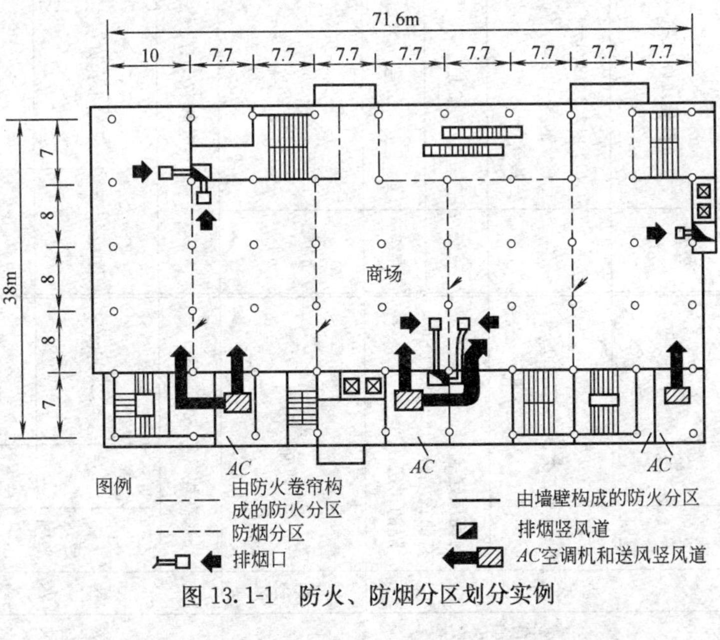

图 13.1-1　防火、防烟分区划分实例

地上建筑防火分区与防烟分区的划分 **表 13.1-1**

<table>
<tr><td rowspan="2" colspan="2">特征</td><td colspan="7">净高不超过 6m 的房间</td><td colspan="4">净高超过 6m 的房间</td></tr>
<tr><td colspan="3">《高规》(5.1.1条)</td><td colspan="4">《建规》(5.1.7条、5.1.12条)</td><td colspan="2">《高规》(5.1.1条)</td><td colspan="2">《建规》(5.1.1、5.1.9条)</td></tr>
<tr><td rowspan="6">无自动灭火系统</td><td rowspan="5">防火分区</td><td rowspan="3">建筑类别</td><td rowspan="2">一类</td><td rowspan="2">≤1000m²</td><td rowspan="2">耐火等级</td><td rowspan="2">最高允许层数</td><td colspan="2">防火分区之间</td><td rowspan="5">防火分区</td><td rowspan="5">其划分方法和面积与左边《高规》的划法和数据完全相同</td><td rowspan="5">防火分区</td><td rowspan="5">其划分方法和面积与左边《建规》的划法和数据完全相同</td></tr>
<tr><td>最大允许长度(m)</td><td>每层最大允许建筑面积(m²)</td></tr>
<tr><td>二类</td><td>≤1500m²</td><td>一、二级</td><td>(1)9层及9层以下住宅
(2)不高于 24m 的其他公共建筑</td><td>150</td><td>2500
(注¹:4000)</td></tr>
<tr><td colspan="2" rowspan="2">与高层建筑有防火墙分隔的裙房</td><td rowspan="2">≤2500m²</td><td>三级</td><td>5层</td><td>100</td><td>1200</td></tr>
<tr><td>四级</td><td>2层</td><td>60</td><td>600.</td></tr>
<tr><td>防烟分区</td><td colspan="3">500m²</td><td>防烟分区</td><td colspan="3">500m²</td><td>防烟分区</td><td>按防火分区面积不划分防烟分区</td><td>防烟分区</td><td>按防火分区面积不划分防烟分区</td></tr>
<tr><td rowspan="6">有自动灭火系统</td><td rowspan="6">防火分区</td><td colspan="3">《高规》(第5.1.1条)</td><td colspan="4">《建规》(5.1.1条 5.1.9条报批稿)</td><td rowspan="6">防火分区</td><td rowspan="6">其划分方法和面积与左边《高规》的划法和数据完全相同</td><td rowspan="6">防火分区</td><td rowspan="6">其划分方法和面积与左边《建规》的划法和数据完全相同</td></tr>
<tr><td rowspan="3">建筑类别</td><td rowspan="2">一类</td><td rowspan="2">≤2000m²</td><td rowspan="2">耐火等级</td><td rowspan="2">最多允许层数</td><td colspan="2">防火分区之间</td></tr>
<tr><td>最大允许长度(m)</td><td>每层最大允许建筑面积(m²)</td></tr>
<tr><td>二类</td><td>≤300m²</td><td>一、二级</td><td>(1)9层
(2)不高于 24m</td><td>150</td><td>5000
(注²:10000)</td></tr>
<tr><td colspan="2" rowspan="2">与高层建筑有防火墙分隔的裙房</td><td rowspan="2">(5.1.3条)
≤5000m²</td><td>三级</td><td>5层</td><td>100</td><td>2400</td></tr>
<tr><td>四级</td><td>2层</td><td>60</td><td>1200</td></tr>
</table>

续表

特征	净高不超过6m的房间			净高超过6m的房间			
	《高规》(5.1.1条)	《建规》(5.1.7条、5.1.12条)		《高规》(5.1.1条)		《建规》(5.1.1、5.1.9条)	
防烟分区	$500m^2$	防烟分区	$500m^2$	防烟分区	按防火分区面积不划分防烟分区	防烟分区	按防火分区面积不划分防烟分区

注[1]：详《高规》5.1.2条。注[2]：详《建规》5.1.7条和5.1.12条：为商店营业厅，一、二级耐火等级的单层或多层建筑的首层，设有自动灭火系统和排烟设施。

地下建筑防火分区与防烟分区的划分 **表 13.1-2**

		最大允许面积(净空高度不超过6.0m)(m^2)				最大允许面积(净空高度超过6.0m)(m^2)				
项目	规范	《高规》	《建规》	《汽车库规》	《人防规》	规范/项目	《高规》	《建规》	《汽车库规》	《人防规》
防火分区	无自动灭火系统	≤500 (5.1.1条)	≤500 (5.1.7条)	最大允许面积为2000 (5.1.1条)	不应大于500 (4.1.2条)	无自动灭火系统	≤500	≤500	—	≤500
防火分区	有自动灭火系统	≤1000 (注[1]:$2000m^2$)	≤1000 (注[2]:≤$2000m^2$)	≤4000 (5.1.2条)	不应大于1000 (4.1.2条) (同注[1]:$2000m^2$) (详4.1.3条)	有自动灭火系统	不应大于1000	≤1000 (注[2]:$2000m^2$)	—	不应大于1000 (4.1.2条) (同注[1]:$2000m^2$) (详4.1.3条)
防烟分区	—	不宜超过500 (5.1.1条)	≤500	不宜超过2000 (8.2.2条)	≤500 (4.1.6条)	—	防烟分区可按防火分区面积1000	可不划分防烟分区	—	可不划分防烟分区，等于防火分区面积即1000 (4.1.6条)

注[1]：高层建筑内的商店营业厅、展览厅等，当设有火灾自动报警系统和自动灭火系统且采用不燃材料或难燃材料装修时地下部分防火分区的最大允许面积为$2000m^2$，详见《高规》5.1.2条。注[2]：《建规》5.1.3条。

此例是将顶棚送风的空调系统和防烟分区结合在一起来考虑的。

4. 防排烟设计程序（见图13.1-2）

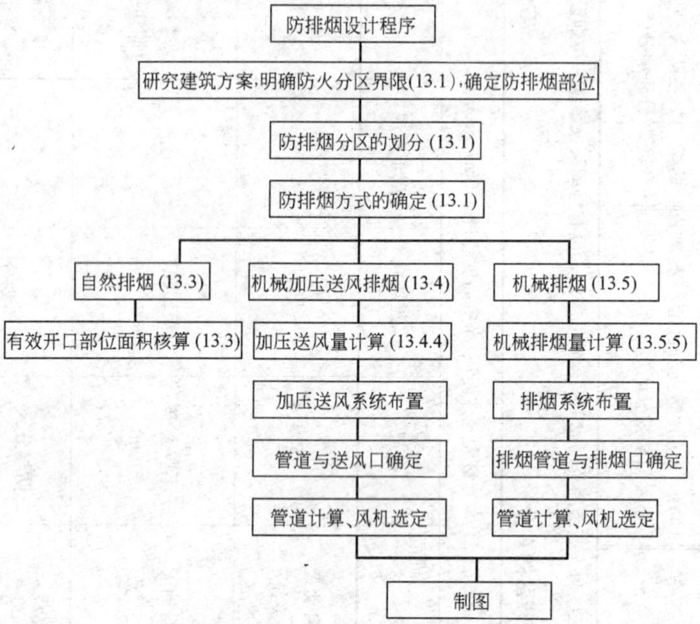

图13.1-2 防排烟设计程序

13.1.2 防烟楼梯间及消防电梯的设置

有防烟楼梯间和消防电梯才有前室及合用前室，才有加压送风的存在。没有这两者，也就没有加压送风。加压送风是伴随它而来的，把握住了防烟设计的部位就掌握了工作的主动权。

1. 应该设置防烟楼梯间的建筑物（见表13.1-3）

应该设置防烟楼梯间的建筑物　　表13.1-3

序号	建筑类别	应设防烟楼梯间的高层、非高层建筑	备注
1	高层建筑	一类高层建筑	《高规》6.2.1条
2	高层建筑	除单元式和通廊式住宅外的建筑高度超过32m的二类建筑及塔式住宅	《高规》6.2.1条
3	高层建筑	19层及19层以上的单元式住宅	《高规》6.2.3.3条
4	高层建筑	超过11层的通廊式住宅	《高规》6.2.4条
5	高层建筑	不能靠外墙，且不能直接天然采光和自然通风的封闭式楼梯间应按防烟楼梯间的规定设置。应设封闭楼梯间的有： 1)裙房和除单元式和通廊式住宅外的建筑高度不超过32m的二类建筑 2)12层至18层的单元式住宅	《高规》6.2.2条 《高规》6.2.3.2条
6	非高层建筑	1. 地下商店和设置歌舞、娱乐、放映场所的地下建筑： 当地下层数在3层及3层以上；或地下室内地面与室外出入口地坪高差大于10m时，均应设置防烟楼梯间	《建规》5.3.12条

续表

序号	建筑类别	应设防烟楼梯间的高层、非高层建筑	备　注
7	非高层建筑	2. 以下应设封闭楼梯间的公共建筑，当封闭楼梯间无条件靠外墙设置，楼梯间内不能直接天然采光和自然通风时，下列公共建筑，应按防烟楼梯间设置： 1)医院疗养院的病房楼；2)旅馆；3)超过2层的商店等人员密集的公共建筑；4)超过5层的其他公共建筑；5)设置歌舞、娱乐、放映场所，且建筑层数超过2层的建筑；6)其他形式的居住建筑，当层数超过6层或任一层建筑面积大于500m² 时	《建规》7.4.2条 7.4.3条 5.3.5条 5.3.11条

2. 应设置消防电梯的建筑（见表13.1-4）

应设置消防电梯的建筑　　表13.1-4

<table>
<tr><th>序号</th><th>应设消防电梯的高层建筑</th><th>备　注</th></tr>
<tr><td>1</td><td>一类公共建筑</td><td rowspan="4">《高规》6.3.1条、6.3.2条
每层建筑面积不大于1500m² 设一台，1500～4500m² 设二台，大于4500m² 设三台</td></tr>
<tr><td>2</td><td>塔式住宅</td></tr>
<tr><td>3</td><td>12层及12层以上的单元式住宅和通廊式住宅</td></tr>
<tr><td>4</td><td>建筑高度超过32m的其他公共建筑</td></tr>
</table>

13.1.3 高层、非高层民用建筑应设置防烟设施的部位

1. 防烟楼梯间及其前室。

2. 防烟楼梯间及消防电梯合用前室。

3. 消防电梯前室。

4. 高层建筑避难层（包括封闭式与非封闭式）。

13.1.4 高层、非高层民用建筑应设置排烟设施的部位及限定条件（见表13.1-5）

民用建筑应设置排烟设施的部位及限定条件　　表13.1-5

<table>
<tr><th colspan="4">部　位</th><th colspan="2">限 定 条 件</th></tr>
<tr><td rowspan="2">地上房间</td><td colspan="3">非高层民用建筑</td><td>公共建筑面积超过300m²</td><td rowspan="3">经常有人停留或可燃物较多</td></tr>
<tr><td colspan="3">高层民用建筑</td><td>面积超过100m²</td></tr>
<tr><td colspan="4">地下房间</td><td>总面积超过200m² 或一个房间面积超过50m²</td></tr>
<tr><td rowspan="5">疏散内走道</td><td rowspan="3">非高层民用建筑</td><td colspan="2">地下</td><td colspan="2" rowspan="2">长度超过20m(指房间门至前室入口门的水平距离)</td></tr>
<tr><td rowspan="2">地上</td><td>公共建筑</td></tr>
<tr><td>其他建筑</td><td colspan="2">长度超过40m(指房间门至前室入口门的水平距离)</td></tr>
<tr><td colspan="3" rowspan="2">高层民用建筑</td><td colspan="2">长度超过20m(指房间门至前室入口门的水平距离)</td></tr>
<tr><td colspan="2">非封闭式避难层，两个以上朝向的排烟外窗(每个不小于2m²)</td></tr>
<tr><td colspan="4">中庭</td><td colspan="2">净空高度≤12m和>12m</td></tr>
<tr><td colspan="4">地下汽车库</td><td colspan="2">面积超过2000m²</td></tr>
</table>

13.1.5 民用建筑防排烟设施的分类及采用原则

1. 民用建筑防烟设施，应分为机械加压送风防烟设施和可开启外窗的自然排烟的防烟设施。

2. 民用建筑排烟设施，应分为机械排烟设施和可开启外窗的自然排烟设施。

3. 当自然排烟防烟与机械加压送风防烟，以及自然排烟与机械排烟二者都具备设置的条件且学理上允许时，应优先采用自然排烟防烟和自然排烟设施。

13.2 一般规定

1. 机械防排烟系统的风速（见表13.2-1）

机械防排烟系统风速（m/s） **表13.2-1**

风管和风口类别	内表面光滑的混凝土风管	金属风管	排烟口	加压送风口
允许风速(m/s)	应≤15	应≤20	宜≤10	宜≤7

2. 机械防排烟系统的选材

通风机、风管、风阀、风口等必须采用不燃材料制作。

3. 安装在吊顶内的排烟管道，应采用不燃保温材料隔热，并与可燃物的距离不应小于150mm。

4. 机械防排烟系统的风机选用和设置应符合13.4和13.5节的有关要求。

多台风机并联运行的，每台风机应装设防回流装置（止回阀）或与风机连锁开闭的电动风阀。止回阀的流速不应小于8m/s；各台风机均应装设调节风量和风压的调节阀。

5. 机械防排烟系统的风机，宜设置在通风机房内，设置在室外的风机，应有防护措施，并方便维护检修。

6. 机械加压送风防烟系统负担层数，和竖向划分的排烟系统负担的层数都不应超过32层，如果超过，应分段设计。

7. 进风口宜低于排风（烟）口，且不应小于3m；当进、排风口在同一高度时，宜在不同方向设置，且水平距离不宜小于10m。

8. 进风口的底部距室外地坪的高度不宜低于2.0m，设在绿化地带时，不宜低于1.0m。

9. 平时运行的进、排风口噪声应符合环保要求，否则应采取消声措施。

10. 机械通风系统宜按使用性质、使用时间，分别设置独立的排风系统，对于散发有爆炸性气体的房间应设置独立的排风系统，并应采用防爆型风机。

11. 对散发大量余热（或余湿）的房间，如商场、柴油发电机房等场所，采用全面通风换气时，除应保证人员所需的新风量之外，应保证商店室内温度不超过32℃，柴油发电机房不宜超过35℃。宜按消除余热计算送风量L。

$$L=\frac{Q}{0.337(t_{\mathrm{p}}-t_{\mathrm{s}})}\quad \mathrm{m^3/h}$$

式中 L——通风换气量，m^3/h；

Q——室内显热发热量，W；

t_p——室内排风设计温度，℃；

t_s——送风温度，取当地通风温度，℃。

12. 地下汽车库平时的排风量按表 13.2-2 方法计算

地下汽车库平时的排风量的确定 **表 13.2-2**

序号	车辆出入频度及建筑类型	车库型式及计算条件	
		单层车库按换气次数（次/h）	全部或部分为双层车库，按每辆所需排风量(m^3/辆·h)
1	出入频度较大的商业建筑	6	500
2	出入频度为一般的建筑	5	400
3	出入频度较小的住宅建筑	4	300

注：计算换气体积时，当层高≤3m 时，按实际高度计算，层高＞3m 时，按 3m 计算。

13. 汽车库设置机械送风系统时，送风量宜为排风量的 80%～85%，送风口宜设在下部或汽车通道上部。

14. 汽车库平时排风风口宜均匀布置，可只考虑上排风。

15. 当汽车库层高较低，无法均匀布置排风口时，宜采用诱导通风方式。

16. 汽车库机械通风系统的风机，可采用多台并联、双速、变速风机等，夜间及出入不频繁时，风量可减少 50%。

17. 汽车库内排风、送风、排烟、补风系统相结合的设置与布置方式，参见 13.5.5 第 4 款。

18. 防火阀或防火风口，不能阻隔 70℃以下烟气的蔓延，因此在地上、地下共用楼梯间的防火门或隔墙上不宜安设。

19. 民用建筑不受基地面积和附有居住区人数的限制，同一时间内的火灾次数只考虑一次。防、排烟系统中不论防火分区数量多少，只按同时发生一次火灾计算。对于担负多个（2 个或 2 个以上）防烟分区的排烟系统，按 2 个防烟分区同时着火计算（在一个防火分区内）其排烟量按最大防烟分区面积乘以 $120m^3/(m^2 \cdot h)$。

13.3 自然排烟

13.3.1 自然排烟的部位及条件（见表 13.3-1）

13.3.2 利用阳台、凹廊及前室或合用前室多个朝向可开启外窗自然排烟，防烟楼梯间可不设机械加压送风防烟设施的条件及图示

1. 利用阳台、凹廊及前室或合用前室多个朝向可开启外窗自然排烟，防烟楼梯间可不设机械加压送风防烟设施的条件及图示，见表 13.3-2。

高层、非高层民用建筑自然排烟的部位，限定条件及排烟口有效面积 表 13.3-1

序号	部位			限定条件及排烟口有效面积		图示
1	疏散内走道	高层民用建筑的地上或地下	一字形内走道	一端有可开启外窗自然排烟，长度≤30m	可开启外窗面积≥走道排烟面积 2%	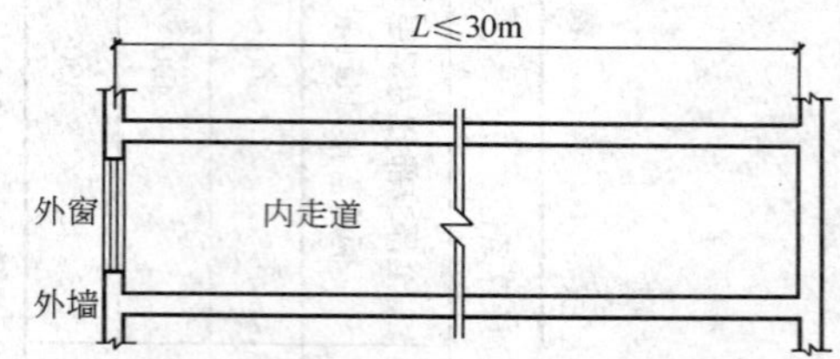 (*a*) 一端有外窗，内走道为一字形
2				两端有可开启外窗自然排烟，长度≤60m	可开启外窗面积，每个端头≥走道排烟面积 1%	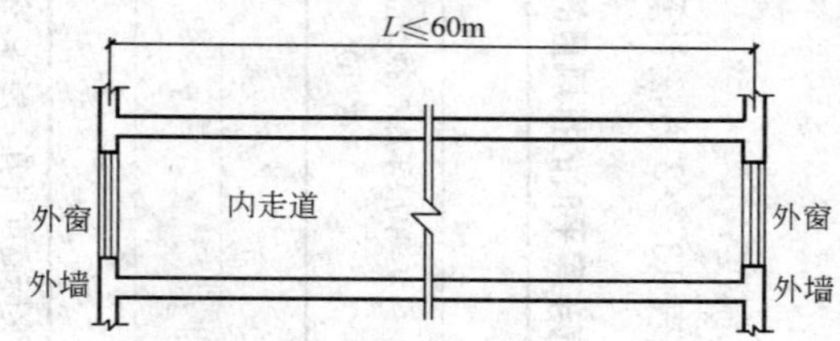 (*b*) 两端有外窗，内走道为一字形
3				走道中部有可开启外窗自然排烟，总长度≤60m	可开启外窗面积，≥走道排烟面积的 2%	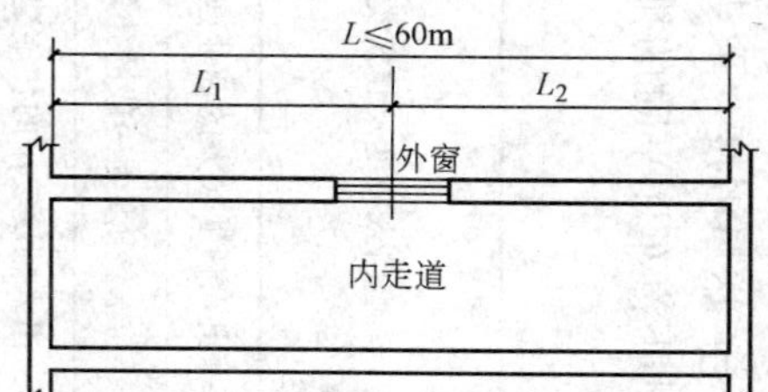 (c) 中间有外窗，内走道为一字形 当 $L_1=L_2$ 时，$L=L_1+L_2\leqslant 60m$ 当 $L_1\neq L_2$ 时，最长段≤30m

续表

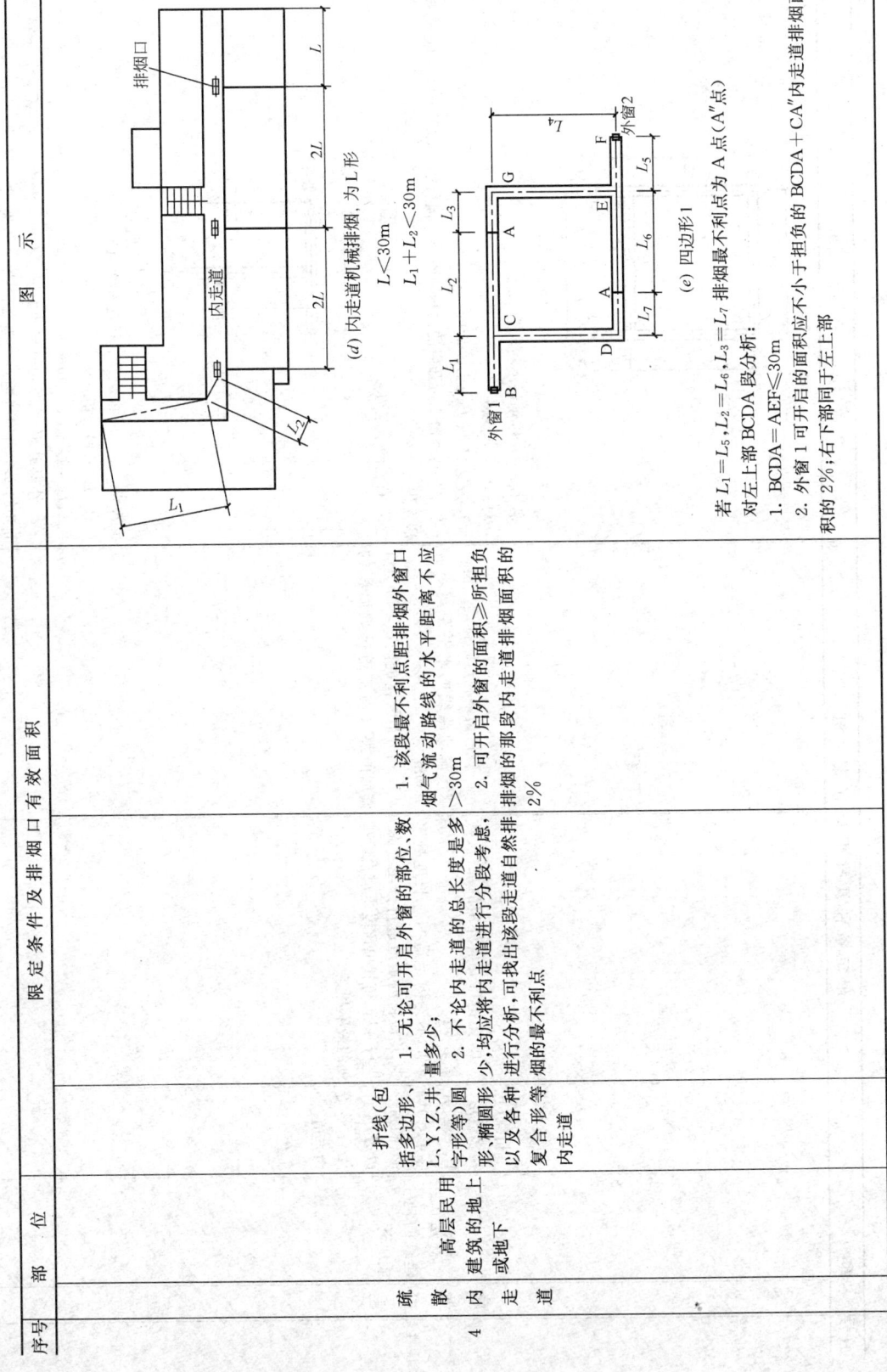

序号	部位		限定条件及排烟口有效面积		图示
4	疏散内走道	高层民用建筑的地上或地下 折线(包括多边形、L、Y、Z、井字形等)圆形、椭圆形以及各种复合形等内走道	1. 无论可开启外窗的部位、数量多少； 2. 不论内走道的总长度是多少，均应将内走道进行分段考虑，进行分析，可找出该段走道自然排烟的最不利点	1. 该段最不利点距排烟外窗口烟气流动路线的水平距离不应＞30m 2. 可开启外窗的面积≥所担负排烟的那段内走道排烟面积的2%	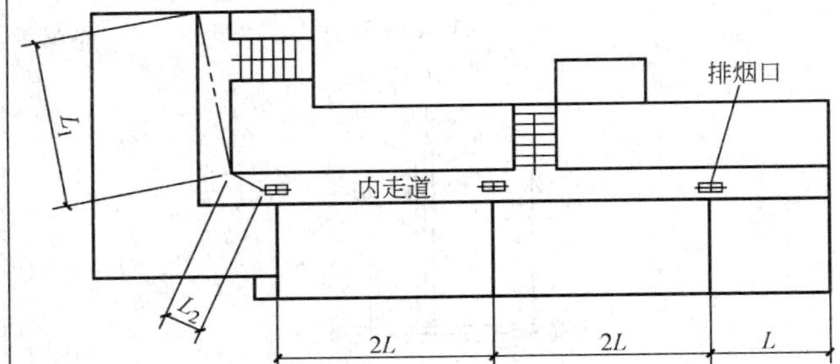 (*d*) 内走道机械排烟，为L形 $L<30m$ $L_1+L_2<30m$ 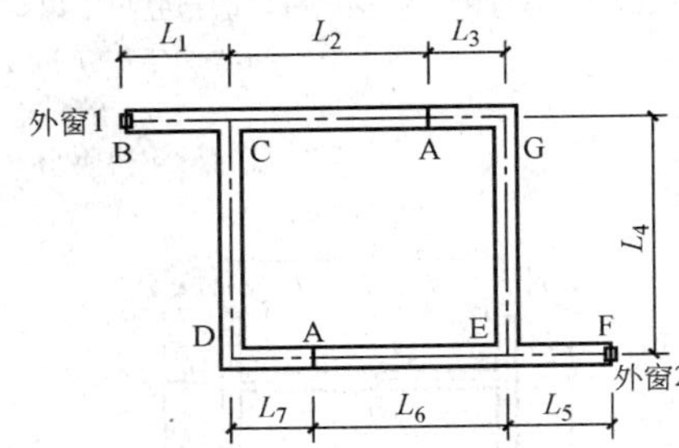 (*e*) 四边形1 若 $L_1=L_5$，$L_2=L_6$，$L_3=L_7$ 排烟最不利点为A点(A″点) 对左上部BCDA段分析： 1. BCDA＝AEF≤30m 2. 外窗1可开启的面积应不小于担负的BCDA＋CA″内走道排烟面积的2%；右下部同于左上部

续表

序号	部位		限定条件及排烟口有效面积			图示
4	疏散内走道	高层民用建筑的地上或地下	折线(包括多边形、L、Y、Z、井字形等)圆形、椭圆形以及各种复合形等内走道	1. 无论可开启外窗的部位、数量多少； 2. 不论内走道的总长度是多少，均应将内走道进行分段考虑，进行分析，可找出该段走道自然排烟的最不利点	1. 该段最不利点距排烟外窗口烟气流动路线的水平距离不应>30m 2. 可开启外窗的面积≥所担负排烟的那段内走道排烟面积的2%	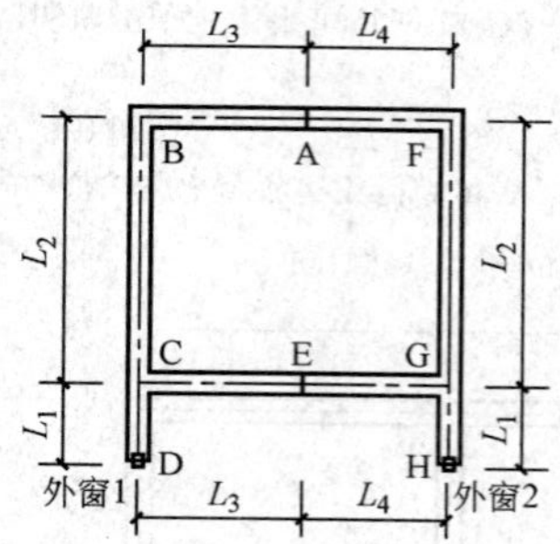 (f) 四边形2 若 $L_3=L_4$ 排烟最不利点为A点 对ABCD段分析： 1. 左边：$L_1+L_2+L_3\leqslant 30m$ 2. 左边：外窗1可开启的面积应不小于担负的ABCD+EC内走道排烟面积的2% 3. 右边同于左边 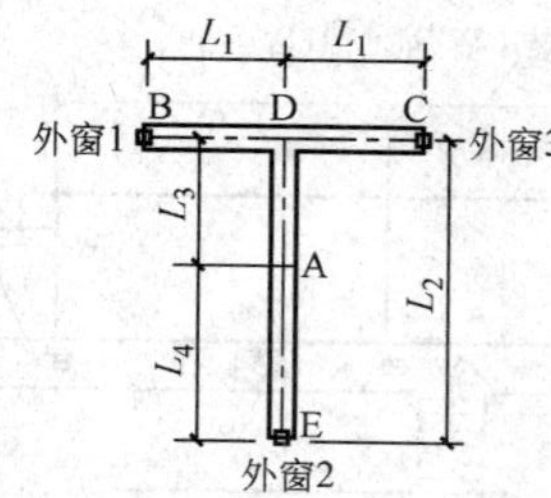 (g) 丁字形 若 $2L_1<L_2$ 时排烟最不利点为A点 对BDAE段分析： 1. $L_4=L_3+L_1\leqslant 30m$ 2. 外窗1+外窗2可开启的面积应不小于担负的BDAE内走道排烟面积的2%，并且外窗1、外窗2、外窗3各为1%

续表

序号	部位			限定条件及排烟口有效面积		图示
4	疏散内走道	高层民用建筑的地上或地下	折线(包括多边形、L、Y、Z、井字形等)圆形、椭圆形以及各种复合形等内走道	1. 无论可开启外窗的部位、数量多少; 2. 不论内走道的总长度是多少,均应将内走道进行分段考虑,进行分析,可找出该段走道自然排烟的最不利点	1. 该段最不利点距排烟外窗口烟气流动路线的水平距离不应>30m 2. 可开启外窗的面积≥所担负排烟的那段内走道排烟面积的2%	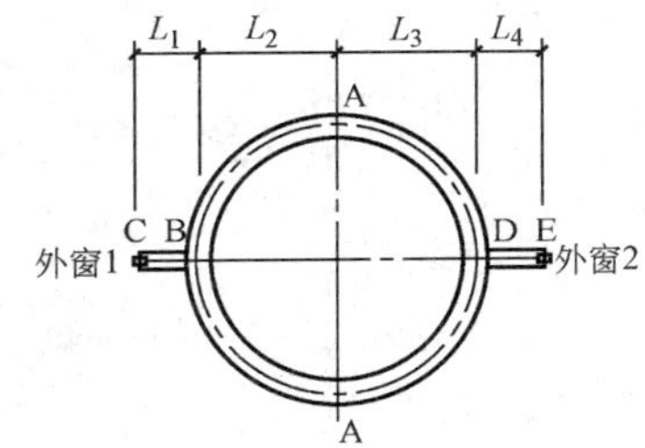 (*h*) 圆形 若 $L_1=L_4$ 时排烟最不利点为 A 点($r=L_2=L_3$) 对左上部 ABC 段分析: 1. $\widehat{AB}$+BC≤30m 2. 外窗 1 可开启的面积应不小于担负的$\widehat{AB}$×2+BC 内走道排烟面积的 2% 3. 右边与左边同
5	非高层建筑			公共建筑人员集中长度>20m的内走道	1. 靠外墙 2. 可开启外窗面积≥内走道排烟面积 2%	
				歌舞、娱乐、放映游艺场所,长度≤40m 内走道		
6	防烟楼梯间	靠外墙	高层、非高层建筑	高层建筑:(建筑高度≤50m 的一类建筑和建筑高度≤100m 的居住建筑,见本章 13.3.1 节) 低层建筑:指设置防烟楼梯间或消防电梯间的场所	可开启外窗面积每 5 层内≥2.00m²	
7	前室 防烟楼梯间				可开启外窗面积≥2.00m²	
8	前室 消防电梯					
9	合用前室				可开启外窗面积≥3.00m²	
10	防烟楼梯间 阳台	不靠外墙			通过走道通向防烟楼梯通道间的阳台自然排烟(见表 13.3-2 中图)	
11	防烟楼梯间 凹廊				通过走道通向防烟楼梯之间的前室或合用前室凹廊自然排烟(见表 13.3-2 中图)	
12	防烟楼梯间 合用前室				利用防烟楼梯间与消防电梯合用前室内两个或两个以上朝向可开启外窗自然排烟,可开启外窗面积,原则上按最不利风向时可开启外窗总面积(详表 13.3-2 中图)	

续表

序号	部位				限定条件及排烟口有效面积		图示
13	房间	地上	靠外墙	高层建筑	面积超过 $100m^2$，经常有人停留或可燃物较多		1. 可开启外窗面积≥房间面积 2% 2. 最远点距排烟窗口烟气流动路线的水平距离≤30m
14	房间	地下	靠外墙	高层建筑	总面积大于 $200m^2$ 或单个房间面积超过 $50m^2$		
15	房间	地上公共建筑	靠外墙	非高层建筑	建筑面积超过 $300m^2$，且经常有人停留或可燃物较多		
16	房间	地下室	靠外墙	非高层建筑	总面积大于 $200m^2$ 或单个房间面积大于 $50m^2$，且经常有人停留或可燃物较多的地下室房间；地下商店或其他地下商业营业厅		
17	房间	地上	靠外墙	非高层建筑	设置在四层及四层以上的	歌舞、娱乐、放映游艺场所	
18	房间	地下	靠外墙	非高层建筑	地下室的	歌舞、娱乐、放映游艺场所	
19	中庭		靠外墙	高层非高层	净高≤12m 有可开启天窗或高侧窗面积不小于建筑面积 5%		
20	剧场		靠外墙	高层非高层	净高≤12m 有可开启天窗或高侧窗面积不小于建筑面积 5%		
21	独建式地下半地下或下沉式地下汽车库		靠外墙	高层非高层	1. 有可开启外窗或天窗、侧窗；2. 排烟面积不小于建筑面积的 2%；3. 排烟口距防烟分区内最远点烟气流动路线的水平距离不大于 30m		

阳台、凹廊及前室或合用前室的利用　　　　表 13.3-2

条　件			部位与图示
高层建筑 （建筑高度不超过50m的一类公共建筑和高度不超过100m的居住建筑，不作为限定条件）	1. 带阳台的防烟楼梯间		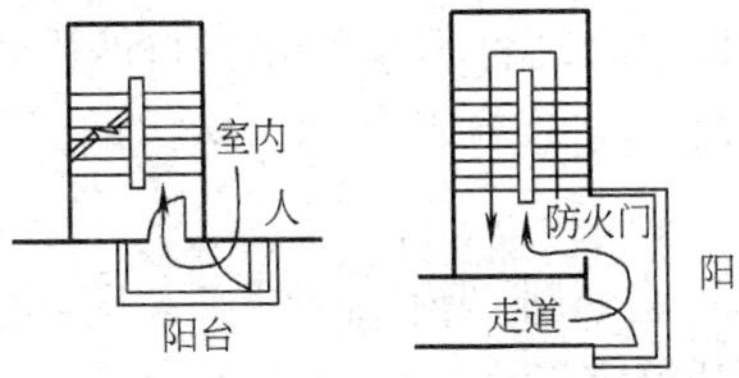
	2. 带凹廊的防烟楼梯间		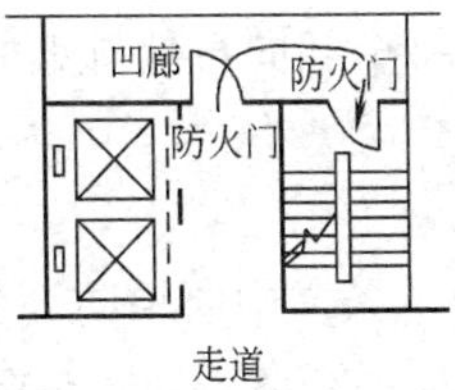
	3. 防烟楼梯间前室或合成前室有不同朝向可开启外窗自然排烟时，每个朝向外窗可开启的面积 f（m^2）。宜按最不利风向时，排烟朝向的数量进行分配（假设各朝向外窗开启面积相等）	两个朝向： 最不利风向时为一个进风一个排风；每个朝向可开启外窗面积 $f_2 \geqslant 1.5m^2$	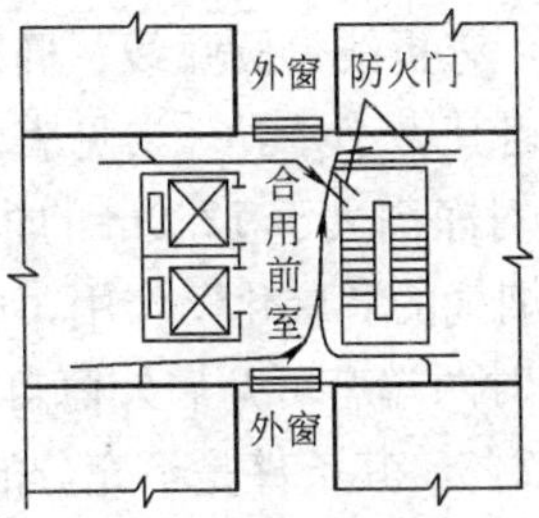 两个不同朝向有开启外窗的合用前室
		三个朝向： 每个朝向可开启外窗面积（按最不利风向时为一个排烟方向排烟计算且全面积排风） $f_3 \geqslant 1.5m^2$	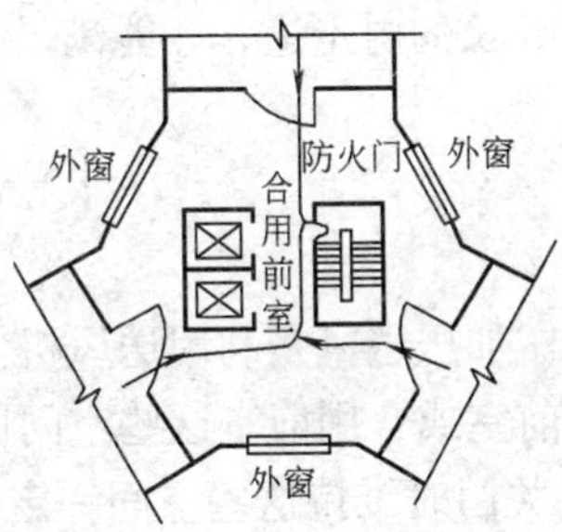
		四个朝向： 最不利风向时按两个方向外窗排烟；每个朝向可开启外窗面积按 $f_4 \geqslant 0.75m^2$	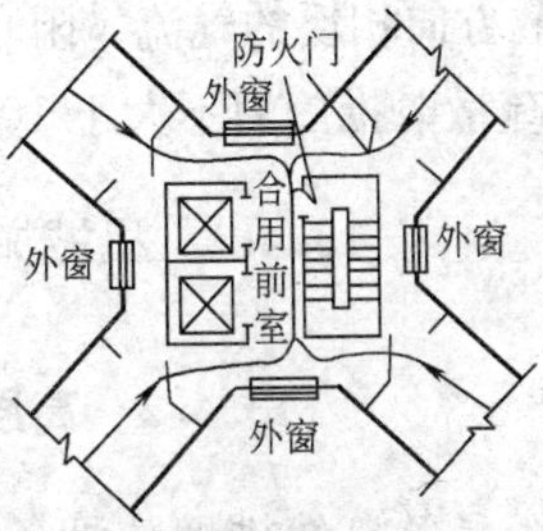 四周有可开启外窗的前室

13.3.3 自然排烟的一般规定

1. 自然排烟口应设于房间或内走道净高的1/2以上，宜设在距顶棚或顶板下800mm以内（以排烟口的下边缘计）。自然进风口应设于房间净高的1/2以下（以进风口上边缘计）。

2. 内走道和房间的自然排烟口，至该防烟分区最远点烟气流动路线的水平距离不应大于30m。

3. 自然排烟窗、排烟口、送风口应采用非燃材料制作，宜设置手动或自动开启装置，手动开关应设在距地坪0.8～1.5m处。

4. 非封闭避难层（间）应设有两个或两个以上不同朝向的可开启外窗或百叶窗，两个朝向时每个朝向自然排烟的面积均应≥2.0m²。

13.3.4 自然排烟的设计要点

1. 规范条文中所谓防烟分区内最远点与排烟口的水平距离不应超过30m，为烟气流动路线的水平距离，与人员疏散距离无关。

2. 对于形状复杂的内走道，最远点距排烟口烟气流动路线水平距离的量度方法，比较复杂，有折线、圆弧线、椭圆线、斜线等，为了方便计算，对内走道可按其轴线长度量度，忽略其微小差异［参见表13.3-1中图(*a*)、(*b*)、(*c*)、(*d*)、(*e*)、(*f*)、(*g*)、(*h*)］。

3. 对净高大于12.0m的中庭，宜采用机械排烟方式，如必须采用自然排烟方式时，应考虑烟气的"层化"作用，应作火灾性能化分析。

4. 对两端有可开启外窗自然排烟的内走道，要求可开启外窗的总面积为内走道排烟面积的2%，其条件是不充分的，还必须考虑两端可开启外窗面积的均匀分配，应该要求两端各占1%，或者说最小端可开启外窗面积≥计算内走道排烟面积的1%（这是与直接自然通风提法的区别，因为自然通风没有自然排烟量和效果的内涵），这样按二等分分配后，60m长的内走道，才能满足排烟量和排烟效果的要求。

13.4 机械加压送风防烟

机械加压送风是利用送风机供给疏散通道中的防烟楼梯间及其前室、防烟楼梯间、消防电梯前室或合用前室这些空间以室外新鲜空气，满足以下三个条件：

1. 关门时维持这些空间一定的正压值，防烟楼梯间≥50Pa，前室或合用前室≥25Pa；

2. 开门时前室或合用前室与走道之间的在门洞处保持≥0.7m/s的风速，形成一种与烟气扩散方向相反的气流，阻止烟气向正压空间扩散入侵，以确保疏散通道的安全。

3. 疏散时推门力不大于10kg。

13.4.1 机械加压送风防烟系统的组合方式（见表13.4-1）

13.4.2 高层建筑机械加压送风防烟部位及设计条件

1. 不具备自然排烟防烟条件：（对建筑高度不超过50m的一类公共建筑和不超过100m的居住建筑）应设置机械加压送风防烟（见表13.4-2）。

机械加压送风防烟系统的组合方式、送风部位及图示 **表 13.4-1**

序号	组合关系	加压送风防烟部位	图 示	对应《高规》风量表编号
1	不具备自然排烟条件的楼梯间及其前室	楼梯间	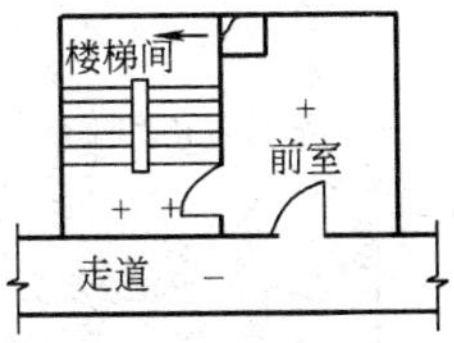	表 8.3.2-1
2	不具备自然排烟条件的楼梯间与有消防电梯的合用前室	楼梯间、合用前室	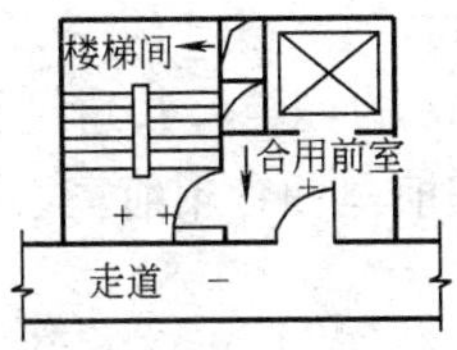	表 8.3.2-2
3	不具备自然排烟条件的消防电梯前室	消防电梯前室	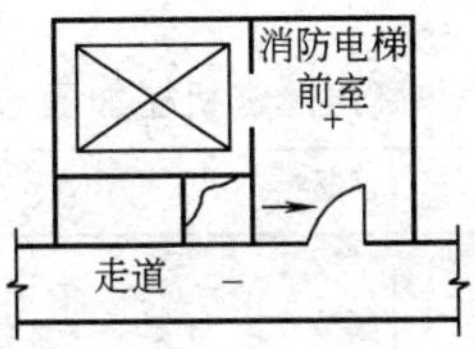	表 8.3.2-3
4	采用自然排烟的楼梯间与不具备自然排烟条件的前室或合用前室	楼梯间前室或合用前室	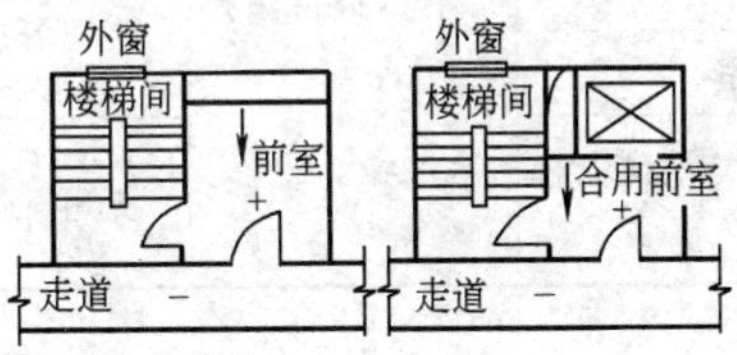	表 8.3.2-4
5	采用自然排烟的前室或合用前室与不具备自然排烟条件的楼梯间	楼梯间	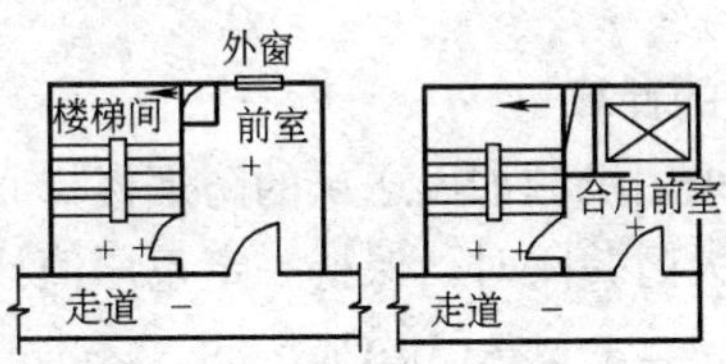	《高规》没有相对的形式，可参照表 8.3.2-1

注：图中“++”、“+”、“–”表示各部位静压力的正负和大小，按内走道设置有排烟绘制，当无排烟时内走道压力为微正压。

高层建筑机械加压送风防烟的部位及设计条件 **表 13.4-2**

序号	部 位	设 计 条 件		
1	防烟楼梯间	不具备自然排烟条件	高层建筑：(规范规定：建筑高度不超过 50m 的一类建筑和建筑高度不超过 100m 的居住建筑。建议不作为限定条件)	无可开启的外窗或每 5 层可开启外窗有效面积小于 $2.0m^2$ 时

续表

序号	部 位	设 计 条 件		
2	防烟楼梯间前室	不具备自然排烟条件	高层建筑：(规范规定：建筑高度不超过50m的一类建筑和建筑高度不超过100m的居住建筑。建议不作为限定条件)	无可开启的外窗或可开启外窗的面积小于3.0m²
3	消防电梯前室			
4	防烟楼梯间与消防电梯合用前室			无可开启的外窗或可开启外窗有效面积小于3.0m²
5	避难层	全封闭式避难层		

2. 建筑高度超过50m的一类公共建筑和建筑高度超过100m的居住建筑对其防烟楼梯间及其前室，消防电梯前室和合用前室，不论有无条件可开启外窗进行自然排烟，均应设计机械加压送风。

13.4.3 非高层建筑机械加压送风防烟部位及设计条件（见表13.4-3）

非高层建筑机械加压送风防烟部位及设计条件 **表13.4-3**

序号	部 位	设 计 条 件	
1	防烟楼梯间	不具备自然排烟条件	无可开启的外窗或每5层内可开启外窗的有效面积小于2.0m²
2	防烟楼梯前室		无可开启的外窗或可开启外窗的有效面积小于2.0m²
3	消防电梯前室		
4	防烟楼梯间与消防电梯合用前室		无可开启的外窗或可开启外窗的有效面积小于3.0m²

13.4.4 机械加压防烟送风量的确定

1. 加压送风量的计算

(1) 压差法 采用机械加压送风的防烟楼梯间及其前室，消防电梯前室及合用前室其加压送风量按当防火门关闭时，保持一定正压值计算，送风量 L_y(m^3/h)：

$$L_y = 0.827A\Delta P^{1/b} \times 3600 \times 1.25 = 3721.5 \times A \times \Delta P^{1/b} \tag{13.4-1}$$

式中 ΔP——门、窗两侧的压差值，根据加压方式和部位取25～50Pa；

b——指数，对于门缝及较大漏风面积取2，对于窗缝取1.6；

0.827——计算常数；

1.25——不严密处附加系数；

A——门、窗缝隙的计算漏风总有效面积，m^2（计算方法详13.4.5节）。

(2) 风速法 采用机械加压送风的防烟楼梯间及其前室，消防电梯前室或合用前室，当门开启时，保持门洞处一定风速所需的风量 L_v(m^3/h)：

$$L_v = \frac{nFv(1+b)}{a} \times 3600 \tag{13.4-2}$$

式中 F——每个门的开启面积，m^2；

v——开启门洞处的平均风速，取 0.7～1.2m/s；

a——背压系数，根据加压间密封程度取 0.6～1.0；

b——漏风附加率，取 0.1～0.2；

n——同时开启门的计算数量。当建筑物为 20 层以下时取 2，当建筑物为 20 层～32 层时取 3。

以上按压差法和风速法分别算出的风量，取其中大值作为系统计算加压送风量。

(3) 泄压阀开启面积的计算。单独的消防电梯前室加压送风系统，如按保持开启门洞处一定风速所需风量远大于保持正压所需风量时，可能造成前室或合用前室等加压空间超压，宜考虑设置泄压阀，其阀板开启面积 F（m^2）可按下式确定：

$$F=\frac{L_{\upsilon}-L_{y}}{3600\times 6.41}=4.3\times 10^{-5}\times(L_{\upsilon}-L_{y}) \tag{13.4-3}$$

前室或合用前室 P_{max}（Pa），可按下式计算（一般取 $P_{max}=60$Pa）：

$$P_{max}=\frac{2f(B-b)-2M}{HB^2} \tag{13.4-4}$$

式中 f——人的最小臂力，按 100N 计；

B——门宽，m；

b——门把手距门边距离，m，一般取 0.06m；

H——门高，m；

M——自动关门器的回转力矩，一般取 45N。

2. 加压送风量控制标准

以基本公式为基础，综合确定出不同方式的加压送风量作为控制标准，也可供设计者直接选用，详见表 13.4-4，当计算值与表中值不一致时，取二者中大值。

机械加压送风防烟组合方式加压部位及最小控制风量 **表 13.4-4**

序号	组合方式	高层民用建筑（执行《高规》8.3.2 条）			多层建筑（执行《建规》9.3.2 条）			人防工程地下室（执行《人防规》6.2.1 条）		
		加压部分	负担层数	风量（m^3/h）	加压部分	负担层数	风量（m^3/h）	加压部分	负担层数	风量（m^3/h）
1	防烟楼梯间及其前室	防烟楼梯间	<20	25000～30000	防烟楼梯间	*1（1～10层）	25000	防烟楼梯间	*2 1	25000
			20～32	35000～40000						
2	防烟楼梯间及其合用前室	防烟楼梯间	<20	16000～20000	防烟楼梯间	*1（1～10层）	16000	防烟楼梯间	*2 1	16000
		合用前室		12000～16000						
		防烟楼梯间	20～32	20000～25000	合用前室		13000	合用前室		12000
		合用前室		18000～22000						
3	消防电梯前室	消防电梯前室	<20	15000～20000	消防电梯前室	*1（1～10层）	15000	—	—	—
			20～32	22000～27000						

续表

序号	组合方式	高层民用建筑（执行《高规》8.3.2条）			多层建筑（执行《建规》9.3.2条）			人防工程地下室（执行《人防规》6.2.1条）		
		加压部分	负担层数	风量（m³/h）	加压部分	负担层数	风量（m³/h）	加压部分	负担层数	风量（m³/h）
4	防烟楼梯间采用自然排烟，前室或合用前室不具备自然排烟条件的加压送风	前室或合用前室	＜20	22000～27000	前室或合用前室	*1（1～10层）	22000	—	—	—
			20～32	28000～32000						
5	前室或合用前室自然排烟防烟楼梯间的加压送风	防烟楼梯间	＜20	25000～30000	防烟楼梯间	*1（1～10层）	25000	—	—	—
			20～32	35000～40000						
修正系数		1. 表中风量按开启2.0m×1.6m的双扇门确定，当采用单扇门时，其风量可乘以0.75计算；当有两个或两个以上出入口时，其风量应乘以1.50～1.75系数计算。开启门时，通过门洞的风速不宜小于0.70m/s(对前室或合用前室指与走道之间的门)。 2. 风量上、下限选取应按层数、风道材料、防火门漏风量等因素综合比较确定			表内风量数值为按开启宽×高＝1.5m×2.1m的双扇门为基础的计算值，当采用单扇门时，其风量宜按表列数值乘以0.75确定，当前室有两个或两个以上门时，其风量应按表列数值乘以1.5～1.75确定，开启门时对前室或合用前室通过与走道之间的门的风速不应小于0.7m/s			防烟楼梯间及其前室或合用前室的门按1.5×2.1m计算，当采用其他尺寸的门时，送风量应根据门的面积按比例修正		

注：*1按地上9层＋地下1层计；*2按人防地下室为1层计。

13.4.5 正压间总有效漏风面积的确定方法

1. 并联式漏风通路，见图13.4-1

正压间总有效漏风面积 A_T 按下式计算。

$$A_T = A_1 + A_2 + A_3 + A_4 \tag{13.4-5}$$

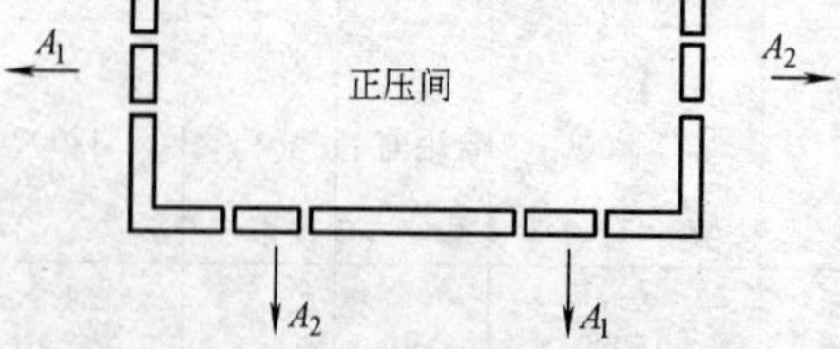

图13.4-1 并联式漏风通路示意图

2. 串联式漏风通路，见图13.4-2所示，正压间总漏风面积 A_T 按下式计算。

$$A_T = \left(\frac{1}{A_1^2} + \frac{1}{A_2^2} + \frac{1}{A_3^2} + \frac{1}{A_4^2}\right)^{-1/2} \tag{13.4-6}$$

当只有两个漏风通路串联时：

$$A_T = \frac{A_1 \times A_2}{(A_1^2 + A_2^2)^{1/2}} \tag{13.4-7}$$

3. 并联和串联混合式漏风通路，如图 13.4-3 所示，加压间总漏风面积按下式计算。

$$A_{1-7}=\left(\frac{1}{A_1^2}+\frac{1}{A_2^2}+\frac{1}{A_{7-3}^2}\right)^{-1/2} \quad (13.4\text{-}8)$$

$$A_{7-3}=A_7+A_6+A_5+A_{3-4} \quad (13.4\text{-}9)$$

$$A_{3-4}=\frac{A_3\times A_4}{(A_3^2+A_4^2)^{1/2}} \quad (13.4\text{-}10)$$

式中 A_{1-7}——从加压楼梯间到非正压间的有效面积，m^2；

A_{7-3}——第二个房间总的漏风面积，m^2；

A_{3-4}——通路 A_3 和 A_4 的有效面积总和，m^2。

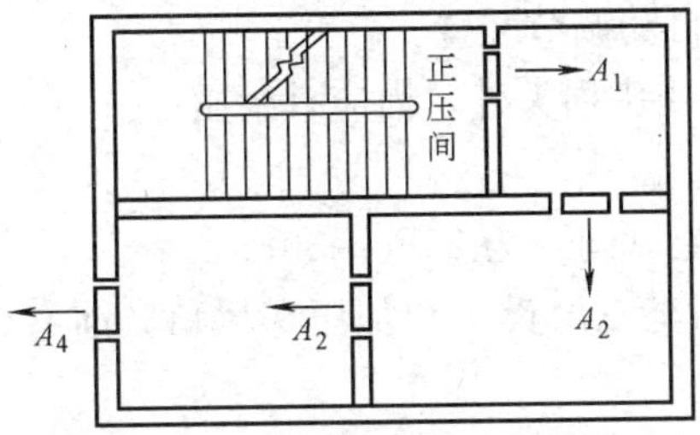

图 13.4-2 串联式漏风通路示意图

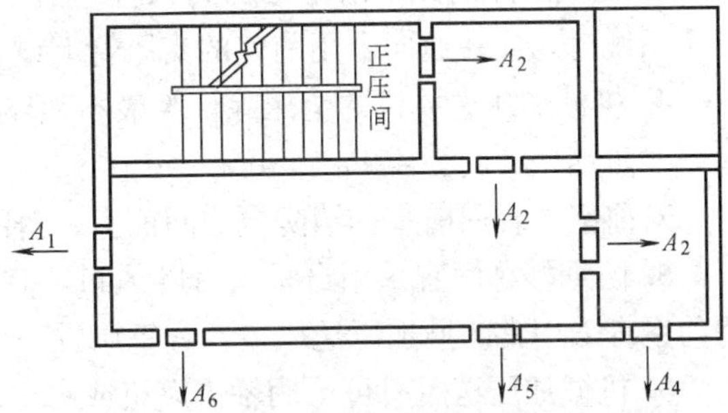

图 13.4-3 并联和串联混合式漏风通路示意图

4. 四种类型标准门的漏风面积（见表 13.4-5）

四种类型标准门的漏风面积 **表 13.4-5**

门的类型		高×宽(m)	缝隙长(m)	漏风面积(m^2)	缝隙宽(mm)
开向正压间的单扇门		2×0.8	5.6	0.01	1.79
从正压间向外开启的	单扇门	2×0.8	5.6	0.02	3.57
	双扇门	2×1.6	9.2	0.04	4.35
	电梯门	2×2.0	10	0.06	6.00
	电梯门	2×1.8	9.6	0.06	6.25

注：对大于表中尺寸的门，漏风面积按实际计算。

门缝宽度：疏散门 2～4mm，电梯门 5～6mm。

5. 防烟楼梯间外窗的漏风量

如防烟楼梯间有外窗，仍采用正压送风时，其单位长度可开启窗缝的最大漏风量（$\Delta P=$ 50Pa）据窗户类型直接确定：

单层木窗 15.3 $m^3/(m\cdot h)$

双层木窗 10.3 $m^3/(m\cdot h)$

单层钢窗 10.9 $m^3/(m\cdot h)$

双层钢窗 7.6 $m^3/(m\cdot h)$

6. 各类窗户单位长度的计算漏风面积（见表 13.4-6）

表 13.4-6

窗类型	移动窗	转动气密窗	推拉窗
计算漏风面积(m^2/m)	2.55×10^{-4}	3.61×10^{-4}	1200×10^{-4}

13.4.6 加压送风系统设计一般规定

1. 剪刀楼梯间可合用一个风道和一个系统，其风量应按二个楼梯间计算，送风口应分别设置。

2. 封闭避难层（间）的机械加压送风量，应按避难层净面积每平方米不小于 $30m^3/h$ 计算。

3. 机械加压送风的防烟楼梯间和合用前室，宜分别独立设置送风系统，当必须共用一个系统时，应在通向合用前室的支风管上设置压差自动调节装置。

4. 机械加压送风机的全压除计算最不利环路管道压头损失外，尚应有余压：

对防烟楼梯间为 40Pa～50Pa。

对前室、合用前室、消防电梯间前室、封闭避难层（间）为 25Pa～30Pa。

5. 防烟楼梯间宜采用自垂式百叶风口，宜每隔二至三层设一个加压送风口；前室合用前室宜采用常闭型加压送风口，宜每层设一个风口。

6. 机械加压送风机可采用轴流风机或中、低压离心风机，风机位置应根据供电条件、风量分配均衡，新风口不受火、烟威胁等因素确定。

7. 前室或合用前室等加压送风系统，凡设常闭型加压送风口时，加压送风量中应计入火灾时关闭风口的缝隙漏风量。数据见 13.4.7 节第 9 款。

防烟楼梯间当采用常开型百叶送风口时，应在加压送风机出风管上加设止回阀。加压送风量中应计入关闭门的缝隙漏风量，数据见 13.4.7 节第 8 款。

估算时按 10%～20%计入（当计算式中含有漏风系数时可不再增加）。

8. 带裙房的高层建筑防烟楼梯间及其前室、消防电梯间前室或合用前室，当裙房以上部分利用可开启外窗进行自然排烟，裙房部分不具备自然排烟条件时，当裙房符合楼梯间每 5 层内可开启外窗面积不小于 $2m^2$ 时，可视为有自然排烟条件，但应对其前室或合用前室设置局部加压送风系统。

9. 对加压送风系统负担层数较少和采用常闭型加压送风口的前室或合用前室，常常易于超压，在前室与走道之间，宜设置带防火阀的限压装置。

10. 加压送风系统和专为火灾时使用的排烟系统的风机不必消声、减振。取风点的室外空气不应受到污染，但不必过滤和加热。

11. 在同一加压空间，排烟与加压两种方式不能同时采用。

13.4.7 加压送风系统设计要点

1. 对于《高规》表 8.3.2-1～4 下注释中，出入口个数的修正系数，其出入口个数如何确定的问题，对前室和合用前室按平面图可以确定，但对消防电梯门算不算出入口数的问题，在工程设计中仍然成为一个争论不休的问题，因为涉及加压送风量的修正系数是否要乘以 1.50～1.75 的问题。

出入口数，从词义上讲，是对人来说的，我们的目的是计算风量，显而易见，实质上是对气流而言的，火灾过程中防火门始终处于忽开忽关的状态，加压空间的空气，从这些忽开忽关的门所形成的空气通道中流失，门是人员疏散时推开的，因此与人员出入口数挂上了钩，消防电梯的门，在扑救工作过程中，即使将电梯门较长时间地置于开启状态，也不可能在整个门洞上形成一个气流通道，只是存在缝隙的漏风而已，与关闭时没有太大的区别（二者的差别一般可以忽略），而缝隙的漏风量已在风量计算中计入。因此消防电梯的门，不应算作出入口数，而普通电梯的门，更不应列入出入口数了，因为火灾时，规定普通电梯必须下降到底层停止使用的。但对于防烟楼梯间则应从楼梯间整个空间来确定，因为这个大空间上、下都是相通的。

2. 加压送风量的计算方法有两种，压差法中包括了不严密处附加的漏风系数 25%，而流速法的公式中有的没有［如《高规》8.3.2 条条文说明的公式（6）］，详细计算时分项计算比较准确。而流速法计算的风量一般都比压差法大，最终取值都是流速法。因此，应重视漏风量的计算，对前室和合用前室应注意关闭了的加压送风口的漏风量，其次是门窗缝隙的漏风量，特别是当风机压头采用过高时，漏风更严重。对于防烟楼梯间的漏风主要是门、窗缝隙。对于前室或合用前室主要是关闭了的送风口的缝隙漏风量，计算方法详本章 13.4.7 节第 9 款。

3. 关于加压风机压头的问题，应由计算确定，但计算也是比较复杂的，有一条是肯定的，当系统负担层数相同、竖井最大风速相同时，防烟楼梯间加压送风系统需要的压头一般比前室和合用前室加压送风系统的压头要小，因为前者是常开风口，各风口都是途泄流量，竖井越往下游风速越小。而前室和合用前室加压送风系统，当采用的是常闭型风口时，当下部层着火时，上部风口都是关闭的，它的途泄流量只是每个关闭风口在其压差情况下的漏风量，区别是很大的，应予重视。

4. 对塔式住宅剪刀楼梯合用一个出入口的三合一前室的组合方案，除对两座楼梯间加压送风外，并宜对三合一前室进行加压。

5. 只负担地下一层的加压送风时的最小风量限值（见表 13.4-7）。

只负担地下一层加压送风时的最小风量限值（m^3/h）　　表 13.4-7

序号	组合方案	加压部位	高层建筑《高规》8.3.2 条	非高层建筑《建规》9.3.2 条	地下人防《人防规》6.2.1 条
1	防烟楼梯间及其前室	防烟楼梯间	25000	25000	25000
2	防烟楼梯间及其合用前室	防烟楼梯间	16000	16000	16000
		合用前室	12000	13000	12000
3	单独消防电梯前室	前室	15000	15000	—
4	采用自然排烟的防烟楼梯间及其无自然排烟条件的前室或合用前室	前室或合用前室	22000	22000	—

6. 前室或合用前室加压送风口的开启方式，现行规范没有明确的规定，通常的做法有三种：

（1）采用常闭型加压送风口，火灾时开启着火层及其上、下相邻两层（共三层）。这时应根据系统负担层数按以下原则区别对待：

1）开启的风口数应与计算加压送风量时，采用的同时开启门的数量 n 相对应。

① 当系统负担层数为3～19层时，火灾时，只开启着火层及其上部1层共两层风口（$n=2$）。

② 当系统负担层数为20～32层时，火灾时，开启着火层及其上、下相邻两层共三层风口（$n=3$）。

2）系统负担层数很少时，应按工程实际情况确定，当系统负担层数为1～2层，火灾时，只开启着火层一层；当风口尺寸较大，设置困难时，可适当提高送风口速度。

（2）采用常闭型加压送风口，火灾时只开启着火层一层（上海市地方标准《民用建筑防排烟技术规程》3.3.2条作了规定："……因为火灾时，虽然三层同时疏散，但产生烟气只有一层。所以，只需开启火灾层本层风口，阻挡烟气。"），本方法的加压送风效果最好，但当风口尺寸较大时设置有困难；这时可加大出口风速，但不宜超过10m/s。

（3）采用自垂式或常开百叶风口，火灾时，所有各层风口全开；本方法的特点是系统简单，造价较低，但很难阻挡烟气入侵前室，效果较差。

7. 负担层数较少的机械加压送风系统

宜在前室走道之间设置泄压设施，压力传感器应设置在容易造成超压的部位。

余压阀、折叶板的排气面积 A（m^2），可按下式计算：

$$A=\frac{L}{0.827\Delta P^{1/2}\times 3600} \tag{13.4-11}$$

式中 L——泄压风量，m^3/h；

ΔP——允许压差，Pa，一般取 $\Delta P=60Pa$。

8. 正压间关闭门缝隙漏风量的计算

每个关闭门的漏风量 L_m 按下式计算：

$$L_m=0.827\times A\times \Delta P^{1/2}\times 3600 \tag{13.4-12}$$

式中 A——为漏风（并联）面积，m^2，对串联通道的面积计算方法详13.4.5节第2款；

ΔP——为门两侧的压差，Pa。

几种不同漏风面积和不同压差的门，其漏风量的计算结果见表13.4-8。

不同面积和不同压差下门的漏风量（m^3/h） **表13.4-8**

	门的规格(m)	缝长(m)	漏风面积 A(m^2)	$\Delta P=25Pa$	$\Delta P=30Pa$	$\Delta P=40Pa$	$\Delta P=50Pa$
正压间向外开的门	2.0×1.6双扇	9.2	0.368	548	600	693	775
	2.0×2.0电梯门	10	0.06	893	978	1130	1263
	2.0×1.2单扇	6.4	0.0256	381	417	482	539
	2.0×1.0单扇	6	0.024	357	391	452	505
	2.0×0.8单扇	5.6	0.0224	327	359	414	463
开向正压间的门	2.0×1.6双扇	9.2	0.0184	284	311	359	402
	2.0×1.2单扇	6.4	0.0128	191	209	241	269
	2.0×1.0单扇	6	0.012	179	196	226	253
	2.0×0.8单扇	5.6	0.0112	167	183	211	236

9. 关闭风口和阀门的漏风量

风口包括加压送风口，阀门包括排烟阀的防火阀，这些风口和阀门即使在关闭状态下漏风量都是不能忽视的。这里的风口和阀门都是指符合制作标准的风口和阀门，按制作标准的要求规定当两侧压差为250Pa时，允许单位面积（指规格尺寸 $A \times B$ 的乘积 m^2）阀门或风口关闭的漏风量 $\leqslant 1000m^3/(m^2 \cdot h)$ 为合格。或者压差为1000Pa，允许值为 $2000m^3/(m^2 \cdot h)$，据此推算出风口，阀门的漏风面积率为 $\psi = 0.0213m^2/m^2$，即单位面积的漏风面积，以此来表示合格产品的密闭性特征。

关闭的防火阀排烟阀和加压送风口的漏风量可按下式计算：

$$L_f = 0.827 \times \psi \times A \times 3600 \times \Delta P^{1/2} \tag{13.4-13}$$

式中 A ——防火阀门、加压送风口的规格尺寸面积，m^2；

ΔP ——为阀门两侧的压差，Pa。

在不同压差下单位面积（$A \times B = 1m^2$）的漏风量如表13.4-9所示。

注：1. 采用常开型风口或自垂百叶风口的系统，如防烟楼梯间不应计算阀门的漏风量。

2. 前室、合用前室等采用常闭型风口的加压送风系统和垂直划分的排烟系统的常闭型排烟系统的风口，关闭状态下应考虑其漏风量。

不同压差下关闭风口、阀门单位面积的漏风量 **表13.4-9**

ΔP(Pa)	$L_f[m^3/(m^2 \cdot h)]$	ΔP(Pa)	$L_f[m^3/(m^2 \cdot h)]$	ΔP(Pa)	$L_f[m^3/(m^2 \cdot h)]$
5	142	105	648	400	1265
10	200	110	663	450	1342
15	245	115	678	500	1414
20	283	120	693	550	1483
25	316	125	707	600	1549
30	346	130	721	650	1613
35	374	135	735	700	1673
40	400	140	748	750	1732
45	424	145	762	800	1789
50	447	150	775	850	1844
55	469	155	787	900	1898
60	490	160	800	950	1950
65	510	165	812	1000	2000
70	529	170	825	1050	2050
75	548	175	837	1100	2098
80	566	180	849	1150	2145
85	583	200	895	1200	2191
90	600	250	1000	1250	2836
95	617	300	1096	1300	2281
100	633	350	1183	1350	2324

10. 加压送风量、漏风量叠加原则

(1) 加压送风系统漏风量的计算方法分为两种：即“系统附加系数法”按漏风量占加压送风量的百分数附加（作为估算值，准确性较差），和“缝隙法”按部位或部件如门缝、窗缝、关闭阀门的缝隙面积 f 与两侧压力差 ΔP 的关系式计算出漏风量 ΔL，与算得的基本加压送风量相加，漏风量不应重复计算。

(2) 加压送风系统只有同一时刻出现的风量才能叠加，例如：加压送风系统风量计算方法中的“压差法”是加压空间防火门关闭时保证一定的正压值所需的风量，“流速法”是开门时保证门洞处一定的风速的风量。二者不是同一时刻出现的，故不能叠加。

(3) 两个相邻空间只要有压力差和缝隙存在，就有漏风存在，选择部件漏风量数据时，要注意确定压力差的大小和缝隙漏风面积的大小。

11. 前室或合用前室加压送风系统风口的选择

(1) 选择原则：前室或合用前室宜采用常闭型加压送风口，每层设一个。

(2) 开启方式应根据系统负担层数与计算风量时采用的同时开启的防火门个数一致。

当系统负担层数为：非高层建筑和高层建筑：1～2层时，只开启着火层一层。

高层建筑：＜20层时，开启着火层及其相邻上部一层共2层；20～32层时，开启着火层及其相邻上、下层共3层。

(3) 加压送风口按火灾时相应的同时开启的层数计算风口尺寸，每个风口面积 f (m^2) 按下式计算：

$$f=\frac{L}{3600\times n\times \eta\times 7} \tag{13.4-14}$$

式中 L ——加压送风量，m^3/h；

n ——加压送风口同时开启的层数（或门数）；

7 ——风口风速，m/s，取为7m/s；

η ——风口有效面积率，一般取85%（计算中可取 $\eta=100\%$，因风速7m/s是从影响人的舒适性出发的限值，火灾时，可不考虑）。

13.4.8 机械加压送风防烟计算举例

【例】 某29层综合贸易大楼，为一类高层建筑。其中一防烟楼梯间内共有29个1.5m×2.1m的双扇防火门，楼梯间外墙上共有25个1.5m×1.6m的双层钢窗。前室内有一个双扇防火门与走道相通。试用计算法确定加压送风量及风道、风口尺寸。

【解】 楼梯间内虽有外窗，因是高度超过50m的一类建筑，故应在楼梯间设计机械加压送风系统，前室不送风。

1. 查表法得：35000～40000m^3/h

2. 压差法：按公式（13.4-1）计算风量：

一个双扇门 $f=0.04m^2$（查表13.4-5），取 $\Delta P=50Pa$，$b=2$

$L_{y1}=0.827\times f\times 29\times \Delta P^{1/b}\times 3600\times 1.25=0.827\times 29\times 0.04\times 50^{1/2}\times 3600\times 1.25=30525m^3/h$。

每个可开启外窗的缝隙长度为7.8m，按双层钢窗查得漏风量为7.6$m^3/(m\cdot h)$，外窗总漏风量为：

$$L_{y2}=7.6\times 7.8\times 25=1482m^3/h$$

$$L_y=L_{y1}+L_{y2}=30525+1482=32007\text{m}^3/\text{h}$$

3. 用风速法（13.4-2）公式计算风量：

取：$n=3$，$F=1.5\times2.1=3.15\text{m}^2$，$v=1.0$，$b=0.1$，$a=1.0$。

$$L_v=\frac{3\times3.15\times1.0\times(1+0.1)}{1.0}\times3600=37422\text{m}^3/\text{h}$$

按风速法算出的风量大于按压差法算出的风量，并与表 13.4-4 控制风量相符，故最后确认的计算加压送风量为 37422m³/h。

风道断面积可定为 0.7m²，风速 $v=14.9$m/s。共设 10 个风口，风速按 7.0m/s 计算，风口有效面积为 0.15m²，选定 500mm×400mm 自垂式百叶风口。

4. 按式（13.4-3）选择泄压阀：

$$F=\frac{37422-32007}{3600\times6.41}=0.41\text{m}^2$$

选 $A\times B=800\text{mm}\times500\text{mm}$，余压阀共 29 个。

13.4.9　消防电梯井的机械加压送风

《高规》8.3.1 条条文说明提到："……考虑到防烟技术的发展和要求，在有技术条件和足够的技术资料的情况下，可采用消防电梯井加压送风防烟方式。"在消防电梯井设有加压送风防烟设施后，消防电梯前室或合用前室则不再设加压送风防烟设施。但合用前室计算电梯井加压送风量时，应按有前室考虑，电梯井布置见图 13.4-4。

1. 加压送风量 L（m³/h）：

当有前室时：　$$L=F_4\times0.0014(A_S+a_4)\times3600 \quad (13.4\text{-}15)$$

当无前室时：　$$L=F_4\times(0.023d_4+0.0014a_4)\times3600 \quad (13.4\text{-}16)$$

式中　F_4——电梯井机械加压送风量系数，见图 13.4-5；

a_4——电梯井围护墙的面积，m²；

A_S——电梯井前室侧壁面积，m²；

d_4——开向电梯井的门的总数，当每扇门的周长（c）大于 6m 时，应乘以 $c/6$ 的调整系数。

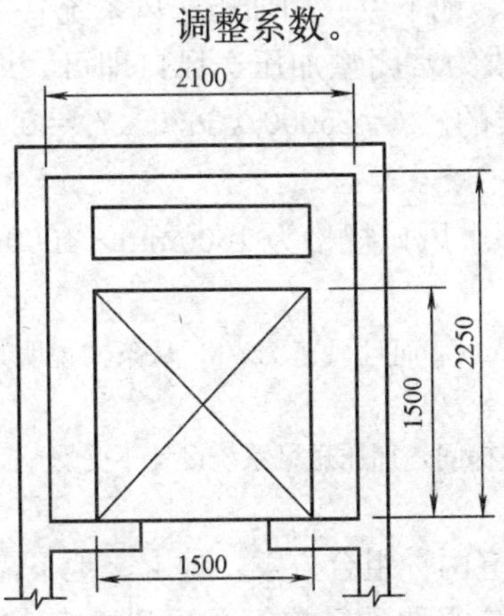

图 13.4-4　电梯井布置

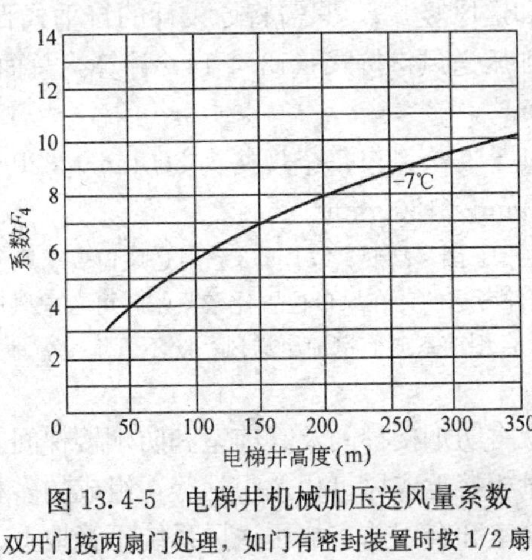

图 13.4-5　电梯井机械加压送风量系数

注：双开门按两扇门处理，如门有密封装置时按 1/2 扇门计算

2. 计算举例：

【例】 设建筑物为29层，层高为3m，消防电梯门为带密封条尺寸为900mm×2100mm的双扇门。每层一个，无前室。

【解】 1. 已知电梯门为双扇但有密封条，故总门数 $d_4=29$

2. 电梯井高 $H=3\times29=87$m，查图得系数 $F_4=5.4$

3. 电梯井四壁面积 $a_4=(2.25+2.1)\times2\times87=756.9\text{m}^2$

4. 加压送风量 $L=5.4(0.023\times29+0.0014\times756.9)\times3600=33566\text{m}^3/\text{h}$

既无前室又无加压送风口，既增加了使用面积又简化了设计。

13.4.10 地上、地下共用楼梯间的加压送风系统设计

由于地上、地下共用楼梯间根据《高规》6.2.8条规定：在首层地下或半地下层的出入口处设置了耐火极限不低于2h的隔墙和乙级防火门，因此防烟楼梯间的地上与地下被防火门隔成两个互不通气的空间，原防烟楼梯间地上地下共用的加压送风系统已不适用。比如，当地上火灾时，加压送风口全开，地下风口要分流一部分空气到地下，使地上的加压送风量减少。特别是地下层火灾时，风口全开，大部分空气分流到地上，地下层加压送风量很少，一般都满足不了规范要求的风量。

现以防烟楼梯间及其前室，只向防烟楼梯间加压送风系统为例，假设地上18层，地下1层，按《高规》8.3.2-1表要求原设计加压送风量为25000m³/h，采用自垂式百叶风口，地上加压送风口9个，地下1个，系统全开时：

分配到地上的风量为：$L_s=25000\times\frac{9}{9+1}=22500\text{m}^3/\text{h}$

分配到地下的风量为：$L_x=25000\times\frac{1}{9+1}=2500\text{m}^3/\text{h}$

根据《人防规》GB 50098-98第6.2.1条地下一层防烟楼梯间及其前室组合形式，只向防烟楼梯间加压送风时其最小风量为25000m³/h，而加压送风系统实际分配到地下的只有2500m³/h，只有需要风量的1/10，差得太远。因此必须采取措施，从本例分析，比较简单，因为地上为18层，火灾时，需要的加压送风量为25000m³/h，地下一层火灾时需要的加压送风量也为25000m³/h。在这种情况下，地上、地下可共用加压送风系统（共用风机和送风竖井），只需将原设计的自垂式百叶风口，改为常闭型加压送风口即可，地上地下加压送风口按式（13.4-14）计算，总面积 f 是一样的。$f=25000/(3600\times7)=0.992\approx1.0\text{m}^2$。

地上9个风口每个规格为360mm×320mm，地下一个风口规格为1000mm×1000mm或850mm×1200mm。

注：1. 因《高规》8.1.5.3条对送风口要求风速不宜大于7m/s，而且风速7m/s，从条文说明是从舒适条件考虑的，在风口位置比较紧张时可考虑风口面积的有效率为1.0。

2. 合用前室或前室加压送风系统不管地上、地下是否共用楼梯间，加压送风系统设计不受影响，系统不变。

现将防烟楼梯间及其前室和防烟楼梯间及其合用前室两种组合方案，地上、地下需要的风量相接近或风量相差很远等，组成的多种方案，相应采取的措施汇总后列于表13.4-10（前室和合用前室加压送风系统不管地上、地下防烟楼梯间共用与否都不变）。

地下地上共用楼梯间的加压送风系统设计方案、条件及措施汇总表　　表 13.4-10

<table>
<tr><th rowspan="2">序号</th><th colspan="4">条　件</th><th colspan="4">措　施</th></tr>
<tr><th>地上地下风量大小</th><th>防烟系统负担层数</th><th>防烟系统组合方式</th><th>防烟楼梯间风量(m³/h)</th><th colspan="3">加压送风防烟系统设置和风口开启方式</th><th>加压送风口形式</th></tr>
<tr><td rowspan="2">1</td><td rowspan="4">地上地下加压送风量相等或接近时</td><td>地上<20层</td><td rowspan="2">防烟楼梯间及其前室只向楼梯间加压送风</td><td>25000～30000</td><td colspan="2" rowspan="4">可合用风机和送风竖井方案</td><td rowspan="4">1. 地上层火灾时开启地上层所有风口
2. 地下层火灾时开启地下层所有风口</td><td rowspan="4">为常闭型电控风口</td></tr>
<tr><td>地下1～3层</td><td>25000</td></tr>
<tr><td rowspan="2">2</td><td>地上<20层</td><td rowspan="2">防烟楼梯间及其合用前室二者分别加压送风</td><td>16000</td></tr>
<tr><td>地下1～3层</td><td>16000</td></tr>
<tr><td rowspan="3">3</td><td rowspan="6">地上地下加压送风量相差较大时</td><td>地上20～32层</td><td rowspan="3">防烟楼梯间及其前室，只向楼梯间加压</td><td>35000～40000</td><td rowspan="2">1. 合用竖井分设风机方案</td><td rowspan="2">1. 选用两台分别适合地上、地下风量的风机并联</td><td rowspan="2">1. 地上层火灾时开启与地上对应的风机和风口；
2. 地下层火灾时开启与地下层对应的风机和风口</td><td rowspan="6"></td></tr>
<tr><td rowspan="2">地下1～3层</td><td rowspan="2">25000</td></tr>
<tr><td>2. 合用竖井，合用变频或双速风机</td><td>2. 选用一台变频或双速风机</td><td>1. 地上或地下层发生火灾时，分别开启与之对应的风量挡位和风口</td></tr>
<tr><td rowspan="3">4</td><td rowspan="2">地上20～32层</td><td rowspan="3">防烟楼梯间及其合用前室二者分别加压</td><td rowspan="2">20000～25000</td><td>1. 合用竖井分设风机方案</td><td>1. 同上1</td><td>1. 同上1.2</td></tr>
<tr><td rowspan="2">2. 合用竖井合用风机方案</td><td>1. 选用一台双速风机或变频(变速)风机</td><td>1. 地上或地下层火灾时开启与之对应的风机转速和相应的风口</td></tr>
<tr><td>地下1～3层</td><td>16000</td><td>2. 按地上、地下二者中最大风量选择一台风机</td><td>1. 风机出口设旁通泄流阀；
2. 不设旁通泄流阀，而是打开地上预先设置的风口(或地上部分加压风口)向地上层泄流</td></tr>
</table>

13.5 机械排烟

13.5.1 机械排烟的部位及设计条件（见表 13.5-1）

13.5.2 机械排烟的一般规定

1. 走道的排烟系统宜竖向设置；房间的机械排烟系统宜按防烟分区设置。

高层、非高层建筑机械排烟的部位及设计条件 **表 13.5-1**

序号	部位			设计条件		
1	内走道	高层建筑	一字形内走道	不具备自然排烟条件	一端有可开启外窗，面积不小于排烟面积的 2%，但长度超过 30m，或者长度未超过 30m，但面积不能满足要求	
2					两端有可开启外窗，面积每端头不小于走道排烟面积的 1%，但长度超过 60m，或者长度未超过 60m，但面积不能满足要求	
3					走道中部有可开启外窗，面积不小于内走道排烟面积的 2%，但长度超过 60m，或者长度未超过 60m，但面积不能满足要求	
4					两端无外窗，长度超过 20m(指房间门至安全出口门的距离)	
5			折线形内走道（包括多边形、L、Y、T、Z、井字形）圆形、椭圆形以及各种复合形走道		将内走道进行分段，虽有可开启外窗，可开窗的面积不小于走道排烟面积的 2%，但防烟分区内最远点距排烟口烟气流动路线的水平距离大于 30m，或者前者满足后者不满足	
6		非高层建筑	公共建筑人员密集场所	不具备自然排烟条件	长度超过 20m，人员比较集中，无外窗。或可开启外窗面积小于走道排烟面积的 2%(20m 的量度方法同本表序号 4)	
7			其他场所		内走道长度超过 40m，无外窗，或可开启外窗面积小于走道排烟面积的 2%(40m 的量度方法同本表序号 4)	
8	房间	高层建筑	地上房间	无自然排烟条件	面积超过 100m²，经常有人停留或可燃物较多，且无外窗或设固定窗的房间。或有可开启外窗自然排烟但最远点距排烟口的烟气流动路线的水平距离＞30m	
9			地下房间		总面积超过 200m² 或单个房间的面积超过 50m²，且经常有人停留或可燃物较多时	
10		非高层建筑	地上公共建筑		建筑面积超过 300m²，且经常有人停留或可燃物较多	
11			地下室		总面积大于 200m² 或单个房间面积大于 50m²，且经常有人停留或可燃物较多的地下室房间、地下商店或地下商业营业厅	
12			地上		设置在四层及四层以上	歌舞、娱乐、放映、游艺场所
13			地下		地下室	
14			中庭		净空高度≤12m，无外窗自然排烟条件，或净空高度＞12m	
15			剧场			
16			地下汽车库		面积超过 2000m²；或无自然排烟条件	
17		高层建筑	中庭		净空高度≤12m，无外窗自然排烟条件，或净空高度＞12m	

2. 排烟风机可采用离心风机或采用排烟轴流风机，并应在其机房入口处设有当烟气温度超过 280℃能自动关闭的排烟防火阀。排烟风机应保证在 280℃时能连续工作 30 分钟。

3. 机械排烟系统中，当任一排烟口或排烟阀开启时，排烟风机应能自行启动。

4. 机械排烟系统与通风、空气调节系统宜分开设置，若合用时，必须采取可靠的防火安全措施，并应符合排烟系统要求。

5. 排烟风机的全压应按排烟系统最不利环路进行计算，选择排烟风机安全系数，压头宜附加 10%，风量宜附加 20%。

6. 排烟口距该防烟分区内任一点烟气流动的水平距离不应大于 30m，与疏散出口的水平距离不小于 2m。

7. 机械排烟系统在有条件时可与平时通风排气系统合用。

8. 一个防烟分区内设有多个排烟口时，可采用一般耐高温的百叶风口，在该防烟分区的支管上设常闭型防火阀。

9. 防火阀的设置位置应靠近防火墙、楼板等防火隔断物，距防火隔断物的距离不宜大于 200mm。

13.5.3 机械排烟的设计要点

1. 设置机械排烟的地下室，应考虑不小于 50% 的机械补风，或自然补风，补风通道上最大速度不宜大于 5m/s，总阻力不宜大于 50Pa。

2. 对于地下汽车库平时排风的补风可利用汽车坡道等进行自然补风，对于排烟系统火灾时的补风问题分以下三种情况：

（1）当汽车库坡道与停车区隔开采用的是水幕，或车库及汽车坡道上均设有自动灭火系统时，可利用该防火分区内的汽车坡道自然补风。

（2）当汽车库坡道与停车区隔开采用的是防火卷帘时，根据《汽车库规》第 6.0.1 条，人、车疏散出口分设的原则，及第 5.3.3 条坡道与停车区需要隔断的原则，地下车库火灾时疏散以人为本（不考虑车辆疏散，即使车辆疏散只采用火灾时卷帘下降到 1.8m，也起不到隔开的作用），根据《火灾自动报警系统设计规范》GB 50116-98 第 6.3.8.3 条规定："用作防火隔断的防火卷帘，火灾探测器动作后，卷帘应下降到底"。此处已进不了风，应设机械补风设施。

（3）当汽车坡道与停车区隔开采用防火门时，防火门两边空气被它隔断，不能自然补风，必须设置机械补风，或采取其他措施补风。

3. 当内走道两旁的房间都设有机械排烟，且内走道的装修材料是不燃材料时，内走道可不设排烟设施。

4. 走道的机械排烟系统宜竖向布置，房间的机械排烟系统，对地下汽车库应按防烟分区设置，每个防烟分区设一个排烟系统。其他房间的排烟系统，应在防火分区内设置，一个防火分区可划分为多个防烟分区（指高度小于 6m 的房间）一个排烟系统可担负多个防烟分区的排烟，但防烟分区不应跨越防火分区。

5. 地下汽车库每个防烟分区的建筑面积不宜超过 2000m^2，但设有自动灭火系统时，防火分区的建筑面积允许不超过 4000m^2，不能套用《高规》或《建规》按一个排烟系统担负两个防烟分区设计。应按每个防烟分区设置排烟系统。

6. 对于房间和走道的排烟，当一个排烟系统担负多个防烟分区排烟时，在划分防烟分区时，应尽可能使防烟分区面积接近或相等，保证火灾时防烟分区内排烟支管和排烟口的速度不超过规范规定的限值。

7. 下列部位可不设排烟系统。

（1）机械立体汽车库及建筑面积小于 2000m^2 的单层汽车库。

(2) 无人停留且其房间门为防火门的机电用房（如空调机房、通风机房、水泵房、换热设备用房等）。

8. 地下汽车库排烟系统的自然补风问题，应根据以下规范规定设置。

(1)《汽车库规》第6.0.1条规定："人员的安全出口和汽车疏散出口应分开设置"。第5.3.3条规定："汽车库坡道的出入口，应采用水幕、防火卷帘或设置甲级防火门等措施与停车场隔开。当汽车库和汽车坡道上均设有自动灭火系统时，可不受此限。"

(2)《火灾自动报警系统设计规范》GB 50116-98第6.3.8.3条规定："用作防火分隔的防火卷帘，火灾探测器动作后，卷帘应下降到底。"

(3) 从以上两种规范的三条规定可得出以下结论：

1) 如果汽车库坡道上采用的防火门和防火卷帘作为隔断火灾时，利用车道自然补风空气是进不来的。

2) 如果汽车坡道上设的是水幕或汽车库和汽车坡道上都设有自动灭火系统时，此两种情况都可利用汽车坡道自然补风。

9. 地下自行车库：《高规》第8.4.1.4条与《建规》第9.1.3条第6款对地下的房间有相同的规定。"总建筑面积超过200m² 或一个房间的建筑面积大于50m² 且经常有人停留或可燃物较多"，应设置排烟设施。面积是满足的，关键在于可燃物较多或经常有人停留。

可燃物较多的定量标准按《高规》第5.2.8条条文说明，当可燃物平均重量超过30kg/m² 时叫可燃物较多，经多次调查统计自行车库的可燃物平均重量不到5kg/m²，自然应判定为可燃物不多。

根据《汽车库规》第8.2.4条条文说明"地下汽车库发生火灾，可燃物较少，发烟量不大，且人员较少，基本无人停留……。"可参照此规定认定为：汽车库都叫基本无人停留，自行车库更应认为是"无人停留"。因此自行车库应属于不需要设置排烟设施的部位。

10. 排烟风机不论是水平方向，还是垂直方向担负两个或两个以上防烟分区排烟时，只按两个防烟分区同时排烟确定排烟风机的风量《高规》第8.4.2条条文说明)。

11. 排烟风机宜设置于排烟系统最高排烟口上部，排烟风机应与排烟口连锁，任一排烟口开启，排烟风机都应能启动，排风机入口总管上应设280℃能自动关闭排烟风机的防烟防火阀。

12. 地下汽车库建筑面积超过2000m² 时，应设排烟设施，对下沉式的地下室或上部有条件开启天窗、侧窗，进行自然排烟的单建式汽车库，可采用自然排烟设施，当无自然排烟条件时，应采用机械排烟设施。

13. 内走道排烟面积：应按走道面积与最大一间需要排烟的房间面积之和（当房间为防火门时，内走道排烟面积即走道地面面积）。

14. 吊顶为可燃材料，或可渗漏空气的格栅式吊顶时，挡烟垂壁等应穿过顶棚平面，并紧贴非燃烧体楼板或顶板。

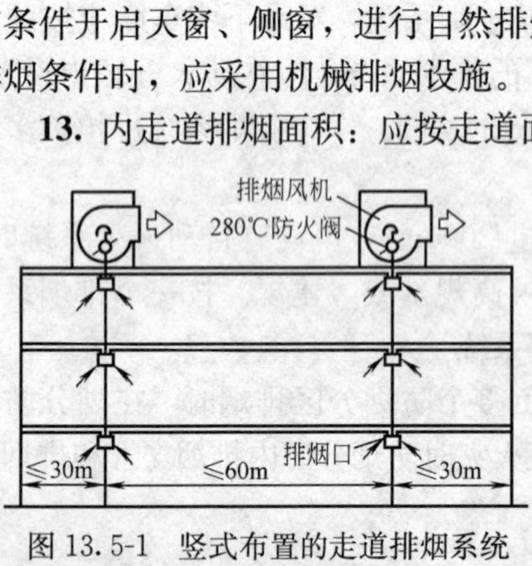

图13.5-1 竖式布置的走道排烟系统

13.5.4 内走道和房间机械排烟系统布置

内走道和房间的机械排烟系统宜竖向布置，面积较大，走道较长时，可在水平方向划分成多个排烟系统，见图13.5-1。需要排烟的房间较多且竖向布置有困难时，可采用水平式与竖向相结合的布置，见图 13.5-2。

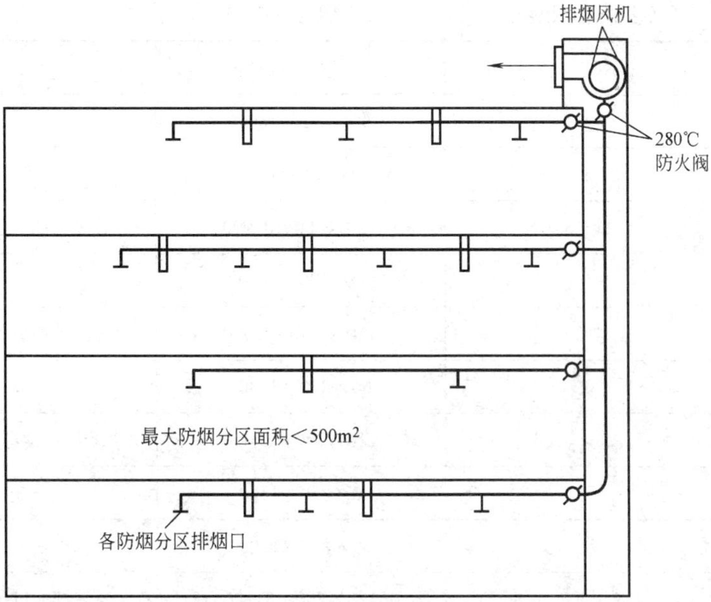

图 13.5-2 水平与竖向相结合布置的房间排烟系统

13.5.5 排烟量的计算

1. 高层、非高层建筑内走道和房间排烟量的计算

设置机械排烟系统的内走道和房间，其排烟量按表 13.5-2 的原则确定。

内走道和房间的排烟量标准　　表 13.5-2

负担防烟分区个数	排烟量标准
负担一个防烟分区排烟时(包括净高大于 6m 的大空间房间)	按该防烟分区面积每平方米不小于 60m³/h 计算，且最少不小于 7200m³/h
负担两个或两个以上防烟分区时	按最大一个防烟分区面积每平方米不小于 120m³/h 计算，且最大不宜大于 60000m³/h

注：选择排烟风机时，应考虑 20%的漏风量。

2. 地下汽车库排烟量的计算

地下汽车库的建筑面积超过 2000m² 时，应设排烟设施，无自然排烟条件时，应设机械排烟设施。其排烟量按 $6h^{-1}$ 换气计算；汽车库内无自然补风条件时，应设机械补风系统，且补风量不宜小于排烟量的 50%。

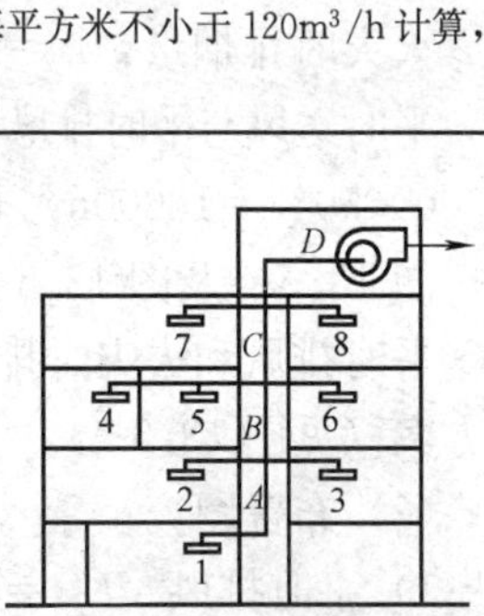

图 13.5-3 排烟风道各管段风量

3. 排烟风道各管段风量的计算 见以下实例（图 13.5-3）：每个排烟口负担的防烟分区面积：

1 区—240m²　2 区—250m²　3 区—230m²　4 区—220m²
5 区—250m²　6 区—230m²　7 区—260m²　8 区—250m²

各管段排烟风量及排烟风机风量的计算可按表 13.5-3 进行。

排烟风道各管段风量计算表 表 13.5-3

管 段	负担防烟区段号	通过风量(m^3/h)	备 注
1-A	1	60×240=14400	
2-A	2	60×250=15000	
3-A	3	60×230=13800	
A-B	1、2、3	120×250=30000	2区排烟口负担面积最大
4-5	4	60×220=13200	
5-B	4、5	120×250=30000	5区排烟口负担面积最大
6-B	6	60×230=13800	
B-C	1、2、3、4、5、6	120×250=30000	2、5区排烟口负担面积最大
7-C	7	60×260=15600	
8-C	8	60×250=15000	
C-D	1、2、3、4、5、6、7、8	120×260=31200	7区排烟口负担面积最大

4. 方案比较

(1) 概况

房间平时排风，火灾时排烟，平时送风，火灾时补风的组合型通风系统的几种方案的优缺点比较：排风、排烟和送风、补风系统，都是负担三个用隔墙分隔的防烟分区的风量。

防烟分区1、面积 $f_1=300m^2$；防烟分区2、面积 $f_2=100m^2$；防烟分区3、面积 $f_3=100m^2$。

建筑层高 $h=3.5m$；换气次数 $n=6h^{-1}$。

平时排风量：$L_p=(f_1+f_2+f_3)\times h\times 6=(300+100+100)\times 3.5\times 6=10500m^3/h$

火灾时排烟量：$L_y=f_{max}\times 120=300\times 120=36000m^3/h$

平时送风与平时排风相等：$L_s=10500m^3/h$；火灾时补风量 L_B 为排烟量的50%：$L_B=36000\times 50\%=18000m^3/h$

图13.5-4及图13.5-5和表13.5-4给出了多种方案的布置和优缺点比较。

平时排风和火灾时排烟系统：平时 $L_p=10500m^3/h$；火灾时 $L_y=36000m^3/h$；分为5个方案（见图13.5-4）。

(2) 布置图

1) 平时排风 $L_{风}=f\times 6$ 次$/h=500\times 3.5\times 6=10500m^3/h$

火灾时排烟 $L_{烟}=f_{max}\times 120m^3/(h\cdot m^2)=300\times 120=36000m^3/h$

2) 送风和补风系统

送风量 $L_{送}=f\times h\times 6$ 次$/h=10500m^3/h$

补风量 $L_{补}=f_{max}\times 120m^3/(h\cdot m^2)\times 50\%=L_{烟}\times 50\%=18000m^3/h$

送风和补风由于划分防烟分区的分隔物为隔墙，与分隔物为挡烟垂壁不同，此处是三个封闭空间，火灾时补风和平时送风都应到位。同样可分为5个方案（见图13.5-5）。

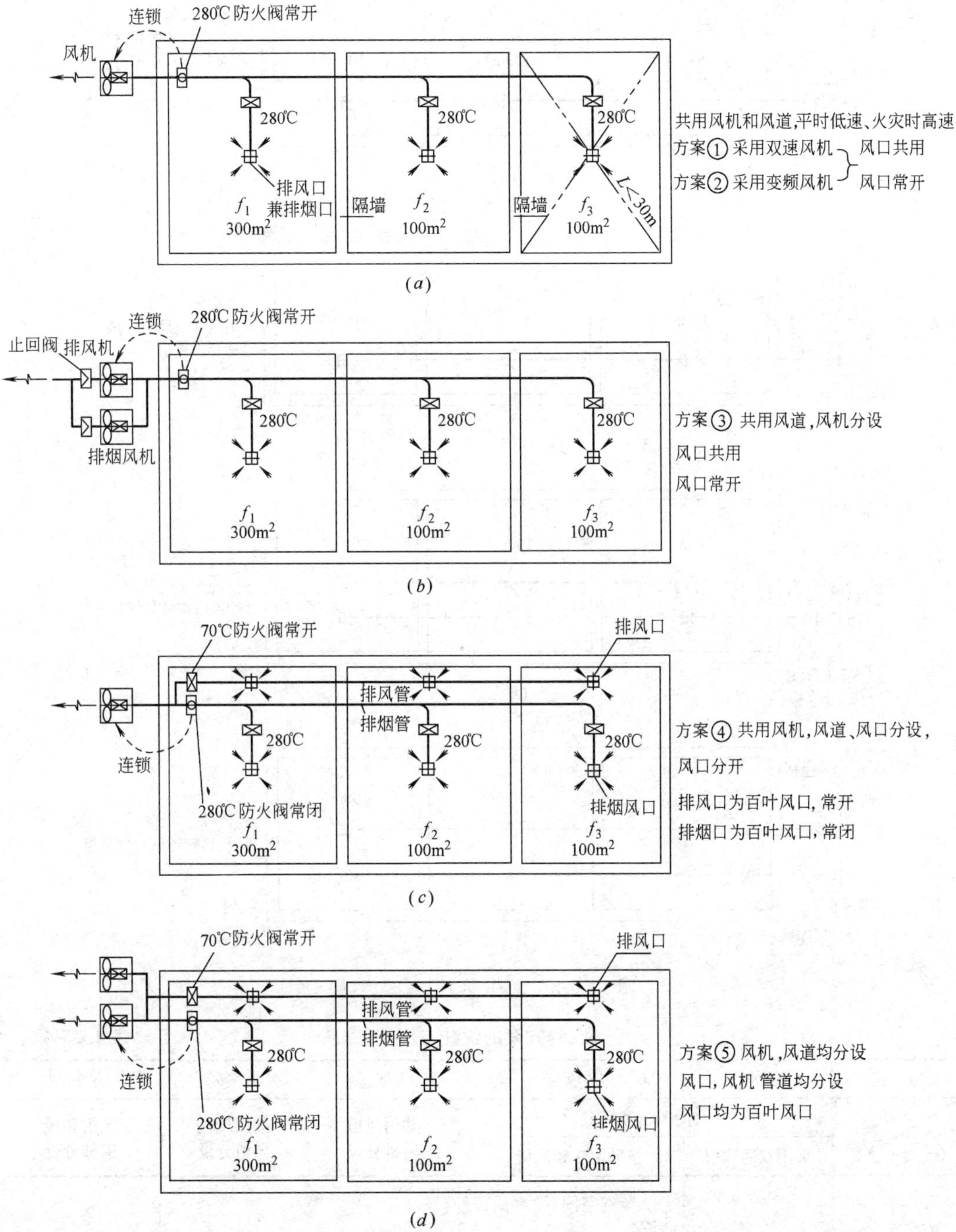

图13.5-4 (a)、(b)、(c)、(d)

送风和补风：送风量：$L_s=f\times h\times 6=10500m^3/h$；补风量$L_b=f_{max}\times 120\times 50\%=18000m^3/h$。

送风和补风由于划分防烟分区的分隔物为隔墙，与分隔物为挡烟垂壁不同，此处是三个封闭空间，火灾时补风和平时送风都应到位。同样可分为5个方案：见图13.5-5。

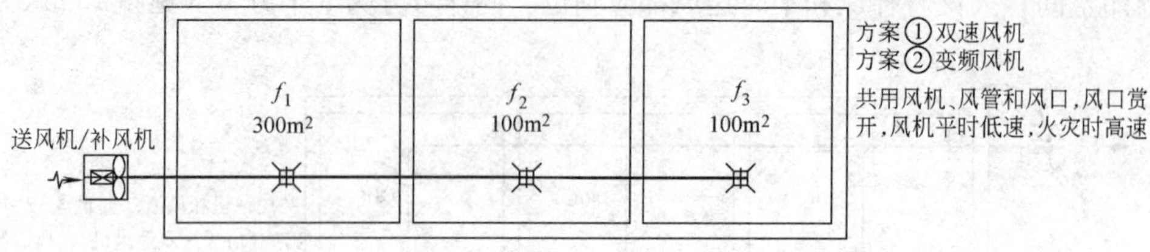

(*e*)

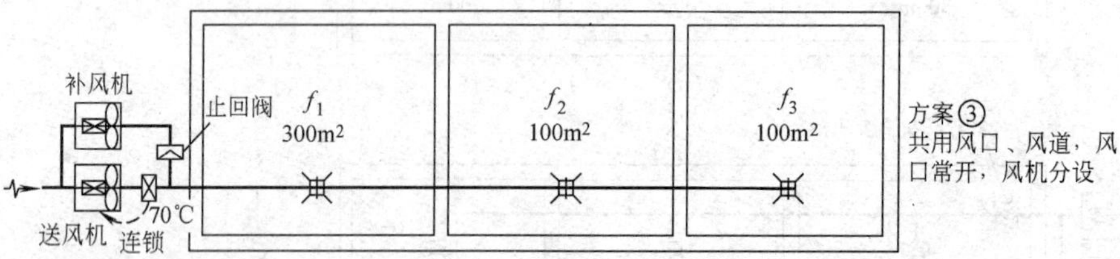

(*f*)

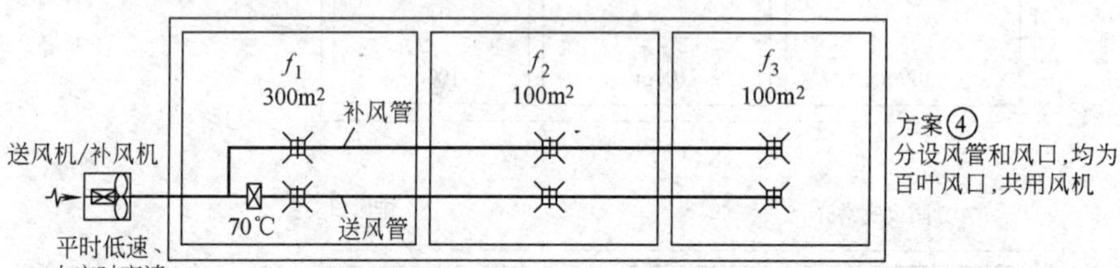

(*g*)

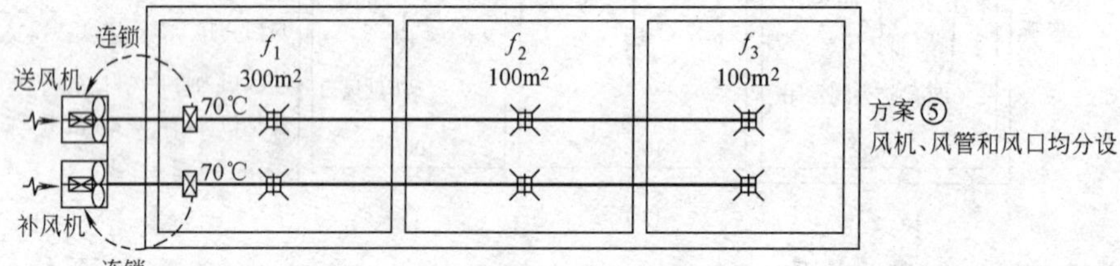

(*h*)

图 13.5-5 (*e*)、(*f*)、(*g*)、(*h*)

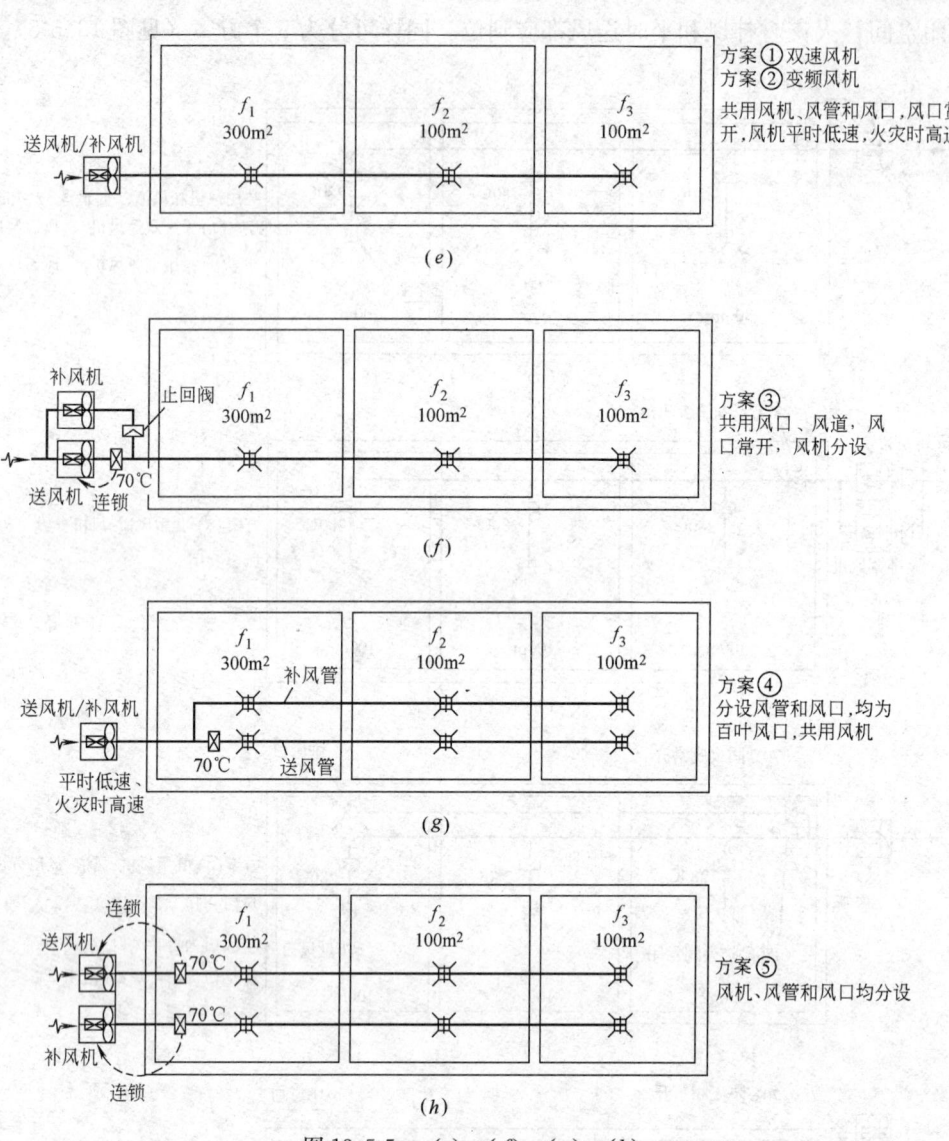

几种方案的优缺点比较 **表 13.5-4**

方案	方案①	方案②	方案③	方案④	方案⑤
特点	共用风机和风道		共用风道 风机分设	共用风机 风道分设	风机和风 道都分设
优、缺点	采用双通风机	采用变频风机			
优点	1. 节省空间 2. 投资少 3. 平时都在运行，对火灾时使用的可靠性提高	1. 节省空间、噪声低、寿命长 2. 风量、压头好匹配，节省运行费用 3. 平时都在运行，对火灾时使用的可靠性提高 4. 平时可根据有害物浓度改变转速，空气质量有保证，可按不同工况运行	1. 节省空间 2. 运行费用比①方案低，比②方案高 3. 风机噪声低	1. 节省一台风机费用 2. 平时都在运行，提高了火灾时的可靠性	噪声比①③④方案低，但不如方案②

续表

方 案	方案①	方案②	方案③	方案④	方案⑤
特点 优、缺点	共用风机和风道		共用风道 风机分设	共用风机 风道分设	风机和风 道都分设
	采用双通风机	采用变频风机			
缺点	1. 排风排烟用双速风机其风量较难匹配，此处风量比为 $\frac{36000}{10500}=3.43$，造成浪费，运行费用高 2. 排烟风机作排风用，噪声较大 3. 高温风机平时使用，寿命会降低	风机变频器、控制器等初投资费用有所增加	1. 增加了一套风机的费用 2. 多占用了一套风机的安装位置	1. 增加了风道的费用 2. 风道占用的空间多 3. 排风排烟用双速风机，其风量、压头都较难匹配，目前样本中风机转速之比多数是 6 极、4 极，即1∶1.5 4. 噪声较大 5. 使用寿命降低	1. 风机和风道投资费用都增加 2. 风道与风机占用的空间都增加，实际很难实施

13.6 中庭排烟

13.6.1 中庭式建筑的主要类型及常用的排烟方式和特点（见表 13.6-1）

中庭式建筑主要类型及其特点 **表 13.6-1**

中庭式建筑类型	建筑特点	常用排烟方式及其设计要求	
		排烟方式	设计要求
第一类	中庭与周围建筑之间无任何间隔，中庭与周围房间之间空气自由流通	中庭集中排烟	1. 中庭与四周房间的面积之和不应超过防火分区面积的限值，面积超过限值时，应按《高规》5.1.5.1～2 条规定分隔 2. 正确计算排烟量 3. 合理布置进风口
		分散式排烟	不属中庭排烟范畴，排烟量应按《高规》8.4.2 条，《建规》9.4.5 条计算
		集中排烟与分散排烟相结合	1. 中庭与周围房间之间应设防火卷帘分隔 2. 中庭与房间的排烟量应分别计算
第二类	中庭与周围建筑之间采用玻璃间隔，中庭与周围房间之间无空气流通	中庭集中排烟	1. 中庭与周围房间之间应采用防火玻璃分隔 2. 中庭面积和体积为本身的地面面积和体积
		集中排烟与分散排烟相结合	1. 中庭与周围房间之间为普通玻璃分隔 2. 中庭与房间的排烟量应分别计算

续表

中庭式建筑类型	建筑特点	常用排烟方式及其设计要求	
		排烟方式	设计要求
第三类	中庭与周围建筑的走廊相通，走廊与周围房间之间采用玻璃或墙间隔，中庭与周围房间之间无空气流通	中庭集中排烟	计算排烟量的体积应为中庭和回廊体积之和

13.6.2 中庭式建筑防火分区面积及排烟体积的确定（见表13.6-2）

中庭式建筑防火分区面积及排烟体积的确定　　表13.6-2

中庭与周围房间的分隔情况	中庭防火分区面积	中庭的排烟体积
中庭空间与周围房间相通，无防火卷帘分隔	应按上、下层连通的面积叠加计算（即包括中庭在内以及与中庭相通的内部各楼层的全部空间面积）	中庭以及与中庭相通的内部各楼层的全部空间的体积
中庭空间与周围房间相通，但有防火卷帘分隔	中庭面积	中庭空间本身体积
中庭空间只与中庭回廊相通而与周围房间不相通	包括中庭以及中庭相通的各楼层回廊的面积	中庭以及与中庭相通的各楼层回廊的全部空间的体积
中庭空间只与中庭回廊相通，但回廊与中庭之间设有防火卷帘分隔	中庭面积	中庭空间本身体积
中庭空间与周围房间不相通，有防火隔墙或防火卷帘分隔	中庭面积	中庭空间本身体积

13.6.3 中庭排烟的分类

1. 自然排烟

净空高度不大于12m的中庭，当有可开启的天窗或高侧窗的面积不小于中庭地面面积的5%时，宜采用自然排烟，见图13.6-1（*a*）。

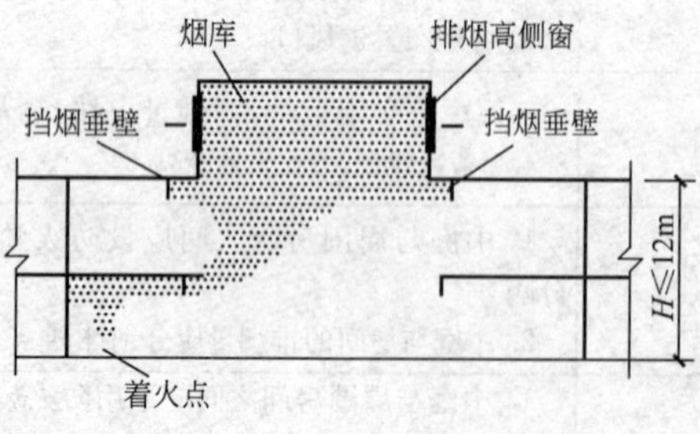

图13.6-1（*a*）　自然排烟

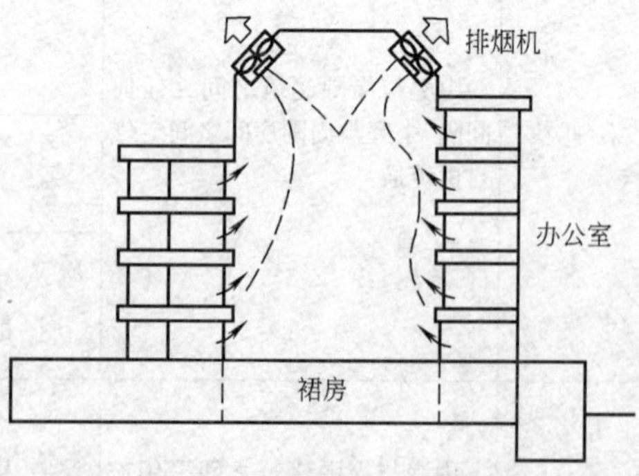

图13.6-1（*b*）　中庭的机械排烟示意图

2. 机械排烟

无自然排烟条件或净空高度大于12m的中庭，应采用机械排烟，见图13.6-1（*b*）；

排烟量计算方法见表 13.6-3。

中庭排烟量计算 **表 13.6-3**

条　　件	排烟量换气计算次数(h^{-1})	备　　注
中庭体积≤17000m^3	6	
中庭体积>17000m^3	4	最小排烟量不小于 102000m^3/h

13.6.4　中庭排烟的方式及图示

1. 集中式排烟：在中庭顶部设置排烟设施，进行自然或机械排烟，见图 13.6-1 (*a*) 及 (*b*)。

2. 分散式排烟：利用设在建筑物内各个部位的排烟风管将烟气直接排至室外，见图 13.6-2。

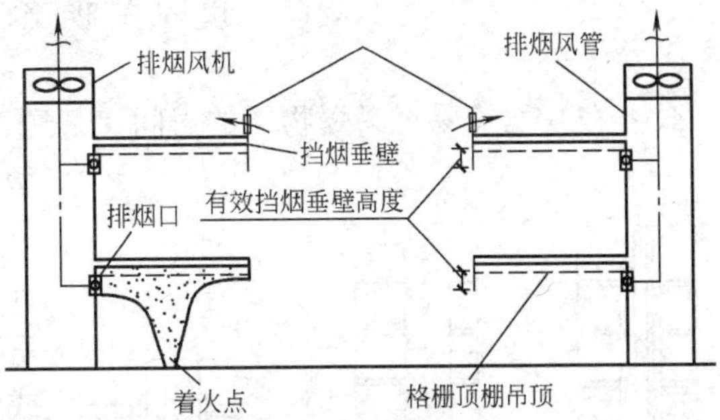

图 13.6-2　分散式排烟

火灾时，着火部位烟感器发出报警信号，消防控制中心将着火处的排烟阀或排烟口打开，排烟风机联动开启排烟。自然排烟时也可分层设置可开启的外窗进行排烟。

3. 集中与分散相结合的排烟：当中庭与周围部分房间之间，没有空气流动或空气流动不畅时，应根据工程情况采用集中与分散相结合的排烟方式。

13.6.5　中庭排烟设计要点

1. 中庭建筑属高大空间，由于蓄烟仓容积大，人员应争取在烟气下降到人体特征高度前逃离火场。从计算机模拟得出的结论看出，多数情况下大空间产生轰燃的可能性比一般房间要小，这些都是对安全疏散有利的一面。

由于发火地点产生的烟气首先达到屋顶，与卷入的热气流向水平方向扩散，冲向四壁，烟气与壁面换热后开始下降，有可能淹没人流区，这叫烟气的“层化”现象，下降的烟气对人员疏散极为不利，特别是净高大于 12m 的中庭更严重。因此在设计中必须采取措施（如分段设置排烟的方式等）充分利用其有利的一面，遏止其不利的一面。

2. 合理划分防火分区、正确确定中庭排烟体积；中庭空间大，气流通道复杂，其排烟量是按换气次数确定的，中庭体积是关键数据，必须准确。

3. 剧场大厅和舞台、多功能体育馆比赛大厅、展览厅等都属高大空间，与中庭有很多共同之处，可以借鉴。如顶部都有蓄烟仓，有利安全疏散，也存在烟气“层化”的问题。但更重要的是要重视其各自的特点，如建筑空间布局的差异，火荷载强度等因素的影响。剧场上下层都有观众，一般在烟气下降以前，剧场上层的人员不一定能逃离火场，因此必须在此空间上部设计尽可能大的蓄烟空间，并利用舞台、屋顶设计便于开启的排烟高侧窗或屋顶上设屋顶排烟风机，自然排烟时可开启外窗总面积不小于舞台地面面积的 5%。

多功能体育馆比赛大厅与剧场类似，除了利用顶部蓄烟仓延缓烟气下降的时间外，应考虑在大厅中央顶部设置可开启的排烟窗，面积不够时，可在四周侧墙上部开窗，可开启窗户的有效面积不小于大厅面积的 2%。或者在顶部或侧墙上设机械排烟设施。对于展厅，其火荷载强度高，面积大，使用功能上有不少特殊要求，当采用自然排烟设施有困难时，应采用机械排烟。

4. 对上述比较复杂的高大空间的排烟，由于排烟设施设置条件的限制，或建筑和使用功能上的特殊要求，不能按规范规定的要求设置时，应召集相关专业协调，采取切实可行的综合技术措施，并进行必要的火灾性能评估分析，来判定综合措施的有效性和安全可靠性。

5. 凡烟气不能经中庭储烟仓集中排出的排烟系统不属中庭排烟范畴，不能按中庭 $6h^{-1}$ 换气计算其排烟量，应按房间排烟的面积指标计算。

13.7 通风空调系统的防火防爆

1. 空气中含有易燃易爆物质的房间，其送、排风系统应采用防爆型通风设备和防爆型电动机。

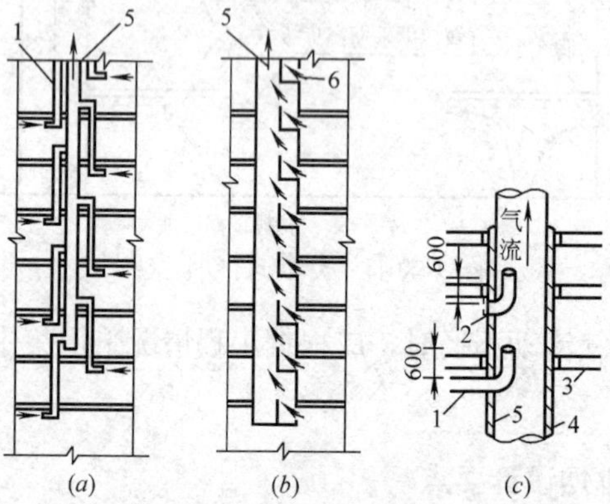

图 13.7-1 排气管防止回流措施示意图
1—支管；2—格栅；3—楼板；4—耐火隔墙；5—排气总管；6—排气口

2. 通风空调系统，横向应按每个防火分区设置，竖向不宜超过 5 层，厨房、浴室、厕所垂直排风道应设有防止回流设施，或在支管上设置止回阀，四种方式，见图 13.7-1。

(1) 加高各层垂直排风管的长度，使各层的排风管道穿过两层楼板，在第三层内接入总排风管道。如图 13.7-1 (*a*) 所示。

(2) 将浴室、厕所、卫生间内的排风竖管分成大小两个管道，大管为总管，直通屋面；而每间浴室、厕所的排风小管，分别在本层上部接入总排风管，如图 13.7-1 (*b*) 所示。

(3) 将支管顺气流方向插入排风竖管内，且使支管到支管出口的高度不小于 600mm，如图 13.7-1 (*c*) 所示。

(4) 在排风支管上设置密闭性较强的止回阀。

3. 垂直风管宜设在管井内。

4. 通风空调系统风管的下述部位应设防火阀（见图 13.7-2）：

(1) 管道穿越防火分区处；

(2) 穿越设有防火门的房间隔墙和楼板处；

(3) 垂直风管与每层水平风管交接处的水平管段上；

(4) 穿越变形缝外的两侧。

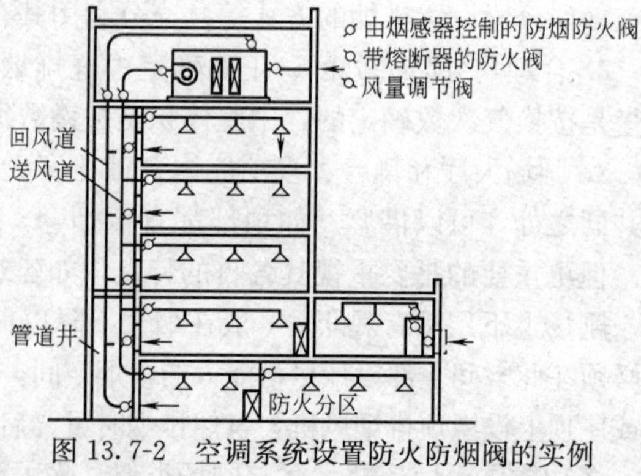

图 13.7-2 空调系统设置防火防烟阀的实例

5. 通风、空调系统的管道等，应采用不燃材料制作，但接触腐蚀性介质的风管和柔性接头，可采用难燃烧材料制作。

6. 管道和设备的保温材料、消声材料和胶粘剂应为不燃烧材料或难燃烧材料。对于排风、排烟共用系统按“就高不就低”的原则选择。

7. 风管内设有电加热器时，风机应与电加热器连锁。电加热器前后各 800mm 范围内的风管和穿过设有火源等容易起火的部位的管道，均必须采用不燃保温材料。

13.8 机械防排烟及通风空调系统防火控制程序

13.8.1 不设消防控制室的机械防排烟和通风、空调系统防火控制程序

1. 只考虑排烟口和排烟风机连锁，靠手动开启的基本排烟控制程序见图 13.8-1。

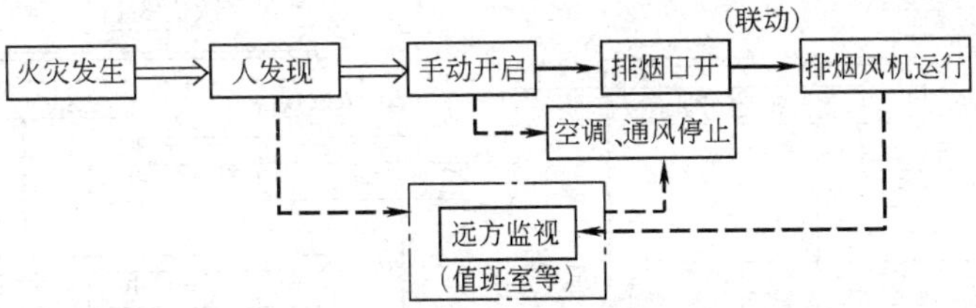

图 13.8-1 手动开启的基本排烟程序

2. 利用烟感器联动挡烟垂壁、排烟口及排烟机启动，并有信号到值班室，遥控空调、通风机停止，其控制程序见图 13.8-2。

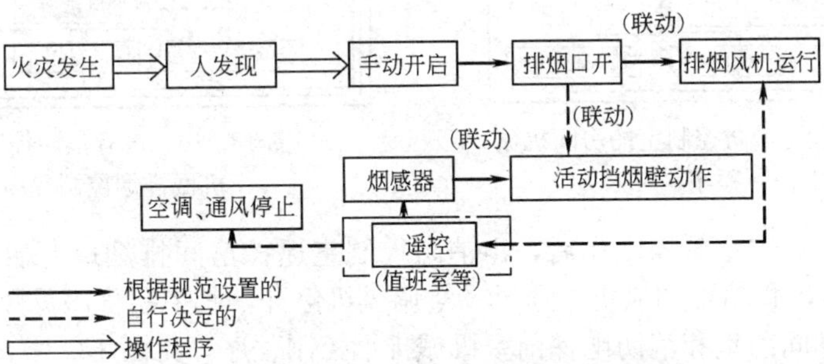

图 13.8-2 具有烟感器和联动方法的排烟程序

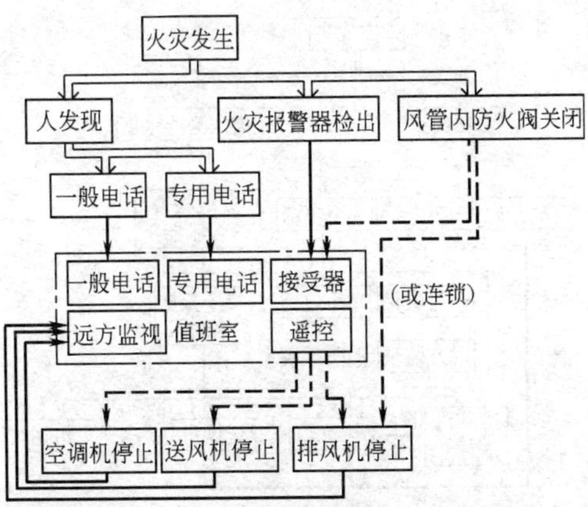

图 13.8-3 采用烟感器且风管内设有易熔片防火阀的控制程序

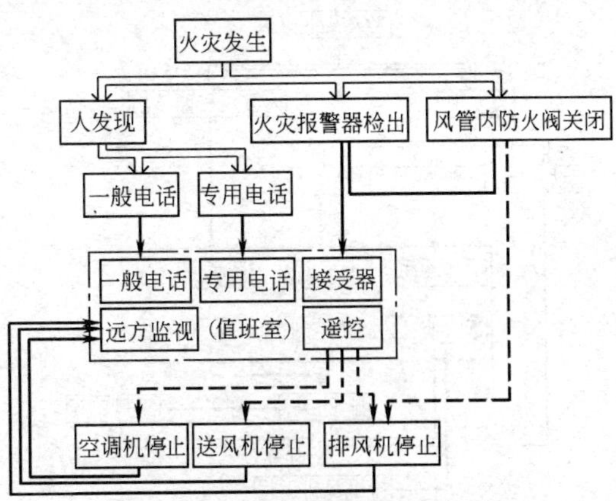

图 13.8-4 采用烟（温）感器直接控制防火阀的程序

3. 火灾报警器动作后，风管内防火阀在70℃易熔片熔化后关闭，切断火源，空调、通风机停止，其控制程序见图13.8-3。

4. 火灾报警器通过控制线路，关闭风管内防火阀，并在值班室遥控空调、通风机等停止运行，该控制程序见图13.8-4。

注：风管内设防火阀时，也可由火灾报警器控制线路关闭防烟防火阀，在值班室遥控空调、通风机等停止运行。

13.8.2 设有消防控制室的机械防排烟和通风、空调系统防火控制程序

1. 火灾时，火灾报警器动作，房间排烟口、排烟机、通风及空调系统的通风机均由消防控制室集中控制，其控制程序见图13.8-5。

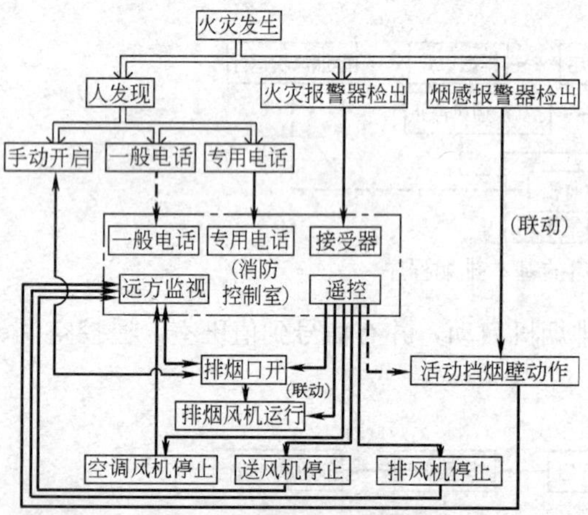

图13.8-5 设有消防控制室的房间机械排烟控制程序（一）

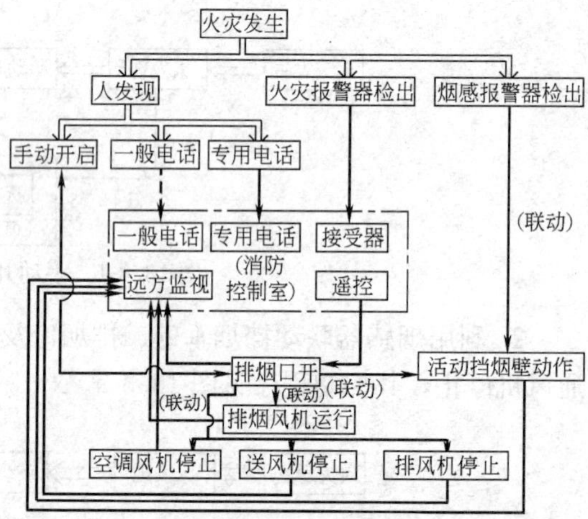

图13.8-6 设有消防控制室的房间机械排烟控制程序（二）

2. 火灾时，火灾报警器动作后，由消防控制室遥控房间排烟口开启，由排烟口微动开关输出电信号，联动排烟风机、通风及空调风机停开，其控制程序见图13.8-6。

3. 防烟楼梯间前室和消防电梯前室机械排烟控制程序，见图13.8-7。

4. 防烟楼梯间前室、消防电梯前室和合用前室的加压送风控制程序，见图13.8-8。

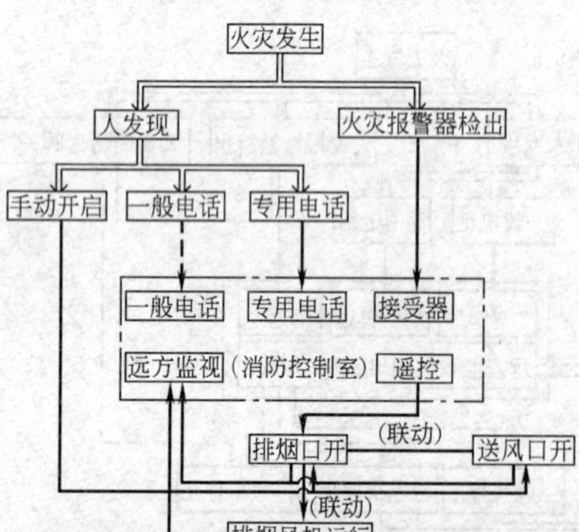

图13.8-7 防烟楼梯间前室和消防电梯前室机械排烟控制程序

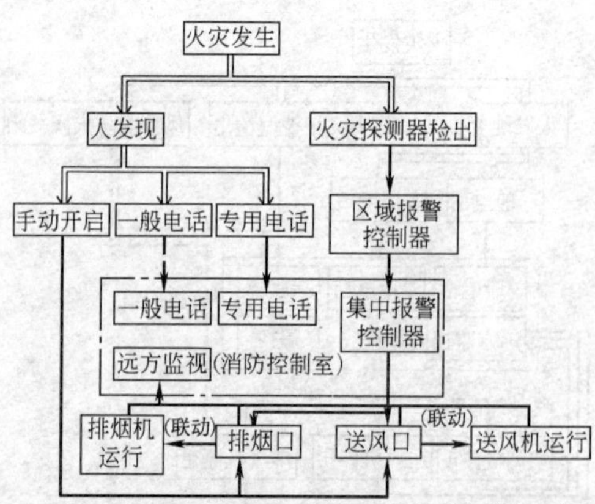

图13.8-8 防烟楼梯间前室、消防电梯前室和合用前室的加压送风控制程序

13.9 防、排烟系统设备及部件

13.9.1 防排烟系统风口、阀门系列（见表13.9-1）

防排烟系统风口、阀门系列 **表13.9-1**

序号	名称	代号	基本功能						适用范围
			手动开启	远程开启	DC24V信号开启	手动复位	280℃关闭	多档风量调节	
1	板式排烟口	PYK-YSD	○	○	○	○			消防排烟管道吸入口，防烟加压送风口
2	多叶排烟口	PYK-SD	○		○	○			消防排烟管道吸入口，无远动开启装置
3	防火多叶排烟口	PYFHK-FW			○	○	○	○	同序号2，280℃熔断关闭
4	远动多叶排烟口、送风口	PYK-YSD	○	○	○	○			同序号2，有远动开启装置，加压送风口
5	远动防火多叶排烟口	PYFHK-YSDW	○	○	○	○	○		同序号3，280℃熔断关闭
6	排烟阀	PY-SD	○		○	○			各防烟分区、排烟支管上设置，排烟口为普通风口
7	排烟防火阀	PYFH-SDW	○		○	○	○		同序号6，280℃熔断关闭。装于排烟机入口
8	远动排烟阀	PY-YSD	○	○	○	○			同序号6，远动开启
9	远动排烟防火阀	PYFH-YSDW	○	○	○	○	○		同序号8，280℃熔断关闭

注：① 特征：常闭、火灾防、排烟时开启。
② 阀门部分代号：F—防；P—排；H—火；Y—烟；K—口。
③ 控制装置代号：S—手；D—电信号动作；F—风量调节；W—温感动作；Y—远距离操作。

13.9.2 排烟口、送风口及排烟阀规格尺寸及简图

1. 板式排烟口：适用于安装在建筑物墙面上或顶板上，其规格尺寸见表13.9-2（图13.9-1）。

板式排烟口规格表 **表13.9-2**

$A\times B$(mm)	320×320	400×400	500×500	630×630	700×700	800×800
L(mm)	150	150	150	150	180	180
有效面积(m^2)	0.07	0.125	0.203	0.306	0.421	0.563
最大排烟量(m^3/h)	2520	4500	7300	11000	15000	20000
最大压力损失(Pa)	30					

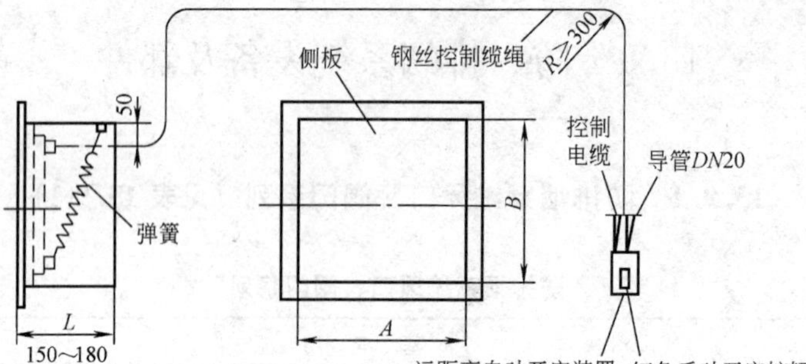

图 13.9-1 板式排烟口外形图

2. 多叶排烟口：适用于安装在建筑物的墙面上或顶板上，其规格见表 13.9-3（图 13.9-2*a*、2*b*）。

多叶排烟口尺寸表 *A*×*B*（mm） **表 13.9-3**

250×250	250×300	250×400	250×250				
300×250	300×300	300×400	300×500	300×600	300×630		
400×250	400×300	400×400	400×500	400×600	400×630	400×800	
500×250	500×300	500×400	500×500	500×600	500×630	500×800	500×1000
600×250	600×300	600×400	600×500	600×600	600×630	600×800	600×1000
	630×300	630×400	630×500	630×630	630×630	630×800	630×1000
		800×400	800×500	800×600	800×630	800×800	800×1000
					1000×630	1000×800	1000×1000

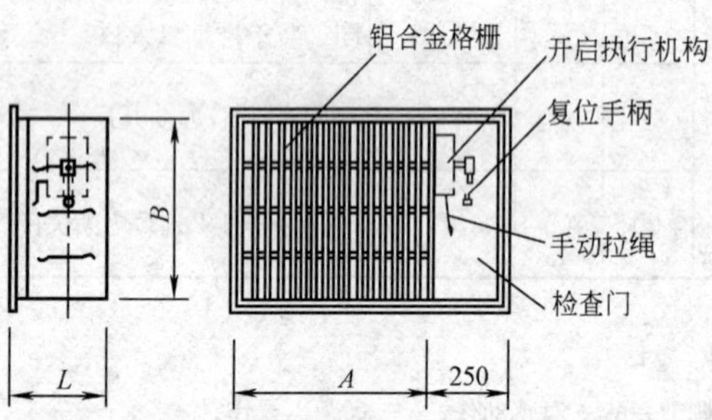

图 13.9-2*a* 多叶排烟口、防火多叶排烟口

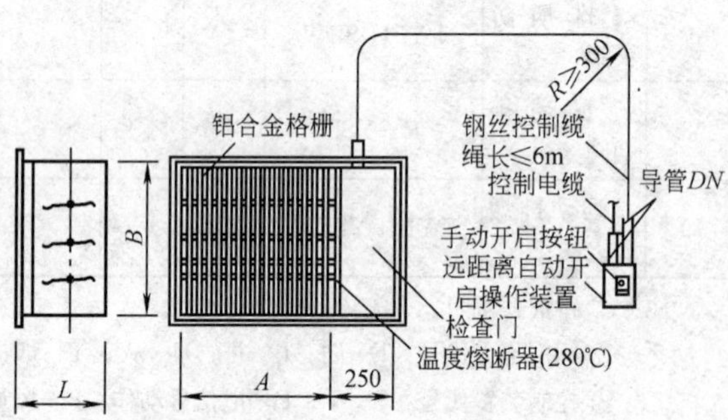

图 13.9-2*b* 远动多叶排烟口、加压送风口、防火多叶排烟口

3. 排烟阀：适用于排烟系统的管道上，见图 13.9-3*a*、3*b*，其规格如表 13.9-4。

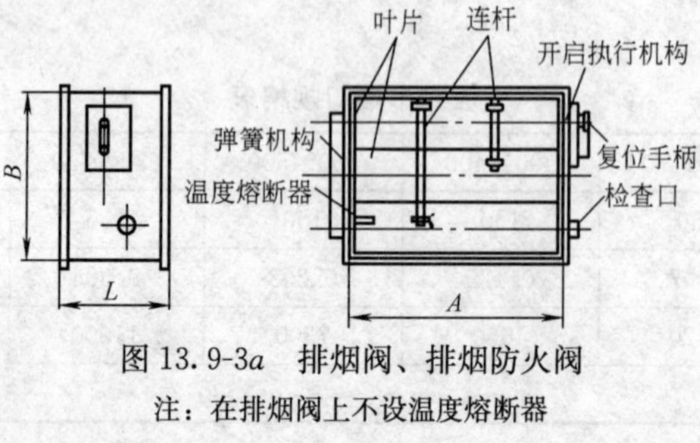

图 13.9-3*a* 排烟阀、排烟防火阀

注：在排烟阀上不设温度熔断器

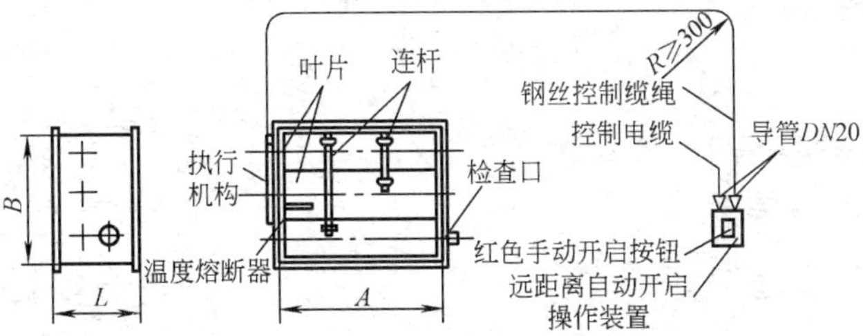

图 13.9-3*b* 运动排烟阀、运动排烟防火阀

注：在排烟阀上不设温度熔断器

排烟阀规格表（mm） 表 13.9-4

250×250						
320×250	320×320					
400×250	400×320	400×400				
500×250	500×320	500×400	500×500			
630×250	630×320	630×400	630×500	630×630		
800×250	800×320	800×400	800×500	800×630	800×800	
1000×250	1000×320	1000×400	1000×500	1000×630	1000×800	1000×1000

13.9.3 防 火 阀

防火阀适用于通风、空调系统或排烟系统的管道上，当建筑物发生火灾时，由温度熔断器、电信号或手动将阀门关闭。

1. 通风、空调系统防火阀系列（见表 13.9-5）

通风、空调系统防火阀系列表 表 13.9-5

序号	名 称	代 号	基 本 功 能					适 用 范 围
			70℃关闭	DC24V信号关闭	手拉阀索关闭	输出电信号	多档风量调节	
1	简易防火阀	FH-W	○					火灾时需隔断火源的通风管道上(无消防控制室)
2	普通防火阀	FH-W	○			○		火灾时需隔断火源的通风管道上(有消防控制室)
3	防火阀	FH-SW	○		○	○		火灾时需隔断火源的通风管道上(有消防控制室)
4	防火调节阀	FF-SFW	○		○	○	○	火灾时需隔断火源的通风管道上。有调节风量要求
5	防烟防火阀	FYH-SDW	○	○		○		火灾时，需隔断火源及烟气的通风管道上
6	防烟防火调节阀	FYH-SFDW	○	○		○	○	火灾时，需隔断火源及烟气的通风管道上。有调节风量要求
7	防火风口	FHK-SFDW	○	○		○	○	火灾时，需在送排风口隔断火源

注：阀门代号意义同表 13.9-1。

2. 简易防火阀：矩形防火阀门的规格见表 13.9-6（图 13.9-4）；圆形防火阀门的规格见表 13.9-7（图 13.9-5）。

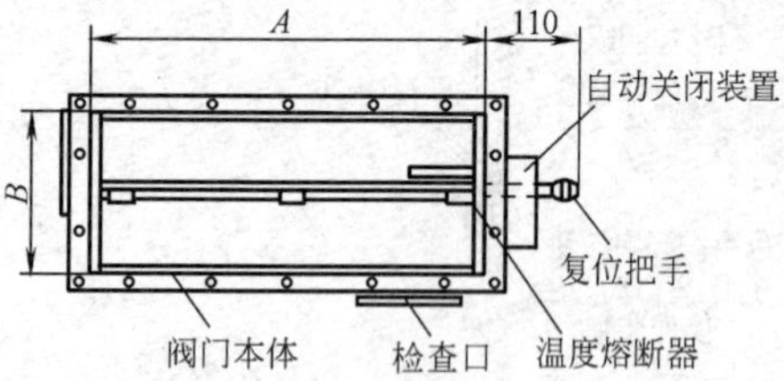

图 13.9-4 矩形防火阀门外形图

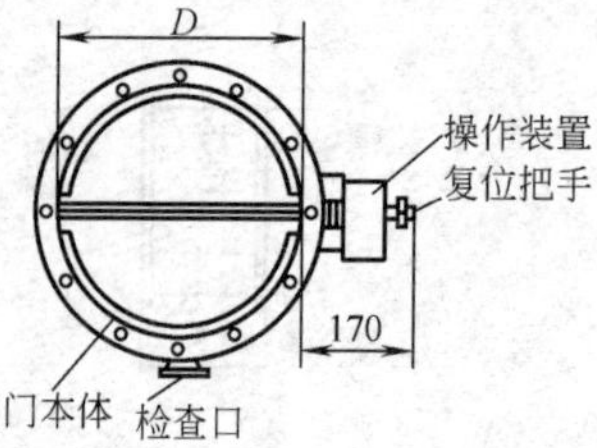

图 13.9-5 圆形防火阀外形图

矩形防火阀规格表 **表 13.9-6**

阀门宽度 *A*(mm)						阀门高度 *B*（mm）	阀门长度 *L*（mm）	叶片数量
160	200	250	320			160	400	1
200	250	320	400			200		1
250	320	400	500			250		1
320	400	500	630	800	1000	320		2
400	500	630	800	1000	1250	400		2
500	630	800	1000	1250		500		3
630	800	1000	1250			630		3

注：① 阀门宽度 *A* 和宽度 *B* 为国标风管公称尺寸，不同规格的阀门长度，*L*=400mm；

② 宽度 *A*≤1250mm，高度 *B*>630mm 的阀门采取组合形式，自动关闭装置也相应增加为两个以上。

圆形防火阀规格表 **表 13.9-7**

阀体直径 *D*(mm)	阀体长度 *L*(mm)	阀体直径 *D*(mm)	阀体长度 *L*(mm)
ϕ160	400	ϕ400	640
ϕ200	440	ϕ450	700
ϕ250	490	ϕ500	740
ϕ320	560		

3. 自动排烟防火阀

该阀应设置在排烟系统的管道上或安装在排烟风机的吸入口处，兼有自动排烟阀和防火阀的功能，平时处于关闭状态，当发生火灾需要排烟时，其动作、功能与排烟阀相同，可自动开启排烟。当管道内气流温度达 280℃时易熔金属的温度熔断器动作而自动关闭，切断气流，防止火灾蔓延。矩形和圆形自动排烟防火阀的规格及有效净面积分别如表 13.9-8（图 13.9-6）和表 13.9-9（图 13.9-7）所示。

矩形排烟、防火阀规格及有效净面积表（m²） **表 13.9-8**

B \ *A*	120	160	200	250	320	400	500	630	800	1000	1250	1600	2000
120	0.0097	*	0.0166	*									
	*	0.0131	*	0.0207									

续表

B \ A	120	160	200	250	320	400	500	630	800	1000	1250	1600	2000
160		* 0.0193	0.0243 *	* 0.0305	0.0391 *								
200			0.0321 *	* 0.0403	0.0518 *	* 0.0650	0.0810 *						
250				* 0.0526	0.0670 *	* 0.0847	0.1060 *	0.1340					
320					0.0740 *	* 0.0950	0.1220	0.1570	0.2030	0.2560			
400						* 0.1240	0.1590	0.2040	0.2630	0.3330	0.4200		
500							0.1970	0.2530	0.3270	0.4130	0.5210	0.6390	
630								0.3290	0.4250	0.5370	0.6780	0.8220	
800									0.5410	0.6840	0.8630	1.0600	1.3380
1000										0.8600	1.0850	1.3400	1.6920
1250												1.6910	2.1350

注：① 当 $A>1250$mm，安装两个执行机构。

② 有 * 者为安装 AS-1 型执行机构的阀门，其余为安装 ADS-1 型执行机构的阀门，参见有关产品样本。

③ 法兰规格按表 13.9-10 中 A，阀体长度见表中 B。

圆形排烟、防火阀门规格表 **表 13.9-9**

ϕ	120	160	180	200	250	280	320	360	400	450	500	560	630	700	800	900	1000
L	160	$L=\phi$															
法兰规格	20×20×3					25×25×3							30×30×4				
有效面积（m²）	0.0084 *	* 0.0160	0.021 *	* 0.026	0.043 *	* 0.054	0.072 *	* 0.093	0.115 *	0.143	0.176	0.225	0.286	0.356	0.470	0.800	0.700

注：有 * 者为安装 AS-1 型执行机构的阀门，其余为安装 ADS-1 型执行机构的阀门。参见有关产品样本。

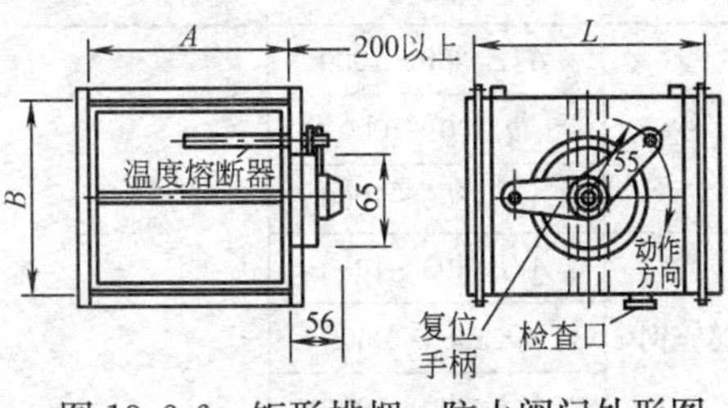

图 13.9-6 矩形排烟、防火阀门外形图

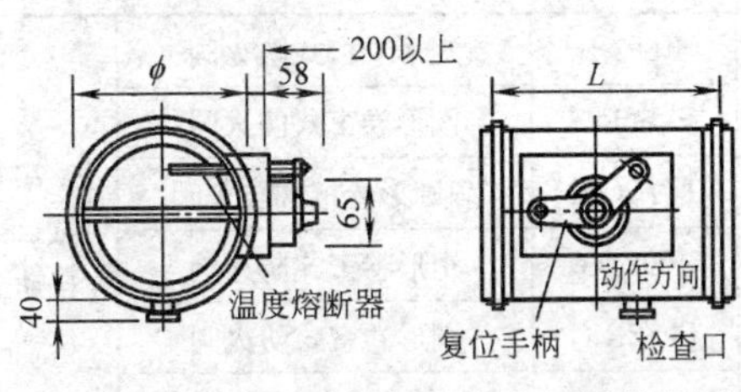

图 13.9-7 圆形排烟、防火阀门外形图

4. 防烟防火调节阀

安装在有防火防烟要求的通风、空调系统的风管上，平时常开，当空气温度达到70℃时，阀门关闭。防烟防火调节阀同时可作调节阀使用，从而把通风、空调系统中风量调节与防火功能合为一体。该阀通过阀内熔断器动作而自动关闭，根据系统要求也可选用

有电信号的动作装置，可与烟感探测器、温感探测器或其他消防系统的报警装置连锁。矩形和圆形防烟防火调节阀的规格分别如表 13.9-8（图 13.9-8）和表 13.9-9（图 13.9-9）所示。矩形阀的法兰规格及阀体长度见表 13.9-10。

矩形阀的法兰规格与阀体长度表 **表 13.9-10**

A(mm)	法兰规格(mm)	B(mm)	阀体长度(mm)
120～630 800～1250 1600～2000	25×25×3 30×30×3 40×40×4	120～160 200 250 320～1250	160 200 250 320

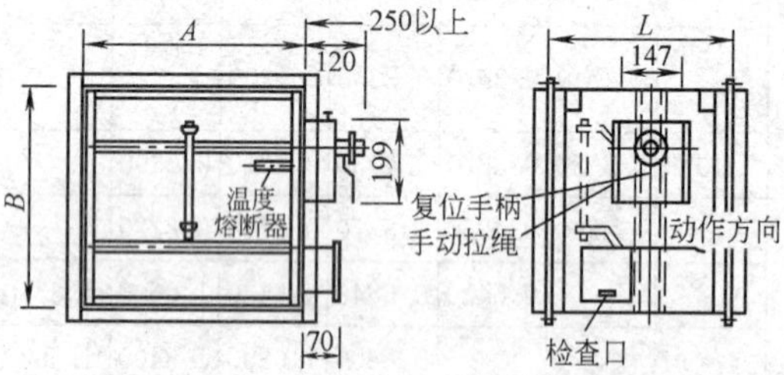

图 13.9-8 矩形防烟防火调节阀外形图

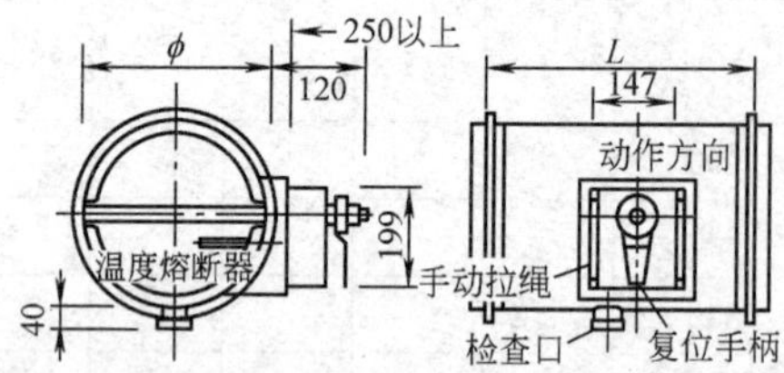

图 13.9-9 圆形防烟防火调节阀外形图

5. 卷帘防火阀

安装于空调和通风管道上，也可安装在防火墙内。防火阀叶片采用卷帘式结构，平时叶片卷起，保持开启状态。当风管内或周围环境温度超过防火阀易熔片温度（70℃或 280℃）时，叶片在弹簧力的作用下，迅速关闭。见图 13.9-10 和表 13.9-11。

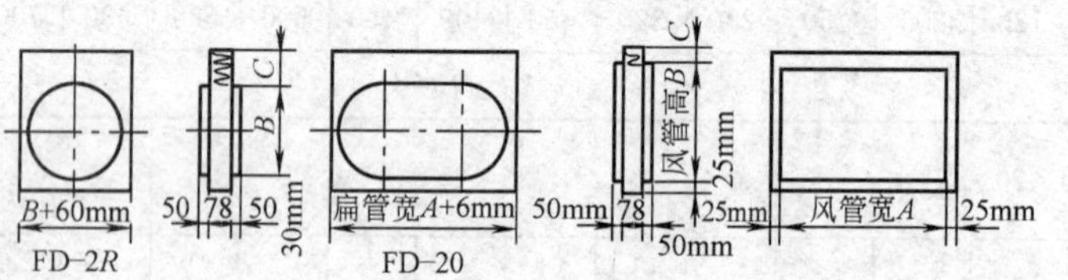

图 13.9-10 矩形、圆形、扁圆形卷帘式防火阀

卷帘防火阀规格表 **表 13.9-11**

序号	型 号	名 称	功 能	材 料	规 格	状 态
1	FD-2-S	矩形卷帘式防火阀	70℃（或 280℃）自动关闭	不锈钢	A/B:300～1000	常开
2	FD-2R-S	圆形卷帘式防火阀			D:300～1000	
3	FD-2O-S	扁圆形卷帘式防火阀			A/B:300～1000	
4	FD-2-G	矩形卷帘式防火阀		镀锌钢	A/B:300～1000	
5	FD-2R-G	圆形卷帘式防火阀			D:300～1000	
6	FD-2O-G	扁圆形卷帘式防火阀			A/B:300～1000	

（mm）

风管高度	350	350	400	450	500	550	600	650	700	750	800	850	900	950	1000
C	32	38	45	45	45	51	51	57	57	64	64	70	70	76	83

注：FD-2 卷帘防火阀生产厂为深圳中航大记工程制品有限公司。

6. 防火风口

防火风口应用于有防火要求的通风和空调系统送、排风出入口处。防火风口由铝合金送、排风口与防火阀组合而成，其风口可调节送风气流方向，其防火阀可在 0～90°范围内无级调节通过风口的气流量，火灾时阀门上易熔环受热，70℃时动作阀门关闭，切断火势和烟气沿风管蔓延。防火风口外形见图 13.9-11，安装位置见图 13.9-12 及图 13.9-13，规格见表 13.9-12。

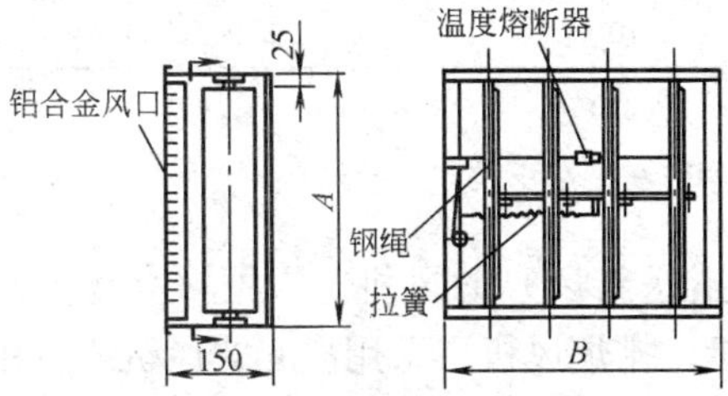

图 13.9-11 防火风口外形图

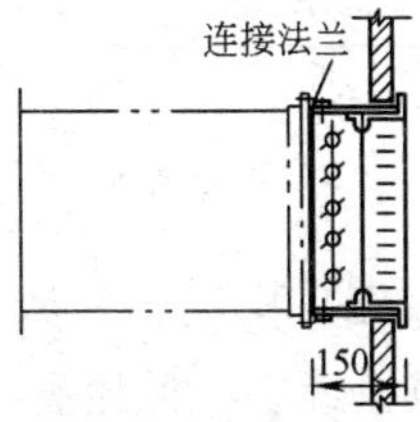

图 13.9-12 防火风口安装于风管端头

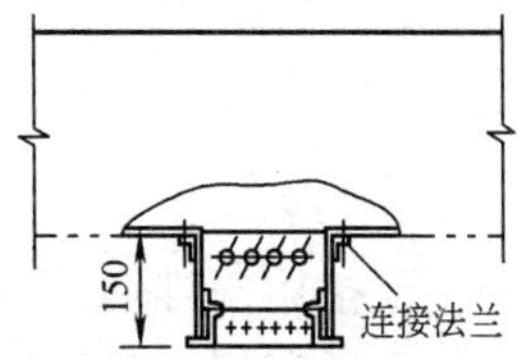

图 13.9-13 防火风口安装于风管侧壁

防火风口尺寸表（*A*×*B*）(mm) **表 13.9-12**

200×200							
250×200	250×250						
300×200	300×250	300×300					
450×200	400×250	400×300	400×400				
	450×250	450×300	450×400	450×450			
	500×250	500×300	500×400	500×450	500×500		
			600×400	600×450	600×500	600×600	
				800×450	800×500	800×600	800×800

13.9.4 压差自动调节阀及余压阀

压差自动调节阀是由调节阀、压差传感器、调节执行机构等装置组成，其作用是对需要保持正压值的部位进行送风量的自动调节，也可用于保持正压值和防止正压值超压而进行泄压。

防烟楼梯间及其前室只对楼梯间加压送风时，在楼梯间与前室和前室与走道之间的隔墙上设置余压阀。这样空气通过余压阀从楼梯间送入前室，当前室超过 25Pa 时，空气再从余压阀漏到走道，使楼梯间和前室能维持各自的压力。余压阀见图 13.9-14，规格见表 13.9-13。

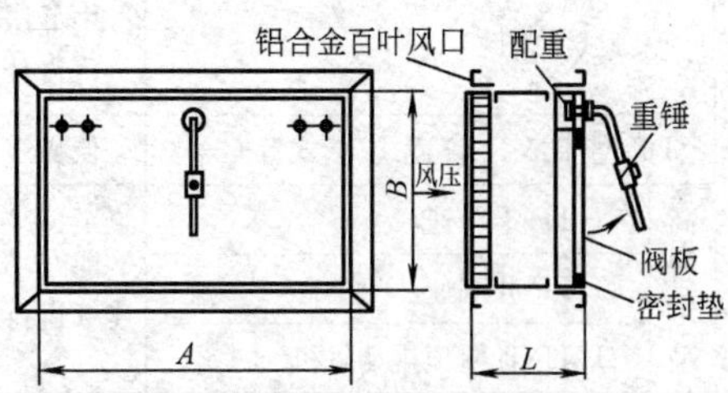

图 13.9-14 余压阀

余压阀规格 表 13.9-13

序 号	规格 $A\times B$(mm)	序 号	规格 $A\times B$(mm)
1	300×150	6	600×250
2	400×150	7	800×300
3	450×150	8	800×350
4	500×200	9	900×480
5	600×200	10	900×500

13.9.5 风 机

主要指用于排烟、加压送风、排风、补风（包括送新风）的风机。根据《高规》规定：加压送风机可采用轴流风机或中、低压离心风机。排烟风机可采用离心式风机或专用排烟轴流风机。排烟风机应保证在280℃时能连续工作30min。

风机的选择应根据工程实际，风机用途、系统独用、合用、风机特性等条件综合分析确定。

1. 风机类型与用途选用表：见表 13.9-14

风机类型与用途选用表 表 13.9-14

<table>
<tr><th colspan="5">风机类型及编号</th><th colspan="2">特 点</th><th>排烟</th><th>加压送风</th><th>排风</th><th>送风补风</th></tr>
<tr><td rowspan="7">离心式风机</td><td rowspan="5">风机箱</td><td rowspan="2">HTFD</td><td>消防型</td><td>Ⅰ型单速
Ⅱ型双速</td><td colspan="2">能在400℃连续运行80min以上,(电机在箱体外)</td><td>○</td><td></td><td></td><td></td></tr>
<tr><td>通风型</td><td>Ⅰ型单速
Ⅱ型双速</td><td colspan="2" rowspan="4">常温介质
(电机在箱体内)</td><td rowspan="4"></td><td rowspan="4">○</td><td rowspan="4">○</td><td rowspan="4">○</td></tr>
<tr><td colspan="2" rowspan="3">HG电机外转子</td><td>单风机型</td></tr>
<tr><td>双风机型</td></tr>
<tr><td>三风机型</td></tr>
<tr><td colspan="4">普通离心风机4-70、4-72、4-79</td><td colspan="2">电机或皮带在气流之外
(排烟用)</td><td>○</td><td>○</td><td>○</td><td>○</td></tr>
<tr><td colspan="4">屋顶式 DWT-Ⅱ、Ⅲ</td><td>风量小、压头高,>600Pa</td><td rowspan="2">空气介质温度不超过60℃</td><td></td><td></td><td>○</td><td></td></tr>
<tr><td rowspan="5">轴流式风机</td><td colspan="4">屋顶式 SWT-Ⅰ</td><td>中低压,大流量,<400Pa
可设计成正反转等效</td><td></td><td></td><td>○</td><td></td></tr>
<tr><td colspan="4">DZ型 T35-11管道式、壁式等</td><td colspan="2">低噪声(T35-11环境温度≤60℃)</td><td></td><td></td><td>○</td><td>○</td></tr>
<tr><td rowspan="3">高温排烟型</td><td colspan="3">HTF-Ⅰ单速</td><td colspan="2" rowspan="3">能在400℃连续运行100min以上,在100℃连续运行20h/次不损坏</td><td>○</td><td></td><td></td><td></td></tr>
<tr><td colspan="3">HTF-Ⅱ双速</td><td>○</td><td></td><td></td><td></td></tr>
<tr><td colspan="3">HTF-Ⅲ屋顶排烟风机</td><td>○</td><td></td><td></td><td></td></tr>
<tr><td>混流式风机</td><td>消防高温排烟风机</td><td colspan="3">PYSWF-Ⅰ单速
PYSWF-Ⅱ双速</td><td colspan="2">能在400℃连续运行100min以上,在100℃连续运行20h/次不损坏</td><td>○</td><td></td><td></td><td></td></tr>
</table>

续表

风机类型及编号			特点	排烟	加压送风	排风	送风补风
混流式风机	普通风机	SWF-Ⅰ单速 SWF-Ⅱ双速 SWF-Ⅲ单速高转速 SWF-Ⅳ单速 SWF-Ⅴ单速、(X带消声器)	常温型风机 同机号较离心风机风量大，压头较轴流风机高，同风量风压下，比轴流式或离心式体积小、噪声低		○	○	○
其他	变风量风机		风量可变		○	○	○

2. 风机选用说明

(1) HTF系列消防高温排烟风机、SWF系列混流风机及DWT系列屋顶风机，曾列入国家级“星火”项目，由上海交通大学与浙江上风实业股份有限公司共同研制开发。

(2) HTFD系列节能低噪声风机箱，是在原HTFC基础上改进优化后的新一代产品。

(3) 所有风机性能参数及外形尺寸详有关产品样本。

3. 几种常用风机介绍

(1) HTFD系列节能低噪声风机箱，性能参数见表13.9-15和表13.9-16

1) 用途：本系列产品的基本机型为离心式风机结构形式，分为A型、B型、HG型三种。

A型为通风型，电动机安装在机柜壳体内。

B型为消防型，电动机安装在机柜壳体外。二者又分为Ⅰ型单速，Ⅱ型双速两种。

HG型为外转子风机的风机箱（从略，参见有关样本）。

消防型风机箱，在烟气280℃高温下，能连续运行40min以上（经国家消防检测部门检测在温度400℃时，能连续运行80min以上）。可作消防排烟用。

2) 型号说明：HTFD－A、B－Ⅰ、Ⅱ－NO

NO——风机型号
Ⅰ——表示电机为单速
Ⅱ——表示电机为双速
A——为通风型
B——为消防型
HTFD——表示节能型低噪声风机箱

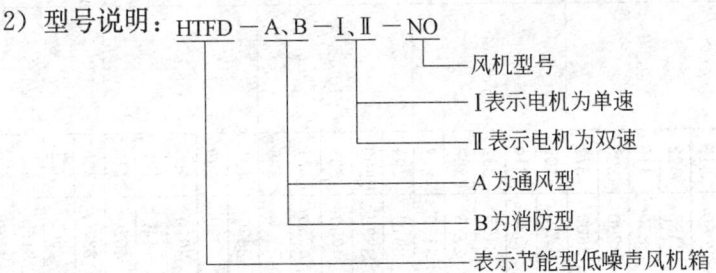

3) HTFD系列节能低噪声风机箱外形尺寸、图形及进、出口位置编号。外形尺寸见表13.9-17，图形见图13.9-15，进、出风口位置编号见图13.9-16。

① 外形尺寸表

② HTFD系列节能低噪声风机箱图形

③ HTFD系列节能低噪声风机箱进出风口位置编号见图13.9-16

HTFD—Ⅰ 9号~40号单速节能低噪声风机箱性能参数表 表13.9-15

风机型号	转速 (r/min)	工况	风量 (m^3/h)	静压 (Pa)	配用电机 型号	配用电机 功率 (kW)	噪声 dB(A)	重量(kg) A	重量(kg) B
9号	1550	1	2270	499					
		2	2600	515					
		3	3160	510	Y905-4	1.1	65	120	102
		4	3530	483					
		5	3480	453					
	1400	1	2050	415					
		2	2355	422					
		3	2860	419	Y802-4	0.75	63	111	93
		4	3230	398					
		5	3600	372					
	1200	1	1770	309					
		2	2030	314					
		3	2465	312	Y801-4	0.55	60	110	92
		4	2785	295					
		5	3150	277					
10号	1550	1	2910	499					
		2	3330	609					
		3	4050	603	Y100L1-4	2.2	66	139	117
		4	4530	571					
		5	5100	536					
	1400	1	2630	491					
		2	3020	499					
		3	3670	495	Y90L-4	1.5	64	132	110
		4	4140	470					
		5	4620	440					
	1200	1	2270	365					
		2	2600	371					
		3	3160	369	Y905-4	1.1	60	124	102
		4	3570	349					
		5	3980	327					

风机型号	转速 (r/min)	工况	风量 (m^3/h)	静压 (Pa)	配用电机 型号	配用电机 功率 (kW)	噪声 dB(A)	重量(kg) A	重量(kg) B
12号	1200	1	4550	579					
		2	5240	589					
		3	6330	505	Y100L2-4	3.0	67	185	260
		4	7150	554					
		5	7970	520					
	1050	1	4000	448					
		2	4610	456					
		3	5570	453	Y100L1-4	2.2	64	181	150
		4	6290	428					
		5	7010	402					
	950	1	3630	370					
		2	4190	377					
		3	5070	374	Y90L-4	1.5	62	174	149
		4	5720	354					
		5	6375	332					
15号	900	1	9150	551					
		2	8185	561					
		3	9950	557	Y112M-4	4	68	241	211
		4	11240	526					
		5	12530	494					
	850	1	6700	483					
		2	7670	493					
		3	9330	489	Y100L2-4	3	67	236	206
		4	10370	465					
		5	11750	435					
	750	1	5950	382					
		2	6820	389					
		3	8040	383	Y100L1-4	2.2	65	232	202
		4	9260	368					
		5	10440	343					

续表

风机型号	转速(r/min)	工况	风量(m^3/h)	静压(Pa)	配用电机 型号	配用电机 功率(kW)	噪声 dB(A)	重量(kg) A	重量(kg) B	风机型号	转速(r/min)	工况	风量(m^3/h)	静压(Pa)	配用电机 型号	配用电机 功率(kW)	噪声 dB(A)	重量(kg) A	重量(kg) B
18号	850	1	9540	612	Y132M-4	7.5	71	323	288	22号	750	1	16340	749	Y160M-4	11	74	480	430
		2	10920	623								2	18710	763					
		3	13280	619								3	22760	757					
		4	15000	586								4	25700	717					
		5	16720	549								5	28130	679					
	750	1	8490	483	Y132S-4	5.5	68	310	275		650	1	14290	573	Y160M-6	7.5	71	477	427
		2	9710	493								2	16370	584					
		3	11820	489								3	19910	580					
		4	13340	463								4	22490	558					
		5	14880	435								5	25070	515					
	650	1	7420	370	Y132M1-4	4	65	315	280		550	1	12250	422	Y132M2-6	5.5	68	440	390
		2	8495	377								2	14030	430					
		3	10330	374								3	17070	426					
		4	11670	354								4	19280	410					
		5	13000	333								5	21490	379					
20号	850	1	13080	757	Y160M-4	11	72	418	378	25号	700	1	20350	726	Y180L-6	15	73	596	536
		2	14890	770								2	23310	739					
		3	18230	764								3	28350	734					
		4	20580	723								4	32020	695					
		5	22940	680								5	35040	657					
	750	1	11630	597	Y132M-4	7.5	70	375	335		600	1	19980	533	Y160L-6	11	70	556	496
		2	13320	609								2	22140	542					
		3	16200	603								3	24300	539					
		4	18300	571								4	27450	510					
		5	20390	536								5	30590	482					
	650	1	10170	457	Y132M2-4	5.5	67	378	338		550	1	18320	448	Y160M-6	7.5	69	531	471
		2	11650	465								2	20300	455					
		3	14170	462								3	22283	453					
		4	16010	437								4	25170	429					
		5	17840	410								5	28050	405					

续表

风机型号	转速(r/min)	工况	风量(m³/h)	静压(Pa)	配用电机		噪声dB(A)	重量(kg)		风机型号	转速(r/min)	工况	风量(m³/h)	静压(Pa)	配用电机		噪声dB(A)	重量(kg)	
					型号	功率(kW)		A	B						型号	功率(kW)		A	B
28号	650	1	32130	817	Y200L2-6	22	77	735	671	36号	500	1	44480	835	Y225M-6	30	76	1057	977
		2	37980	860								2	51985	846					
		3	42965	852								3	58160	843					
		4	46310	849								4	64670	841					
		5	50855	819								5	72040	839					
	600	1	29655	685	Y200L1-6	18.5	75	710	645		450	1	40035	676	Y200L2-6	22	74	1015	935
		2	35060	732								2	46785	686					
		3	39660	726								3	52345	683					
		4	42750	724								4	58200	681					
		5	46940	698								5	64835	680					
	550	1	27180	576	Y180L-6	15	74	661	596		400	1	35585	543	Y200L1-6	18.5	72	990	910
		2	32510	615								2	41590	542					
		3	36350	610								3	46530	540					
		4	39180	608								4	51735	539					
		5	43020	587								5	57633	537					
30号	600	1	35080	790	Y200L2-6	22	76	878	808	40号	500	1	53325	921	Y250M-6	37	77	1239	1154
		2	38870	788								2	60195	910					
		3	42600	785								3	66615	916					
		4	48200	743								4	75020	984					
		5	53710	697								5	82930	1023					
	550	1	32150	664	Y200L1-6	18.5	75	853	783		450	1	47995	746	Y225M-6	30	75	1141	1056
		2	35630	663								2	54175	737					
		3	39110	659								3	59952	742					
		4	44180	626								4	67515	797					
		5	49240	586								5	74640	829					
	500	1	29230	549	Y180L-6	15	73	804	734		400	1	42660	590	Y200L2-6	22	73	1099	1014
		2	32390	548								2	48155	582					
		3	35550	545								3	53290	586					
		4	40160	517								4	60015	629					
		5	44760	484								5	66345	655					

表 13.9-16

HTFD－Ⅱ 15 号～30 号双速节能风机箱性能参数表

型号	转速 (r/min)	工况	风量 (m^3/h)	静压 (Pa)	配用电机 型 号	配用电机 功率 (kW)	噪声 dB(A)	重量(kg) A	重量(kg) B
15 号	600	1	6010	245	YD132S-6/4	3/4	60	261	231
		2	7020	239					
		3	7870	224					
	900	1	9070	559			68		
		2	10600	542					
		3	11885	510					
18 号	650	1	9415	376	YD160L-8/6	6/8	63	389	354
		2	11000	364					
		3	12335	343					
	870	1	12550	668			69		
		2	14670	647					
		3	16440	610					
20 号	640	1	12450	431	YD180L-8/6	9/12	64	518	478
		2	14560	418					
		3	16320	395					
	850	1	16605	767			71		
		2	19410	744					
		3	21760	702					
22 号	560	1	15550	428	YD180L-8/6	9/12	67	580	530
		2	18175	415					
		3	20185	392					
22 号	750	1	20735	760	YD180L-8/6	9/12	73	580	530
		2	24230	737					
		3	26915	698					
25 号	550	1	21290	454	YD200L1-8/6	12/17	68	660	600
		2	23725	441					
		3	26610	416					
	730	1	28390	807			74		
		2	31630	784					
		3	35145	740					
28 号	490	1	28630	488	YD200L2-8/6	15/20	70	776	711
		2	32390	484					
		3	34910	482					
	650	1	37980	860			76		
		2	42965	852					
		3	46310	849					
30 号	450	1	32000	442	YD200L2-8/6	15/20	70	919	849
		2	36150	418					
		3	39880	392					
	600	1	42660	785			76		
		2	48220	743					
		3	53170	697					

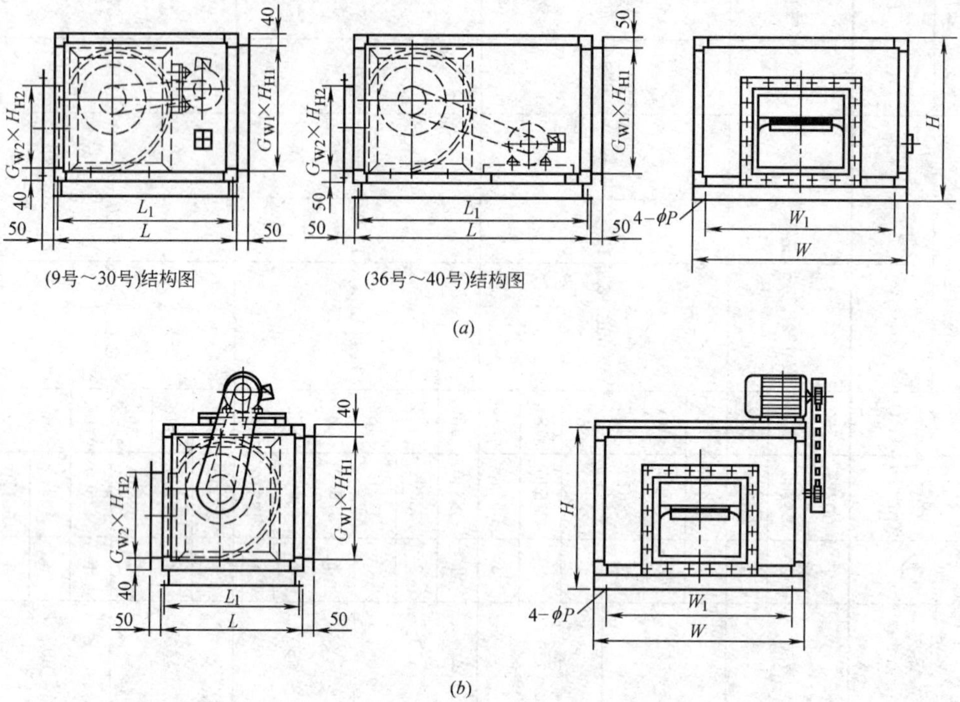

图 13.9-15 HTFD系列节能低噪声风机箱外形图

(a) HTFD-A型；(b) HTFD-B型

HTFD—A、B型节能低噪声风机箱外形尺寸表（mm） 表 13.9-17

箱体型号	风机型号	L		L_1		W	W_1	H	进风口		出风口		φP	槽钢底架
		A型	B型	A型	B型				G_{W1}	H_{H1}	G_{W2}	H_{H2}		
HTFD-09	TRZ225C	700	620	672	592	780	680	560	540	428	330	330	12.5	50
HTFD-10	TRZ250C	800	680	772	652	820	720	620	600	488	365	365		
HTFD-12	TRZ315C	900	810	872	782	920	820	730	730	598	450	450		
HTFD-15	TRZ400C	1130	970	1100	940	1050	950	900	890	755	550	550	14.5	63
HTFD-18	TRZ450C	1280	1060	1250	1030	1150	1050	1000	980	855	610	610		
HTFD-20	TRZ500C	1400	1180	1370	1150	1250	1150	1095	1100	950	680	680		
HTFD-22	TRZ560C	1550	1270	1520	1240	1350	1250	1200	1190	1055	760	760		
HTFD-25	TRZ630C	1700	1400	1670	1370	1450	1350	1340	1320	1180	850	850	16.5	80
HTFD-28	TRZ710C	1850	1550	1820	1520	1600	1500	1480	1470	1320	950	950		
HTFD-30	TRZ800C	2000	1640	1970	1610	1750	1650	1640	1560	1480	1050	1050		
HTFD-36	TRZ900C	2250	1900	2210	1860	1900	1800	1850	1820	1670	1170	1170	20.5	100
HTFD-40	TRZ1000C	2450	2000	2410	1960	2000	1900	2010	1920	1830	1310	1310		

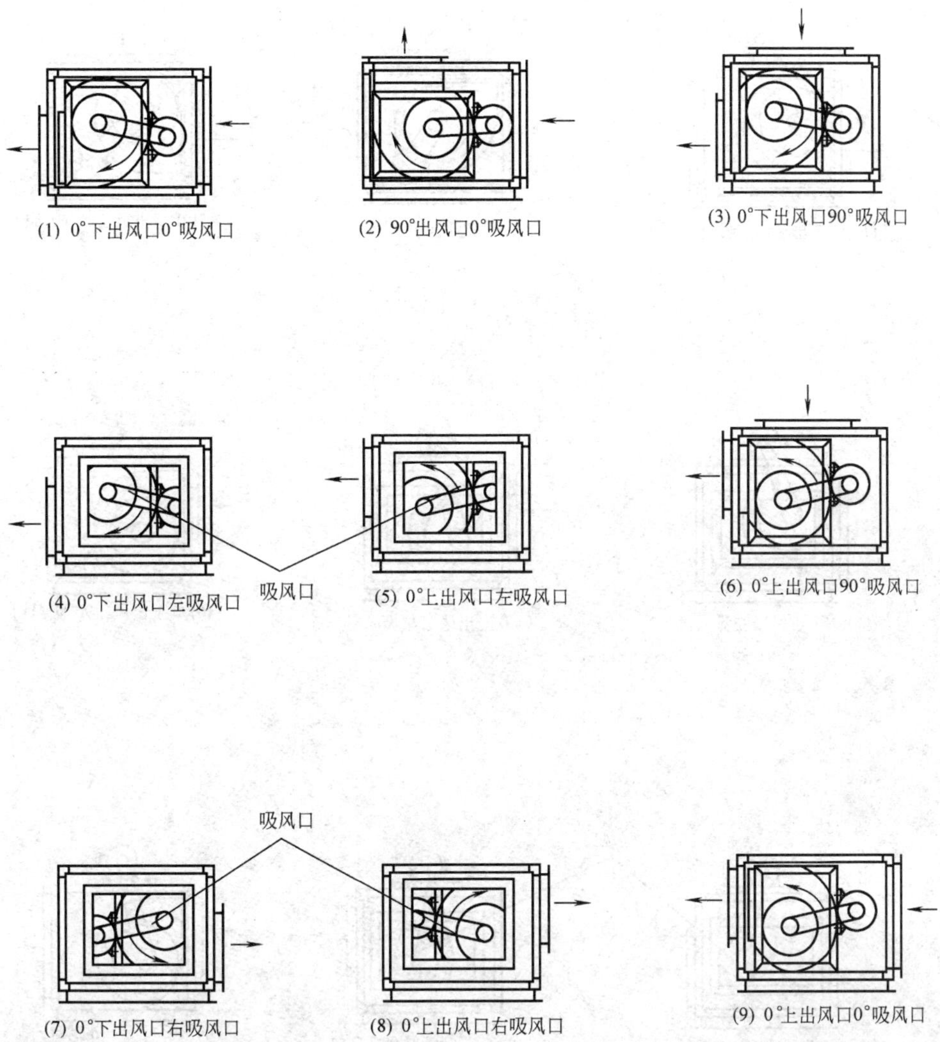

(*a*)

图 13.9-16 HTFD系列节能低噪声风机箱进出风口位置编号

(*a*) HTFD -A 型节能低噪声风机箱风口位置外形图；

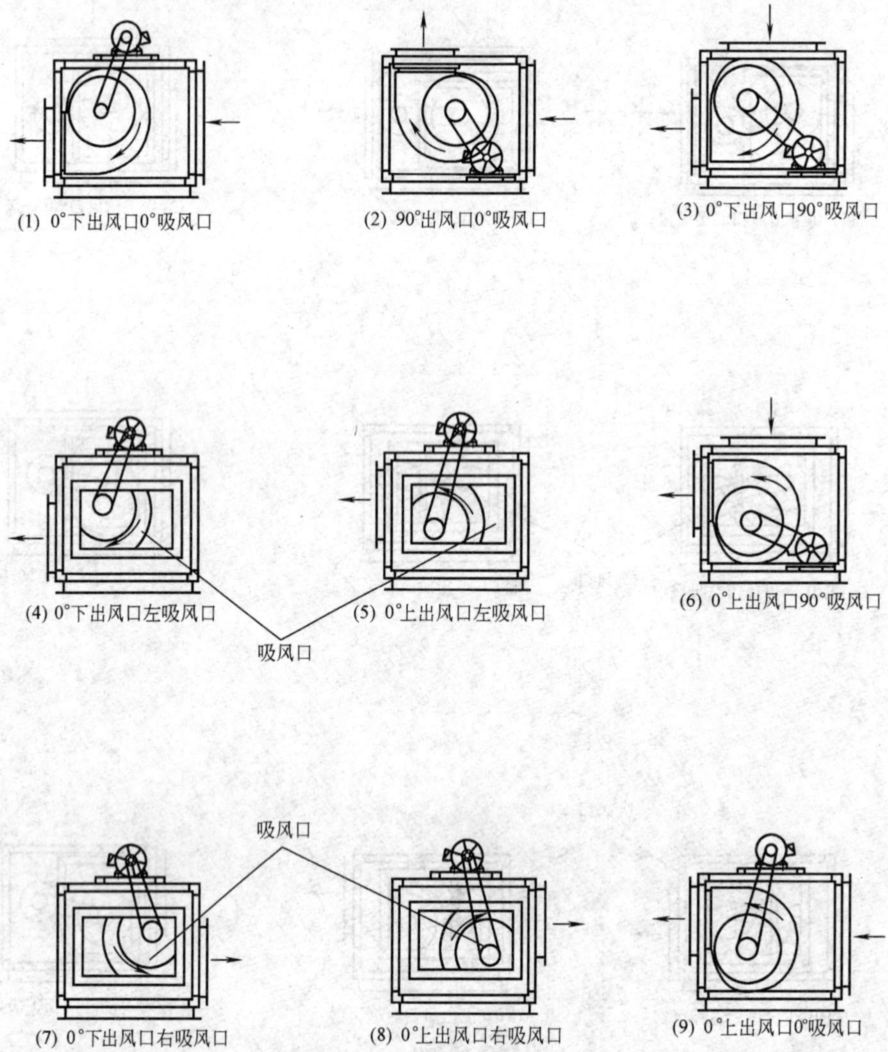

(*b*)

图 13.9-16 HTFD系列节能低噪声风机箱进出风口位置编号

(*b*) HTFD -B型节能低噪声风机箱风口位置外形图

注：订货时请注明B式风机箱电机放置位置

（2）HTF系列消防高温排烟风机

1）用途：本系列消防高温排烟轴流风机，能在400℃高温条件下连续运行100min以上，100℃温度条件下连续运行20h/次不损坏，能用于高层民用建筑，地下汽车库、隧道等场所的排烟系统。

2）本系列派生产品：HTF-Ⅰ（A） HTF-ⅠG（A）
HTF-Ⅱ（A） HTF-ⅡG（A）
HTF-Ⅲ（A）（屋顶风机） HTF-PYSWF-Ⅰ（A）（单速）
HTF-D（A） HTF-PYSWF-Ⅱ（A）（双速）

注：此处（A）的含义表示改进型，与上面的A含义不同。除HTF-Ⅰ（A）、Ⅱ（A）外，参见其他有关样本。

3）型号说明

HTF－Ⅰ、Ⅱ－NO
- NO——风机型号
- Ⅰ——Ⅰ表示单速
- Ⅱ——Ⅱ表示双速
- HTF——表示消防高温轴流排烟风机

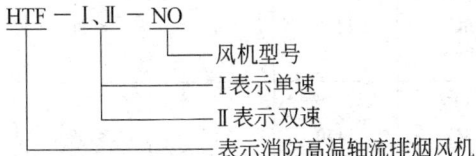

4）性能参数：见表13.9-18（HTF-Ⅱ型自5号起）

HTF-Ⅰ/Ⅱ型消防高温排烟风机性能参数表 **表13.9-18**

型号	气流进出口直径 (mm)	风量 (m^3/h)	风压 (Pa)	转速 (r/min)	装机容量 (kW)	A声级 dB(A)	重量 (kg)
3.5	350	4225 3840 3350	280 360 420	2900	0.75	≤78	77
4	400	5500 4800 3800	300 380 450	2900	1.5	≤79	88
4.5	450	8500 7800 6120	410 550 670	2900	2.2	≤84	99
5	500	9824 8861 6817	510 610 752	2900	3	≤86	110
5.5	550	15200 12000 10900	521 680 708	2900	4	≤86	115
6	600	16090 15102 13197	610 780 810	2900	5.5	≤86	164
6.3	630	20210 18700 15600	480 510 580	1450	5.5	≤87	165
6.5	650	21500 18000 15300	425 620 680	1450	5.5	≤88	170

续表

型 号	气流进出口直径 (mm)	风量 (m^3/h)	风压 (Pa)	转速 (r/min)	装机容量 (kW)	A声级 dB(A)	重量 (kg)
7	700	24380 22439 18908	610 655 728	1450	7.5	≤88	208
8	800	31421 29172 26012	600 661 723	1450	7.5	≤89	216
9	900	33510 32297 27613	562 668 840	1450	11	≤90	280
10	1000	45679 40000 35000	630 690 770	1450	11	≤90	300
11	1100	51552 50128 48500	580 647 690	1450	15	≤92	380
12	1200	62760 59300 57748	624 680 740	960	18.5	≤93	520
13	1300	74708 65370 56031	600 710 807	960	18.5	≤94	560
15	1500	93800 86115 76041	623 710 819	960	22	≤95	650
5	500	9824 8861 6817	510 610 752	2900	3/2.5	≤80	110
5	500	4912 4431 3410	127 153 188	1450	3/2.5	≤75	110
5.5	550	15200 12000 10900	398 592 632	2900	4/3.3	≤86	115
5.5	550	7600 6000 5450	100 148 155	1450	4/3.3	≤75	115
6	600	16090 15102 13197	510 610 760	2900	5.5/4.5	≤86	164
6	600	8045 7551 6599	127 153 190	1450	5.5/4.5	≤75	164

续表

型 号	气流进出口直径 (mm)	风量 (m^3/h)	风压 (Pa)	转速 (r/min)	装机容量 (kW)	A声级 dB(A)	重量 (kg)
6.5	650	21500	425	1450	5.5/4	≤88	170
		18000	620				
		15300	680				
		14235	187	960		≤80	
		11918	272				
		10130	298				
7	700	24380	610	1450	8/6.5	≤88	218
		22439	655				
		18908	728				
		16141	267	960		≤80	
		14865	287				
		12518	319				
8	800	31421	600	1450	8/6.5	≤89	226
		29172	661				
		26012	723				
		20800	263	960		≤80	
		19314	290				
		17222	317				
9	900	33510	562	1450	11/9	≤90	280
		32297	668				
		27513	840				
		22186	246	960		≤81	
		21383	293				
		18216	368				
10	1000	45679	630	1450	11/9	≤90	330
		40000	690				
		35000	770				
		30255	276	960		≤80	
		26483	302				
		24019	338				
11	1100	51552	580	1450	16/13	≤92	450
		50128	647				
		48500	690				
		34130	254	960		≤83	
		33188	284				
		32110	302				
12	1200	62763	624	960	17/8	≤93	565
		59300	680				
		55651	740				
		47072	351	720		≤83.5	
		44475	383				
		43311	416				

续表

型 号	气流进出口直径 (mm)	风量 (m^3/h)	风压 (Pa)	转速 (r/min)	装机容量 (kW)	A声级 dB(A)	重量 (kg)
13	1300	74708 65370 56031	600 710 807	960	17/8	≤94	590
		56031 49027 42023	338 399 454	720		≤84.5	
15	1500	93800 86115 76041	623 710 819	960	22/11	≤95	680
		70350 64586 57031	350 399 461	720		≤85	

5）外型尺寸及图形

外型尺寸见表13.9-19，图形见图13.9-17。

HTF-Ⅰ/Ⅱ型系列消防高温排烟风机外形尺寸表（mm） 表13.9-19

型号	D	D_1	D_2	M_1	M_2	M_3	M_4	L	n-ϕ1	4-ϕ2	H
3.5	360	395	414	340	380	200	300	560	8-ϕ9.5	4-ϕ11	232
4	410	450	485	380	420	200	300	560	8-ϕ9.5	4-ϕ11	258
4.5	460	500	535	380	420	300	400	600	8-ϕ9.5	4-ϕ11	290
5	510	550	590	380	420	300	400	650	12-ϕ11.5	4-ϕ11	316
5.5	564	610	650	470	510	400	500	680	12-ϕ11.5	4-ϕ11	352
6	610	652	690	470	510	400	500	700	12-ϕ11.5	4-ϕ15	378
6.3	640	685	730	570	610	400	500	800	12-ϕ11.5	4-ϕ15	395
6.5	658	700	750	570	610	500	600	800	12-ϕ11.5	4-ϕ15	402
7	710	760	810	570	610	500	600	800	12-ϕ11.5	4-ϕ15	428
8	810	860	910	570	610	500	600	800	12-ϕ11.5	4-ϕ15	488
9	910	960	1010	580	640	600	700	860	12-ϕ11.5	4-ϕ19	538
10	1010	1060	1110	580	640	600	700	860	12-ϕ11.5	4-ϕ19	600
11	1110	1168	1220	580	640	980	1050	900	16-ϕ14	4-ϕ19	650
12	1212	1272	1330	730	800	1065	1135	1200	16-ϕ14	4-ϕ19	700
13	1313	1372	1443	730	800	1150	1220	1200	16-ϕ14	4-ϕ19	750
15	1515	1572	1645	730	800	1320	1390	1200	20-ϕ18	4-ϕ21	850

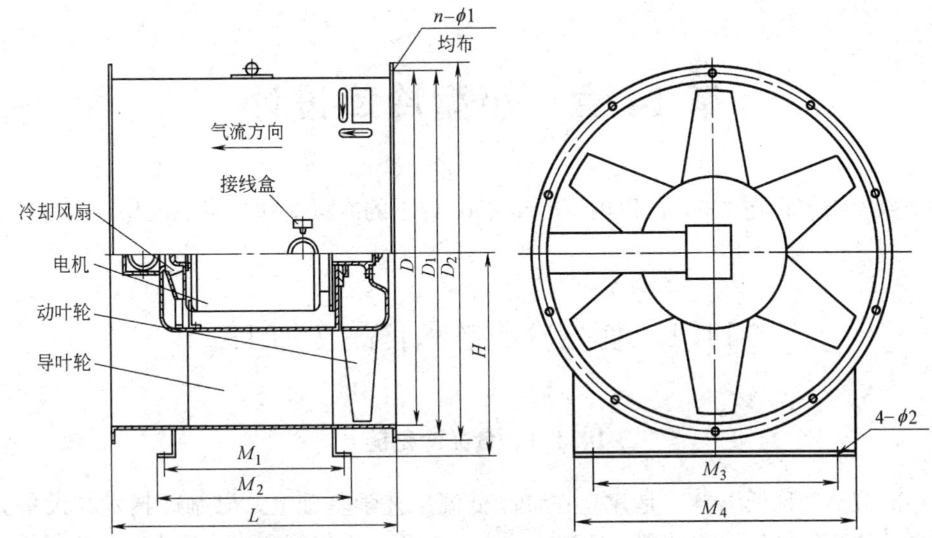

图 13.9-17 HTF-Ⅰ/Ⅱ型系列消防高温排烟风机

第 14 章　小型冷库设计

小型冷库指容积在 1000m^3 以内，贮量 200t 以下的冷藏库和与该规模相近的冷加工场所。

14.1　食品冷藏链和食品冷加工

14.1.1　食品冷藏链

食品冷藏链又称低温链，是建立在食品低温工艺学基础上，以制冷技术与设备为手段，在食品的原料采集、前处理、速冻、冷藏、流通、销售等整个过程中，始终保持合适的低温条件，以达到保持食品质量为目的的冷加工过程。

食品冷藏链有“前端”、“中端”、“末端”三个环节。“前端”是原料前处理、预冷、速冻三个环节；“中端”环节包括冷却物冷藏与结冻物冷藏；销售与分配是冷藏链的“末端”环节；其中运输是贯穿在整个冷藏链的各个环节之中。

小型冷库的属性，会因它所处的地域、食品来源，及其功能要求而异，通常会是食品冷藏链的“中端”，起贮存作用。如处在边远地区，或有季节性采购保存，或有鲜活食品冷加工时，也会增加冷却或结冻功能等。

食品的质量管理应特别注意“前端”和各个关键点的控制。完整的冷藏链是保障食品质量的关键。

14.1.2　食品冷加工

(1) 食品变质、腐烂的原因　食品在常温下贮存会变质、腐烂，究其原因有：

1) 微生物和酶的作用　食品从采集加工、贮存、运输的诸多环节中，都会受到微生物的污染与侵袭，新鲜食品中含有水分和丰富的营养，适宜微生物繁殖。微生物在生命活动中会分泌各种酶类物质，促使食品中的蛋白质、脂肪、糖类等营养成分发生分解，使食品质量下降，进而出现发霉或变质腐烂。

2) 呼吸作用　植物性食品，主要是果蔬，采摘后不再生长，但仍有生命，其象征就是呼吸作用。呼吸使其放出热量，温度升高，食品气调库就是以抑制果蔬的呼吸降低温度来延长其贮藏期，将在 15 章专题叙述，由于呼吸作用，食品温度升高，微生物的入侵使食品腐烂。

3) 化学作用　食品碰伤、擦伤后，伤口发生氧化变色，导致腐烂。

(2) 食品冷藏原理　微生物的生命活动和食品中酶所进行的生化反应都需要一定的温度条件与水分。降低温度会减缓其繁殖，酶的活性也会减弱，低温形成的冰晶，使细胞受到机械破坏，失去养分，部分原生质凝固，细胞脱水，新陈代谢破坏，使微生物脱水死亡。

当食品降到－18℃以下时，食品中90％的水分变成冰，因此结冰食品可长期贮存而不腐败变质。

果蔬的呼吸作用也随温度降低而减弱，从而减少其损耗；鲜蛋也是活体，温度低于冰点，其生命活动也会停止，所以活体食品应在冷却状态下进行贮藏。

各种食品保存的温度和相对湿度各不相同，如蕃茄、黄瓜、红薯等需10℃，而蔬菜、鲜蛋、白菜要0℃贮存；冷却食品温度在－2℃～4℃之间；畜肉与水产冷藏温度在－18℃～－23℃之间。个别品种水产如金枪鱼需深冷－55℃（体内－40℃以下）。近年对水产又出现冰温冷藏（－0.5℃～2℃），它属于非结冻贮藏，可延长食品贮藏期。微冻冷藏（－3℃）能达到对微生物生命活动的抑制作用，使鱼体在较长时间内保持其鲜度，不发生腐败变质。各种冷藏方式的温度范围见表14.1-1。

各种冷藏方式的温度范围 **表14.1-1**

冷藏方式	温度范围℃	主要适用食品
冷却物冷藏	＞0	蛋品、果蔬
冰温冷藏	－0.5～－2	水产品
微冻冷藏	－3	水产品
冻结物冷藏	－18～28	肉类、禽类、水产品、冰淇淋
超低温冷藏	－55	金枪鱼(鲔鱼)

14.2 食品冷藏条件和冷藏间组成

14.2.1 冷藏条件

不同类别的食品其物理特性各不相同，详见表14.2-1。

食品冷藏物理特性 **表14.2-1**

类别	食品名称	贮藏温度(℃)	相对湿度(％)	贮藏期天(月)	含水量(％)	冰冻点(℃)	贮藏容积(m^3/t)	比热[kJ/(kg·C)]		潜热(kJ/kg)
								高于冰点	低于冰点	
蔬菜类	卷心菜	0～1	85～90	(1～3)	91	－0.5	15.6	3.89	1.97	306
	胡萝卜	0～1	80～95	(2～5)	83	－1.7		3.64	1.88	276
	黄瓜	2～7	75～85	10～14	96.4	－0.8	7.5	4.06	2.05	318
	青豌豆	0	80～90	7～21	74	－1.1	8.1	3.31	1.76	247
	葱头	1.5	80	(3)	87.5	－1	9.4	3.77	1.93	289
	萝卜	0～1	85～95	14	93.6	－2.2	8.1	3.98	2.01	310
	生西红柿	10～20	85～90	21～28	94	－0.9		3.98	2.01	310
	西红柿	1～5	80～90	7～21	94	－0.9		3.98	2.01	310
	芹菜	－0.6～0	90～95	(2～4)	94	－1.2	9.4	3.98	1.93	314
	菠菜	0～1	90	10～14	92.7	－0.9		3.94	2.01	306
	茄子	7～10	85～90	7～10	92.7	－1		3.94	2.01	306

续表

类别	食品名称	贮藏温度(℃)	相对湿度(%)	贮藏期天(月)	含水量(%)	冰冻点(℃)	贮藏容积(m^3/t)	比热[kJ/(kg·C)]		潜热(kJ/kg)
								高于冰点	低于冰点	
蔬菜类	南瓜	0～3	80～85	(2～3)	90.5	−1		3.85	1.97	301
	土豆(生)	0	85～90	7～14	74.3	−1	12.5	3.43	1.80	260
	土豆(干)	1.5～4.5	～	(6)	—	—		1.17	0.92	33.5
	红白薯	13～15.5	75～80	(4～6)	68.5	−2		3.14	1.67	226
	扁豆	1～7.5	85～90	8～10	89			3.85	1.97	297
	莴苣	0～1	85～90	(1～2)	94.8	−0.3		4.02	2.01	318
水果类	西瓜	2～4	75～85	14～21	92.1	−1.6		4.06	2.01	301
	苹果	−1～1	85～90	(2～7)	85	−2	7.5	3.85	2.09	281
	橘子	0～1.2	85～90	56～70	90	−2.2	9.4	3.77	1.93	289
	桃子	−0.5～1	80～85	14～28	86.9	−1.5	7.5	3.77	1.93	289
	梨	0.5～1.5	85～90	(1～6)	83	−2	7.5	3.77	2.01	281
	李子	−0.5～0	80～95	21～56	86	−2.2	8.1	3.68	1.88	285
	杨梅	−0.5～1.5	75～85	7～10	90	−1.3		3.85	1.97	301
	草莓	−0.5～0	80～85	7～10	90	−1.5		3.85	1.97	301
	菠萝	4～12	85～90	14～28	85.8	−1.2	8.1	3.68	1.88	285
	柿子	−0.5～0	85～90	14～21	78.2	−2		3.52	1.8	260
	柠檬	5～10	85～90	(2)	89	−2.1	9.4	3.85	1.93	297
	香蕉	13.5～22	85～95	14	75.5	−1.7	15.6	3.35	1.76	251
	葡萄	−1～3	85～90	(1～4)	82	−4	9.4	3.60	1.84	272
	杏子	−0.5～1.6	78～85	7～14	85.4	−2	7.5	3.63	1.93	285
	杏子干	0.5	75	(6)			7.5			
	樱桃	0.5～1	80	7～21	82	−4.5	15.6	3.64	1.93	276
	椰子	−4.5	75	(12)	83	−2.8	7.5	3.43		
	柚子	0～10	85～90	(3～12)	89	−2		3.85	2.01	297
畜产品	牛肉 鲜	1.5～0	88～92	7～42	62～77	−5～−1.5		2.93～3.52	1.59～1.72	205～255
	牛肉 冻	−24～−18	90～95	(9～12)	—	—				
	猪肉 鲜	0～1.5	85～90	3～7	35～42	−2.5～−1.5		2.01～2.26	1.26～1.34	117～138
	猪肉 冻	−24～−18	85～95	(2～8)	—	—				
	家禽 鲜	0	80	7	73	−1.5		3.31	—	251
	家禽 冻	−30～−10	90～95	(12～3)	—	—				
	火腿 鲜	0～1.5	85～90	7～10	47～54	−2.5～−1.5		2.51～	1.47	167
	火腿 冻	−24～−18	90～95	(6～8)						
	熏猪肉 鲜	−24～−18	90～95	(4～6)						
	熏猪肉 熏	15～18	85	(4～6)				1.26～1.8	1.00～1.12	41.87～96.3
	香肠	4.5～7	85～90	—	—	—	—			
	奶油	−14	80	(6)	12	−2.5		1.38	1.05	54.4
	干酪	1	65～70	(3～10)	37～36	−2.5		2.09	1.3	125.6
	咸肉	0.5～0	—	—	—	—	—	3.14	1.51	175.9
	蛋(带壳)	−1.5～0.5	85～90	(9)	67.0	−2.5		3.1	1.67	222
	冰蛋	−18	—	(12)	73	−2.2		—	1.76	242.8
	牛奶	0～2	80～95	7	87	−2.8		3.77	1.93	289
	黄油	−10～−1	75～80	(6)	14～15	−2.2				

续表

类别	食品名称	贮藏温度(℃)	相对湿度(%)	贮藏期(月)	含水量(%)	冰冻点(℃)	贮藏容积(m^3/t)	比热[kJ/(kg·C)]		潜热
								高于冰点	低于冰点	(kJ/kg)
水产品	鱼 鲜	0.5～4.5	90～95	5～20	80	−1	12.5	3.43	1.72	243
	鱼 冻	−20～−10	90～95	(8～10)			8.1			
	熏鱼	4.5～10	50～6	(6～8)						
	干鱼	−1～−4.5	60～70	—				2.34	1.42	150.7
	虾	−4～4.5	80	(1)	76			3.39	1.76	243
	贝蛤	−25～−18	90～100	(6～10)						
其他	葡萄酒	10	85	(6)			7.5			
	糖汁(听)	1	80	42	36	−2.2	6.2	2.68		
	糖	7～10	<60	(12～36)	0.5	0.20		0.84		167
	米	1.5	65	(6)	10	−1.7	7.5	1.09		
	啤酒	0～5		(6)	89～91	−2	6.2～10.6	3.77	1.88	301
	栗子	0.5	75	(3)			12.5			
	谷类	−10～−2	70	(3～12)						
	菜油	1～12		(6～12)	14.4～15.4					
	巧克力	4.5	75	(6)	1.6		5.5	3.18	3.14	

主要食品在不同条件下的冻结时间见表 14.2-2。

主要食品在表列条件下的冻结时间 (h) **表 14.2-2**

食品品种	冻结间温度(℃)	冷分配设备类型	进货温度(℃)	出货温度(℃)	食品在结冻间内的装载方式	冻结加工时间(h)	说明
白条肉	−23～−30	冷风机	+30	−15	吊挂在轨道上 4.5～5 头/m	20	直接冻结
分割肉 剔骨兔	−23～−30	吹风式管架排管或冷风机	+4	−15	金属板箱包装,箱厚 100mm,30～40kg/m^3 管架面积	20	冻好以后换箱
分割肉 剔骨兔	−23～−30	〃	+4	−15	瓦楞纸箱、箱厚>100mm,60～80kg/m^2 管架面积	44	冻结时不扣盖 冻好后扣盖打捆
分割肉 剔骨兔	−23～−30	〃	+4	−15	同上	68	冻结时扣盖打捆 冻好后直接转入冷藏
整只兔	−25～−30	〃	+30～+25	−15	瓦楞纸箱 60～70kg/m^2 管架面积	36	冻结时不扣盖、冻好后再扣盖打捆
整只兔	−23～−30	〃	+30～+25	−15	同上	70	冻结时扣盖打捆,冻后直接入冷库
鱼类	−23～−30	〃	+15	−15	铁盘装,装盘厚≤120mm,30～40kg/m^2 管架面积	10	

续表

食品品种	冻结间温度(℃)	冷分配设备类型	进货温度(℃)	出货温度(℃)	食品在结冻间内的装载方式	冻结加工时间(h)	说明
鱼类	−23～−30	〃	+15	−15	铁盘装,装盘厚>120mm,60～80kg/m² 管架面积	20	
虾、贝类	−23～−30	〃	+15	−15	铁盘装,装盘厚⩽60mm,20～30kg/m² 管架面积	8	
冰蛋	−23～−30	〃		−15	铁盘装,装盘厚⩽100mm,30～40kg/m² 管架面积	20	
冰蛋	−23～−30	〃	+10	−15	马口铁皮听装 60～80kg/m² 管架面积	52	巴斯德消毒器冷却蛋液温度+5～+10℃
家禽	−25～−30	〃		−15	铁盘装	11～18	与种类有关,鸡最短,鹅最长
家禽	−25～−30	〃		−15	箱装不扣盖	24～36	同上

14.2.2 冷藏间的组成

冷藏间的组成与功能见表14.2-3。

冷藏间的组成 表14.2-3

名称	温度	功能	备注
门斗		防止开门时室外热气流与室内冷空气造成对流	可在冷藏或结冻间门外侧设空气幕,代替门斗
高温冷藏库	0～2℃	存放蔬菜、水果、蛋、豆制品等	肉类、家禽的解冻和保鲜等
低温冷藏库	−18℃以下	肉类、鱼类、家禽等冻结物的贮藏。库温低,保存质量好,保存周期可长	
熟食贮藏	0～5℃	保证熟食卫生,有可能时应与生食分开,设单间	最好单独设外门
特殊要求的冷藏间	−18℃以下	存放异味食品,或因少数民族食用牛羊肉需要而单独存放要求,并应单独设外门	
气调库	−1～+10℃	有良好的气密性,控制室内的氧和二氧化碳含量,提高食品保存质量	见15章

14.3 围护结构热工要求

14.3.1 隔汽层的设计原则

1. 当库温常年低于室外温度时,隔汽层应设在保温层的热侧,冷侧应设蒸汽渗透阻小的材料，以利于保温层的水分向库内渗出，凝集到蒸发器，从而保持保温层干燥。

2. 低温库的内隔墙，如两侧都为低温室，其分隔仅为分间贮存而设置时，可不设隔汽层。

3. 室温变化大的结冻间，或室外温度有时会低于室内温度时（如严寒地区的高温库），应考虑在保温层的两侧都设隔汽层，并应满足双向的蒸汽渗透阻要求。

4. 应注意隔汽层各个面的搭接，并采取因沉降、伸缩位移而撕裂隔汽层的预防措施的节点处理。

5. 围护结构隔热层，高温侧的蒸汽渗透阻 H_0（$m^2 \cdot h \cdot Pa/g$）可按以下经验公式计算：

$$H_0 \geqslant 0.016(e_0 - e_i) \tag{14.3-1}$$

式中　e_0、e_i——围护结构高温侧、低温侧空气的水蒸气分压力，Pa。

常用材料的蒸汽渗透阻值，见本手册建筑热工章。

14.3.2　保温层的设计原则

1. 保温材料应具备以下性能：

a. 导热系数小，价格合理；

b. 无异味、不挥发有毒物质、不易变质；

c. 不易变形、易于加工、安装、粘贴；

d. 地面用隔热材料，要有一定的抗压强度，一般不小于250kPa。

2. 围护结构的传热系数 K[$W/(m^2 \cdot K)$] 和总热阻 R_0($m^2 \cdot K/W$) 见表14.3-1。

围护结构传热系数 K 和总热阻 R_0 值　　**表 14.3-1**

两侧温差(℃) \ 位置	外墙、顶棚		架空层上地坪		直铺地坪		库　内	
	K [$W/(m^2 \cdot K)$]	R_0 ($m^2 \cdot K/W$)	K [$W/(m^2 \cdot K)$]	R_0 ($m^2 \cdot K/W$)	K [$W/(m^2 \cdot K)$]	R_0 ($m^2 \cdot K/W$)	K [$W/(m^2 \cdot K)$]	R_0 ($m^2 \cdot K/W$)
80	0.139	7.18	0.175	5.71	低温	不宜		
70	0.162	6.15	0.197	5.06	低温	不宜		
60	0.197	5.07	0.24	4.08	低温	不宜		
50	0.232	4.30	0.29	3.44	0.314	3.18		
40	0.29	3.44	0.37	2.71	0.395	2.54		
30	0.39	2.58	0.465	2.15	0.58	1.72	0.24	4.08
20	0.58	1.72					0.30	3.31
10	0.638	1.55					0.38	2.58

14.3.3　地 面 防 冻

冷库会吸取地面的热量。当库温低于0℃，而库地面稍大时，库四周土壤的热就来不及补充，引起库地面下土壤温度逐渐下降、土壤结冰膨胀而使地坪冻胀，严重时会破坏结构。小型冷库防止地面冻胀的常用方式见表14.3-2。

地坪防冻做法 表 14.3-2

地面类型		构造方式	适用条件	备注
自然通风	通风管	垫层上埋置预制混凝土空心楼板 $\phi 90$～$\phi 120$mm	适用于非严寒地区，穿越冷间地面下的长度 <4～6m	孔端应护以网板
		垫层上埋置内径 $\phi 250$～$\phi 300$mm 混凝土管或陶土管	适用于非严寒地区，直通管总长度不应大于 30m，穿越冷间地面下的长度 <24m	
	架空地面	砖砌地垅墙将库地面架空	规模较大，室外温度较高的地区	架空层的净高度 >1m
机械通风	利用外气	采用 $\phi 250$～$\phi 300$mm 水泥管通风道，机械通风带走地面冷量	自然通风不能满足散冷时	
	热风循环	同上	室外温度低的场合	送风温度宜取 10℃
热油管地坪		无缝钢管蛇形管预埋在混凝土地坪内	用气-油换热器利用冷媒排气的热加热油，带走地坪内的冷量	供油温度，不应高于 20℃，地坪内应预埋测温元件
电热管加热		混凝土内埋电热管	装配式冷库控制地下 6℃	15～20W/m^2

14.4 冷藏库容量的确定

冷库容量以贮藏间的公称容积为计算标准，其贮藏吨位 G(t) 可按下式求得：

$$G=\frac{\sum V\rho\eta}{1000} \tag{14.4-1}$$

式中 V——冷藏库公称容积，m^3；

η——冷藏库容积利用系数，见表 14.4-1；

ρ——食品的计算密度，kg/m^3，见表 14.4-2。

小冷库容积利用系数 η 表 14.4-1

公称容积(m^3)	501～1000	101～500	51～100	≤50
容积利用系数	0.41	0.35	0.30	0.25

食品的计算密度 表 14.4-2

序号	食品类别(容器)	密度(kg/m^3)	序号	食品类别(容器)	密度(kg/m^3)
1	肉类(去头蹄)	400	9	新鲜水果(箱装)	350
2	鱼类(冻块)	470	10	鲜豆类(箱装)	280
3	冻鸭(块状)	450	11	甜椒(箱装)	170
4	冻分割肉(纸盒)	750	12	苹果(箱装)	350
5	冻副产品(纸盒)	700	13	土豆(箱装)	430
6	鲜蛋(箱装)	260	14	西红柿(箱装)	380
7	冰蛋(块状)	700	15	刀豆(箱装)	230
8	新鲜蔬菜(箱装)	230			

如贮存单一品种货物，表内公称容积为全部冷藏间的容积；当存贮数种货物时，按各自所占的容积分别查出容积利用系数。

当同时存贮猪、牛、羊肉时，肉类的密度均按 400kg/m^3 计；当只存羊腔时，按 250kg/m^3 计；只存牛、羊肉时，按 330kg/m^3 计。

14.5 冷藏间的冷负荷计算

冷藏间的冷负荷 Q(W) 包括：

1. 围护结构的温差传热 Q_1(W)

$$Q_1=KF(t_w+a-t_N) \tag{14.5-1}$$

式中 K——围护结构传热系数，W/(m^2·℃)；

F——围护结构的面积，m^2；

t_N——库内空气温度，℃。

t_W——库外空气温度，℃，取夏季空调日平均温度；

a——不同方位的温度修正系数，见表 14.5-1。

不同方位的温度修正值 **表 14.5-1**

围护物方位	外壁				屋面	地	内壁
	东	西	南	北			
修正值(℃)	+3	+3	+2	0	+8	+20	邻室温度

2. 换气耗冷量 Q_2(W)

$$Q_2=0.28\frac{1}{24}EVn \tag{14.5-2}$$

式中 0.28——单位换算系数，$\frac{1000}{3600}$；

E——室外空气由 30℃冷却至室内温度的耗冷量，kJ/m^3，见表 14.5-2；

n——每日的换气次数，d^{-1}，见表 14.5-3；

V——库房的公称容积，m^3。

室外空气由 30℃冷却至室内温度的耗冷量 **表 14.5-2**

库温(℃)	−40	−35	−30	−25	−20	−15	−10	−5	−0	备 注
E(kJ/m^3)	79.92	74.21	68.50	62.79	57.08	51.37	45.67	39.96	34.25	室外温度高于 32℃时×1.1

换气次数 n **表 14.5-3**

库内容积(m^3)	≤50	100	300	600	1000	≥2000
n(d^{-1})	10	7	4	2.5	2	1.5

3. 入库冷藏物品的耗冷量 Q_3(W)

$$Q_3=0.0117[G(h_1-h_2)+g(t_1-t_2)c] \tag{14.5-3}$$

式中 0.0117——单位换算系数，$\frac{0.28}{24}$；

G——食品重量，kg；

h_1、h_2——食品加工或贮存前、后的焓值，kJ/kg；

g——包装材料重量，kg；

t_1、t_2——入、出库包装材料的温度，℃；

c——包装材料的比热容，kJ/(kg·℃)。

食品在各种温度下的焓值 h 见表 14.5-4。

食品的热焓（kJ/kg） 表 14.5-4

食品温度（℃）	牛肉及家禽	羊肉	猪肉	肉类副产品	去骨牛肉和内分泌原料	瘦鱼	肥鱼	鱼块	鲜蛋	全脂牛奶	奶油	熟黄油	奶油冰淇淋	牛奶冰淇淋	葡萄杏子樱桃	各类水果及浆果	糖水果及浆果	糖浆果
−25	−10.9	−10.9	−10.5	−11.7	−11.3	−12.1	−12.1	−12.6	−8.8	−12.6	−9.2	−8.8	−16.3	−14.7	−17.2	−14.2	−17.6	−22.2
−20	0.0	0.0	0.0	0.0	0.0	0.0	0.0	0.0	0.0	0.0	0.0	0.0	0.0	0.0	0.0	0.0	0.0	0.0
−19	2.1	2.1	2.1	2.5	2.5	2.5	2.5	2.5	2.1	2.9	1.7	1.7	3.4	2.9	3.8	3.4	3.8	5
−18	4.6	4.6	4.6	5	5	5	5	5.4	4.2	5.4	3.8	3.4	7.1	6.3	7.5	6.7	8	10.1
−17	7.1	7.1	7.1	8	7.5	8	8	8.4	6.3	8.4	5.9	5	11.3	9.6	11.7	10.1	12.1	15.5
−16	10.1	9.6	9.6	10.9	10.5	10.9	10.9	11.3	8.4	11.3	8	7.1	15.5	13.4	15.9	13.4	16.8	20.9
−15	13	12.6	12.1	13.8	13.4	14.2	14.2	14.7	10.5	14.2	10.1	9.2	19.7	17.6	20.5	17.2	21.4	26.8
−14	15.9	15.5	15.1	17.2	16.8	17.6	17.2	18	12.6	17.6	12.6	11.3	24.3	22.2	25.5	20.9	26.4	33.1
−13	18.8	18.4	18	20.5	20.1	20.9	20.5	21.8	15.1	21.4	15.1	13.4	29.3	27.2	31	25.1	31.4	40
−12	22.2	21.8	21.4	24.3	23.5	24.7	24.3	25.5	17.6	25.1	17.6	15.9	34.8	33.1	35.2	29.7	36.8	46.9
−11	26	25.5	25	28.5	27.2	28.9	28.1	29.7	20.1	28.9	20.5	18	40.6	39.8	42.7	34.3	44	54.9
−10	30	29.7	28.9	33.1	31.4	33.5	32.7	34.8	22.6	32.7	23.5	20.5	46.9	47.3	49.8	39.4	49.4	63.6
−9	34.8	33.9	33.1	38.1	36	38.5	37.3	40.2	25.5	37.3	26.4	23.5	54	55.7	57.8	44.8	52.3	73.7
−8	39.4	38.5	37.3	43.1	41	43.5	42.3	45.6	28.5	42.3	29.3	26	62.4	65.3	66.6	51.1	64.9	85.8
−7	44.4	43.5	41.9	48.6	46.1	49.4	47.7	51.5	31.8	48.2	32.7	28.5	72.9	77	78.7	58.6	75.8	101
−6	50.7	49.4	47.3	55.3	52.3	56.5	54.4	58.6	36	54.9	35.2	31.4	86.7	92.1	93.8	68.7	89.6	120
−5	57.4	55.9	54.4	62.8	59.9	64.1	61.6	67	41.5	62.8	40.6	34.3	106	112	116	83	108	147
−4	66.2	64.5	62	72.9	69.1	74.1	71.2	77.5	47.7	73.7	44.8	36.8	132	139	149	104	135	170
−3	75.4	77	73.7	87.9	82.9	89.2	85.4	93.8	$\frac{227.8^{①}}{57.8}$	88.8	50.7	39.8	179	182	202.6	139	180.5	173
−2	98.8	95.9	91.7	110	103	112	106	118	$\frac{230.7^{①}}{75.8}$	111.4	60.3	43.1	221	230	229	211	240	176

续表

食品温度(℃)	牛肉及家禽	羊肉	猪肉	肉类副产品	去骨牛肉和内分泌原料	瘦鱼	肥鱼	鱼块	鲜蛋	全脂牛奶	奶油	熟黄油	奶油冰淇淋	牛奶冰淇淋	葡萄杏子樱桃	各类水果及浆果	糖水果及浆果	糖浆果
−1	186	180	170	204	194	212	200	221	234①/128.5	171.7	91.7	49	224	233	233	268	244	180
0	232	224	212	261	243	266	249	282	237	319	95	52	228	237	236	272	247	183
1	236	227	215	265	246	270	253	286	240	323	98	55	231	240	240	276	251	186
2	241	230	218	268	250	273	256	289	244	327	101	58	235	243	243	279	254	189
3	242	234	221	272	253	277	260	293	247	331	105	61	238	247	247	283	258	192
4	245	237	224	275	256	280	263	296	250	335	108	64	241	250	250	287	261	195
5	248	240	227	279	260	284	266	300	253	339	111	67	245	254	254	291	265	199
6	252	243	230	282	263	287	270	306	256	343	114	71	248	257	258	294	268	201
7	255	246	233	286	266	291	273	307	259	346	118	74	251	260	261	298	272	205
8	258	249	236	289	269	294	277	311	263	350	121	78	255	264	265	302	276	208
9	261	253	239	293	273	298	280	315	265	354	126	81	258	267	268	306	279	211
10	265	255	242	296	276	301	284	318	269	358	130	85	261	271	272	309	283	214
11	268	259	245	300	279	305	287	322	272	362	134	90	266	274	276	313	286	217
12	271	262	248	303	283	308	290	326	275	366	139	95	268	278	279	317	290	220
13	274	265	251	307	286	312	294	329	278	370	144	101	271	281	283	321	294	224
14	278	268	254	310	289	315	297	333	281	374	150	106	274	284	286	325	297	227
15	281	271	257	314	293	319	301	337	285	379	155	112	278	288	290	328	301	230
16	284	274	260	317	296	322	304	340	288	382	161	119	281	291	293	332	304	233
17	287	278	263	321	299	326	307	344	291	386	167	125	285	294	297	336	308	236
18	290	281	266	324	303	330	311	348	294	391	172	130	288	298	300	340	311	239
19	294	284	269	327	306	333	314	351	298	394	178	136	291	301	304	343	315	242

续表

食品温度（℃）	牛肉及家禽	羊肉	猪肉	肉类副产品	去骨牛肉和内分泌原料	瘦鱼	肥鱼	鱼块	鲜蛋	全脂牛奶	奶油	熟黄油	奶油冰淇淋	牛奶冰淇淋	葡萄杏子樱桃	各类水果及浆果	糖水果及浆果	糖浆果
20	297	287	273	331	309	336	317	355	300	399	183	141	295	304	307	347	318	245
21	300	290	276	335	313	340	321	358	304	402	188	146	298	308	311	351	322	249
22	303	293	278	338	316	343	325	362	307	407	192	151	302	311	314	355	325	252
23	307	296	281	342	319	347	328	366	310	410	196	155	305	314	318	358	329	255
24	310	299	286	345	322	350	331	369	313	415	201	160	308	318	322	362	332	258
25	313	303	288	349	326	354	335	373	316	418	205	164	312	321	325	366	336	261
26	316	306	291	352	329	358	338	377	320	423	209	168	315	325	329	370	340	264
27	320	309	294	356	332	361	341	381	322	426	212	171	318	328	332	374	343	267
28	322	312	297	359	336	365	345	384	326	430	216	174	322	332	336	377	347	271
29	326	315	300	363	339	368	348	388	329	434	219	178	325	335	340	381	350	273
30	329	318	303	366	343	371	352	392	332	438	223	181	328	338	343	385	354	277
31	332	322	306	370	346	375	355	395	335	442	227	185	332	342	347	389	358	280
32	335	325	309	373	349	379	358	399	338	446	230	189	335	345	350	392	361	283
33	339	328	312	377	353	382	362	402	341	450	234	192	338	348	354	396	365	261
34	342	331	315	380	356	386	366	406	345	454	237	196	342	352	357	400	368	289
35	345	334	318	384	359	389	369	410	348	458	240	199	345	356	361	405	372	292
36	348	337	321	387	362	393	372	413	351	462	243	201	348	359	364	407	375	296
37	352	340	324	391	366	396	376	417	354	466	246	204	353	362	368	411	379	299
38	355	343	327	394	369	400	379	421	357	470	249	206	355	366	371	415	382	302
39	358	347	330	398	372	403	382	424	360	474	251	208	358	369	375	419	386	305
40	361	350	333	401	376	407	386	428	363	477	254	211	362	372	379	423	389	308

① 分子为冷却鸡蛋的焓值，分母为冻蛋的焓值。以－20℃为基准、该时各种食品的比焓值为零。

注：入库食品的数量G，常常不能确定，而小冷库的制冷设备又不可能有较大的容量，所以允许库温在短期内超过设定温度。进货量可以按库容量的15%计算，如有结冻间的低温冷库，进货量可按日冻结能力计算。

食品包装材料的比热容见表14.5-5。

食品包装材料的比热容 **表14.5-5**

包装材料名称	C[kJ/(kg·℃)]	包装材料名称	C[kJ/(kg·℃)]
木板类	2.51	马粪纸类	1.465
铁皮类	0.4187	布类	1.256
玻璃容器	0.837	竹器类	1.507

注：当提不出包装材料数量时，可近似以10%食品耗冷量计算。

4. 入库食品的呼吸热 Q_4(W)

$$Q_4 = 0.0117G\varepsilon \tag{14.5-4}$$

式中 G——入库量，t；

ε——呼吸热量，kJ/(t·d)。

各种食品的呼吸热见表14.5-6。

食品呼吸热ε[kJ/(t·d)] **表14.5-6**

品名＼库温	0℃	2℃	5℃	10℃
葡萄	419～837	1005～1465	1424～2093	2052～2931
柑子	419～921	542～1089	921～1633	1800～3014
柠檬	502～837	628～1139	921～1675	1465～2805
梨(早熟)	670～1256	1130～2261	1884～3977	2512～5443
(晚熟)	670～921	921～1926	1507～3559	2010～4815
苹果(早熟)	921～1424	1414～1800	1340～2721	3559～5024
(晚熟)	461～921	921～1172	1172～1800	1758～2680
桃	1172～1633	1507～1884	2177～3517	5443～7955
梅	1172～1842	1549～3014	2512～5652	5024～10886
杏子	1340～1465	1633～2303	2847～4815	5443～8792
樱桃	1340～1842	1507～268	2386～3977	3308～8374
草莓	2391～4019	3475～5443	4019～7955	7536～15072
香蕉(绿)			1884～4396	3433～8374
(熟)			3422～5024	5652～10048
菠萝			3422～3894	5652～6071
胡萝卜	837～2428	1884～2931	2428～3349	2721～3768
土豆	921～2261	921～2093	1047～1475	1465～1675
大葱	1005～1675	1089～1842	1340～2177	1968～2931
西红柿	1364～1507	1382～1675	1675～2303	2721～3559
甜瓜	1172～1675	1507～2010	1884～2303	3559～3977
卷心菜	1256～2093	1465～2512	1884～3559	3140～4605
芹菜	1256～2093	1675～2512	2721～3977	4605～7118

续表

品名＼库温	0℃	2℃	5℃	10℃
萝卜	1591～2303	1591～2512	1758～3349	4815～5862
黄瓜	1633～1758	1675～2093	2093～2931	4396～5234
蚕豆(带壳)	1675～2512	3056～3768	4815～6490	9211～12560
大蒜	1884	2763	3977	6071
花椰菜(带叶)	2093～5443	3014～6070	4610～6699	10676～11932
韭菜	3056～4605	5024～9630	11095～13188	23655～24702
莴苣	2721～3349	2931～2768	3559～4396	6071～8792
芦笋	5024～5443	5862～6284	6699～7327	12560～13816
菠菜	5234～7118	6699～10258	11095～17166	18003～27005
豌豆	7536～9002	10048～12351	13398～16329	17166～23027

5. 工作人员耗冷量 Q_5(W)

$$Q_5=\frac{1}{24}nqT \tag{14.5-5}$$

式中 q——人的发热量，见表 14.5-7；

n——人数；

T——一日中人在库内的作业时间，一般为 3 小时。

人体发热量 q **表 14.5-7**

库内温度(℃)	5	0	−10	−20	−30
发热量(W/人)	256	279	337	395	442

6. 电灯、电气设备发热量 Q_6(W)

$$Q_6=\frac{1}{24}NT \tag{14.5-6}$$

式中 N——用电设备的功率，W；

T——用电设备开启时间，h。

7. 安全裕量 Q_7(W)

$$Q_7=\sum_{i=1}^{6}Q_i\times 0.1 \tag{14.5-7}$$

14.6 制冷设备的选择

(1) 小型冷库较多采用冷剂直接蒸发制冷方式，常用制冷剂有 R-12、R-22、R-502 等，其替代制冷剂可以由第 29 章表 29.2-3 中查得，HFC 类制冷剂对润滑油、干燥过滤器、节流装置会有区别，改剂必须由专业厂来完成。

R-502 是 R-22 和 R-115 的混合物，属共沸溶液，单级制冷时可达到比 R-12 和 R-22 更低的蒸发温度，当小冷库要求蒸发温度－30～－40℃时，仍可以使用单级压缩；当用新制冷剂时，可以用 R404A、HFC-125 制冷剂替代。

(2) 氟利昂直接蒸发制冷，蒸发器通常为非满液式，其润滑油是溶于冷剂中的，故其供液的分配与回油都非常关键，本手册 29.10 节有详细的叙说，对初次承担设计者，一定要认真对待，这里特别对小型冷库设计提醒几点：

1）制冷机每昼夜工作时间控制在 16～20h 以内。

2）风冷式冷凝器机房应组织好通风，以排除热量；水冷式应注意工程所在地域，冬季是否要防冻，包括机房与冷却塔水系统防冻。

3）热力膨胀阀对盘管式蒸发器直接供液时，每通路的长度应根据通路长度计算图控制有效管长，若合用一个热力膨胀阀时，应注意各分路阻力相近，使供液均匀。

4）一个低温冷藏间装有顶管和墙管，由一个通路串联供给时，供液先进顶管，后进墙管，上进下出。

5）高温库顶管会出现结露和滴水现象，应避免采用顶管，做墙管或冷风机方式。

(3) 为了提高制冷效率，应采用回热循环，即让制冷剂在膨胀前过冷。小冷库通常不设回热热交换器，而是将膨胀阀前的供液管和回气管捆扎在一起，进行耦合保温，达到液体过冷，回气过热的效果。

R-12 制冷剂每过冷 1℃，约增大制冷量 0.8%～1%；R-22 制冷剂每过冷 1℃，约增大制冷量 0.15%。由于制冷剂过冷，可以减少因节流而产生的闪发气体，对冷液分配均匀有良好的作用。

当蒸发器位置比冷凝器位置高很多时，由于液压随上升而降低，会使膨胀阀前液体气化，如靠供液管和回气管间热交换已不够时，应采用回热热交换器。

14.6.1 冷剂直接蒸发制冷系统图式

小型冷库是以制冷剂直接蒸发方式制冷，其冷凝方式分为风冷、水冷和蒸发式冷凝等几种。蒸发器分为自然循环冷却器、强制循环冷却器和混合式冷却器等数种。不同温度要求的冷藏或冷冻室，可由各自独立的制冷系统来达到，也可以合用制冷系统来承担，如图 14.6-1～图 14.6-5 所示；而大中型冷库和结冻室通常将高温（$t_0>-15℃$）与低温系统分开，高温系统单级压缩，低温系统由双级压缩系统来达到。超低温库（$t_0<-60℃$需采用复叠式制冷方式，它适用在小型低温场合，可参见图 14.6-6 图式。

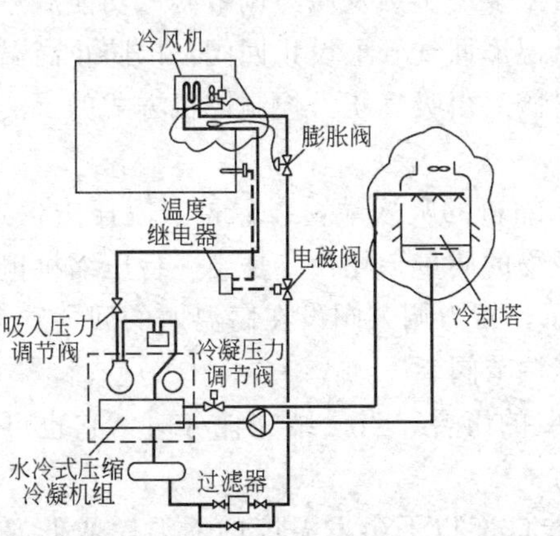

图 14.6-1 水冷冷风式

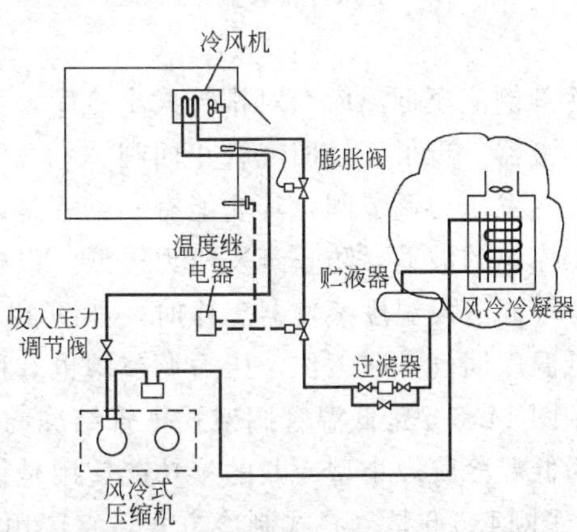

图 14.6-2 风冷冷风式

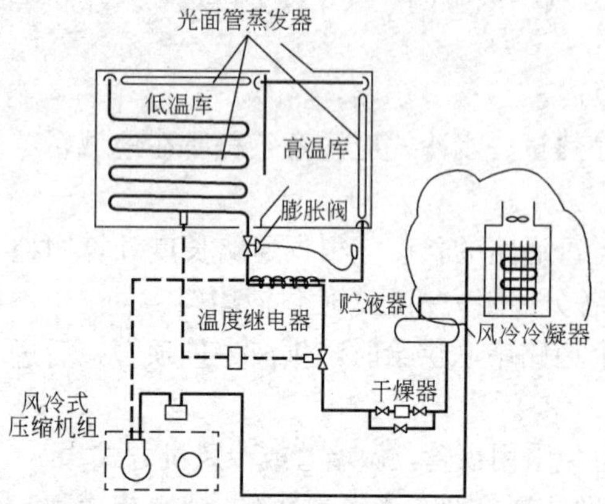

图 14.6-3 风冷排管高低温串接

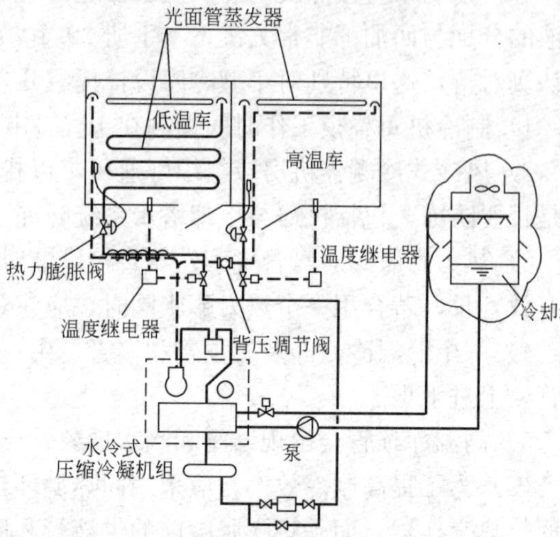

图 14.6-4 水冷排管高低温库

图 14.6-1、图 14.6-2 是单机对单库的制冷系统，区别是冷凝方式为水冷或风冷，制冷系统要配置热力膨胀阀、供液电磁阀，注意不要将这些阀门设置在低温室内（0℃以下），避免冷剂内水分结冰，堵塞供液，制冷机启停控制和保护都可由制冷机主机上设定。

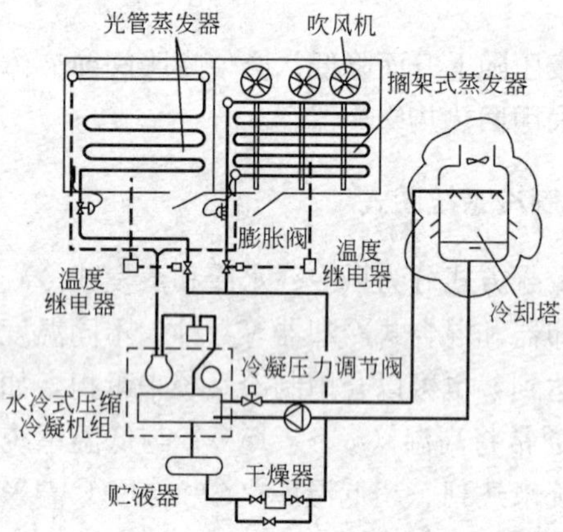

图 14.6-5 水冷排管搁架吹风式

图 14.6-3 是以低温库温度设定为主，高温库的温度是建立在低温库回气管在高温库内的长度与过热度而定，通过计算与调整使库温达到一定的温度区间。

图 14.6-4 高低温库有各自的供液膨胀阀，各自设定库温。由于室温不同会造成不同的蒸发温度，其回气压力也不等，必须在高温库的回气管上设一个蒸发压力调节阀（功能后述），并在低温库回气管上设止回阀，以防止高温库制冷剂倒流至低温库。对排管式小冷库，关闭电磁阀后由吸气压力控制停机方式的，液体存贮液器，也可不设回气管止回阀。

蒸发压力调节阀，其功能有二：一是设置在压缩机的吸入端，以保持蒸发压力恒定，减小库温的波动，防止蒸发压力过低，以减少冷藏物的质量干耗：二是当一台压缩机担负多个不同蒸发温度蒸发器工作时，如图 14.6-4 图示，压力调节阀设在高温库的回气管上，与低温库回气并联工作，压力调节阀也有称为背压调节阀。

图 14.6-5 是低温管搁架式排管结冻与低温冷藏的组合，当无结冻任务时，它也可以作为低温冷藏，小型冷藏的多功能使用是很普遍的。

图 14.6-6 是复叠式制冷方式，它应用在要求－60℃以下蒸发温度的低温库或低温试验室，如金枪鱼保存，要求－55℃以下库温，如使用 R-507 单机双级也可做到，而复叠机

方式容易而可达到更低温度的要求，其电能消耗比双级机低。图 14.6-6 是 R22＋R13 复叠式组合，复叠式制冷循环是由两个单独制冷系统组成，分别称为高温级及低温级，高温级蒸发制冷是为冷凝低温级的制冷剂，通过一个冷凝蒸发器（它是高温级的蒸发器，又是低温级的冷凝器），低温级的制冷剂从被冷却对象处吸取热量（即制取冷量）并将它传递给高温部分，最后从高温级冷凝器将热量带走。

适用于复叠式循环低温部分的环保制冷剂是 R508b，它是 R23 和 R116 以质量成分 46∶54 组成的共沸混合剂。

复叠机高温级的制冷剂与单级、双级系统用的制冷剂相同。

低温系统的膨胀容器是为了停车恢复常温（40℃）时，不让整个系统都承受高压制冷剂在常温时的饱和压力。目前国内已有二元复叠式制冷装置定型产品可供选用，制冷量为 4～15kW。

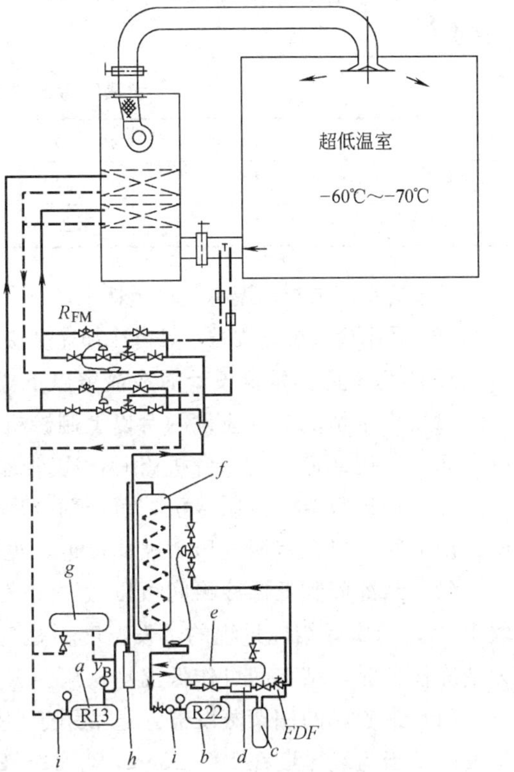

图 14.6-6　复叠式制冷原理图

（制冷剂 R22＋R13 蒸发温度 t_0 －70℃～－80℃）

a　R13 压缩机　*b*　R22 压缩机　*c*　R22 油分离器　*d*　R22 干燥过滤器　*e*　冷凝器　*f*　蒸发冷凝器　*g*　R13 膨胀容器　*h*　R13 油分离器　*i*　过滤器　j_F　截止阀　R_F　热力膨胀阀　*FDF*　氟利昂电磁阀　y_B　压力表　R_{FM}　氟利昂手动膨胀阀

14.6.2　蒸发器选择

食品冷加工，结冻的质量与蒸发器的形式、蒸发温度的高低、室内温湿度、气流速度有密切关系。

食品保鲜或回笼食品（出库前升温）则要求迅速降温或升温，并要求一定的气流速度，各类蒸发器的特性见表 14.6-1。

蒸发器特性表　　**表 14.6-1**

冷却方式	自然循环冷却器	强制循环冷却器	混合式冷却器
蒸发器形式	光排管（顶管、墙管、搁架式排管）	吹风式翅片冷却器	带吹风搁架式蒸发器
特点	室内温度稳定，空气流动缓慢，无电耗。手工扫霜，通常扫霜时要移动货物，轮转除霜 当有未经结冻的食品进货时，量大时将引起库温回升，会造成霜层融化，高温库（0℃库）会产生滴水，当再次降温时，霜层外形成冰壳，造成除霜困难	室内温度较均匀，有一定的气流速度，降温速度较快，金属耗量少，易实现融霜自动化，不必移动货物 室内有冷风机，耗一定动力，遇停电时，温度回升快，层高要求高一些，库容积大时要做风管送风 食品干耗大	被冷却物直接接触蒸发管架，同时存在传导、对流和辐射传热，冷却速度快，适用于盘装食品的结冻 当无结冻任务时，也可兼作低温冷藏（这时可以不开启吹风机） 配管多，金属耗量大
适用场合	结冻物的冷藏和小型多用冷库	保鲜食品的贮藏，回笼食品（出库前升温），结冻和低温贮藏	小型鲜货的结冻，适用于鱼虾及猪内脏，分割肉结冻

各种食品的贮藏温度、相对湿度见表14.2-1；推荐的最大温差和室内空气的流速见表14.6-2。

食品贮藏的最大温差和空气流速 **表14.6-2**

食　品	牛肉(1/4条)	猪肉(块)	鲜蛋(箱)	水果	甘菜	猪肉	干果
室温和蒸发温差(℃)	6.7	6.7	6.7	6.7	9	11	9
室内空气流速(m/s)	0.1	0.2	0.2	0.2	0.2	0.5	0.3

低温冷藏间要求库温稳定，干耗小，宜采用排管式；小型结冻室宜采用搁架式，或带吹风的搁架。采用冷风机方式时，具有冷却速度快、除霜可自动化等优点，是一种较好的方式。

1. 小型冷库蒸发器设计时应注意以下要点：

(1) 正常情况下，应设两台以上制冷机，以便实现两个蒸发温度运行。可在两台制冷机之间设备用通道，当一台机修时，冷库仍能部分供冷。

(2) 如果只有一台制冷机，负担两个库温差异较大的系统时，在回气管上应设置蒸发压力调节阀，以保持回气压力彼此接近，见图14.6-4。

(3) 结冻间和低温冷藏间可以按一个蒸发温度设计，室温和蒸发温度之差Δt，可以取10℃，而实际结冻过程的蒸发温度不是定值，开始时，Δt较大，到后期才接近设计值。无结冻任务时，结冻间可作低温冷藏用。

(4) 带吹风的搁架蒸发器，通常用于包装食品、盘装鱼虾、猪内脏等食品结冻，其效果较好。当盘装厚度在10～15cm，经12～24h后便可达到送冷藏的要求，对小型冷库是一种可取的结冻方式。

吹风搁架配置的风机，风量可取每吨结冻物8000～10000m³/h（风压250～300Pa）。通过结冻物处的风速一般为1.5～2m/s。

2. 蒸发器传热面积的计算

(1) 蒸发器面积F(m²)

$$F=\beta\frac{Q}{K\Delta t} \tag{14.6-1}$$

式中 β——过热面积系数，取1.15～1.2，蒸发温度低时取大值，反之取小值；

Q——蒸发器的设计冷负荷，W；

K——蒸发器的传热系数，W/(m²·℃)；

Δt——冷藏间温度与蒸发温度之差，℃。

各种蒸发器的传热系数，推荐的计算温差值见表14.6-3（定型设备则以制造厂技术数据为准）。

(2) 冷风机计算温差Δt_m（℃）

$$\Delta t_m=\frac{\Delta t_L-\Delta t_s}{\ln\dfrac{\Delta t_L}{\Delta t_s}}$$

式中Δt_L为大温差值，Δt_s为小温差值。

(3) 蒸发器允许压力降，相应于制冷剂饱和蒸气温降，R-12为2℃；R-22为1℃。当超过时，应采用外平衡管的热力膨胀阀供液。

蒸发器的传热系数和温差推荐值　　表 14.6-3

散热方式	蒸发器类型	传热系数 [W/(m²·℃)]	温差 Δt(℃)	备注
自然对流	光排管(钢) 铜翅片管 0℃以下 0℃以上 搁架式光排管(钢)	$9.28\times c_1\times c_2$ 4.64 5.80 17.4	10 10 10 10	室温修正系数 c_1、温差修正系数 c_2 见表 14.6-4、14.6-5
机械循环	搁架式光排管(钢) 风速 1.5m/s 风速 2.0m/s 翅片管冷风机按制造厂提供技术数据采用，估算时可取 $q=115\sim150\text{W/m}^2$	 20.9 23.3	Δt_m 低温 10 高温 8～10	气流宜对排管横向吹刷，轴流风机设于排管顶部或后部，使结冻室或冷库处于横向气流中，这样结冻室的操作走道可不设挡板

室温 t_N 修正系数 c_1　　表 14.6-4

t_N(℃)	5	0	−5	−10	−15	−20
c_1	1.5	1.2	1.03	1.00	1.00	1.00

温差 Δt 修正系数 c_2　　表 14.6-5

Δt(℃)	5	10	15
c_2	0.7	1.0	1.1

（4）当低温冷藏间蒸发器和结冻间蒸发器合用一个蒸发回路时，结冻间的计算温差不应大于 10℃。

（5）翅片管冷风机的翅片距，当自行设计蒸发器时，可参考表 14.6-6 确定。

翅片片距表　　表 14.6-6

库内温度(℃)	0～−5	−5～−15	−15～−25	−20～−30	−25～−30	−30～
片距(mm)	4	6	8	10	12	15～20

14.6.3 热力膨胀阀的选择

热力膨胀阀一般使用在非满液式蒸发器前，实现制冷剂按比例自动节流，同时完成由冷凝压力至蒸发压力的节流、降压、降温过程。

热力膨胀阀的开启度，是由蒸发器出来的制冷剂蒸气的过热度来控制的，由于蒸气过热度与蒸发器负荷成比例关系，使制冷剂供液量与蒸发器负荷互相适应，既保证蒸发器供液，又防止制冷剂未达到充分蒸发而造成压缩机液击的危险。

热力膨胀阀是直接作用式比例调节器，它的给定值（弹簧的预紧力）过热度是静态的，只能适应某一额定工况的匹配（现在也有可换芯热力膨胀阀），而被控对象的负荷与工况是动态变化的，因此固定的过热度是不能适应全工况负荷变化，要达到最佳的调节性能，应采用电子膨胀阀，它能对蒸发器动态变化通过温度发信器（铂电阻、热敏电阻等）、电子控制器和电子膨胀阀之间的电量信号输到控制器，实现最高压力控制、制冷温度控制、显示和报警、热气除霜等。控制规律由控制器决定，目前多用于中、大型冷库，对小型冷库也将会得到普及。

热力膨胀阀分内平衡式和外平衡式两种，当蒸发器内流动阻力小时宜选用内平衡式；

当蒸发器阻力大时或当采用分液器配液时，宜采用外平衡式。外平衡式将蒸发器出口处压力 P'_e 接到膨胀阀膜片下，代替进口压力 P_e，它能适应蒸发器内阻力较大的系统。

在选择热力膨胀阀时，一定要注意到制冷剂在蒸发器的阻力 ΔP_0，当 ΔP_0 值大于表14.6-7所示值时，应选择外平衡式热力膨胀阀。

内平衡式热力膨胀阀的阻力 ΔP_0 最大允许值（kPa） 表14.6-7

蒸发温度(℃)		10	0	−10	−20	−30	−40	−50	−60
制冷剂	R12	20	15	10	7	5	3		
	R22	25	20	15	10	7	5	3	2
	R502	30	25	20	15	10	7	5	4

热力膨胀阀的选择要点：

（1）应按制冷剂的类别，查阅相关工质的热力膨胀阀样本，在新旧工质都可使用，新产品不断推出的形势下，要注意工程制冷工况与样本名义工况的差别，进行必要的换算。如有的热力膨胀阀的名义工况是蒸发温度 $t_e=+5$℃，冷凝温度 $t_c=32$℃，过冷温度+28℃；而有的产品 $t_e=-10$℃，$t_c=25$℃，过冷温度1℃，应进行必要的校核修正。

（2）热力膨胀阀的额定容量是指全开状态下的产冷量，阀前不应有闪发气体，一般要有1℃以上的过冷温度，否则阀的通过能力会显著降低，见表14.6-8，过冷度与冷凝温度有关，表中过冷度是以冷凝温度40℃为准，比它低时通过能力应增加，比它高时会减少，当具有过冷度时可不考虑容量修正，大于表中过冷度时，容量修正系数大于1.0。

阀前压力降对热力膨胀阀容量影响 表14.6-8

阀前液管压力损失(MPa)	容量修正系数		所需过冷度(℃)			备　注
	R-12	R-22	R-12	R-22	R-502	
0.05	0.75	0.90	2.1	1.4	1.3	过冷度以冷凝温度40℃为准。当具有过冷度时，不考虑容量修正
0.10	0.65	0.75	4.4	2.8	2.6	
0.15	0.55	0.70	6.3	4.2	4.0	
0.20	0.45	0.60	9.2	5.7	5.4	
0.25	0.40	0.57	11.8	7.2	6.8	
0.30	0.35	0.53	14.5	8.8	8.3	
0.35	0.30	0.50				

（3）膨胀阀压力差 ΔP 是指进出口压力差，并不是冷凝压力与蒸发压力之差，应扣除阀前的压力降，包括从冷凝器出来的高压液管流动阻力、干燥器、视镜、截止阀、管接头、上升液管引起的压力损失、分液器与分液阻力。

（4）当冷却水不设调节阀时，或冬季因冷却水温降造成冷凝压力降低，要求膨胀阀容量应比额定负荷大20%～30%，或按表14.6-8进行修正。

（5）蒸发压力（蒸发温度）对膨胀阀容量的影响见表14.6-9，现在有的生产厂列出不同温度、压差下膨胀阀的通过容量表，方便直接查找。

（6）热力膨胀阀的通路面积 f（cm^2）

不同蒸发温度对膨胀阀容量的修正系数 表14.6-9

蒸发温度(℃)	5	0	−5	−10	−15	−20	−25	−30	−35	−40
系数(k)	1	0.9	0.8	0.75	0.66	0.57	0.49	0.41	0.39	0.38

$$f=\frac{G}{K\mu\sqrt{\Delta P}} \tag{14.6-2}$$

$$G=3600Q/\Delta h \tag{14.6-3}$$

$$\mu=0.02\sqrt{\rho}+0.634v \tag{14.6-4}$$

式中 G——理论流量，kg/h；

Q——蒸发器的负荷，kW；

Δh——蒸发压力下冷剂气态和液态的焓差，kJ/kg；

K——常数，R12：$K=57.4$，R22：$K=54.7$；

ΔP——热力膨胀阀前后压降，kPa；

μ——流量系数；

ρ——膨胀阀入口处制冷剂密度，kg/m^3；

v——膨胀阀入口处制冷剂比容积，m^3/kg。

(7) 根据计算所得 f 值，求出孔径，查表 14.6-10。但有的厂不提供 f 值，而根据 ΔP 与蒸发温度查找阀号，这由设计者选择样本而定。

RF型热力膨胀阀的主要数据 **表 14.6-10**

<table>
<tr><th rowspan="2">型号</th><th rowspan="2">孔径(mm)</th><th rowspan="2">制冷工质</th><th rowspan="2">标准(kW)</th><th rowspan="2">空调(kW)</th><th rowspan="2">平衡方式</th><th colspan="2">接管</th><th rowspan="2">外平衡</th><th colspan="3">外形尺寸(mm)</th></tr>
<tr><th>进口</th><th>出口</th><th>长</th><th>宽</th><th>高</th></tr>
<tr><td rowspan="2">RF0.8</td><td rowspan="2">0.8</td><td>R12</td><td>1.16</td><td>1.05</td><td rowspan="16">RF(RFw)内(外)平衡</td><td rowspan="14">φ10×1</td><td rowspan="8">φ12×1</td><td rowspan="24">φ6×1</td><td rowspan="14">108</td><td rowspan="14">68.5</td><td rowspan="14">152</td></tr>
<tr><td>R22</td><td>1.86</td><td>1.57</td></tr>
<tr><td rowspan="2">RF1</td><td rowspan="2">1</td><td>R12</td><td>1.40</td><td>1.28</td></tr>
<tr><td>R22</td><td>2.33</td><td>1.92</td></tr>
<tr><td rowspan="2">RF1.2</td><td rowspan="2">1.2</td><td>R12</td><td>1.74</td><td>1.51</td></tr>
<tr><td>R22</td><td>2.91</td><td>2.27</td></tr>
<tr><td rowspan="2">RF1.5</td><td rowspan="2">1.5</td><td>R12</td><td>2.21</td><td>1.98</td></tr>
<tr><td>R22</td><td>3.61</td><td>2.97</td></tr>
<tr><td rowspan="2">RF2</td><td rowspan="2">2</td><td>R12</td><td>2.91</td><td>2.56</td><td rowspan="6">φ16×1.5</td></tr>
<tr><td>R22</td><td>4.77</td><td>3.84</td></tr>
<tr><td rowspan="2">RF3</td><td rowspan="2">3</td><td>R12</td><td>5.81</td><td>5.35</td></tr>
<tr><td>R22</td><td>10.0</td><td>8.02</td></tr>
<tr><td rowspan="2">RF4</td><td rowspan="2">4</td><td>R12</td><td>10.5</td><td>9.30</td></tr>
<tr><td>R22</td><td>17.4</td><td>13.95</td></tr>
<tr><td rowspan="2">RF5</td><td rowspan="2">5</td><td>R12</td><td>13.14</td><td>11.63</td><td rowspan="2">φ10×1</td><td rowspan="6">φ16×1.5</td><td rowspan="2">115</td><td rowspan="2">68.5</td><td rowspan="2">152</td></tr>
<tr><td>R22</td><td>21.5</td><td>17.44</td></tr>
<tr><td rowspan="2">RFw6</td><td rowspan="2">6</td><td>R12</td><td></td><td>17.44</td><td rowspan="8">RFw外平衡</td><td rowspan="4">φ12×1</td><td rowspan="4">115</td><td rowspan="4">68.5</td><td rowspan="4">152</td></tr>
<tr><td>R22</td><td></td><td>26.16</td></tr>
<tr><td rowspan="2">RFw7</td><td rowspan="2">7</td><td>R12</td><td></td><td>24.42</td></tr>
<tr><td>R22</td><td></td><td>36.63</td></tr>
<tr><td rowspan="2">RFw8</td><td rowspan="2">8</td><td>R12</td><td></td><td>31.40</td><td rowspan="4">φ16×1.5</td><td rowspan="4">φ19×1.5</td><td rowspan="4">126</td><td rowspan="4">74</td><td rowspan="4">130</td></tr>
<tr><td>R22</td><td></td><td>47.09</td></tr>
<tr><td rowspan="2">RFw9</td><td rowspan="2">9</td><td>R12</td><td></td><td>38.37</td></tr>
<tr><td>R22</td><td></td><td>57.56</td></tr>
</table>

适用温度范围：R12 +10～−40℃

R22 +10～−50℃

可调节关闭过热度 2～8℃

14.6.4 过滤器、干燥器

为了防止固体杂质进入电磁阀、自控部件和制冷机气缸，在这些设备与部件之前应设置过滤器。

氟利昂系统过滤器的滤网一般采用 0.2mm 左右的网眼（80～120 目），以粗网作衬架。气体过网流速一般为 1～1.5m/s，液体过网流速一般为 0.07～0.1m/s。

氟利昂中含有水分会引起制冷剂分解，金属腐蚀；在冰点以下时，还可能形成“冰塞”。因此，必须设置干燥器。

常用的是带有干燥剂的过滤器，干燥剂采用硅胶、分子筛及活性氧化铝等，粒径 3～5mm。

干燥器应装在高压液管上，为减少阻力，可以将干燥器与过滤器并联安装（见图 14.6-7），制冷剂经多次循环即可达到过滤和干燥的目的。

14.6.5 回热式热交换器

回热式热交换器有定型产品可供选用，其结构及类型，一般有以下三种：

（1）将供液管与回气管扎在一起，耦合保温，同行段的长短决定其热交换量的多少；

（2）套管式热交换器（图 14.6-8）气体在管中流动，液体在套管间被冷却，换热量受套管长度和气体过热度的限制。对 R-22 仅需较少的过热度时，较为合适，套管长度 A 可根据表 14.6-11 采用。

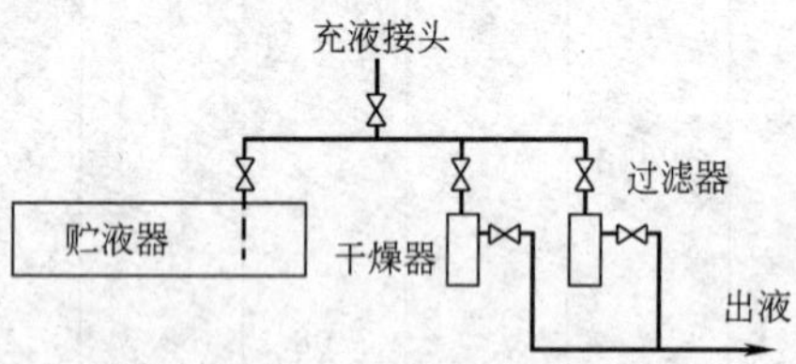

图 14.6-7 干燥器的安装

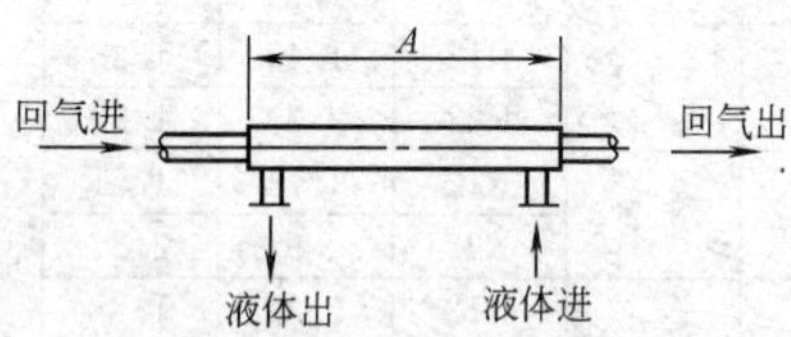

图 14.6-8 套管式热交换器

套管式热交热器的推荐长度　　表 14.6-11

制冷量(kW)	长度 A(m)	制冷量(kW)	长度 A(m)
175	2.5	525	4.6
350	3.7		

（3）盘管式热交换器，液体在盘管内流动，流速为 0.8～1m/s；气体在盘管外，流速通常为 8～10m/s，其传热系数约为 232～290W/(m²·℃)。

14.6.6 气液分离器

气液分离器的功能是使回气中的液体分离，液体由器内 U 形管底部的小孔，均匀地将液体混入回气，防止压缩机“冲缸”。

1. 设置原则

（1）蒸发器负荷变动幅度大时；

（2）使用热排气融霜时；

（3）使用满液式蒸发器时。

2. 容量计算

气液分离器容量 V(L)：

$$V=0.75CG \tag{14.6-5}$$

式中 C——系数，R12 $C=0.86$，R22 $C=0.98$，R502 $C=0.93$；

G——系统制冷剂注入量，kg。

3. 小型气液分离器

小型气液分离器外形见图 14.6-9。

分离器的参考数据见表 14.6-12。

14.6.7 低温冷风机

由于低温冷风机（D型冷却器）比盘管蒸发器传热效率高，节省空间，融霜方便，所以为小型冷库首选。它比盘管式冷库增加风机用电，并由于冷风冷却方式，干耗稍有增加。

D型空气冷却器，适用于各种冷库（土建冷库、装配式冷库、气调库等）的冷却降温设备，它的系列有DL、DD和DJ型三种，分别适用不同库温，其中DL型适用0℃左右，如保存蔬菜和鲜蛋：DD型适用库温－18℃左右的冷库，作为肉类、鱼类等冷冻食品的冷藏间；DJ型适用于－25℃或低于－25℃的冷库，作为鲜肉或鲜鱼制品或调理食品的速冻用。

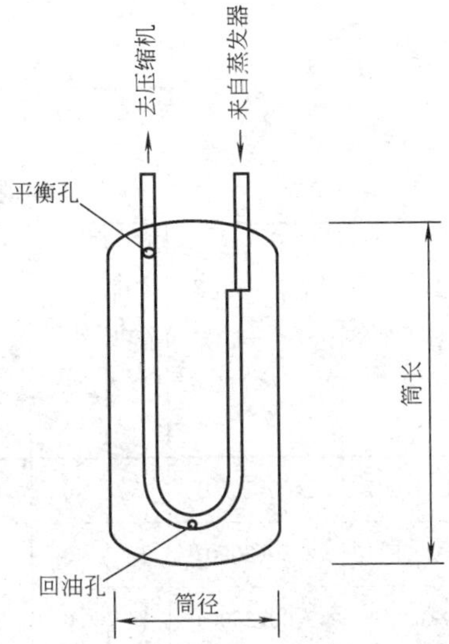

图 14.6-9 气液分离器图

小型气液分离器数据 **表 14.6-12**

主要数据					相应水冷压缩冷凝机组功率（R12、R22）
筒径×长（mm）	制冷剂容量（kg）	接管口径（mm）	平衡孔（mm）	回油孔（mm）	
D219×400	8	$DN25$	$\phi7$	$\phi2$	3.7kW 以下
D273×500	16	$DN32$	$\phi9$	$\phi2.5$	4.5～5.5kW
D325×550	24	$DN40$	$\phi11$	$\phi3$	7.5～11kW

通过液压胀管将铝片紧裹在铜管或内螺纹铜管的高效传热管上，其片距因使用环境温度高、中、低而异（9mm、6mm、4.5mm），在其中间设绝缘性强的U形电热管或由热管插入水盘内作融霜用。大容量冷风机有采用水冲霜冷的，多用于大中型冷库，不在本节内介绍。

常用制冷剂为R-22、R502（新制冷剂R134a，R404a等），其性能规格可查阅生产厂样本和说明书，现仅举两种规格说明之，见表 14.6-13、表 14.6-14。

型号说明

□ □ □－□/□

- 空气冷却器的传热面积(m^2)
- 空气冷却器的名义制冷量kW(kcal/h)
- 适用制冷剂（对R22省略）
- 冷却物冷藏库用L表示；冷却物冷藏库用D表示；速冻库用J表示
- 吊顶式用D表示

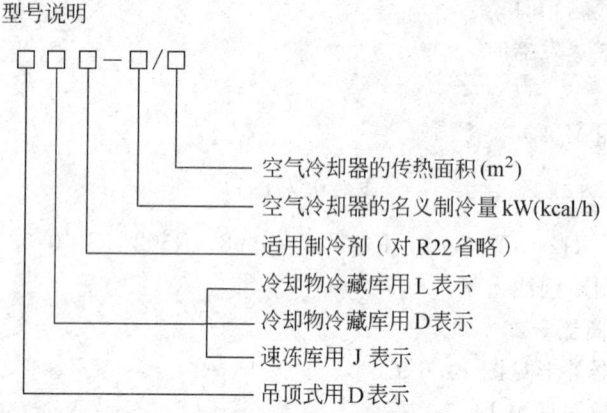

DD型系列冷风机的主要技术参数表 表14.6-13

型号	名义制冷量 W(kcal/h) $t_库=-18℃$ $\Delta t=(t_库-t_0)=7℃$	冷却面积 (m^2)	片距 (mm)	风扇电机						融霜电热管			重量 (kg)	备注
				数量（台）	直径ϕ（mm）	风量（m^3/h）	风压 Pa (mmH_2O)	电机功率（W）	电压（V）	盘管（kW）	水盘（kW）	电压（V）		
DD-1.4/7	1400(1200)	7	6	1	ϕ330	1700	98(10)	120	380	1.2	0.6	220	27	可用于R134a R404a和R502
DD-2.35/12	2350(2000)	12	6	2	ϕ330	2×1700	98(10)	2×120	380	1.8	0.9	220	40	
DD-3.0/15	3000(2600)	15	6	2	ϕ330	2×1700	98(10)	2×120	380	1.8	0.9	220	46	
DD-4.0/22	4000(3450)	22	6	3	ϕ330	3×1700	98(10)	3×120	380	2.4	1.2	220	55	
DD-4.6/26	4600(3980)	26	6	2	ϕ350	2×2500	118(12)	2×250	380	2.6	1.3	220	92	
DD-6.0/30	6000(5150)	30	6	2	ϕ400	2×3000	118(12)	2×250	380	2.6	1.3	220	100	
DD-8.0/40	8000(6900)	40	6	2	ϕ400	2×3000	118(12)	2×250	380	3.6	1.8	220	112	
DD-12.0/60	12000(10300)	60	6	2	ϕ450	2×5000	147(15)	2×550	380	6.5	1.3	220	160	
DD-15.9/80	15900(13700)	80	6	2	ϕ500	2×6000	167(17)	2×550	380	8.5	1.7	220	180	
DD-20.0/100	20000(17200)	100	6	3	ϕ500	3×6000	167(17)	3×550	380	10.5	2.1	220	240	
DD-24.0/120	24000(20650)	120	6	3	ϕ500	3×6000	167(17)	3×550	380	12.0	2.4	220	260	
DD-28.0/140	28000(24100)	140	6	4	ϕ500	4×6000	167(17)	4×550	380	15.0	3	220	300	
DD-32.1/160	32100(27600)	160	6	4	ϕ500	4×6000	167(17)	4×550	380	16.0	3.2	220	340	
DD-37.4/200	37400(32200)	201	6	2	ϕ600	2×10000	200	2×1500	380	21.6	2.7	220	350	
DD-46.8/250	46800(40300)	256	6	3	ϕ600	3×8000	200	3×1100	380	26.4	3.3	220	400	
DD-56.2/310	56200(48300)	307	6	3	ϕ600	3×10000	200	3×1500	380	28.0	3.5	220	420	

表14.6-13是R22在$t_库=-18℃$，$\Delta t=7℃$的制冷量，对R134a冷量应作修正，$Q_{OR134a}=Q_{OR22}\times f$，修正系数$f$见表14.6-15。

DL 型系列冷风机的主要技术参数表　　　　表 14.6-14

型　号	名义制冷量 W(kcal/h) $t_{库}=0℃$ $\Delta t=(t_{库}-t_0)=7℃$	冷却面积 (m^2)	片距 (mm)	风扇电机						融霜电热管			重量 (kg)	备 注
				数量 (台)	直径 ϕ (mm)	风量 (m^3/h)	风压 Pa (mmH_2O)	电机功率 (W)	电压 (V)	盘管 (kW)	水盘 (kW)	电压 (V)		
DL-2.10/10	2100(1800)	10	4.5	1	ϕ330	1700	98(10)	120	380	0.6	0.24	220	30	
DL-3.10/15	3100(2050)	15	4.5	2	ϕ330	2×1700	98(10)	2×120	380	0.9	0.6	220	43	
DL-4.20/20	4200(3600)	20	4.5	2	ϕ330	2×1700	98(10)	2×120	380	0.9	0.6	220	50	
DL-5.20/25	5200(4450)	25	4.5	3	ϕ330	3×1700	98(10)	3×120	380	1.2	0.6	220	59	
DL-6.26-30	6260(5420)	30.8	4.5	2	ϕ350	2×2500	118(12)	2×250	380	1.5	0.6	220	95	
DL-8.20/40	8200(7050)	40	4.5	2	ϕ400	2×3000	118(12)	2×250	380	1.5	0.6	220	105	
DL-11.5/55	11500(9900)	55	4.5	2	ϕ400	2×3000	118(12)	2×250	380	2.1	0.6	220	115	可用于
DL-16.7/80	16700(14350)	80	4.5	2	ϕ450	2×5000	147(15)	2×550	380	3.0	0.6	220	165	R134a
DL22.0/105	22000(18900)	105	4.5	2	ϕ500	2×6000	167(17)	2×550	380	4.2	0.6	220	185	R404a
DL-25.8/125	25800(22200)	125	4.5	3	ϕ500	3×6000	167(17)	3×550	380	4.8	0.78	220	249	和 R502
DL-33.6/160	33600(28900)	160	4.5	3	ϕ500	3×6000	167(17)	3×550	380	6.0	0.78	220	270	
DL-38.7/185	38700(33300)	185	4.5	4	ϕ500	4×6000	167(17)	4×550	380	7.2	0.9	220	310	
DL-44.0/210	44000(37850)	210	4.5	4	ϕ500	4×6000	167(17)	4×550	380	7.8	0.9	220	350	
DL-52.9/260	52900(45500)	259	4.5	2	ϕ600	2×10000	200	2×1100	380	9.0	1.7	220	380	
DL-67.2/330	67200(57800)	327	4.5	3	ϕ600	3×8000	200	3×1100	380	11.0	2.2	220	460	
DL-83.4/410	83400(71700)	408	4.5	3	ϕ600	3×10000	200	3×1500	380	13.0	2.6	220	480	

表 14.6-14 是 R22 在 $t_{库}=0℃$，$\Delta t=7℃$的制冷量，对 R134a 冷量应作修正，$Q_{0R134a}=Q_{0R22}\times f$，修正系数 f 见表 14.6-15。

采用制冷剂 R134a 时的制冷量修正系数 f　　　　表 14.6-15

蒸发温度 t_0	>−12℃	>−17℃	>−22℃	>−27℃
修正系数 f	1.00	0.96	0.93	0.90

14.6.8　排管及搁架

1. 盘管式排管

小冷库早期都采用蛇形排管，其设置位置有顶棚式和墙式。每组的形式有单通路和双通路，后者是两组单排，为节省占地采取叠置形式，用“双套弯”解决弯头叠合，如图 14.6-10 所示。

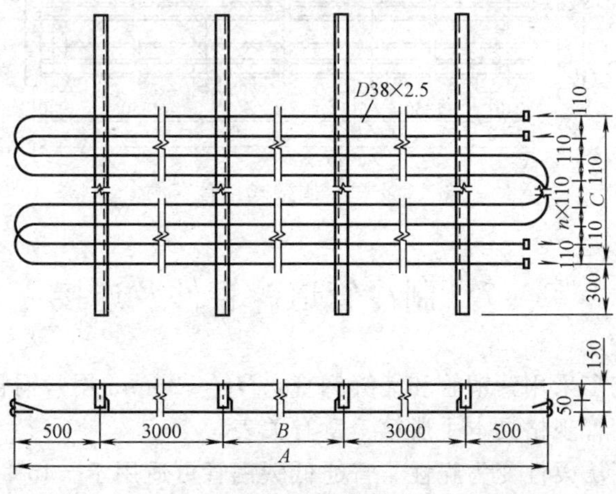

图 14.6-10　双通路蛇形排管单列墙式安装示例

排管用 D38×2.5 或 D32×2.5 无缝钢管制作，弯头要用壁厚稍厚的无缝钢管，用弯管机冷弯，盘管制作用钎焊，以确保管内通路不减小。

2. 搁架式排管

用于小型冷库结冻间，用盘装或盒装结冻。由于易磨损，无缝钢管用 D38×3 或 D38×3.5 的蛇形管组成搁架。平面管间距 80mm，组合宽 600 或 1000mm，常用的货盘 400×600 可以在其上组合排列。竖向间距取决于结冻物品种，鱼虾 230mm，家禽 250～280mm，通用型为 280mm。搁架的立柱间距 1350mm，扣除槽钢后的净距可容三直或二横盘宽。搁架冷却器由于冷空气的重力作用，下部货物冻结效果比上部好，因此经常在上部不放货处做两排空管，间距可做 160mm，最下排离地不宜太低，以方便取货清扫，通常可做 400mm。

吹风机的功率不宜过大，以减少发热。纵向吹刷时，走道应设挡板，以防空气短路，横向吹刷时，应在顶部设挡板，便于下部操作。

制冷剂应有分液器均流配到搁架上部各并列之管组，下部可汇到集管，设存油弯回气，如图 14.6-11 所示。

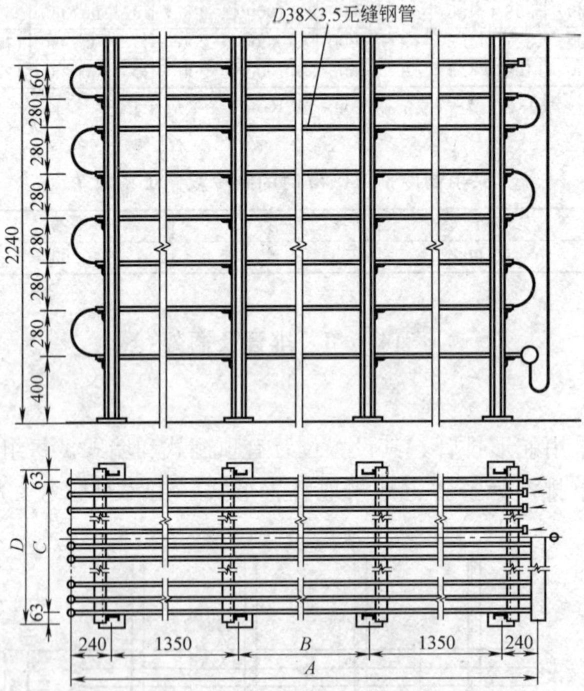

图 14.6-11 搁架式排管实例

14.7 制冷管道、管件及连接

氟利昂制冷系统多采用紫铜管和无缝钢管，DN≤20mm 用紫铜管，DN≥25mm 用无缝钢管。常用无缝钢管规格见本手册第 7 章有关表。

低碳钢在低温下从柔性变为脆性。普通低碳钢管可适用于－45℃以上场合。小型商用低温系统应采用铜管或不锈钢管。

1. 管道连接 氟利昂管道为避免泄漏，一般采用焊接，如表 14.7-1。

表 14.7-1

管径(mm)	材 质	连接方法	管径(mm)	材 质	连接方法
$DN \geqslant 40$	钢+钢	气焊		铜+铜	银焊、铜焊
$DN \leqslant 32$	钢+铜	铜焊			

2. 对需拆卸的部件的连接，可采用管接头或法兰连接。

当 $DN \leqslant 20$mm 时，采用铜制管接头，见图 14.7-1 及图 14.7-2；当 $DN \geqslant 25$mm 时，采用法兰连接，见图 14.7-3。

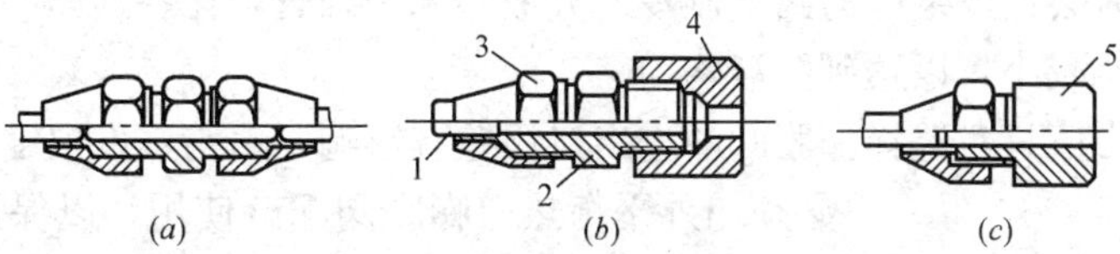

图 14.7-1 活接头组合件

(a) 管子与管子相连；(b) 管子与设备相连；(c) 管子与管件相连

1—紫铜管；2—活接头；3—长颈螺母；4—设备；5—管件

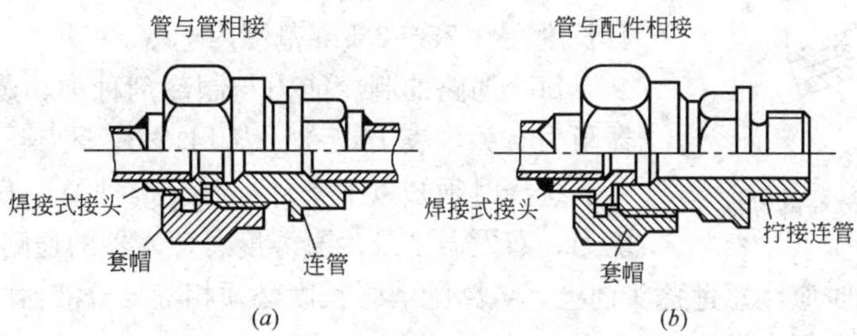

图 14.7-2 铜管或钢管活接头组合件

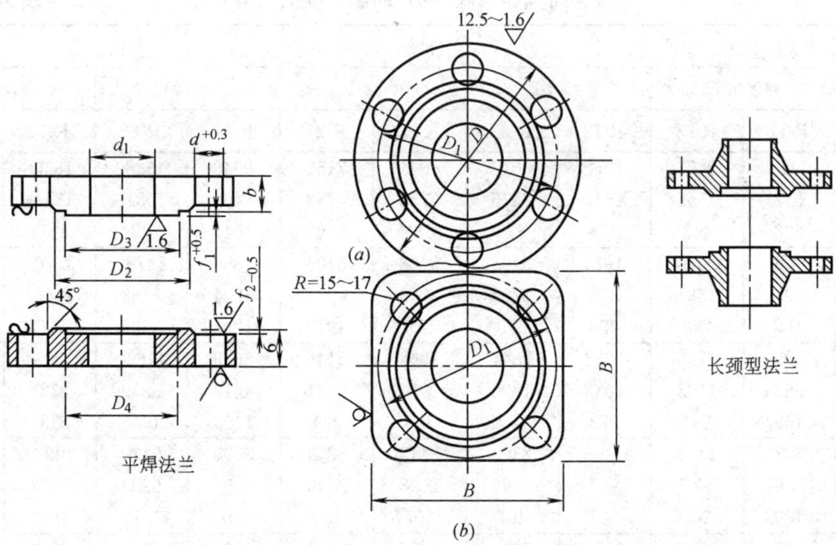

图 14.7-3 法兰

(a) 圆形；(b) 方形

铜制管接头采用黄铜件加工，连接时将铜管上先套上一个长颈螺母，用专用工具将紫铜管扩张成 60°～90°的喇叭口，然后用活接头紧固。活接头通径 *DN*8、10、13、16、19mm。

当无缝钢管或铜管管径较大时，则采用法兰连接（带有两道密封槽的法兰盘），密封面带凹凸形，不得使用天然橡胶及矿物油作垫料与涂层。法兰盘通径 *DN*20、25、32、40、50mm。

3. 分液器

在向多通路盘管式蒸发器配液时，由于各通路的负荷和阻力不可能都均匀，阻力大的配液不足，严重时会造成某些通路不制冷。分液器采用细管，让各通路的阻力加大，从而使各通路阻力差比减小，以达到配液均匀。

分液器的阻力值只对选择膨胀阀的进出口压差有影响，而与蒸发温度无关，故分液器必须与外平衡热力膨胀阀配合使用，以保证蒸发器出口回气的过热度不至太大。

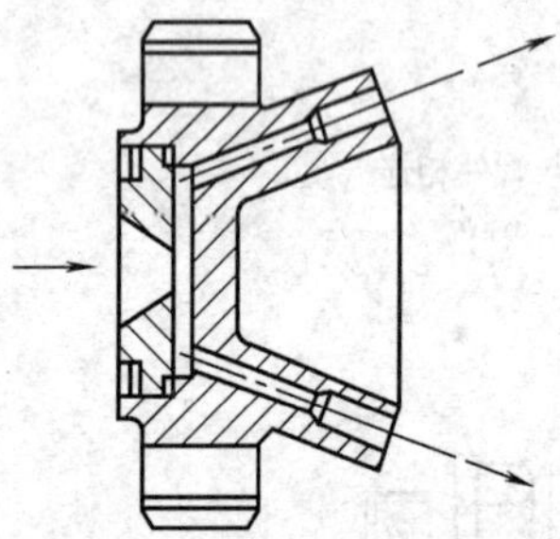

图 14.7-4 分液器的分液头

分液器由分液头及多路分液管组成，分液头内部结构见图 14.7-4。

分液管的规格有 $\phi5\times1$、$\phi6\times1$、$\phi8\times1$、$\phi10\times1$ 等，其长度在 0.25～2.5m 范围内选取。

每个通路的制冷能力与制冷剂种类、蒸发温度、分液器阻力有关，表 14.7-2、表 14.7-3、表 14.7-4 可供选用。

选择时须知以下条件：制冷剂种类、蒸发器所需制冷能力、蒸发温度及冷凝温度、蒸发器的通路数等。

布置分液器时应注意莲蓬头向上，各路配液管长度必须相等。分液器的阻力，主要是分液管两相流动的压力损失。

分液管每通路（长 1m）的制冷能力（W）　　表 14.7-2

蒸发温度（℃）	分液管规格(mm)									
	$\phi4\times0.75$		$\phi5\times1$		$\phi6\times1$		$\phi8\times1$		$\phi10\times1$	
	R-12	R-22	R-12	R-22	R-12	R-22	R-12	R-22	R-12	R-22
5	1413 942 238	2477 1651 413	2268 1512 378	4012 2675 675	4071 2733 686	7152 4768 1192	9246 6164 1547	16282 10816 2704	18608 12444 3111	32564 21748 5437
0	1186 791 198	2070 1384 749	1919 1279 320	3408 2268 570	3408 2268 570	6106 4071 1018	7850 5234 1303	13782 9188 2297	15701 10467 2617	27214 18143 4536
−5	989 663 169	1745 1163 291	1628 1082 273	2844 1896 477	2908 1954 488	5146 3431 861	6629 4419 1105	11630 8839 1948	13084 8723 2181	22155 15235 3809
−10	837 558 140	1465 977 244	1361 907 227	2390 1593 407	2442 1628 407	4274 2849 721	5408 3605 907	9420 6280 1570	10990 7327 1832	19190 12793 3198
−15	698 465 116	1233 814 204	1151 768 192	2006 1337 337	2058 1372 349	3611 2413 605	4536 3024 756	7850 5234 1308	9304 6164 1541	16282 10816 2704

续表

蒸发温度（℃）	分液管规格（mm）									
	ϕ4×0.75		ϕ5×1		ϕ6×1		ϕ8×1		ϕ10×1	
	R-12	R-22	R-12	R-22	R-12	R-22	R-12	R-22	R-12	R-22
−20	593	1047	959	1675	1710	2966	3838	6804	7676	13432
	395	698	640	1116	1140	1977	2559	4536	5117	8955
	99	174	163	279	291	500	640	1134	1279	2239
−25	488	855	802	1396	1430	2495	3227	5582	6455	11339
	326	570	535	930	954	1663	2152	3722	4303	7560
	81	145	140	233	244	419	541	930	1076	1890
−30	410	670	680	1186	1232	2128	2704	4710	5408	9420
	267	465	454	791	814	1419	1803	3140	3605	6280
	70	116	116	198	204	361	454	7850	901	1570

注：① 表中第一行表示允许最大制冷能力，第二行为标准制冷能力，第三行为允许最小制冷能力。
② 冷凝温度为30℃。

分液管长度的负荷修正系数 **表14.7-3**

分液管长(m)	0.25	0.5	0.75	1.0	1.25	1.5	1.75	2.0	2.25	2.50
修正系数	2	1.43	1.16	1.0	0.89	0.81	0.75	0.70	0.66	0.62

分液器的压力损失（MPa） **表14.7-4**

选用负荷与标准负荷比(%)	25	30	40	50	60	70	80	90	100	110	120	130	140	150
压力损失	0.03	0.033	0.042	0.052	0.062	0.072	0.082	0.092	0.104	0.115	0.128	0.142	0.158	0.175

14.8 自控及安全保护装置

14.8.1 库温自控

1. 单间库温自控　库温自控一般采用位式调节，它通常由温度传感器、温度指示调节器和供液电磁阀等组成。当库温升高到设定值时，在控制系统作用下，电磁阀自动开启，向蒸发器供液，使库温下降。当库温降到设定下限值时，则切断电磁阀的供电，使电磁阀关闭，停止向蒸发器供液。

库温控制环节应与冷却水系统和制冷机的启停等连锁，即当库温达到设定下限值时，温度调节器在使电磁阀关闭的同时，应使制冷机与冷却水系统也停止运行。反之，当库温达到设定上限值时，应先使冷却水系统和制冷机依次投入运行，再开启电磁阀。

2. 多间库温自控　当多间库房的温度全都达到下限时，温度继电器才切断，发出信号，通过延时使中间继电器断开，压缩机停止运行，然后延时停水泵及其他辅助设备。

当有一个库房温度升到上限时，这个温度继电器的上限接点接通，启动该库的控制继电器，接通中间继电器，一方面发出启动水泵等信号，一方面接通压缩机启动延时继电器，准备开启压缩机。

3. 结冻间自控　结冻间自控不同于冷藏间，为了防止结冻间建筑物产生冻融循环，不管是空库或是进货结冻，必须使库温保持在－5℃以下，当温度回升到该值时，一定要打开供液电磁阀，使压缩机投入运行。

另外，制冷系统运行一是受库温控制，二是受结冻时间控制，这样就能避免结冻过程中出现库温到达下限时，制冷系统已停止运行，但食品还未冻透的现象。

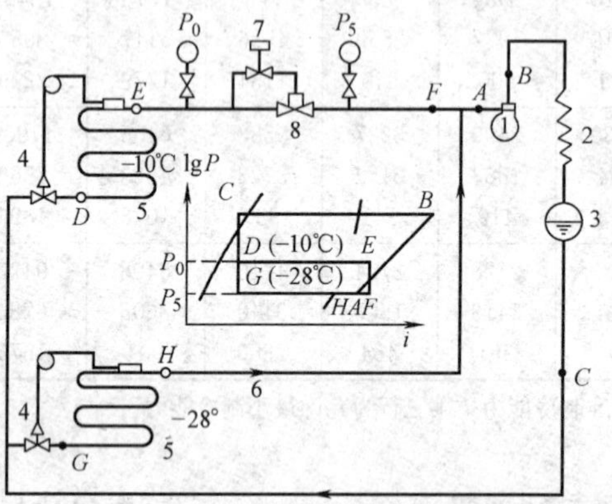

图 14.8-1　背压调节控制原理图

1—压缩机；2—冷凝器；3—贮液桶；4—膨胀阀；5—蒸发器；6—止回阀；7—恒压导阀；8—回气主阀

4. 背压调节（吸入压力调节）　当不同库温的冷间合用一台制冷机时，在蒸发压力高的吸气管上应装置背压阀（压力恒定阀），使阀前压力保持在给定范围，而通过节流后又能与阀后回气管上较低的蒸发压力相适应，以保证蒸发器在不同工况下正常运行。背压调节只适用于直接供液系统，见图 14.8-1。

14.8.2　自控系统框图

自动控制系统框图中仅绘出了自动状态下的开机、停机过程和安全保护装置，使用手动控制方式运行时，操作人员必须按照框图的顺序开、停机。公称容积 150m³(20t) 小冷库的自控系统框图，见图 14.8-2。

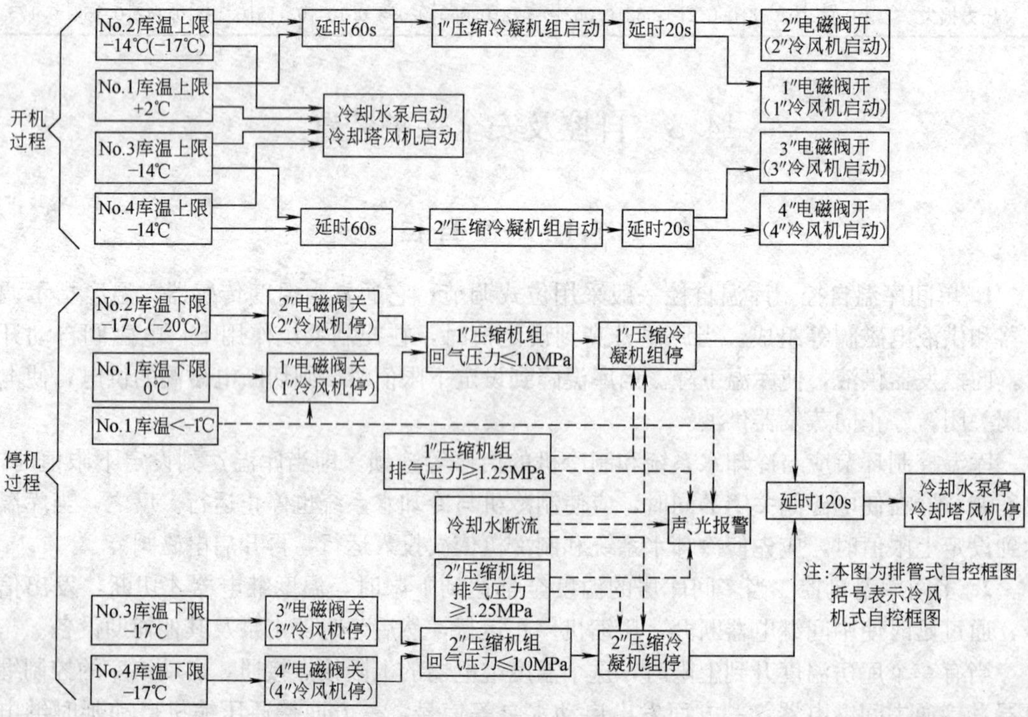

图 14.8-2　小冷库自控系统框图

14.8.3 制冷系统的安全保护

为了保证设备的安全运行，需设置一套较完善的安全保护装置，见表14.8-1。

安全保护措施表　　表14.8-1

名　称	安全保护措施
排气压力	排气压力大于设定值时,通过高压继电器自动停机
吸气压力	吸气压力低于设定值时,通过低压继电器自动停机
油压差	油压差低于设定值时,通过油压差继电器自动停机
冷却水	冷却水断水或水量过小时,通过断水保护装置或水压差保护装置自动停机并报警
压缩机	压缩机过电流通过继电器断路停机
冬季防冷却水冰冻	控制冷却塔出水温度,通常用下列方法实现 ①停冷却塔风机; ②调节冷却塔进水分流阀
单相运行保护	当电动机某相短路时,自动停机并发出警报

14.9 装配式冷库

14.9.1 组成和特点

1. 装配式冷库的组成

(1) 围护结构采用工业化生产的模数制复合保温壁板，其面层材料有彩色钢板、不锈钢板、铝合金板或玻璃钢板。保温材料通常有聚氨酯和聚苯乙烯两种，由于复合板尺寸是标准规格，用户可按模数组合成各种形式，见图14.9-1。其面积和容量亦可按需选择。装配式冷库系列组合见表14.9-1。

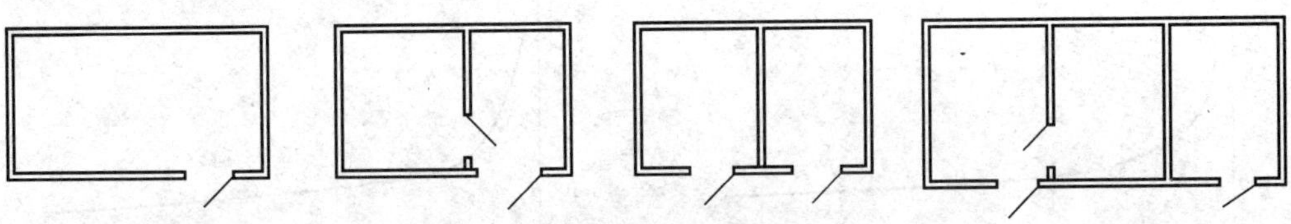

图14.9-1 装配式冷库组合方式

(2) 制冷系统采用氨或氟利昂制冷机组，风冷或水冷可因地而异，工质有R-12、R-22、R-502、R407C、R134a、R404a、R507等。库房冷分配设备有冷风机（吊顶式、落地式）或蒸发排管供选择。库内温度调节可通过制冷系统实现，当库温升（降）超过设定值时，制冷系统可自动开（停）。

2. 装配式冷库与土建式冷库的比较（见表14.9-2）

14.9.2 冷负荷估算

根据实际经验推荐适用于公称容积在200m³以下的装配式冷库冷负荷估算图（见图14.9-2及图14.9-3），其设计条件：

装配式冷库系列组合表 **表 14.9-1**

B(mm) \ A(mm)		L_1			L_2			L_3			L_4		
		S	V	G	S	V	G	S	V	G	S	V	G
W_1	h_1												
	h_2												
	h_3												
W_2	h_1												
	h_2												
	h_3												

表中：A——冷库长，mm，L_1、L_2、L_3…；

B——冷库宽，mm，W_1、W_2、W_3…；

h——库内净高，mm，h_1、h_2、h_3…；

S——面积，m^2，$S=A\times B$；

V——体积，m^3，$V=S\times h$；

G——库容量，t，可按 $350kg/m^3$ 冻肉计。

装配库与土建库的比较 **表 14.9-2**

项　目	装配库	土建库	项　目	装配库	土建库
建造周期	短	长	严密性	好	稍差
建造投资	大	小	灵活性	灵活	不灵活
维护费用	较大	小	运行电耗	较大	小
降温速度	快	慢(初运行)	温度回升	快	慢
热惰性	小	大	使用寿命	较短	长

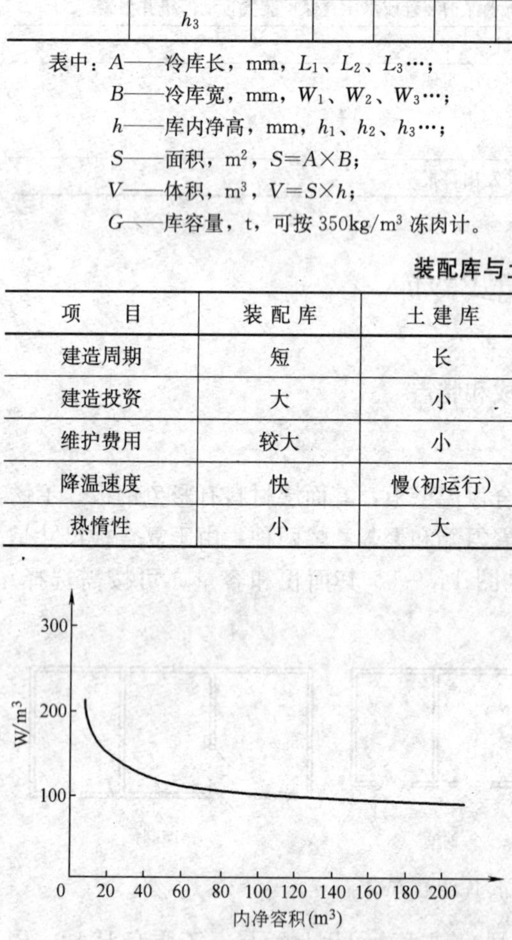

图 14.9-2　L 级冷藏库单位内净容积冷负荷估算图

注：由图查到的单位内净容积冷负荷，即为需配的制冷机产冷量，对库温在 0～+5℃来讲，已考虑到制冷机工作时间系数，对库温在－5～0℃来讲，还需考虑制冷机工作时间系数。

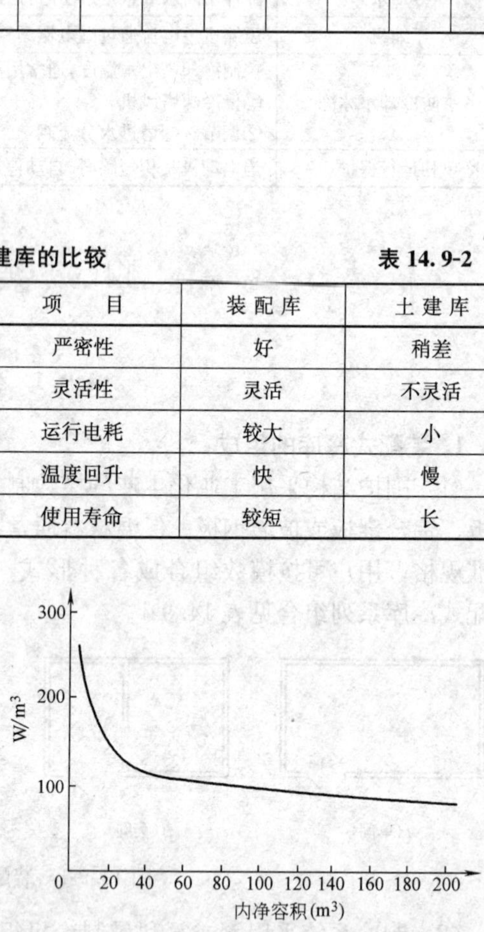

图 14.9-3　D、J 级冷藏库单位内净容积冷负荷估算图

注：由图查到的单位内净容积冷负荷，即为需配的制冷机产冷量，对 D 级冷藏库来讲已考虑到制冷机工作时间系数，对 J 级冷藏库来讲还需考虑制冷机工作时间系数。

(1) 冷库外的环境温度为+32℃，相对湿度 80%。

(2) 冷库内温度为L 级冷藏库：+5℃～－5℃；

D 级冷藏库：－10℃～－20℃；

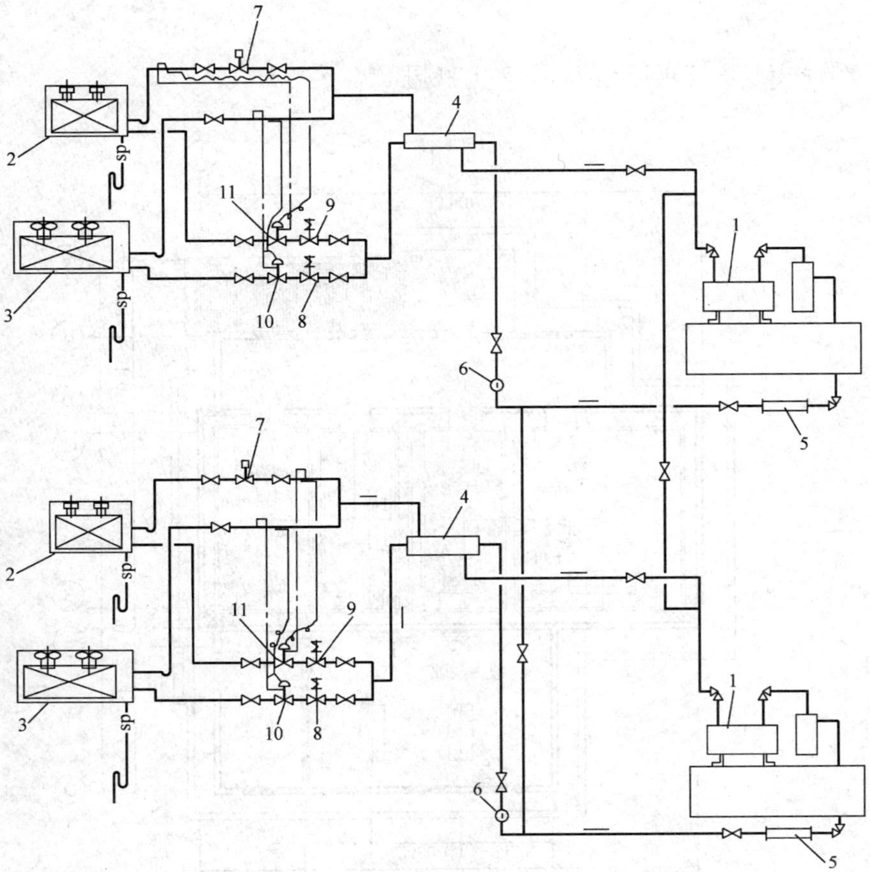

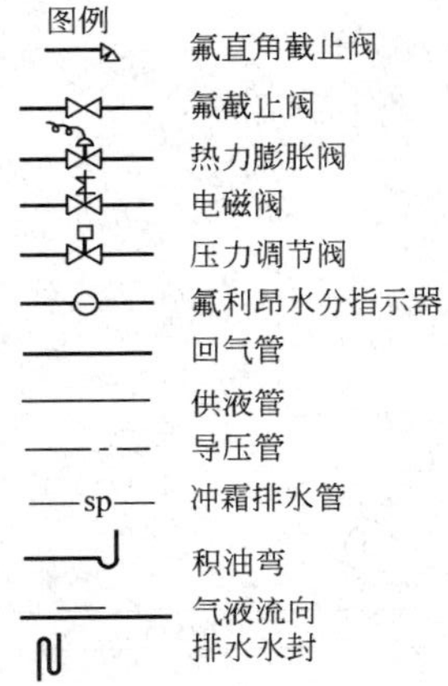

编号	设备名称	规格、型号	单位	数量	
11	热力膨胀阀	XRF4-6	只	2	
10	热力膨胀阀	XRF5-9	只	2	
9	电磁阀	FDF8	只	2	
8	电磁阀	FDF10	只	2	
7	压力调节阀	ZFY-19	只	2	
6	氟利昂水分指示器	FYS-16	只	2	
5	干燥过滤器	GGL-16	只	2	
4	热交换器	HR-0.2m²	个	2	
3	吊顶冷风机	DD12-5.8/40	台	2	
2	吊顶冷风机	DD12-2.0/12	台	2	
1	压缩冷凝机组	JZ-35(4FS7B)	台	2	

图 14.10-1 公称容积 150m³ (20t 冷风机式) 小冷库制冷工艺原理图

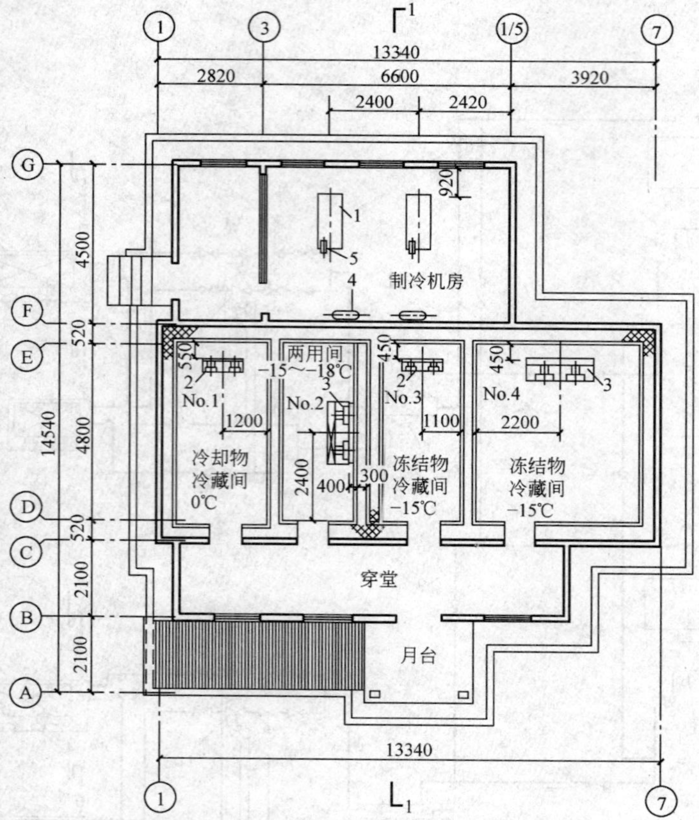

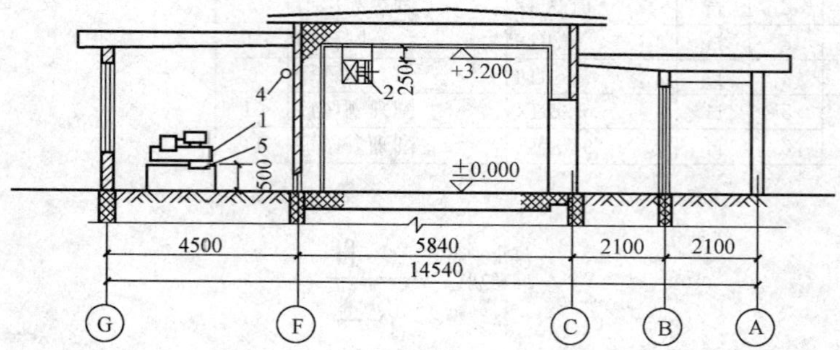

图 14.10-2 公称容积 150m³（20t 冷风机式）小冷库制冷工艺平剖面图

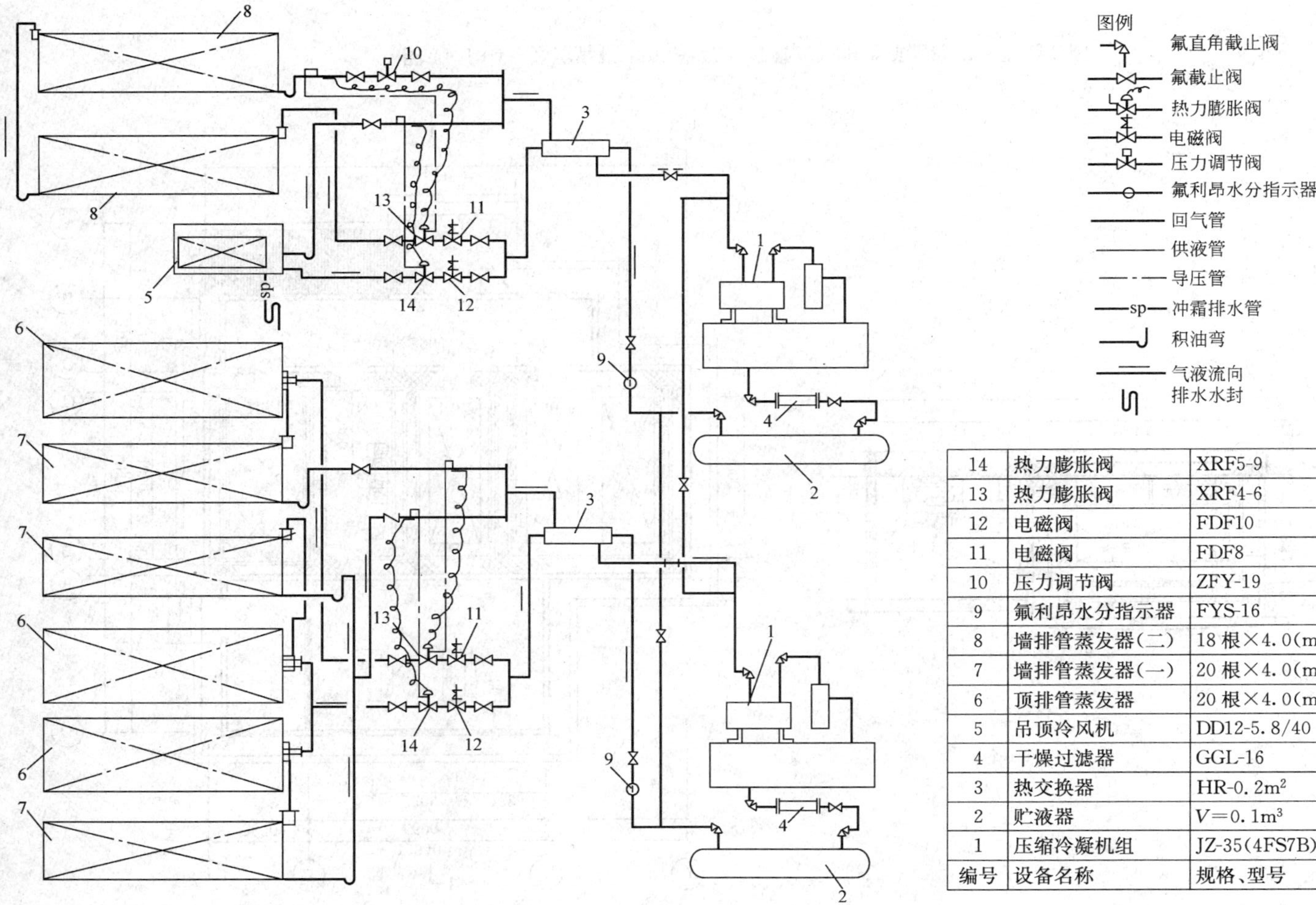

14	热力膨胀阀	XRF5-9	只	2	
13	热力膨胀阀	XRF4-6	只	2	
12	电磁阀	FDF10	只	2	
11	电磁阀	FDF8	只	2	
10	压力调节阀	ZFY-19	只	1	
9	氟利昂水分指示器	FYS-16	个	2	
8	墙排管蒸发器(二)	18 根×4.0(m)	组	2	
7	墙排管蒸发器(一)	20 根×4.0(m)	组	3	
6	顶排管蒸发器	20 根×4.0(m)	组	3	
5	吊顶冷风机	DD12-5.8/40	台	1	
4	干燥过滤器	GGL-16	只	2	
3	热交换器	HR-0.2m^2	台	2	
2	贮液器	V=0.1m^3	个	2	
1	压缩冷凝机组	JZ-35(4FS7B)	台	2	
编号	设备名称	规格、型号	单位	数量	备注

图 14.10-3 公称容积 150m^3 (20t 排管式) 小冷库制冷工艺原理图

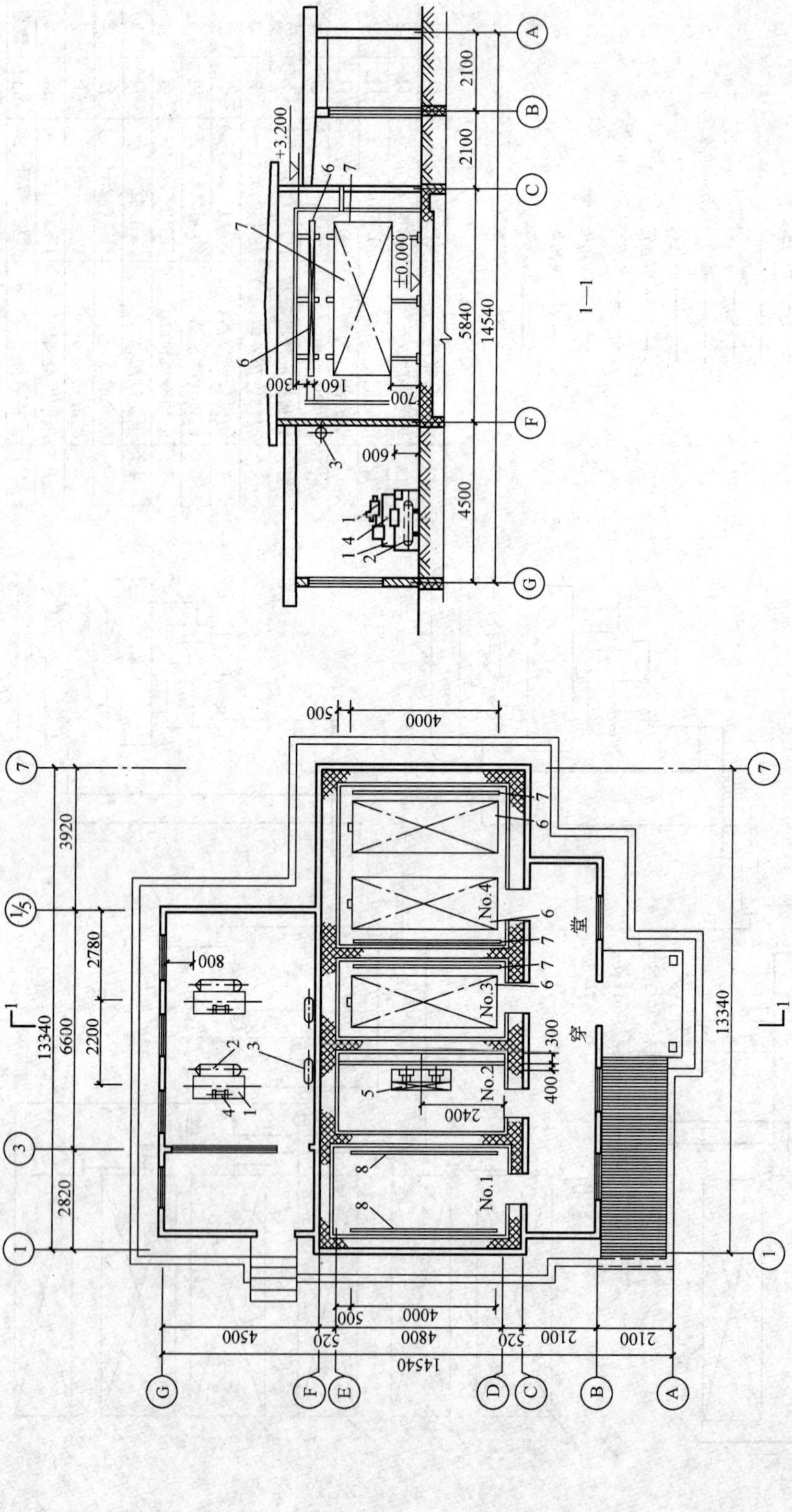

图 14.10-4　公称容积 150m³（20t 排管式）小冷库制冷工艺平剖面图

J 级冷藏库：－25℃。

（3）有效容积是库内公称容积的 60％，贮藏果蔬时可以将有效容积再乘以 0.8 修正系数。

（4）食品进货温度　*L* 级冷藏库＋30℃；

D 级、*J* 级冷藏库－5℃。

（5）每天进库量为有效容积的 15％～20％。

（6）制冷压缩机工作时间系数为 50％～75％。

14.10　小冷库工程实例

见图 14.10-1～图 14.10-4

第 15 章　气调贮藏和气调库设计

15.1　气调贮藏的基础知识

15.1.1　气调贮藏的特点

气调贮藏的主要特点是：

• 保鲜效果好：能保持新鲜果蔬原有的品质，即原有的外形、色泽、风味和营养。

• 保鲜期长：在贮藏条件的抑制下，生理代谢变慢，营养物质和能量消耗减少，推迟了后熟和衰老。

• 贮藏损耗少：有效地抑制了果蔬的呼吸、蒸发和微生物的作用，果蔬始终处于休眠状态，不仅大大减少质量方面的损失，还降低了在数量上的损耗。

• 无任何污染：贮藏过程中，不使用任何化学物质进行处理，符合环保和卫生要求。

• 有良好的社会效益：利用气调贮藏，果蔬能按照市场的需求均衡上市，克服了"旺季烂、淡季盼"的矛盾；既满足了消费者的需求，又提高了果品的经济效益。

15.1.2　影响果蔬贮藏品质的主要环境因素

1. 温度

贮藏温度是影响果蔬呼吸、蒸发和微生物作用的主要因素。贮藏温度对呼吸的影响，主要表现为呼吸强度和释放呼吸热的变化。在一定的温度范围内，果蔬的呼吸强度和散发的呼吸热，随着贮藏温度的升高而增大、增多；呼吸强度越高的果蔬，其耐贮性越差。表15.1-1列出了部分果蔬的呼吸强度。

0～2℃时部分果蔬的呼吸强度 [$mgCO_2/(kg \cdot h)$]　　表 15.1-1

种　类	呼 吸 强 度	种　类	呼 吸 强 度
甜玉米	30	马铃薯	1.7～8.4
菠菜	21	胡萝卜	5.4
菜豆	20	葡萄	1.5～5.0
番茄	18	甜瓜	5.0
豌豆	14.7	甘蓝	6.0
苹果	1.5～14.0	元葱	2.4～4.8
柿子	7.5～8.5	甜橙	2.3～3.0

注：呼吸强度是衡量呼吸强弱的一种定量指标。它是指单位鲜重或干重的植物组织，在一定环境条件下，单位时间内所释放二氧化碳或吸收氧的数量。

贮藏温度与果蔬体内水分的蒸发，关系十分密切，高温会加速水分的蒸发，低温则能抑制水分的蒸发。微生物的生存和繁殖，需要一定的环境条件，表 15.1-2 给出了微生物的生长繁殖与温度的关系。

微生物活动与温度的关系　　表 15.1-2

序号	温度(℃)	微生物的活动情况
1	18～30	嗜温性微生物生长最适温度
2	5～20	嗜冷性微生物生长最适温度
3	5～10	嗜温性微生物生长最低温度
4	3.3	没有病原菌或产毒菌的危险
5	0～－10	嗜冷性微生物生长最低温度
6	－10	任何细菌都停止繁殖
7	－18	任何微生物都停止繁殖

试验证明，苹果的软化速率，在 20℃时要比 10℃时快 2 倍；10℃时又要比 5℃时快 2 倍。显然，降低贮藏温度可以减弱呼吸强度、减少水分蒸发、抑制微生物的生长繁殖，有利于果蔬的保鲜贮存。不过，应该注意，果蔬对低温的适应能力有一定的限度，低于这个限度就会引起水果的冻伤或“冷害”。表 15.1-3 给出了果蔬的冰点；表 15.1-4 列出了果蔬的冷害临界温度及症状。

果蔬的冰点　　表 15.1-3

名　称	冰点(℃)	名　称	冰点(℃)
杨梅	－0.6	苹果	－1.5
草莓	－0.8	马铃薯	－1.7
李	－0.8	西洋梨	－2.0
桃	－0.9	柑橘	－2.2
西红柿	－0.9	葡萄	－2.2
醋栗	－1.1	柠檬	－2.2
杏	－1.1	樱桃	－2.4
油桃	－0.9	香蕉	－3.4
豌豆	－1.1	板栗	－4.5
洋葱	－1.1	核桃	－6.7
菠萝	－1.2	甜瓜	－1.7
椰子	－2.8	西瓜	－1.6
梅子	－2.2	菜花	－1.1

果蔬冷害的临界温度及症状　　表 15.1-4

温度(℃)	果蔬种类	冷害症状
<1.0	芋头	贮藏后升温腐烂显著
0.0～1.0	荔枝	果皮变褐、发黑
	樱桃	贮后升温，发生“烫伤”病
	桃、杏	果实异味

续表

温度(℃)	果蔬种类	冷害症状
2.2～3.3	苹果(部分品种)	表皮出现软虎皮病、果肉(果心)褐变
2.2～4.4	甜瓜	凹陷、表面腐烂
2.8～5.0	橙(品种各异)	果皮凹陷、褐变
3.3～4.4	土豆	褐变、糖分增加
3.9～9.0	柑橘(品种各异)	果皮凹陷、腐烂、水肿
4.4	西瓜	凹陷、异味
4.4～12.8	芒果	果皮变黑、后熟不良
5.0～8.0	梨(部分品种)	果肉(果心)褐变
	梅(部分品种)	褐变、凹陷
6.0～7.0	橄榄	果肉褐变
6.1～7.0	香木瓜、木瓜	果内凹陷、果肉水浸状、后熟不良
6.1～10.0	菠萝	果皮变褐、果肉变褐、风味不正、后熟异常
7.2	黄瓜	凹陷、水浸状斑点、腐败
	茄子	"烫伤"病
	柿子椒	凹陷、种子褐变
7.2～10.0	扁豆	凹陷、变色
	番茄(成熟)	水浸状软化、腐烂
<10.0	生姜、甘薯 青豆角、秋葵	内部变色 褐变、凹陷
10.0	葡萄柚	果皮凹陷、水浸状腐烂
	南瓜	腐烂
10.0～15.4	柠檬	果皮凹陷、红褐色斑点、囊瓣膜变红
11.7～13.3	香蕉(绿、黄果)	果皮变黑、出现褐色皮下条纹、后熟不良
12.8	甘薯	凹陷、内部变色
12.8～13.9	番茄(未熟)	后熟不良、腐烂

应该说明，水果的冻伤与速冻是两个不同的概念，前者是一种贮藏病害，会造成贮藏损失；后者是水果加工的一种方法，而且是在极低的温度（－20℃左右）下进行的；速冻后的果蔬，是一种新的产品，不是鲜果蔬。

通常，把使水果的生理代谢作用降到最低程度，但水果又能忍受的温度称为"最适贮藏温度"；这个温度因果蔬种类、品种和产地而异。冷藏贮存温度，不应低于水果的冰点温度；对于气调贮藏，最适温度一般可取比冷藏贮存温度高1～2℃。

2. 相对湿度

相对湿度对贮藏的影响，主要表现在增强或减弱果蔬的蒸发作用。

新鲜果蔬中的水分含量很高，湿空气的相对湿度可近似认为等于100%，即果蔬内所含湿空气的水蒸气分压，等于果蔬温度下的饱和水蒸气压。当果蔬放置在常温、低温和气调状态下贮藏时，环境中湿空气中的水蒸气分压，不可能达到饱和水蒸气压。因此，在贮藏过程中果蔬表层的水分就要向贮藏环境扩散，与此同时，果蔬中心部位的水分不断向表层转移。显然，贮藏过程中要产生水分的蒸发是不可避免的，我们只能调节贮藏环境的相对湿度，来控制果蔬水分的蒸发，减少干耗。

3. 气体成分

果蔬贮藏的环境中充满着气体，其原始气体是以氮气和氧气为主的空气。影响水果贮藏品质的主要是氧气、二氧化碳、乙烯等气体浓度的变化；氮气由于没有活性，对贮藏既没有好的影响，也没有坏的影响。

CO_2 浓度过高，会导致果肉褐变、黑心等生理病害。O_2 浓度过低，会使乙醇、乙醛等有害物质积累，导致果实腐烂。表 15.1-5 和表 15.1-6 分别列举了各种果蔬对高 CO_2 和低 O_2 浓度的忍耐浓度。

果蔬对高 CO_2 浓度的忍耐浓度　　**表 15.1-5**

种　　类	高 CO_2 浓度(%)	种　　类	高 CO_2 浓度(%)
洋梨 Anjon，Bosc，莴苣 Crisphead. Leaf	1	孢子甘蓝、花椰菜、野生苦苣、茄子、甜椒(12.5C)	5
Bartletl，柿子、鳄梨 Furete、芒果，番木瓜 Mclntosh，Jonathtan	5	苹果 Delicious，Romaine，Buterheal，芹菜、朝鲜蓟、甘薯	2
青洋葱、黄瓜、青南瓜、石刁柏(5C)、洋葱、大蒜、马铃薯、韭菜、Lula、樱桃、油橄榄	10	Newtown、青豌豆、菜豆	7
		绿叶甘蓝、菠菜、甜菜、甜玉米、蘑菇、去荚菜豆、草莓、意大利李、无花果	20
香蕉、胡萝卜、Roma，Stayman，Coxs Orange	3	坚果类	100

果蔬对低 O_2 浓度的忍耐浓度　　**表 15.1-6**

种　　类	低 O_2 浓度(%)
柑橘、鳄梨	5
石刁柏、马铃薯	10
坚果类	0
樱桃、柿子、胡萝卜、西红柿、黄瓜、甜椒、朝鲜蓟	3

种　　类	低 O_2 浓度(%)
苹果、洋梨、番木瓜、油橄榄、草莓、油桃、杏、桃、李、甘蓝、花椰菜、孢子甘蓝、甜瓜、甜玉米、荚豆、苦苣、菜豆、芹菜、莴苣、萝卜	2
洋葱、大蒜、蘑菇、木立花椰菜	1

多数水果库要求库内 O_2 浓度应保持在 2%～6%；CO_2 浓度宜保持在 5%～6%；不同种类的水果对乙烯的敏感程度差异很大，如苹果就不敏感，即使达到 3000ppm 也无须排除，但猕猴桃对乙烯则十分敏感，浓度超过 0.02ppm 就能很快催熟。因此，必须区别对待。

15.1.3　部分果蔬的气调贮藏参数

表 15.1-7 列出了部分果蔬的气调贮藏参数（表中：t—温度；ϕ—相对湿度）。

部分果蔬的气调贮藏参数 **表 15.1-7**

种类	品种	产地	t(℃)	ϕ(%)	CO_2(%)	O_2(%)	贮藏期(d)
苹果	元帅	意大利	0.3～1.5	91～93	1.4～1.8	1.8	230
	红星	美国	0～1	90～95	3	3	180
		匈牙利	1～1.5	90～91	3～4	2～3	—
		中国	0～1	90～95	3	3	150
	金冠	瑞士	2.5	92	4	2	240
		德国	2	95	3～5	2.5	210
		意大利	1.0～1.5	93～95	2.5～3.0	1.8	320
		匈牙利	0.5～1.0	94～96	3～4	2～3	—
		荷兰	1	—	4	1.2	250
		中国	0～1	90～95	3～5	3	150
	乔纳金	意大利	1～3	90～92	1.8～2.2	1.8	250
	秦冠	中国	0～1	90～95	3	3	180～220
	富士	中国	0～1	90～95	3	3	180
		意大利	1～1.5	90～93	1～1.5	1.8	280
梨	Anjou	美国	−1	90～95	0.5～1	2～3	180
	Butterbirne		0	90～95	2.5	2.5	210
	Bosc	瑞士	0	92	2	2	150
		美国	−1	90～95	0.5～1	2～3	120
	Conference	瑞士	0	92	2	2	150
		德国	0	90～95	2～3	2～3	180
		英国	0.5～1	—	5	5	180
	鸭梨	中国	0	90～95	0	7～10	210
猕猴桃	秦美	中国	0～1	85～90	＜5	2～10	120～150
			0	90～95	2	5	180～240
	海沃德	意大利	−1.5	—	4.8	1.5～2	150～210
		法国	0～0.5	—	5	2	＞150
柿子		中国	0～1	85～90	3～8	2～5	60～120
			−1	90	8	3～5	90～120
	富有	日本	0	90～95	8	2～3	150～180
柑橘	温州蜜柑	日本	3	85～90	2	10	180
	甜橙	以色列	0～7	—	0	1	90
		日本	—	80～85	2	12～15	90～120
桃		中国	0	85～90	5	3	42
			3～5	90～95	1～5	3～9	14～42
		日本	0～2	—	2～4	5～7	35
		意大利	0	85～90	5	1	42～63
			0	85～90	8	1.5～2	20～30

续表

种类	品种	产地	t(℃)	ϕ(%)	CO_2(%)	O_2(%)	贮藏期(d)
桃		德国	−1～0	90～95	2～3	2	42
		美国	0	85～90	5	1	42～63
		日本	0～2	—	2～4	5～7	35
樱桃		中国	0～1	90～95	20～25	3～5	15～30
		意大利	0.5	90～95	12	18.5	14～18
			4.5	90～95	20	3	21
			−0.5	90～95	10	3	25
		法国	0	90～95	10	3	42
		加拿大	−0.5	90～95	4～13	4～10	28
		比利时	0	90～95	5～7	4～10	9
		美国	7.5	90～95	16～60	3.5	10
			−0.6	90～95	10	3	25～50
		挪威	2	95～100	2.5～5	3	14～20
		瑞士	0～2	85～90	2.5～5	3	8～10
杏		中国	0～1	90～95	2.5～3	2～3	7～21
		意大利	10～12	90	0	12	10
		瑞士	0	94	2.5	2.5	20
			1	95～97	2.5	5	30～45
		美国	−1～0	90～97	2.5	2～3	50
李		中国	0～1	85～90	5	3～5	14～28
		英国	−0.5～1	—	0～0.2	1～2	28～42
		意大利	0～1	—	0	1	28～42
		美国	1	—	7	7	42
			−0.5～0	—	6～10	8～14	35
		波兰	0	—	0.2	5～1	40～50
葡萄		中国	−1～0	90	3	3～5	60～210
		意大利	0.5	92～95	10	10	100
			8～10	85～90	0～0.5	7	180
			0.5	92～95	3	3	70～80
			0	90～95	10	10	60～90
草莓		瑞士	4	90	6	3	14
		法国	0	95	0	2	20
		俄罗斯	1～2	89～92	6	3	12～15
		美国	0.5	90	0	1	10
油桃		意大利	0	—	8	1.5～2	20～30
山楂		中国	−2～0	90～95	5～10	7～15	90～210
板栗		中国	0～1	90～95	1～4	3～5	240～360

续表

种类	品种	产地	t(℃)	φ(%)	CO_2(%)	O_2(%)	贮藏期(d)
花椰菜		比利时	0~1	—	5	3	28~42
		意大利	0	90~95	10	5	60~90
黄瓜		中国	12~13	95	5	5	15
		瑞士	14	90~93	5	5	15~20
		挪威	15	—	5	5	23
四季豆		比利时	2	—	5~10	4	10~14
		德国	7~8	90~95	3~5	2	14
青椒		中国	9~12	90~95	1~2	2~3	30~45
		瑞士	13	92	5	3	14~21
菠菜		中国	0	95~100	1~5	>2	85~90
		美国	1~7	—	9	4	9
		日本	5	—	9~42	8.6~12.5	21
番茄		中国	11~13	90~95	2~5	2~5	30~45
		瑞士	12~13	95	0	3	14~21
		加拿大	12.7	90~95	2.5(5)	2.5	84
莴苣		德国	0	<95	4	1~2	21
		美国	1.7	95	2.5	2.5	>46
甜玉米		法国	0~2	90~95	3	1~2	8~10
大蒜		意大利	3	75	5	3	180~210
蒜苔		中国	0	95	6~8	2~4	240~270
石刁柏		法国	1~2	<95	3	4	21
马铃薯		德国	6~8	90~95	<1	2~3	240
豌豆		比利时	1	—	5~10	4	14
芹菜		中国	0	98~100	5	3	60~90
		美国	0~0.5	90~95	0	0.5~1	16
		德国	−0.5	<95	2~3	3~4	210
茴香		瑞士	0	95	3	3	60~90
茄子		日本			低浓度	低浓度	21
球茎甘蓝		瑞士	0	92	3	3	44
抱子甘蓝		比利时	2	—	5	16	27
		德国	0	95	4~5	2~3	60~90
红球甘蓝		瑞士	0~1	90~92	3	3	200
		德国	−0.5~0	90	4~5	2~3	210~240
结球甘蓝		德国	−0.5~0	90	4~5	2~3	210~240
皱叶甘蓝		德国	−0.5	90~95	10	2~3	150
		瑞士	0	90~92	0~3	3	180
绿韭葱		荷兰	—	—	10	—	60
		瑞士	0.5	—	11	10	90

15.2 气 调 库

15.2.1 气调库的特点

与传统的冷藏库相比，气调库有下列特点：

• 气密性：气调库不仅要求围护结构有较好的绝热性，而且还要求有较高的密闭性，只有这样，才能控制与调节库内的气体成分。

• 安全性：气调过程中随着库内温度、压力的变化，围护结构的两侧会产生压差，设计时必须考虑这种情况。

• 快进快出：水果进库时要求快速装满、封门和调气；延长时间，会影响贮藏效果；出库时最好一次出完。

• 高堆满装：除留出必要的通风与检查通道外，应尽量堆高装满。这样不但充分利用库容，而且可以加快调气速度，使水果尽早进入气调状态。

• 单层建筑：国内、外已建成使用的气调库，几乎无例外的全部为地面上的单层建筑。

15.2.2 气调库的生产流程和建筑要求

1. 生产流程： 见图 15.2-1

2. 建筑要求

• 保证设计库容量；

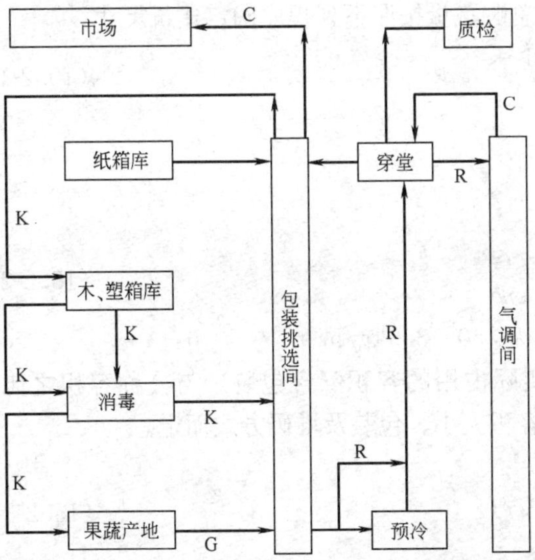

图 15.2-1 气调库生产流程图

K—空箱流程；G—果蔬流程；

R—入库流程；C—出库流程

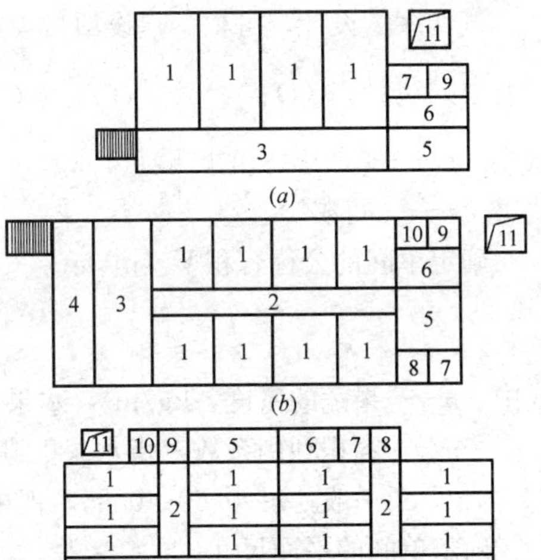

图 15.2-2 气调库平面布置的参考方案

1—气调间；2—常温穿堂；3—整理间；4—月台；5—制冷机；6—气调机房；7—配电；8—控制；9—值班；10—泵房；11—水池

- 内部人流、物流、车流交通顺畅，交叉少，运距短；
- 平面形状力求接近正方，最大限度地减少外表面积；
- 柱网整齐，柱距一致；
- 根据工具允许的装放高度，尽量提高库房净高。

图 15.2-2 给出了几个平面方案，供设计参考。

3. 建筑绝热要求：见表 15.2-1

气调库围护结构的最小热阻 **表 15.2-1**

资料来源	最小热阻($m^2 \cdot K/W$)			
	外墙	库顶	地坪	隔墙
德国 Hvbert Behr	2.44～2.86	2.44～2.86	1.72～2.13	1.43～2.44
美国 ASHRAE(在夏季运行)	5.29	7.05	3.53	—
美国 ASHRAE 在美国东北部(北纬 37～45 度，相当于我国东北南部、华北和西北地区)科、冬、春三季运行	3.53	5.29	1.76	—
美国 ASHRAE(全年运行)	4.41	6.17	2.65	—
我国《冷藏库设计规范》(GBJ 72)(对 0℃左右高温冷藏库的规定)	3.05～4.77	0.05～4.77	1.72	—

15.2.3 气调库的容量

气调库的规模，通常以"公称容积"来衡量。"公称容积"是指气调库（间）的净面积（不扣除设备、管道等所占的面积）与净高度的乘积。

气调库的设计，可根据建设项目规定的总贮藏量按照下列程序确定建筑尺寸：

总贮藏量 G (t)：

$$G=\frac{1}{1000}\sum gn \tag{15.2-1}$$

式中 g——单个库房的贮藏量，kg；

n——间数。

确定单间的公称容积 V (m^3)：

$$V=\frac{G}{\eta\rho} \tag{15.2-2}$$

式中 ρ——果蔬的密度，kg/m^3，水果一般为 250～350kg/m^3；

η——容积利用系数，指水果贮藏时实际占用的容积（含包装）与公称容积之比；一般，η=0.60～0.85，视单间容积大小、包装及堆码方式而定。

确定单间的平面尺寸：

$$S=V/H \tag{15.2-3}$$

式中 H——气调间的设计高度，m；

S——单间的面积，m^2。

15.2.4 气调库的特有设施

1. 气密门 每个气调间要设一樘气密门，该门应有良好的绝热性和气密性。由于气密门一般不允许随意开启，为了便于管理人员观察果品的贮藏质量，并能在不开启门的情况下，进库维修或提取检验样品，可在门的下部做有一个600mm×600mm的小门。

为了防止运输车辆进出库门时碰撞门扇、门框和靠近门口处的设备支架，在门洞内外应设置防撞柱。

2. 观察窗 每个气调间应设一个观察窗，供管理人员观察、了解库内果蔬的情况，以及冷却设备与加湿设备的运行状况。观察窗通常镶嵌在技术走廊内的气调间外墙上，一般为500mm×500mm双层中空透明窗。规模大的气调库，也可以将观察窗做成带固定观察窗的气密门，门的宽度和高度，按能容纳一人通过确定。

3. 安全阀 这是为保障建筑围护结构的安全而专门设置的安全装置，常见形式的构造原理如图15.2-3所示。

安全阀由连通的内腔和外腔组成。内腔用管道与库内相通，外腔与大气相通。使用时，往腔中注入一定高度的液体，形成液封，将内外腔隔断，库内的压力因某种原因升高或降低时，会形成压差，一旦压差大于液柱高度时，库内外的气体就会通过安全阀窜流，直至压差等于或小于液柱高度为止；这样，就可以把库内外的压差控制在某一个允许的范围之内。

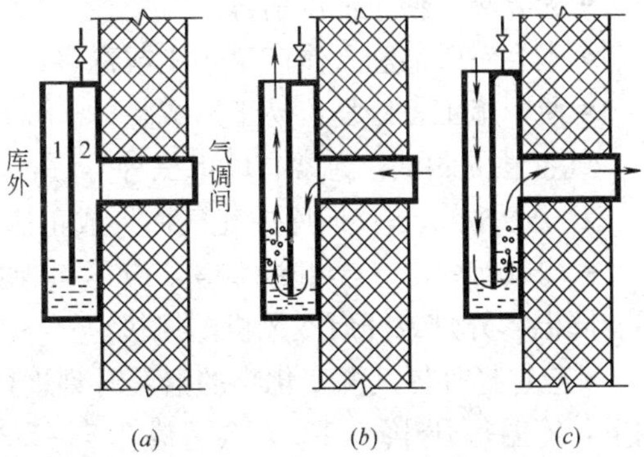

图15.2-3 液封式安全阀及其构造原理

(a) $p_w=p_n$；(b) $p_w<p_n$；(c) $p_w>p_n$

1—外腔；2—内腔；p_w—大气压力；p_n—库内压力

4. 调气袋 调气袋的作用，是消除或缓解贮藏温度的波动低于静态偏差时所引起的库内外压差；当贮藏温度稍有波动，但还没有达到静态偏差值时，所产生的压差可以随时用调气袋来调节，使库内外的压差减小或趋于零。

调气袋通常用气密性好、抗拉强度高的柔性材料制作，装在屋架与库顶板间，上端吊在屋架上，并使其自然垂悬，下端留一小口通过管道与库内相通。

调气袋的容积 V_n(m^3)，一般可按气调间公称容积的1%～2%确定；或按下式计算：

$$\Delta V=V_1\Delta T/T_1 \quad (15.2\text{-}4)$$

$$V_n\geqslant\Delta V/(\beta-1) \quad (15.2\text{-}5)$$

式中 V_1——气调间的公称容积，m^3；

ΔV——调气袋的计算容积，m^3；

T_1——气调间的贮藏温度，K；

ΔT——温度波动值，K；

β——膨胀系数，柔性材料：β=1.10～1.15；

V_n——调气袋的容积，m^3。

【例】 公称容积500m^3的气调库，当贮藏温度为0℃时，为消除贮藏温度波动+0.5℃所产生的压力，求调气袋的容积。调气袋的β=1.13。

【解】 已知 T_1=0+273=273K，ΔT=0.5K，V_1=500m^3，代入式(15.2-4)，得

$$\Delta V=V_1\Delta T/T_1=500\times0.5/273=0.92m^3$$

将ΔV和β值代入式(15.2-5)，得 $V_n\geqslant0.92/(1.13-1)$ 即 $V_n\geqslant7m^3$。

15.2.5 气密层和气密标准

气调库围护结构的气密，是依靠由气密材料构成的气密层来保证的；为了方便检修，气密层一般设在室内侧。

气密材料应符合下列要求：

- 材质均匀密实，具有良好的气密性。
- 具有足够的机械强度和韧性，在外力作用下，不会因轻微变化而断裂。
- 耐腐蚀、抗老化、造价适中。
- 无异味，便于清洗消毒。
- 不会对贮品和人体产生污染或毒害，不孳生微生物。
- 便于施工、修复，易于形成整体。

气密性的测试：通常有以下三种方法：

1. 压力测试法：向库内充气而形成正压。测试时应注意：

- 测试前库房（含相邻库房）应尽量保持静止状态，测试前和测试过程中，不得升温、降温、开灯或开启冷风机的风机。
- 应选择外界气温变化小的清晨时刻进行测试（对于15～30℃的库房，在外界气温影响下，库温每升/降0.1℃，会造成3.5～3.3mmH$_2$O的压力变化）。
- 为了安全起见，应采用以'mmH$_2$O'计量的微压计进行测量。
- 对库内充气时，压力不能升得过高，一般保持高于限度压力1/10～1.5/10就可以了。

国际上至今还没有统一的气密测试标准，目前应用较多的是正压测试法，所采用的气密标准是用限度压力变化至1/2时所需的时间来衡量，称为“半压变时间”。如限度压力为正压，则称为“半压降时间”；如限度压力为负压，则称为“半压升时间”。表15.2-2列出了几种气密标准的参考资料。

正压测试时的气密标准 **表15.2-2**

资料来源	库内压力(Pa)	合格标准	备注
1966年世界冷冻会议	$\pm$245 $\pm$(25mmH$_2$O)	4～5h后剩余39.2～49Pa (4～5mmH$_2$O)	
美国康奈尔大学	由245降到122.5 (由25降到12.5mmH$_2$O)	所需时间是30min	30min标准库房
		所需时间是20min	20min标准库房
德国胡贝特、贝尔“水果蔬菜库”	$\pm$98 $\pm$(10mmH$_2$O)	30min不下降到零	呼吸性强的果品取15min
第15届国际制冷学会论文《气调贮藏35年》	由196降到98 (由20降到10mmH$_2$O)	不少于6～7min	
法国国家中心建设局规定	由+98降到+39.2 (由+10降到+4mmH$_2$O)	不少于15min	
前苏联《制冷技术》1974年No.4	由196降到98 (由20降到10mmH$_2$O)	不少于10min	

围护结构的气密性，也可以用气密系数ζ来表示：

$$p_t = p_{t=0} e^{-t\zeta} \tag{15.2-6}$$

而
$$\zeta=\frac{2.3026}{t}\lg\frac{p_{t=0}}{p_t} \tag{15.2-7}$$

式中 p_t——t 分钟后的库内压力，mmH_2O；

$p_{t=0}$——$t=0$ 时的库内压力即限度压力，mmH_2O；

t——时间，min。

由式（15.2-7）可知，ζ 值与时间成反比，与 $\lg\frac{p_{t=0}}{p_t}$ 值成正比。当 $\lg\frac{p_{t=0}}{p_t}=\text{const}$，例如 $\frac{p_{t=0}}{p_t}=2$ 时，半压降时间越长，ζ 值越小，说明气密性越好；当 $t=\text{const}$ 时，$\lg\frac{p_{t=0}}{p_t}$ 越小，ζ 值也越小。

按式（15.2-7）可算出不同半压降时间库房的气密系数分别为：

$$10\text{min 库房}\quad \zeta=\frac{2.3026}{10}\times\lg 2=0.069$$

$$20\text{min 库房}\quad \zeta=\frac{2.0326}{10}\times\lg 2=0.035$$

$$30\text{min 库房}\quad \zeta=\frac{2.3026}{30}\times\lg 2=0.023$$

不同国家对 ζ 值的要求并不一致，如日本要求 $\zeta\leqslant0.05$，美国要求 $\zeta\leqslant0.09$；还有资料认为只要 $\zeta\leqslant0.1$ 就算合格。我国一般推荐以 $\zeta\leqslant0.05$ 作为衡量气密性合格与否的标准。

2. 定压测试法：与压力测试法相类似，不同之处在于用风机向库内鼓风加压时，一旦库内压力升至限度压力，应立即自动调节送风量，使库内压力始终保持限度压力；同时，应测量出库内保持恒压状态时的送风量，这个送风量也就是库房的漏气量。

3. 示踪气体法：与上述两种方法基本相似，所不同的是在向库内鼓风的同时，充入少量的示踪气体，如 H_2、He、NH_3、CO、CO_2 等，然后通过测量示踪气体浓度的变化，或在保持一定浓度的前提下测量单位时间内的充入量来检查库房的气密性。

由于压力测试法比较简单，且测试结果直观，所以，应用比较普遍。

15.2.6 围护结构的气密处理

气密性的好坏，是保证气调贮藏品质的重要因素之一，为了确保气调库的气密性，设计中应认真贯彻表 15.2-3 的各项措施。

保证气密性的主要措施 **表 15.2-3**

序号	因素与项目	保证气密性的措施	备注
1	设计方案	不应采用吊挂式冷风机，应采用落地式冷风机安装在金属支架上(最好位于库门上方)	采用吊挂式冷风机时，不可避免会有与围护结构连接的吊挂点，运行时就会因振动而破坏气密层
		库房内不宜采用风管送风，宜采用冷风机直接送风	避免风管的吊挂点因振动而破坏气密层
		气调间的面积应适中，长度不宜过长	由于没有风管，长度过长时，易造成气流分布不均匀，影响保存质量
		气调库内宜设技术穿堂，技术穿堂应利用常温穿堂或整理间上部的空间设置	充分利用空间，便于管道布置与维修管理

续表

序号	因素与项目	保证气密性的措施	备注
2	土建库气密处理	应采用整体式气密层结构(图 15.2-4):气密层和绝热层沿围护结构内侧形成一个完全连续、不间断的体系。气密材料宜用聚氨酯涂膜(0.8～1.0mm 厚);绝热层宜采用聚氨酯泡沫塑料现场喷涂(分 3～4 次),厚度为 80～100mm	施工气密层之前,应将所有缝隙、坑凹等用砂浆填平抹光,将所有 90°交角粉成 $R \geqslant 50$mm 的圆弧形并粉光,必须待确实干燥后才能进行气密层的施工
3	装配库气密处理	应采用局部贴缝式气密层: • 库板与地坪的交接处,应作局部气密处理,如图 15.2-5 所示 • 墙板与顶板交接处,应作局部气密处理,如图 15.2-6 所示 • 库板与库板的连接处,应作局部气密处理,如图 15.2-7 所示	所有交接处的空隙,均应用聚氨酯泡沫塑料填充(现场发泡),对所有接缝表面进行气密处理
4	管道穿墙处的气密处理	所有管道(线)穿过壁板处,都应进行气密处理	具体处理方法如图 15.2-8 和图 15.2-9 所示

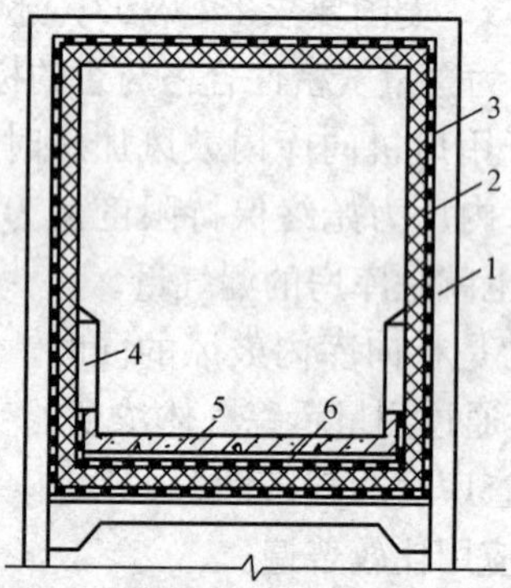

图 15.2-4 土建库气密处理示意图

1—围护结构;2—气密层;3—绝热层;4—护墙;5—钢筋混凝土地面;6—防水层

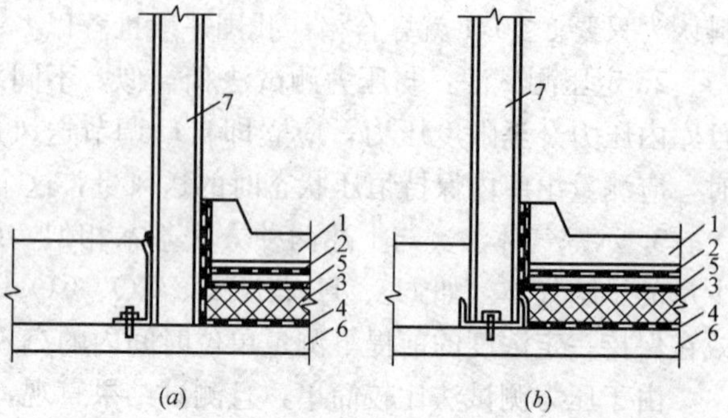

图 15.2-5 装配库地坪气密处理示意图

1—钢筋混凝土地面;2、4—气密层;3—绝热层;5—防水层;6—基础地面;7—库板

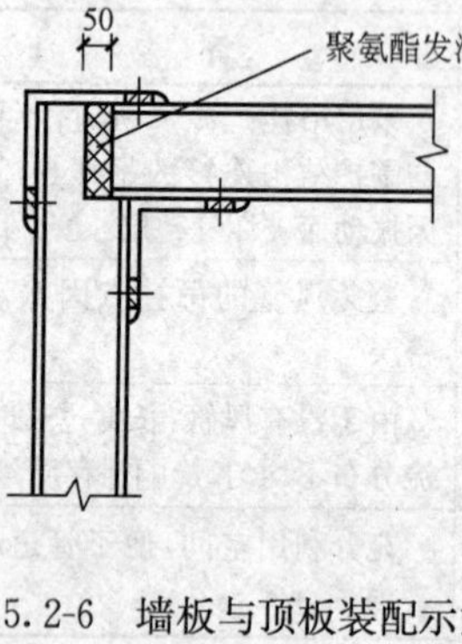

图 15.2-6 墙板与顶板装配示意图

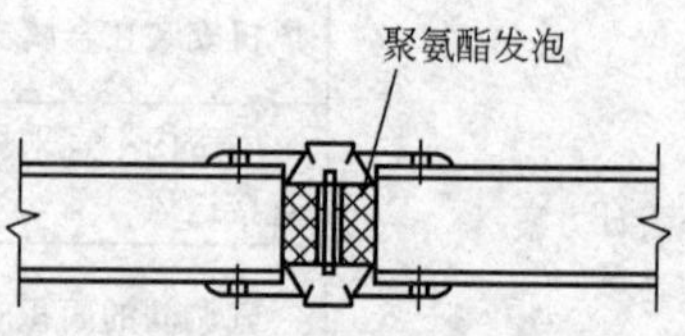

图 15.2-7 库板与库板装配示意图

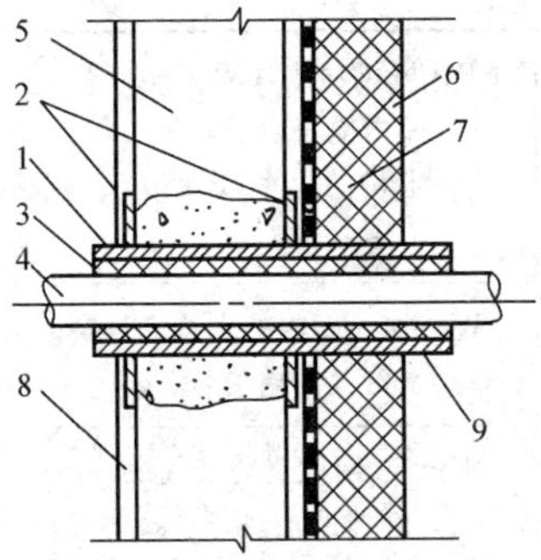

图 15.2-8　单管穿墙气密处理示意图

1—套管；2—法兰；3—密封胶；4—管道；5—墙；6—绝热层；7—气密层；8—抹面层；9—聚氨酯

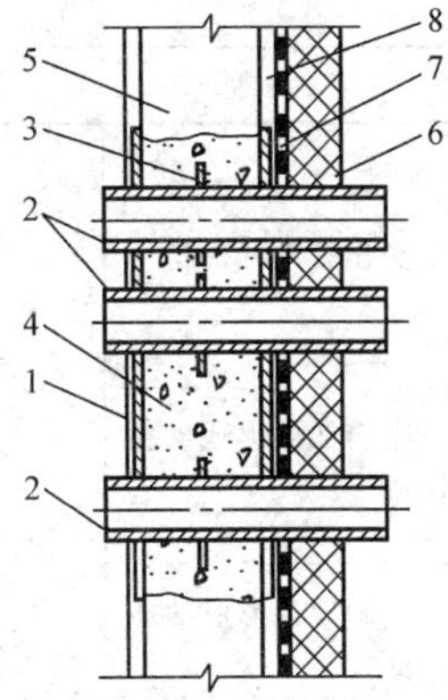

图 15.2-9　多管穿墙气密处理示意图

1—金属板；2—管接头；3—法兰；4—混凝土；5—墙；6—绝热层；7—气密层；8—抹面层

15.3　气调库的制冷系统

15.3.1　气调库耗冷量的计算

计算气调库的耗冷量时，应区分单间库房的耗冷量和气调库总耗冷量。前者是确定库房内冷却设备的依据，应逐间计算；后者是确定气调库制冷机及相关设备的依据，是气调库的总负荷，但不等于各个库房耗冷量的总和。

气调库库房的耗冷量 Q（W），一般由表 15.3-1 所列各项组成。

气调库库房的耗冷量 Q（W）计算表　　**表 15.3-1**

符号	名　称	计算公式	说　　明
Q_1	围护结构传热量	$Q_1=K\cdot A(t_0-t_i)$	K—围护结构的传热系数，W/(m^2·K)； A—围护结构的传热面积，m^2； t_0—围护结构外侧的计算温度，℃； t_i—库内计算温度，℃
$Q_2=q_1+q_2+q_3$	果蔬冷却与呼吸耗冷量	果蔬冷却：$q_1=GC(t_0-t_i)/\tau$ 包装冷却：$q_2=G_cC_c(t_{0c}-t_i)/\tau$ 果蔬呼吸：$q_3=G'(q_0+q_E)\times0.5$	G—果蔬一次入库量，kg； C—果蔬的比热，J/(kg·℃)； t_0—果蔬的初温，℃； t_i—库房内的温度，℃； τ—冷却时间，s； G_c—每次入库的包装材料量，kg； C_c—包装材料的比热（见表 15.3-2），J/(kg·℃)； t_{0c}—包装材料的初温，℃； G'—每批果蔬入库量，t； q_0、q_E—果蔬冷却前、后的呼吸热（表 15.3-3），kJ/t·d

续表

符号	名 称	计算公式	说 明
Q_3	操作管理耗冷量	$Q_3=1000nP/\eta$	P—风机功率,kW; n—库内电机台数; η—电机的效率,$P=0.75\sim7.5$kW 时,$\eta=0.8\sim0.88$
Q_4	库内加湿形成的耗热量	$Q_4=Wh$ 水喷雾加湿时:$Q_4=0$	W—加入库内的水蒸气量,kg/s; h—水蒸气的焓值,J/kg
Q_5	气调设备形成的耗冷量	$Q_5=W_gC_g(t_{0g}-t_i)$ (进入库内的气体温度与库温之差≤5℃时可不计算)	W_g—气调设置的产气量,kg/s; C_g—气体的比热,J/(kg·℃); t_{0g}—气体的初温,℃

常用果蔬包装材料的比热 **表 15.3-2**

材 料	比热[J/(kg·℃)]	材 料	比热[J/(kg·℃)]
木材	2512	黄油纸	1507.3
铁皮	418.7	竹器	1507.3
铝皮	879.3	瓦楞纸、纸类	1465.5
玻璃容器	837.4	布类	1256

果蔬的呼吸热 **表 15.3-3**

品 名	在下列温度下的呼吸热(kJ/t·d)				
	0℃	5℃	15℃	20～21℃	25～26℃
橙	419～1172	837～1675	2973～5485	5192～7913	5694～9378
葡萄柚	—	754～1382	2303～4229	2973～6029	4438
柠檬	544～963	628～2010	2428～5275	4312～5903	4731～6531
酸橙	—	335～1382	1382～2428	1591～4312	3475～10551
苹果	544～963	1172～1675	3182～7159	3894～8122	—
葡萄 欧洲系	335～544	754～1382	2303～2763	—	5820～6950
美国系	628	1256	3684	7578	8960
桃	963～1465	1465～2093	7704～9797	13733～23739	18883～40821
杏	—	1884～8750	8750～15952	13942～29015	—
李子	417～754	963～2093	2763～2973	3894～6029	6531～16454
樱桃	963～1256	2219～3266	5820～10467	6531～7369	—
巴梨	754～1591	1172～2303	3475～13942	6950～16245	—
柿子	—	1382	2763～3266	4647～5610	6741～9295
甜瓜 麻斯库	1172～1382	1465～2010	7829～8960	10341～14989	14445～16580
哈内久	—	754～1172	2763～3684	4647～6238	6113～8039
西瓜	—	754～963	—	4019～5820	—
草莓	2847～4102	3809～7702	16451～21432	23735～45460	39223～48934
橄榄	—	—	5065～9084	8539～11386	9502～14149
菠萝(熟)	—	335～544	3056～4228	5609～9293	8246～14587
香蕉(黄)	—	—	5819～17414	7577～32902	11595～56972

续表

品　名	在下列温度下的呼吸热(kJ/t·24h)				
	0℃	5℃	15℃	20～21℃	25～26℃
木瓜	—	963～1381	3474～5065	—	9084～20470
番茄(绿熟)	—	1172～1884	3809～6530	6530～9586	8037～11805
(全熟)	—	1381	5609～6740	5609～10214	6949、12139
黄瓜	—	—	3474～7702	3265～11177	4437～12767
柿子椒	—	1172～4940	4647～13312	5274～15070	8330～17205
秋葵	—	12223～13605	32065～35539	57474～63627	76060～84055
豌豆	7074～10884	12767～17707	41441～46925	56972～83846	79660～87446
扁豆	5819～9502	9712～12014	33865～46507	47888～55925	—
青豌豆	10967～17498	18377～22562	—	58311～129138	—
甜玉米	6949～11930	9921～19298	35121～40521	62246～72167	65385～101050
菜花	3809～4437	4437～5065	9921～11386	17414～19925	19507～32483
花茎甘蓝	4312～4940	8037～37130	40311～78906	64548～79115	129975～204235
元白菜	1047～1465	1800～2847	4312～6028	6446～11386	11302～14777
结球莴苣	1381～3893	3056～4047	10465～19925	11805～13939	16995～21223
莴苣	4437～6321	5609～8037	11930～17205	19088～27544	27837～40102
菠菜	4437～5191	8037～13395	31102～51906	39976～66683	—
芹菜	1674	2512	8665	14986	—
龙须菜	6530～13939	13730～24363	26916～54334	40395～62455	86274～110427
葱头	628～754	754～837	2428～2637	3265～4437	6321～6740
蒜	963～3265	2093～7702	3265～6740	3014～5819	—
胡萝卜	963～4730	2972～6112	6028～12432	10674～22060	—
芜菁	2009	2219～2302	4940～5609	5609～5819	—
马铃薯	—	628～2009	1381～2763	1884～3684	—
甘薯	—	—	4521～5609	—	—
蘑菇	6530～10130	16451	—	61199～73422	—

15.3.2 气调库冷负荷的估算

在进行方案设计和初步设计时，冷负荷一般可按表15.3-4和表15.3-5给出的指标进行估算。

(1) 小型果蔬库

单位制冷负荷指标如表15.3-4所示。

果蔬库单位制冷负荷指标表　　表15.3-4

序号	气调间规模	库温(℃)	单位制冷负荷(W/t)	
			冷却设备负荷	机械负荷
1	气调间<100t	0～+2	260	230
2	气调间100～300t		230	210

注：机械负荷中，已考虑管道等冷损耗附加7%。

(2) 小型果蔬装配式气调库的制冷负荷(表15.3-5)

小型果蔬装配式气调库的冷负荷 表15.3-5

库房公称容积(m^3)	冷却设备负荷(kW)	机械负荷(kW)	库房公称容积(m^3)	冷却设备负荷(kW)	机械负荷(kW)
500	14	12	4000	110	98
1000	28	23	4500	124	110
1500	42	36	5000	137	123
2000	55	48	5500	151	135
2500	69	62	6000	164	147
3000	82	73	6500	178	160
3500	97	86	7000	195	175

15.3.3 冷却方式和供液方式

气调库的冷却方式有直接蒸发(膨胀)冷却和间接蒸发冷却两种:

直接蒸发(膨胀)冷却　蒸发器都安装在库房内,制冷剂在蒸发器内蒸发时,直接吸收库房内的热量,使库温下降至设定值。

间接冷却　将冷量分配设备(空气冷却器)装在库房内,利用载冷剂在空气冷却器内的循环流动吸收库房内的热量,使库温下降至设定值,载冷剂吸收的热量,在蒸发器内被制冷剂吸收。

直接蒸发(膨胀)冷却系统比较简单,冷却速度快,管理方便,经济性较好,所以应用比较普遍。库房内的蒸发器,通常采用冷风机型,库内空气在风机的作用下,强制流过冷风机的蒸发器,并在库内循环流动,冷却库内贮品。

库房制冷系统的供液,有以下三种方式:

1. 直接膨胀供液

制冷剂由冷凝器或高压贮液器,经膨胀阀节流后直接供至蒸发器,供液的推动力是冷凝压力与蒸发压力之间的压力差。这种方式的优点是系统简单,缺点是配液不均匀,只适用于小型系统中。

2. 重力供液

这种供液方式与直接膨胀方式的区别在于在蒸发器与膨胀阀之间增加气液分离器。在气液分离器内控制一定的液面,并与蒸发器保持一定的高差,利用静液柱向库房内冷却设备供液,如图15.3-1所示。

重力供液的优点是:

(1) 保证进入蒸发器的全部为液体,提高了换热效率,并使供液均匀。

(2) 有效地避免压缩机的液击事故。

(3) 对同一蒸发温度的蒸发器,可以集中使用一个膨胀阀和液体分离器。

重力供液的缺点是:

(1) 依靠重力流动,流速小,传热系数低;同时,蒸发器中积油不易带走,也影响传热。

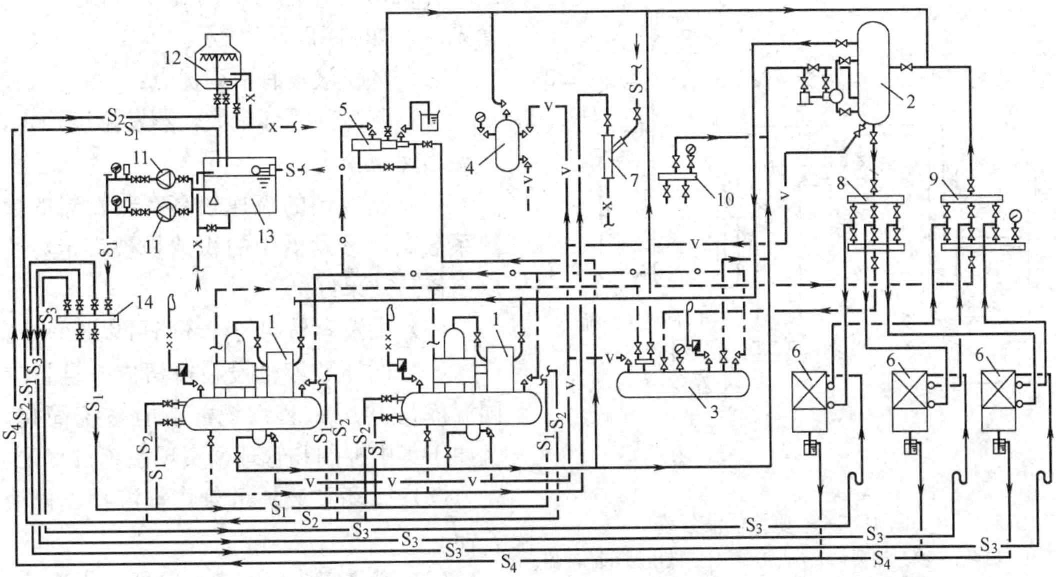

图 15.3-1 氨单级压缩重力供液制冷系统图

1—氨压缩冷凝机组；2—氨液分离器；3—排液桶；4—集油器；5—空气分离器；
6—库房冷却设备；7—紧急泄氨器；8—供液调节站；9—回气调节站；
10—充氨站；11—水泵；12—冷却塔；13—循环水池；14—供水调节站

(2) 一个液体分离器向同层多个库房供液时，因各组蒸发器的阻力不同，供液不易均匀；若向多层库房供液时，对下层库房蒸发温度影响较大。

(3) 由于分离器必须高于蒸发器，因此必须建阁楼，不但增加投资，且不便管理。

(4) 为了保持分液器中液面恒定，需配置液面自控装置。

重力供液系统设计注意事项：

• 不同蒸发温度的系统和多层库房，应分别设气液分离器。

• 用一个气液分离器向几个库房供液时，必须设液体和气体分调节站，按库房分别配置供液和回气管路；同一库房内蒸发器较多时，为了均匀供液，也可分设几组供液管和回气管。

• 液体分离器内，气体的流速应保持≤0.5m/s，出液管的断面积应比进液管大 2 倍。

• 气液分离器与蒸发器之间，应保持 0.5～2.0m 液位差，一般常取 1.5m。

• 热负荷波动较大或吸气管较长时，宜在机房内加设气液分离器，进行二次气液分离。

• 蒸发器供液采用下进、上出；多个蒸发器可以并接或串接，但应保证每路的总长度不超过允许压降；通常，*DN*38mm 管道的总长度不宜超过 120m。

3. 泵循环供液

泵循环供液时，以低压循环贮液桶替代了气液分离器；高压制冷剂经节流后进入贮液桶，在桶内闪发，蒸气与液体分离，泵将数倍于蒸发量的液体量强制送至各蒸发器。在这里，部分液体蒸发，其余液体与气体一起回至低压循环贮液桶中再次分离。循环贮液桶一

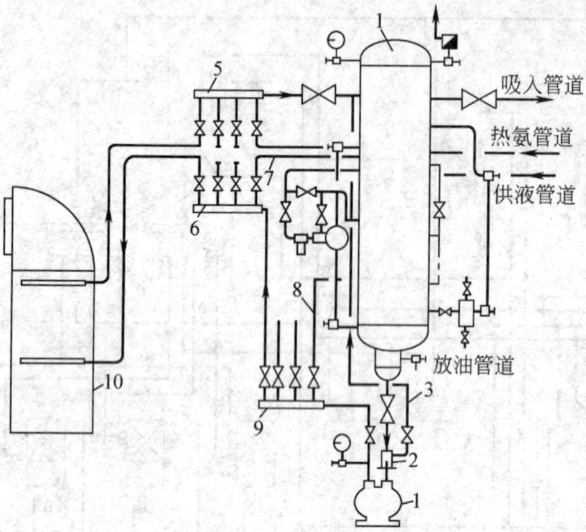

图 15.3-2 氨泵供液系统

1—氨泵；2—过滤器；3—抽气管；4—低压循环贮液器；5—气体分调节站；6—液体分调节站；7—排液管；8—旁通管；9—液体总调节站；10—冷风机

般装在机房内，各层的同温库可以共用一套系统，如图 15.3-2 所示。

泵循环供液具有下列优点：

（1）制冷剂循环量大，蒸发温度稳定，库温当然也稳定。

（2）制冷剂的流速较高，蒸发器的换热系数高，蒸发器中的积油易被带走，所以，传热效果好。

（3）供液容易均匀，环路可以长一些。

（4）循环贮液桶设在机房内，且各层同温库房共用一套系统，不但系统简化，且便于集中控制和管理，实现系统自动化。

（5）循环贮液桶可兼作排液桶，排液方便。

（6）融霜完毕后，启动泵即可供液。

由于泵循环供液具有以上这些优点，因此，应用广泛。不过这种方式也有一些缺点，如系统电耗增加；同时，由于未蒸发完的液体占一定体积，故回气管管径较大。

泵循环供液系统设计注意事项：

- 每条供液管道上应设调节阀，用以控制和调节每个蒸发器的供液量。
- 制冷剂为氨时，蒸发器接管应下进上出；对于氟利昂系统，应上进下出。
- 循环贮液桶内液面与泵中心线之间的位差，不应小于 1.5m。
- 为了防止产生气蚀，应正确选定进、出液管直径，进液管应尽量短，少装弯头、阀门，并应坡向泵体；同时，进液管上须设抽气管、过滤器（挨着泵吸入口装），并应设安全保护装置；出液管应装止回阀、压力表及自动旁通阀等。
- 以蒸气压降相当于饱和温度降 1℃来确定允许通路长度，一般不超过 300m。
- 低压贮液筒内气体的流速，一般可按 0.5m/s 考虑。

15.3.4 冷风机的选择计算

在气调库中，宜采用冷风机冷却果品。

空气通过蒸发器盘管间的流速为 4～5m/s，传热温差为 10℃时，冷风机传热系数的平均值为 11.6W/(m^2·K) 左右。

同样大小的库房，因所处位置不同，耗冷量会稍有差异。为了减少设备规格，通常，这些库房可选用相同的空气冷却器。为了减少水果干耗，传热温差宜保持小一些；所以传热面积适当增大些，如保持 10%～15%裕量是必要的。

蒸发器的传热面积 F(m^2) 可用下式计算：

$$F=1000Q/k\Delta t \tag{15.3-1}$$

式中 Q——单间库房的耗冷量，kW；

k——蒸发器的传热系数，W/(m^2·K)；

Δt——蒸发器的传热温差，℃。

通过冷风机的循环空气量 G（kg/h）：

$$G=3600Q/(h_1-h_2) \tag{15.3-2}$$

式中 h_1、h_2——空气进、出口的焓值，kJ/kg。

空气的体积流量（m^3/h）为：

$$V=Gv \tag{15.3-3}$$

式中 v——空气的比容，m^3/kg。

根据 V 值，即可确定风机的型式和台数，以及风管的尺寸。用于气调库的冷风机，最好选配双速风机，以便在冷却阶段能保持较高风速，加快冷却速度；待库温降至设计值后，转换为低速运行，这样可有效地减少干耗。

15.4 气调设备

15.4.1 气体成分调节

气体成分调节，主要是调节氧气和二氧化碳的浓度。有些特殊的气调库，还要求调节乙烯或其他气体的浓度。

气体成分调节，通常有以下几种方式：

充气置换 也称充气稀释，它是利用现成的或专门制取的没有活性、且对水果的贮藏无坏影响的气体如氮来置换（稀释）库内气体，使其达到和维持规定的指标。充气置换时，必须采用开式循环系统，即在向库内充气的同时，要使库内向外排出等量的气体。

气体处理 采用专门设备，除掉库内原有气体中所含的过量氧气、二氧化碳或乙烯等气体。气体处理时应采用闭式循环系统。气体处理方法很多，常用的有吸收法、吸附法、薄膜分离法和燃烧法。气体处理时，要特别注意保证出、入气调库的气体总量上的平衡（保持相等或接近相等）。

利用水果本身的呼吸作用 水果呼吸时要消耗库内的氧气，释放出二氧化碳。在围护结构充分气密的条件下，水果的呼吸作用，可以不断地降低库内的氧气浓度和升高二氧化碳浓度。这种方式一般称为自然降氧。

15.4.2 降 氧

1. 自然降氧

利用果蔬自身的呼吸作用，使库内的氧浓度由 21%降至 3%～5%，理论上是可行的。但是，由于降氧的时间长，一般需要 20～25 天，降氧过程会加速水果品质的下降，缩短保鲜期；同时，对围护结构气密性的要求特别严格。所以，现代化的气调库，很少采用。

2. 快速降氧

快速降氧的降氧速度快，只需 1～2 天就可把氧浓度降至规定值，使水果很快进入低氧贮藏状态。缺点是设备投资大，贮藏成本也高。

常用快速降氧方法有以下几种：

(1) 充氮降氧：采用气氮瓶充氮降氧时，应注意以下事项：

• 气氮瓶内充的是高压气态氮，必须减压至 10kPa 以下方能充入库房。

• 库房的进气口与混合气体的排出口，应呈对角线布置。由于氮气比空气轻，进气口应布置在上部，排气口应靠近地面。

• 充氮过程中，应随时检测氧气浓度，防止对果蔬造成低氧伤害。

(2) 制氮降氧：如图 15.4-1 所示：

空压机将压缩空气送入制氮设备，被分离为富氮和富氧；前者以管道送至库内，后者则排入大气。

如将图 15.4-1 所示排气管 4 与空压机 1 的进气管接通，则形成另一种降氧方式，即分离降氧。

(3) 燃烧降氧：如图 15.4-2 所示。

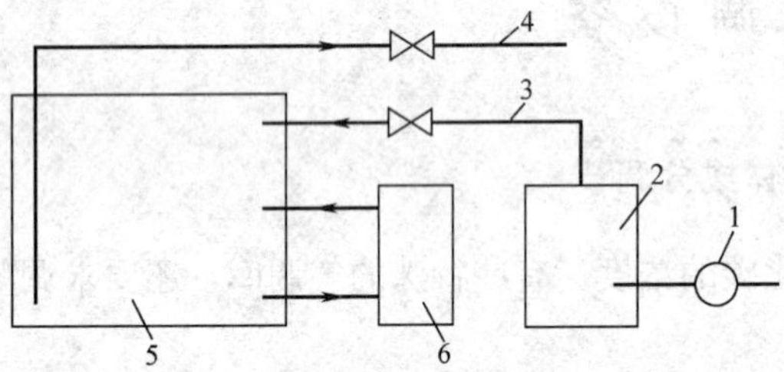

图 15.4-1　制氮降氧系统示意图

1—空压机；2—制氮机；3—进气管；4—排气管；5—气调贮藏间；6—CO_2 洗涤器

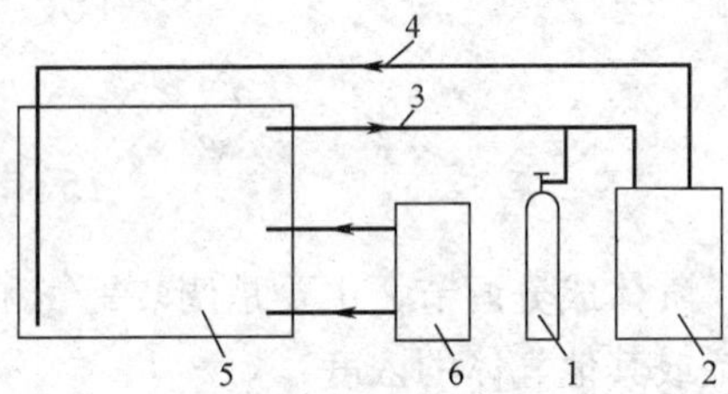

图 15.4-2　燃烧降氧系统示意图（闭式）

1—可燃性气体；2—燃烧器；3—进气管；4—回气管；5—气调贮藏间；6—CO_2 洗涤器

利用专门的燃烧器，将库内的气体抽至燃烧器中与其他可燃气体混合后燃烧，使氧气烧掉；燃烧后的气体经冷却后又返回库房。

3. 典型的降氧设备

(1) 氧转化器：如图 15.4-3 所示。

鼓风机 4 从库内抽出气体，与可燃气体（丙烷）5 相混合，混合气体通过热交换器 3 预热至燃点（300℃左右）后，进入反应燃烧室 1，在催化剂的作用下进行无焰燃烧（按下式进行）。

$$C_3H_8+5O_2 \xrightarrow[300℃]{催化剂} 3CO_2+4H_2O$$

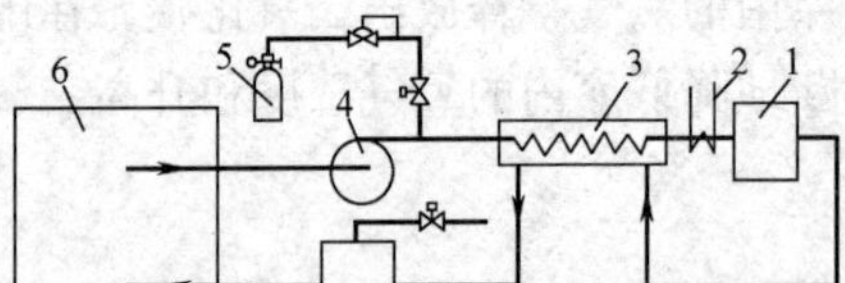

图 15.4-3　氧转化器的简图

1—反应燃烧室；2—电加热器；3—热交换器；4—鼓风机；5—可燃性气体；6—气调贮藏间；7—冷却器

燃烧后的高温气体，返流通过热交换器 3，与燃烧前的混合气体进行热交换而被冷却，再进入冷却器 7 中进一步被水冷却，然后送回气调库内。图中的电加热器，仅用于氧转化器刚开始工作时加热和调整温度。

(2) 焦炭分子筛制氮装置：如图 15.4-4 所示。焦炭分子筛是用煤经精选、粉碎、成型、干燥、活化和热处理等工艺加工而成的高效、非极性和疏水性吸附剂。它的工艺过程如下：空压机 1 将库内气体（或大气）压缩至 0.7MPa 的压力，经水冷却器 2 冷却、过滤器 3 除油和水，经调压阀 4 将气体压力降至 0.3MPa；然后通过进气阀组 5，进入 A 塔 6

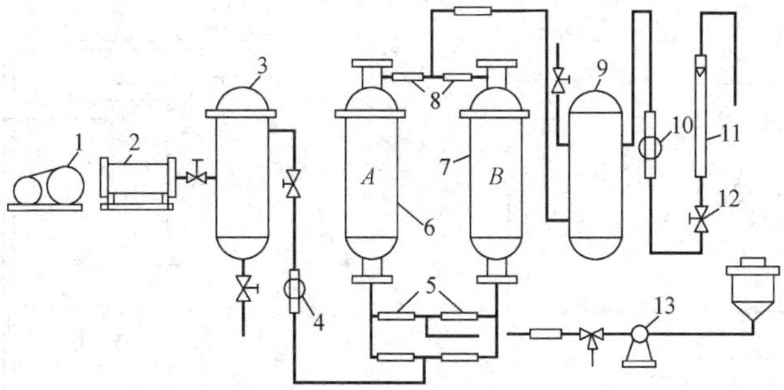

图 15.4-4 焦炭分子筛制氮机示意图

1—空压机；2—水冷却器；3—过滤器；4、10—调压阀；5—进气阀组；6、7—A、B 吸附塔；8—排气阀组；9—稳压罐；11—流量计；12—流量控制阀；13—真空泵

或 B 塔 7 进行吸附分离，氧气被大量吸附，氮气则经排气阀组 8 进入稳压罐 9，再经调压阀 10（减压）、流量控制阀 12，被送至气调库。

(3) 中空纤维制氮机：制造中空纤维膜的材料有聚砜、乙基纤维素、三醋酸纤维素等，中空纤维膜分离器是由耐压钢壳和分离芯组成，分离芯是由若干根中空纤维管组成的中空纤维束（单根纤维管的外径为 499～500μm，壁厚约为 100μm，管壁就是分离膜）。整套分离装置如图 15.4-5 所示。

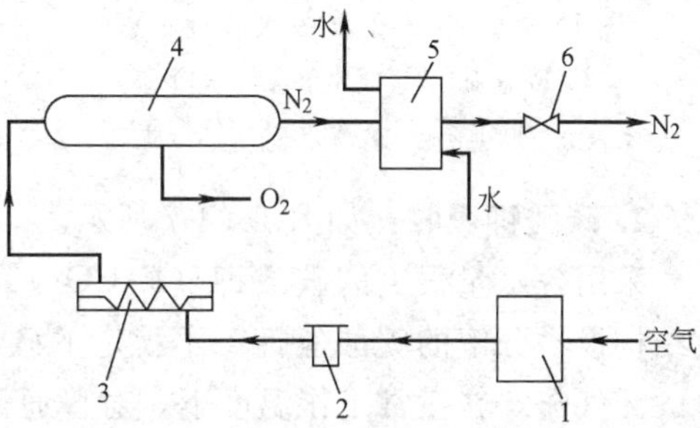

图 15.4-5 中空纤维制氮装置

1—空压机；2—高效过滤器；3—电加热器；4—中空纤维分离器；5—冷却器；6—恒压阀

15.4.3 脱除二氧化碳

适量的二氧化碳，对水果贮藏有保护作用；但若浓度过高，则会对水果造成伤害。因此，脱除过量的二氧化碳，调节和控制好二氧化碳浓度，对搞好水果的贮藏保鲜极为重要。脱除二氧化碳的方法很多，常用的有以下几种：

1. 二乙醇胺吸收装置：如图 15.4-6 所示。

乙醇胺是用环氧乙烷与氨水缩合而成，分为一、二、三乙醇胺三种，常用的是二乙醇胺。二乙醇胺（$C_4H_{11}O_2N$）是一种无色黏稠液体，能吸收空气中的水分和二氧化碳，不能与水蒸气一同挥发。能与水、酒精、热丙酮相混合，微溶于醚及苯，水溶液具有强碱性反应。

二乙醇胺吸收剂具有以下优点：

(1) 易控制，挥发性弱，在吸收和再生过程中损失很少。

(2) 吸收在常温常压下进行，吸收后的溶液能再生重复利用，且再生温度低、能耗少。

(3) 可从混合气体中吸收所含的全部二氧化碳。

(4) 吸收、再生装置简单。

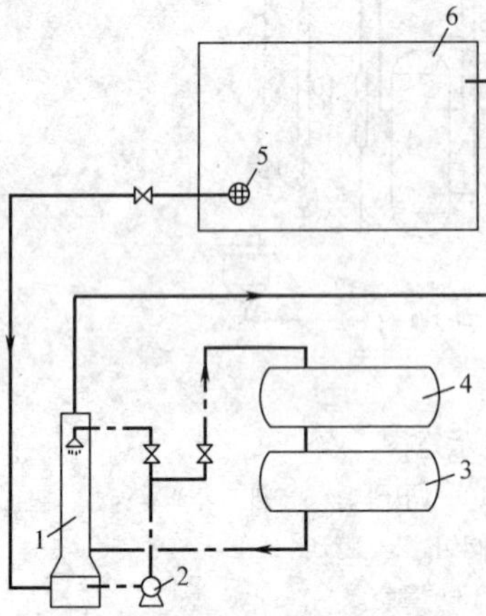

图 15.4-6 二乙醇胺吸收装置示意图

1—吸收器；2—液体泵；3—贮液器；4—再生器；5—风机；6—气调库

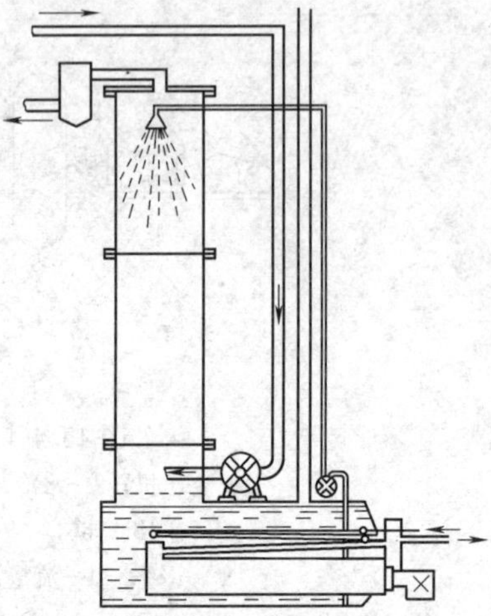

图 15.4-7 碳酸钾吸收装置示意图

2. 碳酸钾吸收：如图 15.4-7 所示。

采用含水量很少的碳酸钾（K_2CO_3）溶液作为吸收剂。碳酸钾与二氧化碳反应，生成结构极易分解的碳酸氢钾。不稳定的碳酸氢钾可在常温下用空气再生。碳酸钾溶液无毒、无气味，在正常工作温度下，对普通钢材无腐蚀作用。若不被污染，可无限期的循环使用。所以，在实践中得到普遍应用。

3. 活性炭吸附装置

硅胶、分子筛、活性炭等都能吸附二氧化碳，但由于硅胶和分子筛对吸附和再生的温度和压力要求较为苛刻，因此一般都采用活性炭。

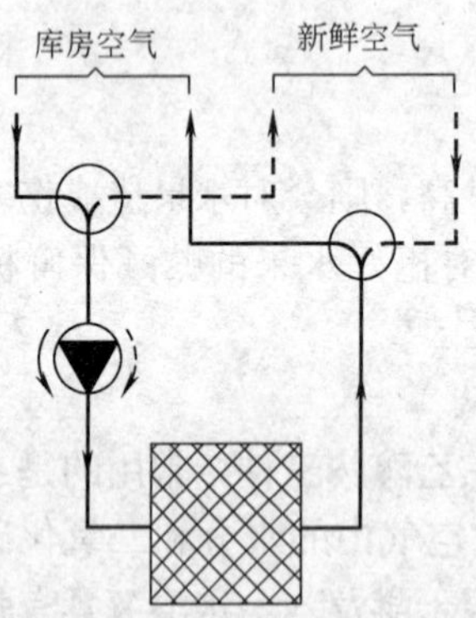

图 15.4-8 单室活性炭吸附装置示意图

图 15.4-8 所示为单室活性炭吸附装置，它的优点是比较简单；缺点是不能连续吸附，即吸附一段时间后，需再生一段时间，然后才能重新吸附，因此，脱除速度慢。

图 15.4-9 所示为双室活性炭吸附装置，由于它由两个室组成，一个在吸附的同时，另一个可以进行再生，使吸附得以不间断地连续进行，从而加快了脱除速度。

15.4.4 硅橡胶袋气调装置

硅橡胶袋气调装置，是法国 CNRS 研究所发明的一种属于膜分离范畴，利用硅胶织物的单面涂层对混合气体中各组分气体有选择性渗透的特性，制成的气体交换-扩散装置。应用本装置时，不需要另设降氧和脱除二氧化碳的装置，它可以依靠自然降氧，待库内二氧化碳浓度上升至某一限值时，才启用该装置。

硅橡胶袋气调系统，是由气调装置、管道、阀门、风机与气调库连成闭式循环系统，如图 15.4-10 所示。

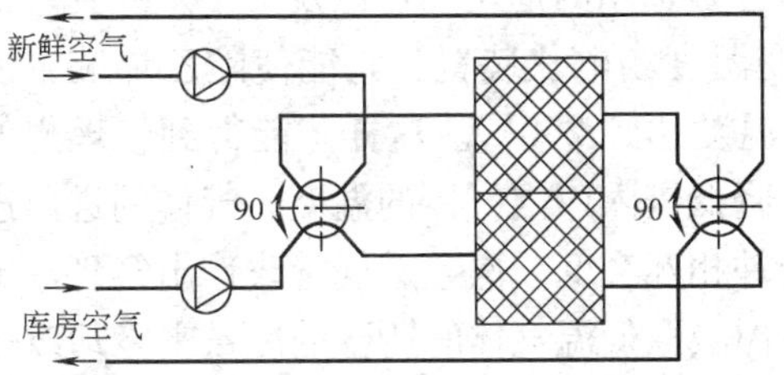

图 15.4-9 双室活性炭吸附装置示意图

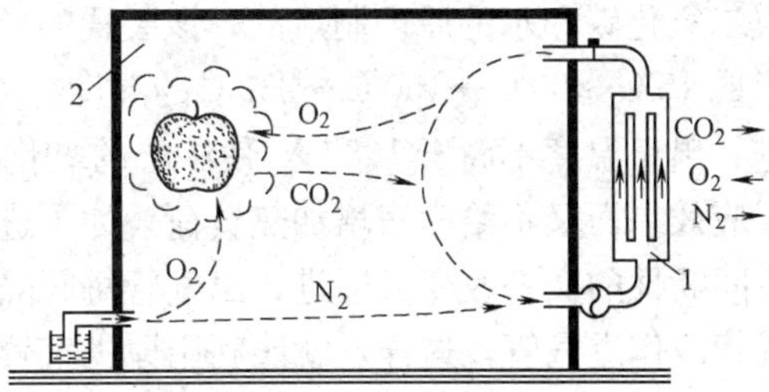

图 15.4-10 硅橡胶袋气调系统示意图

1—硅橡胶袋气调装置；2—气调库

硅橡胶袋气调装置，如图 15.4-11 所示。在硅橡胶袋上（其中的一个）应装上微压计(图中未表示)。加气阀 3 是当库内缺氧时，给库内加氧（空气）用的，调节阀 6 是根据库内二氧化碳的过量浓度大小（即脱除量大小），调整硅袋投入运行的数量。

15.4.5 除 乙 烯

乙烯（C_2H_4）的分子结构式是 $CH_2=CH_2$，分子中碳碳双键的存在，使它具有很大的活性。利用这一特性，可以通过加成反应、氧化反应将双键中的 π 键打开而除掉。也可以采用吸附法除乙烯。

乙烯容易与卤素进行加成反应，生成二卤化物。反应通常在室温下即可顺利进行，如将含有乙烯的气体通入溴中，即可生成 1，2-二溴乙烷。又如，在采用催化剂和一定的温度和压力条件下，乙烯与氯进行加成反应，生成 1，2-二氯化烷。

乙烯碳碳双键的活泼性还表现为易氧化。如用碱性的、稀的、冷的高锰酸钾水溶液作氧化剂，则打开双键中的 π 键，氧化生成乙二醇。以特殊的活性银（含有氧化钙、氧化钡和氧化锶）作催化剂，乙烯可被空气中的氧直接氧化，生成环氧乙烷。如温度超过 300℃，则生成二氧化碳和水。

图 15.4-12 所示的除乙烯装置，是根据上述的乙烯在催化剂和高温下，与氧气反应生

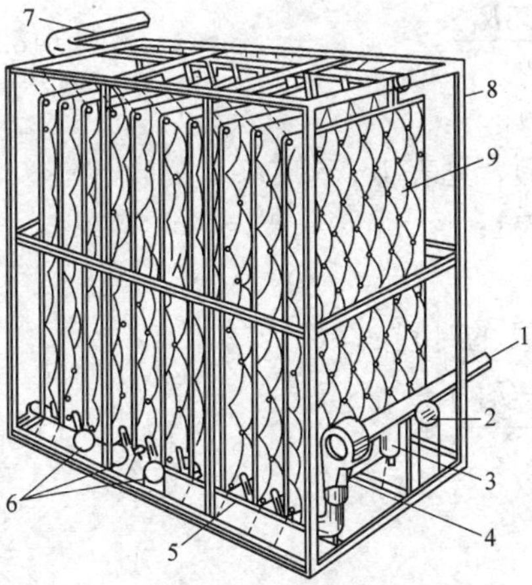

图 15.4-11 硅橡胶袋气调装置

1—进气管；2—进气阀；3—加气阀；4—风机；5—进气集管；6—调节阀；7—出气集管；8—支架；9—硅橡胶袋

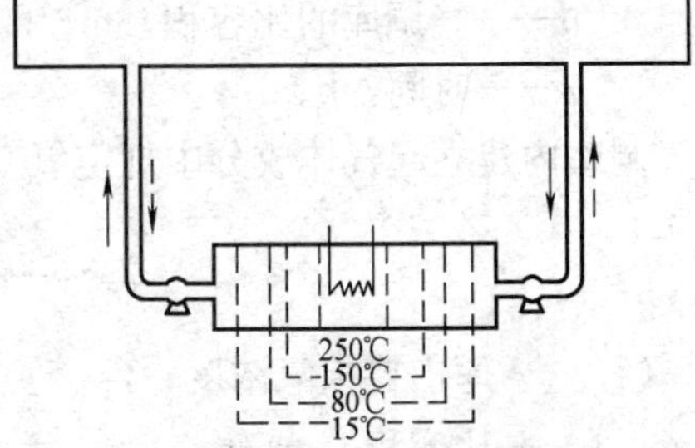

图 15.4-12 除乙烯装置示意图

成二氧化碳和水的原理制成的。该装置的核心部分是选用的催化剂，以及一个从外到里能形成 15℃→80℃→150℃→250℃的温度梯度的变温度场电热装置。它能使除乙烯装置的进、出口温度不高于 1.5℃，使中心的氧化反应温度达到 250℃。这样才能得到较理想的反应效果而又不给库房增加热负荷。为了进一步降低进入库内气体的温度，气体的进出进行间断性的交替改变，即进、出气管每间隔数分钟相互交变一次，进气管改作出气管，出气管改作进气管，这样，就能利用原进气管从库内吸取低温气体时所蓄的冷量来冷却改作出气管后排出的气体。

据生产这种装置的意大利 FRUIT CONTROL 公司介绍，本装置能将库房内的乙烯浓度保持在下列水平：

苹果贮藏间	乙烯浓度控制在	1.0～5.0ppm
柑橘、梨贮藏间	乙烯浓度控制在	0.1～0.5ppm
猕猴桃贮藏间	乙烯浓度控制在	<0.02ppm

由于该装置中心部位的温度很高，所以，在除乙烯的同时，还能对库内气体进行杀菌消毒，使水果在贮藏过程中的霉变大大减少。

15.5 气调系统

15.5.1 气调过程的计算

气调库在装入果蔬、封闭库门并动用气调设备之后，库内气体的组成即不断地发生变化，氧气浓度逐渐下降，二氧化碳浓度逐渐升高，分别达到各自的规定值，进入完全的气调状态。之后，通过各种不同的方式，保持库内气体各组分的浓度在规定的范围内波动。

气调过程的计算，随气调方式而变：

1. 自然降氧

气调库内气体成分中氧气浓度 C_{O_2} 随时间变化的关系式：

$$C_{O_2}=0.21-\frac{0.675R_t\tau}{\upsilon} \tag{15.5-1}$$

式中 0.21——库内空气中氧气的起始浓度（21%）；

R_t——贮藏温度下的呼吸强度，$m^3/(t\cdot h)$，见表 15.5-1；

υ——气调库的比容积，m^3/t，见表 15.5-1；

τ——时间，h。

气调库内建立起气体成分中规定氧气浓度所需要的时间 τ_w（h）：

$$\tau_w=\frac{1.48\upsilon(0.21-C_{O_2}^{r})}{R_t} \tag{15.5-2}$$

式中 $C_{O_2}^{r}$——库内要求氧浓度；

υ——比容积，m^3/t。

2. 制氮降氧

制氮降氧是实际工程中应用较多的方法，它的降氧速度快，一般只需 2～3 天，甚至 1 天就能降至规定的范围。

贮藏温度下的呼吸强度 **表 15.5-1**

种　类	贮藏温度(℃)	呼吸强度 R_t[m^3/(t·h)]	比容积 υ(m^3/t)
苹果	2.0	0.00266	5.0
梨	1.0	0.00262	5.5
樱桃	1.0	0.00366	5.5
杏、桃	1.0	0.00490	6.0
李子	1.0	0.00392	6.0
葡萄	1.0	0.00228	6.5
卷心菜	1.0	0.00830	5.5
胡萝卜	1.0	0.00212	4.0
洋葱	1.0	0.00220	4.0

库内气体的初状态，可近似认为与室外空气的组成成分相同，见表 15.5-2。

大气的标准成分 **表 15.5-2**

气体	分子量	体积比	气体	分子量	体积比
氮	28.016	0.7809	氩	39.944	0.0093
氧	32.000	0.2095	二氧化碳	44.010	0.0003

随着制氮机的运转，库内气体的含氧量不断下降，直至规定值为止。

制氮设备的产气量 Q(m^3/h) 可按下式计算：

$$Q=\frac{V_e}{\tau}\ln\frac{C_{O_2}^1-C_{O_2}^0}{C_{O_2}^r-C_{O_2}^0} \tag{15.5-3}$$

式中 V_e——库内气体自由空间体积，m^3；

τ——库房建立气调工况需要的时间，h；

$C_{O_2}^1$——库内空气中氧气的初浓度，取 $C_{O_2}^1=0.21$；

$C_{O_2}^0$——制氮设备出口处气体中的氧浓度，一般近似取 $C_{O_2}^0=0.6\%=0.006$；

$C_{O_2}^r$——库内要求的氧浓度，%。

气调库内气体自由空间体积，可按下式估算：

$$V_e=\alpha V \tag{15.5-4}$$

式中 α——气体自由体积系数，见表 15.5-3；

V——气调库的公称容积，m^3。

气调库气体自由体积系数 **表 15.5-3**

果 蔬 种 类	α	果 蔬 种 类	α
苹果	0.658	樱桃	0.734
梨	0.762	洋葱	0.610
葡萄	0.778	胡萝卜	0.660
杏、桃	0.732	卷心菜	0.643
李子	0.745		

3. CO_2 脱除机的选型

CO_2 脱除机的脱除能力 G(m^3/h)，可按下式计算确定：

$$G=\frac{V_e(C^1_{O_2}-C^r_{O_2})}{\tau_w}+gC \quad (15.5\text{-}5)$$

式中 τ_w——脱除机的工作时间，h；

g——果蔬贮藏量，kg；

C——每公斤果蔬每小时排出的 CO_2 量，见表 15.5-4。

每公斤果蔬每小时排出的 CO_2 量 表 15.5-4

名称	温度(℃)	CO_2 排出量[mg/(kg·h)]	名称	温度(℃)	CO_2 排出量[mg/(kg·h)]
苹果	0	3～4	洋葱	0	3～5
	4.4	5～8		10.0	8～9
	15.6	20～30	香蕉:青熟	10.2	15
梨	0	3～4		20.0	38
	15.6	40～50	土豆	0	2～5
桃	1.7	7～9		10.0	4～8
	15.6	30～40	草莓	0	15～17
橘子	1.7	2		4.44	22～35
	15.6	3			

15.5.2 气调系统的组成

气调库的气调系统，一般由机房系统和库房系统两部分组成。

机房气调系统主要由气调设备（制氮降氧、二氧化碳脱除、除乙烯等装置）、检测仪器、控制系统、供回气总管和取样管等组成。

库房气调系统由从各气调间返回的回气管和回气总管、往各气调间送气的供气管和供气总管等组成。根据是否设供、回气调节站，库房气调系统可分成两种形式，如图15.5-1和图 15.5-2 所示。

图 15.5-1 所示为有供回气调节站的系统，它适用于要求手动调节，且各气调间贮藏不同品种的果蔬，需避免各气调间相互串气，影响贮藏效果的库房。

图 15.5-2 所示为无供回气调节站的系统，它适用于要求自动控制，且各气调间贮藏相同品种果蔬的库房。

设计和安装气调系统管道时，应注意以下事项：

- 供、回气总管的直径不应小于 100mm；各气调间供回气支管的直径不应小于 80mm。
- 采用闭式循环系统时供回气管中的总压力损失，不应大于 5kPa。
- 气体管道通常可采用 PVC 管（硬质聚氯乙烯管）；取样管（导压管）可采用直径为 8～10mm 的 PVC 管或铜管。
- 管道安装完毕后，应进行检漏试验。所有管道、阀门及接口处应保证密封，在 1.5kPa 气压下无渗漏方为合格。

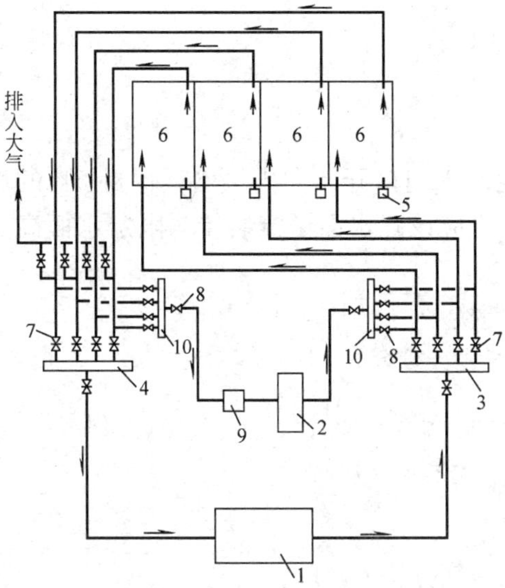

图 15.5-1 有供回气调节站的库房气调系统示意图

1—气调设备；2—气体分析仪；3—供气调节站；4—回气调节站；5—安全阀；6—气调间；7—蝶阀；8—截止阀；9—气泵；10—取样调节站

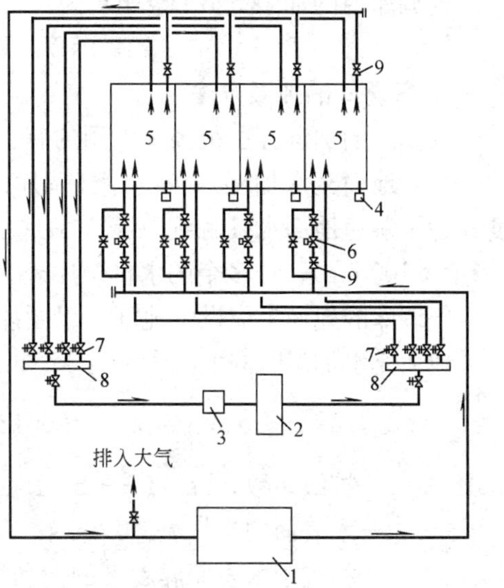

图 15.5-2 无供回气调节站的库房气调系统示意图

1—气调设备；2—气体分析仪；3—气泵；4—安全阀；5—气调间；6—远距离控制阀；7—电磁阀；8—取样调节站；9—蝶阀

15.5.3 气调库的加湿

1. 气调库的湿转移

为了减少果蔬的干耗和保持果蔬的鲜脆，气调库内的相对湿度最好能保持在 90%～95%之间。

由于气调库具有较好的气密性，在运行过程中又不允许随意开门，因此，外界对气调库的湿度影响很小，在实际工程设计中可以忽略不计，所需考虑的主要是：

(1) 冷风机运行时的去湿量 W_c(kg/h)：

$$W_c = G_a(d_r - d_s)/1000 \tag{15.5-6}$$

式中 G_a——冷风机的循环空气量，kg/h；

d_r——冷风机回风口处气体的含湿量，g/kg；

d_s——冷风机送风口处气体的含湿量，g/kg。

(2) 果蔬蒸发导致的水分流失量 W_e(kg/h)：

$$W_e = Gw/1000 \tag{15.5-7}$$

式中 G——库房内贮藏的果蔬量，t；

w——每吨果蔬在计算工况下蒸发至库内气体中的水分量，g/(t·h)。

(3) 气调设备造成的水分流失量 W_m(kg/h)：

$$W_m = G_m(d_i - d_n)/1000 \tag{15.5-8}$$

式中 G_m——气调设备送入气调库内的气体量，kg/h；

d_i——气体在库房进口处的含湿量，g/kg；

d_n——库房内气体的含湿量，g/kg。

气调库内的加湿量 W(kg/h) 为：

$$W=W_c+W_e+W_m \tag{15.5-9}$$

2. 气调库的加湿方法

气调库的加湿方法很多，常用的有：

(1) 地面充水加湿：在设计气调库时，让地面由门口开始向内倾斜，保持5‰的坡度。为了避免地面水接触到贮藏在最底层的果蔬，应设置水面溢流装置，限定水面高度(深度<100mm)，让多余的水排至库外。

气调库的地面上应设置地漏，以便冲洗和定期换水。

地面充水加湿时的散湿量 W_O(kg/h)，可按下式计算：

$$W_O=(\alpha+0.00013v)(p_{sa}-p_r)\cdot A\cdot\frac{101325}{P} \tag{15.5-10}$$

式中 α——扩散系数，kg/(m^2·h·Pa)；

v——水表面的空气流速，m/s；

p_{sa}——相应于水表面温度下的饱和空气的水蒸气分压力，Pa；

p_r——库内气体中的水蒸气分压力，Pa；

A——水的蒸发表面积，m^2；

P——当地的大气压力，Pa。

采用地面充水加湿时，必须妥善处理地面防水问题，绝对不允许有渗漏发生。

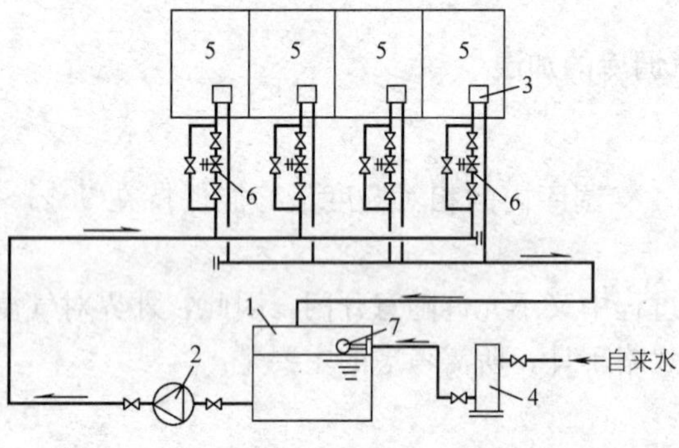

图15.5-3 加湿器循环加湿系统示意图
1—水箱；2—水泵；3—加湿器；4—电子水处理仪；5—气调间；6—电磁阀；7—浮球阀

(2) 冷风机集水盘充水加湿：在集水盘中保持10～20mm高的存水，借助冷风机的循环，让蒸发水分加湿流过的空气(散湿量的计算方法与地面充水加湿相同)。

(3) 喷雾加湿：采用专门的加湿设备如高压喷雾加湿装置、超声波加湿器、离心喷雾加湿器等，对冷风机的送风进行加湿。这些加湿方法，不仅加湿效果好且便于实现自动控制；因此在现代化气调库中，得到了广泛的应用。有关喷雾加湿的详细介绍，参见本手册第21.6节。

对于利用水进行加湿的系统，可以组成循环加湿补水系统，利用水泵进行强制循环，如图15.5-3所示。

15.6 气体成分的检测

为了能及时、准确地了解库内气体成分的变化，以便根据检测结果，确定是否要对库内气体成分进行必要的调节，确保库内气体成分始终稳定地保持在规定的范围之内。

通常，需要进行检测的气体组分，主要是 O_2 和 CO_2，如果贮品对乙烯特别敏感，则还应检测乙烯的浓度。

检测仪器必须可靠，且有较高的精度。对于 O_2 和 CO_2，分度值（最小刻度）不应大于 0.2%，精度应达到±0.2%；对乙烯则要求精确到 0.01ppm。

15.6.1　气体分析仪器

1. 氧及二氧化碳测量

(1) 奥氏（ORSAT）气体分析仪

奥氏气体分析仪是利用化学吸收法按容积测定气体成分的仪器，测试装置由吸收瓶、量筒（100mL）、水准瓶、旋塞及连接玻璃管和胶管等组成，如图 15.6-1 所示。

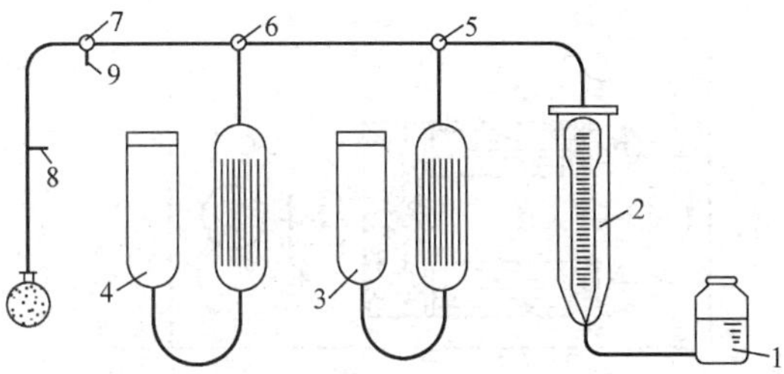

图 15.6-1　奥氏气体分析仪装置示意图

1—水准瓶；2—量筒；3—CO_2 吸收瓶；4—O_2 吸收瓶；5、6、7—三通旋塞；8—进气管；9—排气管

奥氏气体分析仪是一种比较原始的手工检测仪，操作较麻烦，检测效率也低，但可靠性强、精度高；所以，时至今日，即使是采用现代化的检测仪器，但仍然要配备它，并用它来检查和校正自动分析仪器的准确性。

(2) CY-87A 型测氧仪

测氧仪由氧电极、放大器及数字电路组成。氧电极为极谱隔膜式，采用纯铂为阴极，纯银为阳极，氯化钾作为电解液，10μm 聚四氯乙烯膜为渗透隔膜。气样中的氧分子，透过隔膜到达阳极，在 650V 极化电压下，发生以下反应：

阴极：$O_2+2H_2O+4e \longrightarrow 4OH^-$

阳极：$Ag+Cl^- \longrightarrow AgCl+e$

反应可迅速达到平衡，同时产生一个极化扩散电流，电流的大小，与气体试样中的百分氧含量（氧分压）成正比。该电流经运算放大器放大，数字显示器直接给出氧含量的百分比。

测氧仪的测量范围为 0～25%；测量精度≤±2%（O_2），反应时间：20s。

(3) CH-6 型二氧化碳测定仪

二氧化碳测定仪是以空气的热导系数为 1 作为参比值，而 CO_2 的热导系数为 0.605。由于数值不等，测试时电桥将产生不平衡，电流经放大后在显示器上就能指示出测试气体中 CO_2 的含量。

测定仪的量程为 0～5%，0～25%；测量精度为 5%；响应时间<2min。

(4) 红外二氧化碳测定仪

红外 CO_2 测定仪是利用 CO_2 能吸收红外光以及红外光的可测性原理制成的，其构造如图 15.6-2 所示。它由红外光源、测量室、接收器、信号放大转换器和指示仪组成。另外，还可以接一台记录仪。

由于红外 CO_2 测定仪采用的是物理测定法，不使用任何化学物品，因此，安全可靠，不受温度影响，测量精度高。

(5) 顺磁式氧测定仪

氧是一种顺磁性物质，所谓顺磁性物质，是指这种物质处于外磁场中，所产生的附加磁场与外磁场同向，其磁导率和磁化率都大于1。O_2 在外加磁场的作用下，能被磁场吸引。O_2 的磁化率很大，相比之下，库内其他气体组分的磁化率小得可以忽略不计；因此，可根据混合气体磁化率的大小来衡量 O_2 含量的多少。

顺磁性气体的磁化率，与气体温度的平方成反比，随着气体温度的升高，磁化率急剧降低。图 15.6-3 所示系顺磁式氧测定仪工作原理，由图可知，它由环形管、水平分流管、铂丝线圈、指示仪、桥式电路的电阻臂、调压器等组成。

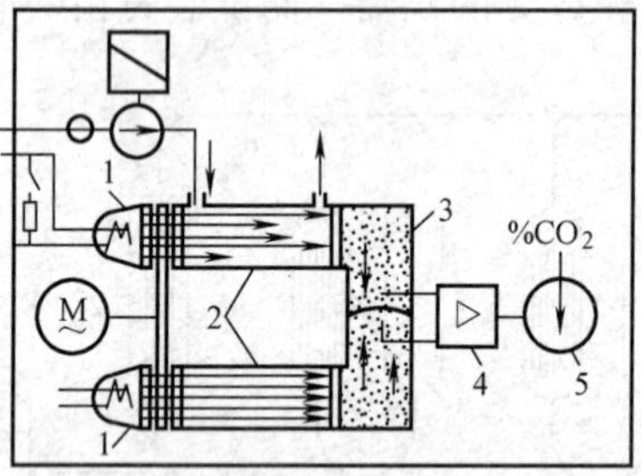

图 15.6-2 红外二氧化碳测定仪构造简图
1—红外光源；2—测量室；3—接收器；4—信号放大转换器；5—指示仪

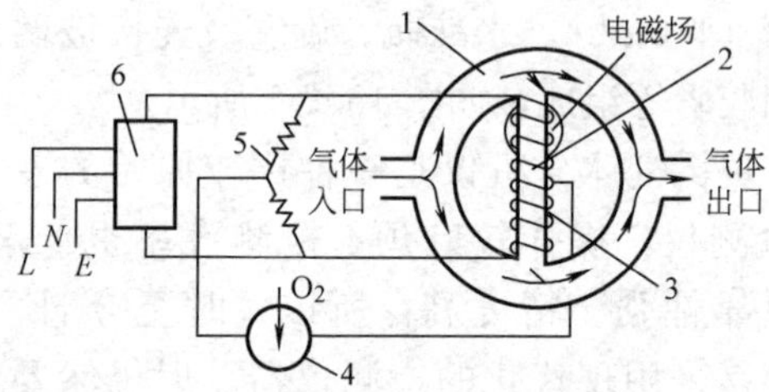

图 15.6-3 顺磁式氧气测定仪的工作原理示意图
1—环形管；2—水平分流管；3—铂丝线圈；4—指示仪；5—桥式电路的电阻臂；6—直流电压调节器

由于库房内温度较低，O_2 的磁化率大，所以，可靠性好、测量精度高。

2. 乙烯测量

气调库内所含的乙烯浓度很低，通常要以 ppm（10^{-6}）甚至 ppb（10^{-9}）的单位计量。因此，对乙烯进行定性和定量分析，只能采用气相色谱的方法。

气相色谱分析，是采用气体作流动相的一种分析方法。气相色谱的流程及全套装置如图 15.6-4 所示。图中虚线所框部分即为气相色谱仪。其实，气相色谱仪本身只有分离和检测功能；它必须与载气源、辅助气源、信号放大器，积分器和记录仪等连成一个分析系统，才能完成气体分析，并得到直观的图像。数据稳压阀、流量计和压力表等，是用于稳定载气（或辅助气体）的压力和流量，温控器用于控制色谱柱、检测器及气化室的温度。气样用注射器采集并注入气化室。

气相色谱仪的最大优点是能分离、分析多组分的样品，且具有高选择性、高效能、速度快的特点。

15.6.2 气体监测系统

气体监测系统包括两部分：取样系统和分析系统。这两个系统都可以分为手动和自动两种形式，从而可组成下列四种监测系统，即手工采样和手工分析、手工采样和自动分析、自动采样和手工分析、自动采样和自动分析。

实践中应用较普遍的是自动采样系统，它由下列两部分组成：

(1) 取气管路装置，含采样泵和控制阀门；

(2) 控制装置。

通常，每个气调间设一根取样进气管 2，接至由终端电磁阀组成的气体分配站 3 上，从电磁阀出气后，汇入进气总管 4，再经气泵 5 送入分析仪 6。测试后的气体，从分析仪气总管7、气体分配站3和回气分管8返回气调间。整个自动取样系统的管路装置如图15.6-5所示。

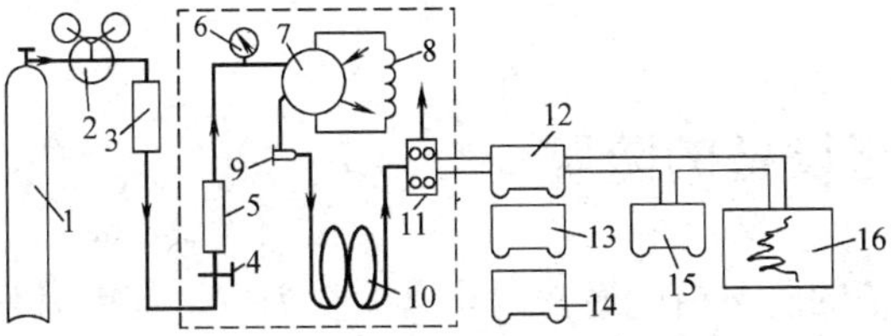

图15.6-4 气相色谱的装置及流程示意图

1—载气瓶；2—减压阀；3—净化器；4—稳压阀；5—流量计；6—压力表；7—六通阀；8—定量管；9—气化器；10—色谱柱；11—检测器；12—放大器；13—热导控制器；14—温控器；15—数据处理机（积分器）；16—记录议

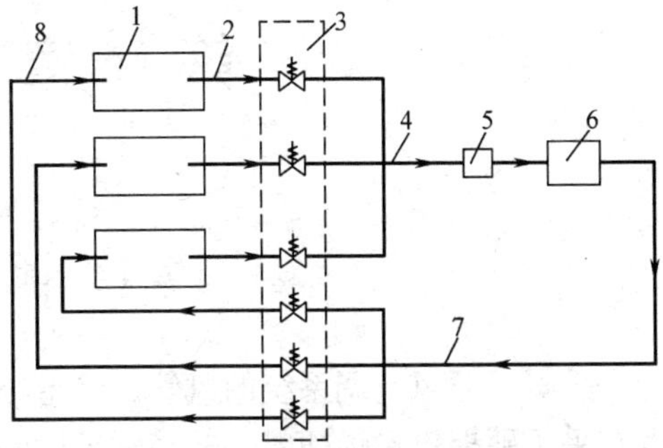

图15.6-5 自动取样的管路装置示意图

1—气调间；2—取样进气分管；3—分配站；4—进气总管；5—气泵；6—气体分析仪；7—回气总管；8—回气分管

第16章 防腐与绝热

16.1 管道与设备的防腐

采暖、通风空调系统的风管、管道与设备的防腐措施通常以防腐涂料为主，其中风管也有采用硬聚氯乙烯塑料、玻璃纤维增强塑料（玻璃钢）等方法。

16.1.1 防腐涂料

常用防腐涂料见表16.1-1，钢板风管及金属管道等的推荐涂料见表16.1-2。

常用防腐蚀涂料品种 表16.1-1

型号	涂料名称	特性和用途	备注
Y53—1	红丹防锈漆	防锈性能好，易涂刷，涂膜有较好的坚韧性、防水性和附着力，且能起阳极阻蚀剂作用。对表面处理要求不高。耐温150℃以下。但干燥慢，且有一定毒性，易沉淀结块，不便喷涂，只能手工涂刷。现已逐渐被铁红酚醛底漆，铝粉铁红酚醛底漆等代替。只适用于涂刷黑色金属，不适用于涂刷铝、锌合金等表面	油性防锈漆
Y53—2	铁红防锈漆	防锈性能仅次于红丹防锈漆，附着力强。耐温150℃下，可用于室内外要求不高的黑色金属表面防锈打底	油性防锈漆
Y53—4	铁黑防锈漆	涂刷方便，具有良好的耐晒性和一定的防锈性能。既可用于室内外钢铁结构打底防锈，也可用于面漆	油性防锈漆
Y53—5	锌灰油性防锈漆（底面合一漆）	耐候性好，不易粉化，防锈性能良好，易涂刷。既可作防锈漆，也可作面漆	油性防锈漆
G06—4	锌黄、铁红过氯乙烯底漆	具有一定的防锈性及耐化学性，但附着力不强。如在60～65℃温度下烘烤2h可增强附着力。涂刷前金属表面应除锈后先涂X06—1磷化底漆一层。耐温60℃，适用于钢铁表面打底	与各种过氯乙烯面漆配套使用
X06—1	乙烯磷化底漆（磷化底漆）	作为有色及黑色金属底层的防锈涂料，能代替钢铁磷化处理等作为金属表面处理底漆，起到一定的磷化作用，增加有机涂层和金属表面的附着力，延长有机涂料的使用寿命。但不能代替一般用途的底漆。可作金属表面涂刷打底	干膜厚度5～8μm
G52—1	各色过氯乙烯防腐漆	具有优良的耐腐蚀性、耐酸碱性、防霉、防潮性。但附着力较差，如与其他合适的漆配用得好，可以弥补。在60～65℃温度下烘烤2h可增强附着力。应与过氯乙烯底漆(G06—4)及过氯乙烯防腐清漆(G52—2)配套使用，喷涂在各种管道、风管等金属表面，以防酸碱等气体侵蚀	

续表

型　号	涂料名称	特性和用途	备　注
G52—2	过氯乙烯防腐清漆	干燥快，有良好的防化学腐蚀性能，耐无机酸、碱、盐类及煤油。单独使用时附着力差，要求配套使用。耐温 60℃。配套要求：喷 G06—4 1～2 遍，再喷 G52—1 二至三遍，最后喷本漆三至四遍	
F53—4	锌黄酚醛防锈漆	锌黄能使金属表面钝化，故有良好的保护性和防锈性。适用于铝及其他轻金属构件表面涂刷，作防锈打底用	
F53—8	铝粉铁红酚醛防锈漆	漆膜坚韧，附着力强，能受高温烘烧（如装配切割，电焊火工校正等），不会产生有毒气体，其防锈性能与 Y53—1 红丹防锈漆相同，并有干燥快速，施工方便等优点。但耐溶剂性较差，不耐酸碱。可作防锈底漆打底涂层和金属结构防锈用	
Y03—1	各式油性调合漆	耐候性较好，但干燥时间较长，漆膜较软。适用于室内外一般金属构配件表面的涂刷作保护和装饰用。T03—1 比 Y03—1 干燥快，硬度大	
T03—1	各式酯胶调合漆（磁性调合漆）		
F60—1	各式酚醛防火漆	漆膜中含有耐温颜料与防火剂，燃烧时漆膜内的防火剂受热产生烟气，能起延迟着火、制止火势蔓延的作用	
H06—2	铁红、铁黑、锌黄环氧树脂底漆	漆膜坚硬耐久，附着力良好。如与磷化底漆配套使用，可提高漆膜的耐潮耐盐雾性能。铁红、铁黑环氧树脂底漆用于黑色金属表面打底，锌黄环氧树脂底漆用于有色金属表面打底	涂前去锈、去油后，先涂一层磷化底漆，再涂本漆
C53—1	红丹醇酸防锈漆	防锈性能良好，比红丹防锈漆的附着力及干燥性好。漆膜坚韧，用于钢铁等黑色金属表面打底防锈	本底漆干燥后应及时涂面漆。自干
C53—3	锌黄醇酸防锈漆	有一定的防锈性，干燥较快。适用于铝金属及其他轻金属表面作防锈打底涂层	
C06—1	铁红醇酸底漆	有良好的附着力和防锈能力，它与硝基、醇酸等多种面漆的结合力好，易喷涂，价廉。适用于一切黑色金属表面作打底用，涂膜不宜过厚，涂后最好能在 105±2℃下烘干	配套面漆：醇酸磁漆、氨基磁漆、硝基磁漆、沥青漆、过氯乙烯磁漆等
C06—12	铁红、锌黄醇酸底漆	对金属有较好的附着力，锌黄适用于铝、镁合金等轻金属表面打底防锈用，铁红适用于黑色金属表面。需烘干	
C04—2	各式醇酸磁漆	有较好的光泽和机械强度，能常温干燥，耐候性比调合漆及酚醛漆好，适合室外使用。耐水性较差，如能在 60～70℃下烘烤后可提高耐水性。适宜涂刷金属表面。配套要求：先涂 C06—1 醇酸底漆 1～2 遍，并以 C07—1 醇酸腻子补平，再涂 C06—10 醇酸底漆 2 遍，最后涂本漆	
H52—3	各式环氧防腐漆	有一定的耐腐蚀和粘结能力。专用于具有涂刷耐腐蚀要求的金属、混凝土贮槽等表面或用于粘结陶瓷、耐酸砖	
F50—1	各式酚醛耐酸漆	有一定的耐稀酸性，对抗御酸性气体腐蚀较为适宜。但不宜浸渍在稀酸溶液内。只宜用于有酸性气体侵蚀的金属、木材表面作防腐蚀用	

续表

型 号	涂料名称	特性和用途	备 注
L50—1	沥青耐酸漆	有一定的耐硫酸腐蚀性能，附着力良好。适用于防硫酸气体侵蚀的金属、木材表面	
F83—1	黑酚醛烟囱漆	用于钢板烟囱及锅炉等外部表面作防锈防腐蚀用，耐温300℃以下，短时能耐400℃高温不脱落	
H61—1	环氧耐热漆	有较好的耐水性、耐汽油性及耐温变性，尤以耐热性和耐化学腐蚀性为好。可常温干燥，供铝及镁合金等轻金属的防腐蚀用	
	环氧树脂漆（有烘干型和自干型两种）	系由环氧树脂、溶剂，填料、增塑剂和颜料研磨而成。加胺固化剂后成为自干型。耐碱力强，耐有机溶剂，耐寒，耐磨。但对苯、丙酮、乙醇、硝基苯、硝酸、硫酸等不耐蚀。耐紫外线照射性能差，适用于室内制品或化学腐蚀环境中制品的涂装。有毒，施工需注意	
	酚醛树脂漆	系酚醛树脂为主，掺入不同材料配制而成，有清漆和磁漆两种。能耐酸、碱及盐类腐蚀，且有一定耐稀酸性能，能抗御酸性气体，但不耐浓磷酸、硝酸。适用于涂刷钢材表面	
	环氧沥青漆	系由601号高分子环氧树脂、煤焦油沥青、颜料、填料及溶剂等配制而成。在使用时加入一定量的胺固化剂，漆膜有极好的抗腐蚀气体性能，坚牢度、柔韧性都突出，能在常温和湿度较高环境下固化成膜。但透水、透蒸汽性能很低。适用于涂刷金属、木材、水泥和混凝土表面，室内外均可用	
T09—16	漆酚环氧防腐漆	由天然生漆为漆基经化学改性工艺改良而成，产品保持了天然生漆的优良性能，消除了生漆的缺陷，且对人无过敏反应。用于石油贮罐及管道、化工设备、金属制品等的防腐	
Mxt-8089（企标）	漆酚耐候耐热重防腐漆	由天然生漆为漆基经化学改性工艺改良而成，产品保持了天然生漆的优良性能，消除了生漆的缺陷，且对人无过敏反应。适用于各种石油化工管道、铁路、桥梁等户外大型钢铁结构及机械设备的重度防腐蚀	

钢板风管的推荐涂料 **表16.1-2**

<table>
<tr><th>序号</th><th>风管部位及所输送的气体介质</th><th colspan="3">油 漆 类 别</th><th>油漆遍数</th></tr>
<tr><td>1</td><td>不含有粉尘且输送空气温度不高于70℃时</td><td colspan="3">内表面涂防锈底漆
外表面涂防锈底漆
外表面涂面漆(调合漆等)</td><td>2
1
2</td></tr>
<tr><td>2</td><td>不含有粉尘且输送空气温度高于70℃时</td><td colspan="3">内外表面各涂耐热漆</td><td>2</td></tr>
<tr><td>3</td><td>含有粉尘或粉屑的空气</td><td colspan="3">内表面涂防锈底漆
外表面涂防锈底漆
外表面涂面漆</td><td>1
1
2</td></tr>
<tr><td>4</td><td>含有腐蚀性介质的空气</td><td colspan="3">内外表面涂耐酸底漆
内外表面涂耐酸面漆</td><td>>2
>2</td></tr>
<tr><td rowspan="5">5</td><td rowspan="5">空气洁净系统：
中效过滤器前的送风管及回风管(薄钢板)</td><td rowspan="2">内表面</td><td colspan="2">醇酸类底漆</td><td>2</td></tr>
<tr><td colspan="2">醇酸类磁漆</td><td>2</td></tr>
<tr><td rowspan="3">外表面</td><td colspan="2">保温风管——铁红底漆</td><td>2</td></tr>
<tr><td rowspan="2">非保温风管</td><td>铁红底漆</td><td>1</td></tr>
<tr><td>调合漆</td><td>2</td></tr>
</table>

续表

序号	风管部位及所输送的气体介质	油漆类别		油漆遍数
6	空气洁净系统： 中效过滤器后和高效过滤器前的送风管	镀锌钢板：一般不涂漆		
		薄钢板内表面	醇酸类底漆	2
			醇酸类磁漆	2
		薄钢板外表面(保温)铁红底漆		2
		薄钢板外表面 （非保温）	铁红底漆	1
			调合漆	2
7	空气洁净系统： 高效过滤器后的送风管	镀锌钢板内表表面	磷化底漆	1
			锌化醇酸类底漆	2
			面漆	2
		镀锌钢板外表面：一般不涂漆		

16.1.2 聚氯乙烯塑料

硬聚氯乙烯塑料板耐腐蚀性能见表 16.1-3。

硬聚氯乙烯塑料板耐腐蚀性能 **表 16.1-3**

介质		温度(℃)	耐蚀性	介质		温度(℃)	耐蚀性
名称	浓度(%)			名称	浓度(%)		
硫酸	<90	<40	耐	盐酸	—	70	耐
硫酸	>90	>40	不耐	次氯酸钠	任何	65	较耐
亚硫酸	—	—	耐	磷酸	100	60	耐
硫酸氟钠	任何	—	耐	醋酸	80～100	40	较耐
醋酐	—	—	不耐	柠檬酸	任何	60	耐
脂肪酸	任何	38	较耐	氟硅酸	<32	60	耐
铬酸	35	60	较耐	氢氟酸	60	38	耐
草酸	任何	38	较耐	氢氧化钠	<50	<50	耐
硫胺	任何	70	耐	甲醇	—	—	耐
亚硫酸酐	—	70	耐	甲醛	40	60	耐
硫硝酸混合物	稀	65	较耐	乙醇	—	—	耐
硝酸	<35	<40	较耐	甲苯	—	—	不耐
硝酸	>35	20	不耐	乙醚	100	20	不耐
硫酸钠	任何	60	耐				

16.1.3 玻璃纤维增强塑料（玻璃钢）

常用的几种玻璃钢耐腐蚀性能见表 16.1-4。

常用的几种玻璃纤维增强塑料耐腐蚀性能 **表 16.1-4**

种类 / 比较项目	环氧玻璃纤维增强塑料	酚醛玻璃纤维增强塑料	呋喃玻璃纤维增强塑料	聚酯玻璃纤维增强塑料
特点	1. 机械强度高 2. 收缩率小 3. 耐腐蚀性好 4. 粘结力强 5. 成本较高 6. 耐温性较差	1. 耐酸性好 2. 成本较低 3. 机械强度较差	1. 耐酸碱性好 2. 耐温性较高 3. 成本较低，原料来源广泛 4. 机械强度较差 5. 性脆，与钢粘结力差	1. 耐候性良好 2. 韧性好 3. 施工方便（冷固化） 4. 耐温性差 5. 收缩率大

续表

比较项目 \ 种类			环氧玻璃纤维增强塑料	酚醛玻璃纤维增强塑料	呋喃玻璃纤维增强塑料	聚酯玻璃纤维增强塑料
使用温度(℃)			90～100	<120	<180	<90
使用情况			使用广泛	使用一般	大部用改性呋喃玻璃纤维增强塑料	使用较多
耐腐蚀性能	介质	浓度(%)				
	硫酸	10	耐	耐	耐	耐
		30	较耐	耐	耐	不耐
		70	不耐	耐	耐	不耐
	盐酸	10	耐	耐	耐	耐
		20	耐	耐	耐	较耐
		30	较耐	耐	较耐	不耐
	硝酸	5	较耐	不耐	不耐	不耐
		10	不耐	不耐	不耐	不耐
	碳酸钠	50	较耐	不耐	耐	不耐
	醋酸	10	耐	耐	耐	耐
		30	较耐	耐	耐	不耐
	磷酸	50	耐	耐	耐	不耐
	氢氟酸		不耐	不耐	不耐	不耐
	氟硅酸		不耐	不耐	不耐	不耐
	稀氨水		耐	较耐	耐	不耐
	液氨		耐	不耐	耐	不耐
	苯		不耐	耐	耐	不耐
	苯胺		不耐	耐	耐	不耐
	甲醇		耐	耐	耐	耐
	氢氧化钠	10	耐	不耐	耐	不耐
		30	较耐	不耐	耐	不耐
		50	不耐	不耐	耐	不耐

16.2 管道和设备的保温

16.2.1 保温设计基本原则

在管道与设备的表面进行保温主要为了满足以下三方面的需要：首先是满足用户的使用需要，防止介质温度的过度降低，保证介质一定的参数；其次是为了节约能源、减少热损失，降低产品成本，提高经济效益；再次是为了改善工作环境，保护操作人员的安全，避免发生烫伤等伤害事故。

管道和设备表面保温是一项花钱不多、收效非常显著的节能措施。随着能源价格的不断上升，更显现出它的经济性。

1. 设置保温的基本原则

(1) 外表面温度≥50℃的管道与设备；

注：环境温度为25℃时的表面温度。

(2) 生产中需要减小介质的温度降，保持介质温度稳定的管道、设备的外表面；

(3) 需要防止管道、设备中介质凝结和/或结晶的部位；

(4) 生产中不需要保温的管道与设备，其外表面温度超过60℃，并需经常操作与维护，而又无法采用其他措施防止引起烫伤的部位；

(5) 在由于表面温度过高会引起（燃气、蒸气、粉尘）爆炸起火的场合，运行时表面温度较高的管道与设备；

(6) 供暖系统的总立管。

2. 保温材料的选择原则

(1) 保温材料的允许使用温度应高于在正常操作情况下管道介质的最高温度；

(2) 材料的导热系数要低，在平均温度≤350℃时的导热系数应不大于0.12W/(m·K)；

(3) 材料密度要低，不应大于350kg/m^3，但应具有一定的机械强度；

(4) 不腐蚀金属，易于施工，造价低廉；

(5) 在高温条件下，经综合比较后，可选用复合材料。

3. 保护层材料的要求

(1) 保护层材料的允许使用温度应高于在正常操作情况下绝热层外表面的最高温度；

(2) 性能稳定，耐腐蚀、无裂缝、刚度大、不易老化、不易变形；

(3) 防水性能好（用于室外管道）；

(4) 施工方便，安装后外观整齐美观。

4. 保温厚度计算原则

(1) 应按“经济厚度”的方法计算；

(2) 按满足散热损失要求进行计算；

在一般情况下应同时满足“经济厚度”与“散热损失”的要求，只有在用“经济厚度”的方法计算无法满足散热要求或无法使用“经济厚度”方法计算时，允许只按本条要求进行；

(3) 以满足介质输送时允许温降的条件，按热平衡方法计算；

(4) 防烫伤计算，计算最外层的表面温度。

16.2.2 保温材料及其制品的性能

1. 供热管道常用的保温材料

离心玻璃棉、岩棉、矿棉、膨胀珍珠岩以及它们的一些制品等。其主要技术性能见表16.2-1。

2. 常用保护层材料

常用保护层材料有镀锌薄钢板、薄铝板、普通薄钢板（内外须涂刷防锈涂料）、复合铝箔等。

16.2.3 绝热层厚度计算方法

在管道与圆筒设备的外径大于1000mm时可按平面型计算绝热层厚度；其余按圆筒型计算绝热层厚度。

常用绝热（保热、保冷）材料及其制品的主要技术性能 表16.2-1

材料名称	密度（kg/m³）	导热系数［W/(m·K)］	适用温度（℃）	抗压强度（MPa）	吸湿率（%）	燃烧性	备注
岩棉	27～200	0.0224～0.041	−250～650		≤5	不燃	适用范围广，密度较小，导热系数较小，价格低，施工简便，但刺激皮肤
岩棉保温毡	40～130	≤0.049	≤400				
岩棉板	50～200	≤0.048	≤400				
岩棉带	50～150	≤0.054	≤400				
岩棉板管壳	80～200	≤0.044	≤600				
矿渣棉	70～200	0.032～0.064	≤600		≤2	不燃	密度较小，耐高温，耐腐蚀，导热系数较小，价格低，货源广，填充后易沉陷，施工时刺激皮肤，且尘土大
矿棉毡	80～150	0.035～0.048	≤250				
矿棉保温板	70～330	<0.047	≤400				
矿棉保温带	90～140	<0.041	≤400				
矿棉管壳	80～220	0.035～0.052	≤400				
普通超细玻璃棉	≤20	0.041～0.049	−100～400		≤5	不燃	密度低，导热系数小，耐酸，抗腐，不蛀，化学稳定性好，无毒无味，价廉，寿命长，施工方便，但对皮肤稍有刺激
玻璃棉毡	10～48	0.032～0.048	≤250				
玻璃棉板	24～96	0.031～0.049	≤300				
玻璃棉管壳	45～90	≤0.043	≤350				
膨胀珍珠岩类						不燃	密度低，导热系数小，化学稳定性强，不燃，不腐蚀，无毒，无味，价廉，产量大，资源丰富，适用范围广
散料（Ⅰ类）	<80	<0.052	−200～800				
散料（Ⅱ类）	80～150	0.052～0.064	−200～800				
散料（Ⅲ类）	150～250	0.064～0.076	−200～800				
水泥膨胀珍珠岩板、管壳	250～400	0.058～0.087	−20～600	0.3～1			
水玻璃膨胀珍珠岩板、管壳	200～300	0.056～0.065	≤650	0.5～1.2	<23		
憎水型膨胀珍珠岩板、管壳	200～300	0.058～0.07		≥0.5			
膨胀蛭石	80～200	0.047～0.070	<1000				密度较小、导热系数较小、防火、抗菌、无毒、无味，常用于设备与建筑的保温、隔热，价廉，施工方便
水泥膨胀蛭石板、砖、管瓦	350～500	0.07～0.168	<600	≥0.25	2.5～6		
硅酸铝纤维制品	150～210	0.11～0.24	<1000				密度较小、导热系数较小、耐高温，价较高
微孔硅酸钙板、管	170～250	0.041～0.062	≤650	0.4～0.5		不燃	密度小、强度高、耐高温、无腐蚀、经久耐用
泡沫玻璃	140～180	0.049～0.070	−200～400	0.5～0.8	0.15～0.2	不燃	热膨胀系数小，尺寸稳定性好，不吸水，不透湿
泡沫塑料类							密度小，导热系数小，施工方便，不耐高温，一般适用于65℃以下的低温管道保温。此类材料可燃，防火性能差，燃烧时烟密度较高，有阻燃与难燃之分，使用时须注意
硬质聚氨酯泡塑制品	40～120	0.023～0.035	−60～110	≥0.20	1.6	自熄	
软质聚氨酯泡塑制品	32～45	≤0.042	−50～100				
发泡橡塑制品	40～120	≤0.043	−40～85		≤4	难燃	
酚醛泡沫制品	40～120	0.025～0.038	−180～130			难燃	密度小，导热系数小，燃烧时烟密度较小

1. 按“经济厚度”的方法计算

(1) 平面型绝热层经济厚度计算公式：

$$\delta=1.8975\times10^{-3}\sqrt{\frac{P_E\cdot\lambda\cdot t\cdot|T_o-T_a|}{P_T\cdot S}}-\frac{\lambda}{\alpha_s} \tag{16.2-1}$$

式中 δ——绝热层厚度，m；

P_E——能量价格，元/GJ；

λ——绝热材料在平均设计温度下的导热系数，可按导热系数公式（16.2-2）计算，W/(m·K)；

t——年运行时间，h；

T_o——管道或设备的外表面温度，当管道为金属材料时可取管内的介质温度，℃；

T_a——环境温度，取管道或设备运行期间的平均气温，℃；

P_T——绝热结构层单位造价，元/m^3；

α_s——绝热层外表面向周围环境的放热系数，可按放热系数公式（16.2-18）计算，W/(m^2·K)；

S——绝热工程投资贷款年分摊率，%；一般在设计使用年限内按复利计算，见公式（16.2-19）。

$$\lambda=\lambda_0+A\frac{T_o+T_s}{2} \tag{16.2-2}$$

式中 λ_0——绝热材料在0℃时的导热系数，W/(m·K)；

A——系数，通常由实验得出；

T_s——绝热层外表面温度，℃。

部分绝热材料导热系数方程参见表16.2-2。由于各厂家和各类型绝热材料的加工工艺、材料成分等的差异，导热系数方程会有所不同，有的相差还比较大，也有采用温度分段和二次方程进行表达，因此该导热系数方程只能供参考，实际应用时应按厂家提供的资料确定。

(2) 圆筒型绝热层经济厚度计算

计算应使绝热层外径 D_1 满足下列恒等式要求：

$$D_1\ln\frac{D_1}{D_0}=3.795\times10^{-3}\sqrt{\frac{P_E\cdot\lambda\cdot t\cdot|T_o-T_a|}{P_T\cdot S}}-\frac{2\lambda}{\alpha_s} \tag{16.2-3}$$

$$\delta=\frac{D_1-D_0}{2} \tag{16.2-4}$$

式中 t——年运行时间，h；

D_0——管道或设备外径，m；

D_1——管道或设备绝热层外径，m。

2. 满足散热损失要求的计算

(1) 平面型单层绝热结构热、冷损失量应按下式计算：

$$Q=\frac{T_o-T_a}{\frac{\delta}{\lambda}+\frac{1}{\alpha_s}} \tag{16.2-5}$$

式中 Q——单位面积绝热层外表面的热、冷量损失，W/m^2。

部分绝热材料导热系数方程 表16.2-2

序号	绝热材料	导热系数方程	备注
1	岩棉保温毡	$0.035+0.00016T_p$	
2	岩棉保温管壳	$0.035+0.00014T_p$	
3	超细玻璃棉板	$0.031+0.00017T_p$	
4	超细玻璃棉管壳	$0.031+0.00014T_p$	
5	水泥膨胀珍珠岩管壳	$0.058+0.00026T_p$	
6	微孔硅酸钙管壳	$0.049+0.00015T_p$	
7	硅酸铝纤维毡	$0.042+0.0002T_p$	
8	泡沫玻璃	$0.55+0.00022T_p$	$T_p>24$℃时
		$0.062+0.00011T_p$	$T_p\leqslant24$℃时
9	聚苯乙烯泡塑制品	$0.032+0.00093T_p$	
10	硬质聚氨酯泡塑	$0.024+0.00014T_p$	保温时
		$0.0253+0.00009T_p$	保冷时
11	发泡橡塑制品	$0.0338+0.000138T_p$	
12	酚醛泡沫(密度70～100kg/m³)	$0.027+0.0003T_p$	$T_p=0\sim80$℃时

注：T_p 为绝热材料内外表面温度的平均值。

(2) 圆筒型单层绝热结构热、冷损失量应按下式计算：

$$Q=\frac{T_o-T_a}{\frac{D_1}{2\lambda}\ln\frac{D_1}{D_0}+\frac{1}{\alpha_s}} \tag{16.2-6}$$

$$q=\pi\cdot D_1\cdot Q=\frac{T_o-T_a}{\frac{1}{2\pi\cdot\lambda}\ln\frac{D_1}{D_0}+\frac{1}{\alpha_s\cdot\pi\cdot D_1}} \tag{16.2-7}$$

式中 q——每米管道长度的热、冷损失量，W/m。

(3) 平面型单层最大允许热、冷损失下的绝热层厚度应按下式计算：

$$\delta=\lambda\left[\frac{(T_o-T_a)}{[Q]}-\frac{1}{\alpha_s}\right] \tag{16.2-8}$$

式中 $[Q]$——以每平方米绝热层外表面积为单位的最大允许热、冷损失量，W/m²；保温时，按表16.2-3、表16.2-4要求取值。

(4) 圆筒型单层最大允许热、冷损失下的绝热层厚度计算时，应使其外径满足以下等式要求：

$$D_1\ln\frac{D_1}{D_0}=2\lambda\left[\frac{(T_o-T_a)}{[Q]}-\frac{1}{\alpha_s}\right] \tag{16.2-9}$$

(5) 当工艺要求采用每米管道长度的热、冷损失量进行计算时，应使其外径满足以下等式要求：

$$\ln\frac{D_1}{D_0}=2\lambda\left[\pi\frac{(T_o-T_a)}{[q]}-\frac{1}{D_1\alpha_s}\right] \tag{16.2-10}$$

式中 $[q]$——以每米管道长度为计量单位的最大允许热、冷损失量，W/m。

3. 满足介质输送时允许温降（升）的条件进行计算

(1) 对于矩形管道，其温降（升）可按下式计算，当温降（升）不满足要求时，需调整绝热材料的厚度：

$$\Delta t=\frac{3.6K\cdot E\cdot l}{L\cdot\rho\cdot c}(T_n-T_a) \tag{16.2-11}$$

式中 Δt——介质通过管道的温降（升），正值为温降，负值为温升，℃；

K——绝热管道的管壁和绝热层的传热系数，W/(m²·K)。

$$K=\frac{1}{\frac{\delta}{\lambda}+\frac{1}{\alpha_s}} \tag{16.2-12}$$

式中 E——绝热材料外表面周长，m；

l——管道的长度，m；

T_n——通过绝热管道的介质的入口温度，当管道为钢质材料时，可视作为管道表面温度 T_o，℃；

L——介质的流量，m³/h；

ρ——介质的密度，kg/m³，空气密度一般取 1.2，水取 1000；

c——介质的比热容，kJ/(kg·℃)；空气比热容一般取 1.013，水取 4.182。

（2）对于圆形管道，其温降（升）可按下式计算，当温降（升）不满足要求时，须调整绝热材料的厚度：

$$\Delta t=\frac{3.6q\cdot l}{L\cdot\rho\cdot c} \tag{16.2-13}$$

式中 q——以每米管道长度为计量单位的热（冷）损失量，W/m。

4. 满足防烫伤要求的计算

为了防止烫伤，要求绝热层外层表面温度不高于 60℃。

（1）平面型防止人身烫伤绝热层厚度应按下式计算：

$$\delta=\frac{\lambda}{\alpha_s}\cdot\frac{T_o-60}{60-T_a} \tag{16.2-14}$$

（2）圆筒型防止人身烫伤绝热层厚度计算中，绝热层外径应满足下列恒等式的要求：

$$D_1\ln\frac{D_1}{D_0}=\frac{2\lambda}{\alpha_s}\cdot\frac{T_o-60}{60-T_a} \tag{16.2-15}$$

（3）绝热结构外表面温度验算

$$T_s=\frac{Q}{\alpha_s}+T_a \tag{16.2-16}$$

5. 防管道内介质凝结的计算

延迟管道内的介质在停留时间内不冻结、凝结和结晶的计算中，应使绝热层外径 D_1 满足下列恒等式的要求：

$$\ln\frac{D_1}{D_0}=\frac{7.2B\cdot\pi\cdot\lambda\cdot\left(\frac{T_0+T_{fr}}{2}-T_a\right)\cdot t_{fr}}{(T_0-T_{fr})(V\cdot\rho\cdot c+V_p\cdot\rho_p\cdot c_p)}-\frac{2\lambda}{D_1\cdot\alpha_s} \tag{16.2-17}$$

式中 B——管件及管道支吊架附加热损失系数，取 1.1～1.2（大管取小值，反之取大值）；

T_{fr}——介质凝固点，℃；

t_{fr}——介质在管道内不出现凝固的停留时间，h；

V，V_p——分别为介质体积与管壁体积，m³；

ρ，ρ_p——分别为介质密度与管壁密度，kg/m³；

c，c_p——分别为介质的比热容与管壁的比热容，kJ/(kg·℃)；

α_s——冬季最多风向平均风速下的放热系数，W/(m²·K)。

6. 保温计算参数的取值要求

(1) 最大允许散热量标准

管道与设备的最大允许散热量应满足国家标准GB 4272—92《设备及管道保温技术通则》中的要求，见表16.2-3和表16.2-4。

季节运行工况允许最大散热损失 **表16.2-3**

设备、管道及附件外表面温度，K(℃)	323 (50)	373 (100)	423 (150)	473 (200)	523 (250)	573 (300)
允许最大散热损失(W/m^2)	116	163	203	244	279	308

常年运行工况允许最大散热损失 **表16.2-4**

设备、管道及附件外表面温度	K	323	373	423	473	523	573	623	673	723	773	823	873	923
	℃	50	100	150	200	250	300	350	400	450	500	550	600	650
允许最大散热损失	W/m^2	58	93	116	140	163	186	209	227	244	262	279	296	314

(2) 金属设备与管道的外表面温度 T_o；

当金属设备与管道无内衬时，取介质的正常运行温度；

当金属设备与管道有内衬时，应按有外保温层存在的条件下进行传热计算确定。

(3) 环境温度 T_a：

a 室外保温经济厚度与热损失计算中，常年运行时，取历年年平均温度的平均值；采暖季节运行时，取历年运行期日平均温度的平均值。

b 室内保温经济厚度与热损失计算中，取20℃。

c 在地沟内保温经济厚度与热损失计算中，当外表温度 $T_o \leqslant 80$℃以下时，T_a 取20℃；当 T_o 在81～110℃之间时，取30℃；当 $T_o \geqslant 110$℃时，取40℃。

d 防烫伤计算中，取历年最热月平均温度值。

e 在防止设备管道内介质冷凝、冻结的计算中，T_a 应取冬季历年极端平均最低温度。

(4) 绝热层外表面放热系数 α_s 的计算式：

$$\alpha_s = 1.163 \times (10 + 6\sqrt{v}) \tag{16.2-18}$$

式中 v——年平均风速，m/s。按下列原则取值：

a 在表面散热损失量和绝热结构外表面温度的计算中，α_s 用公式(16.2-18)计算，v 按年平均风速取值。

b 在保温结构表面温度现场校核计算中，α_s 用公式(16.2-18)计算，v 按现场实际平均风速取值。

c 在防烫和防结露计算中，α_s 取8.141W/($m^2 \cdot K$)。

d 防冻计算中，α_s 用公式(16.2-18)计算，v 取冬季最多风向平均风速。

(5) 年运行时间 t 和环境温度 T_a：

全年运行(8000h)的环境平均温度为12℃；

季节运行(4200h)采暖期为175天左右的城市，冬季的环境平均温度为−7.2℃；

季节运行(3000h)采暖期为125天左右的城市，冬季的环境平均温度为−1.7℃。

(6) 绝热工程投资贷款年分摊率 S 的计算式：

$$S=\frac{i\cdot(1+i)^{n}}{(1+i)^{n}-1} \tag{16.2-19}$$

式中 n——还贷年限；

i——贷款的年利率。

还贷年限 n，一般为 4～10 年；贷款的年利率 i 根据实际情况取值，一般为 5%～10%。

16.2.4 保温厚度选用表

1. 常用保温厚度选用表如下：

（1）表 16.2-7：橡塑发泡经济保温厚度选用表；

（2）表 16.2-8：8000h 运行，玻璃棉经济保温厚度选用表；

（3）表 16.2-9：4200h 运行，玻璃棉经济保温厚度选用表；

（4）表 16.2-10：3000h 运行，玻璃棉经济保温厚度选用表；

（5）表 16.2-11：全年运行，允许最大热损失的最小保温厚度表；

（6）表 16.2-12：季节运行，允许最大热损失的最小保温厚度表；

（7）表 16.2-13：防烫伤最小保温厚度表。

2. 保温厚度选用表采用的基本数据

（1）保温厚度选用表计算采用的基本数据见表 16.2-5。如使用环境、条件价格等差异较大时，应重新计算确定。

表 16.2-7～表 16.2-13 的计算基本参数 **表 16.2-5**

项目 \ 表号	表 16.2-7	表 16.2-8	表 16.2-9	表 16.2-10	表 16.2-11	表 16.2-12	表 16.2-13
年运行时间(h)	3000	8000	4200	3000	8000	4200	—
环境温度(℃)	20	12	−7.2	−1.7	12	−7.2	30
室外风速(m/s)	0(室内)	2(室外)	2(室外)	2(室外)	2(室外)	2(室外)	—
表面放热系数[W/(m²·K)]	11.63	21.50	21.50	21.50	21.50	21.50	8.141
计算年限(年)	5				—		
利率(%)	6				—		
热价 1(元/GJ)	90(轻柴油)				—		
热价 2(元/GJ)	55(天然气)				—		
热价 3(元/GJ)	20(煤)				—		
绝热材料	橡塑	玻璃棉管壳、玻璃棉板			玻璃棉管壳、板、毡		玻璃棉管壳、板

（2）热价：

由于燃料（轻柴油、天然气、煤）价格的不同，采用三种价格进行计算，三种价格分别为 90、55、20 元/GJ（1×10^{6}kJ）。由于燃料价格的变动性，此价格仅供参考。

（3）贷款年分摊率 S：

根据 n 取 5 年，i 取 6%计算得投资贷款年分摊率 S 为 23.74%。

（4）计算用绝热材料导热系数方程：

柔性发泡橡塑导热系数方程 $0.0338+0.000138T_{p}$；

离心玻璃棉管壳导热系数方程　　　$0.031+0.00014T_p$；

离心玻璃棉板导热系数方程　　　$0.031+0.0017T_p$；

离心玻璃棉毡导热系数方程　　　$0.0325+0.00017T_p$。

(5) 绝热材料、安装等的单位造价见表16.2-6。

绝热结构价格　　　**表16.2-6**

绝热材料名称	价格(元/m³)	
发泡橡塑	管壳、板材	3400
离心玻璃棉	管壳	1600
	板材	1300

注：绝热结构价格包括绝热材料、防潮层、保护层、辅助材料及人工等价格。

16.2.5 常用保温结构图

常用保温结构图如图16.2-1和图16.2-2所示。

图16.2-1为金属、玻璃钢及铝箔玻璃钢薄板外保护层管道保温结构图，主要为室外架空管道保温结构的形式，也可用于室内保温结构。其中A-A (2) 断面为考虑管子伸缩的连接方式，长I由管段伸缩量决定，伸缩缝间距3.5～5mm。水平管道采用缝毡保温时，其管顶应预先敷设一层10～30mm厚棉毡，宽度为周长的1/3，然后包扎缝毡，详见断面 (1)。玻璃钢与铝箔玻璃钢薄板保护层接缝处宜采用胶粘剂粘合密封。

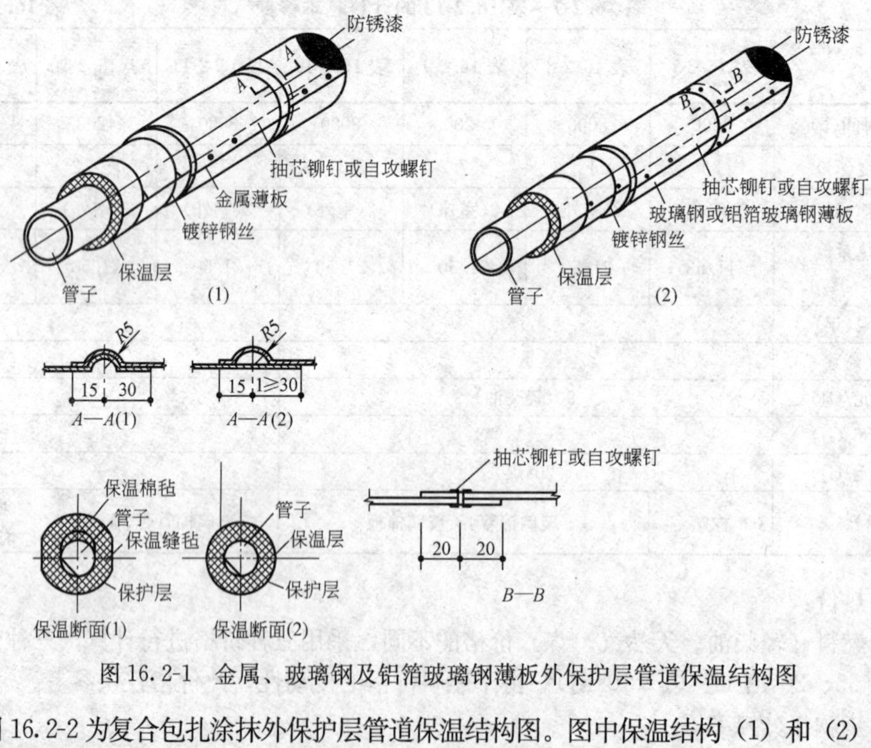

图16.2-1 金属、玻璃钢及铝箔玻璃钢薄板外保护层管道保温结构图

图16.2-2为复合包扎涂抹外保护层管道保温结构图。图中保温结构 (1) 和 (2) 用于室内架空管道；保温结构 (3) 和 (4) 用于室外地沟及潮湿环境；保温结构 (3) 中，乳化沥青涂层可用不饱和聚酯树脂，待乳化沥青干燥后，缠外层玻璃布；保温结构 (4) 中，油毡也可用CPU防水阻燃涂层；有防火要求时，应选用具有阻燃性的乳化沥青及不饱和聚酯树脂。

橡塑发泡经济保温厚度选用表 表 16.2-7

热价(元/GJ)	90						55						20					
内表面温度(℃)	45		60		80		45		60		80		45		60		80	
公称直径 (mm)	保温厚度	单位散热量	保温厚度	单位散热量	保温厚度	单位散热量	保温厚度	单位散热量	保温厚度	单位散热量	保温厚度	单位散热量	保温厚度	单位散热量	保温厚度	单位散热量	保温厚度	单位散热量
	mm	W/m W/m²	mm	W/m W/m²	mm	W/m W/m²	mm	W/m W/m²	mm	W/m W/m²	mm	W/m W/m²	mm	W/m W/m²	mm	W/m W/m²	mm	W/m W/m²
15	18.8	5.5	23.2	8.1	28.0	11.4	15.2	6.1	18.9	8.9	22.8	12.6	9.3	7.8	11.8	11.4	14.7	15.8
20	19.8	6.2	24.4	9.1	29.6	12.7	15.9	7.0	19.9	10.1	23.8	14.2	9.7	9.1	12.4	13.1	15.1	18.1
25	20.3	6.6	25.1	9.7	30.5	13.5	16.3	7.5	20.4	10.9	24.5	15.2	9.9	10.0	12.6	14.3	15.5	19.6
32	21.0	7.3	25.9	10.6	31.6	14.7	16.8	8.3	21.1	12.0	25.5	16.6	10.1	11.2	13.0	15.9	16.0	21.7
40	21.7	8.1	26.8	11.6	32.7	16.1	17.3	9.3	21.7	13.2	26.4	18.2	10.3	12.7	13.3	17.8	16.5	24.2
50	22.6	9.3	28.0	13.3	34.2	18.3	17.9	10.8	22.6	15.3	27.7	20.9	10.6	15.1	13.8	21.0	17.1	28.3
70	23.7	11.2	29.4	15.9	36.1	21.6	18.7	13.2	23.7	18.4	28.9	25.0	10.9	18.9	14.3	26.0	17.8	34.6
80	24.2	12.5	30.2	17.6	37.1	23.8	19.1	14.8	24.2	20.6	29.6	27.7	11.1	21.5	14.5	29.4	18.1	38.8
100	24.8	14.4	31.1	20.1	38.3	26.9	19.5	17.1	24.9	23.6	30.5	31.6	11.3	25.2	14.8	34.3	18.5	45.0
125	25.4	16.8	32.0	23.3	39.6	30.9	19.9	20.1	25.5	27.5	31.4	36.6	11.4	30.1	15.2	40.5	18.9	53.0
150	26.0	19.3	32.7	26.5	40.6	35.0	20.2	23.3	26.0	31.6	32.1	41.8	11.6	35.2	15.4	47.0	19.2	61.2
200	26.8	24.9	33.9	33.9	42.2	44.2	20.8	30.4	26.8	40.8	33.2	53.4	11.7	46.9	15.7	62.1	19.7	80.1
250	27.2	29.9	34.6	40.4	43.3	52.4	21.1	36.8	27.3	49.0	33.9	63.8	11.8	57.5	15.9	75.6	20.0	97.0
300	27.6	34.7	35.1	46.7	44.0	60.2	21.3	42.9	27.6	56.9	34.4	73.7	11.9	67.6	16.0	88.6	20.5	112.0
350	27.8	39.5	35.5	53.0	44.6	68.0	21.4	49.0	27.9	64.8	34.8	83.5	12.0	77.7	16.1	101.5	20.6	128.1
设备	29.7	29.1	38.9	37.3	49.1	46.5	22.5	37.2	29.7	47.7	37.7	59.5	12.3	61.9	16.6	79.3	21.4	98.6

注：单位散热量中，W/m 为保温管道的单位长度热损失，W/m^2 为保温设备的单位面积热损失。

离心玻璃棉管壳、板经济保温厚度选用表（室外，8000h）

表 16.2-8

内表面温度(℃)	热价(元/GJ)	公称直径(mm)	15	20	25	32	40	50	70	80	100	125	150	200	250	300	350	设备
50	90	保温厚度(mm)	46.0	48.8	50.3	52.3	54.3	57.1	60.7	62.7	65.1	67.7	69.9	73.7	76.1	77.9	79.4	93.3
		单位热损失(W/m)	5.0	5.5	5.8	6.3	6.8	7.5	8.7	9.4	10.5	11.8	13.2	16.1	18.7	21.2	23.6	14.0
	55	保温厚度(mm)	38.1	40.2	41.5	43.1	44.7	47.0	49.8	51.3	53.2	55.2	56.8	59.6	61.4	62.7	63.7	72.8
		单位热损失(W/m)	5.5	6.1	6.5	7.0	7.6	8.5	9.9	10.8	12.1	13.7	15.3	19.0	22.3	25.3	28.4	18.0
	20	保温厚度(mm)	25.4	26.8	27.5	28.5	29.5	30.9	32.5	33.4	34.4	35.5	36.3	37.7	38.6	39.2	39.7	43.4
		单位热损失(W/m)	6.8	7.6	8.1	8.9	9.7	11.1	13.2	14.6	16.5	19.1	21.7	27.5	32.8	37.7	42.7	29.7
100	90	保温厚度(mm)	66.4	70.2	72.4	75.3	78.3	82.6	88.0	91.1	94.9	99.1	102.7	109.1	113.4	116.7	119.4	149.0
		单位热损失(W/m)	10.9	11.9	12.4	13.3	14.2	15.6	17.7	19.1	21.0	23.3	25.6	30.8	35.2	39.3	43.3	22.4
	55	保温厚度(mm)	54.9	58.1	59.9	62.2	64.7	68.2	72.6	75.0	78.1	81.3	84.1	89.0	92.2	94.7	96.7	116.4
		单位热损失(W/m)	11.8	12.9	13.6	14.6	15.7	17.4	19.9	21.5	23.7	26.5	29.4	35.6	41.1	46.2	51.2	28.6
	20	保温厚度(mm)	36.8	38.9	40.1	41.6	43.2	45.4	48.1	49.6	51.3	53.2	54.8	57.4	59.1	60.3	61.3	70.0
		单位热损失(W/m)	14.3	15.8	16.8	18.1	19.6	22.1	25.7	28.1	31.5	35.7	40.1	49.8	58.4	66.5	74.6	47.4
150	90	保温厚度(mm)	81.8	86.5	89.1	92.7	96.4	101.8	108.6	112.5	117.4	122.8	127.4	135.9	141.6	146.1	149.9	194.4
		单位热损失(W/m)	17.1	18.5	19.4	20.6	21.9	24.0	27.0	28.9	31.5	34.8	38.1	45.2	51.2	56.8	62.3	29.3
	55	保温厚度(mm)	67.50	71.4	73.6	76.6	79.6	84.0	89.5	92.7	96.6	100.8	104.5	111.0	115.4	118.8	121.6	152.2
		单位热损失(W/m)	18.5	20.1	21.1	22.5	24.0	26.5	30.0	32.3	35.5	39.4	43.3	51.9	59.3	66.3	73.1	37.5
	20	保温厚度(mm)	45.5	48.2	49.7	51.6	53.6	56.4	60.0	61.9	64.3	66.8	69.0	72.7	75.1	76.9	78.3	91.6
		单位热损失(W/m)	22.1	24.2	25.6	27.5	29.6	33.1	38.1	41.4	46.0	51.9	57.8	70.9	82.4	93.2	103.9	62.2

续表

内表面温度(℃)	热价(元/GJ)	公称直径(mm)	15	20	25	32	40	50	70	80	100	125	150	200	250	300	350	设备
200	90	保温厚度(mm)	95.2	100.6	103.7	107.9	112.2	118.4	126.5	131.1	136.9	143.3	148.9	159.1	166.2	171.7	176.4	235.3
		单位热损失(W/m)	23.7	25.6	26.7	28.3	30.1	32.8	36.7	39.2	42.6	46.8	51.0	60.0	67.6	74.6	81.5	35.6
	55	保温厚度(mm)	78.6	83.1	85.7	89.1	92.6	97.8	104.4	108.1	112.8	117.9	122.3	130.3	135.8	140.0	143.6	184.5
		单位热损失(W/m)	25.6	27.7	29.0	30.9	32.9	36.1	40.7	43.6	47.6	52.7	57.7	68.5	77.8	86.4	94.9	45.5
	20	保温厚度(mm)	53.0	56.0	57.7	60.0	62.4	65.7	69.9	72.3	75.2	78.3	80.9	85.6	88.6	90.9	92.8	111.3
		单位热损失(W/m)	30.3	33.2	35.0	37.5	40.2	44.7	51.2	55.4	61.3	68.7	76.1	92.5	106.8	120.2	133.4	75.6
250	90	保温厚度(mm)	107.4	113.4	116.9	121.6	126.4	133.4	142.5	147.7	154.3	161.7	168.1	179.9	188.2	194.7	200.2	273.9
		单位热损失(W/m)	30.9	33.2	34.7	36.7	38.8	42.2	47.1	50.2	54.4	59.5	64.6	75.5	84.7	93.2	101.4	41.5
	55	保温厚度(mm)	88.6	93.6	96.5	100.4	104.4	110.2	117.7	121.9	127.3	133.2	138.3	147.6	154.1	159.1	163.3	214.9
		单位热损失(W/m)	33.3	35.9	37.6	39.9	42.4	46.3	52.0	55.6	60.5	66.7	72.7	85.8	97.0	107.4	117.5	53.2
	20	保温厚度(mm)	59.7	63.1	65.1	67.7	70.3	74.2	79.0	81.7	85.1	88.7	91.8	97.3	101.0	103.8	106.1	129.9
		单位热损失(W/m)	39.2	42.7	44.9	48.0	51.5	56.9	64.9	70.0	77.1	86.0	95.0	114.7	131.7	147.6	163.3	88.2
300	90	保温厚度(mm)	118.9	125.4	129.2	134.4	139.6	147.4	157.5	163.3	170.6	178.8	186.0	199.3	208.9	216.1	222.2	310.8
		单位热损失(W/m)	38.5	41.4	43.1	45.6	48.2	52.3	58.1	61.7	66.7	72.9	78.9	91.8	102.5	112.5	122.2	47.3
	55	保温厚度(mm)	98.0	103.5	106.7	111.0	115.4	121.8	130.1	134.8	140.8	147.4	153.2	163.8	171.1	176.8	181.5	244.0
		单位热损失(W/m)	41.4	44.6	46.6	49.4	52.4	57.1	63.9	68.1	74.0	81.3	88.4	103.8	116.9	129.0	14.08	60.5
	20	保温厚度(mm)	66.1	69.8	72.0	74.9	77.9	82.1	87.6	90.6	94.4	98.6	102.1	108.5	112.7	116.0	118.7	147.8
		单位热损失(W/m)	48.6	52.9	55.5	59.2	63.3	69.8	79.2	85.2	93.6	104.1	114.6	137.5	157.2	175.7	193.8	100.5

注：单位热损失中，保温设备的单位热损失的单位为 W/m^2。

离心玻璃棉管壳、板经济保温厚度选用表（室外，4200h）

表 16.2-9

内表面温度(℃)	热价(元/GJ)	公称直径(mm)	15	20	25	32	40	50	70	80	100	125	150	200	250	300	350	设备
50	90	保温厚度(mm)	41.5	43.9	45.2	47.0	48.8	51.3	54.4	56.2	58.3	60.5	62.4	65.6	67.7	69.0	70.3	81.3
		单位热损失(W/m)	7.7	8.5	9.0	9.6	10.4	11.7	13.5	14.7	16.4	18.6	20.7	25.6	29.8	33.9	37.9	23.3
	55	保温厚度(mm)	34.2	36.1	37.2	38.6	40.0	42.0	44.4	45.8	47.4	49.1	50.6	53.0	54.2	55.3	56.1	63.4
		单位热损失(W/m)	8.5	9.4	10.0	10.8	11.7	13.2	15.4	16.9	19.0	21.6	24.3	30.3	35.8	40.8	45.9	29.8
	20	保温厚度(mm)	22.9	24.0	24.7	25.5	26.4	27.6	29.0	29.7	30.6	31.6	32.3	33.6	34.3	34.4	34.8	37.7
		单位热损失(W/m)	10.5	11.8	12.6	13.8	15.1	17.4	20.8	23.0	26.2	30.3	34.5	44.1	52.6	61.3	69.5	49.5
100	90	保温厚度(mm)	55.1	58.2	60.0	62.4	64.7	68.3	72.7	75.2	78.2	81.5	84.3	89.2	92.5	95.0	96.6	117.2
		单位热损失(W/m)	13.9	15.2	16.0	17.2	18.4	20.4	23.4	25.2	27.9	31.2	34.5	41.9	48.3	54.3	60.3	33.5
	55	保温厚度(mm)	45.5	48.1	49.6	51.5	53.5	56.3	60.0	61.6	64.2	66.7	68.8	72.5	74.9	76.7	78.7	91.4
		单位热损失(W/m)	15.2	16.7	17.6	19.0	20.4	22.8	26.4	28.6	31.8	35.8	40.0	49.0	56.9	64.3	71.3	42.9
	20	保温厚度(mm)	30.5	32.2	33.1	34.4	35.6	37.4	39.5	40.6	42.0	43.4	44.5	46.5	47.6	48.5	49.2	54.7
		单位热损失(W/m)	18.5	20.6	21.9	23.8	26.0	29.4	34.6	38.0	42.8	49.1	55.4	69.7	82.3	94.3	106.2	71.3
150	90	保温厚度(mm)	66.2	70.0	72.1	75.0	78.0	82.2	87.7	90.8	94.5	98.7	102.3	108.6	112.9	116.2	118.9	148.3
		单位热损失(W/m)	20.6	22.4	23.5	25.1	26.8	29.6	33.5	36.1	39.7	44.1	48.6	58.2	66.6	74.4	82.0	42.5
	55	保温厚度(mm)	54.6	57.7	59.5	61.8	64.2	67.6	71.9	74.3	77.3	80.8	83.6	88.4	91.6	94.0	95.7	115.9
		单位热损失(W/m)	22.4	24.5	25.8	27.6	29.6	32.9	37.7	40.7	45.0	50.3	55.7	67.6	77.9	87.6	97.5	54.3
	20	保温厚度(mm)	36.6	38.6	39.7	41.2	43.0	45.2	47.8	49.2	51.1	53.1	54.3	57.1	58.8	60.0	61.0	69.6
		单位热损失(W/m)	27.1	30.0	31.8	34.4	37.2	41.8	48.7	53.3	59.6	67.6	76.2	94.5	110.8	126.2	141.6	90.2

续表

内表面温度(℃)	热价(元/GJ)	公称直径(mm)	15	20	25	32	40	50	70	80	100	125	150	200	250	300	350	设备
200	90	保温厚度(mm)	76.0	80.3	82.8	86.2	89.6	94.6	100.6	104.5	109.0	113.9	118.1	125.7	130.9	134.9	138.3	176.9
		单位热损失(W/m)	27.8	30.1	31.6	33.6	35.8	39.3	44.4	47.4	52.0	57.6	63.1	75.2	85.5	95.1	104.5	50.8
	55	保温厚度(mm)	62.7	66.2	68.3	71.0	73.9	78.0	83.1	86.0	89.5	93.4	96.8	102.7	106.6	109.7	112.1	138.5
		单位热损失(W/m)	30.1	32.8	34.5	36.9	39.4	43.5	49.5	53.3	58.7	65.4	72.0	86.7	99.4	111.2	122.9	65.0
	20	保温厚度(mm)	42.2	44.6	46.0	47.8	49.6	52.2	55.4	57.1	59.3	61.5	63.4	66.7	68.8	70.4	71.7	83.3
		单位热损失(W/m)	36.1	39.8	42.1	45.3	48.9	54.7	63.4	69.0	76.9	87.0	97.1	119.7	139.5	158.2	176.8	108.0
250	90	保温厚度(mm)	85.2	90.0	92.8	96.5	100.3	105.9	113.0	117.1	122.2	127.9	132.7	141.4	147.7	152.5	156.5	204.4
		单位热损失(W/m)	35.5	38.4	40.2	42.7	45.4	49.7	55.8	59.7	65.2	71.8	78.5	92.9	105.0	116.4	127.5	58.8
	55	保温厚度(mm)	70.3	74.2	76.6	79.7	82.8	87.4	93.2	96.5	100.6	105.0	108.9	115.8	120.4	124.0	127.0	160.1
		单位热损失(W/m)	38.4	41.8	43.8	46.7	49.8	54.8	62.1	66.7	73.1	81.1	89.1	106.6	121.6	135.6	149.3	75.3
	20	保温厚度(mm)	47.3	50.0	51.6	53.6	55.6	58.6	62.2	64.3	66.7	69.4	71.6	75.5	78.0	80.0	81.6	96.4
		单位热损失(W/m)	45.8	50.3	53.1	57.0	61.4	68.4	78.8	85.5	95.0	107.0	119.0	145.7	169.1	190.9	212.6	125.0
300	90	保温厚度(mm)	93.8	99.1	102.1	106.2	110.4	116.6	124.5	128.9	134.8	141.0	146.5	156.5	163.5	168.9	173.5	230.9
		单位热损失(W/m)	43.8	47.3	49.4	52.4	55.6	60.7	68.0	72.6	79.0	86.8	94.6	111.3	125.5	138.6	151.4	66.6
	55	保温厚度(mm)	77.4	81.8	84.3	87.7	91.2	96.3	102.8	106.4	111.0	116.0	120.3	128.1	133.4	137.5	141.0	181.0
		单位热损失(W/m)	47.3	51.3	53. 7	57.2	60.9	66.8	75.3	80.8	88.3	97.7	107.1	127.4	144.7	160.9	176.7	85.2
	20	保温厚度(mm)	52.1	55.1	56.8	59.0	61.3	64.6	68.8	71.1	73.7	76.9	79.5	84.0	87.0	89.1	90.9	109.2
		单位热损失(W/m)	56.2	61.5	64.8	69.5	74.6	82.9	95.0	102.8	114.0	127.7	141.6	172.4	199.0	224.6	249.3	141.5

注：单位热损失中，保温设备的单位热损失的单位为 W/m^2。

表 16.2-10

离心玻璃棉管壳、板经济保温厚度选用表（室外，3000h）

内表面温度(℃)	热价(元/GJ)	公称直径(mm)	15	20	25	32	40	50	70	80	100	125	150	200	250	300	350	设备
50	90	保温厚度(mm)	35.1	37.0	38.1	39.6	41.0	43.1	45.6	47.0	48.6	50.4	51.9	54.3	55.9	57.0	57.8	65.5
		单位热损失(W/m)	7.6	8.5	9.0	9.7	10.5	11.9	13.9	15.2	17.0	19.4	21.8	27.1	31.8	36.4	40.8	36.4
	55	保温厚度(mm)	28.8	30.4	31.2	32.4	33.5	35.1	37.0	38.1	39.3	40.6	41.7	43.4	44.5	45.3	45.9	51.0
		单位热损失(W/m)	8.4	9.4	10.0	10.9	11.9	13.5	16.0	17.6	19.9	22.8	25.8	32.5	38.5	44.2	49.8	33.了
	20	保温厚度(mm)	19.2	20.2	20.7	21.4	22.1	23.0	24.0	24.6	25.4	26.0	26.6	27.4	27.9	28.3	28.6	30.4
		单位热损失(W/m)	10.7	12.1	13.0	14.4	15.8	18.3	22.1	24.6	28.1	32.8	37.6	48.5	58.2	67.5	76.8	56.5
100	90	保温厚度(mm)	47.5	50.1	51.8	53.8	55.8	58.8	62.4	64.5	67.0	69.7	71.9	75.9	78.5	80.4	81.9	97.0
		单位热损失(W/m)	14.3	15.7	16.5	17.8	19.1	21.3	24.5	26.6	29.6	33.3	37.0	45.3	52.5	59.3	66.1	38.8
	55	保温厚度(mm)	39.1	41.3	42.6	44.2	45.9	48.2	51.1	52.9	54.7	56.7	58.4	61.3	63.2	64.6	65.7	75.2
		单位热损失(W/m)	15.6	17.3	18.3	19.7	21.4	24.0	27.8	30.3	33.9	38.5	43.1	53.4	62.4	70.9	79.4	49.4
	20	保温厚度(mm)	26.2	27.6	28.3	29.4	30.4	31.8	33.5	34.4	35.5	36.6	37.5	38.9	39.9	40.5	41.0	45.0
		单位热损失(W/m)	19.3	21.5	23.0	25.1	27.5	31.3	37.1	41.0	46.4	53.5	60.7	77.2	91.5	105.4	119.2	82.6
150	90	保温厚度(mm)	57.4	60.7	62.6	65.1	67.6	71.3	75.9	78.5	81.7	85.2	88.1	93.3	96.8	99.5	101.6	123.6
		单位热损失(W/m)	21.3	23.3	24.5	26.2	28.1	31.1	35.5	38.4	42.3	47.3	52.3	63.3	72.8	81.7	90.4	49.6
	55	保温厚度(mm)	47.3	50.0	51.6	53.6	55.7	58.6	62.3	64.4	66.9	69.5	71.8	75.7	78.3	80.2	81.8	96.5
		单位热损失(W/m)	23.3	25.6	27.0	29.0	31.2	34.8	40.0	43.4	48.2	54.3	60.4	73.9	85.7	96.9	107.9	63.5
	20	保温厚度(mm)	31.8	33.5	34.5	35.8	37.1	38.9	41.2	42.3	43.8	45.2	46.5	48.6	50.0	50.8	51.6	57.7
		单位热损失(W/m)	28.3	31.5	33.5	36.3	39.5	44.7	52.4	57.6	64.8	74.2	83.6	104.8	123.6	141.5	159.1	105.5

续表

内表面温度(℃)	热价(元/GJ)	公称直径(mm)	15	20	25	32	40	50	70	80	100	125	150	200	250	300	350	设备
200	90	保温厚度(mm)	66.2	70.0	72.1	75.1	78.0	82.3	87.7	90.8	94.6	98.8	102.3	108.7	113.0	116.2	118.9	148.3
		单位热损失(W/m)	28.9	31.5	33.0	35.2	37.6	41.5	47.1	50.7	55.7	61.9	68.1	81.7	93.4	104.4	115.2	59.6
	55	保温厚度(mm)	54.6	57.7	59.5	61.9	64.3	67.8	72.1	74.4	77.4	80.8	83.6	88.5	91.7	94.1	95.8	116.0
		单位热损失(W/m)	31.5	34.4	36.2	38.8	41.6	46.1	52.8	57.2	63.2	70.6	78.2	94.9	109.4	123.0	136.7	76.2
	20	保温厚度(mm)	36.7	38.7	39.8	41.4	43.0	45.2	47.8	49.3	51.1	53.0	54.6	57.1	58.8	60.0	61.0	69.5
		单位热损失(W/m)	38.0	42.0	44.6	48.1	52.2	58.7	68.4	74.8	83.7	95.1	106.7	132.7	155.5	177.2	198.7	126.7
250	90	保温厚度(mm)	74.3	78.5	81.0	84.2	87.5	92.4	98.6	102.0	106.4	111.2	115.3	122.7	127.8	131.7	134.9	171.8
		单位热损失(W/m)	37.0	40.2	42.1	44.8	47.8	52.5	59.3	63.7	69.7	77.2	84.7	100.9	114.8	127.8	140.5	69.1
	55	保温厚度(mm)	61.3	64.8	66.8	69.5	72.2	76.2	81.1	83.9	87.4	91.2	94.4	100.2	104.0	106.9	109.3	134.4
		单位热损失(W/m)	40.2	43.8	46.0	49.2	52.7	58.2	66.3	71.4	78.6	87.7	96.7	116.6	133.7	149.8	156.6	88.5
	20	保温厚度(mm)	41.2	43.2	44.9	46.6	48.4	51.1	54.0	55.7	57.8	60.0	61.8	65.0	67.0	68.5	69.7	80.8
		单位热损失(W/m)	48.2	53.2	56.2	60.6	65.5	74.2	85.0	92.6	103.3	116.9	130.6	161.3	188.2	213.6	238.7	146.9
300	90	保温厚度(mm)	81.9	86.5	89.2	92.8	96.5	101.9	108.7	112.6	117.5	122.9	127.6	136.0	141.7	146.3	150.0	194.5
		单位热损失(W/m)	45.8	49.5	51.8	55.1	58.6	64.2	72.3	77.4	84.5	93.3	102.0	121.0	137.1	152.1	166.8	78.4
	55	保温厚度(mm)	67.6	71.2	73.4	76.4	79.4	83.8	89.3	92.4	96.3	100.6	104.2	110.7	115.1	118.5	121.2	151.6
		单位热损失(W/m)	49.6	53.5	56.2	60.0	64.0	70.5	80.0	86.0	94.4	104.9	115.4	138.3	158.0	176.5	194.6	100.0
	20	保温厚度(mm)	45.5	48.1	49.5	51.5	53.5	56.3	59.7	61.7	64.0	66.6	68.7	72.4	74.8	76.6	78.0	91.6
		单位热损失(W/m)	59.2	65.0	68.7	73.8	79.6	88.8	102.5	111.3	123.8	139.6	155.4	190.7	221.5	251.7	279.6	166.6

注：单位热损失中，保温设备的单位热损失的单位为 W/m^2。

允许最大热损失的最小保温厚度表 （全年运行，离心玻璃棉材料）(mm) **表 16.2-11**

内表面温度(℃)	50		100		150		200		250		300	
允许最大散热损失(W/m^2)	58		93		116		140		163		186	
公称直径(mm)	管壳	保温毡	管壳	保温毡	管壳	保温毡	管壳	保温毡	管壳	保温毡	管壳	保温毡
15	15	—	22	—	28	—	33	—	37	—	41	—
20	16	—	23	—	30	—	35	—	39	—	44	—
25	16	—	24	—	31	—	36	—	41	—	45	—
32	17	—	24	—	32	—	37	—	42	—	47	—
40	17	—	25	—	33	—	39	—	44	—	48	—
50	18	—	26	—	34	—	40	—	46	—	51	—
70	18	—	28	—	36	—	43	—	49	—	54	—
80	19	—	29	—	37	—	44	—	50	—	56	—
100	19	—	29	—	38	—	45	—	52	—	58	—
125	20	—	30	—	39	—	47	—	54	—	60	—
150	20	—	31	—	40	—	48	—	55	—	62	—
200	20	—	32	—	42	—	50	—	58	—	65	—
250	21	22	33	35	43	47	52	57	60	65	67	73
300	21	22	33	35	44	48	53	58	61	67	68	75
400	—	23	—	36	—	49	—	59	—	69	—	78
500	—	23	—	36	—	50	—	60	—	70	—	80
1000	—	23	—	37	—	51	—	63	—	74	—	84
设备	棉板 23	24	棉板 37	39	棉板 52	54	棉板 65	67	棉板 77	79	棉板 88	90

允许最大热损失的最小保温厚度表 （季节运行，离心玻璃棉材料）(mm) 表 16.2-12

内表面温度(℃)	50		100		150		200		250		300	
允许最大散热损失(W/m²)	116		163		203		244		279		308	
公称直径(mm)	管壳	保温毡	管壳	保温毡	管壳	保温毡	管壳	保温毡	管壳	保温毡	管壳	保温毡
15	12	—	16	—	20	—	22	—	26	—	29	—
20	12	—	17	—	20	—	24	—	27	—	30	—
25	12	—	17	—	21	—	24	—	28	—	31	—
32	13	—	18	—	22	—	25	—	29	—	32	—
40	13	—	18	—	22	—	26	—	30	—	33	—
50	13	—	19	—	23	—	27	—	31	—	35	—
70	14	—	20	—	24	—	28	—	33	—	37	—
80	14	—	20	—	25	—	29	—	33	—	38	—
100	14	—	20	—	26	—	30	—	34	—	39	—
125	15	—	21	—	26	—	31	—	35	—	40	—
150	15	—	21	—	27	—	31	—	36	—	41	—
200	15	—	22	—	28	—	33	—	38	—	43	—
250	15	16	22	24	28	30	33	36	38	42	44	49
300	15	16	22	24	29	31	34	37	39	43	45	49
400	—	16	—	24	—	31	—	37	—	44	—	50
500	—	16	—	25	—	32	—	38	—	45	—	52
1000	—	17	—	25	—	33	—	39	—	46	—	54
设备	棉板 16	17	棉板 25	26	棉板 32	34	棉板 39	40	棉板	48	棉板 55	56

防烫伤保温厚度表（离心玻璃棉材料）(mm)　　表 16.2-13

内表面温度(℃)	100		150		200		250		300		350	
计算参数	保温层外表温度　60℃						环境温度　30℃					
公称直径(mm)	管壳	保温毡	管壳	保温毡	管壳	保温毡	管壳	保温毡	管壳	保温毡	管壳	保温毡
15	8	—	13	—	20	—	26	—	32	—	38	—
20	8	—	13	—	20	—	26	—	33	—	40	—
25	8	—	13	—	20	—	27	—	34	—	41	—
32	8	—	14	—	21	—	28	—	35	—	42	—
40	8	—	14	—	21	—	29	—	36	—	44	—
50	8	—	14	—	22	—	30	—	38	—	46	—
70	8	—	15	—	23	—	31	—	40	—	49	—
80	8	—	15	—	24	—	32	—	41	—	50	—
100	8	—	15	—	25	—	33	—	42	—	52	—
125	8	—	15	—	25	—	34	—	44	—	54	—
150	8	—	16	—	25	—	35	—	45	—	56	—
200	8	—	16	—	26	—	36	—	47	—	58	—
250	8	8	16	18	26	29	37	41	48	53	60	67
300	8	8	17	18	27	29	38	41	49	54	61	68
400	—	8	—	18	—	30	—	42	—	56	—	70
500	—	8	—	18	—	30	—	43	—	57	—	72
1000	—	8	—	19	—	31	—	44	—	59	—	75
设备	棉板 8	8	棉板 18	19	棉板 31	32	棉板 45	46	棉板 61	62	棉板 79	80

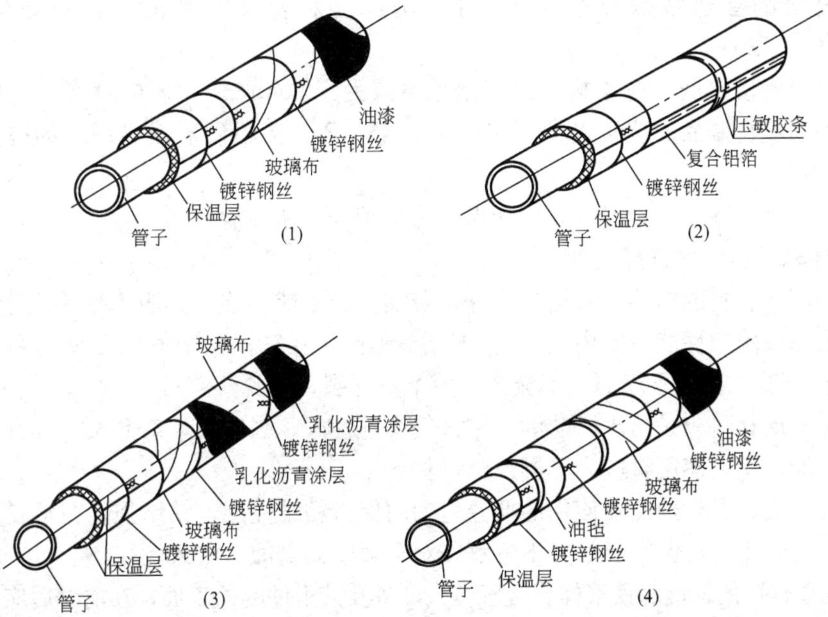

图 16.2-2 复合包扎涂抹外保护层管道保温结构图

16.3 管道和设备的保冷

16.3.1 保冷设计基本原则

在管道与设备的表面进行保冷主要为了满足以下三方面的需要：首先是为了满足用户使用的需要，防止管道或设备内介质温度的过度升高；其次是为了节约能源，减少冷量损失，降低产品成本，提高经济效益；再次是为了改善工作环境，保护操作人员的安全，避免冻伤等。

1. 设置保冷的基本原则

(1) 低于常温的设备与管道，需要减少介质或载冷介质在生产和输送过程中冷损失者；

(2) 为防止冷介质或载冷介质在生产和输送过程中气化者；

(3) 为防止0℃以上、常温以下的设备或管道的外表面凝露者；

(4) 与低温设备或低温管道相连的，表面易凝露或冻结的附件及管道。

2. 保冷材料的选择原则

(1) 保冷材料应是闭孔、憎水、不燃、难燃或阻燃材料，其氧指数不小于30，室内使用时应不低于32；

(2) 吸水率及含水率低，其质量分数分别不大于3.3%和1%；

(3) 材料应是无毒、无味、不腐烂，在低温下能长期使用；

(4) 应具有良好的化学稳定性，对设备与管道无腐蚀使用；当遭受火灾时，不至于大量逸散有毒气体，应符合GB/T 8627烟密度等级（SDR）不大于75；

(5) 保冷材料的允许使用温度应低于在正常操作情况下管道介质的最低温度；

(6) 材料的导热系数要小，常温下，泡沫塑料及其制品的导热系数应不大于 0.0442W/(m·K)；

(7) 材料密度要低，泡沫塑料及其制品不应大于 $60kg/m^3$，但应具有一定的机械强度，有机硬质成型制品的抗压强度不应小于 0.15MPa，无机硬质成型制品的抗压强度不应小于 0.3MPa；

(8) 在不稳定导热的情况下，仍能保持热物理与机械性能。

3. 主要辅助材料的选择原则

(1) 防潮层材料的抗蒸汽渗透性要好，防潮、防水能力强，其吸水率不大于1%，具有不燃、难燃或阻燃性能，室内使用时的氧指数不小于32；安全使用温度范围大，软化温度不低于65℃，夏季不起泡，不流淌；冬季不开裂，不脱落。

(2) 保护层材料应是防水、防潮、抗大气腐蚀性好，强度高，寿命长，具有不燃、难燃或阻燃性能，室内使用时应为不燃或难燃材料。

(3) 胶粘剂、密封剂应在使用的低温范围内保持粘结性能，粘结强度在常温下应大于 0.15MPa，易固化，对保冷层材料不溶解，对金属壁无腐蚀，密封性好。

(4) 需要保冷的碳钢和铁素体合金管道、设备及其附件的外表面，在清净后应刷防锈涂料。有色金属及非金属材料的保冷管道、设备及其附件的外表面，在清净后不需刷防锈涂料。

4. 保冷厚度计算原则

(1) 为减少冷量损失，并防止外表面凝露的保冷工程，应按“经济厚度”的方法计算保冷厚度，并以热平衡法校核其外表面温度，该温度应高于环境空气的露点温度，否则须加厚重新计算，直至满足要求。

(2) 为防止外表面凝露以及防冻伤需计算最外层的表面温度时，应采用表面温度法计算保冷层厚度。该温度应高于环境空气的露点温度，否则须加厚重新计算。

(3) 工艺上要求控制冷损失量时，按满足冷损失要求进行计算，并以热平衡法校核其外表面温度，该温度应高于环境露点温度，否则须加厚重新计算，直至满足要求。

(4) 以满足介质输送时允许温升的条件，按热平衡方法计算。

16.3.2 保冷材料及其制品的性能

常用的保冷材料有：聚苯乙烯泡塑制品、硬质聚氨酯泡塑制品、发泡橡塑制品、酚醛泡沫制品等。其主要技术性能见表16.3-1。

16.3.3 常用辅助材料

1. 保护层

(1) 金属保护层

a 镀锌薄钢板：厚度为0.3～0.8mm，直径 *DN*200 以下的采用 0.3mm；

b 铝合金板：厚度为0.4～0.7mm，直径 *DN*200 以下的采用 0.4mm；

c 不锈钢板：厚度为0.3～0.5mm，直径 *DN*200 以下的采用 0.3mm。

(2) 复合保护层

a 玻璃布或复合铝箔：适合室内保冷；

b 油毡、玻璃布、冷沥青液涂层或玻璃钢：适合室外及地沟保冷。

常用绝热(保冷)材料及其制品的主要技术性能　　表 16.3-1

材料名称	密度 (kg/m^3)	导热系数 [W/(m·K)]	适用温度 (℃)	抗压强度 (MPa)	吸湿率 (%)	燃烧性	备　　注
泡沫塑料类							
聚苯乙烯泡塑料制品	15～50	0.032～0.046	−40～75	≥0.15		自熄	密度小,导热系数小,施工方便,不耐高温,一般适用于65℃以下的低温水管道保温,个别适用温度稍高 聚氨酯类可现场发泡成型,强度高,但成本也高。此类材料可燃,防火性能差,燃烧时烟密度较高,有阻燃与难燃型之区分,使用时须注意
硬质聚氨酯泡塑制品	40～120	0.023～0.035	−60～110	≥0.20	1.6	自熄	
软质聚氨酯泡塑制品	32～45	≤0.042	−50～100				
硬质聚氯乙烯泡塑料制品	≤45	≤0.043	−35～80	≥0.18		自熄	
软质聚氯乙烯泡塑制品	10	0.054					
发泡橡塑制品	40～120	≤0.043	−40～85		≤4	难燃	
酚醛泡沫制品	40～120	0.025～0.038	−180～130			难燃	密度小,导热系数小,燃烧时烟密度较小
沥青膨胀珍珠岩制品	280～400	0.07～0.104	−40～80	≥0.20			不老化,憎水,耐腐蚀,锯切方便,常用于低温潮湿的场所
聚异三聚氰酸酯(PIR)	>35	≤0.019	−196～130			难燃	导热系数低,低温下尺寸稳定,宜深保冷使用

2. 防潮层

(1) 涂抹防潮层:采用玻璃布沥青胶涂层,即在保冷层外缠玻璃布后涂抹沥青胶。

(2) 包缠防潮层:采用聚乙烯薄板、沥青玻璃布油毡、CPUJ 卷材、复合铝箔等。

16.3.4 保冷厚度计算方法

在 16.2.3 节绝热层厚度计算方法中的“1. 按‘经济厚度’的方法计算;2. 满足散热损失要求的计算;3. 满足介质输送时允许温降(升)的条件进行计算”,都适用于保冷工程中的绝热材料厚度计算,尚需补充的计算公式和计算参数的取值补充如下:

1. 防保冷层表面结露的保冷层厚度计算公式

(1) 平面型单层防结露绝热层厚度应按下式计算:

$$\delta=\frac{B\lambda}{\alpha_s}\cdot\frac{T_s-T_o}{T_a-T_d} \tag{16.3-1}$$

式中 T_d——当地气象条件下最热月的露点温度,℃;

T_s——绝热层外表面温度,应高于环境露点温度 0.3℃以下,$T_s=T_d+0.3$。

B——由于吸湿、老化等原因引起的保冷厚度增加的修正系数,视材料而定,通常可取 1.05～1.30;性能稳定的材料取低值,反之取高值。

(2) 圆筒型单层防绝热层外表面结露的绝热层厚度 δ 计算中,应使 D_1 满足下列恒等式要求:

$$D_1\ln\frac{D_1}{D_0}=\frac{2\lambda}{\alpha_s}\cdot\frac{T_s-T_o}{T_a-T_d} \tag{16.3-2}$$

$$\delta=B\cdot\frac{D_1-D_0}{2} \tag{16.3-3}$$

式中 D_1——防结露要求的最小绝热层外层,m;

2. 保冷管道最大允许冷损失量应按下列公式计算:

当 $T_a - T_d \leqslant 4.5$ 时:

$$[Q] = -(T_a - T_d)\alpha_s \tag{16.3-4}$$

当 $T_a - T_d > 4.5$ 时:

$$[Q] = -4.5\alpha_s \tag{16.3-5}$$

式中 T_a——取当地气象条件下夏季空气调节室外计算干球温度,℃;

T_d——取当地气象条件下最热月的露点温度,℃;

α_s——取 8.141W/(m^2·K)。

3. 保冷计算参数的取值要求

(1) 环境温度 T_a 取值:

a. 防结露厚度与最大允许冷损失下的厚度计算时,环境温度 T_a 应取夏季空气调节室外计算干球温度;

b. 经济厚度计算时,环境温度 T_a 应取运行期日平均温度的平均值;

c. 表面温度和热损失的计算中,T_a 应取厚度计算时的对应值。

(2) 露点温度 T_d 应根据夏季空气调节室外计算干球温度和最热月月平均相对湿度查 $h-d$ 图而得。

(3) 导热系数 λ 应取绝热材料在平均设计温度下的导热系数,对软质材料应取安装密度下的导热系数。

(4) 保冷结构表面放热系数 α_s 取值:

a. 防结露绝热厚度计算和允许冷损失量的厚度计算中,取 8.141W/(m^2·K);

b. 经济厚度计算中,α_s 的取值见本章 16.2.3 中 6.(4)条的规定;室内时,风速取 0;

c. 表面温度、冷量损失的计算中,α_s 应取厚度计算时的对应值。

(5) 年运行时间 t:

常年运行按 8000h 计算,间隙运行或按季节运行按设计或实际运行天数计。

(6) 绝热工程投资贷款年分摊率 S 的计算式见式(16.2-19)。

16.3.5 常用保冷材料厚度选用图表

1. 常用保冷材料的厚度选用表如下:

(1) 采用保冷材料的最小防结露厚度:

a. 表 16.3-3:我国各主要城市的潮湿系数 θ 计算表;

b. 图 16.3-3:发泡橡塑材料的最小防结露厚度;

c. 图 16.3-4:硬质聚氨酯泡塑材料的最小防结露厚度;

d. 图 16.3-5:离心玻璃棉及酚醛泡沫的平面型绝热最小防结露厚度。

使用时,首先应根据工程所在地的城市气象条件和冷介质的温度,查表 16.3-3 获得对应的潮湿系数 θ,然后根据这个潮湿系数 θ 查图 16.3-3～图 16.3-5 获得所需管道或设备的最小绝热厚度。

潮湿系数 θ 的计算公式如下:

$$\theta=\frac{T_s-T_o}{T_a-T_s} \tag{16.3-6}$$

（2）经济绝热厚度：

a. 表 16.3-4：建筑物内冷管道发泡橡塑的经济绝热厚度；

b. 表 16.3-5：建筑物内冷管道硬质聚氨酯泡塑的经济绝热厚度；

c. 表 16.3-6：建筑物内离心玻璃棉和酚醛泡沫平面型保冷的经济绝热厚度。

2. 常用保冷厚度选用表采用的基本数据

（1）常用保冷厚度选用图、表计算采用的基本数据见表 16.3-2。如使用环境、条件、价格等差异较大时，应重新计算确定。

常用保冷厚度选用图、表的计算基本参数　　表 16.3-2

<table>
<tr><td>图表号
项目</td><td>图 16.3-3</td><td>图 16.3-4</td><td>图 16.3-5</td><td>表 16.3-4</td><td>表 16.3-5</td><td colspan="2">表 16.3-6</td></tr>
<tr><td>年运行时间(h)</td><td>—</td><td>—</td><td>—</td><td colspan="4">2880</td></tr>
<tr><td>环境温度(℃)</td><td colspan="3" rowspan="2">根据潮湿系数 θ</td><td colspan="2">29(通风房间)</td><td colspan="2">29(通风房间)
26(通风房间)</td></tr>
<tr><td>介质温度(℃)</td><td colspan="4">−13,−9,−5,−1,3,7,11,15</td></tr>
<tr><td>外表面放热系数
[W/(m²·K)]</td><td colspan="3">8.141</td><td colspan="4">11.63</td></tr>
<tr><td>计算年限(年)</td><td colspan="2">—</td><td></td><td colspan="4">5</td></tr>
<tr><td>利率(%)</td><td colspan="2">—</td><td></td><td colspan="4">6</td></tr>
<tr><td>冷价(元/GJ)</td><td colspan="2">—</td><td></td><td colspan="4">70</td></tr>
<tr><td>绝热材料</td><td>发泡橡塑</td><td>硬质聚氨酯泡塑</td><td>离心玻璃棉/酚醛泡沫</td><td>发泡橡塑</td><td>硬质聚氨酯泡塑</td><td>离心玻璃棉</td><td>酚醛泡沫</td></tr>
<tr><td>导热系数或方程</td><td>0.037</td><td>0.027</td><td>0.035
/0.034</td><td>$0.0338+0.000138T_p$</td><td>$0.0253+0.00009T_p$</td><td>$0.031+0.00017T_p$</td><td>$0.027+0.0003T_p$</td></tr>
<tr><td>绝热结构单价
(元/m³)</td><td>—</td><td>—</td><td>—</td><td>3600</td><td>2800</td><td>1300</td><td>2400</td></tr>
</table>

注：图 16.3-3、4、5 中查得的防结露厚度，均未考虑绝热材料的老化因素。

（2）冷价：

冷价是以电制冷的螺杆式冷水机组、冷却水塔、冷冻水泵、冷却水泵的基本组合为计算依据。由于全国各地的电价和水价相差很大，这里只能按一般情况进行假设，采用 70 元/GJ。

（3）贷款年分摊率 S：

按还贷年限 $n=5$ 年，贷款的年利率 $i=6\%$ 计算，投资贷款年分摊率 S 为 23.74%。

（4）年运行时间：

大多数公共建筑冷管道绝热是用于空调工程，夏季使用，因此采用 2880h。

（5）计算用绝热材料导热系数方程：

柔性发泡橡塑导热系数方程　　$0.0338+0.000138T_p$；

硬质聚氨酯泡塑导热系数方程　　$0.0253+0.00009T_p$；

离心玻璃棉板材导热系数方程　　$0.031+0.00017T_p$；

酚醛泡沫的导热系数方程　　　　$0.027+0.0003T_p$。

(6) 绝热材料、安装等的单位造价:

绝热结构价格包括绝热材料、防潮层、保护层、辅助材料及人工等价格。发泡橡塑单位造价采用3600元/m^3,硬质聚氨酯泡塑为2800元/m^3,离心玻璃棉板为1300元/m^3,酚醛泡沫为2400元/m^3。

(7) 环境温度:

采用夏季最热月的平均温度,这里采用29℃,可以满足全国绝大部分城市,保冷工程在通风房间内使用时的要求。

由于室外受风速、太阳辐射等众多因素的影响,只能根据实际条件计算确定保冷的经济厚度。

16.3.6 常用保冷构造图

图16.3-1是金属外保护层的管道保冷结构图。适用于室内外架空管道的保冷工程。保护层为镀锌钢板或铝合金板。结构(1)和(2)适用于介质温度为−20～5℃的保冷工程。结构(3)适用于介质温度为6～20℃的保冷工程。当管道坡度较大时,为防止金属保护层下滑,可按结构(2)在环向搭接缝处设S形托板,每道环向缝不得少于2块,托板材料与金属保护层相同。

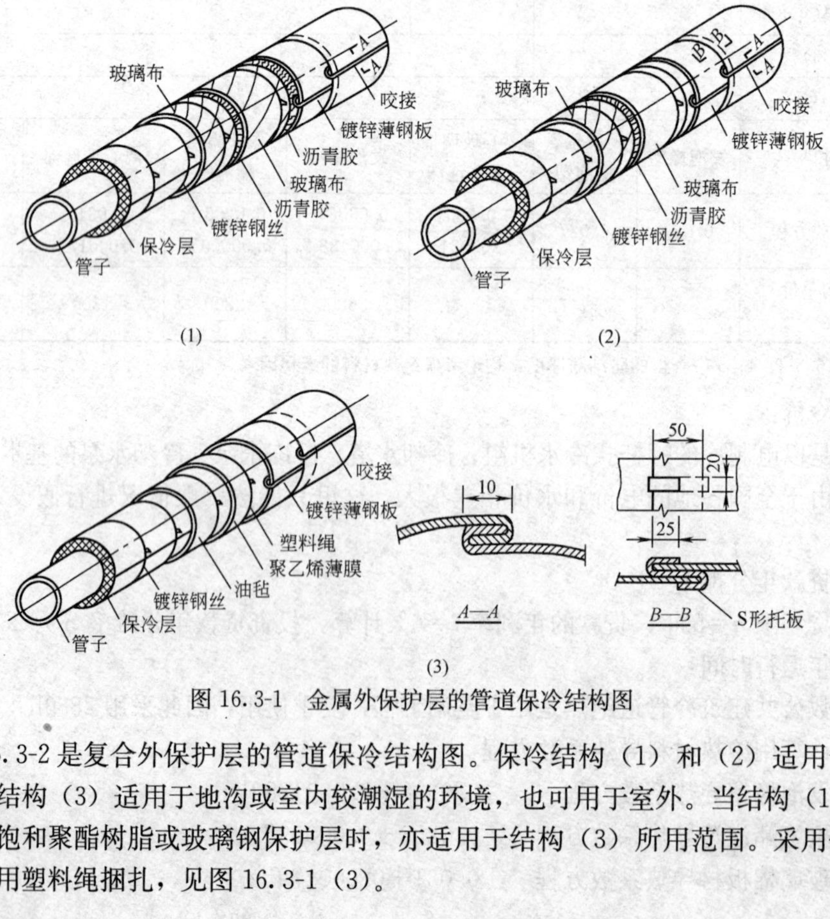

图16.3-1　金属外保护层的管道保冷结构图

图16.3-2是复合外保护层的管道保冷结构图。保冷结构(1)和(2)适用于室内架空管道,结构(3)适用于地沟或室内较潮湿的环境,也可用于室外。当结构(1)表面油漆改涂不饱和聚酯树脂或玻璃钢保护层时,亦适用于结构(3)所用范围。采用包缠防潮层时,须用塑料绳捆扎,见图16.3-1(3)。

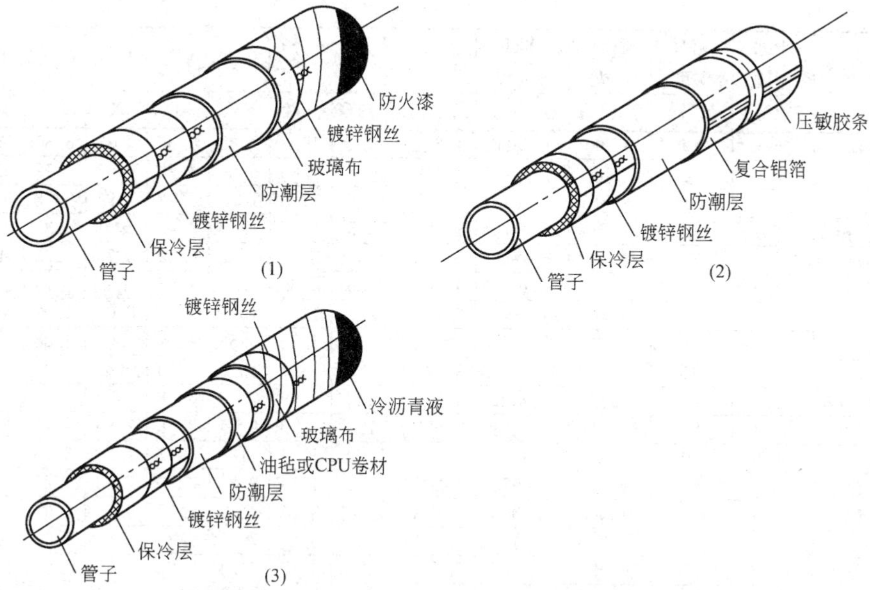

图 16-3-2 复合外保护层的管道保冷结构图

各主要城市的潮湿系数 θ 计算表 **表 16.3-3**

序号	城市	干球温度	相对湿度	露点温度	露点加 0.3	T_a-T_d	各种介质温度条件下的潮湿系数 θ							
		T_a(℃)	ψ(%)	T_d(℃)	T_s(℃)	(℃)	−13℃	−9℃	−5℃	−1℃	3℃	7℃	11℃	15℃
1	北京	33.6	78	29.226	29.52555	4.374	10.4	9.46	8.47	7.49	6.51	5.53	4.55	3.57
2	天津	33.9	78	29.516	29.8164	4.384	10.5	9.51	8.53	7.55	6.57	5.59	4.61	3.63
3	承德	32.8	72	27.077	27.37703	5.723	7.45	6.71	5.97	5.23	4.5	3.76	3.02	2.28
4	石家庄	35.2	75	30.091	30.39095	5.109	9.02	8.19	7.36	6.53	5.7	4.86	4.03	3.2
5	大同	31	66	23.891	24.19092	7.109	5.46	4.87	4.29	3.7	3.11	2.52	1.94	1.35
6	太原	31.6	72	25.925	26.22519	5.675	7.3	6.55	5.81	5.07	4.32	3.58	2.83	2.09
7	运城	35.9	69	29.312	29.61243	6.588	6.78	6.14	5.5	4.87	4.23	3.6	2.96	2.32
8	海拉尔	29.2	71	23.389	23.68903	5.811	6.66	5.93	5.21	4.48	3.75	3.03	2.3	1.58
9	二连浩特	33.2	49	21.03	21.32993	12.17	2.89	2.56	2.22	1.88	1.54	1.21	0.87	0.53
10	呼和浩特	30.7	64	23.095	23.39518	7.605	4.98	4.43	3.89	3.34	2.79	2.24	1.7	1.15
11	沈阳	31.4	78	27.093	27.39266	4.307	10.1	9.08	8.08	7.09	6.09	5.09	4.09	3.09
12	锦州	31.4	80	27.525	27.82549	3.875	11.4	10.3	9.18	8.06	6.95	5.83	4.71	3.59
13	朝阳	33.6	73	28.082	28.38185	5.518	7.93	7.16	6.4	5.63	4.86	4.1	3.33	2.56
14	大连	29	83	25.812	26.11242	3.188	13.5	12.2	10.8	9.39	8	6.62	5.23	3.85
15	四平	30.7	78	26.414	26.71401	4.286	9.96	8.96	7.96	6.95	5.95	4.95	3.94	2.94
16	长春	30.4	78	26.123	26.42316	4.277	9.91	8.91	7.9	6.9	5.89	4.88	3.88	2.87
17	佳木斯	30.8	78	26.511	26.81096	4.289	9.98	8.98	7.97	6.97	5.97	4.97	3.96	2.96
18	齐齐哈尔	31.2	73	25.774	26.07421	5.426	7.62	6.84	6.06	5.28	4.5	3.72	2.94	2.16
19	哈尔滨	30.6	77	26.098	26.39824	4.502	9.38	8.42	7.47	6.52	5.57	4.62	3.66	2.71
20	牡丹江	30.9	76	26.167	26.46682	4.733	8.9	8	7.1	6.2	5.29	4.39	3.49	2.59
21	上海	34.6	83	31.284	31.58381	3.316	14.8	13.5	12.1	10.8	9.48	8.15	6.82	5.5
22	徐州	34.4	81	30.661	30.96057	3.739	12.8	11.6	10.5	9.29	8.13	6.97	5.8	4.64
23	淮阴	33.3	85	30.429	30.72938	2.871	17	15.5	13.9	12.3	10.8	9.23	7.67	6.12
24	南京	34.8	81	31.05	31.35019	3.75	12.9	11.7	10.5	9.38	8.22	7.06	5.9	4.74
25	杭州	35.7	80	31.707	32.0075	3.993	12.2	11.1	10	8.94	7.86	6.77	5.69	4.61
26	衢州	35.9	76	30.999	31.29862	4.901	9.63	8.76	7.89	7.02	6.15	5.28	4.41	3.54
27	温州	34.1	84	31.005	31.3054	3.095	15.9	14.4	13	11.6	10.1	8.7	7.27	5.83
28	合肥	35.1	81	31.342	31.64241	3.758	12.9	11.8	10.6	9.44	8.28	7.13	5.97	4.81
29	安庆	35.3	79	31.097	31.39731	4.203	11.4	10.4	9.33	8.3	7.28	6.25	5.23	4.2

续表

序号	城市	干球温度 T_a(℃)	相对湿度 ψ(%)	露点温度 T_d(℃)	露点加0.3 T_s(℃)	T_a-T_d (℃)	各种介质温度条件下的潮湿系数θ −13℃	−9℃	−5℃	−1℃	3℃	7℃	11℃	15℃
30	屯溪	35.6	79	31.389	31.68862	4.211	11.4	10.4	9.38	8.36	7.33	6.31	5.29	4.27
31	福州	36	78	31.552	31.85233	4.448	10.8	9.85	8.89	7.92	6.96	5.99	5.03	4.06
32	厦门	33.6	81	29.881	30.18131	3.719	12.6	11.5	10.3	9.12	7.95	6.78	5.61	4.44
33	景德镇	36	79	31.777	32.07704	4.223	11.5	10.5	9.45	8.43	7.41	6.39	5.37	4.35
34	南昌	35.6	75	30.477	30.77685	5.123	9.08	8.25	7.42	6.59	5.76	4.93	4.1	3.27
35	赣州	35.5	70	29.18	29.47963	6.32	7.06	6.39	5.73	5.06	4.4	3.73	3.07	2.41
36	潍坊	34.2	81	30.466	30.76575	3.734	12.7	11.6	10.4	9.25	8.08	6.92	5.76	4.59
37	济南	34.8	73	29.236	29.53568	5.564	8.08	7.32	6.56	5.8	5.04	4.28	3.52	2.76
38	商丘	34.7	81	30.953	31.25279	3.747	12.8	11.7	10.5	9.36	8.2	7.04	5.88	4.71
39	郑州	35	76	30.129	30.4289	4.871	9.5	8.63	7.75	6.88	6	5.13	4.25	3.38
40	南阳	34.4	80	30.443	30.74317	3.957	12	10.9	9.77	8.68	7.59	6.49	5.4	4.31
41	宜昌	35.6	80	31.61	31.91024	3.99	12.2	11.1	10	8.92	7.84	6.75	5.67	4.58
42	武汉	35.3	79	31.097	31.39731	4.203	11.4	10.4	9.33	8.3	7.28	6.25	5.23	4.2
43	常德	35.5	75	30.38	30.68038	5.12	9.06	8.23	7.4	6.57	5.74	4.91	4.08	3.25
44	长沙	36.5	75	31.345	31.64514	5.155	9.2	8.37	7.55	6.72	5.9	5.08	4.25	3.43
45	零陵	34.9	72	29.093	29.39275	5.807	7.7	6.97	6.24	5.52	4.79	4.07	3.34	2.61
46	韶关	35.3	75	30.187	30.48742	5.113	9.04	8.21	7.37	6.54	5.71	4.88	4.05	3.22
47	广州	34.2	83	30.893	31.193	3.307	14.7	13.4	12	10.7	9.38	8.05	6.72	5.39
48	海口	35.1	83	31.772	32.07233	3.328	14.9	13.6	12.2	10.9	9.6	8.28	6.96	5.64
49	桂林	34.2	78	29.807	30.10724	4.393	10.5	9.56	8.58	7.6	6.62	5.65	4.67	3.69
50	梧州	34.8	80	30.832	31.13219	3.968	12	10.9	9.85	8.76	7.67	6.58	5.49	4.4
51	南宁	34.4	82	30.876	31.17563	3.524	13.7	12.5	11.2	9.98	8.74	7.5	6.26	5.02
52	成都	31.9	85	29.057	29.35746	2.843	16.7	15.1	13.5	11.9	10.4	8.79	7.22	5.65
53	重庆	36.3	75	31.152	31.45219	5.148	9.17	8.34	7.52	6.69	5.87	5.04	4.22	3.39
54	西昌	30.6	75	25.653	25.95303	4.947	8.38	7.52	6.66	5.8	4.94	4.08	3.22	2.36
55	遵义	31.8	77	27.26	27.55976	4.54	9.57	8.62	7.68	6.74	5.79	4.85	3.91	2.96
56	贵阳	30.1	77	25.614	25.91427	4.486	9.3	8.34	7.39	6.43	5.47	4.52	3.56	2.61
57	兴仁	28.7	82	25.315	25.61494	3.385	12.5	11.2	9.92	8.63	7.33	6.03	4.74	3.44
58	腾冲	26.3	90	24.524	24.82372	1.776	25.6	22.9	20.2	17.5	14.8	12.1	9.36	6.65
59	昆明	26.3	83	23.174	23.47442	3.126	12.9	11.5	10.1	8.66	7.25	5.83	4.41	3
60	拉萨	24	54	14.105	14.40498	9.895	2.86	2.44	2.02	1.61	1.19	0.77	0.35	0
61	昌都	26.2	64	18.839	19.13875	7.361	4.55	3.98	3.42	2.85	2.29	1.72	1.15	0.59
62	林芝	22.9	76	18.436	18.73594	4.464	7.62	6.66	5.7	4.74	3.78	2.82	1.86	0.9
63	榆林	32.3	62	24.078	24.37755	8.222	4.72	4.21	3.71	3.2	2.7	2.19	1.69	1.18
64	西安	35.1	72	29.285	29.58472	5.815	7.72	7	6.27	5.55	4.82	4.09	3.37	2.64
65	汉中	32.3	81	28.615	28.91502	3.685	12.4	11.2	10	8.84	7.66	6.47	5.29	4.11
66	敦煌	34.1	48	21.515	21.81529	12.58	2.83	2.51	2.18	1.86	1.53	1.21	0.88	0.55
67	兰州	31.3	61	22.866	23.16616	8.434	4.45	3.95	3.46	2.97	2.48	1.99	1.5	1
68	天水	30.9	72	25.253	25.55328	5.647	7.21	6.46	5.71	4.97	4.22	3.47	2.72	1.97
69	西宁	26.4	65	19.277	19.57722	7.123	4.77	4.19	3.6	3.02	2.43	1.84	1.26	0.67
70	格尔木	27	36	10.638	10.93764	16.36	1.49	1.24	0.99	0.74	0.49	0.25	0	0
71	玉树	21.9	69	15.945	16.24541	5.955	5.17	4.46	3.76	3.05	2.34	1.64	0.93	0.22
72	银川	31.3	64	23.663	23.96271	7.637	5.04	4.49	3.95	3.4	2.86	2.31	1.77	1.22
73	盐池	31.8	57	22.215	22.51513	9.585	3.83	3.39	2.96	2.53	2.1	1.67	1.24	0.81
74	固原	27.7	71	21.952	22.25174	5.748	6.47	5.74	5	4.27	3.53	2.8	2.07	1.33
75	克拉玛依	36.4	32	17.037	17.33683	19.36	1.59	1.38	1.17	0.96	0.75	0.54	0.33	0.12
76	乌鲁木齐	33.4	44	19.466	19.76643	13.93	2.4	2.11	1.82	1.52	1.23	0.94	0.64	0.35
77	吐鲁番	40.3	31	19.906	20.20582	20.39	1.65	1.45	1.25	1.06	0.86	0.66	0.46	0.26
78	伊宁	32.9	58	23.529	23.82949	9.371	4.06	3.62	3.18	2.74	2.3	1.86	1.41	0.97
79	和田	34.5	40	18.921	19.22055	15.58	2.11	1.85	1.59	1.32	1.06	0.8	0.54	0.28
80	台北	33.6	77	29.002	29.30205	4.598	9.84	8.91	7.98	7.05	6.12	5.19	4.26	3.33
81	香港	32.4	81	28.712	29.01243	3.688	12.4	11.2	10	8.86	7.68	6.5	5.32	4.14

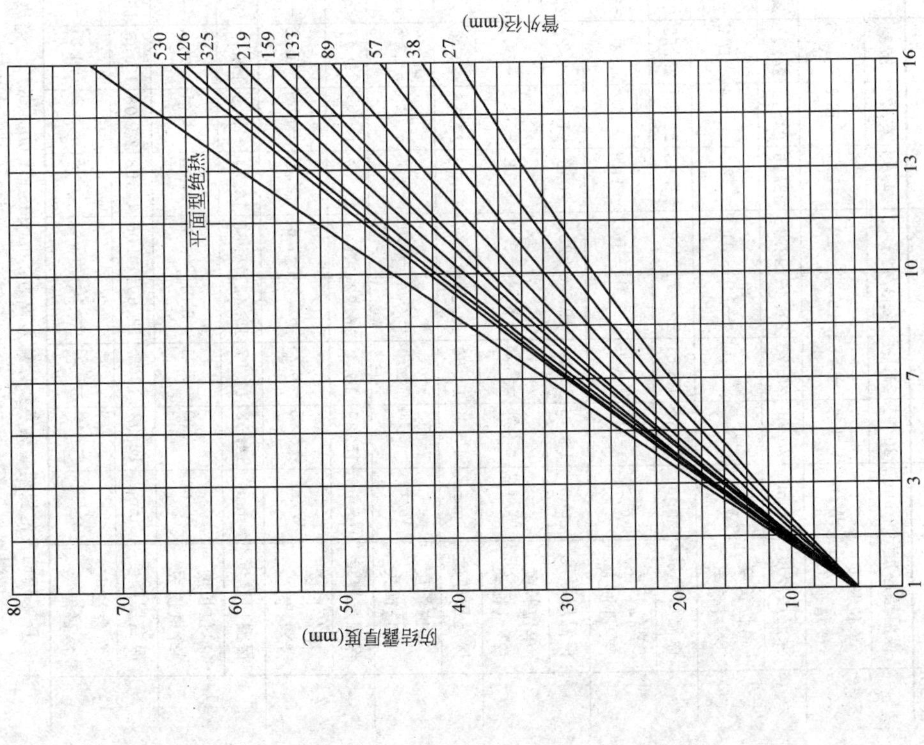

图 16.3-3 发泡橡塑材料的最小防结露厚度

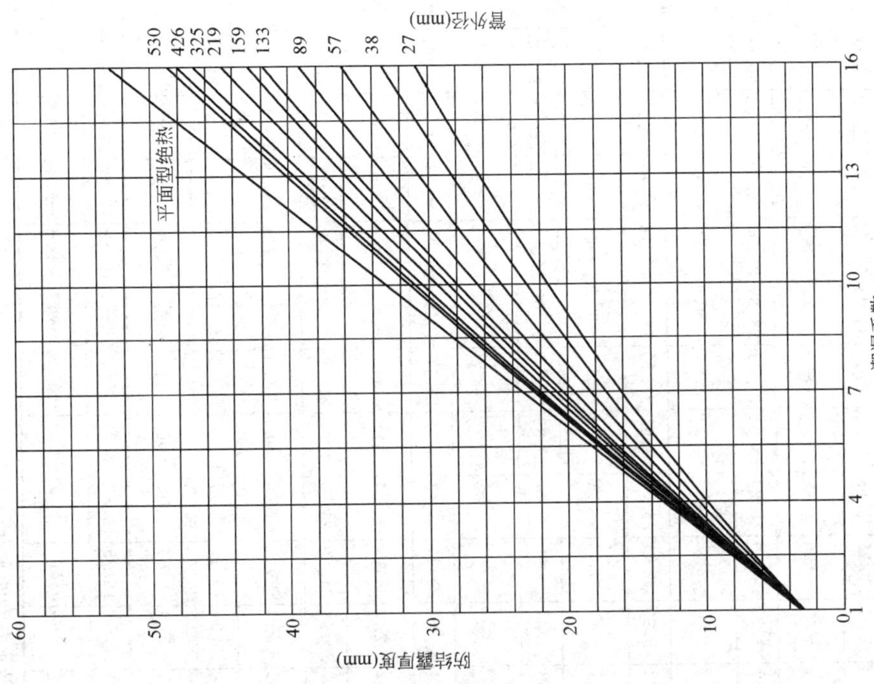

图 16.3-4 硬质聚氨酯泡塑材料的最小防结露厚度

建筑物内冷管道发泡橡塑的经济绝热厚度 **表 16.3-4**

管道表面温度(℃)	公称直径	DN	20	25	32	40	50	70	80	100	125	150	200	250	300	350	400	450	500	600	800	平面	单位面积冷量损失(W/m²)
	管道外径	mm	27	32	38	45	57	76	89	108	133	159	219	273	325	377	426	480	530	630	830		
−13	保温层厚度	mm	20.91	21.64	22.37	23.09	24.08	25.23	25.84	26.54	27.25	27.82	28.72	29.26	29.65	29.94	30.16	30.36	30.51	30.74	31.06	32.2	−41.4
	单位长度冷量损失	W/m	−8.96	−9.8	−10.8	−11.9	−13.7	−16.5	−18.3	−21	−24.4	−27.9	−36	−43.1	−50	−56.9	−63.3	−70.4	−76.9	−90	−116	—	
−9	保温层厚度	mm	20.06	20.75	21.45	22.13	23.06	24.14	24.71	25.36	26.03	26.55	27.39	27.89	28.24	28.51	28.71	28.89	29.03	29.24	29.53	30.56	−39.5
	单位长度冷量损失	W/m	−8.33	−9.12	−10	−11.1	−12.8	−15.4	−17.2	−19.7	−23	−26.3	−34	−40.8	−47.4	−53.9	−60	−66.8	−73	−85.5	−110	—	
−5	保温层厚度	mm	19.16	19.81	20.47	21.11	21.98	22.99	23.52	24.13	24.74	25.22	25.99	26.44	26.76	27.01	27.19	27.35	27.48	27.67	27.94	28.85	−37.5
	单位长度冷量损失	W/m	−7.7	−8.45	−9.31	−10.3	−11.9	−14.4	−16	−18.4	−21.5	−24.7	−32	−38.4	−44.6	−50.8	−56.7	−63.1	−69	−80.8	−104	—	
−1	保温层厚度	mm	18.18	18.79	19.4	20	20.8	21.74	22.22	22.78	23.34	23.78	24.47	24.88	25.17	25.39	25.55	25.69	25.81	25.98	26.21	27.02	−35.4
	单位长度冷量损失	W/m	−7.05	−7.74	−8.54	−9.46	−11	−13.3	−14.8	−17.1	−20	−23	−29.8	−35.9	−41.8	−47.6	−53.1	−59.1	−64.7	−75.9	−98.2	—	
3	保温层厚度	mm	17.1	17.66	18.23	18.77	19.51	20.36	20.8	21.3	21.8	22.19	22.81	23.17	23.43	23.62	23.76	23.89	23.98	24.14	24.34	25.04	−33.1
	单位长度冷量损失	W/m	−6.36	−7	−7.74	−8.58	−9.99	−12.1	−13.6	−15.7	−18.4	−21.2	−27.5	−33.2	−38.7	−44.1	−49.2	−54.9	−60.1	−70.5	−91.4	—	
7	保温层厚度	mm	15.89	16.4	16.92	17.41	18.07	18.83	19.21	19.66	20.1	20.44	20.98	21.29	21.5	21.67	21.79	21.9	21.98	22.11	22.28	22.87	−30.6
	单位长度冷量损失	W/m	−5.65	−6.23	−6.9	−7.67	−8.95	−10.9	−12.2	−14.2	−16.6	−19.2	−25.1	−30.3	−35.4	−40.4	−45.1	−50.3	−55.1	−64.8	−84	—	
11	保温层厚度	mm	14.52	14.97	15.42	15.86	16.44	17.09	17.42	17.8	18.18	18.46	18.91	19.17	19.35	19.49	19.59	19.67	19.74	19.85	19.99	20.46	−27.8
	单位长度冷量损失	W/m	−4.89	−5.41	−6.01	−6.69	−7.84	−9.61	−10.8	−12.5	−14.8	−17.1	−22.4	−27.2	−31.7	−36.3	−40.6	−45.3	−49.7	−58.4	−75.9	—	
15	保温层厚度	mm	12.92	13.3	13.69	14.05	14.53	15.08	15.35	15.66	15.96	16.19	16.54	16.75	16.89	16.99	17.07	17.14	17.19	17.27	17.38	17.73	−24.6
	单位长度冷量损失	W/m	−4.08	−4.53	−5.05	−5.65	−6.65	−8.2	−9.25	−10.8	−12.7	−14.8	−19.5	−23.7	−27.7	−31.8	−35.6	−39.7	−43.6	−51.3	−66.8	—	

注：① 采用的发泡橡塑导热系数计算方程为：$0.0338+0.000138T_p$，绝热材料的结构单位造价为 3600 元/m³；

② 环境温度为 29℃，室内风速为 0，年运行按 2880h 计，冷价按 70 元/GJ。

建筑物内冷管道硬质聚氨酯泡塑的经济绝热厚度 表 16.3-5

管道表面温度(℃)	公称直径	DN	20	25	32	40	50	70	80	100	125	150	200	250	300	350	400	450	500	600	800	平面	单位面积冷量损失(W/m²)
	管道外径	mm	27	32	38	45	57	76	89	108	133	159	219	273	325	377	426	480	530	630	830		
−13	保温层厚度	mm	20.93	21.66	22.4	23.12	24.1	25.26	25.86	26.57	27.28	27.85	28.76	29.3	29.68	29.97	30.19	30.39	30.54	30.78	31.1	32.24	−31.6
	单位长度冷量损失	W/m	−6.83	−7.47	−8.21	−9.05	−10.4	−12.5	−14	−16	−18.6	−21.3	−27.4	−32.9	−38.1	−43.3	−48.2	−53.6	−58.6	−68.6	−88.5	—	
−9	保温层厚度	mm	20.11	20.81	21.51	22.19	23.12	24.21	24.78	25.44	26.1	26.63	27.48	27.98	28.33	28.6	28.8	28.98	29.12	29.34	29.63	30.66	−30.1
	单位长度冷量损失	W/m	−6.37	−6.97	−7.67	−8.46	−9.77	−11.8	−13.1	−15	−17.5	−20.1	−25.9	−31.1	−36.1	−41.1	−45.8	−50.9	−55.7	−65.2	−84.2	—	
−5	保温层厚度	mm	19.23	19.89	20.55	21.19	22.06	23.08	23.61	24.22	24.84	25.32	26.1	26.56	26.88	27.12	27.31	27.47	27.6	27.8	28.06	28.99	−28.6
	单位长度冷量损失	W/m	−5.88	−6.45	−7.11	−7.85	−9.09	−11	−12.2	−14.1	−16.4	−18.8	−24.4	−29.3	−34.1	−38.8	−43.2	−48.1	−52.6	−61.6	−79.7	—	
−1	保温层厚度	mm	18.27	18.88	19.5	20.1	20.91	21.85	22.34	22.9	23.46	23.91	24.61	25.02	25.31	25.53	25.69	25.84	25.95	26.13	26.37	27.18	−27
	单位长度冷量损失	W/m	−5.39	−5.91	−6.53	−7.22	−8.38	−10.1	−11.3	−13	−15.3	−17.5	−22.7	−27.4	−31.8	−36.3	−40.5	−45.1	−49.3	−57.8	−74.8	—	
3	保温层厚度	mm	17.19	17.76	18.33	18.88	19.62	20.48	20.92	21.43	21.93	22.33	22.95	23.32	23.57	23.77	23.91	24.04	24.14	24.29	24.5	25.21	−25.2
	单位长度冷量损失	W/m	−4.86	−5.34	−5.91	−6.55	−7.61	−9.25	−10.4	−11.9	−14	−16.1	−21	−25.3	−29.4	−33.6	−37.5	−41.8	−45.7	−53.7	−69.5	—	
7	保温层厚度	mm	16.01	16.53	17.04	17.54	18.21	18.98	19.37	19.82	20.26	20.61	21.15	21.47	21.69	21.86	21.98	22.09	22.17	22.31	22.48	23.08	−23.2
	单位长度冷量损失	W/m	−4.31	−4.75	−5.26	−5.85	−6.82	−8.32	−9.33	−10.8	−12.7	−14.6	−19.1	−23.1	−26.9	−30.7	−34.3	−38.3	−41.9	−49.3	−63.9	—	
11	保温层厚度	mm	14.67	15.13	15.58	16.02	16.61	17.28	17.62	18	18.38	18.68	19.13	19.4	19.58	19.72	19.82	19.91	19.98	20.09	20.23	20.71	−21.1
	单位长度冷量损失	W/m	−3.73	−4.13	−4.58	−5.11	−5.98	−7.33	−8.23	−9.54	−11.3	−13	−17.1	−20.7	−24.1	−27.6	−30.9	−34.5	−37.8	−44.4	−57.7	—	
15	保温层厚度	mm	14.56	15.02	15.47	15.9	16.48	17.14	17.48	17.86	18.23	18.52	18.97	19.24	19.41	19.55	19.65	19.74	19.81	19.91	20.05	20.53	−21.7
	单位长度冷量损失	W/m	−3.82	−4.23	−4.7	−5.23	−6.13	−7.52	−8.45	−9.79	−11.5	−13.4	−17.5	−21.2	−24.8	−28.4	−31.7	−35.4	−38.8	−45.6	−59.3	—	

注：① 采用的硬质聚氨酯泡塑导热系数计算方程为：$0.0253+0.00009T_p$，绝热材料的结构单位造价为 2800 元/m³；

② 环境温度为 29℃，室内风速为 0，年运行按 2880h 计，冷价按 70 元/GJ。

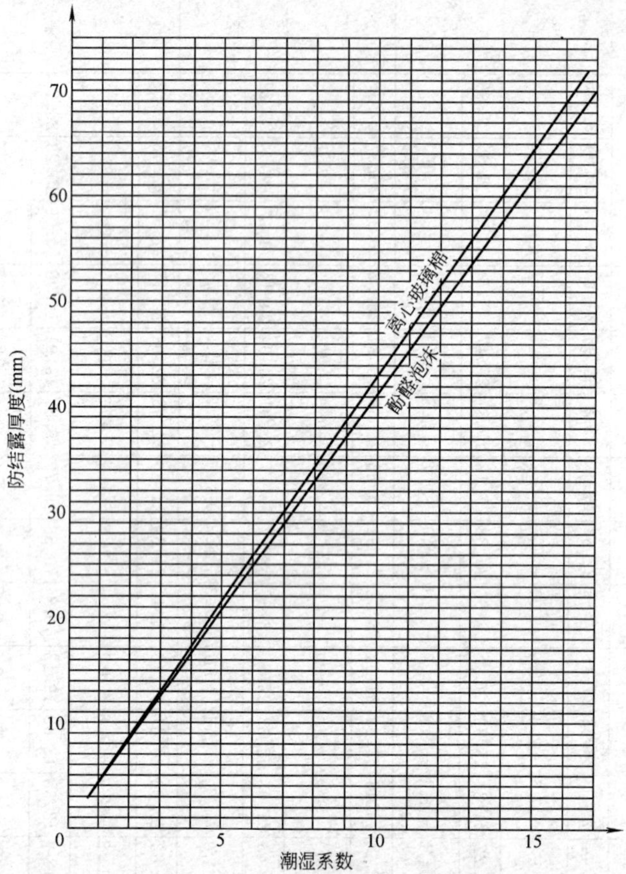

图 16-3-5 离心玻璃棉及酚醛泡沫的平面型绝热最小防结露厚度

建筑物内离心玻璃棉和酚醛泡沫平面型保冷的经济绝热厚度（mm） **表 16.3-6**

保冷材料		离心玻璃棉		酚醛泡沫	
环境温度(℃)		29	26	29	26
设备表面温度(℃)	−13	54.55	52.1	38.1	36.1
	−9	52.2	49.7	36.7	34.7
	−5	49.7	47.0	35.2	33.1
	−1	47.0	44.1	33.4	31.2
	3	43.9	40.9	31.4	29.0
	7	40.5	37.2	29.1	26.5
	11	36.6	33.0	26.4	23.6
	15	32.2	28.0	23.2	20.0

注：室内通风房间的环境温度一般可按29℃计，空调房间环境温度可按26℃计。

第17章　噪声与振动控制

17.1　噪声源及噪声控制标准

17.1.1　风机噪声

风机噪声由空气动力性噪声及机械噪声两部分组成，其中又以空气动力性噪声为主。

风机噪声的大小及特性取决于风机的结构形式、流量、全压及转速等因素。

常用风机噪声的评价量为声功率级和比声功率级及其频率特性，风机的总声功率级 L_W（dB）可由下列方法计算：

1. 由风量风压计算声功率级（dB）

$$L_W = L_{WC} + 10\lg(QH^2) - 20 \tag{17.1-1}$$

式中　L_{WC}——比声功率级，dB（定义为同一系列风机在单位风量"m^3/h"和单位风压"10Pa"条件下所产生的总声功率级）；

Q——风量，m^3/h；

H——全压，Pa。

同一台风机的最佳工况点就是其最高效率点，也是比声功率级的最低点。一般中低压离心风机的比声功率级值在最佳工况点时可取24dB。

国内几种风机的比声功率级值见表17.1-1。

几种风机的比声功率级值　　　　**表17.1-1**

T4-72型			4-79型			4-72-11型			4-62型			4-68型		
$\overline{Q}$	L_{WC}	η	$\overline{Q}$	L_{WC}	η	$\overline{Q}$	L_{WC}	η	$\overline{Q}$	L_{WC}	η	$\overline{Q}$	L_{AC}	η
0.10	27	0.68	0.12	35	0.78	0.05	40	0.60	0.05	34	0.50	0.14	2	0.65
0.14	23	0.78	0.16	34	0.82	0.10	32	0.70	0.10	24	0.68	0.17	1	0.79
0.18	22	0.84	0.20	26	0.85	0.15	23	0.81	0.14	23	0.73	0.20	1	0.88
0.20	22	0.86	0.25	21	0.87	0.20	19	0.91	0.18	25	0.72	0.23	2	0.87
0.24	23	0.86	0.30	23	0.85	0.25	21	0.87	0.22	28	0.65	0.25	6	0.81
0.28	28	0.75	0.35	28	0.74	0.30	27	0.76	0.26	35	0.50	0.27	9	0.66

注：$\overline{Q}$—流量系数；η—全压效率；L_{AC}—比A声功率级。

2. 由风机功率计算声功率级（dB）

低压风机　$$L_W = 91 + 10\lg P \tag{17.1-2}$$

中高压风机　$$L_W = 87 + 10\lg P + 10\lg H - 10 \tag{17.1-3}$$

式中　P——风机功率，kW；

H——风机全压，Pa。

3. 由风机平均声压级计算声功率级（dB）

自由声场条件　$L_W=\overline{L}_P+20\lg r+11$　(17.1-4)

半自由声场条件　$L_W=\overline{L}_P+20\lg r+8$　(17.1-5)

混响声场　$L_W=\overline{L}_P+10\lg V-10\lg T-14$　(17.1-6)

普通声场　$L_W=\overline{L}_P-10\lg\left(\frac{Q}{4\pi r^2}+\frac{4}{R}\right)$　(17.1-7)

式中　r——测点离风机距离，m；

V——混响室体积，m^3；

T——混响时间，s；

R——房间常数，m^2；

Q——声源指向性因数。

4. 风机频带声功率级的计算

风机各倍频带的声功率级 L_{Wf}（dB）：

$$L_{Wf}=L_W+\Delta L_W \quad (17.1\text{-}8)$$

式中　ΔL_W——风格各倍频带的声功率级修正值，dB（见表 17.1-2）。

离心风机与轴流风机的曲型噪声频谱特性如图 17.1-1 所示：

轴流风机的声功率级 L_W（dB）：

$$L_W=19+10\lg Q+25\lg H+\delta \quad (17.1\text{-}9)$$

式中　Q——风量，m^3/h；

H——风压，Pa；

δ——工况修正值，见表 17.1-3。

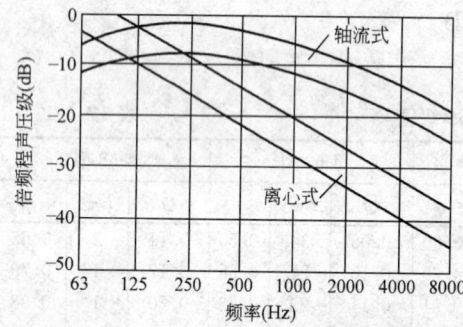

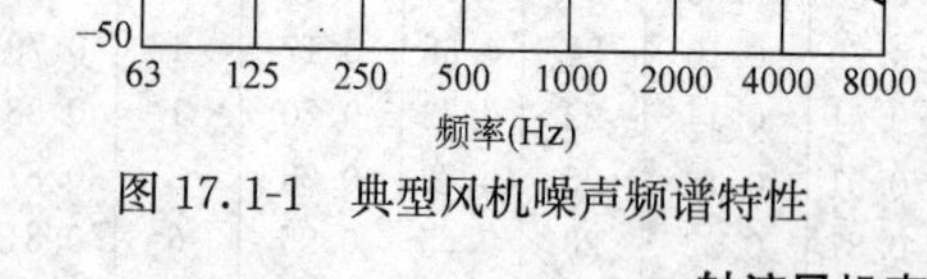

图 17.1-1　典型风机噪声频谱特性

风机倍频带声功率级修正值　表 17.1-2

风机类型＼频率	倍频带中心频率(Hz)							
	63	125	250	500	1000	2000	4000	8000
离心风机（叶片前弯）	−2	−7	−12	−17	−22	−27	−32	−37
离心风机（叶片后弯）	−5	−6	−7	−12	−17	−22	−26	−33
轴流风机	−9	−8	−7	−7	−8	−10	−14	−18

注：T4-72 型为强后倾弯叶式；4-79 型为后倾弯叶式；4-72 型为后倾机翼式；4-62 型为后倾平板式。

轴流风机声功率级工况修正值　表 17.1-3

流量比		Q/Q_m						
叶片数 z	叶片角度 θ	0.4	0.6	0.8	0.9	1.0	1.1	1.2
4	15°	—	3.4	3.2	2.7	2.0	2.3	4.6
8	15°	−3.4	5.0	5.0	4.8	5.2	7.4	10.6
4	20°	−1.4	−2.5	−4.5	−5.2	−2.4	1.4	3.0
8	20°	4.0	2.5	1.8	1.9	2.2	3.0	—
4	25°	4.5	2.0	1.6	2.0	2.0	4.0	—
8	25°	9.0	8.0	6.4	6.2	8.0	6.4	—

注：Q_m 是轴流风机最高效率点的风量，一般应为 $Q/Q_m=1$。

多台风机串联或并联运行时，其总声功率级 L_W (dB)：

$$L_W = L_{Wh} + \Delta\beta \tag{17.1-10}$$

式中 L_{Wh}——两台风机中噪声较高一台的声功率级值，dB；

$\Delta\beta$——附加声功率级值，dB；它可根据两台风机声功率级的差值 ΔL_w 查表 17.1-4 得到：

Δβ 值表 表 17.1-4

ΔL_w(dB)	0	1	2	3	4	6	9
$\Delta\beta$(dB)	3.0	2.6	2.2	1.8	1.5	1.0	0.5

17.1.2 气流噪声

1. 直管

直管道的气流噪声声功率级 L_W (dB)：

$$L_W = L_{WC} + 50\lg v + 10\lg F \tag{17.1-11}$$

式中 L_{WC}——直管比声功率级，一般取 10dB；

v——直管内气流速度，m/s；

F——直管道的断面积，m^2。

直管道气流噪声的倍频程修正值可由表 17.1-5 查得。

直管道气流噪声倍频带修正值 表 17.1-5

中心频率(Hz)	63	125	250	500	1000	2000	4000	8000
修正值(dB)	−5	−6	−7	−8	−9	−10	−13	−20

2. 弯头

弯头的气流噪声声功率级 L_W (dB)：

$$L_W = L_{WC} + 10\lg f_D + 30\lg d + 50\lg v \tag{17.1-12}$$

式中 L_{WC}——弯头比声功率级（由图 17.1-2 及图 17.1-3 查得）；

f_D——倍频带低限频率，Hz，$f_D = f_z/\sqrt{2}$；

f_z——倍频带中心频率，Hz；

d——风管的直径或当量直径，m；

v——弯头内流速，m/s。

图中的 N_{Str} 为斯脱立哈尔数，由 $N_{Str} = f_z \cdot d/v$ 算得。

3. 三通

三通的气流噪声声功率级 L_W (dB)：

$$L_W = L_{WC} + 10\lg f_D + 30\lg d + 50\lg v_a \tag{17.1-13}$$

式中 L_{WC}——比声功率级，可根据 v_i/v_a 值由图 17.1-4 查得；

v_i——进入三通的流速，m/s；

v_a——离开三通的流速，m/s。

从图 17.1-4 查得的 L_{WC} 仅适用于 $r/d_e = 0.15$ 条件（r 及 r_i 均为弯头曲率半径），对于不同的 r/d_e 值，应按图 17.1-5 进行修正。

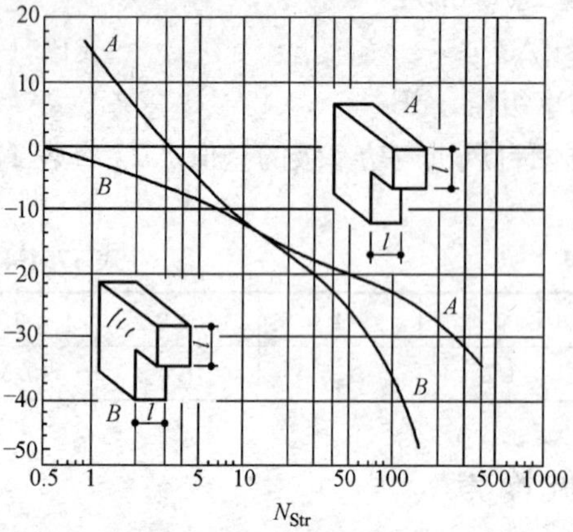

图 17.1-2 正方形弯头的 L_{WC} 值

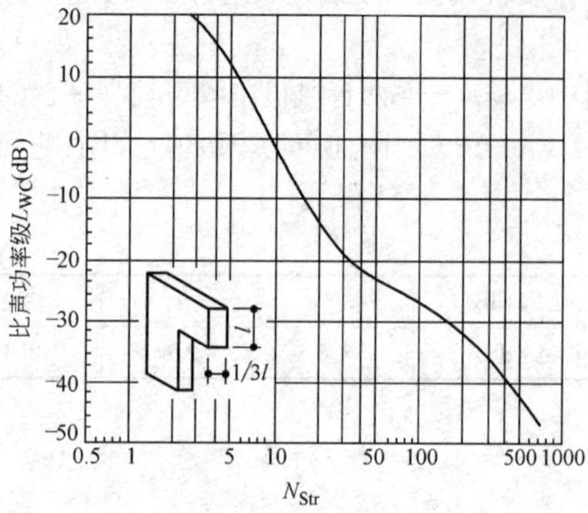

图 17.1-3 矩形弯头的 L_{WC} 值

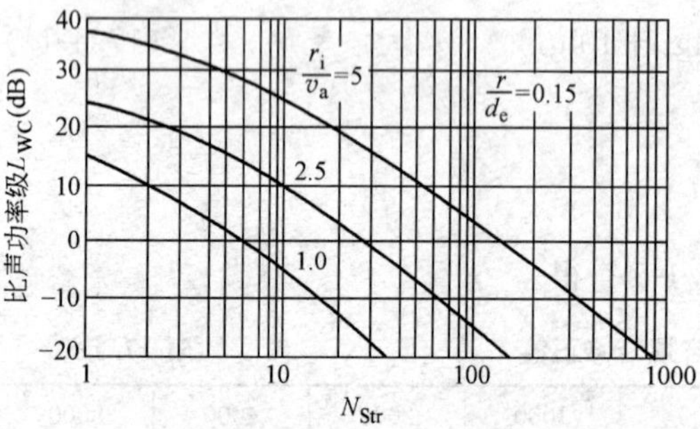

图 17.1-4 三通的 L_{WC} 值

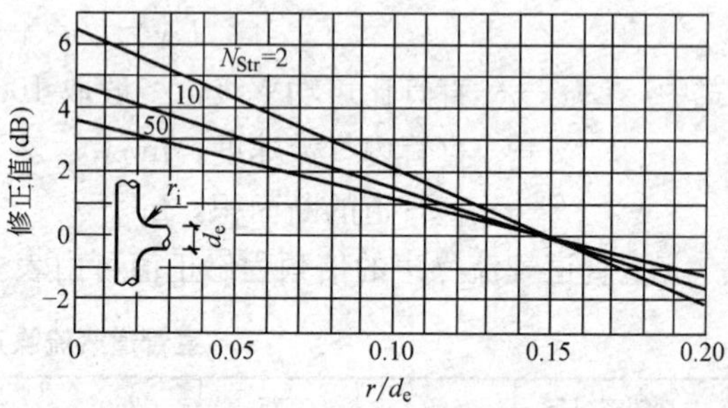

图 17.1-5 三通的 ΔL_{WC} 修正值

4. 变径管

变径管的气流噪声声功率级 L_W（dB）

$$L_W = A + B\lg v - 3K \tag{17.1-14}$$

式中 A、B——系数，由表 17.1-6 查得；

v——变径管入口流速，m/s；

K——与变径管角度有关的修正值，由图 17.1-6 查得。如变径管角度 $\alpha=30°$，则 K 约为 8.2。

系数 A、B 表 **表 17.1-6**

系 数	倍频带中的频率(Hz)					
	63	125	250	500	1000	2000
A(dB)	47.2	48.6	52.8	52.8	54.2	57.2
B(dB)	27.3	22.9	15.2	13.0	9.8	5.3

5. 阀门

管道上阀门产生的气流噪声声功率级可用式（17.1-15）计算，其相对的频带声功率级修正值则可由表 17.1-7 查得。

$$L_W = L_\theta + 10\lg s + 55\lg v \tag{17.1-15}$$

式中 L_θ——由阀门叶片角度 θ 决定的常数；

$\theta=0°$时，$L_\theta=30$dB；

$\theta=45°$时，$L_\theta=42$dB；

$\theta=65°$时，$L_\theta=51$dB；

v——管道内气流速度，m/s；

s——管道断面积，m^2。

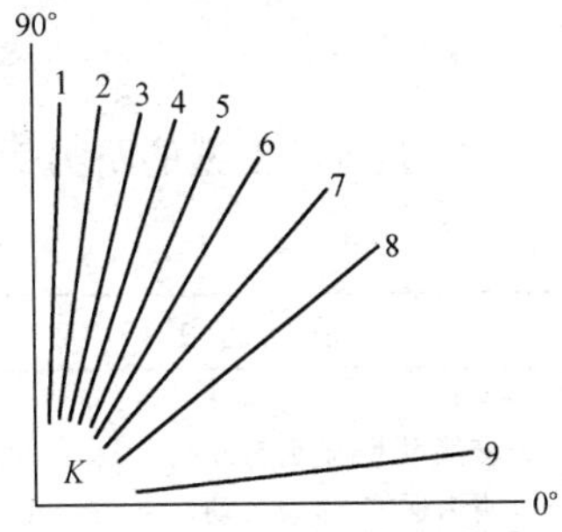

图 17.1-6 与变径角度为函数的修正值 K

6. 出风口

(1) 定风速扩散型出风口的气流噪声声功率级 L_W (dB)：

$$L_W=L_{WC}+10\lg f_D+30\lg(d\cdot v) \quad (17.1\text{-}16)$$

式中 L_{WC}——比声功率级值，dB。由图 17.1-7 查得；

d——散流器颈部直径，m；

v——散流器颈部流速，m/s。

阀门气流噪声频带声功率级修正值 **表 17.1-7**

阀门叶片角度 θ	倍频带中的频率(Hz)							
	63	125	250	500	1000	2000	4000	8000
0°	−4	−5	−5	−9	(−14)	(−19)	(−24)	(−29)
45°	−7	−5	−6	−9	−13	−12	−7	−13
65°	−10	−7	−4	−5	−9	0	−3	−10

注：括号内数值为估计值。

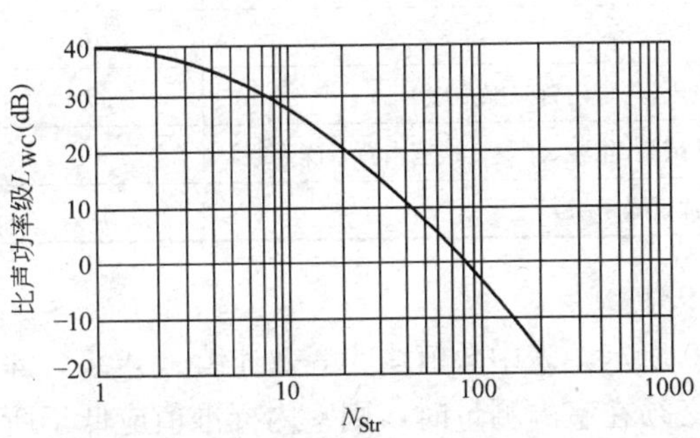

图 17.1-7 定风速扩散型出风口的气流噪声声功率级

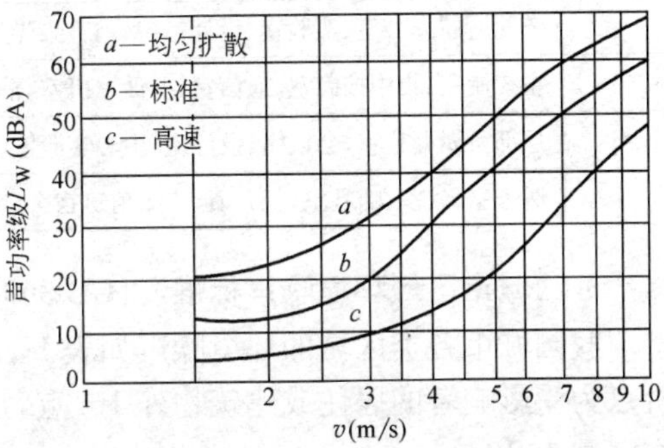

图 17.1-8 带调节百叶出风口的气流噪声声功率级

(图中以有效流通面积 $F_T=0.01m^2$ 为条件，如 $F_T\neq0.01$，则应加修正值 $10\lg\frac{F_T}{0.01}$)

(2) 带调节百叶出风口的气流噪声声功率级值可由图 17.1-8 查得。

(3) 孔板出风口的气流噪声声功率级 L_W (dB)：

$$L_W=15+60\lg v+30\lg\xi+10\lg F \quad (17.1\text{-}17)$$

式中 v——孔板前的流速，m/s；

ξ——孔板的阻力系数；

F——孔板的总面积，m^2。

17.1.3 噪声控制标准

1. 睡眠、交谈的听力保护的建议标准（见表17.1-8）

睡眠、交谈及听力保护的建议标准 表17.1-8

适用范围	理想值(dBA)	极大值(dBA)
睡眠	30	50
交谈思考(脑力劳动)	40	60
听力保护(体力劳动)	70	90

2.《工业企业噪声控制设计规范》(GBJ 87—85)

本规范对工业企业厂区内各类地点的A声级提出了允许标准，见表17.1-9。表中噪声限制值均为每天8h连续A声级，如接触噪声时间减半，则噪声限制值可以增加3dB(A)。表中室内背景噪声级，系在室内无声源发声的条件下，从室外经由墙、门、窗（门窗启闭状况为常规状况）传入室内的室内平均噪声级。

工业企业厂区内各类地点噪声标准 表17.1-9

序号	地点类别		噪声限制值(dBA)
1	生产车间及作业场所(工人每天连续接触噪声8h)		90
2	高噪声车间设置的值班室、观察室、休息室(室内背景噪声级)	无电话通信要求时	75
		有电话通信要求时	70
3	精密装配线、精密加工车间的工作点、计算机房(正常工作状态)		70
4	车间所属办公室、实验室、设计室(室内背景噪声级)		70
5	主控制室,集中控制室、通信室、电话总机室、消防值班室(室内背景噪声级)		60
6	厂部所属办公室、会议室、设计室、中心实验室(包括试验、化验、计量室)(室内背景噪声级)		60
7	医务室、教室、哺乳室、托儿所、工人值班宿舍(室内背景噪声级)		55

3.《城市区域环境噪声标准》(GB 3096—93)

我国城市各类区域的环境噪声如表17.1-10所示，表中数值均为等效连续A声级，评价点为受影响者的居住或建筑物外1m点，如必须在室内测量时，则室内标准值应低于所在区域10dBA。

《城市区域环境噪声标准》(GB 3096—93) 表17.1-10

区域类别	昼间(dBA)	夜间(dBA)
0类(特别需要安静的住宅区、高级宾馆区)	50	40
1类(居住及文教机关为主的区域)	55	45
2类(居住、商业混合区)	60	50
3类(工业区)	65	55
4类(城市交通干线两侧区域)	70	55

注：表中标准值为L_{Aeq}等效声级值。

4.《工业企业厂界噪声标准》(GB 12348—90)

本规范适用于工厂及可能造成噪声污染的企事业单位的边界噪声评价标准，见表17.1-11。

《工业企业厂界噪声标准》 表 17.1-11

区域类别	白天(dBA)	夜间(dBA)
Ⅰ类(居住文教机关为主的区域)	55	45
Ⅱ类(居住、商业及工业混合及商业中心区)	60	50
Ⅲ类(工业区域)	65	55
Ⅳ类(交通干线道路两侧区域)	70	55

注：表中标准值为 L_{Aeq}等效声级值。

夜间频繁突发噪声其峰值不得超过标准 10dBA，偶发噪声峰值不得超过标准 15dBA。

5. 民用建筑室内噪声允许标准

《民用建筑隔声设计规范》(GBJ 118—88) 中对四类建筑物室内允许噪声级作了规定，见表 17.1-12、表 17.1-13、表 17.1-14 和表 17.1-15。

住宅室内允许噪声级 表 17.1-12

房间类别	允许噪声级(dBA)		
	一级	二级	三级
卧室	≤40	≤45	≤50
起居室	≤45	≤50	

学校室内允许噪声级 表 17.1-13

房间类别	允许噪声级(dBA)		
	一级	二级	三级
有特殊安静要求的房间	≤40	—	—
一般教室	—	≤50	—
无特殊安静要求的房间	—	—	≤55

旅馆室内允许噪声级 表 17.1-14

房间类别	允许噪声级(dBA)			
	特级	一级	二级	三级
客房	≤35	≤40	≤45	≤55
会议室	≤40	≤45	≤50	
多用途大厅	≤40	≤45	≤50	—
办公室	≤45	≤50	≤55	
餐厅、宴会厅	≤50	≤55	≤60	—

医院室内允许噪声级

表 17.1-15

房间类别	允许噪声级(dBA)		
	一级	二级	三级
病房、医生休息室	≤40	≤45	≤50
门诊室	≤55		≤60
手术室	≤45		≤50
测听室	≤25		≤30

6. *NR* 噪声评价曲线 (图 17.1-9)

NR 噪声评价曲线由国际标准化组织 (ISO) 提出，简称 *NR* 曲线，*NR* 曲线相应的 *A* 声级值可近似由 $L_A = 0.8NR + 18$ 或 $L_A = NR + 5$ 得到。

通风空调系统噪声控制设计中常用 *NR* 曲线，对应的倍频程声压级值，可由表 17.1-16 查得。

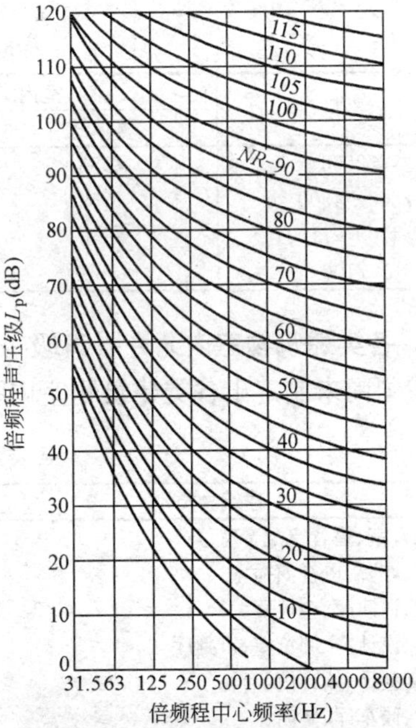

图 17.1-9 噪声评价曲线

NR曲线的倍频程声压级（dB） 表17.1-16

频率(Hz) / NR数	63	125	250	500	1000	2000	4000	8000
10	43.4	30.7	21.3	14.5	10	6.6	4.2	2.3
15	47.3	35.0	25.9	19.4	15	11.7	9.3	7.4
20	51.3	39.4	30.6	24.3	20	16.8	14.4	12.6
25	55.2	43.7	35.2	29.2	25	21.9	19.5	17.7
30	59.2	48.1	39.9	34.0	30	26.9	24.7	22.9
35	63.1	52.4	44.5	38.9	35	32.0	29.8	28.0
40	67.1	56.4	49.2	43.8	40	37.1	34.9	33.2
45	71.0	61.1	53.6	48.6	45	42.2	40.0	38.3
50	75.0	65.5	58.5	53.5	50	47.2	45.2	43.5
55	78.9	69.8	63.1	58.4	55	52.3	50.3	48.6
60	82.9	74.2	67.8	63.2	60	57.4	55.4	53.8
65	86.8	78.5	72.4	68.1	65	62.5	50.5	58.9
70	90.8	82.9	77.1	73.0	70	67.5	65.7	64.1
75	94.7	87.2	81.7	77.9	75	72.8	70.8	69.2
80	98.7	91.6	86.4	82.7	80	77.7	75.9	74.4
85	102.6	95.9	91.0	87.6	85	82.8	81.0	79.5
90	106.6	100.3	91.7	92.5	90	87.8	86.2	84.7

*NR*噪声评价曲线是国际上通用的室内噪声评价标准，我国也均采用此评价标准，以往工程设计也有采用*NC*曲线作为噪声评价标准，这是仅在美国采用的评价曲线，由于其频率非国际通行的中心频率标准，后又提出一组*PNC*曲线，但应用不多。

7. 《房间空调器噪声限值标准》(GB/T 7727—1996)

本标准适用于制冷量在14kW以下的空气冷凝器、全封闭型电动机-压缩机的房间空气调节器的噪声性能标准（见表17.1-17）。

房间空调器噪声标准限值 表17.1-17

额定制冷量(W)	室内噪声(dBA)		室外噪声(dBA)	
	整体式	分体式	整体式	分体式
<2500	≤53	≤45	≤59	≤55
2500~4500	≤56	≤48	≤62	≤58
>4500~7100	≤60	≤55	≤65	≤62
>7100		≤62		≤68

8. 各类建筑物室内允许噪声级

我国尚未制定出各类建筑物室内噪声允许标准，表17.1-18所列数值可供设计参考。

各类建筑物室内允许噪声级 表17.1-18

建筑物类别	噪声评价数*NR*等级	*A*声级值(dBA)
广播录音室、播音室配音室	15~20	20~25
音乐厅、剧院、电视演播室	20~25	25~30
电影院、讲演厅、会议厅	25~30	30~35
办公室、设计室、阅览室、审判厅	30~35	35~40
餐厅、宴会厅、体育馆、商场	35~45	40~50
候机厅、候车厅、候船厅	40~45	45~55
洁净车间、带机械设备的办公室	50~60	55~65

17.2 消声设计

17.2.1 消声器性能的评价

1. 声学性能的评价

消声器的声学性能通常用消声量大小及消声频谱特性来评价，根据测试方法的不同，消声器的声学性能可分别用传声损失、插入损失、末端声压级差等表示。

传声损失定义为消声器进口端的声功率级与消声器出口端声功率级之差值。

插入损失定义为消声器安装前与安装后在某给定点测得平均声压级之差值，这是消声器评价和测量中最常用的方法。

末端声压级差定义为消声器进口端与出口端测得的平均声压级之差值。

2. 空气动力性能的评价

消声器的空气动力性能是评价消声器性能的又一重要指标，通常用压力损失及阻力系数来评价。

压力损失为气流通过消声器后的压力降低量，若消声器前后端管道内的气流速度相同，压力损失即为消声器前后管道内的平均静压差值。

而阻力系数定义为通过消声器前后的压力损失与气流动压之比值，即

$$\xi=\frac{\Delta P}{P_{\mathrm{v}}},\ P_{\mathrm{v}}=10\frac{\rho v^2}{2g} \tag{17.2-1}$$

式中 ΔP——压力损失值，Pa；

P_{v}——动压值，Pa；

ρ——空气密度，kg/m^3；

v——消声器内平均气流速度，m/s；

g——重力加速度，m/s^2。

表 17.2-1 为常见消声器型式的阻力系数。

常见消声器阻力系数　　表 17.2-1

消声器型式	ξ	消声器型式	ξ
ZDL 型片式消声器	0.8	T701-6 型阻抗复合式	0.4
F 型阻抗复合式	1.5	ZP_{100}型片式	0.9
D 型阻性折板式	2.2	P 型圆盘式	0.6

3. 气流噪声特性的评价

气流噪声是气流的一定速度流经消声器时所产生的湍流噪声及消声器结构振动噪声，其大小取决于消声器的结构型式及气流速度。气流噪声可按以下经验公式估算：

$$L_{\mathrm{WA}}=a+60\lg v+10\lg s \tag{17.2-2}$$

式中 L_{WA}——气流再生噪声的 A 声功率级，dBA；

a——由实验测得的不同型式消声器的比 A 声功率级值，如管式为 −5～−10dBA，片式为 −5～5dBA，阻抗复合式为 5～10dBA，折板式为 15～

20dBA 等；

v——消声器内气流平均速度，m/s；

s——消声器内气流通道总面积，m^2。

由于气流通过空调通风管道或消声器内都会产生气流再生噪声，影响消声效果，因此必须合理控制管道及消声器内的流速（见表 17.2-2 及表 17.2-3）。

消声器内流速控制值　　表 17.2-2

条　件	降噪要求(dBA)	流速范围(m/s)	条　件	降噪要求(dBA)	流速范围(m/s)
特殊安静要求空调消声	≤30	3～5	一般安静要求空调消声	≤50	8～10
较高安静要求空调消声	≤40	5～8	工业通风消声	≤70	10～18

空调风管流速控制值　　表 17.2-3

允许噪声(dBA)	风管流速控制值(m/s)			允许噪声(dBA)	风管流速控制值(m/s)		
	主风管	支风管	风口		主风管	支风管	风口
20	4.0	2.5	1.5	35	6.5	5.5	3.5
25	4.5	3.5	2.0	40	7.5	6.0	4.0
30	5.0	4.5	2.5	45	9.0	7.0	5.0

17.2.2 管路系统的自然衰减

1. 直管

矩形管道和圆形管道的噪声自然衰减量可按表 17.2-4 查得。

直管噪声自然衰减量　　表 17.2-4

风管形状及尺寸(m)		倍频带衰减量(dB/m)				
		63	125	250	500	≥1000
矩形风管	0.075～0.2	0.6	0.6	0.45	0.3	0.3
	0.2～0.4	0.6	0.6	0.45	0.3	0.2
	0.4～0.8	0.6	0.6	0.30	0.15	0.15
	0.8～1.6	0.45	0.3	0.15	0.10	0.06
圆形风管	0.075～0.2	0.1	0.1	0.15	0.15	0.3
	0.2～0.4	0.06	0.1	0.10	0.15	0.2
	0.4～0.8	0.03	0.06	0.06	0.10	0.15
	0.8～1.6	0.03	0.03	0.03	0.06	0.06

注：① 风管尺寸均为直径或当量直径（矩形风管）；

② 本表仅适用于管路较长，管内流速较低（≤8m/s）条件，否则直管噪声衰减可忽略不计。

2. 弯头

方形及圆形直角弯头的噪声自然衰减量可按表 17.2-5 得到。

3. 三通（分支管）

管道分叉时，噪声能量一般按分支管面积比例分给各个支管，由主管到支管的噪声自然衰减值 ΔL_W（dB）：

$$\Delta L_W = 10\lg \frac{F_i}{\sum F_i} \tag{17.2-3}$$

式中　F_i——计算支管的截面积，m^2；

$\sum F_i$——三通分叉后的全部支管面积，m^2。

弯头噪声的自然衰减量 表 17.2-5

弯头形状及尺寸(m)		倍频带衰减量(dB)						
		125	250	500	1000	2000	4000	8000
圆形弯头	0.125～0.25	—	—	—	1	2	3	3
	0.28～0.50	—	—	1	2	3	3	3
	0.53～1.00	—	1	2	3	3	3	3
	1.05～2.00	1	2	3	3	3	3	3
方形弯头	0.125	—	—	1	5	7	5	3
	0.250	—	1	5	7	5	3	3
	0.50	1	5	7	5	3	3	3
	1.00	5	7	5	3	3	3	3

注：① 带有内衬材料弯头，其衰减量会有明显改善；

② 设有导流片的弯头，其衰减量可取圆弯头及方弯头的平均值。

4. 变径管

管道截面积的突然扩大或缩小处，噪声衰减量 ΔL (dB)（由图 17.2-1 查得）：

$$\Delta L = 10\lg[(1+m)^2/4m] \tag{17.2-4}$$

式中 $m=\dfrac{F_2}{F_1}$——F_2、F_1 分别为变径后及变径前的管道截面积，m^2。

5. 风口末端损失

当风口管内的噪声由风口进入房间内时会因末端反射而产生衰减量，称为风口末端损失，可由图 17.2-2 查得。图中风口位置分四种条件：

Ⅰ. 房间中间（即风口突出墙面）；

Ⅱ. 墙或顶棚中部；

Ⅲ. 侧墙或侧墙与顶棚交角线上；

Ⅳ. 三面交角部。

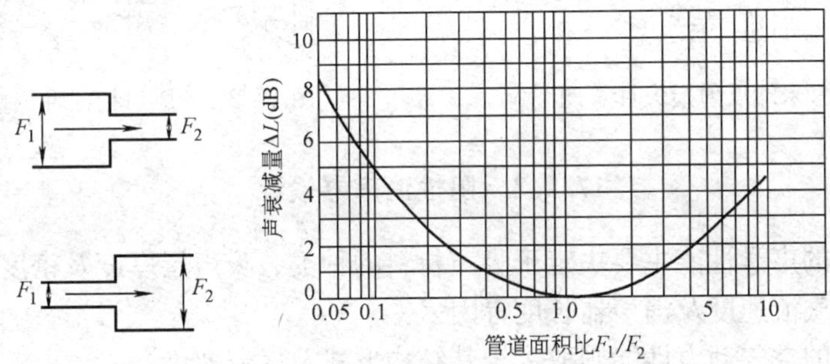

图 17.2-1 变径管的自然衰减量

6. 房间衰减

由风口传至房间内某定点的噪声级 L_p (dB)：

$$L_p = L_W + 10\lg\left(\frac{Q}{4\pi r^2}+\frac{4}{R}\right) \tag{17.2-5}$$

式中 L_W——风口进入房间的声功率级，dB；

Q——风口的指向性因数，与风口位置及其与接收点的辐射角有关，也可由图 17.2-3 查得；

r——离风口距离，m；

R——房间常数，m^2，$R=\frac{F\bar{\alpha}}{1-\bar{\alpha}}$；

F——房间内总表面积，m^2；

$\bar{\alpha}$——房间内平均吸声系数。

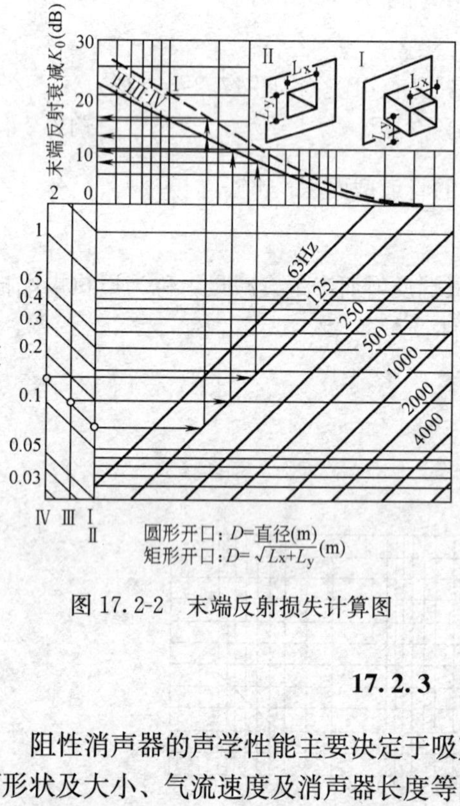

图 17.2-2 末端反射损失计算图

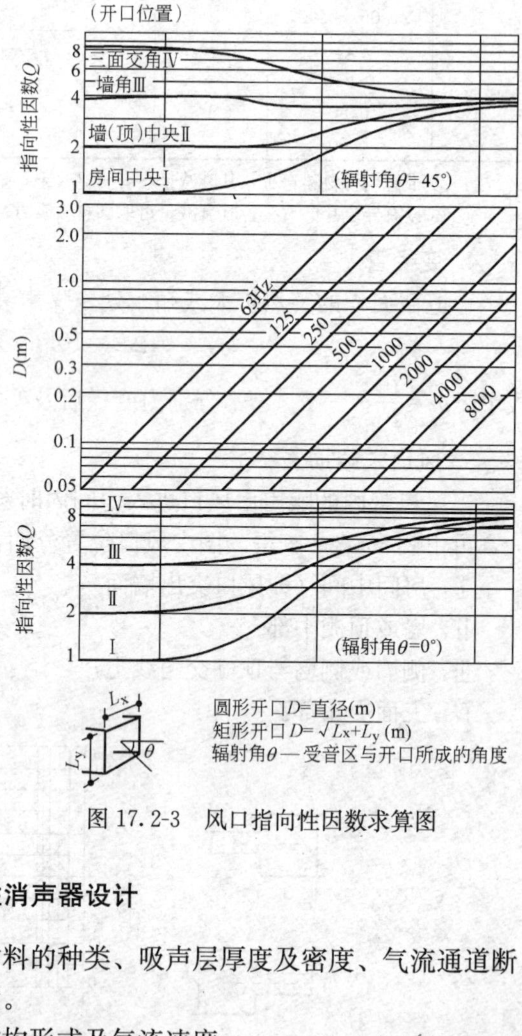

图 17.2-3 风口指向性因数求算图

17.2.3 阻性消声器设计

阻性消声器的声学性能主要决定于吸声材料的种类、吸声层厚度及密度、气流通道断面形状及大小、气流速度及消声器长度等因素。

阻性消声器的空气动力性能则取决于其结构形式及气流速度。

矩形直管消声器的消声量 ΔL (dB)：

$$\Delta L=1.1\varphi(\alpha_0)\frac{P}{F}l \tag{17.2-6}$$

式中 $\varphi(\alpha_0)$——与吸声材料的正入射吸声系数有关的消声系数（查表 17.2-6）；

P——消声器通道截面周长，m；

F——消声器通道截面积，m^2；

l——消声器的有效长度，m。

不同截面形状的阻性直管消声器的周长截面比 $\left(\frac{P}{F}\right)$ 如表 17.2-7 及图 17.2-4 所示：

$\varphi(\alpha_0)$ 与 α_0 关系表 **表 17.2-6**

正入射吸声系统 α_0	0.1	0.2	0.3	0.4	0.5	0.6	0.7～1.0
消声系数 $\varphi(\alpha_0)$	0.11	0.24	0.39	0.55	0.75	0.9	1.0～1.5

不同管式消声器的周长截面比值表 **表 17.2-7**

消声器截面形状	特征长度	通道截面积 F	通道截面周长 P	周长截面比 P/F
圆管	直径 D	$\pi D^2/4$	πD	$4/D$
方管	边长 d	d^2	$4d$	$4/d$
矩形管	宽 a 高 h	ah	$2(a+h)$	$2(a+h)/ah$
扁矩形管	宽 a 高 h	ah	$\approx 2a$	$\approx 2/h$

圆管消声器的消声量 ΔL（dB）：

$$\Delta L=4.4\varphi(\alpha_0)\frac{l}{D} \qquad (17.2\text{-}7)$$

式中 l——消声器有效长度，m；

D——消声器通道直径，m，一般使 $D\leqslant 0.3$m。

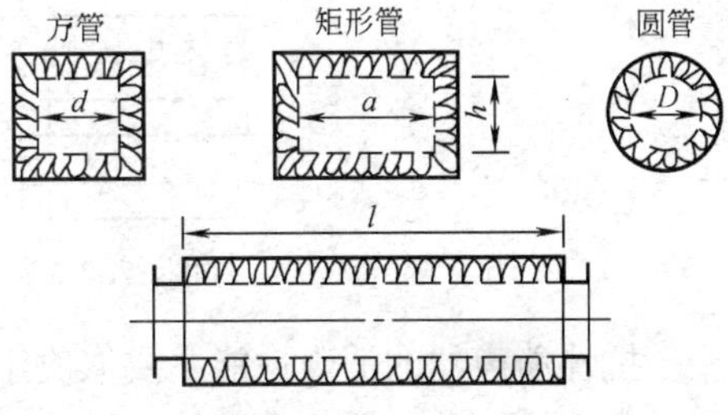

图 17.2-4 不同截面形状的阻性直管消声器

片式消声器的消声量 ΔL（dB）：

$$\Delta L=2.2\varphi(\alpha_0)\frac{l}{h} \qquad (17.2\text{-}8)$$

式中 h——消声片的片间距，m；一般取 h=10～20cm；消声片厚常取 5～10cm。

以上直管式消声器的通道尺寸大到一定程度时，其高频性能将显著下降，即"高频失效"，出现高频矢效的上限失效频率 f_s（Hz）：

$$f_s=1.85\frac{C}{D} \qquad (17.2\text{-}9)$$

式中 C——声速，m/s；

D——通道截面的直径或当量直径，m。

小室式消声器的单室消声量 ΔL（dB）为：（见图 17.2-5）

$$\Delta L=-10\lg F_D\left(\frac{\cos\theta}{2\pi d^2}+\frac{1}{R}\right) \qquad (17.2\text{-}10)$$

式中 F_D——小室开口截面积，m^2；

θ——小室进出风口对角线与出风口截面法线之夹角；

d——小室进出风口对角线距离，m；

R——小室内的房间常数，m^2（见式 17.2-5）。

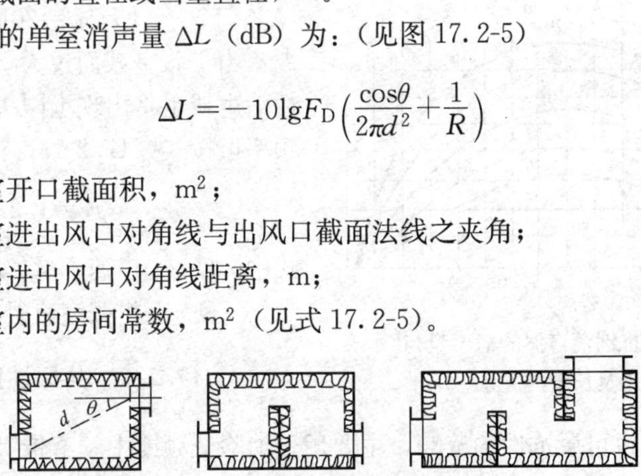

(a) (b) (c)

图 17.2-5 小室式消声器的基本形式

注：小室内气流速度宜≤5m/s

17.2.4 抗性消声器设计

抗性消声器主要用于消除以低频或低中频噪声为主的设备声源。

抗性消声器有多种结构型式，如图 17.2-6 所示。

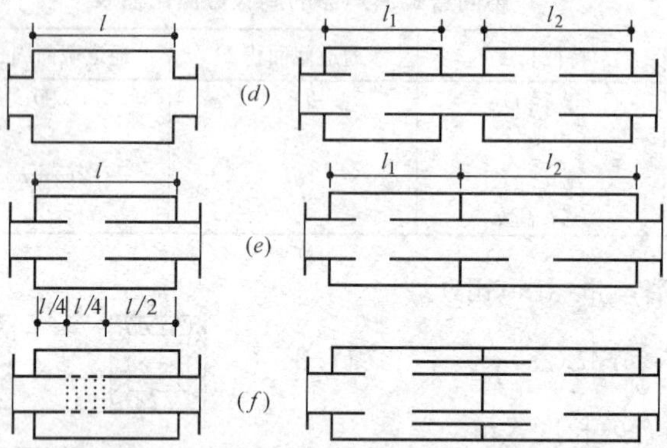

图 17.2-6 抗性消声器的几种基本形式

抗性消声器的消声性能主要取决于扩张比 m 和扩张室长度 l。

单室抗性消声器的消声量 ΔL（dB）可由下式计算或由图 17.2-7 查得。

$$\Delta L=10\lg\left[1+\frac{1}{4}\left(m-\frac{1}{m}\right)^2\sin^2 kl\right] \tag{17.2-11}$$

式中 m——扩张比，$m=\dfrac{F_2}{F_1}$（常取 $m=4\sim10$）；

k——波数，$k=\dfrac{2\pi}{\lambda}=\dfrac{2\pi f}{C}$；

l——扩张室长度，m；

λ——波长，m；

f——频率，Hz。

当 $m\geqslant5$ 时，消声量 $\Delta L_{\max}$（dB）近似为：

$$\Delta L_{\max}=20\lg m-6 \tag{17.2-12}$$

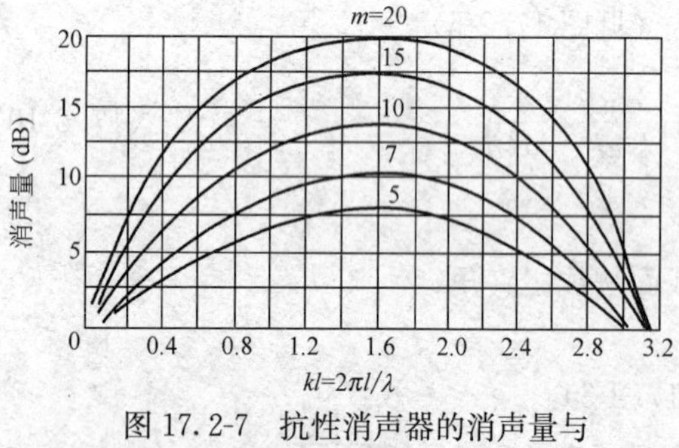

图 17.2-7 抗性消声器的消声量与扩张比及长度的关系

当扩张室截面过大，或频率较高时，抗性消声器也将出现上限失效频率，上限失效频率可按式（17.2-13）计算或查表 17.2-8。

$$f_s=1.22\frac{C}{D} \tag{17.2-13}$$

式中 C——声速，m/s；

D——扩张室直径或当量直径，m。

17.2.5 共振性消声器设计

共振性消声器也可属抗性的范畴，主要用于消除低频或中频窄带噪声或噪声峰值，且具有阻力小，不用吸声材料等特点。

1. 共振消声器的设计计算

共振消声器的共振频率 f_0（Hz）可由下式计算：

f_s 与 D 关系表 **表 17.2-8**

D(mm)	100	200	300	400	500	600	700	800
f_s(Hz)	4200	2100	1400	1025	840	700	600	525

$$\left.\begin{aligned} f_0 &= \frac{C}{2\pi}\sqrt{\frac{G}{V}} \\ f_0 &= \frac{C}{2\pi}\sqrt{\frac{p}{tD}} \end{aligned}\right\} \quad (17.2\text{-}14)$$

式中 G——传导率，$G=\frac{nF_d}{t}=\frac{n\pi d^2}{4(t_0+0.8d)}$；

n——小孔个数；

F_d——单个小孔面积，m^2；

t，t_0——穿孔板的有效板厚和实际板厚，m（一般取 1～5mm）；

d——小孔直径，m（一般取 3～10mm）；

V——共振腔体积，m^3；

D——共振腔深度，m（一般取 10～20cm）；

p——穿孔板开孔率（一般取 0.5%～5%）。

消声频带宽度 Δf（Hz）：

$$\Delta f = 4\pi D\frac{f_0}{\lambda_0} \quad (17.2\text{-}15)$$

共振消声器的消声量 ΔL（dB）（或查图 17.2-8）：

$$\Delta L = 10\lg\left[1+\left(\frac{K}{\frac{f}{f_0}-\frac{f_0}{f}}\right)^2\right] \quad (17.2\text{-}16)$$

式中 $K=\frac{\sqrt{GV}}{2F}$；

F——消声器通道截面积，m^2。

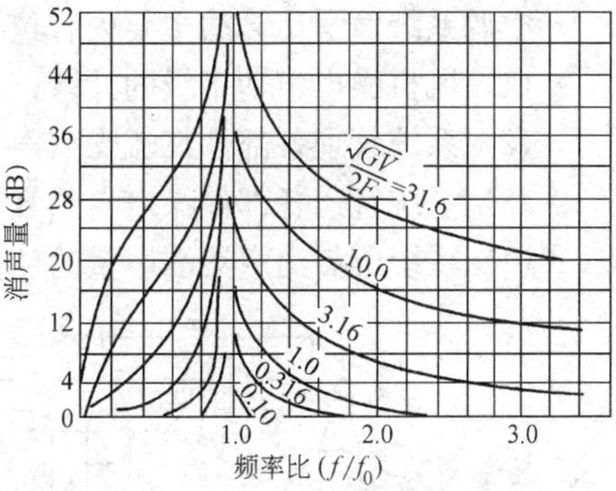

图 17.2-8 共振消声器消声量查算图

共振消声器的频带消声量可近似由表 17.2-9 查得。

共振消声器的频带消声量表 **表 17.2-9**

K / ΔL(dB) / Δf	0.8	1	2	3	4	5	6	7	8	9	10
1 倍频带	3.6	4.8	9.5	12.8	15.2	17.1	18.6	20	21.1	22.1	23
1/3 倍频带	11.2	13.0	18.9	22.4	24.8	26.8	28.4	29.7	30.9	31.9	32.8

2. 微穿孔板消声器设计

当共振消声器的穿孔板孔径缩小到≤1mm 时，就成为微穿孔板消声器，它具有结构简单，不需用吸声材料，特别适用于有高温、潮湿及洁净要求的管路系统消声。

常用微穿孔板消声器的设计参数：

板厚：0.5～1.0mm；

孔径：ϕ0.5～1.0mm；

穿孔率：1%～3%。(双层时，面层穿孔率应大于内层)

空腔深度：5～20cm（低频取15～20cm，中频10～15cm，高频5～10cm）。

孔板层数（或腔数）：单层或双层（单腔或双腔）。

表17.2-10为几种常用的微穿孔板消声结构及其吸声特性。

常用微穿孔板吸声性能表　　表17.2-10

微穿孔板吸声结构	穿孔率(%)	腔深(cm)	频率(Hz)				
			125	250	500	1000	2000
单层ϕ0.8/0.8厚	1	7	—	0.40	0.86	0.37	0.14
单层ϕ0.8/0.8厚	2	7	0.12	0.24	0.57	0.70	0.17
单层ϕ0.8/0.8厚	3	7	0.12	0.22	0.82	0.69	0.21
双层ϕ0.8/0.9厚	内1外2	内12外8	0.48	0.97	0.93	0.64	0.15
双层ϕ0.8/0.9厚	内1外3	内12外8	0.40	0.92	0.95	0.66	0.17
双层ϕ0.8/0.9厚	内1外2.5	内3外7	0.26	0.71	0.92	0.65	0.35
双层ϕ0.8/0.9厚	内1.5外2.5	内5外5	0.18	0.69	0.97	0.99	0.24
双层ϕ0.8/0.9厚	内1外2.5	内4外6	0.21	0.72	0.94	0.84	0.30

17.2.6 空调系统声学计算实例

空调系统声学计算的主要内容包括以下四个方面：

(1) 风机噪声声功率级的计算；

(2) 系统管理各部件气流噪声声功率级的计算；

(3) 系统管道各部件噪声自然衰减的计算；

(4) 系统所需消声器消声量的计算。

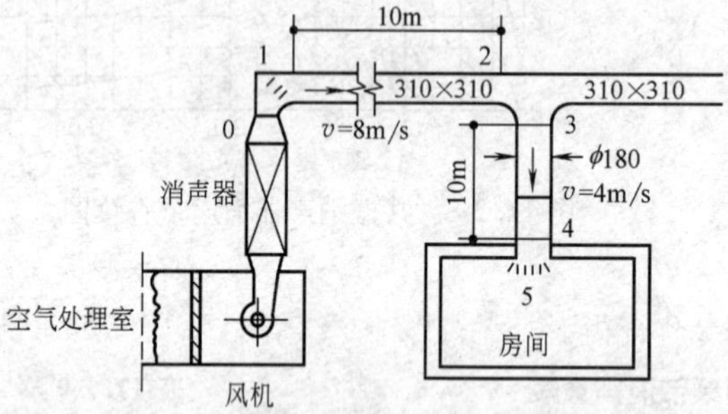

图17.2-9 空调系统消声计算实例系统布置图

现举算例如下：

会议室的体积75m³，房间常数 $R=20m^2$，空调风机为4-72-11No4A型，总风量为2740m³/h，全压为470Pa，转速1450 r/min，送风由主风道经支管及散流器送风口送入房间，送风量为365m³/h，要求会议室内的空调噪声满足 $NR35$ 曲线的安静要求。系统布置见图17.2-9。

系统声学设计计算按顺气流方向进行，计算项目，计算方法及步骤见表17.2-11。

空调系统消声设计计算实例　　表17.2-11

项目序号	项目内容	计算方法	倍频程中心频率(Hz)							
			63	125	250	500	1000	2000	4000	8000
1	0至1弯头气流噪声功率级	$L_W=L_{WC}+10\lg f_D+30\lg d+50\lg v$ 式(17.1-12)	51	44	41	39	35	31	20	23
2	0至1弯头自然衰减	无内初方弯头，查表17.2-5	—	—	3	6	6	4	3	3
3	传至2点处的气流噪声	不计直管段(1至2)(v=8m/s)自然衰减，即等于第1项	51	44	41	39	35	31	20	23

续表

项目序号	项目内容	计算方法	倍频程中心频率(Hz)							
			63	125	250	500	1000	2000	4000	8000
4	1至2直管段气流噪声	$L_W=L_{WC}+50\lg v+10\lg F$ 式(17.1-11)	40	39	38	37	36	35	32	35
5	2点处气流噪声总和	3、4两项噪声叠加式(17.1-10)	51	45	43	41	39	37	32	27
6	三通(2至3)自然衰减	$\Delta L_W=10\lg\frac{F_1}{F_2}$	9	9	9	9	9	9	9	9
7	传至3点处的气流噪声	5项减6项	42	36	34	32	30	28	23	18
8	三通(2至3)气流噪声	$\Delta L_W=L_{WC}+10\lg f_D+30\lg d+50\lg v_a$ 式(17.1-13)	40	39	35	31	26	23	23	26
9	3点处气流噪声总和	7、8两项噪声叠加式(17.1-10)	44	41	38	35	32	29	26	27
10	(3至4)直管段自然衰减($v=4$m/s)	查表17.2-4,再乘10m	1	1	2	2	3	3	3	3
11	传至4点处的气流噪声	9项减10项	43	40	36	33	29	26	23	24
12	4点处气流噪声总和	不计(3至4)段($v=4$m/s)气流噪声,则等于第11项	43	40	36	33	29	26	23	24
13	送风口散流器自然衰减	ΔL_W由图17.2-2查得(风口在平顶中部)	16	11	5	2	—	—	—	—
14	传至5点处的气流噪声	12项减13项	27	29	31	31	29	26	23	24
15	送风口的气流噪声	$L_W=L_{WC}+10\lg f_D+30\lg(d\cdot v)$	48	48	46	41	34	28	18	14
16	5点处气流噪声总和	14、15两项噪声叠加	48	48	46	41	35	30	24	24
17	房间自然衰减	$\Delta L_W=L_W-L_p=-10\lg\left(\frac{Q}{4\pi r^2}+\frac{4}{R}\right)$ ($r=2$m,$R=20$m^2)	6	6	6	6	5	5	5	5
18	传至房间内气流噪声声压级	16项减17项	42	42	40	35	30	25	19	19
19	房间允许噪声级	要求达到NR35曲线	63	52	44	39	35	32	30	28
20	房间计算允许噪声级	19项与18项能量之差	63	52	42	37	34	31	30	28
21	风机噪声	$L_W=L_{WC}+10\lg(QH^2)-20$ ($L_{WC}=19$)	82	81	80	75	70	65	61	54
22	传至送风口风机剩余噪声声功率级	21项减(2+6+10+13)项	56	60	61	56	52	49	46	49
23	房间内风机剩余噪声声压级	22项减17项	50	54	55	50	47	44	41	34
24	系统需设消声器的消声量	ΔL_p=23项减20项	—	2	13	13	13	13	11	6

注：① 表中1至18项为系统管路各部件的气流噪声和自然衰减的计算，如果18项（即传至房间内的气流噪声）大于19项（即房间内允许噪声级），则应停止计算。必须降低管道内流速，以减小气流噪声，否则消声器将起不到实际作用；

② 如果房间允许噪声级较大（如$NR\geqslant60$），管道内流速较低（如$v\leqslant10$m/s），而声源风机噪声又较高，（如$L_W\geqslant90$dB），则一般可以不考虑气流噪声影响，计算表可以大为简化，即仅保留2，6，10，13，17，19，21，22，23和24等10项即可。

17.3 隔声设计

17.3.1 隔声设计的计算方法

1. 单层匀质墙板隔声量计算及质量定律

单层匀质无限大墙板隔声量 TL（dB）的理论计算公式为：

$$TL=20\lg(fm)-43 \tag{17.3-1}$$

式中 f——入射声波的频率，Hz；

m——墙板的面密度，kg/m^2。

由上式可见单层墙板的隔声量取决于墙板的面密度及频率，面密度提高一倍，隔声量增大 6dB，此即常说的质量定律。

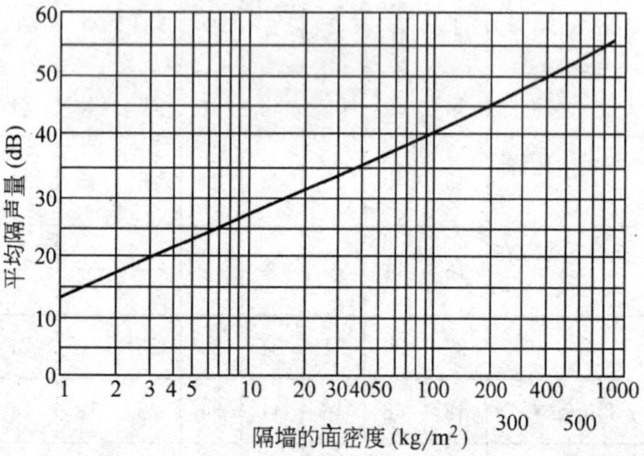

图 17.3-1 墙的面密度与隔声量的关系曲线

实际工程中墙板不可能无限大，声波也是无规入射，其不同频率的隔声量可由以下经验公式计算：

$$TL=16\lg m+14\lg f-29 \tag{17.3-2}$$

而 100～3150Hz 的平均隔声量 $\overline{TL}$（dB）经验计算式为（或查图 17.3-1）：

$$\overline{TL}=16\lg m+8 \quad (m\geqslant 200\text{kg/m}^2) \tag{17.3-3}$$

$$\overline{TL}=13.5\lg m+14 \quad (m<200\text{kg/m}^2) \tag{17.3-4}$$

式中 m——单层隔声构件面密度，kg/m^2。

2. 双层墙隔声量计算

双层墙间有一定厚度的空气层，起到弹性衰减作用，可提高隔声效果，其不同频率的隔声量 TL（dB）经验计算公式为：

$$TL=16\lg[(m_1+m_2)f]-30+\Delta TL \tag{17.3-5}$$

而平均隔声量可按下式计算：

当 $(m_1+m_2)\geqslant 200$kg/m^2 时，

$$\overline{TL}=16\lg(m_1+m_2)+8+\Delta TL \tag{17.3-6}$$

当 $(m_1+m_2)<200$kg/m^2 时，

$$\overline{TL}=13.5\lg(m_1+m_2)+14+\Delta TL \tag{17.3-7}$$

式中 m_1、m_2——两墙的面密度，kg/m^2；

ΔTL——空气层的附加隔声量，一般可取 6～12dB 左右。

3. 组合墙的隔声量 $\overline{TL}$（dB）的计算（或查图 17.3-2）：

$$\overline{TL}=10\lg\frac{1}{\tau}=10\lg(\Sigma F_i/\Sigma F_i\tau_i) \tag{17.3-8}$$

式中 $\bar{\tau}$——组合墙的平均透射系数，$\bar{\tau}=\frac{\sum F_i\tau_i}{\sum F_i}$；

F_i——组合墙各部分的面积，m^2；

τ_i——组合墙各部分的透射系数。

4. 隔声房间实际隔声量及室内总噪声级的计算

控制室、值班室等隔声房间一般由多种不同隔声性能的隔声物件（如墙、门、窗、屋顶等）组成，其实际隔声量 TL（dB）为：

$$TL=\overline{TL_o}+10\lg\frac{A}{F_o} \qquad (17.3\text{-}9)$$

式中 $\overline{TL_o}$——组合墙的实际平均隔声量，dB；

A——隔声间内表面的总吸声量，$A=\sum F_i\alpha_i$，m^2；

α_i——各个内表面的吸声系数；

F_o——隔声间的透声面积，m^2。

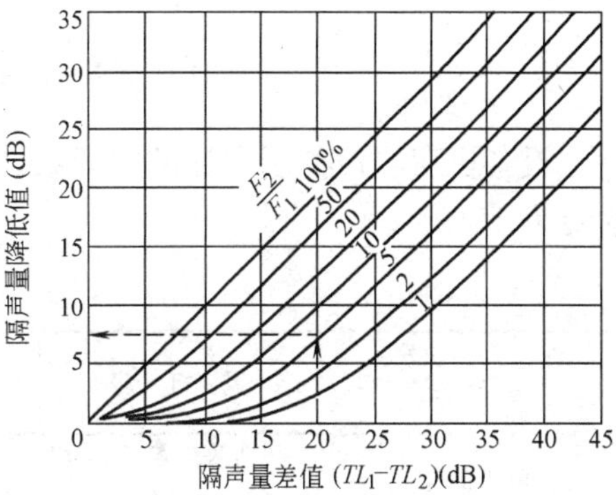

图 17.3-2 组合墙隔声量计算图

式（17.3-9）表明提高隔声间内的平均吸声系数和减小隔声间与声源室的相邻透声墙面积，是提高隔声间实际隔声量的有效措施。

隔声间内的实际总噪声级 L_A（dB）：

$$L_A=10\lg\left[\sum_{i=1}^{n}F_i\times10^{0.1(L_i-TL_i)}\right]-10\lg A \qquad (17.3\text{-}10)$$

式中 F_i——隔声间各个构件的面积，m^2；

TL_i——隔声间各个构件的隔声量，dB；

L_i——隔声间各个构件外侧的噪声级，dB；

A——隔声间内的总吸声量，m^2。

5. 隔声罩隔声量的计算

隔声罩的隔声量 TL（dB）：

$$TL=TL_o+10\lg\bar{\alpha} \qquad (17.3\text{-}11)$$

式中 TL_o——隔声罩壳体的隔声量，dB；

$\bar{\alpha}$——隔声罩内壁平均吸声系数。

由于 $\bar{\alpha}$ 值小于 1，$10\lg\bar{\alpha}$ 均为负值，故要使隔声罩隔声量大，就应尽可能提高隔声罩内表面的平均吸声系数，见表 17.3-1。

隔声罩内 $\bar{\alpha}$ 对隔声性能的影响表 **表 17.3-1**

$\bar{\alpha}$	0.05	0.1	0.2	0.3	0.4	0.5	0.6	0.7	0.8	0.9
$10\lg\bar{\alpha}$(即 $TL-TL_o$)	−13	−10	−7	−5.2	−4	−3	−2.2	−1.5	−1	−0.5

不同封闭程度隔声罩的隔声性能如表 17.3-2 所示。

不同结构型式隔声罩的隔声性能表 表 17.3-2

隔声罩结构型式	A声级隔声量(dB)	隔声罩结构型式	A声级隔声量(dB)
固定密闭型隔声罩	30～40	局部开敞式隔声罩	10～20
组装式密闭型隔声罩	15～30	带通风散热消声器的隔声罩	15～25

注：隔声罩的设计必须兼顾罩内设备的通风散热要求。

17.3.2 设备机房噪声控制设计措施

设备机房噪声控制设计的主要技术措施汇总见表 17.3-3，常用隔声构件隔声性能汇总见表 17.3-4。

表 17.3-3

措施＼机房	风机房	水泵房	冷冻机房	冷却塔
隔声措施	风机隔声箱、隔声机房、隔声值班室	局部隔声罩、隔声泵房、隔声值班室	隔声机房、隔声值班室	隔声屏障
消声措施	进风消声器、出风消声器	—	—	进风消声器、出风消声器、淋水消声装置
吸声措施	吸声平顶、墙面空间吸声体	吸声平顶、墙面空间吸声体	吸声平顶、墙面空间吸声体	—
减振措施	风机减振器软接管	水泵减振垫、避振喉	橡胶软接管	底脚减振
通风散热措施	利用进风消声器冷却电机散热	机械排风(低噪声轴扇＋消声器)，消声柜，消声百叶或通风消声窗进风		

注：隔声机房措施中包括：隔声门、隔声窗、隔声通风采光窗罩、声闸小室等。

常用隔声构件隔声性能表 表 17.3-4

序号	隔声构件及材料	面密度(kg/m^2)	平均隔声量$\overline{TL}$(dB)
1	一砖墙，24cm厚，双面抹灰	480	53
2	半砖墙，12cm厚，双面抹灰	240	45
3	空心砖墙，12cm厚，双面抹灰	180	43
4	纸面石膏板，1.2cm厚/2.0cm厚	9/24	25/31
5	钢丝网抹灰墙，1.5cm厚	45	33
6	双层0.6彩钢复合板100厚聚苯芯	13	21
7	双层12厚纸面石膏板，中空8cm，木龙骨	25	36
8	双层12厚纸面石膏板，中填80矿棉毡	29	45
9	双层15厚钢丝网粉刷，中填50矿棉毡	95	38
10	双层1.5厚钢板，中填65厚超细棉	27	50
11	双层8厚水泥石棉板，中空145，填50矿棉	36	41
12	普通隔声门(单扇、双面夹板填50矿棉)	橡胶条密缝	31
13	J649国际隔声门(单扇、橡胶密封条)	嵌入式密缝	37
14	声闸(单门隔声量为27dB)	双扇单门	≥50
15	单层普通3厚钢窗		21
16	单层铅合金推拉窗		23
17	双层固定木窗(5＋100＋6厚)		46
18	三层玻璃观察窗(木框5厚，150、250腔)		56

17.3.3 民用建筑空气声隔声要求

各类民用建筑室内噪声水平既同空调系统产生的噪声有关，也同建筑本身的墙体、楼板的隔声性能有关。17.1.3 节中已列出了民用建筑室内允许噪声标准，本节表 17.3-5 列出了民用建筑中墙体、楼板对空气声的隔声要求标准。

各类民用建筑空气声隔声标准　　表 17.3-5

建筑类别	间隔部位	计数隔声量(dB)			
		特级	一级	二级	三级
住宅	分户墙、楼板	—	≥50	≥45	≥40
学校	隔墙、楼板	—	≥50	≥45	≥40
医院	病房/病房	—	≥45	≥40	≥35
	病房/机房		≥50	≥50	≥45
	病房/手术室		≥50	≥45	≥40
	手术室/机房		≥50	≥50	≥45
	测听室墙		≥50		
旅馆	客房/客房	≥50	≥45	≥40	≥40
	客房/走廊(含门)	≥40	≥40	≥35	≥30
	客房外墙(含窗)	≥40	≥35	≥25	≥20

17.4 吸声设计

17.4.1 吸声性能的评价与计算

1. 吸声性能的评价

吸声材料的作用主要包括控制室内混响时间、降低房间内及通风空调系统噪声以及改善隔声构件的隔声效果三个方面。而吸声性能的常用评价量为吸声系数、吸声量及降噪系数三种。

吸声系数为吸收声能与入射声能之比值，用符号 α 表示。α 的大小变化可在 0～1 之间，0 表示无吸收、1 表示全吸收，通常 $\alpha>0.2$ 的材料才称为吸声材料。

吸声性能同声波入射角度及频率有关，在驻波管中测得的为正入射吸声系数，而在混响室内测得的称为无规入射吸声系数或称混响法吸声系数。一般应测量从 125Hz 至 4000Hz 频率范围的不同吸声系数值，平均吸声系数即为各不同频率吸声系数的平均值。而降噪系数 *NRC* 值仅为 250Hz、500Hz、1000Hz 和 2000Hz 四个频率吸声系数的平均值，即为

$$NRC=\frac{\alpha_{250}+\alpha_{500}+\alpha_{1000}+\alpha_{2000}}{4} \tag{17.4-1}$$

吸声材料的降噪作用既同吸声系数大小有关，更同吸声材料的使用面积有关。吸声量 A (m^2) 即为吸声材料面积和吸声系数的乘积，即为：

$$A=S\cdot\alpha \tag{17.4-2}$$

式中 S——吸声材料的面积，m^2；

α——吸声系数。

2. 吸声减噪的计算

由于房间内壁面对声波的反射，使室内的噪声级相应提高，吸声减噪的目的就是要尽可能地降低这个提高量。表 17.4-1 为室内壁面平均吸声系数 $\bar{\alpha}$ 与声级提高量的关系。

室内 $\bar{\alpha}$ 与声级提高量关系表 **表 17.4-1**

平均吸声系数 $\bar{\alpha}$	声级提高量 ΔL(dB)	平均吸声系数 $\bar{\alpha}$	声级提高量 ΔL(dB)	平均吸声系数 $\bar{\alpha}$	声级提高量 ΔL(dB)
0.01	20.0	0.12	9.2	0.35	4.6
0.02	17.0	0.14	8.5	0.40	4.0
0.03	15.2	0.16	8.0	0.45	3.5
0.04	14.0	0.18	7.5	0.50	3.0
0.05	13.0	0.20	7.0	0.55	2.6
0.06	12.2	0.22	6.6	0.60	2.2
0.07	11.6	0.24	6.2	0.70	1.5
0.08	11.0	0.26	5.8	0.80	1.0
0.09	10.5	0.28	5.5	0.90	0.5
0.10	10.0	0.30	5.2	1.00	0

室内吸声处理后，在离声源足够远处的吸声减噪量的最大值 ΔL_{max}（dB）为（或查图 17.4-1）：

$$\Delta L_{max}=10\lg\frac{R_2}{R_1}=10\lg\left(\frac{\overline{\alpha_2}}{\overline{\alpha_1}}\cdot\frac{1-\overline{\alpha_1}}{1-\overline{\alpha_2}}\right) \tag{17.4-3}$$

式中 R_1、R_2——吸声处理前、后室内房间常数，m^2；

$\overline{\alpha_1}$、$\overline{\alpha_2}$——吸声处理前、后室内平均吸声系数。

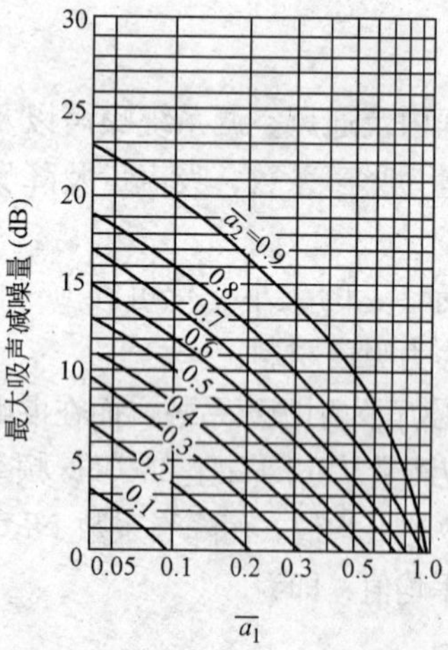

图 17.4-1 ΔL_{max}与$\overline{\alpha_1}$、$\overline{\alpha_2}$的关系图

离声源足够远处一般指距离大于临界距离 r_L（m）的远场范围。

$$r_L=0.14\sqrt{RQ} \tag{17.4-4}$$

式中 Q——由声源在室内位置而定的指向性因数（在房间中央为 1，在一个面中心为 2，在棱线中心为 4，在某一角为 8）。

房间内经吸声处理后的平均吸声减噪量$\overline{\Delta L}$（dB）：可按式（17.4-5）计算或查表 17.4-2。

$$\overline{\Delta L}=10\lg\frac{\overline{\alpha_2}}{\overline{\alpha_1}}=10\lg\frac{A_2}{A_1}=10\lg\frac{T_1}{T_2} \tag{17.4-5}$$

式中 $\overline{\alpha_1}$、$\overline{\alpha_2}$——吸声处理前，后室内平均吸声系数；

A_1、A_2——吸声处理前、后室内总吸声量，m^2；

T_1、T_2——吸声处理前、后室内混响时间，s。

平均吸声减噪量计算表 **表 17.4-2**

$\frac{\overline{\alpha_2}}{\overline{\alpha_1}}\left(或\frac{A_2}{A_1}或\frac{T_1}{T_2}\right)$	1	2	3	4	5	6	7	8	10	12	16
ΔL(dB)	0	3	5	6	7	8	8.5	9	10	11	12

17.4.2 吸声减噪设计

1. 吸声减噪设计的原则

(1) 吸声减噪只对混响声（即反射声）有效，而对直达声不起作用；

(2) 吸声减噪效果与房间内原有平均吸声系数有关，原有$\bar{\alpha}$越小，吸声减噪效果越显著。

(3) 吸声减噪效果与吸声材料数量不成正比，必须合理确定吸声处理面积，以取得较好技术经济效益；

(4) 吸声材料及结构的选择必须与声源的频谱特性相适应，使吸声减噪设计具有针对性；

(5) 吸声减噪效果达 5～7dB 时，已属满意的效果，主观感到室内吸声已有明显减低；

(6) 在吸声减噪设计中，一般应同时考虑隔声、消声及隔振等噪声综合治理措施。

2. 吸声材料及结构的选用

吸声材料及吸声结构的种类很多，吸声特性也不尽相同，详见表 17.4-3，常用吸声材料及性能见表 17.4-4。

吸声材料及结构的类型与特性 **表 17.4-3**

类　型	基本构造	代表性材料	吸声特性
多孔材料	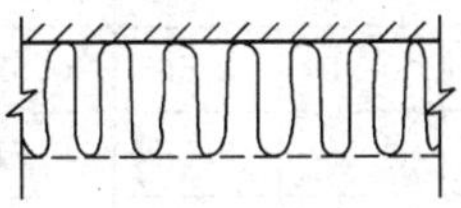	离心玻璃棉毡、棉板，矿棉板，聚氨酯泡沫塑料，木丝板，软质纤维板，膨胀珍珠岩板等	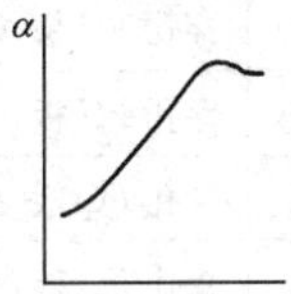
穿孔板共振吸声结构		穿孔胶合板，穿孔硬质纤维板，穿孔石膏板，穿孔 FC 板，穿孔钢板，穿孔铝板等	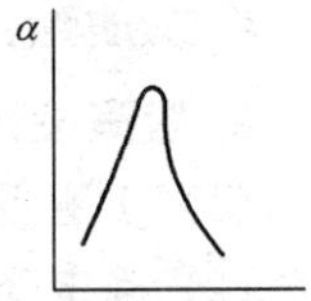
薄板共振吸声结构		胶合板，热压纤维板，石膏板，FC 板等	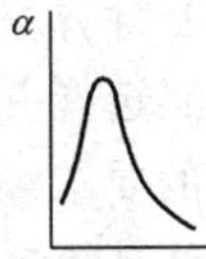
空间吸声体	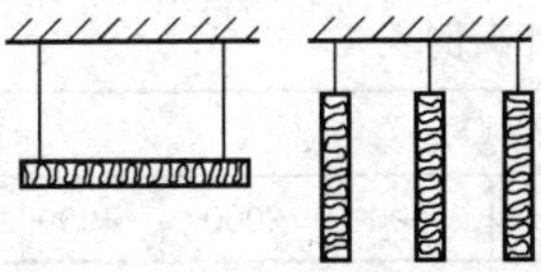	板状空间吸声体，圆筒吸声体，方筒吸声体，十字形吸声体，环形吸声体，锥形吸声体等	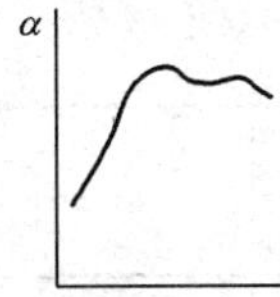
吸声尖劈	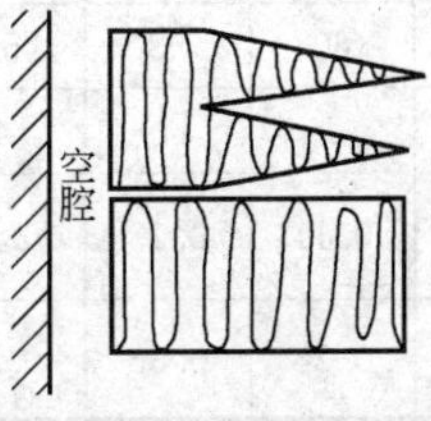	超细玻璃棉，离心玻璃棉，聚氨酯泡沫塑料，酚醛玻璃纤维板等	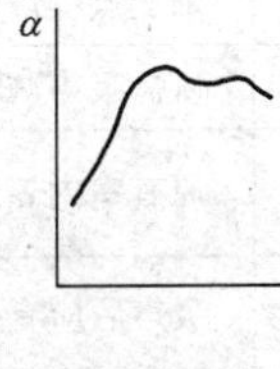

常用吸声材料性能表 表 17.4-4

序号	材料名称	厚度(cm)	密度(kg/m^3)	频率(Hz) 125	250	500	1000	2000	4000
1	超细玻璃棉(贴实)	5	20	0.15	0.35	0.85	0.85	0.86	0.86
2	离心玻璃棉板(贴实)	5	32	0.24	0.63	0.99	0.97	0.98	0.99①
3	防水超细棉毡(贴实)	10	20	0.25	0.94	0.93	0.90	0.96	—
4	离心玻璃棉板(后空10cm)	5	32	0.49	1.13	1.28	1.07	1.12	1.14①
5	酚醛矿棉毡	6	80	0.11	0.32	0.66	0.90	0.97	—
6	腈纶棉	5	20	0.14	0.37	0.68	0.75	0.78	0.82
7	毛毛虫矿棉板	1.2	后空10	0.54	0.51	0.38	0.41	0.51	0.60①
8	珍珠岩穿孔复合板	4	～300	0.16	0.28	0.81	0.76	0.73	0.60①
9	聚氨酯泡沫塑料	2	43	0.03	0.08	0.15	0.30	0.50	0.50①
10	聚氨酯泡沫塑料	4	40	0.10	0.18	0.36	0.70	0.75	0.80
11	阻燃长棉吸声板	2.5	90						
12	木丝板	2.5后空5	470	0.20	0.20	0.50	0.45	0.55	0.65
13	木条缝装饰帕特吸声板	1.3后空10	320	0.95	0.97	0.92	1.03	0.90	0.92①
14	穿孔金属板 ϕ6,@12	空腔10	填棉10	0.31	0.37	1.0	1.0	1.0	1.0①
15	穿孔 *FC* 板,ϕ9,2.5%	空腔10	填棉10	0.23	0.61	0.50	0.36	0.16	0.03①
16	穿孔 *FC* 板,ϕ9,5%	空腔10	填棉10	0.19	0.56	0.57	0.48	0.26	0.07①
17	穿孔 *FC* 板,ϕ9,10%	空腔10	填棉10	0.19	0.58	0.61	0.63	0.48	0.33①
18	穿孔 *FC* 板,ϕ9,14%	空腔10	填棉10	0.18	0.63	0.70	0.66	0.55	0.33①

注：①为混响法测定。

3. 吸声设计的程序（见例表 17.4-5）

(1) 实测吸声处理前室内的噪声水平；

(2) 确定降噪点的允许噪声级及要求的吸声减噪量；

(3) 计算室内经吸声处理后应有的平均吸声系数及房间常数；

(4) 选择并确定在平顶及墙面上设置的吸声材料或结构、数量及安装方式，以达到吸声减噪的要求。

具体计算实例见表 17.4-5 所示。

吸声减噪设计实例表 表 17.4-5

序号	项目	频率(Hz) 125	250	500	1000	2000	4000	说明
1	降噪点原有噪声(dB)	70	66	69	64	62	60	实测
2	降噪点噪声允许值(dB)	75	69	64	60	58	56	NR-60标准
3	所需吸声减噪量 ΔL(dB)	—	—	5	4	4	4	①−②
4	原有室内 $\bar{\alpha}_1$	0.05	0.07	0.09	0.11	0.13	0.13	计算或由实测混响时间推算
5	吸声后应有 $\bar{\alpha}_2$	0.05	0.07	0.29	0.28	0.33	0.33	由 $\Delta L=10\lg\frac{\bar{\alpha}_2}{\bar{\alpha}_1}$ 推算

续表

序号	项 目	频率(Hz)						说 明
		125	250	500	1000	2000	4000	
6	原有室内总吸声量 A_1(m^2)	6.3	8.8	11.3	13.9	16.4	16.4	由 $A_1=F\bar{\alpha}_1$ 推得
7	吸声后应有总吸声量 A_2(m^2)	6.3	8.8	35.9	35.3	41.6	41.6	由 $A_2=F\bar{\alpha}_2$ 求得
8	所需增加总吸声量 A_3(m^2)	0	0	24.6	21.4	25.2	25.2	⑦－⑥
9	选择吸声材料的 α(5cm 厚水平吊挂板状吸声体离顶 30cm)	0.34	0.76	1.22	1.48	1.79	1.92	混响法实测或由资料查得，因板状吸声体 α 可＞1.0
10	需要空间吸声板的面积(m^2)	0	0	20	14	14	13	⑧÷⑨

注：实例房间尺寸为 6m×5m×3m（高），$F=126m^2$，$V=90m^3$。

17.5 隔振控制设计

17.5.1 概 述

热泵、冷水机组、风机、水泵等设备在运转过程中会产生振荡，它是由于旋转部件的惯性力、偏心不平衡产生的扰动力而引起的强迫振动。振荡除产生高频噪声外，还通过设备底座、管道与构筑物的连接部分引起建筑结构的振动。振动的运动形式为波动，它传播的是物质运动能量而不是物质本身。振动达到一定能量也会影响建筑物的使用寿命。在建筑结构中，这部分振动能量以声的形式向空间辐射产生固体噪声，从而污染环境，影响工作和身体健康。

为防止和减小空调器、热泵、冷水机组、风机、水泵等产生的振动沿楼板、梁柱、墙体的传递，在设备底部安装隔振元件（阻尼弹簧隔振器、橡胶隔振器)、在管道上采用橡胶挠性接管（或金属波纹管、金属软管)、风机进出口处用帆布接头等变刚性连接为柔性连接，并对管道支架、吊架、托架等同时进行隔振处理，可达到防止或减小振动的传递。

隔振分消极（又称被动）隔振和积极（又称主动）隔振两种。消极隔振是防止或减小来自外部如机械设备锻锤、交通轨道等的振动对构筑物及室内仪器仪表、精密机械的影响而采取的隔振措施。积极隔振是对振动源系统进行隔振处理，以防止或减小振动对外部的影响。隔振设计和振动计算均属积极隔振工作的一部分。

17.5.2 隔振参数传递率 η 及隔振效率 T

1. 单自由度无阻尼隔振系统

该系统由只能作竖向运动的刚体 m 和无质量的弹簧所组成，见图 17.5-1。

图 17.5-1 的数学式：

$$m\ddot{Z}+kZ=R_0\sin\omega t \tag{17.5-1}$$

$$Z=\frac{R_0}{k-m\omega^2}\sin\omega t \tag{17.5-2}$$

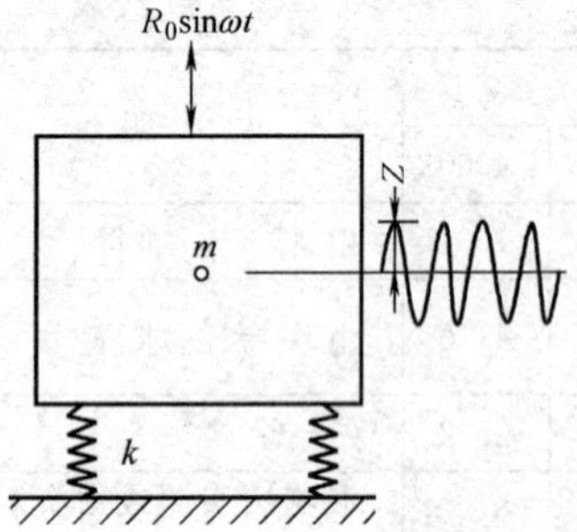

图 17.5-1 单自由度无阻尼隔振系统

式中 R_0——干扰力，N；

ω——干扰圆频率，rad/s；

t——时间，s；

Z——竖向振幅，mm；

k——弹簧刚度，N/cm；

m——刚体质量，kg。

将式（17.5-2）改写如下：

$$Z=\frac{R_0/k}{1-m\omega^2/k}\sin\omega t=\frac{R_0/k}{1-m\omega^2/m\omega_n^2}\sin\omega t$$

$$=\frac{R_0/k}{1-(\omega/\omega_n)^2}\sin\omega t \quad (17.5\text{-}3)$$

$$k=m\omega_n^2$$

式中 ω_n——隔振系统固有圆频率，rad/s；

R_0/k——干扰力作用下弹簧静变形。

将式（17.5-3）改写如下：

$$\frac{Z}{R_0/k}=\frac{1}{1-(\omega/\omega_n)^2} \quad (17.5\text{-}4)$$

$$\frac{Z}{R_0/k}=\frac{Zk}{R_0}=\frac{\text{弹性力}}{\text{干扰力}}=\frac{\text{传到支承结构上的干扰力}}{\text{干扰力}}=\text{传递率}=\eta$$

$$\therefore \quad \eta=\left|\frac{1}{1-(\omega/\omega_n)^2}\right|=\left|\frac{1}{1-(f/f_n)^2}\right|=\left|\frac{1}{1-\lambda^2}\right| \quad (17.5\text{-}5)$$

$$\omega_n=2\pi f_n,\ \omega=2\pi f,\ f=n/60$$

式中 f_n——隔振系统的固有频率，Hz；

f——干扰频率，Hz；

n——机械设备转速，r/min；

λ——频率比，$\lambda=f/f_n$。

注：当一台设备有几种转速时用最低转速。

传到支承结构上的干扰力 R' 为：

$$R'=Zk=R_0\eta \quad (17.5\text{-}6)$$

隔振系统的隔振效率 T：

$$T=(1-\eta)\times100\% \quad (17.5\text{-}7)$$

这说明传递率越小隔振效率越大，隔振效果越好。

2. 单自由度有阻尼隔振系统

假设该系统由只能作竖向运动的刚体 m、无质量弹簧刚度 k（隔振器）与阻尼系数为 C 的阻尼器组成，并安置在设备与刚性支承结构之间，组成一个单自由度有阻尼隔振系统，见图 17.5-2。

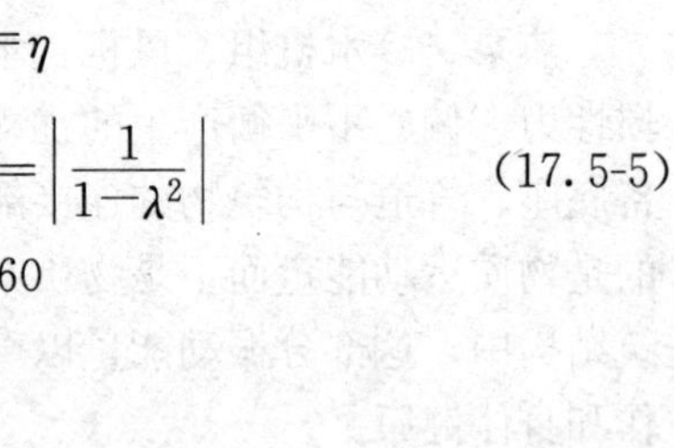

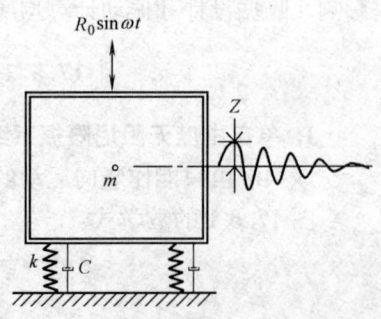

图 17.5-2 单自由度有阻尼隔振系统

质量 m 除了有弹性恢复力 kZ 及阻尼力 $C\dot{Z}$ 之外，还作用着一个简谐激振力 $R_0\sin\omega t$，按牛顿定律写成系统运动微分方程式：

$$m\ddot{Z}+C\dot{Z}+kZ=R_0\sin\omega t \tag{17.5-8}$$

$$Z=\frac{R_0}{\sqrt{(C\omega)^2+(k-m\omega^2)^2}}=\frac{R_0/k}{\sqrt{\left(1-\frac{\omega^2}{\omega_n^2}\right)^2+\left(2\frac{C}{C_c}\cdot\frac{\omega}{\omega_n}\right)^2}}$$

$$=\frac{R_0/k}{\sqrt{(1-\lambda^2)^2+(2\zeta\cdot\lambda)^2}} \tag{17.5-9}$$

式中 C_c——临界阻尼系数，N·s/cm，$C_c=2m\sqrt{\frac{k}{m}}=2\sqrt{mk}=2m\omega_n$；

C——阻尼系数，N·s/cm；

ζ——阻尼比，$\zeta=\frac{C}{C_c}$；

λ——频率比，$\lambda=\frac{f}{f_n}$。

阻尼是振动衰减的因素。在经过共振区时衰减快；在高频时它能使振幅减小，使振动能量消耗。阻尼来自运动体系的内部及接触面之间的摩擦。阻尼力为非弹性力。复合隔振器阻尼分两种，一种是自敷阻尼，另一种为配有阻尼器。一个物体在黏滞介质中运动，当速度很小时，其阻尼力与运动速度成正比，但方向与速度方向相反，与弹性力相位差 90°。隔振系统中的各种力。见图 17.5-3 力的矢量图。

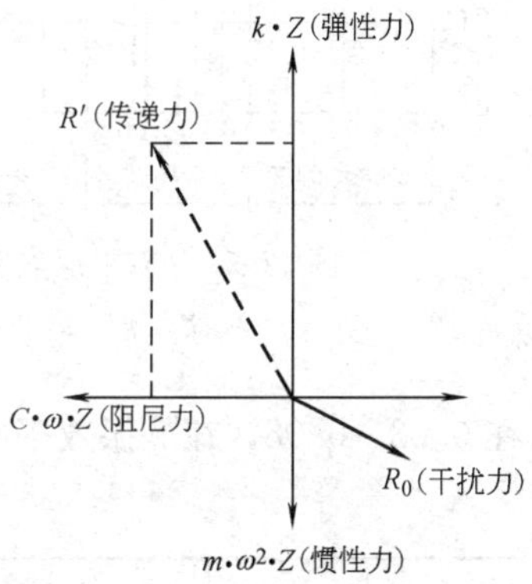

图 17.5-3 力的矢量图

阻尼比 ζ 是系统的实际阻尼系数与临界阻尼系数的比值，也称阻尼率。阻尼比一般由实验得出。

C_c临界阻尼系数是系统从振动过渡到不振动的临界情况，此时的阻尼系数称临界阻尼系数。

由图 17.5-3 可知：

$$传递力=Z\sqrt{k^2+(c\cdot\omega)^2}=R_0\frac{\sqrt{1+\left(\frac{c\cdot\omega}{k}\right)^2}}{\sqrt{\left(1-\frac{\omega^2}{\omega_n^2}\right)^2+\left(2\frac{c}{c_c}\cdot\frac{\omega}{\omega_n}\right)^2}}=R_0\frac{\sqrt{1+\left(\frac{c\cdot\omega}{k}\right)^2}}{\sqrt{(1-\lambda^2)^2+(2\zeta\cdot\lambda)^2}} \tag{17.5-10}$$

有阻尼时的传递率：

$$\eta_z=\sqrt{\frac{1+\left(2\frac{c}{c_c}\cdot\frac{\omega}{\omega_n}\right)^2}{\left(1-\frac{\omega^2}{\omega_n^2}\right)^2+\left(2\frac{c}{c_c}\cdot\frac{\omega}{\omega_n}\right)^2}}=\sqrt{\frac{1+(2\zeta\cdot\lambda)^2}{(1-\lambda^2)^2+(2\zeta\cdot\lambda)^2}} \tag{17.5-11}$$

有阻尼时的隔振效率：

$$T_z=(1-\eta_z)\times100\% \tag{17.5-12}$$

隔振效率是表明隔振后传到基座上的传递力较外界扰动力减小的程度，常用百分数表示。

传到支承结构上的干扰力：

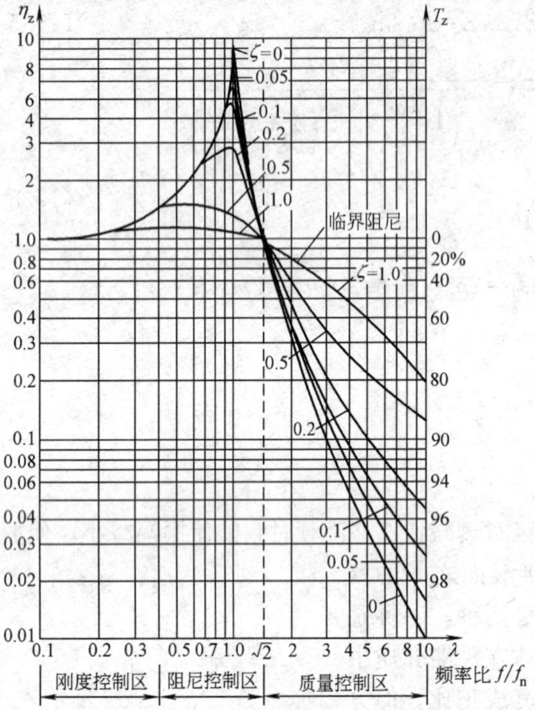

图 17.5-4 有阻尼隔振装置系统的 λ、ζ、η_z、T_z 的关系图

$$R'=Zk=R_0\eta_z \quad (17.5\text{-}13)$$

隔振效率和传递率是受迫振动的两个方面。隔振效率 $T_z=\dfrac{传递力}{激发力}\%$，它表示隔振元件的力传递状态，它不仅与外干扰力的频率 f 和隔振系统的固有频率 f_n 有关，也与阻尼比 ζ 有关。

有阻尼隔振系统的频率比 λ，阻尼比 ζ 和传递率 η_z、隔振效率 T_z 的关系见图 17.5-4 和表 17.5-1 所示。

在隔振设计中最关心的是 T_z 值的大小，它关系到隔振效果的好坏，但 T_z 值又与频率比 λ 及阻尼比 ζ 有关。图 17.5-4 中有不同的频率比和阻尼比。不论阻尼值大小如何，只有当频率比 $\lambda>\sqrt{2}$ 时才有隔振效果。知道上面两个数据，即可查到隔振效率的多少。在隔振设计前，应先考虑下面几点：

(1) 单自由度隔振系统可先不考虑阻尼，因隔振元件的阻尼比较小，一般在 0.03～0.08，在隔振效率的计算中数据出入不大。

λ、ζ、η_z、T_z 的关系 **表 17.5-1**

λ	ζ	η_z	T_z	特性
$=\sqrt{2}$	不论大小	1	0	所有传递率 η_z 曲线都在 $\lambda=\sqrt{2}$ 处相交，这时的干扰力 R_0 全部传给支承结构，$R'=R_0'$，隔振不起作用
$>\sqrt{2}$	大	增大	降低	1. 传递率 $\eta_z<1$ 时才有隔振效率。随着 λ 的增大 η_z 变小，T_z 增大。一般 $\lambda=2.5\sim4.5$ 之间，即 $T_z=80\%\sim90\%$ 就可以了。频率比再增大，隔振效率已无显著提高。必须注意，当频率比过大时，隔振器需要很大的静态压缩量，隔振系统的刚度和稳定性变差，易摇晃 2. 当 $\lambda>\sqrt{2}$ 时，有阻尼会使隔振性能降低。最佳阻尼比在 $\zeta=0.05\sim0.2$。在此范围内，开机和停机所产生的共振振幅不会过分大，隔振效率不致降低过多
	小	减小	增大	3. 在 $\lambda>\sqrt{2}$ 时，开机和停机过程要通过共振区。如选用有阻尼的隔振器，应使 $\zeta=0.08\sim0.2$。这样即使在共振时，相应的传递率仅在 $\eta_z=2.4\sim5$，这在实际工程中是允许的。因为共振，往往是处在低频区域，而干扰力在低频时是很小的，而且实际情况的振动常是快速地通过共振区，因此隔振系统常来不及充分地振动就已经转入到安全区了
$<\sqrt{2}$	大	放大		传给支承结构的干扰力将成倍地增加，设计时可增加阻尼来抑制振幅，这样可使自由振动很快消失，特别是当振幅对象在开机和停机过程中通过共振区时，阻尼的作用就更大。单从隔振观点来看，阻尼增大会降低隔振效率，但在实际工程中常会遇到不规则的外界干扰力或冲击，为了避免隔振物体产生大幅度的自由振动，增加一些阻尼是有益的
	小	放大加激		

续表

λ	ζ	η_z	T_z	特 性
0.8～1.2	大	1.2～1.5		共振区，隔振设计必须避开这个区域
	小	∞		振幅放大加激，当无阻尼时在理论上振幅可达无穷大，但实际上隔振系统多少总存在一些阻尼，所以振幅不可能达到无穷大
0.4～0.6	大	1.2～1.5		当频率比 λ 值只能小于$\sqrt{2}$时，也要避开共振区，使 λ=0.4～0.6，而相应的传递率 η_z 为 1.2～1.5，即振幅放大 20%～50%，这时的隔振目的主要是为了隔离高频声振动

(2) 单自由度隔振系统的固有频率是指隔振元件在静态受荷载压缩变位时的频率，可作为隔振系统的固有频率。

(3) 隔振元件的频率和阻尼比可在产品的样本中查得。

17.5.3 振动控制

隔振系统中控制振动和影响振动传递率的三个要素是：质量 m；弹簧刚度 k；阻尼系数 C。在隔振设计时，常通过频率比来确定振动控制方法，见表 17.5-2。

振动控制方法 **表 17.5-2**

频 率	控制方法	响应特性
$f \ll f_n$	采用大块式刚性基础	$A=R_0/k$
$f \gg f_n$	采用弹性元件隔振，要求支承设备的基座（惰性块）有足够的质量	$A=R_0/m\omega^2$
$f=f_n$	共振状态，设法改变频率 f 或加大阻尼	$A=R_0/C\cdot\omega$

注：A——振幅。

17.5.4 设备转速与隔振的关系

1. 转速高的设备便于隔振处理，也可以达到较高的隔振效率。

2. 转速低时干扰频率小，频率比往往达不到 $\lambda \geqslant 2.5$ 的要求。

3. 目前国内定型的隔振器产品，阻尼钢弹簧隔振器和橡胶类隔振器，它的固有频率一般都大于 2.5Hz。低于 2.5Hz 的隔振器如空气弹簧隔振器，不但价格昂贵且需充气平衡使用麻烦，一般工程不宜采用。

4. 对干扰力较大，重心高的动力设备，可采用防剪切低频阻尼弹簧隔振器，它能承受一定的横向剪切力，提高了设备的横向水平刚度和隔振设备的稳定性。

5. 设备转速低于 500r/min、频率低的振源其干扰力相应也较小，一般不采取隔振措施。需要时也可采用固有频率≤3Hz 的隔振器隔振。

注：国内最近研制 YZT 型低频大荷载阻尼弹簧复合隔振器是由阻尼器和钢弹簧组合而成。其阻尼比 ζ 为 0.1～0.18，自振频率为 1.75Hz，是目前国内频率最低、阻尼比较大的阻尼弹簧隔振器。

17.6 隔振设计

17.6.1 隔振设计要求

1. 明确隔振设计任务性质，是积极隔振还是消极隔振。积极隔振是防止或减少设备振动对外界的影响；消极隔振是防止或减少外界振动对精密设备的影响。这两种隔振方式均是通过在设备基座与支承结构之间设置弹性元件来实现的。

2. 控制频率比 $\lambda \geqslant 2.5$。即根据设备的转速计算干扰频率 f，再选择隔振系统的固有频率 f_n，使之符合频率比的要求的隔振元件。

3. 设备振动量控制按有关规定及规范执行。在无标准可循时，无特殊要求的可控制振动速度 $[v] \leqslant 10\text{mm/s}$（峰值），（开机或停机）通过共振区时 $[v] \leqslant 15\text{mm/s}$（峰值）。

4. 根据使用环境性质的类别确定支承结构的振动许可值，可查有关标准规定或规范。

5. 按不同性质的振源和环境要求，确定隔振方式：支承式、悬挂式或悬挂支承式；设计选用隔振元件并达到预期的隔振目的。

6. 提高频率比，降低传递率，使传到支承结构上的干扰力尽可能地小，以振动量不影响环境为度。

7. 对环境有特殊要求的可选择特殊的隔振设计：可采用双层隔振设计，它的隔振效率达 99.5%；采用橡胶隔声板满铺和阻尼弹簧隔振器双层隔振设计，有很好的隔振效率且高频隔声也有很好的效果。

8. 各类设备在不同场所的隔振传递率 η_z 和隔振效率 T_z 参见表 17.6-1、表 17.6-2 和表 17.6-3。

机械设备隔振系统隔振传递率 η_z 和隔振效率 T_z 参考值 **表 17.6-1**

分类根据	机械功率(kW)	底层		二层以上（重型结构）		二层以上（轻型结构）	
		η_z	T_z%	η_z	T_z%	η_z	T_z%
设备功率	<7	只考虑隔声		0.5	50	0.1	90
	10～20	0.5	50	0.25	75	0.07	93
	27～54	0.2	80	0.1	90	0.05	95
	68～136	0.1	90	0.05	95	0.025	97.5
	137～400	0.05	95	0.03	97	0.015	98.5

机械设备隔振系统隔振传递率 η_z 和隔振效率 T_z 参考值 **表 17.6-2**

分类根据	机器种类	地下室、工厂底层		二层以上	
		η_z	T_z%	η_z	T_z%
设备种类	泵	0.2～0.3	70～80	0.05～0.1	90～95
	往复式制冷机	0.2～0.3	70～80	0.05～0.15	85～95
	密封式制冷设备	0.3	70	0.1	90
	离心式制冷机	0.15	85	0.05	95
	通风机	0.3	70	0.1	90
	管路系统	0.3	70	0.05～0.1	90～95
	发电机	0.2	80	0.1	90
	冷却塔	0.3	70	0.15～0.2	80～85
	冷凝器	0.3	70	0.2	80
	换气装置	0.3	70	0.2	80
	空气调节设备	0.3	70	0.2	80

建筑场所对机械设备隔振系统隔振传递率 η_z 和隔振效率 T_z 参考值 表 17.6-3

分类根据	场　　所	示　　例	传递率 η_z	隔振效率 T_z(%)
建筑性质	只考虑隔声	工厂、地下室、仓库、车库	0.8	20
	一般场所	办公室、商店、食堂	0.2～0.4	60～80
	须注意的场所	旅馆、医院、学校、教室	0.05～0.2	80～95
	特别注意的场所	播音室、音乐厅、宾馆	0.01～0.05	95～99

9. 隔振设计资料收集

(1) 收集隔振设计设备的原始资料：设备样本、设备外廓图、底座尺寸、地脚螺栓安装位置和各部件重量。

(2) 收集隔振元件样本：了解额定荷载范围和最佳荷载、变位、固有频率、刚度和阻尼比等资料；选择隔振元件。

10. 隔振基座的选择：根据上述情况选择基座类型（钢筋混凝土基座；型钢架基座；混合型基座等），个别也可直接安装在设备底座下。

11. 隔振参数选用步骤

(1) 隔振体系的质量 m、质量干扰力、隔振器的刚度、阻尼比；隔振体系的允许振动速度 $[v]$ mm/s。

(2) 根据设备安装位置和所处环境，确定隔振传递率 η_z 和隔振效率 T_z。

(3) 根据传递率 η_z，求出隔振体系的固有圆频率 ω_0。

$$\omega_0=\omega\sqrt{\frac{\eta_z}{1+\eta_z}}$$

(4) 根据结构情况，假定隔振体系的总质量 m。

(5) 按以下公式计算隔振体系的总刚度

$$k=m\cdot\omega_0^2$$

(6) 选用隔振器数量 N 只（最好不少于 6 只）

$$N=\frac{\text{总质量}+\text{动力系数}}{\text{单只隔振器荷载}}$$

在简化隔振设计时，隔振传递率按式（17.5-5）、隔振效率按式（17.5-7）进行试算，以获得隔振设计的初步方案。

17.6.2 干扰力计算

一般旋转型机械如风机、水泵等的干扰力 R_0 见图 17.6-1 所示。

$$R_0=mr_0\omega^2\times10^{-3}=m\cdot r_0\left(\frac{2\pi n}{60}\right)^2\times10^{-3}=1.1\times10^{-5}mr_0n^2 \tag{17.6-1}$$

式中 R_0——最大干扰力，N；

m——旋转部件的总质量，kg；

r_0——当量偏心距，mm；

n——机械设备转速，r/min。

为了计算方便，也可仅用叶轮或转子的质量来代替旋转部件的总质量，并用调整偏心距来弥补。调整后的偏心距称为当量偏心距。当设备在潮湿和腐蚀性较为严重的环境中使

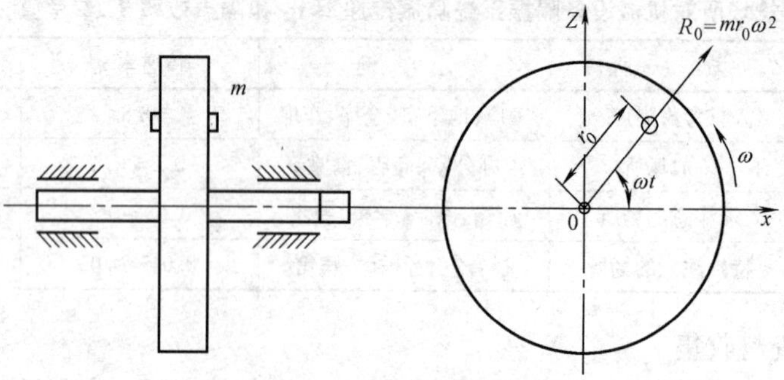

图 17.6-1 旋转型机械的干扰力

用时，旋转部件的质量应乘以介质系数 1.2。

旋转部件质量 m 在缺乏实际资料时可用设备重量乘以系数来计算，系数见表 17.6-4。

旋转部件质量 m（kg） **表 17.6-4**

设备及传动方式	风机								水泵	电机	
	钢					塑料	玻璃钢			2～4 极	6～8 极
	A式	C、D式	B式	E式	2E式	A、C式	A式	C、D式			
m(kg)	$0.3Q_1$	$0.15Q_1$	$0.19Q_1$	$0.3Q_1$	$0.4Q_1$	$0.16Q_1$	$0.35Q_1$	$0.13Q_1$	$0.05Q_1$	$0.25Q_1$	$0.34Q_1$
Q_1(kg)	设备重量(不包括电机或水泵底盘)									电机重量	

风机、电机、水泵的当量偏心距见表 17.6-5。

当量偏心距 r_0（mm） **表 17.6-5**

设备及传动方式	风机			水泵				电机				
				转速(r/min)				转速(r/min)				
	A式	C、B式	D、E式	2900	1450	1000	750	2900	1450	1000	750	≤600
r_0	0.25	0.5	0.4	0.2	0.4	0.6	0.8	0.05	0.1	0.15	0.2	0.3

注：① 引风机、鼓风机的当量偏心距 r_0=0.7～1mm。
② 对于中、低压离心通风机，不论机号大小，当用实际旋转部件总质量来计算干扰力时，不用当量偏心距，用偏心距 r=0.25mm。

17.6.3 隔振基座

1. 隔振基座（又叫隔振台座或质量惰性块）的作用

（1）使隔振元件受力均匀，设备振动受到控制，因此要求隔振基座有一定的质量和刚度；

（2）减少因机械设备重心位置的计算误差导致不利的影响；

（3）降低隔振系统的重心位置，增加隔振系统的稳定性；

（4）提高隔振系统的刚度，减小其他外力引起设备变位或倾斜等不利影响和减小有压流体输送机械（如水泵等）隔振时输出口的反作用力；

（5）使机组本身的振幅不超过允许范围，提高隔振效率；

（6）在机械设备通过共振时，提高隔振系统的整体稳定性；

（7）便于隔振器安装和调整隔振器位置，使基座水平。

2. 隔振基座重量与设备重量的比例关系一般可参见表 17.6-6。

隔振基座重量与设备重量比值推荐值 **表 17.6-6**

设备名称	离心水泵	离心风机	往复式压缩机	柴油机
比值$=\frac{Q_3}{Q_2}$	$\frac{1}{1}$	$\frac{0.5}{1}\sim\frac{3}{1}$	$\frac{3}{1}\sim\frac{6}{1}$	$\frac{2}{1}\sim\frac{3}{1}$

注：① 表中比值为一般情况下的关系，应以动力计算为准。

② Q_2——设备重量，Q_3——基座重量。

3. 隔振基座刚度

对于钢筋混凝土平板型基座的厚度 H，一般可取基座长度 L 的 1/10，即 $H\approx L/10$；对于型钢结构基座，基座承重梁挠度不大于 $L/500$；对于高重心的设备，一般取基座宽度接近于设备的重心高度；对于往复式运动的机械多采用 T 形钢筋混凝土基座以增加质量，降低机组重心，保证隔振系统的稳定性，也可采用防剪切阻尼弹簧隔振器。

对于中低压离心通风机，采用型钢基座，推荐用料见表 17.6-7。

中低压离心通风机隔振基座型钢用料 **表 17.6-7**

传动方式	机号	基座槽钢型号	支架角钢型号	传动方式	机号	基座槽钢型号	支架角钢型号
A	2.8～3.6	⊏5	∟50×6	B E	14	⊏16a	∟75×6
	4～5	⊏6.3	∟63×6				
D C E	6	⊏8	∟70×6		16	⊏18a	∟80×8
	8	⊏10	∟70×6		18	⊏20a	∟80×8
	10	⊏12.6	∟70×6		20	⊏22a	∟80×8
	12	⊏14a	∟75×6				

注：支架为支承电机及轴承箱的架子。

4. 隔振基座结构形式的确定原则

(1) 高压离心通风机，一般采用钢筋混凝土平板型结构基座，或槽钢钢筋混凝土混合型结构基座（槽钢边框内上下焊双向钢筋再浇筑混凝土），这样的基座既有一定的刚度和质量，又比钢筋混凝土基座厚度小。基座的用料参见表 17.6-7。支架则用槽钢制作以增加其刚度。

(2) 中低压离心通风机，一般采用型钢结构基座。

(3) 压缩机或压缩机组，以及高重心的设备，一般采用钢筋混凝土 T 形结构基座。

(4) 对于冷水冷凝机组的制冷设备，一般宜采用型钢钢筋混凝土混合型结构基座。

(5) 水泵隔振基座宜采用钢筋混凝土结构基座。

(6) 每台机械设备宜采用单独的隔振基座，不宜做成多台联体基座。

17.6.4 隔振系统的振动量计算

隔振系统的重心（机组、基座、支架的总重心），与隔振元件的刚度中心应力求在同一垂线上，当难于满足时，其偏心不应大于偏心方向基座边长的 5%。当隔振基座平面为矩形，隔振系统重心与隔振元件刚度中心重合，隔振元件采取对称布置时，其重心处的振动速度幅值（Vmm/s）可假定按单自由度来计算：

$$V=\frac{R_0}{\sum K_z}\cdot\eta_z\cdot 2\pi f\leqslant[V] \tag{17.6-2}$$

式中 K_z——单只隔振器的竖向刚度，N/mm；

R_0——干扰力，N。

振动的振幅、速度、加速度之间的关系：

速度 $V=A2\pi f$

加速度 $a=A(2\pi f)^2$

式中 A——振幅（位移）。

注：在工程中，隔振系统的重心计算比较麻烦，可能样本中设备重量也有些误差。因此设备重心与基座形心常不在同一垂直线上。这时隔振元件可采用不对称布置，可以移动隔振元件位置，直到基座水平为止，使隔振器刚度中心与设备重心在同一垂直线上。

17.6.5 风机隔振后的振动影响范围

当风机隔振效率 $T\geqslant 90\%$时，隔振后的风机振动对支承结构的振动影响范围如下：在水泥地坪上约为 5m。钢筋混凝土楼板上，6 号以下风机约为 7m，8 号以上风机约为 12m。不与风机同层，可不考虑隔振后的风机振动影响。

17.7 隔振元件

17.7.1 隔振材料及隔振器

1. 隔振材料基本特性见表 17.7-1

隔振材料基本特性 **表 17.7-1**

<table>
<tr><th colspan="2">材料名称</th><th>固有频率
(Hz)</th><th>适用干扰频率
(Hz)</th><th>动静刚度比
D</th><th>特性</th></tr>
<tr><td colspan="2">软木</td><td>11～30</td><td>≥30～75</td><td>1.4～1.8</td><td>固有频率与厚度有关，厚度厚频率低，厚度薄频率高，一般厚度在 50、100、150mm</td></tr>
<tr><td colspan="2">毛毡</td><td>20～40</td><td>≥50～100</td><td></td><td>一般厚度在 12～25mm，注意防腐</td></tr>
<tr><td colspan="2">酚醛树脂玻璃纤维板</td><td>4～10</td><td>≥10～25</td><td>2～2.2</td><td>不会腐坏和老化，但水易渗入，产品特性变化大，不易控制</td></tr>
<tr><td colspan="2">矿棉毡</td><td>15～20</td><td>≥40～50</td><td></td><td>厚度在 20～50mm</td></tr>
<tr><td colspan="2">离心玻璃棉板</td><td rowspan="2"></td><td rowspan="2"></td><td rowspan="2"></td><td rowspan="5">它是一种多功能材料，保温性能好，对声波有良好吸收效果。具有透气、防潮、吸湿率小，化学稳定性好，不燃烧，防老化等性能，也有较好的隔振效果</td></tr>
<tr><td>密度</td><td>厚度</td></tr>
<tr><td>64</td><td>140</td><td>6</td><td>12～30</td><td>2.8</td></tr>
<tr><td>80</td><td>150</td><td>5</td><td>10～30</td><td>2.9</td></tr>
<tr><td>96</td><td>150</td><td>5.5</td><td>11～30</td><td>1.7</td></tr>
<tr><td colspan="2">橡胶类</td><td></td><td></td><td></td><td>高频隔振效果好，阻尼大，可制成多种隔振元件</td></tr>
</table>

隔振材料的固有频率 f_n 可按式（17.7-1）计算

$$f_n=\frac{5D}{\sqrt{\delta}} \quad (\mathrm{Hz}) \tag{17.7-1}$$

式中 D——动静刚度比；

δ——静态压缩量，cm。

2. 隔振元件基本特性见表 17.7-2

各类隔振器基本特性 **表 17.7-2**

<table>
<tr><th colspan="2">隔振器种类</th><th>固有频率(Hz)</th><th>适用干扰频率(Hz)</th><th>特　性</th></tr>
<tr><td colspan="2">空气弹簧隔振器</td><td>0.7～3.5</td><td>2.5 以上</td><td>是利用空气内能的隔振器。性能取决于绝对温度，并随工作气压和胶囊形状的改变而变动，具有很高的隔振效率。刚度根据需要选用。非线性适用各种荷载。安装、保养及环境有一定要求，价格较贵</td></tr>
<tr><td colspan="2">金属螺旋弹簧隔振器</td><td>2.5～5</td><td>5 以上</td><td>弹簧的动静刚度基本相等，计算与实测一致。长期使用下不产生松弛，性能稳定。耐高低温，耐油耐腐蚀、寿命长，可做成压缩型的隔振器，用于支承或悬吊隔振。阻尼很小</td></tr>
<tr><td colspan="2">阻尼弹簧隔振器</td><td rowspan="3">2.5～5</td><td rowspan="3">5 以上</td><td rowspan="3">具有金属弹簧隔振器和橡胶隔振器的双重优点，阻尼比 0.03～0.08，克服了弹簧隔振器的阻尼小的缺点。由于设计时设置了橡胶配件，隔离高频噪声效果好，价格适中</td></tr>
<tr><td colspan="2">预应力阻尼弹簧隔振器</td></tr>
<tr><td colspan="2">橡胶弹簧复合隔振器</td></tr>
<tr><td colspan="2">防剪切低频阻尼隔振器</td><td>2～5</td><td>5 以上</td><td>为筒中筒结构，阻尼比 0.06～0.08。外筒具横向限位装置，能承受一定的剪切力。适用于重心高，横向力较大的设备隔振</td></tr>
<tr><td colspan="2">低频大阻尼弹簧复合隔振器</td><td>1.75～5</td><td>4 以上</td><td>阻尼比 0.1～0.15，在共振区时衰减快，有效抑制设备在高速运转时造成的振动，提高设备运转稳定性</td></tr>
<tr><td colspan="2">不锈钢金属丝网隔振器</td><td>12～14</td><td>30 以上</td><td>阻尼大、耐油、耐高低温、寿命长、加工工艺复杂，价格高、防冲击性能好</td></tr>
<tr><td colspan="2">橡胶隔振器</td><td>10～30</td><td>25 以上</td><td rowspan="3">对轴向、横向和回转方向振动有隔振作用。阻尼大，隔离噪声性能好，可根据动力特性需要，设计各种形状。可与金属件硫化粘结，价格相对较低。耐高低温性能差，适用温度－5～50℃。寿命相对较低，一般为 5～10 年</td></tr>
<tr><td colspan="2">PA 型组合橡胶隔振器</td><td>6～9</td><td>15 以上</td></tr>
<tr><td colspan="2">橡胶剪切隔振器</td><td>6～14</td><td>15 以上</td></tr>
<tr><td colspan="2">橡胶隔振垫</td><td>10～14</td><td>25 以上</td><td>具有橡胶的高弹性，造型和压制方便，内阻大，吸收高频振动能量好。可多层叠合使用，以降低固有频率。价廉，易受温度、油脂、臭氧、日光、化学溶剂的侵蚀，易老化，寿命一般为 5～10 年</td></tr>
<tr><td colspan="2">橡胶浮筑隔振板</td><td>12～21</td><td></td><td>采用天然橡胶夹增强尼龙帘子布，高温硫化成型为 250mm×250mm×30mm 瓦楞型；500mm×500mm×20mm 圆柱型，用作浮筑层，隔声消声性极好</td></tr>
<tr><td colspan="2">橡胶覆面隔振块</td><td></td><td rowspan="4">25 以上</td><td rowspan="4">有较好的机械强度和荷载承受力，动静刚度稳定，可用于隔绝建筑物撞击声和空气声，降低振动传递率，可用作浮筑隔振</td></tr>
<tr><td rowspan="3">5cm×5cm×5cm</td><td>250k</td><td>11～23</td></tr>
<tr><td>300k</td><td>10.5～24</td></tr>
<tr><td>350k</td><td>10～26</td></tr>
</table>

3. 隔振元件选型与振源性质关系见表 17.7-3

隔振元件选型与振源性质关系 表 17.7-3

振源性质	转速(r/min)	选用隔振元件或隔振材料类型
旋转振动	≥1500	橡胶隔振垫或其他隔振材料隔振器，阻尼弹簧隔振器
	≥900	橡胶剪切隔振器或固有频率低于 6Hz 的隔振器
	≥600	金属弹簧隔振器，阻尼弹簧隔振器，预应力阻尼弹簧隔振器
	≥300	空气弹簧隔振器，大阻尼弹簧复合隔振器
冲击振动		橡胶隔振垫或专用的隔振器，金属丝网隔振器或隔振材料，大阻尼弹簧复合隔振器
水平方向振动		选用专用的隔振器，能承受水平荷载，隔振器应具有较大的水平刚度
管道振动		选用专用的挠性接管，安装于水泵的进出水口处及管道弯折处。风机进出风口处用人造革软管。管路中安装悬吊或支承型的金属或橡胶隔振器；管道穿过墙体或楼板处，安放弹性材料或橡胶隔振带

17.7.2 隔振器承受的荷载

隔振器承受静、动两种荷载：

1. 静荷载：设备和隔振基座等总重量。

2. 动荷载：设备产生的全部干扰力。

这两种荷载叠加后为隔振器的使用总荷载 W（N）。

$$W = Q_j + 1.5R_0 \tag{17.7-2}$$

式中 $Q_j = Q_2 + Q_3$——分别为设备与隔振基座的总荷载，N；

R_0——干扰力，N；

1.5——隔振器疲劳系数。

对于隔振要求不太严格的场所或设备，且又难以取得计算干扰力的有关资料时，可用设备重量 Q_2 乘以动荷系数 β 来代替设备重量加干扰力，即

$$G = Q_2 + R_0 = Q_2 \cdot \beta \tag{17.7-3}$$

式中 G——设备重量加干扰力，N；

β——动荷系数，1.1～1.4。

动荷系数 β 一般可根据设备总重量 Q_2 与其转速 n 的大小来选择。当 Q_2 大 n 小时，β 取下限；当 Q_2 小 n 大时，β 取上限。

这时，隔振器的使用总荷载 W：

$$W = G + Q_3 \tag{17.7-4}$$

当选择隔振器型号时，应在样本上选择隔振器的最佳荷载点作为隔振器的使用荷载（在隔振元件样本中列出的额定荷载或最小到最大的荷载范围内都有较好的隔振效果）。这样可以避免由于设备重量计算、管道长度计算及安装的影响，造成荷载变化而影响隔振效果。

17.8 管道隔振

设备和管道内的介质以及固定管道的构件，均能传递振动和辐射噪声。管道隔振应具有隔振和位移补偿双重功能，一般是通过设置挠性接管和悬吊或支承隔振器来实现的。它与基座下设置隔振器隔振不同，管道隔振后，管道内介质的振动仍然可以沿着管道传递。因此，在振动力和辐射面相同的条件下，其隔振降噪效果远不及支承式基座隔振效果显著。

风机进出口与管道之间的软管，目前普遍采用人造革材料或涂橡胶帆布等其他耐高温材料制作。其合理长度 L 可根据风机的机号来确定：

No 2.8～6　$L=200$mm

No 8～20　$L=400$mm

水泵的进出水口处应配置橡胶挠性接管、金属补偿器、金属软管（两只挠性接管串连隔振效果好）。

输送高温高压流体及氟利昂、氨等介质的管道，宜采用不锈钢波纹管隔振。设备与管道之间配置挠性接管或软管后，还需要采取支承或悬吊支架平置式隔振装置。

吊式隔振器的安装应预先在建筑物里预埋螺栓或托架。安装时将隔振器的上端螺栓、螺母卸掉，穿入预埋螺栓或托架并拧紧螺母，然后将架空管道穿在金属管套内，调整空间位置，使管道处于平衡。吊式隔振器的间距见表 17.8。

吊式隔振器的安装间距表　　表 17.8

管道公称通径(mm)	安装间距(m)	管道公称通径(mm)	安装间距(m)
25	2～3	150	8～10
50	2.5～3.5	200	10～12
80	3～4	250	12～15
100	5～6	300	15～20
125	7～8		

在工程实践中常发现悬吊隔振器在安装后呈倾斜状态，这样会使弹簧与外壳相碰，失去隔振效果。因此在设计、安装时必须注意，并建议管道隔振尽可能采用着地隔振支承架弹性托架或管道平置吊架。

17.9 隔振设计示例

17.9.1 风机隔振

型号 4-68 风机安装在二楼：型号 4-68，机号 No8，传动方式 C 式，转速 $n=1400$r/min，风机重量 $Q_1=661$kg，配用电机 Y180M-4，查表 17.6-5 采用当量偏心距 $r_0=0.5$mm，$f=1400/60=23$Hz，查表 17.6-4，旋转部件质量 m 取风机重量的 0.15。

$$m=0.15Q_1=0.15\times661=99\text{kg}$$

按式（17.6-1）：

$$R_0=1.1\times10^{-5}mr_0n^2=1.1\times10^{-5}\times99\times0.5\times1400^2=1067\text{N}$$

不考虑电机干扰力的影响。

隔振系统静荷载 Q_j：

风机荷载 $Q_1=6610\text{N}$

电机荷载 $=1770\text{N}$

滑轨荷载 $=150\text{N}$

风机电机槽轮荷载 $=500\text{N}$

支架荷载 $=750\text{N}$

设备总荷载 $Q_2=9780\text{N}$

基座荷载 $Q_3=2600\text{N}$

隔振系统静荷载 $Q_j=12380\text{N}$

注：1kg≈10N

由式（17.7-2），隔振器使用总荷载：

$$W=Q_j+1.5R_0=12380+1.5\times1067=13981\text{N}$$

选用 8 只隔振器隔振。

每只隔振器使用荷载：

$$P=13981/8=1748\text{N}$$

1. 查隔振器样本选用橡胶剪切隔振器 JG3-1 型

隔振器额定荷载 800～2400N，设备荷载 1748N，认为选用合适。

计算隔振器固有频率及隔振器压缩量用隔振系统静荷载 Q_j

$P'=Q_j/8=12380/8=1548\text{N}$ 查样本隔振器刚度 $K_Z=120\text{N/mm}$；固有频率 $f_n=8\text{Hz}$；阻尼比 $\zeta=0.07$；隔振器压缩量 $\delta=1.3\text{cm}$；隔振器原始高度 $H=87\text{mm}$。

频率比 $\lambda=f/f_n=23/8=2.9>2.5$，认为“可以”。

按式（17.5-11）计算传递率

$$\eta_z=\sqrt{\frac{1+(2\lambda\cdot\zeta)^2}{(1-\lambda^2)^2+(2\lambda\cdot\zeta)^2}}=\sqrt{\frac{1+(2\times2.9\times0.07)^2}{(1-2.9^2)^2+(2\times2.9\times0.07)^2}}=\sqrt{\frac{1.165}{54.9+0.165}}=\sqrt{0.021}=0.145$$

按公式（17.5-12）计算隔振效率

$$T_z=(1-\eta_z)\times100\%=(1-0.145)\times100\%=85.5\%$$

查表 17.6-2，通风机安装在二楼隔振效率应大于 90%，所以 85.5%<90%，“不满足”。须另行选择隔振器。

2. 查隔振器样本选用阻尼弹簧隔振器。其刚度 K_z 为 68.6N/mm，隔振器额定荷载 $[P]=2120\text{N}$

$[P]=2120\text{N}>P=1748\text{N}$，认为“可以”。

隔振器竖向总刚度 $\sum K_z$：$68.6\times8=548.8\text{N/mm}$

计算隔振器固有频率及隔振器压缩量用隔振系统静荷载 Q_j。

$P'=Q_j/8=12380/8=1548\text{N}$，查隔振器样本得：

$f_n=3.4\text{Hz}$，隔振器压缩量 $\Delta F=7\text{mm}$，隔振器原始高度 $H=131\text{mm}$，隔振器安装后高度 $H'=H-\Delta F=131-7=124\text{mm}$。

频率比 $\lambda=\dfrac{f}{f_n}=\dfrac{23}{3.4}=6.76>2.5$，认为“可以”。

查隔振器样本或按式（17.5-11）计算得 $\eta_z=0.022$

隔振效率 $T_z=(1-\eta_z)\times100\%=97.8\%$，认为“很好”。

传到支承结构的干扰力

$$R'=R_0\cdot\eta_z=1067\times0.022=23\text{N}$$

隔振系统振动速度（假定符合单自由度条件），按公式（17.6-2）

$$V=\frac{R_0}{\sum K_z}\cdot\eta_z\cdot2\pi f=\frac{1067}{548.8}\times0.022\times2\times3.1416\times23=6.45\text{mm/s}<[V]=10\text{mm/s}$$

满足振动要求，隔振效率甚佳。

17.9.2 水泵隔振设计计算示例

水泵型号：125TSWA×3（安装在四楼水泵房）

查水泵样本资料：水泵重量 571kg；配用电机：Y200L-4，重量 259kg，转速 $n=1470\text{r/min}$（$f=24.5\text{Hz}$）；共用底座重量 235kg。

采用钢筋混凝土基座：根据水泵底座尺寸，设计长×宽×高＝2020mm×870mm×200mm，重量 879kg。

隔振系统静荷载：

水泵荷载　　5710N

电机荷载　　2590N

共用底座荷载　2350N

水泵基座荷载　8790N

总静荷载为　19440N

设备扰力计算，按式（17.6-1）

$$R_0=1.1\times10^{-5}\times m\cdot r_0\cdot n^2$$

旋转部件重量 m 查表 17.6-4 和当量偏心距 r_0 查表 17.6-5：

水泵叶轮质量 $m=571\times0.05=28.6\text{kg}$

电动机转子质量 $m=259\times0.25=64.8\text{kg}$

水泵扰力 $R_1=1.1\times10^{-5}\times28.6\times0.4\times1470^2=272\text{N}$

电动机扰力 $R_2=1.1\times10^{-5}\times64.8\times0.1\times1470^2=154\text{N}$

总扰力 $R_0=R_1+R_2=272+154=426\text{N}$

隔振系统总荷载＝静＋动＝19440＋1.5×426＝19440＋639＝20079N

隔振系统采用 8 个支承点（即安装 8 只隔振器），每只隔振器荷载为 20079N/8＝2510N。

1. 选用阻尼弹簧隔振器，查产品样本，隔振器型号 XX-240，该型号隔振器极限荷载

3100N，最佳荷载 2400N（预压 1600N，压缩 1.9cm），阻尼比 $\zeta=0.05$，刚度 850N/cm，隔振器高度 $H=120$mm

按静荷载计算隔振器变形和固有频率：

每只隔振器静荷载 19440N/8=2430N/只

隔振器变形 $\delta_i=2430/850=2.86$cm

安装后隔振器高度 $H'=120-(28.6-19)=110$mm（隔振器弹簧安装时预压 1.9cm）

隔振系统固有频率 $$f_n=\frac{5}{\sqrt{\delta_i}}=3\text{Hz}$$

频率比 $$\lambda=f/f_n=24.5/3=8.2$$

传递率按公式（17.5-11）计算

$$\eta_z=\sqrt{\frac{1+(2\zeta\lambda)^2}{(1-\lambda^2)^2+(2\zeta\lambda^2)^2}}=\sqrt{\frac{1+0.67}{4387.7+0.67}}=0.02$$

隔振效率 $T_z=(1-\eta_z)\times100\%=(1-0.02)\times100\%=98\%$

隔振系统水泵振动速度按式（17.6-2）计算：

$$V=\frac{R_0}{\sum K_z}\cdot\eta_z\cdot2\pi f=\frac{426}{680}\times0.02\times2\times3.1416\times24.5=1.93\text{mm/s}$$

$$V=1.93\text{mm/s}<[V]=10\text{mm/s}$$

综上述计算隔振效果 98%，设备振动速度 1.93mm/s 均符合要求。

2. 选用 SD-63-2 型橡胶隔振垫，查样本许可荷载 1760～4740N，设备系统总荷载 2510N“满足”，刚度 340N/mm，阻尼比 $\zeta=0.07$，固有频率 8Hz，频率比 $\lambda=24.5/8=3$

传递率按式（17.5-11）计算，$\eta_z=0.135$

隔振效率按式（17.5-12）计算，$T_z=86.5\%$

结论：查表 17.6-2 泵安装在二层以上，隔振效率要求是 90%～95%，所以隔振效率 $T_z=86.5\%<90\%$，“不满足”。

3. 水泵管道隔振

管道荷载 $g=700$N/m（包括保温重量）

求管道吊点间距 L

选用悬吊隔振器，隔振器额定荷载

$$[P]=2080\text{N}$$

吊点间距 $$L=[P]/g=2080/700=2.93\text{m}$$

悬吊式隔振器选用：管道荷载按 3m 计算，每支点隔振器荷载为 700N/m × 3m=2100N

查样本选用悬吊隔振器型号 XDH-250 型。

采用 $L=2.5$m，但要小于管道本身许可支点间距。

4. 水泵隔振器设计小结：两种隔振元件隔振效率计算：橡胶隔振器的隔振效率是 86.5%，不能满足安装在二层以上隔振效率须大于 90%的要求，故选用隔振效率为 98%的阻尼弹簧复合隔振器。

17.10 空调设备及管道隔振措施示意图（见图 17.10-1～图 17.10-6）

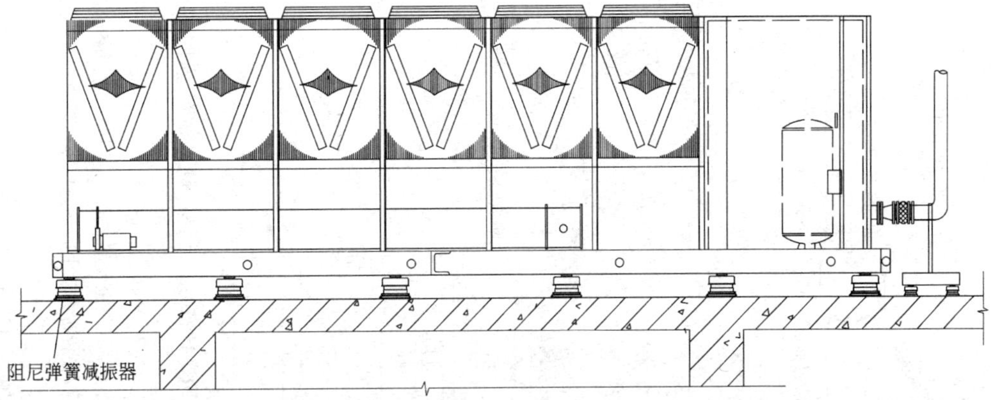

热泵机组用阻尼弹簧隔振器隔振示意图

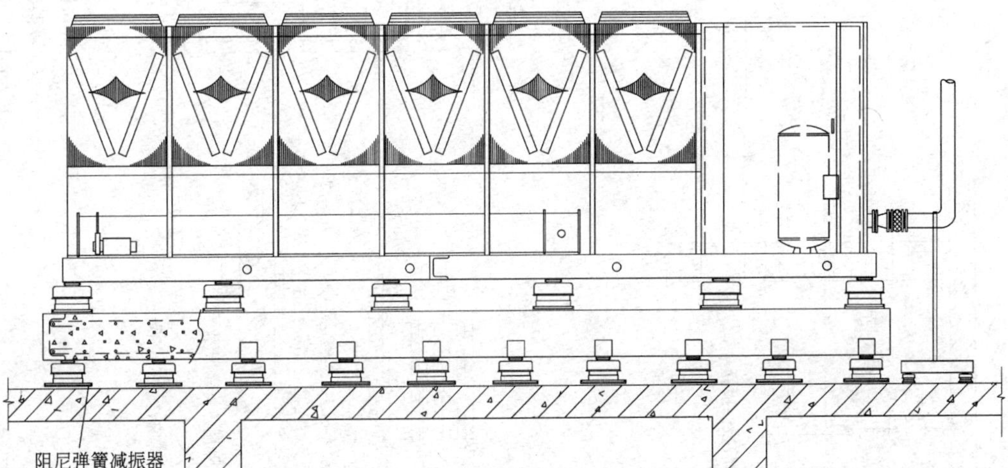

图 17.10-1 热泵机组用双层阻尼弹簧隔振器隔振示意图

说明：

① 机组的基座一般为型钢，采用阻尼弹簧隔振器隔振。管道用橡胶挠性接管连接，管道支撑（一楼或地下室可用橡胶隔振垫隔振）、托架、穿墙都必须隔振处理。

② 施工安装时，可移动隔振器安装位置（调正重心）直到基座水平为止。最后可以用螺栓固定。

③ 噪声振动要求高的环境，可做双层隔振处理以提高它的隔振效率。

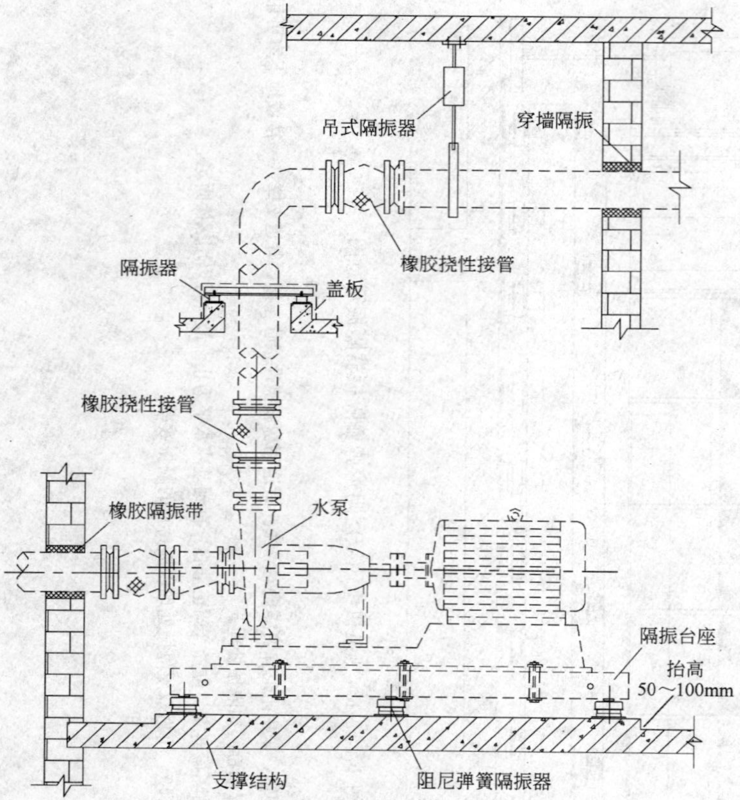

图 17.10-2 水泵隔振降噪系统示意图
（安装于屋面上）

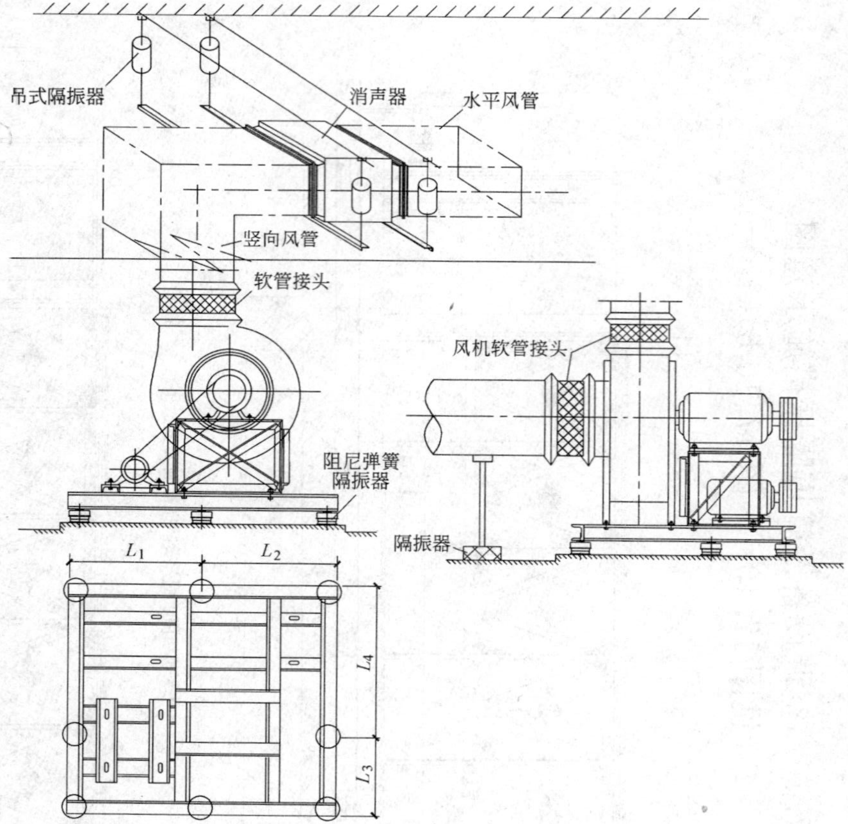

图 17.10-3 风机隔振降噪示意图

注：

① 隔振器置于支承面与型钢隔振台座之间，隔振器顶部用螺栓与台座固定连接。

② 隔振器间距 L 不等，安装时移动中间的隔振器位置直至型钢台座水平，使重心和形心基本在同一垂直线上。

③ 风管用悬吊隔振器隔振，穿墙时与墙体隔离或采取隔振措施。

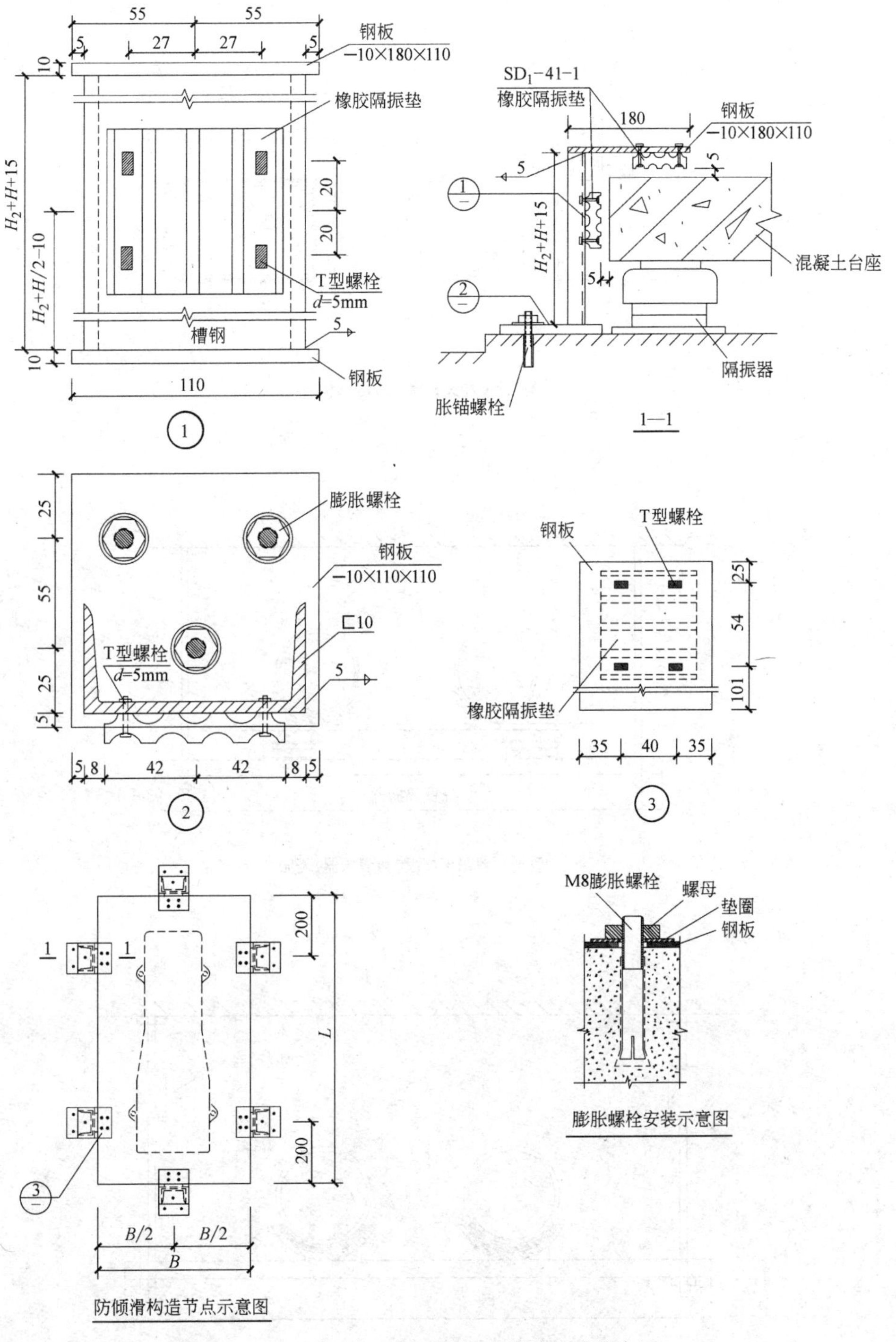

图 17.10-4　防止台座倾覆和侧向滑移构造节点图

注：
① 适用于设备摇晃大或设备（冷却塔等）安装在屋顶须限位，防止台座倾覆和侧向滑移。
② 节点数量可根据设备台座形状而定，如长方形台座，长边方向可设 2 个，短边方向可设 1 个。
③ 待设备安装完成后，再安装抗倾滑节点。
④ 节点尺寸如图所示，H 是台座厚度、H_2 是隔振器受荷后的高度。
⑤ 橡胶隔振垫与台座侧面之间留 5mm 空隙。

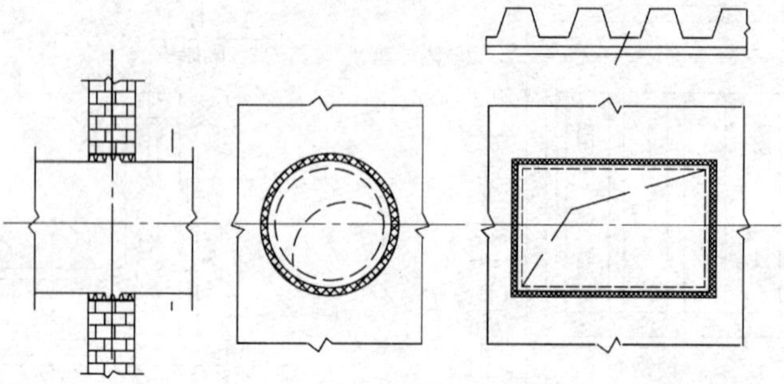

管道和风管穿墙隔振示意图

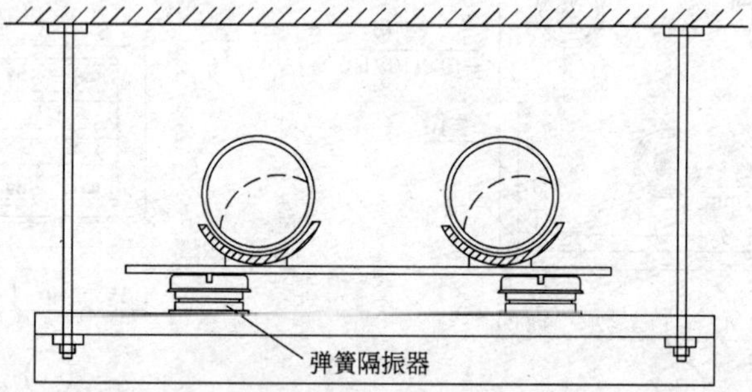

管道平置吊架(用弹簧隔振器)隔振

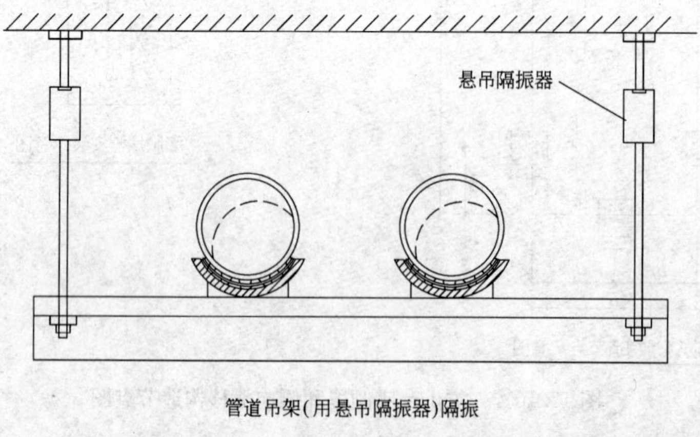

管道吊架(用悬吊隔振器)隔振

图 17.10-5 管道隔振节点示意图（一）

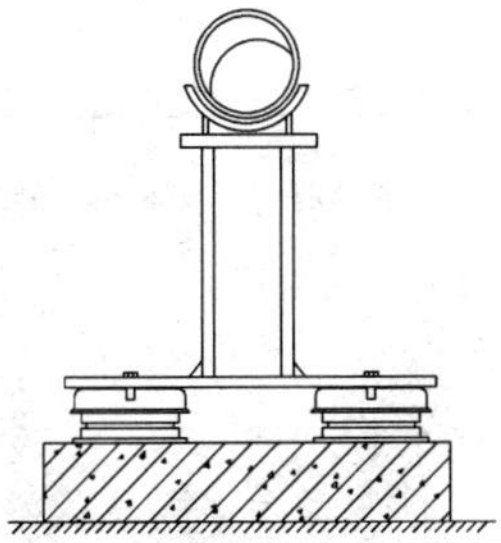

管道支撑(用隔振器隔振)

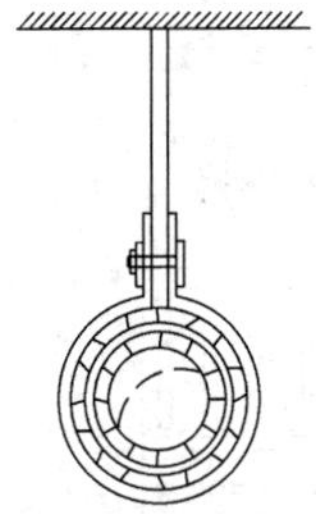

管道吊架(用橡胶隔振带隔振)

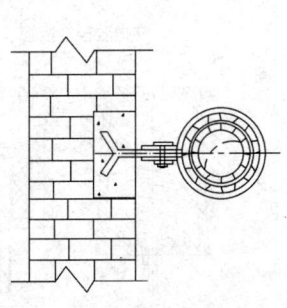

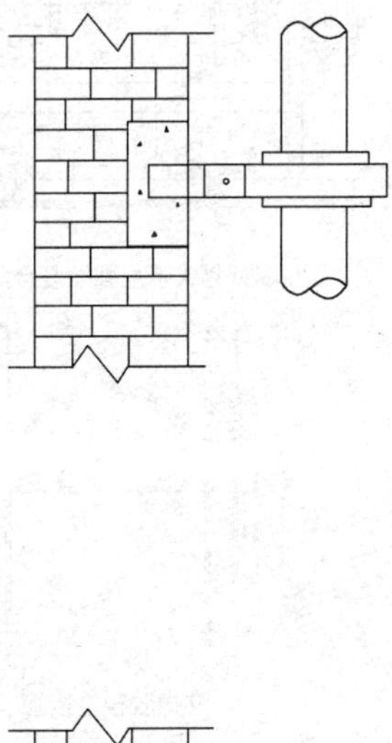

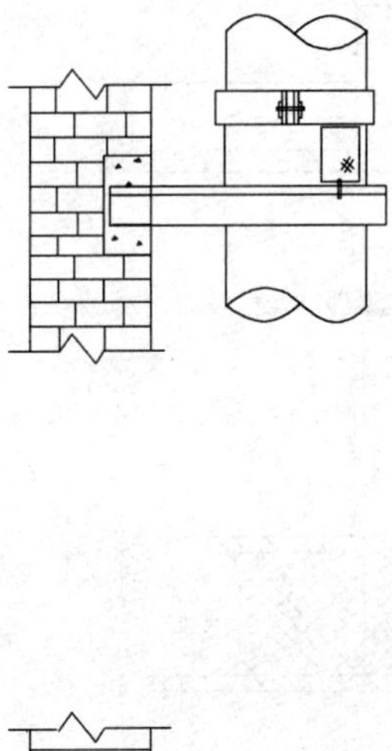

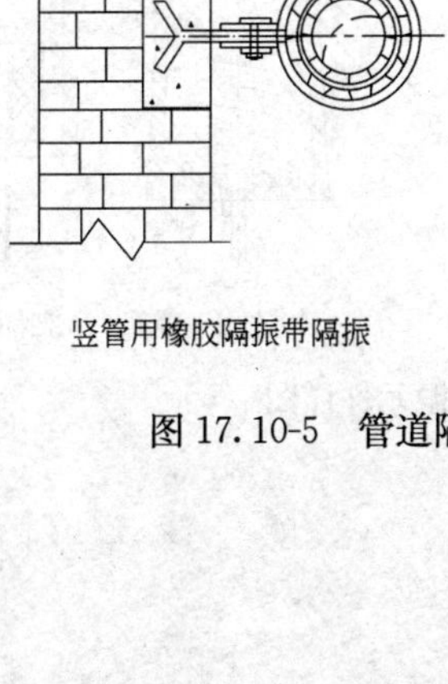

竖管用橡胶隔振带隔振

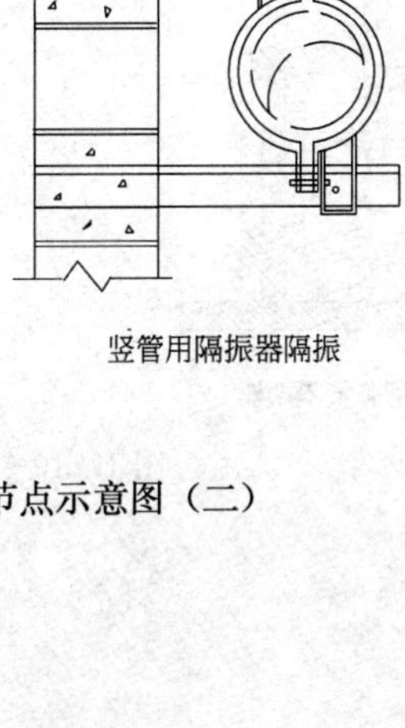

竖管用隔振器隔振

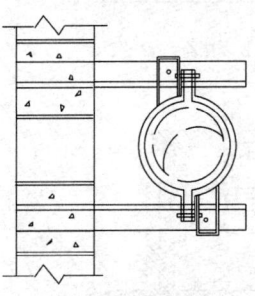

图 17.10-5 管道隔振节点示意图（二）

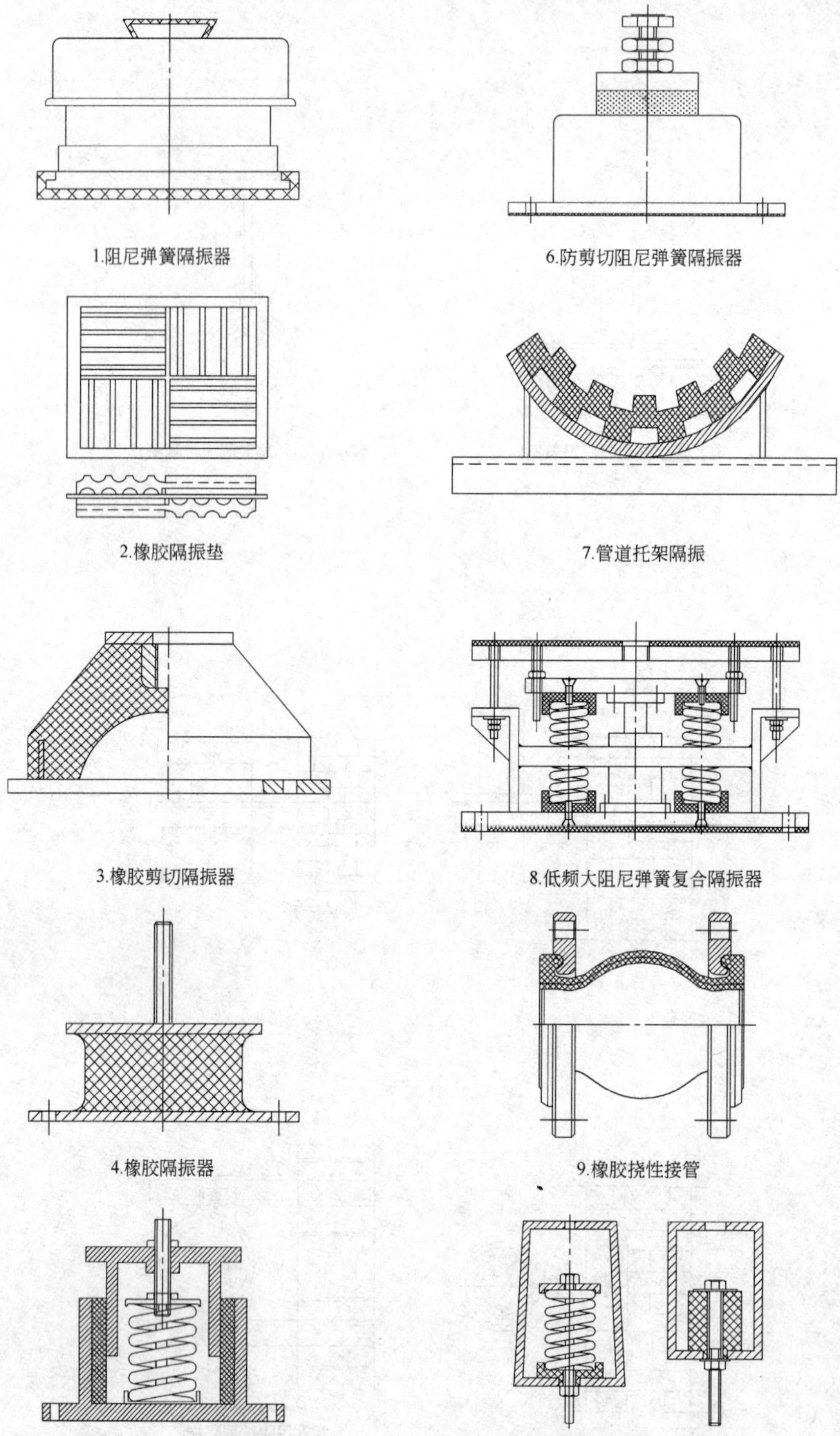

图 17.10-6 隔振元件详图

第18章 能耗计算

18.1 能耗分析软件简介

18.1.1 DeST软件简介

1. 简介

DeST（Designer's Simulation Toolkit）是清华大学建筑技术科学系在自主知识产权基础上经十多年研究开发出来的建筑环境系统设计模拟分析软件，它汇聚了我国暖通界在建筑环境系统设计模拟分析领域的研究成果，目前已成为比较完善的设计分析软件，并在国内外得到较多应用。到目前为止，已有$10\times10^6\,m^2$以上的住宅建筑和公共建筑应用DeST进行过相关模拟计算分析。

(1) DeST各版本简介

DeST不是一个单一软件，而是基于同一软件平台、针对各种建筑能耗与建筑环境设计与分析问题的系列应用软件。针对不同类型建筑物、不同模拟分析目的，DeST目前已经开发了DeST-c、DeST-r、DeST-d、DeST-h、DeST-e、DeST-i和DeST-s共7个软件版本，它们的特点、功能和应用详见表18.1-1。

DeST不同版本的特点、功能和应用　　　　表18.1-1

版本名称	特　　点	功　　能	应　　用
DeST-c 商业建筑热环境模拟工具包	专用于采用中央空调的商业建筑空调系统方案辅助设计与分析	建筑设计方案模拟分析 空调系统方案模拟分析 空气处理设备方案模拟分析 冷热源模拟分析 输配系统模拟分析 经济性分析	辅助国家大剧院、深圳文化中心、西西工程等大型商业建筑的设计，辅助中央电视台、解放军总医院、北京城乡贸易中心、发展大厦等多栋建筑空调系统改造设计
DeST-r 公共建筑节能评估版	专用于公共建筑节能评估 针对公共建筑节能评估标准开发	围护结构热工性能、空气处理合理用能和自然采光性能 （建筑物本身的节能及用能需求的合理性） 空调冷热源、生活热水热源、风机水泵、照明和其他用电（机电设备系统的节能） 可再生能源利用	国家游泳中心、奥运信息中心等所有奥运建筑，中央与北京市政府机构在内的数十座大型公共建筑的节能评审
DeST-d 建筑能耗分析软件	建筑耗电模拟和分析	预测建筑物运行用电 辅助建筑物用电分析 辅助建筑物用电诊断	中央与北京市政府机构在内的数十座大型公共建筑的用能分析

续表

版本名称	特　点	功　能	应　用
DeST-h 住宅建筑热环境模拟工具包	住宅类建筑的设计、性能预测的辅助设计	住宅建筑热特性的影响因素分析、住宅建筑热特性指标的计算、住宅建筑的全年动态负荷计算、住宅室温计算、末端设备系统经济性分析	400万平米住宅建筑优化设计
DeST-e 住宅建筑节能评估版	专用于住宅类建筑节能评估	住宅建筑采暖空调能耗模拟 根据各地方住宅建筑节能设计标准计算各种能耗指标	200万平米住宅建筑节能评估
DeST-i 住宅建筑能耗标识版	专用于住宅类建筑的能耗标识	根据建筑实际使用状况进行住宅建筑能耗预测，标识建筑能耗水平	30万平米住宅建筑能耗标识
DeST-s 太阳能建筑能耗分析软件	用于太阳能建筑热环境模拟分析	太阳能建筑主体节能分析、太阳能建筑热环境评价、太阳能建筑常规能源体系的优化利用分析	—

(2) DeST的工作界面

DeST的界面是基于AutoCAD开发的，如图18.1-1所示。该界面可在WINDOWS操作系统下运行，DeST支持用户实现各种复杂建筑形式（如多座建筑、天窗、斜墙、地下层、回形分隔等）的计算。在DeST软件中，与建筑物相关的各种数据（材料、几何尺寸、内扰等）通过数据库接口与界面相连，用户可直接在界面上进行建筑及其环境控制系统的建模、参数设定和模拟计算。

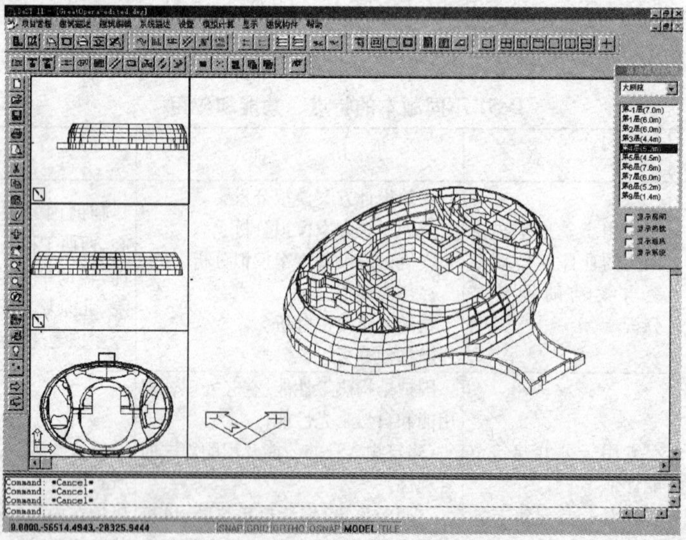

图18.1-1　DeST图形化界面

(3) DeST的基础数据库（表18.1-2）

2. DeST使用简介

DeST的使用过程，可分为以下三个步骤：

(1) 建立建筑模型

建立建筑模型就是在DeST的界面上画出建筑的简化图，这一过程是建筑图的简化，在不对建筑热环境模拟造成明显影响的前提下，用户可根据模拟的要求进行不同程度的简化。建立建筑模型的主要步骤包括：建立建筑、建立楼层、画分隔墙体、识别房间、添加门窗、房间标注。最后全楼拓扑检查，通过后即确定建筑构图形式。另外，用户也可通过衬 CAD 底图的方法建立建筑模型。

DeST 的基础数据库 **表 18.1-2**

数据库名称	数据说明	备注
气象数据库	1. 包括全国 270 个台站，覆盖了各种不同气候区的主要城市； 2. 来源于 DeST 与中国气象局气象信息中心气象资料室合作编制的基于实测气象数据的全年逐时气象数据； 3. 气象要素涵盖与建筑热环境分析直接相关的所有参数：空气温度、空气湿度、太阳辐射强度、地表温度、天空有效温度以及风速、风向； 4. 根据夏热冬冷地区居住建筑节能设计标准(JCJ 134—2001)的规定选取典型气象年； 5. 同时提供设计典型年(温度极高年、温度极低年、太阳辐射极大年、太阳辐射极小年和焓值极高年)的逐时气象数据	源数据来自惟一官方机构
建筑构件库	包括外墙，内墙，屋顶，楼地，楼板，窗户，门、遮阳等建筑构件	开放式，可直接选用、可扩充、可自定义
建筑材料库	包括普通材料和透光材料，普通材料如混凝土、金属、木材及其制品、石材、塑料、多孔材料、砌体、各种保温材料等，透光材料如不同厚度的平板玻璃等，DeST 已经内置数十个大类近千种材料	
设备数据库	包括各种供暖空调设备，例如各种冷热源设备(包括集中冷热源设备、分散冷热源设备)、冷却塔、各种空气处理设备、输配设备(风机水泵等)等，设备数据主要是指设备的性能参数	
概算定额库	包括全国统一预算定额和部分地方概算定额，用于各阶段设计的经济性分析	

(2) 设定参数

建筑及其环境控制系统的模拟结果不仅取决于建筑形式，更与围护结构物性、空调系统形式、建筑使用方式、系统运行模式有关，因此设定参数的正确性将影响计算结果的正确性。DeST 辅助设计模拟的各部分设定内容如表 18.1-3 所示。

DeST 设定参数 **表 18.1-3**

阶段	定义设计参数和设计方案	定义使用状况及运行状况	定义运行调节方式和控制策略
建筑物本体设计	1. 各部分围护结构的做法及热工参数； 2. 房间温湿度设计要求； 3. 房间内人员、灯光、设备的产热产湿量； 4. 新风量设计要求	1. 房间空调作息(房间需要供暖或空调的作息时间表)； 2. 房间内人员、灯光、设备的作息时间表； 3. 房间通风量及渗透风量	智能围护的控制，如通风窗的风量控制，遮阳控制
空调系统方案设计	1. 空调系统型式，包括全空气系统、空气一水系统、全水系统、直接蒸发机组系统； 2. 冷水系统的管路型式，例如两管制、四管制； 3. 空调系统分区方式：例如按照朝向分区，按照功能分区； 4. 系统设计参数，如定风量系统的送风量，变风量系统的送风量变化范围等； 5. 末端再热装置的容量	1. 空调系统运行时间表 2. 全年冷热水供应的时间表	1. 系统送风量运行调节和控制方式； 2. 系统送风温湿度的控制调节策略； 3. 变风量系统的控制方式

续表

阶段	定义设计参数和设计方案	定义使用状况及运行状况	定义运行调节方式和控制策略
空气处理设备方案设计	1. 空气处理设备的组合方式，例如显热热回收器＋混风段＋表冷器＋加湿器＋再热器，例如二次回风系统； 2. 空气处理设备（包括送风机等）的台数、容量、性能参数； 3. 空气处理设备供水温度	1. 空气处理设备作息时间表 2. 全年冷热水供应的时间表	1. 空气处理设备水量调节和控制； 2. 系统新风量控制调节方式； 3. 热回收装置的使用时间； 4. 冷热水供水温度的变化
冷热源和水系统设计	1. 冷源形式，如电制冷离心机组、吸收制冷直燃溴化锂机组、风冷热泵机组等； 2. 冷源设备（包括冷机、冷却塔）的台数、容量和设备性能参数； 3. 热源形式，如燃气锅炉、燃油锅炉、城市热网等； 4. 热源设备的台数、容量和设备性能参数； 5. 水系统管网形式，如一次泵系统、二次泵系统； 6. 水泵的台数、容量和设备性能参数		1. 冷机运行调节和控制，如冷机开停调节策略，冷机出水温度控制； 2. 冷却塔运行调节和控制，如台数控制、一机对一塔、风机变频等； 3. 水泵运行调节和控制，如台数控制、变频控制等

说明：

围护结构热物性参数的定义通过从DeST的建筑构件库或材料库中选择相应的构件、材料而完成。

1) 为方便用户进行定义，DeST将不同使用状况的房间进行归纳得到不同的房间功能类型。每种房间功能类型集成了房间设计参数，室内人员、灯光、设备的产热产湿量与作息，房间空调作息等房间信息。用户可以直接从DeST的房间库里选择已有的房间类型（如办公室、卧室、餐厅等），在其基础上进行参数调整，也可以自定义新的房间类型。

2) 在DeST不同版本中，要求对通风的描述不同，计算分析模式也不同。通风描述定义每个房间从室外或从其他房间通过通风通道（如门缝，窗缝等）进入的空气。按照以该房间体积为基础的换气次数为单位定义。通过设定作息时间表可以使换气量在全年逐时变化；还可以定义换气量在一定的范围内根据室内外温度的不同而在一定范围内变化，从而模拟根据室内外环境状况人为的开窗关窗造成的影响。

3) 在进行空调系统方案设计、空气处理设备的方案设计以及冷热源和水系统的设计时，用户通过对系统、设备、控制等方面的灵活定义，可以组合得到各种系统形式和控制方式，这些系统形式和控制方式可以保存在DeST数据库中备用。

另外，DeST的全过程经济性分析模块EAM，根据表18.1-3中不同设计阶段的设计工作深度，提供不同细化程度的初投资、运行费和寿命周期费用估算结果。进行经济性分析时，用户只需确认或重新设定设备价格、能源价格，EAM自动对方案的全面造价（包括设备材料的购置费、安装费以及各种取费和税金）、运行费用、寿命周期费用进行详细估算。

(3) 模拟计算及输出

完成了建立建筑模型和设定参数的工作，即可选择进行不同项目的计算。各版本的模拟计算选项和DeST的输出内容如表18.1-4所示。

各版本目前提供的模拟计算选项和软件输出内容 表 18.1-4

版本	DeST-c	DeST-r	DeST-h、DeST-i、DeST-s	DeST-e	DeST-d
模拟计算选项	1. 建筑阴影计算 2. 建筑采光计算 3. 建筑室温计算 4. 建筑负荷计算 5. 系统送风量计算 6. 系统方案分析 7. 风网计算 8. 全年风网计算 9. 水网计算 10. 全年水网计算 11. 空气处理室模拟 12. 水系统模拟	1. 被评建筑负荷及自然采光计算 2. 参考建筑负荷及自然采光计算 3. 被评建筑空调系统负荷计算 4. 被评建筑空调系统冷热源计算 5. 被评建筑输配系统计算	1. 建筑阴影计算 2. 建筑采光计算 3. 建筑室温计算 4. 负荷分析	1. 被评建筑能耗计算 2. 参考建筑能耗计算	1. 照明电耗计算 2. 室内电器电耗计算 3. 电梯电耗计算 4. 输水泵电耗计算 5. 公用生活类电器(如洗衣机、餐厨电器、电开水器等)电耗计算 6. 通风系统电耗计算 7. 空调系统电耗计算
输出	详细数据 excel 报表	气象数据、阴影计算结果、采光计算结果、房间温度、房间负荷、系统负荷、系统方案分析结果、空气处理设备方案分析结果、冷热源模拟结果、风机水泵模拟结果、各分项电耗逐时计算结果			
	统计数据 excel 报表	围护统计结果、负荷统计结果、各分项电耗统计结果			
	经济性分析 excel 报表	各阶段的经济性分析报表，其中包括初投资报表、运行费用报表、寿命周期费用报表			
	Word 报告	标准格式的节能评估报告			

18.1.2 DOE-2 软件简介

DOE-2 是一个在一定的气象参数、建筑结构、运行周期、能源费用和暖通空调设备条件下，逐时计算能耗和计算居住和商用建筑能源费用的软件。DOE-2 程序有完备的技术文档，能够提供新型建筑设计的分析比较，适于研究交流。它的源代码采用 FORTRAN 语言编写，可以在 UNIX、SUN 和 PC 等多种操作系统平台上运行。用该软件，设计者可以迅速选择改善措施，通过程序计算，得到相应的建筑耗能量特性、保持室内舒适状况和能耗费用。

1. DOE-2 的软件结构简介

图 18.1-2 显示了 DOE-2 的程序计算流程。

通常，DOE-2 包含一个子程序 — 建筑描述语言处理器 BDL Processor、4 个子程序模块（LOADS，SYSTEMS，PLANT and ECON）。模拟管理器控制整个模拟过程：热平衡模拟 LOADS 模块计算热湿负荷；建筑系统模拟 SYSTEMS 模块管理热平衡计算结果与暖通空调的空气回路和水回路的能耗计算和数据通讯。机房设备模拟 PLANT 模块管理冷热源（制冷机、锅炉等）及相应辅机之间的能耗计算和数据通讯。LOADS，SYSTEMS 和 PLANT 按顺序单向执行，前一个模块的输出成为后一个模块的输入，没有反馈。即所谓的“sequence execution，not feed back”。用户不需要自己来“搭建”实际的系统，而是选择预先设置好的系统形式。这种方式对使用者使用比较方便，不用考虑各个模块之

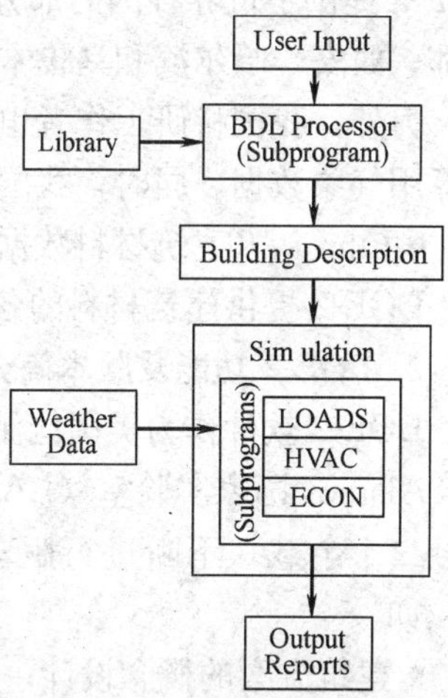

图 18.1-2 DOE-2 的软件总体结构图

间的信号连接，但另一方面，可供选择的系统方案就相对较少。

兹分别介绍如下：

• BDL Processor（建筑描述语言处理器）

建筑描述语言 BDL（Building Description Language）处理器将使用者的任意格式的输入数据转换成计算机认可的格式。处理器还要计算出墙体的热反应系数以及房间的热反应权系数。

在 DOE-2 的早期版本中，建筑描述语言是它的一大特色。DOE-2 将建筑构件变量直接用英语单词或词组来表示，从而简化了冗长繁杂的输入。这一特色明显带有 DOS 操作系统的时代烙印。

• LOADS（负荷模拟子程序）

假定对象房间处于用户设定的室内温湿度状态条件下，LOADS 逐时计算采暖和供冷的显热和潜热负荷。LOADS 会从气象资料数据库中读取当地的逐时气象参数和太阳辐射数据。而用户要设定室内人员、照明和设备的运行时间表。负荷计算采用权系数法。

• HVAC（暖通空调系统模拟子程序）

HVAC 子程序分成两部分：SYSTEMS 子程序和 PLANT 子程序。SYSTEMS 子程序处理二次系统；PLANT 子程序处理一次系统。SYSTEMS 计算空气侧设备（如风机、盘管和风道）的特性，根据房间的新风需求、设备运行时间表、设备控制策略以及恒温控制器的设定点，修正由 LOADS 计算出的恒温负荷。SYSTEMS 的输出是风量和盘管负荷。PLANT 计算锅炉、冷水机组、冷却塔和蓄热槽等设备在满足二次系统盘管负荷时的状态。为了计算建筑的电力和燃料耗量，PLANT 也考虑了一次设备的部分负荷效率。

• ECON（经济分析子程序）

ECONOMICS 子程序用来计算能源费用。它也可以用来比较不同建筑设计的成本-效益；计算既有建筑节能改造所能产生的经济效益。

• Weather Data（气象数据）

DOE-2 可以读入包括典型气象年 TMY2 在内的许多种气象数据。一个地区的典型气象年参数应包括室外干球温度、湿球温度、大气压、风速和风向、云量、以及太阳辐射。DOE-2 提供了世界各国的部分城市典型气象年参数，其中包括中国的北京、上海、南京、成都、西安、哈尔滨和乌鲁木齐等省会城市的全年气象参数。

另外，我国科研工作者也正在与气象部门合作，开发适用于我国气候特点的建筑能耗计算用气象数据。届时，我国绝大多数城市的气象数据可供用户使用。

• Library（建筑材料数据库）

DOE-2 提供建筑材料的各种性能数据，包括墙体材料、墙体分层构造和门窗。

2. DOE-2 功能及版本简介

DOE-2 软件作为美国能源部（DOE）支持下，劳伦斯伯克利国家实验室（LBNL）、Los Alamos 国家实验室（LASL）和加州大学等研究机构共同开发的大型能耗计算软件，历经二十余载，不断进行版本升级。主要可以进行建筑方案设计及节能方案的基础研究，如

• 建筑方案的概念设计；

• 围护结构材料的热工性能及保温构造的优化设计分析，建筑物蓄热特性与 HVAC

系统的耦合关系模拟分析；

• 分析建筑物内遮阳与外遮阳的节能效果，以及不同类型玻璃（镀膜玻璃、热反射玻璃）的节能效果对比；

• 室内热源（人员、照明和设备）运行模式的影响分析，判断建筑物本身的节能及用能需求的合理性；

• HVAC 设备的间歇运行模式的影响分析；

• 最小新风需求和过渡季节免费供冷的节能效果分析；

• 不同空气处理系统、冷热源设备的性能特点分析；

• 不同机电设备系统（空调冷热源、生活热水热源、风机水泵、照明）的节能潜力分析。

由于 DOE-2 在人机界面方面的局限，使许多民营研究机构和商业公司以 DOE-2 为核心进行二次开发，给它加上易于操作的界面投入商业化经营。DOE 和 LBNL 也曾致力于改进 DOE-2，因为这毕竟有利于建筑节能事业的发展。一部分经二次开发的产品见表 18.1-5。一些其他国家也将 DOE-2 结合到本国的商用建筑设计、分析软件之中。例如欧盟的 COMBINE 软件、芬兰的 RIUSKA 软件。

以 DOE-2 为核心开发出的一部分软件产品 **表 18.1-5**

ADM-DOE2 Compare-IT COMPLY-24 DesiCalc	DOE-Plus EnergyGauge USA EnergyPro	EZ-DOE FTI/DOE Home Energy Saver (LBNL) Perform 95	PRC-DOE2 RESFEN 3.0 VisualDOE

从 1995 年开始，美国能源部开始规划开发新一代建筑模拟工具。经过对各种已有模拟工具的用户和开发人员的调查，了解了能耗模拟的需求和建议，确定在 DOE-2 软件和 BLAST 软件基础上开发新一代软件 EnergyPlus。

由于 DOE-2 软件经过多次实测验证、在美国的应用有不俗的业绩（例如，曾用 DOE-2 为白宫和已经倒塌的纽约世贸中心等标志性建筑进行能耗分析），加上强大的开发和技术支持背景，因此逐渐被世界各国所接受，成为最具权威性的建筑能耗分析软件。美国和其他一些国家的建筑节能国家标准，都是用 DOE-2 软件作为技术支撑。我国《夏热冬冷地区居住建筑节能设计标准》（JGJ 134—2001）、《夏热冬暖地区居住建筑节能设计标准》（JGJ 75—2003）以及《公共建筑节能设计标准》（GB 50189—2005）在编制中也大量引用了 DOE-2 的计算成果。

3. DOE-2 应用程序的使用

用户运用 DOE-2 应用程序进行建筑物的能耗计算，首先应明确 DOE-2 所要求的工作：遵循 DOE-2 应用程序的约定，以 DOE-2 定义的输入方式，对将要进行能耗计算的建筑物进行描述——输入建筑物的构成。

DOE-2 进行建筑物的能耗计算，按照下面的顺序进行：

流程图中的第一步建筑物的构成包括三部分信息：建筑物的基本数据、围护结构构成、建筑物的空调系统划分等其他计算参数的设定。这三部分的信息需要用户输入按照 DOE-2 规定的顺序进行输入。

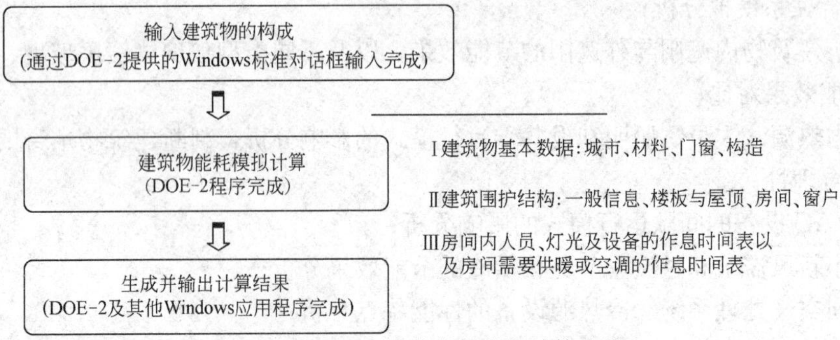

图 18.1-3 DOE-2 建筑物能耗计算流程

(1) 建筑物的基本数据：建筑物所处城市、建筑物所用到的材料、建筑物的门窗、建筑物的外墙板、内墙板、地面板、楼板、屋顶板的分层构造。

这四类数据的输入都是在相应的对话框中进行，输入较为简单。

(2) 建筑物围护结构的输入：这一步中需要用户依次输入建筑物的一般信息、建筑物的楼板与屋顶、建筑物的房间、建筑物外墙上的窗户或遮阳。

运用 DOE-2 应用程序对一个建筑物进行能耗计算时，这一步的输入是最为重要的一个环节。虽然实际工程中建筑物形式的复杂多变将导致输入工作量的增加，但只要用户遵循 DOE-2 应用程序的约定，充分利用 DOE-2 提供的简化命令，将极大地提高输入工作的效率。关于这部分的输入方法与技巧请参见 DOE-2 使用手册中给出的详细说明。

(3) 建筑物空调系统划分等计算参数的设定：划分建筑物的空调系统、设定建筑物的室内负荷强度、照明时间表、采暖空调系统的运行时间表。

实际上这几项参数中需要用户操作的只有第一项划分系统，划分系统在 DOE-2 提供的采暖空调系统划分对话框中进行；而后面三项参数使用 DOE-2 提供的缺省值即可，一般情况下并不需要用户输入，除非用户要自行设定相应的参数数值。

18.2 建筑能耗动态分析与计算

18.2.1 DeST 软件建筑能耗动态分析计算

1. 实例已知条件

北京市的一栋高档写字楼，建筑面积约 33000m^2，共 30 层，建筑标准层平面及立体的 DeST 模型如图 18.2-1 所示。标准层除了中心的电梯间卫生间用房外，其他房间基本上都是办公室用房。建筑进深达 13m，根据内区、外区的划分，建筑内部隔断如平面图所示。建筑主要功能房间的使用情况及空调设计参数见表 18.2-1、图 18.2-2、表 18.2-2，建筑主要围护结构参数见表 18.2-3。

建筑主要功能房间设计用参数 **表 18.2-1**

房间功能	最多人数(人/m^2)	灯光产热(W/m^2)	设备产热(W/m^2)	最低新风量(m^3/人)
办公室	0.1	10	20	30
会议室	0.3	15	—	30
门厅、走廊	0.05	5	—	20

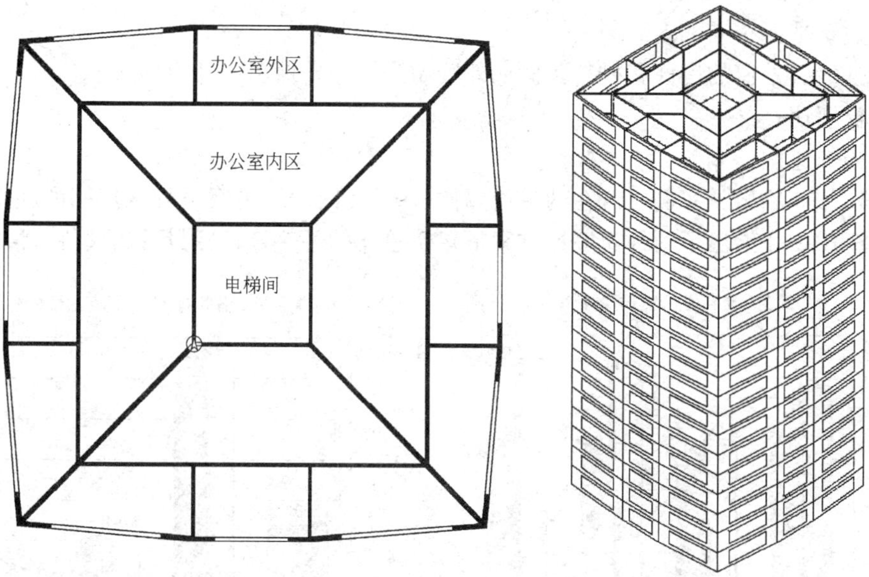

图 18.2-1 建筑平面、立体示意图

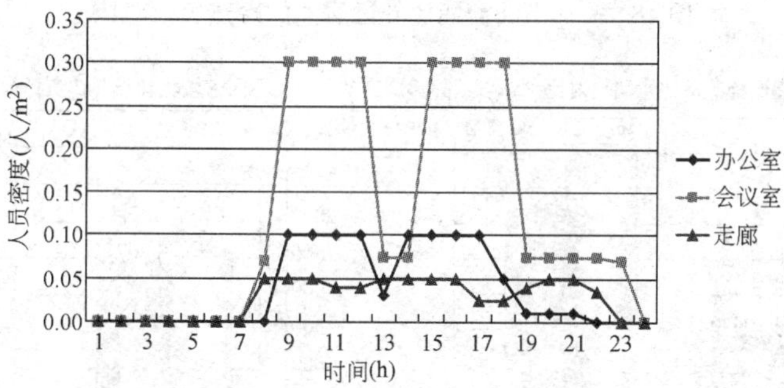

图 18.2-2 建筑主要功能房间人员作息（工作日）

建筑主要功能房间环境控制参数 表 18.2-2

房间名称	夏季		冬季	
	温度(℃)	相对湿度	温度(℃)	相对湿度
办公室	24～26	50%～60%	20～22	—
会议室	24～26	50%～60%	20～22	—
走廊	25～28	55%～60%	20～22	—

围护结构热工参数 表 18.2-3

类别	方案	传热系数($W/m^2 \cdot K$)
外墙	240mm 重砂浆黏土砖＋60mm 聚苯板	0.60
屋顶	200mm 多孔混凝土＋130mm 钢筋混凝土	0.8
外窗	中空双玻窗	3.1(遮阳系数 SC＝0.67)

2. 动态分析计算

DeST 商建版融合了实际设计过程的阶段性特点，将模拟划分为：建筑方案设计、空调系统方案设计、空气处理设备设计、冷热源设计和输配系统设计共 5 个阶段，每个阶段可分别进行模拟计算，同时还配备全过程的经济性分析模块 EAM，这样设计者可以通过 DeST 获得建筑及空调系统设计的各个阶段的热环境、能耗、投资、运行费计算结果。

(1) 建筑方案设计

在进行建筑方案设计时，DeST 可以模拟出建筑物全年逐时的采光状况、室内热状况和供暖空调的负荷需求，并估算出方案的初投资和运行费。通过改变如下设定，设计者可以获得不同的设计方案：

1）建筑平面布局和内部隔断；

2）外墙、外窗的构件和材料，例如外墙做法、内外保温，外窗形式；

3）窗墙比；

4）内外遮阳。

图18.2-3给出了实例建筑在两种窗墙比（0.7和0.4）方案下外区房间的耗冷量、耗热量。图18.2-4给出了两种窗墙比方案下建筑总体的耗热量耗冷量及最大负荷情况。

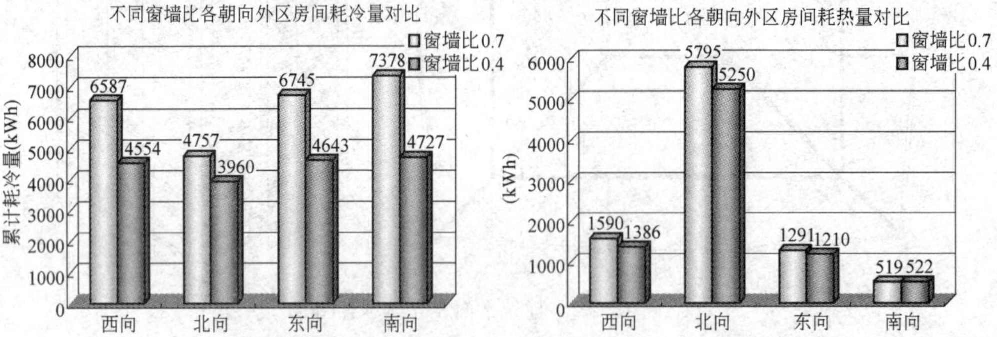

图18.2-3 不同窗墙比外区房间的冷热负荷对比

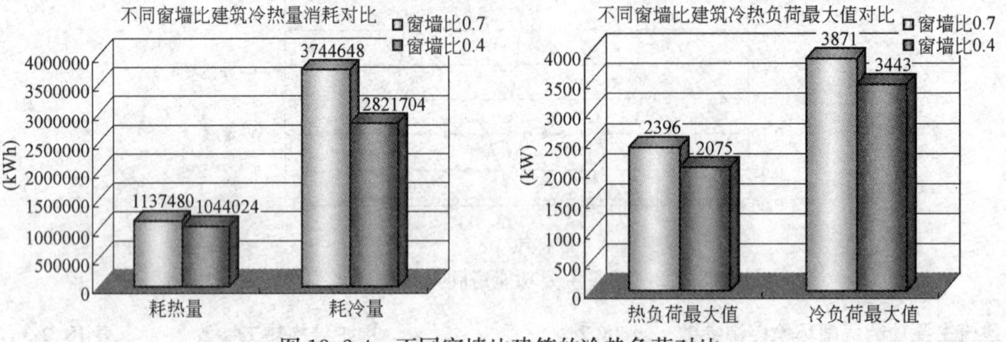

图18.2-4 不同窗墙比建筑的冷热负荷对比

根据模拟结果，以下模拟就采用窗墙比为0.4的方案进行。

(2) 空调系统方案设计

DeST辅助空调系统方案设计时，可以帮助设计者分析不同系统型式、不同系统分区、不同系统参数下系统所能达到的环境控制效果。

实例建筑的空调系统型式全部采用全空气变风量空调系统，各房间的送风量范围为4～8次/小时。下面利用DeST分析比较采用图18.2-5所示的三种分区方式时空调系统满足设计要求的情况。

通过DeST的空调系统方案模拟计算，可以计算得到三种分区方式下各系统的全年运行状况，分述如下：

1）分区方式1的模拟结果

分区方式1是将每一层分为东南西北四个区，表18.2-4给出的是这4个区系统不满足设计要求的小时数。查看某一系统不满意时刻的各个房间室温和送风量情况，如图

18.2-6、图 18.2-7。此时系统供冷，有些房间温度已经达到设计要求的室温下限同时风量调整为最小，而有些房间风量调整到最大但温度仍然高出设计要求的室温上限，这是由于受外界影响较大的外区和受室内发热量影响较大的内区划分在一个分区之中，导致系统在很多时刻都无法同时满足各个房间的设计要求。

2）分区方式 2 的模拟结果

分区方式 2 是将每一层分为内外两个区，两个分区的空调系统不满足设计要求的小时数见表 18.2-5。

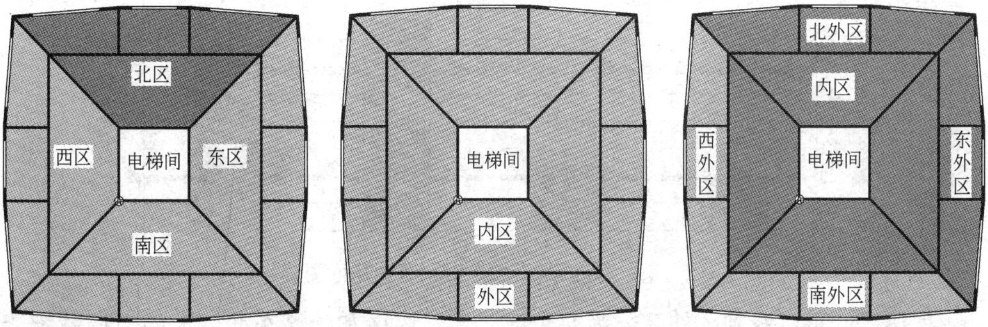

图 18.2-5 三种不同的分区方式

分区方式 1 的各区满意状况 **表 18.2-4**

系统	西向分区	北向分区	东向分区	南向分区
不满意小时数(h)	794	225	640	546

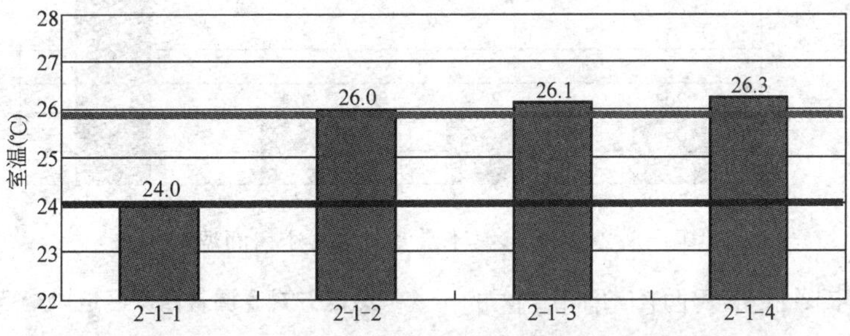

图 18.2-6 西区某不满意时刻各个房间温度状况

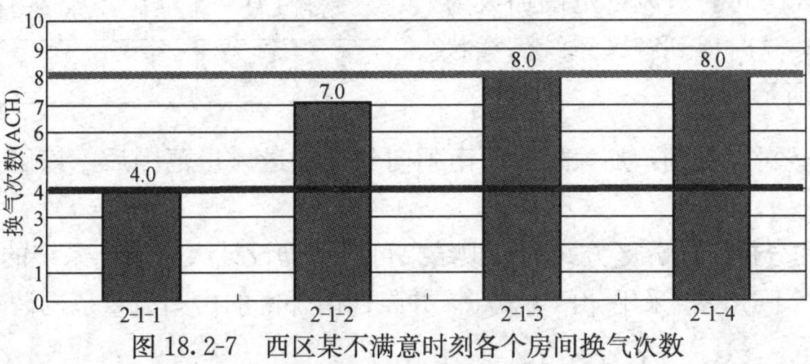

图 18.2-7 西区某不满意时刻各个房间换气次数

采用分区方式 2 时，内区空调系统能够很好地满足设计要求，然而外区系统的不满意率仍较高，取外区不满意的某一时刻查看各个房间的温度，见图 18.2-8，可知由于各朝向外区房间的热状况不同，导致温度差异很大，系统难以同时满足各朝向房间的设计要求。

3）分区方式 3 的模拟结果

分区方式 3 将外区房间按照东北和西南划分为两个分区，这时 3 个分区的系统不满足设计要求的小时数见表 18.2-6。

分区方式 2 的各区满意状况　　表 18.2-5

系统编号	内区	外区
不满意小时数(h)	0	771

分区方式 3 的各区满意状况　　表 18.2-6

系统编号	内区	东、北外区	西、南外区
不满意小时数(h)	0	3	505

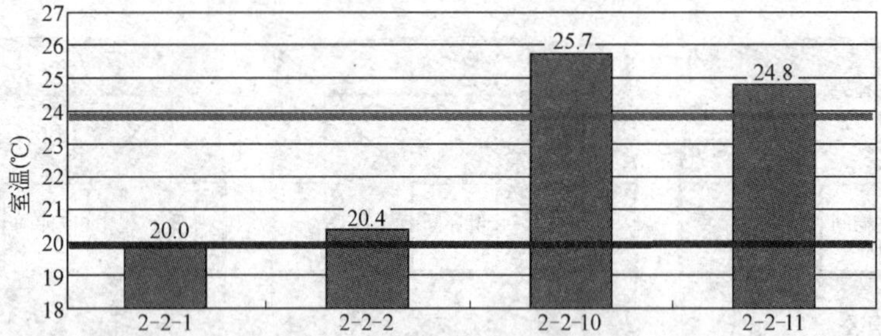

图 18.2-8　外区某不满意时刻各个房间温度

由表 18.2-6 可以看到，外区分为两个区之后，内区和外区东北朝向的空调系统能够很好的满足设计要求，然而外区西南朝向的不满意率仍然较高，如图 18.2-9 所示，仍然是各房间冷热状况不同导致。

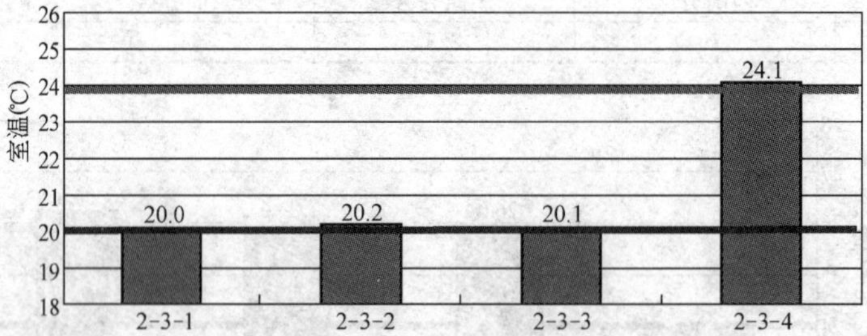

图 18.2-9　外区某不满意时刻各个房间温度

为了进一步降低外区西南朝向分区的不满意率，在分区方式 3 的基础上，将外区西南朝向分区房间的送风量范围加大为 4～10 次/小时，这时得到各区系统满意状况如表 18.2-7 所示。

分区方式 3 调整西南区送风量范围的满意状况　　表 18.2-7

系统编号	内区	东、北外区	西、南外区
不满意小时数(h)	0	3	294

由表 18.2-7 可以看到，加大外区西南朝向分区的送风量范围后，该区系统不满意时刻明显减少。

综合比较并分析不同分区方式的模拟结果可以帮助设计人员确定系统的分区方式。基于前文的分析，下述模拟采用分区方式 3，并将西南外区的房间风量范围调整为 4～10 h^{-1}（换气次数）。

（3）空气处理设备设计

空调系统方案模拟可以确定各个空调系统的逐时送风量和送风温度，在空气处理设备方案设计阶段，DeST 主要是帮助设计者分析不同设备组合下的空气处理效果和能耗。

实例建筑南、西外区的空调系统的空气处理设备的初步方案为：空气处理段由混风室、表冷器（冷热两用）、加湿器组成，定新风量、无热回收设备，下面以表冷器选型、新风处理、热回收三个问题为例说明 DeST 的辅助分析作用。

1）表冷器选型

根据系统的逐时送风量要求，初步选用 JW10-4 型 8 排表冷器。利用 DeST-c 可对方案全年运行状况进行逐时模拟计算。计算得到：初选设备有 304 个小时不能满足设计送风状态的要求。察看某一不满足时刻设备的空气处理过程，如图 18.2-10，设备的处理效果是：送风温度基本满足要求而除湿量不够。

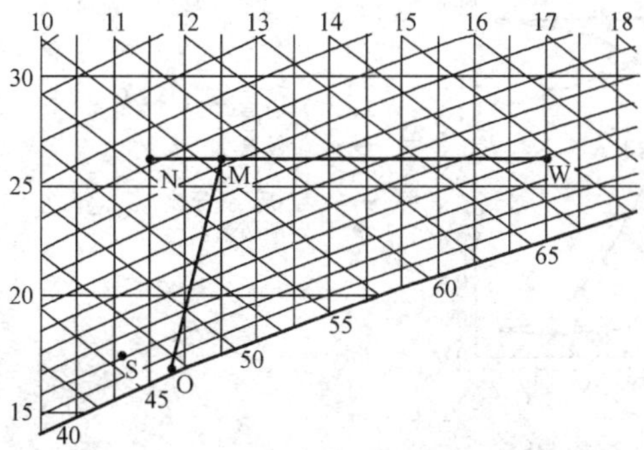

图 18.2-10　8 排表冷器空气处理过程

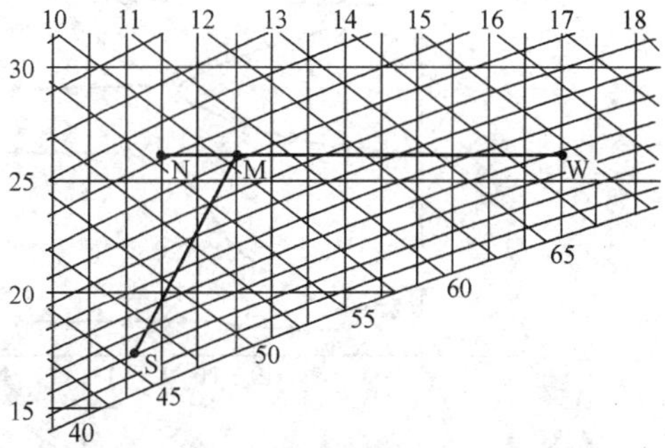

图 18.2-11　4 排表冷器空气处理过程

W：新风状态点；M：混合状态点；N：室内状态点；S：要求送风状态点；

O：经空调箱表冷段处理后的状态点

通过分析，改用通用热交换效率低的 JW10-4 型 4 排表冷器，模拟其运行效果。对应图 18.2-10 的状态，4 排表冷器处理过程如图 18.2-11，表冷器已经可以将空气处理到送风状态点。统计表明，改选 4 排表冷器后仍有 200 个小时不能满足设计送风状态的要求。

查看仍然不满足要求的时刻的空气处理过程，见图 18.2-12。分析后考虑采用带旁通的表冷器，再次模拟其运行效果。对应图 18.2-12 的状态，改用带旁通表冷器时的空气处理过程见图 18.2-13，此时旁通比为 0.16，表冷器把未旁通的空气处理到 O_2 点，然后与旁通的未经处理的 M 点空气混合到 O 点，基本满足送风状态要求。统计表明，改用带旁通表冷器后仅有 15 个小时不能满足设计送风状态的要求。

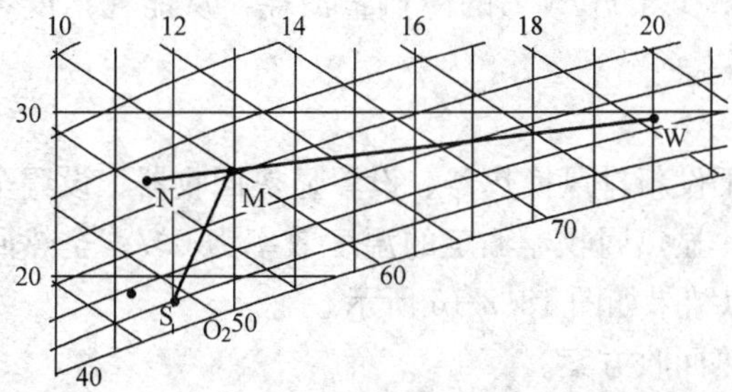

图 18.2-12　4 排表冷器无旁通时空气处理过程

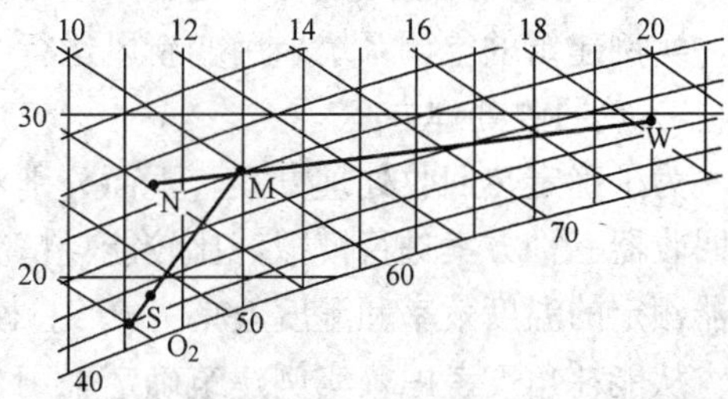

图 18.2-13　4 排表冷器有旁通时空气处理过程

W：新风状态点；M：混合状态点；N：室内状态点；S：要求送风状态点；

O：经空调箱表冷段处理后的状态点

经过对表冷器型式的模拟分析，此系统确定采用JW10-4型4排带旁通的表冷器。

2）新风处理方案

采用变新风运行是减小空调系统运行能耗的有效手段。采用变新风时，新风量变化范围为卫生要求的最小新风量～全新风。图18.2-14所示为过渡季某日不同新风方案的新风比变化情况，对于变新风系统，当新风温度低于室内温度而高于送风温度时，全新风运行，而当新风温度低于送风温度时，调整新回风比使得空气处理能耗最低，此时新风量处于最小新风量和全新风之间。

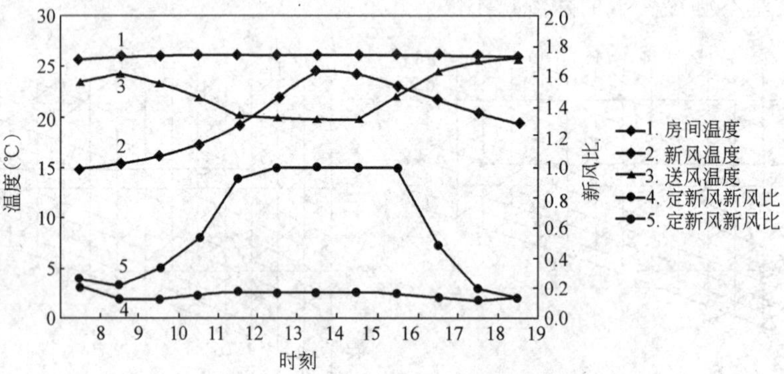

图18.2-14 系统新风比

对实例建筑，模拟比较变新风与定新风量运行的系统能耗，结果见图18.2-15。

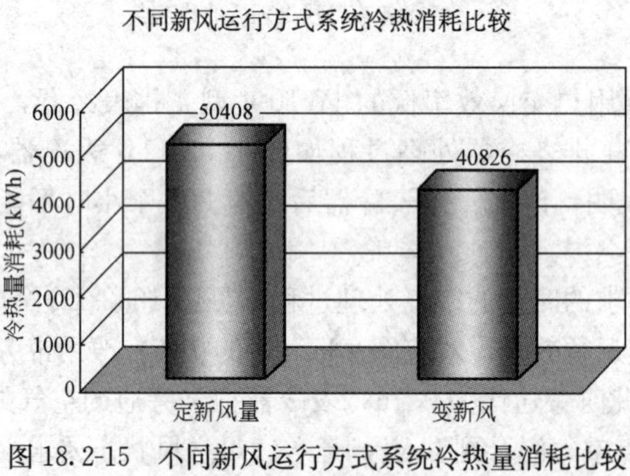

图18.2-15 不同新风运行方式系统冷热量消耗比较

可见该系统变新风运行比定新风量运行减少了近20%的冷热量消耗，从能耗角度考虑，实例建筑的空调系统采用变新风运行方案。

3）热回收处理方案

为了确定热回收处理方案，下面分别对不设新排风换热器、设置显热回收器、设置全热回收器三种方案进行模拟，比较能耗情况。显热回收器额定的温度效率为0.7；全热回收器额定的温度效率和湿度效率为0.7。模拟结果如图18.2-16所示。

从能耗角度考虑，实例建筑确定采用全热回收方案。

综上，通过模拟分析，确定了如下空气处理设备方案：空气处理室由混风室、表冷器（冷热两用）、加湿器、全热回收器组成；选用JW10-4型4排带旁通的表冷器，变新风量运行。

（4）冷热源方案设计

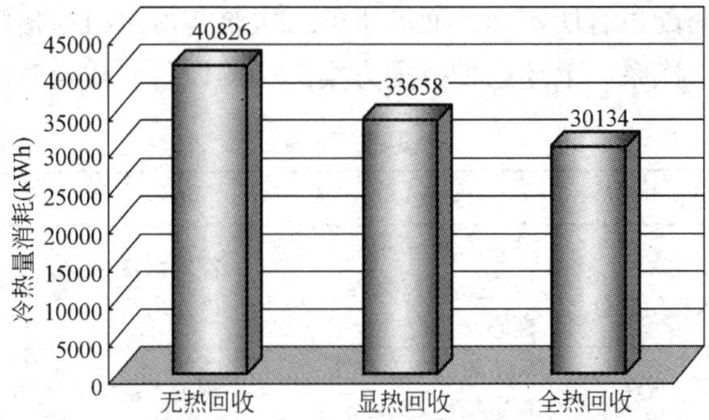

图 18.2-16 不同热回收方案系统冷热量消耗

由空气处理设备的模拟分析可以得到表冷器盘管的水量要求与供回水温度，从而得到对冷热源的冷热量要求。这一冷热量要求应作为确定冷热源搭配方式的依据，冷热源的台数和容量应适应冷热量的全年分布情况。

以冷源为例，在确定冷水机组搭配时如果能够考虑到部分负荷的分布情况，使得冷水机组大部分时刻工作于较高 COP，就能够降低运行能耗。如图 18.2-17，实例建筑的冷量需求在低于 2000kW 的范围内比较集中，尤其是冷量需求低于 800kW 的小时数占到需要开启冷水机组的总小时数的 62%。

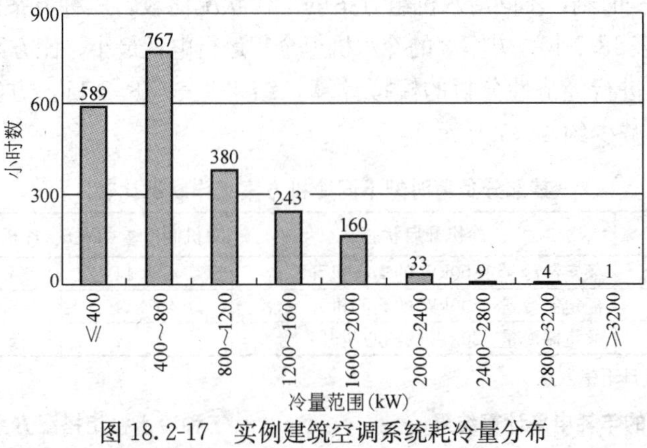

图 18.2-17 实例建筑空调系统耗冷量分布

实例建筑的最大冷量需求为 3510kW，结合图 18.2-17 的信息，选择以下三种冷水机组搭配方案进行模拟：

- 额定冷量 1800kW 离心式冷水机组 2 台；
- 额定冷量 1200kW 离心式冷水机组 3 台；
- 额定冷量 1440kW 离心式冷水机组 2 台，额定冷量 720kW 离心机 1 台。

由于冷水机组的工作状况与水系统直接相关，因此对冷水机组搭配方案的模拟分析需要与水系统模拟分析一起进行。实例建筑采用的是二次泵水系统形式，如图 18.2-18。

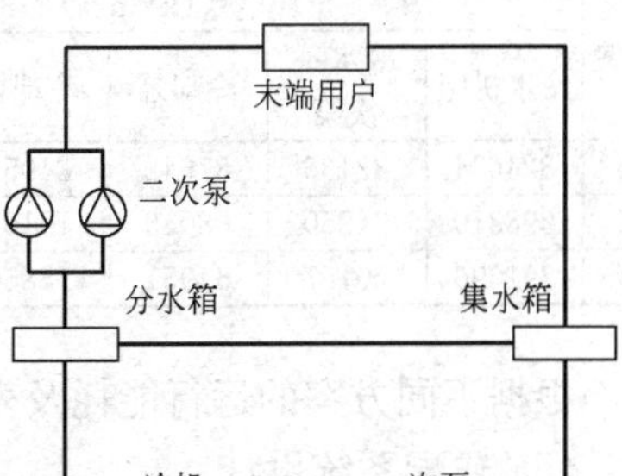

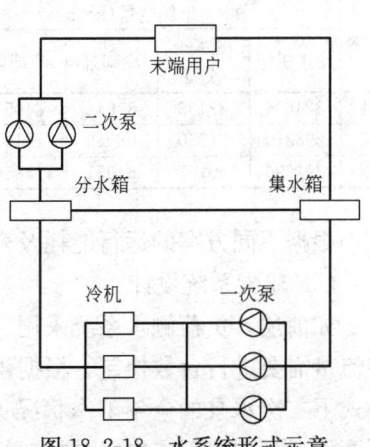

图 18.2-18 水系统形式示意

不同冷水机组搭配方案对应的冷水一次泵、冷却塔、冷却水泵选型与搭配也有所不同，而冷水的二次泵与冷水机组搭配无关，因此分析冷水机组方案时暂不考虑二次泵。上述三种搭配方案选择的设备参数及对应台数见表18.2-8。

设备列表 表18.2-8

方案	冷水机组	冷水一次泵	冷却塔	冷却水泵
1	额定冷量1800kW 离心式冷水机组2台	额定流量309m³/h 额定扬程120kPa 离心泵2台	额定水量404m³/h 冷却塔2台	额定流量404m³/h 额定扬程250kPa 离心泵2台
2	额定冷量1200kW 离心式冷水机组3台	额定流量206m³/h 额定扬程120kPa 离心泵3台	额定水量269m³/h 冷却塔3台	额定流量269m³/h 额定扬程250kPa 离心泵3台
3	额定冷量1440kW离心式冷水机组2台， 额定冷量720kW 离心式冷水机组1台	额定流量247m³/h 额定扬程120kPa 离心泵2台， 额定流量123m³/h 额定扬程120kPa 离心泵1台	额定水量323m³/h 冷却塔2台， 额定水量162m³/h 冷却塔1台	额定流量323m³/h 额定扬程250kPa 离心泵2台， 额定流量162m³/h 额定扬程250kPa 离心泵1台

三种方案冷水机组的总额定制冷量相同，均可满足系统的逐时冷量需求，系统运行时根据末端的冷量需求确定冷机开启台数，由于冷水机组搭配不同，三种方案的运行能耗会有差别。表18.2-9所示为某一时刻，不同冷水机组方案的工作状况比较。三种方案的冷冻泵、冷却泵、冷却塔电耗结果见表18.2-10。方案3的冷水机组全年运行电耗最小，比方案1小10.2%。

再对三种方案进行经济性分析的模拟计算，结果见表18.2-11，方案3的寿命周期费用最小，比方案1减少约48.5万元。

某部分负荷时刻不同冷机方案工作状况比较 表18.2-9

方案号	时刻(h)	冷机开启状态	冷机制冷量(kW)	冷机COP	电耗(kWh)
方案1	5276	额定制冷量1800kW的离心机开一台	407.14	4.15	98.03
方案2	5276	额定制冷量1200kW的离心机开一台	407.14	5.47	74.49
方案3	5276	额定制冷量720kW的离心机开一台	407.14	6.44	63.20

注：5276h为8月8日下午六点。

三种方案设备的年耗电量计算结果 表18.2-10

方案	年耗电量(kWh/a)				
	冷水机组	冷水一次泵	冷却泵	冷却塔	合计
1	324674	32136	87642	24057	468509
2	298310	24950	68046	19103	410409
3	291690	20157	54951	18854	385652

三种冷水机组搭配方案的经济性分析 表18.2-11

方案	初投资(万元)	运行费(万元/年)	寿命周期费用(万元)	寿命周期费用差异(万元)
1	293.32	40.29	594.28	—
2	296.49	35.30	560.13	−34.15
3	298.05	33.17	545.78	−48.50

注：电价按0.86元/度计算。

根据不同方案的运行能耗及寿命周期费用，实例建筑采用方案3的冷机搭配方式。

(5) 输配系统设计

如前述，负荷侧水系统采用二次泵系统。二次泵系统有两种常见的运行方式：根据用户流量需要进行台数控制，根据供回水压差进行变频控制。利用DeST模拟出这两种运行方式下二次水泵的全年工作状况见图18.2-19、图18.2-20。图18.2-21、图18.2-22给出了两种运行方式下二次水泵的运行效率分布和运行电耗的比较。

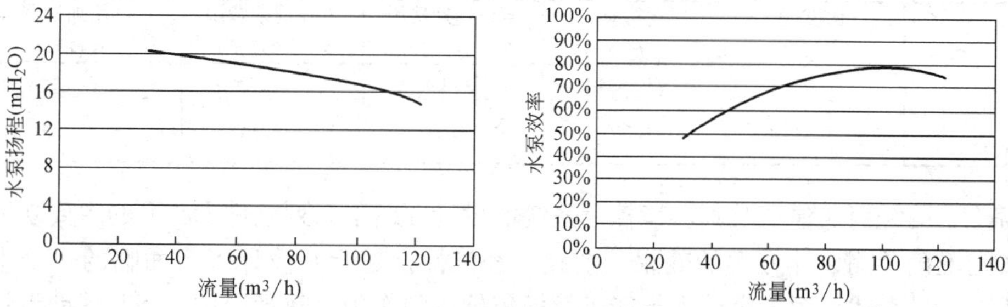

图 18.2-19 台数控制水泵工作点

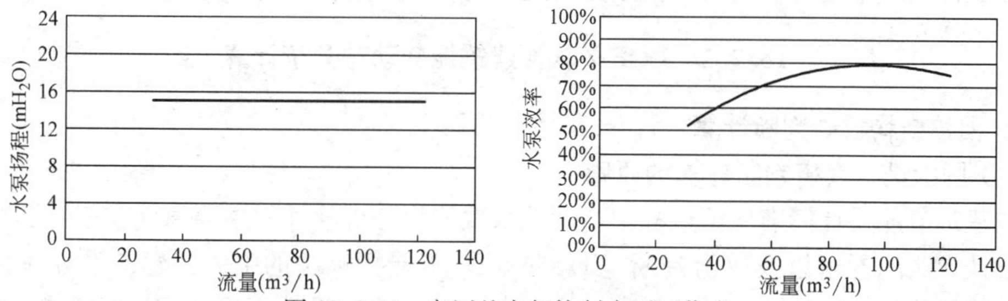

图 18.2-20 定压差变频控制水泵工作点

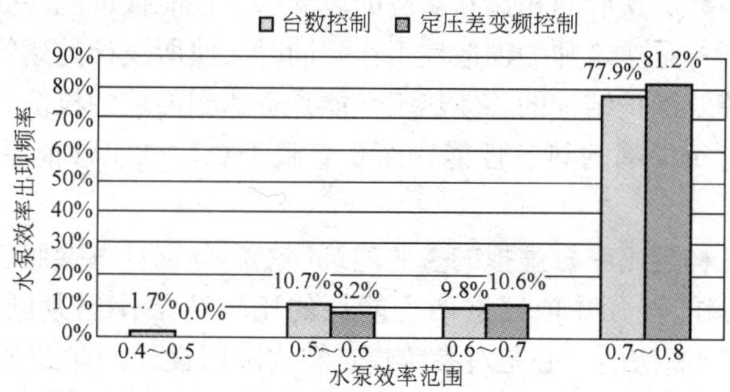

图 18.2-21 二次泵不同控制方式水泵工作状况比较

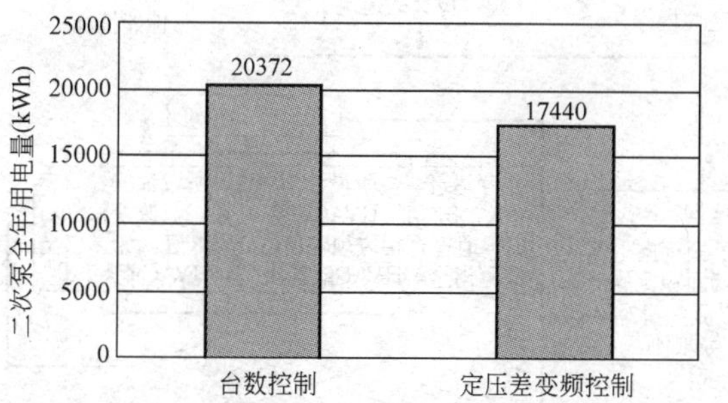

图 18.2-22 二次泵不同控制方式全年耗电量比较

由模拟结果可见，定压差变频控制时二次泵的工作点扬程维持在 15m，而台数控制时水泵的工作点扬程大部分时刻高于 15m，变频控制下的水泵电耗较低。利用 DeST 的经济性分析模块对两种方案的二次泵初投资及生命周期费用进行计算，结果见表 18.2-12，可见，投资增加使变频控制的寿命周期费用与台数控制基本持平，因此对于实例建筑，定压差变频控制的优势较小。如仍然考虑采用变频水泵，应改善控制策略。

不同水泵控制方式的经济性分析 表 18.2-12

方案	初投资（万元）	运行费（万元/年）	寿命周期费用（万元）	寿命周期费用差异（万元）	增加投资回收期（年）
台数控制	1.56	1.75	14.65	—	—
定压差变频控制	3.31	1.50	14.51	−0.14	6.94

综上，围绕商业建筑及其环境控制系统的设计介绍了系列软件 DeST 的主要功能和应用。如何准确预测设计方案的效果、能耗、经济性，是所有设计人员面临的一个重要问题，希望通过上述介绍，设计人员能了解模拟软件的作用，熟悉利用 DeST 辅助设计的方法，在设计实践中更有效地发挥模拟分析技术的作用，解决各种实际设计问题。

18.2.2 DOE-2 软件建筑能耗动态分析计算

1. 围护结构权衡判断计算

(1) 围护结构权衡判断计算的原则

在建筑节能设计标准使用过程中，大量采取能耗分析软件的主要原因在于：标准对性能化设计方法的要求以及权衡判断（Trade-off）节能指标法的引入。建筑设计时往往着重考虑建筑使用功能和外形立面，有时难以完全满足节能设计标准中规定性条款的要求，尤其是建筑的体型系数、窗墙面积比和对应的玻璃热工性能很可能突破节能设计标准规定性指标的限制。为了尊重建筑师的创造性工作，同时又使所设计的建筑能够符合节能设计标准的要求，引入建筑围护结构的总体热工性能是否达到要求的权衡判断法。围护结构权衡判断法不拘泥于建筑局部的热工性能，而是着眼于总体热工性能是否满足节能标准的要求。

权衡判断法是先构想出一栋虚拟的参照建筑，然后分别计算参照建筑和实际设计的建筑的全年采暖和空调能耗，并依照这两个能耗的比较结果作出判断，其评价流程如图 18.2-23 所示。权衡判断法的核心是对参照建筑和实际所设计的建筑的采暖和空调能耗进行比较并作出判断。

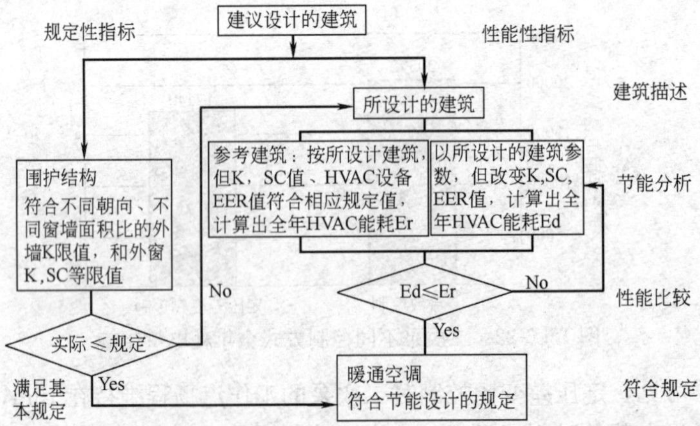

图 18.2-23 权衡判断（Trade-off）评价流程

用动态方法计算建筑的采暖和空调能耗是一个非常复杂的过程，很多细节都会影响能耗的计算结果。因此，为了保证计算的准确性，必须作出许多具体的规定。应用权衡判断法需注意的几条原则：

• 每一栋实际设计的建筑都对应一栋参照建筑。与实际设计的建筑相比，参照建筑除了在实际设计建筑不满足标准的一些重要规定之处作了调整外，其他方面都相同。参照建筑在建筑围护结构的各个方面均应完全符合本节能设计标准的规定。

• 当所设计建筑的体形系数大于条文规定时，权衡判断法要求缩小参照建筑每面外墙尺寸，而参照建筑的体形系数不做调整。这只是一种计算措施，并不真正去调整所设计建筑的体形系数。

• 当所设计建筑的体形系数小于条文规定时，且其窗墙面积比也小于70%的最大限值规定时，参照建筑也不做窗墙面积比的调整。

• 实施权衡判断法时，计算出的并非是实际的采暖和空调能耗，而是某种“标准”工况下的能耗。标准在规定这种“标准”工况时尽量使它接近实际工况。

(2) 透明围护结构总体性能变化的影响分析

节能设计标准中对外窗（包含透明幕墙）的总体性能的规定是通过优化计算得出的。主要考虑玻璃的传热系数、窗户的遮阳系数及窗墙面积比等项因素。其总体性能的确定能够有利于围护结构节能目标的实现。这里选择一幢典型办公建筑为参考建筑模型进行说明（图 18.2-24 和图 18.2-25），该建筑概况如下：

图 18.2-24 参考建筑示意图

6 层板式办公建筑面积为 7000m^2，参考建筑窗墙面积比取 30%。办公区人员密度平均5～8 m^2/人；会议室人员密度平均 2.5 m^2/人；办公区照明密度 LPD 取 13 W/m^2，走廊及生活区 7 W/m^2；设备主要为 PC 机、办公设备和少量电热设备，EPD 取为 10～15 W/m^2。送风方式为风机盘管＋独立新风，冬季室内设计温度要求 18℃，夏季 26℃；新风量按标准规定取为每人 30m^3/h；空调运行时间为每周 5.5 天，每天 12 h。无经济器。

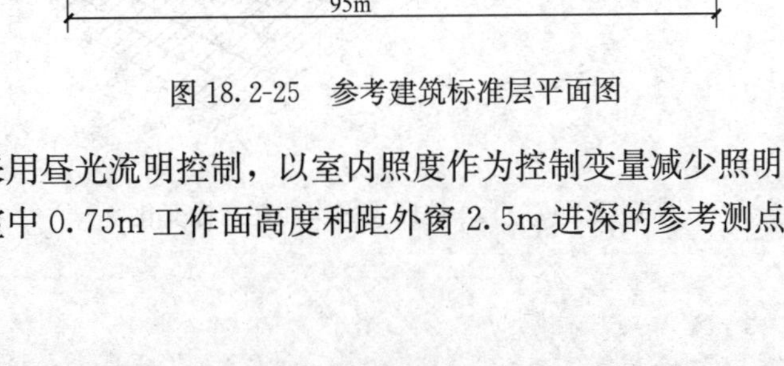

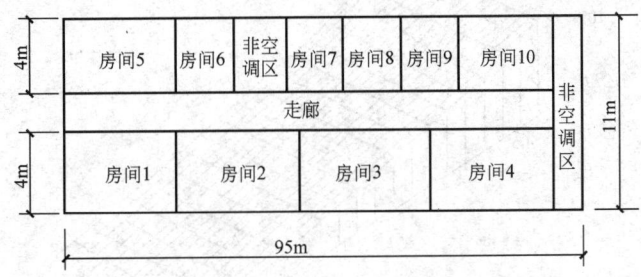

图 18.2-25 参考建筑标准层平面图

参考建筑中采用昼光流明控制，以室内照度作为控制变量减少照明功率。自然光照度水平由每个办公室中 0.75m 工作面高度和距外窗 2.5m 进深的参考测点决定。

在参考建筑的基础上，通过变化外窗的参数和面积比例分析空调系统能耗的情况。某个立面即使是采用全玻璃幕墙，扣除掉各层楼板以及楼板下面梁的面积（楼板和梁与幕墙之间的间隙必须放置保温隔热材料），窗墙比一般不会再超过 0.7。因此计算时将窗墙比由 10%变化到 70%，间隔 10%。分析如下不同传热系数与遮阳系数的外窗的组合（表 18.2-13）。

不同传热系数与遮阳系数的外窗的组合 **表 18.2-13**

算例	窗类型		算例	窗类型	
1	$K(W/m^2\cdot K)$	1.7	6	$K(W/m^2\cdot K)$	2.6
	SC	0.62		SC	0.51
2	$K(W/m^2\cdot K)$	2.5	7	$K(W/m^2\cdot K)$	3.0
	SC	0.7		SC	0.62
3	$K(W/m^2\cdot K)$	3.09	8	$K(W/m^2\cdot K)$	4.2
	SC	0.81		SC	0.75
4	$K(W/m^2\cdot K)$	3.67	9	$K(W/m^2\cdot K)$	4.92
	SC	0.9		SC	0.81
5	$K(W/m^2\cdot K)$	4.5	10	$K(W/m^2\cdot K)$	5.55
	SC	0.95		SC	0.89

这里以无因次指标以综合分析评价外窗性能及窗墙面积比对能耗量影响指标。无因次指标的定义为：

$$HCLR=\frac{HCLs_{i}-HCLs_{ref}}{HCLs_{ref}}\times 100\% \tag{18.2-1}$$

式中 $HCLs_{ref}$—— 参考建筑空调供热供冷照明总能耗；

$HCLs_{i}$—— 实际建筑空调供热供冷照明总能耗。

由图 18.2-26 各图可知：

- 北方地区建筑供暖空调能耗指标随窗户 K_{win}变化较大，而遮阳系数 SC 对能耗指标的影响要小于窗户传热系数 K_{win}的影响。
- 南方地区遮阳系数 SC 对能耗指标的影响逐渐增大，广州与哈尔滨相比，遮阳系数 SC 的影响更突出。

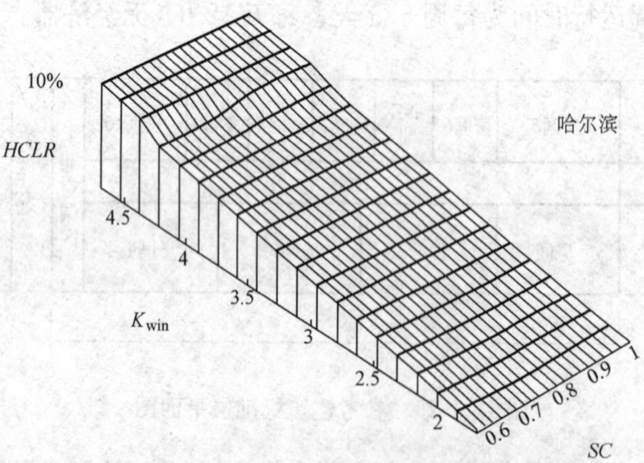

图 18.2-26a 严寒地区无因次能耗指标变化

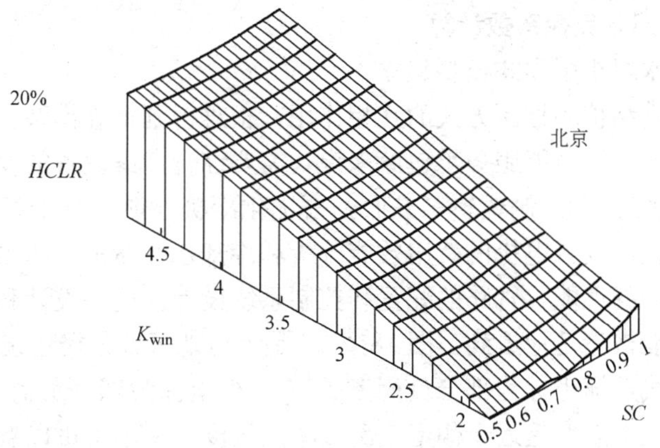

图 18.2-26*b*　寒冷地区无因次能耗指标变化

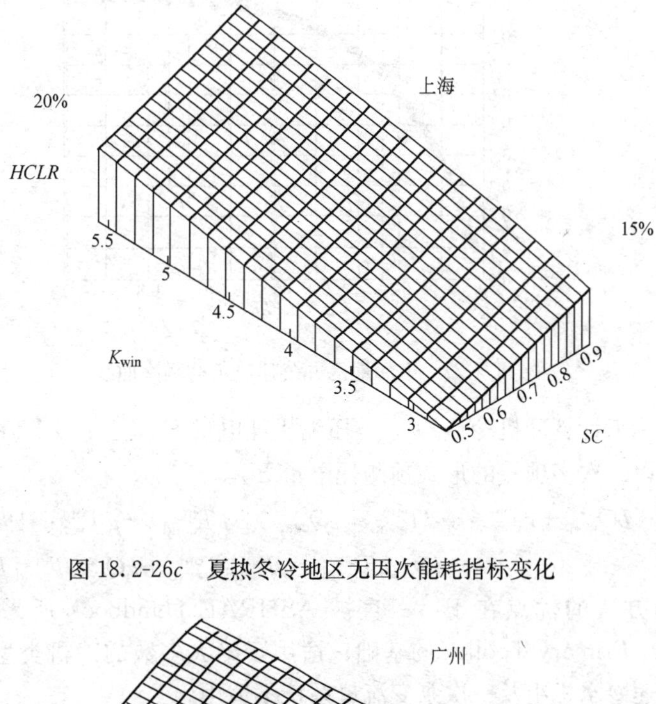

图 18.2-26*c*　夏热冬冷地区无因次能耗指标变化

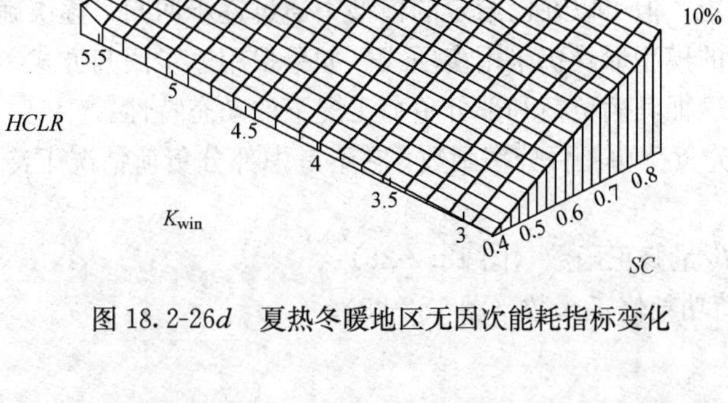

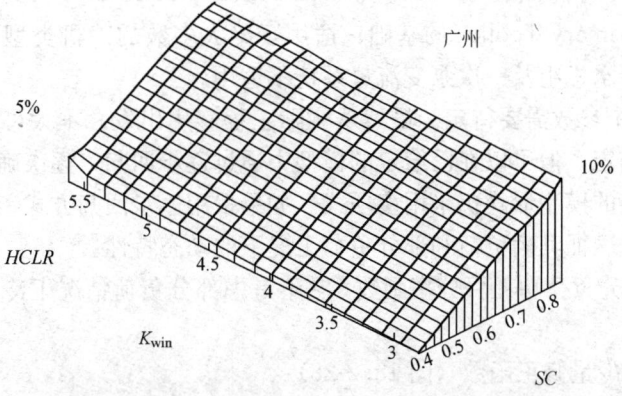

图 18.2-26*d*　夏热冬暖地区无因次能耗指标变化

2. 冷水机组的部分负荷系数计算

(1) DOE-2 冷水机组多项式模型建立

冷水机组由于其结构和控制方式的互相作用，很难得到精确模型。然而对于机械设计师，机组运行管理人员和节能服务承包商来说，需要综合考虑设备的设计工况（如设计温度或流量），运行设定点和控制逻辑等方面，去优化冷机性能。对于某一特定机组，其冷却水控制设定点优化，变频电机的费用效能分析和冷却水流量的 LCC 费用-效能分析，很大程度上依赖于部件的性能，管路的配置和控制系统设计。这些设计和操作的效果只有经过动态模拟分析才能被清楚地看到。图 18.2-27 是上海地区办公楼建筑的水冷离心式冷水机组的负荷频率曲线，横坐标为部分负荷率 *PLR*，纵坐标为部分负荷系数 *PLF*，代表冷水机组部分负荷工况下效率趋近于额定工况效率的程度。从图中可以看出水冷离心式冷水机组在 80%～85%负荷率时效率最高。这里详细说明通过 DOE-2 的多项式模型进行冷水机组模拟计算。

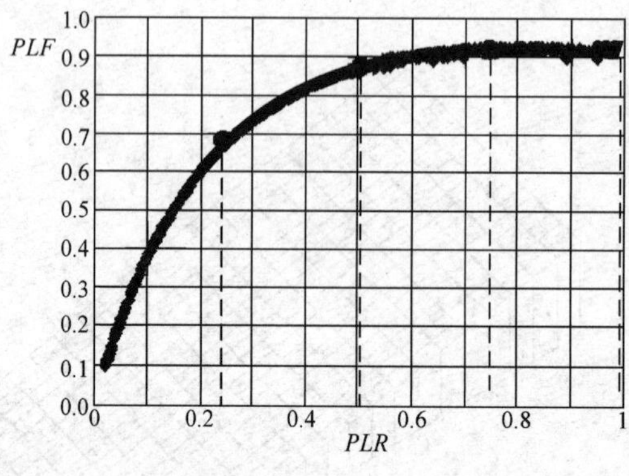

图 18.2-27 上海地区办公建筑负荷频率曲线

多项式模型用来计算冷机冷量 Q_{evap}、压缩机耗电量 E_{comp}。DOE-2 模型中根据设备的部分负荷性能，以二次多项式的形式预测耗电量 E_{comp}：

$$E_{comp}=a+bQ_{evap}+cT_{cond}^{in}+dT_{evap}^{out}+eQ_{evap}{}^{2}+fT_{cond}^{in}{}^{2}+gT_{cond}^{out}{}^{2}+hQ_{evap}T_{cond}^{in}+iQ_{evap}T_{cond}^{out}+jT_{cond}^{in}T_{evap}^{out}+kQ_{evap}T_{cond}^{in}T_{cond}^{out} \qquad (18.2\text{-}2)$$

多项式回归方法的优点在于：一直被 ASHRAE Handbook 所采用，而且也作为 ASHRAE HVAC Primary Toolkit 的基础；适用于绝大多数的冷机类型，所需参数量不大。但对变频变速冷水机组及一次泵变流量系统不适用。

这种模型有 11 个参数需要待定。虽然从实际工程应用出发，不太可能对联立方程组求解一次将其全部确定，但可以在已给定的模型中通过逐步回归，逐次确定参数的最优解集区间。最终回归出的模型形式仍采用多项式。如果采用逐步回归方式，每台冷水机组都应有 3 条性能曲线来表征其满负荷和部分负荷工况下的动态特性：

- EIR-FPLR 部分负荷功耗百分率函数，它不考虑部分负荷情况下冷却水的温降（图 18.2-30）；
- CAP-FT 实际冷量修正函数（图 18.2-28）；
- EIR-FT 满负荷功耗修正函数（图 182-29）。

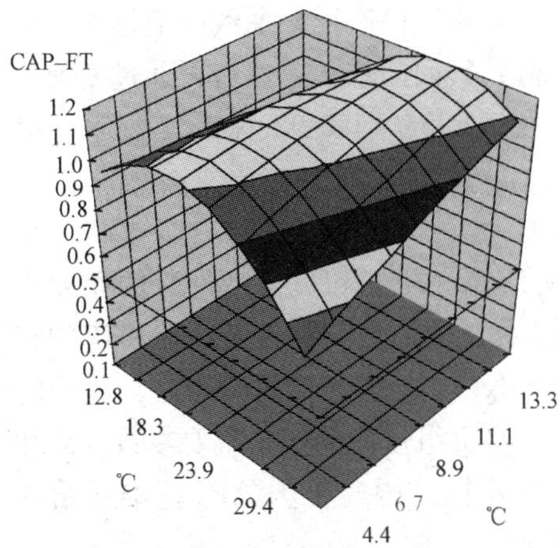

图 18.2-28 CAP-FT 曲面示意图

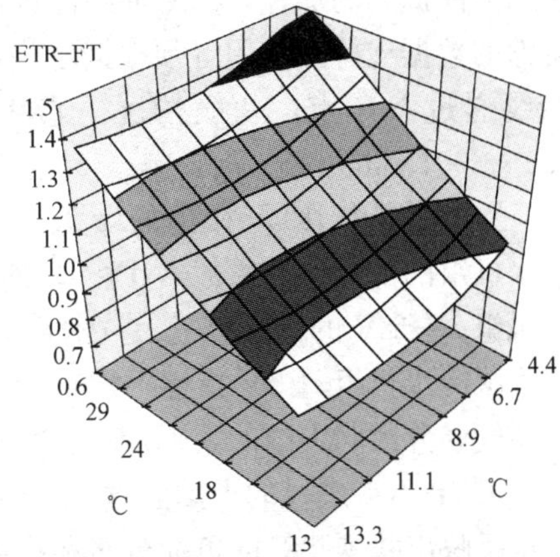

图 18.2-29 EIR-FT 曲面示意图

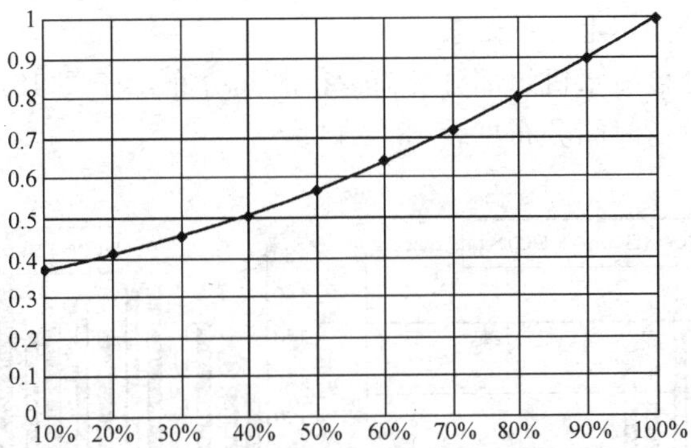

图 18.2-30 EIR-FPLR 示意图

这种方法需要较多的数据（20-30 组数据量），且数据范围能够涵盖整个工况。可采用最小二乘法回归整理，倘若数据范围很窄，则工况外推时可能不准确。一般情况下需要确定 15 个回归系数。参照相关文献，计算时采用两种方式相结合：首先是当数据量较多时，能够区分全部满负荷和部分负荷工况，采用标准最小二乘线性回归法直接从已知数据反演出模型的系数，得到特性曲线。当数据量较少或满负荷-部分负荷的数据相混杂时，根据已作好的冷机的回归曲线对冷机的性能进行外推，超过所需待检定参数（冷凝温度、蒸发温度）的范围。参考曲线法可用较少的数据量得到较完整的特性曲线，如图 18.2-31 所示。

这种方法的步骤如下：

- 从数据库中筛选一些待测冷机的被选曲线子集；
- 计算每个子集中曲线所对应的冷量 Q_{ref}；
- 计算每个子集中曲线所对应的耗功 P_{ref}；
- 计算每个子集中曲线所对应的耗功预期误差；
- 选择误差最小的曲线。

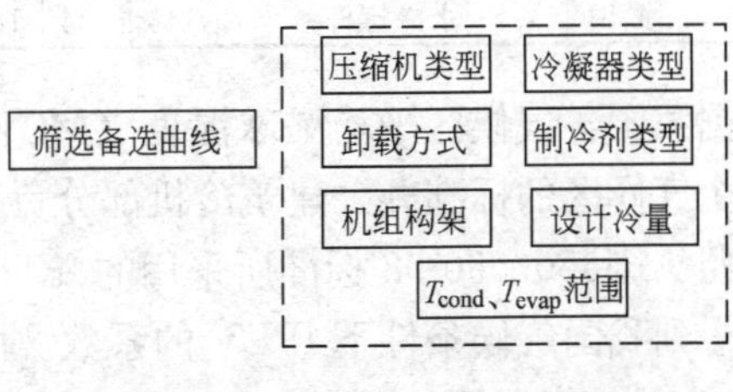

图 18.2-31 冷水机组参考性能曲线

正如前面提到的那样，参考曲线法进行外推时，依赖于已有回归曲线的数据库。如果没有足够的数据支持，使用者须根据已公开的曲线得到其回归系数，然后再通过变换的方式使曲线通过参考点，一般情况下参考点都选在 ARI550/590-98 标准工况和 GB/T 18430.1—2001 标准工况。

(2) 公建标准中 IPLV 限值的计算

冷水机组的部分负荷系数（IPLV）的计算是从建筑（功能和负荷特性）的角度来看待冷水机组。IPLV 的计算有三大技术要素：气象参数、建筑负荷特性及冷水机组的特性曲线。我国冷水机组 IPLV 指标不能直接引用美国 ARI 标准的主要的原因是，美国的气象条件和气候分区同中国的实际情况有许多区别，冷水机组效率的两个重要参数（冷却水进水温度 *ECWT* 或进风的干球温度 *EDB*）也与国外不同。因此美国 ARI 标准所给数值不能真正反映出我国建筑的负荷分布和冷水机组特性。

计算我国部分负荷系数时，考虑了 7 种可能的影响因素：地点、负荷特性（楼层和内热负荷）、装机容量、冷机 COP、设计冷却水温、冷机台数、附机（Tower、Pump）。并采用逐次排除的方式来固定上面的因素。

不同地区典型办公楼冷水机组部分负荷运行时间分布示于图 18.2-32，不同楼层典型办公楼冷水机组部分负荷时间分布见表 18.2-14。

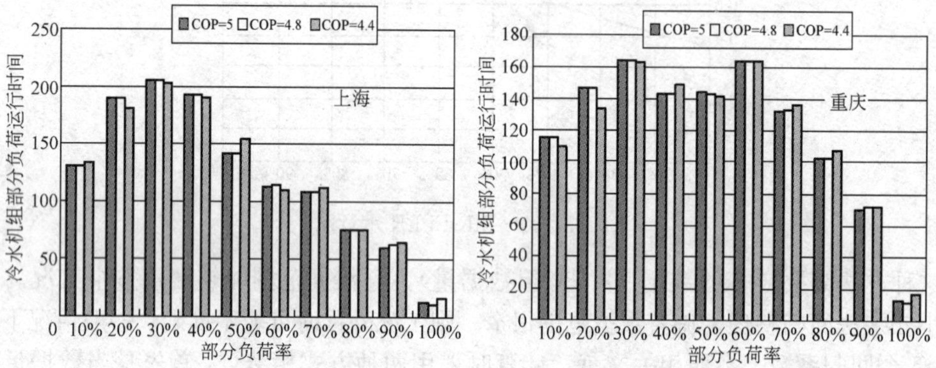

图 18.2-32 不同地区典型办公楼冷水机组部分负荷时间分布

不同楼层典型办公楼冷水机组部分负荷时间分布 **表 18.2-14**

楼层	城市	COP	空调冷水机组类型	冷水机组部分负荷时间分布(h)										合计开机时数(h)
				10%	20%	30%	40%	50%	60%	70%	80%	90%	100%	
13层	上海	4.81	水冷离心	143	142	200	220	189	134	121	111	79	46	1385
		4.81	水冷螺杆	141	124	178	206	198	148	112	115	75	88	1385
7层		4.81	水冷离心	153	136	197	218	186	138	117	111	76	53	1385
		4.81	水冷螺杆	143	134	180	204	189	152	112	114	74	83	1385

根据我国各气候区平均湿球温度（*MCWB*）的频率变化分布，通过大量计算，分别得到 4 个气候区的标准办公建筑冷机部分负荷时间随负荷率的分布（表 18.2-15）：

按照 ARI550/590-98 标准所采用的%Ton-Hour 方法，对 4 个气候区的部分负荷进行整理，得到我国气候条件下 IPLV 的系数。由于篇幅所限，这里仅给出夏热冬冷地区的% Ton-Hour 计算及作图过程，如图 18.2-33，图 18.2-34 和图 18.2-35 所示。

不同气候区冷水机组的部分负荷运行时间分布　　**表 18.2-15**

地　区	冷机的部分负荷时间分布(h)										总运行时间(h)
	10%	20%	30%	40%	50%	60%	70%	80%	90%	100%	
严寒地区	192	129	163	182	178	171	119	87	39	13	1273
寒冷地区	131	109	163	210	232	211	156	87	29	9	1337
夏热冬冷地区	163	124	167	181	173	162	157	126	83	31	1366
夏热冬暖地区	245	187	217	233	270	292	317	284	115	16	2174

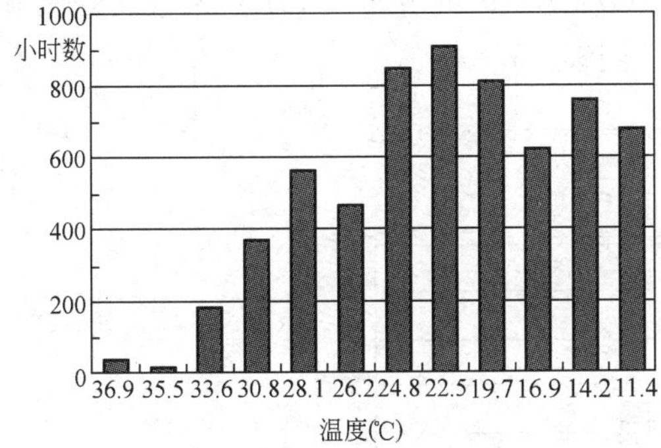

图 18.2-33　室外温度频率图

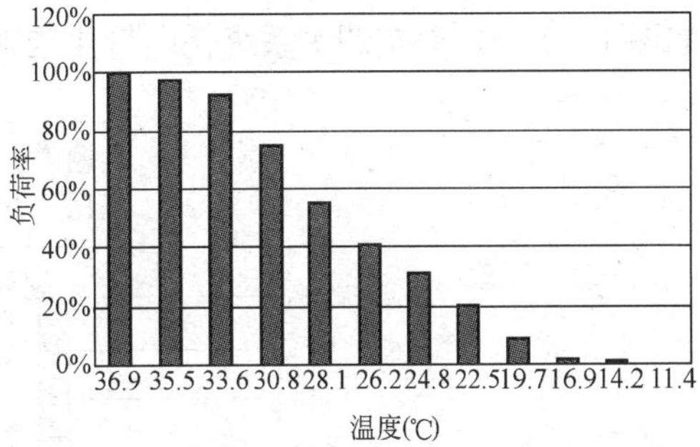

图 18.2-34　标准办公楼负荷率图

可得夏热冬冷地区的 IPLV 计算公式：

$$\mathrm{IPLV} = 2.3\ \% \times A + 38.6\ \% \times B + 47.1\ \% \times C + 11.9\ \% \times D \tag{18.2-3}$$

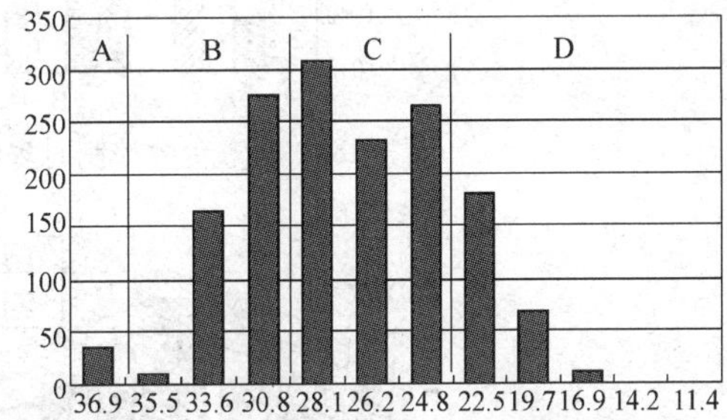

图 18.2-35　标准办公楼负荷温频（%Ton-Hour）分布图

(3) 冷水机组台数控制

实际空调工程中，一般会选用两台甚至更多的冷水机组作冷源。台数控制（冷水机组群控）使机组提供的制冷能力与用户所需的制冷量相适应，实时地检测、判断用户的制冷量需求以确定投入运行主机台数，让设备尽可能处于高效运行。这里以一种典型的控制方式分析台数控制。

若 $Q<q_{\max}N$（单机的最大制冷量为 $q_{\max}$，运行台数为 N），表明主机尚有部分余力没有发挥出来，通过能量调节机构卸载了部分制冷量，使其与用户所需制冷量相匹配。主机提供的制冷量能满足用户侧低负荷运行的需求。

若 $Q=q_{\max}N$，则表明在运行的主机已全部达到满负荷状态工作。它此时既可能是供需双方平衡，也可能是“供不应求”的局面。具体是哪种状态需通过其他系统参数作判断。实际运行过程中是通过冷冻水出水温度测量值与设定值的差值来判别。若在一段时间 Δt 内，出水温度总是高于出水温度设定值，这是由于供冷量不足导致回水温度过高造成的，表明总制冷量不能满足用户要求。Δt 可取 15～20min。为可靠起见，可将不确定关系的转变点的判别式由 $Q=q_{\max}N$ 改为 $Q<0.95q_{\max}N$。上述台数控制的规则即为：

- 若 $Q\leqslant q_{\max}(N-1)$，则关闭一台冷冻机及相应循环水泵。
- 若 $Q\geqslant 0.95q_{\max}N$，且冷冻机出水温度在 Δt 时间内高于设定值，则开启一台主机及相应循环泵。
- 若 $q_{\max}(N-1)<Q<0.95q_{\max}N$ 则保持现有状态。

针对标准办公建筑，考虑下面4种配置：

- 单台机——950kW×1；
- 两台机a——480kW×2；
- 两台机b——630kW×1，320 kW×1；
- 三台机——320kW×3。

这样对应于不同台数控制时，冷水机组部分负荷运行时间分布及IPLV系数的变化情况如图18.2-36，而空调水系统耗电量比较则见图18.2-37。

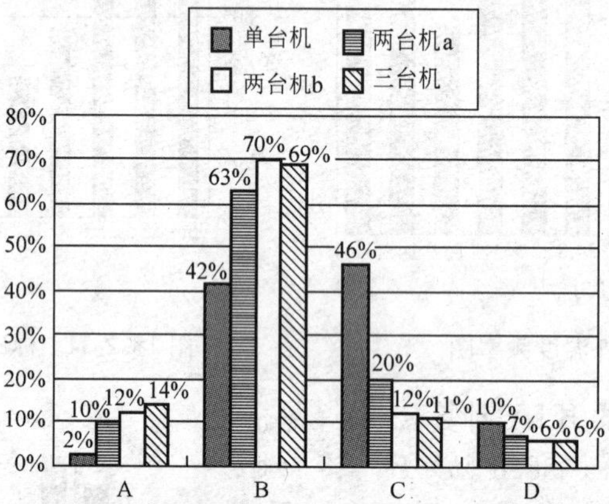

18.2-36 台数控制时多台冷机IPLV系数的变化

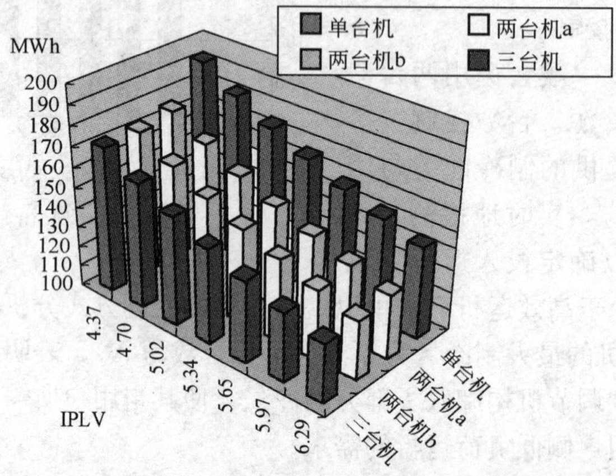

图18.2-37 台数控制时空调水系统耗电量比较

- 可以看出，适用于单台机的IPLV公式推广到多台机组制冷时，式中A、B、C、D的权重（运行时间百分比）将向高负荷区偏移，偏移程度与冷冻机台数、单机制冷量分配有关。多台大机组同时运行时的时间范围比单台的运行范围较宽，但相对满负荷运行时间要“窄”一些。

- 从耗电量比较情况来看，冷水机组台数控制对整个冷水系统（冷机、冷冻水泵、冷却水泵和冷却塔）的耗电量的确有影响，而冷水机组效率COP（IPLV）对整个冷水系统耗电量的影响更大。

- 通过分析也可以看出与单台机组运行能耗情况相似，冷却水进口温度是影响冷水机组效率变化的主要因素，而负荷变化对台数控制中单台机组影响很小。

总之，人们已越来越认识到建筑能耗逐时动态模拟软件对建筑节能设计、方案优化及节能标准效果评价的极其重要性。因为建筑能耗影响因素太多，且各因素相互耦合，只有通过逐时动态模拟才能把握全年建筑能耗的变化规律。希望通过上述几个问题的介绍，设计人员能了解 DOE-2 模拟软件的用途，理解建筑节能设计标准的使用，解决各种实际设计问题。

18.3　空调系统能耗量的近似计算

18.3.1　当量满负荷运行时间法

1. 定义　全年空调冷负荷（或热负荷）的总和 $q_a=\int qdT$（kJ/a）与制冷机（或锅炉）最大出力 q_R（或 q_B）的比值，称为当量满负荷运行时间 τ_E，即

$$\tau_{E.R}=q_C/q_R \tag{18.3-1}$$

$$\tau_{E.B}=q_h/q_B \tag{18.3-2}$$

式中　$\tau_{E.R}$、$\tau_{E.B}$——夏、冬季当量满负荷运行时间，h；

q_c、q_h——全年空调冷、热负荷，kJ/a；

q_R、q_B——冷机、锅炉的最大出力，kJ/h。

2. 负荷率 ε　全年空调冷负荷（或热负荷）与制冷机（或锅炉）在累计运行时间内总的最大出力之和的比例，称为负荷率 ε，即

$$\varepsilon_R=\frac{q_c}{q_R T_R} \tag{18.3-3}$$

$$\varepsilon_B=\frac{q_h}{q_B T_B} \tag{18.3-4}$$

式中　T_R、T_B——夏、冬季设备累计运行时间，h。

所以

$$\varepsilon_R=\tau_{E\cdot R}/T_R \tag{18.3-5}$$

$$\varepsilon_B=\tau_{E\cdot B}/T_B \tag{18.3-6}$$

或

$$\tau_{E\cdot R}=\varepsilon_R T_R \tag{18.3-7}$$

$$\tau_{E\cdot B}=\varepsilon_B T_B \tag{18.3-8}$$

上述累计运行时间，系指制冷机或锅炉从早晨启动至晚上停止运行的时间总和。例如当制冷机 8：00 启动，20：00 停止，6～9 月四个月的累计运行时间（不计星期日和节假日）为：

$$T_R=12\times25\times4=1200\text{h}$$

当量满负荷运行时间 τ_E，与建筑物的功能、性质、空调系统的节能方式等有关。表 18.3-1 列出了日本尾岛俊雄通过实测统计整理出来的资料，可供计算使用。

3. 空调全年耗能量的计算

(1) 设备耗电量的计算　见表 18.3.2。

当量满负荷运行时间 τ_E 值 表 18.3-1

序号	建筑类型	最大负荷(W/m²)		当量满负荷运行时间(h)	
		供冷	供热	$\tau_{E \cdot R}$	$\tau_{E \cdot B}$
1	独立住宅	93	151	860	950
2	共同住宅	69.8	81.4	860	950
3	办公楼	93	105	560	480
4	百货楼	140	81.4	800	340
5	饮食店	128	168.8	1000	1300
6	剧场	128	168.8	950	850
7	旅馆	93	151	1300	1050
8	学校	0	105	0	700
9	医院	93	174	860	1260

设备耗电量计算表 表 18.3-2

序号	设备		耗电量(P)计算公式	公式号
1	制冷机		$P_R=(\sum P_{R.N})T_R\varepsilon_R=(\sum P_{R.N})\tau_{E.R}$	(18.3-9)
2	冷水与冷却水泵	定流量	$P_P=(\sum P_{P.N})T_R$	(18.3-10)
		变流量	$P_P=(\sum P_{P.N})T_P(\varepsilon_R+\alpha_R)$ $\alpha_R=(1-\varepsilon_R)/n$	(18.3-11) (18.3-12)
3	冷却塔	全部运行	$P_{CT}=(\sum P_{CT \cdot N})T_{CT}$	(18.3-13)
		台数控制	$P_{CT}=(\sum P_{CT.N})T_{CT}(\varepsilon_R+\alpha_R)$	(18.3-14)
4	通风机	定风量	$P_F=(\sum P_{F.N})T_F$	(18.3-15)
		变风量	$P_F=(\sum P_{F.N})T_F(\varepsilon'+\alpha')$ $\varepsilon'=(\varepsilon_R T_R+\varepsilon_B T_B)/(T_R+T_B)$ $\alpha'=(1-\varepsilon')/n$	(18.3-16) (18.3-17) (18.3-18)
5	锅炉附属设备	一台	$P_B=(\sum P_{B.N})T_B\varepsilon_B=(\sum P_{B.N})\tau_{E.B}$	(18.3-19)
		二台以上	$P_B=(\sum P_{B.N})T_B(\varepsilon_B+\alpha_B)$ $\alpha_B=(1-\varepsilon_B)/n$	(18.3-20) (18.3-21)
6	锅炉给水泵		$P_{BP}=(\sum P_{BP.N})v_{B.N}T_B(\varepsilon_B+\alpha_B)/q_{BP.N}$	(18.3-22)

表 18.3-2 公式中诸符号的意义如下：

$P_{R.N}$——制冷机的额定功率，kW；

$P_{P.N}$——冷水和冷却水泵的额定功率，kW；

$P_{CT.N}$——冷却塔的额定功率，kW；

$P_{F.N}$——通风机的额定功率，kW；

$P_{B.N}$——锅炉附属设备的额定功率，kW；

$P_{BP.N}$——锅炉给水泵的额定功率，kW；

T_R——制冷机累计运行时间，h；

T_P——冷水或冷却水泵累计运行时间，h；

T_{CT}——冷却塔累计运行时间，h；

T_F——通风机累计运行时间，h；

T_B——锅炉累计运行时间，h；

n——设备台数；

$v_{B.N}$——锅炉的额定蒸发量，m³/h；

$q_{BP.N}$——锅炉给水泵的额定流量，m³/h。

（2）燃料耗量的计算 见表 18.3-3。

燃料耗量计算表 **表 18.3-3**

锅炉台数	燃料耗量计算公式(m^3/a)(t/a)
一台	$Q_{fB}=q_{fB.N}T_B\varepsilon_B=q_{fB.N}\tau_{E.B}$ (18.3-23)
二台以上	$Q_{fB}=\sum q_{fB.N}T_B\left(\varepsilon_B+\frac{1-\varepsilon_B}{n}\right)$ (18.3-24)

表中 $Q_{fB.N}$——锅炉额定出力时的燃料耗量，m^3/h 或 t/h。

（3）耗水（补给水）量的计算

冷却塔的全年总循环水量 $W_{CT.a}$（m^3/a）：

$$W_{CT.a}=W_{CT.N}T_R n\left(\varepsilon_R+\frac{1-\varepsilon_R}{n}\right) \tag{18.3-25}$$

冷却塔的补水量 $Q_{W.CT}$（m^3/a）：

$$Q_{W.CT}=0.02W_{CT.a} \tag{18.3-26}$$

锅炉补水量 $Q_{W.B}$（m^3/a）：

$$Q_{W.B}=0.01v_{B.N}T_B\left(\varepsilon_B+\frac{1-\varepsilon_B}{n}\right) \tag{18.3-27}$$

式中 $W_{CT.N}$——冷却塔的额定循环水量，m^3/a。

（4）热能换算 以上所计算得出的耗电量和燃烧耗量，均可换算为一次能源的热能单位，其换算关系见表 18.3-4。

一次能源热量换算表 **表 18.3-4**

标准煤	重油	煤油	石油液化气	电能①
29307.6 kJ/kg	41449.3 kJ/L	37262.5 kJ/L	50241.6 kJ/kg	10256.4 kJ/kW·h

注：① 1kWh(3600kJ) 电能换算为一次能量$=\frac{3600}{0.9\times0.39}=10256.4$kJ（式中 0.9—输配变电效率；0.39—电厂热效率）。

（5）计算示例

【例】 办公大楼建筑面积 20000m^2 全年空调。冬季以燃油锅炉供热，夏季以冷水机组供冷，过渡季节利用新风供冷。制冷机和锅炉的累计运行时间 $T_R=T_B=900$h/a；风机累计运行时间 $T_F=12\times25\times9=2700$h/a。空调设备详见表 18.3-5。求该大楼的空调全年耗能量。

【解】

（1）根据表 18.3-1 取当量满负荷运行时间：$\tau_{E.R}=560$h $\tau_{E.B}=480$h。因此，负荷率分别为：

$$\varepsilon_R=\frac{\tau_{E.R}}{T_R}=\frac{560}{900}=0.62$$

$$\varepsilon_B=\frac{\tau_{E.B}}{T_B}=\frac{480}{900}=0.53$$

(2) 计算设备的耗电量与耗能量（1kW·h=3.6MJ）：详见表18.3-6。

设备明细表 表18.3-5

序号	名　称	台数	额定功率(耗油、流量)	备注
1	离心式制冷机(冷水机组)	2	300 kW	
2	冷水循环泵：一次泵	2	5.5 kW	
3	二次泵	2	11 kW	台数控制
4	冷却水泵	2	11 kW	
5	冷却塔	2	5.5 kW	
6	送风机：变风量风机	2	55 kW	*VAV*系统
7	定风量风机	2	22 kW	*CAV*系统
8	回风机：变风量风机	2	15 kW	
9	定风量风机	2	5.5 kW	
10	排风风机	1	22 kW	
11	风机盘管机组	240	0.065 kW	
12	锅炉给水泵	2	3.7 kW	
13	锅炉供油泵	1	0.4 kW	
14	锅炉燃油器	2	6 kW	
15	锅炉耗油量	2	180 L/h	
16	锅炉给水泵流量	2	7.2 m^3/h	
17	锅炉蒸发量	2	2.4 m^3/h	

设备耗电量与耗能量 表18.3-6

序号	名称	耗电量(kW·h/a)	耗能量(MJ/a)
1	制冷机	$P_R=(\sum P_{R.N})\tau_{E.R}=(300\times2)\times560=336000$	$P_R=336000\times3.6=1209600$
2	冷却水泵、冷却塔和一次冷水泵	$P_{P1}+P_{CT}+P_{P2}=[(\sum P_{P.N1}+\sum P_{P.N2})T_P+(\sum P_{CT.N})T_{CT}]\times\left(\varepsilon_R+\frac{1-\varepsilon_R}{n}\right)=[(11\times2+5.5\times2)\times900+(5.5\times2)\times900]\times\left(0.62+\frac{1-0.62}{2}\right)=32076$	$P_{P1}+P_{CT}+P_{P2}=32076\times3.6=115474$
3	二次冷水泵(冬夏共用)	$T=T_B+T_R=900\times2=1800h$ $\varepsilon'=(\varepsilon_R T_R+\varepsilon_B T_B)/(T_R+T_B)$ $=(0.62\times900+0.53\times900)/(900+900)=0.575$ $\alpha'=(1-\varepsilon')/n=(1-0.575)/2=0.213$ $P_{P3}=(\sum P_{P.N3})T(\varepsilon'+\alpha')$ $=(11\times2)\times1800\times(0.575+0.213)=31205$	$P_{P3}=31.205\times3.6=112338$
4	变风量送、回风机	$P_{F1}+P_{F2}=(\sum P_{F.N})T_F(\varepsilon'+\alpha')$ $=(55\times2+15\times2)\times2700$ $\times(0.575+0.213)=297864$	$P_{F1}+P_{F2}=297864\times3.6=1072310$
5	定风量送、回、排风机	$P_{F3}+P_{F4}+P_{F5}=(\sum P_{F.N})T_F$ $=(22\times2+5.5\times2+22)\times2700$ $=207900$	$P_{F3}+P_{F4}+P_{F5}=207900\times3.6=748440$
6	风机盘管机组	$P_{F.C}=(\sum P_{F.N})T_{F.C}=240\times0.065\times900\times2=28080$	$P_{F.C}=28080\times3.6=101088$
7	锅炉燃油器	$P_{B.o}=(\sum P_{B.ON})T_B(\varepsilon_B+\alpha_B)$ $=(6\times2)\times900\times\left(0.53+\frac{1-0.53}{2}\right)$ $=8262$	$P_{B.O}=8262\times3.6=29743$

续表

序号	名称	耗电量(kW·h/a)	耗能量(MJ/a)
8	油泵	$P_{OP}=(\Sigma P_{OP.N})T_B(\varepsilon_B+\alpha_B)$ $=0.4\times900\times\left(0.53+\dfrac{1-0.53}{2}\right)=275$	$P_{OP}=275\times3.6=990$
9	锅炉给水泵	$P_{BP}=(\Sigma P_{BP.N})v_{B.N}T_B(\varepsilon_B+\alpha_B)/q_{BP.N}$ $=\dfrac{3.7\times2\times2.4\times2\times900\times(0.53+0.235)}{7.2\times2}=1698$	$P_{BP}=1698\times3.6=6113$
合计		943342	3396000

(3) 燃料-重油耗量 Q_{fB}，按式（18.3-24）计算：

$$
\begin{aligned}
Q_{fB}&=\Sigma q_{fB.N}T_B\left(\varepsilon_B+\frac{1-\varepsilon_B}{n}\right)\\
&=180\times2\times900\times\left(0.53+\frac{1-0.53}{2}\right)\\
&=247860\text{L/a}=247.86\text{m}^3/\text{a}
\end{aligned}
$$

(4) 耗水（补水）量　根据式（18.3-25）～(18.3-27) 计算如下：

冷却塔的总循环水量 $W_{CT.a}$：

$$
\begin{aligned}
W_{CT.a}&=W_{CT.N}T_R n\left(\varepsilon_R+\frac{1-\varepsilon_R}{n}\right)\\
&=150\times2\times900\times\left(0.62+\frac{1-0.62}{2}\right)\\
&=218700\text{m}^3/\text{a}
\end{aligned}
$$

冷却塔的补水量 $Q_{W.CT}$：

$$Q_{W.CT}=0.02\times W_{CT.a}=0.02\times218700=4374\text{m}^3/\text{a}$$

锅炉总补给水量 $Q_{W.B}$：

$$
\begin{aligned}
Q_{W.B}&=0.01v_{B.N}T_B\left(\varepsilon_B+\frac{1-\varepsilon_B}{n}\right)\\
&=0.01\times2.4\times2\times900\times\left(0.53+\frac{1-0.53}{2}\right)\\
&=33\text{m}^3/\text{a}
\end{aligned}
$$

(5) 把电力和重油耗量换算为单位建筑面积的一次能量：

$$
\begin{aligned}
q&=\left(\frac{3396000}{3.6}\times10256.4+247860\times41449.3\right)/20000\\
&\approx1000000\text{kJ}/(\text{m}^2\cdot\text{a})=1\text{GJ}/(\text{m}^2\cdot\text{a})
\end{aligned}
$$

(6) 该大楼的空调全年总耗能量为：

1) 设备耗电（折合成一次能）：

$$q_1=3396000\times10256.4=34830734\text{MJ/a}$$

2) 燃油（折合成一次能）：

$$q_2=247860\times41449.3=10273623\text{MJ/a}$$

3) 耗水量：

$$q_3=4374+33=4407\text{m}^3/\text{a}$$

18.3.2 负荷频率表法

1. 特征 本方法的特征是根据当地室外空气含湿量、焓、干湿球温度在不同室外空气含湿量、焓、干湿球温度下出现的年频率数（用于全年性空调系统）或季节频率数（用于季节性空调系统）和空调系统的全年运行工况计算出不同室外空气状态参数下的加热量、冷却量和加湿量，然后，累计计算出全年耗能量或季节耗能量。

2. 频率数 一般根据当地近10～15年气象台站观测记录值统计求出。由于气象参数具有很大的随机性，为了使统计出来的计算频率数更加符合当地的实际，推荐以标准年（平均年）的实测气象参数统计频率数。

3. 空调耗能量的计算

每1kg风量的全热量q_T［kJ/(kg·a)］：

$$q_T=\sum_X[(h_{W.X}-h_N).f_X\%.N] \tag{18.3-28}$$

每1kg风量的显热量q_X［kJ/(kg·a)］：

$$q_X=\sum_X[(t_{W.X}-t_N).f_X\%.N] \tag{18.3-29}$$

每1kg风量的加湿量W_S［g/(kg·a)］：

$$W_S=\sum[(d_{W.X}-d_N).f_X\%.N] \tag{18.3-30}$$

式中 $h_{W.X}$——某一时刻室外空气的焓，kJ/(kg·℃)；

h_N——室外设计状态的焓，kJ/(kg·℃)；

$t_{W.X}$——某一时刻室外空气的干求温度，℃；

t_N——室内设计状态的干求温度，℃；

$d_{W.X}$——某一时刻室外空气的含湿量，g/kg；

d_N——室外设计状态的含湿量，g/kg；

$f_X\%$——某一室外空气焓值、干球温度、含湿量值时的年（或季节）小时频率值；

N——全年（或季节）运行时间，h。

空调系统的全年总耗能量Q（kJ/a）和耗湿量Q_W（g/a）分别为：

$$Q_T=Gq_T \tag{18.3-31}$$

$$Q_X=Gq_X \tag{18.3-32}$$

$$Q_W=GW_S \tag{18.3-33}$$

当室外空气先与室内空气（回风）混合以后再进行加热、冷却或加湿处理，则式(18.3-28)、式(18.3-29)和式(18.3-30)中的$h_{W.X}$、$t_{W.X}$和$d_{W.X}$值，应分别以混合后的状态$h_{C.X}$、$t_{C.X}$和$d_{C.X}$值代替。例如夏季的混合状态焓值应为：

$$h_C=h_N+m\%(h_{W.X}-h_N) \tag{18.3-34}$$

式中 $m\%$——新风比。

注：当已知空调设备的额定负荷$q_{T.N}$（kJ/h）时，根据全年或季节运行时间N，即可求出空调系统处进设备的额定负荷：$Q_{T.N}=q_{T.N}\cdot N$(kJ/a)；从而可计算出设备能量利用系数：$y=\frac{Q_{T.N}}{Q_T}\times100\%$，$y$值表征空调设备全年（或季节）的利用程度，也是一个很重要的技术经济指标。

4. 计算范例（简化计算法）

【例】 办公大楼，建筑面积20000m²，设计计算负荷为：夏季$Q_{T.N}$=2093kW；冬

季 $Q'_{T.N}$=2300kW（不包括照明、人体和风机等发热量 $Q_{G.N}$=930kW）。室外设计温度：冬季 $t'_{W.N}$=0℃；夏季 $t_{W.N}$=33℃。室内设计温度：t_N=20℃。空调系统间歇运行，运行时间为：平时 8：00～17：00，周末 8：00～12：00，节假日停止运行。采用一台螺杆式空气热源热泵（空冷轴流风机 30kW×4），其他设备见设备明细表（表 18.3-7），求空调全年总耗能量。

设备明细表 **表 18.3-7**

序号	名　　称	台数	功率(kW)	备　注
1	冷水泵:一次泵	2	5.5	
2	二次泵	2	11.0	台数控制
3	排风通风机	1	22.0	
4	送风机:定风量	2	22	*CAV* 空调系统
5	变风量	2	55	*VAV* 空调系统
6	回风机:定风量	2	5.5	*CAV* 空调系统
7	变风量	2	15	*VAV* 空调系统
8	风机管机组	24.0	0.065	
9	空冷轴流风机	4	30	

【解】

(1) 设供暖和供冷期室外空气温度的频率分布如表 18.3-8 和表 18.3-9 所示。

供暖期（12、1、2、3 月）室外空气温度的频率分布 **表 18.3-8**

室外温度(℃)	−3	0	3	6	9	12	15	18	21	24
小时数(h)	4	43	127	244	248	161	50	17	6	0

供冷期（7、8、9 月）室外空气温度的频率分布 **表 18.3-9**

室外温度(℃)	15	18	21	24	27	30	33
小时数(h)	1	26	56	144	174	197	102

(2) 确定供暖至供冷的转换温度 *COT*（change over temperature）

$$COT = t_N - \left(\frac{Q_{G.N}}{Q'_{T.N}}\right)(t_N - t'_{W.N})$$

$$= 20 - \left(\frac{930}{2300}\right)(20-0) = 12℃$$

(3) 若假设供暖负荷与室内外温度差成正比，则从 $t'_{W\cdot N}$=0℃，Q'_T=2300−930=1370kW（负荷率 ε=1）至 $t'_{W.N}$=12℃，Q'_T=0（负荷率 ε=0）之间成直线变化关系。相应各室外空气温度时的负荷率 ε 和室内供暖负荷 Q'_T 可按下式计算：

$$\varepsilon = \frac{12 - t_W}{12 - t'_{W\cdot N}}$$

$$Q'_T = 1370 \cdot \varepsilon$$

计算结果见表 18.3-10。

(4) $t'_{W\cdot N}$=0℃时，热泵的供暖能力为 1700kW，所以，热泵供暖的负荷率为：

$$\varepsilon_R = Q'_T / 1700$$

计算结果见表18.3-10。

(5) 已知热泵的特性曲线如图18.3-1所示，利用该图可得出相应各负荷率时的功率比。

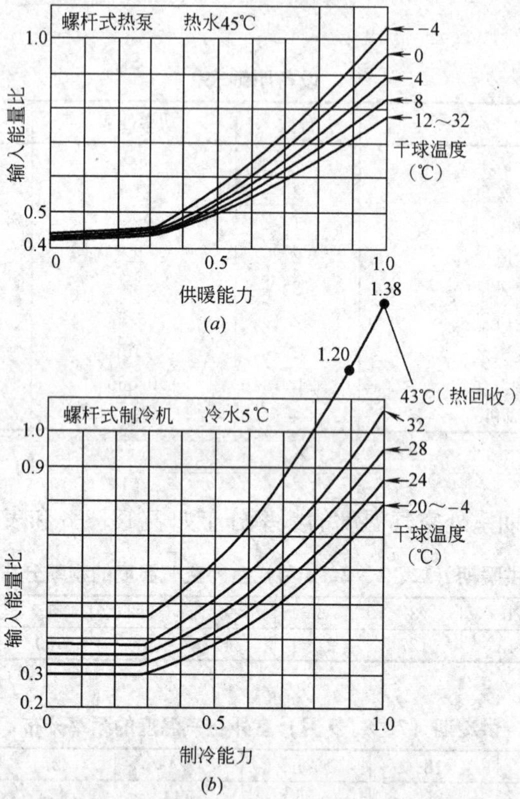

图18.3-1 螺杆式空气热源热泵的输入输出功率

(6) 将功率比乘以额定功率（610kW）❶，即可求得各相应室外温度时的轴功率。

(7) 根据各气温出现的频率小时数，即可求出其耗电量。

整个计算过程，详见表18.3-10。夏季的供冷耗电量，可用与供暖相同的方法计算。详见表18.3-11❷。

其他辅助设备的耗电量计算，详见表18.3-12❸。

空调系统的总耗电量：

$$\sum P = 198450 + 240618 + 759264 = 1198332\text{kW} \cdot \text{h/a}$$

注：❶ 该螺杆式热泵机组的技术性能如下：

	出力	室外空气	出口水温	轴功率
夏季	2210MW	33℃(65%)	7℃	560kW
冬季	1745MW	0℃(50%)	45℃	610kW

❷ 由于数据系由工程制的595RT换算过来，所以表中的 Q_T 值都有一些误差（在个位数上）。

❸ 本例与前例的设备运行时间略有出入，本例近似套用前例，未作改动。

冬季供暖耗电量计算表 **表 18.3-10**

序号	室外气温(℃)	0	3	6	9	12
1	负荷率 ε (%)	1.0	0.75	0.50	0.25	0
2	室内负荷 Q'_T (kW)	1370	1050	698	349	0
3	热泵供暖负荷率 ε_R (%)：$\varepsilon_R=Q'_T/1700$	0.8	0.6	0.4	0.2	0
4	功率比 (%)	0.76	0.58	0.46	0.43	0
5	轴功率 (kW)	464	354	281	262	0
6	频率数 n (h)	43	127	244	248	161
7	耗电量 (kW·h)	19952	44958	68564	64976	0
8	供暖期耗电量 (MW·h)	198450/1000=198.45				

夏季供冷耗电量计算表 **表 18.3-11**

序号	室外气温(℃)	15	18	21	24	27	30	33
1	负荷率 ε (%)	0.143	0.286	0.429	0.571	0.714	0.857	1.000
2	室内负荷 Q_T (kW)	299	599	898	1196	1492	1795	2093
3	热泵供冷负荷率 ε_R(%)：$\varepsilon_R=Q_T/2210$	0.135	0.271	0.406	0.541	0.675	0.812	0.947
4	功率比 (%)	0.28	0.28	0.33	0.44	0.56	0.73	0.97
5	轴功率 (kW)	157	157	185	246	314	409	543
6	频率数 n (h)	1	26	56	144	174	197	102
7	耗电量 (kW·h)	157	4082	10360	35424	54636	80573	55386
8	供冷期耗电量 (MW·h)	240618/1000=240.62						

辅助设备的耗电量计算 **表 18.3-12**

序号	名称	耗电量(kW·h/a)	耗能量(MJ/a)
1	空冷轴流风机	$P_F=(\sum P_{F\cdot N})T_F=30\times4\times(823+700)=182760$	182760×3.6=657936
2	定风量风机	(见表 18.3-6) 207900	748440
3	变风量风机	(见表 18.3-6) 297864	1072310
4	风机盘管机组	(见表 18.3-6) 28080	101088
5	水泵	冬季和夏季平均负荷率 ε_W 和 ε_S： 利用表 18.3-10 和表 18.3-11 中的 ε 和 n 计算 $\varepsilon_W=\sum(\varepsilon n)/\sum n=322/823=0.391$ $\varepsilon_S=\sum(\varepsilon n)/\sum n=509/700=0.727$ $\alpha_W=(1-\varepsilon_W)/N=(1-0.391)/2=0.305$ $\alpha_S=(1-\varepsilon_S)/N=(1-0.727)/2=0.137$ $P_P=11\times(700+823)+11\times2[(0.391+0.305)\times823+(0.727+0.137)\times700]=42660.42$	42660×3.6=153576
6	合计	759264	2733350

空调系统的总耗能量：

$$\sum P'=1198332\times3.6=4313995\text{MJ/a}$$

折算为单位建筑面积的一次能量为：

$$q=(1198332\times10256.4)/20000=6.15\times10^5\text{kJ/(m}^2\cdot\text{a)}$$